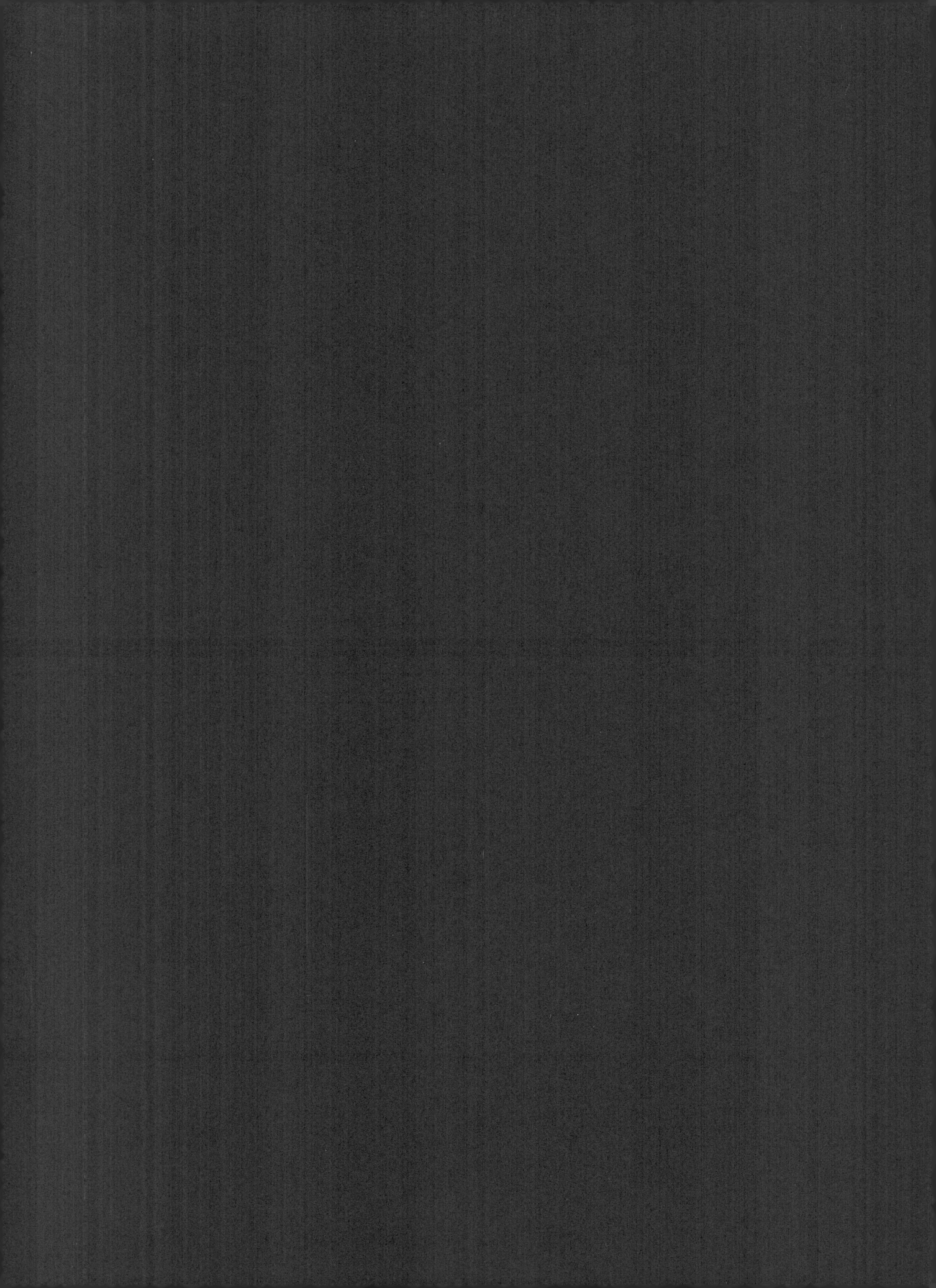

Dictionary of Drugs

INDEXES

Dictionary of Drugs

INDEXES

Editors
J. Elks, C.R. Ganellin

Editorial Advisors
P.S. Anderson
Merck Sharp and Dohme, USA

P.S. Portoghese
University of Minnesota, USA

J.B. Stenlake
Formerly University of Strathclyde, UK

Principal Contributors
A.D. Roberts, C.F. Pattenden

Assistant Editor
F.M. Macdonald

CHAPMAN AND HALL
Scientific Data Division
LONDON · NEW YORK · TOKYO · MELBOURNE · MADRAS

UK	Chapman and Hall, 11 New Fetter Lane, London EC4P 4EE
USA	Chapman and Hall, 29 West 35th Street, New York NY 10001
JAPAN	Chapman and Hall Japan, Thomson Publishing Japan, Hirakawacho Nemoto Building, 7F, 1-7-11 Hirakawa-cho, Chiyoda-ku, Tokyo 102
AUSTRALIA	Chapman and Hall Australia, Thomas Nelson Australia, 480 La Trobe Street, PO Box 4725, Melbourne 3000
INDIA	Chapman and Hall India, R. Sheshadri, 32 Second Main Road, CIT East, Madras 600 035

First edition 1990
Reprinted 1991

© 1990 Chapman and Hall Ltd

Typeset in the United States of America by Mack Printing Company, Easton, Pennsylvania 18042

Printed in Great Britain at the University Press, Cambridge

ISBN 0 412 27300 4 (two volume set)

All rights reserved. No part of this publication may be reproduced or transmitted, in any form or by any means, electronic, mechanical, photocopying, recording or otherwise, or stored in any retrieval system of any nature, without the written permission of the copyright holder and the publisher, application for which shall be made to the publisher.

British Library Cataloguing in Publication Data

Dictionary of drugs.
1. Drugs
I. Elks, J. II. Ganellin, C.R. (C. Robin)
615'.1

ISBN 0-412-27300-4

Library of Congress Cataloguing-in-Publication Data

Dictionary of drugs: chemical data, structures, and bibliographies/ editors, J. Elks, C.R. Ganellin; contributors, A.D. Roberts, C.F. Pattenden; assistant editor, F. Macdonald.
p. cm.
ISBN 0-412-27300-4 (set)
1. Drugs—Dictionaries. I. Elks, J. Ganellin, C.R. (C. Robin)
RS51.D479 1990
615'.1'03—dc20 89-25384
CIP

Contents

Name Index	*page* 1
Molecular Formula Index	299
CAS Registry Number Index	433
Type of Compound Index	527
Structure Index	607

Caution

Treat all organic compounds as if they have dangerous properties.

The publisher makes no representation, express or implied, with regard to the accuracy of the information contained in this Dictionary, and cannot accept any legal responsibility or liability for any errors or omissions that may be made.

The specific information in this publication on the hazardous and toxic properties of certain compounds is included to alert the reader to possible dangers associated with the use of those compounds. The absence of such information should not however be taken as an indication of safety in use or misuse.

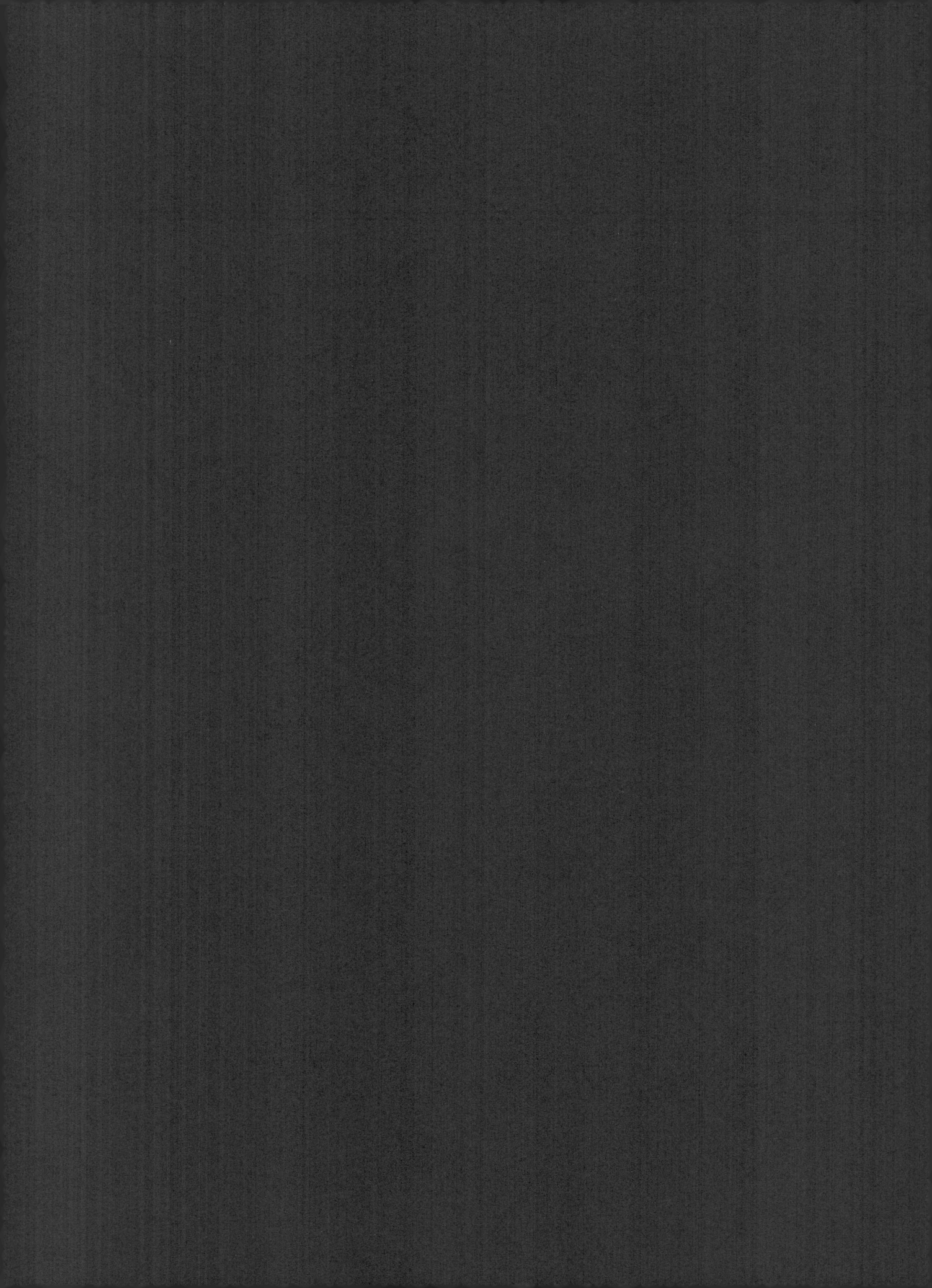

Name Index

The Name Index lists in alphabetical order all names and synonyms contained in the Dictionary.

Each index term refers the user to a Dictionary Number consisting of a single letter of the alphabet followed by five digits. The letter is the first letter of the relevant Dictionary Name.

A Dictionary Number which follows immediately upon an index term means that the term is itself used as the Entry Name.

A Dictionary Number which is preceded by the word '*see*' means that the term is a synonym to an Entry Name.

A Dictionary Number which is preceded by the word '*in*' means that the term is embedded within an Entry, usually as a synonym to a particular stereoisomeric form or to a derivative.

The symbol ▷ preceding an index term indicates that the Dictionary Entry contains information on toxic or hazardous properties of the compound.

Name Index

▷A_3, *in* M-00045
▷A 16, *see* A-00173
▷A 65, *in* I-00034
A 118, *see* S-00265
▷A 163, *see* T-00533
A 214, *see* F-00049
A 2205, *in* P-00462
▷A 2371, *see* M-00397
A 2655, *see* D-00473
▷A 272, *see* O-00037
▷A 301, *see* N-00219
▷A 3223*A*, *in* M-00428
33 A74, *in* A-00472
A 3823*B*, *in* M-00428
A 3823*C*, *in* M-00428
A 3823*D*, *in* M-00428
A 4180, *in* I-00191
A 446, *see* D-00496
A 489, *in* A-00080
▷A 4828, *see* T-00469
▷A 4942, *see* I-00021
▷A 5283, *see* P-00253
▷A585, *in* D-00313
A 7283, *in* T-00145
▷A 7715, *see* N-00214
▷A 8103, *see* B-00195
A 8327, *see* T-00056
▷A 9145, *see* S-00078
▷A 10338, *see* C-00223
▷A 16316*C*, *in* D-00103
A16612, *in* T-00095
A17624, *in* M-00228
▷A 19757, *in* C-00636
▷A 1981-12, *see* P-00459
A 20968, *see* P-00301
▷A 23812, *in* P-00566
▷A 23813, *see* P-00566
▷A 28086*A*, *see* N-00050
A 28086*B*, *in* N-00050
▷A 28829, *see* B-00258
▷A 29622, *in* P-00216
A 33547, *see* R-00021
A 37536, *in* B-00225
A 38503, *see* E-00233
A 40664, *in* R-00002
▷A 46745, *see* G-00022
A 53986, *see* F-00259
A 56268, *in* E-00115
A60969, *in* T-00390
A 61827, *see* T-00390
A 62254, *in* T-00058
A 11725 I, *in* M-00474
A 11725 II, *see* M-00474
A21101 II, *in* A-00436
2-AA, *see* A-00233
AA 149, *see* T-00456
AA 673, *see* A-00361
▷A 12253A, *see* N-00058
AA 28-263, *see* T-00312
A 51568A, *in* V-00007
▷AAFC, *see* F-00219
AAM, *see* A-00519
AAPBA, *see* A-00208
AAT, *see* A-00418
AB 08, *in* D-00080
▷AB 74, *in* D-00103
▷AB 100, *see* U-00012
AB 103, *see* B-00091
▷AB 1404, *see* E-00151
AB 467, *see* N-00125
▷AB 803, *see* H-00067
▷Abadol, *see* A-00336
Abamectin, INN, *in* A-00483
Abamectin, INN, *in* A-00484
▷Abasin, *see* A-00007
▷Abate, *see* T-00061
▷Abathion, *see* T-00061
▷Abbocin, *see* O-00166
Abbofilina, *in* T-00169
▷Abbokinase, *see* U-00016
Abbott 16900, *see* B-00319
▷Abbott 19957, *see* L-00093
▷Abbott 24091, *see* E-00116
▷Abbott 34842, *in* A-00216
Abbott 36581, *see* B-00389
Abbott 36683, *in* B-00225
▷Abbott 38414, *see* A-00381
Abbott 38642, *in* P-00215
▷Abbott 40728, *see* C-00190
Abbott-41070, *in* L-00116
▷Abbott 43326, *in* C-00102
Abbott 43818, *in* L-00035
▷Abbott 44090, *in* P-00516
▷Abbott 44747, *see* F-00252
Abbott 46811, *see* C-00150
▷Abbott 48999, *in* C-00140
▷Abbott 50192, *in* C-00130
Abbott 53385, *see* C-00240
Abbott 56619, *in* D-00268
▷ABC 8/3, *see* O-00082
▷ABC 12/3, *see* D-00596
Abecarnil, A-00001
Abequito, *see* N-00148
8,11,13-Abietatriene-12,16-diol, *in* F-00095
8,11,13-Abietatrien-12-ol, *see* F-00095
Abikoviromycin, A-00002
▷Abilene, *in* M-00246
Abimasten, *see* N-00125
▷Abiocine, *see* D-00303
Abitilguanide, *see* M-00446
Ablex, *see* B-00317
▷Abminthic, *in* D-00548
▷Aboren, *see* P-00371
▷Abovis, *in* A-00044
ABPP, *see* A-00220
Abrodil, *see* A-00529
▷Abromine, *see* B-00140
Absonal, *in* B-00117
Abstem, *in* C-00579
Abunidazole, A-00003
Abuphenine, *in* B-00399
▷AC 1050, *see* E-00215
AC 1370, *see* C-00142
▷AC 223, *see* M-00080
AC 2770, *in* T-00474
▷AC 3810, *see* B-00011
AC 4464, *see* T-00386
AC 485, *see* M-00416
▷AC 528, *see* D-00475
AC 601, *see* H-00129
▷AC 695, *see* E-00214
A 9145C, *in* S-00078

AC 263780, *in* C-00349
▷Acabel, *in* B-00147
▷Acacetin, *see* D-00329
Acaciin, *in* D-00329
Acantex, *in* C-00159
Acaprazine, A-00004
▷Acaprin, *in* Q-00037
Acarbose, A-00005
ACC 9089, *in* D-00352
Accelerase, *see* P-00011
Accelerator globulin, *see* F-00001
▷Accenon, *see* E-00214
▷Acclaim Flea Control, *in* M-00189
▷Accothion, *see* F-00057
▷Accroibile, *see* C-00605
▷Accutane, *in* R-00033
▷Acdrile, *in* C-00654
Acebrochol, *in* D-00162
Aceburic acid, *in* H-00118
Acebutolol, A-00006
▷Acebutolol hydrochloride, JAN, *in* A-00006
▷Acecainide, *in* P-00446
Acecainide hydrochloride, *in* P-00446
▷Acecarbromal, A-00007
▷Aceclidine, *in* Q-00035
▷Aceclin, *in* Q-00035
Aceclofenac, *in* D-00210
▷Acedapsone, *in* D-00129
Acediasulfone, A-00008
Acediasulfone sodium, *in* A-00008
Acedicon, *in* T-00161
▷Acedigal, *in* D-00275
Acedist, *in* T-00103
Acedoben, *in* A-00216
▷Acedoxin, *in* D-00275
Acefluranol, A-00009
▷Acefuralazine, *in* F-00280
Acefurtiamine, A-00010
Acefylline, A-00011
Acefylline clofibrol, *in* A-00011
Acefylline piperazine, *in* A-00011
▷Acegit, *in* T-00474
▷Aceglatone, *in* G-00053
Aceglutamide, A-00012
▷Aceglutamide aluminum, *in* A-00012
▷Acemetacin, A-00013
Acemidophen, *see* D-00141
▷Acemoquinazone, *see* M-00436
Acemydrite, *see* B-00434
▷Acenocoumarin, *see* N-00105
▷Acenocoumarol, *see* N-00105
Aceperone, A-00014
Acepifylline, *in* A-00011
▷Acepreval, *in* P-00412
Aceprolinum, *in* H-00210
▷Acepromazine, A-00015
▷Acepromazine maleate, *in* A-00015
Aceprometazine, A-00016
▷Aceprosol, *see* G-00057
Acequinoline, *see* A-00037
Aceroxatidine, *in* R-00097
Acesalum, *in* S-00015
Acesaniamide, A-00017
Acesulfame, *see* M-00275
Acesulfame-K, *in* M-00275
Acetabutone, *see* A-00014
▷Acetacrin, *see* E-00145
▷Acetal, *see* D-00228
▷Acetaldehyde cyanohydrin, *in* H-00207
▷Acetaldehyde diethyl acetal, *see* D-00228
p-Acetamidobenzenestibonic acid, *in* A-00212
▷*p*-Acetamidobenzenesulfonyl chloride, *in* A-00213
2-Acetamidobenzoic acid, *in* A-00215
1-Acetamido-5-cyano-4(1*H*)-pyrimidinone, *see* C-00321
2-Acetamido-2,6-dideoxy-D-glucose, *in* A-00240
2-Acetamido-2,6-dideoxy-L-glucose, *in* A-00240
3-Acetamido-5-glycolamido-2,4,6-triiodobenzoic acid, *in* D-00138
5-Acetamido-*N*-[[(2-hydroxyethyl)amino]carbonyl]-2,4,6-triiodobenzoic acid, *in* D-00138
5-Acetamido-*N*-(2-hydroxyethyl)-2,4,6-triiodoisophthalamic acid, *in* D-00138
2-Acetamido-4-mercaptobutyric acid 2-(*p*-chlorophenoxy)-2-methylpropionate, *see* S-00046
▷2-Acetamido-4-mercaptobutyric acid γ-thiolactone, *see* T-00129
▷2-Acetamido-3-mercaptopropanoic acid, *see* A-00031
1-[3-(4-Acetamido-2-methoxyphenoxy)propyl]-4-(2-fluorophenyl)piperazine, *see* M-00003
4-(Acetamidomethyl)-1-(1,4-benzodioxan-2-ylmethyl)-4-phenylpiperidine, *see* A-00047
4-Acetamido-2-methyl-1-naphthol, *in* A-00285
4-[4-(Acetamidomethyl)-4-phenylpiperidino]-4′-fluorobutyrophenone, *see* A-00014
▷5-Acetamido-4-methyl-2-sulfamoyl-1,3,4-thiadiazoline, *see* M-00176
1-Acetamido-4-oxo-1*H*-pyrimidine-5-carbonitrile, *see* C-00321
▷3-Acetamidophenol, *in* A-00297
▷4-Acetamidophenol, *in* A-00298
4-Acetamidophenyl acetate, *in* A-00298
1-(3-Acetamidopropyl)-4-(2,5-dichlorophenyl)piperazine, *see* A-00004
Acetamidosalol, *in* H-00112
▷5-Acetamido-1,3,4-thiadiazole-2-sulfonamide, *see* A-00018
▷α-Acetamido-γ-thiobutyrolactone, *see* T-00129
▷2-[3-Acetamido-2,4,6-triiodo-5-(*N*-methylacetamido)-benzamido]-2-deoxy-D-glucose, *see* M-00343
5-Acetamido-2,4,6-triiodo-*N*-[(methylcarbamoyl)methyl]-isophthalamic acid, *see* I-00111
▷5-Acetamido-2,4,6-triiodo-*N*-methylisophthalamic acid, *see* I-00140
1-Acetamino-5-methylpyrazolo[1,5-*c*]quinazoline, *see* Q-00022
▷Acetaminophen, *in* A-00298
4-(Acetamino)phenyl *N*-acetylmethioninate, *see* S-00267
Acetaminosal, *in* H-00112
Acetaminosalol, *in* H-00112
▷*p*-Acetanisidide, *in* M-00195
▷Acetarsol, *in* A-00271
▷Acetarsone, *in* A-00271
Acetasol, *in* D-00284
(Acetato-*O*)[2-Hydroxy-5-(1,1,3,3-tetramethylbutyl)phenyl]-mercury, *see* A-00024
▷[(Acetato-*O*)phenylmercury], *in* H-00191
▷Acetazide, *see* A-00018
▷Acetazolamide, A-00018
▷Acetazolamide sodium, USAN, *in* A-00018
Acetergamine, A-00019
▷Acetest, *in* P-00083
▷Aceteugenol, *in* M-00215
▷Acethydrazide, *in* A-00021
▷Acethydroximic acid, *see* H-00106
Acetiamine, A-00020
▷Acetic acid, A-00021
▷Acetic acid [(5-nitro-2-furanyl)methylene]hydrazide, *see* N-00139
▷Acetic acid 5-nitrofurfurylidenehydrazide, *see* N-00139
Acetiromate, A-00022
O-Acetoglycoloyl-*S*-furoylthiamine, *see* A-00010
▷Acetohexamide, A-00023
▷Acetohydroxamic acid, *see* H-00106
▷Acetomenadione, *in* D-00333
▷Acetomenaphthone, *in* D-00333
Acetomeroctol, A-00024
▷Acetomorphin, *see* H-00034
Acetone bis(3,5-di-*tert*-butyl-4-hydroxyphenyl)mercaptole, *see* P-00445
▷Acetonechloroform, *see* T-00440
▷3-(α-Acetonyl-4-nitrobenzyl)-4-hydroxycoumarin, *see* N-00105
8-(Acetonyloxy)-5-[3-[(3,4-dimethoxyphenethyl)amino]-2-hydroxypropoxy]-3,4-dihydrocarbostyril, *see* B-00251
Acetophenazine, A-00025

▷Acetophenazine maleate, *in* A-00025
▷*p*-Acetophenetidide, *in* E-00161
Acetophenone alcohol, *see* H-00107
▷Acetopromazine, *see* A-00015
Acetopyrine, *in* D-00284
▷Acetorphin, *see* N-00032
▷Acetorphine, *in* E-00263
Aceto-Sterandryl, *in* H-00111
Aceto-Testoviron, *in* H-00111
Acetoxanon, *in* H-00205
Acetoxatrine, *see* A-00047
Acetoxolone, *in* G-00072
▷2-Acetoxybenzoic acid, A-00026
4-Acetoxybenzoic acid, *in* H-00113
4-Acetoxybutanoic acid, *in* H-00118
▷16β-Acetoxy-3α,11α-dihydroxy-17(20)*Z*,24-fusidadien-21-oic acid, *see* F-00303
3β-Acetoxy-11β,13-epoxyepitulipinolide, *in* H-00134
4-Acetoxy-6,7-epoxy-2-octen-5-olide, *see* A-00464
2α-Acetoxyeupatolide, *in* H-00134
▷21-(Acetoxy)-9-fluoro-11β-hydroxy-2′-methyl-5′*H*-pregna-1,4-dieno[17,16β-*d*]oxazole-3,20-dione, *see* F-00131
2-Acetoxymethyl-1-methylpyridinium iodide, *in* P-00572
Acetoxymethyl 6-phenylacetamidopenicillanate, *see* P-00058
Acetoxymethyl(trimethyl)ammonium chloride, *in* H-00177
Acetoxymethyl(trimethyl)ammonium iodide, *in* H-00177
▷3-Acetoxyphenol, *in* B-00073
Acetoxy-Prenolon, *in* H-00205
Acetoxyprogesterone, *in* H-00202
3-Acetoxypyridine, *in* H-00209
2-Acetoxytricarballylic acid, *in* C-00402
▷Acetphenarsine, *in* A-00271
▷Acetphenolpicoline, *see* B-00186
▷Acetriazoate sodium, *in* A-00340
▷Acetrizoic acid, *in* A-00340
Acetryptine, A-00027
▷Acetyladalin, *see* A-00007
▷Acetylamide, *see* A-00033
[5-(Acetylamino)-2-[[3-(acetylamino)-4-hydroxyphenyl]-diarsenyl]phenoxy]acetic acid, *see* S-00095
▷3-(Acetylamino)-5-[(acetylamino)methyl]-2,4,6-triiodobenzoic acid, *see* I-00095
▷3-(Acetylamino)-5-(acetylmethylamino)-2,4,6-triiodobenzoic acid, *in* D-00138
▷2-[[3-(Acetylamino)-5-(acetylmethylamino)-2,4,6-triiodobenzoyl]amino]-2-deoxy-D-glucose, *see* M-00343
▷*N*-[(Acetylamino)carbonyl]-2-bromo-2-ethylbutanamide, *see* A-00007
4-(Acetylamino)-2-ethoxybenzoic acid methyl ester, *in* A-00264
5-Acetyl-3-(2-aminoethyl)indole, *see* A-00027
2-(Acetylamino)glutaramidic acid, *see* A-00012
3-(Acetylamino-5-[(hydroxyacetyl)amino]-2,4,6-triiodobenzoic acid, *in* D-00138
21-[[[4-(Acetylamino)methyl]cyclohexyl]carbonyl]oxy]-9-chloro-11,17-dihydroxy-16-methylpregna-1,4-diene-3,20-dione, *see* C-00624
2-(Acetylamino)-4-(methylthio)butanoic acid, *see* A-00036
4-[2-[[2-(Acetylamino)-4-(methylthio)-1-oxobutyl]amino]-ethyl-1,2-phenylene diethyl carbonate, *see* D-00562
▷2-[4-(Acetylamino)phenoxy]ethyl 2-(acetyloxy)benzoate, *see* E-00144
2-[4-(Acetylamino)phenoxy]-*N*-[1-methyl-2-[3-(trifluoromethyl)phenyl]ethyl]acetamide, *see* F-00135
N-Acetyl-*p*-aminophenyl-*N*′-acetylmethionate, *see* S-00267
4-(Acetylamino)phenyl *N*,*N*-diethylglycine, *see* P-00485
3-(Acetylamino)-2,4,6-tribromo-5-[[(2-hydroxyethyl)amino]-carbonyl]benzoic acid, *see* B-00333
▷8-Acetyl-10-[(3-amino-2,3,6-trideoxy-α-L-xylohexopyranosyl)-oxy]-7,8,9,10-tetrahydro-6,8,11-trihydroxy-1-methoxy-5,12-naphthacenedione, *see* D-00019
▷3-(Acetylamino)-2,4,6-triiodo-5-[(methylamino)carbonyl]-benzoic acid, *see* I-00140
3-(Acetylamino)-2,4,6-triiodo-5-[[[2-(methylamino)-2-oxoethyl]amino]carbonyl]benzoic acid, *see* I-00111
▷2-[[2-(3-Acetylamino-2,4,6-triiodophenoxy)ethoxy]methyl]-butanoic acid, *see* I-00132
▷3-[Acetyl(3-amino-2,4,6-triiodophenyl)amino]-2-methyl-propanoic acid, *see* I-00094
▷*N*-Acetyl-*N*-(3-amino-2,4,6-triiodophenyl)-2-methyl-β-alanine, *see* I-00094
Acetylaranotin, *in* A-00436
▷Acetylarson, *in* A-00271
N-(*N*-Acetyl-α-aspartyl)glutamic acid, *see* I-00211
▷*N*-(4-Acetylbenzenesulfonyl)-*N*′-cyclohexylurea, *see* A-00023
α-[[(8-Acetyl-1,4-benzodioxan-5-yl)oxy]methyl]-4-(3,4,5-trimethoxycinnamoyl)-1-piperazineethanol, *see* C-00361
N-[*N*-Acetyl-4-[bis(2-chloroethyl)amino]phenylalanyl]-3,4-dihydroxyphenylalanine ethyl ester, *in* A-00453
▷*N*-[*N*-Acetyl-4-[bis(2-chloroethyl)amino]phenylalanyl]-phenyl-alanine ethyl ester, *see* A-00453
N-[*N*-Acetyl-4-[bis(2-chloroethyl)amino]phenylalanyl]-tyrosine ethyl ester, *in* A-00453
N-Acetyl-*N*,*O*-bis(methylcarbamoyl)hydroxylamine, *see* C-00036
▷1-Acetyl-3-(2-bromo-2-ethylbutyryl)urea, *see* A-00007
[3-Acetyl-4-[3-(*tert*-butylamino)-2-hydroxypropoxy]phenyl]-1,2-diethylurea, *see* C-00153
1-(2-Acetyl-4-*n*-butyramidophenoxy)-2-hydroxy-3-isopropylaminopropane, *see* A-00005
▷Acetylcarbromal, *see* A-00007
▷Acetyl chloride, *in* A-00021
3-Acetyl-5-chloro-2-hydroxy-*N*,*N*-dimethyl-*N*-(2-phenoxyethyl)-benzenemethanaminium(1+), A-00028
N-[2-(2-Acetyl-4-chlorophenoxy)ethyl]-*N*,*N*-dimethylbenzenemethanaminium (1+), A-00029
N-Acetyl-*S*-[2-(4-chlorophenoxy)-2-methyl-1-oxopropyl]-homocysteine, *see* S-00046
γ-Acetyl-2-chloro-γ-phenylbenzenepentanoic acid, *see* C-00220
17-Acetyl-6-chloro-1,2,8,9,10,11,12,13 14,15,16,17,20,21-tetra-decahydro-10,13-dimethyl-3*H*-dicyclopropa[1,2:16,17]-cyclo-penta[*a*]phenanthren-3-one, *see* G-00020
▷Acetylcholine(1+), A-00030
▷Acetylcholine chloride, *in* A-00030
22-Acetylcyasterone, *in* C-00584
▷4-Acetyl-*N*-[(cyclohexylamino)carbonyl]benzenesulfonamide, *see* A-00023
▷Acetylcysteine, *see* A-00031
▷*N*-Acetylcysteine, A-00031
N-Acetylcysteine 6-methoxy-α-methyl-2-naphthaleneacetate (ester), *see* C-00356
N-Acetyl-6-diazo-5-oxo-L-norleucine, *in* A-00238
▷1-Acetyl-4-[4-[[2-(2,4-dichlorophenyl)-2-(1*H*-imidazol-1-ylmethyl)-1,3-dioxolan-4-yl]methoxy]phenyl]piperazine, *see* K-00016
▷Acetyldigitoxin, *in* D-00275
▷α-Acetyldigoxin, *in* D-00275
▷β-Acetyldigoxin, *in* D-00275
α-[[(8-Acetyl-2,3-dihydro-1,4-benzodioxin-5-yl)oxy]methyl]-4-[1-oxo-3-(3,4,5-trimethoxyphenyl)-2-propenyl]-1-piperazineethanol, *see* C-00361
▷Acetyldihydrocodeinone, *see* T-00161
N-Acetyl-9,10-dihydrolysergamine, *see* A-00019
5-[Acetyl(2,3-dihydroxypropyl)amino]-*N*,*N*′-bis(2,3-dihydroxypropyl)-2,4,6-triiodo-1,3-benzenedicarboxamide, *see* I-00117
5-[Acetyl(2,3-dihydroxypropyl)amino]-*N*-(2,3-dihydroxypropyl)-*N*′-(2-hydroxyethyl)-2,4,6-triiodo-1,3-benzenedicarboxamide, *see* I-00149
2-Acetyl-10-(2-dimethylaminopropyl)phenothiazine, *see* A-00016
▷2-Acetyl-10-(3-dimethylaminopropyl)phenothiazine, *see* A-00015
N′-[3-Acetyl-4-[3-[(1,1-dimethylethyl)amino]-2-hydroxypropoxy]phenyl]-*N*,*N*-diethylurea, *see* C-00163
▷Acetyldiphenasone, *in* D-00129
1-Acetyl-2-(3,3-diphenyl-3-hydroxypropionyl)hydrazine, *see* D-00516

N-Acetyl DON, *in* A-00238
Acetylenoxolone, *in* G-00072
Acetylenoxolone aluminium, *in* G-00072
▷*N*-Acetylethanolamine, *in* A-00253
3-(Acetylethylamino)-2,4,6-triiodobenzenepropanoic acid, *see* I-00130
5-Acetyl-*N*-[(1-ethyl-2-pyrrolidinyl)methyl]-2-methoxybenzamide, *see* E-00132
3-Acetyl-5-(4-fluorobenzylidene)-4-hydroxy-2-oxo-2,5-dihydrothiophene, A-00032
3-Acetyl-5-[(4-fluorophenyl)methylene]-4-hydroxy-2(5*H*)-thiophenone, *see* A-00032
Acetylformocholine iodide, *in* H-00177
▷Acetylfuratrizine, *in* F-00280
Acetylgliotoxin, *in* G-00041
α-*N*-Acetyl-L-glutamine, *see* A-00012
N^2-Acetyl-L-glutamine, *see* A-00012
Acetylglycarsonobenzol, *see* S-00095
▷α-*N*-Acetylhomocysteinethiolactone, *see* T-00129
▷Acetylhydrazide, *in* A-00021
▷Acetylhydrazine, *in* A-00021
▷*N*′-[5-[[4-[[5-(Acetylhydroxyamino)pentyl]amino]-1,4-dioxobutyl]hydroxyamino]pentyl]-*N*-(5-aminopentyl)-*N*-hydroxybutanediamide, *see* D-00044
▷*N*-Acetyl-2-hydroxybenzamide, A-00033
N-[3-[Acetyl(2-hydroxyethyl)amino]-2,4,6-triiodo-5-[(methylamino)carbonyl]phenyl]-D-gluconamide, *see* I-00112
N-[*p*-Acetyl-β-hydroxy-α-(hydroxymethyl)phenethyl]-2,2-dichloroacetamide, *see* C-00185
3′-Acetyl-4′-[2-hydroxy-3-(isopropylamino)propoxy]acetanilide, *see* D-00118
3′-Acetyl-4′-[2-hydroxy-3-(isopropylamino)propoxy]-butyranilide, *see* A-00006
▷*N*-Acetylhydroxylamine, *see* H-00106
3-Acetyl-5-hydroxy-1-(4-methoxyphenyl)-2-methyl-1*H*-indole, A-00034
5-[Acetyl(2-hydroxy-3-methoxypropyl)amino]-*N*,*N*′-bis(2,3-dihydroxypropyl)-2,4,6-triiodo-1,3-benzenedicarboxamide, *see* I-00126
N-[3-Acetyl-4-[2-hydroxy-3-[(methylethyl)amino]propoxy]-phenyl]acetamide, *see* D-00118
N-[3-Acetyl-4-[2-hydroxy-3-[(1-methylethyl)amino]propoxy]-phenyl]butanamide, *see* A-00006
5-[4′-(4″-Acetyl-3″-hydroxy-2″-propylphenoxy)butyl]tetrazole, *see* T-00375
7-[3-(4-Acetyl-3-hydroxy-2-propylphenoxy)-2-hydroxypropoxy]-4-oxo-8-propyl-4*H*-1-benzopyran-2-carboxylic acid, A-00035
Acetylindicine, *in* I-00057
N-Acetylkanamycin *B*, *in* K-00005
2-(*O*-Acetyllactoyloxy)ethyltrimethylammonium(1+), *see* A-00044
Acetylleucine, *in* L-00029
3-*O*-Acetylmaytansinol, *in* M-00027
S-Acetylmercaptosuccinic anhydride, *in* M-00115
N-Acetylmethionine, A-00036
N-(*N*-Acetyl-L-methionyl)-3,4-diethoxycarboxyphenethylamine, *see* D-00562
3-Acetyl-7-methoxy-2,4-dimethylquinoline, A-00037
N-Acetyl-[2-(6-methoxy-2-naphthyl)propionyl]cysteine, *see* C-00356
N-[3-(Acetylmethylamino)-5-[[(2-hydroxyethyl)amino]-carbonyl]-2,4,6-triiodophenyl]-D-gluconamide, *see* I-00114
3-[[[[3-(Acetylmethylamino)-2,4,6-tribromo-5-[(methylamino)-carbonyl]benzoyl]amino]acetyl]amino]-5-[[(2-hydroxyethyl)-amino]carboxyl]-2,4,6-triiodobenzoic acid, *see* I-00147
3-[[[[3-(Acetylmethylamino)-2,4,6-triiodo-5-[(methylamino)-carbonyl]benzoyl]amino]acetyl]amino]-5-[[(2-hydroxyethyl)-amino]carbonyl]-2,4,6-triiodobenzoic acid, *see* I-00148
17-Acetyl-6-methyl-16,24-cyclo-21-norchol-4-en-3-one, A-00038
▷*N*-Acetyl-*N*-[2-methyl-4-[(2-methylphenyl)azo]phenyl]-acetamide, *see* D-00117
2-Acetyl-3-(1-methyl-5-nitro-2-imidazoyl)-2-propenoic acid ethyl ester, *see* P-00494
N-Acetyl-*S*-(2-methyl-3-oxo-3-phenylpropyl)-L-cysteine, *see* B-00040
N^2-[*N*-(*N*-Acetylmuramoyl)-L-alanyl]-D-glutamine butyl ester, *see* M-00470
N^2-[N^2-[*N*-(*N*-Acetylmuramoyl)-L-alanyl]-D-α-glutaminyl]-N^6-(1-oxooctadecyl)-L-lysine, *see* M-00472
N^2-[*N*-(*N*-Acetylmuramoyl)-L-threonyl]-D-α-glutamine, *see* T-00065
N-Acetyl-3-(2-naphthalenyl)-D-alanyl-4-chloro-D-phenylalanyl-D-tryptophyl-L-seryl-L-tyrosyl-N^6-[bis(ethylamino)methylene]-D-lysyl-L-leucyl-L-arginyl-L-prolyl-D-alaninamide, *see* D-00107
II^3α-*N*-Acetylneuraminosyl-II^2β internal ester gangliotetraglycosyl-ceramide, *see* S-00063
▷3-(2-Acetyl-1-*p*-nitrophenylethyl)-4-hydroxycoumarin, *see* N-00105
2-Acetyl-29-norcyasterone, *in* C-00584
3-Acetyl-29-norcyasterone, *in* C-00584
▷2-Acetyloxybenzoic acid, *see* A-00026
▷2-(Acetyloxy)benzoic acid 4-(acetylamino)phenyl ester, *see* B-00057
▷2-(Acetyloxy)-3-bromo-*N*-(4-bromophenyl)-5-chlorobenzenecarbothioamide, *see* B-00328
17-(Acetyloxy)-4-chloroestr-4-en-3-one, *in* C-00242
▷(11β,16α)-21-(Acetyloxy)-3-(2-chloroethoxy)-9-fluoro-11-hydroxy-16,17-[(1-methylethylidene)tris(oxy)]-20-oxopregna-3,5-diene-6-carboxaldehyde, *see* F-00246
▷2-(Acetyloxy)-*N*-(4-chlorophenyl)-3,5-diiodobenzamide, *see* C-00430
▷21-(Acetyloxy)-16α,17-[(cyclopentylidenebis(oxy)]-9-fluoro-11β-hydroxypregna-1,4-diene-3,20-dione, *see* A-00177
▷4-(Acetyloxy)-*N*-[2,4-dibromo-6-[(cyclohexylmethylamino)-methyl]phenyl]-3-methoxybenzamide, *see* B-00330
2-(Acetyloxy)-*N*,*N*-diethyl-1,3,4,6,7,11*b*-hexahydro-9,10-dimethoxy-2*H*-benzo[*a*]quinolizine-3-carboxamide, *see* B-00102
▷21-(Acetyloxy)-6α,9-difluoro-11β-hydroxy-16α,17-[(1-methylethylidene)bis(oxy)]pregna-1,4-diene-3,20-dione, *see* F-00173
21-(Acetyloxy)-6α,9-difluoro-11β-hydroxy-17-(1-oxobutoxy)-pregna-1,4-diene-3,20-dione, *see* D-00273
5-(Acetyloxy)-5,6-dihydro-6-(3-methyloxiranyl)-2*H*-pyran-2-one, *see* A-00464
▷(6α,11β)-21-(Acetyloxy)-11,17-dihydroxy-6-methylpregna-1,4-diene-3,20-dione, *in* M-00297
3-(Acetyloxy)-5-[2-(dimethylamino)ethyl]-2,3-dihydro-2-(4-methoxyphenyl)-1,5-benzothiazepin-4(5*H*)-one, *see* D-00373
S-[1-[2-(Acetyloxy)ethyl]-2-[[(4-amino-2-methyl-5-pyrimidinyl)methyl]formylamino]-1-propenyl ethanethiolate, *see* A-00020
▷17β-(Acetyloxy)-13-ethyl-18,19-dinor-4-pregnen-20-yn-3-one 3-oxime, *see* N-00216
17-(Acetyloxy)-9-fluoro-11-hydroxy-16-methyl-3-oxoandrosta-1,4-diene-17-carbothioic acid *S*-methyl ester, *in* T-00286
21-(Acetyloxy)-11-hydroxy-6-methyl-17-(1-oxobutoxy)pregn-4-ene-3,20-dione, *see* A-00178
4-[4-(Acetyloxy)-3-iodophenoxy]-3,5-diiodobenzoic acid, *see* A-00022
11-(Acetyloxy)-1-(methoxymethyl)-2-oxaandrosta-5,8-dieno[6,5,4-*bc*]furan-3,7,17-trione, *see* W-00003
3-[(Acetyloxy)methyl]-7-[[(2-amino-4-thiazolyl)-(methoxyimino)acetyl]amino]-8-oxo-5-thia-1-azabicyclo[4.2.0]oct-2-ene-2-carboxylic acid, *see* C-00138
(Acetyloxy)methyl 4-[(2-chloro-3-methylphenyl)amino]-3-thiophenecarboxylate, *see* A-00043
3-[(Acetyloxy)methyl]-7-[[2-furanyl(methoxyimino)acetyl]-amino]-8-oxo-5-thia-1-azabicyclo[4.2.0]oct-2-ene-2-carboxylic acid, *see* C-00160

▷3-[(Acetyloxy)methyl]-7-[[[[[(1-methylethyl)amino][(1-methylethyl)imino]methyl]thio]acetyl]amino]-8-oxo-5-thia-1-azabicyclo[4.2.0]oct-2-ene-2-carboxylic acid, *see* C-00116
17-(Acetyloxy)-11β-methyl-19-norpregn-4-ene-3,20-dione, *see* N-00217
17-(Acetyloxy)-6-methyl-5-pregnene-3,20-dione cyclic 3-(1,2-ethanediyl acetal), *see* E-00014
2-(Acetyloxy)-*N*-[2-(nitrooxy)ethyl]benzamide, *see* A-00017
2-(Acetyloxy)-*N*-(5-nitro-2-thiazolyl)benzamide, *see* N-00162
2-[2-(Acetyloxy)-1-oxopropoxy]-*N,N,N*-trimethylethanaminium(1+), *see* A-00044
▷4-[[4-(Acetyloxy)phenyl]cyclohexylidenemethyl]phenol acetate, *see* C-00602
2-[4-(Acetyloxy)phenyl]-1-ethyl-3-methyl-1*H*-indol-5-ol acetate (ester), *see* Z-00020
2-(Acetyloxy-*N*-[3-[3-(1-piperidinylmethyl)phenoxy]propyl]-acetamide, *in* R-00097
25-(Acetyloxy)-5,6,21,23-tetrahydroxy-27-methoxy-2,4,11,16,20,22,24,26-octamethyl-2,7-(epoxypentadeca[1,11,13]trienimino)benzofuro[4,5-*e*]-pyrido[1,2-*a*]-benzimidazole-1,15(2*H*)-dione, *see* R-00049
▷2-Acetyloxy-*N,N,N*-trimethylethanaminium, *see* A-00030
▷2-(Acetyloxy)-*N,N,N*-trimethyl-1-propanaminium, *see* M-00160
Acetylparaminosalol, *in* H-00112
Acetylpenicillamine, *in* P-00064
▷4-[(*p*-Acetylphenoxy)acetyl]-*p*-morpholine, oxime, *see* M-00421
▷1-[(*p*-Acetylphenoxy)acetyl]piperidine *p*-oxime, *see* P-00249
N-[*N*-(*N*-Acetyl-L-phenylalanyl)-L-phenylalanyl-L-histidine methyl ester, *see* T-00488
▷3-(2-Acetyl-1-phenylethyl)-4-hydroxycoumarin, *see* W-00001
N-[2-(4-Acetylphenyl)-2-hydroxy-1-(hydroxymethyl)ethyl]-2,2-dichloroacetamide, *see* C-00185
▷Acetylpromazine, *see* A-00015
▷*N*-Acetylsalicylamide, *see* A-00033
▷Acetylsalicylic acid, *see* A-00026
Acetylsalicylsalicylic acid, *in* S-00015
Acetylsalol, *in* A-00026
▷*N*-Acetylsarcolysylphenylalanine ethyl ester, *see* A-00453
Acetylsongorine, *in* S-00100
5-Acetylspiro[benzofuran-2(3*H*),1′-cyclopropan]-3-one, *see* S-00134
Acetylsulfamethoxazole, *in* S-00244
Acetylsulfamethoxypyridazine, *in* S-00246
4′-(Acetylsulfamyl)phthalanilic acid, *see* P-00225
▷*N*-Acetylsulfanilyl chloride, *in* A-00213
Acetylsulfisomezole, *in* S-00244
Acetyl sulphafurazole, *see* S-00216
8-Acetyl-7,8,9,10-tetrahydro-1,6,8,10,11-pentahydroxy-5,12-naphthacenedione, *in* C-00081
▷8-Acetyl-7,8,9,10-tetrahydro-6,8,10,11-tetrahydroxy-1-methoxy-5,12-naphthacenedione, *in* D-00019
7-(Acetylthio)-15,16-dihydro-17-hydroxy-3-oxo-3′*H*-cyclopropa[6,7]pregna-1,4,15-triene-21-carboxylic acid γ-lactone, *see* M-00135
7-(Acetylthio)-4′,5′-dihydrospiro[androst-4-ene-17β,2′(3′*H*)-furan]-3-one, *see* S-00131
▷7α-(Acetylthio)-17α-hydroxy-3-oxopregn-4-ene-21-carboxylic acid γ-lactone, *see* S-00125
N-[1-[3-(Acetylthio)-2-methyl-1-oxopropyl]prolyl]-phenylalanine, *see* A-00090
5-Acetyltryptamine, *see* A-00027
1-(*N*-Acetyl-L-valine)pepstatin *A*, *in* P-00109
O-Acetylvallaroside, *in* D-00274
Acetyl-Vitamin K_5, *in* A-00285
Acevaltrate, *in* V-00006
Aceverine, *in* A-00300
▷Acexamic acid, *in* A-00259
▷Achromycin, *in* P-00557
▷Achromycin, *in* T-00109
Achylin, *in* B-00140
▷Aciclovir, *see* A-00060
Acidin, *in* B-00140
Acidol, *in* B-00140
▷Acidomycin, A-00039
Acifran, *see* D-00290
▷Acignost, *see* P-00079
▷Aci-Jel, *in* B-00254
▷Acinitrazole, *in* A-00294
Acinol, *see* B-00118
Acinorm, *in* B-00140
▷Acipen V, *see* P-00171
Acipepsol, *in* B-00140
Aciphen, *in* H-00112
▷Acipimox, *in* M-00302
Acitemate, A-00040
Acitretin, A-00041
Aciventral forte, *in* B-00140
Acivicin, *see* A-00405
▷ACL 59, *in* D-00203
▷ACL 60, *in* D-00203
▷ACL 85, *see* T-00442
▷Aclacinomycin *A*, A-00042
Aclacinomycin *T*, *see* A-00089
▷Aclacinon, *see* A-00042
Aclantate, A-00043
▷Aclaplastin, *see* A-00042
▷Aclarubicin, *see* A-00042
Aclatonium(1+), A-00044
▷Aclatonium napadisylate, *in* A-00044
Acnestrol, *see* B-00326
Acnestrol-Lotion, *in* D-00257
Acnosan "Una", *see* T-00214
▷Acocantherin, *in* H-00053
Acodazole, A-00045
▷Acodazole hydrochloride, *in* A-00045
▷Acolongifloroside *K*, *in* H-00053
Aconiazide, A-00046
▷Aconil, *in* P-00455
Acopyrine, *in* D-00284
Acoschimperoside P, *in* T-00474
Acoxatrine, A-00047
Acozid, *see* S-00016
▷Acramidine, *in* A-00205
▷Acramine, *in* A-00205
▷Acranil, *in* C-00229
▷Acrasin, *see* C-00591
▷Acrichine, *see* Q-00010
▷1-Acridinamine, *see* A-00201
▷2-Acridinamine, *see* A-00202
▷3-Acridinamine, *see* A-00203
▷4-Acridinamine, *see* A-00204
▷9-Acridinamine, *see* A-00205
▷3,6-Acridinediamine, *see* D-00120
▷*N*-[4-(9-Acridinylamino)-3-methoxyphenyl]-methanesulfonamide, *see* A-00373
N-[2-(9-Acridinyl)ethyl]-α-methylphenethylamine, *see* A-00048
Acridorex, A-00048
▷4′-(9-Acridylamino)methanesulfon-*m*-anisidide, *see* A-00373
Acriflavine, *in* D-00120
Acriflavinium chloride, *in* D-00120
▷Acriflex, *in* A-00205
Acrihellin, *in* T-00477
▷Acrinolum, *in* D-00130
▷Acripramine, *see* D-00387
Acrisorcin, *in* H-00071
α-Acritol, *in* M-00018
Acrivastine, A-00049
Acrizane, *see* H-00074
Acrobil, *in* D-00346

Acrocinonide, *in* T-00419
▷Acroferon, *see* F-00093
Acrofollin, *in* O-00028
▷Acronine, *see* A-00050
▷Acronycine, A-00050
Acrosoxacin, A-00051
▷Actagardin, *see* G-00011
Actal, *in* A-00108
▷Actamer, *see* B-00204
Actamycin, A-00052
▷Actazine, *see* P-00282
Actebral, *see* C-00647
▷Actellic, *see* P-00330
▷Actellifog, *see* P-00330
▷Acterol, *see* N-00150
▷ACTH, *see* C-00547
Acthar Gel Synthetic, *in* S-00045
Acthormon, *see* G-00025
▷Acti-Aid, *in* D-00441
▷Acti-chlore, *in* C-00289
▷Actiderm, *see* D-00102
▷Actidil, *in* T-00529
▷Actidilon, *in* T-00529
▷Actidione, *in* D-00441
▷Actifed, *in* H-00166
▷Actifed, *in* M-00221
▷Actifed, *in* T-00529
Actif VIII-HT, *see* F-00003
▷Actilin, *see* N-00068
Actilyse, *see* A-00156
Actimide, *see* C-00529
Actinac, *see* A-00123
▷Actinamin, *in* C-00100
▷Actinobolin, A-00053
▷Actinochrysin, *see* A-00054
Actinogen, *see* A-00059
▷Actinomycin *C*, A-00054
▷Actinomycin C_2, A-00055
▷Actinomycin C_3, A-00056
▷Actinomycin I_1, *see* A-00057
▷Actinomycin I_2, *see* A-00055
▷Actinomycin I_3, *see* A-00056
▷Actinomycin IV, *see* A-00057
▷Actinomycin VI, *see* A-00055
▷Actinomycin VII, *see* A-00056
▷Actinomycin X_1, *see* A-00057
▷Actinomycin A_{IV}, *see* A-00057
▷Actinomycin Au_1, *see* A-00056
▷Actinomycin Au_2, *see* A-00055
▷Actinomycin Au_3, *see* A-00057
▷Actinomycin B_1, *see* A-00057
▷Actinomycin B_{IV}, *see* A-00057
▷Actinomycin C_1, *see* A-00057
▷Actinomycin D_{IV}, *see* A-00057
▷Actinomycin Fo, *see* A-00057
▷Actinomycin *D*, A-00057
▷Actinomycin KS-2, *see* A-00054
▷Actinomycin S_2, *see* A-00057
Actinoquinol, *see* E-00171
Actinoquinol sodium, *in* E-00171
▷Actinospectacin, *see* S-00111
▷Actinovorin, *see* A-00053
▷Actinoxanthine, A-00058
▷Actiphan, *in* P-00201
▷Actirin, *see* D-00500
▷Actithiazic acid, *see* A-00039
Activase, *see* A-00156
Active methiamine, *see* A-00068
▷Actocortin, *in* C-00548
Actodigin, A-00059
▷Actol, *see* N-00113
▷Actomol, *see* P-00188
Actonalt, *in* A-00108
▷Actosolv, *see* U-00016
Actoxal, *see* T-00242
▷Actozine, *in* B-00034
Actriol, *in* O-00030
▷Actrun *C*, *see* P-00349
Actuman, *in* S-00045
Acturin, *see* X-00017
▷Acupan, *in* N-00063
Acutil/S, *see* A-00012
Acutran, *see* A-00366
▷Acycloguanosine, *see* A-00060
▷Acyclovir, A-00060
Acyclovir sodium, *in* A-00060
▷Acylanid, *in* D-00275
▷Acylnidrazone, *see* N-00139
AD 4, *in* M-00052
AD 6, *see* C-00497
AD 67, *see* D-00380
▷AD 106, *see* C-00605
AD 1590, *in* B-00136
AD 205, *in* O-00021
AD 810, *in* B-00087
Adafenoxate, A-00061
▷ADAI, *see* P-00105
▷Adalat, *see* N-00110
▷Adalin, *see* B-00300
▷1-Adamantanamine, *see* A-00206
Adamantoylcytarabine, *in* C-00667
2-(1-Adamantylamino)ethyl *p*-chlorophenoxy acetate, *see* A-00061
1-(1-Adamantyl)-2-azetidinecarboxylic acid, A-00062
N-1-Adamantyl-2-[(2-dimethylamino)ethoxy]acetamide, *see* T-00545
1-(1-Adamantyl)ethylamine, A-00063
α-(1-Adamantylmethylamino)-4′,6′-dibromo-*o*-acetotoluidide, *see* A-00065
1-Adamantyl-2-methyl-2-propylamine, A-00064
Adam CA, *in* C-00667
Adamexine, A-00065
▷Adamon, *in* C-00330
▷Adanon, *see* M-00163
▷Adaptic, *in* E-00204
Adaptinol, *in* L-00115
▷Adaptol, *in* M-00081
ADCA, *see* B-00191
▷Adcortyl, *in* T-00419
ADD-3878, *see* C-00339
▷Addicillin, *see* P-00066
Adechlorin, A-00066
Adecol, *see* A-00022
▷Ademetionine, *in* A-00068
Ademide, *see* C-00529
▷Ademil, *see* F-00157
▷Ademol, *see* F-00157
▷Adena-A, *in* A-00435
▷Adenine cordyceposide, *see* C-00543
▷Adenosine, A-00067
▷Adenosine cyclic 3′,5′-(hydrogen phosphate), *see* C-00591
Adenosine 5′-(trihydrogen diphosphate) 3′-(dihydrogen phosphate) 5′-[3-hydroxy-4-[[3-[(2-mercaptoethyl)amino]-3-oxopropyl]amino]-2,2-dimethyl-4-oxobutyl] ester, *see* C-00528
▷Adenosine 5′-(trihydrogen diphosphate) (5′→5′) ester with 3-(aminocarbonyl)-1-β-D-ribofuranosylpyridinium hydroxide inner salt, *see* C-00530
S-Adenosylmethionine, A-00068
▷Adepril, *in* M-00081
Adeprim, *see* Q-00036
Aderan-Sostenido, *see* C-00462
Aderman, *in* H-00191

▷Adermin, *see* P-00582
▷Adermykon, *see* C-00251
▷Adestan, *in* I-00183
▷Adiabil, *see* G-00071
Adibendan, A-00069
▷Adicillin, *see* P-00066
▷Adifax, *in* F-00050
Adigenin, *in* T-00474
Adigoside, *in* T-00474
4,4a-Dihydromevinolin, *in* M-00348
Adimolol, A-00070
Adinazolam, A-00071
Adinazolam mesylate, *in* A-00071
▷Adiphen, *see* A-00072
▷Adiphenine, A-00072
▷Adiphenine hydrochloride, *in* A-00072
Adipiodone, *see* I-00097
Adipost, *in* M-00290
3,3′-(Adipoyldiimino)bis(2,4,6-triiodobenzoic acid), *see* I-00097
▷5,5-(Adipoyldiimino)bis[2,4,6-triiodo-*N*-methylisophthalamic acid], *see* I-00093
Adisne, *in* T-00169
Aditeren, A-00073
Aditoprime, *in* A-00073
Adiuretin SD, *see* D-00097
adoAra C, *in* C-00667
▷Adobiol, *in* B-00349
AdOCA, *in* C-00667
Adoisine, *in* W-00001
▷Adopon, *in* D-00234
ADR-033, *see* T-00522
Adrafinil, A-00074
Adremycine, *in* C-00232
▷Adrenaline, A-00075
Adrenaline dipivalate, *see* D-00518
▷Adrenalone, A-00076
▷Adrenochrome, A-00077
▷Adrenocorticotrophin, *see* C-00547
▷Adrenocorticotropic hormone, *see* C-00547
▷Adrenone, *see* A-00076
▷Adrenor, *in* N-00208
Adrenorphin, A-00078
Adrenosem, *in* A-00077
Adrenosterone, A-00079
Adrestat *F*, *in* A-00077
▷Adrevil, *in* B-00385
▷Adriacin, *see* A-00080
▷Adriamycin, A-00080
Adriamycinone, *in* A-00080
▷Adrianol, *in* A-00272
▷Adriblastin, *see* A-00080
Adrilyl, *see* C-00610
Adrovet, *see* N-00162
▷Adroyd, *see* O-00154
▷ADU, *see* E-00015
Adurix, *see* C-00480
AE 9, *see* F-00026
▷AE-17, *see* S-00283
▷Aedurid, *see* E-00015
▷Aeranne, *see* C-00231
Aerbron, *see* P-00545
▷Aerobid, *see* F-00167
▷Aerodrine, *see* M-00194
▷Aerosporin, *in* P-00384
▷Aerotrol, *in* I-00198
Aeruginoic acid, *see* H-00199
Aesculamin, *see* E-00121
▷Aesculetin 6-methyl ether, *see* H-00148
▷Aescusan, *in* O-00036
Aestocin, *see* D-00380
AET, *see* P-00380
▷Aethoksid, *in* B-00222
Aethonitazen, *see* E-00260
▷Aethoxydum, *in* B-00222
▷Aethylvanillin, *in* D-00311
AF 1, *in* D-00586
▷AF 1890, *see* L-00086
▷AF 1923, *see* T-00356
▷AF 2071, *in* C-00548
AF-438, *in* O-00130
▷AF 594, *see* M-00353
▷AF-634, *in* P-00545
▷AF 983, *see* B-00167
▷Afaxin, *see* V-00058
Afigan, *see* D-00136
▷Afiperon, *see* A-00503
▷Afloqualone, A-00081
▷Afloxan, *in* P-00467
Afloyan, *see* E-00250
▷Afrin, *in* O-00153
Afrinol, *in* M-00221
Afroside, *in* G-00079
▷Aftate, *see* T-00354
Afungin, *see* S-00183
Afurolol, A-00082
AG 5895, *in* D-00138
AG 629, *see* S-00134
AG 58107, *in* D-00138
▷AGA, *in* A-00012
▷Agalacto-Quilea, *in* E-00231
Aganodine, A-00083
▷Agarin, *see* A-00283
▷Agastril, *in* C-00196
▷Agedal, *in* N-00229
Agelix, *in* D-00138
▷Agerite, *see* B-00124
Ageroplas, *see* D-00545
AGF$_2$, *see* S-00063
AGN 197, *in* P-00246
AGN 511, *in* P-00407
AGN 616, *in* F-00018
Agofell, *in* D-00366
▷Agofollin, *in* O-00028
▷Agolanid, *in* D-00275
Agontan, *see* D-00365
Agostine, *see* B-00324
Agovirin-Depot, *in* H-00111
▷Agozol, *in* P-00423
Agr 620, *in* M-00381
Agradil, *see* V-00018
Agreal, *see* V-00018
▷Agrexen, *see* M-00405
▷Agribon, *see* S-00238
Agrimonolide, A-00084
Agrimophol, A-00085
Agrobactin, A-00086
AH 3, *see* E-00256
▷AH 2250, *see* B-00368
AH 3923, *see* S-00018
AH 5183, *see* V-00025
▷AH 8165, *in* F-00019
AH 853, *see* M-00247
AH 19065, *in* R-00011
AH 22216, *see* L-00007
AH 23844, *see* L-00109
AH 25352, *see* S-00179
▷Ahanon, *in* T-00006
AHF, *see* F-00003
A17 HF, *see* D-00466
▷Ahistan, *see* D-00403
▷Ahpatinin *C*, *in* P-00109

▷Ahpatinin *D*, *in* P-00109
▷AHR 1118, *in* D-00498
▷AHR-1680, *see* F-00069
AHR 224, *in* P-00593
AHR 2277, *in* L-00024
▷AHR 233, *see* M-00095
AHR 3015, *see* C-00383
▷AHR 3053, *see* C-00065
▷AHR 3096, *see* S-00017
AHR 3108, *see* M-00416
▷AHR 3219, *see* E-00244
▷AHR 438, *see* M-00152
AHR 483, *in* H-00069
AHR-504, *in* G-00070
▷AHR 619, *in* D-00591
AHR 6134, *in* C-00499
AHR 6646, *in* D-00621
AHR-8559, *see* F-00235
AHR 10282, *in* A-00219
AHR 10718, *in* S-00277
AHR 11190, *in* Z-00002
AHR 12135*B*, *in* Z-00002
AHR-3260B, *in* P-00382
AHR 5645B, *in* A-00229
AHR 5531C, *in* D-00027
AHR 5850D, *in* A-00218
AHR 11325D, *see* R-00070
▷A-Hydrocort, *in* C-00548
AI 27303, *see* C-00181
▷Aicamin, *in* A-00275
Aicase, *in* A-00275
▷Aicorat, *in* A-00275
Aigonyl, *in* A-00298
▷Aimax, *see* M-00165
▷Airbron, *in* A-00031
▷Airco 347, *see* C-00230
▷Airco 469, *see* C-00231
▷Airum, *see* F-00064
▷Aizen erythrosine, *see* E-00118
▷Aizumycin, *see* B-00158
▷(17*R*,21α)-Ajmalan-17,21-diol, *see* A-00088
Ajmalan-11,17-21-triol, *in* A-00088
Ajmalicine, A-00087
▷Ajmaline, A-00088
Ajmalinol, *in* A-00088
▷Ajucin simplex, *see* D-00232
▷Ajurac, *see* D-00232
Akatinol, *see* D-00402
▷Akineton, *see* B-00175
▷Akinophyl, *see* B-00175
▷Akitan, *see* B-00104
Aklavine, A-00089
Aklomide, *in* C-00258
Aklomix, *in* C-00258
Akrinol, *in* H-00071
Akrinor, *in* C-00009
▷Akrinor, *in* T-00167
Akrofollin, *in* O-00028
▷Aktilin, *in* R-00065
▷Aktinex, *see* C-00235
Aktivin, *see* T-00176
Akuammigine, *in* A-00087
▷8 AL, *see* N-00090
▷AL 0361, *in* P-00179
AL 0559, *see* A-00313
▷AL 1021, *see* C-00093
AL 1576, *see* I-00041
▷AL 304, *in* Q-00035
AL 307, *in* D-00166
AL 70-35, *see* F-00102
AL 842, *in* D-00106
AL 02145, *in* A-00427
ALA 306, *see* A-00199
Alacepril, A-00090
Alacortril, *in* F-00201
▷Aladione, *see* P-00222
Alafosfalin, A-00091
Alafosfin, *see* A-00091
Alahopcin, A-00092
Alamarckine, *in* C-00172
1-β-Alanine-17-[*N*-(4-aminobutyl)-L-lysinamide]-α^{1-17}-corticotrophin, *see* A-00152
▷6-L-Alaninecapreomycin IA, *in* C-00031
7-L-Alaninecyclosporin *A*, *in* C-00638
1-β-Alanine-17-[L-2,6-diamino-*N*-(4-aminobutyl)hexanamide]-α^{1-17}-corticotropin, *see* A-00152
2-D-Alanine-4-[4-(dimethylamino)-*N*-methyl-L-phenylalanine]-virginiamycin S_1, *see* P-00440
Alanine Nitrogen Mustard, *see* M-00084
Alanino-2′,6′-xylidide, *see* T-00332
Alanosine, A-00093
Alanta-SF, *in* A-00123
[2-(Alanylamino)ethyl]phosphonic acid, *see* A-00091
N-Alanyl-(2-aminoethyl)phosphonic acid, *see* A-00091
N-Alanyl-3-[(hydroxyamino)carbonyl]-5-oxonorvaline, *see* A-00092
Alaprin, *see* A-00144
Alaproclate, A-00094
Alarant, *in* A-00123
Alazanine triclofenate, *in* E-00187
▷Alazone, *see* D-00179
▷Alazopeptin, A-00095
▷Alba, *see* B-00124
▷Albalon liquifilm, *in* N-00041
▷Albamycin, *see* N-00228
▷Albego, *see* C-00019
▷Alben, *see* A-00096
▷Albendazole, A-00096
Albendazole oxide, *in* A-00096
Albendazole sulfoxide, *in* A-00096
Albiflorin, A-00097
Albizziine, A-00098
Albocresil, *in* D-00216
▷Albocycline, A-00099
Albocycline M-1, *in* A-00099
Albocycline M-2, *in* A-00099
Albocycline M-3, *in* A-00099
Albocycline M-4, *in* A-00099
Albocycline M-5, *in* A-00099
Albocycline M-6, *in* A-00099
Albocycline M-7, *in* A-00099
▷Albofungin, A-00100
Albofungin *B*, *in* A-00100
▷Albon, *see* S-00238
▷Albone, *see* H-00100
Alborixin, A-00101
Albothyl, *in* D-00216
▷Albucid, *in* A-00213
▷Albuterol, *see* S-00012
▷Albuterol sulfate, *in* S-00012
Albutoin, A-00102
▷ALCA, *in* A-00123
Alcaine, *in* P-00550
▷Alcanfer, *see* C-00023
Alcindoromycin, *in* M-00022
▷Alclofenac, A-00103
Alclometasone, A-00104
Alclometasone dipropionate, *in* A-00104
▷Alcloxa, *in* A-00123
▷Alcobon, *see* F-00183
▷Alcohol, *see* E-00149
▷Alcojel, *see* P-00491
Alcomcinol, *in* D-00604
Alcopar, *in* B-00132
▷Alcopon, *in* C-00037
Alcorten, *in* T-00419

▷Alcuronium(2+), A-00105
▷Alcuronium chloride, *in* A-00105
ALDA, *in* A-00123
▷Aldaban, *see* T-00088
▷Aldactone, *see* S-00125
▷Aldactone *A*, *see* S-00125
Aldarsone, *see* P-00146
▷Aldefur, *see* N-00116
▷Alderlin, *in* P-00483
Aldesulfone sodium, *in* S-00223
▷Aldinamide, *in* P-00560
Aldioxa, *in* A-00123
▷Aldoclor, *in* C-00288
▷Aldocorten, *see* A-00106
Aldomet, *in* M-00249
▷Aldoron, *see* N-00146
▷Aldosterone, A-00106
Aldrisone, *see* E-00052
Aldrithiol 2, *see* D-00551
▷Alecor, *in* E-00094
Alefexole, *see* T-00009
Alene, *see* E-00080
▷Alentin, *see* C-00070
Alerga, *in* M-00064
▷Alermizol, *see* A-00466
Alert, *see* C-00427
Alesal, *in* H-00112
Alestrum, *see* F-00212
▷Aletamine hydrochloride, *in* A-00307
▷Aleudrine, *see* I-00198
▷Aleukon, *see* B-00198
Aleviatin (new form), *in* B-00087
Alevotos, *see* F-00027
Alexandrin, *in* S-00151
Alexidine, A-00107
Alexitol, A-00108
Alexitol sodium, *in* A-00108
Alfacalcidol, A-00109
▷Alfacol, *in* T-00335
▷Alfadolone, *in* H-00200
Alfaland, *in* P-00378
Alfaprostol, A-00110
Alfarol, *see* A-00109
▷Alfason, *in* C-00548
Alfasone, *see* A-00114
▷Alfasone acetonide, *in* A-00114
▷Alfatil, *see* C-00109
Alfavet, *see* A-00110
▷Alfaxalone, *in* H-00200
Alfentanil, A-00111
Alfentanil hydrochloride *in* A-00111
Alferon, *in* I-00079
Alfetamine, *see* A-00307
▷Alficetyn, *see* C-00195
▷Alfide, *see* S-00283
▷Alflorone, *see* F-00147
▷Alflorone acetate, *in* F-00147
Alfluorone, *in* F-00184
Alfone, *see* A-00311
Alfospas, *see* T-00323
Alfuzosin, A-00112
Alfuzosin hydrochloride, *in* A-00112
Algeldrate, A-00113
▷Algeril, *in* P-00505
Algestone, A-00114
▷Algestone acetonide, *in* A-00114
▷Algestone acetophenide, *in* A-00114
▷Alginic acid, A-00115
Alginor, *in* C-00351
Algiospray, *in* A-00290
Algobaz, *see* M-00241
Algopent, *in* P-00093
Algopriv, *in* D-00526
Algorene, *see* G-00024
▷Alhydex, *see* P-00090
▷Alibendol, A-00116
Aliconazole, A-00117
▷Alidine, *see* A-00390
Alifedrine, A-00118
Aliflurane, *see* C-00287
Alimadol, A-00119
▷Alimemazine, *see* T-00495
▷Alimemazine tartrate, JAN, *in* T-00495
▷Alinamin F, *see* F-00299
Alinidine, A-00120
A-4020 Linz, *in* M-00369
Alipamide, A-00121
Alisactide, *see* A-00152
Alivin, *in* P-00061
Alizapride, A-00122
Alkafanone, *see* A-00311
Alkaloid *A*, *in* P-00416
▷Alkaloid *F*, *see* D-00062
Alkaloid *F*-3, *in* V-00024
Alkaloid *F*-4, *in* V-00024
▷Alkaloid *CC*-5, *in* D-00062
▷Alkaloid *CC*-19, *in* D-00062
Alkaloid NP, *in* O-00022
▷Alkalovert, *in* I-00074
Alkaphyllin, *in* T-00169
▷Alkeran, *in* M-00084
Alkixa, *in* A-00123
Alkofanone, *see* A-00311
▷Allacilum, *see* A-00291
▷Allacyl, *see* A-00291
Allantoin, A-00123
▷Allegron, *in* N-00224
▷Alleoside, *in* T-00478
▷Allercur, *in* C-00418
▷Allerest, *in* A-00308
Allerga, *in* M-00064
▷Allethrin, A-00124
Alletorphine, A-00125
Alliotoxigenin, *in* T-00473
▷Allisan, *see* D-00196
Alliumoside *A*, *in* S-00129
▷Allobarbital, *see* D-00119
▷Allobarbitone, *see* D-00119
Allochenodeoxycholic acid *in* D-00320
Allocholic acid, *in* T-00475
▷Alloclamide, A-00126
Alloclamide hydrochloride JAN, *in* A-00126
Allocupreide, A-00127
▷Allocupreide sodium, *in* A-00127
▷Alloferin, *in* A-00105
▷2^A-D-Alloisoleucineactinomycin *D*, *see* A-00055
▷2^A-D-Alloisoleucine-2^B-D-alloisoleucineactinomycin *D*, *see* A-00056
α-Allokainic acid, *in* K-00001
α-Allokaininic acid, *in* K-00001
Allomethadione, *see* A-00143
▷Allomycin, *see* A-00187
▷Allonal, *see* A-00430
α-Allophanyl-α-allyl-γ-valerolactone, *see* V-00004
▷Allopurinol, *see* D-00300
▷Allopydin, *see* A-00103
▷Allorphine, *see* N-00032
Allostrophanthidin, *in* T-00478
▷Alloxan, A-00128
Alloxanthine, *see* P-00564
▷1-Allyl-6-amino-3-ethylpyrimidine-2,4-dione, *see* A-00291
▷1-Allyl-6-amino-3-ethyluracil, *see* A-00291
2-(Allylamino)-4-thiazolecarboxylic acid [3-(5-nitro-2-furyl)-allylidene]hydrazide, *see* N-00117
▷Allylbarbital, *see* B-00386
▷Allylbarbitural, *see* D-00119
5-Allyl-5-(2-bromoallyl)barbituric acid, *see* B-00265

▷5-Allyl-5-*sec*-butylbarbituric acid, *see* T-00007
2-Allyl-*N*-carbamoyl-2-(2-hydroxypropyl)malonamic acid γ-lactone, *see* V-00004
▷Allylcatechol methylene ether, *see* A-00131
N'-Allyl-4-chloro-6-[(3-hydroxy-2-butenylidene)amino]-*m*-benzenedisulfonamide, *see* A-00174
Allylcinchophen, *in* P-00206
▷5-Allyl-5-(2'-cyclohexenyl)-2-thiobarbituric acid, *see* T-00172
▷5-Allyl-5-(2-cyclopentenyl)barbituric acid, *see* C-00629
S-Allylcysteine, *in* C-00654
17-Allyl-17-demethyl-7α-(1-hydroxy-1-methylbutyl)-6,14-*endo*-ethenotetrahydrooripavine, *see* A-00125
2-(*N*-Allyl-2,6-dichloroanilino)-2-imidazoline, *see* A-00120
▷17-Allyl-7,8-didehydro-4,5α-epoxymorphinan-3,6α-diol, *see* N-00032
▷*N*-Allyl-7,8-dihydro-14-hydroxynormorphinone, *see* N-00033
▷17-Allyl-4,5α-epoxy-3,14-dihydroxymorphinan-6-one, *see* N-00033
▷Allylestrenol, *see* A-00132
▷17-Allylestr-4-en-17β-ol, *see* A-00132
5-Allyl-5-ethylbarbituric acid, A-00129
▷5-Allylguaiacol, *see* M-00215
▷17α-Allyl-17β-hydroxy-4,9,11-estratrien-3-one, *see* A-00159
▷5-Allyl-*N*-(2-hydroxyethyl)-3-methoxysalicylamide, *see* A-00116
▷5-Allyl-2-hydroxy-*N*-(2-hydroxyethyl)-*m*-anisamide, *see* A-00116
▷1-Allyl-4-hydroxy-3-methoxybenzene, *see* M-00215
▷*N*-Allyl-3-hydroxymorphinan, *see* L-00038
▷17α-Allyl-17β-hydroxy-19-nor-4,9,11-androstatrien-3-one, *see* A-00159
▷5-Allyl-5-(2-hydroxypropyl)barbituric acid, *see* P-00546
2-Allyl-2-(2-hydroxypropyl)malonic acid lactone ureide, *see* V-00004
▷5-Allyl-5-isobutylbarbituric acid, *see* B-00386
5-Allyl-5-isobutyl-2-thiobarbituric acid, *see* B-00400
3-Allyl-5-isobutyl-2-thiohydantoin, *see* A-00102
▷5-Allyl-5-isopropylbarbituric acid, *see* A-00430
5-Allyl-5-isopropyl-1-methylbarbituric acid, A-00130
m-[(*N*-Allyl-1-mercaptoformididoyl)amino]benzoic acid monocopper(1+), *see* A-00127
N-Allyl-*N*-(3-methoxy-3,3-diphenylpropyl)ammonium chloride, *in* A-00119
▷4-Allyl-2-methoxyphenol, *see* M-00215
▷5-Allyl-5-(1-methylbutyl)barbituric acid, *see* Q-00011
5-Allyl-5-(1-methylbutyl)-2-thiobarbituric acid, *see* T-00180
▷4-Allyl-1,2-(methylenedioxy)benzene, A-00131
5-Allyl-1-methyl-5-(1-methyl-2-pentynyl)barbituric acid, *see* M-00187
3-Allyl-5-methyloxazolidine-2,4-dione, *see* A-00143
3-Allyl-1-methyl-4-phenyl-4-propionyloxypiperidine, *see* A-00133
▷17-Allylmorphinan-3-ol, *see* L-00038
5-Allyl-5-neopentylbarbituric acid, *see* N-00055
▷*N*-Allylnormorphine, *see* N-00032
▷Allyloestrenol, A-00132
2-[(Allyloxy)amino]-7-chloro-5(*o*-chlorophenyl)-3*H*-1,4-benzodiazepine, *see* U-00004
▷2-(Allyloxy)-4-chloro-*N*-[2-(diethylamino)ethyl]benzamide, *see* A-00126
▷[4-(Allyloxy)-3-chlorophenyl]acetic acid, *see* A-00103
▷1-(β-Allyloxy-2,4-dichlorophenethyl)imidazole, *see* I-00025
▷2-(Allyloxy)-*N*-[2-(diethylamino)ethyl]-α,α,α-trifluoro-*p*-toluamide, *see* F-00129
▷1-[*o*-(Allyloxy)phenoxy]-3-(isopropylamino)-2-propanol, *see* O-00145
α-Allylphenethylamine, *see* A-00307
▷1-(2-Allylphenoxy)-3-(isopropylamino)propan-2-ol, *see* A-00151
▷Allyl phenyl ether, *in* P-00161
2-(4-Allyl-1-piperazinyl)-4-amino-6,7-dimethoxyquinazoline, *see* Q-00014
Allylprodine, A-00133
N-[(1-Allyl-2-pyrrolidinyl)methyl]-4-amino-5-(methylsulfamoyl)-*o*-anisamide, *see* A-00149
N-[(1-Allyl-2-pyrrolidinyl)methyl]-2,3-dimethoxy-5-sulfamoylbenzamide, *see* V-00018
N-[(1-Allyl-2-pyrrolidinyl)methyl]-6-methoxy-1*H*-benzotriazole-5-carboxamide, *see* A-00122
(3-Allyltetrahydro-5-methyl-2-oxo-3-furoyl)urea, *see* V-00004
▷Allylthiocarbamide, *see* P-00496
3-[(Allylthio)methyl]-6-chloro-3,4-dihydro-2*H*-1,2,4-benzothiadiazine-7-sulfonamide 1,1-dioxide, *see* A-00157
3-[(Allylthio)methyl]-6-chloro-3,4-dihydro-2-methyl-2*H*-1,2,4-benzothiadiazine-7-sulfonamide 1,1-dioxide, *see* M-00166
▷Allylthiomethylpenicillin, *see* A-00137
▷Allylthiourea, *see* P-00496
α-Allyl-3,4,5-trimethoxy-*N*-methylphenethylamine, *see* T-00519
▷4-Allylveratrole, *in* M-00215
▷Allyproid, *in* O-00089
Almagate, A-00134
Almagodrate, A-00135
Almart, *in* A-00447
Almasilate, A-00136
Almax, *see* A-00134
▷Almecillin, A-00137
▷Almediol, *in* O-00028
Almestrone, *in* O-00031
Almicet, *in* G-00072
▷Al-Migren, *see* M-00159
Alminoprofen, A-00138
▷Almitrine, A-00139
Almoxatone, A-00140
▷Alnortoxiferine, *see* A-00105
▷Alnovin, *see* F-00045
▷Aloferin, *in* A-00105
Alogspray, *in* A-00290
▷Aloin, *see* B-00013
Alomen, *see* C-00154
Alonacic, A-00141
▷Alondra *F*, *see* F-00215
Alongapen, *see* F-00102
Alonimid, A-00142
▷Alophen, *see* B-00013
▷Aloquin, *see* B-00124
▷Alotano, *see* B-00294
Alotec, *in* O-00053
Aloxidone, A-00143
Aloxiprin, A-00144
Aloxistatin, *in* M-00266
Alozafone, A-00145
Alperidine, *see* A-00133
Alpertine, A-00146
Alpha D_3, *see* A-00109
Alphaacetylmethadol, *in* M-00162
Alpha Amylase, A-00147
▷Alphacaine, *in* C-00103
Alphacemethadone, *in* M-00162
Alphacillin, *in* P-00362
▷Alphadolone, *in* H-00200
Alphadolone acetate, *in* H-00200
Alphadrol, *see* F-00208
Alphameprodine, *in* M-00105
Alphamethadol, *in* M-00162
Alphamethylnorepinephrine, *see* A-00249
Alphaprodine, *in* P-00460
Alphaprodine hydrochloride, *in* P-00460
alphaRedisol, *see* V-00061
Alphasone, *see* A-00114
▷Alphasone acetonide, *in* A-00114
▷Alphasone acetophenide, *in* A-00114
▷Alphatrex, *in* B-00141

▷Alphaxalone, *in* H-00200
Alphazurine 2G, *see* S-00249
Alphosyl, *see* A-00123
Alpidem, A-00148
Alpiropride, A-00149
▷Alprazolam, A-00150
▷Alprenolol, A-00151
▷Alprenolol hydrochloride, *in* A-00151
▷Alprostadil, *in* D-0034
Alredase, *see* T-00370
▷Alrestatin, *see* D-00478
Alrestatin sodium, *in* D-00478
▷Alrheumat, *see* K-00017
Alsactide, A-00152
Alsol, *in* B-00202
Altacaps, *in* D-00390
Altacite, *see* H-00103
Altanserin, A-00153
Altanserin tartrate, *in* A-00153
Altapin, *in* D-00588
Altapizone, A-00154
Altat, *in* R-00097
Alteconazole, A-00155
Alteplase, A-00156
Althiazide, A-00157
▷Althiomycin, A-00158
Altimol, *see* M-00274
Altin, *see* C-00551
▷Altinil, *in* T-00181
Altizide, *see* A-00157
▷Altocid, *in* M-00189
▷Altosid, *in* M-00189
▷Altren, *see* A-00013
▷Altrenogest, A-00159
▷Altretamine, *see* T-00535
Alucalm, *in* A-00108
Aludrin, *in* I-00198
Alufibrate, *in* C-00456
▷Alugan, *see* B-00295
▷Aluminium flufenamate, JAN, *in* F-00148
Aluminium hydroxy sulfate dodecahydrate, *see* A-00160
Aluminosilicic acid magnesium salt, *see* S-00072
▷Aluminum chlorhydroxy allantoinate, *in* A-00123
Aluminum clofibrate, *in* C-00456
Aluminum hydroxide hydrate, *see* A-00113
Aluminum magnesium carbonate hydroxide, *see* A-00134
Aluminum magnesium hydroxide sulphate, *see* M-00005
Alupent, *in* O-00053
▷Alurate, *see* A-00430
▷Alurate sodium, *in* A-00430
Alusulf, A-00160
Aluzime, *see* C-00528
Alverine, *see* E-00184
Alverine citrate, USAN, *in* E-00184
Alvinine, *in* X-00010
▷Alvinol, *see* E-00151
▷Alvo, *see* D-00500
Alvodine, *see* P-00260
▷Alyrane, *see* C-00230
Alzegir, *in* V-00039
Am 80, *see* T-00131
Am 109, *in* M-00184
Am 833, *see* F-00116
AMA 1080, *see* C-00104
Amacetam, *see* P-00397
▷Amacid brilliant blue, *in* I-00058
AMA-De 1973, *in* C-00548
Amadinone, A-00161
Amadinone acetate, *in* A-00161
Amafolone, *see* A-00261
▷Amalcaine, *see* N-00008
▷Amanitin, *see* C-00308
Amanozine, A-00162
▷Amantadine, *see* A-00206
▷Amantadine hydrochloride, JAN, *in* A-00206
Amantalcol, *in* A-00163
Amantanium(1+), A-00163
Amantanium bromide, *in* A-00163
Amantocillin, A-00164
Amantol, *in* A-00163
▷Amatron, *see* F-00021
Ambamustine, A-00165
▷Ambazone, A-00166
Ambenonium(2+), A-00167
▷Ambenonium chloride, *in* A-00167
Ambenoxan, A-00168
▷Ambestigmin chloride, *in* A-00167
▷Ambicromil, A-00169
▷Ambilhar, *see* N-00156
▷Ambivalon, *in* N-00224
▷Ambochlorin, *see* C-00194
Ambodryl, *see* B-00299
▷Ambomycin, *see* A-00095
▷Ambravein, *see* M-00096
Ambredin, *in* A-00300
Ambrolitic, *in* A-00170
Ambrostasin, *see* D-00122
▷Ambroxol, A-00170
Ambroxol hydrochloride, JAN, *in* A-00170
▷Ambruticin, A-00171
▷Ambucaine, A-00172
▷Ambucetamide, A-00173
▷Ambuphylline, *in* T-00169
Ambuside, A-00174
▷Ambutonium(1+), A-00175
▷Ambutonium bromide, *in* A-00175
Ambutonium iodide, *in* A-00175
▷Ambutoxate, *see* A-00172
▷Ambutyrosin, *see* B-00408
▷Ambutyrosin *A*, *see* B-00408
▷Ambutyrosin *B*, *in* B-00408
▷Ambylan, *see* A-00428
▷Amciderm, *see* A-00177
Amcinafal, *in* T-00419
Amcinafide, A-00176
Amcinol, *in* D-00604
▷Amcinonide, A-00177
▷Amdinocillin, *see* M-00042
Amdinocillin pivoxil, *see* P-00366
▷Amebacilin, *see* F-00273
Amebamida, *see* D-00372
▷Amebarsin, *see* E-00147
▷Amebex, *see* F-00273
Amebiazol, *in* D-00372
▷Amebifan, *see* G-00069
▷Amebisan, *in* T-00219
Ame-Boots, *see* D-00372
Amebucort, A-00178
Amedalin, A-00179
Amedalin hydrochloride, *in* A-00179
▷Amedel, *see* B-00195
▷Amekrin, *see* A-00373
Amelizol, *in* T-00571
Amendol, *see* A-00034
Amenide, *see* Q-00023
Amenox, *see* Q-00023
Amenozine, *see* A-00162
Amerscan, *in* M-00168
▷Amesa, *in* T-00169
▷Amesec, *in* M-00221
Ametantrone, A-00180
Ametantrone acetate, *in* A-00180
Ametazole, *see* A-00256
▷Amethocaine hydrochloride, *in* T-00104
▷Amethone, *see* A-00355
▷Amethopterin, *see* M-00192
▷Ametoxin, *see* D-00385
▷Ametriodinic acid, *see* I-00095
▷Ametycine, *see* M-00404
Amezepine, A-00181
Amezepine pamoate, *in* A-00181
Amezinium(1+), *see* A-00279

▷Amezinium metilsulfate, *in* A-00279
Amfebutamone, *see* B-00371
Amfecloral, *see* A-00366
▷Amfenac, *see* A-00218
Amfenac sodium, *in* A-00218
Amfepentorex, A-00182
▷Amfepramone, *see* D-00240
▷Amfetamine, *see* P-00202
▷Amfetaminil, A-00183
Amfetyline, *see* F-00047
Amflutizole, A-00184
Amfonelic acid, A-00185
▷Amfostet, *see* A-00368
▷Amicar, *see* A-00259
Amicarbalide, A-00186
▷Amicetin, A-00187
▷Amicetin *A*, *see* A-00187
▷Amichlophen, *see* C-00455
Amicibone, A-00188
▷Amicin, *see* N-00179
▷Amicla, *see* A-00177
Amicos, *see* C-00414
Amicycline, A-00189
Amidalgon, *see* D-00474
▷Amidantel, A-00190
Amidapsone, *see* A-00312
▷Amidefrine mesilate, *in* A-00191
Amidephrine, A-00191
▷Amidephrine mesylate, *in* A-00191
1-Amidino-3-(3-chloro-4-cyanophenyl)urea, *see* C-00464
N-Amidino-3,5-diamino-6-chloropyrazinamide, *see* A-00198
N-Amidino-2-(2,6-dichlorophenyl)acetamide, *see* G-00103
N-(2-Amidinoethyl)-3-aminocyclopentanecarboxamide, *see* A-00192
N-Amidino-4-morpholinecarboxamidine, *see* M-00446
Amidinomycin, A-00192
6-Amidino-2-naphthyl 4-guanidinobenzoate, *see* N-00009
▷Amidinopenicillin *HX*, *see* M-00042
8-(3-Amidinophenyldiazoamino)-3-amino-5-ethyl-6-phenylphenanthridinium, *see* I-00191
▷*N'*-Amidinosulfanilamide, *see* S-00240
N-Amidinotaurine, *see* G-00112
2-Amidino-1,2,3,4-tetrahydroisoquinoline, *see* D-00033
Amidol, *see* M-00162
▷Amidoline, *see* E-00258
▷Amidonal, *in* A-00429
▷Amidone, *see* M-00163
▷Amidophos, *see* C-00572
▷Amidoprocaine, *see* P-00446
▷Amidopyrine, *see* A-00327
▷Amidotrizoic acid, *in* D-00138
Amidozol, *see* S-00255
▷Amifatidine, *see* F-00013
▷Amifenazole, *see* D-00134
Amiflamine, A-00193
Amifloverine, A-00194
Amifloxacin, A-00195
Amifloxacin mesylate, *in* A-00195
▷Amifostine, *see* E-00155
▷Amifur, *in* N-00177
▷Amikacin, A-00196
▷Amikacin sulfate, *in* A-00196
Amikazol, *see* D-00143
Amikhelline, A-00197
▷Amikin, *see* A-00196
Amiloride, A-00198
Amiloride hydrochloride, *in* A-00198
▷Amilyt, *in* B-00096
▷Amimethyline, *see* P-00544
▷Amimycin, *see* O-00035
▷Aminacrine, *see* A-00205
Aminacrine hexylresorcinate, *in* H-00071
▷Aminacrine hydrochloride, *in* A-00205
▷Aminarson, *see* C-00043
Amindocate, A-00199
Amineptine, A-00200
Amin-Glaukosan, *in* H-00077
▷Aminitrozole, *in* A-00294
▷2-(2-Aminoacetamido)-4'-chloro-2'-(*o*-chlorobenzoyl)-*N*-methylacetamide, *see* L-00100
5-[[(Aminoacetyl)amino]methyl]-1-[4-chloro-2-(2-chlorobenzoyl)phenyl]-*N*,*N*-dimethyl-1*H*-1,2,4-triazole-3-carboxamide, *see* R-00051
▷Aminoacridine, *see* A-00205
▷1-Aminoacridine, A-00201
▷2-Aminoacridine, A-00202
▷3-Aminoacridine, A-00203
▷4-Aminoacridine, A-00204
▷9-Aminoacridine, A-00205
▷*ms*-Aminoacridine, *see* A-00205
▷1-Aminoadamantane, A-00206
(3-Amino-1-adamantyl)penicillin, *see* A-00164
▷D-δ-(α-Aminoadipoyl)penicillin, *see* P-00066
▷4-Amino-*N*-(aminocarbonyl)benzenesulfonamide, *see* S-00203
4-Amino-6-[(2-amino-1,6-dimethylpyrimidinium-4-yl)amino]-1,2-dimethylquinolinium(2+), A-00207
4-Amino-6-[(2-amino-1,6-dimethylpyrimidinium-4-yl)amino]-1-methylquinaldinium, *see* A-00207
3-Amino-8-[(2-amino-1,6-dimethylpyrimidium-4-yl)amino]-6-(4-aminophenyl)-5-methylphenanthridinium, *see* P-00589
2-Amino-5-[(aminoiminomethyl)amino]pentanoic acid, *see* A-00441
▷4-Amino-*N*-(aminoiminomethyl)benzenesulfonamide, *see* S-00240
3-Amino-8-[3-[3-(aminoiminomethyl)phenyl]-1-triazenyl]-5-ethyl-6-phenylphenanthridinium, *see* I-00191
4-Amino-*N*-(2-aminophenyl)benzamide, A-00208
[2-Amino-4-(aminosulfonyl)phenyl]arsonic acid, A-00209
4-Amino-*N*-(aminothioxomethyl)benzenesulfonamide, *see* S-00257
2-Amino-4-anilino-*s*-triazine, *see* A-00162
▷3-Aminoanisic acid, *in* A-00263
▷*p*-Aminoanisole, *see* M-00195
▷4-Aminoantipyrine, *see* A-00244
4-Amino-1-arabinofuranosyl-2-oxo-1,2-dihydropyrimidine, *see* C-00667
4-Amino-1-arabinofuranosyl-2(1*H*)-pyrimidinone, *see* C-00667
4-Amino-1-β-D-arabinofuranosyl-1,3,5-triazin-2(1*H*)-one, *see* F-00020
▷2-Amino-4-arsenosophenol, *see* O-00135
4-Amino-*N*-1-azabicyclo[3.3.1]non-4-yl-5-chloro-2-methoxybenzamide, *see* R-00023
4-Amino-*N*-1-azabicyclo[2.2.2]oct-3-yl-5-chloro-2-methoxybenzamide, *see* Z-00002
▷Aminoazathioprin, *see* T-00178
▷*o*-Aminoazotoluene, *see* A-00251
▷4-Aminobenzaldehyde, A-00210
2-Aminobenzamide, *in* A-00215
4-(4'-Aminobenzamido)antipyrine, A-00211
Aminobenzamidophenazone, *see* A-00211
▷4-Aminobenzeneacetic acid, *see* A-00299
α-Aminobenzeneacetic acid, *see* A-00300
▷3-Aminobenzenearsonic acid, *see* A-00301
▷4-Aminobenzenearsonic acid, *see* A-00302
▷4-Aminobenzenestibonic acid, A-00212
▷4-*p*-Aminobenzenesulfonamido-2,6-dimethoxypyrimidine, *see* S-00238
▷2-(4-Aminobenzenesulfonamido)-4,5-dimethyloxazole, *see* S-00248
▷2-(4-Aminobenzenesulfonamido)-3-methoxypyrazine, *see* S-00198
3-(4-Aminobenzenesulfonamido)-4-methoxy-1,2,5-thiadiazole, *see* S-00199
5-(4-Aminobenzenesulfonamido)-3-methylisothiazole, *see* S-00255
▷3-(4-Aminobenzenesulfonamido)-5-methylisoxazole, *see* S-00244
▷2-*p*-Aminobenzenesulfonamido-5-methyl-1,3,4-thiadiazole, *see* S-00243
▷2-(4-Aminobenzenesulfonamido)pyrimidine, *see* S-00237
▷4-Aminobenzenesulfonic acid, A-00213

▷N-p-Aminobenzenesulfonyl-N'-butylurea, *see* C-00070
3-Amino-1,2-benzisothiazole, A-00214
▷2-Aminobenzoic acid, A-00215
▷4-Aminobenzoic acid, A-00216
p-Aminobenzoic acid 2-(diethylamino)-1,4-dimethylpentyl ester, *see* C-00018
▷4-Aminobenzoic acid 2-(diethylamino)ethyl ester, *see* P-00447
▷2-Amino-3-benzoylbenzeneacetic acid, *see* A-00218
N-(4-Aminobenzoyl)glycine, A-00217
▷(2-Amino-3-benzoylphenyl)acetic acid, A-00218
2-Amino-N-benzyloxycarbonyl-2-deoxy-D-glucopyranose, *in* A-00235
▷D-α-Aminobenzylpenicillin, *see* A-00369
4-Amino-N-(1-benzyl-4-piperidyl)-5-chloro-o-anisamide, *see* C-00414
▷α-Aminobibenzyl, *see* D-00492
▷5-Amino-[3,4'-bipyridine]-6(1H)-one, *see* A-00372
5-Amino-1,3-bis(ethylhexyl)hexahydro-5-methylpyrimidine, *see* H-00064
2-Amino-3-(4-bromobenzoyl)benzeneacetic acid, *see* A-00219
[2-Amino-3-(4-bromobenzoyl)phenyl]acetic acid, A-00219
4-Amino-5-bromo-N-[1-(p-chlorobenzyl)-4-piperidyl]-o-anisamide, *see* B-00274
4-Amino-5-bromo-N-[2-(diethylamino)ethyl]-2-methoxybenzamide, *see* B-00317
4-Amino-N-(5-bromo-4,6-dimethyl-2-pyrimidinyl)-benzenesulfonamide *see* S-00185
2-Amino-5-bromo-6-phenyl-4(1H)-pyrimidinone, A-00220
▷4-Aminobutanoic acid, A-00221
1-S-(2-Aminobutanoic acid)cyclosporin A, *in* C-00638
4-Amino-3-butoxybenzoic acid 2-(diethylamino)ethyl ester, *see* O-00146
▷4-Amino-N-[(butylamino)carbonyl]benzenesulfonamide, *see* C-00070
p-Amino-α[(sec-butylamino)methyl]benzyl alcohol, *see* A-00348
4-Amino-α-[(tert-butylamino)methyl]-3-chloro-5-(trifluoromethyl)benzyl alcohol, *see* M-00001
▷N[1]-[3-[(4-Aminobutyl)amino]propyl]bleomycinamide, *see* B-00244
▷3-(2-Aminobutyl)indole, A-00222
▷5-Amino-N-butyl-2-(2-propynyloxy)benzamide, *see* P-00041
▷γ-Aminobutyric acid, *see* A-00221
▷Aminocaproic acid, *see* A-00259
N-Aminocarbonylacetamide, *in* U-00011
3-[(Aminocarbonyl)amino]alanine, *see* A-00098
▷[3-[(Aminocarbonyl)amino]-2-methoxypropyl]chloromercury, *see* C-00209
▷4-[(Aminocarbonyl)amino]phenylarsonic acid, *see* C-00043
▷N-(Aminocarbonyl)benzeneacetamide, *see* P-00176
N-(Aminocarbonyl)-2,2-bis(4-chlorophenoxy)acetamide, *see* U-00014
3-(Aminocarbonyl)-4-[4,4-bis(4-fluorophenyl)butyl]-N-(2,6-dichlorophenyl)-1-piperazineacetamide, *see* M-00391
▷N-(Aminocarbonyl)-2-bromo-2-ethylbutanamide, *see* B-00300
▷N-(Aminocarbonyl)-2-bromo-3-methylbutanamide, *see* B-00307
4-(Aminocarbonyl)-1-[[2-carboxy-8-oxo-7-[(phenylsulfoacetyl)-amino]-5-thia-1-azatricyclo[4.2.0]-oct-2-en-3-yl]methyl]-pyridinium hydroxide, *see* C-00150
▷N-(Aminocarbonyl)-α-ethylbenzeneacetamide, *see* P-00153
N-(Aminocarbonyl)-2-ethyl-2-butenamide, *see* E-00011
▷γ-(Aminocarbonyl)-N-ethyl-N,N-dimethyl-γ-phenyl-benzenepropanaminium, *see* A-00175
N-(Aminocarbonyl)-2-ethyl-3-methylpentanamide, *see* C-00035
▷γ-(Aminocarbonyl)-N-methyl-N,N-bis(1-methylethyl)-γ-phenyl-benzenepropanaminium, *see* I-00199
N[5]-(Aminocarbonyl)ornithine, *see* C-00405
▷1-[2-[(Aminocarbonyl)oxy]-3-butoxypropyl]-5-ethyl-5-phenyl-2,4,6-(1H,3H,5H)-pyrimidinetrione, *see* F-00022
▷5-[2-[(Aminocarbonyl)oxy]ethyl]-5-butyl-2,4,6(1H,3H,5H)-pyrimidinetrione, *see* C-00068
▷2-[2-[(Aminocarbonyl)oxy-1-methoxyethyl]-3,6-bis(1-aziridinyl)-5-methyl-2,5-cyclohexadiene-1,4-dione, *see* C-00063
2-[[(Aminocarbonyl)oxy]methyl]-2,3-dimethylpentyl (1-methylethyl)carbamate, *see* N-00158
▷2-[[(Aminocarbonyl)oxy]methyl]-2-methylpentyl butylcarbamate, *see* T-00577
▷2-[[(Aminocarbonyl)oxy]methyl]-2-methylpentyl cyclopropylcarbamate, *see* L-00093
4-[4-[(Aminocarbonyl)oxy]octahydro-1(2H)-quinolinyl]-1-(4-fluorophenyl)-1-butanone, *see* C-00324
2-[(Aminocarbonyl)oxy]-N,N,N-trimethylethanaminium, *see* C-00040
2-[(Aminocarbonyl)oxy]-N,N,N-trimethyl-1-propanaminium, *see* B-00143
▷2,2'-[[[4-(Aminocarbonyl)phenyl]arsinidene]bis[thio]]-bisacetic acid, *see* A-00450
N-(Aminocarbonyl)tetrahydro-5-methyl-2-oxo-3-(2-propenyl)-3-furancarboxamide, *see* V-00004
N-[2-[(2-Amino-2-carboxyethyl)amino]-2-carboxyethyl]-L-aspartic acid, *in* A-00462
7-[(2-Amino-2-carboxyethyl)thio]-2-[[(2,2-dimethylcyclopropyl)carbonyl]amino]-2-heptenoic acid, *see* C-00342
3-[(5-Amino-1-carboxypentyl)amino]-2,3,4,5-tetrahydro-2-oxo-1H-1-benzazepine-1-acetic acid, *see* L-00042
5'-[(3-Amino-3-carboxypropyl)methyl]sulfonio]-5'-deoxyadenosine hydroxide inner salt, *see* A-00068
▷7-[5-Amino-5-carboxyvaleramido]cephalosporanic acid, *see* C-00177
▷6-(D-5-Amino-5-carboxyvaleramido)penicillanic acid, *see* P-00066
Aminochinol, *see* A-00331
▷2-Amino-4-(p-chloroanilino)-s-triazine, *see* C-00275
1-(4-Amino-5-chloro-o-anisoyl)-4-piperonylpiperazine, *see* P-00112
3-Amino-2-chlorobenzoic acid, A-00223
3-Amino-4-chlorobenzoic acid, A-00224
▷2-Amino-5-chlorobenzoxazole, A-00225
4-Amino-1-(5-chloro-5-deoxy-β-D-arabinofuranosyl)-2(1H)-pyrimidinone, *see* C-00226
▷4-Amino-5-chloro-N-[2-(diethylamino)ethyl]-o-anisamide, *see* M-00327
▷4-Amino-5-chloro-N-[(2-diethylamino)ethyl]-2-methoxybenzamide, *see* M-00327
4-Amino-5-chloro-N-(1,2-diethyl-4-pyrazolidinyl)-2-methoxybenzamide, *see* D-00027
α-Amino-3-chloro-4,5-dihydro-5-isoxazoleacetic acid, *see* A-00405
4-Amino-3-chloro-α-[(dimethylethylamino)methyl]-5-(trifluoromethyl)benzene methanol, *see* M-00001
▷4-Amino-N-(5-chloro-2,6-dimethyl-4-pyrimidinyl)-benzenesulfonamide, *see* S-00188
4-Amino-5-chloro-N-[(1-ethyl-2-pyrrolidinyl)methyl]-2-methoxybenzenesulfonamide, *see* L-00091
4-Amino-5-chloro-N-[N-[3-(4-fluorophenoxy)propyl]-3-methoxy-4-piperidyl]-2-methoxybenzamide, *see* C-00396
7-[[Amino(3-chloro-4-hydroxyphenyl)acetyl]amino]-3-methyl-8-oxo-5-thia-1-azabicyclo[4.2.0]oct-2-ene-2-carboxylic acid, *see* C-00123
1-(4-Amino-5-chloro-2-methoxybenzoyl)-4-(1,3-benzodioxol-5-ylmethyl)piperazine, *see* P-00112
4-Amino-5-chloro-2-methoxy-N-[1-(phenylmethyl)-4-piperidinyl]benzamide, *see* C-00414
4-Amino-[1-[(4-chlorophenyl)methyl]-4-piperidinyl]-5-bromo-2-methoxybenzamide, *see* B-00274
4-Amino-N-[1-(3-chlorophenyl)-3-methyl-1H-pyrazol-5-yl]-benzenesulfonamide, *see* S-00189
2-Amino-5-(p-chlorophenyl)-2-oxazoline, *see* C-00263
2-Amino-3-(4-chlorophenyl)propanoic acid, A-00226
[3-Amino-2-(4-chlorophenyl)propyl]phosphonic acid, *see* P-00134
4-Amino-N-(6-chloropyrazinyl)benzenesulfonamide, *see* S-00190
4-Amino-N-(6-chloro-3-pyridazinyl)benzenesulfonamide, *see* S-00236
Aminochlorthenoxycycline, A-00227
p-Aminoclonidine, *see* A-00427
5-Amino-4-cyanoimidazole, *in* A-00275

4-Amino-2-cyanophenol, *in* A-00266
5-Amino-2-cyanophenol, *in* A-00264
5-Amino-1,3-cyclohexadiene-1-carboxylic acid, A-00228
4-Amino-*N*-[1-(3-cyclohexen-1-ylmethyl)-4-piperidyl]-2-ethoxy-5-nitrobenzamide, *see* C-00368
▷3-Amino-*N*-[(cyclohexylamino)carbonyl]-4-methylbenzenesulfonamide, *see* M-00146
▷(1-Aminocyclohexyl)penicillin, *see* C-00585
4-Amino-*N*-(1-cyclohexyl-3-pyrrolidinyl)-*N*-methylbenzamide, A-00229
▷1-Aminocyclopentanecarboxylic acid, A-00230
3-Aminocyclopentanecarboxylic acid, A-00231
2-Amino-1-cyclopentylpropane, A-00232
Aminodal, *see* A-00011
1-Amino-3-(decyloxy)-2-propanol, *in* A-00317
9-Amino-6-demethyl-6-deoxytetracycline, *see* A-00189
2′-Amino-2′-deoxyadenosine, A-00233
3′-Amino-3′-deoxyadenosine, A-00234
4-Amino-1-(2-deoxy-2-fluoroarabinofuranosyl)-5-iodo-2(1*H*)-pyrimidinone, *see* F-00101
▷4-*O*-(6-Amino-6-deoxy-α-D-glucopyranosyl)-6-*O*-(3-amino-3-deoxy-α-D-glucopyranosyl)-2-deoxystreptamine, *see* K-00004
O-3-Amino-3-deoxy-α-D-glucopyranosyl-(1→6)-*O*-[2,6-diamino-2,6-dideoxy-α-D-glucopyranosyl-(1→4)]-2-deoxy-*N*′-[2-hydroxy-1-(hydroxymethyl)ethyl]-D-streptamine, *see* P-00502
2-Amino-2-deoxyglucose, A-00235
▷Aminodeoxykanamycin, JAN, *see* K-00005
2-Amino-9-(2-deoxy-*erythro*-pentofuranosyl)-1,9-dihydro-6*H*-purine-6-thione, A-00236
9-(2-Amino-2-deoxy-β-D-ribofuranosyl)adenine, *see* A-00233
9-(3-Amino-3-deoxy-β-D-ribofuranosyl)adenine, *see* A-00234
4-Amino-1,3-diazabicyclo[3.1.0]hex-3-en-2-one, A-00237
▷2-Amino-6-diazo-5-oxohexanoic acid, A-00238
2-Amino-3,5-dibromo-*N*-cyclohexyl-*N*-methylbenzenemethanamine, *see* B-00289
2-Amino-4,6-dibromophenol, A-00239
▷4-[[(2-Amino-3,5-dibromophenyl)methyl]amino]cyclohexanol, *see* A-00170
2-Amino-4-(dichloroarsino)phenol, *see* A-00270
4-Amino-3,5-dichloro-α-[[(1,1-dimethylethyl)amino]methyl]benzenemethanol, *see* C-00419
▷3-Amino-1-(3,4-dichloro-α-methylbenzyl)-2-pyrazolin-5-one, *see* M-00473
1-(4-Amino-3,5-dichlorophenyl)-2-*tert*-butylaminoethanol, *see* C-00419
▷5-Amino-2-[1-(3,4-dichlorophenyl)ethyl]-2,4-dihydro-3*H*-pyrazol-3-one, *see* M-00473
2-Amino-2,6-dideoxyglucose, A-00240
2-Amino-4′-(diethylamino)-*o*-benzotoluidide, *see* A-00471
▷4-Amino-*N*-[2-(diethylamino)ethyl]benzamide, *see* P-00446
2-Amino-*N*-[4-(diethylamino)-2-methylphenyl]benzamide, *see* A-00471
4-Amino-*N*-(4,6-diethyl-1,3,5-triazin-2-yl)benzenesulfonamide, *see* S-00210
10-Amino-10,11-dihydro-5*H*-dibenz[*b,f*]azepine, A-00241
3-Amino-9,13*b*-dihydro-1*H*-dibenz[*c,f*]imidazo[1,5-*a*]azepine, A-00242
2-Amino-4,5-dihydro-4,4-dimethyloxazole, A-00243
4-Amino-*N*-(2,3-dihydro-1,5-dimethyl-3-oxo-2-phenyl-1*H*-pyrazol-4-yl)benzamide, *see* A-00211
▷4-Amino-1,2-dihydro-1,5-dimethyl-2-phenyl-3*H*-pyrazol-3-one, A-00244
1-(7-Amino-5,8-dihydro-5,8-dioxo-2-quinolinyl)-4-methyl-9*H*-pyrido[3,4-*b*]indole-3-carboxylic acid, *see* L-00018
▷2-Amino-1,9-dihydro-9-[(2-hydroxyethoxy)methyl]-6*H*-purin-6-one, *see* A-00060
2-Amino-1,9-dihydro-9-[4-hydroxy-3-(hydroxymethyl)butyl]-6*H*-purin-6-one, *see* H-00138
▷2-Amino-1,9-dihydro-9-[[2-hydroxy-1-(hydroxymethyl)ethoxy]methyl]-6*H*-purin-6-one, *see* D-00350
▷6-Amino-1,5-dihydro-4*H*-imidazo[4,5-*c*]pyridin-4-one, *see* D-00115
3-Amino-3,4-dihydro-2-methyl-2*H*-1-benzopyran, A-00245
3-Amino-1,5-dihydro-5-methyl-1-β-D-ribofuranosyl-1,4,5,6,8-pentaazaacenaphthylene, *see* T-00445
2-Amino-1,2-dihydronaphthalene, *see* D-00295
N-[4-[[(2-Amino-1,4-dihydro-4-oxo-6-pteridinyl)methyl]amino]benzoyl]aspartic acid, *see* P-00553
▷*N*-[4-[[(2-Amino-1,4-dihydro-4-oxo-6-pteridinyl)methyl]amino]benzoyl]glutamic acid, *see* P-00554
2-Amino-4,7-dihydro-4-oxo-7-β-D-ribofuranosyl-1*H*-pyrrolo[2,3-*d*]pyrimidine-5-carboxylic acid, *see* C-00003
▷2-Amino-4,5-dihydro-5-phenyloxazole, A-00246
2-Amino-1,5-dihydro-4,6-pteridinedione, *see* X-00006
▷2-Amino-1,7-dihydro-6*H*-purine-6-thione, *see* T-00202
▷5-Amino-1,6-dihydro-7*H*-1,2,3-triazolo[4,5-*d*]pyrimidin-7-one, A-00247
2-Amino-9-(3,4-dihydroxybutyl)-1,9-dihydro-6*H*-purin-6-one, *see* B-00336
4-Amino-1-[2,3-dihydroxy-4-(hydroxymethyl)cyclopentyl]-2(1*H*)-pyrimidinone, *see* C-00054
α-Amino-3,4-dihydroxy-α-methylhydrocinnamic acid, *see* M-00249
2-Amino-1-(3,4-dihydroxyphenyl)ethanol, *see* N-00208
2-Amino-3-(3,4-dihydroxyphenyl)-2-methylpropanoic acid, *see* M-00249
2-Amino-3-(2,5-dihydroxyphenyl)propanoic acid, *see* D-00344
2-Amino-3-(3,4-dihydroxyphenyl)propanoic acid, A-00248
2-Amino-1-(3,4-dihydroxyphenyl)-1-propanol, A-00249
2-Amino-9-[(2,3-dihydroxypropoxy)methyl]-1,9-dihydro-6*H*-purin-6-one, *see* D-00351
2-Amino-6-(1,2-dihydroxypropyl)-3-methylpterin-4-one, *in* B-00172
2-Amino-6-(1,2-dihydroxypropyl)-4(1*H*)-pteridinone, *see* B-00172
6-Amino-α,β-dihydroxy-9*H*-purine-9-butanoic acid, *see* E-00110
2-Amino-1-(3,4-dimethoxyphenyl)-4-ethyl-6,7-dimethoxy-3-methylisoquinolinium hydroxide inner salt, *see* T-00341
2-Amino-*N*-[2-(2,5-dimethoxyphenyl)-2-hydroxyethyl]acetamide, *see* M-00369
5-[(4-Amino-3,5-dimethoxyphenyl)methyl]-2,4-pyrimidinediamine, *see* A-00073
▷2-Amino-1-(2,5-dimethoxyphenyl)propanol, *see* M-00194
▷4-Amino-*N*-(2,6-dimethoxy-4-pyrimidinyl)benzenesulfonamide, *see* S-00238
▷4-Amino-*N*-(4,6-dimethoxy-2-pyrimidinyl)benzenesulfonamide, *see* S-00247
▷4-Amino-*N*-(5,6-dimethoxy-4-pyrimidinyl)benzenesulfonamide, *see* S-00193
1-(4-Amino-6,7-dimethoxy-2-quinazolinyl)-4-butyrylhexahydro-1*H*-1,4-diazepine, *see* B-00361
1-(4-Amino-6,7-dimethoxy-2-quinazolinyl)-4-[(2,3-dihydro-1,4-benzodioxin-2-yl)carbonyl]piperazine, *see* D-00592
▷1-(4-Amino-6,7-dimethoxy-2-quinazolinyl)-4-(2-furanylcarbonyl)piperazine, *see* P-00409
▷1-(4-Amino-6,7-dimethoxy-2-quinazolinyl)-4-(2-furoyl)piperazine, *see* P-00409
1-(4-Amino-6,7-dimethoxy-2-quinazolinyl)hexahydro-4-(1-oxobutyl)-1*H*-1,4-diazepine, *see* B-00361
1-(4-Amino-6,7-dimethoxy-2-quinazolinyl)-4-(3-hydroxy-1-oxobutyl)piperazine, *see* N-00064
1-(4-Amino-6,7-dimethoxy-2-quinazolinyl)-4-(2-methoxy-1-oxopropyl)piperazine, *see* M-00156
N-[3-[(4-Amino-6,7-dimethoxy-2-quinazolinyl)methylamino]propyl]tetrahydro-2-furancarboxamide, *see* A-00112
1-(4-Amino-6,7-dimethoxy-2-quinazolinyl)-4-[[5-(methylthio)-1,3,4-oxadiazol-2-yl]carbonyl]piperazine, *see* T-00299
1-(4-Amino-6,7-dimethoxy-2-quinazolinyl)-4-[(tetrahydro-2-furanyl)carbonyl]piperazine, *see* T-00080
4-Amino-6,7-dimethoxyquinoline, A-00250
1-Amino-3,5-dimethyladamantane, *see* D-00402
5-Amino-2-[2-(dimethylamino)ethyl]-1*H*-benz[de]-isoquinoline-1,3(2*H*)-dione, *see* A-00356
3-Amino-7-dimethylamino-2-methylphenazathionium, *see* T-00359
3-Amino-7-(dimethylamino)-2-methylphenothiazin-5-ium, *see* T-00359
▷4-Amino-2′,3-dimethylazobenzene, A-00251

▷4-Amino-*N*-[5-(1,1-dimethylethyl)-1,3,4-thiadiazol-2-yl]-benzenesulfonamide, *see* G-00062
▷4-Amino-*N*-(3,4-dimethyl-5-isoxazolyl)benzenesulfonamide, *see* S-00215
4-Amino-*N*-(4,5-dimethyl-3-isoxazolyl)benzenesulfonamide, *see* S-00212
2-Amino-4,4-dimethyl-2-oxazoline, *see* A-00243
▷4-Amino-*N*-(4,5-dimethyl-2-oxazolyl)benzenesulfonamide, *see* S-00248
4-Amino-2-(4,4-dimethyl-2-oxo-1-imidazolidinyl)-*N*-[3-(trifluoromethyl)phenyl]-5-pyrimidinecarboxamide, *see* I-00024
2-Amino-*N*-(2,6-dimethylphenyl)propanamide, *see* T-00332
▷4-Amino-2,3-dimethyl-1-phenyl-3-pyrazolin-5-one, *see* A-00244
▷4-Amino-*N*-(2,6-dimethyl-2-pyrimidinyl)benzenesulfonamide, *see* S-00196
▷4-Amino-*N*-(2,6-dimethyl-4-pyrimidinyl)benzenesulfonamide, *see* S-00254
4-Amino-4-(dimethylseleno)butanoic acid, *in* S-00038
2-Amino-3-[(diphenoxyphosphinyl)oxy]propanoic acid, *in* P-00220
2-Amino-4,4-diphenylbutane, *see* D-00489
2-Amino-1,1-diphenyl-1-heptanol, *see* H-00060
4-Amino-1-dodecyl-2-methylquinolinium, *see* L-00017
4-Amino-1-dodecylquinaldinium, *see* L-00017
▷2-Aminoethanesulfonic acid, *see* T-00030
▷2-Aminoethanethiol, A-00252
▷2-Aminoethanol, A-00253
2-Aminoethanol nitrate, A-00254
2-Amino-6-[4-[(ethoxycarbonyl)amino]phenyl]-5-methylphenanthridinium, *see* C-00049
2-[(2-Aminoethoxy)methyl]-4-(2-chlorophenyl)-1,4-dihydro-6-methyl-3,5-pyridinedicarboxylic acid 3-ethyl 5-methyl ester, *see* A-00351
4-Amino-*N*-(4-ethoxy-1,2,5-thiadiazol-3-yl)benzenesulfonamide, *see* S-00213
▷4-(2-Aminoethyl)-1,2-benzenediol, *see* D-00579
α-(1-Aminoethyl)benzenemethanol, *see* A-00308
▷5-(2-Aminoethyl)-1,2,4-benzenetriol, A-00255
3-(2-Aminoethyl)-1-benzyl-5-methoxy-2-methylindole, *see* B-00036
4-Amino-*N*-(1-ethyl-1,2-dihydro-2-oxo-4-pyrimidinyl)-benzenesulfonamide, *see* S-00191
α-(1-Aminoethyl)-3,4-dihydroxybenzyl alcohol, *see* A-00249
▷*α*-(1-Aminoethyl)-2,5-dimethoxybenzenemethanol, *see* M-00194
▷*α*-(1-Aminoethyl)-2,5-dimethoxybenzyl alcohol, *see* M-00194
10-(2-Aminoethyl)estr-5-ene-3,17-dione cyclic bis(1,2-ethanediyl acetal), *see* E-00013
▷*N*-(2-Aminoethyl)-1,2-ethanediamine, *see* D-00245
α-(1-Aminoethyl)-3-hydroxybenzenemethanol, *see* A-00274
α-(1-Aminoethyl)-*m*-hydroxybenzyl alcohol, *see* A-00274
▷3-(2-Aminoethyl)-5-hydroxyindole, *see* H-00218
▷4-(2-Aminoethyl)-1*H*-imidazole, *see* H-00077
▷3-(2-Aminoethyl)indole, *see* T-00566
▷3-(2-Aminoethyl)-1*H*-indol-5-ol, *see* H-00218
[3-(2-Aminoethyl)-1*H*-indol-5-yl]ethanone, *see* A-00027
3-(2-Aminoethyl)indol-5-yl methyl ketone, *see* A-00027
▷2-Aminoethyl mercaptan, *see* A-00252
5-(2-Aminoethyl)-2-methoxyphenol, *in* D-00579
3-(2-Aminoethyl)-1-[(4-methoxyphenyl)methyl]-2-methylindol-5-ol, *see* H-00105
Aminoethyl nitrate, *see* A-00254
2-(2-Aminoethyl)-1,2,4-oxadiazolidine-3,5-dione, *see* Q-00038
▷6-Amino-3-ethyl-1-(2-propenyl)-2,4-(1*H*,3*H*)-pyrimidinedione, *see* A-00291
3-(2-Aminoethyl)pyrazole, A-00256
α-(1-Aminoethyl)pyrocatechuyl alcohol, *see* A-00249
4-Amino-*N*-[(1-ethyl-2-pyrrolidinyl)methyl]-5-(ethylsulfonyl)-*o*-anisamide, *see* A-00347
4-Amino-*N*-[(1-ethyl-2-pyrrolidinyl)methyl]-5-(ethylsulfonyl)-2-methoxybenzamide, *see* A-00347
▷Aminoethylsulfonic acid, *see* T-00030
4-Amino-*N*-(5-ethyl-1,3,4-thiadiazol-2-yl)benzenesulfonamide, *see* S-00239
▷3-Amino-*α*-ethyl-2,4,6-triiodobenzenepropanoic acid, *see* I-00125
▷3-Amino-*α*-ethyl-2,4,6-triiodohydrocinnamic acid, *see* I-00125
2-Amino-3-fluorobutanedioic acid, A-00257
▷6-Amino-2-(fluoromethyl)-3-(2-methylphenyl)-4(3*H*)-quinazolinone, *see* A-00081
▷6-Amino-2-(fluoromethyl)-3-*o*-tolyl-4(3*H*)-quinazolinone, *see* A-00081
2-Amino-2-fluoropropanoic acid, A-00258
▷4-Amino-5-fluoro-2(1*H*)-pyrimidinone, *see* F-00183
2-Amino-3-fluorosuccinic acid, *see* A-00257
▷4-Aminofolic acid, *see* A-00324
▷Aminoform, *see* H-00057
α-Aminoglutaric acid lactam, *see* O-00140
▷Aminoglutethimide, *see* A-00305
5-Amino-4-glyoxalinecarboxylic acid, *see* A-00275
1-Amino-19-guanidino-11,15-dihydroxy-4,9,12-triazanonadecane-10,13-dione, *see* S-00112
2-Amino-5-guanidinovaleric acid, *see* A-00441
6′-Amino-*α*,*α*,*α*,2,2,3,3-heptafluoro-5′-nitro-*m*-propionotoluidide, *see* N-00114
▷2-Aminoheptane, *see* H-00030
▷1-Aminohexadecane, *see* H-00042
N-[4-[[2-(2-Amino-1,4,5,6,7,8-hexahydro-5-methyl-4-oxo-6-pteridinyl)ethyl]amino]benzoyl] glutamic acid, *see* K-00021
▷6-Aminohexanoic acid, A-00259
4-Amino-5-hexenoic acid, A-00260
α-(1-Aminohexyl)benzhydrol, *see* H-00060
α-(1-Aminohexyl)-*α*-phenylbenzenemethanol, *see* H-00060
Aminohippurate sodium, USAN, *in* A-00217
Aminohippuric acid, *see* A-00217
3-Amino-2-hydroxyandrostan-17-one, A-00261
▷1-Amino-3-hydroxybenzene, *see* A-00297
α-Amino-4-hydroxybenzeneacetic acid, *see* A-00269
▷3-Amino-4-hydroxybenzenearsonic acid, *see* A-00271
2-Amino-5-hydroxybenzoic acid, A-00262
3-Amino-4-hydroxybenzoic acid, A-00263
▷4-Amino-2-hydroxybenzoic acid, A-00264
4-Amino-3-hydroxybenzoic acid, A-00265
▷5-Amino-2-hydroxybenzoic acid, A-00266
▷4-Amino-2-hydroxybenzoic acid 2-(diethylamino)ethyl ester, *see* H-00206
4-Amino-2-hydroxybenzonitrile, *in* A-00264
4-(2-Amino-1-hydroxybutyl)-1,2-benzenediol, *see* E-00212
1-*N*-[(*S*)-4-Amino-2-hydroxybutyl]kanamycin *A*, *see* B-00404
▷1-*N*-(4-Amino-2-hydroxybutyryl)kanamycin, *see* A-00196
2-Amino-4-hydroxy-6-(1,2-dihydroxypropyl)pterin, *see* B-00172
2-Amino-3-(4-hydroxy-2,5-diiodophenyl)propanoic acid, *see* D-00365
▷*β*-Amino-*α*-hydroxyethylbenzene, *see* A-00304
4-(2-Amino-1-hydroxyethyl)-1,2-benzenediol, *see* N-00208
4-(*β*-Amino-*α*-hydroxyethyl)catechol, *see* N-00208
▷*p*-(*β*-Amino-*α*-hydroxyethyl)phenol, *see* O-00022
α-Amino-3-hydroxy-4-(hydroxymethyl)benzene acetic acid, *see* F-00243
2-Amino-5-[1-hydroxy-2-[(1-methylethyl)amino]ethyl]-benzonitrile, *see* C-00349
4-Amino-5-(hydroxymethyl)-2-methylpyrimidine, A-00267
6-(2-Amino-3-hydroxy-4-methyl-6-octenoic acid)cyclosporin *A*, *in* C-00638
6-[(2*S*,3*R*,4*R*,6*E*)-2-Amino-3-hydroxy-4-methyl-6-octenoic acid]-7-L-threoninecyclosporin *A*, *in* C-00638
▷2-Amino-2-hydroxymethyl-1,3-propanediol, A-00268
2-Amino-3-(*N*-hydroxy-*N*-nitrosoamino)propionic acid, *see* A-00093
▷*N*-(3-Amino-2-hydroxy-1-oxo-4-phenylbutyl)leucine, *see* B-00138
2-Amino-3-[(hydroxyphenoxyphosphinyl)oxy]propanoic acid, *in* P-00220
▷6-(*α*-Amino-4-hydroxyphenylacetamido)penicillanic acid, *see* A-00364
2-Amino-2-(4-hydroxyphenyl)acetic acid, A-00269
▷6-[[Amino(4-hydroxyphenyl)acetyl]amino]-3,3-dimethyl-7-oxo-4-thia-1-azabicyclo[3.2.0]heptane-2-carboxylic acid, *see* A-00364

7-[[Amino(4-hydroxyphenyl)acetyl]amino]-8-oxo-3-(1-propenyl-5-thia-1-azabicyclo[4.2.0]oct-2-ene-2-carboxylic acid, *see* C-00146
(3-Amino-4-hydroxyphenyl)arsinous dichloride, A-00270
▷(3-Amino-4-hydroxyphenyl)arsonic acid, A-00271
(3-Amino-4-hydroxyphenyl)dichloroarsine, *see* A-00270
▷2-Amino-1-(3-hydroxyphenyl)ethanol, A-00272
▷2-Amino-1-(4-hydroxyphenyl)ethanol, *see* O-00022
2-Amino-3-(4-hydroxyphenyl)-2-methylpropanoic acid, A-00273
2-Amino-1-(3-hydroxyphenyl)propane, *see* A-00321
2-Amino-1-(3-hydroxyphenyl)-1-propanol, A-00274
3-Amino-1-hydroxypropane-1,1-diphosphonic acid, *see* P-00009
2-Amino-3-hydroxypropanoyl 3-phosphate, *see* P-00220
4-(2-Amino-1-hydroxypropyl)-1,2-benzenediol, *see* A-00249
(3-Amino-1-hydroxypropylidene)bis(phosphonic acid), *see* P-00009
2-Amino-8-hydroxytetralin, *see* A-00335
4-Amino-1*H*-imidazole-5-carboxylic acid, *see* A-00275
5-Amino-1*H*-imidazole-4-carboxylic acid, A-00275
4-(Aminoiminomethyl)amino]benzoic acid 6-(aminoiminoethyl)-2-naphthalenyl ester, *see* N-00009
4-[(Aminoiminomethyl)amino]butanoic acid, *see* G-00110
3-[[[1-[[[4-[(Aminoiminomethyl)amino]butyl]amino]carbonyl]-3-methylbutyl]amino]carbonyl]oxiranecarboxylic acid, *see* E-00125
▷N^1-[4-[(Aminoiminomethyl)amino]butyl]bleomycinamide, *see* B-00246
4-[(Aminoiminomethyl)amino]butyl 4-hydroxy-3,5-dimethoxybenzoate, *see* L-00025
2-[(Aminoiminomethyl)amino]ethanesulfonic acid, *see* G-00112
2-[[[4-[[(Aminoiminomethyl)amino]methyl]cyclohexyl]-carbonyl]oxybenzoic acid phenylmethyl ester, *see* B-00048
1-[5-[(Aminoiminomethyl)amino]-1-oxo-2-[[(1,2,3,4-tetrahydro-3-methyl-8-quinolinyl)sulfonyl]amino]pentyl]-4-methyl-2-piperidinecarboxylic acid, *see* A-00440
▷3-[[[2-[(Aminoiminomethyl)amino]-4-thiazolyl]methyl]thio]-*N*-(aminosulfonyl)propanimidamide, *see* F-00013
N-[[[2-[[[2-[(Aminoiminomethyl)amino]-4-thiazolyl]methyl]-thio]ethyl]amino]methylene]-4-bromobenzenesulfonamide, *see* E-00002
▷*N*-[2-[[[2-[(Aminoiminomethyl)amino]-4-thiazolyl]methyl]-thio]ethyl]-*N*′-cyano-*N*″-methylguanidine, *see* T-00305
N-(Aminoiminomethyl)-*N*′-(3-chloro-4-cyanophenyl)urea, *see* C-00464
N-(Aminoiminomethyl)-2,6-dichlorobenzeneacetamide, *see* G-00103
N-(Aminoiminomethyl)-2,5-dihydro-2,5-dimethyl-1*H*-pyrrole-1-acetamide, *see* R-00075
N-(Aminoiminomethyl)glycine, *see* G-00109
▷2-[4-[(Aminoiminomethyl)hydrazono]-2,5-cyclohexadien-1-ylidenehydrazinecarbothiamide, *see* A-00166
N-(Aminoiminomethyl)-4-morpholinecarboximidamide, *see* M-00446
▷4-[2-[4-(Aminoiminomethyl)phenyl]ethenyl]-3-hydroxybenzenecarboximidamide, *see* H-00213
2-Amino-3-(3-indolyl)propanoic acid, *see* T-00567
2-Amino-3-(3-iodo-4-hydroxyphenyl)propanoic acid, A-00276
▷2-Aminoisobutanol, *see* A-00289
2-Aminoisocaproic acid, *see* L-00029
▷Aminoisometradine, *see* A-00346
2-Amino-7-isopropyl-5-oxo-5*H*-[1]benzopyrano[2,3-*b*]-pyridine-3-carboxylic acid, *see* A-00361
2-Amino-1-(isopropylsulfonyl)-6-(1-phenylpropenyl)-benzimidazole, *see* E-00070
4-Amino-3-isoxazolidinone, A-00277
2-Amino-3-mercapto-3-methylbutanoic acid, *see* P-00064
2-Amino-3-mercaptopropanoic acid, *see* C-00654
3-Amino-2-mercaptopropanoic acid, A-00278
2-Amino-5-methoxybenzoic acid, *in* A-00262
▷3-Amino-4-methoxybenzoic acid, *in* A-00263
4-Amino-2-methoxybenzoic acid, *in* A-00264
5-Amino-2-methoxybenzoic acid, *in* A-00266
3-Amino-1-[4-(2-methoxyethyl)phenoxy]-3-methyl-2-butanol, *see* A-00445
▷3′-(α-Amino-*p*-methoxyhydrocinnamido)-3′-deoxy-*N*,*N*-dimethyladenosine, *see* P-00557
4-Amino-2-methoxy-5-[(methylamino)sulfonyl]-*N*-[[1-(2-propenyl)-2-pyrrolidinyl]methyl]benzamide, *see* A-00149
▷4-Amino-*N*-(6-methoxy-2-methyl-4-pyrimidinyl)-benzenesulfonamide, *see* S-00197
4-Amino-2-methoxy-5-nitro-*N*-[1-[(tetrahydro-2-furanyl)-methyl]-4-piperidinyl]benzamide, *see* D-00073
▷3′-[[2-Amino-3-(4-methoxyphenyl)-1-oxopropyl]amino]-3′-deoxy-*N*,*N*-dimethyladenosine, *see* P-00557
4-Amino-6-methoxy-1-phenylpyridazinium(1+), A-00279
▷4-Amino-*N*-(3-methoxypyrazinyl)benzenesulfonamide, *see* S-00198
▷4-Amino-*N*-(6-methoxy-3-pyridazinyl)benzenesulfonamide, *see* S-00246
▷4-Amino-*N*-(5-methoxy-2-pyrimidinyl)benzenesulfonamide, *see* S-00245
▷4-Amino-*N*-(6-methoxy-4-pyrimidinyl)benzenesulfonamide, *see* S-00200
4-Amino-*N*-(4-methoxy-1,2,5-thiadiazol-3-yl)-benzenesulfonamide, *see* S-00199
▷α-Aminomethylbenzenemethanol, *see* A-00304
▷β-(Aminomethyl)benzenepropanoic acid, *see* A-00303
4-(Aminomethyl)benzenesulfonamide, *see* M-00002
▷α-(Aminomethyl)benzyl alcohol, *see* A-00304
▷8-(4-Amino-1-methylbutylamino)-6-methoxyquinoline, *see* P-00434
▷β-(Aminomethyl)-4-chlorobenzenepropanoic acid, *see* B-00003
▷β-(Aminomethyl)-*p*-chlorohydrocinnamic acid, *see* B-00003
3-Amino-2-methylchroman, *see* A-00245
1-(Aminomethyl)cyclohexaneacetic acid, A-00280
4-(Aminomethyl)cyclohexanecarboxylic acid, A-00281
p-[[(4-Aminomethyl)cyclohexyl]carbonyl]hydrocinnamic acid, *see* R-00096
4-[[[4-(Aminomethyl)cyclohexyl]carbonyl]oxy]-benzenepropanoic acid, *see* C-00187
3-[*p*-(4-Aminomethylcyclohexylcarbonyl)phenyl]propanoic acid, *see* R-00096
2-(Aminomethyl)-*N*,*N*-diethyl-1-phenyl-cyclopropanecarboxamide, *see* M-00376
α-(Aminomethyl)-3,4-dihydroxybenzyl alcohol, *see* N-00208
2-(Aminomethyl)-4-(1,1-dimethylethyl)-6-(methylsulfonyl)-phenol, *see* L-00021
α-Amino-2-methylenecyclopropanepropanoic acid, *see* H-00224
2-Amino-3-(methylenecyclopropyl)propanoic acid, *see* H-00224
2-(Aminomethylene)-2,3-dihydro-1*H*-inden-1-one, *see* A-00282
2-(Aminomethylene)-1-indanone, A-00282
4-Amino-*N*-[5-(1-methylethyl)-1,3,4-thiadiazol-2-yl]-benzenesulfonamide, *see* G-00078
▷4-Amino-N^{10}-methylfolic acid, *see* M-00192
▷2-(Aminomethyl)furan, *see* F-00282
▷2-Amino-6-methylheptane, *see* M-00257
6-Amino-2-methyl-2-heptanol, *see* H-00029
6-Amino-2-methyl-2-heptene, *see* M-00256
▷β-(Aminomethyl)hydrocinnamic acid, *see* A-00303
▷α-Aminomethyl-3-hydroxybenzenemethanol, *see* A-00272
▷α-(Aminomethyl)-4-hydroxybenzenemethanol, *see* O-00022
▷α-(Aminomethyl)-*m*-hydroxybenzyl alcohol, *see* A-00272
▷α-(Aminomethyl)-*p*-hydroxybenzyl alcohol, *see* O-00022
4-Aminomethyl-3-hydroxy-5-hydroxymethyl-2-methylpyridine, *see* P-00580
4-Aminomethyl-5-hydroxy-6-methyl-3-(dihydrogen phosphate)-3-pyridinemethanol, *see* P-00581
2-Aminomethyl-2′-hydroxymethyldiphenylsulfide, *see* B-00174
4-Aminomethyl-5-hydroxy-6-methyl-3-pyridinemethanol, *see* P-00580
4-Amino-*N*-(3-methyl-5-isothiazolyl)benzenesulfonamide, *see* S-00255
▷5-(Aminomethyl)-3(2*H*)-isoxazolone, A-00283

▷4-Amino-*N*-(5-methyl-3-isoxazolyl)benzenesulfonamide, *see* S-00244
α-(Aminomethyl)-4-methoxybenzenemethanol, *in* O-00022
α-(Aminomethyl)-5-methoxy-1*H*-indole-3-acetic acid methyl ester, *see* I-00070
▷6-Amino-3-methyl-1-(2-methylallyl)uracil, *see* A-00346
▷6-Amino-3-methyl-1-(2-methyl-2-propenyl)-2,4(1*H*,3*H*)-pyrimidinedione, *see* A-00346
4-Amino-2-methyl-1-[6-[(2-methyl-4-quinolinyl)amino]hexyl]-quinolinium(1+), A-00284
▷4-Amino-2-methyl-1-naphthalenol, *see* A-00285
▷4-Amino-2-methyl-1-naphthol, A-00285
▷2-Amino-6-[(1-methyl-4-nitroimidazol-5-yl)thio]purine, *see* T-00178
4-Amino-2-methyl-*N*′-(5-nitro-2-thiazolyl)-5-pyrimidinecarboxamide, A-00286
2-Amino-4-methylpentanoic acid, *see* L-00029
▷2-Amino-2-methyl-3-phenylbutane, *see* M-00288
▷(Aminomethyl)phenylcarbinol, *see* A-00304
1-(3-Amino-4-methylphenyl)-1-hexanone *O*-(2-aminoethyl)-oxime, *see* C-00032
3-Amino-5-methyl-2-phenyl-4-(2-methylpropanoyl)pyrrole, A-00287
2-Amino-2-methyl-3-phenylpropane, *see* P-00193
4-Amino-*N*-(3-methyl-1-phenyl-1*H*-pyrazol-5-yl)-benzenesulfonamide, *see* S-00207
4-Amino-6-methyl-2-phenyl-3(2*H*)-pyridazinone, A-00288
1-(4-Amino-2-methyl-5-phenyl-1*H*-pyrrol-3-yl)-2-methyl-1-propanone, *see* A-00287
2-[[2-(Aminomethyl)phenyl]thio]benzenemethanol, *see* B-00174
▷2-Amino-2-methyl-1-propanol, A-00289
4-Amino-*α*-[[(1-methylpropyl)amino]methyl]benzenemethanol, *see* A-00348
3-(Aminomethyl)pyridine, A-00290
N-[(2-Amino-6-methyl-3-pyridinyl)methyl]-3,4,5-trimethoxy-benzamide, *see* T-00496
4-Amino-2-methyl-5-pyrimidinemethanol, *see* A-00267
▷4-Amino-*N*-(4-methyl-2-pyrimidinyl)benzenesulfonamide, *see* S-00242
4-Amino-*N*-(5-methyl-2-pyrimidinyl)benzenesulfonamide, *see* S-00206
N-[(4-Amino-2-methyl-5-pyrimidinyl)methyl]-*N*-[2-[(benzoylvinyl)thio]-4-hydroxy-1-methyl-1-butenyl]-formamide, *see* V-00044
3-[(4-Amino-2-methyl-5-pyrimidinyl)methyl]-5-(2-chloroethyl)-4-methylthiazolium(1+), *see* B-00025
N-[(4-Amino-2-methyl-5-pyrimidinyl)methyl]-*N*-(2-chloroethyl)-1-nitrosourea, *see* N-00151
S-[2-[[(4-Amino-2-methyl-5-pyrimidinyl)methyl]formylamino]-1-[(2-benzoxyloxyl)ethyl-1-propenyl]benzenecarbothioate, *see* B-00067
4-[[[(4-Amino-2-methyl-5-pyrimidinyl)methyl]formyl]amino]-3-[(2-furanylcarbonyl)thio]-3-pentenyl acetyloxyacetate, *see* A-00010
▷*S*-[2-[[(4-Amino-2-methyl-5-pyrimidinyl)methyl]formylamino]-1-[2-(phosphonoxy)ethyl]-1-propenyl]benzenecarbothioate, *see* B-00052
▷3-[(4-Amino-2-methyl-5-pyrimidinyl)methyl]-5-(2-hydroxyethyl)-4-methylthiazolium, *see* T-00174
N-[(Amino-2-methyl-5-pyrimidinyl)methyl]-*N*-(4-hydroxy-2-mercapto-1-methyl-1-butenyl)formamide *O*,*S*-dibenzoate, *see* B-00067
S-*N*-[(4-Amino-2-methyl-5-pyrimidinyl)methyl]-*N*-(4-hydroxy-2-mercapto-1-methyl-1-butenyl)formamide *O*-acetate thioacetate, *see* A-00020
▷*N*-[(4-Amino-2-methyl-5-pyrimidinyl)methyl]-*N*-[4-hydroxy-1-methyl-2-(propyldithio)-1-butenyl]formamide, *see* T-00177
▷*N*-[(4-Amino-2-methyl-5-pyrimidinyl)methyl]-*N*-[4-hydroxy-1-methyl-2-[(tetrahydrofurfuryl)dithio]-1-butenyl]formamide, *see* F-00299
▷*N*-[(4-Amino-2-methyl-5-pyrimidinyl)methyl]-*N*-[1-(2-oxo-1,3-oxathian-4-ylidene)ethyl]formamide, *see* C-00640
▷3-[(4-Amino-2-methyl-5-pyrimidyl)methyl]-4-methyl-5-(4,6,6-trihydroxy-3,5-dioxa-4,6-diphosphahex-1-yl)-thiazolium chloride *P*,*P*′-dioxide, *see* T-00175
4-Amino-1-[6-[(2-methyl-4-quinolyl)amino]hexyl]quinaldinium, *see* A-00284
▷2-Amino-4-(methylseleno)butanoic acid, *see* S-00038
▷2-Amino-4-(methylselenyl)butyric acid, *see* S-00038
▷4-Amino-*N*-(5-methyl-1,3,4-thiadiazol-2-yl)benzenesulfonamide, *see* S-00243
[4-[[[2-[(5-Amino-4-methyl-4*H*-1,2,4,6-thiatriazin-3-yl)-amino]-ethyl]thio]methyl]-2-thiazolyl]guanidine *S*,*S*-dioxide, *see* T-00576
2-Amino-4-(methylthio)butanoic acid, *see* M-00183
1-[*m*-[[(3-Amino-1-methyl-1*H*-1,2,4-triazol-5-yl)amino]-propoxy]benzyl]piperidine, *see* L-00007
3-Amino-1-methyl-1*H*-1,2,4-triazol-5-yl-[3-(*α*-piperidino-2-tolyloxy)propyl]amine, *see* L-00007
▷Aminometradine, A-00291
▷Aminometramide, *see* A-00291
4-Amino-1-naphthalenecarboxylic acid, *see* A-00292
4-Amino-1-naphthoic acid, A-00292
2-Aminonicotinic acid, *see* A-00326
▷2-Amino-5-nitrodiphenyl ether methanesulfonamide, *see* N-00146
1-Amino-2-nitro-1,2-diphenylethylene, A-00293
3-Amino-6-[2-(5-nitro-2-furyl)vinyl]pyridazine, *see* N-00129
▷3-Amino-6-[2-(5-nitro-2-furyl)vinyl]-*as*-triazine, *see* F-00280
α-Amino-*β*-nitrostilbene, *see* A-00293
▷2-Amino-5-nitrothiazole, A-00294
N-[2-Amino-3-nitro-5-(trifluoromethyl)phenyl]-2,2,3,3-tetra-fluoropropanamide, *see* N-00114
▷1-Aminooctadecane, *see* O-00012
4-Amino-*N*-octadecanoylbenzenesulfonamide, *see* S-00142
1-Amino-9-octadecene, *see* O-00011
13-Amino-5,6,7,8,9,10,11,12-octahydro-5-methyl-5,11-methanobenzocyclodecen-3-ol, *see* D-00116
6-[*S*-(2-Aminooctenoic acid)]cyclosporin *A*, *in* C-00638
▷Aminooxoacetic acid [(5-nitro-2-furanyl)methylene]hydrazide, *see* N-00116
4-Amino-4-oxo-2-butenoic acid, *in* F-00274
1-(4-Amino-4-oxo-3,3-diphenylbutyl)-1-methylpiperidium bromide, *in* F-00070
▷4-[(2-Amino-2-oxoethyl)amino]phenylarsonic acid, *see* C-00041
2-Amino-2-oxoethyl 2-[[3-(trifluoromethyl)phenyl]amino]-benzoate, *see* C-00535
α-Amino-5-oxo-7-oxabicyclo[4.1.0]heptane-2-propanoic acid, *see* A-00412
[1-[(2-Amino-1-oxopropyl)amino]ethyl]phosphonic acid, *see* A-00091
1-(3-Amino-3-oxopropyl)-4-phenyl-4-piperidinecarboxylic acid ethyl ester, *see* C-00092
▷*α*-(Aminooxy)-6-bromo-*m*-cresol, *see* B-00275
▷5-[(Aminooxy)methyl]-2-bromophenol, *see* B-00275
▷Aminopan, *see* S-00098
▷6-Aminopenicillanic acid, A-00295
▷Aminopentamide, A-00296
▷8-[(4-Aminopentyl)amino]-6-methoxyquinoline, *see* Q-00029
▷Aminophenazone, *see* A-00327
Aminophenazone cyclamate, *in* A-00327
2-(*p*-Aminophenethyl)-1,2,3,4-tetrahydro-6,7-dimethoxy-1-methylisoquinoline, *see* V-00017
▷*p*-Aminophenetole, *see* E-00161
▷3-Aminophenol, A-00297
▷4-Aminophenol, A-00298
▷2-Aminophenol-4-arsonic acid, *see* A-00271
▷*p*-Aminophenol ethyl ether, *see* E-00161
▷*p*-Aminophenol methyl ether, *see* M-00195
2-[5-(4-Aminophenoxy)pentyl]-1*H*-isoindole-1,3(2*H*)-dione, *see* A-00367
N-[5-(*p*-Aminophenoxy)pentyl]phthalimide, *see* A-00367
▷Aminophenurobutane, *see* C-00070
▷7-(D-*α*-Aminophenylacetamido)cephalosporanic acid, *see* C-00174
▷6-(*α*-Aminophenylacetamido)penicillanic acid, *see* A-00369
▷(4-Aminophenyl)acetic acid, A-00299
2-Amino-2-phenylacetic acid, A-00300

▷*p*-Aminophenylacetic acid, *see* A-00299
7-[(Aminophenylacetyl)amino]-3-chloro-8-oxo-1-azabicyclo[4.2.0]oct-2-ene-2-carboxylic acid, *see* L-00090
▷6-[(Aminophenylacetyl)amino]-3,3-dimethyl-7-oxo-4-thia-1-azabicyclo[3.2.0]heptene-2-carboxylic acid, *see* A-00369
▷*p*-Aminophenylarsinic acid, *see* A-00302
▷3-Aminophenylarsonic acid, A-00301
▷4-Aminophenylarsonic acid, A-00302
▷*p*-Aminophenylarsonic acid, *see* A-00302
4-Amino-*N*-phenylbenzenesulfonamide, *see* S-00202
▷4-Amino-3-phenylbutanoic acid, A-00303
1-Amino-1-phenylcyclohexane, *see* P-00182
▷(4-Aminophenyl)dihydroxystibine oxide, *see* A-00212
▷2-Amino-1-phenylethanol, A-00304
▷2-(*p*-Aminophenyl)-2-ethylglutarimide, *see* A-00305
▷1-[2-(4-Aminophenyl)ethyl]-4-phenyl-4-piperidinecarboxylic acid ethyl ester, *see* A-00390
▷3-(4-Aminophenyl)-3-ethyl-2,6-piperidinedione, A-00305
1-Amino-3-phenylindane, *see* P-00191
▷2-Amino-5-phenyl-2-oxazoline, *see* A-00246
▷2-Amino-5-phenyl-4(5*H*)-oxazolone, A-00306
4-Amino-5-phenyl-1-pentene, A-00307
▷2-Amino-1-phenylpropane, *see* P-00202
2-Amino-1-phenyl-1-propanol, A-00308
2-Amino-1-phenyl-1-propanone, A-00309
▷4-Amino-*N*-(1-phenyl-1*H*-pyrazol-5-yl)benzenesulfonamide, *see* S-00250
▷1-(3-Aminophenyl)-2(1*H*)-pyridinone, A-00310
▷*p*-Aminophenylstibinic acid, *see* A-00212
▷*p*-Aminophenylstibonic acid, *see* A-00212
▷6-(*p*-Aminophenylsulfonamido)-2,4-dimethylpyrimidine, *see* S-00254
3-[(4-Aminophenyl)sulfonyl]-3-azabicyclo[3.2.2]nonane, *in* A-00491
▷*N*-[(4-Aminophenyl)sulfonyl]benzamide, *in* A-00213
N-[(4-Aminophenyl)sulfonyl]-*N*-(3,4-dimethyl-5-isoxazolyl)-acetamide, *see* S-00216
3-[(4-Aminophenyl)sulfonyl]-1,3-diphenyl-1-propanone, A-00311
N-[(4-Aminophenyl)sulfonyl]-*N*-(6-methoxy-3-pyridazinyl)-acetamide, *in* S-00246
N-[(4-Aminophenyl)sulfonyl]-3-methyl-2-butenamide, *see* S-00192
N-[(4-Aminophenyl)sulfonyl]-4-(1-methylethoxy)benzamide, *see* S-00251
N-[(4-Aminophenyl)sulfonyl]octadecanamide, *see* S-00142
4-[[4-[(4-Aminophenyl)sulfonyl]phenyl]amino]-4-oxobutanoic acid, *see* S-00173
N-[4-(4-Aminophenyl)sulfonyl]phenylglycine, *see* A-00008
[4-[(4-Aminophenyl)sulfonyl]phenyl]urea, A-00312
5-[(4-Aminophenyl)sulfonyl]-2-thiazolamine, *see* T-00185
5-Amino-1-phenyl-1*H*-tetrazole, A-00313
▷Aminophylline, *in* T-00169
3-Aminopiperidine, A-00314
3-Amino-18,20-pregnanediol, A-00315
Aminoprofen, A-00316
1-Aminoproline, *see* A-00328
Aminopromazine, *see* P-00521
▷3-Amino-1,2-propanediol, A-00317
▷1-Amino-2-propanol, A-00318
▷3-Amino-1-propanol, A-00319
Aminopropanolpyrocatechol, *see* A-00249
2-Amino-2′,6′-propionoxylidide, *see* T-00332
α-Aminopropiophenone, *see* A-00309
3-Amino-4-propoxybenzoic acid 2-(diethylamino)ethyl ester, *see* P-00550
5-[(3-Aminopropyl)amino]-7,10-dihydroxy-2-[2-[(2-hydroxyethyl)amino]ethyl]anthra[1,9-*cd*]pyrazol-6(2*H*)-one, *see* P-00350
17-[(3-Aminopropyl)amino]estra-1,3,5(10)-trien-3-ol, *see* P-00458
▷2-[(3-Aminopropyl)amino]ethanethiol dihydrogen phosphate, *see* E-00155
▷β-Aminopropylbenzene, *see* P-00202
α-(1-Aminopropyl)-3,4-dihydroxybenzyl alcohol, *see* E-00212
▷3-Aminopropylene glycol, *see* A-00317
4-(2-Aminopropyl)imidazole, *see* M-00260
2-(1-Aminopropyl)-2-indanol, A-00320
3-(2-Aminopropyl)phenol, A-00321
4-(2-Aminopropyl)phenol, A-00322
p-β-Aminopropylphenol, *see* A-00322
1-(4-Amino-2-propylpyrimidin-5-ylmethyl)-2-picolinium(1+), A-00323
▷Aminopt, *in* A-00205
▷Aminopterin, A-00324
Aminopterin sodium, *in* A-00324
▷4-Aminopteroylglutamic acid, *see* A-00324
▷2-Aminopurine-6-thiol, *see* T-00202
4-(6-Amino-9*H*-purin-9-yl)-4-deoxyerythronic acid, *see* E-00110
2-[2-(2-Amino-9*H*-purin-9-yl)ethyl]-1,3-propanediol diacetate, *see* F-00012
4-Amino-*N*-(3-pyridazinyl)benzenesulfonamide, *see* S-00208
▷2-Aminopyridine, A-00325
2-Amino-3-pyridinecarboxylic acid, A-00326
▷4-Amino-*N*-2-pyridinylbenzenesulfonamide, *see* S-00252
▷4-Amino-*N*-2-pyrimidinylbenzenesulfonamide, *see* S-00237
▷Aminopyrine, A-00327
1-Amino-2-pyrrolidinecarboxylic acid, A-00328
3-Amino-3-pyrrolidinecarboxylic acid, A-00329
7-(3-Amino-1-pyrrolidinyl)-1-(2,4-difluorophenyl)-6-fluoro-1,4-dihydro-4-oxo-1,8-naphthyridine-3-carboxylic acid, *see* T-00390
7-(3-Amino-1-pyrrolidinyl)-1-ethyl-6-fluoro-1,4-dihydro-4-oxo-1,8-naphthyridine-3-carboxylic acid, *see* E-00119
4-Aminopyrrolo[2,3-*d*]pyrimidine, A-00330
Aminoquinol, A-00331
2-Aminoquinoxaline, A-00332
▷4-Amino-*N*-2-quinoxalinylbenzenesulfonamide, *in* A-00332
▷Aminoquinuride, *see* B-00190
▷Aminorex, *see* A-00246
▷6-Amino-9-β-D-ribofuranosyl-9*H*-purine, *see* A-00067
▷4-Amino-1-β-D-ribofuranosyl-1,3,5-triazin-2(1*H*)-one, *see* A-00496
Aminosalicylate calcium, *in* A-00264
Aminosalicylate sodium, *in* A-00264
▷4-Aminosalicylic acid, *see* A-00264
▷5-Aminosalicylic acid, *see* A-00266
▷*p*-Aminosalicylic acid, *see* A-00264
▷4-Aminosalicylic acid 2-(diethylamino)ethyl ester, *see* H-00206
p-Aminosalol, *in* A-00264
▷Aminosidine *I*, *see* P-00039
▷Aminosidine II, *in* P-00039
▷Aminosin, *see* I-00073
▷Aminosin, *see* P-00496
2-Amino-4-sulfamoylbenzenearsonic acid, *see* A-00209
2-Amino-5-sulfanilylthiazole, *see* T-00185
2-[3-[2-(*p*-Aminosulfonyl)anilino-4-hydroxy-5-pyrimidinyl]-ureido]-2-(4-hydroxyphenyl)acetamido]penicillanic acid, *see* P-00352
▷4-(Aminosulfonyl)benzoic acid, *in* S-00217
▷3-(Aminosulfonyl)-5-(butylamino)-4-phenoxybenzoic acid, *see* B-00356
▷3-(Aminosulfonyl)-5-(butylamino)-4-(phenylmethyl)benzoic acid, *see* B-00108
3-(Aminosulfonyl)-4-chlorobenzoic acid 2,2-dimethylhydrazide, *see* A-00121
1-[[3-(Aminosulfonyl)-4-chlorobenzoyl]amino]-2,4,6-trimethyl-pyridinium hydroxide inner salt, *see* B-00139
[4-[3-(Aminosulfonyl)-4-chlorobenzoyl]-2,3-dichlorophenoxy]-acetic acid, *see* S-00224
▷3-(Aminosulfonyl)-4-chloro-*N*-(2,3-dihydro-2-methyl-1*H*-indol-1-yl)benzamide, *see* I-00052
3-(Aminosulfonyl)-4-chloro-*N*-(1,3-dihydro-1-methyl-2*H*-isoindol-2-yl)benzamide, *see* Z-00011
5-(Aminosulfonyl)-4-chloro-*N*-(2,6-dimethylphenyl)-2-hydroxybenzamide, *see* X-00017
3-(Aminosulfonyl)-4-chloro-*N*-(2,6-dimethyl-1-piperidinyl)-benzamide, *see* C-00480
▷5-(Aminosulfonyl)-4-chloro-2-[2-(furanylmethyl)amino]-benzoic acid, *see* F-00267

3-(Aminosulfonyl)-4-chloro-N-(octahydro-4,7-methano-2H-isoindol-2-yl)benzamide, see T-00522
5-(Aminosulfonyl)-N-[[1-(cyclopropylmethyl)-2-pyrrolidinyl]-methyl]-2-methoxybenzamide, see C-00391
5-(Aminosulfonyl)-2,3-dimethoxy-N-[[1-(2-propenyl)-2-pyrrolidinyl]methyl]benzamide, see V-00018
▷5-(Aminosulfonyl)-N-[(1-ethyl-2-pyrrolidinyl)methyl]-2-methoxybenzamide, see S-00259
5-(Aminosulfonyl)-N-[[1-[(4-fluorophenyl)methyl]-2-pyrrolidinyl]methyl]-2-methoxybenzamide, see F-00134
5-(Aminosulfonyl)-2-[(2-furanylmethyl)amino]-4-phenoxybenzenesulfonic acid, see S-00233
5-(Aminosulfonyl)-2-methoxy-N-[(1-methyl-2-pyrrolidinyl)-methyl]benzamide, see S-00228
N-[5-(Aminosulfonyl)-2-methoxyphenyl]-1-ethyl-2-pyrrolidineacetamide, see I-00213
5-(Aminosulfonyl)-2-methoxy-N-[(1-propyl-2-pyrrolidinyl)-methyl]benzamide, see P-00530
▷N-(5-Aminosulfonyl)-3-methyl-1,3,4-thiadiazol-2(3H)-ylideneacetamide, see M-00176
▷3-(Aminosulfonyl)-4-phenoxy-5-(1-pyrrolidinyl)benzoic acid, see P-00323
4-[[4-(Aminosulfonyl)phenyl]amino]-4-oxobutanoic acid, see S-00209
5-[[4-(Aminosulfonyl)phenyl]azo]-2-hydroxybenzoic acid, see S-00009
▷N-[5-(Aminosulfonyl)-1,3,4-thiadiazol-2-yl]acetamide, see A-00018
N-[5-(Aminosulfonyl)-1,3,4-thiadiazol-2-yl]propanamide, see P-00493
Aminosultopride, see A-00347
▷9-Amino-1,2,3,4-tetrahydroacridine, A-00333
6-Amino-4,5,6,7-tetrahydrobenzothiazole, A-00334
3-Amino-4,5,6,7-tetrahydro-2H-indazole, see T-00119
7-Amino-5,6,7,8-tetrahydro-1-naphthalenol, A-00335
▷4-Amino-2,2,5,5-tetrakis(trifluoromethyl)-3-imidazoline, see M-00364
4-Amino-N-1,3,4-thiadiazol-2-ylbenzenesulfonamide, see S-00211
▷Aminothiazole, see A-00336
▷2-Aminothiazole, A-00336
▷4-Amino-N-2-thiazolylbenzenesulfonamide, see S-00256
7-[[(2-Amino-4-thiazolyl)(carboxymethoxy)imino]acetyl]-amino-3-ethenyl-8-oxo-5-thia-1-azabicyclo[4.2.0]oct-2-ene-2-carboxylic acid, see C-00129
2-[[[7-[[(2-Amino-4-thiazolyl)[(1-carboxy-1-methylethoxy)-imino]acetyl]amino]-2-carboxy-8-oxo-5-thia-1-azabicyclo[4.2.0]oct-2-en-3-yl]methyl]thio]-1-methyl-pyridinium, see C-00131
7-[[2-(2-Amino-4-thiazolyl)-4-carboxy-1-oxo-2-butenyl]-amino]-8-oxo-5-thia-1-azabicyclo[4.2.0]oct-2-ene-2-carboxylic acid see C-00155
[[[1-(2-Amino-4-thiazolyl)-2-[[2,2-dimethyl-4-oxo-1-(sulfooxy)-3-azetidinyl]amino]-2-oxoethylidene]amino]-oxy]acetic acid, see T-00268
7-[2-(2-Amino-4-thiazolyl)-2-methoxyiminoacetamido]-cephalosporanic acid, see C-00138
1-[[7-[[(2-Amino-4-thiazolyl)(methoxyimino)acetyl]amino]-2-carboxy-8-oxo-5-thia-1-azabicyclo[4.2.0]oct-2-en-3-yl]-methyl]-6,7-dihydro-5H-1-pyrindinium hydroxide inner salt see C-00144
1-[[7-[[(2-Amino-4-thiazolyl)(methoxyimino)acetyl]amino]-2-carboxy-8-oxo-5-thia-1-azabicyclo[4.2.0]oct-2-en-3-yl]-methyl]-5,6,7,8-tetrahydroquinolinium, see C-00147
7-[[(2-Amino-4-thiazolyl)(methoxyimino)acetyl]amino]-3-(methoxymethyl)-8-oxo-5-thia-1-azabicyclo[4.2.0]oct-2-ene-2-carboxylic acid, see C-00145
7-[[2-Amino-4-thiazolyl)(methoxyimino)acetyl]amino]-3-[(5-methyl-2H-tetrazol-2-yl)methyl]-8-oxo-5-thia-1-azabicyclo[4.2.0]oct-2-ene-2-carboxylic acid, see C-00153
7-[[(2-Amino-4-thiazolyl)(methoxyimino)acetyl]amino]-8-oxo-3-[2-[[1,4,5,6-tetrahydro-5,6-dioxo-4-(2-oxoethyl)-1,2,4-triazin-3-yl]thio]ethenyl]-5-thia-1-azabicyclo[4.2.0]oct-2-ene-2-carboxylic acid, see C-00157
Aminothioformic acid, see T-00196
4-Amino-3-thiophenecarboxylic acid, A-00337
α-Amino-p-toluenesulfonamide, see M-00002
α-Amino-α-toluic acid, see A-00300
7-Amino-1H-1,2,3-triazolo[4,5-d]pyrimidine, A-00338
4-Amino-6-(trichloroethenyl)-1,3-benzenedisulfonamide, see C-00503
4-Amino-1-[2,3,6-trideoxy-4-O-[4,6-dideoxy-4-(dimethylamino)-α-D-glucopyranosyl]-β-D-erythro-hexopyranosyl]-2(1H)-pyrimidinone, see C-00666
7-Amino-4,5,6-triethoxy-3-(5,6,7,8-tetrahydro-4-methoxy-6-methyl-1,3-dioxolo[4,5-g]-isoquinolin-5-yl-1(3H)-isobenzofuranone, see T-00541
7-Amino-4,5,6-triethoxy-3-(1,2,3,4-tetrahydro-5-methoxy-2-methyl-6,7-methylenedroxyquinolin-3-yl)phthalide, see T-00541
2-Amino-6-(trifluoromethoxy)benzothiazole, A-00339
4-Amino-3-[3-(trifluoromethyl)phenyl]-5-isothiazolecarboxylic acid, see A-00184
4-Amino-3-(α,α,α-trifluoro-m-tolyl)-5-isothiazolecarboxylic acid, see A-00184
2-Amino-5-(α,α,α-trifluoro-p-tolyl)-2-oxazoline, see F-00162
▷3-Amino-2,4,6-triiodobenzoic acid, A-00340
▷N-(3-Amino-2,4,6-triiodobenzoyl)-N-phenyl-β-alanine, see I-00091
▷α-(3-Amino-2,4,6-triiodobenzyl)butyric acid, see I-00125
▷3′-Amino-2′,4′,6′-triiodo-N-methylglutaranilic acid, see I-00120
▷5-[(3-Amino-2,4,6-triiodophenyl)methylamino]-5-oxopentanoic acid, see I-00120
α-[[4-Amino-5-(3,4,5-trimethoxybenzyl)-2-pyrimidinyl]-amino]-3-ethoxy-4-hydroxy-α-toluenesulfonic acid, see V-00008
N-[4-Amino-5-(3,4,5-trimethoxybenzyl)-2-pyrimidinyl]-phthalimide, see T-00012
α-[[4-Amino-5-[(3,4,5-trimethoxyphenyl)methyl]-2-pyrimidinyl]amino]-3-ethoxy-4-hydroxybenzenemethanesulfonic acid, see V-00008
2-[4-Amino-5-[(3,4,5-trimethoxyphenyl)methyl]-2-pyrimidinyl]-1H-isoindole-1,3(2H)-dione, see T-00012
▷Aminotris(hydroxymethyl)methane, see A-00268
Aminotylon, see A-00036
2-Amino-3-ureidopropanoic acid, see A-00098
2-Amino-5-ureidovaleric acid, see C-00405
▷Aminoxaphen, see A-00246
1-Aminoxymethyl-2-methylnaphthalene, see N-00019
Aminoxytriphene, A-00341
Aminoxytropine tropate, in T-00554
▷Amiodarone, A-00342
▷Amipaque, see M-00343
▷Amiperone, A-00343
▷Amiphenazole, see D-00134
Amipizone, A-00344
Amipramidine, see A-00198
Amipramizide, see A-00198
Amiprilose, A-00345
Amiprilose hydrochloride, in A-00345
Amiquinsin, see A-00250
Amiquinsin hydrochloride, in A-00250
▷Amisometradine, A-00346
Amisulpride, A-00347
▷Amital, see A-00352
Amiterol, A-00348
▷Amithiozone, in A-00210
▷Amitid, in N-00224
▷Amitraz, A-00349
▷Amitril, in N-00224
▷Amitriptyline hydrochloride, in N-00224
▷Amitryptyline, in N-00224
▷Amitryptylinoxide, in N-00224
▷Amivadine, see G-00069
Amixetrine, A-00350
▷Amizil, in B-00034
Amlexanox, see A-00361
Amlodipine, A-00351

Amlodipine maleate, *in* A-00351
▷Ammidin, *see* I-00045
▷Ammoidin, *see* X-00007
▷Ammoniated mercury, *see* M-00124
Ammonium bituminosulphonate, *see* I-00010
Ammonium-21-tungsto-9-antimoniate, *in* H-00059
▷Amobarbital, A-00352
▷Amobarbital sodium, *in* A-00352
Amodiaquine, A-00353
▷Amodiaquine hydrochloride, *in* A-00353
Amodril, *in* P-00202
Amodryl, *see* B-00299
▷Amoebicon, *see* G-00069
Amogastrin, A-00354
▷Amolanone, A-00355
Amolisin, *in* H-00111
▷Amolyn, *see* B-00381
Amonafide, A-00356
Amoproxan, A-00357
▷Amopyroquine, A-00358
Amorolfine, A-00359
▷Amoscanate, *see* N-00180
▷Amosept, *in* M-00229
Amoseptic, *in* T-00357
Amosulal, *see* A-00360
Amosulalol, A-00360
▷Amotril, *see* C-00019
Amotril, *in* C-00456
Amotriphene, *see* A-00341
▷AMOX, *see* A-00362
▷Amoxan, *see* A-00362
Amoxanox, A-00361
▷Amoxapine, A-00362
Amoxecaine, A-00363
▷Amoxicillin, *see* A-00364
▷Amoxycillin, A-00364
Amoxydramine, *in* D-00484
Amoxydramine camsilate, *in* D-00484
Ampecyclal, *in* H-00029
Amperozide, A-00365
Amphecloral, A-00366
▷Amphenidone, *see* A-00310
▷Amphetamine, *see* P-00202
▷Amphetamine sulfate, *in* P-00202
▷Amphetaminil, *see* A-00183
Amphetaminotheophylline, *see* F-00047
▷Amphizol, *see* D-00134
Amphoglucamine, *in* A-00368
▷Ampho-Moronal, *see* A-00368
Amphotalide, A-00367
▷Amphotericin, *see* A-00368
▷Amphotericin *B*, A-00368
▷Amphotericin A, *in* A-00368
▷Amphozone, *see* A-00368
▷Ampicillin, A-00369
Ampicillin (5-methyl-2-oxo-1,3-dioxol-4-yl)methyl ester, *see* L-00022
▷Ampicillin sodium, *in* A-00369
▷Ampiclox, *in* C-00515
Ampiroxicam, A-00370
Amplicain, *in* C-00423
Amplicaine, *see* O-00005
▷Amplidione, *see* O-00097
Ampliphylline, *in* T-00169
▷Amplit, *in* L-00074
Amprol, *see* A-00323
Amprolium, *in* A-00323
Amprotropine, A-00371
▷Amprotropine phosphate, *in* A-00371
AMPT, *in* A-00273
Ampyrimine, *see* T-00421
▷Ampyrone, *see* A-00244
Ampyzine, *see* D-00421
Ampyzine sulfate, *in* D-00421
Amquinate, *in* D-00238
Amquinolate, *in* D-00238
▷Amrinone, A-00372
Amritoside, *in* E-00026
▷Amsacrine, A-00373
▷Amsidine, *see* A-00373
▷Amsine, *see* A-00373
▷Amstat, *in* A-00281
▷Amudane, *see* G-00087
▷Amylac, *see* G-00064
α-Amylase, *see* A-00147
Amylase THC250, *see* A-00147
▷Amylcaine, *see* N-00008
4-Amyl-*m*-cresol (obsol.), *see* M-00280
▷Amyleine, *in* A-00374
▷Amylin, *see* D-00114
Amylmetacresol, *see* M-00280
▷Amyl nitrite, *see* M-00237
▷Amylobarbitone, *see* A-00352
▷Amylocaine, A-00374
Amylopectin, *in* S-00140
Amylopectin sulfate, *in* S-00140
Amylopsin, *see* A-00147
Amylose, *in* S-00140
▷Amylsine, *see* N-00008
Amylum, *see* S-00140
▷Amytal sodium, *in* A-00352
▷AN1, *see* A-00183
▷AN 1317, *see* P-00122
▷AN 1324, *see* G-00063
▷A 20338N_1, *see* B-00362
▷Anabet, *see* N-00006
▷Anabiol, *in* O-00029
Anabo, *in* H-00185
Anabol, *see* S-00139
Anabol 4-19, *in* C-00242
Anaboleen Depot. Amp., *in* H-00109
▷Anabolex, *in* H-00109
Anabolico, *in* H-00185
Anabolicus, *in* H-00185
Anabolin, *in* H-00185
Anabolvis, *see* Q-00015
Anabron, *see* D-00374
Anador, *in* H-00185
▷Anadrol, *see* O-00154
Anadur, *in* H-00185
Anadurine, *in* H-00185
Anaesthaminol, *in* A-00263
▷Anaflex, *see* P-00385
▷Anafongine, *see* B-00204
▷Anafranil, *in* C-00472
Anagestone, A-00375
Anagestone acetate, *in* A-00375
Anagrelide, A-00376
Anagrelide hydrochloride, *in* A-00376
Analeptan, *see* E-00048
▷Analeptin, *see* S-00286
Analexin, *in* P-00211
▷Analgel, *see* A-00013
Analgin, *see* D-00532
Analgispan, *see* A-00474
▷Analgizer, *see* D-00183
▷Anamebil, *see* C-00249
Anamidol, *see* O-00152
▷Anamox, *see* A-00362
▷Ananase, *see* B-00287
Anandron, *see* N-00143
Ananxyl, *see* A-00148
▷Anaphylline, *in* T-00169
▷Anapolon, *see* O-00154
Anapregnone, *in* A-00375
Anaprel, *in* R-00028
▷Anaprox, *in* N-00048
▷Anarcon, *see* N-00032
Anarel, *in* G-00100
▷Anarexol, *in* C-00648
Anaritide, A-00377
Anaritide acetate, *in* A-00377

Anaspaz, *in* T-00554
Anasyth, *see* S-00139
Anatrofin, *in* S-00144
Anatropin, *in* A-00375
Anatruxonium, *see* T-00563
▷Anaus, *in* T-00500
Anausine, *see* B-00317
▷Anavar, *see* O-00086
Anaxirone, A-00378
▷Anazocine, *in* M-00203
Anazolene, A-00379
▷Anazolene sodium, *in* A-00379
Ancaris, *in* T-00164
Ancarolol, A-00380
▷Ancef, *in* C-00120
▷Anchilen V, *see* D-00360
▷Anchoic acid, *see* N-00203
Ancillin, *in* D-00485
▷Ancitabine, *see* C-00600
▷Ancitabine hydrochloride, JAN, *in* C-00600
▷Ancobon, *see* F-00183
▷Ancobon (old form), *in* D-00230
▷Ancotil, *see* F-00183
▷Ancrod, A-00381
▷Ancylol, *see* D-00360
Ancyte, *see* P-00301
▷Andantol, *see* I-00214
Andol, *in* H-00185
Andradurin, *in* H-00111
Andriol, *in* H-00111
▷Androcur, *in* C-00651
▷Andro-Diane, *in* C-00651
Androdurin, *in* H-00111
▷Androfurazanol, *see* F-00283
Androgenol, *in* H-00154
▷Androlone, *in* H-00109
Andromar, *in* H-00111
▷Androstalone, *see* M-00136
Androstanazol, *see* S-00139
1,1′-[Androstane-3,17-diyl]bis[1-methylpyrrolidinium], *see* D-00529
▷Androstanolone, *in* H-00109
▷Androstanolone benzoate, *in* H-00109
Androstanolone enanthate, *in* H-00109
▷Androstanolone propionate, *in* H-00109
Androstanolone valerate, *in* H-00109
Androst-5-en-3,16-diol, A-00382
Androstenediol, *see* A-00383
Androst-5-ene-3,17-diol, A-00383
▷Androstenediol dipropionate, *in* A-00383
4-Androstene-3,11,17-trione, *see* A-00079
Androtest *A*, *in* H-00111
Androviron, *see* M-00137
Androxon, *in* H-00111
▷Anecotan, *see* D-00183
▷Anectine, *in* S-00280
▷Anelun, *in* P-00544
▷Anergen, *see* D-00412
▷Anespas F, *in* P-00430
▷Anestan, *see* B-00294
▷Anetamin, *in* H-00118
▷Aneurine, *see* T-00174
Aneurine disulfide, *see* T-00176
▷Anexate, *see* F-00152
An-fol *A*, *see* P-00553
An-fol *R*, *see* P-00553
▷Anfosentin, *see* D-00606
▷Anfostat, *see* A-00368
▷ANG 66, *in* A-00386
▷Angel dust, *see* P-00183
▷Angeli's sulfone, *see* G-00057
7-Angelyl-9-sarracinylretronecine, *in* S-00025
Angex, *see* L-00045
▷Anginin, *see* P-00568
▷Anginon, *see* A-00166
▷Anginyl, *in* D-00373
▷Angiociclan, *in* B-00042
▷Angio-Conray, *in* I-00140
▷Angio-Contrix '48', *in* I-00140
▷Angiodisten, *in* C-00363
Angioftal, *in* O-00125
Angiogenin, A-00384
▷Angiografin, *in* D-00138
Angiopac, *in* D-00361
Angiostatin, *in* A-00462
Angiotensinamide, *in* A-00385
Angiotensins, A-00385
Angiotonin, *see* A-00385
▷Angiotrofin, *see* I-00020
▷Angioxine, *see* P-00568
▷Angitrit, *in* T-00538
▷Angium, *see* B-00352
Angolon, *in* I-00042
Angoril, *in* I-00042
▷Angorlisin, *see* E-00019
▷Angormin, *in* P-00423
▷Angorvid, *see* P-00365
▷Angropril, *in* B-00134
▷Anguidin, *in* A-00386
Anguidol, A-00386
Angustibalin, *in* H-00024
▷2,2′-Anhydro-1-(β-D-arabinofuranosyl)cytosine, *see* C-00600
N,N′-Anhydrobis(2-hydroxyethyl)biguanide, *see* M-00446
▷2,2′-Anhydro-5-fluoro-1-β-D-arabinofuranosylcytosine, *see* F-00219
▷Anhydrogitalin, *in* T-00474
1,4-Anhydroglucitol, A-00387
Anhydroglucochloral, *see* C-00193
▷Anhydron, *see* C-00639
1,4-Anhydrosorbitol, *see* A-00387
6,7-Anhydro-2,3,8-trideoxy-D-*galacto*-oct-2-enonic acid δ-lactone 4-acetate, *see* A-00464
Anidoxime, A-00388
Anilamate, A-00389
▷Anileridine, A-00390
▷Anileridine hydrochloride, *in* A-00390
▷Aniline-*p*-sulfonic acid, *see* A-00213
2-Anilino-5-chlorobenzoxazole, *in* A-00225
1-(2-Anilinoethyl)-4-[4,4-bis(*p*-fluorophenyl)butyl]piperazine, *see* D-00269
1-(2-Anilinoethyl)-4-[2-(diethylamino)ethoxy]-4-phenylpiperidine, *see* D-00140
2-(Anilinomethyl)-2-imidazoline, *see* P-00141
1-(3-Anilinopropyl)-4-phenylisonipecotic acid ethyl ester, *see* P-00260
Anilopam, A-00391
Anilopam hydrochloride, *in* A-00391
Anipamil, A-00392
Aniracetam, *see* M-00197
Anirolac, A-00393
Anisacril, A-00394
m-Anisaldehyde *O*-[2-hydroxy-3-[4-(2-methoxyphenyl)-1-piperazinyl]propyl]oxime, *see* P-00111
▷Anisene, *see* C-00290
o-Anisic acid, *see* M-00196
▷*p*-Anisidine, *see* M-00195
▷Anisindione, *see* M-00212
▷Anisomycin, A-00395
Anisopirol, A-00396
▷Anisotropine methylbromide, *see* O-00018
Anisoylated lys-plasminogen streptokinase activator complex (1:1), *see* A-00397
3-*p*-Anisoyl-3-bromoacrylic acid, *see* B-00286
3-*p*-Anisoyl-6-methoxy-2-methyl-1-indoleacetic acid, *see* D-00620
1-*p*-Anisoyl-2-pyrrolidinone, *see* M-00197
Anistreplase, A-00397
▷2-*p*-Anisyl-1,3-indandione, *see* M-00212
Anitrazafen, *see* B-00228
▷Ankebin, *in* F-00062
▷Ankilostin, *see* T-00106

Annogen, *in* B-00075
▷Anoestrulíln, *in* H-00175
Anogon, *in* D-00358
▷Anohist, *in* T-00218
Anopridine, *see* P-00260
▷Anorexyl, *in* M-00290
▷ANP 215, *see* E-00191
▷ANP 246, *see* C-00455
▷ANP 297, *see* M-00067
ANP 3401, *see* C-00353
▷ANP 3548, *in* F-00067
ANP 4071, *see* D-00528
ANP 4364, *in* D-00212
Anparton, *in* C-00456
Anpirtoline, A-00398
▷Anquil, *see* B-00060
▷Anratal, *in* C-00196
Ansadol, *in* H-00112
Ansamitocin P_0, *see* M-00027
Ansamitocin *P*-1, *in* M-00027
Ansamitocin P-2, *in* M-00027
▷Ansamitocin P-3, *in* M-00027
Ansamitocin P-3′, *in* M-00027
Ansamitocin P-4, *in* M-00027
Ansieten, *see* K-00012
▷Ansiolene, *see* D-00557
▷Ansiopax, *see* D-00156
▷Ansolysen, *in* P-00102
Ansoxetine, A-00399
▷Antabuse, *see* D-00542
Antafenite, *see* D-00296
Antagonal, *see* B-00373
▷Antalgin, *in* H-00166
▷Antallin, *in* E-00186
▷Antalon, *see* P-00263
▷Antaxone, *in* N-00034
▷Antazoline, A-00400
▷Antazoline phosphate, *in* A-00400
Antazonite, A-00401
▷Antelepsin, *see* C-00475
▷Antelmycin, *see* H-00075
▷Antemovis, *in* H-00218
▷Antepar, *in* P-00285
▷Antergan, A-00402
▷Anthelcide Eq, *see* O-00109
▷Anthelmin, *in* D-00103
▷Anthelmycin, *see* H-00075
▷Anthelvert, *in* T-00151
▷Anthemovister, *see* H-00218
Anthen, *see* I-00206
▷Anthiolimine, *in* S-00150
▷Anthiomaline, *in* S-00150
▷Anthiphen, *see* D-00198
▷Anthisan, *in* M-00108
9,10-Anthracenedicarboxaldehyde bis[4,5-dihydro-1*H*-imidazol-2-yl]hydrazone, *see* B-00191
▷1,8,9-Anthracenetriol, *in* D-00310
▷Anthralin, *see* D-00310
▷Anthramycin, A-00403
Anthranilamide, *in* A-00215
▷Anthranilic acid, *see* A-00215
▷1,8,9-Anthratriol, *in* D-00310
Anthricin, *in* D-00083
2,2′-(9,10-Anthrylenedimethylene)bis(isothiourea), A-00404
2,2′-(9,10-Anthrylenedimethylene)bis[2-thiopseudourea], *see* A-00404
▷Antialer, *see* P-00210
Antiasthmone, *see* B-00224
▷Antibiotic *C*3, *in* C-00177
▷3*C*-Antibiotic, *see* H-00152
▷Antibiotic *F*3, *in* C-00177
▷Antibiotic 1293, *see* C-00189
▷Antibiotic 1719, *see* A-00531
▷Antibiotic 2562*A*, *see* C-00221
Antibiotic 434*B*, *see* M-00236
▷Antibiotic 4761, *see* S-00064
▷Antibiotic 5879, *see* B-00158
Antibiotic 5915, *see* A-00277
▷Antibiotic 66-04, *see* A-00039
▷Antibiotic 6640, *see* S-00082
Antibiotic 66-40*G*, *in* S-00082
▷Antibiotic 720*A*, *see* A-00415
▷Antibiotic 747, *see* C-00189
Antibiotic 76-11, *see* C-00108
Antibiotic 8217, *see* A-00277
Antibiotic 899, *see* V-00054
Antibiotic 106-7, *see* A-00277
▷Antibiotic 10676, *see* N-00068
Antibiotic 17452, *see* A-00277
▷Antibiotic 61477, *see* S-00017
▷Antibiotic 6739-15, *see* T-00210
▷Antibiotic 6761-31, *see* T-00210
Antibiotic 14752-2, *see* O-00068
Antibiotic I 1431, *see* A-00277
▷Antibiotic I 337A, *see* C-00195
▷Antibiotic *A* 21101 III, *see* A-00436
▷Antibiotic X 1497, *in* M-00180
▷Antibiotic X 340, *see* R-00030
▷Antibiotic X 5108, *in* M-00413
▷Antibiotic X 537*A*, *see* L-00011
▷Antibiotic X 465A, *see* C-00189
Antibiotic X 14868A, A-00411
Antibiotic X 14868B, *in* A-00411
Antibiotic X 14868C, *in* A-00411
Antibiotic X 14868D, *in* A-00411
Antibiotic A21*A*, *in* M-00413
Antibiotic 49A, *see* C-00583
▷Antibiotic 116A, *see* A-00158
▷Antibiotic A 2371, *see* M-00397
▷Antibiotic A 3223*A*, *in* M-00428
Antibiotic A 3823*B*, *in* M-00428
Antibiotic A 3823*C*, *in* M-00428
Antibiotic A 3823*D*, *in* M-00428
▷Antibiotic 4009A, *see* A-00187
▷Antibiotic A 5283, *see* P-00253
▷Antibiotic 833A, *in* M-00276
▷Antibiotic A 9145, *see* S-00078
▷Antibiotic A 10338, *see* C-00223
▷Antibiotic A 16316*C*, *in* D-00103
▷Antibiotic A 23812, *in* P-00566
▷Antibiotic A 23813, *see* P-00566
Antibiotic $273a_1$, *see* P-00005
Antibiotic $273a_{1\alpha}$, *in* P-00005
Antibiotic $273a_{1\beta}$, *in* P-00005
▷Antibiotic A 28086*A*, *see* N-00050
Antibiotic A 28086*B*, *in* N-00050
▷Antibiotic A 28829, *see* B-00258
Antibiotic 13285A1, *in* P-00066
Antibiotic 13285A2, *in* P-00066
Antibiotic A 11725 I, *in* M-00474
Antibiotic A 11725 II, *see* M-00474
Antibiotic A21101 II, *in* A-00436
▷Antibiotic A 12253A, *see* N-00058
Antibiotic A 51568A, *in* V-00007
▷Antibiotic AB 74, *in* D-00103
Antibiotic A 9145C, *in* S-00078
▷Antibiotic acid S, *see* A-00171
Antibiotic AMA 1080, *see* C-00104
▷Antibiotic A $20338N_1$, *see* B-00362
Antibiotic AR 5-I, *in* M-00474
Antibiotic AR 5-II, *see* M-00474
Antibiotic AT 125, A-00405
Antibiotic AT 265, *in* C-00214
▷Antibiotic AT 265B, *see* C-00214
▷Antibiotic AY 22989, *see* R-00013
Antibiotic AY 24668, *in* R-00013
Antibiotic 2562B, *in* C-00221
▷Antibiotic 3008B, *in* C-00410
▷Antibiotic 4009B, *see* N-00058
Antibiotic B 5050*C*, *see* M-00023
▷Antibiotic 1703-18B, *see* H-00223

Antibiotic B 52653, *see* A-00092
Antibiotic BA 8509A, *in* A-00238
▷Antibiotic BA 8509B, *see* A-00531
▷Antibiotic BA 8509C, *see* A-00095
▷Antibiotic B 79B, *see* S-00109
▷Antibiotic BB-K8, *see* A-00196
▷Antibiotic 10204-BII, *see* D-00452
Antibiotic BL-P 1462, *see* S-00271
Antibiotic BL-P 1761, *in* H-00035
Antibiotic BL-S 786, *see* C-00137
Antibiotic BMG 162 aF_2, *see* S-00112
Antibiotic BMY 28117, *see* E-00041
Antibiotic BMY 28142, *see* C-00125
Antibiotic BN 183B, *see* B-00005
▷Antibiotic BRL 1241, *in* M-00180
▷Antibiotic BRL 1702, *in* D-00214
Antibiotic BRL 2039, *see* F-00139
▷Antibiotic BRL 2064, *in* C-00045
▷Antibiotic BRL 2288, *in* T-00255
Antibiotic BRL 804, *see* H-00035
Antibiotic BRL 17421, *in* T-00062
▷Antibiotic BRL 4910A, *see* P-00552
Antibiotic BS 2653X, *in* A-00092
▷Antibiotic BU 2231*A*, *see* T-00010
Antibiotic Bu 2517, *see* E-00041
▷Antibiotic Bu 620, *see* C-00557
▷Antibiotic BU 1709E_1, *in* B-00408
Antibiotic BU 1709E_2, *in* B-00408
▷Antibiotic BU 1975C_1, *in* B-00408
Antibiotic BU 1975C_2, *in* B-00408
▷Antibiotic C 7819*B*, *see* N-00050
Antibiotic C 076A_{1a}, *see* A-00479
Antibiotic C 076A_{2a}, *see* A-00481
Antibiotic C 076A_{1b}, *see* A-00480
Antibiotic C 076A_{2b}, *see* A-00482
Antibiotic C 076B_{1a}, *see* A-00483
Antibiotic C 076B_{2a}, *see* A-00485
Antibiotic C 076B_{1b}, *see* A-00484
Antibiotic C 076B_{2b}, *see* A-00486
▷Antibiotic CC 1065, *see* R-00001
Antibiotic C 15003 deClQND-O, *in* M-00027
Antibiotic C 15003 deClQ-O, *in* M-00027
Antibiotic CGP 7174E, *see* C-00150
Antibiotic CI 920, *see* F-00260
Antibiotic CL 1565*A*, *see* F-00260
Antibiotic CL 1565*B*, *in* F-00260
Antibiotic CL 1565*C*, *in* F-00260
Antibiotic CL 1565*T*, *in* F-00260
▷Antibiotic CL 13900, *see* P-00557
▷Antibiotic CL 16536, *in* P-00557
Antibiotic CL 227193, *see* P-00283
Antibiotic CL 251931, *see* C-00162
Antibiotic CP 15464, *see* C-00077
Antibiotic CP 45899, *in* P-00065
Antibiotic CP 47904, *in* P-00065
Antibiotic CP 49952, *see* S-00262
Antibiotic C 15003P-1, *in* M-00027
Antibiotic C 15003P-2, *in* M-00027
▷Antibiotic C 15003P-3, *in* M-00027
Antibiotic C 15003P-3′, *in* M-00027
Antibiotic C 15003P-4, *in* M-00027
▷Antibiotic CP 15639-2, *in* C-00045
Antibiotic C 15003 PHM-1, *in* M-00027
Antibiotic C 15003 PHM-2, *in* M-00027
Antibiotic C 15003 PHM-3, *in* M-00027
Antibiotic C 15003 PHM-4, *in* M-00027
Antibiotic C 15003 P-4-βHY, *in* M-00027
Antibiotic C 15003 P-4-γHY, *in* M-00027
Antibiotic C 15003 PND-4-βHY, *in* M-00027
Antibiotic C 15003 QND-O, *in* M-00027
▷Antibiotic CS 1170, *see* C-00132
▷Antibiotic 2230D, *see* P-00039
Antibiotic D788-1, *in* C-00081
Antibiotic DL 473, *see* R-00048
Antibiotic E129A, *see* O-00068
Antibiotic E 733A, *see* A-00277
Antibiotic EMD 30087, *see* C-00119
Antibiotic E 129Z_1, *see* P-00440
Antibiotic F1, *in* C-00177
Antibiotic FK 156, A-00406
Antibiotic FL 1039, *see* P-00366
Antibiotic FR 13303, *see* C-00138
Antibiotic FR 31564, *see* F-00257
Antibiotic FR 48736, *see* C-00313
▷Antibiotic G 52, *in* S-00082
▷Antibiotic GR 20263, *see* C-00152
▷Antibiotic GS 2989, *see* M-00044
Antibiotic G367-S_2, *in* S-00082
▷Antibiotic HBF 386, *see* A-00054
Antibiotic HR 109, *in* C-00138
Antibiotic HR 221, *see* C-00134
▷Antibiotic HR 756, *in* C-00138
Antibiotic I-2743C, *in* A-00415
Antibiotic J55G1, *in* C-00081
Antibiotic K 300, *see* A-00277
Antibiotic KG 2245, *see* E-00081
Antibiotic KM 4927, *see* H-00081
▷Antibiotic KW 1062, *in* G-00018
▷Antibiotic KW 1070, *see* F-00252
Antibiotic L 105, *see* C-00162
▷Antibiotic 3123L, *see* P-00557
▷Antibiotic L 33876, *see* H-00075
Antibiotic L 640876, A-00407
▷Antibiotic LA 7017, *see* M-00397
Antibiotic LL AE 705W, *see* N-00081
Antibiotic LL-AM 684β, *see* T-00579
Antibiotic LL-C23024B, *in* A-00411
▷Antibiotic LL D05139α, *in* A-00509
Antibiotic LL-F28249α, A-00408
Antibiotic LL-S-88 A″, *in* A-00436
▷Antibiotic M 141, *see* S-00111
▷Antibiotic M 319, *see* C-00190
Antibiotic M 139603, *see* T-00157
Antibiotic M 146791, *see* C-00594
▷Antibiotic M 4365A_2, *see* R-00092
Antibiotic M 4365G_2, *see* R-00025
▷Antibiotic MA 144U_2, *see* M-00022
Antibiotic M 4365A_1, *in* R-00092
▷Antibiotic MA 144A_1, *see* A-00042
Antibiotic MA 144T_1, *see* A-00089
▷Antibiotic MB 530B, *see* M-00348
Antibiotic M 4365G_1, *in* R-00025
Antibiotic MG 883-12F_2, *in* S-00162
Antibiotic MK 0787, *see* I-00039
▷Antibiotic MK 955, *in* M-00276
Antibiotic ML 236B, *see* C-00539
▷Antibiotic MM 14151, *in* C-00410
▷Antibiotic MSD 803, *see* M-00348
Antibiotic MSD 883, *in* M-00348
Antibiotic MT 141, *see* C-00133
▷Antibiotic MYC 8003, *see* M-00413
▷Antibiotic N 9940A, *see* G-00085
▷Antibiotic NCI C55709, *see* C-00195
Antibiotic NJ-21, *see* A-00277
Antibiotic NK 1013-2, *in* K-00005
▷Antibiotic NSC A649*A*, *see* O-00038
Antibiotic OM-173α_1, *in* N-00036
Antibiotic OM 173β_1, *in* N-00036
Antibiotic OM 173αA, *in* N-00036
Antibiotic OM 173βA, *in* N-00036
▷Antibiotic OS 3966*A*, *see* N-00036
Antibiotic P 12, *in* O-00074
▷Antibiotic P 1011, *in* D-00214
▷Antibiotic P 42-1, *see* A-00100
▷Antibiotic P 638, *see* P-00557
Antibiotic P 15148, *in* E-00116
Antibiotic P 15149, *in* E-00116
Antibiotic P 15150, *in* E-00116
Antibiotic P 15153, *in* E-00116
▷Antibiotic PA 93, *see* N-00228
Antibiotic PA 94, *see* A-00277
▷Antibiotic PA 95, *see* A-00039

Antibiotic PA 114*A*, *see* O-00068
Antibiotic PA 399, *see* D-00278
Antibiotic PA 39504X_1, *in* A-00459
Antibiotic PA 39504X_3, *see* A-00459
Antibiotic PA 114B_2, *see* V-00054
Antibiotic PA 31088IV, *in* A-00459
Antibiotic PD 110161, *see* F-00260
Antibiotic PD 113270, *in* F-00260
Antibiotic PD 113271, *in* F-00260
▷Antibiotic PR 1350, *see* C-00421
Antibiotic PR 1381, *in* C-00421
▷Antibiotic 1489 RB, *see* P-00278
Antibiotic Ro 1-9213, *see* A-00277
▷Antibiotic Ro 2-2985, *see* L-00011
Antibiotic Ro 13-9904, *see* C-00159
Antibiotic Ro 17-2301, *see* C-00104
▷Antibiotic RP 5278, *see* S-00162
Antibiotic RP 6798, *see* D-00066
▷Antibiotic RP 18631, *see* C-00221
▷Antibiotic RP 32232, *see* S-00078
Antibiotic RP 35391, *in* S-00078
▷Antibiotic RU 24756, *in* C-00138
Antibiotic RU 28965, *see* R-00100
▷Antibiotic S-67, *see* A-00054
▷Antibiotic S 300, *see* V-00050
▷Antibiotic S 438, *see* B-00247
Antibiotic SCE 129, *see* C-00150
Antibiotic Sch 13430, *see* M-00070
▷Antibiotic Sch 14342, *see* G-00017
Antibiotic Sch 16524, *see* R-00025
▷Antibiotic Sch 20569, *see* N-00078
▷Antibiotic Sch 21420, *in* G-00017
▷Antibiotic Sch 22591, *see* P-00099
Antibiotic SF 1854, *in* F-00252
Antibiotic SF 2052, *see* D-00002
▷Antibiotic SF 337, *see* A-00247
▷Antibiotic SF 733, *see* R-00040
▷Antibiotic SF 767*A*, *see* L-00062
▷Antibiotic SF 837A_1, *see* P-00371
Antibiotic SF 2080A, *see* D-00197
Antibiotic SF 973A, *see* A-00002
▷Antibiotic SF 767B, *see* P-00039
Antibiotic SF 973B, *in* A-00002
Antibiotic S-GI, *in* T-00481
Antibiotic SKF 59962, *see* C-00118
Antibiotic SKF 75073, *in* C-00135
▷Antibiotic SKF 83088, *see* C-00132
▷Antibiotic SMP 78, *see* A-00171
▷Antibiotic SQ 11302, *see* E-00074
Antibiotic SQ 14359, A-00409
▷Antibiotic SQ 16123, *in* M-00180
Antibiotic SQ 16423, *in* O-00074
▷Antibiotic SQ 16603, *see* F-00303
▷Antibiotic SQ 26776, *see* A-00533
Antibiotic SQ 26917, *in* A-00533
▷Antibiotic ST 21, *see* P-00363
Antibiotic SY 1, *in* S-00017
Antibiotic T 1220, *see* P-00283
▷Antibiotic T 2636*A*, *in* B-00362
▷Antibiotic T 2636*C*, *see* B-00362
▷Antibiotic TA 2407, *see* A-00099
Antibiotic TMS 19Q, *in* L-00034
▷Antibiotic U 5956, *see* F-00106
▷Antibiotic U 7750, *see* S-00163
▷Antibiotic U 9889, *see* S-00164
▷Antibiotic U 10149, *see* L-00051
▷Antibiotic U 12898, *see* B-00247
Antibiotic U 13933, *see* A-00464
Antibiotic U 15965, *see* D-00048
▷Antibiotic U 18496, *see* A-00496
▷Antibiotic U 19183, *see* S-00109
Antibiotic U 19718, *in* K-00002
▷Antibiotic U 20661, *see* S-00143
▷Antibiotic U 21251, *see* C-00428
▷Antibiotic U 24792, *see* L-00082
▷Antibiotic U 40615, *in* S-00143
Antibiotic U 42126, *see* A-00405
Antibiotic U 43120, *see* P-00044
Antibiotic U 43795, *in* A-00405
Antibiotic U 44590, *see* D-00278
Antibiotic U 56407, A-00410
Antibiotic U 24729A, *in* M-00393
▷Antibiotic U 30604E, *see* Z-00038
Antibiotic U 57930E, *see* P-00339
Antibiotic UK 18892, *see* B-00404
▷Antibiotic W 7783, *see* A-00171
Antibiotic W 847A, *see* M-00070
Antibiotic W 847B, *in* M-00070
▷Antibiotic W 847C_1, *in* M-00070
▷Antibiotic W 847C_2, *in* M-00070
Antibiotic WF 4629, *see* C-00313
▷Antibiotic 2233wp, *see* S-00111
▷Antibiotic WR 141, *see* G-00085
▷Antibiotic WS 3442*A*, *in* C-00177
Antibiotic WS 3442*E*, *in* C-00177
▷Antibiotic WS 4545, *see* B-00158
▷Antibiotic Wy 3277, *in* N-00012
▷Antibiotic Wy 4508, *see* C-00585
▷Antibiotic X-7-III, *see* L-00033
▷Antibiotic XK 33*FI*, *in* D-00103
Antibiotic XK 213, *see* E-00005
▷Antibiotic XK 62-2, *in* G-00018
▷Antibiotic XK 41A_1, *in* M-00070
▷Antibiotic XK 41A_2, *in* M-00070
Antibiotic XK 41B_1, *in* M-00070
Antibiotic XK 41C, *see* M-00070
Antibiotic Y 12278, *see* B-00005
▷Antibiotic YA 56X, *see* Z-00038
▷Antibiotic YC 73, *see* F-00177
▷Antibiotic YL 704B_1, *see* P-00371
Antibiotic YL 704C_1, *see* M-00023
▷Antibiotic YL 704A_3, *see* L-00033
Antibiotic 1745Z_3A, *see* O-00068
Antibiotic 1745Z_3B, *see* V-00054
▷Antibotic PA 144, *see* M-00397
Anticapsin, A-00412
Anticoagulans 63, *see* C-00599
Anticoccine, *in* M-00141
Anticoman, *see* D-00037
▷Anticon, *in* H-00191
▷Antidiar 200, *in* D-00130
Antidipsin, *see* E-00152
Antienite, A-00413
▷Antifolic acid, *see* A-00324
Antihemophilic factor, *see* F-00003
Antihemophilic globulin, *see* F-00003
Antileprol, *in* C-00627
▷Antilirium, *in* E-00122
▷Antilon, *in* E-00218
▷Antiminth, *in* P-00558
▷Antimony potassium tartrate, A-00414
▷Antimycin, *see* C-00403
▷Antimycin *A*, A-00415
▷Antimycin A_1, *in* A-00415
Antimycin A_2, *in* A-00415
▷Antimycin A_3, *in* A-00415
▷Antimycin A_4, *in* A-00415
Antimycin A_5, *in* A-00415
Antimycin A_6, *in* A-00415
▷Antin, *see* P-00210
▷Antipar, *in* D-00227
▷Anti-Pica, *see* F-00130
▷Antipiriculin, *see* A-00415
▷Antipyrine, *see* D-00284
Antipyrine acetylsalicylate, *in* D-00284
Antipyrine amygdalate, *in* D-00284
Antipyrine mandelate, *in* D-00284
Antipyrine methylethylglycolate, *in* D-00284
▷Antipyrine salicylate, *in* D-00284
(Antipyrinylisobutylamino)methanesulfonic acid, *see* D-00170
▷*N*-[(Antipyrinylisopropylamino)methyl]nicotinamide, *see* N-00155

(Antipyrinylmethylamino)methanesulfonic acid, *see* D-00532
▷*N*-Antipyrinylnicotinamide, *see* N-00112
N-Antipyrinylsalicylamide, A-00416
▷Antirex, *in* E-00016
Antirrhinin, *see* K-00009
▷Antispasmin, *in* O-00161
Antisterility vitamin, *see* T-00335
▷Antistin, *in* A-00400
▷Antitetanin, *see* D-00304
Antithrombin III, A-00417
▷Antitriol, *see* O-00086
Antitrombin, *see* A-00417
α_1-Antitrypsin, A-00418
▷Antiulcera Master, *in* C-00196
▷Antivert, *see* M-00051
Antofin, *in* H-00205
▷Antopen, *see* M-00394
▷Antoral, *in* T-00250
▷Antorfin, *see* N-00032
▷Antorphin, *see* N-00032
Antostab, *see* S-00053
▷Antoxol, *see* D-00385
▷Antrafenine, A-00419
▷Antramycin, *see* A-00403
▷Antrenyl, *in* O-00161
▷Antrepar, *see* A-00023
Antridonium, *see* I-00191
▷Antrocol, *in* T-00554
▷Antrycide, *in* A-00207
▷Antrypol, *see* S-00275
▷Antuitrin, *see* G-00080
▷Antupex, *see* T-00311
▷Anturan, *see* S-00258
▷Anuvex, *in* D-00318
Anxon, *see* K-00012
▷Aolan, *see* E-00140
AOMA, *see* S-00276
Ap 2, *see* E-00164
▷AP 2, *see* S-00073
▷AP-14, *see* D-00262
▷AP 1288, *in* B-00037
▷AP 407, *in* A-00371
AP 880, *see* N-00153
▷6-APA, *see* A-00295
Apacef, *in* C-00139
▷APAETF, *see* E-00155
Apafant, A-00420
Apalcillin, A-00421
Apalcillin sodium, *in* A-00421
▷Apam, *see* B-00181
Apatef, *in* C-00139
▷Apazone, *see* A-00507
APD, *see* P-00009
Apegmone, *see* T-00297
▷Apetain, *in* P-00202
▷Apetinil, *in* P-00202
Apeton, *in* H-00109
▷APGA, *see* A-00324
▷3α,16β,17,18-Aphidicolanetetrol, *see* A-00422
▷Aphidicolin, A-00422
Aphilan, *see* M-00059
Aphosal, *see* C-00193
▷Aphrodine, *see* Y-00002
Apicycline, A-00423
▷Apigenin 4′-methyl ether, *see* D-00329
▷Apiquel, *see* A-00246
▷Apistate, *in* D-00240
▷Aplacal, *in* M-00083
Aplisol, *see* T-00570
Aplitest, *see* T-00570
▷Aplodan, *see* C-00559
A-Plus, *see* I-00194
α-APM, *see* A-00460
APNPS, *see* S-00204
APO, *see* A-00424
15-Apo-β-caroten-15-oic acid, *see* R-00033
▷15-Apo-β-caroten-15-ol, *see* V-00058
▷Apocodeine, *in* A-00425
▷Apocretin, *in* A-00272
Apo-14,15-dehydrovincamine, *in* A-00426
▷Apodol, *see* A-00390
Apolipoprotein A1, A-00424
Apomed, *see* P-00507
▷Apomorphine, A-00425
Apomorphine hydrochloride, *in* A-00425
▷Aponeuron, *see* A-00183
▷Aponti-Sterilisierhad, *in* D-00203
▷Apopen, *see* P-00171
▷Apophedrin, *see* A-00304
Apoterin, *in* R-00028
Apothyrin, *see* D-00365
Apoverticine, *in* V-00024
Apovincamine, A-00426
Apraclonidine, A-00427
Apraclonidine hydrochloride, *in* A-00427
▷Apralan, *see* A-00428
Apralan, *in* A-00428
▷Apramycin, A-00428
Apramycin sulfate, *in* A-00428
Aprecon, *see* I-00177
▷Apresazide, *in* H-00096
▷Apresoline, *in* H-00096
Aprindine, A-00429
▷Aprindine hydrochloride, *in* A-00429
▷Aprobarbital, A-00430
Aprobit, *in* P-00478
▷Aprofene, A-00431
▷Aprophen, *see* A-00431
▷Aprotinin, A-00432
▷Aprotinin solution, JAN, *see* A-00432
▷Aprozal, *see* A-00430
APSAC, *see* A-00397
▷Aptal, *see* C-00256
Aptazapine, A-00433
Aptazapine maleate, *in* A-00433
Aptinol, *in* L-00115
Aptocaine, A-00434
Apurone, *see* F-00155
ApV, *see* A-00426
▷APY-606, *in* S-00114
Apyramide, *in* I-00065
AQ-A39, *see* F-00011
▷AQL 208, *in* T-00418
Aquaforil, *see* X-00017
Aquamox, *see* Q-00021
Aquaphor, *see* X-00017
Aquaphoril, *see* X-00017
▷Aquatag, *see* B-00103
▷Aquatensen, *see* M-00218
Aquazid, *in* B-00103
▷Aquedux, *in* C-00215
Aquex, *see* C-00480
▷Aquirel, *see* C-00639
Aquocobalamin, *see* V-00060
AR 336, *in* V-00056
▷AR 12008, *see* T-00401
▷Ara-A, *in* A-00435
Ara-Ac, *see* F-00020
9-Arabinofuranosyladenine, A-00435
1-β-D-Arabinofuranosyl-5-azacytosine, *see* F-00020
Arabinofuranosylcytosine, *see* C-00667
9-β-D-Arabinofuranosyl-2-fluoroadenine, *see* F-00142
9-β-D-Arabinofuranosyl-2-fluoro-9*H*-purin-6-amine, *see* F-00142
9-Arabinofuranosyl-9*H*-purin-6-amine, *see* A-00435
Arabinosylcytosine, *see* C-00667
▷Ara-C, *in* C-00667
▷Aracan, *in* C-00025
▷Arachine, *see* C-00308
▷Aracytidine, *in* C-00667
Aragonite, *in* C-00014
▷Aralen, *in* C-00284

▷Aramine, *in* A-00274
▷Aranotin, A-00436
▷Araquine, *see* C-00308
▷Arasan, *see* T-00149
▷Arasena-A, *in* A-00435
▷Arazopeptin, *see* A-00095
▷Arbacet, *in* D-00334
▷Arbaprostil, *in* D-00334
Arbekacin, *in* D-00154
▷Arbuz, *see* P-00018
▷Arcacin, *in* P-00171
Arcagynil, *in* O-00030
Arcalion, *in* T-00174
▷Arcaterol, *see* B-00179
Arclofenin, A-00437
▷Arcomonol, *see* M-00420
▷Arcton 33, *see* D-00202
▷Arctuvin, *see* B-00074
Ardacin, *see* A-00443
Ardacin *A*, *in* A-00443
Ardacin *B*, *in* A-00443
Ardacin *C*, *in* A-00443
AR-DF 26, *see* G-00043
Arduan, *in* P-00277
▷Arecaidine, *see* T-00126
▷Arecaine, *see* T-00126
▷Arecoline, *in* T-00126
▷Arelix, *see* P-00323
Arfalasin, A-00438
Arfendazam, A-00439
▷Arfonad, *in* T-00498
Argatroban, A-00440
▷Argicilline, *see* M-00186
Argimesna, *in* A-00441
Arginine, A-00441
▷Arginine hydrochloride, *in* A-00441
▷8-Arginineoxytocin, *in* V-00013
Arginine tidiacicate, *in* T-00184
Arginine vasopressin, *in* V-00013
8-L-Arginine vasopressin, *in* V-00013
▷*Ile*^{3}*-Arginine vasopressin*, *in* V-00013
▷Arginine vasotocin, *in* V-00013
N-[*N*-(N^2-L-Arginyl-L-lysyl)-L-α-aspartyl]-L-valine, *see* T-00223
N-[*N*-[*N*-(N^2-L-Arginyl-L-lysyl-L-α-aspartyl]-L-valyl]-L-tyrosine, *see* T-00225
N-[*N*-[*N*-(N^2-L-Arginyl-L-lysyl)-L-α-glutamyl]-L-valyl]-L-tyrosine, *see* S-00135
N-L-Arginyl-8-L-methionine-21*a*-L-phenylalanine-21*b*-L-arginine-21*c*-L-tyrosineatriopeptin-21(rat), *see* A-00377
▷Argiodin, *see* V-00057
Argipidine, *see* A-00440
Argipressin, *in* V-00013
Argipressin tannate, USAN, *in* V-00013
▷Argiprestocin, *in* V-00013
Arglecin, A-00442
▷Argobyl, *see* T-00479
Argolamide active substance, *see* V-00010
▷Arg^{8}-Oxytocin, *in* V-00013
▷Argun, *see* A-00103
Argun L, *in* L-00085
AR 5-I, *in* M-00474
Aricidin *A*, *in* A-00443
▷Aricodon, *in* T-00245
Aridicin, A-00443
Aridicin *B*, *in* A-00443
Aridicin *C*, *in* A-00443
AR 5-II, *see* M-00474
Arildone, A-00444
Arinol, *see* D-00410
▷Ariotin, *see* A-00436
Aristinic acid, *see* M-00200
▷Aristocort, *see* T-00419
Aristolochia yellow, *see* M-00200
Aristolochic acid, *see* M-00200
Aristolochic acid *B*, *see* M-00252
Aristolochic acid I, *see* M-00200
Aristolochic acid II, *see* M-00252
Aristolochic acid II methyl ester, *in* M-00252
Aristolochic acid III, *in* H-00160
Aristolochic acid III*a*, *see* H-00160
Aristolochic acid A, *see* M-00200
Aristolochic acid C, *see* H-00160
Aristolochin, *see* M-00200
▷Aristospan, *in* T-00419
AR-L 113*BS*, *in* S-00227
▷AR-L 115*BS*, *see* S-00227
Arlanto, *in* A-00123
Arlatone 507, *in* D-00405
▷Arlidin, *in* B-00367
Arlitan, *see* A-00387
▷Arlix, *see* P-00323
▷Arlytene, *see* T-00227
Armil, *see* B-00118
Arnolol, A-00445
▷Aromarone, *in* H-00166
Aronixil, A-00446
Arotinolol, A-00447
▷Arovit, *in* V-00058
Aroxine, *in* A-00294
Arpenal, *in* D-00488
Arpicolin, *in* P-00455
Arpocox, *see* A-00448
Arprinocid, A-00448
Arpromidine, A-00449
▷Arquel, *see* M-00045
▷Arresten, *see* M-00319
▷Arrhenal, *in* M-00226
▷Arsanilic acid, *see* A-00302
▷*m*-Arsanilic acid, *see* A-00301
▷Arsenamide, A-00450
▷4,4′-Arsinobis(2-aminophenol), *see* S-00021
▷Arsobal, *see* M-00077
[5-Arsono-2-(hydroxyphenyl)amino]methanesulfinic acid, *see* P-00146
▷*p*-Arsono-*N*-phenylglycinamide, *see* C-00041
▷*p*-Arsonophenylurea, *see* C-00043
▷Arsphenamide, *see* A-00450
▷Arsphenamine, *see* S-00021
Arsphendichloride, *see* A-00270
Arsthinol, A-00451
▷Artalan, *in* P-00129
▷Artane, *in* B-00081
▷Arteannuin, *see* A-00452
▷Artemisinin, A-00452
▷Arteolol, *in* C-00102
▷Arteoptic, *in* C-00102
Arterenol, *see* N-00208
▷Arteriohom, *see* C-00456
▷Arteriol, *in* P-00598
Arteriolase, *in* M-00308
▷Arteripax, *in* C-00363
▷Arterium, *see* N-00097
Arterolo, *see* C-00467
▷Artes, *see* M-00080
Arthenolone, *in* H-00205
Arthripur, *see* D-00286
▷Arthrisin, *see* A-00033
Articaine, *see* C-00103
▷Artiflam *R*, *see* B-00099
▷Artil, *see* I-00216
▷Artilacer, *in* T-00144
Artisone, *in* H-00205
Artivis, *in* H-00205
▷Artra, *in* B-00074
▷Artrocaptin, *see* T-00353
▷Artrodar, *in* D-00309
Artromialgina, *in* D-00315
▷Arvin, *see* A-00381
▷Arvynol, *see* E-00151
▷Arwin, *see* A-00381
1AS, *see* I-00156

▷5-ASA, *see* A-00266
▷Asabaine, *in* M-00169
▷Asacol, *see* A-00266
▷Asafan, *see* A-00453
▷Asalit, *see* A-00266
Asalphen, *in* H-00112
▷Asaphan, A-00453
Asaphen, *in* P-00300
Asbron G, *in* T-00169
▷Ascabin, *in* B-00092
Ascamycin, A-00454
▷Ascapilla, *see* C-00020
▷Ascapurin, *see* A-00455
▷Ascaridole, A-00455
▷Ascarisin, *see* A-00455
▷Asclepin, *in* G-00079
Asclopan, *see* S-00005
Ascomp, *in* A-00123
Ascorbic acid, A-00456
▷Ascorbicap, *in* A-00456
Ascriptin, *in* M-00008
Asdofan, *in* A-00453
Asdophan, *in* A-00453
ASE 136BS, *see* D-00533
Asecryl, *in* G-00070
Asellacrin, *see* H-00090
▷Asendin, *see* A-00362
▷Asenlix, *see* C-00435
Aseptamide, *in* D-00179
Aseptorid, *in* M-00002
▷Asiatic acid, *in* T-00485
▷Asiaticoside, *in* T-00485
ASK, *in* H-00112
▷ASL 279, *see* D-00579
▷ASL 601, *see* P-00446
▷ASL 603, *in* B-00271
ASL-8052, *in* E-00123
Asmaten, *in* R-00058
▷Asnase, *see* A-00458
Asocainol, A-00457
Asorec, *see* S-00194
Aspaminol, *see* D-00507
▷Asparaginase, A-00458
▷Asparagine amidohydrolase, *see* A-00458
Asparenomycin *C*, A-00459
Asparenomycin A, *in* A-00459
Asparenomycin B, *in* A-00459
Aspartame, A-00460
25-L-Aspartic acid-26-L-alanine-27-glycine-α^{1-28}-corticotropin-(pig), *see* O-00006
N^{β}-Aspartylglutamic acid, A-00461
N-α-Aspartylphenylalanine 1-methyl ester, *see* A-00460
N-α-Aspartyl-3-phenylalanine methyl ester, *see* A-00460
▷Aspason, *in* F-00071
Aspaxicillin, *see* A-00465
Aspercreme, *in* H-00112
Aspergel, *in* H-00112
▷Aspergillin, *see* G-00041
Aspergillomarasmine *A*, *in* A-00462
Aspergillomarasmine *B*, *in* A-00462
(±)-Aspergillomarasmine *B*, *in* A-00462
Aspergillomarasmines, A-00462
Asperlicin, A-00463
Asperlin, A-00464
Asperoside, *in* D-00274
Asperoside, *in* D-00274
▷Aspirin, *see* A-00026
▷Aspolat, *see* S-00263
Aspoxicillin, A-00465
▷Asta 3746, *in* C-00330
▷Asta 5122, *see* S-00178
Asta 5531, *in* I-00044
▷Asta C 4898, *in* D-00370
Astaril, *in* A-00212
Asta Z 7557, *in* M-00004
▷Astemizole, A-00466
▷Astenile, *in* H-00110
Asterol, *see* D-00143
Asterriquinone, A-00467
Asterriquinone A1, *in* A-00467
Asthma-Keton 11, *see* D-00335
Asthmalitan, *in* I-00185
Asthma-Tropon, *see* D-00335
▷Astiban, *see* S-00149
Astiron, *in* A-00453
Astmopent, *in* O-00053
▷Astomin, *in* D-00379
▷Astonin H, *see* F-00147
Astop, *in* O-00053
Astquinon, *in* M-00217
▷Astra 1410, *see* H-00195
▷Astra 1512, *in* P-00432
▷Astra 2358, *in* K-00015
Astrafer, *in* D-00114
Astra W 36095, *in* T-00332
▷Astriderm, *see* B-00073
Astroderm, *in* D-00177
Astrolin, *in* D-00284
▷Astromicin, *see* F-00252
Astromicin sulfate, *in* F-00252
Astyn, *see* E-00011
Astyron, *in* A-00453
▷Asuntol, *see* C-00555
▷Asvelik, *see* T-00311
▷Asverin, *see* T-00311
▷Asvex, *see* T-00311
AT-17, *see* D-00379
▷Atabrine, *see* Q-00010
Atamestane, *see* M-00223
Ataractan, *see* D-00506
▷Atarax, *in* H-00222
▷Atebrin, *see* Q-00010
Atelor, *see* D-00143
Atem, *in* I-00155
Atenativ, *see* A-00417
▷Atenolol, A-00468
Atenorax, *see* E-00265
▷Atenos (new form), *in* B-00426
Atenos (old form), *see* E-00265
Atensil, *see* P-00251
▷Atensine, *see* D-00148
Atheran, *see* C-00467
Atherol, *in* S-00151
▷Atherophylline, *in* P-00582
▷Athimil, *in* M-00360
▷Athoxyd, *in* B-00222
▷Athrombin K, *in* W-00001
Atipamezole, A-00469
Atiprosine, A-00470
Atiprosin maleate, *in* A-00470
▷Ativan, *see* D-00056
▷Atladiol, *in* O-00028
Atlansil, *in* A-00342
▷Atletol, *see* C-00249
▷Atock, *in* F-00247
Atolide, A-00471
▷Atomirate, *see* N-00100
▷Atomol, *in* O-00153
▷Atophan, *see* P-00206
▷Atoquinazone, *see* A-00081
Atoquinol, *in* P-00206
▷Atoreuma, *see* H-00195
Atossisclerol, *see* P-00380
▷Atover, *see* P-00568
Atoxyl, *in* A-00302
Atractylenolide I, *see* E-00269
Atracurium(2+), A-00472
Atracurium besylate, *in* A-00472
▷Atral, *in* Q-00037
Atralose, *see* T-00231
▷Atrapar, *see* H-00082
Atremon, *see* O-00125

Atrial natriuretic factor, *see* A-00473
▷Atrican, *see* T-00072
Atrimycon, *see* P-00538
Atrinal, *in* H-00070
Atriopeptin, A-00473
▷Atrium, *in* E-00218
▷Atrocholin, *see* D-00049
Atromepine, A-00474
Atropigen, *in* T-00554
▷Atropine, *in* T-00554
▷Atropine methonitrate, *in* T-00554
Atropine oxide, *in* T-00554
Atropine oxide hydrochloride, *in* T-00554
Atropine propionate, *in* T-00554
▷Atropine sulfate, *in* T-00554
▷Atropisol, *in* T-00554
Atroscine, *in* S-00031
Atrovent, *in* I-00155
Attentil, *in* F-00107
▷Atumin, *in* D-00218
Aturbal, *in* P-00155
Aturbane, *in* P-00155
Aturgyl, *in* F-00066
Atuss, *see* D-00397
AU 7801, *see* A-00316
▷Audicalm, *see* P-00257
▷Augmentan, *in* C-00410
▷Augmentin, *in* C-00410
Augmentin, *in* G-00110
▷Aulin, *see* D-00556
▷Aulin (new), *see* N-00146
Auluton, *in* A-00261
▷Auralgan, *in* D-00284
Auranofin, A-00475
▷Auranthin A, *see* A-00056
▷Auranthin A-2, *see* A-00055
▷Auranthin A-3, *see* A-00057
▷Auranthin B, *see* A-00055
▷Auranthin C, *see* A-00057
▷Aureocort, *in* A-00476
▷Aureolic acid, *see* M-00397
▷Aureomycin, A-00476
Aureoquindiamate, *in* M-00217
▷Aureotan, *in* T-00201
Aureothricin, A-00477
▷Aurocidin, *see* S-00084
▷Aurodox, *in* M-00413
▷Aurolin, *see* S-00084
▷Auropex, *see* S-00084
Aurothioglucose, *see* T-00201
Aurothioglycanide, A-00478
▷Aurothion, *see* S-00084
▷Aurugopin, *see* S-00287
▷Aurumine, *in* T-00201
AUS, *see* A-00312
▷Ausocef, *see* P-00363
▷Autasynt, *see* B-00148
▷Autohemophilic factor B, *see* F-00004
▷Autokar, *see* D-00040
▷Autoprothrombin II, *see* F-00004
▷Avacan, *in* D-00234
▷Avadyl, *in* D-00234
▷Avagal, *in* M-00169
▷Avantin, *see* P-00491
▷Avatec, *see* L-00011
Avenein, *in* D-00311
Avermectin A_{1a}, A-00479
Avermectin B_{1a}, A-00483
Avermectin A_{2a}, A-00481
Avermectin B_{2a}, A-00485
Avermectin A_{1b}, A-00480
Avermectin B_{1b}, A-00484
Avermectin A_{2b}, A-00482
Avermectin B_{2b}, A-00486
▷Avertin, *see* T-00428
▷Avicalm, *in* M-00336
▷Avicocid, *in* A-00332
Avicol-SL, *see* C-00462
▷Avil, *in* P-00157
Avilamycin *C*, A-00487
▷Avilamycin A, *in* A-00487
▷Avilamycin, INN, USAN, *in* A-00487
▷Avinar, *see* U-00012
▷Aviochina, *in* A-00332
▷Avloclor, *in* C-00284
▷Avlon, *see* P-00434
▷Avlosulfon, *see* D-00129
Avocin, *see* P-00283
Avomine, *in* P-00478
Avridine, A-00488
AVS, *see* N-00087
AW 10, *in* S-00151
▷AW 142333, *see* P-00126
AW 142446, *in* C-00448
AW 105-843, *see* N-00024
16-244 AWD, *see* T-00324
AWD 19-166, *see* B-00252
▷Awelysin, *see* S-00160
AX 36-080, *see* O-00079
Axamozide, A-00489
▷Axeen, *see* P-00546
Axerofluid, *in* V-00058
▷Axerol, *see* V-00058
Axerophthol propionate, *in* V-00058
▷Axialit, *in* E-00103
▷Axilur, *see* F-00037
▷Axiquel, *in* E-00204
AY 20, *in* P-00514
AY 5710, *see* M-00005
AY 5810, *in* P-00091
▷AY 6204, *see* P-00483
▷AY 6608, *see* P-00079
▷AY 8682, *in* D-00282
AY 11440, *in* C-00463
▷AY 11483, *see* E-00129
▷AY 15613, *in* D-00158
▷AY 21367, *see* O-00127
▷AY 21554, *in* T-00014
AY 22124, *in* I-00088
AY 22214, *in* T-00002
AY 22241, *see* A-00059
AY 22284, *in* D-00478
AY 22469, *see* D-00086
▷AY 22989, *see* R-00013
▷AY 23289, *see* P-00461
AY 23713, *in* P-00313
▷AY 23946, *in* T-00025
AY 24031, *in* L-00116
AY 24169, *in* D-00112
AY 24236, *see* E-00245
AY 24269, *see* P-00525
AY 24559, *in* H-00169
AY 24668, *in* R-00013
AY 24856, *in* P-00474
▷AY 25329, *in* A-00493
AY 25650, *see* T-00531
AY 25712, *see* D-00290
AY-27110, *in* C-00341
AY 27773, *see* T-00370
AY 28288, *in* A-00470
AY 28768, *see* P-00055
AY 30715, *see* P-00056
▷AY 55074, *in* C-00033
▷AY 61122, *see* M-00165
▷AY 62013, *see* D-00225
▷AY 62014, *in* B-00424
▷AY 62021, *in* C-00481
▷AY 62022, *see* M-00057
Ayapanin, *in* H-00114
▷Ayerluton, *see* M-00057
▷Ayermicina, *in* L-00032
▷Ayr, *see* S-00085

8-Azaadenine, *see* A-00338
2-Azaadenosine, A-00490
1-Azabenz[*b*]azulene, *see* C-00604
▷3-Azabicyclo[3.2.2]nonane, A-00491
4-(3-Azabicyclo[3.2.2]non-3-yl)-4′-fluorobutyrophenone, *see* N-00204
4-(3-Azabicyclo[3.2.2]non-3-yl)-1-(4-fluorophenyl)-1-butanone, *see* N-00204
▷1-Azabicyclo[2.2.2]octan-3-ol, *see* Q-00035
N-(1-Azabicyclo[2.2.2]oct-3-yl)-5-chloro-2-methoxy-4-(methylamino)benzamide, *in* Z-00002
5-(1-Azabicyclo[2.2.2]oct-3-yl)-10,11-dihydro-5*H*-dibenzo[*b,f*]azepine, *see* Q-00036
10-(1-Azabicyclo[2.2.2]oct-3-yl)-*N,N*-dimethyl-10*H*-phenothiazine-2-sulfonamide, *see* Q-00039
▷10-(1-Azabicyclo[2.2.2]oct-3-ylmethyl)-10*H*-phenothiazine, *see* M-00109
▷1-(3-Azabicyclo[3.3.0]oct-3-yl)-3-*p*-tolylsulfonylurea, *see* G-00037
Azabon, *in* A-00491
Azabuperone, A-00492
Azabutyrone, *see* A-00492
▷Azacitidine, *see* A-00496
Azaclorzine, A-00493
▷Azaclorzine hydrochloride, *in* A-00493
Azaconazole, A-00494
▷Azacort, *see* D-00046
▷Azacortid, *see* F-00131
Azacosterol, A-00495
▷Azacosterol hydrochloride, *in* A-00495
▷Azactam, *see* A-00533
Azacyclonol, *see* D-00506
▷5-Azacytidine, A-00496
5-Aza-2′-deoxycytidine, *see* D-00077
▷Azadol, *see* A-00530
Azafen, *in* P-00300
Azaftozine, A-00497
▷8-Azaguanine, *see* A-00247
Azaleatin, *in* P-00082
Azalein, *in* P-00082
Azaloxan, A-00498
Azaloxan fumarate, *in* A-00498
▷Azamethane, *in* A-00499
Azamethonium(2+), A-00499
▷Azamethonium bromide, *in* A-00499
▷Azameton, *in* A-00499
Azamulin, A-00500
▷Azamune, *see* A-00513
Azanator, A-00501
Azanator maleate, *in* A-00501
Azanidazole, A-00502
▷Azanin, *see* A-00513
▷Azapen, *in* M-00180
▷Azapentine phosphate, *in* A-00504
▷Azaperone, A-00503
▷Azapetine, A-00504
Azaphen, *in* P-00300
▷Azapress, *see* A-00513
Azapride, A-00505
▷Azaprocin, A-00506
▷Azapropazone, A-00507
Azaquinzole, *see* H-00051
▷Azaribine, *in* A-00514
Azarole, A-00508
▷Azaron, *see* T-00524
▷Azaserine, A-00509
Azaspirium(1+), A-00510
Azaspirium chloride, *in* A-00510
[2-(6-Azaspiro[2.5]oct-6-yl)ethyl]guanidine, *see* S-00120
▷Azastene, A-00511
Azasterol, *see* A-00495
Azatadine, A-00512
▷Azatadine maleate, *in* A-00512
Azatepa, *see* A-00517
2-Aza-3-(1-thia-4-carboxymethylbutyl)-6-(3-hydroxy-1-octenyl)-7-hydroxybicyclo[3.3.0]oct-2-ene, *see* T-00279
▷Azathioprine, A-00513
▷Azathioprine sodium, USAN, *in* A-00513
▷6-Azauracil, *see* T-00422
▷6-Azauridine, A-00514
Azaxazin, *in* P-00300
▷Azelaic acid, *see* N-00203
▷Azelastine, A-00515
▷Azelastine hydrochloride, *in* A-00515
Azepexole, A-00516
▷Azephine, *in* A-00504
Azepinamide, *see* G-00077
Azepindole, *see* T-00116
▷Azeptane phosphate, *in* A-00504
▷Azeptin, *in* A-00515
Azetepa, A-00517
Azetirelin, A-00518
Azidamfenicol, A-00519
▷Azidin, *in* B-00187
2-(Azidoacetamido)-1-(4-nitrophenyl)-1,3-propanediol, *see* A-00519
Azidoamphenicol, *see* A-00519
▷1-(4-Azidobenzoyl)-5-methoxy-2-methyl-1*H*-indole-3-acetic acid, *see* Z-00012
α-Azidobenzylpenicillin, *see* A-00520
4-Azido-5-chloro-2-methoxy-*N*-[1-(phenylmethyl)-4-piperidinyl]benzamide, *see* A-00505
Azidocillin, A-00520
Azidoclebopride, *see* A-00505
3′-Azido-3′-deoxythymidine, *see* Z-00013
3′-Azido-2′,3′-dideoxyuridine, A-00521
2-Azido-*N*-[2-hydroxy-1-(hydroxymethyl)-2-(4-nitrophenyl)-ethyl]acetamide, *see* A-00519
1-[3-Azido-4-(hydroxymethyl)cyclopentyl]-5-methyl-2,4(1*H*,3*H*)pyrimidinedione, A-00522
Azidophen, *see* A-00520
6-[α-Azidophenylacetamido]penicillanic acid, *see* A-00520
Azidopine, A-00523
3′-Azidothymidine, *see* Z-00013
▷Azimexon, A-00524
Azimycin, *in* D-00303
▷Azintamide, A-00525
Azipramine, A-00526
Azipramine hydrochloride, *in* A-00526
Azipranone, *see* T-00042
▷Aziridinyl benzoquinone, *see* D-00150
▷2-(1-Aziridinyl)-1-vinylethanol, A-00527
Azithromycin, A-00528
Azlene, *in* I-00205
Azlin, *see* A-00529
Azlocillin, A-00529
Azlocillin sodium, *in* A-00529
Azobicina, *see* D-00549
1,1′-Azobis[*N*-chloroformamidine], *see* D-00181
3,3′-Azobis[6-hydroxybenzoic acid], *see* O-00041
1,1′-Azobis[3-methyl-2-phenylimidazo[1,2-*a*]pyridinium], *see* F-00019
Azochloramide, *see* D-00181
Azo compound No. 4, *see* S-00187
Azoconazole, *see* A-00494
Azodisal, *see* O-00041
5,5′-Azodisalicylic acid, *see* O-00041
▷Azolastone, *see* M-00408
Azolid A, *in* M-00011
Azolimine, *see* I-00038
▷Azolinic acid, *see* C-00377
Azoman, *see* C-00609
▷Azomine, *in* D-00133
▷Azomycin, *see* N-00179
▷Azone, *see* L-00015
▷Azosemide, A-00530
Azosulfamid 33, *see* S-00009
▷Azotomycin, A-00531
Azotrex, *in* T-00109
Azoule, *in* A-00212
▷Azovan Blue, A-00532
Azozol, *see* C-00609

▷AZQ, *see* D-00150
AZT, *see* Z-00013
▷Azthreonam, *see* A-00533
▷Aztosin, *in* C-00591
▷Aztreonam, A-00533
▷AzU, *see* T-00422
Azudimidine, *see* S-00011
Azulenol, *see* I-00203
▷Azulon, *see* I-00204
Azulone, *see* B-00407
Azumach, *in* I-00205
Azumolene, A-00534
Azumolene sodium, *in* A-00534
Azuphonate, *in* I-00205
▷Azur, *see* A-00514
Azurene, *see* B-00324
▷B23, *in* T-00215
B 1250, *see* D-00378
▷B1312, *in* B-00369
▷B 194, *in* Z-00027
B 2311, *in* M-00443
B 2360, *see* T-00092
▷B 4130, *see* I-00095
B 5050*C*, *see* M-00023
B 557, *see* C-00535
▷B 577, *see* E-00248
▷B 6518, *see* C-00409
▷B 663, *see* C-00450
B 8560, *see* I-00118
▷B 8890, *see* I-00119
B 10190, *see* I-00141
▷B 15000, *see* I-00124
B 52653, *see* A-00092
B 78820, *see* D-00200
B 807-27, *in* C-00474
BA 168, *in* L-00075
▷BA 253, *in* O-00123
BA 4197, *see* F-00141
BA 4223, *see* T-00461
▷BA 5473, *in* O-00161
▷BA 7205, *in* C-00435
▷Ba 16038, *see* A-00305
▷BA 180265*A*, *see* A-00100
Ba 18189, *in* D-00499
Ba 18605, *see* S-00207
Ba 20684, *see* E-00260
▷Ba 21381, *in* I-00032
Ba 29038, *in* H-00108
Ba 29837, *in* D-00044
▷Ba 30803, *in* B-00090
▷Ba 32644, *see* N-00156
Ba 32968, *see* D-00053
▷Ba 33112, *in* D-00044
▷Ba 34276, *in* M-00021
▷Ba 34647, *see* B-00003
▷Ba 36278*A*, *in* C-00170
Ba 38372, *in* O-00031
Ba 40088, *see* P-00547
BA 4164-8, *in* D-00271
Ba 41795, *see* C-00524
▷BA 7602-06, *see* T-00013
BA 7604-02, *see* T-00015
BA 7605-06, *see* T-00011
BA 8509A, *in* A-00238
▷BA 8509B, *see* A-00531
Babesin, *in* B-00187
▷Babidium, *see* D-00132
Ba 598Br, *in* F-00233
▷Baburan, *in* Q-00037
▷Babylax, *see* G-00064
▷BA 8509C, *see* A-00095
Bacampicillin, B-00001
▷Bacampicillin hydrochloride, *in* B-00001
Bacarate, *in* M-00290
▷Baccidal, *see* N-00214
▷Bacdip, *see* Q-00034
▷Bacillosporin, *in* P-00384
▷Bacitracin *A*, B-00002
▷Baclofen, B-00003
▷Baclon, *see* B-00003
Bacmecillinam, B-00004
Bactacine, *see* X-00013
▷Bactamyl, *see* P-00349
▷Bacteron, *see* B-00158
▷Bacterostat CS-1, *see* B-00204
▷Bactine, *in* M-00229
Bactobolin, *see* B-00005
Bactobolin *A*, B-00005
Bactocill, *in* O-00074
▷Bactopen, *in* C-00515
▷Bactratycin, *see* T-00583
▷Bactroban, *see* P-00552
Badional, *see* S-00257
Baeocystine, *in* D-00411
▷Bagren, *in* E-00103
Baimonidine, *in* V-00024
▷Bajkain, *in* T-00373
▷Baktolan, *see* C-00256
Baktonium, *see* B-00118
Bakuchiol, B-00006
▷BAL, *see* D-00385
Balanitin 1, *in* S-00129
Balanitin 2, *in* S-00129
Balanitin 3, *in* S-00129
Balarsen, *see* A-00451
▷Balipramine, B-00007
▷Balistab, *see* D-00385
Balnimax, *see* O-00152
▷Balonk, *see* D-00385
Balsalazide, B-00008
Bamaluzole, B-00009
Bambermycin, BAN, USAN, INN, *in* M-00418
Bambuterol, *in* T-00084
▷Bamethan, B-00010
▷Bamethan sulfate, *in* B-00010
Bamicetin, *in* A-00187
▷Bamifylline, B-00011
Bamifylline hydrochloride, *in* B-00011
▷Bamiphylline, *see* B-00011
▷Bamipine, *see* B-00106
Bamnidazole, *in* M-00344
Bamoxine, *see* A-00388
Banamine, *in* F-00169
Bancaris, *in* T-00164
▷Bandol, *in* C-00053
Bangina, *in* C-00278
Banicol, *see* B-00118
▷Banikol, *in* T-00144
▷Banminth, *in* P-00558
Banthine, *see* M-00169
▷Banthine bromide, *in* M-00169
Bantogen, *in* P-00171
▷Bantol, *in* C-00053
Baquiloprim, B-00012
Baratol, *in* I-00069
▷Baratol, *in* T-00499
▷Barbaloin, B-00013
▷Barbexaclone, *in* E-00218
▷Barbital, *see* D-00256
▷Barbital sodium, INN, *in* D-00256
▷Barbitone, *see* D-00256
▷Barbituric acid, *see* P-00586
▷Barbonine, *see* E-00150
▷Barespan, *in* V-00003
▷Barium sulfate, B-00014
Barmastine, B-00015
▷Barnetil, *see* S-00264
▷Barnotil, *see* S-00264
Barosmin, *in* T-00476
▷Barosperse, *see* B-00014
▷Barotrast, *see* B-00014
▷Barquinol, *see* C-00244

Barringtonite, *in* M-00005
Barucainide, B-00016
BAS, *see* B-00036
▷Basaquines, *in* E-00231
Base X, *in* P-00416
Base TR-1, *in* V-00033
Base TR-2, *in* V-00033
Basic aluminum glycinate, *see* G-00067
Basic bismuth gallate, *see* D-00314
▷Basic pancreatic trypsin inhibitor (Kunitz), *see* A-00432
Basic phenylmercury perchlorate, *in* H-00125
Basic phenylmercury tetrafluoroborate, *in* H-00125
▷Basikrol, *see* T-00428
▷B 612-Asta, *see* D-00047
▷Basudin, *see* D-00149
Batestan, *see* B-00058
▷Bathyran, *see* T-00192
▷Batilol, *see* D-00337
Bationol, *see* S-00257
▷Batrafen, *in* C-00612
▷Batroxobin, B-00017
▷Batyl alcohol, *see* D-00337
BAX 1515, *see* S-00279
BAX 1526, *see* C-00315
▷BAX 2739*Z*, *see* B-00011
BAX 3084, *see* H-00047
BAX 422*Z*, *see* A-00102
▷Baxacor, *in* E-00134
Baxarytmon, *in* P-00486
Baxitozine, B-00018
BAY, *see* B-00395
▷Bay 1521, *in* N-00229
▷Bay 4059, *see* B-00328
BAY 06893, *see* R-00061
Bay VI 1704, *see* C-00642
Bay VI 6045, *see* F-00158
▷Bay a 7168, *see* N-00142
▷Bay b 4231, *see* G-00048
▷Bay b4343b, *in* C-00097
▷Baycaine, *in* T-00373
▷Baycaron, *see* M-00069
▷Baycipen, *in* M-00358
▷Bay d8815, *in* A-00190
Bay e 5009, *see* N-00172
Bay e6905, *see* A-00529
Bay e 6975, *see* C-00427
▷Bayer 1355, *see* P-00150
▷Bayer 1470, *see* X-00021
▷Bayer 1500, *see* M-00069
▷Bayer 205, *see* S-00275
▷Bayer 2502, *see* N-00134
▷Bayer 3231, *see* T-00533
▷Bayer 4503, *in* P-00505
Bayer 5552, *see* N-00159
Bayer 693, *in* A-00212
▷Bayer 9002, *see* N-00042
▷Bayer 9015, *see* N-00092
▷Bayer 9037, *see* Q-00034
▷Bayer 9053, *see* P-00221
▷Bayer 21/199, *see* C-00555
▷Bayer 29493, *see* F-00078
Bayer 52910, *see* A-00519
▷Bayer A168, *see* S-00263
▷Bayer E 39, *see* I-00075
▷Bay f4975, *see* A-00013
Bay f8751, *see* V-00002
Bay g 5421, *see* A-00005
Bay g 6575, *see* N-00011
▷Baygnostil, *see* P-00160
▷Baygom MEB, *in* D-00204
Bay h4502, *see* B-00164
Bay h 6020, *see* L-00077
Bayinal, *see* B-00400
Bay k 4999, *see* F-00304
Bay k 5552, *see* N-00159
Bay K 8644, *in* D-00283
▷Baylucit, *in* N-00093
▷Bayluscide, *in* N-00093
Bay m 1099, *see* M-00373
▷Bay-Meb 6046, *in* D-00204
▷Baymix, *see* C-00555
Bay n 7133, *see* V-00028
Baynac, *see* F-00051
Bay O 1248, *see* E-00038
▷Bay o 3768, *in* D-00204
Bay o 9867, *in* C-00390
▷BayoNox, *see* O-00034
Bayotensin, *see* N-00172
▷Baypen, *in* M-00358
Baypival, *see* C-00427
Baypress, *see* N-00172
Bay q 3939, *see* C-00390
▷Bayrogal, *see* E-00248
Baysan, *see* C-00427
▷Baytex, *see* F-00078
▷Baythion, *see* P-00221
Baythroid, *see* C-00642
Baytinal, *see* B-00400
Baytril, *see* E-00068
Bay Vl 4718, *see* E-00242
Bay Va 9387, *in* A-00214
▷Bay Va 9391, *see* O-00034
▷Bayverm, *see* F-00021
▷Bay Vh 5757, *see* F-00021
Bay Vi 9142, *see* T-00371
Bay Vn 6528, *see* F-00051
Bay VP 2674, *see* E-00068
Bay Vq 7813, *see* R-00035
Bazinaprine, B-00019
▷Bazyl, *see* C-00235
▷B 79B, *see* S-00109
▷BB-K8, *see* A-00196
BC 16, *in* C-00055
BC 48, *in* D-00061
▷BC 51, *in* D-00540
▷*levo*-BC 2605, *in* O-00114
B-cell differentiation factor 2, *see* I-00085
B-cell growth factor 1, *see* I-00083
B-cell growth factor 2, *see* I-00084
B-cell stimulating factor 1, *see* I-00083
B-cell stimulatory factor 2, *see* I-00085
BCGF-1, *see* I-00083
BCGF-II, *see* I-00084
▷BCNU, *see* B-00199
▷BCP, *in* C-00622
▷BCX 2600, *see* S-00157
▷BD40, *see* P-00046
▷BD 40*A*, *in* F-00247
BDF 5895, *see* M-00468
BDF 6122, *in* C-00548
BDF 7570, *see* A-00083
▷BDH 1921, *in* M-00078
BDPE, *see* B-00326
BE 50, *see* P-00035
BE 419, *see* I-00115
BE 5895, *see* M-00468
BEA 1306*MS*, *in* S-00059
▷Beaprine, *see* B-00097
▷Beaumontoside, *in* D-00274
Beauvericin, B-00020
▷Beauwalloside, *in* T-00474
Bebate, *in* B-00141
BEC, *in* B-00314
Becanthone, B-00021
Becanthone hydrochloride, *in* B-00021
Becantone, *see* B-00021
▷Becaptan, *see* A-00252
▷Becenum, *see* B-00199
▷Beclamide, B-00022
Beclobrate, *in* B-00023
Beclobrinic acid, B-00023
▷Beclodin, *in* P-00422

Beclometasone, *see* B-00024
▷Beclometasone dipropionate, JAN, *in* B-00024
Beclometasone valeroacetate, *in* B-00024
Beclomethasone, B-00024
Beclosclerin, *in* B-00023
Beclotiamine(1+), B-00025
▷Beclovent, *in* B-00024
Befeniol, *in* B-00132
Befiperide, B-00026
▷Befizal, *see* B-00148
▷Beflavon, *in* O-00036
▷Befunolol, B-00027
Befunolol hydrochloride, JAN, *in* B-00027
Befuraline, B-00028
Beguhexate, *see* B-00048
▷N^4-Behenoyl-1-β-D-arabinofuranosylcytosine, *in* C-00667
▷Behenoylcytarabine, *in* C-00667
BEI 1293, *see* X-00017
▷Bekanamycin, *see* K-00005
BeL 43694A, *in* G-00086
▷Belapo, *see* M-00425
Belarizine, B-00029
▷Belaten, *in* B-00426
▷Belcomycin, *see* C-00536
▷Belganyl, *see* S-00275
Belladonna (Extract), B-00030
▷Belosin, *in* D-00234
Beloxamide, *see* B-00125
▷Belustim, *see* L-00083
▷Belustine, *see* L-00083
Bemarinone, B-00031
Bemarinone hydrochloride, *in* B-00031
Bemarside, *see* A-00209
▷Bemegride, *in* E-00203
▷Bemersal, *see* E-00147
▷Bemetizide, B-00032
▷Bemidone, *see* H-00189
Bemitradine, B-00033
Bemosat, *in* A-00029
▷Benacine, *in* S-00031
▷Benactyzine, B-00034
Benactyzine methobromide, *in* M-00227
▷Benadryl, *in* D-00484
▷Benafed, *in* H-00166
Benafentrine, B-00035
Benanserin, B-00036
Benaprizine, *see* B-00037
Benapryzine, B-00037
▷Benapryzine hydrochloride, *in* B-00037
Benaxibine, *in* X-00025
Benazepril, *in* B-00038
Benazeprilat, B-00038
Benazepril hydrochloride, *in* B-00038
▷Benazoline, *in* M-00347
▷Bencef, *see* P-00363
Bencianol, B-00039
Bencisteine, B-00040
Benclonidine, B-00041
Bencyclane, B-00042
Bendacalol, B-00043
Bendacalol mesylate, *in* B-00043
▷Bendacort, *in* C-00548
Bendalina, *in* B-00167
▷Bendamustine, B-00044
▷Bendazac, *see* B-00167
Bendazina, *in* B-00167
▷Bendazol, *see* B-00107
▷Bendectin, *in* P-00582
Benderizine, B-00045
▷Bendiocarb, B-00046
▷Bendrofluazide, B-00047
▷Bendroflumethiazide, *see* B-00047
▷Bendylate, *in* D-00484
Benecorten, *in* T-00419
▷Benedorm, *see* D-00255
▷Benemid, *see* P-00444
▷Benesal, *see* C-00630
Benetazone, *see* T-00430
▷Benethamine penicillin, *in* B-00126
Benexate, B-00048
Benextramine, B-00049
▷Benfluorex, B-00050
Benfluron, *in* D-00409
Benfosformin, B-00051
▷Benfotiamine, B-00052
Benfuran, *in* B-00027
▷Benfurodil hemisuccinate, B-00053
▷Benhaler, *see* M-00242
▷Benhepazone, *see* B-00110
Benidipine, B-00054
Benisone, *in* B-00141
▷Benmoxin, B-00055
▷Bennie, *in* P-00202
▷Benodaine hydrochloride, *in* P-00294
Benolizime, *in* D-00034
▷Benoquin, *see* B-00124
▷Benoral, *see* B-00057
▷Benorilate, *see* B-00057
▷Benorterone, B-00056
▷Benorylate, B-00057
▷Benovocyclin, *in* O-00028
Benoxafos, B-00058
▷Benoxaprofen, B-00059
▷Benoxil, *in* O-00146
▷Benoxinate hydrochloride, *in* O-00146
▷Benoxyl, *see* D-00161
Benpenolisin, *in* P-00071
▷Benperidol, B-00060
Benproperine, B-00061
Benrixate, B-00062
Bensalan, B-00063
▷Benserazide, B-00064
▷Benserazide hydrochloride, JAN, *in* B-00064
Bensuldazic acid, B-00065
▷Bensylete, *see* B-00104
▷Bensylyt, *see* P-00170
Bentazepam, B-00066
Bentemazole, *in* I-00033
Bentiamine, B-00067
Bentipimine, B-00068
▷Bentiromide, B-00069
▷Bentirosin, *see* B-00069
▷Bentonyl, *in* T-00538
Bentos, *in* B-00027
Bentrofene, *in* A-00008
▷Bentyl, *in* D-00218
Benurestat, B-00070
▷Benuride, *see* P-00153
▷Benvil, *see* T-00577
▷Benylate, *in* B-00092
▷Benylin, *in* H-00166
▷Benzac, *see* D-00161
Benzacin, *in* M-00326
Benzacine, *see* D-00410
▷Benzaldehyde [4-(1,1-dimethylethyl)-6-(1-piperazinyl)-1,3,5-triazin-2-yl]hydrazone, *see* B-00119
▷Benzamelid, *in* A-00216
2-Benzamidobenzoic acid, *in* A-00215
α-Benzamido-*p*-[2-(diethylamino)ethoxy]-*N*,*N*-dipropylhydrocinnamide, *see* T-00323
▷4-Benzamido-*N*,*N*-dipropylglutaramic acid, *see* P-00468
3-Benzamidophenol, *in* A-00297
4-Benzamidophenol, *in* A-00298
4-(Benzamido)salicylic acid, *in* A-00264
▷Benzamine, *in* T-00511
Benzamon, *in* F-00282
▷Benzamycin, *in* D-00161
Benzanidin, *see* B-00114
Benzapas, *in* A-00264
Benzaprinoxide, *in* C-00228
Benzapyrin, *see* A-00211
▷Benzarone, B-00071

▷Benzarsol, *in* H-00190
▷Benzathine benzylpenicillin, *in* B-00126
▷Benzathine penicillin, *in* B-00126
▷Benzatropine, *see* B-00104
▷Benzazide, *in* B-00092
▷Benzazoline, *see* B-00120
▷Benzbromarone, B-00072
Benzcarbimine, *see* B-00091
▷Benzcurine iodide, *in* G-00004
▷Benzedrex, *see* M-00242
▷Benzedrine, *see* P-00202
▷Benzelmin, *see* O-00108
▷Benzeneacetic acid α,α-diethyl-2-[(2-diethylamino)ethoxy]-ethyl ester, *see* O-00101
▷Benzenecarbothioic acid, *see* T-00193
1,3-Benzenedicarbothioic acid *S,S*-diethyl ester, *see* D-00553
▷1,3-Benzenediol, B-00073
▷1,4-Benzenediol, B-00074
▷Benzeneethanol, *see* P-00187
▷Benzene hexachloride, *see* H-00038
▷Benzenepropanol, *see* P-00201
▷2-Benzenesulfonamido-5-(2-methoxyethoxy)pyrimidine, *see* G-00075
▷5-Benzenesulfonamido-1,3,4-thiadiazole-2-sulfonamide, *see* P-00208
▷Benzenesulfonic acid, B-00075
▷1,3,5-Benzenetriol, B-00076
2,2′,2′′′-[1,2,3-Benzenetriyltris(oxy)]tris(*N,N*-diethylethanamine), *see* G-00004
Benzerial, *in* G-00098
Benzestrol, B-00077
▷Benzetacil, *in* B-00126
▷Benzetamophylline, *see* B-00011
▷Benzethacil, *in* B-00126
▷Benzethazet, *in* D-00204
Benzethidine BAN, B-00078
Benzethonium(1+), B-00079
▷Benzethonium chloride, *in* B-00079
Benzetidina, *see* B-00078
Benzetimide, B-00080
Benzetimide hydrochloride, *in* B-00080
▷Benzfetamine, *in* B-00115
Benzhexol, B-00081
▷Benzhydroflumethiazide, *see* B-00047
▷Benzhydrylamine penicillin, *in* B-00126
▷Benzhydryl 2-dimethylaminoethyl ether, *see* D-00484
3-Benzhydrylidene-1,1-diethyl-2-methylpyrrolidinium, *see* P-00430
▷*N*-Benzhydryl-*N*′-methylpiperazine, *see* C-00595
(2-Benzhydryloxyethyl)trimethylammonium, *see* M-00064
Benzhydrylsulfinylacetamide, *see* M-00417
▷Benzidazol, *see* B-00120
▷Benzilic acid 2-(diethylamino)ethyl ester, *see* B-00034
Benzilic acid 2-(ethylpropylamino)ethyl ester, *see* B-00037
Benzilonium(1+), B-00082
▷Benzilonium bromide, *in* B-00082
[2-(Benziloyl)ethyl]dimethyloctylammonium, *see* O-00021
▷(2-Benziloyloxyethyl)ethyldimethylammonium, *see* L-00002
2-Benziloyloxymethyl-1,1-dimethylpiperidinium, *see* B-00147
3-Benziloyloxy-1-methylquinuclidinium, *see* C-00425
Benzilylcholine bromide, *in* M-00326
1*H*-Benzimidazole-2-propanoic acid, *see* B-00083
2-Benzimidazolepropionic acid, B-00083
α-[[[3-(1*H*-Benzimidazol-1-yl)-1-methylpropyl]amino]methyl]-4-hydroxy-3-methoxybenzenemethanol, *see* I-00043
3-(2-Benzimidazolyl)propionic acid, *see* B-00083
2-Benzimidazolyl 2-pyridylmethyl sulfoxide, *see* T-00289
Benzindopyrine, B-00084
▷Benzindopyrine hydrochloride, *in* B-00084
▷Benziodarone, B-00085
1,2-Benzisothiazol-3-amine, *see* A-00214
1,2-Benzisothiazolinone, *see* B-00086
1,2-Benzisothiazol-3(2*H*)-one, B-00086
▷1,2-Benzisothiazol-3(2*H*)-one 1,1-dioxide, *see* S-00002
8-[4-[4-(1,2-Benzisothiazol-3-yl)-1-piperazinyl]butyl]-8-azaspiro[4.5]decane-7,9-dione, *see* T-00304
1,2-Benzisoxazole-3-methanesulfonamide, *in* B-00087
1,2-Benzisoxazole-3-methanesulfonic acid, B-00087
4-[[1,2-Benzisoxazol-3-yl(hexahydro-1*H*-azepin-1-yl)acetyl]-oxy]-1-ethyl-1-methylpiperidinium, *see* B-00131
Benzmalecene, B-00088
▷Benzmethoxazone, *see* C-00303
▷Benznidazole, B-00089
▷Benzoaric acid, *see* E-00025
▷Benzobarbital, *in* E-00218
▷Benzocaine, *in* A-00216
▷Benzocal, *in* H-00190
▷Benzochlorophene, *see* B-00109
Benzoclidine, *in* Q-00035
▷Benzoctamine, B-00090
▷Benzoctamine hydrochloride, *in* B-00090
▷3-(5*H*-Benzo[4,5]cyclohepta[1,2-*b*]pyridyl-5-oxy)tropane, *see* T-00555
Benzodepa, B-00091
▷Benzodioxan-Nordmark, *see* P-00294
1-(1,4-Benzodioxan-2-ylmethyl)-1-benzylhydrazine, *see* D-00575
(1,4-Benzodioxan-2-ylmethyl)guanidine, *see* G-00115
(1,4-Benzodioxan-6-ylmethyl)guanidine, *see* G-00088
8-(1,4-Benzodioxan-2-ylmethyl)-1-phenyl-1,3,8-triazaspiro[4.5]-decane-4-one, *see* S-00132
1-(1,4-Benzodioxan-6-yl)-3-(3-phenyl-1-pyrrolidinyl)-1-propanone, *see* P-00525
4-(1,3-Benzodioxol-4-yl)-1,4-dihydro-2,6-dimethyl-3,5-pyridinedicarboxylic acid ethyl methyl ester, *see* O-00128
▷1-(1,3-Benzodioxol-5-yl)-4,4-dimethyl-1-penten-3-ol, *see* S-00157
1-(1,3-Benzodioxol-5-ylmethyl)-4-[(chlorophenoxy)acetyl]-piperazine, *see* F-00107
N-(1,3-Benzodioxol-5-ylmethyl)-*N*′-[2-[[[5-[(dimethylamino)-methyl]-2-furanyl]methyl]thio]ethyl]-2-nitro-1,1-ethenediamine, *see* N-00153
4-[2-[2-(1,3-Benzodioxol-5-yl)-1-methylethyl]amino]-1-hydroxyethyl-1,2-benzenediol, *see* P-00540
▷5-[(1,3-Benzodioxol-5-yl)methyl]-7-methyl-1,3-dioxolo[4,5-*g*]-isoquinoline, *see* M-00267
5-(1,3-Benzodioxol-5-ylmethyl)-2-[[2-[[(5-methyl-1*H*-imidazol-4-yl)methyl]thio]ethyl]amino]-4(1*H*)-pyrimidinone, *see* O-00124
β-1,3-Benzodioxol-5-yl-α-methyl-4-morpholineethanol, *see* F-00105
10-[[4-(1,3-Benzodioxol-5-ylmethyl)-1-piperazinyl]acetyl]-10*H*-phenothiazine, *see* F-00065
▷2-[4-(1,3-Benzodioxol-5-ylmethyl)-1-piperazinyl]pyrimidine, *see* P-00324
5-[2-[[3-(1,3-Benzodioxol-5-yl)-1-methylpropyl]amino]-hydroxyethyl]-2-hydroxybenzamide, *see* M-00058
▷[3-(1,3-Benzodioxol-5-yl)-1-methylpropyl]hydrazine, *see* S-00003
▷1-(1,3-Benzodioxol-5-ylmethyl)-4-(3,7,11-trimethyl-2,6,10-dodecatrienyl)piperazine, *see* P-00245
1-[3-(1,3-Benzodioxol-5-yl)-1-oxo-2-propenyl]-4-[2-oxo-2-(1-pyrrolidinyl)ethyl]piperazine, *see* C-00379
3-[(1,3-Benzodioxol-4-yloxy)methyl]-4-(4-fluorophenyl)-piperidine, *see* P-00040
Benzodisufene, *in* B-00178
Benzodisuphen, *in* B-00178
Benzododecinium, *see* B-00113
Benzododecinium chloride, *in* B-00113
▷Benzodol, *in* H-00190
▷Benzofoline, *in* O-00028
1-(2-Benzofuranylcarbonyl)-4-(phenylmethyl)piperazine, *see* B-00028
2-Benzofuranyl-4-chlorophenylcarbinol, *see* C-00498
3-(2-Benzofuranyl)-3,4-dihydro-*N,N*-dimethyl-2*H*-pyrrol-5-amine, *see* P-00431
4-(2-Benzofuranyl)-2-(dimethylamino)-1-pyrroline, *see* P-00431

2-[(2-Benzofuranylmethyl)[2-(dimethylamino)ethyl]amino]-pyridine, *see* E-00252
N-(Benzofuran-2-ylmethyl)-*N′*,*N′*-dimethyl-*N*-2-pyridylethanediamine, *see* E-00252
N-[2-[4-(7-Benzofuranyl)-1-piperazinyl]ethyl]-*N*-methyl-4-(1-methylethyl)benzamide, *see* B-00026
4-(2-Benzofuranyl)pyridine, *see* P-00583
4-(4-Benzofurazanyl)-1,4-dihydro-2,6-dimethyl-3,5-pyridinedicarboxylic acid methyl 1-methylethyl ester, *see* I-00219
3-Benzofuro[3,2-*c*][1]benzoxepin-6(12*H*)-ylidene-*N*,*N*-dimethyl-1-propanamine, *see* O-00107
Benzo-Ginoestril A.P., *in* O-00028
Benzo-Gynoestryl retard, *in* O-00028
▷Benzohexonium, *in* H-00055
▷Benzoic acid, B-00092
▷Benzoic acid *p*-*N*-dichlorosulfonamide, *see* D-00179
Benzoic acid 2-(1*H*-imidazol-1-yl)ethyl ester, *see* I-00031
▷Benzoic acid 2-(α-methylbenzyl)hydrazide, *see* B-00055
Benzoic acid *p*-sulfonic acid, *see* S-00217
▷Benzoic anhydride, *in* B-00092
▷Benzoic sulfimide, *see* S-00002
▷Benzoin, B-00093
▷Benzolamide, *see* P-00208
▷Benzolin, *see* C-00357
Benzometan, *see* B-00100
▷Benzonal, *in* E-00218
▷Benzonatate, B-00094
▷Benzononatine, *see* B-00094
▷Benzopropamid, *see* B-00022
▷Benzopyranoperidine, *in* N-00003
▷2-(5*H*-[1]Benzopyrano[2,3-*b*]pyridinyl)propanoic acid, *see* P-00400
Benzopyrronium(1+), B-00095
Benzopyrronium bromide, *in* B-00095
▷Benzoquin, *see* B-00124
Benzoquinamide, *see* B-00102
N′-Benzo[*g*]quinolin-4-yl-*N*,*N*-diethyl-1,2-ethanediamine, *see* D-00233
▷1,4-Benzoquinone amidinohydrazone thiosemicarbazone, *see* A-00166
Benzoquinonium(2+), B-00096
▷Benzoquinonium chloride, *in* B-00096
[*p*-Benzoquinon-2,5-ylenebis(iminotrimethylene)]-bis[benzyldiethylammonium], *see* B-00096
▷Benzoral, *in* H-00190
Benzorphanol, *see* L-00039
▷Benzothiazide, *see* B-00103
4-(2-Benzothiazolylmethylamino)-α-[(4-fluorophenoxy)-methyl]-1-piperidineethanol, *see* S-00001
▷2-(2*H*-Benzotriazol-2-yl)-*p*-cresol, *see* H-00172
▷2-(2*H*-Benzotriazol-2-yl)-4-methylphenol, *see* H-00172
1-(1*H*-Benzotriazol-4-yloxy)-3-[[2-(2-methoxyphenoxy)ethyl]-amino]-2-propanol, *see* T-00427
2-(2*H*-Benzotriazol-2-yl)-4-(1,1,3,3-tetramethylbutyl)phenol, *see* O-00027
Benzotript, *in* T-00567
▷4,4′-(3*H*-2,1-Benzoxathiol-3-ylidene)bisphenol *S*,*S*-dioxide, *see* P-00163
▷2*H*-1,3-Benzoxazine-2,4(3*H*)-dione, B-00097
N-(Benzoxazolyl)-*N*-benzyl-*N*,*N*-dimethylethylenediamine, *see* O-00075
N-2-Benzoxazolyl-*N′*,*N′*-dimethyl-*N*-(phenylmethyl-1,2-ethanediamine), *see* O-00075
2-Benzoxazolyl *N*-methyldithio-1-naphthalenecarbamate, *see* N-00026
3-Benzoxazolyl methyl-1-naphthalenylcarbamodithioate, *see* N-00026
Benzoxine, *see* B-00114
▷Benzoxiquine, *in* H-00211
Benzoxonium, *see* B-00117
Benzoxonium chloride, *in* B-00117
▷Benzoxyline, *in* H-00211
α-(Benzoylamino)-4-[2-(diethylamino)ethoxy]-*N*,*N*-dipropyl]-benzenepropanamide, *see* T-00323
α-(Benzoylamino)-4-[3-(diethylamino)propoxy]-*N*,*N*-dipropylbenzenepropanamide, *see* S-00060
2-[4-[3-[(4-Benzoylamino)-5-(dipropylamino)-1,5-dioxopentyl]-oxy]propyl]-1-piperazinyl]ethyl 1-(4-chlorobenzoyl)-5-methoxy-2-methyl-1*H*-indole-3-acetate, *see* P-00467
▷4-(Benzoylamino)-5-(dipropylamino)-5-oxopentanoic acid, *see* P-00468
▷4-[[2-(Benzoylamino)-3-(4-hydroxyphenyl)-1-oxopropyl]-amino]benzoic acid, *see* B-00069
4-(Benzoylamino)phenyl 3-hydroxy-2-[(2-hydroxy-2-methyl-heptyl)thio]-5-oxocyclopentaneheptanoate, *see* T-00318
▷Benzoylazimide, *in* B-00092
▷(5-Benzoyl-1*H*-benzimidazol-2-yl)carbamic acid methyl ester, *see* M-00031
Benzoyl bromide, *in* B-00092
Benzoylcarbinol, *see* H-00107
▷Benzoyl chloride, *in* B-00092
2′-Benzoyl-4′-chloro-2-[(2-hydroxyethyl)methylamino]-*N*-methylacetanilide, *see* O-00095
2′-Benzoyl-4′-chloro-*N*-methyl-2-[(2-methylallyl)amino]-acetanilide, *see* D-00465
N-[2-[(2-Benzoyl-4-chlorophenyl)amino]-2-oxoethyl]-*N*-(carboxymethyl)glycine, *see* A-00437
N-[*N′*-(2-Benzoyl-4-chlorophenyl)carbamoylmethyl]-iminodiacetic acid, *see* A-00437
N-(2-Benzoyl-4-chlorophenyl)-2-[(2-hydroxyethyl)-methyl-amino]-*N*-methylacetamide, *see* O-00095
N-(2-Benzoyl-4-chlorophenyl)-*N*-methyl-2[(2-methyl-2-propenyl)amino]acetamide, *see* D-00465
1-Benzoyl-2-(2,6-dichloroanilino)-2-imidazoline, *see* B-00041
1-Benzoyl-*N*-(2,6-dichlorophenyl)-4,5-dihydro-1*H*-imidazol-2-amine, *see* B-00041
▷3′-Benzoyl-1,1-difluoromethanesulfanilide, *see* D-00271
5-Benzoyl-2,3-dihydro-6-hydroxy-1*H*-indene-1-carboxylic acid, *see* O-00116
5-Benzoyl-2,3-dihydro-1*H*-pyrrolizine-1-carboxylic acid, *see* K-00019
Benzoylecgonine methyl ester, *see* C-00523
α-Benzoylethylamine, *see* A-00309
▷1-Benzoyl-5-ethyl-5-phenylbarbituric acid, *in* E-00218
Benzoyl fluoride, *in* B-00092
▷*m*-Benzoylhydratropic acid, *see* K-00017
5-Benzoyl-4-hydroxy-2-methoxybenzenesulfonic acid, B-00098
Benzoyl iodide, *in* B-00092
▷3-Benzoyl-α-methylbenzeneacetic acid, *see* K-00017
1-Benzoyl-2-methyl-3-indoleacetic acid, *in* M-00263
3-Benzoyl-α-methyl-*N*-(4-methyl-2-pyridinyl)benzeneacetamide, *see* P-00250
m-Benzoyl-*N*-(4-methyl-2-pyridyl)hydratropamide, *see* P-00250
▷5-Benzoyl-α-methyl-2-thiopheneacetic acid, *see* B-00099
Benzoylmetronidazole, *in* M-00344
1-Benzoyl-3-[1-(2-naphthylmethyl)-4-piperidyl]urea, *see* P-00017
▷17-(Benzoyloxy)androstan-3-one, *in* H-00109
3-Benzoyloxy-22-hydroxy-4-methyl-5α-stigmast-7-en-6-one, *see* C-00094
4-[(Benzoyloxy)methyl]-3,8-dioxatricyclo[5.1.0.$0^{2,4}$]-octane-5,6-diol diacetate, *see* C-00568
9-[(Benzoyloxy)methyl-1-(β-D-glucopyranosyloxy)-4-hydroxy-6-methyl-7-oxatricyclo[4.3.0.$0^{3,9}$]nonan-8-one, *see* A-00097
Benzoylpas calcium, *in* A-00264
▷Benzoyl peroxide, *see* D-00161
▷*N*-(3-Benzoylphenyl)-1,1-difluoromethanesulfonamide, *see* D-00271
▷1-Benzoyl-2-(1-phenylethyl)hydrazine, *see* B-00055
▷4-Benzoylresorcinol, *see* D-00318
▷Benzoyl superoxide, *see* D-00161
9-Benzoyl-2,3,4,9-tetrahydro-6-methoxy-1*H*-carbazole-3-carboxylic acid, *see* O-00093
6-Benzoyl-5,6,7,8-tetrahydropyrido[4,3-*c*]pyridazine-3(2*H*)-one 3-hydrazone, *see* E-00050
▷*O*-Benzoylthiamine disulfide, *see* B-00194

▷Benzoylthiamine monophosphate, *see* B-00052
▷2-(5-Benzoyl-2-thienyl)propanoic acid, B-00099
N-[*N*-[*N*-[(Benzoylthio)acetyl]glycylglycylglycine, *see* B-00144
1-[3-(Benzoylthio)-2-methyl-1-oxopropyl]-4-(phenylthio)-L-proline, *see* Z-00025
N-[2-(Benzoylthio)-1-oxopropyl]glycine 2,6-pyridinediylbis(methylene)ester, *see* D-00159
▷4-(*N*-Benzoyltyrosylamino)benzoic acid, *see* B-00069
S-(Benzoylvinyl)thiamine, *see* V-00044
Benzperidine, *see* P-00114
▷Benzperidol, *see* B-00050
▷Benzphetamine, *in* B-00115
Benzpiperylone, B-00100
Benzpyrinium(1+), B-00101
▷Benzpyrinium bromide, *in* B-00101
Benzquercin, *in* P-00082
Benzquinamide, B-00102
Benzstigminium(1+), *see* B-00101
▷Benzthiazide, B-00103
▷Benztropine, B-00104
▷Benztropine mesilate, JAN, *in* B-00104
▷Benztropine mesylate, *in* B-00104
▷Benzum, *see* B-00167
▷Benzydamine, B-00105
▷Benzydamine hydrochloride, *in* B-00105
o-(*N*-Benzylacetimidoyl)phenol, *see* B-00121
[(Benzylamidino)amidino]phosphoramidic acid, *see* B-00051
▷4-(Benzylamino)-2-methyl-7*H*-pyrrolo[2,3-*d*]pyrimidine, *see* R-00079
N-Benzylanilinoacetamidoxime, *see* C-00186
1-[2-(*N*-Benzylanilino)ethyl]pyrrolidine, *see* H-00078
1-[2-(*N*-Benzylanilino)-1-(isobutoxymethyl)ethyl]pyrrolidine, *see* B-00134
▷2-[(*N*-Benzylanilino)methyl]-2-imidazoline, *see* A-00400
▷4-(*N*-Benzylanilino)-1-methylpiperidine, B-00106
4-Benzylanisole, *in* B-00127
Benzylantiserotonin, *see* B-00036
▷2-Benzylbenziimidazole, B-00107
▷Benzyl benzoate, *in* B-00092
1-Benzyl-4-(2-benzofurancarbonyl)piperazine, *see* B-00028
Benzyl [bis(1-aziridinyl)phosphinyl]carbamate, *see* B-00091
▷4-Benzyl-3-butylamino-5-sulfamoylbenzoic acid, B-00108
N-(2-Benzylcarbamoylethyl)-*N'*-isonicotinoylhydrazine, *see* N-00082
▷Benzylcarbinol, *see* P-00187
▷2-Benzyl-4-chlorophenol, B-00109
▷*N*-Benzyl-3-chloropropionamide, *see* B-00022
▷1-Benzyl-2(1*H*)-cycloheptimidazolone, B-00110
3-[(1-Benzylcycloheptyl)oxy]-*N*,*N*-dimethylpropylamine, *see* B-00042
N-Benzylcyclopropylcarbamic acid, *see* C-00636
2-Benzyl-4-(diethylamino)butanoic acid, B-00111
Benzyldiethyl-2-[4-(1,1,3,3-tetramethylbutyl)phenoxy]-ethylammonium, *see* O-00015
Benzyldiethyl[(2,6-xylylcarbamoyl)methyl]ammonium, *see* D-00070
▷2-Benzyldihydroglyoxaline, *see* B-00120
5-Benzyl-4,5-dihydro-4-oxo-1*H*-1,2,5-benzotriazepine-3-carboxamidoxine, *see* T-00543
α-Benzyl-5,6-dihydro-2*H*-pyran-3-methanol, B-00112
5-Benzyldihydro-6-thioxo-2*H*-1,3,5-thiadiazine-3(4*H*)-acetic acid, *see* B-00065
2-[Benzyl[(2-dimethylamino)ethyl]amino]benzoxazole, *see* O-00075
4-Benzyl-2-[2-(dimethylamino)ethyl]-1(2*H*)-phthalazinone, *see* T-00006
4-Benzyl-1-[2-(dimethylamino)ethyl]piperidine, *see* P-00258
1-Benzyl-1-(3-dimethylaminopropoxy)cycloheptane, *see* B-00042
▷1-Benzyl-2-(3-dimethylaminopropoxy)indazole, *see* B-00105
2-Benzyl-3-[[3-(dimethylamino)propyl]thio]-2*H*-indazole, *see* D-00024
Benzyldimethyldodecylammonium(1+), B-00113
1-Benzyl-2,3-dimethylguanidine, B-00114
N-Benzyl-*N*,*α*-dimethylphenethylamine, B-00115
N-Benzyl-*N*,*α*-dimethylphenethylamine *N*-oxide, *see* O-00112
▷*N*-Benzyl-*N'*,*N'*-dimethyl-*N*-phenylethylenediamine, *see* A-00402
▷*N*-Benzyl-*N'*,*N'*-dimethyl-*N*-2-pyridylethylenediamine, *see* T-00524
Benzyldimethyl(tetradecyl)ammonium(1+), B-00116
Benzyldimethyl[2-[2-(*p*-1,1,3,3-tetramethylbutylphenoxy)-ethoxy]ethyl]ammonium, *see* B-00079
Benzyldimethyl-[2-[2-[[4-(1,1,3,3-tetramethylbutyl)tolyl]-oxy]-ethoxy]ethyl]ammonium, *see* M-00229
1-Benzyl-4-(2,6-dioxo-3-phenyl-3-piperidyl)piperidine, *see* B-00080
Benzyldodecylbis(2-hydroxyethyl)ammonium(1+), B-00117
Benzyl[(dodecylcarbamoyl)methyl]dimethylammonium, *see* M-00147
▷1-Benzylethylamine, *see* P-00202
7-Benzyl-1-ethyl-1,4-dihydro-4-oxo-1,8-naphthyridine-3-carboxy, *see* A-00185
1-Benzyl-3-ethyl-6,7-dimethoxyisoquinoline, *see* M-00461
▷8-Benzyl-7-[2-(*N*-ethyl-2-hydroxyethylamino)ethyl]theophylline, *see* B-00011
▷*α*-Benzyl-*N*-ethyltetrahydrofurfurylamine, *see* Z-00040
o-(*N*-Benzylformimidoyl)phenol, *see* N-00220
▷5-Benzyl-3-(furylmethyl)chrysanthemate, *see* R-00031
Benzylhexadecyldimethylammonium(1+), B-00118
Benzyl 1-[2-(hexahydro-1*H*-azepin-1-yl)ethyl]-2-oxocyclohexanecarboxylate, *see* A-00188
▷3-(2-Benzylhydrazinocarbonyl)-5-methylisoxazole, *see* I-00181
▷4-Benzyl-*α*-(*p*-hydroxyphenyl)-*β*-methyl-1-piperidineethanol, *see* I-00020
1-Benzyl-3-hydroxypyridinium dimethylcarbamate(1+), *see* B-00101
2-Benzylidenecycloheptanone *O*-[2-(diisopropylamino)ethyl]-oxime, *see* S-00158
1-[2-Benzylidenecyclohexyl]azetidine, *see* T-00038
4,6-*O*-Benzylidene-D-glucitol, *in* G-00054
▷2-(Benzylidenehydrazino)-4-*tert*-butyl-6-(1-piperazinyl)-1,3,5-triazine, B-00119
4-Benzylidene-5,6,7,8-tetrahydro-1,3(2*H*,4*H*)-isoquinolinedione, *see* T-00099
▷2-Benzyl-2-imidazoline, B-00120
2-[1-(Benzylimino)ethyl]phenol, B-00121
▷1-Benzyl-1*H*-indazol-3-yl 3-dimethylaminopropyl ether, *see* B-00105
▷[(1-Benzyl-1*H*-indazol-3-yl)oxy]acetic acid, *see* B-00167
N-Benzyl-*N*-(3-isobutoxy-2-pyrrolidin-1-ylpropyl)aniline, *see* B-00134
▷Benzyl isothiocyanate, B-00122
Benzyl[2-[*p*-(lauroyl)phenoxy]ethyl]dimethylammonium, *see* L-00014
α-Benzyl-*β*-methyl-*α*-phenyl-1-pyrrolidinepropanol acetate, *see* P-00599
4-Benzyl-1-(1-methyl-4-piperidinyl)-3-phenyl-3-pyrazolin-5-one, *see* B-00100
Benzylmorphine myristate, *see* M-00477
▷Benzyl mustard oil, *see* B-00122
▷*N*-Benzyl-2-nitroimidazole-1-acetamide, *see* B-00089
N-(8-Benzylnortropan-3-yl)-*o*-veratramide, *see* T-00548
▷1-Benzyl-2-oxocyclohexanepropionic acid, B-00123
p-Benzyloxyanisole, *in* B-00124
7-(Benzyloxy)-6-*n*-butyl-1,4-dihydro-4-oxo-3-quinolinecarboxylic acid methyl ester, *see* M-00232
1-(2-Benzyloxyethyl)norpethidine, *see* B-00078
4-[*β*-(Benzyloxy)phenethyl]morpholine, *see* D-00496
▷4-(Benzyloxy)phenol, B-00124
N-(Benzyloxy)-*N*-(3-phenylpropyl)acetamide, B-00125
▷Benzylpenicillin, B-00126
4-Benzylphenetole, *in* B-00127
▷4-Benzylphenol, B-00127
▷2-Benzylphenol 2-dimethylaminoethyl ether, *see* P-00210
1-[2-(2-Benzylphenoxy)-1-methylethyl]piperidine, *see* B-00061
Benzylphthalazone, *see* T-00006

1-Benzyl-4-picolinoylpiperazine, *see* P-00229
▷2-(4-Benzylpiperidino)-1-(4-hydroxyphenyl)-1-propanol, *see* I-00020
3-Benzylpyrido[3,4-*e*]-1,2,4-triazine, B-00128
1-Benzyl-3-[2-(4-pyridyl)ethyl]indole, *see* B-00084
Benzylsulfamide, B-00129
N^4-Benzylsulfanilamide, *see* B-00129
3-*O*-Benzyl-6-tetradecanoylmorphine, *see* M-00477
5-Benzyl-2,3,4,5-tetrahydro-2-methyl-1*H*-pyrido[4,3-*b*]indole, *see* M-00035
▷1-Benzyl-1,2,3,4-tetrahydronorharman, *see* B-00130
▷1-Benzyl-2,3,4,9-tetrahydro-1*H*-pyrido[3,4-*b*]indole, B-00130
▷3-[(Benzylthio)methyl]-6-chloro-2*H*-1,2,4-benzothiadiazine-7-sulfonamide 1,1-dioxide, *see* B-00103
▷Benzytol, *see* C-00235
Beperidium(1+), B-00131
Beperidium iodide, *in* B-00131
▷Bephen, *see* D-00084
Bephenium(1+), B-00132
Bephenium embonate, *in* B-00132
Bephenium hydroxynaphthoate, *in* B-00132
Bephenium pamoate, *in* B-00132
Bepiastine, B-00133
Bepridil, B-00134
▷Bepridil hydrochloride, *in* B-00134
▷Béprocin, *see* B-00194
▷Berachin, *in* B-00426
▷Berberine, B-00135
Berculon *B*, *see* S-00170
▷Berenil, *in* B-00187
▷Berkfurin, *see* N-00178
▷Berkmycen, *see* O-00166
▷Bermoprofen, B-00136
▷Bermosol, *see* A-00096
Bernzamide, B-00137
Berofor alpha 2, *in* I-00079
▷Beromycin, *in* P-00171
▷Berotec, *in* F-00064
▷Bersen, *see* A-00173
▷Berythromycin, *see* E-00116
Besedan, *in* C-00198
▷Bespar, *see* B-00378
▷Bestatin, B-00138
▷Bestcall, *in* C-00130
▷Beston, *see* B-00194
Beston, *in* T-00174
Bestopal, *in* C-00354
▷Bestrabucil, *in* C-00194
Bestrabucil, *in* O-00028
Besulpamide, B-00139
▷Besunide, *see* B-00108
Beta 21, *in* B-00141
Betaacetylmethadol, *in* M-00162
Betabactyl, *in* C-00410
Betabloc, *see* B-00403
▷Betacaine, *in* T-00511
Betacaine mandelate, *see* E-00267
▷Beta-Cardone, *in* S-00106
Betacarotene, *see* C-00088
Betacemethadone, *in* M-00162
Beta-Chlor, *in* T-00433
Betacor, *in* C-00181
▷Betades, *in* S-00106
▷Betadexamethasone, *see* B-00141
▷Betadid, *see* B-00335
▷Betadine, *in* P-00393
Betadival, *in* B-00141
▷Betadol, *see* N-00006
▷Betadran, *in* B-00369
▷Betadrenol, *in* B-00369
▷Betaeucaine, *in* T-00511
Betafluorene, *in* B-00141
Betagan, *in* B-00365
Betagon, *in* M-00097
▷Betahistine, *see* M-00220
Betahistine hydrochloride, *in* M-00220
▷Betaine, B-00140
Betaine hydrochloride, *in* B-00140
▷Betalin *S*, *in* T-00174
Betaloc, *in* M-00334
Betameprodine, *in* M-00105
▷Betametasone, *see* B-00141
▷Betamethadol, *in* M-00162
▷Betamethasone, B-00141
Betamethasone acetate, JAN, *in* B-00141
Betamethasone acibutate, *in* B-00141
Betamethasone adamantoate, *in* B-00141
Betamethasone benzoate, *in* B-00141
▷Betamethasone dipropionate, *in* B-00141
Betamethasone divalerate, *in* B-00141
Betamethasone salicylate, *in* B-00141
▷Betamethasone sodium phosphate, *in* B-00141
Betamethasone succinate, *in* B-00141
▷Betamethasone valerate, *in* B-00141
Betamethasone valeroacetate, *in* B-00141
▷Betamezid, *see* P-00365
▷Betamicin, *see* G-00017
Betamicin sulfate, *in* G-00017
Betanidine, *see* B-00114
▷Betanidine sulfate, JAN, *in* B-00114
Betanidol, *see* B-00114
Betanitran, *see* B-00411
▷Betanol, *see* M-00322
▷Betapar, *in* D-00336
▷Betapred, *in* D-00336
▷Betapressin, *in* P-00059
Betaprodine, *in* P-00460
▷Betaprone, *see* O-00105
Betarin, *see* C-00529
▷Betaryl, *in* P-00514
▷Betasone, *in* B-00141
▷Betasone, *in* B-00141
▷Betavel, *see* C-00517
▷Betaxin, *in* T-00174
Betaxolol, B-00142
▷Betaxolol hydrochloride, *in* B-00142
Betazole, *see* A-00256
▷Betazole hydrochloride, JAN, *in* A-00256
Bethanechol(1+), B-00143
Bethanid, *see* B-00114
Bethanidine, *see* B-00114
▷Bethanidine sulfate, *in* B-00114
▷Bethoxycaine, *see* B-00145
Betiatide, B-00144
▷Betiral, *see* O-00058
▷Betivina, *see* B-00052
▷Betnesol, *in* B-00141
▷Betnovate, *in* B-00141
▷Betoptic, *in* B-00142
▷Betoxycaine, B-00145
▷Betrilol, *see* B-00364
Betsovet, *in* B-00141
Bevantolol, B-00146
▷Bevantolol hydrochloride, *in* B-00146
▷Beveno, *see* B-00218
Bevonium(1+), B-00147
▷Bevonium methylsulfate, *in* B-00147
▷Bevonium metilsulfate, *in* B-00147
▷Bewon, *in* T-00174
Bexedan, *in* C-00198
Bexilona, *in* D-00267
▷Bexopron, *see* B-00059
▷Bezafibrate, B-00148
▷Bezalip, *see* B-00148
▷Bezitramide, B-00149
▷Bezonase, *in* B-00024
BFF-60, *in* B-00027
bFGF, *see* F-00104
BG 8301, *in* I-00081
BH 135, *see* T-00363
▷BH-Ac, *in* C-00667

▷BHB, *in* B-00425
BHC, *see* B-00049
B-HT 933CL2, *see* A-00516
BI 27062, *see* L-00101
Bialamicol, B-00150
▷Bialamicol hydrochloride, *in* B-00150
▷Bialatan, *see* M-00161
Bialcol, *in* B-00117
Biallylamicol, *see* B-00150
▷Biarison, *see* P-00522
▷Biarsan, *see* P-00522
Bibenzonium(1+), B-00151
Bibenzonium bromide, *in* B-00151
Bibrocathin, *see* B-00152
Bibrocathol, B-00152
▷BIC, *see* I-00030
Bicarphene, *see* S-00044
Bicetonium, *see* B-00118
▷Bichol, *see* O-00066
Bicifadine, *see* M-00285
Bicifadine hydrochloride, *in* M-00285
Biclodil, B-00153
Biclodil hydrochloride, *in* B-00153
Biclofibrate, B-00154
Biclotymol, B-00155
Bicol, *in* E-00193
Bicor, *in* D-00489
Bicordin, *in* D-00531
▷Bicozamycin, *see* B-00158
▷Bicuculline, B-00156
Bicyclo[2.2.1]hept-5-ene-2,3-dicarboxylic acid, B-00157
▷3-[Bicyclo[2.2.1]hept-5-en-2-yl]-6-chloro-3,4-dihydro-2*H*-1,2,4-benzothiadiazine-7-sulfonamide 1,1-dioxide, *see* C-00639
2-(1-Bicyclo[2.2.1]hept-5-en-2-yl-1-phenylethoxy)-*N*,*N*-diethy-*N*-methylethanaminium, *see* C-00330
▷α-Bicyclo[2.2.1]hept-5-en-2-yl-α-phenyl-1-piperidinepropanol, *see* B-00175
γ-Bicyclo[2.2.1]hept-2-ylidene-*N*,*N*-dimethylbenzenepropanamine, *see* H-00031
1-(2-Bicyclo[2.2.1]hept-2-ylphenoxy)-3-[(1-methylethyl)-amino]-2-propanol, *see* B-00256
[1,1′-Bicyclohexyl]-1-carboxylic acid 2-(diethylamino)ethyl ester, *see* D-00218
▷Bicyclomycin, B-00158
p-BIDA, *see* B-00405
Bidimazium(1+), B-00159
Bidimazium iodide, *in* B-00159
Bidizole, *see* S-00255
Bietamiverine, B-00160
▷Bietaserpine, *in* R-00029
Bifazole, *see* B-00164
Bifemelane, B-00161
Bifenabid, *see* P-00445
▷Bifencillin, *see* D-00485
▷Bifene, *see* B-00181
Bifepramide, B-00162
Bifiteral, *see* L-00005
Bifluranol, B-00163
Bifonazole, B-00164
▷Bifuran, *in* N-00177
▷Bigitaligenin, *in* T-00474
▷Bigitalin, *in* T-00474
Biglumid, *see* T-00003
▷Bigumal, *see* C-00204
Bikarfen, *see* S-00044
▷Bikaverin, B-00165
▷Biklin, *in* A-00196
Bilagen, *in* T-00508
▷Bilagnost, *in* T-00142
Bilagol, *in* D-00366
Bildux, *see* V-00009
▷Bilevon *M*, *see* N-00092
▷Bilevon *R*, *see* N-00092
▷Bilibyk, *see* I-00091
Bilidia, *see* C-00618
Biligen, *in* F-00040
Bilignost, *see* I-00097
▷Biligram, *in* I-00115
▷Bilimin, *in* I-00129
▷Bilimiro, *see* I-00132
▷Bilimiron, *see* I-00132
Bilimix, *in* E-00193
▷Bilineurine, *see* C-00308
▷Biliodyl, *see* P-00160
Bili-oral, *see* B-00363
Biliphorin, *in* T-00508
▷Biliscopin, *see* I-00145
▷Bilisectan, *see* I-00100
▷Biliserve, *see* P-00310
Bilitec, *see* M-00038
▷Bilivison, *in* I-00115
▷Bilivist, *in* I-00129
▷Bilopaque, *in* T-00581
▷Biloptin, *in* I-00129
▷Biltricide, *see* P-00406
▷Bilup, *see* T-00479
Bilyn, *see* F-00121
▷Bimolane, B-00166
Bina-Skin, *in* H-00205
Binazine, *in* T-00338
▷Bindazac, B-00167
▷Binedaline, B-00168
Binfloxacin, B-00169
Binifibrate, B-00170
Biniwas, *see* B-00170
Binizolast, B-00171
▷Bio. 66, *see* P-00417
▷Bioallethrin, *in* A-00124
▷Biocarbazine R, *see* D-00001
Biochanin A, *see* D-00330
Biocidan, *in* C-00182
▷Biofusal, *see* F-00301
▷Bio-Galup, *see* M-00096
▷Biogastrone acid, *see* G-00072
▷Bio-Gro, *see* S-00017
▷Biomioran, *see* C-00218
▷Biomycin, *see* A-00476
▷Bio-Phylline, *see* E-00253
Bioplan, *see* M-00072
Biopropazepan bis(3,4,5-trimethoxybenzoate), *see* D-00370
Biopterin, B-00172
▷Bioquin, *see* H-00211
▷Bioresmethrin, *in* R-00031
▷Biosone, *see* G-00072
▷Biospal, *see* D-00232
▷Biosupressin, *see* H-00220
▷Biotamin, *see* B-00052
Biotamin S, *see* A-00010
▷Bioterciclin, *see* D-00064
▷Biotertussin, *in* C-00438
▷Biotexin, *see* N-00228
Biotin, B-00173
Biotinin, *in* T-00176
Biotussal, *see* A-00188
▷Biouren, *see* C-00070
Bipasmin, *see* P-00035
Bipenamol, B-00174
Bipenamol hydrochloride, *in* B-00174
Bipenquinate, *see* B-00269
Bipenquinate sodium, *in* B-00269
▷Biperiden, B-00175
Biphenabid, *see* P-00445
▷Biphenal, *see* H-00189
Biphenamine, *see* X-00010
Biphenamine hydrochloride, *in* X-00010
▷Biphenicillin, *see* D-00485
4-Biphenylacetic acid, B-00176
4,4′-Biphenyldiglyoxaldehyde, B-00177
3,3′-[(1,1′-Biphenyl)-4,4′-diylbis(azo)]bis[4-amino-1-naphthalenesulfonic acid], *see* C-00541
2,2′-[[1,1′-Biphenyl]-4,4′-diylbis(sulfonylimino)]-bis[*N*,*N*,*N*-trimethylethanaminium, *see* B-00178

[4,4′-Biphenylenebis(sulfonyliminoethylene)]-bis(trimethyl-ammonium)(2+), B-00178
p-Biphenylylacetic acid, *see* B-00176
▷2-(4-Biphenylyl)butanoic acid, B-00179
▷6-[[(1,1′-Biphenyl)-2-ylcarbonyl]amino]-3,3-dimethyl-7-oxo-4-thia-1-azabicyclo[3.2.0]heptane-2-carboxylic acid, *see* D-00485
3-(4-Biphenylylcarbonyl)-2-methylpropionic acid, *see* M-00157
▷3-(4-Biphenylylcarbonyl)propionic acid, *see* B-00181
1-[(1,1′-Biphenyl)-4-yl(2-chlorophenyl)methyl]-1*H*-imidazole, *see* L-00077
4-(4-Biphenylyl)-2-[*p*-(dimethylamino)styryl]-3-methyl-thiazolium, *see* B-00159
4-(4-Biphenylyl)-3-ethyl-2-(*p*-1-pyrrolidinylstyryl)thiazolium, *see* P-00424
2-(4-Biphenylyl)-4-hexenoic acid, B-00180
7-[5-[(1,1′-Biphenyl)-4-ylmethoxy]-3-hydroxy-2-(1-piperidinyl)-cyclopentyl]-4-heptenoic acid, *see* V-00011
4-Biphenylyl methylcarbamate, *see* P-00045
8-([1,1′-Biphenyl]-4-ylmethyl)-3-(3-hydroxy-1-oxo-2-phenyl-propoxy)-8-methyl-8-azoniabicyclo[3.2.1]octane, *see* X-00011
▷4-(4-Biphenylyl)-4-oxobutanoic acid, B-00181
8-[2-(1,1′-Biphenyl)-4-yl-2-oxoethyl]-3-(3-hydroxy-1-oxo-2-phenylpropoxy)-8-methyl-8-azoniabicyclo[3.2.1]octane, *see* F-00081
1-[[4-[([1,1′-Biphenyl]-4-yloxy)methyl]-2-(2,4-dichlorophenyl)-1,3-dioxolan-2-yl]methyl]-1*H*-imidazole, *see* D-00563
▷2-Biphenylyl penicillin, *see* D-00485
4-[1,1′-Biphenyl-4-yl]-3-penten-2-one, B-00182
1-([1,1′-Biphenyl]-4-ylphenylmethyl)-1*H*-imidazole, *see* B-00164
2,2′-([4,4′-Bipiperidine]-1,1′-diyldi-2,1-ethanediyl)-bis[10-methoxy-7*H*-pyrido[4,3-*c*]carbazolium(2+), *see* D-00546
Biprofenide, *see* B-00162
▷BIQ 16, *in* H-00023
▷Biradon, *see* H-00061
Biriperone, B-00183
▷Birlane, *see* C-00203
Birodan, *see* T-00231
7-*epi*-α-Bisabolol, *in* B-00184
▷α-Bisabolol, B-00184
▷Bis(4-acetamidophenyl)sulfone, *in* D-00129
Bis(acetato)tetrakis[gluconato(2−)]bis[salicylato(2−)]-dialuminate, B-00185
1,3-Bis(acetylamino)-*N*,*N*′-bis[3,5-bis(2,3-dihydroxypropylaminocarbonyl)-2,4,6-triiodophenyl]-2-hydroxypropane, *see* I-00099
1-[[[[3,5-Bis(acetylamino)-2,4,6-triiodobenzoyl]-methylamino]-acetyl]methylamino]-1-deoxy-D-glucitol, *see* I-00133
4,4′-[3α,17β-Bis(acetyloxy)-5α-androstane-2β,16β-diyl]-bis[1,1-dimethylpiperazinium], *see* P-00277
[3,17-Bis(acetyloxy)androstane-2,16-diyl]bis(1-methyl-piperidinium), *see* P-00012
2,3-Bis(acetyloxy)benzoic acid, *in* D-00315
2,6-Bis(acetyloxy)-*N*-[3,5-bis(trifluoromethyl)phenyl]-3-nitro-benzamide, *see* F-00216
2,2-Bis[4-(acetyloxy)phenyl]-2*H*-1,4-benzoxazin-3(4*H*)-one, *in* B-00234
1-[3,17-Bis(acetyloxy)-2-(1-piperidinyl)androstan-16-yl]-1-methylpiperidinium(1+), *see* V-00014
1α,7α-Bis(acetylthio)-17β-hydroxy-17α-methylandrost-4-en-3-one, *see* T-00205
▷Bisacodyl, B-00186
▷Bisacodyl tannex, USAN, *in* B-00186
▷2,4-Bis(allylamino)-6-[4-[bis(*p*-fluorophenyl)methyl]-1-piperazinyl-*s*-triazine, *see* A-00139
1,4-Bis(4-amidinophenoxy)hexane, *see* H-00058
1,3-Bis(4-amidinophenyl)triazene, B-00187
▷Bis(2-aminoethyl)amine, *see* D-00245
▷Bis(2-aminoethyl) disulfide, B-00188
▷*N*,*N*′-Bis(2-aminoethyl)-1,2-ethanediamine, *see* T-00457
N,*N*′-Bis(4-amino-2-methyl-6-quinolinyl)-1,3,5-triazin-2,4,6-triamine, B-00189
▷*N*,*N*′-Bis(4-amino-2-methyl-6-quinolinyl)urea, B-00190
N^1,N^2-Bis(4-amino-2-methyl-6-quinolyl)melamine, *see* B-00189
▷Bis(3-aminophenyl) sulfone, *see* D-00128
▷Bis(4-aminophenyl) sulfone, *see* D-00129
▷1,3-Bis(4-amino-6-quinaldyl)urea, *see* B-00190
Bisantrene, B-00191
Bisantrene hydrochloride, *in* B-00191
Bisaramil, B-00192
▷*P*,*P*-Bis(1-aziridinyl)-*N*-[2-(dimethylamino)-7-methyl-7*H*-purin-6-yl]phosphinic amide, *see* P-00556
▷2,5-Bis(1-aziridinyl)-3,6-dipropoxy-*p*-benzoquinone, *see* I-00075
▷2,5-Bis(1-aziridinyl)-3,6-dipropoxy-2,5-cyclohexadiene-1,4-dione, *see* I-00075
P,*P*-Bis(aziridin-1-yl)-*N*-ethyl-*N*-1,3,4-thiadiazol-2-yl-phosphinamide, *see* A-00517
▷2,5-Bis(1-aziridinyl)-3-(2-hydroxy-1-methoxyethyl)-6-methyl-*p*-benzoquinone carbamate, *see* C-00063
N-[Bis(1-aziridinyl)phosphinyl]-*N*′-2-naphthalenylurea, *see* D-00464
▷*P*,*P*-Bis(1-aziridinyl)-*N*-2-pyrimidinylphosphinic amide, *see* P-00214
Bisbendazole, B-00193
▷Bisbentiamine, B-00194
Bis-Bil, *in* E-00193
▷*N*,*N*-Bis[2-[bis(carboxymethyl)amino]ethyl]glycine, *see* P-00094
2′,7′-Bis[[bis(carboxymethyl)amino]methyl]fluorescein, *see* O-00033
▷2,6-Bis[*N*,*N*-bis(2-hydroxyethyl)amino]-4-piperidinopyrimido[5,4-*d*]pyrimidine, *see* M-00433
3,12-Bis(3-bromo-1-oxopropyl)-3,12-diaza-6,9-diazoniadispiro[5.2.5.2]hexadecane, *see* D-00169
▷1,4-Bis(3-bromo-1-oxopropyl)piperazine, B-00195
▷1,4-Bis(3-bromopropionyl)piperazine, *see* B-00195
Bisbutiamine, *in* T-00174
1,3-Bis(3-butoxy-2-hydroxypropyl)-5-ethyl-5-phenylbarbituric acid dicarbamate, *see* D-00260
Bisbutythiamine, *in* T-00174
▷2,2-Bis(carbamoyloxymethyl)-3-methylpentane, *see* M-00039
▷2,2-Bis(carbamoyloxymethyl)pentane, *see* M-00104
▷3,12-Bis(carboxymethyl)-6,9-dioxa-3,12-diazatetradecanedioic acid, B-00196
▷*p*-[Bis(carboxymethylmercapto)arsino]benzamide, *see* A-00450
4,4′-Bis(chloroacetyl)diphenyl ether, *see* C-00453
▷1,3-Bis[(*p*-chlorobenzylidene)amino]guanidine, *see* R-00069
▷4-[Bis(2-chloroethyl)amino]benzenebutanoic acid, *see* C-00194
▷2-Bis(2-chloroethyl)amino-3-chloroethyltetrahydro-2*H*-1,3,2-oxazaphosphorine 2-oxide, *see* T-00469
▷1,6-Bis[(2-chloroethyl)amino]-1,6-dideoxy-D-mannitol, *see* M-00019
▷3-[2-[Bis(2-chloroethyl)amino]ethyl]-1,3-diazaspiro[4.5]-decane-2,4-dione, *see* S-00124
N-[3-[Bis(2-chloroethyl)amino]-*N*-(4-fluoro-L-phenylalanyl)-L-phenylalanyl)-L-methionine ethyl ester, *see* A-00165
p-[Bis(2-chloroethyl)amino]-α-isopropylphenaceturic acid ethyl ester, *see* P-00140
▷5-[Bis(2-chloroethyl)amino]-1-methyl-1*H*-benzimidazole-2-butanoic acid, *see* B-00044
6-[Bis(2-chloroethyl)amino]-17-methyl-4,5-epoxymorphinan-3,14-diol, *see* C-00291
p-[Bis(2-chloroethyl)amino]-α-[2-(methylthio)ethyl]-phenaceturic acid ethyl ester, *see* P-00142
4-[[[4-[Bis(2-chloroethyl)amino]phenyl]acetyl]amino]-benzoic acid, *see* P-00021
N-[[4-[Bis(2-chloroethyl)amino]phenyl]acetyl-L-histidine methyl ester, *see* H-00076
N-[[4-[Bis(2-chloroethyl)amino]phenyl]acetyl-L-methionine ethyl ester, *see* P-00142
N-[[4-[Bis(2-chloroethyl)amino]phenyl]acetyl]valine ethyl ester, *see* P-00140

▷3-[Bis(2-chloroethyl)amino]phenylalanine, *see* M-00149
4-[Bis(2-chloroethyl)amino]phenylalanine, *see* M-00084
▷21-[4-[4-[Bis(2-chloroethyl)amino]phenyl]-1-oxobutoxy]-11β,17-dihydroxypregna-1,4-diene-3,20-dione, *see* P-00411
▷5-[Bis(2-chloroethyl)amino]-2,4(1*H*,3*H*)-pyrimidinedione, B-00197
2-[[2-[Bis(2-chloroethyl)amino]tetrahydro-2*H*-1,3,2-oxazaphosphorin-4-yl]thio]ethanesulfonic acid *P*-oxide, *see* M-00004
▷5-[Bis(2-chloroethyl)amino]uracil, *see* B-00197
Bis(2-chloroethyl)carbamic acid (1,2-diethyl-1,2-ethenediyl)di-4,1-phenylene ester, *in* D-00257
▷*N*,*N*-Bis(2-chloroethyl)-4-methoxy-3-methyl-1-naphthalenamine, *see* M-00399
▷*N*,*N*-Bis(2-chloroethyl)-4-methoxy-3-methyl-1-naphthylamine, *see* M-00399
▷*N*,*N*-Bis(2-chloroethyl)-2-naphthalenamine, *see* B-00198
▷*N*,*N*-Bis(2-chloroethyl)-2-naphthylamine, B-00198
▷*N*,*N*′-Bis(2-chloroethyl)-*N*-nitrosourea, B-00199
▷*N*,*N*-Bis(2-chloroethyl)tetrahydro-2*H*-1,3,2-oxazaphosphorin-2-amine 2-oxide, *see* C-00634
▷*N*,3-Bis(2-chloroethyl)tetrahydro-2*H*-1,3,2-oxazaphosphorin-2-amine 2-oxide, *see* I-00021
▷5-[3,3-Bis(2-chloroethyl)-1-triazenyl]-1*H*-imidazole-4-carboxamide, *see* I-00030
Bis(3-chloro-6-hydroxy-5-isopropyl-2-methylphenyl)methane, *see* B-00155
▷Bis(5-chloro-2-hydroxyphenyl)methane, *see* D-00198
3,12-Bis(3-chloro-2-hydroxypropyl)-3,12-diaza-6,9-diazoniadispiro[5.2.5.2]hexadecane, *see* P-00527
▷2,2-Bis(chloromethyl)-1,3-propanediol, B-00200
Bis(4-chlorophenoxy)acetic acid 1-methyl-4-piperidinyl ester, *see* L-00046
Bis(4-chlorophenoxy)acetic acid (1-methyl-2-pyrrolidinyl)-methyl ester, *see* B-00154
Bis[2-(*p*-chlorophenoxy)-2-methylpropionato]hydroxyaluminum, *in* C-00456
N,*N*″-Bis[(4-chlorophenyl)amidino]-1,4-piperazinedicarboximidamide, *see* P-00236
Bis(*p*-chlorophenyl)cyclopropylmethanol, *see* P-00453
▷1,6-Bis-*p*-chlorophenyldiguanidinohexane, *see* C-00206
▷*N*,10-Bis(4-chlorophenyl)-2,10-dihydro-2-[(1-methylethyl)-imino]-3-phenazinamine, *see* C-00450
▷*N*,*N*″-Bis(4-chlorophenyl)-3,12-diimino-2,4,11,13-tetraazatetradecanediimidamide, *see* C-00206
1-[Bis(4-chlorophenyl)methyl]-3-[2-(2,4-dichlorophenyl)-2-[(2,4-dichlorophenyl)methoxy]ethyl]-1*H*-imidazolium, *see* C-00017
▷Bis[(4-chlorophenyl)methylene]carbonimidic dihydrazide, *see* R-00069
4-[[2,3-Bis(4-chlorophenyl)-1-methylpropyl]amino]-4-oxo-2-butenoic acid, *see* B-00088
N-[2,3-Bis(*p*-chlorophenyl)-1-methylpropyl]maleamic acid, *see* B-00088
2-[[4,5-Bis(4-chlorophenyl)-2-oxazolyl]thio]propanoic acid, *see* T-00308
▷Biscomate, *see* D-00369
1,4-Bis(cyclopropylmethyl)-1,4-piperazine, B-00201
3′,7′-Bis(cyclopropylmethyl)spiro[cyclopentane-1,9′-[3,7]-diazabicyclo[3.3.1]nonane], *see* T-00050
▷Bis-DEAE-fluorenone, *see* T-00277
α-Bisdehydrodoisynolic acid methyl ether, *see* D-00570
Bisdequalinium(2+), B-00202
Bisdequalinium diacetate, *in* B-00202
2,3-Bis(3,4-diacetoxy-5-fluorophenyl)pentane, *see* A-00009
5,10-Bis[[[2,4-dibromo-6-[(cyclohexylmethylamino)methyl]-phenyl]amino]carbonyl]-3-oxo-1-phenyl-2-oxa-7,8-dithia-4,11-diazadodecan-12-oic acid phenylmethyl ester, *see* C-00399
Bis(3,5-di-*tert*-butyl-4-hydroxyphenyl)acetic acid, B-00203
▷Bis(2,4-dichloro-6-hydroxyphenyl)disulfide, B-00204
Bis(2,4-dichlorophenyl)iodonium(1+), *see* F-00054
1,4-Bis[2-(diethylamino)ethoxy]-9,10-anthracenedione, *see* B-00205
1,4-Bis[2-(diethylamino)ethoxy]anthraquinone, B-00205
2,4-Bis[2-(diethylamino)ethoxy]deoxybenzoin, *see* B-00206
▷2,7-Bis[2-(diethylamino)ethoxy]-9*H*-fluoren-9-one, *see* T-00277
6,7-Bis[2-(diethylamino)ethoxy]-4-methyl-2*H*-1-benzopyran-2-one, *see* O-00081
6,7-Bis[2-(diethylamino)ethoxy]-4-methylcoumarin, *see* O-00081
2′,4′-[Bis(2-diethylamino)ethoxy]-2-phenylacetophenone, B-00206
2,4-Bis(diethylamino)-6-hydrazino-*s*-triazine, *see* M-00073
3,3′-Bis(diethylaminomethyl)-5,5′-di-2-propenyl[1,1′-biphenyl]-4,4′-diol, *see* B-00150
4,6-Bis(diethylamino)-1,3,5-triazin-2(1*H*)-one hydrazone, *see* M-00073
▷Bis(diethylthiocarbamoyl) sulfide, *see* M-00430
▷Bis(diethylthiocarbamyl) disulfide, *see* D-00542
N,*N*′-Bis[3-(4,5-dihydro-1*H*-imidazol-2-yl)phenyl]urea, *see* I-00034
Bis[4,5-dihydroxy-1,8-benzenedisulfonato(4−)-O^4,O^5]-antimonate(5−), B-00207
▷1,4-Bis(3,4-dihydroxycinnamoyl)quinic acid, *see* C-00643
▷1,3-Bis[[3-(3,4-dihydroxyphenyl)-1-oxo-2-propenyl]oxy]-4,5-dihydroxycyclohexanecarboxylic acid, *see* C-00643
N,*N*′-Bis(2,3-dihydroxypropyl)-5-[*N*-(2,3-dihydroxypropyl)-acetamido]-2,4,6-triiodoisophthalamide, *see* I-00117
N,*N*′-Bis(2,3-dihydroxypropyl)-5-L-*xylo*-2-hexulosonamido-2,4,6-triiodoisophthalamide, *see* I-00116
N,*N*′-Bis(2,3-dihydroxypropyl)-5-[(L-*xylo*-hexulosonyl)-amino]-2,4,6-triodo-1,3-benzenedicarboxamide, *see* I-00116
N,*N*′-Bis(2,3-dihydroxypropyl)-5-[(hydroxyacetyl)(2-hydroxyethyl)amino]-2,4,6-triiodo-1,3-benzenedicarboxamide, *see* I-00146
N,*N*′-Bis(2,3-dihydroxypropyl)-5-[(hydroxyacetyl)-methyl-amino]-2,4,6-triiodo-1,3-benzenedicarboxamide, *see* I-00121
N,*N*′-Bis(2,3-dihydroxypropyl)-2,4,6-triiodo-5-(2-methoxy-acetamido)-*N*-methylisophthalamide, *see* I-00131
N,*N*′-Bis(2,3-dihydroxypropyl)-2,4,6-triiodo-5-[(methoxyacetyl)-amino]-*N*-methyl-1,3-benzenedicarboxamide, *see* I-00131
N,*N*′-Bis(2,3-dihydroxypropyl)-2,4,6-triiodo-*N*-methyl-1,3,5-benzenetricarboxamide, *see* I-00142
▷4,7-Bis(dimethylamino)-1,4,4*a*,5,5*a*,6,11,12*a*-octahydro-3,10,12,12*a*-tetrahydroxy-1,11-dioxo-2-naphthacenecarboxamide, *see* M-00387
3,7-Bis(dimethylamino)phenothiazin-5-ium(1+), B-00208
▷*N*-[4-[Bis[4-(dimethylamino)phenyl]methylene]-2,5-cyclo-hexadien-1-ylidene]-*N*-methylmethanaminium(1+), B-00209
5,6-Bis[4-(dimethylamino)phenyl]-2-methyl-1,2,4-triazin-3(2*H*)-one, *see* M-00341
3β,20*S*-Bis(dimethylamino)-5α-pregnane, *in* P-00416
(3α,5α,20*S*)-3,20-Bis(dimethylamino)pregnane, *in* P-00416
10-[2,3-Bis(dimethylamino)propyl]phenothiazine, *see* P-00521
α-[3,5-Bis(1,1-dimethylethyl)-4-hydroxyphenyl]-3,5-bis(1,1-di-methylethyl)-4-hydroxybenzeneacetic acid, *see* B-00203
[3,5-Bis(1,1-dimethylethyl)-4-hydroxyphenyl]-2-thienylmethanone, *see* P-00429
3,6-Bis(1,1-dimethylethyl)-1-naphthalenesulfonic acid, *see* D-00173
5,8-Bis(1,1-dimethylethyl)-4-oxo-4*H*-1-benzopyran-2-carboxylic acid, *see* T-00082
2-[2-[Bis(2,6-dimethylphenyl)methoxy]ethoxy]-*N*,*N*-di-methylethanamine, *see* X-00026
1-[Bis(2,6-dimethylphenyl)methoxy]-3-[(1-methylethyl)-amino]-2-propanol, *see* X-00018
2,5-Bis[1-(1,1-dimethyl-2-propenyl)-1*H*-indol-3-yl]-3,6-dihydroxy-2,5-cyclohexadiene-1,4-dione, *see* A-00467
Bis[3-(2,5-dimethyl-1-pyrrolidinyl)propyl]hexadecylmethyl-ammonium, *see* P-00357
▷Bis(dimethylthiocarbamyl) disulfide, *see* T-00149
4,4′-Bis(dioxoethyl)biphenyl, *see* B-00177

8,27-Bis[1,4-dioxo-4-(3-pyridinylmethoxy)butoxy]-7,7,28,28-tetramethyl-4,9,13,22,26,31-hexaoxo-5,30-dioxa-17,18-dithia-10,14,21,25-tetraazatetratriacontanedioic acid bis-(pyridinylmethyl) ester, *see* T-00380
▷1,2-Bis[2-(2,3-epoxypropoxy)ethoxy]ethane, *see* D-00225
▷1,1′-Bis(2,3-epoxypropyl)-4,4′-bipiperidine, *see* E-00082
▷N^1,N^2-Bis(*p*-ethoxyphenyl)acetamidine, *see* P-00135
▷*N*,*N*′-Bis(4-ethoxyphenyl)ethanimidamide, *see* P-00135
▷*N*,*N*′-Bis(4-ethoxyphenyl)thiourea, *in* B-00222
▷Bis(ethyleneimido)phosphorylurethane, *see* U-00012
N,*N*′-Bis(2-ethylhexyl)-3,12-diimino-2,4,11,13-tetraazatetradecanediimidamide, *see* A-00107
2,6-Bis(2-ethylhexyl)hexahydro-7*a*-methyl-1*H*-imidazo[1,5-*c*]-imidazole, *see* H-00063
1,3-Bis(2-ethylhexyl)hexahydro-5-methyl-5-pyrimidinamine, *see* H-00064
Bis(2-ethylhexyl)sulfosuccinic acid, B-00210
▷2,2-Bis(ethylsulfonyl)butane, B-00211
3,3-Bis(ethylsulfonyl)pentane, *in* B-00213
▷2,2-Bis(ethylsulfonyl)propane, B-00212
3,3-Bis(ethylthio)pentane, B-00213
▷Bisethylxanthogen, *see* D-00556
▷Bisexovis, *in* A-00383
▷Bisexovister, *in* A-00383
Bisfentidine, B-00214
▷1-[4,4-Bis(4-fluorophenyl)butyl]-4-(4-chloro-3-(trifluoromethyl)phenyl]-4-piperidinol, *see* P-00062
▷1-[4,4-Bis(*p*-fluorophenyl)butyl]-4-(4-chloro-*α*,*α*,*α*-trifluoro-*m*-tolyl)-4-piperidinol, *see* P-00062
4-[4,4-Bis(4-fluorophenyl)butyl]-*N*-(2,6-dimethylphenyl)-1-piperazineacetamide, *see* L-00045
4-[4,4-Bis(4-fluorophenyl)butyl]-*N*-ethyl-1-piperazinecarboxamide, *see* A-00365
4-[4,4-Bis(4-fluorophenyl)butyl]-*N*-phenyl-1-piperazineethanamine, *see* D-00269
▷8-[4,4-Bis(4-fluorophenyl)butyl]-1-phenyl-1,3,8-triazaspiro[4.5]-decan-4-one, *see* F-00223
4-[4,4-Bis(*p*-fluorophenyl)butyl]-1-piperazineaceto-2′,6′-xylidide, *see* L-00045
1-[1-[4,4-Bis(4-fluorophenyl)butyl]-4-piperidinyl]-5-chloro-1,3-dihydro-2*H*-benzimidazol-2-one, *see* C-00485
▷1-[1-[4,4-Bis(4-fluorophenyl)butyl]-4-piperidinyl]-1,3-dihydro-2*H*-benzimidazol-2-one, *see* P-00263
2-[Bis(4-fluorophenyl)methoxy]ethanamine, *see* F-00164
4-[Bis(*p*-fluorophenyl)methyl]-*α*-(*p*-*tert*-butylphenyl)-1-piperazinebutanol, *see* F-00126
4-[Bis(4-fluorophenyl)methyl]-*α*-[4-(1,1-dimethylethyl)-phenyl]-1-piperazinebutanol, *see* F-00126
3-[2-[4-[Bis(4-fluorophenyl)methylene]-1-piperidinyl]-ethyl]-2-methyl-4*H*-pyrido[1,2-*a*]pyrimidin-4-one, *see* S-00036
6-[2-[4-[Bis(4-fluorophenyl)methylene]-1-piperidinyl]-ethyl]-7-methyl-5*H*-thiazolo[3,2-*a*]pyrimidin-5-one, *see* R-00066
1-[Bis(4-fluorophenyl)methyl]-4-(3-phenyl-2-propenyl)-piperazine, *see* F-00165
▷6-[4-[Bis(4-fluorophenyl)methyl]-1-piperazinyl]-*N*,*N*′-di-2-propenyl-1,3,5-triazine-2,4-diamine, *see* A-00139
4,5-Bis(4-fluorophenyl)-2-[(1,1,2,2-tetrafluoroethyl)-sulfonyl)-imidazole, *see* T-00264
Bisguadine, *see* A-00107
2,3-Bis(3-hydroxybenzyl)-1,4-butanediol, B-00215
Bis(4-hydroxy-3-coumarinyl)acetic acid, *see* B-00219
3,3-Bis(4-hydroxy-3,5-diiodophenyl)-1(3*H*)-isobenzofuranone, *see* T-00142
3,3-Bis(4-hydroxy-3,5-diiodophenyl)phthalide, *see* T-00142
2-[3,4-Bis(2-hydroxyethoxy)phenyl]-3-[[6-*O*-(6-deoxy-*α*-L-mannopyranosyl)-*β*-D-glucopyranosyl]oxy]-5-hydroxy-7-(2-hydroxyethoxy)-4*H*-1-benzopyran-4-one, *see* T-00559
3′-[Bis(2-hydroxyethyl)amino)acetophenone (4,5-diphenyl-2-oxazolyl)hydrazone, B-00216
2-[Bis(2-hydroxyethyl)amino]-*N*-[4-chloro-2-(2-chlorobenzoyl)-phenyl]-*N*-methylacetamide, *see* D-00619
2-(Bis-2-hydroxyethylamino)-4,5-diphenyloxazole, *see* D-00545
1,4-Bis[[2-[(2-hydroxyethyl)amino]ethyl]amino]-9,10-anthracenedione, *see* A-00180
1,4-Bis[[2-[(2-hydroxyethyl)amino]ethyl]amino]anthraquinone, *see* A-00180
7-[2-[Bis(2-hydroxyethyl)amino]ethyl]-3,7-dihydro-1,3-dimethyl-1*H*-purine-2,6-dione, *see* V-00016
8-[[Bis(2-hydroxyethyl)amino]methyl]-6,7-dihydoxy-4-methylcoumarin, *see* E-00121
8-[[Bis(2-hydroxyethyl)amino]methyl]-6,7-dihydroxy-4-methyl-2*H*-1-benzopyran-2-one, *see* E-00121
1-[3-[Bis(2-hydroxyethyl)amino]phenyl]ethanone (4,5-diphenyl-2-oxazolyl)hydrazone, *see* B-00216
N,*N*-Bis(hydroxy-2-ethyl)-*N*′-methyl-*o*-chlorobenzoyl-2′-chloro-4′-glycylanilide, *see* D-00619
▷Bis(2-hydroxyethyl) sulfide, *see* T-00195
▷1,10-Bis(2-hydroxyethylthio)decane, B-00217
▷*N*,*N*′-Bis[2-hydroxy-1-(hydroxymethyl)ethyl]-5-[(2-hydroxy-1-oxopropyl)amino]-2,4,6-triiodo-1,3-benzenedicarboxamide, *see* I-00124
▷2,6-Bis(4-hydroxy-3-methoxybenzylidene)cyclohexanone, B-00218
▷2,6-Bis[(4-hydroxy-3-methoxyphenyl)methylene]cyclohexanone, *see* B-00218
▷2,2-Bis(hydroxymethyl)-1-butanol, *see* E-00194
▷Bis(*N*-hydroxy-*N*-methylmethanethioamidato-*O*,*S*)copper, *see* F-00177
3,3-Bis[4-hydroxy-2-methyl-5-(1-methylethyl)phenyl]-1(3*H*)-isobenzofuranone, *see* T-00224
2,2-Bis(hydroxymethyl)-1-octanol, *see* H-00072
3,4-Bis(4-hydroxy-3-methylphenyl)hexane, *see* P-00479
▷2,2-Bis(hydroxymethyl)-1,3-propanediol, *see* P-00077
Bis[4-hydroxy-2-oxo-2*H*-1-benzopyran-3-yl]acetic acid, B-00219
▷3,3′-Bis(4-hydroxyphenyl)-3*H*-2,1-benzoxathiole 1,1-dioxide, *see* P-00163
2,2-Bis(4-hydroxyphenyl)-2*H*-1,4-benzoxazin-3(4*H*)-one, *see* B-00234
3,4-Bis(4-hydroxyphenyl)hexane, B-00220
3,4-Bis-(4-hydroxyphenyl)-3-hexene, *see* D-00257
3,3-Bis(*p*-hydroxyphenyl)-2-indolinone, *see* O-00160
▷3,3-Bis(4-hydroxyphenyl)-1(3*H*)-isobenzofuranone, *see* P-00162
2,3-Bis[(3-hydroxyphenyl)methyl]-1,4-butanediol, *see* B-00215
3,3-Bis(*p*-hydroxyphenyl)-7-methyl-2-indolinone bis(hydrogen sulfate), *see* S-00226
▷3,3-Bis(4-hydroxyphenyl)phthalide, *see* P-00162
Bis(4-hydroxyphenyl)(2-pyridyl)methane, B-00221
N,*N*′-Bis(4-hydroxyphenyl)thiourea, B-00222
Bis(3-hydroxypropyl)amine, *see* I-00037
▷Bis(1-hydroxy-2(1*H*)-pyridinethionato-*O*,*S*)zinc, *in* P-00574
Bis(8-hydroxy-5,7-quinolinedisulfonato(3−)-N^1,O^8-cuprate, B-00223
Bisibutiamine, JAN, *in* T-00174
Bisinomenine, *in* S-00079
Bisinomenine, *in* S-00079
1,1′-Bisisomenthone, B-00224
4,4′-Bis(isopentyloxy)thiocarbanilide, *see* T-00198
4,11-Bis(L-leucine)cyclosporin *A*, *in* C-00638
▷1,4-Bis(methanesulfonyloxy)butane, *see* B-00379
▷Bismethin, *see* P-00423
1,2-Bis(5-methoxy-1*H*-benzimidazol-2-yl)-1,2-ethanediol, B-00225
N,*N*′-Bis(3-methoxybenzyl)urea, B-00226
Bis(6-methoxy-1-phenazinol 5,10-dioxidato-O^1,O^{10}) copper, *see* C-00577
2,3-Bis(4-methoxyphenyl)-1*H*-indole, B-00227
β-[Bis(4-methoxyphenyl)methylene]-4-methoxy-*N*,*N*-dimethylbenzeneethanamine, *see* A-00341
5,6-Bis(4-methoxyphenyl)-3-methyl-1,2,4-triazine, B-00228
N,*N*′-Bis[(3-methoxyphenyl)methyl]urea, *see* B-00226
5,5-Bis(4-methoxyphenyl)-3-[2-(1-piperidinyl)ethyl]-2,4-imidazolidinedione, *see* I-00015
▷*N*,*N*′-Bis(4-methoxyphenyl)thiourea, *in* B-00222
4,5-Bis(4-methoxyphenyl)-2-(trifluoromethyl)-1*H*-imidazole, B-00229

4,5-Bis(4-methoxyphenyl)-2-(trifluoromethyl)thiazole, *see* I-00221
▷1,4-Bis[(2-methoxy-4-propylphenoxy)acetyl]piperazine, *see* S-00073
N,N'-Bis[4-(3-methylbutoxy)phenyl]thiourea, *see* T-00198
▷1-[2-[2-[Bis(1-methylethyl)amino]ethoxy]phenyl]-1-butanone, *in* K-00015
▷2-[2-[Bis(1-methylethyl)amino]ethoxy]-α-propylbenzenemethanol, *see* K-00015
α-[2-[Bis(1-methylethyl)amino]ethyl]-α-(2-chlorophenyl)-1-piperidinebutanamide, *see* D-00535
4-[2-[Bis(1-methylethyl)amino]ethyl]-4,4*a*,5,6,7,8-hexahydro-1-methyl-4-phenyl-3*H*-pyrido[1,2-*c*]pyrimidin-3-one, *see* D-00558
α-[2-[Bis(1-methylethyl)amino]ethyl]-α-(2-methylpropyl)-2-pyridineacetamide, *see* P-00098
N-[2-[Bis(1-methylethyl)amino]ethyl]-2-oxo-1-pyrrolidineacetamide, *see* P-00397
▷α-[2-[Bis(1-methylethyl)amino]ethyl]-α-phenyl-2-pyridineacetamide, *see* D-00537
▷2,2-Bis(1-methylethyl)-1,3-dioxolane-4-methanol, *see* P-00481
Bis(1-methylethyl)-1,3-dithiol-2-ylidenepropanedioate, *see* M-00016
N,N'-Bis(1-methylethyl)furazandicarboxamide 2-oxide, *see* I-00154
2,3:4,5-Bis-*O*-(1-methylethylidene)fructopyranose, *see* T-00382
▷2,6-Bis(1-methylethyl)phenol, *see* D-00367
N-[2-[[2,6-Bis(1-methylethyl)phenyl]amino]-2-oxoethyl]-*N*-(carboxymethyl)glycine, *see* D-00536
N,N-Bis(1-methylethyl)-γ-phenylbenzenepropanamine, *see* D-00366
▷Bis(1-methylethyl) phosphorofluoridate, *see* D-00368
α,α-Bis(2-methylphenyl)-1-azabicyclo[2.2.2]octane-3-methanol, *see* S-00044
Bis(4-methylphenyl)iodonium(1+), B-00230
▷α-[[Bis(1-methylpropyl)amino]methyl]-1-[(2-chlorophenyl)-methyl]-1*H*-pyrrole-2-methanol, *see* V-00030
N,N'-Bis(2-methyl-4-quinolinyl)-1,10-decanediamine, *see* Q-00017
1,4-Bis[3-[(methylsulfonyl)oxy]-1-oxopropyl]piperazine, *see* P-00301
▷Bis(*N*-methylthioformohydroxamato)copper, *see* F-00177
Bismucatebrol, *see* B-00152
▷Bismuth glycollylarsanilate, *see* G-00069
Bismuth subgallate, *see* D-00314
Bismuth tetrabromopyrocatechol, *see* B-00152
Bismutoral, *in* G-00064
N,N-Bis[[2-(1-naphthyl)]propionyloxy]-2-ethylpiperazine, *see* N-00017
1,2-Bis(nicotinamido)propane, *see* N-00087
Bisnicotinyldimethylmethylpapaveroline, *see* N-00091
▷2,2-Bis[(nitrooxy)methyl)]-1,3-propanediol dinitrate, *see* P-00078
N,N'-Bis(4-nitrophenyl)urea, B-00231
2,2'-Bisnorphaeanthine, *in* T-00152
7,10-Bis(L-norvaline)cyclosporin *A*, *in* C-00638
Bisobrin, B-00232
Bisobrin lactate, *in* B-00232
▷Bisolvon, *in* B-00289
Bisoprolol, B-00233
Bisoprolol fumarate, *in* B-00233
Bisorcic, *in* O-00059
Bisoxatin, B-00234
Bisoxatin acetate, *in* B-00234
▷1,1'-Bis(oxiranylmethyl)-4,4'-bipiperidine, *see* E-00082
1,2-Bis[(2-oxo-1-pyrrolidinyl)acetyl]hydrazine, *see* D-00622
N,N-Bis[(2-oxo-1-pyrrolidinyl)methyl]urea, *see* I-00047
▷Bisoxyphen, *see* B-00204
Bis(1,2,2,6,6-pentamethyl-4-piperidinyl) butanedioate, *see* S-00281
Bis(phenylmercuri)oxonium ion, *see* H-00125
5,5'-Bis(2-propenyl)-2,2'-biphenyldiol, *see* M-00012
Bis(4-pyridylmethyl)amine, *see* D-00531
Bispyrithione magsulfex, *in* D-00551
Bispyroquine, B-00235
3,7-Bis(sulfooxy)cholan-24-oic acid, B-00236
2,6-Bis(2-thenylidene)cyclohexanone, *see* B-00237
Bisthiamine, *see* T-00176
2,6-Bis(2-thienylmethylene)cyclohexanone, B-00237
▷Bis(2,2,2-trichloroethyl)carbonate, *see* T-00435
▷1,1'-[2,2-Bis[(2,2,2-trichloro-1-hydroxyethoxy)methyl]-1,3-propanediylbis(oxy)bis[2,2,2-trichloroethanol], *see* P-00132
▷*N,N'*-Bis(2,2,2-trichloro-1-hydroxyethyl)urea, B-00238
▷1,4-Bis(trichloromethyl)benzene, *see* H-00041
▷Bis(2,2,2-trifluoroethyl) ether, B-00239
N,N'-Bis[3-(3,4,5-trimethoxybenzoyloxy)propyl]homopiperazine, *see* D-00370
▷Bis(2,2,4-trimethyl-1,2-dihydroquinolin-6-yl)methane, *see* M-00250
▷Bistrimin, *see* P-00210
▷Bistrium bromide, *in* H-00055
Bisulfa, *in* S-00172
▷Biteral, *see* O-00058
▷Bithionol, *see* B-00204
▷Bithionolate sodium, *in* B-00204
▷Bithionoloxide, *in* B-00204
▷Bitin, *see* B-00204
▷Bitin *S*, *in* B-00204
▷Bitiodin, *see* T-00311
▷Bitipazone, B-00240
Bitolterol, B-00241
▷Bitolterol mesylate, *in* B-00241
▷Bitoscanate, *see* D-00369
▷Bitrex, *in* D-00070
▷Bitriben, *see* H-00041
Bitumol, *see* I-00010
▷Biverm, *see* O-00149
Bjork, *see* I-00150
BK 34-530, *see* T-00355
BL5, *see* C-00599
▷BL 3640, *see* C-00117
BL 3912*A*, *in* D-00461
BL 4162*A*, *see* A-00376
BL 4566, *see* M-00462
BL 5111*R*, *see* T-00299
BL 5255, *see* P-00513
▷BL 700*B*, *in* A-00175
BL 5641A, *in* E-00237
Blascorid, *in* B-00061
▷Blastmycin, *in* A-00415
▷Blastostimulina, *in* T-00485
▷Blastovin, *in* V-00032
Bled, *in* T-00506
▷Blekin, *see* G-00065
▷Bleomycetin, *see* B-00244
▷Bleomycin A_1, B-00242
▷Bleomycin A_2, B-00243
▷Bleomycin B_2, B-00246
Bleomycin B_4, B-00245
▷Bleomycin A_5, B-00244
▷Bleomycin NK 631, *see* P-00108
▷Blex, *see* P-00330
▷Blinx, *in* B-00254
BL 5572M, *in* P-00549
▷Blocadren, *see* P-00170
▷Blocadren, *in* T-00288
Blocardyl, *in* P-00514
▷Blockain, *see* P-00511
▷Blocotin, *in* P-00059
Blood-coagulating factor *VII*, *see* F-00002
Blood-coagulating factor *XII*, *see* F-00006
Blood-coagulation factor *I*, *see* F-00103
▷Blood-coagulation factor *IX*, *see* F-00004
Blood-coagulation factor *V*, *see* F-00001
Blood-coagulation factor *VIII*, *see* F-00003
Blood-coagulation factor *X*, *see* F-00005
Blood-coagulation factor *XIII*, *see* F-00007
Blood-coagulation factor *XIV*, *see* F-00008

▷Bloqueina, *see* B-00368
BL-P 1462, *see* S-00271
BL-P 1597, *see* F-00286
BL-P 1761, *in* H-00035
BL-P 1780, *in* O-00104
▷BL-P 413, *see* D-00485
▷BL R743, *see* I-00087
BL-S 786, *see* C-00137
▷Bluboro, *in* B-00254
Bludacina, *see* I-00171
Blue *VRS*, *see* S-00249
▷Bluecaine, *in* T-00373
▷Bluensin, *see* B-00247
▷Bluensomycin, B-00247
▷Blutene chloride, *in* T-00359
▷BM 3055, *in* O-00163
BM 06002, *see* A-00237
BM 10188, *see* D-00590
BM 11604, *in* T-00427
BM 12434, *see* M-00383
▷BM 12531, *see* A-00524
BM 13177, *see* S-00234
BM 13505, *see* D-00007
BM 14190, *see* C-00105
BM 14298, *see* N-00073
BM 14327, *see* D-00005
BM 14.478, *see* A-00069
▷BM 15075, *see* B-00148
BM 15100, *in* P-00244
BM 41332, *see* C-00318
BM 41.440, *see* I-00022
▷BM 51052, *see* C-00038
BMG 162 *aF*$_2$, *see* S-00112
▷BMU, *see* H-00156
BMY 13859, *see* T-00304
BMY 25154, *see* C-00123
▷BMY 25182, *in* C-00121
BMY 28100, *see* C-00146
BMY 28117, *see* E-00041
BMY 28142, *see* C-00125
BMY 13805-1, *in* G-00019
BN 1270, *see* C-00327
BN 183B, *see* B-00005
▷Bo 637, *see* M-00441
▷Bo 714, *see* T-00129
Bo 725, *see* P-00069
Bofumustine, B-00248
Bolandiol, *in* O-00029
▷Bolandiol dipropionate, *in* O-00029
▷Bolandiol propionate, JAN, *in* O-00029
Bolasterone, *in* H-00123
Bolazine, *in* H-00153
Bolazine capronate, *in* H-00153
Boldane, *in* H-00108
Boldenone, *in* H-00108
Boldenone undecylenate, *in* H-00108
Boldine dimethyl ether, *see* G-00028
Bolenol, B-00249
Bolfortan, *in* H-00111
Bolmantalate, B-00250
▷Bolvidon, *in* M-00360
Bomag, *in* O-00140
Bometolol, B-00251
Bonaid, *see* B-00373
▷Bonamid, *in* A-00512
▷Boncurex, *in* M-00083
Bongast, *in* D-00314
Bonifen, *see* P-00590
▷Bonine, *see* M-00051
▷Bonipress, *in* D-00033
▷Bonlam, *see* C-00020
Bonnecor, B-00252
Bonofur, *see* N-00129
Bonomycin, *see* D-00065
Bopindolol, B-00253
▷Boracic acid, *see* B-00254
▷Bordeaux mixture, *in* C-00576
▷Boric acid, B-00254
▷Bor-Ind, *see* I-00068
▷2-Bornanone, *see* C-00023
▷Bornaprine, B-00255
Bornaprolol, B-00256
Bornelone, B-00257
6-(2-Bornyl)-3,4-xylenol, *see* X-00013
Borocaine, *in* P-00447
▷Borofax, *in* B-00254
▷Boromycin, B-00258
Bort simple, *in* T-00257
Bostrycoidin, B-00259
Bostrycoidin 9-methyl ester, *in* B-00259
▷Bothrops atrox serine proteinase, *see* B-00017
Botiacrine, B-00260
▷Botran, *see* D-00196
▷Botropase, *see* B-00017
▷Botrycidin, *see* O-00037
▷Bourbonal, *in* D-00311
Bouvardin, B-00261
▷Bovatec, *see* L-00011
▷Bovicam, *see* C-00020
Bovilene, *see* F-00074
▷Bovine superoxide dismutase, *see* O-00056
▷Bovitrol, *in* A-00114
▷Bovogenin *A*, B-00262
▷Bovoside *A*, *in* B-00262
▷Bowsteral, *see* P-00491
Boxidine, B-00263
BP 1184, *in* T-00145
BP 400, *in* P-00257
BP 662, *in* F-00107
BPA, *see* I-00082
BPO-FLYS, *see* L-00041
BPP$_{9\alpha}$, *see* T-00079
▷BQ 22-708, *in* E-00050
▷BR 18, *in* P-00304
▷BR-222, *in* B-00330
BR 906, *see* R-00098
BR 917, *in* R-00098
▷BR 931, *see* P-00333
BR 968, *see* L-00070
BR 971, *see* A-00446
Bracen, *see* X-00013
Bradilan, *see* N-00098
Bradophen, *in* B-00117
▷Bradosol, *in* D-00567
Bradykinin-potentiating peptide BPP$_{9a}$, *see* T-00079
Bradykinin potentiator *B*, 2-L-tryptophan-3-de-L-leucine-4-de-L-proline-8-L-glutamine, *see* T-00079
Bradykinins, B-00264
▷Bradykynin, *in* B-00264
▷Bradyl, *in* N-00007
Brallobarbital, B-00265
▷Bratenol, *in* P-00328
Brazergoline, B-00266
▷BRDU, *see* B-00296
▷Bredinin, B-00267
Bredon, *in* O-00130
▷Brelomax, *in* B-00426
Bremazocine, B-00268
▷Brenal, *in* M-00046
▷Brendil, *in* C-00363
▷Breokinase, *see* U-00016
Brequinar, B-00269
Bretazenil, B-00270
▷Brethine, *in* T-00084
Breton, *in* I-00015
▷Bretylate, *in* B-00271
Bretylium(1+), B-00271
▷Bretylium tosylate, *in* B-00271
▷Bretylol, *in* B-00271
▷Brevane, *in* M-00187

▷Brevatonal, *in* O-00150
Brevibloc, *in* E-00123
▷Brevicide, *see* X-00005
▷Brevicurarine, *in* P-00508
Brevidil *M*, *in* S-00280
Brevidil E, *in* S-00282
▷Brevinor, *in* N-00212
▷Brevital, *in* M-00187
▷Brexin, *in* C-00052
▷Bricanyl, *in* T-00084
▷Bricef, *see* C-00117
▷Bridal, *see* A-00402
▷Brietal, *in* M-00187
Brinaldix, *see* C-00480
Brinase, *see* B-00273
Brindoxime, B-00272
Brinolase, B-00273
▷Bripadon, *see* E-00191
▷Bristacin, *see* R-00078
▷Bristaline, *in* M-00177
▷Bristamin, *see* P-00210
▷Britai, *see* C-00225
▷British anti-lewisite, *see* D-00385
▷British gum, *see* D-00114
Brivudine, *see* B-00322
▷Brizin, *in* B-00037
▷BRL 1241, *in* M-00180
▷BRL 1288, *in* B-00037
▷BRL 1702, *in* D-00214
BRL 2039, *see* F-00139
▷BRL 2064, *in* C-00045
▷BRL 2288, *in* T-00255
BRL 2534, *see* A-00520
▷BRL 284, *in* P-00501
▷BRL 3475, *in* C-00074
BRL 4664, *see* N-00202
▷BRL 556, *in* O-00163
BRL 804, *see* H-00035
BRL 10833, *in* D-00435
BRL 11870, *see* A-00338
BRL 12594, *in* T-00255
BRL 13856, *see* C-00487
▷BRL 14151, *in* C-00410
BRL 14342, *in* C-00417
▷BRL 14440, *in* C-00410
BRL 17421, *in* T-00062
▷BRL 25000, *in* C-00410
BRL 26921, *see* A-00397
BRL 30892, *see* D-00072
BRL 34915, *see* C-00563
BRL 38705, *see* E-00095
BRL 39123, *see* H-00138
BRL 40015*A*, *in* D-00527
BRL 42810, *see* F-00012
BRL 50216, *in* C-00442
▷BRL 4910A, *see* P-00552
BRL 24924A, *in* R-00023
BRL 36650A, *in* F-00239
Brobactam, *in* B-00311
▷Brocadopa, *in* A-00248
Brochodine, *in* C-00525
Broclepride, B-00274
▷Brocresine, B-00275
Brocrinat, B-00276
▷Brodiar, *see* D-00167
Brodimoprim, B-00277
Brofaremine, *see* B-00278
Brofaromine, B-00278
▷Brofene, *see* B-00316
Brofezil, B-00279
▷Brofoxine, B-00280
Brolamfetamine, *in* B-00298
Brolene, *in* D-00168
Broleukin, *in* I-00081
▷Brolitene, *see* H-00130
▷Bromacrylide, B-00281
▷Bromadal, *see* B-00300
Bromadoline, B-00282
Bromadoline maleate, *in* B-00282
▷Bromadryl, *in* E-00033
Bromamid, B-00283
Bromamphenicol, B-00284
Bromanylpromide, *see* B-00283
▷Bromazepam, B-00285
Bromazine, *see* B-00299
▷Bromchlorenone, *see* B-00293
Bromcholitin, *in* G-00028
▷*p*-Bromdione, *see* B-00313
p-Bromdylamine, *see* B-00325
Bromebric acid, B-00286
▷Bromelains, B-00287
▷Bromelase, *see* B-00287
▷Bromergon, *in* E-00103
Bromerguride, B-00288
Brometazepam, *see* M-00145
Brometenamine, *in* H-00057
▷Bromethol, *see* T-00428
▷Bromex, *see* D-00176
▷Bromexina, *in* B-00289
Bromfenac, *see* A-00219
Bromfenac sodium, *in* A-00219
Bromhexine, B-00289
▷Bromhexine hydrochloride, *in* B-00289
Bromidol, *see* B-00324
▷Bromindione, *see* B-00313
▷Bromisoval, *see* B-00307
▷Bromisovalum, *see* B-00307
▷5-(2-Bromoallyl)-5-*sec*-butylbarbituric acid, B-00290
▷5-(2-Bromoallyl)-5-isopropylbarbituric acid, B-00291
5-(2-Bromoallyl)-5-isopropyl-1-methylbarbituric acid, *see* P-00482
3-(*p*-Bromoanilino)-*N*,*N*-dimethylpropionamide, *see* B-00283
▷Bromoaprobarbital, *see* B-00291
Bromo-Benadryl, *see* B-00299
(*o*-Bromobenzyl)ethyldimethylammonium, *see* B-00271
▷5-Bromo-*N*-(4-bromophenyl)-2-hydroxybenzamide, B-00292
▷6-Bromo-5-chloro-2(3*H*)-benzoxazolone, B-00293
5-Bromo-3-[*N*-(2-chloroethyl)ethylaminomethyl]benzo[*b*]thiophene, *see* M-00406
5-Bromo-*N*-(2-chloroethyl)-*N*-ethylbenzo[*b*]thiophene-3-methylamine, *see* M-00406
2-Bromo-*N*-[2-[7-chloro-5-(2-fluorophenyl)-2,3-dihydro-2-oxo-1*H*-benzodiazepin-1-yl]ethyl]acetamide, *see* K-00008
7-Bromo-6-chloro-3-[3-(3-hydroxy-2-piperidinyl)-2-oxopropyl]-4(3*H*)-quinazolinone, *see* H-00009
4-Bromo-*N*-[3-[4-chloro-5-methyl-2-(1-methylethyl)phenoxy]propyl]-*N*,*N*-dimethylbenzenemethanaminium, *see* H-00013
2-Bromo-4-(2-chlorophenyl)-9-cyclohexyl-6*H*-thieno[3,2-*f*]-[1,2,4]triazolo[4,3-*a*][1,4]diazepine, *see* C-00334
N-[6-Bromo-5-(2-chlorophenyl)-2,3-dihydro-1,3-dimethyl-2-oxo-1*H*-1,4-benzodiazepin-7-yl]-*N*′-[2-hydroxy-1-(hydroxymethyl)-1-methylethyl]urea, *see* L-00069
7-Bromo-5-(2-chlorophenyl)-2,3-dihydro-2-(methoxymethyl)-1-methyl-1*H*-1,4-benzodiazepine, *see* M-00145
2-Bromo-4-(2-chlorophenyl)-9-methyl-6*H*-thieno[3,2-*f*]-[1,2,4]triazolo[4,3-*a*][1,4]diazepine, *see* B-00329
8-Bromo-6-(2-chlorophenyl)-1-methyl-4*H*-thieno[3,2-*f*]-[1,2,4]triazolo[4,3-*a*]diazepine, *see* B-00329
▷2-Bromo-2-chloro-1,1,1-trifluoroethane, B-00294
▷Bromociclen, *see* B-00295
▷*m*-Bromocinnamic acid, *see* B-00314
5-Bromo-2,3-cresotic acid, *see* B-00302
5-Bromo-*o*-cresotinamide, *in* B-00302
▷Bromocriptine, *in* E-00103
▷Bromocriptine mesilate, JAN, *in* E-00103
▷Bromocyclen, B-00295
▷Bromodechlorotetracycline, *see* B-00318
▷5-Bromo-2′-deoxyuridine, B-00296
▷*O*-(4-Bromo-2,5-dichlorophenyl) *O*,*O*-dimethyl phosphorothioate, *see* B-00316
N′-(2-Bromo-9,10-didehydro-6-methylergolin-8-yl)-*N*,*N*′-diethylurea, *see* B-00288

▷2-Bromo-2,2-diethylacetamide, *in* B-00297
2-Bromo-2,2-diethylacetic acid, B-00297
▷(Bromodiethylacetyl)carbamide, *see* B-00300
2-Bromo-6,9-difluoro-11,17,21-trihydroxypregna-1,4-diene-3,20-dione, *see* H-00016
▷6-Bromo-1,4-dihydro-4,4-dimethyl-2*H*-3,1-benzoxazin-2-one, *see* B-00280
7-Bromo-3,4-dihydro-2(1*H*)-isoquinolinecarboximidamide, *see* G-00113
▷7-Bromo-1,3-dihydro-5-(2-pyridinyl)-2*H*-1,4-benzodiazepin-2-one, *see* B-00285
4-Bromo-2,5-dimethoxyamphetamine, *see* B-00298
4-Bromo-2,5-dimethoxy-α-methylbenzeneethanamine, *see* B-00298
4-Bromo-2,5-dimethoxy-α-methylphenethylamine, B-00298
4-[(2-Bromo-4,5-dimethoxyphenyl)methyl]-4-[2-[2-(6,6-dimethylbicyclo[3.1.1]hept-2-yl)ethoxy]ethyl]morpholinium, *see* P-00267
5-[(4-Bromo-3,5-dimethoxyphenyl)methyl]-2,4-pyrimidinediamine, *see* B-00277
4-Bromo-*N*-[2-(dimethylamino)cyclohexyl]benzamide, *see* B-00282
2-[*p*-Bromo-α-[2-(dimethylamino)ethyl]benzyl]pyridine, *see* B-00325
3-Bromo-α-[[(1,1-dimethylethyl)amino]methyl]-5-isoxazolemethanol, *see* B-00332
6-Bromo-3,3-dimethyl-7-oxo-4-thia-1-azabicyclo[3.2.0]-heptane-2-carboxylic acid, *see* B-00311
N′-(5-Bromo-4,6-dimethyl-2-pyrimidinyl)sulfanilamide, *see* S-00185
Bromodiphenhydramine, B-00299
▷Bromodiphenhydramine hydrochloride, *in* B-00299
1-(2-Bromo-1,2-diphenylethenyl)-4-ethylbenzene, *see* B-00326
1-Bromoestradiol, *in* O-00028
5-(2-Bromoethenyl)-2′-deoxyuridine, *see* B-00322
▷2-Bromo-2-ethylbutanamide, *in* B-00297
2-Bromo-2-ethylbutanoic acid, *see* B-00297
▷*N*-(2-Bromo-2-ethylbutanoyl)urea, B-00300
▷2-Bromo-2-ethylbutyrylurea, *see* B-00300
2-Bromo-*N*-ethyl-*N*,*N*-dimethylbenzenemethanaminium, *see* B-00271
2-Bromo-2-ethyl-3-methylbutyramide, B-00301
1-Bromo-2-*p*-(ethylphenyl)-1,2-diphenylethylene, *see* B-00326
3-Bromo-*N*-[(1-ethyl-2-pyrrolidinyl)methyl]-2,6-dimethoxybenzamide, *see* R-00021
Bromofenofos, *in* T-00103
[[7-Bromo-3-(2-fluorophenyl)-1,2-benzisoxazol-6-yl]oxy]-acetic acid, *see* B-00276
N-(2-Bromo-6-fluorophenyl)-4,5-dihydro-1*H*-imidazol-2-amine, *see* R-00082
3-[(4-Bromo-2-fluorophenyl)methyl]-3,4-dihydro-4-oxo-1-phthalazineacetic acid, *see* P-00387
▷10-Bromo-11*b*-(2-fluorophenyl)-2,3,7,11*b*-tetrahydrooxazolo[3,2-*d*][1,4]benzodiazepin-6(5*H*)-one, *see* H-00020
17-Bromo-6α-fluoropregn-4-ene-3,20-dione, *see* H-00017
▷Bromofos, *see* B-00316
3-[[(5-Bromo-2-furanyl)carbonyl]oxy]-*N*,*N*-diethyl-*N*-methyl-1-butanaminium, *see* F-00272
▷4-Bromo-3-hydroxybenzyloxyamine, *see* B-00275
5-Bromo-2-hydroxy-3-methylbenzamide, *in* B-00302
5-Bromo-2-hydroxy-3-methylbenzoic acid, B-00302
6-Bromo-17β-hydroxy-17α-methyl-4-oxa-5-androstan-3-one, B-00303
7-Bromo-8-hydroxy-5-methylquinoline, B-00304
5-Bromo-2-hydroxy-*m*-toluic acid, *see* B-00302
▷5-Bromo-1*H*-indole-2,3-dione, B-00305
▷5-Bromoisatin, *see* B-00305
2-Bromo-2-isopropylbutyramide, *see* B-00301
▷4-Bromo-2-isopropyl-5-methylphenol, B-00306
2-Bromolisuride, *see* B-00288
[[[(3-Bromomesityl)carbamoyl]methyl]imino]diacetic acid, *see* M-00038
4-(7-Bromo-5-methoxy-2-benzofuranyl)piperidine, *see* B-00278
3-Bromo-4-(4-methoxyphenyl)-4-oxo-2-butenoic acid, *see* B-00286
N-2-(4-Bromo-α-methylbenzhydryloxy)-*N*,*N*-dimethyl-ethylamine, *see* E-00033
▷*N*-(2-Bromo-3-methylbutanoyl)urea, B-00307
▷(2-Bromo-3-methylbutyryl)urea, *see* B-00307
2-Bromo-6-methylergolin-8β-ylmethyl hexahydro-1*H*-azepine-1-carboxylate, *see* B-00266
▷5-Bromomethyl-1,2,3,4,7,7-hexachlorobicyclo[2.2.1]hept-2-ene, *see* B-00295
▷5-Bromomethyl-1,2,3,4,7,7-hexachloronorborn-2-ene, *see* B-00295
▷4-Bromo-5-methyl-2-(1-methylethyl)phenol, *see* B-00306
5-Bromo-2-methyl-5-nitro-1,3-dioxane, B-00308
17-Bromo-6-methyl-4-pregnene-3,20-dione, B-00309
17-Bromo-6-methylprogesterone, *see* B-00309
2-[[4-(5-Bromo-3-methyl-2-pyridinyl)butyl]amino]-5-[(6-methyl-3-pyridinyl)methyl]-4(1*H*)-pyrimidinone, *see* T-00060
2-[4-(5-Bromo-3-methyl-2-pyridyl)butylamino]-5-(6-methyl-3-pyridylmethyl)pyrimidin-4(1*H*)-one, *see* T-00060
7-Bromo-5-methyl-8-quinolinol, *see* B-00304
Bromomycetin, *see* B-00284
▷2-Bromo-2-nitro-1,3-propanediol, B-00310
3-Bromo-4-oxo-4-[4-(pentyloxy)phenyl]-2-butenoic acid, *see* B-00312
6-Bromopenicillanic acid, B-00311
3-Bromo-3-[*p*-(pentyloxy)benzoyl]acrylic acid, B-00312
[3-(4-Bromophenyl)amino]-*N*,*N*-dimethylpropanamide, *see* B-00283
2-[(*p*-Bromo-α-phenylbenzyl)oxy]-*N*,*N*-dimethylethylamine, *see* B-00299
N-(4-Bromophenyl)-2,6-dihydroxybenzamide, *in* D-00317
1-*p*-Bromophenyl-3-dimethylamino-1,2′-pyridylpropane, *see* B-00325
γ-(4-Bromophenyl)-*N*,*N*-dimethyl-2-pyridinepropanamine, *see* B-00325
3-(4-Bromophenyl)-*N*,*N*-dimethyl-3-(3-pyridinyl)-2-propen-1-amine, *see* Z-00015
3-(3-Bromophenyl)-*N*-ethyl-2-propenamide, *in* B-00314
4-(4-*p*-Bromophenyl-4-hydroxypiperidino)-4′-fluorobutyrophenone, *see* B-00324
4-[4-(4-Bromophenyl)-4-hydroxy-1-piperinyl]-1-(4-fluorophenyl)-1-butanone, *see* B-00324
▷5-Bromo-2-phenyl-1,3-indandione, *see* I-00178
▷2-(4-Bromophenyl)-1,3-indanedione, B-00313
▷5-Bromo-2-phenyl-1*H*-indene-1,3(2*H*)-dione, *see* I-00178
(1-Bromo-2-phenyl-3-indolizinyl)[3-chloro-4-[3-(dibutylamino)-propoxy]phenyl]methanone, *see* R-00054
3-[1-(4-Bromophenyl)-3-(methylamino)propenyl]pyridine, *see* N-00201
3-(4-Bromophenyl)-*N*-methyl-3-(3-pyridyl)-2-propenamine, *see* N-00201
4-(4-Bromophenyl)-α-methyl-2-thiazoleacetic acid, *see* B-00279
1-[[[5-(4-Bromophenyl)-2-oxazolyl]methylene]amino]-2,4-imidazolidinedione, *see* A-00534
2-[1-(4-Bromophenyl)-1-phenylethoxy]-*N*,*N*-dimethylethanamine, *see* E-00033
2-[(4-Bromophenyl)phenylmethoxy]-*N*,*N*-dimethylethanamine, *see* B-00299
▷3-(3-Bromophenyl)-2-propenoic acid, B-00314
3-(3-Bromophenyl)-2,5-pyrrolidinedione, B-00315
2-(*m*-Bromophenyl)succinimide, *see* B-00315
1-[3-[5-(3-Bromophenyl)-2*H*-tetrazol-2-yl]-1-oxopropyl]-piperidine, *see* B-00327
▷Bromophos, B-00316
Bromopride, B-00317
▷*N*-[(3-Bromopropanamido)methyl]-2-propenamide, *see* B-00281
▷5-(2-Bromo-2-propenyl)-5-(1-methylethyl)-2,4,6-(1*H*,3*H*,5*H*)-pyrimidinetrione, *see* B-00291
5-(2-Bromo-2-propenyl)-1-methyl-5-(1-methylethyl)-2,4,6(1*H*,3*H*,5*H*)-pyrimidinetrione, *see* P-00482
▷5-(2-Bromo-2-propenyl)-5-(1-methylpropyl)-2,4,6(1*H*,3*H*,5*H*)-pyrimidinetrione, *see* B-00290
5-(2-Bromo-2-propenyl)-5-(2-propenyl)-2,4,6(1*H*,3*H*,5*H*)-pyrimidinetrione, *see* B-00265

▷*N*-[(3-Bromopropionamido)methyl]acrylamide, *see* B-00281
4-Bromo-γ-(3-pyridyl)cinnamyldimethylamine, *see* Z-00015
4′-Bromo-γ-resorcylamide, *in* D-00317
▷Bromotetracycline, B-00318
2-Bromo-1,1,1,2-tetrafluoroethane, B-00319
▷3-Bromo-1,1,2,2-tetrafluoropropane, B-00320
8-Bromo-11,12,13,13*a*-tetrahydro-9-oxo-9*H*-imidazo[1,5-*a*]-pyrrolo[2,1-*c*][1,4]benzodiazepine-1-carboxylic acid 1,1-dimethylethyl ester, *see* B-00270
▷6-Bromothymol, *see* B-00306
2-Bromo-1,1,2-trifluoroethyl methyl ether, *see* B-00321
2-Bromo-1,1,2-trifluoro-1-methoxyethane, B-00321
N-[4-Bromo-2-(trifluoromethyl)phenyl]-3-(1,1-dimethylethyl)-2-hydroxy-6-methyl-5-nitrobenzamide, *see* B-00323
N-[2-[(3-Bromo-2,4,6-trimethylphenyl)amino]-2-oxoethyl]-*N*-(carboxymethyl)glycine, *see* M-00038
▷Bromouridine, *see* B-00296
4-(6-Bromoveratryl)-4-[2-[2-(6,6-dimethyl-2-norpinyl)-ethoxy]-ethyl]morpholinium, *see* P-00267
11-Bromovincamine, *see* B-00331
Bromovinyl deoxyuridine, *see* B-00322
5-(2-Bromovinyl)-2′-deoxyuridine, B-00322
Bromoxanide, B-00323
Bromperidol, B-00324
Bromperidol decanoate, *in* B-00324
Brompheniramine, B-00325
▷Brompheniramine maleate, *in* B-00325
▷Bromsulfan, *in* S-00218
▷Bromsulfophthalein, *see* S-00218
▷Bromsulphalein, *see* S-00218
Bromth, *in* M-00108
▷Bromthalein, *in* S-00218
▷Bromthymol, *see* B-00306
▷Bromural, *see* B-00307
Bron, *in* H-00147
▷Bronalide, *see* F-00167
Bronalin, *see* H-00068
▷Broncaine, *see* L-00047
Broncaspin, *see* G-00039
Broncho-Abrodil-Flasche, *in* D-00363
Bronchocillin, *in* P-00061
▷Bronchodiagnostin, *in* D-00363
▷Bronchodil, *in* R-00026
Bronchodilator 1313, *in* P-00158
Broncholysin, *see* H-00068
▷Bronchon, *in* C-00502
Bronchopront, *in* A-00170
▷Bronchospasmin, *in* R-00026
▷Broncomenal, *in* F-00240
Broncopen, *in* P-00061
Bronco-plus, *see* S-00145
▷Bronco-Was, *in* G-00097
▷Bronilide, *see* F-00167
▷Bronkaid, *see* A-00075
▷Bronkephrine, *in* E-00212
Bronkosol, *see* I-00185
▷Bronkotabs, *in* M-00221
▷Bronopol, *see* B-00310
▷Bronosol, *see* B-00310
▷Bronsec, *in* C-00071
▷Bronsecur, *in* C-00071
▷Brontine, *in* D-00087
▷Brontyl, *see* P-00551
Broparestrol, B-00326
Broperamole, B-00327
▷Brophenadione, *see* B-00313
▷Brophene, *see* B-00316
Bropirimine, *see* A-00220
Broquinaldol, *see* D-00166
▷Brosombra, *in* D-00363
Brosotamide, *in* B-00302
Brosuximide, *see* B-00315
▷Brotianide, B-00328
Brotizolam, B-00329
▷Brovan, *in* B-00330
▷Brovanexine, B-00330
▷Brovaxine, *in* B-00330
▷Brovel, *in* E-00094
Brovincamine, B-00331
Broxaldine, *in* D-00166
Broxaterol, B-00332
▷Broxil, *in* P-00152
Broxitalamic acid, B-00333
▷Broxolin, *see* G-00069
▷Broxuridine, *see* B-00296
▷Broxykinolin, *see* D-00167
▷Broxyquinoline, *see* D-00167
▷Brozime, *in* B-00289
▷BRS 640, *in* B-00264
Brufacaine, *see* G-00090
Brufen, *see* I-00008
Brulidine, *in* D-00168
▷Brumixol, *in* C-00612
▷Bruneomycin, *see* S-00162
▷Bryamycin, *see* T-00210
▷Bryrel, *in* P-00285
▷BS 14, *in* P-00129
BS 1051, *in* G-00036
BS 556, *see* M-00247
BS 6321, *in* C-00614
B.S. 6534, *see* B-00347
BS 6748, *see* X-00026
▷BS 6987, *in* D-00087
BS 7020, *in* D-00087
▷BS 7029, *in* D-00282
BS 7039, *see* D-00038
BS 7042, *in* D-00282
▷BS 7051, *in* H-00033
BS 7161*D*, *in* P-00601
▷BS 7173*D*, *see* X-00022
BS 7284, *see* Q-00007
▷BS 7331, *in* T-00339
▷BS 749, *in* A-00297
BS 7561, *in* T-00328
▷BS 7679, *see* O-00122
▷BS 7723, *in* T-00555
BS 7977-*D*, *in* X-00018
BS 100-141, *in* G-00103
▷BS 7020a, *in* D-00087
BS 7573a, *see* A-00048
▷BS 7616D, *see* T-00467
BSF-1, *see* I-00083
BSF2, *see* I-00085
BSM 906*M*, *see* C-00587
BSSG, *in* S-00151
BS 2653X, *in* A-00092
B-TH 920, *in* T-00009
BTM 1042, *in* D-00291
BTM 1086, *in* D-00291
▷B 208-Tropon, *see* C-00272
▷BTS 13622, *see* C-00621
BTS 17345, *see* F-00209
▷BTS 27419, *see* A-00349
BTS 49465, *see* F-00188
BTS 54524, *in* S-00065
BTTB, *see* X-00011
Bu 1014, *see* L-00072
BU 1063, *see* P-00523
▷BU 2231*A*, *see* T-00010
Bu 232, *in* U-00001
Bu 2517, *see* E-00041
▷Bu 620, *see* C-00557
BU 15275, *see* N-00025
▷BU 1709E_1, *in* B-00408
BU 1709E_2, *in* B-00408
▷BU 1975C_1, *in* B-00408
BU 1975C_2, *in* B-00408
Buban, *in* B-00359
Bucainide, B-00334
Bucainide maleate, *in* B-00334
▷Bucainol, *see* B-00381

▷Bucarban, *see* C-00070
▷Buccalsone, *in* C-00548
▷Bucetin, B-00335
Buciclovir, B-00336
Bucillamine, B-00337
Bucindolol, B-00338
Bucindolol hydrochloride, *in* B-00338
▷Bucladesine, *in* C-00591
▷Bucladesine sodium, JAN, *in* C-00591
Buclamase, *see* A-00147
Buclidan, *see* N-00098
▷Buclizine, B-00339
▷Buclizine hydrochloride, *in* B-00339
Buclosamide, B-00340
▷Bucloxic acid, B-00341
▷Bucloxonic acid, *see* B-00341
▷Bucolome, *in* C-00622
▷Bucricaine, *in* A-00333
Bucrilate, *see* M-00300
Bucromarone, B-00342
Bucrylate, *see* M-00300
▷Bucumarol, *see* B-00343
▷Bucumolol, B-00343
▷Buddleoflavonol, *see* D-00329
Buddleoflavonoloside, *in* D-00329
Budeson, *see* B-00344
Budesonide, B-00344
▷Budipine, *in* D-00503
Budotitane, B-00345
▷Budralazine, B-00346
BUE 0620, *see* F-00193
▷Bufedil, *in* P-00598
▷Bufemid, *see* B-00181
Bufenadrine, B-00347
Bufeniode, B-00348
Bufetolol, B-00349
▷Bufetolol hydrochloride, JAN, *in* B-00349
▷Bufexamac, B-00350
▷Bufezolac, *in* D-00515
Buflomedil, *see* P-00598
▷Bufogenin, *in* H-00128
▷Bufon, *see* N-00090
▷Bufor, *see* N-00090
▷Buformin, *see* B-00428
▷Buformin hydrochloride, JAN, *in* B-00428
▷Bufotalidin, *in* T-00477
Bufrolin, B-00351
▷Bufuralol, B-00352
Bufuronol, *see* B-00349
▷Bufylline, *in* T-00169
▷Bukorti, *in* C-00548
▷Bulboid, *see* G-00064
▷Bullatine *G*, *see* S-00100
Bulloside, *in* D-00274
Bumadizone, B-00353
▷Bumadizone calcium, *in* B-00353
▷Bumaflex, *in* B-00353
Bumecaine, B-00354
Bumedipil, B-00355
▷Bumetanide, B-00356
Bumetrizole, B-00357
▷Bunaftine, B-00358
Bunaiod, *see* B-00363
▷Bunamide, *see* B-00358
Bunamidine, B-00359
▷Bunamidine hydrochloride, *in* B-00359
Bunamiodyl, *see* B-00363
▷Bunaphtide, *see* B-00358
Bunaprolast, B-00360
Bunazosin, B-00361
▷Bundlin *A*, B-00362
▷Bundlin B, *in* B-00362
Buniodyl, B-00363
▷Bunitrolol, B-00364
▷Bunitrolol hydrochloride, JAN, *in* B-00364
Bunolol, B-00365
Bunolol hydrochloride, *in* B-00365
Buparvaquone, B-00366
▷Buphedrin, *in* B-00367
Buphenine, B-00367
Bupicomide, *in* B-00432
▷Bupivacaine, B-00368
▷Bupivacaine hydrochloride, *in* B-00368
▷Bupranolol, B-00369
▷Bupranolol hydrochloride, JAN, *in* B-00369
▷Buprenex, *in* B-00370
▷Buprenorphine, B-00370
▷Buprenorphine hydrochloride, JAN, *in* B-00370
Bupropion, B-00371
▷Bupropion hydrochloride, *in* B-00371
▷Buquineran, B-00372
Buquinolate, B-00373
Buquiterine, B-00374
Buramate, *see* H-00129
▷Burgodin, *see* B-00149
Burimamide, B-00375
▷Burine, *see* B-00356
▷Burinex, *see* B-00356
Burodiline, B-00376
▷Buronil, *in* M-00083
▷Buscopan, *in* S-00031
▷Buserelin, B-00377
Buserelin acetate, *in* B-00377
▷Busodium, *in* B-00380
▷Busotran, *in* B-00380
▷Buspar, *see* B-00378
▷Buspirone, B-00378
▷Buspirone hydrochloride, *in* B-00378
▷Busulfan, *see* B-00379
▷Busulphan, B-00379
▷Butabarbital, B-00380
▷Butabarbital sodium, *in* B-00380
▷Butacaine, B-00381
Butacetin, *see* B-00419
Butacetoluide, *see* B-00390
▷Butacide, *see* P-00293
Butaclamol, B-00382
Butaclamol hydrochloride, *in* B-00382
Butadiazamide, B-00383
Butafenone, *see* D-00519
Butafosfan, *see* B-00427
Butaglionamide, B-00384
Butalamine, B-00385
▷Butalbital, B-00386
▷Butallylonal, *see* B-00290
▷Butamben, *in* A-00216
Butamben picrate, *in* A-00216
Butamirate, *see* B-00389
▷Butamirate citrate, *in* B-00389
Butamisole, B-00387
Butamisole hydrochloride, *in* B-00387
Butamiverine, *see* B-00396
Butamoxane, B-00388
Butamyrate, B-00389
▷2,3-Butanedione bis[4-(2-piperidinoethyl)thiosemicarbazone, *see* B-00240
3,3′-[1,4-Butanediylbis[oxy(2-hydroxy-3,1-propanediyl)-(acetylimino)]]bis[5-(acetylmethylamino)-2,4,6-triiodobenzoic acid], *see* I-00150
1,1′-(1,4-Butanediyl)bis[1,2,3,4-tetrahydro-6,7-dimethoxy-isoquinoline], *see* B-00232
Butanefrine, *see* E-00212
(*R**,*R**)-1,2,3,4-Butanetetrol, *see* T-00219
▷(*R**,*S**)-1,2,3,4-Butanetetrol, *see* E-00114
Butanilicaine, B-00390
2-(*p*-Butanilino)nicotinic acid, *see* B-00391
Butanixin, B-00391
1-Butanoic acid-26-L-aspartic acid-27-L-valine-29-L-alanine-1,7-dicarbacalcitonin (salmon), *see* E-00023
▷1-Butanoic acid-7-glycine-1,6-dicarbaoxytocin, *see* C-00076
1-Butanoic acid-2-(*O*-methyl-L-tyrosine)-1-carbaoxytocin, *see* C-00048

Butanserin, B-00392
Butantrone, B-00393
▷Butaperazine, B-00394
▷Butaperazine maleate, *in* B-00394
▷Butaphyllamine, *in* T-00169
▷Butaprobenz, *see* B-00381
Butaprost, B-00395
▷Butavate, *in* C-00437
Butaverine, B-00396
Butaxamine, *see* B-00418
Butazopyridine, *see* D-00121
Butedronic acid, B-00397
▷Butelline, *see* B-00381
▷(*E*)-2-Butenedioic acid, *see* F-00274
2-Butenoic acid ethenyl ester polymer with ethene and 2,5-furandione, *see* M-00014
α-2-Butenyl[1,1′-biphenyl]-4-acetic acid, *see* B-00180
14,17-[2-Butenylidenebis(oxy)]-11β-hydroxy-21-[(4-pyridinylcarbonyl)oxy]pregn-4-ene-3,20-dione, *see* N-00096
▷Buterazine, *see* B-00346
Buterizine, B-00398
▷Butesin, *in* A-00216
Butesin picrate, *in* A-00216
Butetamate, *see* B-00399
▷Butethal, *see* B-00430
Butethamate, B-00399
Butethamine, *see* M-00299
Buthalital, B-00400
Buthalital sodium, INN, *in* B-00400
▷Buthalitone sodium, BAN, *in* B-00386
Buthiazide, B-00401
▷Buthoid, *in* T-00169
Butibel-zyme, *in* B-00030
▷Butibufen, B-00402
Butidrine, B-00403
Butikacin, B-00404
Butilfenin, B-00405
Butinazocine, B-00406
▷Butine, *see* B-00381
Butinoline, B-00407
▷Butirosin, *see* B-00408
▷Butirosin *A*, B-00408
▷Butirosin B, *in* B-00408
▷Butirosin BU 1975C_1, *in* B-00408
Butirosin BU 1975C_2, *in* B-00408
▷Butirosin BU 1709E_1, *in* B-00408
Butirosin 1709E_2, *in* B-00408
▷Butisol, *see* B-00380
Butixirate, *in* B-00179
Butizide, *see* B-00401
▷Butobarbital, *see* B-00430
▷Butobarbitone, *see* B-00430
▷Butoben, *in* H-00113
Butobendine, B-00409
Butoconazole, B-00410
Butoconazole nitrate, *in* B-00410
Butocrolol, B-00411
Butoctamide, *see* E-00192
Butofilolol, B-00412
▷Butoforme, *in* A-00216
Butolan, *in* B-00127
▷Butonate, B-00413
Butopamine, B-00414
Butoprozine, B-00415
Butoprozine hydrochloride, *in* B-00415
▷Butopyronoxyl, B-00416
Butoril, *see* B-00373
Butorphanol, B-00417
▷Butorphanol tartrate, *in* B-00417
Butoxamine, B-00418
Butoxamine hydrochloride, *in* B-00418
4′-*tert*-Butoxyacetanilide, B-00419
3-[(*p*-Butoxybenzoyl)oxy]-2-methylbutyl]triethylammonium(1+), B-00420
3-[(4-Butoxybenzoyl)oxy]-*N*,*N*,*N*-triethyl-2-methyl-1-butanaminium, *see* B-00420
8-(*p*-Butoxybenzyl)-3α-hydroxy-1α*H*,5α*H*-tropanium tropate, *see* B-00425
▷Butoxybenzylhyoscyamine bromide, *in* B-00425
▷*N*-*tert*-Butoxycarbonyl-β-alanyl-L-tryptophyl-L-methionyl-L-aspartyl-L-phenylalanine amide, *see* P-00079
▷2-Butoxy-*N*-[2-(diethylamino)ethyl]-4-quinolinecarboxamide, *see* C-00357
▷4-Butoxy-4′-(dimethylamino)thiocarbanilide, *see* T-00173
▷α-[2-(2-Butoxyethoxy)ethoxy]-4,5-(methylenedioxy)-2-propyltoluene, *see* P-00293
▷5-[2-(2-Butoxyethoxy)ethoxymethyl]-6-propyl-1,3-benzodioxole, *see* P-00293
2-Butoxyethyl nicotinate, *see* B-00421
2-Butoxyethyl 3-pyridinecarboxylate, B-00421
▷4-Butoxy-*N*-hydroxybenzeneacetamide, *see* B-00350
▷1-(3-Butoxy-2-hydroxypropyl)-5-ethyl-5-phenylbarbituric acid carbamate, *see* F-00022
Butoxylate, *in* D-00265
1-*tert*-Butoxy-3-methoxy-2-propanol, B-00422
2-(4-Butoxyphenoxy)-*N*-(2,5-diethoxyphenyl)-*N*-[2-(diethylamino)ethyl]acetamide, *see* F-00067
6-[[2-[[3-(4-Butoxyphenoxy)-2-hydroxypropyl]amino]ethyl]-amino]-1,3-dimethyluracil, *see* P-00322
2-(4-Butoxyphenoxy)-*N*-(2-methoxyphenyl)-*N*-[2-(1-pyrrolidinyl)ethyl]acetamide, *see* F-00097
▷1-Butoxy-3-phenoxy-2-propanol, B-00423
▷4-[3-(4-Butoxyphenoxy)propyl]morpholine, *see* P-00398
▷2-(*p*-Butoxyphenyl)acetohydroxamic acid, *see* B-00350
▷*N*-(4-Butoxyphenyl)-*N*′-[4-(dimethylamino)phenyl]thiourea, *see* T-00173
8-[(4-Butoxyphenyl)methyl]-3-(3-hydroxy-1-oxo-2-phenylpropoxy)-8-methyl-8-azoniabicyclo[3.2.1]octane, *see* B-00425
1-(4-Butoxyphenyl)-3-(1-piperidinyl)-1-propanone, *see* D-00623
4′-Butoxy-3-piperidinopropiophenone, *see* D-00623
3-Butoxyprocaine, *see* O-00146
3-[(6-Butoxy-3-pyridinyl)azo]-2,6-pyridinediamine, *see* D-00121
▷Butriptyline, B-00424
Butropium(1+), B-00425
▷Butropium bromide, *in* B-00425
▷Butryptyline hydrochloride, *in* B-00424
Butydrine, *see* B-00403
N-Butylaminoacetyl-6-chloro-*o*-toluidine, *see* B-00390
▷*N*-[(Butylamino)carbonyl]-4-methylbenzenesulfonamide, *see* T-00345
2-(Butylamino)-6′-chloro-*o*-acetatoluidide, *see* B-00390
2-Butylamino-*N*-(2-chloro-6-methylphenyl)acetamide, *see* B-00390
2-*tert*-Butylamino-1-(2-chlorophenyl)ethanol, B-00426
2-(*tert*-Butylamino)-3′-chloropropiophenone, *see* B-00371
▷1-(*tert*-Butylamino)-3-[(6-chloro-*m*-tolyl)oxy]-2-propanol, *see* B-00369
1-(*tert*-Butylamino)-3-(2,5-dichlorophenoxy)-2-propanol, *see* C-00493
α-[1-(*tert*-Butylamino)ethyl]-2,5-dimethoxybenzyl alcohol, *see* B-00418
1-*tert*-Butylamino-3-[2-(6-hydrazino-3-pyridazinyl)phenoxy]-2-propanol, *see* P-00441
▷4-Butylamino-2-hydroxybenzoic acid 2-dimethylaminoethyl ester, *see* H-00104
▷*o*-[3-(*tert*-Butylamino)-2-hydroxypropoxy]benzonitrile, *see* B-00364
3-[2-[3-(*tert*-Butylamino)-2-hydroxypropoxy]-4-chlorophenyl]-2-cyclopenten-1-one, *see* E-00107
5-[3-(*tert*-Butylamino)-2-hydroxypropoxy]-3,4-dihydro-2(1*H*)-isoquinolinecarboxaldehyde, *see* S-00103
5-[3-(*tert*-Butylamino)-2-hydroxypropoxy]-3,4-dihydro-1(2*H*)-naphthalenone, *see* B-00365
2′-[3-(*tert*-Butylamino)-2-hydroxypropoxy]-5′-fluorobutyrophenone, *see* B-00412
2′-[3-(*tert*-Butylamino)-2-hydroxypropoxy]-2-furananilide, *see* A-00380
9-[3-(*tert*-Butylamino)-2-hydroxypropoxyl]-4-hydroxy-7-methyl-5*H*-furo[3,2-*g*][1]benzopyran-5-one, *see* B-00411

▷8-[3-(*tert*-Butylamino)-2-hydroxypropoxy]-5-methylcoumarin, *see* B-00343
4-[3-(*tert*-Butylamino)-2-hydroxypropoxy]-2-methylisocarbostyril, *see* T-00274
▷[3-(*tert*-Butylamino)-2-hydroxypropoxy]phenyl]-3-cyclohexylurea, *see* T-00008
7-[3-(*tert*-Butylamino)-2-hydroxypropoxy]phthalide, *see* A-00082
2-(Butylaminomethyl)-1,4-benzodioxane, *see* B-00388
α-[(*tert*-Butylamino)methyl]-3,4-dihydroxybenzyl alcohol, *see* C-00537
▷α-[(*tert*-Butylamino)methyl]-3,5-dihydroxybenzyl alcohol, *see* T-00084
▷2-(Butylaminomethyl)-8-ethoxy-1,4-benzodioxan, *see* E-00158
[1-(Butylamino)-1-methylethyl]phosphinic acid, B-00427
▷α-[(Butylamino)methyl]-4-hydroxybenzenemethanol, *see* B-00010
▷α-[(Butylamino)methyl]-*p*-hydroxybenzyl alcohol, *see* B-00010
1-(*tert*-Butylamino)-3-[(2-methylindol-4-yl)oxy]-2-propyl benzoate, *see* B-00253
1-(*tert*-Butylamino)-3-[*o*-[2-(3-methyl-5-isoxazolyl)vinyl]-phenoxy]-2-propanol, *see* I-00215
α-[(*sec*-Butylamino)methyl]-5,6,7,8-tetrahydro-2-naphthalenemethanol, *see* B-00403
1-(*tert*-Butylamino)-3-[(4-morpholino-1,2,5-thiadiazol-3-yl)oxy]-2-propanol, *see* T-00288
▷3-(Butylamino)-4-phenoxy-5-sulfamoylbenzoic acid, *see* B-00356
▷3-(Butylamino)-α-phenyl-5-sulfamoyl-*p*-toluic acid, *see* B-00108
1-[*tert*-Butylamino-3-[(*o*-2-propynyloxy)phenoxy]-2-propanol, *see* P-00036
▷4-Butylaminosalicylic acid 2-dimethylaminoethyl ester, *see* H-00104
1-(*tert*-Butylamino)-3-[*o*-[(tetrahydrofurfuryl)oxy]phenoxy]-2-propanol, *see* B-00349
1-(*tert*-Butylamino)-3-[(1,2,3,4-tetrahydro-8-hydroxy-1,4-ethanonaphthalen-5-yl)oxy]-2-propanol, *see* N-00015
1-(*tert*-Butylamino)-3-(thiochroman-8-yloxy)-2-propanol, *see* T-00097
1-(*tert*-Butylamino)-3-(2,3-xylyloxy)-2-propanol, *see* X-00012
▷α-Butylbenzenemethanol, *see* P-00194
▷(5-Butyl-1*H*-benzimidazol-2-yl)carbamic acid methyl ester, *see* P-00032
▷Butyl benzoate, *in* B-00092
tert-Butyl benzoate, *in* B-00092
N-Butyl-1,4-benzodioxan-2-methylamine, *see* B-00388
▷(2-Butyl-3-benzofuranyl)[4-[2-(diethylamino)ethoxy]-3,5-diiodophenyl]methanone, *see* A-00342
▷α-Butylbenzyl alcohol, *see* P-00194
▷1-Butylbiguanide, B-00428
▷Butylcaine, *in* A-00216
▷Butylcarbamide, *see* C-00070
▷5-Butyl-5-(2-carbamoyloxyethyl)barbituric acid, *see* C-00068
▷Butyl chemosept, *in* H-00113
2-*tert*-Butyl-6-(5-chloro-2*H*-benzotriazol-2-yl)-*p*-cresol, *see* B-00357
N-Butyl-4-chloro-2-hydroxybenzamide, *see* B-00340
4-*tert*-Butyl-2-chloromercuriphenol, B-00429
▷(4-*tert*-Butyl-2-chlorophenyl) methyl methylphosphoramidate, *see* C-00572
N-Butyl-4-chlorosalicylamide, *see* B-00340
▷5-Butyl-1-cyclohexylbarbituric acid, *in* C-00622
2-(4-*tert*-Butylcyclohexylmethyl)-3-hydroxy-1,4-naphthoquinone, *see* B-00366
2-Butyldecahydro-4*a*,7,9-trihydroxy-6,8-bis(methylamino)-4*H*-pyrano[2,3-*b*][1,4]benzodioxin-4-one, *see* T-00557
1-Butyl-2-(3,4-dichlorophenylimino)pyrrolidine, *see* C-00420
▷*N*-Butyl-*N*-[2-(diethylamino)ethyl]-1-naphthalenecarboxamide, *see* B-00358
▷*N*-Butyl-*N*-[2-(diethylamino)ethyl]-1-naphthamide, *see* B-00358
Butyl difenoxilate, *in* D-00265
N-Butyl-2,3-dihydro-1,4-benzodioxin-2-methanamine, *see* B-00388
▷Butyl dihydro-6,6-dimethyl-4-oxopyran-2-carboxylate, *see* B-00416
▷Butyl 3,4-dihydro-2,2-dimethyl-4-oxo-2*H*-pyran-6-carboxylate, *see* B-00416
4-Butyl-1,2-dihydro-5-hydroxy-1,2-diphenyl-3,6-pyridazinedione, *see* D-00075
8-*tert*-Butyl-7,8-dihydro-5-methyl-6*H*-pyrrolo[3,2-*e*]-*s*-triazolo[1,5-*a*]pyrimidine, *see* B-00355
6-Butyl-1,4-dihydro-4-oxo-7-(phenylmethoxy)-3-quinolinecarboxylic acid methyl ester, *see* M-00232
▷*N*-Butyl-*N'*-[1-(6,7-dimethoxy-4-quinazolinyl)-4-piperidinyl]-urea, *see* B-00372
3-Butyl-1-[2-(dimethylamino)ethoxy]isoquinoline, *see* D-00392
▷2-(4-*tert*-Butyl-2,6-dimethylbenzyl)-2-imidazoline, *see* X-00023
▷1-Butyl-*N*-(2,6-dimethylphenyl)-2-piperidinecarboxamide, *see* B-00368
(4-Butyl-3,5-dioxo-1,2-diphenyl-4-pyrazolidinyl)methyl 4-chlorobenzoate, *see* F-00026
4,4'-(4-Butyl-3,5-dioxo-1,2-pyrazolidinediyl)-bis[benzenesulfonamide], *see* B-00384
2-Butyl-5-[[4-(diphenylmethyl)-1-piperazinyl]methyl]-1-ethyl-1*H*-benzimidazole, *see* B-00398
▷1-*tert*-Butyl-4,4-diphenylpiperidine, *in* D-00503
▷4-Butyl-1,2-diphenyl-3,5-pyrazolidinedione, *see* P-00180
Butyl-DNJ, *in* T-00481
▷*N*-Butyl-8-ethoxy-2,3-dihydro-1,4-benzodioxin-2-methanamine, *see* E-00158
▷5-Butyl-5-ethylbarbituric acid, B-00430
▷5-*sec*-Butyl-5-ethylbarbituric acid, *see* B-00380
N-Butyl-*N''*-ethylbiguanide, *see* E-00251
N-Butyl-*N''*-ethylimidodicarbonimidic diamide, *see* E-00251
▷5-Butyl-5-ethyl-2,4,6(1*H*,3*H*,5*H*)-pyrimidinetrione, *see* B-00430
▷Butyl flufenamate, *see* U-00002
▷Butyl 4-hydroxybenzoate, *in* H-00113
α-Butyl-α-hydroxy-4,3-cresotic acid, *see* H-00139
4-Butyl-4-(hydroxymethyl)-1,2-diphenyl-3,5-pyrazolidinedione *p*-chlorobenzoate, *see* F-00026
▷4-Butyl-4-(hydroxymethyl)-1,2-diphenyl-3,5-pyrazolidinedione hydrogen succinate, *see* S-00283
▷5-Butyl-5-(2-hydroxyoxyethyl)barbituric acid carbamate, *see* C-00068
▷4-Butyl-1-(4-hydroxyphenyl)-2-phenylpyrazolidine-3,5-dione, *see* O-00158
16α,17-[Butylidenebis(oxy)]-11β,21-dihydroxy-1,4-pregnadiene-3,20-dione, *see* B-00344
▷6-*tert*-Butyl-3-(2-imidazolin-2-ylmethyl)-2,4-dimethylphenol, *see* O-00153
▷*N*-Butylimidodicarbonimidic diamide, *see* B-00428
α-Butylimino-4-chloro-α-(2-chlorophenyl)-*o*-cresol, *see* F-00052
2-[(Butylimino)(2-chlorophenyl)methyl]-4-chlorophenol, *see* F-00052
2-[(3-Butyl-1-isoquinolinyl)oxy]-*N*,*N*-dimethylethanamine, *see* D-00392
Butylmalonic acid mono(1,2-diphenylhydrazide), *see* B-00353
2-Butyl-4-methoxy-1-naphthalenol acetate, *see* B-00360
3-Butyl-7-[4-[4-(2-methoxyphenyl)-1-piperazinyl]butyl]-9,9-dimethyl-3,7-diazabicyclo[3.3.1]nonane-2,4,6,8-tetrone, *see* U-00007
N-Butyl-2-methyl-*N*-(4-methyl-2-oxazolyl)propanamide, *see* I-00176
4-Butyl-4-[(4-methyl-1-piperazinyl)methyl]-1,2-diphenyl-3,5-pyrazolidinedione, *see* P-00276
▷2-*sec*-Butyl-2-methyl-1,3-propanediol dicarbamate, *see* M-00039
▷Butylnorsynephrine, *see* B-00010
▷Butyloctopamine, *see* B-00010
▷Butylparaben, *in* H-00113
▷Butyl parasept, *in* H-00113

▷*p*-[3-(*p*-*tert*-Butylphenoxy)-2-hydroxypropoxy]benzoic acid, *see* T-00083
N-[2-[(4-Butylphenyl)amino]-2-oxoethyl]-*N*-(carboxymethyl)-glycine, *see* B-00405
2-[(4-Butylphenyl)amino]-3-pyridinecarboxylic acid, *see* B-00391
2-[(*o*-*tert*-Butyl-α-phenylbenzyl)oxy]-*N*,*N*-dimethylethylamine, *see* B-00347
▷Butyl phenyl carbinol, *see* P-00194
α-*tert*-Butylphenyl-4-(diphenylmethyl)-1-piperazinebutanol, *see* T-00411
Butyl β-phenyl-1-piperidinepropanoate, *see* B-00396
▷α-*sec*-Butyl-α-phenyl-4-piperidinobutyronitrile, B-00431
Butyl 3-phenyl-3-(1-piperidyl)propionate, *see* B-00396
▷4-Butyl-1-phenyl-3,5-pyrazolidinedione, *see* M-00420
▷5-Butylpicolinic acid, *see* B-00432
Butyl β-piperidinohydrocinnamate, *see* B-00396
2-*tert*-Butyl-α-[2-(4-piperidyl)ethyl]-4-quinolinemethanol, *see* Q-00008
Butylpropanedioic acid mono(1,2-diphenylhydrazide), *see* B-00353
▷5-Butyl-2-pyridinecarboxylic acid, B-00432
N-(1-Butyl-2-pyrrolidinylidene)-3,4-dichlorobenzenamine, *see* C-00420
▷Butylscopolammonium bromide, *in* S-00031
▷1-Butyl-3-sulfanilylurea, *see* C-00070
6-Butyl-1,4,7,10-tetrahydro-4,10-dioxo-1,7-phenanthroline-2,8-dicarboxylic acid, *see* B-00351
Butyl 3′-(1*H*-tetrazol-5-yl)oxanilate, *see* T-00039
N-(5-Butyl-1,3,4-thiadiazol-2-yl)-*p*-chlorobenzenesulfonamide, *see* B-00383
▷*N*-(*tert*-Butyl-1,3,4-thiadiazol-2-yl)sulfanilamide, *see* G-00063
▷*N*′-(5-*tert*-Butyl-1,3,4-thiadiazol-2-yl)sulfanilamide, *see* G-00062
1-(4-*tert*-Butyl-2-thiazolyl)-4-methylpiperazine, *see* T-00045
▷4-Butylthio-α-phenylbenzyl 2-dimethylaminoethyl sulfide, *see* C-00033
▷2-[[[4-(Butylthio)phenyl]phenylmethyl]thio]-*N*,*N*-dimethylethanamine, *see* C-00033
▷1-Butyl-3-(*p*-tolylsufonyl)urea, *see* T-00345
▷Butyl 2-[[3-(Trifluoromethyl)phenylamino]benzoate, *see* U-00002
▷Butyl *N*-(α,α,α-trifluoro-*m*-tolyl)anthranilate, *see* U-00002
1-Butyl-*N*-(2,4,6-trimethylphenyl)-2-pyrrolidinecarboxamide, *see* B-00354
N-*tert*-Butyl-*N*,1,1-trimethyl-2-propynylamine, *see* B-00433
1-Butyl-2′,4′,6′-trimethyl-2-pyrrolidinecarboxanilide, *see* B-00354
▷Butylurethane, *see* E-00176
▷1-Butyl-2-(2,6-xylylcarbamoyl)piperidine, *see* B-00368
▷Butyn, *see* B-00381
Butynamine, B-00433
▷1,1′-(2-Butyne-1,4-diyl)bispyrrolidine, *see* T-00409
▷1,1′-(2-Butynylene)dipyrrolidine, *see* T-00409
3-(3-Butynyl)-2,3,4,5-tetrahydro-11,11-dimethyl-2,6-methano-3-benzazocine-6,8(1*H*)-diol, *see* B-00406
3-Butyramido-α-ethyl-2,4,6-triiodocinnamic acid, *see* B-00363
3-Butyramido-α-ethyl-2,4,6-triiodohydrocinnamic acid, *see* T-00581
▷1-Butyric acid-6-(L-2-aminobutyric acid)-7-glycineoxytocin, *see* C-00076
1-Butyric acid-2-[3-(4-methoxyphenyl)-L-alanine]oxytocin, *see* C-00048
10-Butyryl-1,8-dihydroxyanthrone, *see* B-00393
10-Butyryldithranol, *see* B-00393
▷Butysal, *see* E-00188
▷Butysedal, *see* E-00188
Butyvinal, *see* V-00046
Buzepide, B-00434
Buzepide metiodide, *in* B-00434
BV 26-723, *see* B-00331
BVD, *see* B-00261
BVDU, *see* B-00322
▷B.W. 32*U*, *see* T-00158
B.W. 122*U*, *in* B-00314
▷BW 197*U*, *see* D-00124
BW 207*U*, *see* T-00465
▷BW 276*U*, *see* D-00123
BW 301*U*, *see* P-00338
BW 323*U*, *see* B-00371
BW 325*U*, *see* T-00458
BW 50-1, *see* E-00208
▷B.W. 50-71, *see* T-00202
BW 532*U*, *see* C-00366
BW 55-5, *see* P-00564
▷BW 61-32, *in* S-00152
BW 63-90, *see* B-00419
BW 64-9, *in* B-00418
BW 942*C*, *in* N-00109
BW 337-*C*-48, *see* D-00509
▷BW 356*C*-61, *see* G-00050
▷BW 49-191, *see* D-00258
BW 49-210, *see* D-00147
▷BW 50-197, *see* D-00124
BW 51-291, *in* A-00294
▷BW 57-233, *in* L-00110
▷BW 57-322, *see* A-00513
▷BW 57323, *see* T-00178
▷BW 57-373, *in* B-00271
▷BW 58-271, *see* R-00079
▷BW 61-356, *see* G-00050
▷BW 62-415, *in* B-00359
▷BW 64-545, *in* X-00020
BW 68-198, *see* D-00141
BWA 515*U*, *in* A-00060
BW A746*C*, *see* I-00190
BW A256C, *see* P-00004
BW A78U, *see* F-00182
BW A509U, *see* Z-00013
BW A 938U, *in* D-00589
BW B1090U, *in* M-00409
BW 430C, *see* D-00125
BW 720C, *see* B-00366
BW 825C, *see* A-00049
BW 467-C-60, *see* B-00114
▷BW 545-C-64, *in* X-00020
▷BW 33-T-57, *in* M-00264
BW 234U, *in* R-00056
▷BW 248U, *see* A-00060
BW 647 U, *in* B-00174
BX 311, *in* G-00072
BX 341, *see* B-00163
BX 363*A*, *in* C-00337
BX 428, *see* T-00089
BX 430, *in* T-00089
BX 591, *see* A-00009
BX 650A, *in* I-00166
BX 661A, *in* B-00008
Byakangelicin, B-00435
Byakangelicol, B-00436
Byk 1512, *see* H-00068
▷Bykahepar, *see* C-00409
Bykonox, *see* V-00046
▷BZ 55, *see* C-00070
BZQ, *see* B-00102
C 29, *see* B-00112
▷C 49, *see* D-00258
1-C50, *see* E-00208
C 1428, *see* C-00587
▷C 162*D*, *in* Q-00035
▷C 1656, *see* C-00468
▷C 172, *in* C-00294
C1755, *see* P-00451
C 2124, *see* G-00007
▷C-238, *see* D-00511
▷238C, *in* D-00511
C 247, *see* D-00476
▷C283, *see* N-00163

▷C-434, *in* T-00493
C 4675, *in* P-00091
▷C 5581*H*, *see* P-00210
▷C 5720, *see* C-00099
57 C 65, *see* C-00464
▷C 7337, *see* P-00175
75-25C, *see* M-00048
▷C 7819*B*, *see* N-00050
▷C 9295, *in* A-00499
▷C 9333, *see* N-00180
C 10213-*Go*, *see* S-00028
▷C 18-205, *see* N-00050
▷191-C-49, *see* D-00258
C 193901, *see* C-00478
C 20410, *see* E-00260
291 C 51, *in* A-00294
▷C 34647*Ba*, *see* B-00003
C41795, *see* C-00524
C 48401, *see* H-00010
611C55, *in* T-00164
CA-7, *see* B-00273
▷Ca 1022, *see* C-00070
C 076A_{1a}, *see* A-00479
C 076A_{2a}, *see* A-00481
C 076A_{1b}, *see* A-00480
C 076A_{2b}, *see* A-00482
Cabastine, C-00001
Cabergoline, C-00002
▷Cabimicina, *see* H-00001
Cabucine, *in* A-00087
Cachectin, *see* T-00575
▷Cacodylic acid, *see* D-00424
▷Cactinomycin, *see* A-00054
Cadeguomycin, C-00003
▷Cadralazine, C-00004
Caerulein, C-00005
Caerulomycin, C-00006
Caerulomycin B, *in* C-00006
Caerulomycin C, *in* C-00006
Caeruluomycin *A*, *see* C-00006
▷Caesium chloride, C-00007
▷Cafaminol, C-00008
▷Cafedrine, C-00009
▷Cafergot, *in* E-00106
▷Caffeine, C-00010
Caffoline, *in* A-00123
Cafide, *see* B-00412
▷Cainasurfa, *see* C-00625
▷Cajeputol, *see* C-00360
▷Calactin, *in* G-00079
Caladryl, *in* C-00011
Calamine, C-00011
Calan, *in* V-00019
▷Calan, *see* V-00042
Calbogen, *in* C-00055
Calcein, *see* O-00033
Calcet, *in* G-00055
α-Calcidiol, *see* A-00109
Calcifediol, *see* H-00221
▷Calciferol, C-00012
▷Calcimux, *in* H-00132
Calciopor, *in* O-00140
▷Calciparin, *in* H-00026
Calcitare, *in* C-00013
Calcite, *in* C-00014
Calcitonin *M*, *in* C-00013
Calcitonin *S*, *in* C-00013
▷Calcitonin, C-00013
Calcitonin (salmon), *see* S-00013
Calcitonin (salmon reduced) cyclic (1→7) disulfide, *see* S-00013
▷Calcitriol, *in* A-00109
Calcium benzamidosalicylate, *in* A-00264
▷Calcium carbimide, *in* C-00579
Calcium carbonate, C-00014
Calcium Chel 330, *in* P-00094
Calcium clofibrate, *in* C-00456
▷Calcium disodium versenate, *in* E-00186
▷Calcium dobesilate, *in* D-00313
Calcium gluconate, *in* G-00055
▷Calcium homopantothenate, *in* H-00088
▷Calcium hopantenate, JAN, *in* H-00088
▷Calcium hydroxide, C-00015
Calcium levulinate, *in* O-00134
▷Calcium pantothenate, *in* P-00016
Calcium pidolate, *in* O-00140
Calcium polycarbophil, *in* P-00382
Calcium sodium ferriclate, *see* F-00089
Calcium sulphaloxate, *in* S-00241
Calcium trisodium pentetate, *in* P-00094
Calderol, *see* H-00221
Caldorene, *see* D-00456
▷Calebassine, C-00016
▷*C*-Calebassine, *see* C-00016
▷*C*-Calebassine *A*, *see* C-00016
Calglucon, *in* G-00055
▷Calibene, *see* S-00283
Calirsan, *in* C-00013
C-Alkaloid A, *in* C-00016
C-Alkaloid F, *in* C-00016
Callicrein, *see* K-00003
Calmacid, *see* B-00434
Calmador, *in* Z-00035
Calmalone, *see* C-00587
Calmatel, *see* P-00250
Calmeran, *see* D-00506
Calmidazolium(1+), C-00017
▷Calmixen, *see* P-00257
▷Calmodor, *in* D-00492
▷Calnegyt, *in* G-00111
Calocaine, C-00018
▷Calodal, *see* M-00134
Calomide, *see* C-00529
▷Calotropin, *in* G-00079
▷Caloxtoxin, *in* G-00079
▷Calpanate, *in* P-00016
Calpyrodil, *in* O-00140
▷Calusterone, *in* H-00123
CAM, *see* E-00178
CAM 807, *see* B-00150
Camalon, *see* C-00587
Camalox, *in* C-00014
Camalox, *in* M-00008
▷Camazepam, C-00019
▷Camben, *see* C-00020
▷Cambendazole, C-00020
▷Cambenzole, *see* C-00020
▷Camcolit, *see* L-00058
▷Camdan, *see* C-00020
▷Camiverine, C-00021
Camoform, *see* B-00150
▷Camolar, *in* C-00603
▷Camoquin, *in* A-00353
Camostat, C-00022
Camostat mesylate, *in* C-00022
▷cAMP, *see* C-00591
▷Campazine, *in* P-00450
▷2-Camphanone, *see* C-00023
▷Camphidonium, *in* T-00499
▷Camphilen, *see* C-00023
Camphonium, *in* T-00499
▷Camphor, C-00023
(+)-Camphoric acid, *in* T-00508
(−)-Camphoric acid, *in* T-00508
(±)-Camphoric acid, *in* T-00508
(+)-Camphorimide, *in* T-00508
(±)-Camphorimide, *in* T-00508
Camphoroxime, *in* C-00023
▷Camphotamide, *in* D-00241
▷Camphramine, *in* D-00241
Camptothecin, C-00024
▷Camvet, *see* C-00020

▷Camylofin, *in* D-00234
▷Camylofin hydrochloride, *in* D-00234
Camyna, *see* T-00214
Canbisol, C-00025
▷Candaseptic, *see* C-00256
▷Canderel, *in* A-00460
▷Canescine, *see* D-00093
▷Canforal, *see* C-00023
Canforemetina, *in* E-00036
▷Canforetil, *see* C-00023
▷Cannabinol, C-00026
▷Cannabis, *in* C-00026
▷Canocenta, *see* L-00104
Canopar, *in* T-00164
Canrenoic acid, *in* H-00186
Canrenone, C-00027
▷Canronoate potassium, *in* H-00186
▷Cantabiline, *see* H-00156
▷Cantharides camphor, *see* C-00028
▷Cantharidin, C-00028
▷Cantharone, *see* C-00028
Cantor, *in* M-00381
Cantrodifene, *see* N-00185
CAP, *in* C-00248
▷Caparside, *see* A-00450
▷Caparsolate, *see* A-00450
Capastat, *see* C-00031
Capben, *see* C-00030
Caperatic acid, C-00029
Capiscil, *see* N-00086
Capistan, *in* H-00107
Capitrol, *see* D-00190
▷Capitus, *see* E-00207
▷Capla, *see* M-00039
▷Capobenate sodium, *in* C-00030
Capobenic acid, C-00030
Capostatin, *see* C-00031
▷Capoten, *see* C-00034
Capreomycin, C-00031
▷Capreomycin I*A*, *in* C-00031
▷Capreomycin I*B*, *in* C-00031
▷Capreomycin II, *in* C-00031
Capreomycin sulfate, *in* C-00031
Caprochlorone, *see* C-00220
▷Caprocid, *see* A-00259
Caprocin, *in* C-00031
▷Caprokol, *see* H-00071
Caprolin, *see* C-00031
Capromycin, *see* C-00031
Caprosem, *in* H-00111
Caproxamine, C-00032
▷*n*-Caprylic acid, *see* O-00014
▷Caprylonitrile, *in* O-00014
▷Captagon, *in* F-00047
▷Captamine, *in* A-00252
▷Captamine hydrochloride, *in* A-00252
▷Captodiame, C-00033
▷Captodiamine, *see* C-00033
▷Captodramine hydrochloride, *in* C-00033
▷Captopril, C-00034
Capuride, C-00035
Caracemide, C-00036
▷Caramiphen, C-00037
Carampicillin, *see* B-00001
▷Carazolol, C-00038
▷Carbachol, *in* C-00040
▷Carbadox, C-00039
Carbaica, *in* A-00275
Carbaldrate, *see* D-00307
▷Carbamazepine, *in* D-00155
Carbamazine, *see* D-00248
▷Carbamic acid, *N*-(1-methylethyl), 2-[[(aminocarbonyl)oxy]-methyl]-2-methylpentyl ester, *see* C-00078
▷Carbamidal, *see* D-00254
▷Carbamide, *see* U-00011
▷Carbamide peroxide, *in* U-00011
Carbamimidothioic acid 9,10-anthracenediylbis(methylene)ester, *see* A-00404
▷Carbamina, *in* T-00434
▷*N*-Carbamoylarsanilic acid, *see* C-00043
Carbamoylcholine(1+), C-00040
▷(3-Carbamoyl-3,3-diphenylpropyl)diisopropylmethylammonium, *see* I-00199
▷(β-Carbamoyl-3,3-diphenylpropyl)ethyldimethylammonium, *see* A-00175
1-(2-Carbamoylethyl)-4-phenylisonipecotic acid ethyl ester, *see* C-00092
▷Carbamoylhydroxylamine, *see* H-00220
1-[2-(3-Carbamoyl-4-hydroxyphenoxy)ethylamino]-3-[4-(2-methoxyethoxy)phenoxy]-2-propanol, *see* T-00471
▷*N*-(Carbamoylmethyl)arsanilic acid, C-00041
N^5-Carbamoylornithine, *see* C-00405
4-Carbamoyloxymethyl-2-methyl-2-nonyl-1,3-dioxolan, *see* D-00473
▷4-(4-Carbamoyl-4-piperidinopiperidino)-2,2-diphenyl-butyronitrile, *see* P-00337
▷10-[3-(4-Carbamoylpiperidino)propyl]-2-methanesulfonylphenothiazine, *see* M-00332
▷3-(4-Carbamoyl-1-pyridinomethyl)-7-(2-thienylacetamido)-3-cephem-4-carboxylate, *see* C-00175
▷*O*-Carbamoylsalicylic acid lactam, *see* B-00097
Carbamylmethylcholine, *see* B-00143
▷1-Carbamyl-2-phenylhydrazine, *see* P-00207
N-Carbamyltaurine, *in* T-00030
Carbantel, C-00042
Carbantel lauryl sulfate, *in* C-00042
Carbapentane, *see* C-00046
▷Carbaphen, *see* P-00207
▷Carbaril, *in* M-00238
▷Carbarsone, C-00043
▷Carbaryl, *in* M-00238
▷Carbarzone, *see* C-00043
▷Carbased, *see* A-00007
▷Carbaspirin calcium, USAN, *in* A-00026
Carbaurine, *in* B-00127
Carbazeran, C-00044
▷Carbazilquinone, *see* C-00063
Carbazochrome, *in* A-00077
▷Carbazochrome salicylate, *in* A-00077
▷1-(4-Carbazolyloxy)-3-(isopropylamino)-2-propanol, *see* C-00038
1-(9*H*-Carbazol-4-yloxy)-3-[[2-(2-methoxyphenoxy)ethyl]-amino]-2-propanol, *see* C-00105
▷1-(9*H*-Carbazol-4-yloxy)-3-[(1-methylethyl)amino]-2-propanol, *see* C-00038
Carbenicillin, C-00045
▷Carbenicillin disodium, *in* C-00045
Carbenicillin indanyl, *see* C-00077
▷Carbenicillin indanyl sodium, *in* C-00077
Carbenicillin phenyl, *see* C-00074
▷Carbenicillin phenyl sodium, *in* C-00074
Carbenicillin potassium, *in* C-00045
▷Carbenoxolone, *in* G-00072
▷Carbenoxolone sodium, *in* G-00072
▷Carbenzide, *in* M-00233
▷Carbestrol, *see* E-00200
Carbetane, *in* C-00046
Carbetapentane, C-00046
Carbethimer, *see* C-00047
3-Carbethoxyamino-5-dimethylaminoacetyl-10,11-dihydro-5*H*-dibenz[*b,f*]azepine, *see* B-00252
1-[2-(2-Carbethoxy-5,6-dimethoxy-3-indolyl)ethyl]-4-phenyl-piperazine, *see* A-00146
▷4-Carbethoxymethyl-4-phenylazacycloheptane, *see* E-00157
▷4-Carbethoxy-1-methyl-4-phenylhexamethylenimine, *see* E-00157
Carbetidine, *see* E-00265
Carbetimer, C-00047
Carbetocin, C-00048
Carbic acid, *in* B-00157
Carbic anhydride, *in* B-00157
Carbidium(1+), C-00049

Carbidium ethane sulfonate, *in* C-00049
▷Carbidopa, C-00050
Carbifene, *see* C-00053
Carbilazine, *see* D-00248
▷Carbimazole, C-00051
▷Carbinoxamine, C-00052
▷Carbinoxamine maleate, *in* C-00052
Carbiphene, C-00053
▷Carbiphene hydrochloride, *in* C-00053
▷Carbocaine, *see* M-00101
▷Carbocaine hydrochloride, *in* M-00101
Carbocalcitonin, *see* E-00023
▷Carbocisteine, *see* C-00065
▷Carbocisteine, *in* C-00654
Carbocloral, *in* T-00438
▷Carbocromen, *see* C-00312
▷Carbocromen hydrochloride, JAN, *in* C-00312
▷Carbocysteine, *see* C-00065
▷Carbodiimide, *see* C-00579
Carbodine, C-00054
11-(*N*-Carboethoxy-4-piperidylidene)-8-chloro-6,11-dihydro-5*H*-benzo[5,6]cyclohepta[1,2-*b*]pyridine, *see* L-00092
▷Carbofenotion, *see* C-00060
▷Carbofos, *see* M-00013
▷Carbolic acid, *see* P-00161
Carbolonium(2+), C-00055
Carbolonium bromide, *in* C-00055
▷Carbomycin, C-00056
▷Carbomycin *A*, *see* C-00056
[Carbonato(2−)-*O*,*O*′]dihydroxyaluminate(1−) sodium, *see* D-00307
[Carbonato(2−)]heptahydroxy(aluminium)trimagnesium, *see* A-00134
▷Carbon bisulfide, *see* C-00058
▷Carbon dioxide, C-00057
▷Carbon disulfide, C-00058
Carbonic acid 4-[[(4-amino-2-methyl-5-pyrimidinyl)methyl]-formylamino]-3-[(ethoxycarbonyl)thio]-3-pentenyl ethyl ester, *in* T-00174
▷Carbonic acid bis(2,2,2-trichloroethyl) ester, *see* T-00435
Carbonic acid ethyl 1-[[2-methyl-3-[(2-pyridinylamino)-carbonyl]-2*H*-1,2-benzothiazin-4-yl]oxy]ethyl ester *S*,*S*-dioxide, *see* A-00370
▷Carbonic anhydride, *see* C-00057
▷Carbonolol hydrochloride, *in* C-00102
▷Carbon tetrachloride, C-00059
N,*N*′-Carbonylbisacetamide, *in* U-00011
▷8,8′-[Carbonylbis[imino-3,1-phenylenecarbonylimino(4-methyl-3,1-phenylene)carbonylimino]]bis-1,3,5-naphthalenetrisulfonic acid, *see* S-00275
3,3′-(Carbonyldiimino)bisbenzenecarboximidamide, *see* A-00186
6,6′-(Carbonyldiimino)bis(1-methylquinolinium), *see* Q-00037
▷Carbophenothion, C-00060
▷Carbophos, *see* M-00013
▷Carboplatin, C-00061
▷Carboprost, C-00062
Carboprost methyl, *in* C-00062
▷Carboprost trometamol, *in* C-00062
▷Carboprost tromethamine, *in* C-00062
▷Carboquone, C-00063
▷Carbostesin, *see* B-00368
▷Carbothiamine, *see* C-00640
Carbothiazol, *see* M-00015
N-Carboxy-4-aminobenzoic acid, C-00064
[3-(α-Carboxy-*o*-anisamido)-2-hydroxypropyl]hydroxymercury, *see* M-00122
p-[2-(α-Carboxy-*p*-anisoyl)vinyl]benzoic acid, *see* C-00365
(2-Carboxybenzoyl)ferrocene, *see* F-00090
α-Carboxybenzylpenicillin, *see* C-00045
7-(3-Carboxy-2-butenoxy)coumarin, *in* H-00114
7-(3-Carboxybutoxy)coumarin, *in* H-00114
1-[2-[(1-Carboxybutyl)amino]-1-oxopropyl]octahydro-1*H*-indole-2-carboxylic acid, *see* P-00123
α-Carboxycaproyl-*N*,*N*′-diphenylhydrazine, *see* B-00353
N-(2-Carboxycaproyl)hydrazobenzene, *see* B-00353
p-Carboxycarbanilic acid, *see* C-00064
p-Carboxycarbanilic acid 4,4′-bis(2-diethylaminoethyl)-trimethylene ester, *see* T-00455
N-[2-Carboxy-2-[(carboxymethyl)amino]ethyl]aspartic acid, *in* A-00462
3-[[(2-Carboxycyclohexyl)carbonyl]oxy]-11-oxoolean-12-en-29-oic acid, *see* C-00337
7-Carboxy-7-deazaguanosine, *see* C-00003
10-Carboxy-13-deoxocarminomycin, *in* C-00081
2-Carboxy-2,3-dihydro-α,γ-dimethyl-δ-oxo-1*H*-indole-1-pentanoic acid α-ethyl ester, *see* P-00104
[6-Carboxy-6-(2,2-dimethylcyclopropanecarboxamido)-5-hexenyl]cysteine, *see* C-00342
2-Carboxy-1,1-dimethylpyrrolidinium (2-hydroxyethyl)-trimethylammonium(2+), *see* T-00413
N^6-[2-(4-Carboxy-5,5-dimethyl-2-thiazolidinyl)-*N*-(phenyl-acetyl)glycyl]-N^2-formyllysine, *see* L-00041
4-Carboxy-5,5-dimethyl-2-thiazolidinyl]-*N*-[(phenylacetyl)-glycyl]-L-lysine monopotassium salt dodecapeptide, *in* P-00071
5-[[4-[[(1-Carboxyethyl)amino]carbonyl]phenyl]azo-2-hydroxybenzoic acid, *see* B-00008
5-[4-(2-Carboxyethylcarbamoyl)phenylazo]salicylic acid, *see* B-00008
17α-(2-Carboxyethyl)-17β-hydroxyandrosta-4,6-dien-3-one lactone, *see* C-00027
2-[[(5-Carboxy-5-formamidopentyl)carbamoyl](2-phenyl-acetamido)methyl]-5,5-dimethyl-4-thiazolidinecarboxylic acid, *see* L-00041
S-(7-Carboxy-4-hexyl-9-oxoxanthen-2-yl)-*S*-methylsulfoximine, *see* S-00175
4′-(3-Carboxy-4-hydroxyphenylazo)hippuric acid, *see* I-00166
3-Carboxy-2-hydroxy-*N*,*N*,*N*-trimethyl-1-propanaminium hydroxide inner salt, *see* C-00084
Carboxyimamidate, *see* C-00047
N-(3-Carboxy-5-methoxyacetamido-2,4,6-triodobenzoyl)-serinemethylamide, *see* I-00135
[2-[[(2-Carboxymethoxy)benzoyl]amino]-1-hydroxyethyl]-hydroxymercury, *see* M-00122
4-[2-(4-Carboxymethoxybenzoyl)vinyl)benzoic acid, *see* C-00365
5-(5-Carboxy-2-methoxy-1-methylpentyl)-5-de(3-carboxy-2-methoxy-1-methylbutyl)monensin, *in* M-00428
4-[3-[4-(Carboxymethoxy)phenyl]-3-oxo-1-propenyl]benzoic acid, *see* C-00365
5-[[4-[[(Carboxymethyl)amino]carbonyl]phenyl]azo]-2-hydroxybenzoic acid, *see* I-00166
▷*S*-Carboxymethylcysteine, C-00065
N-(Carboxymethyl)-*N*-[2-[(2,6-diethyl-3-iodophenyl)amino]-2-oxoethyl]glycine, *see* G-00008
N-(Carboxymethyl)-*N*-[2-[(2,6-diethylphenyl)amino]-2-oxoethyl]glycine, *see* E-00235
▷*N*-Carboxy-1-methyl-9,10-dihydrolysergamine benzyl ester, *see* M-00159
N-(Carboxymethyl)-*N*,*N*-dimethyl-3-[(1-oxohexadecyl)amino]-1-propanaminium hydroxide, inner salt, *see* P-00060
(Carboxymethyl)dimethyl(3-palmitamidopropyl)ammonium, *see* P-00060
▷*N*-(Carboxymethyl)-*N*-[2-[(2,6-dimethylphenyl)amino]-2-oxoethyl]glycine, *see* L-00044
Carboxymethylenebis-4-hydroxycoumarin, *see* B-00219
▷2-Carboxy-4-(1-methylethenyl)-3-pyrrolidineacetic acid, *see* K-00001
N-(Carboxymethyl)-2-hydroxy-*N*,*N*-dimethylethanaminium hydroxide inner salt, *see* O-00110
(Carboxymethyl)(2-hydroxyethyl)dimethylammonium hydroxide inner salt, *see* O-00110
▷[[(Carboxymethyl)imino]bis(ethylenenitrilo)]tetraacetic acid, *see* P-00094
▷3-Carboxymethyl-4-isopropenylproline, *see* K-00001
Carboxymethylmenadione monoxime, *see* M-00087
N-(Carboxymethyl)-*N*-[2-[[4-(1-methylethyl)phenyl]amino]-2-oxoethyl]glycine, *see* I-00160

▷4-*O*-(Carboxymethyl)rifamycin, *see* R-00047
3-[(Carboxymethyl)thio]propanoic acid, C-00066
▷(Carboxymethyl)trimethylammonium hydroxide inner salt, *see* B-00140
▷*N*-Carboxy-3-morpholinosydnone imine ethyl ester, *see* M-00425
N-(4-Carboxy-1-oxobutyl)-L-alanyl-L-tyrosylglycyl-L-tryptophyl-L-leucyl-L-α-aspartyl-L-phenylalaminamide, *see* D-00094
6-Carboxy-N^6-[*N*-[*N*-(1-oxododecyl)-L-alanyl]-D-γ-glutamyl]-L-lysinamide, *see* T-00001
▷20-Carboxy-11-oxo-30-norolean-12-en-3-yl 2-*O*-β-D-glucopyranuronosyl-α-D-glucopyranosiduronic acid, *see* G-00073
3-(3-Carboxy-1-oxopropoxy)olean-9(11)-en-29-oic acid, *see* D-00057
[3-[[[(3-Carboxy-1-oxopropyl)amino]carbonyl]amino]-2-methoxypropyl](1,2,3,6-tetrahydro-1,3-dimethyl-2,6-dioxo-7*H*-purin-7-yl)mercury, *see* M-00112
▷2-(5-Carboxypentyl)-4-thiazolidone, *see* A-00039
2-[(2-Carboxyphenyl)amino]-4-chlorobenzoic acid, *see* L-00066
p-Carboxyphenylcarbamic acid, *see* C-00064
▷9-(*o*-Carboxyphenyl)-6-hydroxy-3*H*-xanthen-3-one, *see* F-00180
7-[*N*-[1-Carboxy-3-phenylpropyl]alanyl]-1,4-dithia-7-azaspiro[4.4]nonane-8-carboxylic acid, *see* S-00118
1-[*N*-(1-Carboxy-3-phenylpropyl)alanyl]hexahydro-2-indolinecarboxylic acid 1-ethyl ester, *see* I-00063
1-[*N*-(1-Carboxy-3-phenylpropyl)-L-alanyl]-L-proline, *see* E-00043
9-[(1-Carboxy-3-phenylpropyl)amino]octahydro-10-oxo-6*H*-pyridazino[1,2-*a*][1,2]diazepine-1-carboxylic acid, *see* C-00343
1-[2-[(1-Carboxy-3-phenylpropyl)amino]-1-oxopropyl]-octahydrocyclopenta[*b*]pyrrole-2-carboxylic acid, *see* R-00008
1-[2-[(1-Carboxy-3-phenylpropyl)amino]-1-oxopropyl]-octahydro-1*H*-indole-2-carboxylic acid, *see* T-00396
2-[2-[(1-Carboxy-3-phenylpropyl)amino]-1-oxopropyl]-1,2,3,4-tetrahydro-3-isoquinolinecarboxylic acid, *see* Q-00012
3-[(1-Carboxy-3-phenylpropyl)amino]-2,3,4,5-tetrahydro-2-oxo-1*H*-1-benzazepine-1-acetic acid, *see* B-00038
1-[N^2-(1-Carboxy-3-phenylpropyl)lysyl]proline, *see* L-00057
N^1-(*o*-Carboxyphenyl)sulfanilamide, *see* S-00205
[(*o*-Carboxyphenyl)thio]ethylmercury, *see* E-00198
N-(4-Carboxyphenyl)xylosamine, *see* X-00025
2-[(3-Carboxypropyl)thio]-4-methyl-5-thiazoleacetic acid, *see* T-00319
(3-Carboxypropyl)trimethylammonium methyl ester, *see* C-00100
6-(3-Carboxy-2-quinoxalinecarboximido)penicillanic acid, *see* Q-00009
α-Carboxy-3-thienylmethylpenicillin, *see* T-00255
[3-(3-Carboxy-2,3,3-trimethylcyclopentanecarboxamido)-2-methoxypropyl](hydrogen mercaptoacetato)mercury, *see* M-00118
[3-(3-Carboxy-2,2,3-trimethylcyclopentanecarboxamido)-2-methyoxypropyl]hydroxomercury, C-00067
▷Carboxy-*N*,*N*,*N*-trimethylmethanaminium hydroxide inner salt, *see* B-00140
2-Carboxy-1,1,6-trimethylpiperidinium diethyl-(2-hydroxyethyl)-methylammonium, *see* D-00215
2-Carboxy-1,1,6-trimethylpiperidinium(2-hydroxyethyl)-trimethylammonium, *see* D-00376
N-Carboxy-L-tryptophyl-L-methionyl-L-α-aspartyl-3-phenyl-L-alaninamide *N-tert*-pentyl ester, *see* A-00354
▷Carbrital, *in* P-00101
▷Carbromal, *see* B-00300
▷Carbromide, *in* B-00297
▷Carbubarb, C-00068
▷Carbubarbital, *see* C-00068
Carburazepam, C-00069
▷Carbutamide, C-00070
Carbuterol, C-00071
▷Carbuterol hydrochloride, *in* C-00071
Carcainium(1+), C-00072
Carcainium chloride, *in* C-00072
▷Carcholin, *in* C-00040
Carcinil, *in* L-00035
▷Carcinolipin, *in* C-00306
▷Cardelmycin, *see* N-00228
Cardiac natriuretic hormone, *see* A-00473
▷Cardiazol, *see* T-00133
▷Cardidigin, *in* D-00275
Cardilate, *in* E-00114
Cardiloid, *in* E-00114
▷Cardine, *see* V-00057
▷Cardiografin, *in* D-00138
Cardio-green, *see* I-00062
▷Cardiolan, *in* D-00275
▷Cardiolipol, *see* N-00090
Cardiolite, *in* M-00205
▷Cardion, *in* D-00319
Cardionatrin, *see* A-00473
▷Cardiosteril, *see* D-00579
▷Cardiotrast, *in* D-00363
Cardisan, *in* A-00254
Cardison, *see* D-00449
▷Carditin, *see* P-00423
Cardiwell, *in* E-00114
Cardobiol, *see* C-00030
Cardovar, *in* T-00490
▷Cardrase, *see* E-00162
▷Carduben, *see* V-00057
Carebastine, C-00073
Carfecillin, C-00074
▷Carfecillin sodium, JAN, *in* C-00074
Carfenazine, *see* C-00095
Carfenil, *see* L-00066
▷Carfentanil, C-00075
Carfentanil citrate, *in* C-00075
▷Carfexil, *in* C-00074
▷Carfimate, *in* P-00204
Carfonal, *in* F-00123
▷Cargutocin, C-00076
Cariamyl, *in* H-00029
▷Caricap, *in* D-00313
Caricide, *see* D-00248
Caridian, *in* M-00097
Carindacillin, C-00077
▷Carindacillin sodium, JAN, *in* C-00077
Carindapen, *see* C-00077
▷Carisoprodate, *see* C-00078
▷Carisoprodol, C-00078
▷Carlytene, *in* T-00227
Carmantadine, *see* A-00062
▷Carmetizide, C-00079
▷Carmifal, *see* B-00124
Carminazone, *in* C-00081
▷Carmine blue, *in* I-00058
Carminic acid, C-00080
▷Carminomycin I, C-00081
Carminomycinone, *in* C-00081
Carmofur, C-00082
▷Carmubris, *see* B-00199
▷Carmurit, *see* D-00131
▷Carmustine, *see* B-00199
▷Carnacid-Cor, *in* T-00474
▷Carnidazole, C-00083
Carnitine, C-00084
Carocainide, C-00085
Carofur, *see* N-00129
▷Caroid, *see* P-00018
Carolic acid, C-00086
Carotaben, *see* C-00088
α-Carotene, C-00087
β-Carotene, C-00088
γ-Carotene, C-00089
Caroverine, C-00090

▷Caroxazone, C-00091
Carperidine, C-00092
▷Carperone, C-00093
Carpesterol, C-00094
Carphenazine, C-00095
▷Carphenazine maleate, *in* C-00095
Carphenol, *in* B-00127
Carpindolol, C-00096
▷Carpiperone, *see* P-00274
▷Carpipramine, C-00097
Carprazidil, C-00098
▷Carprofen, C-00099
Carpronium(1+), C-00100
▷Carpronium chloride, *in* C-00100
▷Carsalam, *see* B-00097
Cartab, *see* N-00075
Cartazolate, C-00101
Carteolol, C-00102
▷Carteolol hydrochloride, JAN, *in* C-00102
Carticaine, C-00103
▷Cartrol, *in* C-00102
▷Carubicin, *see* C-00081
▷Carubicin hydrochloride, *in* C-00081
Carumonam, C-00104
Carumonam sodium, *in* C-00104
Carvedilol, C-00105
6,8-Carvomenthenediol, *see* H-00162
Caryatin, *in* P-00082
▷Caryolysine, *see* D-00193
▷Carzenide, *in* S-00217
▷Carzinophilin, C-00106
Carzolamide, *in* P-00563
CAS 108, *see* A-00145
CAS 7709, *see* R-00014
CAS 924, *see* N-00085
CAS 997, *see* T-00188
Casakol, *in* C-00107
Casanthranol, C-00107
Cascaroside A, *in* B-00013
Cascaroside B, *in* B-00013
Cascaroside C, *in* B-00013
Cascaroside D, *in* B-00013
▷Casfen, *see* C-00272
Casmalon, *see* C-00587
Cassic acid, *see* D-00309
▷Castron, *in* M-00289
Catabex, *see* D-00610
Catabolin, *see* I-00080
Catalin, *see* P-00318
▷Catalin, *in* P-00319
▷Catapres, *in* C-00477
Catapressan, *see* C-00477
▷Catapyrin, *see* A-00291
▷Catechin, *in* P-00081
▷Catechol, *in* P-00081
Catechol-3-carboxylic acid, *see* D-00315
▷Catenulin, *see* P-00039
▷Catergen, *in* P-00081
Cathine, *in* A-00308
Cathinone, *see* A-00309
▷Cathocin, *see* N-00228
▷Cathomycin, *see* N-00228
Cationomycin, C-00108
Catosal, *see* B-00427
▷Catran, *in* M-00289
▷Catrol, *in* M-00289
▷Causerin, *see* A-00033
▷Cavinton, *see* V-00042
▷Cavodil, *in* M-00289
Cavosept, *in* D-00179
C-AZT, *see* A-00522
▷CB 11, *in* P-00138
▷CB 1048, *see* B-00198
CB1314, *in* D-00346
▷CB 1348, *see* C-00194
1352 CB, *see* C-00570
▷CB 154, *in* E-00103
▷CB 1639, *see* A-00230
CB 1664, *see* A-00016
▷1678 CB, *in* P-00504
CB 1700, *in* D-00414
2087 CB, *see* C-00453
CB 2136, *see* C-00370
CB 2201, *see* A-00182
CB 302, *in* F-00088
▷CB 304, *in* A-00514
▷CB 3007, *in* M-00084
CB 309, *in* M-00298
3020 CB, *see* O-00126
▷CB 3025, *in* M-00084
▷CB 3026, *in* M-00084
CB 311, *see* H-00090
▷CB 313, *see* D-00180
▷CB 337, *see* H-00170
CB 3697, *in* M-00269
▷CB 4091, *see* B-00053
CB 4260, *see* N-00223
▷CB 4261, *see* T-00154
▷4306 CB, *in* C-00494
4311 CB, *in* C-00494
4335 CB, *in* N-00171
CB 4857, *see* M-00091
CB 4985, *see* A-00037
▷CB 8002, *see* I-00180
▷CB 804, *in* B-00341
▷CB 8022, *see* N-00211
▷CB 8027, *see* M-00138
▷8049 CB, *in* D-00265
CB 8073, *in* D-00372
▷CB 8075, *see* O-00086
▷CB 8080, *in* E-00227
▷8088 C.B., *see* B-00052
▷8089 CB, *see* B-00060
8093 CB, *see* A-00157
▷8102 CB, *see* B-00011
▷10615 CB, *see* N-00124
11380 CB, *see* N-00123
CB 12025, *see* N-00117
CB 28046, *see* M-00032
▷CB 54106, *see* P-00041
C 076B$_{1a}$, *see* A-00483
C 076B$_{2a}$, *see* A-00485
▷CBA 93626, *see* C-00479
C 076B$_{1b}$, *see* A-00484
C 076B$_{2b}$, *see* A-00486
C-49802B-Ba, *in* O-00092
▷CBDCA, *see* C-00061
CBM 36-733, *see* M-00125
CBS 1276, *in* I-00018
CBS 634, *see* N-00099
CBS 645, *see* M-00367
▷CC 1065, *see* R-00001
C-C 2481, *see* C-00328
C-C 2489, *see* B-00324
CCA, *see* L-00066
CCI 15641, *in* C-00161
CCI 18781, *in* F-00227
CCK 8, *see* S-00077
CCK-PZ, *see* C-00304
▷CCNU, *see* L-00083
▷CCRG 81010, *see* M-00408
CCRG 81045, *see* T-00064
▷CD 37*B*, *in* N-00229
▷CD 072, *in* D-00370
CD 3400, *see* R-00027
CDB 903, *in* N-00221
C 15003 deClQND-O, *in* M-00027
C 15003 deClQ-O, *in* M-00027
▷CDP-Choline, *see* C-00655
▷CE 305, *see* F-00129
Cébévir, *see* I-00001
Cébé-Viran, *see* I-00001

▷Cebin V, *in* O-00068
▷Cebione, *in* A-00456
▷Cebratrol, *see* F-00224
▷Cecenu, *see* L-00083
▷Ceclor, *see* C-00109
▷Cedur, *see* B-00148
▷Ceepryn, *in* H-00043
Ceetolan, *see* B-00118
Cefacetrile, *see* C-00170
▷Cefacetrile sodium, JAN, *in* C-00170
Cefaclomezine, *see* C-00171
▷Cefaclor, C-00109
▷Cefadroxil, C-00110
▷Cefadyl, *in* C-00115
▷Cefalexin, *see* C-00173
▷Cefaloglycin, *see* C-00174
▷Cefalonium, *see* C-00175
Cefaloram, C-00111
▷Cefaloridine, *see* C-00176
▷Cefalotin, *see* C-00178
Cefamandole, C-00112
▷Cefamandole nafate, *in* C-00112
▷Cefamandole sodium, JAN, *in* C-00112
▷Cefamedin, *in* C-00120
▷Cefamezin, *in* C-00120
Cefanone, C-00113
Cefaparole, C-00114
▷Cefapirin, C-00115
▷Cefathiamidine, C-00116
▷Cefatrexyl, *in* C-00115
▷Cefatrix, *see* C-00117
▷Cefatrizine, C-00117
Cefazaflur, C-00118
Cefazaflur sodium, *in* C-00118
Cefazedone, C-00119
▷Cefazolin, C-00120
▷Cefazolin sodium, *in* C-00120
Cefbuperazone, C-00121
▷Cefbuperazone sodium, *in* C-00121
Cefcanel, C-00122
Cefcanel daloxate, *in* C-00122
Cefedrolor, C-00123
Cefempidone, C-00124
Cefepime, C-00125
Cefetamet, C-00126
Cefetrizole, C-00127
Cefivitril, C-00128
Cefixime, C-00129
▷Cefizox, *in* C-00158
▷Cefmax, *in* C-00130
Cefmenoxime, C-00130
▷Cefmenoxime hydrochloride, *in* C-00130
Cefmepidium(1+), C-00131
Cefmepidium chloride, *in* C-00131
▷Cefmetazole, C-00132
Cefmetazole sodium, JAN, *in* C-00132
▷Cefmetazon, *see* C-00132
Cefmetoxime, *see* C-00130
Cefminox, C-00133
Cefobid, *in* C-00136
Cefobis, *in* C-00136
Cefodizime, C-00134
Cefonicid, C-00135
Cefonicid monosodium, *in* C-00135
Cefonicid sodium, *in* C-00135
Cefoperazone, C-00136
Cefoperazone sodium, *in* C-00136
Ceforanide, C-00137
▷Cefortam, *see* C-00152
Cefotan, *in* C-00139
Cefotaxime, C-00138
▷Cefotaxime sodium, *in* C-00138
▷Cefotetan, C-00139
Cefotetan sodium, JAN, *in* C-00139
▷Cefotiam, C-00140
▷Cefotiam hydrochloride, JAN, *in* C-00140
Cefoxazole, *see* C-00179
▷Cefoxitin, C-00141
▷Cefoxitin sodium, JAN, *in* C-00141
Cefpimizole, C-00142
Cefpimizole sodium, *in* C-00142
Cefpiramide, C-00143
Cefpiramide sodium, *in* C-00143
Cefpirome, C-00144
Cefpivtetrame, *in* C-00153
Cefpodoxime, C-00145
Cefpodoxime proxetil, *in* C-00145
Cefprozil, C-00146
Cefquinone, C-00147
▷Cefradine, *see* C-00180
Cefrotil, C-00148
▷Cefroxadine, C-00149
Cefsulmide, *see* C-00151
Cefsulodin, C-00150
▷Cefsulodin sodium, *in* C-00150
Cefsumide, C-00151
▷Ceftazidime, C-00152
Cefteram, C-00153
Ceftetrame, *see* C-00153
Ceftezole, C-00154
Ceftezole sodium, JAN, *in* C-00154
▷Ceftiazole, *see* C-00140
Ceftibuten, C-00155
▷Ceftin, *see* C-00152
Ceftiofur, C-00156
Ceftiofur hydrochloride, *in* C-00156
Ceftiofur sodium, *in* C-00156
Ceftiolene, C-00157
Ceftioxide, *in* C-00138
▷Ceftix, *in* C-00158
Ceftizoxime, C-00158
▷Ceftizoxime sodium, *in* C-00158
Ceftriaxone, C-00159
Ceftriaxone sodium, *in* C-00159
Cefuracetime, C-00160
▷Cefuroxime, C-00161
Cefuroxime axetil, *in* C-00161
Cefuroxime pivoxetil, *in* C-00161
▷Cefuroxime sodium, JAN, *in* C-00161
Cefuzonam, C-00162
Cefvixime, *see* C-00129
Cehamasten, *see* N-00125
▷Celactal, *see* X-00021
▷Celatonium napadisilate, *in* A-00044
▷Celbar, *see* O-00034
▷Celbenin, *in* M-00180
Celectol, *see* C-00163
Celeport, *see* B-00161
Celfuron, *see* P-00366
▷Celiomycin, *see* V-00050
Celiprolol, C-00163
Celiprolol hydrochloride, *in* C-00163
Celiptium, *in* E-00028
Cellulase, C-00164
Cellulose, C-00165
Cellulose acetate, *in* C-00165
Cellulose xanthate, *in* C-00165
▷Celontin, *see* D-00447
Celoslin, *see* C-00154
▷Celospor, *in* C-00170
▷Celtol, *in* C-00170
▷Celvan, *in* V-00003
▷Cemetol, *see* C-00132
Cemiod, *see* D-00365
▷Cemix, *in* C-00130
Cenacert, *see* O-00094
▷Cenazole, *see* T-00133
▷Cenolate, *in* A-00456
Censedal, *see* N-00055
Centaquin, *see* C-00166
Centbutindole, *see* B-00183
▷Centedrin, *in* R-00065

▷Centelase, *in* T-00485
Centhaquine, C-00166
Centimizone, *see* M-00392
Centperazine, C-00167
Centphenaquin, C-00168
▷Centpropazine, C-00169
Centrac, *in* P-00462
▷Centralgil, *see* P-00546
▷Centralgol, *see* P-00546
Centrazene, *see* D-00429
▷Centrine, *see* A-00296
▷Centrolyse, *in* B-00424
Centrotron, *in* P-00592
Centsulphone, *see* S-00221
Ceosunin, *in* C-00005
▷Cepacol, *in* H-00043
Cephacetrile, C-00170
▷Cephacetrile sodium, *in* C-00170
Cephachlomazine, C-00171
▷Cephaclor, *see* C-00109
▷Cephadroxil, *see* C-00110
Cephaeline, C-00172
▷Cephalexin, C-00173
▷Cephalexin pivaloyloxymethyl ester, *see* P-00363
▷Cephalmin, *in* T-00208
▷Cephaloglycin, C-00174
▷Cephalonium, C-00175
Cephaloram, *see* C-00111
▷Cephaloridine, C-00176
▷Cephalosporin *C*, C-00177
▷Cephalosporin *N*, *see* P-00066
▷Cephalosporin 871, *see* C-00178
Cephalosporin 87-312, *see* N-00173
▷Cephalotaxine 4-methyl 2-hydroxy-2-(3-hydroxy-3-methylbutyl)-butanedioate(ester), *see* H-00022
▷Cephalothin, C-00178
▷Cephalothin sodium, *in* C-00178
▷Cephalotin, *see* C-00178
Cephamandole, *see* C-00112
Cephanone, *see* C-00113
▷Cephapirin sodium, *in* C-00115
▷Cephazolin, *see* C-00120
Cephmenoxime, *see* C-00130
Cephoxazole, C-00179
▷Cephradine, C-00180
Cephulac, *see* L-00005
▷Ceplac, *in* E-00118
Cepoxillin, *see* C-00179
▷Cepravin, *see* C-00175
▷Cepticol, *see* C-00117
Ceracyanin, *see* K-00009
▷Cerazole, *see* S-00256
▷Cerberin, *in* D-00274
Cerberoside, *in* D-00274
Cerbex, *see* T-00078
▷Cercobin, *see* T-00207
▷Cereb, *see* C-00655
Cerekinon, *see* T-00491
▷Cerespan, *in* P-00019
CERFA 114, *in* T-00257
▷Cergem, *see* G-00015
▷CERM 1709, *see* N-00083
▷1766 CERM, *see* O-00076
▷CERM 1841, *see* F-00160
CERM 1875, *see* F-00085
▷CERM 1978, *in* B-00134
CERM 3024, *see* Z-00023
CERM 3519, *see* T-00085
CERM 3726, *see* E-00056
CERM 4205, *in* D-00582
730-CERM, *in* A-00357
CERM 746, *see* E-00091
CERM 898, *in* A-00350
CERM 10137, *see* T-00358
▷Cer-O-cillin, *see* A-00137
▷Cerocral, *see* I-00020
Certalgon, *in* P-00180
▷Cerubidin, *in* D-00019
Ceruletide, *see* C-00005
Ceruletide diethylamine, JAN, *in* C-00005
Cerulex, *in* C-00005
Cerulomycin, *see* C-00006
▷Cervagem, *see* G-00015
Cervoxan, *in* E-00003
▷Cesamet, *see* N-00002
▷Cesametic, *see* N-00002
Cesapral, *see* P-00530
▷Cescan-131, *in* C-00007
▷Cesol, *see* P-00406
▷Cestox, *see* P-00406
▷Cetab, *in* H-00044
Cetaben, *in* A-00216
Cetaben sodium, USAN, *in* A-00216
▷Cetadiol, *in* A-00382
Cetalkonium, *see* B-00118
Cetalkonium chloride, *in* B-00118
Cetamolol, C-00181
Cetamolol hydrochloride, *in* C-00181
▷Cetanovo, *see* C-00369
▷Cetapred, *in* P-00412
Cetapril, *see* A-00090
▷Cetarin, *in* H-00166
Cethexonium(1+), C-00182
Cethexonium chloride, *in* C-00182
Cetiedil, C-00183
Cetiedil citrate, *in* C-00183
▷Cetiprin, *in* E-00035
Cetirizine, C-00184
Cetirizine hydrochloride, *in* C-00184
▷Cetobemidone, *see* K-00014
▷Cetocycline, *see* C-00190
Cetofenicol, *see* C-00185
Cetohexazine, *see* D-00450
Cetol, *see* B-00118
Cetophenicol, C-00185
Cetosal, *in* H-00112
Cetosalol, *in* H-00112
▷Cetotetrin, *see* C-00190
Cetotiamine, *in* T-00174
Cetotiamine hydrochloride, JAN, *in* T-00174
▷Cetovister, *in* H-00110
Cetoxime, C-00186
▷Cetrane, *see* Q-00004
Cetraxate, C-00187
▷Cetraxate hydrochloride, *in* C-00187
Cetrenel, *see* C-00030
▷Cetrimide, *in* H-00044
Cetrimide, *in* T-00512
Cetrimonium, *see* H-00044
▷Cetrimonium bromide, *in* H-00044
▷Cetrimonium chloride, *in* H-00044
Cetrimonium tosilate, *in* H-00044
▷Cetylamine, *see* H-00042
▷Cetylcide, *in* E-00182
Cetylethyldimethylammonium, *see* E-00182
Cetylpyridinium, *see* H-00043
▷Cetylpyridinium chloride, *in* H-00043
Cetyltrimethylammonium, *see* H-00044
▷Cevalin, *in* A-00456
▷(3β,4α,6α,7α,15α,16β)-3,4,6,7,14,15,16,20-Cevaneoctol, *see* P-00543
(3β,5α,6α)-Cevane-3,6,20-triol, *see* V-00024
▷Cevanol, *in* B-00034
▷Cevrin, *in* M-00189
CF 25-397, *see* T-00300
C-Factor, *in* S-00078
C-Film, *see* N-00206
▷CG 201, *in* B-00147
CG 3033, *see* S-00272
▷CG 315*E*, *in* D-00416
CG 3509, *see* O-00062
CG 3703, *see* M-00431

CG 4203, *in* T-00027
CG 4305, *see* N-00054
CG 635, *see* E-00241
CGA 23654, *see* N-00186
CGA 56766, *see* C-00376
CGA 72662, *see* C-00653
CGA-89317, *see* T-00446
CG B3*Q*, *see* C-00154
CG-B6K, *see* E-00091
▷CGG 6E, *in* O-00151
▷CGP 3543 *E*, *see* B-00158
▷CGP 4540, *see* N-00180
CGP 4718*A*, *in* C-00217
CGP 6258, *see* O-00116
CGP 7760*B*, *in* P-00419
▷CGP 9000, *see* C-00149
CGP 11305*A*, *in* B-00278
CGP 15720, *see* P-00584
▷CGP 25827 *A-E*, *in* F-00247
CGP 12103A, *in* O-00092
CGP 15564B, *see* E-00111
CGP 7174E, *see* C-00150
▷CGP 14221E, *in* C-00140
CGS 5391*B*, *in* E-00059
CGS 7135*A*, *in* A-00498
CGS 9343*B*, *in* D-00292
CGS 10078*B*, *in* B-00043
CGS 10746*B*, *in* P-00097
CGS 10787*B*, *in* P-00439
CGS 13080, *see* P-00341
CGS 13945, *see* P-00104
CGS 14824*A*, *in* B-00038
CGS 14831, *in* B-00038
CGS 7525A, *in* A-00433
Ch 55, *see* D-00174
CH 123, *see* A-00040
CH 846, *in* E-00003
21679 CH, *see* M-00014
CH 29-717, *see* D-00541
Chandonium(2+), C-00188
Chandonium iodide, *in* C-00188
Chardonna, *in* B-00030
▷Chartreusin, C-00189
Chaulmestrol, *in* C-00627
Chaulmoogric acid, *see* C-00627
Chaulmoogrina, *see* C-00627
Chaulmoogrol, *in* C-00627
CHBZ, *see* E-00008
▷Chebutan, *see* K-00006
▷Checkmate, *in* S-00087
▷Cheirotoxin, *in* T-00478
▷Chelafer, *in* C-00308
▷ψ-Chelerythrine, *see* S-00022
Chellol, *see* K-00023
▷Chelocardin, C-00190
▷β-Chelocardin, *see* C-00190
▷Chem-Cast, *see* H-00207
Chemestrogen, *see* B-00077
▷Chemipen, *in* P-00152
▷Chemocide PK, *in* H-00113
Chemococcid, *in* R-00069
Chemodyn, *see* B-00129
▷Chemosan, *see* A-00076
▷Chenic acid, *in* D-00320
▷Chenodeoxycholic acid, *in* D-00320
▷Chenodiol, *in* D-00320
▷Cheque, *see* M-00361
Chethoxyrol, *in* C-00306
▷Chetobemidone, *see* K-00014
▷17-Chetovis, *in* H-00110
Chevalizon, *in* X-00025
▷Chibromycine, *see* R-00046
▷Chibro-Rifamycin, *see* R-00046
Chimaphilin, *see* D-00434
▷Chinapyramin, *in* A-00207
▷Chiniofon, INN, *in* H-00143
▷Chinoform, *see* C-00244
▷Chinoline, *see* Q-00029
▷Chinoral, *see* H-00211
Chinovosamine, *see* A-00240
▷Chinoxone, *see* H-00195
▷Chinsedal, *in* H-00126
▷Chin Z-F, *in* H-00126
▷CHIP, *see* I-00162
▷Chisindamon, *in* C-00207
Chitosamine, *see* A-00235
▷Chiyorhizin *AN*, *in* G-00073
▷Chloditan, *see* D-00180
▷Chlodophen, *in* F-00054
Chloflumid, *see* C-00459
▷Chlolebrine, *see* I-00094
Chlomethocillin, *see* C-00470
▷Chlophedianol, C-00191
Chlophedianol hydrochloride, *in* C-00191
▷Chlophenadione, *see* C-00264
▷Chloquin, *see* H-00120
Chloquinate, *in* C-00284
▷Chloracizine, *see* C-00192
▷Chloracon, *see* B-00022
▷Chloractil, *in* C-00298
▷Chloracysin, *see* C-00192
▷Chloracyzine, C-00192
Chloral betaine, *in* T-00433
▷Chloral hydrate, *see* T-00433
Chloralodol, *see* C-00205
Chloralosane, *see* C-00193
Chloralose, C-00193
Chloral urethane, *in* T-00438
▷Chlorambucil, C-00194
▷Chloramine, *see* D-00193
Chloramine *B*, *in* B-00075
▷Chloramine T, *in* C-00289
▷Chloramphenicol, C-00195
▷Chloramphenicol palmitate, *in* C-00195
Chloramphenicol pantothenate, *in* C-00195
Chlorarsen, *see* A-00270
▷Chloraseptine, *in* C-00289
▷Chlorathrombon, *see* C-00264
▷Chlorazanil, *see* C-00275
Chlorazinil hydrochloride, *in* C-00275
▷Chlorazin (Soviet), *in* C-00603
Chlorazodin, *see* D-00181
▷Chlorazol Sky Blue FF, *see* A-00532
Chlorbenzoxamine, C-00196
Chlorbenzoxyethamine, *see* C-00196
▷Chlorbetamide, C-00197
▷Chlorcetin, *see* C-00195
Chlorcinnazine, *see* C-00443
▷Chlorcyclizine, C-00198
▷Chlorcyclizine hydrochloride, *in* C-00198
▷Chlordantoin, C-00199
▷Chlordiazepoxide, C-00200
▷Chlordiazepoxide hydrochloride, *in* C-00200
Chlordimorine, C-00201
▷Chlordithane, *see* D-00180
▷Chloreal, *see* T-00442
▷Chlorethaminacil, *see* B-00197
Chlorethindole, C-00202
▷Chloretone, *see* T-00440
▷Chlorfenvinphos, C-00203
▷Chlorguanide, C-00204
Chlorhexadol, C-00205
▷Chlorhexidine, C-00206
▷Chlorhexidine gluconate, *in* C-00206
Chlorhexidine hydrochloride, *in* C-00206
▷Chlorhistapyridamine, *see* C-00292
▷Chlorhydrosulfide, *see* T-00194
▷Chloridin, *see* P-00585
▷Chloriguane, *see* C-00204
▷Chlorimipramine, *see* C-00472
Chlorimpiphenine, *see* I-00028
▷Chlorindanol, *see* C-00252

▷Chlorisept, *see* C-00249
Chlorisondamine(2+), C-00207
▷Chlorisondamine chloride, *in* C-00207
▷Chlormadinone, C-00208
▷Chlormadinone acetate, *in* C-00208
▷Chlormeprazine, *see* P-00450
▷Chlormerodrin, C-00209
▷Chlormeroprin, *see* C-00209
▷Chlormethiazole, *see* C-00238
▷Chlormethine, *see* D-00193
Chlormethylenecycline, *see* C-00473
▷Chlormezanone, C-00210
▷Chlormidazole, C-00211
▷Chlornaphazine, *see* B-00198
▷Chloroacetamide, C-00212
2-Chloroacetyl-5-nitrofuran, C-00213
▷2-Chloroadenosine, C-00214
2-Chloroadenosine 5′-(2-amino-1-oxopropyl)sulfamate, *see* A-00454
Chloroalbofungin, *in* A-00100
4-[(Chloroamino)sulfonyl]benzoic acid, *see* M-00427
▷3-(*p*-Chloroanilino)-10-(*p*-chlorophenyl)-2,10-dihydro-2-isopropylimino)phenazine, *see* C-00450
▷*p*-[2-(5-Chloro-*o*-anisamido)ethyl]benzoic acid, *see* M-00071
▷1-[[*p*-[2-(5-Chloro-*o*-anisamido)ethyl]phenyl]sulfonyl]-3-cyclohexylurea, *see* G-00032
1-[[*p*-[2-(5-Chloro-*o*-anisamido)ethyl]phenyl]sulfonyl]-3-methylurea, *see* G-00038
4-Chloroanisole, *in* C-00260
Chloroazodin, *see* D-00181
5-Chlorobarbituric acid, *see* C-00283
4-Chlorobenzaldehyde *O*-[3-[4-(2-chlorophenyl)-1-piperazinyl]-2-hydroxypropyl]oxime, *see* P-00110
▷4-Chloro-1,3-benzenedisulfonamide, *in* C-00215
4-Chloro-1,3-benzenedisulfonic acid, C-00215
N-Chlorobenzenesulfonamide, *in* B-00075
▷1-(4-Chlorobenzhydryl)-4-methyl-1,4-diazacycloheptane, *see* H-00083
▷1-(4-Chlorobenzhydryl)-4-methylpiperazine, *see* C-00198
2-[4-(4-Chlorobenzhydryl)-1-piperazinyl]ethoxyacetic acid, *see* C-00184
▷*p*-Chlorobenzhydryl 2-(1-piperidinyl)ethyl ether, *see* C-00482
N-(5-Chloro-2-benzimidazolylmethyl)-*N*-phenyl-*N*′,*N*′-dimethylethylenediamine, *see* M-00366
▷6-Chloro-1,2-benzisothiazol-3(2*H*)-one, C-00216
4-(5-Chloro-2-benzofuranyl)-1-methylpiperidine, C-00217
4-Chlorobenzoic acid 3-ethyl-7-methyl-3,7-diazabicyclo[3.3.1]-non-9-yl ester, *see* B-00192
▷6-Chloro-2*H*-1,2,4-benzothiadiazine-7-sulfonamide 1,1-dioxide, *see* C-00288
5-Chloro-2,1,3-benzothiadiazol-4-yl(2-imidazolin-2-yl)amine, *see* T-00330
1-[2-[(7-Chlorobenzo[*b*]thien-3-yl)methoxy]-2-(2,4-dichlorophenylethyl]-1*H*-imidazole, *see* S-00051
2-(5-Chloro-2*H*-benzotriazol-2-yl)-6-(1,1-dimethylethyl)-4-methylphenol, *see* B-00357
▷5-Chloro-2-benzoxazolamine, *see* A-00225
5-Chloro-2-benzoxazolecarboxylic acid 2-ethoxyethyl ester, *see* E-00008
▷5-Chloro-2-benzoxazolinone, *see* C-00218
▷5-Chloro-2(3*H*)-benzoxazolone, C-00218
▷2-[4-[2-[(4-Chlorobenzoyl)amino]ethyl]phenoxy]-2-methylpropanoic acid, *see* B-00148
2-(4-Chlorobenzoylamino)-3-[2(1*H*-quinolin-4-yl]propanoic acid, C-00219
5-(4-Chlorobenzoyl)-1,4-dimethyl-1*H*-pyrrole-2-acetic acid, *see* Z-00035
▷1-(4-Chlorobenzoyl)-*N*-hydroxy-5-methoxy-2-methyl-1*H*-indole-3-acetamide, *see* O-00082
1-(4-Chlorobenzoyl)-5-methoxy-2-methyl-1*H*-indole-3-acetate 1,3-dihydro-3-oxo-1-isobenzofuranyl ester, *see* T-00011
▷1-(4-Chlorobenzoyl)-5-methoxy-2-methyl-1*H*-indole-3-acetic acid, *see* I-00065
▷3-(4-Chlorobenzoyl)-6-methoxy-2-methyl-1*H*-indole-1-acetic acid, *see* C-00468
▷1-(4-Chlorobenzoyl)-5-methoxy-2-methyl-1*H*-indole-3-acetic acid carboxymethyl ester, *see* A-00013
1-(*p*-Chlorobenzoyl)-5-methoxy-2-methylindole-3-acetic acid 3-hydroxyphthalide, *see* T-00011
1-(*p*-Chlorobenzoyl)-5-methoxy-2-methyl-3-indoleacetic acid 3-pyridylmethyl thioester, *see* P-00256
▷1-(*p*-Chlorobenzoyl)-5-methoxy-2-methylindole-3-acetohydroxamic acid, *see* O-00082
2-[[[1-(4-Chlorobenzoyl)-5-methoxy-2-methyl-1*H*-indol-3-yl]-acetyl]amino]-2-deoxyglucose, *see* G-00052
N-[[1-(4-Chlorobenzoyl)-5-methoxy-2-methyl-1*H*-indol-3-yl]-acetyl]serine, *see* S-00048
▷4-[(Chlorobenzoyl)(4-methoxyphenyl)amino]butanoic acid, *see* C-00409
▷2-[4-(4-Chlorobenzoyl)phenoxy]-2-methylpropanoic acid, *see* F-00062
4-[4-(4-Chlorobenzoyl)-1-piperidinyl]-1-(4-fluorophenyl)-1-butanone, *see* C-00499
▷1-(4-Chlorobenzoyl)-3-(1*H*-tetrazol-5-ylmethyl)-1*H*-indole, *see* I-00087
1-[γ-(*p*-Chlorobenzyl)cinnamyl]pyrrolidine, *see* P-00594
▷1-(*o*-Chlorobenzyl)-α-[(di-*sec*-butylamino)methyl]pyrrole-2-methanol, *see* V-00030
2-(*p*-Chlorobenzyl)-1-(2-diethylaminoethyl)-5-nitrobenzimidazole, *see* C-00478
▷2-[(*p*-Chlorobenzyl)[2-(dimethylamino)ethyl]amino]pyridine, *see* H-00019
1-(*m*-Chlorobenzyl)-3-ethylurea, *see* C-00268
2-(*p*-Chlorobenzylidene)cyclohexanone *O*-[3-(diisopropylamino)-propyl]oxime, *see* E-00112
▷1-(*p*-Chlorobenzyl)-2-methylbenzimidazole, *see* C-00211
▷*N*-(*o*-Chlorobenzyl)-α-methylphenethylamine, *see* C-00435
3-(*p*-Chlorobenzyl)octahydro-2*H*-quinolizine, *see* C-00491
4-(2-Chlorobenzyl)-5-oxo-4-phenylhexanoic acid, C-00220
3-[*p*-[(*m*-Chlorobenzyl)oxy]phenyl]-5-[(methylamino)methyl]-2-oxazolidinone, *see* A-00140
7-[3-[4-(*p*-Chlorobenzyl)-1-piperazinyl)propoxy]-3,4-dimethylcoumarin, *see* P-00244
1-*p*-Chlorobenzyl-2-(1-pyrrolidinomethyl)benzimidazole, *see* C-00418
▷Chlorobiocin, C-00221
2-[(4′-Chloro[1,1-biphenyl]-4-yl)methoxy]-2-methylpropanoic acid, *see* C-00439
4-[3-(3-Chloro-4-biphenylyloxy)propyl]morpholine, *see* C-00201
▷2-Chloro-*N*,*N*-bis(2-chloroethyl)ethanamine, *see* T-00534
4-Chloro-3,5-bis(oxaloylamino)benzonitrile, *see* L-00071
▷Chlorobutanol, *see* T-00440
▷Chlorobutin, *see* C-00194
5-Chloro-2-(3-*tert*-butyl-2-chloro-5-methylphenyl)-2*H*-benzotriazole, *see* B-00357
▷2-(6-Chloro-2-carbazolyl)propionic acid, *see* C-00099
▷3-Chlorocarpipramine, *see* C-00441
Chlorocefadroxil, *see* C-00123
4′-Chloro-2′-(2-chlorobenzoyl)-2-(cyclopropylamino)-*N*-methylacetanilide, *see* C-00386
3′-Chloro-4′-(*p*-chlorobenzoyl)-3,5-diiodosalicylanilide, *see* S-00006
N-[4-Chloro-2-(2-chlorobenzoyl)phenyl]-2-(cyclopropylamino)-*N*-methylacetamide, *see* C-00386
N-[3-Chloro-4-(4-chlorobenzoyl)phenyl]-2-hydroxy-3,5-diiodobenzamide, *see* S-00006
▷2-Chloro-*N*-(2-chloroethyl)-*N*-methylethanamine, *see* D-00193
13-Chloro-*N*-(2-chloroethyl)-*N*,11(or 2,9)-dinitroso-10-oxo-5,6-dithia-2,9,11-triazatridecanamide, *in* C-00222
13-Chloro-*N*-(2-chloroethyl)-10-oxo-5,6-dithia-2,9,11-triazatridecanamide, C-00222
2-Chloro-6-[(5-chloro-2-hydroxy-3-nitrophenyl)methyl]-4-nitrophenol, *see* N-00174
3-[5-Chloro-α-(*p*-chloro-β-hydroxyphenethyl)-2-thenyl]-4-hydroxycoumarin, *see* T-00297
▷6-Chloro-3-(chloromethyl)-3,4-dihydro-2-methyl-2*H*-1,2,4-benzothiadiazine-7-sulfonamide 1,1-dioxide, *see* M-00218

▷5-Chloro-*N*-(2-chloro-4-nitrophenyl)-2-hydroxybenzamide, *see* N-00093
▷3-Chloro-4-(3-chloro-2-nitrophenyl)-1*H*-pyrrole, C-00223
▷5-Chloro-*N*-(2-chloro-4-nitrophenyl)salicylamide, *see* N-00093
5-Chloro-4-[[(4-chlorophenoxy)acetyl]amino]-*N*-[2-(diethylamino)ethyl]-2-methoxybenzamide, *see* C-00514
▷3′-Chloro-4′-(*p*-chlorophenoxy)-3,5-diiodosalicylanilide, *see* R-00003
4-Chloro-5-[[2-[[3-(2-chlorophenoxy)-2-hydroxypropyl]-amino]-ethyl]amino]-3(2*H*)-pyridazinone, *see* R-00041
▷*N*-[3-Chloro-4-(4-chlorophenoxy)phenyl]-2-hydroxy-3,5-diiodobenzamide, *see* R-00003
N-[5-Chloro-4-[(4-chlorophenyl)cyanomethyl]-2-methylphenyl]-2-hydroxy-3,5-diiodobenzamide, *see* C-00504
4-Chloro-*α*-(4-chlorophenyl)-*α*-cyclopropylbenzenemethanol, *see* P-00453
▷7-Chloro-5-(2-chlorophenyl)-1,3-dihydro-2*H*-1,4-benzodiazepin-2-one, *see* D-00056
2-[7-Chloro-5-(2-chlorophenyl)-2,3-dihydro-1*H*-1,4-benzodiazepin-1-yl]-4(5*H*)-oxazolone, *see* R-00020
2-Chloro-*α*-(4-chlorophenyl)-4-(4,5-dihydro-3,5-dioxo-1,2,4-triazin-2(3*H*)-yl)benzeneacetonitrile, *see* C-00413
7-Chloro-5-(2-chlorophenyl)-1,3-dihydro-3-hydroxy-2*H*-1,4-benzodiazepin-2-one, *in* D-00056
7-Chloro-5-(2-chlorophenyl)-1,3-dihydro-3-hydroxy-1-methyl-2*H*-1,4-benzodiazepin-2-one, *see* L-00097
▷7-Chloro-5-(2-chlorophenyl)-1,3-dihydro-3-hydroxy-2*H*-pyrido[3,2-*e*]-1,4-diazepin-2-one, *see* L-00088
7-Chloro-5-(2-chlorophenyl)-2,3-dihydro-1-methyl-1*H*-1,4-benzodiazepine-2-methanol, *see* T-00573
7-Chloro-5-(4-chlorophenyl)-1,3-dihydro-1-methyl-2*H*-1,4-benzodiazepin-2-one, *see* C-00227
7-Chloro-5-(2-chlorophenyl)-1,3-dihydro-1-[2-[(4-methylphenyl)sulfonyl]ethyl]-2*H*-1,4-benzodiazepin-2-one, *see* T-00372
6-Chloro-2-(4-chlorophenyl)-*N*,*N*-dipropylimidazo[1,2-*a*]pyridine-3-acetamide, *see* A-00148
N^4-[7-Chloro-2-[2-(2-chlorophenyl)ethenyl]-4-quinolinyl]-*N′*,*N′*-diethyl-1,4-pentanediamine, *see* A-00331
2-(6-Chloro-2-*p*-chlorophenylimidazo[1,2-*a*]pyridin-3-yl)-*N*,*N*-dipropylacetamide, *see* A-00148
8-Chloro-6-(2-chlorophenyl)-1-methyl-4*H*-imidazo[1,5-*a*]-[1,4]-benzodiazepine, *see* C-00426
▷8-Chloro-6-(2-chlorophenyl)-1-methyl-4*H*-[1,2,4]-triazolo[4,3-*a*][1,4]benzodiazepine, *see* T-00425
7-Chloro-5-(2-chlorophenyl)-*N*-(2-propenyloxy)-3*H*-1,4-benzodiazepin-2-amine, *see* U-00004
▷8-Chloro-6-(2-chlorophenyl)-4*H*-pyrido[2,3-*f*]-1,2,4-triazolo[4,3-*a*][1,4]diazepine, *see* Z-00005
▷10-Chloro-11*b*-(2-chlorophenyl)-2,3,7,11*b*-tetrahydro-3-methyloxazolo[3,2-*d*][1,4]benzodiazepin-6(5*H*)-one, *see* M-00350
▷10-Chloro-11*b*-(*o*-chlorophenyl)-2,3,7,11*b*-tetrahydrooxazolo[3,2-*d*][1,4]benzodiazepin-6(5*H*)-one, *see* C-00517
4′-Chloro-5-[(7-chloro-4-quinolinyl)amino]-3-[[(1,1-dimethylethyl)amino]methyl][1,1′-biphenyl]-2-ol, *see* T-00046
7-Chloro-2-(*o*-chlorostyryl)-4-[[4-(diethylamino)-1-methylbutyl]amino]quinoline, *see* A-00331
▷Chlorocid, *see* C-00195
▷4-Chloro-*m*-cresol, *see* C-00256
▷Chlorocresol USAN, *see* C-00256
5-Chloro-2,4-cresotic acid, *see* C-00245
4′-Chloro-2-[(2-cyano-1-methylethyl)methyl]amino]-2′-(*o*-fluorobenzoyl)-*N*-methylacetanilide, *see* A-00145
2,2′-[(2-Chloro-5-cyano-1,3-phenylene)diimino]bis[2-oxoacetic acid], *see* L-00071
N,*N′*-(2-Chloro-5-cyano-*m*-phenylene)dioxamic acid, *see* L-00071
7-Chloro-5-(1-cyclohexen-1-yl)-1,3-dihydro-2*H*-1,4-benzodiazepin-2-one, *see* N-00223
▷7-Chloro-5-(cyclohexen-1-yl)-1,3-dihydro-1-methyl-2*H*-1,4-benzodiazepin-2-one, *see* T-00154
▷5-Chloro-*N*-[2-[4-[[[(cyclohexylamino)carbonyl]amino]-sulfonyl]phenyl]ethyl]-2-methoxybenzamide, *see* G-00032
5-Chloro-6-cyclohexyl-2(3*H*)-benzofuranone, C-00224
▷3-(3-Chloro-4-cyclohexylbenzoyl)propionic acid, *see* B-00341
▷6-Chloro-5-cyclohexyl-2,3-dihydro-1*H*-indene-1-carboxylic acid, *see* C-00225
6-Chloro-2-cyclohexyl-2,3-dihydro-3-oxo-1*H*-isoindole-5-sulfonamide, *see* C-00495
▷6-Chloro-5-cyclohexyl-1-indanecarboxylic acid, C-00225
▷3-Chloro-4-cyclohexyl-*γ*-oxobenzenebutanoic acid, *see* B-00341
6-Chloro-2-cyclohexyl-3-oxo-5-isoindolinesulfonamide, *see* C-00495
5-Chloro-2-cyclohexyl-6-sulfamoylisoindolin-1-one, *see* C-00495
▷6-Chloro-3-(cyclopentylmethyl)-3,4-dihydro-2*H*-1,2,4-benzothiadiazine-7-sulfonamide 1,1-dioxide, *see* C-00630
7-Chloro-1-[2-(cyclopropylmethoxy)ethyl]-1,3-dihydro-5-phenyl-2*H*-1,4-benzodiazepin-2-one, *see* I-00011
▷7-Chloro-1-(cyclopropylmethyl)-1,3-dihydro-5-phenyl-2*H*-1,4-benzodiazepin-2-one, *see* P-00404
▷7-Chloro-1-(cyclopropylmethyl)-5-(2-fluorophenyl)-1,3-dihydro-2*H*-1,4-benzodiazepin-2-one, *see* F-00231
▷7-Chloro-*N*-(cyclopropylmethyl)-5-phenyl-3*H*-1,4-benzodiazepin-2-amine 4-oxide, *see* C-00645
7-Chloro-*N*-demethyl-7-deoxy-3′-deproyl-3′-pentyllincomycin, *see* M-00393
2-Chloro-2′-deoxyadenosine, *in* C-00214
5′-Chloro-5′-deoxyarabinosylcytosine, C-00226
3′-Chloro-3′-deoxybutirosin A, *in* B-00408
▷7-Chloro-7-deoxylincomycin, *see* C-00428
3-(2-Chloro-2-deoxy-*β*-D-ribofuranosyl)-3,6,7,8-tetrahydroimidazo[4,5-*d*][1,3]diazepin-8-ol, *see* A-00066
7-Chloro-10-(1-deoxysorbityl)isoalloxizine, *see* F-00111
▷10-Chlorodeserpidine, *see* C-00285
4′-Chlorodiazepam, C-00227
3-(2-Chloro-11*H*-dibenz[*b*,*e*]azepin-11-ylidene)-*N*,*N*-dimethyl-1-propanamine, *see* C-00234
3-(1-Chloro-5*H*-dibenzo[*a*,*d*]cyclohepten-5-ylidene)-*N*,*N*-dimethyl-1-propanamine, C-00228
3-(1-Chloro-5*H*-dibenzo[*a*,*d*]cyclohepten-5-ylidene)-*N*,*N*-dimethyl-1-propanamine *N*-oxide, *in* C-00228
2-(8-Chloro-3-dibenzofuranyl)propanoic acid, *see* F-00288
2-[(8-Chlorodibenzo[*b*,*f*]thiepin-10-yl)oxy]-*N*,*N*-dimethylethylamine, *see* Z-00039
4-(2-Chloro-11*H*-dibenz[*b*,*e*][1,4]oxathiepin-11-yl)-1-methylpiperidine, *see* C-00516
1-[[8-Chlorodibenz[*b*,*f*][1,4]oxazepine-10(11*H*)-yl]-carboxylic acid 2-(5-chlorovaleryl)hydrazide, *see* P-00265
4-[3-(2-Chlorodibenz[*b*,*e*]oxepin-11(6*H*)-ylidene)propyl]-1-piperazineethanol, *see* P-00272
▷1-Chloro-2-[2,2-dichloro-1-(4-chlorophenyl)ethyl]benzene, *see* D-00180
▷6-Chloro-3-(dichloromethyl)-3,4-dihydro-2*H*-1,2,4-benzothiadiazine-7-sulfonamide 1,1-dioxide, *see* T-00439
5-Chloro-6-(2,3-dichlorophenoxy)-2-(methylthio)-1*H*-benzimidazole, *see* T-00446
▷5-Chloro-2-(2,4-dichlorophenoxy)phenol, *see* T-00437
7-Chloro-*N*-(3,4-dichlorophenyl)-2,3-dihydro-5-hydroxy-1-benzothiepin-4-carboxamide 1,1-dioxide, *see* E-00059
▷2-Chloro-1-(2,4-dichlorophenyl)ethenyl diethyl phosphate, *see* C-00203
▷2-Chloro-1-(2,4-dichlorophenyl)vinyl diethyl phosphate, *see* C-00203
6-Chloro-6,7-didehydroretroprogesterone, *in* C-00276
▷2-Chloro-10-(*N*,*N*-diethyl-*β*-alanyl)phenothiazine, *see* C-00192
5-Chloro-2-[4-(2-diethylaminoethoxy)phenyl]benzothiazole, *see* H-00005
▷4-Chloro-*α*-[4-[2-(diethylamino)ethoxy]phenyl]-*α*-(4-methylphenyl)benzeneethanol, *see* T-00523
2′-Chloro-2-[[2-(diethylamino)ethyl]ethylamino]acetanilide, *see* C-00446
▷7-Chloro-1-(2-diethylaminoethyl)-5-(2-fluorophenyl)-1,3-dihydro-2*H*-1,4-benzodiazepin-2-one, *see* F-00217

[[8-Chloro-3-[2-(diethylamino)ethyl]-4-methyl-2-oxo-2H-1-benzopyran-7-yl]oxy]acetic acid ethyl ester, *see* C-00497

▷4-Chloro-N-[2-(diethylamino)ethyl]-2-(propenyloxy)benzamide, *see* A-00126

6-Chloro-9-[[3-(diethylamino)-2-hydroxypropyl]amino]-2-methoxyacridine, C-00229

▷7-Chloro-4-[[4-(diethylamino)-1-methylbutyl]amino]-3-methylquinoline, *see* M-00240

▷7-Chloro-4-(4-diethylamino-1-methylbutylamino)quinoline, *see* C-00284

▷6-Chloro-N-(4-diethylamino-1-methylbutyl)-2-methoxy-9-acridinamine, *see* Q-00010

2′-Chloro-2-[2-[(diethylamino)methyl]imidazol-1-yl]-5-nitrobenzophenone, *see* N-00193

▷2-Chloro-10-(3-diethylamino)-1-oxopropyl-10H-phenothiazine, *see* C-00192

▷2-Chloro-10-(3-diethylaminopropionyl)phenothiazine, *see* C-00192

5-Chloro-7-[[[3-(diethylamino)propyl]amino]methyl]-8-quinolinol, *see* C-00407

▷2-Chloro-10-[3-(diethylamino)propyl]phenothiazine, *see* C-00296

4-Chloro-N,N-diethyl-N-heptylbenzenebutanaminium, *see* C-00457

▷2-Chloro-N,N-diethyl-10H-phenothiazine-10-propanamine, *see* C-00296

21-Chloro-6,9-difluoro-11,17-dihydroxy-16-methylpregna-1,4-diene-3,20-dione, *see* U-00006

9-Chloro-6α,11β-difluoro-21-hydroxy-16α-methylpregna-1,4-diene-3,20-dione, *see* H-00006

▷2-Chloro-1-(difluoromethoxy)-1,1,2-trifluoroethane, C-00230

▷2-Chloro-2-(difluoromethoxy)-1,1,1-trifluoroethane, C-00231

2-Chloro-6α,9-difluoro-11β,17,21-trihydroxy-16α-methylpregna-1,4-diene-3,20-dione, *see* H-00010

5-Chloro-1-[1-[(2,3-dihydro-1,4-benzodioxin-2-yl)methyl]-4-piperidinyl]-1,3-dihydro-2H-benzimidazol-2-one, *see* A-00489

▷6-Chloro-3,4-dihydro-2H-1,2,4-benzothiadiazine-7-sulfonamide 1,1-dioxide, *see* H-00098

4′-Chloro-2-[3-(10,11-dihydro-5H-dibenz[b,f]azepin-5-yl)-propyl]acetophenone, *see* L-00074

▷1′-[3-(3-Chloro-10,11-dihydro-5H-dibenz[b,f]azepin-5-yl)-propyl][1,4′-bipiperidine]-4′-carboxamide, *see* C-00441

▷1-(8-Chloro-10,11-dihydrodibenzo[b,f]thiepin-10-yl)-4-methylpiperazine, *see* C-00501

7-Chloro-2,3-dihydro-2,2-dihydroxy-5-phenyl-1H-benzodiazepine-3-carboxylic acid, *see* C-00494

▷2-Chloro-9,10-dihydro-N,N-dimethyl-9-acridinepropanamine, *see* C-00465

8-Chloro-6,11-dihydro-N,N-dimethyl-5H-benzo[5,6]-cyclohepta[1,2-b]pyridine-11-ethanamine, *see* C-00505

▷3-Chloro-10,11-dihydro-N,N-dimethyl-5H-dibenz[b,f]azepine-5-propanamine, *see* C-00472

11-Chloro-8,12b-dihydro-2,8-dimethyl-12b-phenyl-4H-[1,3]-oxazino[3,2-d][1,4]benzodiazepine-4,7(6H)-dione, *see* K-00012

▷6-Chloro-1,2-dihydro-17-hydroxy-3′H-cyclopropa[1,2]pregna-1,4,6-triene-3,20-dione, *see* C-00651

▷2-Chloro-5-(2,3-dihydro-1-hydroxy-3-oxo-1H-isoindol-1-yl)-benzenesulfonamide, *see* C-00302

▷7-Chloro-1,3-dihydro-3-hydroxy-5-phenyl-2H-1,4-benzodiazepin-2-one, *see* O-00096

7-Chloro-1,3-dihydro-3-hydroxy-5-phenyl-2H-1,4-benzodiazepin-2-one, *see* P-00367

7-Chloro-3,4-dihydro-10-hydroxy-3-[4-(trifluoromethyl)-phenyl]-1,9(2H,10H)-acridinedione, *see* F-00127

5-Chloro-N-(4,5-dihydro-1H-imidazol-2-yl)-2,1,3-benzothiadiazol-4-amine, *see* T-00330

4-Chloro-N-(4,5-dihydro-1H-imidazol-2-yl)-6-methoxy-2-methyl-5-pyrimidinamine, *see* M-00468

▷7-Chloro-2,3-dihydro-1H-inden-4-ol, *see* C-00252

6-Chloro-3,4-dihydro-3-isobutyl-7-sulfamoyl-1,2,4(2H)-benzothiadiazine 1,1-dioxide, *see* B-00401

7-Chloro-3,3a-dihydro-2H,9H-isoxazolo[3,2-b][1,3]-benzoxazin-9-one, *see* S-00032

▷6-Chloro-3,4-dihydro-3-(α-methylbenzyl)-2H-1,2,4-benzothiadiazine-7-sulfonamide 1,1-dioxide, *see* B-00032

7-[(3-Chloro-6,11-dihydro-6-methyldibenzo[c,f][1,2]-thiazepin-11-yl)amino]heptanoic acid S,S-dioxide, *see* T-00240

8-Chloro-6-[[4,5-dihydro-1-(1-methylethyl)-1H-imidazol-2-yl]-methyl]-3,4,5,6-tetrahydro-2H-1,6-benzothiazocine, *see* D-00026

6-Chloro-1,5-dihydro-3-methylimidazo[2,1-b]quinazolin-2(3H)-one, *see* Q-00005

▷7-Chloro-3,3a-dihydro-2-methyl-2H,9H-isoxazolo[3,2-b][1,3]-benzoxazin-9-one, *see* M-00132

7-Chloro-5,6-dihydro-5-methyl-6-oxo-4H-imidazo[1,5-a][1,4]-benzodiazepine-3-carboxylic acid ethyl ester, *see* S-00024

▷7-Chloro-2,3-dihydro-1-methyl-2-oxo-5-phenyl-1H-1,4-benzodiazepin-3-yl dimethylcarbamate, *see* C-00019

▷7-Chloro-2,3-dihydro-1-methyl-5-phenyl-1H-1,4-benzodiazepine, *see* M-00053

▷7-Chloro-1,3-dihydro-1-methyl-5-phenyl-(2H)-1,4-benzodiazepine-2-thione, *see* S-00180

▷7-Chloro-2,3-dihydro-1-methyl-5-phenyl-1,4-benzodiazepin-2-one, *see* D-00148

2-Chloro-5-[2,3-dihydro-3-methyl-2-(phenylimino)-4-thiazolyl]-N,N-dimethylbenzenesulfonamide, *see* M-00318

6-Chloro-3,4-dihydro-2-methyl-3-[(2-propenylthio)methyl]-2H-1,2,4-benzothiadiazine-7-sulfonamide 1,1-dioxide, *see* M-00166

6-Chloro-3,4-dihydro-3-(2-methylpropyl)-(2H)-1,2,4-benzothiadiazine-7-sulfonamide 1,1-dioxide, *see* B-00401

▷6-Chloro-3,4-dihydro-2-methyl-3-[[(2,2,2-trifluoroethyl)-thio]-methyl]-2H-1,2,4-benzothiadiazine-7-sulfonamide 1,1-dioxide, *see* P-00386

N-[2-[4-(5-Chloro-2,3-dihydro-2-oxo-1H-benzimidazol-1-yl)-1-piperidinyl]ethyl]-4-fluorobenzamide, *see* H-00012

▷5-Chloro-1-[1-[3-(2,3-dihydro-2-oxo-1H-benzimidazol-1-yl)-propyl]-4-piperidinyl]-1,3-dihydro-2H-benzimidazol-2-one, *see* D-00576

7-Chloro-2,3-dihydro-2-oxo-5-phenyl-1H-1,4-benzodiazepine-3-carboxylic acid, *see* C-00494

7-Chloro-2,3-dihydro-2-oxo-5-phenyl-1H-1,4-benzodiazepin-3-yl 2,2-dimethylpropanoate, *see* P-00367

▷7-Chloro-1,3-dihydro-5-phenyl-2H-1,4-benzodiazepin-2-one, *in* D-00148

▷7-Chloro-1,3-dihydro-5-phenyl-2H-1,4-benzodiazepin-2-one 4-oxide, *see* D-00069

▷6-Chloro-3,4-dihydro-3-(1-phenylethyl)-2H-1,2,4-benzothiadiazine-7-sulfonamide 1,1-dioxide, *see* B-00032

▷7-Chloro-1,3-dihydro-5-phenyl-1-(2-propynyl)-2H-1,4-benzodiazepin-2-one, *see* P-00268

▷7-Chloro-1,3-dihydro-5-phenyl-1-(2,2,2-trifluoroethyl)-2H-1,4-benzodiazepin-2-one, *see* H-00003

6-Chloro-3,4-dihydro-3-[(2-propenylthio)methyl]-2H-1,2,4-benzothiadiazine-7-sulfonamide 1,1-dioxide, *see* A-00157

3-(9-Chloro-5,6-dihydro-11H-pyrrolo[2,1-b][3]benzazepin-11-ylidene)-N,N-dimethyl-1-propanamine, *see* N-00065

▷3-Chloro-4-(2,5-dihydro-1H-pyrrol-1-yl)-α-methylbenzeneacetic acid, *see* P-00355

6-Chloro-3,4-dihydro-3-(succinimidomethyl)-2H-1,2,4-benzothiadiazine-7-sulfonamide 1,1-dioxide, *see* S-00269

▷6-Chloro-3,4-dihydro-7-sulfamoyl-1,2,4-benzothiadiazine 1,1-dioxide, *see* H-00098

6-Chloro-3,4-dihydro-3-(trichloromethyl)-2H-1,2,4-benzothiadiazine-7-sulfonamide 1,1-dioxide, *see* T-00047

6-Chloro-3,4-dihydro-3-[[(2,2,2-trifluoroethyl)thio]-methyl]-2H-1,2,4-benzothiadiazine-7-sulfonamide 1,1-dioxide, *see* E-00085

9-Chloro-11,15-dihydroxy-16,16-dimethylprosta-5,13-dien-1-oic acid, *see* N-00195

6-Chloro-17,21-dihydroxypregna-1,4-diene-3,11,20-trione, C-00232

6-Chloro-3,17-dihydroxypregna-4,6-dien-20-one, *see* C-00463

7-Chloro-1-(2,3-dihydroxypropyl)-5-(2-fluorophenyl)-1,3-dihydro-2H-1,4-benzodiazepin-2-one, *see* P-00464

6-Chloro-4-(2,3-dihydroxypropyl)-2-methyl-2*H*-1,4-benzoxazin-3(4*H*)-one, *see* D-00528
▷4′-Chloro-3,5-diiodosalicylanilide acetate, *see* C-00430
▷4′-Chloro-3,5-dimethoxy-4-(2-morpholinoethoxy)benzophenone, *see* M-00440
6-Chloro-2,3-dimethoxy-1,4-naphthalenediol diacetate, *in* C-00257
2-Chloro-1,3-dimethoxypropane, *in* C-00278
▷2-[*p*-Chloro-α-[2-(dimethylamino)ethoxy]benzyl]pyridine, *see* C-00052
8-Chloro-10-(2-dimethylaminoethoxy)dibenzo[*b,f*]thiepine, *see* Z-00039
5-Chloro-2-[[*N*-[2-(dimethylamino)ethyl]anilino]methyl]-benzimidazole, *see* M-00366
▷2-[*p*-Chloro-α-[2-(dimethylamino)ethyl]benzyl]pyridine, *see* C-00292
2-Chloro-10-[2-(dimethylamino)ethyl]-5,10-dihydro-11*H*-dibenzo[*b,e*][1,4]diazepin-11-one, *see* C-00434
▷2-Chloro-α-[2-(dimethylamino)ethyl]-α-phenylbenzenemethanol, *see* C-00191
▷4-Chloro-α-[2-(dimethylamino)-1-methylethyl]-α-methyl-benzeneethanol, *see* C-00438
3-Chloro-α-[(dimethylamino)methyl]-β-phenylbenzeneethanol, *see* C-00417
m-Chloro-α-[(dimethylamino)methyl]-β-phenylphenethyl alcohol, *see* C-00417
8-Chloro-1-[(dimethylamino)methyl]-6-phenyl-4*H*-*s*-triazolo[4,3-*a*][1,4]benzodiazepine, *see* A-00071
▷7-Chloro-4-dimethylamino-1,4,4*a*,5,5*a*,6,11,12*a*-octahydro-3,6,10,12,12*a*-pentahydroxy-1,11-dioxonaphthacene-2-carboxamide, *see* D-00064
▷7-Chloro-4-(dimethylamino)-1,4,4*a*,5,5*a*,6,11,12*a*-octahydro-3,6,10,12,12*a*-pentahydroxy-6-methyl-1,11-dioxo-2-naphthacenecarboxamide, *see* A-00476
▷7-Chloro-4-(dimethylamino)-1,4,4*a*,5,5*a*,6,11,12*a*-octahydro-3,5,10,12,12*a*-pentahydroxy-6-methylene-1,11-dioxo-2-naphthacenecarboxamide, *see* M-00044
4-Chloro-*N*-[[[4-(dimethylamino)phenyl]amino]carbonyl]-benzenesulfonamide, *see* G-00076
2-Chloro-9-[(3-dimethylamino)propanoyl]-9*H*-thioxanthene, C-00233
▷2-Chloro-9-[3-(dimethylamino)propyl]acridan, *see* C-00465
▷3-Chloro-5-(3-dimethylaminopropyl)-10,11-dihydrodibenz[*b,f*]-azepine, *see* C-00472
▷5-Chloro-1-[3-(dimethylamino)propyl]-1,3-dihydro-3-phenyl-2*H*-benzimidazol-2-one, *see* C-00448
2-Chloro-11-[3-(dimethylamino)propylidene]-11*H*-dibenz[*b,e*]-azepine, C-00234
3-Chloro-11-[3-(dimethylamino)propylidene]-5,6-dihydromorphanthridine, *see* E-00022
2-Chloro-11-(3-dimethylaminopropylidene)morphanthridine, *see* C-00234
▷2-Chloro-10-(3-dimethylaminopropyl)phenothiazine, *see* C-00298
▷5-Chloro-1-[3-(dimethylamino)propyl]-3-phenyl-2-benzimidazolinone, *see* C-00448
2-Chloro-α,α-dimethylbenzeneethanamine, *see* C-00271
▷4-Chloro-α,α-dimethylbenzeneethanamine, *see* C-00295
6-Chloro-3-(1,2-dimethylbutyl)-3,4-dihydro-2*H*-1,2,4-benzothiadiazine-7-sulfonamide 1,1-dioxide, *see* M-00040
3-[4-Chloro-2-[3-[(1,1-dimethylethyl)amino]-2-hydroxypropoxy]phenyl]-2-cyclopenten-1-one, *see* E-00107
2-Chloro-α-[(1,1-dimethylethylamino)methyl]benzenemethanol, *see* B-00426
Chloro[5-(1,1-dimethylethyl)-2-hydroxyphenyl]mercury, *see* B-00429
▷2-Chloro-4-(1,1-dimethylethyl)phenyl methyl methyl-phosphoramidate, *see* C-00572
p-Chloro-α,α-dimethylphenethyl alaninate, *see* A-00094
o-Chloro-α,α-dimethylphenethylamine, *see* C-00271
▷*p*-Chloro-α,α-dimethylphenethylamine, *see* C-00295
▷4-Chloro-3,5-dimethylphenol, C-00235
▷2-Chloro-*N*,*N*-dimethyl-10*H*-phenothiazine-10-propanamine, *see* C-00298
N-[4-Chloro-6-[(2,3-dimethylphenyl)amino]-2-pyrimidinyl]-glycine, *see* A-00446
▷[[4-Chloro-6-[(2,3-dimethylphenyl)amino]-2-pyrimidinyl]-thio]-acetic acid, *see* P-00332
▷2-[[4-Chloro-6-(2,3-dimethylphenyl)amino-2-pyrimidinyl]-thio]-*N*-(2-hydroxyethyl)acetamide, *see* P-00333
6-Chloro-N^4-(2,3-dimethylphenyl)-N^2,N^2-dimethyl-2,4-pyrimidinediamine, *see* L-00070
8-Chloro-*N*,*N*-dimethyl-6-phenyl-4*H*-[1.2.4]triazolo[4,3-*a*]-[1,4]benzodiazepine-1-methanamine, *see* A-00071
7-Chloro-1-[(dimethylphosphinyl)methyl]-1,3-dihydro-5-phenyl-2*H*-1,4-benzodiazepin-2-one, *see* F-00253
4-Chloro-*N*-(2,6-dimethylpiperidino)-3-sulfamoylbenzamide, *see* C-00480
2-Chloro-5-[(3,5-dimethyl-1-piperidinyl)sulfonyl]benzoic acid, *see* T-00252
▷*N*′-(5-Chloro-2,6-dimethyl-4-pyrimidinyl)sulfanilamide, *see* S-00188
▷2-Chloro-*N*,*N*-dimethylthioxanthene-$\Delta^{9,\gamma}$-propylamine,, *see* C-00300
▷4′-Chloro-2,6-dioxocyclohexanecarbothioanilide, *see* O-00050
3-Chloro-4-(2,5-dioxo-3-phenyl-1-pyrrolidinyl)-benzenesulfonamide, *see* S-00174
5-Chlorodiphenylamine-2,2′-dicarboxylic acid, *see* L-00066
▷1-(*o*-Chloro-α,α-diphenylbenzyl)imidazole, *see* C-00512
2-[4-(4-Chloro-1,2-diphenyl-1-butenyl)phenoxy]-*N*,*N*-di-methylethanamine, *see* T-00388
4-Chloro-1,2-diphenyl-1-[4-[2-(*N*,*N*-dimethylamino)ethoxy]-phenyl]-1-butene, *see* T-00388
▷2-[4-(2-Chloro-1,2-diphenylethenyl)phenoxy]-*N*,*N*-diethyl-ethanamine, *see* C-00471
▷2-[*p*-(2-Chloro-1,2-diphenylvinyl)phenoxy]triethylamine, *see* C-00471
4-Chloro-*N*-(1,3-dithietan-2-ylidene)-2-methylbenzenamine, *see* N-00148
4-Chloro-*N*-(endohexahydro-4,7-methanoisoindolin-2-yl)-3-sulfamoylbenzamide, *see* T-00522
▷Chloroethane, C-00236
▷1,1′,1″-(1-Chloro-1-ethenyl-2-ylidene)tris[4-methoxybenzene], *see* C-00290
1-Chloro-4-ethoxybenzene, *in* C-00260
3-(2-Chloroethoxy)-9-fluoro-11β,16α,17,21-tetrahydroxy-20-oxopregna-3,5-diene-6-carbonitrile cyclic 16,17-acetal with acetone, *see* C-00338
10-Chloro-3-(ethoxymethyl)-2,3,6,9-tetrahydro-9-oxo-1,4-dioxino[2,3-*g*]quinoline-3-carboxylic acid ethyl ester, *see* Q-00016
2-Chloro-3-ethoxy-1-propanol, *in* C-00278
▷5-Chloro-2-(ethylamino)-4-methyl-4-phenyl-4*H*-3,1-benzoxazine, *see* E-00235
5-Chloro-2-(ethylamino)-4-phenyl-4*H*-3,1-benzothiazine, *see* E-00141
▷2-Chloroethyl *N*,*N*-bis(2-chloroethyl)-*N*′-(3-hydroxypropyl)-phosphorodiamidate, *see* D-00047
▷3-(2-Chloroethyl)-2-[(2-chloroethyl)amino]tetrahydro-2*H*-1,3,2-oxazaphosphorine 2-oxide, *see* I-00021
▷1-(2-Chloroethyl)-3-cyclohexyl-1-nitrosourea, *see* L-00083
▷*N*-(2-Chloroethyl)-*N*′-cyclohexyl-*N*-nitrosourea, *see* L-00083
5-(2-Chloroethyl)-2′-deoxyuridine, *in* C-00239
5-Chloro-3-ethyl-3,4-dihydro-2*H*-1,2,4-benzothiadiazine-7-sulfonamide 1,1-dioxide, *see* E-00153
▷2-(2-Chloroethyl)-2,3-dihydro-4*H*-1,3-benzoxazin-4-one, *see* C-00303
▷3-(2-Chloroethyl)-3,4-dihydro-4-oxoimidazo[5,1-*d*]-1,2,3,5-tetrazine-8-carboxamide, *see* M-00408
N-(2-Chloroethyl)-*N*′-(2,2-dimethylpropyl)-*N*-nitrosourea, *see* P-00089
1-(2-Chloroethyl)-3-[2-(dimethylsulfamoyl)ethyl]-1-nitrosourea, *see* T-00033
3-Chloro-5-ethyl-*N*-[(1-ethyl-2-pyrrolidinyl)methyl]-6-hydroxy-2-methoxybenzamide, *see* E-00233
N-(2-Chloroethyl)-*N*′-(3-hydroxyandrost-5-en-17-yl)-*N*-nitrosourea, *see* S-00168
▷*N*-(2-Chloroethyl)-*N*′-(2-hydroxyethyl)-*N*-nitrosourea, C-00237
1-(2-Chloroethyl)-3-(2,3-*O*-isopropylidene-D-ribofuranosyl)-1-nitrosourea 5′-*p*-nitrobenzoate, *see* B-00248

▷*N*-(2-Chloroethyl)-*N'*-(4-methylcyclohexyl)-*N*-nitrosourea, *see* S-00041
N-(2-Chloroethyl)-*N'*-[2,3-*O*-(1-methylethylidene)-5-*O*-(4-nitrobenzoyl)-D-ribofuranosyl]-*N*-nitrosourea, *see* B-00248
▷*N*-(2-Chloroethyl)-*N*-(1-methyl-2-phenoxyethyl)-benzenemethanamine, *see* P-00170
▷*N*-(2-Chloroethyl)-*N*-(1-methyl-2-phenoxyethyl)benzylamine, *see* P-00170
▷6-Chloro-*N*-ethyl-4-methyl-4-phenyl-4*H*-3,1-benzoxazin-2-amine, *see* E-00236
▷5-(2-Chloroethyl)-4-methylthiazole, C-00238
2-[[[(2-Chloroethyl)nitrosoamino]carbonyl]amino]-*N*,*N*-dimethylethanesulfonamide, *see* T-00033
[1-[[[(2-Chloroethyl)nitrosoamino]carbonyl]amino]ethyl]-phosphonic acid diethyl ester, *see* F-00261
▷1-Chloro-3-ethyl-1-penten-4-yn-3-ol, *see* E-00151
3-[1-[4-(2-Chloroethyl)phenyl]butyl]-4-hydroxy-2*H*-1-benzopyran-2-one, *see* C-00445
3-[*p*-(2-Chloroethyl)-α-propylbenzyl]-4-hydroxycoumarin, *see* C-00445
5-(2-Chloroethyl)-2,4(1*H*,3*H*)pyrimidinedione, *see* C-00239
5-Chloro-*N'*-[(1-ethyl-2-pyrrolidinyl)methyl]-2-methoxysulfanilamide, *see* L-00091
7-Chloro-1-[2-(ethylsulfonyl)ethyl]-5-(2-fluorophenyl)-1,3-dihydro-2*H*-1,4-benzodiazepin-2-one, *see* E-00025
▷2-[[3-(2-Chloroethyl)tetrahydro-2*H*-1,3,2-oxazaphosphorin-2-yl]amino]ethanol methanesulfonate *P*-oxide, *see* S-00178
7-Chloro-2-ethyl-1,2,3,4-tetrahydro-4-oxo-6-quinazolinesulfonamide, *see* Q-00021
5-Chloroethylthiamine, *see* B-00025
5-(2-Chloroethyl)uracil, C-00239
▷17α-(2-Chloroethynyl)-17β-hydroxyestra-4,9-dien-3-one, *see* E-00226
▷17α-(Chloroethynyl)-19-nor-4,9-androstadien-17β-ol-3-one, *see* E-00226
N-[4-Chloro-2-(2-fluorobenzoyl)phenyl]-2-[(2-cyano-1-methylethyl)methylamino]-*N*-methylacetamide, *see* A-00145
5-Chloro-1-[3-[4-(*p*-fluorobenzoyl)piperidino]propyl]-2-benzimidazolinone, *see* M-00374
5-Chloro-1-[3-[4-(4-fluorobenzoyl)-1-piperidinyl]propyl]-1,3-dihydro-2*H*-benzimidazol-2-one, *see* M-00374
6-Chloro-3-(*p*-fluorobenzyl)-3,4-dihydro-2*H*-1,2,4-benzothiadiazine-7-sulfonamide 1,1-dioxide, *see* P-00022
4-(2-Chloro-7-fluoro-10,11-dihydrodibenzo[*b*,*f*]thiepin-10-yl)-1-piperazinepropanamide, *see* C-00459
9-Chloro-6α-fluoro-11β,21-dihydroxy-16α-methylpregna-1,4-diene-3,20-dione, *see* C-00444
21-Chloro-9α-fluoro-11β,17α-dihydroxy-16β-methyl-1,4-pregnadiene-3,20-dione, *see* C-00437
▷21-Chloro-9-fluoro-11-hydroxy-16,17-[(1-methylethylidene)-bis(oxy)]pregn-4-ene-3,20-dione, *see* H-00004
21-Chloro-9α-fluoro-17α-hydroxy-16β-methyl-1,4-pregnadiene-3,11,20-trione, *in* C-00437
2-[[*p*-Chloro-α-(*p*-fluorophenyl)benzyl]oxy]ethylamine, *see* H-00011
8-Chloro-3-(2-fluorophenyl)-5,6-dihydrofuro[3,2-*f*]-1,2-benzisoxazole-6-carboxylic acid, C-00240
▷7-Chloro-5-(2-fluorophenyl)-1,3-dihydro-3-hydroxy-1-(2-hydroxyethyl)-2*H*-1,4-benzodiazepin-2-one, *see* D-00593
▷7-Chloro-5-(2-fluorophenyl)-1,3-dihydro-3-hydroxy-1-methyl-2*H*-1,4-benzodiazepin-2-one, *see* F-00226
▷7-Chloro-5-(2-fluorophenyl)-2,3-dihydro-3-hydroxy-2-oxo-1*H*-1,4-benzodiazepine-1-propionitrile, *see* C-00375
7-Chloro-5-(2-fluorophenyl)-1,3-dihydro-1-(2-isothiocyanatoethyl)-2*H*-1,4-benzodiazepin-2-one, *see* I-00169
7-Chloro-5-(2-fluorophenyl)-2,3-dihydro-1-[(methylamino)-carbonyl]-2-oxo-1*H*-1,4-benzodiazepine-3-carboxylic acid ethyl ester, *see* E-00179
▷7-Chloro-5-(2-fluorophenyl)-1,3-dihydro-1-methyl-2*H*-1,4-benzodiazepin-2-one, *see* F-00144
▷7-Chloro-5-(2-fluorophenyl)-1,3-dihydro-1-(2,2,2-trifluoroethyl)-2*H*-1,4-benzodiazepine-2-thione, *see* Q-00004
7-Chloro-5-(2-fluorophenyl)-2,3-dihydro-1-(2,2,2-trifluoroethyl)-1*H*-1,4-benzodiazepine, *see* F-00118
8-Chloro-6-(2-fluorophenyl)-1-methyl-4*H*-imidazo[1,5-*a*]-[1,4]-benzodiazepine, *see* M-00368
9-[(2-Chloro-6-fluorophenyl)methyl]-9*H*-purin-6-amine, *see* A-00448
▷10-Chloro-11*b*-(*o*-fluorophenyl)-2,3,7,11*b*-tetrahydro-7-(2-hydroxyethyl)oxazolo[3,2-*d*][1,4]benzodiazepin-6(5*H*)-one, *see* F-00225
▷21-Chloro-9-fluoro-11β,16α,17-trihydroxy-4-pregnene-3,20-dione cyclic 16,17-acetal with acetone, *see* H-00004
▷Chloroform, C-00241
▷4-Chloro-*N*-furfuryl-5-sulfamoylanthranilic acid, *see* F-00267
Chlorogen, *in* B-00075
▷Chloroguanide Triazine Pamoate, *in* C-00603
4-Chloro-*N*-[[(hexahydro-1*H*-azepin-1-yl)amino]carbonyl]-benzenesulfonamide, *see* G-00077
10-Chloro-1,2,3,3*a*,4,5-hexahydro-6*H*-indolo[3,2,1-*de*][1,5]-naphthyridin-6-one, *see* V-00035
6-Chloro-2,3,3*a*,4,9,9*a*-hexahydro-2-methyl-4-phenylbenz[*f*]-isoindoline, *see* L-00101
2-Chloro-*N*-[2-[3,4,5,6,7,12,12*a*-hexahydropyrazino[1',2':1,6]-pyrido[3,4-*b*]indol-2(1*H*)-yl]-ethyl]benzamide, *see* C-00202
2-Chloro-10-[3-(hexahydropyrrolo[1,2-*a*]pyrazin-2(1*H*)-yl)-1-oxopropyl]-10*H*-phenothiazine, *see* A-00493
▷α-Chlorohydrin, *see* C-00278
4-Chloro-*N*-[2-(hydroxyamino)-2-oxoethyl]benzamide, *see* B-00070
2α-Chloro-17β-hydroxyandrostan-3-one *O*-(4-nitrophenyl)oxime, *see* N-00161
4-Chloro-17β-hydroxyandrost-4-en-3-one, *see* C-00506
4-Chloro-6-[(3-hydroxy-2-butenylidene)amino]-*N*^{1}-propenyl-1,3-benzenedisulfonamide, *see* A-00174
m-Chloro-*p*-hydroxycephalexin, *see* C-00123
▷5-Chloro-2-hydroxydiphenylmethane, *see* B-00109
4-Chloro-17-hydroxyestr-4-en-3-one, C-00242
▷*p*-Chloro-*N*-(2-hydroxyethyl)-*N*-[(3-methyl-2-norbornyl)-methyl]benzamide, *see* C-00440
5-Chloro-3-[4-(2-hydroxyethyl)piperazin-1-ylformylmethyl]-2(3*H*)-benzothiazolone, *see* T-00245
2-Chloro-9-[3-[4-(2-hydroxyethyl)-1-piperazinyl]-propylidene]-thiaxanthene, *see* C-00481
▷2-Chloro-10-[3-[1-(2-hydroxyethyl)-4-piperazinyl]propyl]-phenothiazine, *see* P-00129
▷7-Chloro-4-hydroxyindane, *see* C-00252
7-Chloro-4-hydroxy-5-indanecarboxylic acid, C-00243
▷5-Chloro-8-hydroxy-7-iodoquinoline, C-00244
3-Chloro-6-hydroxy-4-methylbenzoic acid, C-00245
▷3-Chloro-7-hydroxy-4-methylcoumarin bis(2-chloroethyl)-phosphate, *see* H-00021
▷3-Chloro-7-hydroxy-4-methylcoumarin *O*-ester with *O*,*O*-diethyl phosphorothioate, *see* C-00555
2-Chloro-5-[4-hydroxy-3-methyl-2-(methylimino)-4-thiazolidinyl]benzenesulfonamide, *see* T-00331
4-[[(5-Chloro-2-hydroxy-3-methylphenyl)(4-chlorophenyl)-methylene]amino]butanamide, *see* T-00350
6-Chloro-17-hydroxy-16α-methylpregna-4,6-diene-3,20-dione, *see* C-00466
6-Chloro-4-hydroxy-2-methyl-*N*-2-pyridinyl-2*H*-thieno[2,3-*e*]-1,2-thiazine-3-carboxamide 1,1-dioxide, *see* L-00098
6-Chloro-17-hydroxy-19-norpregna-4,6-diene-3,20-dione, *see* A-00161
▷21-Chloro-17α-hydroxy-19-norpregna-4,9-dien-20-yn-3-one, *see* E-00226
2-Chloro-4-(1-hydroxyoctadecyl)benzoic acid, C-00246
▷2-Chloro-5-(1-hydroxy-3-oxo-1-isoindolinyl)benzenesulfonamide, *see* C-00302
▷Chloro(2-hydroxyphenyl)mercury, C-00247
6α-Chloro-17-hydroxypregna-1,4-diene-3,20-dione, *see* C-00398
▷6-Chloro-17α-hydroxy-4,6-pregnadiene-3,20-dione, *see* C-00208
6-Chloro-17-hydroxypregna-1,4,6-triene-3,20-dione, *see* D-00054

6-Chloro-17-hydroxypregn-4-ene-3,20-dione, C-00248
6-Chloro-17-hydroxyprogesterone, *see* C-00248
▷5-Chloro-8-hydroxyquinoline, C-00249
7-Chloro-8-hydroxyquinoline, C-00250
3-Chloro-6-hydroxy-*p*-toluic acid, *see* C-00245
▷2-Chloro-5-hydroxy-*m*-xylene, *see* C-00235
▷4-Chloro-*N*-(2-hydroxyethyl)-*N*-[(3-methylbicyclo[2.2.1]-hept-2-yl)methyl]benzamide, *see* C-00440
4-Chloro-5-(2-imidazolin-2-ylamino)-6-methoxy-2-methylpyrimidine, *see* M-00468
3-Chloro-1-(1*H*-imidazol-1-yl)-4-phenylisoquinoline, C-00251
4-Chloro-2,2′-iminodibenzoic acid, *see* L-00066
▷7-Chloro-4-indanol, C-00252
▷5-Chloro-7-iodo-8-quinolinol, *see* C-00244
5′-Chloro-2-[*p*-[(5-isobutyl-2-pyrimidinyl)sulfamoyl]-phenyl]-*o*-acetanisidide, *see* G-00036
o-Chloro-α-[(isopropylamino)methyl]benzyl alcohol, *see* C-00502
p-Chloro-α-isopropylbenzyl nicotinate, *see* N-00094
N-(2-Chloro-4-isothiocyanatophenyl)-2,4-dihydroxybenzamide, C-00253
▷Chloromercuribenzene, *see* C-00265
▷3-Chloromercuri-2-methoxypropylurea, *see* C-00209
▷2-Chloromercuriphenol, *see* C-00247
▷Chloromethapyrilene, *see* C-00282
▷Chloromethine, *see* D-00193
1-[(6-Chloro-2-methoxy-9-acridinyl)amino]-3-(diethylamino)-2-propanol, *see* C-00229
▷N^4-(6-Chloro-2-methoxy-9-acridinyl-*N*′,*N*′-diethyl-1,4-pentanediamine, *see* Q-00010
1-Chloro-4-methoxybenzene, *in* C-00260
▷4-[2-[(5-Chloro-2-methoxybenzoyl)amino]ethyl]benzoic acid, *see* M-00071
(5-Chloro-2-methoxybenzoyl)-3-[3-(4-*m*-tolyl-1-piperazinyl)-propyl]urea, *see* C-00348
16-Chloro-3-methoxyestra-1,3,5(10)-trien-17-one, *see* C-00467
5-Chloro-2-methoxy-*N*-[2-[4-[[[(methylamino)carbonyl]amino]-sulfonyl]phenyl]ethyl]benzamide, *see* G-00038
1-Chloro-4-methoxy-2-methylbenzene, *in* C-00256
3-Chloro-6-methoxy-4-methylbenzoic acid, *in* C-00245
5-Chloro-2-methoxy-*N*-[[[3-[4-(3-methylphenyl)-1-piperazinyl]-propyl]amino]carbonyl]benzamide, *see* C-00348
4-[6-(2-Chloro-4-methoxyphenoxy)hexyl]-3,5-heptanedione, *see* A-00444
[6-(2-Chloro-4-methoxyphenoxy)hexyl]phosphonic acid, C-00254
▷4-[*p*-Chloro-*N*-(*p*-methoxyphenyl)benzamido]butyric acid, *see* C-00409
N-(5-Chloro-2-methoxyphenyl)-4-[[[5-(2-methylpropyl)-2-pyrimidinyl]amino]sulfonyl]benzeneacetamide, *see* G-00036
2-Chloro-5-methoxytoluene, *in* C-00256
▷10-Chloro-17-methoxy-18-[(3,4,5-trimethoxybenzoyl)oxy]-yohimban-16-carboxylic acid methyl ester, *see* C-00285
4′-Chloro-2-[(methylamino)methyl]benzhydrol, *see* S-00057
4-Chloro-α-[2-[(methylamino)methyl]phenyl]-benzenemethanol, 10 CI, *see* S-00057
▷4-Chloro-2-(methylamino)-6-(4-methyl-1-piperazinyl)-5-(methylthio)pyrimidine, *see* M-00357
▷7-Chloro-2-(methylamino)-5-phenyl-3*H*-1,4-benzodiazepine 4-oxide, *see* C-00200
4-Chloro-6-methyl-1,3-benzenedisulfonamide, *see* D-00543
▷*N*-Chloro-4-methylbenzenesulfonamide, *see* C-00289
▷7-Chloro-3-methyl-2*H*-1,2,4-benzothiadiazine 1,1-dioxide, *see* D-00152
5-Chloro-3-methylbenzo[*b*]thiophene-2-acetic acid, *see* T-00239
▷6-Chloro-α-methyl-9*H*-carbazole-2-acetic acid, *see* C-00099
8-Chloro-α-methyl-3-dibenzofuranacetic acid, *see* F-00288
Chloromethyl 6α,9α-difluoro-11β,17α-dihydroxy-16α-methyl-3-oxoandrosta-1,4-diene-17β-carbothioate, *see* C-00509
▷3′-Chloro-2′-methyldiphenylamine-2-carboxylic acid, *see* T-00349
2′-Chloro-α-methylene-γ-oxo-[1,1′-biphenyl]-4-butanoic acid, *see* I-00220
2-Chloro-6-methylergoline-8-acetonitrile, *see* L-00026
2-Chloro-α-[[(1-methylethyl)amino]methyl]benzenemethanol, *see* C-00502
▷4-Chloro-*N*-(1-methylethylamino)-6-(4-methyl-1-piperazinyl)-5-(methylthio)-2-pyrimidinamine, *see* I-00165
▷4-Chloro-*N*-(2-methyl-1-indolinyl)-3-sulfamoylbenzamide, *see* I-00052
1-[(3-Chloro-2-methylindol-4-yl)oxy]-3-[(2-phenoxyethyl)-amino]-2-propanol, *see* I-00066
4-Chloro-*N*-(1-methyl-2-isoindolinyl)-3-sulfamoylbenzamide, *see* Z-00011
▷4-Chloro-*N*-methyl-3-[(methylamino)sulfonyl]benzamide, C-00255
▷α-(Chloromethyl)-2-methyl-5-nitro-1*H*-imidazole-1-ethanol, *see* O-00058
▷4-Chloro-*N*-methyl-6-(4-methyl-1-piperazinyl)-5-(methylthio)-2-pyrimidinamine, *see* M-00357
▷4-Chloro-*N*-methyl-3-(methylsulfamoyl)benzamide, *see* C-00255
Chloro-α-[methyl[(morpholinocarbonyl)methyl]amino]-*o*-benzotoluidide, *see* F-00240
N-[3-Chloro-2-[[methyl[2-(4-morpholinyl)-2-oxoethyl]amino]-methyl]phenyl]benzamide, *see* F-00240
Chloromethyl 5-nitro-2-furyl ketone, *see* C-00213
▷*O*-(3-Chloro-4-methyl-2-oxo-2*H*-1-benzoypran-7-yl) *O*,*O*-diethyl phosphorothioate, *see* C-00555
▷4-Chloro-3-methylphenol, C-00256
▷1-(2-Chloro-5-methylphenoxy)-3-[(1,1-dimethylethyl)amino]-2-propanol, *see* B-00369
▷2-[(3-Chloro-2-methylphenyl)amino]benzoic acid, *see* T-00349
▷2-[(3-Chloro-2-methylphenyl)amino]-3-pyridinecarboxylic acid, *see* C-00479
N-(3-Chloro-4-methylphenyl)-*N*′-4′-*tert*-amylphenoxyhexamethylenepiperazine, *see* T-00095
▷7-Chloro-*N*-methyl-5-phenyl-3*H*-1,4-benzodiazepin-2-amine 4-oxide, *see* C-00200
▷7-Chloro-1-methyl-5-phenyl-1*H*-1,5-benzodiazepine-2,4(3*H*,5*H*)-dione, *see* C-00433
▷2-[(*p*-Chloro-α-methyl-α-phenylbenzyl)oxy]-*N*,*N*-dimethylethylamine, *see* C-00294
2-[(*p*-Chloro-α-methyl-α-phenylbenzyl)oxy]-*N*,*N*-dimethylpropylamine, *see* M-00050
1-[2-[(*p*-Chloro-α-methyl-α-phenylbenzyl)oxy]ethyl]-hexahydro-1*H*-azepine, *see* S-00055
2-[[2-(*p*-Chloro-α-methyl-α-phenylbenzyl)oxy]ethyl]-1-methylpyrrolidine, *see* C-00416
1-[2-[(*p*-Chloro-α-methyl-α-phenylbenzyl)oxy]ethyl]-octahydroazocine, *see* C-00017
2-(*p*-Chloro-α-methyl-α-phenylbenzyloxy)triethylamine, *see* C-00452
N-(2-Chloro-4-methylphenyl)-4,5-dihydro-1*H*-imidazol-2-amine *see* T-00358
1-(3-Chloro-4-methylphenyl)-4-[6-[4-(1,1-dimethylpropyl)-phenoxy]hexyl]piperazine, *see* T-00095
▷1-[(4-Chloro-2-methylphenyl)methyl]-1*H*-indazole-3-carboxylic acid, *see* T-00356
N-(2-Chloro-6-methylphenyl)-2-(3-methyl-4-oxo-2-thiazolidinylidene)acetamide, *see* R-00004
N-(2-Chloro-6-methylphenyl)octahydro-1*H*-1-pyrindine-1-propanamide, *see* R-00072
▷8-Chloro-1-methyl-6-phenyl-4*H*-[1,2,4]triazolo[4,3-*a*][1,4]-benzodiazepine, *see* A-00150
2-Chloro-10-(4-methyl-1-piperazinyl)-5*H*-dibenzo[*a*,*d*]-cyclohepten-5-ylidene]acetonitrile, *see* R-00050
▷8-Chloro-11-(4-methyl-1-piperazinyl)-5*H*-dibenzo[*b*,*e*][1,4]-diazepine, *see* C-00521
▷2-Chloro-11-(4-methyl-1-piperazinyl)dibenzo[*b*,*f*][1,4]-thiazepine, *see* C-00507
▷2-Chloro-11-(4-methyl-1-piperazinyl)dibenz[*b*,*f*][1,4]oxazepine, *see* L-00106
▷2-Chloro-10-[3-(4-methyl-1-piperazinyl)propyl]-10*H*-phenothiazine, *see* P-00450
7-Chloro-4-(4-methyl-1-piperazinyl)-10*H*-thieno[3,2-*c*][1]-benzazepine, *see* T-00278

2-Chloro-11-(1-methyl-4-piperidinyl)-11*H*-dibenz[*b*,*e*][1,4]-oxethiepine, *see* C-00516
6α-Chloro-16α-methylpregn-4-ene-3,20-dione, *see* C-00469
6α-Chloro-16α-methylprogesterone, *see* C-00469
▷N^4-(7-Chloro-3-methyl-4-quinolinyl)-*N*′,*N*′-diethyl-1,4-pentanediamine, *see* M-00240
▷4-Chloro-*N*′-methyl-*N*′-[(tetrahydro-2-methyl-2-furanyl)-methyl]-1,3-benzenedisulfonamide, *see* M-00069
N^2-Chloromethyltetrandrinium, *in* T-00152
2-[(2-Chloro-4-methyl-3-thienyl)amino]-2-imidazoline, *see* T-00236
3-Chloro-α-methyl-4-(2-thienylcarbonyl)benzeneacetic acid, *see* C-00431
N-(2-Chloro-4-methyl-3-thienyl)-4,5-dihydro-1*H*-imidazol-2-amine, *see* T-00236
p-Chloro-*N*-(2-morpholinoethyl)benzamide, *see* M-00415
4-Chloro-*N*-[2-(4-morpholinyl)ethyl]benzamide, *see* M-00415
▷Chloromycetin, *see* C-00195
6-Chloro-1,2,3,4-naphthalenetetrol, C-00257
2-[(4-Chloro-1-naphthyl)methyl]-2-imidazoline, *see* C-00476
6-(7-Chloro-1,8-naphthyridin-2-yl)-2,3,6,7-tetrahydro-7-oxo-5*H*-[1,4]dithiino[2,3-*c*]pyrrol-5-yl 4-methylpiperazine-1-carboxylate, *see* S-00278
▷Chloronitrin, *see* C-00195
▷2-Chloro-4-nitrobenzoic acid, C-00258
2-Chloro-1-(5-nitro-2-furanyl)ethanone, *see* C-00213
2-[[*o*-Chloro-α-(nitromethyl)benzyl]thio]ethylamine, *see* N-00165
5-Chlorooxazalo[4,5-*h*]quinoline-2-carboxylic acid, C-00259
4-[(5-Chloro-2-oxo-3(2*H*)-benzothiazolyl)acetyl]-1-piperazineethanol, *see* T-00245
6β-Chloropenicillanic acid, *in* A-00295
1-(5-Chloropentanoyl)-2-(8-chloro-10,11-dihydrodibenz[*b*,*f*]-[1,4]oxazepine-10-carbonyl)hydrazine, *see* P-00265
2′-Chloropentostatin, *see* A-00066
1-(*o*-Chlorophenethyl)-*N*-cyclohexyl-4-hydroxy-*N*,α,α-trimethyl-4-piperidineacetamide, *see* P-00305
▷3-Chloro-*N*-phenethylpropionamide, *see* F-00031
▷1-(*p*-Chlorophenethyl)-1,2,3,4-tetrahydro-6,7-dimethoxy-2-methylisoquinoline, *see* M-00328
4-Chlorophenetole, *in* C-00260
▷4-Chlorophenol, C-00260
▷Chlorophenotane, *in* T-00432
▷Chlorophenothane, *see* T-00432
3-[1-[3-(2-Chloro-10*H*-phenothiazin-10-yl)propyl]-4-hydroxy-4-piperidinyl]dihydro-2(3*H*)-furanone, *see* F-00296
▷1-[3-(2-Chlorophenothiazin-10-yl)propyl]isonipecotamide, *see* P-00273
▷4-[3-(2-Chlorophenothiazin-10-yl)propyl]-1-piperazineethanol, *see* P-00129
1-[2-[4-[3-(2-Chloro-10*H*-phenothiazin-10-yl)propyl]-1-piperazinyl]ethyl]-3-methyl-2-imidazolidinone, *see* I-00028
▷1-[3-(2-Chloro-10*H*-phenothiazin-10-yl)propyl]-4-piperidinecarboxamide, *see* P-00273
8-[3-(2-Chloro-10-phenothiazinyl)propyl]-1-thia-4,8-diazospiro[4,5]decan-3-one, *see* S-00114
Chlorophenoxamide, *see* C-00415
▷(4-Chlorophenoxy)acetic acid 2-(dimethylamino)ethyl ester, *see* M-00046
▷(*p*-Chlorophenoxy)acetic acid 2-isopropylhydrazide, *see* I-00158
▷(4-Chlorophenoxy)acetic acid 2-(methylethyl)hydrazide, *see* I-00158
▷*N*-(4-Chlorophenoxyacetyl)-*N*′-isopropylhydrazine, *see* I-00158
1-[(*p*-Chlorophenoxy)acetyl]-4-piperonylpiperazine, *see* F-00107
▷2-(4-Chlorophenoxy)-*N*-[2-(diethylamino)ethyl]acetamide, *see* C-00455
1-[2-[2-(4-Chlorophenoxy)ethoxy]-2-(2,4-dichlorophenyl)-ethenyl]-1*H*-imidazole, *see* D-00068
1-[2-[2-(4-Chlorophenoxy)ethoxy]-2-(2,4-dichlorophenyl)-1-methylethenyl]-1*H*-imidazole, *see* O-00046
N-[2-(4-Chlorophenoxy)ethyl]-*N*,*N*-dimethyl-1-dodecanaminium, *see* D-00565
[2-(*p*-Chlorophenoxy)ethyl]dodecyldimethylammonium, *see* D-00565
2-[6-(4-Chlorophenoxy)hexyl]oxirane carboxylic acid ethyl ester, *see* E-00259
▷7-[2-[4-(3-Chlorophenoxy)-3-hydroxy-1-butenyl]-3,5-dihydroxycyclopentyl]-5-heptenoic acid, *see* C-00490
▷7-[2-[4-(3-Chlorophenoxy)-3-hydroxy-1-butenyl]-3,5-dihydroxycyclopentyl]-2,5-heptadienoic acid methyl ester, *see* D-00058
7-[2-[[(3-Chlorophenoxy)-2-hydroxypropyl]thio]-3,5-dihydroxycyclopentyl]-5-heptenoic acid, *see* L-00114
1-(4-Chlorophenoxy)-1-(1*H*-imidazol-1-yl)-3,3-dimethyl-2-butanone, *see* C-00427
▷4-Chlorophenoxyisobutyric acid, *see* C-00456
α-(*p*-Chlorophenoxy)isobutyrylampicillin, *see* F-00102
1-[(4-Chlorophenoxy)methyl]-3,4-dihydroisoquinoline, *see* F-00014
α-[(4-Chlorophenoxy)methyl]-α-(1,1-dimethylethyl)-1*H*-1,2,4-triazole-1-ethanol, *see* V-00028
▷2-(4-Chlorophenoxy)-2-methyl-*N*-[[(4-morpholinylmethyl)-amino]carbonyl]propanamide, *see* P-00369
6-(3-Chlorophenoxy)-2-methyl-1-oxa-4-azaspiro[4.5]decan-3-one, *see* E-00056
2-[2-(4-Chlorophenoxy)-2-methyl-1-oxopropoxy]-1-[[2-(4-chlorophenoxy)-2-methyl-1-oxopropoxy]methyl]ethyl 2-(acetyloxy)benzoate, *see* S-00005
2-[2-(4-Chlorophenoxy)-2-methyl-1-oxopropoxy]ethyl 3-pyridinecarboxylate, *see* E-00250
2-[3-(4-Chlorophenoxy)-2-methyl-1-oxopropoxy]-1,3-propanediyl 3-pyridinecarboxylate, *see* B-00170
▷2-(4-Chlorophenoxy)-2-methylpropanoic acid, *see* C-00456
▷2-(4-Chlorophenoxy)-2-methylpropanoic acid 2-(1,2,3,6-tetrahydro-1,3-dimethyl-2,6-dioxo-7*H*-purin-7-yl)ethyl ester, *see* T-00168
▷2-(*p*-Chlorophenoxy)-2-methylpropionic acid ester with 7-(2-hydroxyethyl)theophylline, *see* T-00168
▷2-(*p*-Chlorophenoxy)-2-methylpropionic acid trimethylene ester, *see* S-00074
▷1-[2-(*p*-Chlorophenoxy)-2-methylpropionyl]-3-(morpholinomethyl)urea, *see* P-00369
3-[2-(*p*-Chlorophenoxy)-2-methylpropionyl]-4-thiazolidinecarboxylic acid, *see* T-00287
1-[(4-Chlorophenoxy)methyl]-1,2,3,4-tetrahydro-6,7-isoquinolinediol, *see* C-00454
6-[[4-(4-Chlorophenoxy)phenoxy]methyl]-1-hydroxy-4-methyl-2(1*H*)-pyridinone, *see* R-00053
▷3-(4-Chlorophenoxy)-1,2-propanediol, C-00261
1-[2-[3-(4-Chlorophenoxy)propoxy]-2-(2,4-dichlorophenyl)-ethyl]-1*H*-imidazole, *see* Z-00026
▷16-(3-Chlorophenoxy)-9,11,15-trihydroxy-17,18,19,20-tetranorprosta-5,13-dienoic acid, *see* C-00490
p-Chlorophenylalanine, *see* A-00226
N-[[(4-Chlorophenyl)amino]carbonyl]-2-(dimethylamino)-6-fluorobenzamide, *see* C-00408
N-[[(4-chlorophenyl)amino]carbonyl]pentanimidamide, *see* C-00042
▷1-(4-Chlorophenyl)-3-azabicyclo[3.1.0]hexane-2,4-dione, *see* C-00652
α-(4-Chlorophenyl)-2-benzofuranmethanol, *see* C-00498
1-(*p*-Chloro-α-phenylbenzyl)-4-cinnamylpiperazine, *see* C-00443
▷1-(*p*-Chloro-α-phenylbenzyl)-4-(*m*-methylbenzyl)piperazine, *see* M-00051
▷1-(*p*-Chloro-α-phenylbenzyl)-4-methylpiperazine, *see* C-00198
4-[2-(*p*-Chloro-α-phenylbenzyloxy)ethyl]morpholine, *see* D-00263
▷[2-[(*p*-Chloro-α-phenylbenzyl)oxy]ethyl]piperidine, *see* C-00482
2-[[*p*-(*p*-Chlorophenyl)benzyl]oxy]-2-methylpropionic acid, *see* C-00439
3-[(*p*-Chloro-α-phenylbenzyl)oxy]-1-methylpyrrolidine, *see* P-00593
▷2-[2-[2-[4-(*p*-Chloro-α-phenylbenzyl)-1-piperazinyl]ethoxy]-ethoxy]ethanol, *see* E-00246

1-[2-[(*o*-Chloro-α-phenylbenzyl)thio]ethyl]-4-(*o*-methylbenzyl)-piperazine, *see* B-00068
4-Chlorophenyl 2-(4-chlorophenoxy)-2-methylpropionate, *see* D-00618
3-[3-(4-Chlorophenyl)-1-(5-chloro-2-thienyl)-3-hydroxypropyl]-4-hydroxy-2*H*-1-benzopyran-2-one, *see* T-00297
N-(4-Chlorophenyl)-*N'*-[4-chloro-3-(trifluoromethyl)phenyl]-urea, *see* C-00458
▷4-Chloro-α-phenyl-*o*-cresol, *see* B-00109
1-(1-*p*-Chlorophenylcyclobutyl)-3-methylbutyldimethylamine, *see* S-00065
▷2-[[1-(4-Chlorophenyl)cyclohexyl]oxy]-*N*,*N*-diethylethanamine, *see* C-00451
▷2[[1-(4-Chlorophenyl)cyclohexyl]oxy]triethylamine, *see* C-00451
▷1-(*p*-Chlorophenyl)-1,2-cyclopropanedicarboximide, *see* C-00652
3-(4-Chlorophenyl)-5-cyclopropyl-2-methylpyrrolidine, *see* P-00233
▷2-Chlorophenyl-*N*-desmethyldiazepam, *see* D-00056
1-[2-(4-Chlorophenyl)-2-[(2,6-dichlorophenyl)methoxy]-ethyl]-1*H*-imidazole, *see* O-00054
1-[[2-(4-Chlorophenyl)-3-(2,4-dichlorophenyl)oxiranyl]-methyl]-1*H*-1,2,4-triazole, *see* A-00155
1-[2-(4-Chlorophenyl)-3-(2,4-dichlorophenyl)-2-propenyl]-1*H*-imidazole, *see* A-00117
1-[4-(4-Chlorophenyl)-2-[(2,6-dichlorophenyl)thio]butyl]-1*H*-imidazole, *see* B-00410
2-(4-Chlorophenyl)-3-(2,4-dichlorophenyl)-2-(1,2,4-triazol-1-ylmethyl)oxirane, *see* A-00155
▷*N*-(4-Chlorophenyl)-*N'*-(3,4-dichlorophenyl)urea, C-00262
▷1-*p*-Chlorophenyl-1-(2-diethylaminoethoxy)cyclohexane, *see* C-00451
▷2-(*p*-Chlorophenyl)-1-[*p*-[2-(diethylamino)ethoxy]phenyl]-1-*p*-tolylethanol, *see* T-00523
(2-Chlorophenyl)[2-[2-[(diethylamino)methyl]-1*H*-imidazol-1-yl]-5-nitrophenyl]methanone, *see* N-00193
1-(4-Chlorophenyl)-2-[[3-(10,11-dihydro-5*H*-dibenz[*b*,*f*]-azepin-5-yl)propyl]methylamino]ethanone, *see* L-00074
▷1-(4-Chlorophenyl)-1,6-dihydro-6,6-dimethyl-1,3,5-triazine-2,4-diamine, *see* C-00603
1-(4-Chlorophenyl)-1,2-dihydro-1-hydroxy[1,2,4]-triazino[6,1-*a*]isoquinolin-5-ium, *see* T-00404
▷5-(4-Chlorophenyl)-2,5-dihydro-3*H*-imidazo[2,1-*a*]isoindol-5-ol, *see* M-00029
α-(4-Chlorophenyl)-α-(4,5-dihydro-1*H*-imidazol-2-yl)-2-pyridinemethanol, *see* D-00022
3-(4-Chlorophenyl)-1,3-dihydro-6-methylfuro[3,4-*c*]pyridin-7-ol, *see* C-00327
5-(2-Chlorophenyl)-1,3-dihydro-3-methyl-7-nitro-2*H*-1,4-benzodiazepin-2-one, *see* M-00047
N-(3-Chlorophenyl)-*N'*-(4,5-dihydro-1-methyl-4-oxo-1*H*-imidazol-2-yl)urea, *see* F-00059
6-(2-Chlorophenyl)-2,4-dihydro-2-[(4-methyl-1-piperazinyl)-methylene]-8-nitro-1*H*-imidazo[1,2-*a*][1,4]benzodiazepin-1-one, *see* L-00089
3-(4-Chlorophenyl)-3',4'-dihydro-5'-(4-morpholinyl)-spirobicyclo[2.2.1]heptane-2,2'-[2*H*]pyrrole, *see* S-00113
▷5-(2-Chlorophenyl)-1,3-dihydro-7-nitro-2*H*-1,4-benzodiazepin-2-one, *see* C-00475
5-(4-Chlorophenyl)-4,5-dihydro-2-oxazolamine, C-00263
α-(2-Chlorophenyl)-6,7-dihydrothieno[3,2-*c*]pyridine-5(4*H*)-acetic acid methyl ester, *see* C-00484
▷(4-Chlorophenyl)[3,5-dimethoxy-4-[2-(4-morpholinyl)ethoxy]-phenyl]methanone, *see* M-00440
▷1-*o*-Chlorophenyl-4-(3,4-dimethoxyphenethyl)piperazine, *see* M-00061
1-(3-Chlorophenyl)-3-[2-(dimethylamino)ethyl]-2-imidazolidinone, *see* I-00035
▷1-*o*-Chlorophenyl-3-dimethylamino-1-phenylpropanol, *see* C-00191
1-(3-Chlorophenyl)-3-dimethylamino-1-phenyl-2-propanol, *see* C-00417
1-(3-Chlorophenyl)-3-[2-(3,3-dimethyl-1-azetidinyl)ethyl]-2-imidazolidinone, *see* Z-00010
[2-(4-Chlorophenyl)-1,1-dimethylethyl]alanine, *see* A-00094
2-[[2-(4-Chlorophenyl)-1,1-dimethylethyl]amino]ethanol, *see* E-00254
1-(3-Chlorophenyl)-2-[(1,1-dimethylethyl)amino]-1-propanone, *see* B-00371
1-(4-Chlorophenyl)-*N*,*N*-dimethyl-α-(2-methylpropyl)-cyclobutanemethanamine, *see* S-00065
▷γ-(4-Chlorophenyl)-*N*,*N*-dimethyl-2-pyridinepropanamine, *see* C-00292
1-(4-Chlorophenyl)-2,5-dimethyl-1*H*-pyrrole-3-acetic acid, *see* C-00487
▷*N*-(4-Chlorophenyl)-2,6-dioxocyclohexanecarbothioamide, *see* O-00050
▷1-[2-Chlorophenyl)diphenylmethyl]-1*H*-imidazole, *see* C-00512
1-[2-(2-Chlorophenyl)ethyl]-*N*-cyclohexyl-4-hydroxy-*N*,α-dimethyl-4-piperidineacetamide, *see* P-00306
1-[2-(2-Chlorophenyl)ethyl]-*N*-cyclohexyl-4-hydroxy-*N*,α,α-trimethyl-4-piperidineacetamide, *see* P-00305
▷5-(2-Chlorophenyl)-7-ethyl-1,3-dihydro-1-methyl-2*H*-thieno[2,3-*e*]-1,4-diazepin-2-one, *see* C-00508
▷4-(2-Chlorophenyl)-2-ethyl-9-methyl-6*H*-thieno[3,2-*f*]-[1,2,4]-triazolo[4,3-*a*][1,4]diazepine, *see* E-00244
▷3-Chloro-*N*-(2-phenylethyl)propanamide, *see* F-00031
▷5-(4-Chlorophenyl)-6-ethyl-2,4-pyrimidinediamine, *see* P-00585
▷1-[2-(4-Chlorophenyl)ethyl]-1,2,3,4-tetrahydro-6,7-dimethoxy-2-methylisoquinoline, *see* M-00328
▷4-(*p*-Chlorophenyl)-1-[3-(*p*-fluorobenzoyl)propyl]-*N*,*N*-dimethylisonipecotamide, *see* A-00343
▷4-(*p*-Chlorophenyl)-1-(3-*p*-fluorobenzoylpropyl)-4-hydroxypiperidine, *see* H-00015
4-[[(4-Chlorophenyl)(5-fluoro-2-hydroxyphenyl)methylene]-amino]butanamide, *see* P-00465
2-[(4-Chlorophenyl)(4-fluorophenyl)methoxy]ethanamine, *see* H-00011
▷4-(4-Chlorophenyl)-1-[4-(4-fluorophenyl)-4-oxobutyl]-*N*,*N*-dimethyl-4-piperidinecarboxamide, *see* A-00343
1-[[4-(3-Chlorophenyl)-1-[4-(4-fluorophenyl)-4-oxobutyl]-4-piperidinyl]carbonyl]pyrrolidine, *see* H-00014
4-(4-Chlorophenyl)-1-(4-fluorophenyl)-1*H*-pyrazole-3-acetic acid, *see* P-00315
2-(*p*-Chlorophenyl)-1,3,4,6,7,11*b*-hexahydro-9,10-dimethoxy-2*H*-benzo[*a*]quinolizine, *see* Q-00007
▷4-(2-Chlorophenylhydrazono)-3-methyl-5-isoxazolone, *see* D-00601
4-(4-Chlorophenyl)-4-hydroxy-*N*,*N*-dimethyl-α,α-diphenyl-1-*p*-piperidinebutanamide, *see* L-00087
▷5-(4-Chlorophenyl)-β-hydroxy-2-furanpropanoic acid, *see* O-00063
5-(4-Chlorophenyl)-*N*-hydroxy-1-(4-methoxyphenyl)-*N*-methyl-1*H*-pyrazole-3-propanamide, *see* T-00077
2-[4-[(4-Chlorophenyl)hydroxymethyl]phenoxy]-2-methyl-propanoic acid, *see* F-00055
▷4-[4-*p*-(Chlorophenyl)-4-hydroxypiperidinol]-4'-fluorobutyrophenone, *see* H-00015
▷4-[4-(4-Chlorophenyl)-4-hydroxy-1-piperidinyl]-4'-(4-flurophenyl)-1-butanone, *see* H-00015
2-[[α-(*p*-Chlorophenyl)-α-hydroxy-*p*-tolyl]oxy]-2-methyl-propionic acid, *see* F-00055
1-(4-Chlorophenyl)-2-imino-3-methyl-4-imidazolidinone, *see* C-00412
3-(4-Chlorophenyl)-4-imino-2-oxo-1-imidazolidineacetonitrile, *see* N-00145
▷2-(4-Chlorophenyl)-1,3-indandione, C-00264
▷2-(4-Chlorophenyl)-1*H*-indene-1,3(2*H*)-dione, *see* C-00264
1-(*o*-Chlorophenyl)-2-isopropylaminoethanol, *see* C-00502
▷1'-(*p*-Chlorophenyl)-5-isopropylbiguanide, *see* C-00204
▷Chlorophenylmercury, C-00265
▷1-[2-[(4-Chlorophenyl)methoxy]-2-(2,4-dichlorophenyl)-ethyl]-1*H*-imidazole, *see* E-00009
4-[(2-Chlorophenyl)methoxy]-1-methyl-1*H*-imidazo[4,5-*c*]-pyridine, *see* B-00009
▷1-(4-Chlorophenyl)-5-methoxy-1-pentanone *O*-(2-aminoethyl)-oxime, *see* C-00513

1-[1-[2-[(3-Chlorophenyl)methoxy]phenyl]ethenyl]-1*H*-imidazole, *see* C-00562
3-[4-[(3-Chlorophenyl)methoxy]phenyl]-5-[(methylamino)-methyl]-2-oxazolidinone, *see* A-00140
2-(2-Chlorophenyl)-2-(methylamino)cyclohexanone, C-00266
α-(4-Chlorophenyl)-2-[(methylamino)methyl]benzenemethanol, *see* S-00057
▷2-(4-Chlorophenyl)-α-methyl-5-benzoxazoleacetic acid, *see* B-00059
▷2-(3-Chlorophenyl)-3-methyl-2,3-butanediol, C-00267
▷2-(4-Chlorophenyl)-3-methyl-2,3-butanediol, *see* P-00139
2-[(4-Chlorophenyl)methyl]-*N*,*N*-diethyl-5-nitro-1*H*-benzimidazole-1-ethanamine, *see* C-00478
6-[(4-Chlorophenyl)methyl]-2,3-dihydro-5*H*-thiazolo[3,2-*a*]-pyrimidino-5,7(6*H*)-dione, *see* N-00230
▷*N*-[(4-Chlorophenyl)methyl]-*N′*,*N′*-dimethyl-*N*-2-pyridinyl-1,2-ethanediamine, *see* H-00019
2-[(4-Chlorophenyl)methylene]cyclohexanone *O*-[3-[bis(1-methylethyl)amino]propyl]oxime, *see* E-00112
▷*N*-(4-Chlorophenyl)-*N′*-(1-methylethyl)imidodicarbonimidic diamide, *see* C-00204
N-(4-Chlorophenyl)-*N*-[1-(1-methylethyl)-4-piperidinyl]-benzeneacetamide, *see* L-00094
N-[(3-Chlorophenyl)methyl]-*N′*-ethylurea, C-00268
▷4-[(4-Chlorophenyl)methyl]-2-(hexahydro-1-methyl-1*H*-azepin-4-yl)-1(2*H*)-phthalazinone, *see* A-00515
4-(4-Chlorophenyl)-5-methyl-1*H*-imidazole, C-00269
3-(2-Chlorophenyl)-5-methyl-4-isoxazolylpenicillin, *see* C-00515
▷*N*-[(2-Chlorophenyl)methyl]-α-methylbenzeneethanamine, *see* C-00435
▷1-[(4-Chlorophenyl)methyl]-2-methyl-1*H*-benzimidazole, *see* C-00211
2-[[2-(4-Chlorophenyl)-4-methyl-5-oxazolyl]methoxy]-2-methyl-propanoic acid, *see* R-00080
▷2-(4-Chlorophenyl)-4-methyl-2,4-pentanediol, C-00270
2-[4-[(4-Chlorophenyl)methyl]phenoxy]-2-methylbutanoic acid, *see* B-00023
7-[3-[4-(4-Chlorophenyl)methyl]-1-piperazinyl]propoxy]-3,4-dimethyl-2*H*-1-benzopyran-2-one, *see* P-00244
2-[(4-Chlorophenyl)(1-methyl-4-piperidinylidene)methyl]-pyridine, *see* C-00593
▷3-Chloro-*N*-(phenylmethyl)propanamide, *see* B-00022
1-(2-Chlorophenyl)-2-methyl-2-propylamine, C-00271
1-(4-Chlorophenyl)-2-methylpropyl 3-pyridinecarboxylate, *see* N-00094
1-(2-Chlorophenyl)-4-[2-(1-methyl-1*H*-pyrazol-4-yl)ethyl]-piperazine, *see* E-00063
1-(3-Chlorophenyl)-4-[2-(5-methyl-1*H*-pyrazol-3-yl)ethyl]-piperazine, *see* M-00099
N′-[1-(*m*-Chlorophenyl)-3-methyl-5-pyrazolyl]sulfanilamide, *see* S-00189
1-[(4-Chlorophenyl)methyl]-2-(1-pyrrolidinylmethyl)-1*H*-benzimidazole, *see* C-00418
▷3-(2-Chlorophenyl)-2-methyl-4(3*H*)-quinazolinone, C-00272
4-[(4-Chlorophenyl)methyl]-1,4,6,7-tetrahydro-6,6-dimethyl-9*H*-imidazo[1,2-*a*]purin-9-one, *see* F-00072
4-[(4-Chlorophenyl)methyl]-1,4,6,7-tetrahydro-9*H*-imidazo[1,2-*a*]purin-9-one, C-00273
5-[(2-Chlorophenyl)methyl]-4,5,6,7-tetrahydrothieno[3,2-*c*]-pyridine, *see* T-00256
4-[3-[4-(2-Chlorophenyl)-9-methyl-6*H*-thieno[3,2-*f*][1,2,4]-triazolo[4,3-*a*][1,4]diazepin-2-yl]-1-oxopropyl]morpholine, *see* A-00420
1-[2-[[(4-Chlorophenyl)methyl]thio]-2-(2,4-dichlorophenyl)-ethyl]-1*H*-imidazole, *see* S-00184
▷6-Chloro-3-[[(phenylmethyl)thio]methyl]-2*H*-1,2,4-benzothiadiazine-7-sulfonamide 1,1-dioxide, *see* B-00103
2-[[1-(2-Chlorophenyl)-2-nitroethyl)thio]ethanamine, *see* N-00165
▷4-[5-(*o*-Chlorophenyl)-1,2,4-oxadiazol-3-yl]pyridine, *see* P-00247
2-[5-(4-Chlorophenyl)pentyl]glycidic acid, *see* C-00474
2-[5-(4-Chlorophenyl)pentyl]oxiranecarboxylic acid, *see* C-00474
2-[*p*-(*o*-Chlorophenyl)phenacyl]acrylic acid, *see* I-00220
1-[4-(4-Chlorophenyl)-3-phenyl-2-butenyl]pyrrolidine, *see* P-00594
2-[1-(4-Chlorophenyl)-1-phenylethoxy]-*N*,*N*-diethylethanamine, *see* C-00452
▷2-[1-(4-Chlorophenyl)-1-phenylethoxy]-*N*,*N*-dimethylethanamine, *see* C-00294
2-[2-[1-(4-Chlorophenyl)-1-phenylethoxy]ethyl]-1-methyl-pyrrolidine, *see* C-00416
1-[2-[1-(4-Chlorophenyl)-1-phenylethoxy]ethyl]-octahydroazocine, *see* O-00017
1-[2-[(2-Chlorophenyl)phenylmethoxy]ethyl]-4-[(2-methyl-phenyl)methyl]piperazine, *see* C-00196
▷1-[2-[(4-Chlorophenyl)phenylmethoxy]ethyl]piperidine, *see* C-00482
3-[(4-Chlorophenyl)phenylmethoxy]-8-methyl-8-azabicyclo[3.2.1]octane, *see* C-00436
3-[(4-Chlorophenyl)phenylmethoxy-1-methylpyrrolidine, *see* P-00593
▷1-[(4-Chlorophenyl)phenylmethyl]-4-[[4-(1,1-dimethylethyl)-phenyl]methyl]piperazine, *see* B-00339
4-[4-(2-Chlorophenyl)phenyl]-2-methylene-4-oxo-butyric acid, *see* I-00220
▷1-[(4-Chlorophenyl)phenylmethyl]hexahydro-4-methyl-1*H*-1,4-diazepine, *see* H-00083
▷1-[(4-Chlorophenyl)phenylmethyl]-4-[(3-methylphenyl)-methyl]piperazine, *see* M-00051
▷1-[(4-Chlorophenyl)phenylmethyl]-4-methylpiperazine, *see* C-00198
1-[(4-Chlorophenyl)phenylmethyl]-4-(3-phenyl-2-propenyl)-piperazine, *see* C-00443
2-[4-[(4-Chlorophenyl)phenylmethyl]-1-piperazinyl]-ethoxyacetic acid, *see* C-00184
▷2-[2-[4-[(4-Chlorophenyl)phenylmethyl]-1-piperazinyl]-ethoxy]-ethanol, *see* H-00222
4-(4-Chlorophenyl)-5-[2-(4-phenyl-1-piperazinyl)ethyl]-1,3-dioxol-2-one, *see* C-00449
3-(4-Chlorophenyl)-1-phenyl-1*H*-pyrazole-4-acetic acid, *see* L-00085
▷4-(4-Chlorophenyl)-2-phenyl-5-thiazoleacetic acid, *see* F-00079
2-[3-[4-(3-Chlorophenyl)-1-piperazinyl]propyl]-4,5-diethyl-2,4-dihydro-3*H*-1,2,4-triazol-3-one, *see* E-00261
2-[3-[4-(3-Chlorophenyl)-1-piperazinyl]propyl]-5-ethyl-2,4-dihydro-4-(2-phenoxyethyl)-3*H*-1,2,4-triazol-3-one, *see* N-00061
3-[3-[4-(3-Chlorophenyl)-1-piperazinyl]propyl]-2,4(1*H*,3*H*)-quinazolinedione, *see* C-00483
▷2-[3-[4-(3-Chlorophenyl)-1-piperazinyl]propyl]-1,2,4-triazolo-[4,3-*a*]pyridin-3(2*H*)-one, *see* T-00405
3-Chloro-6-[4-(3-phenyl-2-propenyl)-1-piperazinyl]pyridazine, *see* L-00095
1-[6-(2-Chlorophenyl)-3-pyridazinyl]-4-piperidinol, *see* D-00021
▷2-[(4-Chlorophenyl)-2-pyridinylmethoxy]-*N*,*N*-dimethylethanamine, *see* C-00052
2-[2-[4-[(4-Chlorophenyl)-2-pyridinylmethyl]-2-piperazinyl]-ethoxy]ethanol, *see* P-00235
4-[4-(*m*-Chlorophenyl)-4-(1-pyrrolidinylcarbonyl)-piperidino]-4′-fluorobutyrophenone, *see* H-00014
4-[2-[[(4-Chlorophenyl)sulfonyl]amino]ethyl]benzeneacetic acid, *see* D-00007
1-[(*p*-Chlorophenyl)sulfonyl]-3-[*p*-(dimethylamino)phenyl]urea, *see* G-00076
1-[(*p*-Chlorophenyl)sulfonyl]-3-(hexahydro-1*H*-azepin-1-yl)urea, *see* G-00077
▷1-[(*p*-Chlorophenyl)sulfonyl]-3-propylurea, *see* C-00299
▷1-[(*p*-Chlorophenyl)sulfonyl]-3-(1-pyrrolidinyl)urea, *see* G-00068
4-(3-Chlorophenyl)-1,6,7,8-tetrahydro-1,3-dimethylpyrazolo[3,4-*e*][1,4]diazepine, *see* Z-00036
N-(4-Chlorophenyl)-1,2,3,4-tetrahydro-1,3-dioxo-4-isoquinolinecarboxamide, *see* T-00098
4-(4-Chlorophenyl)tetrahydro-6-methyl-3-phenyl-2*H*-pyran-2-one, *see* L-00080
▷2-(4-Chlorophenyl)tetrahydro-3-methyl-4*H*-1,3-thiazin-4-one 1,1-dioxide, *see* C-00210

10-(3-Chlorophenyl)-2,3,4,10-tetrahydropyrimido[1,2-*a*]-indol-10-ol, *see* C-00326
▷2-(4-Chlorophenyl)-4-thiazoleacetic acid, *see* F-00043
3-(4-Chlorophenyl)thiazolo[3,2-*a*]benzimidazole-2-acetic acid, *see* T-00276
(4-Chlorophenyl)-2-thienyliodonium, C-00274
2-[4-[(4-Chlorophenyl)thio]-3,5-dimethylphenyl]-1,2,4-triazine-3,5(2*H*,4*H*)-dione, *see* T-00247
▷*S*-(4-Chlorophenylthiomethyl) *O*,*O*-diethyl phosphorodithioate, *see* C-00060
[[(4-Chlorophenyl)thio]methylene]bisphosphonic acid, *see* T-00280
▷*N*-(4-Chlorophenyl)-1,3,5-triazine-2,4-diamine, C-00275
8-Chloro-6-phenyl-4*H*-[1,2,4]triazolo[4,3-*a*][1,4]-benzodiazepine-1-methanol, *in* A-00150
▷8-Chloro-6-phenyl-4*H*-[1,2,4]triazolo[4,3-*a*][1,4]benzodiazine, *see* E-00126
▷2-(4-Chlorophenyl)[1,2,4]triazolo[5,1-*a*]isoquinoline, *see* L-00104
6-Chloro-4-phenyl-1-(2,2,2-trifluoroethyl)-2(1*H*)-quinazolinone, *see* F-00213
(*p*-Chlorophenyl)[(*α*,*α*,*α*-trifluoro-*m*-tolyl)oxy]acetic acid *N*-(2-hydroxyethyl)acetamide, *see* H-00008
1-(*p*-Chlorophenyl)-3-valerimidoylurea, *see* C-00042
▷2-Chloro-11-(1-piperazinyl)dibenz[*b*,*f*][1,4]oxazepine, *see* A-00362
2-Chloro-6-(4-piperidinylthio)pyridine, *see* A-00398
Chloroprednisone, *in* C-00232
Chloroprednisone acetate, *in* C-00232
6-Chloro-1,4,6-pregnatriene-3,20-dione, C-00276
▷Chloroprocaine, C-00277
Chloroprocaine hydrochloride, *in* C-00277
▷3-Chloro-1,2-propanediol, C-00278
▷3-Chloropropanoic acid, C-00279
▷3-Chloro-4-(2-propenyloxy)benzeneacetic acid, *see* A-00103
▷Chloroprophenpyridamine, *see* C-00292
▷4-Chloro-*N*-[(propylamino)carbonyl]benzenesulfonamide, *see* C-00299
▷*N*-(3-Chloropropyl)-*α*-methylbenzeneethanamine, *see* C-00280
▷*N*-(3-Chloropropyl)-*α*-methylphenethylamine, C-00280
5-(3-Chloropropyl)-4-methylthiazole, C-00281
▷Chloropyramine, *see* H-00019
N′-(6-Chloropyrazinyl)sulfanilamide, *see* S-00190
N′-(6-Chloro-3-pyridazinyl)sulfanilamide, *see* S-00236
▷2-[(6-Chloro-3-pyridazinyl)thio]-*N*,*N*-diethylacetamide, *see* A-00525
▷4-[2-[(6-Chloro-2-pyridinyl)thio]ethyl]morpholine, *see* F-00242
▷4-[3-(3-Chloro-10*H*-pyrido[3,2-*b*][1,4]benzothiazin-10-yl)-propyl]-1-piperazineethanol, *see* C-00520
4-(*p*-Chloro-*α*-2-pyridylbenzylidene)-1-methylpiperidine, *see* C-00593
2-[2-[4-(*p*-Chloro-*α*-2-pyridylbenzyl)-1-piperazinyl]ethoxy]-ethanol, *see* P-00235
▷Chloropyrilene, C-00282
Chloropyrilene citrate, *in* C-00282
5-Chloro-2,4,6(1*H*,3*H*,5*H*)pyrimidinetrione, C-00283
▷4-Chloro-*N*-[(1-pyrrolidinylamino)carbonyl]-benzenesulfonamide, *see* G-00068
▷2-[3-Chloro-4-(3-pyrrolin-1-yl)phenyl]propionic acid, *see* P-00355
▷Chloroquine, C-00284
Chloroquine gentisate, *in* C-00284
Chloroquine sulfate, *in* C-00284
▷5-Chloro-8-quinolinol, *see* C-00249
7-Chloro-8-quinolinol, *see* C-00250
2-[(7-Chloro-4-quinolinyl)amino]benzoic acid 2-[(3-pyridinylcarbonyl)amino]ethyl ester, *see* N-00084
4-[(7-Chloro-4-quinolinyl)amino]-2,6-bis(1-pyrrolidinylmethyl)-phenol, *see* B-00235
4-[(7-Chloro-4-quinolinyl)amino]-2-[(diethylamino)methyl]-phenol, *see* A-00353
2-[[4-[(7-Chloro-4-quinolinyl)amino]pentyl]amino]ethanol, *see* C-00422
▷2-[[4-[(7-Chloro-4-quinolinyl)amino]pentyl]ethylamino]ethanol, *see* H-00120
▷4-[(7-Chloro-4-quinolinyl)amino]-2-(1-pyrrolidinylmethyl)-phenol, *see* A-00358
▷N^4-(7-Chloro-4-quinolinyl)-N^1,N^1-diethyl-1,4-pentanediamine, *see* C-00284
▷4-[(7-Chloro-4-quinolyl)amino]-*α*-1-pyrrolidinyl-*o*-cresol, *see* A-00358
N-(7-Chloro-4-quinolyl)anthranilic acid 2-nicotinamidoethyl ester, *see* N-00084
▷Chloroserpidine, C-00285
2-Chloro-5′-sulfamoyladenosine, *in* C-00214
4-Chloro-3-sulfamoylbenzamide, *in* C-00286
1-(4-Chloro-3-sulfamoylbenzamido)-2,6-dimethylpiperidine, *see* C-00480
p-(Chlorosulfamoyl)benzoic acid, *see* M-00427
4-Chloro-3-sulfamoylbenzoic acid 2,2-dimethylhydrazide, *see* A-00121
▷6-Chloro-7-sulfamoyl-1,2,4-benzothiadiazine-1,1-dioxide, *see* C-00288
4-(4-Chloro-3-sulfamoylphenyl)-3-methyl-2-methylimino-1,3-thiazolidin-4-ol, *see* T-00331
N-(2-Chloro-4-sulfamoylphenyl)-2-phenylsuccinimide, *see* S-00174
4-Chloro-5-sulfamoyl-2′,6′-salicyloxylidide, *see* X-00017
4-Chloro-3-sulfobenzoic acid, C-00286
Chlorosyl, *in* C-00632
Chlorotenoxicam, *see* L-00098
4-Chlorotestosterone, *see* C-00506
Chlorotestosterone caproate, JAN, *in* C-00506
▷Chlorotetracycline, *see* A-00476
1-Chloro-1,2,2,3-tetrafluoro-3-methoxycyclopropane, C-00287
4′-Chloro-1,2,3,4-tetrahydro-1,3-dioxo-4-isoquinolinecarboxanilide, *see* T-00098
6-Chloro-2,3,4,5-tetrahydro-1-(4-hydroxyphenyl)-1*H*-3-benzazepine-7,8-diol, *see* F-00063
8-Chloro-3,4,5,6-tetrahydro-6-[(1-isopropyl-2-imidazolin-2-yl)-methyl]-2*H*-1,6-benzothiazocine, *see* D-00026
8-Chloro-1,2,3,4-tetrahydro-5-methoxy-*N*,*N*-dimethyl-1-naphthalenamine, *see* L-00079
▷2-Chloro-5,9,10,14*b*-tetrahydro-5-methylisoquino[2,1-*d*]-[1,4]-benzodiazepin-6(7*H*)-one, *see* C-00411
▷7-Chloro-1,2,3,4-tetrahydro-2-methyl-3-(2-methylphenyl)-4-oxo-6-quinazolinesulfonamide, *see* M-00330
8-Chloro-2,3,4,5-tetrahydro-2-methyl-5-[2-(6-methyl-3-pyridinyl)ethyl]-1*H*-pyrido[4,3-*b*]indole, *see* D-00583
7-Chloro-1,2,3,5-tetrahydro-1-methyl-2-oxo-5-phenyl-4*H*-1,4-benzodiazepine-4-carboxamide, *see* C-00069
2-Chloro-[4-(1,4,5,6-tetrahydro-4-methyl-6-oxo-3-pyridazinyl)-phenyl]propanamide, *see* A-00344
▷7-Chloro-1,2,3,4-tetrahydro-2-methyl-4-oxo-3-*o*-tolyl-6-quinazolinesulfonamide, *see* M-00330
▷10-Chloro-2,3,7,11*b*-tetrahydro-2-methyl-11*b*-phenyl-oxazolo[3,2-*d*][1,4]benzodiazepin-6(5*H*)-one, *see* O-00098
7-Chloro-1,2,3,4-tetrahydro-4-oxo-2-phenyl-6-quinazolinesulfonamide, *see* F-00075
8-Chloro-1,3,4,5-tetrahydro-1-phenyl-2*H*-1,5-benzodiazepin-2-one, *see* L-00072
5-Chloro-3-(1,2,3,6-tetrahydro-1-propyl-4-pyridinyl)-1*H*-indole, *see* T-00076
6-Chloro-1,2,3,4-tetrahydroxynaphthalene, *see* C-00257
9-Chloro-7-(1*H*-tetrazol-5-yl)-5*H*-[1]benzopyrano[2,3-*b*]-pyridin-5-one, *see* T-00402
▷2-Chloro-5-(1*H*-tetrazol-5-yl)-N^4-2-thienylsulfanilamide, *see* A-00530
▷Chlorothen, *see* C-00282
5-Chloro-3-(2-thenoyl)-2-oxindole-1-carboxamide, *see* T-00068
▷2-[(5-Chloro-2-thenyl)[2-(dimethylamino)ethyl]amino]pyridine, *see* C-00282
Chlorothiamine, *in* B-00025
▷Chlorothiazide, C-00288
Chlorothiazide sodium, *in* C-00288
1-(5-Chloro-2-thienyl)-2-(1*H*-imidazol-1-yl)ethanone (2,6-dichlorophenyl)hydrazone, *see* Z-00021
1-[2-[(2-Chloro-3-thienyl)methoxy]-2-(2,4-dichlorophenyl)-ethyl]-1*H*-imidazole, *see* T-00298

▷*N*-[(5-Chloro-2-thienyl)methyl]-*N'*,*N'*-dimethyl-*N*-2-pyridinyl-1,2-ethanediamine, *see* C-00282
3-[(2-Chlorothioxanthan-9-ylidene)methyl]quinuclidine, *see* N-00231
1-(2-Chloro-9*H*-thioxanthen-9-yl-idene)-3-(dimethylamino)-1-propanone, *see* C-00233
▷3-(2-Chloro-9*H*-thioxanthen-9-ylidene)-*N*,*N*-dimethyl-1-propanamine, *see* C-00300
3-[(2-Chloro-9*H*-thioxanthen-9-ylidene)methyl]-1-azabicyclo[2.2.2]octane, *see* N-00231
4-[3-(2-Chloro-9*H*-thioxanthen-9-ylidene)propyl]-*N*-methyl-1-piperazinepropanamide, *see* C-00511
4-[3-(2-Chloro-9*H*-thioxanthen-9-ylidene)propyl]-1-piperazineethanol, *see* C-00481
4-[3-(2-Chloro-9*H*-thioxanthen-9-ylidene)propyl]-1-piperazine ethanol, *in* C-00481
4-[3-(2-Chlorothioxanthen-9-yl)propyl]-1-piperazinepropanol, *see* X-00004
5-Chlorotoluene-2,4-disulfonamide, *see* D-00543
▷*N*-Chloro-*p*-toluenesulfonamide, C-00289
2-(2-Chloro-*p*-toluidino)-2-imidazoline, *see* T-00358
▷2-(3-Chloro-*o*-toluidino)nicotinic acid, *see* C-00479
▷*N*-(3-chloro-*o*-tolyl)anthranilic acid, *see* T-00349
4-Chloro-*o*-tolylimino-1,3-dithietane, *see* N-00148
1-(3-Chloro-*p*-tolyl)-4-[6-(*p*-*tert*-pentylphenoxy)hexyl]-piperazine, *see* T-00095
▷Chlorotrianisene, C-00290
▷2-Chloro-1-(2,4,5-trichlorophenyl)ethenyl dimethyl phosphate, *see* T-00107
▷2-Chloro-1-(2,4,5-trichlorophenyl)vinyl dimethyl phosphate, *see* T-00107
▷1-Chloro-2,2,2-trifluoroethyl difluoromethyl ether, *see* C-00231
▷2-Chloro-1,1,2-trifluoroethyl difluoromethyl ether, *see* C-00230
4-Chloro-α-[3-(trifluoromethyl)phenoxy]benzeneacetic acid 2-(acetylamino)ethyl ester, *see* H-00008
4-[4-Chloro-3-(trifluoromethyl)phenyl]-4-hydroxy-*N*,*N*-dimethyl-α,α-diphenyl-1-piperidinebutanamide, *see* F-00199
4-[-[4-Chloro-3-(trifluoromethyl)phenyl]-4-hydroxy-1-piperidinyl]-1-(4-fluorophenyl)-1-butanone, *see* C-00460
4-[4-(4-Chloro-α,α,α-trifluoro-*m*-tolyl)-4-hydroxypiperidino]-4'-fluorobutyrophenone, *see* C-00460
7α-Chloro-11β,17α,21-trihydroxy-16α-methylpregna-1,4-diene-3,20-dione, *see* A-00104
9-Chloro-11,17,21-trihydroxy-16-methylpregna-1,4-diene-3,20-dione, *see* B-00024
6-Chloro-11β,17α,21-trihydroxy-1,4,6-pregnatriene-3,20-dione, *see* C-00489
2-Chloro-*N*,*N*,β-trimethyl-12*H*-dibenzo[*d*,*g*][1,3,6]-dioxazocin-12-propanamine, *see* T-00392
▷Chlorotris(*p*-methoxyphenyl)ethylene, *see* C-00290
▷β-Chlorovinylethylethynylcarbinol, *see* E-00151
4-(2-Chloro-9*H*-xanthen-9-ylidene)-1-methylpiperidine, *see* C-00486
▷Chloroxazone, *see* C-00218
Chloroxine, *see* D-00190
▷Chloroxylenol, *see* C-00235
▷4-Chloro-3,5-xylenol, *see* C-00235
▷[[4-Chloro-6-(2,3-xylidino)-2-pyrimidinyl]thio]acetic acid, *see* P-00332
Chloroxymorphamine, C-00291
Chlorozil, *in* C-00632
▷Chlorphenacyl estradiol diester, *in* O-00028
▷Chlorphenamine, *see* C-00292
▷Chlorphencyclan, *see* C-00451
▷Chlorphenesin, *see* C-00261
▷Chlorphenesin carbamate, *in* C-00261
▷Chlorphenindione, *see* C-00264
▷Chlorpheniramine, C-00292
▷Chlorpheniramine maleate, *in* C-00292
Chlorphenoctium(1+), C-00293
Chlorphenoctium amsonate, *in* C-00293
Chlorphenoxamide, *see* C-00415
▷Chlorphenoxamine, C-00294
▷Chlorphenoxamine hydrochloride, *in* C-00294
▷Chlorphenteramine hydrochloride, *in* C-00295
▷Chlorphentermine, C-00295
▷Chlorphtalidolone, *see* C-00302
▷Chlorpiprazine, *see* P-00129
▷Chlorproethazine, C-00296
Chlorproguanil, C-00297
▷Chlorpromazine, C-00298
▷Chlorpromazine hydrochloride, *in* C-00298
▷Chlorpropamide, C-00299
Chlorpropanol, *see* C-00493
Chlorprothiazole, *see* C-00281
▷Chlorprothixene, C-00300
▷Chlorprothixene hydrochloride, JAN, *in* C-00300
▷Chlorpyrifos, C-00301
▷Chlorquinaldol, *see* D-00189
Chlorquinol, *see* D-00190
Chlorseptal (new form), *in* B-00075
▷Chlortalidone, *see* C-00302
▷Chlortetracycline, *see* A-00476
Chlortetracycline bisulfate, *in* A-00476
▷Chlortetracycline hydrochloride, *in* A-00476
▷Chlorthalidone, C-00302
▷Chlorthenoxazin, C-00303
▷Chlorthenoxazine, *see* C-00303
▷Chlorthenylpyramine, *see* C-00282
▷Chlortran, *see* T-00440
▷Chlortritylimidazole, *see* C-00512
▷Chlorylen, *see* T-00436
▷Chlorzoxazone, *see* C-00218
Chlosudimeprinyl, *see* C-00480
▷Chlothixen, *see* C-00300
▷Chlotride, *see* C-00288
▷Chloxyl, *see* H-00041
▷Cholagit, *in* T-00475
▷Cholalic acid, *in* T-00475
▷Cholecalciferol, *see* V-00062
Cholecystokinin, C-00304
Cholecystokininoctapeptide, *see* S-00077
▷Cholegrafin, *see* I-00108
▷Choleic acid, *in* D-00321
Cholergol, *in* O-00061
▷Cholesolvin, *see* S-00074
Cholestanol, *in* C-00305
3-Cholestanol, C-00305
▷5-Cholesten-3β-ol, *see* C-00306
5α-Cholest-22-en-3β-ol, *in* C-00305
Cholesteril, *in* D-00346
▷Cholesterin, *see* C-00306
▷Cholesterol, C-00306
Cholesterol dibromide, *in* D-00162
Cholesteryl acetate dibromide, *in* D-00162
Cholesteryl chloroformate, *in* C-00306
▷Cholestyramine resin, C-00307
▷Cholexamin, *see* N-00100
Cholibil, *see* T-00456
▷Cholic acid, *in* T-00475
▷Cholimil, *see* I-00094
▷Choline, C-00308
Choline acetyllactate, *see* A-00044
Choline benzilate, *see* M-00326
Choline carbamate, *see* C-00040
▷Choline chloride, *in* C-00308
Choline glycerophosphate, *in* C-00308
Choline hydroxide dihydrogen phosphate inner salt, *in* C-00308
▷Choline hydroxide 5' ester with cytidine 5'-(trihydrogen pyrophosphate), inner salt, *see* C-00655
Choline-4-hydroxy-3,5-dimethoxycinnamate ester, *see* S-00076
Choline orotate, *in* O-00061
Choline perchlorate nitrate, *in* C-00308
▷Choline salicylate, *in* H-00112
Choline sulfuric acid (internal salt), *in* C-00308
▷Choline theophyllinate, *in* C-00308
▷CholinFall, *in* M-00185

▷Cholinophylline, *in* C-00308
▷Choliopan, *in* B-00425
Cholipin, *in* O-00021
▷Cholognost, *see* P-00160
Cholografin, *see* I-00097
▷Chólografin meglumine, *in* I-00097
▷Chologram, *see* I-00145
▷Cholorebic acid, *in* D-00321
▷Choloview, *see* I-00108
▷Cholovue, *see* I-00108
▷Choloxin, *in* T-00233
▷Cholumbrin, *in* T-00142
▷Cholyltaurine, *see* T-00031
Chondocurarine, *in* C-00309
Chondocurine, C-00309
Chondrocurarine, *in* C-00309
Chondrocurine, *see* C-00309
▷Chorionic gonadotropin, *see* G-00080
▷Choron, *see* G-00080
▷CHP-Phenobarbitalate, *in* E-00218
▷Christmas factor, *see* F-00004
▷Chrometrace, *see* C-00310
▷Chromic chloride, C-00310
▷Chromic phosphate, C-00311
▷Chromitope sodium, *in* S-00086
▷Chromium(3+) chloride, *see* C-00310
Chromocarb, *see* O-00125
▷Chromonar, C-00312
▷Chromonar hydrochloride, *in* C-00312
Chromone-2-carboxylic acid, *see* O-00125
▷Chronogest, *in* F-00150
▷Chronogyn, *see* D-00010
▷Chrysanthemummonocarboxylic acid allethrolone ester, *see* A-00124
▷Chrysanthranol, *see* D-00310
▷Chrysatropic acid, *see* H-00148
▷Chrysazin, *see* D-00308
Chrysazin-3-carboxylic acid, *see* D-00309
Chryscandin, C-00313
2-[(6-Chrysenylmethyl)amino]-2-methyl-1,3-propanediol, *see* C-00560
▷Chryson, *see* R-00031
Chrysothios, *in* M-00115
Chuanbeinone, C-00314
▷Chymar, *see* C-00316
▷Chymar-Zan, *see* C-00316
Chymcoccyd, *in* R-00069
▷Chymex, *see* B-00069
Chymodiacetin, *see* C-00315
Chymopapain, C-00315
▷Chymoral, *in* T-00565
▷Chymotrypsin, C-00316
CI 072, *see* E-00256
CI 301, *see* B-00150
CI 336, *in* T-00438
▷CI 337, *in* A-00509
▷CI 379, *in* B-00082
▷CI 395, *see* P-00183
CI 400, *in* P-00182
CI 403*A*, *in* T-00532
▷CI 416, *in* P-00285
▷CI 419, *see* F-00053
▷CI 427, *see* P-00459
CI 433, *see* C-00407
▷CI 456, *see* C-00255
▷CI 501, *in* C-00603
CI 515, *in* P-00173
CI 546, *see* A-00121
CI 572, *in* P-00462
▷CI 583, *in* M-00045
▷CI 633, *see* C-00430
CI 634, *in* T-00272
CI 636, *see* S-00191
▷CI 642, *see* B-00408
CI 661, *see* O-00118
▷CI 673, *in* A-00435
CI 683, *see* R-00062
CI-716, *in* Z-00028
CI 718, *see* B-00066
▷CI 719, *see* D-00443
CI 720, *see* T-00146
▷CI 728, *in* N-00182
CI 775, *see* B-00146
CI 781, *see* Z-00036
CI 787, *in* T-00301
▷CI 808, *in* A-00435
▷CI 825, *see* P-00105
▷CI 845, *in* P-00342
CI 867, *in* P-00325
CI 871, *see* B-00150
▷CI 874, *in* I-00055
CI 879, *see* P-00397
▷CI 880, *see* A-00373
CI-881, *in* A-00180
CI 897, *see* T-00046
CI-898, *see* T-00514
▷CI 904, *see* D-00150
CI 906, *in* Q-00012
CI 907, *in* I-00063
▷CI 908, *see* D-00115
▷CI 909, *see* T-00246
CI 911, *see* D-00302
CI 912, *in* B-00087
CI 914, *see* I-00026
CI 919, *see* E-00060
CI 920, *see* F-00260
CI 921, *see* M-00239
CI 928, *see* Q-00012
CI 942, *see* P-00350
CI 946, *see* R-00004
▷CI 13390, *in* A-00379
C.I. 22850, *see* T-00564
▷CI 36746, *in* T-00480
▷CI 45350, *see* F-00180
CI 45440, *see* T-00105
▷CI 77891, *see* T-00326
C.I. Acid Blue 1, *see* S-00249
▷C.I. Acid Blue 74, *in* I-00058
▷CI acid blue 92, *in* A-00379
▷CI Acid Red 51, *see* E-00118
CI Acid Red 94, *see* T-00105
▷Ciadox, C-00317
Cialit, *in* O-00070
Ciamexon, C-00318
▷Cianatil, *see* C-00578
Cianergoline, C-00319
▷Cianidanol, *in* P-00081
▷Cianidol, *in* P-00081
Cianopramine, C-00320
Ciapilome, C-00321
▷Ciba 1906, *see* T-00173
▷Ciba 7115, *see* K-00014
▷Ciba 8949, *see* C-00203
Ciba 10611, *in* C-00628
Ciba 10870, *in* P-00155
▷Ciba 11925, *see* P-00144
▷Ciba 12669*A*, *see* D-00062
▷Ciba 16038, *see* A-00305
Ciba 18605, *see* S-00207
Ciba 19390, *see* C-00478
Ciba 20684, *see* E-00260
▷Ciba 21381, *in* I-00032
▷Ciba 30803, *in* B-00090
Ciba 32968, *see* D-00053
▷Ciba 33112, *in* D-00044
Ciba 38372, *in* O-00031
Ciba 40088, *see* P-00547
Ciba 43853, *in* E-00175
Ciba 21851-Ba, *in* P-00412
▷Ciba 23644-Ba, *see* N-00156
Cibacalcin, *in* C-00013
Cibalith-S, *see* L-00059

▷C.I. Basic Blue 9, *in* B-00208
C.I. Basic Blue 17, *see* T-00359
▷CI Basic violet 3, *in* B-00209
▷Ciba 8341-Su, *see* C-00630
Cibenzoline, C-00322
Cibenzoline succinate, *in* C-00322
Cicaprost, C-00323
Cicarperone, C-00324
CI 686, 11Cl, *in* A-00245
▷Ciclacillin, *see* C-00585
Ciclactate, *in* T-00506
Ciclafrine, C-00325
Ciclafrine hydrochloride, *in* C-00325
Ciclazindol, C-00326
Cicletanine, C-00327
Ciclindole, *see* D-00422
Cicliomenol, *see* C-00615
Ciclobendazole, C-00328
Ciclofenazine, C-00329
▷Cicloforme, *in* A-00216
▷Cicloheximide, *in* D-00441
Ciclometasone, *see* C-00624
▷Ciclomidrin, *see* H-00082
Ciclonicate, *in* T-00506
Ciclonium(1+), C-00330
▷Ciclonium bromide, *in* C-00330
▷Ciclopal, *see* C-00629
Ciclopirox, *see* C-00612
▷Ciclopirox olamine, *in* C-00612
Ciclopramine, C-00331
Cicloprofen, *see* F-00179
Cicloprolol, C-00332
▷Cicloprolol hydrochloride, *in* C-00332
Ciclosidomine, C-00333
▷Ciclosporin, *in* C-00638
▷Ciclotiazid, *see* C-00639
Ciclotizolam, C-00334
Ciclotropium(1+), C-00335
Ciclotropium bromide, *in* C-00335
Cicloxilic acid, C-00336
Cicloxolone, C-00337
Cicloxolone disodium, *in* C-00337
Cicortonide, C-00338
Cicrimin, *see* C-00641
▷Cicrotoic acid, *see* C-00605
Cicutin, *in* D-00083
▷Cidex, *see* P-00090
▷C.I. Direct Blue 53, *see* A-00532
C.I. Direct Red 28, *see* C-00541
Cidoxepin, *in* D-00594
Cidoxepin hydrochloride, *in* D-00594
Cifenline, *see* C-00322
Cifenline succinate, *in* C-00322
▷C.I. Food Blue 1, *in* I-00058
C.I. Food Blue 3, *see* S-00249
Cifostodine, *see* C-00656
Cigerol, *see* C-00607
Ciglitazone, C-00339
▷Cignolin, *see* D-00310
Ciheptolane, C-00340
Ciladopa, C-00341
Ciladopa hydrochloride, *in* C-00341
Cilastatin, C-00342
Cilastatin sodium, *in* C-00342
Cilazapril, *in* C-00343
Cilazaprilat, C-00343
Cilder, *in* C-00444
Ciliapterin, *in* B-00172
Cilobamine, C-00344
Cilobamine mesylate, *in* C-00344
Cilofungin, C-00345
Ciloprost, *see* I-00023
Cilostamide, C-00346
Cilostazol, C-00347
Cilotropin, *in* A-00008
Ciltoprazine, C-00348
Cimadon, *see* P-00260
▷Cimarin, *in* T-00478
Cimaterol, C-00349
▷Cimedone, *see* S-00093
Cimemoxin, *see* C-00616
Cimepanol, *see* C-00618
▷Cimetidine, C-00350
Cimetropium(1+), C-00351
Cimetropium bromide, *in* C-00351
CI Mordant Yellow S, *see* O-00041
▷Cimoxatone, C-00352
Cinametic acid, C-00353
Cinamolol, C-00354
Cinanserin, C-00355
▷Cinanserin hydrochloride, *in* C-00355
Cinaproxen, C-00356
▷Cinarcaf, *see* C-00643
▷Cinarina, *see* C-00643
▷C.I. Natural Orange 6, *see* H-00178
▷Cinchocaine, C-00357
▷Cinchocaine hydrochloride, *in* C-00357
(8α,9*R*)-Cinchonan-6′,9-diol, *see* C-00574
▷9*S*-Cinchonan-9-ol, *see* C-00358
Cinchonicine, *in* Q-00026
Cinchonifine, *in* C-00358
▷Cinchonine, C-00358
ψ-Cinchonine, *in* C-00358
▷Cinchophen, *see* P-00206
Cinchotine, *in* C-00358
Cinchotoxine, *in* Q-00026
Cindol, *see* C-00394
▷Cindomet, *see* C-00369
Cinecromen, C-00359
▷Cineole, C-00360
▷1,8-Cineole, *see* C-00360
▷Cinepadil, *in* C-00363
Cinepaxadil, C-00361
Cinepazet, *in* C-00362
Cinepazet maleate, *in* C-00362
Cinepazic acid, C-00362
Cinepazide, C-00363
▷Cinepazide maleate, JAN, *in* C-00363
▷Cineromycin B, *in* A-00099
Cinfenine, C-00364
Cinfenoac, C-00365
Cinflumide, C-00366
▷Cingestol, C-00367
Cinitapride, C-00368
▷Cinmetacin, C-00369
Cinnaloid, *in* R-00028
Cinnamaverine, C-00370
Cinnamedrine, C-00371
▷Cinnamonin, *see* A-00039
▷1-Cinnamoyl-5-methoxy-2-methyl-3-indoleacetic acid, *see* C-00369
1-Cinnamyl-4-diphenylmethylpiperazine, *see* C-00372
Cinnamylephedrine, *see* C-00371
α-[1-(Cinnamylmethylamino)ethyl]benzyl alcohol, *see* C-00371
Cinnamyl(methyl)(1-naphthylmethyl)amine, *see* N-00024
3-[2-[(Cinnamyl-1-piperazinyl)methyl]-1-benzimidazolyl]-1-(2-furyl)-1-propanone, *see* F-00276
3-[2-[(4-Cinnamyl-1-piperazinyl)methyl]-1-benzimidazolyl]-propiophenone, *see* C-00381
▷3-Cinnamyl-8-propionyl-3,8-diazabicyclo[3.2.1]octane, *see* A-00506
Cinnarizine clofibrate, *in* C-00372
Cinnarizine, C-00372
Cinnofuradione, C-00373
Cinnopentazone, *see* C-00383
▷Cinnopropazone, *see* A-00507
Cinnoxyphenisatin, *in* O-00160
▷Cinobac, *see* C-00377
▷Cinobactin, *see* C-00377
Cinoctramide, C-00374
▷Cinolazepam, C-00375

▷Cinopal, *see* B-00181
Cinoquidox, C-00376
▷Cinoxacin, C-00377
Cinoxate, C-00378
Cinoxolone, *in* G-00072
Cinoxopazide, C-00379
Cinperene, C-00380
Cinprazole, C-00381
Cinpropazide, C-00382
▷CinQuin, *in* Q-00027
Cinromide, *in* B-00314
Cintaverin, *in* D-00490
Cintazone, C-00383
▷Cintramide, *in* T-00480
▷Cintriamide, *in* T-00480
Cinuperone, C-00384
Ciodrin, *see* C-00571
Cipazoxapine, *see* S-00029
▷C.I. Pigment blue 63, *in* I-00058
▷CI Pigment White 6, *see* T-00326
Ciprafamide, C-00385
Cipralan, *in* C-00322
Ciprazafone, C-00386
▷Ciprazepam, *see* C-00645
Ciprefadol, C-00387
Ciprefadol succinate, *in* C-00387
Ciprocinonide, C-00388
Ciprodene, *see* C-00647
▷Ciprofibrate, C-00389
Ciprofloxacin, C-00390
Ciprofloxacin hydrochloride, *in* C-00390
▷Ciprol, *see* C-00389
Cipropride, C-00391
Ciproquazone, C-00392
▷Ciproquinate, *see* C-00650
Ciprostene, C-00393
Ciprostene calcium, *in* C-00393
▷Ciproximide, *see* C-00652
Ciradol, *see* C-00394
Ciramadol, C-00394
Ciramadol hydrochloride, *in* C-00394
Cirazoline, C-00395
▷Circladin, *see* B-00313
Circuletin, *see* K-00003
Circuline, *in* I-00042
▷Circupon, *in* A-00272
Cisapride, C-00396
▷Cisclomiphene, *in* C-00471
Cisconazole, C-00397
Cismadinone, C-00398
Cismadinone acetate, *in* C-00398
Cismethrin, *in* R-00031
Cisobitan, *in* H-00056
Cisordinol, *in* C-00481
▷Cisplatin, *in* D-00139
▷Cisplatyl, *in* D-00139
▷Cisticide, *see* P-00406
Cistinexine, C-00399
Cistoplex, *see* F-00121
Citalopram, C-00400
▷Citanest, *in* P-00432
▷Citarin (new form), *in* H-00166
Citatepine, C-00401
▷Citenamide, *in* D-00158
Citenazone, *in* F-00248
▷Citicoline, *see* C-00655
▷Citiolase, *see* T-00129
▷Citiolone, *see* T-00129
Citocard, *in* T-00332
▷Citostal, *see* L-00083
Citramide, *in* C-00402
Citresia, *see* M-00007
▷Citric acid, C-00402
▷Citrinin, C-00403
Citrohexamine, *in* H-00057
Citro-Mag, *see* M-00007
▷Citromycetin, C-00404
▷Citromycin, *in* C-00404
Citronema, *see* M-00007
▷Citrovorin, *see* P-00554
▷Citrovorum factor, *see* P-00554
Citrulline, C-00405
CK 0383, *see* V-00022
CK 0569, *see* I-00151
CK 1752, *see* S-00040
CL 45, *in* P-00182
CL 68, *in* C-00444
CL 1388*R*, *in* G-00100
CL 1565*A*, *see* F-00260
CL 1565*B*, *in* F-00260
CL 1565*T*, *in* F-00260
▷CL 2422, *see* C-00581
CL 639*C*, *see* D-00472
▷CL 8490, *see* M-00176
CL 911*C*, *in* D-00472
CL 912*C*, *in* D-00472
▷CL 11366, *see* P-00208
CL 115347, *see* V-00051
▷CL 12625, *see* P-00253
▷CL 13900, *see* P-00557
▷CL 14377, *see* M-00192
▷CL 16536, *in* P-00557
CL 203821, *in* A-00216
CL 206214, *in* B-00387
CL 206576, *see* S-00182
CL 206797, *see* C-00644
CL 216942, *in* B-00191
CL 217658, *see* I-00027
▷CL 22119, *see* D-00142
▷CL 22373, *see* M-00190
CL 22415, *see* D-00066
CL 227193, *see* P-00283
▷CL 232315, *in* M-00407
CL 24877, *see* A-00282
CL 251931, *see* C-00162
CL 25477, *see* A-00517
CL 26193, *see* D-00429
CL 263780, *in* C-00349
▷CL 27071, *in* D-00092
CL 36010, *see* Q-00021
▷CL 38023, *see* F-00015
▷CL 39808, *see* D-00417
CL 48156, *in* I-00035
▷CL 48401, *see* N-00190
▷CL 53415, *see* C-00652
▷CL 54131, *in* P-00284
CL 54998, *in* B-00275
CL 59112, *see* R-00074
▷CL 62362, *see* L-00106
CL 64976, *see* Z-00014
CL 65205, *see* B-00263
CL 65562, *see* T-00459
▷CL 67772, *see* A-00362
▷CL 71563, *in* L-00106
▷CL 82204, *see* B-00181
CL 83544, *see* B-00176
CL 84,633, *see* N-00148
CL 88893, *see* C-00412
CL 90748, *see* I-00038
Clafalix, *see* B-00277
Clafalix, *see* C-00104
Clafanone, *see* A-00311
▷Claforen, *in* C-00138
Clamidoxic acid, C-00406
▷Clamiren, *see* C-00440
Clamoxyl, *in* C-00407
Clamoxyquin, C-00407
Clamoxyquine, *see* C-00407
Clamoxyquin hydrochloride, *in* C-00407
Clanfenur, C-00408
▷Claniclor, *see* M-00372
▷Clanobutin, C-00409

Clantifen, *in* A-00337
Clanzol, *see* C-00414
▷Claral, *in* D-00270
Claraphos, *in* D-00568
Claresan, *in* C-00456
Clarithromycin, *in* E-00115
▷Clarmil, *see* M-00301
▷Clarphoril, *see* M-00301
▷Clarvisan, *in* P-00318
▷Clarvisan, *in* P-00319
▷Clarvisor, *in* P-00318
▷Clarvisor, *in* P-00319
Clast, *see* C-00414
▷Clavacin, *see* P-00043
▷Clavatin, *see* P-00043
▷Claversal, *see* A-00266
Clavidene, *see* L-00045
▷Claviformin, *see* P-00043
▷Claviton, *in* T-00454
▷Clavubactam, *see* C-00410
▷Clavulanate potassium, *in* C-00410
▷Clavulanic acid, C-00410
▷Clavulin, *in* C-00410
▷Clavumox, *in* C-00410
Clazepam, *see* I-00011
▷Clazolam, C-00411
Clazolimine, C-00412
Clazuril, C-00413
CLB 499, *in* P-00378
CL 1848C, *in* E-00264
Clebodian, *see* C-00414
Clebopride, C-00414
Cleboril, *see* C-00414
Clefamide, C-00415
▷Cleiton, *in* C-00548
Clemastine, C-00416
▷Clemastine fumarate, JAN, *in* C-00416
Clemeprol, C-00417
Clemizole, C-00418
Clemizole penicillin, *in* B-00126
Clenbuterol, C-00419
▷Clenicor, *see* M-00372
Clenizole hydrochloride, *in* C-00419
Clenpirin, *see* C-00420
Clenpyrin, C-00420
▷Cleocin, *see* C-00428
Cleofil, *in* D-00499
▷Cleregil, *in* D-00408
▷Clerocidin, C-00421
Cletoquine, C-00422
Clexane, *see* S-00278
Clexon, *see* C-00613
Clibucaine, C-00423
Clidafidine, C-00424
▷Clidanac, *see* C-00225
Clidinium(1+), C-00425
▷Clidinium bromide, *in* C-00425
▷Clift, *in* D-00319
Climazolam, C-00426
Climbazole, C-00427
Climiqualine, *see* C-00251
▷Clinadol, *in* A-00275
Clindamycin *B*, *in* C-00428
▷Clindamycin hydrochloride, *in* C-00428
▷Clindamycin, C-00428
Clindamycin palmitate hydrochloride, *in* C-00428
▷Clindamycin phosphate, *in* C-00428
Clinibolin, *in* H-00185
▷Clinicid, *in* M-00238
▷Clinimycin, *see* C-00428
▷Clinimycin, *see* O-00166
Clinium, *see* L-00045
▷Clinodilat, *see* B-00053
▷Clinofibrate, C-00429
Clinolamide, *in* O-00007
▷Clinoran, *see* T-00154
▷Clinoril, *see* S-00225
Clionasterol, *in* S-00151
▷Clioquinol, *see* C-00244
▷Clioxanide, C-00430
Cliprofen, C-00431
▷Cliradin, *see* K-00014
▷Cliradon, *see* K-00014
Clitoriacetal, C-00432
Clobamine mesylate, *in* C-00344
▷Clobazam, C-00433
Clobedolum, *see* C-00478
Clobenfurol, *see* C-00498
Clobenoside, *in* E-00175
Clobenzepam, C-00434
▷Clobenzorex, C-00435
Clobenztropine, C-00436
▷Clobesol, *in* C-00437
Clobetasol, C-00437
▷Clobetasol propionate, *in* C-00437
Clobetasone, *in* C-00437
▷Clobetasone butyrate, *in* C-00437
▷Clobutinol, C-00438
▷Clobutinol hydrochloride, JAN, *in* C-00438
Clobuzarit, C-00439
▷Clocanfamide, C-00440
▷Clocapramine, C-00441
▷Clocapramine dihydrochloride, JAN, *in* C-00441
▷Clocarpramine, *see* C-00441
Clociguanil, C-00442
Clocinizine, C-00443
Cloconazole, *see* C-00562
Clocortolone, C-00444
Clocortolone acetate, *in* C-00444
Clocortolone caproate, *in* C-00444
Clocortolone pivalate, *in* C-00444
Clocortolone trimethylacetate, *in* C-00444
Clocoumarol, C-00445
Clodacaine, C-00446
Clodanolene, C-00447
▷Clodantoin, *see* C-00199
▷Clodazon, C-00448
Clodazon hydrochloride, *in* C-00448
Cloderm, *in* C-00444
Clodoxopone, C-00449
Clodronate, *in* D-00194
Clodronic acid, *see* D-00194
Clofaminol, *in* H-00029
▷Clofazimine, C-00450
▷Clofedanol, *see* C-00191
Clofedanol hydrochloride, JAN, *in* C-00191
▷Clofekton, *in* C-00441
Clofenamic acid, *see* D-00188
▷Clofenamide, *in* C-00215
▷Clofenat, *see* C-00456
▷Clofenciclan, C-00451
Clofenetamine, C-00452
▷Clofenotane, *see* T-00432
Clofenoxyde, C-00453
▷Clofenpyride, *see* N-00097
▷Clofenvinfos, *see* C-00203
▷Cloferol, *see* T-00334
Clofeverine, C-00454
▷Clofexamide, C-00455
▷Clofezone, *in* C-00455
▷Clofezone, INN, *in* P-00180
Clofibrate, *in* C-00456
▷Clofibric acid, C-00456
▷Clofibride, *in* C-00456
Clofical, *in* C-00456
Clofilium(1+), C-00457
Clofilium phosphate, *in* C-00457
Cloflucarban, C-00458
Cloflumide, C-00459
Clofluonide, *see* L-00076
Clofluperol, C-00460
Clofoctol, C-00461

Cloforex, C-00462
Clofurac, *see* C-00224
Clogestone, C-00463
Clogestone acetate, *in* C-00463
Cloguanamil, C-00464
▷Clomacran, C-00465
▷Clomacran phosphate, *in* C-00465
Clomag, *in* C-00456
Clomegestone, C-00466
Clomegestone acetate, *in* C-00466
Clomestrone, C-00467
▷Clometacin, C-00468
Clometerone, *see* C-00469
Clometherone, C-00469
▷Clomethiazole, *see* C-00238
Clometocillin, C-00470
Clomifenoxide, *in* C-00471
Clominorex, *see* C-00263
▷Clomiphene, C-00471
▷Clomiphene citrate, *in* C-00471
▷Clomipramine, C-00472
▷Clomipramine hydrochloride, JAN, *in* C-00472
Clomocycline, C-00473
Clomoxir, C-00474
Clomoxir sodium, *in* C-00474
▷Clonazepam, C-00475
Clonazoline, C-00476
▷Clonex, *see* C-00475
▷Cloniacol, *see* N-00097
Clonidine, C-00477
▷Clonidine hydrochloride, *in* C-00477
Clonitazene, C-00478
▷Clonitralide, *in* N-00093
Clonitrate, *in* C-00278
▷Clonix, *see* C-00479
Clonixeril, *in* C-00479
▷Clonixin, C-00479
▷Clonopin, *see* C-00475
Clopamide, C-00480
▷Clopane, *in* A-00232
Clopenthixol, C-00481
Z-Clopenthixol, *in* C-00481
▷Cloperastine, C-00482
Cloperastine hydrochloride, JAN, *in* C-00482
Cloperidone, C-00483
Cloperidone hydrochloride, *in* C-00483
▷Clopiben, *see* C-00501
Clopidogrel, C-00484
▷Clopidol, *see* D-00187
Clopimozide, C-00485
▷Clopinerin, *in* C-00502
Clopipazan, C-00486
▷Clopipazan mesylate, *in* C-00486
Clopirac, C-00487
Clopiran, *see* C-00487
▷Clopixol, *in* C-00481
Clopixol injection, *in* C-00481
Cloponone, C-00488
Cloprane, *see* R-00085
Cloprednol, C-00489
▷Cloprostenol, C-00490
Cloprostenol sodium, *in* C-00490
Cloprothiazole, *see* C-00281
Cloquinate, *in* C-00284
Cloquinozine, C-00491
Cloracetadol, C-00492
Cloral betaine, *in* T-00433
▷Clorambucile, *see* C-00194
Cloranolol, C-00493
Clorased, *see* P-00096
▷Clorazepate dipotassium, *in* C-00494
Clorazepate monopotassium, *in* C-00494
Clorazepic acid, C-00494
▷Clorazolam, *see* T-00425
▷Clordion, *in* C-00208
▷Cloretate, *see* T-00435
▷Clorethate, *see* T-00435
▷Clorevan, *in* C-00294
Clorexolone, C-00495
Clorgiline, *see* C-00496
Clorgyline, C-00496
Cloricromen, C-00497
Cloridarol, C-00498
Clorindanic acid, *see* C-00243
▷Clorindione, *see* C-00264
▷Cloritines, *see* D-00179
Clormecaine, *in* A-00224
▷Clormezanone, *see* C-00210
▷Clorobiocin, *see* C-00221
▷Clorofene, *see* B-00109
▷Clorometazone, *see* C-00210
▷Cloronaftina, *see* B-00198
Cloroperone, C-00499
Cloroperone hydrochloride, *in* C-00499
▷Clorophene, *see* B-00109
Cloroqualone, C-00500
▷Clorotepine, C-00501
▷Clorotiazide, *see* C-00288
▷Clorotrisin, *see* C-00290
Clorpactin WCS, *in* O-00148
Clorpactin XCB, *see* O-00148
Clorprenaline, C-00502
▷Clorprenaline hydrochloride, *in* C-00502
▷Clorpropandriol, *see* B-00200
Clorsulon, C-00503
▷Clortalidone, *see* C-00302
Clortermine, *see* C-00271
▷Clortermine hydrochloride, *in* C-00271
▷Clortetrin, *in* D-00064
Closantel, C-00504
Closantel sodium, BAN, *in* C-00504
Closina, *see* A-00277
Closiramine, C-00505
Closiramine aceturate, *in* C-00505
▷Clositol, *see* T-00540
Clospirazine, *see* S-00114
Clostebol, C-00506
▷Clostebol acetate, *in* C-00506
Clostebol caproate, *in* C-00506
Clostebol propionate, *in* C-00506
▷Clotam, *see* T-00349
▷Clotepin, *see* C-00501
▷Clothiapine, C-00507
Clothixamide maleate, *in* C-00511
Clotiam, *see* D-00615
Clotiamine, *in* B-00025
▷Clotiapine, *see* C-00507
▷Clotiazepam, C-00508
Cloticasone, C-00509
Cloticasone propionate, *in* C-00509
Clotioxone, C-00510
Clotixamide, C-00511
▷Clotrimazole, C-00512
▷Clovoxamine, C-00513
Cloxacepride, C-00514
Cloxacillin, C-00515
Cloxacillin benzathine, *in* C-00515
▷Cloxacillin sodium, *in* C-00515
▷Cloxapen, *in* C-00515
Cloxathiepin, C-00516
▷Cloxazepin, *see* L-00106
▷Cloxazolam, C-00517
▷Cloxazolazepam, *see* C-00517
Cloxestradiol, C-00518
▷Cloxifenol, *see* T-00437
Cloximate, C-00519
▷Cloxiquine, *see* C-00249
Cloxotestosterone, *in* H-00111
Cloxotestosterone acetate, *in* H-00111
▷Cloxphendyl, *see* C-00520
▷Cloxypendyl, C-00520
▷Cloxyquin, *see* C-00249

▷Clozan, *see* C-00508
▷Clozapine, C-00521
▷Clozaril, *see* C-00521
Clozic, *see* C-00439
▷Cl-PID, *see* C-00264
Clumirol, *see* S-00266
▷CLY 503, *see* S-00074
▷Clysodrast, *in* B-00186
CM 6912, *see* E-00197
CM 7120, *see* E-00179
CM 7857, *see* P-00098
CM 9155, *see* D-00273
▷CM 9357, *see* S-00098
CM 29712, *see* D-00052
CM 30366, *in* M-00466
CM 31916, *see* C-00156
CM 40907, *see* D-00021
CM 57202, *see* T-00159
CM 57755, *in* R-00009
CM 57862, *see* R-00009
CM 57874, *in* R-00009
CM 6805a, *see* B-00412
CMT, *see* C-00112
▷CN 1115, *see* Q-00029
▷CN 5518, *in* N-00182
CN 10443, *see* L-00009
▷CN 15757, *in* A-00509
CN 16146, *in* T-00438
▷CN 36337, *see* C-00255
CN 38474, *see* A-00121
▷CN 55945, *in* N-00182
▷CN 59567, *see* C-00430
▷CN 14329-23*A*, *in* C-00603
CN 15575-23*A*, *in* T-00532
CN 17900-2*B*, *see* C-00407
▷CN 20172-3, *in* B-00082
CN 34799-5*A*, *in* P-00173
CNCC, *in* C-00222
Cnidin, *see* I-00189
▷CNU-ethanol, *see* C-00237
CO 61, *in* H-00210
CO 063, *see* E-00120
CO 1177, *see* N-00077
▷Co I, *see* C-00530
COA, *see* C-00291
CoA, *see* C-00528
Coactabs, *see* P-00366
▷Coactin, *see* M-00042
Coalip, *see* C-00528
Cobadex, *in* D-00390
▷Cobaltous chloride, C-00522
Cobamamide, *see* C-00529
▷Coban, *in* M-00428
Cobefrin, *in* A-00249
▷Coben, *in* P-00239
▷Coben P, *in* P-00239
Cobinamide dihydroxide, dihydrogen phosphate (ester), mono-(inner salt), 3′-ester with 5,6-dimethyl-1-α-D-ribofuranosyl-1*H*-benzimidazole, *see* V-00061
▷Cobrentin, *see* B-00104
Cocaine, C-00523
ψ-Cocaine, *in* C-00523
▷Cocaine hydrochloride, *in* C-00523
▷Cocarboxylase, *see* T-00175
▷Coco-Diazine, *see* S-00237
Codactide, C-00524
▷Codecarboxylase, *see* P-00579
▷Codehydrase I, *see* C-00530
▷Codehydrogenase I, *see* C-00530
Codéigène, *in* C-00525
▷Codeine, C-00525
Codeine aminoxyde, *in* C-00525
▷Codeine nicotinate, *see* N-00095
Codeine N-oxide, *in* C-00525
▷Codeine polistirex, USAN, *in* C-00525
Codeine sulfate, *in* C-00525
Codeinfos, *in* C-00525
Codeinone, C-00526
▷Codeinone methyl enol ether, *see* T-00162
Codeisan, *in* C-00525
Codelcortrone TBA, *in* P-00412
Codeophen, *in* C-00525
▷Coderm, *see* A-00177
▷Codethyline, *in* M-00449
▷Codicept, *see* C-00525
Codlin, *in* C-00525
Codopectyl, *in* D-00403
Codorphone, *see* C-00542
Codossima, *see* C-00527
Codoxime, C-00527
Codroxomin, *see* V-00061
Coenzyme *A*, C-00528
▷Coenzyme *F*, *see* P-00554
Coenzyme *M*, *see* D-00550
Coenzyme *M*, *see* M-00116
Coenzyme *Q*, C-00531
Coenzyme *R*, *see* B-00173
Coenzyme Q_6, *in* C-00531
Coenzyme Q_7, *in* C-00531
Coenzyme Q_8, *in* C-00531
Coenzyme Q_9, *in* C-00531
▷Coenzyme Q_{10}, *in* C-00531
▷Coenzyme I, C-00530
Coenzyme B_{12}, C-00529
Coerulomycin, *in* C-00006
▷CoF, *see* P-00554
▷Coffeine, *see* C-00010
Cofisatin, *in* D-00049
▷Coformycin, C-00532
Coforta, *see* B-00427
Cofrel, *in* B-00061
Cogazocine, C-00533
▷Cogentin, *see* B-00104
▷Cogentinol, *see* B-00104
▷Cogesic, *in* P-00459
▷Cogilor orange 211.10, *see* E-00118
▷Cogilor orange 312.42, *see* E-00118
Colahepat, *in* A-00275
▷Colalin, *in* T-00475
▷Colamine, *see* A-00253
▷Colaspase, *see* A-00458
▷Colcamyl, *see* T-00199
▷Colcemid, *see* D-00062
▷Colchamine, *see* D-00062
▷Colchiceine methyl ether, *see* C-00534
▷Colchicine, C-00534
▷Coldip, *in* H-00191
▷Coldip, *see* N-00169
▷Colebrine, *see* I-00094
▷Colecalciferol, *see* V-00062
Coledrin-Compresse, *in* D-00049
▷Coleflux, *see* P-00310
Coleonol, *in* E-00090
Coleonol B, *in* E-00090
Coleonol C, *in* E-00090
Colepan, *in* E-00193
▷Colepur, *see* D-00167
Colesterel, *see* C-00467
▷Colesterinex, *see* P-00568
Colestid, *in* D-00245
Colestipol, *in* D-00245
Colestipol hydrochloride, *in* D-00245
Colestolone, *in* H-00121
▷Colestyramine, *see* C-00307
▷Colextran, *in* D-00113
Colfenamate, C-00535
Colforsin, *in* E-00090
▷Colimycin, *see* C-00536
▷Colistatin, *see* S-00172
▷Colistimethate sodium, *in* C-00536
▷Colistin, C-00536
Colistin *A*, *in* C-00536

▷Colistin A_H, *in* C-00536
▷Colistin A_L, *in* C-00536
Colistin *B*, *in* C-00536
▷Colistin B_H, *in* C-00536
▷Colistin B_L, *in* C-00536
Colistin *C*, *in* C-00536
▷Colistinat, *in* C-00536
Colistin Pro-*A*, *in* C-00536
Colistin Pro-*B*, *in* C-00536
Colistin Pro-*C*, *in* C-00536
▷Colite, *see* C-00655
Collatex, *see* N-00206
Collettiside *I*, *in* S-00129
Collubiazol, *see* S-00187
▷Collunosol, *see* T-00441
▷Collunovar, *see* N-00065
Collupressine, *see* F-00029
▷Collyrium Eye Drops, *in* B-00254
Colmenthol, *see* M-00090
▷Colofac, *in* M-00033
▷Colonaid, *in* T-00554
Colpotrofin, *see* P-00477
Colpotrophine, *see* P-00477
▷Colpovis, *in* O-00030
▷Colpovister, *in* O-00030
▷Colpro, *see* M-00057
▷Colprone, *see* M-00057
▷Colsipan, *see* F-00175
Colterol, C-00537
Colterol 3,4-di-*p*-toluate, *see* B-00241
Colterol mesylate, *in* C-00537
▷Coltramyl, *see* T-00199
▷Coltrex, *see* T-00199
Colubrinol, *in* M-00026
Colubrinol acetate, *in* M-00026
Columbianadin, C-00538
▷Colymycin, *see* C-00536
▷Combantrin, *in* P-00558
▷Combec, *see* U-00002
▷Combid, *in* P-00450
▷ComboPen, *in* P-00395
▷Comelian, *in* D-00370
▷Cometamin, *see* C-00640
Comoton, *see* C-00048
▷Compacsul, *see* T-00479
Compactin, C-00539
Comparison, *in* D-00326
▷Competil, *in* C-00456
▷Complamin, *in* X-00003
▷Complexone II, *in* E-00186
▷Complexone III, *see* E-00186
Compocillin, *in* B-00126
Compound 7173, *see* C-00166
▷Compound 3-120, *in* A-00332
▷Compound 08958, *in* C-00641
Compound 12038, *in* M-00034
▷Compound 41-123, *see* C-00411
▷Compound 42339, *see* A-00050
Compound 67-255, *see* C-00167
Compound 673-082, *in* D-00415
▷Compound Q, *see* T-00444
Comycin, *in* T-00109
(Cona-4,6-dienin-3*β*-yl)ethyldimethylammonium, *see* S-00146
▷Conadil, *see* S-00263
Conceptrol, *see* N-00206
▷Conchinine, *see* Q-00027
▷Concilium, *see* B-00060
Concor, *in* B-00233
▷Concordin, *in* P-00544
▷Conducton, *see* C-00038
▷Conessine, C-00540
▷Confielle, *in* B-00147
▷Conflictan, *see* O-00076
Congasin, *in* B-00189
Congo Red, C-00541
▷7-Con-*O*-methylnogarol, *see* M-00092
▷7-Con-Omen, *see* M-00092
Conorfone, C-00542
Conorphone hydrochloride, *in* C-00542
▷Conotrane, *see* H-00094
▷Conova, *in* E-00227
▷Conova, *in* E-00231
▷Conquinine, *see* Q-00027
▷Conraxin, *in* I-00095
▷Conray FL, *in* I-00140
Consilinon, *see* B-00324
Contact factor, *see* F-00006
Contamex, *see* K-00012
Contaren, *see* C-00027
▷Contracept, *in* H-00191
▷Contralergial, *see* D-00412
Contramine, *in* B-00275
▷Contramine, *in* D-00244
▷Contrapar, *see* G-00050
▷Contra-stigmin, *in* P-00395
▷Contrathion, *in* P-00395
▷Contratuss, *in* P-00512
▷Contravul, *see* S-00263
▷Contrazole, *see* A-00225
▷Contristamine, *in* C-00294
▷Contrix '28', *in* I-00140
▷Control-Om, *see* M-00095
▷Convallaton, *in* T-00478
▷Convallatoxol, *in* T-00478
▷Convallopan, *in* T-00478
▷Convallotoxin, *in* T-00478
▷Convalpur, *in* T-00478
▷Convapur, *in* T-00478
Convenil, *in* B-00399
▷Convertal, *see* O-00098
▷Coomassie blue, *in* A-00379
Co-ord, *see* A-00102
Copavin, *in* C-00525
▷Copavin, *in* P-00019
▷Copholco, *see* P-00212
Copropanol, *in* P-00514
Coprostanol, *in* C-00305
Coprosterol, *in* C-00305
Coptin, *in* T-00343
Coptiside II, *in* P-00082
Coptiside I, *in* D-00329
▷Co-ral, *see* C-00555
Coralgil, *in* B-00220
▷Coranormol, *see* T-00133
▷Coraton, *see* D-00254
▷Corazole, *see* T-00133
Corbadrine, *in* A-00249
Corbasil, *in* A-00249
▷Corchorin, *in* T-00478
▷Corchoroside A, *in* T-00478
Cordan, *in* F-00044
▷Cordanum, *see* T-00008
Cordarone, *in* A-00342
▷Cordemcura, *see* A-00372
▷Cordiamin, *see* D-00254
Cordilox, *in* V-00019
▷Cordioxil, *see* D-00275
▷Cordium, *in* B-00134
Cordoin, *in* D-00347
▷Cordoval, *in* T-00474
Cordoxene, *in* F-00034
▷Cordran, *see* F-00215
▷Cordycepic acid, *in* M-00018
▷Cordycepin, C-00543
▷9-Cordyceposidoadenosine, *see* C-00543
▷Corelborin, *in* T-00477
Coremax, *in* I-00042
▷Coreminal, *see* F-00225
▷Coretal, *see* O-00145
Corflazine, *see* L-00045
Corftaline, *in* H-00095
▷Corgard, *see* N-00006

▷Corglykon, *in* T-00478
Coriban, *see* D-00141
▷Coril, *see* E-00019
Corindolan, *in* M-00097
▷Corintol, *see* B-00022
▷Cormedigin, *in* S-00106
▷Cormelian, *in* D-00370
Cormetasone, *see* C-00544
Cormethasone, C-00544
Cormethasone acetate, *in* C-00544
Cornecaine, *in* H-00119
▷Cornocentin, *in* E-00104
Corodenin, *in* E-00171
Coroloside, *in* D-00274
Coronplat, *in* M-00052
Corophylline, *in* H-00029
▷Corosanin, *see* E-00019
▷Corpax, *see* P-00423
▷Corphos, *in* C-00548
▷Cortadin, *in* C-00548
▷Cortazac, *in* C-00548
Cortef fluid, *in* C-00548
Cortenil-Depot, *in* H-00203
▷Cortexolone, *in* D-00349
▷Cortexon, *see* H-00203
▷Cortexone, *see* H-00203
▷Corthormon, *see* H-00203
▷Corti 9, *see* F-00147
Corticoderm, *in* F-00207
Cortico LG, *in* B-00141
Corticoliberin, C-00545
▷Corticormon, *see* H-00203
▷Corticosterone, C-00546
▷Corticotrophin, C-00547
▷Corticotropin, *see* C-00547
▷α^{1-24} Corticotropin, *see* T-00108
▷α^{1-39}-Corticotropin (human), *see* C-00547
Corticotropin-releasing factor, *see* C-00545
▷Corticotropin-zinc hydroxide, INN, *in* C-00547
Cortidene soluble, *in* P-00025
Cortilet, *see* F-00186
▷Cortiphate inj., *in* C-00548
▷Cortisol, C-00548
▷Cortisol acetate, *in* C-00548
Cortisol 21-ester with *N,N*-diethylglycine, *in* C-00548
Cortisol valerate, *in* C-00548
▷Cortisone, C-00549
▷Cortisone acetate, *in* C-00549
Cortisuzol, C-00550
Cortivazol, C-00551
Cortobenzolone, *in* B-00141
▷Cortocin *F*, *see* F-00246
▷Cortodoxone, *in* D-00349
Cortofludan, *in* T-00506
Cortomas, *in* P-00412
▷Cortrophin *S*, *see* T-00108
▷Cortrosyn, *see* T-00108
▷Cortussin, *see* G-00095
▷Corvasal, *see* M-00425
▷Corvaton, *see* M-00425
▷Corvel-Tylocine, *see* T-00578
Corvinan, *see* P-00472
▷Corvotone, *see* D-00254
Coryfin, *see* M-00090
▷Corymbin, *see* Y-00002
▷Corynine, *see* Y-00002
Coryphamin, *see* D-00141
▷Corzepin, *in* P-00120
Cosaldon, *in* T-00166
▷Cosmegen, *see* A-00057
Cosmin, *in* T-00296
▷Cosmogen, *see* A-00057
▷Cospanon, *see* T-00479
▷Cosyntropin, *see* T-00108
Cotarnine, C-00552
Cotazym, *see* P-00011
▷Cotetroxazine, *in* T-00158
▷Cothera, *in* D-00397
Cothromboplastin, *see* F-00002
Cotinine, C-00553
Cotinine fumarate, *in* C-00553
Cotrane, *see* D-00397
▷Cotrimoxazole, *in* S-00244
▷Cotrimoxazole, *in* T-00501
Cotriptyline, C-00554
▷Coumadin, *in* W-00001
▷Coumafos, *see* C-00555
▷Coumamycin, *see* C-00557
▷Coumaphos, C-00555
▷Coumarin 4, *see* H-00156
Coumazoline, C-00556
▷Coumermycin, *see* C-00557
▷Coumermycin A_1, C-00557
▷Coumermycin sodium, USAN, *in* C-00557
Coumestrin, *in* C-00558
▷Coumestrol, C-00558
Coumetarol, *see* C-00573
Covalan, *in* F-00237
▷Covatine, *in* C-00033
▷Covatix, *in* C-00033
Coversyl, *in* P-00123
▷Covidarabine, *see* P-00105
▷Coxigon, *see* B-00059
▷Coxistac, *see* S-00017
▷Coxytrol, *see* C-00650
▷Coyden 25, *see* D-00187
▷Cozymase, *see* C-00530
CP *3H*, *see* X-00013
CP-73, *in* C-00242
▷CP 10188, *in* A-00226
▷CP 1044 *CG*24, *see* A-00103
CP 13608, *see* T-00098
CP 15464, *see* C-00077
▷CP 15973, *see* S-00176
▷CP 16171, *see* P-00351
▷CP 18524, *in* T-00252
CP-20,961, *see* A-00488
CP 22341, *see* T-00063
CP 22665, *see* B-00229
CP 25673, *see* T-00247
CP 27634, *see* G-00031
CP 32387, *see* P-00347
▷CP 34089, *see* S-00261
CP 36584, *see* F-00232
CP 45634, *see* S-00104
CP 45899, *in* P-00065
CP 47904, *in* P-00065
CP 49952, *see* S-00262
CP 62993, *see* A-00528
CP 65703, *see* A-00370
CP 66248, *see* T-00068
CP 10303-8, *in* Q-00033
CP 11332-1, *in* Q-00014
▷CP 12009-18, *in* M-00438
▷CP 12252-1, *see* T-00213
CP 12521-1, *in* P-00312
CP 14185-1, *in* H-00089
▷CP 14368-1, *in* L-00079
CP 14445-16, *in* O-00087
C 15003P-1, *in* M-00027
C 15003P-2, *in* M-00027
▷C 15003P-3, *in* M-00027
C 15003P-3′, *in* M-00027
C 15003P-4, *in* M-00027
▷CP 15639-2, *in* C-00045
CP 19106-1, *in* T-00490
▷CP 24314-1, *in* P-00316
CP 24314-14, *in* P-00316
CP 24441-1, *in* T-00021
CP 44001-1, *in* N-00038
CP 48867-9, *in* R-00064
CP 50556-1, *in* N-00038

CP 51974-01, *in* S-00052
CP 52640-2, *in* C-00136
CP 57361-01, *in* Z-00004
CP 172 AP, *see* C-00487
▷CPBU 7, *see* G-00068
C 15003 PHM-1, *in* M-00027
C 15003 PHM-2, *in* M-00027
C 15003 PHM-3, *in* M-00027
C 15003 PHM-4, *in* M-00027
C 15003 P-4-βHY, *in* M-00027
C 15003 P-4γHY, *in* M-00027
C 15003 PND-4-βHY, *in* M-00027
CP 1552S, *see* P-00106
CP 804 S, *see* T-00248
CQ 32084, *see* E-00243
CQ 32-085, *in* M-00140
C 15003 QND-O, *in* M-00027
CR 1392, *see* T-00376
CR 1409, *see* L-00096
CR 1505, *see* L-00107
▷CR 604, *in* P-00467
CR 605, *see* T-00323
▷CR 662, *see* T-00311
CR 816, *see* S-00060
CR 898, *in* A-00163
▷Crapinon, *in* P-00290
▷Crasnitin, *see* A-00458
▷Craviten, *in* B-00409
Createrg yl, *in* F-00255
▷Creatinolfosfate, C-00559
▷Cremodiazine, *see* S-00237
Crescormon, *see* H-00090
▷*o*-Cresol-6-carboxylic acid, *see* H-00155
Cresotamide, *in* H-00155
2,3-Cresotamide, *in* H-00155
▷2,3-Cresotic acid, *see* H-00155
▷*o*-Cresotic acid, *see* H-00155
▷*o*-Cresotinic acid, *see* H-00155
CRF, *see* C-00545
CRH, *see* C-00545
Crilin, *in* P-00091
Crinolol, *see* P-00001
▷Crisantaspase, *see* A-00458
Criseocil, *see* P-00068
Crismel, *in* D-00192
Crisnatol, C-00560
Crispin, *in* D-00416
▷Cristacef, *in* C-00170
▷Cristal, *see* G-00064
Cristatic acid, C-00561
▷Cristovin, *see* V-00037
▷Critifib, *in* B-00271
CRL 40028, *see* A-00074
CRL 40476, *see* M-00417
CRL 40827, *in* F-00115
CRL 40996, *in* F-00115
CRL 41034, *in* P-00118
CRMI 81968A8, *in* M-00058
▷Croceomycin, *see* R-00030
Croconazole, C-00562
Crodimyl, *see* M-00231
Cromakalim, C-00563
Cromitrile, C-00564
Cromitrile sodium, *in* C-00564
Cromoglicic acid, *see* C-00565
Cromoglycic acid, C-00565
▷Cromolyn sodium, *in* C-00565
Cromonalgina, *see* M-00231
Cromo-Sulfol, *see* S-00009
▷Cronolone, *in* F-00150
Cropropamide, C-00566
▷Crotamiton, C-00567
Crotepoxide, C-00568
Crotetamide, *see* C-00569
Crotethamide, C-00569
Crotoniazide, C-00570
Crotoxyfos, *see* C-00571
Crotoxyphos, C-00571
Crotoylidenisoniazid, *see* C-00570
▷Cruex, *in* U-00008
Cruex, *in* U-00008
▷Crufomate, C-00572
Crylene, *in* P-00091
▷Cryofluorane, *see* D-00202
▷Cryogenine, *see* P-00207
Cryptograndoside A, *in* T-00474
Cryptograndoside B, *in* T-00474
Cryptolin, *in* L-00116
▷Crystal violet, *in* B-00209
▷Crystodigin, *in* D-00275
CS-87, *see* A-00521
▷CS 1170, *see* C-00132
CS 280, *see* S-00066
▷CS 300, *see* O-00098
▷CS-359, *see* B-00343
▷CS 370, *see* C-00517
▷CS 386, *see* M-00350
▷CS-430, *see* H-00020
CS 439, *see* N-00151
CS 500, *see* C-00539
CS 514, *in* P-00403
CS 600, *in* L-00108
CS 611, *see* B-00355
CS 684, *in* P-00373
CS 807, *in* C-00145
▷CSAG 144, *in* M-00033
CTR 6110, *see* N-00176
▷Cucoline, *see* S-00079
Cucurbitine, *see* A-00329
▷Cuemid, *see* C-00307
▷Cujec, *in* B-00223
Cumertilin, *in* M-00123
Cumetharol, C-00573
Cumethoxan, *see* C-00573
Cumopyran, *see* C-00599
Cumopyrin, *see* C-00599
▷Cumostrol, *see* C-00558
Cumotocopherol, *see* T-00336
▷Cupral, *in* D-00244
Cupreine, C-00574
▷Cuprelon, *in* A-00127
▷Cupreol, *in* S-00151
▷Cupric acetate, C-00575
▷Cupric sulfate, C-00576
Cuprid, *in* T-00457
Cuprimine, *see* P-00064
▷Cuprimyl, *in* B-00223
Cuprimyxin, C-00577
▷Cuprion, *in* A-00127
Cupron, *in* B-00093
▷Cuproxoline, *in* B-00223
▷Cupvalene, *in* A-00127
▷*C*-Curarine II, *see* C-00016
▷Curatin, *in* D-00594
Curatrem, *see* C-00503
▷Curcumoid, *see* B-00218
▷Curimon, *see* C-00199
▷Cur-men, *see* M-00164
Cutanit, *see* F-00138
Cutepin, *see* H-00162
Cuterpès, *see* I-00001
▷Cutisterol, *see* F-00246
▷Cuvalit, *in* L-00124
CV-2619, *see* I-00017
CV 3317, *in* D-00051
CV 4093, *in* M-00017
CV 4151, *in* P-00205
CV 57533, *see* B-00180
CV 58903, *see* X-00008
Cvaterone, *in* B-00420
▷CX 59, *see* D-00411
▷CY 39, *in* D-00411

CY 115, *in* H-00072
CY 168*E*, *in* A-00259
▷CyA, *in* C-00638
▷Cyacetacide, *see* C-00580
▷Cyacetazide, *see* C-00580
▷Cyadox, *see* C-00317
▷Cyamemazine, C-00578
▷Cyamepromazine, *see* C-00578
▷Cyanamide, C-00579
Cyanidin 3-rutinoside, *see* K-00009
Cyaninoside, *see* K-00009
▷Cyanoacetic acid hydrazide, *see* C-00580
▷Cyanoacetic acid (2-quinoxalinylmethylene)hydrazide *N*,*N*′-dioxide, *see* C-00317
▷Cyanoacetohydrazide, C-00580
2-Cyanoanisole, *in* M-00196
▷2-(2-Cyanoaziridinyl)-2-(2-carbamoyl-1-aziridinyl)propane, *see* A-00524
▷1-[1-(2-Cyano-1-aziridinyl)-1-methylethyl]-2-aziridinecarboxamide, *see* A-00524
4-Cyanobenzenesulfonyl chloride, *in* S-00217
▷*N*-Cyanobenzylamphetamine, *see* A-00183
2-Cyanochromone, *in* O-00125
▷Cyanocobalamin, *see* V-00059
Cyanocycline *A*, *see* C-00583
Cyanocycline *F*, *in* C-00583
▷*N*″-Cyano-*N*-[2-[[[2-[(diaminomethylene)amino]-4-thiazolyl]-methyl]thio]ethyl]-*N*′-methylguanidine, *see* T-00305
5-Cyano-5*H*-dibenzo[*a*,*d*]cycloheptene, *in* D-00158
▷2-Cyano-10-(3-dimethylamino-2-methylpropyl)phenothiazine, *see* C-00578
3-Cyano-5-dimethylamino-3-phenyl-2-methylhexane, *see* I-00177
3-Cyano-5-(3-dimethylaminopropyl)-10,11-dihydro-5*H*-dibenz[*b*,*f*]azepine, *see* C-00320
4-Cyanodimethylaniline, *in* D-00405
▷*N*-Cyano-*N*′-(1,1-dimethylpropyl)guanidine, C-00581
▷1-Cyano-3,5-dinitrobenzene, *in* D-00468
2-Cyano-3,3-diphenylacrylic acid, *see* C-00582
▷Cyanodiphenylmethane, *in* D-00488
4-[[2-(5-Cyano-5,5-diphenylpentyl)dimethylammonio]ethyl]-4-methylmorpholinium, *see* P-00076
2-Cyano-3,3-diphenyl-2-propenoic acid, C-00582
▷1′-(3-Cyano-3,3-diphenylpropyl)[1,4′-bipiperidine]-4′-carboxamide, *see* P-00337
1-(3-Cyano-3,3-diphenylpropyl)-4-phenyl-4-piperidinecarboxylic acid, *see* D-00265
▷1-[1-(3-Cyano-3,3-diphenylpropyl)-4-piperidinyl]-1,3-dihydro-3-(1-oxopropyl)-2*H*-benzimidazol-2-one, *see* B-00149
▷1-[1-(3-Cyano-3,3-diphenylpropyl)-4-piperidyl]-3-propionyl-2-benzimidazolinone, *see* B-00149
5-Cyano-6,9-epoxy-11,15-dihydroxy-16-methylprosta-5,13-dien-1-oic acid, *see* N-00140
▷1-Cyanoethanol, *in* H-00207
7-[[[(2-Cyanoethenyl)thio]acetyl]amino]-3-[[(1-methyl-1*H*-tetrazol-5-yl)thio]methyl]-8-oxo-5-thia-1-azabicyclo[4.2.0]-oct-2-ene-2-carboxylic acid, *see* C-00128
N-(2-Cyanoethyl)amphetamine, *see* F-00073
N-(2-Cyanoethyl)-3-methyl-2-quinoxalinecarboxamide 1,4-dioxide, *see* C-00376
5-Cyano-*N*-[2-[4-(4-fluorobenzoyl)-1-piperidinyl]ethyl]-2-methoxybenzamide, *see* P-00428
α-Cyano-4-fluoro-3-phenoxybenzyl-3-(β,4-dichlorostyryl)-2,2-dimethylcyclopropane carboxylate, *see* F-00158
α-Cyano-4-fluoro-3-phenoxybenzyl-3-(2,2-dichlorovinyl)-2,2-dimethylcyclopropanecarboxylate, *see* C-00642
Cyano[4-(fluoro-3-phenoxyphenyl)]methyl 3-[2-chloro-2-(4-chlorophenyl)ethenyl]-2,2-dimethylcyclopropanecarboxylate, *see* F-00158
8-[4-Cyano-4-(4-fluorophenyl)cyclohexyl]-1-(4-fluorophenyl)-4-oxo-1,3,8-triazaspiro[4.5]decane-3-acetamide, *see* I-00013
1-[4-Cyano-4-(4-fluorophenyl)cyclohexyl]-3-methyl-4-phenyl-4-piperidinecarboxylic acid, *see* C-00001
▷1-Cyanoheptane, *in* O-00014
4-Cyanoheptane, *in* P-00516
δ-Cyano-3,3*a*,4,5,6,6*a*-hexahydro-5-hydroxy-4-(3-hydroxy-4-methyl-1-octenyl)-2*H*-cyclopenta[*b*]furan-$\Delta^{2,\delta}$-valeric acid, *see* N-00140
▷2-Cyano-10-[3-(4-hydroxypiperidino)propyl]phenothiazine, *see* P-00121
3-Cyano-2-hydroxy-*N*,*N*,*N*-trimethylpropanaminium, *in* C-00084
▷4-Cyano-2-iodo-6-nitrophenol, *see* H-00142
1-Cyano-2-methoxybenzene, *in* M-00196
▷1-Cyano-3-methylbenzene, *in* M-00230
5-Cyano-2-methyl[3,4′-bipyridine]-6(1*H*)-one, *see* M-00378
1-Cyano-2-methyl-3,5-dinitrobenzene, *in* M-00246
α-Cyano-6-methylergoline-8-propanamide, *see* C-00319
N-Cyano-*N*′-[2-[[(5-methyl-1*H*-imidazol-4-yl)methyl]thio]-ethyl]-*N*″-2-propynylguanidine, *see* E-00237
▷17α-(Cyanomethyl)-13β-methyl-17β-hydroxygona-4,9(10)-dien-3-one, *see* D-00224
▷*N*-Cyano-*N*′-methyl-*N*″-[2-[[(5-methyl-1*H*-imidazol-4-yl)-methyl]thio]ethyl]guanidine, *see* C-00350
α-Cyano-1-methyl-β-oxo-*N*-phenyl-1*H*-pyrrole-2-propanamide, *see* P-00439
2-Cyano-6-methylphenol, *in* H-00155
5-Cyano-16-methylprostacyclin, *see* N-00140
N-Cyano-*N*′-methyl-*N*″-[4-(1,4,5,6-tetrahydro-4-methyl-6-oxo-3-pyridazinyl)phenyl]guanidine, *see* S-00067
Cyanonaphthyridinomycin, C-00583
Cyanoneocobalamin, *in* V-00059
N-(5-Cyano-4-oxo-1(4*H*)-pyrimidinyl)acetamide, *see* C-00321
▷1-Cyano-3-*tert*-pentylguanidine, *see* C-00581
2-Cyanophenol, *in* H-00112
▷4-Cyanophenol, *in* H-00113
N-[2-[[3-(2-Cyanophenoxy)-2-hydroxypropyl]amino]ethyl]-4-hydroxybenzeneacetamide, *see* E-00071
N-[2-(3-Cyanophenoxy-2-hydroxypropylamino)ethyl]-2-(4-hydroxyphenyl)acetamide, *see* E-00071
Cyano(3-phenoxyphenyl)methyl 3,3-dimethylspiro[cyclopropane-1,1′-[1*H*]indene]-2-carboxylate, *see* C-00644
α-Cyano-β-phenylcinnamic acid, *see* C-00582
4-Cyano-2-phenylquinoline, *in* P-00206
▷Cyanophenymethyl β-D-glucopyranosiduronic acid, *see* L-00006
3-Cyano-1-propanol, *in* H-00118
Cyanopyrazine, *in* P-00560
3-Cyanopyridine, *in* P-00571
▷*N*-Cyano-*N*′-4-pyridinyl-*N*″-(1,2,2-trimethylpropyl)guanidine, *see* P-00264
7-Cyanoquinoline, *in* Q-00030
5-Cyano-2-thiophenecarboxaldehyde, *see* F-00248
▷*m*-Cyanotoluene, *in* M-00230
3-Cyano-2,4,6-triiodoaniline, *in* A-00340
▷Cyanuric acid, *see* T-00423
▷Cyasorb, *in* T-00472
Cyasorb 5411, *see* O-00027
Cyasorb UV 284, *see* B-00098
Cyasorb UV 531, *see* O-00004
▷Cyasorb UV 9 (obsol.), *in* D-00318
▷Cyasterone, C-00584
▷Cybis, *see* N-00029
▷Cybufen, *see* B-00181
▷Cyclacillin, C-00585
▷Cyclaine, *in* A-00318
▷Cyclamate, *see* C-00623
▷Cyclamic acid, *see* C-00623
Cyclamide, *see* P-00576
▷Cyclandelate, C-00586
Cyclandelate nicotinate, *see* M-00362
Cyclarbamate, C-00587
Cyclazenin, *see* G-00099
Cyclazocine, C-00588
Cyclazodone, C-00589
Cycleadrine, *in* F-00017
Cycleanine, C-00590
Cycleanine N²-oxide, *in* C-00590

Cycletanide, *see* C-00327
Cyclexanone, *see* C-00628
Cyclexyrate, *in* B-00179
▷Cyclic AMP, C-00591
Cyclic 2′,3′-(hydrogen phosphate)cytidine, *see* C-00656
Cyclic(hydroxymethyl)ethylene 3-acetamido-4-hydroxydithiobenzenearsonoate, *see* A-00451
Cyclic(*N*-methyl-L-alanyl-L-tyrosyl-D-tryptophyl-L-lysyl-L-valyl-L-phenylalanyl), C-00592
Cyclic methylene (4-chloro-*o*-tolyl)dithioimidocarbonate, *see* N-00148
▷Cyclic 2-methyl-2-propyltrimethylene *p*-tolueneboronate, *see* M-00301
Cyclindole, *see* D-00422
Cycliramine, C-00593
Cycliramine maleate, *in* C-00593
Cycliton, *see* D-00243
Cyclizidine, C-00594
▷Cyclizine, C-00595
▷Cyclizine hydrochloride, *in* C-00595
Cyclizine lactate, *in* C-00595
▷Cycloadiphenine, *see* D-00606
▷Cyclobarbital, *see* C-00596
▷Cyclobarbitone, C-00596
Cyclobendazole, *see* C-00328
▷Cyclobenzaprine, C-00597
▷Cyclobenzaprine hydrochloride, *in* C-00597
[1,1-Cyclobutanedicarboxylato(2−)](2-pyrrolidinemethanamine-N^{α},N^{1})platinum, C-00598
Cyclobutoic acid, *see* C-00610
Cyclobutonium, *see* T-00562
4-[2-(Cyclobutylamino)-1-hydroxyethyl]-1,2-benzenediol, *see* N-00210
α-[(Cyclobutylamino)methyl]-3,4-dihydroxybenzyl alcohol, *see* N-00210
2-Cyclobutylmethyl-9,9-dimethyl-5-ethyl-2′-hydroxy-6,7-benzomorphan, *see* C-00533
17-(Cyclobutylmethyl)-4,5α-epoxymorphinan-3,6α,14-triol, *see* N-00028
3-(Cyclobutylmethyl)-6-ethyl-1,2,3,4,5,6-hexahydro-11,11-dimethyl-2,6-methano-3-benzazocin-8-ol, *see* C-00533
17-(Cyclobutylmethyl)-8-methyl-6-methylenemorphinan-3-ol, *see* X-00019
17-(Cyclobutylmethyl)morphinan-3,14-diol, *see* B-00417
N-(Cyclobutylmethyl)scopolamine, *see* C-00351
N-Cyclobutylnoradrenaline, *see* N-00210
▷Cyclobutyrol, *see* E-00193
▷Cyclocaine, *in* A-00216
▷Cyclocaine, *see* C-00625
▷Cyclocarbothiamine, *see* C-00640
▷Cyclocort, *see* A-00177
Cyclocoumarol, C-00599
Cyclocumarol, *see* C-00599
▷Cyclocytidine, C-00600
▷Cycloderm, *see* A-00177
Cycloderm, *see* C-00624
Cyclodol, *see* B-00081
Cyclodrine, C-00601
Cyclodrine hydrochloride, *in* C-00601
▷Cyclofenil, C-00602
Cyclogemine, *see* G-00014
▷Cyclogesin, *in* A-00216
▷Cycloguanil, C-00603
▷Cycloguanil embonate *in* C-00603
▷Cycloguanil pamoate, *in* C-00603
▷Cyclogyl, *in* C-00631
▷5-(1-Cyclohepten-1-yl)-5-ethylbarbituric acid, *see* H-00027
▷5-(1-Cyclohepten-1-yl)-5-ethyl-2,4,6(1*H*,3*H*,5*H*)-pyrimidinetrione, *see* H-00027
Cyclohept[*b*]indole, C-00604
Cycloheptolamide, *see* H-00032
N-[(Cycloheptylamino)carbonyl]-4-methylbenzenesulfonamide, *see* H-00032
1-Cycloheptyl-3-(*p*-tolylsulfonyl)urea, *see* H-00032
N,*N*′-2,5-Cyclohexadiene-1,4-diylidenebis-1*H*-pyrrol-1-amine, *see* A-00508
▷7-(1,4-Cyclohexadienylglycylamino)-3-methyl-3-cephem-4-carboxylic acid, *see* C-00180
Cyclohexamine, *in* P-00182
1,1-Cyclohexanebis(methylamine)(sulfato)platinum, *see* S-00126
(1,2-Cyclohexanediamine-*N*,*N*′)[ethanedioato(2−)-*O*,*O*′]-platinum, *see* O-00080
(1,1-Cyclohexanedimethanamine-*N*,*N*′)[sulfato(2−)-*O*,*O*′]-platinum, *see* S-00126
(1α,2α,3α,4β,5α,6β)-Cyclohexanehexol, *see* I-00074
▷Cyclohexanesulfamic acid, *see* C-00623
5-(1-Cyclohexen-1-yl)-1,3-dihydro-1-methyl-7-nitro-2*H*-1,4-benzodiazepin-2-one, *see* M-00091
▷5-(1-Cyclohexen-1-yl)-1,5-dimethylbarbituric acid, *see* H-00065
▷5-(Cyclohexen-1-yl)-1,5-dimethyl-2,4,6(1*H*,3*H*,5*H*)-pyrimidinetrione, *see* H-00065
▷5-(1-Cyclohexen-1-yl)-5-ethylbarbituric acid, *see* C-00596
▷5-(1-Cyclohexen-1-yl)-5-ethyl-2,4,6(1*H*,3*H*,5*H*)-pyrimidinetrione, *see* C-00596
p-1-Cyclohexen-1-ylhydratropic acid, *see* T-00155
(3-Cyclohexen-1-ylhydroxymethyl)phosphinic acid, *see* F-00256
N-[*p*-[[3-(3-Cyclohexen-1-yl)-2-imino-1-imidazolidinyl]-sulfonyl]phenethyl]butyramide, *see* G-00034
4-(1-Cyclohexen-1-yl)-α-methylbenzeneacetic acid, *see* T-00155
3-(3-Cyclohexen-1-ylmethyl)-1,8-dimethylxanthine, *see* M-00349
17β-(Cyclohexen-1-yloxy)estra-1,3,5(10)-trien-3-ol propanoate *see* O-00055
2-[4-(1-Cyclohexenyl)phenyl]propanoic acid, *see* T-00155
1-[3-(1-Cyclohexen-1-yl)3-phenylpropyl]-1-methylpiperidinium, *see* F-00041
▷Cycloheximide, *in* D-00441
N-[2-[4-[[[(Cyclohexylamino)carbonyl]amino]sulfonyl]-phenyl]-ethyl]-1,3-dihydro-1-oxo-2*H*-isoindole-2-carboxamide, *see* G-00046
N-[2-[4-[[[(Cyclohexylamino)carbonyl]amino]sulfonyl]-phenyl]-ethyl]-1-ethyl-3-methyl-4-(3-methylbutoxy)-1*H*-pyrazolo[3,4-*b*]pyridine-5-carboxamide, *see* G-00035
N-[2-[4-[[[(Cyclohexylamino)carbonyl]amino]sulfonyl]-phenyl]-ethyl]-5-methylpyrazinecarboxamide, *see* G-00042
▷*N*-[2-[4-[[[(Cyclohexylamino)carbonyl]amino]sulfonyl]-phenyl]-ethyl]-5-methyl-3-isoxazolecarboxamide, *see* G-00047
N-[(Cyclohexylamino)carbonyl]-2,3-dihydro-1*H*-indene-5-sulfonamide, *see* G-00074
N-[(Cyclohexylamino)carbonyl]-4-[2-(3,4-dihydro-7-methoxy-4,4-dimethyl-1,3-dioxo-2(1*H*)-isoquinolinyl)ethyl]-benzenesulfonamide, *see* G-00043
N-[(Cyclohexylamino)carbonyl]-4-(1-hydroxyethyl)-benzenesulfonamide, *see* H-00137
▷*N*-[(Cyclohexylamino)carbonyl]-4-methylbenzenesulfonamide, *see* G-00071
1-(Cyclohexylamino)-2-propanol benzoate, *in* A-00318
▷3-Cyclohexyl-2-butenoic acid, C-00605
1-[3-[[2-[(Cyclohexylcarbonyl)amino]-1-oxopropyl]thio-2-methyl-1-oxopropyl]-L-proline, *see* M-00457
2-(Cyclohexylcarbonyl)-2,3,6,7,8,12*b*-hexahydropyrazino[2,1-*a*][2]benzazepin-4(1*H*)-one, *see* E-00095
▷2-(Cyclohexylcarbonyl)-1,2,3,6,7,11*b*-hexahydro-4*H*-pyrazino[2,1-*a*]isoquinolin-4-one, *see* P-00406
1-(Cyclohexylcarbonyl)-4-methylpiperazine, *see* P-00133
N-(Cyclohexylcarbonyl)-3-morpholinosydnone imine, *see* C-00333
N-(Cyclohexylcarbonyl)-3-(4-morpholinyl)sydnone imine, *see* C-00333
▷β-Cyclohexylcrotonic acid, *see* C-00605
N-Cyclohexyl-4-[(1,2-dihydro-2-oxo-6-quinolyl)oxy]-*N*-methyl-butanamide, *see* C-00346
▷5-(2-Cyclohex-1-yl)dihydro-5-(2-propenyl)-2-thioxo-4,6-(1*H*,5*H*) pyrimidinedione, *see* T-00172
5-Cyclohexyl-2,4-dimethoxy-γ-oxobenzenebutanoic acid, *see* C-00606

4-(5-Cyclohexyl-2,4-dimethoxyphenyl)-4-oxobutanoic acid, C-00606
α-Cyclohexyl-*N*,*N*-dimethylbenzenepropanamine, *see* G-00009
2-Cyclohexyl-5,9-dimethyl-4,8-decadienoic acid, C-00607
▷*N*-Cyclohexyl-*N'*-[4-[3-[(1,1-dimethylethyl)amino]-2-hydroxypropoxy]phenyl]urea, *see* T-00008
2-Cyclohexyl-3,5-dimethylphenol, C-00608
1-Cyclohexyl-3-[[*p*-[2-[1-ethyl-4-(isopentyloxy)-3-methyl-1*H*-pyrazolo[3,4-*b*]pyridine-5-carboxamido]ethyl]phenyl]-sulfonyl]urea, *see* G-00035
1-Cyclohexyl-4-[ethyl(*p*-methoxy-α-methylphenethyl)amino]-1-butanone, *see* S-00033
1-Cyclohexyl-4-[ethyl[2-(4-methoxyphenyl)-1-methylethyl]-amino-1-butanone, *see* S-00033
4-Cyclohexyl-3-ethyl-4*H*-1,2,4-triazole, C-00609
▷Cyclohexyl 4-[(*p*-fluorobenzoyl)propyl]-1-piperazinecarboxylate, *see* F-00036
▷Cyclohexyl 4-[4-(4-fluorophenyl)-4-oxobutyl]-1-piperazinecarboxylate, *see* F-00036
Cyclohexylgeranylacetic acid, *see* C-00607
α-Cyclohexyl-α-hydroxybenzeneacetic acid, *see* C-00614
α-Cyclohexyl-α-hydroxybenzeneacetic acid (1,4,5,6-tetrahydro-1-methyl-2-pyrimidinyl)methyl ester, *see* O-00159
3-Cyclohexyl-3-hydroxybutanoic acid, C-00610
1-Cyclohexyl-3-[[*p*-(1-hydroxyethyl)phenyl]sulfonyl]urea, *see* H-00137
1-Cyclohexyl-3-[(2-hydroxy-1-methyl-2-phenylethyl)amino]-1-propanone, *see* A-00118
4-Cyclohexyl-1-[[[1-hydroxy-2-methylpropoxy](4-phenylbutyl)-phosphinyl]acetyl]-L-proline, C-00611
6-Cyclohexyl-1-hydroxy-4-methyl-2(1*H*)-pyridinone, C-00612
2-Cyclohexyl-3-hydroxy-1,4-naphthalenedione, *see* C-00613
2-Cyclohexyl-3-hydroxy-1,4-naphthoquinone, C-00613
2-Cyclohexyl-2-hydroxy-2-phenylacetic acid, C-00614
2-[(Cyclohexylhydroxyphenylacetyl)oxy]-*N*,*N*-diethyl-*N*-methyl-ethanaminium, *see* O-00161
3-[(Cyclohexylhydroxyphenylacetyl)oxy]-1,1-dimethylpyrrolidinium, *see* H-00069
2-[[(Cyclohexylhydroxyphenylacetyl)oxy]methyl]-1,1-dimethylpyrrolidinium, *see* O-00163
▷4-(2-Cyclohexyl-2-hydroxy-2-phenylethyl)-1,1-dimethylpiperazinium, *see* H-00067
1-(3-Cyclohexyl-3-hydroxy-3-phenylpropyl)-1-methyl-pyrrolidinium iodide, *in* P-00455
(3-Cyclohexyl-3-hydroxy-3-phenylpropyl)triethylammonium, *see* T-00454
3-[[4-(3-Cyclohexyl-3-hydroxy-1-propenyl)hexahydro-5-hydroxy-2*H*-cyclopenta[*b*]furan-2-ylidene]methyl]benzoic acid, *see* T-00027
3-[[4-(3-Cyclohexyl-3-hydroxy-1-propenyl)hexahydro-5-hydroxy-2(1*H*)-pentalenylidene]methyl]benzoic acid, *see* N-00054
▷2,2'-[Cyclohexylidenebis(4,1-phenyleneoxy)]bis[2-methyl-butanoic acid], *see* C-00429
1,2-*O*-Cyclohexylidene-α-D-glucurono-6,3-lactone, *in* G-00059
5,6-*O*-Cyclohexylidene-L-*threo*-hex-2-enono-1,4-lactone, *in* A-00456
▷α-Cyclohexylidene-α-(*p*-hydroxyphenyl)-*p*-cresol acetate, *see* C-00602
1,2-*O*-Cyclohexylidene-*myo*-inositol, *in* I-00074
1-Cyclohexyl-3-(5-indanylsulfonyl)urea, *see* G-00074
2-Cyclohexyl-4-iodo-3,5-dimethylphenol, C-00615
2-Cyclohexyl-4-iodo-3,5-xylenol, *see* C-00615
▷β-Cyclohexyl-β-methacrylic acid, *see* C-00605
▷1-Cyclohexyl-2-methylaminopropane, *see* M-00242
▷4-Cyclohexyl-α-methylbenzeneacetic acid, *see* C-00621
N-(2-Cyclohexyl-1-methylethyl)-γ-phenylbenzenepropanamine, *see* D-00609
(Cyclohexylmethyl)hydrazine, C-00616
▷1-Cyclohexyl-3-[[*p*-[2-(5-methyl-3-isoxazolecarboxamido)-ethyl]phenyl]sulfonyl]urea, *see* G-00047
▷1-Cyclohexyl-3-(4-methylmetanilyl)urea, *see* M-00146
Cyclohexyl 4-methylpiperazinyl ketone, *see* P-00133
▷1-(Cyclohexylmethyl)piperidine, C-00617
1-Cyclohexyl-2-methyl-1-propanol, C-00618
α-[[(3-Cyclohexyl-1-methylpropyl)amino]methyl]-3-hydroxybenzyl alcohol, C-00619
1-Cyclohexyl-3-[[*p*-[2-(5-methylpyrazinecarboxamido)ethyl]-phenyl]sulfonyl]urea, *see* G-00042
N-Cyclohexyl-*N'*-(2-methyl-4-quinolinyl)-*N''*-2-thiazolylguanidine, *see* T-00282
N-Cyclohexyl-*N*-methyl-4-[(1,2,3,5-tetrahydro-2-oxoimidazo[2,1-*b*]quinazolin-7-yl)oxy]butanamide, *see* L-00063
1-Cyclohexyl-3-[*p*-(methylthio)phenylsulfonyl]urea, *see* T-00203
2-(8-Cyclohexyloctyl)-3-hydroxy-1,4-naphthalenedione, *see* C-00620
2-(8-Cyclohexyloctyl)-3-hydroxy-1,4-naphthoquinone, C-00620
▷4-(Cyclohexyloxy)benzoic acid 3-(2-methyl-1-piperidinyl)-propyl ester, *see* C-00625
1-(2-Cyclohexylphenoxy)-3-[(1-methylethyl)amino]-2-propanol, *see* E-00279
[2-[(Cyclohexylphenylacetyl)oxy]ethyl]dimethylsulfonium, *see* H-00062
1-[2-[(Cyclohexylphenylacetyl)oxy]ethyl]pyridinium, *see* H-00045
1-[(2-Cyclohexyl-2-phenyl-1,3-dioxolan-4-yl)methyl]-1-methyl-piperidinium(1+), *see* O-00089
Cyclohexylphenylglycolic acid, *see* C-00614
2-(Cyclohexylphenylmethyl)-*N*,*N*,*N'*,*N'*-tetraethyl-1,3-propanediamine, *see* F-00025
α-Cyclohexyl-α-phenyl-1-piperidinepropanol, *see* B-00081
▷2-(4-Cyclohexylphenyl)propanoic acid, C-00621
▷α-Cyclohexyl-α-phenyl-1-pyrrolidinepropanol, *see* P-00455
N-Cyclohexyl-1-piperazineacetamide, *see* E-00120
1-Cyclohexylpropyl carbamate, *see* P-00456
1-Cyclohexyl-2,4,6-(1*H*,3*H*,5*H*)pyrimidinetrione, C-00622
▷Cyclohexylsulfamic acid, C-00623
6-[4-(1-Cyclohexyl-1*H*-tetrazol-5-yl)butoxy]-3,4-dihydro-2(1*H*)-quinolinone, *see* C-00347
▷1-Cyclohexyl-3-(*p*-tolylsulfonyl)urea, *see* G-00071
γ-Cyclohexyl-*N*,*N*,*N*-triethyl-γ-hydroxybenzenepropanaminium, *see* T-00454
2-Cyclohexyl-3,5-xylenol, *see* C-00608
▷Cyclokapron, *in* A-00281
▷Cycloleucine, *see* A-00230
Cyclomenol, *see* C-00608
Cyclomethasone, C-00624
▷Cyclomethiazide, *see* C-00630
▷Cyclomethycaine, C-00625
Cyclomethycaine sulfate, *in* C-00625
Cyclomycin, *see* A-00277
▷Cyclonamine, *in* D-00313
▷Cyclonarol, *in* A-00232
Cyclonicate, *in* T-00506
▷Cyclonium iodide, JAN, *in* O-00089
N-[(Cyclooctylamino)carbonyl]-4-methylbenzenesulfonamide, *see* C-00626
N-Cyclooctyl-*N'*-(4-methylbenzenesulfonyl)urea, C-00626
▷Cyclopal, *see* C-00629
▷Cyclopea, *see* C-00629
Cyclopent, *in* C-00601
▷Cyclopental, *see* C-00629
▷Cyclopentamine, *in* A-00232
Cyclopentamine hydrochloride, *in* A-00232
Cyclopentaminine, *see* A-00231
1,1-Cyclopentanedimethanol bis(phenylcarbamate), *see* C-00587
1,1-Cyclopentanedimethanol dicarbanilate, *see* C-00587
▷Cyclopentanone 2α,3α-epithio-5α-androstan-17β-ylmethyl acetal, *see* M-00100
Cyclopentaphene, *see* C-00587
2-Cyclopentene-1-tridecanoic acid, C-00627
2-(1-Cyclopentenyl)-2-(2-morpholinoethyl)cyclopentanone, C-00628
17β-(1-Cyclopenten-1-yloxy)androsta-1,4-dien-3-one, *see* Q-00015
▷5-(2-Cyclopenten-1-yl)-5-(2-propenyl)-2,4,6(1*H*,3*H*,5*H*)-pyrimidinetrione, C-00629

▷Cyclopenthiazide, C-00630
▷Cyclopentobarbital, *see* C-00629
Cyclopentolate, C-00631
▷Cyclopentolate hydrochloride, *in* C-00631
N-[2-[4-[[[(Cyclopentylamino)carbonyl]amino]sulfonyl]-phenyl]ethyl]-2-methoxybenzamide, *see* G-00045
N-[(Cyclopentylamino)carbonyl]-4-methylbenzenesulfonamide, *see* T-00363
1-Cyclopentyl-3-[[*p*-[2-(*o*-anisamido)ethyl]phenyl]sulfonyl]urea, *see* G-00045
1-Cyclopentyl-2-dimethylaminopropane, *in* A-00232
δ-Cyclopentyl-*N*-ethyl-δ-hydroxy-*N*,*N*-dimethyl-γ-oxobenzenebutanaminium, *see* C-00632
1-Cyclopentyl-5-(1,2,3,4,5,6-hexahydro-8-hydroxy-3,6,11-trimethyl-2,6-methano-3-benzazocin-11-yl)-3-pentanone, *see* Q-00001
(4-Cyclopentyl-4-hydroxy-3-oxo-4-phenylbutyl)ethyldimethylammonium(1+), C-00632
3-[(Cyclopentylhydroxyphenylacetyl)oxy]-1,1-dimethylpyrrolidinium *see* G-00070
2-[(Cyclopentylhydroxy-2-thienylacetyl)oxy]-*N*,*N*-diethylethanamine, *see* P-00095
N-Cyclopentyl-*N*-(3-mercapto-2-methylpropionyl)glycine, C-00633
▷1-Cyclopentyl-2-methylaminopropane, *in* A-00232
3-(Cyclopentylmethyl)-2,3,4,5-tetrahydro-1*H*-dibenz[2,3:6,7]-oxepino[4,5-*d*]azepine-7-carbonitrile, *see* S-00029
17-(3-Cyclopentyl-1-oxopropoxy)-4-hydroxy-4-estren-3-one, *see* O-00072
3-(Cyclopentyloxy)-17-hydroxypregna-3,5-dien-20-one, *see* P-00080
4-[3-(Cyclopentyloxy)-4-methoxyphenyl]-2-pyrrolidinone, *see* R-00077
3-(Cyclopentyloxy)-17-methylandrosta-3,5-dien-17β-ol, *see* P-00072
3-(Cyclopentyloxy)-19-nor-17α-pregna-3,5-dien-20-yn-17-ol, *see* Q-00024
3-(Cyclopentyloxy)-19-norpregna-1,3,5(10)-trien-20-yne-16α,17α-diol, *see* N-00234
3-(Cyclopentyloxy)pregna-3,5-dien-20-one, *see* Q-00025
1-(2-Cyclopentylphenoxy)-3-[(1,1-dimethylethyl)amino]-2-propanol, *see* P-00059
3-[(Cyclopentylphenylacetyl)oxy]-8-methyl-8-(1-methylethyl)-8-azoniabicyclo[3.2.1]octane, *see* C-00335
α-Cyclopentyl-α-phenyl-1-piperidinepropanol, *see* C-00641
3-[[(4-Cyclopentyl-1-piperazinyl)imino]methyl]rifamycin, *see* R-00048
1-Cyclopentyl-2-propylamine, *see* A-00232
1-Cyclopentyl-3-(*p*-tolylsulfonyl)urea, *see* T-00363
▷Cyclopen-W, *see* C-00585
Cyclophenazine, *see* C-00329
Cyclophenazine hydrochloride, *in* C-00329
▷Cyclophosphamide, C-00634
▷Cyclophosphan, *see* C-00634
▷Cycloplasin, *in* C-00603
Cyclopregnol, *in* H-00122
Cycloprolol, *see* C-00332
▷Cyclopropane, C-00635
2-(Cyclopropylamino)-5-phenyl-2-oxazolin-4-one, *see* C-00589
2-(Cyclopropylamino)-5-phenyl-4(5*H*)-oxazolone, *see* C-00589
[5-(Cyclopropylcarbonyl)-1*H*-benzimidazol-2-yl]carbamic acid methyl ester, *see* C-00328
21-[(Cyclopropylcarbonyl)oxy]-6,9-difluoro-11-hydroxy-16,17-[(1-methylethylidene)bis(oxy)]pregna-1,4-diene-3,20-dione, *see* C-00388
1-Cyclopropylethanone-*O*-[3-[(1,1-dimethylethyl)amino]-2-hydroxypropyl]oxime, *see* F-00010
1-Cyclopropyl-7-(4-ethyl-1-piperazinyl)-6-fluoro-1,4-dihydro-4-oxo-3-quinolinecarboxylic acid, *see* E-00068
N-Cyclopropyl-*m*-fluorocinnamamide, *see* C-00366
1-Cyclopropyl-6-fluoro-1,4-dihydro-4-oxo-7-(1-piperazinyl)-3-quinolinecarboxylic acid, *see* C-00390
N-Cyclopropyl-3-(3-fluorophenyl)-2-propenamide, *see* C-00366
22-Cyclopropyl-7α-(1-hydroxy-1-methylpropyl)-6,14-*endo*-ethenotetrahydrothebaine, *see* H-00087
1-[4-(2-Cyclopropylmethoxyethyl)phenoxy]-3-isopropylamino-2-propanol, *see* B-00142
2-(Cyclopropylmethyl)-5,6-bis(4-methoxyphenyl)-1,2,4-triazin-3(2*H*)-one, *see* D-00559
▷17-(Cyclopropylmethyl)-α-(1,1-dimethylethyl)-4,5-epoxy-18,19-dihydro-3-hydroxy-6-methoxy-α-methyl-6,14-ethenomorphinan-7-methanol, *see* B-00370
▷17-(Cyclopropylmethyl)-4,5-epoxy-18,19-dihydro-3-hydroxy-6-methoxy-α,α-dimethyl-6,14-ethanomorphinan-7-methanol, *see* D-00520
▷17-(Cyclopropylmethyl)-4,5α-epoxy-3,14-dihydroxymorphinan-6-one, *see* N-00034
17-(Cyclopropylmethyl)-4,5-epoxy-α-ethyl-3,6-dimethoxy-α-methyl-6,14-ethenomorphinan-7-methanol, *see* H-00087
17-(Cyclopropylmethyl)-4,5-epoxy-8-ethyl-3-methoxy-morphinan-6-one, *see* C-00542
(5α,7α)-17-(Cyclopropylmethyl)-4,5-epoxy-3-hydroxy-6-methoxy-α,α-dimethyl-6,14-ethenomorphinan-7-methanol, *see* C-00646
17-(Cyclopropylmethyl)-4,5α-epoxy-6-methylenemorphinan-13,17-diol, *see* N-00030
N-(Cyclopropylmethyl)-8β-ethyldihydronorcodeinone, *see* C-00542
3-(Cyclopropylmethyl)-6-ethyl-1,2,3,4,5,6-hexahydro-11,11-dimethyl-2,6-methano-3-benzazocin-8-ol, *see* G-00014
3-Cyclopropylmethyl-1,2,3,4,5,6-hexahydro-6,11-dimethyl-2,6-methano-3-benzazocin-8-ol, *see* C-00588
3-(Cyclopropylmethyl)-1,2,3,4,5,6-hexahydro-6,11-dimethyl-2,6-methano-3-benzazocine, *see* V-00066
7-(Cyclopropylmethyl)-5,6,7,8,14,14*b*-hexahydro-4,8-methanobenzofuro[2,3-*a*]pyrido[4,3-*b*]carbazole-1,8*a*(9*H*)-diol, *see* N-00035
3-(Cyclopropylmethyl)-1,2,3,4,5,6-hexahydro-11-methoxy-6-methyl-2,6-methano-3-benzazocin-8-ol, *see* M-00462
17-(Cyclopropylmethyl)-4-hydroxymorphinan-6-one, *see* K-00018
9-(Cyclopropylmethyl)-7-(3-hydroxy-1-oxo-2-phenylpropoxy)-9-methyl-3-oxa-9-azoniatricyclo[3.3.1.$0^{2,4}$]nonane, *see* C-00351
1-(Cyclopropylmethyl)-6-methoxy-4-phenyl-2(1*H*)-quinazolinone, *see* C-00392
N-Cyclopropylmethyl-19-methylnorovinol, *see* C-00646
▷17-(Cyclopropylmethyl)morphinan-3,14-diol, *see* O-00114
3-[2-(Cyclopropylmethyl)octahydro-4*a*(2*H*)-isoquinolinyl]-phenol, *see* C-00387
17-(Cyclopropylmethyl)-6-oxamorphinan-3-ol, *see* P-00549
N-[[1-(Cyclopropylmethyl)-2-pyrrolidinyl]methyl]-5-sulfamoyl-*o*-anisamide, *see* C-00391
3-(Cyclopropylmethyl)-3,4,5,6-tetrahydro-8-hydroxy-6,11-dimethyl-2,6-methano-3-benzazocin-1(2*H*)-one, *see* K-00011
13-(Cyclopropylmethyl)-4,4*a*,5,6-tetrahydro-3*H*,5,10*b*-(iminoethano)-1*H*-naphtho[1,2-*c*]pyran-9-ol, *see* P-00549
1-[4-[2-[(Cyclopropylmethyl)thio]ethoxy]phenoxy]-3-[(1-methylethyl)amino]-2-propanol, *see* C-00332
1-(*o*-Cyclopropylphenoxy)-3-(isopropylamino)-2-propanol, *see* P-00451
2-[(2-Cyclopropylphenoxy)methyl]-4,5-dihydro-1*H*-imidazole, *see* C-00395
Cyclopropyl(phenylmethyl)carbamic acid, C-00636
10-[3-(4-Cyclopropyl-1-piperazinyl)propyl]-2-(trifluoromethyl)-10*H*-phenothiazine, *see* C-00329
N-Cyclopropyl-1,3,5-triazine-2,4,6-triamine, *see* C-00653
Cyclo-Prostin, *in* P-00528
Cyclopyrox, *see* C-00612
Cyclopyrronium(1+), C-00637
Cyclopyrronium bromide, *in* C-00637
▷Cyclorin, *in* C-00638
Cycloserine, *see* A-00277
Cyclosidimine, *see* C-00333
▷Cyclospasmol, *see* C-00586
▷Cyclosporin *A*, *in* C-00638
Cyclosporin *G*, *in* C-00638
Cyclosporin *H*, *in* C-00638

Cyclosporin *K*, *in* C-00638
Cyclosporin *L*, *in* C-00638
Cyclosporin *M*, *in* C-00638
Cyclosporin *N*, *in* C-00638
Cyclosporin *O*, *in* C-00638
Cyclosporin *P*, *in* C-00638
Cyclosporin *Q*, *in* C-00638
Cyclosporin *R*, *in* C-00638
Cyclosporin *S*, *in* C-00638
Cyclosporin *T*, *in* C-00638
Cyclosporin *U*, *in* C-00638
Cyclosporin *V*, *in* C-00638
Cyclosporin *W*, *in* C-00638
Cyclosporin *X*, *in* C-00638
Cyclosporin *Y*, *in* C-00638
Cyclosporin *Z*, *in* C-00638
Cyclosporin I, *in* C-00638
Cyclosporin B, *in* C-00638
Cyclosporin C, *in* C-00638
Cyclosporin D, *in* C-00638
Cyclosporin E, *in* C-00638
Cyclosporin F, *in* C-00638
Cyclosporins, C-00638
▷Cyclothiazide, C-00639
▷Cyclotolheptamide, *see* T-00344
▷Cyclovalone, *see* B-00218
▷Cyclovegantine, *see* D-00606
▷Cycloviran, *see* A-00060
Cyclozine, *see* C-00588
▷Cycol, *see* C-00517
Cycostat, *in* R-00069
▷Cycotiamine, C-00640
Cycrimine, C-00641
▷Cycvalon, *see* B-00218
Cydril, *in* P-00202
▷Cyfen, *see* F-00057
▷Cyflee, *see* D-00453
Cyfluthin, *see* C-00642
Cyfluthrin, C-00642
▷Cyfos, *see* I-00021
Cygerol, *see* C-00607
▷Cyheptamide, *in* D-00282
Cyheptropine, *in* D-00282
▷Cyklosan, *in* A-00232
▷Cylert, *see* A-00306
▷Cymarin, *in* T-00478
Cymemoxine, *see* C-00616
▷Cymidon, *see* K-00014
▷CYN, *see* C-00643
▷Cynarex, *see* C-00643
▷Cynarine, C-00643
Cynomel, *in* T-00487
Cypenamine, *see* P-00185
Cypercil, *see* P-00283
Cypothrin, C-00644
▷Cyprazepam, C-00645
Cyprenorphine, C-00646
Cyprodenate, C-00647
▷Cyproheptadine, C-00648
▷Cyproheptadine hydrochloride, *in* C-00648
Cyprolidol, C-00649
▷Cyprolidol hydrochloride, *in* C-00649
Cypromin, *see* R-00076
▷Cyproquinate, C-00650
▷Cyprostat, *in* C-00651
▷Cyproterone, C-00651
▷Cyproterone acetate, *in* C-00651
▷Cyproximide, C-00652
▷Cyproxyquine, *see* C-00650
▷Cyqualon, *see* B-00218
Cyramedine, *see* S-00097
Cyromazine, C-00653
Cyroquitil, *in* D-00511
▷Cyscholin, *see* C-00655
▷Cystamine, *see* B-00188
▷Cysteamine, *see* A-00252
Cysteine, C-00654
▷L-Cysteinyl-L-tyrosyl-L-isoleucyl-L-glutaminyl-L-asparaginyl-L-cysteinyl-L-prolyl-L-leucylglycinamide cyclic (1→6) disulfide, *see* O-00167
▷Cystineamine, *see* B-00188
▷Cysto-Contry, *in* I-00140
▷Cystokon, *in* A-00340
Cystorelin, *in* L-00116
▷Cystrin, *in* O-00147
▷Cystural, *see* D-00131
▷Cytadren, *see* A-00305
▷Cytarabine hydrochloride, *in* C-00667
▷Cytarabine, *in* C-00667
Cytembna, *see* B-00286
▷Cytenamide, *in* D-00158
▷Cythion, *see* M-00013
▷Cytidine diphosphate choline, C-00655
Cytidine 2′,3′-phosphate, C-00656
▷Cytidine 5′-(trihydrogen diphosphate) hydroxide mono[2-(trimethylammonio)ethyl ester, *see* C-00655
▷Cytimun, *see* S-00178
Cytipos, *see* C-00656
Cytobin, *in* T-00487
Cytobolin, *in* M-00225
Cytochalasin *A*, C-00657
▷Cytochalasin *B*, C-00658
▷Cytochalasin *C*, C-00659
▷Cytochalasin *D*, C-00660
▷Cytochalasin *E*, C-00661
▷Cytochalasin *F*, C-00662
Cytochalasin *G*, C-00663
▷Cytochalasin *H*, C-00664
▷Cytochalasin J, *in* C-00664
▷Cytoferin, *in* F-00094
Cytomel, *in* T-00487
Cytomine, *in* T-00487
Cytorhodin *S*, C-00665
Cytosamine, C-00666
▷Cytosar-U, *in* C-00667
Cytosine arabinoside, C-00667
▷Cytostasan, *in* B-00044
Cytostesin, *in* B-00220
Cytotec, *see* M-00396
Cytoval, *see* B-00286
▷D 20, *in* C-00603
D 32, *see* X-00012
D41, *in* T-00545
D109, *in* A-00318
▷D 1126, *see* F-00242
▷D 1262, *see* C-00520
▷D 138, *see* N-00216
D145, *see* D-00402
D 15-14, *see* M-00258
▷D 1593, *see* C-00255
▷D 178, *in* T-00337
D 1721, *see* A-00121
▷2230D, *see* P-00039
D 237, *see* C-00462
D 254, *see* P-00275
D 301, *in* B-00117
D 305, *in* D-00568
D 4028, *in* X-00002
▷D470, *see* T-00167
▷D563, *in* O-00151
D 600, *see* G-00006
D-775, *see* H-00084
D888, *see* D-00110
D 935, *in* C-00619
▷D970, *see* M-00146
D-9998, *in* F-00204
D 12316, *in* T-00477
▷D 12524, *see* L-00088
▷D 13129, *see* Z-00005
▷D 13312, *see* T-00075
D 13625, *in* A-00118
D 16726, *see* Z-00020

467 D_3, *see* P-00490
739-01D, *in* E-00043
D788-1, *in* C-00081
DA 268, *in* B-00220
DA 3177, *in* C-00351
DA 4577, *see* M-00370
DA 708, *see* B-00319
▷DA 7591, *see* D-00183
▷DA-808, *see* E-00210
DA 893, *see* B-00321
▷DA 914, *in* N-00017
▷DA 992, *see* N-00027
DAAM, *in* M-00162
▷Dabekhin, *in* D-00233
▷Dabequine, *in* D-00233
Dabical, *in* C-00456
DAC, *see* A-00495
▷Dacarbazine, D-00001
▷Dacemazine, *see* D-00403
Dacisteine, *in* A-00031
Dacorsol, *in* P-00414
Dacortilene, *see* P-00414
Dacortin, *see* P-00414
▷Dactil, *in* P-00290
▷Dactilake, *in* P-00290
▷Dactilate, *in* P-00290
Dactimicin, D-00002
▷Dactinomycin, *see* A-00057
▷Dactiran, *in* P-00290
Dacuronium(2+), D-00003
▷Dacuronium bromide, *in* D-00003
Daflon, *in* T-00476
▷Daftazol, *see* D-00134
Dagapamil, D-00004
▷Dagenan chloride, *in* A-00213
▷Dagralax, *see* G-00064
Dahlin, *see* I-00089
▷Daimeton, *see* S-00200
▷Daital, *see* E-00144
▷Daktarin, *in* M-00363
▷Dalacin *C*, *see* C-00428
▷Dalactine, *in* C-00428
▷Dalalone, *in* D-00111
Dalbraminol, D-00005
Daledalin, D-00006
Daledalin tosylate, *in* D-00006
Dalgan, *in* D-00116
▷Dalmane, *in* F-00217
Dalnate, *see* T-00351
Daltroban, D-00007
▷Dalys, *in* B-00147
▷Dalysep, *see* S-00198
▷Dalzic, *see* P-00394
▷DAM 57, *see* L-00122
▷Damazor, *see* A-00076
Dambose, *see* I-00074
▷Dametin, *see* D-00050
Dametralast, D-00008
Damotepine, D-00009
DAN 122, *see* T-00012
DAN 2163, *see* A-00347
DAN 271, *see* T-00333
DAN 523, *in* M-00180
DAN 603, *see* S-00226
DAN 10510, *see* A-00520
DAN 2854/76, *in* P-00421
▷Danazol, D-00010
▷Daneral SA, *in* P-00157
▷Danilon, *see* S-00283
Danitracen, D-00011
▷Danivac, *see* D-00308
▷Danocrine, *see* D-00010
▷Danol, *see* D-00010
Danosteine, *see* C-00066
Dantamacrin, *in* D-00012
▷Danthron, *see* D-00308
Dantralen, *in* D-00012
Dantrium, *in* D-00012
Dantrix, *in* D-00012
▷Dantrolene, D-00012
Dantrolene sodium, JAN, *in* D-00012
▷Dantron, *see* D-00308
▷Danubial, *see* O-00058
▷Danzen, *see* S-00050
▷Daonil, *see* G-00032
▷DAPA, *in* D-00251
Dapanone, *in* P-00158
Dapiprazole, D-00013
Dapoder, *see* M-00137
▷Dapotum *D*, *in* F-00202
▷Daprin, *in* P-00120
▷Dapsone, *see* D-00129
▷Daptazole, *see* D-00134
Daptomycin, D-00014
▷Daquin, *see* C-00275
▷Daranide, *see* D-00206
▷Daraprim, *see* P-00585
▷Darbid, *in* I-00199
▷Dardanin, *in* D-00408
▷Daredan, *see* B-00358
▷Darenthin, *in* B-00271
Darenzepine, D-00015
▷Daricon, *in* O-00159
Darilin, *see* B-00180
Darodipine, D-00016
Darstine, *in* M-00098
▷Dartal, *in* P-00129
▷Dartalan, *in* P-00129
▷Dartan, *in* P-00129
▷Darvon, *in* P-00512
▷Darvon-N, *in* P-00512
▷Dastonil S, *in* H-00110
DAT, *see* A-00020
Datelliptium(1+), D-00017
Datelliptium chloride, *in* D-00017
Datiscoside, D-00018
▷Daturine, *in* T-00554
Daucosterin, *in* S-00151
Daucosterol, *in* S-00151
▷Daunomycin, D-00019
▷Daunomycinone, *in* D-00019
▷Daunorubicin, *see* D-00019
▷Daunorubicin hydrochloride, JAN, *in* D-00019
▷Daunorubicinone, *in* D-00019
▷Dauricine, D-00020
Davercin, *in* E-00115
Davistar, *in* C-00456
▷Davoxin, *see* D-00275
Dawsonite, *see* D-00307
Daxatrigine, D-00021
▷Daxid, *in* X-00004
▷Daxolin, *in* L-00106
Dazadrol, D-00022
Dazadrol maleate, *in* D-00022
Dazepinil, D-00023
Dazepinil hydrochloride, *in* D-00023
Dazidamine, D-00024
Dazmegrel, D-00025
Dazodipine, *see* D-00016
Dazolicine, D-00026
▷Dazomet, *in* T-00135
Dazonone, *see* Q-00005
Dazopride, D-00027
Dazopride fumarate, *in* D-00027
Dazoquinast, D-00028
Dazoxiben, D-00029
Dazoxiben hydrochloride, *in* D-00029
DB 112, *see* C-00445
DB 136, *see* F-00292
▷DB 2182, *in* L-00074
DB 2563, *see* M-00321
▷DBD, *see* D-00163

DBM, *see* D-00164
DBMA, *see* M-00244
DBT, *see* B-00067
DBT, *see* D-00159
DBTA, *see* T-00302
DC-2-269, *in* L-00035
▷DCDE, *in* D-00480
DCET, *in* T-00174
DCh 21, *see* E-00280
DCM, *see* A-00270
▷d-Cof, *see* P-00105
▷DCU, *see* B-00238
DCU, *in* E-00177
▷DD 3480, *see* T-00285
DDAVP, *see* D-00097
DDC, *see* D-00220
▷*o,p'*-DDD, *see* D-00180
▷DDEP, *see* D-00123
DDI, *see* D-00221
▷*cis*-DDP, *in* D-00139
▷*p,p'*-DDT, *see* T-00432
▷D.D.V.P., *see* D-00207
▷DE 019, *in* B-00337
DE 040, *in* R-00022
Deacetoxyvinblastine, *in* V-00032
Deacetylcephalosporin C, *in* C-00177
▷Deacetylcytochalasin *H*, *in* C-00664
*O*⁴-Deacetyl-3-de(methoxycarbonyl)-3-[[[2-ethoxy-1-(1*H*-indol-3-ylmethyl)-2-oxoethyl]amino]carbonyl]vincaleukoblastine, *see* V-00045
Deacetylepipachysamine *A*, *in* P-00416
2'-De(acetylmethylamino)maytansine, *in* M-00027
3-De[2-(acetylmethylamino)-1-oxopropyloxy]-3-hydroxymaytansine, *see* M-00027
$N^{2'}$-Deacetyl-$N^{2'}$-(2-methyl-1-oxopropyl)maytansine, *in* M-00026
$N^{2'}$-Deacetyl-$N^{2'}$-(1-oxopropyl)maytansine, *in* M-00026
10-Deacetyltaxol, *in* T-00037
10-Deactyl-10-oxo-7-epi-taxol, *in* T-00037
DEAE-Sephadex, *see* P-00379
Dealanylalahopcin, *in* A-00092
▷Deamelin S, *see* G-00068
3'-Deamino-3'-(3-cyanomorpholino)doxorubicin, *in* A-00080
O^{27}-De(2-amino-3-methyl-1-oxobutyl)boromycin, *in* B-00258
Deaminooxytocin, D-00030
▷Deandros, *in* H-00110
▷Deaner, *in* D-00408
▷Deanol, *see* D-00408
▷Deanol aceglumate, *in* D-00408
▷Deanol acetamidobenzoate, *in* D-00408
▷Deazaguanine, *see* D-00115
3-Deazaguanosine, *in* D-00115
▷3-Deazauridine, D-00031
▷Debecacin, *see* D-00154
▷Debekacyl, *in* D-00154
▷Debendox, *in* D-00218
▷Debendox, *in* D-00598
▷Debendox, *in* P-00582
▷Deboxamet, D-00032
Debrisan, *in* D-00113
Debrisoquine, D-00033
▷Debrisoquine sulfate, *in* D-00033
▷Debrycin, *see* P-00437
▷Decadron, *in* D-00111
Decadron-TBA, *in* D-00111
▷Deca-durabolin, *in* H-00185
1,2,3,4,4*a*,6,7,11*b*,12,13*a*-Decahydro-9,10-dimethoxy-13*H*-dibenzo[*a,f*]quinolizin-13-one, D-00034
Decahydro-2-oxo-1,3-bis(phenylmethyl)thieno[1',2':1,2]-thieno[3,4-*d*]imidazol-5-ium, *see* T-00498
1,2,3,4,4*a*,5,6,6*a*,11*b*,13*b*-Decahydro-4,4,6*a*,9-tetramethyl-13*H*-benzo[*a*]furo[2,3,4-*mn*]xanthen-11-ol, *see* S-00066
▷3,4,5,6,7,8,9,10,11,12-Decahydro-7,14,16-trihydroxy-3-methyl-1*H*-2-benzoxacyclotetradecin-1-one, D-00035
▷Decalinium acetate, JAN, *in* D-00088
Decamethonium(2+), D-00036
▷Decamethonium bromide, *in* D-00036
▷Decamethonium iodide, *in* D-00036
1,1'-Decamethylenebis[4-aminoquinaldinium], *see* D-00088
1,1'-Decamethylenebis[1,4-dihydro-4-(octylimino)pyridine], *see* O-00020
Decamethylenebis[dimethyl[2-(thymyloxy)ethyl]]-ammonium(2+), *see* D-00043
2,2'-Decamethylenebis[1,2,3,4-tetrahydro-6,7-dimethoxy-2-methyl-1-veratrylisoquinolinium], *see* L-00013
Decamethylenebis[trimethylammonium], *see* D-00036
N^1,N^1-Decamethylene-N^4,N^4-decamethylenebis(4-aminoquinaldinium), *see* B-00202
1,1-Decamethylenediguanidine, D-00037
4,4'-(Decamethylenediimino)diquinaldine, *see* Q-00017
▷2,2'-(Decamethylenedithio)diethanol, *see* B-00217
1,1'-(1,10-Decanediyl)[4-amino-2-methylquinolinium], *see* D-00088
2,2'-(1,10-Decanediyl)bis[1-[(3,4-dimethoxyphenyl)methyl]-1,2,3,4-tetrahydro-6,7-dimethoxy-2-methylisoquinolium], *see* L-00013
N,N'''-1,10-Decanediylbisguanidine, *see* D-00037
3,3'-[1,10-Decanediylbis[(methylimino)carbonyloxy]]-bis[*N,N,N*-trimethylbenzenaminium], *see* D-00061
▷2,2'-[1,10-Decanediylbis(thio)]bisethanol, *see* B-00217
N,N'-(1,10-Decanediyldi-1(4*H*)-pyridinyl-4-ylidene)bis-1-octanamine, *see* O-00020
Decanoic acid 2-[4-[3-(2-chloro-9*H*-thioxanthen-9-ylidene)-propyl]-1-piperazinyl]ethyl ester, *in* C-00481
Decapeptyl, *see* T-00531
Decapinol, *see* D-00055
▷Decapryn succinate, *in* D-00598
▷Decardil, *in* D-00275
▷Decaserpyl, *see* M-00191
▷Decaspiride, *in* F-00076
Deccox, *see* D-00041
Dechloro-4,5-deepoxy-*N*-demethylmaytansinol, *in* M-00027
30-Dechloro-2-demethyl-30-hydroxynaphthomycin *A*, *see* A-00052
Dechlorogriseofulvin, *in* G-00087
Dechloro-N-deepoxymaytansinol, *in* M-00027
▷Decholin, *see* D-00049
▷Decidal, *see* E-00074
▷Decimemide, *see* D-00042
▷Decitabine, *in* D-00077
Decitropine, D-00038
Declaben, *see* C-00246
Declenperone, D-00039
▷Declinax, *in* D-00033
▷Decloban, *in* C-00437
▷Declomycin, *see* D-00064
▷Decloxizine, D-00040
Decoderm, *in* F-00207
Decominol, *in* A-00317
Decoquinate, D-00041
▷Decortene, *see* H-00203
Decortilen, *see* P-00414
Decortilene soluble, *in* P-00414
Dectaflur, *in* O-00011
Dectan, *in* D-00111
Decyl(2-hydroxyethyl)dimethylammonium 1-adamantanecarboxylate, *see* A-00163
N-Decyl-*N*-methyl-*N*-[3-(trimethoxysilyl)propyl]-1-decanaminium, *see* D-00534
▷4-(Decyloxy)-3,5-dimethoxybenzamide, D-00042
Decylroxibolone, *in* R-00098
23-De[(6-deoxy-2,3-di-*O*-methyl-β-D-allopyranosyl)oxy]tylosin, *in* T-00578
23-De(6-deoxy-2,3-di-O-methyl-β-D-allopyranosyl)tylosin, 9CI, *in* T-00578
Dediol, *see* A-00109
Deditonium(2+), D-00043
Deditonium bromide, *in* D-00043
Dedrogyl, *see* H-00221
12,13-Deepoxy-12,13-didehydro-4'-deoxycirramycin A_1, *see* R-00025
6,9-Deepoxy-6,9-(phenylimino)-$\Delta^{6,8}$-prostaglandin I_1, *see* P-00334

16-Deethyl-16-methylmonensin *A*, *in* M-00428
N-Deethylsongorine, *in* S-00100
▷Defekton, *in* C-00097
▷Deferoxamine, D-00044
Deferoxamine hydrochloride, *in* D-00044
▷Defibrase, *see* B-00017
Defibrotide, D-00045
Defirin, *see* D-00097
▷Deflamene, *see* F-00246
▷Deflamin, *see* F-00246
▷Deflan, *see* D-00046
▷Deflazacort, D-00046
▷Deflexol, *see* A-00225
Deflogon, *see* I-00009
N-Deformylvincristine, *in* V-00032
▷Defosfamide, D-00047
▷Deftan, *in* L-00074
Defungit, *see* B-00065
▷Degadil, *in* F-00073
▷Degalol, *in* D-00321
▷Deganol, *see* D-00064
▷Degranol, *see* M-00019
Degratef, *in* M-00019
▷Dehistin, *see* T-00524
Dehydroactidione, *in* D-00441
Dehydroandrosterone, *in* H-00110
17,18-Dehydroapovincamino 3′,4′,5′-trimethoxybenzoate, *see* V-00040
8,9-Dehydroasterolide, *see* E-00269
▷Dehydroavilamycin *C*, *in* A-00487
▷Dehydrobenzperidol, *see* D-00608
α-Dehydrobiotin, D-00048
▷Dehydrocholate sodium, *in* D-00049
▷Dehydrocholic acid, D-00049
▷Dehydrocholin, *see* D-00049
Dehydrocholylglycine, *in* D-00049
Dehydro-1,8-cineole, *in* C-00360
11-Dehydrocorticosterone, *see* H-00204
▷Dehydrocortisol, *see* P-00412
▷1,2-Dehydrocortisone, *see* P-00413
1,2,3,4-Dehydrodesoxypodophyllotoxin, *in* D-00083
Dehydrodihydrocostus lactone, *see* M-00422
▷Dehydroemetine, D-00050
Dehydroepiandrosterone enanthate, *in* H-00110
Dehydrofolliculinic acid, *see* D-00570
▷1-Dehydrohydrocortisone, *see* P-00412
▷Dehydroimipramine, *see* B-00007
▷Dehydroisoandrosterone, *in* H-00110
6-Dehydro-16-methylenecortisol, *see* I-00197
Dehydromethyprylon, *see* D-00250
13,14-Dehydro-PGE_2, *in* D-00343
Dehydrophomin, *see* C-00657
▷6-Dehydro-9β,10α-progesterone, *see* D-00624
2,3-Dehydroproline, *see* D-00301
▷Dehydrorelomycin, *see* T-00578
Dehydroretinol, *in* V-00058
3-Dehydroretinol, *in* V-00058
Dehydroryanodine, *in* R-00108
▷Dehydrosanol active substance, *see* B-00032
Dehydrosinefungin, *in* S-00078
Dehydrosinomenine, *in* S-00079
7-Dehydro-β-sitosterol, *in* S-00151
1-Dehydrotestosterone, *in* H-00108
Dehydroverrucarin A, *in* V-00023
Deidrosan, *in* D-00049
3′-Deiodothyroxine, *see* T-00487
Deisobutyrylolivomycin *A*, *in* O-00038
Deisovalerylblastmycin, *in* A-00415
Dekamesol, *in* B-00202
▷Dekelmin, *see* M-00199
Deketrol, *in* T-00233
▷Dekinet, *see* B-00175
▷Deladiol, *in* O-00028
Deladroxate, *in* O-00028
▷Deladroxone, *in* A-00114
Delakmin, *see* H-00221
▷Delalutin, *in* H-00202
Delanterone, *in* M-00224
Delapril, D-00051
Delapril hydrochloride, *in* D-00051
▷Delatestryl, *in* H-00111
▷Delavan, *in* M-00229
▷Delcortin, *in* P-00413
▷Delcronol, *see* D-00124
Deleil, *see* T-00047
Delergotrile, D-00052
Delestrec, *in* O-00028
Delfantrine, D-00053
Delfen, *see* N-00206
Delibryl, *see* R-00042
Delinal, *in* P-00497
Delipoderm, *see* P-00477
▷Deliton, *see* C-00507
Delmadinone, D-00054
Delmadinone acetate, *in* D-00054
Delmate, *in* D-00054
Delmeson, *see* F-00186
Delmetacin, *in* M-00263
Delmopinol, D-00055
▷Delnav, *see* D-00475
Delonal, *in* A-00104
▷Delorazepam, D-00056
Deloxolone, D-00057
Deloxolone sodium, *in* D-00057
▷Delprostenate, D-00058
▷Delsterol, *see* V-00062
▷Delta-Corlin, *in* P-00413
▷Deltacortisone, *see* P-00413
Deltacortril D, *in* P-00412
Deltafludrocortisone, *see* I-00188
Delta-Medryson, *see* E-00052
▷Deltamycin A_4, *see* C-00056
▷Deltanyne, *in* T-00115
Deltar, *in* C-00479
Delta sleep-inducing peptide (rabbit), *see* T-00568
Deltasol, *in* D-00111
▷Deltoin, *see* M-00179
Deltolio, *in* P-00412
▷Delvex, *in* D-00548
▷Delvinal, *see* V-00031
▷Delvomycin, *see* M-00413
Delvosteron, *see* P-00472
▷Delysid, *see* L-00122
Demalit, *see* L-00059
▷Demanol aceglumate, *in* D-00408
Demanyl phosphate, D-00059
▷Demazin, *in* A-00272
▷Demazin, *in* A-00308
Dembrexine, D-00060
Dembrexol, *see* D-00060
Demecarium(2+), D-00061
Demecarium bromide, *in* D-00061
▷Demeclocycline, *see* D-00064
▷Demeclocycline hydrochloride, *in* D-00064
▷Demecolcine, D-00062
Demecycline, *see* D-00066
Demegestone, D-00063
Demelon, *in* H-00185
Demelverine, *in* D-00491
▷Demerol, *see* P-00131
Demetacin, *in* M-00263
▷Demetex, *in* D-00270
4-Demethoxyadriamycin, *in* A-00080
2-Demethoxyaranciamycinone, *in* S-00143
▷4-Demethoxydaunomycin, *see* I-00016
Demethoxyrapamycin, *in* R-00013
▷11-Demethoxyreserpine, *see* D-00093
2^C-Demethoxytylosin, *in* T-00578
5-*O*-Demethylavermectin A_{1a}, *see* A-00483
Demethylcefazolin, *see* C-00154
Demethylcephaeline, *in* C-00172
9-Demethylcephaeline, *in* C-00172

10-Demethylcephaeline, *in* C-00172
6-Demethylchalcomycin, *see* N-00081
▷6-Demethyl-7-chlorotetracycline, D-00064
2′-Demethyldauricine, *in* D-00020
2-Demethyldemecolcine, *in* D-00062
3-Demethyldemecolcine, *in* D-00062
4-*O*-Demethyl-11-deoxydaunorubicin, *in* C-00081
▷6-Demethyl-6-deoxy-7-dimethylaminotetracycline, *see* M-00387
26-Demethyl-12-deoxyoligomycin *A*, *in* O-00037
N-Demethyl-1-deoxypyrromycin, *in* A-00089
6-Demethyl-6-deoxytetracycline, D-00065
▷Demethyldiazepam, *in* D-00148
Demethyldihydrogalanthamine, *in* G-00002
N-Demethyldihydrogalanthamine, *in* G-00002
O-Demethyldihydrogalanthamine, *in* G-00002
▷Demethyldihydrothebaine acetate, *see* T-00161
▷Demethyldopan, *see* B-00197
3″-*C*-Demethyl-8,19-epoxyerythromycin *B*, *in* E-00116
3″-*C*-Demethylerythromycin *B*, *in* E-00116
3″-*N*-Demethyl-3″-*N*-ethylsisomicin, *see* E-00242
▷*N*-Demethyl-*N*-formylleurosine, *see* V-00039
3-*O*-Demethylfortimicin A, *in* F-00252
4″-Demethylgentamicin C_1, *in* G-00018
4″-Demethylgentamicin C_2, *in* G-00018
4″-Demethylgentamicin C_{1a}, *in* G-00018
3″-*C*-Demethyl-8-hydroxyerythromycin *B*, *in* E-00116
3″-*C*-Demethyl-10-hydroxyerythromycin *B*, *in* E-00116
3″-*C*-Demethyl-12-hydroxyerythromycin *B*, *in* E-00116
Demethylmacrocin, *in* T-00578
Demethylmarcellomycin, *in* M-00022
▷26-Demethyloligomycin *A*, *see* O-00037
4^B-Demethylolivomycin A, *in* O-00038
N-Demethylorphenadrine, *see* T-00339
10′-Demethylstreptonigrin, *in* S-00162
6-Demethyltetracycline, D-00066
1-Demethylthio-1-hydroxylincomycin, *in* L-00051
▷3^C-*O*-Demethyltylosin, *in* T-00578
56-Demethylvancomycin, *in* V-00007
Demethylzimelidine, *in* N-00201
▷Demetracicline, *in* D-00064
▷Demetrin, *see* P-00404
Demexiptiline, D-00067
▷Demicardio, *in* D-00370
▷Demidone, *see* H-00189
Demigran, *in* F-00154
Democonazole, D-00068
▷Demolax, *see* A-00362
▷Demolox, *see* A-00362
Demopressin acetate, JAN, *in* D-00097
▷Demotil, *in* D-00482
▷Demovis, *in* Q-00024
▷Demoxepam, D-00069
Demoxytocin, *see* D-00030
Demser, *in* A-00273
Demycin, *see* B-00340
23-Demycinosyltylosin D, *in* T-00579
▷Demykon, *see* C-00261
▷Denaton, *in* D-00070
Denatonium(1+), D-00070
▷Denatonium benzoate, *in* D-00070
Denaverine, D-00071
Denbufylline, D-00072
▷Dendrid, *see* D-00081
Dendripar, *see* X-00011
▷Denegard, *in* T-00238
▷Denegyt, *see* D-00042
▷Denestrolin, *see* D-00223
Denipride, D-00073
Denopamine, D-00074
Denoral, *in* C-00443
Denpidazone, D-00075
▷Dentocain, *in* M-00299
▷Dentomastic, *in* A-00374
Denzimol, D-00076
DE-OS 2620179, *see* S-00103
9-Deoxo-11-deoxy-9,11-[imino[2-(2-methoxyethoxy)-ethylidene]oxy]erythromycin, *see* D-00533
6′-Deoxo-9,10α-dihydro-β-ergocryptine, *see* D-00098
20-Deoxo-20-(3,5-dimethyl-1-piperidinyl)tylosin *B*, *see* T-00275
20-Deoxo-20-hydroxytylosin, *see* T-00579
1-De(5-oxo-L-proline)-2-de-L-glutamine-5-L-methionine caerulein, *see* S-00077
6-Deoxyacyclovir, *in* A-00060
▷3′-Deoxyadenosine, *see* C-00543
(5′-Deoxyadenosine-5′)cobinamide hydroxide dihydrogen phosphate(ester) inner salt 3′-ester with 5,6-dimethyl-1-α-D-ribofuranosyl-1*H*-benzimidazole, *see* C-00529
5′-Deoxyadenosylcobalamin, *see* C-00529
5′-Deoxyadenosyl-13-epicobalamin, *in* C-00529
Deoxyadrenaline, *see* E-00081
3-Deoxyaphidicolin, *in* A-00422
2′-Deoxy-5-azacytidine, D-00077
2′-Deoxy-5-(2-bromovinyl)uridine, *see* B-00322
4′-Deoxybutirosin *B*, *in* B-00408
20-Deoxycamptothecin, *in* C-00024
11-Deoxycarminomycin I, *in* C-00081
▷Deoxycholic acid, *in* D-00321
▷Deoxycholylglycine, *in* D-00321
▷4′-Deoxycirramycin A_1, *see* R-00092
▷2′-Deoxycoformycin, *see* P-00105
▷11-Deoxycorticosterone, *see* H-00203
Deoxycorticosterone pivalate, *in* H-00203
▷Deoxycortone, *see* H-00203
▷Deoxycortone acetate, *in* H-00203
Deoxycortone glucoside, *in* H-00203
Deoxycortone pivalate, *in* H-00203
11-Deoxydaunorubicin, *in* D-00019
11-Deoxy-13-deoxodaunorubicin, *in* D-00019
11-Deoxy-13-dihydrodaunorubicin, *in* D-00019
▷1-Deoxy-1-(3,4-dihydro-7,8-dimethyl-2,4-dioxobenzo[*g*]-pteridin-10(2*H*)-yl)-D-ribitol, *see* R-00038
▷4′-Deoxydoxorubicin, *in* A-00080
11-Deoxydoxorubicin, *in* A-00080
20-Deoxy-17-epinarasin, *in* N-00050
Deoxyepinephrine, *see* E-00081
Deoxy-epi-17-salinomycin, *in* S-00017
▷4′-Deoxy-3′,4′-epoxy-22-oxovincaleukoblastine, *see* V-00039
▷12-Deoxyerythromycin, *see* E-00116
▷2′-Deoxy-5-ethyluridine, *see* E-00015
2-Deoxy-2-fluoroglucose, D-00078
▷2′-Deoxy-5-fluorouridine, D-00079
5′-Deoxy-5-fluorouridine, *see* D-00595
5-Deoxygentamicin C_{2b}, *in* G-00018
6-Deoxyglucosamine, *see* A-00240
Deoxyharringtonic acid, *in* H-00022
Deoxyharringtonine, *in* H-00022
1-Deoxy-1-[[4-[[(hydroxymethyl)amino]sulfonyl]phenyl]-amino]-1-sulfoglucitol, *see* G-00056
6-Deoxy-5-hydroxytetracycline, D-00080
2′-Deoxy-5-iodocytidine, *see* I-00001
▷2′-Deoxy-5-iodouridine, D-00081
▷5-Deoxykanamycin A, *in* K-00004
▷14-Deoxylagosin, *in* F-00106
Deoxymannojirimycin, *in* T-00481
7-[[6-*O*-(6-Deoxy-α-L-mannopyranosyl)-β-D-glucopyranosyl]-oxy]-5-hydroxy-2-[3-hydroxy-4-methoxyphenyl)-4*H*-1-benzopyran-4-one, *in* T-00476
1-Deoxy-1-(methylamino)glucitol, D-00082
6-Deoxy-6-methylenenaltrexone, *see* N-00030
30-Deoxy-1-methylmocimycin, *in* M-00413
▷2-Deoxy-2-[[(methylnitrosoamino)carbonyl]amino]-D-glucose, *see* S-00164
20-Deoxy-4-methyl-20-oxosalinomycin, *in* N-00050
20-Deoxynarasin, *in* N-00050
Deoxynojirimycin, *in* T-00481
(4′α)-4′-Deoxy-22-oxovincaleukoblastine, *in* V-00037
6-Deoxyparamomycin I, *in* P-00039
6-Deoxyparomycin II, *in* P-00039

▷3-(2-Deoxy-β-D-*erythro*-pentofuranosyl)-3,6,7,8-tetrahydroimidazo[4,5-*d*][1,3]diazepin-8-ol, *see* P-00105
Deoxypicropodophyllin, *in* D-00083
Deoxypodophyllic acid, D-00083
Deoxypodopyllotoxin, *in* D-00083
1-Deoxypyrromycin, *see* A-00089
▷1-(2-Deoxy-β-D-ribofuranosyl)-5-fluorouracil, *see* D-00079
8-Deoxyrifamycin B, *in* R-00047
12-Deoxyrutamycin, *in* O-00037
Deoxy-(*O*-8)-salinomycin, *in* S-00017
15-Deoxyspergualin, *in* S-00112
2-Deoxystreptomycin, *in* S-00161
2′-Deoxythioguanosine, *see* A-00236
▷2′-Deoxy-5-(trifluoromethyl)uridine, D-00084
Deoxyvinblastine *A*, *in* L-00036
20′-Deoxyvinblastine, *in* L-00036
27-Deoxywithaferin A, *in* W-00002
▷Depakene, *see* P-00516
Depamide, *in* P-00516
Depamine, *see* P-00064
Déparon, *see* D-00067
▷Depas, *see* E-00244
Depepsen, *in* S-00140
Depersolone, *in* M-00030
1^B-De-L-phenylalanine insulin (ox), *in* I-00078
1^B-De-L-phenylalanine-8^A-L-threonine-10^A-L-isoleucine insulin (pig), *in* I-00078
▷Depigman, *see* B-00124
Depixol, *in* F-00198
Deplet, *see* T-00047
▷Depofemin, *in* O-00028
Depofollan, *in* O-00028
Depogin, *in* O-00028
▷Depolipon, *in* A-00216
▷Depo-medrate, *in* M-00297
▷Depo-medrol, *in* M-00297
Depo-Nortestonate, *in* H-00185
▷Depo-Provera, *in* H-00175
Deposal, *see* H-00115
Depositon-Oestrogen, *in* E-00231
▷Depostat, *in* G-00023
Deposteron, *in* H-00111
▷Deposulf, *see* S-00197
Depot, *in* H-00185
▷Depo-Testadiol, *in* O-00028
Depot-Glumorin, *see* K-00003
Depotocin, *see* C-00048
Depot-Ostromon, *in* D-00257
▷Depramine, *see* B-00007
▷Depran, *see* T-00577
Deprenaline, *see* D-00449
Deprenyl, *see* D-00449
▷Depressin, *in* H-00055
Depressin, *in* P-00508
Depresym, *in* D-00588
▷Deprevon, *in* M-00360
▷Deprex "Novo", *see* D-00156
▷Deprimil, *in* L-00074
Deproceptin, *in* T-00582
Deprodone, *in* D-00348
Deprodone propionate, *in* D-00348
Deprolen, *see* D-00611
Deprolorphin, D-00085
4′-Depropyl-4′-pentyllincomycin, *in* L-00051
Deprostil, D-00086
Depryn, *in* A-00126
Deptomycin, *see* D-00014
Deptropine, D-00087
▷Deptropine citrate, *in* D-00087
Deptropine methiodide, *in* D-00087
▷Deptropine methobromide, *in* D-00087
▷Dequadin, *in* D-00088
Dequalinium(2+), D-00088
▷Dequalinium acetate, *in* D-00088
▷Dequalinium chloride, *in* D-00088
Deracyn, *see* A-00071
▷Der-Albine, *see* B-00124
Derimine, *in* O-00111
Deriphyllin, *in* T-00169
▷Derl, *see* H-00039
▷Dermacaine, *see* C-00357
▷Dermacort, *see* F-00246
▷Dermacrin, *see* G-00073
▷Dermadex, *in* D-00111
Dermafur, *in* F-00285
▷Dermagan, *see* D-00117
Dermalex, *see* A-00123
▷Dermaphos, *see* F-00039
Dermatol, *see* D-00314
▷Dermaton, *see* C-00203
Dermatop, *see* P-00410
▷Dermavet, *see* D-00454
▷Dermetrix, *see* T-00521
▷Dermobion, *in* N-00177
▷Dermochinona, *see* B-00124
▷Dermofongin A, *see* C-00249
▷Dermo-Hidrol, *see* D-00102
▷Dermonistat, *in* M-00363
Dermostatin, D-00089
▷Dermostatin *A*, *in* D-00089
Dermostatin *B*, *in* D-00089
▷Dermovate, *in* C-00437
Derol, *in* C-00012
▷Deronyl, *in* F-00240
Derpanicate, D-00090
Derricidin, *in* D-00347
▷Dertil, *see* N-00092
Desacetylcephalosporin *C*, *in* C-00177
Desacetylneoprotoveratrine, *in* P-00543
Desacetylprotoveratrine A, *in* P-00543
Desacetylprotoveratrine B, *in* P-00543
▷Desaglybuzole, *see* G-00063
▷Desametasone, *see* D-00111
Desaminooxytocin, *see* D-00030
▷Desaspidin, D-00091
▷Desaspidin *BB*, *see* D-00091
Desatrine, *in* P-00543
▷Desaval, *in* D-00111
Descarbamylnovobiocin, *in* N-00228
11-Deschlororebeccamycin, *in* R-00017
Desciclovir, *in* A-00060
Descinolone, D-00092
▷Descinolone acetonide, *in* D-00092
Desclidium, *in* Q-00026
▷Desconex, *in* L-00106
▷Desenex, *in* U-00008
Desenex, *in* U-00008
Desenovis, *see* B-00180
Desenovister, *see* B-00180
▷Deseril, *in* M-00315
Deserol, *see* B-00299
▷Deserpidine, D-00093
▷Desferal, *in* D-00044
▷Desferrin, *see* D-00044
▷Desferrioxamine, *see* D-00044
▷Desferrioxamine mesilate, *in* D-00044
▷Desflam, *in* B-00353
▷Desfluorotriamcinolone acetonide, *see* D-00101
▷Desglucotransvaalin, *in* D-00319
Desglugastrin, D-00094
▷Desipramine, D-00095
▷Desipramine hydrochloride, JAN, *in* D-00095
▷Desitriptyline, *see* N-00224
Desmethoxyverapamil, *see* D-00110
▷Desmethylcodeine, *in* N-00222
Desmethylemetine, *see* C-00172
▷Desmethylimipramine, *see* D-00095
▷Desmethylloxapine, *see* A-00362
▷Desmethylmethadone, *see* D-00407
Desmethylmoramide, D-00096
▷Desmethylmorphine, *see* N-00222
▷Desmofosfamide, *see* D-00047

Desmopressin, D-00097
Desmopressin acetate, *in* D-00097
Des-N-methylacronycine, *in* A-00050
Desocin, *in* D-00569
Desocriptine, D-00098
Desogen, *in* D-00569
Desogene, *in* T-00357
▷Desogestrel, D-00099
Desoine, *in* B-00206
Desolone, *in* D-00348
Desomedine, *in* H-00058
▷Desomorphine, D-00100
▷Desonide, D-00101
Desonide disodium phosphate, *in* D-00101
Desonide phosphate, *in* D-00101
Desonide pivalate, *in* D-00101
▷Desopan, *see* T-00489
▷Desopimon, *in* C-00295
▷Desoximetasone, D-00102
▷Desoxycorticosterone acetate, *in* H-00203
▷Desoxycortone, *see* H-00203
Desoxycortone enanthate, *in* H-00203
▷Desoxymethasone, *see* D-00102
▷2-Desoxyphenobarbital, *see* P-00436
Desoxypodophyllotoxin, *in* D-00083
▷Desoxytriamcinolone acetonide, *in* D-00092
▷Desson, *see* C-00235
▷Destolit, *in* D-00320
▷Destomycin *A*, *in* D-00103
▷Destomycin *B*, *in* D-00103
▷Destomycin *C*, *in* D-00103
Destomycins, D-00103
▷Destonate 20, *in* D-00103
Destromoramide, *in* M-00437
Desurin, *see* D-00097
Desvalinoboromycin, *in* B-00258
Detajmium (1+), D-00104
Detajmium bitartrate, *in* D-00104
Detamid, *see* D-00236
▷Detamide, *in* M-00230
Detanosal, D-00105
Detantol, *see* B-00361
Deterenol, D-00106
Deterenol hydrochloride, *in* D-00106
Dethamid, *see* D-00236
▷Dethylandiamine, *see* T-00165
▷Deticene, *see* D-00001
Detigon, *in* C-00191
Detirelix, D-00107
Detirelix acetate, *in* D-00107
Detomidine, *see* D-00426
▷Detorubicin, D-00108
Detpamine, *see* D-00074
Detraine, *see* P-00490
▷Detralfate, D-00109
▷Detravis, *in* D-00064
▷Detrican, *see* T-00072
Detrothyronine, *in* T-00487
▷Detrulisin, *in* E-00035
▷Dettol, *see* C-00235
▷Deturid, *see* P-00153
Devalylboromycin, *in* B-00258
Devan, *in* D-00111
Devapamil, D-00110
▷Develar, *in* C-00465
Devicoran, *see* D-00144
▷Devocin, *see* M-00138
▷Devonea, *see* D-00360
▷Devryl, *in* C-00465
▷Dexacaine, *in* M-00101
▷Dexacillin, *see* E-00074
▷Dexamed, *in* P-00202
▷Dexametasone, *see* D-00111
▷Dexamethasone, D-00111
Dexamethasone acefurate, *in* D-00111
▷Dexamethasone acetate, *in* D-00111
Dexamethasone diethylaminoacetate, *in* D-00111
▷Dexamethasone isonicotinate, *in* D-00111
Dexamethasone linoleate, *in* D-00111
Dexamethasone metasulphobenzoate, *in* D-00111
Dexamethasone palmitate, *in* D-00111
▷Dexamethasone phosphate, *in* D-00111
Dexamethasone pivalate, *in* D-00111
▷Dexamethasone sodium phosphate, *in* D-00111
▷Dexamethasone sodium sulfate, *in* D-00111
Dexamethasone succinate, *in* D-00111
Dexamethasone tert-butylacetate, *in* D-00111
Dexamethasone trimethylacetate, *in* D-00111
Dexamethasone 21-(3,6,9-trioxaundecanoate), *in* D-00111
Dexamethasone troxundate, *in* D-00111
▷Dexamethasone valerate, *in* D-00111
▷Dexamethazon, *see* D-00111
Dexamisole, *in* T-00151
▷Dexamphetamine, *in* P-00202
▷Dexaval, *in* D-00111
Dexawin, *in* T-00179
Dexbenzetimide, *in* B-00080
Dexbrompheniramine, *in* B-00325
▷Dexbrompheniramine maleate, *in* B-00325
Dexchlorpheniramine, *in* C-00292
▷Dexchlorpheniramine maleate, *in* C-00292
▷Dex-Cillin, *see* E-00074
Dexclamol, D-00112
Dexclamol hydrochloride, *in* D-00112
▷Dexcyanidanol, *in* P-00081
▷Dexedrine, *in* P-00202
Dexetimide, *in* B-00080
Dexetozoline, *in* O-00169
▷Dexfenfluramine, *in* F-00050
Deximafen, *in* T-00130
Dexindoprofen, *in* I-00068
▷Dexivacaine, *in* M-00101
Dexlofexidine, *in* L-00075
Dexmedetomidine, *in* T-00505
▷Dexnorgestrel acetime, *see* N-00216
Dexnorgestrel (obsol.), *in* N-00218
▷Dexophan, *see* N-00100
Dexotropin, *in* T-00399
Dexoxadrol, *in* D-00472
▷Dexoxadrol hydrochloride, *in* D-00472
▷Dexpanthenol, *in* P-00015
Dexpropranolol, *in* P-00514
Dexpropranolol hydrochloride, *in* P-00514
Dexproxibutene, *in* P-00547
Dexsecoverine, *in* S-00033
Dextilidine, *in* T-00273
Dextramisole hydrochloride, *in* T-00151
▷Dextran, D-00113
Dextranomer, *in* D-00113
▷Dextran sulfate sodium salt aluminum complex, *see* D-00109
Dextriferron, *in* D-00114
▷Dextrin, D-00114
▷Dextroamphetamine, *in* P-00202
▷Dextroamphetamine sulfate, *in* P-00202
Dextrodiphenopyrine, *in* M-00437
▷Dextro-Dromoran, *in* H-00166
Dextrofemine, *in* M-00269
▷Dextromethorphan, *in* H-00166
▷Dextromethorphan hydrobromide, *in* H-00166
Dextromoramide, *in* M-00437
▷Dextropropoxyphene, *in* P-00512
▷Dextropropoxyphene napsilate, *in* P-00512
▷Dextrorphan, *in* H-00166
▷Dextrosulfenidol, *in* T-00179
Dextrothyronine, *in* T-00487
Dextrothyroxine, *in* T-00233
▷Dextrothyroxine sodium, *in* T-00233
▷Dezaguanine, D-00115
Dezaguanine mesilate, *in* D-00115
Dezocine, D-00116
DFA, *in* A-00258
▷DFMO, *see* D-00126

5-DFUR, *see* D-00595
DG 5128, *in* M-00365
▷D_1H, *see* P-00546
▷DH 245, *see* F-00283
▷DH 524, *in* F-00058
DH 581, *see* P-00445
▷DHA 245, *see* D-00134
DHBG, *see* B-00336
DHEAS, *in* H-00110
DHM 32-550, *see* D-00098
DHP-218, *see* D-00437
▷DHPG, *see* D-00350
DHV PGE_2 ME, *see* V-00051
▷Diabefagos, *in* D-00432
▷Diabenor, *see* G-00047
Diabeton(S) active substance, *see* A-00262
▷Diabetosan, *see* D-00432
▷Diabinese, *see* C-00299
▷Diabutan, *see* C-00070
▷Diacalm, *see* B-00022
▷Diacephin, *see* H-00034
▷Diacerein, *in* D-00309
Diacetamate, *in* A-00298
▷α,5-Diacetamido-2,4,6-triiodo-*m*-toluic acid, *see* I-00095
▷Diacetazotol, D-00117
Diacetol, *in* D-00315
Diacetolol, D-00118
Diacetolol hydrochloride, *in* D-00118
▷Diacetone alcohol, *see* H-00171
▷Diacetotoluide, *see* D-00117
3,4-Diacetoxy-3,4-dihydro-2,5(2*H*,5*H*)-furandione, *in* T-00028
▷2-Di(4-acetoxyphenyl)methylpyridine, *see* B-00186
▷Diacetoxyscirpenol, *in* A-00386
Diacetoxysuccinic acid, *in* T-00028
▷Diacetylaminoazotoluene, *see* D-00117
▷4-(Diacetylamino)-2',3-dimethylazobenzene, *see* D-00117
3-(Diacetylamino)-2,4,6-triiodobenzoic acid, *in* A-00340
Diacetylcysteine, *in* A-00031
▷Diacetylmorphine, *see* H-00034
Diacetylnalorphine, *in* N-00032
N^2,N^5-Diacetylornithine, *in* O-00059
2,3-Di-*O*-acetyltartaric acid, *in* T-00028
Diacetyl thiamine, *see* A-00020
Diacort, *in* D-00267
Diacromone, *see* M-00231
▷Diadril, *in* M-00051
Diafon, *in* C-00200
▷Dialferin, *in* A-00105
▷Dialicor, *in* E-00134
▷Dialloferin, *in* A-00105
▷Diallylbarbital, *see* D-00119
▷5,5-Diallylbarbituric acid, D-00119
6,6'-Diallyl-α,α'-bis(diethylamino)-4,4'-bi-*o*-cresol, *see* B-00150
3',3'-Diallyl-4,6'-dihydroxybiphenyl, *see* D-00522
5,5'-Diallyl-2,2'-dihydroxybiphenyl, *see* M-00012
N^2,N^2-Diallylmelamine N^2-oxide, 7CI, *see* O-00133
▷Diallylnortoxiferine, *see* A-00105
▷Diallymal, *see* D-00119
Dialose Plus, *in* C-00107
▷Diamazo, *see* D-00117
Diamfenetide, *see* D-00141
▷Diamicron, *see* G-00037
▷Diamidine, *in* P-00086
3,3'-Diamidinocarbanilide, *see* A-00186
4,4'-Diamidinodiazoaminobenzene, *see* B-00187
4,4'-Diamidino-α,ζ-diphenoxyhexane, *see* H-00058
▷4,4'-Diamidino-2-hydroxystilbene, *see* H-00213
N,*N*'-Di(3-amidinophenyl)urea, *see* A-00186
Diamind, *see* A-00199
▷Diamine Sky Blue FF, *see* A-00532
▷3,6-Diaminoacridine, D-00120
▷2,8-Diaminoacridine (obsol.), *see* D-00120
2,4-Diamino-5-(4-amino-3,5-dimethoxybenzyl)pyrimidine, *see* A-00073
3,5-Diamino-*N*-(aminoiminomethyl)-6-chloropyrazinecarboxamide, *see* A-00198
Diaminoazobenzolsulfonamidum, *see* P-00484
2',4-Diaminobenzanilide, *see* A-00208
2,4-Diamino-5-(4-bromo-3,5-dimethoxybenzyl)pyrimidine, *see* B-00277
2,6-Diamino-2'-butyloxy-3,5'-azopyridine, D-00121
Diaminocaine, D-00122
▷4,6-Diamino-1-(*p*-chlorophenyl)-1,2-dihydro-2,2-dimethyl-*s*-triazine, *see* C-00603
▷2,4-Diamino-5-(*p*-chlorophenyl)-6-ethylpyrimidine, *see* P-00585
2,4-Diamino-5-(*p*-chlorophenyl)-9-methyl-1,3,5-triazospiro[5,5]-undeca-1,3-diene, *see* S-00130
4,6-Diamino-1-[(3,4-dichlorobenzyl)oxy]-1,2-dihydro-2,2-dimethyl-*s*-triazine, *see* C-00442
▷2,4-Diamino-5-(3,4-dichlorophenyl)-6-ethylpyrimidine, D-00123
▷2,4-Diamino-5-(3,4-dichlorophenyl)-6-methylpyrimidine, D-00124
3,5-Diamino-6-(2,3-dichlorophenyl)-1,2,4-triazine, D-00125
▷*O*-2,6-Diamino-2,6-dideoxy-α-D-glucopyranosyl-(1→4)-*O*-[β-D-ribofuranosyl-(1→5)]-2-deoxy-D-streptamine, *see* R-00040
2,4-Diamino-5-(3,5-diethoxy-4-pyrrol-1-ylbenzyl)pyrimidine, *see* E-00084
▷2,2'-Diaminodiethylamine, *see* D-00245
▷2,5-Diamino-2-(difluoromethyl)pentanoic acid, D-00126
▷3,3'-Diamino-4,4'-dihydroxyarsenobenzene, *see* S-00021
3,3'-Diamino-4,4'-dihydroxyarsenobenzene-*N*,*N*'-dimethylenesulfonic acid, D-00127
▷3,3'-Diamino-4,4'-dihydroxyarsenobenzene-*N*-formaldehydesulfinic acid, *see* N-00066
2,4-Diamino-5-(3,4-dimethoxybenzyl)pyrimidine, *see* D-00147
2,4-Diamino-5-[3,5-dimethoxy-4-(methylthio)-benzyl]-pyrimidine, *see* M-00320
▷3,3'-Diaminodiphenyl sulfone, D-00128
▷4,4'-Diaminodiphenyl sulfone, D-00129
3,9-Diamino-7-ethoxyacridine, D-00130
▷2,4-Diamino-4'-ethoxyazobenzene, D-00131
▷Di(2-aminoethyl)amine, *see* D-00245
▷3,8-Diamino-5-ethyl-6-phenylphenanthridinium(1+), D-00132
▷3-[2-(Diaminomethyleneamino)-4-thiazolylmethylthio]-*N*-sulfamoylpropionamidine, *see* F-00013
N-(Diaminomethylene)-2-(2,5-dimethyl-3-pyrrolin-1-yl)-acetamide, *see* R-00075
3,8-Diamino-5-methyl-6-phenylphenanthridinium, *see* D-00460
N-[4-[[(2,4-Diamino-5-methyl-6-quinazolinyl)methyl]amino]-benzoyl]aspartic acid, *see* M-00174
2,4-Diamino-5-methyl-6[(3,4,5-trimethoxyanilino)methyl]-quinazoline, *see* T-00514
2,4-Diamino-5-(6-methylveratryl)pyrimidine, *see* O-00057
2,5-Diamino-5-oxopentanoic acid, *see* G-00060
2,5-Diaminopentanoic acid, *see* O-00059
4-[(2,4-Diaminophenyl)azo]benzenesulfonamide, *see* P-00484
▷2,6-Diamino-3-phenylazopyridine, D-00133
▷2,4-Diamino-5-phenylthiazole, D-00134
▷*N*-(Diaminophosphinyl)-4-fluorobenzamide, *see* F-00220
N-(Diaminophosphinyl)-2-methylbenzamide, *see* T-00348
N-(Diaminophosphinyl)-*o*-toluamide, *see* T-00348
3,20-Diaminopregnane, *see* P-00416
▷1,3-Diamino-2-propanol, D-00135
▷*N*[4-[[(2,4-Diamino-6-pteridinyl)methyl]amino]benzoyl]-glutamic acid, *see* A-00324
N-[4-[[(2,4-Diamino-6-pteridinyl)methyl]methylamino]-benzoyl]-4-fluoroglutamic acid, *see* F-00187
▷*N*-[4-[[2,4-Diamino-6-pteridinyl)methyl]methylamino]-benzoyl]glutamic acid, *see* M-00192
N-[4-[[(2,4-Diamino-6-quinazolinyl)methyl]amino]benzoyl]-aspartic acid diethyl ester, *see* Q-00020
3,5-Diamino-2-(*p*-sulfamoylphenylazo)benzoic acid, *see* S-00187
α,α'-Diamino-5,5',6,6'-tetrahydroxy-3,3'-biphenyldipropanoic acid, *in* A-00248

Diamino-*s*-triazine, *see* D-00136
2,4-Diamino-1,3,5-triazine, D-00136
▷2-[4-[(4,6-Diamino-1,3,5-triazin-2-yl)amino]phenyl]-1,3,2-dithiarsolane-4,5-dicarboxylic acid, *see* M-00076
▷2-[4-[(4,6-Diamino-1,3,5-triazin-2-yl)amino]phenyl]-1,3,2-dithioarsolane-4-methanol, *see* M-00077
▷3,5-Diamino-1*H*-1,2,4-triazole, D-00137
3,5-Diamino-2,4,6-triiodobenzoic acid, D-00138
▷2,4-Diamino-5-(3,4,5-trimethoxybenzyl)pyrimidine, *see* T-00501
▷Diammine[1,1-cyclobutanedicarboxylato(2−)-*O*,*O*′]-platinum, *see* C-00061
Diamminedichloroplatinum, D-00139
Diamocaine, D-00140
Diamocaine cyclamate, *in* D-00140
▷Diamorphine, *see* H-00034
▷Diamox, *see* A-00018
Diamphenethide, D-00141
▷Diampromide, D-00142
▷Diampron, *in* A-00186
Diamthazole, D-00143
Diamyceline, *in* C-00211
▷Dianabol, *see* M-00167
▷Diandrone, *in* H-00110
2,3:4,5-Dianhydro-2-*C*-[(benzoyloxy)methyl]-D-*epi*-inositol diacetate, *see* C-00568
1,4:3,6-Dianhydro-2-deoxy-2-[[3-(1,2,3,6-tetrahydro-1,3-dimethyl-2,6-dioxopurin-7-yl)propyl]amino]-L-iditol 5-nitrate, *see* T-00074
1,4:3,6-Dianhydroglucitol, D-00144
1,4:3,6-Dianhydro-D-glucitol 5-[methyl 1,4-dihydro-2,6-dimethyl-4-(2-nitrophenyl)-3,5-pyridine carboxylate], *see* S-00105
1,4:3,6-Dianhydrosorbitol, *see* D-00144
▷Dianthine *B*, *see* E-00118
▷Diantil, *see* C-00197
▷Diapamide, *see* C-00255
▷Diaphene, *in* B-00292
▷Diaphene, *in* T-00429
▷Diaphenylsulfone, *see* D-00129
▷Diaphorin, *see* H-00034
▷Diapid, *in* V-00013
Diaquabis(*N*-ethylidenethreoninato)iron, *see* F-00091
Diarbarone, D-00145
Diaretyl, *see* M-00036
▷Diarlidan, *see* N-00126
▷4,4′-(1,2-Diarsenediyl)bis[2-aminophenol], *see* S-00021
4,4′-(1,2-Diarsenediyl)bis[2-(*N*,*N*-dimethyl)aminophenol]-hydrochloride, *in* S-00021
[1,2-Diarsenediylbis[(6-hydroxy-3,1-phenylene)imino]]-bismethanesulfonic acid, *see* D-00127
4,4′-(1,2-Diarsenediyl)bis[2-(*N*-methyl)aminophenol]-hydrochloride, *in* S-00021
Diaseptol, *in* D-00043
Diasone, *in* S-00223
Diaspasmyl, *in* P-00520
Diastase vera, *see* P-00010
Diaster, *see* C-00551
Diathal, *in* D-00303
▷Diathesin, *see* H-00116
Diathymosulfone, D-00146
Diatox, *see* D-00146
▷Diatrin, *in* M-00170
▷Diatrizoate sodium, *in* D-00138
▷Diatrizoic acid, *in* D-00138
Diaverene, *see* H-00221
Diaveridine, D-00147
7-(1,4-Diazabicyclo[3.2.2]non-4-yl)-1-ethyl-6-fluoro-1,4-dihydro-4-oxo-3-quinolinecarboxylic acid, *see* B-00169
4,6-Diaza-4,6-dibenzyl-5-oxo-1-thiatricyclo[6.3.0.0^{3,7}]undecanium, *see* T-00498
▷8,10-Diaza-6-hydroxy-5-methylene-1-(2-methyl-1,2,3-trihydroxypropyl)-2-oxabicyclo[4.2.2]decane-7,9-dione, *see* B-00158
Diazamycin *A*, *in* A-00238
▷Diazamycin *B*, *see* A-00531
▷Diazamycin *C*, *see* A-00095
Diazasterol, *see* A-00495
Diazebrum, *in* C-00200
▷Diazepam, D-00148
Diazephonate, *in* C-00200
▷Diazinon, D-00149
▷Diaziquone, D-00150
▷Diazitol, *see* D-00149
▷*O*-Diazoacetylserine, *see* A-00509
4,4′-(Diazoamino)dibenzamidine, *see* B-00187
▷6-Diazo-*N*-(6-diazo-*N*-L-γ-glutamyl-5-oxo-L-norleuyl)-5-oxo-L-norleucine, *see* A-00531
▷Diazol, *see* D-00117
Diazoline, *in* M-00035
Diazone, *in* S-00223
▷6-Diazo-5-oxonorleucine, *see* A-00238
▷5-Diazo-2,4(1*H*,3*H*)-pyrimidinedione, D-00151
▷5-Diazouracil, *see* D-00151
▷Diazoxide, D-00152
▷Dibasin, *see* P-00175
Dibatod, D-00153
Dibazol, *in* B-00107
▷Dibekacin, D-00154
Dibemethine, *see* M-00244
▷Dibenyline, *see* P-00170
5*H*-Dibenz[*b*,*f*]azepine, D-00155
4-[3-(5*H*-Dibenz[*b*,*f*]azepin-5-yl)propyl]hexahydro-1*H*-1,4-diazepine-1-ethanol, *see* H-00085
▷4-[3-(5*H*-Dibenz[*b*,*f*]azepin-5-yl)propyl]-1-piperazineethanol, *see* O-00052
▷5*H*-Dibenz[b,f]azepine-5-carboxamide, *in* D-00155
▷Dibenzepin, D-00156
▷Dibenzepin hydrochloride, *in* D-00156
Dibenzheptropine, *see* D-00087
▷Dibenzheptropine citrate, *in* D-00087
Dibenziodolium, D-00157
Dibenzo[*a*,*d*]cycloheptadiene-5-carboxylic acid, *see* D-00282
▷4-(5-Dibenzo[*a*,*e*]cycloheptatrienylidene)-1-methylpiperidine, *see* C-00648
5*H*-Dibenzo[*a*,*d*]cycloheptene-5-carboxylic acid, D-00158
5*H*-Dibenzo[*a*,*d*]cyclohepten-5-one *O*-[2-(methylamino)ethyl]-oxime, *see* D-00067
4-(5*H*-Dibenzo[*a*,*d*]cyclohepten-5-ylidene)-*N*,*N*-dimethyl-2-butyn-1-amine, *see* I-00088
▷3-(5*H*-Dibenzo[*a*,*d*]-cyclohepten-5-ylidene)-*N*,*N*-dimethyl-1-propanamine, *see* C-00597
▷4-(5*H*-Dibenzo[*a*,*d*]cyclohepten-5-ylidene)-1-methylpiperidine, *see* C-00648
3-(5*H*-Dibenzo[*a*,*d*]cyclohepten-5-yloxy)tropane, *see* D-00038
Dibenzo[*b*,*f*]thiepin-3-methanol, *see* H-00159
▷3-Dibenzo[*b*,*e*]thiepin-11(6*H*)-ylidene-*N*,*N*-dimethyl-1-propanamine, *see* D-00588
3-Dibenzo[*b*,*e*]thiepin-11(6*H*)-ylidene-8-methyl-8-azabicyclo[3.2.1]octane, *see* T-00550
3-Dibenzo[*b*,*e*]thiepin-11(6*H*)-ylidenetropane, *see* T-00550
Dibenzothioline, D-00159
Dibenzothiophene, D-00160
▷3-Dibenz[*b*,*e*]oxepin-11(6*H*)-ylidene-*N*,*N*-dimethyl-1-propanamine, *see* D-00594
Dibenzoxin, *see* N-00229
▷Dibenzoyl peroxide, D-00161
2,3-Di-*O*-benzoyltartaric acid, *in* T-00028
Dibenzoylthiamine, *see* B-00067
Dibenzthione, *see* S-00183
1,3-Dibenzyldecahydro-2-oxothieno[1′,2′:1,2]thieno[3,4-*d*]-imidazol-5-ium, *see* T-00498
1,3:2,4-Di-*O*-benzylideneerythritol, *in* E-00114
1,3:2,4-Di-*O*-benzylidene-D-glucitol, *in* G-00054
2,3:4,5-Di-*O*-benzylidene-D-glucitol, *in* G-00054
1,2:3,4-Di-*O*-benzylidene-D-threitol, *in* T-00219
1,2:3,4-Di-*O*-benzylidene-DL-threitol, *in* T-00219
1,2:3,4-Di-*O*-benzylidene-L-threitol, *in* T-00219
1,2:3,5-Di-*O*-benzylidene-α-D-xylofuranose, *in* X-00024
▷Dibenzyline, *see* P-00170

Dibenzylmethylamine, *see* M-00244
3,4-Dibenzyloxybenzaldehyde, *in* D-00311
3,5-Dibenzyltetrahydro-2*H*-1,3,5-thiadiazine-2-thione, *see* S-00183
▷Dibenzyran, *see* P-00170
▷Dibilan, *in* B-00353
Dibiomycin, *in* A-00476
▷Dibotin, *in* P-00154
▷Dibromidulcitol, *see* D-00163
3,5-Dibromo-*N*-(*p*-bromobenzyl)salicylamide, *see* B-00063
▷3,5-Dibromo-*N*-(4-bromophenyl)-2-hydroxybenzamide, *see* T-00429
3,5-Dibromo-*N*-[(4-bromophenyl)methyl]-2-hydroxybenzamide, *see* B-00063
5,6-Dibromocholestan-3-ol, D-00162
2,4-Dibromo-6-cyanophenol, *in* D-00165
3,5-Dibromo-N^{α}-cyclohexyl-N^{α}-methyltoluene-α,2-diamine, *see* B-00289
▷1,6-Dibromo-1,6-dideoxygalactitol, D-00163
1,6-Dibromo-1,6-dideoxy-3,4-*O*-isopropylidene-D-mannitol, *in* D-00164
1,6-Dibromo-1,6-dideoxymannitol, D-00164
(2′,7′-Dibromo-3′,6′-dihydroxy-3-oxospiro[isobenzofuran-1(3*H*)-9′[9*H*]xanthen]-4′-yl)hydroxymercury, *see* M-00113
1,2-Dibromo-1-ethoxyethane, *in* E-00225
3,5-Dibromo-2-hydroxybenzoic acid, D-00165
3,5-Dibromo-2-hydroxybenzonitrile, *in* D-00165
2,4-Dibromo-6-[[(4-hydroxycyclohexyl)amino]methyl]phenol, *see* D-00060
2,2-Dibromo-*N*-[2-hydroxy-1-(hydroxymethyl)-2-(4-nitrophenyl)ethyl]acetamide, *see* B-00284
2,7-Dibromo-4-hydroxymercurifluorescein, *see* M-00113
5,7-Dibromo-8-hydroxy-2-methylquinoline, D-00166
3,5-Dibromo-2-hydroxy-*N*-phenylbenzamide, *in* D-00165
▷3,5-Dibromo-4-hydroxyphenyl 2-ethyl-3-benzofuranyl ketone, *see* B-00072
▷(3,5-Dibromo-4-hydroxyphenyl)(2-ethyl-3-benzofuranyl)-methanone, *see* B-00072
5,7-Dibromo-8-hydroxyquinaldine, *see* D-00166
▷5,7-Dibromo-8-hydroxyquinoline, D-00167
3,5-Dibromo-2-hydroxy-*N*-[(tetrahydro-2-furanyl)methyl]-benzamide, *see* F-00298
3,5-Dibromo-2-hydroxy-*N*-[3-(trifluoromethyl)phenyl]-benzamide, *see* F-00191
2-[[(6,8-Dibromo-9*H*-indeno[2,1-*d*]pyrimidin-9-ylidene)-amino]-oxy]-*N*-[2-(dimethylamino)ethyl]propanamide, *see* B-00272
3,5-Dibromo-2-methoxybenzoic acid, *in* D-00165
5,7-Dibromo-8-methoxyquinoline, *in* D-00167
5,7-Dibromo-2-methyl-8-quinolinol, *see* D-00166
N-[2,4-Dibromo-6-[(methyltricyclo[3.3.1.1^{5,7}]dec-1-ylamino)-methyl]phenyl]acetamide, *see* A-00065
3,5-Dibromo-*o*-phenetidine, *in* A-00239
Dibromopropamidine isethionate, *in* D-00168
▷Dibromoquin, *see* D-00167
▷5,7-Dibromo-8-quinolinol, *see* D-00167
4-[(3,5-Dibromosalicyl)amino]cyclohexanol, *see* D-00060
3,5-Dibromosalicylanilide, *in* D-00165
▷4′,5-Dibromosalicylanilide, *see* B-00292
3,5-Dibromosalicylic acid, *see* D-00165
3,5-Dibromo-*N*-(tetrahydrofurfuryl)salicylamide, *see* F-00298
3,5-Dibromo-3′-trifluoromethylsalicylanilide, *see* F-00191
3,5-Dibromo-α,α,α-trifluoro-*m*-salicylotoluidide, *see* F-00191
Dibrompropamidine, D-00168
▷Dibromsalan, *see* B-00292
Dibrospidium (2+), D-00169
Dibrospidium chloride, *in* D-00169
▷Dibucaine, *see* C-00357
▷Dibucaine hydrochloride, *in* C-00357
Dibuline, *see* D-00171
Dibunate sodium, *in* D-00173
▷Dibuprol, *see* D-00172
Dibupyrone, D-00170
Dibusadol, *in* H-00112
▷Dibutamide, *see* A-00173
Dibutoline(1+), D-00171
▷1,3-Dibutoxy-2-propanol, D-00172
5-[[2-(Dibutylamino)ethyl]amino]-3-phenyl-1,2,4-oxadiazole, *see* B-00385
▷α-(Dibutylamino)-4-methoxybenzeneacetamide, *see* A-00173
▷3-(Dibutylamino)-1-propanol 4-aminobenzoate, *see* B-00381
2-[4-[3-(Dibutylamino)propoxy]-3,5-dimethylbenzoyl]chromone, *see* B-00342
[4-[3-(Dibutylamino)propoxy]phenyl](2-ethyl-3-indolizinyl)-methanone, *see* B-00415
(2-Dibutylcarbamoyloxyethyl)ethyldimethylammonium, *see* D-00171
6,8-Di-*tert*-butylchromone-2-carboxylic acid, *see* T-00082
1,3-Dibutyl-3,7-dihydro-7-(2-oxopropyl)-1*H*-purine-2,6-dione, *see* D-00072
▷1,3-Di-*O*-butylglycerol, *see* D-00172
N,*N*-Dibutyl-4-(hexyloxy)-1-naphthalenecarboximidamide, *see* B-00359
N,*N*-Dibutyl-4-hexyloxy-1-naphthamidine, *see* B-00359
▷Dibutylimolamine hydrochloride, *in* B-00385
3,6-Di-*tert*-butyl-1-naphthalenesulfonic acid, D-00173
N,*N*-Dibutyl-*N*′-(3-phenyl-1,2,4-oxadiazol-5-yl)-1,2-ethanediamine, *see* B-00385
4-[3-(3,5-Di-*tert*-butylphenyl)-3-oxo-1-propenyl]benzoic acid, D-00174
▷Dibutyrylcyclic AMP, *in* C-00591
▷DICA, *see* L-00086
▷Dicain, *in* T-00104
▷Dicarbam, *in* M-00238
▷*S*-(1,2-Dicarbethoxyethyl) *O*,*O*-dimethyl dithiophosphate, *see* M-00013
Dicarbine, D-00175
2,3-Dicarboxy-1,1-propanediphosphonic acid, *see* B-00397
N,*N*′-Di(3-carboxy-2,4,6-triiodophenyl)adipamide, *see* I-00097
Dicarfen, *see* D-00235
▷Dicasten, *in* F-00081
▷Dicestral, *see* D-00198
▷Dicetal, *in* P-00267
Dicetamin, *in* T-00174
▷Dicetel, *in* P-00267
Dicethiamine hydrochloride, *in* T-00174
▷Dichlofenthion, D-00176
▷Dichlone, *see* D-00195
▷Dichloralphenazone, *in* T-00433
Dichloramine-*T*, *see* D-00191
▷Dichloran, *see* D-00196
Dichlorisone, D-00177
Dichlorisone acetate, *in* D-00177
▷Dichlormethazanone, *see* D-00178
▷Dichlormezanone, D-00178
▷2-Dichloroacetamido-1-*p*-nitrophenyl-1,3-propanediol, *see* C-00195
1-(Dichloroacetyl)-1,2,3,4-tetrahydro-6-quinolinyl 2-furancarboxylate, *see* Q-00023
▷4-[(Dichloroamino)sulfonyl]benzoic acid, D-00179
[2-(2,6-Dichloroanilino)ethyl]guanidine, *see* G-00101
2-(2,6-Dichloroanilino)-2-imidazoline, *see* C-00477
2-(2,3-Dichloroanilino)nicotinic acid, *in* A-00326
4-(2,6-Dichloroanilino)-3-thiopheneacetic acid, *see* D-00200
2,6-Dichlorobenzaldehyde(4-amino-4*H*-1,2,4-triazol-3-yl)-hydrazone, *see* N-00056
[*o*-(3,4-Dichlorobenzamido)phenoxy]acetic acid, *see* C-00406
▷4,5-Dichloro-1,3-benzenedisulfonamide, *see* D-00206
S-[(5,7-Dichlorobenzoxazol-2-yl)methyl] *O*,*O*-diethyl-phosphorodithioate, *see* B-00058
4-[(3,4-Dichlorobenzoyl)amino]-5-(dipentylamino)-5-oxopentanoic acid, *see* L-00096
4-[(3,4-Dichlorobenzoyl)amino]-5-[(3-methoxypropyl)-pentylamino]-5-oxopentanoic acid, *see* L-00107
[2-[(3,4-Dichlorobenzoyl)amino]phenoxy]acetic acid, *see* C-00406
▷*N*-2,4-Dichlorobenzyl-*N*-2-hydroxyethyldichloroacetamide, *see* C-00197

[(2,6-Dichlorobenzylidene)amino]guanidine, *see* G-00098
▷1-[2,4-Dichloro-β-[(*p*-chlorobenzyl)oxy]phenethyl]imidazole, *see* E-00009
2,2-Dichloro-*N*-[*p*-chloro-α-(chloromethyl)phenacyl]acetamide, *see* C-00488
1-[2,4-Dichloro-β-[2-*p*-chlorophenoxy)ethoxy]-α-methylstyryl]-imidazole, *see* O-00046
1-[2,4-Dichloro-β-[2-(*p*-chlorophenoxy)ethoxy]styryl]imidazole, *see* D-00068
1-[2,4-Dichloro-β-[3-(*p*-chlorophenoxy)propoxy]phenethyl]-1*H*-imidazole, *see* Z-00026
▷1,1-Dichloro-2-(2-chlorophenyl)-2-(4-chlorophenyl)ethane, D-00180
1-[2,4-Dichloro-β-(*p*-chlorophenyl)cinnamyl]imidazole, *see* A-00117
2,6-Dichloro-α-(4-chlorophenyl)-4-(4,5-dihydro-3,5-dioxo-1,2,4-triazin-2(3*H*)-yl)benzeneacetonitrile, *see* D-00209
2,7-Dichloro-9-[(4-chlorophenyl)methylene]-α-[(dibutylamino)-methyl]-9*H*-fluorene-4-methanol, *see* F-00178
▷α,3-Dichloro-4-cyclohexylbenzeneacetic acid, *see* F-00042
6,7-Dichloro-3-(3-cyclopenten-1-yl)-2*H*-1,2,4-benzothiadiazine 1,1-dioxide, *see* P-00047
▷2-[4-(2,2-Dichlorocyclopropyl)phenoxy]-2-methylpropanoic acid, *see* C-00389
N,*N*″-Dichlorodiazenedicarboximidamide, D-00181
1,3-Dichloro-α-[2-(dibutylamino)ethyl]-6-(trifluoromethyl)-9-phenanthrenemethanol, *see* H-00007
β,4-Dichloro-α-(dichloroacetamido)propiophenone, *see* C-00488
1-[2,4-Dichloro-β-(2,4-dichlorobenzyloxy)phenethyl]-3-(*p*-fluorobenzoylmethyl)imidazolium, *see* F-00143
▷1-[2,4-Dichloro-β-[(2,4-dichlorobenzyl)oxy]phenethyl]imidazole, *see* M-00363
1-[2,4-Dichloro-β-[(2,6-dichlorobenzyl)oxy]phenethyl]imidazole, *see* I-00183
▷2,2-Dichloro-*N*-[(2,4-dichlorophenyl)methyl]-*N*-(2-hydroxyethyl)acetamide, *see* C-00197
9,11-Dichloro-21-[[(dicyclohexylmethoxy)carbonyl]oxy]-16-methylpregna-1,4-diene-3,20-dione, *see* L-00068
3,5-Dichloro-*N*-[2-(diethylamino)ethyl]-*o*-anisamide, *see* D-00213
3,5-Dichloro-*N*-[2-(diethylamino)ethyl]-2-methoxybenzamide, *see* D-00213
4,5-Dichloro-2,2-difluoro-1,3-dioxolane, D-00182
▷2,2-Dichloro-1,1-difluoroethyl methyl ether, *see* D-00183
2,2-Dichloro-1,1-difluoroethyl methyl sulfide, *see* D-00184
▷2,2-Dichloro-1,1-difluoro-1-methoxyethane, D-00183
9,11β-Dichloro-6α,21-difluoro-16α,17-[(methylethylidene)-bis-(oxy)]pregna-1,4-diene-3,20-dione, *see* T-00394
2,2-Dichloro-1,1-difluoro-1-(methylthio)ethane, D-00184
2,6-Dichloro-*N*′-(4,5-dihydro-1*H*-imidazol-2-yl)-1,4-benzenediamine, *see* A-00427
6,7-Dichloro-3,5-dihydroimidazo[2,1-*b*]quinazolin-2(1*H*)-one, *see* A-00376
(4,7-Dichloro-1,3-dihydro-2*H*-isoindol-2-yl)guanidine, *see* A-00083
1,11-Dichloro-12,13-dihydro-12-(4-*O*-methyl-β-D-glucopyranosyl)-5*H*-indolo[2,3-*a*]pyrrolo[3,4-*c*]carbazole-5,7(6*H*)-dione, *see* R-00017
(6,7-Dichloro-2,3-dihydro-2-methyl-1-oxo-2-phenyl-1*H*-inden-5-yl)acetic acid, *see* I-00049
6,7-Dichloro-2,3-dihydro-5-(2-thienylcarbonyl)-2-benzofurancarboxylic acid, D-00185
▷*ab*-Dichloro-*ce*-dihydroxy-*df*-bis(isopropylamine)platinum, *see* I-00162
▷Dichlorodihydroxybis(2-propanamine)platinum, *see* I-00162
3,3′-Dichloro-6,6′-dihydroxy-5,5′-diisopropyl-2,2′-di-methyldiphenylmethane, *see* B-00155
3,5′-Dichloro-2,2′-dihydroxy-3′,5-dinitrodiphenylmethane, *see* N-00174
▷5,5′-Dichloro-2,2′-dihydroxydiphenyl sulfide, *see* T-00194
9,11β-Dichloro-17,21-dihydroxy-16α-methylpregna-1,4-diene-3,20-dione, *see* M-00049
9,21-Dichloro-11,17-dihydroxy-16-methylpregna-1,4-diene-3,20-dione, *see* M-00426
9α,11β-Dichloro-17α,21-dihydroxypregna-1,4-diene-3,20-dione, *see* D-00177
▷2,4-Dichloro-3,5-dimethylphenol, D-00186
▷3,5-Dichloro-2,6-dimethyl-4-pyridinol, *see* D-00187
▷3,5-Dichloro-2,6-dimethyl-4(1*H*)-pyridinone, D-00187
▷4,4′-Dichloro-6,6-dinitro-*o*,*o*′-biphenol, *see* N-00092
▷5,5′-Dichloro-3,3-dinitro[1,1′-biphenyl]-2,2′-diol, *see* N-00092
4,6′-Dichloro-4′,6-dinitro-2,2′-methylenediphenol, *see* N-00174
2′,3′-Dichlorodiphenylamine-2-carboxylic acid, D-00188
3-(2,2-Dichloroethenyl)-2,2-dimethylcyclopropanecarboxylic acid (pentafluorophenyl)methyl ester, *see* F-00051
▷*O*-(2,2-Dichloroethenyl) *O*,*O*-dimethyl phosphate, *see* D-00207
2,3-Dichloroethenyl methyl octyl phosphate, *see* D-00205
2,2-Dichloro-*N*-(2-ethoxyethyl)-*N*-[[4-(4-nitrophenoxy)-phenyl]-methyl]acetamide, *see* E-00247
▷2-[Di(2-chloroethyl)amino]-1-oxa-3-aza-2-phosphacyclohexane 2-oxide, *see* C-00634
3,5-Dichloro-*N*-[(1-ethyl-2-pyrrolidinyl)methyl]-2-hydroxy-6-methoxybenzamide, *see* R-00002
3,5-Dichloro-*N*-(1-ethylpyrrolidin-2-ylmethyl)-6-methoxy-salicylamide, *see* R-00002
9,11β-Dichloro-6α-fluoro-21-hydroxy-16α,17-[(1-methyl-ethylidene)bis(oxy)]-pregna-1,4-diene-3,20-dione, *see* F-00138
2,2-Dichloro-*N*-[1-(fluoromethyl)-2-hydroxy-2-[4-(methyl-sulfonyl)phenyl]ethyl]acetamide, *see* F-00124
3,5-Dichloro-4′-fluorothiocarbanilide, *see* L-00076
▷3,5-Dichloro-4-hydroxy-2,6-dimethylpyridine, *see* D-00187
2,2-Dichloro-*N*-(2-hydroxyethyl)-*N*-[*p*-(*p*-nitrophenoxy)-benzyl]acetamide, *see* C-00415
2,2-Dichloro-*N*-(2-hydroxyethyl)-*N*-[[4-(4-nitrophenoxy)-phenyl]methyl]acetamide, *see* C-00415
2,2-Dichloro-*N*-[2-hydroxy-1-(hydroxymethyl)-2-[4-(methyl-sulfonyl)phenyl]ethyl]acetamide, *see* T-00179
▷2,2-Dichloro-*N*-[2-hydroxy-1-(hydroxymethyl)-2-(4-nitro-phenyl)ethyl]acetamide, *see* C-00195
2,2-Dichloro-4′-hydroxy-*N*-methylacetanilide, *see* D-00372
▷5,7-Dichloro-8-hydroxy-2-methylquinoline, D-00189
▷3,2′-Dichloro-6-hydroxy-4′-nitrobenzanilide, *see* N-00093
2,2-Dichloro-*N*-(4-hydroxyphenyl)-*N*-methylacetamide, *see* D-00372
▷Di(5-chloro-2-hydroxyphenyl) sulfide, *see* T-00194
5,7-Dichloro-8-hydroxyquinoline, D-00190
2,6-Dichloro-*N*-2-imidazolidinylidenebenzenamine, *see* C-00477
2′,4′-Dichloro-2-imidazol-1-ylacetophenone *O*-(2,4-dichlorobenzyl)oxime, *see* O-00111
▷*O*-(2,5-Dichloro-4-iodophenyl) *O*,*O*-dimethyl phosphorothioate, *see* I-00104
▷Dichloroisocyanuric acid, *see* D-00203
Dichloromethanediphosphonic acid, *see* D-00194
(2,3-Dichloro-4-methoxyphenyl)-2-furanylmethanone-D-[2-(diethylamino)ethyl]oximine, *see* D-00212
2,3-Dichloro-4-methoxyphenyl 2-furyl ketone *O*-[2-(diethyl-amino)ethyl]oxime, *see* D-00212
N,*N*-Dichloro-4-methylbenzenesulfonamide, D-00191
2,10-Dichloro-12-methyl-12*H*-dibenzo[*d*,*g*][1,3]dioxocin-6-carboxylic acid, D-00192
▷2,2′-Dichloro-*N*-methyldiethylamine, D-00193
Dichloromethylenebisphosphonic acid, D-00194
▷[2,3-Dichloro-4-(2-methylenebutyryl)phenoxy]acetic acid, *see* E-00145
▷[2,3-Dichloro-4-(2-methylene-1-oxobutyl)phenoxy]acetic acid, *see* E-00145
▷2-[(2,6-Dichloro-3-methylphenyl)amino]benzoic acid, *see* M-00045
2′,4′-Dichloro-β-methyl-1-piperidinepropionanilide, *see* C-00423
3,4-Dichloro-*N*-methyl-*N*-[7-(1-pyrrolidinyl)-1-oxaspiro[4.5]dec-8-yl]benzeneacetamide, *see* S-00116
▷5,7-Dichloro-2-methyl-8-quinolinol, *see* D-00189
▷2,3-Dichloro-1,4-naphthalenedione, *see* D-00195

▷2,3-Dichloro-1,4-naphthoquinone, D-00195
▷2,6-Dichloro-4-nitroaniline, D-00196
▷2,6-Dichloro-4-nitrobenzenamine, *see* D-00196
2,3-Dichloro-4-nitro-1*H*-pyrrole, D-00197
▷2′,5-Dichloro-4′-nitrosalicylanilide, *see* N-00093
▷Dichlorophen, D-00198
Dichlorophenarsine, *see* A-00270
▷2-(2,4-Dichlorophenoxy)benzeneacetic acid, D-00199
1-(2,5-Dichlorophenoxy)-3-[(1,1-dimethylethyl)amino]-2-propanol, *see* C-00493
[2-(2,6-Dichlorophenoxy)ethyl]aminoguanidine, *see* G-00114
2-[1-(2,6-Dichlorophenoxy)ethyl]-4,5-dihydro-1*H*-imidazole, *see* L-00075
2-[2-(2,6-Dichlorophenoxy)ethyl]hydrazinecarboximidamide, *see* G-00114
2-[(2,6-Dichlorophenoxy)ethyl]-2-imidazoline, *see* L-00075
2-(2,4-Dichlorophenoxy)-1-(1*H*-imidazol-1-yl)-4,4-dimethyl-3-pentanone, *see* V-00002
2-[(3,4-Dichlorophenoxy)methyl]-4,5-dihydro-1*H*-imidazole, *see* F-00058
[(2,4-Dichlorophenoxy)methyl]dimethyloctylammonium(1+), *see* C-00293
2-[(3,4-Dichlorophenoxy)methyl]-2-imidazoline, *see* F-00058
N-[3-(2,4-Dichlorophenoxy)propyl]-*N*-methyl-2-propyn-1-amine, *see* C-00496
▷2-[(2,6-Dichlorophenyl)amino]benzeneacetic acid, *see* D-00210
2-[(2,3-Dichlorophenyl)amino]benzoic acid, *see* D-00188
[2-[(2,6-Dichlorophenyl)amino]ethyl]guanidine, *see* G-00101
[[(2,6-Dichlorophenyl)amino]iminomethyl]urea, *see* B-00153
2-[(2,3-Dichlorophenyl)amino]-3-pyridinecarboxylic acid, *in* A-00326
2-[(3,4-Dichlorophenyl)amino]quinolizinium, *see* N-00199
4-[(2,6-Dichlorophenyl)amino]-3-thiopheneacetic acid, D-00200
N-(2,3-Dichlorophenyl)anthranilic acid, *see* D-00188
1-[2-(2,4-Dichlorophenyl)-2-[(2,4-dichlorophenyl)methoxy]-ethyl-3-[2(4-fluorophenyl)-2-oxoethyl]-1*H*-imidazolium, *see* F-00143
▷1-[2-(2,4-Dichlorophenyl)-2-[(2,4-dichlorophenyl)methoxy]-ethyl]-1*H*-imidazole, *see* M-00363
1-[2-(2,4-Dichlorophenyl)-2-[(2,6-dichlorophenyl)methoxy]-ethyl]-1*H*-imidazole, *see* I-00183
1-[2-(2,4-Dichlorophenyl)-2-[(2,4-dichlorophenyl)methoxy]-ethyl]-3-(2-phenylethyl)-1*H*-imidazolium, *see* S-00043
▷*O*-2,4-Dichlorophenyl *O*,*O*-diethyl phosphorothioate, *see* D-00176
4-(2,3-Dichlorophenyl)-1,4-dihydro-2,6-dimethyl-5-(1,3,4-oxadiazol-2-yl)-3-pyridinecarboxylic acid 1-methylethyl ester, *see* E-00029
N-(2,6-Dichlorophenyl)-4,5-dihydro-1*H*-imidazol-2-amine, *see* C-00477
6-(2,3-Dichlorophenyl)-2,5-dihydro-5-imino-2-(1-methylethyl)-1,2,4-triazin-3-amine, *see* P-00004
3-(3,4-Dichlorophenyl)-2,3-dihydro-*N*-methyl-1*H*-inden-1-amine, *see* I-00053
N-(2,6-Dichlorophenyl)-4,5-dihydro-5-oxazolamine, *see* C-00424
N-(2,6-Dichlorophenyl)-4,5-dihydro-*N*-(tetrahydro-2*H*-pyran-2-yl)-1*H*-imidazol-2-amine, *see* P-00234
N-(3,4-Dichlorophenyl)-*N*-[2-(dimethylamino)cyclopentyl]-poropanamide, *see* E-00007
1-[[2-(2,4-Dichlorophenyl)-1,3-dioxolan-2-yl]methyl]-1*H*-1,2,4-triazole, *see* A-00494
▷5-(3,4-Dichlorophenyl)-6-ethyl-2,4-pyrimidinediamine, *see* D-00123
3-(2,6-Dichlorophenyl)-2-ethyl-4(3*H*)-quinazolinone, *see* C-00500
N-(3,5-Dichlorophenyl)-*N*′-(4-fluorophenyl)thiourea, *see* L-00076
1-[[[5-(3,4-Dichlorophenyl)-2-furanyl]methylene]amino]-2,4-imidazolidinedione, *see* C-00447
1-[[5-(3,4-Dichlorophenyl)furfurylidene]amino]hydantoin, *see* C-00447
1-(2,4-Dichlorophenyl)-2-1*H*-imidazol-1-yl)ethanone *O*-[(2,4-dichlorophenyl)methyl]oxime, *see* O-00111
1-(3,4-Dichlorophenyl)-5-isopropylbiguanide, *see* C-00297
1-[(3,4-Dichlorophenyl)methoxy]-1,6-dihydro-6,6-dimethyl-1,3,5-triazine-2,4-diamine, *see* C-00442
3-(3,4-Dichlorophenyl)-1-(methylamino)indene, *see* I-00053
2-[(2,6-Dichlorophenyl)methylene]hydrazinecarboximidamide, *see* G-00098
2-(3,4-Dichlorophenyl)-3-[(1-methylethyl)amino]-bicyclo[2.2.2]-octan-2-ol, *see* C-00344
N-(3,4-Dichlorophenyl)-*N*′-(1-methylethyl)-imidodicarbonimidic diamide, *see* C-00297
▷1-[(2,4-Dichlorophenyl)methyl]-1*H*-indazole-3-carboxylic acid, *see* L-00086
▷3-(2,6-Dichlorophenyl)-5-methyl-4-isoxazolylpenicillin, *see* D-00214
N-(2,4-Dichlorophenyl)-β-methyl-1-piperidinepropanamide, *see* C-00423
▷5-(3,4-Dichlorophenyl)-6-methyl-2,4-pyrimidinediamine, *see* D-00124
2-[(2,4-Dichlorophenyl)methyl]-4-(1,1,3,3-tetramethylbutyl)-phenol, *see* C-00461
▷1-[2-(2,4-Dichlorophenyl)-2-[[4-(phenylthio)phenyl]-methoxy]-ethyl-1*H*-imidazole, *see* F-00080
N-[3-[4-(2,5-Dichlorophenyl)-1-piperazinyl]propyl]acetamide, *see* A-00004
▷1-[2-(2,4-Dichlorophenyl)-2-(2-propenyloxy)ethyl]-1*H*-imidazole, *see* I-00025
1-[[2-(2,4-Dichlorophenyl)-4-[(2-propynyloxy)methyl]-1,3-dioxolan-2-yl]methyl]-1*H*-imidazole, *see* P-00033
1-[6-(2,4-Dichlorophenyl)-3-pyridazinyl]-4-piperidinol, *see* E-00046
4-(3,4-Dichlorophenyl)-1,2,3,4-tetrahydro-7-methoxy-2-methyl-isoquinoline, *see* D-00211
4-(3,4-Dichlorophenyl)-1,2,3,4-tetrahydro-*N*-methyl-1-naphthalenamine, *see* S-00052
▷2-(3,4-Dichlorophenyl)tetrahydro-3-methyl-4*H*-1,3-thiazin-4-one 1,1-dioxide, *see* D-00178
α-(2,4-Dichlorophenyl)-4-(1,1,3,3-tetramethylbutyl)-*o*-cresol, *see* C-00461
6-(2,3-Dichlorophenyl)-1,2,4-triazine-3,5-diamine, *see* D-00125
6-(2,5-Dichlorophenyl)-1,3,5-triazine-2,4-diamine, *see* I-00173
1-[4-[[2-(2,4-Dichlorophenyl)-2-(1*H*-1,2,4-triazol-1-ylmethyl)-1,3-dioxolan-4-yl]-methoxy]phenyl]-4-(1-methylethyl)-piperazine, *see* T-00086
▷Dichlorophos, *see* D-00207
2′,4′-Dichloro-β-piperidinobutyranilide, *see* C-00423
▷3,5-Dichloropyridine, D-00201
5,7-Dichloro-8-quinolinol, *see* D-00190
▷*p*-(Dichlorosulfamoyl)benzoic acid, *see* D-00179
▷*N*-Dichloro-4-sulfonamidobenzoic acid, *see* D-00179
▷1,2-Dichloro-1,1,2,2-tetrafluoroethane, D-00202
2-[2,6-Dichloro-*N*-(tetrahydro-2*H*-pyran-2-yl)anilino]-2-imidazoline, *see* P-00234
▷[2,3-Dichloro-4-(2-thienylcarbonyl)phenoxy]acetic acid, *see* T-00258
N,*N*-Dichloro-*p*-toluenesulphonamide, *see* D-00191
▷1,3-Dichloro-1,3,5-triazine-2,4,6(1*H*,3*H*,5*H*)-trione, D-00203
3,4-Dichloro-α-(trichloromethyl)benzenemethanol, *see* D-00204
3,4-Dichloro-α-(trichloromethyl)benzyl alcohol, D-00204
4,4′-Dichloro-3-(trifluoromethyl)carbanilide, *see* C-00458
N,*N*-Dichlorourethane, *in* E-00177
▷2,2-Dichlorovinyl dimethyl phosphate, *see* D-00207
2,2-Dichlorovinyl methyl octyl phosphate, D-00205
▷Dichloroxylenol, *see* D-00186
▷2,4-Dichloro-3,5-xylenol, *see* D-00186
▷Dichlorphenamide, D-00206
▷Dichlorvos, D-00207
Dichroine *B*, *see* F-00023
β-Dichroine, *see* F-00023
γ-Dichroine, *see* F-00023
Diciferron, *see* T-00509

Dicirenone, D-00208
Diclazuril, D-00209
▷Diclocil, *in* D-00214
▷Diclofenac, D-00210
▷Diclofenac sodium, *in* D-00210
▷Diclofenamide, *see* D-00206
Diclofensine, D-00211
▷Diclofibrate, *see* S-00074
Diclofurazol, *in* D-00372
Diclofurime, D-00212
Diclometide, D-00213
▷Diclondazolic acid, *see* L-00086
▷Diclonina, *in* D-00623
Diclonium, *see* N-00199
Diclonixin, *in* A-00326
Diclonor, *see* D-00618
▷Dicloralurea, *see* B-00238
▷Diclorpenol, *see* B-00200
▷Dicloxacillin, D-00214
▷Dicloxacillin sodium, *in* D-00214
▷Dicoferin, *see* N-00126
Dicolinium(2+), D-00215
▷Dicolinium iodide, *in* D-00215
Diconal, *see* D-00509
▷Dicoumarin, *see* M-00251
▷Dicoumarol, *see* M-00251
Dicoumoxyl, *see* C-00573
Dicresulene, D-00216
▷Dicromil, *in* D-00099
▷Dicrotalic acid, *see* H-00170
Dictyodiamine, *in* P-00416
Dictyophlebine, *in* P-00416
▷Dicumacyl, *in* B-00219
Dicumoxane, *see* C-00573
▷Dicuprene, *in* B-00223
Dicurone, *see* G-00059
▷(*E*)-1,2-Dicyanoethylene, *in* F-00274
1,7-Dicyanoheptane, *in* N-00203
2-(2,2-Dicyclohexylethyl)piperidine, *see* P-00120
1,2:5,6-Di-*O*-cyclohexylidene-*myo*-inositol, *in* I-00074
2-(2,2-Dicyclohexylvinyl)piperidine, D-00217
Dicyclomine, D-00218
▷Dicyclomine hydrochloride, *in* D-00218
2-Dicyclopentylacetoxyethyltriethylammonium, *see* D-00480
N-[2-[(Dicyclopentylacetyl)oxy]ethyl]-*N*,*N*-diethyl-1-octanaminium, *see* P-00073
2-[(Dicyclopentylacetyl)oxy]-*N*,*N*,*N*-triethylethanaminium, *see* D-00480
2-[(Dicyclopropylmethyl)amino]-2-oxazoline, *see* R-00052
N-(Dicyclopropylmethyl)-4,5-dihydro-2-oxazolamine, *see* R-00052
Dicycloverine, *see* D-00218
▷Dicynene, *in* D-00313
▷Didakene, *see* T-00106
▷Didandin, *see* D-00483
1′,4-Didehydro-1-deoxy-1,4-dihydro-5′-(2-methylpropyl)-1-oxorifamycin XIV, *see* R-00044
3′,4′-Didehydro-4′-deoxy-*C*′-norvincaleukoblastine, *see* V-00041
▷9,10-Didehydro-*N*,*N*-diethyl-6-methylergoline-8*β*-carboxamide, *see* L-00122
(6,7-Didehydro-*N*,4-dimethyl-L-2-aminooctanoic acid)-cyclosporin *A*, *in* C-00638
6-(6,7-Didehydro-*N*,4-dimethyl-L-2-aminooctanoic acid)-7-L-valinecyclosporin *A*, *in* C-00638
17,18-Didehydroeburnamenine-14-methanol 3,4,5-trimethoxybenzoate, *see* V-00040
6,7-Didehydro-4,5-epoxy-6,17-dimethylmorphinan-3-ol, *see* M-00243
7,8-Didehydro-4,5-epoxy-3-hydroxy-17-methyl-14-(pentylamino)morphinan-6-one, *see* P-00087
▷7,8-Didehydro-4,5-epoxy-3-methoxy-17-methylmorphinan-6-ol, *see* C-00525
▷6,7-Didehydro-4,5*α*-epoxy-3-methoxy-17-methylmorphinan-6-ol acetate, *see* T-00161
▷7,8-Didehydro-4,5-epoxy-3-methoxy-17-methylmorphinan-6-ol 3-pyridinecarboxylate, *see* N-00095
7,8-Didehydro-4,5-epoxy-3-methoxy-17-methylmorphinan-6-one, *see* C-00526
▷7,8-Didehydro-4,5-epoxy-3-methoxymorphinan-6-ol, *in* N-00222
▷7,8-Didehydro-4,5-epoxy-17-methylmorphinan-3,6-diol, *see* M-00449
▷7,8-Didehydro-4,5-epoxy-17-methylmorphinan-3,6-diol diacetate, *see* H-00034
▷(5*α*,6*α*)-7,8-Didehydro-4,5-epoxy-17-methylmorphinan-3,6-diol di-3-pyridinecarboxylate, *see* N-00101
▷7,8-Didehydro-4,5*α*-epoxy-17-methyl-3-(2-morpholinoethoxy)-morphinan-6*α*-ol, *see* P-00212
7,8-Didehydro-4,5-epoxy-17-methyl-3-(phenylmethoxy)-morphinan-6-ol tetradecanoate ester, *see* M-00477
▷7,8-Didehydro-4,5-epoxymorphinan-3,6-diol, *see* N-00222
▷7,8-Didehydro-4,5*α*-epoxy-17-(2-propenyl)morphinan-3,6*α*-diol, *see* N-00032
▷7,8-Didehydro-4-hydroxy-3,7-dimethoxy-17-methylmorphinan-6-one, *see* S-00079
9,10-Didehydro-*N*-(2-hydroxy-1-methylethyl)-1,6-dimethyl-1,6-dimethylergoline-8-carboxamide, *see* P-00506
9,10-Didehydro-*N*-(2-hydroxy-1-methylethyl)-6-methylergoline-8-carboxamide, *see* E-00104
▷9,10-Didehydro-*N*-[1-(hydroxymethyl)propyl]-1,6-dimethylergoline-8-carboxamide, *see* M-00315
▷9,10-Didehydro-*N*-[1-(hydroxymethyl)propyl]-6-methylergoline-8-carboxamide, *see* M-00254
N′-[(8*α*)-9,10-Didehydro-6-methylergolin-8-yl]-*N*,*N*-diethylurea, *see* L-00124
16,17-Didehydro-19-methyloxayohimban-16-carboxylic acid methyl ester, *see* A-00087
9,10-Didehydro-6-methyl-8*β*-[(2-pyridinylthio)methyl]ergoline, *see* T-00300
1,3-Didehydronitrarine, *in* N-00168
3,4-Didehydroretinol, *in* V-00058
9,21-Didehydroryanodine, *in* R-00108
N,6-Didehydro-1,2,3,6-tetrahydro-1-methyl-2-oxoadenosine, *see* M-00265
▷2,3-Didehydro-6′,7′,10,11-tetramethoxyemetan, *see* D-00050
▷2,10-Di(demethoxy)-2-glucosyloxy-10-methylthiocolchicine, *see* T-00199
2,3-Didemethylcolchicine, *in* C-00534
▷O^7,$O^{7'}$-Didemethylcycleanine, *see* I-00182
2,3-Didemethyl-N-deacetylcolchicine, *in* C-00534
2^C,3^C-Di-*O*-demethyltylosin, *in* T-00578
9,20-Dideoxo-9,20-dihydroxytylosin, *in* T-00578
2′,5′-Dideoxyadenosine, D-00219
▷1,4-Dideoxy-1,4-bis[(2-hydroxyethyl)amino]erythritol 1,4-dimethanesulfonate, *see* R-00068
3′,4′-Dideoxybutirosin *A*, *in* B-00408
3′,4′-Dideoxybutirosin *B*, *in* B-00408
2′,3′-Dideoxycytidine, D-00220
6,10-Dideoxy-13-dihydrodaunomycinone, *in* D-00019
1,5-Dideoxy-1,5-[[2-[4-(ethoxycarbonyl)phenoxy]ethyl]-imino]-D-glucitol, *see* E-00038
1,5-Dideoxy-1,5-[(2-hydroxyethyl)imino]-D-glucitol, *see* M-00373
1,5-Dideoxy-1,5-imino-D-glucitol, *in* T-00481
1,5-Dideoxy-1,5-imino-D-mannitol, *in* T-00481
2′,3′-Dideoxyinosine, D-00221
▷3′,4′-Dideoxykanamycin *B*, *see* D-00154
3′,4′-Dideoxy-6′-*N*-methylbutirosin *A*, *in* B-00408
3′,4′-Dideoxy-6′-*N*-methylbutirosin *B*, *in* B-00408
1,5-Dideoxy-1,5-(methylimino)-D-glucitol, *in* T-00481
9-(2′,5′-Dideoxy-D-*erythro*-pentofuranosyl)adenine, *see* D-00219
3′,4′-Dideoxyribostamycin, *in* R-00040
O-4,6-Dideoxy-4-[[4,5,6-trihydroxy-3-(hydroxymethyl)-2-cyclohexen-1-yl]amino]-*α*-D-glucopyranosyl-(1→4)-*O*-*α*-D-glucopyranosyl-(1→4)-D-glucose, *see* A-00005
Didesacetylprotoveratrine A, *in* P-00543
▷Didion, *see* D-00483
Didrex, *in* B-00115
Didrogyl, *see* H-00221
Didromycine, *in* D-00303
▷Didronel, *in* H-00132

▷Didropyridinum, *see* D-00255
Didrovaltrate, *see* D-00305
Didrovaltratum, *see* D-00305
▷Dieldrin, D-00222
▷Dienestrol, D-00223
▷α-Dienestrol, *in* D-00223
▷β-Dienestrol, *in* D-00223
▷γ-Dienestrol, *see* D-00223
▷Dienoestrol, *see* D-00223
▷Dienogest, D-00224
▷Dienol, *see* D-00223
16,17-Diepipseudoreserpine, *in* R-00029
▷1,2:15,16-Diepoxy-4,7,10,13-tetraoxahexadecane, D-00225
▷Diethadione, D-00226
Diethamphenazol, *see* D-00545
▷Diethazine, D-00227
▷Diethibutine, *see* D-00258
Diethoxin, *see* P-00034
▷14-Diethoxyacetoxydaunorubicin, *see* D-00108
1,3-Diethoxybenzene, *in* B-00073
1,4-Diethoxybenzene, *in* B-00074
5,6-Diethoxybenzo[*b*]thiophene-2-carboxylic acid, *see* T-00249
▷1-(3,4-Diethoxybenzyl)-6,7-diethoxysoquinoline, *see* E-00150
1-(3,4-Diethoxybenzylidene)-6,7-diethoxy-1,2,3,4-tetrahydroisoquinoline, *see* D-00611
Diethoxybis(1-phenyl-1,3-butanedionato-*O*,*O*′)titanium, *see* B-00345
3,5-Diethoxy-4,4-dimethyl-2,5-cyclohexadien-1-one, *in* D-00427
▷1,1-Diethoxyethane, D-00228
▷Diethoxymethane, *in* F-00244
3,4-Diethoxy-β-methoxy-*N*-(1-methyl-2-pyrrolidinylidene)-benzeneethanamine, D-00229
3,4-Diethoxy-*N*-[*p*-[2-(methylamino)ethoxy]benzyl]benzamide, D-00230
3,4-Diethoxy-*N*-[[4-[2-(methylamino)ethoxy]phenyl]methyl]-benzamide, *see* D-00230
Diethoxymethylarsine oxide, *in* M-00226
2-(3,5-Diethoxyphenoxy)-*N*,*N*-diethylethanamine, *see* A-00194
4-[2-(3,5-Diethoxyphenoxy)ethyl]morpholine, *see* F-00123
1-(3,5-Diethoxyphenoxy)-2-morpholinoethane, *see* F-00123
2-(3,5-Diethoxyphenoxy)triethylamine, *see* A-00194
▷1-[(3,4-Diethoxyphenyl)methyl]-6,7-diethoxyisoquinoline, *see* E-00150
1-[(3,4-Diethoxyphenyl)methyl]-3,4-dihydro-6,7-bis(1-methylethoxy)isoquinoline, *see* D-00527
1-[(3,4-Diethoxyphenyl)methylene]-6,7-diethoxy-1,2,3,4-tetrahydroisoquinoline, *see* D-00611
▷α-[[(Diethoxyphosphinothioyl)oxy]imino]benzeneacetonitrile, *see* P-00221
▷2-[(Diethoxyphosphinyl)oxy]-1*H*-benz[*de*]isoquinoline-1,3(2*H*)-dione, *see* N-00042
Diethoxyphosphinylthiocholine, *see* E-00010
2-[(Diethoxyphosphinyl)thio]-*N*,*N*,*N*-trimethylethanaminium, *see* E-00010
5-[[3,5-Diethoxy-4-(1*H*-pyrrol-1-yl)phenyl]methyl]-2,4-pyridinediamine, *see* E-00084
▷10-(*N*,*N*-Diethyl-β-alanyl)-2-(trifluoromethyl)phenothiazine, *see* F-00128
▷Diethylallylacetamide, *in* D-00251
Diethylallylacetic acid, *see* D-00251
▷2-(Diethylamino)-2′,6′-acetoxylidide, *see* L-00047
▷*N*-Diethylaminoacetyl-2,6-dimethylaniline, *see* L-00047
4-(Diethylamino)-2-butynyl α-cyclohexyl-α-hydroxybenzeneacetate, *see* O-00147
4-(Diethylamino)-2-butynyl α-phenylcyclohexaneglycolate, *see* O-00147
Diethylaminobutyranilide, *see* O-00005
3-[(Diethylamino)carbonyl]-1-methylpyridinium, *see* D-00241
▷1-(Diethylamino)-3-[(2,3-dimethoxy-6-nitro-9-acridinyl)-amino]-2-propanol, D-00231
▷2-(Diethylamino)-*N*-(2,6-dimethylphenyl)acetamide, *see* L-00047
▷3-(Diethylamino)-2,2-dimethyl-1-propanol 4-aminobenzoate ester, *see* D-00394
▷3-Diethylamino-1,2-dimethylpropyl-*p*-isobutoxybenzoate, *see* G-00010
3-Diethylamino-2,2-dimethylpropyl tropate, *see* A-00371
▷3-Diethylamino-1,1-di-2′-thienyl-1-butene, *see* D-00258
▷2-Diethylaminoethanol, *in* A-00253
▷2-[2-(Diethylamino)ethoxy]benzanilide, D-00232
6-[2-(Diethylamino)ethoxy]-*N*,*N*-dimethyl-2-benzothiazolamine, *see* D-00143
[(2-Diethylamino)ethoxy]diphenylacetic acid 2-(diethylamino)-ethyl ester, *see* P-00526
4-[2-(Diethylamino)ethoxy]-*N*,4-diphenyl-1-piperidineethanamine, *see* D-00140
▷2-[2-(Diethylamino)ethoxy]ethyl 3-amino-4-butoxybenzoate, *see* B-00145
2-[2-(Diethylamino)ethoxy]ethyl α-ethylbenzeneacetate, *see* B-00389
▷2-(2-Diethylaminoethoxy)ethyl 2-ethyl-2-phenylbutyrate, *see* O-00101
2-(Diethylaminoethoxy)ethyl 1-phenyl-1-cyclopentanecarboxylate, *see* C-00046
9[2-(Diethylamino)ethoxy]-4-hydroxy-7-methyl-5*H*-furo[3,2-*g*][1]benzopyran-5-one, *see* A-00197
1-[2-(Diethylamino)ethoxy]-3-(2-methoxyphenoxy)-2-propanol, *see* G-00090
3-[2-[2-(Diethylamino)ethoxy]phenoxy]-4-phenyl-3-buten-2-one, *see* Z-00024
▷2-[2-(Diethylamino)ethoxy]-*N*-phenylbenzamide, *see* D-00232
▷*p*-[2-(Diethylamino)ethoxy]phenyl 2-ethyl-3-benzofuranylketone, *see* E-00131
▷[4-[2-(Diethylamino)ethoxy]phenyl](2-ethyl-3-benzofuranyl)-methanone, *see* E-00131
1-[*o*-[2-(Diethylamino)ethoxy]phenyl]-2-methyl-5-phenylpyrrole, *see* L-00020
4-[2-(Diethylamino)ethoxy]phenyl phenethyl ketone, *see* D-00259
1-[2-[2-(Diethylamino)ethoxy]phenyl]-3-phenyl-1-propanone, *see* E-00134
1-[4-[2-(Diethylamino)ethoxy]phenyl]-3-phenyl-1-propanone, *see* D-00259
2′-[2-(Diethylamino)ethoxy]-3-phenylpropiophenone, *see* E-00134
4′-[2-(Diethylamino)ethoxy]-3-phenylpropiophenone, *see* D-00259
α-[[2-(Diethylamino)ethyl]amino]benzeneacetic acid, *see* D-00234
4-[[2-(Diethylamino)ethyl]amino]benzo[*g*]quinoline, D-00233
▷2-(Diethylamino)ethyl 3-amino-2-butoxybenzoate, *see* M-00144
▷2-(Diethylamino)ethyl 4-amino-2-butoxybenzoate, *see* A-00172
2-Diethylaminoethyl 4-amino-3-butoxybenzoate, *see* O-00146
▷α-[[2-(Diethylamino)ethylamino]carbonyl]-α-ethylbenzeneacetic acid ethyl ester, *see* F-00033
▷2-(Diethylamino)ethyl 4-amino-2-chlorobenzoate, *see* C-00277
1-[[2-(Diethylamino)ethyl]amino]-3,4-dihydroisoquinoline, *see* I-00168
▷1-(2′-Diethylaminoethyl)amino-4-hydroxymethyl-9*H*-thioxanthen-9-one, *see* H-00093
▷1-(2-Diethylaminoethyl)amino-4-methyl-9*H*-thioxanthen-9-one, *see* L-00110
α-[*N*-(β-Diethylaminoethyl)amino]phenylacetic acid, D-00234
2-Diethylaminoethyl 3-amino-4-propoxybenzoate, *see* P-00550
▷2-(Diethylamino)ethyl 4-amino-2-propoxybenzoate, *see* P-00511
▷2-Diethylaminoethyl 4-aminosalicylate, *see* H-00206
α-[2-(Diethylamino)ethyl]benzenemethanol benzoate, *see* P-00490
α-[2-(Diethylamino)ethyl]benzenepropanoic acid, *see* B-00111
O-[2-(Diethylamino)ethyl]benzilic acid 2-(diethylamino)ethyl ester, *see* P-00526

3-[2-(Diethylamino)ethyl]-2*H*-1,3-benzoxazine-2,4(3*H*)-dione, *see* L-00027
α-(2-Diethylaminoethyl)benzyl benzoate, *see* P-00490
2-(Diethylamino)ethyl 4-benzyl-1-piperidinecarboxylate, *see* B-00062
S-[2-(Diethylamino)ethyl] 2-(4-biphenylyl)thiobutyrate, *see* X-00009
3-[[2-(Diethylamino)ethyl]carbamoyl]-4-hydroxycoumarin, *see* D-00145
β-Diethylaminoethyl (*p*-chloro-α-methylbenzhydryl) ether, *see* C-00452
▷2-(Diethylamino)ethyl α-cyclohexylbenzeneacetate, *see* D-00606
▷7-(2-Diethylaminoethyl)-3,7-dihydro-1,3-dimethyl-1*H*-purine-2,6-dione, *see* E-00137
2-[2-(Diethylamino)ethyl]-2,3-dihydro-3-phenyl-1*H*-isoindol-1-one, *see* U-00001
2-(Diethylamino)ethyl [3,5-diiodo-4-(3-iodo-4-methoxyphenoxy)phenyl]acetate, *see* T-00230
2-(Diethylamino)ethyl 3,3-dimethyl-7-oxo-6-[(phenylacetyl)amino]-4-thia-1-azabicyclo[3.2.0]heptane-2-carboxylate, *see* P-00061
▷2-(Diethylaminoethyl) 1-(3,4-dimethylphenyl)cyclopentanecarboxylate, *see* M-00158
▷2-Diethylaminoethyl diphenylacetate, *see* A-00072
2-(Diethylamino)ethyl 2,3-diphenylacrylate, *see* C-00370
2-(Diethylamino)ethyl diphenylcarbamate, D-00235
▷*S*-[2-(Diethylamino)ethyl] diphenylcarbamothioate, *see* P-00150
2-[2-(Diethylamino)ethyl]-*N*,*N*′-diphenylpropanediamide, D-00236
▷Diethylaminoethyl 2,2-diphenylpropionate, *see* A-00431
N-[2-(Diethylamino)ethyl]-*S*,*S*-diphenylsulfoximine, *see* S-00235
S-[2-(Diethylamino)ethyl]diphenylthioacetate, *see* T-00215
▷*S*-[2-(Diethylamino)ethyl] diphenylthiocarbamate, *see* P-00150
▷2-(Diethylamino)ethyl 2,2-diphenylvalerate, *see* P-00442
2-(Diethylamino)ethyl 4-ethoxybenzoate, *see* P-00034
1-(2-Diethylaminoethyl)-2-(4-ethoxybenzyl)-5-nitrobenzimidazole, *see* E-00260
2-[(2-Diethylaminoethyl)ethylamino]ethyl *p*-aminobenzoate, *see* A-00363
2-(Diethylamino)ethyl α-ethylbenzeneacetate, *see* B-00399
5-[2-(Diethylamino)ethyl]-3-(α-ethylbenzyl)-1,2,4-oxadiazole, *see* P-00545
S-[2-(Diethylamino)ethyl] α-ethyl-4-phenylbenzeneethanethioate, *see* X-00009
5-[2-(Diethylamino)ethyl]-4-(4-fluorophenyl)-2(3*H*)-oxazolone, *see* F-00236
α-[2-(Diethylamino)ethyl]hydrocinnamic acid, *see* B-00111
N-[2-(Diethylamino)ethyl]-2-hydroxybenzamide, D-00237
2-[2-(Diethylamino)ethyl]-9-hydroxy-5,11-dimethyl-6*H*-pyrido[4,3-*b*]carbazolium, *see* D-00017
N-[2-(Diethylamino)ethyl]-4-hydroxy-2-oxo-2*H*-1-benzopyran-3-carboxamide, *see* D-00145
4-(2-Diethylaminoethyl)-5-imino-3-phenyl-1,2,4-oxadiazoline, *see* I-00042
2-(Diethylamino)ethylmalonanilide, *see* D-00236
1-[2-(Diethylamino)ethyl]-3-(4-methoxybenzyl)-2(1*H*)-quinoxalinone, *see* C-00090
N-[2-(Diethylamino)ethyl]-2-methoxy-5-(methylsulfonyl)-benzamide, *see* T-00243
▷*N*-[2-(Diethylamino)ethyl]-2-(4-methoxyphenoxy)acetamide, *see* M-00067
▷5-[β-(Diethylamino)ethyl]-3-(*p*-methoxyphenyl)-1,2,4-oxadiazole, *see* M-00353
N-[2-(Diethylamino)ethyl]-α-methyl[1,1′-biphenyl]-4-acetamide, *see* B-00162
N′-[2-(Diethylamino)ethyl]-*N*-(1-methylethyl)-*N*-[2-(phenylsulfonyl)ethyl]urea, *see* S-00277
▷[[3-(2-Diethylamino)ethyl]-4-methyl-2-oxo-2*H*-1-benzopyran-7-yl]oxyacetic acid ethyl ester, *see* C-00312
▷2-(Diethylamino)ethyl α-methyl-α-phenylbenzeneacetate, *see* A-00431
N-[2-(Diethylamino)ethyl]-1-(2-methylphenyl)-4-isoquinolinecarboxamide, *see* I-00223
N-[2-(Diethylamino)ethyl]-4-[(methylsulfonyl)amino]-benzamide, *see* S-00040
2-Diethylaminoethyl nicotinate, *see* N-00086
▷10-(2-Diethylaminoethyl)phenothiazine, *see* D-00227
2-Diethylaminoethyl 6-(2-phenylacetamido)penicillanate, *see* P-00061
▷2-(Diethylamino)ethyl α-phenylbenzeneacetate, *see* A-00072
S-[2-(Diethylamino)ethyl] α-phenylbenzeneethanethioate, *see* T-00215
▷3-[2-(Diethylamino)ethyl]-3-phenyl-2(3*H*)-benzofuranone, *see* A-00355
2-Diethylaminoethyl 2-phenylbutyrate, *see* B-00399
▷2-(Diethylamino)ethyl α-phenylcyclohexaneacetate, *see* D-00606
▷2-[2-(Diethylamino)ethyl]-2-phenylglutarimide, *see* P-00155
N-[2-(Diethylamino)ethyl]-2-phenylglycine, *see* D-00234
▷5-[(2-Diethylamino)ethyl]-3-phenyl-1,2,4-oxadiazole, *see* O-00130
2-[(Diethylamino)ethyl]-3-phenylphthalimidine, *see* U-00001
2-Diethylaminoethyl α-phenyl-1-piperidineacetate, *see* B-00160
▷3-[2-(Diethylamino)ethyl]-3-phenyl-2,6-piperidinedione, *see* P-00155
▷2-(Diethylamino)ethyl α-phenyl-α-propylbenzeneacetate, *see* P-00442
2-Diethylaminoethyl 3-phenylsalicylate, *see* X-00010
2-(Diethylamino)ethyl 3-pyridinecarboxylate, *see* N-00086
N-[2-(Diethylamino)ethyl]salicylamide, *see* D-00237
2-(Diethylamino)ethyl salicylate, *see* D-00105
▷7-(2-Diethylaminoethyl)theophylline, *see* E-00137
N-[2-(Diethylamino)ethyl]-3,4,5-trimethoxy-*N*-(2-methylphenyl)benzamide, *see* B-00137
▷2-(Diethylamino)ethyl 1-(3,4-xylyl)cyclopentanecarboxylate, *see* M-00158
4-[3-(Diethylamino)-2-hydroxypropyl]-17,21-dihydroxyajmalanium, *see* D-00104
N-[3-(Diethylamino)-2-hydroxypropyl]-3-methoxy-1-phenyl-1*H*-indole-2-carboxamide, *see* E-00093
7-(Diethylamino)-4-hydroxy-6-propyl-3-quinolinecarboxylic acid, D-00238
▷α-[(Diethylamino)methyl]benzenemethanol benzoate, *see* E-00031
▷8-[[4-(Diethylamino)-1-methylbutyl]amino]-7-methoxyquinoline, *see* P-00007
2-(Diethylamino)-1-methylethyl 1-hydroxy[1,1-bicyclohexyl]-2-carboxylate, *see* R-00071
3-(Diethylamino)-5-methyl-2-hexanol 4-aminobenzoate (ester), *see* C-00018
▷6-[(Diethylamino)methyl]-3-methylflavone, *see* F-00109
▷6-[(Diethylamino)methyl]-3-methyl-2-phenyl-4*H*-1-benzopyran-4-one, *see* F-00109
▷2-(Diethylamino)-4-methyl-1-pentanol *p*-aminobenzoate, *see* L-00030
▷*O*-(2-Diethylamino-6-methyl-4-pyrimidinyl) *O*,*O*-diethyl phosphorothioate, *see* P-00329
▷*O*-[2-(Diethylamino)-6-methyl-4-pyrimidinyl] *O*,*O*-dimethyl phosphorothioate, *see* P-00330
▷7-(Diethylamino)-5-methyl-*s*-triazolo[1,5-*a*]pyrimidine, *see* T-00401
8-(Diethylamino)octyl-3,4,5-trimethoxybenzoate, D-00239
▷*N*-[2-(Diethylamino)-2-oxoethyl]-3,4,5-trimethoxybenzamide, *see* T-00431
▷10-[3-(Diethylamino)-1-oxopropyl]-2-(trifluoromethyl)-10*H*-phenothiazine, *see* F-00128
3-(Diethylamino)-*N*-phenylbutanamide, *see* O-00005
[4-[α-[*p*-(Diethylamino)phenyl]-2,4-disulfobenzylidene]-2,5-cyclohexadien-1-ylidene]diethylammonium, *see* S-00249
N-[4-[[4-(Diethylamino)phenyl](2,4-disulfophenyl)-methylene]-2,5-cyclohexadien-1-ylidene]-*N*-ethylethanaminium, *see* S-00249
N-[4-[[4-(Diethylamino)phenyl](2,5-disulfophenyl)-methylene]-2,5-cyclohexadien-1-ylidene]-*N*-ethylethanaminium, *see* I-00212

▷2-(Diethylamino)-1-phenyl-1-propanone, D-00240
3-(Diethylamino)-1-phenyl-1-propanone *O*-[[(4-methoxyphenyl)-amino]carbonyl]oxime, *see* A-00388
1-(Diethylamino)-2-propanol, *in* A-00318
▷2-Diethylaminopropiophenone, *see* D-00240
▷10-(2-Diethylaminopropyl)phenothiazine, *see* E-00160
4-[(Diethylamino)sulfonyl]benzoic acid, *see* E-00152
▷2-Diethylamino-2′,4′,6′-trimethylacetanilide, *see* T-00492
▷2-(Diethylamino)-*N*-(2,4,5-trimethylphenyl)acetamide, *see* T-00492
1,3-Diethylbarbituric acid, *in* P-00586
▷5,5-Diethylbarbituric acid, *see* D-00256
Diethyl 4-(4-benzofurazanyl)-1,4-dihydro-2,6-dimethyl-3,5-pyridinedicarboxylate, *see* D-00016
Diethyl[[4-(2-benzothiazolyl)phenyl]methyl]phosphonate, *see* F-00259
▷Diethyl [2,5-bis(1-aziridinyl)-3,6-dioxo-1,4-cyclohexadiene-1,4-diyl]biscarbamate, *see* D-00150
Diethyl[bis(diethoxyphosphinyl)methyl]butanedioate, *in* B-00397
Diethyl 4-[2-(2-*tert*-butoxycarbonylvinyl)phenyl]-1,4-dihydro-2-dimethylaminomethyl-6-methylpyridine-3,5-dicarboxylate, *see* T-00019
Diethylcarbamazine, *see* D-00248
▷Diethylcarbamazine citrate, *in* D-00248
▷Diethylcarbamodithioic acid, *see* D-00244
1-Diethylcarbamoyl-4-methylpiperazine, *see* D-00248
3-(Diethylcarbamoyl)-1-methylpyridinium(1+), D-00241
▷*N*-[(Diethylcarbamoyl)methyl]-3,4,5-trimethoxybenzamide, *see* T-00431
1-(Diethylcarbamoyl)-1,2,3,4,5,6,7,8-octahydro-6,6-dimethyl-8-oxo-3-phenyl-2-naphthoic acid, *see* F-00032
▷*O*,*O*-Diethyl α-cyanobenzylideneaminooxyphosphonothioate, *see* P-00221
Diethyl 1′,4′-dihydro-2′,6′-dimethyl-2-(methylthio)[3,4′-bipyridine]-3′,5′-dicarboxylate, *see* M-00139
Diethyl 1,4-dihydro-2,6-dimethyl-1-[2-(4-morpholinyl)-ethyl]-4-[2-(trifluoromethyl)phenyl]-3,5-pyridinedicarboxylate, *see* F-00122
▷5,5-Diethyldihydro-2*H*-1,3-oxazine-2,4(3*H*)-dione, *see* D-00226
α,α-Diethyl-4,4′-dihydroxystilbene, *see* D-00257
O,*O*-Diethyl *S*-(2-dimethylaminoethyl) phosphorothioate, D-00242
O,*O*-Diethyl *S*-(2-dimethylaminoethyl) thiophosphate, *see* D-00242
8,8-Diethyl-*N*,*N*-dimethyl-2-aza-8-germaspiro[4.5]decane-2-propanamine, *see* S-00123
N,*N*-Diethyl-3,5-dimethyl-4-isoxazolecarboxamide, D-00243
Diethyl disulfide-2,2′-disulfonic acid, *see* D-00550
▷*N*,*N*-Diethyl-4,4-di-2-thienyl-3-buten-2-amine, *see* D-00258
▷*O*,*O*-Diethyl dithiobis[thioformate], *see* D-00556
▷Diethyldithiocarbamic acid, D-00244
▷Diethylenetriamine, D-00245
▷Diethylenetriaminepentaacetic acid, *see* P-00094
4,4′-(1,2-Diethyl-1,2-ethanediyl)bis[2-methylphenol], *see* P-00479
4,4′-(1,2-Diethyl-1,2-ethanediyl)bisphenol, *see* B-00220
4,4′-(1,2-Diethyl-1,2-ethenediyl)bisphenol, *see* D-00257
4,4′-(1,2-Diethyl-1,2-ethenediyl)bis[phenol]dihexadecanoate, *in* D-00257
▷Diethyl ether, D-00246
4,4′-(1,2-Diethylethylene)di-*o*-cresol, *see* P-00479
4,4′-(1,2-Diethylethylene)diphenol, *see* B-00220
▷Diethyl formal, *in* F-00244
N,*N*-Diethylglycine, ester with 4′-hydroxyacetanilide, *see* P-00485
N,*N*-Diethyl-β-homoleucinol *p*-aminobenzoate, *see* C-00018
3,3-Diethylhydracrylic acid, *see* E-00195
Diethyl(3-hydroxybutyl)methylammonium 5-bromo-2-furoate, *see* F-00272
N,*N*-Diethyl-2-[(hydroxydiphenylacetyl)oxy]-*N*-methyl-ethanaminium, *see* M-00227
1,1-Diethyl-3-[(hydroxydiphenylacetyl)oxy]pyrrolidinium, *see* B-00082
Diethyl(2-hydroxyethyl)methylammonium benzilate, *see* M-00227
Diethyl(2-hydroxyethyl)methylammonium α-phenylcyclohexaneglycolate, *see* O-00161
Diethyl(2-hydroxyethyl)methylammonium α-phenyl-2-thiopheneglycolate, *see* O-00121
Diethyl(2-hydroxyethyl)methylammoniumxanthene-9-carboxylate, *see* M-00169
Diethyl(2-hydroxyethyl)octylammonium dicyclopentylacetate, *see* P-00073
▷*N*,*N*-Diethyl-4-hydroxy-3-methoxybenzamide, *see* E-00146
N,*N*-Diethyl-2-[(hydroxyphenyl-2-thienylacetyl)oxy]-*N*-methyl-ethanaminium, *see* O-00121
Diethyl(3-hydroxypropyl)methylammonium 2,4-diphenyl-1,3-cyclobutanedicarboxylate, *see* T-00562
1,1-Diethyl-3-hydroxypyrrolidinium benzilate, *see* B-00082
▷4,4′-(1,2-Diethylidene-1,2-ethanediyl)bis[phenol], *see* D-00223
1,2:3,4-Di-*O*-ethylidene-D-glucitol, *in* G-00054
N,*N*-Diethyl-5-imino-3-phenyl-1,2,4-oxadiazole-4(5*H*)-ethanamine, *see* I-00042
▷*N*,*N*-Diethyllysergamide, *see* L-00122
▷Diethylmalonylurea, *see* D-00256
▷*N*,*N*-Diethyl-*N*′-(9-methoxy-5,11-dimethyl-6*H*-pyrido[4,3-*b*]carbazol-1-yl)-1,3-propanediamine, *see* R-00032
N,*N*-Diethyl-*N*′-(1-methoxy-2-indanyl)-*N*′-phenyl-1,3-propanediamine, *see* M-00459
N-(β,β-Diethyl-*m*-methoxyphenethyl)-4-hydroxybutyramide, *see* E-00034
N,*N*-Diethyl-2-(2-methoxyphenoxy)ethanamine, *see* G-00091
▷*N*,*N*-Diethyl-3-(4-methoxyphenyl)-1,2,4-oxadiazole-5-ethanamine, *see* M-00353
▷*N*′,*N*′-Diethyl-N^4-(6-methoxy-8-quinolinyl)-1,4-pentanediamine, *see* P-00007
2-[[2-(Diethylmethylammonio)ethoxy]carbonyl]-1,1,6-trimethyl-piperidinium, *see* D-00215
1-[2-[2-[2-(Diethylmethylammonio)ethoxy]ethoxy]-2-oxo-1-phenylethyl]-1-methylpiperidinium, *see* P-00308
▷5,5-Diethyl-1-methylbarbituric acid, *see* M-00173
▷Diethylmethylcarbinolurethane, *see* E-00042
N,*N*-Diethyl-*N*′-(6-methylergolin-8α-yl)sulfamide, *see* E-00243
N,*N*-Diethyl-*N*′-(6-methyl-8-ergolinyl)urea, *see* T-00090
▷*O*,*O*-Diethyl *O*-[6-methyl-2-(1-methylethyl)-4-pyrimidinyl] phosphorothioate, *see* D-00149
Diethylmethyl[2-[(α-methyl-α-5-norbornen-2-ylbenzyl)oxy]-ethyl]ammonium, *see* C-00330
N,*N*-Diethyl-*N*-methyl-2-[(3-methyl-1-oxo-2-phenylpentyl)-oxy]ethanaminium, *see* V-00003
N,*N*-Diethyl-*N*-methyl-2-[[4-[[2-(octyloxy)benzoyl]amino]-benzoyl]oxy]ethanaminium, *see* O-00069
Diethyl (3-methyl-2-oxiranyl)phosphonate, *in* M-00276
N,*N*-Diethyl-*N*-methyl-β-oxo-10*H*-phenothiazine-10-ethanaminium, *see* D-00247
▷*N*,*N*-Diethyl-α-methyl-10*H*-phenothiazine-10-ethanamine, *see* E-00160
N,*N*-Diethyl-*N*-methyl(10-phenothiazinylcarbonyl)methyl-ammonium(1+), D-00247
N,*N*-Diethyl-2-[2-(2-methyl-5-phenyl-1*H*-pyrrol-1-yl)-phenoxy]-ethanamine, *see* L-00020
Diethylmethyl[2-[[4-[*p*-(phenylthio)phenyl]-3*H*-1,5-benzodiazepin-2-yl]thio]ethyl]ammonium, *see* T-00250
N,*N*-Diethyl-*N*-methyl-2-[[4-[4-(phenylthio)phenyl]-3*H*-1,5-benzodiazepin-2-yl]thio]ethanaminium, *see* T-00250
N,*N*-Diethyl-4-methyl-1-piperazinecarboxamide, D-00248
▷3,3-Diethyl-5-methyl-2,4-piperidinedione, D-00249
4,4′-(1,2-Diethyl-3-methyl-1,3-propanediyl)bisphenol, *see* B-00077
3,3-Diethyl-5-methyl-2,4(1*H*,3*H*)-pyridinedione, D-00250
▷*N*,*N*-Diethyl-*N*′-(6-methyl-5*H*-pyrido[3′,4′:4,5]pyrrolo[2,3-*g*]-isoquinolin-10-yl)-1,3-propanediamine, *see* P-00046
▷5,5-Diethyl-1-methyl-2,4,6-(1*H*,3*H*,5*H*)pyrimidinetrione, *see* M-00173
▷*N*,*N*-Diethyl-5-methyl[1,2,4]triazolo[1,5]pyrimidin-7-amine, *see* T-00401
4,4′-(1,2-Diethyl-3-methyltrimethylene)diphenol, *see* B-00077
N,*N*-Diethyl-*N*-methyl-2-[(9*H*-xanthen-9-ylcarbonyl)oxy]-ethanaminium, *see* M-00169

▷*α,α*-Diethyl-1-naphthaleneacetic acid, *see* E-00210
▷*N,N*-Diethylnicotinamide, *see* D-00254
▷*O,O*-Diethyl *O*-(4-nitrophenyl) phosphate, *see* P-00027
▷Diethyl oxide, *see* D-00246
N,N-Diethyl-4-[2-(2-oxo-3-tetradecyl-1-imidazolidinyl)-ethyl]-1-piperazinecarboxamide, *see* I-00044
2,2-Diethyl-4-pentenoic acid, D-00251
▷*N,N*-Diethyl-10*H*-phenothiazine-10-ethanamine, *see* D-00227
2,2′-[[2-[(2,6-Diethylphenyl)amino]-2-oxoethylimino]bis]-acetic acid, *see* E-00235
▷5,5-Diethyl-1-phenylbarbituric acid, *see* D-00253
N-(2,6-Diethylphenyl)-*N*′-[imino(methylamino)methyl]urea, *see* D-00252
1-(2,6-Diethylphenyl)-3-(methylamidino)urea, D-00252
N,N-Diethyl-2-[(2-phenylmethyl)phenoxy]ethanamine, *see* E-00256
▷*N,N*-Diethyl-3-phenyl-1,2,4-oxadiazole-5-ethanamine, *see* O-00130
N,N-Diethyl-3-(1-phenylpropyl)-1,2,4-oxadiazole-5-ethanamine, *see* P-00545
2-[(2,6-Diethylphenyl)-2-pyridinylmethoxy]-*N,N*-dimethylethanamine, *see* P-00601
▷5,5-Diethyl-1-phenyl-2,4,6(1*H*,3*H*,5*H*)-pyrimidinetrione, D-00253
N,N-Diethyl-2-(phenyltricyclo[2.2.1.0^{2,6}]hept-3-ylidenemethoxy)ethanamine, *see* T-00414
▷Diethylpropion, *see* D-00240
▷Diethylpropion hydrochloride, *in* D-00240
N,N-Diethyl-*N*′-(6-propylergolin-8-yl)urea, *see* P-00533
▷*N,N*-Diethyl-3-pyridinecarboxamide, D-00254
▷3,3-Diethyl-2,4(1*H*,3*H*)-pyridinedione, D-00255
▷5,5-Diethyl-2,4,6(1*H*,3*H*,5*H*)-pyrimidinetrione, D-00256
α,α′-Diethyl-4,4′-stilbenedioldi-2-furoate, *see* F-00297
Diethylstilbestrol, D-00257
Diethylstilbestrol dilaurate, *in* D-00257
Diethylstilbestrol dipalmitate, *in* D-00257
▷Diethylstilbestrol dipropionate, *in* D-00257
Diethylstilbestrol disulfate, *in* D-00257
Diethylstilbestrol monomethyl ether, *in* D-00257
4-Diethylsulfamoylbenzoic acid, *see* E-00152
p-(Diethylsulfamoyl)benzoic acid, *see* E-00152
Diethylsulfonal, *in* B-00213
Diethyl tartrate, *in* T-00028
▷5,5-Diethyl-2,3,5,6-tetrahydro-4*H*-1,3-oxazine-2,4-dione, *see* D-00226
1,8-Diethyl-1,3,4,9-tetrahydropyrano[3,4-*b*]indole-1-acetic acid, *see* E-00245
▷3,3′-Diethylthiacarbocyanine, *see* D-00548
▷Diethylthiambutene, D-00258
▷Diethyltoluamide, *in* M-00230
Diethyl 3-[2-(3-tosylureido)phenyl]-2-thioureidophosphonate, *see* U-00013
N^1-(4,6-Diethyl-3-triazin-2-yl)sulfanilamide, *see* S-00210
▷*O,O*-Diethyl *O*-(3,5,6-trichloro-2-pyridinyl) phosphorothioate, *see* C-00301
▷*N,N*-Diethylvanillamide, *see* E-00146
(Diethylvinylene)di-*p*-phenylene 2-furoate, *see* F-00297
▷Diethyl xanthogenate, *see* D-00556
Diethyphen, *in* B-00220
Dietifen, D-00259
Dietilan, *in* D-00312
Dietor, *see* A-00320
▷Dietreen, *see* T-00107
▷Dietroxine, *see* D-00226
DIF, *see* T-00575
▷Difacil, *see* A-00072
▷Difaterol, *see* B-00148
Difebarbamate, D-00260
▷Difemerine, D-00261
▷Difemetorex, *see* D-00499
▷Difemetoxidine, *see* D-00499
▷Difenamizole, D-00262
▷Difenax, *see* D-00487
Difenclosazine, D-00263
▷Difenidol, *see* D-00486
Difenoximide, D-00264
Difenoximide hydrochloride, *in* D-00264
Difenoxin, D-00265
Difenoxylic acid, *see* D-00265
▷Difenpiramide, *see* D-00487
Diferidin, *see* D-00508
Difesyl, *in* A-00028
▷Difetarsone, *see* E-00147
Difeterol, D-00266
▷Difexan, *see* D-00483
Difexil, *in* A-00028
Diflorasone, D-00267
Diflorasone diacetate, *in* D-00267
Difloxacin, D-00268
Difloxacin hydrochloride, *in* D-00268
Difluanazine, *see* D-00269
Difluanine, D-00269
Difluanine hydrochloride, *in* D-00269
Diflucortolone, D-00270
Diflucortolone pivalate, *in* D-00270
▷Diflucortolone valerate, JAN, *in* D-00270
▷Diflumidone, D-00271
Diflumidone sodium, *in* D-00271
▷Diflunisal, *see* D-00272
N,N′-Di-9*H*-fluoren-9-yl-*N,N,N*′,*N*′-tetramethyl-1,6-hexanediaminium, *see* H-00046
6-[2-[4-(4,4′-Difluorobenzhydrylidene)piperidino]ethyl]-7-methyl[1,3]thiazolo[3,2-*a*]pyrimidin-5-one, *see* R-00066
N,N′-(3,3′-Difluoro[1,1′-biphenyl]-4,4′-diyl)bis(4,5-dihydro-3*H*-pyrrol-2-amine, *see* L-00056
4′,4″-Difluorocinnarizine, *see* F-00165
6,9-Difluoro-11,17-dihydroxy-16-methyl-3-oxoandrosta-1,4-diene-17-carbothioic acid *S*-methyl ester, *see* T-00253
6*α*,9-Difluoro-11*β*,21-dihydroxy-16*α*-methylpregna-1,4-diene-3,20-dione, *see* D-00270
6,8-Difluoro-1-(2-fluoroethyl)-1,4-dihydro-7-(4-methyl-1-piperazinyl)-4-oxo-3-quinolinecarboxylic acid, *see* F-00116
▷2′,4′-Difluoro-4-hydroxy-3-biphenylcarboxylic acid, D-00272
6*α*,9-Difluoro-11*β*-hydroxy-21,21-dimethoxy-16*α*,17-[(1-methylethylidene)bis(oxy)]pregna-1,4-diene-3,20-dione, *see* F-00163
6,9-Difluoro-11-hydroxy-16,17-[(1-methylethylidene)-bis(oxy)]-21-(1-oxopropoxy)pregna-1,4-diene-3,20-dione, *see* P-00452
6,6-Difluoro-17*β*-hydroxy-19-nor-4-pregnen-20-yn-3-one, *see* E-00229
6-[4-(Difluoromethoxy)-3-methoxyphenyl]-3(2*H*)-pyridazinone, *see* Z-00007
▷4-[2-(Difluoromethoxy)phenyl]-1,4-dihydro-2,6-dimethyl-3,5-pyridinedicarboxylic acid dimethyl ester, *see* R-00060
▷2-(Difluoromethyl)ornthine, *see* D-00126
7-[[[(Difluoromethyl)thio]acetyl]amino]-3-[[[1-(2-hydroxyethyl)-1*H*-tetrazol-5-yl]thio]methyl]-7-methoxy-8-oxo-5-oxa-1-azabicyclo[4.2.0]oct-2-ene-2-carboxylic acid, *see* F-00120
6,6-Difluoronorethindrone, *see* E-00229
▷Difluorophate, *see* D-00368
2-(2,4-Difluorophenyl)-4,5-bis(4-methoxyphenyl)-1*H*-imidazole, *see* F-00049
2-(2,4-Difluorophenyl)-1,3-bis(1*H*-1,2,4-triazol-1-yl)-2-propanol, *see* F-00140
1-(2,4-Difluorophenyl)-6-fluoro-1,4-dihydro-7-(3-methyl-1-piperazinyl)-4-oxo-3-quinolinecarboxylic acid, *see* T-00058
1-[[3-[(2,6-Difluorophenyl)methoxy]-5-fluoro-2,3-dihydrobenzo[*b*]thien-2-yl]methyl]-1*H*-imidazole, *see* C-00397
α-(2,4-Difluorophenyl)-*α*-(1*H*-1,2,4-triazol-1-ylmethyl)-1*H*-1,2,4-triazole-1-ethanol, *see* F-00140
▷5-(2,4-Difluoro)salicylic acid, *see* D-00272
2,7-Difluorospiro[fluorene-9,4′-imidazolidine]-2′,5′-dione, *see* I-00041
6,8-Difluoro-2,3,4,9-tetrahydro-*N,N*-dimethyl-1*H*-carbazol-3-amine, *see* F-00136

▷6α,9α-Difluoro-11β,16α,17α,21-tetrahydroxy-1,4-pregnadiene-3,20-dione, *see* F-00172
▷6α,9-Difluoro-11β,16α,17,21-tetrahydroxypregna-1,4-diene-3,20-dione cyclic 16,17-acetal with acetone, 21-acetate, *see* F-00173
6α,9-Difluoro-11β,17,21-trihydroxy-16β-methylpregna-1,4-diene-3,20-dione, *see* D-00267
▷6α,9α-Difluoro-11β,17α,21-trihydroxy-16α-methyl-1,4-pregnadiene-3,20-dione, *see* F-00156
6α,9-Difluoro-11β,17,21-trihydroxypregna-1,4-diene-3,20-dione 21-acetate 17-butyrate, *see* D-00273
Difluprednate, D-00273
▷Diflupyl, *see* D-00368
Difmecor, *in* F-00044
Di-folliculine, *in* O-00028
▷Diforene, *in* D-00408
▷Difosfen, *in* H-00132
Difral, *in* D-00267
▷Diftalone, *see* P-00222
▷Difuran, *see* N-00190
▷Digacin, *see* D-00275
3,5-Digalloylepicatechin, *in* P-00081
Digammacaine, *see* P-00198
▷Digenic acid, *see* K-00001
▷Digenin, *see* K-00001
Digerent, *see* T-00491
▷Digicor, *in* D-00275
▷Digicorigenin, *in* T-00474
Digiproside, *in* D-00274
▷Digisidin, *in* D-00275
▷Digitalin, *in* T-00474
▷Digitoxigenin, D-00274
Digitoxigenin allomethyloside, *in* D-00274
Digitoxigenin glucosidobisdigitoxoside, *in* D-00274
Digitoxigenin glucosidoglucomethyloside, *in* D-00274
Digitoxigenins glucosidoallomethyloside, *in* D-00274
▷Digitoxin, *in* D-00275
▷Digoxin, D-00275
1,10-Diguanidinodecane, *see* D-00037
Dihexazin, *in* C-00648
Dihexiverine, *see* D-00276
Dihexyverine, D-00276
▷Dihexyverine hydrochloride, *in* D-00276
1,4-Dihydracryloylpiperazine dimethanesulfonate, *see* P-00301
▷Dihydralazine, D-00277
▷Dihydrallazine, *see* D-00277
▷1,4-Dihydrazinophthalazine, *see* D-00277
▷Dihydrex, *see* B-00103
Dihydrin, *in* C-00305
Dihydroactinospectacin, *in* S-00111
▷Dihydroampicillin, *see* E-00074
5,6-Dihydro-5-azathymidine, D-00278
5,14-Dihydrobenz[5,6]isoindolo[2,1-*b*]isoquinoline-8,13-dione, D-00279
4-(9,10-Dihydro-4*H*-benzo[4.5]cyclohepta[1,2-*b*]thien-4-ylidene)-1-methylpiperidine, *see* P-00368
1-[1-[2-(2,3-Dihydro-1,4-benzodioxin-2-yl)ethyl]-4-piperidinyl]-2-imidazolidinone, *see* A-00498
2-(2,3-Dihydro-1,4-benzodioxin-2-yl)-1*H*-imidazole, D-00280
1-[(2,3-Dihydro-1,4-benzodioxin-2-yl)methoxy]-3-[(1,1-dimethylethyl)amino]-2-propanol, *see* D-00471
2-[(2,3-Dihydro-1,4-benzodioxin-2-yl)methyl]-1-ethyl-1*H*-imidazole, *see* I-00036
[(2,3-Dihydro-1,4-benzodioxin-2-yl)methyl]guanidine, *see* G-00115
[(2,3-Dihydro-1,4-benzodioxin-6-yl)methyl]guanidine, *see* G-00088
N-[[1-[(2,3-Dihydro-1,4-benzodioxin-2-yl)methyl]-4-phenyl-4-piperidinyl]methyl]acetamide, *see* A-00047
8-[(2,3-Dihydro-1,4-benzodioxin-2-yl)methyl]-1-phenyl-1,3,8-triazaspiro[4.5]decan-4-one, *see* S-00132
▷1-[(2,3-Dihydro-1,4-benzodioxin-2-yl)methyl]piperidine, *see* P-00294
1-(2,3-Dihydro-1,4-benzodioxin-6-yl)-3-(3-phenyl-1-pyrrolidinyl)-1-propanone, *see* P-00525
1-(2,3-Dihydro-1,4-benzodioxin-5-yl)piperazine, *see* E-00030
[[4-(2,3-Dihydro-1,4-benzodioxin-6-yl)-2-thiazolyl]amino]-oxoacetic acid, *see* E-00061
1-[(3,4-Dihydro-2*H*-1-benzothiopyran-8-yl)oxy]-3-[(1,1-dimethylethyl)amino]-2-propanol, *see* T-00097
Dihydrobenzthiazide, *in* B-00103
1,3-Dihydro-3,3-bis(4-hydroxyphenyl)-2*H*-indol-2-one, *see* O-00160
2,3-Dihydro-7-chloro-4-hydroxy-1*H*-indene-5-carboxylic acid, *see* C-00243
4,5-Dihydro-2-[(4-chloro-1-naphthyl)methyl]-1*H*-imidazole, *see* C-00476
10,11-Dihydrocinchonan-6′,9-diol, *in* C-00574
(9*S*)-10,11-Dihydrocinchonan-9-ol, *in* C-00358
10,11-Dihydrocinchonine, *in* C-00358
▷Dihydrocodeine, *in* D-00294
(±)-Dihydrocodeine, *in* D-00294
▷Dihydrocodeinone, *in* H-00102
▷7,8-Dihydrocodeinone enol acetate, *see* T-00161
Dihydroconessine, *in* C-00540
Dihydrocupreine, *in* C-00574
▷Dihydrodeoxymorphine, *see* D-00100
Dihydrodesoxycodeine, *in* D-00100
10,11-Dihydro-5*H*-dibenz[*b,f*]azepin-10-amine, *see* A-00241
5,11-Dihydro-10*H*-dibenz[*b,f*]azepin-10-one, D-00281
▷1′-[3-(10,11-Dihydro-5*H*-dibenz[*b,f*]azepin-5-yl)propyl]-[1,4′-bipiperidine]-4′-carboxamide, *see* C-00097
9,13*b*-Dihydro-1*H*-dibenz[*c,f*]imidazo[1,5-*a*]azepin-3-amine, *see* A-00242
10,11-Dihydro-5*H*-dibenzo[*a,d*]cycloheptene-5-carboxylic acid, D-00282
10,11-Dihydro-5*H*-dibenzo[*a,d*]cycloheptene-5-carboxylic acid 8-methyl-8-azabicyclo[3.2.1]oct-3-yl ester, *in* D-00282
10,11-Dihydro-5*H*-dibenzo[*a,d*]cyclohepten-5-one *O*-[2-dimethylamino)ethyl]oxime, *see* N-00229
7-[(10,11-Dihydro-5*H*-dibenzo[*a,d*]cyclohepten-5-yl)amino]-heptanoic acid, *see* A-00200
1-(10,11-Dihydro-5*H*-dibenzo[*a,d*]cyclohepten-5-ylidene)-3-(dimethylamino)-2-propanone, *see* C-00554
▷3-(10,11-Dihydro-5*H*-dibenzo[*a,d*]cyclohepten-5-ylidene)-*N,N*-dimethyl-1-propanamine, *in* N-00224
α-[1-[[2-(10,11-Dihydro-5*H*-dibenzo[*a,d*]cyclohepten-5-ylidene)ethyl]methylamino]ethyl]benzenemethanol, *see* T-00407
▷3-(10,11-Dihydro-5*H*-dibenzo[*a,d*]cyclohepten-5-ylidene)-1-ethyl-2-methylpyrrolidine, *see* P-00346
▷3-(10,11-Dihydro-5*H*-dibenzo[*a,d*]cyclohepten-5-ylidene)-*N*-methyl-1-propanamine, *see* N-00224
▷3-(10,11-Dihydro-5*H*-dibenzo[*a,d*]cyclohepten-5-y, *see* B-00424
▷2-[(10,11-Dihydro-5*H*-dibenzo[*a,d*]cyclohepten-5-yl)oxy]-*N,N*-dimethylacetamide, *see* O-00122
3-[(10,11-Dihydro-5*H*-dibenzo[*a,d*]cyclohepten-5-yl)oxy]-8-methyl-8-azabicyclo[3.2.1]octane, *see* D-00087
4-(10,11-Dihydro-5*H*-dibenzo[*a,d*]cyclohepten-5-yloxy)-1-methylpiperidine, *see* H-00033
3α-[(10,11-Dihydro-5*H*-dibenzo[*a,d*]cyclohepten-5-yl)oxy]-1α*H*,5α*H*-tropane, *see* D-00087
1*a*,10*b*-Dihydrodibenzo[*a,e*]cyclopropa[*c*]cyclohepten-6(1*H*)-one *O-(2-aminoethyl)oxime*, *see* M-00024
3-(1*a*,10*b*-Dihydrodibenzo[*a,e*]cyclopropa[*c*]cyclohepten-6(1*H*)-ylidene)-*N*-methyl-1-propanamine, *see* O-00026
7-[(6,11-Dihydrodibenzo[*b,e*]thiepin-11-yl)oxy]-9,9-dimethyl-3-oxa-9-azoniatricyclo[3.3.1.0^{2,4}]nonane, *see* S-00059
3-[(6,11-Dihydrodibenzo[*b,e*]thiepin-11-yl)oxy]-8-methyl-8-propyl-8-azoniabicyclo[3.2.1]octane, *see* T-00312
3-[(6,11-Dihydrodibenzo[*b,e*]thiepin-11-yl)oxy]propyltropanium, *see* T-00312
1-[2-(6,11-Dihydrodibenz[*b,e*]oxepin-11-yl)methylamino]-3-phenoxy-2-propanol, *see* D-00590
Dihydrodiethylstilboestrol, *see* B-00220
9,10-Dihydro-4,5-dihydroxy-9,10-dioxo-2-anthracenecarboxylic acid, *see* D-00309

3,4-Dihydro-6,8-dihydroxy-3-(*p*-methoxyphenethyl)isocoumarin, *see* A-00084
3,4-Dihydro-6,8-dihydroxy-3-[2-(4-methoxyphenyl)ethyl]-1*H*-2-benzopyran-1-one, *see* A-00084
1,4-Dihydro-3,5-diiodo-1-methyl-4-oxo-2,6-pyridinedicarboxylic acid, *see* I-00109
▷5,6-Dihydro-9,10-dimethoxybenzo[*g*]-1,3-benzodioxolo[5,6-*a*]-quinolizinium, *see* B-00135
8,9-Dihydro-4,11-dimethoxy-9-methylene-5-oxospiro[5*H*-furo[3′,2′:6,7][1]benzopyrano[3,2-*c*]pyridine-7-(6*H*),1′-piperidinium](1+), *see* A-00510
4-[2-(3,4-Dihydro-6,7-dimethoxy-1-methyl-2(1*H*)-isoquinolinyl)-ethyl]benzenamine, *see* V-00017
6,11-Dihydro-6-[2-(dimethylamino)-2-methylethyl]-5*H*-pyrido-2,3-*b*][1,5]benzodiazepin-5-one, *see* P-00508
10,11-Dihydro-5-(3-dimethylamino-2-oxopropylidene)-5*H*-dibenzo[*a,d*]cycloheptene, *see* C-00554
5,6-Dihydro-*N*-[3-(dimethylamino)propyl]-11*H*-dibenz[*b,e*]-azepine, *see* P-00405
▷6,11-Dihydro-11-(3-dimethylaminopropylidene)dibenzo[*b,e*]-thiepin, *see* D-00588
10,11-Dihydro-*N*,5-dimethyl-5*H*-dibenz[*b,f*]azepin-10-amine, *in* A-00241
6,11-Dihydro-*N,N*-dimethyl-5*H*-dibenz[*b,e*]azepine-5-propanamine, *see* P-00405
▷10,11-Dihydro-*N,N*-dimethyl-5*H*-dibenz[*bf*]azepine-5-propanamine, *see* I-00040
▷10,11-Dihydro-*N,N*-dimethyl-5*H*-dibenzo[*a,d*]cycloheptene-$\Delta^{5,\gamma}$-propylamine, *in* N-00224
▷6,11-Dihydro-*N,N*-dimethyldibenzo[*b,e*]thiepine-11-propanamine, *see* D-00420
5,6-Dihydro-7,8-dimethyl-4,5-dioxo-4*H*-pyrano[3,2-*c*]-quinoline-2-carboxylic acid 3-methylbutyl ester, *see* R-00024
5-[1,4-Dihydro-2,6-dimethyl-3-methoxycarbonyl-4-(2-nitro-phenyl)-5-pyridylcarbonyl]isosorbide, *see* S-00105
3,7-Dihydro-1,8-dimethyl-3-(2-methylbutyl)-1*H*-purine-2,6-dione, *see* V-00022
6,11-Dihydro-*N,N*-dimethyl-11-methylene-5*H*-dibenz[*b,e*]-azepine-5-propanamine, *see* E-00065
▷1,2-Dihydro-1,5-dimethyl-4-[(1-methylethyl)amino]-2-phenyl-3*H*-pyrazol-3-one, *see* R-00007
▷1,2-Dihydro-1,5-dimethyl-4-(1-methylethyl)-2-phenyl-3*H*-pyrazol-3-one, *see* P-00519
3,7-Dihydro-1,3-dimethyl-7-[2-(1-methyl-2-phenylethyl)-aminoethyl]-1*H*-purine-2,6-dione, *see* F-00047
▷1,2-Dihydro-1,5-dimethyl-4-[(3-methyl-2-phenyl-4-morpholinyl)-methyl]-2-phenyl-3*H*-pyrazol-3-one, *see* M-00439
4,9-Dihydro-1,3-dimethyl-4-[(4-methyl-1-piperazinyl)-acetyl]-pyrazolo[4,3-*b*]benzodiazepin-10(1*H*)-one, *see* Z-00029
10,11-Dihydro-*N,N*-dimethyl-11-(4-methyl-1-piperazinyl)-dibenzo[*b,f*]thiepin-2-sulfonamide, *see* S-00201
▷1,4-Dihydro-2,6-dimethyl-4-(2-nitrophenyl)-3,5-pyridinedicarboxylic acid dimethyl ester, *see* N-00110
1,4-Dihydro-2,6-dimethyl-4-(2-nitrophenyl)-3,5-pyridinedicarboxylic acid methyl 2-methylpropyl ester, *see* N-00159
1,4-Dihydro-2,6-dimethyl-4-(3-nitrophenyl)-3,5-pyridine dicarboxylic acid methyl 1-(phenylmethyl)-3-piperidinyl ester, *see* B-00054
1,4-Dihydro-2,6-dimethyl-4-(3-nitrophenyl)-3,5-pyridinedicarboxylic acid 2-[4-(diphenylmethyl)-1-piperazinyl]ethyl methyl ester, *see* M-00017
1,4-Dihydro-2,6-dimethyl-4-(3-nitrophenyl)-3,5-pyridinedicarboxylic acid 2-(dimethylamino)ethyl phenyl-methyl ester, *see* N-00088
1,4-Dihydro-2,6-dimethyl-4-(3-nitrophenyl)-3,5-pyridinedicarboxylic acid 3-(4,4-diphenyl-1-piperidinyl)-propyl methyl ester, *see* N-00138
▷1,4-Dihydro-2,6-dimethyl-4-(3-nitrophenyl)-3,5-pyridinedicarboxylic acid bis(2-propoxyethyl) ester, *see* N-00142
1,4-Dihydro-2,6-dimethyl-4-(3-nitrophenyl)-3,5-pyridinedicarboxylic acid 2-methoxyethyl 1-methylethyl ester, *see* N-00149
1,4-Dihydro-2,6-dimethyl-4-(3-nitrophenyl)-3,5-pyridinedicarboxylic acid ethyl methyl ester, *see* N-00172
1,4-Dihydro-2,6-dimethyl-5-nitro-4-[2-(trifluoromethyl)-phenyl]-3-pyridinecarboxylic acid, D-00283
4,5-Dihydro-4,4-dimethyl-2-oxazolamine, *see* A-00243
▷10,11-Dihydro-*α*,8-dimethyl-11-oxodibenz[*b,f*]oxepin-2-acetic acid, *see* B-00136
3,7-Dihydro-1,3-dimethyl-7-(5-oxohexyl)-1*H*-purine-2,6-dione, *see* L-00081
▷3,7-Dihydro-3,7-dimethyl-1-(5-oxohexyl)-1*H*-purine-2,6-dione, *see* O-00142
N-(2,3-Dihydro-1,5-dimethyl-3-oxo-2-phenyl-1*H*-pyrazol-4-yl)-2-hydroxybenzamide, *see* A-00416
[(2,3-Dihydro-1,5-dimethyl-3-oxo-2-phenyl-1*H*-pyrazol-4-yl)-methylamino]methanesulfonic acid, *see* D-00532
▷*N*-[[(2,3-Dihydro-1,5-dimethyl-3-oxo-2-phenyl-1*H*-pyrazol-4-yl)(1-methylethyl)amino]methyl]-3-pyridinecarboxamide, *see* N-00155
[(2,3-Dihydro-1,5-dimethyl-3-oxo-2-phenyl-1*H*-pyrazol-4-yl)-(2-methylpropyl)amino]methanesulfonic acid, *see* D-00170
N-(2,3-Dihydro-1,5-dimethyl-3-oxo-2-phenyl-1*H*-pyrazol-4-yl)-*N*-methyl-3-pyridinecarboxamide, *see* M-00273
▷*N*-(2,3-Dihydro-1,5-dimethyl-3-oxo-2-phenyl-1*H*-pyrazol-4-yl)-3-pyridinecarboxamide, *see* N-00112
4,5-Dihydro-2,3-dimethyl-4-phenyl-3*H*-1,3-benzodiazepine, *see* D-00023
2,3-Dihydro-*N*,3-dimethyl-1-phenyl-1*H*-indole-3-propanamine, *see* D-00006
4,8-Dihydro-3,8-dimethyl-4-phenylpyrazolo[3,4-*b*][1,4]-diazepine-5,7(1*H*,6*H*)-dione, *see* R-00015
▷1,2-Dihydro-1,5-dimethyl-2-phenyl-3*H*-pyrazol-3-one, D-00284
3,7-Dihydro-6,7-dimethyl-5-phenylpyrrolo[3,4-*e*]-1,4-diazepin-2(1*H*)one, *see* P-00418
1,2-Dihydro-1,5-dimethyl-2-phenyl-4-(4-quinazolinylamino)-3*H*-pyrazol-3-one, *see* Q-00013
▷3,7-Dihydro-1,3-dimethyl-1*H*-purine-2,6-dione, *see* T-00169
▷3,7-Dihydro-3,7-dimethyl-1*H*-purine-2,6-dione, *see* T-00166
▷3,7-Dihydro-1,3-dimethyl-7-[2-[(3-pyridinylmethyl)amino]-ethyl]-1*H*-purine-2,6-dione, *see* P-00254
5,7-Dihydro-7,7-dimethyl-2-(4-pyridinyl)pyrrolo[2,3-*f*]-benzimidazol-6(1*H*)-one, *see* A-00069
10,11-Dihydro-*N,N*-dimethylspiro[5*H*-dibenzo[*a,d*]-cyclo-heptene-5,2′-[1,3]dioxolane]-4′-methylamine, *see* C-00340
1,3-Dihydro-3,3-dimethyl-5-(1,4,5,6-tetrahydro-6-oxo-3-pyridazinyl)-2*H*-indol-2-one, *see* I-00064
3,7-Dihydro-1,3-dimethyl-7-[2-(2,2,2-trichloro-1-hydroxyethoxy)ethyl]-1*H*-purine-2,6-dione, *see* T-00451
1,4-Dihydro-2,6-dimethyl-4-[2-(trifluoromethyl)phenyl]-3,5-pyridinedicarboxylic acid 2-[(4-azidobenzoyl)amino]-ethyl ethyl ester, *see* A-00523
1,4-Dihydro-2,6-dimethyl-4-[2-(trifluoromethyl)phenyl]-3,5-pyridinedicarboxylic acid ethyl 2-[[3-(4-hydroxy-3-iodophenyl]-1-oxopropyl]amino]ethyl ester, *see* I-00098
14,15-Dihydro-20,21-dinoreburnaminin-14-ol, *see* V-00038
▷*S*-[(1,3-Dihydro-1,3-dioxo-2*H*-isoindol-2-yl)methyl] *O,O*-dimethyl phosphorodithioate, *see* P-00213
1,2-Dihydro-1,5-diphenyl-2-[3-[4-(2-pyridinyl)-1-piperazinyl]-propyl]-3*H*-pyrazol-3-one, *see* R-00034
14,15-Dihydroeburnamenin-14-ol, *see* V-00034
Dihydroergocristine, *in* E-00102
Dihydroergocryptine, D-00285
Dihydro-*β*-ergocryptine, *in* D-00285
Dihydroergocryptine *B*, *in* D-00285
▷Dihydroergotamine, *in* E-00106
Dihydroergotamine mesylate, *in* E-00106
1-(9,10-Dihydro-9,10-ethano-9-anthryl)-4-methylpiperazine, *see* T-00403
Dihydroethaverine, *see* D-00611
▷Dihydroflumethiazide, *see* H-00099
3-Dihydro-2(3*H*)-furanylidene-5-methyl-2,4(3*H*,5*H*)furandione, *see* C-00086
Dihydrogen bis(*N*-ethylidenethreoninato)diaquoferrate(II), *see* F-00091

▷7,8-Dihydro-14-hydroxycodeinone, *in* O-00155
▷Dihydrohydroxycodeinone hydrochloride, *in* O-00155
1,2-Dihydro-4-hydroxy-*N*,1-dimethyl-2-oxo-*N*-phenyl-3-quinolinecarboxamide, *see* R-00091
3,4-Dihydro-3-hydroxy-2,2-dimethyl-4-(2-oxo-1-pyrrolidinyl)-2*H*-1-benzopyran-6-carbonitrile, *see* C-00563
14,15-Dihydro-14-hydroxyeburnamenine-14-carboxylic acid methyl ester, *see* V-00033
4,9-Dihydro-4-[1-[2-[2-[(2-hydroxyethoxy)ethoxy]ethyl]-4-piperidinylidene]-10*H*-benzo[4.5]cyclohepta[1,2-*b*]-thiophen-10-one, *see* E-00255
▷3,7-Dihydro-7-(2-hydroxyethyl)-1,3-dimethyl-1*H*-purine-2,6-dione, *see* E-00253
1,9-Dihydro-9-[1-(1-hydroxyethyl)heptyl]-6*H*-purin-6-one, *see* N-00226
▷3,7-Dihydro-8-[(2-hydroxyethyl)methylamino]-1,3,7-trimethyl-1*H*-purine-2,6-dione, *see* C-00008
▷3,7-Dihydro-7-[(2-hydroxy-3-hydroxyethyl)methylamino]-propyl-1,3-dimethyl-1*H*-purine-2,6-dione, *see* X-00003
2,3-Dihydro-4-hydroxy-6-(2-hydroxyethyl)-2,2,5,7-tetramethyl-1*H*-inden-1-one, *see* O-00049
▷6-(1,3-Dihydro-4-hydroxy-6-methoxy-7-methyl-3-oxo-5-isobenzofuranyl)-4-methyl-4-hexenoic acid, *see* M-00475
1,2-Dihydro-5-[4-[2-hydroxy-3-[4-(2-methoxyphenyl)-1-piperazinyl]propoxy]phenyl]-6-methyl-2-oxo-3-pyridinecarbonitrile, *see* S-00027
N-[2-[4-[2,3-Dihydro-2-(hydroxymethyl)-1,4-benzodioxin-5-yl]-1-piperazinyl]ethyl]-4-fluorobenzamide, *see* F-00117
3,4-Dihydro-8-[2-hydroxy-3-[(1-methylethyl)amino]propoxy-2*H*-1-benzopyran-3-ol 3-nitrate, *see* N-00154
2,3-Dihydro-3-[2-hydroxy-3-[(1-methylethyl)amino]propoxy]-2-phenyl-1*H*-isoindol-1-one, *see* N-00197
9,10-Dihydro-12′-hydroxy-2′-(1-methylethyl)-5′-(1-methylpropyl)ergotaman-3′,18-dione, *see* D-00098
▷2,3-Dihydro-3-hydroxy-1-methyl-1*H*-indole-5,6-dione, *see* A-00077
▷3,7-Dihydro-7-[3-[[2-hydroxy-3-[(2-methyl-1*H*-indol-4-yl)-oxy]-propyl]amino]butyl]-1,3-dimethyl-1*H*-purine-2,6-dione, *see* T-00075
1,5-Dihydro-5-hydroxy-4-methyl-2*H*-pyrrol-2-one, *see* J-00001
7,8-Dihydro-14-hydroxymorphinone, *see* O-00155
2,3-Dihydro-5-hydroxy-1,4-naphthalenedione, *in* H-00179
1,3-Dihydro-1-[3-[[2-hydroxy-3-(1-naphthalenyloxy)propyl]-amino]-3-methylbutyl]-2*H*-benzimidazol-2-one, *see* A-00070
6,7-Dihydro-17-hydroxy-3-oxo-3′*H*-cyclopropa[6,7]pregna-4,6-diene-21-carboxylic acid, *see* P-00524
4,5-Dihydro-*N*-hydroxy-4-oxo-5-(phenylmethyl)-1*H*-1,2,5-benzotriazepine-3-carboximidamide, *see* T-00543
6,7-Dihydro-5-[[(2-hydroxy-3-phenoxycyclopentyl)amino]-methyl-2-methylbenzo[*b*]thiophen-4(5*H*)-one, *see* T-00310
6,11-Dihydro-*N*-(2-hydroxy-3-phenoxypropyl)-*N*-methyl-dibenz[*b*,*e*]oxepin-11-ethylamine, *see* D-00590
3,7-Dihydro-7-[2-hydroxy-3-[4-[3-(phenylthio)propyl]-1-piperazinyl]propyl]-1,3-dimethyl-1*H*-purine-2,6-dione, *see* T-00041
▷3,7-Dihydro-1-(2-hydroxypropyl)-3,7-dimethyl-1*H*-purine-2,6-dione, *see* P-00534
▷3,7-Dihydro-7-(2-hydroxypropyl)-1,3-dimethyl-1*H*-purine-2,6-dione, *see* P-00551
(1α)-1,2-Dihydro-12-hydroxysenecionan-11,16-dione, *see* P-00372
9,10-Dihydro-5-hydroxy-4,8,8-trimethyl-2*H*,4*H*-benzo[1,2-*b*:4,3-*c*′]dipyran-2,6(8*H*)-dione, *see* F-00302
▷4,6-Dihydro-8-hydroxy-3,4,5-trimethyl-6-oxo-3*H*-2-benzopyran-7-carboxylic acid, *see* C-00403
▷3-[(4,5-Dihydro-1*H*-imidazol-2-yl)methyl]-6-(1,1-dimethylethyl)-2,4-dimethylphenol, *see* O-00153
N-(4,5-Dihydro-1*H*-imidazol-2-yl)-2-methyl-2*H*-indazol-4-amine, *see* I-00051
▷3-[[4,5-Dihydro-1*H*-imidazol-2-yl)methyl](4-methylphenyl)-amino]phenol, *see* P-00175
2-[2-(4,5-Dihydro-1*H*-imidazol-2-yl)-1-phenylethyl]pyridine, *see* M-00365
4,5-Dihydro-6-[4-(1*H*-imidazol-1-yl)phenyl]-3(2*H*)-pyridazinone, *see* I-00026
4,5-Dihydro-6-[4-(1*H*-imidazol-1-yl)-2-thienyl]-5-methyl-3(2*H*)-pyridazinone, *see* M-00454
3-[(4,5-Dihydro-1*H*-imidazol-2-yl)thio]-1*H*-indole, *see* T-00292
▷2,3-Dihydro-1*H*-imidazo[1,2-*b*]pyrazole, *in* I-00032
N-(2,3-Dihydro-1*H*-inden-2-yl)-*N*′,*N*′-diethyl-*N*-phenyl-1,3-propanediamine, *see* A-00429
N-(2,3-Dihydro-1*H*-inden-4-yl)-4,5-dihydro-1*H*-imidazol-2-amine, *see* I-00050
N-(2,3-Dihydro-1*H*-inden-2-yl)-*N*-(*N*-[1-(ethoxycarbonyl)-3-phenylpropyl]-L-alanyl]glycine, *see* D-00051
O-(2,3-Dihydro-1*H*-inden-5-yl) methyl(3-methylphenyl)-carbamothioate, *see* T-00351
8,13-Dihydroindolo[2′,3′:3,4]pyrido[2,1-*b*]quinazolin-5(7*H*)-one, *see* R-00105
3,7-Dihydro-7-[2-[4-(1*H*-indol-3-yl)-1-piperidinyl]ethyl]-1,3-dimethyl-1*H*-purine-2,6-dione, *see* T-00020
1,2-Dihydro-4-iodo-1,5-dimethyl-2-phenyl-3*H*-pyrazol-3-one, D-00286
▷2,3-Dihydro-5-iodo-2-thioxo-4(1*H*)-pyrimidinone, D-00287
▷Dihydroisophorol, *see* T-00506
3,4-Dihydro-2(1*H*)-isoquinolinecarboximidamide, *see* D-00033
N′-(3,4-Dihydro-1-isoquinolinyl)-*N*,*N*-diethyl-1,2-ethanediamine, *see* I-00168
Dihydrokurchessine, *in* P-00416
Dihydrolatumcidin, *in* A-00002
N-(Dihydrolysergyl)sphingosine, *see* D-00586
Dihydromenaquinones, *in* V-00065
4′,5′-Dihydro-7α-mercaptospiro[androst-4-ene-17β,2′-(3′*H*)-furan]-3-one acetate, *see* S-00131
2,3-Dihydro-5-(4-methoxybenzoyl)-1*H*-pyrrolizine-1-carboxylic acid, *see* A-00393
▷(9*S*)-10,11-Dihydro-6′-methoxycinchonan-9-ol, *in* Q-00027
(8α,9*R*)-10,11-Dihydro-6′-methoxycinchonan-9-ol, *in* Q-00028
1,2-Dihydro-9-methoxyellipticine, *in* M-00198
2,3-Dihydro-*N*-[2-(2-methoxyethoxy)ethyl]-1,4-benzodioxin-2-methanamine, *see* A-00168
N-(2,3-Dihydro-1-methoxy-1*H*-inden-2-yl)-*N*′,*N*′-diethyl-*N*-phenyl-1,3-propanediamine, *see* M-00459
1,3-Dihydro-1-(methoxymethyl)-7-nitro-5-phenyl-2*H*-1,4-benzodiazepin-2-one, *see* M-00455
3,4-Dihydro-2-methoxy-2-methyl-4-phenyl-2*H*,5*H*-pyrano[3,2-*c*][1]benzopyran-5-one, *see* C-00599
▷5,8-Dihydro-5-methoxy-8-oxo-1,3-dioxolo[4,5-*g*]quinoline-7-carboxylic acid, *see* M-00377
3,4-Dihydro-1-[(4-methoxyphenoxy)methyl]isoquinoline, *see* M-00085
4,5-Dihydro-6-[2-(4-methoxyphenyl)-1*H*-benzimidazol-5-yl]-5-methyl-3(2*H*)-pyridazinone, *see* P-00261
▷1-[2-[4-(3,4-Dihydro-6-methoxy-2-phenyl-1-naphthalenyl)-phenoxy]ethyl]pyrrolidine, *see* N-00021
[3,4-Dihydro-2-(4-methoxyphenyl)-1-naphthalenyl][4-[2-(1-pyrrolidinyl)ethoxy]phenyl]methanone, *see* T-00520
▷1-[2-[*p*-(3,4-Dihydro-6-methoxy-2-phenyl-1-naphthyl)-phenoxy]-ethyl]pyrrolidine, *see* N-00021
▷3,12-Dihydro-6-methoxy-3,3,12-trimethyl-7*H*-pyrano[2,3-*c*]-acridin-7-one, *see* A-00050
5,6-Dihydro-5-[3-(methylamino)propyl]-11*H*-dibenz[*b*,*e*]-azepine, *see* M-00356
▷10,11-Dihydro-5-[3-(methylamino)propyl]-5*H*-dibenz[*b*,*f*]-azepine, *see* D-00095
5,6-Dihydro-5-[3-(methylamino)propyl]morphanthridine, *see* M-00356
3,4-Dihydro-2-methyl-2*H*-1-benzopyran-3-amine, *see* A-00245
4,5-Dihydro-2-[(2-methylbenzo[*b*]thien-3-yl)methyl]-1*H*-imidazole, *see* M-00347
▷3,4-Dihydro-6-methyl-2*H*-1-benzothiopyran-7-sulfonamide 1,1-dioxide, *see* M-00319
1,3-Dihydro-7-methyl-3,3-bis[4-(sulfooxy)phenyl]-2*H*-indol-2-one, *see* S-00226
▷10,11-Dihydro-6′-(3-methylbutoxy)cinchonan-9-ol, *see* E-00276

▷Dihydro-5-(1-methylbutyl)-5-[2-(methylthio)ethyl]-2-thioxo-4,6(1*H*,5*H*)-pyrimidinedione, *see* M-00184

Dihydro-5-(1-methylbutyl)-5-(2-propenyl)-2-thioxo-4,6-(1*H*,5*H*)-pyrimidinedione, *see* T-00180

▷10,11-Dihydro-*N*-methyl-5*H*-dibenz[*b,f*]azepine-5-propanamine, *see* D-00095

3-(5,6-Dihydro-5-methyl-11*H*-dibenz[*b,e*]azepin-11-ylidene)-*N*,*N*-dimethyl-1-propanamine, *see* E-00021

▷10,11-Dihydro-*N*-methyl-5*H*-dibenzo[*a,d*]cycloheptene-$\Delta^{5,\gamma}$-propylamine, *see* N-00224

10,11-Dihydro-5-methyl-5*H*-dibenzo[*a,d*]cyclohepten-5,10-imine, *see* D-00560

3-[(1,4-Dihydro-3-methyl-1,4-dioxo-2-naphthalenyl)thio]-propanoic acid, D-00288

3,7-Dihydro-7-methyl-1,3-dipropyl-1*H*-purine-2,6-dione, *see* D-00524

1,3-Dihydro-*N*-(1-methylethyl)-1,3-dioxo-2*H*-isoindole-2-ethanesulfonamide, *see* T-00018

▷1,3-Dihydro-1-methyl-2*H*-imidazole-2-thione, D-00289

1,3-Dihydro-3-methyl-3-[3-(methylamino)propyl]-1-phenyl-2*H*-indol-2-one, *see* A-00179

6,11-Dihydro-6-methyl-11-(8-methyl-8-azabicyclo[3.2.1]oct-3-yloxy)dibenzo[*c,f*][1,2]thiazepine 5,5-dioxide, *see* Z-00009

2,3-Dihydro-α-methyl-2-(1-methylethyl)-1*H*-indene-5-acetic acid, *see* I-00207

6,11-Dihydro-6-methyl-11-[3-[methyl(α-methylphenethyl)-amino]propyl]dibenzo[1,2,5]thiadiazapine 5,5-dioxide, *see* P-00426

4,9-Dihydro-3-methyl-4-[(4-methyl-1-piperazinyl)acetyl]-10*H*-thieno[3,4-*b*][1,5]benzodiazepin-10-one, *see* T-00057

3,4-Dihydro-5-methyl-6-(2-methylpropyl)-4-oxothieno[2,3-*d*]-pyrimidine-2-carboxylic acid, *see* T-00316

1,3-Dihydro-4-methyl-5-[4-(methylthio)benzoyl]-2*H*-imidazol-2-one, *see* E-00062

▷Dihydro-6-methylmorphine, *see* M-00245

2,4-Dihydro-5-methyl-2-[2-(2-naphthalenyloxy)ethyl]-3*H*-pyrazol-3-one, *see* N-00011

▷1,3-Dihydro-1-methyl-7-nitro-5-phenyl-2*H*-1,4-benzodiazepin-2-one, *see* N-00147

3,4-Dihydro-6-methyl-1,2,3-oxathiazin-4-one 2,2-dioxide, *see* M-00275

1,6-Dihydro-2-methyl-6-oxo[3,4′-bipyridine]-5-carbonitrile, *see* M-00378

N-(4,5-Dihydro-4-methyl-5-oxo-1,2-dithiolo[4,3-*b*]pyrrol-6-yl)-propanamide, *see* A-00477

3,7-Dihydro-3-methyl-1-(5-oxohexyl)-7-propyl-1*H*-purine-2,6-dione, *see* P-00495

(4,5-Dihydro-1-methyl-4-oxo-1*H*-imidazol-2-yl)-phosphoramidic acid, *see* F-00255

3,4-Dihydro-3-methyl-4-oxoimidazo[5,1-*d*][1,2,3,5]-tetrazine-8-carboxamide, *see* T-00064

4,5-Dihydro-5-methyl-4-oxo-5-phenyl-2-furancarboxylic acid, D-00290

1,4-Dihydro-2-methyl-4-oxo-6-[(3-pyridinylmethyl)amino]-5-pyrimidinecarbonitrile, *see* P-00055

1,2-Dihydro-6-methyl-2-oxo-5-(4-pyridinyl)nicotinonitrile, *see* M-00378

3,6-Dihydro-α-[(2-methylphenoxy)methyl]-1(2*H*)-pyridineethanol, *see* T-00366

4-[[1,3-Dihydro-6-methyl-4-(phenylmethyl)furo[3,4-*c*]-pyridin-7-yl]oxy]-*N*-(1-methylethyl)-1-butanamine, *see* B-00016

6,7-Dihydro-*N*-methyl-*N*-(phenylmethyl)indolo[1,7-*ab*][1]-benzazepin-1-ethanamine, *see* A-00526

5,11-Dihydro-11-[(4-methyl-1-piperazinyl)acetyl]-6*H*-pyrido[2,3-*b*][1,4]benzodiazepin-6-one, *see* P-00321

2,3-Dihydro-3-(4-methylpiperazinylmethyl)-2-phenyl-1,5-benzothiazepin-4(5*H*)one, D-00291

6,11-Dihydro-11-[(1-methyl-4-piperidinyl)carbonyl]-5*H*-pyrido[2,3-*b*][1,5]benzodiazepin-5-one, *see* N-00233

9,10-Dihydro-10-(1-methyl-4-piperidinylidene)-9-anthracenol, *see* D-00011

6,11-Dihydro-11-(1-methyl-4-piperidinylidene)-5*H*-benzo[5,6]-cyclohepta[1,2-*b*]pyridine, *see* A-00512

4,9-Dihydro-4-(1-methyl-4-piperidinylidene)-10*H*-benzo[4,5]-cyclohepta[1,2-*b*]thiophen-10-one, *see* K-00020

1,2-Dihydro-2-(1-methyl-4-piperidinyl)-5-phenyl-4-(phenylmethyl)-3*H*-pyrazol-3-one, *see* B-00100

[3-[1,6-Dihydro-5-(2-methylpropyl)-6-oxopyrazinyl]propyl]-guanidine, *see* A-00442

Dihydro-5-(2-methylpropyl)-5-(2-propenyl)-2-thioxo-4,6(1*H*,5*H*)-pyrimidinedione, *see* B-00400

[2-(3,6-Dihydro-4-methyl-1(2*H*)-pyridinyl)ethyl]guanidine, *see* G-00099

1,3-Dihydro-1-[1-[(4-methyl-4*H*,6*H*-pyrrolo[1,2-*a*][4,1]-benzoxazepin-4-yl)methyl]-4-piperidinyl]-2*H*-benzimidazol-2-one, D-00292

1,5-Dihydro-5-methyl-1-β-D-ribofuranosyl-1,4,5,6,8-pentaazaacenaphthylen-3-amine, *see* T-00445

4,5-Dihydro-5-methyl-1-(4,5,6,7-tetrahydro-2-benzothiazolyl-1*H*-pyrazol-3-amine, *see* E-00277

▷1-[10,11-Dihydro-8-(methylthio)dibenzo[*b,f*]thiepin-10-yl]-4-methylpiperazine, *see* M-00324

4-[10,11-Dihydro-8-(methylthio)dibenzo[*b,f*]thiepin-10-yl]-1-piperazinepropanol, *see* O-00162

▷2,3-Dihydro-3-methyl-2-thioxo-1*H*-imidazole-1-carboxylic acid ethyl ester, *see* C-00051

▷2,3-Dihydro-6-methyl-2-thioxo-4(1*H*)pyrimidinone, D-00293

6,11-Dihydro-6-methyl-11-(1α*H*,5α*H*-tropan-3α-yloxy)-dibenzo[*c,f*]thiazepine 5,5-dioxide, *see* Z-00009

5,6-Dihydromocimyin C, *in* M-00413

▷Dihydromorphine, D-00294

▷7,8-Dihydromorphin-6-one, *see* H-00102

▷2,3-Dihydro-1-(morpholinoacetyl)-3-phenyl-4(1*H*)-quinazolinone, *see* M-00436

▷2,3-Dihydro-1-(4-morpholinylacetyl)-3-phenyl-4(1*H*)-quinazolinone, *see* M-00436

Dihydronabilone, *in* C-00025

1,2-Dihydro-2-naphthalenamine, *see* D-00295

2-[(3,4-Dihydro-2-naphthalenyl)methyl]-4,5-dihydro-1*H*-imidazole, *see* N-00040

▷4,5-Dihydro-2-(1-naphthalenylmethyl)-1*H*-imidazole, *see* N-00041

1,2-Dihydro-2-naphthylamine, D-00295

2-[(3,4-Dihydro-2-naphthyl)methyl]-2-imidazoline, *see* N-00040

1-[(5,6-Dihydro-1-naphthyl)oxy]-3-(isopropylamino)-2-propanol, *see* I-00019

Dihydro-N-hydroxyabikoviromycin, *in* A-00002

6,7-Dihydro-3-(5-nitro-2-furanyl)-5*H*-imidazo[2,1-*b*]-thiazol-4-ium, *see* F-00285

2,3-Dihydro-7-nitro-2-oxo-5-phenyl-1*H*-1,4-benzodiazepine-3-carboxylic acid, *see* N-00171

▷1,3-Dihydro-7-nitro-5-phenyl-2*H*-1,4-benzodiazepin-2-one, *see* N-00170

5-[7-[4-(4,5-Dihydro-2-oxazolyl)phenoxy]heptyl]-3-methyl-isoxazole, *see* D-00538

2,3-Dihydro-3-oxo-4*H*-1,4-benzoxazine-4-acetamide, *see* P-00031

10,11-Dihydro-10-oxo-5*H*-dibenz[*b,f*]azepine-5-carboxamide, *in* D-00281

1-[(5,6-Dihydro-6-oxo-11*H*-dibenz[*b,e*]azepin-11-ylidene)-acetyl]-4-methylpiperazine, *see* D-00015

6,11-Dihydro-11-oxodibenzo[*b,e*]thiepin-3-acetic acid, *see* T-00302

▷6,11-Dihydro-11-oxodibenz[*b,e*]oxepin-2-acetic acid, *see* I-00216

▷6,11-Dihydro-11-oxodibenz[*b,e*]oxepin-3-acetic acid, *see* O-00103

1,3-Dihydro-3-oxo-1-isobenzofuranyl 2-(acetyloxy)benzoate, *see* T-00015

▷1,3-Dihydro-3-oxo-1-isobenzofuranyl 2-[[3-(trifluoromethyl)-phenyl]amino]-3-pyridinecarboxylate, *see* T-00013

▷4-(1,3-Dihydro-1-oxo-2*H*-isoindol-2-yl)-α-ethylbenzeneacetic acid, *see* I-00060

▷4-(1,3-Dihydro-1-oxo-2*H*-isoindol-2-yl)-α-methylbenzeneacetic acid, *see* I-00068

2,3-Dihydro-2-oxo-3-phenyl-1*H*-indole-1-acetamide, *see* D-00571

5-[(1,2-Dihydro-2-oxo-4-pyridyl)methyl]-2-[[2-[[5-[(dimethylamino)methyl]furfuryl]thio]ethyl]amino]-4(1*H*)-pyrimidinone, *see* D-00577

2-(1,3-Dihydro-3-oxo-5-sulfo-2*H*-indol-2-ylidene)-2,3-dihydro-3-oxo-1*H*-indole-5-sulfonic acid, *see* I-00058
5,6-Dihydro-1-[1-oxo-3-(3,4,5-trimethoxyphenyl)-2-propenyl]-2(1*H*)-pyridinone, *see* P-00298
3,4-Dihydro-3-pentyl-6-(trifluoromethyl)-2*H*-1,2,4-benzothiadiazine-7-sulfonamide 1,1-dioxide, *see* P-00063
7,8-Dihydropepleomycin, *in* P-00108
1,3-Dihydro-1-[1-(2-phenoxyethyl)-4-piperidinyl]-2*H*-benzimidazol-2-one, *see* O-00117
1,2-Dihydro-3-(phenoxymethyl)pyrido[3,4-*e*]-1,2,4-triazine, *see* O-00113
▷5-(4,5-Dihydro-2-phenyl-3*H*-benz[*e*]indol-3-yl)-2-hydroxybenzoic acid, *see* F-00045
2,3-Dihydro-α-[1-[(4-phenylbutyl)amino]ethyl]benzo[*b*]thiophene-5-methanol, *see* T-00248
4,5-Dihydro-1-phenyl-1,4-epoxy-1*H*,3*H*-[1,4]oxazepino[4,3-*a*]-benzimidazole, *see* O-00088
4,5-Dihydro-*N*-phenyl-1*H*-imidazole-2-methanamine, *see* P-00141
5,6-Dihydro-6-phenylimidazo[2,1-*b*]thiazole, D-00296
2,3-Dihydro-3-phenyl-1*H*-inden-1-amine, *see* P-00191
3-[(2,3-Dihydro-3-phenyl-1*H*-inden-1-yl)methyl]methyl-pyrrolidine, *see* P-00591
▷4,5-Dihydro-2-(phenylmethyl)-1*H*-imidazole, *see* B-00120
Dihydro-5-(phenylmethyl)-6-thioxo-2*H*-1,3,5-thiadiazine-3(4*H*)-acetic acid, *see* B-00065
▷3,4-Dihydro-3-(phenylmethyl)-6-(trifluoromethyl)-2*H*-1,2,4-benzothiadiazine-7-sulfonamide 1,1-dioxide, *see* B-00047
▷4,5-Dihydro-5-phenyl-2-oxazolamine, *see* A-00246
▷4,5-Dihydro-*N*-phenyl-*N*-(phenylmethyl)-1*H*-imidazole-2-methanamine, *see* A-00400
3-[4-(3,6-Dihydro-4-phenyl-1(2*H*)-pyridinyl)butyl]-1*H*-indol-5-ol, *see* R-00099
4-(3,6-Dihydro-4-phenyl-1(2*H*)-pyridinyl)-1-phenyl-1-butanone, *see* P-00166
▷5-[2-(3,6-Dihydro-4-phenyl-1(2*H*)-pyridyl)ethyl]-3-methyl-2-oxazolidinone, *see* F-00069
2,3-Dihydro-6-phenyl-2-thioxo-4(1*H*)-pyrimidinone, *see* P-00209
▷2,3-Dihydro-1,4-phthalazinedione dihydrazone, *see* D-00277
2,3-Dihydro-1-(1-piperidinylacetyl)-1*H*-indole, D-00297
▷6,7-Dihydro-6-(2-propenyl)-5*H*-dibenz[*c*,*e*]azepine, 9, *see* A-00504
1,4-Dihydro-5-(2-propoxyphenyl)-7*H*-1,2,3-triazolo[4,5-*d*]-pyrimidin-7-one, *see* Z-00006
3,7-Dihydro-3-propyl-1*H*-purine-2,6-dione, *in* X-00002
▷2,3-Dihydro-6-propyl-2-thioxo-4(1*H*)-pyrimidinone, D-00298
5,6-Dihydroprostacyclin *see* E-00089
Dihydropsychotrine, *see* C-00172
▷3,7-Dihydro-1*H*-purine-2,6-dione, *see* X-00002
▷1,7-Dihydro-6*H*-purine-6-thione, D-00299
1-(5,6-Dihydro-2*H*-pyran-3-yl)-2-phenylethanol, *see* B-00112
1,5-Dihydro-4*H*-pyrazolo[3,4-*d*]pyrimidine-4-thione, *see* P-00565
▷1,5-Dihydro-4*H*-pyrazolo[3,4-*d*]pyrimidin-4-one, D-00300
4-[[[[2-[4,5-Dihydro-2-(4-pyridinyl)-1*H*-imidazol-1-yl]-ethyl]-amino]carbonyl]amino]benzoic acid, *see* P-00584
▷Dihydropyrone, *see* B-00416
4,5-Dihydro-1*H*-pyrrole-2-carboxylic acid, D-00301
Dihydro-1*H*-pyrrolizine-3,5(2*H*,6*H*)-dione, D-00302
3-(2,5-Dihydro-1*H*-pyrrol-1-yl)-1-(3,4,5-trimethoxyphenyl)-2-propen-1-one, *see* R-00074
10,11-Dihydro-5-(3-quinuclidinyl)-5*H*-dibenz[*b*,*f*]azepine, *see* Q-00036
Dihydroretrorsine, *in* P-00372
▷1,9-Dihydro-9-β-D-ribofuranosyl-6*H*-purin-6-one, *see* I-00073
Dihydrospectinomycin, *in* S-00111
2,3-Dihydrospiro[naphthalene-1(2*H*),3′-piperidine]-2′,4,6′-trione, *see* A-00142
10-Dihydrosteffimycin, *in* S-00143
10-Dihydrosteffimycin *B*, *in* S-00143
▷Dihydrostreptomycin, D-00303
Dihydrostreptomycin sulfate, *in* D-00303
▷Dihydrotachysterol, D-00304
▷Dihydrotestosterone, *in* H-00109
epi-Dihydrotestosterone, *in* H-00109
4,5-Dihydro-2-[(1,2,3,4-tetrahydro-7-methyl-1,4-ethanonaphthalen-6-yl)methyl]-1*H*-imidazole, *see* M-00339
4,5-Dihydro-*N*-(5,6,7,8-Tetrahydro-1-naphthalenyl)-1*H*-imidazol-2-amine, *see* T-00395
▷4,5-Dihydro-2-(1,2,3,4-tetrahydro-1-naphthalenyl)-1*H*-imidazole, *see* T-00140
4,5-Dihydro-2-[(5,6,7,8-tetrahydro-1-naphthyl)methyl]-1*H*-imidazole, *see* T-00051
▷2,5-Dihydro-2,2,5,5-tetrakis(trifluoromethyl)-1*H*-imidazol-4-amine, *see* M-00364
3,4-Dihydro-2,5,7,8-tetramethyl-2-(4,8,12-trimethyltridecyl)-2*H*-1-benzopyran-6-ol, *see* T-00335
3,4-Dihydro-2,5,7,8-tetramethyl-2-(4,8,12-trimethyltridecyl)-2*H*-1-benzopyran-6-yl (4-chlorophenoxy)acetate, *see* T-00333
▷3,4-Dihydro-2,5,7,8-tetramethyl-2-(4,8,12-trimethyltridecyl)-2*H*-1-benzopyran-6-yl 2-(4-chlorophenoxy)-2-methylpropanoate, *see* T-00334
▷Dihydro-2-thiazolethiol, *see* M-00121
5,6-Dihydro-6-(2-thienyl)imidazo[2,1-*b*]thiazole, *see* A-00413
▷4-[4-(2,3-Dihydro-2-thioxo-1*H*-benzimidazol-1-yl)-1-piperidinyl]-1-(4-fluorophenyl)-1-butanone, *see* T-00285
▷Dihydro-2-thioxo-4,6(1*H*,5*H*)-pyrimidinedione, *see* T-00192
3,6-Dihydro-α-[(*o*-tolyloxy)methyl]-1(2*H*)-pyridineethanol, *see* T-00366
▷3,4-Dihydro-6-(trifluoromethyl)-2*H*-1,2,4-benzothiadiazine-7-sulfonamide 1,1-oxide, *see* H-00099
4,5-Dihydro-5-[4-(trifluoromethyl)phenyl]-2-oxazolamine, *see* F-00162
6*a*,12*a*-Dihydro-6,11,12*a*-trihydroxy-2,3,9-trimethoxy[1]-benzopyrano[3,4-*b*][1]benzopyren-12(6*H*)-one, *see* C-00432
▷3,4-Dihydro-*N*,*N*,2-trimethyl-2*H*-1-benzopyran-3-amine, *in* A-00245
▷10,11-Dihydro-*N*,*N*,β-trimethyl-5*H*-dibenz[*b*,*f*]azepine-5-propanamine, *see* T-00516
▷10,11-Dihydro-*N*,*N*,β-trimethyl-5*H*-dibenzo[*a*,*d*]cycloheptene-5-propanamine, *see* B-00424
1,3-Dihydro-*N*,3,3-trimethyl-1-phenylbenzo[*c*]thiophene-1-propanamine, *see* T-00017
2,3-Dihydro-*N*,3,3-trimethyl-1-phenyl-1*H*-indene-1-propanamine, *see* P-00438
1,3-Dihydro-*N*,3,3-trimethyl-1-phenyl-1-isobenzofuranpropanamine, *see* T-00014
4,8-Dihydro-1,3,8-trimethyl-4-phenylpyrazolo[3,4-*b*][1,4]-diazepine-5,7(1*H*,6*H*)-dione, *see* Z-00034
▷3,7-Dihydro-1,3,7-trimethyl-1*H*-purine-2,6-dione, *see* C-00010
9,10-Dihydro-*N*,*N*,10-trimethyl-2-(trifluoromethyl)-9-anthracenepropanamine, *see* F-00192
3,4-Dihydro-2,5,8-trimethyl-2-(4,8,12-trimethyltridecyl)-2*H*-1-benzopyran-6-ol, *see* T-00336
Dihydrovalepotriate, *see* D-00305
Dihydrovaltrate, D-00305
11,14-Dihydroxy-7,9(11),13-abietatriene-6,12-dione, *in* T-00035
6α,11-Dihydroxy-7,9(11),13-abietatrien-12-one, *see* T-00036
Dihydroxyaluminium aminoacetate, *see* G-00067
Dihydroxyaluminum carbonate, D-00306
Dihydroxy aluminum sodium carbonate, *in* D-00306
Dihydroxyaluminum sodium carbonate, D-00307
4,4′-(3α,17β-Dihydroxy-5α-androstan-2β,16β-ylene)bis[1,1-dimethylpiperazinium] diacetate, *see* P-00277
3,5-Dihydroxyanisole, *in* B-00076
▷1,8-Dihydroxy-9,10-anthracenedione, *see* D-00308
▷1,8-Dihydroxy-9(10*H*)-anthracenone, *see* D-00310
▷1,8-Dihydroxyanthraquinone, D-00308
1,8-Dihydroxyanthraquinone-3-carboxylic acid, *see* D-00309
4,5-Dihydroxyanthraquinone-2-carboxylic acid, D-00309
▷1,8-Dihydroxyanthrone, D-00310
▷3,4-Dihydroxybenzaldehyde, D-00311
▷1,3-Dihydroxybenzene, *see* B-00073
▷1,4-Dihydroxybenzene, *see* B-00074

2,5-Dihydroxy-1,4-benzenedisulfonic acid, D-00312
2,5-Dihydroxybenzenesulfonic acid, D-00313
2,7-Dihydroxy-1,3,2-benzodioxabismole-5-carboxylic acid, D-00314
▷3,9-Dihydroxy-6*H*-benzofuro[3,2-*c*][1]benzopyran-6-one, *see* C-00558
▷6′,7-Dihydroxybenzofuro[3′,2′,3,4]coumarin, *see* C-00558
2,3-Dihydroxybenzoic acid, D-00315
▷2,5-Dihydroxybenzoic acid, D-00316
2,6-Dihydroxybenzoic acid, D-00317
▷2,4-Dihydroxybenzophenone, D-00318
1-(3,4-Dihydroxybenzyl)-6,7-isoquinolinediol, *see* P-00020
1,4-Dihydroxy-5,8-bis[[2-[(2-hydroxyethyl)amino]ethyl]-amino]-9,10-anthracenedione, *see* M-00407
3,14-Dihydroxy-4,20,22-bufatrienolide, D-00319
▷Dihydroxybusulfan, *in* T-00219
2,3-Dihydroxybutanedioic acid, *see* T-00028
▷3β,14β-Dihydroxy-5β-card-20(22)-enolide, *see* D-00274
▷2′,4′-Dihydroxychalcone, *see* D-00347
3,7-Dihydroxy-24-cholanoic acid, D-00320
3,12-Dihydroxy-24-cholanoic acid, D-00321
▷1α,25-Dihydroxycholecalciferol, *in* A-00109
▷3,4-Dihydroxycinnamic acid 1-carboxy-4,5-dihydroxy-1,3-cyclohexylene ester, *see* C-00643
▷7,12-Dihydroxycoumestan, *see* C-00558
7-[β-(β,β′-Dihydroxydiethyl)aminoethyl]theophylline, *see* V-00016
4,4′-Dihydroxy-α,β-diethyldiphenylethane, *see* B-00220
▷Dihydroxydiethyl sulfide, *see* T-00195
6,7-Dihydroxy-1-(3,4-dihydroxybenzyl)isoquinoline, *see* P-00020
[3′,6′-Dihydroxy-2′,7′-diiodospiro[3*H*-2,1-benzoxathiole-3,9′-[9*H*]xanthen]-4′-yl]hydroxymercury *S*,*S*-dioxide, *see* M-00111
▷6,11-Dihydroxy-3,8-dimethoxy-1-methyl-10*H*-benzo[*b*]-xanthene-7,10,12-trione, *see* B-00165
▷4-(2,4-Dihydroxy-3,3-dimethylbutyramido)butyric acid, *see* H-00088
3,5-Dihydroxy-4,4-dimethyl-2,5-cyclohexadien-1-one, *in* D-00427
11,15-Dihydroxy-17,20-dimethyl-6,9-dioxoprost-13-en-1-oic acid methyl ester, *see* O-00060
4,4′-Dihydroxy-2,2′-dimethyldiphenylmethane-3,3′-disulfonic acid, *see* D-00216
▷3,6-Dihydroxy-6, *N*-dimethyl-4,5-epoxymorphinan, *see* M-00245
11,15-Dihydroxy-16,16-dimethyl-9-methylene-5,13-prostadienoic acid, D-00322
▷11,15-Dihydroxy-16,16-dimethyl-9-oxa-2,13-prostadienoic acid, D-00323
N-(2,4-Dihydroxy-3,3-dimethyl-1-oxobutyl)-β-alanine, *see* P-00016
▷4-[(2,4-Dihydroxy-3,3-dimethyl-1-oxobutyl)amino]butanoic acid, *see* H-00088
11,15-Dihydroxy-16,16-dimethyl-9-oxo-5,13-prostadienoic acid, D-00324
11,15-Dihydroxy-17,20-dimethyl-9-oxoprosta-2,13-dien-1-oic acid, *see* L-00050
11β,17-Dihydroxy-6,16α-dimethyl-2′-phenyl-21-[(3-suflobenzoyl)oxy]-2′*H*-pregna-2,4,6-trieno[3,2-*c*]pyrazol-20-one, *see* C-00550
▷11β,21-Dihydroxy-3,20-dioxo-4-pregnen-18-al, *see* A-00106
2,2′-Dihydroxydiphenyl ether, D-00325
3,3′-Dihydroxydipropylamine, *see* I-00037
3,4-Dihydroxyephedrine, *see* D-00477
11β,13-Dihydroxyepitulipinolide, *in* H-00134
4,17β-Dihydroxyestr-4-en-3-one 17-cyclopentanepropionate, *see* O-00072
6,8-Dihydroxyflavone, D-00326
2,7-Dihydroxy-9*H*-fluoren-9-one, D-00327
11,15-Dihydroxy-9-fluoro-16-phenoxy-17,18,19,20-tetranor-5,13-prostadienoic acid, *see* F-00170
▷Dihydroxyfuratrizine, *in* F-00280
11β,17*a*-Dihydroxyhomopregna-1,4-diene-3,20-dione 17*a*-butyrate, *see* D-00574
▷3,5-Dihydroxy-α-[[(*p*-hydroxy-α-methylphenethyl)amino]-methyl]benzyl alcohol, *see* F-00064
3,5-Dihydroxy-2-(3-hydroxy-1-octenyl)-cyclopentaneheptanoic acid, *see* T-00484
▷2,4-Dihydroxy-*N*-(3-hydroxypropyl)-3,3-dimethylbutanamide, *see* P-00015
7-[3,5-Dihydroxy-2-[3-hydroxy-4-(3-thienyloxy)-1-butenyl]-cyclopentyl]-5-heptenoic acid, *see* T-00244
7-[3,5-Dihydroxy-2-[3-hydroxy-4-[3-(trifluoromethyl)-phenoxy]-1-butenyl]cyclopentyl]-5-heptenoic acid, *see* F-00212
▷7-[3,5-Dihydroxy-2-[3-hydroxy-4-[3-(trifluoromethyl)-phenoxy]-1-butenyl]cyclopentyl]-2,5-heptadienoic acid methyl ester, *see* F-00266
▷3,4-Dihydroxy-α-[(isopropylamino)methyl]benzyl alcohol, *see* I-00198
▷3,5-Dihydroxy-α-[(isopropylamino)methyl]benzyl alcohol, *see* O-00053
3′,4′-Dihydroxy-2-isopropylaminopropiophenone, *see* P-00158
3,4-Dihydroxy-α-[1-(isopropylamino)propyl]benzyl alcohol, *see* I-00185
▷5,6-Dihydro-2-(2,6-xylidine)-4*H*-1,3-thiazine, *see* X-00021
11,17-Dihydroxy-21-mercapto-4-pregnene-3,20-dione, D-00328
▷11,15-Dihydroxy-*N*-methanesulfonyl-9-oxo-16-phenoxy-17,18,19,20-tetranorprosta-5,13-dienamide, *see* S-00261
2,11-Dihydroxy-10-methoxyaporphine, *see* M-00452
2,4-Dihydroxy-2′-methoxybenzophenone, *in* T-00472
3,4′-Dihydroxy-5-methoxybibenzyl, *in* D-00345
4,4′-Dihydroxy-3,3′-(2-methoxyethylidene)dicoumarin, *see* C-00573
▷5,7-Dihydroxy-4′-methoxyflavone, D-00329
5,7-Dihydroxy-4′-methoxyisoflavone, D-00330
6,9-Dihydroxy-7-methoxy-3-methylbenz[*g*]isoquinoline-5,10-dione, *see* B-00259
11,15-Dihydroxy-16-methoxy-16-methyl-9-oxoprost-13-en-1-oic acid methyl ester, *see* M-00352
▷2-[[2,4-Dihydroxy-6-methoxy-3-(1-oxobutyl)phenyl]methyl]-3,5-dihydroxy-4,4-dimethyl-6-(1-oxobutyl)-2,5-cyclohexadien-1-one, *see* D-00091
▷5,7-Dihydroxy-2-(4-methoxyphenyl)-4*H*-1-benzopyran-4-one, *see* D-00329
5,7-Dihydroxy-3-(4-methoxyphenyl)-4*H*-1-benzopyran-4-one, *see* D-00330
▷3′,4′-Dihydroxy-2-methylaminoacetophenone, *see* A-00076
3,4-Dihydroxy-α-[1-(methylamino)ethyl]benzyl alcohol, *see* D-00477
▷3,4-Dihydroxy-α-[(methylamino)methyl]benzyl alcohol, *see* A-00075
4,17-Dihydroxy-17-methyl-1,4-androstadien-3-one, D-00331
4,17β-Dihydroxy-17α-methyl-4-androsten-3-one, *see* O-00152
▷Dihydroxymethylarsine oxide, *see* M-00226
6,7-Dihydroxy-4-methyl-2*H*-1-benzopyran-2-one, D-00332
9-(2,3-Dihydroxy-2-methylbutoxy)-4-methoxy-7*H*-furo[3,2-*g*]-[1]benzopyran-7-one, *see* B-00435
6,7-Dihydroxy-4-methylcoumarin, *see* D-00332
1,1-Dihydroxymethylcyclopentane *N*,*N*′-diphenylcarbamate, *see* C-00587
▷11,21-Dihydroxy-16,17-[(1-methylethylidene)bis(oxy)]-pregna-1,4-diene-3,20-dione, *see* D-00101
Di[4-(4-hydroxy-2-methyl-5-isopropylphenylazo)phenyl]sulfone, *see* D-00146
11,17-Dihydroxy-6-methyl-21-[[8-[methyl(2-sulfoethyl)-amino]-1,8-dioxooctyl]oxy]pregna-1,4-diene-3,20-dione, *in* M-00297
▷1,4-Dihydroxy-2-methylnaphthalene, D-00333
▷11α,17β-Dihydroxy-17-methyl-3-oxoandrosta-1,4-diene-2-carboxaldehyde, *see* F-00245
11,17-Dihydroxy-17-methyl-3-oxoandrosta-1,4-diene-2-carboxylic acid, *see* R-00098
2-(1,2-Dihydroxy-3-methyl-5-oxocyclohexyl)-3,11-dihydroxy-11-(hydroxymethyl)-9-methyl-1-oxa-5-azaspiro[5.5]undeca-2,4-dien-7-one, *see* L-00031
11,15-Dihydroxy-15-methyl-9-oxo-5,13-prostadienoic acid, D-00334
▷8,9-Dihydroxy-2-methyl-4-oxo-4*H*,5*H*-pyrano[3,2-*c*][1]-benzopyran-10-carboxylic acid, *see* C-00404

11,15-Dihydroxy-15-methyl-9-oxo-13-thiaprostanoic acid *p*-benzoylaminophenyl ester, *see* T-00318
▷1,2-Dihydroxy-3-(2-methylphenoxy)propane, *see* M-00283
3,4-Dihydroxy-α-[(1-methyl-3-phenylpropyl)amino]-propiophenone, D-00335
11β,17-Dihydroxy-21-(4-methyl-1-piperazinyl)pregna-1,4-diene-3,20-dione, *see* M-00030
17,21-Dihydroxy-16-methyl-1,4-pregnadiene-3,11,20-trione, D-00336
▷11,21-Dihydroxy-2′-methyl-5′*H*-pregna-1,4-dieno[17,16-*d*]-oxazole-3,20-dione 21-acetate, *see* D-00046
N,*N*′-Di(1-hydroxymethylpropyl)ethylenediamine, *see* E-00148
Dihydroxy(6-methyl-8-quinolinato)bismuth, *see* M-00036
6,7-Dihydroxy-4-(morpholinomethyl)coumarin, *see* F-00237
6,7-Dihydroxy-4-(4-morpholinylmethyl)-2*H*-1-benzopyran-2-one, *see* F-00237
N,3-Dihydroxy-4-(1-naphthalenyloxy)butanimidamide, *see* N-00007
2,6-Dihydroxy-3-nitro-3′,5′-bis(trifluoromethyl)-benzanilide diacetate, *see* F-00216
▷*N*-(1,1′-Dihydroxy-1-*p*-nitrophenylisopropyl)dichloroacetamide, *see* C-00195
3,4-Dihydroxynorephedrine, *see* A-00249
▷2,3-Dihydroxy-1-octadecyloxypropane, D-00337
1-[4,5-Dihydroxy-N^2-[4-(octyloxy)benzoyl]-L-ornithine]-echinocandin *B*, *see* C-00345
▷3β,14β-Dihydroxy-19-oxo-5α-bufa-20,22-dienolide, *see* B-00262
1,8-Dihydroxy-10-(1-oxobutyl)-9(10*H*)-anthracenone, *see* B-00393
7-[3,5-Dihydroxy-2-(3-oxooctyl)cyclopentyl]-5-heptenoic acid, *see* D-00340
9,15-Dihydroxy-11-oxo-5.13-prostadienoic acid, D-00338
11,15-Dihydroxy-9-oxo-5.13-prostadienoic acid, D-00339
9,11-Dihydroxy-15-oxo-5-prostenoic acid, D-00340
11,15-Dihydroxy-9-oxo-13-prostenoic acid, D-00341
11,16-Dihydroxy-9-oxo-13-prostenoic acid, D-00342
11,15-Dihydroxy-9-oxo-5-prosten-13-ynoic acid, D-00343
▷3,9-Dihydroxy-6-oxopterocarpen, *see* C-00558
N,*N*′-[(3,6-Dihydroxy-3-oxospiro[isobenzofuran-1(3*H*),9′-[9*H*]-xanthene]-2′,7′-diyl)bis(methylene)]bis[*N*-(carboxymethyl)-glycine, *see* O-00033
▷3,4-Dihydroxyphenethylamine, *see* D-00579
▷7-[3,5-Dihydroxy-2-[2-[2-(phenoxymethyl)-1,3-dioxolan-2-yl]-ethenyl]cyclopentyl]-5-heptenoic acid, *see* E-00239
2,5-Dihydroxyphenylalanine, D-00344
3,4-Dihydroxyphenylalanine, *see* A-00248
β-(2,5-Dihydroxyphenyl)alanine, *see* D-00344
3,4-Dihydroxyphenylaminopropanol, *see* A-00249
6,8-Dihydroxy-2-phenyl-4*H*-1-benzopyran-4-one, *see* D-00326
2-(3,4-Dihydroxyphenyl)-3,4-dihydro-2*H*-1-benzopyran-3,4,5,7-tetrol, *see* H-00054
2-(3,4-Dihydroxyphenyl)-3,4-dihydro-2*H*-1-benzopyran-3,5,7-triol, *see* P-00081
3-(3,4-Dihydroxyphenyl)-5,7-dihydroxy-8-methoxy-4*H*-1-benzopyran-4-one, *see* T-00138
▷2-(3,4-Dihydroxyphenyl)ethylamine, *see* D-00579
6-[[(3,4-Dihydroxyphenyl)[[(4-ethyl-2,3-dioxo-1-piperazinyl)-carbonyl]amino]acetyl]amino]-6-(formylamino)-3,3-dimethyl-7-oxo-4-thia-1-azabicyclo[3.2.0]heptane-2-carboxylic acid, *see* F-00239
N-[2-(3,4-Dihydroxyphenyl)ethyl]tricyclo[3.3.1.$1^{3,7}$]-decane-1-carboxamide, *see* D-00578
▷1-(2,4-Dihydroxyphenyl)hexane, *see* H-00071
▷7-[2-[[2-(3,4-Dihydroxyphenyl)-2-hydroxyethyl]amino]ethyl]-3,7-dihydro-1,3-dimethyl-1*H*-purine-2,6-dione, *see* T-00167
▷7-[3-[[2-(3,5-Dihydroxyphenyl)-2-hydroxyethyl]amino]-propyl]-3,7-dihydro-1,3-dimethyl-1*H*-purine-2,6-dione, *see* R-00026
1-(3,5-Dihydroxyphenyl)-2-(4-hydroxyphenyl)ethane, D-00345
(2,4-Dihydroxyphenyl)(2-hydroxyphenyl)methanone, *see* T-00472
1-(2,4-Dihydroxyphenyl)-3-(4-hydroxyphenyl)-2-propen-1-one, D-00346
Dihydroxyphenylisatin, *see* O-00160
α-(3,4-Dihydroxyphenyl)-4-(2-methoxyphenyl)-1-piperazineethanol, *see* P-00307
L-3-(3,4-Dihydroxyphenyl)-2-methylalanine, *see* M-00249
▷1-(3,4-Dihydroxyphenyl)-2-methylaminoethanol, *see* A-00075
▷1-(3,4-Dihydroxyphenyl)-2-(methylamino)ethanone, *see* A-00076
1-(3,4-Dihydroxyphenyl)-2-methylamino-1-propanol, *see* D-00477
1-(3,4-Dihydroxyphenyl)-2-[(1-methylethyl)amino]-1-propanone, *see* P-00158
1-[(3,4-Dihydroxyphenyl)methyl]-6,7-isoquinolinediol, *see* P-00020
1-(3,4-Dihydroxyphenyl)-2-(α-methyl-3,4-methyl-enedioxyphenethylamino)ethanol, *see* P-00540
1-(3,4-Dihydroxyphenyl)-2-[(1-methyl-3-phenylpropyl)amino]-1-propanone, *see* D-00335
▷(2,4-Dihydroxyphenyl)phenylmethanone, *see* D-00318
▷1-(2,4-Dihydroxyphenyl)-3-phenyl-2-propen-1-one, D-00347
α-(3,4-Dihydroxyphenyl)-2-piperidinemethanol, *see* R-00058
3,4-Dihydroxyphenylpropanolamine, *see* A-00249
2,3-Dihydroxy-4-phenylquinoline, *see* H-00196
▷2,4-Dihydroxyphenyl styryl ketone, *see* D-00347
1,3-Di-*p*-hydroxyphenylthiourea, *see* B-00222
Dihydroxyphosphinecarboxylic acid oxide, *see* P-00216
Dihydroxyphosphinylacetic acid, *see* P-00215
▷Dihydroxyphthalophenone, *see* P-00162
▷5,6-Dihydroxypolyangioic acid, *see* A-00171
5-*epi*-5,6-Dihydroxypolyangioic acid, *in* A-00171
11,17-Dihydroxy-1,4-pregnadiene-3,20-dione, D-00348
▷17α,21-Dihydroxy-1,4-pregnadiene-3,11,20-trione, *see* P-00413
▷3α,21-Dihydroxypregnane-11,20-dione, *in* H-00200
16α,17α-Dihydroxy-4-pregnen-3,20-dione, *see* A-00114
▷11β,21-Dihydroxy-4-pregnene-3,20-dione, *see* C-00546
17,21-Dihydroxy-4-pregnene-3,20-dione, D-00349
▷17α,21-Dihydroxy-4-pregnene-3,11,20-trione, *see* C-00549
▷9-(1,3-Dihydroxy-2-propoxymethyl)guanine, D-00350
9-(2,3-Dihydroxy-1-propoxymethyl)guanine, D-00351
Di(3-hydroxypropyl)amine, *see* I-00037
▷2,3-Dihydroxypropylamine, *see* A-00317
[2-[(2,3-Dihydroxypropyl)amino]-2-methylpropyl]urea, D-00352
▷2,3-Dihydroxypropyl 2-(7-chloro-4-quinolinyl)aminobenzoate, *see* G-00027
▷2,3-Dihydroxypropyl *N*-(7-chloro-4-quinolyl)anthranilate, *see* G-00027
▷7-(2,3-Dihydroxypropyl)-3,7-dihydro-1,3-dimethyl-1*H*-purine-2,6-dione,, *see* D-00523
N-(2,3-Dihydroxypropyl)-3,5-diiodo-4(1*H*)-pyridinone, D-00353
N′-(1,3-Dihydroxy-2-propyl)kanamycin *C*, *see* P-00502
3-(2,3-Dihydroxypropyl)-2-methyl-4(3*H*)-quinazolinone, *see* D-00526
▷7-(2,3-Dihydroxypropyl)theophylline, *see* D-00523
7-(2,3-Dihydroxypropyl)theophylline dinicotinate, *see* D-00466
▷2,6-Dihydroxypurine, *see* X-00002
▷3′,6′-Dihydroxyspiro[isobenzofuran-1(3*H*),9′-[9*H*]-xanthen]-3-one, *see* F-00180
▷3′,6-Dihydroxy-2′,4′,5′,7′-tetraiodospiro[isobenzofuran-1(3*H*),9′(9*H*)xanthen]-3-one, *see* E-00118
4,4′-Dihydroxythiocarbanilide, *see* B-00222
3,4-Dihydroxy-2,5-thiophenedicarboxylic acid dipropyl ester, *see* P-00538
▷α,2-Dihydroxytoluene, *see* H-00116
3,3′-Dihydroxy-4′,5,7-trimethoxyflavan, *in* P-00081
3,4′-Dihydroxy-3′,5,7-trimethoxyflavan, *in* P-00081
3′,5-Dihydroxy-4′,6,7-trimethoxyflavone, D-00354
5,7-Dihydroxy-3′,4′,6-trimethoxyflavone, D-00355
3,5-Dihydroxy-3′,4′,7-tris(2-hydroxyethoxy)-3-[6-*O*-(6-deoxy-α-L-mannopyranosyl)-β-D-glucopyranoside]flavone, *see* T-00559
▷2,5-Dihydroxy-3-undecyl-1,4-benzoquinone, D-00356
▷2,5-Dihydroxy-3-undecyl-2,5-cyclohexadiene-1,4-dione, *see* D-00356

1,6-Dihydroxy-9*H*-xanthen-9-one, *see* D-00357
1,6-Dihydroxyxanthone, D-00357
3,3′-Di(2-imidazolin-2-yl)carbanilide, *see* I-00034
N-[Diiodobenzoyl]glycine, *see* D-00470
Diiodobuphenine, *see* B-00348
Diiodohippuric acid, *see* D-00470
3,5-Diiodo-4-hydroxybenzenesulfonic acid, D-00358
▷Diiodohydroxyquinoline, *see* D-00364
Diiodomethanesulfonic acid, D-00359
▷2,6-Diiodo-4-nitrophenol, D-00360
9,10-Diiodooctadecanoic acid, D-00361
3,5-Diiodo-4-oxo-1(4*H*)-pyridineacetic acid, *see* D-00363
▷3,5-Diiodo-4(1*H*)-pyridinone, D-00362
3,5-Diiodo-4-pyridone-1-acetic acid, D-00363
▷5,7-Diiodo-8-quinolinol, D-00364
9,10-Diiodostearic acid, *see* D-00361
3,5-Diiodotyrosine, D-00365
▷4,4′-(2,3-Diisocyano-1,3-butadiene-1,4-diyl)bisphenol, *see* X-00005
▷4-[2,3-Diisocyano-4-(4-methoxyphenyl)-1,3-butadienyl]phenol, *in* X-00005
Diisopromine, D-00366
▷2′-[2-(Diisopropylamino)ethoxy]butyrophenone, *in* K-00015
▷*O*-[2-(Diisopropylamino)ethoxy]-α-propylbenzyl alcohol, *see* K-00015
▷α-[2-(Diisopropylamino)ethyl]-α-phenyl-2-pyridineacetamide, *see* D-00537
5′,5″-Diisopropyl-2′,2″-dimethylphenolphthalein, *see* T-00224
▷2,2-Diisopropyl-1,3-dioxolane-4-methanol, *see* P-00481
N,*N*-Diisopropyl-3,3-diphenylpropylamine, *see* D-00366
Diisopropyl-1,3-dithiole-$\Delta^{2,\alpha}$-malonate, *see* M-00016
▷Diisopropyl fluorophosphate, *see* D-00368
▷Diisopropyl fluorophosphonate, *see* D-00368
▷2,2-Diisopropyl-4-hydroxymethyl-1,3-dioxolane, *see* P-00481
2,3:4,5-Di-*O*-isopropylidenefructopyranose, *see* T-00382
2,3:4,6-Di-*O*-isopropylidene-β-L-*xylo*-2-hexulosonic acid, *in* H-00070
1,2:4,5-Di-*O*-isopropylidene-*myo*-inositol, *in* I-00074
▷2,6-Diisopropylphenol, D-00367
(2,6-Diisopropylphenylcarbamoylmethylimino)diacetic acid, *see* D-00536
▷Diisopropyl phosphorofluoridate, D-00368
▷1,4-Diisothiocyanatobenzene, D-00369
Dijozol, *see* D-00358
Dikegulac, *in* H-00070
▷Dikegulac sodium, *in* H-00070
▷Dikol, *see* I-00100
▷Dilabil, *see* D-00049
Dilabron, *see* I-00185
▷Dilabron "Warner", *in* C-00071
Dilacorine, *see* M-00231
▷Dilakton, *see* S-00125
Dilamet, *see* L-00097
▷Dilanacin, *see* D-00275
▷Dilangio, *in* B-00042
Dilaster, *see* C-00551
▷Dilaudid, *in* H-00102
Dilazep, D-00370
▷Diletan, *in* A-00504
Dilevalol, *in* L-00001
Dilevalol hydrochloride, *in* L-00001
Dilmefone, D-00371
Diloderm, *in* D-00177
▷Dilospan *S*, *see* B-00076
▷Dilosyn, *in* M-00177
Diloxanide, D-00372
Diloxanide furoate, *in* D-00372
Diltiazem, D-00373
▷Diltiazem hydrochloride, *in* D-00373
Dilurgen, *see* M-00112
▷Dilvasene, *in* O-00091
▷Dilvax, *see* I-00020
Dimabefylline, D-00374
▷Dimalone, *in* B-00157
▷Dimantine, *in* O-00012
Dimaten, *in* T-00296
Dimazole, *see* D-00143
▷Dimazon, *see* D-00117
Dimeberine chloride, *in* T-00571
Dimecamine, D-00375
Dimecarbine, *in* H-00163
Dimecipronic acid, *see* C-00606
Dimeclofenone, *in* M-00440
▷Dimecolin, *in* D-00376
Dimecolonium(2+), D-00376
▷Dimecolonium iodide, *in* D-00376
Dimecrotic acid, *see* D-00400
Dimeditiapramine, *see* T-00241
▷Dimefadane, *in* P-00191
▷Dimefline, D-00377
Dimefline hydrochloride, *in* D-00377
Dimekamin, *see* D-00375
Dimelazine, D-00378
▷Dimelin, *see* A-00023
▷Dimelin, *in* D-00376
▷Dimelor, *see* A-00023
Dimemorfan, D-00379
Dimene, *in* E-00193
▷Dimenhydrinate, *in* D-00484
Dimenoxadol, *see* D-00380
Dimenoxadole, D-00380
Dimephebumine, *see* V-00027
Dimepheprimine, *see* P-00469
Dimepheptanol, *see* M-00162
Dimepranol, *in* D-00419
Dimepregnen, D-00381
▷Dimepropion, D-00382
Dimeprotane hydrochloride, *in* P-00512
Dimeprozan, D-00383
▷Dimeray, *in* I-00093
▷Dimercaprol, *see* D-00385
▷2,3-Dimercaptobutanedioic acid, D-00384
▷2,3-Dimercapto-1-propanol, D-00385
▷2,3-Dimercaptosuccinic acid, *see* D-00384
▷Dimerex, *in* I-00093
▷Dimeron, *see* D-00249
▷Dimersol, *see* D-00385
Dimesna, *in* D-00550
Dimesone, D-00386
Dimestrol, *in* D-00257
▷Dimetacrine, D-00387
Dimetagrel, D-00388
▷Dimetaine, *in* B-00325
▷Dimetamfenol, *in* A-00298
▷Dimetamfetamine, *in* P-00202
▷Dimetapp, *in* A-00308
▷Dimethacrine, *see* D-00387
Dimethadione, *see* D-00439
Dimethazan, D-00389
Dimethazine, *in* H-00153
Dimethazine, *see* M-00037
▷Dimethibutin, *see* D-00455
Dimethicone, D-00390
▷Dimethindene, D-00391
▷Dimethindene maleate, *in* D-00391
Dimethiodal, *see* D-00359
▷Dimethiodal sodium, *in* D-00359
Dimethisoquin, D-00392
▷Dimethisterone, D-00393
▷Dimethocaine, D-00394
Dimetholizine, D-00395
▷Dimethothiazine, D-00396
Dimethoxanate, D-00397
10,11-Dimethoxyajmalicine, *in* A-00087
1,8-Dimethoxyanthraquinone, *in* D-00308
1,8-Dimethoxyanthrone, *in* D-00310
6-(2,6-Dimethoxybenzamido)penicillanic acid, *see* M-00180
▷3,4-Dimethoxybenzoic acid 4-[ethyl[2-(4-methoxyphenyl)-1-methylethyl]amino]butyl ester, *see* M-00033
1-(3,4-Dimethoxybenzoyl)-4-(1,2,3,4-tetrahydro-2-oxo-6-quinolinyl)piperazine, *see* V-00026

▷*N*-(3,4-Dimethoxycinnamoyl)anthranilic acid, *see* T-00397
Dimethoxydiethylstilbene, *in* D-00257
▷6,7-Dimethoxy-1-(3,4-dimethoxybenzyl)isoquinoline, *see* P-00019
2-(3,6-Dimethoxy-2,4-dimethylbenzyl)-2-imidazoline, *see* D-00572
2-[(3,6-Dimethoxy-2,4-dimethylphenyl)methyl]-4,5-dihydro-1*H*-imidazole, *see* D-00572
Dimethoxyeburnamonine, *in* E-00003
Di-[2-[*N*-(2′-methoxyethyl)amino]cyclopent-1-en-1-thiocarbonyl]disulfide, *see* D-00552
6,8-Dimethoxyflavone, *in* D-00326
2,7-Dimethoxy-9-fluorenone, *in* D-00327
4,7-Dimethoxy-α-(2,4-hydroxyphenylethyl)-6-[2-(1-piperidinyl)-ethoxy]-5-benzofuranmethanol, *see* P-00309
4-[(6,7-Dimethoxy-1-isoquinolyl)methyl]-pyrocatecholdinicotinate, *see* N-00091
▷5-[[3,5-Dimethoxy-4-(2-methoxyethoxy)phenyl]methyl]-2,4-pyrimidinediamine, *see* T-00158
3,4-Dimethoxy-α-[3-[[2-(3-methoxyphenyl)ethyl]methylamino]-propyl]-α-(1-methylethyl)benzeneacetonitrile, *see* D-00110
5,6-Dimethoxy-3-[2-[4-(2-methoxyphenyl)-1-piperazinyl]-ethyl]-2-methyl-1*H*-indole, *see* M-00375
6,7-Dimethoxy-2-[2-[4-(4-methoxyphenyl)-1-piperazinyl]-ethyl]-4(1*H*)-quinazolinone, *see* P-00113
2,3-Dimethoxy-5-[(methylamino)sulfonyl]-*N*-[(1-methyl-2-pyrrolidinyl)methyl]benzamide, *see* S-00266
Dimethoxymethylarsine oxide, *in* M-00226
2,4-Dimethoxy-α-methylbenzhydrol, *see* F-00060
6,7-Dimethoxy-4-methyl-2*H*-1-benzopyran-2-one, *in* D-00332
2,4-Dimethoxy-β-methylcinnamic acid, *see* D-00400
▷4,9-Dimethoxy-7-methyl-5*H*-furo[3,2-*g*][1]benzopyran-5-one, *see* K-00022
1,2-Dimethoxy-4-methyl-5-(methylsulfinyl)benzene, *see* D-00398
▷3,4-Dimethoxy-17-methylmorphinan-6β,14-diol, *see* D-00612
▷Dimethoxymethylphenobarbital, *in* E-00218
2,4-Dimethoxy-α-methyl-α-phenylbenzenemethanol, *see* F-00060
1-(2,5-Dimethoxy-4-methylphenyl)-2-butylamine, *see* D-00461
5-[(4,5-Dimethoxy-2-methylphenyl)methyl]-2,4-pyrimidinediamine, *see* O-00057
(4,5-Dimethoxy-2-methylphenyl) methyl sulfoxide, D-00398
▷5,6-Dimethoxy-2-methyl-3-[2-(4-phenyl-1-piperazinyl)ethyl], *see* O-00157
3,4-Dimethoxy-*N*-(1-methyl-2-pyrrolidinylidene)-benzeneethanamine, *see* M-00410
5,6-Dimethoxy-4-methyl-2(1*H*)-quinazolinone, *see* B-00031
4,9-Dimethoxy-7-[(methylthio)methyl]-5*H*-furo[3,2-*g*][1]-benzopyran-5-one, *see* T-00281
5-[[3,5-Dimethoxy-4-(methylthio)phenyl]methyl]-2,4-pyrimidinediamine, *see* M-00320
3,9-Dimethoxy-6-oxopterocarpen, *in* C-00558
5,5-Dimethoxypentanal, *in* P-00090
p-[3-[(3,4-Dimethoxyphenethyl)amino]-2-hydroxypropoxy]-β-methylcinnamonitrile, *see* P-00001
α-[[(3,4-Dimethoxyphenethyl)amino]methyl]-*p*-hydroxybenzyl alcohol, *see* D-00074
3,4-Dimethoxyphenethyl-[3-[2-(3,4-dimethoxyphenyl)-1,3-dithian-2-yl]propyl]methylamine *S*,*S*,*S*′,*S*′-tetraoxide, *see* T-00241
2-[(3,4-Dimethoxyphenethyl)imino]-1-methylpyrrolidine, *see* M-00410
5-[(3,4-Dimethoxyphenethyl)methylamino]-2-isopropyl-2-(3,4,5-trimethoxyphenyl)valeronitrile, *see* G-00006
2-[3-[(3,4-Dimethoxyphenethyl)methylamino]propyl]-5,6-dimethoxphhthalimidine, *see* F-00011
3,5-Dimethoxyphenol, *in* B-00076
2-(3,5-Dimethoxyphenoxy)ethanol, D-00399
3-(2,4-Dimethoxyphenyl)-2-butenoic acid, D-00400
3-(2,4-Dimethoxyphenyl)crotonic acid, *see* D-00400
6-(3,4-Dimethoxyphenyl)-4,5-dihydro-5-(hydroxymethyl)-3(2*H*)-pyridazinone, *see* D-00573
2-(3,4-Dimethoxyphenyl)-5,7-dihydroxy-6-methoxy-4*H*-1-benzopyran-4-one, *see* D-00355
2-(3,4-Dimethoxyphenyl)-*N*-[2-(3,4-dimethoxyphenyl)ethyl]-*N*-methyl-1,3-dithiane-2-propanamine 1,1,3,3-tetraoxide, *see* T-00241
α-(3,4-Dimethoxyphenyl)-*N*,*N*-dimethylbenzenebutanamine, *see* V-00027
5-[3-[[2-(3,4-Dimethoxyphenyl)ethyl]amino]-2-hydroxypropoxy]-3,4-dihydro-8-(2-oxopropoxy)-2(1*H*)-quinolinone, *see* B-00251
N-[4-[3-[[2-(3,4-Dimethoxyphenyl)ethyl]amino]-2-hydroxypropoxy]-3-(5-isoxazolyl)phenyl]butanamide, *see* E-00004
3-[4-[3-[[2-(3,4-Dimethoxyphenyl)ethyl]amino]-2-hydroxypropoxy]phenyl]-2-butenenitrile, *see* P-00001
6-[3-[[2-(3,4-Dimethoxyphenyl)ethyl]amino]-2-hydroxypropoxy]-3(2*H*)-pyridazinone (1-methylethylidene)-hydrazone, *see* D-00599
α-[[[2-(3,4-Dimethoxyphenyl)ethyl]amino]methyl]-4-hydroxybenzenemethanol, *see* D-00074
1-[[2-(3,4-Dimethoxyphenyl)ethyl]amino]-3-(3-methylphenoxy)-2-propanol, *see* B-00146
6-(3,4-Dimethoxyphenyl)-1-ethyl-3,4-dihydro-3-methyl-4-[(2,4,6-trimethylphenyl)imino]-2(1*H*)-pyrimidinone, D-00401
▷1-(3,4-Dimethoxyphenyl)-5-ethyl-7,8-dimethoxy-4-methyl-5*H*-2,3-benzodiazepine, *see* T-00342
1-(3,4-Dimethoxyphenyl)-4-ethyl-6,7-dimethoxy-3-methyl-isoquinoline-2-imide, *see* T-00341
2-[3-[[2-(3,4-Dimethoxyphenyl)ethyl]methylamino]propyl]-2,3-dihydro-5,6-dimethoxy-1*H*-isoindol-1-one, *see* F-00011
▷α-[3-[[2-(3,4-Dimethoxyphenyl)ethyl]methylamino]propyl]-3,4-dimethoxy-α-(1-methylethyl)benzeneacetonitrile, *see* V-00019
α-[3-[[2-(3,4-Dimethoxyphenyl)ethyl]methylamino]propyl]-3,4,5-trimethoxy-α-(trimethylethyl)benzeneacetonitrile, *see* G-00006
▷2-[3,4-Dimethoxyphenyl]-5-[*N*-homoveratryl-*N*-methylamino]-2-isopropylvaleronitrile, *see* V-00019
2-[4-[2-(3,4-Dimethoxyphenyl)-2-hydroxyethyl]-1-piperazinyl]-2,4,6-cycloheptatrien-1-one, *see* C-00341
1-(2,4-Dimethoxyphenyl)-3-(4-hydroxyphenyl)-2-propen-1-one, *in* D-00346
2,3-Dimethoxy-*N*-[8-(phenylmethyl)-8-azabicyclo[3.2.1]oct-3-yl]benzamide, *see* T-00548
1-[(3,4-Dimethoxyphenyl)methyl]-6,7-dimethoxy-4-[[4-(2-methoxyphenyl)-1-piperazinyl]methyl]isoquinoline, *see* E-00032
2-[(3,4-Dimethoxyphenyl)methyl]-4-(diphenylmethyl)-1,2-dimethylpiperazine, *see* B-00045
N-[(3,4-Dimethoxyphenyl)methylene]-6,7-dimethoxy-4-quinolinamine, *see* L-00023
6-[(2,5-Dimethoxyphenyl)methyl]-5-methylpyrido[2,3-*d*]-pyrimidine-2,4-diamine, *see* P-00338
5-[(3,4-Dimethoxyphenyl)methyl]-2,4-pyrimidinediamine, *see* D-00147
2-(3,4-Dimethoxyphenyl)-5-methyl-4-thiazolidinone, *see* M-00359
▷2-[[3-(3,4-Dimethoxyphenyl)-1-oxo-2-propenyl]amino]-benzoic acid, *see* T-00397
2,6-Dimethoxyphenylpenicillin, *see* M-00180
1-(2,4-Dimethoxyphenyl)-3-(4-pyridinyl)-2-propen-1-one, *see* D-00371
▷[(Dimethoxyphosphinothioyl)thio]butanedioic acid diethyl ester, *see* M-00013
▷5,6-Dimethoxyphthalaldehydic acid isonicotinylhydrazone, *see* O-00051
1-(6,7-Dimethoxy-1-phthalazinyl)-4-piperidinylethyl carbamate, *see* C-00044
N-[4,7-Dimethoxy-6-[2-(1-piperidinyl)ethoxy]-5-benzofuranyl]-*N*′-methylurea, *see* M-00471
1,3-Dimethoxy-2-propanol, *in* G-00064
2,3-Dimethoxy-1-propanol, *in* G-00064
▷1,2-Dimethoxy-4-(2-propenyl)benzene, *in* M-00215
6,7-Dimethoxy-2-[4-(2-propenyl)-1-piperazinyl]-4-quinazolinamine, *see* Q-00014
3-[(2,4-Dimethoxy-6-propylbenzoyl)oxy]-2,4-dihydroxy-6-pentylbenzoic acid, *see* M-00127

2′,4′-Dimethoxy-3-(4-pyridyl)acrylophenone, *see* D-00371
5-[[4-[[(2,6-Dimethoxy-4-pyrimidinyl)amino]sulfonyl]-phenyl]-azo]-2-hydroxybenzoic acid, *see* S-00007
▷*N*′-(2,6-Dimethoxy-4-pyrimidinyl)sulfanilamide, *see* S-00238
▷*N*′-(4,6-Dimethoxy-2-pyrimidinyl)sulfanilamide, *see* S-00247
▷*N*′-(5,6-Dimethoxy-4-pyrimidinyl)sulfanilamide, *see* S-00193
N-[4,7-Dimethoxy-6-[2-(1-pyrrolidinyl)ethoxy]-5-benzofuranyl]-*N*′-methylurea, *see* C-00085
6,7-Dimethoxy-4-quinolinamine, *see* A-00250
6,7-Dimethoxy-2-[4-(tetrahydrofuran-2-carbonyl)-1-piperazinyl]-4-quinazolinylamine, *see* T-00080
6,7-Dimethoxy-3-(5,6,7,8-tetrahydro-4-methoxy-6-methyl-1,3-dioxolo[4,5-*g*]isoquinolin-5-yl)-1(3*H*)-isobenzofuranone, *see* N-00052
6,7-Dimethoxy-1-(3,4,5-triethoxyphenyl)isoquinoline, *see* O-00019
▷10,17-Dimethoxy-18-[(3,4,5-trimethoxybenzoyl)oxy]yohimban-16-carboxylic acid methyl ester, *see* M-00191
6,7-Dimethoxy-4-(veratrylideneamino)quinoline, *see* L-00023
▷Dimethpyrindene, *see* D-00391
▷Dimethylacetonylcarbinol, *see* H-00171
3α-β,β-Dimethylacryloylamino-20α-dimethylamino-5α-pregnane, *in* P-00416
3,5-Dimethyl-1-adamantanamine, D-00402
α,α-Dimethyl-1-adamantaneethylamine, *see* A-00064
2,6*N*-Dimethyladenosine, *in* M-00219
6-*N*-(γ,γ-Dimethylallyl)adenosine, *see* M-00234
7-(3,3-Dimethylallyloxy)coumarin, *in* H-00114
4-Dimethylaminanisole, *in* A-00298
▷(Dimethylamino)acetaldehyde diphenyl acetal, *see* M-00056
[5-[(Dimethylamino)acetyl]-10,11-dihydro-5*H*-dibenz[*b,f*]-azepin-3-yl]carbamic acid ethyl ester, *see* B-00252
▷10-[(Dimethylamino)acetyl]-10*H*-phenothiazine, D-00403
3-Dimethylaminoanisole, *in* A-00297
▷4-(Dimethylamino)antipyrine, *see* A-00327
6-Dimethylamino-8-azaadenosine, D-00404
p-Dimethylaminobenzenestibonic acid, *in* A-00212
▷4-(Dimethylamino)benzoic acid, D-00405
4-Dimethylaminobenzonitrile, *in* D-00405
7-[*p*-(Dimethylamino)benzyl]theophylline, *see* D-00374
4-Dimethylaminobutanoic acid, *in* A-00221
▷3-[[(Dimethylamino)carbonyl]oxy]-1-methylpyridinium, *see* P-00578
3-[[(Dimethylamino)carbonyl]oxy]-1-(phenylmethyl)-pyridinium(1+), *see* B-00101
▷3-[[(Dimethylamino)carbonyl]oxy-*N,N,N*-trimethyl-benzenaminium, *see* N-00070
N-[1-[(Dimethylamino)carbonyl]propyl]-*N*-ethyl-2-butenamide, *see* C-00569
N-[1-[(Dimethylamino)carbonyl]propyl]-*N*-propyl-2-butenamide, *see* C-00566
3-[[5-[(Dimethylamino)carbonyl]-3-pyrrolidinyl]thio]-6-(1-hydroxyethyl)-4-methyl-7-oxo-1-azabicyclo[3.2.0]hept-2-ene-2-carboxylic acid, *see* M-00128
▷3β-Dimethylamino-5-conanene, *see* C-00540
▷3β-(Dimethylamino)con-5-enine, *see* C-00540
3-(Dimethylamino)-6,8-difluoro-1,2,3,4-tetrahydrocarbazole, *see* F-00136
1-(Dimethylamino)-3-(10,11-dihydro-5*H*-dibenzo[*a,d*]-cyclohepten-5-ylidene)-2-propanone, *see* C-00554
▷4-(Dimethylamino)-1,2-dihydro-1,5-dimethyl-3*H*-pyrazol-3-one, *see* A-00327
4-(Dimethylamino)-α,2-dimethylbenzeneethanamine, *see* A-00193
N-[3-(Dimethylamino)-1,3-dimethylbutyl]-3,4-dihydro-6,7-dimethoxy-2,1-benzoxathian-3-carboxamide 1,1-dioxide, *see* T-00324
4-(Dimethylamino)-α,2-dimethylphenethylamine, *see* A-00193
4-(Dimethylamino)-*N*-(2,6-dimethylphenyl)-1-(2-hydroxycyclohexyl)-4-piperidinecarboxamide, *see* T-00398
▷4-Dimethylamino-2,3-dimethyl-1-phenyl-3-pyrazolin-5-one, *see* A-00327
6-(Dimethylamino)-2-[2-(2,5-dimethyl-1-phenyl-1*H*-pyrrol-3-yl)ethenyl]-1-methylquinolinium, *see* V-00052
6-(Dimethylamino)-2-[2-(2,5-dimethyl-1-phenylpyrrol-3-yl)-vinyl]-1-methylquinolinium, *see* V-00052
3-[(Dimethylamino)(1,3-dioxan-5-yl)methyl]pyridine, D-00406
6-Dimethylamino-4,4-diphenyl-3-heptanol, *see* M-00162
▷6-Dimethylamino-4,4-diphenyl-3-heptanone, *see* M-00163
▷6-Dimethylamino-4,4-diphenyl-3-hexanone, D-00407
▷2-(Dimethylamino)-*N*-(1,3-diphenylpyrazol-5-yl)propionamide, *see* D-00262
▷4-(Dimethylamino)-2,2-diphenylvaleramide, *see* A-00296
▷2-(Dimethylamino)ethanethiol, *in* A-00252
▷2-Dimethylaminoethanol, D-00408
5-[2-(Dimethylamino)ethoxy]-7*H*-benzo[*c*]fluoren-7-one, D-00409
▷5-[2-(Dimethylamino)ethoxy]carvacrol acetate, *see* T-00227
2-[α-[2-(Dimethylamino)ethoxy]-2,6-diethylbenzyl]pyridine, *see* P-00601
▷1-[6-[2-(Dimethylamino)ethoxy]-4,7-dimethoxy-5-benzofuranyl]-3-(4-methoxyphenyl)-2-propen-1-one, *see* M-00043
▷2-[2-(Dimethylamino)ethoxy]ethyl 1-phenylcyclopentanecarboxylate, *see* M-00385
11α-(Dimethylamino)-2β-ethoxy-3α-hydroxy-5α-pregnan-20-one, *see* M-00382
▷4-(2-Dimethylaminoethoxy)-5-isopropyl-2-methylphenyl acetate, *see* T-00227
▷2-[α-[2-(Dimethylamino)ethoxy]-α-methylbenzyl]pyridine, *see* D-00598
4-[2-(Dimethylamino)ethoxy]-2-methylethyl)phenyl 1-methylethyl carbonate, *see* I-00164
▷4-[2-(Dimethylamino)ethoxy]-2-methyl-5-(1-methylethyl)-phenol acetate, *see* T-00227
1-[4-[2-(Dimethylamino)ethoxy]phenyl]-1-(3-hydroxyphenyl)-2-phenyl-1-butene, *see* D-00607
N-[[4-[2-Dimethylamino)ethoxy]phenyl]methyl]-3,4,5-trimethoxybenzamide, *see* T-00500
3-[1-[4-[(2-Dimethylamino)ethoxy]phenyl]-2-phenyl]-1-butenyl]phenol, *see* D-00607
4-[2-(Dimethylamino)ethoxy]-1(2*H*)-phthalazinone oxime, *see* T-00016
2-[2-(Dimethylamino)ethoxy]-*N*-tricyclo[3.3.1.1^{3,7}]dec-1-ylacetamide, *see* T-00545
4-[[2-(Dimethylamino)ethyl]amino]-6-methoxyquinoline, *see* M-00217
▷α-[1-(Dimethylamino)ethyl]benzenemethanol, *see* D-00418
2-(Dimethylamino)ethyl benzilate, D-00410
2-(Dimethylamino)ethyl 1-benzyl-2,3-dimethyl-5-indolecarboxylate, *see* I-00061
▷2-(Dimethylamino)ethyl 4-(butylamino)benzoate, *see* T-00104
2-(Dimethylamino)ethyl [[(*p*-chloro-α-methylbenzylidene)-amino]oxy]acetate, *see* C-00519
▷2-Dimethylaminoethyl 4-chlorophenoxyacetate, *see* M-00046
2-(Dimethylamino)ethyl [[[1-(4-chlorophenyl)ethylidene]-amino]oxy]acetate, *see* C-00519
2-(Dimethylamino)ethyl cyclohexanepropionate, *see* C-00647
▷10-[2-(Dimethylamino)ethyl]-5,10-dihydro-5-methyl-11*H*-dibenzo[*b,e*][1,4]diazepin-11-one, *see* D-00156
2-[2-(Dimethylamino)ethyl]-3,4-dihydro-4-methylpyrido[3,2-*f*]-1,4-oxazepine-5(2*H*)-thione, *see* R-00070
5-[2-(Dimethylamino)ethyl]-2,3-dihydro-2-phenyl-1,5-benzothiazepin-4(5*H*)-one, *see* T-00181
2-[2-(Dimethylamino)ethyl]-3,4-dihydro-2-phenyl-1(2*H*)-naphthalenone, *see* N-00013
S-[2-(Dimethylamino)ethyl] 9,9-dimethyl-10(9*H*) acridinecarbothioate, *see* B-00260
2-(Dimethylamino)ethyl 1-[2-(dimethylamino)ethyl]-2,3-dimethyl-1*H*-indole-5-carboxylate, *see* A-00199
2-(Dimethylamino)ethyl 2,3-dimethyl-1-(phenylmethyl)-1*H*-indole-5-carboxylate, *see* I-00061
2-(Dimethylamino)ethyl diphenyl(2-propynyloxy)acetate, *see* P-00035
2-Dimethylaminoethyl α-ethoxy-α,α-diphenylacetate, *see* D-00380

2-(Dimethylamino)ethyl (2-ethylbutoxy)diphenylacetate, *see* D-00071
2-(Dimethylamino)ethyl [5-hydroxy-4-(hydroxymethyl)-6-methyl-3-pyridinyl]methyl butanedioate, *see* P-00336
▷3-(2-Dimethylaminoethyl)-4-hydroxyindole, D-00411
▷*N*-[4-[[1-(Dimethylamino)ethylidene]amino]phenyl]-2-methoxyacetamide, *see* A-00190
▷2-[1-[2-(2-Dimethylaminoethyl)inden-3-yl]ethyl]pyridine, *see* D-00391
▷3-(2-Dimethylaminoethyl)-1*H*-indol-4-ol, *see* D-00411
3-(2-Dimethylaminoethyl)indol-5-yl-*N*-methylmethanesulfonamide, *see* S-00268
[1-[1-(Dimethylamino)ethyl]-1*H*-indol-3-yl]-1-propanone oxime, *in* D-00414
6-[[6-[2-(Dimethylamino)ethyl]-4-methoxy-1,3-benzodioxol-5-yl]acetyl]-2,3-dimethoxybenzoic acid, *see* N-00051
▷2-[(2-Dimethylaminoethyl)-(*p*-methoxybenzyl)amino]pyrimidine, *see* T-00218
2-[[2-(Dimethylamino)ethyl]-(*p*-methoxybenzyl)amino]thiazole, *see* Z-00027
▷1-[[2-(Dimethylamino)ethyl]methylamino]-3-phenylindole, *see* B-00168
2-Dimethylaminoethyl 4-methylbenzhydryl ether, *see* M-00247
▷α-[2-(Dimethylamino)ethyl]-α-(1-methylethyl)-1-naphthaleneacetamide, *see* N-00027
3-[2-(Dimethylamino)ethyl]-*N*-methyl-1*H*-indole-5-methanesulfonamide, *see* S-00268
▷2-[2-(Dimethylamino)ethyl]-5-nitro-1*H*-benz[*de*]-isoquinoline-1,3(2*H*)-dione, *see* M-00405
1-[2-(Dimethylamino)ethyl]-2-[(5-nitro-2-furanyl)-methylene]hydrazinecarboxamide, *see* N-00120
▷*N*-[2-(Dimethylamino)ethyl]-3-nitronaphthalimide, *see* M-00405
▷10-[2-(Dimethylamino)ethyl]phenothiazine, D-00412
▷2-Dimethylaminoethyl *o*-phenylbenzyl ether, *see* D-00484
1-(2-Dimethylaminoethyl)-1-phenylindene, D-00413
4-Dimethylamino-2-ethyl-2-phenylvaleronitrile, *see* E-00136
1-(Dimethylamino)ethyl-3-propanoyl-1*H*-indole, D-00414
6-[2-(Dimethylamino)ethyl]pyrido[2,3-*b*][1,5]-benzothiazepin-5(6*H*)-one, *see* B-00133
2-(Dimethylamino)ethyl 1,3,4,5-tetrahydrothiopyrano[4,3-*b*]indole-8-carboxylate, *see* T-00313
▷2-[[(2-Dimethylamino)ethyl]-2-thenylamino]pyridine, *see* M-00171
▷2-[[2-(Dimethylamino)ethyl]-3-thenylamino]pyridine, *see* T-00165
7-(2-Dimethylaminoethyl)theophylline, *see* D-00389
N-[2-(Dimethylamino)ethyl]-3-trifluoromethylcarbanilic acid ethyl ester, *see* F-00132
6-(Dimethylamino)hexanoic acid, *in* A-00259
3-[(Dimethylamino)(2-hydroxycyclohexyl)methyl]phenol, *see* C-00394
▷4-[2-(Dimethylamino)-1-hydroxyethyl]-1,2-benzenediol, *in* A-00075
2-Dimethylaminoisocamphane, *see* D-00375
β-Dimethylaminoisopropyl 4-chloro-α-methylbenzhydryl ether, *see* M-00050
4-Dimethylamino-2-isopropyl-2-phenylvaleronitrile, *see* I-00177
1-[2-(Dimethylamino)-1-(4-methoxyphenyl)ethyl]cyclohexanol, *see* V-00015
20*S*-Dimethylamino-3α-methylamino-5α-pregnane, *in* P-00416
▷1-(Dimethylamino)-2-methyl-2-butanol benzoate, *see* A-00374
10-(Dimethylaminomethyl)dibenzo[*b,f*]thiepine, *see* D-00009
▷4-(Dimethylamino)-3-methyl-1,2-diphenyl-2-butanol, *see* P-00512
3-[(Dimethylamino)methyl]-1,2-diphenyl-3-buten-2-ol propionate, *see* P-00547
6-Dimethylamino-5-methyl-4,4-diphenylhexan-3-ol, *see* I-00192
▷6-Dimethylamino-5-methyl-4,4-diphenyl-3-hexanone, *see* I-00193
▷4-Dimethylamino-3-methyl-1,2-diphenyl-2-propionyloxybutane, *see* P-00512
▷3-[[(Dimethylamino)methylene]amino]-2,4,6-triiodobenzenepropanoic acid, *see* I-00129
▷3-[[(Dimethylamino)methylene]amino]-2,4,6-triiodohydrocinnamic acid, *see* I-00129
β-[2-(Dimethylamino)-2-methylethyl]-α-ethyl-β-phenylbenzeneethanol, *see* I-00192
▷α-[2-(Dimethylamino)-1-methylethyl]-α-phenylbenzeneethanol propanoate ester, *see* P-00512
1-(2-Dimethylamino-1-methylethyl)-2-phenylcyclohexanol, D-00415
1-[2-(Dimethylamino)-1-methylethyl]-2-phenylcyclohexanyl acetate, *see* D-00415
2-[[2-[[[5-[(Dimethylamino)methyl]-2-furanyl]methyl]thio]ethyl]amino]-5-[(6-methyl-3-pyridinyl)methyl]-4(1*H*)-pyrimidinone, *see* L-00113
▷*N*-[2-[[[5-[(Dimethylamino)methyl]-2-furanyl]methyl]thio]ethyl]-*N*′-methyl-2-nitro-1,1-ethenediamine, *see* R-00011
N-[2-[[[5-[(Dimethylamino)methyl]-2-furanyl]methyl]thio]ethyl]-3-pyridinecarboxamide 1-oxide, *see* R-00009
4-(3-Dimethylaminomethyl-4-hydroxyanilino)-7-chloroquinoline, *see* A-00353
▷8-Dimethylaminomethyl-7-methoxy-3-methylflavone, *see* D-00377
▷8-[(Dimethylamino)methyl]-7-methoxy-3-methyl-2-phenyl-4*H*-1-benzopyran-4-one, *see* D-00377
2-[(Dimethylamino)methyl]-1-(3-methoxyphenyl)cyclohexanol, D-00416
[4-(Dimethylamino)-2-methylphenyl]phosphinic acid, *see* T-00347
▷2-(Dimethylamino)-2-methylpropyl benzilate, *see* D-00261
▷5-(3-Dimethylamino-2-methylpropyl)-10,11-dihydrodibenz[*b,f*]azepine, *see* T-00516
▷2-(Dimethylamino)-2-methylpropyl diphenylglycolate, *see* D-00261
10-[3-(Dimethylamino)-2-methylpropyl]-2-ethylphenothiazine, *see* E-00266
10-(3-Dimethylamino-2-methylpropyl)-2-methoxyphenothiazine, *see* M-00193
10-[3-(Dimethylamino)-2-methylpropyl]-2-(methylthio)phenothiazine, *see* M-00182
▷10-[3-(Dimethylamino)-2-methylpropyl]phenothiazine, *see* T-00495
▷10-[3-(Dimethylamino)-2-methylpropyl]-10*H*-phenothiazine-2-carbonitrile, *see* C-00578
▷5-(Dimethylamino)-9-methyl-2-propyl-1*H*-pyrazolo[1,2-*a*]-[1,2,4]benzotriazine-1,3(2*H*)-dione, *see* A-00507
10-[3-(Dimethylamino)-2-methylpropyl]-2-(trifluoromethyl)-phenothiazine, *see* T-00462
▷*O*-[2-(Dimethylamino)-6-methyl-4-pyrimidinyl] *O,O*-diethyl phosphorothioate, *see* P-00587
5-[[8-(Dimethylamino)-7-methyl-5-quinolinyl]methyl-2,4-pyrimidinediamine, *see* B-00012
N-[2-[[[2-[(Dimethylamino)methyl]-4-thiazolyl]methyl]thio]ethyl]-*N*′-methyl-2-nitro-1,1-ethenediamine, *see* N-00192
▷4-(Dimethylamino)-1,4,4*a*,5,5*a*,6,11,12*a*-octahydro-3,6,10,12,12*a*-pentahydroxy-6-methyl-1,11-dioxo-2-naphthacenecarboxamide, *see* T-00109
▷4-(Dimethylamino)-1,4,4*a*,5,5*a*,6,11,12*a*-octahydro-3,6,10,12,12*a*-pentahydroxy-6-methyl-1,11-dioxo-*N*-(1-pyrrolidinylmethyl)-2-naphthacenecarboxylic acid, *see* R-00078
▷4-(Dimethylamino)-1,4,4*a*,5,5*a*,6,11,12*a*-octahydro-3,5,10,12,12*a*-pentahydroxy-6-methylene-1,11-dioxo-2-naphthacenecarboxamide, *see* M-00161
4-(Dimethylamino)-1,4,4*a*,5,5*a*,6,11,12*a*-octahydro-3,10,12,12*a*-tetrahydroxy-7-nitro-1,11-dioxo-2-naphthacenecarboxamide, *see* N-00175
▷4-(Dimethylamino)-4-oxobutyl 2-(4-chlorophenoxy)-2-methylpropanoate, *in* C-00456
2-(Dimethylamino)-2-oxoethyl 4-[[4-[(aminoiminomethyl)-amino]benzoyl]oxy]benzeneacetate, *see* C-00022
3-Dimethylaminophenol, *in* A-00297
▷4-Dimethylaminophenol, *in* A-00298
2-(Dimethylamino)-1-phenyl-3-cyclohexene-1-carboxylic acid ethyl ester, *see* T-00273
(1-[4-(Dimethylamino)phenyl]-17-hydroxy-17-(3-hydroxy-1-propenyl)estra-4,9-dien-3-one, *see* L-00049

11-[4-(Dimethylamino)phenyl]-17-hydroxy-17-(3-hydroxypropyl)estra-4,9-dien-3-one, *see* O-00047
11-[4-(Dimethylamino)phenyl]-17-hydroxy-17-(1-propynyl)-estra-4,9-dien-3-one, *see* M-00371
▷2-(Dimethylamino)-5-phenyl-2-oxazolin-4-one, *see* D-00417
▷2-(Dimethylamino)-5-phenyl-4(5*H*)-oxazolone, D-00417
▷2-Dimethylamino-1-phenyl-1-propanol, D-00418
▷2-(Dimethylamino)-1-phenyl-1-propanone, *see* D-00382
6-[3-(Dimethylamino)-1-phenylpropoxy]-2-phenyl-4*H*-1-benzopyran-4-one, *see* A-00399
▷3-Dimethylamino-1-phenyl-1-2′-pyridylpropane, *see* P-00157
3-(Dimethylamino)pregnane-18,20-diol diacetate, *in* A-00315
3-Dimethylamino-1,2-propanediol, *in* A-00317
▷1-Dimethylamino-2-propanol, D-00419
▷α-Dimethylaminopropiophenone, *see* D-00382
4-[3-(Dimethylamino)propoxy]-1,2,2,6,6-pentamethylpiperidine, *see* P-00057
4-[[3-(Dimethylamino)propyl]amino]-7-iodoquinoline, *see* I-00122
▷9-[[3-(Dimethylamino)propyl]amino]-1-nitroacridine, *see* N-00163
▷5-[3-(Dimethylamino)propyl]-5*H*-dibenz[*b,f*]azepine, *see* B-00007
▷5-(2-Dimethylaminopropyl)-10,11-dihydro-5*H*-dibenz[*bf*]-azepine, *see* I-00040
5-[3-(Dimethylamino)propyl]-10,11-dihydro-5*H*-dibenz[*b,f*]-azepine-3-carbonitrile, *see* C-00320
5-[3-(Dimethylamino)propyl]-5,11-dihydro-10*H*-dibenz[*b,f*]-azepin-10-one, *see* K-00013
▷11-[3-(Dimethylamino)propyl]-6,11-dihydrodibenzo[*b,e*]-thiepine, D-00420
5-[3-(Dimethylamino)propyl]-5,6-dihydro-11-methyl-enemorphanthridine, *see* E-00065
5-[3-(Dimethylamino)propyl]-5,6-dihydromorphanthridine, *see* P-00405
6-[2-(Dimethylamino)propyl]-1,6-dihydro-5*H*-pyrido[2,3-*b*]-[1,5]benzodiazepine-5-one, *see* P-00508
▷10-[3-(Dimethylamino)propyl]-9,9-dimethylacridan, *see* D-00387
▷10-[2-(Dimethylamino)propyl]-*N,N*-dimethyl-10*H*-phenothiazine-2-sulfonamide, *see* D-00396
N-[3-(Dimethylamino)propyl]-*N*-[(ethylamino)carbonyl]-6-(2-propenyl)ergoline-8-carboxamide, *see* C-00002
α-[2-(Dimethylamino)propyl]-α-ethylbenzeneacetonitrile, *see* E-00136
β-[2-(Dimethylamino)propyl]-α-ethyl-β-phenylbenzeneethanol, *see* M-00162
1-(3-Dimethylaminopropyl)-1-(4-fluorophenyl)-5-cyanophthalan, *see* C-00400
1-[3-(Dimethylamino)propyl-1-(4-fluorophenyl)]-1,3-dihydro-5-isobenzofurancarbonitrile, *see* C-00400
▷5-[3-(Dimethylamino)propyl]-6,7,8,9,10,11-hexahydro-5*H*-cyclo-oct[*b*]indole, *see* I-00157
▷11-(3-Dimethylaminopropylidene)-6*H*-dibenz[*b,e*]oxepin, *see* D-00594
11-[3-(Dimethylamino)propylidene]-5,6-dihydro-5-methyl-morphanthridine, *see* E-00021
▷9-[3-(Dimethylamino)propyl]-2-methoxy-9*H*-thioxanthen-9-ol, *see* M-00106
17β-[[3-(Dimethylamino)propyl]methylamino]androst-5-en-3β-ol, *see* A-00495
α-[2-(Dimethylamino)propyl]-α-(1-methylethyl)-benzeneacetonitrile, *see* I-00177
3-*O*-[3-(Dimethylamino)propyl-1,2-*O*-(1-methylethylidene)-α-D-glucofuranose, *see* A-00345
5-[3-(Dimethylamino)propyl]-6(5*H*)-phenanthridinone, *see* F-00018
▷10-[2-(Dimethylamino)propyl]phenothiazine, *see* P-00478
▷10-(3-Dimethylaminopropyl)phenothiazine, *see* P-00475
1-[10-[2-(Dimethylamino)propyl]-10*H*-phenothiazin-2-yl]-ethanone, *see* A-00016
▷1-[10-[3-(Dimethylamino)propyl]-10*H*-phenothiazin-2-yl]-ethanone, *see* A-00015
10-[2-(Dimethylamino)propyl]phenothiazin-2-yl methyl ketone, *see* A-00016
▷10-(3-Dimethylaminopropyl)phenothiazin-2-yl methyl ketone, *see* A-00015
1-[10-[2-(Dimethylamino)propyl]-10*H*-phenothiazin-2-yl]-1-propanone, *see* P-00504
▷α-[2-(Dimethylamino)propyl]-α-phenylbenzeneacetamide, *see* A-00296
4′-[4-[3-(Dimethylamino)propyl]-1-piperazinyl]acetanilide, *see* P-00284
N-[4-[4-[3-(Dimethylamino)propyl]-1-piperazinyl]phenyl]-acetamide, *see* P-00284
10-(2-Dimethylaminopropyl)-2-propionylphenothiazine, *see* P-00504
▷10-[3-(Dimethylamino)propyl]-10*H*-pyrido[3,2-*b*][1,4]-benzothiazine, *see* P-00536
▷9-(2-Dimethylaminopropyl)-10-thia-1,9-diazaanthracene, *see* I-00214
4-[3-(Dimethylamino)propyl]-4*H*-thieno[3,2-*b*][1]benzazepine, *see* T-00261
2′-[[3-(Dimethylamino)propyl]thio]cinnamanilide, *see* C-00355
N-[2-[[3-(Dimethylamino)propyl]thio]phenyl]-3-phenyl-2-propenamide, *see* C-00355
▷10-[3-(Dimethylamino)propyl]-2-(trifluoromethyl)-phenothiazine, *see* F-00176
Dimethylaminopyrazine, D-00421
▷*O*-[4-(Dimethylamino)sulfonyl]phenyl *O,O*-dimethyl phosphorothioate, *see* F-00015
▷*O,O*-Dimethyl *O*-(4-aminosulfonylphenyl) phosphorothioate, *see* D-00453
3-(Dimethylamino)-1,2,3,4-tetrahydrocarbazole, D-00422
▷9-*O*-[5-(Dimethylamino)tetrahydro-6-methyl-2*H*-pyran-2-yl]-leucomycin V, *see* F-00249
4-Dimethylamino-*o*-tolylphosphinic acid, *see* T-00347
(Dimethylamino)trimethylpyrazine, D-00423
▷Dimethylane, *see* P-00481
N-Dimethyl-*m*-anisidine, *in* A-00297
N-Dimethyl-*p*-anisidine, *in* A-00298
▷3-(10,10-Dimethyl-9(10*H*)-anthracenylidene-*N,N*-dimethyl-1-propanamine, *see* M-00081
3-(10,10-Dimethyl-9(10*H*)-anthracenylidene)-*N*-methyl-1-propanamine, *see* L-00061
▷Dimethylarsinic acid, D-00424
1,3-Dimethylbarbituric acid, *in* P-00586
α,α-Dimethylbenzeneethanamine, *see* P-00193
α,2-Dimethylbenzeneethanamine, *see* O-00065
▷*N*,β-Dimethylbenzeneethanamine, *in* P-00203
α-(5,6-Dimethylbenzimidazolyl)aquocobamide, *see* V-00060
*Co*α-(α-5,6-Dimethylbenzimidazolyl)-*Co*β-methylcobamide, *see* M-00241
▷α-(5,6-Dimethylbenzimidazoyl)cobamide cyanide, *see* V-00059
▷2,2-Dimethyl-1,3-benzodioxol-4-yl methylcarbamate, *see* B-00046
N,N-Dimethylbenzofuro[3,2-*c*][1]benzoxepin-$\Delta^{6(12H),\gamma}$-propylamine, *see* O-00107
3,5-Dimethylbenzoic acid 8-methyl-8-azabicyclo[3.2.1]oct-3-yl-ester, *see* T-00547
1,5-Dimethyl[1]benzothieno[2,3-*g*]isoquinoline, D-00425
4-[(3,4-Dimethylbenzoyl)amino]-5-(dipentylamino)-5-oxopenta-noic acid, *see* T-00376
4-(2,3-Dimethylbenzyl)-1*H*-imidazole, D-00426
4-(2,6-Dimethylbenzyl)-1*H*-imidazole, *see* D-00446
▷1-(2,4-Dimethylbenzyl)-1*H*-indazole-3-carboxylic acid, *see* X-00016
▷2-[2-(6,6-Dimethylbicyclo[3.1.1]hept-2-en-2-yl)ethoxy]-*N,N*-diethylethanamine, *see* M-00478
5-(3,3-Dimethylbicyclo[2.2.1]hept-2-ylidene)-3-penten-2-one, *see* B-00257
▷1,1-Dimethylbiguanide, *see* D-00432
▷6,6′-[3,3′-Dimethyl(1,1′-biphenyl)-4,4′-diyl]bis(azo)-bis[4-amino-5-hydroxy-1,3-naphthalenedisulfonic acid] tetrasodium salt, *see* A-00532
1,1′-Dimethyl-4,4′-bis(1-methylethyl)[1,1′-bicyclohexyl]-3,3′-dione, *see* B-00224
Dimethylbis[(phenylcarbamoyl)methyl]ammonium, *see* C-00072
2,2-Dimethylbutanoic acid 1,2,3,7,8,8*a*-hexahydro-3,7-dimethyl-8-[2-(tetrahydro-4-hydroxy-2-oxo-2*H*-pyran-2-yl)-ethyl]-1-naphthalenyl ester, *see* S-00075

▷Dimethylcaramiphen, *see* M-00158
▷Dimethylcarbamic acid 1-[(1-dimethylamino)carbonyl]-5-methyl-1*H*-pyrazol-3-yl ester, *see* D-00457
▷(3-Dimethylcarbamoyloxyphenyl)trimethylammonium, *see* N-00070
N-[1-(Dimethylcarbamoyl)propyl]-*N*-ethylcrotonamide, *see* C-00569
N-[1-(Dimethylcarbamoyl)propyl]-*N*-propylcrotonamide, *see* C-00566
▷Dimethyl carbate, *in* B-00157
▷Dimethyl 4-(chlorophenyl)(dimethoxyphosphinyl)methylphosphonate, *see* M-00372
▷*N*,*N*-Dimethylcon-5-enin-3β-amine, *see* C-00540
O,*O*-Dimethylcoumestrol, *in* C-00558
▷2,2′-Dimethylcycloanimum dibromide, *in* C-00590
▷*N*,α-Dimethylcyclohexanemethanamine, *see* M-00242
2,2-Dimethyl-1,3,5-cyclohexanetrione, D-00427
▷*N*,α-Dimethylcyclopentaneethanamine, *in* A-00232
β,β-Dimethylcysteine, *see* P-00064
▷6,6′-Di-*O*-methyldauricoline, *see* D-00020
N,5-Dimethyl-5*H*-dibenz[*b*,*f*]azepine-10-ethanamine, *see* A-00181
▷*N*,*N*-Dimethyl-5*H*-dibenz[*b*,*f*]azepine-5-propanamine, *see* B-00007
▷*N*,*N*-Dimethyl-5*H*-dibenzo[*a*,*d*]cycloheptene-$\Delta^{5,8}$-propylamine, *see* C-00597
N,*N*-Dimethyldibenzo[*b*,*f*]thiepin-10-methanamine, *see* D-00009
▷*O*,*O*-Dimethyl *O*-(2,2-dichlorovinyl) phosphate, *see* D-00207
17,20-Dimethyl-2,3-didehydro-PGE$_1$, *see* L-00050
N,*N*-Dimethyl-*N*′-(2-diisopropylaminoethyl)-*N*′-(4,6-dimethyl-2-pyridinyl)urea, D-00428
▷2,3-Dimethyl-6-(dimethylethylidene)-2-[[(2-oxo-2*H*-1-benzopyran-7-yl)oxy]methyl]cyclohexanepropanoic acid, *see* G-00003
4,7-Dimethyl-9-(3,5-dimethylpyrazole-1-carboxamido)-4,6,6*a*,7,8,9,10,10*a*-octahydroindolo[4,3-*fg*]quinoline, *see* M-00335
▷16,16-Dimethyldinoprostone, *in* D-00324
▷*N*,*N*-Dimethyl-2,2-diphenoxyethanamine, *see* M-00056
▷2′,3′-Dimethyldiphenylamine-2-carboxylic acid, *see* M-00062
N,*N*-Dimethyl-3,4-diphenyl-1*H*-pyrazole-1-propanamine, *see* F-00100
1,4-Dimethyl-1,4-diphenyl-2-tetrazene, D-00429
▷*N*,*N*-Dimethyl-4,4-di-2-thienyl-3-buten-2-amine, *see* D-00455
Dimethyldithiohydantoin, *see* D-00431
5,5-Dimethyl-2,4-dithiohydantoin, *see* D-00431
N,*N*-Dimethyl-1,2-dithiolan-4-amine, *see* N-00075
2,3:4,5-Di-*O*-methylene-D-mannitol, *in* M-00018
▷*N*′-(1,6-Dimethylergolin-8α-yl)-*N*,*N*-dimethylsulfamide, *see* M-00140
▷[[(8β)-1,6-Dimethylergolin-8-yl]methyl]carbamic acid phenylmethyl ester, *see* M-00159
▷Dimethylergometrine, *in* M-00315
▷2,2′-(1,2-Dimethyl-1,2-ethanediylidene)bis[*N*-[2-(1-piperidinyl)-ethyl)]hydrazinecarbothioamide, *see* B-00240
▷*N*-Dimethylethanolamine, *see* D-00408
▷Dimethylethisterone, *see* D-00393
▷*N*-[(1,1,-Dimethylethoxy)carbonyl]-β-alanyl-L-tryptophyl-L-methionyl-L-α-aspartyl-L-phenylalaninamide, *see* P-00079
1-(1,1-Dimethylethoxy)-3-methoxy-2-propanol, *see* B-00422
4-[2-[3-(1,1-Dimethylethoxy)-3-oxo-1-propenyl]phenyl]-1,4-dihydro-2,6-dimethyl-3,5-pyridinedicarboxylic acid, D-00430
N-[4-(1,1-Dimethylethoxy)phenyl]acetamide, *see* B-00419
2-[(1,1-Dimethylethyl)amino]-6,7-dihydro-9,10-dimethoxy-4*H*-pyrimido[6,1-*a*]isoquinolin-4-one, *see* B-00374
1-[(1,1-Dimethylethyl)amino]-3-(2,3-dimethylphenoxy)-2-propanol, *see* X-00012
α-1-[[(1,1-Dimethylethyl)amino]ethyl]-2,5-dimethoxybenzenemethanol, *see* B-00418
4-[2-[(1,1-Dimethylethyl)amino]-1-hydroxyethyl]-1,2-benzenediol, *see* C-00537
▷5-[2-[(1,1-Dimethylethyl)amino]-1-hydroxyethyl]-1,3-benzenediol, *see* T-00084
[5-[2-[(1,1-Dimethylethyl)amino]-1-hydroxyethyl]-2-hydroxyphenyl]urea, *see* C-00071
4-[2-[(1,1-Dimethylethyl)amino]-1-hydroxyethyl]-1,2-phenylene 4-methylbenzoate, *see* B-00241
5-[3-[(1,1-Dimethylethyl)amino]-2-hydroxypropoxy]-3,4-dihydro-1(2*H*)-naphthalenone, *see* B-00365
5-[3-[(1,1-Dimethylethyl)amino]-2-hydroxypropoxy]-3,4-dihydro-2(1*H*)-quinolinone, *see* C-00102
1-[2-[3-[(1,1-Dimethylethyl)amino]-2-hydroxypropoxy]-5-fluorophenyl]-1-butanone, *see* B-00412
7-[3-[(1,1-Dimethylethyl)amino]-2-hydroxypropoxy]-1(3*H*)-isobenzofuranone, *see* A-00082
▷8-[3-[(1,1-Dimethylethyl)amino]-2-hydroxypropoxy]-5-methyl-2*H*-1-benzopyran-2-one, *see* B-00343
4-[3-[(1,1-Dimethylethyl)amino]-2-hydroxypropoxy]-2-methyl-1(2*H*)-isoquinolinone, *see* T-00274
2-[2-[3-[(1,1-Dimethylethyl)amino]-2-hydroxypropoxy]-phenoxy]-*N*-methylacetamide, *see* C-00181
N-[2-[3-[(1,1-Dimethylethyl)amino]-2-hydroxypropoxy]-phenyl]-2-furancarboxamide, *see* A-00380
3-[4-[3-[(1,1-Dimethylethyl]amino]-2-hydroxypropoxy]-phenyl]-7-methoxy-2-methyl-1(2*H*)-isoquinolinone, *see* D-00600
6-[2-[3-[(1,1-Dimethylethyl)amino]-2-hydroxypropoxy]-phenyl]-3(2*H*)-pyridazinone hydraxone, *see* P-00441
4′-[[3-(1,1-dimethylethyl)amino]-2-hydroxypropoxy]-spiro[cyclohexane-1,2′-(2*H*)indan]-1′-(3′*H*)one, *see* S-00119
▷5-[3-[(1,1-Dimethylethyl)amino]-2-hydroxypropoxy]-1,2,3,4-tetrahydro-2,3-naphthalenediol, *see* N-00006
2-[3[(1,1-Dimethylethyl)amino]-2-hydroxypropoxy]-5-[(2-thienylcarbonyl)amino]benzoic acid ethyl ester, *see* T-00262
5-[2-[[3-[(1,1-Dimethylethyl)amino]-2-hydroxypropyl]thio]-4-thiazolyl]-2-thiophenecarboxamide, *see* A-00447
▷α-{[(1,1-Dimethylethyl)amino]methyl}-7-ethyl-2-benzofuranmethanol, *see* B-00352
α-[[(1,1-Dimethylethyl)amino]methyl]-2-fluorobenzenemethanol, *see* F-00115
▷α'-[[(1,1-Dimethylethyl)amino]methyl]-4-hydroxy-1,3-benzenedimethanol, *see* S-00012
α-[[(1,1-Dimethylethyl)amino]methyl]-4-hydroxy-3-[(methylsulfonyl)methyl]benzenemethanol, *see* S-00220
▷α^6-[[(1,1-Dimethylethyl)amino]methyl]-3-hydroxy-2,6-pyridinedimethanol, *see* P-00316
1-[(1,1-Dimethylethyl)amino-3-[(2-methyl-1*H*-indol-4-yl)-oxy]-2-propanol benzoate, *see* B-00253
1-[(1,1-Dimethylethyl)amino]-3-[2-[2-(3-methyl-5-isoxazolyl)-ethenyl]phenoxy]-2-propanol, *see* I-00215
1-[(1,1-Dimethylethyl)amino]-3-[[4-(4-morpholinyl)-1,2,5-thiadiazol-3-yl]oxy]-2-propanol, *see* T-00288
1-[(1,1-Dimethylethyl)amino]-3-[2-(2-propynyloxy)phenoxy]-2-propanol, *see* P-00036
1-[(1,1-Dimethylethyl)amino]-3-[2-[(tetrahydrofuranyl)-methoxy]phenoxy]-2-propanol, *see* B-00349
8-(1,1-Dimethylethyl)-7,8-dihydro-5-methyl-6*H*-pyrrolo[3,2-*e*][1,2,4]triazolo[1,5-*a*]pyrimidine, *see* B-00355
N-(1,1-Dimethylethyl)-*N*,2-dimethyl-3-butyn-2-amine, *see* B-00433
▷2-[[4-(1,1-Dimethylethyl)-2,6-dimethylphenyl]methyl]-4,5-dihydro-1*H*-imidazole, *see* X-00023
α-[5-(1,1-Dimethylethyl)-2-hydroxyphenyl]-1-methyl-5-nitro-1*H*-imidazole-2-methanol, *see* A-00003
3-(1,1-Dimethylethyl)-2,3,4,4,4*a*,8,9,13*b*,14-octahydro-1*H*-benzo[6,7]cyclohepta[1,2,3-*de*]pyrido[2,1-*a*]isoquinolin-3-ol, *see* B-00382
▷4-[3-[4-(1,1-Dimethylethyl)phenoxy]-2-hydroxypropoxy]-benzoic acid, *see* T-00083
1-[4-(1,1-Dimethylethyl)phenyl]-4-[4-(diphenylmethoxy)-1-piperidinyl]-1-butanone, *see* E-00001
α-[4-(1,1-Dimethylethyl)phenyl]-4-(diphenylmethyl)-1-piperazinebutanol, *see* T-00411
▷α-[4-(1,1-Dimethylethyl)phenyl]-4-(hydroxydiphenylmethyl)-1-piperidinebutanol, *see* T-00088
2-[[2-(1,1-Dimethylethyl)phenyl]phenyl]methoxy-*N*,*N*-dimethylethanamine, *see* B-00347

2-(1,1-Dimethylethyl)-α-[2-(4-piperidinyl)ethyl]-4-quinolinemethanol, *see* Q-00008
6-[*O*-(1,1-Dimethylethyl)-D-serine]-10-deglycinamideluteinizing hormone releasing factor (pig), *see* G-00081
▷*N*-[5-(1,1-Dimethylethyl)-1,3,4-thiadiazol]-2-ylbenzenesulfonamide, *see* G-00063
1-[4-(1,1-Dimethylethyl)-2-thiazolyl]-4-methylpiperazine, *see* T-00045
(2,5-Dimethyl-3-furanyl)(4-hydroxy-3,5-diiodophenyl)-methanone, *see* F-00292
2,5-Dimethyl-3-furyl-4-hydroxy-3,5-diiodophenylketone, *see* F-00292
N,*N*-Dimethylglycolamide (*p*-hydroxyphenyl)acetate *p*-guanidobenzoate, *see* C-00022
▷10-(*N*,*N*-Dimethylglycyl)phenothiazine, *see* D-00403
▷*N*,6-Dimethyl-5-hepten-2-amine, *in* M-00256
N-(6,6-Dimethyl-2-hepten-4-ynyl)-*N*-methyl-1-naphthalenemethanamine, *see* T-00081
7-(1,2-Dimethylheptyl)-2,2-dimethyl-4-(4-pyridinyl)-2*H*-1-benzopyran-5-ol, *see* N-00202
7-(1,2-Dimethylheptyl)-2,2-dimethyl-4-(4-pyridyl)-2*H*-chromen-5-ol, *see* N-00202
3-(1,1-Dimethylheptyl)hexahydro-6,6-dimethyl-6*H*-dibenzo[*b*,*d*]pyran-1,9-diol, *see* C-00025
▷3-(1,1-Dimethylheptyl)-6,6*a*,7,8,10,10*a*-hexahydro-1-hydroxy-6,6-dimethyl-9*H*-dibenzo[*b*,*d*]pyran-9-one, *see* N-00002
8-(1,2-Dimethylheptyl)-1,3,4,5-tetrahydro-5,5-dimethyl-2-(2-propynyl)-2*H*-[1]benzopyrano[4,3-*c*]pyridin-10-yl-α,2-dimethyl-1-piperidinebutanoate, *see* M-00086
8-(1,2-Dimethylheptyl)-1,3,4,5-tetrahydro-5,5-dimethyl-2-(2-propynyl)-2*H*-[1]benzopyrano[4,3-*c*]pyridin-10-yl 1-piperidinebutanoate, *see* N-00003
8-(1,2-Dimethylheptyl)-1,2,3,5-tetrahydro-5,5-dimethylthiopyrano[2,3-*c*][1]benzopyran-10-ol, *see* T-00291
3-(1,2-Dimethylheptyl)-7,8,9,10-tetrahydro-6,6,9-trimethyl-6*H*-dibenzo[*b*,*d*]pyran-1-yl hexahydro-1*H*-azepine-1-butyrate, *see* N-00001
1,5-Dimethyl-4-hexenylamine, *see* M-00256
Dimethylhexostrol, *see* P-00479
▷1,5-Dimethylhexylamine, *see* M-00257
▷Dimethyl-2-hydroxyethylamine, *see* D-00408
▷5-*N*-Dimethyl-3-hydroxy-6-oxo-4,5-epoxymorphinan, *see* M-00333
▷*N*,*N*-Dimethyl-4-hydroxytryptamine, *see* D-00411
5,5-Dimethyl-2,4-imidazolidinedithione, D-00431
6-(2,4-Dimethyl-1*H*-imidazol-1-yl)-8-methyl-2(1*H*)-quinolinone, *see* N-00037
▷*N*,*N*-Dimethylimidodicarbonimidic diamide, D-00432
▷Dimethyline, *see* P-00481
7,7′-*O*,*O*-Dimethylisochondodendrine, *see* C-00590
▷*N*′-(3,4-Dimethyl-5-isoxazolyl)sulfanilamide, *see* S-00215
N′-(4,5-Dimethylisoxazol-3-yl)sulfanilamide, *see* S-00212
N-(3,4-Dimethyl-5-isoxazolyl)-*N*-sulfanilylacetamide, *see* S-00216
9,9-Dimethyl-10-[3-(methylamino)propyl]acridan, *see* M-00429
N,*N*-Dimethyl-*N*′-(6-methylergolin-8α-yl)sulfamide, *see* D-00541
▷1,4-Dimethyl-7-(1-methylethyl)azulene, *see* I-00204
4,8-Dimethyl-2-(1-methylethyl)azulene, *see* I-00203
O,*O*-Dimethyl *O*-[(3-methyl-4-methylsulfinyl)phenyl] phosphorothioate, *in* F-00078
O,*O*-Dimethyl *O*-[(3-methyl-4-methylsulfonyl)phenyl]-phosphorothioate, *in* F-00078
▷*O*,*O*-Dimethyl *O*-[(3-methyl-4-methylthio)phenyl] phosphorothioate, *see* F-00078
▷*O*,*O*-Dimethyl *O*-(3-methyl-4-nitrophenyl) phosphorothioate, *see* F-00057
▷*O*,*O*-Dimethyl *O*-(3-methyl-4-nitrophenyl) thiophosphate, *see* F-00057
Dimethyl (3-methyloxiranyl)phosphonate, *in* M-00276
N,*N*-Dimethyl-*N*-[2-[methyl(1-oxododecyl)amino]ethyl]-2-oxo-2-(phenylamino)ethanaminium, *see* D-00569
1,1-Dimethyl-4-[(3-methyl-1-oxo-2-phenylpentyl)oxy]-piperidinium sulfate, *in* P-00091
N,*N*-Dimethyl-2-[(*p*-methyl-α-phenylbenzyl)oxy]ethylamine, *see* M-00247
1,1-Dimethyl-2-[[(*p*-methyl-α-phenylbenzyl)oxy]methyl]-piperidinium, *see* P-00317
Dimethyl 1-methyl-2-(1-phenylethoxycarbonyl)vinyl phosphate, *see* C-00571
▷*N*,*N*-Dimethyl-2-[(2-methylphenyl)phenylmethoxy]ethanamine, *see* O-00064
N,*N*-Dimethyl-2-[(4-methylphenyl)phenylmethoxy]ethanamine, *see* M-00247
N′,*N*′-Dimethyl-3-[(4-methyl-1-piperazinyl)carbonyl]-sulfanilamide, *see* D-00053
▷*N*,*N*-Dimethyl-9-[3-(4-methyl-1-piperazinyl)propylidene]-9*H*-thioxanthene-2-sulfonamide, *see* T-00213
▷*N*,*N*-Dimethyl-10-[3-(4-methyl-1-piperazinyl)propyl]-10*H*-phenothiazine-2-sulfonamide, *see* T-00208
▷2,2-Dimethyl-3-(2-methyl-1-propenyl)-cyclopropanecarboxylic acid 2-methyl-4-oxo-3-(2-propenyl)-2-cyclopenten-1-yl ester, *see* A-00124
▷2,2-Dimethyl-3-(2-methyl-1-propenyl)-cyclopropanecarboxylic acid [5-(phenylmethyl)-3-furanyl]-methyl ester, *see* R-00031
17*a*,17*a*-Dimethyl-3-(1-methylpyrrolidinio)-17*a*-azonia-D-homoandrost-5-ene, *see* C-00188
N,*N*-Dimethyl-*N*-[2-[2-[methyl-4-(1,1,3,3-tetramethylbutyl)-phenoxy]ethoxy]ethyl]benzenemethanaminium, *see* M-00229
▷*O*,*O*-Dimethyl-*O*-(4-methylthio-*m*-tolyl) phosphorothioate, *see* F-00078
N,*N*-Dimethyl-2-(6-methyl-2-*p*-tolylimidazo[1,2-*a*]pyridin-3-yl)-acetamide, *see* Z-00033
3,17-Dimethylmorphinan, *see* D-00379
N,*N*′-Dimethyl-2-naphthaleneacetamidine, *see* N-00039
▷2,3-Dimethyl-1,4-naphthalenedione, *see* D-00433
N,*N*′-Dimethylnaphthaleneethanimidamide, *see* N-00039
▷2,3-Dimethyl-1,4-naphthoquinone, D-00433
2,7-Dimethyl-1,4-naphthoquinone, D-00434
▷*N*,*N*-Dimethyl-*N*′-(1-nitro-9-acridinyl)-1,3-propanediamine, *see* N-00163
▷1,2-Dimethyl-5-nitro-1*H*-imidazole, D-00435
α,2-Dimethyl-5-nitro-1*H*-imidazole-1-ethanol, *see* H-00208
5,6-Dimethyl-2-nitro-1,3-indanedione, D-00436
5,6-Dimethyl-2-nitro-1*H*-indene-1,3(2*H*)-dione, *see* D-00436
2,6-Dimethyl-4-(2-nitrophenyl)-5-(2-oxo-1,3,2-dioxaphosphorinan-2-yl)-1,4-dihydro-3-pyridinecarboxylate, D-00437
▷*O*,*O*-Dimethyl *O*-4-nitro-*m*-tolyl phosphorothioate, *see* F-00057
5,5-Dimethyl-3-[4-nitro-3-(trifluoromethyl)phenyl]-2,4-imidazolidinedione, *see* N-00143
2-(4,8-Dimethyl-3,7-nonadienyl)-6-methyl-2,6-octadiene-1,8-diol, *see* P-00373
5-(3,3-Dimethyl-2-norbornylidene)-3-penten-2-one, *see* B-00257
▷2-[2-(6,6-Dimethyl-2-norpinen-2-yl)ethoxy]triethylamine, *see* M-00478
17,21-Dimethyl-19-norpregna-4,9-diene-3,20-dione, *see* P-00476
▷7,17-Dimethyl-19-nortestosterone, *see* M-00361
▷*N*,*N*-Dimethyl-1-octadecanamine, *in* O-00012
2-(3,7-Dimethyl-2,6-octadienyl)-1,4-benzenediol, D-00438
(3,7-Dimethyl-2,6-octadienyl)hydroquinone, *see* D-00438
3,5-Dimethyl-*N*-(4,6,6*a*,7,8,9,10,10*a*-octahydro-4,7-dimethylindolo[4,3-*fg*]quinolin-9-yl)-1*H*-pyrazole-1-carboxamide, *see* M-00335
5,5-Dimethyl-2,4-oxazolidinedione, D-00439
N[1]-[(4,5-Dimethyl-2-oxazolyl)amidino]sulfanilamide, *see* S-00194
▷*N*′-(4,5-Dimethyl-2-oxazolyl)sulfanilamide, *see* S-00248
9-[(3,3-Dimethyloxiranyl)methoxy]-4-methoxy-7*H*-furo[3,2-*g*]-[1]benzopyran-7-one, *see* B-00436
5,5-Dimethyl-11-oxo-5*H*,11*H*-[2]benzopyrano[4,3-*g*][1]-benzopyran-9-carboxylic acid, D-00440
4-[2-(3,5-Dimethyl-2-oxocyclohexyl)-2-hydroxyethyl]-2,6-piperidinedione, D-00441

N,N-Dimethyl-2-oxo-*N*-[2-oxo-2-(phenylamino)ethyl]-2-(phenylamino)ethanaminium, *see* C-00072
4-(4,4-Dimethyl-3-oxopentyl)-1,2-diphenyl-3,5-pyrazolidinedione, *see* T-00430
6-(2,2-Dimethyl-5-oxo-4-phenyl-1-imidazolidinyl)-penicillanic acid, *see* H-00035
3,3-Dimethyl-7-oxo-6-[(phenylthio)acetyl]amino]-4-thia-1-azabicyclo[3.2.0]heptane-2-carboxylic acid, *see* T-00216
▷8,8-Dimethyl-3-[(1-oxo-2-propylpentyl)oxy]-8-azoniabicyclo[3.2.1]octane bromide, *see* O-00018
3,3-Dimethyl-7-oxo-4-thia-1-azabicyclo[3.2.0]heptane-2-carboxylic acid 4,4-dioxide, *in* P-00065
▷Dimethyloxyquinazine, *see* D-00284
N,N-Dimethyl-3-[(1,2,2,6,6-pentamethyl-4-piperidinyl)oxy-1-propanamine, *see* P-00057
N,α-Dimethyl-*p*-pentylphenethylamine, *see* A-00182
▷16,16-Dimethyl-PGE$_2$, *in* D-00324
α,α-Dimethylphenethylamine, *see* P-00193
▷*N*,β-Dimethylphenethylamine, *in* P-00203
o,α-Dimethylphenethylamine, *see* O-00065
5-[*N*,α-Dimethyl(phenethylamino)methyl]-4-isopropylnorantipyrine, *see* F-00016
▷*N'*,α-Dimethylphenethylhydrazine, D-00442
4-(2,6-Dimethylphenethyl)-1*H*-imidazole, *see* D-00445
▷*N,N*-Dimethyl-10*H*-phenothiazine-10-ethanamine, *see* D-00412
▷*N,N*-Dimethyl-10*H*-phenothiazine-10-propanamine, *see* P-00475
▷5-(2,5-Dimethylphenoxy)-2,2-dimethylpentanoic acid, D-00443
N,N-Dimethyl-*N*-(2-phenoxyethyl)benzenemethanaminium, *see* B-00132
N,N-Dimethyl-*N*-(2-phenoxyethyl)-1-dodecanaminium, *see* D-00567
Dimethyl(2-phenoxyethyl)-2-thenylammonium(1+), *see* T-00164
N,N-Dimethyl-N-(2-phenoxyethyl)-2-thiophenemethanaminium(1+), *see* T-00164
4-(2,3-Dimethylphenoxy)-3-hydroxypiperidine, D-00444
▷5-[(3,5-Dimethylphenoxy)methyl]-2-oxazolidinone, *see* M-00152
▷1-(2,6-Dimethylphenoxy)-2-propanamine, *see* M-00351
▷2-[(2,3-Dimethylphenyl)amino]benzoic acid, *see* M-00062
1-[[2-[(2,6-Dimethylphenyl)amino]ethyl]amino]-3-(1*H*-indazol-4-yloxy)-2-propanol, *see* N-00073
N-[2-[(2,6-Dimethylphenyl)amino]-2-oxoethyl]-*N,N*-diethylbenzenemethanaminium, *see* D-00070
2-[(2,3-Dimethylphenyl)amino)-3-pyridinecarboxylic acid, *in* A-00326
2-[(2,6-Dimethylphenyl)amino]-3-pyridinecarboxylic acid, *in* A-00326
N,N-Dimethyl-γ-phenylcyclohexanepropylamine, *see* G-00009
▷*N*-(2,6-Dimethylphenyl)-1,2-dihydro-2-oxo-3-pyridinecarboxamide, *see* I-00196
▷*N*-(2,6-Dimethylphenyl)-5,6-dihydro-4*H*-1,3-thiazin-2-amine, *see* X-00021
▷*N'*-(2,4-Dimethylphenyl)-*N*-[[(2,4-dimethylphenyl)imino]-methyl]-*N*-methylmethanimidamide, *see* A-00349
▷2,2-Dimethyl-5-(2-phenylethenyl)-4-oxazolidinone, *see* M-00175
N-[5-[2-[(1,1-Dimethyl-2-phenylethyl)amino]-1-hydroxyethyl]-2-hydroxyphenyl]methanesulfonamide, *see* Z-00022
4-[1-(2,3-Dimethylphenyl)ethyl]-1*H*-imidazole, *see* T-00505
4-[2-(2,6-Dimethylphenyl)ethyl]-1*H*-imidazole, D-00445
▷*N*-(2,6-Dimethylphenyl)-2-(ethylpropylamino)butanamide, *see* E-00234
N-(2,6-Dimethylphenyl)hexahydro-1*H*-azepine-1-acetamide, *see* P-00269
▷3-(3,5-Dimethylphenyl)-4-hydroxy-2*H*-1-benzopyran-2-one, *see* X-00022
N-(2,6-Dimethylphenyl)-1-(2-hydroxyethyl)-2-piperidinecarboxamide, *see* D-00614
N-(2,6-Dimethylphenyl)-4-[2-hydroxy-3-(2-methoxyphenoxy)-propyl]-1-piperazineacetamide, *see* R-00012
N-(2,6-Dimethylphenyl)-*N'*-[imino(methylamino)methyl]urea, *see* L-00043
N,N-Dimethyl-1-phenyl-1*H*-indene-1-ethanamine, *see* D-00413
N,N-Dimethyl-1-phenylindene-1-ethylamine, *see* D-00413
N,α-Dimethyl-*N*-(phenylmethyl)benzeneethanamine, *see* B-00115
N,α-Dimethyl-*N*-(phenylmethyl)benzeneethanamine *N*-oxide, *see* O-00112
N,N-Dimethyl-3-[[1-(phenylmethyl)cycloheptyl]oxy]-1-propanamine, *see* B-00342
N-(2,6-Dimethylphenyl)-*N'*-[3-[(1-methylethyl)amino]propyl]-urea, *see* R-00019
N,N'-Dimethyl-*N''*-(phenylmethyl)guanidine, *see* B-00114
4-[(2,3-Dimethylphenyl)methyl]imidazole, *see* D-00426
4-[(2,6-Dimethylphenyl)methyl]-1*H*-imidazole, D-00446
▷*N,N*-Dimethyl-3-[[1-(phenylmethyl)-1*H*-indazol-3-yl]oxy]-1-propanamine, *see* B-00105
N,N-Dimethyl-3-[[2-(phenylmethyl)-2*H*-indazol-3-yl]thio]-1-propanamine, *see* D-00324
2,3-Dimethyl-1-(phenylmethyl)-1*H*-indole-5-carboxylic acid 2-(dimethylamino)ethyl ester, *see* I-00061
▷*N,N*-Dimethyl-2-[2-(phenylmethyl)phenoxy]ethanamine, *see* P-00210
▷2,3-Dimethyl-1-phenyl-4-[(3-methyl-2-phenylmorpholino)-methyl]-5-pyrazolone, *see* M-00439
▷*N*-(2,6-Dimethylphenyl)-1-methyl-2-piperidinecarboxamide, *see* M-00101
N,N-Dimethyl-4-(phenylmethyl)-1-piperidineethanamine, *see* P-00258
▷*N,N*-Dimethyl-*N'*-(phenylmethyl)-*N'*-2-pyridinyl-1,2-ethanediamine, *see* T-00524
▷*N*-(2,6-Dimethylphenyl)-*N'*-(1-methyl-2-pyrrolidinylidene)urea, *see* X-00014
▷3,4-Dimethyl-2-phenylmorpholine, *in* M-00290
N,N-Dimethyl-γ-phenyl-$\Delta^{2,\gamma}$-norbornanepropylamine, *see* H-00031
4-(2,3-Dimethylphenyl)-3-piperidinol, *see* D-00444
1,3-Dimethyl-4-phenyl-4-piperidinol propionate, *see* P-00460
1,3-Dimethyl-4-phenyl-4-propionyloxypiperidine, *see* P-00460
N-(2,6-Dimethylphenyl)-1-propyl-2-piperidinecarboxamide, *see* R-00089
N,N-Dimethyl-α-(3-phenylpropyl)veratrylamine, *see* V-00027
▷1,5-Dimethyl-2-phenyl-3-pyrazolone, *see* D-00284
▷2,3-Dimethyl-1-phenyl-5-pyrazolone, *see* D-00284
▷*N,N*-Dimethyl-γ-phenyl-2-pyridinepropanamine, *see* P-00157
▷*N,N*-Dimethyl-2-[1-phenyl-1-(2-pyridinyl)ethoxy]ethanamine, *see* D-00598
N,N-Dimethyl-6-phenyl-11*H*-pyrido[2,3-*b*][1,4]-benzodiazepine-11-propanamine, *see* T-00024
N-(2,6-Dimethylphenyl)-1-pyrrolidineacetamide, *see* P-00595
▷1,3-Dimethyl-3-phenyl-2,5-pyrrolidinedione, D-00447
▷1,2-Dimethyl-3-phenyl-3-pyrrolidinol propanoate, *see* P-00459
▷*N*,2-Dimethyl-2-phenylsuccinimide, *see* D-00447
▷*N,N*-Dimethyl-*N'*-phenyl-*N'*-2-thenylmethylethylenediamine, *see* M-00170
▷*N,N*-Dimethyl-*N'*-phenyl-*N'*-(2-thienylmethyl)-1,2-ethanediamine, *see* M-00170
▷*N,N*-Dimethyl-2-[(α-phenyl-*o*-tolyl)oxy]ethylamine, *see* P-00210
N,N-Dimethyl-3-phenyl-3-*p*-tolylpropylamine, *see* T-00367
▷*O,O*-Dimethyl phosphorothioate, ester with *p*-hydroxybenzene sulfonamide, *see* D-00453
▷*O,O*-Dimethyl phosphorothioate, *O*-ester with *p*-hydroxy-*N,N*-dimethylbenzenesulfonamide, *see* F-00015
▷2',6'-Dimethylphthalanilic acid, *see* F-00268
▷*O,O*-Dimethyl *S*-phthalimidomethyl phosphorodithioate, *see* P-00213
▷1,4-Dimethylpiperazine, *in* P-00285
9-[3-(3,5-Dimethyl-1-piperazinyl)propyl]-9*H*-carbazole, *see* R-00056
▷2,6-Dimethylpiperidine, D-00448
▷2,4'-Dimethyl-3-piperidinopropiophenone, *see* T-00364
N-[4-(2,6-Dimethyl-1-piperidinyl)butyl]-α-phenoxybenzeneacetamide, *see* O-00118

α-[3-(2,6-Dimethyl-1-piperidinyl)propyl]-α-phenyl-2-pyridinemethanol, *see* P-00342
N,N-Dimethyl-4-piperidylidene-1,1-diphenylmethane, *see* D-00482
▷6,17-Dimethylpregna-4,6-diene-3,20-dione, *see* M-00057
3,3′-[(2,2-Dimethyl-1,3-propanediyl)diimino]bis-2-butanonoxime, *see* E-00278
2,2-Dimethylpropanoic acid 4-[1-hydroxy-2-(methylamino)-ethyl]-1,2-phenylene ester, *see* D-00518
▷2,2-Dimethylpropanoic acid 2-(phenylmethyl)hydrazide, *see* P-00365
N-[((1,1-Dimethylpropoxy)carbonyl]-L-tryptophyl-L-methionyl-L-α-aspartyl-L-phenylalaninamide, *see* A-00354
2-[3-[(1,1-Dimethylpropyl)amino]-2-hydroxypropoxy]-benzonitrile, *see* P-00070
1-[2-[3-[(1,1-Dimethylpropyl)amino]-2-hydroxypropoxy]-phenyl]-3-phenyl-1-propanone, *see* D-00519
4-[3-[4-(1,1-Dimethylpropyl)phenyl]-2-methylpropyl]-2,6-dimethylmorpholine, *see* A-00359
▷3-(1,3-Dimethyl-4-propyl-4-piperidinyl)phenol, *see* P-00232
5-(2,2-Dimethylpropyl)-5-(2-propenyl)-2,4,6(1*H*,3*H*,5*H*)-pyrimidinetrione, *see* N-00055
N,α-Dimethyl-*N*-propynylbenzeneethanamine, *see* D-00449
N,α-Dimethyl-*N*-2-propynylphenethylamine, D-00449
5-[(1,1-Dimethyl-2-propynyl)sulfamoyl]-*N*-[(1-ethyl-2-pyrrolidinyl)methyl]-*o*-anisamide, *see* T-00294
N,N-Dimethylpyrazinamine, *see* D-00421
4,6-Dimethyl-3(2*H*)-pyridazinone, D-00450
4,6-Dimethyl-2(1*H*)-pyridinone, D-00451
▷*N,N*-Dimethyl-3-[1-(2-pyridinyl)ethyl]-1*H*-indene-2-ethanamine, *see* D-00391
3,5-Dimethyl-*N*-(4-pyridinylmethyl)benzamide, *see* P-00237
▷*N,N*-Dimethyl-*N*′-2-pyridinyl-*N*′-(2-thienylmethyl)-1,2-ethanediamine, *see* M-00171
▷*N,N*-Dimethyl-*N*′-2-pyridinyl-*N*′-(3-thienylmethyl)-1,2-ethanediamine, *see* T-00165
▷*N,N*-Dimethyl-10*H*-pyrido[3,2-*b*][1,4]benzothiazine-10-propanamine, *see* P-00536
▷5,11-Dimethyl-6*H*-pyrido[4,3-*b*]carbazole, *see* E-00027
▷*N*′,*N*′-Dimethyl-*N*-2-pyridyl-*N*-3-thenylethylenediamine, *see* T-00165
5-[[4-[[(4,6-Dimethyl-2-pyrimidinyl)amino]sulfonyl]phenyl]-azo]-2-hydroxybenzoic acid, *see* S-00011
[[[(2,6-Dimethyl-4-pyrimidinyl)amino]sulfonyl]phenyl]-formamide, *in* S-00254
N,N-Dimethyl-4-[2-(4-pyrimidinyl)ethenyl]benzenamine, *see* S-00154
3,3-Dimethyl-1-[4-[4-(2-pyrimidinyl)-1-piperazinyl]butyl]-glutarimide, *see* G-00019
4,4-Dimethyl-1-[4-[4-(2-pyrimidinyl]-1-piperazinyl]butyl]-2,6-piperidinedione, *see* G-00019
5-[*p*-[(4,6-Dimethyl-2-pyrimidinyl)sulfamoyl]phenylazo]-salicylic acid, *see* S-00011
▷*N*′-(4,6-Dimethyl-2-pyrimidinyl)sulfanilamide, *see* S-00196
▷6,8-Dimethylpyrimido[5,4-*e*]-1,2,4-triazine-5,7(6*H*,8*H*)-dione, D-00452
▷*N*′-(2,6-Dimethyl-4-pyrimidyl)sulfanilamide, *see* S-00254
▷Dimethylpyrindene, *see* D-00391
2,5-Dimethyl-1-pyrrolidinepropanol salicylate, *see* P-00401
10-[(1,3-Dimethyl-3-pyrrolidinyl)methyl]-10*H*-phenothiazine, *see* D-00378
N-[3-(2,5-Dimethyl-1-pyrrolidinyl)propyl]-*N*-hexadecyl-*N*,2,5-trimethyl-1-pyrrolidinepropanaminium, *see* P-00357
3-(2,5-Dimethyl-1-pyrrolidinyl)propyl salicylate, *see* P-00401
N-(2,5-Dimethyl-1*H*-pyrrol-1-yl)-6-(4-morpholinyl)-3-pyridazinamine, *see* M-00434
N,N-Dimethyl-10-(3-quinuclidinyl)-2-phenothiazinesulfonamide, *see* Q-00039
N,N-Dimethyl-3-β-D-ribofuranosyl-3*H*-1,2,3-triazolo[4,5-*d*]-pyrimidin-7-amine, *see* D-00404
N,N-Dimethylspiro[dibenz[*b,e*]oxepin-11(6*H*),2′-[1,3]-dioxolane]-4′-methanamine, *see* S-00133
▷2,2-Dimethyl-5-styryl-4-oxazolidinone, *see* M-00175
5-(Dimethylsulfamoyl)anthranilic acid *N*′-methylpiperazide, *see* D-00053
▷*O,O*-Dimethyl *O*-4-sulfamoylphenyl phosphorothioate, D-00453
▷2,6-Dimethyl-4-sulfanilamidopyrimidine, *see* S-00254
2-[7-[1,1-Dimethyl-3-(4-sulfobutyl)-2*H*-benz[*e*]indol-2-ylidene]-1,3,5-heptatrienyl]-1,1-dimethyl-3-(4-sulfobutyl)-1*H*-benz[*e*]-indolium hydroxide inner salt, *see* I-00062
▷*N*[1]-[3-(Dimethylsulfonio)propyl]bleomycinamide, *see* B-00243
▷Dimethyl sulfoxide, D-00454
Dimethyl tartrate, *in* T-00028
7,17-Dimethyltestosterone, *see* H-00123
N,N-Dimethyl-*N*-tetradecylbenzenemethanaminium, *see* B-00116
N,N-Dimethyl-*N*-[2-[2-[4-(1,1,3,3-tetramethylbutyl)phenoxy]-ethoxy]ethylbenzenemethanaminium, *see* B-00079
▷Dimethylthiambutene, D-00455
2,7-Dimethylthianthrene, D-00456
1-[4-(2,4-Dimethyl-5-thiazolyl)butyl]-4-(4-methyl-2-thiazolyl)-piperazine, *see* P-00115
N,N-Dimethyl-4*H*-thieno[3,2-*b*]benzazepine-4-propanamine, *see* T-00261
▷*m,N*-Dimethylthioacarbanilic acid *O*-2-naphthyl ester, *see* T-00354
N,N-Dimethylthioxanthene-$\Delta^{9,\gamma}$-propylamine, *see* P-00537
N,N-Dimethyl-3-(9*H*-thioxanthen-9-ylidene)-1-propanamine, *see* P-00537
5,8-Dimethyltocol, *see* T-00336
▷5-(3,3-Dimethyl-1-triazenyl)-1*H*-imidazole-4-carboxamide, *see* D-00001
▷Dimethyl (2,2,2-trichloro-1-hydroxyethyl)phosphonate, *see* T-00443
▷Dimethyl (2,2,2-trichloro-1-hydroxyethyl)phosphonate butyrate, *see* B-00413
▷*O,O*-Dimethyl *O*-(2,4,5-trichlorophenyl) phosphorothioate, *see* F-00039
▷Dimethyl 3,5,6-trichloro-2-pyridinyl phosphate, *see* F-00258
3,5-Dimethyltricyclo[3.3.1.1^{3,7}]decan-1-amine, *see* D-00402
α,α-Dimethyltricyclo[3.3.1^{3,7}]decane-1-ethanamine, *see* A-00064
N,N-Dimethyl-*N*-[2-[(tricyclo[3.3.1.1^{3,7}]dec-1-ylcarbonyl)-oxy]-ethyl-1-decanaminium, *see* A-00163
▷*N,N*-Dimethyl-2-(trifluoromethyl)-10*H*-phenothiazine-10-propanamine, *see* F-00176
2,6-Dimethyl-*N*-[3-(trifluoromethyl)phenyl]-1-piperidinecarbothioamide, *see* T-00254
1,1-Dimethyl-2-[[2-(trimethylammonio)ethoxy]carbonyl]-pyrrolidinium(2+), *see* T-00413
3,7-Dimethyl-9-(2,6,6-trimethylcyclohexenyl)-2,4,6,8-nonatetraenoic acid, *see* R-00033
▷3,7-Dimethyl-9-(2,6,6-trimethyl-1-cyclohexen-1-yl) 2,4,6,8-nonatetraen-1-ol, *see* V-00058
N,N-Dimethyl-2-[[1,7,7-trimethyl-2-(phenylmethyl)-bicyclo[2.2.1]hept-2-yl]oxy]ethanamine, *see* R-00006
4,5-Dimethyl-2-(1,7,7-trimethyltricyclo[2.2]hept-2-yl)phenol, *see* X-00013
Dimethyltubocurarinium chloride, *in* T-00571
Dimethylurethimine, *see* M-00345
8,8-Dimethyl-3-[(9*H*-xanthen-9-ylcarbonyl)oxy]-8-azoniaicyclo[3.2.1]octane, *see* T-00399
▷1,3-Dimethylxanthine, *see* T-00169
▷3,7-Dimethylxanthine, *see* T-00166
1,3-Dimethylxanthin-7-ylacetic acid, *see* A-00011
▷2,2-Dimethyl-5-(2,5-xylyloxy)valeric acid, *see* D-00443
▷Dimethylyn, *see* P-00481
Dimeticone, *see* D-00390
▷Dimetilan, D-00457
▷Dimetiltiambutene, *see* D-00455
▷Dimetindene, *see* D-00391
▷Dimetindene maleate, JAN, *in* D-00391
▷Dimetiodolum, *in* D-00359
Dimetipirium(1+), D-00458

Dimetipirium bromide, in D-00458
Dimetofrine, D-00459
▷Dimetofrine hydrochloride, in D-00459
▷Dimetotiazine, see D-00396
Dimetotiazine mesilate, JAN, in D-00396
▷Dimetridazole, see D-00435
▷Dimevamide, see A-00296
Dimidium(1+), D-00460
Diminal, see K-00003
▷Diminal, see V-00031
Diminazene, see B-00187
▷Diminazene aceturate, in B-00187
▷Dimipressin, see I-00040
▷Dimotaine, in B-00325
Dimoxamine, D-00461
Dimoxamine hydrochloride, in D-00461
Dimoxaprost, D-00462
▷Dimoxyline, D-00463
▷Dimpylate, see D-00149
▷DIM-SA, in D-00384
Dimyril, see I-00177
Dinalin, see A-00208
Dinaphthimine, D-00464
Dinazafone, D-00465
▷Dindevan, see P-00192
1,3-Dinicotininoyloxy-2-propyl 2-(*p*-chlorophenoxy)-2-methylpropionate, see B-00170
▷Dinintel, in C-00435
Diniprofylline, D-00466
▷Dinitolmide, in M-00246
3,5-Dinitrobenzamide, in D-00468
4,5-Dinitro-1,2-benzenedicarboxylic acid, D-00467
3,5-Dinitrobenzoic acid, D-00468
4,4′-Dinitrocarbanilide, see B-00231
▷Dinitrogen monoxide, see N-00189
3-[(2,4-Dinitrophenyl)azo]-4-hydroxy-2,7-naphthalenedisulfonic acid, see P-00145
3-[2-(2,4-Dinitrophenyl)ethenyl]-8-oxo-7β-[(2-thienylacetyl)amino]-5-thia-1-azabicycli[4.2.0]oct-2-ene-2-carboxylic acid, see N-00173
4,5-Dinitrophthalic acid, see D-00467
▷3,5-Dinitrosalicylic acid (5-nitrofurfurylidene)hydrazide, see N-00132
▷Dinitrosorbide, in D-00142
▷3,5-Dinitro-*o*-toluic acid, see M-00246
▷Dinopron *EM*, in D-00339
▷Dinoprost, in T-00483
▷Dinoprostone, in D-00339
▷Dinoprost trometamol, in T-00483
▷Dinoprost tromethamine, in T-00483
20,21-Dinor-16α-eburnamenine, see V-00038
▷Dinovex, see D-00223
Dinsed, D-00469
▷Dinsidon, in O-00052
▷Dinulcid, see O-00082
2,2′-[[3-(Dioctadecylamino)propyl]imino]bisethanol, see A-00488
N,*N*-Dioctadecyl-*N*′,*N*′-bis(2-hydroxyethyl)-1,3-propanediamine, see A-00488
Dioctin, see D-00265
▷Dioctyl sodium sulfosuccinate, in B-00210
3,5-Diodo-4-(3-iodo-4-methoxyphenoxy)benzeneacetic acid 2-(diethylamino)ethyl ester, see T-00230
▷Diodone, in D-00363
Diodone meglumine, in D-00363
▷Diodoquin, see D-00364
Diohippuric acid, D-00470
▷Dionina, in M-00449
▷Dionosil, in D-00363
Diopine, in D-00518
Dioscin, in S-00129
▷Diosgenin, in S-00129
Diosmetin, see T-00476
Diosmin, in T-00476
▷Diostril, in D-00363
Diothane, see D-00481
Diothoid, see D-00481
▷Diothyl, see P-00587
▷Diovocyclin, in O-00028
Diovol, in D-00390
Dioxadilol, D-00471
▷3,14-Dioxa-2,15-dithia-6,11-diazahexadecane-8,9-diol 2,2,15,15-tetraoxide, see R-00068
Dioxadrol, D-00472
▷Dioxadrol hydrochloride, in D-00472
Dioxahexadecanium bromide, in P-00457
Dioxamate, D-00473
▷1,4-Dioxan-2,3-diyl *S*,*S*-di(*O*,*O*-diethyl phosphorodithioate), see D-00475
▷2,3-*p*-Dioxanedithiol *S*,*S*-bis(*O*,*O*-diethyl phosphorodithioate), see D-00475
▷*S*,*S*′-(1,4-Dioxane-2,3-diyl) *O*,*O*,*O*′,*O*′-tetraethyl di(phosphorothioate), see D-00475
▷Dioxanin, in D-00275
α-1,3-Dioxan-5-yl-*N*,*N*-dimethyl-3-pyridinemethanamine, see D-00406
10-[3-[4-(2-*m*-Dioxan-2-ylethyl)-1-piperazinyl]propyl]phenothiazine, see O-00090
10-[3-[4-(2-*m*-Dioxan-2-ylethyl)-1-piperazinyl]propyl]-2-(trifluoromethyl)phenothiazine, see O-00077
Dioxaphetyl butyrate, D-00474
(1,4-Dioxaspiro[4.5]dec-2-ylmethyl)guanidine, see G-00100
▷Dioxathion, D-00475
▷Dioxation, see D-00475
Dioxatrine, in B-00080
Dioxethedrin, D-00476
Dioxifedrine, D-00477
3-[(3,17-Dioxoandrost-4-en-7-yl)thio]propanoic acid, see O-00071
▷1,3-Dioxo-1*H*-benz[*de*]isoquinoline-2(3*H*)-acetic acid, D-00478
3,3′-Dioxo[$\Delta^{2,2'}$-biindoline]-5,5′-disulfonate, see I-00058
α,α′-Dioxo[1,1′-biphenyl]-4,4′-diacetaldehyde, see B-00177
2,2′-(1,4-Dioxo-1,4-butanediyl)bis(oxy)bis[*N*-ethyl-*N*,*N*-dimethyl]ethanaminium, see S-00282
▷2,2′-(1,4-Dioxo-1,4-butanediyl)bis(oxy)bis[*N*,*N*,*N*-trimethyl]ethanium, see S-00280
2,2′-[(1,4-Dioxo-1,4-butanediyl)bis(oxy-3,1-propanediyl)]-bis-1,2,3,4-tetrahydro-6,7,8-trimethoxy-2-methyl-1-[(3,4,5-trimethoxyphenyl)methyl]isoquinolinium, see D-00589
N,*N*′-[(3,6-Dioxo-1,4-cyclohexadiene-1,4-diyl)bis(imino-3,1-propanediyl)]bis[*N*,*N*-diethylbenzenemethanaminium](2+), see B-00096
▷3,3′-[(1,10-Dioxo-1,10-decanediyl)diimino]bis[2,4,6-triiodo-5-[(methylamino)carbonyl]benzoic acid, see I-00134
17-[(1,3-Dioxododecyl)oxy]androst-4-en-3-one, in H-00111
N,*N*′-[(1,2-Dioxo-1,2-ethanediyl)bis(imino-2,1-ethanediyl)]-bis(2-chloro-*N*,*N*′-diethyl)benzenemethanaminium, see A-00167
1,3-Dioxoferruginyl methyl ether, in F-00095
α,9-Dioxo-9*H*-fluorene-2-acetaldehyde, D-00479
3,3′-[(1,6-Dioxo-1,6-hexanediyl)diimino]bis(2,4,6-triiodobenzoic acid), see I-00097
▷3,3′-[(1,6-Dioxo-1,6-hexanediyl)diimino]bis-2,4,6-triiodo-5-[(methylamino)carbonyl]benzoic acid, see I-00093
(2,5-Dioxo-4-imidazolidinyl)urea, see A-00123
▷Dioxolane, see P-00481
▷7-(1,3-Dioxolan-2-ylmethyl)-3,7-dihydro-1,3-dimethyl-1*H*-purine-2,6-dione, see D-00596
▷7-(1,3-Dioxolan-2-ylmethyl)theophylline, see D-00596
(1,3-Dioxolan-4-ylmethyl)trimethylammonium, see O-00091
▷Dioxone, see D-00226
2,2′-[(1,8-Dioxo-4-octene-1,8-diyl)bis(oxy-3,1-propanediyl)]-bis[1,2,3,4-tetrahydro-6,7-dimethoxy-2-methyl-1-[(3,4,5-trimethoxyphenyl)methyl]isoquinolinium, see M-00409
▷1,3-Dioxo-2-phenylindane, see P-00192
2-(2,6-Dioxo-3-piperidinyl)hexahydro-4,7-methano-1*H*-isoindole-1,3(2*H*)-dione, see T-00003

▷2-(2,6-Dioxo-3-piperidinyl)-1*H*-isoindole-1,3(2*H*)-dione, *see* P-00223
▷*N*-(2,6-Dioxo-3-piperidinyl)phthalimide, *see* P-00223
N-(2,6-Dioxo-3-piperidyl)-2,3-norbornanedicarboximide, *see* T-00003
▷Dioxopromethazine, *in* P-00478
5,5′-[(1,3-Dioxo-1,3-propanediyl)bis[(2-hydroxyethyl)-imino]]-bis[*N*,*N*′-bis[2-hydroxy-1-(hydroxymethyl)ethyl]-2,4,6-triiodo-1,3-benzenedicarboxamide, *see* I-00096
5,5′-[(1,3-Dioxo-1,3-propanediyl)bis(methylimino)bis[*N*,*N*′-bis-2,3-dihydroxy-1-(hydroxymethyl)propyl]-2,4,6-triiodo-1,3-benzenedicarboxamide, *see* I-00144
▷4,6-Dioxo-10-propyl-4*H*,6*H*-benzo[1,2-*b*:5,4-*b*′]dipyran-2,8-carboxylic acid, *see* A-00169
▷4,6-Dioxo-10-propyl-4*H*,6*H*-pyrano[3,2-*g*]chromene-2,8-dicarboxylic acid, *see* A-00169
▷Dioxoprothazine, *in* P-00478
4-[[(2,5-Dioxo-1-pyrrolidinyl)oxy]carbonyl]-*α*,*α*,4-triphenyl-1-piperidinebutanenitrile, *see* D-00264
3,4-Dioxopyrrolizidine, *see* D-00302
▷3,3′-[(1,16-Dioxo-4,7,10,13-tetraoxahexadecane-1,16-diyl)-diimino]bis[2,4,6-triiodobenzoic acid], *see* I-00108
▷Dioxybenzone, *in* T-00472
Dioxychlorane, *see* D-00182
▷Dioxyline, *see* D-00463
▷Dioxyline, *in* H-00211
▷Diparalene, *in* C-00198
▷Diparcol, *in* D-00227
▷Dipaxin, *see* D-00483
▷Dip-Conray, *in* I-00140
Dipect, *see* P-00275
Dipenine(1+), D-00480
▷Dipenine bromide, *in* D-00480
Dipenteneglycol, *see* H-00216
Dipentum, *in* O-00041
Diperodon, D-00481
▷Diphacil, *see* A-00072
▷Diphacinone, *see* D-00483
Diphemanil (1+), D-00482
▷Diphemanil methylsulfate, *in* D-00482
▷Diphemanil metilsulfate, *in* D-00482
▷Diphemethoxidine, *see* D-00499
Diphemin, *see* D-00410
▷Diphenacin, *see* D-00483
▷Diphenadione, D-00483
Diphenamilate, *see* M-00103
Diphenan, *in* B-00127
▷Diphenatil, *in* D-00482
▷Diphencarbamide, *see* P-00150
Diphenchloxazine, *see* D-00263
Diphenethylamine, *see* D-00491
▷Diphenhydramine, D-00484
Diphenhydramine citrate, *in* D-00484
▷Diphenhydramine hydrochloride, *in* D-00484
▷Diphenhydramine methiodide, *in* M-00064
▷Diphenhydramine teoclate, *in* D-00484
▷Diphenicillin, D-00485
▷Diphenidol, D-00486
▷Diphenidol hydrochloride, *in* D-00486
Diphenidol pamoate, *in* D-00486
▷Diphenoxylate, *in* D-00265
▷Diphenpyramide, D-00487
▷Diphenylacetic acid, D-00488
▷Diphenylacetonitrile, *in* D-00488
▷2-(Diphenylacetyl)-1,3-indandione, *see* D-00483
▷2-(Diphenylacetyl)-1*H*-indene-1,3(2*H*)-dione, *see* D-00483
α,*α*-Diphenyl-1-azabicyclo[2.2.2]octane-3-methanol, *see* Q-00006
2-(2,2-Diphenyl-1,3-benzodioxol-5-yl)-3,4-dihydro-2*H*-1-benzopyran-3,5,7-triol, *see* B-00039
2-[4-(1,2-Diphenyl-1-butenyl)phenoxy]-*N*,*N*-dimethylethanamine, *see* T-00023
4,4-Diphenyl-2-butylamine, D-00489
1,1-Di(phenylcarbamoyloxymethyl)cyclopentane, *see* C-00587
3,3′-[(2,4-Diphenyl-1,3-cyclobutanediyl)bis(carbonyloxy)]-bis[*N*,*N*-diethyl-*N*-methyl-1-propanaminium], *see* T-00562
1,1′-[(2,4-Diphenyl-1,3-cyclobutanediyl)bis(carbonyloxy-3,1-propanediyl)]bis[1-ethylpiperidinium], *see* T-00563
4,4-Diphenylcyclohexanamine, *see* D-00490
4,4-Diphenylcyclohexylamine, D-00490
2,2-Diphenylcyclopropanecarboxylic acid 2-(1-piperidinyl)ethyl ester, *see* P-00361
2-(2,2-Diphenylcyclopropyl)-4,5-dihydro-1*H*-imidazole, *see* C-00322
3-[[(2,2-Diphenylcyclopropyl)methyl]amino]propyl 3,4,5-trimethoxybenzoate, *see* E-00006
N-(3-Diphenylcyclopropyl)-1-pyrrolidineacetamide, *see* C-00385
2,2-Diphenyl-4-(1,4-diazabicyclo[4.4.0]dec-4-yl)butyramide, *see* P-00348
2,2′-Diphenyldiethylamine, D-00491
▷1,3-Diphenyl-5-(2-dimethylaminopropionamido)pyrazole, *see* D-00262
2-(2,2-Diphenyl-1,3-dioxolan-4-yl)piperidine, *see* D-00472
Diphenylene sulfide, *see* D-00160
▷2-(1,1-Diphenylethoxy)-*N*,*N*-dimethylethanamine, *see* M-00460
▷2-(1,1-Diphenylethoxy)-*N*,*N*-dimethylethylamine, *see* M-00460
2-(1,2-Diphenylethoxy)-*N*,*N*,*N*-trimethylethanaminium, *see* B-00151
▷1,2-Diphenylethylamine, D-00492
1-[2-[3-(2,2-Diphenylethyl)-1,2,4-oxydiazol-5-yl]ethyl]-piperidine, *see* P-00422
3-(2,2-Diphenylethyl)-5-(2-piperidinoethyl)-1,2,4-oxadiazole, *see* P-00422
▷5,5-Diphenylhydantoin, *see* D-00493
Diphenylhydroxyacetic acid (1-methyl-3-pyrrolidinyl)-methyl ester, *see* T-00447
▷1,2-Diphenyl-2-hydroxyethanone, *see* B-00093
▷5,5-Diphenyl-2,4-imidazolidinedione, D-00493
5,5-Diphenyl-4-imidazolidinone, D-00494
2-[2-(4,5-Diphenyl-1*H*-imidazol-2-yl)phenoxy]-*N*,*N*-dimethylethanamine, *see* T-00458
Diphenyliodonium(1+), D-00495
Diphenyliodonium *I*-oxide acetate, *in* D-00495
▷8,10-Diphenyllobelionol, *see* L-00064
▷Diphenylmethane-*α*-carboxylic acid, *see* D-00488
2-(Diphenylmethoxy)-*N*,*N*-diethyl-*N*-methylethanaminium, *see* E-00037
▷2-(Diphenylmethoxy)-*N*,*N*-dimethylethanamine, *see* D-00484
▷2-(Diphenylmethoxy)-*N*,*N*-dimethylethylamine, *see* D-00484
2′-(Diphenylmethoxy)-*N*,1-dimethyl-2-phenoxydiethylamine, *see* P-00421
▷3-(Diphenylmethoxy)-8-ethyl-8-azabicyclo[3.2.1]octane, *see* E-00172
[2-(Diphenylmethoxy)ethyl]diethylmethylammonium, *see* E-00037
α-[1-[[2-(Diphenylmethoxy)ethyl]methylamino]ethyl]benzyl alcohol, *see* D-00266
N-[2-(Diphenylmethoxy)ethyl]-*N*-methylcinnamylamine, *see* C-00364
N-[2-(Diphenylmethoxy)ethyl]-*N*-methyl-1-phenoxy-2-propanamine, *see* P-00421
N-[2-(Diphenylmethoxy)ethyl]-*N*-methyl-3-phenyl-2-propen-1-amine, *see* C-00364
4-[2-(Diphenylmethoxy)ethyl]morpholine, D-00496
▷3*α*-(Diphenylmethoxy)-8-ethyl-1*αH*,5*αH*-nortropane, *see* E-00172
1-[2-(Diphenylmethoxy)ethyl]piperidine, *see* P-00114
2-(Diphenylmethoxy)ethyltrimethylammonium, *see* M-00064
▷3-(Diphenylmethoxy)-8-methyl-8-azabicyclo[3.2.1]octane, *see* B-00104
▷4-(Diphenylmethoxy)-1-methylpiperidine, *see* D-00514
4-[4-[4-(Diphenylmethoxy)-1-piperidinyl]-1-oxobutyl]-*α*,*α*-dimethylbenzeneacetic acid, *see* C-00073
2-(Diphenylmethoxy)-*N*,*N*,*N*-trimethylethanaminium, *see* M-00064
▷3-Diphenylmethoxytropane, *see* B-00104
1,7-Diphenyl-3-methylaza-7-cyanononadecane, *see* R-00086
4-(Diphenylmethyl)-1,2-dimethyl-2-veratrylpiperazine, *see* B-00045

2-(Diphenylmethylene)butylamine, D-00497
3,4′-*O,O*-Diphenylmethylenecyanidan-3-ol, *see* B-00039
3-(Diphenylmethylene)-1,1-diethyl-2-methylpyrrolidinium, *see* P-00430
4-(Diphenylmethylene)-1,1-dimethylpiperidinium, *see* D-00482
3′,4′-[(Diphenylmethylene)dioxy]-3,5,7-flavantriol, *see* B-00039
3-(Diphenylmethylene)-1-ethylpyrrolidine, D-00498
Diphenylmethylenemalonic mononitrile, *see* C-00582
α-(Diphenylmethylene)-2-methoxybenzeneacetic acid, *see* A-00394
2-[2-[2-[4-(Diphenylmethylene)-1-piperidinyl]ethoxy]-ethoxy]-ethanol, *see* P-00303
1-(Diphenylmethyl)-4-(*p*-hydroxybenzyl)piperazine, *see* B-00029
▷1-(Diphenylmethyl)-4-(3,4-methylenedioxybenzyl)piperazine, *see* M-00055
▷1-(Diphenylmethyl)-4-methylpiperazine, *see* C-00595
4-(Diphenylmethyl)-*N*-[(5-methyl-2-pyridinyl)methylene]-1-piperazinamine, *see* R-00090
1-(Diphenylmethyl)-4-[[(6-methyl-2-pyridyl)methylene]-amino]-piperazine, *see* R-00090
4-(Diphenylmethyl)-1-(*N*-octylformimidoyl)piperidine, *see* F-00061
4-(Diphenylmethyl)-1-(octylimino)methylpiperidine, *see* F-00061
Diphenyl (3-methyl-2-oxiranyl)phosphonate, *in* M-00276
1-(Diphenylmethyl)-4-(3-phenyl-2-propenyl)piperazine, *see* C-00372
α-[4-(Diphenylmethyl)-1-piperazinyl]-*p*-cresol, *see* B-00029
▷2-[2-[4-(Diphenylmethyl)-1-piperazinyl]ethoxy]ethanol, *see* D-00040
8-[2-[4-(Diphenylmethyl)-1-piperazinyl]ethyl]-3,7-dihydro-1-methyl-3-(2-methylpropyl)-1*H*-purine-2,6-dione, *see* L-00010
4-[[4-(Diphenylmethyl)-1-piperazinyl]methyl]phenol, *see* B-00029
1-[3-[4-(Diphenylmethyl)-1-piperazinyl]propyl]-1,3-dihydro-2*H*-benzimidazol-2-one, *see* O-00094
▷2-(Diphenylmethyl)-1-piperidineethanol, D-00499
▷1-(Diphenylmethyl)-4-piperonylpiperazine, *see* M-00055
2-[(Diphenylmethyl)sulfinyl]acetamide, *see* M-00417
2-[(Diphenylmethyl)sulfinyl]acetohydroxamic acid, *see* A-00074
2-[(Diphenylmethyl)sulfinyl]-*N*-hydroxyacetamide, *see* A-00074
α,α-Diphenyl-4-morpholinebutanoic acid ethyl ester, *see* D-00474
▷4,5-Diphenyl-2-oxazolepropanoic acid, D-00500
N-(4,5-Diphenyl-2-oxazolyl)diethanolamine, *see* D-00545
2,2′-[(4,5-Diphenyl-2-oxazolyl)imino]diethanol, *see* D-00545
▷1,2-Diphenyl-4-[2-(phenylsulfinyl)ethyl]-3,5-pyrazolidinedione, *see* S-00258
3,3-Diphenyl-3′-(phenylthio)dipropylamine, *see* T-00303
▷1,2-Diphenyl-4-[2-(phenylthio)ethyl)]-3,5-pyrazolidinedione, D-00501
Diphenylphosphinylacetic acid hydrazide, D-00502
4,4-Diphenylpiperidine, D-00503
▷α,α-Diphenyl-1-piperidinebutanamide, *see* F-00070
▷α,α-Diphenyl-1-piperidinebutanol, *see* D-00486
α,α-Diphenyl-2-piperidinemethanol, D-00504
α,α-Diphenyl-3-piperidinemethanol, D-00505
α,α-Diphenyl-4-piperidinemethanol, D-00506
▷α,α-Diphenyl-1-piperidinepropanol, *see* D-00511
α,α-Diphenyl-2-piperidinepropionic acid ethyl ester, *see* P-00246
1,1-Diphenyl-3-piperidino-1-butanol, D-00507
▷1,1-Diphenyl-4-piperidino-1-butanol, *see* D-00486
1,1-Diphenyl-4-piperidino-2-butyn-1-ol, D-00508
▷2,2-Diphenyl-4-piperidinobutyramide, *see* F-00070
5,5-Diphenyl-2-(2-piperidinoethyl)-1,3-dioxolan-4-one, *see* P-00304
1,1-Diphenyl-3-piperidinopropane, *see* F-00071
5,5-Diphenyl-2-[2-(piperidinyl)ethyl]-1,3-dioxolan-4-one, *see* P-00304
4,4-Diphenyl-6-(1-piperidinyl)-3-heptanone, D-00509
4,4-Diphenyl-6-(1-piperidinyl)-3-hexanone, D-00510
▷1,1-Diphenyl-3-(1-piperidinyl)-1-propanol, D-00511
2,2-Diphenyl-5-(2-piperidyl)-1,3-dioxolane, *see* D-00472
Diphenylpropenamine, *see* D-00497
3-[(3,3-Diphenylpropyl)amino]propyl 3,4,5-trimethoxybenzoate, *see* M-00103
4-[(3,3-Diphenylpropyl)amino]pyridine, *see* M-00379
1-(3,3-Diphenylpropyl)cyclohexamethyleneimine, *see* D-00512
1-(3,3-Diphenylpropyl)hexahydro-1*H*-azepine, D-00512
▷*N*-(3,3-Diphenylpropyl)-α-methylbenzylamine, *see* F-00044
N-(3,3-Diphenylpropyl)-α-methylcyclohexaneethylamine, *see* D-00609
N-(3,3-Diphenylpropyl)-*N*′-(1-methyl-2-phenylethyl)-1,3-propanediamine, D-00513
1-(3,3-Diphenylpropyl)piperidine, *see* F-00071
N-(3,3-Diphenylpropyl)-4-pyridinamine, *see* M-00379
▷1,1-Diphenyl-2-propynyl cyclohexylcarbamate, *see* E-00066
▷Diphenylpyraline, D-00514
▷Diphenylpyraline 8-chlorotheopyllinate, *in* D-00514
▷Diphenylpyraline hydrochloride, *in* D-00514
▷Diphenylpyraline teoclate, JAN, *in* D-00514
3,4-Diphenyl-1*H*-pyrazole-5-acetic acid, D-00515
Diphenyl[2-(4-pyridyl)cyclopropyl]methanol, *see* C-00649
1,5-Diphenyl-2-[3-[4-(2-pyridyl)piperazin-1-yl]propyl]-pyrazolin-3-one, *see* R-00034
1,1-Diphenyl-4-(1-pyrrolidinyl)-2-butyn-1-ol, *see* B-00407
α,α-Diphenyl-3-quinuclidinemethanol, *see* Q-00006
Diphenyl tartrate, *in* T-00028
5,5-Diphenyltetrahydroglycxalin-4-one, *see* D-00494
5,5-Diphenyl-3-(2,2,2-trichloro-1-hydroxyethyl)-4-imidazolidinone, *see* T-00449
1-[Diphenyl[3-(trifluoromethyl)phenyl]methyl]-1*H*-1,2,4-triazole, *see* F-00193
Dipheridine, *see* D-00508
Diphesyl, *in* A-00028
Diphexamide iodomethylate, *in* B-00434
Diphezyl, *in* A-00028
▷Diphos, *in* H-00132
▷Diphosphonat, *in* H-00132
(Diphosphonomethyl)butanedioic acid, *see* B-00397
▷Diphosphopyridine nucleotide, *see* C-00530
▷Diphosphothiamine, *see* T-00175
Diphoxazide, D-00516
▷Diphylets, *in* P-00202
▷Dipidolor, *see* P-00337
Dipipanone, *see* D-00509
▷Dipiperal, *see* P-00274
▷2,2′,2″,2‴-[(4,8-Dipiperidinopyrimido[5,4-*d*]pyrimidine-2,6-diyl)dinitrilo]tetraethanol, *see* D-00530
▷2,2′,2″,2‴-[(4,8-Di-1-piperidinylpyrimido[5,4-*d*]-pyrimidine-2,6-diyl)dinitrilo]tetrakisethanol, *see* D-00530
▷Dipiperon, *see* P-00274
Dipiproverine, D-00517
▷Dipiroxim, *see* T-00493
Dipivefrin, D-00518
Dipivefrine, *see* D-00518
Dipivefrin hydrochloride, *in* D-00518
▷Diplin, *see* O-00149
▷Diplosal, *see* S-00015
Diplosalacetat, *in* S-00015
Diponium, *see* D-00480
▷Diponium bromide, *in* D-00480
▷Dipotassium bis[μ-[tartrato(4−)]]diantimonate(2−), *see* A-00414
▷Dipotassium clorazepate, *in* C-00494
Diprafenone, D-00519
▷Dipramid, *in* I-00199
▷Diprazin, *in* P-00478
▷Diprenorphine, D-00520
Diprenorphine hydrochloride, *in* D-00520
▷Diprivan, *see* D-00367

▷Diprobutine, *see* P-00515
Diprofarn, *see* D-00532
Diprofene, D-00521
Diprofenum, *see* D-00521
▷Diprofilin, *see* D-00523
Diprogulic acid, *in* H-00070
Diproleandomycin, *in* O-00035
▷Diprolene, *in* B-00141
Dipropanolamine, *see* I-00037
3′,5-Di(2-propenyl)-2,4′-biphenyldiol, D-00522
Di-2-propenyl (3-methyl-2-oxiranyl)phosphonate, *in* M-00276
▷5,5-Di-2-propenyl-2,4,6(1*H*,3*H*,5*H*)-pyrimidinetrione, *see* D-00119
Diprophene, *see* D-00521
▷Diprophylline, D-00523
▷Dipropylacetic acid, *see* P-00516
4-[2-(Dipropylamino)ethyl]-1,3-dihydro-2*H*-indol-2-one, *see* R-00087
2-(Dipropylamino)ethyl diphenylthioacetate, *see* D-00521
S-[2-(Dipropylamino)ethyl α-phenylbenzeneethanethioate, *see* D-00521
2-(Dipropylamino)-8-hydroxytetralin, *in* A-00335
▷1,1-Dipropylbutylamine, *see* P-00515
Dipropyl[decamethylenebis(oxyethylene)]bis[(carboxymethyl)-dimethylammonium, *see* P-00457
Dipropyline, *see* E-00184
Dipropyl (3-methyl-2-oxiranyl)phosphonate, *in* M-00276
1,3-Dipropyl-7-methylxanthine, D-00524
2,2-Dipropylpentanamide, *in* D-00525
2,2-Dipropylpentanoic acid, D-00525
▷*p*-(Dipropylsulfamoyl)benzoic acid, *see* P-00444
N,*N*-Dipropyl-*p*-toluenesulfonamide, *in* M-00228
Diproqualone, D-00526
Diproteverine, D-00527
Diprothazinum, *see* D-00378
▷Diprotrizoic acid, *in* D-00138
Diproxadol, D-00528
Diprozin, *in* P-00516
Dipstan, *in* C-00579
▷Dipterex, *see* T-00443
Dipyrandium(2+), D-00529
Dipyrandium chloride, *in* D-00529
▷Dipyridamole, D-00530
N,*N*′-(1,2-Di-4-pyridinyl-1,2-ethanediyl)bis[2-methyl-benzamide], *see* T-00362
α-[3-(Di-2-pyridinylmethylene)-1,4-cyclopentadien-1-yl]-α-2-pyridinyl-2-pyridinemethanol, *see* P-00588
1,1′-Di(4-pyridyl)dimethylamine, *see* D-00531
2,2′-Dipyridyl disulfide, *see* D-00551
N,*N*′-(1,2-Di-4-pyridylethylene)bis[*o*-toluamide], *see* T-00362
Di(4-pyridylmethyl)amine, D-00531
3-(Di-2-pyridylmethylene)-α,α-di-2-pyridyl-1,4-cyclopentadiene-1-methanol, *see* P-00588
Dipyrithione, *in* D-00551
Dipyrocetyl, *in* D-00315
Dipyrone, D-00532
▷Dipyroxim, *see* T-00493
▷1,4-Dipyrrolidino-2-butyne, *see* T-00409
Diquel, *see* E-00266
▷Diralgin, *see* F-00119
▷Dirame, *in* P-00505
▷Dirax, *in* I-00093
Direct Red, *see* C-00541
▷Dirian, *see* B-00328
Dirithromycin, D-00533
▷Dirnate, *in* S-00217
▷Disalan, *see* R-00003
▷Disalcid, *see* S-00015
Disamide, *see* D-00543
▷Disanyl, *see* B-00292
Discase, *see* C-00315
Diseon, *see* A-00109
▷Disepron, *in* S-00114
▷Disgren, *in* H-00215
DISIDA, *see* D-00536
▷Disipal, *in* O-00064
Disiquonium(1+), D-00534
Disiquonium chloride, *in* D-00534
Disobutamide, D-00535
▷Disodium sulbenicillin, JAN, *in* S-00181
▷Disofen, *see* D-00360
Disofenin, D-00536
Disogluside, *in* S-00129
Disomer, *in* B-00325
▷Disomer, *in* B-00325
▷Disophenol, *see* D-00360
Disophrol, *in* M-00221
▷Disoprofol (obsol.), *see* D-00367
▷Disopyramide, D-00537
▷Disopyramide phosphate, *in* D-00537
▷Disorat, *see* M-00322
Disoxaril, D-00538
Dispan, *see* A-00474
▷Dispas, *in* D-00276
▷Dispranol, *see* B-00200
▷Distaclor, *see* C-00109
Distamine, *see* P-00064
▷Distamycin *A*, D-00539
Distaneurin, *in* C-00238
▷Distaquaine V, *see* P-00171
▷Distaval, *see* P-00223
▷Distensan, *see* C-00508
Distigmine(2+), D-00540
▷Distigmine bromide, *in* D-00540
▷Disto 5, *in* B-00204
▷Distobitin, *in* B-00204
▷Distolon, *see* N-00092
▷Distracaine, *in* P-00432
Disufene, *in* B-00178
Disulergine, D-00541
Disulfamide, *see* D-00543
Disulfbumide, *see* D-00549
Disulfine Blue *VNS*, *see* S-00249
▷Disulfiram, D-00542
Disulphamide, D-00543
Disuprazole, D-00544
▷Diswart, *see* P-00090
▷Disyncran, *in* M-00177
Ditazol, *see* D-00545
Ditazole, D-00545
▷Diteftin, *see* F-00299
Diteonicon, *see* D-00466
Ditercalinium(2+), D-00546
Ditercalinium chloride, *in* D-00546
Ditetracycline, D-00547
▷Dithan, *see* B-00211
2,6-Di-2-thenylidenecyclohexanone, *see* B-00237
3,4-Dithia-1,6-hexanedisulfonic acid, *see* D-00550
▷Dithiazanine(1+), D-00548
▷Dithiazanine iodide, *in* D-00548
α-[1-[(3,3-Di-3-thienylallyl)amino]ethyl]benzyl alcohol, *see* T-00295
3-(Di-2-thienylmethylene)-5-methoxy-1,1-dimethylpiperidinium, *see* T-00284
▷3-(Di-2-thienylmethylene)-1-methylpiperidine, *see* T-00311
3-(Di-2-thienylmethylene)octahydro-5-methyl-2*H*-quinolizinium, *see* T-00321
α-[1-[(3,3-Di-3-thienyl-2-propenyl)amino]ethyl]-benzenemethanol, *see* T-00295
[*N*-(3,3-Di-3-thienyl)-2-propenyl]norephedrine, *see* T-00295
▷*N*,*N*′-[Dithiobis[2-(2-benzoyloxyethyl)-1-methyl-2,1-ethenediyl]]bis[*N*-[(4-amino-2-methyl-5-pyrimidinyl)-methyl]formamide, *see* B-00194
2,2′-Dithiobis[*N*-butylbenzamide], D-00549
▷2,2′-Dithiobisethanamine, *see* B-00188
2,2′-Dithiobisethanesulfonic acid, D-00550
▷2,2′-Dithiobisethylamine, *see* B-00188
N,*N*′-[Dithiobis[2-(2-hydroxyethyl)-1-methyl-2,1-ethenediyl]]-bis[*N*-[(4-amino-2-methyl-5-pyrimidinyl)-methyl]-formamide], *see* T-00176

2,2′-Dithiobispyridine, D-00551
[2,2′-Dithiobis[pyridine] 1,1′-dioxide-*O*,*O*′,*S*][sulfato(2−)-*O*]-magnesium, *in* D-00551
▷Dithiobis[thioformic acid] *O*,*O*-diethyl ester, *see* D-00556
▷Dithiocarb, *in* D-00244
▷Dithiocarbonic anhydride, *see* C-00058
2,2′-(Dithiodicarbonothioyl)bis[*N*-(2-methoxyethyl)-1-cyclopenten-1-amine, D-00552
N,*N*″-(Dithiodi-2,1-ethanediyl)bis[*N*′-[(2-methoxyphenyl)-methyl]-1,6-hexanediamine, *see* B-00049
N′,*N*″(Dithiodi-2,1-ethanediyl)bis[*N*′-(1*H*-pyrrol-2-ylmethyl)-1,6-hexanediamine, *see* P-00567
2,2′-Dithiodiethanesulfonic acid, *see* D-00550
3,3′-(Dithiodimethylene)bis[5-hydroxy-6-methyl-4-pyridinemethanol], *see* P-00590
▷1,2-Dithioglycerol, *see* D-00385
1,3-Dithioisophthalic acid *S*,*S*-diethyl ester, *see* D-00553
▷1,2-Dithiolane-3-pentanoic acid, *see* L-00053
Dithioral, *in* H-00127
Dithiosalicylic acid, *see* H-00127
▷Dithiotartaric acid, *see* D-00384
▷Dithranol, *see* D-00310
▷Ditiocarb sodium, *in* D-00244
Ditiomustine, *in* C-00222
Ditolamide, *in* M-00228
Di-*p*-toluoyl tartrate, *in* T-00028
Di-*p*-tolyliodonium, *see* B-00230
α,α-Di-*o*-tolyl-3-quinuclidinemethanol, *see* S-00044
Ditophal, D-00553
Ditrazin, *see* D-00248
▷2-Di[(α,α,*N*-trimethylphenethylcarbamoyl)methyl]-aminoethanol, *see* O-00106
1,6-Di-*O*-trityl-D-mannitol, *in* M-00018
Ditrobutal, *in* P-00180
Ditrone, *in* P-00180
▷Ditropan, *in* O-00147
Ditustat, *see* D-00610
Dityrin, *see* D-00365
▷Diu 60, *see* B-00032
▷Diucardin, *see* H-00099
▷Diucardyn sodium, *in* M-00118
▷Diucen, *see* B-00103
▷Diumerin, *in* C-00067
▷Diupres, *in* C-00288
▷Diupres, *in* R-00029
▷Diurapid, *see* A-00530
Diurazine, *see* D-00136
▷Diurazyna, *see* C-00275
Diurca, *see* A-00162
Diuredosan, D-00554
▷Diuremade, *see* P-00386
Diurene, *see* Q-00021
▷Diurese, *see* M-00069
Diurex, *see* X-00017
Diurexan, *see* X-00017
▷Diuril, *see* C-00288
▷Diurobromine, *see* T-00166
▷Diursal, *in* M-00122
DIV 154, *in* B-00028
Divabuterol, *in* T-00084
▷Divalproex, *see* P-00516
Divalproex sodium, *in* P-00516
▷Divanil, *see* B-00218
▷2,6-Divanillylidenecyclohexanone, *see* B-00218
▷Divanon, *see* B-00218
Divaricoside, *in* T-00473
Divascan, *see* I-00156
▷Diverine, *in* D-00276
▷Dividol, *see* V-00030
▷Diviminol, *see* V-00030
▷Divinyl ether, D-00555
▷Divinyl oxide, *see* D-00555
▷Divistyramine, *see* C-00507
Dixamone, *see* M-00169
▷Dixanthogen, D-00556
▷Dixeran, *in* M-00081
2-[2-Di-(2,6-xylylmethoxy)ethoxy]-*N*,*N*-dimethylethylamine, *see* X-00026
1-(Di-2,6-xylylmethoxy)-3-(isopropylamino)-2-propanol, *see* X-00018
Dixypazin, *in* D-00557
▷Dixyrazine, D-00557
Dizactamide, D-00558
Dizatrifone, D-00559
Dizocilpine, D-00560
▷Dizol, *see* D-00134
▷DJ-1461, *see* B-00346
▷DJ 1550, *see* S-00200
DJ 1611, *see* T-00306
▷DJP, *see* D-00362
DL 150 *IT*, *in* O-00100
▷DL 152, *in* R-00029
DL 164, *in* C-00274
▷DL 204*IT*, *see* E-00169
▷DL 435, *in* A-00093
DL 473, *see* R-00048
DL-588, *in* N-00039
DL-8280, *see* O-00032
DL 071 IT, *in* A-00082
DL-181-IT, *see* P-00418
DL-308-IT, *in* Z-00010
▷DL-458-IT, *see* D-00046
DL 507IT, *see* T-00056
▷DL 717 IT, *see* L-00104
DL-809-IT, *see* A-00287
DMAH, *see* T-00324
▷DMAP, *in* A-00298
▷DMMP, *in* E-00218
▷DMS, *in* D-00384
▷DMSA, *in* D-00384
▷DMSO, *see* D-00454
▷D-Mycin, *see* C-00056
DNA 2114, *see* C-00598
▷DOA, *see* P-00183
DOB, *in* B-00298
Doberol, *in* T-00352
▷Doburil, *see* C-00639
Dobutamine, D-00561
▷Dobutamine hydrochloride, *in* D-00561
▷Dobutrex, *in* D-00561
Docarpamine, D-00562
6,7,8,9,10,11,12,13,14,15,22,23,24,25,26,27,28,29,30,31,32,33-Docasahydro-36,38-dimethyl-5,34:16,21-diethenodibenzo[*b*,*r*][1,5,16,20]tetraazacyclotriacontine-5,16-diium, *see* B-00202
Doclizid *T*, *in* C-00275
Doconazole, D-00563
4,7,10,13,16,19-Docosahexaenoic acid, D-00564
▷Docusate calcium, USAN, *in* B-00210
▷Docusate potassium, USAN, *in* B-00210
▷Docusate sodium, *in* B-00210
▷Doda, *in* O-00012
Dodecahydro-7,14-methano-2*H*,6*H*-dipyrido[1,2-*a*:1′,2′-*e*]-diazocine, *see* S-00110
1,2,3,4,4*a*β,5,7,8,13,13*b*α,14,14*a*α-Dodecahydro-13-methyl-benz[*g*]indolo[2,3-*a*]quinolizine, *see* M-00380
▷Dodecarbonium chloride, *in* M-00147
Dodeclonium(1+), D-00565
Dodeclonium bromide, *in* D-00565
N-[2-(Dodecylamino)-2-oxoethyl]-*N*,*N*-dimethylbenzenemethanaminium, *see* M-00147
(4-Dodecylbenzyl)trimethylammonium(1+), D-00566
N-Dodecyl-*N*,*N*-bis(2-hydroxyethyl)-benzenemethanaminium(1+), *see* B-00117
N-Dodecyl-*N*,*N*-dimethylbenzenemethanaminium, *see* B-00113
Dodecyldimethyl-2-phenoxyethylammonium(1+), D-00567
▷1-Dodecylhexahydro-2*H*-azepin-2-one, *see* L-00015
Dodecylidenetriphenylphosphorane, *in* D-00568
α-Dodecyl-3-methoxy-α-[3-[[2-(3-methoxyphenyl)ethyl]-methyl-amino]propyl]benzeneacetonitrile, *see* A-00392
α-Dodecyl-α-[3-[methyl(2-phenylethyl)amino]propyl]-benzeneacetonitrile, *see* R-00086

1,1′-[4-(Dodecyloxy)-*m*-phenylene]diguanidine, *see* L-00016
3-(Dodecyloxy)propylamine, *in* A-00319
α-Dodecyl-3,4,5-trimethoxy-α-[3-[[2-(3-methoxyphenyl)-ethyl]-methylamino]propyl]benzeneacetonitrile, *see* D-00004
4-Dodecyl-*N*,*N*,*N*-trimethylbenzenemethanaminium, *see* D-00566
Dodecyltriphenylphosphonium(1+), D-00568
Dofamium(1+), D-00569
Dofamium chloride, *in* D-00569
▷Dogmatyl, *see* S-00259
Doisynestrol, *see* D-00570
Doisynoestrol, D-00570
Dolalgial, *in* C-00479
Dolargan, *see* T-00362
Dolcuran, *see* R-00055
Doledon, *see* P-00035
Dolgenal, *in* Z-00035
Doliracetam, D-00571
Dolisina B, *see* P-00498
Dolispan, *see* B-00111
▷Dolispasmo, *see* E-00258
▷Dolobid, *see* D-00272
Dologel, *in* H-00112
Dolonil, *in* T-00554
▷Dolophine, *see* M-00163
▷Doloxene, *in* P-00512
▷Dolsed, *see* A-00033
Dolunguent, *in* H-00112
Dolwas, *in* Z-00035
▷Domar, *see* P-00268
Domazoline, D-00572
Domazoline fumarate, *in* D-00572
▷Domibrom, *in* D-00567
▷Dominal, *see* P-00536
▷Domiodol, *see* I-00107
Domiphen, *see* D-00567
▷Domiphen bromide, *in* D-00567
Domipizone, D-00573
Domistan, *in* H-00078
▷Domnamid, *see* E-00126
Domoprednate, D-00574
Domosedan, *in* D-00426
Domoxin, D-00575
▷Domoxin tartrate, *in* D-00575
▷Domperidone, D-00576
▷DON, *see* A-00238
Donetidine, D-00577
▷Donnagel, *in* S-00031
Donnagel, *in* T-00554
▷Donnagel, *in* T-00554
▷Donnatal, *in* S-00031
Donnazyme, *in* P-00010
▷Donnazyme, *in* S-00031
Donnazyme, *in* T-00554
▷Donor, *in* A-00068
▷Donorest, *see* F-00079
3,4-DOPA, *see* A-00248
Dopacard, *see* D-00581
Dopamantine, D-00578
Dopamet, *in* M-00249
▷Dopamine, D-00579
▷Dopamine hydrochloride, *in* D-00579
Dopamine 3-O-glucoside, *in* D-00579
▷Dopastat, *see* D-00579
Dopastin, D-00580
Dopazinol, *in* N-00053
Dopexamine, D-00581
Dopexamine hydrochloride, *in* D-00581
▷Dopram, *in* D-00591
Dopropidil, D-00582
Doqualast, *see* O-00138
▷Doracil, *in* C-00280
Dorastine, D-00583
Dorastine hydrochloride, *in* D-00583
▷Dorbane, *see* D-00308
Dorela, *in* P-00028
Doreptide, D-00584
Doretinal, D-00585
▷Dorevan, *in* P-00504
▷Dorico, *in* P-00095
▷Doriden, *see* G-00061
Doridosine, *see* M-00265
Dorixina, *in* C-00479
▷Dormalin, *see* Q-00004
▷Dormate, *see* M-00039
Dormex, *see* C-00205
▷Dormicum, *in* M-00368
▷Dormin, *see* M-00171
▷Dormisan, *see* C-00629
▷Dormison, *see* M-00281
▷Dormonid, *in* M-00368
▷Dornal, *in* P-00430
▷Dornwal, *see* A-00310
▷Dorrol, *in* M-00221
▷Dorsacaine, *in* O-00146
▷Dorsiflex, *see* M-00095
▷Dorsilon, *see* M-00095
Dorsulfan, *in* S-00215
Dorval, *see* A-00129
Dosalupent, *in* O-00053
▷Dosberotec, *see* F-00064
Dosergoside, D-00586
Dosergoside mesilate, *in* D-00586
Dosetil, *see* P-00237
Dostalon, *see* M-00037
▷Dosulepin, *see* D-00588
DOTA, *see* T-00101
Dotan, *see* S-00272
Dotefonium(1+), D-00587
▷Dotefonium bromide, *in* D-00587
▷Dothiepin, D-00588
Dothiepin hydrochloride, *in* D-00588
Dovenix, *in* H-00142
▷Dovida, *in* D-00459
▷Dowco 132, *see* C-00572
▷Dowco 217, *see* F-00258
▷Dowex 1-X2-Cl, *see* C-00307
▷Dowicide 2, *see* T-00441
▷Dox, *see* A-00080
Doxacurium(2+), D-00589
Doxacurium chloride, *in* D-00589
Doxaminol, D-00590
▷Doxans, *see* D-00593
▷Doxapram, D-00591
▷Doxapram hydrochloride, *in* D-00591
▷Doxapril, *in* D-00591
Doxaprost, *see* H-00169
Doxazoline, *see* D-00572
Doxazosin, D-00592
Doxazosin mesylate, *in* D-00592
▷Doxefazepam, D-00593
Doxenitoin, *see* D-00494
▷Doxepin, D-00594
▷Doxepin hydrochloride, *in* D-00594
Doxergan, *in* O-00132
Doxibetasol, *see* D-00597
Doxifluridine, D-00595
▷Doxofylline, D-00596
▷Doxorubicin, *see* A-00080
▷Doxorubicin hydrochloride, *in* A-00080
Doxpicomine, *in* D-00406
▷Doxpicomine hydrochloride, *in* D-00406
Doxpizodine, *in* D-00406
Doxybetasol, D-00597
▷Doxycycline, *in* D-00080
Doxycycline fosfatex, *in* D-00080
Doxycycline hyclate, *in* D-00080
▷Doxylamine, D-00598
▷Doxylamine succinate, *in* D-00598
Doxypyrromycin, *see* A-00089
▷Doxytrex, *in* D-00313

DPD, *see* B-00397
▷DPN, *see* C-00530
▷DR 108, *see* I-00140
DR 250, *see* L-00080
DR 4003, *in* A-00290
▷Dragosil oral, *see* C-00559
Drainasept, *see* T-00032
▷Dramal, *see* P-00210
▷Dramamine, *in* D-00484
Dramedilol, D-00599
Draquinolol, D-00600
Drazidox, *in* M-00304
Drazifon, *see* T-00042
▷Drazine, *in* M-00282
▷Drazoxolon, D-00601
▷DRC 1201, *see* I-00094
▷Drenison, *see* F-00215
▷Drenoliver, *in* P-00081
▷Drenusil, *see* P-00386
Dribendazole, D-00602
▷Dricol, *in* A-00191
Drimyl, *in* E-00246
Drinidene, *see* A-00282
▷Driol, *see* O-00066
Dripterin, *see* P-00555
▷Dristan, *see* M-00242
Drixoral, *in* M-00221
Drobuline, D-00603
Drocinonide, D-00604
Drocinonide phosphate, *in* D-00604
Droclidinium(1+), D-00605
Droclidinium bromide, *in* D-00605
▷Drocort, *see* F-00215
Droctil, *see* E-00280
▷Drofenine, D-00606
▷Drogenil, *see* F-00224
Drolban, *in* H-00153
▷Droleptan, *see* D-00608
Droloxifene, D-00607
▷Drometrizole, *see* H-00172
▷Dromilac, *in* D-00132
▷Dromoran, *in* H-00166
▷Dromostanolone, *in* H-00153
Dromostanolone propionate, *in* H-00153
▷Dronabinol, *in* T-00115
▷Droncit, *see* P-00406
▷Dropempine, *in* T-00132
▷Droperidol, D-00608
Droprenilamine, D-00609
Dropropizine, D-00610
▷Drosopholin *B*, *see* P-00374
▷Drostanolone, *in* H-00153
Drostanolone propionate, *in* H-00153
Drotaverine, D-00611
▷Drotebanol, D-00612
Droxacin, D-00613
Droxacin sodium, *in* D-00613
▷Droxaryl, *see* B-00350
Droxicainide, D-00614
Droxicam, D-00615
▷Droxolan, *in* D-00321
▷Droxone, *in* A-00114
Droxypropine, D-00616
Drupanol, D-00617
Dry-Clox, *in* C-00515
▷Dryptal, *see* F-00267
▷DS 36, *see* S-00200
DS 103-282, *see* T-00330
DSB, *see* B-00384
DSIP, *see* T-00568
▷DSMA, *in* M-00226
▷DST, *see* D-00303
▷Dst 3, *see* D-00539
DT 327, *see* C-00480
▷D-40TA, *see* E-00126
▷DTC, *in* D-00244
▷DTIC, *see* D-00001
DTPB, *in* D-00568
▷DTS, *in* D-00384
DU 1219, *see* A-00090
▷DU-5747, *see* C-00079
▷DU 21220, *in* R-00067
DU 21445, *in* T-00315
DU 22550, *in* C-00032
DU 22599, *in* C-00519
DU 23000, *in* F-00234
DU 23187, *see* Q-00016
▷DU 23811, *see* C-00513
DU 23849, *in* S-00033
DU 23903, *in* S-00033
DU 27716, *in* F-00206
DU 28853, *in* E-00030
DU 29325, *see* B-00026
DU 29373, *in* F-00117
Dualar, *see* B-00091
Duazomycin, *in* A-00238
Duazomycin *A*, *in* A-00238
▷Duazomycin *B*, *see* A-00531
▷Duazomycin *C*, *see* A-00095
▷Duboisine, *in* T-00554
▷Dufalone, *see* M-00251
▷Dufaston, *see* D-00624
▷Dugro, *see* R-00084
Dulcidor, *see* C-00193
▷Dulcodos, *in* B-00210
Dulcoside *B*, *in* S-00147
Dulofibrate, D-00618
Dulozafone, D-00619
Dumenan, *see* G-00091
▷Duna, *see* P-00268
▷Duodegran, *see* R-00084
Duometacin, D-00620
▷Duomycin, *see* A-00476
▷Duopax, *see* H-00067
Duoperone, D-00621
Duoperone fumarate, *in* D-00621
DuP 785, *in* B-00269
▷Dupéran, *see* C-00468
▷Duphacid *T*, *in* H-00023
Duphalac, *see* L-00005
▷Duphaston, *see* D-00624
Dupracetam, D-00622
▷Durabolin, *in* H-00185
▷Durabolin *O*, *see* E-00213
▷Duraboral, *see* E-00213
▷Duracaine, *see* B-00368
Duraflex, *see* F-00159
▷Duralgin, *see* F-00119
▷Duranest, *see* E-00234
▷Durapro, *see* D-00500
▷Duraprox, *see* D-00500
▷Duraquin, *in* Q-00027
Duraspan, *in* C-00525
▷Durenate, *see* S-00245
▷Durhamycin, *see* F-00106
▷Duronitrin, *in* T-00538
Durovex, *in* O-00028
▷Dursban, *see* C-00301
▷Duspatal, *in* M-00033
▷Duspatalin, *in* M-00033
▷Duvadilan, *in* I-00218
▷Duvaline, *see* P-00568
▷Duvaron, *see* D-00624
▷Duvoid, *in* B-00143
▷DV 1006, *in* C-00187
DV 714, *see* L-00020
DW 62, *in* D-00377
DW 75, *see* P-00075
Dyclocaine, *see* D-00623
▷Dyclone, *in* D-00623
Dyclonine, D-00623
▷Dyclonine hydrochloride, *in* D-00623

▷Dydrogesterone, D-00624
▷Dyflos, *see* D-00368
▷Dygerma, *in* C-00289
▷Dylamon, *in* M-00064
Dylate, *in* C-00278
▷Dylox, *see* T-00443
▷Dymanthine, *in* O-00012
▷Dymanthine hydrochloride, *in* O-00012
▷Dynabiotic, *see* A-00533
Dynabolin, *in* H-00185
Dynacaine, *see* P-00595
▷Dynalin, *see* T-00238
▷Dynalin, *in* T-00238
▷Dynamutilin, *in* T-00238
Dynef, *in* E-00043
Dynese, *see* M-00005
Dynocard, *in* T-00474
Dynorphin, D-00625
▷Dyoctol, *in* B-00210
▷Dyphylline, *see* D-00523
▷Dyrenium, *see* T-00420
▷Dyscural, *see* E-00150
▷Dysedon, *see* O-00132
Dysmalgine, *in* M-00269
▷Dytac, *see* T-00420
▷Dytransin, *see* I-00007
▷E 3, *see* L-00002
▷E 26, *see* O-00122
▷E 39, *see* I-00075
E 64, *see* E-00125
E-64-*C*, *see* M-00266
E 0646, *in* E-00072
E 124, *in* T-00179
E 142, *see* A-00388
E 243, *in* C-00161
▷E 250, *in* D-00449
263-E, *in* D-00312
▷E 265, *in* D-00416
▷E 2663, *see* B-00069
▷E 344, *in* B-00425
E 3702, *see* R-00006
E 438, *see* S-00255
E 5166, *in* T-00147
▷E 525, *see* S-00115
▷E 600, *see* P-00027
E-614, *see* T-00522
E 643, *see* B-00361
E 671, *see* T-00078
▷E 687, *in* B-00161
▷E 9002, *see* N-00042
E129A, *see* O-00068
▷EA 1299, *see* T-00066
EA 166, *in* P-00173
EB 644, *see* A-00109
Ebastine, E-00001
▷Ebesal, *in* A-00127
Ebornoxin, *in* E-00003
▷Ebrantan, *in* P-00543
▷Ebrantil, *see* U-00010
Ebrotidine, E-00002
Ebselen, *see* P-00178
Eburnal, *in* E-00003
Eburnamenin-14(15*H*)-one, *see* E-00003
Eburnamonine, E-00003
Eburnoxine, *in* E-00003
▷EC 3.4.21.1, *see* C-00316
EC 3.4.21.7, *see* P-00370
▷Ecapron, *see* T-00479
▷Ecarazine, *see* T-00338
Ecarazine hydrochloride, JAN, *in* T-00338
Ecastolol, E-00004
▷Ecatril, *see* D-00156
Ecgonine methyl ester benzoate, *see* C-00523
Echinon, *see* N-00186
Echinosporin, E-00005
▷Echodide, *in* E-00010
Echothiopate, *see* E-00010
Echubioside, *in* D-00274
▷Echujin, *in* D-00274
Ecinamine, *see* D-00497
Ecipramidil, E-00006
Eclabron, *in* T-00169
Eclanamine, E-00007
Eclanamine maleate, *in* E-00007
Eclazolast, E-00008
▷Ecloril, *see* C-00194
Eclotizidum, *see* E-00153
▷Ecodide, *in* E-00010
Ecolid, *see* C-00207
▷Econazole, E-00009
Econazole nitrate, *in* E-00009
▷Economycin, *in* T-00109
Ecostatin, *in* E-00009
Ecothiopate(1+), E-00010
▷Ecothiopate iodide, *in* E-00010
▷Ecstasy, *see* M-00201
Ectimar, *in* A-00214
▷Ectodex, *see* A-00349
▷Ectoral, *see* F-00039
Ectylurea, E-00011
▷Edathamil calcium disodium, *in* E-00186
▷Edecrin, *see* E-00145
▷Edelal, *in* P-00290
▷Edemax, *see* B-00103
▷Edetate calcium disodium, *in* E-00186
Edetate dipotassium, *in* E-00186
▷Edetate disodium, *in* E-00186
▷Edetate sodium, *in* E-00186
▷Edetate trisodium, *in* E-00186
▷Edetic acid, *see* E-00186
▷Edetol, E-00012
EDHEA, *in* H-00110
Edicloqualone, *see* C-00500
Edifolone, E-00013
Edifolone acetate, *in* E-00013
Edogestrone, E-00014
▷Edoxudine, E-00015
EDPA, *see* D-00497
▷Edrofuradene, *in* N-00115
Edrophonium(1+), E-00016
▷Edrophonium bromide, *in* E-00016
▷Edrophonium chloride, *in* E-00016
▷Edrul, *see* M-00473
▷EDTA, *see* E-00186
▷EDTN, *in* E-00186
▷EDU, *see* E-00015
▷Edurid, *see* E-00015
▷E-106-E, *in* F-00291
▷EE$_3$ME, *see* M-00138
Efaroxan, E-00017
▷Efcortisol inj., *in* C-00548
▷Efemetin, *see* D-00050
Efetozole, E-00018
▷Effectin, *in* B-00241
Efferalgan inj., *see* P-00485
▷Effilone, *see* D-00382
▷Effisax, *see* T-00577
Efflumidex, *see* F-00186
▷Effoless, *in* A-00272
Efical, *in* O-00140
▷Eflornithine, *see* D-00126
Eflornithine hydrochloride, *in* D-00126
▷Efloxate, E-00019
▷Efosin, *in* F-00070
▷Efosin, *in* F-00071
▷Efrane, *see* C-00230
▷Efrotomycin, E-00020
▷Efrotomycin A_1, *see* E-00020
▷Eftapan, *in* E-00091
▷Eftortil, *in* A-00272
▷EG 626, *see* O-00078
EGF, *see* E-00075

Egotux, *see* D-00397
▷EGTA, *see* B-00196
▷Egtazic acid, *see* B-00196
▷Egyt 13, *see* B-00094
▷Egyt 1050, *see* D-00042
Egyt 1299, *see* U-00014
Egyt 1855, *see* S-00158
Egyt-1932, *in* D-00192
EGYT 2509, *in* T-00392
▷Egyt 341, *see* T-00342
Egyt 402, *see* M-00323
▷Egyt 739, *in* G-00111
EHDP, *see* H-00132
8,11,14,18-Eicosatetraenoic acid, *see* I-00012
▷Eismycin, *see* P-00552
▷Ekilan, *see* M-00095
▷Ekomine, *in* T-00554
Ekonal, *in* N-00193
Ektyl, *see* E-00011
▷Ekvacillin, *in* C-00515
EL 1035, *in* A-00031
▷EL 466, *in* P-00328
EL 737, *in* B-00414
EL 784, *see* N-00054
EL 870, *see* T-00275
EL 968, *see* N-00114
EL-974, *see* T-00254
▷EL 857/820, *see* A-00428
▷Elagostasine, *see* E-00026
▷Elaidic acid, *in* O-00010
Elaidylamine, *in* O-00011
▷Elamidon, *in* M-00254
▷Elamol, *in* T-00339
▷Elancoban, *in* M-00428
▷Elanco-M, *see* T-00578
Elanone, *in* L-00024
Elantrine, E-00021
▷Elantrine dicyclamate, *in* E-00021
Elanzepine, E-00022
Elarzone, *see* P-00276
Elastan, *in* T-00506
▷Elastonon, *see* P-00203
▷Elavil, *in* N-00224
Elcatonin, E-00023
▷ELD 950, *see* E-00024
▷Eldadryl, *in* D-00484
▷Eldepryl, *in* D-00449
▷Eldezol, *in* N-00177
▷Eldicet, *in* P-00267
Eldisine, *in* V-00032
▷Eldodram, *in* D-00484
▷Eldopaque, *see* B-00074
▷Eldoquin, *see* B-00074
Eleagol, *see* S-00053
▷Electrocortin, *see* A-00106
▷Eledoisin, E-00024
Elepsin, *in* I-00040
Eleutheroside *A*, *in* S-00151
Elfazepam, E-00025
Elidin, *see* D-00389
Elidol *A*, *see* P-00035
▷Elipten, *see* A-00305
▷Elisal, *see* S-00263
▷Elixophyllin-KI, *in* P-00392
Elkapin, *in* O-00169
▷Elkosin, *see* S-00254
▷Ellagic acid, E-00026
▷Ellipticine, E-00027
Ellipticine N^2-oxide, *in* E-00027
▷Elliptinium(1+), E-00028
Elliptinium acetate, *in* E-00028
▷Elmex, *in* T-00537
▷Elmustine, *see* C-00237
Elnadipine, E-00029
▷Elobromol, *see* D-00163
▷Eloisin, *see* E-00024
▷Elorine, *in* P-00455
Elorine sulfate, *in* P-00455
▷Eloxyl, *see* D-00161
▷Elpen, *in* A-00429
▷Elronon, *in* N-00229
Elsedine, *in* V-00032
▷Elspan, *see* F-00144
▷Elspar, *see* A-00458
▷Elsyl, *in* M-00347
Eltenac, *see* D-00200
Eltoprazine, E-00030
▷Elucaine, E-00031
Elumota, *in* A-00421
Elvetil, *in* S-00155
Elveton, *in* S-00155
Elziverine, E-00032
▷Elzogram, *in* C-00120
EM 87, *see* S-00272
▷Emamin, *in* T-00500
EMB 33 512, *in* B-00233
Embaclox, *in* C-00515
Embadol, *see* T-00205
▷Embamide, *in* I-00199
▷EMBAY 8440, *see* P-00406
▷Embazin, *in* A-00332
▷Embelic acid, *see* D-00356
▷Embelin, *see* D-00356
▷Embequin, *see* D-00364
▷Embichen, *in* D-00193
Embramine, E-00033
Embramine teoclate, *in* E-00033
Embutramide, E-00034
Emcortina, *in* F-00207
▷Emcyt, *in* E-00127
EMD 9806, *in* D-00490
EMD 15700, *see* M-00274
EMD 16923, *see* M-00099
EMD 19698, *in* P-00115
EMD 21657, *see* T-00022
EMD 24946, *see* L-00114
EMD 26644, *see* T-00308
EMD 30087, *see* C-00119
▷EMD 33400, *see* O-00098
EMD 38362, *in* R-00099
EMD 41000, *in* I-00190
Emdabol, *see* T-00205
Emdabolin, *see* T-00205
▷Emdalen, *in* L-00074
▷Emdecassol, *in* T-00485
Emecort, *in* F-00207
Emepronium(1+), E-00035
▷Emepronium bromide, *in* E-00035
▷Emergil, *see* F-00198
▷Emerox 1144, *see* N-00203
▷Emeside, *see* E-00207
Emethibutin, *see* E-00208
Emeticon, *see* B-00102
▷Emetinal, *in* E-00036
Emetine, E-00036
▷Emetine hydrochloride, *in* E-00036
▷Emetival, *in* P-00450
Emetonium(1+), E-00037
Emetonium iodide, *in* E-00037
Emetoplisc, *in* E-00036
Emiglitate, E-00038
Emilium, *see* E-00199
Emilium tosylate, *in* E-00199
Eminase, *see* A-00397
▷Emivan, *see* E-00146
Emizone, *see* M-00392
Emoclot, *see* F-00003
Emopamil, E-00039
▷Emoren, *see* O-00106
▷Emorfazone, E-00040
Emoril, *see* B-00317
▷Emovit, *in* V-00029

Empedopeptin, E-00041
Emphysin, *in* M-00217
EMPP, *in* E-00072
▷Emtryl, *see* D-00435
▷Emtrymix, *see* D-00435
▷Emylcamate, E-00042
EN 1010, *see* P-00595
▷EN 1530, *in* N-00033
EN 1620*A*, *in* N-00031
▷EN 1639*A*, *in* N-00034
EN 1661, *see* B-00232
En 2234*A*, *in* N-00028
EN 313, *see* M-00442
EN-350, *see* T-00264
EN 564, *in* M-00123
EN 970, *see* F-00213
EN 122929, *see* B-00026
EN 145-142, *in* B-00026
▷EN1773-A, *in* M-00423
Enacar, *in* G-00115
▷Enadel, *see* C-00517
Enalapril, *in* E-00043
Enalaprilat, E-00043
Enalapril maleate, *in* E-00043
Enallylpropymal, *see* A-00130
Enapren, *in* E-00043
Enarax, *in* O-00159
Encainide, E-00044
Encainide hydrochloride, *in* E-00044
Encare, *see* N-00206
Encephabol, *in* P-00590
Enciprazine, E-00045
▷Enclomifene, *in* C-00471
▷Enclomiphene, *in* C-00471
▷Encol, *in* E-00036
▷Encyprate, *in* C-00636
▷Endak, *in* C-00102
▷Endep, *in* N-00224
Endiaron, *see* D-00190
Enditrigine, *see* E-00046
Endixaprine, E-00046
Endobenzyline(1+), E-00047
▷Endobil, *see* I-00108
Endocaine, *see* P-00595
Endochin, *see* M-00259
Endogenous Pyrogen, *see* I-00080
▷Endometril, *see* L-00121
Endomide, E-00048
▷Endomirabil, *see* I-00108
β-Endorphin, E-00049
β-Endorphin (human), *in* E-00049
β-Endorphin (sheep), -27-L-tyrosine-31-L-glutamic acid, *in* E-00049
▷Endovalpin, *see* O-00018
Endralazine, E-00050
▷Endralazine mesylate, *in* E-00050
▷Endrin, E-00051
Endrisone, *see* E-00052
Endrysone, E-00052
▷Enduracidin *A*, E-00053
▷Enduron, *see* M-00218
Enefexine, *see* E-00217
Enelone, *in* H-00205
Enerbol, *in* P-00590
▷Energlut, *in* G-00060
Energoserina, *in* P-00220
▷Enerzer, *see* I-00181
Enestebol, *see* D-00331
▷Enfenamic acid, E-00054
▷Enfenemal, *see* E-00206
▷Enflurane, *see* C-00230
▷Enheptin, *see* A-00294
▷Enhexymal, *see* H-00065
Enibomal, *in* P-00482
Eniclobrate, E-00055
▷Enilconazole, *see* I-00025
Enilosperone, E-00056
Enisoprost, E-00057
Enkade, *see* E-00044
Enkaid, *see* E-00044
Enkephalins, E-00058
EN-1661L, *in* B-00232
▷Enocitabine, *in* C-00667
Enolicam, E-00059
Enolicam sodium, *in* E-00059
Enol-Luteovis, *see* Q-00025
▷Enolofos, *see* C-00203
Enoltestovis, *in* H-00154
Enoltestovister, *in* H-00154
▷Enovid, *in* N-00213
Enoxacin, E-00060
Enoxamast, E-00061
Enoxamast olamine, *in* E-00061
Enoximone, E-00062
▷Enoxolone, *see* G-00072
▷Enoxolone hydrogen succinate, *in* G-00072
▷Enphenemal, *see* E-00206
Enpiprazole, E-00063
Enpiroline, E-00064
Enpiroline phosphate, *in* E-00064
Enprazepine, E-00065
Enprofen, *see* M-00286
Enprofylline, *in* X-00002
▷Enpromate, E-00066
Enprostil, E-00067
▷Enradin, *in* E-00053
▷Enramycin, *in* E-00053
Enrofloxacin, E-00068
▷Ensidon, *in* O-00052
▷Enstamine, *in* M-00170
▷ENT 9, *see* B-00416
▷ENT 14250, *see* P-00293
▷ENT 20852, *see* B-00413
▷ENT 24969, *see* C-00203
▷ENT 25540, *see* F-00078
▷ENT 25567, *see* N-00042
▷ENT 25644, *see* F-00015
▷ENT 25705, *see* P-00213
ENT 29,106, *see* N-00148
▷ENT 50852, *see* T-00535
Entamide, *see* D-00372
Enterab, *in* S-00223
▷Enteramida, *see* P-00227
▷Enteramine, *see* H-00218
Enterocid, *see* P-00225
▷Enterocol, *see* H-00182
Enterocura, *see* S-00194
Enterodiol, *see* B-00215
Enteromide, *in* S-00241
▷Enteromycetin, *see* C-00195
▷Enteron, *see* F-00093
Enterosulfocina, *in* S-00172
Enterosulfon, *see* P-00225
▷Enterovioform, *in* C-00244
▷Entexidin, *see* P-00227
▷Entobex, *see* P-00144
Entodon, *in* D-00135
Entoquel, *in* T-00190
Entozyme, *in* P-00010
▷Entprol, *see* E-00012
▷Entramine, *see* A-00294
▷Entronon, *see* P-00144
Entsufon, E-00069
Entsufon sodium, *in* E-00069
Entulic, *in* G-00103
▷Entumine, *see* C-00507
Entusiol, *see* S-00216
Entusul, *see* S-00216
▷ENT 25602-x, *see* C-00572
Envacar, *in* G-00115
▷Enviomycin, *see* T-00569
Enviradene, E-00070

Enviroxime, *in* V-00056
▷Enyper, *see* H-00207
▷Enzacetin, *see* G-00065
▷Enzactin, *see* G-00065
▷Enzaprost *E*, *in* D-00339
▷Enzopride, *see* C-00530
▷EORTC 1502, *see* P-00411
β-EP, *see* E-00049
Epadren, *in* B-00123
Epanolol, E-00071
Eparsolfo-Smit active substance, *in* M-00262
▷Eperisone, E-00072
▷Ephedrine, *in* M-00221
▷ψ-Ephedrine, *in* M-00221
▷Ephedrine hydrochloride, *in* M-00221
Ephedrine sulfate, *in* M-00221
Ephynal, *see* T-00335
Epiajmaline, *in* A-00088
▷Epibloc, *see* C-00278
Epicainide, E-00073
Epicatechin, *in* P-00081
Epicatechol, *in* P-00081
4-Epichelocardin, *in* C-00190
Epicholestanol, *in* C-00305
▷Epicillin, E-00074
Epicoprostanol, *in* C-00305
Epicoprosterol, *in* C-00305
Epicriptine, *in* D-00285
5-Epicyasterone, *in* C-00584
4-epi-2^{C}-Demethoxytylosin, *in* T-00578
4″-Epi-9-deoxo-9*a*-methyl-9*a*-aza-9*a*-homoerythromycin *A*, *see* A-00528
Epidermal growth factor, E-00075
Epidermal Thermocyte Activating Factor, *see* I-00081
▷Epidermol, *see* D-00117
Epidihydrocholesterin, *in* C-00305
3-epi-Diosgenin, *in* S-00129
9,11-Epidioxy-15-hydroperoxy-5,13-prostadienoic acid, E-00076
9,11-Epidioxy-15-hydroxy-5,13-prostadienoic acid, E-00077
9,11-Epidioxy-15-hydroxy-13-prosten-1-oic acid, E-00078
9,11-Epidithio-15-hydroxy-5,13-prostadienoic acid, E-00079
▷Epidon, *see* D-00117
▷Epidosan, *in* V-00003
Epiestriol, *in* O-00030
▷Epifrin, *see* A-00075
8-Epihelanalin tiglate, *in* H-00024
8-Epihelenalin, *in* H-00024
Epihygromycin, *in* H-00223
α-Epiisocycloheximide, *in* D-00441
Epilin, *in* D-00259
Epimestranol, *in* M-00133
Epimestrol, E-00080
▷Epimicil, *see* E-00074
▷Epimid, *see* M-00294
Epinal, *in* A-00075
▷Epinal, *see* A-00103
Epinastine, *see* A-00242
▷Epinephrine, *see* A-00075
▷Epinephrine bitartrate, *in* A-00075
Epinephrine dipivalate, *see* D-00518
Epinephryl borate, *in* A-00075
Epinine, E-00081
3-Epinitrarine, *in* N-00168
▷Epinoval, *in* D-00251
Epioestriol, *in* O-00030
Epipachysamine *F*, *in* P-00416
Epipachysamine A, *in* P-00416
Epipachysamine C, *in* P-00416
8-Epi-PGF$_{1\alpha}$, *in* T-00484
Epiphenethicillin, *in* P-00152
▷Epipodophyllotoxin, *see* E-00262
▷Epipodophyllotoxin, *in* P-00377
▷Epipropidine, E-00082
Epiquinidine, *in* Q-00027
Epiquinine, *in* Q-00028
▷Epirizole, E-00083
Epiroprim, E-00084
▷Epirubicin, *in* A-00080
3-epi-Ruscogenin, *in* S-00128
▷Episarmentogenin, *in* T-00473
14-Episinomenine, *in* S-00079
▷5-Episisomicin, *see* P-00099
Episol, *see* H-00005
S-Episparsomycin, *in* S-00109
7-epi-Taxol, *in* T-00037
▷Epitestosterone, *in* H-00111
Epitetracycline hydrochloride, *in* T-00109
▷Epithelon, *see* D-00117
Epithiazide, E-00085
2,3-Epithioandrostan-17-ol, E-00086
6,9-Epithio-11,15-dihydroxy-5,13-prostadienoic acid, E-00087
▷2α,3α-Epithio-17-[(1-methoxycyclopentyl)oxy]androstane, *see* M-00100
Epitiostanol, *see* E-00086
Epitizide, *see* E-00085
Epitopic, *see* D-00273
▷Epitrate, *in* A-00075
Epitulipinolide, *in* H-00134
(−)-16-Epivincamine, *in* V-00033
EPO, *see* E-00117
▷Epocelin, *in* C-00158
▷Epodil, *see* D-00225
▷Epodyl, *see* D-00225
▷Eponate, *see* E-00082
▷Epontal, *see* P-00489
Epoprostenol, *see* P-00528
Epoprostenol sodium, *in* P-00528
▷Eposerin, *in* C-00158
Epostane, E-00088
12,13-Epoxy-12,13-dihydro eucomycin *V* 3,4^{B}-dipropanoate, *see* M-00023
4,5-Epoxy-3,17-dihydroxy-4,17-dimethylandrost-2-ene-2-carbonitrile, *see* E-00088
4,5α-Epoxy-3,14-dihydroxy-17-(3-methyl-2-butenyl)-morphinan-6-one, *see* N-00031
4,5α-Epoxy-3,14-dihydroxy-17-methylmorphinan-6-one, *see* O-00155
▷4,5α-Epoxy-3,14-dihydroxy-17-(2-propenyl)morphinan-6-one, *see* N-00033
6,9-Epoxy-11,15-dihydroxy-5,13-prostadienoic acid, *see* P-00528
6,9-Epoxy-11,15-dihydroxy-13-prostenoic acid, E-00089
▷4,5-Epoxy-6,17-dimethylmorphinan-3,6-diol, *see* M-00245
▷21,23-Epoxy-19,24-dinor-17α-chola-1,3,5(10),7,20,22-hexaene-3,17-diol 3-acetate, *see* E-00129
11β,13-Epoxyepitulipinolide, *in* H-00134
▷2,3-Epoxy-2-ethylhexanamide, *see* O-00085
▷4,5α-Epoxy-3-hydroxy-5,17-dimethylmorphinan-6-one, *see* M-00333
▷4,5-Epoxy-3-hydroxy-6-methoxy-α,17-dimethyl-α-propyl-6,14-ethenomorphinan-7-methanol, *see* E-00263
▷4,5α-Epoxy-14-hydroxy-3-methoxy-17-methylmorphinan-6-one, *in* O-00155
4,5-Epoxy-3-hydroxy-6-methoxy-α-methyl-17-(2-propenyl)-α-propyl-6,14-ethenomorphinan-7-methanol, *see* A-00125
▷4,5α-Epoxy-3-hydroxy-17-methylmorphinan-6-one, *see* H-00102
▷4α,5α-Epoxy-17β-hydroxy-3-oxoandrostane-2α-carbonitrile, *see* T-00489
5β,6β-Epoxy-4β-hydroxy-1-oxo-20*S*,22*R*-witha-2,24-dienolide, *in* W-00002
9,10-Epoxy-16-hydroxyverrucarin *A*, *in* V-00023
[[(4,5α-Epoxy-3-methoxy-17-methylmorphinan-6-ylidene)-amino]oxy]acetic acid, *see* C-00527
▷4,5α-Epoxy-17-methylmorphinan-3,6α-diol, *see* D-00294
▷4,5-Epoxy-17-methylmorphinan-3-ol, *see* D-00100
4,5-Epoxy-17-methylmorphinan-3,6,14-triol, *see* H-00101
▷Epoxypropidine, *see* E-00082
(1,2-Epoxypropyl)phosphonic acid, *see* M-00276

8,13-Epoxy-1,6,7,9-tetrahydroxy-14-labden-11-one, E-00090
12,13-Epoxy-9-trichothecene-3,4,15-triol, *see* A-00386
5,6-Epoxy-4,22,27-trihydroxy-1-oxoergasta-2,24-dien-26-oic acid δ-lactone, *see* W-00002
▷Eprazin, *in* P-00560
Eprazinone, E-00091
Eprovafen, E-00092
Eproxindine, E-00093
▷Eprozinol, E-00094
▷Epsikapron, *see* A-00259
Epsiprantel, E-00095
Epsonite, *in* M-00010
▷Epsyl, *see* P-00310
▷EPT, *see* T-00071
Eptaloprost, E-00096
Eptamestrol, *see* E-00135
Eptastatin sodium, *in* P-00403
Eptazocine, E-00097
▷Equanil, *see* M-00104
▷Equiben, *see* C-00020
▷Equilenin, E-00098
▷Equilibrin, *in* N-00224
▷Equilin, E-00099
▷Equilium, *in* P-00204
▷Equilox, *see* H-00021
Equimate, *see* F-00212
Equine cyonin, *see* S-00053
Equipax, *see* P-00456
▷Equipertine, *see* O-00157
Equipoise, *in* H-00108
Equipose, *in* H-00222
Equiproxen, *see* N-00048
▷Equitac, *see* O-00109
▷Equitensor, *in* D-00033
▷Equitonil, *in* D-00033
▷Equivurm plus, *see* M-00031
▷Equizole, *see* T-00171
▷Eqvalan, *see* I-00225
▷Eraldin, *see* P-00394
▷Erbazid, *in* I-00195
▷Erbocain, *see* F-00241
▷Ercefurol, *see* N-00126
▷Ercoquin, *see* H-00120
▷Ercostrol, *see* M-00164
Erdosteine, E-00100
Eresepine, *see* E-00111
Ergalgin, *see* P-00506
▷Ergamine, *see* H-00077
▷Ergobacin, *in* M-00254
Ergobasine, *see* E-00104
Ergobasinine, *in* E-00104
▷Ergocalciferol, *see* C-00012
Ergocalciferol phosphate, *in* C-00012
▷Ergocornine, E-00101
Ergocorninine, *in* E-00101
Ergocristine, E-00102
Ergocristinine, *in* E-00102
▷Ergocryptine, *see* E-00103
▷α-Ergocryptine, E-00103
α-Ergocryptinine, *in* E-00103
▷Ergokryptine, *see* E-00103
▷Ergomar, *in* E-00106
Ergometrine, E-00104
Ergometrinine, *in* E-00104
▷Ergomolline, *see* E-00103
Ergonovine, *see* E-00104
▷Ergonovine maleate, *in* E-00104
Ergonovinine, *in* E-00104
▷Ergostate, *in* E-00106
Ergosta-5,7,22-trien-3-ol, *see* E-00105
Ergosterin, *see* E-00105
Ergosterol, E-00105
▷Ergosterol (activated), *see* C-00012
Ergostetrine, *see* E-00104
▷Ergotamine, E-00106
▷Ergotamine tartrate, *in* E-00106
Ergotaminine, *in* E-00106
Ergotocin, *see* E-00104
▷Ergotoxine, *in* E-00101
Ergotoxine, *in* E-00102
Ergotrate, *see* E-00104
▷Ergotyl, *in* M-00254
Ericin, *in* H-00112
Ericolol, E-00107
▷Erimin, *see* N-00147
Erimunol, *see* N-00226
Eriolangin, E-00108
Eriolanin, E-00109
Erisan-TC, *see* C-00458
Eritadenine, E-00110
Eritrityl tetranitrate, *in* E-00114
Erizepine, E-00111
▷Erketin, *in* E-00036
▷Ermalone-Amp., *in* H-00109
▷Ermetrine, *in* E-00104
Erocainide, E-00112
Ertron, *see* E-00105
▷Erysan, *see* B-00198
Eryscenoside, *in* T-00478
▷Erysimine, *in* T-00478
▷Erysimoside, *in* T-00478
▷Erysimosol, *in* T-00478
▷Erysimotoxin, *in* T-00478
Erythrinan, E-00113
▷Erythritol, E-00114
Erythrityl tetranitrate, *in* E-00114
▷Erythrocin, *see* E-00115
Erythrol tetranitrate, *in* E-00114
Erythromix *V*, *in* E-00115
▷Erythromycin, E-00115
▷Erythromycin *B*, E-00116
Erythromycin acetate, *in* E-00115
Erythromycin acistrate, *in* E-00115
▷Erythromycin estolate, *in* E-00115
▷Erythromycin ethylsuccinate, *in* E-00115
▷Erythromycin gluceptate, *in* E-00115
▷Erythromycin glucoheptonate, *in* E-00115
▷Erythromycin lactobionate, *in* E-00115
Erythromycin 9-[*O*-[(2-methoxyethoxy)methyl]oxime], *see* R-00100
Erythromycin propionate, *in* E-00115
▷Erythromycin stearate, *in* E-00115
Erythropoietin, E-00117
▷Erythrosine, E-00118
ES 304, *see* N-00098
▷ES 771, *see* P-00254
ES 902, *in* P-00254
Esafloxacin, E-00119
Esaprazole, E-00120
Esbetre, *in* S-00190
Escalol 507, *in* D-00405
Escholerine, *in* P-00543
▷Escin, *in* O-00036
▷Escopolamina, *see* S-00031
▷Escorpal, *see* P-00150
EsCort, *see* P-00410
Esculamine, E-00121
Esefil, *in* R-00009
Eseridine, *see* G-00016
▷Eserine, E-00122
Eserine aminoxide, *see* G-00016
Eserine oxide, *see* G-00016
▷Eserocil, *in* E-00122
▷Esfar, *in* B-00341
Esflurbiprofen, *in* F-00218
▷Esiclene, *see* F-00245
Esiodine, *in* D-00135
▷Eskacef, *see* C-00180
▷Eskacillin V, *see* P-00171
▷Eskadiazine, *see* S-00237
▷Eskalin V, *in* O-00068

▷Eskalith, *see* L-00058
▷Eskamicin, *in* O-00068
Eskulamin, *see* E-00121
Esmodil, *in* M-00216
Esmolol, E-00123
Esmolol hydrochloride, *in* E-00123
Esmopal, *in* O-00028
▷Esocalm, *see* D-00557
▷Esophotrast, *see* B-00014
▷Esorubicin, *in* A-00080
Espasmo-Gemora, *in* B-00396
▷Espaston, *in* D-00480
▷Esperan, *in* O-00089
▷Esperson, *see* D-00102
▷Espinomycin A_1, *see* P-00371
▷Espiran, *in* F-00076
Espirosal, *in* H-00112
Esproquine, E-00124
▷Esproquin hydrochloride, *in* E-00124
▷Esquinon, *see* C-00063
▷Esromistin, *in* E-00122
▷Estar, *in* B-00341
Estate, E-00125
Estazol, *see* S-00139
▷Estazolam, E-00126
Estilbin MCO, *see* D-00257
Estimulocel, *in* B-00083
▷Estinyl, *see* E-00231
Estocin, *see* D-00380
▷Eston, *in* E-00231
Estopen, *in* P-00061
▷Estracyt, *in* E-00127
▷Estradep, *in* O-00028
Estradiol, *see* O-00028
▷Estradiol benzoate, *in* O-00028
Estradiol 3-[bis(2-chloroethyl)carbamate]ester, *see* E-00127
Estradiol butyrylacetate, *in* O-00028
▷Estradiol cypionate, *in* O-00028
Estradiol dienanthate, *in* O-00028
▷Estradiol dipropionate, *in* O-00028
Estradiol diundecylate, *in* O-00028
Estradiol diundecylenate, *in* O-00028
Estradiol enanthate, *in* O-00028
Estradiol furoate, *in* O-00028
Estradiol hemisuccinate, *in* O-00028
Estradiol hexahydrobenzoate, *in* O-00028
Estradiol monopropionate, *in* O-00028
▷Estradiol mustard, *in* O-00028
Estradiol palmitate, *in* O-00028
Estradiol pivalate, *in* O-00028
Estradiol *p*-propoxyhydrocinnamate, *in* O-00028
Estradiol propoxyphenylpropionate, *in* O-00028
Estradiol stearate, *in* O-00028
Estradiol trimethylacetate, *in* O-00028
Estradiol undecylate, *in* O-00028
▷Estradiol valerate, *in* O-00028
Estramustine, E-00127
▷Estramustine phosphate, *in* E-00127
Estrapronicate, *in* O-00028
Estra-1,3,5(10)-triene-3,17β-diol 3-[bis(2-chloroethyl)-carbamate] ester, *see* E-00127
Estra-1,3,5(10)-triene-3,17-diol 17-(3-oxohexanoate), *in* O-00028
▷Estraval, *in* O-00028
Estrazinol, E-00128
Estrazinol hydrobromide, *in* E-00128
4-Estrene-3,17-diol, *see* C-00029
Estrex, *in* D-00054
Estriel, *in* O-00030
▷Estriol, *see* O-00030
Estriol acetate benzoate, JAN, *in* O-00030
Estriol succinate, *in* O-00030
Estriol tripropionate, *in* O-00030
▷Estrofurate, E-00129
Estrolent, *in* O-00028
Estromon, *see* D-00257
▷Estrone, *see* O-00031
Estrone acetate, *in* O-00031
Estrone cyanate, *in* O-00031
Estrone tetraacetylglucoside, *in* O-00031
Estropipate, *in* O-00031
Estrotate, *in* O-00028
▷Estrovis, *in* E-00231
▷Estrovister, *in* E-00231
Estrumate, *in* C-00490
Estulic, *in* G-00103
▷Esucos, *see* D-00557
Esuprone, E-00130
Esyntin, *in* E-00037
▷ET 495, *see* P-00324
▷Etabenzarone, E-00131
Etacepride, E-00132
Etacort, *in* C-00548
Etacortin, *in* F-00207
Etacortisone, *in* C-00548
▷Etacrynic acid, *see* E-00145
Etadrol, *see* F-00208
ETAF, *see* I-00080
Etafedrine, E-00133
Etafedrine hydrochloride, *in* E-00133
Etafenone, E-00134
Etafurazone, *see* N-00131
▷Etambutol, *in* E-00148
Etamestrol, E-00135
▷Etamfetamine, *in* P-00202
Etamicycline, *see* E-00138
Etamid, *see* E-00152
Etaminile, E-00136
▷Etamiphyllin, *in* D-00332
▷Etamiphylline, E-00137
Etamiphylline camsylate, *in* E-00137
▷Etamivan, *see* E-00146
Etamocycline, E-00138
▷Etamon chloride, *in* T-00111
▷Etamsylate, *in* D-00313
▷Etamycin *A*, *see* V-00055
▷Etanidazole, E-00139
Etanor, *see* E-00212
Etaphylline, *in* A-00011
Etapromide, *see* P-00499
▷Etaqualone, E-00140
Etasuline, E-00141
Etazepine, E-00142
Etazolate, E-00143
Etazolate hydrochloride, *in* E-00143
Etazole hydrochloride, *in* E-00143
Etebenecid, *see* E-00152
▷Etenzamide, *in* H-00112
▷Eterilate, *see* E-00144
▷Eterobarb, *in* E-00218
▷Etersalate, E-00144
Ethacridine, *see* D-00130
▷Ethacrynic acid, E-00145
Ethallobarbital, *see* A-00129
Ethallymal, *see* A-00129
▷Ethambutol, *in* E-00148
▷Ethambutol hydrochloride, *in* E-00148
Ethambutol methaniazide, *in* E-00148
Ethamicort, *in* C-00548
▷Ethamide, *see* E-00162
▷Ethamivan, E-00146
▷Ethamsylate, *in* D-00313
▷*N*,*N*′-1,2-Ethanediylbis[*N*-(carboxymethyl)]glycine, *see* E-00186
▷[1,2-Ethanediylbis(imino-4,1-phenylene)]bisarsonic acid, E-00147
N,*N*′-[1,2-Ethanediylbis[(methylamino)methylene]]bis[4-(dimethylamino)-1,4,4*a*,5,5*a*,6,11,12*a*-octahydro-3,6,10,12,12*a*-pentahydroxy-6-methyl-1,11-dioxo-2-naphthacenecarboxamide, *see* E-00138
1,2-Ethanediylbis[(methylimino)(2-ethyl-2,1-ethanediyl)] 3,4,5-trimethoxybenzoate, *see* B-00409

▷4,4′-[1,2-Ethanediyl)bis[1-(4-morpholinylmethyl)-2,6-piperazinedione, *see* B-00166
N,N′-1,2-Ethanediylbis[3-nitrobenzenesulfonamide], *see* D-00469
4,4′-[1,2-Ethanediylbis(oxy)]bis[*N*-hexyl-*N*-methylbenzenemethanamine], *see* S-00284
1,2-Ethanediyl bis(phenylmethyl)carbonimidodithioate, *see* Z-00014
2,2′-(1,2-Ethanediyldiimino)bis(1-butanol), E-00148
▷1,1′,1″,1‴-(1,2-Ethanediyldinitrilo)tetrakis-2-propanol, *see* E-00012
Ethanesulfonic acid 3,4-dimethyl-2-oxo-2*H*-1-benzopyran-7-yl ester, *see* E-00130
Ethanethioic acid *S*-[2-[2-[(2-methoxyphenoxy)methyl]-3-thiazolidinyl]-2-oxoethyl]ester, *see* G-00096
1-(9,10-Ethanoanthracen-9(10*H*)-yl)-4-methylpiperazine, *see* T-00403
▷Ethanoic acid, *see* A-00021
▷Ethanol, E-00149
▷Ethanolamine, *see* A-00253
▷Ethaphene, *see* S-00286
Ethasol, *see* S-00239
▷Ethaverine, E-00150
▷Ethchlorovynol, *see* E-00151
▷Ethchlorvynol, E-00151
Ethebenecid, E-00152
Ethenesulfonic acid, *see* V-00047
▷α-Ethenyl-1-aziridineethanol, *see* A-00527
16-Ethenyl-11,16-dihydroxy-9-oxoprosta-5,13-dien-1-oic acid methyl ester, *see* V-00051
4-(3-Ethenyl-3,6-dimethyl-1-methylene-5-heptenyl)phenol, *see* D-00617
4-(3-Ethenyl-3,7-dimethyl-1,6-octadienyl)phenol, *see* B-00006
5-Ethenyl-5-(1-methylbutyl)-2,4,6(1*H*,3*H*,5*H*)-pyrimidinetrione, *see* V-00046
4-[2-(Ethenyl-5-nitro-1*H*-imidazol-2-yl)ethenyl]benzoic acid, *see* S-00156
3-(3-Ethenyl-4-piperidinyl)-1-(6-methoxy-4-quinolinyl)-1-propanone, *see* Q-00026
4-[3-(3-Ethenyl-4-piperidinyl)propyl]-6-methoxy]quinoline, *see* V-00053
3-(3-Ethenyl-4-piperidinyl)-1-(4-quinolinyl)-1-propanone, *in* Q-00026
▷1-Ethenyl-2-pyrrolidinone homopolymer, *see* P-00393
▷Ethenzamide, *in* H-00112
▷Ether, *see* D-00246
Ethiazide, E-00153
Ethiazone, *see* S-00170
Ethicetazone, *see* S-00170
▷Ethidium, *see* D-00132
▷Ethidium bromide, *in* D-00132
▷Ethinamate, E-00154
▷Ethinazone, *see* E-00140
▷Ethinylestradiol, *see* E-00231
▷Ethinyloestradiol, *see* E-00231
▷Ethiodan, *see* I-00127
▷Ethiofos, E-00155
▷Ethionamide, *see* E-00220
▷Ethisterone, E-00156
Ethizone, *see* S-00170
▷Ethmozine, *in* M-00442
▷Ethnodiol, *see* E-00227
▷Ethobrome, *see* T-00428
▷Ethocaine, *in* P-00447
Ethofenprox, *see* E-00249
▷Ethofuridione, *see* B-00085
Ethogesic, *in* E-00157
▷Ethoglucid, *see* D-00225
▷Ethoheptazine, E-00157
▷Ethomoxane, E-00158
Ethonam, E-00159
Ethonamidate, *see* E-00159
Ethonam nitrate, *in* E-00159
Ethopabate, *in* A-00264
▷Ethopropazine, E-00160
Ethopropazine hydrochloride, *in* E-00160
Ethosalamide, *see* E-00164
▷Ethosuccimide, *see* E-00207
▷Ethosuximide, *see* E-00207
▷Ethotoin, *see* E-00214
Ethotrimeprazine, *see* E-00266
▷Ethoxazene, *see* D-00131
Ethoxazene hydrochloride, *in* D-00131
Ethoxazorutin, *in* R-00106
Ethoxazorutoside, *in* R-00106
▷Ethoxene, *see* A-00527
2-Ethoxyacetic acid 5-methyl-2-(1-methylethyl)cyclohexyl ester, *see* M-00090
2-Ethoxyacetophenone, *in* H-00107
7-Ethoxy-3,9-acridinediamine, *see* D-00130
▷4-Ethoxyaniline, E-00161
▷2-Ethoxybenzamide, *in* H-00112
▷4-Ethoxybenzenamine, *see* E-00161
2-Ethoxybenzoic acid, *in* H-00112
4-Ethoxybenzoic acid, *in* H-00113
▷*o*-Ethoxybenzoic acid (1-carboxyethylidene)hydrazide, *see* R-00107
7-Ethoxy-2*H*-1-benzopyran-2-one, *in* H-00114
▷6-Ethoxy-2-benzothiazolesulfonamide, E-00162
α-[(6-Ethoxy-2-benzothiazolyl)thio]-α-methylbenzeneacetic acid, *see* T-00040
2-[(6-Ethoxy-2-benzothiazolyl)thio]-2-phenylpropionic acid, *see* T-00040
▷Ethoxybutamoxane, *see* E-00158
▷1-Ethoxycarbonyl-2,3-dihydro-3-methyl-2-thioimidazole, *see* C-00051
1-(6-Ethoxycarbonylhexyl)-4-(*o*-methoxyphenyl)piperazine, *see* E-00201
4-Ethoxycarbonyl-1-(2-hydroxyethoxyethyl)-4-phenylpiperidine, *see* E-00265
▷7-(Ethoxycarbonylmethoxy)flavone, *see* E-00019
▷*N*-(Ethoxycarbonyl)-3-(4-morpholinyl)sydnone imine, *see* M-00425
17-[(Ethoxycarbonyl)oxy]-11β-hydroxy-21-(1-oxopropoxy)-pregna-1,4-diene-3,20-dione, *see* P-00410
9-[(1-Ethoxycarbonyl-3-phenylpropyl)amino]-10-oxoperhydropyridazino[1,2-*a*][1,2]diazepine-1-carboxylic acid, *in* C-00343
2-[2-[[1-(Ethoxycarbonyl)-3-phenylpropyl]amino]-1-oxopropyl]-2-azabicyclo[2.2.2]octane-3-carboxylic acid, *see* Z-00001
7-[2-[[1-(Ethoxycarbonyl)-3-phenylpropyl]amino]-1-oxopropyl]-1,4-dithia-7-azaspiro[4.4]nonane-8-carboxylic acid, *in* S-00118
3-[2-[[1-(Ethoxycarbonyl)-3-phenyl]propyl]amino]-1-oxopropyl]-1-methyl-2-oxo-4-imidazolidinecarboxylic acid, *see* I-00029
1-[2-[[1-(Ethoxycarbonyl)-3-phenylpropyl]amino]-1-oxopropyl]-octahydrocyclopenta[*b*]pyrrole-2-carboxylic acid, *in* R-00008
1-[2-[[1-(Ethoxycarbonyl)-3-phenylpropyl]amino]-1-oxopropyl]-octahydro-1*H*-indole-2-carboxylic acid, *see* I-00063
2-[2-[[1-(Ethoxycarbonyl)-3-phenylpropyl]amino]-1-oxopropyl]-1,2,3,4-tetrahydro-6,7-dimethoxy-3-isoquinolinecarboxylic acid, *see* M-00419
2-[2-[[1-(Ethoxycarbonyl)-3-phenylpropyl]amino]-1-oxopropyl]-1,2,3,4-tetrahydro-3-isoquinolinecarboxylic acid, *in* Q-00012
3-(Ethoxycarbonyl)-6,7,8,9-tetrahydro-1,6-dimethyl-4-oxo-4*H*-pyrido[1,2-*a*]pyrimidinium, *see* R-00055
3-(Ethoxycarbonyl)-6,7,8,9-tetrahydro-6-methyl-4-oxo-4*H*-pyrido[1,2-*a*]pyrimidine-9-acetic acid, *see* A-00040
3-Ethoxycarbonylthioacetyl-2-(*o*-methoxyphenoxy)methylthiazolidine, *see* G-00096
3β-Ethoxy-5-cholestene, *in* C-00306
▷*p*-Ethoxychrysoidine, *see* D-00131
▷Ethoxyd, *in* B-00222
▷6′-Ethoxy-10,11-dihydrocinchonan-9-ol, E-00163
11-Ethoxy-5,11-dihydro-5-methyl-6*H*-dibenz[*b*,*e*]azepin-6-one, *see* E-00142

▷3-Ethoxy-1,1-dihydroxy-2-butanone, *in* E-00168
▷Ethoxyethene, *see* E-00225
2-(2-Ethoxyethoxy)benzamide, E-00164
▷2,2′-[1-(1-Ethoxyethyl)-1,2-ethanediylidene]-bishydrazinecarbothioamide, *see* G-00050
1-(2-Ethoxyethyl)-2-(hexahydro-4-methyl-1*H*-1,4-diazepin-1-yl)-1*H*-benzimidazole, *see* E-00166
2-Ethoxyethyl *p*-methoxycinnamate, *see* C-00378
2-Ethoxyethyl 3-(4-methoxyphenyl)-2-propenoate, *see* C-00378
1-(2-Ethoxyethyl)-2-(4-methyl-1-homopiperazinyl)-benzimidazole, E-00165
8-(2-Ethoxyethyl)-7-phenyl[1,2,4]triazolo[1,5-*c*]pyrimidin-5-amine, *see* B-00033
▷3-Ethoxy-4-hydroxybenzaldehyde, *in* D-00311
7-[2-(5-Ethoxy-3-hydroxy-4,4-dimethyl-1-pentenyl)-3-hydroxy-5-oxocyclopentyl]-5-heptenoic acid, *see* D-00462
7-[2-(5-Ethoxy-3-hydroxy-4,4-dimethyl-1-pentenyl)-5-oxo-3-cyclopenten-1-yl]-5-heptenoic acid, *see* P-00074
4-Ethoxy-2-hydroxy-*N*,*N*,*N*-trimethyl-4-oxo-1-butanaminium, *in* C-00084
1-Ethoxy-3-methoxybenzene, *in* B-00073
1-Ethoxy-4-methoxybenzene, *in* B-00074
▷1-(4-Ethoxy-3-methoxybenzyl)-6,7-dimethoxy-3-methyl-isoquinoline, *see* D-00463
7-(Ethoxymethyl)-3,7-dihydro-1-(5-hydroxy-5-methylhexyl)-3-methyl-1*H*-purine-2,6-dione, *see* T-00387
2-Ethoxy-*N*-[4-[[(5-methyl-3-isoxazolyl)amino]sulfonyl]-phenyl]acetamide, *see* S-00186
2-Ethoxy-4′-[(5-methyl-3-isoxazolyl)sulfamoyl]acetanilide, *see* S-00186
α-Ethoxy-*N*-methyl-*N*-[2-[methyl(2-phenylethyl)amino]ethyl]-*α*-phenylbenzeneacetamide, *see* C-00053
▷4-Ethoxy-2-methyl-5-(4-morpholinyl)-3(2*H*)-pyridazinone, *see* E-00040
4-[[[[5-(6-Ethoxy-3-methyl-6-oxo-2-hexenyl)-1,3-dihydro-6-methoxy-7-methyl-3-oxo-4-isobenzofuranyl]oxy]carbonyl]-amino]benzoic acid, *see* E-00178
1-Ethoxy-2-methylpropane, E-00167
Ethoxymethyl(trimethyl)ammonium iodide, *in* H-00177
6-(2-Ethoxy-1-naphthamido)penicillanic acid, *see* N-00012
2-Ethoxy-1-naphthylpenicillin, *see* N-00012
▷3-Ethoxy-2-oxobutanal, E-00168
▷3-Ethoxy-2-oxobutyraldehyde, *see* E-00168
▷3-Ethoxy-2-oxobutyraldehyde bisthiosemicarbazone, *see* G-00050
3-[4-(*β*-Ethoxyphenethyl)-1-piperazinyl]-2-methyl-propiophenone, *see* E-00091
4-Ethoxyphenol, *in* B-00074
m-Ethoxyphenol, *in* B-00073
▷2-[(2-Ethoxyphenoxy)methyl]morpholine, *see* V-00029
2-[(2-Ethoxyphenoxy)phenyl]methyl]morpholine, *see* R-00018
▷3-(2-Ethoxyphenoxy)-1,2-propanediol, *see* G-00093
▷*N*-(4-Ethoxyphenyl)acetamide, *in* E-00161
2-[(4-Ethoxyphenyl)amino]-*N*-propylpropanamide, *see* P-00499
▷4-[(4-Ethoxyphenyl)azo]-1,3-benzenediamine, *see* D-00131
▷4-[(*p*-Ethoxyphenyl)azo]-*m*-phenylenediamine, *see* D-00131
α-Ethoxy-*α*-phenylbenzeneacetic acid 2-(dimethylamino)ethyl ester, *see* D-00380
▷2-(3-Ethoxyphenyl)-5,6-dihydro[1,2,4]triazolo[5,1-*a*]-isoquinoline, E-00169
▷4-Ethoxy-7-phenyl-3,5-dioxa-8-aza-4-phosphaoct-6-ene-8-nitrile 4-sulfide, *see* P-00221
2-Ethoxy-1-phenylethanone, *in* H-00107
3-[4-(2-Ethoxy-2-phenylethyl)-1-piperazinyl]-2-methyl-1-phenyl-1-propanone, *see* E-00091
N-(4-Ethoxyphenyl)-2-hydroxyacetamide, *in* E-00161
N-(4-Ethoxyphenyl)-2-hydroxybenzamide, E-00170
▷*N*-(4-Ethoxyphenyl)-3-hydroxybutanamide, *see* B-00335
N-(4-Ethoxyphenyl)-2-hydroxypropanamide, *in* H-00207
2-[(4-Ethoxyphenyl)methyl]-*N*,*N*-dimethyl-5-nitro-1*H*-benzimidazole-1-ethanamine, *see* E-00260
1-[[2-(4-Ethoxyphenyl)-2-methylpropoxy]methyl]-3-phenoxybenzene, *see* E-00249
p-[(*α*-Ethoxy-*p*-phenylphenacyl)amino]benzoic acid, *see* X-00008
6-[3-[4-(2-Ethoxyphenyl)-1-piperazinyl]propoxy]-3,4-dihydro-2(1*H*)-quinolinone, *see* S-00039
3-Ethoxypyridine, *in* H-00209
8-Ethoxyquinoline, *in* H-00211
8-Ethoxy-5-quinolinesulfonic acid, E-00171
Ethoxysclerol, *see* P-00380
N[1]-(4-Ethoxy-1,2,5-thiadiazol-3-yl)sulfanilamide, *see* S-00213
▷6-Ethoxythiazolesulfonamide, *see* E-00162
Ethoxyurea, *in* H-00220
▷Ethoxzolamide, *see* E-00162
▷Ethrane, *see* C-00230
▷Ethrisin, *see* A-00033
▷Ethybenztropine, E-00172
Ethychlordiphene, *see* E-00247
▷*N*-Ethylacetamide, E-00173
3-(*N*-Ethylacetamido)-2,4,6-triiodohydrocinnamic acid, *see* I-00130
▷2-[2-[3-(*N*-Ethylacetamido)-2,4,6-triiodophenoxy]ethoxy]-propionic acid, *see* I-00129
O-Ethyl acetylcarbamothioate, *in* T-00196
S-Ethyl acetylcarbamothioate, *in* T-00196
Ethyl *α*-acetyl-1-methyl-5-nitroimidazole-2-acrylate, *see* P-00494
O-Ethyl acetylthiocarbamate, *in* T-00196
▷Ethylal, *in* F-00244
▷Ethyl alcohol, *see* E-00149
▷Ethylaminesulfonic acid, *see* T-00030
3-(Ethylamino)-1,2-benzisothiazole, *in* A-00214
▷Ethyl 2-amino-6-benzyl-4,5,6,7-tetrahydrothieno[2,3-*c*]-pyridine-3-carboxylate, *see* T-00296
2-Ethylamino-1-(3,4-dihydroxyphenyl)-1-propanol, *see* D-00476
Ethyl 2-amino-3-[(diphenoxyphosphinyl)oxy]propanoate, *in* P-00220
▷2-Ethylaminoethanol, *in* A-00253
α-[1-(Ethylamino)ethyl]-3,4-dihydroxybenzyl alcohol, *see* D-00476
α-(1-Ethylaminoethyl)protocatechuyl alcohol, *see* D-00476
Ethyl 2-amino-6-(4-fluorobenzylamino)-3-pyridylcarbamate, *see* F-00204
▷Ethyl aminoformate, *see* E-00177
4-[2-(Ethylamino)-1-hydroxypropyl]-1,2-benzenediol, *see* D-00476
Ethyl 4-[[5-[(aminoiminomethyl)amino]-1-oxohexyl]oxy]-benzoate, *see* G-00001
4-[(Ethylamino)methyl]-2-methyl-5-[(methylthio)methyl]-3-pyridinol, *see* T-00022
▷2-Ethylamino-4-oxo-5-phenyl-2-oxazoline, *see* E-00174
▷Ethyl 1,4′-aminophenethyl-4-phenylisonipecotate, *see* A-00390
▷2-Ethylamino-3-phenylbicyclo[2.2.1]heptane, *see* F-00038
▷2-(Ethylamino)-5-phenyl-4(5*H*)-oxazolone, E-00174
2-Ethylamino-2-(2-thienyl)cyclohexanone, *see* T-00272
O-Ethyl aminothioformate, *in* T-00196
S-Ethyl aminothioformate, *in* T-00196
▷2-Ethylamino-1-(3-trifluoromethylphenyl)propane, *see* F-00050
▷Ethyl apovincamin-22-oate, *see* V-00042
▷*α*-Ethylbenzeneacetic acid 2-(3-methyl-2-phenyl-4-morpholinyl)-ethyl ester, *see* P-00149
▷Ethyl 1*H*-benzimidazol-2-ylcarbamate, *see* L-00065
▷Ethyl benzoate, *in* B-00092
▷(2-Ethyl-3-benzofuranyl)(4-hydroxy-3,5-diidophenyl)methanone, *see* B-00085
▷2-Ethyl-3-benzofuranyl *p*-hydroxyphenyl ketone, *see* B-00071
▷(2-Ethyl-3-benzofuranyl)(4-hydroxyphenyl)methanone, *see* B-00071
2-[(2-Ethyl-3-benzofuranyl)methyl]-4,5-dihydro-1*H*-imidazole, *see* C-00556
Ethyl (3-benzoylphenyl)[(trifluoromethyl)sulfonyl]carbamate, *see* T-00461
Ethyl *m*-benzoyl-*N*-[(triflucromethyl)sulfonyl]carbanilate, *see* T-00461

3-(α-Ethylbenzyl)-4-hydroxycoumarin, *see* P-00174
Ethyl 1-(2-benzyloxyethyl)-4-phenyl-4-piperidine-4-carboxylate, *see* B-00078
▷α-Ethyl-[1,1′-biphenyl]-4-acetic acid, *see* B-00179
▷Ethyl [bis(1-aziridinyl)phosphinyl]carbamate, *see* U-00012
Ethyl 5,6-bis-*O*-(4-chlorobenzyl)-3-*O*-propyl glucoside, E-00175
▷Ethyl biscoumacetate, *in* B-00219
▷Ethyl 6,7-bis(cyclopropylmethoxy)-1,4-dihydro-4-oxo-3-quinolinecarboxylate, *see* C-00650
Ethyl [bis(2,2-dimethyl-1-aziridinyl)phosphinyl]carbamate, *see* M-00345
3-Ethyl-2,4-bis(4-hydroxyphenyl)hexane, *see* B-00077
▷5-Ethyl-1,3-bis(methoxymethyl)-5-phenylbarbituric acid, *in* E-00218
▷5-Ethyl-1,3-bis(methoxymethyl)-5-phenyl-2,4,6(1*H*,3*H*,5*H*)-pyrimidinetrione, *in* E-00218
1-Ethyl-2,6-bis(*p*-1-pyrrolidinylstyryl)pyridinium, *see* S-00152
▷Ethyl butex, *in* H-00113
α-(2-Ethylbutoxy)-α-phenylbenzenacetic acid 2-(dimethylamino)ethyl ester, *see* D-00071
Ethyl 4-(butylamino)-1-ethyl-6-methyl-1*H*-pyrazolo[3,4-*b*]-pyridine-5-carboxylate, *see* T-00393
Ethyl 4-(butylamino)-1-ethyl-1*H*-pyrazolo[3,4-*b*]pyridine-5-carboxylate, *see* C-00101
▷Ethyl 1-butylaminoformate, *see* E-00176
▷Ethyl butylcarbamate, E-00176
▷Ethyl carbamate, E-00177
O-Ethyl carbamothioate, *in* T-00196
S-Ethyl carbamothioate, *in* T-00196
▷Ethylcarbamylhydroxylamine, *see* E-00196
Ethyl 2-[2-[(carboxymethyl)thio]ethyl]-4-thiazolidinecarboxylate, *see* L-00028
Ethyl *O*-[*N*-(*p*-carboxyphenyl)carbamoyl]mycophenolate, E-00178
Ethyl carfluzepate, E-00179
Ethyl cartrizoate, E-00180
▷Ethyl chemosept, *in* H-00113
▷Ethyl chloride, *see* C-00236
Ethyl 7-chloro-5-(*o*-chlorophenyl)-2,3-dihydro-2-oxo-1*H*-1,4-benzodiazepine-3-carboxylate, *see* E-00185
Ethyl 4-(8-chloro-5,6-dihydro-11*H*-benzo[5,6]-cyclohepta[1,2-*b*]pyridin-11-ylidene)-1-piperidinecarboxylate, *see* L-00092
Ethyl (*p*-chloro-α,α-dimethylphenethyl)carbamate, *see* C-00462
Ethyl 7-chloro-5-(*o*-fluorophenyl)-2,3-dihydro-2-oxo-1*H*-1,4-benzodiazepine-3-carboxylate, *see* E-00197
Ethyl 2-(4-chlorophenoxy)-2-methylpropanoate, *in* C-00456
Ethyl [2-(4-chlorophenyl)-1,1-dimethylethyl]carbamate, *see* C-00462
Ethyl 7-chloro-2,3,4,5-tetrahydro-4-oxo-5-phenyl-1*H*-1,5-benzodiazepine-1-carboxylate, *see* A-00439
Ethyl cinepazate maleate, *in* C-00362
2-(*N*-Ethylcrotonamido)-*N*,*N*-dimethylbutyramide, *see* C-00569
▷*N*-Ethyl-*o*-crotonotoluidide, *see* C-00567
(α-Ethylcrotonyl)carbamide, *see* E-00011
2-Ethylcrotonylurea, *see* E-00011
α-Ethylcyclohexanemethanol carbamate, *see* P-00456
6-Ethyl-1,2,3,3*a*,4,5,8,9,9*a*,9*b*-decahydro-3-hydroxy-3*a*-methyl-7*H*-benz[*e*]inden-7-one, *see* I-00072
Ethyl 6-decyloxy-7-ethoxy-4-hydroxy-3-quinolinecarboxylate, *see* D-00041
Ethyl dehydrocholate, *in* D-00049
Ethyl (3,5-diacetamido-2,4,6-triiodobenzoyloxy)acetate, *see* E-00180
Ethyl [2,4-dibromo-6-[(cyclohexylmethylamino)methyl]-phenoxy] acetate, *see* O-00073
Ethyl[[4,6-dibromo-α-(cyclohexylmethylamino)-*o*-tolyl]oxy] acetate, *see* O-00073
Ethyl dibunate, *in* D-00173
N-Ethyl-2-(3,5-dichloro-6-hydroxy-2-methoxy-benzamidomethyl)pyrrolidine, *see* R-00002
Ethyl [[[2-(2,4-dichlorophenyl)-2-(imidazo-1-ylmethyl)-1,3-dioxolan-4-yl]methyl]thio]carbanilate, *see* T-00572
▷Ethyl dicoumarol, *in* B-00219
Ethyl 2-(diethoxyphosphinyl)oxybenzoate, *in* P-00217
▷Ethyl *N*-[2-(diethylamino)ethyl]-2-ethyl-2-phenylmalonamate, *see* F-00033
1-Ethyl-6,8-difluoro-1,4-dihydro-7-(3-methyl-1-piperazinyl)-4-oxo-3-quinolinecarboxylic acid, *see* L-00078
▷2-Ethyl-2,3-dihydro-5-benzofuranacetic acid, *see* F-00295
2-(2-Ethyl-2,3-dihydro-2-benzofuranyl)-4,5-dihydro-1*H*-imidazole, *see* E-00017
Ethyl 1,4-dihydro-7,8-dimethoxy-4-oxopyrimido[4,5-*b*]-quinoline-2-carboxylate, *see* P-00347
9-Ethyl-6,9-dihydro-4,6-dioxo-10-propyl-4*H*-pyrano[3,2-*g*]-quinoline-2,8-dicarboxylic acid, *see* N-00060
▷Ethyl 3,4-dihydro-1-(hydroxymethyl)-5,7-dimethyl-4-oxo-6-phthalazinecarboxylate, *see* O-00078
4-(2-Ethyl-2,3-dihydro-1*H*-inden-2-yl)-1*H*-imidazole, *see* A-00469
▷5-Ethyldihydro-5-(1-methylbutyl)-2-thioxo-4,6(1*H*,5*H*)-pyrimidinedione, *see* T-00206
▷3-Ethyl-6,7-dihydro-2-methyl-5-(morpholinomethyl)indol-4(5*H*)-one, *see* M-00423
▷1-Ethyl-1,4-dihydro-7-methyl-4-oxo-1,8-naphthyridine-3-carboxylic acid, *see* N-00029
1-Ethyl-4,6-dihydro-3-methyl-8-phenylpyrazolo[4,3-*e*][1,4]-diazepin-5(1*H*)-one, *see* R-00062
4-Ethyl-1,2-dihydro-2-(1-methyl-4-piperidinyl)-5-phenyl-3*H*-pyrazol-3-one, *see* P-00296
▷1-Ethyl-1,4-dihydro-4-oxo[1,3]dioxolo[4,5-*g*]cinnoline-3-carboxylic acid, *see* C-00377
▷5-Ethyl-5,8-dihydro-8-oxo-1,3-dioxolo[4.5-*g*]quinoline-7-carboxylic acid, *see* O-00131
▷8-Ethyl-5,8-dihydro-5-oxo-2-(1-piperazinyl)pyrido[2,3-*d*]-pyrimidine-6-carboxylic acid, *see* P-00278
1-Ethyl-1,4-dihydro-4-oxo-7-(4-pyridinyl)-3-quinolinecarboxylic acid, *see* A-00051
N′-(1-Ethyl-1,2-dihydro-2-oxo-4-pyrimidinyl)sulfanilamide, *see* S-00191
▷8-Ethyl-5,8-dihydro-5-oxo-2-(1-pyrrolidinyl)pyrido[2,3-*d*]-pyrimidine-6-carboxylic acid, *see* P-00349
N-[1-[2-(4-Ethyl-4,5-dihydro-5-oxo-1*H*-tetrazol-1-yl)ethyl]-4-(methoxymethyl)-4-piperidinyl]-*N*-phenylpropanamide, *see* A-00111
4-Ethyl-3,4-dihydro-4-phenyl-1(2*H*)-isoquinolinethione, *see* T-00325
▷5-Ethyldihydro-5-phenyl-4,6(1*H*,5*H*)-pyrimidinedione, *see* P-00436
4-Ethyl-3,4-dihydro-4-phenylthioisocarbostyril, *see* T-00325
▷2-Ethyl-2,3-dihydro-3-[[4-[2-(1-piperidinyl)ethoxy]phenyl]-amino]-1*H*-isoindol-1-one, *see* E-00258
4-Ethyl-1,3-dihydro-5-(4-pyridinylcarbonyl)-2*H*-imidazol-2-one, *see* P-00353
▷21-Ethyl-1,15-dihydroxy-4-methyl-16-methylene-7,20-cyclo-veatchan-12-one, *see* S-00100
N-Ethyl-3,4-dihydroxynorephedrine, *see* D-00476
Ethyl dihydroxyphosphinylacetate, *in* P-00215
Ethyl (dihydroxyphosphinyl)formate, *in* P-00216
α-Ethyl-2,5-dimethoxy-4-methylbenzeneethanamine, *see* D-00461
3-Ethyl-6,7-dimethoxy-1-(phenylmethyl)isoquinoline, *see* M-00461
Ethyl 5,6-dimethoxy-3-[2-(4-phenyl-1-piperazinyl)ethyl]-1*H*-indole-2-carboxylate, *see* A-00146
4-Ethyl-6,7-dimethoxyquinazoline, E-00181
1-Ethyl-3-(3′-dimethylaminopropyl)-3-(6′-allylergoline-8′-carbonyl)urea, *see* C-00002
α-Ethyl-2,5-dimethylbenzhydrol, *see* E-00183
O-Ethyl dimethylcarbamothioate, *in* T-00196
N-Ethyl-*N*,*N*-dimethylcona-4,6-dien-3-aminium, *see* S-00146
N-Ethyl-*N*,*N*-dimethyl-1-hexadecanaminium, E-00182
Ethyldimethyl(1-methyl-3,3-diphenylpropyl)ammonium, *see* E-00035
▷5-Ethyl-3,5-dimethyl-2,4-oxazolidinedione, *see* P-00024
α-Ethyl-2,5-dimethyl-α-phenylbenzenemethanol, *see* E-00183
α-Ethyl-2,5-dimethyl-α-phenylbenzyl alcohol, E-00183

▷1-Ethyl-2,5-dioxo-4-phenylimidazolidine, *see* E-00214
▷3-Ethyl-2,6-dioxo-3-phenylpiperidine, *see* G-00061
9-Ethyl-4,6-dioxo-10-propyl-4*H*,6*H*-pyrano[3,2-*g*]quinoline-2,8-dicarboxylic acid, *see* N-00060
N-Ethyl-3,3′-diphenyldipropylamine, E-00184
Ethyl 2,2-diphenyl-3-(2-piperidyl)propionate, *see* P-00246
Ethyl dirazepate, E-00185
▷Ethyldithiourame, *see* D-00542
▷Ethyl eburnamenine-14-carboxylate, *see* V-00042
Ethylenebis[(methylamino)(2-ethylethylene)]bis(3,4,5-trimethoxybenzoate), *see* B-00409
N,*N*′-Ethylenebis[3-nitrobenzenesulfonamide], *see* D-00469
▷Ethylenebis(oxyethylenenitrilo)tetraacetic acid, *see* B-00196
▷3,3′-[Ethylenebis(oxyethyleneoxyethylenecarbonylimino)]-bis[2,4,6-triiodobenzoic acid], *see* I-00108
▷Ethylenediaminetetraacetic acid, E-00186
▷Ethylenediamine tetraacetonitrile, *in* E-00186
▷*N*,*N*′-Ethylenediarsonilic acid, *see* E-00147
Ethylene dibenzyl *P*,*P*,*P*′,*P*′-tetraethylphosphonodithioimidocarbonate, *see* Z-00014
▷*trans*-Ethylene-1,2-dicarboxylic acid, *see* F-00274
2,2′-(Ethylenediimino)di-1-butanol, *see* E-00148
▷Ethylenedinitrilotetraacetic acid, *see* E-00186
4,4′-(Ethylenedioxy)bis[*N*-hexyl-*N*-methylbenzylamine], *see* S-00284
▷Ethylene glycol bis(2-aminoethyl ether)-*N*-tetraacetic acid, *see* B-00196
▷Ethylene glycol bis[2-[bis(carboxymethyl)amino]ethyl] ether, *see* B-00196
Ethylenesulfonic acid, *see* V-00047
▷1-Ethylenimino-2-hydroxybutene, *see* A-00527
N-Ethylephedrine, *see* E-00133
▷Ethylestrenol, *see* E-00213
17α-Ethyl-5-estren-17β-ol, *see* B-00249
▷*N*-Ethylethanamide, *see* E-00173
▷Ethyl ether, *see* D-00245
▷Ethyl ethylaminoformate, *see* E-00189
3-Ethyl-2-[3-(3-ethyl-2-benzothiazolinylidene)propenyl]-benzothiazolium(1+), E-00187
▷3-Ethyl-2-[5-(3-ethyl-2(3*H*)-benzothiazolylidene)-1,3-pentadienyl]benzothiazolium, *see* D-00548
3-Ethyl-2-[3-(3-ethyl-2(3*H*)-benzothiazolylidene)-1-propenyl]-benzothiazolium, *see* E-00187
▷5-Ethyl-5-(1-ethylbutyl)barbituric acid, *see* E-00188
▷5-Ethyl-5-(1-ethylbutyl)-2,4,6-(1*H*,3*H*,5*H*)-pyrimidinetrione, E-00188
5-Ethyl-5-(1-ethylbutyl)-2-thiobarbituric acid, *see* T-00212
5-Ethyl-5-(1-ethylbutyl)-2-thioxo-4,6-pyrimidinedione, *see* T-00212
▷Ethyl *N*-ethylcarbamate, E-00189
▷Ethyl 2-[6-[ethyl(2-hydroxypropyl)amino]-3-pyridazinyl]-hydrazinecarboxylate, *see* C-00004
Ethyl 1-ethyl-4-[(1-methylethylidene)hydrazino]-1*H*-pyrazolo[3,4-*b*]pyridine-5-carboxylate, *see* E-00143
▷Ethyl 3-ethyl-4-oxo-5-piperidino-$\Delta^{2,\alpha}$-thiazolidineacetate, *see* P-00310
▷Ethyl [3-ethyl-4-oxo-5-(1-piperidinyl)-2-thiazolidinylidene]-acetate, *see* P-00310
1-Ethyl-2-[3-(1-ethyl-2(1*H*)-quinolinylidene)propenyl]-quinolinium, E-00190
13β-Ethyl-17α-ethynyl-17β-hydroxy-4-gonen-3-one, *see* N-00218
▷Ethylethynylmethylcarbinol, *see* M-00281
▷Ethyl flavonoxyacetate, *see* E-00019
▷Ethyl 8-fluoro-5,6-dihydro-5-methyl-6-oxo-4*H*-imidazo[1,5-*a*][1,4]benzodiazepine-3-carboxylate, *see* F-00152
1-Ethyl-6-fluoro-1,4-dihydro-4-oxo-7-(1-piperazinyl)-1,8-naphthyridine-3-carboxylic acid, *see* E-00060
▷1-Ethyl-6-fluoro-1,4-dihydro-4-oxo-7-(1-piperazinyl)-3-quinolinecarboxylic acid, *see* N-00214
1-Ethyl-6-fluoro-1,4-dihydro-4-oxo-7-(1*H*-pyrrol-1-yl)-3-quinolinecarboxylic acid, *see* I-00171
Ethyl 3-fluoro-4-[2-hydroxy-3-(isopropylamino)propoxy]-hydrocinnamate, *see* F-00151
▷Ethyl 4-fluorophenyl sulfone, E-00191
9-Ethyl-4-fluoro-7,8,9,10-tetrahydro-1-methyl-6*H*-pyrido[4,3-*b*]-thieno[3,2-*e*]indole, *see* T-00266
Ethyl D-gluconate, *in* G-00055
Ethyl β-D-glucosaminide, *in* A-00235
▷Ethylheptazine, *see* E-00157
Ethylhexadecyldimethylammonium, *see* E-00182
6-Ethyl-1,2,3,4,5,6-hexahydro-3-[(1-hydroxycyclopropyl)-methyl]-11,11-dimethyl-2,6-methano-3-benzazocin-8-ol, *see* B-00268
3-(3-Ethylhexahydro-1-methyl-1*H*-azepin-3-yl)phenol, *see* M-00107
2-Ethyl-1,3,4,6,7,11*b*-hexahydro-10-methyl-2*H*-benzo[*a*]-quinolizin-2-ol, *see* T-00369
▷Ethyl hexahydro-1-methyl-4-phenyl-1*H*-azepine-4-carboxylate, *see* E-00157
N-(2-Ethylhexyl)-3-hydroxybutanamide, E-00192
▷Ethylhydrocuprein, *see* E-00163
Ethyl(hydrogen *p*-mercaptobenzenesulfonato)mercury, *see* T-00191
Ethyl(hydrogen-*o*-mercaptobenzoato)mercury, *see* E-00198
▷Ethyl 4-hydroxybenzoate, *in* H-00113
Ethyl *p*-hydroxybenzoate 6-guanidinohexanoate, *see* G-00001
▷2-Ethyl-3-(4-hydroxybenzoyl)benzofuran, *see* B-00071
▷α-Ethyl-1-hydroxycyclohexaneacetic acid, E-00193
▷2-Ethyl-3-(4-hydroxy-3,5-diiodobenzoyl)benzofuran, *see* B-00085
N-Ethyl-3-hydroxy-*N*,*N*-dimethylbenzenaminium, *see* E-00016
Ethyl 5-hydroxy-1,2-dimethyl-3-indolecarboxylate, *in* H-00163
13β-Ethyl-17α-hydroxy-18,19-dinor-4,15-pregnadien-20-yn-3-one, *see* G-00021
▷13-Ethyl-17α-hydroxy-18,19-dinorpregna-4,9,11-trien-20-yn-3-one, *see* G-00022
▷13-Ethyl-17β-hydroxy-18,19-dinorpregn-4-en-3-one, *see* N-00209
13β-Ethyl-17β-hydroxy-18,19-dinor-4-pregnen-20-yn-3-one, *see* N-00218
13-Ethyl-17-hydroxy-18,19-dinor-17-pregn-4-en-20-yn-3-one, *see* N-00218
▷*N*-Ethyl-2-[(hydroxydiphenylacetyl)oxy]-*N*,*N*-dimethylethanaminium, *see* L-00002
▷1-Ethyl-3-[(hydroxydiphenylacetyl)oxy]-1-methylpiperidinium, *see* P-00279
16β-Ethyl-17β-hydroxyestr-4-en-3-one, *see* O-00102
▷7-[2-[Ethyl(2-hydroxyethyl)amino]ethyl]-3,7-dihydro-1,3-dimethyl-8-(phenylmethyl)-1*H*-purine-2,6-dione, *see* B-00011
Ethyl(2-hydroxyethyl)dimethylammonium bis(dibutylcarbamate), *see* D-00171
1-Ethyl-1-(2-hydroxyethyl)pyrrolidinium 3,4,5,-trimethoxybenzoate, *see* T-00561
▷13-Ethyl-3-hydroxyimino-18,19-dinor-4-pregnen-20-yn-17β-yl acetate, *see* N-00216
▷1-Ethyl-3-hydroxy-1-methylpiperidinium benzilate, *see* P-00279
▷2-Ethyl-2-hydroxymethyl-1,3-propanediol, E-00194
1-[[2-[Ethyl(2-hydroxy-2-methylpropyl)amino]ethyl]amino]-4-methyl-9*H*-thioxanthen-9-one, *see* B-00021
N-Ethyl-α-(hydroxymethyl)-*N*-(4-pyridinylmethyl)-benzeneacetamide, *see* T-00552
1-Ethyl-3-hydroxy-1-methylpyrrolidinium α-cyclopentylphenylacetate, *see* C-00637
▷17α-Ethyl-17β-hydroxy-4-oestren-3-one, *see* N-00211
9-Ethyl-7-(3-hydroxy-1-oxo-2-phenylpropoxy)-9-methyl-3-oxa-9-azoniatricyclo[3.3.1.$0^{2,4}$]nonane, *see* O-00123
3-Ethyl-3-hydroxypentanoic acid, E-00195
Ethyl 1-(β-hydroxyphenethyl)-4-phenylisonipecotate, *see* O-00143
α-Ethyl-1-hydroxy-4-phenylcyclohexaneacetic acid, *see* F-00040
Ethyl(*m*-hydroxyphenyl)dimethylammonium, *see* E-00016
N-Ethyl-*N*-(*m*-hydroxyphenyl)-*N*,*N*-dimethylammonium, *see* E-00016
Ethyl 1-[(2-hydroxyphenyl)ethyl]-4-phenyl-4-piperidinecarboxylate, *see* O-00143

▷Ethyl *p*-hydroxyphenyl ketone, *see* H-00193
▷Ethyl 4-(3-hydroxyphenyl)-1-methylpiperidine-4-carboxylate, *see* H-00189
1-Ethyl-1-(3-hydroxypropyl)piperidinium α-2,4-diphenyl-1,3-cyclobutanedicarboxylate, *see* T-00563
4-Ethyl-4-hydroxy-1*H*-pyrano[3′,4′:6,7]indolizino[1,2-*b*]-quinoline-3,14(4*H*,12*H*)-dione, *see* C-00024
▷α-Ethyl-3-hydroxy-2,4,6-triiodobenzenepropanoic acid, *see* I-00128
▷α-Ethyl-3-hydroxy-2,4,6-triiodohydrocinnamic acid, *see* I-00128
▷1-Ethyl-3-hydroxyurea, *see* E-00196
▷*N*-Ethyl-*N*′-hydroxyurea, E-00196
3-Ethyl-3-hydroxyvaleric acid, *see* E-00195
▷Ethylidene diethyl ether, *see* D-00228
4,6-*O*-Ethylidene-D-glucitol, *in* G-00054
7-Ethylidene-1*a*,2,3,7-tetrahydrocyclopent[*b*]oxireno[*c*]pyridine, *see* A-00002
▷Ethyl 4-iodo-ι-methylbenzenedecanoate, *see* I-00127
▷Ethyl 10-*p*-iodophenylundecanoate, *see* I-00127
▷5-Ethyl-5-isoamylbarbituric acid, *see* A-00352
Ethylisobutrazine, *see* E-00266
Ethyl isobutyl ether, *see* E-00167
▷α-Ethylisonicotinoylthioamide, *see* E-00220
▷5-Ethyl-5-isopropylbarbituric acid, *see* P-00443
▷2-Ethylisothionicotinamide, *see* E-00220
Ethyl loflazepate, E-00197
Ethyl(4-mercaptobenzenesulfonato-S^4)mercury, *see* T-00191
Ethyl(2-mercaptobenzoato-*S*)mercury, E-00198
Ethyl(2-mercapto-5-benzoxazolecarboxylato-*S*)mercury, *see* O-00070
2-[(Ethylmercuri)thio]benzoxazole-5-carboxylic acid, *see* O-00070
Ethylmercurithiosalicylic acid, *see* E-00198
▷Ethyl 3-methoxy-15-apo-ϕ-caroten-15-ate, *in* A-00041
Ethyl(3-methoxybenzyl)dimethylammonium(1+), E-00199
N-Ethyl-3-methoxy-*N*,*N*-dimethylbenzenemethanaminium, *see* E-00199
▷β-Ethyl-6-methoxy-α,α-dimethyl-2-naphthalenepropanoic acid, *see* M-00164
4-[1-Ethyl-2-(4-methoxyphenyl)-1-butenyl]phenol, *in* D-00257
N-[2-Ethyl-2-(3-methoxyphenyl)butyl]-4-hydroxybutanamide, *see* E-00034
▷3-Ethyl-4-(4-methoxyphenyl)-2-methyl-3-cyclohexene-1-carboxylic acid, E-00200
Ethyl 4-(2-methoxyphenyl)-1-piperazineheptanoate, E-00201
N-Ethyl-9-(4-methoxy-2,3,6-trimethylphenyl)-3,7-dimethyl-2,4,6,8-nonatetraenamide, *see* M-00456
3-Ethylmethylamino-1,1-di(2-thienyl)but-1-ene, *see* E-00208
α-[1-(Ethylmethylamino)ethyl]benzenemethanol, *see* E-00133
2-(Ethylmethylamino)-1-phenylpropan-1-ol, *see* E-00133
α-Ethyl-β-[2-(methylamino)propyl]-β-phenylbenzeneethanol acetate, *see* N-00207
▷5-Ethyl-5-(1-methyl-1-butenyl)barbituric acid, *see* V-00031
▷5-Ethyl-5-(1-methyl-1-butenyl)-2,4,6(1*H*,3*H*,5*H*)-pyrimidinetrione, *see* V-00031
▷5-Ethyl-5-(1-methylbutyl)barbituric acid, *see* P-00101
▷5-Ethyl-5-(1-methylbutyl)-2,4,6(1*H*,3*H*,5*H*)-pyrimidinetrione, *see* P-00101
▷5-Ethyl-5-(3-methylbutyl)-2,4,6(1*H*,3*H*,5*H*)-pyrimidinetrione, *see* A-00352
▷5-Ethyl-5-(1-methylbutyl)-2-thiobarbituric acid, *see* T-00206
Ethyl methyl 4-(2,3-dichlorophenyl)-1,4-dihydro-2,6-dimethyl-3,5-pyridinedicarboxylate, *see* F-00028
N-Ethyl-*N*-methyl-4,4-di-2-thienyl-3-buten-2-amine, *see* E-00208
▷13β-Ethyl-11-methylene-18,19-dinorpregn-4-en-20-yn-17α-ol, *see* D-00099
4,4′-(1-Ethyl-2-methyl-1,2-ethanediyl)bis[6-fluoro-1,2-benzenediol]tetraacetate, *see* A-00009
4,4′-(1-Ethyl-2-methyl-1,2-ethanediyl)bis(2-fluorophenol), *see* B-00163
▷5-Ethyl-5-(1-methylethyl)-2,4,6-(1*H*,3*H*,5*H*)-pyrimidinetrione, *see* P-00443
3-Ethyl-3-methylglutaric acid, *see* E-00203
▷3-Ethyl-3-methylglutarimide, *in* E-00203
▷*O*-Ethyl *S*-(1-methylimidazol-2-yl)carbamate, *see* C-00051
2-Ethyl-5-[1-methyl-2-(1-methyl-5-nitro-1*H*-imidazol-2-yl)-ethenyl]-1,3,4-thiadiazole, *see* T-00327
Ethyl 2-methyl-2-[(9-oxo-9*H*-xanthen-3-yl)oxy]propanoate, E-00202
3-Ethyl-3-methylpentanedioic acid, E-00203
2-Ethyl-3-methylpentanoic acid, E-00204
Ethyl-*p*-[2-[(α-methylphenethyl)amino]ethoxy]benzyl alcohol, *see* F-00034
▷5-Ethyl-1-methyl-5-phenylbarbituric acid, *see* E-00206
▷*N*-Ethyl-*N*-(2-methylphenyl)-2-butenamide, *see* C-00567
▷5-Ethyl-6-methyl-4-phenyl-3-cyclohexene-1-carboxylic acid, E-00205
α-Ethyl-4-[2-[(1-methyl-2-phenylethyl)amino]ethoxy]-benzenemethanol, *see* F-00034
▷5-Ethyl-1-methyl-5-phenylhydantoin, *see* M-00179
▷5-Ethyl-3-methyl-5-phenylhydantoin, *see* M-00188
▷5-Ethyl-1-methyl-5-phenyl-2,4-imidazolidinedione, *see* M-00179
▷5-Ethyl-3-methyl-5-phenyl-2,4-imidazolidinedione, *see* M-00188
▷Ethyl *N*-methyl-4-phenylpiperidine-4-carboxylate, *see* P-00131
3-Ethyl-1-methyl-4-phenyl-4-piperidinol propanoate, *see* M-00105
α-3-Ethyl-1-methyl-4-phenyl-4-propionyloxypiperidine, *see* M-00105
▷5-Ethyl-1-methyl-5-phenyl-2,4,6(1*H*,3*H*,5*H*)-pyrimidinetrione, E-00206
▷4-Ethyl-3-methyl-3-phenylpyrrolidine-2,5-dione, *see* F-00053
▷3-Ethyl-2-methyl-2-phenylsuccinimide, *see* F-00053
▷4-Ethyl-4-methyl-2,6-piperidinedione, *in* E-00203
▷4′-Ethyl-2-methyl-3-piperidinopropiophenone, *see* E-00072
4-Ethyl-1-(1-methyl-4-piperidyl)-3-phenyl-3-pyrazolin-5-one, *see* P-00296
▷α-Ethyl-4-(2-methylpropyl)benzeneacetic acid, *see* B-00402
▷1-Ethyl-1-methylpropyl carbamate, *see* E-00042
▷5-Ethyl-5-(1-methylpropyl)-2,4,6(1*H*,3*H*,5*H*)-pyrimidinetrione, *see* B-00380
▷3-Ethyl-3-methyl-2,5-pyrrolidinedione, E-00207
▷2-Ethyl-2-methylsuccinimide, *see* E-00207
Ethylmethylthiambutene, E-00208
▷*N*-Ethyl-α-methyl-3-(trifluoromethyl)benzeneethanamine, *see* F-00050
▷*N*-Ethyl-α-methyl-*m*-(trifluoromethyl)phenethylamine, *see* F-00050
N-Ethyl-α-methyl-3-[(trifluoromethyl)thio]benzeneethanamine, *see* F-00228
N-Ethyl-α-methyl-*m*-[(trifluoromethyl)thio]phenethylamine, *see* F-00228
7-Ethyl-2-methyl-4-undecanol, E-00209
(2-Ethyl-3-methylvaleroyl)urea, *see* C-00035
▷Ethylmorphine, *in* M-00449
Ethyl 4-morpholino-2,2-diphenylbutyrate, *see* D-00474
Ethyl 10-(3-morpholinopropionyl)phenothiazine-2-carbamate, *see* M-00442
▷1-Ethyl-4-[2-(4-morpholinyl)ethyl]-3,3-diphenyl-2-pyrrolidinone, *see* D-00591
Ethyl [10-[3-(4-morpholinyl)-1-oxopropyl]-10*H*-phenothiazin-2-yl]carbamate, *see* M-00442
Ethyl mycophenolate, *in* M-00475
▷2-Ethyl-2-(1-naphthyl)butanoic acid, E-00210
1-Ethyl-2-[(5-nitro-2-furanyl)methylene]hydrazinecarboxamide, *see* N-00131
[2-(2-Ethyl-5-nitro-1*H*-imidazol-1-yl)ethyl]-*O*-methyl-carbamothioate, *see* S-00229
2-Ethyl-2-[(nitrooxy)methyl]-1,3-propanediol dinitrate (ester), *in* E-00194
3-Ethyl-1-(3-nitrophenyl)-2,4(1*H*,3*H*)-quinazolinedione, *see* N-00167
▷Ethyl *N*-nitrosocarbamate, *in* E-00177

▷*N*-Ethyl-*N*′-(5-nitro-2-thiazolyl)urea, E-00211
Ethylnoradrenaline, *see* E-00212
Ethylnorepinephrine, E-00212
▷Ethylnorepinephrine hydrochloride, *in* E-00212
▷Ethylnorgestrienone, *see* G-00022
Ethylnorsuprarenin, *see* E-00212
▷17-Ethyl-19-nortestosterone, *see* N-00211
3-Ethyl-1,4*a*,5,6,7,8,8*a*,9-octahydro-2,6-dimethyl-4*H*-pyrrolo[2,3-*g*]isoquinolin-4-one, *see* P-00311
N-(4-Ethyl-4,6,6*a*,7,8,9,10,10*a*-octahydro-7-methylindolo[4,3-*g*]-quinolin-9-yl)-3,5-dimethyl-1*H*-pyrazole-1-carboxamide, *see* T-00385
1-Ethyl-1,2,3,4,4*a*,5,6,12*b*-octahydro-12-methyl-4-(1-methylethyl)pyrazino[2′,3′:3,4]pyrido[1,2-*a*]indole, *see* A-00470
7-Ethyloctahydro-2-methyl-6*H*-pyrazino[1,2-*c*]pyrimidin-6-one, *see* C-00167
▷Ethyloestrenol, E-00213
▷17α-Ethyl-4-oestren-17β-ol, *see* E-00213
▷Ethyl [(4-oxo-2-phenyl-4*H*-1-benzopyran-7-yl)oxy]acetate, *see* E-00019
α-Ethyl-2-oxo-1-pyrrolidineacetamide, *see* E-00240
N-[1-[2-(4-Ethyl-5-oxo-2-tetrazolin-1-yl)ethyl]-4-(methoxymethyl)-4-piperidyl]propionanilide, *see* A-00111
Ethyl pabate, *in* A-00264
▷Ethylpapaverine, *see* E-00150
▷Ethylparaben, *in* H-00113
2′-*N*-Ethylparamomycin, *in* P-00039
▷Ethyl parasept, *in* H-00113
▷5-(1-Ethylpentyl)-3-[(trichloromethyl)thio]hydantoin, *see* C-00199
▷5-(1-Ethylpentyl)-3-[(trichloromethyl)thio]-2,4-imidazolidinedione, *see* C-00199
▷Ethylphenacemide, *see* P-00153
▷Ethylphenephrine, *in* A-00272
Ethyl 1-phenethyl-4-phenylisonicopecolate, *see* P-00151
Ethylphenidate, *in* R-00065
▷Ethylphenylbarbituric acid, *see* E-00218
▷*N*-Ethyl-3-phenylbicyclo[2.2.1]heptan-2-amine, *see* F-00038
2-(2-Ethyl-2-phenyl-1,3-dioxolan-4-yl)piperidine, *see* E-00264
Ethyl 1-(2-phenylethyl)-4-phenylpiperidine-4-carboxylate, *see* P-00151
▷2-Ethyl-2-phenylglutarimide, *see* G-00061
▷3-Ethyl-5-phenylhydantoin, *see* E-00214
▷5-Ethyl-5-phenylhydantoin, *see* E-00215
▷3-Ethyl-5-phenyl-2,4-imidazolidinedione, E-00214
▷5-Ethyl-5-phenyl-2,4-imidazolinedione, E-00215
▷4-[1-Ethyl-2-[4-(phenylmethoxy)phenyl]-1-butenyl]phenol, *in* D-00257
▷1-(4-Ethylphenyl)-2-methyl-3-(1-piperidinyl)-1-propanone, *see* E-00072
1-(4-Ethylphenyl)-2-methyl-3-(1-pyrrolidinyl)-1-propanone, *see* I-00048
▷3-(*o*-Ethylphenyl)-2-methyl-4(3*H*)-quinazolinone, *see* E-00140
▷*N*-Ethyl-3-phenyl-2-norbornanamine, *see* F-00038
3-Ethyl-3-phenyl-2,6-piperazinedione, E-00216
4-(4-Ethylphenyl)piperidine, E-00217
▷3-Ethyl-3-phenyl-2,6-piperidinedione, *see* G-00061
2-Ethyl-2-phenyl-4-(2-piperidyl)-1,3-dioxolane, *see* E-00264
N-Ethyl-*N*-(3-phenylpropyl)benzenepropanamine, *see* E-00184
▷5-Ethyl-5-phenyl-2,4,6(1*H*,3*H*,5*H*)-pyrimidinetrione, E-00218
Ethyl 4-phenyl-1-[2-[(tetrahydro-2-furanyl)methoxy]ethyl]-4-piperidinecarboxylate, *see* F-00290
Ethyl-4-phenyl-1-[2-(tetrahydrofurfuryloxy)ethyl]isonipecotate, *see* F-00290
▷2-Ethyl-2-phenyl-1,4-thiazane-3,5-dione, E-00219
▷2-Ethyl-2-phenyl-3,5-thiomorpholinedione, *see* E-00219
▷α-Ethyl-α-phenyl-3-(trifluoromethyl)benzenemethanol, *see* F-00153
Ethyl phosphonoacetate, *in* P-00215
▷Ethyl 3-phthalazin-1-yl carbazate, *see* T-00338
▷Ethyl 2-(1-phthalazinyl)hydrazine carboxylate, *see* T-00338
▷2-Ethyl-3-(β-piperidino-*p*-phenetidino)phthalimidine, *see* E-00258
9-(*N*-Ethyl-L-prolinamide)-10-deglycinamideluteinizing hormone-releasing factor (pig), *see* F-00096
5-Ethyl-5-(2-propenyl)-2,4,6-pyrimidinetrione, *see* A-00129
▷2-Ethyl-3-propyl-2,3-epoxypropionamide, *see* O-00085
Ethyl 3-*O*-propyl-D-glucofuranoside 5,6-bis(2-hydroxybenzoate), *see* S-00020
Ethyl 3-*O*-propyl-D-glucofuranoside 5,6-disalicylate, *see* S-00020
▷2-Ethyl-3-propyloxiranecarboxamide, *see* O-00085
▷2-Ethyl-4-pyridinecarbothioamide, E-00220
2-(5-Ethyl-2-pyridinyl)-1*H*-benzimidazole, E-00221
N-Ethyl-*N*-(4-pyridylmethyl)tropamide, *see* T-00552
▷Ethyl pyrophosphate, *see* T-00112
N-[(1-Ethyl-2-pyrrolidinyl)methyl]benzilamide, *see* E-00073
▷*N*-[(1-Ethyl-2-pyrrolidinyl)methyl]-5-(ethylsulfonyl)-*o*-anisamide, *see* S-00264
▷*N*-[(1-Ethyl-2-pyrrolidinyl)methyl]-5-(ethylsulfonyl)-2-methoxybenzamide, *see* S-00264
N-[(1-Ethyl-2-pyrrolidinyl)methyl]-2-methoxy-5-(1-oxobutyl)-benzamide, *see* I-00172
▷*N*-[(1-Ethyl-2-pyrrolidinyl)methyl]-5-sulfamoyl-*o*-anisamide, *see* S-00259
▷*O*-Ethyl *O*′-quinolin-8-yl phenylphosphonothionate, *see* Q-00034
▷Ethyl salicylate, *in* H-00112
▷*N*-Ethylsisomicin, *see* N-00078
Ethylstibamine, *in* A-00212
1-Ethyl-5′-sulfamoyl-2-pyrrolidineacet-*o*-anisidide, *see* I-00213
2-[3-(Ethylsulfinyl)propyl]-1,2,3,4-tetrahydroisoquinoline, *see* E-00124
▷Ethylsulfonal, *see* B-00213
5-Ethyl-2-sulfonamido-1,3,4-thiadiazole, *see* S-00239
4-(Ethylsulfonyl)benzaldehyde thiosemicarbazone, *see* S-00170
▷1-[2-(Ethylsulfonyl)ethyl]-2-methyl-5-nitro-1*H*-imidazole, *see* T-00293
▷1-(Ethylsulfonyl)-4-fluorobenzene, *see* E-00191
Ethylsulphonal, *in* B-00213
Ethyl 2,3,4,6-tetra-*O*-benzoyl-D-gluconate, *in* G-00055
Ethyl 2,3,5,6-tetra-*O*-benzoyl-D-gluconate, *in* G-00055
1-Ethyl-1,2,3,4-tetrahydro-7-methoxy-2-methyl-2-phenanthrenecarboxylic acid, *see* D-00570
6-Ethyl-2,3,6,9-tetrahydro-3-methyl-2,9-dioxothiazolo[5,4-*f*]-quinoline-8-carboxylic acid, *see* T-00306
2-Ethyl-1,2,3,4-tetrahydro-2-methylisoquinolinium(1+), E-00222
▷3-Ethyl-1,5,6,7-tetrahydro-2-methyl-5-(4-morpholinylmethyl)-4*H*-indol-4-one, *see* M-00423
Ethyl 1-(1,2,3,4-tetrahydro-1-naphthalenyl)-1*H*-imidazole-5-carboxylate, *see* E-00159
Ethyl 1-(1,2,3,4-tetrahydro-1-naphthyl)imidazole-5-carboxylate, *see* E-00159
6-Ethyl-5,6,7,8-tetrahydro-4*H*-oxazolo[4,5-*d*]azepin-2-amine, *see* A-00516
5-Ethyl-2,3,5,8-tetrahydro-8-oxofuro[2,3-*g*]quinoline-7-carboxylic acid, *see* D-00613
▷*N*-Ethyltetrahydro-α-(phenylmethyl-2-furanmethanamine), *see* Z-00040
1-Ethyl-1,3,4,9-tetrahydro-4-(phenylmethyl)pyrano[3,4-*b*]-indole-1-acetic acid, *see* P-00056
1-Ethyl-1,2,3,4-tetrahydroquinoline, E-00223
9-Ethyl-1,3,4,9-tetrahydro-*N*,*N*,1-trimethylthiopyrano[3,4-*b*]-indole-1-ethanamine, *see* T-00025
N′-(5-Ethyl-1,3,4-thiadiazol-2-yl)sulfanilamide, *see* S-00239
O-Ethyl thiocarbamate, *in* T-00196
S-Ethyl thiocarbamate, *in* T-00196
▷2-Ethyl-4-thiocarbamoylpyridine, *see* E-00220
17-(Ethylthio)-9-fluoro-11-hydroxy-17-(methylthio)-androsta-1,4-dien-3-one, *see* T-00314
▷2-(Ethylthio)-10-[3-(4-methyl-1-piperazinyl)propyl]-10*H*-phenothiazine, *see* T-00189

2-[[[4-(Ethylthio)-3-methyl-2-pyridinyl]methyl]sulfinyl-1*H*-benzimidazole, *see* D-00544
Ethyl 3,5,6-tri-*O*-benzylglucofuranoside, E-00224
▷α-Ethyl-3-(trifluoromethyl)benzhydrol, *see* F-00153
Ethyl-4-[2-[3,4,5-trihydroxy-2-(hydroxymethyl)piperidino]-ethoxy]benzoate, *see* E-00038
4-[Ethyl[2,4,6-triiodo-3-(methylamino)phenyl]amino]-4-oxobutanoic acid, *see* I-00138
N-Ethyl-2′,4′,6′-triiodo-3′-(methylamino)succinanilic acid, *see* I-00138
α-Ethyl-2,4,6-triiodo-3-[(1-oxobutylamino]-benzenepropanoic acid, *see* T-00581
α-Ethyl-2,4,6-triiodo-3-(2-oxo-1-pyrrolidinyl)-benzenepropanoic acid, *see* I-00118
α-Ethyl-2,4,6-triiodo-3-(2-oxo-1-pyrrolidinyl)-hydrocinnamic acid, *see* I-00118
1-Ethyl-1-[2-[(3,4,5-trimethoxybenzoyl)oxy]ethyl]pyrrolidinium, *see* T-00561
N-Ethyl-*N*,*N*,α-trimethyl-γ-phenylbenzenepropanaminium, *see* E-00035
Ethyl 3,5,6-tris-*O*-(phenylmethyl)glucofuranoside, *see* E-00224
8-Ethyl-3-tropoyloxy-6,7-epoxytropanium(1+), *see* O-00123
▷α-Ethyltryptamine, *see* A-00222
▷Ethyl urethane, *see* E-00177
▷Ethylurethane, *see* E-00189
▷Ethyl vanillin, *in* D-00311
▷Ethyl vinyl ether, E-00225
▷Ethylxanthic disulfide, *see* D-00556
▷α-Ethyl-*p*-xenylacetic acid, *see* B-00179
▷Ethynerone, E-00226
▷Ethynodiol, E-00227
▷Ethynodiol diacetate, *in* E-00227
α-Ethynylbenzenemethanol, *see* P-00204
▷1-Ethynylcyclohexanol, E-00228
▷1-Ethynylcyclohexanol carbamate, *see* E-00154
▷1-Ethynylcyclohexyl carbamate, *see* E-00154
α-[[(1-Ethynylcyclohexyl)oxy]methyl]-4-(4-fluorophenyl)-1-piperazineethanol, *see* F-00137
α-[[(1-Ethynylcyclohexyl)oxy]methyl]-4-(2-methoxyphenyl)-piperazineethanol, *see* M-00414
α-[[(1-Ethynylcyclohexyl)oxy]methyl]-4-[3-(trifluoromethyl)-phenyl]-1-piperazineethanol, *see* T-00085
17α-Ethynyl-6,6-difluoro-17β-hydroxy-4-oestren-3-one, E-00229
▷17α-Ethynylestradiol, *see* E-00231
Ethynylestradiol 3-isopropylsulfonate, *in* E-00231
4′-Ethynyl-2-fluoro-1,1′-biphenyl, E-00230
▷17α-Ethynyl-17β-hydroxy-4-oestren-3-one, *see* N-00212
▷17α-Ethynyl-17β-hydroxy-5(10)-oestren-3-one, *see* N-00213
▷17α-Ethynyl-3-methoxy-1,3,5(10)-oestratrien-17β-ol, *see* M-00138
17α-Ethynyl-18-methyl-19-nortestosterone, *see* N-00218
▷17α-Ethynyl-1,3,5(10)-oestratriene-3,17-diol, E-00231
▷17α-Ethynyl-4-oestrene-3β,17β-diol, *see* E-00227
▷17α-Ethynyl-4-oestren-17β-ol, *see* L-00121
Ethynylphenylcarbinol, *see* P-00204
▷17-Ethynyltestosterone, *see* E-00156
Ethypicone, *see* D-00250
▷Ethysine, *see* D-00412
Etibendazole, E-00232
Eticlopride, E-00233
▷Eticol, *see* P-00027
Eticyclidine, *in* P-00182
▷Eticyclol, *see* E-00231
▷Etidocaine, E-00234
▷Etidon, *in* H-00132
Etidronate, *see* H-00132
▷Etidronate disodium, *in* H-00132
Etidronic acid, *see* H-00132
Etifelmine, *see* D-00497
Etifenin, E-00235
▷Etifoxine, E-00236
▷Etiladrianol, *in* A-00272
▷Etilamfetamine, *in* P-00202
▷Etilefrine, *in* A-00272
Etilefrine pivalate, *in* A-00272
▷Etinozolam, *see* E-00244
Etintidine, E-00237
Etintidine hydrochloride, *in* E-00237
ETIP, *see* D-00553
Etipirium(1+), E-00238
Etipirium iodide, *in* E-00238
▷Etiproston, E-00239
Etiproston trometamol, *in* E-00239
Etipyrium, *see* E-00238
Etiracetam, E-00240
Etiroxate, E-00241
Etisazole, *in* A-00214
▷Etisine, *see* D-00412
Etisomicin, E-00242
▷Etisteron, *see* E-00156
Etisul, *see* D-00553
Etisulergine, E-00243
▷Etizolam, E-00244
Etobedolum, *see* E-00260
▷Etocarlide, *in* B-00222
▷Etoclofene, *in* M-00045
▷Etocrilene, *in* C-00582
▷Etocrylene, *in* C-00582
Etodolac, E-00245
Etodolic acid, *see* E-00245
▷Etodroxizine, E-00246
Etofamide, E-00247
▷Etofen, *in* M-00045
▷Etofenamate, E-00248
Etofenoprox, E-00249
Etofibrate, E-00250
Etoformin, E-00251
Etoformin hydrochloride, *in* E-00251
Etofuradine, E-00252
▷Etofylline, E-00253
▷Etofylline clofibrate, *see* T-00168
▷Etoglucid, *see* D-00225
▷Etogyn, *see* M-00057
▷Etoksid, *in* B-00222
Etolip, *see* E-00250
Etolorex, E-00254
Etolotifen, E-00255
Etoloxamine, E-00256
Etomidate, E-00257
▷Etomide hydrochloride, *in* C-00053
▷Etomidoline, E-00258
Etomoxir, E-00259
Etonam, *see* E-00159
Etonitazene, E-00260
Etopalin, *see* E-00280
Etoperidone, E-00261
Etophyllate, *in* A-00011
Etopinil, *in* O-00169
▷Etoposide, E-00262
Etoprindole, *in* D-00414
▷Etoprine, *see* D-00123
Etoquinol sodium, *in* E-00171
▷Etorphine, E-00263
Etosalamide, *see* E-00164
Etoscol, *see* H-00068
Etoxadrol hydrochloride, *in* E-00264
Etoxadrol, E-00264
▷Etoxazene, *see* D-00131
Etoxeridine, E-00265
▷Etoxidrazone, *see* R-00107
▷Etoxuridine, *see* E-00015
Etozolin, *in* O-00169
Etrabamine, *in* A-00334
Etradil, *in* E-00194
▷Etrafon, *in* N-00224
▷Etrane, *see* C-00230
▷Etrenol, *in* H-00093
Etretin, *see* A-00041
▷Etretinate, *in* A-00041

Etrosteron, *in* O-00028
▷Etruscomycin, *see* L-001[illegible]2
▷Etryptamine, *see* A-00222
▷Etryptamine acetate, *in* A-00222
Ettriol trinitrate, *in* E-00194
▷Et UdR, *see* E-00015
▷Etumine, *see* C-00507
▷Etybenzatropine, *see* E-00172
Etymemazine, E-00266
▷Etymide hydrocholoride, *in* C-00053
Etyprenaline, *see* I-00185
EU 1085, *see* L-00023
EU 1093, *see* B-00373
EU 2826, *see* B-00070
▷EU 2972, *in* N-00199
▷EU 3120, *in* A-00045
EU 3325, *see* B-00128
EU 3421, *in* O-00113
EU 4093, *in* A-00534
▷EU 4200, *see* P-00324
▷EU-4534, *see* F-00220
EU 4584, *see* T-00348
EU 4891, *in* D-00118
EU-4906, *in* S-00151
Eu 5306, *in* N-00214
▷EU 16738, *see* B-00358
Euacid, *in* B-00140
▷Eubilin, *see* P-00310
Eubron, *in* E-00003
(+)-β-Eucaine, *in* T-00511
▷β-Eucaine, *in* T-00511
▷Eucaine *B*, *in* T-00511
▷Eucalyptol, *see* C-00360
▷Eucapur, *see* C-00360
Eucast, *see* N-00086
Eucatropine, E-00267
Eucatropine hydrochloride, *in* E-00267
▷Eucilat, *see* B-00053
Euclidan, *in* N-00086
Eucolil, *in* D-00049
Euctan, *see* T-00358
▷Eucupin, *see* E-00276
▷Eudermol, *in* N-00103
4(15),7(11)-Eudesmadien-8-one, E-00268
4(15),7(11),8-Eudesmatrien-12,8-olide, E-00269
▷Eudilat, *see* B-00053
▷Eudormil, *see* H-00192
▷EUDR, *see* E-00015
▷Eudyne, *see* I-00068
▷Eugenol, *see* M-00215
▷Euglucon, *see* G-00032
▷Euglycin, *see* M-00146
▷Eugynon, *in* E-00231
Eugynon, *in* N-00218
▷Eulexin, *see* F-00224
▷Eulitop, *see* B-00148
Euminex, *see* G-00052
▷Eumotol, *in* B-00353
Eumovate, *in* C-00437
▷Eumovate, *in* C-00437
▷Eumydrin, *in* T-00554
Eunarcon, *in* P-00482
▷Eunasin, *in* M-00347
Eunephran, *see* B-00401
▷Eunerpan, *in* M-00083
Eupachlorin, E-00270
Eupachlorin acetate, *in* E-00270
Eupachloroxin, E-00271
Eupacunin, E-00272
Euparotin, E-00273
Euparotin acetate, *in* E-00273
Eupatilin, *see* D-00355
Eupatolide, *in* H-00134
Eupatorin, *see* D-00354
▷Eupatorin, *in* S-00147
Eupatoroxin, E-00274
10-*epi*-Eupatoroxin, *in* E-00274
Eupatundin, E-00275
▷Eupaverin, *see* M-00267
Eupaverin, *in* M-00461
▷Euphozid, *see* I-00161
Euphthalmine, *see* E-00267
Eupirone, *see* A-00416
▷Eupneron, *in* E-00094
Eupractone, *see* D-00439
Euprax, *see* A-00102
▷Euprex, *in* T-00499
▷Euprocin, E-00276
▷Euprocin hydrochloride, USAN, *in* E-00276
Eupyron, *see* A-00416
Euquinine, *in* Q-00028
▷Eurax, *see* C-00567
▷Eurazyl, *in* B-00431
▷Euresol, *in* B-00073
▷Eurodin, *see* E-00126
Euronicato, *in* T-00506
▷Eusolex 4360, *in* D-00318
▷Eustidil, *see* H-00021
▷Eustin, *see* S-00017
▷Eutarpan, *in* C-00434
▷Euthroid, *in* T-00233
Euthroid, *in* T-00487
Euthym, *see* P-00340
Eutocol, *in* O-00028
▷Eutonyl, *in* P-00037
Eutrivan, *see* G-00052
▷Eutrophyl, *in* T-00337
▷Euvernil, *see* S-00203
Euvifor, *in* O-00139
▷Euvitol, *see* F-00038
▷Euzactin, *see* G-00065
E-VA-16, *see* I-00050
▷Evablin, *see* A-00532
Evac-Q-Mag, *see* M-00007
▷Evadene, *in* B-00424
▷Evadyne, *in* B-00424
Evalgin, *in* M-00269
Evandamine, E-00277
▷Evans Blue, *see* A-00532
▷Evasidol, *in* B-00424
▷Eventin, *see* M-00242
Everfree, *see* N-00176
▷Evimot, *in* C-00456
▷Evipan, *see* H-00065
▷Evomonoside, *in* D-00274
▷Evramycin, *in* O-00035
Ex 4810, *see* A-00174
Ex 4883, *see* R-00076
EX 10-029, *see* E-00021
EX 11528A, *see* C-00234
▷Exal, *in* V-00032
▷Exalamide, *see* H-00073
Exametazime, E-00278
▷Exangit, *see* B-00094
Exaprolol, E-00279
▷Exaprolol hydrochloride, *in* E-00279
Exelderm, *in* S-00184
Exepanol, *in* T-00122
▷Exflam, *in* B-00353
▷Exifarma, *see* B-00200
Exifone, *see* H-00052
Exiproben, E-00280
Exirel, *in* P-00316
▷Exirel (old form), *in* T-00252
▷Exlutena, *see* L-00121
▷Exlution, *see* L-00121
▷Exluton, *see* L-00121
▷Exocrine, *see* B-00069
Exoderil, *see* N-00024
Exodol, *in* B-00234
▷Exofalicain, *see* P-00289
Exogran, *in* B-00087

▷Exolen, *in* D-00310
Exomicol, *in* H-00191
Exopan, *in* C-00628
Exopon, *in* C-00628
Exosulfonyl, *see* S-00173
▷Exotancain, *see* P-00289
Exovir HZ, *in* I-00079
EXP 126, *see* A-00063
▷EXP 338, *see* M-00364
▷Expansin, *see* P-00043
▷Expansolin, *in* T-00418
Exrel, *in* P-00316
▷Exsel, *see* S-00037
Exsulf, *see* S-00210
▷Extexate, *see* M-00192
▷Extranase, *see* B-00287
Extussin, *in* D-00407
Exypaque, *see* I-00117
E $129Z_1$, *see* P-00440
▷F 70, *in* O-00121
F 75, *see* P-00408
F 1052, *see* B-00388
▷F 139, *see* B-00413
F1379, *see* I-00220
F 1393, *see* P-00230
F 1427, *in* E-00073
F 1500, *see* S-00173
F 1594, *see* M-00157
F1603, *see* T-00294
F 1686, *see* L-00103
F 1797, *see* D-00465
F 1865, *see* T-00307
F 1983, *in* P-00592
F2207, *see* M-00376
▷2249 F, *in* O-00091
▷F 368, *see* D-00012
F 413, *see* C-00447
F 440, *in* D-00012
F 6113, *see* F-00300
F 691, *see* F-00294
▷F 776, *see* O-00063
F 853, *in* N-00164
▷933 F, *see* P-00294
▷Fa 402, *in* F-00081
FAA, *see* O-00136
Fabahistin, *in* M-00035
Fabiatrin, *in* H-00148
Facteur thymique sérique, *see* S-00054
▷Factor *IX*, F-00004
Factor *V*, F-00001
Factor *VII*, F-00002
Factor *VIII*, F-00003
Factor *X*, F-00005
Factor *XII*, F-00006
Factor *XIII*, F-00007
Factor *XIV*, F-00008
Lactobacillus casei factor, *see* P-00555
Factor P-Zyma, *in* T-00559
Factrel, *in* L-00116
▷FAD, *in* R-00038
▷Fademorf EK20, *see* T-00518
Fagaronine, F-00009
FAK III, *in* S-00254
Falban-Crena, *in* F-00201
Falcarindiol, *in* H-00028
▷Falicain (new), *see* P-00289
▷Falignost, *see* I-00120
Falintolol, F-00010
Falipamil, F-00011
Falithrom, *see* P-00174
Falmonox, *see* T-00048
Falomesin, *see* C-00154
Faltium, *see* V-00018
Famciclovir, F-00012
▷Famophos, *see* F-00015
▷Famotidine, F-00013
Famotine, F-00014
Famotine hydrochloride, *in* F-00014
▷Famphur, F-00015
Famprofazone, F-00016
▷Fanasil, *see* S-00193
Fanetizole, *see* P-00195
Fanetizole mesylate, *in* P-00195
Fangchinoline, F-00017
Fanthridone, F-00018
▷Fantorin, *in* B-00207
Fantridone, *see* F-00018
Fantridone hydrochloride, *in* F-00018
Fantrine, *see* E-00021
▷Fanzil, *see* S-00193
▷F-ara AMP-2, *in* F-00142
▷Faragynol, *in* D-00223
Farcinicin, *see* A-00477
Farial, *see* I-00050
▷Faringets active substance, *in* B-00116
▷Farmacoccid, *see* D-00187
Farmatest, *in* H-00111
▷Farmiblastina, *see* A-00080
Farmidril, *in* L-00016
▷Farmintic, *see* M-00199
Farmiserina, *see* A-00277
▷Farmocaine, *in* A-00216
▷Farmodent, *in* A-00216
Farnesylcarboxylic acid, *see* T-00513
Farnesyl farnesylcarboxylate, *in* T-00513
Farnoquinone, *in* V-00065
Fasciolid, *in* H-00142
▷Fasigyne, *see* T-00293
Fasinex, *see* T-00446
▷Fast acid blue RH, *in* A-00379
▷Fastin, *in* P-00193
▷Fast wool blue *B*, *in* A-00379
▷Fazadan, *in* F-00019
Fazadinium(2+), F-00019
▷Fazadinium bromide, *in* F-00019
▷Fazadon, *in* F-00019
Fazarabine, F-00020
▷Fazol, *in* I-00183
FBA 1464, *see* G-00099
▷FBA 1500, *see* M-00069
▷FB a4059, *see* B-00328
▷FBA 4503, *in* P-00505
FBb 6896, *see* C-00420
▷FC 3001, *see* B-00099
FC 379, *see* P-00499
▷FC 612, *see* B-00056
FC 1157a, *see* T-00388
▷FCB, *in* F-00174
FCE 20124, *in* R-00018
FCE 21336, *in* C-00002
FCI, *see* C-00436
FCR 1272, *see* C-00642
▷FDC, *see* O-00008
▷FDC red No. 3, *see* E-00118
▷Febantel, F-00021
▷Febarbamate, F-00022
▷Febichol, *see* P-00194
Febramine, *in* C-00186
Febrifugine, F-00023
▷Febuprol, *see* B-00423
Febuverine, F-00024
Feclemine, F-00025
Feclobuzone, F-00026
Feclozona, *see* F-00026
▷Fedan, *see* O-00034
▷Fedibaretta, *see* D-00253
Fedrilate, F-00027
▷Felbamate, *in* P-00200
Felbinac, *see* B-00176
▷Feldene, *see* P-00351
Feldene (obsol.), *in* F-00207
▷Felicyl, *see* T-00342

Feline Gastrin, in G-00012
Felipyrine, *see* P-00199
Felodipine, F-00028
▷Felotrast, *see* P-00160
▷Felumin, *in* E-00118
Felypressin, F-00029
▷Femigen, *in* M-00138
▷Feminone, *see* E-00231
Femolone, *in* H-00111
Femoxetine, F-00030
Femstat, *in* B-00410
▷Femulen, *in* E-00227
▷Femulen, *in* E-00227
Fenabutene, *in* M-00298
▷Fenacaine, *see* P-00135
Fenacetinol, *in* E-00161
▷Fenacillin, *see* P-00171
▷Fenaclon, F-00031
▷Fenadiazole, *see* H-00192
Fenadoxone, *see* P-00138
Fenaftic acid, F-00032
▷Fenakon, *see* F-00031
▷Fenalamide, F-00033
Fenalcomine, F-00034
Fenamate, *in* A-00218
Fenamet, *see* P-00142
Fenamidofuril, *see* F-00035
Fenamifuril, F-00035
Fenamisal, *in* A-00264
Fenamole, *see* A-00313
▷Fenampromide, *see* P-00143
▷Fenantoin, *see* D-00493
▷Fenaperone, F-00036
▷Fenasprate, *see* B-00057
▷Fenazol, *see* U-00002
Fenazox, *in* A-00218
▷Fenazoxine, *see* N-00063
▷Fenbendazole, F-00037
Fenbenicillin, *see* P-00148
Fenbrac, *in* F-00042
▷Fenbufen, *see* B-00181
▷Fenbutrazate, *see* P-00149
▷Fencamfamin, F-00038
▷Fencarbamide, *see* P-00150
▷Fenchlorphos, F-00039
Fencibutirol, F-00040
Fenclexonium(1+), F-00041
Fenclexonium metilsulfate, *in* F-00041
▷Fenclofenac, *see* D-00199
▷Fenclofos, *see* F-00039
▷Fenclonine, *in* A-00226
▷Fenclorac, F-00042
Fenclozate, *in* F-00043
▷Fenclozic acid, F-00043
▷Fenclozin, *see* F-00043
Fencumar, *see* P-00174
Fendilar, *in* F-00044
▷Fendiline, F-00044
▷Fendosal, F-00045
▷Feneketilium, *in* F-00081
▷Fenelzine, *see* P-00189
▷Fenemal, *see* E-00218
Feneritrol, F-00046
▷Fenestil, *in* D-00391
▷Fenestrel, *see* E-00205
Fenetamin, *see* F-00025
▷Fenethazine, *see* D-00412
Fenethicillin, *see* P-00152
Fenethylline, F-00047
▷Fenethylline hydrochloride, *in* F-00047
Fenetradil, F-00048
Fenetylline, *see* F-00047
Fenflumizole, F-00049
▷Fenfluramine, F-00050
▷Fenfluramine hydrochloride, *in* F-00050
Fenfluthrin, F-00051
▷Fenformin, *see* P-00154
Fengabine, F-00052
▷Fenharmane, *see* B-00130
Fenibut, *in* A-00303
Fenicort, *in* P-00412
▷Fenidrone, *see* H-00195
Fenigam, *in* A-00303
▷Fenilor, *see* D-00167
▷Fenimide, F-00053
▷Fenint, *see* I-00068
Feniodium(1+), F-00054
▷Feniodium chloride, *in* F-00054
▷Fenipentol, *see* P-00194
▷Feniramine, *see* P-00157
Fenirofibrate, F-00055
▷Fenisorex, F-00056
Fenisoxine, *in* B-00087
▷Fenitoin, *see* D-00493
▷Fenitrothion, F-00057
Fenkarol, *see* Q-00006
Fenmetozole, F-00058
▷Fenmetozole hydrochloride, *in* F-00058
Fenmetramide, *see* M-00291
▷Fenmetrazine, *in* M-00290
▷Fennosan B-100, *in* T-00135
Fenobam, F-00059
▷Fenobarbital, *see* E-00218
▷Fenobrate, *in* F-00062
Fenocinol, F-00060
Fenoctimine, F-00061
Fenoctimine sulfate, *in* F-00061
Fenocycline, *see* D-00570
Fenocylin, *see* D-00570
▷Fenofibrate, *in* F-00062
▷Fenofibric acid, F-00062
Fenolactine, *in* H-00207
Fenoldopam, F-00063
Fenoldopam mesylate, *in* F-00063
▷Fenolipuna, *see* P-00163
Fenoperidine, *see* P-00165
Fenopraine, *in* P-00486
Fenoprex, *in* P-00172
Fenoprofen, *see* P-00172
Fenoprofen calcium, *in* P-00172
Fenopron, *in* P-00172
▷Fenorex, *in* F-00073
Fenosept, *in* H-00191
▷Fenospen, *see* P-00171
▷Fenostil, *in* D-00391
▷Fenoterol, F-00064
Fenoverine, F-00065
▷Fenox, *in* A-00272
Fenoxazoline, F-00066
Fenoxedil, F-00067
▷Fenoxipropazinum, *in* M-00282
▷Fenoxypen, *see* P-00171
Fenoxypropazine, *see* M-00282
▷Fenoxypropazine maleate, *in* M-00282
▷Fenozolone, *see* E-00174
▷Fenpentadiol, *see* C-00270
Fenperate, F-00068
Fenpidon, *see* D-00509
▷Fenpipalone, F-00069
▷Fenpipramide, F-00070
Fenpipramide methylbromide, *in* F-00070
Fenpiprane, F-00071
Fenpiverinium bromide, *in* F-00070
Fenprin, *in* M-00379
Fenprinast, F-00072
Fenprinast hydrochloride, *in* F-00072
Fenpropamine, *see* E-00184
Fenproporex, F-00073
Fenprostalene, F-00074
Fenpyramine hydrochloride, *in* M-00379
Fenquizone, F-00075
Fenretinide, *see* H-00197

Fensedyl, *see* O-00094
▷Fensidnimine, *see* M-00133
▷Fenspiride, F-00076
▷Fenspiride hydrochloride, *in* F-00076
▷Fensuximide, *see* M-00294
▷Fentanyl, F-00077
▷Fentanyl citrate, *in* F-00077
Fentatienil, *see* S-00177
▷Fenthion, F-00078
Fenthion sulfone, *in* F-00078
Fenthion sulfoxide, *in* F-00078
Fentiapril, *see* R-00022
▷Fentiazac, F-00079
▷Fenticlor, *see* T-00194
▷Fenticonazole, F-00080
Fenticonazole nitrate, *in* F-00080
▷Fentolamine, *see* P-00175
Fentonium(1+), F-00081
▷Fentonium bromide, *in* F-00081
▷Fentrinol, *in* A-00191
Fentropilium, *see* X-00011
Fenucil, *see* P-00209
▷Fenyracilline, *in* B-00126
▷Fenyramidol, *see* P-00211
Fenyripol, F-00082
▷Fenyripol hydrochloride, *in* F-00082
▷Fenytoine, *see* D-00493
▷Feosol, *see* F-00094
▷Feostat, *in* F-00274
▷Feparil, *in* O-00036
Fepentolic acid, *see* H-00139
Fepitrizol, F-00083
Fepradinol, F-00084
▷Feprazone, *see* M-00235
Fepromide, F-00085
Fepron, *in* P-00172
Feprosidnine, F-00086
▷FER 1443, *see* C-00216
▷Fergon, *see* F-00093
Fermalox, *in* M-00008
▷Fernasan, *see* T-00149
▷Fernex, *see* P-00329
▷Fernide, *see* T-00149
▷Ferric chloride, F-00087
Ferric fructose, F-00088
Ferriclate calcium sodium, F-00089
Ferritose, *in* F-00088
▷Ferrocap, *in* F-00274
2-Ferrocenoylbenzoic acid, F-00090
o-Ferrocenylcarbonylbenzoic acid, *see* F-00090
Ferroceron, *see* F-00090
▷Ferrochelate, *in* C-00308
▷Ferrocholinate, *in* C-00308
▷Ferrocholine, *in* C-00308
▷Ferrose, *see* F-00093
Ferrothreon, *see* F-00091
Ferrotrenine, F-00091
Ferrotseron, *see* F-00090
Ferrous citrate, F-00092
▷Ferrous fumarate, *in* F-00274
▷Ferrous gluconate, F-00093
▷Ferrous sulfate, F-00094
Ferruginol, F-00095
Ferrutope, *in* F-00092
▷Fertilvit, *in* T-00335
Fertirelin, F-00096
▷Fervenulin, *see* D-00452
Fetoxilate, *in* D-00265
Fetoxylate, *in* D-00265
Fetoxylate hydrochloride, *in* D-00265
Fevarin, *in* F-00234
Fexicaine, F-00097
▷Feximac, *see* B-00350
Fexinidazole, F-00098
Fezatione, F-00099
Fezolamine, F-00100
Fezolamine fumarate, *in* F-00100
▷FF 149, *in* I-00183
Fg 4963, *in* F-00030
▷FG 5111, *in* M-00083
▷FGA, *in* F-00150
▷FH 049*E*, *in* D-00265
▷FHD 3, *see* B-00320
Fherbolico, *in* H-00185
▷FI 106, *see* A-00080
▷FI 1163, *see* L-00112
FI 302, *see* M-00270
▷FI 5631, *see* M-00190
FI 5852, *see* O-00072
▷FI 5978, *see* S-00198
▷FI 6120, *see* T-00516
▷FI 6225, *see* E-00024
▷FI 6229, *see* C-00578
▷FI 6337, *see* M-00159
▷FI 6341, *see* F-00246
▷FI 6426, *see* D-00539
▷FI 6654, *see* C-00091
▷FI 6820, *see* B-00280
FI 693, *see* C-00005
FI 6927, *in* P-00302
FIAC, *see* F-00101
Fiacitabine, F-00101
Fiblaferon, *in* I-00079
▷Fibocil, *in* A-00429
▷Fiboran, *in* A-00429
Fibracillin, F-00102
▷Fibrafit, *see* S-00074
Fibrafyllin, *in* A-00011
Fibrapen, *see* F-00102
Fibrinase, *see* P-00370
Fibrinogen, F-00103
Fibrinolysin, *see* P-00370
Fibrin-stabilising factor, *see* F-00007
▷Fibritamine, *see* N-00100
Fibroblast growth factor, F-00104
Fibroblast interferon, *in* I-00079
Fibrogammin, *see* F-00007
▷Fibrogenina, *in* T-00144
▷Fibrotan, *see* H-00094
▷Ficam, *see* B-00046
▷Filair, *in* T-00084
▷Filarabits, *in* D-00248
Filarsen, *see* A-00270
Fildesin, *in* V-00032
Filenadol, F-00105
Filicinic acid, *see* D-00427
▷Filipin, F-00106
Filipin I, *in* F-00106
Filipin II, *in* F-00106
▷Filipin III, *in* F-00106
Filipin IV, *in* F-00106
▷Filmarisin, *see* F-00106
▷Filon, *in* M-00290
Filtrosol *A*, *see* T-00507
▷Finacilen, *see* V-00042
Finacillin, *see* A-00520
Finadyne, *in* F-00169
Finaject, *in* T-00410
Finaplix, *in* T-00410
▷Finaten, *in* F-00240
▷Finedal, *see* C-00435
▷Fiobrol, *in* C-00303
Fipexide, F-00107
Fipexium, *in* F-00107
▷Fisalamine, *see* A-00266
Fisbren, *see* B-00139
Fisiobil, *in* D-00400
▷Fisiodar, *in* D-00309
▷Fisostin, *in* E-00122
Fisostina, *in* F-00282
FK 027, *see* C-00129
▷FK 1080, *in* T-00485

▷FK 1160, *in* T-00245
▷FK 1190, *in* P-00346
FK 156, *see* A-00406
FK 506, F-00108
FK 644, *see* D-00401
▷FK 749, *in* C-00158
FL 1039, *see* P-00366
▷FL 1060, *see* M-00042
FL113, *in* H-00144
FLA 136, *see* N-00056
FLA 336, *see* A-00193
FLA 731, *see* R-00021
FLA 870, *in* R-00002
▷Flagecidin, *see* A-00395
Flagentyl, *see* H-00208
▷Flagodin, *see* I-00068
▷Flagyl, *see* M-00344
Flagyl S, *in* M-00344
Flaianina, *see* D-00365
▷Flamanil, *see* P-00249
▷Flamarion, *see* A-00013
▷Flamazine, *in* S-00237
Flamenol, *in* B-00076
▷Flamilon, *see* S-00283
▷Flamycin, *see* C-00195
▷Flavacrin, *in* A-00205
▷Flavamine, F-00109
3,3′,4,4′,5,7-Flavanhexol, *see* H-00054
▷Flavaxin, *see* R-00038
Flaveric, *in* B-00061
▷Flavicin, *see* P-00043
▷Flavinadenine dinucleotide, *in* R-00038
▷Flavin mononucleotide, *in* R-00038
Flavodic acid, *in* D-00326
Flavodilol, F-00110
Flavodilol maleate, *in* F-00110
Flavomycin, *in* M-00418
Flavone-8-acetic acid, *see* O-00136
▷Flavoquine, *in* A-00353
Flavotin, F-00111
Flavoxate, F-00112
▷Flavoxate hydrochloride, *in* F-00112
▷Flavugal, *see* B-00218
▷Flaxedil, *in* G-00004
Flazalone, F-00113
FLB 131, *see* E-00233
▷Flebocortid P 1000, *in* C-00548
Flebopom, *in* S-00128
Fleboxil, *see* M-00464
Flecaine, *in* F-00114
Flecainide, F-00114
Flecainide acetate, *in* F-00114
Flectar, *in* B-00179
Flegmasil, *see* N-00022
▷Flenac, *see* D-00199
Flerobuterol, F-00115
Fleroxacin, F-00116
Flesinoxan, F-00117
Flestolol, *in* D-00352
Flestolol sulfate, *in* D-00352
Fletazepam, F-00118
▷Flexeril, *in* C-00597
▷Flexiban, *in* C-00597
Flexicort, *in* C-00548
▷Flexin, *see* A-00225
▷Flocillin, *in* P-00447
▷Floctafenine, F-00119
▷Flogar, *see* O-00082
▷Flogencyl, *in* O-00036
▷Flogene, *see* F-00079
Flogobron, *in* O-00130
Flogomen, *see* F-00026
▷Floktin, *see* F-00119
Flolan, *in* P-00528
Flomoxef, F-00120
Flonatril, *see* C-00495
▷Flopropione, *see* T-00479
Florantiron, *see* F-00121
Florantyrone, F-00121
▷Floraquin, *see* D-00364
Flordipine, F-00122
Floredil, F-00123
Florenal, *in* D-00479
▷Floretione, *see* E-00191
Florfenicol, F-00124
▷Florifenine, F-00125
▷Florimycin, *see* V-00050
▷Florinef, *see* F-00147
▷Florinef acetate, *in* F-00147
▷Florispec, *see* E-00074
Florone, *in* D-00267
▷Floropipamide, *see* P-00274
▷Floropipamide hydrochloride, JAN, *in* P-00274
▷Floropipetone, *see* P-00518
▷Floropryl, *see* D-00368
Flosequinan, *see* F-00188
▷Flosin, *see* I-00068
▷Flosint, *see* I-00068
▷Flosyn, *see* I-00068
Flotrenizine, F-00126
▷Flou, *in* P-00545
Floverine, *see* D-00399
▷Floveton, *see* T-00479
Floxacillin, *see* F-00139
Floxacillin magnesium, *in* F-00139
Floxacrine, F-00127
▷Floxamine, *see* P-00210
Floxan, *in* L-00085
Floxapen, *see* F-00139
Floxicam, *see* I-00217
▷Floxuridine, *see* D-00079
Floxyfral, *in* F-00234
▷Flozim, *see* I-00068
▷Fluacizine, F-00128
▷Flualamide, F-00129
▷Fluamine, *see* D-00432
▷Fluanisone, F-00130
Fluanxol, *in* F-00198
Fluanxol-Depot, *in* F-00198
▷Fluazacort, F-00131
▷Fluazacortenol acetate, *see* F-00131
▷Fluazide, *see* I-00103
Flubanilate, F-00132
Flubanilate hydrochloride, *in* F-00132
▷Flubason, *see* D-00102
▷Flubendazole, F-00133
▷Flubenisolone disodium phosphate, *in* B-00141
▷Flubenisolone valerate, *in* B-00141
▷Flubenol, *see* F-00133
Flubepride, F-00134
▷Flubuperone, *in* M-00083
Flucarbril, *see* M-00314
Flucetorex, F-00135
Flucindole, F-00136
▷Flucinom, *see* F-00224
Fluciprazine, F-00137
Fluclorolone acetonide, F-00138
Flucloronide, *see* F-00138
Flucloxacillin, F-00139
Fluconazole, F-00140
▷Flucort, *see* F-00156
Flucrilate, *see* F-00141
Flucrylate, F-00141
▷Flucytosine, *see* F-00183
Fludalanine, *in* A-00258
Fludarabine, F-00142
▷Fludarabine phosphate, *in* F-00142
Fludarene, *in* O-00125
▷Fludazin, *see* M-00377
Fludazonium(1+), F-00143
Fludazonium chloride, *in* F-00143
▷Fludemil, *see* F-00157

▷Fluderma, *see* F-00246
▷Fludestrin, *see* T-00100
▷Fludex, *see* I-00052
▷Fludiazepam, F-00144
▷Fludorex, F-00145
▷Fludoxopone, F-00146
▷Fludrocortisone, F-00147
▷Fludrocortisone acetate, *in* F-00147
▷Fludrocortone, *see* F-00147
▷Fludrocortone, *in* F-00147
▷Fludrone, *see* F-00147
▷Fludroxycortide, *see* F-00215
▷Flufenamic acid, F-00148
▷Flufenazine, *see* F-00202
Flufenisal, *in* F-00185
Flufenone, *see* P-00433
▷Fluformilone, *see* F-00246
Flufosal, *see* P-00218
Flufylline, F-00149
Flugestone, F-00150
▷Flugestone acetate, *in* F-00150
▷Fluidane, *see* B-00313
Fluidasa, *in* M-00108
▷Fluidemin, *see* B-00313
▷Fluidemol, *see* B-00313
▷Fluidil, *see* C-00639
▷Fluindarol, *see* T-00467
▷Fluindione, *see* F-00189
▷Flukanide, *see* R-00003
Flu-Korti, *in* F-00201
Flumalol, F-00151
Flumark, *see* E-00060
▷Flumazenil, F-00152
▷Flumazepil, *see* F-00152
▷Flumecinol, F-00153
Flumedroxone, F-00154
Flumedroxone acetate, *in* F-00154
Flumefinine, *see* F-00113
▷Flumeprednisolone, *in* D-00111
Flumequine, F-00155
▷Flumetasone, *see* F-00156
Flumetasone acetate, *in* F-00156
▷Flumethasone, F-00156
Flumethasone acetate, *in* F-00156
Flumethasone pivalate, *in* F-00156
▷Flumethiazide, F-00157
Flumethrin, F-00158
Flumetramide, F-00159
▷Flumexadol, F-00160
Flumezapine, F-00161
Fluminorex, F-00162
Flumizole, *see* B-00229
▷Flumoperone, *see* T-00468
▷Flumoxal, *see* F-00133
▷Flumoxane, *see* F-00133
Flumoxonide, F-00163
Flumural, *see* F-00155
Flunamine, F-00164
▷Flunarizine hydrochloride, *in* F-00165
Flunarizine, F-00165
Flunidazole, F-00166
Flunisolide acetate, *in* F-00167
▷Flunisolide, F-00167
▷Flunitrazepam, F-00168
Flunixin, F-00169
Flunixin meglumine, *in* F-00169
Flunoprost, F-00170
▷Flunoxaprofen, F-00171
Fluochol, *see* F-00121
▷Fluocinolide, *see* F-00173
▷Fluocinolone, F-00172
▷Fluocinolone acetonide, *in* F-00172
▷Fluocinolone acetonide acetate, *see* F-00173
Fluocinolone acetonide 21-cyclopropyl carboxylate, *see* C-00388
Fluocinolone acetonide 21-propionate, *see* P-00452
▷Fluocinonide, F-00173
Fluocortin, F-00174
▷Fluocortin butyl, *in* F-00174
▷Fluocortisol, *see* F-00147
▷Fluocortolone, F-00175
Fluocortolone caproate, *in* F-00175
Fluocortolone-21-carboxylic acid, *see* F-00174
Fluocortolone pivalate, *in* F-00175
▷Fluocytosine, *see* F-00183
▷Fluohydrisone, *see* F-00147
▷Fluonid, *in* F-00172
Fluonid Orion, *see* L-00076
Fluonilid, *see* L-00076
▷Fluopromazine, F-00176
▷Fluopsin *C*, F-00177
▷Fluoracizine, *see* F-00128
▷Fluoral, *in* S-00087
Fluorenemethanol, F-00178
4-(9*H*-Fluoren-9-ylidenemethyl)benzenecarboximidamide, *see* P-00026
α-Fluoren-9-ylidene-*p*-toluamidine, *see* P-00026
2-(2-Fluorenyl)propanoic acid, F-00179
▷Fluorescein, F-00180
Fluorescein dilaurate, *in* F-00180
▷Fluorescein sodium, *in* F-00180
▷Fluoresone, *see* E-00191
Fluorexon, *see* O-00033
3-Fluoroalanine, *see* A-00258
▷Fluoroancitabine, *see* F-00219
β-Fluoroasparagine, *in* A-00257
3-Fluoroaspartic acid, *see* A-00257
β-Fluoroaspartic acid, *see* A-00257
4-Fluorobenzenesulfonic acid, F-00181
4-Fluorobenzenesulfonic acid 2-[(methoxycarbonyl)amino]-1*H*-benzimidazol-5-yl ester, *see* L-00119
3-[2-[4-(6-Fluoro-1,2-benzisoxazol-3-yl)-1-piperidinyl]-ethyl]-6,7,8,9-tetrahydro-2-methyl-4*H*-pyrido[1,2-*a*]-pyrimid-4-one, *see* R-00063
1-[1-[3-(6-Fluoro-1,2-benzisoxazol-3-yl)propyl]-4-piperidinyl]-1,3-dihydro-2*H*-benzimidazol-2-one, *see* N-00062
7-[2-[4-(*p*-Fluorobenzoyl)piperidino]ethyl]theophylline, *see* F-00149
▷7-[3-[4-(*p*-Fluorobenzoyl)piperidinopropyl]]theophylline, *see* F-00210
7-[4-[4-(4-Fluorobenzoyl)-1-piperidinyl]butyl]-3,7-dihydro-1,3-dimethyl-1*H*-purine-2,6-dione, *see* P-00117
3-[4-[4-(4-Fluorobenzoyl)-1-piperidinyl]butyl]-2,4(1*H*,3*H*)-quinazolinedione, *see* B-00392
7-[2-[4-(4-Fluorobenzoyl)-1-piperidinyl]ethyl]-3,7-dihydro-1,3-dimethyl-1*H*-purine-2,6-dione, *see* F-00149
6-[2-[4-(4-Fluorobenzoyl)-1-piperidinyl]ethyl]-2,3-dihydro-7-methyl-5*H*-thiazolo[3,2-*a*]pyrimidin-5-one, *see* S-00058
3-[2-[4-(4-Fluorobenzoyl)-1-piperidinyl]ethyl]-2,3-dihydro-2-thioxo-4(1*H*)-quinazolinone, *see* A-00153
3-[2-[4-(4-Fluorobenzoyl)-1-piperidinyl]ethyl]-2,7-dimethyl-4*H*-pyrido[1,2-*a*]pyrimidin-4-one, *see* M-00342
3-[2-[4-(4-Fluorobenzoyl)-1-piperidinyl]ethyl]-2-methyl-4*H*-pyrido[1,2-*a*]pyrimidin-4-one, *see* P-00320
3-[2-[4-(4-Fluorobenzoyl)piperidinyl]ethyl]quinazoline-2,4-(1*H*,3*H*)-dione, *see* K-00010
4-[4-(4-Fluorobenzoyl)-1-piperidinyl]-1-(4-fluorophenyl)-1-butanone, *see* L-00024
1-[3-[4-(4-Fluorobenzoyl)-1-piperidinyl]propyl]-1,3-dihydro-2*H*-benzimidazol-2-one, *see* D-00039
▷7-[3-[4-(4-Fluorobenzoyl)-1-piperidinyl]propyl]-3,7-dihydro-1,3-dimethyl-1*H*-purine-2,6-dione, *see* F-00210
▷8-[3-(*p*-Fluorobenzoyl)propyl]-2-methyl-2,8-diazaspiro[4.5]-decane-1,3-dione, *see* R-00102
N-[[1-[3-(*p*-Fluorobenzoyl)propyl]-4-phenyl-4-piperidyl]-methyl]acetamide, *see* A-00014
▷8-[3-(4-Fluorobenzoyl)propyl]-1-phenyl-1,3,8-triazaspiro[4.5]-decan-4-one, *see* S-00115
3-[4-[3-(4-Fluorobenzoyl)propyl]-1-piperazinyl]isoquinoline, *see* C-00384

▷1-[3-(4-Fluorobenzoyl)propyl]-4-piperidino-4-propionylpiperidine, *see* P-00518
▷1-[1-3-(*p*-Fluorobenzoyl)propyl-1,2,3,6-tetrahydro-4-pyridiyl]-benzimidazolinone, *see* D-00608
9-(2-Fluorobenzyl)-6-methylamino-9*H*-purine, F-00182
N-[[1-(*p*-Fluorobenzyl)-2-pyrrolidinyl]methyl]-5-sulfamoyl-*o*-anisamide, *see* F-00134
▷2-(2-Fluoro-4-biphenyl)propionic acid, *see* F-00218
(2′-Fluoro-4-biphenylyl)acetylene, *see* E-00230
2-(3′-Fluorobiphenyl-4-yl)propionic acid, *see* F-00209
8-Fluoro-α,5-bis(5-fluorophenyl)-1,3,4,5-tetrahydro-2*H*-pyrido[4,3-*b*]indole-2-butanol, *see* F-00232
9α-Fluorocortisone, *in* F-00184
▷5-Fluorocytosine, F-00183
2-[(8-Fluorodibenz[*b,f*]oxepin-10-yl)thio]-*N*-methylethanamine, *see* F-00214
9-Fluoro-1′,4′-dihydro-11β,21-dihydroxy-2′-β*H*-naphtho[2′,3′:16,17]pregna-1,4-diene-3,20-dione, *see* N-00018
9-Fluoro-6,7-dihydro-5,8-dimethyl-1-oxo-1*H*,5*H*-benzo[*i,j*]-quinolizine-2-carboxylic acid, *see* I-00002
6-Fluoro-1,4-dihydro-1-(methylamino)-7-(4-methyl-1-piperazinyl)-4-oxo-3-quinolinecarboxylic acid, *see* A-00195
4-[3-Fluoro-10,11-dihydro-8-(1-methylethyl)dibenzo[*b,f*]-thiepin-10-yl]-1-piperazineethanol, *see* I-00187
9-Fluoro-2,3-dihydro-3-methyl-10-(4-methyl-1-piperazinyl)-7-oxo-7*H*-pyrido[1,2,3-*de*]-1,4-benzoxazine-6-carboxylic acid, *see* O-00032
9-Fluoro-6,7-dihydro-5-methyl-1-oxo-1*H*,5*H*-benzo[*ij*]-quinolizine-2-carboxylic acid, *see* F-00155
9-Fluoro-2,3-dihydro-10-(4-methyl-1-piperazinyl)-7-oxo-7*H*-pyrido[1,2,3-*de*]-1,4-benzothiazine-6-carboxylic acid, *see* R-00104
▷7-Fluoro-3,4-dihydro-1-phenyl-1*H*-2-benzopyran-3-methanamine, *see* F-00056
6-Fluoro-2,3-dihydrospiro[4*H*-1-benzopyran-4,4′-imidazolidine]-2′,5′-dione, *see* S-00104
9α-Fluoro-11β,21-dihydroxy-16α,17-dimethylpregna-1,4-diene-3,20-dione, *see* D-00386
9-Fluoro-11,17-dihydroxy-17-(2-hydroxy-1-oxopropyl)-androsta-1,4-dien-3-one, *see* F-00201
9-Fluoro-11,21-dihydroxy-16,17-isopropylidenedioxy-5-pregnane-3,20-dione, *see* D-00604
▷9α-Fluoro-11β,17β-dihydroxy-17α-methyl-4-androsten-3-one, *see* F-00195
▷6α-Fluoro-11β,21-dihydroxy-16α,17-[(1-methylethylidene)-bis-(oxy)]-1,4-pregnadiene-3,20-dione, *see* F-00167
9-Fluoro-11,21-dihydroxy-16,17-[(1-methylethylidene)-bis-(oxy)]pregnane-3,20-dione, *see* D-00604
▷6α-Fluoro-11β,21-dihydroxy-16α,17α-[(1-methylethylidene)-bis-(oxy)]-4-pregnene-3,20-dione, *see* F-00215
▷6α-Fluoro-11β,21-dihydroxy-16α-methyl-1,4-pregnadiene-3,20-dione, *see* F-00175
9α-Fluoro-11β,17α-dihydroxy-6α-methyl-1,4-pregnadiene-3,20-dione, *see* F-00186
9-Fluoro-11β,17-dihydroxy-16β-methylpregna-1,4-diene-3,20-dione, *see* D-00597
▷9-Fluoro-11,21-dihydroxy-16-methylpregna-1,4-diene-3,20-dione, *see* D-00102
▷9-Fluoro-11β,21-dihydroxy-2′-methyl-5′β*H*-pregna-1,4-dieno[16,17-*d*]oxazole-3,20-dione, *see* F-00131
9-Fluoro-11,21-dihydroxy-16,17-[(1-phenylethylidene)-bis-(oxy)]pregna-1,4-diene-3,20-dione, *see* A-00176
9α-Fluoro-11β,17α-dihydroxy-4-pregnene-3,20-dione, *see* F-00150
9-Fluoro-17,21-dihydroxy-4-pregnene-3,11,20-trione, F-00184
8-(2-Fluoroethyl)-3-[(hydroxydiphenylacetyl)oxy]-8-methyl-8-azoniabicyclo[3.2.1]octane, *see* F-00233
4′-Fluoro-4-(4-(*p*-fluorobenzoyl)piperidino]butyrophenone, *see* L-00024
6-Fluoro-2-(2′-fluoro[1,1′-biphenyl]-4-yl)-3-methyl-4-quinolinecarboxylic acid, *see* B-00269
Fluorogestone, *see* F-00150
10-Fluoro-1,2,3,4,4*a*,5-hexahydro-3-methyl-7-(2-thienyl)-pyrazino[1,2-*a*][1,4]benzodiazepine, *see* T-00283
4′-Fluoro-4-(hexahydropyrrolo[1,2-*a*]pyrazin-2(1*H*)-yl)-butyrophenone, *see* A-00492
5-Fluoro-*N*-hexyl-3,4-dihydro-2,4-dioxo-1(2*H*)-pyrimidinecarboxamide, *see* C-00082
▷9α-Fluorohydrocortisone, *see* F-00147
4′-Fluoro-4-hydroxy-3-biphenylcarboxylic acid, F-00185
7-[5-Fluoro-3-hydroxy-2-(3-hydroxy-4-phenoxy-1-butenyl)-cyclopentyl]-5-heptenoic acid, *see* F-00170
▷6α-Fluoro-11β-hydroxy-16α-methyl-3,20-dioxopregna-1,4-dien-21-oic acid butyl ester, *in* F-00174
3-Fluoro-4-[2-hydroxy-3-[(1-methylethyl)amino]propoxy]-benzenepropanoic acid ethyl ester, *see* F-00151
▷4′-Fluoro-4-(4-hydroxypiperidino)butyrophenone isopropylcarbamate, *see* C-00093
4′-Fluoro-4-(4-hydroxy-4-*p*-tolylpiperidino)butyrophenone, *see* M-00432
▷4′-Fluoro-4-[4-hydroxy-4-(α,α,α-trifluoro-*m*-tolyl)-piperidino]-butyrophenone, *see* T-00468
2′-Fluoro-5-iodoaracytosine, *see* F-00101
▷Fluoromar, *see* T-00464
▷4′-Fluoromebendazole, *see* F-00133
Fluorometholone, F-00186
Fluorometholone acetate, *in* F-00186
Fluoromethotrexate, F-00187
4′-Fluoro-4-[4-(6-methoxy-2-methylindol-3-yl)piperidino]-butyrophenone, *see* M-00384
4′-Fluoro-4-[4-[2-[(*p*-methoxy-α-phenylbenzyl)oxy]ethyl]-piperazinyl]butyrophenone, *see* M-00412
N-[1-(5-Fluoro-2-methoxyphenyl)ethyl]-4-[[[5-(2-methyl-propyl)-2-pyrimidinyl]amino]sulfonyl]benzeneacetamide, *see* G-00040
▷4′-Fluoro-4-[4-(*o*-methoxyphenyl)-1-piperazinyl]butyrophenone, *see* F-00130
▷2-Fluoro-α-methyl-(1,1′-biphenyl)-4-acetic acid, *see* F-00218
3′-Fluoro-α-methyl[1,1′-biphenyl]-4-acetic acid, *see* F-00209
Fluoromethyl 6,9-difluoro-11,17-dihydroxy-16-methyl-3-oxoandrosta-1,4-diene-17-carbothioate, *see* F-00227
7-Fluoro-2-methyl-4-(4-methyl-1-piperazinyl)-10*H*-thieno[2,3-*b*][1,5]benzodiazepine, *see* F-00161
▷5-Fluoro-2-methyl-1-[[4-(methylsulfinyl)phenyl]methylene]-1*H*-indene-3-acetic acid, *see* S-00225
7-Fluoro-1-methyl-3-(methylsulfinyl)-4(1*H*)-quinolinone, F-00188
N-(5-Fluoro-2-methylphenyl)-4,5-dihydro-1*H*-imidazol-2-amine, *see* F-00230
3-Fluoro-6-(4-methyl-1-piperazinyl)-11*H*-dibenz[*b,e*]azepine, *see* F-00200
3-Fluoro-6-(4-methyl-1-piperazinyl)morphanthridine, *see* F-00200
4′-Fluoro-4-(4-methylpiperidino)butyrophenone, *see* M-00083
▷9α-Fluoro-16α-methylprednisolone, *see* D-00111
Fluoromethyl 2,2,2-trifluoro-1-(trifluoromethyl)ethyl ether, *see* H-00047
Fluoro-4-(octahydro-4-hydroxy-1(2*H*)-quinolyl)-butyrophenone carbamate, *see* C-00324
Fluoroperlapine, *see* F-00200
Fluorophene, *see* F-00191
8-[3-(4-Fluorophenoxy)propyl]-1-phenyl-1,3,8-triazaspiro[4,5]-decan-4-one, *see* S-00117
1-[2-[4-[3-(4-Fluorophenyl)-2,3-dihydro-1*H*-inden-1-yl]-1-piperazinyl]ethyl]-2-imidazolidinone, *see* I-00170
N-[[5-(2-Fluorophenyl)-2,3-dihydro-1-methyl-1*H*-1,4-benzodiazepin-2-yl]methyl]-3-thiophenecarboxamide, *see* T-00265
▷5-(2-Fluorophenyl)-1,3-dihydro-1-methyl-7-nitro-2*H*-1,4-benzodiazepin-2-one, *see* F-00168
3-[4-(4-Fluorophenyl)-3,6-dihydro-1(2*H*)-pyridinyl]-1-[1-(2-hydroxyethyl)-5-methyl-1*H*-pyrazol-4-yl]-1-propanone, *see* F-00205
4-[3-(4-Fluorophenyl)-2,3-dihydro-6-(trifluoromethyl)-1-inden-1-yl-1-piperazineethanol, *see* T-00053
4-(2-Fluorophenyl)-6,8-dihydro-1,3,8-trimethylpyrazolo[3,4-*e*][1,4]diazepin-7(1*H*)-one, *see* Z-00028

1-[4-[2-[2-(4-Fluorophenyl)ethoxy]ethoxy]phenoxy]-3-[(1-methylethyl)amino]-2-propanol, *see* F-00221
1-(*p*-Fluorophenyl)-6-fluoro-7-(4-methyl-1-piperazinyl)-1,4-dihydro-4-oxoquinoline-3-carboxylic acid, *see* D-00268
(4-Fluorophenyl)[4-(4-fluorophenyl)-4-hydroxy-1-methyl-3-piperidinyl]methanone, *see* F-00113
1-(4-Fluorophenyl)-8-[4-(4-fluorophenyl)-4-oxobutyl]-1,3,8-triazaspiro[4.5]decan-4-one, *see* F-00222
1-(4-Fluorophenyl)-4-(3,4,6,7,12,12*a*-hexahydropyrazino[1′,2′:1,6]pyrido[3,4-*b*]indol-2(1*H*)-yl)-1-butanone, *see* B-00183
1-(4-Fluorophenyl)-4-(hexahydropyrrolo[1,2-*a*]pyrazin-2(1*H*)-yl)-1-butanone, *see* A-00492
5-(4-Fluorophenyl)-2-hydroxybenzoic acid, *see* F-00185
1-(4-Fluorophenyl)-4-[4-hydroxy-4-(4-methylphenyl)-1-piperidinyl]-1-butanone, *see* M-00432
▷1-(4-Fluorophenyl)-4-[4-hydroxy-4-(3-trifluoromethyl)-phenyl]-1-piperidinyl-1-butanone, *see* T-00468
▷2-(4-Fluorophenyl)-1,3-indanedione, F-00189
▷2-(4-Fluorophenyl)-1*H*-inden-1,3(2*H*)dione, *see* F-00189
4-(*p*-Fluorophenyl)-1-isopropyl-7-methyl-2(1*H*)quinazolinone, *see* F-00211
1-(4-Fluorophenyl)-4-[4-(3-isoquinolinyl)-1-piperazinyl]-1-butanone, *see* C-00384
1-(4-Fluorophenyl)-4-[4-(6-methoxy-2-methyl-1*H*-indol-3-yl)-1-piperidinyl]-1-butanone, *see* M-00384
1-(4-Fluorophenyl)-4-[4-[2-[(4-methoxyphenyl)-phenylmethoxy]ethyl]-1-piperazinyl]-1-butanone, *see* M-00412
α-(4-Fluorophenyl-4-(2-methoxyphenyl)-1-piperazinebutanol, *see* A-00396
▷1-(4-Fluorophenyl)-4-[4-(2-methoxyphenyl)-1-piperazinyl]-1-butanone, *see* F-00130
4-(*p*-Fluorophenyl)-5-[2-[4-(*o*-methoxyphenyl)-1-piperazinyl]-ethyl]-4-oxazolin-2-one, *see* Z-00032
4-(4-Fluorophenyl)-5-[2-[4-(2-methoxyphenyl)-1-piperazinyl]-ethyl]-2(3*H*)-oxazolone, *see* Z-00032
7-[[(4-Fluorophenyl)methyl]amino]-8-methylnonanoic acid, *see* Z-00003
▷2-(4-Fluorophenyl)-α-methyl-5-benzoxazoleacetic acid, *see* F-00171
4-(4-Fluorophenyl)-3-(3,4-methylenedioxyphenoxy)piperidine, *see* P-00040
▷1-[(4-Fluorophenyl)methyl]-*N*-[1-[2-(4-methoxyphenyl)ethyl]]--4-piperidinyl-1*H*-benzimidazol-2-amine, *see* A-00466
4-(4-Fluorophenyl)-7-methyl-1-(1-methylethyl)-2(1*H*)-quinazolinone, *see* F-00211
1-(4-Fluorophenyl)-4-(4-methyl-1-piperidinyl)-1-butanone, *see* M-00083
2-(4-Fluorophenyl)-5-nitro-1*H*-imidazole-1-ethanol, *see* F-00166
▷1′-[4-(4-Fluorophenyl)-4-oxobutyl][1,4′-bipiperidine]-4′-carboxamide, *see* P-00274
N-[[1-[4-(4-Fluorophenyl)-4-oxobutyl]-4-phenyl-4-piperidinyl]-methyl]acetamide, *see* A-00014
▷8-[4-(4-Fluorophenyl)-4-oxobutyl]-1-phenyl-1,3,8-triazaspiro[4.5]decan-4-one, *see* S-00115
▷1-[1-[4-(4-Fluorophenyl)-4-oxobutyl]-4-piperidinyl]-1,3-dihydro-2*H*-benzimidazol-2-one, *see* B-00060
▷1-[1-[4-(4-Fluorophenyl)-4-oxobutyl]-1,2,3,6-tetrahydro-4-pyridinyl]-1,3-dihydro-2*H*-benzimidazol-2-one, *see* D-00608
▷1-(4-Fluorophenyl)-4-[4′-(1-oxopropyl)[1,4′-bipiperidin]-1′-yl]-1-butanone, *see* P-00518
▷8-[4-(4-Fluorophenyl)pent-3-enyl]-1-phenyl-1,3,8-triazaspiro[4.5]decan-4-one, *see* S-00121
▷4-(4-Fluorophenyl)-5-[2-(4-phenyl-1-piperazinyl)ethyl]-1,3-dioxol-2-one, *see* F-00146
▷*N*-[3-[4-(*p*-Fluorophenyl)-1-piperazinyl]-1-methylpropyl]-nicotinamide, *see* N-00083
N-[4-[3-[4-(2-Fluorophenyl)-1-piperazinyl]propoxy]-3-methoxy-phenyl]acetamide, *see* M-00003
1-(4-Fluorophenyl)-4-(1-piperidinyl)-1-butanone, *see* P-00433
5-[4-(3-Fluorophenyl)-3-piperidylmethoxy]-1,3-benzodioxole, *see* P-00040
2′-(4-Fluorophenyl)-2′*H*-pregna-2,4-dien-20-yno[3,2-*c*]-pyrazol-17α-ol, *see* N-00191
▷1-(4-Fluorophenyl)-4-[4-(2-pyridinyl)-1-piperazinyl]-1-butanone, *see* A-00503
N-[3-(4-Fluorophenyl)-3-(2-pyridinyl)propyl]-N^1-[3-(1*H*-imidazol-4-yl)propyl]guanidine, *see* A-00449
1-[(4-Fluorophenyl)sulfonyl]-4-[4-[[7-(trifluoromethyl)-4-quinolinyl]amino]benzoyl]piperazine, *see* L-00102
4-[3-(4-Fluorophenyl)-6-(trifluoromethyl)-1-indanyl]-1-piperazineethanol, *see* T-00053
4-Fluorophenyl[1-[3-[2-(trifluoromethyl)-10*H*-phenothiazin-10-yl]propyl]-4-piperidinyl]methanone, *see* D-00621
▷2-Fluoro-9-(5-*O*-phosphono-β-D-arabinofuranosyl)-9*H*-purin-6-amine, *in* F-00142
▷Fluoropipamide, *see* P-00274
4′-Fluoro-4-piperidinobutyrophenone, *see* P-00433
6-Fluoroprednisolone, *see* F-00208
9α-Fluoroprednisolone, *see* I-00188
Fluoroproquazone, *see* F-00211
▷4′-Fluoro-4-[4-(2-pyridyl)-1-piperazinyl]butyrophenone, *see* A-00503
▷5-Fluoro-2,4(1*H*,3*H*)-pyrimidinedione, F-00190
Fluorosalan, F-00191
6-Fluorospiro[chroman-4,4′-imidazolidine]-2′,5′-dione, *see* S-00104
5-Fluoro-2,3,3*a*,9*a*-tetrahydro-1*H*-[1,4]benzodioxino[2,3-*c*]-pyrrole, *see* F-00197
▷5-Fluoro-1-(tetrahydro-2-furanyl)-2,4(1*H*,3*H*)pyrimidinedione, *see* T-00055
▷5-Fluoro-1-(tetrahydro-2-furyl)uracil, *see* T-00055
▷7-Fluoro-2,3,3*a*,9*a*-tetrahydro-3-hydroxy-6-imino-6*H*-furo[2′,3′:4,5]oxazolo[3,2-*a*]pyrimidine-2-methanol, *see* F-00219
▷9α-Fluoro-11β,16α,17α,21-tetrahydroxy-1,4-pregnadiene-3,20-dione, *see* T-00419
9-Fluoro-11β,16α,17,21-tetrahydroxypregna-1,4-diene-3,20-dione cyclic 16,17-acetal with acetophenone, *see* A-00176
▷4-Fluoro-4-[4-(2-thioxo-1-benzimidazolinyl)piperidino]-butyrophenone, *see* T-00285
2-(5-Fluoro-*o*-toluidino)-2-imidazoline, *see* F-00230
▷1-[3-[6-Fluoro-2-(trifluoromethyl)-9*H*-thioxanthene-9-ylidene]-propyl]-4-piperidineethanol, *see* P-00248
4-[3-[6-Fluoro-2-(trifluoromethyl)-9*H*-thioxanthen-9-yl]-propyl]-1-piperazineethanol, *see* T-00054
9α-Fluoro-11β,17,21-trihydroxy-16-methylenepregna-1,4-diene-3,20-dione, *see* F-00207
6α-Fluoro-11β,17α,21-trihydroxy-16α-methyl-1,4-pregnadiene-3,20-dione, *see* P-00025
▷9α-Fluoro-11β,17α,21-trihydroxy-16β-methylpregna-1,4-diene-3,20-dione, *see* B-00141
▷9α-Fluoro-11β,17α,21-trihydroxy-16α-methyl-1,4-pregnadiene-3,20-dione, *see* D-00111
9-Fluoro-11β,17α,21-trihydroxy-21-methyl-1,4-pregnadiene-3,20-dione, *see* F-00201
6α-Fluoro-11β,17α,21-trihydroxy-1,4-pregnadiene-3,20-dione, *see* F-00208
9-Fluoro-11β,16α,17-trihydroxypregna-1,4-diene-3,20-dione, *see* D-00092
9α-Fluoro-11β,17α,21-trihydroxy-1,4-pregnadiene-3,20-dione, *see* I-00188
▷9α-Fluoro-11β,17α,21-trihydroxy-4-pregnene-3,20-dione, *see* F-00147
▷Fluorouracil, *see* F-00190
▷5-Fluorouracil, *see* F-00190
6-Fluorovitamin D_3, *in* V-00062
▷Fluoroxene, *see* T-00464
▷Fluoruridindeoxyribose, *see* D-00079
Fluosmin, *in* F-00156
Fluosol DA, *in* H-00025
▷Fluosol DA, *in* O-00008
▷Fluostigmine, *see* D-00368
▷Fluothane, *see* B-00294
Fluotracen, F-00192
Fluotracen hydrochloride, *in* F-00192
Fluotrimazole, F-00193

Fluoxetine, F-00194
▷Fluoxiprednisolone, *see* T-00419
▷Fluoxiprednisolone hexacetonide, *in* T-00419
Fluoxolonate, *in* F-00167
▷Fluoxymesterone, F-00195
Flupamesone, F-00196
Fluparoxan, F-00197
Flupen, *see* F-00139
▷Flupenthixol, F-00198
α-Flupenthixol, *in* F-00198
β-Flupenthixol, *in* F-00198
▷Flupentixol, *see* F-00198
Flupentixol decanoate, *in* F-00198
Flupentixol dihydrochloride, JAN, *in* F-00198
Fluperamide, F-00199
Fluperlapine, F-00200
Fluperolone, F-00201
Fluperolone acetate, *in* F-00201
▷Fluphenazine, F-00202
Fluphenazine caproate, *in* F-00202
▷Fluphenazine decanoate, *in* F-00202
▷Fluphenazine enanthate, *in* F-00202
▷Fluphenazine hydrochloride, *in* F-00202
▷Flupidol, *see* P-00062
Flupimazine, F-00203
Flupirtine, F-00204
Flupirtine maleate, *in* F-00204
Flupranone, F-00205
Fluprazine, F-00206
Fluprednidene, F-00207
Fluprednisolone, F-00208
Fluprednisolone acetate, *in* F-00208
Fluprednisolone hemisuccinate, *in* F-00208
Fluprednisolone valerate, *in* F-00208
Fluprednylidene, *see* F-00207
Fluprofen, F-00209
▷Fluprofylline, F-00210
Fluproquazone, F-00211
Fluprostenol, F-00212
Fluprostenol sodium, USAN, *in* F-00212
Flupyrazopon, *see* Z-00028
Fluquazone, F-00213
Fluradoline, F-00214
Fluradoline hydrochloride, *in* F-00214
▷Flurandrenolide, *see* F-00215
▷Flurandrenolone, F-00215
Flurantel, F-00216
▷Flurazepam hydrochloride, *in* F-00217
▷Flurazepam, F-00217
▷Flurbiprofen, F-00218
Flurèse, *see* E-00085
▷Fluress, *in* F-00180
▷Fluress, *in* O-00146
Fluretofen, *see* E-00230
▷Flurfamide, *see* F-00220
▷Flurocitabine, F-00219
▷Flurofamide, F-00220
▷Fluroformylon, *see* F-00246
▷Flurogestone acetate, *in* F-00150
Flurone, *in* D-00267
▷Flurothyl, *see* B-00239
▷Flurotyl, *see* B-00239
▷Fluroxene, *see* T-00464
Fluroxyspiramine, *see* S-00117
Flusalan, *see* F-00191
Flusoxolol, F-00221
Fluspiperone, F-00222
▷Fluspirilene, F-00223
▷Flutamide, F-00224
▷Flutazolam, F-00225
▷Flutemazepam, F-00226
Flutenal, *see* F-00196
Flutiazin, *see* T-00466
Fluticasone, F-00227
Fluticasone propionate *in* F-00227
Flutiorex, F-00228
Flutixan, *see* T-00054
Flutizenol, F-00229
Flutonidine, F-00230
▷Flutoprazepam, F-00231
Flutroline, F-00232
Flutropium(1+), F-00233
Flutropium bromide, *in* F-00233
▷Fluvermal, *see* F-00133
▷Fluvet, *see* F-00156
Fluvoxamine, F-00234
Fluxobil, *in* D-00049
Fluzinamide, F-00235
Fluzoperine, F-00236
▷FM 24, *in* B-00256
▷FMC 33297, *see* P-00128
FMN-dinicotinate, *in* R-00038
FMTX, *see* F-00187
Foipan, *in* C-00022
Folescutol, F-00237
▷Folic acid, *see* P-00554
▷Folinerin, *in* T-00474
▷Folithion, *see* F-00057
Follhormon, *in* O-00028
▷Folliberin, *see* L-00116
▷Follicle stimulating hormone, *see* F-00238
▷Follicle stimulating hormone releasing factor, *see* L-00116
▷Follicular hormone, *see* O-00031
▷Folliculin, *see* O-00030
Follikoside, *in* O-00028
▷Follitropin, F-00238
▷Follormon, *see* D-00223
▷Follutein, *see* G-00080
Fomene, *in* T-00119
Fomidacillin, F-00239
Fominoben, F-00240
▷Fomocaine, F-00241
▷Fonazine, *see* D-00396
Fonazine mesylate, *in* D-00396
▷Fonlipol, *see* B-00217
Fontamide, *see* S-00257
▷Fontilix, *see* M-00319
▷Fonzylane, *in* P-00598
▷Fopirtoline, F-00242
▷Fopurine, *see* P-00556
▷Forane, *see* C-00231
▷Forene, *see* C-00231
▷Forenol, *see* N-00113
Forfenicinol, *see* F-00243
Forfenimex, F-00243
▷Forgenin, *in* T-00144
▷Forhistal, *in* D-00391
▷Foridon, *see* R-00060
▷Foristal, *in* D-00391
▷Forit, *see* O-00157
threo-(±)-form, *in* M-00269
▷Formaldehyde, F-00244
Formaldoxime, *in* F-00244
▷Formalox, *in* F-00094
2-Formamidobenzoic acid, *in* A-00215
α-Formamido-α-methylacetophenone, *in* A-00309
▷Formamine, *see* H-00057
▷Formebolone, F-00245
Formetamide, *in* P-00202
Formetorex, *in* P-00202
▷Formic acid 2-[4-(5-nitro-2-furyl)-2-thiazolyl]hydrazide, *see* N-00133
Formidacillin, *see* F-00239
Formiloxin, *in* T-00474
N-Formimidoylthienamycin, *see* I-00039
▷Formin, *see* H-00057
Forminitrazole, *in* A-00294
▷Formitrol, *see* F-00244
Formocholine, *see* H-00177
▷Formocortal, F-00246
▷Formocortol, *see* F-00246

▷Formoftil, *see* F-00246
Formoguanamine, *see* D-00136
▷Formol, *see* F-00244
Formoterol, F-00247
Formula 405, *in* H-00205
▷*N*-(1-Formylamido-2,2,2-trichloroethyl)morpholine, *see* T-00518
▷Formyldienolone, *see* F-00245
▷16-*O*-Formylgitoxin, *in* T-00474
[3-(Formylhydroxyamino)propyl]phosphonic acid, *see* F-00257
N-Formyl-L-leucine 1-[(3-hexyl-4-oxo-2-oxetanyl)methyl]-3,6-dodecadienyl ester, *see* L-00055
N-Formylleucine 1-[(3-hexyl-4-oxo-2-oxetanyl)methyl]-dodecyl ester, *in* L-00055
2-Formyl-1-methylpyridinium oxime, *see* P-00395
▷2-Formyl-5-nitrofuran, *see* N-00177
3-Formylpyridine, *see* P-00569
▷2-Formylquinoxaline 1,4-dioxide cyanoacetyl hydrazone, *see* C-00317
Formylsulfamethin, *in* S-00254
Formylsulfisomidine, *in* S-00254
5-Formyl-2-thiophenecarbonitrile, F-00248
▷5-Formyl-4,6,8-trihydroxy-1-methoxycarbonylphenazine, *see* L-00082
▷Foromacidin, *in* F-00249
▷Foromacidin *A*, F-00249
▷Foromacidin *B*, F-00250
▷Foromacidin *C*, F-00251
Forskolin, *in* E-00090
Fortadex, *in* H-00185
▷Fortam, *see* C-00152
Fortasept, *in* L-00014
▷Fortaz, *see* C-00152
▷Fortigro, *see* C-00039
▷Fortimicin *A*, F-00252
Fortizyme, *see* A-00147
▷Fortral, *see* P-00093
Fortunellin, *in* D-00329
Fosarilate, *in* C-00254
Fosazepam, F-00253
▷Foscarnet sodium, *in* P-00216
▷Foscavir, *in* P-00216
Foscolic acid, F-00254
Fosenazide, *see* D-00502
Foserin, *in* P-00220
Fosfabenzid, *see* D-00502
▷Fosfakol, *see* P-00027
Fosfaton, *see* F-00256
▷Fosfemid, *see* P-00214
Fosfenopril sodium, *in* C-00611
▷Fosfestrol, *in* D-00257
Fosfocreatinine, F-00255
Fosfocreatinine sodium, *in* F-00255
▷Fosfomycin, *in* M-00276
Fosfomycin calcium, JAN, *in* M-00276
Fosfonet sodium, *in* P-00215
▷Fosfosal, *see* P-00217
Fosinopril, *in* C-00611
Fosinopril sodium, *in* C-00611
Fosmenic acid, F-00256
Fosmidomycin, F-00257
▷Fospirate, F-00258
Fospiridoxamine, *see* P-00581
▷Fosteamine, *see* E-00155
Fostedil, F-00259
Fostriecin, F-00260
Fotemustine, F-00261
▷Fotretamine, *see* F-00262
▷Fotrin, F-00262
▷Fovane, *see* B-00103
Fox green, *see* I-00062
▷FOY, *in* G-00001
FOY 305, *in* C-00022
Foypan, *in* C-00022
▷Foypan, *in* G-00001
FPH, *see* F-00243
FPL 52791, *see* T-00082
FPL 55712, *see* A-00035
FPL 57787, *see* P-00548
▷FPL 58668, *see* A-00169
FPL 59360, *see* M-00386
FPL 60278, *see* D-00581
FPL 60278AR, *in* D-00581
FPL 59002KP, *in* N-00060
FQ 27-096, *in* P-00306
▷FR 02*A*, *see* E-00020
▷FR 33, *see* R-00102
FR 1314, *see* Z-00039
FR 1949, *in* C-00454
▷FR 005759, *see* C-00223
FR 10123, *see* C-00154
FR 10612, *see* C-00151
FR 13303, *see* C-00138
▷FR 13749, *in* C-00158
FR 17027, *see* C-00129
FR 31564, *see* F-00257
FR 48736, *see* C-00313
Fr-900506, *see* F-00108
Frabuprofen, F-00263
▷Fradiomycin, *in* N-00068
▷Fragivil, *see* B-00071
▷Fragivix, *see* B-00071
▷Framycetin, *see* N-00068
Franidipine, *see* M-00017
Frantin, *in* B-00132
▷Frazalon, *see* F-00283
FRC 8411, *see* M-00292
▷Freez-o-derm, *see* D-00202
▷Frenactil, *see* B-00060
▷Frenactyl, *see* B-00060
▷Frenantol, *see* H-00193
Frenapyl, *see* C-00462
Frenazole, *see* F-00264
▷Frenolon, *in* P-00129
Frenoton, *see* D-00506
▷Frenquel, *in* D-00506
Frentizole, F-00264
▷Freoderm, *see* D-00202
▷Freon 114, *see* D-00202
▷Frequentic acid, *see* C-00404
▷Frey inhibitor, *see* A-00432
▷Frezan, *see* D-00202
▷Frideron, *in* D-00035
▷Frigiderm, *see* D-00202
Fritillarine, *in* V-00024
▷Froben, *see* F-00218
Fronedipil, F-00265
▷Froxiprost, F-00266
D-Fructofuranose 1,3,4,6-tetranicotinate, *see* N-00098
β-D-Fructofuranose 1,3,4,6-tetra-3-pyridinecarboxylate, *see* N-00098
▷Frugalan, *in* F-00291
▷Fruitone *N*, *see* N-00044
Frumtosnil, *in* D-00061
▷Frusemide, F-00267
FSF, *see* F-00007
▷FSH, *see* F-00238
▷FSH-RF, *see* L-00116
▷F_3T, *see* D-00084
FT 124, *see* P-00063
Ftalofyne, *see* P-00224
▷Ftaxilide, F-00268
Ftivazide, F-00269
▷Ftoracizin, *see* F-00128
▷Ftorafur, *see* T-00055
Ftormetazine, F-00270
▷Ftorotan, *see* B-00294
Ftorpropazine, F-00271
FTPA, *see* H-00025
FTS, *see* S-00054
FU 02, *see* F-00275

FU 29-245, *see* P-00305
▷Fuadin, *in* B-00207
Fubrogonium(1+), F-00272
Fubrogonium iodide, *in* F-00272
Fubromegan, *in* F-00272
▷Fucidin, *in* F-00303
▷FUDR, *see* D-00079
FUDRP, *in* D-00079
▷Fugerel, *see* F-00224
▷Fugillin, *see* F-00273
▷Fugu poison, *see* T-00156
▷Fuldazin, *see* M-00377
▷Fulvicin, *see* G-00087
▷Fulvidex, *in* T-00104
▷Fulvidex, *in* U-00008
▷Fumadil *B*, *see* F-00273
▷Fumagillin, F-00273
Fumaramic acid, *in* F-00274
▷Fumaric acid, F-00274
▷Fumaronitrile, *in* F-00274
▷Fumaroyl chloride, *in* F-00274
▷Fumidil, *see* F-00273
Fumoxicillin, F-00275
▷Fundusein, *in* F-00180
Funesil, *in* H-00029
▷Fungacet, *see* G-00065
▷Fungacetin, *see* G-00065
▷Fungaclor, *see* H-00018
▷Fungicidin, *see* N-00235
▷Fungiderm, *in* C-00612
▷Fungifos, *see* T-00346
▷Fungifral, *in* H-00023
▷Fungimixin, *see* C-00261
Fungiplex, *see* S-00183
Fungistat, *see* T-00086
Fungit, *see* B-00340
▷Fungizone, *see* A-00368
Funkioside *A*, *in* S-00129
▷Funkioside C, *in* S-00129
▷Funkioside D, *in* S-00129
Funkioside E, *in* S-00129
▷Funkioside F, *in* S-00129
▷Funkioside G, *in* S-00129
Funtudiamine A, *in* P-00416
Funtudiamine B, *in* P-00416
Fuprazole, F-00276
▷Furacin, *in* N-00177
▷Furacort, *in* N-00177
Furacrinic acid, F-00277
▷Furadantin, *see* N-00178
▷Furadex, *in* N-00177
▷Furadroxyl, *see* N-00103
Furaethidin, *see* F-00290
Furafylline, F-00278
Furaguanidine, F-00279
▷Furalazine, F-00280
▷Furaltadone, F-00281
▷Furamazone, *see* N-00116
Furamide, *in* D-00372
▷Furamon, *in* F-00282
Furamterene, *see* F-00300
▷Furanace, *see* N-00128
2-Furancarboxylic acid (1,2-diethyl-1,2-ethenediyl)di-4,1-phenylene ester, *see* F-00297
▷2-Furanmethanamine, F-00282
▷Furanol, *in* F-00282
6-[[[[[(2-Furanylcarbonyl)amino]carbonyl]amino]-phenylacetyl]amino]-3,3-dimethyl-7-oxo-4-thia-1-azabicyclo[3.2.0]-heptane-2-carboxylic acid, *see* F-00286
6-[[2-[(2-Furanylcarbonyl)oxy]-4-methyl-1-oxopentyl]amino]-3,3-dimethyl-7-oxo-4-thia-1-azabicyclo[3.2.0]heptane-2-carboxylic acid, *see* F-00287
3-(2-Furanyl)-2-mercapto-2-propenoic acid, *see* M-00117
3-(2-Furanylmethyl)-3,7-dihydro-1,8-dimethyl-1*H*-purine-2,6-dione, *see* F-00278
3-[2-[4-[[3-(2-Furanylmethyl)-3*H*-imidazo[4,5-*b*]pyridin-2-yl]-amino]-1-piperidinyl]ethyl]-2-methyl-4*H*-pyrido[1,2-*a*]-pyrimidin-4-one, *see* B-00015
2-(2-Furanyl)-7-methyl-1*H*-imidazo[4,5-*f*]quinolin-9-ol, *see* F-00294
1-(2-Furanyl)-3-[2-[[4-(3-phenyl-2-propenyl)-1-piperazinyl]-methyl]-1*H*-benzimidazol-1-yl]-1-propanone, *see* F-00276
6-[[[[3-(2-Furanyl)-2-propenylidene]amino]phenylacetyl]-amino]-3,3-dimethyl-7-oxo-4-thia-1-azabicyclo[3.2.0]-heptane-2-carboxylic acid, *see* P-00488
6-(2-Furanyl)-2,4,7-pteridinetriamine, *see* F-00300
Furaprofen, *see* M-00286
▷Furatone, *in* F-00280
▷Furatrizine, *see* F-00280
▷Furaxolon, *see* N-00108
▷Furazabol, F-00283
▷Furazalon, *see* F-00283
Furazlocillin, *see* F-00304
▷Furazolidone, F-00284
▷Furazolin, *see* F-00281
Furazolium(1+), F-00285
Furazolium chloride, *in* F-00285
Furazolium tartrate, *in* F-00285
Furbenicillin, F-00286
Furbucillin, F-00287
Furcloprofen, F-00288
▷Furea, *in* N-00177
Furedeme, *in* F-00300
Furegrelate, F-00289
Furegrelate sodium, *in* F-00289
Furenapyridazin, *see* N-00129
Furenazin, *see* N-00129
Furentomin, *in* D-00372
Furethidine, F-00290
Furetidine, *see* F-00290
Furfenorex, F-00291
▷Furfenorex cyclohexylsulfamate, *in* F-00291
▷Furflucil, *see* T-00055
▷Furfurylamine, *see* F-00282
2-(Furfurylamino)-4-phenoxy-5-sulfamoylbenzenesulfonic acid, *see* S-00233
3-Furfuryl-1,8-dimethylxanthine, *see* F-00278
Furfurylideneamoxicillin, *see* F-00275
Furfurylmethylamphetamine, *see* F-00291
Furfuryltrimethylammonium(1+), *in* F-00282
Furidarone, F-00292
▷Furidin, *see* T-00200
▷Furiton, *see* N-00139
▷Furmethide iodide, *in* F-00282
▷Furmethonol, *see* F-00281
Furmethoxadone, F-00293
Furobactil, *see* N-00121
▷Furobufen, *see* O-00127
Furodazole, F-00294
▷Furofenac, F-00295
Furomazine, F-00296
▷Furosemide, *see* F-00267
Furostilbestrol, F-00297
Furotest, *in* H-00111
Furoxicillin, *see* F-00275
▷Furoxone, *see* F-00284
[1-(2-Furoyloxy)-3-methylbutyl]penicillin, *see* F-00287
▷Furozin, *in* C-00100
▷Furpirinol, JAN, *see* N-00128
▷Furpyrinol, *see* N-00128
Fursalan, F-00298
▷Fursultiamine, F-00299
Furterene, F-00300
Furtrethonium(1+), *in* F-00282
▷Furtrethonium iodide, *in* F-00282
Furtulon, *see* D-00595
7-[2-(2-Furyl)-2-methoxyiminoacetamidocephalosporanic acid, *see* C-00160
▷Fusafungine, F-00301
▷Fusaloyos, *see* F-00301
▷Fusaric acid, *see* B-00432
▷Fusarine, *see* F-00301
Fuscin, F-00302

▷Fusidate sodium, *in* F-00303
▷Fusidic acid, F-00303
▷Fusidin, *see* F-00303
▷Fusin, *in* F-00303
Fusten, *in* C-00183
FUT 175, *in* N-00009
Futoxide, *see* C-00568
Futrican, *in* C-00211
Fuzlocillin, F-00304
FWH 428, *in* T-00561
▷FWH 429, *in* T-00560
FX 501, *see* X-00011
▷Fx-505, *see* I-00020
▷FX 703, *see* F-00198
▷Fysostigmin, *see* E-00122
▷Fytic acid, *in* I-00074
▷G/18, *see* I-00178
G 33, *see* S-00009
▷G 52, *in* S-00082
G 112, *see* V-00016
G214, *see* M-00442
G 233, *in* B-00334
▷G 2747, *in* C-00037
G290, *see* S-00192
▷3012G, *see* M-00158
▷G 469, *in* P-00569
▷G 475, *see* H-00027
G 4786, *in* A-00028
G 526, *in* A-00029
▷G 800, *in* D-00233
G 11035, *see* A-00156
G 11044, *see* A-00156
G 14289, *see* S-00251
G 20561, *see* D-00497
▷G 22870, *see* D-00457
G 25178, *in* P-00457
G 25268, *in* D-00569
▷G 25671, *see* D-00501
▷G 25766, *see* C-00264
▷G 30320, *see* C-00450
▷G 33040, *in* O-00052
▷G 34586, *see* C-00472
▷G35020, *in* D-00095
G 35259, *see* K-00013
G367-2, *in* S-00082
▷G 38116, *in* C-00597
▷GA 242, *in* H-00042
▷GA 297, *in* T-00537
GA 30-905, *see* V-00005
▷GABA, *see* A-00221
Gabaculine, *see* A-00228
▷Gabalon, *see* B-00003
Gabapentin, *see* A-00280
▷Gabbromycin, *see* P-00039
Gabbrostim, *see* A-00110
Gabexate, G-00001
▷Gabexate mesylate, *in* G-00001
▷Gabilin, *in* T-00359
Gaboxadol, *see* T-00121
Gabren, *see* P-00465
▷Gadol, *see* V-00058
Gadoteric acid, *in* T-00101
Gafir, *see* N-00153
Gaiathiol, *in* H-00147
4-*O*-β-D-Galactopyranosyl-D-fructose, *see* L-00005
▷β-Galactosidase, *see* T-00271
▷Galantamine, *in* G-00002
▷Galantase, *see* T-00271
Galanthamine, G-00002
▷Galanthine, *in* G-00002
▷Galasan, *see* D-00556
▷Galatur, *in* I-00157
▷Galbanic acid, G-00003
Galenyl, *see* C-00556
Gallamine, G-00004
▷Gallamine triethiodide, *in* G-00004
Gallanilide 603, *see* B-00137
Gallimycin *W*, *in* E-00115
Gallisal, *in* H-00112
Gallium citrate, G-00005
Gallogen, *in* T-00508
Gallopamil, G-00006
▷Galloxon, *see* H-00021
3-Galloylcatechin, *in* P-00081
4-Galloylpyrogallol, *see* H-00052
Galosemide, G-00007
▷Galoxone, *see* H-00021
▷Galsenomycin, *see* O-00166
Galtfenin, G-00008
▷Gamadiabet, *see* A-00023
▷Gamanest, *in* H-00118
▷Gamanil, *in* L-00074
▷Gamaquil, *in* P-00201
Gamastan, *see* G-00049
▷Gambamix, *see* R-00084
▷Gametocid, *see* P-00007
Gamfexine, G-00009
Gamimune, *see* G-00049
▷Gamma benzene hexachloride, *in* H-00038
▷Gamma-BHC, *in* H-00038
Gammagee, *see* G-00049
▷Gammaphos, *see* E-00155
Gammar, *see* G-00049
▷Gammexane, *in* H-00038
Gamolenic acid, *in* O-00009
▷Gamonil, *in* L-00074
Gamulin, *see* G-00049
▷Ganasag, *in* B-00187
▷Ganciclovir, *see* D-00350
▷Ganglefene, G-00010
▷Ganglerone, *see* G-00010
▷Ganlion, *in* A-00499
▷Ganocide, *see* D-00601
Gansol, *in* S-00215
▷Gantanol, *see* S-00244
▷Gantrisin, *see* S-00215
Gapicomine, *see* D-00531
Garamycin, *see* G-00018
▷Garantose, *see* S-00002
▷Gardenal, *see* E-00218
▷Gardimycin, G-00011
▷Gardona, *see* T-00107
Gardrin, *see* E-00067
▷Garrathion, *see* C-00060
▷Garvox, *see* B-00046
▷Gaster, *see* F-00013
▷Gasterax, *in* C-00196
▷Gastomax, *in* C-00196
Gastopsin, *see* A-00354
Gastramin, *see* A-00256
Gastress, *see* P-00545
Gastridin, *see* C-00414
Gastrin *D*1, *in* G-00012
Gastrin *D*2, *in* G-00012
18-34 Gastrin I (cat), *in* G-00012
18-34-Gastrin I (dog), *in* G-00012
18-34-Gastrin I (human), *in* G-00012
18-34 Gastrin I (ox), *in* G-00012
18-34-Gastrin II (dog), *in* G-00012
18-34-Gastrin II (human), *in* G-00012
18-34 Gastrin II (ox), *in* G-00012
Gastrinerval, *see* P-00035
Gastrin *C*I, *in* G-00012
Gastrin *G*I, *in* G-00012
Gastrin *H*I, *in* G-00012
Gastrin *C*II, *in* G-00012
Gastrin *G*II, *in* G-00012
Gastrin *H*II, *in* G-00012
Gastrins, G-00012
Gastripon, *see* X-00011
Gastrixin, *in* T-00399
▷Gastro-Conray, *in* I-00140

▷Gastrodiagnost, *see* P-00079
Gastrodyn, *in* G-00070
▷Gastrogal, *see* I-00209
Gastrolena, *in* O-00019
▷Gastromidin, *see* Z-00031
▷Gastron, *in* M-00169
▷Gastronilo, *see* Z-00031
Gastropin, *see* X-00011
▷Gastrosedan, *in* M-00169
Gastrozepin, *see* P-00321
Gautrisin, *see* S-00216
Gautrosan, *see* S-00216
Gavrol, *see* M-00137
Gavrolin, *see* M-00137
Gayenyl, *see* C-00556
G 472b, *in* A-00028
GBR 14095, *see* I-00031
GBR 21162, *in* M-00224
▷GC 4072, *see* C-00203
G 11021 (2-chain form), *see* A-00156
Gd(DOTA), *in* T-00101
▷GEA 6414, *see* T-00349
GEA 654, *see* A-00094
▷Gecophen, *see* C-00261
▷Gecuazol, *see* T-00133
▷Gefarnate, G-00013
▷Gefarnil, *see* G-00013
▷Geistlich 840, *see* H-00165
▷Geklimon, *see* M-00164
Gelacnine, *see* T-00214
▷Geliomycin, *see* R-00030
▷Gelseminic acid, *see* H-00148
▷Gelstaph, *in* C-00515
Gelusil, *in* D-00390
Gelusil, *in* M-00008
Gelusil-Lac, *see* A-00136
Gemazocine, G-00014
Gemcadiol, *see* T-00146
▷Gemeprost, G-00015
▷Gemfibrozil, *see* D-00443
▷Gemonil, *see* M-00173
▷Gemonit, *see* M-00173
Gemora, *in* B-00396
▷Genabol, *see* N-00209
▷Genatron 316, *see* D-00202
Genatropine, *in* T-00554
Geneserine, G-00016
Genistein 4′-methyl ether, *see* D-00330
Genocodein, *in* C-00525
▷Genostrychnine, *in* S-00157
Genotropin, *see* H-00090
Genotropin, *see* S-00099
Genovul, *in* C-00518
▷Genoxide, *see* H-00100
Genpiral, *in* S-00195
▷Gentamicin *B*, G-00017
Gentamicin *C*, G-00018
▷Gentamicin C_1, *in* G-00018
▷Gentamicin C_2, *in* G-00018
▷Gentamicin C_{1a}, *in* G-00018
▷Gentamicin C_{2b}, *in* G-00018
▷Gentian violet, *in* B-00209
▷Gentimon, *see* B-00200
▷Gentinatre, *in* D-00316
▷Gentiomycin *B*, *see* G-00017
Gentiomycin *C*, *see* G-00018
▷Gentisic acid, *see* D-00316
▷Gentisod, *in* D-00316
▷Gentus, *in* D-00379
Geocillin, *see* C-00077
▷Geomycin, *see* O-00166
▷Geopen, *in* C-00045
Geotricyn, *see* P-00068
Gepefrine, *see* A-00321
Gepirone, G-00019
Gepirone hydrochloride, *in* G-00019
▷Geranyl farnesylacetate, *see* G-00013
Geranylgeranylacetone, *see* T-00078
2-Geranylhydroquinone, *see* D-00438
Gerdaxyl, *in* M-00056
▷Germanin, *see* S-00275
Geroquinol, *see* D-00438
▷Gerostop, *see* O-00023
▷Gesarol, *in* T-00432
Gesidine, *in* V-00032
▷Gespan, *in* T-00432
Gestaclone, G-00020
Gestadienol, *in* H-00183
▷Gestafortin, *in* C-00208
Gestageno Gador, *in* H-00202
▷Gestanin, *see* A-00132
▷Gestanol, *see* A-00132
▷Gestanon, *see* A-00132
▷Gestanyn, *see* A-00132
▷Gestatron, *see* D-00624
Gestodene, G-00021
Gestonorone, *see* G-00023
▷Gestonorone caproate, *in* G-00023
▷Gestormone, *see* A-00132
Gestovis, *in* P-00080
Gestovister, *in* P-00080
▷Gestrinone, G-00022
Gestronol, G-00023
▷Gestronol hexanoate, *in* G-00023
Gestyl, *see* S-00053
▷Getol, *see* H-00041
▷Getril, *see* F-00022
▷Getroxel, *see* C-00039
Gevelina, *see* P-00498
▷Geverol, *in* T-00432
▷Gevilan, *see* N-00101
▷Gevilon, *see* D-00443
▷Gevilon, *in* H-00158
▷Gewalan, *see* N-00101
GGA, *see* T-00078
α-GHI, *see* A-00005
▷GH-RIF, *see* S-00098
Giacosil, *see* F-00025
▷Giben, *in* D-00033
▷Gidalon, *see* D-00199
Gidifen, *see* D-00502
Gilutensin, *see* D-00497
▷Ginandrin, *in* A-00383
Ginestryl-15-depot, *in* O-00028
▷Ginkgotoxin, *in* P-00582
▷Gioron, *in* H-00118
Giparmen, G-00024
▷Gipron, *see* C-00559
Giractide, G-00025
▷Gitaloxigenin, *in* T-00474
▷Gitaloxin, *in* T-00474
Gitan, *in* U-00001
Gitoformate, *in* T-00474
▷Gitorin, *in* T-00474
Gitoroside, *in* T-00474
Gitostin, *in* T-00474
▷Gitoxigenin, *in* T-00474
▷Gitoxin, *in* T-00474
Gitoxin 3′,3″,3‴,4‴,16-pentaformate, *in* T-00474
▷Gitoxoside, *in* T-00474
Giv-Tan, *see* C-00378
GL 7, *in* H-00112
▷GL 87/90, *see* C-00175
Glabridin, G-00026
▷Glacostat, *in* Q-00035
▷Glafenine, G-00027
▷Glaphenine, *see* G-00027
Glauber's salt, *in* S-00090
Glaucine, G-00028
▷Glaucon, *see* A-00075
Glauconex, *in* B-00027
▷Glaucostat, *in* Q-00035

▷Glaucotat, *in* Q-00035
Glaucothil, *in* D-00518
▷Glaudin, *in* Q-00035
▷Glaunorm, *in* Q-00035
Glauvent, *in* G-00028
Glaxo 291/1, *see* C-00179
Glazen, *in* G-00029
▷Glazidim, *see* C-00152
▷Glaziovine, G-00029
▷Glebomycin, *see* B-00247
GL Enzyme, *see* H-00091
Gleptoferron, G-00030
Gleptosil, *see* G-00030
Gliamilide, G-00031
▷Gliamin, *see* C-00109
▷Glianimon, *see* B-00060
▷Glibenclamide, G-00032
Glibenese, *see* G-00042
Glibornuride, G-00033
Glibutimine, G-00034
Glicaramide, G-00035
Glicetanile, G-00036
Glicetanile sodium, *in* G-00036
▷Gliclazide, G-00037
Glicondamide, G-00038
Glidazamide, G-00039
▷Glifan, *see* G-00027
▷Glifanan, *see* G-00027
Gliflumide, G-00040
▷Gliguamid, *see* D-00432
▷Glimicron, *see* G-00037
Glior, *see* D-00494
▷Gliotoxin, G-00041
▷Glipasol, *see* G-00062
Glipentide, *see* G-00045
Glipizide, G-00042
Gliquidone, G-00043
Glisamuride, G-00044
Glisentide, G-00045
▷Glisepin, *see* G-00048
Glisindamide, G-00046
▷Glisolamide, G-00047
▷Glisoxepide, G-00048
Glitisol, *in* T-00179
Glitrim, *see* G-00033
Globacillin, *see* A-00520
Globulin, Immune, G-00049
▷Glofil, *in* I-00140
▷Gloxazone, G-00050
Gloximonam, *in* O-00115
▷GLQ 223, *see* T-00444
Gluborid, *see* G-00033
▷Glucagon, G-00051
Glucalox, *in* G-00064
Glucametacin, G-00052
▷Glucantime, *in* D-00082
1,4:6,3-Glucarodilactone, G-00053
▷Glucaron, *in* G-00053
Glucidol, *see* G-00034
Glucinan, *in* D-00432
▷Glucitol, G-00054
D-Glucitolhexanicotinate, *in* G-00054
▷Glucoban, *see* G-00048
Glucobay, *see* A-00005
Glucochloral, *see* C-00193
D-Glucochloralose, *see* C-00193
Glucocymarol, *in* T-00478
▷Glucodigifucoside, *in* D-00274
▷Glucoenergan, *see* F-00038
Glucoevatromonoside, *in* D-00274
▷Glucoferron, *see* F-00093
Glucofillina, *in* T-00169
D-Gluconamide, *in* G-00055
Gluconic acid, G-00055
▷D-Gluconic acid, iron (2+) salt (2:1), *see* F-00093
D-Glucononitrile, *in* G-00055
▷Glucophage, *in* D-00432
Glucophyllin, *in* T-00169
▷Glucoproscillardin *A*, *in* D-00319
▷10-β-D-Glucopyranosyl-1,8-dihydroxy-3-(hydroxymethyl)-9(10*H*)-anthracenone, *see* B-00013
3-(β-D-Glucopyranosyloxy)-14,23-dihydroxy-24-norchol-20(22)-en-21-oic acid γ-lactone, *see* A-00059
3-[4-(β-D-Glucopyranosyloxy)phenyl]-5-hydroxy-7-methoxy-4*H*-1-benzopyran-4-one, *see* T-00470
▷*N*-[3β-D-Glucopyranosyloxy)-5,6,7,9-tetrahydro-1,2-dimethoxy-10-(methylthio)-9-oxobenzo[*a*]heptalen-7-yl]acetamide, *see* T-00199
7-Glucopyranosyl-3,4,5,8-tetrahydroxy-1-methylanthraquinone-2-carboxylic acid, *see* C-00080
L-Glucosamidinostreptosidostreptidine, *in* S-00161
Glucosamine, *see* A-00235
Glucosamine pentanicotinate, *in* A-00235
Glucoscillaren *A*, *in* D-00319
▷Glucostibamine sodium, *see* S-00148
Glucostrophantidin, *in* T-00478
Glucosulfamide, G-00056
Glucosulfaminol, *see* G-00056
▷Glucosulfone, G-00057
4-Glucosyloxybenzoic acid, *in* H-00113
4′-Glucosyloxy-5-hydroxy-7-methoxyisoflavone, *see* T-00470
(1-Glucosylthio)gold, *see* T-00201
Glucovanillin, *in* D-00311
Glucoverodoxin, *in* T-00474
Glucovex, *in* O-00031
Glucoxyguronsan, *see* G-00059
Glucurolactone, *see* G-00059
Glucuronamide, G-00058
Glucurono-2-amino-2-deoxyglucan sulfate, *see* S-00232
Glucuronolactone, *see* G-00059
Glucurono-6,3-lactone, G-00059
Gludapcin, *see* A-00406
▷Gludesin, *see* P-00090
▷Gludiase, *see* G-00063
▷Glumal, *in* A-00012
Glumorin, *see* K-00003
Glunicate, *in* A-00235
Glurenor, *see* G-00043
Glurenorm, *see* G-00043
Glusoferron, *in* G-00055
34-Glutamic acid-43-histidinethymopoietin II, *in* T-00226
Glutamic acid lactam, *see* O-00140
Glutamine, G-00060
▷*N*-γ-Glutamyl-3-(methylenecyclopropyl)alanine, *see* H-00225
γ-Glutamyltaurine, *see* S-00219
▷Glutaral, *see* P-00090
▷Glutaraldehyde, *see* P-00090
▷Glutarol, *see* P-00090
Glutaurine, *see* S-00219
▷Glutaven, *in* G-00060
▷Glutethimide, G-00061
Glutimic acid, *see* O-00140
Glutiminic acid, *see* O-00140
Glutrid, *see* G-00033
Glutril, *see* G-00033
Glutrim, *see* G-00033
▷Glybigide, *see* B-00428
▷Glyburide, *see* G-00032
▷Glybutamide, *see* C-00070
▷Glybuthiazol, G-00062
▷Glybuzole, G-00063
Glycalox, *in* G-00064
▷Glycerin, *see* G-00064
▷Glycerol, G-00064
▷α-Glycerol chlorohydrin, *see* C-00278
▷Glycerol α-monochlorohydrin, *see* C-00278
▷Glycerol α-*O*-tolyl ether, *see* M-00283
▷Glycerol triacetate, G-00065
▷Glycerol trinitrate, G-00066
▷Glycerylguethol, *see* G-00093
▷Glyceryl 1-octadecyl ether, *see* D-00337
▷Glyceryl α-stearyl ether, *see* D-00337

Glycinal, *see* G-00067
(Glycinato-*N,O*)dihydroxyaluminum, G-00067
1-Glycine-18-L-argininamide-α^{1-18}-corticotropin, *see* G-00025
▷Glycine betaine, *see* B-00140
1-Glycine-2-glutamine-43-histidinethymopoietin II, *in* T-00226
▷Glyciram, *in* G-00073
▷Glyclopyramide, G-00068
Glycoanthropodeoxycholic acid, *in* D-00320
▷Glycobiarsol, G-00069
Glycochenodeoxycholic acid, *in* D-00320
▷Glycocoll betaine, *see* B-00140
Glycocyamine, *see* G-00109
Glycodehydrocholic acid, *in* D-00049
▷Glycodeoxycholic acid, *in* D-00321
▷Glycodiazine, *see* G-00075
Glycofurthiamine, *see* A-00010
Glycolamide *N*-(α,α,α-trifluoro-*m*-tolyl)anthranilate, *see* C-00535
p-(Glycolophenetidide), *in* E-00161
Glycolophenone, *see* H-00107
Glycol salicylate, *in* H-00112
Glycopyrrolate, *in* G-00070
Glycopyrronium(1+), G-00070
Glycopyrronium bromide, *in* G-00070
Glycosulphamide, *see* G-00056
Glycoursodeoxycholic acid, *in* D-00320
Glycovex, *in* O-00031
▷Glycyclamide, G-00071
Glycyl-6-carboxy-N^6-[*N*-[*N*-(1-oxododecyl)-L-alanyl]-D-γ-glutamyl]-*threo*-DL-lysinamide, *see* P-00255
▷Glycyl-*N*-[4-chloro-2-(2-chlorobenzoyl)phenyl]-*N*-methylglycinamide, *see* L-00100
N-[*N*-(*N*-Glycylglycyl)glycyl]-8-L-lysinevasopressin, *see* T-00093
▷Glycyrram, *in* G-00073
▷Glycyrrhetic acid, G-00072
▷18α-Glycyrrhetic acid, *in* G-00072
▷Glycyrrhetin, *see* G-00072
▷Glycyrrhetinic acid, *see* G-00072
▷Glycyrrhitin, *see* G-00073
▷Glycyrrhizic acid, G-00073
▷Glycyrrhizin, *see* G-00073
Glydenile sodium, *in* G-00036
Glydiazinamide, *see* G-00042
▷Glyfyllin, *see* D-00523
▷Glyguetol, *see* G-00093
Glyhexamide, G-00074
▷Glyhexylamide, *see* M-00146
▷Glymidine, G-00075
▷Glymidine sodium, *in* G-00075
Glyoctamide, *see* C-00626
Glyoxylic diureide, *see* A-00123
Glyoxyloylurea *aldehydo*-[bis(*p*-chlorophenyl)acetal], *see* U-00014
Glyparamide, G-00076
▷Glyped, *see* G-00065
Glyphenarsine, *in* C-00041
▷Glyphylline, *see* D-00523
Glypinamide, G-00077
Glypressin, *see* T-00093
Glyprothiazol, G-00078
▷Glyrol, *see* G-00064
Glysal, *in* H-00112
▷Glysepin, *see* G-00048
▷Glysobuzole, *see* I-00180
Glytril, *see* G-00033
Glytrim, *see* G-00033
Glyvenol, *in* E-00224
GM_1 Monosialoganglioside inner ester, *see* S-00063
GN 3, *in* M-00308
Gnoscopine, *see* N-00052
▷Gn-RH, *see* L-00116
Gö 1067, *see* A-00129
Gö 1213, *see* A-00471
Gö 1254*A*, *see* F-00068
Go 1507, *see* F-00205
Gö 1733, *in* S-00235
Gö 1734, *see* A-00208
Go 2782, *see* I-00164
Go 3026*A*, *in* C-00325
Go 3315*A*, *see* N-00204
Gö 3450, *see* A-00280
Gö 3471-*B*, *see* T-00052
Gö 4687, *in* O-00169
Gö 4942, *see* R-00004
▷Go 650, *see* F-00022
Gö 687, *in* O-00169
▷Gö 919, *see* P-00310
Go 10213, *see* S-00028
Go 7996B, *in* T-00292
▷Goldinodox, *in* M-00413
▷Goldinomycin, *in* M-00413
Gold sodium thiomalate, *in* M-00115
▷Gold sodium thiosulfate, *see* S-00084
Gomphoside, G-00079
▷Gonadoliberin, *see* L-00116
▷Gonadorelin, *see* L-00116
Gonadorelin acetate, *in* L-00116
Gonadorelin hydrochloride, *in* L-00116
Gonadorelin [6-D-Trp], *see* T-00531
▷Gonadotrophin releasing hormone, *see* L-00116
▷Gonadotropin, G-00080
▷Gondafon, *in* G-00075
Gormon, *see* S-00053
Goserelin, G-00081
▷Gossypol, G-00082
Gotensin, *in* B-00365
▷GP 31406, *see* B-00007
GP 41299, *see* D-00009
GP 47680, *in* D-00281
GP 48674, *see* F-00277
GP 51084, *see* G-00034
GP 55129, *in* A-00150
GPA-878, *see* M-00153
▷GR 1214, *in* C-00437
GR 412, *in* D-00565
GR 2/541, *in* B-00141
▷GR 2/925, *in* C-00437
▷GR 20263, *see* C-00152
GR 30921, *see* D-00279
GR 33207, *in* O-00071
GR 33343*X*, *see* S-00019
GR 38032, *in* O-00048
GR 43175*X*, *see* S-00268
GR 50360*A*, *in* F-00197
Gracillin, *in* S-00129
Graciloside, *in* D-00274
▷Gramaxin, *in* C-00120
▷Gramicidin, *see* G-00084
Gramicidin *B*, *in* G-00084
▷Gramicidin *C*, *see* G-00083
Gramicidin *C*, *in* G-00084
Gramicidin *D*, *in* G-00084
▷Gramicidin *S*, G-00083
Gramicidin *S-A*, *in* G-00083
Gramicidin S_1, *in* G-00083
Gramicidin S_2, *in* G-00083
Gramicidin S_3, *in* G-00083
▷Gramicidins *A-D*, G-00084
▷Gramophen, *see* H-00039
▷Granaticin *A*, G-00085
▷Granatomycin *C*, *see* G-00085
▷Grandaxine, *see* T-00342
▷Grandexin, *see* T-00342
Granisetron, G-00086
Granisetron hydrochloride, *in* G-00086
▷Granulin, *see* D-00117
▷Grapon, *see* D-00258
▷Gravidox, *in* P-00582
▷Gravol, *in* D-00484

▷Greenhartin, *see* H-00157
GRI 1665, *see* P-00530
▷Gripenin *O*, *in* C-00074
▷Griroxil, *see* G-00071
Griseofulvic acid, *in* G-00087
▷Griseofulvin, G-00087
▷Grisovin, *see* G-00087
▷Grofas, *see* Q-00031
Grorm, *see* H-00090
▷Growth hormone release-inhibiting factor, *see* S-00098
GR 53992x, *see* T-00019
▷GS 95, *in* T-00189
GS 015, *see* B-00252
▷GS 1339, *in* O-00012
GS 2147, *see* D-00065
▷GS 2989, *see* M-00044
▷GS 3065, *in* D-00080
GS-3159, *in* C-00045
GS 385, *see* S-00174
▷GS 6244, *see* C-00039
GS 7443, *in* H-00164
▷GS 13332, *see* D-00457
GS 223654, *see* N-00186
G367-S_2, *in* S-00082
GSN (as disodium salt), *in* G-00082
▷GT 1, *in* P-00569
GT 92, *in* C-00601
▷GT 1012, *in* A-00088
▷GTBA, *see* T-00431
▷G-Tril, *see* F-00022
Guabenxan, G-00088
Guacetisal, G-00089
Guafecainol, G-00090
Guaiacol acetylsalicylate, *see* G-00089
▷Guaiacol-3-carboxylic acid, *in* D-00315
▷Guaiacol glycerol ether, *see* G-00095
Guaiacolsulfonic acid, *see* H-00147
Guaiactamine, G-00091
▷Guaiapate, G-00092
Guaiaspir, *see* G-00089
▷Guaiazulene, *see* I-00204
▷*S*-Guaiazulene, *see* I-00204
▷Guaietolin, G-00093
▷Guaifenesin, *see* G-00095
Guaifylline, *in* T-00169
Guaimesal, G-00094
▷Guaiphenesin, G-00095
Guaistene, G-00096
Guaithylline, *in* T-00169
Guajabronc, *see* G-00089
Gualenic acid, *see* I-00205
▷Guamecycline, G-00097
Guanabenz, G-00098
Guanabenz acetate, *in* G-00098
Guanacline, G-00099
▷Guanacline sulfate, *in* G-00099
Guanadrel, G-00100
Guanadrel sulfate, *in* G-00100
Guanamine, *see* D-00136
Guanamprazine, *see* A-00198
Guanazodine, *see* G-00111
▷Guanazole, *see* D-00137
▷Guanazolo, *see* A-00247
▷Guancidine, *see* C-00581
Guanclofine, G-00101
▷Guancydine, *see* C-00581
▷Guaneran, *see* T-00178
▷Guanethidine, G-00102
▷Guanethidine monosulfate, *in* G-00102
▷Guanethidine sulfate, *in* G-00102
Guanfacine hydrochloride, *in* G-00103
Guanfacine, G-00103
Guan-fu base A, *in* H-00136
Guan-fu base B, *in* H-00136
Guan-fu base C, G-00104
Guan-fu base D, G-00105
Guan-fu base E, G-00106
Guan-fu base F, G-00107
Guan-fu base G, *in* H-00136
Guan-fu base Y, G-00108
Guan-fu Base Z, *in* H-00136
Guanidinoacetic acid, G-00109
4-Guanidinobutanoic acid, G-00110
4-Guanidinobutyl syringate, *see* L-00025
4-Guanidinobutyramide, *in* G-00110
4-(1-Guanidino)butyric acid, *see* G-00110
1-(2-Guanidinoethyl)-1,2,3,6-tetrahydro-4-picoline, *see* G-00099
2-Guanidinomethyl-1,4-benzodioxan, *see* G-00115
2-(Guanidinomethyl)-1,4-dioxaspiro[4.5]decane, *see* G-00100
2-(Guanidinomethyl)heptamethylenimine, *see* G-00111
2-(Guanidinomethyl)octahydro-1*H*-azocine, G-00111
Guanidotaurine, G-00112
Guanisoquine, G-00113
Guanisoquin sulfate, *in* G-00113
Guanochlor, G-00114
Guanoclor sulfate, *in* G-00114
Guanoctine, *see* T-00145
Guanoctine hydrochloride, *in* T-00145
Guanofuracin, *see* F-00279
▷Guanothiazone, *see* A-00166
Guanoxabenz, *in* G-00098
Guanoxan, *see* G-00088
Guanoxan, G-00115
Guanoxan sulfate, *in* G-00115
Guanoxyfen, *see* P-00173
Guanoxyfen sulfate, *in* P-00173
Guanutil, *in* G-00115
N-Guanylglycine, *see* G-00109
1-Guanylpyrazole, *see* P-00562
1-Guanylviomycin, *in* V-00050
▷Guaranine, *see* C-00010
▷Guethine, *in* G-00102
▷Guethural, *see* G-00093
▷Gugecin, *see* C-00377
Guiajaverin, *in* P-00082
D-Gulitol, *in* G-00054
▷L-Gulitol, *in* G-00054
▷Gumbaral, *in* A-00068
Gummosinin, *in* H-00114
Guronamin, *in* G-00058
Gutron, *in* M-00369
GVG, *see* A-00260
GX 1296x, *see* T-00019
Gycoren, *in* C-00566
Gycoren, *in* C-00569
GYKI 13504, *in* P-00014
GYKI 41099, *see* C-00493
▷Gynaflex, *see* H-00165
Gynamide, *in* D-00179
▷Gynergen, *in* E-00106
▷Gynimbine, *in* Y-00002
Gynipral, *see* H-00068
▷Gynocyrol, *in* D-00223
▷Gynophen, *in* H-00191
▷Gynorest, *see* D-00624
Gyno-Terazol, *see* T-00086
▷Gyno-Travogen, *in* I-00183
▷Gynovlar, *in* N-00212
▷H 33, *see* B-00423
H 115, *in* C-00211
H 3608, *in* E-00063
H 3625, *see* C-00551
▷H 3749, *see* P-00568
▷H 3774, *see* A-00116
H 4007, *in* M-00099
▷H 4132, *in* D-00587
H 4170, *see* T-00365
▷H 610, *in* F-00038
▷H 814, *in* F-00047
▷H8352, *see* T-00167

H 83/69, *see* T-00289
▷H 88/32, *see* A-00255
H102/09, *in* Z-00015
H 104/08, *in* P-00008
H 110/38, *in* T-00044
H 138/03, *see* P-00002
H 149194, *see* P-00240
H 168/68, *see* O-00044
H 174/70, *see* F-00151
▷HA 106, *in* T-00499
Habekacin, *in* D-00154
▷Hachimycin, H-00001
▷Hae 36801, *see* E-00236
▷Haelan, *see* F-00215
Haemate, *see* F-00003
Haematopoietin 1, *see* I-00080
▷Haematoporphyrin, H-00002
▷Haematoporphyrin IX, *see* H-00002
▷Haemex-G, *see* F-00093
Haemigron, *in* D-00114
▷Haemodan, *see* A-00076
Haemomedical, *see* C-00541
Haemonorm, *see* C-00541
Haemopoietin 3, *see* I-00082
Haemostop, *see* N-00022
Hageman factor, *see* F-00006
▷Halan, *see* B-00294
▷Halazepam, H-00003
▷Halazone, *see* D-00179
▷Halciderm, *see* H-00004
▷Halcimat, *see* H-00004
▷Halcinonide, H-00004
▷Halcion, *see* T-00425
▷Halcort, *see* H-00004
▷Haldol, *see* H-00015
Haldol decanoate, *in* H-00015
▷Haldrate, *in* P-00025
▷Haldrone, *in* P-00025
▷Haldrone *F*, *see* F-00215
▷Halestyn, *see* C-00277
Haletazole, *see* H-00005
Halethazole, H-00005
▷Halidor, *in* B-00042
Halimide, *in* D-00566
▷Halin, *in* B-00325
▷Halinone, *see* B-00313
▷Haloanisone, *see* F-00130
Halocarban, *see* C-00458
Halocortolone, H-00006
Halocrinic acid, *see* B-00276
Halofantrine, H-00007
▷Halofantrine hydrochloride, *in* H-00007
Halofenate, H-00008
▷Halofide, *see* S-00074
Halofuginone, H-00009
Halofuginone hydrobromide, *in* H-00009
▷Halog, *see* H-00004
Halogabide, *see* P-00465
Haloisol, *see* A-00396
Halometasone, H-00010
Halomonth, *in* H-00015
Halonamine, H-00011
Halopemide, H-00012
Halopenium(1+), H-00013
Halopenium chloride, *in* H-00013
Haloperidide, H-00014
Haloperidol decanoate, *in* H-00015
▷Haloperidol, H-00015
Halopredone, H-00016
▷Halopredone acetate, *in* H-00016
Haloprogesterone, H-00017
▷Haloprogin, H-00018
▷Halopropane, *see* B-00320
▷Halopyramine, H-00019
▷Halospor, *in* C-00140
▷Halotestin, *see* F-00195
▷Halotex, *see* H-00018
▷Halothane, *see* B-00294
▷Halovis, *see* B-00294
▷Halox, *see* H-00021
▷Haloxazolam, H-00020
▷Haloxon, H-00021
Halquinol, *see* D-00190
Halquivet, *see* D-00190
▷Hansepran, *see* C-00450
HAPA-B, *in* G-00017
Haptocil, *see* C-00328
▷Harmonyl, *see* D-00093
▷Harringtonine, H-00022
▷Hartasol, *see* P-00491
▷Harvatrate, *in* T-00554
▷Haurymellin, *in* D-00432
Havapen, *see* P-00058
Hayatidine, *in* C-00309
▷Hazol, *in* O-00153
HB 115, *see* N-00129
▷HB 699, *see* M-00071
▷HBF 386, *see* A-00054
HBK, *in* D-00154
HBT, *see* T-00214
▷HC 064, *see* N-00139
HC 1528, *see* D-00041
HC 406, *in* C-00055
▷HC 17B, *in* C-00548
HCFU, *see* C-00082
▷HCG, *see* G-00080
HCG 497, *see* M-00318
HCG 917, *in* P-00110
HE 192, *in* T-00419
▷He 781, *see* T-00158
HE 10004, *see* T-00029
HE 36-953, *see* E-00255
Hebucol, *in* E-00193
Hedaquinium(2+), H-00023
▷Hedaquinium chloride, *in* H-00023
▷Hedex, *in* A-00298
▷HEDSPA, *in* H-00132
Heifex, *in* C-00490
Heitrin, *in* T-00080
▷Helborsid, *in* T-00477
▷Helenalin, H-00024
Helenien, *in* L-00115
Heligal, *in* L-00115
▷Heliomycin, *see* R-00030
Heliophan, *see* T-00507
▷Helkamon, *in* O-00161
▷Hellebrigenin, *in* T-00477
▷Hellebrin, *in* T-00477
▷Helmatac, *see* P-00032
▷Helminate, *see* T-00207
▷Helmirone, *see* H-00021
Helmitol, *in* H-00057
▷Helveticoside, *in* T-00478
Helveticosol 3′,4′-dinitrate, *in* H-00053
▷Hematoporphyrin, *see* H-00002
Hemestal, *in* M-00344
▷Hemetrope, *in* B-00385
Hemidexa, *in* D-00111
▷Heminevrin, *see* C-00238
▷Hemithiamine, *see* C-00238
Hemodal, *in* M-00271
Hemodal (T), *in* D-00333
▷Hemodex, *see* D-00113
▷Hemoflux, *in* P-00598
▷Hemometina, *in* E-00036
Hemorrhagyl, *see* C-00541
β_h-Endorphin, *in* E-00049
Heneicomycin, *in* M-00413
Heneicosafluorotripropylamine, H-00025
▷Henel, *see* T-00535
▷Henna (dye), *see* H-00178
▷HEOD, *see* D-00222

Hepadial, *in* D-00400
Hepadist, *in* H-00039
▷Hepagin, *in* P-00138
▷Heparin, H-00026
Heparin Cofactor, *see* A-00417
▷Heparinic acid, *see* H-00026
Heparin sodium, *in* H-00026
Heparit, *in* P-00570
▷Hepartest, *in* S-00218
Hepasil, *in* F-00040
▷Hep-A-Stat, *see* N-00184
Hepastyl, *in* B-00140
Hepasynthyl, *in* T-00508
▷Hepatestabrome, *in* S-00218
Hepation, *see* M-00016
Hepatolite, *see* D-00536
▷Hepato-Scan, *see* L-00044
▷Hepatosulfalein, *in* S-00218
▷Hepatotestbrom, *in* S-00218
Hepatoxane, *in* T-00508
Hepronicate, *in* H-00072
Hepsal, *in* H-00026
Heptaaluminum heptadecahydroxide bissulfate, *see* A-00160
▷Heptabarb, *see* H-00027
▷Heptabarbital, *see* H-00027
▷Heptabarbitone, H-00027
▷Heptacyclazine, *see* E-00157
1,9-Heptadecadiene-4,6-diyne-3,8-diol, H-00028
▷Heptadorm, *see* H-00027
▷Heptadrine, *see* H-00030
1,1,2,2,3,3,3-Heptafluoro-*N*,*N*-bis(heptafluoropropyl)-1-propanamine, *see* H-00025
▷Heptalgin, *in* P-00138
▷Heptalin, *in* P-00138
▷Heptamalum, *see* H-00027
Heptaminol, H-00029
Heptaminol acefyllinate, *in* H-00029
▷Heptamyl, *in* H-00029
▷2-Heptanamine, H-00030
▷4-Heptanecarboxylic acid, *see* P-00516
▷1,7-Heptanedicarboxylic acid, *see* N-00203
Heptaverine, H-00031
Heptazone, *see* P-00138
▷Heptin, *see* H-00030
Heptolamide, H-00032
Heptomer, *see* G-00030
▷Heptone, *in* P-00138
▷Heptyl cyanide, *in* O-00014
3-Heptyl-7-methoxy-2-methyl-4-quinolinol, *see* M-00259
▷Heptylon, *in* H-00029
▷Hepzide, *see* E-00211
Hepzidine, H-00033
Heraldium, *see* M-00048
▷Hermalone, *in* H-00109
▷Hermaphrodiol, *in* A-00383
▷Hermesetas, *see* S-00002
Hernandion, *in* D-00083
Herniarin, *in* H-00114
▷Heroin, H-00034
▷Herperal, *see* D-00539
▷Herphonal, *see* T-00516
▷Herpid, *see* D-00081
Hesperaline, *in* C-00308
Hetacillin, H-00035
Hetacillin potassium, *in* H-00035
▷Hetaflur, *in* H-00042
▷Hetamine, *in* P-00202
▷Hetangmycin, *see* R-00040
Heteronium(1+), H-00036
▷Heteronium bromide, *in* H-00036
▷Hetol Hoechst, *see* H-00041
1,2,3,4,5,6-Hexa-*O*-acetyl-D-glucitol, *in* G-00054
1,2,3,4,5,6-Hexa-*O*-acetyl-D-mannitol, *in* M-00018
▷Hexabendine, *see* H-00066
▷Hexabenzate, *in* H-00055
1,2,3,4,5,6-Hexa-*O*-benzoyl-D-glucitol, *in* G-00054
1,2,3,4,5,6-Hexa-*O*-benzoyl-*myo*-inositol, *in* I-00074
1,2,3,4,5,6-Hexa-*O*-benzoyl-D-mannitol, *in* M-00018
Hexabiscarbacholine, *in* C-00055
Hexabolan, *in* T-00410
Hexabrix, *in* I-00148
Hexabrix, *in* I-00148
▷Hexacaine, H-00037
Hexacamphamine, *in* H-00057
▷1,2,3,4,5,6-Hexachlorocyclohexane, H-00038
▷2,2′,3,3′,5,5′-Hexachloro-6,6′-dihydroxydiphenylmethane, H-00039
▷1,2,3,4,10,10-Hexachloro-6,7-epoxy-1,4,4*a*,5,6,7,8,8*a*-octahydro-1,4:5,8-dimethanonaphthalene, *see* D-00222
▷Hexachloroethane, H-00040
▷3,4,5,6,9,9-Hexachloro-1*a*,2,2*a*,3,6,6*a*,7,7*a*-octahydro-2,7:3,6-dimethanonaph[2,3-*b*]oxirene, *see* E-00051
▷Hexachlorophane, *see* H-00039
▷Hexachlorophene, *see* H-00039
Hexachlorophene monophosphate, *in* H-00039
▷$\alpha,\alpha,\alpha',\alpha',\alpha'$-Hexachloro-*p*-xylene, *see* H-00041
▷Hexachlorxylol, H-00041
▷Hexacillin, *see* M-00042
Hexacitramine, *in* H-00057
Hexacol, *in* A-00126
Hexacyclonic acid, *see* H-00158
▷Hexacyprone, *see* B-00123
▷Hexadecadrol, *see* D-00111
4-[[Hexadecahydro-2-(2-hydroxyethyl)-6,9*a*-dimethyl-12-(1-methylethyl)-1,3-dioxo-3*b*,11-etheno-3*bH*-naphth[2,1-*e*]-isoindol-6-yl]carbonyl]morpholine, *see* I-00224
Hexadecamethylenebis(2-isoquinolinium), *see* H-00023
▷1-Hexadecanamine, *see* H-00042
Hexadecanoic acid (2-pyridinylmethylene)di-4,1-phenylene ester, *see* P-00577
▷Hexadecylamine, H-00042
N-Hexadecyl-*N*,*N*-dimethylbenzenemethanaminium, *see* B-00118
Hexadecyl(2-hydroxycyclohexyl)dimethylammonium, *see* C-00182
N-Hexadecyl-2-hydroxy-*N*,*N*-dimethylcyclohexanaminium, *see* C-00182
Hexadecyl[2-[(*p*-Methoxybenzyl)-2-pyrimidinylamino]ethyl]-dimethylammonium, *see* T-00217
Hexadecylpyridinium(1+), H-00043
Hexadecyltrimethylammonium(1+), H-00044
Hexadifenium, *see* H-00045
Hexadiline, *see* D-00217
▷Hexadimethrine bromide, *in* T-00148
Hexadiphane, *see* D-00512
Hexadiphenium(1+), H-00045
Hexadiphenium bromide, *in* H-00045
Hexadylamine, *see* D-00217
▷Hexa-ex, *see* A-00294
Hexafluorenium(2+), H-00046
▷Hexafluorenium bromide, *in* H-00046
1,1,1,3,3,3-Hexafluoro-2-(fluoromethoxy)propane, H-00047
▷Hexafluoronium bromide, *in* H-00046
Hexafluronium, *see* H-00046
▷Hexahydroadiphenine, *see* D-00606
2,3,4,5,6,7-Hexahydro-1*H*-azepine-1-aceto-2′,6′-xylidide, *see* P-00269
Hexahydro-1*H*-azepine-1-butanoic acid 3-(1,2-dimethylheptyl)-7,8,9,10-tetrahydro-6,6,9-trimethyl-6*H*-dibenzo[*b*,*d*]pyran-1-yl ester, *see* N-00001
▷*N*-[2-[4-[[[[(Hexahydro-1*H*-azepin-1-yl)amino]carbonyl]-amino]sulfonyl]phenyl]ethyl]-5-methyl-3-isoxazolecarboxamide, *see* G-00048
N-[[(Hexahydro-1*H*-azepin-1-yl)amino]carbonyl]-2,3-dihydro-1*H*-indene-5-sulfonamide, *see* G-00039
▷*N*-[[(Hexahydro-1*H*-azepin-1-yl)amino]carbonyl]-4-methyl-benzenesulfonamide, *see* T-00344
4-(Hexahydro-1*H*-azepinyl)-2,2-diphenylbutanamide, *see* B-00434
2-(Hexahydro-1*H*-azepin-1-yl)ethyl α-cyclohexyl-3-thiopheneacetate, *see* C-00183
1-(Hexahydro-1*H*-azepin-1-yl)-3-(5-indansulfonyl)urea, *see* G-00039

▷3-(Hexahydro-1*H*-azepin-1-yl)-1-(4-propoxyphenyl)-1-propanone, *see* H-00037
▷1-(Hexahydro-1*H*-azepin-1-yl)-3-(*p*-tolylsulfonyl)urea, *see* T-00344
▷[2-(Hexahydro-1(2*H*)-azocinyl)ethyl]guanidine, *see* G-00102
▷*N*-[[(Hexahydrocyclopenta[*c*]pyrrol-2(1*H*)-yl)amino]carbonyl]-4-methylbenzenesulfonamide, *see* G-00037
▷1-(Hexahydrocyclopenta[*c*]pyrrol-2(1*H*)-yl)-3-(*p*-tolylsulfonyl)-urea, *see* G-00037
▷Hexahydrodesoxyephedrine, *see* M-00242
5,6,6*a*,12*a*,13*a*,14-Hexahydro-4,8-dimethoxy-6,6-dimethyl-12*H*,13*H*-[1]benzopyrano[3,2-*b*]xanthen-13-one, *see* P-00103
Hexahydro-8,9-dimethoxy-2-methylbenzo[*c*][1,6]naphthyridin-6-yl)acetanilide, *see* B-00035
N-[4-(1,2,3,4,4*a*,10*b*-Hexahydro-8,9-dimethoxy-2-methyl-benzo[*c*][1,6]naphthyridin-6-yl)phenylacetamide, *see* B-00035
▷1,3,4,6,7,11*b*-Hexahydro-9,10-dimethoxy-3-(2-methylpropyl)-2*H*-benzo[9]quinolizin-2-one, *see* T-00102
2,3,5,6,7,8-Hexahydro-8,8-dimethoxy-2-phenylimidazo[1,2-*a*]-pyridine, *see* O-00083
1,2,3,4,5,10-Hexahydro-3,10-dimethylazepino[4,5-*d*]-dibenz[*b,f*]azepine, *see* E-00111
1′,2′,3′,4′,5′,6′-Hexahydro-4,6-dimethyl-2-biphenylol, *see* C-00608
▷6,7,8,9,10,11-Hexahydro-*N*,*N*-dimethyl-5*H*-cyclooct[*b*]indole-5-propanamine, *see* I-00157
▷Hexahydro-3*a*,7*a*-dimethyl-4,7-epoxyisobenzofuran-1,3-dione, *see* C-00028
2,3,4,5,6,7-Hexahydro-1,4-dimethyl-1,6-methano-1*H*-4-benzazonin-10-ol, *see* E-00097
▷1,2,3,4,5,6-Hexahydro-6,11-dimethyl-3-(3-methyl-2-butenyl)-2,6-methano-3-benzazocin-8-ol, *see* P-00093
8,9,10,11,11*a*,12-Hexahydro-8,10-dimethyl-7*aH*-naphtho[1′,2′:5,6]pyrano[3,2-*c*]pyridin-7*a*-ol, *see* N-00049
N-(1,2,3,4,4*a*,9*b*-Hexahydro-8,9*b*-dimethyl-3-oxo-4-dibenzofuranyl)-4-methyl-1-piperazinepropanamide, *see* T-00042
▷1,2,3,4,5,6-Hexahydro-6,11-dimethyl-3-(2-phenethyl)-2,6-methano-3-benzazocin-8-ol, *see* P-00147
Hexahydro-1,3-dimethyl-4-phenyl-1*H*-azepine-4-carboxylic acid, H-00048
Hexahydro-1,3-dimethyl-4-phenyl-1*H*-azepin-4-ol propanoate (ester), *see* P-00469
2,3,4,4*a*,5,9*b*-Hexahydro-2,8-dimethyl-1*H*-pyrido[4,3-*b*]indole, *see* D-00175
▷(1,3,4,5,6,7-Hexahydro-1,3-dioxo-2*H*-isoindol-2-yl)methyl 2,2-dimethyl-3-(2-methyl-1-propenyl)cyclopropanecarboxylate, *see* T-00143
Hexahydro-α,α-diphenyl-1*H*-azepine-1-butanamide, *see* B-00434
Hexahydro-α,α-diphenylpyrrolo[1,2-*a*]pyrazine-2(1*H*)-butanamide, *see* P-00348
Hexahydro-1*H*-furo[3,4-*c*]pyrrole, H-00049
[2-[Hexahydro-5-hydroxy-4-(3-hydroxy-4-methyl-1,6-nonadiynyl)-2(1*H*)-pentalenylidene]ethoxy]acetic acid, *see* C-00323
4-[2-[Hexahydro-5-hydroxy-4-(3-hydroxy-4-methyl-1,6-nonadiynyl)-2(1*H*)-pentalenylidene]ethoxy]butanoic acid, *see* E-00096
5-[Hexahydro-5-hydroxy-4-(3-hydroxy-4-methyl-1-octen-6-ynyl)-2(1*H*)-pentalenylidene]pentanoic acid, *see* I-00023
4-[[3,3*a*,4,5,6,6*a*-Hexahydro-5-hydroxy-4-(3-hydroxy-1-octenyl)-cyclopenta[*b*]pyrrol-2-yl]thio]butanoic acid methyl ester, *see* T-00279
5-[Hexahydro-5-hydroxy-6-(3-hydroxy-1-octenyl)-3*a*-methyl-2(1*H*)-pentalenylidene]pentanoic acid, *see* C-00393
1-(1,2,3,4,5,6-Hexahydro-8-hydroxy-3,6,11-trimethyl-2,6-methano-3-benzazocin-11-yl)-6-methyl-3-heptanone, *see* Z-00008
1-(1,2,3,4,5,6-Hexahydro-8-hydroxy-3,6,11-trimethyl-2,6-methano-3-benzazocin-11-yl)-3-octanone, *see* T-00379
▷1,3,4,6,7,11*b*-Hexahydro-3-isobutyl-9,10-dimethoxybenzo[*a*]-quinolizin-2-one, *see* T-00102
Hexahydromenaquinone 9, *in* V-00065
4*a*,5,9,10,11,12-Hexahydro-3-methoxy-11-methyl-6*H*-benzofuro[3*a*,3,2-*ef*][2]benzazepin-6-ol, *see* G-00002
Hexahydro-4-methoxy-8-methyl-7*a*-(1-piperidinylmethyl)-2,5-methanocyclopenta-1,3-dioxin-7-ol, *see* V-00005
1,2,3,4,10,14*b*-Hexahydro-2-methyldibenzo[*c,f*]pyrazino[1,2-*a*]-azepine, *see* M-00360
2-(Hexahydro-1-methyl-3-indolinyl)ethyl benzilate, *see* M-00181
Hexahydro-2-methyl-4-phenyl-4-azepinecarboxylic acid, H-00050
2,3,3*a*,4,5,6-Hexahydro-8-methyl-1*H*-pyrazino[3,2,1-*jk*]-carbazole, *see* P-00340
[(1,2,6,7,8,8*a*-Hexahydro-2-oxo-3-acenaphthylenyl)amino]-oxoacetic acid, *see* O-00079
Hexahydro-2-oxo-1*H*-thieno[3,4-*d*]imidazole-4-pentanoic acid, *see* B-00173
5-(Hexahydro-2-oxo-1*H*-thieno[3,4-*d*]imidazol-4-yl)-2-pentenoic acid, *see* D-00048
1,3,6,7,8,9-Hexahydro-5-phenyl-2*H*-[1]benzothieno[2,3-*e*]-1,4-diazepin-2-one, *see* B-00066
3,4,4*a*,5,6,10*b*-Hexahydro-4-propyl-2*H*-naphth[1,2-*b*]-1,4-oxazin-9-ol, *see* N-00053
▷Hexahydropyrazine, *see* P-00285
1,3,4,6,7,11*b*-Hexahydro-2*H*-pyrazino[2,1-*a*]isoquinoline, H-00051
Hexahydro-2-[4-[4-(2-pyrimidinyl)-1-piperazinyl]butyl]-4,7-methano-1*H*-isoindole-1,3(2*H*)-dione, *see* T-00026
10-[3-(Hexahydropyrrolo[1,2-*a*]pyrazin-2(1*H*)-yl)-1-oxopropyl]-2-(trifluoromethyl)-10*H*-phenothiazine, *see* A-00497
Hexahydro-4-[3-[2-(trifluoromethyl)-10*H*-phenothiazin-10-yl]-propyl]-1*H*-1,4-diazepine-1-ethanol, *see* H-00084
5,5*a*,6,7,8,8*a*-Hexahydro-3-[2-[4-[3-(trifluoromethyl)-phenyl]-1-piperazinyl]ethyl]cyclopenta[3,4]pyrrolo[2,1-*c*]-1,2,4-triazole, *see* L-00099
1,2,6,7,8,8*a*-Hexahydro-β,δ,6-trihydroxy-2-methyl-8-(2-methyl-1-oxobutoxy)-1-naphthaleneheptanoic acid, *see* P-00403
1,2,3,4,5,6-Hexahydro-3,6,11-trimethyl-2,6-methano-3-benzazocin-8-ol, *see* M-00155
1,2,3,4,5,6-Hexahydro-6,11,11-trimethyl-3-(3-methyl-2-butenyl)-2,6-methano-3-benzazocin-8-ol, *see* I-00003
2,3,4,4*a*,9,9*a*-Hexahydro-2,4*a*,9-trimethyl-1,2-oxazino[6,5-*b*]-indol-6-ol methylcarbamate, *see* G-00016
▷1,2,3,3*a*,8,8*a*-Hexahydro-1,3*a*,8-trimethylpyrrolo[2,3-*b*]-indol-5-ol methylcarbamate (ester), *see* E-00122
2,3,3′,4,4′,5′-Hexahydroxybenzophenone, H-00052
1,3,5,11,14,19-Hexahydroxy-20(22)-cardenolide, H-00053
▷1,1′,6,6′,7,7′-Hexahydroxy-3,3′-dimethyl-5,5′-bis(1-methylethyl)-[2,2′-binaphthalene]-8,8′-dicarboxaldehyde, *see* G-00082
3,3′,4,4′,5,7-Hexahydroxyflavan, H-00054
2β,3β,14,20,22*R*,28-Hexahydroxy-6-oxo-7-ergosten-26-oic acid, γ-lactone, *in* C-00584
▷2,3,14,20,22,28-Hexahydroxy-6-oxostigmast-7-en-26-oic acid γ-lactone, *see* C-00584
N,*N*,*N*′,*N*′,*N*″,*N*″-Hexakis(2-hydroxyethyl)-2,4,6-triiodo-1,3,5-benzenetricarboxamide, *see* I-00136
Hexal, *in* H-00057
Hexalet, *in* H-00057
Hexalgon, *see* D-00510
Hexamarium, *see* D-00540
Hexametazime, *see* E-00278
Hexamethamide, *see* B-00434
▷Hexamethonium(2+), H-00055
▷Hexamethonium bromide, *in* H-00055
▷Hexamethonium iodide, *in* H-00055
Hexamethonium tartrate, *in* H-00055
N,*N*,*N*,*N*′,*N*′,*N*′-Hexamethyl-1,10-decanediaminium, *see* D-00036
N,*N*,*N*,*N*′,*N*′,*N*′-Hexamethyl-4,13-dioxa-3,14-dioxa-5,12-diazahexadecane-1,16-diaminium, *see* C-00055
▷2,2,4,6,6,8-Hexamethyl-4,8-diphenylcyclotetrasiloxane, H-00056
Hexamethylenamine mandelate, *in* H-00057

Hexamethylenebis(carbamoylcholine), *see* C-00055
▷1,1′-Hexamethylenebis[5-(*p*-chlorophenyl)biguanide], *see* C-00206
Hexamethylenebis[dimethyl[1-methyl-3-(2,2,6-trimethylcyclohexyl)propyl]]ammonium, *see* T-00448
1,1′-Hexamethylenebis[5-(2-ethylhexyl)biguanide, *see* A-00107
Hexamethylenebis[fluoren-9-yldimethyl]ammonium, *see* H-00046
α,α′-[Hexamethylenebis(iminomethylene)]bis[3,4-dihydroxybenzyl alcohol], *see* H-00068
▷Hexamethylenebis(trimethylammonium), *see* H-00055
4,4′-(Hexamethylenedioxy)dibenzamidine, *see* H-00058
▷Hexamethylenetetramine, H-00057
▷β-(*N*-Hexamethylenimino)-*p*-propoxypropiophenone, *see* H-00037
▷*N*,*N*,*N*,*N*′,*N*′,*N*′-Hexamethyl-1,6-hexanediaminium, *see* H-00055
▷Hexamethylmelamine, *see* T-00535
N,*N*,*N*,*N*′,*N*′,*N*′-Hexamethyl-1,5-pentanediaminium, *see* P-00084
▷*N*,*N*,*N*′,*N*′,*N*″,*N*″-Hexamethyl-1,3,5-triazine-2,4,6-triamine, *see* T-00535
▷Hexamic acid, *see* C-00623
Hexamidine, H-00058
▷Hexamine, *see* H-00057
Hexamine hippurate, *in* H-00057
4,4′-[1,6-Hexanediylbis[imino(1-hydroxy-2,1-ethanediyl)]]-bis-1,2-benzenediol, *see* H-00068
3,3′-[1,6-Hexanediylbis[(methylimino)carbonyl]oxy]bis(1-methyl)pyridinium, *see* D-00540
4,4′-[1,6-Hexanediylbis(oxy)]bisbenzenecarboximidamide, *see* H-00058
Hexanestrol, *see* B-00220
▷Hexanicotinoylinositol, *in* I-00074
▷Hexanium, *in* E-00035
Hexanoestrol, *in* B-00220
20-Hexanoylcamptothecin, *in* C-00024
20-Hexanoyl-10-methoxycamptothecin, *in* C-00024
Hexaoctacontaoxononaantimonateheneicosatungstate(19−), H-00059
Hexapradol, H-00060
Hexaprazol, *see* E-00120
▷Hexaprofen, *see* C-00621
▷Hexapropymate, H-00061
Hexasonium(1+), H-00062
▷Hexasonium iodide, *in* H-00062
Hexaspray, *see* B-00155
▷Hexastat, *see* T-00535
▷Hexathide, *in* H-00055
Hexazole, *see* C-00609
Hexcarbacholine bromide, *in* C-00055
Hexedine, H-00063
Hexemal calcium, *in* C-00596
threo-Hex-2-enonic acid γ-lactone, *see* A-00456
Hexestrol, *see* B-00220
Hexestrol diacetate, *in* B-00220
Hexestrol dicaprylate, *in* B-00220
Hexestrol diphosphate, *in* B-00220
Hexestrol dipropionate, *in* B-00220
Hexetidine, H-00064
Hexinol, *see* C-00608
▷Hexobarbital, H-00065
▷Hexobarbitone, *see* H-00065
▷Hexobarbitural, *see* H-00065
▷Hexobendine, H-00066
Hexobutyramide, *see* E-00192
▷Hexocyclium(1+), H-00067
▷Hexocyclium methylsulfate, *in* H-00067
▷Hexocyclium metilsulfate, *in* H-00067
Hexoestrol, *see* B-00220
Hexomedine, *in* H-00058
Hexonat, *in* H-00055
▷Hexonium *B*, *in* H-00055
▷Hexopal, *in* I-00074
Hexoprenaline, H-00068
▷Hexoprenaline hydrochloride, JAN, *in* H-00068
▷Hexoprenaline sulfate, JAN, *in* H-00068
Hexopyrronium(1+), H-00069
Hexopyrronium bromide, *in* H-00069
xylo-2-Hexulosonic acid, H-00070
threo-Hexulosono-1,4-lactone-2,3-enediol, *see* A-00456
Hexuronic acid, *see* A-00456
▷4-Hexyl-1,3-benzenediol, H-00071
Hexylcaine, *in* A-00318
▷Hexylcaine hydrochloride, *in* A-00318
1-Hexylcarbamoyl-5-fluorouracil, *see* C-00082
▷Hexyl-2,4-dihydroxybenzene, *see* H-00071
2-Hexyl-5-hydroxycyclopentaneheptanoic acid, *see* R-00093
2-Hexyl-2-(hydroxymethyl)-1,3-propanediol, H-00072
2-Hexyl-2-(hydroxymethyl)-1,3-propanediol trinicotinate, *in* H-00072
1-Hexyl-4-[[(2-methylpropyl)imino]phenylmethyl]piperazine, *see* B-00334
5-Hexyl-7-(*S*-methylsulfonimidoyl)-9-oxo-9*H*-xanthene-2-carboxylic acid, *see* S-00175
▷2-(Hexyloxy)benzamide, H-00073
p-(Hexyloxy)benzilic acid 2-(diethylamino)ethyl ester, *see* T-00381
4-(Hexyloxy-α-hydroxy-α-phenylbenzeneacetic acid 2-(diethylamino)ethyl ester, *see* T-00381
2-[3-(Hexyloxy)-2-hydroxypropoxy]benzoic acid, *see* E-00280
9-[4-(Hexyloxy)phenyl]-10-methylacridinium(1+), H-00074
N-[(4-Hexyl-1-piperazinyl)phenylmethylene]-2-methyl-1-propanamine, *see* B-00334
▷Hexylresorcin, *see* H-00071
▷Hexylresorcinol, *see* H-00071
▷4-Hexylresorcinol, *see* H-00071
Hexyltheobromine, *in* T-00166
Hf 30, *see* P-00063
▷HF 37, *in* G-00111
▷HF 1854, *see* C-00521
▷HF 1927, *see* D-00156
▷HF 2159, *see* C-00507
▷HF 2333, *see* P-00126
HF 241, *see* B-00348
▷HF 264, *see* U-00002
▷HGF, *see* G-00051
▷HG-factor, *see* G-00051
HH50, *see* N-00205
HH 105, *in* B-00399
▷HH184, *see* P-00546
HH 10018, *see* V-00004
HI 42, *see* D-00600
▷HI 47, *see* T-00569
▷Hializan, *see* O-00098
▷Hibicon, *see* B-00022
▷Hibistat, *in* P-00491
▷HIDA, *see* L-00044
Hidramicin, *in* S-00161
▷Hidrix, *see* H-00220
Hidroferol, *see* H-00221
Hidrox, *see* Q-00021
▷High-Furan, *see* N-00190
▷Hikizimycin, H-00075
H-Insulin, *in* I-00076
▷Hioxyl, *see* H-00100
Hipertan, *in* M-00369
Hipertensal, *in* G-00103
▷Hipnogal, *in* T-00450
▷Hipoglicil, *see* A-00023
▷Hipolixan, *see* D-00443
▷Hippodin, *in* I-00101
▷Hippophaine, *see* H-00218
▷Hippuran, *in* I-00101
Hiprex, *in* H-00057
Hipsalazine disodium, *in* I-00166
Hirkan, *in* B-00399
Hisfen, *see* H-00076
▷Hisindamon, *in* C-00207
▷Hismanal, *see* A-00466

Hisphen, H-00076
Histabromazine, *see* B-00299
▷Histabutazine, *see* B-00339
▷Histacur, *in* C-00418
▷Histadonylamine succinate, *in* D-00598
▷Histadyl, *in* M-00171
Histadyl fumarate, *in* M-00171
Histalog, *see* A-00256
▷Histamine, H-00077
Histamine dihydrochloride, *in* H-00077
Histamine phosphate, *in* H-00077
Histamyl, *in* H-00077
Histantin, *in* C-00198
▷Histantine, *see* D-00403
Histaphen, *see* M-00059
Histapon, *in* H-00077
▷Histapyridamine, *see* P-00157
Histapyrrodine, H-00078
▷Histex, *in* D-00484
Histimin, *see* A-00256
▷Histol, *in* C-00294
Histomibal, *in* D-00372
▷Histomon, *see* N-00132
Histoplasmin, H-00079
▷Histostat, *see* N-00184
Histrelin, H-00080
▷Histryl, *in* D-00514
Hitachimycin, H-00081
Hi-Ti, *see* H-00103
Hitocobamin-*M*, *see* M-00241
HK 26, *see* D-00497
HK 137, *in* F-00044
▷HK256, *in* P-00422
▷HK 5031, *in* D-00387
▷HL 2186, *in* T-00006
▷HL 255, *see* B-00313
▷HL 267, *in* D-00480
HL523, *in* G-00110
HL 74/2, *in* B-00217
HLB 817, *see* C-00665
▷HM 11, *see* D-00442
HMDP, *see* H-00146
▷HMG, *see* H-00170
▷HMM, *see* T-00535
Hoe 019, *in* F-00041
Hoe 062, *in* R-00097
Hoe 105, *in* F-00248
▷Hoe 118, *see* P-00323
▷Hoe 153, *see* B-00240
Hoe 175, *see* R-00015
Hoe 224, *see* P-00001
Hoe 260, *see* D-00462
▷Hoe 296, *in* C-00612
HOE 2910, *see* B-00058
▷Hoe 304, *see* D-00102
HOE 409, *see* A-00438
Hoe 467*A*, *see* T-00067
Hoe 473, *see* A-00043
Hoe 498, *in* R-00008
Hoe 740, *see* T-00331
Hoe 760, *in* R-00097
▷Hoe 766, *see* B-00377
Hoe 777, *see* P-00410
Hoe 825, *see* O-00002
Hoe 843, *see* I-00041
▷Hoe 881, *see* F-00037
Hoe 892, *see* T-00279
Hoe 991, *see* F-00127
▷Hoe 9980, *see* F-00070
▷Hoe 10116, *in* F-00071
Hoe 12494, *in* F-00070
▷Hoe 16842, *see* D-00369
Hoechst 088, *see* P-00331
Hoechst 239, *see* F-00098
Hoechst 365, *see* L-00021
Hoechst 428, *see* S-00224
Hoechst 433, *see* A-00152
▷Hoechst 440, *in* T-00236
Hoechst 757, *see* T-00383
▷Hoechst 10446, *see* H-00189
Hoechst 10495, *see* D-00510
▷Hoechst 10582, *see* D-00407
▷Hoechst 10600, *in* P-00138
▷Hoechst 10720, *see* K-00014
Hoechst 10805, *see* D-00509
Hoechst 12771, *see* P-00359
Hoechst 13233, *see* B-00390
▷Hoechst 15239, *see* B-00335
▷Hoechst 15972, *see* M-00146
▷Hoechst 40045, *in* C-00103
▷Hoechst 41004, *see* F-00062
▷Hoechst 42-440, *in* T-00236
▷Hoe 893d, *in* P-00059
Hoe 296V, *in* D-00317
▷HOG, *see* P-00183
Hogpax, *see* A-00365
▷Hokunalin, *in* B-00426
▷Holestan, *see* C-00307
Holin-Depot, *in* O-00030
▷Holocaine, *see* P-00135
▷Holoxan, *see* I-00021
Homactid, *see* O-00006
Homarylamine, *in* M-00253
▷Homat, *see* H-00082
▷Homatrisol, *in* H-00082
▷Homatrocel, *see* H-00082
▷Homatropine, H-00082
▷Homatropine hydrobromide, *in* H-00082
▷Homatropine methylbromide, *in* H-00082
▷Homidium, *see* D-00132
▷Homidium bromide, *in* D-00132
Homoarterenol, *see* A-00249
▷Homochlorcyclizine, H-00083
▷Homochlorcyclizine hydrochloride, JAN, *in* H-00083
Homodeoxyharringtonine, *in* H-00022
Homofarnesylic acid, *see* T-00513
Homofenazine, H-00084
Homogarol, *see* E-00075
▷Homoharringtonine, *in* H-00022
Homomenthyl salicylate, *see* T-00507
▷Homomycin, *see* H-00223
▷Homomyrtenyl-β-(diethylamino)ethyl ether, *see* M-00478
▷D-Homo-17*a*-oxaandrosta-1,4-diene-3,17-dione, *see* T-00100
Homopantothenic acid, *in* H-00088
▷Homopiperonylamine, *see* M-00253
Homopipramol, H-00085
Homosalate, *see* T-00507
4-Homosulfanilamide, *see* M-00002
Homosulphasalazine, H-00086
▷Homovanillin, *in* D-00311
Homprenophine, H-00087
Honghelin, *in* D-00274
Hongkelin, *in* D-00274
Honokiol, *see* D-00522
▷Honvol, *in* D-00257
H.O.P., *in* H-00202
HOPA, *in* H-00088
▷Hopanal, *in* H-00088
▷Hopantenic acid, H-00088
▷Hopate, *in* H-00088
Hoquizil, H-00089
Hoquizil hydrochloride, *in* H-00089
▷Hormobago, *in* H-00110
▷17-Hormoforin, *in* H-00110
▷Hormonisene, *see* C-00290
Hormostilboral stark, *in* D-00257
▷Hospex, *see* P-00090
▷Hostabloc, *in* P-00059
Hostacain, *in* B-00390
Hovigal, *in* O-00031
▷HP 129, *see* F-00045
▷HP 1275, *in* M-00282

HP 1598, *in* P-00173
HP 213, *see* S-00016
HP 494, *in* F-00214
HP-522, *see* B-00276
▷HP 549, *see* I-00216
HPA, *see* H-00197
HPA 23, *in* H-00059
HPED, *see* P-00380
HPEK 1, *see* T-00137
hp GRF (1-44)NH_2, *see* S-00097
HPQ, *see* P-00356
▷HPSTI, *see* A-00432
▷HQ 495, *see* A-00081
HR 001, *see* Z-00034
HR 109, *in* C-00138
HR 158, *in* L-00089
HR 175, *see* R-00015
HR 221, *see* C-00134
HR 375, *in* C-00384
HR 459, *see* P-00196
HR 580, *see* C-00148
▷HR 756, *in* C-00138
HR 810, *see* C-00144
HR 837, *see* T-00244
HR 930, *see* F-00253
HRF, *in* L-00116
HRP 543, *in* D-00023
HRP 913, *in* N-00062
HS 310, *in* C-00188
HSp 2986, *in* D-00490
HSR 770, *in* I-00048
▷HT-11, *see* C-00482
HT 1479, *in* D-00395
Hubber-Lip, *in* C-00456
Huberdilat, *in* C-00183
▷Hubernol, *see* F-00245
▷Hubersil, *see* B-00167
HUF 2446, *in* C-00448
HUK 978, *see* T-00576
Humacthid, *see* O-00006
▷Human chorionic gonadotropin, *see* G-00080
Human GRF (1-29) NH2, *see* S-00049
Human insulin, INN, BAN, USAN, *in* I-00076
Human pituitary growth hormone, H-00090
Human PTH (1-34), *see* T-00091
Humatrope, *see* S-00099
Huminsulin, *in* I-00076
Humorsol, *in* D-00061
Huntericine, *see* E-00003
Hustazol, *in* C-00482
▷Hustel, *see* T-00311
HWA 285, *see* P-00495
HWA 486, *see* L-00019
Hy 185, *in* T-00438
▷Hyalase, *see* H-00092
Hyalosidase, H-00091
▷Hyaluronidase, H-00092
Hyaluronoglucosaminidase, *see* H-00091
Hyaluronoglucosidase, *see* H-00091
Hyamate, *see* H-00129
Hyanilid, *in* H-00112
▷Hyason, *see* H-00092
▷Hycanthone, H-00093
▷Hycanthone mesylate, *in* H-00093
Hycholin, *in* P-00091
Hydaltrone TBA, *in* P-00412
Hydeltra TBA, *in* P-00412
▷Hydiphen, *in* C-00472
Hydrabamine penicillin, *in* B-00126
Hydracarbazine, *see* H-00097
▷Hydral, *in* H-00096
▷Hydralazine, *see* H-00096
▷Hydralazine hydrochloride, *in* H-00096
Hydrametracine, *see* M-00073
Hydramitrazine, *see* M-00073
▷Hydramon, *in* M-00147
Hydramycin, *in* D-00080
▷Hydran AB, *in* C-00067
▷Hydrangin, *see* H-00114
▷Hydraphen, *see* H-00094
▷Hydrapred, *in* T-00554
▷Hydrargaphen, H-00094
Hydrastidine, *in* H-00095
▷Hydrastine, H-00095
Hydrastine a, *in* H-00095
Hydrastine b, *in* H-00095
3-Hydrazino-6-[*N*,*N*-bis(2-hydroxyethyl)amino]pyridazine, *see* O-00100
3-[(Hydrazinocarbonyl)oxy]-8-azabicyclo[3.2.1]octane-8-carboxylic acid phenyl ester, *see* T-00546
▷α-Hydrazino-3,4-dihydroxy-α-methylbenzenepropanoic acid, *see* C-00050
▷α-Hydrazino-3,4-dihydroxy-α-methylhydrocinnamic acid, *see* C-00050
▷β-Hydrazinoethylbenzene, *see* P-00189
(Hydrazinomethyl)cyclohexane, *see* C-00616
2-Hydrazinooctane, *see* M-00258
▷2-Hydrazino-1-phenylpropane, *see* M-00289
▷1-Hydrazinophthalazine, H-00096
6-Hydrazino-3-pyridazinecarboxamide, H-00097
2,2′-[(6-Hydrazino-3-pyridazinyl)imino]diethanol, *see* O-00100
1-[(6-Hydrazino-3-pyridazinyl)methylamino]-2-propanol, *see* P-00251
1-Hydrazino-4-(4-pyridylmethyl)phthalazine, *see* P-00238
▷Hydrazinoxane, *in* D-00575
▷Hydrea, *see* H-00220
▷Hydrenox, *see* H-00099
Hydrion, *see* A-00174
Hydrobentizide, *in* B-00103
Hydrobutamine, *see* B-00403
Hydrochlobuthiazide, *see* B-00401
▷Hydrochlorbenzethylamine, *see* E-00246
▷Hydrochlorothiazide, H-00098
Hydrocinchonine, *in* C-00358
▷Hydrocinnamic alcohol, *see* P-00201
▷Hydrocodone, *in* H-00102
Hydrocodone bitartrate, *in* H-00102
▷Hydrocodone polistirex, USAN, *in* H-00102
▷Hydroconchinene, *in* Q-00027
▷Hydroconquinine, *in* Q-00027
Hydrocortamate, *in* C-00548
Hydrocortisene 21-xanthogenic acid, *in* C-00548
▷Hydrocortisone, *see* C-00548
Hydrocortisone aceponate, *in* C-00548
▷Hydrocortisone acetate, *in* C-00548
▷Hydrocortisone bendazac, *in* C-00548
Hydrocortisone butylacetate, *in* C-00548
▷Hydrocortisone butyrate, *in* C-00548
▷Hydrocortisone 17-butyrate 21-propionate, *in* C-00548
Hydrocortisone cypionate, *in* C-00548
Hydrocortisone hemisuccinate, *in* C-00548
▷Hydrocortisone phosphate, *in* C-00548
▷Hydrocortisone sodium succinate, *in* C-00548
Hydrocortisone tebutate, *in* C-00548
Hydrocortisone valerate, *in* C-00548
▷Hydrocortone, *see* C-00548
▷Hydrocortone sodium phosphate, *in* C-00548
Hydrocortone TBA, *in* C-00548
Hydrocupreine, *in* C-00574
▷Hydroergotocin, *see* Y-00002
Hydroestryl, *in* D-00257
▷Hydroflumethiazide, H-00099
▷Hydrogen dioxide, *see* H-00100
▷Hydrogen peroxide, H-00100
β-Hydrojuglone, *in* H-00179
Hydromadinone, *in* C-00248
Hydromercury, *in* H-00191
Hydromet, *in* M-00249
Hydromorphinol, H-00101

▷Hydromorphone, H-00102
▷Hydromorphone hydrochloride, *in* H-00102
Hydromox, *see* Q-00021
Hydronol, *see* D-00144
▷Hydroperoxide, *see* H-00100
▷Hydroquine, *in* Q-00027
▷Hydroquinidine, *in* Q-00027
Hydroquinine, *in* Q-00028
▷Hydroquinol, *see* B-00074
▷Hydroquinone, *see* B-00074
▷Hydroquinonecarboxylic acid, *see* D-00316
Hydroquinonesulfonic acid, *see* D-00313
▷Hydrosept, *in* C-00289
Hydrotalcite, H-00103
Hydrothiaden, *in* D-00420
▷Hydrotrichlorothiazide, *see* T-00439
▷Hydroxamethocaine, H-00104
Hydroxindasate, *in* H-00105
Hydroxindasol, H-00105
11-Hydroxy-7,9(11),13-abietatriene-6,12-dione, *see* T-00035
▷*N*-Hydroxyacetamide, H-00106
▷3-Hydroxyacetanilide, *in* A-00297
▷4-Hydroxyacetanilide, *in* A-00298
▷β-Hydroxy-*p*-acetophenetidine salicylic acid acetate, *see* E-00144
2-Hydroxyacetophenone, H-00107
8-(Hydroxyacetyl)-7,8,9,10-tetrahydro-6,8,10,11-tetrahydroxy-1-methoxy-5,12-naphthacenedione, *in* A-00080
9-Hydroxyaclacinomycin A, *in* A-00042
α-Hydroxyalprazolam, *in* A-00150
Hydroxyamfetamine, *see* A-00322
2-Hydroxy-5-aminobenzonitrile, *in* A-00266
5-Hydroxy-6-[2-amino-2-(carboxyethyl)thio]-7,9,11,14-eicosatetraenoic acid, *see* S-00136
N-[4-(Hydroxyamino)-1,4-dioxo-2-(phenylmethyl)butyl]-L-alanine, *see* K-00007
Hydroxyamphetamine, *see* A-00322
▷Hydroxyamphetamine hydrobromide, *in* A-00322
▷*p*-Hydroxyampicillin, *see* A-00364
17-Hydroxy-1,4-androstadien-3-one, H-00108
17-Hydroxy-3-androstanone, H-00109
3-Hydroxy-5-androsten-17-one, H-00110
17-Hydroxy-4-androsten-3-one, H-00111
▷*m*-Hydroxyaniline, *see* A-00297
▷*p*-Hydroxyaniline, *see* A-00298
3-Hydroxyanisaldehyde, *in* D-00311
30-Hydroxyansamitocin P-1, *in* M-00027
30-Hydroxyansamitocin P-2, *in* M-00027
30-Hydroxyansamitocin P-3, *in* M-00027
30-Hydroxyansamitocin P-4, *in* M-00027
5-Hydroxyanthranilic acid, *see* A-00262
7-Hydroxyaristolochic acid A, *see* H-00151
4-Hydroxy-*m*-arsanilic acid form aldehydesulfoxylate, *see* P-00146
2-Hydroxybenozic acid 3-(2,5-dimethyl-1-pyrrolidinyl)-propyl ester, *see* P-00401
▷2-Hydroxybenzamide, *in* H-00112
4-Hydroxybenzamide, *in* H-00113
3-Hydroxybenzanilide, *in* A-00297
4-Hydroxybenzanilide, *in* A-00298
▷Hydroxybenzene, *see* P-00161
▷α-Hydroxybenzeneacetic acid 8-methyl-8-azabicyclo[3.2.1]-oct-3-yl ester, *see* H-00082
α-Hydroxybenzeneacetic acid 1,2,2,6-tetramethyl-4-piperidinyl ester, *see* E-00267
▷α-Hydroxybenzeneacetic acid 3,3,5-trimethylcyclohexyl ester, *see* C-00586
2-Hydroxybenzenecarbodithioic acid, *see* H-00127
▷2-Hydroxybenzenemethanol, *see* H-00116
2-Hydroxybenzenethionothiolic acid, *see* H-00127
α-Hydroxy-1,3-benzodioxole-5-ethanimidamide, *see* O-00039
▷2-Hydroxybenzoic acid, H-00112
▷4-Hydroxybenzoic acid, H-00113
▷2-Hydroxybenzoic acid 2-carboxyphenyl ester, *see* S-00015
▷2-Hydroxybenzoic acid methyl ester, *see* M-00261
▷4-Hydroxybenzoic acid [(5-nitro-2-furanyl)methylene]hydrazide, *see* N-00126
▷*p*-Hydroxybenzoic acid 5-nitrofurfurylidenehydrazide, *see* N-00126
▷*o*-Hydroxybenzoic acid 5-sulfonic acid, *see* H-00214
2-Hydroxybenzoic acid 3-sulfopropyl ester, *see* S-00260
▷4-Hydroxybenzonitrile, *in* H-00113
▷7-Hydroxy-2*H*-1-benzopyran-2-one, H-00114
2-Hydroxy-1,4-benzoquinone-4-imine, *see* H-00141
6-Hydroxy-1,3-benzoxathiol-2-one, *see* T-00214
4-(2-Hydroxybenzoyl)morpholine, H-00115
3-[(2-Hydroxybenzoyl)oxy]-1-propanesulfonic acid, *see* S-00260
▷*O*-(2-Hydroxybenzoyl)salicylic acid, *see* S-00015
▷2-Hydroxybenzyl alcohol, H-00116
▷α-Hydroxybenzyl phenyl ketone, *see* B-00093
5-(4-Hydroxybenzyl)-2-pyridinecarboxylic acid, H-00117
2-Hydroxy[1,1′-biphenyl]-3-carboxylic acid 2-(diethylamino)-ethyl ester, *see* X-00010
▷3-Hydroxy-4,5-bis(hydroxymethyl)-2-methylpyridine, *see* P-00582
▷12′-Hydroxy-2′,5′-bis(1-methylethyl)ergotaman-3′,6′,18-trione, *see* E-00101
4-Hydroxy-6,7-bis(2-methylpropoxy)-3-quinolinecarboxylic acid ethyl ester, *see* B-00373
9-Hydroxy-19,20-bisnorprostanoic acid, *see* R-00093
[4-(Hydroxybis-2-thienylmethyl)cyclohexyl]trimethyl-ammonium(1+), *see* T-00190
1-(2-Hydroxy-3-bornyl)-3-(*p*-tolylsulfonyl)urea, *see* G-00033
4-Hydroxybutanoic acid, H-00118
▷8-[[6-[4-(3-Hydroxybutyl)-1-piperazinyl]hexyl]amino]-6-methoxyquinoline, *see* M-00465
4-Hydroxybutyric acid, *see* H-00118
▷3-Hydroxy-*p*-butyrophenetidide, *see* B-00335
β-Hydroxy-γ-butyrotrimethylbetaine, *see* C-00084
Hydroxycaine, H-00119
Hydroxycaine hydrochloride, *in* H-00119
▷10-Hydroxycamptothecin, *in* C-00024
11-Hydroxycamptothecin, *in* C-00024
▷Hydroxycarbamide, *see* H-00220
▷Hydroxychloroquine, H-00120
Hydroxychloroquine sulfate, *in* H-00120
1α-Hydroxycholecalciferol, *see* A-00109
25-Hydroxycholecalciferol, *see* H-00221
3-Hydroxy-8(14)-cholesten-15-one, H-00121
▷3-Hydroxycinchophen, *see* H-00195
Hydroxycobalamin, *see* V-00061
3α-Hydroxycompactin, *in* C-00539
3β-Hydroxycompactin, *in* C-00539
7α-Hydroxyconessine, *in* C-00540
7β-Hydroxyconessine, *in* C-00540
6′-Hydroxyconvallatoxin, *in* T-00478
▷Hydroxycortexon, *see* C-00546
▷17α-Hydroxycorticosterone, *see* C-00548
▷7-Hydroxycoumarin, *see* H-00114
3-Hydroxycrotonic acid α-methylbenzyl ester dimethylphosphate, *see* C-00571
β-Hydroxycyclohexanehydracrylic acid, *see* C-00610
▷2-(1-Hydroxycyclohexyl)butyric acid, *see* E-00193
α-(1-Hydroxycyclopentyl)benzeneacetic acid 2-(diethylamino)-ethyl ester, *see* C-00601
α-(1-Hydroxycyclopentyl)benzeneacetic acid 2-(dimethylamino)-ethyl ester, *see* C-00631
6-Hydroxy-3,5-cyclopregnan-20-one, H-00122
▷14-Hydroxydaunomycin, *see* A-00080
2-(10-Hydroxydecyl)-5,6-dimethoxy-3-methyl-*p*-benzoquinone, *see* I-00017
2-(10-Hydroxydecyl)-5,6-dimethoxy-3-methyl-2,5-cyclo-hexadiene-1,4-dione, *see* I-00017
▷17α-Hydroxy-11-dehydrocorticosterone, *see* C-00549
▷17-Hydroxydeoxycorticosterone, *in* D-00349
▷Hydroxydial, *see* P-00546
▷2-Hydroxy-4,4′-diamidinostilbene, *see* H-00213
▷2-Hydroxydiethylamine, *in* A-00253

9-Hydroxy-2-(β-diethylaminoethyl)ellipticinium, *see* D-00017
▷16β-Hydroxydigitoxin, *in* T-00474
▷2-Hydroxy-4,4′-diguanylstilbene, *see* H-00213
14-Hydroxydihydromorphine, *see* H-00101
4-Hydroxy-3,5-diiodo-α-[1-[(1-methyl-3-phenylpropyl)amino]-ethyl]benzenemethanol, *see* B-00348
▷4-Hydroxy-3,5-diiodo-α-phenylbenzenepropanoic acid, *see* I-00100
O-(4-Hydroxy-3,5-diiodophenyl)-3,5-diiodo-α-methyltyrosine ethyl ester, *see* E-00241
▷*O*-(4-Hydroxy-3,5-diiodophenyl)-3,5-diiodotyrosine, *see* T-00233
▷3-(4-Hydroxy-3,5-diiodophenyl)-2-phenylpropionic acid, *see* I-00100
▷8-Hydroxy-5,7-diiodoquinoline, *see* D-00364
4-Hydroxy-6,7-diisobutoxy-3-quinolinecarboxylic acid ethyl ester, *see* B-00373
17β-Hydroxy-1α,7α-dimercapto-17-methylandrost-4-en-3-one 1,7-diacetate, *see* T-00205
4-Hydroxy-3,5-dimethoxy-α-[(methylamino)methyl]benzyl alcohol, *see* D-00459
(3β,16β,17α,18β,20α)-18-Hydroxy-11,17-dimethoxyohimban-16-carboxylic acid, *see* R-00028
2-[4-(β-Hydroxy-3,4-dimethoxyphenethyl)-1-piperazinyl]-cycloheptatrienone, *see* C-00341
2-[[3-(4-Hydroxy-3,5-dimethoxyphenyl)-1-oxo-2-propenyl]-oxy]-*N*,*N*,*N*- trimethylethanaminium, *see* S-00076
17β-Hydroxy-2α,17-dimethyl-5α-androstan-3-oneazine, *see* M-00037
17-Hydroxy-2,17-dimethylandrostan-3-one(17-hydroxy-2,17-dimethylandrostan-3-ylidene)hydrazone, *see* M-00037
17β-Hydroxy-7,17-dimethyl-4-androsten-3-one, H-00123
3-Hydroxydimethylaniline, *in* A-00297
▷4-Hydroxydimethylaniline, *in* A-00298
▷Hydroxydimethyl arsine oxide, *see* D-00424
5-Hydroxy-6,6-dimethyl-4-cyclohexene-1,3-dione, *in* D-00427
▷17-Hydroxy-7,17-dimethylestr-4-en-3-one, *see* M-00361
17β-Hydroxy-16,16-dimethyl-4-estren-3-one, *see* M-00329
α-[[(2-Hydroxy-1,1-dimethylethyl)amino]methyl]-benzenemethanol, *see* F-00084
2-Hydroxy-*N*,*N*-dimethyl-*N*-(1-methylethyl)-3-(1-naphthalenyloxy)-1-propanaminium, *see* P-00399
11-Hydroxy-17,17-dimethyl-18-norandrosta-4,13-dien-3-one, H-00124
7-[2-(3-Hydroxy-4,4-dimethyl-1-octenyl)-3-methyl-5-oxocyclopentyl]-5-heptenoic acid, *see* T-00517
11-Hydroxy-16,17-dimethyl-17-(1-oxopropyl)androsta-1,4-dien-3-one, *see* R-00057
▷2′-Hydroxy-5,9-dimethyl-2-phenethylbenzomorphan, *see* P-00147
3-Hydroxy-1,1-dimethylpiperidinium benzilate, *see* M-00094
4-Hydroxy-1,1-dimethylpiperidinium benzilate, *see* P-00028
3β-Hydroxy-6α,16α-dimethyl-4-pregnen-20-one, *see* D-00381
▷17β-Hydroxy-6α,21-dimethyl-4-pregnen-20-yn-3-one, *see* D-00393
1-Hydroxy-4,6-dimethyl-2(1*H*)-pyridone, *in* D-00451
3-Hydroxy-1,1-dimethylpyrrolidinium benzilate, *see* B-00095
3-Hydroxy-1,1-dimethylpyrrolidinium α-phenyl-cyclohexaneglycolate, *see* H-00069
▷2-Hydroxy-3,5-dinitrobenzoic acid [(5-nitro-2-furanyl)-methylene]hydrazide, *see* N-00132
Hydroxydione, *in* H-00201
▷Hydroxydione sodium succinate, *in* H-00201
1β-Hydroxydiosgenin, *in* S-00128
3-[(Hydroxydiphenylacetyl)oxy]-1,1-dimethylpiperidinium, *see* M-00094
4-[(Hydroxydiphenylacetyl)oxy]-1,1-dimethylpiperidinium, *see* P-00028
N-[2-[(Hydroxydiphenylacetyl)oxy]ethyl]-*N*,*N*-dimethyl-1-octanaminium, *see* O-00021
1-[2-[(Hydroxydiphenylacetyl)oxy]ethyl]-1-methylpyrrolidinium, *see* E-00238
1-[2-[(Hydroxydiphenylacetyl)oxy]ethyl]-1,2,5-trimethylpyrrolidinium, *see* D-00458
3-[(Hydroxydiphenylacetyl)oxy]-6-methoxy-8,8-dimethyl-8-azoniabicyclo[3.2.1]octane, *see* T-00551
3-[(Hydroxydiphenylacetyl)oxy]-1-methyl-1-azoniabicyclo[2.2.2]octane, *see* C-00425
2-[[(Hydroxydiphenylacetyl)oxy]methyl]-1,1-dimethylpiperidinium, *see* B-00147
2-[[(Hydroxydiphenylacetyl)oxy]methyl]-1,1-dimethylpyrrolidinium, *see* P-00378
3-[(Hydroxydiphenylacetyl)oxy]spiro[8-azoniabicyclo[3.2.1]-octane-8,1′-pyrrolidinium], *see* T-00558
μ-Hydroxydiphenyldimercury(1+), H-00125
▷4-Hydroxydiphenylmethane, *see* B-00127
3-Hydroxy-3,3-diphenylpropanoic acid, H-00126
2-Hydroxydithiobenzoic acid, H-00127
▷6-Hydroxydopamine, *see* A-00255
▷9-Hydroxyellipticine, *in* E-00027
▷10-Hydroxyellipticine, *in* E-00027
12-Hydroxyellipticine, *in* E-00027
18-Hydroxyellipticine, *in* E-00027
3-Hydroxy-14,15-epoxy-20,22-bufadienolide, H-00128
8-Hydroxyergotamine, *in* E-00106
▷3-Hydroxyestra-1,3,5,7,9-pentaen-17-one, *see* E-00098
▷3-Hydroxyestra-1,3,5(10),7-tetraen-17-one, *see* E-00099
17-Hydroxyestra-4,9,11-trien-3-one, *see* T-00410
17β-Hydroxy-4,9,11-estratrien-3-one, *see* T-00410
▷Hydroxyethane, *see* E-00149
Hydroxyethane-1,1-diphosphonic acid, *see* H-00132
1-[2-(2-Hydroxyethoxy)ethyl]-4-phenyl-4-piperidinecarboxylic acid ethyl ester, *see* E-00265
1-[1-[2-(2-Hydroxyethoxy)ethyl]-4-phenyl-4-piperidyl]-1-propanone, *see* D-00616
4-(2-Hydroxyethoxy)-3-methoxycinnamic acid, *see* C-00353
3-[4-(2-Hydroxyethoxy)-3-methoxyphenyl]-2-propenoic acid, *see* C-00353
▷9-(2-Hydroxyethoxymethyl)guanine, *see* A-00060
▷*N*-(2-Hydroxyethyl)acetamide, *in* A-00253
3′-[*N*-(2-Hydroxyethyl)acetamido]-2′,4′,6′-triiodo-5′-(methylcarbamoyl)-D-gluconanilide, *see* I-00112
▷2-Hydroxyethylamine, *see* A-00253
▷β-Hydroxyethylbenzene, *see* P-00187
2-Hydroxyethyl benzylcarbamate, H-00129
3′-[(2-Hydroxyethyl)carbamoyl]-2′,4′,6′-triiodo-5′-(*N*-methylacetamido-D-glucoanilide, *see* I-00114
▷*N*-(2-Hydroxyethyl)cinnamamide, H-00130
1-(2-Hydroxyethyl)-1,4-cyclohexanediol, H-00131
N-Hydroxyethyl-1-desoxynojirimycin, *see* M-00373
(2-Hydroxyethyl)diisopropylmethylammonium xanthene-9-carboxylate, *see* P-00492
N-(2-Hydroxyethyl)-*N*,*N*-dimethylglycine internal salt, *see* O-00110
(2-Hydroxyethyl)dimethylsulfonium α-phenylcyclohexaneacetate, *see* H-00062
(2-Hydroxyethyl)dimethylsulfonium α-phenylcyclohexaneglycolate, *see* O-00165
▷7-(2-Hydroxyethyl)-1,3-dimethylxanthine, *see* E-00253
1-(2-Hydroxyethyl)-2-(4-fluorophenyl)-5-nitroimidazole, *see* F-00166
9-[1-(1-Hydroxyethyl)heptyl]hypoxanthine, *see* N-00226
N-(2-Hydroxyethyl)hexadecanamide, *see* P-00006
▷2-(1-Hydroxyethyl)-β-(hydroxymethyl)-3-methyl-5-benzofuranacrylic acid lactone hydrogen succinate, *see* B-00053
1-(2-Hydroxyethyl)-2-(hydroxymethyl)piperidine-3,4,5-triol, *see* M-00373
N-(2-Hydroxyethyl)-3-(4-hydroxyphenyl)-*N*-methyl-2-propenamide, *in* H-00130
(1-Hydroxyethylidene)bisphosphonic acid, H-00132
▷3-(2-Hydroxyethylidene)-7-oxo-4-oxa-1-azabicyclo[3.2.0]-heptane-2-carboxylic acid, *see* C-00410
▷2,2′-[(2-Hydroxyethyl)imino]bis[*N*-(1,1-dimethyl-2-phenylethyl)-*N*-methylacetamide], *see* O-00106
▷*N*-(2-Hydroxyethyl)isopropylamine, *in* A-00253
N-(2-Hydroxyethyl)maleopimarimidyl morpholide, *see* I-00224
▷8-[(Hydroxyethyl)methylamino]caffeine, *see* C-00008
▷4-[2-(1-Hydroxyethyl)-3-methyl-5-benzofuranyl]-2(5*H*)-furanone succinate, *see* B-00053

N-(2-Hydroxyethyl)-*N*-(1-methylethyl)benzamide, *in* A-00253
▷1-(2-Hydroxyethyl)-1-methylguanidine dihydrogen phosphate, *see* C-00559
N-(2-Hydroxyethyl)-α-methyl-4-(2-methylpropyl)-benzeneacetamide, *see* A-00316
▷1-(2-Hydroxyethyl)-2-methyl-5-nitroimidazole, *see* M-00344
▷*N*-(2-Hydroxyethyl)-*N*-methyl-3-phenyl-2-propenamide, *in* H-00130
1-(2-Hydroxyethyl)-1-methylpyrrolidinium benzilate, *see* E-00238
▷*N*-(2-Hydroxyethyl)-3-methyl-2-quinoxalinecarboxamide 1,4-dioxide, *see* O-00034
2-Hydroxyethyl 3-methyl-2-quinoxalinecarboxylate 1,4-dioxide, *see* T-00063
N-(2-Hydroxyethyl)nicotinamide 2-(*p*-chlorophenoxy)-2-methylpropionic acid, *see* P-00230
N-(2-Hydroxyethyl)nicotinamide nitrate, *see* N-00102
2-Hydroxyethyl nicotinate 2-(*p*-chlorophenoxy)-2-methylpropionate, *see* E-00250
▷1-(2-Hydroxyethyl)-2-[(5-nitro-2-furanyl)methylene]-hydrazinecarboxamide, *see* N-00108
▷Hydroxyethylnitrofurazone, *see* N-00108
▷*N*-(2-Hydroxyethyl)-α-(5-nitro-2-furyl)nitrone, *see* N-00119
▷*N*-(2-Hydroxyethyl)-2-nitro-1*H*-imidazole-1-acetamide, *see* E-00139
2,2′-[[3-[(2-Hydroxyethyl)octadecylamino]propyl]imino]-bisethanol, *see* T-00537
N-(2-Hydroxyethyl)palmitamide, *see* P-00006
2-Hydroxyethyl (phenylmethyl)carbamate, *see* H-00129
▷*N*-(2-Hydroxyethyl)-3-phenyl-2-propenamide, *see* H-00130
1-(2-Hydroxyethyl)-2′,6′-pipecoloxylidide, *see* D-00614
N-[[4-(2-Hydroxyethyl)piperazino](carboxy)methyl]tetracycline, *see* A-00423
10-[3-[4-(2-Hydroxyethyl)-1-piperazinyl]propionyl]-2-(trifluoromethyl)phenothiazine, *see* F-00271
3-[4-(2-Hydroxyethyl)-1-piperazinyl]propyl 4-benzamido-*N*,*N*-dipropylglutaramate 1-(4-chlorobenzoyl)-5-methoxy-2-methylindole-3-acetate, *see* P-00467
1-[10-[3-[4-(2-Hydroxyethyl)-1-piperazinyl]propyl]-10*H*-phenothiazin-2-yl]ethanone, *see* A-00025
10-[3-[4-(2-Hydroxyethyl)-1-piperazinyl]propyl]-phenothiazin-2-yl methyl ketone, *see* A-00025
1-[10-[3-[4-(2-Hydroxyethyl)-1-piperazinyl]propyl]-10*H*-phenothiazin-2-yl]-1-propanone, *see* C-00095
▷10-[3-[4-(2-Hydroxyethyl)-1-piperazinyl]propyl]-2-trifluoromethylphenothiazine, *see* F-00202
2-(1-Hydroxyethyl)piperidine, *see* P-00197
▷10-[3-[4-(2-Hydroxyethyl)piperidino]propyl]phenothiazin-2-yl methyl ketone, *see* P-00282
10-[3-[4-(2-Hydroxyethyl)-1-piperidinyl]propyl]-*N*,*N*-dimethyl-10*H*-phenothiazine-2-sulfonamide, *see* P-00302
▷1-[10-[3-[4-(2-Hydroxyethyl)-1-piperidinyl]propyl]-10*H*-phenothiazin-2-yl]ethanone, *see* P-00282
1-(2-Hydroxyethyl)-4-(2-propylpentyl)piperidine, *see* O-00016
2-Hydroxyethyl *p*-sulfamoylcarbanilate, *see* S-00230
(2-Hydroxyethyl)tetradecylammonium(1+), H-00133
▷7-(2-Hydroxyethyl)theophylline, *see* E-00253
4-[[(2-Hydroxyethyl)thio]methyl]pyridine, *see* R-00064
▷(2-Hydroxyethyl)trimethylammonium, *see* C-00308
(2-Hydroxyethyl)trimethylammonium benzilate, *see* M-00326
1-(2-Hydroxyethyl)-1,2,5-trimethylpyrrolidinium benzilate, *see* D-00458
16-Hydroxyferruginol, *in* F-00095
4-Hydroxyformanilide, *in* A-00298
▷4-Hydroxy-4*H*-furo[3,2-*c*]pyran-2(6*H*)-one, *see* P-00043
18-Hydroxygeranylgeraniol, *see* P-00373
8-Hydroxy-1(10),4,11(13)-germacratrien-12,6-olide, H-00134
▷6α-Hydroxygermine, *see* P-00543
2-Hydroxy-1,2,3-heptadecanetricarboxylic acid 1-methyl ester, *see* C-00029
1-Hydroxy-2-heptanone, H-00135
2-(7-Hydroxyheptyl)-3-(3-oxo-4-phenoxybutyl)cyclopentanone, *see* O-00137
14-Hydroxyhetisine, H-00136
2-Hydroxy-*N*,*N*,*N*,*N*′,*N*′,*N*′-hexamethyl-1,3-propanediaminium diiodide, *in* D-00135
Hydroxyhexamide, H-00137
p-Hydroxyhydrocinnamic acid 4-(aminomethyl)cyclohexanecarboxylate, *see* C-00187
Hydroxy[6-hydroxy-2,7-diiodo-3-oxo-9-(*o*-sulfophenyl)-3*H*-xanthen-5-yl]mercury, *see* M-00111
▷2-Hydroxy-*N*-(2-hydroxyethyl)-3-methoxy-5-(2-propenyl)-benzamide, *see* A-00116
▷7-[2-Hydroxy-3-[(2-hydroxyethyl)methylamino]propyl]-theophylline, *see* X-00003
4-Hydroxy-2-(7-hydroxyheptyl)-3-(4-hydroxy-4-methyl-1-octenyl)cyclopentanone, *see* R-00061
▷2′-Hydroxy-5′-[1-hydroxy-2-(isopropylamino)ethyl]-methanesulfonanilide, *see* S-00107
[[(2-Hydroxy-3-hydroxymercuri)propyl]carbamoyl]-phenoxyacetic acid, *see* M-00122
2-Hydroxy-5-[2-[[2-hydroxy-3-[4-(2-methoxyethoxy)phenoxy]-propyl]amino]ethoxy]benzamide, *see* T-00471
2′-Hydroxy-5′-[1-hydroxy-2-[(*p*-methoxyphenethyl)amino]-propyl]methanesulfonanilide, *see* M-00142
5-Hydroxy-2-(3-hydroxy-4-methoxyphenyl)-6,7-dimethoxy-4*H*-1-benzopyran-4-one, *see* D-00354
N-[2-Hydroxy-5-[1-hydroxy-2-[[2-(4-methoxyphenyl)ethyl]-amino]propyl]phenyl]methanesulfonamide, *see* M-00142
N-[2-Hydroxy-5-[1-hydroxy-2-[[2-(4-methoxyphenyl)-1-methyl-ethyl]amino]ethyl]phenyl]formamide, *see* F-00247
9-(4-Hydroxy-3-hydroxymethyl-1-butyl)guanine, H-00138
N-[[2-Hydroxy-5-(4-hydroxymethyl)-1,3,2-dithiarsolan-2-yl]-phenyl]acetamide, *see* A-00451
▷17β-Hydroxy-2-hydroxymethylene-17α-methyl-5α-androstan-3-one, *see* O-00154
▷9-[[2-Hydroxy-1-(hydroxymethyl)ethoxy]methyl]guanine, *see* D-00350
8-Hydroxy-5-[1-hydroxy-2-[(1-methylethyl)amino]butyl]-2(1*H*)-quinolinone, *see* F-00449
▷*N*-[2-Hydroxy-5-[1-hydroxy-2-[(methylethyl)amino]ethyl]-phenyl]methanesulfonamide, *see* S-00107
4-Hydroxy-9-[2-hydroxy-3-(methylethylamino)propoxy]-7-methyl-5*H*-furo[3,2-*g*][1]benzopyran-5-one, *see* I-00159
2-Hydroxy-1-(hydroxymethyl)ethyl salicylate 2-acetate bis[2-(*p*-chlorophenoxy)-2-methylpropionate], *see* S-00005
N-[2-Hydroxy-1-(hydroxymethyl)-3-heptadecenyl]-6-methyl-ergoline-8-carboxamide, *see* D-00586
▷3-Hydroxy-5-hydroxymethyl-4-methoxymethyl-2-methyl-pyridine, *in* P-00582
3-Hydroxy-5-hydroxymethyl-2-methyl-4-pyridinemethylamine, *see* P-00580
2-(3-Hydroxy-4-hydroxymethylphenyl)glycine, *see* F-00243
▷2-Hydroxy-5-[(1-hydroxy-2-[(1-methyl-3-phenylpropyl)amino]-ethyl]benzamide, *see* L-00001
4-Hydroxy-3-(1-hydroxypentyl)benzoic acid, H-00139
2-Hydroxy-3-(9-hydroxy-9-pentyltetradecyl)-1,4-naphthalenedione, *see* L-00009
p-Hydroxy-α-[1-[(*p*-hydroxyphenethyl)amino]ethyl]benzyl alcohol, *see* R-00067
▷7-[3-Hydroxy-2-(3α-hydroxy-4-phenoxy-1-butenyl)-5-oxocyclo-pentyl]-*N*-(methylsulfonyl)-5-heptenamide, *see* S-00261
N-[2-[[2-Hydroxy-3-(4-hydroxyphenoxy)propyl]amino]ethyl]-4-morpholinecarboxamide, *see* X-00001
▷2-Hydroxy-*N*-(4-hydroxyphenyl)benzamide, *see* O-00066
[6-Hydroxy-2-(4-hydroxyphenyl)benzo[*b*]thien-3-yl][4-[2-(1-piperidinyl)ethoxy]phenyl]methanone, *see* R-00005
[6-Hydroxy-2-(4-hydroxyphenyl)benzo[*b*]thien-3-yl][4-[2-(1-pyrrolidinyl)ethoxy]phenyl]methanone, H-00140
4-Hydroxy-α-[1-[[2-(4-hydroxyphenyl)ethyl]amino]ethyl]-benzenemethanol, *see* R-00067
▷5-[1-Hydroxy-2-[[2-(4-hydroxyphenyl)-1-methylethyl]amino]-ethyl]-1,3-benzenediol, *see* F-00064
4-Hydroxy-α-[[[3-(4-hydroxyphenyl)-1-methylpropyl]amino]-methyl]benzenemethanol, *see* B-00414
3-Hydroxy-4-(3-hydroxyphenyl)-2(1*H*)-quinolinone, *in* H-00196

3-Hydroxy-2-[4-hydroxy-4-(1-propylcyclobutyl)-1-butenyl]-5-oxocyclopentaneheptanoic acid methyl ester, *see* B-00395
Hydroxy(2-hydroxypropyl)mercury, *see* M-00126
4-Hydroxyhygrinic acid, *in* H-00210
2-Hydroxy-4-imino-2,5-cyclohexadienone, H-00141
4-[3-(Hydroxyimino)cyclohexyl]-α-methylbenzeneacetic acid, *see* X-00015
▷4-[[4-[1-(Hydroxyimino)ethyl]phenoxy]acetyl]morpholine, *see* M-00421
▷1-[[4-[1-(Hydroxyimino)ethyl]phenoxy]acetyl]piperidine, *see* P-00249
2-[(Hydroxyimino)methyl]-1-methylpyridinium, *see* P-00395
4-(Hydroxyimino)pentanoic acid, *in* O-00134
6-[(Hydroxyimino)phenylmethyl]-1-[(1-methylethyl)sulfonyl]-1*H*-benzimidazol-2-amine, *see* V-00056
2-[2-Hydroxy-3-[[2-(1*H*-indol-3-yl)-1,1-dimethylethyl]-amino]-propoxy]benzonitrile, *see* B-00338
▷3-[2-(5-Hydroxyindol-3-yl)-5-oxo-2-pyrrolin-4-ylidene]-2-indolinone, *see* V-00049
▷4-Hydroxy-5-iodo-2-mercaptopyrimidine, *see* D-00287
▷4-Hydroxy-3-iodo-5-nitrobenzonitrile, H-00142
▷[4-(4-Hydroxy-3-iodophenoxy)-3,5-diiodobenzeneacetic acid, *see* T-00322
4-(4-Hydroxy-3-iodophenoxy)-3,5-diiodobenzenepropanoic acid, *see* T-00231
4-(4-Hydroxy-3-iodophenoxy)-3,5-diiodobenzoic acid acetate, *see* A-00022
4-(4-Hydroxy-3-iodophenoxy)-3,5-diiodohydrocinnamic acid, *see* T-00231
▷[4-(4-Hydroxy-3-iodophenoxy)-3,5-diiodophenyl]acetic acid, *see* T-00322
3-[4-(4-Hydroxy-3-iodophenoxy)-3,5-diiodophenyl]alanine, *see* T-00487
O-(4-Hydroxy-3-iodophenyl)-3,5-diiodotyrosine, *see* T-00487
▷8-Hydroxy-7-iodo-5-quinolinesulfonic acid, H-00143
7-Hydroxyisoflavone, H-00144
2β-Hydroxy-5,6-isojatrophone, *in* J-00002
5-[1-Hydroxy-2-(isopropylamino)ethyl]anthranilonitrile, *see* C-00349
4′-[1-Hydroxy-2-(isopropylamino)ethyl]methanesulfonanilide, *see* S-00106
▷*m*-Hydroxy-α-[(isopropylamino)methyl]benzylalcohol, *see* M-00151
p-Hydroxy-α-[(isopropylamino)methyl]benzyl alcohol, *see* D-00106
8-Hydroxy-α-[(isopropylamino)methyl]-5-quinolinemethanol, *see* Q-00033
▷4′-[2-Hydroxy-3-(isopropylamino)propoxy]acetanilide, *see* P-00394
▷7-[[2-Hydroxy-3-(isopropylamino)propoxy]-2-benzofuranyl]-methyl ketone, *see* B-00027
8-[2-Hydroxy-3-(isopropylamino)propoxy]-3-chromanol 3-nitrate, *see* N-00154
1-[*p*-[2-Hydroxy-3-(isopropylamino)propoxy]phenethyl]-3-isopropylurea, *see* P-00002
3-[2-Hydroxy-3-(isopropylamino)propoxy]-2-phenyl-phthalimidine, *see* N-00197
▷4-(2-Hydroxy-3-isopropylaminopropoxy)-2,3,6-trimethylphenyl acetate, *see* M-00322
▷2-Hydroxy-*N*-isopropylbenzamide, H-00145
3α-Hydroxy-8-isopropyl-1αH,5αH-tropatrium tropate, *see* I-00155
3-Hydroxy-1-isopropyl-5,6-indolinedione 5-semicarbazone, *see* I-00156
3α-Hydroxy-8-isopropyl-1α*H*,5α*H*-tropanium α-phenyl-cyclopentaneacetate, *see* C-00335
3-Hydroxy-8-isopropyltropanium 2-propylvalerate, *see* S-00081
3-(3-Hydroxyisovaleroyl)maytansinol, *in* M-00027
3-(4-Hydroxyisovaleroyl)maytansinol, *in* M-00027
2α-Hydroxyjatrophone, *in* J-00002
ent-13-Hydroxy-16-kauren-18-oic acid, *see* S-00147
▷Hydroxylucanthone, *see* H-00093
N-[[3-(Hydroxymercuri)-2-methoxypropyl]carbamoyl]α-camphoramic acid, *see* C-00067
8-[(3-Hydroxymercuri)-2-methoxypropyl]-2-oxo-2*H*-1-benzopyran-3-carboxylic acid, *see* M-00123
Hydroxymethanediphosphonic acid, H-00146
1-Hydroxy-8-methoxyanthraquinone, *in* D-00308
1-Hydroxy-8-methoxyanthrone, *in* D-00310
3-Hydroxy-4-methoxybenzaldehyde, *in* D-00311
▷4-Hydroxy-3-methoxybenzaldehyde, *in* D-00311
Hydroxymethoxybenzenesulfonic acid, H-00147
▷2-Hydroxy-3-methoxybenzoic acid, *in* D-00315
2-Hydroxy-5-methoxybenzoic acid, *in* D-00316
2-Hydroxy-6-methoxybenzoic acid, *in* D-00317
3-Hydroxy-2-methoxybenzoic acid, *in* D-00315
5-Hydroxy-2-methoxybenzoic acid, *in* D-00316
▷2-Hydroxy-4-methoxybenzophenone, *in* D-00318
▷7-Hydroxy-6-methoxy-2*H*-1-benzopyran-2-one, H-00148
N′-(4-Hydroxy-3-methoxybenzylidene)pyridine-4-carbohydrazide, *see* F-00269
N-(4-Hydroxy-3-methoxybenzyl)-9-octadecenamide, H-00149
▷7-Hydroxy-6-methoxycoumarin, *see* H-00148
6-Hydroxy-8-methoxyflavone, *in* D-00326
2-Hydroxy-4-methoxy-4′-methylbenzophenone, H-00150
7-Hydroxy-8-methoxy-3,4-methylenedioxy-10-nitro-1-phenanthrenecarboxylic acid, H-00151
4-Hydroxy-3-methoxy-α-[[(1-methylethyl)amino]methyl]-benzenemethanol, *see* M-00323
▷*N*-Hydroxy-5-methoxy-2-methyl-1*H*-indole-3-acetamide, *see* D-00032
▷5-Hydroxy-4-(methoxymethyl)-6-methyl-3-pyridinemethanol, *in* P-00582
4-Hydroxy-7-(methoxymethyl)-*N*,*N*,*N*-trimethyl-3,5-dioxa-9-thia-phosphapentacosan-1-aminium hydroxide, inner salt, 4-oxide, *see* I-00022
3α-Hydroxy-6-methoxy-8-methyltropanium benzilate, *see* T-00551
9-Hydroxy-8-methoxy-6-nitrophenanthro[3,4-*d*]-1,3-dioxole-5-carboxylic acid, *see* H-00151
▷1-Hydroxy-6-methoxyphenazine 5,10-dioxide, H-00152
3-Hydroxy-4-methoxyphenethylamine, *in* D-00579
5-[1-Hydroxy-2-[[2-(2-methoxyphenoxy)ethyl]amino]ethyl]-2-methylbenzenesulfonamide, *see* A-00360
4-[2-Hydroxy-3-[2-(2-methoxyphenoxy)ethylamino]propoxy]-benzotriazole, *see* T-00427
4-Hydroxy-3-methoxyphenylalanine, *in* A-00248
▷(2-Hydroxy-4-methoxyphenyl)methanone, *in* D-00318
4,4′-[[(4-Hydroxy-3-methoxyphenyl)methylene]diimino]-bis[benzenesulfonamide], *see* V-00010
4-Hydroxy-α′-[[[2-(4-methoxyphenyl)-1-methylethyl]amino]-methyl]-1,3-benzenedimethanol, *see* S-00018
1-[5-Hydroxy-1-(4-methoxyphenyl)-2-methyl-1*H*-indol-3-yl]-ethanone, *see* A-00034
N-[(4-Hydroxy-3-methoxyphenyl)methyl]nonanamide, *see* N-00205
(2-Hydroxy-4-methoxyphenyl)(4-methylphenyl)methanone, *see* H-00150
4-Hydroxy-α-[[[3-(4-methoxyphenyl)-1-methylpropyl]amino]-methyl]-3-(methylsulfinyl)benzenemethanol, *see* S-00214
18-[[3-(4-Hydroxy-3-methoxyphenyl)-1-oxo-2-propenyl]oxy]-11,17-dimethoxyyohimban-16-carboxylic acid methyl ester, *see* R-00027
4-[1-Hydroxy-2-[4-(2-methoxyphenyl)-1-piperazinyl]ethyl]-1,2-benzenediol, *see* P-00307
4-[(4-Hydroxy-3-methoxyphenyl)thioxomethyl]morpholine, *see* V-00009
2-Hydroxy-5-[[4-[[(6-methoxy-3-pyridazinyl)amino]sulfonyl]-phenyl]azo]benzoic acid, *see* S-00008
▷4-[1-Hydroxy-2-(methylamino)ethyl]-1,2-benzenediol, *see* A-00075
▷*p*-(α-Hydroxy-β-methylaminoethyl)phenol, *see* S-00286
3-[1-Hydroxy-2-(methylamino)ethyl]phenyl 2,2-dimethylpropanoate, *see* P-00364
N-3-[1-Hydroxy-2-(methylamino)ethyl]-phenylmethanesulfonamide, *see* A-00191
m-[1-Hydroxy-2-(methylamino)ethyl]phenyl pivalate, *see* P-00364
▷3-Hydroxy-α-[(methylamino)methyl]benzenemethanol, *in* A-00272

▷4-Hydroxy-α-[(methylamino)methyl]benzenemethanol, *see* S-00286
▷*m*-Hydroxy-α-[(methylamino)methyl]benzyl alcohol, *in* A-00272
4-[1-Hydroxy-2-(methylamino)propyl-1,2-benzenediol, *see* D-00477
4′-[1-Hydroxy-2-(methylamino)propyl]methanesulfonanilide, *see* M-00148
N-[4-[1-Hydroxy-2-(methylamino)propyl]-phenylmethanesulfonamide, *see* M-00148
▷17β-Hydroxy-17α-methyl-1,4-androstadien-3-one, *see* M-00167
▷17-Hydroxy-2-methylandrostan-3-one, H-00153
17β-Hydroxy-1α-methyl-5α-androstan-3-one, *see* M-00137
▷17β-Hydroxy-17α-methyl-5α-androstan-3-one, *see* M-00136
17β-Hydroxy-17α-methyl-5α-androstano[3,2-*c*]pyrazole, *see* S-00139
▷17β-Hydroxy-17α-methyl-4-androsten-3-one, H-00154
17β-Hydroxy-1-methyl-5α-androst-1-en-3-one, *see* M-00178
17β-Hydroxy-2-methyl-5α-androst-1-en-3-one, *see* S-00144
17β-Hydroxy-17α-methylandrost-4-eno[3,2-*c*]pyrazole, *see* H-00212
4-Hydroxy-2-methylbenzaldehyde (4,5-dihydro-1*H*-imidazol-2-yl)hydrazone, *see* I-00018
2-Hydroxy-3-methylbenzamide, *in* H-00155
α-(Hydroxymethyl)benzeneacetic acid 3-(diethylamino)-2,2-dimethylpropyl ester, *see* A-00371
α-(Hydroxymethyl)benzeneacetic acid 8-methyl-8-azabicyclo[3.2.1]oct-3-yl ester, *see* T-00554
▷α-(Hydroxymethyl)benzeneacetic acid 9-methyl-3-oxa-9-azabicyclo[3.3.1.0^{2,4}]non-7-yl-ester, *see* S-00031
▷2-Hydroxy-3-methylbenzoic acid, H-00155
▷7-Hydroxy-4-methyl-2*H*-1-benzopyran-2-one, H-00156
▷2-Hydroxy-3-(3-methyl-2-butenyl)-1,4-naphthalenedione, *see* H-00157
▷2-Hydroxy-3-(3-methyl-2-butenyl)-1,4-naphthoquinone, H-00157
N-[2-Hydroxy-1-(methylcarbamoyl)ethyl]-2,4,6-triiodo-5-(2-methoxyacetamido)isophthalamic acid, *see* I-00135
4′-[[(Hydroxymethyl)carbamoyl]sulfamoyl]phthalanilic acid, *see* S-00241
N^2-(Hydroxymethyl)chlorotetracycline, *see* C-00473
▷7-Hydroxy-4-methylcoumarin, *see* H-00156
1-(Hydroxymethyl)cyclohexaneacetic acid, H-00158
β-Hydroxy-β-methylcyclohexanepropanoic acid, *see* C-00610
3-Hydroxymethyldibenzo[*b,f*]thiepin, H-00159
2-(2-Hydroxymethyl)-1,1-dimethylpyrrolidinium α-phenylcyclohexaneglycolate, *see* O-00163
▷1-(8-Hydroxy-6-methyl-2,4,6-dodecatrienoyl)-2-pyrrolidinone, *see* V-00012
(Hydroxymethylene)bis(phosphonic acid), *see* H-00146
6-Hydroxy-3,4-methylenedioxy-10-nitro-1-phenanthrenecarboxylic acid, H-00160
17-Hydroxy-17-methylestra-4,9,11-trien-3-one, H-00161
17-Hydroxy-17-methylestr-4-en-3-one, *see* N-00221
4-[1-Hydroxy-2-[(1-methylethyl)amino]butyl]-1,2-benzenediol, *see* I-00185
▷4-[1-Hydroxy-2-[(1-methylethyl)amino]ethyl]-1,2-benzenediol *see* I-00198
▷5-[1-Hydroxy-2-(1-methylethyl)amino]ethyl-1,3-benzenediol, *see* O-00053
N-[4-[1-Hydroxy-2-[(methylethyl)amino]ethyl]phenyl]-methanesulfonamide, *see* S-00106
▷3-Hydroxy-α-[[(1-methylethyl)amino]methyl]benzenemethanol, *see* M-00151
4-Hydroxy-α-[[(1-methylethyl)amino]methyl]benzenemethanol, *see* D-00106
8-Hydroxy-α-[[(1-methylethyl)amino]methyl]-5-quinolinemethanol, *see* Q-00033
▷4-[2-Hydroxy-3-[(1-methylethyl)amino]propoxy]-benzeneacetamide, *see* A-00468
▷1-[7-[2-Hydroxy-3-[(1-methylethyl)amino]propoxy]-2-benzofuranyl]ethanone, *see* B-00027
4-[2-Hydroxy-3-[(1-methylethyl)amino]propoxy]phenol, *see* P-00419
▷*N*-[4-[2-Hydroxy-3-[(1-methylethyl)amino]propoxy]phenyl]-acetamide, *see* P-00394
N-[2-[4-[2-Hydroxy-3-[(1-methylethyl)amino]propoxy]phenyl]-ethyl]-*N*′-(1-methylethyl)urea, *see* P-00002
N-[4-[2-Hydroxy-3-[(1-methylethyl)amino]propoxy]phenyl]-4-methoxybenzamide, *see* R-00083
4-(1-Hydroxy-1-methylethyl)-1-methylcyclohexanol, *see* H-00216
5-(1-Hydroxy-1-methylethyl)-2-methyl-2-cyclohexen-1-ol, H-00162
▷12′-Hydroxy-2′-(1-methylethyl)-5′-(2-methylpropyl)-ergotaman-3′,6′,18-trione, *see* E-00103
12′-Hydroxy-2′-(1-methylethyl)-5′-(phenylmethyl)ergotaman-3′,6′,18-trione, *see* E-00102
▷3-Hydroxy-3-methylglutaric acid, *see* H-00170
▷Hydroxymethylgramicidin, *see* M-00186
5-Hydroxy-2-methyl-3-indolecarboxylic acid, H-00163
▷7-[3-[[2-Hydroxy-3-[(2-methyl-4-indolyl)oxy]propyl]amino]-butyl]theophylline, *see* T-00075
▷2-Hydroxymethyl-4-iodomethyl-1,3-dioxolane, *see* I-00107
7-(Hydroxymethyl)-4-methoxy-5*H*-furo[3,2-*g*][1]benzopyran-5-one, *see* K-00023
3-[[[1-(Hydroxymethyl)-2-(methylamino)-2-oxoethyl]amino]-carbonyl]-2,4,6-triiodo-5-[(methoxyacetyl)amino]benzoic acid, *see* I-00135
α-(Hydroxymethyl)-α-methylbenzenacetic acid 8-methyl-azabicyclo[3.2.1]oct-3-yl ester, *see* A-00474
17α-Hydroxy-6-methyl-16-methylene-4,6-pregnadiene-3,20-dione, *see* M-00078
12′-Hydroxy-2-methyl-2′-(1-methylethyl)-5′-(2′-methylpropyl)-ergotaman-3′,6′,18-trione, *see* M-00125
4-Hydroxy-2-methyl-*N*-(5-methyl-3-isoxazolyl)-2*H*-1,2-benzothiazine-3-carboxamide 1,1-dioxide, *see* I-00217
▷2-(Hydroxymethyl)-2-methylpentyl cyclopropanecarbamate, *see* L-00093
▷5-(Hydroxymethyl)-3-(3-methylphenyl)-2-oxazolidinone, *see* T-00360
N-Hydroxy-α-methyl-4-(2-methylpropyl)benzeneacetamide, *see* I-00009
α-(Hydroxymethyl)-*N*-methyl-*N*-(3-pyridinylmethyl)-benzeneacetamide, *see* P-00259
2-Hydroxymethyl-3-methylquinoxaline, H-00164
4-Hydroxy-2-methyl-*N*-(5-methyl-2-thiazolyl)-2*H*-1,2-benzothiazine-3-carboxamide 1,1-dioxide, *see* M-00082
▷*N*-Hydroxymethyl-*N*′-methylthiourea, H-00165
3-Hydroxy-*N*-methylmorphinan, H-00166
▷5-Hydroxy-2-methyl-1,4-naphthalenedione, *see* H-00167
▷5-Hydroxy-2-methyl-1,4-naphthoquinone, H-00167
Hydroxymethylnitrofurantoin, *see* N-00135
3-(Hydroxymethyl)-1-[[(5-nitro-2-furanyl)methylene]amino]-2,4-imidazolidinedione, *see* N-00135
▷3-(Hydroxymethyl)-1-[[3-(5-nitro-2-furyl)allylidene]amino]-hydantoin, *see* N-00124
▷2-(Hydroxymethyl)-2-nitro-1,3-propanediol, H-00168
▷17β-Hydroxy-17α-methyl-B-norandrost-4-en-3-one, *see* B-00056
17-Hydroxy-6-methyl-19-norpregna-4,6-diene-3,20-dione, *see* N-00200
17-Hydroxy-7-methyl-19-norpregn-5(10)-en-20-yn-3-one, *see* T-00251
2-(3-Hydroxy-3-methyloctyl)-5-oxocyclopentaneheptanoic acid, *see* D-00086
▷17β-Hydroxy-17α-methyl-2-oxa-5α-androstan-3-one, *see* O-00086
[(7-Hydroxy-4-methyl-2-oxo-2*H*-1-benzopyran-6-yl)oxy]-acetic acid, *in* D-00332
15-Hydroxy-15-methyl-9-oxoprostan-1-oic acid, *see* D-00086
15-Hydroxy-15-methyl-9-oxo-13-prosten-1-oic acid, H-00169
▷3-Hydroxy-3-methylpentanedioic acid, H-00170
▷4-Hydroxy-4-methyl-2-pentanone, H-00171
Hydroxymethyl pentyl ketone, *see* H-00135
▷7-[2-(β-Hydroxy-α-methylphenethylamino)ethyl]theophylline, *see* C-00009
3-[β-Hydroxy-α-methylphenethylamino]-3′-methoxy-propiophenone, *see* O-00151
▷*o*-Hydroxymethylphenol, *see* H-00116

▷4-Hydroxy-α-[1-[(1-methyl-2-phenoxyethyl)amino]ethyl]-benzenemethanol, *see* I-00218
4-[2-[[2-Hydroxy-3-(2-methylphenoxy)propyl]amino]ethoxy]-benzamide, *see* T-00343
1-[2-[[2-Hydroxy-3-(2-methylphenoxy)propyl]amino]ethyl]-5-methyl-2,4(1*H*,3*H*)-pyrimidinedione, *see* P-00435
▷2-(2-Hydroxy-5-methylphenyl)-2*H*-benzotriazole, H-00172
3-[(2-Hydroxy-1-methyl-2-phenylethyl)amino]-1-(3-methoxy-phenyl)-1-propanone, *see* O-00151
1-(3-Hydroxy-5-methyl-4-phenylhexyl)-1-methylpiperidinium, *see* M-00098
5-Hydroxy-2-methyl-1-phenyl-1*H*-indole-3-carboxylic acid, H-00173
▷12′-Hydroxy-2′-methyl-5′-(phenylmethyl)ergotaman-3′,6′,18-trione, *see* E-00106
5-(2-Hydroxymethylphenyl)-1-methyl-3-(3-pyridyl)-1,2,4-triazole, *see* F-00083
4-Hydroxy-α-[1-[(1-methyl-3-phenylpropyl)amino]ethyl]-benzenemethanol, *see* B-00367
▷5-[1-Hydroxy-2-[(1-methyl-3-phenylpropyl)amino]ethyl]-salicylamide, *see* L-00001
▷3-Hydroxy-2-methyl-5-[(phosphonooxy)methyl]-4-pyridinecarboxaldehyde, *see* P-00579
11β-Hydroxy-6α-methylpregna-1,4-diene-3,20-dione, *see* E-00052
17-Hydroxy-6-methyl-4,6-pregnadiene-3,20-dione, H-00174
▷11-Hydroxy-6-methyl-4-pregnene-3,20-dione, *see* M-00060
17-Hydroxy-6-methyl-4-pregnene-3,20-dione, H-00175
17-Hydroxy-6-methylpregn-5-ene-3,20-dione cyclic 3-(ethylene acetal) acetate, *see* E-00014
17-Hydroxy-6-methylpregn-4-en-20-one, *see* A-00375
2-Hydroxy-2-methylpropyl 4-(4-amino-6,7,8-trimethoxy-2-quinazolinyl)-1-piperazinecarboxylate, *see* T-00490
17-Hydroxy-1-methyl-17-propylandrostan-3-one, *see* R-00094
2-Hydroxy-2-methylpropyl 4-(6,7-dimethoxy-4-quinazolinyl)-1-piperazinecarboxylate, *see* H-00089
▷*N*-[1-(Hydroxymethyl)propyl]-D-lysergamide, *see* M-00254
▷*N*-1-(Hydroxymethyl)propyl-1-methylsergamide, *see* M-00315
2-(Hydroxymethyl)pyrazolo[1,5-*c*]quinazolin-5(6*H*)-one, *see* P-00356
▷2-Hydroxymethylpyridine, *see* P-00572
▷3-Hydroxymethylpyridine, *see* P-00573
▷5-Hydroxy-6-methyl-3,4-pyridinedimethanol, *see* P-00582
▷3-Hydroxy-1-methylpyridinium dimethylcarbamate, *see* P-00578
3-Hydroxy-1-methylpyridinium hexamethylenebis(methyl-carbamate), *see* D-00540
3-Hydroxy-1-methylpyridinium hydroxide inner salt, *in* H-00209
▷4-Hydroxy-2-methyl-*N*-2-pyridinyl-2*H*-1,2-benzothiazine-3-carboxamide 1,1-dioxide, *see* P-00351
[6-(Hydroxymethyl)-2-pyridinyl]methyl 2-(4-chlorophenoxy)-2-methylpropanoate, *see* P-00328
4-Hydroxy-2-methyl-*N*-2-pyridinyl-2*H*-thieno[2,3-*e*]-1,2-thiazine-3-carboxamide 1,1′-dioxide, *see* T-00073
5-Hydroxy-4-methyl-3-pyrrolin-2-one, *see* J-00001
8-Hydroxy-5-methylquinoline, H-00176
3-Hydroxy-1-methylquinuclidinium benzilate, *see* C-00425
3-Hydroxy-1-methylquinuclidinium α-phenylcyclohexa-neglycolate, *see* D-00605
N^1-(Hydroxymethyl)sulfanilamide-N^4-glucoside-1-sulfonic acid, *see* G-00056
4-Hydroxy-17-methyltestosterone, *see* O-00152
▷4-Hydroxy-2-methyl-*N*-2-thiazolyl-2*H*-1,2-benzothiazine-3-carboxamide 1,1-dioxide, *see* S-00176
5-[2-Hydroxy-3-(methylthio)propoxy]-4-oxo-4*H*-1-benzopyran-2-carboxylic acid, *see* T-00159
▷5-(Hydroxymethyl)-3-*m*-tolyl-2-oxazolidinone, *see* T-00360
Hydroxymethyltrimethylammonium(1+), H-00177
1-Hydroxy-4-methyl-6-(2,4,4-trimethylpentyl)-2(1*H*)-pyridinone, *see* P-00344
3α-Hydroxy-8-methyl-1α*H*,5α*H*-tropanium xanthene-9-carboxylate, *see* T-00399
3-Hydroxy-α-methyltyrosine, *see* M-00249
β-Hydroxymevinolin, *in* M-00348
7-Hydroxy-4-(4-morpholinomethyl)-2*H*-1-benzopyran-2-one, *see* O-00099
7-Hydroxy-4-(morpholinomethyl)coumarin, *see* O-00099
2′-Hydroxy-3-morpholinopropiophenone, *see* R-00081
3-(2-Hydroxy-3-morpholinopropyl)-4-methyl-7-(4-morpholinecarboxamido)coumarin 3,4,5-trimethoxy-cinnamate, *see* C-00359
3-(2-Hydroxy-3-morpholinopropyl)-6,7,8-trimethoxy-1,2,3-benzotriazin-4(3*H*)-one 3,4,5-trimethoxybenzoate, *see* R-00014
▷Hydroxymycin, *see* P-00039
14-Hydroxymycinamycin I, *see* M-00474
▷2-Hydroxy-1,4-naphthalenedione, *see* H-00178
▷5-Hydroxy-1,4-naphthalenedione, *see* H-00179
N-Hydroxy-2-(1-naphthalenyloxy)propanimidamide, *see* N-00047
▷*N*-Hydroxynaphthalimide diethyl phosphate, *see* N-00042
▷2-Hydroxy-1,4-naphthoquinone, H-00178
▷5-Hydroxy-1,4-naphthoquinone, H-00179
▷4-Hydroxy-3-(1-naphthyl)-2*H*-1-benzopyran-2-one, H-00180
2-(2-Hydroxy-1-naphthyl)cyclohexanone, *see* O-00126
▷[2-Hydroxy-2-(2-naphthyl)ethyl]isopropylamine, *see* P-00483
3-Hydroxy-4-(1-naphthyloxy)butyramidooxime, *see* N-00007
▷2-Hydroxy-2′,6′-nicotinoxylidide, *see* I-00196
▷4-Hydroxy-3-nitrobenzenearsonic acid, *see* H-00181
10-Hydroxy-6-nitrophenanthro[3,4-*d*]-1,3-dioxole-5-carboxylic acid, *see* H-00160
▷4-Hydroxy-3-nitrophenylarsonic acid, H-00181
▷4-Hydroxy-3-[1-(4-nitrophenyl)-3-oxobutyl]-2*H*-1-benzopyran-2-one, *see* N-00105
▷8-Hydroxy-5-nitroquinoline, H-00182
3-(Hydroxynitrosoamino)alanine, *see* A-00093
N-[2-(Hydroxynitrosoamino)-3-methylbutyl]-2-butenamide, *see* D-00580
m-Hydroxynorephedrine, *see* A-00274
17-Hydroxy-19-norpregna-4,6-diene-3,20-dione, H-00183
▷17-Hydroxy-19-norpregna-4,20-dien-3-one, *see* N-00225
17-Hydroxy-19-norpregna-5(10),20-dien-3-one, *see* N-00215
▷17-Hydroxy-19-nor-17α-pregna-4,9,11-trien-20-yn-3-one, *see* N-00219
17α-Hydroxy-19-nor-4-pregnene-3,20-dione, *see* G-00023
▷17-Hydroxy-19-norpregn-4-en-3-one, *see* N-00211
20-Hydroxy-19-norpregn-4-en-3-one, *see* O-00129
▷17-Hydroxy-19-norpregn-4-en-20-yn-3-one, *see* N-00212
▷17-Hydroxy-19-norpregn-5(10)-en-20-yn-3-one, *see* N-00213
Δ^6-17-Hydroxy-19-norprogesteron-17-ol, *see* H-00183
▷Hydroxynovocain, *see* H-00206
2-Hydroxyoctadecanoic acid, H-00184
2-Hydroxy-4-(octyloxy)benzophenone, *see* O-00004
[2-Hydroxy-4-(octyloxy)phenyl]phenylmethanone, *see* O-00004
▷3-Hydroxy-1,3,5(10)-oestratrien-17-one, *see* O-00031
17-Hydroxy-4-oestren-3-one, H-00185
11β,11-Hydroxy-17*a*-(1-oxobutoxy)homopregna-1,4-diene-3,20-dione, *see* D-00574
▷17-Hydroxy-3-oxo-19-nor-17α-pregna-4,9-diene-21-nitrile, *see* D-00224
▷3β-Hydroxy-11-oxo-12-oleanen-30-oic acid, *see* G-00072
3-Hydroxy-11-oxo-12-oleanen-29-oic acid (1,1-dimethylpyrrolidinium-2-yl)methyl ester, *see* R-00101
▷4-Hydroxy-3-(3-oxo-1-phenylbutyl)-2*H*-1-benzopyran-2-one, *see* W-00001
3-(3-Hydroxy-1-oxo-2-phenylpropoxy)-8-methyl-8-(1-methylethyl)-8-azoniabicyclo[3.2.1]octane(1+), *see* I-00155
3-(3-Hydroxy-1-oxo-2-phenylpropoxy)-8-methyl-8-(3-sulfopropyl)-8-azoniabicyclo[3.2.1]octane hydroxide, inner salt, *see* S-00265
17-Hydroxy-3-oxo-4,6-pregnadiene-21-carboxylic acid, H-00186
17β-Hydroxy-3-oxopregna-4,6-diene-21-carboxylic acid γ-lactone, *see* C-00027
17-Hydroxy-3-oxopregn-4-ene-7,21-dicarboxylic acid γ-lactone 1-methylethyl ester, *see* D-00208
17-Hydroxy-3-oxopregn-4-ene-7,21-dicarboxylic acid 7-Me ester, *see* M-00355

2-(2-Hydroxy-1-oxopropoxy)-*N*,*N*,*N*-trimethylethanaminium, *see* L-00004
(*R*)-*N*-(2-Hydroxy-1-oxopropyl)-L-alanyl-D-γ-glutamyl-L-*erythro*-α,ε-diaminopimelylglycine, *see* A-00406
17-Hydroxy-3-oxo-7-propylpregn-4-ene-21-carboxylic acid, *see* O-00144
15-Hydroxy-9-oxo-5,10,13-prostatrien-1-oic acid, H-00187
1-Hydroxy-5-oxo-5*H*-pyrido[3,2-*a*]phenoxazine-3-carboxylic acid, *see* P-00318
1-Hydroxy-5-oxo-5*H*-pyrido[3,2-*a*]phenoxazine-3-carboxylic acid, *see* P-00319
4-Hydroxy-2-oxo-1-pyrrolidineacetamide, H-00188
▷13-Hydroxy-3-oxo-13,17-secoandrosta-1,4-dien-17-oic acid δ-lactone, *see* T-00100
4-[2-Hydroxy-3-[[4-oxo-2-(1*H*-tetrazol-5-yl)-4*H*-1-benzopyran-5-yl]oxy]propoxy]benzonitrile, *see* C-00564
o-[2-Hydroxy-3-(*tert*-pentylamino)propoxy]benzonitrile, *see* P-00070
Hydroxypepstatin A, *in* P-00109
▷Hydroxypethidine, H-00189
19*R*-Hydroxy-PGF$_{2\alpha}$, *in* T-00139
▷Hydroxyphenamate, *in* P-00179
▷2-(β-Hydroxyphenethylamino)pyridine, *see* P-00211
▷β-Hydroxyphenethyl carbamate, *see* S-00169
α-(*p*-Hydroxyphenethyl)-4,7-dimethoxy-6-(2-piperidineethoxy)-5-benzofuranmethanol, *see* P-00309
1-(4-Hydroxyphenoxy)-3-(isopropylamino)-2-propanol, *see* P-00419
▷*N*-(4-Hydroxyphenyl)acetamide, *in* A-00298
7-[(Hydroxyphenylacetyl)amino]-3-[[(5-methyl-1,3,4-thiadiazol-2-yl)thio]methyl]-8-oxo-5-thia-1-azabicyclo[4.2.0]oct-2-ene-2-carboxylic acid, *see* C-00122
4-Hydroxy-5-[[4-(phenylamino)-5-sulfo-1-naphthalenyl]azo]-2,7-naphthalenedisulfonic acid, *see* A-00379
▷4-Hydroxyphenylarsonic acid, H-00190
2-Hydroxy-*N*-phenylbenzamide, *in* H-00112
▷α-Hydroxy-α-phenylbenzeneacetic acid 2-(diethylamino)ethyl ester, *see* B-00034
▷α-Hydroxy-α-phenylbenzeneacetic acid 2-(dimethylamino)-1,1-dimethylethyl ester, *see* D-00261
α-Hydroxy-α-phenylbenzeneacetic acid 2-(dimethylamino)ethyl ester, *see* D-00410
α-Hydroxy-α-phenylbenzeneacetic acid 2-(ethylpropylamino)-ethyl ester, *see* B-00037
α-Hydroxy-α-phenylbenzeneacetic acid (1-methyl-3-pyrrolidinyl)methyl ester, *see* T-00447
α-Hydroxy-α-phenylbenzeneacetic acid 2-(1-piperidinyl)ethyl ester, *see* P-00291
β-Hydroxy-β-phenylbenzenepropanoic acid, *see* H-00126
7-Hydroxy-3-phenyl-4*H*-1-benzopyran-4-one, *see* H-00144
3-Hydroxy-8-(*p*-phenylbenzyl)tropanium, *see* X-00011
▷*p*-Hydroxyphenylbutazone, *see* O-00158
2-(4-Hydroxyphenyl)-2-butene, *see* M-00298
5-[1-Hydroxy-2-[6-(4-phenylbutoxy)hexylamino]ethyl]-salicyl alcohol, *see* S-00019
4-Hydroxy-α′-[[[6-(4-phenylbutoxy)hexyl]amino]methyl]-1,3-benzene dimethanol, *see* S-00019
▷3-Hydroxy-2-phenylcinchoninic acid, *see* H-00195
2-Hydroxy-2-phenylcyclohexanecarboxylic acid, *see* C-00336
α-(1-Hydroxy-4-phenylcyclohexyl)butyric acid, *see* F-00040
1-Hydroxy-α-phenylcyclopentaneacetic acid 2-(diethylamino)-ethyl ester, *see* C-00601
1-Hydroxy-α-phenylcyclopentaneacetic acid 2-(dimethylamino)-ethyl ester, *see* C-00631
3-Hydroxyphenyldimethylethylammonium, *see* E-00016
6-[4-(4-Hydroxyphenyl)-2,2-dimethyl-5-oxo-1-imidazolidinyl]-3,3-dimethyl-7-oxo-4-thia-1-azabicyclo[3.2.0]heptane-2-carboxylic acid, *see* O-00104
2-[3-(*m*-Hydroxyphenyl)-2,3-dimethylpiperidino]acetophenone, *see* M-00476
2-[3-(3-Hydroxyphenyl)-2,3-dimethyl-1-piperidinyl]ethanone, *see* M-00476
▷4-(3-Hydroxyphenyl)-1,3-dimethyl-4-propylpiperidine, *see* P-00232
1-(4-Hydroxyphenyl)-3,7-dimethyl-3-vinyl-1,6-octadiene, *see* B-00006
2-Hydroxy-1-phenylethanone, *see* H-00107
▷2-Hydroxy-2-phenylethylamine, *see* A-00304
5-[2-(4-Hydroxyphenyl)ethyl]-1,3-benzenediol, *see* D-00345
▷2-Hydroxy-2-phenylethyl carbamate, *see* S-00169
3-[2-(4-Hydroxyphenyl)ethyl]-5-methoxyphenol, *in* D-00345
▷2-[6-(2-Hydroxy-2-phenylethyl)-1-methyl-2-piperidinyl]-1-phenylethanone, *see* L-00064
2-(*p*-Hydroxyphenyl)glycine, *see* A-00269
▷(4-Hydroxyphenyl)glycylamino-3-(1*H*-1,2,3-triazol-4-ylthiomethyl)-3-cephem-4-carboxylic acid, *see* C-00117
2-(2-Hydroxyphenyl)-3-(3-mercapto-1-oxopropyl)-4-thiazolidinecarboxylic acid, *see* R-00022
▷Hydroxyphenylmercury, H-00191
▷2-Hydroxyphenylmercury chloride, *see* C-00247
▷1-*m*-Hydroxyphenyl-2-methylaminoethanol, *in* A-00272
▷1-(*p*-Hydroxyphenyl)-2-methylaminoethanol, *see* S-00286
1-(4-Hydroxyphenyl)-2-[1-methyl-3-(4-hydroxyphenyl)-propylamino]ethanol, *see* B-00414
▷4-(*m*-Hydroxyphenyl)-1-methylisonipecotic acid ethyl ester, *see* H-00189
▷1-[4-(3-Hydroxyphenyl)-1-methyl-4-piperidinyl]-1-propanone, *see* K-00014
▷4-*m*-Hydroxyphenyl-1-methyl-4-propionylpiperidine, *see* K-00014
4-[2-[[3-(4-Hydroxyphenyl)-1-methylpropyl]amino]ethyl]-1,2-benzenediol, *see* D-00561
5-[(4-Hydroxyphenyl)methyl]-2-pyridinecarboxylic acid, *see* H-00117
1-(2-Hydroxyphenyl)-3-(4-morpholinyl)-1-propanone, *see* R-00081
2-(3-Hydroxyphenyl)-1-oxa-4-azaspiro[4.6]undecane, *see* C-00325
▷2-(2-Hydroxyphenyl)-1,3,4-oxadiazole, H-00192
3-[3-(3-Hydroxyphenyl)-1-oxopropyl]-6-methyl-2*H*-pyran-2,4(3*H*)-dione, *see* P-00559
6-[[(4-Hydroxyphenyl)[[(4-oxo-4*H*-thiopyran-3-yl)carbonyl]-amino]acetyl]amino]-3,3-dimethyl-7-oxo-4-thia-1-azabicyclo[3.2.0]heptane-2-carboxylic acid, *see* T-00290
3α-Hydroxy-8-(*p*-phenylphenacyl)-1α*H*,5α*H*-tropanium, *see* F-00081
N-Hydroxy-2-[phenyl(phenylmethyl)amino]ethanimidamide, *see* C-00186
▷1-[4-[2-Hydroxy-3-(4-phenyl-1-piperazinyl)propoxy]phenyl]-1-propanone, *see* C-00169
N-(4-Hydroxyphenyl)propanamide, *see* P-00029
▷1-(4-Hydroxyphenyl)-1-propanone, H-00193
1-(3-Hydroxyphenyl)-2-propylamine, *see* A-00321
1-(4-Hydroxyphenyl)-2-propylamine, *see* A-00322
4-Hydroxy-3-(1-phenylpropyl)-2*H*-1-benzopyran-2-one, *see* P-00174
1-(3-Hydroxy-3-phenylpropyl)-4-phenylisonipecotic acid ethyl ester, *see* P-00165
1-(3-Hydroxy-3-phenylpropyl)-4-phenyl-4-piperidinecarboxylic acid ethyl ester, *see* P-00165
3-(3-Hydroxyphenyl)-1-propylpiperidine, H-00194
2-Hydroxy-2-phenylpropyne, *see* P-00204
▷3-Hydroxy-2-phenyl-4-quinolinecarboxylic acid, H-00195
3-Hydroxy-4-phenyl-2(1*H*)-quinolinone, H-00196
N-(4-Hydroxyphenyl)retinamide, H-00197
5-(3-Hydroxyphenyl)-1*H*-tetrazole, H-00198
2-(2-Hydroxyphenyl)-4-thiazolecarboxaldehyde, *in* H-00199
2-(2-Hydroxyphenyl)-4-thiazolecarboxylic acid, H-00199
1-[2-[(Hydroxyphenyl-2-thienylacetyl)methylamino]ethyl]-1-methylpyrrolidinium, *see* D-00587
3-[(Hydroxyphenyl-2-thienylacetyl)oxy]-1,1-dimethylpyrrolidinium, *see* H-00036
4-[3-Hydroxy-3-phenyl-3-(2-thienyl)propyl]-4-methylmorpholinium, *see* T-00257
▷2-[*N*-(*m*-Hydroxyphenyl)-*p*-toluidinomethyl]imidazoline, *see* P-00175
2-[[Hydroxyphenyl(tricyclo[2.2.1.0^{2,6}]hept-3-yl)acetyl]-oxy]-*N*,*N*,*N*-trimethylethanaminium, *see* E-00047
(*m*-Hydroxyphenyl)trimethylammonium decamethylenebis[methylcarbamate] (2:1) ester, *see* D-00061
4-(Hydroxy-2-piperidinylmethyl)-1,2-benzenediol, *see* R-00058

2-Hydroxy-N-[3-[3-(1-piperidinylmethyl)phenoxy]propyl]-acetamide, see R-00097
3-[3-(3-Hydroxy-2-piperidinyl)-2-oxopropyl]-4(3H)-quinazolinone, see F-00023
▷10-[3-(4-Hydroxy-1-piperidinyl)propyl]phenothiazine-2-carbonitrile, see P-00121
β-Hydroxypiromidic acid, in P-00349
Hydroxypolyethoxydodecane, see P-00380
▷Hydroxyprednisolone acetonide, see D-00101
3-Hydroxy-11,20-pregnanedione, H-00200
21-Hydroxy-3,20-pregnanedione, H-00201
▷17-Hydroxy-4-pregnene-3,20-dione, H-00202
▷21-Hydroxy-4-pregnene-3,20-dione, H-00203
21-Hydroxy-4-pregnene-3,11,20-trione, H-00204
3-Hydroxy-5-pregnen-20-one, H-00205
▷17α-Hydroxy-4-pregnen-20-yn-3-one, see E-00156
▷Hydroxyprocaine, H-00206
Hydroxyprogesterone, in H-00202
▷17-Hydroxyprogesterone, see H-00202
▷21-Hydroxyprogesterone, see H-00203
Hydroxyprogesterone acetate, in H-00202
▷Hydroxyprogesterone caproate, in H-00202
Hydroxyprogesterone heptanoate, in H-00202
▷Hydroxyprogesterone hexanoate, in H-00202
4-Hydroxyproline, see H-00210
▷2-Hydroxypropane, see P-00491
▷3-Hydroxy-1,2-propanedithiol, see D-00385
5,5′-[(2-Hydroxy-1,3-propanediyl)bis(acetylamino)]-bis[N,N′-bis(2,3-dihydroxypropyl)-2,4,6-triiodo-1,3-benzenedicarboxamide, see I-00099
5,5′-[(2-Hydroxy-1,3-propanediyl)bis(oxy)]bis[4-oxo-4H-1-benzopyran-2-carboxylic acid, see C-00565
3-Hydroxy-1-propanesulfonic acid salicylate, see S-00260
▷2-Hydroxy-1,2,3-propanetricarboxylic acid, see C-00402
2-Hydroxy-1,2,3-propanetricarboxylic acid trilithium salt, see L-00059
▷2-Hydroxypropanoic acid, H-00207
4′-Hydroxypropionanilide, see P-00029
▷4′-Hydroxypropiophenone, see H-00193
▷2-Hydroxypropylamine, see A-00318
▷3-Hydroxypropylamine, see A-00319
17-[(3-Hydroxypropyl)amino]estra-1,3,5(10)-trien-3-ol, see P-00471
7-[2-Hydroxy-3-(propylamino)propoxy]flavone, see F-00110
7-[2-Hydroxy-3-(propylamino)propoxy]-2-phenyl-4H-1-benzopyran-4-one, see F-00110
1-[2-[2-Hydroxy-3-(propylamino)propoxy]phenyl]-3-phenyl-1-propanone, see P-00486
2′-(2-Hydroxy-3-propylaminopropoxy)-3-phenylpropiophenone, see P-00486
17-Hydroxy-17-propylandrost-4-en-3-one, see T-00384
2-Hydroxypropyl 14-deoxyvincaminate, see V-00043
2-Hydroxypropyl 14,15-dihydro-3α,16α-eburnamenine-14α-carboxylate, see V-00043
3-Hydroxypropylene 3-acetamido-4-hydroxydithiobenzenearsonoate, see A-00451
6-[(2-Hydroxypropyl)methylamino]-3(2H)-pyridazinone hydrazone, see P-00251
1-(2-Hydroxypropyl)-2-methyl-5-nitroimidazole, H-00208
1-(3-Hydroxypropyl)-2-methyl-5-nitroimidazole, see T-00094
2-[N-[β-[4-(α-Hydroxypropyl)phenoxy]ethyl]amino]-1-phenyl-propane, see F-00034
▷5-(2-Hydroxypropyl)-5-(2-propenyl)-2,4,6-(1H,3H,5H)-pyrimidinetrione, see P-00546
1-[2-Hydroxy-3-propyl-4-[4-(1H-tetrazol-5-yl)butoxy]-phenyl]-ethanone, see T-00375
▷1-(2-Hydroxypropyl)theobromine, see P-00534
▷7-(2-Hydroxypropyl)theophylline, see P-00551
(2-Hydroxypropyl)trimethylammonium carbamate, see B-00143
▷4-Hydroxypyrazolo[3,4-d]pyrimidine, see D-00300
3-Hydroxypyridine, H-00209
N-Hydroxy-3-pyridinecarboxamide, in P-00570
Hydroxypyridine tartrate, in H-00209
2-Hydroxy-5-[[4-[2-pyridinylamino)sulfonyl]phenyl]azo]-benzeneacetic acid, see H-00086
▷2-Hydroxy-5-[[4-[(2-pyridinylamino)sulfonyl]phenyl]azo]-benzoic acid, see S-00253
1-Hydroxypyrido[3,2-a]-5-phenoxazone-3-carboxylic acid, see P-00319
▷4-Hydroxy-4′-(2-pyridylsulfamoyl)azobenzene-3-carboxylic acid, see S-00253
4-Hydroxy-2-pyrrolidinecarboxylic acid, H-00210
▷8-Hydroxyquinoline, H-00211
▷3-Hydroxyquinuclidine, see Q-00035
▷5-Hydroxy-1-β-D-ribofuranosyl-1H-imidazole-4-carboxamide, see B-00267
▷4-Hydroxy-3-ribofuranosyl-1H-pyrazole-5-carboxamide, see P-00566
▷4-Hydroxy-1β-D-ribofuranosyl-2(1H)-pyridinone, see D-00031
2-Hydroxyribostamycin, in R-00040
2-Hydroxy-myo-ribostamycin, in R-00040
2-Hydroxy-scyllo-ribostamycin, in R-00040
2-Hydroxysagamicin, in G-00018
▷4′-Hydroxysalicylanilide, see O-00066
▷5-Hydroxysalicylic acid, see D-00316
3α-Hydroxyspiro[nortropane-8,1′-pyrrolidinium] benzilate, see T-00558
2-Hydroxystearic acid, see H-00184
Hydroxystenozole, H-00212
▷Hydroxystilbamidine, H-00213
Hydroxystilbamidine isethionate, in H-00213
▷2-Hydroxy-4,4′-stilbenedicarboxamidine, see H-00213
14-Hydroxystrychnidin-10-one, in S-00167
▷4-Hydroxystrychnine, in S-00167
▷12-Hydroxystrychnine, in S-00167
15-Hydroxystrychnine, in S-00167
12-Hydroxystrychnine N^{b}-oxide, in S-00167
▷2-Hydroxy-5-sulfobenzoic acid, H-00214
▷Hydroxytetracaine, see H-00104
Hydroxytetramethylammonium(1+), see H-00177
16-Hydroxythebaine, in T-00162
2-Hydroxy-5-[[4-[(2-thiazolylamino)sulfonyl]phenyl]azo]-benzoic acid, see S-00010
N-[3-(2-Hydroxy-2-(2-thienyl)ethyl]-2(3H)-thiazolylidene]-acetamide, see A-00401
▷Hydroxytoluic acid, see H-00155
▷2-Hydroxy-m-toluic acid, see H-00155
1-[2-(2-Hydroxy-3-o-tolyloxypropylamino)ethyl]-5-methyluracil, see P-00435
▷2-Hydroxy-3-O-tolyloxypropyl carbamate, in M-00283
15α-Hydroxytomatidine, in T-00374
▷2-Hydroxytricarballylic acid, see C-00402
17-(1-Hydroxy-2,2,2-trichloroethoxy)estra-1,3,5(10)-trien-3-ol, see C-00518
▷2-Hydroxytriethylamine, in A-00253
2-Hydroxy-4-(trifluoromethyl)benzoic acid, H-00215
2-Hydroxy-N-[3-(trifluoromethyl)phenyl]benzamide, see S-00014
17α-Hydroxy-6α-trifluoromethyl-4-pregnene-3,20-dione, see F-00154
▷α-(3-Hydroxy-2,4,6-triiodobenzyl)butyric acid, see I-00128
2-Hydroxy-3,8,9-trimethoxy-5-methylbenzo[c]-phenanthridinium(1+), see F-00009
2′-Hydroxy-2,5,9-trimethyl-6,7-benzomorphan, see M-00155
N-[[(3-Hydroxy-4,7,7-trimethylbicyclo[2.2.1]hept-2-yl)-amino]-carbonyl]-4-methylbenzenesulfonamide, see G-00033
4-Hydroxy-α,α,4-trimethylcyclohexanemethanol, H-00216
3-Hydroxy-3,7,11-trimethyldodecanoic acid, see T-00417
(2-Hydroxytrimethylene)bis(trimethylammonium)diiodide, in D-00135
▷2-Hydroxytrimethylenediamine, see D-00135
▷2-Hydroxy-N,N,N-trimethylethanaminium, see C-00308
3-Hydroxy-3,7,11-trimethyllauric acid, see T-00417
1-Hydroxy-N,N,N-trimethylmethanaminium, see H-00177
15-Hydroxy-11,16,16-trimethyl-9-oxoprosta-5,13-dien-1-oic acid, see T-00517
▷4-Hydroxy-2,2,6-trimethylpiperidine, see T-00511
1-Hydroxy-N,N,N-trimethyl-2-propanaminium, H-00217
▷9-Hydroxy-2,5,11-trimethyl-6H-pyrido[4,3-b]carbazolium(1+), see E-00028

▷17β-Hydroxy-19,21,24-trinor-4,9,11,22-cholatetraen-3-one, *see* A-00159
▷5-Hydroxytryptamine, H-00218
▷5-Hydroxytryptophan, H-00219
▷Hydroxytyramine, *see* D-00579
3-Hydroxytyrosine, *see* A-00248
▷Hydroxyurea, H-00220
8-Hydroxyverrucarin *A*, *in* V-00023
16-Hydroxyverrucarin *A*, *in* V-00023
2′-Hydroxyvincaleukoblastine, *in* V-00032
19-Hydroxyvincamine, *in* V-00033
20-Hydroxyvincamine, *in* V-00033
▷17β-Hydroxy-17α-vinylestr-4-en-3-one, *see* N-00225
1α-Hydroxyvitamin D_3, *see* A-00109
25-Hydroxyvitamin D_3, H-00221
12β-Hydroxywithaferin *A*, *in* W-00002
15β-Hydroxywithaferin *A*, *in* W-00002
▷4-Hydroxy-3-(3,5-xylyl)coumarin, *see* X-00022
17α-Hydroxyyohimban-16α-carboxylic acid, *see* Y-00001
▷Hydroxyzine, H-00222
▷Hydroxyzine hydrochloride, *in* H-00222
Hydroxyzine pamoate, *in* H-00222
Hydroxyzine trimethoxybenzoate, *in* H-00222
▷Hydura, *see* H-00220
▷Hygromycin, *see* H-00223
▷Hygromycin *A*, H-00223
▷Hygronium, *in* T-00413
Hygrophylline, *in* P-00372
▷Hygroton, *see* C-00302
▷Hykolex, *see* D-00049
Hylorel, *in* G-00100
▷Hymecromone, *see* H-00156
▷Hyoscine, *see* S-00031
▷Hyoscine butyl bromide, *in* S-00031
▷Hyoscine methobromide, *in* S-00031
Hyoscine N-oxide 1, *in* S-00031
▷Hyoscyamine, *in* T-00554
Hyoscyamine hydrobromide, *in* T-00554
Hyoscyamine N-oxide 1, *in* T-00554
Hyoscyamine *N*-oxide 2, *in* T-00554
Hyoscyamine sulfate, *in* T-00554
▷Hyosol, *in* S-00031
▷Hypalène, *see* C-00629
▷Hypantin, *in* D-00257
▷Hypaque sodium, *in* D-00138
Hypaventral, *in* M-00325
▷Hyperan, *see* H-00073
▷Hyperglycaemic-glycogenolytic factor, *see* G-00051
Hyperium, *see* R-00052
▷Hypersal, *see* S-00085
▷Hyperstat, *see* D-00152
Hypertensin, *see* A-00385
Hypertensin-CIBA, *in* A-00385
▷Hyphylline, *see* D-00523
▷Hypnazol, *see* H-00192
▷Hypnodil, *in* M-00331
▷Hypnodin, *see* P-00126
Hypnofon, *see* T-00449
▷Hypnon (soviet), *see* C-00272
▷Hypnorm, *in* F-00077
Hypnovel, *in* M-00368
Hypo, *in* S-00091
▷Hypocholate, *in* T-00475
Hypoglycin *A*, H-00224
▷Hypoglycin *B*, H-00225
Hypohistamine, *see* T-00541
▷Hypophenon, *see* H-00193
▷Hypotensin, *in* A-00499
Hypotensine, *see* S-00269
▷Hypotyl, *in* B-00271
▷Hypovase, *in* P-00409
▷Hypoxanthine riboside, *see* I-00073
▷Hypoxanthosine, *see* I-00073
▷Hyproval P.A., *in* H-00202
Hyrganol, *in* C-00627
▷Hyseptine, *in* M-00229
▷Hyserp, *in* H-00096
▷Hytakerol, *see* D-00304
▷Hyvermectin, *see* I-00225
HZ 21, *see* G-00074
HZ 59, *see* G-00039
I 255, *in* I-00015
I 612, *see* R-00085
▷I 337A, *see* C-00195
▷Iasson, *see* C-00272
▷Iba-Cide, *see* C-00235
Ibacitabine, I-00001
Ibafloxacin, I-00002
▷Ibaril, *see* D-00102
Ibazocine, I-00003
▷Ibenzmethyzin, *see* P-00448
▷IBH 194, *see* I-00196
IBH 244, *in* A-00326
IBI-C 83, *see* R-00093
▷Ibidomide, *see* L-00001
▷Ibiozedrine, *in* P-00202
Ibogaine, I-00004
▷Ibomalum, *see* B-00291
Ibopamine, I-00005
Ibrin, *in* F-00103
Ibrotalum, *see* B-00301
Ibrotamide, *see* B-00301
Ibudilast, I-00006
Ibudros, *see* I-00009
▷Ibufenac, I-00007
▷Ibunac, *see* I-00007
Ibuprofen, I-00008
Ibuprofen aluminum, USAN, *in* I-00008
Ibuprofen-Lysine, *in* I-00008
Ibuproxam, I-00009
▷Ibustrin, *see* I-00060
Ibuterol, *in* T-00084
Ibuverine, *in* C-00614
▷Ibylcainum, *in* M-00299
I-2743C, *in* A-00415
▷IC 5911, *in* T-00208
▷Icaden, *in* I-00183
▷Icar, *see* C-00223
Ichthammol, I-00010
Ichthymall, *see* I-00010
Ichthyol, *see* I-00010
▷ICI 8173, *see* Q-00031
ICI 9073, *see* P-00381
ICI 118587, *in* X-00001
ICI 118630, *see* G-00081
ICI 128436, *see* P-00387
ICI 136753, *see* T-00393
ICI 139603, *see* T-00157
ICI 141292, *see* E-00071
ICI 15688, *see* D-00553
ICI 156834, *in* C-00139
ICI 194660, *see* M-00128
▷ICI 29661, *see* P-00587
▷ICI 32525, *see* S-00200
▷ICI 32865, *see* D-00225
▷ICI 33828, *see* M-00165
▷ICI 35868, *see* D-00367
▷ICI 38174, *see* P-00483
ICI 45457, *in* H-00049
ICI 45763, *in* T-00352
ICI 46474, *see* T-00023
▷ICI 46476, *in* C-00471
▷ICI 46683, *see* O-00149
ICI 47319, *in* P-00514
▷ICI 47699, *in* T-00023
▷ICI 50123, *see* P-00079
▷ICI 50172, *see* P-00394
▷ICI 51426, *in* D-00282
▷ICI 54450, *see* F-00043
ICI 54594, *see* B-00279
ICI 55897, *see* C-00439
▷ICI 58834, *see* V-00029

▷ICI 59118, *see* R-00016
▷ICI 69653, *see* A-00422
ICI 72222, *see* C-00181
ICI 74917, *see* B-00351
ICI 80996, *in* C-00490
ICI 81008, *see* F-00212
ICI 85966, *in* D-00257
▷ICI 125,211, *see* T-00305
▷Icifen, *in* F-00081
ICIG 1105, *see* B-00248
ICI-US 457, *in* H-00049
Iclazepam, I-00011
▷ICN 4221, *see* T-00246
8,11,14,18-Icosatetraenoic acid, I-00012
Icospiramide, I-00013
Icotidine, I-00014
▷ICRF 159, *see* R-00016
Icthadone, *see* I-00010
▷ID-530, *see* N-00147
▷ID-540, *see* F-00144
▷Idalon, *see* F-00119
Idaltim, *see* C-00551
Idanpramine, I-00015
▷Idarac, *see* F-00119
▷Idarubicin, I-00016
▷Idarubicin hydrochloride, *in* I-00016
▷Idasal, *see* M-00194
Idazoxan, *see* D-00280
I.D.C., *see* I-00001
▷Idealid, *in* L-00043
Idebenone, I-00017
▷Idoburonil, *in* M-00083
Idom, *in* D-00588
▷Idonor, *see* P-00369
▷Idoxuridine, *see* D-00081
Idralfidine, I-00018
Idro P_2, *in* D-00332
Idrobil, *see* F-00121
Idrobutamine, *see* B-00403
▷Idrocilamide, *see* H-00130
Idroepar, *see* F-00121
Idroestril, *in* D-00257
▷Idroflumetiazide, *see* H-00099
Idrokin, *see* Q-00021
Idrolone, *in* F-00075
Idro P_3, *in* O-00081
Idropranolol, I-00019
▷Idulian, *in* A-00512
▷Iduridine, *see* D-00454
▷Iebolen, *in* H-00185
IF, *see* I-00079
▷Ifenprodil, I-00020
▷Ifex, *see* I-00021
IFN-α, *in* I-00079
IFN-γ, *in* I-00079
IFN-β1, *in* I-00079
IFN-β2, *see* I-00085
▷Ifomide, *see* I-00021
▷Ifosfamide, I-00021
Ifoxetine, *in* D-00444
IG-10, *see* M-00268
Igepal CA 630, *see* O-00024
Igepal CO 630, *see* N-00206
▷Iktoril, *see* C-00475
IL-1, *see* I-00080
IL-2, *see* I-00081
IL-3, *see* I-00082
IL-4, *see* I-00083
IL-5, *see* I-00084
IL-6, *see* I-00085
▷IL 6001, *see* T-00516
IL 19552, *in* P-00302
Ilagan, *see* C-00443
▷Ildamen, *in* O-00151
Ileoptine, *see* M-00412
▷Iliadin-mini, *in* O-00153
▷Ilidar, *in* A-00504
Iliren, *see* T-00244
Ilmofosine, I-00022
Iloprost, I-00023
▷Ilotycin, *see* E-00115
▷Ilotycin gluceptate, *in* E-00115
Ilozyme, *see* P-00011
▷Imadyl, *see* C-00099
Imafen, *in* T-00130
Imafen hydrochloride, *in* T-00130
▷Imagotan, *see* S-00222
Imakol, *in* O-00132
Imanixil, I-00024
▷Imap, *see* F-00223
▷Imaverol, *see* I-00025
▷Imazalil, I-00025
Imazodan, I-00026
Imazodan hydrochloride, *in* I-00026
Imbresulf, *see* S-00213
Imbretil, *in* C-00055
Imcarbofos, I-00027
▷IMD, *in* M-00064
IMD 760, *see* A-00495
Imequyl, *see* F-00155
▷IMET 3393, *in* B-00044
IMET 98/69, *see* B-00216
Imexon, *see* A-00237
▷IMI-28, *in* A-00080
▷IMI 30, *see* I-00016
▷IMI 58, *in* A-00080
Imiclopazine, I-00028
▷Imidan, *see* P-00213
Imidapril, I-00029
Imidazate, *in* H-00112
▷Imidazolamine, *see* A-00400
▷1*H*-Imidazole-4-ethanamine, *see* H-00077
▷Imidazole mustard, I-00030
Imidazole salicylate, *in* H-00112
Imidazol-1-ethanol benzoate, *see* I-00031
4-(2-Imidazolin-2-ylamino)-2-methyl-2*H*-indazole, *see* I-00051
2-(2-Imidazolinyl)-3-indolyl sulfide, *see* T-00292
▷*m*-[*N*-(2-Imidazolin-2-ylmethyl)-*p*-toluidino]phenol, *see* P-00175
3-(2-Imidazolin-2-ylthio)indole, *see* T-00292
2-Imidazol-1-yl-2′-acetonaphthone, *see* N-00016
1-[4-(4-Imidazolyl)butyl]-3-methyl-2-thiourea, *see* B-00375
N-[4-(1*H*-Imidazol-4-yl)butyl]-*N*′-methylthiourea, *see* B-00375
1-[2-(1*H*-Imidazol-1-yl)ethenyl]hexyl 3-pyridinecarboxylate, *see* N-00099
4-[2-(1*H*-Imidazol-1-yl)ethoxy]benzoic acid, *see* D-00029
(2-Imidazol-1-yl)ethyl benzoate, I-00031
6-[2-(1*H*-Imidazol-1-yl)-1-[[(4-methoxyphenyl)methoxy]-methyl]ethoxy]-2,2-dimethylhexanoic acid, *see* D-00388
N-2-(1*H*-Imidazol-4-yl)-1-methylethyl]-*N*′-[2-[[(5-methyl-1*H*-imidazol-4-yl)methyl]thio]ethyl]guanidine, *see* S-00102
3-(1*H*-Imidazol-1-ylmethyl)-2-methyl-1*H*-indole-1-propanoic acid, *see* D-00025
1-Imidazolylmethyl 2-naphthyl ketone, *see* N-00016
3-[4-(1*H*-Imidazol-1-yl)methyl]phenyl]-2-propenoic acid, *see* O-00168
2-(1*H*-Imidazol-1-yl)-1-(2-naphthalenyl)ethanone, *see* N-00016
3-Imidazol-1-ylpentylallyl nicotinate, *see* N-00099
N-(*p*-Imidazol-4-ylphenyl)-*N*′-isopropylformamidine, *see* M-00370
N-[4-(1*H*-Imidazol-4-yl)phenyl-*N*′-(1-methylethyl)-methanimidamide, *see* M-00370
N-[3-(1*H*-Imidazol-4-yl)propyl]-*N*′-[2-[[(5-methyl-1*H*-imidazol-4-yl)methyl]thio]ethyl]guanidine, *see* I-00046
1*H*-Imidazo[1,2-*b*]pyrazole, I-00032
Imidazo[1,5-*a*]pyridine-5-hexanoic acid, *see* P-00341
▷*p*-Imidazo[1,2-*a*]pyridin-2-ylhydratropic acid, *see* M-00394

▷4-(Imidazo[1,2-*a*]pyridin-2-yl)-α-methylbenzeneacetic acid, *see* M-00394
Imidazo[1,2-*a*]quinoxaline-2-carboxylic acid, *see* D-00028
5-(1*H*-Imidaz-2-yl)-1*H*-tetrazole, I-00033
Imido, *in* H-00077
Imidocarb, I-00034
▷Imidocarb hydrochloride, *in* I-00034
Imidoline, I-00035
Imidoline hydrochloride, *in* I-00035
Imidolol, *see* A-00070
Imiloxan, I-00036
Imiloxan hydrochloride, *in* I-00036
α,α′-[Iminobis(methylene)]bis[2,3-dihydro-1,4-benzodioxin-2-methanol], *see* B-00043
α,α′-[Iminobis(methylene)]bis[6-fluoro-3,4-dihydro-2*H*-1-benzopyran-2-methanol], *see* N-00057
3,3′-Iminobis-1-propanol, I-00037
4-Imino-1,3-diazabicyclo[3.1.0]hexan-2-one, *see* A-00237
4,4′-(Iminodimethylene)dipyridine, *see* D-00531
3,3′-Iminodi-1-propanol, *see* I-00037
[Imino[[imino[(phenylmethyl)amino]methyl]amino]methyl]-phosphoramidic acid, *see* B-00051
2-Imino-3-methyl-1-phenyl-4-imidazolidinone, I-00038
Iminophenimide, *see* E-00216
▷2-Imino-5-phenyl-4-oxazolidinone, *see* A-00306
Iminostilbene, *see* D-00155
Imipemide, *see* I-00039
Imipenem, I-00039
▷Imipramine, I-00040
▷Imipramine hydrochloride, *in* I-00040
Imipraminoxide, *in* I-00040
Imiprex, *in* I-00040
Imirestat, I-00041
▷Imizocarb, *in* I-00034
▷Immetro, *in* O-00163
▷Immetropan, *in* O-00163
▷Immobilon, *in* A-00015
Immobilon, *in* E-00263
Immuglobin, *see* G-00049
Immune interferon, *in* I-00079
Immuneron, *in* I-00079
Immunox, *see* T-00225
Imodium, *see* L-00087
Imolamine, I-00042
▷Imotol, *in* B-00353
▷Imovance, *see* Z-00037
▷Imovane, *see* Z-00037
Imoxiterol, I-00043
Impacarzine, I-00044
Impactil, *in* F-00255
Impavido, *see* T-00324
▷Impeasel, *see* N-00111
▷Impedil, *in* D-00313
▷Imperatorin, I-00045
Impromen, *see* B-00324
Impromidine, I-00046
▷Impromidine hydrochloride, *in* I-00046
▷Improntal, *see* P-00351
▷Improsulfan, *in* I-00037
Impulsin, *see* P-00006
▷IMPY, *in* I-00032
▷Imulact, *see* T-00271
Imuracetam, I-00047
▷Imuran, *see* A-00513
▷Imurek, *see* A-00513
▷Imuthiol, *in* D-00244
Inactone, *in* D-00441
▷Inamycin, *see* N-00228
Inaperisone, I-00048
Inapetyl, *in* B-00115
▷Inapsine, *see* D-00608
▷Incazane, *in* M-00340
Incidal, *in* M-00035
Incidan, *in* M-00035
Indacrinic acid, *see* I-00049
Indacrinone, I-00049
▷Indaliton, *see* C-00264
▷Indalone, *see* B-00416
Indalpine, *see* P-00287
▷Indanal, *see* C-00225
Indanazoline, I-00050
Indanazoline hydrochloride, *in* I-00050
Indanidine, I-00051
Indanidine hydrochloride, *in* I-00051
Indanorex, *see* A-00320
Indanpramine hydrochloride, *in* I-00015
2-(4-Indanylamino)-2-imidazoline, *see* I-00050
O-5-Indanyl *m*,*N*-dimethylthiocarbanilate, *see* T-00351
α-(5-Indanyloxycarbonyl)benzylpenicillin, *see* C-00077
▷Indapamide, I-00052
Indaterol, *see* N-00073
Indatraline, I-00053
Indecainide, I-00054
Indecainide hydrochloride, *in* I-00054
Indeloxazine, I-00055
▷Indeloxazine hydrochloride, *in* I-00055
Indenolol, I-00056
Indenolol hydrochloride, JAN, *in* I-00056
1-[1*H*-Inden-4(or 7)-yloxyl]-3-[(1-methylethyl)amino]-2-propanol, *see* I-00056
2-[(1*H*-Inden-7-yloxy)methyl]morpholine, *see* I-00055
▷Inderal, *in* P-00514
▷Indexon, *see* D-00102
Indicin, *see* G-00052
Indicine, I-00057
▷Indicine N-oxide, *in* I-00057
▷Indigestin, *in* D-00070
▷Indigo carmine, *in* I-00058
Indigodisulfonic acid, *see* I-00058
Indigotindisulfonic acid, I-00058
▷Indigotine, *in* I-00058
▷Indium chloride, I-00059
Indium oxyquinoline, *in* H-00211
▷Indobufen, I-00060
Indocaine, *see* D-00297
Indocarb, *see* I-00061
Indocate, I-00061
▷Indocin, *see* I-00065
Indocyanine green, I-00062
▷Indocybin, *in* D-00411
Indoglucin, *see* G-00052
Indokain, *see* D-00297
▷Indoklon, *see* B-00239
▷Indolacin, *see* C-00369
Indolapril, I-00063
Indolapril hydrochloride, *in* I-00063
▷Indolatsin, *see* C-00369
▷1*H*-Indole-3-ethanamine, *see* T-00566
Indolidan, I-00064
3-3′-Indolyl-2-alanine, *see* T-00567
▷2-(3-Indolyl)ethylamine, *see* T-00566
N-[1-[2-(1-*H*-Indol-3-yl)ethyl]-4-piperidinyl]benzamide, *see* I-00069
▷1-(Indol-4-yloxy)-3-(isopropylamino)-2-propanol, *see* P-00270
▷1-(1*H*-Indol-4-yloxy)-3-[(1-methylethyl)amino]-2-propanol, *see* P-00270
α-[(1*H*-Indol-4-yloxy)methyl]-4-(phenoxymethyl)-1-piperidineethanol, *see* M-00383
▷Indomed, *see* I-00065
Indometacin glucosamide, *see* G-00052
▷Indometacin, *see* I-00065
Indometacin paracetamol ester, *in* I-00065
Indometacin 3-phthalidyl ester, *see* T-00011
▷Indomethacin, I-00065
Indopanolol, I-00066
Indopine, I-00067
▷Indoprofen, I-00068
Indoramin, I-00069
Indoramin hydrochloride, *in* I-00069
Indorenate, I-00070
Indorenate hydrochloride, *in* I-00070

▷Indorm, *in* P-00504
Indosamide, *see* G-00052
▷Indoxamic acid, *see* O-00082
Indoxole, *see* B-00227
Indriline, *see* D-00413
▷Indriline hydrochloride, *in* D-00413
Inductin, *see* D-00516
Indunox, *in* E-00246
▷Inepa, *see* N-00111
▷Inetol, *see* P-00483
▷INF 4668, *in* M-00045
▷Infalyte, *in* P-00391
Infendolol, *see* I-00066
▷Inflamen, *see* B-00287
▷Inflamid, *see* B-00059
▷Inflatine, *in* L-00064
▷Ingramycin, *see* A-00099
▷Inhalan, *see* D-00183
▷Inhelthran, *see* C-00230
▷Inhibine, *see* H-00100
Inhibostamin, *see* T-00541
Ini-Cardio, *in* D-00241
Inicarone, I-00071
▷Inimur, *see* N-00118
Injectavel, *in* D-00336
▷Inkasan, *in* M-00340
▷Inkopax, *in* E-00035
▷Innovar, *in* F-00077
INO 502, *in* C-00183
▷Inobestin, *see* B-00138
▷Inocor, *see* A-00372
Inocoterone, I-00072
▷Inofal, *see* S-00222
▷Inofrex, *in* D-00561
▷Inolin, *in* T-00418
Inopamil, *see* I-00005
▷Inosie, *see* I-00073
▷Inosine, I-00073
▷Inosine pranobex, *in* I-00073
▷Inosiplex, *in* I-00073
Inositol, *see* I-00074
1,2,3,5/4,6-Inositol, *see* I-00074
i-Inositol, *see* I-00074
meso-Inositol, *see* I-00074
myo-Inositol, I-00074
▷Inositol niacinate, *in* I-00074
▷Inositol nicotinate, *in* I-00074
▷Inosulon, *see* S-00222
▷Inpea, *see* N-00111
▷Inproquone, I-00075
Insidal, *in* M-00035
▷Insidon, *in* O-00052
▷Insipidin, *in* V-00013
▷Insomnium, *see* T-00425
▷Insulin, I-00076
Insulin argine, I-00077
Insulin defalan, I-00078
▷Intal, *in* C-00565
Intazin, *see* P-00225
Integrin, *in* O-00157
▷Intensain, *in* C-00312
▷Intensatin, *in* C-00312
▷Interacton, *see* T-00175
Intercept, *see* N-00206
Intercyton, *in* D-00326
Interferon, I-00079
Interferon-α, *in* I-00079
Interferon-β, *in* I-00079
Interferon-γ, *in* I-00079
Interferon β2, *see* I-00085
Interferon Alfa, *in* I-00079
Interferon Alfa-2a USAN, *in* I-00079
Interferon Alfa-2b, *in* I-00079
Interferon Alfa-n3, *in* I-00079
Interferon Alfa-n1 USAN, *in* I-00079
Interferon Beta, *in* I-00079
Interferon Gamma, *in* I-00079
Interferon Gamma-1b, *in* I-00079
Interleukin-1, I-00080
Interleukin-2, I-00081
Interleukin-3, I-00082
Interleukin-4, I-00083
Interleukin-5, I-00084
Interleukin-6, I-00085
Interleukin 2 (human clone pTG853 protein moiety reduced), *in* I-00081
Intermedin, I-00086
▷Intermetin, *see* P-00066
▷Intestiazol, *see* P-00227
Intestin-Euvernil, *in* S-00241
Intol, *in* H-00044
Intracaine, *see* P-00034
▷Intradex, *see* D-00113
▷Intramin, *in* D-00359
▷Intranarcon, *in* T-00172
Intraxium, *see* P-00069
▷Intrazole, I-00087
Intriptyline, I-00088
Intriptyline hydrochloride, *in* I-00088
▷Intron, *in* D-00359
Intron-A, *in* I-00079
▷Intropin, *see* D-00579
▷Intropin, *in* D-00579
Inulin, I-00089
▷Inversal, *see* A-00166
▷Inversine, *in* M-00041
▷Invirus, *in* H-00088
▷Ioalphionic acid, *see* I-00100
Iobenguane, I-00090
▷Iobenzamic acid, I-00091
Iobutoic acid, I-00092
▷Iocarmate meglumine, *in* I-00093
▷Iocarmic acid, I-00093
▷Iocetamic acid, I-00094
▷Iodacil, *see* D-00287
▷Iodairal, *in* I-00101
▷Iodamide, I-00095
▷Iodamide meglumine, *in* I-00095
Iodecimol, *see* I-00096
Iodecol, I-00096
▷Iodeikon, *in* T-00142
▷Iodeosine *B*, *see* E-00118
Iodetryl, *in* D-00361
IODIDA, *see* G-00008
▷Iodinated glycerol, *see* I-00103
Iodipamide, I-00097
▷Iodipamide meglumine, *in* I-00097
Iodipine, I-00098
Iodixanol, I-00099
▷Iodoalphionic acid, I-00100
4-Iodoantipyrine, *see* D-00286
(2-Iodobenzoyl)aminoacetic acid, I-00101
N-(2-Iodobenzoyl)glycine, *see* I-00101
m-Iodobenzylguanidine, *see* I-00090
▷Iodobil, *see* I-00100
Iodocetilic acid, *see* I-00105
▷Iodochlorhydroxyquin, *see* C-00244
19-Iodocholest-5-en-3-ol, I-00102
19-Iodocholesterol, *see* I-00102
Iodocholesterol I 131, USAN, *in* I-00102
Iododesoxycytidine, *see* I-00001
3-Iodo-2,6-diethylphenylcarbamoylmethyliminodiacetic acid, *see* G-00008
4-Iodo-2,3-dimethyl-5-oxo-1-phenyl-Δ^3-pyrazoline, *see* D-00286
▷2-(1-Iodoethyl)-1,3-dioxolane-4-methanol, I-00103
▷Iodofenphos, I-00104
▷Iodoform, *see* T-00486
Iodogorgoic acid, *see* D-00365
16-Iodohexadecanoic acid, I-00105
▷Iodohippurate sodium, *in* I-00101
o-Iodohippuric acid, *see* I-00101

Iodomethamate, *see* I-00109
Iodomethanesulfonic acid, I-00106
▷2-(Iodomethyl)-1,3-dioxolane-4-methanol, I-00107
4-Iodo-α-methyl-*N*-(1-methylethyl)benzeneethanamine, *see* I-00110
▷Iodopanoic acid, *see* I-00125
6β-Iodopenicillanic acid, *in* A-00295
Iodophenazone, *see* D-00286
Iodophene, *see* T-00142
[(3-Iodophenyl)methyl]guanidine, *see* I-00090
▷Iodophthalein sodium, *in* T-00142
▷Iodopovidonum, *in* P-00393
5-[(3-Iodo-2-propynyl)oxy]-2-(methylthio)pyrimidine, *see* R-00059
▷3-Iodo-2-propynyl-2,4,5-trichlorophenyl ether, *see* H-00018
▷Iodopyracet, *in* D-00363
Iodopyrine, *see* D-00286
▷Iodoquinol, *see* D-00364
N'-[7-Iodo-4-quinolinyl]-*N*,*N*-dimethyl-1,3-propanediamine, *see* I-00122
▷Iodothiouracil, *see* D-00287
▷5-Iodo-2-thiouracil, *see* D-00287
3-Iodotyrosine, *see* A-00276
▷Iodoxamate meglumine, USAN, *in* I-00108
▷Iodoxamic acid, I-00108
Iodoxil, *in* D-00135
Iodoxyl, I-00109
Iodozol, *see* D-00358
▷Iofendylate, *see* I-00127
Iofetamine, I-00110
Iofetamine hydrochloride, *in* I-00110
Ioglicic acid, I-00111
Ioglucol, I-00112
▷Ioglucomide, I-00113
Ioglunide, I-00114
Ioglycamic acid, I-00115
Ioglycamide, *see* I-00115
Iogulamide, I-00116
Iohexol, I-00117
IOHP, *in* O-00080
Iolidonic acid, I-00118
▷Iolixanic acid, I-00119
▷Iomapidol, *see* I-00124
▷Iomeglamic acid, I-00120
Iomeprol, I-00121
Iomethin, I-00122
Iometin, *see* I-00122
Iomorinic acid, I-00123
Ionaze, *see* P-00493
▷Iopamidol, I-00124
▷Iopamiro, *see* I-00124
▷Iopanoic acid, I-00125
Iopentol, I-00126
▷Iophendylate, I-00127
▷Iophenoic acid, *see* I-00128
▷Iophenoxic acid, I-00128
▷Iopodic acid, I-00129
Ioprocemic acid, I-00130
Iopromide, I-00131
▷Iopronic acid, I-00132
Iopydol, *see* D-00353
▷Iopydone, *see* D-00362
▷Iosalide, *see* L-00033
Iosarcol, I-00133
▷Iosefamic acid, I-00134
Ioseric acid, I-00135
Iosimide, I-00136
Iosulamide, I-00137
Iosulamide meglumine, *in* I-00137
Iosumetic acid, I-00138
▷Iotalamic acid, *see* I-00140
Iotasul, I-00139
▷Iothalamic acid, I-00140
▷Iothiouracil sodium, *in* D-00287
Iotranic acid, I-00141
Iotriside, I-00142
Iotrizoic acid, I-00143
Iotrol, *see* I-00144
Iotrolan, I-00144
▷Iotroxamide, *see* I-00145
▷Iotroxic acid, I-00145
Iotyrosine, *see* A-00276
Ioversol, I-00146
Ioxabrolic acid, I-00147
Ioxaglate meglumine, *in* I-00148
Ioxaglate sodium, *in* I-00148
Ioxaglic acid, I-00148
Ioxilan, I-00149
Ioxitalamic acid, *in* D-00138
Ioxotrizoic acid, *in* D-00138
Iozomic acid, I-00150
Ipecine, *see* E-00036
Iperdiurin, *see* D-00136
▷Iperphos, *in* G-00060
Ipertensina, *in* A-00385
Ipertrofan, *in* P-00042
Ipexidine, I-00151
Ipexidine mesylate, *in* I-00151
▷IPG, *see* I-00103
▷Ipobar, *in* P-00059
▷Ipocol, *see* C-00307
▷Ipodaren, *in* B-00271
Ipodate calcium, *in* I-00129
▷Ipodate sodium, *in* I-00129
Ipolearoside, I-00152
Iposclerone, *see* C-00467
▷Ipotensil, *in* T-00337
Ipradol, *see* H-00068
Ipradol, *in* O-00053
Ipragratine, I-00153
Ipral (old form), *in* P-00443
Ipramidil, I-00154
Ipratropium(1+), I-00155
Ipratropium bromide, *in* I-00155
▷Iprazid, *see* I-00161
Iprazochrome, I-00156
Iprazone, *see* A-00287
Iprenazone, *see* I-00156
Ipriflavone, *in* H-00144
▷Iprindole, I-00157
▷Iproclozide, I-00158
Iprocrolol, I-00159
▷Iprocrolol hydrochloride, *in* I-00159
Iprofenin, I-00160
▷Iprogal 15, *see* I-00209
Iproheptine, *in* M-00257
▷Ipronal, *see* P-00546
▷Iproniazid, I-00161
▷Ipronid, *see* I-00161
▷Ipronidazole, *see* I-00209
▷Ipronin, *see* I-00161
Ipropethidine, *see* P-00498
▷Iproplatin, I-00162
▷Iprópran, *see* I-00209
Iprotiazem, I-00163
▷Iprox, *see* C-00521
Iproxamine, I-00164
Iproxamine hydrochloride, *in* I-00164
▷Iprozilamine, I-00165
Ipsalazide, I-00166
Ipsapirone, I-00167
▷Ipsatol, *see* B-00175
IPTD, *see* G-00078
IQB-M 81, *see* P-00269
IQB 837-v, *see* O-00128
Iquindamine, I-00168
Irabil, *see* D-00399
Irazepine, I-00169
▷Irenal, *see* P-00443
▷Irene, *in* D-00095
Irgamid, *see* S-00192

Irgasan *CF* 3, *see* C-00458
▷Irgasan DP 300, *see* T-00437
Irindalone, I-00170
Iristel, *see* A-00149
Irloxacin, I-00171
Irolapride, I-00172
▷Ironate, *see* F-00093
▷Iron chloride, *see* F-00087
Iron(2+) citrate, *see* F-00092
Iron heptonate, *see* G-00030
▷Iron sorbitex, *in* G-00054
▷Iron(2+) sulfate, *see* F-00094
Irri-Cor, *in* I-00042
Irrigor, *in* I-00042
Irritren, *in* L-00085
Irsium, *in* P-00357
Irsogladine, I-00173
IS 2596, *see* D-00575
▷IS 2596, *in* D-00575
IS 362, *in* S-00282
IS 499, *in* P-00378
▷IS 813, *see* M-00301
▷Isadrine, *see* I-00198
Isamfazone, I-00174
▷Isamid, *in* I-00199
Isamoltan, I-00175
Isamoxole, I-00176
Isaniryl, *see* C-00570
▷Isaropan, *in* A-00123
▷Isathrine, *in* R-00031
Isaxonine, *in* A-00325
Isbogrel, *in* P-00205
▷Isendryl, *see* I-00182
▷Isepamicin, *in* G-00017
▷ISF 2001, *see* T-00540
ISF 2073, *in* D-00111
ISF 2123, *see* P-00251
ISF 2522, *in* H-00188
▷Isilung, *in* E-00091
▷Isindone, *see* I-00068
▷Ismelin, *in* G-00102
Ismotic, *see* D-00144
▷Isoadanone, *see* I-00193
Isoadrenaline, *see* A-00249
3-Isoajmalicine, *in* A-00087
▷Isoamidone I, *see* D-00407
▷Isoamidone II, *see* I-00193
Isoaminile, I-00177
2-Isoamylamino-6-methylheptane, *see* O-00013
▷Isoamylhydrocupreine, *see* E-00276
Isoaristolochic acid, *see* M-00200
Isobaimonidine, *in* V-00024
▷Isobebeerine, *see* I-00182
Isobide, *see* D-00144
6-Isobornyl-3,4-xylenol, *see* X-00013
▷Isobromindione, I-00178
Isobucaine, I-00179
▷Isobucaine hydrochloride, *in* I-00179
▷Isobutoform, *in* A-00216
1-(Isobutoxymethyl)-2-(4-methyl-1-piperazinyl)ethyl 2-phenylbutyrate, *see* F-00048
4-Isobutoxy-4′-(2-pyridyl)thiocarbanilide, *see* T-00197
2-(Isobutylamino)ethanol *m*-aminobenzoate, *see* M-00143
2-Isobutylaminoethyl *p*-aminobenzoate, *see* M-00299
2-Isobutylamino-2-methyl-1-propanol benzoate, *see* I-00179
▷Isobutylcaine, *in* A-00216
Isobutyl 2-cyanoacrylate, *see* M-00300
Isobutyl 4-(6,7-dimethoxy-4-quinazolinyl)-1-piperazinecarboxylate, *see* P-00312
p-Isobutylhydratropic acid, *see* I-00008
p-Isobutylhydratropohydroxamic acid, *see* I-00009
Isobutylhydrochlorothiazide, *see* B-00401
Isobutyl methyl ether, *see* M-00204
Isobutylphenazone methanesulfonate sodium, *in* D-00170
▷(*p*-Isobutylphenyl)acetic acid, *see* I-00007
▷2-(*p*-Isobutylphenyl)butyric acid, *see* B-00402
2-(4-Isobutylphenyl)propionic acid, *see* I-00008
▷*N*-(5-Isobutyl-1,3,4-thiadiazol-2-yl)-4-methoxybenzenesulfonamide, *see* I-00180
2-Isobutyryl-14-hydroxyhetisine, *in* H-00136
3-Isobutyryl-2-isopropylpyrazolo[1,5-*a*]pyridine, *see* I-00006
▷Isobuzole, I-00180
Isocaine, *see* P-00292
(−)-Isocamphoric acid, *in* T-00508
(+)-Isocamphoric acid, *in* T-00508
Isocaramidine, *see* D-00033
▷Isocarboxazid, I-00181
Isocephaeline, *in* C-00172
▷Isochinol, *in* D-00392
▷Isochondodendrine, I-00182
Isoclavulanic acid, *in* C-00410
Isoconazole, I-00183
▷Isoconazole nitrate, JAN, *in* I-00183
Isocromil, I-00184
▷Isoctaminium, *see* M-00257
1-Isocyano-2-methoxy-2-methylpropane, *see* M-00205
▷Isocycloheximide, *in* D-00441
Isocysteine, *see* A-00278
▷Isodanon, *see* I-00193
Isodapamide, *see* Z-00011
▷Isodendril, *see* I-00182
▷Isodiane, *see* M-00146
Isodihydroperparinium, *see* D-00611
▷Isodilan, *see* I-00007
▷Isodinoestrol, *in* D-00223
▷Isoendoxan, *see* I-00021
▷Isoephedrine, *in* M-00221
D-Isoephedrine sulfate, JAN, *in* M-00221
Isoestrone, *in* O-00031
Isoetam, *in* E-00148
Isoetarine, *see* I-00185
▷Isoethadione, *see* P-00024
Isoetharine, I-00185
Isoetharine hydrochloride, *in* I-00185
Isoetharine mesylate, USAN, *in* I-00185
Isoetretin, *in* A-00041
Isoeuxanthone, *see* D-00357
Isofebrifugine, I-00186
Isofedrol, *in* M-00221
▷Isofenefrine, *see* M-00151
▷Isofezolac, *see* T-00527
▷Isoflav, *see* D-00120
Isofloxythepin, I-00187
Isoflupredone, I-00188
▷Isoflupredone acetate, *in* I-00188
▷Isoflurane, *see* C-00231
▷Isoflurophate, *see* D-00368
▷Isogranatanine, *see* A-00491
▷Isogyn, *in* I-00183
4-Isohexyl-1-methylcyclohexanecarboxylic acid, *see* M-00268
Isohydrastidine, *in* H-00095
Isoiloprost, *in* I-00023
Isoimperatorin, I-00189
5-L-Isoleucineangiotensin I, *in* A-00385
5-L-Isoleucineangiotensin II, *in* A-00385
1-L-Isoleucinegramicidin *A*, *in* G-00084
Isoleurosine, *in* L-00036
Isolevin, *in* I-00198
Isomazole, I-00190
Isomazole hydrochloride, *in* I-00190
(+)-Isomenthol, *in* I-00208
(−)-Isomenthol, *in* I-00208
(±)-Isomenthol, *in* I-00208
▷Isomeprobamate, *see* C-00078
Isomer *A*, *in* B-00175
Isomer *B*, *in* B-00175
Isometamidium(1+), I-00191
Isometamidium chloride, *in* I-00191
▷Isometene, *in* M-00256
▷Isometh, *in* M-00256

Isomethadol, I-00192
▷Isomethadone, I-00193
▷Isometheptene, *in* M-00256
Isomilamine, *see* I-00194
Isomist, *in* I-00198
▷Isomyl, *in* M-00256
Isomylamine, I-00194
▷Isonal, *see* A-00430
▷Isonate sodium, *in* I-00195
▷Isoniazid, I-00195
Isoniazid methanesulfonate, *in* I-00195
Isonicophen, *see* A-00046
Isonicotinic acid 2-butenylidenehydrazide, *see* C-00570
Isonicotinic acid [*o*-(carboxymethoxy)benzylidene]hydrazide, *see* A-00046
Isonicotinic acid 2,2′-methylenedihydrazide, *see* M-00154
Isonicotinic acid vanillylidenehydrazide, *see* F-00269
▷Isonicotinohydrazide, *see* I-00195
▷N^1-Isonicotinoyl-N^2-isopropylhydrazine, *see* I-00161
N-Isonicotinoyl-*N′*-salicylidenehydrazine, *see* S-00016
N-Isonicotinoyl-*N′*-veratrylidenehydrazine, *see* V-00020
▷Isonipecaine, *see* P-00131
Isonitrarine, *in* N-00168
▷Isonitrosoacetone, *in* P-00600
▷Isonix-AA, *see* I-00196
▷Isonixin, I-00196
Isonovobiocin, *in* N-00228
Isooctenylamine, *see* M-00256
Isooestrone, *in* O-00031
Isopaque, *in* D-00138
Isopedine, *see* P-00498
Isopenicillin N, *in* P-00066
7-Isopentenyloxycoumarin, *in* H-00114
N-Isopentyl-1,4-benzodioxan-2-methylamine, *see* P-00088
N-Isopentyl-1,5-dimethylhexylamine, *see* O-00013
▷$O^{6'}$-Isopentylhydrocupreine, *see* E-00276
▷Isopentyl nitrite, *see* M-00237
2-[(Isopentyloxy)-1-morpholinomethyl]ethyl 3,4,5-trimethoxybenzoate, *see* A-00357
1-[*β*-(Isopentyloxy)phenethyl]pyrrolidine, *see* A-00350
▷Isophenethanol, *see* N-00111
▷Isophosphamide, *see* I-00021
▷Isopirina, *see* R-00007
▷Isopolamidon, *see* I-00193
Isoprazone, *see* A-00287
Isoprednidene, I-00197
Isopredon, *in* F-00208
Isopredon soluble, *in* F-00208
▷Isopregnenone, *see* D-00624
▷Isoprenaline, I-00198
▷Isoprinosine, *in* I-00073
Isoprofen, *see* I-00207
▷Isopropamide(1+), I-00199
▷Isopropamide iodide, *in* I-00199
▷Isopropanol, *see* P-00491
▷Isopropanolamine, *see* A-00318
Isoprophenamine, *see* C-00502
Isopropicillin, I-00200
2-Isopropoxyacetophenone, *in* H-00107
[*β*-(4-Isopropoxycarboxythymoxy)ethyl]dimethylamine, *see* I-00164
1-[4-(2-Isopropoxyethoxymethyl)phenoxy]-3-isopropylamino-2-propanol, *see* B-00233
2′-Isopropoxyflavone-6-carboxylic acid, *see* I-00184
7-Isopropoxyisoflavone, *in* H-00144
7-Isopropoxy-9-oxo-2-xanthenecarboxylic acid, I-00201
p-Isopropoxy-*N*-sulfanilylbenzamide, *see* S-00251
▷Isopropydrin, *see* I-00198
▷Isopropyl alcohol, *see* P-00491
1-Isopropylamine-3[4-(*p*-methoxybenzamide)phenoxy]-2-propanol, *see* R-00083
▷4-(Isopropylamino)-2,3-dimethyl-1-phenyl-3-pyrazolin-5-one, *see* R-00007
1-(Isopropylamino)-4,4-diphenyl-2-butanol, *see* D-00603
▷2-Isopropylaminoethanol, *in* A-00253
1-(Isopropylamino)-3-(1,4-ethano-1,2,3,4-tetrahydro-5-naphthyloxy)-2-propanol, I-00202
1-Isopropylamino-3-[*p*-(*β*-methoxycarbonylamidoethyl)-phenoxy]propan-2-ol, *see* P-00008
▷1-(Isopropylamino)-3-[*p*-(2-methoxyethyl)-phenoxy]-2-propanol, *see* M-00334
1-(Isopropylamino)-3-(*o*-methoxyphenoxy)-2-propanol, *see* M-00435
1-(Isopropylamino)-3-(2-methyl-4-indolyloxy)-2-propanol, *see* M-00097
▷*α*-(Isopropylamino)methyl-2-naphthalenemethanol, *see* P-00483
▷*α*-[(Isopropylamino)methyl]-*p*-nitrobenzyl alcohol, *see* N-00111
▷*α*-(Isopropylaminomethyl)protocatechyl alcohol, *see* I-00198
1-(Isopropylamino)-3-[*o*-(methylthio)phenoxy]-2-propanol, *see* T-00315
α-[(Isopropylamino)methyl]vanillyl alcohol, *see* M-00323
▷2-Isopropylamino-1-(2-naphthyl)ethanol, *see* P-00483
▷1-Isopropylamino-3-(1-naphthyloxy)-2-propanol, *see* P-00514
1-(Isopropylamino)-3-(*o*-2-norbornylphenoxy)-2-propanol, *see* B-00256
8-(5-Isopropylaminopentylamino)-6-methoxyquinoline, *see* P-00092
▷Isopropylaminophenazone, *see* R-00007
α-(1-Isopropylaminopropyl)protocatechuyl alcohol, *see* I-00185
1-[3-(Isopropylamino)propyl]-3-(2,6-xylyl)urea, *see* R-00019
2-(Isopropylamino)pyrimidine, *in* A-00325
▷1-(Isopropylamino)-3-(*m*-tolyloxy)-2-propanol, *see* T-00352
▷4-Isopropylantipyrine, *see* P-00519
▷Isopropyl benzoate, *in* B-00092
2-Isopropyl-3-benzofuranyl 4-pyridyl ketone, *see* I-00071
α-(*α*-Isopropylbenzyl)-1-piperidinepropanol, *see* P-00295
Isopropyl 4-[3-(*tert*-butylamino)-2-hydroxypropoxy]indole-2-carboxylate, *see* C-00096
▷*N*-4-Isopropylcarbamoylbenzyl-*N′*-methylhydrazine, *see* P-00448
α-Isopropylcyclohexanemethanol, *see* C-00618
▷*α*-Isopropyl-*α*-[2-(dimethylamino)ethyl]-1-naphthaleneacetamide, *see* N-00027
2-Isopropyl-4,8-dimethylazulene, I-00203
▷7-Isopropyl-1,4-dimethylazulene, I-00204
5-Isopropyl-3,8-dimethyl-1-azulenesulfonic acid, I-00205
▷4-Isopropyl-2,3-dimethyl-1-phenyl-5-pyrazolone, *see* P-00519
N-Isopropyl-1,3-dioxo-2-isoindoleethanesulfonamide, *see* T-00018
1-Isopropyl-4,4-diphenylpiperidine, I-00206
▷Isopropylethanolamine, *in* A-00253
9-Isopropylgranatoline tropate, *see* I-00153
2′,3′-*O*-Isopropylideneadenosine, *in* A-00067
▷2,3-Isopropylidenedioxyphenyl methylcarbamate, *see* B-00046
1,2-*O*-Isopropylidene-*α*-D-glucuronamide, *in* G-00058
5,6-*O*-Isopropylidene-L-*threo*-hex-2-enono-1,4-lactone, *in* A-00456
2,3-*O*-Isopropylidene-D-threitol, *in* T-00219
2,3-*O*-Isopropylidene-L-threitol, *in* T-00219
1-Isopropyl-2-imidazolidinethione, *see* M-00392
2-(2-Isopropyl-5-indanyl)propanoic acid, I-00207
2-Isopropylindol-3-yl 3-pyridyl ketone, *see* N-00107
N-Isopropyl-*p*-iodoamphetamine, *see* I-00110
▷Isopropyl meprobamate, *see* C-00078
Isopropyl 2-methoxyethyl 1,4-dihydro-2,6-dimethyl-4-(3-nitrophenyl)-3,5-pyridinedicarboxylate, *see* N-00149
Isopropyl 11-methoxy-3,7,11-trimethyldodeca-2,4-dienoate, *see* M-00189
5-Isopropyl 3-methyl 2-cyano-1,4-dihydro-6-methyl-4-(*m*-nitrophenyl)-3,5-pyridinedicarboxylate, *see* N-00144
▷2-Isopropyl-5-methylcyclohexanol, I-00208
▷*N*-Isopropyl-*α*-(2-methylhydrazino)-*p*-toluamide, *see* P-00448
2-Isopropyl-*α*-methyl-5-indanacetic acid, *see* I-00207
4-Isopropyl-2-methyl-3-[[methyl(*α*-methylphenethyl)amino]-methyl]-1-phenyl-3-pyrazolin-5-one, *see* F-00016

▷2-Isopropyl-1-methyl-5-nitroimidazole, I-00209
▷1-Isopropyl-7-methyl-4-phenyl-2(1*H*)-quinazolinone, *see* P-00522
▷*N*-Isopropyl-2-methyl-2-propyl-1,3-propanediol dicarbamate, *see* C-00078
▷2-Isopropyl-6-methyl-4-pyrimidyl phosphorothioic acid *O,O'*-diethyl ester, *see* D-00149
2-Isopropyl-4-methyl-2-[*o*-[4-[4-(3,4,5-trimethoxyphenethyl)-1-piperazinyl]butoxy]phenyl]-2*H*-1,4-benzothiazin-3(4*H*)-one, *see* I-00163
N-Isopropylnoradrenochrome monosemicarbazone, *see* I-00156
▷Isopropylnorepinephrine, *see* I-00198
Isopropyl 2,3,4,5,6-penta-*O*-acetyl-D-gluconate, *in* G-00055
▷Isopropylphenazone, *see* P-00519
2-(2-Isopropylphenoxymethyl)-2-imidazoline, *see* F-00066
Isopropyl phenyl ether, *in* P-00161
10-[(4-Isopropyl-1-piperazinyl)carbonyl]phenothiazine, *see* S-00101
▷*N*-Isopropylsalicylamide, *see* H-00145
N'-(5-Isopropyl-1,3,4-thiadiazol-2-yl)sulfanilamide, *see* G-00078
1-(4-Isopropylthiophenyl)-2-(4-cinnamoylpiperazine-1-yl)-1-propanol, *see* S-00270
1-[4-(Isopropylthio)phenyl]-2-octylamino-1-propanol, *see* S-00231
1-Isopropyl-3-(4-*m*-toluidinopyridine-3-sulfonyl)urea, *see* T-00386
▷4-Isopropyl-2-(α,α,α-trifluoro-*m*-tolyl)morpholine, *see* O-00076
N-Isopropyl-4-(3,4,5-trimethoxycinnamoyl)-1-piperazineacetamide, *see* C-00382
8-Isopropyl-3-tropoyloxytropanium(1+), *see* I-00155
▷Isoproterenol, *see* I-00198
▷Isoproterenol hydrochloride, *in* I-00198
Isoproterenol sulfate, *in* I-00198
▷Isoptin, *see* V-00019
Isoptin, *in* V-00019
▷Isopto Homatropine, *in* H-00082
Isopulsan, *in* M-00381
▷Isopyrin, *see* R-00007
Isopyrocalciferol, *in* E-00105
▷Isoquinazepon, *see* C-00411
▷Isoquinoline, I-00210
Isorengyol, *in* H-00131
Isorgen *G*, *see* D-00144
Isorhodeosamine, *see* A-00240
▷Isosorbide dinitrate, *in* D-00144
Isosorbide, *see* D-00144
Isosorbide mononitrate, *in* D-00144
Isospaglumic acid, I-00211
Isosparsomycin, *in* S-00109
▷Isospiriline, *see* S-00121
17-Isostrophanthidin, *in* T-00478
Isosulfamerazine, *see* S-00206
Isosulfan Blue, I-00212
Isosulpride, I-00213
Isotazettine, *see* P-00425
▷Isotense, *see* S-00287
▷Isothan Q5, *in* I-00210
▷Isothazone, *see* E-00160
▷Isothiazine, *see* E-00160
▷Isothiocyanatomethylbenzene, *see* B-00122
1-Isothiocyanato-4-(4-nitrophenoxy)benzene, *see* N-00186
▷4-Isothiocyanato-*N*-(4-nitrophenyl)benzenamine, *see* N-00180
Isothiocyanic acid *p*-(*p*-nitrophenoxy) phenyl ester, *see* N-00186
▷Isothiocyanic acid *p*-phenylene ester, *see* D-00369
Isothiocyanic acid sulfonyldi-*p*-phenylene ester, *see* S-00221
▷Isothipendyl, I-00214
Isotiquimide, *see* T-00128
▷Isotonil, *in* D-00387
▷Isotretinoin, *in* R-00033
▷Isoval, *see* B-00307
Isovanillin, *in* D-00311
Isoverazide, *see* V-00020
Isoverticine, *in* V-00024
Isovin, *see* F-00269
▷Isovue, *see* I-00124
Isoxaprolol, I-00215
▷Isoxazol, *see* A-00511
▷Isoxepac, I-00216
Isoxicam, I-00217
▷Isoxsuprine, I-00218
▷Isoxsuprine hydrochloride, *in* I-00218
Isoxyl, *see* T-00198
Isradipine, I-00219
Isrodipine, *see* I-00219
▷Isteropac, *in* I-00095
▷Isteropac E.R., *see* I-00095
▷Istizin, *see* D-00308
▷Istonil, *in* D-00387
▷ITA-104, *see* P-00369
ITA 226, *see* P-00577
▷ITA 275, *see* P-00420
ITA-312, *see* C-00268
Itacortone, *in* P-00413
▷Italquina, *in* A-00332
▷Itamycin, *see* R-00030
Itanoxone, I-00220
Itazigrel, I-00221
Itazogrel, *see* I-00221
ITF 182, *in* H-00112
▷ITG, *see* T-00178
Itir, *see* D-00365
▷Itobarbital, *see* B-00386
Itraconazole, I-00222
Itramin, *see* A-00254
Itramin tosylate, *in* A-00254
Itridal, *in* C-00596
Itrocainide, I-00223
Itrop, *in* I-00155
▷Itrumil, *see* D-00287
Ivacin, *see* P-00283
Ivarimod, I-00224
▷Ivermectin, I-00225
Ivermectin B_{1a}, *in* I-00225
Ivermectin B_{1b}, *in* I-00225
▷Iversal, *see* A-00166
▷Ivertol, *see* A-00166
▷Ivomec, *see* I-00225
▷Ivomycin, *see* B-00258
Ivoqualine, *see* V-00053
▷Ixoten, *see* T-00469
▷Ixprim, *in* B-00168
IZ 914, *in* D-00588
Izoetam, *in* E-00148
J 96, *in* E-00231
Jabodine, *in* H-00058
Jadit, *see* B-00340
▷Jalovis, *see* H-00092
▷Jaluran, *see* H-00092
Jamaine, *in* D-00140
Jaritin, *see* R-00059
Jatropham, J-00001
Jatrophone, J-00002
▷Jatropur, *see* T-00420
JAV 852, *in* B-00051
JB 2, *see* G-00024
JB 11, *see* T-00514
▷JB 305, *see* P-00290
▷JB 8181, *in* D-00095
JB 840, *see* P-00497
▷91 JD, *see* E-00042
JD 96, *see* V-00046
JDL 38, *see* T-00459
JDL 464, *see* T-00386
JDL 862, *in* T-00386
▷Jectofer, *in* G-00054
Jefron, *see* P-00383

▷Jephamethoxine, *see* M-00194
JF 1, *see* N-00030
J55G1, *in* C-00081
▷Jilkon, *in* G-00002
JL 1074, *in* T-00212
▷JL 1078, *in* D-00276
JL 130, *in* E-00193
▷JL 512, *see* H-00192
▷J.L. 991, *see* E-00188
JL 11698, *see* A-00320
JL 14843, *see* P-00431
▷JM 8, *see* C-00061
▷JM 9, *see* I-00162
JO 1016, *in* D-00328
Jodetrylum, *in* D-00361
▷Jodpolyvinylpyrrolidon, *in* P-00393
Joint, *in* H-00210
▷Jomybel, *see* L-00033
Jonctum, *in* H-00210
▷Jonit, *see* D-00369
JOP, *see* R-00059
Jopargin, *see* R-00059
▷Josacine, *see* L-00033
▷Josalid, *see* L-00033
Josamy, *in* L-00033
▷Josamycin, *see* L-00033
Josamycin propionate, *in* L-00033
▷Josaxin, *see* L-00033
▷Joscina, *see* S-00031
Jovanyl, *in* C-00289
JP 61, *see* A-00063
JP 711, *see* P-00307
JP 992, *in* B-00050
▷JR 6218, *see* F-00223
▷Jubalon, *in* C-00053
▷Judojor, *see* F-00299
▷Juglone, *see* H-00179
▷Julodin, *see* E-00126
▷Jumex, *in* D-00449
▷Jusotal, *in* S-00106
▷Justecaina, *see* T-00492
Justelmin, *in* P-00285
Juvacneine, *see* T-00214
▷Juvenimicin A_3, *see* R-00092
▷K 31, *see* N-00100
▷K 1039, *see* A-00080
K 1902, *see* T-00400
K 2004, *see* T-00003
K-2154, *in* B-00157
K-247, *in* X-00025
▷K 2680, *see* E-00258
K-281, *see* I-00061
K 308, *see* M-00287
K 351, *see* N-00154
▷K 364, *see* S-00017
K 374, *see* C-00488
▷K-386, *see* G-00071
▷K 3920, *see* I-00060
K 430, *see* E-00247
K 4423, *in* I-00202
▷K 4710, *see* K-00014
K-509, *see* E-00048
K 5407, *see* N-00015
▷K 708, *see* A-00013
▷K 9147, *see* T-00346
▷K 9321, *in* M-00302
1K 640, *in* M-00003
▷K 10033, *see* B-00423
K 30052, *in* A-00272
▷K 74 8364*A*, *see* S-00017
KABI 1774, *in* H-00056
▷KABI 925, *see* E-00042
▷Kabikinase, *see* S-00160
▷Kafocin, *see* C-00174
▷Kainic acid, K-00001
▷α-Kaininic acid, *see* K-00001
Kairoline, *see* T-00127
Kairoline *A*, *see* E-00223
Kalafungin, K-00002
Kalamycin, *in* K-00002
▷Kalen, *in* M-00351
Kalfer, *see* F-00089
Kalgul, *see* D-00074
Kallidin, *in* B-00264
▷Kallidin I, *in* B-00264
Kallidin II, *in* B-00264
Kallidinogenase, *see* K-00003
Kallidins, *see* B-00264
Kallikrein, K-00003
Kalmobex, *see* D-00610
▷Kalymin, *in* P-00578
▷Kanamycin *A*, K-00004
▷Kanamycin *B*, K-00005
▷Kanchanomycin, *see* A-00100
▷Kanendomycin, *see* K-00005
▷Kanone, *see* M-00271
Kantec, *see* M-00016
▷KAO-264, *in* M-00028
▷Kaochlor, *see* P-00391
▷Kaoxidin, *see* S-00172
Kapathrom, *in* D-00333
▷Kapilin, *in* D-00333
Kapilon soluble, *in* M-00087
▷Kappadione, *in* D-00333
▷Kappaxan, *in* D-00333
▷Kappaxin, *see* M-00271
▷Karan, *in* D-00333
▷Karantonin, *in* G-00002
▷Karanum, *in* D-00333
▷Karbidine, *in* D-00175
Karbinone, *see* N-00022
▷Kardiamed, *in* D-00275
▷Kardin, *in* T-00538
▷Karion, *see* P-00288
Karminazon, *in* C-00081
Karsivan, *see* P-00495
Kasdenol, *in* O-00148
Kasucol, *in* H-00147
▷KAT 256, *in* C-00438
Katadolon, *see* F-00204
▷Katasamycin, *in* L-00032
Kavitan, *in* M-00271
Kavitrat, *in* A-00285
▷Kay Ciel, *see* P-00391
Kayhydrin, *in* P-00228
▷Kayquinone, *see* M-00271
▷Kaytwo, *see* M-00088
Kayvisyn, *in* A-00285
▷Kayvite, *in* D-00333
KB 95, *see* B-00100
KB 1043, *see* E-00221
KB 2413, *in* E-00166
▷KB 509, *see* F-00231
KB 944, *see* F-00259
KBT 1585, *in* L-00022
KC-046, *see* T-00074
KC 2450, *in* T-00122
KC 3791, *in* E-00093
KC 404, *see* I-00006
KC 5103, *see* T-00265
KC 7507, *in* T-00283
▷KC 9147, *see* T-00346
KCT, *in* M-00202
KD 136, *in* H-00015
KD 868, *in* M-00001
KD 983, *in* D-00513
K 21060 E, *in* D-00607
▷Kebal II, *see* A-00455
Kebiding, *see* P-00480
▷Kebuzone, K-00006
▷Kedacillin, *in* S-00181
▷Kefglicin, *see* C-00174

▷Kefglycin, *see* C-00174
▷Keflin, *in* C-00178
▷Kefolor, *see* C-00109
▷Kefral, *see* C-00109
▷Kefzol, *in* C-00120
▷Keiperazon, *in* C-00121
Keithon, *see* C-00452
Kelatorphan, K-00007
Kelevitol, *see* C-00030
Kelfer, *see* F-00089
▷Kelfizine, *see* S-00198
Kelletinin I, *in* E-00114
Kellidrina, *see* A-00197
Kello Fylline, *in* M-00202
Kelnac, *in* P-00373
Kelnal, *in* P-00373
Kelox, *see* T-00137
Kemadren, *in* P-00455
Kemadrin, *in* P-00455
▷Kemicetine, *see* C-00195
▷Kemithal, *in* T-00172
▷Kenacort, *see* T-00419
▷Kenalog, *in* T-00419
Kenazepine, K-00008
Kendall's compound *A*, *see* H-00204
▷Kendall's compound *B*, *see* C-00546
▷Kendall's compound *E*, *see* C-00549
▷Kendall's compound *F*, *see* C-00548
▷Kendall's desoxy compound *B*, *see* H-00203
Keoxifen, *see* R-00005
▷Kephrine, *see* A-00076
▷Keptan, *in* T-00558
Keracyanin, K-00009
Keratyl, *in* H-00185
▷Kerecid, *see* D-00081
▷Kerlactine, *see* H-00207
▷Kerlone, *in* B-00142
▷Kertasin, *in* A-00272
Kessar, *see* T-00023
▷Kestoben, *see* B-00194
Ketamine, *see* C-00266
▷Ketamine hydrochloride, *in* C-00266
Ketanserin, K-00010
Ketazocine, K-00011
Ketazolam, K-00012
▷Ketazone, *see* K-00006
▷Kethamed, *see* A-00306
▷Kethoxal, *in* E-00168
Ketimipramine, *see* K-00013
Ketipramine, K-00013
Ketipramine fumarate, USAN, *in* K-00013
▷Ketobemidone, K-00014
▷Ketocaine, *in* K-00015
▷Ketocainol, K-00015
▷Ketochol, *see* D-00049
▷Ketoconazole, K-00016
Ketocyclazocine, *see* K-00011
▷Ketogaze, *see* A-00076
▷Ketogestin, *see* P-00417
Ketohexazine, *see* D-00450
Ketoimipramine, *see* K-00013
▷Ketophenylbutazone, *see* K-00006
▷Ketoprofen, K-00017
▷11-Ketoprogesterone, *see* P-00417
Ketorfanol, K-00018
Ketorolac, K-00019
Ketorolac trometamol, *in* K-00019
Ketorolac tromethamine, *in* K-00019
▷Ketoscilium, *in* F-00081
Ketotifen, K-00020
▷Ketotifen fumarate, JAN, *in* K-00020
Ketotrexate, K-00021
Ketotrexate sodium, *in* K-00021
▷17-Ketovis, *in* H-00110
▷Ketoxal, *in* E-00168
▷Ketrax, *in* T-00151
Kevopril, *see* Q-00036
K-F 224, *see* N-00026
KG 2245, *see* H-00081
KG 2413, *in* E-00165
▷Khellin, K-00022
▷Khellinin, *in* K-00023
Khellol, K-00023
▷Khelloside, *in* K-00023
Khimkoktsid, *in* R-00069
▷Khinocyde, *see* Q-00029
▷Khloksil, *see* H-00041
▷Khloratsizin, *see* C-00192
Khlorozil, *in* C-00632
▷KI 2119, *in* D-00370
Kidon, *in* M-00115
▷Kidrolase, *see* A-00458
Killifolin, *see* Q-00007
▷Killvermyl, *see* B-00306
▷Kilmicen, *see* T-00346
▷Kinaden, *see* H-00092
▷Kinalysin, *see* S-00160
▷Kinesed, *in* S-00031
Kinesed, *in* T-00554
▷Kinesed, *in* T-00554
▷Kinetin, *see* H-00092
▷Kinetrast, *see* I-00091
Kinevac, *see* S-00077
▷Kinkaine, *in* I-00179
Kinupril, *see* Q-00036
▷Kirromycin, *see* M-00413
▷Kitamycin, *in* L-00032
▷Kitasamycin, *in* L-00032
Kitasamycin, BAN, INN, USAN, *in* L-00034
Kitnos, *see* E-00247
Kitnosil, *see* E-00247
▷KJ 101, *in* C-00600
▷KL-255, *in* B-00369
▷KL 373, *see* B-00175
▷Klamar, *see* G-00092
Klimadoral, *in* O-00030
▷Klindamycin, *see* C-00428
▷Klinicin, *see* C-00428
Klinium, *see* L-00045
Klintab, *see* L-00045
Klorex, *see* C-00495
▷Klorindion, *see* C-00264
▷Klot, *in* T-00359
▷Klotrix, *in* P-00391
▷Klyx, *in* B-00210
▷KM 65, *see* B-00094
KM 1146, *see* M-00359
KM 2210, *in* O-00028
KM 4927, *see* H-00081
▷KO 1366, *see* B-00364
Kö 1393, *in* P-00070
Kö 1400, *see* P-00036
Ko 592, *in* T-00352
▷Kodein, *see* C-00525
▷Kodocytochalasin 1, *see* C-00664
▷Kodocytochalasin 2, *in* C-00664
▷Kokozigal *S*, *in* A-00332
▷Kol, *see* P-00194
▷Kolkamin, *see* D-00062
Kollateral, *in* M-00461
▷Kollidon, *see* P-00393
▷Kolpicid, *see* O-00058
▷Kolpicortin-sine, *see* C-00261
▷Kolton, *in* D-00514
▷Koluopthisin, *see* V-00050
▷Kolyum, *in* P-00391
▷Komed, *in* S-00091
▷Komerian, *in* D-00370
Kompensan, *see* D-00307
Kopetin, *in* H-00114
Kor 12-CL, *see* I-00153
▷Korglykon, *in* T-00478

▷Korlan, *see* F-00039
Koryfort, *see* M-00090
▷Kosmium, *in* P-00430
▷Kosmovermil, *see* T-00106
▷KPB, *see* K-00006
▷Kr 339, *see* B-00255
Kritel, *in* B-00234
Kryobulin, *see* F-00003
▷Kryogenin, *see* P-00207
▷KS 33, *see* O-00164
KS 1596, *in* D-00588
Ksidifon, *see* H-00132
▷KSW 788, *in* C-00451
KU 54, *in* A-00314
▷Kumafos, *see* C-00555
Kurrine (obsol.), *see* M-00018
▷Kutkasin, *see* M-00430
Kvateleron, *in* B-00420
K-Vitrat, *in* A-00285
▷KW 1062, *in* G-00018
▷KW 1070, *see* F-00252
▷KW 110, *in* A-00012
KW 1100, *see* B-00004
▷KW 125, *see* A-00080
KW 3049, *in* B-00054
KW 4354, *see* O-00094
KWD 2058, *in* T-00084
KWD 2085, *in* T-00084
KWD 2183, *in* T-00084
▷Kwell, *in* H-00038
▷Kwietal, *see* B-00291
▷Ky 18, *in* D-00319
KY 087, *see* C-00122
KY 109, *in* C-00122
Kybernin, *see* A-00417
Kymarabine, *see* F-00020
▷Kynex, *see* S-00246
▷Kyocristine, *see* V-00037
▷Kyorin AP 2, *see* S-00073
Kyormon, *in* H-00202
Kytta-Gel, *in* H-00112
▷Kyurinett, *in* T-00497
L 104, *in* C-00479
L 105, *see* C-00162
L 105, *see* R-00049
L 1102, *see* H-00115
▷L 1591, *see* B-00188
▷L 1717, *in* P-00267
▷L-1718, *see* O-00066
L 1777, *see* M-00054
▷L 2103, *see* H-00061
▷L 2197, *see* B-00071
▷L 2214, *see* B-00072
L 2909, *see* P-00503
L 542, *see* B-00429
▷L 5418, *see* P-00222
▷L 5458, *see* D-00046
L-554, *see* T-00541
L566, *see* M-00244
L 5818, *see* C-00556
L 5818, *in* C-00556
L 6150, *in* O-00100
L 6257, *in* O-00107
▷L 6400, *see* F-00131
L 7035, *see* I-00071
▷L 749, *see* A-00033
L7810, *in* C-00324
L 8027, *see* N-00107
L 8109, *see* T-00239
L 9308, *in* Z-00010
L 9394, *in* B-00415
▷L 02040, *in* A-00232
▷L 11204, *see* E-00169
L 11809, *see* A-00287
L 12181, *see* P-00418
L 12507, *see* T-00056
▷L-154803, *see* M-00348
L-154826, *see* L-00057
L 16726, *in* S-00284
▷L 280401, *see* D-00231
L 29275, *see* C-00031
▷L 33355, *see* M-00138
▷L 33379, *see* F-00215
▷L 33876, *see* H-00075
▷L 35483, *see* C-00639
L 363586, *see* C-00592
▷L 37231, *see* V-00037
L 38000, *see* C-00469
L 588357, *in* A-00273
L 631529, *see* C-00503
L 634366, *see* D-00428
L 640876, *see* A-00407
L 647339, *in* N-00053
LA 012, *see* Q-00003
LA 1211, *see* I-00042
▷LA 1221, *in* B-00385
LA 2851, *see* D-00008
▷LA 7017, *see* M-00397
La 271a, *in* B-00234
LAAM, *in* M-00162
Labazyl (new form), *see* P-00503
▷Labazyl (old), *see* A-00033
▷Labetalol, L-00001
(*R*,*R*)-Labetalol hydrochloride, *in* L-00001
Labile factor, *see* F-00001
▷Labitan, *in* D-00370
Labophylline, *in* T-00169
▷Labosept, *in* D-00088
Labotropin, *see* D-00410
▷Labrodax, *see* T-00479
▷LAC 43, *see* B-00368
▷Lacalmin, *see* S-00125
▷Lachesine(1+), L-00002
▷Lachesine chloride, *in* L-00002
Lacidipine, *in* D-00430
Lactalfate, L-00003
β-Lactamase, *see* P-00067
▷Lactamine, *in* P-00423
▷Lactase, *see* T-00271
▷Lactenocin, *in* T-00578
▷Lactic acid, *see* H-00207
▷Lactoflavine, *see* R-00038
▷Lactoflavin phosphate, *in* R-00038
▷Lactogyn, *see* H-00207
▷Lactolavol, *see* H-00207
▷Lactonitrile, *in* H-00207
p-Lactophenetidide, *in* H-00207
Lactophenin, *in* H-00207
Lactose octakis(hydrogen sulfate) basic aluminum salt, *see* L-00003
▷Lactovagan, *see* H-00207
Lactoylcholine, L-00004
▷Lactozyma, *see* T-00271
Lactulose, L-00005
Lactylphenetidin, *in* H-00207
▷Ladakamycin, *see* A-00496
▷Ladiomil, *in* M-00021
▷Ladogal, *see* D-00010
Ladogal, *see* G-00056
Ladormin, *see* B-00329
▷Laetrile, L-00006
Laevilac, *see* L-00005
LAF, *see* I-00080
▷Lafax, *see* P-00323
▷Lagistase, *see* E-00026
β-Lagodeoxycholic acid, *in* D-00321
LAGRF, *see* S-00049
Laki-Lorand factor, *see* F-C0007
▷Lambdamycin, *see* C-00189
▷Lambratene, *see* A-00252
Lamotrigine, *see* D-00125
Lamoxactan disodium, *in* L-00012

▷Lampit, *see* N-00134
▷Lamprene, *see* C-00450
Lamtidine, L-00007
Lan 63, *in* R-00101
▷Lanatilin, *in* D-00275
Lanceolarin, *in* D-00330
▷Landolissin, *in* L-00013
▷Landromil, *see* C-00216
▷Landruma, *see* N-00113
▷Landsen, *see* C-00475
▷Lanesta, *in* C-00252
▷Lanirapid, *in* D-00275
▷Lanitop, *in* D-00275
▷Lankacidin *A*, *in* B-00362
▷Lankacidin *C*, *see* B-00362
▷Lankavacidin, *see* B-00362
▷Lanoxin, *see* D-00275
Lansfordite, *in* M-00006
Lansoprazole, L-00008
▷Lantanon, *in* M-00360
▷Lanturil, *see* O-00157
▷Lanvis, *see* T-00202
▷Lapachol, *see* H-00157
▷Lapenax, *see* C-00521
Lapinone, L-00009
Laprafylline, L-00010
Lapudrine, *in* C-00297
▷Laracaine, *see* D-00394
▷Laramycin, *see* Z-00038
Larcaphylline, *see* D-00374
▷Larex, *see* P-00385
▷Largactil, *in* C-00298
Largon, *in* P-00504
Lariacur, *see* M-00068
Lariam, *see* M-00068
Larocord, *see* T-00241
▷Larodopa, *in* A-00248
Larvadex, *see* C-00653
▷Larylgan, *in* D-00284
▷Larylgan, *in* I-00208
▷Larylgan, *in* M-00108
▷Lasalocid, *see* L-00011
▷Lasalocid *A*, L-00011
Lasepton, *see* T-00087
▷Lasix, *see* F-00267
Lasotin, *in* B-00234
▷LAT, *in* S-00150
▷LAT 1717, *in* P-00267
Latamoxef, L-00012
Latiazem, *see* D-00373
Latumcidin, *see* A-00002
Laudexium(2+), L-00013
▷Laudexium methylsulfate, *in* L-00013
▷Laudissin, *in* L-00013
▷Laughing gas, *see* N-00189
Laurabolin, *in* H-00185
Lauralkonium(1+), L-00014
Lauralkonium chloride, *in* L-00014
Laureth 9, *see* P-00380
Laurixamine, *in* A-00319
▷Laurocapram, L-00015
▷Laurodin, *in* L-00017
Lauroguadine, L-00016
Laurolinium(1+), L-00017
▷Laurolinium acetate, *in* L-00017
Lauron, *see* A-00478
Lauroyltetrapeptide, *see* P-00255
▷Laurylisoquinolinium bromide, *in* I-00210
▷Lautadin, *see* D-00046
Lavendamycin, L-00018
Lavoltidine, *see* L-00109
▷Lawsone, *see* H-00178
▷Laxesin, *see* L-00002
Laxitex, *see* S-00226
▷Laxmus, *in* H-00046
▷Laxoberal, *in* B-00221
Laxonalin, *in* B-00234
LB 125, *see* C-00647
LB 191, *see* F-00135
▷LBC 131, *in* C-00055
▷LC 44, *see* F-00198
▷LCB 29, *see* H-00130
LCG 21519, *in* P-00515
LC-R 505, *in* S-00274
▷LD 2480, *in* P-00308
▷LD 2630, *in* D-00263
LD2988, *see* F-00237
LD 2988, *in* F-00237
▷LD 3055, *in* O-00163
LD 3098, *see* C-00395
LD 335, *in* P-00520
▷LD 3394, *see* E-00174
LD3598, *see* S-00120
LD 3612, *see* P-00022
LD 3695, *see* C-00589
▷LD 4610, *see* O-00097
LD 4644, *see* P-00276
LD 935, *in* D-00517
▷LE 29060, *in* V-00032
Lealgin, *see* P-00165
Leanol, *see* H-00068
▷Lebaycid, *see* F-00078
Lebersdan, *see* P-00541
Lecibis, *in* B-00132
▷Lectopam, *see* B-00285
▷Ledakrin, *see* N-00163
▷Ledclair, *in* E-00186
▷Ledercillin, *in* P-00171
▷Ledercort, *in* T-00419
▷Lederfen, *see* B-00181
▷Lederkyn, *see* S-00246
▷Ledermycin, *see* D-00064
▷Lederspan, *see* T-00419
▷Ledosten, *see* D-00226
Lefadol, *see* B-00315
Lefetamine, *in* D-00492
Leflunomide, L-00019
Lefron, *in* A-00314
▷Legential, *in* D-00316
Leioplegil, *in* L-00020
Leiopyrrole, L-00020
▷Lekamin, *in* T-00534
▷Lemal, *in* C-00067
▷Lembil, *see* A-00466
Lembrol, *see* L-00097
Lemidosul, L-00021
▷Lemoran, *in* H-00166
Lenampicillin, L-00022
Lenasma, *in* O-00053
Lendorm, *see* B-00329
Lendormin, *see* B-00329
▷Lenetran, *see* M-00095
Lenigesial, *in* P-00512
▷Lenigesial, *see* V-00030
Leniquinsin, L-00023
Lenopect, *see* P-00275
Lenperol, *see* L-00024
Lenperone, L-00024
Lentabol, *in* C-00242
Lentinacin, *see* E-00110
▷Lentoquine, *in* Q-00027
Lentysine, *see* E-00110
▷Leo 1031, *see* P-00411
Leo 275, *see* E-00127
▷Leo 299, *in* E-00127
▷Leo 640, *in* L-00074
▷Leo 40067, *in* T-00219
Leocillin, *in* P-00061
▷Leofungine, *see* V-00012
Leomigran, *in* F-00154
▷Leomin, *in* H-00088
Leonurine, L-00025

▷Lepargylic acid, *see* N-00203
Lepicortin-Beta, *in* D-00336
Lepicortinolo-Gotas, *in* P-00412
▷Leponex, *see* C-00521
▷Lepotex, *see* C-00521
▷Lepsol, *see* M-00294
▷Leptacline, *see* C-00617
▷Leptazole, *see* T-00133
Lepticur, *in* T-00550
▷Lep-ton, *see* D-00226
▷Leptryl, *see* P-00122
▷Lerbek 25, *see* D-00187
▷Lergine, *in* P-00455
▷Lergitin, *see* A-00402
▷Lergoban, *in* D-00514
Lergobit, *in* P-00478
▷Lergocid, *in* A-00512
Lergotrile, L-00026
▷Lergotrile mesylate, *in* L-00026
▷Lerinol, *see* A-00390
▷Leritine, *see* A-00390
▷Lerivon, *in* M-00360
▷Leron, *in* G-00099
Lesidrin, *in* D-00346
▷Lesotal, *in* D-00449
▷Lesotal, *in* S-00106
Lesterol, *see* P-00445
▷Letamate, *in* V-00003
Lethidrone, *in* N-00032
Letimide, L-00027
Letimide hydrochloride, *in* L-00027
▷Letorin, *in* M-00118
Letosteine, L-00028
▷Letusin, *in* P-00512
▷Leucal, *see* P-00554
▷Leucethane, *see* E-00177
▷Leucid, *see* V-00037
Leucine, L-00029
4-L-Leucinecyclosporin *A*, *in* C-00638
11-L-Leucinecyclosporin *A*, *in* C-00638
▷6-D-Leucine-9-(*N*-ethyl-L-prolinamide)-10-deglycinamide-luteinizing hormone-releasing factor (pig), *see* L-00035
3-L-Leucine-7-L-norvalinecyclosporin *A*, *in* C-00638
4-L-Leucine-7-L-norvalinecyclosporin *A*, *in* C-00638
4-L-Leucine-7-L-valinecyclosporin *A*, *in* C-00638
▷Leucinocaine, L-00030
Leucocianidol, *see* H-00054
Leucocyanidol, *see* H-00054
Leucocyte Endogenous Mediator, *see* I-00080
Leucocyte interferon, *in* I-00079
▷Leucodinine, *see* B-00124
Leucodinine, *see* M-00477
▷Leucogen, *see* A-00458
Leucogenenol, L-00031
▷Leucomycin, *in* L-00032
▷Leucomycin A_1, L-00032
▷Leucomycin A_3, L-00033
Leucomycin A_5, L-00034
▷Leucomycin A_4, *in* L-00034
▷Leucomycin *V* 3-acetate 4^B-butanoate, *in* L-00034
▷Leucomycin *V*, 3-acetate 4^B-(3-methylbutanoate), *see* L-00033
Leucomycin *V*, 4^B-butanoate, *see* L-00034
▷Leucomycin *V* 3,4^B-dipropanoate, *see* P-00371
▷Leucomycin *V*, 4^B-(3-methylbutanoate), *see* L-00032
Leucomycin V, 4^B-butanoate 3^B-propanoate, *in* L-00034
▷Leucovorin, *see* P-00554
Leucovorin calcium, USAN, *in* P-00554
▷Leukaemomycin *C*, *see* D-00019
▷Leukaemomycinone, *in* D-00019
▷Leukeran, *see* C-00194
▷Leukerin, *see* D-00299
Leukomycin *N*, *see* A-00519
Leukotriene *C*, *see* S-00136
▷Leunase, *see* A-00458
▷Leuprolide, *see* L-00035
Leuprolide acetate, *in* L-00035
Leuprolidine, *in* L-00035
Leupron, *in* L-00035
▷Leuprorelin, L-00035
Leurocolumbine, *in* V-00032
▷Leurocristine, *see* V-00037
▷Leuroformine, *see* V-00039
▷Leurosidine, L-00036
Leurosidine $N^{b'}$-oxide, *in* L-00036
▷Leurosine, L-00037
▷*F*-Leurosine, *see* V-00039
Levaacetylmethadol, *in* M-00162
▷Levadone, *in* M-00163
▷Levallorphan, L-00038
▷Levallorphan tartrate, *in* L-00038
▷Levamethadone, *in* M-00163
Levamfetamine, *in* P-00202
Levamfetamine succinate, *in* P-00202
Levamisole, *in* T-00151
▷Levamisole hydrochloride, *in* T-00151
Levamphetamine, *in* P-00202
Levanil, *see* E-00011
Levantin, *see* N-00135
▷Levarterenol, *in* N-00208
Levdropropizine, *in* D-00610
▷Levedrine, *in* P-00202
▷Levetimide, *in* B-00080
▷Levisoprenaline, *in* I-00198
Levlofexidine, *in* L-00075
▷levo-BC 2627, *in* B-00417
Levobunolol, *in* B-00365
Levobunolol hydrochloride, *in* B-00365
Levocabastine, *in* C-00001
Levocabastine hydrochloride, *in* C-00001
▷Levocarnitine, *in* C-00084
▷Levodopa, *in* A-00248
▷Levo-Dromoran, *in* H-00166
Levofacetoperane, *in* P-00197
▷Levofenfluramine, *in* F-00050
Levofuraltadone, *in* F-00281
▷Levoglutamide, *in* G-00060
Levomenol, *in* B-00184
Levomepate, *see* A-00474
Levomepromazine, *in* M-00193
▷Levomethadone, *in* M-00163
Levomethadyl, *in* M-00162
Levomethadyl acetate, *in* M-00162
Levomethorphan, *in* H-00166
Levometiomeprazine, *in* M-00182
Levomoprolol, *in* M-00435
Levomoramide, *in* M-00437
▷Levomycetin, *see* C-00195
Levonantradol hydrochloride, *in* N-00038
Levonantrodol, *in* N-00038
Levonordefrin, *in* A-00249
Levonorgestrel, *in* N-00218
▷Levopa, *in* A-00248
▷Levophed, *in* N-00208
Levophenacylmorphan, L-00039
Levoprome, *in* M-00193
Levopropoxiphene dibudinate, *in* P-00512
Levopropoxyphene, *in* P-00512
▷Levopropoxyphene napsylate, *in* P-00512
Levopropylcillin, *see* P-00501
▷Levopropylcillin potassium, *in* P-00501
Levopropylhexedrine, *in* M-00242
Levoprotiline, *in* O-00092
▷Levoristatin, *see* A-00415
▷Levorphan, *in* H-00166
▷Levorphanol, *in* H-00166
Levorphanol tartrate, *in* H-00166
▷Levospan, *in* M-00254
Levospasme, *in* D-00517
Levospasmol, *in* D-00517
▷Levotetramisole hydrochloride, *in* T-00151
▷Levothym, *in* H-00219

▷Levothyroxine sodium, *in* T-00233
Levotuss, *in* D-00610
Levoxadrol, *in* D-00472
▷Levoxadrol hydrochloride, *in* D-00472
Levoxan, *in* D-00472
Levoxaprotiline, *in* O-00092
▷Levrison, *see* T-00521
▷Levulinic acid, *see* O-00134
Lexofenac, L-00040
LF 433, *see* F-00055
LG 254, *see* P-00275
LG 278, *see* X-00008
▷LG 11457, *in* E-00134
LG 13979, *in* A-00235
LG 30158, *see* R-00071
LG 30435, *in* M-00110
▷LH, *see* L-00118
LH 150, *in* P-00180
LH 380, *see* O-00104
▷LH-RF, *see* L-00116
▷LH-RH, *see* L-00116
LI-32468, *in* S-00119
Libavit K, *in* M-00271
Libecillide, L-00041
Libenzapril, L-00042
Liberan, *see* B-00066
▷Libexin, *in* P-00422
▷Libratar, *in* C-00196
▷Librax, *in* C-00200
▷Librax, *in* C-00425
▷Libritabs, *see* C-00200
▷Librium, *in* C-00200
Licabile, *see* F-00025
Licaran, *see* F-00025
Licarbin, *in* T-00508
Licolen, *in* C-00198
▷Licosin, *in* C-00025
▷Lidamal, *in* L-00043
Lidamidine, L-00043
▷Lidamidine hydrochloride, *in* L-00043
Lidanar, *in* M-00134
Lidanil, *in* M-00134
Lidanor, *in* M-00134
Lidaprem, *in* S-00199
Lidaprimol, *in* S-00199
▷Lidaral, *in* L-00043
Liden, *in* I-00193
Lidepran, *in* P-00197
▷Lidex, *see* F-00173
Lidimycin, *see* D-00048
▷Lidocaine, *see* L-00047
▷Lidocaine benzylbenzoate, *in* D-00070
▷Lidocaine hydrochloride, *in* L-00047
▷Lidofenin, L-00044
Lidoflazine, L-00045
▷Lidomex, *in* P-00412
▷Lidone, *in* M-00423
▷Lifene, *see* M-00294
Lifibrate, L-00046
Ligerium, *see* M-00048
▷Lignocaine, L-00047
Lignosulfonic acid, L-00048
▷Lilacillin, *in* S-00181
Lilly 103472, *see* F-00194
▷Lilly 106223, *in* C-00112
Lilly 106990, *in* C-00025
Lilly 109168, *see* N-00114
Lilly 110264, *see* C-00114
Lilly 112531, *in* V-00032
Lilly 113878, *in* C-00387
Lilly 113935, *see* P-00103
Lilly 122587, *see* D-00603
▷Lilly 133314, *in* T-00520
▷Lilly 22641, *see* D-00093
Lilly 26383, *in* T-00216
▷Lilly 28002, *see* E-00082
▷Lilly 29866, *in* P-00512
Lilly 30109, *see* N-00207
Lilly 31518, *in* P-00599
▷Lilly 31814, *in* H-00036
▷Lilly 32645, *see* L-00037
▷Lilly 33006, *see* A-00023
Lilly 33332, *see* I-00200
▷Lilly 36781, *see* L-00036
▷Lilly 38253, *in* C-00178
Lilly 38851, *see* B-00250
▷Lilly 39435, *see* C-00174
▷Lilly 41071, *see* C-00175
Lilly 44106, *see* T-00385
▷Lilly 46236, *in* D-00561
▷Lilly 47657, *see* A-00428
▷Lilly 49040, *in* V-00032
Lilly 49825, *see* N-00234
▷Lilly 52230, *see* C-00223
▷Lilly 53183, *see* A-00436
Lilly 53616, *see* F-00264
Lilly 53858, *see* P-00172
Lilly 56063, *see* H-00198
▷Lilly 57926, *see* S-00078
▷Lilly 59156, *see* E-00066
Lilly 60284, *see* C-00329
▷Lilly 64716, *see* C-00377
▷Lilly 67314, *in* M-00428
▷Lilly 68618, *see* M-00475
Lilly 69323, *in* P-00172
▷Lilly 79891, *see* N-00050
Lilly 83405, *see* C-00112
▷Lilly 83636, *in* L-00026
▷Lilly 83846, *in* A-00429
Lilly 89218, *see* N-00160
▷Lilly 90459, *see* B-00059
Lilly 90606, *see* I-00176
Lilly 93819, *see* E-00230
Lilly 99170, *see* A-00429
▷Lilly 99638, *see* C-00109
Lilopristone, L-00049
Limacine, *in* F-00017
Limacine 2β-N-oxide, *in* F-00017
Limacine 2′α-N-oxide, *in* F-00017
Limacine 2′β-N-oxide, *in* F-00017
Limaprost, L-00050
▷Limbitrol, *in* N-00224
▷Limbritrol, *in* C-00200
▷Limclair, *in* E-00186
▷Limpidon, *see* C-00019
▷LIN 1418, *see* S-00264
Linadryl, *see* D-00496
▷Linarigenin, *see* D-00329
Linarin, *in* D-00329
Linarine, *see* P-00050
▷Linaxar, *see* S-00169
▷Lincocin, *see* L-00051
▷Lincolnensin, *see* L-00051
▷Lincomycin, L-00051
Lincomycin sulfoxide, *in* L-00051
Lincomycose, *in* L-00051
▷Lindane, *in* H-00038
▷Linfolysin, *see* C-00194
Link's Compound No. 63, *see* C-00599
Linobol, *in* H-00111
Linocalcium, *in* O-00007
Linoderm, *in* D-00111
▷Linoleic acid, *in* O-00007
Linolelaidic acid, *in* O-00007
γ-Linolenic acid, *in* O-00009
Linolexamide, *in* O-00007
Linoman, *see* N-00129
Linomide, *see* R-00091
▷Linostil, *in* D-00387
Linsidomine, L-00052
▷Linugon, *in* G-00099
▷Liofene, *see* B-00179

Liomycin, *in* D-00080
▷Lioresal, *see* B-00003
▷Liosol, *see* B-00179
▷Liothyronine, *in* T-00487
Liothyronine sodium, *in* T-00487
Liotrix, *in* T-00487
▷Liotrix, USAN, *in* T-00233
Lipancreatin, *see* P-0001
▷Lipanor, *see* C-00389
Lipflavonoid, *see* V-0006
▷Lipidex, *see* O-00086
Lipidium, *see* N-00094
Lipivas, *see* H-00008
Lipkote, *see* T-00507
Lipociden, *see* C-00462
▷Lipoclar, *in* F-00062
▷Lipoclin, *see* C-00429
▷Lipoflavonoid, *in* I-00074
Lipo Gantrisin, *see* S-00216
▷Lipoglutaren, *see* H-00170
β-Lipoic acid, *in* L-00053
▷α-Lipoic acid, L-00053
Lipoic thiosulfinate, *in* L-00053
▷Lipomen, *see* H-00170
Lipomethason, *in* D-00111
▷Lipophoral, *see* B-00050
Liporgol, *in* A-00275
▷Liposana, *see* B-00179
▷Liposolvin, *see* S-00074
Lipostem, *in* H-00070
β-Lipotropic hormone, *see* L-00054
Lipotropin, L-00054
61-91-β-Lipotropin (human), *in* E-00049
▷Lipozid, *see* D-00443
Liprodene, *in* M-00288
Liprotene, *see* C-00467
Lipstatin, L-00055
Liptriu, *in* E-00193
▷Lipur, *see* D-00443
Liquaemin sodium, *in* H-00026
Liquamar, *see* P-00174
LIR 1660, *see* V-00018
Lircal, *in* O-00140
D-(−)-Liriodendritol, *in* I-00074
Liroldine, L-00056
▷Liron, *in* G-00099
Lirotil, *in* A-00249
Lisacol, *in* D-00049
▷Lisenil, *in* L-00124
▷Liserdol, *see* M-00159
▷Lisergan, *see* D-00412
▷Lisergide, *see* L-00122
Lisidonil, *in* M-00073
Lisinopril, L-00057
Lisium, *in* C-00206
▷Lismol, *see* C-00307
▷Lismont, *in* A-00279
Lisocillide, *see* L-00041
Lisoflam, *see* B-00344
▷Lisomucol, *see* I-00107
▷Lisseril, *in* C-00597
▷Listica, *in* P-00179
Listomin, *see* E-00192
▷Listrocol, *see* C-00643
Lisuride, *see* L-00124
▷Litalir, *see* H-00220
Litarex, *see* L-00059
Litec, *see* P-00368
▷Lithane, *see* L-00058
▷Lithium carbonate, L-00058
Lithium citrate, L-00059
▷Lithium hydroxide, L-00060
▷Lithobid, *see* L-00058
▷Lithonate, *see* L-00058
Lithonate-S, *see* L-00059
▷Lithostat, *see* H-00106
▷Lithotabs, *see* L-00058
Litican, *see* A-00122
Litican (old form), *see* D-00213
▷Litmomycin, *see* G-00085
Litoralon, *see* S-00219
Litracen, L-00061
▷Livaline 500, *see* L-00062
▷Livathiol, *in* C-00654
Livial, *see* T-00251
▷Liviatin, *in* D-00080
▷Lividomycin, *see* L-00062
▷Lividomycin *A*, L-00062
Livipas, *see* H-00008
Lixazinone, L-00063
▷Lizenil, *in* L-00124
LJ 278, *see* D-00374
▷LL 1, *in* T-00413
▷LL 31, *see* T-00492
LL 1418, *see* O-00039
LL 1452, *see* D-00399
▷LL 1530, *in* N-00007
▷LL 1558, *see* B-00217
▷LL 1656, *in* P-00598
L4269-Labaz, *see* P-00583
LL AE 705W, *see* N-00081
LL-AM 684β, *see* T-00579
LL-C23024B, *in* A-00411
▷LL D05139α, *in* A-00509
LL-F28249α, *see* A-00408
LL-S-88 A″, *in* A-00436
LM 16, *in* C-00372
▷LM 123, *see* F-00189
LM 204, *in* D-00605
LM 208, *see* Q-00036
▷LM 280, *in* I-00093
LM 427, *see* R-00044
LM 5008, *see* P-00287
LM 550, *see* T-00297
LM 975, *see* O-00136
LM 21009, *see* C-00096
▷LM 22102, *in* D-00515
▷LM 22102, *see* T-00527
LM 24056, *see* Q-00039
LN 107, *see* B-00326
▷LN 1643, *in* B-00326
▷LN 2299, *in* B-00326
LN 2974, *in* T-00041
▷LO 44, *see* B-00148
LO 8146, *in* D-00463
Lobelidine, *in* L-00064
▷Lobeline, L-00064
▷α-Lobeline, *in* L-00064
▷Lobendazole, L-00065
Lobenzarit, L-00066
Lobenzarit sodium, *in* L-00066
▷Lobran, *in* L-00064
Lobuprofen, L-00067
Lobuterol, *see* B-00426
▷Locabiosol, *see* F-00301
▷Locabiotal, *see* F-00301
Localyn, *in* C-00232
Locastine, *in* A-00363
▷Locasyn, *see* F-00167
Locicortone, L-00068
▷Locoid, *in* C-00548
▷Locoidon, *in* C-00548
Locorten, *in* F-00156
Lodazecar, L-00069
Lodelaben, *see* C-00246
Lodine, *see* E-00245
Lodinixil, L-00070
▷Loditac, *see* O-00109
Lodopin, *see* Z-00039
▷Lodosyn, *see* C-00050
Lodoxamide, L-00071
Lodoxamide ethyl, *in* L-00071

Lodoxamide trometamine, *in* L-00071
▷Lodysin, *see* C-00050
▷Loestrin, *see* E-00231
▷Loestrin, *in* N-00212
Lofemizole, *see* C-00269
Lofemizole hydrochloride, *in* C-00269
Lofendazam, L-00072
Lofentanil, L-00073
Lofentanil oxalate, *in* L-00073
Lofepramine, L-00074
Lofetensin, *in* L-00075
Lofexidine, L-00075
Loflucarban, L-00076
Loftran, *see* K-00012
▷Loftyl, *in* P-00598
Logiston, *see* G-00033
▷Logynon, *in* E-00231
Logynon, *in* N-00218
Lokarin, *see* D-00380
▷Lokilan, *see* F-00167
Lomades, *in* B-00117
Lombazole, L-00077
▷Lomeblastin, *see* L-00083
Lomefloxacin, L-00078
Lometraline, L-00079
▷Lometraline hydrochloride, *in* L-00079
Lomevactone, L-00080
▷Lomidine, *in* P-00086
Lomifylline, L-00081
▷Lomistat, *in* C-00438
▷Lomofungin, L-00082
▷Lomondomycin, *see* L-00082
▷Lomotil, *in* T-00554
▷Lomusol, *in* C-00565
▷Lomustine, L-00083
LON 798, *in* G-00103
Lonapalene, *in* C-00257
Lonaprofen, L-00084
Lonarid, *in* O-00021
▷Lonavar, *see* O-00086
Lonax, *in* L-00085
Lonazolac, L-00085
Lonazolac calcium, *in* L-00085
▷Londomin, *see* S-00287
Longacid, *see* E-00152
Longatren, *see* A-00520
Longeril, *in* S-00151
Longestrol, *see* B-00326
Longimammine, *in* S-00286
▷Longine, *in* E-00218
▷Longoperidol, *see* P-00062
▷Longoran, *see* P-00062
▷Longum, *see* S-00198
▷Lonidamine, L-00086
▷Loniten, *see* M-00388
▷Lonolox, *see* M-00388
▷Lonoten, *see* M-00388
▷Lonovar, *see* O-00086
Lonseren, *in* P-00302
Lontanyl, *in* H-00111
▷Looser, *in* B-00369
Lopacetine, *in* A-00319
Lopantrol, *in* L-00094
Lopatol, *see* N-00186
▷Loperamide hydrochloride, *in* L-00087
Loperamide, L-00087
Loperamide oxide, *in* L-00087
▷Lopid, *see* D-00443
▷Lopirazepam, L-00088
▷Lopirin, *see* H-00145
Lopramine, *see* L-00074
▷Lopramine hydrochloride, *in* L-00074
Loprazolam, L-00089
Loprazolam mesylate, *in* L-00089
▷Lopremone, *see* T-00229
Lopresor, *in* M-00334
▷Lopress, *in* H-00096
▷Loprodil, *see* B-00200
▷Loprox, *in* C-00612
Loracarbef, L-00090
Lorajmine, *in* A-00088
Lorajmine hydrochloride, *in* A-00088
Loramet, *see* L-00097
Loranil, *see* B-00021
Lora (obsol.), *see* C-00205
Lorapride, L-00091
Loratadine, L-00092
Lorazepam, *in* D-00056
Lorazepam pivalate, *in* D-00056
▷Lorbamate, L-00093
Lorcainide, L-00094
Lorcainide hydrochloride, *in* L-00094
Lorcinadol, L-00095
Lorelco, *see* P-00445
▷Loretin, *see* H-00143
▷Lorexane, *in* H-00038
▷Lorfan, *in* L-00038
▷Lorglifone, *see* L-00100
Lorglumide, L-00096
▷Lorinal, *see* T-00433
Lorinden, *in* F-00156
Lormetazepam, L-00097
▷Lormin, *in* C-00208
Lornoxicam, L-00098
▷Lorothidol, *see* B-00204
Lorpiprazole, L-00099
▷Lorzafone, L-00100
Losan, *in* X-00024
Losec, *see* O-00044
Losindole, L-00101
Losulazine, L-00102
Losulazine hydrochloride, *in* L-00102
Lotagen, *in* D-00216
▷Lotawin, *see* O-00157
▷Lotense, *see* P-00386
Loticort, *see* F-00186
Lotifazole, L-00103
Lotrial, *in* E-00043
▷Lotrifen, L-00104
Lotucaine, L-00105
▷Lotusate, *see* T-00007
▷Lotussin, *in* H-00166
▷Lovastatin, *see* M-00348
Loxacor, *in* L-00075
Loxanast, *see* M-00268
▷Loxapac, *in* L-00106
▷Loxapine, L-00106
▷Loxapine succinate, *in* L-00106
Loxiglumide, L-00107
▷Loxitane, *in* L-00106
Loxitane C, *in* L-00106
▷Loxon, *see* H-00021
Loxoprofen, L-00108
Loxouin, *in* L-00108
Loxtidine, L-00109
Lozilurea, *see* C-00268
LPH, *see* L-00054
LQ 31-341, *see* I-00066
LR 511, *see* Z-00032
LR 19731, *see* C-00449
LR 99853, *see* P-00234
▷LRCL 3794, *see* B-00059
LRCL 3950, *see* I-00176
▷LRF, *see* L-00116
▷110 L-R.P., *in* S-00150
LS 1727, *in* H-00185
LS 2616, *see* R-00091
LS 2667, *see* T-00033
▷LSD, *see* L-00122
▷LT 86, *see* F-00215
LT 31-200, *see* B-00253
LTP, *see* P-00255

▷LU 1631, *in* A-00279
LU 253, *see* M-00458
▷Lu 3-010, *in* T-00014
▷Lu 3-083, *in* D-00413
Lu 5-003, *see* T-00017
▷Lu 5-110, *see* F-00198
Lu 7-105, *in* F-00198
Lu 10-022, *see* T-00054
Lu 10-171, *see* C-00400
Lu 18-012, *see* T-00053
LU 19005, *in* I-00053
LU 23051, *see* A-00344
LU 27937, *see* I-00215
▷Lubalix, *see* C-00517
▷Lubatren, *in* M-00432
Lucaine, *see* P-00326
▷Lucanthone, L-00110
▷Lucanthone hydrochloride, *in* L-00110
Lucartamide, L-00111
▷Lucensomycin, L-00112
▷Lucidril, *in* M-00046
▷Lucimycin, *see* L-00112
Lucina, *see* C-00528
▷Lucostine, *see* L-00083
▷Ludiomil, *in* M-00021
▷Ludionil, *in* M-00021
▷Ludobal, *in* Q-00037
Ludoctal, *see* O-00013
Luisosterol, *see* P-00445
Lukes-Šorm dilactam, *see* D-00302
▷Luliberin, *see* L-00116
▷Luminal, *see* E-00218
▷Lumopaque, *in* T-00581
Lumota, *in* A-00421
Lumoxyd, *see* I-00109
▷Lunamin, *see* H-00061
▷Lunis, *see* F-00167
Luostyl, *in* D-00261
▷Lupetidine, *see* D-00448
▷Lupinidine, *in* S-00110
Lupitidine, L-00113
Lupitidine hydrochloride, *in* L-00113
Luprostiol, L-00114
Lursele, *see* P-00445
Lurselle, *see* P-00445
▷Lutagan, *see* D-00393
▷Lutalyse, *in* T-00483
Lutamin, *in* L-00116
Lutate-Inj, *in* H-00202
▷Lutawin, *see* T-00007
Lutazol, *see* S-00009
Lutein, L-00115
▷Luteinising hormone, *see* L-00118
▷Luteinizing hormone-releasing factor, L-00116
▷Luteinizing hormone-releasing factor (pig), 6-[*O*-(1,1-dimethylethyl)-D-serine]-9-(*N*-ethyl-L-prolinamide)-10-deglycinamide, *see* B-00377
Lutenin, *see* N-00221
Lutenyl, *in* N-00200
▷Luteoantine, *see* F-00238
▷Luteonorm, *in* E-00227
Lutionex, *see* D-00063
Lutogil A.P., *in* H-00202
Lutogyl A.P., *in* H-00202
▷Luto-Metrodiol, *in* E-00227
Lutrelef, *in* L-00116
▷Lutrelin, L-00117
Lutrelin acetate, *in* L-00117
▷Lutropin, L-00118
▷Luvatren, *in* M-00432
Luvenil, *in* E-00003
Luvion, *see* C-00027
Luvistin, *in* H-00078
Luxabendazole, L-00119
▷Luxoral, *see* G-00064
▷LX 100-129, *see* C-00521
LY 031537, *in* B-00414
LY 104208, *in* V-00048
▷LY 108380, *in* D-00406
Ly 109168, *see* N-00114
LY 117018, *see* H-00140
LY 119863, *in* V-00037
LY 120363, *see* F-00161
LY 121019, *see* C-00345
LY 122512, *see* B-00228
LY 122771, *in* V-00056
LY 122772, *in* V-00056
▷LY 123508, *see* L-00100
LY 127123, *see* E-00070
LY 127623, *in* M-00325
▷LY 127809, *in* P-00119
LY 131126, *in* B-00414
LY 135837, *in* I-00054
LY 139037, *see* N-00192
LY 139603, *in* T-00377
LY 141894, *see* A-00184
LY 146032, *see* D-00014
LY 150378, *in* C-00457
LY 150720, *in* P-00232
LY 156758, *in* R-00005
LY 163502, *in* Q-00019
LY 163892, *see* L-00090
LY 171555, *in* Q-00032
LY 171883, *see* T-00375
LY 175326, *in* I-00190
LY 177370, *see* T-00275
LY 186655, *in* T-00249
LY 281067, *see* S-00047
LY 61017, *see* B-00176
LY 85287, *see* B-00308
▷LY97435, *see* P-00232
LY 97964, *see* C-00126
LY 99094, *in* V-00032
LY 12271-72, *see* V-00056
LY195115 20, *see* I-00064
Lyapolate sodium, *in* V-00047
Lyapolic acid, *in* V-00047
▷Lycanol, *in* G-00075
▷Lycine, *see* B-00140
Lycine hydrochloride, *in* B-00140
Lycobetaine, *see* U-00009
Lycomarasmic acid, *in* A-00462
▷Lycopersin, *see* B-00165
Lycoramine, *in* G-00002
▷Lycoremine, *in* G-00002
▷Lycorimine, *in* G-00002
▷Lycurin, *see* R-00068
Lydimycin, *see* D-00048
Lyman, *see* A-00144
▷Lymecycline, L-00120
Lymethol, *in* T-00508
Lymphazurin, *see* I-00212
Lymphocyte Activating Factor, *see* I-00080
▷Lympholysin, *see* C-00194
▷Lynestrenol, *see* L-00121
▷Lynoestrenol, L-00121
▷Lyopect, *see* N-00095
Lyostene, *see* A-00122
▷Lypressin, *in* V-00013
Lyrgosin, *in* D-00586
Lysateril, *in* P-00573
Lyseen, *in* D-00511
▷Lysenyl, *in* L-00124
▷Lysergan, *see* D-00412
▷D-Lysergic acid-(+)-butanolamide-(2), *see* M-00254
▷Lysergic acid diethylamide, *see* L-00122
▷Lysergide, L-00122
Lysine clonixinate, *in* C-00479
▷3-Lysine-3-phenylalanyloxytocin, *in* V-00013
▷8-*L-Lysine vasopressin*, *in* V-00013
Lysivane, *in* E-00160
Lysmucol, *see* H-00162

▷Lysodren, *see* D-00180
▷Lysolac, *see* T-00271
▷Lysostaphin, L-00123
Lyspafen, *see* D-00265
Lyspafen (obsol.), *in* P-00091
Lysuride, L-00124
N^2-L-Lysylbradykinin, *in* B-00264
▷Lytcurim, *see* R-00068
▷Lytears, *in* S-00085
▷Lyteers, *in* P-00391
▷Lytensium, *in* P-00084
▷Lytispasm, *see* O-00018
Lytosin, *see* P-00190
▷M-71, *in* B-00409
▷M 99, *see* E-00263
▷M 6/42, *see* R-00107
▷M 1028, *see* H-00018
M 115, *in* S-00282
▷M 141, *see* S-00111
▷M 183, *in* E-00263
M 218, *see* A-00125
M 2350, *see* L-00009
M 285, *see* C-00646
▷M 319, *see* C-00190
▷M 4209, *see* C-00056
M 451, *see* U-00014
M 5050, *in* D-00520
M 5202, *see* H-00087
M 5276, *see* G-00043
▷M 551, *see* P-00153
M 5943, *see* C-00297
M 6407, *see* B-00235
▷683 M, *see* O-00130
▷M7555, *in* A-00207
▷M 811, *see* D-00232
▷M4 212, *see* M-00405
M 12210, *see* P-00266
M 139603, *see* T-00157
M 146791, *see* C-00594
▷M 4365A_2, *see* R-00092
M 4365G_2, *see* R-00025
▷M73101, *see* E-00040
M-14012-4, *see* P-00237
▷M43-05026, *see* D-00303
MA 1277, *see* Z-00030
MA 1337, *in* C-00483
MA 1443, *in* L-00027
MA 593, *see* D-00237
▷MA 144*U*2, *see* M-00022
M 4365A_1, *in* R-00092
▷MA 144A_1, *see* A-00042
Maalox Plus, *in* M-00008
Mabuterol, M-00001
▷Maclicine, *see* D-00214
▷Macmiror, *see* N-00118
▷Macrobin, *in* C-00506
Macrobin-Depot, *in* C-00506
▷Macrocin, *in* T-00578
▷Macrodantin, *see* N-00178
▷Macro-dil, *see* P-00371
▷Macrose, *see* D-00113
▷Maculotoxin, *see* T-00156
▷Madecassol, *in* T-00485
▷Madelen, *see* O-00058
Maderan, *in* S-00199
Madiol, *in* M-00225
▷Madribon, *see* S-00238
Maduramicin, *see* A-00411
Maduramicin α, *see* A-00411
Maduramicin β, *in* A-00411
MAF, *in* I-00079
▷Mafatate, *in* M-00002
Mafenide, M-00002
▷Mafenide acetate, JAN, *in* M-00002
Mafoprazine, M-00003
Mafosfamide, M-00004
MAG 2, *in* O-00140
Magaldrate, M-00005
Magcorol, *see* M-00007
MAGGG, *see* M-00129
▷Magmilor, *see* N-00118
Magnacort, *in* C-00548
Magnacortril, *in* C-00548
Magnadelt, *in* P-00412
▷Magnamycin, *see* C-00056
▷Magnesite, *see* M-00006
Magnesium aluminosilicate, *see* A-00136
▷Magnesium carbonate, M-00006
Magnesium citrate, M-00007
Magnesium clofibrate, *in* C-00456
Magnesium hexacosahydroxypentaoxobis[sulfato(2−)]-decaaluminate(10−), *see* A-00135
Magnesium hydroxide, M-00008
Magnesium phosphate, M-00009
▷Magnesium salicylate, USAN, *in* H-00112
▷Magnesium sulfate, M-00010
Magnesium trisilicate, M-00011
Magnesone, *in* O-00140
▷Magnimix, *see* A-00428
Magnolol, M-00012
▷Magnophenyl, *see* H-00195
Magnosil, *see* M-00011
Maiorad, *see* T-00323
▷Maitansine, *see* M-00026
▷Majeptil, *in* T-00208
Majorem, *see* A-00347
▷Malathion, M-00013
Malazol, *see* A-00143
Malcotabs, *in* M-00011
Maletamer, *see* M-00014
Malethamer, M-00014
Malexil, *in* F-00030
Maleylsulfathiazole, M-00015
▷Maliasin, *in* E-00218
▷Maliazin, *in* E-00218
Malidone, *see* A-00143
Malinal, *see* A-00136
5,5′-[Malonylbis[(2-hydroxyethyl)imino]]bis[*N*,*N*′-bis[2-hydroxy-1-(hydroxymethyl)ethyl]-2,4,6-triiodoisophthalamide, *see* I-00096
Malonyldimethylurea, *in* P-00586
▷Malonylthiourea, *see* T-00192
▷Malonylurea, *see* P-00586
Malotilate, M-00016
Malouetine, *in* P-00416
Manalox AG, *in* G-00064
Mancef, *see* C-00112
M and B 2210, *in* S-00282
M and B 4180*A*, *in* I-00191
M and B 782, *see* P-00487
▷M and B 800, *in* P-00086
M. and B. 9105*A*, *in* D-00529
M. and B. 15497, *see* D-00041
▷M. and B. 16905, *see* I-00209
M. and B. 20755*H*, *in* H-00142
M. and B. 33153, *see* O-00137
Mandelamine, *in* H-00057
Mandelic acid 1,2,2,6-tetramethyl-4-piperidyl ester, *see* E-00267
▷Mandelic acid 3,3,5-trimethylcyclohexyl ester, *see* C-00586
▷Mandelonitrile-β-glucuronic acid, *see* L-00006
▷Mandelyltropine, *see* H-00082
▷Mandrax, *in* D-00484
▷Mandrax, *in* M-00172
Maneon, *in* A-00200
Manidipine, M-00017
Manlate, *see* N-00086
▷Mannitlost, *see* M-00019
Mannitol, M-00018
▷Mannitol hexanitrate, *in* M-00018
▷Mannitol nitrogen mustard, *see* M-00019

▷Mannomustine, M-00019
▷Mannomustine dihydrochloride, *in* M-00019
▷Mannosulfan, *in* M-00018
Manozodil, M-00020
▷Mansil, *see* O-00084
▷Mantomide, *see* C-00197
▷Maolate, *in* C-00261
Maon, *see* S-00134
▷Mapharsen, *in* O-00135
▷Maprotiline, M-00021
▷Maprotiline hydrochloride, *in* M-00021
Maratan, *in* B-00234
Marbadal, *in* M-00002
Marbaletten, *in* M-00002
▷Marboran, *in* M-00264
▷Marcaine, *see* B-00368
▷Marcellomycin, M-00022
Marcoumar, *see* P-00174
Marcumar, *see* P-00174
Marenil, *see* I-00001
Marespin, *in* S-00195
▷Maretin, *see* N-00042
▷Marevan, *in* W-00001
Margeryl, *see* B-00237
Maricolene, *in* E-00193
Maridomycin, *see* M-00023
Maridomycin III, M-00023
Maridomycin propionate, *in* M-00023
▷Marijuana, *in* T-00115
▷Marinol, *in* T-00115
Maripen, *see* P-00058
Mariptiline, M-00024
▷Marmelide, *see* I-00045
▷Maronil, *in* C-00472
Maroxepin, M-00025
▷Marplan, *see* I-00181
▷Marplon, *see* I-00181
▷Marsilid, *in* I-00161
Marsyl, *in* M-00269
▷Marticassol, *in* T-00485
▷Marvacaine, *in* A-00289
▷Marvelon, *in* D-00099
▷Marvelon, *in* E-00231
▷Marygin *M*, *in* I-00199
▷Marzine, *in* C-00595
Masmoran, *in* H-00222
Massobron, *see* P-00480
Mast cell growth factor, *see* I-00082
Masterone, *in* H-00153
▷Mastimyxin, *in* P-00384
MA 144T_1, *see* A-00089
Matachron, *in* E-00115
▷Matamycin, *see* A-00158
▷Match, *see* M-00165
▷Matenon, *see* M-00361
▷Materlac, *in* R-00067
Matosil, *in* A-00126
▷Matromycin, *see* O-00035
Matronal, *see* N-00221
▷Matulane, *in* P-00448
Maxafil, *see* C-00378
▷Maxibolin, *see* E-00213
Maxicaine, *see* P-00034
Maxicam, *see* I-00217
Maxiflor, *in* D-00267
Maxilase, *see* A-00147
▷Maximed, *in* P-00544
▷Maxipen, *in* P-00152
Maxitil, *in* C-00161
▷Maxius, *in* T-00250
Maxolon, *in* M-00327
▷Mayeptil, *in* T-00208
▷MAYT, *see* M-00026
Maytanacine, *in* M-00027
Maytanbutine, *in* M-00026
Maytanprine, *in* M-00026
▷Maytansine, M-00026
Maytansinol, M-00027
Maytanvaline, *in* M-00026
Mazaticol, M-00028
▷Mazindol, M-00029
Mazipredone, M-00030
Mazulenin, *in* I-00205
M + B 125, *see* B-00129
M. & B. 1270, *see* D-00168
M & B 4438, *see* S-00255
M. & B. 4453, *see* D-00372
▷M&B 5062*A*, *in* A-00186
▷M&B 693, *see* S-00252
M&B 744, *in* S-00153
M & B 8430, *see* C-00495
▷M & B 9302, *in* C-00496
M. + B. 16942*A*, *in* D-00118
M&B 22948, *see* Z-00006
▷M & B 39565, *see* M-00408
M&B 39831, *see* T-00064
▷MB 530B, *see* M-00348
MBBA, *see* B-00286
MBR-4197, *see* F-00141
MBR 4223, *see* T-00461
MBR 4164-8, *in* D-00271
MC 838, *in* M-00457
MC 9367, *see* P-00493
▷MCE, *see* M-00159
MCGF, *see* I-00082
▷MCI 2016, *in* B-00161
MCI 9038, *see* A-00440
▷MCMN, *see* R-00084
McN 100, *see* T-00455
McN 1107, *see* C-00263
McN 1210, *see* P-00588
McN 1231, *see* F-00162
McN 1546, *see* F-00159
McN-2378, *see* M-00063
McN 2453, *see* T-00116
▷McN 2559, *see* T-00353
McN 2840, *in* D-00229
▷McN 3113, *see* X-00014
McN 3377, *see* F-00059
McN-3495, *see* P-00345
McN 3495, *in* P-00345
McN 3716, *in* T-00110
McN 3802, *see* T-00110
▷McN 485, *see* A-00225
MCN 4853, *in* T-00382
▷McN 742, *see* A-00246
McN 2783-21-98, *in* Z-00035
McN 4097-12-98, *in* F-00061
▷McN-JR 3345, *see* P-00274
▷McN JR 4584, *see* B-00060
▷McN JR 6218, *see* F-00223
▷McN-JR 6238, *see* P-00263
McN JR 7904, *see* L-00045
▷McN JR 16341, *see* P-00062
McN-JR 35443, *see* O-00094
McN JR4929-11, *in* B-00080
McN-JR 7242-11, *see* D-00269
McN JR 13558-11, *in* D-00265
McN JR 15403-11, *see* D-00265
McN-R 1967, *see* H-00197
McN-R-726-47, *in* P-00378
MCNU, *see* R-00010
McN X-94, *see* C-00035
MD 2, *see* H-00076
MD 102, *see* V-00008
▷MD 2028, *see* F-00130
MD 6134, *in* W-00001
MD 6260, *in* H-00029
MD 6753, *in* C-00362
▷6809 MD, *see* M-00043
7110 MD, *in* C-00381
MD 805, *see* A-00440

MD 24 0928, *see* A-00140
▷MD 67332, *see* F-00036
▷MD 67350, *in* C-00363
▷MD 68111, *in* C-00382
MD 710247, *see* P-00309
MD720111, *see* O-00088
MD 73442, *see* N-00141
MD 750819, *see* M-00471
MD 770207, *see* C-00085
MD 780236, *in* A-00140
▷MD 780515, *see* C-00352
MD 790501, *see* T-00548
▷MDA, *see* T-00066
▷MDi 193, *see* C-00639
MDL 035, *see* T-00378
MDL-181, *see* P-00418
MDL 257, *see* Z-00019
MDL-308, *in* Z-00010
▷MDL 458, *see* D-00046
MDL 507, *see* T-00056
MDL 646, *see* M-00352
MDL-809, *see* A-00287
MDL 899, *in* M-00434
MDL 17043, *see* E-00062
MDL 19205, *see* P-00353
MDL 19744, *in* T-00310
MDL 71626, *see* M-00117
MDL 71754, *see* A-00260
▷MDL 71782, *see* D-00126
MDL 72422, *in* T-00547
MDP, *in* M-00168
▷Me 3625, *see* N-00092
▷ME 910, *in* B-00090
▷Meaverin-ultra, *see* B-00368
MEB 6401, *see* C-00427
▷Mebadin, *see* D-00050
Mebamide, *in* D-00372
▷Mebanazine, *see* P-00188
▷Mebaral, *see* E-00206
▷Mebendazole, M-00031
Mebenoside, M-00032
Mebetus, *see* P-00480
▷Mebeverine, M-00033
▷Mebeverine hydrochloride, *in* M-00033
Mebezonium(2+), M-00034
Mebezonium iodide, *in* M-00034
Mebhydrolin, M-00035
Mebhydrolin napadisylate, JAN, *in* M-00035
Mebinol, *see* C-00415
Mebiquine, M-00036
Mebolazine, M-00037
Mebrofenin, M-00038
▷Mebroin, *in* D-00493
▷Mebroin, *in* E-00206
Mebrophenhydramine, *see* E-00033
Mebrophenhydrinate, *in* E-00033
Mebroxine, *see* B-00304
Mebryl, *see* B-00286
▷Mebryl, *in* E-00033
▷Mebubarbital, *see* P-00101
▷Mebumal, *see* P-00101
Meburamide, *see* P-00181
▷Mebutamate, M-00039
Mebutin, *see* T-00491
Mebutizide, M-00040
▷Mecadox, *see* C-00039
Mecal, *see* S-00183
▷Mecamylamine, M-00041
▷Mecamylamine hydrochloride, *in* M-00041
Mecarbinate, *in* H-00163
Mecetronium ethylsulfate, *in* E-00182
Mecetronium etilsulfate, *in* E-00182
Mechloral, *see* C-00205
▷Mechlorethamine, *see* D-00193
▷Mechlorethamine hydrochloride, *in* D-00193
Meciadanol, *in* P-00081
▷Meciclin, *in* D-00064
▷Mecillinam, M-00042
Mecillinam pivaloyloxymethyl ester, *see* P-00366
▷Mecinarone, M-00043
Meclan, *in* M-00044
Meclastine, *see* C-00416
▷Meclizine, *see* M-00051
▷Meclizine hydrochloride, *in* M-00051
▷Meclocycline, M-00044
Meclocycline sulfosalicylate, *in* M-00044
Mecloderm, *in* M-00044
▷Meclofenamate sodium, *in* M-00045
▷Meclofenamic acid, M-00045
▷Meclofenoxate BAN, M-00046
▷Meclomen, *in* M-00045
▷Meclonax, *in* M-00045
Meclonazepam, M-00047
Meclopin, *in* O-00162
Meclopin (oral), *see* O-00162
Meclopin (parenteral), *in* O-00162
Mecloprodine, *see* C-00416
▷Mecloqualone, *see* C-00272
Mecloralurea, M-00048
Meclorisone, M-00049
Meclorisone dibutyrate, *in* M-00049
Meclosil, *in* M-00044
Meclosorb, *in* M-00044
Mecloxamine, M-00050
▷Meclozine, M-00051
Meclutin, *in* M-00044
Mecobalamin, *see* M-00241
▷Meconium, *see* M-00449
Mecoral, *see* C-00205
Mecortolon, *in* P-00412
Mecostrin chloride, *in* T-00571
Mecrifuranone hydrochloride, *in* M-00052
Mecrifurone, M-00052
Mecysteine, *in* C-00654
▷Medapan, *see* H-00027
▷Medazepam hydrochloride, *in* M-00053
▷Medazepam, M-00053
Medazomide, *see* M-00054
Medazonamide, M-00054
▷Medemycin, *see* P-00371
Mederel, *in* A-00357
Medetomidine, *see* T-00505
▷Medfalan, *in* M-00084
▷Mediator, *see* B-00050
▷Mediatric, *in* F-00094
Mediaven, *see* N-00022
▷Mediaxal, *see* B-00050
▷Medibazine, M-00055
Medicaina, *see* P-00034
Medicil, *in* M-00440
▷Medifenac, *see* A-00103
▷Medifoxamine, M-00056
▷Medigoxin, *in* D-00275
▷Medirex, *see* I-00007
Medodorm, *see* C-00205
Medomet, *in* M-00249
▷Medomin, *see* H-00027
▷Medopaque, *in* I-00101
Medorinone, *see* M-00272
Medorubicin, *in* A-00080
▷Medphalan, *in* M-00084
Medrin, *in* E-00033
▷Medrocort, *see* M-00060
▷Medrogestone, M-00057
▷Medroglutaric acid, *see* H-00170
▷Medrol, *see* M-00297
Medrol stabisol, *in* M-00297
Medronate disodium, *in* M-00168
▷Medrone, *see* M-00297
Medronic acid, *see* M-00168
Medroxalol, M-00058
Medroxalol hydrochloride, *in* M-00058

▷Medroxyprogesterone, *in* H-00175
▷Medroxyprogesterone acetate, *in* H-00175
Medrylamine, M-00059
▷Medrysone, M-00060
▷Medullin, *in* D-00339
▷Medulor, *see* D-00382
▷Mefamide, *in* M-00002
Mefazine, *in* D-00247
▷Mefeclorazine, M-00061
▷Mefenamic acid, M-00062
Mefenedil fumarate, *in* M-00063
▷Mefenhydramine, *see* M-00460
Mefenidil, M-00063
Mefenidramium(1+), M-00064
Mefenidramium metilsulfate, *in* M-00064
▷Mefenorex, *see* C-00280
▷Mefenorex hydrochloride, *in* C-00280
Mefentanyl, M-00065
Mefeserpine, M-00066
▷Mefexadyne, *see* M-00067
▷Mefexamide, M-00067
Mefloquine, M-00068
▷Mefloquine hydrochloride, *in* M-00068
▷Mefobarbital, *see* E-00236
Mefoxacin, *see* O-00032
▷Mefrusal, *see* M-00069
▷Mefruside, M-00069
▷Mefultol, *see* M-00069
▷Mefuralazine, *in* F-00280
Megabolin, *in* H-00185
▷Megace, *in* H-00174
Megaclor, *see* C-00473
▷Megalan, *see* M-00319
Megalomicin *A*, M-00070
Megalomicin potassium phosphate, *in* M-00070
Megalomycin, *see* M-00070
Megalomycin *A* 4^A^-acetate, *in* M-00070
▷Megalomycin *A* 3^A^-acetate 4^A^-propanoate, *in* M-00070
Megalomycin B, *in* M-00070
▷Megalomycin C_1, *in* M-00070
▷Megalomycin C_2, *in* M-00070
▷Megalomycin *A* 3^A^,4^A^-diacetate, *in* M-00070
Megazone, *in* P-00180
Megestrol, *in* H-00174
▷Megestrol acetate, *in* H-00174
▷Megimide, *in* E-00203
▷Meglitinide, M-00071
Meglucycline, M-00072
Meglumine, *in* D-00082
▷Meglumine acetrizoate, *in* A-00340
▷Meglumine diatrizoate, *in* D-00138
▷Meglumine iotalamate, JAN, *in* I-00140
Meglumine iotroxinate, *in* I-00145
Meglumine salicylate, *in* H-00112
▷Meglutol, *see* H-00170
Megrin, *in* H-00072
Me-H4F, *in* K-00021
Meicelin, *see* C-00133
▷Mekkings *E*, *in* H-00113
▷Mel *W*, *in* M-00076
Meladrazine, M-00073
Melanate, *in* D-00416
▷Melanex, *see* M-00146
Melanocyte-stimulating hormone, *see* I-00086
β-Melanocyte stimulating hormone, *see* M-00075
Melanocyte-stimulating-hormone-release inhibiting factor, *see* M-00074
Melanostatin, M-00074
Melanotropin, *see* I-00086
β-Melanotropin, M-00075
Melanotropin release-inhibiting factor, *see* M-00074
▷Melanterite, *in* F-00094
▷Melarsonyl, M-00076
▷Melarsonyl potassium, *in* M-00076
▷Melarsoprol, M-00077
▷Melbex, *see* M-00475
▷Meldane, *see* C-00555
▷Meldol, *in* M-00432
▷Meleamycin, *see* C-00403
Melengestrol, M-00078
▷Melengestrol acetate, *in* M-00078
Meletimide, M-00079
▷Meletin, *see* P-00082
▷Melex, *see* M-00350
▷Melfalan, *in* M-00084
Melfiat, *in* M-00290
Melicin, *see* P-00366
Melidorm, *in* M-00050
▷Melinamide, M-00080
Melipan, *in* C-00628
▷Melipan, *see* N-00014
▷Melitase, *see* C-00299
▷Melitoxin, *see* M-00251
▷Melitracen, M-00081
▷Melitracen hydrochloride, *in* M-00081
▷Melixeran, *in* M-00081
Melizame, *see* H-00198
▷Mellaril, *see* T-00209
▷Mellaril hydrochloride, *in* T-00209
▷Mellitoral, *see* C-00070
Melongoside *B*, *in* S-00129
Meloxicam, M-00082
▷Meloxine, *see* X-00007
Melperone, M-00083
Melphalan, M-00084
Melsaphine, *in* X-00010
Melsulpridum, *see* T-00243
▷Meltrol, *in* P-00154
Melysin, *see* P-00366
Memantine, *see* D-00402
▷Memoril, *in* G-00060
Memotine, M-00085
Memotine hydrochloride, *in* M-00085
MEN 935, *see* A-00070
Menabitan, M-00086
Menabitan hydrochloride, *in* M-00086
Menacor, *see* C-00498
▷Menaderm simplex, *in* I-00188
▷Menadiol, *see* D-00333
Menadiol bissulfobenzoate, *in* D-00333
▷Menadiol diacetate, *in* D-00333
▷Menadiol dibutyrate, *in* D-00333
Menadiol disuccinate, *in* D-00333
Menadiol disulfate, *in* D-00333
Menadiol potassium sulfate, *in* D-00333
▷Menadiol sodium diphosphate, *in* D-00333
Menadiol trimethylammonioacetate chloride, *in* D-00333
▷Menadione, *see* M-00271
Menadione sodium bisulfite, *in* M-00271
Menadoxime, M-00087
Menaphthone carboxymethoxime, *see* M-00087
Menaquinone-6, *in* V-00065
Menaquinone K_6, *in* V-00065
Menaquinone-7, *in* V-00065
Menaquinone K_7, *in* V-00065
Menaquinone-8, *in* V-00065
Menaquinone K_8, *in* V-00065
Menaquinone-9, *in* V-00065
Menaquinone K_9, *in* V-00065
Menaquinone-10, *in* V-00065
Menaquinone K_{10}, *in* V-00065
▷Menatetren, *see* M-00088
▷Menatetrenone, M-00088
Menbutone, *see* M-00208
Mendozal, *see* P-00545
▷Menesit, *see* C-00050
Menetyl, *see* E-00133
Menfegol, M-00089
▷Menformon, *see* O-00031
Menglytate, M-00090
▷Menichlopholan, *see* N-00092
Menidrabol, *in* H-00185

Menisidine, *in* F-00017
Menisine, *in* T-00152
Menitrazepam, M-00091
▷Menocil, *see* A-00246
Menoctone, *see* C-00620
▷Menoctyl, *in* O-00069
Menodin, *in* O-00028
▷Menodin, *in* T-00359
▷Menogaril, M-00092
▷Menolysin, *in* Y-00002
Menoxicor, *see* C-00498
Menphegol, JAN, *see* M-00089
▷Menrium, *in* C-00200
▷Mentabal, *see* E-00206
▷Mentalormon, *in* H-00110
p-Menthane-1,8-diol, *see* H-00216
▷3-*p*-Menthanol, *see* I-00208
p-Menth-1-ene-6,8-diol, *see* H-00162
▷(−)-Menthol, *in* I-00208
(+)-Menthol, *in* I-00208
(±)-Menthol, *in* I-00208
p-Menth-3-yl ethoxyacetate, *see* M-00090
Mentis, *in* P-00336
Mentium, *in* P-00336
Meobentine, M-00093
Meobentine sulfate, *in* M-00093
▷Mepacrine, *see* Q-00010
▷Meparfynol, *see* M-00281
▷Meparfynol carbamate, *in* M-00281
Mepartricin, *in* P-00042
Mepartricin A, *in* P-00042
Mepartricin B, *in* P-00042
▷Mepavlon, *see* M-00104
▷Mepazine, *see* P-00048
Mepenicycline, *see* P-00068
▷Mepentamate, *in* M-00281
Mepenzolate(1+), M-00094
▷Mepenzolate bromide, *in* M-00094
▷Mepergan, *in* P-00131
▷Meperidine, *see* P-00131
▷Meperidine hydrochloride, *in* P-00131
Mephaquin, *see* M-00068
Mephasine, *in* D-00247
Mephazin, *in* D-00247
▷Mephenesin, *see* M-00283
▷Mephenesin carbamate, *in* M-00283
▷Mephenoxalone, M-00095
▷Mephentermine, *in* P-00193
Mephentermine sulfate, *in* P-00193
▷Mephenytoin, *see* M-00188
Mephine, *in* P-00193
▷Mephobarbital, *see* E-00206
▷Mephson, *see* M-00283
Mephyten-OK, *in* P-00228
Mepicor, *in* M-00097
▷Mepicycline, M-00096
▷Mepidon, *see* D-00407
Mepifylline, *in* M-00108
Mepindolol, M-00097
Mepiperphenidol(1+), M-00098
Mepiprazole, M-00099
▷Mepireserpate hydrochloride, *in* M-00336
▷Mepirizole, JAN, *see* E-00083
Mepiroxol, *in* P-00573
▷Mepiserpato, *in* M-00336
▷Mepitiostane, M-00100
▷Mepivacaine, M-00101
▷Mepivacaine hydrochloride, *in* M-00101
▷Mepixanox, M-00102
▷Meplion, *see* M-00096
Mepramide, *see* B-00317
Mepramidil, M-00103
Meprane, *see* P-00479
Meprane dipropionate, *in* P-00479
▷Meprednisone, *in* D-00336
Meprednisone hydrogen succinate, *in* D-00336
▷Meprobamate, M-00104
▷Meprocaine, *in* A-00289
Meprochol, *in* M-00216
Meprodine, M-00105
▷Meprolax, *see* G-00064
▷Mepronal, *see* B-00291
▷Meproscillarin, *in* D-00319
▷Meprothixol, M-00106
▷Meprotixol, *see* M-00106
Meprylcaine, *in* A-00289
▷Meprylcaine hydrochloride, *in* A-00289
▷Meptadol, *in* M-00107
Meptazinol, M-00107
▷Meptazinol hydrochloride, *in* M-00107
▷Meptid, *in* M-00107
▷Meptidol, *in* M-00107
▷Meptine, *in* M-00256
▷Mepyramine, M-00108
▷Mepyrapone, *see* M-00248
Mepyrium, *see* A-00323
Mepyrrotazinum, *see* D-00378
Mequidox, *in* H-00164
▷Mequinol, *in* B-00074
Mequinolate, *see* P-00523
▷Mequitazine, M-00109
Mequitazium(1+), M-00110
Mequitazium iodide, *in* M-00110
Mequiverine, *see* Q-00026
MER 17, *see* D-00506
Mer 27, *see* P-00026
▷Meractinomycin, *see* A-00057
Meradan, *see* A-00063
Meralein, M-00111
Meralein sodium, *in* M-00111
Meralluride, M-00112
Meralop, *see* K-00009
▷Meratran, *in* D-00504
Merbak, *see* A-00024
▷Merbentul, *see* C-00290
Merbromin, M-00113
▷Mercabolide, *see* C-00247
▷Mercamidum, *see* M-00120
▷Mercamin, *see* A-00252
▷Mercaptamine, *see* A-00252
N-[*N*-[*N*-(Mercaptoacetyl)glycyl]glycyl]glycine, *see* M-00129
2-Mercapto-β-alanine, *see* A-00278
(2-Mercaptoanilidato-*S*)gold, *see* A-00478
Mercaptoarsenol, *see* A-00451
▷2-Mercaptobenzoic acid, M-00114
▷Mercaptobutanedioic acid, M-00115
2-Mercaptoethanesulfonic acid, M-00116
▷2-Mercaptoethylamine, *see* A-00252
(2-Mercaptoethyl)trimethylammonium ester with diethyl thiophosphoric acid, *see* E-00010
α-Mercapto-β-(2-furyl)acrylic acid, M-00117
Mercaptomerin, M-00118
▷Mercaptomerin sodium, *in* M-00118
▷2-Mercapto-1-methylimidazole, *see* D-00289
N-(2-Mercapto-2-methyl-1-oxopropyl)cysteine, *see* B-00337
▷1-(3-Mercapto-2-methyl-1-oxopropyl)proline, *see* C-00034
[[3-Mercapto-2-methylpropionyl]prolyl]-3-phenylalanine acetate, *see* A-00090
5-(Mercaptomethyl)-2,4(1*H*,3*H*)-pyrimidinedione, M-00119
5-Mercaptomethyluracil, *see* M-00119
▷*N*-(2-Mercapto-1-oxopropyl)glycine, M-00120
▷Mercaptophos, *see* F-00078
1-(3-Mercaptopropanoic acid)-8-D-argininevasopressin, *see* D-00097
1-(3-Mercaptopropanoic acid)-2-(4-ethyl-L-phenylalanine)-6-carbaoxytocin, *see* N-00005
1-(3-Mercaptopropanoic acid)oxytocin, *see* D-00030
1-(3-Mercaptopropionic acid)-2-[3-(*p*-ethylphenyl)-L-alanine]-6-(L-2-aminobutyric acid)oxytocin, *see* N-00005
▷*N*-(2-Mercaptopropionyl)glycine, *see* M-00120
▷Mercaptopurine, *see* D-00299

6-Mercaptopurine, *in* D-00299
4-Mercapto-1*H*-pyrazolo[3,4-*d*]pyrimidine, *see* P-00565
▷6-Mercapto-9-*β*-D-ribofuranosyl-9*H*-purine, *see* T-00204
▷Mercaptosuccinic acid, *see* M-00115
Mercaptosuccinic acid triester with thioantimonic acid, *see* S-00150
▷2-Mercaptothiazoline, M-00121
3-Mercaptovaline, *see* P-00064
Mercardac, *see* M-00112
Mercardan, *see* M-00112
▷Mercazolyl, *see* D-00289
▷Mercloran, *see* C-00209
Mercryl, *see* B-00429
Mercuderamide, M-00122
▷Mercufenol chloride, *see* C-00247
Mercuhydrin, *see* M-00112
Mercumallylic acid, M-00123
Mercumallyltheophylline, *in* M-00123
Mercumatilin sodium, *in* M-00123
Mercuretin, *see* M-00112
Mercurex, *in* M-00111
▷Mercurin, *in* C-00067
▷Mercurit, *in* C-00067
Mercurobutol, *see* B-00429
▷Mercurochrome, *in* M-00113
▷Mercurophylline, *in* C-00067
▷Mercurophylline sodium, *in* C-00067
▷Mercurothiolate sodique, *in* E-00198
▷Mercury amide chloride, M-00124
▷Mercury aminochloride, *see* M-00124
▷Mercusal, *in* M-00122
▷Mercuzan, *in* C-00067
▷Mercuzanthin, *in* C-00067
▷Meregon, *see* B-00358
▷Mereprine, *in* D-00598
▷Merfalan, *in* M-00084
Merfen, *in* H-00191
Mergocriptine, M-00125
▷Merilid, *see* C-00209
▷Merinax, *see* H-00061
Meriodine, *in* D-00358
Merisoprol, M-00126
▷Meritin, *see* A-00173
▷Merkamin, *see* A-00252
▷Merocet, *in* H-00043
Merochlorophaeic acid, M-00127
Merodicein, *in* M-00111
Meropenem, M-00128
▷Meropenin, *see* P-00171
▷Merpectogel, *see* N-00169
▷Merphalen, *in* M-00084
▷Merphenylnitrat, *see* N-00169
Merprane, *in* M-00126
▷Mersalyl, *in* M-00122
▷Merthiolate, *in* E-00198
▷Merthylline, *in* C-00067
Mertiatide, M-00129
▷Mervan, *see* A-00103
Mesabolone, M-00130
▷Mesalamine, *see* A-00266
▷Mesalazine, *see* A-00266
▷Mesantoin, *see* M-00188
▷Mescaline, M-00131
▷Mesdicain, *see* T-00492
▷Meseclazone, M-00132
▷Mesna, *in* M-00116
Mesna disulphide, *in* D-00550
▷Mesocain, *see* T-00492
▷Mesocarb, M-00133
▷Mesoerythritol, *see* E-00114
Mesoinositol, *see* I-00074
▷Mesonex, *in* I-00074
▷Mesontoin, *see* M-00188
▷Mesopin, *in* H-00082
▷Mesopor, *in* D-00313
Mesorgydin, *see* L-00124
▷Mesoridazine, M-00134
Mesoridazine besylate, *in* M-00134
Mesotan, *in* H-00112
Mesotartaric acid, *in* T-00028
▷Mesotol, *in* H-00112
▷Mesoxalylurea, *see* A-00128
Mespirenone, M-00135
▷Mestanolone, M-00136
Mestenediol, *in* M-00225
Mesterolone, M-00137
Mestilbol, *in* D-00257
▷Mestinon, *in* P-00578
Mestoranum, *see* M-00137
▷Mestranol, M-00138
Mesudipine, M-00139
▷Mesulergine, M-00140
▷Mesulfamide, M-00141
Mesulfamide sodium, *in* M-00141
Mesulfen, *see* D-00456
▷Mesulide, *see* N-00146
Mesulphen, *see* D-00456
Mesuprine, M-00142
▷Mesuprine hydrochloride, *in* M-00142
▷Mesuximide, *see* D-00447
▷Mesylerythrol, *see* R-00068
▷Metabarbital, *see* M-00173
▷Metabolite *C*, *see* D-00129
Metabromsalan, *in* D-00165
Metabutethamine, M-00143
▷Metabutoxycaine, M-00144
▷Metace, *see* C-00290
▷Metacetamol, *in* A-00297
Metacin, *in* M-00326
Metaclazepam, M-00145
▷Metacortandracin, *see* P-00413
▷Metadelphene, *in* M-00230
▷Metaglucina, *see* A-00023
▷Metaglycodol, *see* C-00267
▷Metahexamide, M-00146
▷Metahexanamide, *see* M-00146
▷Metahydrin, *see* T-00439
[Met[5],Ala[8]]Gastrin, *in* G-00012
[Met[5],Ala[8],Tyr(SO_3H)[12]]Gastrin, *in* G-00012
▷Metalex-*P*, *see* T-00133
Metalkonium(1+), M-00147
▷Metalkonium chloride, *in* M-00147
▷Metallibure, *see* M-00165
Metalol, M-00148
▷Metalol hydrochloride, *in* M-00148
Metalone TBA, *in* P-00412
Metalutin, *see* N-00221
▷Metamelfalan, M-00149
Metamfazone, *see* A-00283
▷Metamfepramone, *see* D-00382
▷Metamfepyramone, *see* D-00382
Metamfetamine, *in* P-00202
▷Metamin, *see* F-00198
▷Metamine, *in* T-00538
▷Metamizole sodium, *in* D-00532
Metampicillin, M-00150
▷Metandienone, *see* M-00167
▷Metandren, *see* H-00154
Metandroden, *see* M-00223
Metaniazide, *in* I-00195
Metanin, *in* P-00455
▷Metanite, *in* T-00554
Metanixin, *in* A-00326
▷Metanor, *see* F-00245
Metaphin (as disodium salt), *in* G-00082
▷Metaplas, *in* H-00088
Metapramine, *in* A-00241
Metaprel, *in* O-00053
▷Metaproterenol, *see* O-00053
Metaproterenol sulfate, *in* O-00053
▷Metaraminol, *in* A-00274
▷Metaraminol bitartrate, *in* A-00274

▷Metasep, *see* C-00235
▷Metaspas, *in* D-00276
▷Metaterol, M-00151
▷Metathion, *see* F-00057
▷Metaxalone, M-00152
Metaxan, *see* D-00397
▷Metaxan, *in* M-00169
▷Metaxine, *see* M-00152
Metazamide, M-00153
Metazide, M-00154
Metazocine, M-00155
Metazosin, M-00156
Metbufen, M-00157
▷Metcaraphen, M-00158
▷Metebanyl, *see* D-00612
▷Metenamine, *see* H-00057
Meteneprost, *in* D-00322
▷Metenolone acetate, *in* M-00178
▷Metergoline, M-00159
Metergotamine, *in* E-00106
Metergotamine tartrate, *in* E-00106
▷Metescufylline, *in* D-00332
Metesculetol sodium, *in* D-00332
▷Metetoin, *see* M-00179
Meteverine hydrochloride, *in* M-00461
Metexuletol, *in* D-00332
▷Metfenrazine, *see* D-00442
▷Metflorylthiadiazine, *see* H-00099
▷Metformin, *see* D-00432
[Met[5]]Gastrin, *in* G-00012
▷Methacetin, *in* M-00195
▷Methacholine(1+), M-00160
Methacholine bromide, *in* M-00160
Methacholine chloride, *in* M-00160
▷Methacolimycin, *in* C-00536
▷Methacycline, M-00161
▷Methacycline hydrochloride, *in* M-00161
Methadol, M-00162
▷Methadone, M-00163
▷Methadone hydrochloride, *in* M-00163
Methadyl acetate, BAN, *in* M-00162
▷Methaform, *see* T-00440
▷Methalamic acid, *see* I-00140
▷Methallenestril, *see* M-00164
▷Methallenoestril, M-00164
▷Methallibure, M-00165
Methalthiazide, M-00166
▷Methaminodiazepoxide, *see* C-00200
Methamphazone, *see* A-00288
Methampicillin, *see* M-00150
Methampyrone, *see* D-00532
▷Methanal, *see* F-00244
▷Methandienone, M-00167
Methandriol, *in* M-00225
Methandriolbisenanthoyl acetate, *in* M-00225
Methandriol propionate, *in* M-00225
Methandrostenediolone, *see* O-00152
▷Methandrostenolone, *see* M-00167
▷Methanearsonic acid, *see* M-00226
Methanediphosphonic acid, M-00168
Methaniazide, *in* I-00195
Methanopyranorin, *see* C-00599
Methantheline(1+), M-00169
▷Methantheline bromide, *in* M-00169
▷Methanthelinium bromide, *in* M-00169
▷Methaphenilene, M-00170
▷Methapyrilene, M-00171
▷Methaqualone, M-00172
▷Metharbital, *see* M-00173
▷Metharbitone, M-00173
Methasquin, M-00174
▷Methastyridone, M-00175
Methazide, *see* M-00154
▷Methazolamide, M-00176
Methazolastone, *see* T-00064
▷Methdilazine, M-00177
▷Methdilazine hydrochloride, *in* M-00177
▷Methebanyl, *see* D-00612
▷Methedrine, *in* P-00202
▷Methenamine, *see* H-00057
Methenamine hippurate, *in* H-00057
Methenamine mandelate, *in* H-00057
Methenolone, M-00178
▷Methenolone acetate, *in* M-00178
Methenolone enanthate, *in* M-00178
Metheph, *in* D-00418
Metheptazine, *in* H-00050
▷Methepton, *in* M-00256
▷Methergin, *in* M-00254
▷Methergoline, *see* M-00159
▷Methescutol, *in* D-00332
Methestrol, *see* P-00479
Methestrol dipropionate, *in* P-00479
▷Methetharimide, *in* E-00203
Methethoheptazine, *in* H-00048
▷Methetoin, M-00179
Met-HGH, *see* S-00099
Methicillin, M-00180
▷Methicillin sodium, *in* M-00180
▷Methimazole, *see* D-00289
Methindizate, M-00181
▷Methiodal sodium, *in* I-00106
Methiodine, *see* R-00059
Methioflurane, *see* D-00184
Methiomeprazine, M-00182
. Methionamine, *see* A-00036
Methionine, M-00183
Methionyl bovine growth hormone, *in* S-00099
N-L-Methionyl growth hormone (human), *see* S-00099
Methionyl porcine growth hormone, *in* S-00099
N-L-Methionylsomatotropin (human), *see* S-00099
N-L-Methionylsomatropin(ox), *in* S-00099
▷Methioplegium, *in* T-00498
▷Methiothepine, *see* M-00324
▷Methisazone, *in* M-00264
▷Methisoprinol, *in* I-00073
▷Methitural, M-00184
▷Methixart, *in* M-00185
▷Methixene, M-00185
▷Methixene hydrochloride, *in* M-00185
Methobenzorphan, *see* M-00155
▷Methocarbamol, *in* G-00095
▷Methocidin, M-00186
▷Methocillin *S*, *in* C-00515
Methocinnate, *see* C-00378
Methoestrolum, *see* P-00479
▷Methofadine, *see* S-00197
Methohexital, *see* M-00187
▷Methohexital sodium, *in* M-00187
Methohexitone, M-00187
▷Methoin, M-00188
▷Methophenazin, *in* P-00129
▷Methopholine, *see* M-00328
Methoprene, M-00189
▷Methopromazine, M-00190
Methopyranorin, *see* C-00599
▷Methopyrimazole, *see* E-00083
▷Methorin, *see* F-00130
▷Methorphinan, *in* H-00166
▷Methosarb, *in* H-00123
▷Methoserpidine, M-00191
▷Methotrexate, M-00192
Methotrimeprazine, M-00193
▷Methoxa-Dome, *see* X-00007
▷Methoxamedrine, *see* M-00194
▷Methoxamine, M-00194
▷Methoxamine hydrochloride, *in* M-00194
Methoxin, *in* M-00326
5-Methoxine, *see* H-00176
▷Methoxinol, *in* M-00331
Methoxital, *see* M-00187
▷Methoxsalen, *see* X-00007

2-Methoxyacetophenone, *in* H-00107
ω-Methoxyacetophenone, *in* H-00107
▷[[2-[(Methoxyacetyl)amino]-4-(phenylthio)phenyl]-carbonimidoyl]biscarbamic acid dimethyl ester, *see* F-00021
10-Methoxyajmalicine, *in* A-00087
(2-Methoxyallyl)trimethyl ammonium, *see* M-00216
▷4-Methoxyaniline, M-00195
5-Methoxyanthranilic acid, *in* A-00262
Methoxyaprindine, *see* M-00459
3-Methoxy-8-aza-19-norpregna-1,3,5(10)-trien-20-yn-17-ol, *see* E-00128
3-Methoxybenzaldehyde *O*-[2-hydroxy-3-[4-(2-methoxyphenyl)-1-piperazinyl]propyl]oxime, *see* P-00111
▷4-Methoxybenzenamine, *see* M-00195
5-Methoxy-1,3-benzenediol, *in* B-00076
2-Methoxybenzoic acid, M-00196
4-Methoxybenzoic acid 2-(acetyloxy)-4-[2-[(1,1-dimethylethyl)-amino]-1-hydroxyethyl]phenyl ester, *see* N-00157
7-Methoxy-2*H*-1-benzopyran-2-one, *in* H-00114
1-(6-Methoxy-2-benzothiazolyl)-3-phenylurea, *see* F-00264
4-[[4-(4-Methoxybenzoyl)-1-piperazinyl]acetyl]morpholine, *see* M-00424
1-(4-Methoxybenzoyl)-2-pyrrolidinone, M-00197
2-Methoxybenzyl alcohol, *in* H-00116
α-(α-Methoxybenzyl)-4-(β-methoxyphenethyl)-1-piperazineethanol, *see* Z-00023
4-Methoxy-[2,2′-bipyridine]-6-carboxaldehyde oxime, *see* C-00006
4-Methoxybutanoic acid, *in* H-00118
9-Methoxycamptothecin, *in* C-00024
10-Methoxycamptothecin, *in* C-00024
2-[3-Methoxycarbonyl-2-[2-nitro-5-(propylthio)phenyl]-guanidino]ethanesulphonic acid, *see* N-00079
3β-Methoxy-5-cholestene, *in* C-00306
▷(9*S*)-6′-Methoxycinchonan-9-ol, *see* Q-00027
▷(8α,9*R*)-6′-Methoxycinchonan-9-ol, *see* Q-00028
▷5-*p*-Methoxycinnamoyl-4,7-dimethoxy-6-(2-dimethylaminoethoxy)benzo[*b*]furan, *see* M-00043
7-Methoxycoumarin, *in* H-00114
17-[(1-Methoxycyclohexyl)oxy]androst-1-en-3-one, *see* M-00130
▷10-Methoxydeserpidine, *see* M-00191
1-(8-Methoxydibenz[*b,f*]oxepin-10-yl)-4-methylpiperazine, *see* M-00338
6-(α-Methoxy-3,4-dichlorophenylacetamido)penicillanic acid, *see* C-00470
5-Methoxy-6,6-dimethoxy-4-cyclohexene-1,3-dione, *in* D-00427
2-Methoxy-*N*,α-dimethylbenzeneethanamine, *see* M-00211
▷10-Methoxy-1,6-dimethylergoline-8β-methanol 5-bromonicotinate, *see* N-00089
▷(8β)-10-Methoxy-1,6-dimethylergoline-8-methanol 5-bromo-3-pyridinecarboxylate, *see* N-00089
O-Methoxy-*N*,α-dimethylphenethylamine, *see* M-00211
7-Methoxy-α,10-dimethyl-10*H*-phenothiazine-2-acetic acid, *see* P-00539
▷2-Methoxy-*N*,*N*-dimethyl-10*H*-phenothiazine-10-propanamine, *see* M-00190
N-(2-Methoxy-4,6-dimethylphenyl)-2-methyl-1-piperidinepropanamide, *see* V-00001
▷9-Methoxy-5,11-dimethylpyrido[4,3-*b*]carbazole, *see* M-00198
1-(7-Methoxy-2,4-dimethyl-3-quinolinyl)ethanone, *see* A-00037
2-Methoxy-*N*,*N*-dimethyl-$\Delta^{9,\gamma}$-xanthenepropylamine, *see* D-00383
N-(3-Methoxy-3,3-diphenylpropyl)allylamine, *see* A-00119
4-Methoxy-2,2′-dipyridyl-6-aldoxime, *see* C-00006
▷Methoxydone, *see* M-00095
11-Methoxyeburnamonine, *in* E-00003
▷9-Methoxyellipticine, M-00198
3-Methoxyestra-1,3,5(10)-triene-16α,17α-diol, *see* E-00080
N-[2-(2-Methoxyethoxy)ethyl]-1,4-benzodioxan-2-methylamine, *see* A-00168
▷*N*-[5-(2-Methoxyethoxy)-2-pyrimidinyl]benzenesulfonamide, *see* G-00075
3,3′-(2-Methoxyethylidene)bis[4-hydroxy-2*H*-1-benzopyran-2-one, *see* C-00573
▷1-[4-(2-Methoxyethyl)phenoxy]-3-[(1-methylethyl)amino]-2-propanol, *see* M-00334
▷2-(2-Methoxyethyl)pyridine, M-00199
▷Methoxyflurane, *see* D-00183
▷9-Methoxy-7*H*-furo[3,2-*g*][1]benzopyran-7-one, *see* X-00007
▷9-Methoxyfuro[3,2-*g*]chromen-7-one, *see* X-00007
▷8-Methoxy-4′,5′:6,7-furocoumarin, *see* X-00007
8-[2-Methoxy-3-(hydroxymercuri)propylcoumarin-3-carboxylic acid, *see* M-00123
4-Methoxy-β-hydroxyphenethylamine, *in* O-00022
7-Methoxyisoflavone, *in* H-00144
3-Methoxyisoprenaline, *see* M-00323
6-Methoxy-3-(4-methoxybenzoyl)-2-methyl-1*H*-indole-1-acetic acid, *see* D-00620
5-Methoxy-2-[[(4-methoxy-3,5-dimethyl-2-pyridinyl)methyl]-sulfinyl]benzimidazole, *see* O-00044
5-Methoxy-2-[[(4-methoxy-3,5-dimethyl-2-pyridinyl)methyl]-thio]-1*H*-benzimidazole, *see* U-00003
1-Methoxy-2-(methoxymethyl)benzene, *in* H-00116
▷4-Methoxy-2-(5-methoxy-3-methyl-1*H*-pyrazol-1-yl)-6-methyl-pyrimidine, *see* E-00083
4′-Methoxy-2-methylaminopropiophenone, *see* M-00210
4-Methoxy-*N*-methylaniline, *in* M-00195
2-Methoxy-3-methylbenzoic acid, *in* H-00155
▷3-Methoxy-4,5-methylenedioxyamphetamine, *see* M-00201
6-Methoxy-3,4-methylenedioxy-10-nitro-1-phenanthrenecarboxylic acid, *in* H-00160
8-Methoxy-3,4-methylenedioxy-10-nitro-1-phenanthrenecarboxylic acid, M-00200
▷1-Methoxy-6,7-methylenedioxy-4-oxo-1*H*-quinoline-3-carboxylic acid, *see* M-00377
▷1-(3-Methoxy-4,5-methylenedioxyphenyl)-2-propylamine, M-00201
▷2-(Methoxymethylene)-3-methyl-6-phenyl-3,5-hexadienoic acid methyl ester, *see* M-00469
▷5-Methoxy-2-methylindole-3-acetohydroxamic acid, *see* D-00032
▷3-Methoxy-α-methyl-4,5-methylenedioxybenzeneethanamine, *see* M-00201
▷3-Methoxy-α-methyl-4,5-methylenedioxyphenethylamine, *see* M-00201
6-Methoxy-α-methyl-2-naphthaleneacetic acid, *see* N-00048
6-Methoxy-β-methyl-2-naphthaleneethanol, *see* M-00207
5-Methoxy-2-methyl-1,4-naphthoquinone, *in* H-00167
5-Methoxy-2-methyl-1-nicotinoylindole-3-acetic acid, *see* N-00152
▷α-(Methoxymethyl)-2-nitro-1*H*-imidazole-1-ethanol, *see* M-00395
[2-[(9-Methoxy-7-methyl-5-oxo-5*H*-furo[3,2-*g*][1]benzopyran-4-yl)oxy]ethyl]trimethylammonium(1+), M-00202
2-[(9-Methoxy-7-methyl-5-oxo-5*H*-furo[3,2-*g*][1]benzopyran-4-yl)oxy]-*N*,*N*,*N*-trimethylethanaminium, *see* M-00202
▷3-[[4-[5-(Methoxymethyl)-2-oxo-3-oxazolidinyl]phenoxy]-methyl]benzonitrile, *see* C-00352
▷α-[4-(5-Methoxymethyl)-2-oxo-3-oxazolidinyl]phenoxy]-*m*-tolunitrile, *see* C-00352
▷5-Methoxy-2-methyl-1-(1-oxo-3-phenyl-2-propenyl)-1*H*-indole-3-acetic acid, *see* C-00369
2-(Methoxymethyl)phenol, *in* H-00116
▷9-Methoxy-3-methyl-9-phenyl-3-azabicyclo[3.3.1]nonane, M-00203
4-(Methoxymethyl)-6-(phenylmethoxy)-9*H*-pyrido[3,4-*b*]-indole-3-carboxylic acid 1-methylethyl ester, *see* A-00001
5-Methoxy-2-methyl-1-(phenylmethyl)-1*H*-indole-3-ethanamine, *see* B-00036
4-Methoxy-*N*-[2-[2-(1-methyl-2-piperidinyl)ethyl]phenyl]-benzamide, *see* E-00044
▷2-Methoxy-10-[2-(1-methyl-2-piperidyl)ethyl]phenothiazine, *see* O-00164
1-Methoxy-2-methylpropane, M-00204
2-Methoxy-2-methylpropyl isocyanide, M-00205

▷4-Methoxy-*N*-[5-(2-methylpropyl)-1,3,4-thiadiazol-2-yl]-benzenesulfonamide, *see* I-00180
5-Methoxy-2-methyl-1-(3-pyridinylcarbonyl)-1*H*-indole-3-acetic acid, *see* N-00152
1-[(2-Methoxy-6-methyl-3-pyridinyl)methyl]-2-aziridinecarbonitrile, *see* C-00318
▷*N*[1]-(6-Methoxy-2-methyl-4-pyrimidinyl)sulfanilamide, *see* S-00197
Methoxymethyl salicylate, *in* H-00112
▷2-[2-Methoxy-4-(methylsulfinyl)phenyl]-1*H*-imidazo[4,5-*b*]-pyridine, *see* S-00227
2-[2-Methoxy-4-(methylsulfinyl)phenyl]-1*H*-imidazo-[4,5-*c*]-pyridine, *see* I-00190
9-[[2-Methoxy-4-[(methylsulfonyl)amino]phenyl]amino]-*N*,5-dimethyl-4-acridinecarboxamide, *see* M-00239
N-[4-(Methoxymethyl)-1-[2-(2-thienyl)ethyl]-4-piperidinyl]-*N*-phenylpropanamide, *see* S-00177
2-[(2-Methoxy-4-methylthio)phenyl]-1*H*-imidazo[4,5-*b*]-pyridine, *in* S-00227
▷β-Methoxy-*N*-methyl-3-(trifluoromethyl)benzeneethanamine, *see* F-00145
7-Methoxy-8-methyltropinium benzilate, *see* T-00551
4′-Methoxymucidin, *in* M-00469
4-(6-Methoxy-2-naphthalenyl)-2-butanone, M-00206
▷2-Methoxy-1,4-naphthoquinone, *in* H-00178
3-(4-Methoxy-1-naphthoyl)propionic acid, *see* M-00208
▷3-(6-Methoxy-2-naphthyl)-2,2-dimethylpentanoic acid, *see* M-00164
2-(6-Methoxy-2-naphthyl)propanoic acid, *see* N-00048
2-(6-Methoxy-2-naphthyl)-1-propanol, M-00207
▷1-Methoxy-3-(2-nitro-1-imidazolyl)-2-propanol, *see* M-00395
8-Methoxy-6-nitrophenanthro[3,4-*d*]-1,3-dioxole-5-carboxylic acid, *see* M-00200
10-Methoxy-6-nitrophenanthro[3,4-*d*]-1,3-dioxole-5-carboxylic acid, *in* H-00160
5-Methoxy-N-methyltryptamine, *in* H-00218
▷11β-Methoxy-19-nor-17α-pregna-1,3,5(10)-trien-20-yne-3,17-diol, *see* M-00463
▷3-Methoxy-19-norpregna-1,3,5(10)-trien-20-yn-17-ol, *see* M-00138
4-Methoxy-γ-oxo-1-naphthalenebutanoic acid, M-00208
2-Methoxy-11-oxo-11*H*-pyrido[2,1-*b*]quinazoline-8-carboxylic acid, M-00209
Methoxyphedrine, M-00210
Methoxyphenamine, M-00211
▷Methoxyphenamine hydrochloride, *in* M-00211
▷6-Methoxy-1-phenazinol 5,10-dioxide, *see* H-00152
2-[3-[(*m*-Methoxyphenethyl)methylamino]propyl]-2-(*m*-methoxyphenyl)tetradecanenitrile, *see* A-00392
▷4-(β-Methoxyphenethyl)-α-phenyl-1-piperazinepropanol, *see* E-00094
▷4-Methoxyphenol, *in* B-00074
▷*m*-Methoxyphenol, *in* B-00073
Methoxyphenoserpine, *see* M-00066
▷1-[3-(2-Methoxy-10*H*-phenothiazin-10-yl)-2-methylpropyl]-4-piperidinol, *see* P-00122
▷1-[2-[2-[2-(2-Methoxyphenoxy)ethoxy]ethoxy]ethyl]piperidine, *see* G-00092
γ-(2-Methoxyphenoxy)-*N*-methylbenzenepropanamine, *see* N-00160
2-(2-Methoxyphenoxy)-2-methyl-4*H*-1,3-benzodioxan-4-one, *see* G-00094
1-(2-Methoxyphenoxy)-3-[(1-methylethyl)amino]-2-propanol, *see* M-00435
3-[(4-Methoxyphenoxy)methyl]-1-methyl-4-phenylpiperidine, *see* F-00030
▷5-[(2-Methoxyphenoxy)methyl]-2-oxazolidinone, *see* M-00095
▷3-(2-Methoxyphenoxy)-1,2-propanediol, *see* G-00095
N-[2-(3-Methoxyphenoxy)propyl]-3-methyl-benzeneethanimidamide, *see* X-00020
N-[2-(*m*-Methoxyphenoxy)propyl]-2-*m*-tolylacetamide, *see* X-00020
2-(*o*-Methoxyphenoxy)triethylamine, *see* G-00091
▷*N*-(4-Methoxyphenyl)acetamide, *in* M-00195
2-Methoxyphenyl 2-(acetyloxy)benzoate, *see* G-00089
[(*p*-Methoxy-α-phenylbenzyl)oxy]-*N*,*N*-dimethylethylamine, *see* M-00059
2-(*o*-Methoxyphenyl)-3,3-diphenyl acrylic acid, *see* A-00394
[(2-Methoxy-1,4-phenylene)bis(iminocarbonothioyl)]-bis-(phosphoramidic acid) tetraethyl ester, *see* I-00027
▷1-Methoxy-2-phenylethane, *in* P-00187
α-[2-(4-Methoxyphenyl)ethenyl]-4-morpholineethanol, *see* M-00337
4-(2-Methoxy-2-phenylethyl)-α-(methoxyphenylmethyl)-1-piperazineethanol, *see* Z-00023
▷4-(2-Methoxy-2-phenylethyl)-α-phenyl-1-piperazinepropanol, *see* E-00094
▷2-(4-Methoxyphenyl)-1,3-indanedione, M-00212
▷2-(4-Methoxyphenyl)-1*H*-indene-1,3(2*H*)-dione, *see* M-00212
1-Methoxy-4-(phenylmethoxy)benzene, *in* B-00124
1-(2-Methoxyphenyl)-4-(3-methoxypropyl)piperazine, *see* D-00395
1-(2-Methoxyphenyl)-2-methylaminopropane, *see* M-00211
1-(4-Methoxyphenyl)-2-methylamino-1-propanone, *see* M-00210
1-(3-Methoxyphenyl)-3-methylaza-7-cyan-7-(3,4,5-trimethoxy-phenyl)-nonadecane, *see* D-00004
N-[(4-Methoxyphenyl)methyl]-*N*′,*N*″-dimethylguanidine, *see* M-00093
▷*N*-[(4-Methoxyphenyl)methyl]-*N*′,*N*′-dimethyl-*N*-2-pyridinyl-1,2-ethanediamine, *see* M-00108
▷*N*-[(4-Methoxyphenyl)methyl]-*N*′,*N*′-dimethyl-*N*-2-pyrimidinyl-1,2-ethanediamine, *see* T-00218
N-[(4-Methoxyphenyl)methyl]-*N*′,*N*′-dimethyl-*N*-2-thiazolyl-1,2-ethanediamine, *see* Z-00027
2-(4-Methoxyphenyl)-3-(1-methylethyl)-3*H*-naphth[1,2-*d*]-imidazole, *see* T-00378
1-(*p*-Methoxyphenyl)-5-methyl-4-imidazolin-2-one, *see* M-00153
(4-Methoxyphenyl)[2-methyl-1-[2-(4-morpholinyl)ethyl]-1*H*-indol-3-yl]methanone, *see* P-00402
4-(2-Methoxyphenyl)-α-[[3-(5-methyl-1,3,4-oxadiazol-2-yl)-phenoxy]methyl]-1-piperazineethanol, *see* N-00076
6-Methoxy-*N*-[1-(phenylmethyl)-4-piperidinyl]-1*H*-benzotriazole-5-carboxamide, *see* T-00406
N-[2-[[(4-Methoxyphenyl)methyl]-2-pyrimidinylamino]ethyl]-*N*,*N*-dimethyl-1-hexadecanaminium, *see* T-00217
▷2-(4-Methoxyphenylmethyl)-3,4-pyrrolidinediol 3-acetate, *see* A-00395
4-(4-Methoxyphenyl)-1-morpholino-3-buten-2-ol, *see* M-00337
▷1-[2-[4-[1-(4-Methoxyphenyl)-2-nitro-2-phenylethenyl]-phenoxy]ethyl]pyrrolidine, *see* N-00182
▷1-[2-[*p*-[α-(*p*-Methoxyphenyl)-β-nitrostyryl]phenoxy]ethyl]-pyrrolidine, *see* N-00182
5-(4-Methoxyphenyl)-5-phenyl-3-[3-(4-phenyl-1-piperidinyl)-propyl]-2,4-imidazolidinedione, *see* R-00088
▷7-[2-[4-(2-Methoxyphenyl)-1-piperazinyl]ethyl]-5*H*-1,3-dioxolo[4,5-*f*]indole, *see* S-00096
3-[2-[4-(2-Methoxyphenyl)-1-piperazinyl]ethyl -2,4(1*H*,3*H*)-quinazolinedione, M-00213
1-[4-(2-Methoxyphenyl)-1-piperazinyl]-3-(2-naphthyloxy)-2-propanol, *see* N-00025
▷6-[3-[4-(2-Methoxyphenylpiperazin-1-yl)propyl]amino]]-1,3-diamethyluracil, *see* U-00010
▷6-[[3-[4-(2-Methoxyphenyl)-1-piperazinyl]propyl]amino]-1,3-dimethyl-2,4(1*H*,3*H*)-pyrimidinedione, *see* U-00010
γ-Methoxy-γ-phenyl-*N*-2-propenylbenzenepropanamine, *see* A-00119
3-Methoxy-4-phenyl-2(1*H*)-quinolinone, *in* H-00196
o-Methoxyphenyl salicylate acetate, *see* G-00089
[[4-(4-Methoxyphenyl)-2-thiazolyl]amino]oxoacetic acid ethyl ester, *see* T-00307
4-(2-Methoxyphenyl)-α-[(3,4,5-trimethoxyphenoxy)methyl]-1-piperazineethanol, *see* E-00045
▷3-Methoxy-4-(piperidinomethyl)xanthen-9-one, *see* M-00102
▷Methoxypromazine, *see* M-00190
▷1-Methoxypropane, M-00214
2-Methoxy-1,3-propanediol, *in* G-00064
3-Methoxy-1,2-propanediol, *in* G-00064

3-Methoxy-1,2-propanedithiol, *in* D-00385
▷2-Methoxy-4-(2-propenyl)phenol, M-00215
6-Methoxy-*N*-[[1-(2-propenyl)-2-pyrrolidinyl]methyl]-1*H*-benzotriazole-5-carboxamide, *see* A-00122
N-(2-Methoxy-2-propenyl)trimethylammonium(1+), M-00216
17β-Methoxy-3-propoxyestra-1,3,5(10)-triene, *see* P-00477
Methoxypropriocin, *see* N-00048
▷9-Methoxypsoralen, *see* X-00007
▷*N*′-(3-Methoxypyrazinyl)sulfanilamide, *see* S-00198
5-[[*p*-[(6-Methoxy-3-pyridazinyl)sulfamoyl]phenyl]azo]-salicylic acid, *see* S-00008
▷*N*′-(6-Methoxy-3-pyridazinyl)sulfanilamide, *see* S-00246
3-Methoxypyridine, *in* H-00209
2-[[4-(3-Methoxy-2-pyridinyl)butyl]amino]-5-[(6-methyl-3-pyridinyl)methyl]-4(1*H*)-pyrimidinone, *see* I-00014
(6-Methoxy-2-pyridinyl)methylcarbamothioic acid *O*-(5,6,7,8-tetrahydro-2-naphthalenyl) ester, *see* P-00125
▷4′-Methoxypyridoxine, *in* P-00582
▷*N*′-(5-Methoxy-2-pyrimidinyl)sulfanilamide, *see* S-00245
▷*N*[1]-(6-Methoxy-4-pyrimidinyl)sulfanilamide, *see* S-00200
4-Methoxy-2-pyrrolidinecarboxylic acid, *in* H-00210
8-Methoxyquinoline, *in* H-00211
N′-(6-Methoxy-4-quinolinyl)-*N*,*N*-dimethyl-1,2-ethanediamine, M-00217
N-(6-Methoxy-8-quinolinyl)-*N*′-(1-methylethyl)-1,5-pentanediamine, *see* P-00092
▷*N*′-(6-Methoxy-8-quinolinyl)-1,4-pentanediamine, *see* Q-00029
▷*N*[4]-(6-Methoxy-8-quinolinyl)-1,4-pentanediamine, *see* P-00434
▷4-[[6-(6-Methoxy-8-quinolyl)amino]hexyl]-α-methyl-1-piperazinepropanol, *see* M-00465
5-Methoxyresorcinol, *in* B-00076
▷3-Methoxysalicylic acid, *in* D-00315
5-Methoxysalicylic acid, *in* D-00316
(2-Methoxy-5-sulfamoyl)(1-ethyl-2-pyrrolidinyl)acetanilide, *see* I-00213
N[1]-(4-Methoxy-1,2,5-thiadiazol-3-yl)sulfanilamide, *see* S-00199
Methoxyticarcillin, *see* T-00062
N-[[6-Methoxy-5-(trifluoromethyl)-1-naphthalenyl]-thioxomethyl]-*N*-methylglycine, *see* T-00370
5-Methoxy-1-[4-(trifluoromethyl)phenyl]-1-pentanone *O*-(2-aminoethyl)oxime, *see* F-00234
5-Methoxy-4′-trifluoromethylvalerophenone (2-aminoethyl)-oxime, *see* F-00234
11-Methoxy-3,7,11-trimethyl-2,4-dodecadienoic acid 1-methylethyl ester, *see* M-00189
4-Methoxy-*N*,*N*,*N*-trimethyl-4-oxo-1-butanaminium, *see* C-00100
2-Methoxy-*N*,*N*,β-trimethyl-10*H*-phenothiazine-10-propanamine, *see* M-00193
9-(4-Methoxy-2,3,6-trimethylphenyl)-3,7-dimethyl-2,4,6,8-nonatetraenoic acid, *see* A-00041
9-(4-Methoxy-2,3,6-trimethylphenyl)-3,7-dimethylnona-2,4,6,8-tetraen-1-oic acid ethyl amide, *see* M-00456
▷5-Methoxytryptamine, *in* H-00218
3-Methoxytyrosine, *in* A-00248
Methoxyurea, *in* H-00220
5′-Methoxyverapamil, *see* G-00006
6-Methoxy-4-[3-(3-vinyl-4-piperidyl)propyl]quinoline, *see* V-00053
3-(2-Methoxy-9*H*-xanthen-9-ylidene)-*N*,*N*-dimethyl-1-propanamine, *see* D-00383
▷Methphendrazine, *see* D-00442
Methral, *in* F-00201
▷Methrazone, *see* M-00235
▷Methscopolamine bromide, *in* S-00031
▷Methsuximide, *see* D-00447
▷Methyclothiazide, M-00218
▷Methydromorphine, *see* M-00245
Methy-F, *in* D-00418
▷Methyl 6-(acetylthio)-8-[[2-[[(4-amino-2-methyl-5-pyridinyl)-methyl]formylamino]-1-(2-hydroxyethyl)-1-propenyl]dithio]-octanoic acid, *see* O-00023
13-Methylaclacinomycin A, *in* A-00042
α-Methyl-1-adamantanemethylamine, *see* A-00063
2-Methyladenosine, M-00219
4-Methylaesculetin, *see* D-00332
▷β-Methylaesculetin, *see* H-00148
α-Methylallantoin, *in* A-00123
β-Methylallantoin, *in* A-00123
p-[(2-Methylallyl)amino]hydratropic acid, *see* A-00138
▷*N*-(1-Methylallythiocarbamoyl)-*N*′-methyl-thiocarbamoylhydrazine, *see* M-00165
4-(Methylamino)benzenesulfonic acid, *in* A-00213
N-[(Methylamino)carbonyl]-*N*-[[(methylamino)carbonyl]oxy]-acetamide, *see* C-00036
2-[[(Methylamino)carbonyl]oxy]-*N*-phenylbenzamide, *see* A-00389
5-(Methylamino)-4,4-diphenyl-3-heptanol acetate, *see* N-00207
▷2-(Methylamino)ethanol, *in* A-00253
4-[2-(Methylamino)ethyl]-1,2-benzenediol, *see* E-00081
▷α-[1-(Methylamino)ethyl]benzenemethanol, *see* M-00221
4-(β-Methylaminoethyl)catechol, *see* E-00081
4-(2-Methylaminoethyl) *o*-phenylene diisobutyrate, *see* I-00005
▷2-(2-Methylaminoethyl)pyridine, M-00220
4-[2-(Methylamino)ethyl]pyrocatechol, *see* E-00081
Methylaminoformic acid, *see* M-00238
6-Methylaminohexanoic acid, *in* A-00259
▷3-Methylaminoisocamphane, *see* M-00041
5-(Methylamino)-4-(methylcarbamoyl)imidazole, *in* A-00275
α-[(Methylamino)methyl]-9,10-ethanoanthracene-9(10*H*)-ethanol, *see* O-00092
Methyl α-(aminomethyl)-5-methoxy-1*H*-indole-3-acetate, *see* I-00070
▷Methyl 8-[[2-[*N*-[(4-amino-2-methyl-5-pyrimidinyl)methyl]-formamido]-1-(2-hydroxyethyl)propenyl]dithio]-6-mercaptooctanoate *S*-acetate, *see* O-00023
6-(Methylamino)-4-oxo-10-propyl-4*H*-pyrano[3,2-*g*]quinoline-2,8-dicarboxylic acid, *see* M-00386
2-Methylamino-1-phenylpropane, *in* P-00202
▷2-Methylamino-1-phenyl-1-propanol, M-00221
1-Methylamino-4-phenyltetralin, *see* T-00021
3-Methylamino-1,2-propanediol, *in* A-00317
▷7-(3-Methylaminopropyl)-1,2:5,6-dibenzocycloheptatriene, *see* P-00544
▷5-(3-Methylaminopropyl)-5*H*-dibenzo[*a*,*d*]cycloheptene, *see* P-00544
▷5-(3-Methylaminopropylidene)dibenzo[*a*,*d*]cyclohepta-1,4-diene, *see* N-00224
9-(3-Methylaminopropylidene)-10,10-dimethyl-9,10-dihydroanthracene, *see* L-00061
▷4-[2-(Methylamino)propyl]phenol, M-00222
▷Methylaminopterin, *see* M-00192
O-Methylamphetamine, *see* O-00065
1-Methylandrosta-1,4-diene-3,17-dione, M-00223
1-Methylandrosta-4,16-dien-3-one, M-00224
17-Methyl-2′*H*-androsta-2,4-dieno[3,2-*c*]pyrazol-17β-ol, *see* H-00212
▷17α-Methyl-5α-androstano[2,3-*c*]furazan-17β-ol, *see* F-00283
▷17α-Methylandrostanolone, *see* M-00136
▷17-Methylandrostano[2,3-*c*][1,2,5]oxadiazol-17-ol, *see* F-00283
▷17-Methylandrost-5-ene-3,17-diol, M-00225
17-Methyl-2′*H*-androst-2-eno[3,2-*c*]pyrazol-17-ol, *see* S-00139
N-Methyl-*N*-antipyrinylnicotinamide, *see* M-00273
Methyl aristolochate, *in* M-00200
▷Methylarsonic acid, M-00226
Methyl aspartylphenylalanine, *see* A-00460
12-*O*-Methylatherospermoline, *in* F-00017
6-Methylatophan, *see* M-00295
▷Methylatropine nitrate, *in* T-00554
8-Methyl-8-azabicyclo[3.2.1]oct-3-yl 4-(acetyloxy)-α-phenyl-benzenepropanoate, *see* T-00556
Methylbenactyzium(1+), M-00227
Methylbenactyzium bromide, *in* M-00227

▷α-Methylbenzeneethanamine, *see* P-00202
▷β-Methylbenzeneethanamine, *see* P-00203
▷4-Methylbenzenesulfonic acid, M-00228
▷*N*-(4-Methylbenzenesulfonyl)-*N'*-(3-azabicyclo[3.3.0]oct-3-yl)-urea, *see* G-00037
Methylbenzethonium(1+), M-00229
▷Methylbenzethonium chloride, *in* M-00229
▷Methyl benzoate, *in* B-00092
▷α-Methyl-1,3-benzodioxole-5-ethanamine, *see* T-00066
▷13-Methyl[1,3]benzodioxolo[5,6-*c*]-1,3-dioxolo[4,5-*i*]-phenanthridinium(1+), *see* S-00022
▷3-Methylbenzoic acid, M-00230
3-Methyl-4*H*-1-benzopyran-4-one, M-00231
▷α-Methyl-5*H*-[1]benzopyrano[2,3-*b*]pyridine-7-acetic acid, *see* P-00400
Methyl benzoquate, M-00232
2-[(2-Methylbenzo[*b*]thien-3-yl)methyl]-2-imidazoline, *see* M-00347
Methyl 3-(benzoyloxy)-8-methyl-8-azabicyclo[3.2.1]octane-2-carboxylate, *see* C-00523
3-(α-Methylbenzyl)carbazic acid, M-00233
α-Methylbenzyl 3-(dimethoxyphosphinyloxy)isocrotonate, *see* C-00571
▷(α-Methylbenzyl)hydrazine, *see* P-00188
3-[(*p*-Methylbenzylidene)amino]-4-phenyl-4-thiazoline-2-thione, *see* F-00099
▷1-(α-Methylbenzyl)-5-imidazole-carboxylic acid methyl ester, *see* M-00331
▷*N*-(α-Methylbenzyl)linoleamide, *see* M-00080
Methyl 7-benzyloxy-6-butyl-1,4-dihydro-4-oxoquinoline-3-carboxylate, *see* M-00232
2-[1-(*p*-Methylbenzyl)-4-piperidyl]-2-phenylglutarimide, *see* M-00079
▷5-Methyl-2,3:7,8-bis(methylenedioxy)benzo[*c*]-phenanthindinum(1+), *see* S-00022
4-Methyl-5,7-bis(2-morpholinoethoxy)coumarin, *see* M-00464
4-Methyl-5,7-bis[2-(4-morpholinyl)ethoxy)-2*H*-1-benzopyran-2-one, *see* M-00464
4-Methyl-6,7-bis(sulfooxy)-2*H*-1-benzopyran-2-one, *in* D-00332
8-*O*-Methylbostrycoidin, *in* B-00259
Methyl 11-bromo-14,15-dihydro-14-hydroxyeburnamenine-14-carboxylate, *see* B-00331
2-Methyl-2-butenoic acid 8-methyl-8-azabicyclo[3.2.1]oct-3-yl ester, *see* T-00270
N-(3-Methyl-2-butenyl)adenosine, M-00234
▷*S*-(3-Methyl-2-butenyl)-L-cysteine, *see* P-00420
▷4-(3-Methyl-2-butenyl)-1,2-diphenyl-3,5-pyrazolidinedione, M-00235
6-(3-Methyl-2-butenyl)-1*H*-indole, M-00236
4-[(3-Methyl-2-butenyl)oxy]-7*H*-furo[3,2-*g*][1]benzopyran-7-one, *see* I-00189
▷9-[(3-Methyl-2-butenyl)oxy]-7*H*-furo[3,2-*g*][1]benzopyran-7-one, *see* I-00045
▷[5-[(3-Methyl-2-butenyl)oxy]-2-[*p*-[(3-methyl-2-butenyl)-oxy]-cinnamoyl]phenoxy]acetic acid, *see* S-00092
▷[5-[(3-Methyl-2-butenyl)oxy]-2-[3-[4-[(3-methyl-2-butenyl)-oxy]phenyl]-1-oxo-2-propenyl]phenoxy]acetic acid, *see* S-00092
4-(3-Methyl-3-butenyloxy)-7-oxofuro[3,2-*g*]chromene, *see* I-00189
▷9-(3-Methyl-2-butenyloxy)-7-oxofuro[3,2-*g*]chromene, *see* I-00045
▷3-[(3-Methyl-2-butenyl)thio]-L-alanine, *see* P-00420
3-Methyl-2-butenyl 2-[[3-(trifluoromethyl)phenyl]amino]-benzoate, *see* P-00415
3-Methyl-2-butenyl *N*-(α,α,α-trifluoro-*m*-tolyl)anthranilate, *see* P-00415
1-[(3-Methylbutoxy)methyl]-2-(4-morpholinyl)ethyl 3,4,5-trimethoxybenzoate, *see* A-00357
1-[2-(3-Methylbutoxy)-2-phenylethyl)pyrrolidine, *see* A-00350
2-[[(3-Methylbutyl)amino]methyl]-1,4-benzodioxan, *see* P-00088
1-(3-Methylbutyl)cyclohexanecarboxylic acid 2-(diethylamino)-ethyl ester, *see* I-00194
▷5-(1-Methylbutyl)-5-[2-(methylthio)ethyl]-2-thiobarbituric acid, *see* M-00184
▷3-Methyl-1-butyl nitrite, M-00237
▷5-(1-Methylbutyl)-5-(2-propenyl)-2,4,6(1*H*,3*H*,5*H*)-pyrimidinetrione, *see* Q-00011
▷3-Methylbutyl α-[[2-(1-pyrrolidinyl)ethyl]amino]-benzeneacetate, *see* C-00021
5-(1-Methylbutyl)-5-vinylbarbituric acid, *see* V-00046
9β-Methylcarbacyclin, *see* C-00393
Methylcarbamic acid, M-00238
Methylcarbamic chloride, *in* M-00238
Methylcarbamoyl chloride, *in* M-00238
1-(Methylcarbamoyl)-3-[[3-(5-nitro-2-furyl)allylidene]-amino]-2-imidazolidinone, *see* N-00123
4-(*N*-Methylcarboxamido)-5-methylamsacrine, M-00239
▷Methyl CCNU, *see* S-00041
Methyl cellulose, *in* C-00165
Methylcephaeline, *see* E-00036
Methyl cetyl bis[(dimethyl-2',5'-pyrrolidin-1-yl)-3-propyl]-ammonium, *see* P-00357
▷Methyl 6-chloro-3,4-dihydro-2-methyl-7-sulfamoyl-2*H*-1,2,4-benzothiadiazine-3-carboxylate 1,1-dioxide, *see* C-00079
Methyl 6-[[[(2-chloroethyl)nitrosoamino]carbonyl]amino]-6-deoxy-α-D-glucopyranoside, *see* R-00010
▷Methyl 10-chloro-18β-hydroxy-17α-methoxy-3β,20α-yohimban-16β-carboxylate 3,4,5-trimethoxybenzoate, *see* C-00285
Methyl 2-[(1-chloro-2-naphthalenyl)oxy]propionate, *see* L-00084
▷Methylchloroquine, M-00240
Methyl-7-chloro-6,7,8-trideoxy-6-[[(4-pentyl-2-pyrrolidinyl)-carbonyl]amino]-1-thio-L-*threo*-α-D-*galacto*-octopyranoside, *see* M-00393
24*S*-Methyl-5,7,22*E*-cholestatrien-3β-ol, *see* E-00105
α-Methylcholine, *see* H-00217
2-Methyl-3-chromanamine, *see* A-00245
Methylchromone, *see* M-00231
3-Methylchromone, *see* M-00231
6-Methylcinchophene, *see* M-00295
Methyl citrate, *in* C-00402
▷Methylcloxazolam, *see* M-00350
Methylcobalamin, M-00241
Methylcobinamide hydroxide dihydrogen phosphate(ester) inner salt 3'-ester with 5,6-dimethyl-1-α-D-ribofuranosyl-1*H*-benzimidazole, *see* M-00241
▷Methylcoffanolamine, *see* C-00008
N-Methylcolchicine, *in* D-00062
N'-Methylcoramine, *see* D-00241
4'-*O*-Methylcoumestrol, *in* C-00558
6-Methylcrotsparine, *in* G-00029
▷β-Methylcyclohexaneacrylic acid, *see* C-00605
6-Methyl-16,17-cyclohexaneprogesterone, *see* A-00038
6-Methylcyclohexano[1',2';16,17]pregn-4-ene-3,20-dione, *see* A-00038
N-[[(4-Methylcyclohexyl)amino]carbonyl]-4-[2-[[(methyl-2-pyridinylamino)carbonyl]amino]ethyl]benzenesulfonamide, *see* G-00044
p-(2-Methylcyclohexyl)hydratropic acid, *see* M-00354
Methyl 7-[2-(5-cyclohexyl-3-hydroxy-1-pentynyl)-3,5-dihydroxycyclopentyl]-5-heptenoic acid, *see* A-00110
5-[[4-[(1-Methylcyclohexyl)methoxy]phenyl]methyl]-2,4-thiazolidinedione, *see* C-00339
▷*N*-Methyl-2-cyclohexyl-2-propylamine, M-00242
Methyl[5-(cyclohexylthio)-1*H*-benzimidazol-2-yl]carbamate, *see* D-00602
α-Methylcyclopentaneethanamine, *see* A-00232
Methyl cysteine, *in* C-00654
▷*N*-Methyldeacetylcolchicine, *see* D-00062
6-Methyl-Δ^6-deoxymorphine, *see* M-00243
Methyldesomorphine, *see* M-00243
Methyldesorphine, M-00243
▷*N*-Methyl-5*H*-dibenzo[*a,d*]cycloheptene-5-propanamine, *see* P-00544
N-Methyldibenzylamine, M-00244
Methyl 2,10-dichloro-12*H*-dibenzo[*d,g*][1,3]dioxocin-6-carboxylate, *see* T-00408
Methyl 2-[2-(diethylamino)acetamido]-*m*-toluate, *see* T-00373

Methyl 2-[[(diethylamino)acetyl]amino]-3-methylbenzoate, *see* T-00373
S-Methyl 6,9-difluoro-11,17-dihydroxy-16-methyl-3-oxoandrosta-1,4-diene-17-carbothioate, *see* T-00253
▷*β*-Methyldigoxin, *in* D-00275
▷Methyldihydromorphine, M-00245
▷Methyldihydromorphinone, *see* M-00333
Methyl 5-[3,6-dihydro-1(2*H*)-pyridinyl]-2-oxo-2*H*-[1,2,4]-oxadiazolo[2,3-*a*]pyrimidin-7-ylcarbamate, *see* C-00098
▷Methyl 11,15-dihydroxy-16,16-dimethyl-9-oxoprosta-2,13-dien-1-oate, *see* G-00015
Methyl 7-[3,5-dihydroxy-2-(3-hydroxy-3-methyl-1-octenyl)-cyclopentyl]-4,5-heptadienoate, *see* P-00529
Methyl 3,5-dihydroxy-2-[(3-hydroxy-4-phenoxy-1-butenyl)-cyclopentyl]4,5-heptadienoate, *see* F-00074
Methyl 11,16-dihydroxy-16-methyl-9-oxoprosta-4,13-dien-1-oate, *see* E-00057
Methyl 11,16-dihydroxy-16-methyl-9-oxoprost-13-enoate, *see* M-00396
Methyl 11,15-dihydroxy-9-oxo-16-phenoxy-17,18,19,20-tetranorprosta-4,5,13-trienoate, *see* E-00067
α-Methyl-3,4-dihydroxyphenylalanine, *see* M-00249
N-Methyl-2-(3,4-dihydroxyphenyl)ethylamine, *see* E-00081
Methyl dihydroxyphosphinylacetate, *in* P-00215
Methyl (dihydroxyphosphinyl)formate, *in* P-00216
Methyl 2-(dimethoxyphosphinyl)oxybenzoate, *in* P-00217
Methyl 2,5-di-*O*-methyl-*α*-D-glucopyranosiduronamide, *in* G-00058
Methyl 2,5-di-*O*-methyl-*β*-D-glucopyranosiduronamide, *in* G-00058
▷2-Methyl-3,5-dinitrobenzamide, *in* M-00246
▷2-Methyl-3,5-dinitrobenzoic acid, M-00246
Methyldioxatrine, *in* M-00079
p-Methyldiphenhydramine, M-00247
γ-Methyl-*α*,*α*-diphenyl-1-piperidinepropanol, *see* D-00507
1-Methyl-3,3-diphenylpropylamine, *see* D-00489
4-Methyl-*N*,*N*-dipropylbenzenesulfonamide, *in* M-00228
▷2-Methyl-1,2-di-3-pyridyl-1-propanone, M-00248
Methyldopa, *in* M-00249
α-Methyldopa, M-00249
N-Methyldopamine, *see* E-00081
Methyldopate, *in* M-00249
Methyldopate hydrochloride, *in* M-00249
6-[*α*-(Methyleneamino)phenylacetamido]penicillanic acid, *see* M-00150
2,2′-Methylenebis[4-chloro-3-methyl-6-(1-methylethyl)phenol], *see* B-00155
▷2,2′-Methylenebis(4-chlorophenol), *see* D-00198
2,2′-Methylenebis[6-chlorothymol], *see* B-00155
▷6,6′-Methylenebis[1,2-dihydro-2,2,4-trimethylquinoline], M-00250
▷3,3′-Methylenebis(4-hydroxy-2*H*-1-benzopyran-2-one), M-00251
▷3,3′-Methylenebis-4-hydroxycoumarin, *see* M-00251
3,3′-Methylenebis[6-hydroxy-4-methylbenzenesulfonic acid], *see* D-00216
▷Methylene, *N*,*N*′-bis(hydroxymethyl)urea polymer, *see* P-00385
21,21′-[Methylenebis(2-methoxy-1,3-naphthalenediyl)-carbonyl-oxy]]bis[9-fluoro-11-hydroxy-16,17-[(1-methylethylidene)bis-(oxy)]pregna-1,4-diene-3,20-dione], *see* F-00196
▷[*μ*-[[3,3′-Methylenebis[2-naphthalenesulfonato]](2−)]]diphenyl-dimercury, *see* H-00094
Methylenebisphosphonic acid, *see* M-00168
4,4′-Methylenebis[tetrahydro-2*H*-1,2,4-thiadiazine] 1,1,1′,1′-tetraoxide, *see* T-00032
▷2,2′-Methylenebis[3,4,6-trichlorophenol], *see* H-00039
4,4′-Methylenebis[*N*,*N*,*N*-trimethylcyclohexanaminium], *see* M-00034
▷Methylene Blue, *in* B-00208
(Methylenedi-1,4-cyclohexylene)bis[trimethylammonium], *see* M-00034
▷Methylene diethyl ether, *in* F-00244
▷3,4-Methylenedioxyallylbenzene, *see* A-00131
▷3,4-Methylenedioxyamphetamine, *see* T-00066
1-[(3,4-Methylenedioxy)cinnamoyl]-4-[(1-pyrrolidinylcarbonyl)-methyl]piperazine, *see* C-00379
3,4-(Methylenedioxy)mandelamidine, *see* O-00039
3,4-Methylenedioxy-10-nitro-1-phenanthrenecarboxylic acid, M-00252
▷2-(3,4-Methylenedioxyphenyl)ethylamine, M-00253
1-[3-[3,4-(Methylenedioxy)phenyl]propyl]-4-(4-methyl-2-thiazlyl)piperazine, *see* P-00375
Methylenediphosphonic acid, *see* M-00168
▷6-Methyleneoxytetracycline, *see* M-00161
16-Methyleneprednisolone, *see* P-00414
Methylephedrine, *in* D-00418
Methyl-*ψ*-ephedrine, *in* D-00418
Methyl-13-epicobalamin, *in* M-00241
O-Methyl-18-epireserpic acid methyl ester, *see* M-00336
▷Methylergobasine, *see* M-00254
▷Methylergobrevine, *see* M-00254
2-Methyl-*α*-ergocryptine, *see* M-00125
Methylergol carbamide, *see* L-00124
6-Methylergoline-8*α*-acetonitrile, *see* D-00052
N-[(6-Methylergolin-8*β*-yl)methyl]acetamide, *see* A-00019
▷Methylergometrine, M-00254
▷Methylergonovine, *see* M-00254
▷Methylergonovine maleate, *in* M-00254
1-Methylergotamine, *in* E-00106
6-*O*-Methylerythromycin, *in* E-00115
Methylesculetylethanoic acid, *in* D-00332
17-Methylestradiol, *in* O-00028
17-Methylestra-1,3,5(10)-triene-3,17-diol, *in* O-00028
Methylestrenolone, *see* N-00221
7*α*-Methylestrone, *in* O-00031
▷4,4′-(1-Methyl-1,2-ethanediyl)bis-2,6-piperazinedione, *see* R-00016
N,*N*′-(1-Methyl-1,2-ethanediyl)bis[3-pyridinecarboxamide], *see* N-00087
▷2,2′-(1-Methyl-1,2-ethanediylidene)-bis[hydrazinecarboximidamide, *see* M-00402
▷1,1′-[(Methylethanediylidene)dinitrilo]diguanidine, *see* M-00402
▷*N*-Methyl-9,10-ethanoanthracene-9(10*H*)-methanamine, *see* B-00090
▷*N*-Methyl-9,10-ethanoanthracene-9(10*H*)-propanamine, *see* M-00021
▷Methyl *O*-(4-ethoxycarbonyloxy-3,5-dimethoxybenzoyl)-reserpate, *see* S-00287
1-[4-[[2-(1-Methylethoxy)ethoxy]methyl]phenoxy]-3-[(1-methylethyl)amino]-2-propanol, *see* B-00233
7-(1-Methylethoxy)-9-oxo-9*H*-xanthene-2-carboxylic acid, *see* I-00201
2-(1-Methylethoxy)-1-phenylethanone, *in* H-00107
2-[2-(1-methylethoxy)phenyl]-4-oxo-4*H*-1-benzopyran-6-carboxylic acid, *see* I-00184
N-[[(1-Methylethyl)amino]carbonyl]-4-[(3-methylphenyl)-amino]-3-pyridinesulfonamide, *see* T-00386
▷2-[(1-Methylethyl)amino]ethanol, *in* A-00253
1-[(1-Methylethyl)amino]-3-[(2-methyl-1*H*-indol-4-yl)oxy]-2-propanol, *see* M-00097
▷*α*-[[(1-Methylethyl)amino]methyl]-2-naphthalenemethanol, *see* P-00483
▷*α*-[[(1-Methylethyl)amino]methyl]-4-nitrobenzenemethanol, *see* N-00111
▷1-[(1-Methylethyl)amino]-3-(3-methylphenoxy)-2-propanol, *see* T-00352
α-[[(1-Methylethyl)amino]methyl]-*γ*-phenylbenzenepropanol, *see* D-00603
1-[(1-Methylethyl)amino]-3-[2-(methylthio)phenoxy]-2-propanol, *see* T-00315
▷1-[(1-Methylethyl)amino]-3-(1-naphthalenyloxy)-2-propanol, *see* P-00514
▷1-[(1-Methylethyl)amino]-3-[4-(2-propenyloxy)phenoxy]-2-propanol, *see* O-00145
▷1-[(Methylethyl)amino]-3-[2-(2-propenyl)phenoxy]-2-propanol, *see* A-00151
9-[3-[(1-Methylethyl)amino]propyl]-9*H*-fluorene-9-carboxamide, *see* I-00054
1-[1-(1-Methylethyl)amino]-3-[2-(1*H*-pyrrol-1-yl)phenoxy]-2-propanol, *see* I-00175

1-[(1-Methylethyl)amino]-3-[(1,2,3,4-tetrahydro-1,4-ethanonaphthalen-5-yl)oxy)-2-propanol, *see* I-00202
1-[(1-Methylethyl)amino]-3-(2-thiazolyloxy)-2-propanol, *see* T-00044
9-(1-Methylethyl)-9-azabicyclo[3.3.1]non-3-yl α-(hydroxymethyl)benzeneacetate, *see* I-00153
[2-(1-Methylethyl)-3-benzofuranyl]-4-pyridinylmethanone, *see* I-00071
1-Methylethyl 4-[3-[(1,1-dimethylethyl)amino]-2-hydroxypropoxy]-1*H*-indole-2-carboxylate, *see* C-00096
N-(1-Methylethyl)-4,4-diphenylcyclohexanamine, *in* D-00490
1-(1-Methylethyl)-4,4-diphenylpiperidine, *see* I-00206
2-Methyl-7-ethyl-4-hendecanol, *see* E-00209
4,4′-[(1-Methylethylidene)bis(thio)bis[2,6-bis(1,1-dimethylethyl)phenol], *see* P-00445
1-(1-Methylethyl)-2-imidazolidinethione, *see* M-00392
[2-(1-Methylethyl)-1*H*-indol-3-yl]-3-pyridinylmethanone, *see* N-00107
▷*N*-(1-Methylethyl)-4-[(2-methylhydrazino)methyl]benzamide, *see* P-00448
N-(1-Methylethyl)-*N*′-[4-(2-methyl-1*H*-imidazol-4-yl)phenyl]-methanimidamide, *see* B-00214
α-(1-Methylethyl)-α-[3-[methyl(2-phenylethyl)amino]propyl]-benzeneacetonitrile, *see* E-00039
N-(1-Methylethyl)-4-[[1-(3-oxo-3-phenylpropyl)-1*H*-benzimidazol-2-yl]methyl]-1-piperazineacetamide, *see* N-00141
2-Methyl-2-ethylpropane-1,3-dioic acid, *see* E-00203
▷5-(1-Methylethyl)-5-(2-propenyl)-2,4,6(1*H*,3*H*,5*H*)-pyrimidinetrione, *see* A-00430
N-(1-Methylethyl)-2-pyridinamine, *in* A-00325
▷2-(1-Methylethyl)-4-pyridinecarboxylic acid hydrazide, *see* I-00161
1-[(1-Methylethyl)sulfonyl]-6-(1-phenyl-1-propenyl)-1*H*-benzimidazol-2-amine, *see* E-00070
Methyl 3-ethyl-2,3,3*a*,4-tetrahydro-1*H*-indolo[3,2,1-*de*]-[1,5]-naphthyridine-6-carboxylate, *see* V-00036
4-[(1-Methylethyl)thio]-α-[1-(octylamino)ethyl]-benzenemethanol, *see* S-00231
1-[4-[(1-Methylethyl)thio]phenoxy]-3-(octylamino)-2-propanol, *see* T-00317
▷4-(1-Methylethyl)-2-[3-(trifluoromethyl)phenyl]morpholine, *see* O-00076
▷Methyleugenol, *in* M-00215
α-Methylfentanyl, M-00255
α-Methyl-9*H*-fluorene-2-acetic acid, *see* F-00179
▷Methyl [5-(4-fluorobenzoyl)-1*H*-benzimidazol-2-yl]carbamate, *see* F-00133
S-Methyl 9-fluoro-11,17-dihydroxy-16-methyl-3-oxoandrosta-1,4-diene-17-carbothioate, *see* T-00286
Methyl [5-[2-(4-fluorophenyl)-1,3-dioxolan-2-yl]-1*H*-benzimidazol-2-yl]carbamate, *see* E-00232
▷Methyl 6-formyl-4,7,9-trihydroxy-1-phenazinecarboxylate, *see* L-00082
Methyl β-D-furanosidurono-6,3-lactone, *in* G-00059
3-[(5-Methyl-2-furanyl)methyl]-*N*-4-piperidinyl-3*H*-imidazo[4,5-*b*]pyridin-2-amine, *see* N-00194
▷Methyl GAG, *see* M-00402
Methyl galbanate, *in* G-00003
Methylglucamine, *in* D-00082
Methyl α-D-glucofuranosidurono-6,3-lactone, *in* G-00059
Methyl β-D-glucopyranosiduronamide, *in* G-00058
▷*N*-Methyl-L-glucosamidinostreptosidostreptidine, *see* S-00161
1-(*N*-Methylglycine)-5-L-valine-8-L-alanineangiotensin II, *see* S-00023
▷Methylglyoxal, *see* P-00600
▷Methylglyoxal bisguanylhydrazone, *see* M-00402
Methylglyoxime, *in* P-00600
Methyl granaticin, *in* G-00085
6-Methyl-5-hepten-2-amine, M-00256
▷6-Methyl-2-heptylamine, M-00257
(1-Methylheptyl)hydrazine, M-00258
2-Methyl-3-heptyl-4-hydroxy-7-methoxyquinoline, M-00259
2-Methyl-1,2,3,4,10,14*b*-hexahydro-2*H*-pyrazino[1,2-*f*]-morphanthridine, *see* M-00360
4-Methylhexane-3-carboxylic acid, *see* E-00204
▷1-Methylhexylamine, *see* H-00030
α-Methylhistamine, M-00260
▷Methylhomatropine bromide, *in* H-00082
5(*N*-Methylhydroxyacetylamino)-2,4,6-triiodoisophthalic acid bis-2,3-dihydroxypropylamide, *see* I-00121
▷Methyl 2-hydroxybenzoate, M-00261
▷Methyl 4-hydroxybenzoate, *in* H-00113
Methyl 4-hydroxy-6,7-bis(1-methylethoxy)-3-quinolinecarboxylate, *see* P-00523
Methyl 4-hydroxy-6,7-diisopropoxy-3-quinolinecarboxylate, *see* P-00523
Methyl 18β-hydroxy-11,17α-dimethoxy-3β,20α-yohimban-16-carboxylate (*p*-methoxyphenoxy)acetate, *see* M-00066
Methyl 3-hydroxy-2-[(4-hydroxy-4-methyl-1-octenyl)-5-oxocyclopentyl]-4-heptenoate, *see* E-00057
Methyl 7-[3-hydroxy-2-(4-hydroxy-4-methyl-1-octenyl)-5-oxocyclopentyl]heptanoate, *see* M-00396
Methyl 7-[3-hydroxy-2-(3-hydroxy-4-phenoxy-1-butenyl)-5-oxocyclopentyl]-4,5-heptadienoate, *see* E-00067
Methyl *o*-[2-hydroxy-3-(isopropylamino)propoxy]cinnamate, *see* C-00354
Methyl *p*-[2-hydroxy-3-(isopropylamino)propoxy]-hydrocinnamate, *see* E-00123
Methyl *O*-(4-hydroxy-3-methoxycinnamoyl)reserpate, *see* R-00027
Methyl 4-[2-hydroxy-3-[(1-methylethyl)amino]propoxy]-benzenepropanoate, *see* E-00123
Methyl [2-[4-[2-hydroxy-3-[(1-methylethyl)amino]propoxy]-phenyl]ethyl]carbamate, *see* P-00008
Methyl 3-[2-[2-Hydroxy-3-[(1-methylethyl)amino]propoxy]-phenyl-2-propenoate, *see* C-00354
N-Methyl-*trans*-4-hydroxy-L-proline, *in* H-00210
▷Methyl (16α,17α)-17-hydroxyyohimban-16-carboxylate, *see* Y-00002
▷*N*-Methylhygromycin *B*, *in* D-00103
2,2′,2″-[Methylidynetris(thio)]tris[acetic acid], *see* M-00262
(Methylidynetrithio)triacetic acid, M-00262
α-Methyl-1*H*-imidazole-4-ethanamine, *see* M-00260
▷1-Methylimidazole-2-thiol, *see* D-00289
2-Methyl-3(Δ²-imidazolinylmethyl)benzo[*b*]thiophene, *see* M-00347
2-[2-(5-Methyl-4-imidazolylmethylthio)ethylamino]-5-piperonyl-4(1*H*)pyrimidone, *see* O-00124
[4-(2-Methyl-1*H*-imidazol-5-yl)-2-thiazolyl]guanidine, *see* Z-00004
2,2′-(Methylimino)bis[*N*-ethyl-*N*,*N*-dimethylethanaminium], *see* A-00499
[(Methylimino)diethylene]bis[ethyldimethylammonium], *see* A-00499
2-Methyl-1*H*-indole-3-acetamide, *in* M-00263
2-Methyl-3-indoleacetic acid, M-00263
2-Methyl-1*H*-indole-3-acetonitrile, *in* M-00263
▷1-Methyl-1*H*-indole-2,3-dione, *see* M-00264
Methyl ipolearoside, *in* I-00152
▷1-Methylisatin, M-00264
1-Methyl-3-isobutyl-8-[[4-diphenylmethyl 2-piperazinyl]ethyl]-xanthine, *see* L-00010
Methylisochondodendrine, *see* C-00590
Methylisoephedrine, *in* D-00418
1-Methylisoguanosine, M-00265
▷Methylisooctenylamine, *in* M-00256
N′-(3-Methyl-5-isothiazolyl)sulfanilamide, *see* S-00255
▷5-Methyl-3-isoxazolecarboxylic acid 2-benzylhydrazide, *see* I-00181
▷3-Methyl-4,5-isoxazoledione 4-[(2-chlorophenyl)hydrazone], *see* D-00601
1-[(5-Methyl-4-isoxazolyl)carbonyl]piperidine, *see* N-00074
▷*N*′-(5-Methyl-3-isoxazolyl)sulfanilamide, *see* S-00244
6-(*N*-Methyl-L-leucine)-7-L-norvalinecyclosporin *A*, *in* C-00638
5-(*N*-Methyl-L-leucyl)etamycin *A*, *in* V-00055
N-Methyllorazepam, *see* L-00097
▷Methylmeprobamate, *see* M-00039

▷Methylmercadone, *see* N-00118
4-Methylmercapto-2-aminobutyric acid, *see* M-00183
▷4-Methylmercapto-3-methylphenyl dimethyl thiophosphate, *see* F-00078
1-Methyl-3-(mesylmethyl)-1*H*-1,2,4-triazol-5-yl[3-(α-piperidino-*m*-tolyloxy)propyl]amine, *see* S-00179
3-Methyl-8-methoxy-3*H*-1,2,5,6-tetrahydropyrazino(1,2,3-*ab*)-β-carbolin, *see* M-00340
N-Methyl-*N*′-methyl-2′-allyl-2-benzoyl-4-chloroglycinanilide, *see* D-00465
▷1-Methyl-6-(1-methylallyl)-2,5-dithiobiurea, *see* M-00165
5-Methyl-10-[2-(methylamino)ethyl]-5*H*-dibenz[*b,f*]azepine, *see* A-00181
▷2-Methyl-6-methylamino-2-heptene, *in* M-00256
N-Methyl-5-(methylamino)-1*H*-imidazole-4-carboxamide, *in* A-00275
3-Methyl-3-[3-(methylamino)propyl]-1-phenylindoline, *see* D-00006
3-Methyl-3-[3-(methylamino)propyl]-1-phenyl-2-indolinone, *see* A-00179
1-Methyl-*N*-(9-methyl-9-azabicyclo[3.3.1]non-3-yl)-1*H*-indazole-3-carboxamide, *see* G-00086
▷1-Methyl-5-(4-methylbenzoyl)-1*H*-pyrrole-2-acetic acid, *see* T-00353
3-[3-Methyl-1-(3-methylbutylcarbamoyl)butylcarbamoyl]-2-oxiranecarboxylic acid, M-00266
6-Methyl-*N*-(3-methylbutyl)-2-heptanamine, *see* O-00013
▷6-Methyl-2-(4-methyl-3-cyclohexen-1-yl)-5-hepten-2-ol, *see* B-00184
α-Methyl-4-(2-methylcyclohexyl)benzeneacetic acid, *see* M-00354
1-Methyl-3-[*p*-[[3-(4-methylcyclohexyl)ureido]sulfonyl]-phenethyl]-1-(2-pyridyl)urea, *see* G-00044
▷α-Methyl-3,4-(methylenedioxy)phenethylamine, *see* T-00066
1-[α-Methyl-3,4-(methylenedioxy)phenethyl]-4-(4-methyl-2-thiazolyl)piperazine, *see* P-00375
▷1-Methyl-3-(3,4-methylenedioxyphenyl)propylhydrazine, *see* S-00003
▷3-Methyl-6,7-methylenedioxy-1-piperonylisoquinoline, M-00267
6-Methyl-5-(2-methylene-1-oxobutyl)-2-benzofurancarboxylic acid, *see* F-00277
3-Methyl 5-(1-methylethyl) 2-cyano-1,4-dihydro-6-methyl-4-(3-nitrophenyl)-3,5-pyridinedicarboxylate, *see* N-00144
α-[4-[Methyl(1-methylethyl)cyclohexyl]phenyl]-ω-hydroxypoly-(oxy-1,2-ethanediyl), *see* M-00089
▷1-Methyl-4-(1-methylethyl)-2,3-dioxabicyclo[2.2.2]oct-5-ene, *see* A-00455
6-Methyl-1-(1-methylethyl)-ergoline-8-carboxylic acid 4-methoxycyclohexyl ester, *see* S-00047
▷1-Methyl-2-(1-methylethyl)-5-nitro-1*H*-imidazole, *see* I-00209
8-Methyl-8-(1-methylethyl)-3-[(1-oxo-2-propylpentyl)oxy]-8-azoniabicyclo[3.2.1]octane, *see* S-00081
▷7-Methyl-1-(1-methylethyl)-4-phenyl-2(1*H*)-quinazolinone, *see* P-00522
1-Methyl-5-(1-methylethyl)-5-(2-propenyl)-2,4,6(1*H*,3*H*,5*H*)-pyrimidinetrione, *see* A-00130
2-Methyl-1-[2-(1-methylethyl)pyrazolo[1,5-*a*]pyridin-3-yl]-1-propanone, *see* I-00006
β-Methyl-α-[4-[(1-methylethyl)thio]phenyl]-4-(1-oxo-3-phenyl-2-propenyl)-1-piperazineethanol, *see* S-00270
N-Methyl-*N*-(1-methylethyl)-*N*-[2-[(9*H*-xanthen-9-ylcarbonyl)-oxy]ethyl]-2-propanaminium, *see* P-00492
Methyl 4-*O*-methyl-α-D-glucopyranosiduronamide, *in* G-00058
Methyl 4-*O*-methyl-β-D-glucopyranosiduronamide, *in* G-00058
▷*N*-Methyl-*N*′-[2-[[(5-methyl-1*H*-imidazol-4-yl)methyl]thio]-ethyl]thiourea, *see* M-00316
N-Methyl-*N*-[4-[(7-methyl-1*H*-imidazo[4,5-*f*]quinolin-9-yl)-amino]phenyl]acetamide, *see* A-00045
5-Methyl-2-[3-methyl-5-[5-(2-methyl-1-propenyl)-3-furanyl]-2-hexenyl]benzoic acid, *see* C-00561
Methyl 6-methyl-2-[[(3-methyl-2-pyridyl)methyl]sulfinyl]-1*H*-benzimidazole-5-carboxylate, *see* P-00240
▷*O*-Methyl [2-(2-methyl-5-nitro-1*H*-imidazol-1-yl)ethyl]-carbamothioate, *see* C-00083
1-Methyl-1-[1-methyl-2-oxo-2-(10*H*-phenothiazin-10-yl)-ethyl]-pyrrolidinium, *see* P-00520
1-Methyl-4-(4-methylpentyl)cyclohexanecarboxylic acid, M-00268
1-Methyl-5-(1-methyl-2-pentynyl)-5-(2-propenyl)-2,4,6(1*H*,3*H*,5*H*)-pyrimidinetrione, *see* M-00187
N-Methyl-*N*-(α-methylphenethyl)furfurylamine, *see* F-00291
Methyl(α-methylphenethyl)prop-2-ynylamine, *see* D-00449
N-Methyl-γ-(2-methylphenoxy)benzenepropanamine, *see* T-00377
α-Methyl-*N*-(1-methyl-2-phenoxyethyl)benzeneethanamine, *see* M-00269
α-Methyl-*N*-(1-methyl-2-phenoxyethyl)phenethylamine, M-00269
▷2-Methyl-4-[(2-methylphenyl)azo]benzenamine, *see* A-00251
N-Methyl-2-[(*o*-methyl-α-phenylbenzyl)oxy]ethylamine, *see* T-00339
▷Methyl(3-methylphenyl)carbamothioic acid *O*-2-naphthalenyl ester, *see* T-00354
4-Methyl-*N*-[[(1-methyl-2-phenylethyl)amino]carbonyl]-benzenesulfonamide, *see* T-00389
N-Methyl-*N*-(1-methyl-2-phenylethyl)-2-furanmethanamine, *see* F-00291
▷1-Methyl-1-(1-methyl-2-phenylethyl)hydrazine, *see* D-00442
N-Methyl-*N*-(1-methyl-2-phenylethyl)-6-oxo-3-phenyl-1(6*H*)-pyridazineacetamide, *see* I-00174
N-Methyl-2-[(2-methylphenyl)phenylmethoxy]ethanamine, *see* T-00339
▷2-Methyl-1-(4-methylphenyl)-3-(1-piperidinyl)-1-propanone, *see* T-00364
2-Methyl-*N*-(2-methylphenyl)-2-(propylamino)propanamide, *see* Q-00003
▷2-Methyl-3-(2-methylphenyl)-4(3*H*)-quinazolinone, *see* M-00172
▷2-Methyl-11-(4-methyl-1-piperazinyl)dibenzo[*b,f*][1,4]-thiazepine, *see* M-00317
5-Methyl-3-(4-methyl-1-piperazinyl)-5*H*-pyridazino[3,4-*b*]-[1,4]benzoxazine, *see* P-00300
1-Methyl-1-(1-methyl-2-piperidyl)ethyl diphenyl acetate, *see* P-00271
α-Methyl-4-[(2-methyl-2-propenyl)amino]benzeneacetic acid, *see* A-00138
▷*N*-Methyl-*N*′-(1-methyl-2-propenyl)-1,2-hydrazinedicarbothioamide, *see* M-00165
2-Methyl-2-[(2-methylpropyl)amino]-1-propanol benzoate, *see* I-00179
α-Methyl-4-(2-methylpropyl)benzeneacetic acid, *see* I-00008
α-Methyl-4-(2-methylpropyl)benzeneacetic acid 2-[4-(3-chlorophenyl)-1-piperazinyl]ethyl ester, *see* L-00067
α-Methyl-4-(2-methylpropyl)benzeneacetic acid 2-[4-[3-(trifluoromethyl)phenyl]-1-piperazinyl]ethyl ester, *see* F-00263
▷2-Methyl-2-(1-methylpropyl)-1,3-propanediol dicarbamate, *see* M-00039
1-Methyl-3-[(methylsulfonyl)methyl]-*N*-[3-[3-(1-piperidinylmethyl)phenoxy]propyl]-1*H*-1,2,4-triazol-5-amine, *see* S-00179
1-Methyl-1-[2-(*N*-methyl-α-2-thienylmandelamido)ethyl]-pyrrolidinium, *see* D-00587
4-Methyl-5-[4-(methylthio)benzoyl]-4-imidazolin-2-one, *see* E-00062
1-Methyl-2-[[4-(methylthio)phenoxy]methyl]-5-nitroimidazole, *see* F-00098
1-Methyl-3-[3-methyl-4-[4-[(trifluoromethyl)thio]phenoxy]-phenyl]-1,3,5-triazine-2,4,6(1*H*,3*H*,5*H*)-trione, *see* T-00371
▷Methylmitomycin *C*, *see* P-00388
▷1-Methylmocimycin, *in* M-00413
17-Methylmorphinan-3-ol, *see* H-00166
▷Methylmorphine, *see* C-00525
4-Methyl-7-(4-morpholinocarboxamido)-3-(2-morpholinoethyl)-coumarin, *see* M-00445
1-(3-Methyl-4-morpholino-2,2-diphenylbutyryl)pyrrolidine, *see* M-00437

▷2-Methyl-*N*-(morpholinomethyl)-2-phenylsuccinimide, *see* M-00453
1-Methyl-3-morpholinopropyl tetrahydro-4-phenyl-2*H*-pyran-4-carboxylate, *see* F-00027
1-[[4-Methyl-7-[(4-morpholinylcarbonyl)amino]-2-oxo-2*H*-1-benzopyran-3-yl]methyl]-2-(4-morpholinyl)ethyl-3-(3,4,5-trimethoxyphenyl)-2-propenoate, *see* C-00359
4-[5-Methyl-6-[[2-(4-morpholinyl)ethyl]amino]-3-pyridazinyl]-phenol, *see* M-00466
N-[4-Methyl-3-[2-(4-morpholinyl)ethyl]-2-oxo-2*H*-1-benzopyran-7-yl]-4-morpholinecarboxamide, *see* M-00445
▷3-Methyl-1-(4-morpholinylmethyl)-3-phenyl-2,5-pyrrolidinedione, *see* M-00453
1-[3-Methyl-4-(4-morpholinyl)-1-oxo-2,2-diphenylbutyl]-pyrrolidine, *see* M-00437
4-Methyl-*N*-[3-(4-morpholinyl)propyl]-6-(trifluoromethyl)-4*H*-furo[3,2-*b*]indole-2-carboxamide, M-00270
α-Methyl-1-naphthaleneacetic acid 1,4-piperazinediyldi-2,1-ethanediyl ester, *see* N-00017
▷2-Methyl-1,4-naphthalenediol, *see* D-00333
▷2-Methyl-1,4-naphthalenedione, *see* M-00271
1-Methyl-4-(1-naphthalenylcarbonyl)-1*H*-pyrrole-2-carboxylic acid, *see* N-00046
▷2-Methyl-1,4-naphthoquinol, *see* D-00333
▷2-Methyl-1,4-naphthoquinone, M-00271
2-Methylnaphthoquinone 4-oxime *O*-carboxymethyl ether, *see* M-00087
O-[(2-Methyl-1-naphthyl)methyl]hydroxylamine, *see* N-00019
3-Methyl-1-[2-(2-naphthyloxy)ethyl]-5-pyrazolone, *see* N-00011
5-Methyl-1,6-naphthyridin-2(1*H*)-one, M-00272
Methylnicethamide, *in* D-00241
Methylniphenazine, M-00273
▷1-Methylnirvanol, *see* M-00179
▷3-Methylnirvanol, *see* M-00188
2-Methyl-6-[2-(5-nitro-2-furanyl)ethenyl]-4(1*H*)-pyrimidinone, *see* N-00136
▷4-Methyl-1-[[(5-nitro-2-furanyl)methylene]amino]-2-imidazolidinone, *see* N-00122
5-Methyl-3-[[(5-nitro-2-furanyl)methylene]amino]-2-oxazolidinone, *see* F-00293
▷3-Methyl-*N*-[(5-nitro-2-furanyl)methylene]-4-thiomorpholinamine 1,1-dioxide, *see* N-00134
▷4-Methyl-1-[(5-nitrofurfurylidene)amino]-2-imidazolidinone, *see* N-00122
5-Methyl-3-(5-nitrofurfurylideneamino)-2-oxazolidinone, *see* F-00293
▷3-Methyl-4-[(5-nitrofurfurylidene)amino]-4-thiomorpholine, *see* N-00134
N-Methyl-3-[[3-(5-nitro-2-furyl)allylidene]amino]-2-oxo-1-imidazolidinecarboxamide, *see* N-00123
2-Methyl-6-[2-(5-nitro-2-furyl)vinyl]-4-pyrimidinol, *see* N-00136
▷2-Methyl-5-nitro-1*H*-imidazole-1-ethanol, *see* M-00344
▷1-Methyl-5-nitro-1*H*-imidazole-2-methanol carbamate, *see* R-00084
2-Methyl-5-nitro-1*H*-imidazole-1-propanol, *see* T-00094
▷2-Methyl-5-nitroimidazol-1-ylethanol, *see* M-00344
4-[2-(1-Methyl-5-nitro-1*H*-imidazol-2-yl)ethenyl]-2-pyrimidinamine, *see* A-00502
▷4-[2-(2-Methyl-5-nitroimidazol-1-yl)ethyl]pyridine, *see* P-00013
▷4-[2-(2-Methyl-5-nitro-1*H*-imidazol-1-yl)ethyl]pyridine, *see* P-00013
▷3-[[(1-Methyl-5-nitro-1*H*-imidazol-2-yl)methylene]amino]-5-(4-morpholinylmethyl)-2-oxazolidinone, *see* M-00467
2-[(1-Methyl-5-nitro-1*H*-imidazol-2-yl)methylene]-3-oxobutanoic acid ethyl ester, *see* P-00494
1-(1-Methyl-5-nitro-1*H*-imidazol-2-yl)-3-(methylsulfonyl)-2-imidazolidinone, *see* S-00028
2-[[(1-Methyl-5-nitro-1*H*-imidazol-2-yl)methyl]thio]pyridine, *see* P-00331
▷6-[(1-Methyl-4-nitro-1*H*-imidazol-5-yl)thio]-1*H*-purin-2-amine, *see* T-00178
▷6-[(1-Methyl-4-nitro-1*H*-imidazol-5-yl)thio]-1*H*-purine, *see* A-00513
2-Methyl-4-nitro-1-(4-nitrophenyl)-1*H*-imidazole, M-00274
▷5-Methyl-2-nitro-7-oxa-8-mercurabicyclo[4.2.0]octa-1,3,5-triene, *see* N-00181
▷[2-Methyl-5-nitrophenolato(2−)-C^6,O^1]mercury, *see* N-00181
3-Methyl-5-[(*p*-nitrophenyl)azo]rhodanine, *see* N-00176
3-Methyl-5-[(4-nitrophenyl)azo]-2-thioxo-4-thiazolidinone, *see* N-00176
▷Methylnitrophos, *see* F-00057
▷2-Methyl-5-nitro-1-[2-(γ-pyridyl)ethyl]imidazole, *see* P-00013
▷2-Methyl-*N*-[4-nitro-3-(trifluoromethyl)phenyl]propanamide, *see* F-00224
▷7-*O*-Methylnogarol, *see* M-00092
(2-Methyl-2-nonyl-1,3-dioxolan-4-yl)methyl carbamate, *see* D-00473
α-Methylnoradrenaline, *see* A-00249
α-Methylnorepinephrine, *see* A-00249
7α-Methylnoretynodrel, *see* T-00251
17-Methyl-19-nor-4,9-pregnadiene-3,20-dione, *see* D-00063
7α-Methyl-19-nor-17α-pregna-1,3,5(10)-trien-20-yne-1,3,17-triol 1,3-dibenzoate, *see* E-00135
11-Methyl-19-nor-4-pregnen-20-yne-3,17-diol, *see* M-00346
17-Methyl-Δ^9-19-norprogesterone, *see* D-00063
▷17-Methyl-B-nortestosterone, *see* B-00056
17α-Methyl-19-nortestosterone, *see* N-00221
▷2-[3-(5-Methyl-1,3,4-oxadiazol-2-yl)-3,3-diphenylpropyl]-2-azabicyclo[2.2.2]octane, *see* N-00232
6-Methyl-1,2,3-oxathiazin-4(3*H*)-one 2,2-dioxide, M-00275
1-Methyl-8-oxidoquinolinium inner salt, *in* H-00211
(3-Methyloxiranyl)phosphonic acid, M-00276
2-Methyl-3-oxo-2-azabicyclo[2.2.2]oct-6-yl β-methyl[1,1′-biphenyl]-4-pentanoate, M-00277
2-Methyl-4[(2-oxo-2*H*-1-benzopyran-7-yl)oxy]butanoic acid, *in* H-00114
α-Methyl-γ-oxo-(1,1′-biphenyl)-4-butanoic, *see* M-00157
4-[(1-Methyl-3-oxo-1-butenyl)amino]-3-isoxazolidinone, *see* P-00100
3-Methyl-4-oxo-4*H*-chromene, *see* M-00231
α-Methyl-4-[(2-oxocyclopentyl)methyl]benzeneacetic acid, *see* L-00108
4-[2-Methyl-4-oxo-3,3-diphenyl-4-(1-pyrrolidinyl)butyl]-morpholine, *see* M-00437
1-[*N*-(6-Methyl-1-oxoheptyl)-L-valine]pepstatin *A*, *in* P-00109
3-Methyl-1-(5-oxohexyl)-7-propylxanthine, *see* P-00495
1-[*N*-(4-Methyl-1-oxohexyl)-L-valine]pepstatin *A*, *in* P-00109
1-[*N*-(5-Methyl-1-oxohexyl)-L-valine]pepstatin *A*, *in* P-00109
[[3-Methyl-4-oxo-1(4*H*)-naphthylidene)amino]oxy]acetic acid, *see* M-00087
1-[*N*-(7-Methyl-1-oxooctyl)-L-valine]pepstatin *A*, *in* P-00109
1-[*N*-(4-Methyl-1-oxopentyl)-L-valine]pepstatin *A*, *in* P-00109
1-Methyl-3-oxo-4-phenyl-1-azoniabicyclo[2.2.2]octane, *see* M-00278
3-Methyl-4-oxo-2-phenyl-4*H*-1-benzopyran-8-carboxylic acid 2-(1-piperidinyl)ethyl ester, *see* F-00112
1-Methyl-3-oxo-4-phenylquinuclidinium(1+), M-00278
[3-Methyl-4-oxo-5-(1-piperidinyl)-2-thiazolidinylidene]-acetic acid, *see* O-00169
4-Methyl-3-[[1-oxo-2-(propylamino)propyl]amino]-2-thiophenecarboxylic acid methyl ester, *see* C-00103
17-Methyl-17β-(1-oxopropyl)estra-4,9-dien-3-one, *see* P-00476
3-Methyl-4-[(oxopropyl)phenylamino]-1-(2-phenylethyl)-4-piperidinecarboxylic acid methyl ester, *see* L-00073
▷Methyl 4-[(1-oxopropyl)phenylamino]-1-(2-phenylethyl)-4-piperidinecarboxylate, *see* C-00075
1-[*N*-(2-Methyl-1-oxopropyl)-L-valine]pepstatin *A*, *in* P-00109
1-Methyl-4-[(2-oxo-1-pyrrolidinyl)acetyl]piperazine, *see* P-00281
▷9-[[3-Methyl-1-oxo-4-[tetrahydro-3,4-dihydroxy-5-[[3-(2-hydroxy-1-methylpropyl)oxiranyl]methyl]-2*H*-pyran-2-yl]-2-butenyl]oxy]nonanoic acid, *see* P-00552

3-Methyl-8-oxo-7-[[[4-(1,4,5,6-tetrahydro-2-pyrimidinyl)-phenyl]acetyl]amino]-5-thia-1-azabicyclo[4.2.0]oct-2-ene-2-carboxylic acid, *see* C-00148

N-[(6-Methyl-5-oxo-3-thiomorpholinyl)carbonyl]-L-histidyl-L-prolinamide, *see* M-00431

3-Methyl-7-oxo-3-(1*H*-1,2,3-triazol-1-ylmethyl)-4-thia-1-azabicyclo[3.2.0]heptane-2-carboxylic acid 4,4-dioxide, *see* T-00043

Methyl palmoxirate, *in* T-00110

▷Methylparaben, *in* H-00113

▷Methyl parasept, *in* H-00113

Methylpartricin, *in* P-00042

Methyl 2,3,4,5,6-penta-*O*-acetyl-D-gluconate, *in* G-00055

3-Methyl-2,4-pentanediol, M-00279

▷3-Methyl-3-pentanol carbamate, *see* E-00042

▷4-Methyl-3-penten-2-one (1-phthalazinyl)hydrazone, *see* B-00346

▷3-Methyl-3-pentyl carbamate, *see* E-00042

5-Methyl-2-pentylphenol, M-00280

▷Methylpentynol, *see* M-00281

▷3-Methyl-1-pentyn-3-ol, M-00281

▷Methylperidol, *in* M-00432

Methylperone, *see* M-00083

▷(15*R*)-Methyl-PGE$_2$, *in* D-00334

(15*R*)-Methyl-*ent*-PGE$_2$ *in* D-00334

▷(15*S*)-Methyl-PGE$_2$, *in* D-00334

(15*S*)-Methyl-*ent*-PGE$_2$, *in* D-00334

▷15-Methyl-PGF$_{2\alpha}$, *see* C-00062

▷*N*-Methylphenacetin, *in* E-00161

▷β-Methylphenethylamine, *see* P-00203

9-[2-[(α-Methylphenethyl)amino]ethyl]acridine, *see* A-00048

▷4-[2-[(α-Methylphenethyl)amino]ethyl]morpholine, *see* M-00441

7-[2-[(α-Methylphenethylamino)]ethyl]theophylline, *see* F-00047

▷[(α-Methylphenethyl)amino]phenylacetonitrile, *see* A-00183

3-[(α-Methylphenethyl)amino]propionitrile, *see* F-00073

▷*N*-[2-(*N*-Methylphenethylamino)propyl]propionanilide, *see* D-00142

▷Methyl β-phenethyl ether, *in* P-00187

N-(α-Methylphenethyl)formamide, *in* P-00202

▷α-Methylphenethylhydrazine, *see* M-00289

▷Methyl 1-phenethyl-4-(*N*-phenylpropionamido)isonipecotate, *see* C-00075

3-(α-Methylphenethyl)sydnone imine, *see* F-00086

N-(α-Methylphenethyl)thioxanthene-9-ethylamine, *see* T-00328

1-(α-Methylphenethyl)-3-(*p*-tolylsulfonyl)urea, *see* T-00389

▷Methylphenidate, *in* R-00065

▷Methylphenidate hydrochloride, *in* R-00065

▷Methylphenobarbital, *see* E-00206

10-Methyl-10*H*-phenothiazine-2-acetic acid, *in* P-00168

1-Methyl-1-(1-phenothiazin-10-ylcarbonylethyl)pyrrolidinium, *see* P-00520

1-Methyl-3-(10*H*-phenothiazin-10-ylmethyl)-1-azoniabicyclo[2.2.2]octane, *see* M-00110

▷2-[2-[4-[2-Methyl-3-(10*H*-phenothiazin-10-yl)propyl]-1-piperazinyl]ethoxy]ethanol, *see* D-00557

α-Methyl-3-phenoxybenzeneacetic acid, *see* P-00172

2-[(1-Methyl-2-phenoxyethyl)amino]-1-phenyl-1,3-propanediol, *see* S-00094

(1-Methyl-2-phenoxyethyl)hydrazine, M-00282

▷3-(2-Methylphenoxy)-1,2-propanediol, M-00283

▷3-(2-Methylphenoxy)-1,2-propanediol 1-carbamate, *in* M-00283

2-Methyl-2-phenoxypropanoic acid 2-(4-morpholinyl)ethyl ester, *see* P-00480

5-(3-Methylphenoxy)-2(1*H*)-pyrimidinone, M-00284

Methyl 16-phenoxy-9,11,15-trihydroxy-ω-tetranorprosta-4,5,13-trienoate, *see* F-00074

1-(4-Methylphenyl)-3-azabicyclo[3.1.0]hexane, M-00285

8-Methyl-3-phenyl-8-azabicyclo[3.2.1]octane-2-carboxylic acid methyl ester, *see* T-00549

α-Methyl-γ-phenylbenzenepropanamine, *see* D-00489

α-Methyl-3-phenyl-7-benzofuranacetic acid, M-00286

α-Methyl-2-phenyl-6-benzothiazoleacetic acid, M-00287

▷2-Methyl-3-phenyl-2-butylamine, M-00288

6-Methyl-2-phenylcinchoninic acid, *see* M-00295

N-(1-Methyl-2-phenylethyl)-9-acridineethanamine, *see* A-00048

▷α-[(1-Methyl-2-phenylethyl)amino]benzeneacetonitrile, *see* A-00183

▷*N*-[2-[Methyl(2-phenylethyl)amino]propyl]-*N*-phenylpropanamide, *see* D-00142

▷(1-Methyl-2-phenylethyl)hydrazine, M-00289

2-Methyl-1-(1-phenylethyl)-1*H*-imidazole, *see* E-00018

▷*N*-(1-Methyl-2-phenylethyl)-4-morpholineethanamine, *see* M-00441

▷3-(1-Methyl-2-phenylethyl)-*N*-(phenylaminocarbonyl)sydnone imine, *see* M-00133

▷*N*-(1-Methyl-2-phenylethyl)-γ-phenylbenzenepropanamine, *see* P-00423

N-[1-(1-Methyl-2-phenylethyl)-4-piperidinyl]-*N*-phenylpropanamide, *see* M-00255

N-[3-Methyl-1-(2-phenylethyl)-4-piperidinyl]-*N*-phenylpropanamide, *see* M-00065

5-Methyl-2-phenyl-1*H*-imidazole-4-acetonitrile, *see* M-00063

1-Methyl-4-phenylisonipecotic acid isopropyl ester, *see* P-00498

▷1-Methyl-4-phenylisonipecotic ethyl ester, *see* P-00131

▷6-(5-Methyl-3-phenyl-1-isoxazolecarboxamido)penicillanic acid, *see* O-00074

N-[(2-Methylphenyl)methyl]adenosine, *in* A-00067

N-Methyl-*N*-(phenylmethyl)benzenemethanamine, *see* M-00244

3-[[(4-Methylphenyl)methylene]amino]-4-phenyl-2(3*H*)-thiazolethione, *see* F-00099

N-Methyl-4-[2-(phenylmethyl)phenoxy]-1-butanamine, *see* B-00161

1-[1-Methyl-2-[2-(phenylmethyl)phenoxy]ethyl]piperidine, *see* B-00061

1′-[(4-Methylphenyl)methyl]-3-phenyl[3,4′-bipiperidine]-2,6-dione, *see* M-00079

1-(3-Methylphenyl)-4-[2-(5-methyl-1*H*-pyrazol-3-yl)ethyl]-piperazine, *see* T-00365

▷2-Methyl-*N*-(phenylmethyl)-7*H*-pyrrolo[2,3-*d*]pyrimidin-4-amine, *see* R-00079

▷3-Methyl-2-phenylmorpholine, M-00290

▷4-[(3-Methyl-2-phenylmorpholino)methyl]antipyrine, *see* M-00439

5-Methyl-6-phenyl-3-morpholinone, M-00291

N-(*p*-Methyl-α-phenylphenethyl)linoleamide, *see* M-00416

N-[2-(4-Methylphenyl)-1-phenyethyl-9,12-octadecadienamide, *see* M-00416

▷1-Methyl-*N*-phenyl-*N*-(phenylmethyl)-4-piperidinamine, *see* B-00106

β-Methyl-α-phenyl-α-(phenylmethyl)-1-pyrrolidinepropanol acetate, *see* P-00599

2-[2-[4-(3-Methylphenyl)-1-piperazinyl]ethyl]quinoline, *see* C-00166

▷1-Methyl-4-phenyl-4-piperidinecarboxylic acid ethyl ester, *see* P-00131

1-Methyl-4-phenyl-4-piperidinecarboxylic acid 1-methylethyl ester, *see* P-00498

5-Methyl-4-phenyl-1-(1-piperidyl)-3-hexanol, *see* P-00295

α-[1-[Methyl(3-phenyl-2-propenyl)amino]ethyl]-benzenemethanol, *see* C-00371

Methyl 3-phenyl-2-propen-1-yl 1,4-dihydro-2,6-dimethyl-4-(3-nitrophenyl)-3,5-pyridinedicarboxylate, M-00292

N-Methyl-*N*-(3-phenyl-2-propenyl)-1-naphthalenemethanamine, *see* N-00024

1-Methyl-4-phenyl-3-(2-propenyl)-4-piperidinol propanoate, *see* A-00133

1-(2-Methylphenyl)-2-propylamine, *see* O-00065

N-[(2-Methylphenyl)-2-propylamino]propanamide, *see* P-00432

1-[1-[[(1-Methyl-1-phenyl-2-propynyl)oxy]methyl]-2-(2-methylpropoxy)ethyl]pyrrolidine, *see* F-00265

N′-(3-Methyl-1-phenylpyrazol-5-yl)sulfanilamide, *see* S-00207

4-[2-[(4-Methyl-6-phenyl-3-pyridazinyl)amino]ethyl]-morpholine, *see* M-00381
N-(4-Methyl-6-phenyl-3-pyridazinyl)-4-morpholineethanamine, *see* M-00381
5-Methyl-1-phenyl-2(1*H*)-pyridinone, M-00293
3-(2-Methylphenyl)-2-[2-(pyridinyl)ethenyl]-4(3*H*)-quinazolinone, *see* P-00335
1-(2-Methylphenyl)-4-[3-(2-pyridinyloxy)propyl]piperazine, *see* T-00383
N-Methyl-2-phenyl-*N*-(3-pyridylmethyl)hydracrylamide, *see* P-00259
▷1-Methyl-3-phenyl-2,5-pyrrolidinedione, M-00294
1-(4-Methylphenyl)-2-(1-pyrrolidinyl)-1-pentanone, *see* P-00592
▷2-[1-(4-Methylphenyl)-3-(1-pyrrolidinyl)-1-propenyl]pyridine, *see* T-00529
6-Methyl-2-phenyl-4-quinolinecarboxylic acid, M-00295
▷*N*-Methyl-2-phenylsuccinimide, *see* M-00294
[[[2-[[[[(4-Methylphenyl)sulfonyl]amino]carbonyl]amino]-phenyl]amino]carbonyl]phosphoramidic acid diethyl ester, *see* D-00554
[[[2-[[[[(4-Methylphenyl)sulfonyl]amino]carbonyl]amino]-phenyl]amino]thioxomethyl]phosphoramidic acid diethyl ester, *see* U-00013
[(4-Methylphenyl)sulfonyl]carbamic acid 2-methoxyethyl ester, *see* T-00391
N-[(4-Methylphenyl)sulfonyl]-1-pyrrolidinecarboxamide, *see* T-00368
▷1-Methyl-*N*-phenyl-*N*-(2-thienylmethyl)-4-piperidinamine, *see* T-00163
▷Methyl 5-phenylthio-1*H*-benzimidazol-2-yl carbamate, *see* F-00037
1-[1-Methyl-2-[(α-phenyl-*o*-tolyl)oxy]ethyl]piperidine, *see* B-00061
▷1-Methyl-5-phenyl-7-(trifluoromethyl)-1*H*-1,5-benzodiazepine-2,4-(3*H*,5*H*)-dione, *see* T-00460
N-Methyl-3-phenyl-3-(α,α,α-trifluoro-*p*-tolyloxy)propylamine, *see* F-00194
3-Methyl-2-phenylvalerate, diethyl(2-hydroxyethyl)methyl-ammonium, *see* V-00003
Methyl phosphonoacetate, *in* P-00215
▷*N*-Methyl-*N*-[2-(phosphonooxy)ethyl]guanidine, *see* C-00559
2-Methyl-3-phytyl-1,4-naphthalenedioldiphosphate, *see* P-00228
▷2-Methyl-3-phytyl-1,4-naphthoquinone, *see* V-00064
1-Methylpicolinaldoxime cation, *see* P-00395
4-Methylpicolinic acid, *see* M-00303
▷1-Methyl-2′,6′-pipecoloxylidide, *see* M-00101
▷1-Methylpiperazine, *in* P-00285
▷4-Methyl-1-piperazineacetic acid [(5-nitro-2-furanyl)-methylene]hydrazide, *see* N-00127
▷4-Methyl-1-piperazinecarboxylic acid 6-(5-chloro-2-pyridinyl)-6,7-dihydro-7-oxo-5*H*-pyrrole[3,4-*b*]pyrazin-5-yl ester, *see* Z-00037
▷6-(4-Methyl-1-piperazinyl)-11*H*-dibenz[*b*,*e*]azepine, *see* P-00126
[5-(4-Methyl-1-piperazinyl)-9*H*-dithieno[3,4-*b*:3′,4′-*e*]-azepin-9-ylidene]acetonitrile, *see* T-00069
5-(4-Methyl-1-piperazinyl)imidazo[2,1-*b*][1,3,5]-benzothiadiazepine, *see* P-00097
▷3-[[(4-Methyl-1-piperazinyl)imino]methyl]rifamycin, *see* R-00045
1-[(4-Methyl-1-piperazinyl)methyl]-2-(2-methylpropoxy)-ethyl α-ethylbenzeneacetate, *see* F-00048
▷6-(4-Methyl-1-piperazinyl)morphanthridine, *see* P-00126
10-[3-(4-Methyl-1-piperazinyl)propionyl]-2-(trifluoromethyl)-phenothiazine, *see* F-00270
▷10-[3-(4-Methyl-1-piperazinyl)propyl]-10*H*-phenothiazine, *see* P-00116
▷1-[10-[3-(4-Methyl-1-piperazinyl)propyl]-10*H*-phenothiazin-2-yl]-1-butanone, *see* B-00394
▷10-[3-(4-Methyl-1-piperazinyl)propyl]-2-(trifluoromethyl)-10*H*-phenothiazine, *see* T-00463
2-Methyl-1-piperidinepropanol benzoate ester, *see* P-00292
Methyl *o*-[*p*-(2-piperidinoethoxy)benzoyl]benzoate, *see* P-00359
▷*N*-(1-Methyl-2-piperidinoethyl)propionanilide, *see* P-00143
2-Methyl-3-(β-piperidino-*p*-phenetidino)phthalimidine, *see* O-00045
▷3-(2-Methylpiperidino)propyl *p*-cyclohexyloxybenzoate, *see* C-00625
2-Methyl-3-piperidinopyrazine, *see* M-00296
▷2-Methyl-3-piperidino-1-*p*-tolylpropan-1-one, *see* T-00364
1-Methyl-4-piperidinyl bis(4-chlorophenoxy)acetate, *see* L-00046
▷1-Methyl-4-piperidinyl 4-(butylamino)benzoate, *see* P-00038
1-Methyl-3-piperidinyl α-cyclohexyl-α-hydroxybenzeneacetate, *see* P-00497
Methyl 2-[4-[2-(1-piperidinyl)ethoxy]benzoyl]benzoate, *see* P-00359
2-(4-Methylpiperidinyl)ethyl 6-ethyl-2,3,6,9-tetrahydro-3-methyl-2,9-dioxothiazolo[5,4-*f*]quinoline-8-carboxylate, *see* M-00321
▷*N*-[1-Methyl-2-(1-piperidinyl)ethyl]-*N*-phenylpropanamide, *see* P-00143
▷*N*-[1-Methyl-2-(1-piperidinyl)ethyl]-*N*-2-pyridinylpropanamide, *see* P-00505
5-(1-Methyl-4-piperidinylidene)-5*H*-[1]benzopyrano[2,3-*b*]-pyridine, *see* A-00501
▷10-[(1-Methyl-3-piperidinyl)methyl]-10*H*-phenothiazine, *see* P-00048
1-Methyl-5-[[3-[3-(1-piperidinylmethyl)phenoxy]propyl]-amino]-1*H*-1,2,4-triazole-3-methanol, *see* L-00109
1-Methyl-N^5-[3-[3-(1-piperidinylmethyl)phenoxy]propyl]-1*H*-1,2,4-triazole-3,5-diamine, *see* L-00007
1-Methyl-4-piperidinyl α-phenyl-α-propoxybenzeneacetate, *see* P-00507
2-Methyl-3-(1-piperidinyl)pyrazine, M-00296
1-Methyl-5-[3-(α-piperidinyl-*m*-tolyloxy)propylamino]-1*H*-1,2,4-triazole-3-methanol, *see* L-00109
8-Methyl-6-(1-piperidinyl)-1,2,4-triazolo[4,3-*b*]pyridazine, *see* Z-00019
4-(3-Methyl-1-piperidinyl)-1-(2,4,6-trimethoxyphenyl)-1-butanone, *see* P-00118
1-Methyl-4-piperidyl diphenylpropoxyacetate, *see* P-00507
▷10-[2-(1-Methyl-2-piperidyl)ethyl]-2(methylsulfinyl)-10*H*-phenothiazine, *see* M-00134
▷10-[2-(1-Methyl-2-piperidyl)ethyl]-2-(methylsulfonyl)-phenothiazine, *see* S-00222
▷10-[2-(1-Methyl-2-piperidyl)ethyl]-2-(methylthio)-10*H*-phenothiazine, *see* T-00209
▷9-(*N*-Methyl-3-piperidylmethyl)thioxanthene, *see* M-00185
1-Methyl-3-piperidyl α-phenylcyclohexaneglycolate, *see* P-00497
▷7-Methyl-5-piperonyl-1,3-dioxolo[4,5-*g*]isoquinoline, *see* M-00267
▷Methylprednisolone, M-00297
▷6α-Methylprednisolone, *see* M-00297
Methylprednisolone aceponate, *in* M-00297
▷Methylprednisolone acetate, *in* M-00297
Methylprednisolone hemisuccinate, *in* M-00297
Methylprednisolone sodium phosphate, *in* M-00297
▷Methylprednisolone sodium succinate, *in* M-00297
Methylprednisolone suleptanate, *in* M-00297
▷Methylprednisone, *in* D-00336
Methylprednisone hemisuccinate, *in* D-00336
2-Methylpropanoic acid 4-[2-(methylamino)ethyl]-1,2-phenylene ester, *see* I-00005
Methylpropanolol methochloride, *in* P-00399
5-Methyl-3-(2-propenyl)-2,4-oxazolidinedione, *see* A-00143
4-(1-Methyl-1-propenyl)phenol, M-00298
17α-Methyl-17-propionylestra-4,9-dien-3-one, *see* P-00476
Methyl (6-propoxy-2-benzothiazolyl)carbamate, *see* T-00309
β-[(2-Methylpropoxy)methyl]-*N*-phenyl-*N*-(phenylmethyl)-1-pyrrolidineethanamine, *see* B-00134
1-[1-[(2-Methylpropoxy)methyl]-2-[[1-(1-propynyl)-cyclohexyl]oxy]ethyl]pyrrolidine, *see* D-00582
N-[4-(2-Methylpropoxy)phenyl-*N*′-[4-(2-pyridinyl)phenyl]-thiourea, *see* T-00197
2-[(2-Methylpropyl)amino]ethanol 3-aminobenzoate, *see* M-00143

2-[(2-Methylpropyl)amino]ethyl 4-aminobenzoate, M-00299
4-Methyl-3-[2-(propylamino)propionamido]-2-thiophenecarboxylic acid methyl ester, *see* C-00103
2-Methyl-2-(propylamino)-*o*-propionotoluidide, *see* Q-00003
▷4-(2-Methylpropyl)benzeneacetic acid, *see* I-00007
α-(1-Methylpropyl)benzeneacetic acid 1-methyl-4-piperidinyl ester, *see* P-00091
2-Methylpropyl 2-cyano-2-propenoate, M-00300
2-Methylpropyl 4-(6,7-dimethoxy-4-quinazolinyl)-1-piperazinecarboxylate, *see* P-00312
▷Methyl propyl ether, *see* M-00214
▷2-[4-(2-Methylpropyl)phenyl]butanoic acid, *see* B-00402
▷α-(1-Methylpropyl)-α-phenyl-1-piperidinebutanenitrile, *see* B-00431
2-[4-(2-Methylpropyl)phenyl]propanoic acid, *see* I-00008
▷2-Methyl-2-propyl-1,3-propanediol dicarbamate, *see* M-00104
▷5-(1-Methylpropyl)-5-(2-propenyl)-2,4,6(1*H*,3*H*,5*H*)-pyrimidinetrione, *see* T-00007
▷5-(2-Methylpropyl)-5-(2-propenyl)-2,4,6(1*H*,3*H*,5*H*)-pyrimidinetrione, *see* B-00386
5-(2-Methylpropyl)-3-(2-propenyl)-2-thioxo-4-imidazolidinone, *see* A-00102
▷3-(1-Methyl-3-propyl-3-pyrrolidinyl)phenol, *see* P-00462
Methyl 5-(propylsulfinyl)benzimidazol-2-ylcarbamate, *in* A-00096
▷Methyl [5-(propylthio)-1*H*-benzimidazol-2-yl]carbamate, *see* A-00096
▷5-Methyl-5-propyl-2-*p*-tolyl-1,3,2-dioxaborinane, M-00301
N-Methyl-*N*-2-propynylamphetamine, *see* D-00449
▷*N*-Methyl-*N*-2-propynylbenzenemethanamine, *see* P-00037
▷*N*-Methyl-*N*-2-propynylbenzylamine, *see* P-00037
4-Methyl-7-(2-propynyloxy)-2*H*-1-benzopyran-2-one, *see* G-00024
4-Methyl-7-(2-propynyloxy)coumarin, *see* G-00024
▷Methylproscillaridin, *in* D-00319
Methylpseudoephedrine, *in* D-00418
5-Methylpyrazinecarboxylic acid, M-00302
5-Methylpyrazinoic acid, *see* M-00302
▷4-Methyl-5-pyrazinyl-3*H*-1,2-dithiole-3-thione, *see* O-00042
N-(5-Methylpyrazolo[1,5-*c*]quinazolin-1-yl)acetamide, *see* Q-00022
7-Methylpyrazolo[1,5-*a*]-1,3,5-triazine-2,4-diamine, *see* D-00008
1-[2-(5-Methylpyrazol-3-yl)ethyl]-4-*m*-tolylpiperazine, *see* T-00365
2-Methyl-4-pyridinecarboxylic acid, M-00303
▷*N*-Methyl-2-pyridineethanamine, *see* M-00220
5-Methyl-3-(2-pyridinyl)-2*H*,5*H*-1,3-oxazino[5,6-*c*][1,2]-benzothiazine-2,4(3*H*)-dione 6,6-dioxide, *see* D-00615
1-Methyl-5-(3-pyridinyl)-2-pyrrolidinone, *see* C-00553
2-[1-Methyl-3-(3-pyridinyl)-1*H*-1,2,4-triazol-5-yl]-benzenemethanol, *see* F-00083
1-Methyl-2-(3-pyridyl)pyrrolidine, *see* N-00103
o-[1-Methyl-3-(3-pyridyl)-1*H*-1,2,4-triazol-5-yl]benzyl alcohol, *see* F-00083
▷*N'*-(4-Methyl-2-pyrimidinyl)sulfanilamide, *see* S-00242
N^1-(5-Methyl-2-pyrimidinyl)sulfanilamide, *see* S-00206
▷*N*-2-(4-Methylpyrimidyl)sulfanilamide, *see* S-00242
α-Methyl-1-pyrrolidineaceto-*o*-toluidide, *see* A-00434
N-(1-Methyl-2-pyrrolidinylidene)-*N'*-phenyl-1-pyrrolidinecarboximidamide, *see* P-00345
1-Methyl-3-pyrrolidinyl methyl benzilate, *see* T-00447
1-Methyl-2-pyrrolidinyl methyl bis(*p*-chlorophenoxy)acetate, *see* B-00154
N-[(1-Methyl-2-pyrrolidinyl)methyl]-5-(methylsulfamoyl)-*o*-veratramide, *see* S-00266
▷10-[(1-Methyl-3-pyrrolidinyl)methyl]-10*H*-phenothiazine, *see* M-00177
1-(1-Methyl-3-pyrrolidinylmethyl)-3-phenylindan, *see* P-00591
N-[(1-Methyl-2-pyrrolidinyl)methyl]-5-sulfamoyl-*o*-anisamide, *see* S-00228
3-(1-Methyl-2-pyrrolidinyl)pyridine, *see* N-00103
4'-Methyl-2-(1-pyrrolidinyl)valerophenone, *see* P-00592
1-Methylquinolinium-8-olate, *in* H-00211
5-Methyl-8-quinolinol, *see* H-00176
3-Methyl-2-quinoxalinecarboxylic acid, M-00304
3-Methyl-2-quinoxalinemethanol, *see* H-00164
▷Methyl reserpate, *in* R-00028
Methyl reserpate(*p*-methoxyphenoxy)acetate, *see* M-00066
2-Methyl-9-β-D-ribofuranosyladenine, *see* M-00219
▷1-*N*-Methylribostamycin, *in* R-00040
▷Methylrosaniline, *in* B-00209
▷Methyl salicylate, *see* M-00261
▷3-Methylsalicylic acid, *see* H-00155
▷4-Methylsalinomycin, *see* N-00050
▷2-Methylseclazone, *see* M-00132
Se-Methylselenomethionine, *in* S-00038
N^1-Methylsisomycin, *in* S-00082
1'-Methylspiro[isobenzofuran-1(3*H*),2'-pyrrolidin]-3-one, *see* S-00062
Methylsulfadiazine, *see* S-00206
▷4-Methylsulfadiazine, *see* S-00242
4-Methyl-2-sulfanilamidothiazole, *see* S-00255
3-Methyl-*N*-sulfanilylcrotonamide, *see* S-00192
▷2-[(Methylsulfinyl)acetyl]pyridine, *see* O-00120
▷(Methylsulfinyl)methyl-2 pyridyl ketone, *see* O-00120
7-(Methylsulfinyl)-9-oxo-9*H*-xanthene-2-carboxylic acid, M-00305
▷*N'*-[3-(Methylsulfinyl)propyl]bleomycinamide, *see* B-00242
▷2-(Methylsulfinyl)-1-(2-pyridinyl)ethanone, *see* O-00120
▷Methylsulfonal, *see* B-00211
4-(Methylsulfonyl)benzaldehyde, M-00306
10-(Methylsulfonyl)decanenitrile, M-00307
▷1-[3-[2-(Methylsulfonyl)phenothiazin-10-yl]propyl]-isonipecotamide, *see* M-00332
▷1-[3-[2-(Methylsulfonyl)-10*H*-phenothiazin-10-yl]propyl]-4-piperidinecarboxamide, *see* M-00332
1-(4-Methylsulfonylphenyl)-2-dichloroacetamido-3-fluoro-1-propanol, *see* F-00124
▷2-[4-(Methylsulfonyl)phenyl]imidazo[1,2-*a*]pyridine, *see* Z-00031
▷Methyl sulfoxide, *see* D-00454
4-*O*-Methylsynephrine, *in* S-00286
▷Methyltestosterone, *see* H-00154
Methyl 2,3,4,6-tetra-*O*-benzoyl-D-gluconate, *in* G-00055
Methyl 2,3,5,6-tetra-*O*-benzoyl-D-gluconate, *in* G-00055
5-Methyl-3-(2-tetrahydrofurylidene)tetrahydrofuran-2,4-dione, *see* C-00086
N^5-Methyltetrahydrohomofolic acid, *see* K-00021
2-Methyl-*N*-[3-(2,3,5,6-tetrahydroimidazo[2,1-*b*]thiazol-6-yl)-phenyl]propanamide, *see* B-00387
▷2-Methyl-2-[4-(1,2,3,4-tetrahydro-1-naphthalenyl)phenoxy]-propanoic acid, *see* N-00014
2-Methyl-5-(D-*arabino*-1,2,3,4-tetrahydroxybutyl)-3-furoic acid, M-00308
▷2-Methyl-3-(3,7,11,15-tetramethyl-2,6,10,14-hexadecatetra-enyl)-1,4-naphthalenedione, *see* M-00088
▷2-Methyl-3-(3,7,11,15-tetramethyl-2,6,10,14-hexadecatetra-enyl)-1,4-naphthoquinone, *see* M-00088
▷2-Methyl-3-(3,7,11,15-tetramethyl-2-hexadecenyl)-1,4-naphthalenedione, *see* V-00064
▷Methyl 5-(2-thenoyl)-2-benzimidazolecarbamate, *see* N-00196
▷1-Methyl-4-(*N*-2-thenylanilino)piperidine, *see* T-00163
▷Methyltheobromine, *see* C-00010
4'-[(5-Methyl-1,3,4-thiadiazol-2-yl)sulfamoyl]-phthalanilic acid, *see* P-00226
▷*N'*-(5-Methyl-1,3,4-thiadiazol-2-yl)sulfanilamide, *see* S-00243
2-Methyl-5-thiazolecarboxylic acid, M-00309
▷4-Methyl-5-thiazolecarboxylic acid, M-00310
N-[(2-Methyl-4-thiazolidinyl)carbonyl]-β-alanine methyl ester, *see* A-00141
α-Methyl-4-(2-thiazolyloxy)benzeneacetic acid, *see* T-00186
1-Methyl-4-thieno[2,3-*c*][2]benzothiepin-4(9*H*)-ylidenepiperidine, *see* P-00297
▷α-Methyl-4-(2-thienylcarbonyl)benzeneacetic acid, *see* S-00274

▷Methyl [5-(2-thienylcarbonyl)-1*H*-benzimidazol-2-yl]carbamate, *see* N-00196
2-Methylthioadenosine 5′-(dihydrogen phosphate), M-00311
2-Methylthio-5′-adenylic acid, *see* M-00311
2-Methylthio-AMP, *see* M-00311
7-[4-(Methylthio)benzoyl]-5-benzofuranacetic acid, *see* T-00267
▷6-Methylthiochroman-7-sulfonamide 1,1-dioxide, *see* M-00319
▷6-(Methylthio)inosine, *in* T-00204
▷5-[(Methylthio)methyl]-3-[[(5-nitro-2-furanyl)methylene]-amino]-2-oxazolidinone, *see* N-00118
▷5-Methylthiomethyl-3-(5-nitrofurfurylideneamino)-oxazolidin-2-one, *see* N-00118
8*β*-[(Methylthio)methyl]-6-propylergoline, *see* P-00119
▷Methylthioninium chloride, *in* B-00208
6-(Methylthio)-4-oxo-3(4*H*)-quinazolineacrylic acid, *see* T-00235
3-[6-(Methylthio)-4-oxo-3(4*H*)-quinazolinyl]-2-propenoic acid, *see* T-00235
▷6-(Methylthio)-9-*β*-D-ribofuranosyl-9*H*-purine, *in* T-00204
▷Methylthiouracil, *see* D-00293
▷6-Methyl-2-thiouracil, *see* D-00293
▷1-Methyl-4-(thioxanthen-9-ylidene)piperidine, *see* P-00257
▷1-Methyl-4-(9*H*-thioxanthen-9-ylidene)piperidine, *see* P-00257
▷1-Methyl-3-(9*H*-thioxanthen-9-ylmethyl)piperidine, *see* M-00185
α-Methylthyroxine ethyl ester, *see* E-00241
▷1-Methyl-5-*p*-toluoylpyrrole-2-acetic acid, *see* T-00353
▷2-Methyl-3-*o*-tolyl-4(3*H*)-quinazolinone, *see* M-00172
▷2-Methyl-3-*o*-tolyl-6-sulfamoyl-7-chloro-1,2,3,4-tetrahydro-4-quinazolinone, *see* M-00330
Methyl 3,4,6-tri-*O*-acetyl-2-deoxy-2-fluoro-*β*-D-glucopyranoside, *in* D-00078
Methyl 3,5,6-tri-*O*-benzyl-D-glucofuranoside, *see* M-00032
α-Methyl-*N*-(2,2,2-trichloroethylidene)benzeneethanamine, *see* A-00366
α-Methyl-*N*-(2,2,2-trichloroethylidene)phenethylamine, *see* A-00366
2-Methyl-4-(2,2,2-trichloro-1-hydroxyethoxy)-2-pentanol, *see* C-00205
N-Methyl-*N*′-(2,2,2-trichloro-1-hydroxyethyl)urea, *see* M-00048
α-Methyltricyclo[3.3.1.1^{3,7}]decane-1-methanamine, *see* A-00063
2-[[[3-Methyl-4-(2,2,2-trifluoroethoxy)-2-pyridinyl]-methyl]-sulfinyl]-1*H*-benzimidazole, *see* L-00008
4,4′-[1-Methyl-2-(2,2,2-trifluoroethyl)]-1,2-ethanediylbis[2-fluorophenol], *in* T-00089
4,4′-[1-Methyl-2-(2,2,2-trifluoroethyl)-1,2-ethanediyl]bisphenol, *see* T-00089
▷*α*-Methyl-3-(trifluoromethyl)benzeneethanamine, *see* M-00312
▷*α*-Methyl-4-(trifluoromethyl)benzeneethanamine, *see* M-00313
1-Methyl-6-(trifluoromethyl)carbostyril, *see* M-00314
▷*α*-Methyl-*m*-(trifluoromethyl)phenethylamine, M-00312
▷*α*-Methyl-*p*-(trifluoromethyl)phenethylamine, M-00313
▷2-[[*α*-methyl-*m*-(trifluoromethyl)phenethyl]amino]ethyl benzoate, *see* B-00050
α-[[*α*-Methyl-*m*-(trifluoromethyl)phenethyl]carbamoyl]-*p*-acetanisidide, *see* F-00135
N-Methyl-3-[3-(trifluoromethyl)phenoxy]-1-azetidinecarboxamide, *see* F-00235
N-Methyl-*γ*-[4-(trifluoromethyl)phenoxy]benzenepropanamine, *see* F-00194
2-[[2-Methyl-3-(trifluoromethyl)phenyl]amino]-3-pyridinecarboxylic acid, *see* F-00169
▷2-[[1-Methyl-2-[3-(trifluoromethyl)phenyl]ethyl]amino]-ethyl benzoate, *see* B-00050
5-Methyl-*N*-[4-(trifluoromethyl)phenyl]-4-isoxazolecarboxamide, *see* L-00019
1-Methyl-6-(trifluoromethyl)-2(1*H*)-quinolinone, M-00314
1-Methyl-3-[4-(4-trifluoromethylthiophenoxy)-*m*-tolyl]-1,3,5-triazinanetrione, *see* T-00371
Methyl 9,11,15-trihydroxy-15-methylprosta-4,5,13-trien-1-oate, *see* P-00529
2-Methyl-*N*-[2,4,6-triiodo-3-[(1-morpholinoethylidene)-amino]-benzoyl]-*β*-alanine, *see* I-00123
5-Methyl-6-[[(3,4,5-trimethoxyphenyl)amino]methyl]-2,4-quinazolinediamine, *see* T-00514
4-[[2-Methyl-2-(3,4,5-trimethoxyphenyl)-1,3-dioxolan-4-yl]-methyl]morpholine, *see* T-00542
4-[4-Methyl-6-(2,6,6-trimethyl-1-cyclohexen-1-yl)-1,3,5-hexa-trienyl]benzoic acid, *see* P-00054
Methyl 2,3,4-tri-*O*-methyl-*α*-D-glucopyranosiduronamide, *in* G-00058
Methyl 2,3,4-tri-*O*-methyl-*β*-D-glucopyranosiduronamide, *in* G-00058
Methyl 3,5,6-tris-*O*-(phenylmethyl)-D-glucofuranoside, *see* M-00032
Methyltyramine, *see* A-00322
α-Methyltyrosine, *see* A-00273
N-Methyl-L-tyrosyl-*γ*-(methylsulfinyl)-D-*α*-aminobutyryl-*N*-[(1-hydroxymethyl)-2-phenylethyl]glycinamide, *see* S-00285
▷4-Methylumbelliferone, *see* H-00156
5-(*N*-Methyl-D-valine)cyclosporin *A*, *in* C-00638
▷1-Methyl-2-(2,6-xylylcarbamoyl)piperidine, *see* M-00101
▷1-Methyl-2-(2,6-xylyloxy)ethylamine, *see* M-00351
▷*N*-Methyl-*N*′-2,4-xylyl-*N*-(*N*-2,4-xylylformimidoyl)formamidine, *see* A-00349
1-Methylyohimbane, *see* M-00380
Methyndamine, *in* T-00119
Methynodiol, *see* M-00346
▷Methypranol, *see* M-00322
▷Methyprylon, *see* D-00249
▷Methyprylone, *see* D-00249
▷Methyridine, *see* M-00199
▷Methysergide, M-00315
▷Methysergide maleate, *in* M-00315
Methytrienolone, *in* H-00161
▷Metiamide, M-00316
▷Metiapine, M-00317
Metiazinic acid, *in* P-00168
Metibride, M-00318
Meticaine, *see* P-00292
Meticillin, *see* M-00180
▷Meticlorpindol, *see* D-00187
▷Meticrane, M-00319
▷Metidi, *in* D-00275
Metifenazone, *see* M-00273
▷Metigoline, *in* M-00347
▷Metilar, *in* P-00025
Metilcromone, *see* M-00231
▷Metildigoxin, *in* D-00275
▷Metilosulfonal, *see* B-00211
▷Metimazol, *see* D-00289
▷Metimyd, *in* P-00412
▷Metindamide, *see* I-00052
Metindizate, *see* M-00181
Metioprim, M-00320
Metioxate, M-00321
Metipirox, *in* D-00451
▷Metipranolol, M-00322
Metiprenaline, M-00323
Metirosine, *in* A-00273
▷Metisazone, *in* M-00264
▷Metitepine, M-00324
▷Metixene, *see* M-00185
▷Metixene hydrochloride, JAN, *in* M-00185
▷Metixopan, *see* P-00257
Metizoline, *see* M-00347
▷Metizoline hydrochloride, *in* M-00347
Metkefamide, M-00325
Metkefamide acetate, *in* M-00325
Metochalcone, *in* D-00346
Metocinium(1+), M-00326
Metocinium iodide, *in* M-00326
Metoclopramide hydrochloride, *in* M-00327
▷Metoclopramide, M-00327

Metocurine chloride, *in* T-00571
▷Metocurine iodide, *in* C-00309
▷Metodiklorofen, *see* D-00124
Metoesital, *see* M-00187
▷Metofane, *see* D-00183
▷Metofenazate, *in* P-00129
▷Metofoline, M-00328
Metofurone, *see* C-00213
Metogest, M-00329
▷Metol, *in* A-00298
▷Metolazone, M-00330
▷Metomidate, M-00331
▷Metopimazine, M-00332
▷Metopirone, *see* M-00248
▷Metopon, M-00333
▷Metoprine, *see* D-00124
▷Metoprolol, M-00334
Metoprolol tartrate, JAN, *in* M-00334
▷Metopryl, *see* M-00214
Metoquizine, M-00335
▷Metoran, *see* F-00130
▷Metorena, *in* T-00337
Metorene, *see* N-00022
Metorphamide, *see* A-00078
Metoserpate, M-00336
▷Metoserpate hydrochloride, *in* M-00336
Metostilenol, M-00337
▷Metosuccimide, *see* D-00447
▷Metosyn, *see* F-00173
▷Metoxadone, *see* M-00095
Metoxal, *in* H-00112
Metoxepin, M-00338
▷Metoxiprofilin, *see* X-00003
Metra, *in* M-00290
Metrafazoline, M-00339
Metralindole, M-00340
▷Metraspray, *see* T-00104
▷Metravigor, *see* A-00291
Metrazifone, M-00341
▷Metrazol, *see* T-00133
Metrenperone, M-00342
Metribolone, *in* H-00161
▷Metrifonate, *see* T-00443
Metrifudil, *in* A-00067
▷Metriphonate, *see* T-00443
▷Metrizamide, M-00343
Metrizoate sodium, *in* D-00138
▷Metrizoic acid, *in* D-00138
Metrodin, *see* U-00015
▷Metrodiol, *in* E-00227
▷Metrogestone, *see* M-00057
Metrolax, *in* B-00234
▷Metronal, *see* D-00557
▷Metronidazole, M-00344
Metronidazole benzoate, *in* M-00344
Metronidazole carbamate, *in* M-00344
Metronidazole hydrochloride, *in* M-00344
Metronidazole hydrogen succinate, *in* M-00344
Metronidazole phosphate, *in* M-00344
Metropin, *in* E-00037
▷Metropine, *in* T-00554
▷Metscufylline, *in* E-00137
▷Metsulnitol, *in* M-00018
[Met^5,$Tyr(SO_3H)^{12}$]Gastrin, *in* G-00012
▷Metubine iodide, *in* C-00309
Meturedepa, M-00345
Metycaine, *see* P-00292
Metynodiol, M-00346
Metynodiol diacetate, *in* M-00346
▷Metyrapone, *see* M-00248
▷Metyrapone tartrate, *in* M-00248
▷Metyridine, *see* M-00199
Metyrosine, *in* A-00273
Metyzoline, M-00347
▷Mevalon, *see* H-00170
Mevastatin, *see* C-00539
▷Mevinolin, M-00348
Mexafylline, M-00349
▷Mexan, *see* M-00194
▷Mexate, *see* M-00192
▷Mexazolam, M-00350
Mexenone, *see* H-00150
▷Mexephenamide, *see* M-00067
▷Mexilen, *in* M-00351
▷Mexiletine, M-00351
▷Mexiletin hydrochloride, *in* M-00351
Mexiprostil, M-00352
▷Mexitec, *in* M-00351
▷Mexitil, *in* M-00351
▷Mexitilen, *in* M-00351
▷Mexocine, *in* D-00064
▷Mexolamine, M-00353
Mexoprofen, M-00354
Mexrenoate potassium, *in* M-00355
Mexrenoic acid, M-00355
Mezacopride, *in* Z-00002
Mezacopride hydrochloride, *in* Z-00002
▷Mezcaline, *see* M-00131
Mezepine, M-00356
▷Mezilamine, M-00357
▷Mezlin, *see* M-00358
▷Mezlocillin, M-00358
▷Mezlocillin sodium, *in* M-00358
Mezolidon, M-00359
MF 272*a*, *see* N-00129
MF 934, *see* R-00104
M-FA 142, *see* A-00356
MFA 285, *see* T-00362
▷MG 46, *in* C-00456
M.G. 137, *in* D-00257
MG-143, *in* D-00332
MG 1480, *see* S-00016
▷MG 1559, *see* B-00179
▷MG 2552, *see* C-00264
▷MG 2555, *see* B-00313
Mg 4833, *in* F-00040
▷MG 5454, *see* G-00092
▷MG 559, *see* D-00382
MG 5771, *in* B-00179
MG 624, *in* S-00155
M.G. 652, *in* O-00081
MG 8823, *see* E-00279
▷M.G. 8823, *in* E-00279
M.G. 8926, *see* D-00609
M.G. 13054, *in* F-00075
▷MG 13608, *see* I-00107
MG 23010, *see* S-00270
MG 28362, *see* T-00380
M $4365G_1$, *in* R-00025
MG 13105-1, *in* B-00338
▷MGA, *in* M-00078
▷MGBG, *see* M-00402
MG 883-$12F_2$, *in* S-00162
▷M-I-36, *in* A-00272
▷217 MI, *in* E-00010
M 123-I 123, *see* I-00110
Miagret, *in* P-00202
▷Mialex, *see* F-00043
▷Miansan, *in* M-00360
Mianserin, M-00360
▷Mianserin hydrochloride, *in* M-00360
▷Miantor *S*, *see* E-00258
▷Miaquin, *in* A-00353
▷Miarsenol, *see* N-00066
▷Miazol, *see* A-00225
▷Mibolerone, M-00361
▷Micefal, *see* P-00062
Micinicate, M-00362
▷Miclast, *in* C-00612
Micofur, *in* N-00177
▷Micomicen, *in* C-00612
▷Miconazole, M-00363

▷Miconazole nitrate, *in* M-00363
Miconen, *in* C-00566
Miconen, *in* C-00569
Micoren, *in* C-00569
Micoserina, *see* A-00277
Micridium, *see* H-00074
▷Microban, *in* A-00205
▷Microdiol, *in* D-00099
▷Microgynon, *in* E-00231
Microgynon, *in* N-00218
▷Micro-K, *see* P-00391
Microlut, *in* N-00218
▷Micronomicin, *in* G-00018
▷Micronor, *in* N-00212
Microval, *in* N-00218
▷Mictine, *see* A-00291
▷Mictone, *in* B-00143
Mictonetten, *see* P-00507
Mictonorm, *see* P-00507
▷Micutrin, *see* C-00223
Midafenone, *see* N-00193
▷Midaflur, M-00364
Midaglizole, M-00365
Midalcipran, *see* M-00376
Midamaline, M-00366
Midamine, *in* M-00369
▷Midantan, *see* A-00206
Midazogrel, M-00367
Midazolam, M-00368
Midazolam hydrochloride, *in* M-00368
▷Midazolam maleate, *in* M-00368
▷Midecacine, *see* P-00371
▷Midecamycin A_1, *see* P-00371
▷Midecamycin, *see* P-00371
▷Midecin, *see* P-00371
▷Midicel, *see* S-00246
▷Midocil, *see* T-00353
Midodrine, M-00369
Midodrine hydrochloride, *in* M-00369
Midol, *in* C-00371
▷Midrid, *in* T-00433
MIF, *see* M-00074
Mifegyne, *see* M-00371
Mifentidine, M-00370
Mifepristone, M-00371
▷Mifobate, M-00372
Miforon, *in* D-00372
Mifurol, *see* C-00082
Miglitol, M-00373
▷Migraleve, *in* B-00210
Migraleve, *in* C-00525
Migrenon, *see* I-00156
▷Migrinil, *in* M-00256
▷Mikamycin, *in* O-00068
Mikamycin *A*, *see* O-00068
▷Mikanoidine, *see* S-00025
▷Mikelan, *in* C-00102
Mikol, *in* D-00361
Milacemide, *see* P-00106
Milacemide hydrochloride, *in* P-00106
▷Milavir, *see* A-00060
▷Mil-Col, *see* D-00601
▷Mildurgen, *see* A-00466
Milenperone, M-00374
Milheparine, *in* E-00137
▷Milibis, *see* G-00069
▷Milid, *see* P-00468
Milipertine, M-00375
▷Milkinol, *in* B-00210
Milk of Magnesia, *see* M-00008
Millicaine, *in* B-00145
Millicortenol, *in* D-00111
Millicorten-TMA, *in* D-00111
▷Milligynon, *in* N-00212
▷Millophylline, *in* E-00137
Milnacipran, M-00376
Mi-Lonseren, *in* P-00302
▷Milontin, *see* M-00294
▷Milonton, *see* M-00294
▷Miloxacin, M-00377
Milpath, *in* T-00454
Milrinone, M-00378
▷Milsulvan, *see* S-00259
▷Miltown, *see* M-00104
Milverine, M-00379
Mimbane, M-00380
Mimbane hydrochloride, *in* M-00380
▷Mimedran, *in* D-00313
Mimimycin, *in* M-00022
Minalfene, *see* A-00138
Minaline, *see* P-00596
Minaprine, M-00381
Minaxolone, M-00382
▷Mincard, *see* A-00291
Mindodilol, M-00383
▷Mindolic acid, *see* C-00468
Mindoperone, M-00384
▷Minelcin, *in* B-00082
▷Minelco, *in* B-00082
▷Minelsin, *in* B-00082
▷Minepentate, M-00385
▷Minette, *in* L-00121
Minias, *see* L-00097
Minicid, *see* D-00307
▷Minihep calcium, *in* H-00026
▷Minilyn, *in* E-00231
▷Minilyn, *in* L-00121
▷Minipress, *in* P-00409
Minirin, *see* D-00097
▷Minocil, *see* A-00246
▷Minocrin, *in* A-00205
Minocromil, M-00386
▷Minocycline, M-00387
▷Minocycline hydrochloride, *in* M-00387
▷Minocyn, *in* M-00387
Minodiab, *see* G-00042
▷Minolip, *see* B-00050
▷Minona, *see* M-00388
▷Minoral, *see* A-00023
Minorine, *see* V-00033
Minoten, *in* O-00100
▷Minovlar, *in* N-00212
▷Minoxidil, M-00388
Minozinan, *in* M-00193
Minpeimine, M-00389
Minpeiminine, M-00390
▷Minprog, *in* D-00341
▷Minprostin E_2, *in* D-00339
Minrin, *see* D-00097
▷Mintacol, *see* P-00027
▷Mintezol, *see* T-00171
▷Mintic, *see* M-00199
Mint-O-Mag, *see* M-00008
▷Mintrate, *in* M-00428
Minurin, *see* D-00097
▷Mioblock, *in* P-00012
▷Miochol, *in* A-00030
▷Miocorden, *in* C-00030
Miocrin, *in* M-00115
Mioflazine, M-00391
Mioflazine hydrochloride, *in* M-00391
Miokinine, *in* O-00059
▷Miokon-Sodium, *in* D-00138
▷Miolene, *in* R-00067
▷Miopat, *in* D-00275
Miospasm, *in* M-00379
▷Miotisal *A*, *see* P-00027
▷Miotolon, *see* F-00283
Mipimazole, M-00392
▷Miracil *D*, *in* L-00110
▷Miracol, *in* L-00110
Miracrid, *see* U-00005

▷Miradon, *see* M-00212
▷Mirbanil, *see* S-00259
Mirbedal, *in* M-00002
Mirenil prolongatum, *in* F-00202
▷Miretilan, *in* E-00050
Mirincamycin, M-00393
Mirincamycin hydrochloride, *in* M-00393
Miristalkonium, *see* B-00116
▷Miristalkonium chloride, *in* B-00116
Mirofina, *see* M-00477
▷Miroistonil, *in* D-00387
▷Miromorfalil, *in* N-00032
▷Mirontin, *see* M-00294
▷Miroprofen, M-00394
Mirosamicin, *see* M-00474
▷Mirulevatin, *see* T-00479
▷Misonidazole, M-00395
Misoprostol, M-00396
▷Mistaprel, *in* I-00198
▷Mitaban, *see* A-00349
▷Mitac, *see* A-00349
Mitanoline, *in* D-00511
▷Mitarson, *see* D-00047
▷Mithracin, *see* M-00397
▷Mithramycin, M-00397
Mitigal, *see* D-00456
Mitindomide, M-00398
▷Mitiromycin *D*, *see* P-00388
▷Mitiromycin *E*, *see* M-00404
Mitobronitol, *see* D-00154
▷Mitocin *C*, *see* M-00404
▷Mitoclomine, M-00399
▷Mitocromin, M-00400
Mitoflaxone, *see* O-00136
Mitogillin, M-00401
▷Mitoguazone, M-00402
▷Mitolactol, *see* D-00163
▷Mitomalcin, M-00403
▷Mitomycin, *see* M-00404
▷Mitomycin *C*, M-00404
▷Mitomycin *S*, *see* M-00404
Mitomycin D, *in* P-00388
Mitomycin E, *in* P-00383
▷Mitonafide, M-00405
▷Mitopodozide, *in* P-00376
Mitoquidone, *see* D-00279
Mitoquinone, *see* C-00531
▷Mitotane, *see* D-00180
Mitotenamine, M-00406
▷Mitoxana, *see* I-00021
Mitoxantrone, *see* M-00407
▷Mitoxantrone hydrochloride, *in* M-00407
Mitozantrone, M-00407
▷Mitozolomide, M-00408
Mitronal, *see* C-00372
Mivacurium(2+), M-00409
Mivacurium chloride, *in* M-00409
Mixidine, M-00410
▷Mixogen, *in* O-00028
▷Mizoribine, *see* B-00267
▷MJ 1986, *in* D-00413
▷MJ 1987, *in* M-00142
MJ 1988, *see* E-00181
▷MJ 1992, *in* S-00107
▷MJ 1998, *in* M-00148
▷MJ 1999, *in* S-00106
▷MJ 4309, *in* O-00147
▷MJ 5022, *in* M-00177
▷MJ 5048, *see* D-00393
▷MJ 5054, *see* P-00459
▷MJ 5190, *in* A-00191
▷MJ 5373, *in* M-00078
▷MJ 10061, *see* B-00072
MJ 12504, *see* C-00273
▷MJ 9022-1, *see* B-00378
MJ 9067-1, *see* E-00044
MJ 9184-1, *in* Z-00022
MJ 12880-1, *in* T-00317
MJ 13,754-1, *in* N-00061
MJ 13805-1, *in* G-00019
MJ 12,175-170, *in* T-00316
MJ 13401-1-3, *in* F-00072
▷MJF 9325, *see* I-00021
MJF 10938, *see* X-00017
▷MK 02, *see* B-00104
MK 57, *see* M-00243
▷MK 75, *in* B-00231
▷MK 89, *see* A-00390
MK 0787, *see* I-00039
▷MK 103, *see* M-00319
▷MK 130, *in* C-00597
MK-135, *see* B-00088
MK 185, *see* H-00008
▷MK 188, *in* D-00035
MK 196, *see* I-00049
▷MK 202, *see* M-00175
▷MK 250, *see* E-00042
MK 264, *in* F-00234
MK 302, *see* A-00448
▷MK 325, *see* C-00307
MK 356, *in* P-00362
▷MK 366, *see* N-00214
MK 401, *see* C-00503
MK-421, *in* E-00043
MK-422, *see* E-00043
▷MK 486, *see* C-00050
MK 521, *see* L-00057
▷MK 621, *see* E-00020
MK 641, *in* A-00258
MK 642, *in* P-00100
MK 650, *see* C-00551
▷MK 665, *see* E-00226
MK 681, *in* T-00457
MK 733, *see* S-00075
MK 781, *in* A-00273
MK 791, *in* C-00342
MK 797, *in* C-00342
MK 801, *in* D-00560
MK 810, *see* Q-00015
MK 835, *in* F-00185
▷MK 905, *see* C-00020
MK 915, *see* F-00166
▷MK 933, *see* I-00225
▷MK 955, *in* M-00276
▷MK 965, *see* A-00458
▷MK 990, *see* R-00003
ML 100, *see* M-00023
▷ML 1024, *see* T-00168
▷ML 1065, *see* R-00001
ML 236B, *see* C-00539
▷MM 14151, *in* C-00410
▷MMDA, *see* M-00201
MN 1695, *in* I-00173
▷MNA, *in* P-00600
▷MO 1255, *in* C-00636
▷MO 482, *see* D-00442
MO 8282, *see* T-00123
▷MOB, *in* D-00318
▷Moban, *in* M-00423
Mobecarb, M-00411
Mobenzoxamine, M-00412
Mobisyl, *in* H-00112
▷Mobutazon, *see* M-00420
▷Mocimycin, M-00413
Mociprazine, M-00414
Moclobemide, M-00415
Moctamide, M-00416
▷Modacor, *in* O-00151
Modafinil, M-00417
Modaline, *see* M-00296
▷Modaline sulfate, *in* M-00296
Modatrop, *in* M-00288

▷Modecate, *in* F-00202
Moderil, *in* R-00028
Modicard, *in* F-00114
▷Modirax, *see* H-00061
▷Moditen, *in* F-00202
▷Moditen, *in* F-00202
▷Modrastane, *see* T-00489
▷Modrenal, *see* T-00489
▷Modulator, *see* B-00050
Modus, *see* P-00020
▷Modustatine, *see* S-00098
Moebinol, *see* C-00415
Moenomycin, M-00418
Moenomycin *A*, *in* M-00418
Moenomycin *C*, *in* M-00418
Moenomycins *D-H*, *in* M-00418
Moenomycins B_1 and B_2, *in* M-00418
Moexipril, M-00419
▷Mofebutazone, M-00420
▷Mofedione, *see* O-00097
▷Mofoxime, M-00421
▷Mogadon, *see* N-00170
Mokkolactone, M-00422
▷Molcer, *in* B-00210
Molfarnate, *in* T-00513
Molinazone, *see* M-00451
▷Molindone, M-00423
▷Molindone hydrochloride, *in* M-00423
▷Molivate, *in* C-00437
Molracetam, M-00424
▷Molsidain, *see* M-00425
▷Molsidolat, *see* M-00425
▷Molsidomine, M-00425
▷Molsiton, *see* M-00425
Mometasone, M-00426
Mometasone furoate, *in* M-00426
▷Monacolin *K*, *see* M-00348
▷Monacrin, *in* A-00205
▷Monadyl, *in* M-00064
Monalazone, M-00427
Monalazone disodium, *in* M-00427
▷Monase, *in* A-00222
▷Monazan, *see* M-00420
Moncler, *see* M-00456
▷Monelan, *in* M-00428
▷Monensic acid, *in* M-00428
▷Monensin, M-00428
▷Monensin *A*, *in* M-00428
Monensin *B*, *in* M-00428
Monensin *C*, *in* M-00428
Monensin *D*, *in* M-00428
▷Monicin, *see* C-00199
▷Moniflagon, *see* T-00072
Monil, *in* E-00003
▷Monistat, *in* M-00363
Monkey, *in* M-00075
Mono-7-*HR*, *in* R-00106
Monoacetoxyscirpenol, *in* A-00386
Monoacetylacoschimperoside P, *in* T-00474
Monoacetyl vallaroside, *in* D-00274
▷Monobactam, *see* A-00533
▷Monobeltin, *in* B-00369
▷Monobenzone, *see* B-00124
▷Monobutyl, *see* M-00420
Monocaine, *see* M-00299
▷α-Monochlorohydrin, *see* C-00278
Monocid, *in* C-00135
▷Monocortin, *in* P-00025
Monocortin *S*, *in* P-00025
▷Mono[1-[5-(2,5-dihydro-5-oxo-3-furanyl)-3-methyl-2-benzofuranyl]ethyl] butanedioate, *see* B-00053
Mono-2-dimethylaminoethanol dihydrogen phosphate, *see* D-00059
▷Monodral bromide, *in* P-00095
Monoethanolamine oleate, *in* A-00253
Mono(1-ethyl-1-methyl-2-propynyl) 1,2-benzenedicarboxylate, *see* P-00224
Mono(1-ethyl-1-methyl-2-propynyl) phthalate, *see* P-00224
Mono-(3-glycyrrhetyl)cyclohexane-1,2-dicarboxylic acid, *see* C-00337
Monohydroxymercuridiiodoresorcinsulfonephthalein, *see* M-00111
Monoiodotyrosine, *see* A-00276
▷Monoisonitrosoacetone, *in* P-00600
Monomestro, *in* D-00257
Monometacrine, M-00429
Monomethyltetrandrinium, *in* T-00152
▷Monomycin, *see* P-00039
Mono-O-acetylsolanoside, *in* D-00274
▷Monopar, *in* S-00152
Monoparin, *in* H-00026
▷Monophosphoriboflavin, *in* R-00038
Monophosphothiamine chloride, *in* T-00174
Monorhein, *see* D-00309
Monoserina, *in* P-00220
▷Monosodium methylarsonate, *in* M-00226
▷Monosulfiram, M-00430
▷Monotheamin, *in* T-00169
▷Mono(2,2,2-trichloroethyl) phosphate, *see* T-00450
Monoverin, *in* D-00490
Monoxerutin INN, *in* R-00106
Monoxychlorosene, *see* O-00148
▷Monozol, *in* D-00257
▷Monteban, *see* N-00050
Montirelin, M-00431
▷Montrel, *see* C-00572
Montricin, *in* P-00042
Monzal, *in* V-00027
Monzaldon, *in* V-00027
Moogrol, *in* C-00627
▷Mopazine, *in* M-00190
Moperone, M-00432
▷Moperone hydrochloride, JAN, *in* M-00432
▷Mopidamol, M-00433
Mopidralazine, M-00434
Moprolol, M-00435
▷Moquizone, M-00436
Moracizine, *see* M-00442
▷Moradol, *in* B-00417
Moramide, M-00437
Moranoline, *in* T-00481
▷Morantel, M-00438
▷Morantel tartrate, *in* M-00438
▷Moranyl, *see* S-00275
▷Morazone, M-00439
▷Morclofone, M-00440
▷Morfine, *see* M-00449
▷Morfolep, *see* M-00453
▷Morforex, M-00441
▷Morial, *see* M-00425
Moricizine, M-00442
Morinamide, M-00443
▷Mornidine, *see* P-00273
Morniflumate, M-00444
Morocromen, M-00445
Moroxydine, M-00446
Morphazinamide, *see* M-00443
Morpheridine, M-00447
Morphetylbutyne, *see* P-00480
Morphiceptin, *in* T-00582
Morphinan-3-ol, M-00448
▷Morphine, M-00449
▷Morphine diacetate, *see* H-00034
Morphine N-oxide, *in* M-00449
Morphocycline, M-00450
Morphodone, *see* P-00138
4-Morpholinecarboximidoylguanidine, *see* M-00446
3-Morpholino-1,2,3-benzotriazin-4-3*H*-one, *see* M-00451
▷Morpholinobiguanide hydrochloride, *in* M-00446
1-(4-Morpholino-2,2-diphenylbutyryl)pyrrolidine, *see* D-00096
▷*N*-Morpholinoethylamphetamine, *see* M-00441
β-Morpholinoethyl benzhydryl ether, *see* D-00496

2-Morpholinoethyl 2-methyl-2-phenoxypropionate, *see* P-00480
▷3-(2-Morpholinoethyl)morphine, *see* P-00212
Morpholinoethylnorpethidine, *in* M-00447
1-(2-Morpholinoethyl)-4-phenylisonipecotic acid ethyl ester, *see* M-00447
3-(Morpholinomethyl)-1-[(5-nitrofurfurylidene)amino]-hydantoin, *see* N-00121
▷5-(Morpholinomethyl)-3-[(5-nitrofurfurylidene)amino]-2-oxazolidinone, *see* F-00281
▷2-(Morpholinomethyl)-2-phenyl-1,3-indanedione, *see* O-00097
N-(4-Morpholinomethyl)pyrazinecarboxamide, *see* M-00443
N-(Morpholinomethyl)tetracycline, *see* M-00450
3-Morpholinosydnonimine, *see* L-00052
4-(Morpholinothiocarbonyl)guiacol, *see* V-00009
3-(4-Morpholinyl)-1,2,3-benzotriazin-4(3*H*)-one, M-00451
6-(4-Morpholinyl)-4,4-diphenyl-3-heptanone, *see* P-00138
3-[[2-(4-Morpholinyl)ethyl]amino]-6-phenyl-4-pyridazinecarbonitrile, *see* B-00019
1-[2-(4-Morpholinyl)ethyl]-4-phenyl-4-piperidinecarboxylic acid ethyl ester, *see* M-00447
2-(4-Morpholinylethyl) 2-[[3-(trifluoromethyl)phenyl]-amino]-3-pyridinecarboxylate, *see* M-00444
▷5-(4-Morpholinylmethyl)-3-[[(5-nitro-2-furanyl)methylene]-amino]-2-oxazolidinone, *see* F-00281
▷2-(4-Morpholinylmethyl)-2-phenyl-1*H*-indene-1,3(2*H*)-dione, *see* O-00097
1-(4-Morpholinylmethyl)-2-(6,7,8-trimethoxy-4-oxo-1,2,3-benzotriazin-3(4*H*)-yl)ethyl 3,4,5-trimethoxybenzoate, *see* R-00014
4-Morpholinyl 3-pyridyl ketone, *see* P-00576
Morpholinyl salicylamide, *see* H-00115
3-(4-Morpholinyl)sydnone imine, *see* L-00052
Morphothebaine, M-00452
▷Morsuccinimide, *see* M-00453
▷Morsuximide, M-00453
▷Morsydomine, *see* M-00425
▷Morsydomine, *see* M-00425
▷Mosatil, *in* E-00186
▷Mosegor, *in* P-00368
▷Mosidal, *see* H-00067
▷Mostarina, *see* P-00411
Motapizone, M-00454
▷Motazomin, *see* M-00425
▷Motisil, *see* G-00065
Motofen, *see* D-00265
Motrazepam, M-00455
Motretinide, M-00456
Motrin, *see* I-00008
▷Movellan, *in* S-00167
Moveltipril, M-00457
Movilene, *in* D-00315
Movirene, *in* D-00315
Moxa, *see* M-00323
▷Moxadil, *see* A-00362
Moxadolen, M-00458
Moxalactam, *see* L-00012
Moxalactam disodium, *in* L-00012
Moxaprindine, M-00459
▷Moxastine, M-00460
Moxaverine, M-00461
Moxazocine, M-00462
▷Moxestrol, M-00463
Moxicoumone, M-00464
Moxile, *see* M-00464
▷Moxipraquine, M-00465
Moxiraprine, M-00466
▷Moxisylyte, *see* T-00227
▷Moxitil, *in* M-00351
▷Moxnidazole, M-00467
Moxonidine, M-00468
▷MP 11, *see* P-00126
MP 1051, *see* S-00072
▷MP-271, *see* I-00134
MP 328, *see* I-00146
MP 600, *see* B-00144
MP-6026, *see* I-00112
▷MP 620, *see* I-00094
▷MP-8000, *see* I-00113
MP 10013, *see* I-00116
MPCA, *see* L-00046
▷MPI-DMSA, *in* D-00384
MPT, *see* D-00429
MPU 295, *see* T-00505
MPV 117, *see* T-00018
MPV 1248, *see* A-00469
MPV 207, *see* D-00446
MPV 295, *see* D-00445
▷MR 1291, *in* P-00286
MR 693, *see* G-00094
MR 981, *see* E-00202
MRA-CN, *in* A-00080
MRIH, *see* M-00074
MRL 38, *see* D-00217
▷MS 4101, *see* F-00225
▷Ms 752, *in* L-00110
▷MSD 803, *see* M-00348
MSD 883, *in* M-00348
β-MSH, *see* M-00075
▷MSMA, *in* M-00226
▷MT 6, *in* M-00118
MT 141, *see* C-00133
▷MT 14-411, *see* C-00517
MTB, *see* T-00039
▷MTDQ, *see* M-00250
5 MTHHF, *in* K-00021
MTI 500, *see* E-00249
MTS 263, *see* T-00551
Mucalan, *see* I-00177
▷Mucidermin, *see* M-00469
▷Mucidin, M-00469
▷Mucitux, *in* E-00091
▷Mucodyne, *in* C-00654
Mucoflux, *see* H-00162
▷Mucomycin, *see* L-00120
▷Mucomyst, *in* A-00031
▷Muconomycin *A*, *see* V-00023
▷Mucorama rectal infantil, *see* I-00103
▷Mucorex, *see* T-00129
Mucovent, *in* A-00170
▷Mukolen, *in* E-00091
▷Mulsopaque, *see* I-00127
▷Multergan, *in* T-00182
▷Multezin, *in* T-00182
▷Multhiomycin, *see* N-00227
Multi-CSF, *see* I-00082
Multimycine, *in* C-00536
Multipotential colony-stimulating factor, *see* I-00082
▷Multiwurma, *see* H-00021
▷Multocillin, *see* M-00358
▷Mupaten, *in* I-00183
▷Mupirocin, *see* P-00552
Murabutide, M-00470
▷Muracin, *see* D-00293
Muriat, *in* B-00140
Murine, *in* T-00140
▷Murine, *in* U-00011
Murocainide, M-00471
Muroctasin, M-00472
Murode, *in* D-00267
▷Musaril, *see* T-00154
Muscalm, *in* T-00364
▷Muscatox, *see* C-00555
▷Muscimol, *see* A-00283
▷Musco-Ril, *see* T-00199
▷Musonal, *in* Q-00010
▷Mustargen, *in* D-00193
▷Mustine, *see* D-00193
▷Mustron, *in* D-00193
▷Mutamicin 6, *see* P-00099
▷Mutamycin, *see* M-00404

▷Mutil, *see* Z-00031
▷Muzolimine, M-00473
MW 1900, *see* T-00056
MY 25, *in* E-00106
▷My 101, *see* A-00103
MY-33-7, *in* L-00105
▷MY 33-7, *in* P-00432
▷MY 41-6, *see* P-00041
MY 5116, *see* R-00024
Myagen, *in* H-00123
▷Myalex, *see* F-00043
▷Myalone, *in* C-00437
▷Myambutol, *in* E-00148
▷Myarl, *see* C-00079
▷Myarsenol, *in* D-00127
▷Myavan, *see* T-00361
MYC 1080, *in* S-00146
▷MYC 8003, *see* M-00413
▷Mycadrine, *in* A-00322
▷Mycanden, *see* H-00018
▷Mycil, *see* C-00261
▷Mycilan, *see* H-00018
Mycinamycin I, *in* M-00474
Mycinamycin II, M-00474
▷Mycobacidin, *see* A-00039
▷Mycocten, *in* H-00113
▷Mycogonin, *see* B-00165
▷Mycoin C_3, *see* P-00043
▷Mycophenolic acid, M-00475
▷Mycophyt, *see* P-00253
▷Mycosert, *in* A-00205
Mycospor, *see* B-00164
Mycosporan, *see* B-00164
▷Mycostatin, *see* N-00235
Mycotol, *see* D-00143
▷Mydecamycin, *see* P-00371
▷Mydocalm, *see* T-00364
▷Mydrapred, *in* P-00412
Mydriacyl, *see* T-00552
Mydriamide, *see* B-00434
▷Mydriatine, *in* A-00308
▷Mydrilate, *in* C-00631
Myebrol, *see* D-00164
Myelobromol, *see* D-00164
▷Myelodil, *see* I-00127
Myelografin, *see* I-00135
▷Myelosan, *see* B-00379
▷Myelotrast, *see* I-00093
Myfadol, M-00476
Myfungar, *in* O-00111
Mykoplex, *see* S-00183
Mykosal, *in* B-00202
Mylanta, *in* D-00390
Mylanta, *in* M-00008
▷Mylaxen, *in* H-00046
▷Myleran, *see* B-00379
Mylicon, *in* D-00390
Mylis, *in* H-00110
▷Mylosar, *see* A-00496
▷Myoblock, *in* P-00012
▷Myocholine, *in* B-00143
Myochrysin, *in* M-00115
Myocrisin, *in* M-00115
▷Myodil, *see* I-00127
Myoflex, *in* H-00112
Myoinositol, *see* I-00074
▷Myolastan, *see* T-00154
▷Myomergin, *in* M-00254
Myonal, *in* E-00072
Myordil, *see* A-00341
▷Myorelax, *in* H-00046
▷Myorgal, *in* A-00167
▷Myospaz, *see* S-00169
▷Myprozine, *see* P-00253
Myralact, *in* H-00133
Myricadine, *see* M-00477
▷Myringacaine, *see* C-00247
Myrophine, M-00477
Myroxim, *in* F-00234
▷Myrtecaine, M-00478
Mysal, *in* H-00112
▷Mysoline, *see* P-00436
▷Mysuran, *in* A-00167
Mytelase, *see* A-00167
▷Mytolon chloride, *in* B-00096
Myxal-Lösung, *in* D-00568
▷Myxin, *see* H-00152
Myxoviromycin, *see* A-00192
MZ 144, *see* R-00055
▷N-0252, *see* L-00015
N 0500, *in* N-00053
▷N 1113, *in* P-00299
▷N-1157, *see* T-00544
N 137, *see* C-00047
N 399, *see* X-00011
N 640, *in* T-00399
N 696, *in* T-00274
▷N 7001, *in* M-00081
▷N 7009, *see* F-00198
▷N 7020, *see* M-00106
N 7049, *see* L-00061
▷N 746, *in* C-00481
Na 3, *see* D-00497
▷NA 66, *see* P-00288
▷NA 97, *in* P-00012
NA-119, *see* B-00283
▷NA 872, *see* A-00170
▷N 9940A, *see* G-00085
Naaxia, *in* I-00211
▷NAB, *see* N-00066
NAB 365, *see* C-00419
Nabazenil, N-00001
Nabidrox, *in* C-00025
▷Nabilone, N-00002
Nabitan, N-00003
▷Nabitan hydrochloride, *in* N-00003
Naboctate, N-00004
Naboctate hydrochloride, *in* N-00004
Nabumetone, *see* M-00206
▷Nabutan hydrochloride, *in* N-00003
Nacartocin, N-00005
▷Nacemide, *see* A-00033
N-Acetylboromycin, *in* B-00258
N-Acetylhistamine, *in* H-00077
N-Acetylisopenicillin N, *in* P-00066
N-Acetylmescaline, *in* M-00131
N^3-Acetylpachysamine A, *in* P-00416
N^1-Acetylparomomycin I, *in* P-00039
Nacid, *see* H-00103
N-A 1523Cl, *in* D-00060
Naclobenz-Natrium, *in* M-00427
Nactate, *in* P-00378
Nacton, *in* P-00378
▷NAD, *see* C-00530
Nadex, *in* P-00336
Nadexen, *in* P-00336
Nadexon, *in* P-00336
▷Nadic, *see* N-00006
Nadic anhydride, *in* B-00157
▷Nadide, *see* C-00530
▷Nadolol, N-00006
Nadoxolol, N-00007
▷Nadyl, *in* E-00094
▷Naepaine, N-00008
Nafamostat, N-00009
Nafamostat mesilate, *in* N-00009
Nafamstat, *see* N-00009
Nafarelin, N-00010
Nafarelin acetate, *in* N-00010
Nafazatrom, N-00011
▷Nafazolin, *in* N-00041
▷Nafcaproic acid, *see* E-00210

▷Nafcil, *in* N-00012
Nafcillin, N-00012
▷Nafcillin sodium, *in* N-00012
Nafenodone, N-00013
▷Nafenoic acid, *see* N-00014
▷Nafenopin, N-00014
Nafetolol, N-00015
Nafidimide, *see* A-00356
Nafimidone, N-00016
Nafimidone hydrochloride, *in* N-00016
Nafiverine, N-00017
▷Nafiverine hydrochloride, *in* N-00017
Naflocort, N-00018
Nafomine, N-00019
Nafomine maleate, USAN, *in* N-00019
Nafoxadol, N-00020
▷Nafoxidine, N-00021
▷Nafoxidine hydrochloride, *in* N-00021
▷Nafronyl, *see* N-00023
▷Nafronyl oxalate, *in* N-00023
▷Naftalofos, *see* N-00042
Naftazone, N-00022
▷Nafticlorina, *see* B-00198
Naftidan, *see* N-00017
▷Naftidrofuryl, N-00023
▷Naftidrofuryl oxalate, *in* N-00023
Naftifine, N-00024
Naftifine hydrochloride, *in* N-00024
Naftifungin, *see* N-00024
▷Naftifurine oxalate, *in* N-00023
▷Naftimepezine, *in* N-00017
▷Naftipramide, *see* N-00027
Naftobil, *see* M-00208
▷Naftopen, *in* N-00012
Naftopidil, N-00025
Naftoxate, N-00026
▷Naftypramide, N-00027
▷Nagamol, *see* S-00275
▷Naganin, *see* S-00275
Nagir, *see* A-00122
NAK 1654, *see* F-00051
▷Nalador, *see* S-00261
Nalbuphine, N-00028
Nalbuphine hydrochloride, *in* N-00028
▷Nalde, *in* A-00191
Nalfon, *in* P-00172
Nalgesic, *in* P-00172
▷Nalidixanum, *see* N-00029
Nalidixate sodium, *in* N-00029
▷Nalidixic acid, N-00029
▷Nalidixin, *see* N-00029
▷Naline, *in* N-00032
▷Nallpen, *in* N-00012
N-Allylnorgalanthamine, *in* G-00002
Nalmefene, N-00030
Nalmetrene, *see* N-00030
Nalmexone, N-00031
Nalmexone hydrochloride, *in* N-00031
▷Nalomet, *in* A-00512
▷Nalonee, *in* N-00033
▷Nalonex, *in* N-00034
▷Nalorfin, *see* N-00032
▷Nalorphine, N-00032
Nalorphine dinicotinate, *in* N-00032
▷Nalorphine hydrochloride, *in* N-00032
▷Naloxifan, *see* L-00038
▷Naloxiphan, *see* L-00038
▷Naloxone hydrochloride, *in* N-00033
▷Naloxone, N-00033
Nalpen, *see* A-00520
▷Naltrexone, N-00034
Naltrindole, N-00035
Namol xenyrate, *in* B-00179
Namoxyrate, *in* B-00179
▷Nanafrocin, *see* N-00036
▷Nanaomycin *A*, N-00036
Nanaomycin *α*A, *in* N-00036
Nanaomycin *β*A, *in* N-00036
Nanaomycin C, *in* N-00036
Nanaomycin D, *in* K-00002
Nanbacine, *see* X-00013
▷Nancimycin, *see* R-00047
▷Nandrolone, *in* H-00185
Nandrolone 17-bis(2-chloroethyl)carbamate, *in* H-00185
Nandrolone caproate, *in* H-00185
Nandrolone cipionate, *in* H-00185
Nandrolone cyclohexane carboxylate, *in* H-00185
Nandrolone cyclohexylpropionate, *in* H-00185
Nandrolone cyclotate, *in* H-00185
▷Nandrolone decanoate, *in* H-00185
Nandrolone furylpropionate, *in* H-00185
Nandrolone hexahydrobenzoate, *in* H-00185
Nandrolone hexyloxyphenylpropionate, *in* H-00185
▷Nandrolone hydrocinnamate, *in* H-00185
Nandrolone hydrogen succinate, *in* H-00185
Nandrolone laurate, *in* H-00185
▷Nandrolone phenpropionate, *in* H-00185
▷Nandrolone phenylpropionate, *in* H-00185
Nandrolone propionate, *in* H-00185
Nandrolone sulfate sodium, *in* H-00185
Nandrolone undecylate, *in* H-00185
▷Nandron, *see* E-00040
▷Nankor, *see* F-00039
▷Nanofin, *see* D-00448
▷Nanofine, *see* D-00448
Nanormon, *see* H-00090
Nanterinone, N-00037
▷Nanthic, *see* O-00108
Nantradol, N-00038
Nantradol hydrochloride, *in* N-00038
NAP, *in* P-00064
NAPA, *in* P-00446
Napactadine, N-00039
Napactadine hydrochloride, *in* N-00039
Napageln, *see* B-00176
▷Napaltan, *in* M-00002
Napamezole, N-00040
Napamezole hydrochloride, *in* N-00040
▷Napanol, *see* B-00181
▷Napellonine, *see* S-00100
▷Napental, *in* P-00101
▷Naphazoline, N-00041
▷Naphazoline hydrochloride, *in* N-00041
▷Naphcon, *in* N-00041
▷Naphtazoline, *in* N-00041
▷1-Naphthaleneacetic acid, *see* N-00044
6-[3-(2-Naphthalenyl)-D-alanine]luteinizing hormone-releasing factor, *see* N-00010
5-(2-Naphthalenyl)-6,8-dioxa-3-azabicyclo[3.2.1]octane, *see* N-00020
2-(1-Naphthalenyl)-1*H*-indene-1,3(2*H*)-dione, *see* N-00045
▷1-Naphthalenyl methylcarbamate, *in* M-00238
N-[[[1-(2-Naphthalenylmethyl)-4-piperidinyl]amino]-carbonyl]-benzamide, *see* P-00017
▷Naphthalinic acid, *see* H-00178
▷Naphthalophos, N-00042
▷Naphthizin, *in* N-00041
Naphthocaine, *in* A-00292
Naphthocyanidine, *in* C-00583
Naphthonone, *see* O-00126
1,2-Naphthoquinone-2-semicarbazone, *see* N-00022
Naphtho[2,1-*e*]-1,2,4-triazine, N-00043
▷(1-Naphthyl)acetic acid, N-00044
▷3-(1-Naphthyl)-4-hydroxycoumarin, *see* H-00180
Naphthylin, *see* N-00045
2-(1-Naphthyl)-1,3-indandione, N-00045
▷1-(2-Naphthyl)-2-isopropylaminoethanol, *see* P-00483
▷Naphthylisoproterenol, *see* P-00483
▷2-(1-Naphthylmethyl)-2-imidazoline, *see* N-00041
4-(*α*-Naphthyloxy)-3-hydroxybutramidoxime, *see* N-00007
2-(1-Naphthyloxy)propionamidoxime, *see* N-00047
▷Naphthymepezine, *in* N-00017

▷Naphthypramide, *see* N-00027
▷Naphuride, *see* S-00275
Napirimus, N-00046
Napoleogenin B, *in* O-00036
Naprilene, *in* E-00043
Naprodoxime, *see* N-00047
Naprodoximine, N-00047
Naprosyn, *see* N-00048
Naproxen, N-00048
▷Naproxen Sodium, *in* N-00048
Naproxol, *see* M-00207
▷Napsalgesic, *in* P-00512
▷Naqua, *see* T-00439
▷Naramycin, *in* D-00441
▷Naramycin *A*, *in* D-00441
▷Naramycin B, *in* D-00441
Naranol, N-00049
Naranol hydrochloride, *in* N-00049
▷Narasin, *see* N-00050
▷Narasin *A*, N-00050
Narasin B, *in* N-00050
▷Narcain, *see* B-00368
▷Narcan, *in* N-00033
▷Narcanti, *in* N-00033
Narceine, N-00051
▷Narcidine, *in* P-00147
Narcobarbital, *in* P-00482
▷Narcolan, *see* T-00428
Narconumal, *see* A-00130
▷Narcotan, *see* B-00294
Narcotine, N-00052
Narcotoline, *in* N-00052
▷Narcotyl, *see* T-00428
▷Nardil, *in* P-00189
Nargin, *in* P-00582
▷Nargoline, *see* N-00089
▷Naridan, *in* O-00159
▷Narphen, *in* P-00147
▷Nasalide, *see* F-00167
Naska, *see* P-00494
▷Nasocon, *in* A-00400
▷Nasodrine, *see* M-00194
Nasutin B, *in* E-00026
Nasutin C, *in* E-00026
▷NAT, *see* T-00167
NAT 324, *in* Q-00017
NAT 327, *in* T-00519
NAT 04-152, *see* T-00525
NAT 05-239, *see* M-00454
▷Natacyn, *see* P-00253
▷Natafucin, *see* P-00253
▷Natamycin, *see* P-00253
Natirene 25, *see* D-00543
Natolone, *in* H-00205
▷Natricum, *see* S-00275
▷Natrilix, *see* I-00052
▷Natritope chloride, *in* S-00085
▷Natulan, *in* P-00448
▷Natulanar, *in* P-00448
▷Naturon, *see* M-00218
▷Nauseton, *in* T-00500
▷Nausidol, *see* P-00273
▷Navan, *see* T-00213
▷Navane, *see* T-00213
▷Navaron, *see* T-00213
Navelbine, *see* V-00041
▷Navidrex, *see* C-00630
▷Navidrix, *see* C-00630
Naxagolide, N-00053
▷Naxamide, *see* I-00021
Naxaprostene, N-00054
▷Naxofem, *see* N-00150
Nazatonin *S*, *in* T-00174
▷Nazett, *in* A-00232
▷NB 68, *in* D-00003
N-Butyldeoxynojirimycin, *in* T-00481
NC 123, *in* M-00134
NC 1264, *in* T-00217
▷NC 1318, *see* T-00361
▷NC 7197, *in* E-00124
▷NCI C55709, *see* C-00195
NCNU, *see* P-00089
NCR, *see* N-00102
ND 1965, *in* C-00548
▷ND 1966, *see* A-00305
▷ND 1966, *see* H-00067
N-Deacetyl-N-3-oxobutyrylcolchicine, *in* C-00534
N-Demethylaklavine, *in* A-00089
N′-Demethyldauricine, *in* D-00020
N-Demethyl-4,5-deepoxymaytansinol, *in* M-00027
N-Demethylgalanthamine, *in* G-00002
N-Demethyl-3-(3-hydroxyisovaleroyl) maytansinol, *in* M-00027
N-Demethyllycoramine, *in* G-00002
3″-N-Demethylsisomicin, *in* S-00082
N-Demethylstreptomycin, *in* S-00161
N-Demethylvinblastine, *in* V-00032
$N^{2'}$-Desmethylcycleanine, *in* C-00590
▷2′-NDG, *see* D-00350
NDR 263, *see* P-00497
NDR 304, *in* D-00173
NDR 5061*A*, *see* A-00307
NDR 5523*A*, *in* T-00519
NE 19550, *in* H-00149
NE 97221, *in* P-00327
Nealbarbital, *see* N-00055
Nealbarbitone, N-00055
Neatophan, *in* M-00295
▷Nebair, *in* I-00198
Nebair, *in* T-00217
▷Nebcin, *in* N-00059
Nebidrazine, N-00056
Nebivolol, N-00057
▷Nebolan, *see* C-00019
▷Nebramycin, N-00058
▷Nebramycin II, *see* A-00428
▷Nebramycin V, *see* K-00005
▷Nebramycin VI, *see* N-00059
▷Nebramycin factor 5, *see* K-00005
▷Nebramycin factor 6, N-00059
Necyrane active substance, *in* M-00262
NED 137, *see* C-00047
Nedocromil, N-00060
Nedocromil sodium, *in* N-00060
Nefazodone, N-00061
Nefazodone hydrochloride, *in* N-00061
Neflumozide, N-00062
Neflumozide hydrochloride, *in* N-00062
▷Nefopam, N-00063
▷Nefopam hydrochloride, *in* N-00063
Nefrolan, *see* C-00495
Nefrosul, *see* S-00236
Nefrotest, *see* A-00217
▷Nefryl, *see* P-00323
▷Neftin, *see* F-00284
▷Nefurofan, *see* S-00125
Negaderm, *in* D-00216
▷Negasunt, *see* C-00555
Negaxid, *see* P-00366
▷Negram, *see* N-00029
▷Neguvon, *see* T-00443
▷Nelaxan, *in* P-00201
Neldazosin, N-00064
Nelezaprine, N-00065
▷Nema, *see* T-00106
▷Nemacide VC 13, *see* D-00176
Nemadectin, *see* A-00408
▷Nemafax, *see* T-00207
▷Nematolyt, *see* P-00018
▷Nembutal sodium, *in* P-00101
Nemex, *in* B-00132
▷Nemicide, *in* T-00151

▷Neminil, *see* P-00032
▷Neoantimosan, *in* B-00207
▷Neoarsphenamine, N-00066
Neo-Benadryl, *see* B-00299
Neo-Benodine, *see* M-00247
Neo-Betalin 12, *see* V-00061
▷Neocarcinostatin, JAN, *see* N-00067
▷Neocarzinostatin, N-00067
Neocarzinostatin chromophore, *in* N-00067
▷Neocidol, *in* D-00149
Neocinchophen, *in* M-00295
Neo-cobefrin, *in* A-00249
Neodaian, *in* T-00174
▷Neodalit, *see* D-00156
▷Neodil, *see* D-00156
▷Neodistol, *in* B-00204
▷Neodit, *see* D-00156
Neo-Diuresal, *see* E-00153
Neodiuril, *see* D-00136
▷Neo-Dopaston, *see* C-00050
Neodorm (old form), *see* B-00301
Neodyne, *in* D-00173
▷Neoferron, *see* F-00093
Neogitostin, *in* T-00474
▷Neoglaucit, *see* D-00368
Neoglucodigifucoside, *in* D-00274
▷Neohetramine, *in* T-00218
▷Neo-Hombreol, *see* H-00154
Neohydrangin, *in* H-00114
▷Neohydrin, *see* C-00209
▷Neohydrin-203, *in* C-00209
Neo-Iopax, *see* I-00109
▷Neo-Iscotin, *in* I-00195
Neoisocycloheximide, *in* D-00441
(+)-Neoisomenthol, *in* I-00208
Neoisuprel, *see* I-00185
Neokellina, *see* A-00197
Neolamin, *see* T-00176
Neomagnephen, *in* M-00295
Neomagnol, *in* B-00075
▷Neomarsilid, *see* P-00365
(+)-Neomenthol, *in* I-00208
(−)-Neomenthol, *in* I-00208
(±)-Neomenthol, *in* I-00208
▷Neomercazole, *see* C-00051
▷Neomycin, *in* N-00068
▷Neomycin *B*, N-00068
▷Neomycin *C*, N-00069
▷Neomycin *E*, *see* P-00039
▷Neomycin *F*, *in* P-00039
Neomycin B glucoside, *in* N-00068
Neomyson-*G*, *in* T-00179
Neoniagar, *see* M-00040
Neonorreserpine, *in* R-00029
Neo-Octon, *see* O-00013
Neoodorobioside G, *in* D-00274
▷Neopavrin, *in* E-00150
Neopentanetetrayl 2-phenylbutyrate, *see* F-00046
▷1,1′,1″,1‴-(Neopentanetetrayltetraoxy)tetrakis(2,2,2-trichloroethanol), *see* P-00132
Neophan, *in* M-00295
▷Neophyrn, *in* A-00272
▷Neoplatin, *in* D-00139
Neoplatyphylline, *in* P-00372
Neopres, *see* C-00333
▷Neoprex, *in* C-00472
Neoprodesciclina, *see* M-00072
▷Neoprogestin, *see* N-00225
Neoprol, *see* B-00301
▷Neoprol, *in* H-00109
▷Neoproma, *see* M-00190
▷Neoprotoveratrine, *in* P-00543
▷Neo-Pynamin, *see* T-00143
▷Neoquess, *in* D-00218
Neoquinophan, *in* M-00295
▷Neo-Quipenyl, *see* P-00434
▷Neoreserpan, *see* S-00287
Neoride, *in* S-00259
▷Neosalvarsan, *see* N-00066
▷Neoserpin, *see* M-00191
▷Neosone, *in* C-00549
▷Neostal, *see* B-00194
▷Neostam, *see* S-00148
Neostibosan (obsol.), *in* A-00212
▷Neostigmine(1+), N-00070
▷Neostigmine bromide, *in* N-00070
▷Neostigmine methylsulphate, *in* N-00070
▷Neostil, *see* H-00207
▷Neoston, *see* A-00103
Neosurugatoxin, N-00071
▷Neosynephrine, *in* A-00272
Neothesin, *see* P-00292
▷Neothramycin *A*, N-00072
▷Neothramycin B, *in* N-00072
▷Neothyl, *see* M-00214
Neotigason, *see* A-00041
▷Neo-Tizide, *in* I-00195
Neotocopherol, *see* T-00336
▷Neotrichocid, *see* T-00072
Neotropin, *see* D-00121
▷Neovagon, *in* N-00177
Neovirene, *in* D-00315
▷Neoviridogrisein IV, *see* V-00055
Neovitamin B_{12}, *in* V-00059
▷Nepedyl, *in* D-00514
▷Nephril, *see* P-00386
Nephrotest, *see* A-00217
▷Nepresol, *in* D-00277
▷Neptal, *in* M-00122
▷Neptamox, *see* M-00176
Neptamustine, *see* P-00089
▷Neptazane, *see* M-00176
Nequinate, *see* M-00232
Neraminol, N-00073
Neraval, *in* M-00184
Nerbacadol, N-00074
Nereistoxin, N-00075
Nerfactor, *in* A-00325
▷Nergize, *see* C-00559
▷Neriforte, *in* D-00270
▷Neriifolin, *in* D-00274
▷Nerilan, *in* D-00270
▷Nerisone, *in* D-00270
▷Nerusil, *see* B-00055
▷Nesacaine, *see* C-00277
Nesapidil, N-00076
Nesosteine, N-00077
Nesquehonite, *in* M-00006
▷Nesticide, *in* I-00195
▷Nethalide, *see* P-00483
Nethamine, *in* E-00133
▷Nethaphyl, *in* T-00169
▷Netilmicin, N-00078
▷Netilmicin sulfate, USAN, *in* N-00078
Netobimin, N-00079
▷Netrin, *see* M-00158
▷Netromycin, *see* N-00078
Netrosylla, *in* A-00214
▷Neuer, *in* C-00187
▷Neufenil, *see* K-00006
▷Neulactil, *see* P-00121
▷Neumolisina, *see* E-00163
▷Neumolysin, *see* E-00163
Neu-Nylofanol, *in* M-00295
Neupran, *in* P-00028
Neuractil, *in* M-00193
▷Neuralex, *see* B-00055
▷Neuriplege, *in* C-00296
Neuromet, *in* H-00188
▷Neuronal (old form), *in* B-00297
Neuroprocin, *see* E-00011
Neuroserina, *in* P-00220

Neurosterone, *in* H-00122
▷Neurostop, *see* B-00052
Neurotensin, N-00080
▷Neurotrust, *see* I-00127
▷Neurvit, *in* T-00177
▷Neuryl, *in* H-00158
Neurylan, *see* I-00194
Neutramycin, N-00081
Neutrapen, *see* P-00067
▷Neuvamin, *in* H-00088
▷Neuvitan, *see* O-00023
▷Nevalina, *in* G-00002
Nevental, *see* N-00055
Nevergor, *in* A-00088
Nexeridine, *in* D-00415
Nexeridine hydrochloride, *in* D-00415
▷Nexion, *see* B-00316
▷NF 35, *see* T-00207
▷NF 64, *see* N-00139
▷NF 67, *see* N-00108
NF 71, *see* C-00213
▷NF 84, *see* N-00116
▷NF 1010, *in* N-00115
▷NF 1088, *see* N-00130
▷NF 113, *see* N-00118
▷NF 1120, *see* N-00122
NF 1425, *in* F-00285
NF 161, *see* N-00131
▷NF 246, *see* N-00115
▷NF 441, *see* T-00200
NF 602, *in* F-00281
NF 963, *in* F-00285
N-Formylboromycin, *in* B-00258
▷N-Formyldemecolcine, *in* D-00062
N-Formyl-13-dihydrocarminomycin I, *in* C-00081
N-Formylmescaline, *in* M-00131
N-Formylnorephedrine, *in* A-00308
N-Formylnorgalanthamine, *in* G-00002
NFP, *in* H-00185
▷81723 nFu, *in* T-00238
▷N.H.C., *see* H-00180
▷N-(2-Hydroxyethyl)-N-methylcinnamamide, *in* H-00130
N-(2-Hydroxyethyl)-N-methyl-p-hydroxycinnamamide, *in* H-00130
5 NI, *see* F-00166
▷Niacin, *see* P-00571
▷Niacinamide, *see* P-00570
Nialamide, N-00082
Nialen, *see* I-00009
Niamide, *see* N-00082
▷Niaprazine, N-00083
▷Niapyrinum, *see* N-00155
Niazo, *see* D-00121
▷Nibal, *in* M-00178
Nibal injection, *in* M-00178
▷Nibiol, *see* H-00182
▷Nibitor, *in* O-00121
Nibroxane, *see* B-00308
Nicafenine, N-00084
Nicainoprol, N-00085
Nicametate, N-00086
Nicametate citrate, JAN, *in* N-00086
▷Nicamin, *see* P-00571
Nicaraven, N-00087
▷Nicarb, *in* B-00231
▷Nicarbazin, *in* B-00231
Nicardipine, N-00088
▷Nicardipine hydrochloride, *in* N-00088
▷Nicergoline, N-00089
▷Niceritrol, N-00090
▷Nicethamide, *see* D-00254
Niceverine, N-00091
▷Niclofolan, N-00092
▷Niclosamide, N-00093
▷Nicobid, *see* P-00571
Nicoboxil, *see* B-00421
Nicoclonate, N-00094
▷Nicocodine, N-00095
Nicocortonide, N-00096
Nicodicodine, *in* N-00095
▷Nicofibrate, N-00097
Nicofuranose, N-00098
Nicofurate, *in* M-00308
Nicogrelate, N-00099
Nicohexonium, *in* H-00055
▷Nicolenta, *see* N-00100
▷Nicomol, N-00100
▷Nicomolamine, *see* N-00100
▷Nicomorphine, N-00101
Niconalorphine, *in* N-00032
▷Nicophine, *see* N-00101
Nicopholine, *see* P-00576
Nicopile, *see* N-00086
Nicorandil, N-00102
Nicorette, *in* N-00103
Nicosorbine, *in* G-00054
Nicosterolo, *in* G-00054
Nicostreptil, *in* S-00161
Nicotafuryl, *see* T-00222
Nicotazide, *see* V-00020
▷Nicotergoline, *see* N-00089
▷Nicothiazone, *in* P-00569
▷Nicothizonum, *in* P-00569
Nicotinaldehyde, *see* P-00569
▷Nicotinamide, *see* P-00570
▷Nicotinamide adenine dinucleotide, *see* C-00530
Nicotinamide salicylate, *in* H-00112
Nicotine, N-00103
Nicotine 1′-N-oxide, *in* N-00103
Nicotine polacrilex, *in* N-00103
▷Nicotinic acid, *see* P-00571
▷Nicotinic acid amide, *see* P-00570
▷Nicotinic acid neopentanetetrayl ester, *see* N-00090
Nicotinohydroxamic acid, *in* P-00570
Nicotinonitrile, *in* P-00571
▷Nicotinoylaminophenazone, *see* N-00112
N-Nicotinoylglycine, *see* N-00104
4-Nicotinoylmorpholine, *see* P-00576
Nicotinuric acid, N-00104
▷Nicotinyl alcohol, *see* P-00573
▷Nicotinyl salicylate, *in* N-00103
▷Nicoumalone, N-00105
Nicoxamat, *in* P-00570
▷Nicoxin, *in* B-00231
Nicoxyphenisatin, *in* O-00160
Nicozid, *see* S-00016
▷Nicrazin, *in* B-00231
Nictiazem, N-00106
Nictindole, N-00107
Nidanthel, *see* N-00176
▷Nidapryl, *see* I-00209
▷Nidolin, *see* T-00322
▷Nidrafur, *see* N-00139
Nidran, *see* C-00487
▷Nidroxyzone, N-00108
Nifalatide, N-00109
Nifalatide acetate, *in* N-00109
▷Nifedipine, N-00110
▷Nifenalol, N-00111
▷Nifenazone, N-00112
▷Niflam, *see* P-00400
Niflucil-Suppos., *see* M-00444
▷Niflumic acid, N-00113
Nifluridide, N-00114
▷Nifluril, *see* N-00113
▷Nifos, *see* T-00112
▷Niftolide, *see* F-00224
▷Nifulidone, *see* F-00284
▷Nifuradene, N-00115
▷Nifuraldezone, N-00116
Nifuralide, N-00117
▷Nifuratel, N-00118

▷Nifuratrone, N-00119
▷Nifurdazil, *in* N-00115
Nifurethazone, N-00120
Nifurfoline, N-00121
▷Nifurimide, N-00122
Nifurizone, N-00123
▷Nifurmazole, N-00124
Nifurmerone, *see* C-00213
Nifuroquine, N-00125
▷Nifuroxazide, N-00126
Nifuroxime, *in* N-00177
▷Nifurpipone, N-00127
▷Nifurpirinol, N-00128
Nifurprazine, N-00129
▷Nifurquinazol, N-00130
Nifursemizone, N-00131
▷Nifursol, N-00132
▷Nifurthiazole, N-00133
▷Nifurthilinum, *see* T-00200
▷Nifurtimox, N-00134
Nifurtoinol, N-00135
Nifurvidine, N-00136
▷Nifurzide, N-00137
▷Nigrin, *see* S-00162
Niguldipine, N-00138
▷NIH 2820, *see* D-00407
NIH 2933, *see* M-00162
▷NIH 4185, *see* D-00258
NIH 5145, *see* E-00208
▷NIH 7274, *see* P-00164
NIH 7343, *see* D-00509
▷NIH 7380, *in* G-00002
NIH 7410, *see* M-00155
NIH 7440, *see* A-00133
▷NIH 7519, *in* P-00147
NIH 7525, *see* L-00039
NIH 7539, *in* M-00448
NIH 7557, *see* D-00510
▷NIH 7562, *in* D-00265
NIH 7574, *see* B-00078
NIH 7577, *see* D-00380
NIH 7586, *see* C-00478
NIH 7590, *see* P-00260
NIH 7591, *see* P-00165
▷NIH 7602, *see* P-00143
▷NIH 7603, *see* D-00142
▷NIH 7605, *see* P-00459
NIH 7607, *see* E-00260
▷NIH 7661, *in* P-00191
NIH 7667, *see* N-00207
NIH 7790, *see* C-00092
NIH 7981, *see* C-00588
▷NIH 8068, *see* E-00263
▷NIH 8074, *in* E-00263
NIH 8112, *see* C-00646
NIH 8973, *in* T-00340
▷Nihydrazone, N-00139
▷Nikethamide, *see* D-00254
Niksalin, *in* H-00112
Nilatil, *in* A-00254
Nilazid, *see* S-00016
Nileprost, N-00140
▷Nilergex, *in* I-00214
Nilestriol, *see* N-00234
▷Nilevar, *see* N-00211
▷Nilhistin, *in* M-00170
▷Nilistine, *in* M-00170
▷Nilodin, *in* L-00110
Nilprazole, N-00141
▷Niludipine, N-00142
Nilutamide, N-00143
Nilvadipine, N-00144
▷Nilverm, *in* T-00151
Nimaol, *in* M-00258
Nimazone, N-00145
Nimbosterin, *in* S-00151
▷Nimbosterol, *in* S-00151
Nimelan, *in* N-00032
▷Nimergoline, *see* N-00089
▷Nimesulide, N-00146
▷Nimetazepam, N-00147
Nimidane, N-00148
Nimodipine, N-00149
▷Nimorazole, N-00150
Nimotop, *see* N-00149
Nimustine, N-00151
▷Nioben, *in* P-00299
Niometacin, N-00152
▷Niopam, *see* I-00124
▷Nipagin *A*, *in* H-00113
▷Nipagin *M*, *in* H-00113
▷Nipasol, *in* H-00113
▷Nipecotan, *see* A-00390
Niperotidine, N-00153
▷Niperyt, *see* P-00078
Nipiradilol, *see* N-00154
Nipodar, *see* P-00545
Nipradilol, N-00154
Nipradolol, *see* N-00154
▷Nipride, *in* P-00083
Niprodipine, *see* N-00144
▷Niprofazone, N-00155
▷Nipruss, *in* P-00083
▷Niridazole, N-00156
▷Nirvanil, *in* E-00204
▷Nirvanol, *see* E-00215
▷Nirvotin, *in* P-00204
Nisbuterol, N-00157
Nisbuterol mesylate, *in* N-00157
Nisentil, *in* P-00460
▷Nisidana, *in* O-00052
Nisobamate, N-00158
Nisoldipine, N-00159
Nisoxetine, N-00160
Nisterime, N-00161
▷Nisterime acetate, *in* N-00161
Nisulfazole, *see* N-00187
Nitalapram, *see* C-00400
▷Nitarsone, *see* N-00184
Nitazoxanide, N-00162
▷Nithiamide, *in* A-00294
▷Nithiazide, *see* E-00211
▷Nithiocyamine, *see* N-00180
Nitossil, *in* C-00482
▷Nitracrine, N-00163
Nitrafudam, N-00164
Nitrafudam hydrochloride, *in* N-00164
Nitralamine, N-00165
▷Nitralamine hydrochloride, *in* N-00165
Nitramidine, *in* N-00168
▷Nitramin IDO, *see* A-00294
Nitramisole, N-00166
Nitramisole hydrochloride, *in* N-00166
▷Nitranol, *in* T-00538
Nitraquazone, N-00167
Nitrarine, N-00168
2-Nitratoethylamine, *see* A-00254
▷[(Nitrato-*O*)phenylmercury], *in* H-00191
▷(Nitrato-*O*)phenylmercury, N-00169
▷Nitrazepam, N-00170
Nitrazepate, N-00171
Nitrazine yellow, *see* P-00145
Nitrazol yellow, *see* P-00145
Nitrefazole, *see* M-00274
Nitrendipine, N-00172
▷Nitretamin, *in* T-00538
Nitricholine perchlorate, *in* C-00308
▷Nitrilodiethylenedinitrilopentaacetic acid, *see* P-00094
2,2′,2″-Nitrilotriethanol trinitrate, *see* T-00538
▷2,2′,2″-Nitrilotrisethanol, *see* T-00536
▷Nitrimidazine, *see* N-00150
▷2,2′,2″-Nitritotriethanol, *see* T-00536

▷Nitroacridine 3582, *see* D-00231
▷Nitroakridin 3582, *see* D-00231
1-Nitro-*sec*-*n*-amyl alcohol, *see* N-00183
▷*p*-(*p*-Nitroanilino)phenyl isothiocyanate, *see* N-00180
▷*p*-Nitrobenzenearsonic acid, *see* N-00184
p-Nitrobenzylphosphonic acid, *see* N-00185
▷*N*-Nitrocarbamide, *see* N-00188
Nitrocefin, N-00173
▷Nitrocellulose, *in* C-00165
Nitroclofene, N-00174
Nitrocycline, N-00175
Nitrodan, N-00176
▷Nitroduran, *in* T-00538
Nitroerythrite, *in* E-00114
Nitrofuradoxonum, *see* F-00293
▷Nitrofural, *in* N-00177
5-Nitro-2-furaldehyde 2-[2-(dimethylamino)ethyl]-semicarbazone, *see* N-00120
5-Nitro-2-furaldehyde-2-ethylsemicarbazone, *see* N-00131
▷5-Nitro-2-furaldehyde 2-(2-hydroxyethyl)semicarbazone, *see* N-00108
▷5-Nitro-2-furaldehyde semioxamazone, *see* N-00116
▷Nitrofuraltadone, *see* F-00281
▷5-Nitro-2-furancarboxaldehyde, N-00177
▷Nitrofurantoin, N-00178
6-[2-(5-Nitro-2-furanyl)ethenyl]-3-pyridazinamine, *see* N-00129
▷6-[2-(5-Nitro-2-furanyl)ethenyl]-2-pyridinemethanol, *see* N-00128
▷6-[2-(5-Nitro-2-furanyl)ethenyl]-1,2,4-triazin-3-amine, *see* F-00280
▷*N*-[6-[2-(5-Nitro-2-furanyl)ethenyl]-1,2,4-triazin-3-yl]-acetamide, *in* F-00280
▷[[6-[2-(5-Nitro-2-furanyl)ethenyl]-1,2,4-triazin-3-yl]-imino]bis-(methanol), *in* F-00280
▷2-[[(5-Nitro-2-furanyl)methylene]amino]ethanol *N*-oxide, *see* N-00119
▷1-[(5-Nitro-2-furanyl)methylene]amino-2,4-imidazolidinedione, *see* N-00178
▷1-[[(5-Nitro-2-furanyl)methylene]amino]-2-imidazolidinethione, *see* T-00200
▷1-[[(5-Nitro-2-furanyl)methylene]amino]-2-imidazolidinone, *see* N-00115
2-[(5-Nitro-2-furanyl)methylene]hydrazinecarboximidamide, *see* F-00279
▷2-[3-(5-Nitro-2-furanyl)-1-[2-(5-nitro-2-furanyl)ethenyl]-2-propenylidene]hydrazinecarboximidamide, *see* N-00190
▷2,2′-[[2-(5-Nitro-2-furanyl)-4-quinazolinyl]imino]bisethanol, *see* N-00130
4-(5-Nitro-2-furanyl)-2-quinolinecarboxylic acid 1-oxide, *see* N-00125
▷2-[4-(5-Nitro-2-furanyl)-2-thiazolyl]hydrazinecarboxaldehyde, *see* N-00133
▷Nitrofurazone, *in* N-00177
▷5-Nitrofurfuraldehyde, *see* N-00177
[(5-Nitrofurfurylidene)amino]guanidine, *see* F-00279
▷1-(5-Nitro-2-furfurylideneamino)hydantoin, *see* N-00178
▷1-(5-Nitrofurfurylideneamino)-2-imidazolidinethione, *see* T-00200
▷1-[(5-Nitrofurfurylidene)amino]-2-imidazolidinone, *see* N-00115
▷3-(5-Nitrofurfurylideneamino)-2-oxazolidinone, *see* F-00284
▷Nitrofurmethone, *see* F-00281
▷[[3-(5-Nitro-2-furyl)-1-[2-(5-furyl)vinyl]allylidene]-amino]-guanidine, *see* N-00190
▷2,2′-[[2-(5-Nitro-2-furyl)-4-quinazolinyl]imino]diethanol, *see* N-00130
▷Nitrogenin, *in* S-00129
▷Nitrogen Lost, *see* T-00534
▷Nitrogen mustard gas, *see* D-00193
▷Nitrogen oxide, *see* N-00189
▷Nitroglycerin, *see* G-00066
▷Nitroglycerol, *see* G-00066
▷2-Nitro-1*H*-imidazole, N-00179
▷4-[2-(5-Nitro-1*H*-imidazol-1-yl)ethyl]morpholine, *see* N-00150
α-[(2-Nitro-1*H*-imidazol-1-yl)methyl]-1-piperidineethanol, *see* P-00262
1-(2-Nitroimidazol-1-yl)-3-piperidinopropan-2-ol, *see* P-00262
▷4-Nitro-4′-isothiocyanatodiphenylamine, N-00180
4-Nitro-4′-isothiocyanatodiphenyl ether, *see* N-00186
Nitrolamine, *see* A-00254
Nitroman, *in* T-00102
▷Nitromannite, *in* M-00018
▷Nitromannitol, *in* M-00018
▷Nitromersol, N-00181
Nitromide, *in* D-00468
Nitromidinum, *see* A-00502
▷Nitromifene, N-00182
▷Nitromifene citrate, *in* N-00182
▷Nitromin, *in* D-00193
N-[2-(Nitrooxy)ethyl]-3-pyridinecarboxamide, *see* N-00102
▷Nitropentaerythritol, *see* P-00078
1-Nitro-2-pentanol, N-00183
6-Nitrophenanthro[3,4-*d*]-1,3-dioxole-5-carboxylic acid, *see* M-00252
▷*N*-(4-Nitro-2-phenoxyphenyl)methanesulfonamide, *see* N-00146
[4-[(4-Nitrophenyl)amino]phenyl]carbamothioic acid *O*-phenyl ester, *see* P-00159
N-[4-[[(4-Nitrophenyl)amino]sulfonyl]phenyl]acetamide, *see* S-00204
▷4-Nitrophenylarsonic acid, N-00184
5-(2-Nitrophenyl)-2-furancarboximidamide, *see* N-00164
▷1-[[[5-(4-Nitrophenyl)-2-furanyl]methylene]amino]-2,4-imidazolidinedione, *see* D-00012
▷1-[[5-(*p*-Nitrophenyl)furfurylidene]amino]hydantoin, *see* D-00012
α-(Nitrophenylmethylene)benzenemethanamine, *see* A-00293
▷2-Nitro-*N*-(phenylmethyl)-1*H*-imidazole-1-acetamide, *see* B-00089
[(4-Nitrophenyl)methyl]phosphonic acid, N-00185
4′-[(*p*-Nitrophenyl)sulfamoyl]acetanilide, *see* S-00204
▷Nitropress, *in* P-00083
5-Nitro-2-[2-(1-pyrrolidinyl)ethyl]-1*H*-benz[*de*]-isoquinoline-1,3-(2*H*)-dione, *see* P-00266
3-Nitro-*N*-[2-(1-pyrrolidinyl)ethyl]naphthalimide, *see* P-00266
▷5-Nitro-8-quinolinol, *see* H-00182
Nitroscanate, N-00186
N-Nitrosotomatidine, *in* T-00374
α′-Nitro-α-stilbenamine, *see* A-00293
Nitrosulfathiazole, N-00187
▷Nitrothiamidazole, *see* N-00156
▷5-Nitro-2-thiazolamine, *see* A-00294
p-Nitro-*N*-2-thiazolylbenzenesulfonamide, *see* N-00187
N-(5-Nitro-2-thiazolyl)formamide, *in* A-00294
▷1-(5-Nitrothiazol-2-yl)-2-imidazolidinone, *see* N-00156
N-(5-Nitro-2-thiazolyl)salicylamide acetate, *see* N-00162
▷*N*-(5-Nitro-2-thiazolyl)-2-thiophenecarboxamide, *see* T-00072
▷5-Nitro-2-thiophenecarboxylic acid [3-(5-nitro-2-furanyl)-2-propenylidene]hydrazide, *see* N-00137
▷Nitrourea, N-00188
▷Nitrous acid 3-methylbutyl ester, *see* M-00237
▷Nitrous oxide, N-00189
▷Nitrovin, N-00190
p-[2-(5-Nitro-1-vinylimidazol-2-yl)vinyl]benzoic acid, *see* S-00156
▷Nitroxinil, *see* H-00142
▷Nitroxoline, *see* H-00182
▷Nitroxynil, *see* H-00142
▷Nitrumon, *see* B-00199
Nitux, *in* M-00440
Nivacortol, *see* N-00191
▷Nivalin, *in* G-00002
Nivaquine, *in* C-00284
▷Nivaquine *C*, *see* M-00240
Nivazol, N-00191
▷Nivellipid, *see* C-00643

▷Nivelon, *in* D-00482
Nivimedone, *see* D-00436
Nivimedone sodium, *in* D-00436
Nixylic acid, *in* A-00326
Nizatidine, N-00192
Nizofenone, N-00193
▷NK 421, *see* B-00138
NK 1013-2, *in* K-00005
NKK 105, *see* M-00016
▷N-Methyladrenaline, *in* A-00075
▷N-Methyldemecolcine, *in* D-00062
N-Methyldeoxynojirimycin, *in* T-00481
N-Methylellipticine, *in* E-00027
N-Methylephedrine, *in* D-00418
▷N-Methylhistamine, *in* H-00077
N-Methylmescaline, *in* M-00131
N-Methylpachysamine A, *in* P-00416
3-N-Methylparomomycin I, *in* P-00039
N,N-Diacetylepipachysamine C, *in* P-00416
N^8-Norphysostigmine, *in* E-00122
Noacid, *see* D-00307
▷Nobacter (obsol.), *see* B-00204
Noberastine, N-00194
▷Nobrium, *see* M-00053
Nocertone, *in* O-00107
Nocloprost, N-00195
▷Nococcin, *in* A-00332
▷Nocodazole, N-00196
▷Noctal, *see* B-00291
Noctamid, *see* L-00097
▷Noctan, *see* D-00249
▷Noctec, *see* T-00433
▷Noctenal, *see* B-00291
Noctilux, *see* K-00009
Nocton, *see* L-00097
▷Nocturetten, *in* B-00300
▷Noctyn, *see* H-00027
▷Nodal, *see* T-00311
Nodapton, *in* G-00070
▷Nodixil, *in* P-00120
Nofecainide, N-00197
Nofedone, *see* N-00197
Noflevan, *see* E-00250
▷Nofrin, *see* C-00377
▷Nogalamycin, N-00198
▷Nogexan, *see* C-00068
Nohalon, *see* B-00344
▷Nokemyl, *in* M-00331
Nokhel, *see* A-00197
▷Nolahist, *in* P-00156
▷Noleptan, *in* F-00240
Nolinium(1+), N-00199
▷Nolinium bromide, *in* N-00199
Noltam, *see* T-00023
▷Noludar, *see* D-00249
Nolvadex, *see* T-00023
Nomegestrol, N-00200
Nomelidine, N-00201
▷Nometine, *see* P-00273
▷Nomifensine, *see* T-00125
▷Nomifensine maleate, *in* T-00125
Nonabine, N-00202
▷Nonachlazine, *in* A-00493
Nonaethylene glycol monododecyl ether, *see* P-00380
Nonaftazin, *see* A-00497
▷Nonanedioic acid, N-00203
3,6,9,12,15,18,21,24,27-Nonaoxanonatriacontan-1-ol, *see* P-00380
▷3,6,9,12,15,18,21,24,27-Nonaoxaoctacos-1-yl 4-(butylamino)-benzoate, *see* B-00094
Nonaperone, N-00204
Nonaphtazine, *see* A-00497
Nonapyrimine, *in* A-00330
Nonathymulin, *see* S-00054
Nonflamin, *in* T-00296
Nonivamide, N-00205
Nonkodine, *in* B-00399
Nonoxinol 9, *see* N-00206
Nonoxynol 9, N-00206
▷Nonplesin, *see* D-00511
4-(Nonylamino)-7*H*-pyrrolo[2,3-*d*]pyrimidine, *in* A-00330
26-(4-Nonylphenoxy)-3,6,9,12,15,18,21,24-octaoxahexacosan-1-ol, *see* N-00206
N-Nonyl 7*H*-pyrrolo[2,3-*d*]pyrimidin-4-amine, *in* A-00330
▷Nopar, *in* H-00082
▷Nopcocide, *in* M-00147
▷Nopoxamine, *see* M-00478
▷Nopron, *see* N-00083
Noracetylmethadol, *see* N-00207
Noracymethadol, N-00207
Noracymethadol hydrochloride, *in* N-00207
Noradrenaline, N-00208
Norajmaline, *in* A-00088
▷Noramidone, *see* D-00407
Noramidopyrine methanesulfonate, *see* D-00532
Nor-Anabol, *in* H-00185
▷Norandrostenolone, *in* H-00185
Noranhydrovinblastine, *see* V-00041
5′-Noranhydrovincaleukoblastine, *see* V-00041
Noraristolochic acid, *see* M-00252
Noratropine, *in* T-00554
Norbaeocystine, *in* D-00411
Norbiline, *in* D-00512
▷Norbiogest, *in* M-00138
▷Norbolethone, N-00209
▷Norboletone, *see* N-00209
5-Norbornene-2,3-dicarboximide, *in* B-00157
5-Norbornene-2,3-dicarboxylic acid, *see* B-00157
Norbudrine, *see* N-00210
Norbutrine, N-00210
▷Norcamphane, *in* F-00038
Norcaperatic acid, *in* C-00029
Norclostebol, *in* C-00242
Norcocaine, *in* C-00523
▷Norcodeine, *in* N-00222
▷Norco T-2, *see* T-00578
▷Norcuron, *in* V-00014
29-Norcyasterone, *in* C-00584
Norcycleanine, *in* C-00590
Norcycline, *see* D-00065
▷Nordazepam, *in* D-00148
▷Nordazepam oxide, *see* D-00069
Nordefrine, *see* A-00249
▷2′-Nor-2′-deoxyguanosine, *see* D-00350
Nordette, *in* N-00218
▷Nordialex, *see* G-00037
▷Nordicort, *in* C-00548
Nordinone, *in* H-00124
1-Nordistamycin *A*, *in* D-00539
▷Nordopan, *see* B-00197
Nor-Durandron, *in* H-00185
Nor-ψ-ephedrine, *in* A-00308
▷Norephedrine, *in* A-00308
▷Norephedrinoethyltheophylline, *see* C-00009
Norepinephrine, *see* N-00208
▷Norepinephrine bitartrate, *in* N-00208
▷Noretandroline, *see* N-00211
▷Norethandrolone, N-00211
▷Norethindrone, *see* N-00212
▷Norethindrone acetate, *in* N-00212
▷Norethisterone, N-00212
▷5(10)-Norethisterone, *see* N-00213
▷Norethisterone acetate, *in* N-00212
Norethisterone acetate oxime, *in* N-00212
▷Norethisterone enanthate, *in* N-00212
▷Norethynodrel, N-00213
▷Noretynodrel, *see* N-00213
Noreximide, *in* B-00157
▷Norfenefrine, *see* A-00272
Norfenfluramine, *in* M-00312
Norfenon, *in* P-00486
Norflex, *in* O-00064

▷Norfloxacin, N-00214
Norflurane, *see* T-00113
Norgesic, *in* O-00064
Norgesterone, N-00215
▷Norgestimate, N-00216
Norgestomet, N-00217
Norgeston, *in* N-00218
Norgestrel, N-00218
▷Norgestrienone, N-00219
Norhomoepinephrine, *see* A-00249
Norhyoscine, *in* S-00031
Norhyoscyamine, *in* T-00554
▷Noriday, *in* N-00212
▷Norimin, *in* E-00231
▷Norimin, *in* N-00212
▷Norimipramine, *see* D-00095
Norine, *in* C-00540
Norisoephedrine, *in* A-00308
▷Norlestrin, *in* E-00231
▷Norlestrin, *in* N-00212
Norletimol, N-00220
Norleusactide, *see* P-00075
Norlevorphanol, *in* M-00448
2-Norlimacine, *in* F-00017
Norlongandron, *in* H-00185
Normatensyl, *in* H-00097
▷Normax, *in* B-00210
Normaytansine, *in* M-00026
▷Normedon, *see* D-00407
19-Normegestrol, *see* N-00200
▷Normenon, *in* C-00208
Normergyl, *see* E-00006
▷Normetadone, *see* D-00407
▷Normethadone, *see* D-00407
Normethandrone, N-00221
Normethisterone, *see* N-00221
Normix, *see* R-00049
Normo-Level, *in* P-00077
Normolipem, *in* C-00456
Normonal, *see* T-00522
▷Normorfina, *see* N-00222
Normoritmin, *in* P-00486
▷Normorphine, N-00222
Normose, *see* L-00005
Normosecretol, *in* I-00155
▷Normoson, *see* E-00151
Normospas, *see* A-00474
Normosterol, *in* P-00077
Normotiroides, *see* D-00365
Normud, *in* Z-00015
Nornarceine, *in* N-00051
Nor-N^b-chondocurine, *in* C-00309
▷Norofren, *see* P-00263
▷Noroxedrine, *see* O-00022
▷Noroxin, *in* N-00214
▷Norpace, *in* D-00537
Norpenicillin N, *in* P-00066
▷Norphedrin, *see* A-00304
Norpholedrine, *see* A-00322
Norpipanone, *see* D-00510
▷Norpramin, *in* D-00095
▷19-Norpregna-1,3-5(10)trien-20-yne-3,17-diol, *see* E-00231
▷19-Nor-17α-pregna-1,3,5(10)-trien-20-yne-3,17-diol, *see* E-00231
19-Nor-17α-pregn-4-ene-3β,17-diol propionate, *see* P-00500
▷19-Nor-4-pregnen-17β-ol, *see* E-00213
19-Norpregn-5-en-17-ol, *see* B-00249
▷19-Norpregn-4-en-20-yne-3,17-diol, *see* E-00227
▷19-Nor-4-pregnen-20-yn-17β-ol, *see* L-00121
▷19-Norpregn-5-en-20-yn-17-ol, *see* C-00367
19-Nor-17α-pregn-5(10)-en-20-yn-17-ol, *see* T-00269
▷Nor-Progestelea, *see* N-00225
▷Norpropandrolate, *in* O-00029
Norpseudoephedrine, *in* A-00308
Norreserpine, *in* R-00029
Norsongorine, *in* S-00100
▷Norsympathol, *see* O-00022
▷Norsynephrine, *see* O-00022
▷*m*-Norsynephrine, *see* A-00272
Nortan, *in* T-00462
Nortesto, *in* H-00185
▷Nortestonate, *in* H-00185
▷19-Nortestosterone, *in* H-00185
Nortestosterone adamantanecarboxylate, *see* B-00250
Nortestrionate, *in* H-00185
2-Nortetrandrine, *in* T-00152
Nortetrazepam, N-00223
Nortimic, *in* M-00381
Nortran, *in* T-00462
▷Nortrip, *see* M-00332
▷Nortriptyline, N-00224
▷Nortryptyline hydrochloride, *in* N-00224
▷Norval, *in* M-00360
7-L-Norvalinecyclosporin *A*, *in* C-00638
7-L-Norvaline-11-L-leucinecyclosporin *A*, *in* C-00638
▷Norvedan, *see* F-00079
▷Norvinisterone, N-00225
Norvinodrel, *see* N-00215
Norybol 19, *in* H-00185
▷Norzepine, *in* N-00224
Norzimelidine, *in* N-00201
Nosantine, N-00226
Noscapine, *see* N-00052
▷Nosiheptide, N-00227
▷Nosiheptine, *see* N-00227
Nosophen, *see* T-00142
Nospan, *see* D-00611
▷Nospan, *see* T-00577
Nospasin, *see* D-00611
▷Nostal, *see* B-00291
Nostal, *see* E-00011
▷Nostel, *see* E-00151
▷Nosterol, *see* B-00179
Nostyn, *see* E-00011
Notandron-Depot, *in* M-00225
▷Notensil, *in* A-00015
Notezine, *see* D-00248
Noticin, *see* S-00183
▷Notomycin A_1, *see* C-00557
Nourseimycin, *see* A-00092
Novacort, *see* C-00489
▷Novacrysin, *see* S-00084
▷Novafed, *in* M-00221
▷Novahistine, *in* A-00272
Novain, *see* C-00084
▷Novamin, *in* A-00196
▷Novantron, *in* M-00407
▷Novarsenol, *see* N-00066
Novartrina, *in* M-00439
Novasmasol, *in* O-00053
Novastat, *in* C-00258
Novatophan, *in* M-00295
Novatoxyl, *in* C-00041
▷Novatropine, *in* H-00082
▷Novazole, *see* C-00020
Novedrin, *see* E-00133
▷Noveril, *see* D-00156
▷Novesine, *in* O-00146
▷Novestrine, *see* M-00164
▷Noviben, *see* C-00020
▷Novidium, *see* D-00132
▷Novidorm, *see* T-00425
Noviform, *see* B-00152
▷Novobiocin, N-00228
▷Novocaine, *in* P-00447
Novocamid, *in* P-00446
▷Novoderm, *in* F-00174
▷Novodigal, *in* D-00275
▷Novodolan, *see* F-00119
Novofosfan, *in* T-00347
Novofur, *in* F-00285
Novohydrin, *see* A-00174

Novolin, *in* I-00076
▷Novonal, *in* D-00251
Novo-Rheumatophin, *in* M-00295
Novorin, *in* X-00023
▷Novoserpina, *see* S-00287
Novosparol, *in* B-00160
▷Novotrone, *see* S-00093
Novotrone, *in* S-00223
Novotussil, *in* M-00440
▷Novrad, *in* P-00512
▷Novurit, *in* C-00067
Noxadron, *in* E-00246
▷Noxibiol, *see* H-00182
Noxiptiline, *see* N-00229
Noxiptyline, N-00229
N^{α}-(4-Oxodecanoyl)histamine, *in* H-00077
▷Noxyflex *S*, *see* H-00165
▷Noxylin, *see* P-00385
▷Noxythiolin, *see* H-00165
▷Noxytiolin, *see* H-00165
▷NP 27, *see* C-00247
▷NPAB, *in* A-00088
NPP, *see* D-00353
NPT 15392, *see* N-00225
NR 286, *see* F-00229
▷NSC 1026, *see* A-00230
▷NSC 1149, *see* C-00456
▷NSC 1390, *see* D-00300
▷NSC 1771, *see* T-00149
▷NSC 185, *in* D-00441
▷NSC 1879, *in* D-00133
▷NSC 1895, *see* D-00137
▷NSC 2101, *see* H-00181
NSC 2619, *see* S-00202
▷NSC 2834, *see* H-00193
▷NSC 3053, *see* A-00057
▷NSC 3055, *in* P-00557
▷NSC 3061, *see* P-00585
▷NSC 3069, *see* C-00195
▷NSC 3088, *see* C-00194
▷NSC 3096, *see* D-00062
▷NSC 3184, *see* N-00116
NSC 3351, *in* H-00185
▷NSC 3364, *see* F-00106
▷NSC 3425, *see* T-00422
▷NSC 3951, *in* H-00211
▷NSC 5085, *see* N-00184
NSC 5109, *see* D-00469
▷NSC 5159, *see* C-00189
▷NSC 5340, *see* A-00187
▷NSC 5547, *in* O-00012
NSC 5648, *in* T-00217
▷NSC 6091, *see* D-00129
▷NSC 6135, *in* T-00475
▷NSC 6365, *see* A-00268
NSC 6386, *see* B-00150
▷NSC 6470, *see* N-00115
▷NSC 6738, *see* D-00207
NSC 7214, *in* D-00131
▷NSC 739, *see* A-00324
▷NSC 7365, *see* A-00238
▷NSC 740, *see* M-00192
▷NSC 742, *in* A-00509
▷NSC 746, *see* E-00177
▷NSC 749, *see* A-00247
▷NSC 750, *see* B-00379
▷NSC 752, *see* T-00202
▷NSC 755, *see* D-00299
▷NSC 757, *see* C-00534
▷NSC 7571, *in* A-00205
▷NSC 762, *in* D-00193
▷NSC 763, *see* D-00454
▷NSC 7760, *in* P-00395
▷NSC 7778, *in* D-00318
NSC 8746, *see* C-00654
▷NSC 8806, *in* M-00084
▷NSC 9166, *in* H-00111
▷NSC 9168, *see* F-00273
▷NSC 9324, *see* D-00119
▷NSC 9564, *see* N-00212
▷NSC 9698, *see* M-00019
▷NSC-9701, *see* H-00154
NSC 9702, *see* H-00204
▷NSC 9705, *see* C-00546
NSC 9894, *see* B-00220
▷NSC 100071, *see* H-00018
▷NSC 10023, *see* P-00413
NSC 100290, *see* A-00089
NSC 10039, *see* N-00221
NSC 100638, *see* A-00185
▷NSC 10108, *see* C-00290
▷NSC 102627, *in* I-00037
NSC 102629, *see* F-00113
▷NSC 10270, *see* A-00095
▷NSC 102816, *see* A-00496
▷NSC 102824, *see* A-00507
NSC 102825, *see* C-00383
NSC 103336, *see* C-00620
▷NSC 104800, *see* D-00163
NSC 104801, *see* B-00286
NSC 105546, *see* M-00234
NSC 106563, *see* B-00114
NSC 106564, *see* B-00419
NSC 106565, *in* B-00418
NSC 106566, *in* E-00114
▷NSC 106568, *see* T-00501
NSC 106569, *in* T-00164
▷NSC 106570, *see* R-00079
▷NSC 106571, *in* B-00359
NSC 106572, *see* T-00368
▷NSC 106959, *in* C-00053
NSC 106960, *see* G-00074
▷NSC 106962, *in* I-00129
▷NSC 106995, *see* L-00082
NSC 107079, *see* C-00315
▷NSC 107412, *see* C-00557
NSC 107429, *see* C-00588
▷NSC 107430, *see* P-00093
NSC 107431, *in* D-00138
NSC 107433, *see* T-00048
▷NSC 107434, *in* T-00581
NSC 107529, *in* T-00532
▷NSC 107654, *see* C-00223
▷NSC 107677, *in* D-00391
NSC 107678, *in* A-00385
▷NSC 107679, *see* C-00630
NSC 107680, *in* F-00156
▷NSC 108034, *in* P-00179
▷NSC 108160, *in* D-00594
▷NSC 108161, *see* P-00386
NSC 108163, *in* G-00114
NSC 108164, *see* E-00085
▷NSC 108165, *see* T-00213
▷NSC 109212, *see* I-00209
▷NSC 109229, *see* A-00458
▷NSC 10973, *see* E-00231
▷NSC 109723, *see* T-00469
▷NSC 109724, *see* I-00021
▷NSC 110364, *see* O-00131
▷NSC 110430, *see* C-00312
▷NSC 110432, *see* D-00183
▷NSC 110433, *see* S-00198
▷NSC 111071, *in* C-00045
▷NSC 111180, *in* A-00031
▷NSC 112259, *in* O-00028
▷NSC 112682, *see* E-00066
NSC 112931, *see* T-00137
▷NSC 11319, *see* H-00203
▷NSC 113233, *see* M-00403
▷NSC 113891, *in* M-00116
▷NSC 114575, *see* M-00399
▷NSC 114649, *in* F-00112

NSC 114650, *in* D-00377
▷NSC 114901, *in* D-00095
▷NSC 115748, *in* C-00200
▷NSC 115944, *see* C-00230
NSC 117614, *in* C-00667
▷NSC 118191, *see* M-00463
▷NSC 11905, *see* H-00157
▷NSC 119875, *in* D-00139
▷NSC 12165, *see* F-00195
NSC 12198, *in* H-00153
▷NSC 122402, *see* R-00068
▷NSC 122819, *see* T-00071
NSC 122870, *in* M-00174
▷NSC 123018, *see* M-00057
▷NSC 123127, *see* A-00080
▷NSC 125717, *in* C-00355
▷NSC 125973, *see* T-00037
▷NSC 126849, *see* D-00031
▷NSC 127716, *in* D-00077
▷NSC 129185, *see* M-00475
▷NSC 129224, *see* A-00072
▷NSC 129943, *see* R-00016
▷NSC 130004, *in* T-00189
▷NSC 13252, *see* A-00476
▷NSC 133099, *in* R-00047
▷NSC 134087, *see* P-00411
▷NSC 134434, *see* H-00093
▷NSC 134454, *in* T-00115
▷NSC 134679, *see* C-00063
▷NSC 136947, *see* N-00156
NSC 137443, *in* K-00002
▷NSC 13875, *see* T-00535
NSC 139490, *in* K-00021
NSC 139593, *see* S-00255
NSC 140115, *see* E-00152
▷NSC 14083, *see* S-00161
▷NSC 140865, *in* C-00531
▷NSC 141046, *see* C-00450
▷NSC 141537, *in* A-00386
▷NSC 141540, *see* E-00262
▷NSC 142005, *see* C-00272
▷NSC 14210, *in* M-00084
NSC 14279, *in* M-00108
▷NSC 143095, *in* P-00566
▷NSC-143969, *see* T-00277
▷NSC 145668, *in* C-00600
▷NSC 14574, *in* L-00110
▷NSC 148958, *see* T-00055
▷NSC 150339, *see* S-00125
▷NSC 15353, *in* A-00093
▷NSC 153858, *see* M-00026
NSC 154020, *see* T-00445
▷NSC 15432, *see* N-00213
▷NSC 156303, *see* A-00373
▷NSC 157658, *in* D-00070
NSC 15796, *see* B-00021
▷NSC 158565, *see* C-00252
NSC 163500, *see* P-00044
NSC 163501, *see* A-00405
▷NSC 164011, *in* D-00019
▷NSC 166641, *see* F-00219
▷NSC 16895, *see* L-00058
▷NSC 169105, *see* D-00579
▷NSC-172112, *see* S-00124
▷NSC 17261, *see* I-00075
▷NSC 17591, *in* H-00111
NSC 17789, *see* B-00084
NSC 180973, *see* T-00023
▷NSC-182986, *see* D-00150
▷NSC 18317, *in* D-00349
▷NSC 192965, *in* S-00123
▷NSC 19477, *in* H-00046
▷NSC 19494, *see* D-00124
▷NSC 19893, *see* F-00190
▷NSC 19962, *see* E-00200
▷NSC 20088, *see* C-00106
NSC 20246, *see* C-00407
▷NSC 20272, *see* C-00530
▷NSC 20527, *see* B-00292
▷NSC 208734, *see* A-00042
▷NSC 21626, *see* O-00105
▷NSC 218321, *see* P-00105
NSC 224131, *see* S-00108
▷NSC 23162, *in* H-00185
▷NSC 233898, *see* A-00255
▷NSC 23516, *in* A-00216
▷NSC 23759, *see* T-00100
▷NSC 238159, *see* N-00196
▷NSC 239336, *in* C-00667
▷NSC 241240, *see* C-00061
NSC 245382, *see* N-00151
NSC 245467, *in* V-00032
▷NSC 24559, *see* M-00397
▷NSC 247561, *see* N-00163
NSC 249008, *see* T-00514
▷NSC 24970, *see* B-00293
▷NSC 25116, *see* A-00252
▷NSC 25141, *see* B-00339
▷NSC 25154, *see* B-00195
▷NSC 25159, *see* A-00306
NSC 253272, *see* C-00036
NSC 25413, *see* A-00313
NSC 25614, *see* P-00224
NSC 256438, *in* A-00080
▷NSC 256439, *see* I-00016
▷NSC 256927, *see* I-00162
▷NSC-256942, *in* A-00080
NSC 259968, *see* B-00261
▷NSC 26176, *see* D-00115
▷NSC 26198, *see* O-00154
▷NSC 26271, *see* C-00634
▷NSC 26386, *in* H-00175
NSC 264137, *in* E-00028
▷NSC 267469, *in* A-00080
▷NSC 26806, *see* A-00527
▷NSC 269148, *see* M-00092
▷NSC 26980, *see* M-00404
NSC 27178, *see* C-00035
▷NSC 27640, *see* D-00079
▷NSC 280594, *in* T-00445
NSC 28120, *see* A-00312
NSC 281272, *see* F-00020
NSC 284356, *see* M-00398
▷NSC 286193, *see* T-00246
NSC 287513, *in* A-00180
NSC 289487, *see* A-00467
▷NSC 29215, *see* T-00533
▷NSC 292652, *see* D-00108
▷NSC 29485, *see* C-00237
NSC 296934, *see* T-00096
▷NSC 296961, *see* E-00155
▷NSC 298223, *see* R-00001
▷NSC 301467, *see* E-00139
NSC 30152, *see* D-00439
▷NSC 301739, *in* M-00407
▷NSC 30211, *see* T-00534
NSC 30223, *see* H-00129
▷NSC 305884, *in* A-00045
NSC 308847, *see* A-00356
NSC 310633, *see* T-00276
▷NSC 31083, *see* A-00053
NSC 311056, *see* S-00126
▷NSC 312887, *in* F-00142
▷NSC 32065, *see* H-00220
▷NSC 32074, *see* A-00514
▷NSC 32363, *in* E-00204
NSC 325014, *see* B-00005
NSC 328786, *see* A-00208
NSC 32942, *see* B-00118
▷NSC 32946, *in* M-00402
NSC 33001, *see* F-00186
NSC 33077, *in* T-00438

NSC 331615, *in* N-00038
NSC 332488, *see* A-00378
NSC 335153, *in* D-00545
NSC 33669, *see* E-00036
NSC 337766, *in* B-00191
NSC 340847, *in* R-00039
NSC 341952, *see* Z-00020
NSC 34249, *in* P-00094
NSC 343499, *see* M-00239
▷NSC 34462, *see* B-00197
▷NSC 34521, *see* D-00111
NSC 345842, *in* M-00004
NSC 34632, *see* M-00002
NSC 347512, *see* O-00136
▷NSC 35051, *in* M-00084
▷NSC 351358, *see* B-00166
▷NSC 353451, *see* M-00408
▷NSC 35443, *see* P-00019
NSC 35752, *in* B-00220
NSC 357704, *in* A-00080
NSC 362856, *see* T-00064
NSC 36539, *in* P-00563
NSC 368390, *in* B-00269
▷NSC 37095, *see* U-00012
NSC 37096, *see* B-00091
▷NSC 38297, *see* B-00296
▷NSC 38721, *see* D-00180
▷NSC 38887, *see* T-00173
▷NSC 39069, *in* T-00219
▷NSC 39084, *see* A-00513
▷NSC 39415, *in* D-00567
▷NSC 39690, *in* P-00442
NSC 40144, *in* A-00264
▷NSC 403169, *see* A-00050
▷NSC 404241, *in* A-00435
▷NSC 405124, *see* T-00442
NSC 40725, *see* D-00144
NSC 408735, *see* D-00147
▷NSC 40902, *see* P-00183
▷NSC 409962, *see* B-00199
▷NSC 42044, *see* L-00065
▷NSC 43183, *in* F-00082
NSC 43193, *see* S-00139
▷NSC 43798, *in* P-00037
▷NSC 44827, *in* D-00092
▷NSC 45383, *see* S-00162
▷NSC 45388, *see* D-00001
NSC 45409, *see* P-00561
▷NSC 45463, *in* A-00252
▷NSC 46077, *see* D-00069
NSC 47439, *see* F-00203
NSC 47774, *see* P-00301
▷NSC 49171, *see* S-00015
▷NSC 49842, *in* V-00032
NSC 51097, *in* A-00238
NSC 51812, *see* D-00065
▷NSC 524411, *see* M-00179
▷NSC 525334, *see* N-00133
NSC 526062, *in* D-00472
NSC 526063, *in* D-00472
NSC 526280, *in* D-00165
NSC 52644, *see* P-00595
▷NSC 527579, *in* D-00336
▷NSC 527604, *see* D-00044
NSC 527986, *in* F-00281
▷NSC 528004, *see* L-00037
NSC 528880, *in* P-00258
▷NSC 54702, *see* F-00156
▷NSC 55926, *in* F-00249
NSC 55975, *see* E-00080
NSC 56054, *see* A-00404
▷NSC 56192, *see* F-00303
▷NSC 56308, *see* E-00082
▷NSC 56654, *see* A-00531
NSC 56808, *in* E-00190
▷NSC 59729, *see* S-00109
▷NSC 59989, *see* B-00109
NSC 60584, *see* B-00098
NSC 60719, *in* D-00468
NSC 612049, *see* D-00221
▷NSC-61815, *in* D-00138
▷NSC 62164, *in* B-00271
▷NSC 62323, *see* F-00202
▷NSC 62939, *see* T-00502
▷NSC 63963, *in* A-00222
▷NSC 64087, *in* C-00481
▷NSC 64198, *see* D-00152
NSC 64375, *see* B-00102
NSC 64540, *in* P-00593
NSC 64826, *see* A-00517
NSC 64967, *in* M-00178
▷NSC 65411, *in* F-00150
NSC 66233, *in* H-00123
▷NSC 66248, *see* B-00281
▷NSC 66847, *see* P-00223
▷NSC 66952, *see* A-00246
▷NSC 67068, *see* O-00086
▷NSC 67239, *in* A-00514
▷NSC 67574, *in* V-00037
NSC 68982, *see* G-00098
NSC 69529, *see* M-00401
▷NSC 69536, *see* M-00165
▷NSC 69811, *in* M-00264
NSC 69948, *in* N-00221
▷NSC 70600, *in* A-00025
▷NSC 70668, *in* M-00078
▷NSC 70731, *see* L-00051
▷NSC 70735, *in* N-00021
▷NSC 70762, *see* T-00344
▷NSC 70845, *see* N-00198
NSC 70933, *in* C-00593
▷NSC 71047, *see* T-00521
▷NSC 71423, *in* H-00174
▷NSC 71755, *in* C-00095
▷NSC 71795, *see* E-00027
▷NSC 71901, *see* S-00141
▷NSC 72005, *see* C-00262
▷NSC 74226, *in* M-00178
NSC 75054, *see* M-00137
▷NSC 75520, *see* D-00084
▷NSC 76098, *in* C-00295
NSC 76239, *see* P-00564
▷NSC 76455, *see* P-00053
NSC 77120, *see* S-00204
▷NSC 77213, *see* P-00448
▷NSC 77370, *in* A-00226
▷NSC 77471, *see* M-00400
▷NSC 77625, *see* T-00420
▷NSC 77747, *in* P-00285
▷NSC 77830, *in* C-00603
▷NSC 78194, *in* M-00185
▷NSC 78502, *see* M-00044
▷NSC 78559, *see* F-00217
NSC 78714, *in* C-00511
NSC 78987, *see* I-00194
▷NSC 79037, *see* L-00083
▷NSC 80439, *see* D-00225
NSC 80998, *see* C-00551
▷NSC 81430, *in* C-00651
▷NSC 82116, *see* G-00050
▷NSC 82151, *in* D-00019
▷NSC 82196, *see* I-00030
▷NSC 82699, *see* F-00148
▷NSC 83653, *in* A-00206
NSC 83799, *see* D-00429
▷NSC 84054, *in* G-00023
▷NSC 84223, *in* H-00118
▷NSC 84973, *in* C-00649
▷NSC 85791, *see* E-00145
▷NSC 85998, *see* S-00164
▷NSC 88536, *in* H-00123
▷NSC 89199, *in* E-00127

▷NSC 92336, *see* D-00624
NSC 93158, *see* A-00464
NSC 94100, *see* D-00164
▷NSC 94600, *in* C-00024
NSC 95072, *see* O-00057
NSC 95147, *in* H-00111
▷NSC 95441, *see* S-00041
▷NSC A649*A*, *see* O-00038
NSC 297879D, *see* E-00178
▷NSC 327471D, *see* P-00046
NSC 329514D, *see* C-00047
NSC 92858E, *in* H-00161
NSD 1055, *in* B-00275
▷NTA 194, *in* T-00245
NTCHP, *in* H-00185
▷NTOI, *see* N-00156
Nu-1196, *in* P-00460
▷Nu 1504, *in* P-00156
Nu-1779, *in* P-00460
Nu 1932, *in* M-00105
▷Nu 2206, *in* H-00166
Nu 404, *see* A-00311
▷Nu 582, *see* P-00288
Nu 896, *see* P-00498
▷Nu 903, *see* D-00255
▷Nu 2-2222, *in* T-00498
Nubain, *in* N-00028
▷Nubarene, *see* C-00272
▷Nubirol, *see* C-00272
Nucitol, *see* I-00074
Nuclomedone, N-00230
Nuclotixene, N-00231
▷Nuctane, *see* T-00425
▷Nufenoxole, N-00232
Nuital, *see* E-00266
Nullatuss, *see* I-00177
▷Nulsa, *see* P-00468
▷Numal, *see* A-00430
▷Numoquin, *see* E-00163
Numorphan, *see* O-00155
Numorphan Oral, *see* H-00101
Numotac, *in* I-00185
▷Nuncital, *see* E-00042
Nupasal, *see* S-00016
▷Nupercainal, *see* C-00357
▷Nupercaine hydrochloride, *in* C-00357
▷Nupor, *see* P-00213
▷Nuprin, *see* S-00248
Nurofen, *see* I-00008
Nutrasweet, *see* A-00460
Nutrin, *in* N-00086
▷Nuvanol *N*, *see* I-00104
▷Nuvantop, *in* F-00057
Nuvenzipine, N-00233
NVB, *see* V-00041
NY 198, *see* L-00078
Nycal, *in* D-00568
▷Nycil, *see* C-00261
Nyctalux, *see* K-00009
▷Nydrane, *see* B-00022
Nylestriol, N-00234
Nylidrin, *see* B-00367
▷Nylidrin hydrochloride, *in* B-00367
▷Nystal, *see* E-00157
▷Nystatin, N-00235
Nystatin A_1, *in* N-00235
35-NZ, *see* T-00541
NZ 237, *in* B-00202
▷O 6553, *see* M-00357
16-O-Acetylglucogitrodimethoside, *in* T-00474
O-Acetylyohimbine, *in* Y-00002
Oberex, *see* C-00462
▷Obesin, *see* M-00242
Obidoxime(2+), O-00001
▷Obidoxime chloride, *in* O-00001
▷Obliterol, *in* E-00209
▷Obracine, *in* N-00059
Obtsusinin, *in* H-00148
▷Obumentin, *in* C-00410
OC 34, *see* V-00036
OC 6020, *see* V-00045
Oceral, *in* O-00111
Ocestrol, *see* B-00077
3-o-[(*p*-Chloro-*α*-phenylbenzyl)oxy]tropine, 7CI, *see* C-00436
Ociltide, O-00002
Ocrase, O-00003
▷Ocriten, *see* H-00203
Octabenzone, O-00004
Octacaine, O-00005
Octacosactrin, O-00006
Octadecactide, *see* G-00025
9,12-Octadecadienoic acid, O-00007
▷Octadecafluorodecahydronaphthalene, O-00008
▷1-Octadecanamine, *see* O-00012
6,9,12-Octadecatrienoic acid, O-00009
9-Octadecen-1-amine, *see* O-00011
9-Octadecenoic acid, O-00010
9-Octadecenylamine, O-00011
▷Octadecylamine, O-00012
1-*O*-Octadecyl-*sn*-glycerol, *in* D-00337
Octafonium, *see* O-00015
Octafonium chloride, *in* O-00015
[(Octahydro-2-azocinyl)methyl]guanidine, *see* G-00111
2,3,4,4*a*,8,9,13*b*,14-Octahydro-1*H*-benzo[6,7]-cyclohepta[1,2,3-*de*]pyrido[2,1-*a*]isoquinoline, *see* T-00002
9,10,13,14,15,16,20,20*a*-Octahydro-15,18-dihydroxy-19-methoxy-2-methyl-9-phenylcyclopent[*i*]azacyclononadecine-7,17(8*H*,19*H*)-dione, *see* H-00081
3*a*,3*b*,4,4*a*,7*a*,8,8*a*,8*b*-Octahydro-4,8-ethenopyrrolo[3′,4′:3,4]-cyclobut[1,2-*f*]isoindole-1,3,5,7(2*H*,6*H*)-tetrone, *see* M-00398
2,3,3*a*,5,6,11,12,12*a*-Octahydro-8-hydroxy-1*H*-benzo[*a*]-cyclopenta[*f*]quinolizinium, *see* Q-00018
3-[(Octahydro-2-hydroxyfuro[3,2-*b*]pyridin-2-yl)methyl]-4(3*H*)-quinazolinone, *see* I-00186
Octahydromenaquinone 9, *in* V-00065
1,2,3,4,4*a*,5,6,10*b*-Octahydro-9-methoxy-10*b*-methyl-phenanthridine, *see* T-00340
2,3,4,4*a*,8,9,13*b*,14-Octahydro-3-(1-methylethyl)-1*H*-benzo[6,7]-cyclohepta[1,2,3-*de*]pyrido[2,1-*a*]isoquinolin-3-ol, *see* D-00112
5,6,6*a*,7,8,9,10,10*a*-Octahydro-6-methyl-3-(1-methyl-4-phenyl-butoxy)-1,9-phenanthridinediol 1-acetate, *see* N-00038
4,4*a*,5,6,7,8,8*a*,9-Octahydro-5-propyl-1*H*-pyrazolo[3,4-*g*]-quinoline, *see* Q-00032
5,5*a*,6,7,8,9,9*a*,10-Octahydro-6-propylpyrido[2,3-*g*]-quinazolin-2-amine, *see* Q-00019
▷Octahydro-1-(3,4,5-trimethoxybenzoyl)azocine, *see* T-00544
Octahydro-1-(3,4,5-trimethoxycinnamoyl)azocine, *see* C-00374
▷Octahydro-3,6,9-trimethyl-3,12-epoxy-12*H*-pyrano[4,3-*j*]-1,2-benzodioxepin-10(3*H*)-one, *see* A-00452
Octamoxin, *see* M-00258
Octamylamine, O-00013
▷Octanenitrile, *in* O-00014
▷Octanil, *in* M-00256
▷Octanoic acid, O-00014
▷Octanucline, *see* N-00232
Octaphen, *in* O-00015
Octaphonium(1+), O-00015
Octaphonium chloride, *in* O-00015
Octapinol, O-00016
Octapressin, *see* F-00029
Octasept, *in* O-00015
Octasetten, *in* O-00015
Octastine, O-00017
▷Octatropine methylbromide, O-00018
Octaverine, O-00019
Octazamide, *in* H-00049

Octenidine, O-00020
Octenidine hydrochloride, *in* O-00020
Octenidine saccharin, *in* O-00020
Octestrol, *see* B-00077
Octibenzonium(1+), O-00021
Octibenzonium bromide, *in* O-00021
Octimibate, *see* T-00525
▷Octin, *in* M-00256
Octinum *D*, *see* O-00013
Octisamyl, *see* O-00013
▷Octoclothepin, *see* C-00531
Octocrilene, *in* C-00582
Octocrylene, *in* C-00582
Octodecactide, *see* C-00524
▷Octodrine, *see* M-00257
Octoestrol, *see* B-00077
Octofene, *see* C-00461
Octofollin, *see* B-00077
Octometine, *see* O-00013
▷Octon, *in* M-00256
▷Octopamine, O-00022
▷*m*-Octopamine, *see* A-00272
Octopirox, *in* P-00344
Octopressin, *see* F-00029
▷Octotiamine, O-00023
Octoxinol 9, *see* O-00024
Octoxynol 9, O-00024
Octreotide, O-00025
Octriptyline, O-00026
Octriptyline phosphate, *in* O-00026
Octrizole, O-00027
2-Octylhydrazine, *see* M-00258
Octylonium, *see* O-00069
4′-Octyl-3-piperidinopropiophenone, *see* P-00299
N-(1-Octyl-4(1*H*)-pyridinylidene)-1-octanamine, *see* P-00358
S-Octylthiobenzoate, *in* T-00193
OD 507, *see* D-00549
ODA 914, *see* D-00030
Odeax, *see* D-00030
4-O-Demethyl-11-deoxy-13-dihydrodaunorubicin, *in* C-00081
4-O-Demethyl-11-deoxydoxorubicin, *in* A-00080
4-O-Demethyl-11,13-dideoxydaunorubicin, *in* C-00081
O-Demethyllycoramine, *in* G-00002
3-O-Demethylmonensin, *in* M-00428
3-O-Demethylmonensin B, *in* M-00428
2^{C}-O-Demethyltylosin, *in* T-00578
▷Odiston, *in* D-00138
Odoroside *F*, *in* D-00274
▷O-Due, *see* T-00030
Oestradiol, O-00028
▷Oestradiol benzoate, *in* O-00028
Oestradiol-retard Theramex, *in* O-00028
▷Oestradiol valerate, *in* O-00028
1,3,5(10)-Oestratrien-3,17-diol, *see* O-00028
▷1,3,5(10)-Oestratrien-3,16α,17β-triol, *see* O-00030
1,3,5(10)-Oestratrien-3,16β,17β-triol, *in* O-00030
4-Oestrene-3,17-diol, O-00029
▷Oestrenolone, *in* H-00185
▷Oestrin, *see* O-00031
▷Oestriol, O-00030
16β-Oestriol, *in* O-00030
Oestriol diacetate benzoate, *in* O-00030
Oestriol sodium succinate, BAN, *in* O-00030
Oestriol succinate, *in* O-00030
▷Oestrodiene, *see* D-00223
▷Oestrone, O-00031
Oestrone-*b*, *in* O-00031
Oestrophan, *in* C-00490
β-O-Ethylsynephrine, *in* S-00286
▷Ofamicin, *see* M-00096
Ofloxacin, O-00032
Ofornine, *see* P-00575
▷Oftan-Eco, *in* E-00010
Oftasceine, O-00033
Oftazol, *see* S-00009
Ogostal, *in* C-00031
▷Ogyline, *see* N-00219
▷Ohio 347, *see* C-00230
O-(4-Hydroxybenzoyl)choline, *in* C-00308
▷Oil of wintergreen, *see* M-00261
Okinazole, *in* O-00111
Okistyptin, *in* C-00552
▷Oksazil, *in* A-00167
Oksifemedol, *in* H-00173
OKY 046, *in* O-00168
OL 1, *see* T-00214
OL 110, *see* T-00214
▷OL 27-400, *in* C-00638
▷Olafur, *in* T-00537
▷Olaquindox, O-00034
▷Olaxin, *in* C-00465
▷Olbatam, *in* M-00302
Olbiacor, *in* F-00044
▷Olcadil, *see* C-00517
▷Oleandomycin, O-00035
▷Oleandrigenin, *in* T-00474
▷Oleandrin, *in* T-00474
12-Oleanene-3,16,21,22,24,28-hexol, O-00036
▷Oleic acid, *in* O-00010
Oleomorphocycline, *in* M-00450
▷Oleotope, *in* O-00010
▷Oleovitamin D_2, *see* C-00012
▷Oleptan, *in* F-00240
Oletimol, *see* B-00121
▷Oleylamine, *in* O-00011
Olicrem, *see* C-00378
▷Oligomycin *D*, O-00037
Olimpen, *see* P-00068
▷Olimplex, *in* D-00276
Olinkol, *see* D-00190
▷Olivomycin *A*, O-00038
▷Olivomycin, INN, *in* O-00038
Olmidine, O-00039
Olmifon, *see* A-00074
Olpimedone, O-00040
Olsalazine, O-00041
Olsalazine sodium, *in* O-00041
▷Oltipraz, O-00042
Olvanil, *in* H-00149
▷Olympax, *in* D-00263
Olynth, *in* X-00023
▷OM 518, *see* M-00095
OM 977, *see* E-00136
OM 173α₁, *in* N-00036
OM 173β₁, *in* N-00036
OM 173αA, *in* N-00036
OM 173βA, *in* N-00036
Omadine disulfide, *in* D-00551
Omadine MDS, *in* D-00551
▷Omain, *see* D-00062
▷Omal, *see* T-00441
▷Omatropil, *see* H-00082
OMDS, *in* D-00551
Omega-3 Marine Triglycerides, O-00043
Omeprazole, O-00044
Omeral, *see* M-00435
Omeril, *in* M-00035
3-O-Methylcoumestrol, *in* C-00558
O-Methyldauricine, *in* D-00020
O-Methyldauricine 2-N-oxide, *in* D-00020
O-Methyldauricine 2′-N-oxide, *in* D-00020
▷3′-O-Methylevomonoside, *in* D-00274
O-Methylgalanthamine, *in* G-00002
2′-O-Methylglabridin, *in* G-00026
β-O-Methylsynephrine, *in* S-00286
Om-Furan, *see* N-00121
Omidoline, O-00045
▷Omnes, *see* N-00118
▷Omnibel, *in* H-00082
Omnipaque, *see* I-00117
▷Omnipen-*N*, *in* A-00369

▷Omnipress, *see* A-00362
▷Omnisan, *see* E-00074
Omnitrol, *in* F-00186
Omoconazole, O-00046
Omonasteine, *see* T-00136
OMR 37, *see* A-00066
▷OMS 479, *see* D-00457
Onapristone, O-00047
▷Onco-Carbide, *see* H-00220
▷Oncodazole, *see* N-00196
▷Oncoredox, *see* T-00533
▷Oncostatin *C*, *see* A-00054
▷Oncostatin K, *see* A-00057
▷Oncovin, *see* V-00037
Ondansetron, O-00048
Ondansetron hydrochloride, *in* O-00048
O,N-Diacetyl-N-demethylgalanthamine, *in* G-00002
▷Ondonid, *see* C-00602
Onitin, O-00049
Onitoside, *in* O-00049
ONO 1206, *see* L-00050
▷ONO 802, *see* G-00015
▷ONO 995, *see* F-00266
Onokrein *P*, *see* K-00003
▷Ontianil, O-00050
▷Ontosein, *see* O-00056
Ooporphyrin, *see* P-00541
OP 1206, *see* L-00050
▷Opacin, *in* T-00142
▷Opacist, *see* I-00095
▷Opacister, *see* I-00095
▷Opacoron, *in* A-00340
▷Opalene, *see* T-00502
Opaxil, *see* I-00109
▷OPC 1085, *in* C-00102
OPC 1427, *in* B-00251
OPC-3689, *see* C-00346
OPC 8212, *see* V-00026
OPC 12759, *see* C-00219
OPC 13013, *see* C-00347
▷Opeprim, *see* D-00180
▷Operidine, *see* P-00131
▷Operidine, *in* P-00165
▷Opertil, *see* O-00157
Ophiopogonin A, *in* S-00128
Ophiopogonin B, *in* S-00128
Ophiopogonin C, *in* S-00128
Ophiopogonin D, *in* S-00128
Ophtamedine, *in* H-00058
Ophtazol, *see* S-00009
▷Ophthafalicain, *see* P-00289
▷Ophthocillin, *see* X-00005
▷Ophtorenin, *in* B-00369
Opianine, *see* N-00052
▷Opilon, *in* T-00227
▷Opiniazide, O-00051
Opioid, *see* E-00260
▷Opipramol, O-00052
▷Opipramol hydrochloride, *in* O-00052
▷Opiran, *see* P-00263
▷Opramol, *in* O-00052
▷Opren, *see* B-00059
▷Oprimol, *in* O-00052
Optanox, *see* V-00046
Opthaine, *in* P-00550
Opticortenol, *in* D-00111
▷Opticrom, *in* C-00565
▷Optimine, *in* A-00512
▷Optimyd, *in* P-00412
▷Optison, *in* C-00437
Optisulin, *see* I-00078
▷Optochin, *see* E-00163
Optojod, *see* D-00358
▷Optoquine, *see* E-00163
Opturon, *see* A-00162
▷Optyn, *see* B-00381
Orabeta, *see* H-00032
Orabilex, *see* B-00363
Orabilix, *see* B-00363
Orablix, *see* B-00363
▷Orabolin, *see* E-00213
▷Oracaine, *in* A-00289
▷Oracillin, *see* P-00171
▷Oraflex, *see* B-00059
▷Oragallin, *see* A-00525
▷Orageston, *see* A-00132
Oragrafin calcium, *in* I-00129
▷Oragrafin sodium, *in* I-00129
▷Oragulant, *see* D-00483
Oraldene, *see* H-00064
▷Oralep, *see* P-00263
▷Oraleptin, *see* P-00062
▷Oralipin, *see* B-00148
Oranabol, *see* O-00152
Orange crush, *see* B-00191
▷Oranixon, *see* M-00283
▷Orap, *see* P-00263
▷Oraspor, *see* C-00149
▷Ora-Testryl, *see* F-00195
▷Oratrast, *see* B-00014
▷Oratren, *see* P-00171
▷Oratrol, *see* D-00206
Oravesin, *see* I-00123
▷Oraviron, *see* H-00154
▷Oravue, *see* I-00132
▷Orazamide, *in* A-00275
▷Orbicin, *see* D-00154
▷Orbil, *see* I-00091
▷Orbinamon, *see* T-00213
▷Orbisect, *see* P-00213
▷Orbpenin, *in* C-00515
▷Orciprenaline, O-00053
Orconazole, O-00054
Orconazole nitrate, *in* O-00054
Ordiflazine, *see* L-00045
▷Ordil, *in* B-00271
▷Ordimel, *see* A-00023
▷Ordinator, *see* E-00174
▷Orencil, *in* B-00126
Orestrate, O-00055
▷Oreton Methyl, *see* H-00154
ORF 1658, *in* A-00375
▷ORF 3858, *see* E-00205
▷ORF 8063, *see* T-00460
▷ORF 9326, *in* N-00161
▷ORF 10131, *see* N-00216
ORF 11676, *see* N-00030
ORF 15244, *see* T-00225
▷ORF 15817, *see* E-00015
ORF 15927, *see* R-00061
ORF 16600, *see* B-00031
ORF 17070, *see* H-00080
ORF 20485, *see* T-00077
Orfenso, *in* D-00510
Orfilon, *see* A-00492
▷Org 2969, *see* D-00099
▷Org 483, *see* E-00213
▷Org 5730, *in* B-00134
Org 6001, *in* A-00261
Org 6216, *see* R-00057
Org 817, *see* E-00080
▷Orgabolin, *see* E-00213
▷Orgaboral, *see* E-00213
▷Orgametil, *see* L-00121
▷Orgametril, *see* L-00121
▷Orgametrol, *see* L-00121
▷Organidin, *see* I-00103
▷Organolipid, *see* D-00443
Orgasteron, *see* N-00221
▷Org NC 45, *in* V-00014
Org OD 14, *see* T-00251
▷Orgotein, O-00056

Oriconazole, *see* I-00222
Oriens, *in* G-00072
Orientomycin, *see* A-00277
▷Origen, *see* T-00544
▷Orimeten, *see* A-00305
▷Orinase, *see* T-00345
▷Orisulf, *see* S-00250
OR K 242, *see* V-00001
Orlipastat, *in* L-00055
▷Ormetein (obsol.), *see* O-00056
Ormetoprim, O-00057
▷Ormosurrenol, *see* H-00203
▷Ornid, *in* B-00271
▷Ornidal, *see* O-00058
▷Ornidazole, O-00058
Ornipressin, *in* V-00013
Ornithine, O-00059
8-L-Ornithinevasopressin, *in* V-00013
Ornithuric acid, *in* O-00059
▷Ornitrol, *in* A-00495
Ornoprostil, O-00060
Orofar, *in* B-00117
▷Oronol, *in* T-00201
▷Orotic acid, O-00061
Orotic acid dimethylamide, *in* O-00061
Orotirelin, O-00062
Orotonsan *S*, *in* O-00061
Orotyl-L-histidyl-L-prolinamide, *see* O-00062
ORP 469, *see* B-00393
▷Orpanoxin, O-00063
▷Orphan, *in* H-00166
▷Orphazone, *see* N-00190
▷Orphenadrine, O-00064
Orphenadrine citrate, *in* O-00064
Orpidan, *in* C-00275
▷Orpizin, *see* C-00275
Orsimon, *in* M-00439
Ortetamine, O-00065
[[Orthoborato(1−)-*O*]phenyl]mercury, *in* H-00191
▷Orthocaine, *in* A-00263
Orthocoll, *in* H-00147
Orthodelfen, *see* N-00206
▷Orthoderm, *in* A-00263
▷Orthoform New, *in* A-00263
Orthoform-old, *in* A-00265
▷Orthoiodin, *in* I-00101
▷Ortho-Novin, *in* M-00138
Orthophosphoric acid, *see* P-00219
▷Orthoxicol, *in* M-00211
Orthoxine, *see* M-00211
▷Orthoxyprocaine, *see* H-00206
▷Ortin, *in* T-00538
▷Ortrel, *see* N-00216
▷Ortyn, *in* B-00082
▷Orudis, *see* K-00017
▷Oryzanin, *see* T-00174
▷OS 3966*A*, *see* N-00036
▷Osalmid, O-00066
▷Osbil, *see* I-00091
▷Osbiland, *see* I-00091
▷Oscine, *see* S-00031
▷Oscine tropate, *see* S-00031
Osmadizone, O-00067
▷Osmitrol, *in* M-00018
Osmocaine, *in* A-00318
▷Osmoglyn, *see* G-00064
Osnervan, *in* P-00455
▷Ospen, *see* P-00171
▷Ospolot, *see* S-00263
▷Ossicodone, *in* O-00155
Ossimesterone, *see* O-00152
Ossimorfone, *see* O-00155
▷Ostensin, *in* T-00499
▷Ostensol, *in* T-00499
Ostreogricin Z_1, *see* P-00440
▷Ostreogrycin, *in* O-00068
Ostreogrycin *A*, O-00068
Ostreogrycin B_1, *see* P-00440
▷Otalgine, *in* T-00583
Otamidyl, *in* D-00168
▷Oterna, *in* M-00430
Otilonium(1+), O-00069
▷Otilonium bromide, *in* O-00069
Otimerate, O-00070
Otimerate sodium, *in* O-00070
Otinyl, *in* D-00565
▷Otodyne, *in* Z-00027
Otrivin, *in* P-00141
Otrivine, *in* X-00023
Otrix, *in* X-00023
▷Otrun, *in* D-00408
Ottimal, *in* T-00257
▷Ouabain, *in* H-00053
▷Oubagenin, *in* H-00053
▷Ovaban, *in* H-00174
Ovandrotone, O-00071
Ovandrotone albumin, *in* O-00071
Ovarelin, *in* L-00116
▷Ovarid, *in* H-00174
▷Ovastol, *see* M-00138
Ovinonic acid, *in* D-00341
▷Ovoflavine, *see* R-00038
▷Ovran, *in* E-00231
Ovran, *in* N-00218
▷Ovranette, *in* E-00231
Ovranette, *in* N-00218
▷Ovulen, *in* E-00227
▷Ovysmen, *in* N-00212
▷OX-373, *see* C-00375
3-(1-Oxa-4-azaspiro[4.6]undec-2-yl)phenol, *see* C-00325
Oxabolone cipionate, O-00072
Oxabrexine, O-00073
Oxaceprol, *in* H-00210
▷Oxacillin, O-00074
Oxacillin sodium, *in* O-00074
▷*o*-1,3,4-Oxadiazol-2-ylphenol, *see* H-00192
Oxadimedine, O-00075
Oxadrolum, *see* D-00472
▷Oxaflozane, O-00076
Oxaflumazine, O-00077
Oxaflumine, *in* O-00077
▷Oxafuradene, *see* N-00115
▷Oxagrelate, O-00078
Oxaine M, *in* M-00008
Oxaldin, *see* O-00032
Oxalept, *see* D-00243
Oxalinast, O-00079
Oxaliplatin, O-00080
Oxamarin, O-00081
Oxamarin hydrochloride, *in* O-00081
▷Oxametacin, O-00082
4-Oxa-5-[(methylcarbamoyl)oxy]tricyclo[5.2.1.$0^{2,6}$]dec-8-en-3-one, *see* M-00458
▷Oxamid, *see* O-00085
Oxamisole, O-00083
Oxamisole hydrochloride, *in* O-00083
▷Oxamniquine, O-00084
Oxamphetamine, *see* A-00322
Oxamycin, *see* A-00277
▷Oxanamide, O-00085
▷Oxandrolone, O-00086
Oxantel, O-00087
Oxantel embonate, *in* O-00087
Oxantel pamoate, *in* O-00087
Oxanthrazole, *see* P-00350
Oxantrazole, *see* P-00350
Oxapadol, O-00088
▷Oxaperan, *in* O-00089
Oxapium(1+), O-00089
▷Oxapium iodide, *in* O-00089
Oxaprazine, O-00090
▷Oxapro, *see* D-00500

Oxapropanium(1+), O-00091
▷Oxapropanium iodide, *in* O-00091
Oxaprotiline, O-00092
Oxaprotiline hydrochloride, *in* O-00092
▷Oxaprozin, *see* D-00500
Oxarbazole, O-00093
Oxarmin, *in* O-00130
▷Oxarsanilic acid, *see* H-00190
Oxatimide, *see* O-00094
Oxatomide, O-00094
▷Oxazacort, *see* D-00046
Oxazafone, O-00095
▷Oxazepam, O-00096
▷Oxazidione, O-00097
▷Oxazolam, O-00098
▷Oxazolazepam, *see* O-00098
Oxazorone, O-00099
▷Oxazyl, *in* A-00167
Oxcarb, *in* D-00281
Oxcarbazepine, *in* D-00281
Oxdralazine, O-00100
Oxedix, *in* O-00107
▷Oxedrine, *see* S-00286
▷Oxeladin, O-00101
Oxendolone, O-00102
▷Oxepinac, O-00103
Oxerutins, *in* T-00559
▷Oxetacaine, *see* O-00106
Oxetacillin, O-00104
▷2-Oxetanone, O-00105
▷Oxethazaine, O-00106
Oxetorone, O-00107
Oxetorone fumarate, *in* O-00107
Oxfenamide, *see* O-00118
▷Oxfendazole, O-00108
Oxfenicine, *see* A-00269
▷Oxiamine, *see* I-00073
▷Oxibendazole, O-00109
Oxibetaine, O-00110
Oxiclipinum, *see* P-00497
Oxiconazole, O-00111
Oxiconazole nitrate, *in* O-00111
▷Oxiconum, *in* O-00155
▷Oxidopamine, *see* A-00255
Oxidronic acid, *see* H-00146
▷Oxifenon, *in* O-00161
Oxifentorex, O-00112
Oxifungin, O-00113
Oxifungin hydrochloride, *in* O-00113
▷Oxiklorin, *see* H-00120
▷Oxikon, *in* O-00155
▷Oxilapine, *see* L-00106
Oxileina, *in* F-00034
Oxilidin, *in* Q-00035
▷Oxilorphan, O-00114
Oximonam, O-00115
Oximonam sodium, *in* O-00115
Oximorphonum, *see* O-00155
Oxindanac, O-00116
▷Oxine, *see* H-00211
Oxiniacic acid, *in* P-00571
▷Oxinofen, *see* H-00195
▷Oxinothiofos, *see* Q-00034
Oxiperomide, O-00117
Oxipurinol, *see* P-00564
Oxiracetam, *in* H-00188
Oxiramide, O-00118
Oxisopred, O-00119
▷Oxisuran, O-00120
Oxitefonium(1+), O-00121
▷Oxitefonium bromide, *in* O-00121
▷Oxitriptan, *in* H-00219
▷Oxitriptyline, O-00122
Oxitropium(1+), O-00123
▷Oxitropium bromide, *in* O-00123
Oxmetidine, O-00124
Oxmetidine hydrochloride, *in* O-00124
Oxmetidine mesylate, *in* O-00124
Oxoallopurinol, *see* P-00564
N-[(4-Oxo-2-azetidinyl)carbonyl]-L-histidyl-L-prolinamide, *see* A-00518
4-Oxo-4*H*-1-benzopyran-2-carboxylic acid, O-00125
▷2-Oxo-2*H*-1,3-benzoxazine-3(4*H*)-acetamide, *see* C-00091
▷γ-Oxo-[1,1′-Biphenyl]-4-butanoic acid, *see* B-00181
▷4-(3-Oxobutyl)-1,2-diphenyl-3,5-pyrazolidinedione, *see* K-00006
1-[*N*-(1-Oxobutyl)-L-valine]pepstatin *A*, *in* P-00109
▷Oxocorticosterone, *see* A-00106
▷[(4-Oxo-2,5-cyclohexadien-1-ylidene)amino]guanidine thiosemicarbazone, *see* A-00166
4-(3-Oxo-1-cyclohexen-1-yl)benzeneacetic acid, *see* L-00040
[*p*-(3-Oxo-1-cyclohexen-1-yl)phenyl]acetic acid, *see* L-00040
p-(3-Oxocyclohexyl)hydratropic acid oxime, *see* X-00015
1-(2-Oxocyclohexyl)-2-naphthol, O-00126
p-[(2-Oxocyclopentyl)methyl]hydratropic acid, *see* L-00108
1-[*N*-(1-Oxodecyl)-L-valine]pepstatin *A*, *in* P-00109
▷γ-Oxo-2-dibenzofuranbutanoic acid, O-00127
Oxodipine, O-00128
2-Oxoferruginol, *in* F-00095
γ-Oxo-8-fluoranthenebutanoic acid, *see* F-00121
γ-Oxo-8-fluoranthenebutyric acid, *see* F-00121
Oxogestone, O-00129
Oxogestone phenpropionate, *in* O-00129
17-[(1-Oxoheptyl)oxy]androstan-3-one, *in* H-00109
1-[*N*-(1-Oxoheptyl)-L-valine]pepstatin *A*, *in* P-00109
▷1-(5-Oxohexyl)theobromine, *see* O-00142
7-(5-Oxohexyl)theophylline, *see* L-00081
1-[*N*-(1-Oxohexyl)-L-valine]pepstatin *A*, *in* P-00109
▷Oxohydroxyoestrin, *see* O-00031
N-[4-[2-(1-Oxoisoindoline-2-carboxamido)ethyl]-benzenesulfonyl]-*N*′-cyclohexylurea, *see* G-00046
▷*p*-(1-Oxo-2-isoindolinyl)hydratropic acid, *see* I-00068
▷2-[*p*-(1-Oxo-2-isoindolinyl)phenyl]butyric acid, *see* I-00060
▷Oxolamine, O-00130
21′-Oxoleurosine, *in* L-00037
▷Oxolinic acid, O-00131
▷Oxomemazine, O-00132
2-[1-Oxo-2(1*H*)-naphthalenylidene]hydrazinecarboxamide, *see* N-00022
Oxonazine, O-00133
1-[*N*-(1-Oxooctyl)-L-valine]pepstatin *A*, *in* P-00109
▷*N*-[1-(2-Oxo-1,3-oxathian-4-ylidene)ethyl]-*N*-[(4-amino-2-methyl-5-pyrimidinyl)methyl]formamide, *see* C-00640
▷4-Oxopentanoic acid, O-00134
17-[(1-Oxopentyl)oxy]androstan-3-one, *in* H-00109
▷Oxophenarsine, O-00135
▷Oxophenhydroxazine, *see* B-00097
4-Oxo-2-phenyl-4*H*-1-benzopyran-8-acetic acid, O-00136
2,2′-[(4-Oxo-2-phenyl-4*H*-1-benzopyran-5,7-diyl)bis(oxy)-bis-(acetic acid), *in* D-00326
▷γ-Oxophenylbutazone, *see* K-00006
N-(1-Oxo-2-phenylbutyl)methionine, *see* P-00181
5-Oxo-*N*-(2-phenylcyclopropyl)-2-pyrrolidinecarboxamide, *see* R-00076
17-(2-Oxo-2-phenylethyl)morphinan-3-ol, *see* L-00039
▷2-Oxo-1-(phenylmethyl)cyclohexanepropanoic acid, *see* B-00123
2-Oxo-5-phenyl-*N*-propyl-3-oxazolidinecarboxamide, *see* P-00463
2-Oxo-1-phenyl-2[(3,3,5-trimethylcyclohexyl)oxy]ethyl 3-pyridinecarboxylate, *see* M-00362
2-(2-Oxo-3-piperidinyl)-1,2-benzisothiazol-3(2*H*)-one 1,1-dioxide, *see* S-00272
N-[(6-Oxo-2-piperidinyl)carbonyl]leucyloprolinamide, *see* P-00389
▷11-Oxoprogesterone, *see* P-00417
5-Oxoproline, *see* O-00140
▷5-Oxo-L-prolyl-L-histidyl-L-prolinamide, *see* T-00229
▷2-Oxopropanal, *see* P-00600

▷2-Oxopropionaldehyde, *see* P-00600
▷17-(1-Oxopropoxy)androstan-3-one, *in* H-00109
▷17-(1-Oxopropoxy)androst-4-en-3-one, *in* H-00111
α-[(1-Oxopropoxyl)methyl]benzeneacetic acid 9-methyl-3-oxo-9-aza-tricyclo[3.3.1.0^{2,4}]non-7-yl ester, *see* P-00390
1-[*N*-(1-Oxopropyl)-L-valine]pepstatin *A*, *in* P-00109
Oxoprostol, O-00137
10-Oxo-10*H*-pyrido[2,1-*b*]quinazoline-8-carboxylic acid, O-00138
2-Oxo-1-pyrrolidineacetamide, *in* O-00139
2-Oxo-1-pyrrolidineacetic acid, O-00139
2-Oxo-1-pyrrolidineacetic acid 2-[(2-oxo-1-pyrrolidinyl)-acetyl]-hydrazide, *see* D-00622
5-Oxo-2-pyrrolidinecarboxylic acid, O-00140
2-(2-Oxo-1-pyrrolidinyl)butyramide, *see* E-00240
1-[2-Oxo-2-(1-pyrrolidinyl)ethyl]-4-[1-oxo-3-(3,4,5-trimethoxy-phenyl)-2-propenyl]piperazine, *see* C-00363
▷1-(2-Oxo-1-pyrrolidinyl)-4-(1-pyrrolidinyl)-2-butyne, *see* O-00141
4-Oxoretinoic acid, *in* R-00033
[[2-Oxo-2-[(tetrahydro-2-oxo-3-thienyl)amino]ethyl]thio]-acetic acid, *see* E-00100
Oxo[[3-(1*H*-tetrazol-5-yl)phenyl]amino]acetic acid butyl ester, *see* T-00039
▷4-Oxo-2-thiazolidinehexanoic acid, *see* A-00039
▷4-Oxo-4-[[4-[(2-thiazolylamino)(sulfonyl]phenyl]amino]-butanoic acid, *see* S-00172
4-Oxo-4-[4-[(2-thiazolylamino)sulfonyl]phenyl]amino-2-butenoic acid, *see* M-00015
N-[1-Oxo-2-[(2-thienylcarbonyl)thio]propyl]glycine, *see* S-00145
▷Oxotremorine, O-00141
4-Oxo-4-(3,4,5-trimethoxyphenyl)-2-butenoic acid, *see* B-00018
4-[1-Oxo-3-(3,4,5-trimethoxyphenyl)-2-propenyl]-1-piperazineacetic acid, *see* C-00362
▷22-Oxovincaleukoblastine, *see* V-00037
▷Oxpentifylline, O-00142
Oxpheneridine, O-00143
▷Oxphylline, *see* E-00253
Oxprenoate potassium, *in* O-00144
Oxprenoic acid, O-00144
▷Oxprenolol, O-00145
▷Oxprenolol hydrochloride, JAN, *in* O-00145
▷Oxtriphylline, *in* C-00308
▷Oxucide, *in* P-00285
▷Oxyamethocaine, *see* H-00104
▷Oxybenzone, *in* D-00318
o-Oxyberon, *see* S-00016
4′,4‴-Oxybis[2-chloroacetophenone], *see* C-00453
▷1,1′-Oxybisethane, *see* D-00246
▷3,3′-[Oxybis[2,1-ethanediyloxy(1-oxo-2,1-ethanediyl)imino]]-bis[2,4,6-triiodobenzoic acid], *see* I-00145
3,3′-[Oxybis[2,1-ethanediyloxy(1-oxo-3,1-propanediyl)-imino]]-bis[2,4,6-triiodobenzoic acid], *see* I-00141
N,*N*′-[Oxybis(2,1-ethanediyloxy-4,1-phenylene)]bisacetamide, *see* D-00141
▷1,1′-Oxybisethene, *see* D-00555
3,3′-[Oxybis(ethyleneoxyethylenecarbonylimino)]bis[2,4,6-triiodobenzoic acid], *see* I-00141
1,1′-[Oxybis(methylene)]bis[4-[(hydroxyimino)methyl]]-pyridinium, *see* O-00001
3,3′-[Oxybis(methylenecarbonylimino)]bis(2,4,6-triiodobenzoic acid), *see* I-00115
3,3′-[Oxybis[(1-oxo-2,1-ethanediyl)imino]]bis(2,4,6-triiodobenzoic acid), *see* I-00115
[Oxybis(pentamethylene)]bis[trimethylammonium], *see* O-00150
Oxybisphenacetin, *see* D-00141
2,2′-Oxybisphenol, *see* D-00325
▷1,1′-Oxybis[2,2,2-trifluoroethane], *see* B-00239
5,5′-Oxybis[*N*,*N*,*N*-trimethyl-1-pentanaminium], *see* O-00150
Oxybulan, *in* B-00127
Oxybuprocaine, O-00146
Oxybutynin, O-00147
▷Oxybutynin hydrochloride, *in* O-00147
▷Oxycaine, *see* H-00206
Oxychlorosene, O-00148
Oxychlorosene sodium, *in* O-00148
▷Oxycinchophen, *see* H-00195
Oxyclipine, *see* P-00497
▷Oxyclozanide, O-00149
▷Oxycodeinone hydrochloride, *in* O-00155
▷Oxycodone, *in* O-00155
▷Oxycodone hydrochloride, *in* O-00155
1,1′-(Oxydimethylene)bis[4-formylpyridinium dioxime], *see* O-00001
Oxydimorphone, *see* O-00155
Oxydipentonium(2+), O-00150
▷Oxydipentonium chloride, *in* O-00150
2,2′-Oxydiphenol, *see* D-00325
1,1′-(Oxydi-4,1-phenylene)bis[2-chloroethanone], *see* C-00453
▷Oxydol, *see* H-00100
▷Oxydolantin, *see* H-00189
▷Oxydon, *see* O-00166
Oxyfedrine, O-00151
▷Oxyfedrine hydrochloride, JAN, *in* O-00151
▷Oxyfenamate, *in* P-00179
Oxyfensulfonium, *see* O-00165
▷Oxyflavil, *see* E-00019
Oxyhexadiphensulfonium, *see* O-00165
Oxylidine, *in* Q-00035
Oxylone, *see* F-00186
Oxymesterone, O-00152
Oxymestrone, *see* O-00152
▷Oxymetazoline, O-00153
▷Oxymetazoline hydrochloride, *in* O-00153
▷Oxymethebanol, *see* D-00612
▷Oxymetholone, O-00154
Oxymorphone, O-00155
Oxymycin, *see* A-00277
Oxynicotine, *in* N-00103
▷Oxypantocain, *see* H-00104
Oxypendyl, O-00156
▷Oxypertine, O-00157
Oxyphemedol, *in* H-00173
▷Oxyphenbutazone, O-00158
Oxyphencyclimine, O-00159
▷Oxyphencyclimine hydrochloride, *in* O-00159
Oxyphenisatin, O-00160
Oxyphenisatin acetate, *in* O-00160
▷Oxyphenone, *in* O-00161
Oxyphenonium(1+), O-00161
▷Oxyphenonium bromide, *in* O-00161
Oxyphyllin, *in* T-00169
Oxyphyllin, *in* T-00169
▷Oxyprocaine, *see* H-00206
Oxyproline, *see* H-00210
Oxypropyliodone, *in* D-00363
▷8-(1-Oxypropyl)-3-(3-phenyl-2-propenyl)-3,8-diazabicyclo[3.2.1]octane, *see* A-00506
Oxyprothepin, O-00162
Oxyprothepin decanoate, *in* O-00162
Oxypurinol, *see* P-00564
Oxypyrronium(1+), O-00163
▷Oxypyrronium bromide, *in* O-00163
▷Oxyquinoline, *see* H-00211
▷Oxyquinoline benzoate, *in* H-00211
▷Oxyquinoline sulfate, USAN, *in* H-00211
▷Oxyridazine, O-00164
Oxysonium(1+), O-00165
▷Oxysonium iodide, *in* O-00165
▷Oxytetracaine, *see* H-00104
▷Oxytetracycline, O-00166
▷Oxytetracycline calcium, USAN, *in* O-00166
▷Oxytetracycline hydrochloride, *in* O-00166
▷Oxytheonyl, *see* E-00253
▷Oxythiospasmin, *in* O-00165
▷Oxytocin, O-00167
▷Oxytrimethylline, *in* C-00308

Ozagrel, O-00168
Ozagrel hydrochloride, *in* O-00168
Ozolinone, O-00169
P 4, *see* P-00507
P7, *in* L-00016
P 12, *in* O-00074
26-P, *see* C-00287
▷P 55, *in* H-00201
P 1003, *in* G-00115
▷P 1011, *in* D-00214
P 1029, *in* G-00114
▷P 113, *in* S-00023
▷P 1134, *see* P-00264
P 1306, *see* G-00076
▷P 1496, *in* D-00035
P 1560, *in* D-00035
▷P 165, *in* A-00509
P 1742, *in* F-00201
P 1779, *see* A-00157
P 1888, *see* I-00212
P 2105, *see* E-00085
▷P 2525, *see* P-00386
P 2530, *see* M-00166
P 2647, *see* B-00102
P-297, *see* I-00114
▷P 301, *in* P-00179
P 3896, *in* G-00113
P 4125, *see* I-00212
▷P 42-1, *see* A-00100
▷P 4241, *in* I-00028
P 4385*B*, *in* C-00511
P 4599, *in* D-00594
P 463, *see* A-00313
▷P 5048, *see* D-00393
▷P 5227, *in* P-00272
P-6051, *see* N-00221
▷P 638, *see* P-00557
▷P 652, *see* F-00241
▷P 7138, *see* N-00128
▷P 725, *see* P-00116
▷P 841, *in* E-00218
P 15148, *in* E-00116
P 15149, *in* E-00116
P 15150, *in* E-00116
P 15153, *in* E-00116
P 201-1, *see* C-00090
▷P 710129, *see* F-00045
▷P 720549, *see* I-00216
P 762543, *in* D-00023
P 793913, *in* N-00062
▷PA 93, *see* N-00228
▷PA 95, *see* A-00039
▷PA 106, *see* A-00395
PA 114*A*, *see* O-00068
▷PA 144, *see* M-00397
PA 399, *see* D-00278
P 762494 A, *in* F-00214
PA 39504X_1, *in* A-00459
PA 39504X_3, *see* A-00459
PAA 3854, *see* C-00407
PAA 701, *see* B-00150
PA 114B_2, *see* V-00054
▷PABA, *see* A-00216
Pacetyn, *see* E-00011
▷Pachycarpine, *in* S-00110
Pachycarpine N^{16}-oxide, *in* S-00110
Pachysamine A, *in* P-00416
Pachysamine B, *in* P-00416
▷Pacinone, *see* H-00003
Pacinox, *see* C-00035
▷Pacitran, *in* M-00336
Pacrinolol, P-00001
Pacyl, *see* I-00217
Padan, *see* N-00075
▷Padeskin, *see* T-00479
Padimate O, *in* D-00405
▷Padisal, *in* T-00182
Padreatin, *see* K-00003
▷Padrin, *in* P-00430
Padutin, *see* K-00003
▷Paedo-Sed, *in* T-00433
Pafencil, *see* P-00021
Pafenolol, P-00002
Pagitane, *see* C-00641
PAHA, *see* A-00217
Paipunine, P-00003
PA 31088IV, *in* A-00459
PALA, *see* S-00108
Palafuge, *in* B-00127
▷Palapent, *in* P-00101
Palaprin, *see* A-00144
Palatrigine, P-00004
Palaudine, *in* P-00019
Palcin, *in* A-00421
Paldimycin, P-00005
Paldimycin *A*, *in* P-00005
Paldimycin *B*, *in* P-00005
Palerol, *in* T-00551
Palerosan, *in* T-00551
▷Pallisan, *see* P-00398
▷Palmestril, *in* D-00257
Palmestril, *in* D-00257
Palmidrol, P-00006
Palmoxirate sodium, *in* T-00110
Palmoxiric acid, *see* T-00110
▷Palosein, *see* O-00056
Paloxin, *see* A-00144
▷Palsamin, *in* A-00272
Paludrine, *in* C-00204
▷PAM, *in* P-00395
▷PAM 780, *see* A-00358
▷Pamaquine, P-00007
Pamatolol, P-00008
Pamatolol sulfate, *in* P-00008
Pamedone, *see* D-00509
Pamidronic acid, P-00009
▷Pamine, *in* S-00031
▷Pamisyl, *see* A-00264
Pamisyl sodium, *in* A-00264
▷PAM-MR 807-23*a*, *in* C-00603
PAMN, *in* T-00554
▷Panacain, *see* F-00241
▷Panacef, *see* C-00109
▷Panacid, *see* P-00349
▷Panacur, *see* F-00037
▷Panadol, *in* A-00298
▷Panafil, *in* P-00018
▷Panalgin, *see* E-00157
Panamidin, *see* P-00487
▷Panas, *in* C-00455
▷Panavirin, *in* A-00435
▷Panazon, *see* N-00190
▷Pancacur, *see* F-00037
Panclar, *see* D-00059
▷Pancodine, *in* O-00155
▷Pancoral, *see* P-00194
Pancreabil, *see* F-00060
Pancrealauryl test, *in* F-00180
Pancrease, *see* P-00011
Pancreatin, P-00010
Pancrelipase, P-00011
Pancreozymin, *see* C-00304
▷Pancridine, *see* D-00120
Pancuronium(2+), P-00012
▷Pancuronium bromide, *in* P-00012
▷Pandel, *in* C-00548
Pandrocine, *see* P-00072
Pandryl, *see* D-00266
▷Panevril, *see* C-00019
▷Panfuran, *see* F-00280
▷Panfuran *S*, *in* F-00280
▷Panfuran acetate, *in* F-00280

▷Panfuran ointm., *in* F-00280
Pangerin, *see* M-00162
Pangesic, *in* A-00290
▷Panhibin, *see* S-00098
▷Panidazole, P-00013
▷Panimit, *in* B-00369
▷Panimycin, *in* D-00154
Pankrotanon, *see* P-00010
▷Panobal, *see* D-00385
▷Panolid, *see* E-00172
Panomifene, P-00014
▷Panoral, *see* C-00109
▷Panparnit, *in* C-00037
Panpurol, *in* P-00291
▷Pansporin, *in* C-00140
Panteric, *see* P-00010
Panteston, *in* H-00111
▷Panthenol, P-00015
▷Pantherine, *see* A-00283
▷Panthesine, *in* L-00030
▷Panthoderm, *see* P-00015
▷Pantholin, *in* P-00016
▷Pantocid, *see* D-00179
▷Pantogam, *in* H-00088
▷Pantopaque, *see* I-00127
Pantos, *see* D-00059
Pantosept, *in* D-00179
Pantothenic acid, P-00016
Panuramine, P-00017
▷Panwarfin, *in* W-00001
Panzalone, *in* H-00205
▷Panzid, *see* C-00152
PAP, *see* M-00099
▷Papain, P-00018
Paparid, *in* B-00160
▷Papaverine, P-00019
▷Papaverine hydrochloride, *in* P-00019
Papaveroline, P-00020
▷Papaveroline tetramethyl ether, *see* P-00019
▷Papayotin, *see* P-00018
Paphencyl, P-00021
▷Paraacetaldehyde, *see* P-00023
Parabactin, *in* A-00086
Parabencil, *in* B-00127
Parabolan, *see* T-00410
Parabromdylamine, *see* B-00325
▷Paracetamol, *in* A-00298
▷Paracetamol acetylsalicylate, *see* B-00057
Paracetamol diethylaminoacetate, *see* P-00485
Paracetamol nicotinate, *in* A-00298
Paracetamol thenoate, *in* A-00298
▷Parachlorophenol, *see* C-00260
▷Paraden, *see* B-00175
▷Paradione, *see* P-00024
▷Paradryl, *in* M-00064
▷Paraespas, *in* P-00304
▷Paraflex, *see* C-00218
Paraflutizide, P-00022
▷Paraform, *in* F-00244
▷Paraformaldehyde, *in* F-00244
▷Paral, *see* P-00023
Paralactic acid, *in* H-00207
▷Paraldehyde, P-00023
▷Paramethadione, P-00024
Paramethasone, P-00025
▷Paramethasone acetate, *in* P-00025
Paramethasone disodium phosphate, *in* P-00025
▷Paramidin, *in* C-00622
▷Paramomycin *I*, *see* P-00039
▷Paramorfan, *in* D-00294
▷Paramorphan, *in* D-00294
▷Paramorphine, *see* T-00162
Paranitrosulfathiazole, *see* N-00187
Paranyline, P-00026
Paranyline hydrochloride, *in* P-00026
▷Paraoxon, P-00027
Parapenzolate(1+), P-00028
Parapenzolate bromide, *in* P-00028
Parapenzolone, *see* P-00028
▷Paraperidide, *see* A-00343
▷Paraplatin, *see* C-00061
Parapropamol, P-00029
Pararosaniline base, *see* T-00532
Pararosaniline embonate, *in* T-00532
Pararosaniline pamoate, *in* T-00532
▷Parasan, *in* B-00034
▷Parathiazine, *see* P-00597
▷Parathormone, *see* P-00030
1-34 Parathormone (human), *see* T-00091
▷Parathyrin, P-00030
▷Parathyroid hormone, *see* P-00030
Paratophan, *see* M-00295
Paraxazone, P-00031
▷Paraxin, *see* C-00195
▷Parbendazole, P-00032
Parconazole, P-00033
Parconazole hydrochloride, *in* P-00033
Pardisol, *in* E-00160
▷Paredrine, *in* A-00322
Paredrinex, *see* A-00322
Parenabol, *in* H-00108
Parenogen, *see* F-00103
▷Parenton, *in* C-00037
▷Parenzyme, *see* T-00565
▷Parenzymol, *see* T-00565
Pareptide, *in* P-00474
Pareptide sulfate, *in* P-00474
▷Parest, *in* M-00172
Parethoxycaine, P-00034
▷Parfegan, *see* O-00132
▷Parfenac, *see* B-00350
Parfren, *see* P-00266
Pargeverine, P-00035
Pargolol, P-00036
▷Pargyline, P-00037
▷Pargyline hydrochloride, *in* P-00037
▷Paridocaine, P-00038
▷Parilac, *in* E-00103
Parinase, *see* G-00077
▷Parkenova, *see* T-00578
▷Parkimbine, *in* Y-00002
Parkinsan, *in* D-00503
▷Par KS-12, *in* D-00511
▷Parlodel, *in* E-00103
▷Parmetol, *see* C-00256
▷Parnate, *in* P-00186
▷Parnetil, *see* M-00158
▷Parnitene, *in* P-00186
▷Parodel, *in* E-00103
▷Paromomycin, P-00039
▷Paromomycin II, *in* P-00039
▷Paromomycin sulfate, *in* P-00039
Parovan, *in* T-00559
Paroxetine, P-00040
▷Paroxypropione, *see* H-00193
▷Paroxypropiophenone, *see* H-00193
▷Parpanit, *in* C-00037
▷Parsal, *see* P-00041
▷Parsalmide, P-00041
Partricin *A*, P-00042
Partricin B, *in* P-00042
Partricin C, *in* P-00042
▷Partusisten, *see* F-00064
▷Partyn, *in* B-00082
Parvaquone, *see* C-00613
▷PAS, *see* A-00264
▷Pasaden, *in* H-00084
▷Pasalin, *see* D-00262
▷Pascain, *in* H-00206
Pasiniazid, *in* A-00264
▷Pasipam, *see* H-00003
▷Pasiron *T*, *in* D-00033

PASIT, *see* G-00078
▷Pasmonul, *in* O-00147
▷Paspalin P1, *see* C-00664
▷Passiflorin, *see* B-00165
PAT, *see* A-00313
Pathilon, *in* T-00454
▷Pathocidin, *see* A-00247
▷Patricin, *in* O-00068
▷Patrovina, *see* A-00072
▷Patulin, P-00043
Paulomycin *A*, P-00044
Paulomycinone *A*, *in* P-00044
▷Pavabid, *in* P-00019
Paveral, *in* C-00525
▷Paveril, *see* D-00463
Paverin "Bracco", *in* M-00461
▷Paveroid, *in* E-00150
Paverone, *in* D-00463
▷Pavulon, *in* P-00012
Paxamate, P-00045
▷Paxipam, *see* H-00003
Paxistil, *in* H-00222
▷Payzone, *see* N-00190
▷Pazelliptine, P-00046
Pazoxide, P-00047
▷PB 89, *in* F-00240
▷P 4657B, *see* T-00213
▷PB 806, *see* B-00060
▷P.B. Dressing, *see* P-00293
PC, *see* F-00008
PC-1, *in* C-00013
PC 1238, *in* E-00047
▷PC 1421, *see* P-00282
▷PC 603, *see* I-00158
PC 904, *in* A-00421
▷PCP, *see* P-00183
p-CT, *see* T-00333
▷PD-93, *see* P-00349
PD 105587, *see* D-00302
PD 107779, *see* E-00060
PD 108067, *see* M-00239
PD 110161, *see* F-00260
PD 111815, *see* P-00350
PD 113270, *in* F-00260
PD 113271, *in* F-00260
PD 117818, *see* R-00004
PD 109762-2, *in* I-00063
PD 90695-73, *in* D-00115
▷PD-ADI, *see* P-00105
▷PDB, *in* P-00430
PDLA, *see* F-00254
PDMEA, *see* D-00059
PEA, *see* P-00006
▷Pebarol, *in* P-00514
▷Pecazine, P-00048
▷Pecilocin, *see* V-00012
Pecocycline, P-00049
Pectex, *in* A-00126
Pectipront, *see* A-00188
Pectipront, *in* B-00061
Pectoris, *see* C-00030
▷Pediaflor, *in* S-00087
▷Pedix 50, *see* B-00413
▷Pedrolon, *in* A-00322
Peflacine DC1, *in* N-00214
Pefloxacin, *in* N-00214
Pefloxacin mesylate, *in* N-00214
Peganine, P-00050
▷Peganone, *see* E-00214
Peimine, *see* V-00024
Peiminine, *in* V-00024
Peiminoside, *in* V-00024
Peimunine, P-00051
Pelanserin, P-00052
Pelanserin hydrochloride, *in* P-00052
Pelentanic acid, *see* B-00219
▷Peliomycin, P-00053
▷Pellegal, *see* T-00479
▷Pellidole, *see* D-00117
Pelretin, P-00054
Pelrinone, P-00055
Pelrinone hydrochloride, USAN, *in* P-00055
Pelvirinic acid, *see* D-00363
Pemedolac, P-00056
Pemerid, P-00057
Pemerid nitrate, *in* P-00057
▷Pemoline, *see* A-00306
Pemophyllin, *in* T-00169
▷Pempidine, *see* P-00085
Penamecillin, P-00058
Penberol, *in* B-00312
Penbutolol, P-00059
▷Penbutolol sulfate, *in* P-00059
Penciclovir, *see* H-00138
▷Pencina, *in* C-00074
Pendecamaine, P-00060
▷Pendiomid, *in* A-00499
Penethamate, P-00061
Penethamate hydriodide, *in* P-00061
▷Peneton, *see* H-00094
Penetracyne, *see* P-00068
▷Penetrase, *see* H-00092
▷Penfenate, *in* D-00204
Penfluoridol decanoate, *in* P-00062
▷Penfluridol, P-00062
Penflutizide, P-00063
Penfluzide, *see* P-00063
▷Pengitoxin, *in* T-00474
▷Penicidin, *see* P-00043
▷Penicidin, *see* P-00043
Penicillamine, P-00064
Penicillanic acid, P-00065
Penicillanic acid sulfone, *in* P-00065
▷Penicillin *AT*, *see* A-00137
▷Penicillin *G*, *see* B-00126
▷Penicillin H_x, *see* M-00042
▷Penicillin *N*, P-00066
▷Penicillin *O*, *see* A-00137
▷Penicillin II, *see* B-00126
6-*epi*-Penicillin V, *in* P-00171
Penicillin V benzathine, *in* P-00171
Penicillin V hydrabamine, *in* P-00171
▷Penicillin V potassium, *in* P-00171
Penicillinase, P-00067
▷Penicillin *G* benzathine, *in* B-00126
▷Penicillin V, *see* P-00171
▷Penicin, *see* A-00295
▷Penidryl, *in* B-00126
Penimepicycline, P-00068
Penimocycline, P-00069
Penirolol, P-00070
Penlysinum, P-00071
Penmesterol, P-00072
Penmestrol, *see* P-00072
Penoctonium(1+), P-00073
▷Penoctonium bromide, *in* P-00073
▷Penotrane, *see* H-00094
Penplus, *see* F-00139
Penprostene, P-00074
▷Pensanate, *in* P-00291
Penspek, *see* P-00148
▷Pentaacetylgitoxin, *in* T-00474
2,3,4,5,6-Pentaacetyl-D-gluconamide, *in* G-00055
2,3,4,5,6-Penta-*O*-acetyl-D-glucononitrile, *in* G-00055
Pentaaqua[D-gluconato(4−)-O^2,O^4,O^5]tetra-μ-hydroxydihydroxytriferrate(3−) calcium sodium (2:1:4), *see* F-00089
Pentabamate, *in* M-00279
2,3,4,5,6-Penta-*O*-benzoyl-D-gluconamide, *in* G-00055
2,3,4,5,6-Penta-*O*-benzoyl-D-glucononitrile, *in* G-00055
▷Pentabil, *see* P-00194
Pentacaine, *see* T-00400

▷3,3′,5,5′,6-Pentachloro-2,2′-dihydroxybenzanilide, *see* O-00149
▷3,3′,5,5′,6-Pentachloro-2′-hydroxysalicyclanilide, *see* O-00149
Pentacosactide, *see* P-00075
Pentacosactride, P-00075
Pentacynium(2+), P-00076
Pentacynium chloride, *in* P-00076
Pentacynium methyl sulfate, *in* P-00076
▷Pentadoll, *in* C-00502
▷Pentaerythritol, P-00077
▷Pentaerythritol chloral, *see* P-00132
▷Pentaerythritol dichlorohydrin, *see* B-00200
Pentaerythritol tetrakis(2-phenylbutyrate), *see* F-00046
▷Pentaerythritol tetranitrate, P-00078
Pentaerythritol trinitrate, *in* P-00077
▷Pentafen, *in* C-00037
Pentafluranol, *in* T-00089
Pentaformylgitoxin, *in* T-00474
▷Pentagastrin, P-00079
Pentagestrone, P-00080
Pentagestrone acetate, *in* P-00080
▷Pentagit, *in* T-00474
3,3′,4′,5,7-Pentahydroxyflavan, P-00081
▷3,3′,4′,5,7-Pentahydroxyflavone, P-00082
▷Pentakis(N^2-acetyl-L-glutaminato)tetrahydroxytrialuminum, *in* A-00012
▷2,2,4,4,6-Pentakis(1-aziridinyl)-2,2,4,4,6,6-hexahydro-6-(4-morpholinyl)-1,3,5-triaza-2,4,6-triphosphorine, *see* F-00262
Pentakis(cyano-*C*)nitrosylferrate(2−), P-00083
Pentalamide, *see* P-00107
▷Pentam 300, *in* P-00086
Pentamethonium (2+), P-00084
▷Pentamethonium bromide, *in* P-00084
Pentamethonium iodide, *in* P-00084
3,3′,4′,5,7-Pentamethoxyflavan, *in* P-00081
N,*N*,2,3,3-Pentamethylbicyclo[2.2.1]heptan-2-amine, *see* D-00375
1,1-Pentamethylenebis-1-methylpyrrolidinium, *see* P-00102
Pentamethylenebistrimethylammonium, *see* P-00084
▷4,4′-(Pentamethylenedioxy)dibenzamidine, *see* P-00086
3,3-Pentamethylene-4-hydroxybutyric acid, *see* H-00158
N,*N*,2,3,3-Pentamethyl-2-norbornanamine, *see* D-00375
▷1,2,2,6,6-Pentamethylpiperidine, P-00085
N,*N*,3,5,6-Pentamethyl-2-pyrazinamine, *see* D-00423
▷Pentamidine, P-00086
▷Pentamidine isethionate, *in* P-00086
▷Pentamin, *in* A-00499
▷Pentamon, *in* A-00499
Pentamorphone, P-00087
Pentamoxane, P-00088
Pentamustine, P-00089
▷Pentamyl, *see* A-00296
▷Pentanedial, P-00090
1,1′-(1,5-Pentanediyl)bis-1-methylpyrrolidinium, *see* P-00102
▷4,4′-[1,5-Pentanediylbis(oxy)]bisbenzenecarboximidamide, *see* P-00086
3-Pentanone diethyl mercaptal, *see* B-00213
▷Pentaphen, *in* C-00037
Pentaphonate, *in* D-00568
Pentapiperide, P-00091
Pentapiperide fumarate, *in* P-00091
Pentapiperium methylsulfate, *in* P-00091
Pentapyrrolidine, *see* P-00102
Pentaquine, P-00092
Pentaran, *see* A-00038
▷Pentasa, *see* A-00266
▷Pentasalen, *see* I-00045
Pentazocine hydrochloride, *in* P-00093
▷Pentazocine, P-00093
▷Pentazocine lactate, *in* P-00093
Pentcillin, *see* P-00283
▷"Pentenamide", *in* D-00251
Pentethylcyclanone, *see* C-00628
▷Pentetic acid, P-00094
▷Pentetrazol, *see* T-00133
▷Pentetrazole, *see* T-00133
▷Pentfenil, *see* P-00194
Penthienate, P-00095
▷Penthiobarbital, *see* T-00206
▷Penthonium, *in* P-00084
▷Penthrane, *see* D-00183
Penthrichloral, P-00096
▷Penthrit, *see* P-00078
Pentiapine, P-00097
Pentiapine maleate, *in* P-00097
Penticainide, P-00098
▷Penticort, *see* A-00177
Pentifylline, *in* T-00166
▷Pentisomicin, P-00099
Pentisomide, *see* P-00098
Pentizidone, P-00100
Pentizidone sodium, *in* P-00100
▷Pentobarbital, *see* P-00101
▷Pentobarbitone, P-00101
▷Pentobarbitone sodium, *in* P-00101
▷Pentoil, *see* E-00040
Pentolinium, *see* P-00102
▷Pentolinium tartrate, *in* P-00102
Pentolium(2+), P-00102
Pentolon, *see* P-00102
Pentolonium, *see* P-00102
▷Pentolonium tartrate, *in* P-00102
Pentomone, P-00103
▷Pentona, *in* M-00028
Pentopril, P-00104
▷Pentorex, *see* M-00288
▷Pentostatin, P-00105
▷Pentothal, *see* T-00206
▷Pentothal sodium, *in* T-00206
▷Pentovis, *in* O-00030
▷Pentoxifylline, *see* O-00142
Pentoxyverine, *see* C-00046
▷Pentrane, *see* D-00183
Pentrinitrol, *in* P-00077
▷Pentrium, *in* C-00200
2-(Pentylamino)acetamide, P-00106
▷2-(Pentylamino)ethanol 4-aminobenzoate, *see* N-00008
6-Pentyl-*m*-cresol, *see* M-00280
▷Pentylenetetrazole, *see* T-00133
Pentylhydroflumethiazide, *see* P-00063
2-(Pentyloxy)benzamide, P-00107
[3-(Pentyloxy)phenyl]carbamic acid 2-(1-pyrrolidinyl)cyclohexyl ester, *see* T-00400
2-Pentyl-6-phenyl-1*H*-pyrazolo[1,2-*a*]cinnoline-1,3(2*H*)-dione, *see* C-00383
O-Pentylsalicylamide, *see* P-00107
▷Pentymal, *see* A-00352
▷Pen-Vee, *see* P-00171
▷Pepcid, *see* F-00013
▷Pepdul, *see* F-00013
▷Pepleocine, *see* P-00108
▷Pepleomycin, P-00108
▷Peplocin, *see* P-00108
▷Peplomycin, *see* P-00108
Peplomycin sulfate, JAN, *in* P-00108
Pepsacid, *in* B-00140
Pepsidin *A*, *in* P-00109
Pepsidin *B*, *in* P-00109
Pepsidin *C*, *in* P-00109
Pepsin inhibitor *Streptomyces naniwaensis*, *in* P-00109
▷Pepsin inhibitor S 735A, *in* P-00109
Pepsin inhibitor S 735M, *in* P-00109
Pepsinostreptin, *in* P-00109
Pepsinostreptin *P*, *in* P-00109
Pepsitensin, *in* A-00385
▷Pepstatin, *in* P-00109
Pepstatin *AC*, *in* P-00109
Pepstatin *B*, *in* P-00109
Pepstatin *BU*, *in* P-00109

Pepstatin *C*, *in* P-00109
Pepstatin *D*, *in* P-00109
Pepstatin *E*, *in* P-00109
Pepstatin *F*, *in* P-00109
Pepstatin *G*, *in* P-00109
Pepstatin *H*, *in* P-00109
Pepstatin *I*, *in* P-00109
Pepstatin *J*, *in* P-00109
Pepstatin *PR*, *in* P-00109
▷Pepstatin *A*, 9CI, *in* P-00109
Pepstatins, P-00109
Peptard, *in* T-00554
▷Peptavlon, *see* P-00079
Peptilate, *in* A-00123
Peracillin, *see* P-00283
Peraclopone, P-00110
Peradoxime, P-00111
Perafensine, *see* P-00196
Peraktivin, *see* D-00191
Peralopride, P-00112
Perandren *M*, *in* H-00111
Perandrone *A*, *in* H-00111
Peraquinsin, P-00113
Perastine, P-00114
Peratizole, P-00115
Peratizole maleate, *in* P-00115
Perazil, *in* C-00198
▷Perazine, P-00116
Perbufylline, P-00117
▷Percapyl, *see* C-00209
▷Perchloroethane, *see* H-00040
▷Perchloroethylene, *see* T-00106
▷Perclene, *see* T-00106
▷Perclusone, *in* C-00455
▷Perclustop, *in* C-00455
▷Perconval, *in* T-00478
Percorten *M*, *in* H-00203
▷Perdilatal, *in* B-00367
Perdolat, *see* T-00273
Perebron, *in* O-00130
Peremin, *in* H-00077
Perfloxacin, *in* N-00214
Perfluamine, *see* H-00025
▷Perflunafene, *see* O-00008
▷Perfluorodecalin, *see* O-00008
Perfluorotripropylamine, *see* H-00025
Perfomedil, P-00118
Perfusamine, *see* I-00110
Pergagel, *in* V-00047
Pergalen, *in* V-00047
Pergolide, P-00119
▷Pergolide mesylate, *in* P-00119
Perhexiline, P-00120
▷Perhexiline maleate, *in* P-00120
▷Perhydrol, *see* H-00100
▷Periactin, *in* C-00648
▷Periblastine, *in* V-00032
Pericel, *in* D-00326
▷Perichloral, *see* P-00132
▷Periciazine, *see* P-00121
▷Pericicline, *see* D-00064
▷Pericristine, *see* V-00037
▷Pericyazine, P-00121
▷Peridil, *in* A-00504
Perifadil, *in* S-00214
▷Perifunal, *see* P-00369
▷Perimetazine, P-00122
Perin, *in* P-00285
Perindopril, *in* P-00123
Perindoprilat, P-00123
▷Periodoethylene, *see* T-00141
Perisalol, *see* N-00102
Perisoxal, P-00124
▷Perisoxal citrate, JAN, *in* P-00124
▷Peristil, *in* M-00436
Peristin, *see* C-00107
Peritetrate, P-00125
Perithiadene, *in* P-00297
▷Peritonan, *see* C-00256
▷Peritrate, *see* P-00078
Perium, *in* P-00091
▷Perizin, *see* C-00555
▷Perklone, *see* T-00106
▷Perlapine, P-00126
Perlatos, *see* D-00397
▷Perlepsin, *see* M-00453
▷Perlutex, *in* H-00175
Permanganic acid, P-00127
▷Permease, *see* H-00092
Permethol, *in* D-00332
▷Permethrin, P-00128
Permin, *see* D-00190
Permiran, *in* Q-00026
▷Permonid, *see* D-00100
Pernazene, *see* T-00580
▷Perneuron, *see* M-00067
▷Pernocton, *in* B-00290
▷Pernoston, *see* B-00290
▷Pernovin, *in* P-00156
Perocan, *see* I-00177
▷Perol, *see* C-00256
Perolysen, *in* P-00085
Peromide, *see* O-00117
Peronine myristate, *see* M-00477
▷Peroxan, *see* H-00100
▷Peroxinorm, *see* M-00067
▷Perphenazine, P-00129
▷Perphenazine acetate, *in* P-00129
▷Perphenazine trimethoxybenzoate, *in* P-00129
▷Persadox, *see* D-00161
▷Persantin, *see* D-00530
Persclerol, *see* C-00467
▷Persedon, *see* D-00255
Persilic acid, *see* D-00312
▷Persisten, *see* D-00226
Persulon, *see* F-00193
Pertechnetic acid, P-00130
▷Pertofran, *in* D-00095
▷Pertoxil, *in* C-00438
▷Pervetral, *in* O-00156
▷Perycit, *see* N-00090
▷Perysit, *see* N-00090
Pesar, *in* V-00047
▷Petameth, *in* M-00183
▷Pethidine, P-00131
▷Petimid, *see* M-00294
▷Petinutin, *see* D-00447
▷PETN, *see* P-00078
▷Petrichloral, P-00132
Petrin, *in* P-00077
▷Petrohol, *see* P-00491
Pexantel, P-00133
▷Pexid, *in* P-00120
PF-26, *see* M-00103
PFA 186, *in* H-00112
▷PFD, *see* B-00069
▷Pfiklor, *see* P-00391
PFP, *see* P-00499
PG 430, *see* F-00024
PG 501, *see* M-00028
▷PGA$_2$, *in* H-00187
(5*E*)-PGA$_2$, *in* H-00187
15-*epi*-PGA$_2$, *in* H-00187
▷PGD$_2$, *in* D-00338
▷(−)-PGE$_1$, *in* D-00341
(±)-*diepi*-PGE$_1$, *in* D-00341
▷PGE$_2$, *in* D-00339
▷(5*E*)-PGE$_2$, *in* D-00339
(−)-8-*epi*-PGE$_1$, *in* D-00341
(±)-8-*iso*-PGE$_2$, *in* D-00339
(±)-11-*epi*-PGE$_1$, *in* D-00341
11-*epi*-PGE$_2$, *in* D-00339

(±)-15-*epi*-PGE_1, *in* D-00341
(±)-15-*epi*-PGE_2, *in* D-00339
(±)-8,15-*diepi*-PGE_1, *in* D-00341
▷$PGF_{1\alpha}$, *in* T-00484
$PGF_{1\beta}$, *in* T-00484
▷$PGF_{2\alpha}$, *in* T-00483
▷$PGF_{2\beta}$, *in* T-00483
(5*E*)-$PGF_{2\alpha}$, *in* T-00483
▷9-*epi*-$PGF_{2\alpha}$, *in* T-00483
11-*epi*-$PGF_{2\alpha}$, *in* T-00483
(±)-15-*epi*-$PGF_{2\alpha}$, *in* T-00483
PGG_2, *in* E-00076
PGH_1, *in* E-00078
PGH_2, *in* E-00077
PGI_2, *see* P-00528
PGI_2, *in* P-00528
PGI_2-S, *in* E-00087
PGR_2, *in* E-00077
PGX, *see* P-00528
PGX, *in* P-00528
Ph 137, *see* C-00573
Ph 1503, *in* H-00039
Ph 1882, *in* T-00103
PH 218, *see* E-00014
Ph 3753, *see* B-00268
Phacetoperane, *in* P-00197
Phaclofen, P-00134
▷Phaeanthine, *in* T-00152
Phaeanthine 2′α-N-oxide, *in* T-00152
▷Phagopedin sigma, *see* F-00273
Phalomesin, *see* C-00154
▷Phanodorm, *see* C-00596
▷Phanquinone, *see* P-00144
▷Phanquone, *see* P-00144
Phanurane, *see* C-00027
▷Pharlon, *in* H-00202
▷Pharmäthyl, *see* D-00202
Pharmestrin, *in* B-00220
▷Pharmocaine, *in* A-00216
Pharmorubicin, *in* A-00080
▷Pharorid, *in* M-00189
Phaseomannitol, *see* I-00074
PHB, *in* A-00216
PH CH 44A, *see* H-00086
Ph DZ 59 B, *see* I-00150
Phebutazine, *see* F-00024
Phelypressin, *see* F-00029
▷Phemamide, *see* F-00033
▷Phemerol chloride, *in* B-00079
▷Phenacaine, P-00135
▷Phenacaine hydrochloride, *in* P-00135
Phenaceda, *in* M-00182
▷Phenacemide, *see* P-00176
▷Phenacetin, *in* E-00161
Phenacizol, P-00136
▷Phenacon, *see* F-00031
Phenacridane, *see* H-00074
▷Phenacridane chloride, *in* H-00074
Phenactropinium(1+), P-00137
Phenactropinium chloride, *in* P-00137
Phenacyl alcohol, *see* H-00107
N-Phenacylhomotropinium, *see* P-00137
Phenacyl 4-morpholineacetate, *see* M-00411
Phenacyl pivalate, *in* H-00107
Phenadoxone, P-00138
▷Phenaglycodol, P-00139
Phenaline, P-00140
Phenamazoline, P-00141
Phenamet, P-00142
Phenamidofuril, *see* F-00035
▷Phenamizol, *see* D-00134
▷Phenampromide, P-00143
Phenamylinium chloride, *in* D-00569
Phenanthridinium 1553, *in* D-00460
2-(Phenanthro[3,4-d]-1,3-dioxole-6-nitro-5-carboxamido)-propanoic acid, *in* M-00252
▷4,7-Phenanthroline-5,6-dione, P-00144
▷Phenantoin, *see* D-00493
Phenaphthazine, P-00145
Phenarsone sulfoxylate, P-00146
▷Phenasal, *see* N-00093
▷Phenasol, *see* U-00002
▷Phenaxazan, *see* F-00044
Phenazacillin, *see* H-00035
Phenazidinium, *see* F-00019
▷Phenazocine, P-00147
▷Phenazoline, *see* A-00400
▷Phenazone, *see* D-00284
▷Phenazopyridine, *see* D-00133
▷Phenazopyridine hydrochloride, *in* D-00133
Phenbenicillin, P-00148
▷Phenbenzamine, *see* A-00402
Phenbutazone sodium glycerate, *in* P-00180
▷Phenbutrazate, P-00149
▷Phencarbamide, P-00150
Phencarol, *see* Q-00006
▷Phencyclidine, *see* P-00183
▷Phencyclidine hydrochloride, *in* P-00183
▷Phendimetrazine, *in* M-00290
Phendimetrazine tartrate, *in* M-00290
Phenecyclamine, *see* F-00025
▷Phenelzine, *see* P-00189
▷Phenelzine sulfate, *in* P-00189
▷Phenemal, *see* E-00218
2,2‴,2‴‴-(*v*-Phenenyltrioxy)tristriethylamine, *see* G-00004
▷Phenergan, *in* M-00221
▷Phenergan, *in* P-00478
Pheneridine, P-00151
Phenestrol, *in* B-00220
Phenetamine, *see* F-00025
▷Phenethazinum, *see* D-00412
Phenethicillin, P-00152
▷Phenethyl alcohol, *see* P-00187
▷*N*-Phenethylanthranilic acid, *see* E-00054
▷1-Phenethylbiguanide, *see* P-00154
Phenethyl(4-phenylthiazol-2-yl)amine, *see* P-00195
▷*N*-(1-Phenethyl-4-piperidyl)propionanilide, *see* F-00077
1-Phenethyl-4-(2-propynyl)-4-piperidinol propionate, *see* P-00503
Pheneticillin, *see* P-00152
▷*p*-Phenetidine, *see* E-00161
2-*p*-Phenetidino-*N*-propylpropionamide, *see* P-00499
Phenetin, *in* B-00399
Phenetsal, *in* H-00112
▷Pheneturide, P-00153
▷Phenformin, P-00154
▷Phenglutarimide, P-00155
Phenhydropyxylate, *see* F-00027
Phenibut, *in* A-00303
▷Phenicarbazide, *see* P-00207
▷Phenicin, *in* M-00289
PHENIDA, *see* A-00437
Phenigam, *in* A-00303
Phenindamine, P-00156
▷Phenindione, *see* P-00192
▷Pheniodol, *see* I-00100
Pheniodol sodium, *in* I-00100
▷Pheniprazine, *see* M-00289
▷Pheniramine, P-00157
▷Phenisatin, *in* O-00160
Phenisonone, P-00158
Phenithionate, P-00159
▷Phenitol, *see* N-00169
▷Phenitrothion, *see* F-00057
▷Phenizin, *in* M-00289
Phenmetrazine, *in* M-00290
▷Phenmetrazine hydrochloride, *in* M-00290
▷Phenmetrazine teoclate, *in* M-00290
Phennin, *in* A-00026
▷Phenobamate, *see* F-00022
▷Phenobarbital, *see* E-00218

▷Phenobarbital sodium, *in* E-00218
▷Phenobarbitone, *see* E-00218
▷Phenobarbitural, *see* E-00218
▷Phenobenzorphan, *see* P-00147
▷Phenobutiodil, P-00160
Phenochlorium, *in* D-00179
Phenoctide, *in* O-00015
Phenoctidium, *see* O-00015
▷Phenoctyl, *in* P-00504
Phenocyclin, *see* D-00570
Phenododecinium, *see* D-00567
▷Phenoharman, *see* B-00130
▷Phenol, P-00161
Phenolactine, *in* H-00207
▷Phenolate sodium, USAN, *in* P-00161
Phenolisatin, *see* O-00160
▷Phenolphthalein, P-00162
▷Phenolsulfonphthalein, P-00163
Phenomidon, *in* E-00218
▷Phenomitur, *in* E-00218
▷Phenomorphan, P-00164
Phenoperidine, P-00165
Phenoperidone, P-00166
Phenopicolinic acid, *see* H-00117
Phenoro, *see* C-00088
Phenosol, *in* H-00112
▷Phenothiazine, P-00167
10*H*-Phenothiazine-2-acetic acid, P-00168
Phenothiazine-10-carboxylic acid 2-[2-(dimethylamino)-ethoxy]-ethyl ester, *see* D-00397
10*H*-Phenothiazine-10-carboxylic acid 2-[2-(dimethylamino)-ethoxy]ethyl ester, *see* D-00397
Phenothrin, P-00169
▷Phenoxadrine, *see* P-00210
Phenoxalid, *see* A-00046
▷Phenoxan, *see* F-00044
Phenoxazoline, *see* F-00066
▷Phenoxene, *in* C-00294
Phenoxethamine, *see* C-00452
▷Phenoxine, *in* C-00294
[1-[[(Phenoxyacetyl)amino]carbonyl]-1*H*-benzimidazol-2-yl]-carbamic acid methyl ester, *see* P-00136
▷Phenoxybenzamine, P-00170
▷Phenoxybenzamine hydrochloride, *in* P-00170
3-Phenoxybenzyl chrysanthemate, *see* P-00169
▷3-Phenoxybenzyl 3-(2,2-dichlorovinyl)-2,2-dimethylcyclopropanecarboxylate, *see* P-00128
α-Phenoxybenzylpenicillin, *see* P-00148
6-(α-Phenoxybutyramido)penicillanic acid, *see* P-00501
α-Phenoxycarbonylbenzylpenicillin, *see* C-00074
1-(Phenoxyethyl)penicillin, *see* P-00152
1-[1-(2-Phenoxyethyl)-4-piperidyl]-2-benzimidazolinone, *see* O-00117
m-Phenoxyhydratropic acid, *see* P-00172
α-Phenoxyisopropylpenicillin, *see* I-00200
▷Phenoxymethylpenicillin, P-00171
5,6-*trans*-Phenoxymethylpenicillinic acid, *in* P-00171
▷4-[3-[4-(Phenoxymethyl)phenyl]propyl]morpholine, *see* F-00241
6-(α-Phenoxy-α-phenylacetamido)penicillanic acid, *see* P-00148
▷(3-Phenoxyphenyl)methyl 3-(2,2-dichloroethenyl)-2,2-dimethylcyclopropanecarboxylate, *see* P-00128
(3-Phenoxyphenyl)methyl 2,2-dimethyl-3-(2-methyl-1-propenyl)-cyclopropanecarboxylate, *see* P-00169
2-(3-Phenoxyphenyl)propanoic acid, P-00172
2-Phenoxypropane, *in* P-00161
Phenoxypropazine, *see* M-00282
▷Phenoxypropazine maleate, *in* M-00282
6-(α-Phenoxypropionamido)penicillanic acid, *see* P-00152
(3-Phenoxypropyl)guanidine, P-00173
1-(Phenoxypropyl)penicillin, *see* P-00501
▷4-[3-[α-Phenoxy-*p*-tolyl)propyl]morpholine, *see* F-00241
1-Phenoxy-3-[[2-[(1,3,5-trimethyl-1*H*-pyrazol-4-yl)amino]-ethyl]amino]-2-propanol, *see* D-00005
▷Phenpentanediol, *see* C-00270
▷Phenpentermine, *see* M-00288
Phenpiperazole, *see* Z-00030
▷Phenprobamate, *in* P-00201
Phenprocoumon, P-00174
▷Phenpromethamine, *in* P-00203
Phenquizone, *see* F-00075
▷Phensuximide, *see* M-00294
▷Phentanyl, *see* F-00077
Phentermine, *see* P-00193
▷Phentermine hydrochloride, *in* P-00193
▷Phenthoxate, *in* A-00025
▷Phentichlorum, *see* T-00194
▷Phentolamine, P-00175
▷Phentolamine mesylate, *in* P-00175
▷Phentoloxamine, *see* P-00210
Phentonium, *see* F-00081
▷Phenurone, *see* P-00176
Phenybut, *in* A-00303
Phenygam, *in* A-00303
▷Phenygenine, *see* P-00207
▷6-(Phenylacetamido)penicillanic acid, *see* B-00126
▷Phenyl acetate, *in* P-00161
7β-Phenylacetylaminocephalosporin, *see* C-00111
▷Phenylacetylpenin, *see* B-00126
▷(Phenylacetyl)urea, P-00176
11-L-Phenylalaninegramicidin *A*, *in* G-00084
Phenylalanine Lost, *see* M-00084
2-L-Phenylalanine-8-L-lysinevasopressin, *see* F-00029
Phenylalanine-Mustard, *see* M-00084
Phenyl aminosalicylate, *in* A-00264
▷*N*-(Phenyl-*p*-arsinic acid)glycineamide, *see* C-00041
8-Phenyl-7-azabicyclo[4.2.0]octa-1,3,5,7-tetraene, *see* P-00177
▷3-Phenylazo-2,6-pyridinediamine, *see* D-00133
2-Phenylbenzazete, P-00177
▷α-Phenylbenzeneacetic acid, *see* D-00488
▷α-Phenylbenzeneacetic acid 1-ethyl-3-piperidinyl ester, *see* P-00290
α-Phenylbenzeneacetic acid 1-methyl-1-(1-methyl-2-piperidinyl)-ethyl ester, *see* P-00271
▷α-Phenylbenzeneethanamine, *see* D-00492
2-Phenyl-1,2-benzisoselenazol-3(2*H*)-one, P-00178
▷Phenyl benzoate, *in* P-00161
2-(3-Phenyl-7-benzofuranyl)propionic acid, *see* M-00286
2-(2-Phenyl-6-benzothiazolyl)propanoic acid, *see* M-00287
8-(*p*-Phenylbenzyl)atropinium, *see* X-00011
2-Phenyl-1,2-butanediol, P-00179
▷Phenylbutazone, P-00180
Phenylbutazone trimethylgallate, *in* P-00180
▷Phenyl butyl carbinol, *see* P-00194
▷2-Phenylbutyric acid 2-(3-methyl-2-phenylmorpholino)ethyl ester, *see* P-00149
2-Phenylbutyric acid 1,4-piperazinediyldiethylene ester, *see* F-00024
N-(α-Phenylbutyryl)methionine, P-00181
▷2-(Phenylbutyryl)urea, *see* P-00153
Phenylcarbamic acid hydroxyphenyl ester, *in* P-00161
▷2-Phenylcinchoninic acid, *see* P-00206
▷α-Phenyl-*p*-cresol, *see* B-00127
1-Phenylcyclohexanamine, *see* P-00182
α-Phenylcyclohexaneglycolic acid, *see* C-00614
α-Phenylcyclohexaneglycolic acid (1,4,5,6-tetrahydro-1-methyl-2-pyrimidinyl)methyl ester, *see* O-00159
1-Phenylcyclohexylamine, P-00182
▷1-(1-Phenylcyclohexyl)piperidine, P-00183
▷1-(1-Phenylcyclohexyl)pyrrolidine, P-00184
2-Phenylcyclopentanamine, *see* P-00185
1-Phenylcyclopentanecarboxylic acid 2-(2-diethylaminoethoxy)-ethyl ester, *see* C-00046
▷1-Phenylcyclopentanecarboxylic acid 2-(diethylamino)ethyl ester, *see* C-00037
▷1-Phenylcyclopentanecarboxylic acid 2-[2-(dimethylamino)-ethoxy]ethyl ester, *see* M-00385
2-Phenylcyclopentylamine, P-00185
2-Phenylcyclopropylamine, P-00186
▷Phenyldimazone, *see* D-00407

Phenyl(2,4-dimethoxyphenyl)methylcarbinol, *see* F-00060
1-Phenyl-2-(α,α-dimethylethanolamine)ethanol, *see* F-00084
1,4-Phenylenebiscarbamodithioic acid bis[1-(1-methyl-1*H*-benzimidazol-2-yl)ethyl] ester, *see* B-00193
▷1,2-Phenylenebis(iminocarbonothioyl)biscarbamic acid diethyl ester, *see* T-00207
N,*N*′-(*o*-Phenylene)bis[(isobutylamino)acetamide], *see* D-00122
N,*N*′-[1,4-Phenylenebis(methylene)]bis[2,2-dichloro-*N*-(2-ethoxyethyl)acetamide], *see* T-00048
4,4′-[1,4-Phenylenebis(methylidynenitrilo)]bis[3-isoxazolidinone], *see* T-00092
N,*N*′-1,2-Phenylenebis[2-[(2-methylpropyl)amino]acetamide, *see* D-00122
▷4,4′-*o*-Phenylenebis(3-thioallophanic acid) diethyl ester, *see* T-00207
▷Phenylene-1,4-diisothiocyanate, *see* D-00369
N,*N*′-(*p*-Phenylenedimethylene)bis[2,2-dichloro-*N*-(2-ethoxyethyl)acetamide], *see* T-00048
N^4,N^4-(*p*-Phenylenedimethylidyne)bis[N^1-(4,6-dimethyl-2-pyrimidinyl)sulfanilamide, *see* T-00087
▷Phenylephrine, *in* A-00272
▷Phenylephrine hydrochloride, *in* A-00272
▷2-Phenylethanol, P-00187
▷1-Phenylethanolamine, *see* A-00304
▷Phenylethyl alcohol, *see* P-00187
▷2-[(2-Phenylethyl)amino]benzoic acid, *see* E-00054
4-[2-[[6-[(Phenylethyl)amino]hexyl]amino]ethyl]-1,2-benzenediol, *see* D-00581
▷3-(1-Phenylethylamino)propylaminobleomycin, *see* P-00108
▷(*S*)-*N*′-[3-[(1-Phenylethyl)amino]propylbleomycinamide, *see* P-00108
N-2-Phenylethylbenzeneethanamine, *see* D-00491
1-Phenylethyl 3-[(dimethoxyphosphinyl)oxy]-2-butenoate, *see* C-00571
1-(1-Phenylethyl)-5-ethoxycarbonylimidazole, *see* E-00257
▷1-Phenylethylhydrazine, P-00188
▷(2-Phenylethyl)hydrazine, P-00189
2-(1-Phenylethyl)hydrazine carboxylic acid, *see* M-00233
1-(1-Phenylethyl)-1*H*-imidazole-5-carboxylic acid ethyl ester, *see* E-00257
▷1-(1-Phenylethyl)-1*H*-imidazole-5-carboxylic acid methyl ester, *see* M-00331
1-(1-Phenylethyl)-1*H*-imidazole-5-carboxylic acid propyl ester, *see* P-00509
▷*N*-(2-Phenylethyl)imidodicarbonimidic diamide, *see* P-00154
▷*N*-(2-Phenylethyl)morphinan-3-ol, *see* P-00164
▷*N*-(1-Phenylethyl)-9,12-octadecadienamide, *see* M-00080
▷8-(2-Phenylethyl)-1-oxa-3,8-diazaspiro[4.5]decan-2-one, *see* F-00076
α-[4-(2-Phenylethyl)phenyl]-1*H*-imidazole-1-ethanol, *see* D-00076
3-[2-(1-Phenylethyl-4-piperidinyl)ethyl]-1*H*-indole, *see* I-00067
1-(2-Phenylethyl)-4-(2-propynyl)-4-piperidinol propanoate, *see* P-00503
8-(2-Phenylethyl)-3-[(1,2,3,6-tetrahydro-1,3-dimethyl-2,6-dioxo-7*H*-purin-7-yl)acetyl-1-oxa-3,8-diazaspiro[4,5]-decan-2-one, *see* S-00122
N-Phenylformoguanamine, *see* A-00162
Phenylgamma, *in* A-00303
2-Phenylglycine, *see* A-00300
▷Phenylglycollyltropine, *see* H-00082
▷Phenylglyoxylonitrile oxime *O*-(*O*,*O*-diethylphosphorothioate), *see* P-00221
N-(1-Phenylheptyl)nicotinamide, *see* P-00190
N-(1-Phenylheptyl)-3-pyridinecarboxamide, P-00190
▷2-Phenylhydrazinecarboxamide, *see* P-00207
Phenyl 3-[(hydrazinocarbonyl)oxy]-8-azabicyclo[3.2.1]-octane-8-carboxylate, *see* T-00546
Phenyl 3α-hydroxy-8-azabicyclo[3.2.1]octane-8-carboxylate carbazate, *see* T-00546
3-Phenyl-1-indanamine, P-00191
▷2-Phenyl-1,3-indanedione, P-00192
▷2-Phenyl-1*H*-indene-1,3(2*H*)-dione, *see* P-00192
▷Phenylisohydantoin, *see* A-00306
α-(5-Phenyl-3-isoxazolyl)-1-piperidineethanol, *see* P-00124
▷Phenylmercuric acetate, *in* H-00191
Phenylmercuric borate, *in* H-00191
▷Phenylmercuric nitrate, *in* H-00191
▷Phenylmercury chloride, *see* C-00265
▷Phenylmercury hydroxide, *see* H-00191
▷Phenylmercury nitrate, *see* N-00169
1-[3-(Phenylmethoxy)-1-octenyl]-1*H*-imidazole, *see* M-00367
▷4-(Phenylmethoxy)phenol, *see* B-00124
N-(Phenylmethoxy)-*N*-(3-phenylpropyl)acetamide, *see* B-00125
4-[(Phenylmethyl)amino]benzenesulfonamide, *see* B-00129
▷2-(Phenylmethyl)-1*H*-benzimidazole, *see* B-00107
Phenylmethyl [bis(1-aziridinyl)phosphinyl]carbamate, *see* B-00091
▷1-[1-(Phenylmethyl)butyl]pyrrolidine, *see* P-00473
Phenyl *N*-methyl-*N*-(*o*-carbamoylphenyl)carbamate, *see* A-00389
▷1-(Phenylmethyl)-2(1*H*)-cycloheptimidazolone, *see* B-00110
1-[2-(Phenylmethylene)cyclohexyl]azetidine, *see* T-00038
Phenylmethyl 1-[2-(hexahydro-1*H*-azepin-1-yl)ethyl]-2-oxocyclohexanecarboxylate, *see* A-00188
5-(1-Phenylmethyl-1*H*-imidaz-2-yl)-1*H*-tetrazole, *in* I-00033
2-[1-[(Phenylmethyl)imino]ethyl]phenol, *see* B-00121
2-[[(Phenylmethyl)imino]methyl]phenol, *see* N-00220
▷[[1-(Phenylmethyl)-1*H*-indazol-3-yl]oxy]acetic acid, *see* B-00167
▷Phenylmethylisothiocyanate, *see* B-00122
▷4-(Phenylmethyl)phenol, *see* B-00127
4-(Phenylmethyl-1-piperidinecarboxylic acid 2-(diethylamino)-ethyl ester, *see* B-00062
3-Phenyl-2-methyl-2-propylamine, P-00193
1-(Phenylmethyl)-4-(2-pyridinylcarbonyl)piperazine, *see* P-00229
1-(Phenylmethyl)-3-[2-(4-pyridinyl)ethyl]-1*H*-indole, *see* B-00084
3-(Phenylmethyl)pyrido[3,4-*e*]-1,2,4-triazine, *see* B-00128
▷2-Phenyl-3-methyltetrahydro-1,4-oxazine, *see* M-00290
▷2-Phenyl-2-norbornanecarboxylic acid 3-(diethylamino)propyl ester, *see* B-00255
▷6-(Phenyloxyacetamido)penicillanic acid, *see* P-00171
▷1-Phenyl-1-pentanol, P-00194
4-Phenyl-1-[3-(phenylamino)propyl]-4-piperidinecarboxylic acid ethyl ester, *see* P-00260
4-Phenyl-2-[(2-phenylethyl)amino]thiazole, P-00195
▷γ-Phenyl-*N*-(1-phenylethyl)benzenepropanamine, *see* F-00044
▷*N*-Phenyl-*N*-[1-(2-phenylethyl)-4-piperidinyl)propanamide, *see* F-00077
4-Phenyl-*N*-(2-phenylethyl)-2-thiazolamine, *see* P-00195
3-Phenyl-1′-(phenylmethyl)-[3,4′-bipiperidine]-2,6-dione, *see* B-00080
N-Phenyl-*N*-(phenylmethyl)-1-pyrrolidineethanamine, *see* H-00078
3-Phenyl-1′-(3-phenyl-2-propenyl)[3,4′-bipiperidine]-2,6-dione, *see* C-00380
1-Phenyl-3-[2-[[4-(3-phenyl-2-propenyl)-1-piperazinyl]-methyl]-1*H*-benzimidazol-1-yl]-1-propanone, *see* C-00381
γ-Phenyl-[*N*-3-(phenylthio)propyl]benzenepropanamine, *see* T-00303
1-Phenyl-3-(1-piperazinyl)isoquinoline, P-00196
3-(4-Phenyl-1-piperazinyl)-1,2-propanediol, *see* D-00610
3-[3-(4-Phenyl-1-piperazinyl)propyl]-2,4(1*H*,3*H*)-quinazolinedione, *see* P-00052
α-Phenyl-2-piperidineacetic acid methyl ester, *see* R-00065
α-Phenyl-2-piperidinemethanol, P-00197
2-(4-Phenylpiperidino)cyclohexanol, *see* V-00025
2-(4-Phenyl-1-piperidinyl)cyclohexanol, *see* V-00025
N-Phenyl-*N*-[2-(1-piperidinyl)ethyl]-2-pyridinemethanamine, *see* P-00239
2-Phenyl-4-[2-(4-piperidinyl)ethyl]quinoline, *see* P-00280
5-Phenyl-5-(2-piperidinylmethyl)-2,4,6(1*H*,3*H*,5*H*)-pyrimidinetrione, *see* P-00407

N-[1-Phenyl-3-(1-piperidinyl)propyl]benzamide, P-00198
α-Phenyl-α-[3-(1-piperidinyl)-1-propynyl]benzenemethanol, *see* D-00508
1-Phenyl-3-(1-piperidinyl)-2-pyrrolidinone, P-00199
α-Phenyl-α-(2-piperidyl)benzyl alcohol, *see* D-00504
α-Phenyl-α-(3-piperidyl)benzyl alcohol, *see* D-00505
α-Phenyl-α-(4-piperidyl)benzyl alcohol, *see* D-00506
Phenyl-2-piperidylcarbinol, *see* P-00197
Phenyl-2-piperidylmethanol, *see* P-00197
5-Phenyl-5-(2-piperidylmethyl)barbituric acid, *see* P-00407
Phenylpiperone, *see* D-00509
2-Phenyl-1,3-propanediol, P-00200
▷3-Phenyl-1-propanol, P-00201
▷Phenylpropanolamine, *in* A-00308
▷Phenylpropanolamine hydrochloride, *in* A-00308
Phenylpropanolamine polistirex, *in* A-00308
▷1-Phenyl-2-propylamine, P-00202
▷2-Phenyl-1-propylamine, P-00203
▷Phenylpropylmethylamine, *in* P-00203
5-(3-Phenylpropyl)-2-thiophenepentanoic acid, *see* E-00092
1-Phenyl-2-propyn-1-ol, P-00204
▷6-Phenyl-2,4,7-pteridinetriamine, *see* T-00420
▷*N'*-(1-Phenylpyrazol-5-yl)sulfanilamide, *see* S-00250
α-Phenyl-α-[2-(4-pyridinyl)cyclopropyl]benzenemethanol, *see* C-00649
7-Phenyl-7-(3-pyridinyl)-6-heptenoic acid, P-00205
5-Phenylpyrimido[4,5-*d*]pyrimidine-2,4,7-triamine, *see* T-00421
▷2-Phenyl-*N*-[2-(1-pyrrolidinyl)ethyl]glycine isopentyl ester, *see* C-00021
4-Phenyl-2-[2-(1-pyrrolidinyl)ethyl]-6-(α,α,α-trifluoro-*m*-tolyl)-3(2*H*)pyridazinone, *see* R-00042
α-Phenyl-α-[3-(1-pyrrolidinyl)-1-propynyl]benzenemethanol, *see* B-00407
2-Phenyl-4-quinolinecarbonitrile, *in* P-00206
2-Phenyl-4-quinolinecarboxamide, *in* P-00206
▷2-Phenyl-4-quinolinecarboxylic acid, P-00206
▷1-Phenylsemicarbazide, P-00207
3-Phenyl-3-sulfanilylpropiophenone, *see* A-00311
▷[5-(Phenylsulfinyl)-1*H*-benzimidazol-2-yl]carbamic acid methyl ester, *see* O-00108
[2-(Phenylsulfinyl)ethyl]malonic acid mono(1,2-diphenylhydrazide), *see* O-00067
[2-(Phenylsulfinyl)ethyl]propanedioic acid mono(1,2-diphenylhydrazide), *see* O-00067
[4-[2-[(Phenylsulfonyl)amino]ethyl]phenoxy]acetic acid, *see* S-00234
▷5-[(Phenylsulfonyl)amino]-1,3,4-thiadiazole-2-sulfonamide, P-00208
4-Phenyl-*N*-[4-(1,4,5,6-tetrahydro-6-oxo-3-pyridazinyl)-phenyl]-1-piperidinepropanamide, *see* A-00154
6-[2-Phenyl-2-[2-[*p*-(1,4,5,6-tetrahydro-2-pyrimidinyl)-phenyl]-acetamido]acetamido]pencillanic acid, *see* R-00095
1-Phenyl-1*H*-tetrazol-5-amine, *see* A-00313
1-Phenyl-4-[2-(1*H*-tetrazol-5-yl)ethyl]piperazine, *see* Z-00030
▷5-Phenyl-2,4-thiazolediamine, *see* D-00134
(4-Phenyl-2-thiazolyl)carbamic acid 2,2,2-trichloroethyl ester, *see* L-00103
2-(Phenylthio)benzoic acid, *in* M-00114
6-Phenyl-2-thiouracil, P-00209
▷Phenyltoloxamine, P-00210
2-[(α-Phenyl-*o*-tolyl)oxy]triethylamine, *see* E-00256
N-Phenyl-1,3,5-triazine-2,4-diamine, *see* A-00162
5-Phenyl-3-[(trichloromethyl)thio]-1,3,4-oxadiazolin-2(3*H*)-one, *see* C-00510
▷1-Phenyl-1-[3-(trifluoromethyl)phenyl]-1-propanol, *see* F-00153
3-Phenyltropane-2-carboxylic acid methyl ester, *see* T-00549
▷Phenylzin, *in* Z-00018
▷Phenyracillin, *in* B-00126
▷Phenyramidol, P-00211
Phenyramidol hydrochloride, *in* P-00211
▷Phenythilone, *see* E-00219
▷Phenytoin, *see* D-00493
▷Phenytoin sodium, *in* D-00493
▷Phetharbital, *see* D-00253
▷Pheumobenzil, *in* T-00418
PHG, *in* A-00303
Phiasol, *see* C-00378
Phinifos, *in* T-00347
pHisoHex, *in* E-00069
▷Phisohex, *see* H-00039
▷Phleomycin D_2, *see* B-00246
▷Phleomycin A_2, *in* B-00243
▷Phleomycin D_1, *in* B-00246
Phleomycin F, *see* B-00245
Phleomycin PEP, *in* P-00108
Phlorin, *in* B-00076
▷Phloroglucin, *see* B-00076
▷Phloroglucinol, *see* B-00076
▷Phloropropiophenone, *see* T-00479
PHMB, *in* P-00381
PHNO, *in* N-00053
▷Pholcodine, P-00212
▷Pholedrine, *see* M-00222
▷Pholedrine sulfate, *in* M-00222
▷Phomin, *see* C-00658
▷Phopurin, *see* P-00556
Phoscolic acid, *see* F-00254
▷Phosmet, P-00213
Phosodyl, *in* T-00347
▷Phosphacol, *see* P-00027
▷Phosphemide, P-00214
2,2'-Phosphinicodilactic acid, *see* F-00254
▷1,1',1''-Phosphinothioylidenetrisaziridine, *see* T-00211
▷Phospholine iodide, *in* E-00010
Phosphonoacetic acid, P-00215
N-(Phosphonoacetyl)aspartic acid, *see* S-00108
Phosphonobaclofen, *see* P-00134
Phosphonoformic acid, P-00216
▷Phosphonomycin, *in* M-00276
▷2-(Phosphonooxy)benzoic acid, P-00217
2-(Phosphonooxy)-4-(trifluoromethyl)benzoic acid, P-00218
O-Phosphonoserine, *see* P-00220
Phosphoric acid, P-00219
▷Phosphoric acid bis(2-chloroethyl)-3-chloro-4-methyl-2-oxo-2*H*-1-benzopyran-7-yl ester, *see* H-00021
Phosphoric acid mono[2-(dimethylamino)ethyl] ester, *see* D-00059
▷Phosphorodithioic acid *S*-[[(4-chlorophenyl)thio]methyl] *O,O*-diethyl ester, *see* C-00060
▷Phosphorothionic triethenamide, *see* T-00211
Phosphoryldimethylaminoethanol, *see* D-00059
Phosphoryldimethylcholamine, *see* D-00059
Phosphoryldimethylethanolamine, *see* D-00059
Phosphoserine, P-00220
▷Phosphotope, *in* P-00219
▷Phoxim, P-00221
▷Phrenazole, *see* T-00133
▷Phrenixol, *see* F-00198
▷Phrenolon, *in* P-00129
Phtalapromine, *see* T-00014
Phthalamaquin, *in* M-00217
▷Phthalamudine, *see* C-00302
▷Phthalazinol, *see* O-00078
▷1(2*H*)Phthalazinone (1,3-dimethyl-2-butenylidene)hydrazone, *see* B-00346
▷Phthalazino[2,3-*b*]phthalazine-5,12(7*H*,14*H*)-dione, P-00222
▷2-Phthalimidoglutarimide, P-00223
Phthalofyne, P-00224
▷Phthalophos, *see* N-00042
Phthaloyl-Trimetoprim, *see* T-00012
▷Phthalthrin, *see* T-00143
Phthalylsulfacetamide, P-00225
Phthalylsulfamethizole, P-00226
▷Phthalylsulfathiazole, P-00227
Phthiosan, *see* S-00016
Phthivazid, *see* F-00269

▷Phthoracizin, *see* F-00128
▷Phtiomycin, *see* V-00050
▷Phycitol, *see* E-00114
▷Phygon, *see* D-00195
▷Phyllocontin, *in* T-00169
▷Phyllocormin *N*, *see* E-00253
▷Phylloquinone, *see* V-00064
β-Phylloquinone, *in* V-00065
▷Phyomone, *see* N-00044
▷Physiocortison, *in* C-00548
▷Physopeptone, *in* M-00163
▷Physostigmine, *see* E-00122
Physostigmine oxide, *see* G-00016
▷Physostigmine salicylate, *in* E-00122
▷Physostigmine sulfate, *in* E-00122
▷Physostol, *see* E-00122
▷Phytic acid, *in* I-00074
▷Phytomenadione, *see* V-00064
Phytonadiol diphosphate, P-00228
Phytonadiol sodium diphosphate, *in* P-00228
▷Phytonadione, *see* V-00064
▷Piaccamide, *in* I-00199
Piazofolina, *in* M-00443
Piazolin, *in* M-00443
Pibecarb, *in* H-00107
Piberaline, P-00229
Picafibrate, P-00230
Picartamide, P-00231
▷Picenadol, P-00232
Picenadol hydrochloride, *in* P-00232
Picilorex, P-00233
Piclonidine, P-00234
Piclopastine, P-00235
Picloxydine, P-00236
Picobenzide, P-00237
Picodralazine, P-00238
Picofosforic acid, *in* B-00221
Picolamine, *see* A-00290
Picolamine salicylate, *in* A-00290
β-Picolylamine, *see* A-00290
▷Piconol, *see* P-00572
Picoperidamine, *see* P-00239
▷Picoperidamine hydrochloride, JAN, *in* P-00239
▷Picoperidamine palmitate, JAN, *in* P-00239
Picoperine, P-00239
Picoprazole, P-00240
▷Picosulfol, *in* B-00221
Picotrin, *see* T-00526
Picotrin diolamine, *in* T-00526
▷Picrotin, P-00241
▷Picrotoxin, P-00242
▷Picrotoxinin, P-00243
Picumast, P-00244
Pidolic acid, *see* O-00140
PIF, *see* P-00470
▷Pifarnine, P-00245
Pifatidine, *in* R-00097
▷Pifazin, *see* P-00245
Pifenate, P-00246
▷Pifexole, P-00247
▷Piflutixol, P-00248
▷Pifoxime, P-00249
▷Pigmex, *see* B-00124
Piketoprofen, P-00250
Pildralazine, P-00251
▷Pilocar, *in* P-00252
Pilocarpidine, *in* P-00252
Pilocarpine, P-00252
▷Pilocarpine hydrochloride, *in* P-00252
▷Pilomin, *in* Q-00024
▷Pilot 447, *see* H-00156
▷Pilzcin, *in* C-00562
Pimadin, *see* P-00260
▷Pimafucin, *see* P-00253
▷Pimafugin, *see* P-00253
▷Pimaricin, P-00253
▷Pimeclone, *see* P-00288
▷Pimefylline, P-00254
Pimelautide, P-00255
Pimetacin, P-00256
▷Pimethixene, P-00257
Pimetine, P-00258
Pimetine hydrochloride, *in* P-00258
Pimetremide, P-00259
▷Pimexone, *see* M-00102
Piminodine, P-00260
Pimobendan, P-00261
Pimonidazole, P-00262
▷Pimotid, *see* P-00263
▷Pimozide, P-00263
Pimustine, *see* N-00151
▷Pinacidil, P-00264
▷Pinacyanol, *in* E-00190
Pinacyanol chloride, *in* E-00190
Pinadoline, P-00265
Pinafide, P-00266
Pinaverium(1+), P-00267
▷Pinaverium bromide, *in* P-00267
▷Pinazepam, P-00268
Pincainide, P-00269
▷Pindolol, P-00270
▷Pingyangmycin, *see* B-00244
Pinolcaine, P-00271
Pinol hydrate, *see* H-00162
Pinoxepin, P-00272
▷Pinoxepin hydrochloride, *in* P-00272
▷Piocaine, *see* C-00277
▷Pioderm, *see* D-00117
▷Pionin, *in* C-00074
▷Pipacycline, *see* M-00096
▷Pipamazine, P-00273
▷Pipamperone, P-00274
▷Pipanol, *in* B-00081
Pipazetate, *see* P-00275
Pipazethate, P-00275
Pipcil, *see* P-00283
Pipebuzone, P-00276
Pipecurium(2+), *see* P-00277
Pipecuronium(2+), P-00277
▷Pipemidic acid, P-00278
▷Pipenzolate(1+), P-00279
▷Pipenzolate bromide, *in* P-00279
Pipequaline, P-00280
Piperacetam, P-00281
▷Piperacetazine, P-00282
Piperacillin, P-00283
▷Piperacillin sodium, *in* P-00283
▷Piperamic acid, *see* P-00278
Piperamide, P-00284
▷Piperamide maleate, *in* P-00284
Piperate, *in* P-00285
▷Piperazine, P-00285
Piperazine calcium edetate, *in* P-00285
▷Piperazine citrate, *in* P-00285
1,4-Piperazinediethanol bis(α-methyl-1-naphthaleneacetate), *see* N-00017
1,4-Piperazinediethanol bis(2-phenylbutyrate), *see* F-00024
1,1′-[1,4-Piperazinediylbis(iminocarbonyl)]bis[-(*p*-chlorophenyl)guanidine], *see* P-00236
N,*N*″-[1,4-Piperazinediylbis(3,1-propanediyliminocarbonimidoyl)]bis[*N*′-hexylurea], *see* I-00151
Piperazine estrone sulfate, *in* O-00031
▷Piperazine sulfosilate, *in* D-00313
3-(1-Piperazinyl)-9*H*-dibenzo[*c*,*f*]-1,2,4-triazolo[4,3-*a*]azepine, *see* P-00360
2-(1-Piperazinyl)quinoline, P-00286
3-Piperidinamine, *see* A-00314
2-Piperidineethanol 2-aminobenzoate, *see* P-00326
Piperidineethanol α-phenyl-1-piperidineacetate, *see* D-00517

▷Piperidinic acid, *see* A-00221
2-Piperidinoethyl benzilate, *see* P-00291
N-[α-(2-Piperidinoethyl)benzyl]benzamide, *see* P-00198
2-Piperidinoethyl α-benzyl-α-hydroxyhydrocinnamate acetate, *see* F-00068
2-Piperidinoethyl [bicyclohexyl]-1-carboxylate, *see* D-00276
▷3-Piperidino-4′-propoxypropiophenone, *see* P-00289
3-Piperidinopropyl *m*-anisate, *see* P-00427
N-[3-(α-Piperidino-*m*-tolyloxy)propyl]glycolamide, *see* R-00097
α-2-Piperidinyl-2,8-bis(trifluoromethyl)-4-quinolinemethanol, *see* M-00068
2-(1-Piperidinyl)ethyl α-(acetoxy)-α-(phenylmethyl)-benzenepropionate, *see* F-00068
2-(1-Piperidinyl)ethyl [1,1′-bicyclohexyl]-1-carboxylate, *see* D-00276
3-[2-(4-Piperidinyl)ethyl]-1*H*-indole, P-00287
N-(2-Piperidinylmethyl)-2,5-bis(2,2,2-trifluoroethoxy)-benzamide, *see* F-00114
▷2-(1-Piperidinylmethyl)cyclohexanone, P-00288
1-(1-Piperidinylmethyl)-4-propyl[1,2,4]triazolo[4,3-*a*]-quinazolin-5(4*H*)-one, *see* B-00171
3-(1-Piperidinyl)-1,2-propanediol bis(phenylcarbamate) ester, *see* D-00481
▷3-(1-Piperidinyl)-1-(4-propoxyphenyl)-1-propanone, P-00289
3-(1-Piperidinyl)propyl 3-methoxybenzoate, *see* P-00427
▷6-(1-Piperidinyl)-2,4-pyrimidinediamine 3-oxide, *see* M-00388
▷2,2′,2″,2‴-[[(4-Piperidinyl)pyrimido[5,4-*d*]pyrimidine-2,6-diyl)-dinitrilo]tetrakis[ethanol], *see* M-00433
α-(2-Piperidinyl)-2-(trifluoromethyl)-6-[4-(trifluoromethyl)-phenyl]-4-pyridinemethanol, *see* E-00064
▷Piperidolate, P-00290
Piperidyl-Amidone, *see* D-00509
α-2-Piperidylbenzhydrol, *see* D-00504
α-3-Piperidylbenzhydrol, *see* D-00505
α-4-Piperidylbenzhydrol, *see* D-00506
2-(2-Piperidyl)ethyl anthranilate, *see* P-00326
Piperidyl-Methadone, *see* D-00509
▷1-(1-Piperidyl)-1-phenylcyclohexane, *see* P-00183
▷1-(1-Piperidyl)-1-(2-thienyl)cyclohexane, *see* T-00187
Piperilate, P-00291
Piperlongumine, *see* P-00298
Piperocaine, P-00292
▷Piperoctane, *see* G-00092
▷Piperonil, *see* P-00274
▷Piperonyl, *see* P-00274
▷Piperonyl butoxide, P-00293
▷1-Piperonyl-2-hydrazinopropane, *see* S-00003
▷β-Piperonylisopropylhydrazine, *see* S-00003
10-[(4-Piperonyl-1-piperazinyl)acetyl]phenothiazine, *see* F-00065
▷2-(4-Piperonyl-1-piperazinyl)pyrimidine, *see* P-00324
Piperophyllin, *in* T-00169
▷Piperoxan, P-00294
Piperphenamine, *in* M-00098
Piperphenidol, P-00295
Piperphenidol methyl bromide, *in* M-00098
Piperylone, P-00296
Pipethanate, *see* P-00291
Pipethanate ethobromide, *in* P-00291
Pipethiadene, P-00297
Pipethiadene tartrate, *in* P-00297
Pipida, *see* I-00160
Piplartine, P-00298
▷Pipobroman, *see* B-00195
Pipoctanone, P-00299
Pipofezine, P-00300
Piportil, *see* P-00302
Piportil L4, *in* P-00302
Piportil M2, *in* P-00302
Piportyl palmitate, *in* P-00302
Piportyl undecylenate, *in* P-00302
Piposulfan, P-00301
Pipothiazine, P-00302
Pipotiazine, *see* P-00302
Pipotiazine palmitate, *in* P-00302
Pipotiazine undecylenate, *in* P-00302
Pipoxizine, P-00303
Pipoxolan, P-00304
▷Pipoxolan hydrochloride, *in* P-00304
Pipracil, *see* P-00283
Pipradimadol, P-00305
Pipradrol, *see* D-00504
γ-Pipradrol, *see* D-00506
▷Pipral, *in* P-00279
▷Pipram, *see* P-00278
Pipramadol, P-00306
Pipratecol, P-00307
Pipril, *see* P-00283
▷Piprinhydrinate, *in* D-00514
Piprocurarium(2+), P-00308
▷Piprocurarium iodide, *in* P-00308
Piprofurol, P-00309
▷Piprozolin, P-00310
Piquindone, P-00311
Piquindone hydrochloride, *in* P-00311
Piquizil, P-00312
Piquizil hydrochloride, *in* P-00312
Pir 353, *see* I-00174
Piracetam, *in* O-00139
▷Piramilofine, *see* C-00021
Pirandamine, P-00313
Pirandamine hydropchloride, *in* P-00313
▷Piranoprofen, *see* P-00400
Pirartrin, *in* D-00315
Pirarubicin, *in* A-00080
Piraxelate, *in* O-00139
Pirazidol, *see* P-00340
Pirazmonam, P-00314
Pirazocillin, *see* P-00408
▷Pirazofurin, *in* P-00566
Pirazolac, P-00315
▷Pirbuterol, P-00316
Pirbuterol acetate, *in* P-00316
▷Pirbuterol hydrochloride, *in* P-00316
Pirdonium(1+), P-00317
Pirdonium bromide, *in* P-00317
▷Pirecin, *in* P-00545
▷Pirem, *in* C-00071
Pirenoxine, P-00318
Pirenoxine, P-00319
Pirenperone, P-00320
Pirenzepine, P-00321
▷Pirenzepine hydrochloride, JAN, *in* P-00321
Pirepolol, P-00322
▷Piretanide, P-00323
▷Pirevan, *in* Q-00037
Pirexyl, *in* B-00061
Pirfenidone, *see* M-00293
Pirfenoxone, *see* P-00318
▷Pirfenoxone sodium, *in* P-00319
Pirfloxacin, *see* I-00171
▷Piribedil, P-00324
Piridicillin, P-00325
Piridicillin sodium, *in* P-00325
Piridocaine, P-00326
▷Piridolan, *see* P-00337
Piridoxilate, *in* P-00582
Piridronate sodium, *in* P-00327
Piridronic acid, P-00327
Pirifibrate, P-00328
▷Pirimiphos-ethyl, P-00329
▷Pirimiphos-methyl, P-00330
Pirinidazole, P-00331
▷Pirinitramide, *see* P-00337
▷Pirinixic acid, P-00332
▷Pirinixil, P-00333
Piriprost, P-00334

Piriprost potassium, *in* P-00334
Piriqualone, P-00335
Pirisudanol, P-00336
▷Piritramide, P-00337
Piritrexim, P-00338
Piritrexim isethionate, *in* P-00338
▷Pirium, *see* P-00263
Pirlimycin, P-00339
Pirlimycin hydrochloride, *in* P-00339
Pirlindole, P-00340
Pirmagrel, P-00341
Pirmenol, P-00342
▷Pirmenol hydrochloride, *in* P-00342
Pirnabin, P-00343
Pirocatechol, *in* D-00315
Pirocrid, *see* P-00539
Piroctone, P-00344
Piroctone olamine, *in* P-00344
Piroglíride, P-00345
Piroglíride tartrate, *in* P-00345
▷Piroheptine, P-00346
▷Piroheptine hydrochloride, JAN, *in* P-00346
Pirolate, P-00347
Pirolazamide, P-00348
▷Piromidic acid, P-00349
Piroprost, *see* P-00334
Pirothesin, *in* A-00434
Piroxan, *see* P-00525
Piroxantrone, P-00350
▷Piroxicam cinnamate, USAN, *in* P-00351
▷Piroxicam, P-00351
Piroxicam olamine, *in* P-00351
Piroxicillin, P-00352
Piroximone, P-00353
Pirozadil, P-00354
▷Pirprofen, P-00355
Pirquinozol, P-00356
Pirralkonium(1+), P-00357
Pirralkonium bromide, *in* P-00357
▷Pirrangit, *in* O-00001
Pirroksan, *see* P-00525
Pirtenidine, P-00358
▷Pirutsusin, *in* C-00562
▷Pirzalon, *see* F-00283
Pistocain, *see* P-00380
▷Pitayine, *see* Q-00027
▷Pitixol, *see* P-00248
Pitofenone, P-00359
Pitofenone hydrochloride, *in* P-00359
Pitrazepin, P-00360
▷Pitressin, *in* V-00013
▷Pituitrope, *in* D-00257
Pituxate, P-00361
▷Pivacef, *see* P-00363
Pivadin, *in* P-00516
▷Pivalexin, *see* P-00363
▷Pivalic acid 2-benzylhydrazide, *see* P-00365
Pivalone, *in* D-00328
Pivalopril, *in* C-00633
▷Pivalylbenzhydrazine, *see* P-00365
▷Pivampicillin, P-00362
Pivampicillin hydrochloride, *in* P-00362
Pivampicillin pamoate, *in* P-00362
Pivampicillin probenate, *in* P-00362
▷Pivazide, *see* P-00365
▷Pivcephalexin, P-00363
Pivenfrine, P-00364
▷Pivhydrazine, P-00365
Pivmecillinam, P-00366
▷Pivmecillinam hydrochloride, JAN, *in* P-00366
Pivopril, *in* C-00633
Pivoxazepam, P-00367
Pivsulbactam, *in* P-00065
▷Pixifenide, *see* P-00249
Pizotifen, P-00368
Pizotyline, *see* P-00368
PJ 929, *see* C-00460
PK 5078, *see* V-00053
PK 8165, *see* P-00280
PK 10139, *see* Q-00008
PK 26124, *see* A-00339
P.L. 100, *see* T-00214
Placet, *see* A-00144
▷Placidex, *see* M-00095
▷Placidyl, *see* E-00151
▷Plafibride, P-00369
▷Plafibrinol, *see* P-00369
Planate, *in* C-00490
▷Plancol, *in* C-00548
▷Planofix, *see* N-00044
▷Planoform, *in* A-00216
▷Planomycin, *see* D-00452
Plant starch, *see* I-00089
▷Plaquenil, *see* H-00120
▷Plaquinol, *see* H-00120
▷Plasdone, *see* P-00393
▷Plasma thromboplastin component, *see* F-00004
Plasmin, P-00370
Plastoderm, *in* F-00175
Platenomycin C_1, *see* M-00023
▷Platenomycin A_3, *see* L-00033
▷Platenomycin B_1, P-00371
▷Platinex, *in* D-00139
▷Platinol, *in* D-00139
Platyphylline, P-00372
Platyphylline N-oxide, *in* P-00372
Plaugenol, *in* P-00373
Plaunotol, P-00373
Plausital, *in* M-00440
▷Ple 1053, *see* A-00530
Plecton, *see* C-00336
▷Plegan, *see* H-00067
Plegine, *in* M-00290
▷Pleiaserpin, *in* R-00029
▷Pleiatensin simplex, *in* R-00029
▷Plemocil, *see* C-00643
Plenum, *in* F-00044
▷Plestrovis, *in* E-00231
▷Pleuromulin, *see* P-00374
▷Pleuromutilin, P-00374
Pleurosine, *in* L-00037
▷Plicamycin, *see* M-00397
▷Plifenate, *in* D-00204
Plitican, *see* A-00122
Plivistin, *see* M-00059
▷Plosarabine forte, *in* A-00435
▷Plumbagin, *see* H-00167
Plumbagin methyl ether, *in* H-00167
▷Pluridox, *see* B-00316
Pluropon (old form), *in* H-00185
Pluropon (old form), *in* H-00185
PLV 2, *see* F-00029
▷PM 1807, *see* F-00053
PM 1952, *in* E-00161
▷PM 254, *in* P-00156
PM 297, *in* G-00029
▷PM 334, *see* M-00294
▷PM 396, *see* D-00447
PM 3944, *see* F-00135
PM 185184, *see* H-00208
PMSG, *see* S-00053
PN 200-110, *see* I-00219
PN 4478846, *see* A-00003
PNS, *in* H-00185
POCA, *see* C-00474
Podilfen, P-00375
Podophyllic acid, P-00376
▷Podophyllotoxin, P-00377
Poldine, P-00378
Poldine methylsulfate, *in* P-00378
POLI 67, *in* T-00119
Policresulen, *in* D-00216

Polidexide, P-00379
Polidexide sulfate, *in* P-00379
Polidocanol, P-00380
▷Polignate sodium, *in* L-00048
Polihexanide, P-00381
▷Polik, *see* H-00018
Polisclerol, *see* P-00380
▷Polmiror, *see* N-00118
▷Polmix, *in* P-00384
Polyanine, *in* T-00374
▷Polybenzarsol, *in* H-00190
▷Poly[[bis(hydroxymethyl)ureylene]methylene, *see* P-00385
▷Polybrene, *in* T-00148
Polycarbophil, P-00382
Polycarbophil calcium, *in* P-00382
▷Polycidal, *see* S-00198
Poly(1,2-dicarboxy-3-hexadecyl-1,4-butanediyl), *see* S-00276
Poly(1,2-dicarboxy-3-hexadecyltetramethylene), *see* S-00276
Poly[(2-diethylamino)ethyl]polyglycerylenedextran, *see* P-00379
Poly(dimethyl siloxane), *see* D-00390
Polydine, *in* P-00081
Polyferose, P-00383
Polyfungin A_1, *in* N-00235
Polygonatoside *A*, *in* S-00129
Poly(hexamethylenebiguanide), *see* P-00381
Polyhexanide, *see* P-00381
Poly(iminocarbonimidoyliminocarbonimidoylimino-1,6-hexanediyl), *see* P-00381
Poly[imino[1-[4-[[2-(4-carboxy-5,5-dimethyl-2-thiazolidinyl)-1-oxo-2-[(phenylacetyl)amino]ethyl]amino]-butyl]-2-oxo-1,2-ethanediyl]], *see* P-00071
Polymixin E_1, *in* C-00536
▷Polymyxin *E*, *see* C-00536
▷Polymyxin B_1, P-00384
▷Polymyxin B, *in* P-00384
▷Polynoxylin, P-00385
▷Polynoxylin, BAN, INN, *in* U-00011
Polyodin, *see* F-00099
Polyoxymethylene, *in* F-00244
Polyphyllin *A*, *in* S-00129
Polyphyllin D, *in* S-00129
Polyprenic acid, *in* T-00147
▷Polyregulon, *see* P-00386
Polystachoside, *in* P-00082
Poly(1-sulfoethylene), *in* V-00047
Polyteben, *see* S-00170
▷Polythiazide, P-00386
Polytrim, *in* T-00501
▷Polyvidone, *see* P-00393
▷Polyvinylpyrrolidone, *see* P-00393
▷Pomarsol, *see* T-00149
Ponalrestat, P-00387
▷Ponderax, *in* F-00050
▷Pondimin, *in* F-00050
▷Pondinil, *in* C-00280
▷Pondinol, *in* C-00280
Pondus, *in* H-00185
Ponfibrate, *in* D-00192
Ponostop, *in* H-00112
▷Ponoxylan, *see* P-00385
▷Ponsital, *in* I-00028
▷Ponstan, *see* M-00062
▷Ponstel, *see* M-00062
▷Pontelin, *see* C-00197
▷Pontocaine, *see* T-00104
POR 8, *in* V-00013
▷Porcador, *see* A-00503
Porcine secretin, *see* S-00034
▷Porcirelax, *see* A-00503
▷Porect, *see* P-00213
▷Porfiromycin, P-00388
Portaben, *see* G-00089
▷Portyn, *in* B-00082
Posatirelin, P-00389
Posicaine, *in* B-00145
Posicor, *see* Q-00005
Poskine, P-00390
Posorutin, *see* T-00559
Postafen salbe, *see* M-00059
▷Potassium canrenoate, *in* H-00186
▷Potassium chloride, P-00391
▷Potassium clavulanate, *in* C-00410
▷Potassium dichloroisocyanurate, JAN, *in* D-00203
Potassium guaiacolsulfonate, *in* H-00147
▷Potassium iodide, P-00392
Potassium menaphthosulfate, *in* D-00333
Potassium nitrazepate, *in* N-00171
▷Potassium permanganate, *in* P-00127
Potassium phosphate dibasic, *in* P-00219
Potassium phosphate, monobasic, *in* P-00219
▷Potensan, *in* Y-00002
▷Povan, *in* V-00052
▷Povidone, P-00393
▷Povidone-Iodine, *in* P-00393
▷PP 1466, *see* R-00060
▷PP 211, *see* P-00329
▷PP 511, *see* P-00330
3-PPP, *see* H-00194
PR 66, *see* P-00296
PR 100, *in* D-00101
▷PR 1350, *see* C-00421
PR 1381, *in* C-00421
PR 3847, *in* T-00095
PR 0808-156*A*, *in* V-00021
PR 786-723, *see* A-00391
PR-741-976A, *in* A-00064
PR 870-714A, *in* V-00017
PR 879-317A, *see* O-00083
▷Pracarbamin, *see* E-00177
▷Practolol, P-00394
Pradicaine, *in* A-00434
Pragman, *see* T-00367
▷Prajmalium bitartrate, *in* A-00088
Pralidoxime(1+), P-00395
▷Pralidoxime chloride, *in* P-00395
▷Pralidoxime iodide, *in* P-00395
▷Pralidoxime mesylate, *in* P-00395
▷Pramidex, *see* T-00345
▷Pramindole (obsol.), *see* I-00157
▷Praminil, *in* I-00040
Pramipexole, P-00396
Pramiracetam, P-00397
Pramiracetam hydrochloride, *in* P-00397
Pramiracetam sulfate, *in* P-00397
Pramiverine, *in* D-00490
▷Pramocaine, *see* P-00398
▷Pramolan, *in* O-00052
▷Pramoxine, P-00398
▷Pramoxine hydrochloride, *in* P-00398
Prampine, *in* T-00554
Pranolium(1+), P-00399
Pranolium chloride, *in* P-00399
▷Pranoprofen, P-00400
Pranosal, P-00401
▷Prantal, *in* D-00482
▷Prantil, *in* D-00482
▷Pranturon, *see* G-00080
▷Prasterone, *in* H-00110
Prasterone enanthate, *in* H-00110
Prasterone sodium sulfate, *in* H-00110
Pratalgin, *see* T-00367
Pravadoline, P-00402
Pravastatin, P-00403
▷Pravidel, *in* E-00103
▷Pravocaine, *see* P-00511
▷Prax, *see* P-00398

Praxadine, *see* P-00562
▷Praxicillin, *see* E-00074
▷Praxilene, *in* N-00023
▷Praxis, *see* I-00068
▷Prazepam, P-00404
Prazepine, P-00405
▷Prazinil, *in* C-00097
▷Praziquantel, P-00406
Prazitone, P-00407
Prazocillin, P-00408
▷Prazosin, P-00409
▷Prazosin hydrochloride, *in* P-00409
PR-D 92*Ea*, *in* D-00440
Prebediolone acetate, *in* H-00205
Precef, *see* C-00137
Preclamol, *in* H-00194
▷Precor, *in* M-00189
Precriwelline, *in* P-00425
▷Predef 2X, *in* I-00188
Prederid, *see* B-00344
▷Predion, *in* H-00201
▷Prednacinolone, *see* D-00101
Prednazate, *in* P-00412
Prednazoline, *in* P-00412
▷Prednelan, *in* P-00412
Prednicarbate, P-00410
▷Prednimustine, P-00411
Prednisolamate, *in* P-00412
▷Prednisolone, P-00412
Δ^7-Prednisolone, *in* T-00482
▷Prednisolone acetate, *in* P-00412
Prednisolone *tert*-butylacetate, *in* P-00412
Prednisolone hemisuccinate, *in* P-00412
Prednisolone hydrogen tetrahydrophthalate, *in* P-00412
Prednisolone palmitate, *in* P-00412
Prednisolone piperidinoacetate, *in* P-00412
Prednisolone pivalate, *in* P-00412
▷Prednisolone sodium phosphate, *in* P-00412
▷Prednisolone sodium succinate, *in* P-00412
Prednisolone sodium tetrahydrophthalate, *in* P-00412
Prednisolone steaglate, *in* P-00412
Prednisolone stearoylglycolate, *in* P-00412
Prednisolone succinate, *in* P-00412
Prednisolone *m*-sulfobenzoate, *in* P-00412
Prednisolone *m*-sulfobenzoate sodium, *in* P-00412
Prednisolone tebutate, *in* P-00412
Prednisolone trimethylacetate, *in* P-00412
▷Prednisolone valerate, *in* P-00412
▷Prednisolone valeroacetate, *in* P-00412
▷Prednisone, P-00413
▷Prednisone acetate, *in* P-00413
Prednisone palmitate, *in* P-00413
Prednisone succinate, *in* P-00413
▷Prednival, *in* P-00412
▷Prednival acetate, *in* P-00412
Prednylidene, P-00414
Prednylidene diethylaminoacetate, *in* P-00414
▷Predsol, *in* P-00412
Prefenamate, P-00415
Preferid, *see* B-00344
▷Preglandin, *see* G-00015
▷9β,10α-Pregna-4,6-diene-3,20-dione, *see* D-00624
▷Pregna-2,4-dien-20-yno[2,3-*d*]isoxazol-17-ol, *see* D-00010
Pregnane-3,20-diamine, P-00416
Pregnant mare serums gonadotropin, *see* S-00053
Pregnartrone, *in* H-00205
▷Pregn-4-ene-3,20-dione, *see* P-00466
▷Pregn-4-ene-3,11,20-trione, P-00417
▷Pregneninolone, *see* E-00156
Pregnenolone, *in* H-00205
Pregnenolone acetate, *in* H-00205
Pregnenolone succinate, *in* H-00205
Pregnetan, *in* H-00205
Pregneton, *in* H-00205
▷Pregnin, *see* E-00156
Pregnolon, *in* H-00205
Pregno-Pan, *in* H-00205
▷Pregnyl, *see* G-00080
Prelin, *see* H-00068
▷Preludin, *in* M-00290
Premazepam, P-00418
▷Prempar, *in* R-00067
Prenacid, *in* D-00101
Prenalterol, P-00419
Prenalterol hydrochloride, *in* P-00419
▷Prenisteine, P-00420
Prenolon, *in* H-00205
Prenoverine, P-00421
Prenoverine citrate, *in* P-00421
Prenoxdiazine, P-00422
Prentan, *in* D-00315
▷Prentol, *in* D-00482
▷Prenylamine, P-00423
▷4-Prenyl-1,2-diphenyl-3,5-pyrazolidinedione, *see* M-00235
6-Prenylindole, *see* M-00236
▷Prepalin, *see* V-00058
▷PrePar, *in* R-00067
Preparation 484, *see* D-00464
▷Pre-Sate, *in* C-00295
Prescaine, *see* P-00034
Presid, *see* H-00105
▷Presidon, *see* D-00255
▷Presoitan, *in* M-00222
▷Pressamina, *in* D-00459
▷Pressomin, *see* M-00194
▷Pressonex, *in* A-00274
▷Pressoton, *in* A-00272
Presteron, *in* C-00305
Prestonal, *in* P-00457
▷Presuren, *in* H-00201
Pretamazium(1+), P-00424
Pretamazium idodide, *in* P-00424
Pretazettine, P-00425
Prethcainide, *in* C-00566
Prethcamide, *in* C-00569
Pretiadil, P-00426
▷Pretiron, *see* T-00232
▷Prevenol, *see* B-00204
▷Previnfec, *see* C-00235
▷Previscan, *see* F-00189
Previsone, *in* H-00205
▷Prexidil, *see* M-00388
PR-F-36-Cl, *in* S-00057
PR-G 138-Cl, *see* C-00333
PRH 836 EA, *in* E-00061
▷Priadel, *see* L-00058
▷Priamide, *in* I-00199
Priatin, *see* S-00053
▷Priaxim, *see* F-00171
▷Priazimide, *in* I-00199
Pribecaine, P-00427
Pridana, *in* P-00336
▷Priddax, *see* I-00100
Pridefine, *see* D-00498
▷Pridefine hydrochloride, *in* D-00498
Prideperone, P-00428
▷Pridinol, *see* D-00511
Prifelone, P-00429
▷Prifinial, *in* P-00430
Prifinium(1+), P-00430
▷Prifinium bromide, *in* P-00430
Prifuroline, P-00431
Prilocaine, P-00432
▷Prilocaine hydrochloride, *in* P-00432
Prilon, *in* O-00130
▷Prilotane, *in* P-00432
▷Primacaine, *see* M-00144
▷Primachim, *see* P-00434
▷Primaclone, *see* P-00436
▷Primal, *see* A-00166
▷Primalen, *see* M-00109
Primaperone, P-00433

▷Primaquine, P-00434
▷Primaquine phosphate, *in* P-00434
▷Primatene M, *in* M-00221
▷Primatene P, *in* M-00221
Primaxin, *in* C-00342
Primaxin, *in* I-00039
▷Primbactam, *see* A-00533
▷Primicid, *see* P-00329
Primidolol, P-00435
▷Primidone, P-00436
▷Primobolan, *in* M-00178
Primobolan-Depot, *in* M-00178
▷Primofax, *see* N-00227
Primogyn-depot, *in* O-00028
▷Primonabol, *in* M-00178
▷Primostat, *in* G-00023
Primperan, *in* M-00327
▷Primycin, P-00437
▷Prinadol, *in* P-00147
▷Prinalgin, *see* A-00103
Prindamine, P-00438
▷Prindolol, *see* P-00270
Prinomide, P-00439
Prinomide trolamine, *in* P-00439
▷Prinosine, *in* I-00073
▷Prioderm, *see* M-00013
▷Priscol, *in* B-00120
▷Pristinamycin, *in* O-00068
Pristinamycin, *in* P-00440
Pristinamycin I_C, P-00440
Pristinamycin II_A, *see* O-00068
▷Privaprol, *see* L-00104
Prizidilol, P-00441
Prizidilol hydrochloride, *in* P-00441
PR 877-530L, *in* F-00110
▷PRN, *see* P-00210
Proaccelerin, *see* F-00001
▷Pro-Actidil, *in* T-00529
▷Proadifen, P-00442
▷Proadifen hydrochloride, *in* P-00442
▷Pro-Amid, *in* P-00543
▷Proazamine, *in* P-00478
▷Pro-Banthine, *in* P-00492
▷Probarbital, P-00443
▷Probarbital sodium, *in* P-00443
▷Proben, *see* P-00444
▷Probenecid, P-00444
Probenzamide, *see* P-00510
▷Probicromil, *see* A-00169
Probicromil calcium, *in* A-00169
▷Probilin, *see* P-00310
Problaston, *in* H-00210
Probon, *see* R-00055
Probonal, *see* R-00055
Probucol, P-00445
Probunafon, *in* P-00512
Probutylin, *in* P-00447
▷Procainamide, P-00446
Procainamide hydrochloride, *in* P-00446
▷Procaine, P-00447
Procaine Borate, *in* P-00447
▷Procaine hydrochloride, *in* P-00447
Procaine penicillin G, *in* B-00126
Procalma, *see* F-00065
▷Procarbazine, P-00448
▷Procarbazine hydrochloride, *in* P-00448
▷Procasil, *see* D-00298
Procaterol, P-00449
Procaterol hydrochloride, *in* P-00449
▷Procetofen, *in* F-00062
▷Prochlorperazine, P-00450
▷Prochlorperazine edisylate, USAN, *in* P-00450
▷Procidin S 735A, *in* P-00109
Procidin S 735M, *in* P-00109
Procinolol, P-00451
Procinonide, P-00452
Proclival, *see* B-00348
Proclonol, P-00453
▷Proclorperazine, *see* P-00450
Procodazole, *see* B-00083
Procodazole sodium, *in* B-00083
Procolistin *A*, *in* C-00536
Procolistin *B*, *in* C-00536
Procolistin *C*, *in* C-00536
Proconfial, *see* D-00611
Proconvertin, *see* F-00002
Procorum, *see* G-00006
Procromil, P-00454
Proctodon, *in* D-00481
▷Proctofoam, *in* P-00398
Procyclid, *in* P-00455
▷Procyclidine, P-00455
Procyclidine hydrochloride, *in* P-00455
▷Procyclidine methyl chloride, *in* P-00455
Procymate, P-00456
Pro-Dalgafan, *see* P-00485
Prodeconium(2+), P-00457
Prodeconium bromide, *in* P-00457
▷Prodel, *see* D-00624
Prodexin, *see* G-00067
▷Pro-Diaban, *see* G-00048
Prodiame, P-00458
▷Prodilidine, P-00459
▷Prodilidine hydrochloride, *in* P-00459
Prodine, P-00460
(+)-α-Prodine, *in* P-00460
(−)-α-Prodine, *in* P-00460
(±)-α-Prodine, *in* P-00460
(±)-β-Prodine, *in* P-00460
Prodipine, *see* I-00206
Prodix, *in* H-00202
▷Prodolic acid, P-00461
Prodorm, *in* T-00438
Prodox, *in* H-00202
▷Prodoxol, *see* O-00131
▷Pro-Entra, *in* T-00529
Pro-Epinephrine, *see* D-00518
Proeptazina, *see* P-00469
▷Profadol, P-00462
Profadol hydrochloride, *in* P-00462
▷Profasi, *see* G-00080
Profecundin, *see* T-00335
▷Profenamine, *see* E-00160
▷Profenon, *see* T-00479
▷Profenone, *see* H-00193
Profenveramine, *see* V-00027
▷Profetamine phosphate, *in* P-00202
Profexalone, P-00463
▷Proflavine, *see* D-00120
Proflazepam, P-00464
▷Profundol, *see* T-00007
Progabide, P-00465
Progarmed, *see* S-00192
▷Proge, *in* H-00202
▷Pro-gen, *see* A-00302
Progesic, *in* P-00172
▷Progesterone, P-00466
Proglumetacin, P-00467
▷Proglumetacin maleate, *in* P-00467
▷Proglumide, P-00468
▷Proguanil, *see* C-00204
▷Progynon, *see* O-00031
▷Progynon *C*, *see* E-00231
▷Progynova, *in* O-00028
Prohalone, *see* H-00017
▷Proheptatrien, *in* C-00597
Proheptazine, P-00469
Prokan, *in* H-00202
▷Proketazine, *in* C-00095
Prokitamycin, *in* L-00034
Prokrein, *see* K-00003
▷Prolacam, *in* L-00124

Prolactin-inhibiting factor, *see* P-00470
Prolactostatin, P-00470
▷Proladyl, *in* P-00594
Prolame, P-00471
Prolastin, *see* A-00418
▷Prolate, *see* P-00213
Prolergic, *in* C-00593
Proligestone, P-00472
D-Proline^4-β-casomorphin$_{1-5}$, *see* D-00085
▷Prolintane, P-00473
▷Prolintane, *in* P-00473
▷Prolixin, *in* F-00202
Proloid, *see* T-00228
Prolonium iodide, *in* D-00135
▷Proluton, *in* H-00202
Prolyl-*N*-methylleucylglycinamide, P-00474
L-Prolyl-α-phenyl-L-α-aminobutyrylglycinamide, *see* D-00584
▷Promamide, *see* G-00057
▷Promanide, *see* G-00057
▷Promassol, *see* A-00166
▷Promazine, P-00475
▷Promazine hydrochloride, *in* P-00475
Promecon, *see* B-00102
▷Promedol, *see* T-00494
Promegestone, P-00476
Promestriene, P-00477
▷Promethazine, P-00478
Promethazine camsylate, *in* P-00478
▷Promethazine dioxide, *in* P-00478
▷Promethazine hydrochloride, *in* P-00478
Promethazine hydroxyethyl chloride, *in* P-00478
Promethazine methylchloride, *in* T-00182
Promethazine theoclate, *in* P-00478
Promethestrol dipropionate, *in* P-00479
Promethoestrol, P-00479
Prometholone, *in* H-00153
▷Promin, *see* G-00057
▷Promintic, *see* M-00199
Promizole, *see* T-00185
Promolate, P-00480
▷Promone *E*, *in* H-00175
▷Promotil, *in* P-00473
▷Promoxolan, P-00481
▷Promoxolane, *see* P-00481
▷Pronabol, *see* N-00211
Pronarcon, P-00482
▷Prondol, *in* I-00157
▷Pronestyl, *see* P-00446
▷Pronetalol, *see* P-00483
▷Pronethalol, P-00483
Pronilin, *see* L-00114
Pronoctan, *see* L-00097
Prontomucil, *see* G-00089
▷Prontopaz, *see* B-00200
Prontosil, P-00484
Prontosil III, *see* S-00187
▷Prontosil album, *in* A-00213
Propacetamol, P-00485
▷Propacil, *see* D-00298
▷Propacin, *in* T-00179
▷Propadrine, *in* A-00308
Propafenone, P-00486
▷Propaldon, *see* B-00291
Propalgyl, *see* D-00380
▷Propallylonal, *see* B-00291
Propamidine, P-00487
▷Propamidine isethionate, *in* P-00487
Propaminodiphene, *in* D-00490
Propampicillin, P-00488
▷Propanalone, *see* P-00600
▷1,1′-(1,3-Propanediyl)bis[4-[(hydroxyimino)methyl]pyridinium, *see* T-00493
4,4′-[1,3-Propanediylbis(oxy)]bisbenzenecarboximidamide, *see* P-00487
4,4′-[1,3-Propanediylbis(oxy)]bis[3-bromobenzenecarboximidamide], *see* D-00168
▷1,3-Propanediyl 2-(4-chlorophenoxy)-2-methylpropanoate, *see* S-00074
▷1,2,3-Propanetriol, *see* G-00064
▷1,2,3-Propanetriol triacetate, *see* G-00065
▷1,2,3-Propanetriol trinitrate, *see* G-00066
▷Propanidid, P-00489
Propanocaine, P-00490
▷2-Propanol, P-00491
▷Propanolamine, *see* A-00319
▷Propanolide, *see* O-00105
Propantheline, P-00492
▷Propantheline bromide, *in* P-00492
Proparacaine, *see* P-00550
Proparacaine hydrochloride, *in* P-00550
▷Propasa, *see* A-00264
Propatyl nitrate, *in* E-00194
▷Propavan, *in* P-00504
Propaxoline, *see* P-00545
Propazepine, *see* P-00405
▷Propazium, *in* P-00475
Propazolamide, P-00493
Propazole sodium, *in* B-00083
▷Propen, *in* B-00126
Propenidazole, P-00494
Propentofylline, P-00495
2-(2-Propenylamino)-4-thiazolecarboxylic acid [3-(5-nitro-2-furanyl)-2-propenylidene]hydrazide, *see* N-00117
3-[[(2-Propenylamino)thioxomethyl]amino]benzoic acid monocopper(1+), *see* A-00127
α-2-Propenylbenzeneethanamine, *see* A-00307
▷5-(2-Propenyl)-1,3-benzodioxole, *see* A-00131
▷17-(2-Propenyl)estr-4-en-17-ol, *see* A-00132
▷17-(2-Propenyl)morphinan-3-ol, *see* L-00038
▷2-Propenyloxybenzene, *in* P-00161
▷2-Propenylthiourea, P-00496
Propenzamide, *see* P-00510
Propenzolate, P-00497
Propenzolate hydrochloride, *in* P-00497
▷Propériciazine, *see* P-00121
Properidine, P-00498
Propetamide, P-00499
Propetandrol, P-00500
Propethandrol, *see* P-00500
▷Propheniramine, *see* P-00157
Prophenoxamine citrate, *in* M-00050
▷Propial, *in* P-00504
Propicillin, P-00501
Propikacin, P-00502
Propine, *in* D-00518
Propinetidine, P-00503
Propinox, *see* P-00035
Propiocine, *in* E-00115
Propiodal, *in* D-00135
▷Propiodone, *in* D-00363
▷Propiolactone, *see* O-00105
▷β-Propiolactone, *see* O-00105
Propiomazine, P-00504
Propiomazine hydrochloride, *in* P-00504
5-Propionamido-1,3,4-thiadiazole-2-sulfonamide, 6CI, *see* P-00493
p-Propionylanisole, *in* H-00193
Propionylcholine, *in* C-00308
▷Propionylerythromycin lauryl sulfate, *in* E-00115
▷*p*-Propionylphenol, *see* H-00193
4-Propionyl-1-piperazinecarboxylic acid 6-(7-chloro-1,8-naphthyridin-2-yl)-2,3,6,7-tetrahydro-7-oxo-5*H*-1,4-dithiino[2,3-*c*]pyrrol-5-yl ester, *see* S-00273
Propionylpyrrothione, *see* A-00477
Propionylscopolamine, *see* P-00390
▷Propionyltestosterone, *in* H-00111
▷Propipocaine, *see* P-00289
▷Propiram, P-00505
▷Propiram fumarate, *in* P-00505
Propisergide, P-00506

Propisomide, *see* P-00098
▷Propitan, *see* P-00274
Propitocaine, *see* P-00432
Propiverine, P-00507
Propizepine, P-00508
▷Propofol, *see* D-00367
▷Propol, *see* P-00491
Proponesin, *in* T-00366
▷Propoquin, *see* A-00358
Propoxate, P-00509
2-Propoxybenzamide, P-00510
▷5-Propoxy-2-benzimidazolecarbamic acid methyl ester, *see* O-00109
▷(5-Propoxy-1*H*-benzimidazol-2-yl)carbamic acid methyl ester, *see* O-00109
▷Propoxycaine, P-00511
▷Propoxycaine hydrochloride, *in* P-00511
▷Propoxychlorinol, *see* T-00361
▷Propoxyphene, P-00512
▷D-Propoxyphene, *in* P-00512
▷Propoxyphene hydrochloride, *in* P-00512
▷Propoxyphene napsylate, *in* P-00512
2-(2-Propoxyphenyl)-8-azahypoxanthine, *see* Z-00006
2-(2-Propoxyphenyl)-5-(1*H*-tetrazol-5-yl)-4(1*H*)-pyrimidinone, P-00513
▷Propoxyprocaine, *see* P-00511
▷Propranolol, P-00514
Propranolol clofibrate, *in* P-00514
Propranolol dibudinate, *in* P-00514
▷Propranolol hydrochloride, *in* P-00514
▷Proprasylyte hydrochloride, *in* P-00514
▷Propyladiphenine, *see* P-00442
4-(Propylamino)benzoic acid 3-(dimethylamino)-2-hydroxypropyl ester, *see* H-00119
2-(Propylamino)-*o*-propionotoluidide, *see* P-00432
Propyl benzoate, *in* B-00092
Propyldazine, *see* P-00251
▷Propyl 4-[2-(diethylamino)-2-oxoethoxy]-3-methoxybenzeneacetate, *see* P-00489
▷Propyl [4-[(diethylcarbamoyl)methoxy]-3-methoxyphenyl]acetate, *see* P-00489
Propyldironyl, *in* P-00533
Propyl docetrizoate, *in* A-00340
▷4,4′-Propylenedi-2,6-piperazinedione, *see* R-00016
▷4-Propyl-4-heptanamine, *see* P-00515
▷4-Propyl-4-heptylamine, P-00515
3-(4-Propylheptyl)-4-morpholineethanol, *see* D-00055
▷Propylhexedrine, *see* M-00242
▷Propyl 4-hydroxybenzoate, *in* H-00113
14,17-[Propylidenebis(oxy)]preg-4-nene-3,20-dione, *see* P-00472
▷Propyliodone, *in* D-00363
▷Propylix, *in* D-00363
17-Propylmesterolone, *see* R-00094
▷Propylparaben, *in* H-00113
▷Propyl parasept, *in* H-00113
▷2-Propylpentanoic acid, P-00516
4-(2-Propylpentyl)-1-piperidineethanol, *see* O-00016
▷1-(*α*-Propylphenethyl)pyrrolidine, *see* P-00473
1-Propyl-2′,6′-pipecoloxylidide, *see* R-00089
3-(1-Propyl-3-piperidinyl)phenol, *see* H-00194
▷2-Propyl-4-pyridinecarbothioamide, *see* P-00535
N-[(1-Propyl-2-pyrrolidinyl)methyl-5-sulfamoyl-*o*-anisamide, *see* P-00530
2-Propyl-5-thiazolecarboxylic acid, P-00517
▷[5-(Propylthio)-1*H*-benzimidazol-2-yl]carbamic acid methyl ester, *see* A-00096
▷2-Propylthioisonicotinamide, *see* P-00535
3-[4-[4-[2-(Propylthio)phenyl]-1-piperazinyl]butyl]-2,4-(1*H*,3*H*)-quinazolinedione, *see* T-00301
▷Propylthiouracil, *see* D-00298
▷6-Propyl-2-thiouracil, *see* D-00298
2-Propylvaleramide, *in* P-00516
▷2-Propylvaleric acid, *see* P-00516
3-Propylxanthine, *in* X-00002
▷1-(2-Propynyl)cyclohexanol carbamate, *see* H-00061
Propyonylmaridomycin, JAN, *in* M-00023
▷Propyperone, P-00518
▷Propyphenazone, P-00519
Propyromazine(1+), P-00520
Propyromazine bromide, *in* P-00520
Proquamezine, P-00521
▷Proquazone, P-00522
Proquinolate, P-00523
Prorenal, *see* L-00050
Prorenoate, P-00524
Prorenoate potassium, *in* P-00524
Proroxan, P-00525
▷Proroxan hydrochloride, *in* P-00525
Prosalol *S*-9, *see* B-00257
Prosapogenin D'_3, *in* S-00129
▷Proscillaridin *A*, *in* D-00319
▷Proscillaridin, *in* D-00319
Proscopine, *see* P-00390
▷Prosedar, *see* Q-00004
Proseptazine, *see* B-00129
▷Proserin, *see* N-00070
Prosolvin, *see* L-00114
Prospasmin, P-00526
▷Prospidin, *in* P-00527
Prospidium(2+), P-00527
▷Prospidium chloride, *in* P-00527
Prostacyclin, P-00528
Prostacyclin sodium, *in* P-00528
Prostaglandin *X*, *see* P-00528
▷Prostaglandin E_1, *in* D-00341
▷Prostaglandin A_2, *in* H-00187
▷Prostaglandin D_2, *in* D-00338
▷Prostaglandin E_2, *in* D-00339
▷Prostaglandin $F_{2\alpha}$, *in* T-00483
▷Prostaglandin $F_{2\beta}$, *in* T-00483
Prostaglandin I_2, *see* P-00528
8-*epi*-Prostaglandin E_1, *in* D-00341
(±)-11-*epi*-Prostaglandin E_1, *in* D-00341
(±)-15-*epi*-Prostaglandin E_1, *in* D-00341
(±)-8,15-*diepi*-Prostaglandin E_1, *in* D-00341
(±)-11,15-*diepi*-Prostaglandin E_1, *in* D-00341
Prostalene, P-00529
Prostaphlin, *in* O-00074
▷Prostaphlin *A*, *in* C-00515
Prostarex, *see* B-00163
▷Prostarmon *E*, *in* D-00339
Prostenoglycine, *see* S-00145
▷Prostenon, *in* D-00339
Prostetin, *see* O-00102
Prostianol, *see* L-00114
▷Prostin *VR*, *in* D-00341
▷Prostin E_2, *in* D-00339
▷Prostin F2 Alpha, *in* T-00483
▷Prostin 15M, *in* C-00062
▷Prostosin, *in* D-00319
▷Prostrumyl, *see* D-00293
Prosul, *see* S-00210
Prosulpride, P-00530
▷Prosultiamine, *see* T-00177
Prosymasul, *see* S-00210
Protabol, *see* T-00205
Protabolin, *in* M-00225
Protacine, *see* P-00467
▷Protalba, *in* P-00543
▷Protamines, P-00531
▷Protamine sulfate, *in* P-00531
▷Protaxil, *in* P-00467
▷Protaxon, *in* P-00467
Protease 1, *see* B-00273
▷Protecton, *in* I-00037
α_1 Proteinase inhibitor, *see* A-00418
Proteinase inhibitor E 64, *see* E-00125
Protein C, *see* F-00008
Protein S, P-00532
Proterguride, P-00533
Proteron-Depot, *in* H-00185

▷Prothanelten, *in* P-00478
▷Prothanon, *in* P-00478
▷Protheobromine, P-00534
Prothiaden, *in* D-00588
▷Prothidium, *in* P-00589
▷Prothil, *see* M-00057
▷Prothionamide, P-00535
▷Prothipendyl, P-00536
Prothixene, P-00537
▷Prothyrotropin, *see* T-00229
Protiadene, *in* D-00588
Protiofate, P-00538
▷Protionamide, *see* P-00535
▷Protirelin, *see* T-00229
Protirelin tartrate, JAN, *in* T-00229
▷Protivar, *see* O-00086
Protizinic acid, P-00539
▷Protocatechualdehyde, *see* D-00311
▷Protocatechuic aldehyde, *see* D-00311
Protoescigenin, *in* O-00036
▷Protogen *A*, *see* L-00053
Protogen *B*, *in* L-00053
Protokylol, P-00540
▷Protomin, *see* G-00057
▷Protopam chloride, *in* P-00395
▷Protopam iodide, *in* P-00395
▷Protopam methanesulfonate, *in* P-00395
Protoporphyrin, P-00541
Protoporphyrin IX, *see* P-00541
Protostephanine, P-00542
▷Protostib, *in* D-00082
▷Protoveratrine, *in* P-00543
▷Protoveratrine A, *in* P-00543
▷Protoveratrine B, *in* P-00543
Protoveratrine C, *in* P-00543
▷Protoverine, P-00543
▷Protoxil, *in* P-00467
Protozol, *see* T-00185
▷Protriptyline, P-00544
▷Protriptyline hydrochloride, *in* P-00544
▷Protrombrovit, *see* D-00333
Protropin, *see* S-00099
Prourokinase, *see* S-00026
Proval, *in* C-00525
Provasan, *see* N-00086
▷Provell, *in* P-00543
Provenal, *see* S-00232
▷Proventil, *see* S-00012
Pro-viron, *see* M-00137
▷Provismin, *see* V-00057
▷Provismine, *see* V-00057
Provitamin D_2, *see* E-00105
▷Provitina, *see* V-00062
▷Proxacin, *see* L-00033
Proxal, *see* P-00545
▷Proxazocaine hydrochloride, *in* P-00398
Proxazole, P-00545
▷Proxazole citrate, *in* P-00545
Proxel, *see* B-00086
▷Proxibarbal, P-00546
Proxibutene, P-00547
Proxicromil, P-00548
▷Proxifezone, INN, *in* P-00512
▷Proxil, *in* P-00467
Proxorphan, P-00549
Proxorphan tartrate, *in* P-00549
Proxymetacaine, P-00550
▷Proxyphylline, P-00551
Prozac, *see* F-00194
Prozapine, *see* D-00512
PR-S/109, *see* H-00162
PRT, *see* P-00539
Prunetrin, *see* T-00470
Prunicyanin, *see* K-00009
Prunitrin, *see* T-00470
▷Pruralgan, *in* D-00392
▷Pruralgin, *in* D-00392
PRZ, *see* P-00340
PS 1286, *in* T-00532
PS 207, *see* T-00047
▷Pseudochelerythrine, *see* S-00022
Pseudocinchonine, *in* C-00358
Pseudococaine, *in* C-00523
▷Pseudoephedrine, *in* M-00221
▷Pseudoephedrine hydrochloride, *in* M-00221
Pseudoephedrine sulfate, *in* M-00221
Pseudohomolycorine, *in* G-00002
▷Pseudomonic acid *A*, P-00552
Pseudoreserpine, *in* R-00029
Pseudotropyl-3,5-dimethylbenzoate, *in* T-00547
▷Psicoben, *see* B-00060
▷Psicosterone, *in* H-00110
Psigodal, *in* M-00099
▷Psilocine, *see* D-00411
▷Psilocybine, *in* D-00411
▷Psoralex, *in* D-00310
PSVA, *see* N-00205
Psychobolan, *in* H-00185
▷Psychoperidol, *see* T-00468
Psychosan, *see* D-00506
▷Psychoson, *see* S-00222
▷Psymod, *see* P-00282
▷Psytomin, *see* P-00116
PT 14, *see* P-00326
▷Pteramina, *see* A-00324
Pteropterin, *see* P-00555
Pteroylaspartic acid, P-00553
▷Pteroylglutamic acid, P-00554
Pteroylglutamylglutamylglutamic acid, *see* P-00555
Pteroyltriglutamic acid, P-00555
▷PTH, *see* P-00030
▷Ptosine, *in* C-00100
PTT 119, *see* A-00165
PTZ, *see* P-00425
▷PU 239, *in* B-00082
▷Pulanomycin, *see* D-00452
Pulmadil, *in* R-00058
Pulmicort, *see* B-00344
Pulmidol, *in* A-00340
Pulmorex, *in* M-00141
Pulsan, *in* I-00056
▷Pumitepa, P-00556
Purantix, *in* C-00444
Purapen, *see* A-00520
▷Purapen, *in* C-00074
▷6-Purinethiol, *see* D-00299
6-Purinethiol, *in* D-00299
▷Purinethol, *see* D-00299
▷Purodigin, *in* D-00275
▷Puromycin, P-00557
▷Puromycin hydrochloride, *in* P-00557
▷Puroverin, *in* P-00543
PV144, *see* E-00100
▷PVP-Iodine, *in* P-00393
▷PVS 295, *in* P-00543
PY 108-068, *see* D-00016
Pyastacine, *in* P-00440
▷Pyelokon *R*, *in* A-00340
Pygnoforton, *see* H-00054
Pyknogenol, *see* H-00054
▷Pynamin, *see* A-00124
▷Pyopen, *in* C-00045
▷Pyquiton, *see* P-00406
Pyrabrom, *in* M-00108
▷Pyraldin, *in* A-00207
Pyramin, *see* A-00267
▷Pyranisamine, *see* M-00103
Pyrantel, P-00558
▷Pyrantel pamoate, *in* P-00558
▷Pyrantel tartrate, *in* P-00558
Pyrasanone, *in* P-00180
▷Pyrathiazine, *see* P-00597

▷Pyrathyn, *see* M-00171
Pyratrione, P-00559
Pyrazapon, *see* R-00062
Pyrazidol, *see* P-00340
▷Pyrazinamide, *in* P-00560
Pyrazinecarbonitrile, *in* P-00560
▷Pyrazinecarboxamide, *in* P-00560
Pyrazinecarboxylic acid, P-00560
Pyrazinobutazone, *in* P-00180
Pyrazinoic acid, *see* P-00560
Pyrazocillin, *see* P-00408
▷Pyrazofurin, *in* P-00566
Pyrazofurin B, *in* P-00566
1*H*-Pyrazole-1-carbothioamide, P-00561
1*H*-Pyrazole-1-carboxamide, *in* P-00563
Pyrazole-1-carboxamidine, *see* P-00562
1*H*-Pyrazole-1-carboximidamide, P-00562
1*H*-Pyrazole-1-carboxylic acid, P-00563
1*H*-Pyrazole-3-ethanamine, *see* A-00256
1*H*-Pyrazolo[3,4-*d*]pyrimidine-4,6(5*H*,7*H*)-dione, P-00564
1*H*-Pyrazolo[3,4-*d*]pyrimidine-4-thiol, P-00565
▷Pyrazomycin, P-00566
Pyrazomycin *B*, *in* P-00566
▷Pyrbenine, *in* B-00082
Pyrbenzindole, *see* B-00084
▷Pyreflor, *see* P-00128
Pyrextramine, P-00567
Pyrgasol, *in* L-00014
▷Pyribenzamine, *see* T-00524
▷Pyricarbate, P-00568
▷Pyricozin, *see* M-00377
▷Pyrictal, *see* D-00253
Pyridarone, *see* P-00583
▷2-Pyridinamine, *see* A-00325
3-Pyridinecarboxaldehyde, P-00569
▷3-Pyridinecarboxamide, P-00570
▷3-Pyridinecarboxylic acid, P-00571
▷3-Pyridinecarboxylic acid 2,2-bis[[3-pyridinylcarbonyl)-oxy]-methyl]-1,3-propanediyl ester, *see* N-00090
4-Pyridinecarboxylic acid 2-(2-butenylidene)hydrazide, *see* C-00570
3-Pyridinecarboxylic acid 2-butoxyethyl ester, *see* B-00421
4-Pyridinecarboxylic acid [[2-(carboxymethoxy)phenyl]-methylene]hydrazide, *see* A-00046
3-Pyridinecarboxylic acid 3-[2-(4-chlorophenoxy)-2-methyl-1-oxopropoxy]propyl ester, *see* R-00085
4-Pyridinecarboxylic acid [(3,4-dimethoxyphenyl)methylene]-hydrazide, *see* V-00020
3-Pyridinecarboxylic acid 5-[2-(dimethylamino)ethyl]-2,3,4,5-tetrahydro-2-(4-methoxyphenyl)-4-oxo-1,5-benzothiazepin-3-yl ester, *see* N-00106
▷4-Pyridinecarboxylic acid hydrazide, *see* I-00195
▷3-Pyridinecarboxylic acid (2-hydroxy-1,3-cyclohexanediylidene)-tetrakis(methylene ester), *see* N-00100
4-Pyridinecarboxylic acid [(4-hydroxy-3-methoxyphenyl)-methylene]hydrazide, *see* F-00269
4-Pyridinecarboxylic acid [(2-hydroxyphenyl)methylene]-hydrazide, *see* S-00016
4-Pyridinecarboxylic acid 2,2′-methylenedihydrazide, *see* M-00154
4-Pyridinecarboxylic acid 2-[3-oxo-3-[(phenylmethyl)amino]-propyl]hydrazide, *see* N-00082
4-Pyridinecarboxylic acid 2-(sulfomethyl)hydrazide, *in* I-00195
3-Pyridinecarboxylic acid 1-[(1,2,3,6-tetrahydro-1,3-dimethyl-2,6-dioxo-7*H*-purin-7-yl)methyl]-1,2-ethanediyl ester, *see* D-00466
3-Pyridinecarboxylic acid (tetrahydro-2-furanyl)methyl ester, *see* T-00222
3-Pyridinecarboxylic acid 2,2,23,23-tetramethyl-4,8,17,21-tetra-oxo-12,13-dithia-5,9,16,20-tetraazatetracosane-1,3,22,24-tetrayl ester, *see* D-00090
▷2,6-Pyridinedimethanol bis(methylcarbamate), *see* P-00568
▷2,6-Pyridinediyldimethylene bis(methylcarbamate), *see* P-00568
2,6-Pyridinediyldimethylenebis(3,4,5-trimethoxybenzoate), *see* P-00354
3-Pyridinemethanamine, *see* A-00290
▷2-Pyridinemethanol, P-00572
▷3-Pyridinemethanol, P-00573
2-Pyridinethiol *N*-oxide, *in* P-00574
▷2(1*H*)-Pyridinethione, P-00574
3-Pyridinol, *see* H-00209
▷Pyridinol carbamate, *see* P-00568
1-[2-(4-Pyridinylamino)benzoyl]piperidine, P-00575
▷α-[(2-Pyridinylamino)methyl]benzenemethanol, *see* P-00211
▷*N*-2-Pyridinyl[1,1′-biphenyl]-4-acetamide, *see* D-00487
2-[(3-Pyridinylcarbonyl)amino]ethyl 2-(4-chlorophenoxy)-2-methylpropanoate, *see* P-00230
N-(3-Pyridinylcarbonyl)glycine, *see* N-00104
4-(3-Pyridinylcarbonyl)morpholine, P-00576
[2-(2-Pyridinyl)ethylidene]bis[phosphonic acid], *see* P-00327
5-(3-Pyridinylmethyl)-2-benzofurancarboxylic acid, *see* F-00289
S-(3-Pyridinylmethyl) 1-(4-chlorobenzoyl)-5-methoxy-2-methyl-1*H*-indole-3-ethanethioic acid, *see* P-00256
4,4′-(2-Pyridinylmethylene)bisphenol, *see* B-00221
▷4,4′-(2-Pyridinylmethylene)bisphenol diacetate, *see* B-00186
p,*p*′-(2-Pyridinylmethylene)bis(phenyl palmitate), P-00577
▷2-(3-Pyridinylmethylene)hydrazinecarbothioamide, *in* P-00569
N-(4-Pyridinylmethyl)-4-pyridinemethanamine, *see* D-00531
2-[(2-Pyridinylmethyl)sulfinyl]-1*H*-benzimidazole, *see* T-00289
2-[(4-Pyridinylmethyl)thio]ethanol, *see* R-00064
2-[(3-Pyridinylmethyl)thio]pyrimidine, *see* T-00029
3-(3-Pyridinyl)-2-propenoic acid 9-[2-(diethylamino)-ethoxy]-7-methyl-5-oxo-5*H*-furo[3,2-*g*][1]benzopyran-4-yl ester, *see* M-00052
5-[[[3-Pyridinyl[3-(trifluoromethyl)phenyl]methylene]-amino]-oxy]pentanoic acid, *see* R-00043
▷Pyridion, *see* D-00255
▷Pyridium, *in* D-00133
Pyridium Plus, *in* T-00554
10*H*-Pyrido[3,2-*b*][1,4]benzothiazine-10-carboxylic acid 2-[2-(1-piperidinyl)ethoxy]ethyl ester, *see* P-00275
4-[3-(10-Pyrido[3,2-*b*][1,4]benzothiazin-10-yl)propyl]-1-piperazineethanol, *see* O-00156
▷Pyridofylline, *in* P-00582
3-Pyridol, *see* H-00209
▷Pyridostigmine(1+), P-00578
▷Pyridostigmine bromide, *in* P-00578
Pyridoxal-homocysteine, *see* T-00242
▷Pyridoxal 5-monophosphate, *see* P-00579
▷Pyridoxal phosphate, P-00579
Pyridoxamine, P-00580
Pyridoxamine 5′-phosphate, P-00581
▷Pyridoxine, P-00582
▷Pyridoxine hydrochloride, *in* P-00582
Pyridoxin 5′-phosphate, *in* P-00582
▷Pyridoxol, *see* P-00582
Pyridoxol dihydrogen phosphate, *in* P-00582
Pyridoxylate, *in* P-00582
▷α-Pyridylamine, *see* A-00325
▷α-(2-Pyridylaminomethyl)benzyl alcohol, *see* P-00211
2-(4-Pyridyl)benzofuran, P-00583
N-(4′-Pyridyl)-3,3-diphenylpropylamine, *see* M-00379
3-(Pyridylformamido)acetic acid, *see* N-00104
1-[2-[2-(4-Pyridyl)-2-imidazoline-1-yl]ethyl]3-(4-carboxyphenyl)urea, P-00584
3-Pyridylmethylamine, *see* A-00290
▷7-[2-[(2-Pyridylmethyl)amino]ethyl]theophylline, *see* P-00254
1-[2-[*N*-(2-Pyridylmethyl)anilino]ethyl]piperidine, *see* P-00239
▷3-Pyridylmethyl 2-(*p*-chlorophenoxy)-2-methylpropionate, *see* N-00097
3-Pyridylmethyl 2-[4-[(4-chlorophenyl)methyl]phenoxy]-2-methylbutanoate, *see* E-00055

3-Pyridylmethyl 2-[[α-(*p*-chlorophenyl)-*p*-tolyl]oxy]-2-methylbutyrate, *see* E-00055
4,4′-(Pyridylmethylene)diphenol, *see* B-00221
▷4,4′-(2-Pyridylmethylene)diphenol diacetate, *see* B-00186
2-[(Pyridylmethyl)sulfinyl]benzimidazole, *see* T-00289
1-[3-(2-Pyridyloxy)propyl]-4-*o*-tolylpiperazine, *see* T-00383
▷1-(2-Pyridyl)-3-(1-pyrrolidinyl)-1-*p*-tolyl-1-propene, *see* T-00529
▷5-[[*p*-Pyridylsulfamoyl)phenyl]azo]salicyclic acid, *see* S-00253
▷*N*′-2-Pyridylsulfanilamide, *see* S-00252
▷7-[2-(4-Pyridylthio)acetamido]cephalosporanic acid, *see* C-00115
2-[2-(2-Pyridyl)vinyl]-3-*o*-tolyl-4(3*H*)-quinazolinone, *see* P-00335
▷Pyrilamine, *see* M-00108
▷Pyrilamine maleate, *in* M-00108
▷Pyrimethamine, P-00585
▷2,4,5,6(1*H*,3*H*)-Pyrimidinetetrone, *see* A-00128
▷2,4,6(1*H*,3*H*,5*H*)-Pyrimidinetrione, P-00586
α-[(2-Pyrimidinylamino)methyl]benzenemethanol, *see* F-00082
α-[(2-Pyrimidinylamino)methyl]benzyl alcohol, *see* F-00082
▷8-[4-[4-(2-Pyrimidinyl)-1-piperazinyl]butyl]-8-azaspiro[4.5]-decane-7,9-dione, *see* B-00378
2-[4-[4-(2-Pyrimidinyl)-1-piperazinyl]butyl]-1,2-benzisothiazol-3(2*H*)-one 1,1-dioxide, *see* I-00167
2-[3-[4-(2-Pyrimidinyl)-1-piperazinyl]propyl]-1,2-benzisothiazol-3(2*H*)-one 1,1-dioxide, *see* R-00035
▷*N*′-2-Pyrimidinylsulfanilamide, *see* S-00237
▷Pyrimitate, P-00587
▷Pyrimithate, *see* P-00587
▷Pyrinamine, *in* T-00524
Pyrinoline, P-00588
Pyrisuccideanol, *see* P-00336
▷Pyrithidium bromide, *in* P-00589
▷Pyrithione zinc, *in* P-00574
Pyrithioxin, *see* P-00590
▷Pyrithyldione, *see* D-00255
Pyritidium(2+), P-00589
▷Pyritidium bromide, *in* P-00589
Pyritinol, P-00590
Pyritioxine hydrochloride, JAN, *in* P-00590
Pyritioxine, JAN, *see* P-00590
▷Pyriton, *see* P-00157
▷Pyrium, *see* P-00337
▷Pyro-Ace, *see* C-00223
Pyrocat, *in* D-00315
Pyrocatechuic acid, *see* D-00315
o-Pyrocatechuic acid, *see* D-00315
▷Pyrochol, *in* D-00321
▷Pyrogentisinic acid, *see* B-00074
Pyroglutamic acid, *see* O-00140
▷L-Pyroglutamyl-L-histidyl-L-prolinamide, *see* T-00229
▷L-Pyroglutamyl-L-prolyl-L-seryl-L-lysyl-L-aspartyl-L-alanyl-L-phenylalanyl-L-isoleucylglycyl-L-leucyl-L-methioninamide, *see* E-00024
▷Pyroibotenic acid, *see* A-00283
▷Pyromecaine, *in* B-00354
▷Pyronil, *in* P-00594
Pyrophendane, P-00591
Pyrophenindane, *see* P-00591
▷Pyroracemic aldehyde, *see* P-00600
▷Pyrosine *B*, *see* E-00118
▷Pyrostib, *in* B-00207
Pyrovalerone, P-00592
Pyrovalerone hydrochloride, *in* P-00592
Pyroxamine, P-00593
Pyroxamine maleate, *in* P-00593
Pyrrobutamine, P-00594
▷Pyrrobutamine phosphate, *in* P-00594
Pyrrocaine, P-00595
▷Pyrrocycline *N*, *in* R-00078
Pyrrolamidol, *see* M-00437
▷Pyrrolazote, *in* P-00597
1*H*-Pyrrole-2-carboxylic acid, P-00596
1-Pyrrolidineaceto-2′,6′-xylidide, *see* P-00595
Pyrrolidinomycin, *see* A-00092
N-(Pyrrolidin-1-ylacetyl)-2,6-dimethylaniline, *see* P-00595
▷1-[4-(1-Pyrrolidinyl)-2-butynyl]-2-pyrrolidinone, *see* O-00141
1-[(1-Pyrrolidinylcarbonyl)methyl]-4-(3,4,5-trimethoxycinnamoyl)piperazine, *see* C-00363
▷α-[[2-(1-Pyrrolidinyl)ethyl]amino]benzeneacetic acid 3-methylbutyl ester, *see* C-00021
2-(1-Pyrrolidinyl)ethyl 4-butoxy-3,5-dimethoxybenzoate, *see* B-00376
▷10-[2-(1-Pyrrolidinyl)ethyl]-10*H*-phenothiazine, P-00597
▷2-(1-Pyrrolidinyl)ethyl 2-[[7-(trifluoromethyl)-4-quinolinyl]-amino]benzoate, *see* F-00125
▷2-(1-Pyrrolidinyl)ethyl *N*-[7-(trifluoromethyl)-4-quinolyl]-anthranilate, *see* F-00125
▷*N*-(1-Pyrrolidinylmethyl)tetracycline, *see* R-00078
3-[6-[3-Pyrrolidin-1-yl-1-(*p*-tolyl)-1-propenyl]-2-pyridyl]-acrylic acid, *see* A-00049
4-(1-Pyrrolidinyl)-1-(2,4,6-trimethoxyphenyl)-1-butanone, P-00598
2-Pyrrolidone-5-carboxylic acid, *see* O-00140
Pyrrolifene, *see* P-00599
2-Pyrroline-2-carboxylic acid, *see* D-00301
Pyrroliphene, P-00599
Pyrroliphene hydrochloride, *in* P-00599
2,5-Pyrrolizidinedione, *see* D-00302
▷Pyrrolnitrin, *see* C-00223
Pyrrolomycin A, *see* D-00197
1*H*-Pyrrolo[2,3-*d*]pyrimidin-4-amine, *see* A-00330
Pyrroplegium, *see* P-00102
Pyrrovinyquinium, *see* V-00052
Pyrroxane, *see* P-00525
α-Pyrroyl chloride, *in* P-00596
▷Pyruvaldehyde, P-00600
▷Pyruvic aldehyde, *see* P-00600
▷Pyruvodehydrase, *see* T-00175
Pyrvinium, *see* V-00052
▷Pyrvinium chloride, *in* V-00052
▷Pyrvinium pamoate, *in* V-00052
Pytamine, P-00601
Py-tetrahydroserpentine, *see* A-00087
PZ 51, *see* P-00178
▷PZ 1511, *in* C-00097
PZ 17105, *see* P-00545
PZ 100-862, *see* T-00045
QB 1, *see* C-00491
▷QHS, *see* A-00452
▷Qinghaosu, *see* A-00452
▷Qing Hau Sau, *see* A-00452
QM 6008, *see* B-00066
▷Quaalude, *see* M-00172
Quadazocine, Q-00001
Quadazocine mesylate, *in* Q-00001
▷Quadrinal, *in* M-00221
▷Quadrinal, *in* P-00392
▷Quadrol, *see* E-00012
Quadrosilan, *in* H-00056
Quadrosilan, Q-00002
▷Quantalan, *see* C-00307
Quantrel, *in* O-00087
Quantril, *see* B-00102
▷Quantum, *see* E-00151
▷Quarzan, *in* C-00425
Quatacaine, Q-00003
Quateleron, *in* B-00420
Quateron, *in* B-00420
▷Quazepam, Q-00004
Quazinone, Q-00005
Quazodine, *see* E-00181
Quazolast, *in* C-00259
▷Quebrachine, *see* Y-00002
▷Quebrachol, *in* S-00151
▷Queletox, *see* F-00078

▷Quelicin, *in* S-00280
▷Quellada, *in* H-00038
Quenamox, *see* Q-00021
▷Quench, *in* A-00205
▷Quensyl, *see* H-00120
▷Quercetin, *see* P-00082
▷Quercetin 3-β-D-rutinoside, *see* R-00106
Quercimeritrin, *in* P-00082
▷Quercitrin, *in* P-00082
Querton 16 ES, *in* E-00182
▷Questran, *see* C-00307
▷Quiactin, *see* O-00085
▷Quiadon, *see* O-00098
▷Quibron Plus, *in* M-00221
▷Quide, *see* P-00282
▷Quietalum, *see* B-00291
Quifenadine, Q-00006
▷Qui-lea, *in* E-00231
Quilene, *in* P-00091
Quillifoline, Q-00007
▷Quilonum retard, *see* L-00058
Quinacainol, Q-00008
Quinacillin, Q-00009
▷Quinacrine, Q-00010
▷Quinacrine hydrochloride, *in* Q-00010
▷Quinacrine soluble, *in* Q-00010
▷Quinaglute, *in* Q-00027
▷Quinalbarbitone, Q-00011
▷Quinalbarbitone sodium, *in* Q-00011
Quinaldine blue, *in* E-00190
Quinaldofur, *see* N-00125
▷Quinamin, *in* Q-00028
o-Quinanisole, *in* H-00211
▷Quinanium, *in* Q-00028
Quinapril, *in* Q-00012
Quinaprilat, Q-00012
Quinapril hydrochloride, *in* Q-00012
▷Quinapyramine, *in* A-00207
Quinazopyrine, Q-00013
Quinazosin, Q-00014
Quinazosin hydrochloride, *in* Q-00014
Quinbolone, Q-00015
Quincarbate, Q-00016
Quindecamine, Q-00017
Quindecamine acetate, *in* Q-00017
Quindonium(1+), Q-00018
Quindonium bromide, *in* Q-00018
▷Quindoxin, *see* Q-00031
▷Quine, *in* Q-00028
Quinelorane, Q-00019
Quinercyl, *in* C-00284
Quinespar, Q-00020
▷Quinestradiol, *in* O-00030
▷Quinestradol, *in* O-00030
▷Quinestrol, *in* E-00231
Quinetalate, *in* M-00217
Quinethazone, Q-00021
Quinethyline, *in* C-00574
Quinetolate, *in* M-00217
Quinezamide, Q-00022
Quinfamide, Q-00023
Quingestanol, Q-00024
▷Quingestanol acetate, *in* Q-00024
Quingestrone, Q-00025
Quinicine, Q-00026
▷Quinidex, *in* Q-00027
▷Quinidine, Q-00027
epi-Quinidine, *in* Q-00027
▷Quinidine gluconate, *in* Q-00027
▷Quinidine sulfate, *in* Q-00027
▷Quinine, Q-00028
▷β-Quinine, *see* Q-00027
epi-Quinine, *in* Q-00028
Quinine ascorbate, *in* Q-00028
Quinine ethylcarbonate, *in* Q-00028
▷Quinine sulfate, *in* Q-00028
Quinisocaine, *see* D-00392
▷Quinite, *in* Q-00028
▷Quinocide, Q-00029
▷Quin-o-creme, *see* C-00244
▷Quinol, *see* B-00074
7-Quinolinecarboxylic acid, Q-00030
▷8-Quinolinol, *see* H-00211
▷8-Quinolinol benzoate, *in* H-00211
Quinolor, *see* D-00190
490 Quinone, *see* H-00141
▷Quinophen, *see* P-00206
▷Quinophenol, *see* H-00211
▷Quinosol, *in* H-00211
▷Quinotidine, *in* Q-00027
Quinotoxine, *see* Q-00026
Quinovosamine, *see* A-00240
2-Quinoxalinamine, *see* A-00332
▷Quinoxaline 1,4-dioxide, Q-00031
▷3-(2-Quinoxalinylmethylene)carbazic acid methyl ester N^1,N^4-dioxide, *see* C-00039
▷(2-Quinoxalinylmethylene)hydrazinecarboxylic acid methyl ester *N*,*N*′-dioxide, *see* C-00039
▷Quinoxipra *C*, *in* A-00332
Quinpirole, Q-00032
Quinpirole hydrochloride, *in* Q-00032
Quinprenaline, *see* Q-00033
Quinterenol, Q-00033
Quinterenol sulfate, *in* Q-00033
▷Quintiofos, Q-00034
▷Quintomycin *B*, *see* L-00062
▷Quintomycin *C*, *see* P-00039
▷3-Quinuclidinol, Q-00035
▷10-(3-Quinuclidinylmethyl)phenothiazine, *see* M-00109
Quinuclium, *see* M-00278
▷Quinuclium bromide, *in* M-00278
Quinupramine, Q-00036
Quinuprine, *see* Q-00036
Quinuronium(2+), Q-00037
▷Quinuronium sulfate, *in* Q-00037
Quipazine, *see* P-00286
▷Quipazine maleate, *in* P-00286
Quisqualamine, Q-00038
Quisultazine, Q-00039
Quisultidine, *see* Q-00039
Quixalin, *see* D-00190
Quixalud, *see* D-00190
Quoderm, *in* M-00044
▷Quotane, *in* D-00392
▷QX-314, *in* L-00047
QX 572, *in* C-00072
▷R 5, *see* A-00173
▷R 14, *see* F-00070
▷R 48, *see* B-00198
▷R 52, *in* M-00018
▷R74, *see* R-00068
▷R 100, *in* A-00175
R 108, *see* P-00526
▷R 1132, *in* D-00265
▷R 1303, *see* C-00060
R 1319, *in* D-00265
R 1406, *see* P-00165
▷R 154, *in* B-00431
▷R 1504, *see* P-00213
R 1516, *see* P-00166
R 164, *see* P-00035
▷R1658, *in* M-00432
▷R 1658, *see* M-00433
R 173, *in* C-00479
▷R 1707, *see* G-00027
R1881, *in* H-00161
R 199, *in* B-00202
▷R 1929, *see* A-00503
▷R 2010, *see* N-00219
▷R 2028, *see* F-00130
R 2159, *see* A-00396
▷R 2323, *see* G-00022

R 2453, *see* D-00063
R 2580, *see* T-00410
▷R 2858, *see* M-00463
▷R 2962, *see* A-00343
R 3201, *see* H-00014
R 3248, *see* A-00014
▷R 3345, *see* P-00274
▷R 3365, *see* P-00337
R 3746, *in* C-00145
▷R 381, *in* P-00149
▷R 3959, *see* C-00468
▷R4082, *see* P-00518
▷R 4318, *see* F-00119
R 4444, *see* D-00620
▷R 4584, *see* B-00060
R 4714, *see* O-00117
▷R 4845, *see* B-00149
R 4929, *in* B-00080
R 5020, *see* P-00476
R 5046, *see* C-00380
▷R 5147, *see* S-00115
R 5183, *see* M-00079
R 5188, *see* S-00132
R 5385, *see* A-00047
▷R 548, *see* T-00431
R 5808, *see* S-00117
▷R 616, *see* C-00285
▷R 6109, *see* S-00121
▷R 6238, *see* P-00263
R 6438, *see* A-00401
R-658, *see* B-00434
▷R 694, *see* M-00191
R 714, *see* D-00512
▷R 7158, *see* R-00102
R 7242, *see* D-00269
R7464, *in* P-00509
R 760, *see* F-00113
R 7904, *see* L-00045
R 798, *in* R-00058
▷R 800, *see* F-00056
R 802, *see* F-00155
▷R 805, *see* N-00146
R 807, *in* D-00271
R 8025, *see* A-00413
R 818, *in* F-00114
R 8141, *see* A-00413
R-8193, *see* D-00296
R 8284, *see* P-00453
R 830, *see* P-00429
R 9298, *see* C-00460
R 10100, *see* E-00159
R 10948, *in* D-00140
R 11333, *see* B-00324
R 12563, *in* T-00151
R 13558, *in* D-00265
▷R 13615, *see* M-00057
R 13672, *in* H-00015
R 15403, *see* D-00265
▷R 15454, *in* I-00183
R 15497, *see* G-00014
R 15556, *in* O-00054
R 15889, *in* L-00094
▷R 16341, *see* P-00062
R 16470, *in* B-00080
R 17147, *see* C-00328
▷R 17889, *see* F-00133
▷R 17934, *see* N-00196
R 18910, *see* F-00199
R 19317, *see* R-00072
R 23050, *see* S-00006
R 23633, *in* F-00143
▷R 23979, *see* I-00025
R 24571, *in* C-00017
▷R 25061, *see* S-00274
R 25160, *see* C-00431
R 25540, *in* T-00130
▷R 25831, *see* C-00083
R 26333, *in* T-00130
R 26412, *see* S-00229
R 27500, *in* S-00043
▷R 28096, *see* C-00083
R-28644, *see* A-00494
R 28930, *see* F-00222
R 29764, *see* C-00485
R 29860, *in* N-00166
R 30730, *see* S-00177
R 31520, *see* C-00504
R 33,204, *see* D-00039
R 33799, *in* C-00075
R 33800, *see* S-00177
R 34000, *see* D-00563
R 34,301, *see* H-00012
R 34803, *see* E-00232
R 34995, *in* L-00073
R 35443, *see* O-00094
R 38198, *see* B-00398
R 39209, *in* A-00111
R 39500, *in* P-00033
R 41468, *see* K-00010
R 42470, *see* T-00086
▷R 43512, *see* A-00466
R 46541, *in* B-00324
R 46846, *in* T-00572
R 47465, *see* P-00320
R 50547, *in* C-00001
R 50970, *see* M-00342
R 51211, *see* I-00222
R 51469, *in* M-00391
R 51619, *see* C-00396
R 51726, *see* I-00013
R 52245, *see* S-00058
R-53 200, *in* A-00153
R 53393, *see* B-00392
R 54718, *in* T-00398
R 55667, *see* R-00066
R 56413, *in* S-00036
R 57959, *see* B-00015
R 58425, *in* L-00087
R 58735, *see* S-00001
R 62690, *see* C-00413
R 62 818, *see* L-00095
R 64433, *see* D-00209
R 64766, *see* R-00063
R 65824, *see* N-00057
▷Ra 101, *see* N-00155
▷R-A 233-*BS*, *see* M-00433
Rabalon, *see* P-00225
▷Rabon, *see* T-00107
RA-C-384, *see* I-00105
Racefemine, *in* M-00269
Racefenicol, *in* T-00179
▷Racemalfalan, *in* M-00084
▷Racemethionine, *in* M-00183
Racemethorphan, *in* H-00166
Racemetirosine, *in* A-00273
Racemic acid, *in* T-00028
Racemoramide, *in* M-00437
▷Racemorphan, *in* H-00166
Racenicol, *in* T-00179
Racephenicol, *in* T-00179
▷Racepinefrine, *in* A-00075
Racepinephrine hydrochloride, *in* A-00075
▷Rachelmycin, R-00001
Raclopride, R-00002
Raclopride tartrate, *in* R-00002
Ractopamine, *in* B-00414
Ractopamine hydrochloride, *in* B-00414
▷Radelar, *see* M-00395
▷Radibud, *see* B-00296
▷Radinil, *see* B-00089
▷Radiol, *in* E-00182
▷Radiomiro, *in* I-00095

▷Radiotetrane, *in* T-00142
▷Rafoxanide, R-00003
▷Ragonil, *see* B-00089
▷Ralabol, *in* D-00035
▷Ralgro, *in* D-00035
Ralitoline, R-00004
▷Ralone, *in* D-00035
Raloxifene, R-00005
▷RAM 327, *see* D-00612
▷Rambufaside, *in* D-00319
Ramciclane, R-00006
▷Rametin, *see* N-00042
▷Ramifenazone, R-00007
Ramipril, *in* R-00008
Ramiprilat, R-00008
Ramixotidine, R-00009
Ramnodigin, *in* D-00274
▷Ramycin, *see* F-00303
▷Rancinamycin IV, *see* D-00311
▷Randolectil, *in* B-00394
▷Ranestol, *in* P-00285
▷Ranide, *see* R-00003
▷Raniden, *see* R-00003
Ranimustine, R-00010
▷Ranitidine, R-00011
▷Ranizole, *in* R-00003
▷Ranizole, *in* T-00171
▷Ranocaine, *see* P-00511
Ranolazine, R-00012
▷Rantudil, *see* A-00013
▷Rapamycin, R-00013
▷Rapenton, *see* M-00433
Rapifen, *in* A-00111
Raptalgin, *in* D-00490
Rasaterol, *see* D-00005
▷Raschit (K), *see* C-00256
▷Raspon, *in* I-00199
▷Rastinon, *see* T-00345
Rathyronine, *in* T-00487
Raubasine, *see* A-00087
▷Raugalline, *see* A-00088
▷Raunormine, *see* D-00093
▷Rauwolfine, *see* A-00088
▷Rava, *in* P-00512
▷Ravalgene, *see* N-00155
Ravizol, *in* E-00218
▷Ravocaine, *see* P-00511
▷Ravyon, *in* M-00238
Rayodal, *see* I-00150
▷Rayomiro, *in* I-00095
Rayvist, *in* I-00111
▷Razebil, *see* I-00091
Razinodil, R-00014
Razobazam, R-00015
▷Razoxane, R-00016
▷Razoxin, *see* R-00016
1409 RB, *see* P-00031
▷1489 RB, *see* P-00278
▷RB 1509, *see* L-00083
▷RB 1515, *see* T-00535
1589 RB, *in* N-00214
1604 RB, *in* C-00222
1620 RB, *see* E-00060
RB 1622, *see* I-00043
▷RC 146, *see* N-00095
RC 167, *see* N-00091
RC-172, *in* A-00123
▷RC-173, *in* A-00123
▷RC 61-91, *see* I-00020
▷RC 27109, *see* N-00126
▷RCH 314, *see* B-00110
RCM 258, *see* H-00139
▷RD 1572, *in* D-00132
▷RD 2579, *see* Q-00031
▷RD 2801, *in* P-00589
▷Rd 292, *see* C-00270
RD 328, *in* A-00264
RD 3803, *see* D-00372
RD 406, *see* C-00647
RD 9338, *see* N-00210
▷RD 11654, *see* I-00007
RD 13962, *see* Q-00009
RD 17345, *see* F-00209
RD 20000, *in* D-00348
▷Re 1-0185, *see* E-00019
▷Reactivan, *in* F-00038
Reanimil, *in* D-00377
▷Rebaudin, *in* S-00147
Rebaudioside *A*, *in* S-00147
Rebaudioside *B*, *in* S-00147
Rebaudioside *C*, *in* S-00147
Rebaudioside *D*, *in* S-00147
Rebaudioside *E*, *in* S-00147
Rebeccamycin, R-00017
Reboxetine, R-00018
Rec 1/0060, *in* A-00224
▷Rec 7/0052, *in* F-00109
Rec 7-0267, *in* D-00377
Rec 15/0019, *see* M-00464
▷Rec 15/0122, *see* N-00127
▷Rec 15/0691, *in* T-00250
Rec 15/1476, *in* F-00080
Rec 15-1884, *in* C-00399
Rec 70518, *in* K-00015
▷Rec 710544, *see* K-00015
Rec 15-1884-2, *in* C-00399
Recainam, R-00019
Recainam hydrochloride, *in* R-00019
Recainam tosylate, *in* R-00019
▷Recanescine, *see* D-00093
Receptal, *in* B-00377
Recetan, *see* B-00403
Recidol, *see* P-00545
Reciogan, *see* D-00136
Recipavrin, *in* D-00489
Reclazepam, R-00020
▷Recobilina, *see* M-00436
▷Recofur, *see* N-00127
Recombinant Human Single-Chain Urokinase-type Plasminogen Activator, *see* S-00026
▷Recordil, *see* E-00019
Recoveron, *in* F-00255
▷Rectanol, *see* T-00428
Rectolander, *in* S-00128
Rectovalone, *in* D-00328
▷Red 1427, *see* E-00118
Redden, *see* T-00303
▷Redeptin, *see* F-00223
▷Reducdyn, *see* T-00129
▷Reducterol, *see* B-00148
▷Redu-Pres, *in* D-00033
▷Reelon, *see* P-00349
Ref 185, *see* C-00551
Refagan, *in* M-00035
Reflecta, *see* C-00378
Refosporin, *see* C-00119
▷Refuin, *see* A-00403
Refungine, *see* S-00183
▷Regaine, *see* M-00388
▷Regenasol, *see* N-00044
▷Regenon, *see* D-00240
▷Regitine, *see* P-00175
Reglan, *in* M-00327
Reglipe, *in* C-00456
Regnosone, *in* H-00205
▷Regonol, *in* P-00578
Regoxal, *in* B-00234
▷Regretos, *in* P-00512
▷Regulin "Takeda", *see* T-00102
▷Regulipid, *see* C-00456
▷Regulton, *in* A-00279
Regutensin, *in* T-00148

▷Reichstein's Substance *Fa*, *see* C-00549
Reichstein's Substance *G*, *see* A-00079
▷Reichstein's Substance *H*, *see* C-00546
▷Reichstein's Substance *M*, *see* C-00548
▷Reichstein's substance *Q*, *see* H-00203
▷Reichstein's Substance *S*, *in* D-00349
▷Reichstein's substance *X*, *see* A-00106
Relane, *in* D-00472
Relanol, *in* P-00028
▷Relaspium, *in* T-00558
▷Relaxan, *in* G-00004
▷Relefact-TRH, *see* T-00229
Relenol, *in* P-00028
▷Relicor, *in* E-00134
Relifex, *see* M-00206
Reliveran, *in* C-00456
Relomycin, *see* T-00579
Reltine, *in* P-00295
Relvene, *in* T-00559
Remantadine, *see* A-00063
Remeflin, *in* D-00377
Remestyp (new form), *see* T-00093
▷Remestyp (old form), *see* A-00076
Remimycin, *in* M-00023
Remivox, *in* L-00094
▷Remnos, *see* N-00170
Remoxipride, R-00021
Renactid, *see* G-00025
▷Renafur, *see* N-00115
▷Renanolone, *in* H-00200
▷Renarcol, *see* T-00428
▷Renazide, *see* C-00639
▷Renese, *see* P-00386
Rengyol, *see* H-00131
Reniten, *in* E-00043
Renolin, *see* A-00162
Renoquid, *see* S-00191
▷Ren-O-sal, *see* H-00181
Renosulfan, *see* S-00216
Renotest, *see* A-00217
▷Renovist, *in* D-00138
▷, Renovist, *in* D-00138
▷Renovue, *in* I-00095
Renoxidine, *in* R-00029
Renoxydine, *in* R-00029
Rental, *in* G-00058
Rentiapril, R-00022
▷Renumbral, *in* I-00101
▷Renvisol, *in* D-00370
Renytoline, *see* P-00026
Renzapride, R-00023
▷Reocyl, *in* M-00114
Reoxyl, *in* H-00066
▷Reparil, *in* O-00036
▷Repariven, *in* O-00036
Repirinast, R-00024
▷Repodral, *in* B-00207
▷Repoise, *see* B-00394
▷Reposan, *see* T-00577
▷Repriscal, *in* H-00158
Reprodin, *see* L-00114
Repromicin, R-00025
▷Reproterol, R-00026
▷Reproterol hydrochloride, *in* R-00026
▷Reptilase, *see* B-00017
Resantin, *in* F-00070
Rescaloid, *in* R-00028
Rescidine, *in* R-00028
Rescimetol, R-00027
Rescinnamidine, *in* R-00028
Rescinnamine, *in* R-00028
▷Rescupal, *see* D-00040
▷Resectisol, *in* M-00018
▷Resedinine, *see* A-00304
Reserpic acid, R-00028
▷Reserpidine, *see* D-00093
▷Reserpine, R-00029
ψ-Reserpine, *in* R-00029
Reserpinine, *in* R-00028
Reserpinolic acid, *see* R-00028
▷Reserpoid, *see* R-00029
Reserpoxidine, *in* R-00029
▷Resertene, *see* M-00191
▷Resi, *in* H-00128
▷Resibufogenin, *in* H-00128
▷Resistab, *in* T-00218
▷Resistamine, *in* T-00524
▷Resistomycin, R-00030
▷Resitox, *see* C-00555
▷Resmethrin, R-00031
▷Resochin, *in* C-00284
▷Resolve, *in* D-00623
Resorantel, *in* D-00317
▷Resorcin, *see* B-00073
▷Resorcinol, *see* B-00073
Resorcinol-2-carboxylic acid, *see* D-00317
▷Resorcinol monoacetate, *in* B-00073
▷Resorcinolphthalein, *see* F-00180
γ-Resorcylic acid, *see* D-00317
Respacal, *in* P-00303
▷Respaire, *in* A-00031
▷Respigon, *in* H-00128
▷Respilac, *see* F-00064
▷Respilene, *in* Z-00023
▷Respiride, *in* F-00076
Respirot, *in* C-00566
Respirot, *in* C-00569
▷Resplene, *in* E-00091
Restandol, *in* H-00111
▷Restas, *see* F-00231
▷Restenacht, *in* E-00035
▷Restetal, *see* E-00042
▷Restid, *see* O-00082
▷Restrol, *see* C-00290
▷Re 82-TAD-15, *see* A-00458
Retalon aquosum, *in* B-00220
Retalon-Lingual, *in* B-00220
Retarcyl, *see* H-00115
Retef, *in* C-00548
▷Retelliptine, R-00032
▷Retensin, *in* G-00004
Reteroid, *in* C-00276
▷Retilon, *see* P-00222
Retinoic acid, R-00033
▷Retinol, *see* V-00058
▷Retinol acetate, *in* V-00058
▷Retinol palmitate, *in* V-00058
Retinol propanoate, *in* V-00058
▷Retro-Contray, *in* I-00140
Retroid, *in* C-00276
Retrone, *in* C-00276
▷Retrone 'Merrill', *see* D-00624
Retrovir, *see* Z-00013
▷Rettavate, *in* C-00437
Reublonil, *see* B-00100
▷Reudene, *see* P-00351
▷Reufenac, *see* A-00103
▷Reufinis, *in* C-00455
▷Reumalax, *see* T-00353
▷Reumalon, *see* H-00195
▷Reumartril, *see* H-00195
▷Reumatox, *see* M-00420
▷Reumofene, *see* I-00068
▷Reumoide, *see* H-00120
Reuprosal, *see* P-00510
Reutan, *see* S-00010
▷Reutol, *see* T-00353
REV 2871, *see* E-00008
REV 2906, *see* F-00122
REV 3659, *in* C-00633
REV 6000*A*, *in* D-00051
REV 6000-A (SS), *in* I-00063

Revatrine, *see* V-00027
Revenast, R-00034
▷Reverin, *see* R-00078
Revivon, *in* D-00520
Revospirone, R-00035
Revoxyl, *see* M-00244
▷Rexigen, *in* C-00435
Rexostatine, *see* E-00125
▷Rezacuid, *see* B-00073
▷Rezifilm, *see* T-00149
▷Rezipas, *see* A-00264
RF 46-790, *see* F-00211
RG-1812, *in* P-00427
▷RG 270, *see* I-00120
RGH 1106, *in* P-00277
RGH 2202, *in* P-00389
RGH 2928, *see* D-00552
RGH 2957, *see* B-00192
▷RGH-3332, *see* F-00153
RGH 3395, *see* E-00183
▷RGH 4405, *see* V-00042
RGH 4406, *see* V-00034
RGH 4417, *see* V-00040
▷RH 8, *see* E-00054
RH 565, *see* U-00013
RH 32565, *see* U-00013
3-*O*-Rhamnoglucosyloxycyanidin, *see* K-00009
▷Rhamnol, *in* S-00151
RHC 2871, *see* E-00008
RHC 2906, *see* F-00122
RHC 3659-*S*, *in* C-00633
RHC 3988, *in* C-00259
RHC 5320*A*, *see* C-00163
RHC-G233, *in* B-00334
Rheatrol, *see* D-00265
Rhein, *see* D-00309
▷Rhenocain, *see* H-00104
Rhetine, *see* R-00105
▷Rhetinic acid, *see* G-00072
Rheumacyl, *in* H-00112
Rheumatidermol, *in* H-00112
▷Rheumon, *see* E-00248
▷Rheutrop, *see* A-00013
▷Rhinalar, *see* F-00167
▷Rhinetten, *see* C-00008
Rhino-Benzo, *see* T-00051
Rhinocort, *see* B-00344
Rhinodol, *see* T-00051
▷Rhinoptil, *see* C-00008
▷Rhodallin, *see* P-00496
▷Rhodexin A, *in* T-00473
Rhodexin B, *in* T-00474
Rhodexin C, *in* T-00474
Rhodexin D, *in* T-00474
▷Rhodirubin *E*, *see* M-00022
Rhythminal, *see* X-00012
▷Riabal, *in* P-00430
▷Riacon, *see* A-00252
▷Riadelar, *see* M-00395
▷Rianil, *see* C-00290
▷Riasen, *see* M-00395
RIB 150, *see* D-00159
RIB 222, *see* C-00624
▷Ribamidil, *see* T-00426
Ribaminol, R-00036
▷Ribavirin, *see* T-00426
▷Riboazauracil, *see* A-00514
Ribocitrin, R-00037
Riboflavin butyrate, *in* R-00038
▷Riboflavine, R-00038
▷Riboflavine 5′-(dihydrogen phosphate), *in* R-00038
Riboflavine 2′,3′-di-3-pyridinecarboxylate monodehydrogen phosphate (ester), *in* R-00038
Riboflavine nicotinate, *in* R-00038
Riboflavine 2′,3′,4′,5′-tetrabutanoate, *in* R-00038
Riboflavine 2′,3′,4′,5′-tetra-3-pyridinecarboxylate, *in* R-00038
▷Riboflavine 5′-(trihydrogendiphosphate) 5′→5′-ester with adenosine, *in* R-00038
▷Riboflavin monophosphate, *in* R-00038
▷9-β-D-Ribofuranosyladenine, *see* A-00067
▷1-β-D-Ribofuranosyl-5-azacytosine, *see* A-00496
▷1-(β-D-Ribofuranosyl)-6-azauracil, *see* A-00514
▷9-β-D-Ribofuranosylhypoxanthine, *see* I-00073
7-β-D-Ribofuranosyl-7*H*-imidazo[4,5-*d*]-1,2,3-triazin-4-amine, *see* A-00490
▷9-β-D-Ribofuranosyl-9*H*-purin-6-amine, *see* A-00067
▷9-β-D-Ribofuranosyl-9*H*-purine-6-thiol, *see* T-00204
2-Ribofuranosyl-4-selenazolecarboxamide, R-00039
▷2-β-D-Ribofuranosyl-4-thiazolecarboxamide, *see* T-00246
▷2-β-D-Ribofuranosyl-*as*-triazine-3,5(2*H*,4*H*)-dione, *see* A-00514
▷2-β-D-Ribofuranosyl-1,2,4-triazine-3,5(2*H*,4*H*)-dione, *see* A-00514
▷1-β-D-Ribofuranosyl-1*H*-1,2,4-triazole-3-carboxamide, *see* T-00426
Riboprine, *see* M-00234
▷Ribostamycin, R-00040
▷Ribostamycin sulfate, JAN, *in* R-00040
▷Riboxamide, *see* T-00246
Ricainide hydrochloride, *in* I-00054
Ricamycin, *in* L-00034
▷Rickamicin, *see* S-00082
▷Ricketon, *see* V-00062
▷Ricridene, *see* N-00137
Ridaflone, *see* R-00042
Ridaura, *see* A-00475
Ridazolol, R-00041
Riddobetes, *see* D-00037
Ridiflone, R-00042
▷Ridinol, *see* D-00511
Ridogrel, R-00043
▷Ridzole, *see* R-00084
▷Riedemil, *in* H-00123
Rifabutin, R-00044
▷Rifadin, *see* R-00045
▷Rifal, *see* R-00046
▷Rifamide, *in* R-00047
▷Rifammide, *in* R-00047
▷Rifampicin, R-00045
▷Rifampin, *see* R-00045
▷Rifamycin, R-00046
▷Rifamycin *B*, R-00047
▷Rifamycin M 14, *in* R-00047
▷Rifamycin SV, *see* R-00046
Rifapentine, R-00048
Rifaxidin, *see* R-00049
Rifaximin, R-00049
▷Rifocin, *see* R-00046
▷Rifocin *M*, *in* R-00047
▷Rifomycin *B*, *see* R-00047
▷Rifosten, *see* R-00046
▷Rigecoccin, *see* D-00187
Rigelocan, *in* P-00427
▷Riker 548, *see* T-00431
▷Riker 594, *see* S-00263
▷Riker 601, *see* T-00533
Rilapine, R-00050
Rilaten, *see* R-00071
Rilmazafone, R-00051
Rilmenidine, R-00052
Rilopirox, R-00053
Rilozarone, R-00054
Riluzole, *see* A-00339
▷Rimactane, *see* R-00045
▷Rimadyl, *see* C-00099
Rimagin, *see* R-00055
Rimalcor, *see* A-00341
Rimantadine, *see* A-00063
▷Rimantadine hydrochloride, *in* A-00063
Rimazolium(1+), R-00055
Rimazolium metilsulfate, *in* R-00055
Rimcazole, R-00056

Rimcazole hydrochloride, *in* R-00056
Rimexolone, R-00057
▷Rimidil, *see* C-00099
▷Riminophenazine, *see* C-00450
Rimiterol, R-00058
Rimiterol hydrobromide, *in* R-00058
Rimoprogin, R-00059
Rinidol, *see* T-00051
▷Rinlaxer, *in* C-00261
▷Rintal, *see* F-00021
▷Riodipine, R-00060
Riopan, *see* M-00005
Rioprostil, R-00061
Ripazepam, R-00062
▷Ripirin, *in* E-00035
▷Risatarun, *in* D-00408
▷Rischiaril, *in* D-00408
▷Rise, *see* C-00508
▷Riself, *see* M-00095
▷Risocaine, *in* A-00216
▷Rispasulf, *see* P-00150
Risperidone, R-00063
▷Rispran, *in* C-00071
▷Ristat, *see* H-00181
Ristianol, R-00064
Ristianol phosphate, *in* R-00064
Ristofact, *see* F-00003
Ristomin, *see* E-00192
RIT 1140, *see* A-00423
RIT 356, *in* C-00470
▷Ritalin, *in* R-00065
Ritalinic acid, R-00065
Ritanserin, R-00066
Ritiometan, *see* M-00262
Ritiometane magnesium, *in* M-00262
Ritmalan, *in* C-00322
▷Ritmodan, *see* D-00537
Ritmos, *in* A-00088
Ritmosel, *in* A-00088
▷Ritmusan, *in* A-00429
Ritodrine, R-00067
▷Ritodrine hydrochloride, *in* R-00067
▷Ritopar, *in* R-00067
Ritropirronium bromide, INN, *in* G-00070
▷Ritrosulfan, R-00068
Riv 2093, *see* A-00149
▷Rivanol, *in* D-00130
▷Rivivol, *see* I-00161
▷Rivotril, *see* C-00475
▷Rixamone, *see* A-00033
Rixapen, *in* C-00470
▷Rize, *see* C-00508
▷Rizen, *see* C-00508
▷Rizinsan *A*, *in* G-00073
Rizolipase, *see* P-00011
▷RJ-64, *see* P-00247
RMI 8090*DJ*, *in* Q-00017
▷RMI 9918, *see* T-00088
▷RMI 10238, *in* E-00218
RMI 11270, *see* L-00024
▷RMI 16289, *in* C-00471
▷RMI 16312, *in* C-00471
RMI 17043, *see* E-00062
RMI 71754, *see* A-00260
▷RMI 71782, *see* D-00126
RMI 80029, *see* E-00021
RMI 81582, *see* C-00234
RMI 81968*A*, *in* M-00058
RMI 83027, *see* R-00076
RMI 83047, *see* A-00174
RMI 81182 EF, *in* C-00344
RN-4, *in* R-00038
RN 927, *in* Z-00009
Ro 1-4849, *see* P-00174
▷Ro 1-5130, *in* P-00578
▷Ro 1-5431, *in* H-00166
▷Ro 1-6463, *see* D-00249
▷Ro 1-6794, *in* H-00166
▷Ro 1-7700, *in* L-00038
▷Ro 1-7977, *in* D-00384
▷Ro 1-9334, *see* D-00050
▷Ro 1-9569, *see* T-00102
Ro 2-0404, *see* A-00311
▷Ro 2-2222, *in* T-00498
Ro 2-2453, *see* D-00143
▷Ro 2-2985, *see* L-00011
▷Ro 2-3198, *in* E-00016
▷Ro 2-3248, *in* A-00504
▷Ro 2-3773, *in* C-00425
Ro 2-4969, *see* M-00154
Ro 2-5959, *in* T-00487
Ro 2-7113, *see* A-00133
Ro 2-9009, *in* B-00205
▷Ro 2-9578, *in* T-00500
▷Ro 2-9915, *see* F-00183
▷Ro 3-4787, *see* B-00352
Ro 03-7008, *see* A-0009
Ro 038799, *see* P-00262
▷Ro 4-1634, *see* P-00365
▷Ro 4-3476, *see* S-00200
▷Ro 4-3780, *in* R-00033
▷Ro 4-3816, *in* A-00105
▷Ro 4-4602, *see* B-00064
▷Ro 4-5282, *in* C-00280
▷Ro 4-6467, *see* P-00448
Ro 4-8347, *in* C-00276
▷Ro 5-0831, *see* I-00181
▷Ro 5-2092, *see* D-00069
▷Ro 5-2180, *in* D-00148
▷Ro 5-4023, *see* C-00475
▷Ro 5-4200, *see* F-00168
Ro 5-4864, *see* C-00227
Ro 5-5516, *see* L-00097
▷Ro 5-6574, *in* D-00230
▷Ro 5-9000, *see* A-00403
Ro 5-9754, *see* O-00057
Ro 6-0787, *see* L-00041
Ro 6-4563, *see* G-00033
▷Ro 7-0207, *see* O-00058
▷Ro 7-1554, *see* I-00209
Ro 7-4488, *see* C-00577
▷Ro 7-6102, *see* F-00225
Ro 8-0254, *in* C-00228
Ro 10-1670, *see* A-00041
Ro 10-5970, *see* B-00277
▷Ro 10-7614, *in* D-00270
▷Ro 10-8910, *in* D-00370
▷Ro 10-9070, *see* M-00042
Ro 10-9071, *see* P-00366
▷Ro 10-9359, *in* A-00041
Ro 11-0780, *see* R-00055
Ro 11-1163, *see* M-00415
Ro 11-2465, *see* C-00320
Ro 11-3128, *in* M-00047
▷Ro 11-7891, *see* B-00069
Ro 11-8958, *see* E-00084
Ro 12-0068, *see* T-00073
Ro 12-7024, *see* D-00574
Ro 13-1042, *in* L-00094
Ro 13-5057, *see* M-00197
Ro 13-6438, *see* Q-00005
Ro 13-7652, *in* A-00041
Ro 13-9904, *see* C-00159
Ro 15-0778, *in* T-00059
▷Ro 15-1788, *see* F-00152
Ro 15-8074, *see* C-00126
Ro 16-0521, *see* L-00069
Ro 166028, *see* B-00270
Ro 17-2301, *see* C-00104
Ro 19-5247, *see* C-00153
▷Ro 21-0702, *see* F-00219
Ro 21-3982, *see* C-00426

▷Ro 21-5535, *in* A-00109
Ro 21-5998, *see* M-00068
Ro 21-7634, *see* M-00209
Ro 21-8837, *see* E-00127
Ro 21-9738, *see* D-00595
Ro 22-1319, *in* P-00311
Ro 224839, *see* E-00032
Ro 22-7796, *in* C-00322
Ro-228181, *in* I-00079
Ro 22-9000, *see* A-00110
Ro 23-6240, *see* F-00116
Ro 31-1411, *see* F-00221
Ro 31-2848, *in* C-00343
Ro 31-3113, *see* C-00343
Ro 31-3948, *see* R-00080
Ro 4-0288/1, *see* L-00039
▷Ro 4-1544-6, *see* S-00149
▷Ro 5-081011, *in* T-00448
▷Ro 5-3307/1, *in* D-00033
▷Ro 5-4645/10, *see* C-00557
Ro 5-9110/1, *see* D-00583
RO 7-1986/1, *see* I-00169
Ro 13-8996/000, *see* O-00111
Ro 13-8996/001, *in* O-00111
Ro 14-4767/002, *in* A-00359
▷Ro 20-5720/000, *see* C-00099
Ro-21-6937/000, *see* T-00517
▷Ro 21-8837/001, *in* E-00127
Ro 69098/000, *see* M-00455
▷Roaccutane, *in* R-00033
▷Roacutan, *in* R-00033
Robal, *in* B-00220
Robengatrope, *in* T-00105
▷Robenidine, R-00069
Robenidine hydrochloride, *in* R-00069
Robenz, *in* R-00069
Robenzidene, *in* R-00069
▷Robercaine *R*, *see* O-00106
RoBile, *see* P-00011
Robinul, *in* G-00070
▷Robitussin, *see* G-00095
▷Rocaltrol, *in* A-00109
▷Rocapyol, *see* C-00235
Rocastine, R-00070
Rocastine hydrochloride, *in* R-00070
Rocefin, *in* C-00159
Rocephin, *in* C-00159
▷Rochagar, *see* B-00089
Rociverine, R-00071
▷Rocofin, *in* P-00304
▷Rodalina, *see* P-00496
▷Rodamab, *see* E-00147
▷Rodinal, *see* A-00298
Rodocaine, R-00072
Rodorubicin, *see* C-00665
Rodostene, *in* A-00241
▷Roeridorm, *see* E-00151
Rofelodine, R-00073
Roferon-A, *in* I-00079
Roflurane, *see* B-00321
▷Rogitine, *see* P-00175
▷Rohypnol, *see* F-00168
▷Roimitin, *in* T-00245
▷Roipnol, *see* F-00168
Rokitamycin, *in* L-00034
Rolaids, *in* D-00306
▷Rolazote, *in* P-00597
Roletamide, R-00074
Rolgamidine, R-00075
▷Rolicton, *see* A-00346
▷Rolicyclidine, *see* P-00184
Rolicypram, R-00076
Rolicyprine, *see* R-00076
Rolil, *in* T-00506
Rolipram, R-00077
▷Rolitetracycline, R-00078
Rolitrin, *in* T-00296
▷Rolodine, R-00079
Rolziracetam, *see* D-00302
Romazarit, R-00080
▷Romensin, *in* M-00428
Romergan, *in* P-00478
▷Romicil, *see* O-00035
Romifenone, R-00081
Romifidine, R-00082
▷Romotal, *see* A-00333
▷Rompun, *see* X-00021
Ronactolol, R-00083
▷Rondec, *in* C-00052
▷Rondimen, *in* C-00280
▷Rondomycin, *in* M-00161
Roniacol, *in* P-00573
Ronicol, *in* P-00573
▷Ronidazole, R-00084
Ronifibrate, R-00085
Ronipamil, R-00086
▷Ronnel, *see* F-00039
Ronoprost, *see* O-00060
Ronozol, *see* D-00358
▷Ronyl, *see* A-00306
▷Rootone, *see* N-00044
Ropinirole, R-00087
Ropitoin, R-00088
Ropitoin hydrochloride, *in* R-00088
Ropivacaine, R-00089
Ropizine, R-00090
▷Roquessine, *see* C-00540
Roquinimex, R-00091
Rorifone, *see* M-00307
Rosal, *see* R-00093
▷Rosamicin, R-00092
▷Rosapin, *see* D-00091
Rosaprostol, R-00093
▷Rosaramicin, *see* R-00092
Rosaramicin butyrate, *in* R-00092
Rosaramicin propionate, *in* R-00092
Rosaramicin sodium phosphate, *in* R-00092
Rosaramicin stearate, *in* R-00092
Rosaxacin, *see* A-00051
▷Roscal, *see* D-00557
Rose Bengale B, *see* T-00105
Rose Bengal Sodium, *in* T-00105
Rosterolone, R-00094
Rotamicillin, R-00095
Rothetamine, *see* O-00065
Rotoxamine, *in* C-00052
Rotraxate, R-00096
▷Rowapraxin, *in* P-00304
▷Rowasa, *see* A-00266
▷Rowell, *in* P-00304
▷Roxarsone, *see* H-00181
Roxatidine, R-00097
Roxatidine acetate, *in* R-00097
Roxenan, *in* P-00233
▷Roxenol, *see* C-00235
Roxenone, *see* O-00102
Roxibolone, R-00098
Roxilon, *see* M-00037
Roxilon inject, *in* H-00153
Roxindole, R-00099
Roxithromycin, R-00100
Roxolonium(1+), R-00101
Roxolonium metisulfate, *in* R-00101
▷Roxoperone, R-00102
Royflex, *in* H-00112
▷Royzolon, *in* T-00245
▷Rozevin, *in* V-00032
46 R.P., *see* B-00129
▷RP 2168, *in* D-00082
RP 2254, *see* G-00078
RP 2255, *see* S-00257
▷RP 2259, *see* G-00062

▷RP 2339, *see* A-00402
▷RP 2512, *in* P-00086
2535 RP, *in* H-00058
▷RP 2740, *in* M-00170
2856 R.P., *in* A-00363
▷RP 2921, *see* A-00336
▷RP 3015, *see* D-00412
▷RP 3038, *see* M-00240
▷3554 RP, *in* T-00182
▷RP 3668, *see* S-00093
▷RP 3735, *in* L-00110
▷RP 3854, *see* M-00077
▷4270 RP, *in* P-00597
RP 4482, *see* A-00209
▷RP 4763, *see* E-00147
▷4909 RP, *in* C-00296
▷RP 5171, *in* P-00442
▷RP 5278, *see* S-00162
RP 6171, *see* A-00367
RP 6484, *in* E-00266
RP 6798, *see* D-00066
▷RP 6847, *see* O-00132
▷RP 6870, *see* I-00075
▷RP 7162, *see* T-00516
▷RP 7204, *see* C-00578
7238 RP, *in* M-00182
▷RP 7676, *in* P-00395
▷7843 RP, *in* T-00208
▷RP 7891, *see* G-00063
RP 8228, *in* P-00197
▷RP 8307, *in* O-00052
▷RP 9153, *see* P-00273
▷RP 9159, *see* P-00122
▷RP 9671, *see* N-00227
▷RP 9715, *in* C-00597
▷RP 9955, *in* M-00076
▷RP 9965, *see* M-00332
▷RP 10192, *see* D-00064
▷RP 10248, *see* S-00263
▷RP 10257, *see* T-00533
RP 11614, *see* C-00027
RP 12222, *see* P-00072
RP 12833, *see* C-00495
▷RP 13057, *in* D-00019
RP 13607, *see* C-00510
RP 14539, *see* H-00208
RP 16091, *in* P-00168
17190 RP, *see* P-00539
▷RP 18631, *see* C-00221
RP 19366, *see* P-00302
RP 19551, *in* P-00302
RP 19552, *in* P-00302
19560 RP, *in* A-00241
RP 20517, *see* I-00168
20578 RP, *in* M-00344
▷21679 RP, *in* C-00097
▷RP 22050, *in* D-00019
▷RP 22410, *see* G-00048
▷RP 27267, *see* Z-00037
RP 31264, *see* S-00278
▷RP 32232, *see* S-00078
▷RP 33921, *see* D-00108
▷35972 RP, *see* O-00042
RP 36903, *in* D-00118
RP 37162, *see* S-00273
RP 40639, *see* P-00255
RP 40749, *see* P-00231
RP 42980, *see* C-00157
▷46241 RP, *see* M-00408
RP 48-482, *see* B-00182
▷RS 1044, *see* M-00138
RS 1047, *in* O-00028
RS 1310, *in* D-00054
RS 1320, *in* F-00167
RS 2106, *in* S-00144
R + S 218*M*, *see* A-00125
RS 2208, *in* A-00161
RS 2252, *see* F-00138
RS 2362, *see* P-00452
RS 2386, *see* C-00388
RS 2874, *see* D-00570
RS 3268*R*, *in* H-00185
RS 3694*R*, *in* C-00544
▷RS 3999, *see* F-00167
RS 404, *in* P-00025
RS-4464, *see* T-00452
RS 4691, *see* C-00489
RS 6245, *in* T-00044
RS 6818, *in* I-00201
RS 7540, *see* I-00201
▷RS 8858, *see* O-00108
RS 9390, *see* P-00529
RS 10085, *see* M-00419
RS 21361, *in* I-00036
▷RS 21592, *see* D-00350
RS 37326, *in* A-00393
RS 40584, *see* F-00163
RS 40974, *see* T-00302
RS 43179, *in* C-00257
RS 43285, *in* R-00012
RS 44872, *in* S-00184
RS 49014, *in* T-00041
RS 68439, *in* D-00107
RS 81943, *in* N-00016
RS 82856, *see* L-00063
RS 84043, *see* F-00074
RS 84135, *see* E-00067
RS 85446-007, *in* T-00286
RS 94991-298, *in* N-00010
RS 35887-00-10-3, *in* B-00410
RS-35909-00-00-0, *in* T-00253
RS 37619 00313, *in* K-00019
▷RT 6912, *see* N-00132
RU 1697, *in* T-00410
▷RU 2323, *see* G-00022
RU 486, *see* M-00371
▷RU 15060, *see* B-00099
RU 15350, *see* P-00517
▷RU 15750, *see* F-00119
RU 16999, *see* C-00550
RU 17033, *see* F-00203
RU 18492, *see* I-00224
RU 19110, *in* H-00009
RU 19404, *see* M-00384
RU 19583, *in* C-00456
RU 20201, *see* T-00042
RU 21600, *see* A-00181
RU 21824, *see* P-00036
RU 23908, *see* N-00143
RU 24722, *see* V-00038
▷RU 24756, *in* C-00138
RU 27592, *see* T-00076
RU 28318, *in* O-00144
RU 28965, *see* R-00100
RU 31158, *in* L-00089
RU 38086, *see* B-00018
RU 38486, *see* M-00371
RU 42924, *see* N-00085
Ru 43280, *see* O-00032
RU 44403, *see* T-00396
Rubiazol II, *see* S-00187
▷Rubidazone, *in* D-00019
▷Rubidium chloride, R-00103
▷Rubidomycin, *see* D-00019
▷Rubigen, *see* T-00102
▷Rubimycin, *see* P-00371
▷Rubomycin *C*, *see* D-00019
▷Ruby, *see* H-00021
▷Ruelene, *see* C-00572
Rufai *B*, *in* O-00061
Rufloxacin, R-00104
▷Rufocromomycin, *see* S-00162

▷Rugosin *H*, *see* C-00223
Rumatral, *see* A-00144
▷Rumensin, *in* M-00428
Ruptalgor, *in* A-00290
Ruscogenin, *in* S-00128
Ruscorectal, *in* S-00128
Rutaecarpine, R-00105
▷Rutamycin, *see* O-00037
Rutamycin B, *in* O-00037
▷Rutin, R-00106
▷Rutoside, *see* R-00106
▷Ruvazone, R-00107
Ruven, *see* T-00559
RV 12128, *see* M-00362
▷RV 12165, *see* D-00056
▷RX 67408, *see* D-00199
RX 71107, *see* D-00398
RX 781094, *in* D-00280
RX 285M, *see* C-00646
Ryania Diterpene ester A, *in* R-00108
Ryania Diterpene ester B, *in* R-00108
Ryania Diterpene ester C_1, *in* R-00108
Ryania Diterpene ester D, *in* R-00108
▷Ryanodine, R-00108
▷Rycovet, *see* O-00109
▷Rycovet-Nupor, *see* P-00213
Rydar, *see* D-00472
▷Ryegonouin, *in* M-00254
Rymazolium, *see* R-00055
▷Rynacrom, *in* C-00565
▷Ryodipine, *see* R-00060
▷Ryosidine, *see* R-00060
▷Ryotol, *see* N-00169
Rythmatine, *in* M-00093
▷Rythmodan, *see* D-00537
Rythmol, *in* P-00486
Rytmonorm, *in* P-00486
▷S 46, *see* P-00153
▷S-67, *see* A-00054
▷S 1210, *in* R-00029
▷S 1290, *see* C-00369
S 1320, *see* B-00344
▷S 1530, *see* N-00147
▷S 1540, *in* B-00241
S 1541, *in* C-00537
S 1574, *see* T-00240
▷1600S, *see* M-00146
▷S 1702, *see* G-00037
▷S 1752, *see* F-00078
▷S 1942, *see* B-00316
▷S-210, *see* M-00453
S222, *see* D-00545
S 2395, *see* T-00097
S 2539, *see* P-00169
▷S 2620, *see* A-00139
▷S 314, *see* F-00301
S 3341, *see* R-00052
S 350, *see* B-00401
S 3760, *in* S-00144
▷S 4105, *see* M-00055
S 4216, *see* P-00307
▷S 438, *see* B-00247
▷S 464, *in* I-00159
S 486, *see* N-00094
S 5521, *see* T-00414
▷S 567, *see* H-00206
▷S5614, *in* F-00050
S-596, *in* A-00447
S 604, *in* C-00249
▷S 640*P*, *see* C-00117
7432-S, *see* C-00155
▷S 805, *see* L-00106
▷S-8527, *see* C-00429
▷S940, *see* N-00042
S 9490, *in* P-00123
▷S9700, *in* P-00512
S 9780, *see* P-00123
S 992, *in* B-00050
▷S 2-127, *see* H-00145
▷S 9-888, *in* X-00004
10275 S, *see* E-00086
▷10364-S, *see* M-00100
S 14750*A*, *see* A-00101
S 25930, *see* I-00002
S-32-468, *in* S-00119
S 44328, *in* P-00547
S 50022, *see* G-00025
S 73 0740*B*, *see* T-00331
▷S 734118, *see* P-00323
▷S 746766, *see* B-00377
▷S 7481/*F*1, *in* C-00638
S 770777, *see* P-00410
S 792892*A*, *see* T-00279
▷S40045-9, *see* M-00151
SA 79, *in* P-00486
▷SA 96, *in* B-00337
▷S 99A, *in* S-00123
▷Sa 267, *in* D-00480
SA 446, *in* R-00022
SA 4427, *see* A-00233
▷SA 504, *in* T-00284
SA 85530*b*, *see* A-00500
Sabeluzole, S-00001
Sabromin, *see* B-00331
▷Saccharin, S-00002
▷Saccharin calcium, *in* S-00002
▷Saccharin sodium, *in* S-00002
▷Sacox, *see* S-00017
▷Sacromycin, *see* A-00187
▷Safe-Guard, *see* F-00037
▷Safepen, *in* C-00074
▷Safitex, *see* T-00353
Safra, *in* S-00003
▷Safrazine, S-00003
▷Safrole, *see* A-00131
▷Sagamicin, *in* G-00018
SaH 42-348, *see* L-00046
SaH 46-790, *see* F-00211
Saipeimine, S-00004
▷SAIsan, *see* D-00601
▷Salacetamide, *see* A-00033
Salafibrate, S-00005
Salantel, S-00006
Salazodimethoxine, S-00007
Salazodimidine, *see* S-00011
Salazodine, S-00008
▷Salazolon, *in* D-00284
Salazopyridazine, *see* S-00008
▷Salazopyrin, *see* S-00253
Salazosulfadimidine, *see* S-00011
Salazosulfamide, S-00009
Salazosulfapyridazine, *see* S-00008
▷Salazosulfapyridine, JAN, *see* S-00253
Salazosulfathiazole, S-00010
Salazosulphadimidine, S-00011
Salazothiazole, *see* S-00010
▷Salbutamol, S-00012
▷Salbutamol hemisulfate, JAN, *in* S-00012
Salcatonin, S-00013
▷Salcolex, USAN, *in* H-00112
▷Salcostat, *in* M-00246
▷Saldoren, *in* D-00284
Saletamide, *see* D-00237
Salethamide, *see* D-00237
Salethamide maleate, *in* D-00237
▷Sal ethyl, *in* H-00112
Salfluverine, S-00014
▷Salfuride, *in* N-00132
▷Salicain, *see* H-00104
▷Salicain, *see* H-00116
▷Salicresin, *see* C-00247
▷Salicyclic acid dihydrogen phosphate, *see* P-00217

Salicyclic acid ethyl ester, diethyl phosphate, *in* P-00217
▷Salicyclic acid methyl ester, *see* M-00261
▷Salicyl, *see* A-00033
▷Salicyl alcohol, *see* H-00116
▷Salicylamide, *in* H-00112
Salicylamidophenazone, *see* A-00416
Salicylanilide, *in* H-00112
▷Salicylanilide 3,4′-dibromo-5-chlorothioacetate, *see* B-00328
Salicylanilide *N*-methylcarbamate, *see* A-00389
Salicylazosulfadimidine, *see* S-00011
Salicylazosulfamethazine, *see* S-00011
Salicylazosulfamethoxypyridazine, *see* S-00008
▷Salicylazosulfapyridine, *see* S-00253
Salicylazosulfathiazole, *see* S-00010
▷Salicylic acid, *see* H-00112
▷Salicylic acid acetate, *see* A-00026
▷Salicylic acid acetate 4′-hydroxyacetanilide ester, *see* B-00057
▷Salicylic acid bimolecular ester, *see* S-00015
Salicylic acid methyl ether, *see* M-00196
▷Salicylic acid 5-sulfonic acid, *see* H-00214
Salicyl morpholide, *see* H-00115
Salicylo-*p*-phenetidide, *see* E-00170
4-Salicyloylmorpholine, *see* H-00115
▷Salicyloylsalicylic acid, S-00015
Salicylphenetidin, *see* E-00170
▷Salicylsalicylic acid, *see* S-00015
Salifebrin, *in* H-00112
▷Saligenin, *see* H-00116
▷Saligenol, *see* H-00116
Saliment, *in* H-00112
Salimethyl, *in* H-00112
▷Salimid, *see* C-00630
Salinazid, S-00016
Saliniazid, *see* S-00016
Salinidol, *in* H-00112
▷Salinomycin, S-00017
Saliphen, *see* E-00170
▷Saliphenazone, *in* D-00284
▷Salipyrazolon, *in* D-00284
▷Salipyrine, *in* D-00284
Salisburystin, *see* P-00089
Salizid, *see* S-00016
▷Salizol, *in* D-00284
Salizolo, *in* H-00112
Salmaterol, *see* S-00019
Salmefamol, S-00018
Salmester, *in* H-00112
Salmeterol, S-00019
Salmisteine, *in* A-00031
▷Salmocid, *see* P-00385
▷Salmotin, *see* P-00066
Salochimin, *in* Q-00028
Salocolum, *in* H-00112
▷Salofalk, *see* A-00266
Salophen, *in* H-00112
Saloquinine, *in* Q-00028
Salosept, *see* S-00009
Salprotoside, S-00020
Sal-Rub, *in* H-00112
▷Salsalate, *see* S-00015
Salsalate acetate, *in* S-00015
Salsoline, *see* T-00117
▷Salstan, *in* H-00112
▷Salt 1123, *see* C-00411
▷Saltron, *in* C-00215
Saltucin, *see* B-00401
▷Saluric, *see* C-00288
▷Salurilo *C*, *see* C-00630
▷Salurin, *in* M-00122
▷Saluron, *see* H-00099
▷Saluside, *see* O-00051
▷Saluzid, *see* O-00051
▷Salvacarol, *see* D-00254
Salvadourea, *see* B-00226
▷Salvarsan, S-00021
▷Salverine, *see* D-00232
Salvisol, *in* B-00202
Salvizol, *in* B-00202
Salvoseptyl, *see* S-00257
▷Salyrgan, *in* M-00122
▷SAM, *in* A-00068
Sambucin, *see* K-00009
▷Samet, *in* A-00068
Samorin, *in* I-00191
▷Samyr, *in* A-00068
Sanabolicum, *in* H-00185
Sanaboral, *see* O-00152
▷Sanamycin, *see* A-00054
▷Sancos, *see* P-00212
Sancycline, *see* D-00065
▷Sandimmune, *in* C-00638
▷Sandolanid, *in* D-00275
▷Sandomigran, *in* P-00368
Sandopart, *see* D-00030
Sandopral, *see* D-00030
▷Sandoptal, *see* B-00386
Sandostatin, *see* O-00025
Sandosten, *in* T-00163
▷Sandril, *see* R-00029
Sandwicine, *in* A-00088
▷Sanegyt, *in* G-00111
▷Sanguinarine, S-00022
▷Sanigal, *see* M-00430
▷Sanlephrin, *in* A-00272
▷Sanochrysine, *see* S-00084
▷Sanoflavin, *see* D-00120
▷Sanorex, *see* M-00029
Sansalid, *see* U-00013
▷Sansert, *in* M-00315
▷Santalgesic, *see* B-00386
▷Santarycin, *see* R-00046
▷Santavy's Substance F, *see* D-00062
▷Santemycin, *in* G-00018
▷Santenol, *in* D-00492
▷Santheose, *see* T-00166
▷Santochin, *see* M-00240
▷Santophen I, *see* B-00109
▷Santoquine, *see* M-00240
▷Sanulcer, *see* H-00067
▷Sanulcin, *in* I-00199
▷SAP 113, *see* N-00118
▷Sapecron, *see* C-00203
▷Sapem, *see* P-00194
▷SAPEP, *see* E-00155
▷Sapilent, *see* T-00516
Saracodine, *in* P-00416
Saralasin, S-00023
▷Saralasin acetate, *in* S-00023
▷Sarcocide, *see* D-00556
▷Sarcocide *B*, *see* M-00430
▷Sarcoclorin, *in* M-00084
Sarcolactic acid, *in* H-00207
Sarcolysin, *see* M-00084
▷Sarcosan, *in* H-00109
▷Sarenin, *in* S-00023
▷Sargam, *see* B-00099
▷Saritron, *see* T-00479
Sarmazenil, S-00024
▷Sarmentocymarin, *in* T-00473
▷Sarmentogenin, *in* T-00473
Sarmoxicillin, *in* O-00104
▷Sarnovide, *in* T-00473
Sarocol, *in* H-00112
▷Saroten, *in* N-00224
Sarpicillin, *in* H-00035
▷Sarracine, S-00025
Sarracine N-oxide, *in* S-00025
Saruplase, S-00026
SAS 1310, *see* N-00106

SAS 521, *in* H-00222
▷SAS 650, *see* F-00295
▷SAS 693, *see* D-00593
Saterinone, S-00027
Satranidazole, S-00028
Savapyrin, *see* D-00121
▷Savenna, *in* R-00031
▷Savlon, *in* C-00206
Savoxepin, S-00029
Saxifragin, *in* P-00082
▷Saxin, *see* S-00002
▷Sb 58, *see* S-00149
▷SB-5833, *see* C-00019
SBW-22, *see* K-00018
▷SC 1627, *see* D-00412
SC 1674, *see* F-00121
SC 2644, *see* C-00606
▷SC 3497, *see* A-00291
▷SC-4641, *see* N-00225
▷SC 6393, *see* A-00132
▷SC 7105, *in* P-00129
SC 7294, *see* P-00500
▷SC 7525, *in* O-00029
SC 8246, *see* C-00467
SC 9369, *see* P-00165
SC 9376, *see* C-00027
▷SC 9387, *see* P-00273
▷SC 9794, *see* P-00282
▷SC 9880, *in* F-00150
▷SC 11585, *see* O-00086
▷SC 11800, *in* E-00227
▷SC 12350, *in* N-00165
SC 12937, *see* A-00495
SC 13504, *see* R-00090
▷SC 14266, *in* H-00186
SC 16148, *in* H-00111
SC-18862, *see* A-00460
SC 19198, *in* M-00346
SC 21009, *see* N-00217
SC 23992, *in* P-00524
SC 25469, *see* P-00265
SC 26096, *see* M-00277
SC 26100, *in* D-00264
SC 26304, *see* D-00208
SC 26438, *see* P-00348
SC 27123, *in* O-00026
▷SC 27166, *see* N-00232
SC 27761, *in* P-00399
SC-29333, *see* M-00396
SC 31828, *see* D-00535
▷SC 32840, *see* O-00078
SC 33643, *see* B-00033
SC 33963, *see* R-00020
SC 34301, *see* E-00057
SC 35135, *in* E-00013
SC 36602, *in* D-00558
SC 38390, *in* Z-00021
SC 39026, *see* C-00246
SC 41156, *see* D-00388
▷Scabexan, *in* T-00193
Scabexol, *in* T-00193
Scandine, *see* I-00005
▷Scapuren, *in* L-00110
SCE 129, *see* C-00150
SCE 1365, *see* C-00130
▷SCE 963, *in* C-00140
SCF 16046, *see* A-00394
Sch 2544, *in* C-00593
Sch 3444, *in* P-00028
▷Sch 412, *see* M-00173
Sch 5350, *see* D-00177
▷Sch 5706, *see* F-00033
Sch 6620, *in* P-00412
▷Sch 6673, *in* A-00025
Sch 7056, *in* H-00071
▷Sch 10159, *in* T-00450
▷Sch 10304, *see* C-00479
Sch 10595, *in* B-00432
▷Sch 10649, *in* A-00512
Sch 11572, *in* M-00049
Sch 11973, *see* T-00389
▷Sch 12041, *see* H-00003
Sch 12149, *see* P-00047
Sch 12169, *in* C-00505
Sch 12650, *in* D-00022
Sch 12679, *in* T-00412
Sch 12707, *in* C-00479
Sch 13166, *see* D-00572
Sch 13430, *see* M-00070
▷Sch 13521, *see* F-00224
▷Sch 14342, *see* G-00017
Sch 14714, *see* F-00169
▷Sch 14947, *see* R-00092
Sch 15280, *in* A-00501
Sch 15427, *see* A-00062
Sch 15507, *see* D-00578
Sch 15698, *see* F-00118
▷Sch 16134, *see* Q-00004
Sch 16524, *see* R-00025
Sch 17894, *in* R-00092
Sch 18667, *in* R-00092
Sch 19741, *in* T-00526
Sch 19927, *in* L-00001
▷Sch 20569, *see* N-00078
▷Sch 21420, *in* G-00017
Sch 21480, *see* T-00309
Sch 22219, *in* A-00104
▷Sch 22591, *see* P-00099
Sch 25298, *see* F-00124
Sch 28316*Z*, *see* I-00056
Sch 29851, *see* L-00092
Sch 30500, *in* I-00079
Sch 31353, *in* D-00111
Sch 31846, *in* I-00063
Sch 32088, *in* M-00426
Sch 32481, *see* N-00079
SCH 33844, *in* S-00118
Sch 39720, *see* C-00155
Scha 306, *see* C-00383
Scherisolon solubile, *in* P-00412
Schistomide, *see* A-00367
Schizophyllan, S-00030
▷Scillacrist, *in* D-00319
▷Scillaren A, *in* D-00319
▷Scillarenin, *in* D-00319
Scinnamina, *in* R-00028
3,4,15-Scirpenetriol, *see* A-00386
Scleramin, *in* E-00003
Sclerorein, *see* P-00380
▷Sclerovit, *see* B-00179
▷Scolaban, *in* B-00359
▷Scopamin, *in* S-00031
▷Scopoderm, *see* S-00031
▷Scopolamine, S-00031
▷Scopolamine butyl bromide, *in* S-00031
▷Scopolamine ethobromide, *in* O-00123
▷Scopolamine hydrobromide, *in* S-00031
▷Scopoletin, *see* H-00148
▷Scopoline tropate, *see* S-00031
▷Scopos, *in* S-00031
Scotine, *in* C-00553
ScuPA, *see* S-00026
▷Scuroform, *in* A-00216
SD 25, *see* D-00235
SD 25, *see* S-00285
▷SD 1601, *in* M-00435
▷SD 3447, *see* T-00107
SD 735, *see* M-00429
▷SD 7859, *see* C-00203
SD 104-19, *in* P-00520
SD 1223-01, *see* T-00403
SD 1248-17, *in* T-00550

SD 149-01, *see* F-00046
SD 14112, *in* C-00286
SD 15803, *see* D-00205
▷SD 17102, *see* M-00319
▷SD 19050, *see* T-00342
▷SD 210-32, *see* C-00617
SD 2102-18, *in* T-00419
▷SD 218-06, *see* M-00061
SD 2124-01, *see* P-00451
SD 2203-01, *see* C-00554
SD 270-07, *in* O-00090
SD 270-31, *in* O-00077
▷SD 271-12, *in* C-00435
▷SD 27115, *in* F-00291
SD 286-03, *see* C-00616
SE 5007, *in* T-00174
▷SE 5023, *see* A-00139
SE 711, *see* P-00307
▷SE 780, *see* B-00050
▷Sebacil, *see* P-00221
Sebaclen, *in* X-00010
▷5,5′-(Sebacoyldiimino)bis[2,4,6-triiodo-*N*-methylisophthalmic acid, *see* I-00134
Sebaklen, *in* X-00010
▷Sebatrol, *see* F-00224
▷Secbutabarbital, *see* B-00380
▷Secbutobarbitone, *see* B-00380
Secholex, *in* P-00379
Seclazone, S-00032
▷Seclin, *in* D-00276
Secnidal, *see* H-00208
Secnidazole, *see* H-00208
▷Secobarbital, *see* Q-00011
▷Secobarbital sodium, *in* Q-00011
▷Secobarbitone, *see* Q-00011
9,10-Seco-5*Z*,7*E*,10(19)-cholestatriene-3*β*,25-diol, *see* H-00221
(5*Z*,7*E*)-9,10-Secocholesta-5,7,10(19)-triene-1*α*,3*β*-diol, *see* A-00109
▷9,10-Seco-5*Z*,7*E*,10(19)-cholestatrien-3*β*-ol, *see* V-00062
▷9,10-Secoergosta-5,7,10(19),22-tetraen-3-ol, *see* C-00012
▷9,10-Secoergosta-5,7,22-trien-3-ol, *see* D-00304
9,10-Seco-5*Z*,7*E*,10(19)-ergostatrien-3*β*-ol, *see* V-00063
▷Seconal sodium, *in* Q-00011
Secoverine, S-00033
▷Secrebil, *see* P-00310
Secrepan, *see* S-00034
Secretin, S-00034
▷Secrosteron, *see* D-00393
Securinan-11-one, *see* S-00035
Securinine, S-00035
Securopen, *see* A-00529
▷Sedaform, *see* T-00440
▷Sedalande, *see* F-00130
▷Sedalxir, *in* P-00101
▷Sedamyl, *see* A-00007
▷Sedantoinal, *see* M-00183
Sedantole, *in* C-00525
▷Sedapain, *in* E-00097
▷Sedaperone, *see* A-00503
Sedasma, *in* O-00053
Sedatoss, *see* F-00027
▷Sedecamycin, *in* B-00362
Sedobion, *in* S-00259
▷Sedocaine, *in* A-00374
▷Sedosil, *see* P-00257
Sedotosse, *see* I-00177
▷Sedufen, *in* F-00062
▷Seffein, *in* M-00238
▷Sefril, *see* C-00180
▷Segamol, *see* F-00064
Seganserin, S-00036
Seglitide, *see* C-00592
Seglitide acetate, *in* C-00592
▷Segontin, *see* P-00423
Seki, *in* C-00482
Sekretolin, *see* S-00034
▷Selacryn, *see* T-00258
Selbex, *see* T-00078
▷Seldane, *see* T-00088
Selecidin, *see* P-00366
Selectren retard, *in* F-00208
Selectren soluble, *in* F-00208
▷Seleen, *see* S-00037
Selegiline, *see* D-00449
Selenazofurin, *in* R-00039
▷Selenium sulfide, S-00037
▷Selenomethionine, S-00038
Selenomethionine 75 SE, INN, JAN, *in* S-00038
▷Selepam, *see* Q-00004
Selexid, *see* P-00366
Selezen, *in* H-00112
4(15),7(11)-Selinadien-8-one, *see* E-00268
Sellagen, *see* M-00011
Selprazine, S-00039
▷Selsun, *see* S-00037
▷Selva, *see* V-00057
Selvignon, *see* P-00275
Selvigon, *see* P-00275
▷Selvimidine, *see* Z-00031
▷Semap, *see* P-00062
Sematilide, S-00040
Semicid, *see* N-00206
▷Semikon, *see* M-00171
Semisodium valproate, *in* P-00516
▷Semustine, S-00041
Senecioylsulfanilamide, *see* S-00192
Sennidin, S-00042
Sennoside *A*, *in* S-00042
Sennoside *A′*, *in* S-00042
Sennoside *B*, *in* S-00042
Sennoside *C*, *in* S-00042
Sennoside *D*, *in* S-00042
Sennoside *E*, *in* S-00042
Sennoside *F*, *in* S-00042
Sennoside *G*, *in* S-00042
▷Senomen, *in* H-00191
Sensit, *in* F-00044
Sensor, *in* F-00103
▷Sensorad, *see* M-00250
▷Sensorcaine, *see* B-00368
Sepacron, *in* B-00202
▷Sepadin, *see* C-00272
Sepatren, *in* C-00143
▷Sepazon, *see* C-00517
Sepazonium(1+), S-00043
Sepazonium chloride, *in* S-00043
▷Seperidol hydrochloride, *in* C-00460
Seponver, *see* C-00504
▷Sepsoral, *see* A-00166
Septamid, *in* C-00289
Septazine, *see* B-00129
Septichen, *see* B-00340
Septimax, *see* G-00056
▷Septiphene, *see* B-00109
▷Septochol, *in* D-00321
Septocillin, *in* P-00171
▷Septotan, *see* H-00094
▷Septotence, *see* P-00153
▷Septural, *see* P-00349
▷Sequestrene, *see* E-00186
▷Sequestrene *NA* 3, *in* E-00186
Sequifenadine, S-00044
▷SER, *see* S-00050
Seractide, S-00045
Seractide acetate, *in* S-00045
▷Seragen, *in* H-00096
▷Seranace, *see* H-00015
▷Serax, *see* O-00096
▷Serazide, *see* B-00064
Serbose, *see* G-00074
Serc, *in* M-00220

Sercloremine, *see* C-00217
Sercloremine hydrochloride, *in* C-00217
▷Serecor, *in* Q-00027
Serefrex, *see* K-00010
▷Serelan, *in* M-00360
▷Serenal, *see* O-00098
▷Serenesil, *see* E-00151
▷Serenid-*D*, *see* O-00096
Serenium, *in* D-00131
Serenone, *in* B-00080
Serentil, *in* M-00134
Serentin, *in* P-00504
Serfibrate, S-00046
Sergetyl, *in* E-00266
Sergolexole, S-00047
▷Sériel, *see* T-00342
▷Serine *O*-diazoacetate, *see* A-00509
▷Serine diazoacetate ester, *see* A-00509
Serine dihydrogen phosphate, *see* P-00220
1-D-Serine-17-L-lysine-18-L-lysinamide-α^{1-18}-corticotropin, *see* C-00524
1-D-Serine-4-L-norleucine-25-L-valinamide-α^{1-25}-corticotropin, *see* P-00075
4-L-Serinepepstatin *A*, *in* P-00109
▷Serine 2-(2,3,4-trihydroxyphenyl)methylhydrazide, *see* B-00064
Serinfosfan, *in* P-00220
Seristan, *see* P-00271
▷Sermaka, *see* F-00215
Sermetacin, S-00048
▷Sermion, *see* N-00089
▷Sermix, *see* R-00029
Sermorelin, S-00049
▷Sernyl, *see* P-00183
▷Sernyl, *in* P-00183
▷Sernylan, *in* P-00183
▷Serocral, *see* I-00020
Seromycin, *see* A-00277
Serophen, *in* P-00220
▷Serotonin, *see* H-00218
▷Serotonyl, *in* H-00219
Serotropin, *see* S-00053
▷Serpasil, *see* R-00029
▷Serrapeptase, S-00050
▷Serratiopeptidase, *see* S-00050
Sertaconazole, S-00051
Sertal, *see* P-00035
Sertraline, S-00052
Sertraline hydrochloride, *in* S-00052
Serum gonadotrophin, S-00053
Serum prothrombin conversion accelerator, *see* F-00002
Serum thymic factor, S-00054
Seryl-β-MSH, *in* M-00075
▷*N*-(Seryl)-*N'*-(2,3,4-trihydroxybenzyl)hydrazide, *see* B-00064
▷Sesden, *in* T-00284
Sesquicillin, S-00055
Setastine, S-00056
Setazindol, S-00057
Sethotope, *in* S-00038
▷Sethyl, *in* H-00082
Setiptiline, *see* T-00123
Setoperone, S-00058
Sevitropium(1+), S-00059
Sevitropium mesilate, *in* S-00059
Sevoflurane, *see* H-00047
Sevopramide, S-00060
▷Sevrium, *in* E-00218
SF 1854, *in* F-00252
SF 2052, *see* D-00002
▷SF 277, *in* D-00309
▷SF 337, *see* A-00247
▷SF 572, *see* M-00120
▷SF 733, *see* R-00040
▷SF 767*A*, *see* L-00062
▷SF 837A_1, *see* P-00371
SF 86-327, *see* T-00081
SF 2080A, *see* D-00197
SF 973A, *see* A-00002
▷SF 767B, *see* P-00039
SF 973B, *in* A-00002
▷Sfericase, S-00061
SG 75, *see* N-00102
▷SG 4341, *in* H-00185
SGB 1534, *in* M-00213
SGB 483, *see* E-00201
Sgd 6-75, *in* B-00023
Sgd 101-75, *in* I-00051
▷Sgd 14480, *see* F-00210
Sgd 19578, *see* F-00149
Sgd 24774, *in* B-00023
Sgd 33374, *in* E-00055
S-GI, *in* T-00481
▷SH 100, *in* O-00089
SH 1040, *see* G-00020
SH 1051, *in* G-00036
SH 263, *in* D-00613
SH 419, *see* I-00115
SH 489, *see* M-00223
▷SH 567, *in* M-00178
▷SH 582, *in* G-00023
SH 601, *in* M-00178
▷SH 714, *in* C-00651
SH 741, *in* C-00466
▷SH 742, *see* F-00175
SH 770, *in* F-00175
SH 818, *in* C-00444
SH 863, *in* C-00444
▷SH 926, *see* I-00095
SH 968, *in* D-00270
▷SH 30858, *see* F-00033
SH 31168, *see* G-00040
SH 60723, *see* M-00137
▷SH 80714, *in* C-00651
Sharmone, *in* H-00205
▷SHB 286, *see* S-00261
SHB 331, *see* G-00021
SHCH 431, *see* S-00170
SHE 199, *in* E-00251
SHG 318*AB*, *see* S-00048
SH H 239 AB, *see* I-00135
SHH 248AB, *in* D-00138
Shihunine, S-00062
▷Shimoburo base I, *see* S-00100
Shiosol, *in* M-00115
▷SHK 183, *in* D-00270
▷SHK 203, *in* F-00174
▷SHM, *see* S-00124
Shup, *in* F-00066
SI 23548, *see* S-00066
Siagoside, S-00063
▷Sibiromycin, S-00064
Sibutramine, S-00065
Siccanin, S-00066
Sicorten, *see* H-00010
Siderin, *in* D-00332
▷Sidnofen, *in* F-00086
▷Sieromicin, *see* M-00096
▷Sigmacef, *see* P-00363
Sigmart, *see* N-00102
Siguazodan, S-00067
Silain, *in* D-00390
Silandrone, *in* H-00111
Silibinin, *see* S-00069
Silicicolin, *in* D-00083
Silicicolin *B*, *in* D-00083
Silicristin, *see* S-00070
Silidianin, *see* S-00071
Silital, *in* C-00249
Silodrate, *see* S-00072
▷Silomat, *in* C-00438
▷Silo San, *see* P-00330

Siloxyl, *in* D-00390
▷Silvadene, *in* S-00237
▷Silver nitrate, S-00068
▷Silver sulfadiazine, *in* S-00237
Silybin, S-00069
Silybum substance *E6*, *see* S-00069
Silychristin, S-00070
Silydianin, S-00071
Silymarin, *see* S-00069
Silymarin II, *see* S-00070
Silymonin, *in* S-00071
Simaldrate, S-00072
Simethicone, *in* D-00390
▷Simetride, S-00073
▷Simfibrate, S-00074
▷Simpalon, *see* S-00286
▷Simpla, *in* D-00203
▷Simplotan, *see* T-00293
Simtrazene, *see* D-00429
Simvastatin, S-00075
SIN I, *see* L-00052
▷Sinaclin, *see* F-00167
Sinapine, S-00076
▷Sinarest, *in* A-00308
▷Sinaxar, *see* S-00169
Sincalide, S-00077
▷Sincalin, *see* C-00308
▷Sinceral, *in* C-00456
▷Sinderesin, *see* I-00158
Sindol, *in* Z-00035
▷Sinefungin, S-00078
▷Sinemet, *in* A-00248
▷Sinemet, *in* C-00050
▷Sineptine, *in* L-00032
▷Sinfibrex, *see* S-00074
Singletin, *see* A-00227
▷Singoserp, *see* S-00287
▷Sinkalin, *see* C-00308
Sinlestal, *see* P-00445
▷Sinografin, *in* D-00138
▷Sinografin, *in* I-00097
▷Sinomenine, S-00079
Sinomin-acetyl, *in* S-00244
Sinorytmal, *in* T-00352
▷Sinos-active substance, *in* A-00232
Sinostemonine, S-00080
▷Sinovial, *see* P-00041
Sinovul, *see* A-00109
Sintestrol, *in* B-00220
▷Sinthrone, *see* N-00105
Sintiabil, *see* C-00336
▷Sintofene, *see* H-00195
Sintofolin, *in* B-00220
Sintomodulina, *see* T-00225
▷Sintrom, *see* N-00105
Sintropium(1+), S-00081
Sintropium bromide, *in* S-00081
▷Sinutab, *in* A-00272
Siomart, *see* N-00102
▷Sipasyl, *in* D-00235
Sipcar, *see* N-00229
▷Siplaril, *see* F-00198
▷Siplarol, *see* F-00198
Sirdalud, *see* T-00330
Siseptin, *in* S-00082
▷Sisomicin, S-00082
Sisomicin sulfate, JAN, *in* S-00082
Sisotek, *in* D-00111
▷Sissomicin, *see* S-00082
Sissotrin, *in* D-00330
Sistalcin, *in* D-00490
Sistalgin, *in* D-00490
Sisunine, *in* T-00374
▷Sitilon, *see* T-00129
Sitofibrate, *in* S-00151
Sitogluside, *in* S-00151
Sitoindoside I, *in* S-00151
Sitoindoside II, *in* S-00151
▷β-Sitosterol, *in* S-00151
γ-Sitosterol, *in* S-00151
Situalin, *in* D-00111
Sixtysix-20, *in* P-00412
Sizofuran, *see* S-00030
▷SK 1, *see* N-00090
SK 7, *in* T-00166
▷SK 100, *in* T-00534
▷SK 110, *see* A-00530
▷SK 15673, *in* M-00084
▷SK 27702, *see* B-00199
SK 29836, *in* M-00174
▷SK 52625, *see* D-00124
▷Skelaxin, *see* M-00152
▷SKF 51, *see* M-00257
▷SKF 1340, *in* P-00191
▷SKF 1700*A*, *in* B-00367
▷SKF 1995, *see* B-00238
▷SKF 2208, *in* H-00042
SKF 2599, *see* D-00494
▷SKF 3050, *in* D-00349
▷SKF 385, *in* P-00186
▷SKF 478, *see* D-00486
▷SKF 525*A*, *in* P-00442
▷SKF 538*A*, *in* D-00392
▷SKF 5883, *in* T-00208
SKF 6270, *in* M-00182
▷SKF 6539, *see* B-00239
▷SKF 6574, *in* P-00147
SKF 6611, *in* C-00242
▷SKF 688*A*, *see* P-00170
▷SKF 7690, *see* B-00056
SKF 8318, *see* X-00008
▷SKF 8542, *see* T-00420
SKF 9976, *in* O-00130
SKF 100168, *see* I-00005
SKF 101468, *see* R-00087
SKF 102362, *see* N-00144
▷SKF 10812, *see* F-00198
▷SKF 12141, *see* D-00485
▷SKF 12866, *see* T-00435
SKF 13338, *see* T-00421
SKF 13364-*A*, *in* T-00230
▷SKF 14336, *in* C-00465
SKF 15601*A*, *in* B-00230
SKF 22908, *see* T-00466
▷SKF 24529, *see* L-00065
SKF 28175, *in* F-00192
▷SKF 29044, *see* P-00032
▷SKF 30310, *see* O-00109
SKF 38094, *in* O-00011
▷SKF 38095, *in* T-00537
SKF 38730, *in* R-00058
▷SKF 40383, *in* C-00071
▷SKF 41558, *in* C-00120
SKF 53705*A*, *in* S-00220
SKF 59962, *see* C-00118
▷SKF 60771, *see* C-00117
SKF 61636, *see* B-00323
▷SKF 62979, *see* A-00096
SKF 63797, *see* D-00602
▷SKF 69634, *in* C-00486
SKF 70230*A*, *see* P-00275
SKF 72517, *see* E-00025
SKF 75073, *in* C-00135
▷SKF 769J_2, *in* C-00037
SKF 82526, *see* F-00063
▷SKF 83088, *see* C-00132
▷SKF 88373, *in* C-00158
SKF 91923, *see* B-00375
▷SKF 92334, *see* C-00350
SKF 92657*A*, *in* P-00441
SKF 92676, *see* I-00046
SKF 92994, *in* O-00124

SKF 93319, *in* I-00014
SKF 93479, *in* L-00113
SKF 93574, *see* D-00577
SKF 93944, *see* T-00060
SKF 94836, *see* S-00067
SKF 5354-A, *in* T-00462
SKF 7172-A_2, *in* F-00202
▷SKF 16214-A2, *in* C-00229
SKFD 2623, *in* T-00487
SKF D-39162, *see* A-00475
▷SKF 100916J, *in* A-00044
▷Skimmetin, *see* H-00114
Skimmin, *in* H-00114
Skinostelon, *in* H-00205
▷Skiodan sodium, *in* I-00106
Skleronorm, *see* E-00241
▷SK-Lygen, *in* C-00200
▷Skrub kreme, *see* H-00039
SL-573, *see* C-00392
SL 6057, *see* C-00436
SL 72340, *see* F-00228
▷SL 73033, *see* A-00419
SL 74036, *see* C-00391
SL 75177, *see* C-00332
▷SL 75212, *in* B-00142
SL 76002, *see* P-00465
SL 77499, *see* A-00112
SL 79229, *see* F-00052
SL77449-10, *in* A-00112
▷Slaked lime, *see* C-00015
▷SLD 212, *in* B-00142
SL 80 0750 23N, *in* Z-00033
Slovafol, *see* O-00024
Slow Reacting Substance of Anaphylaxis, *see* S-00136
Slow reversing endorphin, *see* D-00625
▷SM-14, *in* D-00459
SM 1213, *see* A-00345
SM 1652, *in* C-00143
SM 3997, *see* T-00026
▷SM 7354, *see* P-00263
▷Smedolin, *see* E-00258
▷SMP 78, *see* A-00171
SMS 201-995, *see* O-00025
Sm 857 SE, *see* O-00138
▷SN 166, *see* G-00057
▷SN 186, *in* C-00229
▷SN 203, *in* C-00437
SN 3517, *see* S-00185
▷SN 4395, *in* V-00052
▷SN 5870, *in* Q-00037
SN 612, *in* D-00131
SN 654, *in* P-00042
SN 6771, *see* B-00150
▷SN 6911, *see* M-00240
▷SN 10751, *in* A-00353
▷SN 12870, *see* G-00041
▷SN 13272, *see* P-00434
SN 13276, *see* P-00092
SN 13421, *see* M-00259
SN105-843, *see* N-00024
SNR 1804, *see* C-00406
▷Sobelin, *see* C-00428
Sobrepin, *see* H-00162
Sobrerol, *see* H-00162
Sociam, *see* S-00228
Socian, *see* A-00347
Soclidan, *in* N-00086
▷Sodital, *in* P-00101
▷Sodium acetrizoate, *in* A-00340
▷Sodium amidotrizoate, *in* D-00138
Sodium amylosulfate, *in* S-00140
▷Sodium anoxynaphonate, *in* A-00379
Sodium apolate, *in* V-00047
Sodium arsanilate, *in* A-00302
▷Sodium arsenate, S-00083
Sodium ascorbate, *in* A-00456
Sodium aurothiomalate, *in* M-00115
▷Sodium aurotiosulfate, S-00084
▷Sodium bitionolate, *in* B-00204
▷Sodium butallylonal, *in* B-00290
▷Sodium calcium edetate, *in* E-00186
▷Sodium cefapirin, JAN, *in* C-00115
▷Sodium cefazolin, JAN, *in* C-00120
▷Sodium chloride, S-00085
▷Sodium chromate, S-00086
Sodium clodronate, *in* D-00194
▷Sodium cromoglicate, JAN, *in* C-00565
Sodium dibunate, *in* D-00173
▷Sodium diprotrizoate, *in* D-00138
▷Sodium dithiosulfatoaurate(I), *see* S-00084
Sodium diuril, *in* C-00288
▷Sodium estrone sulfate, *in* O-00031
▷Sodium etidronate, *in* H-00132
Sodium etoquinol, *in* E-00171
▷Sodium feredetate, *in* E-00186
▷Sodium flucloxacillin, JAN, *in* F-00139
▷Sodium fluoride, S-00087
▷Sodium gentisate, *in* D-00316
Sodium glucaspaldrate, *in* B-00185
Sodium gualenate, *in* I-00205
▷Sodium hexacyclonate, *in* H-00158
▷Sodium iodide, S-00088
▷Sodium iopodate, *in* I-00129
▷Sodium iotalamate, JAN, *in* I-00140
▷Sodium ipodate, *in* I-00129
▷Sodium ironedetate, *in* E-00186
Sodium mercumallylate, *in* M-00123
Sodium metrizoate, *in* D-00138
▷Sodium nafcillin, *in* N-00012
▷Sodium nitrite, S-00089
▷Sodium nitroferricyanide, *in* P-00083
▷Sodium nitroprusside, *in* P-00083
▷Sodium oxybate, *in* H-00118
Sodium pertechnetate, *in* P-00130
▷Sodium phosphate dibasic, *in* P-00219
▷Sodium phosphate monobasic, *in* P-00219
▷Sodium phytate, USAN, *in* I-00074
Sodium picofosfate, INN, JAN, *in* B-00221
▷Sodium picosulfate, *in* B-00221
▷Sodium picosulphate, *in* B-00221
▷Sodium stibocaptate, *see* S-00149
▷Sodium sulfate, S-00090
Sodium tequinol, *in* E-00171
▷Sodium tetradecyl sulfate, *in* E-00209
▷Sodium thiosulfate, S-00091
▷Sodium timerfonate, *in* T-00191
▷Sodium tyropanoate, *in* T-00581
▷Sofalcone, S-00092
▷Sofenac, *see* T-00527
▷Sofradecol, *in* E-00209
▷Soframycin, *see* N-00068
▷Sogain, *see* B-00402
▷Solacen, *see* T-00577
Solacil, *see* P-00545
▷Solacin, *see* T-00577
Solanoside, *in* D-00274
▷Solantal, *in* T-00245
▷Solapsone, S-00093
▷Solaquin, *in* B-00074
Solarutine, *in* R-00106
▷Solasulfone, *see* S-00093
Solatene, *see* C-00088
Solatran, *see* K-00012
▷Solbrol *A*, *in* H-00113
▷Solbrol *P*, *in* H-00113
Solcodein, *in* C-00525
▷Soldactone, *in* H-00186
▷Soldep, *see* T-00441
▷Soldier, *see* H-00073
▷Soledum-Kapseln, *see* C-00360
Solevar, *see* P-00500
▷Solfocrisol, *see* S-00084

▷Solfone, *see* G-00057
▷Solganol, *in* T-00201
▷Solgol, *see* N-00006
▷Solimidine, *see* Z-00031
▷Solium, *see* F-00022
▷Soliwax, *in* B-00210
Sol-Mycin, *in* D-00303
▷Solon, *see* S-00092
Solpecainol, S-00094
Solu-Altim, *see* C-00550
Soluarsphenamine, S-00095
Solu-Biloptin, *in* I-00129
▷Soluble indigo blue, *in* I-00058
Solucongo, *see* C-00541
▷Solu-Diazine, *in* S-00237
Solu-Dilar, *in* P-00025
Soludillar, *in* P-00025
Solu-Forte-Cortin, *in* D-00111
▷Soluglaucit, *see* P-00027
▷Solu-Glyc, *in* C-00548
Soluidal, *see* L-00028
Solumag, *in* O-00140
Soluphene, *in* I-00008
Solupred, *in* P-00412
Soluprim, *in* S-00199
▷Soluran, *in* C-00215
▷Solurol, *see* S-00283
Solurutine, *in* R-00106
Solu-Salvarsan, *see* S-00095
▷Solusediv, *see* F-00130
▷Solusulfone, *see* S-00093
Solutedarol, *in* T-00419
▷Solutrast, *see* I-00124
▷Solvan, *see* D-00483
Solvarsin, *in* A-00271
▷Solvent yellow 3, *see* A-00251
Solvisat, *in* C-00548
Solvodol, *see* P-00029
▷Solvoscleril, *see* B-00179
▷Solypertine, S-00096
▷Solypertine tartrate, *in* S-00096
Somabet, *in* B-00140
Somagest, *in* A-00350
▷Somalgen, *see* T-00013
Somantadine, *see* A-00064
Somantadine hydrochloride, *in* A-00064
Somatobiss, *see* S-00097
Somatocrinin, *see* S-00097
▷Somatofalk, *see* S-00098
Somatoliberin (human pancreatic islet), *see* S-00097
Somatonorm, *see* H-00090
Somatorelin, S-00097
▷Somatostatin, S-00098
Somatotropin (human), *see* H-00090
▷Somatotropin release inhibiting factor, *see* S-00098
Somatrem, S-00099
Somatropin, *see* H-00090
Somatyl, *in* B-00140
▷Sombril 400, *in* I-00140
▷Somelin, *see* H-00020
▷Somese, *see* T-00425
Sometribove, BAN, INN, USAN, *in* S-00099
Sometripor, BAN, INN, USAN, *in* S-00099
▷Somiaton, *see* S-00098
Somilan, *in* T-00433
Somio, *see* C-00193
▷Somnipron, *in* A-00430
▷Somnos, *see* T-00433
▷Somnothan, *see* B-00294
▷Somsanit, *in* H-00118
▷Sonacide, *see* P-00090
▷Sonbutal, *see* B-00290
Sonfilan, *see* S-00030
▷Songar, *see* T-00425
▷Songorine, S-00100
Songorine N-oxide, *in* S-00100
Sonilyn, *see* S-00236
▷Sontochin, *see* M-00240
▷Sontoquine, *see* M-00240
▷Sonuctone, *see* V-00031
▷Soorphenesin, *see* C-00261
Sopecainol, *see* S-00094
▷Sophoretin, *see* P-00082
Sopin, *see* H-00090
Sopitazine, S-00101
▷Sopor, *see* M-00172
Sopromidine, S-00102
Soquinolol, S-00103
▷Sorbester P12, *in* A-00387
Sorbester P16, *in* A-00387
▷Sorbester P17, *in* A-00387
▷Sorbester P18, *in* A-00387
Sorbester P37, *in* A-00387
Sorbester P38, *in* A-00387
Sorbide (obsol.), *see* D-00144
Sorbinicate, *in* G-00054
Sorbinil, S-00104
Sorbitan, *see* A-00387
▷Sorbitan laurate, *in* A-00387
▷Sorbitan monolaurate, *in* A-00387
▷Sorbitan monooleate, *in* A-00387
Sorbitan monopalmitate, *in* A-00387
▷Sorbitan monostearate, *in* A-00387
▷Sorbitan oleate, *in* A-00387
Sorbitan palmitate, *in* A-00387
▷Sorbitan stearate, *in* A-00387
Sorbitan trioleate, *in* A-00387
Sorbitan tristearate, *in* A-00387
▷D-Sorbitol, *in* G-00054
L-Sorbitol, *in* G-00054
Sorboquel, *in* P-00382
▷Sordinol, *in* C-00481
Sordinol depot, *in* C-00481
▷Sormodren, *see* B-00255
Sornidipine, S-00105
▷Sospitan, *see* P-00568
▷Sostol, *in* C-00229
▷Sotacor, *in* S-00106
▷Sotal, *see* T-00311
▷Sotalex, *in* S-00106
Sotalol, S-00106
▷Sotalol hydrochloride, *in* S-00106
▷Sotaper, *in* S-00106
▷Sotapor, *in* S-00106
▷Soterenol, S-00107
▷Soterenol hydrochloride, *in* S-00107
Sotorni, *in* P-00512
Sotravarisc, *see* P-00380
▷Soventol, *see* B-00106
▷Soviet gramicidin, *see* G-00083
Soxisol, *see* S-00216
▷Soxomide, *see* S-00215
Sozoiodolic acid, *see* D-00358
Sozojodol, *see* D-00358
SP 5, *see* S-00135
SP 1059, *in* P-00592
SP 119, *see* T-00291
SP-175, *see* N-00001
SP-204, *in* M-00086
Sp 281, *in* V-00027
SP 304, *see* P-00343
SP-325, *in* N-00004
▷SP 732, *in* P-00473
▷Sp 100-2, *in* F-00280
Spabucol, *see* T-00491
Spacine, *in* P-00028
Spactin, *in* B-00434
Spadon, *see* C-00090
Spaglumic acid, *in* A-00451
Spaglumic acid, *see* I-00211
Spagluminic acid, *see* I-00211
▷Spalgo, *in* B-00147

Spalix, *in* T-00554
▷Spamorin, *see* T-00479
▷Span 20, *in* A-00387
Span 40, *in* A-00387
▷Span 60, *in* A-00387
Span 65, *in* A-00387
▷Span 80, *in* A-00387
Span 85, *in* A-00387
▷Spanomid, *in* P-00430
▷Spantrin, *in* V-00003
Sparcort, *in* D-00267
▷Sparfosate sodium, USAN, *in* S-00108
Sparfosic acid, S-00108
▷Sparine, *in* P-00475
▷Sparsogenin, *see* S-00109
▷Sparsomycin, S-00109
▷Spartakon, *in* T-00151
Sparteine, S-00110
▷Sparteine sulfate, *in* S-00110
▷Spartrix, *see* C-00083
SPA-S 160, *in* P-00042
▷Spasfon-Lyoc, *see* B-00076
▷Spasmalex, *in* D-00276
Spasmalgan, *see* D-00071
▷Spasmamide, *see* F-00033
Spasman, *in* D-00491
Spasmaparid, *in* B-00160
Spasmentral, *in* B-00080
▷Spasmex, *in* T-00558
Spasmexan, *see* F-00025
Spasmisolvina, *in* B-00160
Spasmium, *see* C-00090
▷Spasmo 3, *in* T-00558
Spasmocalm, *in* B-00111
▷Spasmocan, *in* D-00234
Spasmocromona, *see* M-00231
▷Spasmoctyl, *in* O-00069
▷Spasmodex, *in* D-00276
Spasmo-Dolisina, *see* P-00498
Spasmokalon, *in* B-00111
▷Spasmolevel, *in* D-00276
▷Spasmolysin, *see* P-00551
▷Spasmolytin, *see* A-00072
▷Spasmomen, *in* O-00069
Spasmonal, *in* D-00517
Spasmo-Paparid, *in* B-00160
▷Spasmophen, *in* O-00161
Spasmopriv, *see* F-00065
Spasmoxal, *see* D-00474
▷Spastin, *see* B-00003
▷Spaston, *in* D-00480
▷Spastrex, *in* O-00161
Spatonin, *see* D-00248
SPC 297*D*, *see* A-00520
SPCA, *see* F-00002
▷Spectacillin, *see* E-00074
▷Spectinomycin, S-00111
▷Spectinomycin hydrochloride, *in* S-00111
▷Spectogard, *in* S-00111
Spectra-Sorb *UV*-284, *see* B-00098
Spectra-Sorb *UV* 531, *see* O-00004
▷Spectra-Sorb UV, *in* D-00318
▷Spectra Sorb UV24, *in* T-00472
Spectra-Sorb UV 5411, *see* O-00027
Spectrila, *see* T-00023
▷Spectrum, *see* C-00152
Speda, *see* V-00046
Spergisin, *in* M-00427
Spergualin, S-00112
▷Spertacide, *see* D-00149
Speton, *in* M-00427
SPG, *see* S-00030
▷Spheroidine, *see* T-00156
▷Spheromycin, *see* N-00228
S-PI, *in* P-00109
Spiclamine, S-00113
Spiclomazine, S-00114
Spidox, *in* H-00191
Spilan, *see* B-00118
▷Spiperone, S-00115
▷Spiractin, *see* P-00288
Spiradoline, S-00116
Spiramide, S-00117
▷Spiramycin, *in* F-00249
▷Spiramycin *A*, *see* F-00249
▷Spiramycin *B*, *see* F-00250
▷Spiramycin *C*, *see* F-00251
▷Spiramycin I, *see* F-00249
▷Spiramycin II, *see* F-00250
▷Spiramycin III, *see* F-00251
▷Spiramycin, BAN, INN, USAN, *in* F-00250
▷Spiramycin, BAN, INN, USAN, *in* F-00251
Spiranyl, *in* T-00084
Spirapril, *in* S-00118
Spiraprilat, S-00118
Spirapril hydrochloride, *in* S-00118
Spirazine, *see* S-00130
Spirendolol, S-00119
▷Spirex, *in* C-00071
Spirgetine, S-00120
▷Spirilene, S-00121
▷Spiro 32, *in* S-00123
Spirobromin, *in* D-00169
Spirocort, *see* B-00344
▷Spiroctan, *see* S-00125
▷Spirodecanone, *see* S-00115
▷Spirodiflamin, *see* F-00223
Spiroform, *in* A-00026
Spirofylline, S-00122
Spirogermanium, S-00123
▷Spirogermanium hydrochloride, *in* S-00123
▷Spirohydantoin mustard, *see* S-00124
Spiroktan, *see* C-00027
▷Spiromustine, S-00124
▷Spironolactone, S-00125
▷Spiroperidol, *see* S-00115
▷Spiropitan, *see* S-00115
Spiroplatin, S-00126
Spirorenone, S-00127
Spirosal, *in* H-00112
(22*S*,25*S*)-5α-Spirosolan-3β-ol, *see* T-00374
5-Spirostene-1,3-diol, S-00128
5-Spirosten-3-ol, S-00129
Spirot, *in* C-00569
Spirotriazine, S-00130
Spiroxamide, *see* S-00132
Spiroxasone, S-00131
Spiroxatrine, S-00132
Spiroxepin, S-00133
▷Spizef, *in* C-00140
Spizofurone, S-00134
Splenopentin, S-00135
Spofa 325, *in* M-00460
▷Spongoadenosine, *in* A-00435
▷Sporostacin-active substance, *see* C-00199
▷Spotton, *see* F-00078
Sprx, *in* M-00290
Sputolysin, *in* D-00060
▷SQ 1089, *see* H-00220
▷SQ 1489, *see* T-00149
SQ 2128, *in* D-00131
▷SQ 9538, *see* T-00100
SQ 9993, *in* O-00028
▷SQ 10269, *in* C-00053
▷SQ 10496, *in* T-00181
▷SQ 10643, *in* C-00355
▷SQ 11302, *see* E-00074
▷SQ 11436, *see* C-00180
▷SQ 13050, *see* E-00009
▷SQ 13396, *see* I-00124
SQ 13847, *see* P-00356
SQ 14359, *see* A-00409

▷SQ 15101, *in* A-00114
SQ 15102, *in* T-00419
SQ 15,112, *see* A-00176
▷SQ 15761, *in* I-00129
SQ 15860, *see* G-00074
SQ 15874, *see* P-00275
▷SQ 16123, *in* M-00180
SQ 16150, *in* O-00028
▷SQ 16360, *in* F-00303
SQ 16374, *in* M-00178
SQ 16401, *see* D-00190
SQ 16423, *in* O-00074
▷SQ 16496, *in* M-00178
▷SQ 16603, *see* F-00303
SQ 17409, *in* D-00604
SQ 19844, *see* S-00077
SQ 20009, *in* E-00143
SQ 20824, *see* F-00179
SQ 20881, *see* T-00079
▷SQ 21982, *see* I-00108
▷SQ 22947, *in* T-00238
SQ26490, *see* N-00018
▷SQ 26776, *see* A-00533
SQ 26917, *in* A-00533
SQ 26962, *see* M-00038
SQ 26991, *in* Z-00025
SQ 27239, *see* T-00314
SQ 27519, *see* C-00611
SQ 28555, *in* C-00611
SQ 30213, *see* T-00268
SQ 65396, *see* C-00101
SQ 65,993, *see* G-00035
SQ 82291, *see* O-00115
SQ 82531, *in* O-00115
SQ 82629, *in* O-00115
Sqd 1-85, *see* P-00117
SR 1368, *see* T-00282
▷SR 202, *see* M-00372
▷SR 2508, *see* E-00139
SR 41319, *in* T-00280
SR 41378, *see* E-00046
SR 95191, *see* B-00019
SRC 4402, *see* C-00253
SRC 909, *see* P-00335
▷SRIF, *see* S-00098
▷Srilane, *see* H-00130
SRS-A, S-00136
(25S)-Ruscogenin, *in* S-00128
▷ST 21, *see* P-00363
St 105, *see* P-00414
St 1085, *in* M-00369
ST 1191, *see* E-00261
St 1411, *see* D-00381
ST 1512, *see* H-00068
▷ST 2121, *in* E-00097
ST 2225, *see* B-00041
ST 375, *see* T-00358
St 487, *see* T-00216
▷ST 5066, *see* I-00091
St 567, *see* A-00120
ST 5614, *see* I-00123
ST 600, *see* F-00230
ST 729, *see* M-00341
ST 8005, *see* S-00199
▷ST 9067, *see* A-00525
StA 307, *see* T-00205
▷Stabicillin, *see* P-00171
▷Stabilotren, *in* C-00097
▷Stabinol, *see* I-00180
Stablon, *see* T-00240
▷Staburin, *in* T-00284
▷Stadol, *in* B-00417
▷Stafac, *in* O-00068
Staff, *see* E-00261
▷Stafusid, *in* F-00303
▷Stakane, *see* A-00419
▷Stallimycin, *see* D-00539
▷Stallimycin hydrochloride, *in* D-00539
Stamycil, *see* C-00453
Stamyl, *in* P-00010
▷Stanaprol, *in* H-00109
▷Stangyl, *see* T-00516
▷Stanilo, *in* S-00111
▷Stannous fluoride, S-00137
Stannous pyrophosphate, S-00138
▷Stanolone, *in* H-00109
▷Stanolone benzoate, *in* H-00109
Stanolone valerate, *in* H-00109
Stanozolol, S-00139
▷Staphcidin (obsol.), *see* L-00123
▷Staphcillin, *in* M-00180
Staphylomycin *S*, *see* V-00054
Staphylomycin M_1, *see* O-00068
Staphylomycin S_2, *in* V-00054
Staphylomycin S_3, *in* V-00054
Staporos, *in* C-00013
Stapyocine, *in* P-00440
▷Starcef, *see* C-00152
Starch, S-00140
▷Starch gum, *see* D-00114
Startal, *in* G-00058
Staticum, *see* G-00045
Statil, *see* P-00387
Statobex, *in* M-00290
▷Statocin, *see* C-00076
▷Statolon, S-00141
▷Statran, *see* E-00042
Statyl, *see* M-00232
▷StC 1400, *see* F-00147
StC 407, *see* I-00197
▷STD, *in* E-00209
▷Stearylamine, *see* O-00012
▷α-Stearyl glyceryl ether, *see* D-00337
Stearylsulfamide, S-00142
Steatrope, *see* O-00110
▷Stecsolin, *see* O-00166
▷Steffimycin, S-00143
▷Steffimycin B, *in* S-00143
Steffimycin C, *in* S-00143
Steffimycinone, *in* S-00143
▷Steffisburgensimycin, *see* S-00143
▷Steladone, *see* C-00203
▷Stelazine, *in* T-00463
▷Stemex, *in* P-00025
▷Stenandiol, *in* A-00383
Stenbolone, S-00144
Stenbolone acetate, *in* S-00144
Stenediol, *in* M-00225
▷Stenicid, *in* F-00303
Stenofillina, *see* A-00011
Sten-or, *see* M-00137
Stenorol, *in* H-00009
▷Stephylomycin, *in* O-00068
Stepin, *see* T-00214
Stepronin, S-00145
▷Steranabol, *in* C-00506
Stercorin, *in* C-00305
Stercuronium(1+), S-00146
Stercuronium iodide, *in* S-00146
▷Sterecyt, *see* P-00411
▷Stereocyt, *see* P-00411
▷Stereomycine, *in* L-00032
Sterilium, *in* E-00182
Sterisil, *see* H-00064
Sterisol, *see* H-00063
Stermonid, *see* D-00574
Sterocort, *see* P-00414
Sterocrinolo, *in* H-00185
Sterolin, *in* S-00151
Sterorer, *see* C-00624
▷Sterosan, *see* D-00189
Sterosone, *in* H-00205

▷Steroxin, *see* D-00189
Stevaladil, *in* A-00315
▷Stevin, *in* S-00147
Steviol, S-00147
▷Stevioside, *in* S-00147
▷Steviosin, *in* S-00147
▷Stibamine glucoside, S-00148
▷Stibanilic acid, *see* A-00212
Stiberyl, *in* A-00212
4′-Stibinoacetanilide, *in* A-00212
▷Stibocaptate, S-00149
Stibocetin, *in* A-00212
▷*p*-Stibonoaniline, *see* A-00212
▷*p*-Stibonobenzenamine, *see* A-00212
▷Stibophen, *in* B-00207
Stibosamine, *in* A-00212
2,2′,2″-Stibylidynetris[thio]trisbutanedioic acid, S-00150
▷Stiedex, *see* D-00102
▷Stifarol, *in* D-00313
▷5-Stigmasten-3-ol, S-00151
Stigmastenol clofibrate, *in* S-00151
Stigmenene(1+), *see* B-00101
▷Stilamin, *see* S-00098
Stilbamidine, *in* S-00153
Stilbamidine isetionate, *in* S-00153
Stilbazium(1+), S-00152
▷Stilbazium iodide, *in* S-00152
4,4′-Stilbenedicarboxylic acid, S-00153
Stilbenemidine, S-00154
▷Stilbestriol DP, *in* D-00257
Stilbestrol difuroate, *see* F-00297
▷Stilbestrol diphosphate, *in* D-00257
Stilboestrol, *see* D-00257
ψ-Stilboestrol, *in* D-00257
Stilbostat, *in* D-00257
▷Stillomycin, *see* P-00557
Stilnox, *in* Z-00033
Stilonium(1+), S-00155
Stilonium iodide, *in* S-00155
Stilpalmitate, *in* D-00257
▷Stilphostrol, *in* D-00257
Stimate, *see* D-00097
Stimol, *see* C-00405
Stimoval, *see* E-00080
▷Stimsen, *see* D-00417
▷Stimulaxin, *in* D-00591
▷Sting-Kill, *see* T-00536
▷Stirifos, *see* T-00107
Stirimazole, S-00156
▷Stiripentol, S-00157
Stirocainide, S-00158
▷Stirofos, *see* T-00107
Stivane, *in* P-00336
StL 1106, *in* F-00207
▷Stofilin, *see* B-00011
Stomatosan, *in* T-00357
▷Stomoxin, *see* P-00128
▷Stop, *see* S-00137
Stopcold, *see* M-00059
▷Storinal, *in* O-00029
▷Stovaine, *in* A-00374
▷Stovarsol, *in* A-00271
St Peter 224, *in* M-00369
▷Straminol, *in* M-00147
Stratene, *in* C-00183
Strensol, *see* N-00129
▷Streptase, *see* S-00160
Streptococcal deoxyribonuclease, *see* S-00159
Streptodornase, S-00159
▷Streptogramin, *in* O-00068
Streptogramin *A*, *see* O-00068
Streptohydrazid, *in* S-00161
▷Streptokinase, S-00160
Streptomagma, *in* D-00303
▷Streptomycin, S-00161
Streptoniazid, *in* S-00161
Streptonicozid, *in* S-00161
▷Streptonigrin, S-00162
▷Streptonivicin, *see* N-00228
▷Streptothricin *B*1, *see* N-00069
▷Streptovaricin *A*, *in* S-00163
▷Streptovaricin *B*, *in* S-00163
▷Streptovaricin *C*, *in* S-00163
Streptovaricin *G*, *in* S-00163
Streptovaricin *Fc*, *in* S-00163
▷Streptovaricin D, *in* S-00163
Streptovaricin E, *in* S-00163
Streptovaricin J, *in* S-00163
Streptovaricin K, *in* S-00163
▷Streptovarycin, S-00163
▷Streptozocin, *see* S-00164
▷Streptozotocin, S-00164
Stresam, *in* E-00236
▷Stresnil, *see* A-00503
▷Stresson, *in* B-00364
▷Striatan, *see* E-00042
▷Striatran, *see* E-00042
Striazide, *in* S-00161
▷Stricnogen, *in* S-00167
Strinoline, *see* T-00424
▷Strobilurin A, *see* M-00469
Strobilurin B, *in* M-00469
Strobilurin C, *in* M-00469
Stromba, *see* S-00139
▷Strontium chloride, S-00165
▷Strontium nitrate, S-00166
▷Strophanthidin, *in* T-00478
▷*g*-Strophanthidin, *in* H-00053
▷*g*-Strophanthin, *in* H-00053
▷*g*-Strophanthoside, *in* H-00053
▷Strospeside, *in* T-00474
▷Strotope, *in* S-00166
▷Strumacil, *see* D-00293
▷Strychnidin-10-one, *see* S-00167
▷Strychnine, S-00167
▷Strychnine N-oxide, *in* S-00167
▷*C*-Strychnotoxine I, *see* C-00016
▷*C*-Strychnotoxine Ia, *see* C-00016
▷Stryphnon, *see* A-00076
▷STS, *in* E-00209
▷STS 557, *see* D-00224
▷Stuartinic, *in* P-00016
Stuart-Prower factor, *see* F-00005
Stubomycin, *see* H-00081
Stugeron, *see* C-00372
Sturamustine, S-00168
▷Stylomycin, *see* P-00557
Stylophylline, *in* H-00095
▷Stypnon, *see* A-00076
Stypticin, *in* C-00552
Styptol, *in* C-00552
Styquin, *in* B-00387
▷Styramate, S-00169
▷Su 42, *in* E-00218
▷SU-88, *see* S-00092
▷Su 1906, *see* T-00173
▷Su 3088, *in* C-00207
SU 6187, *see* B-00401
▷Su 6518, *in* D-00391
▷Su-7078, *see* B-00032
▷Su 8341, *see* C-00630
▷Su 10568, *in* C-00271
▷SU 13437, *see* N-00014
▷Su 18137, *see* C-00650
▷Suacron, *see* C-00038
Suavedol, *in* G-00029
▷Suavitil, *in* B-00034
▷Suballan, *see* N-00101
Subathizone, S-00170
Subatin, *see* S-00170
Subitol, *see* I-00010

▷Sublimaze, *see* F-00077
Subose, *see* G-00074
▷Subranyl, *in* O-00161
▷Su-Brontine, *in* D-00087
Substance *P*, S-00171
Substance *S*, *in* D-00062
▷Sucaryl, *in* S-00002
▷Succimer, *in* D-00384
1-Succinamic acid-5-L-valine-8-(L-2-phenylglycine)-angiotensin II, *see* A-00438
▷Succinoylcholine, *see* S-00280
▷Succinylcholine chloride, *in* S-00280
Succinyldapsone, *see* S-00173
Succinyldiaphenylsulphone, *see* S-00173
Succinylsulfanilamide, *see* S-00209
▷Succinylsulfathiazole, S-00172
Succisulfone, S-00173
▷Succitimal, *see* M-00294
Suclofenide, S-00174
▷Sucostrin chloride, *in* S-00280
▷Sudafed, *in* M-00221
Sudexanox, S-00175
▷Sudoxicam, S-00176
▷Sufenta, *in* S-00177
Sufentanil, S-00177
▷Sufentanil citrate, *in* S-00177
▷Sufosfamide, S-00178
Sufotidine, S-00179
Sufrexal, *see* K-00010
▷Sugordomycin D_{1a}, *see* C-00557
▷Suicalm, *see* A-00503
▷Suiclisin, *see* P-00194
Suimate, *in* C-00490
▷Suiminth, *in* M-00438
Suladrin, *in* S-00215
▷Suladyne, *in* D-00133
▷Sulazepam, S-00180
Sulbactam, *in* P-00065
Sulbactam benzathine, *in* P-00065
Sulbactam pivoxil, *in* P-00065
Sulbactam sodium, *in* P-00065
Sulbenicillin, S-00181
▷Sulbenil, *in* S-00181
Sulbenox, S-00182
Sulbentine, S-00183
Sulbutiamine, *in* T-00174
Sulcephalosporin, *see* C-00150
Sulclamide, *in* C-00286
Sulconazole, S-00184
Sulconazole nitrate, *in* S-00184
Sulcosyn, *in* S-00184
Sulergine, *see* D-00541
Sulfabenz, *see* S-00202
▷Sulfabenzamide, *in* A-00213
Sulfabenzamine, *see* M-00002
▷Sulfabenzide, *in* A-00213
▷Sulfabenzpyrazinium, *in* A-00332
Sulfabrom, *see* S-00185
Sulfabromomethazine, S-00185
▷Sulfacarbamide, *see* S-00203
Sulfacecole, S-00186
▷Sulfacetamide, *in* A-00213
▷Sulfacetil, *see* P-00227
Sulfachlorpyridazine, *see* S-00236
Sulfachrysoidine, S-00187
Sulfacid, *see* A-00312
Sulfacitine, *see* S-00191
▷Sulfaclomide, S-00188
Sulfaclorazole, S-00189
Sulfaclozine, S-00190
Sulfaclozine sodium, *in* S-00190
▷Sulfactin, *see* D-00385
▷Sulfactol, *see* S-00091
Sulfacyl, *see* P-00225
Sulfacytine, S-00191
▷Sulfadiazine, *see* S-00237
▷Sulfadiazine silver, JAN, *in* S-00237
▷Sulfadiazine sodium, *in* S-00237
Sulfadicramide, S-00192
Sulfadicrolamide, *see* S-00192
▷Sulfadimethoxine, *see* S-00238
▷Sulfadimidine, *see* S-00196
▷Sulfadoxine, S-00193
Sulfaethidole, *see* S-00239
Sulfaformidine, *in* S-00254
▷Sulfafurazole, *see* S-00215
▷Sulfaguanidine, *see* S-00240
Sulfaguanole, S-00194
▷Sulfalene, *see* S-00198
Sulfalepsine, *see* S-00174
Sulfaloxic acid, *see* S-00241
Sulfamazone, S-00195
Sulfa-Medivet, *see* S-00207
▷Sulfamerazine, *see* S-00242
▷Sulfamerazine sodium, *in* S-00242
▷Sulfameter, *see* S-00245
▷Sulfamethazine, S-00196
▷Sulfamethizole, *see* S-00243
▷Sulfamethoxazole, *see* S-00244
▷Sulfamethoxypyridazine, *see* S-00246
▷Sulfamethyldiazine, *see* S-00242
Sulfamethylphenazole, *see* S-00207
Sulfamethylthiazole, *see* S-00255
▷Sulfametomidine, S-00197
▷Sulfametopyrazine, S-00198
▷Sulfametoxydiazine, *see* S-00245
Sulfametrole, S-00199
▷Sulfamidine, *see* S-00197
Sulfamidochrysoidine, *see* P-00484
▷Sulfamonomethoxime, S-00200
▷Sulfamoprine, *see* S-00247
Sulfamothepin, S-00201
▷Sulfamoxole, *see* S-00248
▷(*p*-Sulfamoylanilino)methanesulfonic acid, *see* M-00141
▷*p*-Sulfamoylbenzoic acid, *in* S-00217
5-(*p*-Sulfamoylphenylazo)salicylic acid, *see* S-00009
4′-Sulfamoylsuccinanilic acid, *see* S-00209
Sulfamylon, *see* M-00002
Sulfan blue, *see* S-00249
▷Sulfanilamide, *in* A-00213
▷Sulfanilamide, *in* A-00213
▷2-Sulfanilamido-4-methylpyrimidine, *see* S-00242
▷2-Sulfanilamidopyridine, *see* S-00252
▷2-Sulfanilamidothiazole, *see* S-00256
Sulfanilanilide, S-00202
▷Sulfanilate zinc, USAN, *in* A-00213
▷Sulfanilcarbamide, *see* S-00203
▷Sulfanilic acid, *see* A-00213
N-Sulfanilylanthranilic acid, *see* S-00205
▷*N*-Sulfanilylbenzamide, *in* A-00213
N-(*p*-Sulfanilylphenyl)glycine, *see* A-00008
(*p*-Sulfanilylphenyl)urea, *see* A-00312
N-Sulfanilylstearamide, *see* S-00142
4′-Sulfanilylsuccinanilic acid, *see* S-00173
1-Sulfanilyl-2-thiourea, *see* S-00257
▷Sulfanilylurea, S-00203
Sulfanitran, S-00204
Sulfanthrol, S-00205
▷Sulfantimon, *see* S-00149
Sulfaperin, S-00206
▷Sulfaphenazole, *see* S-00250
Sulfaproxyline, *see* S-00251
Sulfapyrazole, S-00207
Sulfapyridazine, S-00208
▷Sulfapyridine, *see* S-00252
▷Sulfa-Q, *in* A-00332
▷Sulfaquinoxaline, *in* A-00332
Sulfarside, *see* A-00209
▷Sulfarsphenamine, *in* D-00127
▷Sulfasalazine, *see* S-00253
Sulfasomizole, *see* S-00255
Sulfastearyl, *see* S-00142

Sulfasuccinamide, S-00209
▷Sulfasuxidine, *see* S-00172
Sulfasymazine, S-00210
▷Sulfatertiobutylthiadiazole, *see* G-00062
Sulfathiadiazole, S-00211
Sulfathiamid *M*, *in* M-00002
▷Sulfathiazole, *see* S-00256
Sulfathiocarbamide, *see* S-00257
Sulfathiodiazole, *see* S-00211
Sulfathiourea, *see* S-00257
Sulfatolamide, *in* M-00002
Sulfatolamide, *in* M-00002
Sulfatolamide, *in* S-00257
Sulfatroxazole, S-00212
Sulfatrozole, S-00213
Sulfatyf sodium, *in* S-00190
Sulfauridin, *see* S-00192
Sulfazamet, *see* S-00207
▷Sulfenazin, *in* T-00208
Sulfenazone, *in* S-00195
▷Sulfene (soviet), *in* B-00204
Sulfentanyl, *see* S-00177
▷Sulfetron, *see* S-00093
▷Sulfetrone, *see* S-00093
▷Sulfex, *see* S-00256
Sulfhexet, *in* H-00057
Sulfinalol, S-00214
Sulfinalol hydrochloride, *in* S-00214
▷Sulfinpyrazone, *see* S-00258
▷Sulfinylbismethane, *see* D-00454
▷Sulfiram, *see* M-00430
Sulfirgamid, *see* S-00192
▷Sulfisomidine, *see* S-00254
▷Sulfisoxazole, S-00215
Sulfisoxazole acetyl, S-00216
Sulfisoxazole diolamine, *in* S-00215
4-Sulfobenzoic acid, S-00217
▷*o*-Sulfobenzoic imide, *see* S-00002
α-Sulfobenzylpenicillin, *see* S-00181
4,4′-[(3-Sulfo[1,1′-biphenyl]-4,4′-diyl)bis(azo)]bis[3-amino-2,7-naphthalenedisulfonic acid], *see* T-00564
▷Sulfobromophthalein, S-00218
Sulfobutanedioic acid 1,4-bis(2-ethylhexyl) ester, *see* B-00210
Sulfochloramin, *in* D-00179
▷Sulfochlorin, *see* S-00188
▷Sulfocillin, *in* S-00181
N-(2-Sulfoethyl)-glutamine, S-00219
Sulfoguaiacol, *in* H-00147
Sulfomyl, *in* M-00002
▷Sulfonal, *see* B-00212
▷Sulfonalone, *see* B-00212
Sulfonatox, *see* D-00146
Sulfon-Cilag, *in* A-00008
▷Sulfonethylmethane, *see* B-00211
▷Sulfonmethane, *see* B-00212
▷Sulfonphthal, *see* P-00163
Sulfonterol, S-00220
Sulfonterol hydrochloride, *in* S-00220
▷3,3′-Sulfonylbisbenzenamine, *see* D-00128
▷4,4′-Sulfonylbisbenzenamine, *see* D-00129
3,3′-[Sulfonylbis(ethylenecarbonylimino)]bis[5-(*N*-ethylacetamido)-2,4,6-triiodobenzoic acid], *see* I-00137
1,1′-Sulfonylbis[4-isothiocyanatobenzene], S-00221
[Sulfonylbis(*p*-phenyleneazo)]dithymol, *see* D-00146
▷1,1′-[Sulfonylbis(4,1-phenyleneimino)]bis[1-deoxy-1-sulfoglucitol], *see* G-00057
[Sulfonylbis(4,1-phenyleneimino)]bismethanesulfinic acid, *see* S-00223
▷1,1′-[Sulfonylbis(4,1-phenyleneimino)]bis[3-phenyl-1,3-propanedisulfonic acid] tetrasodium salt, *see* S-00093
▷3,3′-Sulfonyldianiline, *see* D-00128
▷4,4′-Sulfonyldianiline, *see* D-00129
3-(Sulfooxy)androst-5-en-17-one, *in* H-00110
8-(3-Sulfopropyl)atropinium hydroxide, *see* S-00265
▷Sulforcin, *in* B-00073
▷Sulforidazine, S-00222
▷Sulforthomidine, *see* S-00193
▷5-Sulfosalicylic acid, *see* H-00214
Sulfosuccinic acid 1,4-bis(2-ethylhexyl) ester, *see* B-00210
Sulfoxazine maleate, *in* T-00070
Sulfoxol, *see* S-00216
Sulfoxone, S-00223
Sulfoxone sodium, *in* S-00223
Sulfuric acid monophenyl ester, *in* P-00161
Sulicrinat, S-00224
▷Sulindac, S-00225
Sulisatin, S-00226
Sulisobenzone, *see* B-00098
▷Sulkretor, *see* M-00242
Sulmarin, *in* D-00332
▷Sulmazole, S-00227
Sulmepride, S-00228
▷Sulmetozin, *see* T-00540
Sulnidazole, S-00229
Sulocarbilate, S-00230
Suloctidil, S-00231
Sulodexide, S-00232
Sulosemide, S-00233
Sulotroban, S-00234
Suloxifen, S-00235
Suloxifen oxalate, *in* S-00235
▷Sulpelin, *in* S-00181
▷Sulphacetamide sodium, BAN, *in* A-00213
Sulphachlorpyridazine, S-00236
▷Sulphadiazine, S-00237
▷Sulphadimethoxine, S-00238
▷Sulphadimidine, *see* S-00196
Sulphaethidole, S-00239
▷Sulphafurazole, *see* S-00215
▷Sulphaguanidine, S-00240
Sulphaloxate, *see* S-00241
Sulphaloxic acid, S-00241
▷Sulphamerazine, S-00242
▷Sulphamethizole, S-00243
▷Sulphamethoxazole, S-00244
▷Sulphamethoxydiazine, S-00245
▷Sulphamethoxypyridazine, S-00246
▷Sulphamoprine, S-00247
▷Sulphamoxole, S-00248
Sulphan blue, S-00249
▷Sulphaphenazole, S-00250
Sulphaproxyline, S-00251
▷Sulphapyridine, S-00252
Sulpharside, *see* A-00209
▷Sulphasalazine, S-00253
▷Sulphasomidine, S-00254
Sulphasomizole, S-00255
▷Sulphathiazole, S-00256
Sulphathiourea, S-00257
Sulphatolamide, *in* M-00002
▷Sulphaurea, *see* S-00203
▷Sulphedrone, *see* S-00093
▷Sulphental, *see* P-00163
▷Sulphenytame, *see* S-00263
▷Sulphinpyrazone, S-00258
▷Sulphobromophthalein sodium, *in* S-00218
▷Sulphomethate, *in* C-00536
▷Sulphonal, *see* B-00212
▷Sulphonazine, *see* S-00093
▷Sulphormethoxine, *see* S-00193
▷Sulpiride, S-00259
Sulprosal, S-00260
▷Sulprostone, S-00261
Sulpyrin, *see* D-00532
▷Sulquin, *in* A-00332
Sultamicillin, S-00262
▷Sulthiame, S-00263
▷Sultiame, *see* S-00263
▷Sultopride, S-00264
Sultosilic acid, *in* D-00313

Sultropan, *see* S-00265
Sultroponium, S-00265
Sulverapride, S-00266
Sulzon, *see* S-00170
▷SUM 3170, *see* L-00106
Sumacetamol, S-00267
Sumatriptan, S-00268
Sumatriptan hemisuccinate, *in* S-00268
Sumatriptan succinate, *in* S-00268
▷Sumestil, *see* S-00098
Sumetizide, S-00269
▷Sumithion, *see* F-00057
Sumithrin, *see* P-00169
▷Summetrin, *see* P-00018
Sunagrel, S-00270
Suncefal, *in* C-00143
Suncillin, S-00271
Suncillin sodium, *in* S-00271
SunDare, *see* C-00378
▷Sundralen, *in* T-00236
Sungard, *see* B-00098
▷Sunrabine, *in* C-00667
Supacal, *see* T-00456
Supergastrone, *see* E-00075
Superlipid, *see* P-00445
Superpyrin, *see* A-00144
▷Superten, *in* D-00459
Supicaine, *in* P-00446
Supidimide, S-00272
▷Suplexedil, *in* F-00067
▷Supona, *see* C-00203
Suppoptanox, *see* V-00046
▷Supral, *see* V-00012
▷Supralgin, *in* P-00138
▷Suprarenin, *in* A-00075
▷Supratonin, *in* A-00279
Suprefact, *in* B-00377
Supres, *in* T-00490
Suproclone, S-00273
▷Suprofen, S-00274
SUR 2647, *see* S-00267
▷Suramin sodium, S-00275
▷Surem, *in* B-00385
Surestrine, *see* D-00570
▷Surestryl (new form), *see* M-00463
Surestryl (old form), *see* D-00570
Surexin, *see* P-00588
▷Surfacaine, *see* C-00625
▷Surfathesin, *see* C-00625
▷Surfen, *see* B-00190
Surfen *C*, *in* B-00189
Surfomer, S-00276
Surfone, *in* D-00267
▷Surgam, *see* B-00099
▷Surgamic, *see* B-00099
▷Surgamyl, *see* B-00099
▷Surgan, *see* B-00099
Surgestone, *see* P-00476
▷Surheme, *in* B-00385
Suricainide, S-00277
Suricainide maleate, *in* S-00277
Suriclone, S-00278
▷Surital, *in* T-00180
Surmin, *in* A-00212
▷Surmontil, *see* T-00516
▷Surodil, *see* C-00091
▷Sursum, *see* I-00158
Survector, *in* A-00200
Susat, *in* M-00257
Sutilains, S-00279
▷Sutoprofen, *see* S-00274
▷Suvren, *in* C-00033
▷Suxamethonium(2+), S-00280
Suxamethonium bromide, *in* S-00280
▷Suxamethonium chloride, *in* S-00280
▷Sux-Cert, *in* S-00280
Suxemerid, S-00281
Suxemerid sulfate, *in* S-00281
Suxethonium(2+), S-00282
Suxethonium bromide, *in* S-00282
Suxethonium chloride, *in* S-00282
▷Suxibuzone, S-00283
▷Svedocain, *see* B-00368
▷SW 77, *see* P-00249
SW 5063, *in* T-00179
▷Sweeta, *see* S-00002
▷Swiss Blue, *in* B-00208
SX 810, *in* B-00131
SY-1, *in* S-00017
Sycotrol, *see* P-00291
▷SYD 230, *see* C-00430
▷Sydnocarb, *see* M-00133
7-(Sydnone-3-acetamido)-3-(5-methyl-1,3,4-thiadiazol-2-ylthiomethyl)-3-cephem-4-carboxylic acid, *see* C-00113
▷Sydnopharm, *see* M-00425
▷Sydnophen, *in* F-00086
▷Sylador (obsol.), *in* P-00129
Symasul, *see* S-00210
▷Symclosene, *see* T-00442
▷Symcor, *in* T-00236
Symetine, S-00284
Symetine hydrochloride, *in* S-00284
▷Symmetrel, *in* A-00206
▷Sympal, *see* T-00227
▷Sympathol, *see* S-00286
▷*m*-Sympatol, *in* A-00272
▷Symphon-Actiphon, *see* M-00372
▷Sympocaine, *see* A-00172
Symprocaine active substance, *see* G-00090
▷Synaclyn, *see* F-00167
Syn-Acthar, *in* S-00045
▷Synacthen, *see* T-00108
▷Synalar, *in* F-00172
▷Synandrets, *see* H-00154
▷Synandrol, *in* H-00111
▷Synandrone, *in* F-00172
▷Synanthic, *see* O-00108
Synchrocept, *see* P-00529
Synchrocept *B*, *see* F-00074
Synchrodyn, *see* A-00152
▷Syncillin, *in* P-00152
Synclopred, *see* C-00489
Syncothrecin *A*, *see* O-00068
Syncuma, *in* T-00508
▷Syncurine, *in* D-00036
Syndyphalin, S-00285
▷Synemol, *in* F-00172
▷Synephrine, S-00286
▷Syneptine, *in* L-00032
Synergistin-A1, *see* O-00068
▷Synestrin, *in* D-00257
▷Synestrol, *see* D-00223
Syngard, *see* E-00067
Synkamine, *in* A-00285
Synkavit, *in* D-00333
▷Synkayvite, *in* D-00333
▷Synklit, *see* F-00153
▷Synnematin *B*, *see* P-00066
▷Synocarb, *see* M-00133
Synoestrol, *see* B-00220
▷Synogil, *see* P-00253
▷Synopen, *in* H-00019
Synoval, *see* T-00003
▷Synovex, *in* O-00028
▷Synrex, *in* C-00055
▷Synstigmine, *see* N-00070
Syntabil, *in* T-00508
▷Syntaris, *see* F-00167
Syntaverin, *in* D-00490
▷Syntaverin, *see* M-00267
Syntestan, *see* C-00489
▷Syntetrin, *see* R-00078

Synthalin *A*, *see* D-00037
▷Synthaverine, *see* M-00267
Synthetic capsaicin, *see* N-00205
Synthetic hydrotalcite, JAN, *see* H-00103
Synthila, *in* D-00257
Synthobilin, *in* T-00508
▷Synthomycin, *see* C-00195
Syntopherol, *see* T-00335
▷Syntropan, *in* A-00371
▷Synulox, *in* C-00410
Synval, *see* T-00003
Synvinolin, *see* S-00075
▷Syracort, *see* F-00175
▷Syraprim, *see* T-00501
▷Syriogenin, *in* T-00473
▷Syrosingopine, S-00287
▷Systamex, *see* O-00108
▷Systral, *in* C-00294
Sytobex-*H*, *see* V-00061
▷Sytron, *in* E-00186
Sz 45, *see* E-00039
▷T_3, *in* T-00487
T 61, *in* M-00034
▷T 113, *see* B-00413
T 1220, *see* P-00283
T 1551, *in* C-00136
▷T 1824, *see* A-00532
▷T 1982, *in* C-00121
T 2525, *see* C-00153
T 2588, *in* C-00153
▷T 2636*A*, *in* B-00362
▷T 2636*C*, *see* B-00362
T 3303, *see* P-00456
T 804*A*, *see* A-00092
▷TA_3, *see* T-00322
TA 28, *see* B-00078
TA 48, *see* F-00290
TA 058, *see* A-00465
TA 064, *see* D-00074
▷TA 2407, *see* A-00099
▷TA-306, *in* M-00476
TA 6366, *in* I-00029
Tabilautide, T-00001
▷Tabloid, *see* T-00202
▷Tacaryl, *in* M-00177
▷TACE, *see* C-00290
▷Tacef, *in* C-00130
Tachicol, *in* E-00193
Tachmalcor, *in* D-00104
▷Tachyrol, *see* D-00304
▷Tacital, *in* B-00090
▷Tacitil, *in* B-00090
▷Tacitin, *in* B-00090
Tackle, *see* S-00066
Taclamine, T-00002
Taclamine hydrochloride, *in* T-00002
▷Tacrine, *see* A-00333
▷Tacryl, *in* M-00177
TAF, *see* A-00384
▷Tagamet, *see* C-00350
Tagathen, *in* C-00282
Taglutimide, T-00003
▷TAI 284, *see* C-00225
▷Taiguic acid, *see* H-00157
Taional, *in* G-00070
Takatonine, T-00004
▷Takedrol, *in* C-00140
▷Takelan, *in* B-00362
▷Takineocol, *see* P-00491
▷Taktic, *see* A-00349
Takus, *in* C-00005
▷Talacort, *in* D-00270
Talakt, *in* A-00108
▷Talamo, *in* A-00352
Talampicillin, T-00005
▷Talampicillin hydrochloride, *in* T-00005
Talastine, T-00006
▷Talatrol, *see* A-00268
▷Talbutal, T-00007
Talcid, *see* H-00103
Taleranol, *in* D-00035
▷Taleudron, *see* P-00227
Talidan, *see* T-00394
▷Talinolol, T-00008
Talipexole, T-00009
▷Talisomycin, *see* T-00010
▷Talisomycin *A*, *see* T-00010
▷Tallysomycin *A*, T-00010
Talmetacin, T-00011
Talmetoprim, T-00012
▷Talniflumate, T-00013
▷Talodex, *see* F-00078
Talopram, T-00014
▷Talopram hydrochloride, *in* T-00014
Talosalate, T-00015
Taloximine, T-00016
▷Talpen, *in* T-00005
▷Talpran, *in* D-00482
Talsigel, *see* P-00225
Talsis, *in* B-00234
Talsupram, T-00017
Taltibride, *see* M-00318
Taltrimide, T-00018
Taludipine, T-00019
▷Talval, *see* H-00130
▷Talwin, *see* P-00093
Tamaxin, *see* T-00023
Tambocor, *in* F-00114
Tameridone, T-00020
Tameticillin, *in* M-00180
Tametraline, T-00021
Tametraline hydrochloride, *in* T-00021
Tamitinol, T-00022
Tamofen, *see* T-00023
Tamoplex, *see* T-00023
Tamoxifen, T-00023
▷Tamoxifen citrate, *in* T-00023
Tampramine, T-00024
Tampramine fumarate, *in* T-00024
Tanacain, *see* Q-00003
▷Tanaclone, *in* D-00623
Tanamicin, *in* D-00080
Tandamine, T-00025
▷Tandamine hydrochloride, *in* T-00025
▷Tanderil, *see* O-00158
Tandospirone, T-00026
▷Tanicaine, *see* P-00135
▷Tantum, *in* B-00105
▷TAO, *in* O-00035
▷Taoryl, *in* C-00037
TAP 031, *see* F-00096
TAP 144, *in* L-00035
Tapazol, *in* B-00202
▷Tapazole, *see* D-00289
Taprostene, T-00027
Taquidil, *in* T-00332
▷Taractan, *in* C-00300
Tarcuzate, *in* M-00439
Tardak, *in* D-00054
Tardastren, *in* D-00054
Tardastrex, *in* D-00054
Tardisal, *see* H-00115
Tardoginestryl, *in* O-00028
▷Tarichatoxin, *see* T-00156
Tarodyl, *in* G-00070
Tarodyn, *in* G-00070
Taropid, *see* T-00018
▷Tarosept, *see* C-00235
Tarotiolol, *see* A-00447
▷Tarpan, *in* C-00434
▷Tartar emetic, *see* A-00414
Tartaric acid, T-00028

▷Tasadox, *in* F-00240
▷Taskil, *see* M-00013
Tasmaderm, *see* M-00456
▷Tasmin, *see* G-00057
▷Tasmolin, *see* B-00175
Tasolid, *see* T-00018
Tasteless Quinine, *in* Q-00028
Taston, *in* B-00220
Tasuldine, T-00029
TAT-3, *see* P-00239
▷TATD, *see* O-00023
▷Taucorten, *in* T-00419
▷Tauliz, *see* P-00323
▷Taumidrine, *see* B-00106
Tauredon, *in* M-00115
Tauricyt, *see* T-00033
▷Taurine, T-00030
Taurochenodeoxycholic acid, *in* D-00320
▷Taurocholic acid, T-00031
Taurocyamine, *see* G-00112
Tauroflex, *see* T-00032
Taurolidine, T-00032
Taurolin, *see* T-00032
Tauromustine, T-00033
Tauroselcholic acid, T-00034
Taurultam, *see* T-00134
▷Tavegil, *in* C-00416
▷Tavor, *see* T-00342
Taxicatigenin, *in* B-00076
Taxicatin, *in* B-00076
▷Taxilan, *see* P-00116
Taxodione, T-00035
Taxodone, T-00036
▷Taxol, T-00037
Tazadolene, T-00038
Tazadolene succinate, *in* T-00038
Tazanolast, T-00039
Tazasubrate, T-00040
Tazeprofen, *see* M-00287
▷Tazicef, *see* C-00152
▷Tazidine, *see* C-00152
Tazifylline, T-00041
Tazifylline hydrochloride, *in* T-00041
Taziprinone, T-00042
Tazobactam, T-00043
Tazoline, *in* O-00015
Tazolol, T-00044
Tazolol hydrochloride, *in* T-00044
TBF 43, *see* A-00022
▷TBI/698, *in* A-00210
TBIC, *see* F-00099
TB III/1347, *see* S-00170
▷TBI/PAB, *in* T-00419
▷TC 109, *see* T-00072
▷T-cain, *in* A-00216
TCAP, *in* H-00044
▷TCC, *see* C-00262
T-cell growth factor, *see* I-00081
TCGF, *see* I-00081
▷TCl, *see* C-00603
TCN, *see* T-00445
▷TCV 3*B*, *see* V-00042
▷TD 73, *see* I-00094
TDHL, *see* T-00090
TDM 85-530, *see* A-00500
TE 031, *in* E-00115
TE 114, *in* T-00257
▷Teatrois, *see* T-00322
Tebatizole, T-00045
▷Tebrazid, *in* P-00560
▷Tebron, *see* B-00320
Tebuquine, T-00046
Teceleukin, *in* I-00081
Teceos, *see* B-00397
Technetium sestamibi, *in* M-00205
Technetium tiatide, *in* M-00129
Teclothiazide, T-00047
Teclozan, T-00048
Teclozine, *see* T-00048
▷Tecomanine, T-00049
▷Tecomin, *see* H-00157
▷Tecomine, *see* T-00049
Tecoplanin, *see* T-00056
▷Tedegyl, *see* T-00195
Tedisamil, T-00050
▷Tedral, *in* M-00221
▷Teecaine, *in* A-00216
▷Tefamin, *in* T-00169
Tefazoline, T-00051
Tefenperate, T-00052
Tefludazine, T-00053
Teflurane, *see* B-00319
Teflutixol, T-00054
▷Teforin, *in* P-00156
▷Tegafur, T-00055
▷Tega-Nyl, *in* M-00256
▷Tegapen, *in* C-00515
▷Tegison, *in* A-00041
Tegobetaine, *see* P-00060
▷Tegosept *B*, *in* H-00113
▷Tegosept *E*, *in* H-00113
▷Tegosept *M*, *in* H-00113
TEI 3096, *see* N-00230
TEI-5103, *see* R-00096
Teichomycin, T-00056
Teichomycin A_1, *in* T-00056
▷Teichomycin A_2, *in* T-00056
Teicoplanin, *see* T-00056
▷Tekodin, *in* O-00155
Telazol, *in* Z-00028
▷Teldane, *see* T-00088
▷Teldrin "Ralay", *in* M-00064
▷Telebrin 300, *see* M-00343
Telebrix, *in* D-00138
Telenzepine, T-00057
▷Telepaque, *see* I-00125
Telipex aquosum, *in* H-00111
Telipex Retard, *in* H-00111
▷Telmin, *see* M-00031
Telocort, *see* C-00624
Telon, *see* B-00100
Telopar, *in* O-00087
▷TEM, *see* T-00416
Temafloxacin, T-00058
▷Temaril, *in* T-00495
Temarotene, T-00059
▷Temasept I, *in* B-00292
▷Temazepam, *in* O-00096
▷Temazepam dimethyl carbamate, *see* C-00019
▷Temefos, *see* T-00061
Temelastine, T-00060
▷Temephos, T-00061
▷Temetex, *in* D-00270
Temocillin, T-00062
Temodox, T-00063
Temofel, *see* E-00183
Temopen, *in* T-00062
▷Temovate, *in* C-00437
Temozolomide, T-00064
Temposil, *in* A-00264
Temposil, *in* A-00264
Temposil, *in* C-00579
Temurtide, T-00065
▷Tenakrin, *see* A-00333
▷Tenalet, *in* C-00102
▷Tenalin (new), *in* C-00102
▷Tenamfetamine, T-00066
Tenaphthoxaline, *see* T-00051
Tenaxil, *see* T-00097
Tendamistat, T-00067
▷Tendor, *in* D-00033
▷Tenebrimycin, *see* N-00058

▷Tenebryl, *in* D-00359
▷Tenemycin, *see* N-00058
Tenex, *in* G-00103
▷Tenfidil, *see* T-00165
▷Tenicid, *see* I-00100
Tenidap, T-00068
Tenilapine, T-00069
Teniloxazine, T-00070
Tenilsetam, *see* T-00188
▷Teniposide, T-00071
▷Tennecetin, *see* P-00253
▷Tenocyclidine, *see* T-00187
Tenoglicine, *see* S-00145
▷Tenonitrozole, T-00072
Tenormal, *in* P-00085
▷Tenormin, *see* A-00468
Tenoxicam, T-00073
▷Tensatrin, *in* P-00543
▷Tensibar, *in* R-00029
Tensiflex "Bago", *in* P-00514
▷Tensilon, *in* E-00016
Tensinase, *see* D-00497
Tensionorm, *see* D-00497
▷Tensiopress, *in* T-00337
Tensiplex, *in* E-00003
▷Tensium, *see* D-00148
Tensodex, *in* D-00135
▷Tensodiural, *see* C-00639
Tenstatin, *see* C-00327
▷Tentone, *in* M-00190
▷Tenuate, *see* D-00240
Tenylidone, *see* B-00237
Teofizina, *in* T-00169
▷Teolit, *see* T-00100
Teonicon, *in* P-00254
Teopranitol, T-00074
▷Teoprolol, T-00075
▷Teoquil, *in* H-00023
Teorema, *see* G-00052
Teoremac, *see* G-00052
Teoremin, *see* G-00052
▷TEP, *see* T-00187
▷Tepanil, *see* D-00240
Tepirindole, T-00076
▷Tepiron, *see* R-00016
Tepoxalin, T-00077
▷TEPP, *see* T-00112
Teprenone, JAN, T-00078
Teprin, *see* C-00436
Teproside, *in* T-00170
Teprosilic acid, *see* T-00170
Teprotide, T-00079
TER 1546, *see* S-00228
Terapterin, *see* P-00555
Terasin, *see* T-00137
Terazosin, T-00080
Terazosin hydrochloride, *in* T-00080
Terbinafine, T-00081
Terbuclomine, *see* P-00059
Terbucromil, T-00082
▷Terbufibrol, T-00083
Terbuficin, *see* B-00203
Terbuprol, *see* B-00422
▷Terbutaline, T-00084
Terbutaline bis(dimethylcarbamate), *in* T-00084
Terbutaline diisobutyrate, *in* T-00084
Terbutaline dipivalate, *in* T-00084
Terbutaline di(*p*-toluate), *in* T-00084
▷Terbutaline sulfate, *in* T-00084
▷Tercian, *see* C-00578
Terciprazine, T-00085
Terconazole, T-00086
Tercospor, *see* T-00086
▷Terdina, *see* T-00088
Terenol, *in* D-00317
Terephthalic acid mono-5,5,8,8-tetramethyl-5,6,7,8-tetrahydro-2-naphthylamide, *see* T-00131
Terephtyl, T-00087
▷Terfenadine, T-00088
Terflurane, *see* B-00319
Terfluranol, T-00089
▷Tergitol 4, *in* E-00209
Terguride, T-00090
▷Teridax, *see* I-00128
▷Terinin, *see* P-00043
▷Terion, *in* F-00240
Teriparatide, T-00091
Teriparatide acetate, USAN, *in* T-00091
Terisal, *see* P-00035
▷Terit, *in* C-00612
Terivalidan, *see* T-00092
Terizidone, T-00092
Terlipressin, T-00093
Ternidazole, T-00094
Terodiline, *in* D-00489
Terodiline hydrochloride, *in* D-00489
▷Terofenamate, *in* M-00045
▷Terolut, *see* D-00624
▷Teronac, *see* M-00029
Terondit, *in* O-00050
Teroxalene, T-00095
Teroxalene hydrochloride, *in* T-00095
Teroxirone, T-00096
▷Terpane, *see* C-00360
Terpin, *see* H-00216
Terpinol, *see* H-00216
▷Terpiridil, *see* T-00088
▷Terramycin, *see* O-00166
▷Terratrex, *in* G-00097
▷Tersan, *see* T-00149
▷Tersavid, *see* P-00365
▷Tersigat, *in* O-00123
Tertatolol, T-00097
N-tert-Butylarterenol, *see* C-00537
N-tert-Butylnoradrenaline, *see* C-00537
▷Tertran, *see* I-00157
Tertroxin, *in* T-00487
Tesicam, T-00098
Tesimide, T-00099
▷Teslac, *see* T-00100
▷Teslak, *see* T-00100
Tesoprel, *see* B-00324
▷Tespamin, *see* T-00211
▷Tessalin, *see* B-00094
▷Tessalon, *see* B-00094
▷Testavol, *see* V-00058
Testazid, *see* A-00256
Testiwop, *see* M-00137
Testobolin, *in* H-00185
Testocryst, *in* H-00111
▷Testolactone, T-00100
▷Δ^1-Testololactone, *see* T-00100
Testopan, *see* P-00072
▷Testora, *see* H-00154
Testosid-Depot, *in* H-00111
▷Testosterone, *in* H-00111
▷*epi*-Testosterone, *in* H-00111
Testosterone acetate, *in* H-00111
Testosterone caprinoylacetate, *in* H-00111
Testosterone cyclohexylmethylcarbonate, *in* H-00111
Testosterone cyclohexylpropionate, *in* H-00111
▷Testosterone cyclopentylpropionate, *in* H-00111
▷Testosterone cypionate, *in* H-00111
Testosterone decanoate, *in* H-00111
▷Testosterone enanthate, *in* H-00111
Testosterone enanthate benziloylhydrazone, *in* H-00111
Testosterone furoate, *in* H-00111
▷Testosterone heptanoate, *in* H-00111
▷Testosterone hexahydrobenzoate, *in* H-00111
Testosterone hexahydrobenzyl carbonate, *in* H-00111
Testosterone hexyloxyphenylpropionate, *in* H-00111
▷Testosterone hydrocinnamate, *in* H-00111
Testosterone isobutyrate, *in* H-00111

Testosterone isocaproate, *in* H-00111
Testosterone ketolaurate, *in* H-00111
Testosterone 4-methylvalerate, *in* H-00111
Testosterone nicotinate, *in* H-00111
Testosterone phenylacetate, *in* H-00111
▷Testosterone phenylpropionate, *in* H-00111
Testosterone phosphate, *in* H-00111
▷Testosterone propionate, *in* H-00111
Testosterone undecanoate, *in* H-00111
▷Testostroval, *in* H-00111
▷Testred, *see* H-00154
▷Tetmosol, *see* M-00430
Tetnicoran, *in* M-00308
Tetprenone, *see* T-00078
2,3,4,5-Tetra-*O*-acetyl-1,6-di-*O*-tosyl-D-mannitol, *in* M-00018
1,2,3,4-Tetra-*O*-acetylerythritol, *in* E-00114
1,2,5,6-Tetra-*O*-acetyl-*myo*-inositol, *in* I-00074
S-2,3,4,5-Tetraacetyl-1-thioglucopyranosato(triethylphosphine)-gold, *see* A-00475
Tetra-*O*-acetyl-α-L-xylofuranose, *in* X-00024
Tetra-*O*-acetyl-α-D-xylopyranose, *in* X-00024
Tetra-*O*-acetyl-β-D-xylopyranose, *in* X-00024
Tetra-*O*-acetyl-β-L-xylopyranose, *in* X-00024
▷Tetraallyl methylenediphosphonate, *in* M-00168
▷7,8,9,10-Tetraazabicyclo[5.3.0]deca-8,10-diene, *see* T-00133
1,4,7,10-Tetraazacyclododecane-1,4,7,10-tetraacetic acid, T-00101
▷1,3,5,7-Tetraazatricyclo[3.3.1.1^{3,7}]decane, *see* H-00057
Tetrabamate, *in* D-00260
▷Tetrabamate, *in* E-00218
▷Tetrabamate, *in* F-00022
▷Tetrabarbital, *see* E-00188
▷Tetrabenazine, T-00102
2,3,4,5-Tetra-*O*-benzoyl-1,6-di-*O*-tosyl-D-mannitol, *in* M-00018
1,2,3,4-Tetra-*O*-benzoylerythritol, *in* E-00114
1,2,3,4-Tetra-*O*-benzoyl-α-D-xylopyranoside, *in* X-00024
2,3,4,5-Tetra-*O*-benzoyl-β-L-xylopyranoside, *in* X-00024
▷Tetrabiguanide, *see* G-00097
3,3′,5,5′-Tetrabromo[1,1′-biphenyl]-2,2′-diol, T-00103
4,4′,6,6′-Tetrabromo[1,1′-biphenyl]-2,2′-diol, *see* T-00103
3,3′,5,5′-Tetrabromo[1,1′-biphenyl]-2,2′-diol mono-(dihydrogenphosphate), *in* T-00103
4,5,6,7-Tetrabromo-2-hydroxy-1,3,2-benzodioxabismole, *see* B-00152
▷3,3′-(4,5,6,7-Tetrabromo-3-oxo-1(3*H*)-isobenzofuranylidene)-bis[6-hydroxybenzenesulfonic acid], *see* S-00218
▷Tetracaine, T-00104
▷Tetracaine hydrochloride, *in* T-00104
▷Tetracap, *see* T-00106
▷Tetracemin, *see* E-00186
Tetrachlormethiazide, *see* T-00047
▷Tetrachloro(1,2-cyclohexanediamine-*N*,*N*′)platinum, *see* T-00153
4,5,6,7-Tetrachloro-2,3-dihydro-2-methyl-2-[2-(trimethyl-ammonio)ethyl]-1*H*-isoindolium, *see* C-00207
4,5,6,7-Tetrachloro-3′,6′-dihydroxy-2′,4′,5′,7′-tetra-iodospiro[isobenzofuran-1(3*H*),9′-[9*H*]-xanthene]-3-one, T-00105
▷Tetrachloroethene, *see* T-00106
▷Tetrachloroethylene, T-00106
▷Tetrachloromethane, *see* C-00059
4,5,6,7-Tetrachloro-2′,4′,5′,7′-tetraiodofluorescein, *see* T-00105
▷Tetrachlorvinphos, T-00107
▷Tetracosactide, *see* T-00108
Tetracosactide acetate, JAN, *in* T-00108
▷Tetracosactrin, T-00108
▷Tetracycline, T-00109
▷Tetracycline hydrochloride, *in* T-00109
Tetracycline phosphate complex, *in* T-00109
[α-(Tetracyclino-*N*-methylamino)-α-phenylacetamido]-6-penicillanic acid, *see* P-00069
3′,4′,6,7,8,9,11,12,13,14,15,16,20,21-Tetradecahydro-10,13-di-methylspiro[17*H*-dicyclopropa[6,7:15,16]-cyclopenta[*a*]-phenanthrene-17,2′(5′-*H*)-furan]-3(10*H*)-5′-dione, *see* S-00127
2-(Tetradecylamino)ethanol, *see* H-00133
2-Tetradecylglycidic acid, *see* T-00110
2-Tetradecyloxiranecarboxylic acid, T-00110
▷6,7,8,14-Tetradehydro-4,5-epoxy-3,6-dimethoxy-17-methyl-morphinan, *see* T-00162
Tetradonium, *see* T-00512
▷Tetradonium bromide, *in* T-00512
Tetraethoxy-1,4-benzoquinone, *in* T-00137
1,1,2,2-Tetraethoxypropane, *in* P-00600
▷Tetraethylammonium(1+), T-00111
N,*N*,*N*′,*N*′-Tetraethylbicyclo[2.2.1]hept-5-ene-2,3-dicarboxamide, *see* E-00048
Tetraethyl dichloromethylenebisphosphonate, *in* D-00194
▷Tetraethyl diphosphate, *see* T-00112
Tetraethyl (1-hydroxyethylidene)bisphosphonate, *in* H-00132
▷Tetraethyl methylenebisphosphonate, *in* M-00168
N,*N*,*N*′,*N*′-Tetraethyl-5-norbornene-2,3-dicarboxamide, *see* E-00048
▷Tetraethylpapaverine, *see* E-00150
▷Tetraethyl pyrophosphate, T-00112
▷Tetraethylthiodicarbonic acid diamide, *see* M-00430
▷Tetraethyl thioperoxydicarbonic diamide, *see* D-00542
▷Tetraethylthiuram disulfide, *see* D-00542
1,1,1,2-Tetrafluoroethane, T-00113
▷2,2,3,3-Tetrafluoropropyl bromide, *see* B-00320
Tetraform, *see* B-00152
▷1,2,3,4-Tetrahydro-9-acridinamine, *see* A-00333
4,5,6,7-Tetrahydro-6-benzothiazolamine, *see* A-00334
Tetrahydro-3,5-bis(phenylmethyl)-2*H*-1,3,5-thiadiazine-2-thione, *see* S-00183
Δ^1-Tetrahydrocannabinol, *see* T-00115
Δ^8-Tetrahydrocannabinol, T-00114
Δ^9-Tetrahydrocannabinol, T-00115
$\Delta^{6(1)}$-Tetrahydrocannabinol, *see* T-00114
▷Tetrahydrodiazepam, *see* T-00154
Tetrahydro-1*H*-1,4-diazepine-1,4(5*H*)-dipropanediyl 3,4,5-trimethoxybenzoate, *see* D-00370
2,3,4,5-Tetrahydro[1,4]diazepino[1,2-*a*]indole, T-00116
▷1,2,3,11*a*-Tetrahydro-3,8-dihydroxy-7-methoxy-5*H*-pyrrolo[2,1-*c*][1,4]benzodiazepin-5-one, *see* N-00072
▷5,10,11,11*a*-Tetrahydro-9,11-dihydroxy-8-methyl-5-oxo-1*H*-pyrrolo[2,1-*c*][1,4]benzodiazepine-2-acrylamide, *see* A-00403
4-[2-(1,2,4,5-Tetrahydro-7,8-dimethoxy-3*H*-3-benzazepin-3-yl)-ethyl)]benzenamine, *see* V-00021
6,7,8,9-Tetrahydro-2,12-dimethoxy-7-methyl-6-phenethyl-5*H*-dibenz[*d*,*f*]azonin-1-ol, *see* A-00457
2,3,4,5-Tetrahydro-7,8-dimethoxy-3-methyl-1-phenyl-1*H*-3-benzazepine, *see* T-00412
2,3,6,7-Tetrahydro-9,10-dimethoxy-3-methyl-2-[(2,4,6-trimethylphenyl)imino]-4*H*-pyrimido[6,1-*a*]isoquinolin-4-one, *see* T-00415
4,5,6,7-Tetrahydro-*N*,2-dimethyl-5-benzothiazolemethanamine, *see* M-00020
2,3,4,9-Tetrahydro-*N*,*N*-dimethyl-1*H*-carbazol-3-amine, *see* D-00422
1,2,3,6-Tetrahydro-1,3-dimethyl-2,6-dioxo-7*H*-purine-7-acetic acid, *see* A-00011
1,2,3,6-Tetrahydro-1,3-dimethyl-2,6-dioxo-7*H*-purine-7-propanesulfonic acid, *see* T-00170
2,3,6,7-Tetrahydro-7,9-dimethyl-2,6-dioxo-1*H*-purinium hydroxide inner salt, *in* X-00002
▷2-(1,2,3,6-Tetrahydro-1,3-dimethyl-2,6-dioxo-7*H*-purin-7-yl)-ethyl 2-(4-chlorophenoxy)-2-methylpropanoate, *see* T-00168
1,2,3,7-Tetrahydro-6,7-dimethyl-5-phenylpyrrolo[3,4-*e*]-1,4-diazepin-2-one, *see* P-00418
7,8,9,10-Tetrahydro-1,9-dimethyl-6*H*-pyrido[4,3-*b*]thieno-[3,2-*e*]indole, *see* T-00260
▷1,2,3,6-Tetrahydro-2,6-dioxo-4-pyrimidinecarboxylic acid, *see* O-00061

N-[(1,2,3,6-Tetrahydro-2,6-dioxo-4-pyrimidinyl)carbonyl]-L-histidyl-L-prolinamide, *see* O-00062
2-Tetrahydrofurfuryl-1*H*-benzo[*c*]pyrazolo[1,2-*a*]cinnoline-1,3(2*H*)-dione, *see* C-00373
Tetrahydrofurfuryl (*o*-carbamoylphenoxy)acetate, *see* F-00035
Tetrahydrofurfuryl nicotinate, *see* T-00222
1-(2′-Tetrahydrofurfuryloxyethyl)norpethidine, *see* F-00290
Tetrahydroglaziovine, *in* G-00029
1,2,3,4-Tetrahydro-3-[(2-hydroxyethyl)amino]-5,8-dimethoxy-2-naphthalenol, *see* T-00150
▷2,3,5*a*,6-Tetrahydro-6-hydroxy-3-(hydroxymethyl)-2-methyl-10*H*-3,10*a*-epidithiopyrazino[1,2-*a*]indole-1,4-dione, *see* G-00041
Tetrahydro-2-[3-hydroxy-5-(hydroxymethyl)-2-methyl-4-pyridyl]-2*H*-1,3-thiazine-4-carboxylic acid, *see* T-00242
1,4,5,6-Tetrahydro-5-hydroxy-4-(3-hydroxy-1-octenyl)-1-phenylcyclopenta[*b*]pyrrole-2-pentanoic acid, *see* P-00334
▷2,3,3*a*,9*a*-Tetrahydro-3-hydroxy-6-imino-6*H*-furo[2′,3′:4,5]-oxazolo[3,2-*a*]pyrimidine-2-methanol, *see* C-00600
1,2,3,4-Tetrahydro-8-[2-hydroxy-3-(isopropylamino)propoxy]-1-nicotinoylquinoline, *see* N-00085
1,2,3,4-Tetrahydro-6-hydroxy-7-methoxy-1-methylisoquinoline, T-00117
▷3,4,5,10-Tetrahydro-9-hydroxy-1-methyl-5,10-dioxo-1*H*-naphtho[2,3-*c*]pyran-3-acetic acid, *see* N-00036
1,2,3,4-Tetrahydro-8-[2-hydroxy-3-[(1-methylethyl)amino]-propoxy]-1-(3-pyridinylcarbonyl)qunoline, *see* N-00085
2-[1,2,3,6-Tetrahydro-3-hydroxy-1-(1-methylethyl)-6-oxo-5*H*-indol-5-ylidene]hydrazinecarboxamide, *see* I-00156
3,3*a*,5,11*b*-Tetrahydro-7-hydroxy-5-methyl-2*H*-furo[3,2-*b*]-naphtho[2,3-*d*]pyran-2,6,11-trione, *see* K-00002
2-(1,2,3,6-Tetrahydro-3-hydroxy-1-methyl-6-oxo-5*H*-indol-5-ylidene)hydrazinecarboxamide, *in* A-00077
1,2,3,4-Tetrahydro-7-[2-[4-(hydroxymethyl)phenyl]-1-methylethenyl]-1,1,4,4-tetramethyl-2-naphthalenol, *see* D-00585
1,2,3,4-Tetrahydro-1-hydroxy-2-naphthalenecarboxylic acid, T-00118
1,2,3,4-Tetrahydro-1-hydroxy-2-naphthoic acid, *see* T-00118
1,4*a*,5,7*a*-Tetrahydro-5-hydroxy-8-oxo-1,5-(epoxymethano)-cyclopenta[*c*]pyran-3-carboxamide, *see* E-00005
6,7,8,9-Tetrahydro-5-hydroxy-4-oxo-10-propyl-4*H*-benzo[*g*]-chromene-2-carboxylic acid, *see* P-00548
6,7,8,9-Tetrahydro-5-hydroxy-4-oxo-10-propyl-4*H*-naphtho[2,3-*b*]pyran-2-carboxylic acid, *see* P-00548
4,5,6,7-Tetrahydro-2*H*-indazol-3-amine, T-00119
▷1,2,3,4-Tetrahydro-2-[(isopropylamino)methyl]-7-nitro-6-quinolinemethanol, *see* O-00084
▷1,2,3,4-Tetrahydroisoquinoline, T-00120
4,5,6,7-Tetrahydroisoxazolo[5,4-*c*]pyridin-3-ol, T-00121
4,5,6,7-Tetrahydroisoxazolo[5,4-*c*]pyridin-3(2*H*)-one, *see* T-00121
Tetrahydrolipstatin, *in* L-00055
Tetrahydromenaquinones, *in* V-00065
2,3,6,7-Tetrahydro-2-(mesitylimino)-9,10-dimethoxy-3-methyl-4*H*-pyrimido[6,1-*a*]isoquinolin-4-one, *see* T-00415
3*a*,4,7,7*a*-Tetrahydro-4,7-methanoisobenzofuran-1,3-dione, *in* B-00157
3*a*,4,7,7*a*-Tetrahydro-4,7-methano-1*H*-isoindole-1,3(2*H*)-dione, *in* B-00157
▷*O*-(1,2,3,4-Tetrahydro-1,4-methanonaphthalen-6-yl) methyl(3-methylphenyl)carbamothioate, *see* T-00346
1,2,3,4-Tetrahydro-9-methoxyellipticine, *in* M-00198
4-[2-(1,2,4,5-Tetrahydro-8-methoxy-2-methyl-3*H*-3-benzazepin-3-yl)ethyl]benzenamine, *see* A-00391
5,6,6*a*,7-Tetrahydro-10-methoxy-6-methyl-4*H*-dibenzo[*de,g*]-quinoline-2,11-diol, *see* M-00452
5,6,7,8-Tetrahydro-4-methoxy-6-methyl-1,3-dioxolo[4,5-*g*]-isoquinolin-5-ol, *see* C-00552
1,2,3,4-Tetrahydro-7-methoxy-1-methyl-6-isoquinolinol, *see* T-00117
2,4,5,6-Tetrahydro-9-methoxy-4-methyl-1*H*-3,4,6*a*-triazafluoranthene, *see* M-00340
N-[Tetrahydro-2-(4-methoxyphenyl)-3-oxo-2*H*-1,2-thiazin-4-yl]-benzamide 1,1-dioxide, *see* D-00153
2,3,4,5-Tetrahydro-3-(methylamino)-1-benzoxepin-5-ol, T-00122
3*a*,4,7,7*a*-Tetrahydro-3-[[(methylamino)carbonyl]oxy]-4,7-methanoisobenzofuran-1(3*H*)-one, *see* M-00458
2,3,7,8-Tetrahydro-3-(methylamino)-1*H*-quino[1,8-*ab*][1]-benzazepine, *see* C-00331
▷6-(5,6,7,8-Tetrahydro-6-methyl-1,3-benzodioxolo[4,5-*g*]-isoquinolin-5-yl)furo[3,4-*e*]-1,3-benzodioxol-8(6*H*)one, *see* B-00156
4,5,6,7-Tetrahydro-*N*-methyl-6-benzothiazolamine, *in* A-00334
2,3,4,9-Tetrahydro-2-methyl-1*H*-dibenzo[3,4:6,7]-cyclohepta[1,2-*c*]pyridine, T-00123
▷5,6,6*a*,7-Tetrahydro-6-methyl-4*H*-dibenzo[*de,g*]quinoline-10,11-diol, *see* A-00425
2,3,4,5-Tetrahydro-3-methyl-1*H*-dibenzo[2,3:6,7]-thiepino[4,5-*d*]azepine-7-carbonitrile, *see* C-00401
2,3,4,5-Tetrahydro-3-methyl-1*H*-dibenz[2,3:6,7]oxepino[4,5-*d*]-azepine, *see* M-00025
1,2,3,4-Tetrahydro-2-methyl-1,4-dioxo-2-naphthalenesulfonic acid sodium salt, *in* M-00271
2-[(1,2,3,4-Tetrahydro-7-methyl-1,4-ethanonaphthalen-6-yl)-methyl]-2-imidazoline, *see* M-00339
▷1,2,3,4-Tetrahydro-2-[[(1-methylethyl)amino]methyl]-7-nitro-6-quinolinemethanol, *see* O-00084
4,5,6,7-Tetrahydro-2-methyl-5-[(methylamino)methyl]-benzathiazole, *see* M-00020
1,2,3,9-Tetrahydro-9-methyl-3-[(2-methyl-1*H*-imidazol-1-yl)-methyl]-4*H*-carbazol-4-one, *see* O-00048
Tetrahydro-*N*-methyl-2-(6-methyl-2-pyridinyl)-2-thiophenecarbothioamide, *see* L-00111
▷1,4,5,6-Tetrahydro-1-methyl-2-[2-(3-methyl-2-thienyl)-ethenyl]-pyrimidine, *see* M-00438
▷1,4,5,6-Tetrahydro-1-methyl-2-[2-(3-methylthien-2-yl)-vinyl]-pyrimidine, *see* M-00438
3,4,6,7-Tetrahydro-1-methyl-6-oxo-1*H*-pyrano[3,4-*c*]-pyridine-5-carboxaldehyde, T-00124
1,4,5,6-Tetrahydro-1-methyl-6-oxo-3-pyridazinecarboxamide, *see* M-00054
▷3,4,5,6-Tetrahydro-5-methyl-1-phenyl-1*H*-2,5-benzoxazocine, *see* N-00063
2,3,4,9-Tetrahydro-2-methyl-9-phenyl-1*H*-indeno[2,1-*c*]pyridine, *see* P-00156
▷1,2,3,4-Tetrahydro-2-methyl-4-phenyl-8-isoquinolinamine, T-00125
2,3,4,5-Tetrahydro-2-methyl-5-(phenylmethyl)-1*H*-pyrido[4,3-*b*]indole, *see* M-00035
1,2,3,4-Tetrahydro-*N*-methyl-4-phenyl-1-naphthalenamine, *see* T-00021
5,6,7,8-Tetrahydro-6-[4-(2-methylphenyl)-1-piperazinyl)-2-naphthalenol, *see* T-00355
5,6,7,8-Tetrahydro-*α*-[[(1-methylpropyl)amino]methyl]-2-naphthalenemethanol, *see* B-00403
1,3,4,14*b*-Tetrahydro-2-methyl-2*H*,10*H*-pyrazino[1,2-*a*]-pyrrolo[2,1-*c*][1,4]benzodiazepine, *see* A-00433
▷1,2,5,6-Tetrahydro-1-methyl-3-pyridinecarboxylic acid, T-00126
Tetrahydro-*N*-methyl-2-(2-pyridinyl)-2-thiophenecarbothioamide, *see* P-00231
3-[2-(1,4,5,6-Tetrahydro-1-methyl-2-pyrimidinyl)ethenyl]phenol, *see* O-00087
1,2,3,4-Tetrahydro-1-methylquinoline, T-00127
5,6,7,8-Tetrahydro-4-methylquinoline-8-carbothiamide, T-00128
5,6,7,8-Tetrahydro-3-methyl-8-quinolinecarbothioamide, *see* T-00320
2,3,6,7-Tetrahydro-7-methyl-5*H*-thiazolo[3,2-*a*]pyrimidin-5-one, *see* O-00040
1,4,5,6-Tetrahydro-1-methyl-2-[2-(2-thienyl)ethenyl]pyrimidine, *see* P-00558
▷Tetrahydro-*α*-(1-naphthalenylmethyl)-2-furanpropanoic acid 2-(diethylamino)ethyl ester, *see* N-00023
2-[(5,6,7,8-Tetrahydro-1-naphthyl)amino]-2-imidazoline, *see* T-00395

▷2-(1,2,3,4-Tetrahydro-1-naphthyl)imidazoline, *see* T-00140
2-[(5,6,7,8-Tetrahydro-1-naphthyl)methyl]-2-imidazoline, *see* T-00051
2,3,5,6-Tetrahydro-6-(3-nitrophenyl)imidazo[2,1-*b*]thiazole, *see* N-00166
(4,5,6,7-Tetrahydro-7-oxobenzo[*b*]thien-4-yl)urea, *see* S-00182
6,7,8,9-Tetrahydro-4-oxo-10-propyl-4*H*-naphtho[2,3-*b*]pyran-2-carboxylic acid, *see* P-00454
▷*N*-(Tetrahydro-2-oxo-3-thienyl)acetamide, T-00129
▷1,2,3,6-Tetrahydro-1,2,2,6,6-pentamethylpyridine, *in* T-00132
▷Tetrahydro-6-(phenoxymethyl)-2*H*-1,3-oxazine-2-thione, *see* T-00263
2,3,5,6-Tetrahydro-3-phenyl-1*H*-imidazo[1,2-*a*]imidazole, T-00130
▷2,3,5,6-Tetrahydro-6-phenylimidazo[2,1-*b*]thiazole, *see* T-00151
5,6,7,8-Tetrahydro-4-(phenylmethylene)-1,3(2*H*,4*H*)-isoquinolinedione, *see* T-00099
7,8,9,10-Tetrahydro-11-(4-phenyl-1-piperazinyl)-6*H*-cyclohepta[*b*]quinoline, *see* C-00168
4-(1,2,3,6-Tetrahydro-4-phenyl-1-pyridyl)butyrophenone, *see* P-00166
2,6,7,8-Tetrahydro-7-phenylpyrrolo[1,2-*a*]pyrimidin-4(3*H*)-one, *see* R-00073
▷3,4,5,6-Tetrahydrophthalimidomethyl chrysanthemate, *see* T-00143
5,6,7,8-Tetrahydro-6-(2-propenyl)-4*H*-thiazolo[4,5-*d*]-azepin-2-amine, *see* T-00009
4,5,6,7-Tetrahydro-N^6-propyl-2,6-benzothiazolediamine, *see* P-00396
▷1,3,4,9-Tetrahydro-1-propylpyrano[3,4-*b*]indole-1-acetic acid, *see* P-00461
4′-*O*-(Tetrahydropyranyl)adriamycin, *in* A-00080
1-(1,2,3,6-Tetrahydropyridino)-3-*o*-tolyloxypropan-2-ol, *see* T-00366
1,2,3,9-Tetrahydropyrrolo[2,1-*b*]quinazolin-3-ol, *see* P-00050
▷3,4,7,8-Tetrahydro-3-β-D-ribofuranosylimidazo[4,5-*d*][1,3]-diazepin-8-ol, *see* C-00532
Tetrahydroserpentine, *see* A-00087
9,9′,10,10′-Tetrahydro-4,4′,5,5′-tetrahydroxy-10,10′-dioxo-9,9′-bianthracene-2,2′-dicarboxylic acid, *see* S-00042
6,7,8,9-Tetrahydro-2,3,10,12-tetramethoxy-7-methyl-5*H*-dibenz[*d,f*]azonine, *see* P-00542
5,6,6*a*,7-Tetrahydro-1,2,9,10-tetramethoxy-6-methyl-4*H*-dibenzo[*de,g*]quinoline, *see* G-00028
7,8,9,10-Tetrahydro-3,6,6,9-tetramethyl-6*H*-dibenzo[*b,d*]-pyran-1-ol acetate, *see* P-00343
1,2,3,4-Tetrahydro-1,1,4,4-tetramethyl-6-(1-methyl-2-phenylethenyl)naphthalene, *see* T-00059
4-[[(5,6,7,8-Tetrahydro-5,5,8,8-tetramethyl-2-naphthalenyl)-amino]carbonyl]benzoic acid, T-00131
▷1,2,3,6-Tetrahydro-2,2,6,6-tetramethylpyridine, T-00132
▷6,7,8,9-Tetrahydro-5*H*-tetrazolo[1,5-*a*]azepine, T-00133
Tetrahydro-2*H*-1,2,4-thiadiazine 1,1-dioxide, T-00134
Tetrahydro-2*H*-1,3,5-thiadiazine-2-thione, T-00135
Tetrahydro-2*H*-1,3-thiazine-4-carboxylic acid, T-00136
▷4-(Tetrahydro-2*H*-1,2-thiazin-2-yl)benzenesulfonamide *S,S*-dioxide, *see* S-00263
5,6,7,8-Tetrahydro-3-[2-(4-*o*-tolyl-1-piperazinyl)ethyl]-*s*-triazolo[4,3-*a*]pyridine, *see* D-00013
1,2,3,4-Tetrahydro-1-[(3,4,5-trimethoxyphenyl)methyl]-6,7-isoquinolinediol, *see* T-00418
1,3,4,9-Tetrahydro-*N*,*N*,1-trimethylindeno[2,1-*c*]pyran-1-ethanamine, *see* P-00313
7,8,9,10-Tetrahydro-6,6,9-trimethyl-3-(methyloctyl)-6*H*-dibenzo[*b,d*]pyran-1-yl 4-(diethylamino)-butanoate, *see* N-00004
6*a*,7,8,10*a*-Tetrahydro-6,6,9-trimethyl-3-pentyl-6*H*-dibenzo[*b,d*]pyran-1-ol, *see* T-00115
6*a*,7,10,10*a*-Tetrahydro-6,6,9-trimethyl-3-pentyl-6*H*-dibenzo[*b,d*]pyran-1-ol, *see* T-00114
9,20-Tetrahydrotylosin, *in* T-00578
▷2,3,7,8-Tetrahydroxy[1]benzopyrano[5,4,3-*cde*][1]-benzopyran-5,10-dione, *see* E-00026
Tetrahydroxy-1,4-benzoquinone, T-00137
2,3,5,6-Tetrahydroxy-2,5-cyclohexadiene-1,4-dione, *see* T-00137
3,3′,5,7-Tetrahydroxy-4′-methoxyflavan, *in* P-00081
3,3′,4′,7-Tetrahydroxy-5-methoxyflavone, *in* P-00082
3,3′,5,7-Tetrahydroxy-4′-methoxyflavone, *in* P-00082
3′,4′,5,7-Tetrahydroxy-8-methoxyisoflavone, T-00138
11β,14,17,21-Tetrahydroxypregn-4-ene-3,20-dione cyclic 14,17-acetal with crotonaldehyde 21-nicotinate, *see* N-00096
9,11,15,19-Tetrahydroxy-5,13-prostadienoic acid, T-00139
▷3,5,7,10-Tetrahydroxy-1,1,9-trimethyl-2*H*-benzo[*cd*]pyrene-2,6(1*H*)-dione, *see* R-00030
▷Tetrahydrozoline, T-00140
Tetrahydrozoline hydrochloride, *in* T-00140
▷Tetraiodoethylene, T-00141
Tetraiodophenolphthalein, T-00142
Tetraisopropyl dichloromethylenebisphosphonate, *in* D-00194
Tetraisopropyl methylenediphosphonate, *in* M-00168
▷Tetrakis(cyanomethyl)ethylenediamine, *in* E-00186
▷Tetrakis(hydroxymethyl)methane, *see* P-00077
▷*N*,*N*,*N*′,*N*′-Tetrakis(2-hydroxypropyl)ethylenediamine, *see* E-00012
Tetrakis(1-methylethyl) methylenebisphosphonate, *in* M-00168
▷Tetrakis[(2,2,2-Trichloro-1-hydroxyethoxy)methyl]methane, *see* P-00132
▷Tetrallobarbital, *see* B-00386
▷Tetralysal, *see* L-00120
▷Tetramalum, *see* E-00188
Tetrameprozine, *in* P-00521
1,2,9,10-Tetramethoxyaporphine, *see* G-00028
Tetramethoxy-1,4-benzoquinone, *in* T-00137
6,6′,7,12-Tetramethoxy-2,2′-dimethylberbaman, *see* T-00152
6′,7′,10,11-Tetramethoxyemetan, *see* E-00036
▷Tetramethrin, T-00143
▷*N*,*N*,9,9-Tetramethyl-10(9*H*)-acridinepropanamine, *see* D-00387
Tetramethylammonium(1+), T-00144
▷*N*,*N*,10,10-Tetramethyl-$\Delta^{9(10H),\gamma}$-anthracenepropylamine, *see* M-00081
▷*N*,2,3,3-Tetramethylbicyclo[2.2.1]heptan-2-amine, *see* M-00041
N,*N*,*N*′,*N*′-Tetramethyl-*N*,*N*′-bis[2-[5-methyl-2-(1-methylethyl)-phenoxy]ethyl]-1,10-decanediaminium(2+), *see* D-00043
(1,1,3,3-Tetramethylbutyl)guanidine, T-00145
2-[2-[2-[4-(1,1,3,3-Tetramethylbutyl)phenoxy]ethoxy]-ethoxy]-ethanesulfonic acid, *see* E-00069
26-[4-(1,1,3,3-Tetramethylbutyl)phenoxy]-3,6,9,12,15,18,21,24-octaoxahexacosan-1-ol, *see* O-00024
2,2,9,9-Tetramethyl-1,10-decanediol, T-00146
3,3′-Tetramethylenebis[oxy(2-hydroxytrimethylene)-acetylimino]bis[2,4,6-triiodo-5-(*N*-methylacetamido)-benzoic acid], *see* I-00150
1,1′-Tetramethylenebis[1,2,3,4-tetrahydro-6,7-dimethoxy-isoquinoline], *see* B-00232
▷Tetramethylene di(methanesulfonate), *see* B-00379
2,3,4,6-Tetra-*O*-methyl-D-gluconamide, *in* G-00055
2,3,5,6-Tetra-*O*-methyl-D-gluconamide, *in* G-00055
2,3,4,6-Tetra-*O*-methyl-D-glucononitrile, *in* G-00055
2,3,5,6-Tetra-*O*-methyl-D-glucononitrile, *in* G-00055
3,7,11,15-Tetramethyl-2,4,6,10,14-hexadecapentaenoic acid, T-00147
N,*N*,*N*′,*N*′-Tetramethylhexamethylenediamine, *see* T-00148
N,*N*,*N*′,*N*′-Tetramethyl-1,6-hexanediamine, T-00148
▷Tetramethyl 1-hydroxy-1-(*p*-chlorophenyl)methylene 1,1-diphosphonate, *see* M-00372
Tetramethyl (1-hydroxyethylidene)bisphosphonate, *in* H-00132
Tetramethyl methylenebisphosphonate, *in* M-00168
2,2,5,5-Tetramethyl-α-[(2-methylphenoxy)methyl]-1-pyrrolidineethanol, *see* L-00105

6,10,14,18-Tetramethyl-5,9,13,17-nonadecatetraen-2-one, *see* T-00078
N,N,N,α-Tetramethyl-10*H*-phenothiazine-10-ethanaminium, *see* T-00182
N,N,N′,N′-Tetramethyl-3-(10*H*-phenothiazin-10-yl)-1,2-propanediamine, *see* P-00521
2-(2,2,6,6-Tetramethylpiperidino)ethyl *o*-chloro-*α*-(*o*-chlorobenzyl)-*α*-hydroxyhydrocinnamate acetate, *see* T-00052
2-(2,2,6,6-Tetramethyl-1-piperidinyl)ethyl *α*-(acetyloxy)-2-chloro-*α*-[(2-chlorophenyl)methylbenzenepropanoate, *see* T-00052
▷*O,O,O′,O′*-Tetramethyl *O,O′*-thiodi-*p*-phenylene bis-(phosphorothioate), *see* T-00061
▷Tetramethylthioperoxydicarbonic diamide, *see* T-00149
▷Tetramethylthiuram disulfide, T-00149
1,3,8,8-Tetramethyl-3-[3-(trimethylammonio)propyl]-3-azoniabicyclo[3.2.1]octane, *see* T-00499
2,5,7,8-Tetramethyl-2-(4,8,12-trimethyltridecyl)-6-chromanyl (*p*-chlorophenoxy)acetate, *see* T-00333
▷2,5,7,8-Tetramethyl-2-(4,8,12-trimethyltridecyl)-6-chromanyl 2-(*p*-chlorophenoxy)-2-methylpropionate, *see* T-00334
N,N,N,4-Tetramethyl-*α*-undecylbenzenemethanaminium, *see* T-00357
▷Tetramezonnite, *in* M-00018
▷Tetramide, *in* M-00360
▷Tetramin, *see* A-00527
Tetraminol, T-00150
▷Tetramisole, T-00151
▷Tetramisole hydrochloride, *in* T-00151
▷Tetrammonium formate, *in* T-00144
▷Tetrammonium iodide, *in* T-00144
▷Tetramyl, *see* L-00120
Tetrandrine, T-00152
Tetrandrine mono-*N*-2′-oxide, *in* T-00152
Tetranitrin, *in* E-00114
Tetranitrol, *in* E-00114
▷2,2′-(2,5,8,11-Tetraoxadodecane-1,12-diyl)bisoxirane, *see* D-00225
Tetraphenyl methylenebisphosphonate, *in* M-00168
▷Tetraplatin, T-00153
Tetraseptan, *see* B-00118
▷Tetrasolivina, *see* M-00096
Tetraspasmin-Lefa, *see* D-00611
▷Tetrastatin, *in* T-00109
▷Tetrastigmine, *see* T-00112
▷Tetrathion, *see* T-00149
▷Tetraverin, *see* R-00078
▷Tetrazepam, T-00154
3-(1*H*-Tetrazol-5-yloxy)phenol, *see* H-00198
▷Tetrex PMT, *in* R-00078
Tetridamine, *in* T-00119
▷Tetridin, *see* D-00255
Tetriprofen, T-00155
▷Tetrodontoxin, *see* T-00156
▷Tetrodotoxin, T-00156
Tetroid, *see* E-00138
Tetronal, *in* B-00213
Tetronasin, T-00157
Tetronasin sodium, *in* T-00157
▷Tetropil, *see* T-00106
Tetroquinone, *see* T-00137
▷Tetroxoprim, T-00158
▷Tetrucid, *see* M-00430
Tetrydamine, *in* T-00119
▷Tetrylammonium bromide, *in* T-00111
▷Tetryzoline, *see* T-00140
Tevabolin, *see* S-00139
Tevaphyllin-Amp., *in* T-00169
Texacromil, T-00159
▷Texmeten, *in* D-00270
TG 16, *in* H-00037
▷Th 1165*a*, *in* F-00064
TH 1183, *in* B-00206
▷TH-1395, *see* G-00063
Th 152, *in* O-00053
TH 2105, *see* H-00097
TH 2132, *see* S-00255
▷2602 TH, *see* C-00578
▷TH 4114, *see* P-00160
Th 494, *see* S-00158
▷T.H.A., *see* A-00333
▷Thalamonal, *in* D-00608
▷Thalamonal, *in* F-00077
Thalamyd, *see* P-00225
▷Thalidomide, *see* P-00223
Thalisul, *see* P-00225
▷Thallous chloride, T-00160
▷THAM, *see* A-00268
THC, *see* T-00197
▷Theamin, *in* T-00169
▷Thean, *see* P-00551
▷Thebacon, T-00161
▷Thebaine, T-00162
Thebaine N-metho salt, *in* T-00162
Thebaine N-oxide, *in* T-00162
▷Thecodin, *in* O-00155
▷THEDP, *see* E-00012
▷Theelin, *see* O-00031
▷Theelol, *see* O-00030
▷Theine, *see* C-00010
▷Thelmesan, *in* O-00012
▷Themalon, *see* D-00258
▷Thenaldine, *see* T-00163
▷Thenalidine, T-00163
Thenalidine tartrate, *in* T-00163
Thendor, *in* C-00282
▷Thenfadil, *see* T-00165
▷Thenfanil, *see* T-00165
▷Thenitrazolum, *see* T-00072
Thenium(1+), T-00164
Thenium closylate, *in* T-00164
Thenophenopiperidine tartrate, *in* T-00163
Theno-piperidine tartrate, *in* T-00163
2-(2-Thenoylthio)propionylglycine, *see* S-00145
▷Thenyldiamine, T-00165
▷Thenylene, *see* M-00171
▷Thenylpyramine, *see* M-00171
▷Theobromine, T-00166
▷Theocin, *see* T-00169
▷Theodoxine, *in* P-00582
▷Theodrenaline, T-00167
▷Theofibrate, T-00168
Theo-Heptylon, *in* H-00029
▷Theo-organidin, *in* I-00103
Theophyllidine, *in* A-00275
▷Theophylline, T-00169
Theophylline-7-acetic acid, *see* A-00011
Theophylline calcium salicylate, *in* T-00169
Theophylline diethanolamine, *in* T-00169
Theophylline dihydroxyephedrine, *in* T-00169
Theophylline ephedrine, *in* T-00169
▷Theophylline ethylenediamine, *in* T-00169
Theophylline heptaminol, *in* T-00169
Theophylline isopropanolamine, *in* T-00169
Theophylline lysine, *in* T-00169
Theophylline meglumine, *in* T-00169
▷2-(7′-Theophyllinemethyl)-1,3-dioxolane, *see* D-00596
▷Theophylline nicotinamide, *in* T-00169
Theophylline piperazine, *in* T-00169
Theophylline sodium glycinate, *in* T-00169
3-(7-Theophyllinyl)propanesulfonic acid, T-00170
Theopropanol, *in* T-00169
▷Theopylline olamine, *in* T-00169
Theosintol, *in* T-00169
▷Thephorin, *in* P-00156
Theprubicin, *in* A-00080
Therafactin, *see* A-00345
▷Theragesic, *in* M-00261
Theragynes, *in* D-00179
▷Theramin, *see* G-00057

Theranabol, *see* O-00152
Therapas, *in* A-00264
Theratuss, *see* P-00275
▷Theruhistin, *in* I-00214
▷Thesal, *see* T-00166
Thesit, *see* P-00380
▷Thespesin, *see* G-00082
Thevetin B, *in* D-00274
▷Thiabendazole, T-00171
Thiabutazide, *see* B-00401
▷Thiacetarsamide, *see* A-00450
▷Thiacetarsamide sodium, INN, *in* A-00450
▷Thiacetazone, *in* A-00210
▷Thiactin, *see* T-00210
▷Thiacyl, *see* S-00172
N′-(1,3,4-Thiadiazol-2-yl)sulfanilamide, *see* S-00211
Thiadipone, *see* B-00066
3-Thiahexanedioic acid, *see* C-00066
▷Thialbarbital, *see* T-00172
▷Thialbarbitone, T-00172
Thialbutal, *see* B-00400
▷Thialpenton, *in* T-00172
▷Thiamazole, *see* D-00289
▷Thiambutene, *see* D-00258
▷Thiambutosine, T-00173
Thiameton, *in* T-00237
▷Thiamine, T-00174
▷Thiamine diphosphate, T-00175
Thiamine disulfide, T-00176
▷Thiamine monochloride, *in* T-00174
Thiamine monophosphate disulfide, *in* T-00176
▷Thiamine propyl disulfide, T-00177
▷Thiamine pyrophosphate, *see* T-00175
▷Thiamine tetrahydrofurfuryl disulfide, *see* F-00299
▷Thiamiprine, T-00178
▷Thiamizide, *see* C-00255
Thiamphenicol aminoacetate hydrochloride, JAN, *in* T-00179
Thiamphenicol, T-00179
Thiamylal, T-00180
▷Thiamylal sodium, *in* T-00180
Thianthol, *see* D-00456
Thiaolivacine, *see* D-00425
▷Thiaproline, *see* T-00183
6,9-Thiaprostacyclin, *in* E-00087
▷Thiasan, *see* M-00430
Thiase, *see* S-00145
Thiatriamide, *see* A-00517
Thiaver, *see* E-00085
▷Thiazenone, *in* T-00181
Thiazesim, T-00181
▷Thiazesim hydrochloride, *in* T-00181
Thiazinamium(1+), T-00182
Thiazinamium chloride, *in* T-00182
▷Thiazinamium metilsulfate, *in* T-00182
▷Thiazinamon, *in* T-00182
▷2-Thiazolamine, *see* A-00336
▷4-Thiazolidinecarboxylic acid, T-00183
7-L-4-Thiazolidinecarboxylic acid oxytocin, *see* T-00234
2,4-Thiazolidinedicarboxylic acid, T-00184
2-(3-Thiazolidinylcarbonyl)benzoic acid, *see* N-00077
▷Thiazolidomycin, *see* A-00039
▷Thiazoline-2-thiol, *see* M-00121
Thiazolsulfone, T-00185
▷2-[[[4-[(Thiazolylamino)sulfonyl]phenyl]amino]carbonyl]-benzoic acid, *see* P-00227
▷[2-(4-Thiazolyl)-5-benzimidazolecarbamic acid isopropyl ester, *see* C-00020
▷[2-(4-Thiazolyl)-1*H*-benzimidazol-5-yl]carbamic acid 1-methylethyl ester, *see* C-00020
2-[4-(2-Thiazolyloxy)phenyl]propanoic acid, T-00186
4′-(2-Thiazolylsulfamoyl)maleanilic acid, *see* M-00015
5-[*p*-(2-Thiazolylsulfamoyl)phenylazo]salicylic acid, *see* S-00010
▷4′-(2-Thiazolylsulfamoyl)phthalanilic acid, *see* P-00227
▷4′-(2-Thiazolylsulfamoyl)succinanilic acid, *see* S-00172
▷*N*′-2-Thiazolylsulfanilamide, *see* S-00256
Thiazosulfone, *see* T-00185
Thiazothielite, *see* A-00413
Thiazothienol, *see* A-00401
▷2-(4-Thiazoyl)-1*H*-benzimidazole, *see* T-00171
Thidoxol, *see* T-00214
▷7-[(2-Thienyl)acetamido]-3-(1-pyridylmethyl)-3-cephem-4-carboxylic acid betaine, *see* C-00176
▷1-[1-(2-Thienyl)cyclohexyl]piperidine, T-00187
▷9-(4,6-*O*-2-Thienylidene-β-D-glucopyranoside)-4′-demethylepipodophyllotoxin, *see* T-00071
2-[[2-(2-Thienylmethyl)phenoxy]methyl]morpholine, *see* T-00070
3-(2-Thienyl)piperazinone, T-00188
▷Thiethylperazine, T-00189
Thiethylperazine malate, *in* T-00189
▷Thiethylperazine maleate, *in* T-00189
Thihexinol methyl(1+), T-00190
Thihexinol methylbromide, *in* T-00190
Thilocanfol, *see* A-00519
Thilodrin, *in* D-00518
▷Thilol, *see* D-00084
▷Thimecil, *see* D-00293
Thimerfonate, T-00191
▷Thimerfonate sodium, *in* T-00191
▷Thimerosal, *in* E-00198
▷Thimorlone, *see* E-00219
▷Thioacetazone, *in* A-00210
Thioargyrium, *in* H-00127
▷Thioaspirin, *in* M-00114
Thioban, *see* T-00197
▷Thiobarbituric acid, T-00192
2-Thiobenzimide, *see* B-00086
▷Thiobenzoic acid, T-00193
▷Thiobenzoyl chloride, *in* T-00193
▷2,2′-Thiobis(4-chlorophenol), T-00194
▷2,2′-Thiobis[4,6-dichlorophenol], *see* B-00204
▷2,2′-Thiobisethanol, T-00195
2,2′-Thiobis[*N*-ethyl-*N*,*N*-dimethyl]ethanaminium, *see* T-00237
5,5′-[Thiobis[(1-oxo-3,1-propanediyl)imino]]bis[*N*,*N*′-bis(2,3-dihydroxypropyl)-2,4,6-triiodo-*N*,*N*-dimethyl-1,3-benzenedicarboxamide], *see* I-00139
Thiocarbamic acid, T-00196
Thiocarbanidin, T-00197
Thiocarlide, T-00198
Thiocarzolamide, *see* P-00561
▷Thiochrysine, *see* S-00084
▷Thiocid, *see* M-00430
Thiocol, *in* H-00147
▷Thiocolchicoside, T-00199
▷Thioctic acid, *see* L-00053
▷Thioctothiamine, *see* O-00023
▷Thiocymetin, *in* T-00179
▷Thioderon, *see* M-00100
▷2,2′-Thiodiethanol, *see* T-00195
(Thiodiethylene)bis(ethyldimethylammonium), *see* T-00237
▷Thiodiethylene glycol, *see* T-00195
▷Thiodiglycol, *see* T-00195
▷Thiodinone, *see* N-00118
▷Thiodiphenylamine, *see* P-00167
▷*O*,*O*′-(Thiodi-4,1-phenylene) bis(*O*,*O*-dimethyl phosphorothioate), *see* T-00061
▷Thiodril, *in* C-00654
Thiodrol, *see* E-00086
▷Thioethanolamine, *see* A-00252
Thiofantile, *see* B-00237
Thiofenickin, *in* T-00179
▷Thiofuradene, T-00200
Thiogenal, *in* M-00184
(1-Thioglucopyranosato)gold, T-00201
(1-Thioglucopyranosato-2,3,4,6-tetraacetato)gold, *in* T-00201
[1-Thioglucopyranose-2,3,4,6-tetrakis(methylcarbamato)-*S*]-triethylphosphinegold, *see* A-00475
▷Thioguanine, T-00202
Thiohexamide, T-00203

▷Thioinosine, *see* T-00204
▷6-Thioinosine, T-00204
Thiolocof, *see* A-00519
▷Thiomalic acid, *see* M-00115
▷Thiomebumal, *see* T-00206
Thiomedan, *see* D-00431
Thiomedon-Amp., *see* A-00036
▷Thiomerin sodium, *in* M-00118
▷Thiomersal, *in* E-00198
▷Thiomersalate, *in* E-00198
Thiomesterone, T-00205
Thionarcex, *in* T-00212
▷Thio-Novurit, *in* M-00118
▷Thioparamizone, *in* A-00210
▷Thiopental, T-00206
▷Thiopental sodium, *in* T-00206
▷Thiopentobarbital, *see* T-00206
▷Thiopentone, *see* T-00206
▷Thiopentymal, *see* T-00206
▷Thioperazine, *in* T-00208
▷Thioperoxydicarbonic acid diethyl ester, *see* D-00556
▷Thiophanate, T-00207
▷Thiophanium, *in* T-00498
▷7-(2-Thiopheneacetamido)cephalosporanic acid, *see* C-00178
▷Thiophenylpyrazolidine, *see* D-00501
▷Thiophosphamidum, *see* T-00211
Thiophtalane, *see* T-00017
▷Thioprine, *see* A-00513
Thioprol, *in* H-00210
Thiopropamine, *see* T-00303
▷Thiopropazate, *in* P-00129
▷Thioproperazine, T-00208
Thiopurinol, *see* P-00565
▷2-Thiopyridone, *see* P-00574
Thioquinalbarbitone, *see* T-00180
▷Thioridazine, T-00209
▷Thiosalicylic acid, *see* M-00114
Thiosalol, *in* M-00114
▷Thioscabin, *see* M-00430
Thioserine (obsol.), *see* C-00654
▷Thiosinamine, *see* P-00496
▷Thiospasmin, *in* H-00062
▷Thiospasmin, *in* O-00165
▷Thiostrepton, T-00210
▷Thiostrepton *A*, *see* T-00210
Thiostrepton *B*, *in* T-00210
Thiostrepton A_2, *in* T-00210
▷Thiosulfil, *see* S-00243
▷Thiotepa, T-00211
Thiotetrabarbital, T-00212
Thiotetramalum, *see* T-00212
▷Thiothixene, T-00213
▷Thiothymin, *see* D-00293
Thiourethane, *in* T-00196
Thiourethane, *in* T-00196
β-Thiovaline, *see* P-00064
4-(Thiovanilloyl)morpholine, *see* V-00009
▷Thioxidren, *see* T-00129
2-Thioxo-3,5-dibenzyltetrahydro-1,3,5-thiadiazine, *see* S-00183
Thioxolone, T-00214
▷Thiozinamin, *in* T-00182
THIP, *see* T-00121
▷Thiphen, *in* T-00215
Thiphenamil, T-00215
▷Thiphenamil hydrochloride, *in* T-00215
Thiphencillin, T-00216
Thiphencillin potassium, *in* T-00216
Thipindole, *see* T-00313
▷Thiprazole, *see* T-00171
▷Thiram, *see* T-00149
▷Thixokon, *in* A-00340
Thixolone, *see* T-00214
▷Thixoron, *in* D-00138
Thonzide, *in* T-00217
Thonzonium(1+), T-00217
Thonzonium bromide, *in* T-00217
▷Thonzylamine, T-00218
Thonzylamine cetyl bromide, *in* T-00217
▷Thonzylamine hydrochloride, *in* T-00218
Thoragol, *in* B-00151
▷Thorazine, *see* C-00298
Thoxan, *in* E-00264
▷Thozalinone, *see* D-00417
THP-ADM, *in* A-00080
THP-ADR, *in* A-00080
THQ, *see* T-00137
D-Threaric acid, *in* T-00028
▷L-Threaric acid, *in* T-00028
Threitol, T-00219
DL-Threo-β-F-Asn, *in* A-00257
7-L-Threoninecyclosporin *A*, *in* C-00638
8^A-L-Threonine-10^A-L-isoleucine-30^B-L-threonine-30^Ba-L-arginine-30^Bb-L-arginineinsulin(ox), *see* I-00077
4-L-Threonineoxytocin, T-00220
7-L-Threonine-5-L-valinecyclosporin *A*, *in* C-00638
7-L-Threonine-9-L-valinecyclosporin *A*, *in* C-00638
N^2-[1-N^2-L-Threonyl-L-lysyl)-L-prolyl]-L-arginine, *see* T-00574
▷Threosulphan, *in* T-00219
▷Thrombin, T-00221
▷Thrombinar, *see* T-00221
▷Thrombocytin, *see* H-00218
▷Thrombostat, *see* T-00221
▷Thrombotonin, *see* H-00218
K-Thrombyl inj., *in* D-00333
[Thr^4]Oxytocin, *see* T-00220
▷THS 201, *in* H-00016
▷THS 839, *in* D-00070
Thurfyl nicotinate, T-00222
Thurfyl salicylate, *in* H-00112
Thybon, *in* T-00487
▷Thylakentrin, *see* F-00238
▷Thylamid, *see* T-00431
▷Thylin, *see* N-00112
Thylmolsulfone, *see* D-00146
▷Thyloquinone, *see* M-00271
Thymazen, *see* T-00580
▷Thymeol, *in* M-00081
Thymeon, *in* Z-00003
Thymergix, *in* P-00592
Thymin (hormone), *see* T-00226
Thymocartin, T-00223
Thymolphthalein, T-00224
Thymopentin, T-00225
Thymopoietin, T-00226
Thymopoietin 32-36, *see* T-00225
Thymopoietin I, *in* T-00226
Thymopoietin III, *in* T-00226
Thymopoietin II, 9CI, *in* T-00226
Thymosulfone, *see* D-00146
▷Thymoxamine, T-00227
2-[(Thymyloxy)methyl]-2-imidazoline, *see* T-00580
▷Thyneostat II, *see* D-00298
▷Thypinone, *see* T-00229
Thyractin, *see* T-00228
▷Thyreostat, *see* D-00293
▷Thyreotrophic hormone, *see* T-00232
▷Thyrocalcitonin, *see* C-00013
α-Thyrocalcitonin, *in* C-00013
Thyroglobulin, T-00228
▷Thyroid-stimulating hormone, *see* T-00232
▷Thyrolar, *in* T-00233
Thyrolar, *in* T-00487
▷Thyroliberin, T-00229
Thyromedan, T-00230
Thyromedan hydrochloride, *in* T-00230
Thyropropic acid, T-00231
Thyroprotein, *see* T-00228
▷Thyrotrophin, T-00232
▷Thyrotropic hormone, *see* T-00232
▷Thyrotropin, *see* T-00232

▷Thyrotropin-releasing factor, *see* T-00229
▷Thyroxine, T-00233
▷Thytropar, *see* T-00232
[Thz[7]]Oxytocin, T-00234
TI 31, *see* N-00230
▷Tiabendazole, *see* T-00171
Tiacrilast, T-00235
▷Tiadenol, *see* B-00217
Tiadenol clofibrate, *in* B-00217
Tiadenol nicotinate, *in* B-00217
Tiadilon, *in* T-00184
Tiadipone, *see* B-00066
Tiafibrate, *in* B-00217
Tiamenidine, T-00236
▷Tiamenidine hydrochloride, *in* T-00236
Tiametonium(2+), T-00237
Tiametonium iodide, *in* T-00237
▷Tiamiprine, *see* T-00178
▷Tiamizide, *see* C-00255
▷Tiamulin, T-00238
▷Tiamulin fumarate, *in* T-00238
▷Tiamutin, *in* T-00238
Tianafac, T-00239
Tianeptine, T-00240
Tiapamil, T-00241
Tiapamil hydrochloride, *in* T-00241
Tiapirinol, T-00242
Tiapride, T-00243
▷Tiaprofenic acid, *see* B-00099
Tiaprost, T-00244
Tiaramide, T-00245
▷Tiaramide hydrochloride, *in* T-00245
Tiase, *see* S-00145
Tiazesim, *see* T-00181
▷Tiazofurine, T-00246
Tiazoprim, *in* S-00199
Tiazuril, T-00247
▷Tibal, *see* O-00058
Tibalosin, T-00248
Tibalosine, *see* T-00248
▷Tibamax, *see* T-00577
Tibenelast, T-00249
Tibenelast sodium, *in* T-00249
▷Tibenzate, *in* T-00193
▷Tiberal, *see* O-00058
▷Tibexin, *in* P-00422
Tibezonium(1+), T-00250
▷Tibezonium iodide, *in* T-00250
Tibolone, T-00251
Tibric acid, T-00252
Ticabesone, T-00253
Ticabesone propionate, *in* T-00253
▷Ticar, *in* T-00255
Ticarbodine, T-00254
Ticarcillin, T-00255
Ticarcillin cresyl sodium, *in* T-00255
▷Ticarcillin sodium, *in* T-00255
▷Ticlatone, *see* C-00216
Ticlid, *see* T-00256
Ticlodix, *see* T-00256
Ticlodone, *see* T-00256
Ticlopidine, T-00256
▷Ticlopidine hydrochloride, *in* T-00256
▷TIC Mustard, *see* I-00030
▷Ticrynafen, *see* T-00258
Tidiacic, *see* T-00184
Tiemonium(1+), T-00257
Tiemonium iodide, *in* T-00257
Tienam, *in* C-00342
Tienam, *in* I-00039
▷Tienilic acid, T-00258
Tienmulilmine, T-00259
Tienocarbine, T-00260
Tienopramine, T-00261
▷Tienor, *see* C-00508
Tienoxolol, T-00262
Tietylperazine malate, JAN, *in* T-00189
▷Tietylperazine maleate, JAN, *in* T-00189
▷Tifemoxone, T-00263
▷Tifen, *in* T-00215
Tifenamil, *see* T-00215
Tifencillin, *see* T-00216
Tiflamizole, T-00264
Tiflorex, *in* F-00228
Tifluadom, T-00265
Tiflucarbine, T-00266
Tiformin, *in* G-00110
▷Tifosyl, *see* T-00211
Tifurac, T-00267
Tifurac sodium, *in* T-00267
▷Tigasan, *in* A-00041
▷Tigason, *in* A-00041
Tigemonam, T-00268
Tigemonam dicholine, USAN, *in* T-00268
Tigestol, T-00269
Tigloidine, *in* T-00270
3-Tigloyloxytropane, T-00270
3α-Tigloyloxytropane N-oxide, *in* T-00270
Tigloyltropeine, *in* T-00270
▷Tiguvon, *in* F-00078
▷Tilactase, T-00271
Tilade, *in* N-00060
Tilbroquinol, *see* B-00304
▷Tilcant, *see* B-00364
Tilcotil, *see* T-00073
▷Tildin, *see* B-00300
Tiletamine, T-00272
Tiletamine hydrochloride, *in* T-00272
Tilianin, *in* D-00329
Tilidate, T-00273
Tilidine, *see* T-00273
▷Tilidine hydrochloride, *in* T-00273
Tiliquinol, *see* H-00176
Tilisolol, T-00274
Tilmicosin, T-00275
Tilomisole, T-00276
▷Tilorone, T-00277
▷Tilorone hydrochloride, *in* T-00277
Tilozepine, T-00278
Tilsuprost, T-00279
Tiludronic acid, T-00280
▷Tilur, *see* A-00013
Timaxel, *in* A-00241
Timefurone, T-00281
Timegadine, T-00282
Timelotem, T-00283
Timelotem maleate, *in* T-00283
Timentin, *in* C-00410
Timepidium(1+), T-00284
▷Timepidium bromide, *in* T-00284
▷Timerfonnatrium, *in* T-00191
Timerozole, *in* O-00070
▷Timiperone, T-00285
Timobesone, T-00286
Timobesone acetate, *in* T-00286
▷Timodyne, *see* M-00067
Timofibrate, T-00287
▷Timolate, *in* T-00288
▷Timolide, *in* T-00288
Timolol, T-00288
▷Timolol maleate, *in* T-00288
▷Timonacic, *see* T-00183
Timoprazole, T-00289
▷Timoptic, *in* T-00288
▷Timostenil, *see* C-00091
Timosulfone, *see* D-00146
▷Timovan, *see* P-00536
Timoxicillin, T-00290
Timoxicillin sodium, *in* T-00290
▷TIMP, *see* R-00016
Timunox, *see* T-00225
Tinabinol, T-00291

▷Tinactin, *see* T-00354
▷Tinaderm, *see* T-00354
Tinafon, *in* D-00407
Tinazoline, T-00292
▷Tindal, *in* A-00025
▷Tindurin, *see* P-00585
▷Tinerol, *see* O-00058
▷Tinevet, *in* H-00023
▷Tin fluoride, *see* S-00137
▷Ting, *in* U-00008
Ting, *in* U-00008
▷Tinidazole, T-00293
Tinisulpride, T-00294
Tinofedrine, T-00295
▷Tinoridine, T-00296
Tinset, *see* O-00094
▷Tinuvin *P*, *see* H-00172
Tinuvin 326, *see* B-00357
▷Tinver, *in* S-00091
▷Tiobutarit, *in* B-00337
Tiocarlide, *see* T-00198
Tioclomarol, T-00297
Tioconazole, T-00298
Tiocortisol, *see* D-00328
Tioctilate, *in* T-00193
Tiodazosin, T-00299
Tiodonium (1+), *see* C-00274
Tiodonium chloride, *in* C-00274
Tiofacic, *see* S-00145
▷Tiofosfamid, *see* T-00211
▷Tioguanine, *see* T-00202
▷Tioinosine, *see* T-00204
▷Tiolepa, *see* T-00211
Tiomergine, T-00300
Tiomesterone, *see* T-00205
Tioperidone, T-00301
Tioperidone hydrochloride, *in* T-00301
Tiopinac, T-00302
▷Tiopronin, *see* M-00120
Tiopropamine, T-00303
▷Tiosinamine, *see* P-00496
Tiospirone, T-00304
▷Tiotidine, T-00305
▷Tiotixene, *see* T-00213
Tiovalone, *in* D-00328
Tiox, *see* T-00309
Tioxacin, T-00306
Tioxamast, T-00307
Tioxaprofen, T-00308
Tioxidazole, T-00309
Tioxolone, *see* T-00214
Tipentosin, T-00310
Tipentosin hydrochloride, *in* T-00310
▷Tipepidine, T-00311
▷Tipepidine hibenzate, *in* T-00311
Tipetropium(1+), T-00312
Tipetropium bromide, *in* T-00312
▷Tiphen, *in* T-00215
Tipidyl, *see* C-00484
Tipindole, T-00313
▷TIPPS, *in* T-00142
Tipredane, T-00314
Tiprenolol, T-00315
Tiprenolol hydrochloride, *in* T-00315
Tiprinast, T-00316
Tiprinast meglumine, *in* T-00316
Tipropidil, T-00317
Tipropidil hydrochloride, *in* T-00317
Tiprostanide, T-00318
Tiprotimod, T-00319
Tiquinamide, T-00320
Tiquinamide hydrochloride, *in* T-00320
Tiquizium(1+), T-00321
▷Tiquizium bromide, *in* T-00321
▷Tiratricol, T-00322
Tiropramide, T-00323
Tisocromide, T-00324
Tisopurine, *see* P-00565
Tisoquone, T-00325
Tissue plasminogen activator, *see* A-00156
▷Titanium dioxide, T-00326
▷Titanium oxide, *see* T-00326
Titralac, *in* C-00014
Tivanidazole, T-00327
Tixadil, T-00328
Tixanox, *see* M-00305
▷Tixantone, *in* L-00110
Tixocortol, *see* D-00328
Tixocortol pivalate, *in* D-00328
▷Tixylix, *in* P-00478
Tizabrin, T-00329
Tizanidine, T-00330
Tizolemide, T-00331
Tizoprolic acid, *see* P-00517
TJZ 100, *see* R-00059
TKG 01, *in* B-00048
▷TLP 607, *see* P-00062
▷TM 723, *in* A-00044
▷TMA, *see* T-00504
▷TMAI, *in* T-00144
▷TMB-4, *in* T-00493
TMB 8, *in* D-00239
TMPDS, *in* T-00176
▷TMPEA, *see* M-00131
▷TMQ, *in* T-00418
TMQ, *see* T-00514
TMS 19Q, *in* L-00034
TMT, *see* A-00474
TMZ, *see* T-00430
TNF-α, *see* T-00575
TNO 6, *see* S-00126
▷TO-096, *in* D-00138
Toa, *see* D-00397
Tobanum, *see* C-00493
▷Tobracin, *in* N-00059
▷Tobramycetin, *see* N-00059
▷Tobramycin, *see* N-00059
Tobuterol, *in* T-00084
Tocainide, T-00332
Tocamphyl, *in* T-00508
▷Toce, *see* D-00226
▷Tocen, *see* D-00226
Toclase, *in* C-00046
Tocofenoxate, T-00333
Tocofersolan, *in* T-00335
▷Tocofibrate, T-00334
α-Tocopherol, T-00335
β-Tocopherol, T-00336
▷α-Tocopherol acetate, *in* T-00335
α-Tocopherolhydroquinone, T-00337
α-Tocopherol nicotinate, *in* T-00335
▷α-Tocopherolquinone, *in* T-00337
α-Tocopherol succinate, *in* T-00335
Tocophersolan, *in* T-00335
▷Tocophrin, *in* T-00335
▷α-Tocoquinone, *in* T-00337
▷Todralazine, T-00338
▷Tofacine, *in* T-00339
Tofenacin, T-00339
▷Tofenacin hydrochloride, *in* T-00339
Tofetridine, T-00340
Tofisoline, T-00341
▷Tofisopam, T-00342
▷Tofranil, *in* I-00040
Tofranil-PM, *in* I-00040
▷Togamycin, *in* S-00111
Tokolysan, *see* H-00068
Toladryl, *see* M-00247
Tolamolol, T-00343
▷Tolazamide, T-00344
▷Tolazoline, *see* B-00120
▷Tolazoline hydrochloride, *in* B-00120

▷Tolazul, *in* T-00359
▷Tolboxane, *see* M-00301
▷Tolbutamide, T-00345
▷Tolbutamide sodium, *in* T-00345
▷Tolciclate, T-00346
Tolclotidum, *see* D-00543
▷Tolcyclamide, *see* G-00071
Toldimfos, T-00347
▷Tolectin, *see* T-00353
▷Tolentil, *see* T-00540
▷Toleran, *see* P-00386
▷Toleron, *in* F-00274
▷Tolestan, *see* C-00517
Tolfamide, T-00348
▷Tolfenamic acid, T-00349
Tolgabide, T-00350
▷Tolhexamide, *see* G-00071
Tolimidone, *see* M-00284
▷Tolinase, *see* T-00344
Tolindate, T-00351
Toliodium, *see* B-00230
Toliodium chloride, *in* B-00230
▷Toliprolol, T-00352
▷Tolmene, *see* T-00353
Tolmesoxide, *see* D-00398
▷Tolmetin, T-00353
Tolmetin sodium, *in* T-00353
▷Tolmex, *see* T-00353
▷Tolmicen, *see* T-00346
▷Tolmicol, *see* T-00346
▷Tolnaftate, T-00354
Tolnapersine, T-00355
▷Tolnate, *see* P-00536
▷Tolnidamine, T-00356
Toloconium(1+), T-00357
Toloconium metilsulfate, *in* T-00357
Tolonidine, T-00358
Tolonium(1+), T-00359
▷Tolonium chloride, *in* T-00359
▷Tolopelon, *see* T-00285
▷Toloxatone, T-00360
▷Toloxychloral, *see* T-00361
▷Toloxychlorinol, T-00361
▷Toloxypropandiol, *see* M-00283
Tolpadol, T-00362
Tolpentamide, T-00363
▷Tolperisone, T-00364
Tolperisone hydrochloride, JAN, *in* T-00364
Tolpiprazole, T-00365
Tolpronine, T-00366
Tolpropamine, T-00367
Tolpyrramide, T-00368
Tolquinzole, T-00369
Tolrestat, T-00370
Tolrestatin, *see* T-00370
▷Tolseram, *in* M-00283
▷Tolserol, *see* M-00283
Toltrazuril, T-00371
m-Toluamide, *in* M-00230
▷Toluazotoluidine, *see* A-00251
▷*p*-Toluenesulfonchloramide, *see* C-00289
▷*p*-Toluenesulfonic acid, *see* M-00228
▷*p*-Toluenesulfonylhydrazine, *in* M-00228
Tolufazepam, T-00372
▷*m*-Toluic acid, *see* M-00230
Toluidine blue *O*, *see* T-00359
▷Tolvin, *in* M-00360
Tolycaine, T-00373
1-*p*-Tolyl-3-azabicyclo[3.1.0]hexane, *see* M-00285
▷4″-(*o*-Tolylazo)-*o*-diacetotoluidide, *see* D-00117
▷4-(*o*-Tolylazo)-*o*-toluidine, *see* A-00251
▷3-(*o*-Tolyloxy)propane-1,2-diol, *see* M-00283
▷1,1′-(3-*o*-Tolyloxypropylenedioxy)bis[2,2,2-trichloroethanol], *see* T-00361
5-(*m*-Tolyloxy)-2(1*H*)-pyrimidinone, *see* M-00284
1-(*m*-Tolyl)-4-(β-2-quinolylethyl)piperazine, *see* C-00166
N-*p*-Tolylsulfonyl-1-pyrrolidinecarboxamide, *see* T-00368
Tolysin, *in* M-00295
Tolytrimonium methylsulfate, *in* T-00357
5α-Tomatidan-3β-ol, *see* T-00374
Tomatidine, T-00374
Tomatine, *in* T-00374
β_1-Tomatine, *in* T-00374
α-Tomatine, *in* T-00374
Tomelukast, T-00375
▷Tomiporan, *in* C-00121
Tomoglumide, T-00376
Tomoxetine, T-00377
Tomoxetine hydrochloride, *in* T-00377
Tomoxiprole, T-00378
▷Tonaul, *see* T-00524
Tonazocine, T-00379
Tonazocine mesylate, *in* T-00379
▷Tonicorine, *in* D-00241
Tonilen, *in* D-00061
Tonocard, *in* T-00332
▷Tonoformina, *in* T-00144
Tonofosfan, *in* T-00347
Tonophosphan, *in* T-00347
Tonsil, *in* B-00202
▷Tonsillosan, *see* H-00207
▷Tonus-Lab, *in* D-00540
Tonzonium bromide, *in* T-00217
Topanicate, T-00380
▷Toparten, *in* P-00422
▷Topicain, *see* O-00106
Topicaine, T-00381
▷Topicon, *in* H-00016
▷Topicort, *see* D-00102
Topicycline, *in* T-00109
▷Topiderm, *see* D-00102
Topilan, *in* C-00232
Topilar, *see* F-00138
Topiramate, T-00382
▷Topisolon, *see* D-00102
▷Topocaine, *see* C-00625
Topolyn, *in* D-00111
▷Topostasin, *see* T-00221
▷Topral, *see* S-00264
Toprilidine, T-00383
▷Topsin, *see* T-00207
▷Topsyn, *see* F-00173
Topterone, T-00384
Toquizine, T-00385
▷Toramazoline hydrochloride, JAN, *in* T-00395
Torasemide, T-00386
▷Torate, *in* B-00417
Toraxan, *see* P-00275
▷Torazin, *see* C-00536
Torbafylline, T-00387
▷Torbugesic, *in* B-00417
▷Torbutrol, *in* B-00417
▷Torecan, *see* T-00189
▷Torecan maleate, *in* T-00189
▷Torelle, *see* F-00258
Toremifene, T-00388
▷Toremonil, *see* H-00120
▷Toresten, *in* T-00189
Tormosyl, *see* F-00211
▷Tornalate, *in* B-00241
Torondel, *see* V-00034
▷Torulin, *see* T-00174
▷Toryn, *in* C-00037
Tosactide, *see* O-00006
▷Tosanpin, *in* Y-00002
Toscarna, *see* R-00027
Tosfinar, *in* A-00126
Tosiben, *in* D-00315
▷Tosifar, *in* F-00240
Tosifen, T-00389
▷Tosivia, *in* C-00037
▷Toskil, *see* T-00346

Tosmicil, *in* D-00061
Tosmilen, *in* D-00061
Tostram, *in* A-00254
Tostramin, *in* A-00254
Tosufloxacin, T-00390
Tosular, *see* T-00391
Tosulur, T-00391
▷Tosylchloramide sodium, *in* C-00289
Tosyl chloride, *in* M-00228
▷Tosylhydrazine, *in* M-00228
▷Totacef, *in* C-00120
▷Totomycin, *see* H-00223
Toxanon, *see* D-00397
▷*C*-Toxiferine II, *see* C-00016
Toxiferine IV, *in* C-00016
▷β-Toxin, *see* A-00283
▷Toxobidin, *in* O-00001
▷Toxogonin, *in* O-00001
Toxopyrimidine, *see* A-00267
Tozocide, *in* A-00284
TP_3, *see* T-00231
TP4, *see* T-00223
TP-5, *see* T-00225
tPA, *see* A-00156
$TPGI_2$, *in* E-00087
▷TPN-12, *see* S-00222
TQ 86, *see* A-00526
TQ 86, *in* A-00526
▷TR 35, *see* B-00119
TR 1736, *see* M-00200
TR 2378, *see* B-00327
TR 2515, *in* P-00052
TR 2855, *in* C-00564
TR 2985, *in* R-00088
TR 3369, *in* I-00070
TR 4698, *see* R-00061
TR 4979, *see* B-00395
TR 5109, *in* C-00542
▷TR 5379*M*, *in* X-00019
Traboxopine, T-00392
Trabuton, *see* P-00166
Tracazolate, T-00393
▷Trace, *in* E-00118
▷Tracebil, *see* I-00091
Tracrium, *in* A-00472
Tradal, *in* T-00438
Trafuril, *see* T-00222
▷Tral, *see* H-00067
▷Tralin, *see* H-00067
Tralonide, T-00394
▷Tramadol, *in* D-00416
Tramadol hydrochloride, *in* D-00416
Tramal, *in* D-00416
Tramazoline, T-00395
▷Tramazoline hydrochloride, *in* T-00395
▷Tramil, *in* A-00298
▷Tramisol, *in* T-00151
▷Tranaxine, *in* S-00031
Trandolapril, *in* T-00396
Trandolaprilat, T-00396
▷Tranel, *see* M-00138
▷Tranexamic acid, *in* A-00281
▷Tranilast, T-00397
▷Tranpoise, *see* M-00095
▷Tranquillin, *in* B-00034
▷Transamin, *in* P-00186
Transcainide, T-00398
▷Transclomiphene, *in* C-00471
▷Transcop, *see* S-00031
Transdihydrolisuride, *see* T-00090
▷Transidione, *see* O-00097
Transoddi, *see* C-00353
▷Transvaalin, *in* D-00319
Trantelinium(1+), T-00399
Trantelinium bromide, *in* T-00399
▷Tranxene, *in* C-00494
▷Tranylcypromine, *in* P-00186
▷Tranylcypromine sulfate, *in* P-00186
Trapencaine, T-00400
▷Trapidil, T-00401
▷Trasentin, *see* D-00606
▷Trasentine, *in* A-00072
Traserit, *see* A-00423
▷Trasicor, *in* O-00145
Trasidrex, *in* C-00630
▷Trasidrex, *in* O-00145
▷Trasylol, *see* A-00432
▷Traumanase, *see* B-00287
Traumatocicline, *in* M-00044
▷Trausabun, *in* M-00081
▷Travad, *see* B-00014
Travase, *see* S-00279
Travet, *in* P-00504
▷Travogen, *in* I-00183
▷Travogyn, *in* I-00183
Traxanox, T-00402
Trazitiline, T-00403
Trazium(1+), T-00404
Trazium esilate, *in* T-00404
▷Trazodone, T-00405
▷Trazodone hydrochloride, *in* T-00405
Trazolopride, T-00406
▷Trebenzomine, *in* A-00245
Trebenzomine hydrochloride, *in* A-00245
Trebon, *see* E-00249
Trecadrine, T-00407
▷Trecalmo, *see* C-00508
▷Trecator, *see* E-00220
▷Tredum, *see* C-00270
▷Trefenum, *see* C-00270
▷Tre-Hold, *see* N-00044
Treloxinate, T-00408
Tremblex, *in* B-00080
Trembley, *in* B-00080
▷Tremerad, *see* C-00430
Tremerase, *in* C-00341
▷Tremonil, *in* M-00185
▷Tremorine, T-00409
Trenbolone, T-00410
Trenbolone acetate, *in* T-00410
Trenbolone hexahydrobenzylcarbonate, *in* T-00410
Trengestone, *in* C-00276
▷Trenimon, *see* T-00533
Trenizine, T-00411
▷Trentadil, *see* B-00011
▷Trental, *see* O-00142
Trental, *in* T-00150
▷Treoforon, *in* T-00219
▷Treosulfan, *in* T-00219
Treoxytocin, *see* T-00220
Trepibutone, *see* T-00456
▷Trepidone, *see* M-00095
Trepionate, *see* T-00456
Trepipam, T-00412
Trepipam maleate, *in* T-00412
Trepirium(2+), T-00413
▷Trepirium iodide, *in* T-00413
Treptilamine, T-00414
Trequinsin, T-00415
▷Tresanil, *see* T-00540
▷Trescatyl, *see* E-00220
Tresquim, *in* D-00210
▷Trest, *in* M-00185
▷Tresten, *in* T-00189
Trestolone, *in* N-00221
Trestolone acetate, *in* N-00221
▷Tretamine, T-00416
Trethinium, *see* E-00222
Trethinium tosilate, *in* E-00222
Trethinium tosylate, *in* E-00222
Trethocanic acid, T-00417
Tretinoin, *see* R-00033

Tretoquinol, T-00418
▷Trevintix, *see* P-00535
▷Trexan, *in* N-00034
TRF, *see* I-00084
▷TRF, *see* T-00229
▷TRH, *see* T-00229
▷Triac, *see* T-00322
▷Triacetin, *see* G-00065
▷Triacetoxyanthracene, *in* D-00310
2,3,5-Tri-*O*-acetyl-1-*O*-benzoyl-β-D-xylofuranose, *in* X-00024
▷Triacetyldiphenolisatin, *in* O-00160
1,2,5-Tri-*O*-acetyl-α-D-glucurono-6,3-lactone, *in* G-00059
1,2,5-Tri-*O*-acetyl-β-D-glucurono-6,3-lactone, *in* G-00059
▷Triacetylglycerol, *see* G-00065
▷Triacetyloleandomycin, *in* O-00035
Triaconazole, *see* T-00086
▷Triacum, *see* T-00322
Triacylglycerol lipase, *see* P-00011
Triafungin, *see* B-00128
▷Triagen, *see* C-00290
▷Triamcinolone, T-00419
▷Triamcinolone acetate cyclopentanonide, *see* A-00177
▷Triamcinolone acetonide, *in* T-00419
Triamcinolone acetonide hemisuccinate, *in* T-00419
Triamcinolone acetonide metembonate, *see* F-00196
Triamcinolone acetonide sodium phosphate, *in* T-00419
Triamcinolone acetophenide, *see* A-00176
Triamcinolone acroleinide, *in* T-00419
Triamcinolone benetonide, *in* T-00419
▷Triamcinolone diacetate, *in* T-00419
Triamcinolone furetonide, *in* T-00419
▷Triamcinolone hexacetonide, *in* T-00419
Triamcinolone pentanonide, *in* T-00419
2,4,7-Triamino-6-(2-furyl)pteridine, *see* F-00300
▷2,4,7-Triamino-6-phenylpteridine, T-00420
2,4,7-Triamino-5-phenylpyrimido[4,5-*d*]pyrimidine, T-00421
4,4′,4″-Triaminotriphenylcarbinol, *see* T-00532
Triampyzine, *see* D-00423
Triampyzine sulfate, *in* D-00423
▷Triamterene, *see* T-00420
▷Trianisoestrol, *see* C-00290
▷Trianthil, *see* X-00005
▷Triatix, *see* A-00349
▷Triatox, *see* A-00349
▷Triavil, *in* N-00224
1,3,4-Triazaphenanthrene, *see* N-00043
4,4′-(1-Triazene-1,3-diyl)bisbenzenecarboximidamide, *see* B-00187
1,3,5-Triazinediamine, *see* D-00136
▷1,2,4-Triazine-3,5(2*H*,4*H*)-dione, T-00422
▷1,3,5-Triazine-2,4,6-triol, T-00423
1,2,4-Triazino[5,6-*c*]quinoline, T-00424
▷Triaziquinone, *see* T-00533
▷Triaziquone, *see* T-00533
▷2,4,6-Tri(1-aziridinyl)-*s*-triazine, *see* T-00416
Triazol 156, *see* C-00609
▷Triazolam, T-00425
▷1*H*-1,2,4-Triazole-3,5-diamine, *see* D-00137
1*H*-1,2,3-Triazolo[4,5-*d*]pyrimidin-7-amine, *see* A-00338
▷Triazure, *in* A-00514
▷Tribavirin, T-00426
Tribendilol, T-00427
Tribenoside, *in* E-00224
3,4,6-Tri-*O*-benzyl-D-glucosamine, *in* A-00235
1,3:2,4:5,6-Tri-*O*-benzylidene-D-glucitol, *in* G-00054
Tribodine, *see* T-00254
▷Tribromethanol, *see* T-00428
▷2,2,2-Tribromoethanol, T-00428
2,2,2-Tribromoethyl chloroformate, *in* T-00428
▷3,4′,5-Tribromosalicylanilide, *see* T-00429
▷Tribromsalan, T-00429
▷Triburon, *in* T-00448
Tribuzone, T-00430
Tricandil, *in* P-00042
Tricarbocyanine II, *see* I-00062
Tricerol, *see* E-00250
▷Tricetamide, T-00431
▷Trichloran, *see* T-00436
Trichlorex, *in* T-00441
▷Trichlorfon, *see* T-00443
▷Trichlormethine, *see* T-00534
Trichlormethylhydrochlorothiazide, *see* T-00047
▷Trichloroacetaldehyde monohydrate, *see* T-00433
2,4,5-Trichloroanisole, *in* T-00441
▷1,1,1-Trichloro-2,2-bis(4-chlorophenyl)ethane, T-00432
▷Trichloro-*tert*-butylalcohol, *see* T-00440
▷3,4,4′-Trichlorocarbanilide, *see* C-00262
▷2,4,5-Trichloro-α-(chloromethylene)benzyl dimethyl phosphate, *see* T-00107
▷2,3,5-Trichloro-*N*-(3,5-dichloro-2-hydroxyphenyl)-6-hydroxybenzamide, *see* O-00149
3′,4′,7-Trichloro-2,3-dihydro-5-hydroxy-1-benzothiepin-4-carboxanilide 1,1-dioxide, *see* E-00059
▷[2,2,2-Trichloro-1-(dimethoxyphosphinyl)ethyl] butanoate, *see* B-00413
▷2,2,2-Trichloro-1,1-ethanediol, T-00433
▷2,2,2-Trichloroethanol, T-00434
▷Trichloroethanol carbamate, *in* T-00434
▷2,2,2-Trichloroethanol carbonate, T-00435
▷2,2,2-Trichloroethanol dihydrogen phosphate, *see* T-00450
▷Trichloroethene, *see* T-00436
▷Trichloroethylene, T-00436
▷1,1′-(2,2,2-Trichloroethylidene)bis(4-chlorobenzene), *see* T-00432
1,2-*O*-(2,2,2-Trichloroethylidene)-D-glucofuranose, *see* C-00193
2,2,2-Trichloroethyl 4-phenyl-2-thiazolylcarbamate, *see* L-00103
2,2,2-Trichloroethyl phosphorodichloridate, *in* T-00450
2,2,2-Trichloroethyl phosphoryl dichloride, *in* T-00450
▷Trichloroethylurethan, *in* T-00434
9,11,21-Trichloro-6-fluoro-16,17-[(1-methylethylidene)-bis-(oxy)]pregna-1,4-diene-3,20-dione, *see* T-00452
2,2,2-Trichloro-4′-hydroxyacetanilide, *in* A-00298
β,β,β-Trichloro-α-hydroxy-*p*-acetophenetidide, *see* C-00492
▷2,4,4′-Trichloro-2′-hydroxydiphenyl ether, T-00437
4-[(2,2,2-Trichloro-1-hydroxy)ethoxy]acetanilide, *see* C-00492
17-(2,2,2-Trichloro-1-hydroxyethoxy)androst-4-en-3-one, *in* H-00111
7-[2-(2,2,2-Trichloro-1-hydroxyethoxy)ethyl]theophylline, *see* T-00451
(2,2,2-Trichloro-1-hydroxyethyl)carbamic acid, T-00438
▷1,2,4-Trichloro-5-[(3-iodo-2-propynyl)oxy]benzene, *see* H-00018
▷Trichloroisocyanuric acid, JAN, *see* T-00442
▷Trichloromethane, *see* C-00241
▷Trichloromethiazide, T-00439
1,2,4-Trichloro-5-methoxybenzene, *in* T-00441
2-(Trichloromethyl)-1,3-dioxane-5,5-dimethanol, *see* P-00096
▷1,1,1-Trichloro-2-methyl-2-propanol, T-00440
▷*N*-[2,2,2-Trichloro-1-(4-morpholinyl)ethyl]formamide, *see* T-00518
▷2,4,5-Trichlorophenol, T-00441
▷1,3,5-Trichloro-1,3,5-triazine-2,4,6(1*H*,3*H*,5*H*)-trione, T-00442
▷2,2′,2″-Trichlorotriethylamine, *see* T-00534
▷Trichlorourethan, *in* T-00434
▷Trichlorphon, T-00443
Trichocarpin, *in* D-00316
Trichocarpinine, *in* D-00316
▷Trichocereine, *in* M-00131
▷Trichomycin, *see* H-00001
▷Trichomycin *A*, *in* H-00001
Trichomycin *B*, *in* H-00001
▷Trichonat, *see* H-00001
▷Trichosanthin, T-00444
▷Trichosept, *see* H-00001
Triciribine, T-00445
▷Triciribine phosphate, *in* T-00445

Triclabendazole, T-00446
Triclacetamol, *in* A-00298
Triclazate, T-00447
▷Tri-Clene, *see* T-00436
▷Tricleryl, *in* T-00450
Triclobisonium(2+), T-00448
▷Triclobisonium chloride, *in* T-00448
▷Triclocarban, *see* C-00262
Triclodazol, T-00449
▷Triclofenol piperazine, *in* P-00285
▷Triclofos, T-00450
▷Triclofos sodium, *in* T-00450
Triclofylline, T-00451
Triclonide, T-00452
▷Tricloran, *in* T-00450
▷Tricloryl, *in* T-00450
▷Triclos, *in* T-00450
▷Triclosan, *see* T-00437
Triclose, *see* A-00502
▷Tricolam, *see* T-00293
▷Tricolamine, *see* T-00536
▷Tricoloid, *in* P-00455
Tricone, *in* D-00390
Tricosactide, T-00453
▷Tricosept, *see* T-00072
Tricreamalate, *in* M-00011
Tricromyl, *see* M-00231
▷Tricyclamol chloride, *in* P-00455
Tricyclamol iodide, *in* P-00455
▷Tricyclo[3.3.1.1^{3,7}]decan-1-amine, *see* A-00206
Tricyclo[4.2.2.0^{2,5}]dec-9-ene-3,4,7,8-tetracarboxylic 3,4:7,8-diimide, *see* M-00398
2-(Tricyclo[3.3.1.1.^{3,7}]dec-1-ylamino)ethyl (4-chlorophenoxy)-acetate, *see* A-00061
1-Tricyclo[3.3.1.1^{3,7}]dec-1-yl-2-azetidinecarboxylic acid, *see* A-00062
2-[(α-Tricyclo[2.2.1.0^{2,6}]hept-3-ylidenebenzyl)oxy]triethyl-amine, *see* T-00414
Tricylatate, *see* T-00447
▷Tricyvagol, *in* P-00455
▷Tridesilon, *see* D-00101
Tridihexethyl(1+), T-00454
Tridihexethyl chloride, *in* T-00454
▷Tridihexethyl iodide, *in* T-00454
▷Tridione, *see* T-00510
Tridiurecaine, T-00455
▷Trien, *see* T-00457
Trienbolone, *see* T-00410
▷Trientine, *see* T-00457
Trientine hydrochloride, *in* T-00457
▷Triethanolamine, *see* T-00536
▷Triethanomelamine, *see* T-00416
1,3,5-Triethoxybenzene, *in* B-00076
3-(2,4,5-Triethoxybenzoyl)propanoic acid, T-00456
2,4,5-Triethoxy-γ-oxobenzenebutanoic acid, *see* T-00456
▷Triethylene glycol diglycidyl ether, *see* D-00225
▷Triethylenemelamine, *see* T-00416
▷Triethylenetetramine, T-00457
▷*N*,*N*′,*N*″-Triethylenethiophosphoramide, *see* T-00211
Triethyl(2-hydroxyethyl)ammonium 3,4,5-trimethoxybenzoate, *see* T-00560
N,*N*,*N*-Triethyl-2-[4-(2-phenylethenyl)phenoxy]ethanaminium, *see* S-00155
N,*N*,*N*-Triethyl-2-[(3,4,5-trimethoxybenzoyl)oxy]ethanaminium, *see* T-00560
Trifartine, *see* C-00030
Trifenagrel, T-00458
Trifezolac, *see* T-00528
Triflocin, T-00459
▷Triflubazam, T-00460
Triflumidate, T-00461
Trifluomeprazine, T-00462
▷Trifluoperazine, T-00463
▷Trifluoperazine hydrochloride, *in* T-00463
Trifluorex, *in* M-00313
α,α,α-Trifluoro-2,4-cresotic acid, *see* H-00215
α,α,α-Trifluoro-2,6-dimethythio-1-piperidinecarboxy-*m*-toluidine, *see* T-00254
2-[[2-[4-(3,3,3-Trifluoro-1,2-diphenyl-1-propenyl)phenoxy]-ethyl]amino]ethanol, *see* P-00014
▷(2,2,2-Trifluoroethoxy)ethene, T-00464
▷2,2,2-Trifluoroethyl vinyl ether, *see* T-00464
6-(Trifluoromethoxy)-2-benzothiazolamine, *see* A-00339
▷2-[3-(Trifluoromethyl)anilino]nicotinic acid, *see* N-00113
▷6-Trifluoromethyl-2*H*-1,2,4-benzothiadiazine-7-sulfonamide 1,1-dioxide, *see* F-00157
4′-(Trifluoromethyl)-2-biphenylcarboxylic acid, *see* T-00465
4′-(Trifluoromethyl)[1,1′-biphenyl]-2-carboxylic acid, T-00465
1-[2-[[4′-(Trifluoromethyl)-4-biphenyl]oxy]ethyl]pyrrolidine, *see* B-00263
1-[2-[[4′-(Trifluoromethyl)[1,1′-biphenyl]-4-yl]oxy]ethyl]-pyrrolidine, *see* B-00263
▷6-Trifluoromethyl-3,4-dihydro-7-sulfamoyl-1,2,4-benzothiadiazine 1,1-dioxide, *see* H-00099
▷3′-Trifluoromethyldiphenylamine-2-carboxylic acid, *see* F-00148
2,2,2-Trifluoro-1-methylethyl 2-cyanoacrylate, *see* F-00141
2,2,2-Trifluoro-1-methylethyl 2-cyano-2-propenoate, *see* F-00141
α,α,α-Trifluoro-5-methyl-4-isoxazolecarboxy-*p*-toluidide, *see* L-00019
1-(3′-Trifluoromethyl-4′-nitrophenyl)-4,4-dimethylimidazoline-2,5-dione, *see* N-00143
▷α,α,α-Trifluoro-2-methyl-4′-nitro-*m*-propionotoluidide, *see* F-00224
8-(Trifluoromethyl)-10*H*-phenothiazine-1-carboxylic acid, T-00466
▷4-[3-[2-(Trifluoromethyl)-10*H*-phenothiazin-10-yl]propyl]-1-piperazineethanol, *see* F-00202
2-[[1-[3-[2-(Trifluoromethyl)-10*H*-phenothiazin-10-yl]-propyl]-4-piperidyl]oxy]ethanol, *see* F-00203
▷2[[3-(Trifluoromethyl)phenyl]amino]benzoic acid, *see* F-00148
▷2-[(3-Trifluoromethyl)phenyl]aminobenzoic acid 2-(2-hydroxyethoxy)ethyl ester, *see* E-00248
▷2-[[3-Trifluoromethyl)phenyl]amino-3-pyridinecarboxylic acid, *see* N-00113
4-[[(3-Trifluoromethyl)phenyl]amino]-3-pyridinecarboxylic acid, *see* T-00459
N-[[4-[[3-(Trifluoromethyl)phenyl]amino]-3-pyridinyl]-sulfonyl]propanamide, *see* G-00007
▷2-[3-(Trifluoromethyl)phenyl]-4-benzyltetrahydro-1,4-oxazine, *see* F-00160
▷2-[(4-Trifluoromethyl)phenyl]1,3-indanedione, T-00467
▷2-[4-(Trifluoromethyl)phenyl]-1*H*-indene-1,3(2*H*)dione, *see* T-00467
6-[4-(Trifluoromethyl)phenyl]-3-morpholinone, *see* F-00159
▷2-[4-[3-(Trifluoromethyl)phenyl]-1-piperazinyl]ethyl 2[[7-(tri-fluoromethyl)-4-quinolinyl]amino]benzoate, *see* A-00419
[2-[4-[3-(Trifluoromethyl)phenyl]-1-piperazinyl]ethyl]urea, *see* F-00206
▷2-[[8-(Trifluoromethyl)-4-quinolinyl]amino]benzoic acid 2,3-dihydroxypropyl ester, *see* F-00119
▷*N*-[8-(Trifluoromethyl)-4-quinolyl]anthranilic acid 2,3-dihydroxypropyl ester, *see* F-00119
4-(Trifluoromethyl)salicyclic acid, *see* H-00215
4-[3-[6-(Trifluoromethyl)-4*H*-thieno[2,3-*b*][1,4]-benzothiazin-4-yl]propyl]-1-piperazineethanol, *see* F-00229
▷4-[3-[2-(Trifluoromethyl)-9*H*-thioxanthen-9-ylidene]propyl]-1-piperazineethanol, *see* F-00198
1-(3-Trifluoromethyltrityl)-1,2,4-triazole, *see* F-00193
▷Trifluoroperazine, *see* T-00463
▷Trifluoropromazine, *see* F-00176
α,α,α-Trifluoro-*m*-salicylotoluidide, *see* S-00014
▷α,α,α-Trifluorothymidine, *see* D-00084
4-(α,α,α-Trifluoro-*m*-toluidino)nicotinic acid, *see* T-00459

▷N-(α,α,α-Trifluoro-m-tolyl)anthranilic acid, *see* F-00148
▷N-(α,α,α-Trifluoro-m-tolyl)anthranilic acid 2-(2-hydroxyethoxy)ethyl ester, *see* E-00248
▷2-(α,α,α-Trifluoro-p-tolyl)-1,3-indandione, *see* T-00467
▷2-(α,α,α-Trifluoro-m-tolyl)morpholine, *see* F-00160
6-(α,α,α-Trifluoro-p-tolyl)-3-morpholinone, *see* F-00159
▷2-[4-(α,α,α-Trifluoro-m-tolyl)-1-piperazinyl]ethyl N-[7-(trifluoromethyl)-4-quinolyl]anthranilate, *see* A-00419
[2-[4-(α,α,α-Trifluoro-m-tolyl)-1-piperazinyl]ethyl]urea, *see* F-00206
6,6,9-Trifluoro-11β,17 21-trihydroxy-16α-methylpregna-1,4-diene-3,20-dione, *see* C-00544
▷Trifluperazine, *see* T-00463
▷Trifluperidol, T-00468
▷Trifluperidol hydrochloride, JAN, *in* T-00468
▷Triflupromazine, *see* F-00176
▷Triflupromazine hydrochloride, *in* F-00176
▷Trifluridine, *see* D-00084
▷Triflusal, *in* H-00215
Triflutamine, *in* M-00213
Triflutrimeprazine, *in* T-00462
▷Trifosfamide, T-00469
Trifoside, T-00470
▷Trigatan, *in* C-00303
Trigevolol, T-00471
α-Triglycidyl isocyanurate, *see* T-00096
Triglycidylurazol, *see* A-00378
Triglycyllypressin, *see* T-00093
▷Tri-Grain, *in* M-00256
▷Triherpine, *see* D-00084
Trihexyphenidyl, *see* B-00081
▷Trihexyphenidyl hydrochloride, *in* B-00081
▷1,8,9-Trihydroxyanthracene, *in* D-00310
▷1,3,5-Trihydroxybenzene, *see* B-00076
2,2′,4-Trihydroxybenzophenone, T-00472
3,4′,5-Trihydroxybibenzyl, *see* D-00345
3,11,14-Trihydroxy-20(22)-cardenolide, T-00473
3,14,16-Trihydroxy-20(22)-cardenolide, T-00474
2′,4,4′-Trihydroxychalcone, *see* D-00346
9,11,15-Trihydroxy-16-m-chlorophenoxy-13-thia-17,18,19,20-tetranor-5-prostenoic acid, *see* L-00114
3,7,12-Trihydroxy-24-cholanoic acid, T-00475
▷N-3α,7α,12α-Trihydroxy-5β-cholan-24-oyltaurine, *see* T-00031
3,4,5-Trihydroxycinnamic acid, *see* T-00480
3,3′,5-Trihydroxy-4′,7-dihydroxyflavan, *in* P-00081
3′,4′,7-Trihydroxy-3,5-dimethoxyflavone, *in* P-00082
11β,17,21-Trihydroxy-6,16α-dimethyl-2′-phenyl-2′H-pregna-2,4,6-trieno[3,2-c]pyrazol-20-one 21-acetate, *see* C-00551
N-(3α,7α,12α-Trihydroxy-23,24-dinor-5β-cholan-22-ylselenoacetyl)taurine, *see* T-00034
11β,17,21-Trihydroxy-E-homo-A-norpregn-1-ene-3,6,20-trione, *see* O-00119
3,4,5-Trihydroxy-2-hydroxymethylpiperidine, *see* T-00481
3′,5,7-Trihydroxy-4′-methoxyflavone, T-00476
11β,17α,21-Trihydroxy-16-methylene-1,4-pregnadiene-3,20-dione, *see* P-00414
11,17,21-Trihydroxy-16-methylenepregna-4,6-diene-3,20-dione, *see* I-00197
▷(6α,11β)-11,17,21-Trihydroxy-6-methyl-1,4-pregnadiene-3,20-dione, *see* M-00297
2-[[[(3,7,12-Trihydroxy-20-methylpregnan-21-yl)seleno]-acetyl]-amino]ethanesulfonic acid, *see* T-00034
▷9,11,15-Trihydroxy-15-methylprosta-5,13-dien-1-oic acid, *see* C-00062
1,11,16-Trihydroxy-16-methylprost-13-en-9-one, *see* R-00061
▷3,11,16-Trihydroxy-29-nor-8α,9β,13α,14β-dammara-17(20),24-dien-21-oic acid 16-acetate, *see* F-00303
3,5,14-Trihydroxy-19-oxo-20,22-bufadienolide, T-00477
3,5,14-Trihydroxy-19-oxo-20(22)-cardenolide, T-00478
▷2,4,5-Trihydroxyphenethylamine, *see* A-00255
▷7-[2-(β,3,4-Trihydroxyphenethylamino)ethyl]theophylline, *see* T-00167
▷7-[3-[(β,3,5-Trihydroxyphenethyl)amino]propyl]theophylline, *see* R-00026
3-(3,4,5-Trihydroxyphenyl)acrylic acid, *see* T-00480
▷1-(2,4,6-Trihydroxyphenyl)-1-propanone, T-00479
3-(3,4,5-Trihydroxyphenyl)-2-propenoic acid, T-00480
(2,3,4-Trihydroxyphenyl)(3,4,5-trihydroxyphenyl)methanone, *see* H-00052
3,4,5-Trihydroxy-2-piperidinemethanol, T-00481
▷11β,17α,21-Trihydroxy-1,4-pregnadiene-3,20-dione, *see* P-00412
▷11β,17,21-Trihydroxypregna-1,4-diene-3,20-dione 21-[4-[p-[bis(2-chloroethyl)amino]phenyl]butyrate], *see* P-00411
11,17,21-Trihydroxy-1,4,7-pregnatriene-3,20-dione, T-00482
▷11β,17α,21-Trihydroxy-4-pregnene-3,20-dione, *see* C-00548
▷1,2,3-Trihydroxypropane, *see* G-00064
▷2′,4′,6′-Trihydroxypropiophenone, *see* T-00479
9,11,15-Trihydroxyprosta-5,13-dienoic acid, T-00483
9,11,15-Trihydroxyprost-13-enoic acid, T-00484
▷2,2′,2″-Trihydroxytriethylamine, *see* T-00536
▷α,4,4′-Trihydroxytriphenylmethane-2-carboxylic acid lactone, *see* P-00162
2,3,23-Trihydroxy-12-ursen-28-oic acid, T-00485
2,4,6-Triiodo-1,3,5-benzenetricarboxylic acid tris[bis(2-hydroxyethyl)amide], *see* I-00136
▷Triiodomethane, T-00486
2,4,6-Triiodo-3-[2-[2-[2-[2-(2-methoxy)ethoxy]ethoxy]-ethoxy]-acetamido]benzoic acid, *see* I-00143
▷N,N′-[2,4,6-Triiodo-5-[(methylamino)carbonyl]-1,3-phenyl]-bis-D-gluconamide, *see* I-00113
4-[2,4,6-Triiodo-3-(morpholinocarbonyl)phenoxy]butyric acid, *see* I-00092
2-[[2,4,6-Triiodo-3-[(1-oxobutyl)amino]phenyl]methylene]-butanoic acid, *see* B-00363
▷2-(2,4,6-Triiodophenoxy)butanoic acid, *see* P-00160
▷2-(2,4,6-Triiodophenoxy)butyric acid, *see* P-00160
3,3′,5-Triiodothyronine, T-00487
1,2:3,4:5,6-Tri-O-isopropylidene-D-glucitol, *in* G-00054
▷Trijobil, *see* P-00160
▷Trilaton, *see* P-00129
Triletide, T-00488
▷Trillekamin, *in* T-00534
Trillin, *in* S-00129
▷Trilombine, *see* I-00128
▷Trilon *B*, *see* E-00186
▷Trilon B, *in* E-00186
▷Triloshade, *see* I-00128
▷Trilostane, T-00489
▷Trilox, *see* T-00489
▷Triludan, *see* T-00088
Trimax, *see* M-00011
Trimazafone, *see* R-00051
Trimazosin, T-00490
Trimazosin hydrochloride, *in* T-00490
Trimebutine, T-00491
Trimebutine maleate, JAN, *in* T-00491
▷Trimecaine, T-00492
▷Trimedoxime(2+), T-00493
▷Trimedoxime bromide, *in* T-00493
▷Trimeglamide, *see* T-00431
▷Trimelarsan, *in* M-00076
Trimepaton, *in* D-00346
▷Trimeperidine, T-00494
▷Trimepranol, *see* M-00322
▷Trimeprazine, T-00495
▷Trimeprazine tartrate, *in* T-00495
▷Trimeproprimine, *see* T-00516
Trimetamide, T-00496
Trimetamide, *see* T-00496
▷Trimetaphan camsilate, *in* T-00498
▷Trimetaphan camsylate, *in* T-00498
▷Trimetaquinol hydrochloride, JAN, *in* T-00418
Trimetazidine, T-00497
▷Trimetazidine hydrochloride, JAN, *in* T-00497
▷Trimethadione, *see* T-00510

Trimethaphan(1+), T-00498
Trimethazone, *see* T-00430
Trimethidinium(2+), T-00499
▷Trimethidinium methosulphate, *in* T-00499
▷Trimethiophane, *in* T-00498
Trimethobenzamide, T-00500
▷Trimethobenzamide hydrochloride, *in* T-00500
▷Trimethobenzylycine, *see* T-00431
▷Trimethoprim, T-00501
Trimethoprim sulfate, *in* T-00501
▷Trimethoxyamphetamine, *see* T-00504
6-(3,4,5-Trimethoxybenzamido)hexanoic acid, *see* C-00030
▷1,3,5-Trimethoxybenzene, *in* B-00076
▷3,4,5-Trimethoxybenzeneethanamine, *see* M-00131
3,4,5-Trimethoxybenzoic acid 2-(dimethylamino)-2-phenylbutyl ester, *see* T-00491
3,4,5-Trimethoxybenzoic acid 3-[[(2,2-diphenylcyclopropyl)-methyl]amino]propyl ester, *see* E-00006
▷3,4,5-Trimethoxybenzoic acid 1,2-ethanediyltris(methylimino)-3,1-propanediyl ester, *see* H-00066
▷3,4,5-Trimethoxybenzoic acid 3,3′-[ethylenebis(methylimino)]di-1-propanol, *see* H-00066
3,4,5-Trimethoxybenzoyl-ϵ-aminocaproic acid, *see* C-00030
6-[(3,4,5-Trimethoxybenzoyl)amino]hexanoic acid, *see* C-00030
▷4-(3,4,5-Trimethoxybenzoyl)morpholine, T-00502
1-(2,3,4-Trimethoxybenzyl)piperazine, *see* T-00497
2′,4,4′-Trimethoxychalcene, *in* D-00346
4-(3,4,5-Trimethoxycinnamoyl)-1-piperazineacetic acid, *see* C-00362
N-(3,4,5-Trimethoxycinnamoyl)-Δ^3-piperidin-2-one, *see* P-00298
6,6′,12-Trimethoxy-2,2′-dimethylberbaman-7-ol, *see* F-00017
7′,10,11-Trimethoxyemetan-6′-ol, *see* C-00172
2,3,4-Trimethoxyestra-1,3,5(10)-trien-17β-ol, T-00503
▷3,4,5-Trimethoxy-α-methylbenzeneethanamine, *see* T-00504
3,4,5-Trimethoxy-*N*-methyl-α-2-propenylbenzeneethanamine, *see* T-00519
▷3,4,5-Trimethoxyphenethylamine, *see* M-00131
3,4,5-Trimethoxy-*N*-[1-(phenoxymethyl)-2-(1-pyrrolidinyl)-ethyl benzamide, *see* F-00085
N-[2-(3,4,5-Trimethoxyphenyl)ethyl]acetamide, *in* M-00131
1-[(2,3,4-Trimethoxyphenyl)methyl]piperazine, *see* T-00497
▷5-[(3,4,5-Trimethoxyphenyl)methyl]-2,4-pyrimidinediamine, *see* T-00501
▷3-(3,4,5-Trimethoxyphenyl)-2-propenamide, *in* T-00480
▷1-(3,4,5-Trimethoxyphenyl)-2-propylamine, T-00504
(2,4,6-Trimethoxyphenyl)(3-pyrrolidinopropyl)ketone, *see* P-00598
3,4,5-Trimethoxy-*N*-3-piperidylbenzamide, *in* A-00314
1,2,3-Trimethoxypropane, *in* G-00064
2′,4′,6′-Trimethoxy-4-(1-pyrrolidinyl)butyrophenone, *see* P-00598
3′,4′,5′-Trimethoxy-3-(3-pyrrolin-1-yl)acrylophenone, *see* R-00074
▷4-(3,4,5-Trimethoxythiobenzoyl)morpholine, *see* T-00540
2,3α,11-Trimethoxyyohimban-1-carboxylic acid methyl ester, *see* M-00336
11,17,18-Trimethoxyyohimban-16-carboxylic acid methyl ester, *see* M-00336
N,9,9-Trimethyl-10(9*H*)-acridinepropanamine, *see* M-00429
2,2,6*N*-Trimethyladenosine, *in* M-00219
N-(γ-Trimethylammoniopropyl)-*N*-methylcamphidinium, *see* T-00499
▷4,4,17-Trimethylandrosta-2,5-dieno[2,3-*d*]isoxal-17β-ol, *see* A-00511
N,10,10-Trimethyl-$\Delta^{9(10H),\alpha}$-anthracenepropylamine, *see* L-00061
6,6,9-Trimethyl-9-azabicyclo[3.3.1]non-3β-yldi-2-thienylglycolate, *see* M-00028
6,6,9-Trimethyl-9-azabicyclo[3.3.1]non-3-yl-α-hydroxy-α-2-thienyl-2-thiopheneacetate, *see* M-00028
1,8,8-Trimethyl-3-azabicyclo[3.2.1]octane-2,4-dione, *in* T-00508
▷α,α,β-Trimethylbenzeneethanamine, *see* M-00288
4-(α,2,3-Trimethylbenzyl)-1*H*-imidazole, T-00505
▷1,7,7-Trimethylbicyclo[2.2.1]heptan-2-one, *see* C-00023
Trimethyl citrate, *in* C-00402
▷3,3,5-Trimethylcyclohexanol, T-00506
3,3,5-Trimethylcyclohexyl 2-hydroxybenzoate, T-00507
▷3,3,5-Trimethylcyclohexyl mandelate, *see* C-00586
3,3,5-Trimethylcyclohexyl mandelate nicotinate, *see* M-00362
3,3,5-Trimethylcyclohexylnicotinate, *in* T-00506
3,3,5-Trimethylcyclohexyl salicylate, *see* T-00507
▷1,2,2-Trimethyl-1,3-cyclopentanedicarboxylic acid, T-00508
N,*N*,*N*-Trimethyl-1,3-dioxolane-4-methanaminium, *see* O-00091
▷*N*,*N*,1-Trimethyl-3,3-di-2-thienylallylamine, *see* D-00455
▷Trimethylene, *see* C-00635
▷Trimethylenebis(clofibrate), *see* S-00074
▷1,1′-Trimethylenebis(4-formylpyridinium) dioxime, *see* T-00493
4,4′-(Trimethylenedioxy)bis(3-bromobenzamidine), *see* D-00168
1,10-Trimethylene-8-methyl-1,2,3,4-tetrahydropyrazino[1,2-*a*]-indole, *see* P-00340
N,*N*,*N*-Trimethyl-2-furanmethanaminium(1+), *in* F-00282
▷2,5,9-Trimethyl-7*H*-furo[3,2-*g*][1]benzopyran-7-one, *see* T-00521
N,*N*,*N*-Trimethyl-1-hexadecanaminium, *see* H-00044
(3,5,5-Trimethylhexanoyl)ferrocene, T-00509
▷*N*,1,5-Trimethyl-4-hexenylamine, *in* M-00256
N,*N*,*N*-Trimethylmethanaminium, *see* T-00144
▷2,2,3-Trimethyl-3-(methylamino)norbornane, *see* M-00041
2,4,6-Trimethyl-*N*-(1-methylhexyl)benzenemethanamine, *see* T-00515
2,4,6-Trimethyl-*N*-(1-methylhexyl)benzylamine, *see* T-00515
Trimethyl (1-methyl-2-phenothiazin-10-ylethyl)ammonium, *see* T-00182
N,*N*,6-Trimethyl-2-(4-methylphenyl)imidazo[1,2-*a*]pyridine-3-acetamide, *see* Z-00033
N,*N*,β-Trimethyl-2-(methylthio)-10*H*-phenothiazine-10-propanamine, *see* M-00182
▷Trimethylolaminomethane, *see* A-00268
▷Trimethylolnitromethane, *see* H-00168
▷Trimethylolpropane, *see* E-00194
▷3,5,5-Trimethyl-2,4-oxazolidinedione, T-00510
▷6,6,9-Trimethyl-3-pentyl-6*H*-dibenzo[*b*,*d*]pyran-1-ol, *see* C-00026
▷α,α,β-Trimethylphenethylamine, *see* M-00288
▷*N*,*N*,α-Trimethyl-10*H*-phenothiazine-10-ethanamine, *see* P-00478
▷*N*,*N*,β-Trimethyl-10*H*-phenothiazine-10-propanamine, *see* T-00495
▷*N*,*N*,β-Trimethyl-10*H*-phenothiazine-10-propanamine 5,5-dioxide, *see* O-00132
N,*N*,4-Trimethyl-γ-phenylbenzenepropanamine, *see* T-00367
▷*N*,*N*,*N*′-Trimethyl-*N*′-(3-phenyl-1*H*-indol-1-yl)-1,2-ethanediamine, *see* B-00168
N,3,3-Trimethyl-1-phenyl-1-phthalanpropylamine, *see* T-00014
▷1,2,5-Trimethyl-4-phenyl-4-piperidinol propanoate, *see* T-00494
▷1,2,5-Trimethyl-4-phenyl-4-propionyloxypiperidine, *see* T-00494
1,2,6-Trimethylpiperidine, *in* D-00448
1,α,α-Trimethyl-2-piperidinemethanol diphenylacetate, *see* P-00271
▷2,2,6-Trimethyl-4-piperidinol, T-00511
▷4,5′,8-Trimethylpsoralen, *see* T-00521
1,4,6-Trimethyl-2(1*H*)-pyridinone, *in* D-00451
▷*N*,*N*,α-Trimethyl-10*H*-pyrido[2,3-*b*][1,4]benzothiazine-10-ethanamine, *see* I-00214
17β-[(Trimethylsilyl)oxy]androst-4-en-3-one, *in* H-00111
N,*N*,*N*-Trimethyl-2-(sulfooxy)ethanaminium hydroxide inner salt, *in* C-00308
▷5,9,13-Trimethyl-4,8,12-tetradecatrienoic acid 3,7-dimethyl-2,6-octadienyl ester, *see* G-00013

Trimethyltetradecylammonium(1+), T-00512
2,2,5-Trimethyl-3-thiomorpholinecarboxylic acid 1-oxide, *see* T-00329
5,7,8-Trimethyltocol, *see* T-00335
Trimethyl(1-*p*-tolyldodecyl)ammonium, *see* T-00357
4,8,12-Trimethyl-3,7,11-tridecatrienoic acid, T-00513
N,*N*,*β*-Trimethyl-2-(trifluoromethyl)-10*H*-phenothiazine-10-propanamine, *see* T-00462
1,1,6-Trimethyl-2-[[(trimethylammonio)ethoxy]carbonyl]-piperidinium, *see* D-00376
2,5,8-Trimethyl-2-(4,8,12-trimethyltridecyl)chroman-6-ol, *see* T-00336
▷2,4,6-Trimethyl-1,3,5-trioxane, *see* P-00023
▷1,3,7-Trimethylxanthine, *see* C-00010
▷Trimetozine, *see* T-00502
Trimetrexate, T-00514
Trimexiline, T-00515
Trimexolone, *see* R-00057
▷Trimina, *in* T-00337
▷Trimipramine, T-00516
▷Trimipramine maleate, *in* T-00516
▷Trimitan, *in* T-00534
▷Trimolide, *see* T-00502
▷Trimon, *in* B-00207
Trimopam, *see* T-00412
Trimoprostil, T-00517
▷Trimorate, *in* A-00476
▷Trimorfamid, *see* T-00518
▷Trimorphamide, T-00518
Trimovate, *in* C-00437
Trimoxamine, T-00519
Trimoxamine hydrochloride, *in* T-00519
▷Trimpex, *see* T-00501
▷Trimustine, *see* T-00534
▷Trinalin, *in* A-00512
Trinalin, *in* M-00221
▷Trinitrin, *see* G-00066
▷Trinordiol, *in* E-00231
Trinordiol, *in* N-00218
▷Trinovum, *in* N-00212
▷Trinuride, *see* P-00153
▷3,5,3′-Triodothyroacetic acid, *see* T-00322
Triomet-125, *in* T-00487
▷Triomiro, *in* I-00095
▷Trional, *see* B-00211
▷Trionalone, *see* B-00211
Trionine, *in* T-00487
Triopron, *see* T-00231
Triosil, *in* D-00138
Triothyrone, *see* T-00487
▷3,3′-(3,6,9-Trioxaundecanedioyldiimino)bis-2,4,6-triiodobenzoic acid, *see* I-00145
▷Trioxazine, *see* T-00502
Trioxifene, T-00520
▷Trioxifene mesylate, *in* T-00520
▷3,7,12-Trioxo-5*β*-cholan-24-oic acid, *see* D-00049
▷Trioxsalen, T-00521
▷Trioxysalen, *see* T-00521
Tripamide, T-00522
▷Triparanol, T-00523
Triparsam, *in* C-00041
Tripaverin, *in* B-00160
▷Tripelennamine, T-00524
▷Tripelennamine citrate, *in* T-00524
▷Triperidol, *see* T-00468
1,3,5-Triphenoxybenzene, *in* B-00076
8-[(1,4,5-Triphenyl-1*H*-imidazol-2-yl)oxy]octanoic acid, T-00525
5-(Triphenylmethyl)-2-pyridinecarboxylic acid, T-00526
▷1,3,4-Triphenyl-1*H*-pyrazole-5-acetic acid, T-00527
1,3,5-Triphenyl-1*H*-pyrazole-4-acetic acid, T-00528
▷Triphthazinum, *see* T-00463
▷Triplopen, *in* B-00126
▷Triprolidine, T-00529
▷Triprolidine hydrochloride, *in* T-00529
Triprop, *see* T-00231
Tripropylacetic acid, *see* D-00525
▷Tripropylmethylamine, *see* P-00515
▷Tripsos, *see* T-00521
▷Triptene, *in* H-00219
▷Triptil, *in* P-00544
▷Triptolide, T-00530
Triptorelin, T-00531
Triptoreline, *see* T-00531
▷Triquinol, *in* T-00418
▷Trisamine, *see* A-00268
Tris(*p*-aminophenyl)methanol, *see* T-00532
Tris(4-aminophenyl)methanol, T-00532
▷Tris-*p*-anisylchloroethylene, *see* C-00290
▷Tris(1-aziridinyl)-1,4-benzoquinone, T-00533
▷2,3,5-Tris(1-aziridinyl)-2,5-cyclohexadiene-1,4-dione, *see* T-00533
▷Tris(1-aziridinyl)phosphine sulfide, *see* T-00211
▷Tris buffer, *see* A-00268
▷Tris(2-chloroethyl)amine, T-00534
▷*N*,*N*,3-Tris(2-chloroethyl)tetrahydro-2*H*-1,3,2-oxazaphosphorin-2-amine 2-oxide, *see* T-00469
▷Tris(dimethylamino)-1,3,5-triazine, T-00535
1,3,5-Tris(2,3-epoxypropyl)-*s*-triazine-2,4,6(1*H*,3*H*,5*H*)-trione, *see* T-00096
Tris(heptafluoropropyl)amine, *see* H-00025
▷Tris(2-hydroxyethyl)amine, T-00536
N,*N*,*N*′-Tris(2-hydroxyethyl)-*N*′-octadecyl-1,3-propanediamine, T-00537
▷Tris(hydroxymethyl)aminomethane, *see* A-00268
▷Tris(hydroxymethyl)nitromethane, *see* H-00168
Tris[metasilicato(2−)]dioxodimagnesium(1:2) aluminate(4−), *see* S-00072
2,3,3-Tris(*p*-methoxyphenyl)-*N*,*N*-dimethylallylamine, *see* A-00341
4,4′-Trismethylenedioxydibenzamidine, *see* P-00487
Tris(2-nitroxyethyl)amine, T-00538
▷Trisodium edetate, *in* E-00186
▷Trisodium phosphonoformate, *in* P-00216
Trisogel, *in* M-00011
▷Trisoralen, *see* T-00521
1,3,5-Tris(oxiranylmethyl)-1,3,5-triazine-2,4,6(1*H*,3*H*,5*H*)-trione, *see* T-00096
1,2,4-Tris(oxiranylmethyl)-1,2,4-triazolidine-3,5-dione, *see* A-00378
Tris(8-quinolinato)indium, *in* H-00211
▷Trisulfapyrimidines, USAN, *in* S-00196
▷Trisulfapyrimidines, USAN, *in* S-00237
▷Trisulfapyrimidines, USAN, *in* S-00242
▷Triten, *in* D-00391
1,3λ^4,δ^2,5,2,4-Trithiadiazine, T-00539
▷Trithion, *see* C-00060
Tri-Thyrotope, *in* T-00487
▷Tritiozine, T-00540
Tritoqualine, T-00541
▷Trittico, *in* T-00405
▷Tri-tumine, *in* T-00524
5-Tritylpicolinic acid, *see* T-00526
▷Trivastal, *see* P-00324
Trixolane, T-00542
▷Trizinoral, *see* T-00540
Trizoxime, T-00543
▷Trobicin, *in* S-00111
▷Trocimine, T-00544
▷Trocinate, *in* T-00215
▷Troclosene, *see* D-00203
▷Troclosene potassium, *in* D-00203
Trodax, *in* H-00142
▷Trofosfamide, *see* T-00469
▷Trolamine, *see* T-00536
▷Troleandomycin, *in* O-00035
▷Trolene, *see* F-00039
Trolnitrate, *see* T-00538
▷Trolnitrate phosphate, *in* T-00538
▷Trolone, *see* S-00263
Tromal, *see* B-00419
▷Tromalyt active substance, *see* B-00122

Tromantadine, T-00545
▷Tromaril, *see* E-00054
Tromasédan, *in* B-00107
▷Tromasin, *see* P-00018
▷Trombavar, *in* E-00209
▷Trombovar, *in* E-00209
▷Trometamol, *see* A-00268
▷Tromethamine, *see* A-00268
▷Tromexan, *in* B-00219
▷Tromocaps, *see* B-00122
▷Tronolane, *in* P-00398
▷Tronothane, *see* P-00398
▷Trontane, *in* P-00398
Tropabazate, T-00546
Tropalpin, *see* D-00410
3-Tropanol 3-(*p*-hydroxyphenyl)-2-phenylpropionate acetate, *see* T-00556
▷(1α*H*,5α*H*)-Tropan-3α-ol mandelate ester, *see* H-00082
1α*H*,5α*H*-Tropan-3α-ol 2-methylcrotonate, *see* T-00553
Tropanserin, T-00547
Tropanserin hydrochloride, *in* T-00547
Tropan-3-yl 3,5-dimethylbenzoate, *see* T-00547
Tropan-3-yl mesitylenoate, *see* T-00547
3α-Tropanyl 2-methyl-2-phenylhydracrylate, *see* A-00474
▷5-(3-Tropanyloxy)-5*H*-benzo[4,5]cyclohepta[1,2-*b*]pyridine, *see* T-00555
Tropan-3-yl-*O*-propionyltropate, *in* T-00554
Tropaphen, *see* T-00556
Tropapride, T-00548
Troparil, T-00549
Tropatepine, T-00550
▷Tropax, *in* O-00147
Tropenziline(1+), T-00551
Tropenziline bromide, *in* T-00551
▷Tropethydrylin, *see* E-00172
Trophenium, *in* P-00137
▷Trophicardyl, *see* I-00073
Tropicamide, T-00552
Tropigline, T-00553
Tropine 3-(*p*-hydroxyphenyl-2-phenylpropionate) acetate, *see* T-00556
Tropine tiglate, *see* T-00270
Tropine tropate, T-00554
Tropinox, *in* T-00554
▷Tropirine, T-00555
▷Tropium, *in* C-00200
Tropodifene, T-00556
Trospectomycin, T-00557
Trospectomycin sulfate, *in* T-00557
Trospium(1+), T-00558
▷Trospium chloride, *in* T-00558
Trosyd, *in* T-00298
Trosyl, *in* T-00298
▷Trothane, *see* B-00294
Trox, *in* T-00561
Troxerutin, T-00559
▷Troxidone, *see* T-00510
Troxipide, *in* A-00314
▷Troxone, *in* T-00560
Troxonium(1+), T-00560
▷Troxonium tosilate, *in* T-00560
▷Troxonium tosylate, *in* T-00560
▷Troxozone, *see* R-00016
Troxypyrrole, *in* T-00561
Troxypyrrolium(1+), T-00561
Troxypyrrolium tosylate, *in* T-00561
D-Trp[6] LHRH, *see* T-00531
Truxa, *see* O-00094
Truxicurium(2+), T-00562
Truxipicurium(2+), T-00563
Truxipicurium iodide, *in* T-00563
▷Tryalon, *see* T-00479
Trypadine, *in* D-00460
Trypan red, T-00564
▷Tryparsamide, *see* C-00041
Tryparsone, *in* C-00041
Tryponarsyl, *in* C-00041
Trypothane, *in* C-00041
▷Trypsin, T-00565
α_1-Trypsin inhibitor, *see* A-00418
▷Trypsin inhibitor (ox pancreas basic), *see* A-00432
▷Tryptamine, T-00566
▷Tryptar, *see* T-00565
▷Tryptizol, *in* N-00224
Tryptophan, T-00567
6-D-Tryptophanluteinizing hormone-releasing factor (pig), *see* T-00531
▷6-D-Tryptophan-7-(*N*-methyl-L-leucine)-9-(*N*-ethyl-L-prolinamide)-10-deglycinamide-luteinizing hormone-releasing factor (pig), *see* L-00117
L-Tryptophyl-L-alanyl-glycyl-glycyl-L-aspartyl-L-alanyl-L-seryl-glycyl-L-glutamic acid, T-00568
▷Trypure, *see* T-00565
▷TS 160, *in* T-00534
▷TS 219, *see* P-00027
▷TS 408, *in* C-00548
TSAA-291, *see* O-00102
▷TSH, *see* T-00232
▷TSH-releasing hormone, *see* T-00229
T.S.P., *in* H-00044
▷TTFD, *see* F-00299
▷TTH, *see* T-00232
TTPG, *see* S-00145
▷Tuamine, *see* H-00030
▷Tuaminoheptane, *see* H-00030
▷Tuazole, *see* M-00172
Tuberactinamine N, *in* T-00569
▷Tuberactinomycin *B*, *see* V-00050
▷Tuberactinomycin *N*, T-00569
Tuberculin, T-00570
Tubil, *see* O-00152
▷Tubocurarine(2+), T-00571
Tubocurarine chloride, *in* T-00571
Tubocurin, *in* T-00571
Tubocurine, *see* C-00309
Tubulozole, T-00572
Tubulozole hydrochloride, *in* T-00572
Tuclazepam, T-00573
Tuftsin, T-00574
▷Tugon, *see* T-00443
▷Tuinal, *in* A-00352
Tulipinolide, *in* H-00134
Tulobuterol, *see* B-00426
▷Tulobuterol hydrochloride, JAN, *in* B-00426
Tumenol, *see* I-00010
▷Tumetil, *in* M-00351
▷Tumex, *in* D-00449
Tumixol, *see* X-00013
Tumour necrosis factor, T-00575
▷Tunik, *in* A-00068
Tuplix, *in* B-00141
Turbocalcin, *see* E-00023
Turec, *in* B-00023
Turimycin EP_3, *see* M-00023
▷Turimycin P_3, *see* P-00371
Turimycin H_4, *see* L-00034
▷Turimycin A_5, *see* L-00033
▷Turimycin H_5, *see* L-00032
▷Turinal, *see* A-00132
Turisteron, *in* E-00231
▷Turisynchron, *see* M-00165
Turloc, *see* M-00345
▷Turoptin, *see* M-00322
Tuselin, *in* A-00126
Tussapax, *see* F-00027
▷Tusscodin retard, *see* N-00095
Tussefane, *see* F-00027
Tussets, *in* D-00173
Tussidin, *see* D-00397
Tussiglaucin, *in* G-00028
▷Tussilan, *in* C-00438
Tussilex, *see* D-00610

▷Tussipan, *see* C-00525
▷Tussirama, *in* F-00240
Tussizid, *see* D-00397
Tussol, *in* D-00284
▷Tussoryl, *in* C-00037
Tuvatidine, T-00576
▷TVX 1322, *see* A-00013
▷TVX 1764, *see* C-00369
TVX 2656, *see* C-00359
TVX 2706, *see* N-00167
TVX 3158, *see* S-00048
TVX 4148, *in* T-00260
TVX 647, *see* M-00445
TVX P 4495, *in* T-00266
TVXQ7821, *in* I-00167
TX-066, *in* N-00200
▷Tybamate, T-00577
▷Tybatran, *see* T-00577
▷Tydamine, *see* T-00516
▷Tydantil, *see* N-00118
Tyformin, *in* G-00110
Tylagel, *in* T-00367
▷Tylan, *see* T-00578
▷Tylciprine, *in* P-00186
▷Tylemalum, *see* C-00068
▷Tylon, *see* T-00578
▷Tylosin, T-00578
Tylosin *D*, T-00579
▷Tylosin C, *in* T-00578
Tylosterone, *in* D-00257
▷Tymasil, *see* P-00253
Tymazoline, T-00580
▷Tymelet, *in* L-00074
▷Tymelyt, *in* L-00074
▷Tymium, *see* F-00022
Tymtran, *in* C-00005
Typindole, *see* T-00313
▷Tyrimide, *in* I-00199
▷Tyroliberin, *see* T-00229
Tyromedan, *see* T-00230
▷Tyropanoate sodium, *in* T-00581
Tyropanoic acid, T-00581
▷Tyropaque, *in* T-00581
23-L-Tyrosinamide-$\alpha^{1\text{-}23}$-corticotropin, *see* T-00453
11-L-Tyrosinegramicidin *A*, *in* G-00084
L-Tyrosyl-D-alanylglycyl-L-phenylalanyl-N^2-methyl-L-methioninamide, *see* M-00325
L-Tyrosyl-N^6-formyl-D-lysylglycyl-*N*-(tetrahydro-2-oxo-3-thionyl)-L-phenylalaninamide, *see* O-00002
Tyrosylglycylglycylphenylalanylmethionylarginylarginylvalinamide, *see* A-00078
L-Tyrosyl-γ-(methylsulfinyl)-D-α-aminobutyrylglycyl-4-nitro-L-phenylalanyl-L-prolinamide, *see* N-00109
Tyrosylprolylphenylalanylprolinamide, T-00582
N-[1-[*N*-1-L-Tyrosyl-L-prolyl)-L-phenylalanyl]-D-prolyl]glycine, *see* D-00085
▷Tyrothricin, T-00583
[12-Tyr(SO_3H)]-Gastrin CI, *in* G-00012
[12-Tyr-(SO_3H)]Gastrin D1, *in* G-00012
[12-Tyr(SO_3H)]-Gastrin GI, *in* G-00012
[12-Tyr(SO_3H)]Gastrin HI, *in* G-00012
▷Tyrylen, *see* B-00394
Tyzanol, *in* T-00140
Tyzine, *in* T-00140
TZU 0460, *in* R-00097
▷U 27, *see* P-00245
▷U 0229, *see* F-00070
U 0441, *in* B-00115
U 0935, *see* A-00250
U 1063, *see* P-00523
U 1085, *see* L-00023
U 1093, *see* B-00373
▷U 1258, *see* P-00417
▷U 1363, *see* D-00483
▷U 197, *see* D-00124
▷U 2032, *in* E-00168
▷U-4191, *see* E-00162
▷U 4527, *in* D-00441
▷U 4761, *see* A-00187
▷U 5446, *in* P-00442
▷U 5762, *see* F-00273
▷U 5956, *see* F-00106
▷U 6987, *see* C-00070
▷U 7743, *see* C-00247
▷U 7750, *see* S-00163
▷U 8344, *see* B-00197
▷U 9558, *see* D-00407
▷U 9889, *see* S-00164
▷U9970, *see* M-00146
▷U 10136, *in* D-00341
▷U 10149, *see* L-00051
▷U 10387, *see* I-00181
▷U 12031, *see* I-00091
▷U 12062, *in* D-00339
U 12504, *see* G-00077
▷U 12898, *see* B-00247
U 13933, *see* A-00464
U 14462, *see* H-00032
▷U 14812, *see* A-00023
▷U 15167, *see* N-00198
U 15614, *in* N-00221
U 15965, *see* D-00048
▷U 17312*E*, *in* A-00222
U 17323, *in* F-00186
▷U 18396, *see* S-00248
▷U 18496, *see* A-00496
▷U 19183, *see* S-00109
▷U 19646, *in* C-00261
U 19718, *in* K-00002
U 19763, *in* H-00123
U 19803, *see* T-00363
▷U 20661, *see* S-00143
▷U 21240, *in* M-00078
▷U 21251, *see* C-00428
U 22020, *see* B-00227
U 22304*A*, *in* D-00472
▷U 22550, *in* H-00123
U 22559*A*, *in* D-00472
▷U 24792, *see* L-00082
▷U 24973*A*, *in* M-00081
▷U 26225*A*, *in* D-00416
U 26516, *in* C-00667
U 28288*D*, *in* G-00100
▷U 28508, *in* C-00428
U 28774, *see* K-00012
U 31920, *see* U-00004
U 32070, *see* H-00221
▷U-32921, *see* C-00062
▷U-33030, *see* T-00425
U 34865, *in* D-00267
▷U 36059, *see* A-00349
U 36385, *in* C-00062
▷U 40615, *in* S-00143
U-41,124, *see* A-00071
U 42585, *see* L-00071
U 42718, *in* L-00071
▷U 42842, *in* D-00334
U 43120, *see* P-00044
U 43795, *in* A-00405
U 44590, *see* D-00278
U 46785, *in* D-00322
▷U 49562, *in* A-00109
▷U 52047, *see* M-00092
U 53059, *see* I-00221
U 53217, *see* P-00528
U 53217*A*, *in* P-00528
U 53996*H*, *in* T-00038
U 54461, *see* A-00220
U 54555, *in* M-00344
U 54669*F*, *in* L-00102
U 56321, *see* T-00281
U 56407, *see* A-00410

U 56467, *in* P-00334
U 60257*B*, *in* P-00334
U 61431*F*, *in* C-00393
U 62066*E*, *in* S-00116
U 63196*E*, *see* C-00142
U-63287, *see* C-00339
U 67963, *in* P-00005
U 69167, *see* D-00544
U 70138, *see* P-00005
▷U 11100A, *in* N-00021
U 24729A, *in* M-00393
U 26597A, *in* D-00245
U 37862A, *in* E-00264
U-63557 A, *in* F-00289
U 67590A, *in* M-00297
▷Ubenimex, *see* B-00138
▷Ubicron, *see* B-00167
▷Ubidecarenone, *in* C-00531
Ubiquinone, *see* C-00531
Ubiquinone 6, *in* C-00531
Ubiquinone 7, *in* C-00531
Ubiquinone 8, *in* C-00531
Ubiquinone 9, *in* C-00531
▷Ubiquinone 10, *in* C-00531
▷Ubiquinone 50, *in* C-00531
Ubisindine, U-00001
▷Ubretid, *in* D-00540
▷Ubritil, *in* D-00540
▷UC 7744, *in* M-00238
▷Ucarcide, *see* P-00090
UCB 1109, *see* T-00051
▷UCB 1402, *see* D-00040
UCB 1414, *in* E-00246
▷UCB 1474, *in* C-00196
UCB 1545, *see* F-00025
UCB 2073, *see* E-00265
▷UCB 3412, *see* D-00557
UCB 3928, *see* F-00027
▷UCB 3983, *in* M-00116
▷UCB 5067, *in* O-00150
UCB 5080, *in* D-00315
UCB 6474, *see* E-00240
UCB B192, *in* D-00026
UCBC 325, *in* P-00303
UCB-G218, *see* I-00047
Ucb P071, *in* C-00184
Ucedorm, *see* B-00265
Ucepha 11001, *in* F-00282
▷Udantol, *see* I-00214
UD-CG 115-*BS*, *see* P-00261
Udieci active substance, *see* P-00020
▷U 30604E, *see* Z-00038
U-47931E, *in* B-00282
U-48753E, *in* E-00007
U 57930E, *see* P-00339
U 63-366F, *in* T-00557
▷Ufarin, *in* I-00183
▷Ufenamate, U-00002
Ufiprazole, U-00003
Ufrix, *see* B-00401
UFT, *in* T-00055
▷Ug 767, *in* P-00073
Ugaron, *see* E-00075
▷UGD, *see* Z-00031
UH AC 62, *see* M-00082
Ujothion, *see* B-00065
UK 2054, *in* F-00014
UK 2371, *in* M-00085
▷UK 4271, *see* O-00084
▷UK 738, *see* E-00172
▷UK 14275, *see* B-00372
UK 18892, *see* B-00404
UK 31,214, *see* P-00502
UK 31557, *see* C-00044
UK 33274, *see* D-00592
UK 3540-1, *in* A-00179
UK 3557-15, *in* D-00006
UK 38485, *see* D-00025
UK-49858, *see* F-00140
UK 6558-01, *in* T-00343
UK-33,274-27, *in* D-00592
UK-37,248-01, *in* D-00029
UK 48340-11, *in* A-00351
UK 61260-27, *in* N-00037
▷Ukidan, *see* U-00016
Ulbreval, *see* B-00400
▷Ulcazina, *see* H-00067
▷Ulcesium, *in* F-00081
▷Ulcex, *in* C-00196
▷Ulcoban, *in* B-00082
▷Ulcolin, *see* H-00067
Ulcort, *in* C-00548
Ulcyn, *in* E-00047
Uldazepam, U-00004
▷Ulfon, *in* A-00123
▷Ulgesium, *in* F-00081
Ulinastatin, U-00005
Ulobetasol, U-00006
Ulobetasol propionate, *in* U-00006
Ulphyn, *see* B-00068
▷Ultandren, *see* F-00195
▷Ultracain, *in* C-00103
Ultracorten *H*, *in* P-00412
Ultracortenol, *in* P-00412
Ultracorterenol, *in* P-00412
▷Ultracur *S*, *see* F-00175
Ultradol, *see* E-00245
▷Ultralan, *see* F-00175
Ultralen, *in* F-00175
▷Ultra-Minzil, *see* C-00630
▷Ultrapen, *in* P-00501
Ultraquinine, *see* C-00574
Ultraren, *see* I-00109
▷Ultrasul, *see* S-00243
Ultravist, *see* I-00131
UM 407, *see* C-00588
▷UM 495, *see* E-00263
▷UM 501, *in* E-00263
UM 531, *see* C-00646
UM 592, *in* N-00031
▷UM 792, *in* N-00034
▷Umbellatine, *see* B-00135
▷Umbelliferone, *see* H-00114
Umbelliferone methyl ether, *in* H-00114
Umespirone, U-00007
▷Umimycin, *see* C-00195
▷Umprel, *in* E-00103
▷Unacaine, *in* M-00143
Unakalm, *see* K-00012
▷Unal, *see* A-00298
Unasyn, *see* S-00262
▷Unava, *see* G-00037
Unblot, *in* O-00168
▷Uncinacina, *see* A-00455
▷10-Undecenoic acid, U-00008
▷Undecylenic acid, *see* U-00008
Undestor, *in* H-00111
Ungeremine, U-00009
▷Unidigin, *in* D-00275
Uniparin, *in* H-00026
▷Unipen, *in* N-00012
▷Unipres, *in* H-00096
UNITOP, *see* C-00577
▷Unospaston, *in* D-00480
UP 57, *in* D-00261
UP 74, *in* A-00326
▷UP 83, *see* N-00113
UP 106, *see* P-00508
UP 107, *see* B-00133
UP 164, *see* M-00444
UP 339-01, *in* C-00322
UP 34101, *see* P-00485

UP 507-04, *in* P-00233
UP 517-03, *see* I-00207
UP 788-42, *in* T-00262
Upotrope, *see* O-00110
Upsatux, *see* P-00361
UR 105, *see* F-00196
UR 112, *in* C-00456
▷UR 1501, *in* H-00215
UR 2310, *in* M-00263
▷UR 336, *see* C-00621
UR 661, *see* G-00045
▷Uracilcarboxylic acid, *see* O-00061
▷Uracillost, *see* B-00197
▷Uracilmostazo, *see* B-00197
▷Uracil mustard, *see* B-00197
▷Uractyl, *see* S-00203
Ural, *in* T-00438
▷Uralenic acid, *see* G-00072
Uraline, *in* T-00438
▷Uramid, *see* S-00203
▷Uramustine, *see* B-00197
▷Uranin, *see* F-00180
▷Urantoin, *see* N-00178
▷Urapidil, U-00010
Urazamide, *in* A-00275
Urbac, *see* N-00121
▷Urbanyl, *see* C-00433
▷Urea, U-00011
▷Ureaphil, *see* U-00011
▷Urea polymer with formaldehyde, *see* P-00385
▷Urecholine, *in* B-00143
▷Uredepa, U-00012
Uredofos, U-00013
Urefibrate, U-00014
5-Ureidoornithine, *see* C-00405
▷*p*-Ureidophenylarsonic acid, *see* C-00043
Urelim, *see* E-00152
▷Uremasron, *see* M-00069
▷Urenil, *see* S-00203
▷Urethane, *see* E-00177
▷Urethimine, *see* U-00012
6,6′-Ureylenebis[1-methylquinolinium], *see* Q-00037
Urfadine, *see* N-00135
Urfadyne, *see* N-00135
Urfamicin, *in* T-00179
Urfurine, *see* N-00135
▷URI 788, *see* D-00483
Uribact, *see* F-00155
▷Uri-Boi, *see* A-00225
▷Uridion, *see* I-00178
Uridurine, *see* N-00135
▷Urispas, *in* F-00112
▷Uritrol, *see* H-00182
▷Urocarb, *in* B-00143
▷Urocarf, *in* C-00074
▷Urocaudal, *see* T-00420
▷Urocomb-Gel, *see* P-00289
▷Urocontrast, *in* I-00101
Urofollitrophin, *see* U-00015
Urofollitropin, U-00015
Urofort, *see* A-00162
Urogastrone, *see* E-00075
β-Urogastrone (human), *in* E-00075
γ-Urogastrone (human), *in* E-00075
▷Urogran, *see* B-00122
▷Urokinase, U-00016
▷Urokon sodium, *in* A-00340
▷Urolin, *see* H-00182
▷Urolocide, *in* M-00147
▷Urombrine, *in* I-00095
▷Uromiro, *in* I-00095
▷Uromiron, *in* I-00095
▷Uronase, *see* U-00016
▷Uronefrex, *see* H-00106
▷Uronorm, *see* C-00377
Uropac, *see* I-00109
Uropen, *in* H-00035
▷Uropir, *see* P-00349
Uropterin, *see* X-00006
Uropuret, *in* H-00057
Uropurgol, *in* H-00057
▷Uro-Ripirin, *in* E-00035
▷Urosulfan, *see* S-00203
▷Urotrast, *in* D-00359
▷Urotropin, *see* H-00057
Urovalidin, *see* T-00092
▷Urovist, *in* D-00138
▷Ursodeoxycholic acid, *in* D-00320
▷Ursodiol, *in* D-00320
▷Ursol *P*, *see* A-00298
Ursonarcon, *see* C-00424
▷Ursovermit, *see* R-00003
Ursulcholic acid, *see* B-00236
Uscharidin, *in* G-00079
Ustimon, *in* H-00066
USV 3659-*S*, *in* C-00633
USV-E 142, *see* A-00388
USVP-G 233, *in* B-00334
▷Utergine, *in* M-00254
▷Utibid, *see* O-00131
▷Uticillin, *in* C-00074
Uticort, *in* B-00141
▷Utopar, *in* R-00067
Uval, *see* B-00098
Uviban, *in* E-00171
Uvicone, *see* H-00150
▷Uvinul *N*-35, *in* C-00582
Uvinul *MS*-40, *see* B-00098
Uvinul *N*-539, *in* C-00582
▷Uvinul M40, *in* D-00318
Uvistat, *see* H-00150
▷V 285, *see* D-00042
Vaderm, *in* A-00104
▷Vadilex, *in* I-00020
Vadocaine, V-00001
▷Vagantan, *in* M-00169
▷Vagifurin, *in* N-00177
Vagisec, *see* N-00206
Vagopax, *in* P-00028
Vagopax, *see* P-00035
Vagophemanil, *see* D-00482
Vagoprol, *see* B-00301
▷Vagosin, *in* P-00455
Vagosin sulfate, *in* P-00455
Vagothyl, *in* D-00216
▷Vagran, *see* A-00466
Vagran 50, *in* P-00508
▷Valacidin, *see* S-00162
[Val^5,Ala^{10}]Gastrin, *in* G-00012
[Val^5,Ala^{10},Tyr(SO_3H)^{12}]Gastrin, *in* G-00012
▷Valamin, *see* E-00154
▷Valan, *in* T-00182
Valase, *see* S-00145
▷Valbazen, *see* A-00096
▷Valbil, *see* B-00423
Valconazole, V-00002
Valcor, *see* D-00609
▷Valdetamide, *in* D-00251
Valdipromide, *in* D-00525
▷Valemate, *in* V-00003
▷Valepotriate, *see* V-00006
▷Valepotriatum, *see* V-00006
▷Valeramide-OM, *see* A-00296
▷Valergen, *in* O-00028
Valethamate(1+), V-00003
▷Valethamate bromide, *in* V-00003
▷Valexon, *see* P-00221
5-L-Valineangiotensin I, *in* A-00385
5-L-Valineangiotensin II, *in* A-00385
7-L-Valinecyclosporin *A*, *in* C-00638
9-L-Valinecyclosporin *A*, *in* C-00638
5-L-Valinecyclosporine, *A*, *in* C-00638

1-L-Valinegramicidin *A*, *in* G-00084
▷Valium, *see* D-00148
Vallaroside, *in* D-00274
Vallarosolanoside, *in* T-00474
▷Vallergan, *see* T-00495
▷Vallestril, *see* M-00164
▷Valmethamide, *in* E-00204
▷Valmid, *see* E-00154
▷Valmidate, *see* E-00154
▷Valmiran, *see* C-00639
▷Valnoctamide, *in* E-00204
Valodex, *see* T-00023
Valofane, V-00004
▷Valoid, *in* C-00595
Valopride, *see* C-00414
Valperinol, V-00005
▷Valpin, *see* O-00018
Valpipamate methyl sulfate, *in* P-00091
Valproate pivoxil, *in* P-00516
▷Valproate sodium, *in* P-00516
▷Valproic acid, *see* P-00516
Valpromide, *in* P-00516
Valproxen, *in* P-00516
▷Valtomycin, *see* M-00096
▷Valtrate, V-00006
▷Vamelidine, *in* O-00163
▷Vanadian, *see* A-00103
▷Vanay, *see* G-00065
▷Vancide BN, *in* B-00204
▷Vancil, *see* O-00084
▷Vancocin, *see* V-00007
▷Vancomycin, V-00007
▷Vancomycin hydrochloride, JAN, *in* V-00007
▷Vandid, *see* E-00146
▷Vaneferine, *in* D-00274
Vaneprim, V-00008
▷Vanetril, *see* M-00158
▷Vanidene, *see* B-00218
Vanillaberon, *see* F-00269
▷Vanillal, *in* D-00311
▷*o*-Vanillic acid, *in* D-00315
▷Vanillin, *in* D-00311
N^4,$N^{4'}$-Vanillylidenebissulfanilamide, *see* V-00010
N-Vanillylnonanamide, *see* N-00205
N-Vanillyloleamide, *see* H-00149
▷Vanilone, *see* B-00218
▷Vanirom, *in* D-00311
Vanitile, *see* B-00237
Vanitiolide, V-00009
Vanizide, *see* F-00269
▷Vanoxide, *in* D-00161
▷Vanquil, *in* V-00052
▷Vansil, *see* O-00084
▷Vantol, *in* B-00146
Vanyldisulfamide, V-00010
Vanyldisulfanilamide, *see* V-00010
▷Vanzoate, *in* B-00092
Vapedrine, *see* A-00040
▷Vapin, *see* O-00018
Vapiprost, V-00011
▷Vapona, *see* D-00207
▷Vaponephrin, *in* A-00075
▷Varbex, *see* F-00015
▷Vardax, *see* S-00227
▷Variclene, *see* H-00207
▷Varicol, *in* E-00209
▷Variotin, V-00012
▷Variplex, *see* E-00074
▷Variton, *in* D-00482
▷Varlane, *in* F-00174
▷Varoxil, *in* P-00422
Varsyl, *in* T-00292
Vasadol, *see* E-00048
▷Vasalgin, *see* P-00546
Vasargil, *in* T-00506
▷Vascor, *in* B-00134
▷Vascoray, *in* I-00140
Vascoril, *in* C-00362
▷Vasculit, *in* B-00010
▷Vascumicol, *in* B-00010
Vasexeten, *in* Q-00026
Vasicine, *see* P-00050
Vasobrix, *in* D-00138
▷Vasoc, *see* B-00071
Vasocard, *in* T-00080
Vasocet, *in* C-00183
Vasocidate, *in* T-00506
▷Vasocidin, *in* P-00412
▷Vasocil, *see* P-00568
▷Vasodistal, *in* C-00363
Vasogen, *in* D-00390
▷Vasoklin, *see* T-00227
Vasomotal, *in* M-00220
Vasopentol, *see* B-00376
▷Vasopressin, *in* V-00013
Vasopressins, V-00013
▷Vasorelax, *in* B-00042
▷Vasorome, *see* O-00086
Vasoselectan, *in* D-00361
▷Vasosterol, *see* M-00194
▷Vasotran, *in* I-00218
▷Vasoxine, *see* M-00194
▷Vasoxyl, *see* M-00194
Vasperdil, *see* N-00098
▷Vaspit, *in* F-00174
▷Vastarel, *in* T-00497
▷Vasylox, *see* M-00194
Vatensol, *in* G-00114
▷Vaxoid, *see* N-00169
▷Vazofirin, *see* O-00142
▷VC-13, *see* D-00176
▷VC 13, *see* D-00176
▷V-Cillin, *see* P-00171
▷Vebecillin, *see* P-00171
▷Vebelon, *in* T-00418
Vebonol, *in* H-00108
Vecortenol, *in* P-00412
▷Vectarion, *see* A-00139
Vectren, *see* I-00217
▷Vectren (obsol.), *see* C-00255
▷Vectrin, *in* M-00387
Vecuronium (1+), V-00014
▷Vecuronium bromide, *in* V-00014
Vedrenan, *in* B-00112
Vefilin, *see* V-00016
▷Vegetable pepsin, *see* P-00018
▷Vegex, *see* H-00001
▷Vegolysen, *in* H-00055
Vegolysen *T*, *in* H-00055
▷Vehem-Sanoloz, *see* T-00071
Veinamitol, *see* T-00559
▷Veinartan, *in* D-00332
▷Veinartan, *in* E-00137
▷Velacycline, *see* R-00078
▷Velamate, *in* V-00003
▷Velardon, *see* P-00018
Velastatin, *see* S-00075
▷Velban, *in* V-00032
▷Velbe, *in* V-00032
▷Veldopa, *in* A-00248
▷Velosef, *see* C-00180
▷Venacil, *see* A-00381
▷Venactone, *in* H-00186
▷Venagil, *see* B-00071
Venartan, *in* P-00582
▷Venarterin, *in* D-00332
▷Venarterin, *in* E-00137
▷Vendal, *see* N-00101
Ven-Detrex, *in* T-00476
Veneserpine, *in* R-00028
Venlafaxine, V-00015
▷Venoparil, *in* O-00036

▷Venort, *in* C-00548
Venoruten, *in* T-00559
Ventaire, *in* M-00217
▷Ventaire, *in* P-00540
▷Ventaval, *in* T-00245
▷Ventolin, *see* S-00012
▷Ventramine, *see* D-00254
▷Ventrazole, *see* T-00133
▷Ventussin, *see* B-00094
▷Vepesid, *see* E-00262
Vephilin, *see* V-00016
Vephylline, V-00016
▷VER-A, *see* V-00023
▷Veracillin, *in* D-00214
Veractil, *see* M-00193
▷Veracur, *see* F-00244
Veradoline, V-00017
Veradoline hydrochloride, *in* V-00017
▷Veralba, *in* P-00543
Veralipral, *see* V-00018
Veralipride, V-00018
▷Veramix, *in* H-00175
Verapamil hydrochloride, *in* V-00019
▷Verapamil, V-00019
▷Veratetrine, *in* P-00543
▷Veratran, *see* C-00508
▷Veratrate, *in* M-00033
Veratrylidenisoniazid, *see* V-00020
2′-Veratrylidineisonicotinohydrazide, *see* V-00020
Verazide, V-00020
Verazina, *see* V-00020
▷Verazinc, *see* Z-00018
▷Vercite, *see* B-00195
▷Vercyte, *see* B-00195
Verecol, *in* F-00040
Verecolene, *in* F-00040
Vergentan, *see* A-00122
Verilopam, V-00021
Verilopam hydrochloride, *in* V-00021
▷Veritain, *see* M-00222
▷Veritol, *see* M-00222
▷Vermella, *see* B-00306
▷Verminol, *see* T-00106
▷Verminun, *see* P-00032
▷Vermizym, *see* P-00018
▷Vermox, *see* M-00031
▷Vernamycin, *in* O-00068
Vernamycin *A*, *see* O-00068
Vernamycin B_γ, *see* P-00440
Vernitest, *in* E-00190
Verocainine, *see* T-00241
Verofylline, V-00022
▷Veronal, *see* D-00256
▷Verospiron, *see* S-00125
Veroxil, *in* P-00285
Verpyran, *in* H-00112
▷Verrucarin *A*, V-00023
▷Versacort, *in* C-00548
▷Versalba, *see* B-00167
Versapen, *see* H-00035
Versatrex, *see* H-00035
▷Versed, *in* M-00368
▷Versene 9, *in* E-00186
▷Versene acid, *see* E-00186
Versidril, *in* D-00346
▷Versidyne, *see* M-00328
▷Versotrane, *see* H-00094
▷Verstadol, *in* B-00417
▷Verstran, *see* P-00404
▷Versus, *see* B-00167
Verticine, V-00024
Verticine N-oxide, *in* V-00024
Verticinone, *in* V-00024
Verticinone N-oxide, *in* V-00024
▷Verton, *in* C-00208
▷Verucasep, *see* P-00090
▷Verutex, *in* F-00303
Verutil, *in* T-00559
Vesamicol, V-00025
Vesibilix, *see* I-00092
Vesifluyl, *see* F-00032
▷Vesipaque, *see* P-00160
Vesipyrin, *in* A-00026
▷Vesitan, *in* C-00451
Vesnarinone, V-00026
Vesoperone, *see* B-00265
Vesparax, *in* E-00246
▷Vespid, *see* E-00262
▷Vespral, *in* F-00176
▷Vesprin, *in* F-00176
Vessel, *see* S-00232
Vesulong, *see* S-00207
▷Vetalog, *in* T-00419
▷Vetamozine, *see* M-00190
▷Vetanabol, *see* M-00167
▷Vetibenzamine, *in* T-00524
▷Vetimast, *in* C-00170
Vetisulide, *see* S-00236
Vetivazulene, *see* I-00203
Vetrabutine, V-00027
Vetrazine, *see* C-00653
▷Vexyl, *in* C-00074
▷Viadril, *in* H-00201
Viaductor, *in* A-00088
Viaductor, *in* A-00088
Vialibran, *in* M-00055
▷Viasept, *see* G-00069
▷Vibazine, *in* B-00339
▷Vibeline, *see* V-00057
▷Vibramycin, *in* D-00080
▷Vibriomycin, *see* D-00303
Vibunazole, V-00028
▷Vicilan, *in* V-00029
Victan, *see* E-00197
▷Victoril, *see* D-00156
▷Vidarabine, *in* A-00435
▷Vidarabine phosphate, *in* A-00435
▷Vidarabine sodium phosphate, USAN, *in* A-00435
▷Videobil, *see* I-00132
▷Videocolangio, *see* I-00108
▷Videophal, *in* T-00142
Vidipon, *see* C-00462
Vigabatrin, *see* A-00260
Vigazoo, *see* S-00182
Vigilor, *in* F-00107
▷Vigorsan, *see* V-00062
Vikastab, *in* D-00333
▷Vikonon, *in* Y-00002
▷Vilan, *see* N-00101
▷Villescon, *see* P-00473
▷Viloksan, *in* V-00029
▷Vilona, *see* T-00426
Vilor, *in* F-00107
▷Viloxazine, V-00029
▷Viloxazine hydrochloride, *in* V-00029
▷Viminol, V-00030
▷Vinactane, *see* V-00050
▷Vinactin *A*, *see* V-00050
▷Vinamar, *see* E-00225
▷Vinbarbital, *see* V-00031
▷Vinbarbitone, V-00031
▷Vinblastine, V-00032
▷Vinblastine sulfate, *in* V-00032
Vinburnine, *in* E-00003
Vincadioline, *in* V-00032
Vincaine, *see* A-00087
▷Vincaine, *see* A-00172
▷Vincaleukoblastine, *see* V-00032
Vincaleukoblastine 3″-(β-chloroethyl)-3-spiro-5″-oxazolidine-2″,4″-dione, *see* V-00048
Vincamarine, *see* V-00033
Vincamine, V-00033

Vincamine teprosilate, *in* T-00170
Vincamone, *in* E-00003
Vincanol, V-00034
Vincanorine, *in* E-00003
Vincantenate, *see* V-00036
Vincantril, V-00035
Vinceine, *see* A-00087
Vincidol, *see* D-00431
Vincofos, *see* D-00205
Vinconate, V-00036
▷Vincosid, *see* V-00037
Vincovalinine, *in* L-00037
▷Vincristine, V-00037
▷Vincristine sulfate, *in* V-00037
▷Vincrisul, *see* V-00037
Vindeburnol, V-00038
▷Vindesine, *in* V-00032
Vindesine sulfate, *in* V-00032
Vinepidine, *in* V-00037
Vinepidine sulfate, *in* V-00037
▷Vinformide, V-00039
Vinformide sulfate, *in* V-00039
Vingard, *see* D-00205
▷Vinglycinate, *in* V-00032
Vinglycinate sulfate, *in* V-00032
Vinilestrenolone, *see* N-00215
▷Vinisil, *see* P-00393
▷Vinleurosine, *see* L-00037
Vinleurosine sulfate, *in* L-00037
Vinmegallate, V-00040
Vinorelbine, V-00041
▷Vinothiam, *in* T-00174
▷Vinpocetine, V-00042
Vinpoline, V-00043
▷Vinrosidine, *see* L-00036
▷Vinrosidine sulfate, *in* L-00036
Vintenate, *see* V-00036
Vinthiamol, *see* V-00044
Vintiamol, V-00044
Vintriptol, V-00045
▷α-Vinyl-1-aziridineethanol, *see* A-00527
Vinylbital, *see* V-00046
Vinylbitone, V-00046
▷Vinyldiacetonalkamine, *see* T-00511
17α-Vinyl-5(10)estren-17-ol-3-one, *see* N-00215
▷Vinyl ether, *see* D-00555
γ-Vinyl GABA, *see* A-00260
▷Vinylnortestosterone, *see* N-00225
Vinylsulfonic acid, V-00047
Vinzolidine, V-00048
Vinzolidine sulfate, *in* V-00048
Viobilina, *in* E-00193
▷Viocin, *see* V-00050
▷Viodor, *see* H-00192
▷Vioformo, *see* C-00244
▷Violacein, V-00049
▷Viomycin, V-00050
▷Vionactane, *see* V-00050
▷Viosterol, *see* C-00012
Viprostol, V-00051
Viprynium(1+), V-00052
▷Viprynium embonate, *in* V-00052
Viqualine, V-00053
Viquidil, *see* Q-00026
▷Vira-A, *in* A-00435
▷Viramid, *see* T-00426
▷Virastine, *see* E-00213
▷Viratek, *see* T-00426
▷Virazide, *see* T-00426
▷Virazole, *see* T-00426
Virex-cryst, *in* H-00111
Virginamycin S_2, *in* V-00054
▷Virginiamycin, *in* O-00068
Virginiamycin M_1, *see* O-00068
Virginiamycin S_1, V-00054
Virginiamycin, BAN, INN, USAN, *in* V-00054
Virginiamycin S_3, *in* V-00054
Viridicatin, *see* H-00196
Viridicatol, *in* H-00196
▷Viridofulvin, *in* D-00089
▷Viridogrisein, V-00055
Viridogrisein II, *in* V-00055
Vir-Merz, *in* T-00545
Virocidin, *see* A-00002
▷Viromidin, *see* D-00084
▷Viroptic, *see* D-00084
Virosecurinine, *in* S-00035
Viro Serol, *in* T-00545
▷Virosin, *see* A-00415
Viroximine, V-00056
Viroxolone, *in* C-00337
▷Virsal, *see* P-00090
Viru-Merz-Serol, *in* T-00545
Viruserol, *in* T-00545
▷Virustaz, *see* T-00426
VIS 707, *see* B-00336
Visacor, *see* E-00071
Visceralgin, *in* T-00257
▷Visclair, *in* C-00654
Viscotiol, *see* L-00028
▷Visderm, *see* A-00177
▷Visgan, *see* V-00057
▷Visken, *see* P-00270
▷Visnacorin, *see* V-00057
▷Visnadine, V-00057
▷Visnadine, *see* V-00057
Visnafylline, *in* M-00202
▷Visnagan, *see* V-00057
▷Visnamine, *see* V-00057
Vistagan, *in* B-00365
▷Vistamycin, *in* R-00040
Vistapine, *in* D-00518
▷Vistaril parenteral, *in* H-00222
▷Vistatolon, *see* S-00141
Vistimon, *see* M-00137
Vistora, *in* P-00516
Vistrax, *in* O-00159
Visumatic, *in* D-00061
Visumetilen, *in* T-00140
Visumistic, *in* D-00061
Vitabact, *see* P-00236
Vitaberin, *in* T-00174
▷Vitafurona, *see* B-00071
▷Vitamin *C*, *in* A-00456
Vitamin *E*, *see* T-00335
Vitamin *H*, *see* B-00173
▷Vitamin *M*, *see* P-00554
▷Vitamin A_1, V-00058
▷Vitamin B_1, *see* T-00174
▷Vitamin K_1, V-00064
▷Vitamin B_2, *see* R-00038
▷Vitamin D_2, *see* C-00012
Vitamin K_2, V-00065
▷Vitamin D_3, V-00062
▷Vitamin K_3, *see* M-00271
Vitamin D_4, V-00063
▷Vitamin K_4, *in* D-00333
▷Vitamin K_5, *see* A-00285
▷Vitamin B_{12}, V-00059
Vitamin $K_2(30)$, *in* V-00065
Vitamin $K_2(35)$, *in* V-00065
Vitamin $K_2(40)$, *in* V-00065
Vitamin $K_2(45)$, *in* V-00065
Vitamin $K_2(50)$, *in* V-00065
▷Vitamin A, *see* V-00058
Vitamin A_2, *in* V-00058
Vitamin B_{12a}, V-00060
▷Vitamin A acetate, *in* V-00058
▷Vitamin *E* acetate, *in* T-00335
Vitamin *A* acid, *see* R-00033
▷Vitamin A palmitate, *in* V-00058
Vitamin A propionate, *in* V-00058

▷Vitamin B_3, *see* P-00570
Vitamin B_5, *see* P-00016
▷Vitamin B_6, *see* P-00582
Vitamin B_{12b}, V-00061
▷Vitamin B_{13}, *see* O-00061
▷Vitamin B_2 phosphate, *in* R-00038
Vitamin B_T, *see* C-00084
Vitamin B_2 tetrabutyrate, *in* R-00038
▷Vitamin B_c, *see* P-00554
▷Vitamin G, *see* R-00038
▷Vitamin H′, *see* A-00216
Vitamin *K-S*(II), *see* D-00288
Vitamin D_2 monophosphate, *in* C-00012
Vitamin *E* nicotinate, *in* T-00335
Vitamin P_4, *in* T-00559
▷Vitamin B_1 pyrophosphoric ester, *see* T-00175
Vitamogen, *in* T-00176
▷Vitanervil, *see* B-00052
Vitaplex K, *in* M-00271
▷Vitapressina, *in* T-00337
Vitarel, *in* O-00125
Viternum, *in* C-00648
▷Vivactil, *in* P-00544
▷Vivalen, *in* V-00029
▷Vivant, *in* H-00088
▷Vivarint, *in* V-00029
Vixaton, *in* C-00525
VK 57, *see* G-00078
▷VLB, *see* V-00032
▷Vlenalite, *in* E-00091
▷VM 26, *see* T-00071
VMT 908, *in* T-00176
Vobaderm, *in* F-00207
▷Vogalen, *see* M-00332
▷Volamin, *see* E-00154
▷Volaton, *see* P-00221
Volazocine, V-00066
▷Volital, *see* A-00306
Volonomycin *A*, *see* P-00044
▷Voltarol, *in* D-00210
▷Voluntal, *in* T-00434
▷Vonedrine, *in* P-00203
▷Vontil, *in* T-00208
▷Vontrol, *see* D-00486
▷Vopop, *in* E-00091
Vopressal, *see* G-00101
▷Voranil, *in* C-00271
▷Vortel, *in* C-00502
Votracon, *in* A-00229
▷VP 16213, *see* E-00262
VUFB 4824, *see* B-00373
VUFB 5937, *in* P-00297
▷VUFB 6281, *see* C-00501
VUFB 8334, *see* O-00162
VUFB 9056, *see* S-00201
VUFB 9244, *see* R-00059
VUFB 9977, *in* O-00162
▷VUFB 11502, *see* C-00317
VUFB 12384, *in* P-00297
VUFB 12392, *see* C-00233
VUFB 13416, *in* P-00533
VUFB 13468, *in* D-00409
VUFB 13708, *in* P-00062
VUFB 13763, *in* P-00281
VUFB 14107, *see* C-00516
VUFB 15111, *in* M-00156
VUFB 15496, *in* C-00459
▷Vulcamycin, *see* N-00228
VULM 111, *see* E-00279
Vumide, *in* B-00314
▷Vumon, *see* T-00071
VX VC 43 NA, *in* P-00352
VZL, *see* V-00048
▷W 50, *in* M-00170
W 090, *see* E-00001
▷W 108, *see* C-00521
W 1015, *see* N-00158
▷W 1206, *see* F-00038
▷W 130, *see* C-00507
W 1372, *see* B-00125
W 1525, *see* T-00231
▷W 1597, *in* H-00158
W 1760*A*, *in* B-00179
▷W 1803, *see* P-00208
▷W 1889, *see* D-00231
W 2180, *in* S-00281
W2197, *in* P-00077
W 2354, *see* S-00032
▷W 2395, *see* M-00132
W 3282, *in* O-00169
W 3366*A*, *in* Q-00018
▷W 3395, *in* A-00114
W 3399, *see* Q-00025
▷W 3566, *in* E-00231
W 3580*B*, *in* D-00421
▷W 3623, *see* C-00645
▷W 3676, *see* S-00180
▷W 3699, *see* P-00310
W 3746, *see* C-00185
W 3976*B*, *in* D-00423
W 4454*A*, *in* E-00128
▷W 4540, *in* Q-00024
W 4600, *see* A-00113
W 4701, *see* H-00063
▷W 4744, *see* C-00272
▷W 4869, *in* P-00412
W5494*A*, *in* N-00049
▷W 554, *in* P-00200
W 5733, *see* A-00471
W6246, *see* T-00099
W 6309, *see* D-00273
W 6412*A*, *see* B-00365
W 6439*A*, *in* S-00235
▷W 6495, *see* O-00120
W 7000*A*, *in* B-00365
▷W 713, *see* T-00577
▷W 7320, *see* A-00103
▷W 7783, *see* A-00171
W 8495, *see* I-00217
W-1191-2, *see* A-00162
W 1548-1, *see* S-00230
W 19053, *in* E-00234
W 36095, *in* T-00332
W 41294*A*, *see* F-00068
W 42782, *see* I-00164
W 43026*A*, *in* C-00325
WA 185, *in* S-00129
W 2291A, *in* M-00380
W 2394A, *in* P-00057
W 2900A, *in* O-00169
W 2965 A, *see* A-00027
WA 335-*BS*, *see* D-00011
WA 363, *see* E-00022
W 847A, *see* M-00070
WAC 104, *see* B-00170
WAL 801*CL*, *in* A-00242
Wallichoside, *in* D-00274
▷Wampocap, *see* P-00571
Wanpeinine A, *in* V-00024
Warexin, *see* O-00148
▷Warfarin, W-00001
Warfarin deanol, *in* W-00001
▷Warfarin potassium, *in* W-00001
▷Warfarin sodium, *in* W-00001
WAS 4304, *see* T-00407
▷Waxsol, *in* B-00210
W 847B, *in* M-00070
▷WB 5040/2, *see* P-00013
▷WBA 7707, *see* M-00399
▷W 847C_1, *in* M-00070
▷W 847C_2, *in* M-00070
WD 53, *in* H-00111

▷We 352, *see* T-00460
We 941*BS*, *see* B-00329
We 973*BS*, *see* C-00334
WEB 2086, *see* A-00420
Wedeclox, *in* C-00515
Wellbatrin, *see* B-00371
Wellbutrin, *see* B-00371
▷Wellcare, *see* P-00128
▷Wellcome U3B, *see* T-00202
Wellconal, *see* D-00509
▷Welldorm, *in* T-00433
Wellferon, *in* I-00079
Westcort, *in* C-00548
▷Wexifan, *see* I-00068
WF 4629, *see* C-00313
WG 253, *in* R-00058
WG 537, *in* F-00154
▷Wh 3363, *see* P-00150
▷Whey factor, *see* O-00061
Whipcide, *see* P-00224
▷Whitsyn T, *in* M-00246
WHR 1051*B*, *in* B-00153
WHR 1330*A*, *see* D-00252
▷WHR 539, *see* F-00042
▷WHR 1142A, *in* L-00043
▷Willenol *V*, *see* C-00235
▷Willestrol, *in* D-00257
▷Willoderm, *in* B-00210
▷Wilpo, *in* P-00193
Wilprafen, *in* L-00033
WIN 1344, *see* G-00009
▷Win 1539, *see* K-00014
▷WIN 2747, *in* B-00096
▷Win 2848, *see* T-00165
Win 3046, *see* I-00185
Win 357, *see* B-00118
▷Win 3706, *see* A-00172
▷Win 4369, *in* P-00095
▷Win 5047, *see* C-00197
WIN 5063, *in* T-00179
Win 5494, *see* A-00341
▷Win 771, *see* H-00189
▷Win 8077, *in* A-00167
Win 9317, *in* E-00194
Win 10448, *in* Q-00029
▷Win 11318, *see* B-00368
▷Win 11464, *see* F-00145
Win 11530, *see* C-00620
Win 11831, *in* A-00088
Win 11831, *in* A-00088
▷Win 12267, *see* D-00178
▷Win 1258-2, *see* H-00120
Win 12901, *see* E-00180
Win 13146, *see* T-00048
Win 13820, *see* B-00021
Win 14098, *see* P-00260
Win 14833, *see* S-00139
▷Win 16568, *in* D-00070
▷Win 17625, *see* A-00511
Win 17665, *see* T-00384
▷Win 18413, *see* S-00096
▷Win 18501, *see* O-00157
Win 19356, *see* C-00243
▷Win 19538, *see* Z-00040
Win 20740, *see* C-00588
Win 21904, *see* A-00107
▷Win 22005, *see* U-00016
Win 23200, *see* V-00066
▷Win 24540, *see* T-00489
▷Win 24933, *see* H-00093
Win 25347, *see* N-00145
Win 25978, *see* A-00185
Win 27914, *see* N-00191
Win 29194, *see* C-00042
Win 31122, *in* I-00137
Win 31665, *see* A-00146
Win 32729, *see* E-00088
▷Win 32784, *in* B-00241
Win 34276, *see* K-00011
Win 34284, *see* O-00093
▷Win 3459-2, *see* P-00511
Win 34886, *in* N-00157
Win 35065, *see* T-00549
Win 35150, *see* F-00136
▷Win 35833, *see* C-00389
Win 38020, *see* A-00444
Win 38770, *see* A-00508
Win 39424, *see* I-00117
Win 40014, *see* Q-00023
▷Win 40680, *see* A-00372
Win 42202, *in* C-00254
WIN 44441, *see* Q-00001
Win 48049, *see* P-00575
Win 49016, *see* M-00272
Win 49375, *see* A-00195
Win 51711, *in* D-00538
Win 5563-3, *in* C-00537
▷Win 8851-2, *in* T-00581
WIN 18320-3, *in* N-00029
Win 27147-2, *see* D-00422
Win 29194-6, *in* C-00042
Win 40808-7, *in* S-00214
Win 41464-2, *in* O-00020
Win 41528-2, *in* F-00100
Win 42156-2, *in* T-00379
Win 42964-4, *in* Z-00008
Win 44441-3, *in* Q-00001
Win 47,203-2, *see* M-00378
Win 51181-2, *in* N-00040
▷Wincoram, *see* A-00372
Wingom, *see* G-00006
▷Win-Kinase, *see* U-00016
▷Winstan, *see* T-00489
Winstrol, *see* S-00139
▷Wintersteiner's compound *F*, *see* C-00549
▷Winthrosin, *in* M-00002
▷Wintomylon, *see* N-00029
Withaferin *A*, W-00002
▷Wl 287, *see* E-00276
▷Wl 291, *in* Z-00027
WM 1127, *see* C-00205
W-2964M, *in* F-00204
▷WM 842, *see* D-00369
Wofaverdin, *see* I-00062
Wometin, *in* S-00254
▷Worm-A-Rest, *see* F-00037
▷Worm guard, *see* P-00032
Wortmannin, W-00003
▷WP 40, *see* M-00146
WP 833, *see* T-00039
W 41261P, *in* T-00273
▷WR 141, *see* G-00085
▷WR 2721, *see* E-00155
▷WR 4629, *see* S-00198
WR 142490, *see* M-00068
▷WR 14997, *see* A-00230
▷WR 171669, *in* H-00007
▷WR 17206, *see* H-00041
WR 180409, *in* E-00064
▷WR 199830, *see* D-00031
WR 26041, *see* L-00009
WR 38839, *in* C-00442
▷WR 95704, *see* T-00535
WR 228,258, *see* T-00046
▷Wrightine, *see* C-00540
▷WS 3442*A*, *in* C-00177
WS 3442*E*, *in* C-00177
▷WS 4545, *see* B-00158
▷WSM 3978*G*, *in* P-00120
▷WSM 10166, *see* N-00119
▷Wu 3227, *in* P-00478
▷Wy 1143, *see* D-00412

▷Wy 1359, *in* P-00504
▷Wy 1395, *in* T-00499
Wy 2039, *see* E-00265
Wy 2445, *see* C-00095
▷Wy 3263, *see* I-00157
▷Wy 3277, *in* N-00012
▷Wy 3475, *see* N-00209
▷WY 3478, *in* H-00118
▷Wy 401, *see* E-00157
Wy 4082, *see* L-00097
▷Wy 4508, *see* C-00585
Wy 460*E*, *in* T-00182
Wy 535, *in* H-00048
Wy-682, *in* H-00050
▷Wy 806, *see* O-00106
Wy 8138, *in* B-00234
▷Wy 14643, *see* P-00332
Wy 15705, *see* C-00394
Wy 16225, *in* D-00116
Wy 18251, *see* T-00276
Wy 20788, *see* P-00053
▷Wy 21743, *see* D-00500
WY 21901, *see* I-00069
▷Wy 22811, *in* M-00107
Wy 23409, *in* C-00326
Wy 24081, *in* T-00320
Wy 24377, *in* T-00128
Wy 25021, *in* R-00075
Wy 26002, *in* P-00017
WY-40,972, *in* L-00117
Wy 42362, *see* R-00019
Wy 44635, *in* C-00143
Wy 45030, *in* V-00015
▷Wyamine, *in* P-00193
Wyanoids, *in* B-00030
▷Wyanoids, *in* B-00254
Wyanoids, *in* M-00221
▷Wyanoids, *in* Z-00017
▷Wydase, *see* H-00092
▷Wygesic, *in* P-00512
Wylaxine, *in* B-00234
X 40, *see* E-00280
X 60, *see* D-00071
▷X 1497, *in* M-00180
▷X 340, *see* R-00030
▷X 5108, *in* M-00413
▷X 537*A*, *see* L-00011
▷X 465A, *see* C-00189
X 14868A, *see* A-00411
▷Xametina, *in* T-00500
Xamoterol, X-00001
Xanoxate sodium, *in* I-00201
Xanoxic acid, *see* I-00201
▷Xanthine, X-00002
▷Xanthinol, X-00003
▷Xanthinol niacinate, *in* X-00003
▷Xanthinol niotinate, *in* X-00003
Xanthiol, X-00004
▷Xanthocillin, *see* X-00005
▷Xanthocillin *X*, X-00005
Xanthocillin X dimethyl ether, *in* X-00005
▷Xanthocillin Y_1, *in* X-00005
▷Xanthocillin Y_2, *in* X-00005
▷Xanthocycline, *see* G-00097
Xanthogenamide, *in* T-00196
▷Xanthomycin, *see* G-00097
Xanthophyll, *see* L-00115
Xanthopterin, X-00006
Xanthopterinsulfonic acid, *in* X-00006
▷Xanthotoxin, X-00007
▷Xantifibrate, INN, *in* C-00456
Xantifibrate, INN, *in* X-00003
▷Xantinol, *see* X-00003
▷Xantinol nicotinate, *in* X-00003
▷Xantocillin, *see* X-00005
Xantofyl palmitate, *in* L-00115
▷Xantoscabin, *see* D-00556
▷Xantyrid, *see* X-00005
Xarcin, *in* R-00097
X 14868B, *in* A-00411
X 14868C, *in* A-00411
X 14868D, *in* A-00411
XE 14-543, *see* E-00250
▷Xenagol, *in* P-00147
Xenalamine, *see* X-00008
Xenalipin, *see* T-00465
▷Xenamide, *see* H-00073
Xenazoic acid, X-00008
▷Xenbucin, *see* B-00179
Xenipentone, *see* B-00182
Xenovis, *see* X-00008
Xenovistar, *see* X-00008
Xenthiorate, X-00009
Xenygloxal, *see* B-00177
Xenyhexenic acid, *see* B-00180
Xenysalate, X-00010
Xenytropium(1+), X-00011
▷Xenytropium bromide, *in* X-00011
Xerenal, *in* D-00588
▷Xerene, *see* M-00095
Xibenolol, X-00012
Xibol, *see* X-00013
Xibor, *see* X-00013
Xibornol, X-00013
Xicane, *see* I-00217
Xidiphone, *see* H-00132
▷X-7-III, *see* L-00033
▷Xilobam, X-00014
Ximaol, *see* M-00258
Ximoprofen, X-00015
▷Xinidamine, X-00016
Xinomiline, *see* A-00243
Xipamide, X-00017
Xipranolol, X-00018
▷XK 33*FI*, *in* D-00103
XK 213, *see* E-00005
▷XK 62-2, *in* G-00018
▷XK 70-1, *see* F-00252
▷XK $41A_1$, *in* M-00070
▷XK $41A_2$, *in* M-00070
XK $41B_1$, *in* M-00070
XK 41C, *see* M-00070
Xorphanol, X-00019
▷Xorphanol mesylate, *in* X-00019
Xtro, *in* T-00554
▷Xylamide, *see* P-00468
▷Xylamide tosylate, *in* X-00020
Xylamidine, X-00020
Xylamidine, *see* X-00020
▷Xylamidine tosilate, *in* X-00020
▷Xylamidine tosylate, *in* X-00020
▷Xylanest, *in* P-00432
▷Xylazine, X-00021
▷Xylazine hydrochloride, *in* X-00021
2-(2,3-Xylidino)nicotinic acid, *in* A-00326
2-(2,6-Xylidino)nicotinic acid, *in* A-00326
▷Xylocaine, *see* L-00047
▷Xylocard, *in* L-00047
▷Xylocoumarol, X-00022
Xylomed, *in* X-00024
▷Xylometazoline, X-00023
Xylometazoline hydrochloride, *in* X-00023
▷Xylonest, *in* P-00432
Xylo-Pfan, *in* X-00024
Xylose, X-00024
(Xylosylamino)benzoic acid, X-00025
Xylotocan, *in* T-00332
p-Xylotocopherol, *see* T-00336
Xyloxemine, X-00026
▷*N*-2,3-Xylylanthranilic acid, *see* M-00062
▷5-(3,5-Xylyloxymethyl)oxazolidin-2-one, *see* M-00152
Y 3642, *in* T-00296

▷Y-4153, *in* C-00441
▷Y 5350, *see* C-00076
▷Y 6047, *see* C-00508
▷Y-6124, *in* B-00349
▷Y 7131, *see* E-00244
▷Y 8004, *see* P-00400
Y-8894, *in* T-00070
Y 9179, *in* N-00193
▷Y-9213, *see* M-00394
Y 9525, *see* T-00197
Y 12141, *in* T-00402
Y 12278, *see* B-00005
▷Yamacillin, *in* T-00005
Yamaful, *see* C-00082
Yamafur, *see* C-00082
Yamatetan, *in* C-00139
Yambolap, *in* H-00144
Yamogenin, *in* S-00129
▷Yarocen, *see* N-00156
▷Yatren, *see* H-00143
▷YA 56X, *see* Z-00038
▷YC 73, *see* F-00177
▷YL 704B_1, *see* P-00371
YL 704C_1, *see* M-00023
▷YL 704A_3, *see* L-00033
▷YM 038310*Ed*, *see* E-00155
YM 09330, *in* C-00139
YM 09538, *in* A-00360
▷YM 11170, *see* F-00013
▷YM 11256, *in* L-00043
YM 14673, *see* A-00518
▷YM 08054-1, *in* I-00055
▷Yobinol, *in* Y-00002
▷Yocon, *in* Y-00002
▷Yodurtam, *in* T-00144
Yohimbic acid, Y-00001
▷Yohimbine, Y-00002
δ-Yohimbine, *see* A-00087
▷Yohimbine hydrochloride, *in* Y-00002
▷Yohimex, *in* Y-00002
▷Yohimvetol, *see* Y-00002
▷Yohydrol, *in* Y-00002
Yonchlon, *in* C-00506
▷Yonit, *see* D-00369
▷Yosaxin, *see* L-00033
▷Yosimilon, *in* T-00497
YS 20*P*, *in* L-00033
YTR 830H, *see* T-00043
Yutac, *see* B-00192
▷Yutopar, *in* R-00067
Z 1170, *in* B-00332
▷Z203, *in* S-00167
▷Z 326, *in* F-00081
▷Z 424, *see* V-00030
▷Z 822, *in* D-00391
Z 839, *see* C-00385
Z 867, *in* P-00512
▷Z 876, *see* D-00487
▷Z 905, *see* P-00268
Z 12007, *in* R-00106
1745Z_3A, *see* O-00068
Zabicipril, Z-00001
Zachpar, *in* E-00157
Zacopride, Z-00002
Zacopride hydrochloride, *in* Z-00002
▷Zactane, *see* E-00157
Zactirin, *in* E-00157
▷Zadine, *in* A-00512
▷Zaditen, *in* K-00020
▷Zaditen (old form), *see* P-00257
Zafuleptine, Z-00003
Zaltidine, Z-00004
Zaltidine hydrochloride, *in* Z-00004
Zami 420, *see* T-00488
▷Zamix, *in* M-00246
Zanchol, *see* F-00121
▷Zanil, *see* O-00149
▷Zanilox, *see* O-00149
▷Zanosar, *see* S-00164
Zantac, *in* R-00011
▷Zanthotoxin, *see* X-00007
▷Zapizolam, Z-00005
Zaprinast, Z-00006
Zardaverine, Z-00007
▷Zarontin, *see* E-00207
▷Zaroxolyn, *see* M-00330
▷Zearalanol, *in* D-00035
β-Zearalenol, *in* D-00035
Zeflabetaine, *in* U-00009
Zeisin, *see* C-00462
Zelmid, *in* Z-00015
Zelmidine, *in* Z-00015
▷Zem-Eserine, *in* E-00122
Zenadrex, *in* D-00054
Zenazocine, Z-00008
Zenazocine mesylate, *in* Z-00008
▷Zendium, *in* S-00087
Zenmicone, *in* D-00511
▷Zental, *see* A-00096
Zepastine, Z-00009
▷Zepelin, *see* M-00235
▷Zeprox, *in* F-00057
▷Zeptabs, *see* D-00179
▷Zerano, *in* D-00035
▷Zeranol, *in* D-00035
Zetidoline, Z-00010
Zettyn, *see* B-00118
▷Zhengguangmycin B_2, *see* B-00246
▷Zhengguangmycin A_5, *see* B-00244
▷Zhengguangmycin A_2, *see* B-00243
Zidapamide, Z-00011
▷Zidometacin, Z-00012
Zidovudine, Z-00013
Zienam, *in* C-00342
Zilantel, Z-00014
▷Zildazac, *see* B-00167
▷Zimco, *in* D-00311
Zimeldine, Z-00015
Zimeldine hydrochloride, *in* Z-00015
Zimelidine, *see* Z-00015
ZIMET 98/69, *see* B-00216
Zimidoben, *see* I-00031
▷Zimotrombina, *see* T-00221
▷Zimovane, *see* Z-00037
▷Zincate, *see* Z-00018
▷Zinc chloride, Z-00016
▷Zincfrin, *in* Z-00018
▷Zincomed, *see* Z-00018
▷Zinc oxide, Z-00017
▷Zinc sulfate, Z-00018
▷Zinctrace, *see* Z-00016
Zinc undecylenate, *in* U-00008
Zindotrine, Z-00019
Zindoxifene, Z-00020
▷Zineol, *see* C-00360
Zinoconazole, Z-00021
Zinoconazole hydrochloride, *in* Z-00021
▷Zinostatin, *see* N-00067
Zinterol, Z-00022
Zinterol hydrochloride, *in* Z-00022
Zinviroxime, *in* V-00056
Zipeprol, Z-00023
Zipex, *see* X-00017
Zipix, *see* X-00017
▷Ziradryl, *in* Z-00017
▷Zitostop, *in* M-00018
▷Zixoryn, *see* F-00153
ZK 2, *see* I-00115
▷ZK 15, *see* I-00129
ZK 10720, *see* I-00130
ZK 28200, *see* G-00040
ZK 31224, *see* T-00090

ZK 34798, *see* N-00140
ZK 35760, *see* I-00131
ZK 35973, *see* S-00127
ZK 36374, *see* I-00023
ZK 36375, *in* I-00023
ZK 36699, *see* I-00136
ZK 38005, *see* I-00096
ZK 39437, *in* P-00533
ZK 39 482, *see* I-00144
▷ZK 57671, *see* S-00261
▷ZK 62498, *see* N-00203
ZK 62711, *see* R-00077
ZK 65997, *see* L-00097
ZK 71677, *in* E-00239
ZK 76604, *see* P-00315
ZK 77992, *see* E-00135
ZK 79 112, *see* I-00139
ZK 90999, *see* A-00178
ZK 91588, *in* M-00297
ZK 94679, *see* M-00135
ZK 94726, *see* N-00195
ZK 95377, *see* F-00170
ZK 95451, *see* B-00288
ZK 95639, *see* M-00223
ZK 96480, *see* C-00323
ZK 97959, *see* E-00096
ZK 98299, *see* O-00047
ZK 98734, *see* L-00049
▷Zoalene, *in* M-00246
▷Zoamix, *in* M-00246
Zocainone, Z-00024
Zofenopril, Z-00025
Zofenopril calcium, *in* Z-00025
Zoficonazole, Z-00026
Zoladex, *see* G-00081
Zolamine, Z-00027
▷Zolamine hydrochloride, *in* Z-00027
Zolazepam, Z-00028
Zolazepam hydrochloride, *in* Z-00028
Zolenzepine, Z-00029
Zolertine, Z-00030
Zolertine hydrochloride *in* Z-00030
▷Zolimidine, Z-00031
Zoliprofen, *see* T-00186
▷Zoliridine, *see* Z-00031
Zoloperone, Z-00032
Zolpidem, Z-00033
Zolpidem tartrate, *in* Z-00033
Zomax, *in* Z-00035
Zomaxin, *in* Z-00035
Zomebazam, Z-00034
Zomepirac, Z-00035
Zomepirac glycolate, *in* Z-00035
Zomepirac sodium, *in* Z-00035
Zometapine, Z-00036
▷Zonifur, *see* N-00139
Zonisamide, *in* B-00087
▷Zoolobelin, *in* L-00064
▷Zopiclone, Z-00037
Zopirac, *in* Z-00035
▷Zorbamycin, Z-00038
▷Zorbanomycin, *see* Z-00038
▷Zorbonomycin, *see* Z-00038
▷Zorubicin, *in* D-00019
▷Zorubicin hydrochloride, *in* D-00019
Zotepine, Z-00039
▷Zothelone, *in* Q-00037
▷Zovirax, *see* A-00060
▷Zoxamine, *see* A-00225
▷Zoxazolamine, *see* A-00225
▷Zoxine, *see* A-00225
Zoxiprofen, *see* T-00186
▷ZR 515, *in* M-00189
▷Zubirol, *see* A-00103
▷Zuclomifene, *in* C-00471
▷Zuclomiphene, *in* C-00471
Zuclopenthixol, *in* C-00481
▷Zumaril, *see* A-00103
Zy 15029, *in* P-00081
Zy 15051, *see* B-00039
▷Zygomycin A_1, *see* P-00039
▷Zygomycin A_2, *in* P-00039
▷Zygosporin *A*, *see* C-00660
▷Zylofuramine, Z-00040
Zypanar, *see* P-00010

Molecular Formula Index

The Molecular Formula Index lists the molecular formulae of all drugs in the Dictionary whether they occur as main Entry compounds or as derivatives.

Where a molecular formula applies to a derivative the Dictionary Number is prefixed by the word '*in*'.

The Symbol ▷ preceding an index term indicates that the Dictionary Entry contains information on toxic or hazardous properties of the compound.

Molecular Formula Index

$AgNO_3$
▷Silver nitrate, S-00068

AlH_3O_3
Algeldrate, A-00113

$Al_2MgO_8Si_2$
Almasilate, A-00136

$Al_2Mg_2O_{11}Si_3$
Simaldrate, S-00072

$Al_7H_{17}O_{25}S_2$
Alusulf, A-00160

$Al_{10}H_{26}Mg_5O_{39}S_2$
Almagodrate, A-00135

$AsHNa_2O_4$
▷Sodium arsenate, S-00083

$AuNa_3O_6S_4$
▷Sodium aurotiosulfate, S-00084

BH_3O_3
▷Boric acid, B-00254

BaO_4S
▷Barium sulfate, B-00014

$CCaN_2$
▷Calcium carbimide, *in* C-00579

$CCaO_3$
Calcium carbonate, C-00014

CCl_4
▷Carbon tetrachloride, C-00059

$CHCl_3$
▷Chloroform, C-00241

CHI_3
▷Triiodomethane, T-00486

CH_2AlNaO_5
Dihydroxyaluminum sodium carbonate, D-00307

CH_2AlO_6
Dihydroxyaluminum carbonate, D-00306

CH_2BrIO_2S
Iodomethanesulfonic acid; Bromide, *in* I-00106

$CH_2I_2O_3S$
Diiodomethanesulfonic acid, D-00359

CH_2N_2
▷Cyanamide, C-00579

CH_2O
▷Formaldehyde, F-00244

$CH_3AsNa_2O_3$
▷Arrhenal, *in* M-00226

CH_3IO_3S
Iodomethanesulfonic acid, I-00106

CH_3NO
Formaldoxime, *in* F-00244

CH_3NOS
Thiocarbamic acid, T-00196

$CH_3N_3O_3$
▷Nitrourea, N-00188

CH_3O_5P
Phosphonoformic acid, P-00216

CH_4AsNaO_3
▷Monosodium methylarsonate, *in* M-00226

$CH_4Cl_2O_6P_2$
Dichloromethylenebisphosphonic acid, D-00194

CH_4N_2O
▷Urea, U-00011

$CH_4N_2O_2$
▷Hydroxyurea, H-00220

CH_5AsO_3
▷Methylarsonic acid, M-00226

$CH_6O_6P_2$
Methanediphosphonic acid, M-00168

$CH_6O_7P_2$
Hydroxymethanediphosphonic acid, H-00146

$CH_{16}Al_2Mg_6O_{19}$
Hydrotalcite, H-00103

CLi_2O_3
▷Lithium carbonate, L-00058

$CMgO_3$
▷Magnesium carbonate, M-00006

CO_2
▷Carbon dioxide, C-00057

CS_2
▷Carbon disulfide, C-00058

CH_2O
▷Paraformaldehyde, *in* F-00244

$C_2Cl_2F_4$
▷1,2-Dichloro-1,1,2,2-tetrafluoroethane, D-00202

C_2Cl_4
▷Tetrachloroethylene, T-00106

C_2Cl_6
▷Hexachloroethane, H-00040

$C_2HBrClF_3$
▷2-Bromo-2-chloro-1,1,1-trifluoroethane, B-00294

C_2HBrF_4
2-Bromo-1,1,1,2-tetrafluoroethane, B-00319

C_2HCl_3
▷Trichloroethylene, T-00436

$C_2H_2Cl_5O_2P$
2,2,2-Trichloroethyl phosphorodichloridate, *in* T-00450

$C_2H_2F_4$
1,1,1,2-Tetrafluoroethane, T-00113

$C_2H_3Br_3O$
▷2,2,2-Tribromoethanol, T-00428

C_2H_3ClO
▷Acetyl chloride, *in* A-00021

$C_2H_3Cl_3O$
▷2,2,2-Trichloroethanol, T-00434

$C_2H_3Cl_3O_2$
▷2,2,2-Trichloro-1,1-ethanediol, T-00433

C_2H_4ClNO
▷Chloroacetamide, C-00212
Methylcarbamic chloride, *in* M-00238

$C_2H_4Cl_2N_6$
N,N''-Dichlorodiazenedicarboximidamide, D-00181

$C_2H_4Cl_3O_4P$
▷Triclofos, T-00450

$(C_2H_4O)_nC_{16}H_{24}O$
Menfegol, M-00089

$C_2H_4O_2$
▷Acetic acid, A-00021

$(C_2H_4O_3S)_n$
Lyapolic acid, *in* V-00047
Vinylsulfonic acid, V-00047

C_2H_5Cl
▷Chloroethane, C-00236

C_2H_5NOS
Thiocarbamic acid; *S*-Me ester, *in* T-00196
Thiocarbamic acid; *O*-Me ester, *in* T-00196

$C_2H_5NO_2$
▷*N*-Hydroxyacetamide, H-00106
Methylcarbamic acid, M-00238

$C_2H_5N_5$
▷3,5-Diamino-1*H*-1,2,4-triazole, D-00137

$C_2H_5O_5P$
Methyl (dihydroxyphosphinyl)formate, *in* P-00216
Phosphonoacetic acid, P-00215

$C_2H_6AlNO_4$
(Glycinato-*N*,*O*)dihydroxyaluminum, G-00067

$C_2H_6N_2O$
▷Acethydrazide, *in* A-00021

$C_2H_6N_2O_2$
Methoxyurea, *in* H-00220

$C_2H_6N_2O_3$
2-Aminoethanol nitrate, A-00254

C_2H_6O
▷Ethanol, E-00149

C_2H_6OS
▷Dimethyl sulfoxide, D-00454

$C_2H_6O_3S_2$
2-Mercaptoethanesulfonic acid, M-00116

$C_2H_7AsO_2$
▷Dimethylarsinic acid, D-00424

C_2H_7NO
▷2-Aminoethanol, A-00253

$C_2H_7NO_2S_2$
2-Mercaptoethanesulfonic acid; Amide, *in* M-00116

$C_2H_7NO_3S$
▷Taurine, T-00030

C_2H_7NS
▷2-Aminoethanethiol, A-00252

$C_2H_8N_2O_2S$
Taurine; Amide; B,HCl, *in* T-00030

$C_2H_8O_7P_2$
(1-Hydroxyethylidene)bisphosphonic acid, H-00132

$C_2H_{14}Al_2Mg_6O_{20}$
Almagate, A-00134

C_2I_4
▷Tetraiodoethylene, T-00141

$C_3Cl_3N_3O_3$
▷1,3,5-Trichloro-1,3,5-triazine-2,4,6(1*H*,3*H*,5*H*)-trione, T-00442

$C_3HCl_2N_3O_3$
▷1,3-Dichloro-1,3,5-triazine-2,4,6(1*H*,3*H*,5*H*)-trione, D-00203

$C_3H_2Br_3Cl$
2,2,2-Tribromoethyl chloroformate, *in* T-00428

$C_3H_2ClF_5O$
▷2-Chloro-1-(difluoromethoxy)-1,1,2-trifluoroethane, C-00230
▷2-Chloro-2-(difluoromethoxy)-1,1,1-trifluoroethane, C-00231

$C_3H_2Cl_2F_2O_2$
4,5-Dichloro-2,2-difluoro-1,3-dioxolane, D-00182

$C_3H_3BrF_4$
▷3-Bromo-1,1,2,2-tetrafluoropropane, B-00320

$C_3H_3N_3O_2$
▷2-Nitro-1*H*-imidazole, N-00179
▷1,2,4-Triazine-3,5(2*H*,4*H*)-dione, T-00422

$C_3H_3N_3O_2S$
▷2-Amino-5-nitrothiazole, A-00294

$C_3H_3N_3O_3$
▷1,3,5-Triazine-2,4,6-triol, T-00423

$C_3H_4BrF_3O$
2-Bromo-1,1,2-trifluoro-1-methoxyethane, B-00321

$C_3H_4Br_3NO_2$
2,2,2-Tribromoethanol; Urethane, *in* T-00428

$C_3H_4ClNO_2$
Chloroacetamide; Formyl, *in* C-00212

$C_3H_4Cl_2F_2O$
▷2,2-Dichloro-1,1-difluoro-1-methoxyethane, D-00183

$C_3H_4Cl_2F_2S$
2,2-Dichloro-1,1-difluoro-1-(methylthio)ethane, D-00184

$C_3H_4Cl_2O$
▷3-Chloropropanoic acid; Chloride, *in* C-00279

$C_3H_4Cl_3NO_2$
▷Trichloroethanol carbamate, *in* T-00434

$C_3H_4Cl_3NO_3$
(2,2,2-Trichloro-1-hydroxyethyl)carbamic acid, T-00438

$C_3H_4N_2S$
▷2-Aminothiazole, A-00336

$C_3H_4O_2$
▷2-Oxetanone, O-00105
▷Pyruvaldehyde, P-00600

$C_3H_5ClN_2O_6$
Clonitrate, *in* C-00278

$C_3H_5ClO_2$
▷3-Chloropropanoic acid, C-00279

$C_3H_5Cl_2NO_2$
N,*N*-Dichlorourethane, *in* E-00177

$C_3H_5DFNO_2$
Fludalanine, *in* A-00258

C_3H_5NO
▷Lactonitrile, *in* H-00207

$C_3H_5NO_2$
▷Isonitrosoacetone, *in* P-00600

$C_3H_5NS_2$
▷2-Mercaptothiazoline, M-00121

$C_3H_5N_3O$
▷Cyanoacetohydrazide, C-00580

$C_3H_5N_3O_9$
▷Glycerol trinitrate, G-00066

$C_3H_5N_5$
2,4-Diamino-1,3,5-triazine, D-00136

C_3H_6
▷Cyclopropane, C-00635

$C_3H_6BrNO_4$
▷2-Bromo-2-nitro-1,3-propanediol, B-00310

C_3H_6ClNO
3-Chloropropanoic acid; Amide, *in* C-00279

$C_3H_6FNO_2$
2-Amino-2-fluoropropanoic acid, A-00258

$C_3H_6N_2O_2$
N-Aminocarbonylacetamide, *in* U-00011
4-Amino-3-isoxazolidinone, A-00277
Methylglyoxime, *in* P-00600

$C_3H_6N_2O_3$
▷Ethyl *N*-nitrosocarbamate, *in* E-00177

$C_3H_6N_2S_2$
Tetrahydro-2*H*-1,3,5-thiadiazine-2-thione, T-00135
$C_3H_6O_3$
▷2-Hydroxypropanoic acid, H-00207
$C_3H_6O_3S$
Vinylsulfonic acid; Me ester, *in* V-00047
$C_3H_7ClO_2$
▷3-Chloro-1,2-propanediol, C-00278
C_3H_7NOS
O-Ethyl carbamothioate, *in* T-00196
S-Ethyl carbamothioate, *in* T-00196
$C_3H_7NO_2$
▷Ethyl carbamate, E-00177
$C_3H_7NO_2S$
3-Amino-2-mercaptopropanoic acid, A-00278
Cysteine, C-00654
$C_3H_7N_3O_2$
Guanidinoacetic acid, G-00109
$C_3H_7N_3O_4$
Alanosine, A-00093
$C_3H_7N_5$
3,5-Diamino-1*H*-1,2,4-triazole; 1-Me, picrate, *in* D-00137
$C_3H_7O_4P$
(3-Methyloxiranyl)phosphonic acid, M-00276
$C_3H_7O_5P$
Ethyl (dihydroxyphosphinyl)formate, *in* P-00216
Methyl dihydroxyphosphinylacetate, *in* P-00215
$C_3H_8HgO_2$
Merisoprol, M-00126
$C_3H_8NO_6P$
Phosphoserine, P-00220
$C_3H_8N_2OS$
▷*N*-Hydroxymethyl-*N*′-methylthiourea, H-00165
$C_3H_8N_2O_2$
Ethoxyurea, *in* H-00220
▷*N*-Ethyl-*N*′-hydroxyurea, E-00196
$C_3H_8N_2O_2S$
Tetrahydro-2*H*-1,2,4-thiadiazine 1,1-dioxide, T-00134
$C_3H_8N_2O_4S$
N-Carbamyltaurine, *in* T-00030
C_3H_8O
▷2-Propanol, P-00491
$C_3H_8OS_2$
▷2,3-Dimercapto-1-propanol, D-00385
$C_3H_8O_3$
▷Glycerol, G-00064
$C_3H_9AsO_2$
Dimethoxymethylarsine oxide, *in* M-00226
C_3H_9NO
▷1-Amino-2-propanol, A-00318
▷3-Amino-1-propanol, A-00319
▷2-(Methylamino)ethanol, *in* A-00253
$C_3H_9NO_2$
▷3-Amino-1,2-propanediol, A-00317
$C_3H_9NO_3S$
Taurine; *N*-Me, *in* T-00030
$C_3H_9N_3O_3S$
Guanidotaurine, G-00112
$C_3H_{10}N_2O$
▷1,3-Diamino-2-propanol, D-00135
$C_3H_{11}NO_7P_2$
Pamidronic acid, P-00009
$C_4H_2Cl_2N_2O_2$
2,3-Dichloro-4-nitro-1*H*-pyrrole, D-00197
$C_4H_2Cl_2O_2$
▷Fumaroyl chloride, *in* F-00274
$C_4H_2FeO_4$
▷Ferrous fumarate, *in* F-00274
$C_4H_2N_2$
▷Fumaronitrile, *in* F-00274
$C_4H_2N_2O_4$
▷Alloxan, A-00128
$C_4H_2N_4O_2$
▷5-Diazo-2,4(1*H*,3*H*)-pyrimidinedione, D-00151
$C_4H_3ClF_4O$
1-Chloro-1,2,2,3-tetrafluoro-3-methoxycyclopropane, C-00287
$C_4H_3ClN_2O_3$
5-Chloro-2,4,6(1*H*,3*H*,5*H*)pyrimidinetrione, C-00283
$C_4H_3FN_2O_2$
▷5-Fluoro-2,4(1*H*,3*H*)-pyrimidinedione, F-00190
$C_4H_3F_7O$
1,1,1,3,3,3-Hexafluoro-2-(fluoromethoxy)propane, H-00047
$C_4H_3IN_2OS$
▷2,3-Dihydro-5-iodo-2-thioxo-4(1*H*)-pyrimidinone, D-00287
$C_4H_3N_3O_3S$
N-(5-Nitro-2-thiazolyl)formamide, *in* A-00294
$C_4H_4FN_3O$
▷5-Fluorocytosine, F-00183
$C_4H_4F_6O$
▷Bis(2,2,2-trifluoroethyl) ether, B-00239
$C_4H_4N_2O_2$
1*H*-Pyrazole-1-carboxylic acid, P-00563
Tartaric acid; Dinitrile, *in* T-00028
$C_4H_4N_2O_2S$
▷Thiobarbituric acid, T-00192
$C_4H_4N_2O_3$
▷2,4,6(1*H*,3*H*,5*H*)-Pyrimidinetrione, P-00586
$C_4H_4N_4$
5-Amino-4-cyanoimidazole, *in* A-00275
$C_4H_4N_4O_4$
Alloxan; 5,6-Dioxime, *in* A-00128
$C_4H_4N_6$
7-Amino-1*H*-1,2,3-triazolo[4,5-*d*]pyrimidine, A-00338
5-(1*H*-Imidaz-2-yl)-1*H*-tetrazole, I-00033
$C_4H_4N_6O$
▷5-Amino-1,6-dihydro-7*H*-1,2,3-triazolo[4,5-*d*]pyrimidin-7-one, A-00247
$C_4H_4O_4$
▷Fumaric acid, F-00274
$C_4H_5F_3O$
▷(2,2,2-Trifluoroethoxy)ethene, T-00464
$C_4H_5NO_3$
4-Amino-4-oxo-2-butenoic acid, *in* F-00274
$C_4H_5NO_4S$
6-Methyl-1,2,3-oxathiazin-4(3*H*)-one 2,2-dioxide, M-00275
$C_4H_5N_3O$
4-Amino-1,3-diazabicyclo[3.1.0]hex-3-en-2-one, A-00237
1*H*-Pyrazole-1-carboxamide, *in* P-00563
$C_4H_5N_3O_2$
5-Amino-1*H*-imidazole-4-carboxylic acid, A-00275
1,2,4-Triazine-3,5(2*H*,4*H*)-dione; 2-Me, *in* T-00422
1,2,4-Triazine-3,5(2*H*,4*H*)-dione; 4-Me, *in* T-00422
1,2,4-Triazine-3,5(2*H*,4*H*)-dione; 3-Me ether, *in* T-00422
1,2,4-Triazine-3,5(2*H*,4*H*)-dione; 5-Me ether, *in* T-00422
$C_4H_5N_3O_2S$
2-Amino-5-nitrothiazole; *N*-Me, *in* A-00294
$C_4H_5N_3S$
1*H*-Pyrazole-1-carbothioamide, P-00561

$C_4H_6ClNO_2$
Chloroacetamide; Ac, *in* C-00212
$C_4H_6CuO_4$
▷Cupric acetate, C-00575
$C_4H_6FNO_4$
2-Amino-3-fluorobutanedioic acid, A-00257
$C_4H_6N_2O_2$
▷5-(Aminomethyl)-3(2*H*)-isoxazolone, A-00283
Fumaric acid; Diamide, *in* F-00274
$C_4H_6N_2S$
2-Aminothiazole; *N*-Me, *in* A-00336
▷1,3-Dihydro-1-methyl-2*H*-imidazole-2-thione, D-00289
$C_4H_6N_4$
1*H*-Pyrazole-1-carboximidamide, P-00562
$C_4H_6N_4O_2$
▷5-Amino-1*H*-imidazole-4-carboxylic acid; Amide, *in* A-00275
$C_4H_6N_4O_3$
Allantoin, A-00123
$C_4H_6N_4O_3S_2$
▷Acetazolamide, A-00018
$C_4H_6N_4O_{12}$
Erythrityl tetranitrate, *in* E-00114
C_4H_6O
▷Divinyl ether, D-00555
$C_4H_6O_4S$
▷Mercaptobutanedioic acid, M-00115
$C_4H_6O_4S_2$
▷2,3-Dimercaptobutanedioic acid, D-00384
$C_4H_6O_6$
Tartaric acid, T-00028
$C_4H_7AlN_4O_5$
Aldioxa, *in* A-00123
C_4H_7BrO
▷Sodium butallylonal, *in* B-00290
$C_4H_7ClO_2$
▷3-Chloropropanoic acid; Me ester, *in* C-00279
$C_4H_7Cl_2O_4P$
▷Dichlorvos, D-00207
$C_4H_7Cl_3N_2O_2$
Mecloralurea, M-00048
$C_4H_7Cl_3O$
▷1,1,1-Trichloro-2-methyl-2-propanol, T-00440
$C_4H_7FN_2O_3$
β-Fluoroasparagine, *in* A-00257
C_4H_7NO
3-Cyano-1-propanol, *in* H-00118
$C_4H_7NO_2S$
▷4-Thiazolidinecarboxylic acid, T-00183
Thiocarbamic acid; *S*-Me ester, *N*-Ac, *in* T-00196
Thiocarbamic acid; *O*-Me ester, *N*-Ac, *in* T-00196
$C_4H_7NO_3S$
Mercaptobutanedioic acid; 4-Monoamide, *in* M-00115
$C_4H_7N_3O_3$
Quisqualamine, Q-00038
$C_4H_7N_5O$
3,5-Diamino-1*H*-1,2,4-triazole; 3-*N*-Ac, *in* D-00137
$C_4H_8Br_2O$
1,2-Dibromo-1-ethoxyethane, *in* E-00225
C_4H_8ClNO
Chloroacetamide; *N*-Et, *in* C-00212
Chloroacetamide; *N*-Di-Me, *in* C-00212
$C_4H_8Cl_2O_4S_4$
2,2′-Dithiobisethanesulfonic acid; Dichloride, *in* D-00550
$C_4H_8Cl_3O_4P$
▷Trichlorphon, T-00443
$C_4H_8CuN_2O_2S_2$
▷Fluopsin *C*, F-00177
$[C_4H_8N_2O_3]_x$
▷Polynoxylin, P-00385
$C_4H_8N_2O_4$
Tartaric acid; Diamide, *in* T-00028
$C_4H_8N_2S$
▷2-Propenylthiourea, P-00496
$C_4H_8N_3O_4P$
Fosfocreatinine, F-00255
$C_4H_8N_4O_2$
▷Piperazine; 1,4-Dinitroso, *in* P-00285
$C_4H_8N_4O_4$
▷Piperazine; 1,4-Dinitro, *in* P-00285
$C_4H_8Na_2O_6S_4$
Dimesna, *in* D-00550
C_4H_8O
▷Ethyl vinyl ether, E-00225
$C_4H_8O_3$
4-Hydroxybutanoic acid, H-00118
2-Hydroxypropanoic acid; Me ester, *in* H-00207
2-Hydroxypropanoic acid; Me ester, *in* H-00207
Threitol; Dibenzylidene, *in* T-00219
C_4H_9NO
▷*N*-Ethylacetamide, E-00173
$C_4H_9NO_2$
▷4-Aminobutanoic acid, A-00221
▷*N*-(2-Hydroxyethyl)acetamide, *in* A-00253
$C_4H_9NO_2S$
Cysteine; *S*-Me, *in* C-00654
Cysteine; Me ester; B,HCl, *in* C-00654
Methyl cysteine, *in* C-00654
$C_4H_9NO_3S$
Cysteine; *S*-Me, *S*-oxide, *in* C-00654
$C_4H_9NO_5$
▷2-(Hydroxymethyl)-2-nitro-1,3-propanediol, H-00168
$C_4H_9N_3O_2$
Guanidinoacetic acid; *N*-Me, *in* G-00109
$C_4H_9N_3O_3$
Albizziine, A-00098
$C_4H_9N_5$
3,5-Diamino-1*H*-1,2,4-triazole; 3(5)-*N*,*N*-Di-Me, *in* D-00137
$C_4H_9O_5P$
Ethyl dihydroxyphosphinylacetate, *in* P-00215
$C_4H_{10}NO_5P$
Fosmidomycin, F-00257
$C_4H_{10}N_2$
▷Piperazine, P-00285
$C_4H_{10}N_2O_2S$
Tetrahydro-2*H*-1,2,4-thiadiazine 1,1-dioxide; N^4-Me, *in* T-00134
$C_4H_{10}O$
▷Diethyl ether, D-00246
▷1-Methoxypropane, M-00214
$C_4H_{10}OS_2$
3-Methoxy-1,2-propanedithiol, *in* D-00385
$C_4H_{10}O_2S$
▷2,2′-Thiobisethanol, T-00195
$C_4H_{10}O_3$
2-Methoxy-1,3-propanediol, *in* G-00064
3-Methoxy-1,2-propanediol, *in* G-00064
$C_4H_{10}O_4$
▷Erythritol, E-00114
Threitol, T-00219

$C_4H_{10}O_6S_4$
2,2′-Dithiobisethanesulfonic acid, D-00550

$C_4H_{11}NO$
▷2-Amino-2-methyl-1-propanol, A-00289
▷2-Dimethylaminoethanol, D-00408
▷2-Ethylaminoethanol, *in* A-00253

$C_4H_{11}NO_2$
3-Methylamino-1,2-propanediol, *in* A-00317

$C_4H_{11}NO_3$
▷2-Amino-2-hydroxymethyl-1,3-propanediol, A-00268

$C_4H_{11}NO_3S$
Taurine; *N*,*N*-Di-Me, *in* T-00030

$C_4H_{11}NS$
▷2-(Dimethylamino)ethanethiol, *in* A-00252

$C_4H_{11}N_5$
▷*N*,*N*-Dimethylimidodicarbonimidic diamide, D-00432

$C_4H_{12}BrN$
▷Tetramethylammonium(1+); Bromide, *in* T-00144

$C_4H_{12}Br_3N$
Tetramethylammonium(1+); Tribromide, *in* T-00144

$C_4H_{12}IN$
▷Tetrammonium iodide, *in* T-00144

$C_4H_{12}N^{\oplus}$
Tetramethylammonium(1+), T-00144

$C_4H_{12}NO^{\oplus}$
Hydroxymethyltrimethylammonium(1+), H-00177

$C_4H_{12}NO_4P$
Demanyl phosphate, D-00059

$C_4H_{12}N_2O_4S_4$
2,2′-Dithiobisethanesulfonic acid; Diamide, *in* D-00550

$C_4H_{12}N_2S_2$
▷Bis(2-aminoethyl) disulfide, B-00188

$C_4H_{12}N_3O_4P$
▷Creatinolfosfate, C-00559

$C_4H_{13}NO$
▷Tetramethylammonium(1+); Hydroxide, *in* T-00144

$C_4H_{13}NO_2$
Hydroxymethyltrimethylammonium(1+); Hydroxide, *in* H-00177

$C_4H_{13}N_3$
▷Diethylenetriamine, D-00245

$C_4H_{14}KNO_4S$
Acesulfame-K, *in* M-00275

$C_4H_{16}BN$
Tetramethylammonium(1+); Borohydride, *in* T-00144

$C_5FeN_6Na_2O$
▷Sodium nitroferricyanide, *in* P-00083

$C_5FeN_6O^{\ominus\ominus}$
Pentakis(cyano-*C*)nitrosylferrate(2−), P-00083

$C_5H_3Cl_2N$
▷3,5-Dichloropyridine, D-00201

$C_5H_3I_2NO$
▷3,5-Diiodo-4(1*H*)-pyridinone, D-00362

$C_5H_3NO_4$
▷5-Nitro-2-furancarboxaldehyde, N-00177

$C_5H_3N_3$
Pyrazinecarbonitrile, *in* P-00560

$C_5H_3N_3O$
Pyrazinecarboxylic acid; Nitrile, 1-oxide, *in* P-00560

C_5H_4ClNO
▷Choline chloride, *in* C-00308
α-Pyrroyl chloride, *in* P-00596

$C_5H_4Cl_6O_3$
▷2,2,2-Trichloroethanol carbonate, T-00435

$C_5H_4N_2O_2$
Pyrazinecarboxylic acid, P-00560

$C_5H_4N_2O_3$
Pyrazinecarboxylic acid; 1-Oxide, *in* P-00560

$C_5H_4N_2O_4$
5-Nitro-2-furancarboxaldehyde; (*E*)-Oxime, *in* N-00177
▷Orotic acid, O-00061

$C_5H_4N_4O$
▷1,5-Dihydro-4*H*-pyrazolo[3,4-*d*]pyrimidin-4-one, D-00300
1*H*-Pyrrole-2-carboxylic acid; Azide, *in* P-00596

$C_5H_4N_4O_2$
5-Diazo-2,4(1*H*,3*H*)-pyrimidinedione; 3-Me, *in* D-00151
1*H*-Pyrazolo[3,4-*d*]pyrimidine-4,6(5*H*,7*H*)-dione, P-00564
▷Xanthine, X-00002

$C_5H_4N_4S$
▷1,7-Dihydro-6*H*-purine-6-thione, D-00299
1*H*-Pyrazolo[3,4-*d*]pyrimidine-4-thiol, P-00565

$C_5H_5ClN_2O_3$
5-Chloro-2,4,6(1*H*,3*H*,5*H*)pyrimidinetrione; 1-*N*-Me, *in* C-00283

$C_5H_5ClO_3$
Fumaric acid; Mono-Me ester monochloride, *in* F-00274

C_5H_5NO
3-Hydroxypyridine, H-00209

C_5H_5NOS
2-Pyridinethiol *N*-oxide, *in* P-00574
▷2(1*H*)-Pyridinethione; 1-Hydroxy, *in* P-00574

$C_5H_5NO_2$
1*H*-Pyrrole-2-carboxylic acid, P-00596

$C_5H_5NO_2S$
4-Amino-3-thiophenecarboxylic acid, A-00337
2-Methyl-5-thiazolecarboxylic acid, M-00309
▷4-Methyl-5-thiazolecarboxylic acid, M-00310

C_5H_5NS
▷2(1*H*)-Pyridinethione, P-00574

$C_5H_5N_3$
1*H*-Imidazo[1,2-*b*]pyrazole, I-00032

$C_5H_5N_3O$
▷Pyrazinecarboxamide, *in* P-00560

$C_5H_5N_3O_3S$
▷Acinitrazole, *in* A-00294

$C_5H_5N_5S$
▷Thioguanine, T-00202

$C_5H_6Cl_6N_2O_3$
▷*N*,*N*′-Bis(2,2,2-trichloro-1-hydroxyethyl)urea, B-00238

$C_5H_6N_2$
▷2-Aminopyridine, A-00325

$C_5H_6N_2O$
1*H*-Pyrrole-2-carboxylic acid; Amide, *in* P-00596

$C_5H_6N_2OS$
▷2-Aminothiazole; *N*-Ac, *in* A-00336
▷2,3-Dihydro-6-methyl-2-thioxo-4(1*H*)pyrimidinone, D-00293

$C_5H_6N_2O_2$
1*H*-Pyrazole-1-carboxylic acid; Me ester, *in* P-00563

$C_5H_6N_2O_2S$
5-(Mercaptomethyl)-2,4(1*H*,3*H*)-pyrimidinedione, M-00119

$C_5H_6N_6$
7-Amino-1*H*-1,2,3-triazolo[4,5-*d*]pyrimidine; 1-Me, *in* A-00338
7-Amino-1*H*-1,2,3-triazolo[4,5-*d*]pyrimidine; 3-Me, *in* A-00338
7-Amino-1*H*-1,2,3-triazolo[4,5-*d*]pyrimidine; 2-Me, *in* A-00338

$C_5H_6O_4$
Fumaric acid; Mono-Me ester, *in* F-00274

$C_5H_7ClN_2O_3$
Antibiotic AT 125, A-00405

$C_5H_7ClN_2O_4$
Antibiotic U 43795, *in* A-00405

C_5H_7NO
▷2-Furanmethanamine, F-00282

$C_5H_7NO_2$
4,5-Dihydro-1*H*-pyrrole-2-carboxylic acid, D-00301
Jatropham, J-00001

$C_5H_7NO_3$
5,5-Dimethyl-2,4-oxazolidinedione, D-00439
5-Oxo-2-pyrrolidinecarboxylic acid, O-00140

$C_5H_7NO_4S$
2,4-Thiazolidinedicarboxylic acid, T-00184

$C_5H_7N_3$
▷2,3-Dihydro-1*H*-imidazo[1,2-*b*]pyrazole, *in* I-00032

$C_5H_7N_3O$
1*H*-Pyrrole-2-carboxylic acid; Hydrazide, *in* P-00596

$C_5H_7N_3O_2$
▷1,2-Dimethyl-5-nitro-1*H*-imidazole, D-00435
1,2,4-Triazine-3,5(2*H*,4*H*)-dione; 2,4-Di-Me, *in* T-00422
1,2,4-Triazine-3,5(2*H*,4*H*)-dione; 3-Me ether, 4-Me, *in* T-00422
1,2,4-Triazine-3,5(2*H*,4*H*)-dione; 5-Me ether, 2-Me, *in* T-00422

$C_5H_7N_3O_4$
▷Azaserine, A-00509

$C_5H_7N_5O$
6-Hydrazino-3-pyridazinecarboxamide, H-00097

$C_5H_8BrNO_4$
5-Bromo-2-methyl-5-nitro-1,3-dioxane, B-00308

$C_5H_8Cl_3NO_3$
Carbocloral, *in* T-00438

$C_5H_8N_2O_2$
5-Oxo-2-pyrrolidinecarboxylic acid; Amide, *in* O-00140

$C_5H_8N_2O_3$
4-Amino-3-isoxazolidinone; *N*-Ac, *in* A-00277
N,*N'*-Carbonylbisacetamide, *in* U-00011

$C_5H_8N_2S$
2-Aminothiazole; *N*-Et, *in* A-00336

$C_5H_8N_2S_2$
5,5-Dimethyl-2,4-imidazolidinedithione, D-00431

$C_5H_8N_4O_3$
α-Methylallantoin, *in* A-00123
β-Methylallantoin, *in* A-00123

$C_5H_8N_4O_3S_2$
▷Methazolamide, M-00176
Propazolamide, P-00493

$C_5H_8N_4O_{12}$
▷Pentaerythritol tetranitrate, P-00078

$C_5H_8O_2$
▷Pentanedial, P-00090

$C_5H_8O_3$
▷4-Oxopentanoic acid, O-00134

$C_5H_8O_4S$
3-[(Carboxymethyl)thio]propanoic acid, C-00066

$C_5H_9ClO_3$
▷3-Chloro-1,2-propanediol; 1-Ac, *in* C-00278
3-Chloro-1,2-propanediol; 2-Ac, *in* C-00278

$C_5H_9Cl_2N_3O_2$
▷*N*,*N'*-Bis(2-chloroethyl)-*N*-nitrosourea, B-00199

$C_5H_9Cl_3O$
1,1,1-Trichloro-2-methyl-2-propanol; Me ether, *in* T-00440

$C_5H_9IO_3$
▷2-(Iodomethyl)-1,3-dioxolane-4-methanol, I-00107

$C_5H_9NO_2S$
O-Ethyl acetylcarbamothioate, *in* T-00196
S-Ethyl acetylcarbamothioate, *in* T-00196
Tetrahydro-2*H*-1,3-thiazine-4-carboxylic acid, T-00136
4-Thiazolidinecarboxylic acid; Me ester, *in* T-00183

$C_5H_9NO_3$
4-(Hydroxyimino)pentanoic acid, *in* O-00134
4-Hydroxy-2-pyrrolidinecarboxylic acid, H-00210

$C_5H_9NO_3S$
▷*N*-Acetylcysteine, A-00031
▷*N*-(2-Mercapto-1-oxopropyl)glycine, M-00120

$C_5H_9NO_4S$
▷Carbocisteine, *in* C-00654
▷*S*-Carboxymethylcysteine, C-00065

$C_5H_9N_3$
3-(2-Aminoethyl)pyrazole, A-00256
▷Histamine, H-00077

$C_5H_9N_3O_{10}$
Pentaerythritol trinitrate, *in* P-00077

$C_5H_9N_5$
2,4-Diamino-1,3,5-triazine; *N*,*N*-Di-Me, *in* D-00136
2,4-Diamino-1,3,5-triazine; *N*,*N'*-Di-Me, *in* D-00136

$C_5H_{10}ClNS$
Diethyldithiocarbamic acid; Chloride, *in* D-00244

$C_5H_{10}ClN_3O_3$
▷*N*-(2-Chloroethyl)-*N'*-(2-hydroxyethyl)-*N*-nitrosourea, C-00237

$C_5H_{10}Cl_2O_2$
▷2,2-Bis(chloromethyl)-1,3-propanediol, B-00200

$C_5H_{10}NNaS_2$
▷Ditiocarb sodium, *in* D-00244

$C_5H_{10}N_2O$
2-Amino-4,5-dihydro-4,4-dimethyloxazole, A-00243

$C_5H_{10}N_2O_2$
1-Amino-2-pyrrolidinecarboxylic acid, A-00328
3-Amino-3-pyrrolidinecarboxylic acid, A-00329
Pentanedial; Dioxime, *in* P-00090

$C_5H_{10}N_2O_3$
Glutamine, G-00060

$C_5H_{10}N_2O_8$
Pentaerythritol; Dinitrate, *in* P-00077

$C_5H_{10}N_2S$
Penicillamine; Nitrile; B,HCl, *in* P-00064

$C_5H_{10}N_2S_2$
▷Fennosan B-100, *in* T-00135

$C_5H_{10}O_3$
4-Methoxybutanoic acid, *in* H-00118

$C_5H_{10}O_4$
Glycerol; Ac, *in* G-00064

$C_5H_{10}O_5$
Xylose, X-00024

$C_5H_{10}O_{10}P_2$
Butedronic acid, B-00397

$C_5H_{11}ClHgN_2O_2$
▷Chlormerodrin, C-00209

$C_5H_{11}ClO_2$
2-Chloro-1,3-dimethoxypropane, *in* C-00278
2-Chloro-3-ethoxy-1-propanol, *in* C-00278

$C_5H_{11}Cl_2N$
▷2,2'-Dichloro-*N*-methyldiethylamine, D-00193

$C_5H_{11}Cl_2NO$
▷Mustron, *in* D-00193

$C_5H_{11}NOS$
O-Ethyl dimethylcarbamothioate, *in* T-00196

$C_5H_{11}NOS_2$
Diethyldithiocarbamic acid; *S*-Oxide, *in* D-00244

$C_5H_{11}NO_2$
4-Aminobutanoic acid; *N*-Me, *in* A-00221
▷Betaine, B-00140
▷Ethyl *N*-ethylcarbamate, E-00189
▷3-Methyl-1-butyl nitrite, M-00237

$C_5H_{11}NO_2S$
Cysteine; *S*-Et, *in* C-00654
Methionine, M-00183
Penicillamine, P-00064

$C_5H_{11}NO_2Se$
▷Selenomethionine, S-00038

$C_5H_{11}NO_3$
1-Nitro-2-pentanol, N-00183

$C_5H_{11}NO_3S$
Methionine; *S*-Oxide, *in* M-00183

$C_5H_{11}NO_6$
Pentaerythritol; Mononitrate, *in* P-00077

$C_5H_{11}NS_2$
▷Diethyldithiocarbamic acid, D-00244
Nereistoxin, N-00075

$C_5H_{11}N_3O_2$
4-Guanidinobutanoic acid, G-00110

$C_5H_{11}O_4P$
Dimethyl (3-methyloxiranyl)phosphonate, *in* M-00276

$C_5H_{12}N_2$
3-Aminopiperidine, A-00314
▷1-Methylpiperazine, *in* P-00285

$C_5H_{12}N_2O_2$
Ornithine, O-00059

$C_5H_{12}N_4O$
4-Guanidinobutyramide, *in* G-00110

$C_5H_{12}N_8$
▷Mitoguazone, M-00402

$C_5H_{12}O$
1-Methoxy-2-methylpropane, M-00204

$C_5H_{12}O_2$
▷Diethoxymethane, *in* F-00244

$C_5H_{12}O_3$
1,3-Dimethoxy-2-propanol, *in* G-00064
2,3-Dimethoxy-1-propanol, *in* G-00064

$C_5H_{12}O_4$
▷Pentaerythritol, P-00077

$C_5H_{13}AsO_2$
Diethoxymethylarsine oxide, *in* M-00226

$C_5H_{13}NO$
3-Amino-1-propanol; *N*-Di-Me, *in* A-00319
▷1-Dimethylamino-2-propanol, D-00419
▷2-Isopropylaminoethanol, *in* A-00253

$C_5H_{13}NO_2$
3-Dimethylamino-1,2-propanediol, *in* A-00317

$C_5H_{13}NO_4S$
N,N,N-Trimethyl-2-(sulfooxy)ethanaminium hydroxide inner salt, *in* C-00308

$C_5H_{13}N_2O_4P$
Alafosfalin, A-00091

$C_5H_{14}ClNO_5$
Choline; Perchlorate, *in* C-00308

$C_5H_{14}NO^{\oplus}$
▷Choline, C-00308

$C_5H_{14}NO_4P$
Choline hydroxide dihydrogen phosphate inner salt, *in* C-00308

$C_5H_{14}O_6P_2$
Tetramethyl methylenebisphosphonate, *in* M-00168

$C_5H_{15}NO_2$
▷Choline; Hydroxide, *in* C-00308

$C_5H_{15}N_2O_3PS$
▷Ethiofos, E-00155

$C_6HBiBr_4O_3$
Bibrocathol, B-00152

$C_6H_2HgI_2O_4S$
Anogon, *in* D-00358

$C_6H_3Cl_3O$
▷2,4,5-Trichlorophenol, T-00441

$C_6H_3I_2NO_3$
▷2,6-Diiodo-4-nitrophenol, D-00360

C_6H_3NOS
5-Formyl-2-thiophenecarbonitrile, F-00248

$C_6H_4ClFO_2S$
4-Fluorobenzenesulfonic acid; Chloride, *in* F-00181

C_6H_4ClNO
3-Pyridinecarboxylic acid; Chloride, *in* P-00571

$C_6H_4ClNO_4$
2-Chloroacetyl-5-nitrofuran, C-00213

$C_6H_4Cl_2N_2O_2$
▷2,6-Dichloro-4-nitroaniline, D-00196

$C_6H_4I_2O_4S$
3,5-Diiodo-4-hydroxybenzenesulfonic acid, D-00358

$C_6H_4N_2$
Nicotinonitrile, *in* P-00571

$C_6H_4N_4O$
3-Pyridinecarboxylic acid; Azide, *in* P-00571

$C_6H_4O_6$
Tetrahydroxy-1,4-benzoquinone, T-00137

$C_6H_5Br_2NO$
2-Amino-4,6-dibromophenol, A-00239

C_6H_5ClHg
▷Chlorophenylmercury, C-00265

C_6H_5ClHgO
▷Chloro(2-hydroxyphenyl)mercury, C-00247

C_6H_5ClO
▷4-Chlorophenol, C-00260

$C_6H_5ClO_2S$
▷Benzenesulfonic acid; Chloride, *in* B-00075

$C_6H_5ClO_6S_2$
4-Chloro-1,3-benzenedisulfonic acid, C-00215

$C_6H_5FO_2S$
▷Benzenesulfonic acid; Fluoride, *in* B-00075

$C_6H_5FO_3S$
4-Fluorobenzenesulfonic acid, F-00181

$C_6H_5GaO_7$
Gallium citrate, G-00005

$C_6H_5HgNO_3$
▷(Nitrato-*O*)phenylmercury, N-00169

$C_6H_5Li_3O_7$
Lithium citrate, L-00059

C_6H_5NO
3-Pyridinecarboxaldehyde, P-00569

$C_6H_5NO_2$
2-Hydroxy-4-imino-2,5-cyclohexadienone, H-00141
3-Pyridinecarboxaldehyde; *N*-Oxide, *in* P-00569
▷3-Pyridinecarboxylic acid, P-00571

$C_6H_5NO_3$
Oxiniacic acid, *in* P-00571

$C_6H_5N_5O_2$
Xanthopterin, X-00006

$C_6H_5N_5O_5S$
Xanthopterinsulfonic acid, *in* X-00006

$C_6H_6AsCl_2NO$
(3-Amino-4-hydroxyphenyl)arsinous dichloride, A-00270

C_6H_6AsNO
▷Salvarsan, S-00021

$C_6H_6AsNO_2$
▷Oxophenarsine, O-00135

$C_6H_6AsNO_5$
▷4-Nitrophenylarsonic acid, N-00184

$C_6H_6AsNO_6$
▷4-Hydroxy-3-nitrophenylarsonic acid, H-00181

$C_6H_6ClNO_2S$
N-Chlorobenzenesulfonamide, *in* B-00075

$C_6H_6Cl_2N_2O_4S_2$
▷Dichlorphenamide, D-00206

$C_6H_6Cl_6$
▷1,2,3,4,5,6-Hexachlorocyclohexane, H-00038

$C_6H_6FNO_2S$
▷4-Fluorobenzenesulfonic acid; Amide, *in* F-00181

C_6H_6HgO
▷Hydroxyphenylmercury, H-00191

$C_6H_6N_2O$
▷3-Pyridinecarboxaldehyde; Oxime, *in* P-00569
▷3-Pyridinecarboxamide, P-00570

$C_6H_6N_2O_2$
2-Amino-3-pyridinecarboxylic acid, A-00326
N-Hydroxy-3-pyridinecarboxamide, *in* P-00570
5-Methylpyrazinecarboxylic acid, M-00302
Pyrazinecarboxylic acid; Me ester, *in* P-00560
3-Pyridinecarboxamide; *N*-Oxide, *in* P-00570

$C_6H_6N_2O_3$
▷Acipimox, *in* M-00302
Pyrazinecarboxylic acid; Me ester, 1-oxide, *in* P-00560
Pyrazinecarboxylic acid; Me ester, 4-oxide, *in* P-00560

$C_6H_6N_2O_4$
Alloxan; 1,3-*N*-Di-Me, *in* A-00128
Orotic acid; Me ester, *in* O-00061

$C_6H_6N_4$
4-Aminopyrrolo[2,3-*d*]pyrimidine, A-00330

$C_6H_6N_4O$
▷Dezaguanine, D-00115
1,5-Dihydro-4*H*-pyrazolo[3,4-*d*]pyrimidin-4-one; 1-Me, *in* D-00300

$C_6H_6N_4O_3S$
▷Niridazole, N-00156

$C_6H_6N_4O_4$
▷Nitrofurazone, *in* N-00177

$C_6H_6N_4S$
1,7-Dihydro-6*H*-purine-6-thione; 1-Me, *in* D-00299
1,7-Dihydro-6*H*-purine-6-thione; 7-Me, *in* D-00299
1,7-Dihydro-6*H*-purine-6-thione; 9-Me, *in* D-00299
1,7-Dihydro-6*H*-purine-6-thione; 3-Me, *in* D-00299
▷1,7-Dihydro-6*H*-purine-6-thione; *S*-Me, *in* D-00299

$C_6H_6N_6O_2$
Temozolomide, T-00064

C_6H_6O
▷Phenol, P-00161

$C_6H_6O_2$
▷1,3-Benzenediol, B-00073
▷1,4-Benzenediol, B-00074

$C_6H_6O_3$
▷1,3,5-Benzenetriol, B-00076

$C_6H_6O_3S$
▷Benzenesulfonic acid, B-00075

$C_6H_6O_4S$
S-Acetylmercaptosuccinic anhydride, *in* M-00115
Sulfuric acid monophenyl ester, *in* P-00161

$C_6H_6O_5S$
2,5-Dihydroxybenzenesulfonic acid, D-00313

$C_6H_6O_6$
1,4:6,3-Glucarodilactone, G-00053

$C_6H_6O_8S_2$
2,5-Dihydroxy-1,4-benzenedisulfonic acid, D-00312

$C_6H_7AsClNO_2$
▷Mapharsen, *in* O-00135

$C_6H_7AsO_4$
▷4-Hydroxyphenylarsonic acid, H-00190

$C_6H_7ClN_2O_2$
5-(2-Chloroethyl)uracil, C-00239

$C_6H_7ClN_2O_3$
5-Chloro-2,4,6(1*H*,3*H*,5*H*)pyrimidinetrione; 1,3-*N*-Di-Me, *in* C-00283

$C_6H_7ClN_2O_4S_2$
▷Clofenamide, *in* C-00215

$C_6H_7FN_2O_2$
5-Fluoro-2,4(1*H*,3*H*)-pyrimidinedione; 1,3-Di-Me, *in* F-00190

C_6H_7NO
▷3-Aminophenol, A-00297
▷4-Aminophenol, A-00298
3-Hydroxy-1-methylpyridinium hydroxide inner salt, *in* H-00209
3-Methoxypyridine, *in* H-00209
▷2-Pyridinemethanol, P-00572
▷3-Pyridinemethanol, P-00573

$C_6H_7NO_2$
Mepiroxol, *in* P-00573
1*H*-Pyrrole-2-carboxylic acid; Me ester, *in* P-00596

$C_6H_7NO_2S$
▷Benzenesulfonic acid; Amide, *in* B-00075
4-Methyl-5-thiazolecarboxylic acid; Me ester, *in* M-00310

$C_6H_7NO_3S$
▷4-Aminobenzenesulfonic acid, A-00213

C_6H_7NS
▷2(1*H*)-Pyridinethione; *N*-Me, *in* P-00574

$C_6H_7N_3O$
2-Amino-3-pyridinecarboxylic acid; Amide, *in* A-00326
▷Isoniazid, I-00195
5-Methylpyrazinecarboxylic acid; Amide, *in* M-00302
▷3-Pyridinecarboxylic acid; Hydrazide, *in* P-00571

$C_6H_7N_5O_3$
Furaguanidine, F-00279

$C_6H_8AsNO_3$
▷3-Aminophenylarsonic acid, A-00301
▷4-Aminophenylarsonic acid, A-00302

$C_6H_8AsNO_4$
▷(3-Amino-4-hydroxyphenyl)arsonic acid, A-00271

C_6H_8ClNS
▷5-(2-Chloroethyl)-4-methylthiazole, C-00238

$C_6H_8ClN_7O$
Amiloride, A-00198

$C_6H_8NO_3Sb$
▷4-Aminobenzenestibonic acid, A-00212

$C_6H_8N_2$
3-(Aminomethyl)pyridine, A-00290
2-Aminopyridine; *N*-Me, picrate, *in* A-00325

$C_6H_8N_2O$
4,6-Dimethyl-3(2*H*)-pyridazinone, D-00450

$C_6H_8N_2O_2$
1*H*-Pyrazole-1-carboxylic acid; Et ester, *in* P-00563
4,5,6,7-Tetrahydroisoxazolo[5,4-*c*]pyridin-3-ol, T-00121

$C_6H_8N_2O_2S$
5-(Mercaptomethyl)-2,4(1*H*,3*H*)-pyrimidinedione; *S*-Me, *in* M-00119

▷Sulfanilamide, *in* A-00213

$C_6H_8N_2O_3$
1,3-Dimethylbarbituric acid, *in* P-00586
2,4,6(1*H*,3*H*,5*H*)-Pyrimidinetrione; *N*-Et, *in* P-00586

$C_6H_8N_2O_8$
▷Isosorbide dinitrate, *in* D-00144

$C_6H_8N_4O_3S$
▷*N*-Ethyl-*N'*-(5-nitro-2-thiazolyl)urea, E-00211

$C_6H_8N_4O_4$
Allantoin; 1-Ac, *in* A-00123
▷Ronidazole, R-00084

$C_6H_8N_6$
Dametralast, D-00008

$C_6H_8N_6O_{18}$
▷Mannitol hexanitrate, *in* M-00018

$C_6H_8O_4$
▷Fumaric acid; Di-Me ester, *in* F-00274

$(C_6H_8O_6)_n$
▷Alginic acid, A-00115
Ascorbic acid, A-00456
Glucurono-6,3-lactone, G-00059

$C_6H_8O_7$
▷Citric acid, C-00402

$C_6H_9AsN_2O_5S$
[2-Amino-4-(aminosulfonyl)phenyl]arsonic acid, A-00209

$C_6H_9Cl_3O_2$
1,1,1-Trichloro-2-methyl-2-propanol; Ac, *in* T-00440

$(C_6H_9NO)_n$
▷Povidone, P-00393

$C_6H_9NO_2$
4-Hydroxybutanoic acid; Nitrile, Ac, *in* H-00118

$C_6H_9NO_2S$
▷*N*-(Tetrahydro-2-oxo-3-thienyl)acetamide, T-00129

$C_6H_9NO_3$
2-Oxo-1-pyrrolidineacetic acid, O-00139
5-Oxo-2-pyrrolidinecarboxylic acid; Me ester, *in* O-00140
▷3,5,5-Trimethyl-2,4-oxazolidinedione, T-00510

$C_6H_9NO_6$
Glucurono-6,3-lactone; Oxime, *in* G-00059
Isosorbide mononitrate, *in* D-00144

$C_6H_9N_3$
Dimethylaminopyrazine, D-00421

$C_6H_9N_3O$
4-Amino-5-(hydroxymethyl)-2-methylpyrimidine, A-00267

$C_6H_9N_3O_2$
5-Amino-1*H*-imidazole-4-carboxylic acid; Et ester, *in* A-00275
Medazonamide, M-00054

$C_6H_9N_3O_3$
▷2-Amino-6-diazo-5-oxohexanoic acid, A-00238
▷Metronidazole, M-00344
1,3,5-Triazine-2,4,6-triol; Tri-Me ether, *in* T-00423

$C_6H_9N_5O_2$
3,5-Diamino-1*H*-1,2,4-triazole; 3,5-Di-*N*-Ac, *in* D-00137

$(C_6H_{10}FeO_7)_n$
Ferric fructose, F-00088

$C_6H_{10}NO_8P$
Sparfosic acid, S-00108

$C_6H_{10}N_2O_2$
3-Hydroxy-3-methylpentanedioic acid; Amide-nitrile, *in* H-00170
2-Oxo-1-pyrrolidineacetamide, *in* O-00139

$C_6H_{10}N_2O_3$
4-Hydroxy-2-oxo-1-pyrrolidineacetamide, H-00188

$C_6H_{10}N_2O_5$
Dealanylalahopcin, *in* A-00092

$C_6H_{10}N_3O_6P$
Metronidazole phosphate, *in* M-00344

$C_6H_{10}N_4$
▷6,7,8,9-Tetrahydro-5*H*-tetrazolo[1,5-*a*]azepine, T-00133

$C_6H_{10}N_4O$
N-Methyl-5-(methylamino)-1*H*-imidazole-4-carboxamide, *in* A-00275

$C_6H_{10}N_4O_2$
Linsidomine, L-00052

$C_6H_{10}N_4O_3$
Allantoin; 1,3-Di-Me, *in* A-00123
Allantoin; 1,6-Di-Me, *in* A-00123
Allantoin; 1,8-Di-Me, *in* A-00123
Allantoin; 3,8-Di-Me, *in* A-00123

$C_6H_{10}N_6$
Cyromazine, C-00653

$C_6H_{10}N_6O$
▷Dacarbazine, D-00001

$C_6H_{10}O$
▷3-Methyl-1-pentyn-3-ol, M-00281

$C_6H_{10}O_2S_4$
▷Dixanthogen, D-00556

$C_6H_{10}O_3$
▷3-Ethoxy-2-oxobutanal, E-00168
4-Oxopentanoic acid; Me ester, *in* O-00134

$C_6H_{10}O_4$
4-Acetoxybutanoic acid, *in* H-00118
1,4:3,6-Dianhydroglucitol, D-00144

$C_6H_{10}O_4S_2$
2,3-Dimercaptobutanedioic acid; Di-Me ester, *in* D-00384

$(C_6H_{10}O_5)_n$
Cellulose, C-00165
▷3-Hydroxy-3-methylpentanedioic acid, H-00170

$(C_6H_{10}O_5)n$
Starch, S-00140

$(C_6H_{10}O_5)_n \cdot xH_2O$
▷Dextrin, D-00114

$C_6H_{10}O_6$
Dimethyl tartrate, *in* T-00028

$C_6H_{10}O_7$
xylo-2-Hexulosonic acid, H-00070

$C_6H_{10}O_{12}P_2$
myo-Inositol; 1,4-Diphosphate, *in* I-00074

$C_6H_{11}AuO_5S$
(1-Thioglucopyranosato)gold, T-00201

$C_6H_{11}BrN_2O_2$
▷*N*-(2-Bromo-3-methylbutanoyl)urea, B-00307

$C_6H_{11}BrO_2$
2-Bromo-2,2-diethylacetic acid, B-00297

$C_6H_{11}FO_5$
2-Deoxy-2-fluoroglucose, D-00078

$C_6H_{11}IO_3$
▷2-(1-Iodoethyl)-1,3-dioxolane-4-methanol, I-00103

$C_6H_{11}NO$
▷2-(1-Aziridinyl)-1-vinylethanol, A-00527
Hexahydro-1*H*-furo[3,4-*c*]pyrrole, H-00049
2-Methoxy-2-methylpropyl isocyanide, M-00205

$C_6H_{11}NO_2$
▷1-Aminocyclopentanecarboxylic acid, A-00230
3-Aminocyclopentanecarboxylic acid, A-00231
4-Amino-5-hexenoic acid, A-00260

$C_6H_{11}NO_2S$
S-Allylcysteine, *in* C-00654
Cysteine; *S*-1-Propenyl, *in* C-00654

$C_6H_{11}NO_3$
▷4-Aminobutanoic acid; *N*-Ac, *in* A-00221

4-Hydroxyhygrinic acid, *in* H-00210
4-Methoxy-2-pyrrolidinecarboxylic acid, *in* H-00210

$C_6H_{11}NO_3S$
Cysteine; *S*-(1-Propenyl), *S*-oxide, *in* C-00654
Methionine; *N*-Formyl, *in* M-00183
Methionine; *N*-Formyl, *in* M-00183
Penicillamine; *N*-Formyl, *in* P-00064

$C_6H_{11}NO_5$
D-Gluconitrile, *in* G-00055

$C_6H_{11}NO_5S$
Cysteine; *S*-(2-Carboxy-2-hydroxyethyl), *in* C-00654

$C_6H_{11}NO_6$
Glucuronamide, G-00058

$C_6H_{11}N_3$
α-Methylhistamine, M-00260
▷N-Methylhistamine, *in* H-00077

$C_6H_{11}N_3O_4$
Caracemide, C-00036
Citramide, *in* C-00402

$C_6H_{11}N_3O_9$
2-Ethyl-2-[(nitrooxy)methyl]-1,3-propanediol dinitrate (ester), *in* E-00194

$C_6H_{11}O_8P$
Foscolic acid, F-00254

$C_6H_{11}O_9P$
myo-Inositol; 1-Phosphate, *in* I-00074

$C_6H_{12}BrNO$
▷2-Bromo-2-ethylbutanamide, *in* B-00297

$C_6H_{12}Br_2O_4$
▷1,6-Dibromo-1,6-dideoxygalactitol, D-00163
1,6-Dibromo-1,6-dideoxymannitol, D-00164

$C_6H_{12}ClN_3O_3$
N-(2-Chloroethyl)-*N'*-(2-hydroxyethyl)-*N*-nitrosourea; *N'*-Me, *in* C-00237

$C_6H_{12}Cl_3N$
▷Tris(2-chloroethyl)amine, T-00534

$C_6H_{12}Cl_3NO$
Tris(2-chloroethyl)amine; *N*-Oxide; B,HCl, *in* T-00534

$C_6H_{12}F_2N_2O_2$
▷2,5-Diamino-2-(difluoromethyl)pentanoic acid, D-00126

$C_6H_{12}N_2O$
Piperazine; *N*-Ac, *in* P-00285

$C_6H_{12}N_2O_3$
3-Hydroxy-3-methylpentanedioic acid; Diamide, *in* H-00170

$C_6H_{12}N_2O_4Pt$
▷Carboplatin, C-00061

$C_6H_{12}N_2S$
Mipimazole, M-00392

$C_6H_{12}N_2S_4$
▷Tetramethylthiuram disulfide, T-00149

$C_6H_{12}N_3PS$
▷Thiotepa, T-00211

$C_6H_{12}N_4$
▷Hexamethylenetetramine, H-00057

$C_6H_{12}N_4O_9$
Tris(2-nitroxyethyl)amine, T-00538

$C_6H_{12}O_2$
▷4-Hydroxy-4-methyl-2-pentanone, H-00171

$C_6H_{12}O_3$
▷Paraldehyde, P-00023

$C_6H_{12}O_3S$
2,2'-Thiobisethanol; Mono-Ac, *in* T-00195

$C_6H_{12}O_4$
▷3-Ethoxy-1,1-dihydroxy-2-butanone, *in* E-00168

$C_6H_{12}O_5$
1,4-Anhydroglucitol, A-00387

$C_6H_{12}O_6$
myo-Inositol, I-00074

$C_6H_{12}O_7$
Gluconic acid, G-00055

$C_6H_{13}NOS$
2-Aminoethanethiol; *N*-Di-Me, *S*-Ac, *in* A-00252

$C_6H_{13}NO_2$
4-Aminobutanoic acid; Et ester, *in* A-00221
▷6-Aminohexanoic acid, A-00259
4-Dimethylaminobutanoic acid, *in* A-00221
2-Dimethylaminoethanol; Ac, *in* D-00408
4-Hydroxy-4-methyl-2-pentanone; Oxime, *in* H-00171
Leucine, L-00029

$C_6H_{13}NO_2S$
Cysteine; *S*-Propyl, *in* C-00654
Methionine; Me ester; B,HCl, *in* M-00183
Penicillamine; Me ester, *in* P-00064
Penicillamine; *N*-Me; B,HCl, *in* P-00064

$C_6H_{13}NO_2Se$
4-Amino-4-(dimethylseleno)butanoic acid, *in* S-00038

$C_6H_{13}NO_3$
Oxibetaine, O-00110

$C_6H_{13}NO_3S$
▷Cyclohexylsulfamic acid, C-00623
Cysteine; *S*-Propyl, *S*-oxide, *in* C-00654
Methionine; *N*-Me, *S*-oxide, *in* M-00183

$C_6H_{13}NO_4$
2-Amino-2,6-dideoxyglucose, A-00240
3,4,5-Trihydroxy-2-piperidinemethanol, T-00481

$C_6H_{13}NO_5$
2-Amino-2-deoxyglucose, A-00235

$C_6H_{13}NO_6$
D-Gluconamide, *in* G-00055

$C_6H_{13}NS_2$
▷Diethyldithiocarbamic acid; Me ester, *in* D-00244

$C_6H_{13}N_3O_3$
Citrulline, C-00405

$C_6H_{13}N_5$
3,5-Diamino-1*H*-1,2,4-triazole; 3,3,5,5-Tetra-*N*-Me, *in* D-00137

$C_6H_{13}N_5O$
Moroxydine, M-00446

$C_6H_{13}O_5P$
Phosphonoacetic acid; *tert*-Butyl ester, *in* P-00215

$C_6H_{14}ClNO_2$
Acetoxymethyl(trimethyl)ammonium chloride, *in* H-00177

$C_6H_{14}Cl_4N_2Pt$
▷Tetraplatin, T-00153

$C_6H_{14}FO_3P$
▷Diisopropyl phosphorofluoridate, D-00368

$C_6H_{14}INO_2$
Acetoxymethyl(trimethyl)ammonium iodide, *in* H-00177

$C_6H_{14}N_2$
▷1,4-Dimethylpiperazine, *in* P-00285

$C_6H_{14}N_2O$
6-Aminohexanoic acid; Amide, *in* A-00259
Leucine; Amide, *in* L-00029

$C_6H_{14}N_2O_2$
Ornithine; N^{δ}-Me, *in* O-00059

$C_6H_{14}N_4O_2$
Arginine, A-00441

$C_6H_{14}O$
1-Ethoxy-2-methylpropane, E-00167

$C_6H_{14}O_2$
▷1,1-Diethoxyethane, D-00228
3-Methyl-2,4-pentanediol, M-00279

$C_6H_{14}O_3$
▷2-Ethyl-2-hydroxymethyl-1,3-propanediol, E-00194
1,2,3-Trimethoxypropane, *in* G-00064

$C_6H_{14}O_6$
▷Glucitol, G-00054
Mannitol, M-00018

$C_6H_{14}O_6S_2$
▷Busulphan, B-00379

$C_6H_{14}O_8S_2$
▷Treosulfan, *in* T-00219

$C_6H_{15}ClN_2O_2$
▷Carbachol, *in* C-00040

$C_6H_{15}NO$
3-Amino-1-propanol; *N*-Di-Me, Me ether, *in* A-00319
▷2-Diethylaminoethanol, *in* A-00253

$C_6H_{15}NO_2$
3,3′-Iminobis-1-propanol, I-00037

$C_6H_{15}NO_3$
▷Tris(2-hydroxyethyl)amine, T-00536

$C_6H_{15}NO_4$
Tris(2-hydroxyethyl)amine; *N*-Oxide, *in* T-00536

$C_6H_{15}NS$
▷2-Aminoethanethiol; *N*-Di-Et, *in* A-00252

$C_6H_{15}N_2O_2^{\oplus}$
Carbamoylcholine(1+), C-00040

$C_6H_{15}N_5$
▷1-Butylbiguanide, B-00428

$C_6H_{16}INO$
Ethoxymethyl(trimethyl)ammonium iodide, *in* H-00177
1-Hydroxy-*N*,*N*,*N*-trimethyl-2-propanaminium; Iodide, *in* H-00217

$C_6H_{16}NO^{\oplus}$
1-Hydroxy-*N*,*N*,*N*-trimethyl-2-propanaminium, H-00217

$C_6H_{16}O_7P_2$
Tetramethyl (1-hydroxyethylidene)bisphosphonate, *in* H-00132

$C_6H_{17}NO_2$
1-Hydroxy-*N*,*N*,*N*-trimethyl-2-propanaminium; Hydroxide, *in* H-00217

$C_6H_{18}N_4$
▷Triethylenetetramine, T-00457

$C_6H_{18}O_{24}P_6$
▷Phytic acid, *in* I-00074

$C_6H_{20}Cl_2N_2O_2Pt$
▷Iproplatin, I-00162

$C_7H_3BrClNO_2$
▷6-Bromo-5-chloro-2(3*H*)-benzoxazolone, B-00293

$C_7H_3Br_2NO$
3,5-Dibromo-2-hydroxybenzonitrile, *in* D-00165

$C_7H_3ClN_2O_5$
▷3,5-Dinitrobenzoic acid; Chloride, *in* D-00468

$C_7H_3Cl_2NO_3$
2-Chloro-4-nitrobenzoic acid; Chloride, *in* C-00258

$C_7H_3F_{12}N_3$
▷Midaflur, M-00364

$C_7H_3IN_2O_3$
▷4-Hydroxy-3-iodo-5-nitrobenzonitrile, H-00142

$C_7H_3I_3N_2$
3-Cyano-2,4,6-triiodoaniline, *in* A-00340

$C_7H_3N_3O_4$
▷1-Cyano-3,5-dinitrobenzene, *in* D-00468

$C_7H_4BrNO_3S$
Saccharin; *N*-Br, *in* S-00002

$C_7H_4Br_2O_3$
3,5-Dibromo-2-hydroxybenzoic acid, D-00165

C_7H_4ClNOS
▷6-Chloro-1,2-benzisothiazol-3(2*H*)-one, C-00216

$C_7H_4ClNO_2$
▷5-Chloro-2(3*H*)-benzoxazolone, C-00218

$C_7H_4ClNO_2S$
4-Cyanobenzenesulfonyl chloride, *in* S-00217

$C_7H_4ClNO_4$
▷2-Chloro-4-nitrobenzoic acid, C-00258

$C_7H_4Cl_2O_3S$
4-Sulfobenzoic acid; Dichloride, *in* S-00217

$C_7H_4I_3NO_2$
▷3-Amino-2,4,6-triiodobenzoic acid, A-00340

$C_7H_4N_2O_6$
3,5-Dinitrobenzoic acid, D-00468

$C_7H_4O_3S$
Thioxolone, T-00214

$C_7H_5BiO_6$
2,7-Dihydroxy-1,3,2-benzodioxabismole-5-carboxylic acid, D-00314

C_7H_5BrO
Benzoyl bromide, *in* B-00092

$C_7H_5Br_2NO_2$
3,5-Dibromo-2-hydroxybenzoic acid; Amide, *in* D-00165

$C_7H_5ClN_2O$
▷2-Amino-5-chlorobenzoxazole, A-00225

$C_7H_5ClN_2O_3$
Aklomide, *in* C-00258

C_7H_5ClO
▷Benzoyl chloride, *in* B-00092

$C_7H_5ClO_2$
2-Hydroxybenzoic acid; Chloride, *in* H-00112

$C_7H_5ClO_5S$
4-Chloro-3-sulfobenzoic acid, C-00286
2-Hydroxy-5-sulfobenzoic acid; Sulfonyl chloride, *in* H-00214

$C_7H_5Cl_2NO_4S$
▷4-[(Dichloroamino)sulfonyl]benzoic acid, D-00179

$C_7H_5Cl_3O$
1,2,4-Trichloro-5-methoxybenzene, *in* T-00441

C_7H_5FO
Benzoyl fluoride, *in* B-00092

$C_7H_5HgNO_3$
▷Nitromersol, N-00181

C_7H_5IO
Benzoyl iodide, *in* B-00092

$C_7H_5I_2NO_3$
3,5-Diiodo-4-pyridone-1-acetic acid, D-00363

$C_7H_5I_3N_2O$
3-Amino-2,4,6-triiodobenzoic acid; Amide, *in* A-00340

$C_7H_5I_3N_2O_2$
3,5-Diamino-2,4,6-triiodobenzoic acid, D-00138

C_7H_5NO
2-Cyanophenol, *in* H-00112
▷4-Hydroxybenzonitrile, *in* H-00113

C_7H_5NOS
1,2-Benzisothiazol-3(2*H*)-one, B-00086

$C_7H_5NO_2$
2,5-Dihydroxybenzoic acid; Nitrile, *in* D-00316

$C_7H_5NO_3S$
▷Saccharin, S-00002

$C_7H_5N_3O$
▷Benzazide, *in* B-00092

$C_7H_5N_3O_5$
3,5-Dinitrobenzamide, *in* D-00468

C_7H_6ClNO
4-Aminobenzoic acid; Chloride, *in* A-00216

$C_7H_6ClNO_2$
3-Amino-2-chlorobenzoic acid, A-00223
3-Amino-4-chlorobenzoic acid, A-00224

$C_7H_6ClNO_4S$
Monalazone, M-00427

$C_7H_6ClN_3O_4S_2$
▷Chlorothiazide, C-00288

$C_7H_6F_3NO_2$
Flucrylate, F-00141

$C_7H_6N_2$
2-Aminobenzoic acid; Nitrile, *in* A-00215
4-Aminobenzoic acid; Nitrile, *in* A-00216

$C_7H_6N_2O$
4-Amino-2-hydroxybenzonitrile, *in* A-00264
2-Hydroxy-5-aminobenzonitrile, *in* A-00266

$C_7H_6N_2O_3S$
Saccharin; Oxime, *in* S-00002

$C_7H_6N_2S$
3-Amino-1,2-benzisothiazole, A-00214

$C_7H_6N_4O_2$
Ciapilome, C-00321
5-(3-Hydroxyphenyl)-1*H*-tetrazole, H-00198

$C_7H_6N_4O_5$
▷Nifuraldezone, N-00116

$C_7H_6N_4S_2$
Citenazone, *in* F-00248

C_7H_6OS
▷Thiobenzoic acid, T-00193

$C_7H_6OS_2$
2-Hydroxydithiobenzoic acid, H-00127

$C_7H_6O_2$
▷Benzoic acid, B-00092
Phenol; Formyl, *in* P-00161

$C_7H_6O_2S$
▷2-Mercaptobenzoic acid, M-00114

$C_7H_6O_3$
▷3,4-Dihydroxybenzaldehyde, D-00311
▷2-Hydroxybenzoic acid, H-00112
▷4-Hydroxybenzoic acid, H-00113

$C_7H_6O_3S$
α-Mercapto-β-(2-furyl)acrylic acid, M-00117

$C_7H_6O_4$
2,3-Dihydroxybenzoic acid, D-00315
▷2,5-Dihydroxybenzoic acid, D-00316
2,6-Dihydroxybenzoic acid, D-00317
▷Patulin, P-00043

$C_7H_6O_5S$
4-Sulfobenzoic acid, S-00217

$C_7H_6O_6S$
▷2-Hydroxy-5-sulfobenzoic acid, H-00214

$C_7H_7ClN_2O_3S$
4-Chloro-3-sulfamoylbenzamide, *in* C-00286

$C_7H_7ClN_6O_2$
▷Mitozolomide, M-00408

C_7H_7ClO
1-Chloro-4-methoxybenzene, *in* C-00260
▷4-Chloro-3-methylphenol, C-00256

$C_7H_7ClO_2S$
Tosyl chloride, *in* M-00228

$C_7H_7Cl_2NO$
▷3,5-Dichloro-2,6-dimethyl-4(1*H*)-pyridinone, D-00187

$C_7H_7Cl_2NO_2S$
N,*N*-Dichloro-4-methylbenzenesulfonamide, D-00191

$C_7H_7Cl_3NO_4P$
▷Fospirate, F-00258

$C_7H_7FO_2S$
▷4-Methylbenzenesulfonic acid; Fluoride, *in* M-00228

C_7H_7NO
▷4-Aminobenzaldehyde, A-00210

C_7H_7NOS
Thiocarbamic acid; *S*-Ph ester, *in* T-00196
Thiocarbamic acid; *O*-Ph ester, *in* T-00196
Thiocarbamic acid; *N*-Ph, *in* T-00196

$C_7H_7NO_2$
3-Acetoxypyridine, *in* H-00209
▷2-Aminobenzoic acid, A-00215
▷4-Aminobenzoic acid, A-00216
▷2-Hydroxybenzamide, *in* H-00112
4-Hydroxybenzamide, *in* H-00113
4-Hydroxyformanilide, *in* A-00298
2-Methyl-4-pyridinecarboxylic acid, M-00303
▷3-Pyridinecarboxylic acid; Me ester, *in* P-00571

$C_7H_7NO_2S$
2(1*H*)-Pyridinethione; 1-Acetoxy, *in* P-00574

$C_7H_7NO_3$
2-Amino-5-hydroxybenzoic acid, A-00262
3-Amino-4-hydroxybenzoic acid, A-00263
▷4-Amino-2-hydroxybenzoic acid, A-00264
4-Amino-3-hydroxybenzoic acid, A-00265
▷5-Amino-2-hydroxybenzoic acid, A-00266
3,4-Dihydroxybenzaldehyde; Oxime, *in* D-00311
3-Pyridinecarboxylic acid; Me ester, *N*-oxide, *in* P-00571

$C_7H_7NO_4S$
▷4-(Aminosulfonyl)benzoic acid, *in* S-00217

$C_7H_7NO_5S$
2-Hydroxy-5-sulfobenzoic acid; Sulfonamide, *in* H-00214

C_7H_7NS
▷Thiobenzoic acid; Amide, *in* T-00193

$C_7H_7N_3O_4$
▷Nihydrazone, N-00139

$C_7H_7N_5$
5-Amino-1-phenyl-1*H*-tetrazole, A-00313

$C_7H_7N_5O_2$
▷6,8-Dimethylpyrimido[5,4-*e*]-1,2,4-triazine-5,7(6*H*,8*H*)-dione, D-00452

$C_7H_7O_6P$
▷2-(Phosphonooxy)benzoic acid, P-00217

$C_7H_8AsNO_4S$
3,3′-Diamino-4,4′-dihydroxyarsenobenzene-*N*,*N*′-dimethylenesulfonic acid, D-00127

$C_7H_8BrNO_2$
▷Brocresine, B-00275

$C_7H_8ClNO_2S$
▷*N*-Chloro-*p*-toluenesulfonamide, C-00289

$C_7H_8ClN_3O_4S_2$
▷Hydrochlorothiazide, H-00098

$C_7H_8NO_5P$
[(4-Nitrophenyl)methyl]phosphonic acid, N-00185

$C_7H_8N_2O$
4-Aminobenzaldehyde; Oxime, *in* A-00210
2-Aminobenzamide, *in* A-00215
4-Aminobenzoic acid; Amide, *in* A-00216
2-Aminopyridine; 2-*N*-Ac, *in* A-00325
Benzoic acid; Hydrazide, *in* B-00092

$C_7H_8N_2O_2$
5-Amino-2-hydroxybenzoic acid; Amide, *in* A-00266
2-Amino-3-pyridinecarboxylic acid; Me ester, *in* A-00326
2-Amino-3-pyridinecarboxylic acid; *N*-Me, *in* A-00326

$C_7H_8N_2O_3S$
4-Sulfobenzoic acid; Diamide, *in* S-00217

$C_7H_8N_2O_4$
Orotic acid; Et ester, *in* O-00061
Orotic acid; 1,3-Di-Me, *in* O-00061

$C_7H_8N_2O_5$
▷Nifuratrone, N-00119

$C_7H_8N_2S$
Thiobenzoic acid; Hydrazide, *in* T-00193

$C_7H_8N_4O$
1,5-Dihydro-4*H*-pyrazolo[3,4-*d*]pyrimidin-4-one; 1,5-Di-Me, *in* D-00300

$C_7H_8N_4O_2$
1*H*-Pyrazolo[3,4-*d*]pyrimidine-4,6(5*H*,7*H*)-dione; 1,5-Di-Me, *in* P-00564
1*H*-Pyrazolo[3,4-*d*]pyrimidine-4,6(5*H*,7*H*)-dione; 5,7-Di-Me, *in* P-00564
2,3,6,7-Tetrahydro-7,9-dimethyl-2,6-dioxo-1*H*-purinium hydroxide inner salt, *in* X-00002
▷Theobromine, T-00166
▷Theophylline, T-00169

$C_7H_8N_4S$
1,7-Dihydro-6*H*-purine-6-thione; 1,9-Di-Me, *in* D-00299
1,7-Dihydro-6*H*-purine-6-thione; 3,7-Di-Me, *in* D-00299
1,7-Dihydro-6*H*-purine-6-thione; 3,9-Di-Me, *in* D-00299
1,7-Dihydro-6*H*-purine-6-thione; *S*,3*N*-Di-Me, *in* D-00299
1,7-Dihydro-6*H*-purine-6-thione; *S*,7*N*-Di-Me, *in* D-00299
1,7-Dihydro-6*H*-purine-6-thione; *S*,9*N*-Di-Me, *in* D-00299
▷2-(3-Pyridinylmethylene)hydrazinecarbothioamide, *in* P-00569

$C_7H_8O_2$
▷2-Hydroxybenzyl alcohol, H-00116
▷4-Methoxyphenol, *in* B-00074
▷*m*-Methoxyphenol, *in* B-00073

$C_7H_8O_3$
5-Methoxy-1,3-benzenediol, *in* B-00076

$C_7H_8O_3S$
Benzenesulfonic acid; Me ester, *in* B-00075
▷4-Methylbenzenesulfonic acid, M-00228

$C_7H_8O_4$
Pyruvaldehyde; Di-Ac, *in* P-00600

$C_7H_8O_5S$
Hydroxymethoxybenzenesulfonic acid, H-00147

$C_7H_9AsN_2O_4$
▷Carbarsone, C-00043

$C_7H_9ClN_2O$
▷Pralidoxime chloride, *in* P-00395

$C_7H_9ClN_2O_4S_2$
Disulphamide, D-00543

C_7H_9ClO
▷Ethchlorvynol, E-00151

$C_7H_9ClO_6P_2S$
Tiludronic acid, T-00280

$C_7H_9FN_3O_2P$
▷Flurofamide, F-00220

$C_7H_9IN_2O$
▷Pralidoxime iodide, *in* P-00395

C_7H_9NO
▷4-Aminophenol; *N*-Me, *in* A-00298
4,6-Dimethyl-2(1*H*)-pyridinone, D-00451
3-Ethoxypyridine, *in* H-00209
▷4-Methoxyaniline, M-00195

$C_7H_9NO_2$
5-Amino-1,3-cyclohexadiene-1-carboxylic acid, A-00228
Dihydro-1*H*-pyrrolizine-3,5(2*H*,6*H*)-dione, D-00302
1-Hydroxy-4,6-dimethyl-2(1*H*)-pyridone, *in* D-00451
1*H*-Pyrrole-2-carboxylic acid; Et ester, *in* P-00596
1*H*-Pyrrole-2-carboxylic acid; *N*-Et, *in* P-00596

$C_7H_9NO_2S$
▷4-Methylbenzenesulfonic acid; Amide, *in* M-00228
2-Methyl-5-thiazolecarboxylic acid; Et ester, *in* M-00309
4-Methyl-5-thiazolecarboxylic acid; Et ester, *in* M-00310
2-Propyl-5-thiazolecarboxylic acid, P-00517

$C_7H_9NO_3$
Aloxidone, A-00143

$C_7H_9NO_3S$
4-Aminobenzenesulfonic acid; Me ester, *in* A-00213
4-(Methylamino)benzenesulfonic acid, *in* A-00213

$C_7H_9NO_4$
5-Oxo-2-pyrrolidinecarboxylic acid; Me ester, *N*-formyl, *in* O-00140

$C_7H_9N_2O^{\oplus}$
Pralidoxime(1+), P-00395

$C_7H_9N_3O$
2-Amino-3-pyridinecarboxylic acid; *N*-Me, amide, *in* A-00326
1*H*-Imidazo[1,2-*b*]pyrazole; 1-Acetyl, 2,3-dihydro, *in* I-00032
▷1-Phenylsemicarbazide, P-00207

$C_7H_9N_3O_2S_2$
Sulphathiourea, S-00257

$C_7H_9N_3O_3$
Orotic acid dimethylamide, *in* O-00061

$C_7H_9N_3O_3S$
▷Sulfanilylurea, S-00203

$C_7H_9N_3O_4S$
4-Pyridinecarboxylic acid 2-(sulfomethyl)hydrazide, *in* I-00195

$C_7H_{10}AsNO_6S$
Phenarsone sulfoxylate, P-00146

$C_7H_{10}BrNO_6$
2-Bromo-2-nitro-1,3-propanediol; Di-Ac, *in* B-00310

$C_7H_{10}ClNS$
5-(3-Chloropropyl)-4-methylthiazole, C-00281

$C_7H_{10}ClN_3O_3$
▷Ornidazole, O-00058

$C_7H_{10}N_2$
2-Aminopyridine; *N*-Di-Me, *in* A-00325
2-Aminopyridine; *N*-Et, *in* A-00325

$C_7H_{10}N_2OS$
▷2,3-Dihydro-6-propyl-2-thioxo-4(1*H*)-pyrimidinone, D-00298
Olpimedone, O-00040

$C_7H_{10}N_2O_2S$
4-Aminobenzenesulfonic acid; *N*-Me, amide, *in* A-00213
▷Carbimazole, C-00051
Mafenide, M-00002
5-(Mercaptomethyl)-2,4(1*H*,3*H*)-pyrimidinedione; *S*-Et, *in* M-00119

$C_7H_{10}N_2O_4$
4-Amino-3-isoxazolidinone; *N*,*N'*-Di-Ac, *in* A-00277

$C_7H_{10}N_2O_5S_2$
▷Mesulfamide, M-00141

$C_7H_{10}N_2S$
6-Amino-4,5,6,7-tetrahydrobenzothiazole, A-00334

$C_7H_{10}N_4O_2S$
▷Sulphaguanidine, S-00240

$C_7H_{10}N_4O_4$
Bamnidazole, *in* M-00344
▷Etanidazole, E-00139

$C_7H_{10}O_6$
Methyl β-D-furanosidurono-6,3-lactone, *in* G-00059
Methyl α-D-glucofuranosidurono-6,3-lactone, *in* G-00059

$C_7H_{10}O_6S_3$
(Methylidynetrithio)triacetic acid, M-00262
$C_7H_{11}BrN_2O_2$
▷Bromacrylide, B-00281
$C_7H_{11}ClO_4$
▷3-Chloro-1,2-propanediol; Di-Ac, *in* C-00278
$C_7H_{11}Cl_3N_2O_2$
▷Trimorphamide, T-00518
$C_7H_{11}Cl_3O_4$
Penthrichloral, P-00096
$C_7H_{11}NO_2$
▷3-Ethyl-3-methyl-2,5-pyrrolidinedione, E-00207
Hypoglycin *A*, H-00224
▷Meparfynol carbamate, *in* M-00281
▷1,2,5,6-Tetrahydro-1-methyl-3-pyridinecarboxylic acid, T-00126
$C_7H_{11}NO_3$
5-Oxo-2-pyrrolidinecarboxylic acid; Et ester, *in* O-00140
▷Paramethadione, P-00024
$C_7H_{11}NO_4$
4-Hydroxy-2-pyrrolidinecarboxylic acid; *N*-Ac, *in* H-00210
Oxaceprol, *in* H-00210
4-Oxopentanoic acid; Oxime, *O*-Ac, *in* O-00134
$C_7H_{11}NO_4S$
Diacetylcysteine, *in* A-00031
$C_7H_{11}NO_6P_2$
Piridronic acid, P-00327
$C_7H_{11}N_2O_2S$
▷*p*-Toluenesulfonylhydrazine, *in* M-00228
$C_7H_{11}N_3$
N-(1-Methylethyl)-2-pyridinamine, *in* A-00325
4,5,6,7-Tetrahydro-2*H*-indazol-3-amine, T-00119
$C_7H_{11}N_3O$
N-Acetylhistamine, *in* H-00077
$C_7H_{11}N_3O_2$
▷2-Isopropyl-1-methyl-5-nitroimidazole, I-00209
$C_7H_{11}N_3O_3$
1-(2-Hydroxypropyl)-2-methyl-5-nitroimidazole, H-00208
Ternidazole, T-00094
$C_7H_{11}N_3O_4$
▷Misonidazole, M-00395
$C_7H_{12}N_2O_2$
Ectylurea, E-00011
$C_7H_{12}N_2O_4$
Aceglutamide, A-00012
$C_7H_{12}N_2S$
2-Aminothiazole; *N*-Di-Et, *in* A-00336
$C_7H_{12}N_4O_3$
Allantoin; 1,3,8-Tri-Me, *in* A-00123
Caffoline, *in* A-00123
$C_7H_{12}O_3S_2$
2,3-Dimercapto-1-propanol; 1,2-Di-Ac, *in* D-00385
$C_7H_{13}BrN_2O_2$
▷*N*-(2-Bromo-2-ethylbutanoyl)urea, B-00300
$C_7H_{13}BrO_2$
2-Bromo-2,2-diethylacetic acid; Me ester, *in* B-00297
$C_7H_{13}NO$
▷3-Quinuclidinol, Q-00035
$C_7H_{13}NO_2$
1-Aminocyclopentanecarboxylic acid; Me ester; B,HCl, *in* A-00230
$C_7H_{13}NO_3$
4-Hydroxy-2-pyrrolidinecarboxylic acid; Et ester, *in* H-00210
$C_7H_{13}NO_3S$
N-Acetylmethionine, A-00036
Acetylpenicillamine, *in* P-00064
$C_7H_{13}NO_3S_2$
Bucillamine, B-00337
$C_7H_{13}NO_4$
1-Nitro-2-pentanol; Ac, *in* N-00183
$C_7H_{13}NO_5S$
Cysteine; *S*-(3-Carboxy-3-hydroxypropyl), *in* C-00654
$C_7H_{13}NO_5S_2$
Cysteine; *S*-[(2-Carboxy-2-hydroxyethylthio)methyl], *in* C-00654
$C_7H_{13}O_3P$
Fosmenic acid, F-00256
$C_7H_{14}BrNO$
2-Bromo-2-ethyl-3-methylbutyramide, B-00301
$C_7H_{14}N_2O$
3-Aminopiperidine; *N*-Ac, *in* A-00314
$C_7H_{14}N_2O_3$
Ornithine; N^{α}-Ac, *in* O-00059
Ornithine; N^{δ}-Ac, *in* O-00059
$C_7H_{14}N_2O_6S$
N-(2-Sulfoethyl)-glutamine, S-00219
$C_7H_{14}N_3O_3P$
▷Uredepa, U-00012
$C_7H_{14}N_4$
▷*N*-Cyano-*N′*-(1,1-dimethylpropyl)guanidine, C-00581
$C_7H_{14}N_4S_2$
▷Methallibure, M-00165
$C_7H_{14}O_2$
1-Hydroxy-2-heptanone, H-00135
$C_7H_{14}O_3$
5,5-Dimethoxypentanal, *in* P-00090
$C_7H_{14}O_4$
2,3-*O*-Isopropylidene-D-threitol, *in* T-00219
2,3-*O*-Isopropylidene-L-threitol, *in* T-00219
$C_7H_{15}ClN_4O_4S$
Tauromustine, T-00033
$C_7H_{15}Cl_2N_2O_2P$
▷Cyclophosphamide, C-00634
▷Ifosfamide, I-00021
$C_7H_{15}N$
▷2,6-Dimethylpiperidine, D-00448
$C_7H_{15}NO_2$
4-Aminobutanoic acid; *N*-Di-Me, Me ester, *in* A-00221
▷Emylcamate, E-00042
▷Ethyl butylcarbamate, E-00176
Leucine; Me ester, *in* L-00029
6-Methylaminohexanoic acid, *in* A-00259
$C_7H_{15}NO_2S$
Methionine; Et ester, *in* M-00183
Penicillamine; Et ester; B,HCl, *in* P-00064
$C_7H_{15}NO_3$
Carnitine, C-00084
$C_7H_{15}NO_4$
2-Amino-2,6-dideoxyglucose; *N*-Me, *in* A-00240
1,5-Dideoxy-1,5-(methylimino)-D-glucitol, *in* T-00481
$C_7H_{15}NO_5$
2-Amino-2-deoxyglucose; *N*-Me, *in* A-00235
$C_7H_{15}N_2O^{\oplus}$
3-Cyano-2-hydroxy-*N*,*N*,*N*-trimethylpropanaminium, *in* C-00084
$C_7H_{15}O_4P$
Diethyl (3-methyl-2-oxiranyl)phosphonate, *in* M-00276
$C_7H_{16}BrNO$
Meprochol, *in* M-00216
$C_7H_{16}BrNO_2$
Acetylcholine(1+); Bromide, *in* A-00030

$C_7H_{16}ClNO_2$
▷Acetylcholine chloride, *in* A-00030

$C_7H_{16}INO_2$
▷Oxapropanium iodide, *in* O-00091

$C_7H_{16}NO^{\oplus}$
N-(2-Methoxy-2-propenyl)trimethylammonium(1+), M-00216

$C_7H_{16}NO_2^{\oplus}$
▷Acetylcholine(1+), A-00030
Oxapropanium(1+), O-00091

$C_7H_{16}N_2$
3-Aminopiperidine; *N*[1]-Et, *in* A-00314
(Cyclohexylmethyl)hydrazine, C-00616

$C_7H_{16}N_2O$
2-(Pentylamino)acetamide, P-00106

$C_7H_{16}N_4O_2$
Arginine; Me ester; B,2HCl, *in* A-00441

$C_7H_{16}N_4O_4S_2$
Taurolidine, T-00032

$C_7H_{16}O_4S$
▷2,2-Bis(ethylsulfonyl)propane, B-00212

$C_7H_{17}ClN_2O_2$
▷Duvoid, *in* B-00143

$C_7H_{17}N$
▷2-Heptanamine, H-00030

$C_7H_{17}NO$
1-(Diethylamino)-2-propanol, *in* A-00318

$C_7H_{17}NO_5$
1-Deoxy-1-(methylamino)glucitol, D-00082

$C_7H_{17}N_2O_2^{\oplus}$
Bethanechol(1+), B-00143

$C_7H_{17}N_3O_3$
[2-[(2,3-Dihydroxypropyl)amino]-2-methylpropyl]urea, D-00352

$C_7H_{18}NO_2P$
[1-(Butylamino)-1-methylethyl]phosphinic acid, B-00427

$C_7H_{18}NO_8Sb$
▷Glucantime, *in* D-00082

$C_7H_{18}N_2O$
1,3-Diamino-2-propanol; *N*-Tetra-Me, *in* D-00135

$C_8H_3ClN_2O_7$
4,5-Dinitro-1,2-benzenedicarboxylic acid; Chloride, *in* D-00467

$C_8H_4BrNO_2$
▷5-Bromo-1*H*-indole-2,3-dione, B-00305

$C_8H_4Cl_6$
▷Hexachlorxylol, H-00041

$C_8H_4K_2O_{12}Sb_2$
▷Antimony potassium tartrate, A-00414

$C_8H_4N_2O_8$
4,5-Dinitro-1,2-benzenedicarboxylic acid, D-00467

$C_8H_4N_2S_2$
▷1,4-Diisothiocyanatobenzene, D-00369

$C_8H_5BrCl_6$
▷Bromocyclen, B-00295

$C_8H_5BrN_2O_2$
5-Bromo-1*H*-indole-2,3-dione; 3-Oxime, *in* B-00305

$C_8H_5ClN_2O_5$
2-Methyl-3,5-dinitrobenzoic acid; Chloride, *in* M-00246

$C_8H_5Cl_5O$
3,4-Dichloro-α-(trichloromethyl)benzyl alcohol, D-00204

$C_8H_5F_3N_2OS$
2-Amino-6-(trifluoromethoxy)benzothiazole, A-00339

$C_8H_5F_3O_3$
2-Hydroxy-4-(trifluoromethyl)benzoic acid, H-00215

$C_8H_5I_2NO_5$
Iodoxyl, I-00109

$C_8H_5NO_3$
▷2*H*-1,3-Benzoxazine-2,4(3*H*)-dione, B-00097

$C_8H_5N_3O_3S_2$
▷Tenonitrozole, T-00072

$C_8H_5N_3O_4$
1-Cyano-2-methyl-3,5-dinitrobenzene, *in* M-00246

$C_8H_6BrClO_2$
5-Bromo-2-hydroxy-3-methylbenzoic acid; Chloride, *in* B-00302

$C_8H_6Br_2O_3$
3,5-Dibromo-2-hydroxybenzoic acid; Me ester, *in* D-00165
3,5-Dibromo-2-methoxybenzoic acid, *in* D-00165

$C_8H_6ClNO_4$
2-Chloro-4-nitrobenzoic acid; Me ester, *in* C-00258

$C_8H_6Cl_2N_2O_3$
2,6-Dichloro-4-nitroaniline; *N*-Ac, *in* D-00196

$C_8H_6Cl_2O_2$
3-Chloro-6-hydroxy-4-methylbenzoic acid; Chloride, *in* C-00245

$C_8H_6Cl_3NO_2$
2,2,2-Trichloro-4′-hydroxyacetanilide, *in* A-00298

$C_8H_6F_3N_3O_4S_2$
▷Flumethiazide, F-00157

$C_8H_6F_3O_6P$
2-(Phosphonooxy)-4-(trifluoromethyl)benzoic acid, P-00218

$C_8H_6N_2O_2$
▷2-(2-Hydroxyphenyl)-1,3,4-oxadiazole, H-00192
▷Quinoxaline 1,4-dioxide, Q-00031

$C_8H_6N_2O_6$
3,5-Dinitrobenzoic acid; Me ester, *in* D-00468
▷2-Methyl-3,5-dinitrobenzoic acid, M-00246

$C_8H_6N_2S_3$
▷Oltipraz, O-00042

$C_8H_6N_4O_4S$
▷Nifurthiazole, N-00133

$C_8H_6N_4O_5$
▷Nitrofurantoin, N-00178

$C_8H_7BrO_3$
5-Bromo-2-hydroxy-3-methylbenzoic acid, B-00302

$C_8H_7Br_2NO_2$
2-Amino-4,6-dibromophenol; *N*-Ac, *in* A-00239

$C_8H_7ClN_2O_2S$
▷Diazoxide, D-00152

C_8H_7ClO
3-Methylbenzoic acid; Chloride, *in* M-00230

$C_8H_7ClO_2$
▷4-Chlorophenol; Ac, *in* C-00260
2-Hydroxy-3-methylbenzoic acid; Chloride, *in* H-00155
2-Methoxybenzoic acid; Chloride, *in* M-00196

$C_8H_7ClO_3$
3-Chloro-6-hydroxy-4-methylbenzoic acid, C-00245

$C_8H_7Cl_4N_3O_4S_2$
Teclothiazide, T-00047

$C_8H_7IN_2OS$
Rimoprogin, R-00059

C_8H_7N
▷1-Cyano-3-methylbenzene, *in* M-00230

C_8H_7NO
1-Cyano-2-methoxybenzene, *in* M-00196
2-Cyano-6-methylphenol, *in* H-00155

$C_8H_7NO_3$
2-Formamidobenzoic acid, *in* A-00215

$C_8H_7NO_3S$
Saccharin; *N*-Me, *in* S-00002

$C_8H_7NO_4$
N-Carboxy-4-aminobenzoic acid, C-00064

$C_8H_7NO_4S$
1,2-Benzisoxazole-3-methanesulfonic acid, B-00087

C_8H_7NS
▷Benzyl isothiocyanate, B-00122

$C_8H_7N_3$
2-Aminoquinoxaline, A-00332

$C_8H_7N_3O$
2-Aminoquinoxaline; 1-*N*-Oxide, *in* A-00332

$C_8H_7N_3O_5$
▷Furazolidone, F-00284
▷2-Methyl-3,5-dinitrobenzamide, *in* M-00246

C_8H_8AuNOS
Aurothioglycanide, A-00478

$C_8H_8BrCl_2O_2PS$
▷Bromophos, B-00316

$C_8H_8BrNO_2$
Brosotamide, *in* B-00302

$C_8H_8ClNO_2$
3-Amino-2-chlorobenzoic acid; Me ester; B,HCl, *in* A-00223
3-Amino-4-chlorobenzoic acid; Me ester, *in* A-00224
3-Chloro-6-hydroxy-4-methylbenzoic acid; Amide, *in* C-00245

$C_8H_8ClNO_3S$
▷*N*-Acetylsulfanilyl chloride, *in* A-00213

$C_8H_8Cl_2IO_3PS$
▷Iodofenphos, I-00104

$C_8H_8Cl_2N_4$
Guanabenz, G-00098

$C_8H_8Cl_2N_4O$
Biclodil, B-00153
Guanoxabenz, *in* G-00098

$C_8H_8Cl_2O$
▷2,4-Dichloro-3,5-dimethylphenol, D-00186

$C_8H_8Cl_3N_3O_4S_2$
Clorsulon, C-00503
▷Trichloromethiazide, T-00439

$C_8H_8Cl_3O_3PS$
▷Fenchlorphos, F-00039

$C_8H_8F_3N_3O_4S_2$
▷Hydroflumethiazide, H-00099

$C_8H_8HgO_2$
▷[(Acetato-*O*)phenylmercury], *in* H-00191

$C_8H_8N_2$
(4-Aminophenyl)acetic acid; Nitrile, *in* A-00299

$C_8H_8N_2O_3$
Nicotinuric acid, N-00104

$C_8H_8N_2O_3S$
Zonisamide, *in* B-00087

$C_8H_8N_2O_6$
Tartaric acid; Dinitrile, Di-Ac, *in* T-00028

$C_8H_8N_2S$
3-Amino-1,2-benzisothiazole; *N*-Me, *in* A-00214

$C_8H_8N_4$
▷1-Hydrazinophthalazine, H-00096

$C_8H_8N_4O_2S_2$
Sulfathiadiazole, S-00211

$C_8H_8N_4O_3S$
▷Thiofuradene, T-00200

$C_8H_8N_4O_4$
▷Nifuradene, N-00115

$C_8H_8N_4O_4S_3$
▷5-[(Phenylsulfonyl)amino]-1,3,4-thiadiazole-2-sulfonamide, P-00208

C_8H_8OS
Thiobenzoic acid; *O*-Me ester, *in* T-00193
Thiobenzoic acid; *S*-Me ester, *in* T-00193

$C_8H_8OS_2$
2-Hydroxydithiobenzoic acid; Me ester, *in* H-00127

$C_8H_8O_2$
2-Hydroxyacetophenone, H-00107
▷Methyl benzoate, *in* B-00092
▷3-Methylbenzoic acid, M-00230
▷Phenyl acetate, *in* P-00161

$C_8H_8O_2S$
▷2-Mercaptobenzoic acid; Me ester, *in* M-00114

$C_8H_8O_3$
▷3-Acetoxyphenol, *in* B-00073
1,4-Benzenediol; Mono-Ac, *in* B-00074
3-Hydroxy-4-methoxybenzaldehyde, *in* D-00311
▷4-Hydroxy-3-methoxybenzaldehyde, *in* D-00311
▷2-Hydroxy-3-methylbenzoic acid, H-00155
2-Methoxybenzoic acid, M-00196
▷Methyl 2-hydroxybenzoate, M-00261
▷Methyl 4-hydroxybenzoate, *in* H-00113

$C_8H_8O_3S$
4-(Methylsulfonyl)benzaldehyde, M-00306

$C_8H_8O_4$
2,5-Dihydroxybenzoic acid; Me ester, *in* D-00316
2,6-Dihydroxybenzoic acid; Me ester, *in* D-00317
▷2-Hydroxy-3-methoxybenzoic acid, *in* D-00315
2-Hydroxy-6-methoxybenzoic acid, *in* D-00317
3-Hydroxy-2-methoxybenzoic acid, *in* D-00315
5-Hydroxy-2-methoxybenzoic acid, *in* D-00316

$C_8H_8O_5S$
4-Sulfobenzoic acid; 1-Me ester, *in* S-00217
4-Sulfobenzoic acid; 4-Me ester, *in* S-00217

$C_8H_8O_6$
Tetrahydroxy-1,4-benzoquinone; 2,5-Di-Me ether, *in* T-00137

$C_8H_8O_7$
3,4-Diacetoxy-3,4-dihydro-2,5(2*H*,5*H*)-furandione, *in* T-00028

$C_8H_9AsBiNO_6$
▷Glycobiarsol, G-00069

$C_8H_9Br_2NO$
3,5-Dibromo-*o*-phenetidine, *in* A-00239

C_8H_9ClO
▷4-Chloro-3,5-dimethylphenol, C-00235
1-Chloro-4-ethoxybenzene, *in* C-00260
1-Chloro-4-methoxy-2-methylbenzene, *in* C-00256

$C_8H_9FN_2O_3$
▷Tegafur, T-00055

$C_8H_9FO_2S$
▷Ethyl 4-fluorophenyl sulfone, E-00191

$C_8H_9I_2NO_3$
N-(2,3-Dihydroxypropyl)-3,5-diiodo-4(1*H*)-pyridinone, D-00353

C_8H_9NO
4-Aminobenzaldehyde; *N*-Me, *in* A-00210
m-Toluamide, *in* M-00230

C_8H_9NOS
Thiocarbamic acid; *S*-Benzyl ester, *in* T-00196

$C_8H_9NO_2$
▷3-Acetamidophenol, *in* A-00297
▷2-Aminobenzoic acid; Me ester, *in* A-00215
2-Aminobenzoic acid; *N*-Me, *in* A-00215
4-Aminobenzoic acid; *N*-Me, *in* A-00216
4-Aminobenzoic acid; Me ester, *in* A-00216
▷(4-Aminophenyl)acetic acid, A-00299
2-Amino-2-phenylacetic acid, A-00300
▷4-Hydroxyacetanilide, *in* A-00298
2-Hydroxyacetophenone; Oxime, *in* H-00107
2-Hydroxy-3-methylbenzamide, *in* H-00155
▷2-Methoxybenzoic acid; Amide, *in* M-00196

2-Methyl-4-pyridinecarboxylic acid; Me ester, *in* M-00303
3-Pyridinecarboxylic acid; Et ester, *in* P-00571
3-Pyridinecarboxylic acid; Et betaine, *in* P-00571
▷2-Pyridinemethanol; *O*-Ac, *in* P-00572

$C_8H_9NO_2S$
▷Oxisuran, O-00120

$C_8H_9NO_3$
2-Amino-5-hydroxybenzoic acid; Me ester, *in* A-00262
4-Amino-2-hydroxybenzoic acid; Me ester, *in* A-00264
5-Amino-2-hydroxybenzoic acid; Me ester, *in* A-00266
2-Amino-2-(4-hydroxyphenyl)acetic acid, A-00269
2-Amino-5-methoxybenzoic acid, *in* A-00262
▷3-Amino-4-methoxybenzoic acid, *in* A-00263
4-Amino-2-methoxybenzoic acid, *in* A-00264
5-Amino-2-methoxybenzoic acid, *in* A-00266
3,4-Dihydroxybenzaldehyde; 3-Me ether, oxime, *in* D-00311
3,4-Dihydroxybenzaldehyde; 4-Me ether, oxime, *in* D-00311
▷Orthocaine, *in* A-00263
Orthoform-old, *in* A-00265

$C_8H_9NO_5$
▷Clavulanic acid, C-00410

$C_8H_9N_3O_4$
Nicorandil, N-00102

$C_8H_9N_5$
3,5-Diamino-1*H*-1,2,4-triazole; 1-Ph, *in* D-00137

$C_8H_{10}AsNO_4$
3-Aminophenylarsonic acid; *N*-Ac, *in* A-00301

$C_8H_{10}AsNO_5$
▷Acetarsol, *in* A-00271

$C_8H_{10}BrNO_3S$
6-Bromopenicillanic acid, B-00311

$C_8H_{10}ClNO_2$
Ethchlorvynol; Carbamoyl deriv. (carbamate), *in* E-00151

$C_8H_{10}ClN_3S$
Tiamenidine, T-00236

$C_8H_{10}HgO_3S_2$
Thimerfonate, T-00191

$C_8H_{10}IN_3$
Iobenguane, I-00090

$C_8H_{10}NO_4Sb$
4′-Stibinoacetanilide, *in* A-00212

$C_8H_{10}NO_6P$
▷Pyridoxal phosphate, P-00579

$C_8H_{10}N_2OS$
3-(2-Thienyl)piperazinone, T-00188

$C_8H_{10}N_2O_2$
2-Amino-2-(4-hydroxyphenyl)acetic acid; Amide, *in* A-00269
2-Amino-3-pyridinecarboxylic acid; Et ester, *in* A-00326

$C_8H_{10}N_2O_3S$
▷Sulfacetamide, *in* A-00213

$C_8H_{10}N_2O_4$
Orotic acid; 1,3-Di-Me, Me ester, *in* O-00061

$C_8H_{10}N_2S$
▷2-Ethyl-4-pyridinecarbothioamide, E-00220

$C_8H_{10}N_4O_2$
▷Caffeine, C-00010
3,7-Dihydro-3-propyl-1*H*-purine-2,6-dione, *in* X-00002
1*H*-Pyrazolo[3,4-*d*]pyrimidine-4,6(5*H*,7*H*)-dione; 1,5,7-Tri-Me, *in* P-00564
1*H*-Pyrazolo[3,4-*d*]pyrimidine-4,6(5*H*,7*H*)-dione; 2,5,7-Tri-Me, *in* P-00564

$C_8H_{10}N_4O_4$
Nifursemizone, N-00131

$C_8H_{10}N_4O_5$
Allantoin; 1,3-Di-Ac, *in* A-00123
▷Nidroxyzone, N-00108

$C_8H_{10}N_6$
▷Dihydralazine, D-00277

$C_8H_{10}N_6S$
Zaltidine, Z-00004

$C_8H_{10}O$
▷2-Phenylethanol, P-00187

$C_8H_{10}O_2$
4-Ethoxyphenol, *in* B-00074
m-Ethoxyphenol, *in* B-00073
2-Methoxybenzyl alcohol, *in* H-00116
2-(Methoxymethyl)phenol, *in* H-00116

$C_8H_{10}O_3$
3,5-Dimethoxyphenol, *in* B-00076
2,2-Dimethyl-1,3,5-cyclohexanetrione, D-00427

$C_8H_{10}O_3S$
Benzenesulfonic acid; Et ester, *in* B-00075
▷4-Methylbenzenesulfonic acid; Me ester, *in* M-00228

$C_8H_{10}O_5$
3-Hydroxy-3-methylpentanedioic acid; Anhydride, Ac, *in* H-00170

$C_8H_{10}O_6$
1,4:6,3-Glucarodilactone; 2,5-Di-Me, *in* G-00053

$C_8H_{10}O_6S_2$
2,3-Dimercaptobutanedioic acid; Di-*S*-Ac, *in* D-00384

$C_8H_{10}O_8$
2-Acetoxytricarballylic acid, *in* C-00402
2,3-Di-*O*-acetyltartaric acid, *in* T-00028

$C_8H_{11}AsN_2O_4$
▷*N*-(Carbamoylmethyl)arsanilic acid, C-00041

$C_8H_{11}Cl_2N_3O_2$
▷5-[Bis(2-chloroethyl)amino]-2,4(1*H*,3*H*)-pyrimidinedione, B-00197

$C_8H_{11}Cl_3O_6$
Chloralose, C-00193

$C_8H_{11}NO$
▷2-Amino-1-phenylethanol, A-00304
▷4-Ethoxyaniline, E-00161
3-Hydroxydimethylaniline, *in* A-00297
▷4-Hydroxydimethylaniline, *in* A-00298
▷2-(2-Methoxyethyl)pyridine, M-00199
4-Methoxy-*N*-methylaniline, *in* M-00195
1,4,6-Trimethyl-2(1*H*)-pyridinone, *in* D-00451

$C_8H_{11}NOS$
Ristianol, R-00064

$C_8H_{11}NO_2$
▷2-Amino-1-(3-hydroxyphenyl)ethanol, A-00272
▷Dopamine, D-00579
2-Methylpropyl 2-cyano-2-propenoate, M-00300
▷Octopamine, O-00022

$C_8H_{11}NO_3$
▷5-(2-Aminoethyl)-1,2,4-benzenetriol, A-00255
Noradrenaline, N-00208
▷Pyridoxine, P-00582

$C_8H_{11}NO_3S$
4-Aminobenzenesulfonic acid; *N*-Et, *in* A-00213
▷4-Aminobenzenesulfonic acid; *N*-Di-Me, *in* A-00213
Penicillanic acid, P-00065

$C_8H_{11}NO_4$
5-Oxo-2-pyrrolidinecarboxylic acid; Me ester, *N*-Ac, *in* O-00140
5-Oxo-2-pyrrolidinecarboxylic acid; Me ester, *N*-benzoyl, *in* O-00140

$C_8H_{11}NO_4S_2$
Erdosteine, E-00100

$C_8H_{11}NO_5S$
Sulbactam, *in* P-00065

$C_8H_{11}N_2O_6P$
Pyridoxal phosphate; Oxime, *in* P-00579

$C_8H_{11}N_3O$
1-Phenylsemicarbazide; 4-Me, *in* P-00207

$C_8H_{11}N_3O_3$
5-Amino-1*H*-imidazole-4-carboxylic acid; Et ester, *N*-Ac, *in* A-00275

$C_8H_{11}N_3O_4$
N-Acetyl-6-diazo-5-oxo-L-norleucine, *in* A-00238

$C_8H_{11}N_3O_6$
▷6-Azauridine, A-00514

$C_8H_{11}N_5O_2$
Desciclovir, *in* A-00060

$C_8H_{11}N_5O_3$
▷Acyclovir, A-00060

$C_8H_{11}N_5O_5S$
Satranidazole, S-00028

$C_8H_{11}N_7S$
▷Ambazone, A-00166

$C_8H_{12}Cl_2N_6O$
▷Imidazole mustard, I-00030

$C_8H_{12}NO_3Sb$
p-Dimethylaminobenzenestibonic acid, *in* A-00212

$C_8H_{12}NO_5PS_2$
▷*O,O*-Dimethyl *O*-4-sulfamoylphenyl phosphorothioate, D-00453

$C_8H_{12}NO_6P$
Pyridoxin 5′-phosphate, *in* P-00582

$C_8H_{12}N_2$
▷2-(2-Methylaminoethyl)pyridine, M-00220
▷1-Phenylethylhydrazine, P-00188
▷(2-Phenylethyl)hydrazine, P-00189

$C_8H_{12}N_2O_2$
Pyridoxamine, P-00580

$C_8H_{12}N_2O_3$
1,3-Diethylbarbituric acid, *in* P-00586
▷5,5-Diethyl-2,4,6(1*H*,3*H*,5*H*)-pyrimidinetrione, D-00256
Pentizidone, P-00100

$C_8H_{12}N_2O_3S$
▷6-Aminopenicillanic acid, A-00295

$C_8H_{12}N_2O_4S$
6-Aminopenicillanic acid; 4-Oxide, *in* A-00295
▷Pralidoxime mesylate, *in* P-00395

$C_8H_{12}N_2S$
4,5,6,7-Tetrahydro-*N*-methyl-6-benzothiazolamine, *in* A-00334

$C_8H_{12}N_3O_2P$
Tolfamide, T-00348

$C_8H_{12}N_4O_3S$
▷Carnidazole, C-00083

$C_8H_{12}N_4O_4$
2′-Deoxy-5-azacytidine, D-00077

$C_8H_{12}N_4O_5$
▷5-Azacytidine, A-00496
Fazarabine, F-00020
▷Tribavirin, T-00426

$C_8H_{12}N_5OP$
▷Phosphemide, P-00214

$C_8H_{12}O$
▷1-Ethynylcyclohexanol, E-00228

$C_8H_{12}O_2$
3-Methyl-1-pentyn-3-ol; Ac, *in* M-00281

$C_8H_{12}O_3$
3-Ethyl-3-methylpentanedioic acid; Anhydride, *in* E-00203

$C_8H_{12}O_5$
1,4:3,6-Dianhydroglucitol; 2-Ac, 5-tosyl, *in* D-00144
1,4:3,6-Dianhydroglucitol; 5-Ac, 2-tosyl, *in* D-00144

$C_8H_{12}O_6$
Ascorbic acid; 2,3-Di-Me, *in* A-00456

$C_8H_{13}NO_2$
▷Arecoline, *in* T-00126
2-(1-Aziridinyl)-1-vinylethanol; Ac, *in* A-00527
▷4-Ethyl-4-methyl-2,6-piperidinedione, *in* E-00203

$C_8H_{13}NO_3$
1-Aminocyclopentanecarboxylic acid; *N*-Ac, *in* A-00230
▷Diethadione, D-00226

$C_8H_{13}NO_4$
4-Hydroxy-2-pyrrolidinecarboxylic acid; *N*-Ac, Me ester, *in* H-00210

$C_8H_{13}N_2O_5P$
Pyridoxamine 5′-phosphate, P-00581

$C_8H_{13}N_3O_4S$
▷Tinidazole, T-00293

$C_8H_{13}N_3O_5S$
Mertiatide, M-00129

$C_8H_{14}Cl_3O_5P$
▷Butonate, B-00413

$C_8H_{14}INO$
▷Furtrethonium iodide, *in* F-00282

$C_8H_{14}NO^{\oplus}$
N,N,N-Trimethyl-2-furanmethanaminium(1+), *in* F-00282

$C_8H_{14}N_2O_2$
Etiracetam, E-00240
Fumaric acid; Bis(dimethylamide), *in* F-00274
▷Piperazine; *N,N′*-Di-Ac, *in* P-00285

$C_8H_{14}N_2O_4Pt$
Oxaliplatin, O-00080

$C_8H_{14}N_5OPS$
Azetepa, A-00517

$C_8H_{14}O_2S_2$
▷α-Lipoic acid, L-00053

$C_8H_{14}O_3S_2$
β-Lipoic acid, *in* L-00053

$C_8H_{14}O_4$
3-Ethyl-3-methylpentanedioic acid, E-00203
Tartaric acid; Mono-*tert*-butyl ester, *in* T-00028
Tartaric acid; Mono-*tert-butyl ether*, *in* T-00028

$C_8H_{14}O_4S$
Mercaptobutanedioic acid; Di-Et ester, *in* M-00115
▷2,2′-Thiobisethanol; Di-Ac, *in* T-00195

$C_8H_{14}O_4S_2$
2,3-Dimercaptobutanedioic acid; Di-*S*-Me, di-Me ester, *in* D-00384

$C_8H_{14}O_6$
Diethyl tartrate, *in* T-00028
2,3:4,5-Di-*O*-methylene-D-mannitol, *in* M-00018

$C_8H_{15}ClO$
2-Ethyl-3-methylpentanoic acid; Chloride, *in* E-00204
Octanoic acid; Chloride, *in* O-00014

$C_8H_{15}Cl_3O_3$
Chlorhexadol, C-00205

$C_8H_{15}N$
▷3-Azabicyclo[3.2.2]nonane, A-00491
4-Cyanoheptane, *in* P-00516
▷Octanenitrile, *in* O-00014

$C_8H_{15}NO_2$
4-(Aminomethyl)cyclohexanecarboxylic acid, A-00281
▷Oxanamide, O-00085

$C_8H_{15}NO_2S$
▷Prenisteine, P-00420

$C_8H_{15}NO_3$
CY 168*E*, *in* A-00259
Leucine; *N*-Ac, *in* L-00029

$C_8H_{15}NO_3S$
Tizabrin, T-00329

$C_8H_{15}NO_5$
2-Acetamido-2,6-dideoxy-D-glucose, *in* A-00240
2-Acetamido-2,6-dideoxy-L-glucose, *in* A-00240

$C_8H_{15}NO_6$
Methyl 4-*O*-methyl-α-D-glucopyranosiduronamide, *in* G-00058
Methyl 4-*O*-methyl-β-D-glucopyranosiduronamide, *in* G-00058

$C_8H_{15}N_3O_7$
▷Streptozotocin, S-00164

$C_8H_{15}N_5O$
Pildralazine, P-00251

$C_8H_{15}N_5O_2$
Oxdralazine, O-00100

$C_8H_{15}N_7O_2S_3$
▷Famotidine, F-00013

$C_8H_{16}ClN_3O_2$
Pentamustine, P-00089

$C_8H_{16}N_2O_2$
Leucine; *N*-Ac, amide, *in* L-00029

$C_8H_{16}N_2O_4$
Pentabamate, *in* M-00279

$C_8H_{16}N_6OS_2$
▷Gloxazone, G-00050

$C_8H_{16}O_2$
2-Ethyl-3-methylpentanoic acid, E-00204
▷Octanoic acid, O-00014
▷2-Propylpentanoic acid, P-00516

$C_8H_{16}O_3$
1-(2-Hydroxyethyl)-1,4-cyclohexanediol, H-00131
Isorengyol, *in* H-00131

$C_8H_{16}O_6$
4,6-*O*-Ethylidene-D-glucitol, *in* G-00054
D-(−)-Liriodendritol, *in* I-00074

$C_8H_{16}O_7$
Ethyl D-gluconate, *in* G-00055

$C_8H_{17}N$
2-Amino-1-cyclopentylpropane, A-00232
6-Methyl-5-hepten-2-amine, M-00256
1,2,6-Trimethylpiperidine, *in* D-00448

$C_8H_{17}NO$
▷Axiquel, *in* E-00204
Octanoic acid; Amide, *in* O-00014
▷2,2,6-Trimethyl-4-piperidinol, T-00511
Valpromide, *in* P-00516

$C_8H_{17}NO_2$
6-Aminohexanoic acid; Et ester, *in* A-00259
6-(Dimethylamino)hexanoic acid, *in* A-00259
Leucine; Et ester, *in* L-00029

$C_8H_{17}NO_3$
Carnitine; Me ether, *in* C-00084

$C_8H_{17}NO_5$
Ethyl β-D-glucosaminide, *in* A-00235
Miglitol, M-00373

$(C_8H_{17}N_5)_x$
Polihexanide, P-00381

$C_8H_{18}BrNO_2$
Methacholine bromide, *in* M-00160

$C_8H_{18}ClNO_2$
▷Carpronium chloride, *in* C-00100
Methacholine chloride, *in* M-00160

$C_8H_{18}ClN_2O_5PS$
▷Sufosfamide, S-00178

$C_8H_{18}INO_2$
1-Hydroxy-*N*,*N*,*N*-trimethyl-2-propanaminium; *O*-Ac, iodide, *in* H-00217
Methacholine(1+); Iodide, *in* M-00160

$C_8H_{18}NO_2^{\oplus}$
Carpronium(1+), C-00100
▷Methacholine(1+), M-00160

$C_8H_{18}NO_3^{\oplus}$
Lactoylcholine, L-00004

$C_8H_{18}N_2O_4PtS$
Spiroplatin, S-00126

$C_8H_{18}O_3$
1-*tert*-Butoxy-3-methoxy-2-propanol, B-00422

$C_8H_{18}O_4S_2$
▷2,2-Bis(ethylsulfonyl)butane, B-00211

$C_8H_{19}N$
▷6-Methyl-2-heptylamine, M-00257

$C_8H_{19}NO$
1-Amino-2-propanol; *N*,*N*-Di-Et, Me ether, *in* A-00318
Heptaminol, H-00029

$C_8H_{19}NO_6S_2$
▷Improsulfan, *in* I-00037

$C_8H_{19}NS$
▷2-Aminoethanethiol; *N*-Diisopropyl, *in* A-00252

$C_8H_{19}N_5$
Etoformin, E-00251

$C_8H_{20}BrN$
▷Tetrylammonium bromide, *in* T-00111

$C_8H_{20}ClN$
▷Etamon chloride, *in* T-00111

$C_8H_{20}FN$
Tetraethylammonium(1+); Fluoride, *in* T-00111

$C_8H_{20}N^{\oplus}$
▷Tetraethylammonium(1+), T-00111

$C_8H_{20}NO_3PS$
O,*O*-Diethyl *S*-(2-dimethylaminoethyl) phosphorothioate, D-00242

$C_8H_{20}NO_6P$
Choline; Theophylline salt (1:1), *in* C-00308

$C_8H_{20}N_2$
(1-Methylheptyl)hydrazine, M-00258

$C_8H_{20}O_7P_2$
▷Tetraethyl pyrophosphate, T-00112

$C_8H_{21}NO$
▷Tetraethylammonium(1+); Hydroxide, *in* T-00111

$C_9F_{21}N$
Heneicosafluorotripropylamine, H-00025

$C_9H_4Cl_3IO$
▷Haloprogin, H-00018

$C_9H_5Br_2NO$
▷5,7-Dibromo-8-hydroxyquinoline, D-00167

C_9H_5ClINO
▷5-Chloro-8-hydroxy-7-iodoquinoline, C-00244

$C_9H_5Cl_2NO$
5,7-Dichloro-8-hydroxyquinoline, D-00190

$C_9H_5Cl_2NO_2$
5,7-Dichloro-8-hydroxyquinoline; 1-Oxide, *in* D-00190

$C_9H_5Cl_3N_2O_2S$
Clotioxone, C-00510

$C_9H_5I_2NO$
▷5,7-Diiodo-8-quinolinol, D-00364

$C_9H_6BrNO_2$
▷5-Bromo-1*H*-indole-2,3-dione; *N*-Me, *in* B-00305

C_9H_6ClNO
▷5-Chloro-8-hydroxyquinoline, C-00249
7-Chloro-8-hydroxyquinoline, C-00250

$C_9H_6ClNO_2$
5-Chloro-8-hydroxyquinoline; 1-Oxide, *in* C-00249
$C_9H_6INO_4S$
▷8-Hydroxy-7-iodo-5-quinolinesulfonic acid, H-00143
$C_9H_6I_3NO_3$
▷Acetrizoic acid, *in* A-00340
$C_9H_6N_2O_3$
▷8-Hydroxy-5-nitroquinoline, H-00182
$C_9H_6N_2O_8$
4,5-Dinitro-1,2-benzenedicarboxylic acid; Mono-Me ester, *in* D-00467
$C_9H_6O_2$
3*a*,4,7,7*a*-Tetrahydro-4,7-methanoisobenzofuran-1,3-dione, *in* B-00157
$C_9H_6O_3$
▷7-Hydroxy-2*H*-1-benzopyran-2-one, H-00114
$C_9H_7BrO_2$
▷3-(3-Bromophenyl)-2-propenoic acid, B-00314
$C_9H_7Br_3O_2$
2,2,2-Tribromoethanol; Benzoyl, *in* T-00428
$C_9H_7Cl_2N_5$
3,5-Diamino-6-(2,3-dichlorophenyl)-1,2,4-triazine, D-00125
Irsogladine, I-00173
$C_9H_7I_2NO_3$
Diohippuric acid, D-00470
C_9H_7N
▷Isoquinoline, I-00210
C_9H_7NO
▷8-Hydroxyquinoline, H-00211
Isoquinoline; Oxide, *in* I-00210
$C_9H_7NO_2$
▷8-Hydroxyquinoline; *N*-Oxide, *in* H-00211
▷1-Methylisatin, M-00264
$C_9H_7N_3O_4S_2$
Nitrosulfathiazole, N-00187
$C_9H_7N_5O_3$
▷Furalazine, F-00280
$C_9H_7N_7O_2S$
▷Azathioprine, A-00513
$C_9H_8Br_2O_3$
3,5-Dibromo-2-hydroxybenzoic acid; Et ester, *in* D-00165
3,5-Dibromo-2-hydroxybenzoic acid; Me ether, Me ester, *in* D-00165
$C_9H_8ClNO_3$
3-Amino-2-chlorobenzoic acid; *N*-Ac, *in* A-00223
3-Amino-4-chlorobenzoic acid; *N*-Ac, *in* A-00224
$C_9H_8ClNS_2$
Nimidane, N-00148
$C_9H_8ClN_3O_3S$
Furazolium chloride, *in* F-00285
$C_9H_8ClN_5$
▷*N*-(4-Chlorophenyl)-1,3,5-triazine-2,4-diamine, C-00275
$C_9H_8ClN_5O$
Cloguanamil, C-00464
$C_9H_8ClN_5S$
Tizanidine, T-00330
$C_9H_8Cl_2N_2O$
Clidafidine, C-00424
$C_9H_8Cl_2N_6$
Nebidrazine, N-00056
$C_9H_8INO_3$
(2-Iodobenzoyl)aminoacetic acid, I-00101
$C_9H_8N_2O$
5-Methyl-1,6-naphthyridin-2(1*H*)-one, M-00272
$C_9H_8N_2O_2$
▷2-Amino-5-phenyl-4(5*H*)-oxazolone, A-00306
1-Methylisatin; 2-Oxime, *in* M-00264
$C_9H_8N_2O_6$
3,5-Dinitrobenzoic acid; Et ester, *in* D-00468
2-Methyl-3,5-dinitrobenzoic acid; Me ester, *in* M-00246
$C_9H_8N_2S$
2-Aminothiazole; *N*-Phenyl, *in* A-00336
$C_9H_8N_2S_2$
Antienite, A-00413
$C_9H_8N_3O_3S^{\oplus}$
Furazolium(1+), F-00285
$C_9H_8N_4O_6$
Nifurtoinol, N-00135
$C_9H_8N_6O_3S$
4-Amino-2-methyl-*N'*-(5-nitro-2-thiazolyl)-5-pyrimidinecarboxamide, A-00286
$C_9H_8N_8O_2S$
▷Thiamiprine, T-00178
C_9H_8O
1-Phenyl-2-propyn-1-ol, P-00204
$C_9H_8O_3S$
▷Thioaspirin, *in* M-00114
$C_9H_8O_4$
▷2-Acetoxybenzoic acid, A-00026
4-Acetoxybenzoic acid, *in* H-00113
$C_9H_8O_5$
3-(3,4,5-Trihydroxyphenyl)-2-propenoic acid, T-00480
$C_9H_9BrFN_3$
Romifidine, R-00082
$C_9H_9BrO_3$
5-Bromo-2-hydroxy-3-methylbenzoic acid; Me ester, *in* B-00302
$C_9H_9ClN_2O$
5-(4-Chlorophenyl)-4,5-dihydro-2-oxazolamine, C-00263
$C_9H_9ClN_2O_3$
Benurestat, B-00070
C_9H_9ClO
▷7-Chloro-4-indanol, C-00252
$C_9H_9ClO_2$
4-Chloro-3-methylphenol; Ac, *in* C-00256
$C_9H_9ClO_3$
3-Chloro-6-hydroxy-4-methylbenzoic acid; Me ester, *in* C-00245
3-Chloro-6-methoxy-4-methylbenzoic acid, *in* C-00245
$C_9H_9Cl_2NO_2$
Diloxanide, D-00372
$C_9H_9Cl_2NO_4S$
4-[(Dichloroamino)sulfonyl]benzoic acid; Et ester, *in* D-00179
$C_9H_9Cl_2N_3$
Clonidine, C-00477
$C_9H_9Cl_2N_3O$
Guanfacine, G-00103
$C_9H_9HgNaO_2S$
▷Thiomersal, *in* E-00198
$C_9H_9I_2NO_3$
3,5-Diiodotyrosine, D-00365
$C_9H_9NO_2$
4-Aminobenzaldehyde; *N*-Ac, *in* A-00210
3*a*,4,7,7*a*-Tetrahydro-4,7-methano-1*H*-isoindole-1,3(2*H*)-dione, *in* B-00157
$C_9H_9NO_3$
Acedoben, *in* A-00216
2-Acetamidobenzoic acid, *in* A-00215
▷*N*-Acetyl-2-hydroxybenzamide, A-00033

▷Adrenochrome, A-00077
3-Pyridinemethanol; Ac,*N*-Oxide, *in* P-00573

$C_9H_9NO_3S$
Saccharin; *N*-Et, *in* S-00002

$C_9H_9NO_6$
Hydroxypyridine tartrate, *in* H-00209

$C_9H_9N_3O$
1-Methylisatin; 3-Hydrazone, *in* M-00264

$C_9H_9N_3O_2S_2$
▷Sulphathiazole, S-00255
Thiazolsulfone, T-00185

$C_9H_9N_3O_5$
Furmethoxadone, F-00293

$C_9H_9N_3S$
▷2,4-Diamino-5-phenylthiazole, D-00134

$C_9H_9N_5$
Amanozine, A-00162

$C_9H_{10}ClNO$
4-(Dimethylamino)benzoic acid; Chloride, *in* D-00405

$C_9H_{10}ClNO_2$
2-Amino-3-(4-chlorophenyl)propanoic acid, A-00226

$C_9H_{10}Cl_2N_4$
Aganodine, A-00083
Apraclonidine, A-00427

$C_9H_{10}FN_3O_4$
▷Flurocitabine, F-00219

$C_9H_{10}HgO_2S$
Ethyl(2-mercaptobenzoato-*S*)mercury, E-00198

$C_9H_{10}INO_3$
2-Amino-3-(3-iodo-4-hydroxyphenyl)propanoic acid, A-00276

$C_9H_{10}N_2$
4-Dimethylaminobenzonitrile, *in* D-00405

$C_9H_{10}N_2O$
▷2-Amino-4,5-dihydro-5-phenyloxazole, A-00246

$C_9H_{10}N_2O_2$
▷(Phenylacetyl)urea, P-00176

$C_9H_{10}N_2O_2S$
Sulbenox, S-00182

$C_9H_{10}N_2O_2S_2$
Aureothricin, A-00477

$C_9H_{10}N_2O_3$
N-(4-Aminobenzoyl)glycine, A-00217
2-Amino-3-pyridinecarboxylic acid; Me ester, *N*-Ac, *in* A-00326
Olmidine, O-00039

$C_9H_{10}N_2O_3S_2$
▷6-Ethoxy-2-benzothiazolesulfonamide, E-00162

$C_9H_{10}N_2O_4$
2-Amino-2-(4-hydroxyphenyl)acetic acid; *N*-Carbamoyl, *in* A-00269

$C_9H_{10}N_2S$
3-(Ethylamino)-1,2-benzisothiazole, *in* A-00214

$C_9H_{10}N_4O_2S_2$
▷Sulphamethizole, S-00243

$C_9H_{10}N_4O_3S_2$
Sulfametrole, S-00199

$C_9H_{10}N_4O_4$
Acefylline, A-00011
▷Nifurimide, N-00122

$C_9H_{10}O$
▷2-Propenyloxybenzene, *in* P-00161

$C_9H_{10}OS$
Thiobenzoic acid; *O*-Et ester, *in* T-00193
Thiobenzoic acid; *S*-Et ester, *in* T-00193

$C_9H_{10}O_2$
▷Ethyl benzoate, *in* B-00092
▷1-(4-Hydroxyphenyl)-1-propanone, H-00193
2-Methoxyacetophenone, *in* H-00107
3-Methylbenzoic acid; Me ester, *in* M-00230

$C_9H_{10}O_3$
2-Ethoxybenzoic acid, *in* H-00112
4-Ethoxybenzoic acid, *in* H-00113
▷3-Ethoxy-4-hydroxybenzaldehyde, *in* D-00311
▷Ethylparaben, *in* H-00113
▷Ethyl salicylate, *in* H-00112
2-Hydroxy-3-methylbenzoic acid; Me ester, *in* H-00155
2-Methoxybenzoic acid; Me ester, *in* M-00196
2-Methoxy-3-methylbenzoic acid, *in* H-00155

$C_9H_{10}O_4$
Bicyclo[2.2.1]hept-5-ene-2,3-dicarboxylic acid, B-00157
Carolic acid, C-00086
2,3-Dihydroxybenzoic acid; 2-Me ether, Me ester, *in* D-00315
2,3-Dihydroxybenzoic acid; 3-Me ether, Me ester, *in* D-00315
2,5-Dihydroxybenzoic acid; Et ester, *in* D-00316
Glycol salicylate, *in* H-00112
Methoxymethyl salicylate, *in* H-00112
▷1-(2,4,6-Trihydroxyphenyl)-1-propanone, T-00479

$C_9H_{10}O_5S$
4-Sulfobenzoic acid; Di-Me ester, *in* S-00217

$C_9H_{11}BrN_2O_5$
▷5-Bromo-2′-deoxyuridine, B-00296

$C_9H_{11}ClN_2O_3S$
▷4-Chloro-*N*-methyl-3-[(methylamino)sulfonyl]benzamide, C-00255

$C_9H_{11}ClO_3$
▷3-(4-Chlorophenoxy)-1,2-propanediol, C-00261

$C_9H_{11}Cl_2N_3O_4S_2$
▷Methyclothiazide, M-002[illegible]8

$C_9H_{11}Cl_3NO_3PS$
▷Chlorpyrifos, C-00301

$C_9H_{11}FIN_3O_4$
Fiacitabine, F-00101

$C_9H_{11}FN_2O_5$
▷2′-Deoxy-5-fluorouridine, D-00079
Doxifluridine, D-00595

$C_9H_{11}IN_2O_5$
▷2′-Deoxy-5-iodouridine, D-00081

$C_9H_{11}N$
2-Phenylcyclopropylamine, P-00186
▷1,2,3,4-Tetrahydroisoquinoline, T-00120

$C_9H_{11}NO$
4-Aminobenzaldehyde; *N*-Et, *in* A-00210
2-Amino-1-phenyl-1-propanone, A-00309

$C_9H_{11}NO_2$
▷*p*-Acetanisidide, *in* M-00195
▷2-Aminobenzoic acid; Et ester, *in* A-00215
2-Aminobenzoic acid; *N*-Et, *in* A-00215
▷4-Aminobenzoic acid; *N*-Di-Me, *in* A-00216
4-Aminobenzoic acid; *N*-Et, *in* A-00216
4-Aminophenol; *N*-Me, Ac, *in* A-00298
2-Amino-2-phenylacetic acid; Me ester; B,HCl, *in* A-00300
▷Benzocaine, *in* A-00216
▷4-(Dimethylamino)benzoic acid, D-00405
▷2-Ethoxybenzamide, *in* H-00112
▷2-(3,4-Methylenedioxyphenyl)ethylamine, M-00253
2-Methyl-4-pyridinecarboxylic acid; Et ester, *in* M-00303
Parapropamol, P-00029

$C_9H_{11}NO_3$
▷Adrenalone, A-00076
2-Amino-5-hydroxybenzoic acid; Et ester, *in* A-00262
▷4-Amino-2-hydroxybenzoic acid; Et ester, *in* A-00264
4-Amino-3-hydroxybenzoic acid; Et ester, *in* A-00265
5-Amino-2-hydroxybenzoic acid; Et ester, *in* A-00266
2-Amino-2-(4-hydroxyphenyl)acetic acid; Me ether, *in* A-00269

Anaesthaminol, *in* A-00263
▷Styramate, S-00169

$C_9H_{11}NO_4$
2-Amino-3-(3,4-dihydroxyphenyl)propanoic acid, A-00248
2,5-Dihydroxyphenylalanine, D-00344
Forfenimex, F-00243

$C_9H_{11}N_3O_2$
1-Phenylsemicarbazide; 1-Ac, *in* P-00207

$C_9H_{11}N_3O_4$
▷Cyclocytidine, C-00600

$C_9H_{11}N_5O_3$
Biopterin, B-00172

$C_9H_{11}N_5O_4$
3′-Azido-2′,3′-dideoxyuridine, A-00521
Eritadenine, E-00110

$C_9H_{11}O_5P$
Phosphonoacetic acid; Benzyl ester, *in* P-00215

$C_9H_{12}ClN_3O_3S$
Alipamide, A-00121

$C_9H_{12}ClN_3O_4$
5′-Chloro-5′-deoxyarabinosylcytosine, C-00226

$C_9H_{12}ClN_3O_4S_2$
Ethiazide, E-00153

$C_9H_{12}ClN_5O$
Moxonidine, M-00468

$C_9H_{12}Cl_2N_4$
Guanclofine, G-00101

$C_9H_{12}Cl_2N_4O$
Guanochlor, G-00114

$C_9H_{12}FN_2O_8P$
FUDRP, *in* D-00079

$C_9H_{12}IN_3O_4$
Ibacitabine, I-00001

$C_9H_{12}NO_5P$
[(4-Nitrophenyl)methyl]phosphonic acid; Di-Me ester, *in* N-00185

$C_9H_{12}NO_5PS$
▷Fenitrothion, F-00057

$C_9H_{12}NO_6P$
2-Amino-3-[(hydroxyphenoxyphosphinyl)oxy]propanoic acid, *in* P-00220

$C_9H_{12}N_2O$
4-(Dimethylamino)benzoic acid; Amide, *in* D-00405

$C_9H_{12}N_2O_2$
2-Amino-3-pyridinecarboxylic acid; *N*-Me, Et ester, *in* A-00326
3-(α-Methylbenzyl)carbazic acid, M-00233

$C_9H_{12}N_2O_3$
5-Allyl-5-ethylbarbituric acid, A-00129

$C_9H_{12}N_2O_5S$
Sulocarbilate, S-00230
▷Tiazofurine, T-00246

$C_9H_{12}N_2O_5Se$
2-Ribofuranosyl-4-selenazolecarboxamide, R-00039

$C_9H_{12}N_2S$
▷Prothionamide, P-00535

$C_9H_{12}N_3O_7P$
Cytidine 2′,3′-phosphate, C-00656

$C_9H_{12}N_4O_2$
1-Phenylsemicarbazide; 4-Et, 1-nitroso, *in* P-00207

$C_9H_{12}N_4O_3$
▷Etofylline, E-00253

$C_9H_{12}N_6$
▷Tretamine, T-00416

$C_9H_{12}N_6O_4$
2-Azaadenosine, A-00490

$C_9H_{12}O$
Isopropyl phenyl ether, *in* P-00161
▷1-Methoxy-2-phenylethane, *in* P-00187
▷3-Phenyl-1-propanol, P-00201

$C_9H_{12}O_2$
1-Ethoxy-3-methoxybenzene, *in* B-00073
1-Ethoxy-4-methoxybenzene, *in* B-00074
1-Methoxy-2-(methoxymethyl)benzene, *in* H-00116
2-Phenyl-1,3-propanediol, P-00200

$C_9H_{12}O_3$
5-Methoxy-6,6-dimethoxy-4-cyclohexene-1,3-dione, *in* D-00427
▷1,3,5-Trimethoxybenzene, *in* B-00076

$C_9H_{12}O_3S$
▷4-Methylbenzenesulfonic acid; Et ester, *in* M-00228

$C_9H_{12}O_{10}$
5,6-*O*-Isopropylidene-L-*threo*-hex-2-enono-1,4-lactone, *in* A-00456

$C_9H_{13}BrN_2O_2$
▷Pyridostigmine bromide, *in* P-00578

$C_9H_{13}ClNO_3P$
Phaclofen, P-00134

$C_9H_{13}ClN_6O_2$
Nimustine, N-00151

$C_9H_{13}N$
▷1-Phenyl-2-propylamine, P-00202
▷2-Phenyl-1-propylamine, P-00203

$C_9H_{13}NO$
2-Amino-1-phenyl-1-propanol, A-00308
3-Amino-1-propanol; *N*-Ph, *in* A-00319
3-(2-Aminopropyl)phenol, A-00321
4-(2-Aminopropyl)phenol, A-00322
4-Dimethylaminanisole, *in* A-00298
3-Dimethylaminoanisole, *in* A-00297
▷*N*-Methylphenacetin, *in* E-00161

$C_9H_{13}NO_2$
2-Amino-1-(3-hydroxyphenyl)ethanol; *N*-Me, *in* A-00272
2-Amino-1-(3-hydroxyphenyl)ethanol; 3-Me ether; B,HCl, *in* A-00272
2-Amino-1-(3-hydroxyphenyl)-1-propanol, A-00274
▷3,3-Diethyl-2,4(1*H*,3*H*)-pyridinedione, D-00255
Epinine, E-00081
▷Ethinamate, E-00154
▷3-Hydroxy-α-[(methylamino)methyl]benzenemethanol, *in* A-00272
4-Methoxy-β-hydroxyphenethylamine, *in* O-00022
▷Synephrine, S-00286

$C_9H_{13}NO_3$
▷Adrenaline, A-00075
2-Amino-1-(3,4-dihydroxyphenyl)-1-propanol, A-00249
▷5-Hydroxy-4-(methoxymethyl)-6-methyl-3-pyridinemethanol, *in* P-00582
Pyridoxine; 5-Me ether, *in* P-00582

$C_9H_{13}NO_4$
Anticapsin, A-00412

$C_9H_{13}N_2O_2^{\oplus}$
▷Pyridostigmine(1+), P-00578

$C_9H_{13}N_3O$
▷Iproniazid, I-00161
1-Phenylsemicarbazide; 4-Et, *in* P-00207

$C_9H_{13}N_3O_2$
▷Aminometradine, A-00291
▷Amisometradine, A-00346

$C_9H_{13}N_3O_3$
2′,3′-Dideoxycytidine, D-00220

$C_9H_{13}N_3O_5$
Cytosine arabinoside, C-00667

$C_9H_{13}N_3O_6$
▷Bredinin, B-00267
▷Pyrazomycin, P-00566

$C_9H_{13}N_5O_3$
Buciclovir, B-00336

$C_9H_{13}N_5O_4$
▷9-(1,3-Dihydroxy-2-propoxymethyl)guanine, D-00350
9-(2,3-Dihydroxy-1-propoxymethyl)guanine, D-00351

$C_9H_{14}BrNO_6$
2-Bromo-2-nitro-1,3-propanediol; Dipropanoyl, *in* B-00310

$C_9H_{14}Cl_2O_2$
Nonanedioic acid; Dichloride, *in* N-00203

$C_9H_{14}NO_2P$
Toldimfos, T-00347

$C_9H_{14}N_2$
1,7-Dicyanoheptane, *in* N-00203
▷(1-Methyl-2-phenylethyl)hydrazine, M-00289

$C_9H_{14}N_2O$
(1-Methyl-2-phenoxyethyl)hydrazine, M-00282

$C_9H_{14}N_2O_3$
▷Metharbitone, M-00173
▷Probarbital, P-00443

$C_9H_{14}N_2O_3S$
6-Aminopenicillanic acid; Me ester, *in* A-00295

$C_9H_{14}N_2O_4$
3-Amino-3-pyrrolidinecarboxylic acid; Di-Ac, *in* A-00329

$C_9H_{14}N_2O_7$
N^{β}-Aspartylglutamic acid, A-00461

$C_9H_{14}N_2O_8$
Aspergillomarasmine *B*, *in* A-00462

$C_9H_{14}N_4O$
▷Azimexon, A-00524

$C_9H_{14}N_4O_3$
▷Nimorazole, N-00150

$C_9H_{14}N_4O_3S$
Sulnidazole, S-00229

$C_9H_{14}N_4O_4$
▷Molsidomine, M-00425

$C_9H_{14}N_4O_5$
5-Azacytidine; 4*N*-Me, *in* A-00496

$C_9H_{14}N_5O_3P$
Benfosformin, B-00051

$C_9H_{14}N_6O$
Oxonazine, O-00133

$C_9H_{14}O_6$
Glucitol; 1,3:2,4:5,6-Tri-*O*-methylene, *in* G-00054
Glucurono-6,3-lactone; Me glycoside, 2,5-di-Me, *in* G-00059
Glucurono-6,3-lactone; Me glycoside, 2,5-di-Me, *in* G-00059
▷Glycerol triacetate, G-00065

$C_9H_{14}O_7$
Trimethyl citrate, *in* C-00402

$C_9H_{15}BrN_2O_2$
Broxaterol, B-00332

$C_9H_{15}BrN_2O_3$
▷Acecarbromal, A-00007

$C_9H_{15}NO_2$
▷Aceclidine, *in* Q-00035
3-Quinuclidinol; Ac, *in* Q-00035

$C_9H_{15}NO_3$
5-Oxo-2-pyrrolidinecarboxylic acid; *tert*-Butyl ester, *in* O-00140

$C_9H_{15}NO_3S$
▷Acidomycin, A-00039
▷Captopril, C-00034

$C_9H_{15}NO_6$
1,2-*O*-Isopropylidene-α-D-glucuronamide, *in* G-00058

$C_9H_{15}N_3$
(Dimethylamino)trimethylpyrazine, D-00423
Tetrydamine, *in* T-00119

$C_9H_{15}N_3O$
Azepexole, A-00516

$C_9H_{15}N_3O_3$
1,3,5-Triazine-2,4,6-triol; Tri-Et ether, *in* T-00423

$C_9H_{15}N_3O_5$
5,6-Dihydro-5-azathymidine, D-00278

$C_9H_{15}N_3O_6$
Alahopcin, A-00092

$C_9H_{15}N_5O$
▷Minoxidil, M-00388

$C_9H_{15}O_4P$
Di-2-propenyl (3-methyl-2-oxiranyl)phosphonate, *in* M-00276

$C_9H_{16}Br_2O_4$
1,6-Dibromo-1,6-dideoxy-3,4-*O*-isopropylidene-D-mannitol, *in* D-00164

$C_9H_{16}ClN_3O_2$
▷Lomustine, L-00083

$C_9H_{16}N_2O_2S$
Tazolol, T-00044

$C_9H_{16}N_2O_3S$
Alonacic, A-00141

$C_9H_{16}N_2O_4$
N^2,N^5-Diacetylornithine, *in* O-00059

$C_9H_{16}N_4O$
Rolgamidine, R-00075

$C_9H_{16}N_4S$
Burimamide, B-00375

$C_9H_{16}N_4S_2$
▷Metiamide, M-00316

$C_9H_{16}O_2$
2,2-Diethyl-4-pentenoic acid, D-00251

$C_9H_{16}O_3$
1-(Hydroxymethyl)cyclohexaneacetic acid, H-00158

$C_9H_{16}O_4$
3-Ethyl-3-methylpentanedioic acid; Me ester, *in* E-00203
▷Nonanedioic acid, N-00203

$C_9H_{17}N$
3-Azabicyclo[3.2.2]nonane; *N*-Me, *in* A-00491
▷1,2,3,6-Tetrahydro-2,2,6,6-tetramethylpyridine, T-00132

$C_9H_{17}NO$
▷Diethylallylacetamide, *in* D-00251

$C_9H_{17}NO_2$
1-(Aminomethyl)cyclohexaneacetic acid, A-00280
Methyl 2,5-di-*O*-methyl-β-D-glucopyranosiduronamide, *in* G-00058

$C_9H_{17}NO_4$
▷Carnitine; *O*-Ac, *in* C-00084

$C_9H_{17}NO_5$
Pantothenic acid, P-00016

$C_9H_{17}NO_6$
Glucuronamide; Me pyranoside, 3,4-di-Me, *in* G-00058
Methyl 2,5-di-*O*-methyl-α-D-glucopyranosiduronamide, *in* G-00058

$C_9H_{17}N_3O_3$
Dopastin, D-00580

$C_9H_{18}Cl_3N_2O_2P$
▷Trifosfamide, T-00469

$C_9H_{18}N_2O_2$
Capuride, C-00035
Nonanedioic acid; Diamide, *in* N-00203

$C_9H_{18}N_2O_4$
▷Meprobamate, M-00104

$C_9H_{18}N_4$
Guanacline, G-00099

$C_9H_{18}N_4O$
Amidinomycin, A-00192

$C_9H_{18}N_6$
▷Tris(dimethylamino)-1,3,5-triazine, T-00535

$C_9H_{18}O$
▷3,3,5-Trimethylcyclohexanol, T-00506

$C_9H_{18}O_2$
2-Ethyl-3-methylpentanoic acid; Me ester, *in* E-00204
Octanoic acid; Me ester, *in* O-00014

$C_9H_{18}O_3$
3-Ethyl-3-hydroxypentanoic acid; Et ester, *in* E-00195

$C_9H_{19}ClN_3O_5P$
Fotemustine, F-00261

$C_9H_{19}Cl_2N_2O_5PS_2$
Mafosfamide, M-00004

$C_9H_{19}N$
▷*N*,α-Dimethylcyclopentaneethanamine, *in* A-00232
▷*N*,6-Dimethyl-5-hepten-2-amine, *in* M-00256

$C_9H_{19}NO$
2,2,6-Trimethyl-4-piperidinol; *N*-Me, *in* T-00511

$C_9H_{19}NO_2$
6-Aminohexanoic acid; *N*-Di-Me, Me ester, *in* A-00259

$C_9H_{19}NO_4$
▷Panthenol, P-00015

$C_9H_{19}O_4P$
Dipropyl (3-methyl-2-oxiranyl)phosphonate, *in* M-00276

$C_9H_{20}Cl_2O_6P_2$
Tetraethyl dichloromethylenebisphosphonate, *in* D-00194

$C_9H_{20}Cl_3N_2O_3P$
▷Defosfamide, D-00047

$C_9H_{20}NO_2^{\oplus}$
Propionylcholine, *in* C-00308

$C_9H_{20}NO_3^{\oplus}$
4-Ethoxy-2-hydroxy-*N*,*N*,*N*-trimethyl-4-oxo-1-butanaminium, *in* C-00084

$C_9H_{20}N_4$
2-(Guanidinomethyl)octahydro-1*H*-azocine, G-00111

$C_9H_{20}O_4S_2$
3,3-Bis(ethylsulfonyl)pentane, *in* B-00213

$C_9H_{20}S_2$
3,3-Bis(ethylthio)pentane, B-00213

$C_9H_{21}NO$
1-Amino-2-propanol; *N*,*N*-Di-Et, Et ether, *in* A-00318

$C_9H_{21}NO_2$
Tetraethylammonium(1+); Formate, *in* T-00111

$C_9H_{21}N_3$
(1,1,3,3-Tetramethylbutyl)guanidine, T-00145

$C_9H_{22}O_6P_2$
▷Tetraethyl methylenebisphosphonate, *in* M-00168

$C_9H_{23}INO_3PS$
▷Ecothiopate iodide, *in* E-00010

$C_9H_{23}NO_3PS^{\oplus}$
Ecothiopate(1+), E-00010

$C_9H_{24}I_2N_2O$
2-Hydroxy-*N*,*N*,*N*,*N'*,*N'*,*N'*-hexamethyl-1,3-propanediaminium diiodide, *in* D-00135

$C_{10}F_{18}$
▷Octadecafluorodecahydronaphthalene, O-00008

$C_{10}H_4Cl_2O_2$
▷2,3-Dichloro-1,4-naphthoquinone, D-00195

$C_{10}H_5ClO_3$
4-Oxo-4*H*-1-benzopyran-2-carboxylic acid; Chloride, *in* O-00125

$C_{10}H_5NO_2$
2-Cyanochromone, *in* O-00125

$C_{10}H_6BrNO_3$
5-Bromo-1*H*-indole-2,3-dione; *N*-Ac, *in* B-00305

$C_{10}H_6Cl_2N_2O_2$
▷3-Chloro-4-(3-chloro-2-nitrophenyl)-1*H*-pyrrole, C-00223

$C_{10}H_6F_7N_3O_3$
Nifluridide, N-00114

$C_{10}H_6N_2$
7-Cyanoquinoline, *in* Q-00030

$C_{10}H_6N_4$
1,2,4-Triazino[5,6-*c*]quinoline, T-00424

$C_{10}H_6O_3$
▷2-Hydroxy-1,4-naphthoquinone, H-00178
▷5-Hydroxy-1,4-naphthoquinone, H-00179

$C_{10}H_6O_4$
4-Oxo-4*H*-1-benzopyran-2-carboxylic acid, O-00125

$C_{10}H_7BrClIS$
(4-Chlorophenyl)-2-thienyliodonium; Bromide, *in* C-00274

$C_{10}H_7Br_2NO$
5,7-Dibromo-8-hydroxy-2-methylquinoline, D-00166
5,7-Dibromo-8-methoxyquinoline, *in* D-00167

$C_{10}H_7ClIS^{\oplus}$
(4-Chlorophenyl)-2-thienyliodonium, C-00274

$C_{10}H_7ClO_4$
6-Chloro-1,2,3,4-naphthalenetetrol, C-00257

$C_{10}H_7Cl_2IS$
Tiodonium chloride, *in* C-00274

$C_{10}H_7Cl_2NO$
▷5,7-Dichloro-8-hydroxy-2-methylquinoline, D-00189

$C_{10}H_7Cl_2N_3O$
Anagrelide, A-00376

$C_{10}H_7Cl_5O_2$
▷Plifenate, *in* D-00204

$C_{10}H_7F_3O_4$
▷Triflusal, *in* H-00215

$C_{10}H_7NO_2$
7-Quinolinecarboxylic acid, Q-00030

$C_{10}H_7NO_2S$
2-(2-Hydroxyphenyl)-4-thiazolecarboxaldehyde, *in* H-00199

$C_{10}H_7NO_3$
5-Hydroxy-1,4-naphthoquinone; 1-Monoxime, *in* H-00179
5-Hydroxy-1,4-naphthoquinone; 4-Monoxime, *in* H-00179
4-Oxo-4*H*-1-benzopyran-2-carboxylic acid; Amide, *in* O-00125

$C_{10}H_7NO_3S$
2-(2-Hydroxyphenyl)-4-thiazolecarboxylic acid, H-00199

$C_{10}H_7N_3S$
▷Thiabendazole, T-00171

$C_{10}H_8BrNO$
7-Bromo-8-hydroxy-5-methylquinoline, B-00304

$C_{10}H_8BrNO_2$
3-(3-Bromophenyl)-2,5-pyrrolidinedione, B-00315

$C_{10}H_8BrN_3O$
2-Amino-5-bromo-6-phenyl-4(1*H*)-pyrimidinone, A-00220

$C_{10}H_8ClNO_3$
Seclazone, S-00032

$C_{10}H_8ClN_3O_2$
▷Drazoxolon, D-00601

$C_{10}H_8Cl_2N_2O_4$
2,6-Dichloro-4-nitroaniline; *N*-Di-Ac, *in* D-00196

$C_{10}H_8HgNNaO_3S$
Otimerate sodium, *in* O-00070

$C_{10}H_8MgN_2O_6S_3$
Bispyrithione magsulfex, *in* D-00551

$C_{10}H_8N_2OS$
2-Aminothiazole; *N*-Benzoyl, *in* A-00336
6-Phenyl-2-thiouracil, P-00209

$C_{10}H_8N_2O_2$
3-Methyl-2-quinoxalinecarboxylic acid, M-00304

$C_{10}H_8N_2O_2S_2$
Dipyrithione, *in* D-00551

$C_{10}H_8N_2O_2S_2Zn$
▷Bis(1-hydroxy-2(1*H*)-pyridinethionato-*O,S*)zinc, *in* P-00574

$C_{10}H_8N_2O_3$
8-Hydroxy-5-nitroquinoline; Me ether, *in* H-00182

$C_{10}H_8N_2O_8$
4,5-Dinitro-1,2-benzenedicarboxylic acid; Di-Me ester, *in* D-00467
4,5-Dinitro-1,2-benzenedicarboxylic acid; Mono-Et ester, *in* D-00467

$C_{10}H_8N_2S_2$
2,2′-Dithiobispyridine, D-00551

$C_{10}H_8N_4O_3$
Nifurprazine, N-00129

$C_{10}H_8N_4O_3S_2$
Nitrodan, N-00176

$C_{10}H_8N_4O_4$
2-Methyl-4-nitro-1-(4-nitrophenyl)-1*H*-imidazole, M-00274

$C_{10}H_8O_2$
3-Methyl-4*H*-1-benzopyran-4-one, M-00231

$C_{10}H_8O_3$
2,3-Dihydro-5-hydroxy-1,4-naphthalenedione, *in* H-00179
▷7-Hydroxy-4-methyl-2*H*-1-benzopyran-2-one, H-00156
7-Methoxy-2*H*-1-benzopyran-2-one, *in* H-00114

$C_{10}H_8O_4$
6,7-Dihydroxy-4-methyl-2*H*-1-benzopyran-2-one, D-00332
▷7-Hydroxy-6-methoxy-2*H*-1-benzopyran-2-one, H-00148

$C_{10}H_8O_{10}S_2$
Sulmarin, *in* D-00332

$C_{10}H_9AgN_4O_2S$
▷Silver sulfadiazine, *in* S-00237

$C_{10}H_9BrO_4$
5-Bromo-2-hydroxy-3-methylbenzoic acid; Ac, *in* B-00302

$C_{10}H_9ClN_2$
4-(4-Chlorophenyl)-5-methyl-1*H*-imidazole, C-00269

$C_{10}H_9ClN_2O_3$
2-Amino-5-chlorobenzoxazole; 2-*N*-Ethoxycarbonyl, *in* A-00225

$C_{10}H_9ClN_4O_2S$
Sulfaclozine, S-00190
Sulphachlorpyridazine, S-00236

$C_{10}H_9ClO_3$
7-Chloro-4-hydroxy-5-indanecarboxylic acid, C-00243

$C_{10}H_9ClO_4$
3-Chloro-6-hydroxy-4-methylbenzoic acid; Ac, *in* C-00245

$C_{10}H_9Cl_4O_4P$
▷Tetrachlorvinphos, T-00107

$C_{10}H_9F_3N_2O$
Fluminorex, F-00162

$C_{10}H_9HgNO_3S$
Otimerate, O-00070

$C_{10}H_9I_3O_3$
▷Phenobutiodil, P-00160

$C_{10}H_9NO$
2-(Aminomethylene)-1-indanone, A-00282
8-Hydroxy-5-methylquinoline, H-00176
8-Methoxyquinoline, *in* H-00211
1-Methylquinolinium-8-olate, *in* H-00211

$C_{10}H_9NO_2$
▷Carfimate, *in* P-00204

$C_{10}H_9NO_3$
5-Hydroxy-2-methyl-3-indolecarboxylic acid, H-00163

$C_{10}H_9NO_5$
Echinosporin, E-00005

$C_{10}H_9N_3O$
2-Aminoquinoxaline; 2-*N*-Ac, *in* A-00332
▷Amrinone, A-00372

$C_{10}H_9N_3S$
Tasuldine, T-00029

$C_{10}H_9N_7O$
Furterene, F-00300

$C_{10}H_{10}BiNO_3$
Mebiquine, M-00036

$C_{10}H_{10}BrNO_2$
▷Brofoxine, B-00280

$C_{10}H_{10}ClNO_2$
▷Chlorthenoxazin, C-00303

$C_{10}H_{10}ClN_3O$
Clazolimine, C-00412

$C_{10}H_{10}Cl_2N_2O$
Fenmetozole, F-00058

$C_{10}H_{10}Cl_3NO_3$
Cloracetadol, C-00492
(2,2,2-Trichloro-1-hydroxyethyl)carbamic acid; Benzyl ester, *in* T-00438

$C_{10}H_{10}FNO_2$
Fluparoxan, F-00197

$C_{10}H_{10}INO_3$
(2-Iodobenzoyl)aminoacetic acid; Me ester, *in* I-00101

$C_{10}H_{10}N_2O$
2-Hydroxymethyl-3-methylquinoxaline, H-00164

$C_{10}H_{10}N_2O_2$
2-Benzimidazolepropionic acid, B-00083

$C_{10}H_{10}N_2O_3$
▷Caroxazone, C-00091
Mequidox, *in* H-00164
Paraxazone, P-00031

$C_{10}H_{10}N_2O_6$
2-Methyl-3,5-dinitrobenzoic acid; Et ester, *in* M-00246

$C_{10}H_{10}N_4O_2S$
Pirinidazole, P-00331
Sulfapyridazine, S-00208
▷Sulphadiazine, S-00237

$C_{10}H_{10}N_4O_3$
Drazidox, *in* M-00304

$C_{10}H_{10}N_6O_2$
Azanidazole, A-00502

$C_{10}H_{10}O_2$
▷4-Allyl-1,2-(methylenedioxy)benzene, A-00131

$C_{10}H_{10}O_3$
2-Hydroxyacetophenone; Ac, *in* H-00107

$C_{10}H_{10}O_4$
2-Acetoxybenzoic acid; Me ester, *in* A-00026
▷1,3-Benzenediol; Di-Ac, *in* B-00073
1,4-Benzenediol; Di-Ac, *in* B-00074
3,4-Dihydroxybenzaldehyde; 3-Me ether, Ac, *in* D-00311
3,4-Dihydroxybenzaldehyde; 4-Me ether, Ac, *in* D-00311
2-Hydroxy-3-methylbenzoic acid; Ac, *in* H-00155

$C_{10}H_{10}O_8$
▷Aceglatone, *in* G-00053

$C_{10}H_{11}BrN_2O_3$
Brallobarbital, B-00265

$C_{10}H_{11}ClF_3N_3O_4S_3$
Epithiazide, E-00085

$C_{10}H_{11}ClO_2$
▷4-Chloro-3,5-dimethylphenol; Ac, *in* C-00235

$C_{10}H_{11}ClO_3$
▷Clofibric acid, C-00456

$C_{10}H_{11}F_3N_2O_5$
▷2′-Deoxy-5-(trifluoromethyl)uridine, D-00084

$C_{10}H_{11}I_2NO_3$
3,5-Diiodotyrosine; Me ester, *in* D-00365
▷Propyliodone, *in* D-00363

$C_{10}H_{11}I_2NO_4$
Oxypropyliodone, *in* D-00363

$C_{10}H_{11}N$
1,2-Dihydro-2-naphthylamine, D-00295

$C_{10}H_{11}NO$
Abikoviromycin, A-00002

$C_{10}H_{11}NO_2$
α-Formamido-α-methylacetophenone, *in* A-00309

$C_{10}H_{11}NO_3$
4-Acetamidophenyl acetate, *in* A-00298
2-Amino-2-phenylacetic acid; *N*-Ac, *in* A-00300
3,4,6,7-Tetrahydro-1-methyl-6-oxo-1*H*-pyrano[3,4-*c*]-pyridine-5-carboxaldehyde, T-00124

$C_{10}H_{11}NO_3S$
Cysteine; *N*-Benzoyl, *in* C-00654

$C_{10}H_{11}NO_4$
N-Carboxy-4-aminobenzoic acid; Et ester, *in* C-00064

$C_{10}H_{11}NO_4S_2$
Stepronin, S-00145

$C_{10}H_{11}N_3O$
Crotoniazide, C-00570
2-Imino-3-methyl-1-phenyl-4-imidazolidinone, I-00038

$C_{10}H_{11}N_3O_2$
▷Lobendazole, L-00065

$C_{10}H_{11}N_3O_2S_2$
Sulphasomizole, S-00255

$C_{10}H_{11}N_3O_3S$
▷Sulphamethoxazole, S-00244

$C_{10}H_{11}N_3O_5S$
▷Nifuratel, N-00118

$C_{10}H_{12}BrN_3$
Guanisoquine, G-00113

$C_{10}H_{12}ClNO$
▷Beclamide, B-00022

$C_{10}H_{12}ClNO_2$
▷Baclofen, B-00003

$C_{10}H_{12}ClNO_4$
▷Chlorphenesin carbamate, *in* C-00261

$C_{10}H_{12}ClN_3$
Tolonidine, T-00358

$C_{10}H_{12}ClN_3O_3S$
Quinethazone, Q-00021

$C_{10}H_{12}ClN_3O_6S_2$
▷Carmetizide, C-00079

$C_{10}H_{12}ClN_5O_3$
2-Chloro-2′-deoxyadenosine, *in* C-00214

$C_{10}H_{12}ClN_5O_4$
▷2-Chloroadenosine, C-00214

$C_{10}H_{12}FN_3$
Flutonidine, F-00230

$C_{10}H_{12}FN_5O_3$
Cordycepin; 2-Fluoro, *in* C-00543

$C_{10}H_{12}F_3N$
▷α-Methyl-*m*-(trifluoromethyl)phenethylamine, M-00312
▷α-Methyl-*p*-(trifluoromethyl)phenethylamine, M-00313

$C_{10}H_{12}N_2$
▷2-Benzyl-2-imidazoline, B-00120
▷Tryptamine, T-00566

$C_{10}H_{12}N_2O$
Cotinine, C-00553
▷5-Hydroxytryptamine, H-00218
1,2,3,4-Tetrahydroisoquinoline; *N*-Aminocarbonyl, *in* T-00120

$C_{10}H_{12}N_2O_2$
4-(3-Pyridinylcarbonyl)morpholine, P-00576

$C_{10}H_{12}N_2O_3$
▷5,5-Diallylbarbituric acid, D-00119

$C_{10}H_{12}N_2O_4S$
5-Hydroxytryptamine; *O*-Sulfate, *in* H-00218

$C_{10}H_{12}N_2O_5S$
Sulfasuccinamide, S-00209

$C_{10}H_{12}N_4OS$
▷Thiacetazone, *in* A-00210

$C_{10}H_{12}N_4O_2S_2$
Sulphaethidole, S-00239

$C_{10}H_{12}N_4O_3$
Carbazochrome, *in* A-00077
2′,3′-Dideoxyinosine, D-00221

$C_{10}H_{12}N_4O_3S_2$
Sulfatrozole, S-00213

$C_{10}H_{12}N_4O_4S$
▷6-Thioinosine, T-00204

$C_{10}H_{12}N_4O_5$
▷Inosine, I-00073
▷Nifurdazil, *in* N-00115

$C_{10}H_{12}N_4O_5S$
Tazobactam, T-00043

$C_{10}H_{12}N_5O_6P$
▷Cyclic AMP, C-00591

$C_{10}H_{12}N_6$
▷Ethylenediamine tetraacetonitrile, *in* E-00186

$C_{10}H_{12}O$
4-(1-Methyl-1-propenyl)phenol, M-00298

$C_{10}H_{12}O_2$
2-Ethoxyacetophenone, *in* H-00107
▷2-Methoxy-4-(2-propenyl)phenol, M-00215
3-Methylbenzoic acid; Et ester, *in* M-00230
2-Phenylethanol; Ac, *in* P-00187
p-Propionylanisole, *in* H-00193
Propyl benzoate, *in* B-00092

$C_{10}H_{12}O_3$
2-Hydroxybenzyl alcohol; 2-Me ether, Ac, *in* H-00116
2-Methoxybenzoic acid; Et ester, *in* M-00196
▷Propyl 4-hydroxybenzoate, *in* H-00113

$C_{10}H_{12}O_4$
▷Cantharidin, C-00028

$C_{10}H_{12}O_5$
Asperlin, A-00464

$C_{10}H_{12}O_6$
Tetramethoxy-1,4-benzoquinone, *in* T-00137

$C_{10}H_{12}O_6S$
Sulprosal, S-00260

$C_{10}H_{13}BrN_2O_3$
▷5-(2-Bromoallyl)-5-isopropylbarbituric acid, B-00291

$C_{10}H_{13}BrO$
▷4-Bromo-2-isopropyl-5-methylphenol, B-00306

$C_{10}H_{13}ClHgO$
4-*tert*-Butyl-2-chloromercuriphenol, B-00429

$C_{10}H_{13}ClN_2O$
N-[(3-Chlorophenyl)methyl]-*N*′-ethylurea, C-00268

$C_{10}H_{13}ClN_2O_2S$
Nitralamine, N-00165

$C_{10}H_{13}ClN_2O_3S$
▷Chlorpropamide, C-00299

$C_{10}H_{13}ClN_2S$
Anpirtoline, A-00398

$C_{10}H_{13}ClN_6O_6S$
2-Chloro-5′-sulfamoyladenosine, *in* C-00214

$C_{10}H_{13}Cl_2O_3PS$
▷Dichlofenthion, D-00176

$C_{10}H_{13}FN_2O_5$
2′-Deoxy-5-fluorouridine; 3′-Me, *in* D-00079
2′-Deoxy-5-fluorouridine; 5′-Me, *in* D-00079

$C_{10}H_{13}N$
1,2,3,4-Tetrahydro-1-methylquinoline, T-00127

$C_{10}H_{13}NO$
3-Amino-3,4-dihydro-2-methyl-2*H*-1-benzopyran, A-00245
7-Amino-5,6,7,8-tetrahydro-1-naphthalenol, A-00335
Dihydrolatumcidin, *in* A-00002
3-Methylbenzoic acid; Dimethylamide, *in* M-00230
N-(α-Methylphenethyl)formamide, *in* P-00202

$C_{10}H_{13}NO_2$
(4-Aminophenyl)acetic acid; Et ester, *in* A-00299
2-Amino-2-phenylacetic acid; Et ester; B,HCl, *in* A-00300
▷4-Amino-3-phenylbutanoic acid, A-00303
▷5-Butyl-2-pyridinecarboxylic acid, B-00432
Dihydro-N-hydroxyabikoviromycin, *in* A-00002
4-(Dimethylamino)benzoic acid; Me ester, *in* D-00405
▷*N*-(4-Ethoxyphenyl)acetamide, *in* E-00161
Homarylamine, *in* M-00253
▷2-Hydroxy-*N*-isopropylbenzamide, H-00145
1-(4-Hydroxyphenyl)-1-propanone; Me ether, oxime, *in* H-00193
N-Formylnorephedrine, *in* A-00308
2-Propoxybenzamide, P-00510
▷Risocaine, *in* A-00216
▷Tenamfetamine, T-00066

$C_{10}H_{13}NO_2S$
Cysteine; Benzyl ester; B,HCl, *in* C-00654
Cysteine; *S*-Benzyl, *in* C-00654

$C_{10}H_{13}NO_3$
2-Amino-3-(4-hydroxyphenyl)-2-methylpropanoic acid, A-00273
N-(4-Ethoxyphenyl)-2-hydroxyacetamide, *in* E-00161
2-Hydroxyethyl benzylcarbamate, H-00129

$C_{10}H_{13}NO_4$
4-Hydroxy-3-methoxyphenylalanine, *in* A-00248
α-Methyldopa, M-00249

$C_{10}H_{13}NO_4S_2$
▷Meticrane, M-00319
Tiprotimod, T-00319

$C_{10}H_{13}NO_6$
▷3-Deazauridine, D-00031

$C_{10}H_{13}N_2O_4P$
Norbaeocystine, *in* D-00411

$C_{10}H_{13}N_3$
Debrisoquine, D-00033
Phenamazoline, P-00141

$C_{10}H_{13}N_3O_2$
Guabenxan, G-00088
Guanoxan, G-00115

$C_{10}H_{13}N_3O_2S_2$
Subathizone, S-00170

$C_{10}H_{13}N_3O_5S$
▷Nifurtimox, N-00134

$C_{10}H_{13}N_3O_6$
Metronidazole hydrogen succinate, *in* M-00344

$C_{10}H_{13}N_5O_2$
2′,5′-Dideoxyadenosine, D-00219

$C_{10}H_{13}N_5O_3$
2-Amino-6-(1,2-dihydroxypropyl)-3-methylpterin-4-one, *in* B-00172
▷Cordycepin, C-00543

$C_{10}H_{13}N_5O_3S$
2-Amino-9-(2-deoxy-*erythro*-pentofuranosyl)-1,9-dihydro-6*H*-purine-6-thione, A-00236

$C_{10}H_{13}N_5O_4$
▷Adenosine, A-00067
9-Arabinofuranosyladenine, A-00435
Eritadenine; 2-Me, *in* E-00110
Eritadenine; Me ester, *in* E-00110
Zidovudine, Z-00013

$C_{10}H_{13}O_6P$
Methyl 2-(dimethoxyphosphinyl)oxybenzoate, *in* P-00217

$C_{10}H_{14}ClN$
1-(2-Chlorophenyl)-2-methyl-2-propylamine, C-00271
▷Chlorphentermine, C-00295

$C_{10}H_{14}ClN_3OS$
▷Azintamide, A-00525

$C_{10}H_{14}FN_5O_4$
Fludarabine, F-00142

$C_{10}H_{14}NO_6P$
▷Paraoxon, P-00027

$C_{10}H_{14}N_2$
Nicotine, N-00103

$C_{10}H_{14}N_2O$
Bupicomide, *in* B-00432
▷*N*,*N*-Diethyl-3-pyridinecarboxamide, D-00254
Nicotine 1′-N-oxide, *in* N-00103

$C_{10}H_{14}N_2OS$
Cysteine; *S*-Benzyl, amide; B,HCl, *in* C-00654

$C_{10}H_{14}N_2O_2$
Nerbacadol, N-00074
Pilocarpidine, *in* P-00252

$C_{10}H_{14}N_2O_3$
▷Aprobarbital, A-00430
1-Cyclohexyl-2,4,6-(1*H*,3*H*,5*H*)pyrimidinetrione, C-00622

$C_{10}H_{14}N_2O_3S$
α-Dehydrobiotin, D-00048

$C_{10}H_{14}N_2O_4$
▷Carbidopa, C-00050
▷Proxibarbal, P-00546
Valofane, V-00004

$C_{10}H_{14}N_2O_4S_2$
▷Sulthiame, S-00263

$C_{10}H_{14}N_4O_2$
Morinamide, M-00443

$C_{10}H_{14}N_4O_3$
▷Protheobromine, P-00534
▷Proxyphylline, P-00551

$C_{10}H_{14}N_4O_4$
▷Diprophylline, D-00523

$C_{10}H_{14}N_4O_5S$
3-(7-Theophyllinyl)propanesulfonic acid, T-00170

$C_{10}H_{14}N_5O_7P$
▷Vidarabine phosphate, *in* A-00435

$C_{10}H_{14}N_6O_3$
2′-Amino-2′-deoxyadenosine, A-00233
3′-Amino-3′-deoxyadenosine, A-00234

$C_{10}H_{14}N_6O_4$
9-Arabinofuranosyladenine; 8-Amino, *in* A-00435

$C_{10}H_{14}O$
2-Phenylethanol; Et ether, *in* P-00187
3-Phenyl-1-propanol; Me ether, *in* P-00201

$C_{10}H_{14}OS_2$
2,3-Dimercapto-1-propanol; Benzyl ether, *in* D-00385

2,3-Dimercapto-1-propanol; Benzyl ether, *in* D-00385

$C_{10}H_{14}O_2$
1,3-Diethoxybenzene, *in* B-00073
1,4-Diethoxybenzene, *in* B-00074
▷1-Ethynylcyclohexanol; Ac, *in* E-00228
2-Phenyl-1,2-butanediol, P-00179

$C_{10}H_{14}O_3$
▷3-(2-Methylphenoxy)-1,2-propanediol, M-00283
1,2,2-Trimethyl-1,3-cyclopentanedicarboxylic acid; Anhydride, *in* T-00508

$C_{10}H_{14}O_3S$
(4,5-Dimethoxy-2-methylphenyl) methyl sulfoxide, D-00398

$C_{10}H_{14}O_4$
2-(3,5-Dimethoxyphenoxy)ethanol, D-00399
▷Guaiphenesin, G-00095

$C_{10}H_{14}O_6S_2$
2,3-Dimercaptobutanedioic acid; Di-Ac, di-Me ester, *in* D-00384

$C_{10}H_{14}O_7$
2-Methyl-5-(D-*arabino*-1,2,3,4-tetrahydroxybutyl)-3-furoic acid, M-00308

$C_{10}H_{15}N$
▷*N*,*β*-Dimethylbenzeneethanamine, *in* P-00203
2-Methylamino-1-phenylpropane, *in* P-00202
Ortetamine, O-00065
3-Phenyl-2-methyl-2-propylamine, P-00193
1-Phenyl-2-propylamine; *N*-Me; B,MeI, *in* P-00202
2-Phenyl-1-propylamine; Picrate, *in* P-00203

$C_{10}H_{15}NO$
▷2-Methylamino-1-phenyl-1-propanol, M-00221
▷4-[2-(Methylamino)propyl]phenol, M-00222

$C_{10}H_{15}NO_2$
2-Amino-1-(3-hydroxyphenyl)ethanol; *N*-Di-Me, *in* A-00272
(+)-Camphorimide, *in* T-00508
3,3-Diethyl-5-methyl-2,4(1*H*,3*H*)-pyridinedione, D-00250
▷Etilefrine, *in* A-00272
▷Hexapropymate, H-00061
Longimammine, *in* S-00286
Octopamine; Di-Me ether, *in* O-00022
Octopamine; O^4,*N*-Di-Me, *in* O-00022
β-O-Methylsynephrine, *in* S-00286
▷Phenylephrine hydrochloride, *in* A-00272

$C_{10}H_{15}NO_3$
Dioxifedrine, D-00477
Ethylnorepinephrine, E-00212
▷N-Methyladrenaline, *in* A-00075

$C_{10}H_{15}NO_4$
α-Allokainic acid, *in* K-00001
▷Kainic acid, K-00001

$C_{10}H_{15}N_3$
1-Benzyl-2,3-dimethylguanidine, B-00114
2-Methyl-3-(1-piperidinyl)pyrazine, M-00296

$C_{10}H_{15}N_3O$
(3-Phenoxypropyl)guanidine, P-00173

$C_{10}H_{15}N_3O_4$
Carbodine, C-00054

$C_{10}H_{15}N_3O_5$
▷Benserazide, B-00064

$C_{10}H_{15}N_3S$
Talipexole, T-00009

$C_{10}H_{15}N_5$
▷Phenformin, P-00154
▷Trapidil, T-00401

$C_{10}H_{15}N_5O_3$
9-(4-Hydroxy-3-hydroxymethyl-1-butyl)guanine, H-00138

$C_{10}H_{15}N_5O_4$
Nifurethazone, N-00120

$C_{10}H_{15}O_3PS_2$
▷Fenthion, F-00078

$C_{10}H_{15}O_4PS_2$
O,*O*-Dimethyl *O*-[(3-methyl-4-methylsulfinyl)phenyl] phosphorothioate, *in* F-00078

$C_{10}H_{15}O_5PS_2$
O,*O*-Dimethyl *O*-[(3-methyl-4-methylsulfonyl)phenyl]-phosphorothioate, *in* F-00078

$C_{10}H_{16}BrNO$
▷Edrophonium bromide, *in* E-00016

$C_{10}H_{16}Br_2N_2O_2$
▷1,4-Bis(3-bromo-1-oxopropyl)piperazine, B-00195

$C_{10}H_{16}ClNO$
▷Edrophonium chloride, *in* E-00016

$C_{10}H_{16}NO^{\oplus}$
Edrophonium(1+), E-00016

$C_{10}H_{16}NO_5PS_2$
▷Famphur, F-00015

$C_{10}H_{16}N_2$
▷*N′*,*α*-Dimethylphenethylhydrazine, D-00442

$C_{10}H_{16}N_2O$
Rilmenidine, R-00052

$C_{10}H_{16}N_2OS$
Albutoin, A-00102

$C_{10}H_{16}N_2O_2$
N,*N*-Diethyl-3,5-dimethyl-4-isoxazolecarboxamide, D-00243

$C_{10}H_{16}N_2O_3$
▷Butabarbital, B-00380
▷5-Butyl-5-ethylbarbituric acid, B-00430

$C_{10}H_{16}N_2O_3S$
Amidephrine, A-00191
Biotin, B-00173

$C_{10}H_{16}N_2O_4S$
Biotin; *S*-Oxide, *in* B-00173

$C_{10}H_{16}N_2O_8$
▷Ethylenediaminetetraacetic acid, E-00186

$C_{10}H_{16}N_2S$
Manozodil, M-00020

$C_{10}H_{16}N_4O_3$
▷Dimetilan, D-00457

$C_{10}H_{16}N_4O_4$
Ipramidil, I-00154

$C_{10}H_{16}N_4O_5$
5-Azacytidine; 4,4*N*-Di-Me, *in* A-00496

$C_{10}H_{16}N_6S$
▷Cimetidine, C-00350

$C_{10}H_{16}N_8S_2$
▷Tiotidine, T-00305

$C_{10}H_{16}O$
▷Camphor, C-00023

$C_{10}H_{16}O_2$
▷Ascaridole, A-00455
▷3-Cyclohexyl-2-butenoic acid, C-00605

$C_{10}H_{16}O_4$
▷1,2,2-Trimethyl-1,3-cyclopentanedicarboxylic acid, T-00508

$C_{10}H_{16}O_7$
Citric acid; Tri-Me ester, Me ether, *in* C-00402

$C_{10}H_{17}N$
▷1-Aminoadamantane, A-00206

$C_{10}H_{17}NO$
Camphoroxime, *in* C-00023

$C_{10}H_{17}NO_2$
▷3,3-Diethyl-5-methyl-2,4-piperidinedione, D-00249

$C_{10}H_{17}NO_4S_2$
Letosteine, L-00028

$C_{10}H_{17}N_3$
4-Cyclohexyl-3-ethyl-4*H*-1,2,4-triazole, C-00609

$C_{10}H_{17}N_3O_5$
Choline orotate, *in* O-00061

$C_{10}H_{17}N_3O_8$
Aspergillomarasmine *A*, *in* A-00462

$C_{10}H_{17}N_3S$
Pramipexole, P-00396

$C_{10}H_{17}N_9O_2S_3$
Tuvatidine, T-00576

$C_{10}H_{18}ClN_3O_2$
▷Semustine, S-00041

$C_{10}H_{18}ClN_3O_7$
Ranimustine, R-00010

$C_{10}H_{18}Cl_2N_6O_4S_2$
Ditiomustine, *in* C-00222

$C_{10}H_{18}O$
▷Cineole, C-00360

$C_{10}H_{18}O_2$
5-(1-Hydroxy-1-methylethyl)-2-methyl-2-cyclohexen-1-ol, H-00162

$C_{10}H_{18}O_3$
3-Cyclohexyl-3-hydroxybutanoic acid, C-00610
▷α-Ethyl-1-hydroxycyclohexaneacetic acid, E-00193

$C_{10}H_{18}O_6$
1,2:3,4-Di-*O*-ethylidene-D-glucitol, *in* G-00054

$C_{10}H_{19}N$
Butynamine, B-00433
▷1,2,3,6-Tetrahydro-1,2 2,6,6-pentamethylpyridine, *in* T-00132

$C_{10}H_{19}NO_2$
Procymate, P-00456

$C_{10}H_{19}NO_5$
2-Amino-2,6-dideoxyglucose; *N*-Ac, 3,4-di-Me, *in* A-00240
▷Hopantenic acid, H-00088
Pantothenic acid; Me ester, *in* P-00016
2,3,4,6-Tetra-*O*-methyl-D-glucononitrile, *in* G-00055
2,3,5,6-Tetra-*O*-methyl-D-glucononitrile, *in* G-00055

$C_{10}H_{19}NO_6$
Methyl 2,3,4-tri-*O*-methyl-α-D-glucopyranosiduronamide, *in* G-00058

$C_{10}H_{19}N_3O$
Centperazine, C-00167

$C_{10}H_{19}N_3O_2$
Guanadrel, G-00100

$C_{10}H_{19}N_3O_3$
Diethylenetriamine; Tri-Ac, *in* D-00245

$C_{10}H_{19}O_6PS_2$
▷Malathion, M-00013

$C_{10}H_{20}Cl_2N_4O_2S_2$
13-Chloro-*N*-(2-chloroethyl)-10-oxo-5,6-dithia-2,9,11-triazatridecanamide, C-00222

$C_{10}H_{20}NO_4^{\oplus}$
Aclatonium(1+), A-00044

$C_{10}H_{20}N_2O_4$
▷Mebutamate, M-00039

$C_{10}H_{20}N_2S_3$
▷Monosulfiram, M-00430

$C_{10}H_{20}N_2S_4$
▷Disulfiram, D-00542

$C_{10}H_{20}N_4$
Spirgetine, S-00120

$C_{10}H_{20}O$
1-Cyclohexyl-2-methyl-1-propanol, C-00618
▷2-Isopropyl-5-methylcyclohexanol, I-00208

$C_{10}H_{20}O_2$
4-Hydroxy-α,α,4-trimethylcyclohexanemethanol, H-00216
2-Propylpentanoic acid; Et ester, *in* P-00516

$C_{10}H_{20}O_3$
▷Promoxolan, P-00481

$C_{10}H_{20}O_{13}$
1,4-Anhydroglucitol; Tetra-Me, *in* A-00387

$C_{10}H_{21}N$
1-Cyclopentyl-2-dimethylaminopropane, *in* A-00232
▷*N*-Methyl-2-cyclohexyl-2-propylamine, M-00242
▷1,2,2,6,6-Pentamethylpiperidine, P-00085

$C_{10}H_{21}NO_4$
N-Butyldeoxynojirimycin, *in* T-00481

$C_{10}H_{21}NO_6$
2,3,4,6-Tetra-*O*-methyl-D-gluconamide, *in* G-00055
2,3,5,6-Tetra-*O*-methyl-D-gluconamide, *in* G-00055

$C_{10}H_{21}N_3O$
N,*N*-Diethyl-4-methyl-1-piperazinecarboxamide, D-00248

$C_{10}H_{22}Cl_2N_2O_4$
▷Mannomustine, M-00019

$C_{10}H_{22}N_4$
▷Guanethidine, G-00102

$C_{10}H_{22}O_3$
2-Hexyl-2-(hydroxymethyl)-1,3-propanediol, H-00072

$C_{10}H_{22}O_{14}S_4$
▷Mannosulfan, *in* M-00018

$C_{10}H_{23}N$
▷4-Propyl-4-heptylamine, P-00515

$C_{10}H_{24}N_2$
N,*N*,*N'*,*N'*-Tetramethyl-1,6-hexanediamine, T-00148

$C_{10}H_{24}N_2O_2$
2,2′-(1,2-Ethanediyldiimino)bis(1-butanol), E-00148

$C_{10}H_{24}N_2O_8S_2$
▷Ritrosulfan, R-00068

$C_{10}H_{24}O_7P_2$
Tetraethyl (1-hydroxyethylidene)bisphosphonate, *in* H-00132

$C_{11}H_5ClN_2O_3$
5-Chlorooxazalo[4,5-*h*]quinoline-2-carboxylic acid, C-00259

$C_{11}H_6ClN_3O_6$
Lodoxamide, L-00071

$C_{11}H_7Cl_2NO_2$
5,7-Dichloro-8-hydroxyquinoline; *O*-Ac, *in* D-00190

$C_{11}H_7Cl_2NO_2S$
Clantifen, *in* A-00337

$C_{11}H_7F_3N_2O_2S$
Amflutizole, A-00184

$C_{11}H_7N_3$
Naphtho[2,1-*e*]-1,2,4-triazine, N-00043

$C_{11}H_7N_3O_2$
Dazoquinast, D-00028

$C_{11}H_8ClNO_2$
▷Cyproximide, C-00652
Silital, *in* C-00249

$C_{11}H_8ClNO_2S$
▷Fenclozic acid, F-00043

$C_{11}H_8F_3NO$
1-Methyl-6-(trifluoromethyl)-2(1*H*)-quinolinone, M-00314

$C_{11}H_8I_3NO_4$
3-(Diacetylamino)-2,4,6-triiodobenzoic acid, *in* A-00340

$C_{11}H_8N_2$
▷4-Amino-1-naphthoic acid; Nitrile, *in* A-00292

$C_{11}H_8O_2$
▷2-Methyl-1,4-naphthoquinone, M-00271

$C_{11}H_8O_3$
▷5-Hydroxy-2-methyl-1,4-naphthoquinone, H-00167

▷2-Methoxy-1,4-naphthoquinone, *in* H-00178

$C_{11}H_8O_4$
7-Hydroxy-2*H*-1-benzopyran-2-one; Ac, *in* H-00114
4-Oxo-4*H*-1-benzopyran-2-carboxylic acid; Me ester, *in* O-00125

$C_{11}H_9BrO_4$
Bromebric acid, B-00286

$C_{11}H_9ClN_2OS$
Fenclozic acid; Amide, *in* F-00043

$C_{11}H_9ClN_4O$
Nimazone, N-00145

$C_{11}H_9ClO_2S$
Tianafac, T-00239

$C_{11}H_9Cl_4NO_2$
Cloponone, C-00488

$C_{11}H_9FN_2O_3$
Sorbinil, S-00104

$C_{11}H_9I_3N_2O_4$
▷Diatrizoic acid, *in* D-00138
▷Iothalamic acid, I-00140

$C_{11}H_9I_3N_2O_5$
3-(Acetylamino-5-[(hydroxyacetyl)amino]-2,4,6-triiodobenzoic acid, *in* D-00138

$C_{11}H_9NO_2$
4-Amino-1-naphthoic acid, A-00292
8-Hydroxyquinoline; *O*-Ac, *in* H-00211
2-Methyl-1,4-naphthoquinone; 4-Oxime, *in* M-00271
7-Quinolinecarboxylic acid; Me ester, *in* Q-00030

$C_{11}H_9NO_3S$
2-(2-Hydroxyphenyl)-4-thiazolecarboxylic acid; Me ester, *in* H-00199

$C_{11}H_9NO_4$
5,6-Dimethyl-2-nitro-1,3-indanedione, D-00436

$C_{11}H_9N_3O_2$
Naftazone, N-00022
Pirquinozol, P-00356

$C_{11}H_9N_3O_3$
Nitrafudam, N-00164

$C_{11}H_9N_3O_4$
Nifurvidine, N-00136

$C_{11}H_9N_5O_4$
▷*N*-[6-[2-(5-Nitro-2-furanyl)ethenyl]-1,2,4-triazin-3-yl]-acetamide, *in* F-00280

$C_{11}H_{10}ClNO_3$
▷Meseclazone, M-00132

$C_{11}H_{10}ClN_3O$
Quazinone, Q-00005

$C_{11}H_{10}Cl_2N_4$
▷2,4-Diamino-5-(3,4-dichlorophenyl)-6-methylpyrimidine, D-00124

$C_{11}H_{10}FNO_2S$
7-Fluoro-1-methyl-3-(methylsulfinyl)-4(1*H*)-quinolinone, F-00188

$C_{11}H_{10}FN_3O_3$
Flunidazole, F-00166

$C_{11}H_{10}F_3NO_2$
Flumetramide, F-00159

$C_{11}H_{10}N$
2-Methyl-1*H*-indole-3-acetonitrile, *in* M-00263

$C_{11}H_{10}N_2$
2-Aminopyridine; *N*-Ph, *in* A-00325

$C_{11}H_{10}N_2O$
4-Amino-1-naphthoic acid; Amide, *in* A-00292
▷1-(3-Aminophenyl)-2(1*H*)-pyridinone, A-00310

$C_{11}H_{10}N_2O_2$
2-Methyl-1,4-naphthoquinone; Dioxime, *in* M-00271
5-(3-Methylphenoxy)-2(1*H*)-pyrimidinone, M-00284

$C_{11}H_{10}N_2O_3$
5-Hydroxy-2-methyl-1,4-naphthoquinone; Dioxime, *in* H-00167
8-Hydroxy-5-nitroquinoline; Et ether, *in* H-00182
1-Methylisatin; 2-Oxime, Ac, *in* M-00264

$C_{11}H_{10}N_2S$
5,6-Dihydro-6-phenylimidazo[2,1-*b*]thiazole, D-00296

$C_{11}H_{10}N_4O_4$
▷Carbadox, C-00039

$C_{11}H_{10}N_4O_6$
▷Nifurmazole, N-00124

$C_{11}H_{10}N_6$
Bentemazole, *in* I-00033

$C_{11}H_{10}O_2$
▷1,4-Dihydroxy-2-methylnaphthalene, D-00333
1-Phenyl-2-propyn-1-ol; Ac, *in* P-00204

$C_{11}H_{10}O_3$
7-Ethoxy-2*H*-1-benzopyran-2-one, *in* H-00114
7-Hydroxy-4-methyl-2*H*-1-benzopyran-2-one; Me ether, *in* H-00156

$C_{11}H_{10}O_5$
3,4-Dihydroxybenzaldehyde; Di-Ac, *in* D-00311

$C_{11}H_{10}O_6$
2,3-Bis(acetyloxy)benzoic acid, *in* D-00315

$C_{11}H_{10}O_8S_2$
Menadiol disulfate, *in* D-00333

$C_{11}H_{11}ClN_4O_2$
Fenobam, F-00059

$C_{11}H_{11}ClO_3$
▷Alclofenac, A-00103

$C_{11}H_{11}Cl_2NO_3S$
▷Dichlormezanone, D-00178

$C_{11}H_{11}Cl_2N_3O$
▷Muzolimine, M-00473

$C_{11}H_{11}Cl_4NO_2$
▷Chlorbetamide, C-00197

$C_{11}H_{11}CuN_2O_2S$
Allocupreide, A-00127

$C_{11}H_{11}F_3N_2O_3$
▷Flutamide, F-00224

$C_{11}H_{11}IN_2O$
1,2-Dihydro-4-iodo-1,5-dimethyl-2-phenyl-3*H*-pyrazol-3-one, D-00286

$C_{11}H_{11}I_3O_3$
▷Iophenoxic acid, I-00128

$C_{11}H_{11}NO$
▷4-Amino-2-methyl-1-naphthol, A-00285
8-Ethoxyquinoline, *in* H-00211

$C_{11}H_{11}NO_2$
2-Methyl-3-indoleacetic acid, M-00263
▷1-Methyl-3-phenyl-2,5-pyrrolidinedione, M-00294

$C_{11}H_{11}NO_3S$
Nesosteine, N-00077

$C_{11}H_{11}NO_4S$
8-Ethoxy-5-quinolinesulfonic acid, E-00171

$C_{11}H_{11}N_3O$
4-Amino-6-methyl-2-phenyl-3(2*H*)-pyridazinone, A-00288

$C_{11}H_{11}N_3O_2$
Piroximone, P-00353

$C_{11}H_{11}N_3O_2S$
Nitramisole, N-00166
▷Sulphapyridine, S-00252

$C_{11}H_{11}N_3S$
Tinazoline, T-00292

$C_{11}H_{11}N_4NaO_2S$
▷Sulfamerazine sodium, *in* S-00242

$C_{11}H_{11}N_5$
▷2,6-Diamino-3-phenylazopyridine, D-00133

$C_{11}H_{11}N_5O_5$
▷[[6-[2-(5-Nitro-2-furanyl)ethenyl]-1,2,4-triazin-3-yl]-imino]bis-(methanol), *in* F-00280

$C_{11}H_{12}AsNO_5S_2$
▷Arsenamide, A-00450

$C_{11}H_{12}BrNO$
3-(3-Bromophenyl)-*N*-ethyl-2-propenamide, *in* B-00314

$C_{11}H_{12}Br_2N_2O_5$
Bromamphenicol, B-00284

$C_{11}H_{12}ClNO_3S$
▷Chlormezanone, C-00210

$C_{11}H_{12}Cl_2N_2O$
Lofexidine, L-00075

$C_{11}H_{12}Cl_2N_2O_5$
▷Chloramphenicol, C-00195

$C_{11}H_{12}Cl_3N$
Amphecloral, A-00366

$C_{11}H_{12}F_3NO$
▷Flumexadol, F-00160

$C_{11}H_{12}I_3NO_2$
▷Iopanoic acid, I-00125

$C_{11}H_{12}NO$
2-Methyl-1*H*-indole-3-acetamide, *in* M-00263

$C_{11}H_{12}NO_4PS_2$
▷Phosmet, P-00213

$C_{11}H_{12}N_2O$
▷1,2-Dihydro-1,5-dimethyl-2-phenyl-3*H*-pyrazol-3-one, D-00284
Peganine, P-00050

$C_{11}H_{12}N_2O_2$
4-Amino-6,7-dimethoxyquinoline, A-00250
2-(2,3-Dihydro-1,4-benzodioxin-2-yl)-1*H*-imidazole, D-00280
▷2-(Dimethylamino)-5-phenyl-4(5*H*)-oxazolone, D-00417
▷2-(Ethylamino)-5-phenyl-4(5*H*)-oxazolone, E-00174
▷3-Ethyl-5-phenyl-2,4-imidazolidinedione, E-00214
▷5-Ethyl-5-phenyl-2,4-imidazolinedione, E-00215
Metazamide, M-00153
5-Oxo-2-pyrrolidinecarboxylic acid; Anilide, *in* O-00140
Tryptophan, T-00567

$C_{11}H_{12}N_2O_2S_2$
Antazonite, A-00401

$C_{11}H_{12}N_2O_3$
Bemarinone, B-00031
▷5-Hydroxytryptophan, H-00219

$C_{11}H_{12}N_2O_6$
Acesaniamide, A-00017

$C_{11}H_{12}N_2S$
▷Tetramisole, T-00151

$C_{11}H_{12}N_3O^{\oplus}$
4-Amino-6-methoxy-1-phenylpyridazinium(1+), A-00279

$C_{11}H_{12}N_4O_2$
3-(4-Morpholinyl)-1,2,3-benzotriazin-4(3*H*)-one, M-00451
▷Panidazole, P-00013
▷Todralazine, T-00338

$C_{11}H_{12}N_4O_2S$
Sulfaperin, S-00206
▷Sulphamerazine, S-00242

$C_{11}H_{12}N_4O_3S$
▷Sulfametopyrazine, S-00198
▷Sulfamonomethoxime, S-00200
▷Sulphamethoxydiazine, S-00245
▷Sulphamethoxypyridazine, S-00246

$C_{11}H_{12}O_3$
1-(4-Hydroxyphenyl)-1-propanone; Ac, *in* H-00193
1,2,3,4-Tetrahydro-1-hydroxy-2-naphthalenecarboxylic acid, T-00118

$C_{11}H_{12}O_4$
2-Acetoxybenzoic acid; Et ester, *in* A-00026
2-Hydroxybenzyl alcohol; Di-Ac, *in* H-00116
4-Hydroxybutanoic acid; Benzoyl, *in* H-00118

$C_{11}H_{12}O_4S$
Mercaptobutanedioic acid; *S*-Benzyl, *in* M-00115

$C_{11}H_{12}O_5$
3-(3,4,5-Trihydroxyphenyl)-2-propenoic acid; Et ester, *in* T-00480
3-(3,4,5-Trihydroxyphenyl)-2-propenoic acid; 3,5-Di-Me ether, *in* T-00480

$C_{11}H_{12}O_8P_2$
1,4-Dihydroxy-2-methylnaphthalene; Bis(dihydrogen phosphate), *in* D-00333

$C_{11}H_{13}BrN_2O_5$
5-(2-Bromovinyl)-2′-deoxyuridine, B-00322

$C_{11}H_{13}BrN_2O_6$
5-Bromo-2′-deoxyuridine; 3′-Ac, *in* B-00296

$C_{11}H_{13}ClF_3N_3O_4S_3$
▷Polythiazide, P-00386

$C_{11}H_{13}Cl_3N_4O_4$
Triclofylline, T-00451

$C_{11}H_{13}FN_2O_6$
2′-Deoxy-5-fluorouridine; 3′-Ac, *in* D-00079
2′-Deoxy-5-fluorouridine; 5′-Ac, *in* D-00079

$C_{11}H_{13}IN_2O_6$
2′-Deoxy-5-iodouridine; 3′-Ac, *in* D-00081

$C_{11}H_{13}N$
▷Pargyline, P-00037

$C_{11}H_{13}NO$
1,2,3,4-Tetrahydroisoquinoline; *N*-Ac, *in* T-00120

$C_{11}H_{13}NO_2$
2-Amino-1-phenyl-1-propanone; *N*-Ac, *in* A-00309
Cyclopropyl(phenylmethyl)carbamic acid, C-00636
▷*N*-(2-Hydroxyethyl)cinnamamide, H-00130
5-Methyl-6-phenyl-3-morpholinone, M-00291

$C_{11}H_{13}NO_2S$
▷Tifemoxone, T-00263

$C_{11}H_{13}NO_3$
4-(2-Hydroxybenzoyl)morpholine, H-00115
Thurfyl nicotinate, T-00222
▷Toloxatone, T-00360

$C_{11}H_{13}NO_4$
▷Bendiocarb, B-00046
N-Carboxy-4-aminobenzoic acid; Propyl ester, *in* C-00064
▷Mephenoxalone, M-00095
Moxadolen, M-00458

$C_{11}H_{13}NO_5$
Forfenimex; *N*-Ac, *in* F-00243

$C_{11}H_{13}NO_7$
Clavulanic acid; 3-Hydroxypropanoyl, *in* C-00410

$C_{11}H_{13}N_3$
2,3,5,6-Tetrahydro-3-phenyl-1*H*-imidazo[1,2-*a*]imidazole, T-00130

$C_{11}H_{13}N_3O$
▷4-Amino-1,2-dihydro-1,5-dimethyl-2-phenyl-3*H*-pyrazol-3-one, A-00244
Ciamexon, C-00318
Feprosidnine, F-00086
Tryptophan; Amide, *in* T-00567

$C_{11}H_{13}N_3O_3S$
Sulfatroxazole, S-00212
▷Sulfisoxazole, S-00215
▷Sulphamoxole, S-00248

$C_{11}H_{13}N_3O_5$
Propenidazole, P-00494
$C_{11}H_{13}N_5$
Indanidine, I-00051
$C_{11}H_{13}N_5O_2S$
Tivanidazole, T-00327
$C_{11}H_{13}N_5O_5$
Azidamfenicol, A-00519
$C_{11}H_{14}AsNO_3S_2$
Arsthinol, A-00451
$C_{11}H_{14}ClNO$
▷Fenaclon, F-00031
$C_{11}H_{14}ClNO_2$
Buclosamide, B-00340
$C_{11}H_{14}ClN_3O_3S$
▷Glyclopyramide, G-00068
$C_{11}H_{14}ClN_3O_3S_2$
Tizolemide, T-00331
$C_{11}H_{14}ClN_3O_4S_3$
Althiazide, A-00157
$C_{11}H_{14}ClN_5$
▷Cycloguanil, C-00603
$C_{11}H_{14}F_3NO$
▷Fludorex, F-00145
$C_{11}H_{14}N_2O$
▷5-Methoxytryptamine, *in* H-00218
$C_{11}H_{14}N_2O_2$
▷Pheneturide, P-00153
$C_{11}H_{14}N_2O_3S$
Sulfadicramide, S-00192
$C_{11}H_{14}N_2O_4$
▷Felbamate, *in* P-00200
Glutamine; N^4-(4-Hydroxyphenyl), *in* G-00060
$C_{11}H_{14}N_2S$
Pyrantel, P-00558
5,6,7,8-Tetrahydro-4-methylquinoline-8-carbothiamide, T-00128
Tiquinamide, T-00320
$C_{11}H_{14}N_2S_2$
Picartamide, P-00231
$C_{11}H_{14}N_4O$
Idralfidine, I-00018
$C_{11}H_{14}N_4O_2$
▷Epirizole, E-00083
$C_{11}H_{14}N_4O_2S_2$
Glyprothiazol, G-00078
$C_{11}H_{14}N_4O_4$
▷Doxofylline, D-00596
$C_{11}H_{14}N_4O_4S$
▷6-(Methylthio)-9-*β*-D-ribofuranosyl-9*H*-purine, *in* T-00204
$C_{11}H_{14}N_4O_5$
3-Deazaguanosine, *in* D-00115
$C_{11}H_{14}O_2$
▷Butyl benzoate, *in* B-00092
tert-Butyl benzoate, *in* B-00092
▷1,2-Dimethoxy-4-(2-propenyl)benzene, *in* M-00215
2-Isopropoxyacetophenone, *in* H-00107
$C_{11}H_{14}O_3$
▷Butyl 4-hydroxybenzoate, *in* H-00113
$C_{11}H_{14}O_6S$
2-Hydroxy-5-sulfobenzoic acid; Di-Et ester, *in* H-00214
$C_{11}H_{15}BrN_2O$
Bromamid, B-00283
$C_{11}H_{15}BrN_2O_3$
▷5-(2-Bromoallyl)-5-*sec*-butylbarbituric acid, B-00290
Pronarcon, P-00482
$C_{11}H_{15}ClN_2OS$
▷Fopirtoline, F-00242
$C_{11}H_{15}ClN_2O_2$
Clormecaine, *in* A-00224
▷Iproclozide, I-00158
$C_{11}H_{15}ClN_2O_5$
5-(2-Chloroethyl)-2′-deoxyuridine, *in* C-00239
$C_{11}H_{15}ClN_4O_4$
Adechlorin, A-00066
$C_{11}H_{15}ClO_2$
▷2-(3-Chlorophenyl)-3-methyl-2,3-butanediol, C-00267
▷Phenaglycodol, P-00139
$C_{11}H_{15}Cl_2N_5$
Chlorproguanil, C-00297
$C_{11}H_{15}N$
4-Amino-5-phenyl-1-pentene, A-00307
1-Ethyl-1,2,3,4-tetrahydroquinoline, E-00223
2-Phenylcyclopentylamine, P-00185
1,2,3,4-Tetrahydroisoquinoline; *N*-Et, *in* T-00120
$C_{11}H_{15}NO$
4-Aminobenzaldehyde; *N,N*-Di-Et, *in* A-00210
▷Dimepropion, D-00382
▷3-Methyl-2-phenylmorpholine, M-00290
1-Phenyl-2-propylamine; *N*-Ac, *in* P-00202
$C_{11}H_{15}NO_2$
2-Aminobenzoic acid; *N*-Di-Et, *in* A-00215
4-Aminobenzoic acid; *N*-Di-Et, *in* A-00216
(4-Aminophenyl)acetic acid; *N*-Me, Et ester, *in* A-00299
▷Butamben, *in* A-00216
5-Butyl-2-pyridinecarboxylic acid; Me ester, *in* B-00432
▷Isobutoform, *in* A-00216
Methoxyphedrine, M-00210
β-O-Ethylsynephrine, *in* S-00286
1,2,3,4-Tetrahydro-6-hydroxy-7-methoxy-1-methylisoquinoline, T-00117
2,3,4,5-Tetrahydro-3-(methylamino)-1-benzoxepin-5-ol, T-00122
$C_{11}H_{15}NO_3$
2-(2-Ethoxyethoxy)benzamide, E-00164
N-(4-Ethoxyphenyl)-2-hydroxypropanamide, *in* H-00207
▷Hydroxyphenamate, *in* P-00179
▷1-(3-Methoxy-4,5-methylenedioxyphenyl)-2-propylamine, M-00201
$C_{11}H_{15}NO_4$
2-Amino-3-(3,4-dihydroxyphenyl)propanoic acid; Et ester, *in* A-00248
2-Amino-3-(3,4-dihydroxyphenyl)propanoic acid; 3,4-Di-Me ether, *in* A-00248
$C_{11}H_{15}NO_4S$
Ethebenecid, E-00152
$C_{11}H_{15}NO_5$
▷Methocarbamol, *in* G-00095
$C_{11}H_{15}NO_5S$
Tosulur, T-00391
$C_{11}H_{15}N_2O_4P$
Baeocystine, *in* D-00411
$C_{11}H_{15}N_3O_4$
▷Pyricarbate, P-00568
$C_{11}H_{15}N_3O_5$
Anaxirone, A-00378
$C_{11}H_{15}N_3O_6$
6-Azauridine; 2′,3′-*O*-Isopropylidene, *in* A-00514
$C_{11}H_{15}N_5$
Zindotrine, Z-00019
$C_{11}H_{15}N_5O_3$
1-[3-Azido-4-(hydroxymethyl)cyclopentyl]-5-methyl-2,4(1*H*,3*H*)pyrimidinedione, A-00522

$C_{11}H_{15}N_5O_4$
9-Arabinofuranosyladenine; 6*N*-Me, *in* A-00435
2-Methyladenosine, M-00219

$C_{11}H_{15}N_5O_5$
1-Methylisoguanosine, M-00265

$C_{11}H_{16}BrNO_2$
4-Bromo-2,5-dimethoxy-α-methylphenethylamine, B-00298

$C_{11}H_{16}ClNO$
Clorprenaline, C-00502

$C_{11}H_{16}ClN_3O_4S_2$
Buthiazide, B-00401

$C_{11}H_{16}ClN_5$
▷Chlorguanide, C-00204

$C_{11}H_{16}ClO_2PS_3$
▷Carbophenothion, C-00060

$C_{11}H_{16}FN_3O_3$
Carmofur, C-00082

$C_{11}H_{16}NO_5P$
[(4-Nitrophenyl)methyl]phosphonic acid; Di-Et ester, *in* N-00185

$C_{11}H_{16}N_2O$
Tocainide, T-00332

$C_{11}H_{16}N_2O_2$
▷Carbenzide, *in* M-00233
Pilocarpine, P-00252
▷Safrazine, S-00003

$C_{11}H_{16}N_2O_2S$
Buthalital, B-00400

$C_{11}H_{16}N_2O_3$
5-Allyl-5-isopropyl-1-methylbarbituric acid, A-00130
▷Butalbital, B-00386
▷Nifenalol, N-00111
▷Talbutal, T-00007
▷Vinbarbitone, V-00031
Vinylbitone, V-00046

$C_{11}H_{16}N_2O_3S$
Ozolinone, O-00169

$C_{11}H_{16}N_2O_5$
▷Edoxudine, E-00015

$C_{11}H_{16}N_2O_8$
Isospaglumic acid, I-00211
Spaglumic acid, *in* A-00461

$C_{11}H_{16}N_4O$
Lidamidine, L-00043

$C_{11}H_{16}N_4O_4$
▷Pentostatin, P-00105
▷Razoxane, R-00016

$C_{11}H_{16}N_4O_5$
▷Coformycin, C-00532

$C_{11}H_{16}N_4S$
Evandamine, E-00277

$C_{11}H_{16}N_5O_7P$
2-Methyladenosine; 5′-Phosphate, *in* M-00219

$C_{11}H_{16}N_5O_7PS$
2-Methylthioadenosine 5′-(dihydrogen phosphate), M-00311

$C_{11}H_{16}N_6O_3$
3′-Amino-3′-deoxyadenosine; 3′*N*-Me, *in* A-00234

$C_{11}H_{16}N_6O_4$
6-Dimethylamino-8-azaadenosine, D-00404

$C_{11}H_{16}O$
▷1-Phenyl-1-pentanol, P-00194

$C_{11}H_{16}O_4$
▷Guaietolin, G-00093

$C_{11}H_{16}O_8$
Citric acid; Tri-Me ester, Ac, *in* C-00402
Xylose; 2,3,4-Tri-Ac, *in* X-00024

$C_{11}H_{17}BrN^{\oplus}$
Bretylium(1+), B-00271

$C_{11}H_{17}Br_2N$
▷Ordil, *in* B-00271

$C_{11}H_{17}ClN_2O$
Methylnicethamide, *in* D-00241

$C_{11}H_{17}ClO_7P_2$
▷Mifobate, M-00372

$C_{11}H_{17}Cl_3N_2O_2S$
▷Chlordantoin, C-00199

$C_{11}H_{17}N$
▷Etilamfetamine, *in* P-00202
▷2-Methyl-3-phenyl-2-butylamine, M-00288
1-Phenyl-2-propylamine; *N*,*N*-Di-Me, *in* P-00202

$C_{11}H_{17}NO$
▷2-Dimethylamino-1-phenyl-1-propanol, D-00418
Methoxyphenamine, M-00211
▷Mexiletine, M-00351
▷Tecomanine, T-00049

$C_{11}H_{17}NO_2$
Deterenol, D-00106
▷Metaterol, M-00151
Octopamine; Di-Me ether, *N*-Me, *in* O-00022

$C_{11}H_{17}NO_3$
Dioxethedrin, D-00476
▷Isoprenaline, I-00198
▷Mescaline, M-00131
▷Methoxamine, M-00194
▷Orciprenaline, O-00053

$C_{11}H_{17}NO_4$
Dimetofrine, D-00459

$C_{11}H_{17}N_2O^{\oplus}$
3-(Diethylcarbamoyl)-1-methylpyridinium(1+), D-00241

$C_{11}H_{17}N_3O$
Meobentine, M-00093

$C_{11}H_{17}N_3O_3$
▷Emorfazone, E-00040

$C_{11}H_{17}N_3O_3S$
▷Carbutamide, C-00070

$C_{11}H_{17}N_3O_5$
▷Carbubarb, C-00068

$C_{11}H_{17}N_3O_8$
▷Tetrodotoxin, T-00156

$C_{11}H_{17}N_5O_2$
Dimethazan, D-00389

$C_{11}H_{17}N_5O_3$
▷Cafaminol, C-00008

$C_{11}H_{18}ClN_5S$
▷Mezilamine, M-00357

$C_{11}H_{18}NO_5P$
Phosphonoformic acid; *C*,*P*-di-Et ester, anilinium salt, *in* P-00216

$C_{11}H_{18}N_2OS$
Tamitinol, T-00022

$C_{11}H_{18}N_2O_2S$
▷Thiopental, T-00206

$C_{11}H_{18}N_2O_3$
▷Amobarbital, A-00352
▷Pentobarbitone, P-00101

$C_{11}H_{18}N_2O_3S$
Metalol, M-00148

$C_{11}H_{18}N_2O_4Pt$
[1,1-Cyclobutanedicarboxylato(2−)](2-pyrrolidinemethanamine-N^{α},N^{1})platinum, C-00598

$C_{11}H_{18}N_4O_3$
Imuracetam, I-00047

Pimonidazole, P-00262

$C_{11}H_{19}NO_3S$
N-Cyclopentyl-*N*-(3-mercapto-2-methylpropionyl)glycine, C-00633

$C_{11}H_{19}N_3O_2$
Piperacetam, P-00281

$C_{11}H_{20}N_3O_3PS$
▷Pirimiphos-methyl, P-00330
▷Pyrimitate, P-00587

$C_{11}H_{20}O_2$
3,3,5-Trimethylcyclohexanol; Ac, *in* T-00506
▷10-Undecenoic acid, U-00008

$C_{11}H_{20}O_4$
Nonanedioic acid; Di-Me ester, *in* N-00203

$C_{11}H_{21}Cl_2O_4P$
2,2-Dichlorovinyl methyl octyl phosphate, D-00205

$C_{11}H_{21}N$
▷Mecamylamine, M-00041

$C_{11}H_{21}NO_5$
Pantothenic acid; Et ester, *in* P-00016

$C_{11}H_{22}NO_2S$
10-(Methylsulfonyl)decanenitrile, M-00307

$C_{11}H_{22}N_3O_3P$
Meturedepa, M-00345

$C_{11}H_{22}O_2$
2,2-Dipropylpentanoic acid, D-00525

$C_{11}H_{23}NO$
2,2-Dipropylpentanamide, *in* D-00525

$C_{11}H_{23}N_7$
Meladrazine, M-00073

$C_{11}H_{24}ClO_6P_2$
Tetraisopropyl dichloromethylenebisphosphonate, *in* D-00194

$C_{11}H_{24}FeNO_{11}$
▷Ferrocholinate, *in* C-00308

$C_{11}H_{24}O_3$
▷1,3-Dibutoxy-2-propanol, D-00172

$C_{11}H_{24}O_4$
1,1,2,2-Tetraethoxypropane, *in* P-00600

$C_{11}H_{25}N$
Iproheptine, *in* M-00257

$C_{11}H_{25}N_2O_2^{\oplus}$
Miokinine, *in* O-00059

$C_{11}H_{28}Br_2N_2$
▷Pentamethonium bromide, *in* P-00084

$C_{11}H_{28}I_2N_2$
Pentamethonium iodide, *in* P-00084

$C_{11}H_{28}N_2^{\oplus\oplus}$
Pentamethonium (2+), P-00084

$C_{12}H_4O_{16}S_4Sb^{\ominus\ominus\ominus\ominus\ominus}$
Bis[4,5-dihydroxy-1,8-benzenedisulfonato(4−)-O^4,O^5]-antimonate(5−), B-00207

$C_{12}H_6Br_4O_2$
3,3′,5,5′-Tetrabromo[1,1′-biphenyl]-2,2′-diol, T-00103

$C_{12}H_6Cl_2N_2O_6$
▷Niclofolan, N-00092

$C_{12}H_6Cl_4I^{\oplus}$
Feniodium(1+), F-00054

$C_{12}H_6Cl_4O_2S$
▷Bis(2,4-dichloro-6-hydroxyphenyl)disulfide, B-00204

$C_{12}H_6Cl_4O_3S$
▷Bithionoloxide, *in* B-00204

$C_{12}H_6Cl_5I$
▷Feniodium chloride, *in* F-00054

$C_{12}H_6N_2O_2$
▷4,7-Phenanthroline-5,6-dione, P-00144

$C_{12}H_6Na_6O_{12}S_6Sb_2$
▷Stibocaptate, S-00149

$C_{12}H_7Br_4O_5P$
Bromofenofos, *in* T-00103

$C_{12}H_7ClN_2O_3$
Quazolast, *in* C-00259

$C_{12}H_7Cl_3O_2$
▷2,4,4′-Trichloro-2′-hydroxydiphenyl ether, T-00437

$C_{12}H_7N_3O_2$
4,7-Phenanthroline-5,6-dione; Monoxime, *in* P-00144

$C_{12}H_7N_5O_9$
▷Nifursol, N-00132

$C_{12}H_8BrI$
Dibenziodolium; Bromide, *in* D-00157

$C_{12}H_8ClI$
Dibenziodolium; Chloride, *in* D-00157

$C_{12}H_8Cl_2N_2O_2$
2-[(2,3-Dichlorophenyl)amino]-3-pyridinecarboxylic acid, *in* A-00326

$C_{12}H_8Cl_2O_2S$
▷2,2′-Thiobis(4-chlorophenol), T-00194

$C_{12}H_8Cl_6O$
▷Dieldrin, D-00222
▷Endrin, E-00051

$C_{12}H_8FI$
Dibenziodolium; Fluoride, *in* D-00157

$C_{12}H_8I^{\oplus}$
Dibenziodolium, D-00157

$C_{12}H_8INO_3$
Dibenziodolium; Nitrate, *in* D-00157

$C_{12}H_8I_2$
Dibenziodolium; Iodide, *in* D-00157

$C_{12}H_8N_4O_6S$
▷Nifurzide, N-00137

$C_{12}H_8OS$
Dibenzothiophene; 5-Oxide, *in* D-00160

$C_{12}H_8O_2S$
Dibenzothiophene; 5,5-Dioxide, *in* D-00160

$C_{12}H_8O_4$
5-Hydroxy-1,4-naphthoquinone; Ac, *in* H-00179
▷Xanthotoxin, X-00007

$C_{12}H_8S$
Dibenzothiophene, D-00160

$C_{12}H_9ClFN_5$
Arprinocid, A-00448

$C_{12}H_9ClO$
4-Chlorophenol; Ph ether, *in* C-00260
(1-Naphthyl)acetic acid; Chloride, *in* N-00044

$C_{12}H_9Cl_2NO_2S$
4-[(2,6-Dichlorophenyl)amino]-3-thiopheneacetic acid, D-00200

$C_{12}H_9Cl_3N_2O_2S$
Lotifazole, L-00103

$C_{12}H_9F_3N_2O_2$
Leflunomide, L-00019

$C_{12}H_9N$
▷(1-Naphthyl)acetic acid; Nitrile, *in* N-00044

$C_{12}H_9NO_2$
3-Pyridinecarboxylic acid; Ph ester, *in* P-00571

$C_{12}H_9NO_6$
▷Miloxacin, M-00377

$C_{12}H_9NS$
▷Phenothiazine, P-00167

$C_{12}H_9N_3O$
Milrinone, M-00378

$C_{12}H_9N_3O_5$
▷Nifuroxazide, N-00126

$C_{12}H_9N_3O_5S$
Nitazoxanide, N-00162

$C_{12}H_9N_5O_3$
▷Ciadox, C-00317

$C_{12}H_{10}BrI$
Diphenyliodonium(1+); Bromide, *in* D-00495

$C_{12}H_{10}BrNO_2S$
Brofezil, B-00279

$C_{12}H_{10}ClI$
Diphenyliodonium(1+); Chloride, *in* D-00495

$C_{12}H_{10}Cl_2N_2O_2S$
Pazoxide, P-00047

$C_{12}H_{10}F_2N_2O_3$
Zardaverine, Z-00007

$C_{12}H_{10}F_3N_3O_4$
Nilutamide, N-00143

$C_{12}H_{10}Fe_3O_{14}$
Ferrous citrate, F-00092

$C_{12}H_{10}I^{\oplus}$
Diphenyliodonium(1+), D-00495

$C_{12}H_{10}INO_2$
Diphenyliodonium(1+); Nitrate, *in* D-00495

$C_{12}H_{10}I_2$
Diphenyliodonium(1+); Iodide, *in* D-00495

$C_{12}H_{10}Mg_3O_{14}$
Magnesium citrate, M-00007

$C_{12}H_{10}N_2O$
2-Aminopyridine; *N*-Benzoyl, *in* A-00325
3-Pyridinecarboxylic acid; Anilide, *in* P-00571

$C_{12}H_{10}N_2O_3S$
Tiacrilast, T-00235

$C_{12}H_{10}N_2O_4$
▷Nifurpirinol, N-00128

$C_{12}H_{10}N_2O_5$
▷Cinoxacin, C-00377

$C_{12}H_{10}O_2$
▷2,3-Dimethyl-1,4-naphthoquinone, D-00433
2,7-Dimethyl-1,4-naphthoquinone, D-00434
▷(1-Naphthyl)acetic acid, N-00044

$C_{12}H_{10}O_3$
2,2′-Dihydroxydiphenyl ether, D-00325
5-Methoxy-2-methyl-1,4-naphthoquinone, *in* H-00167
Spizofurone, S-00134

$C_{12}H_{10}O_3S$
Benzenesulfonic acid; Ph ester, *in* B-00075

$C_{12}H_{10}O_4$
4,5-Dihydro-5-methyl-4-oxo-5-phenyl-2-furancarboxylic acid, D-00290
7-Hydroxy-4-methyl-2*H*-1-benzopyran-2-one; 7-*O*-Ac, *in* H-00156
4-Oxo-4*H*-1-benzopyran-2-carboxylic acid; Et ester, *in* O-00125

$C_{12}H_{10}O_5S_2$
Benzenesulfonic acid; Anhydride, *in* B-00075

$C_{12}H_{10}O_6$
[(7-Hydroxy-4-methyl-2-oxo-2*H*-1-benzopyran-6-yl)oxy]-acetic acid, *in* D-00332

$C_{12}H_{11}Br_3N_2O_5$
Broxitalamic acid, B-00333

$C_{12}H_{11}ClHg_2O_5$
Basic phenylmercury perchlorate, *in* H-00125

$C_{12}H_{11}ClN_2O_5S$
▷Frusemide, F-00267

$C_{12}H_{11}ClN_6O_2S_2$
▷Azosemide, A-00530

$C_{12}H_{11}Cl_2N_3O_2$
Azaconazole, A-00494

$C_{12}H_{11}Hg_2NO_4$
μ-Hydroxydiphenyldimercury(1+); Nitrate, *in* H-00125

$C_{12}H_{11}Hg_2O^{\oplus}$
μ-Hydroxydiphenyldimercury(1+), H-00125

$C_{12}H_{11}I_3N_2O_4$
▷3-(Acetylamino)-5-(acetylmethylamino)-2,4,6-triiodobenzoic acid, *in* D-00138
▷Iodamide, I-00095

$C_{12}H_{11}I_3N_2O_5$
5-Acetamido-*N*-[[(2-hydroxyethyl)amino]carbonyl]-2,4,6-triiodobenzoic acid, *in* D-00138

$C_{12}H_{11}NO$
5-Methyl-1-phenyl-2(1*H*)-pyridinone, M-00293
▷(1-Naphthyl)acetic acid; Amide, *in* N-00044

$C_{12}H_{11}NO_2$
Methylcarbamic acid; 2-Naphthyl ester, *in* M-00238
▷1-Naphthalenyl methylcarbamate, *in* M-00238

$C_{12}H_{11}NO_2S$
▷Benzenesulfonic acid; Anilide, *in* B-00075

$C_{12}H_{11}NO_3S$
2-[4-(2-Thiazolyloxy)phenyl]propanoic acid, T-00186

$C_{12}H_{11}N_3$
Mefenidil, M-00063

$C_{12}H_{11}N_3O_2$
Caerulomycin, C-00006

$C_{12}H_{11}N_3O_3$
Caerulomycin B, *in* C-00006

$C_{12}H_{11}N_5O$
Pelrinone, P-00055

$C_{12}H_{11}N_7$
▷2,4,7-Triamino-6-phenylpteridine, T-00420
2,4,7-Triamino-5-phenylpyrimido[4,5-*d*]pyrimidine, T-00421

$C_{12}H_{11}N_7O_2$
2,4,7-Triamino-6-phenylpteridine; 5,8-Dioxide, *in* T-00420

$C_{12}H_{12}ClNO_4$
Eclazolast, E-00008

$C_{12}H_{12}Cl_2N_4$
▷2,4-Diamino-5-(3,4-dichlorophenyl)-6-ethylpyrimidine, D-00123

$C_{12}H_{12}FNO$
Cinflumide, C-00366

$C_{12}H_{12}N_2O_2$
Cyclazodone, C-00589
(2-Imidazol-1-yl)ethyl benzoate, I-00031
3-Methyl-2-quinoxalinecarboxylic acid; Et ester, *in* M-00304

$C_{12}H_{12}N_2O_2S$
▷3,3′-Diaminodiphenyl sulfone, D-00128
▷4,4′-Diaminodiphenyl sulfone, D-00129
Enoximone, E-00062
Sulfanilanilide, S-00202

$C_{12}H_{12}N_2O_3$
Dazoxiben, D-00029
▷5-Ethyl-5-phenyl-2,4,6(1*H*,3*H*,5*H*)-pyrimidinetrione, E-00218
▷Nalidixic acid, N-00029

$C_{12}H_{12}N_2O_4S$
Supidimide, S-00272

$C_{12}H_{12}N_2O_5$
Temodox, T-00063

$C_{12}H_{12}N_2O_8$
4,5-Dinitro-1,2-benzenedicarboxylic acid; Di-Et ester, *in* D-00467

$C_{12}H_{12}N_4OS$
Motapizone, M-00454

$C_{12}H_{12}N_4O_3$
▷Benznidazole, B-00089
Furafylline, F-00278

$C_{12}H_{12}O_6$
1,3,5-Benzenetriol; Tri-Ac, *in* B-00076
2,5-Dihydroxybenzoic acid; Me ester, di-Ac, *in* D-00316

$C_{12}H_{13}BF_4Hg_2O_2$
Basic phenylmercury tetrafluoroborate, *in* H-00125

$C_{12}H_{13}BHg_2O_4$
[[Orthoborato(1−)-*O*]phenyl]mercury, *in* H-00191

$C_{12}H_{13}BrN_4O_2S$
Sulfabromomethazine, S-00185

$C_{12}H_{13}Br_2NO_3$
Fursalan, F-00298

$C_{12}H_{13}ClN_2O_3$
Tryptophan; *N*-Chloroacetyl, *in* T-00567

$C_{12}H_{13}ClN_4$
▷Pyrimethamine, P-00585

$C_{12}H_{13}ClN_4O_2S$
▷Sulfaclomide, S-00188

$C_{12}H_{13}ClN_4O_6S_2$
Sumetizide, S-00269

$C_{12}H_{13}Cl_2N_3$
Alinidine, A-00120

$C_{12}H_{13}Cl_2N_5$
Palatrigine, P-00004

$C_{12}H_{13}F_3N_2O_2$
Fluzinamide, F-00235

$C_{12}H_{13}I_3N_2O_2$
▷Iopodic acid, I-00129

$C_{12}H_{13}I_3N_2O_3$
▷Iocetamic acid, I-00094
▷Iomeglamic acid, I-00120

$C_{12}H_{13}NO$
Nafomine, N-00019

$C_{12}H_{13}NO_2$
▷1,3-Dimethyl-3-phenyl-2,5-pyrrolidinedione, D-00447
2-Methyl-3-indoleacetic acid; Me ester, *in* M-00263
Shihunine, S-00062

$C_{12}H_{13}NO_2S$
▷2-Ethyl-2-phenyl-1,4-thiazane-3,5-dione, E-00219

$C_{12}H_{13}NO_3$
5-Hydroxy-2-methyl-3-indolecarboxylic acid; Et ester, *in* H-00163
1-(4-Methoxybenzoyl)-2-pyrrolidinone, M-00197
5-Oxo-2-pyrrolidinecarboxylic acid; Benzyl ester, *in* O-00140

$C_{12}H_{13}N_3$
Di(4-pyridylmethyl)amine, D-00531

$C_{12}H_{13}N_3O$
Fenyripol, F-00082

$C_{12}H_{13}N_3O_2$
▷Isocarboxazid, I-00181
▷Tris(1-aziridinyl)-1,4-benzoquinone, T-00533

$C_{12}H_{13}N_3O_3S$
Fexinidazole, F-00098

$C_{12}H_{13}N_3O_4$
▷Olaquindox, O-00034

$C_{12}H_{13}N_3O_4S$
Acetylsulfamethoxazole, *in* S-00244

$C_{12}H_{13}N_5O_2S$
Prontosil, P-00484

$C_{12}H_{13}N_5O_4$
Carprazidil, C-00098

$C_{12}H_{13}N_5O_5$
Nifurizone, N-00123

$C_{12}H_{14}ClNO_3$
Stypticin, *in* C-00552

$C_{12}H_{14}ClNO_4$
Diproxadol, D-00528

$C_{12}H_{14}ClN_3O_2S_2$
Butadiazamide, B-00383

$C_{12}H_{14}Cl_2FNO_4S$
Florfenicol, F-00124

$C_{12}H_{14}Cl_2NO_3PS_2$
Benoxafos, B-00058

$C_{12}H_{14}Cl_3O_4P$
▷Chlorfenvinphos, C-00203

$C_{12}H_{14}F_3NO$
α-Methyl-*m*-(trifluoromethyl)phenethylamine; Ac, *in* M-00312

$C_{12}H_{14}N_2$
4-(2,3-Dimethylbenzyl)-1*H*-imidazole, D-00426
4-[(2,6-Dimethylphenyl)methyl]-1*H*-imidazole, D-00446
Efetozole, E-00018
2,3,4,5-Tetrahydro[1,4]diazepino[1,2-*a*]indole, T-00116

$C_{12}H_{14}N_2O$
Acetryptine, A-00027
Tryptamine; N^b-Ac, *in* T-00566

$C_{12}H_{14}N_2O_2$
2-Benzimidazolepropionic acid; Et ester; B,HCl, *in* B-00083
4-Ethyl-6,7-dimethoxyquinazoline, E-00181
3-Ethyl-3-phenyl-2,6-piperazinedione, E-00216
▷Methetoin, M-00179
▷Methoin, M-00188
▷Primidone, P-00436
Tryptophan; Me ester, *in* T-00567

$C_{12}H_{14}N_2O_2S_2$
Bensuldazic acid, B-00065

$C_{12}H_{14}N_2O_3$
▷5-(2-Cyclopenten-1-yl)-5-(2-propenyl)-2,4,6(1*H*,3*H*,5*H*)-pyrimidinetrione, C-00629
▷Deboxamet, D-00032
Diproqualone, D-00526

$C_{12}H_{14}N_2O_3S$
Tioxidazole, T-00309
Tiprinast, T-00316

$C_{12}H_{14}N_2O_4$
▷Ruvazone, R-00107

$C_{12}H_{14}N_4O_2S$
▷Sulfamethazine, S-00196
▷Sulphasomidine, S-00254

$C_{12}H_{14}N_4O_3S$
Sulfacytine, S-00191
▷Sulfametomidine, S-00197

$C_{12}H_{14}N_4O_4S$
▷Sulfadoxine, S-00193
▷Sulphadimethoxine, S-00238
▷Sulphamoprine, S-00247

$C_{12}H_{14}N_4O_6$
Inosine; 3′-Ac, *in* I-00073

$C_{12}H_{14}N_4O_7$
Cadeguomycin, C-00003

$C_{12}H_{14}N_6O_{10}S_2$
Carumonam, C-00104

$C_{12}H_{14}Na_5O_{16}S_4Sb$
▷Stibophen, *in* B-00207

$C_{12}H_{14}O_2$
Fenabutene, *in* M-00298

$C_{12}H_{14}O_2S_2$
Ditophal, D-00553

$C_{12}H_{14}O_3$
▷Aceteugenol, *in* M-00215
▷Furofenac, F-00295
1,2,3,4-Tetrahydro-1-hydroxy-2-naphthalenecarboxylic acid; Me ester, *in* T-00118

$C_{12}H_{14}O_4$
3-(2,4-Dimethoxyphenyl)-2-butenoic acid, D-00400
Thurfyl salicylate, *in* E-00112

$C_{12}H_{14}O_5$
Cinametic acid, C-00353
2,2-Dimethyl-1,3,5-cyclohexanetrione; Di-Ac, *in* D-00427

$C_{12}H_{14}O_9$
1,2,5-Tri-*O*-acetyl-α-D-glucurono-6,3-lactone, *in* G-00059

$C_{12}H_{15}AsN_6OS_2$
▷Melarsoprol, M-00077

$C_{12}H_{15}ClO_3$
Clofibrate, *in* C-00456

$C_{12}H_{15}Cl_2NO_5S$
Thiamphenicol, T-00179

$C_{12}H_{15}Cl_2N_5O$
Clociguanil, C-00442

$C_{12}H_{15}HgNO_6$
Mercuderamide, M-00122

$C_{12}H_{15}N$
1-(4-Methylphenyl)-3-azabicyclo[3.1.0]hexane, M-00285

$C_{12}H_{15}NO_2$
3-Amino-3,4-dihydro-2-methyl-2*H*-1-benzopyran; *N*-Ac, *in* A-00245
▷N-(2-Hydroxyethyl)-N-methylcinnamamide, *in* H-00130

$C_{12}H_{15}NO_3$
▷Metaxalone, M-00152
N-(2-Hydroxyethyl)-N-methyl-p-hydroxycinnamamide, *in* H-00130

$C_{12}H_{15}NO_3S$
Methionine; *N*-Benzoyl, *in* M-00183
Mezolidon, M-00359
Vanitiolide, V-00009

$C_{12}H_{15}NO_4$
4-(Acetylamino)-2-ethoxybenzoic acid methyl ester, *in* A-00264
Cotarnine, C-00552
▷3-(3,4,5-Trimethoxyphenyl)-2-propenamide, *in* T-00480

$C_{12}H_{15}NO_6$
(Xylosylamino)benzoic acid, X-00025

$C_{12}H_{15}N_2O_3PS$
▷Phoxim, P-00221

$C_{12}H_{15}N_3$
Indanazoline, I-00050

$C_{12}H_{15}N_3O$
Tryptophan; Amide, 1*N*-Me, *in* T-00567

$C_{12}H_{15}N_3O_2S$
▷Albendazole, A-00096

$C_{12}H_{15}N_3O_2S_2$
▷Glybuzole, G-00063

$C_{12}H_{15}N_3O_3$
▷Oxibendazole, O-00109

$C_{12}H_{15}N_3O_3S$
Albendazole oxide, *in* A-00096

$C_{12}H_{15}N_3O_5S$
▷Amezinium metilsulfate, *in* A-00279

$C_{12}H_{15}N_3O_6$
Teroxirone, T-00096

$C_{12}H_{15}N_5O_3S$
Sulfaguanole, S-00194

$C_{12}H_{15}N_5O_5$
Adenosine; 3′-Ac, *in* A-00067
Adenosine; 5′-Ac, *in* A-00067
9-Arabinofuranosyladenine; 3′-Ac, *in* A-00435

$C_{12}H_{15}N_5O_6S$
Oximonam, O-00115

$C_{12}H_{15}N_5O_9S_2$
Tigemonam, T-00268

$C_{12}H_{15}O_{12}S_3Sb$
2,2′,2″-Stibylidynetris[thio]trisbutanedioic acid, S-00150

$C_{12}H_{16}ClNO_3$
▷Meclofenoxate BAN, M-00046

$C_{12}H_{16}ClN_3O$
Carbantel, C-00042

$C_{12}H_{16}ClN_3O_4S_3$
Methalthiazide, M-00166

$C_{12}H_{16}ClN_4S^{\oplus}$
Beclotiamine(1+), B-00025

$C_{12}H_{16}Cl_2N_4S$
Chlorothiamine, *in* B-00025

$C_{12}H_{16}F_3N$
▷Fenfluramine, F-00050

$C_{12}H_{16}F_3NS$
Flutiorex, F-00228

$C_{12}H_{16}N_2$
▷3-(2-Aminobutyl)indole, A-00222
Fenproporex, F-00073
1,3,4,6,7,11*b*-Hexahydro-2*H*-pyrazino[2,1-*a*]isoquinoline, H-00051

$C_{12}H_{16}N_2O$
▷3-(2-Dimethylaminoethyl)-4-hydroxyindole, D-00411
5-Methoxy-N-methyltryptamine, *in* H-00218

$C_{12}H_{16}N_2O_2$
Eltoprazine, E-00030

$C_{12}H_{16}N_2O_3$
▷Cyclobarbitone, C-00596
▷Hexobarbital, H-00065
Ornithine; N^{δ}-Benzoyl, *in* O-00059

$C_{12}H_{16}N_2O_3S$
Tolpyrramide, T-00368

$C_{12}H_{16}N_2O_4S$
Tiapirinol, T-00242

$C_{12}H_{16}N_2S$
▷Morantel, M-00438
▷Xylazine, X-00021

$C_{12}H_{16}N_2S_2$
Lucartamide, L-00111

$C_{12}H_{16}N_3O_3P$
Benzodepa, B-00091

$C_{12}H_{16}N_4O_2$
Taloximine, T-00016

$C_{12}H_{16}N_4O_2S_2$
▷Glybuthiazol, G-00062

$C_{12}H_{16}N_4O_3$
Iprazochrome, I-00156

$C_{12}H_{16}N_6S$
Etintidine, E-00237

$C_{12}H_{16}O_2$
▷Ibufenac, I-00007

$C_{12}H_{16}O_4$
4-Hydroxy-3-(1-hydroxypentyl)benzoic acid, H-00139

$C_{12}H_{16}O_4S_2$
Malotilate, M-00016

$C_{12}H_{16}O_6$
1,2-*O*-Cyclohexylidene-α-D-glucurono-6,3-lactone, *in* G-00059

5,6-*O*-Cyclohexylidene-L-*threo*-hex-2-enono-1,4-lactone, *in* A-00456

$C_{12}H_{16}O_6S$
Protiofate, P-00538

$C_{12}H_{16}O_8$
Phlorin, *in* B-00076

$C_{12}H_{17}ClN_4OS$
▷Thiamine monochloride, *in* T-00174

$C_{12}H_{17}ClO_2$
▷2-(4-Chlorophenyl)-4-methyl-2,4-pentanediol, C-00270

$C_{12}H_{17}N$
1-Phenylcyclohexylamine, P-00182

$C_{12}H_{17}NO$
3-Amino-3,4-dihydro-2-methyl-2*H*-1-benzopyran; *N*-Di-Me; B,HCl, *in* A-00245
2-(1-Aminopropyl)-2-indanol, A-00320
▷Diethyltoluamide, *in* M-00230
α-Phenyl-2-piperidinemethanol, P-00197
▷Trebenzomine, *in* A-00245

$C_{12}H_{17}NOS$
Tiletamine, T-00272

$C_{12}H_{17}NO_2$
4′-*tert*-Butoxyacetanilide, B-00419
6-Cyclohexyl-1-hydroxy-4-methyl-2(1*H*)-pyridinone, C-00612
N-(2-Hydroxyethyl)-*N*-(1-methylethyl)benzamide, *in* A-00253
2-Methylamino-1-phenyl-1-propanol; *N*-Ac, *in* M-00221
2-Methylamino-1-phenyl-1-propanol; *N*-Ac, *in* M-00221
2-(Pentyloxy)benzamide, P-00107

$C_{12}H_{17}NO_3$
▷Bucetin, B-00335
▷Bufexamac, B-00350
2-Butoxyethyl 3-pyridinecarboxylate, B-00421
▷Ethamivan, E-00146
Norbutrine, N-00210
Phenisonone, P-00158
Rimiterol, R-00058

$C_{12}H_{17}NO_3S$
Penicillamine; *S*-Benzyl, *in* P-00064

$C_{12}H_{17}NO_4$
Methyldopate, *in* M-00249
N-Formylmescaline, *in* M-00131

$C_{12}H_{17}N_2O_4P$
▷Psilocybine, *in* D-00411

$C_{12}H_{17}N_3O$
Cimaterol, C-00349

$C_{12}H_{17}N_3O_4S$
Imipenem, I-00039

$C_{12}H_{17}N_4OS^{\oplus}$
▷Thiamine, T-00174

$C_{12}H_{17}N_5$
Bumedipil, B-00355

$C_{12}H_{17}N_5O_4$
9-Arabinofuranosyladenine; 6*N*-Di-Me, *in* A-00435
2,6*N*-Dimethyladenosine, *in* M-00219
▷Nifurpipone, N-00127

$C_{12}H_{17}N_5O_4S$
Thiamine; Nitrate, *in* T-00174

$C_{12}H_{18}ClN$
▷*N*-(3-Chloropropyl)-α-methylphenethylamine, C-00280

$C_{12}H_{18}ClNO$
2-*tert*-Butylamino-1-(2-chlorophenyl)ethanol, B-00426
Etolorex, E-00254

$C_{12}H_{18}ClN_4O_4PS$
Monophosphothiamine chloride, *in* T-00174

$C_{12}H_{18}Cl_2N_2O$
Clenbuterol, C-00419

$C_{12}H_{18}Cl_2N_4OS$
▷Bewon, *in* T-00174

$C_{12}H_{18}FNO$
Flerobuterol, F-00115

$C_{12}H_{18}IN$
2-Ethyl-1,2,3,4-tetrahydro-2-methylisoquinolinium(1+); Iodide, *in* E-00222
Iofetamine, I-00110

$C_{12}H_{18}N^{\oplus}$
2-Ethyl-1,2,3,4-tetrahydro-2-methylisoquinolinium(1+), E-00222

$C_{12}H_{18}NO_3^{\oplus}$
O-(4-Hydroxybenzoyl)choline, *in* C-00308

$C_{12}H_{18}N_2O$
▷Oxotremorine, O-00141
▷Pivhydrazine, P-00365

$C_{12}H_{18}N_2O_2$
3-[(Dimethylamino)(1,3-dioxan-5-yl)methyl]pyridine, D-00406
Nicametate, N-00086

$C_{12}H_{18}N_2O_2S$
Thiamylal, T-00180

$C_{12}H_{18}N_2O_3$
Nealbarbitone, N-00055
▷Quinalbarbitone, Q-00011

$C_{12}H_{18}N_2O_3S$
▷Tolbutamide, T-00345

$C_{12}H_{18}N_2O_4$
Midodrine, M-00369

$C_{12}H_{18}N_2O_5$
▷Hypoglycin *B*, H-00225

$C_{12}H_{18}N_2O_7$
▷Bicyclomycin, B-00158

$C_{12}H_{18}N_4O_2$
1,3-Dipropyl-7-methylxanthine, D-00524
Verofylline, V-00022

$C_{12}H_{18}N_4O_4$
Dupracetam, D-00622

$C_{12}H_{18}N_4O_8$
3-Amino-1-propanol; *O,N*-Tri-Me, picrate, *in* A-00319

$C_{12}H_{18}O$
▷2,6-Diisopropylphenol, D-00367
5-Methyl-2-pentylphenol, M-00280

$C_{12}H_{18}O_2$
▷4-Hexyl-1,3-benzenediol, H-00071

$C_{12}H_{18}O_3$
3,5-Diethoxy-4,4-dimethyl-2,5-cyclohexadien-1-one, *in* D-00427
1,3,5-Triethoxybenzene, *in* B-00076

$C_{12}H_{18}O_4$
▷Butopyronoxyl, B-00416

$C_{12}H_{18}O_7$
2,3:4,6-Di-*O*-isopropylidene-β-L-*xylo*-2-hexulosonic acid, *in* H-00070

$C_{12}H_{18}O_8$
1,2,3,4-Tetra-*O*-acetylerythritol, *in* E-00114
Threitol; Tetra-Ac, *in* T-00219

$C_{12}H_{19}BrN_2O_2$
▷Neostigmine bromide, *in* N-00070

$C_{12}H_{19}ClNO_3P$
▷Crufomate, C-00572

$C_{12}H_{19}ClN_4O_7P_2S$
▷Thiamine diphosphate, T-00175

$C_{12}H_{19}NO$
▷1-Aminoadamantane; Ac, *in* A-00206
Etafedrine, E-00133

$C_{12}H_{19}NO_2$
▷Bamethan, B-00010
Fepradinol, F-00084

$C_{12}H_{19}NO_3$
Colterol, C-00537
Metiprenaline, M-00323
N-Methylmescaline, *in* M-00131
Prenalterol, P-00419
▷Terbutaline, T-00084
▷1-(3,4,5-Trimethoxyphenyl)-2-propylamine, T-00504

$C_{12}H_{19}NO_3S$
Lemidosul, L-00021

$C_{12}H_{19}NO_4$
▷Choline salicylate, *in* H-00112

$C_{12}H_{19}N_2O_2^{\oplus}$
▷Neostigmine(1+), N-00070

$C_{12}H_{19}N_3O$
▷Procarbazine, P-00448

$C_{12}H_{19}N_8OP$
▷Pumitepa, P-00556

$C_{12}H_{20}NO^{\oplus}$
Ethyl(3-methoxybenzyl)dimethylammonium(1+), E-00199

$C_{12}H_{20}N_2$
Amiflamine, A-00193
▷Tremorine, T-00409

$C_{12}H_{20}N_2O$
Amiterol, A-00348

$C_{12}H_{20}N_2O_2$
Isamoxole, I-00176

$C_{12}H_{20}N_2O_2S$
Thiotetrabarbital, T-00212

$C_{12}H_{20}N_2O_2S_2$
▷Methitural, M-00184

$C_{12}H_{20}N_2O_3$
▷5-Ethyl-5-(1-ethylbutyl)-2,4,6-(1*H*,3*H*,5*H*)-pyrimidinetrione, E-00188
▷Pirbuterol, P-00316

$C_{12}H_{20}N_2O_3S$
Sotalol, S-00106

$C_{12}H_{20}N_2O_4S$
▷Soterenol, S-00107

$C_{12}H_{20}O_6$
1,2-*O*-Cyclohexylidene-*myo*-inositol, *in* I-00074
1,2:4,5-Di-*O*-isopropylidene-*myo*-inositol, *in* I-00074
Topiramate, T-00382

$C_{12}H_{20}O_7$
▷Citric acid; Tri-Et ester, *in* C-00402

$C_{12}H_{21}N$
1-(1-Adamantyl)ethylamine, A-00063
3,5-Dimethyl-1-adamantanamine, D-00402

$C_{12}H_{21}NO$
▷2-(1-Piperidinylmethyl)cyclohexanone, P-00288

$C_{12}H_{21}NO_6$
Tris(2-hydroxyethyl)amine; Tri-Ac, *in* T-00536

$C_{12}H_{21}NO_8S$
MCN 4853, *in* T-00382

$C_{12}H_{21}N_2O_3PS$
▷Diazinon, D-00149

$C_{12}H_{21}N_3S$
Tebatizole, T-00045

$C_{12}H_{21}N_5O$
Arglecin, A-00442

$C_{12}H_{21}N_5O_2S_2$
Nizatidine, N-00192

$C_{12}H_{21}N_5O_3$
▷Cadralazine, C-00004
▷Choline theophyllinate, *in* C-00308

$C_{12}H_{22}FeO_{14}$
▷Ferrous gluconate, F-00093

$C_{12}H_{22}N_2$
1,4-Bis(cyclopropylmethyl)-1,4-piperazine, B-00201

$C_{12}H_{22}N_2O$
Pexantel, P-00133

$C_{12}H_{22}N_2O_2$
Crotethamide, C-00569

$C_{12}H_{22}N_2O_4$
▷Lorbamate, L-00093

$C_{12}H_{22}N_2O_8S_2$
Piposulfan, P-00301

$C_{12}H_{22}O_2$
10-Undecenoic acid; Me ester, *in* U-00008

$C_{12}H_{22}O_3$
Ciclactate, *in* T-00506

$C_{12}H_{22}O_4$
Tartaric acid; Di-*tert*-butyl ester, *in* T-00028
Tartaric acid; Di-*tert*-butyl ether, *in* T-00028

$C_{12}H_{22}O_6$
▷1,2:15,16-Diepoxy-4,7,10,13-tetraoxahexadecane, D-00225
Mannitol; 1,2:3,4-Di-*O*-isopropylidene, *in* M-00018
Mannitol; 1,2:5,6-Di-*O*-isopropylidene, *in* M-00018

$C_{12}H_{22}O_{11}$
Lactulose, L-00005

$C_{12}H_{23}N$
▷1-(Cyclohexylmethyl)piperidine, C-00617
Dimecamine, D-00375

$C_{12}H_{23}N_3O$
Esaprazole, E-00120

$C_{12}H_{24}N_2O_2$
Falintolol, F-00010

$C_{12}H_{24}N_2O_4$
▷Carisoprodol, C-00078

$C_{12}H_{25}NO_2$
N-(2-Ethylhexyl)-3-hydroxybutanamide, E-00192

$C_{12}H_{26}FeN_2O_8$
Ferrotrenine, F-00091

$C_{12}H_{26}I_2N_2O_2$
▷Trepirium iodide, *in* T-00413

$C_{12}H_{26}N_2O_2^{\oplus\oplus}$
Trepirium(2+), T-00413

$C_{12}H_{26}O_6$
Mannitol; Hexa-Me, *in* M-00018

$C_{12}H_{26}O_6P_2S_4$
▷Dioxathion, D-00475

$C_{12}H_{28}N_6$
1,1-Decamethylenediguanidine, D-00037

$C_{12}H_{30}Br_2N_2$
▷Hexamethonium bromide, *in* H-00055

$C_{12}H_{30}Cl_2N_2$
▷Depressin, *in* H-00055

$C_{12}H_{30}I_2N_2$
▷Hexamethonium iodide, *in* H-00055

$C_{12}H_{30}I_2N_2S$
Tiametonium iodide, *in* T-00237

$C_{12}H_{30}N_2^{\oplus\oplus}$
▷Hexamethonium(2+), H-00055

$C_{12}H_{30}N_2S^{\oplus\oplus}$
Tiametonium(2+), T-00237

$C_{12}H_{44}CaFe_6Na_4O_{36}$
Ferriclate calcium sodium, F-00089

$C_{12}H_{54}Al_{16}O_{75}S_8$
Lactalfate, L-00003

$C_{13}H_6ClN_5O_2$
Traxanox, T-00402

$C_{13}H_6Cl_5NO_3$
▷Oxyclozanide, O-00149

$C_{13}H_6Cl_6O_2$
▷2,2′,3,3′,5,5′-Hexachloro-6,6′-dihydroxydiphenylmethane, H-00039

$C_{13}H_7Cl_3O_2$
2,4,5-Trichlorophenol; Benzoyl, *in* T-00441

$C_{13}H_7Cl_6O_5P$
Hexachlorophene monophosphate, *in* H-00039

$C_{13}H_8Br_3NO_2$
▷Tribromsalan, T-00429

$C_{13}H_8ClN_3O$
▷Pifexole, P-00247

$C_{13}H_8Cl_2N_2O_4$
▷Niclosamide, N-00093

$C_{13}H_8Cl_2N_2O_6$
Nitroclofene, N-00174

$C_{13}H_8Cl_2O_4S$
▷Tienilic acid, T-00258

$C_{13}H_8F_2O_3$
▷2′,4′-Difluoro-4-hydroxy-3-biphenylcarboxylic acid, D-00272

$C_{13}H_8IN$
Dibenziodolium; Cyanide, *in* D-00157

$C_{13}H_8N_2O_3$
10-Oxo-10*H*-pyrido[2,1-*b*]quinazoline-8-carboxylic acid, O-00138

$C_{13}H_8N_2O_3S$
Nitroscanate, N-00186

$C_{13}H_8N_2O_5S_2$
Saccharin; *N*-(2-Nitrobenzenesulfenyl), *in* S-00002

$C_{13}H_8O_3$
2,7-Dihydroxy-9*H*-fluoren-9-one, D-00327

$C_{13}H_8O_4$
1,6-Dihydroxyxanthone, D-00357

$C_{13}H_9BrN_4O_3$
Azumolene, A-00534

$C_{13}H_9Br_2NO_2$
▷5-Bromo-*N*-(4-bromophenyl)-2-hydroxybenzamide, B-00292
3,5-Dibromo-2-hydroxy-*N*-phenylbenzamide, *in* D-00165

$C_{13}H_9ClN_2O$
2-Anilino-5-chlorobenzoxazole, *in* A-00225

$C_{13}H_9ClO_2$
4-Chlorophenol; Benzoyl, *in* C-00260

$C_{13}H_9Cl_2FN_2S$
Loflucarban, L-00076

$C_{13}H_9Cl_2NO_2$
2′,3′-Dichlorodiphenylamine-2-carboxylic acid, D-00188

$C_{13}H_9Cl_3N_2O$
▷*N*-(4-Chlorophenyl)-*N′*-(3,4-dichlorophenyl)urea, C-00262

$C_{13}H_9FO_3$
4′-Fluoro-4-hydroxy-3-biphenylcarboxylic acid, F-00185

$C_{13}H_9FO_3S$
3-Acetyl-5-(4-fluorobenzylidene)-4-hydroxy-2-oxo-2,5-dihydrothiophene, A-00032

$C_{13}H_9F_3N_2O_2$
▷Niflumic acid, N-00113
Triflocin, T-00459

$C_{13}H_9N$
Cyclohept[*b*]indole, C-00604
2-Phenylbenzazete, P-00177

$C_{13}H_9NO$
2-(4-Pyridyl)benzofuran, P-00583

$C_{13}H_9NOSe$
2-Phenyl-1,2-benzisoselenazol-3(2*H*)-one, P-00178

$C_{13}H_9N_3O_2S$
▷4-Nitro-4′-isothiocyanatodiphenylamine, N-00180

$C_{13}H_{10}BrNO_3$
N-(4-Bromophenyl)-2,6-dihydroxybenzamide, *in* D-00317

$C_{13}H_{10}ClN_3O_4S_2$
Lornoxicam, L-00098

$C_{13}H_{10}Cl_2O_2$
▷Dichlorophen, D-00198

$C_{13}H_{10}Cl_3NO_2$
2,2,2-Trichloroethanol; 1-Naphthylurethane, *in* T-00434

$C_{13}H_{10}FNO_2$
4′-Fluoro-4-hydroxy-3-biphenylcarboxylic acid; Amide, *in* F-00185

$C_{13}H_{10}I_2O_3$
Furidarone, F-00292

$C_{13}H_{10}N_2$
▷1-Aminoacridine, A-00201
▷2-Aminoacridine, A-00202
▷3-Aminoacridine, A-00203
▷4-Aminoacridine, A-00204
▷9-Aminoacridine, A-00205

$C_{13}H_{10}N_2O_4$
▷1-Hydroxy-6-methoxyphenazine 5,10-dioxide, H-00152
▷2-Phthalimidoglutarimide, P-00223

$C_{13}H_{10}N_2O_5S$
Enoxamast, E-00061

$C_{13}H_{10}N_2S$
3-Amino-1,2-benzisothiazole; *N*-Ph, *in* A-00214

$C_{13}H_{10}N_4$
3-Benzylpyrido[3,4-*e*]-1,2,4-triazine, B-00128

$C_{13}H_{10}N_4O_5$
N,N′-Bis(4-nitrophenyl)urea, B-00231

$C_{13}H_{10}OS$
Thiobenzoic acid; *O*-Ph ester, *in* T-00193
Thiobenzoic acid; *S*-Ph ester, *in* T-00193

$C_{13}H_{10}O_2$
▷Phenyl benzoate, *in* P-00161

$C_{13}H_{10}O_2S$
2-(Phenylthio)benzoic acid, *in* M-00114

$C_{13}H_{10}O_3$
▷1,3-Benzenediol; Monobenzoyl, *in* B-00073
1,4-Benzenediol; Monobenzoyl, *in* B-00074
▷2,4-Dihydroxybenzophenone, D-00318
Giparmen, G-00024

$C_{13}H_{10}O_4$
2,2′,4-Trihydroxybenzophenone, T-00472

$C_{13}H_{10}O_5$
Khellol, K-00023

$C_{13}H_{10}O_7$
2,3,3′,4,4′,5′-Hexahydroxybenzophenone, H-00052

$C_{13}H_{11}ClN_2O_2$
▷Clonixin, C-00479

$C_{13}H_{11}ClN_2O_2S$
Nuclomedone, N-00230

$C_{13}H_{11}ClO$
▷2-Benzyl-4-chlorophenol, B-00109

$C_{13}H_{11}ClO_4$
▷Orpanoxin, O-00063

$C_{13}H_{11}NOS$
Thiocarbamic acid; *N*-Ph, *S*-Ph ester, *in* T-00196

$C_{13}H_{11}NO_2$
2-Aminobenzoic acid; Ph ester, *in* A-00215
4-Aminophenol; *O*-Benzoyl, *in* A-00298
3-Hydroxybenzanilide, *in* A-00297
4-Hydroxybenzanilide, *in* A-00298
2-Hydroxy-*N*-phenylbenzamide, *in* H-00112
Phenylcarbamic acid hydroxyphenyl ester, *in* P-00161
2-Pyridinemethanol; *O*-Benzoyl, *in* P-00572
3-Pyridinemethanol; *O*-Benzoyl, *in* P-00573

$C_{13}H_{11}NO_3$
4-Amino-1-naphthoic acid; *N*-Ac, *in* A-00292
5-(4-Hydroxybenzyl)-2-pyridinecarboxylic acid, H-00117
▷Osalmid, O-00066
Phenyl aminosalicylate, *in* A-00264

$C_{13}H_{11}NO_3S$
Paracetamol thenoate, *in* A-00298

$C_{13}H_{11}NO_4$
Menadoxime, M-00087

$C_{13}H_{11}NO_4S$
2-(2-Hydroxyphenyl)-4-thiazolecarboxylic acid; Me ester, Ac, *in* H-00199

$C_{13}H_{11}NO_5$
▷Oxolinic acid, O-00131

$C_{13}H_{11}N_3$
▷3,6-Diaminoacridine, D-00120

$C_{13}H_{11}N_3O$
▷2-(2-Hydroxy-5-methylphenyl)-2*H*-benzotriazole, H-00172

$C_{13}H_{11}N_3OS$
Timoprazole, T-00289

$C_{13}H_{11}N_3O_2$
Salinazid, S-00016

$C_{13}H_{11}N_3O_4S_2$
▷Sudoxicam, S-00176
Tenoxicam, T-00073

$C_{13}H_{11}N_3O_5S$
Salazosulfamide, S-00009

$C_{13}H_{11}N_3O_5S_2$
Maleylsulfathiazole, M-00015

$C_{13}H_{12}ClNO_2S$
Fenclozate, *in* F-00043
▷Ontianil, O-00050

$C_{13}H_{12}Cl_2O_4$
▷Ethacrynic acid, E-00145

$C_{13}H_{12}FN_5$
9-(2-Fluorobenzyl)-6-methylamino-9*H*-purine, F-00182

$C_{13}H_{12}F_2N_6O$
Fluconazole, F-00140

$C_{13}H_{12}I_3N_3O_5$
Ioglicic acid, I-00111

$C_{13}H_{12}N_2O$
2-Aminobenzoic acid; Anilide, *in* A-00215
3-Pyridinecarboxamide; *N'*-Benzyl, *in* P-00570

$C_{13}H_{12}N_2O_2$
Ozagrel, O-00168

$C_{13}H_{12}N_2O_2S$
N,N'-Bis(4-hydroxyphenyl)thiourea, B-00222

$C_{13}H_{12}N_2O_3S$
▷*N*-[(4-Aminophenyl)sulfonyl]benzamide, *in* A-00213

$C_{13}H_{12}N_2O_4S$
Sulfanthrol, S-00205

$C_{13}H_{12}N_2O_5S$
▷Nimesulide, N-00146

$C_{13}H_{12}N_4O$
Imazodan, I-00026
Oxifungin, O-00113
Quinezamide, Q-00022

$C_{13}H_{12}N_4O_3$
Cinoquidox, C-00376

$C_{13}H_{12}N_8O_4S_3$
Ceftezole, C-00154

$C_{13}H_{12}O$
▷4-Benzylphenol, B-00127

$C_{13}H_{12}O_2$
▷4-(Benzyloxy)phenol, B-00124
▷(1-Naphthyl)acetic acid; Me ester, *in* N-00044

$C_{13}H_{12}O_3S$
4-Methylbenzenesulfonic acid; Ph ester, *in* M-00228

$C_{13}H_{12}O_7S_2$
Sultosilic acid, *in* D-00313

$C_{13}H_{13}AsN_6O_4S_2$
▷Melarsonyl, M-00076

$C_{13}H_{13}ClN_2O_2S$
Ralitoline, R-00004

$C_{13}H_{13}F_3N_6O_4S_3$
Cefazaflur, C-00118

$C_{13}H_{13}I_3N_2O_4$
▷Diprotrizoic acid, *in* D-00138

$C_{13}H_{13}NO_2$
4-Acetamido-2-methyl-1-naphthol, *in* A-00285
4-Amino-1-naphthoic acid; Et ester, *in* A-00292

$C_{13}H_{13}NO_2S$
4-Methylbenzenesulfonic acid; Anilide, *in* M-00228

$C_{13}H_{13}N_3O$
4-Amino-*N*-(2-aminophenyl)benzamide, A-00208

$C_{13}H_{13}N_3O_3$
5-Amino-1*H*-imidazole-4-carboxylic acid; Et ester, *N*-benzoyl, *in* A-00275
Caerulomycin C, *in* C-00006
Ciclobendazole, C-00328

$C_{13}H_{13}N_3O_3S$
[4-[(4-Aminophenyl)sulfonyl]phenyl]urea, A-00312

$C_{13}H_{13}N_3O_4$
Metronidazole benzoate, *in* M-00344

$C_{13}H_{13}N_3O_5S_2$
▷Succinylsulfathiazole, S-00172

$C_{13}H_{13}N_3O_6S$
Cephacetrile, C-00170

$C_{13}H_{13}N_5O_2$
Zaprinast, Z-00006

$C_{13}H_{13}N_5O_4S$
Sulfachrysoidine, S-00187

$C_{13}H_{13}N_5O_5S_2$
Ceftizoxime, C-00158

$C_{13}H_{14}As_2N_2O_4S$
▷Neoarsphenamine, N-00066

$C_{13}H_{14}ClNO_2$
▷Pirprofen, P-00355

$C_{13}H_{14}Cl_2O_3$
▷Ciprofibrate, C-00389

$C_{13}H_{14}I_3NO_3$
Ioprocemic acid, I-00130

$C_{13}H_{14}N_2$
▷9-Amino-1,2,3,4-tetrahydroacridine, A-00333

$C_{13}H_{14}N_2O$
▷Phenyramidol, P-00211
Rofelodine, R-00073

$C_{13}H_{14}N_2O_2$
▷Metomidate, M-00331
Naprodoximine, N-00047

$C_{13}H_{14}N_2O_2S$
Benzylsulfamide, B-00129

$C_{13}H_{14}N_2O_3$
▷5-Ethyl-1-methyl-5-phenyl-2,4,6(1*H*,3*H*,5*H*)-pyrimidinetrione, E-00206
Tryptophan; *N*-Ac, *in* T-00567

$C_{13}H_{14}N_2O_4$
▷Neothramycin *A*, N-00072

$C_{13}H_{14}N_2O_4S_2$
▷Gliotoxin, G-00041

$C_{13}H_{14}N_2S$
Metyzoline, M-00347

$C_{13}H_{14}N_4O_3S$
[[[(2,6-Dimethyl-4-pyrimidinyl)amino]sulfonyl]phenyl]-formamide, *in* S-00254

$C_{13}H_{14}N_4O_4$
Pasiniazid, *in* A-00264

$C_{13}H_{14}N_4O_4S$
N-[(4-Aminophenyl)sulfonyl]-*N*-(6-methoxy-3-pyridazinyl)-acetamide, *in* S-00246

$C_{13}H_{14}N_6O_2$
Metazide, M-00154

$C_{13}H_{14}O_2$
1,4-Dihydroxy-2-methylnaphthalene; Di-Me ether, *in* D-00333

$C_{13}H_{14}O_4S$
Tibenelast, T-00249

$C_{13}H_{14}O_5$
▷Citrinin, C-00403

$C_{13}H_{14}O_5S$
Esuprone, E-00130

$C_{13}H_{14}O_6$
Baxitozine, B-00018
Glucurono-6,3-lactone; 5-Benzyl, *in* G-00059

$C_{13}H_{15}BrClNS$
Mitotenamine, M-00406

$C_{13}H_{15}BrN_4O_2$
Brodimoprim, B-00277

$C_{13}H_{15}Cl_2NO$
Clorgyline, C-00496

$C_{13}H_{15}Cl_2NO_4$
Cetophenicol, C-00185

$C_{13}H_{15}I_3N_2O_3$
Iosumetic acid, I-00138

$C_{13}H_{15}N$
6-(3-Methyl-2-butenyl)-1*H*-indole, M-00236

$C_{13}H_{15}NO_2$
▷Fenimide, F-00053
▷Glutethimide, G-00061
▷Methastyridone, M-00175
Octazamide, *in* H-00049
Securinine, S-00035

$C_{13}H_{15}NO_3$
Ethyl 5-hydroxy-1,2-dimethyl-3-indolecarboxylate, *in* H-00163

$C_{13}H_{15}NO_4S_2$
Rentiapril, R-00022

$C_{13}H_{15}N_3$
2-(1-Piperazinyl)quinoline, P-00286

$C_{13}H_{15}N_3O_2$
Tryptophan; Amide, *N*-Ac, *in* T-00567

$C_{13}H_{15}N_3O_4S$
▷Glymidine, G-00075
Sulfisoxazole acetyl, S-00216

$C_{13}H_{15}N_5O_3$
Tazanolast, T-00039

$C_{13}H_{15}N_5O_6$
Nifurfoline, N-00121

$C_{13}H_{16}ClNO$
2-(2-Chlorophenyl)-2-(methylamino)cyclohexanone, C-00266

$C_{13}H_{16}ClN_3O_5S_2$
Ambuside, A-00174

$C_{13}H_{16}Cl_{12}O_8$
▷Petrichloral, P-00132

$C_{13}H_{16}N_2$
4-[2-(2,6-Dimethylphenyl)ethyl]-1*H*-imidazole, D-00445
▷Tetrahydrozoline, T-00140
4-(α,2,3-Trimethylbenzyl)-1*H*-imidazole, T-00505

$C_{13}H_{16}N_2O$
Cirazoline, C-00395
Efaroxan, E-00017
Oxantel, O-00087

$C_{13}H_{16}N_2O_2$
▷3-(4-Aminophenyl)-3-ethyl-2,6-piperidinedione, A-00305
▷Mofebutazone, M-00420
Pirmagrel, P-00341

$C_{13}H_{16}N_2O_2S$
▷Thialbarbitone, T-00172

$C_{13}H_{16}N_2O_3$
Indorenate, I-00070
Profexalone, P-00463

$C_{13}H_{16}N_2O_4$
Domipizone, D-00573

$C_{13}H_{16}N_2O_4S$
Taltrimide, T-00018

$C_{13}H_{16}N_4$
Mifentidine, M-00370

$C_{13}H_{16}N_4O_2$
Diaveridine, D-00147

$C_{13}H_{16}N_4O_3S$
▷Cycotiamine, C-00640

$C_{13}H_{16}N_4O_5$
Inosine; 2′,3′-*O*-Isopropylidene, *in* I-00073

$C_{13}H_{16}N_4O_6$
▷Furaltadone, F-00281

$C_{13}H_{16}N_6O_4$
Triciribine, T-00445

$C_{13}H_{16}O_2$
α-Benzyl-5,6-dihydro-2*H*-pyran-3-methanol, B-00112

$C_{13}H_{16}O_3$
Cicloxilic acid, C-00336
Phenacyl pivalate, *in* H-00107

$C_{13}H_{16}O_4$
2-Phenyl-1,3-propanediol; Di-Ac, *in* P-00200

$C_{13}H_{16}O_8$
4-Glucosyloxybenzoic acid, *in* H-00113

$C_{13}H_{17}Br_2NO_2$
Dembrexine, D-00060

$C_{13}H_{17}ClN_2O_2$
Moclobemide, M-00415

$C_{13}H_{17}HgNO_6$
Mercuderamide; Me ether, *in* M-00122

$C_{13}H_{17}N$
N,α-Dimethyl-*N*-2-propynylphenethylamine, D-00449

$C_{13}H_{17}NO$
▷Crotamiton, C-00567

$C_{13}H_{17}NO_2$
Alminoprofen, A-00138
▷Encyprate, *in* C-00636
Ritalinic acid, R-00065

$C_{13}H_{17}NO_3$
6-Aminohexanoic acid; *N*-Benzoyl, *in* A-00259
Leucine; *N*-Benzoyl, *in* L-00029

Leucine; *N*-Benzoyl, *in* L-00029

Romifenone, R-00081
▷Trichocereine, *in* M-00131

$C_{13}H_{17}NO_4$
▷Alibendol, A-00116

$C_{13}H_{17}NO_5$
Adrenaline; Di-Ac, *in* A-00075

$C_{13}H_{17}N_3$
Tramazoline, T-00395

$C_{13}H_{17}N_3O$
▷Aminopyrine, A-00327
Tryptophan; Ethylamide, *in* T-00567

$C_{13}H_{17}N_3O_2$
▷Parbendazole, P-00032

$C_{13}H_{17}N_3O_3S_2$
▷Isobuzole, I-00180

$C_{13}H_{17}N_3O_4S$
Dipyrone, D-00532

$C_{13}H_{17}N_5O_2$
Aditeren, A-00073

$C_{13}H_{17}N_5O_2S$
Sulfasymazine, S-00210

$C_{13}H_{17}N_5O_4$
Eritadenine; Me ester, 2,3-*O*-isopropylidene, *in* E-00110
2′,3′-*O*-Isopropylideneadenosine, *in* A-00067

$C_{13}H_{17}N_5O_8S_2$
▷Aztreonam, A-00533

$C_{13}H_{18}Br_2N_2O$
▷Ambroxol, A-00170

$C_{13}H_{18}ClF_3N_2O$
Mabuterol, M-00001

$C_{13}H_{18}ClNO$
Bupropion, B-00371
Lometraline, L-00079

$C_{13}H_{18}ClNO_2$
Alaproclate, A-00094
Cloforex, C-00462

$C_{13}H_{18}ClN_3O$
Imidoline, I-00035

$C_{13}H_{18}ClN_3O_3S$
Glypinamide, G-00077

$C_{13}H_{18}ClN_3O_4S_2$
▷Cyclopenthiazide, C-00630

$C_{13}H_{18}ClN_7O_7S$
Ascamycin, A-00454

$C_{13}H_{18}Cl_2N_2O_2$
Melphalan, M-00084
▷Metamelfalan, M-00149

$C_{13}H_{18}F_3N_3O_4S_2$
Penflutizide, P-00063

$C_{13}H_{18}N_2$
Dicarbine, D-00175

$C_{13}H_{18}N_2O$
Fenoxazoline, F-00066

$C_{13}H_{18}N_2O_2$
Leucine; *N*-Benzoyl, amide, *in* L-00029

$C_{13}H_{18}N_2O_3$
▷Heptabarbitone, H-00027

$C_{13}H_{18}N_2O_3S$
Tolpentamide, T-00363

$C_{13}H_{18}N_2O_4$
Ornithine; N^{α}-Benzyloxycarbonyl, *in* O-00059
Ornithine; N^{δ}-Benzyloxycarbonyl, *in* O-00059

$C_{13}H_{18}N_2O_4S_2$
▷Almecillin, A-00137

$C_{13}H_{18}N_2O_5$
▷Drazine, *in* M-00282

$C_{13}H_{18}N_4O_3$
Citrulline; α-*N*-Benzoyl, amide, *in* C-00405
Lomifylline, L-00081
▷Oxpentifylline, O-00142

$C_{13}H_{18}N_6$
Zolertine, Z-00030

$C_{13}H_{18}N_6O_5$
▷Moxnidazole, M-00467

$C_{13}H_{18}O_2$
Ibuprofen, I-00008

$C_{13}H_{18}O_6$
4,6-*O*-Benzylidene-D-glucitol, *in* G-00054

$C_{13}H_{18}O_7$
Glucitol; 6-Benzoyl, *in* G-00054

$C_{13}H_{18}O_9$
Tetra-*O*-acetyl-α-L-xylofuranose, *in* X-00024
Tetra-*O*-acetyl-α-D-xylopyranose, *in* X-00024
Tetra-*O*-acetyl-β-D-xylopyranose, *in* X-00024
Tetra-*O*-acetyl-β-L-xylopyranose, *in* X-00024

$C_{13}H_{19}ClN_2O$
Butanilicaine, B-00390

$C_{13}H_{19}ClN_2O_2$
▷Chloroprocaine, C-00277

$C_{13}H_{19}ClN_2O_5S_2$
▷Mefruside, M-00069

$C_{13}H_{19}Cl_2NO_2$
Cloranolol, C-00493

$C_{13}H_{19}FO_8$
Methyl 3,4,6-tri-*O*-acetyl-2-deoxy-2-fluoro-β-D-glucopyranoside, *in* D-00078

$C_{13}H_{19}N$
4-(4-Ethylphenyl)piperidine, E-00217

$C_{13}H_{19}NO$
▷2-(Diethylamino)-1-phenyl-1-propanone, D-00240

$C_{13}H_{19}NO_2$
Butamoxane, B-00388
4-(2,3-Dimethylphenoxy)-3-hydroxypiperidine, D-00444
▷2-(Hexyloxy)benzamide, H-00073
Ibuproxam, I-00009
Leucine; Benzyl ester; B,HCl, *in* L-00029

$C_{13}H_{19}NO_3$
Detanosal, D-00105
▷Viloxazine, V-00029

$C_{13}H_{19}NO_3S$
Penicillamine; *S*-Benzyl, Me ester; B,HCl, *in* P-00064

$C_{13}H_{19}NO_4$
N-Acetylmescaline, *in* M-00131

$C_{13}H_{19}NO_4S$
▷Probenecid, P-00444

$C_{13}H_{19}N_2O_3^{\oplus}$
Rimazolium(1+), R-00055

$C_{13}H_{19}N_2O_6P$
Alafosfalin; *N*-Benzyloxycarbonyl, *in* A-00091

$C_{13}H_{19}N_3OS$
Rocastine, R-00070

$C_{13}H_{19}N_3O_2$
▷Amidantel, A-00190

$C_{13}H_{19}N_3O_5S_2$
▷Sparsomycin, S-00109

$C_{13}H_{19}N_3O_6S$
Antibiotic 13285A1, *in* P-00066
Norpenicillin N, *in* P-00066

$C_{13}H_{19}N_5$
▷Pinacidil, P-00264

$C_{13}H_{19}N_5O_4$
2,2,6*N*-Trimethyladenosine, *in* M-00219

$C_{13}H_{19}O_6P$
Ethyl 2-(diethoxyphosphinyl)oxybenzoate, *in* P-00217

$C_{13}H_{20}Br_2O_6$
1,6-Dibromo-1,6-dideoxymannitol; 3,4-*O*-Isopropylidene, 2,5-di-Ac, *in* D-00164

$C_{13}H_{20}ClN_3O_4S_2$
Mebutizide, M-00040

$C_{13}H_{20}ClO_5P$
[6-(2-Chloro-4-methoxyphenoxy)hexyl]phosphonic acid, C-00254

$C_{13}H_{20}N_2O$
Prilocaine, P-00432

$C_{13}H_{20}N_2O_2$
N-[2-(Diethylamino)ethyl]-2-hydroxybenzamide, D-00237
Dropropizine, D-00610
Metabutethamine, M-00143
2-[(2-Methylpropyl)amino]ethyl 4-aminobenzoate, M-00299
▷Procaine, P-00447

$C_{13}H_{20}N_2O_3$
▷Hydroxyprocaine, H-00206

$C_{13}H_{20}N_2O_3S$
Carticaine, C-00103
Etozolin, *in* O-00169

$C_{13}H_{20}N_2O_6$
▷Actinobolin, A-00053

$C_{13}H_{20}N_4O$
1-(2,6-Diethylphenyl)-3-(methylamidino)urea, D-00252

$C_{13}H_{20}N_4O_2$
Arginine; Benzyl ester; B,HCl, *in* A-00441
Pentifylline, *in* T-00166

$C_{13}H_{20}N_4O_3$
Ciclosidomine, C-00333

$C_{13}H_{20}N_6O_3$
3′-Amino-3′-deoxyadenosine; 3′,6,6-Tri-*N*-Me, *in* A-00234

$C_{13}H_{20}O_3$
▷1-Butoxy-3-phenoxy-2-propanol, B-00423

$C_{13}H_{20}O_8$
Normosterol, *in* P-00077

$C_{13}H_{21}NO_2$
Dimoxamine, D-00461
Guaiactamine, G-00091
3-Tigloyloxytropane, T-00270
▷Toliprolol, T-00352
Tropigline, T-00553

$C_{13}H_{21}NO_2S$
4-Methyl-*N*,*N*-dipropylbenzenesulfonamide, *in* M-00228
Tiprenolol, T-00315

$C_{13}H_{21}NO_3$
Isoetharine, I-00185
Moprolol, M-00435
▷Salbutamol, S-00012
3α-Tigloyloxytropane N-oxide, *in* T-00270

$C_{13}H_{21}N_2NaO_{11}S_2$
Glucosulfamide; Na salt, *in* G-00056

$C_{13}H_{21}N_3$
Quinpirole, Q-00032

$C_{13}H_{21}N_3O$
▷Procainamide, P-00446

$C_{13}H_{21}N_3O_3$
Carbuterol, C-00071

$C_{13}H_{21}N_5O_2$
▷Etamiphylline, E-00137

$C_{13}H_{21}N_5O_4$
Vephylline, V-00016
▷Xanthinol, X-00003

$C_{13}H_{22}ClN_5S$
▷Iprozilamine, I-00165

$C_{13}H_{22}N_2O_6S$
▷Neostigmine methylsulphate, *in* N-00070

$C_{13}H_{22}N_2O_{11}S_2$
Glucosulfamide, G-00056

$C_{13}H_{22}N_4O_3S$
▷Ranitidine, R-00011

$C_{13}H_{22}O_6P_2$
▷Tetraallyl methylenediphosphonate, *in* M-00168

$C_{13}H_{24}N_2O_2$
Cropropamide, C-00566

$C_{13}H_{24}N_3O_3PS$
▷Pirimiphos-ethyl, P-00329

$C_{13}H_{24}N_4O_3$
Melanostatin, M-00074

$C_{13}H_{24}N_4O_3S$
Timolol, T-00288

$C_{13}H_{24}O_2$
▷10-Undecenoic acid; Et ester, *in* U-00008

$C_{13}H_{25}NO_2$
Cyprodenate, C-00647

$C_{13}H_{26}N_2O_4$
Nisobamate, N-00158
▷Tybamate, T-00577

$C_{13}H_{28}N_4O_2$
Exametazime, E-00278

$C_{13}H_{29}N$
Octamylamine, O-00013

$C_{13}H_{29}NO_2$
1-Amino-3-(decyloxy)-2-propanol, *in* A-00317

$(C_{13}H_{30}Br_2N_2)_n$
▷Hexadimethrine bromide, *in* T-00148

$C_{13}H_{30}O_6P_2$
Tetrakis(1-methylethyl) methylenebisphosphonate, *in* M-00168

$C_{13}H_{33}Br_2N_2$
▷Azamethonium bromide, *in* A-00499

$C_{13}H_{33}N_3^{\oplus\oplus}$
Azamethonium(2+), A-00499

$C_{14}H_6N_4O_{11}$
3,5-Dinitrobenzoic acid; Anhydride, *in* D-00468

$C_{14}H_6O_8$
▷Ellagic acid, E-00026

$C_{14}H_8Br_2F_3NO_2$
Fluorosalan, F-00191

$C_{14}H_8Cl_2O_4S$
6,7-Dichloro-2,3-dihydro-5-(2-thienylcarbonyl)-2-benzofurancarboxylic acid, D-00185

$C_{14}H_8F_3NO_2S$
8-(Trifluoromethyl)-10*H*-phenothiazine-1-carboxylic acid, T-00466

$C_{14}H_8N_2O_2S_3$
1,1′-Sulfonylbis[4-isothiocyanatobenzene], S-00221

$C_{14}H_8N_2O_6$
Nifuroquine, N-00125

$C_{14}H_8O_4$
▷1,8-Dihydroxyanthraquinone, D-00308

$C_{14}H_9ClN_2O_2$
2-Amino-5-chlorobenzoxazole; 2-*N*-Benzoyl, *in* A-00225

$C_{14}H_9ClN_2O_3S$
N-(2-Chloro-4-isothiocyanatophenyl)-2,4-dihydroxybenzamide, C-00253

Tenidap, T-00068

$C_{14}H_9Cl_2F_3N_2O$
Cloflucarban, C-00458

$C_{14}H_9Cl_2N_3O_2$
▷Lopirazepam, L-00088

$C_{14}H_9Cl_2N_3O_3$
Clodanolene, C-00447

$C_{14}H_9Cl_3N_2OS$
Triclabendazole, T-00446

$C_{14}H_9Cl_5$
▷1,1,1-Trichloro-2,2-bis(4-chlorophenyl)ethane, T-00432

$C_{14}H_9F$
4′-Ethynyl-2-fluoro-1,1′-biphenyl, E-00230

$C_{14}H_9F_3O_2$
4′-(Trifluoromethyl)[1,1′-biphenyl]-2-carboxylic acid, T-00465

$C_{14}H_9I_3O_4$
▷Tiratricol, T-00322

$C_{14}H_9NO_4$
▷1,3-Dioxo-1*H*-benz[*de*]isoquinoline-2(3*H*)-acetic acid, D-00478

$C_{14}H_9NO_4S$
Saccharin; Benzoyl, *in* S-00002

$C_{14}H_{10}BrN_3O$
▷Bromazepam, B-00285

$C_{14}H_{10}Br_3NO_2$
Bensalan, B-00063

$C_{14}H_{10}ClNO_4$
Lobenzarit, L-00066

$C_{14}H_{10}Cl_2O_3$
▷2-(2,4-Dichlorophenoxy)benzeneacetic acid, D-00199

$C_{14}H_{10}Cl_4$
▷1,1-Dichloro-2-(2-chlorophenyl)-2-(4-chlorophenyl)ethane, D-00180

$C_{14}H_{10}F_3NO_2$
▷Flufenamic acid, F-00148
Salfluverine, S-00014

$C_{14}H_{10}N_2O_4$
2-Methoxy-11-oxo-11*H*-pyrido[2,1-*b*]quinazoline-8-carboxylic acid, M-00209

$C_{14}H_{10}N_2O_6$
Olsalazine, O-00041

$C_{14}H_{10}N_4O_5$
▷Dantrolene, D-00012

$C_{14}H_{10}O_3$
▷Benzoic anhydride, *in* B-00092
▷1,8-Dihydroxyanthrone, D-00310

$C_{14}H_{10}O_4$
▷Dibenzoyl peroxide, D-00161
2-Hydroxybenzoic acid; Benzoyl, *in* H-00112

$C_{14}H_{10}O_5$
▷Salicyloylsalicylic acid, S-00015

$C_{14}H_{10}O_7$
▷Citromycetin, C-00404

$C_{14}H_{11}ClN_2O$
2-Amino-5-chlorobenzoxazole; 2-*N*-Benzyl, *in* A-00225

$C_{14}H_{11}ClN_2O_4S$
▷Chlorthalidone, C-00302

$C_{14}H_{11}ClO$
▷Diphenylacetic acid; Chloride, *in* D-00488

$C_{14}H_{11}ClO_3S$
Cliprofen, C-00431

$C_{14}H_{11}Cl_2NO_2$
▷Diclofenac, D-00210
▷Meclofenamic acid, M-00045

$C_{14}H_{11}Cl_2NO_4$
Diloxanide furoate, *in* D-00372

$C_{14}H_{11}F_2NO_3S$
▷Diflumidone, D-00271

$C_{14}H_{11}F_3N_2O_2$
Flunixin, F-00169

$C_{14}H_{11}N$
5*H*-Dibenz[*b,f*]azepine, D-00155
▷Diphenylacetonitrile, *in* D-00488

$C_{14}H_{11}NO$
5,11-Dihydro-10*H*-dibenz[*b,f*]azepin-10-one, D-00281

$C_{14}H_{11}NOS$
Phenothiazine; *N*-Ac, *in* P-00167

$C_{14}H_{11}NO_2$
4-(Benzamido)salicylic acid, *in* A-00264

$C_{14}H_{11}NO_2S$
10*H*-Phenothiazine-2-acetic acid, P-00168

$C_{14}H_{11}NO_3$
4-Aminobenzoic acid; *N*-Benzoyl, *in* A-00216
2-Benzamidobenzoic acid, *in* A-00215

$C_{14}H_{11}N_3O_3S$
▷Nocodazole, N-00196

$C_{14}H_{11}N_3O_4$
Stirimazole, S-00156

$C_{14}H_{12}ClNO_2$
Cicletanine, C-00327
▷Tolfenamic acid, T-00349

$C_{14}H_{12}ClN_3O$
Bamaluzole, B-00009

$C_{14}H_{12}ClN_3O_3S$
Fenquizone, F-00075

$C_{14}H_{12}ClN_5O$
4-[(4-Chlorophenyl)methyl]-1,4,6,7-tetrahydro-9*H*-imidazo[1,2-*a*]purin-9-one, C-00273

$C_{14}H_{12}FNO_3$
Flumequine, F-00155

$C_{14}H_{12}N_2$
4-Aminoacridine; 4-*N*-Me, *in* A-00204
▷2-Benzylbenziimidazole, B-00107

$C_{14}H_{12}N_2O_2$
1-Amino-2-nitro-1,2-diphenylethylene, A-00293

$C_{14}H_{12}N_2O_2S$
▷Zolimidine, Z-00031

$C_{14}H_{12}N_2O_3$
Paracetamol nicotinate, *in* A-00298

$C_{14}H_{12}N_2O_4$
Mitindomide, M-00398

$C_{14}H_{12}N_2O_4S$
Tioxacin, T-00306

$C_{14}H_{12}N_4$
Azarole, A-00508

$C_{14}H_{12}N_4O_2S$
▷4-Amino-*N*-2-quinoxalinylbenzenesulfonamide, *in* A-00332

$C_{14}H_{12}N_6O_6$
▷Nitrovin, N-00190

$C_{14}H_{12}OS$
▷Tibenzate, *in* T-00193

$C_{14}H_{12}O_2$
▷Benzoin, B-00093
▷Benzyl benzoate, *in* B-00092
4-Biphenylacetic acid, B-00176
▷Diphenylacetic acid, D-00488
3-Methylbenzoic acid; Ph ester, *in* M-00230

$C_{14}H_{12}O_3$
▷(2-Hydroxy-4-methoxyphenyl)methanone, *in* D-00318

Methyl 2-hydroxybenzoate; Phenyl ether, *in* M-00261
▷Trioxsalen, T-00521

$C_{14}H_{12}O_3S$
▷2-(5-Benzoyl-2-thienyl)propanoic acid, B-00099
▷Suprofen, S-00274

$C_{14}H_{12}O_4$
▷Dioxybenzone, *in* T-00472
Trichocarpinine, *in* D-00316

$C_{14}H_{12}O_4S$
3-[(1,4-Dihydro-3-methyl-1,4-dioxo-2-naphthalenyl)thio]-propanoic acid, D-00288

$C_{14}H_{12}O_5$
4-Allyl-1,2-(methylenedioxy)benzene; Maleic anhydride adduct, *in* A-00131
7-(3-Carboxy-2-butenoxy)coumarin, *in* H-00114
▷Khellin, K-00022

$C_{14}H_{12}O_6S$
5-Benzoyl-4-hydroxy-2-methoxybenzenesulfonic acid, B-00098

$C_{14}H_{12}O_{10}$
Tetrahydroxy-1,4-benzoquinone; Tetra-Ac, *in* T-00137

$C_{14}H_{12}S_2$
2,7-Dimethylthianthrene, D-00456

$C_{14}H_{13}ClFN_3O_4S_2$
Paraflutizide, P-00022

$C_{14}H_{13}ClN_2$
Clonazoline, C-00476

$C_{14}H_{13}ClN_2O$
Vincantril, V-00035

$C_{14}H_{13}ClO_3$
Lonaprofen, L-00084

$C_{14}H_{13}IO_3$
Diphenyliodonium *I*-oxide acetate, *in* D-00495

$C_{14}H_{13}NO$
▷Diphenylacetic acid; Amide, *in* D-00488
Norletimol, N-00220

$C_{14}H_{13}NO_2$
Benzoin; (*E*)-Oxime, *in* B-00093
Diphenan, *in* B-00127
Paxamate, P-00045

$C_{14}H_{13}NO_3$
Alonimid, A-00142

$C_{14}H_{13}NO_4$
Droxacin, D-00613
Oxalinast, O-00079

$C_{14}H_{13}N_3$
2-(5-Ethyl-2-pyridinyl)-1*H*-benzimidazole, E-00221

$C_{14}H_{13}N_3OS$
2-[(2-Methoxy-4-methylthio)phenyl]-1*H*-imidazo[4,5-*b*]-pyridine, *in* S-00227

$C_{14}H_{13}N_3O_2S$
Isomazole, I-00190
▷Sulmazole, S-00227

$C_{14}H_{13}N_3O_3$
Ftivazide, F-00269

$C_{14}H_{13}N_3O_4S_2$
Meloxicam, M-00082

$C_{14}H_{13}N_3O_5S$
Isoxicam, I-00217
Sulfanitran, S-00204

$C_{14}H_{13}N_5$
Picodralazine, P-00238

$C_{14}H_{13}N_5O_4S$
Nifuralide, N-00117

$C_{14}H_{14}As_2N_2Na_2O_8S_2$
▷Sulfarsphenamine, *in* D-00127

$C_{14}H_{14}BrI$
▷Bis(4-methylphenyl)iodonium(1+); Bromide, *in* B-00230

$C_{14}H_{14}ClI$
Toliodium chloride, *in* B-00230

$C_{14}H_{14}ClNO_2$
Clopirac, C-00487

$C_{14}H_{14}ClNS$
Ticlopidine, T-00256

$C_{14}H_{14}ClN_3O_2S$
▷Pirinixic acid, P-00332

$C_{14}H_{14}Cl_2N_2O$
▷Imazalil, I-00025

$C_{14}H_{14}Cl_3O_6P$
▷Haloxon, H-00021

$C_{14}H_{14}HgO_6$
Mercumallylic acid, M-00123

$C_{14}H_{14}I^{\oplus}$
Bis(4-methylphenyl)iodonium(1+), B-00230

$C_{14}H_{14}I_2$
Bis(4-methylphenyl)iodonium(1+); Iodide, *in* B-00230

$C_{14}H_{14}I_3NO_4$
Propyl docetrizoate, *in* A-00340

$C_{14}H_{14}N_2$
10-Amino-10,11-dihydro-5*H*-dibenz[*b,f*]azepine, A-00241
▷Naphazoline, N-00041

$C_{14}H_{14}N_2O$
▷2-Methyl-1,2-di-3-pyridyl-1-propanone, M-00248

$C_{14}H_{14}N_2O_2$
2-[(2,3-Dimethylphenyl)amino)-3-pyridinecarboxylic acid, *in* A-00326
▷Isonixin, I-00196

$C_{14}H_{14}N_2O_4$
2-Amino-3-pyridinecarboxylic acid, A-00326

$C_{14}H_{14}N_2O_4S$
Acediasulfone, A-00008
Tioxamast, T-00307

$C_{14}H_{14}N_4$
▷Rolodine, R-00079

$C_{14}H_{14}N_4O_2$
Razobazam, R-00015

$C_{14}H_{14}N_4O_2S$
▷Cambendazole, C-00020

$C_{14}H_{14}N_4O_4$
Terizidone, T-00092

$C_{14}H_{14}N_4O_8S_2$
Dinsed, D-00469

$C_{14}H_{14}N_6O_2$
2-(2-Propoxyphenyl)-5-(1*H*-tetrazol-5-yl)-4(1*H*)-pyrimidinone, P-00513

$C_{14}H_{14}N_8O_4S_3$
▷Cefazolin, C-00120

$C_{14}H_{14}O$
4-Benzylanisole, *in* B-00127

$C_{14}H_{14}O_2$
1-Methoxy-4-(phenylmethoxy)benzene, *in* B-00124
▷(1-Naphthyl)acetic acid; Et ester, *in* N-00044

$C_{14}H_{14}O_3$
2,2′-Dihydroxydiphenyl ether; Di-Me ether, *in* D-00325
1-(3,5-Dihydroxyphenyl)-2-(4-hydroxyphenyl)ethane, D-00345
7-(3,3-Dimethylallyloxy)coumarin, *in* H-00114
Lexofenac, L-00040
Naproxen, N-00048

$C_{14}H_{14}O_4$
Phthalofyne, P-00224

$C_{14}H_{14}O_5$
7-(3-Carboxybutoxy)coumarin, *in* H-00114
$C_{14}H_{14}O_5S_2$
4-Methylbenzenesulfonic acid; Anhydride, *in* M-00228
$C_{14}H_{14}O_6S$
Texacromil, T-00159
$C_{14}H_{15}ClN_4$
Zometapine, Z-00036
$C_{14}H_{15}ClN_4O_2$
Aronixil, A-00446
$C_{14}H_{15}ClO_2$
5-Chloro-6-cyclohexyl-2(3*H*)-benzofuranone, C-00224
$C_{14}H_{15}Cl_2N$
▷*N*,*N*-Bis(2-chloroethyl)-2-naphthylamine, B-00198
$C_{14}H_{15}N$
▷1,2-Diphenylethylamine, D-00492
$C_{14}H_{15}NOS$
Bipenamol, B-00174
$C_{14}H_{15}NO_2$
3-Acetyl-7-methoxy-2,4-dimethylquinoline, A-00037
$C_{14}H_{15}NO_4$
Oxazorone, O-00099
$C_{14}H_{15}NO_5$
Folescutol, F-00237
$C_{14}H_{15}NO_6S$
Salmisteine, *in* A-00031
$C_{14}H_{15}NO_7$
▷Laetrile, L-00006
$C_{14}H_{15}N_2O_2P$
Diphenylphosphinylacetic acid hydrazide, D-00502
$C_{14}H_{15}N_3$
▷4-Amino-2′,3-dimethylazobenzene, A-00251
Stilbenemidine, S-00154
$C_{14}H_{15}N_3O_2$
Indolidan, I-00064
$C_{14}H_{15}N_5O$
Endralazine, E-00050
$C_{14}H_{15}N_5O_5S_2$
Cefetamet, C-00126
$C_{14}H_{15}N_7$
1,3-Bis(4-amidinophenyl)triazene, B-00187
$C_{14}H_{16}BrNO_2$
Brofaromine, B-00278
$C_{14}H_{16}ClNO$
4-(5-Chloro-2-benzofuranyl)-1-methylpiperidine, C-00217
$C_{14}H_{16}ClNO_4S$
Timofibrate, T-00287
$C_{14}H_{16}ClN_3O_2$
Amipizone, A-00344
$C_{14}H_{16}ClN_3O_4S_2$
▷Cyclothiazide, C-00639
$C_{14}H_{16}ClO_5PS$
▷Coumaphos, C-00555
$C_{14}H_{16}Cl_2N_4O_3$
▷Obidoxime chloride, *in* O-00001
$C_{14}H_{16}Cl_2O_2$
▷Fenclorac, F-00042
$C_{14}H_{16}Cl_6O_5$
▷Toloxychlorinol, T-00361
$C_{14}H_{16}F_2N_2$
Flucindole, F-00136
$C_{14}H_{16}N_2$
Atipamezole, A-00469
Napactadine, N-00039
Napamezole, N-00040
$C_{14}H_{16}N_2O$
Coumazoline, C-00556
Prifuroline, P-00431
$C_{14}H_{16}N_2O_2$
Etomidate, E-00257
Imiloxan, I-00036
Rolicypram, R-00076
$C_{14}H_{16}N_2O_2S$
4,4′-Diaminodiphenyl sulfone; *N*,*N*′-Di-Me, *in* D-00129
$C_{14}H_{16}N_2O_3$
▷5,5-Diethyl-1-phenyl-2,4,6(1*H*,3*H*,5*H*)-pyrimidinetrione, D-00253
Nadoxolol, N-00007
Tryptophan; Me ester, *N*-Ac, *in* T-00567
$C_{14}H_{16}N_2O_4$
▷Oxagrelate, O-00078
Taglutimide, T-00003
$C_{14}H_{16}N_2O_5S$
Asparenomycin *C*, A-00459
$C_{14}H_{16}N_2O_6S$
Asparenomycin A, *in* A-00459
$C_{14}H_{16}N_2O_6S_3$
Sulfoxone, S-00223
$C_{14}H_{16}N_4$
▷Budralazine, B-00346
1,4-Dimethyl-1,4-diphenyl-2-tetrazene, D-00429
$C_{14}H_{16}N_4O$
▷2,4-Diamino-4′-ethoxyazobenzene, D-00131
$C_{14}H_{16}N_4O_3$
▷Piromidic acid, P-00349
$C_{14}H_{16}N_4O_3^{\oplus\oplus}$
Obidoxime(2+), O-00001
$C_{14}H_{16}N_4O_4$
β-Hydroxypiromidic acid, *in* P-00349
$C_{14}H_{16}N_4O_5S$
Sulphadimethoxine; *N*[4]-Ac, *in* S-00238
$C_{14}H_{16}N_6O$
Siguazodan, S-00067
$C_{14}H_{16}O_2$
2-(6-Methoxy-2-naphthyl)-1-propanol, M-00207
$C_{14}H_{17}BrN_6O_2S_3$
Ebrotidine, E-00002
$C_{14}H_{17}ClN_2O_3S$
Clorexolone, C-00495
$C_{14}H_{17}ClN_4$
Lodinixil, L-00070
$C_{14}H_{17}ClO_3$
Clomoxir, C-00474
$C_{14}H_{17}Cl_2N_3O$
Piclonidine, P-00234
$C_{14}H_{17}NO_2$
Benzoclidine, *in* Q-00035
Indeloxazine, I-00055
$C_{14}H_{17}NO_4$
Mobecarb, M-00411
$C_{14}H_{17}NO_5$
Fenamifuril, F-00035
$C_{14}H_{17}NO_6$
Pyridoxine; Tri-Ac, *in* P-00582
$C_{14}H_{17}NS_2$
▷Dimethylthiambutene, D-00455
$C_{14}H_{17}N_3O_5S$
Sulfacecole, S-00186

$C_{14}H_{17}N_3O_9$
▷Azaribine, *in* A-00514

$C_{14}H_{17}N_5O_3$
▷Pipemidic acid, P-00278

$C_{14}H_{17}N_5O_6$
Adenosine; 3′,5′-Di-Ac, *in* A-00067
Eritadenine; Me ester, 2,3-di-Ac, *in* E-00110

$C_{14}H_{18}As_2N_2O_6$
▷[1,2-Ethanediylbis(imino-4,1-phenylene)]bisarsonic acid, E-00147

$C_{14}H_{18}BrNO$
▷Quinuclium bromide, *in* M-00278

$C_{14}H_{18}ClN$
Picilorex, P-00233

$C_{14}H_{18}ClNO_4S$
Tibric acid, T-00252

$C_{14}H_{18}ClN_3S$
▷Chloropyrilene, C-00282

$C_{14}H_{18}Cl_2N_2$
Clenpyrin, C-00420

$C_{14}H_{18}F_3NO$
▷Oxaflozane, O-00076

$C_{14}H_{18}IN_3$
Iomethin, I-00122

$C_{14}H_{18}NO^{\oplus}$
1-Methyl-3-oxo-4-phenylquinuclidinium(1+), M-00278

$C_{14}H_{18}N_2$
3-(Dimethylamino)-1,2,3,4-tetrahydrocarbazole, D-00422
Tefazoline, T-00051

$C_{14}H_{18}N_2O$
Ibudilast, I-00006
▷Propyphenazone, P-00519

$C_{14}H_{18}N_2O_2$
▷Parsalmide, P-00041
Quinterenol, Q-00033
Tryptophan; Me ester, *β*,*β*-*N*,*N*-di-Me, *in* T-00567

$C_{14}H_{18}N_2O_3$
Letimide, L-00027
Methohexitone, M-00187

$C_{14}H_{18}N_2O_4$
▷Mofoxime, M-00421

$C_{14}H_{18}N_2O_5$
Acitemate, A-00040
Aspartame, A-00460
Kelatorphan, K-00007
▷Lidofenin, L-00044

$C_{14}H_{18}N_2O_6S$
Asparenomycin B, *in* A-00459

$C_{14}H_{18}N_4$
Bisfentidine, B-00214

$C_{14}H_{18}N_4O_2$
Mexafylline, M-00349
Ormetoprim, O-00057

$C_{14}H_{18}N_4O_2S$
Metioprim, M-00320

$C_{14}H_{18}N_4O_3$
▷Trimethoprim, T-00501

$C_{14}H_{18}N_4O_4S_2$
▷Thiophanate, T-00207

$C_{14}H_{18}N_6O$
2,6-Diamino-2′-butyloxy-3,5′-azopyridine, D-00121

$C_{14}H_{18}O_3$
2-Cyclohexyl-2-hydroxy-2-phenylacetic acid, C-00614
▷Stiripentol, S-00157

$C_{14}H_{18}O_4$
Cinoxate, C-00378

$C_{14}H_{18}O_8$
Glucovanillin, *in* D-00311

$C_{14}H_{19}AuO_9S$
(1-Thioglucopyranosato-2,3,4,6-tetraacetato)gold, *in* T-00201

$C_{14}H_{19}ClN_2O_3$
Cloximate, C-00519

$C_{14}H_{19}ClN_4$
Amprolium, *in* A-00323

$C_{14}H_{19}Cl_2NO_2$
▷Chlorambucil, C-00194

$C_{14}H_{19}FO_9$
2-Deoxy-2-fluoroglucose; 1,3,4,6-Tetra-Ac, *in* D-00078

$C_{14}H_{19}F_3N_2O_2$
Flubanilate, F-00132

$C_{14}H_{19}F_3N_4O$
Fluprazine, F-00206

$C_{14}H_{19}IO$
2-Cyclohexyl-4-iodo-3,5-dimethylphenol, C-00615

$C_{14}H_{19}NO_2$
Hexahydro-2-methyl-4-phenyl-4-azepinecarboxylic acid, H-00050
Levofacetoperane, *in* P-00197
▷Methylphenidate, *in* R-00065
▷Piperoxan, P-00294

$C_{14}H_{19}NO_3$
3-Ethyl-3-methylpentanedioic acid; Monoanilide, *in* E-00203
Leucine; *N*-Benzoyl, Me ester, *in* L-00029

$C_{14}H_{19}NO_4$
▷Anisomycin, A-00395
Filenadol, F-00105

$C_{14}H_{19}NO_4S$
Benzamon, *in* F-00282
▷Tritiozine, T-00540

$C_{14}H_{19}NO_5$
▷4-(3,4,5-Trimethoxybenzoyl)morpholine, T-00502

$C_{14}H_{19}N_3O$
N′-(6-Methoxy-4-quinolinyl)-*N*,*N*-dimethyl-1,2-ethanediamine, M-00217
▷Oxolamine, O-00130
▷Ramifenazone, R-00007
▷Xilobam, X-00014

$C_{14}H_{19}N_3O_2$
N^8-Norphysostigmine, *in* E-00122

$C_{14}H_{19}N_3O_4$
Citrulline; *α*-*N*-Benzoyl, Me ester, *in* C-00405

$C_{14}H_{19}N_3O_6S$
▷Antibiotic WS 3442*A*, *in* C-00177

$C_{14}H_{19}N_3O_7S$
Deacetylcephalosporin C, *in* C-00177

$C_{14}H_{19}N_3S$
▷Methapyrilene, M-00171
▷Thenyldiamine, T-00165

$C_{14}H_{19}N_4^{\oplus}$
1-(4-Amino-2-propylpyrimidin-5-ylmethyl)-2-picolinium(1+), A-00323

$C_{14}H_{19}N_5O$
Mopidralazine, M-00434

$C_{14}H_{19}N_5O_2$
Etazolate, E-00143

$C_{14}H_{19}N_5O_4$
Famciclovir, F-00012
2-Methyladenosine; 2′,3′-*O*-Isopropylidene, *in* M-00219

$C_{14}H_{19}O_6P$
Crotoxyphos, C-00571

$C_{14}H_{20}Br_2N_2$
Bromhexine, B-00289

$C_{14}H_{20}ClN_3O_3S$
Clopamide, C-00480

$C_{14}H_{20}Cl_2N_2O_2$
Diclometide, D-00213

$C_{14}H_{20}Cl_2N_2O_6$
Bactobolin *A*, B-00005

$C_{14}H_{20}Cl_4N_2^{\oplus\oplus}$
Chlorisondamine(2+), C-00207

$C_{14}H_{20}Cl_6N_2$
▷Chlorisondamine chloride, *in* C-00207

$C_{14}H_{20}N_2O$
Aptocaine, A-00434
Pyrrocaine, P-00595
Tymazoline, T-00580

$C_{14}H_{20}N_2O_2$
▷Bunitrolol, B-00364
Domazoline, D-00572
▷Pindolol, P-00270
Piridocaine, P-00326

$C_{14}H_{20}N_2O_2S$
3-[(4-Aminophenyl)sulfonyl]-3-azabicyclo[3.2.2]nonane, *in* A-00491

$C_{14}H_{20}N_2O_3$
Propacetamol, P-00485

$C_{14}H_{20}N_2O_3S$
▷Glycyclamide, G-00071

$C_{14}H_{20}N_2O_3S_2$
Thiohexamide, T-00203

$C_{14}H_{20}N_4O$
Imolamine, I-00042

$C_{14}H_{20}N_4O_7S_2$
Netobimin, N-00079

$C_{14}H_{20}O$
Bornelone, B-00257
2-Cyclohexyl-3,5-dimethylphenol, C-00608

$C_{14}H_{20}O_2$
▷Butibufen, B-00402

$C_{14}H_{20}O_3$
4-Hexyl-1,3-benzenediol 1-Ac, *in* H-00071
4-Hexyl-1,3-benzenediol 3-Ac, *in* H-00071

$C_{14}H_{20}O_6$
Tetraethoxy-1,4-benzoquinone, *in* T-00137

$C_{14}H_{20}O_8$
Taxicatin, *in* B-00076

$C_{14}H_{20}O_{10}$
1,2,5,6-Tetra-*O*-acetyl-*myo*-inositol, *in* I-00074

$C_{14}H_{21}BO_2$
▷5-Methyl-5-propyl-2-*p*-tolyl-1,3,2-dioxaborinane, M-00301

$C_{14}H_{21}ClN_2O_2$
▷Clofexamide, C-00455
▷Clovoxamine, C-00513

$C_{14}H_{21}N$
Eticyclidine, *in* P-00182

$C_{14}H_{21}NO$
3-(3-Hydroxyphenyl)-1-propylpiperidine, H-00194
▷Profadol, P-00462
▷Zylofuramine, Z-00040

$C_{14}H_{21}NOS$
Esproquine, E-00124

$C_{14}H_{21}NO_2$
1-(1-Adamantyl)-2-azetidinecarboxylic acid, A-00062
▷Amylocaine, A-00374
Meprylcaine, *in* A-00289
Pentamoxane, P-00088

$C_{14}H_{21}NO_3$
Pivenfrine, P-00364

$C_{14}H_{21}NO_4$
Ambenoxan, A-00168
Tetraminol, T-00150

$C_{14}H_{21}NO_7$
Dopamine 3-O-glucoside, *in* D-00579

$C_{14}H_{21}NO_7S$
Sulbactam pivoxil, *in* P-00065

$C_{14}H_{21}NO_8$
2-Amino-2,6-dideoxyglucose; Tetra-Ac, *in* A-00240

$C_{14}H_{21}N_3O_2S$
Sumatriptan, S-00268

$C_{14}H_{21}N_3O_3$
▷Oxamniquine, O-00084

$C_{14}H_{21}N_3O_3S$
▷Metahexamide, M-00146
▷Tolazamide, T-00344

$C_{14}H_{21}N_3O_4S$
Sulmepride, S-00228

$C_{14}H_{21}N_3O_5$
Leonurine, L-00025

$C_{14}H_{21}N_3O_6S$
▷Penicillin *N*, P-00066

$C_{14}H_{22}BrN_3O_2$
Bromopride, B-00317

$C_{14}H_{22}ClNO$
▷Clobutinol, C-00438

$C_{14}H_{22}ClNO_2$
▷Bupranolol, B-00369

$C_{14}H_{22}ClN_3O_2$
▷Metoclopramide, M-00327

$C_{14}H_{22}ClN_3O_3S$
Lorapride, L-00091

$C_{14}H_{22}NO_4^{\oplus}$
Hesperaline, *in* C-00308

$C_{14}H_{22}N_2O$
▷Lignocaine, L-00047
Octacaine, O-00005
Quatacaine, Q-00003

$C_{14}H_{22}N_2O_2$
α-[*N*-(β-Diethylaminoethyl)amino]phenylacetic acid, D-00234
▷Naepaine, N-00008
Propetamide, P-00499

$C_{14}H_{22}N_2O_3$
▷Atenolol, A-00468
▷Bucolome, *in* C-00622
▷Practolol, P-00394
Trimetazidine, T-00497

$C_{14}H_{22}N_2O_3S$
▷Piprozolin, P-00310

$C_{14}H_{22}N_2O_7S$
Rimazolium metilsulfate, *in* R-00055

$C_{14}H_{22}N_4$
Quinelorane, Q-00019

$C_{14}H_{22}N_4O_2$
Nosantine, N-00226

$C_{14}H_{22}N_4O_3S$
Delfantrine, D-00053

$C_{14}H_{22}N_6O_3$
3′-Amino-3′-deoxyadenosine; 3′,3′,6,6-Tetra-*N*-Me, *in* A-00234

$C_{14}H_{22}O_8$
▷Citric acid; Tri-Et ester, Ac, *in* C-00402

$C_{14}H_{23}BrINO_3$
Fubrogonium iodide, *in* F-00272

$C_{14}H_{23}BrNO_3^{\oplus}$
Fubrogonium(1+), F-00272

$C_{14}H_{23}Cl_2N_3O_2$
▷Spiromustine, S-00124

$C_{14}H_{23}NO_2$
Piroctone, P-00344

$C_{14}H_{23}NO_3$
Arnolol, A-00445

$C_{14}H_{23}NO_4S$
Sulfonterol, S-00220

$C_{14}H_{23}NO_8$
2-Amino-2-deoxyglucose; Et glycoside, 3,4,6-tri-Ac, *in* A-00235

$C_{14}H_{23}N_3O_3S$
Sematilide, S-00040

$C_{14}H_{23}N_3O_{10}$
▷Pentetic acid, P-00094

$C_{14}H_{23}N_7S$
Impromidine, I-00046
Sopromidine, S-00102

$C_{14}H_{24}CaN_4O_8$
Piperazine calcium edetate, *in* P-00285

$C_{14}H_{24}N_2O_7$
▷Spectinomycin, S-00111

$C_{14}H_{24}N_2O_8$
Ethylenediaminetetraacetic acid; Tetra-Me ester, *in* E-00186

$C_{14}H_{24}N_2O_{10}$
▷3,12-Bis(carboxymethyl)-6,9-dioxa-3,12-diazatetradecanedioic acid, B-00196

$C_{14}H_{24}O_4$
4-Hydroxy-α,α,4-trimethylcyclohexanemethanol; Di-Ac, *in* H-00216

$C_{14}H_{25}HgNO_5$
[3-(3-Carboxy-2,2,3-trimethylcyclopentanecarboxamido)-2-methyoxypropyl]hydroxomercury, C-00067

$C_{14}H_{25}N$
1-Adamantyl-2-methyl-2-propylamine, A-00064

$C_{14}H_{26}N_2O_7$
Dihydrospectinomycin, *in* S-00111

$C_{14}H_{26}N_4O_3$
Prolyl-*N*-methylleucylglycinamide, P-00474

$C_{14}H_{26}N_4O_{11}P_2$
▷Cytidine diphosphate choline, C-00655

$C_{14}H_{26}O_2$
1-Methyl-4-(4-methylpentyl)cyclohexanecarboxylic acid, M-00268

$C_{14}H_{26}O_3$
Menglytate, M-00090

$C_{14}H_{26}O_4$
Valproate pivoxil, *in* P-00516

$C_{14}H_{27}NO_6$
Amiprilose, A-00345

$C_{14}H_{27}N_3O_2$
Pramiracetam, P-00397

$C_{14}H_{28}N_2O_5$
Carnitine; Dimeric intermolecular ester, *in* C-00084

$C_{14}H_{28}N_9OP_3$
▷Fotrin, F-00262

$C_{14}H_{30}Br_2N_2O_4$
Suxamethonium bromide, *in* S-00280

$C_{14}H_{30}Cl_2N_2O_4$
▷Suxamethonium chloride, *in* S-00280

$C_{14}H_{30}I_2N_2O_2$
▷Dimecolonium iodide, *in* D-00376

$C_{14}H_{30}N_2O_2^{\oplus\oplus}$
Dimecolonium(2+), D-00376

$C_{14}H_{30}N_2O_4^{\oplus\oplus}$
▷Suxamethonium(2+), S-00280

$C_{14}H_{30}O$
7-Ethyl-2-methyl-4-undecanol, E-00209

$C_{14}H_{30}O_2$
2,2,9,9-Tetramethyl-1,10-decanediol, T-00146

$C_{14}H_{30}O_2S_2$
▷1,10-Bis(2-hydroxyethylthio)decane, B-00217

$C_{14}H_{32}N_2O_4$
▷Edetol, E-00012

$C_{15}H_8F_2N_2O_2$
Imirestat, I-00041

$C_{15}H_8O_3$
α,9-Dioxo-9*H*-fluorene-2-acetaldehyde, D-00479

$C_{15}H_8O_5$
▷Coumestrol, C-00558

$C_{15}H_8O_6$
4,5-Dihydroxyanthraquinone-2-carboxylic acid, D-00309

$C_{15}H_9BrFNO_4$
Brocrinat, B-00276

$C_{15}H_9BrO_2$
▷2-(4-Bromophenyl)-1,3-indanedione, B-00313
▷Isobromindione, I-00178

$C_{15}H_9ClO_2$
▷2-(4-Chlorophenyl)-1,3-indandione, C-00264

$C_{15}H_9Cl_2N_5$
▷Zapizolam, Z-00005

$C_{15}H_9FO_2$
▷2-(4-Fluorophenyl)-1,3-indanedione, F-00189

$C_{15}H_9I_3O_5$
Acetiromate, A-00022

$C_{15}H_9NaO_6S$
Florenal, *in* D-00479

$C_{15}H_{10}BrClN_4S$
Brotizolam, B-00329

$C_{15}H_{10}Br_2ClNO_2S$
▷Brotianide, B-00328

$C_{15}H_{10}ClI_2NO_3$
▷Clioxanide, C-00430

$C_{15}H_{10}ClNO$
5*H*-Dibenz[*b,f*]azepine; *N*-Chlorocarbonyl, *in* D-00155

$C_{15}H_{10}ClN_3O_3$
▷Clonazepam, C-00475

$C_{15}H_{10}Cl_2N_2O$
▷Delorazepam, D-00056

$C_{15}H_{10}Cl_2N_2O_2$
▷Lonidamine, L-00086
Lorazepam, *in* D-00056

$C_{15}H_{10}Cl_3NO_6S$
Sulicrinat, S-00224

$C_{15}H_{10}N_2O_6$
▷Lomofungin, L-00082

$C_{15}H_{10}O_2$
▷2-Phenyl-1,3-indanedione, P-00192

$C_{15}H_{10}O_3$
7-Hydroxyisoflavone, H-00144

$C_{15}H_{10}O_4$
6,8-Dihydroxyflavone, D-00326
1-Hydroxy-8-methoxyanthraquinone, *in* D-00308

$C_{15}H_{10}O_5$
1,6-Dihydroxyxanthone; 6-Ac, *in* D-00357
$C_{15}H_{10}O_5S$
7-(Methylsulfinyl)-9-oxo-9*H*-xanthene-2-carboxylic acid, M-00305
$C_{15}H_{10}O_7$
▷3,3′,4′,5,7-Pentahydroxyflavone, P-00082
$C_{15}H_{11}BrCl_2N_2$
▷Nolinium bromide, *in* N-00199
$C_{15}H_{11}ClN_2O$
▷7-Chloro-1,3-dihydro-5-phenyl-2*H*-1,4-benzodiazepin-2-one, *in* D-00148
▷3-(2-Chlorophenyl)-2-methyl-4(3*H*)-quinazolinone, C-00272
$C_{15}H_{11}ClN_2O_2$
▷Demoxepam, D-00069
▷Oxazepam, O-00096
$C_{15}H_{11}ClO_2$
Cloridarol, C-00498
$C_{15}H_{11}ClO_3$
Furcloprofen, F-00288
$C_{15}H_{11}Cl_2F_5O_2$
Fenfluthrin, F-00051
$C_{15}H_{11}Cl_2NO_4$
Clamidoxic acid, C-00406
$C_{15}H_{11}Cl_2N_2^{\oplus}$
Nolinium(1+), N-00199
$C_{15}H_{11}Cl_3N_4S$
Zinoconazole, Z-00021
$C_{15}H_{11}FO_4$
Flufenisal, *in* F-00185
$C_{15}H_{11}I_3O_4$
Thyropropic acid, T-00231
$C_{15}H_{11}I_4NO_4$
▷Thyroxine, T-00233
$C_{15}H_{11}NO_2$
3-Hydroxy-4-phenyl-2(1*H*)-quinolinone, H-00196
$C_{15}H_{11}NO_3$
Furegrelate, F-00289
Viridicatol, *in* H-00196
$C_{15}H_{11}NO_5$
Bostrycoidin, B-00259
$C_{15}H_{11}N_3O_2$
Furodazole, F-00294
$C_{15}H_{11}N_3O_3$
▷Nitrazepam, N-00170
$C_{15}H_{12}BrNO_3$
[2-Amino-3-(4-bromobenzoyl)phenyl]acetic acid, A-00219
$C_{15}H_{12}ClNO_2$
▷Carprofen, C-00099
$C_{15}H_{12}Cl_2N_2O_4$
Urefibrate, U-00014
$C_{15}H_{12}Cl_2O_2$
2,4-Dichloro-3,5-dimethylphenol; Benzoyl, *in* D-00186
$C_{15}H_{12}FN_3O_5S$
Luxabendazole, L-00119
$C_{15}H_{12}I_2O_3$
▷Iodoalphionic acid, I-00100
$C_{15}H_{12}I_3NO_4$
3,3′,5-Triiodothyronine, T-00487
$C_{15}H_{12}N_2O$
4-Aminoacridine; 4-*N*-Ac, *in* A-00204
▷9-Aminoacridine; 9-*N*-Ac, *in* A-00205
▷1-Benzyl-2(1*H*)-cycloheptimidazolone, B-00110
▷5*H*-Dibenz[b,f]azepine-5-carboxamide, *in* D-00155
1-Methylisatin; 2-Anil, *in* M-00264
Nafimidone, N-00016
$C_{15}H_{12}N_2O_2$
10,11-Dihydro-10-oxo-5*H*-dibenz[*b*,*f*]azepine-5-carboxamide, *in* D-00281
▷5,5-Diphenyl-2,4-imidazolidinedione, D-00493
$C_{15}H_{12}N_2O_3$
Urea; *N*,*N*′-Dibenzoyl, *in* U-00011
$C_{15}H_{12}OS$
3-Hydroxymethyldibenzo[*b*,*f*]thiepin, H-00159
$C_{15}H_{12}O_3$
▷1-(2,4-Dihydroxyphenyl)-3-phenyl-2-propen-1-one, D-00347
2,7-Dimethoxy-9-fluorenone, *in* D-00327
1-Hydroxy-8-methoxyanthrone, *in* D-00310
$C_{15}H_{12}O_3S$
3-Hydroxymethyldibenzo[*b*,*f*]thiepin; 5,5-Dioxide, *in* H-00159
$C_{15}H_{12}O_4$
Acetylsalol, *in* A-00026
1-(2,4-Dihydroxyphenyl)-3-(4-hydroxyphenyl)-2-propen-1-one, D-00346
Methyl 2-hydroxybenzoate; Benzoyl, *in* M-00261
$C_{15}H_{13}ClN_2$
▷Chlormidazole, C-00211
$C_{15}H_{13}ClN_2O$
2-Amino-5-chlorobenzoxazole; 2-*N*-benzyl, 3-Me, *in* A-00225
Lofendazam, L-00072
$C_{15}H_{13}ClN_2O_7$
Nitricholine perchlorate, *in* C-00308
$C_{15}H_{13}Cl_2N_5$
▷Robenidine, R-00069
$C_{15}H_{13}FO_2$
Fluprofen, F-00209
▷Flurbiprofen, F-00218
$C_{15}H_{13}FO_3$
4′-Fluoro-4-hydroxy-3-biphenylcarboxylic acid; Et ester, *in* F-00185
$C_{15}H_{13}F_3N_2O_4$
1,4-Dihydro-2,6-dimethyl-5-nitro-4-[2-(trifluoromethyl)-phenyl]-3-pyridinecarboxylic acid, D-00283
$C_{15}H_{13}N$
5*H*-Dibenz[*b*,*f*]azepine; 5-*N*-Me, *in* D-00155
$C_{15}H_{13}NO_2S$
10-Methyl-10*H*-phenothiazine-2-acetic acid, *in* P-00168
10*H*-Phenothiazine-2-acetic acid; Me ester, *in* P-00168
$C_{15}H_{13}NO_3$
▷(2-Amino-3-benzoylphenyl)acetic acid, A-00218
Ketorolac, K-00019
▷Pranoprofen, P-00400
$C_{15}H_{13}NO_4$
Acetaminosalol, *in* H-00112
$C_{15}H_{13}N_3O_2$
Prinomide, P-00439
$C_{15}H_{13}N_3O_2S$
▷Fenbendazole, F-00037
Frentizole, F-00264
$C_{15}H_{13}N_3O_3S$
▷Oxfendazole, O-00108
$C_{15}H_{13}N_3O_4$
Aconiazide, A-00046
$C_{15}H_{13}N_3O_4S$
▷Piroxicam, P-00351
$C_{15}H_{14}ClNO_3$
Zomepirac, Z-00035
$C_{15}H_{14}ClNO_4S$
Aclantate, A-00043

$C_{15}H_{14}ClN_3O$
Dazadrol, D-00022

$C_{15}H_{14}ClN_3O_3$
Sarmazenil, S-00024

$C_{15}H_{14}ClN_3O_4S$
▷Cefaclor, C-00109

$C_{15}H_{14}ClN_3O_4S_3$
▷Benzthiazide, B-00103

$C_{15}H_{14}ClN_3O_6$
Lodoxamide ethyl, *in* L-00071

$C_{15}H_{14}FNO_3$
Ibafloxacin, I-00002

$C_{15}H_{14}FN_3O_3$
▷Flumazenil, F-00152

$C_{15}H_{14}F_3N_3O_3S$
Galosemide, G-00007

$C_{15}H_{14}F_3N_3O_4S_2$
▷Bendrofluazide, B-00047

$C_{15}H_{14}N_2$
4-Aminoacridine; 4-*N*-Et, *in* A-00204

$C_{15}H_{14}N_2O$
5,5-Diphenyl-4-imidazolidinone, D-00494

$C_{15}H_{14}N_2O_2$
1-Amino-2-nitro-1,2-diphenylethylene; *N*-Me, *in* A-00293

$C_{15}H_{14}N_2O_3$
Anilamate, A-00389

$C_{15}H_{14}N_2O_5S$
Enoxamast; Et ester, *in* E-00061

$C_{15}H_{14}N_2S_2$
Tetrahydro-2*H*-1,3,5-thiadiazine-2-thione; 3,5-*N*-Di-Ph, *in* T-00135

$C_{15}H_{14}N_4O$
Fepitrizol, F-00083

$C_{15}H_{14}N_4O_2S$
▷Sulphaphenazole, S-00250

$C_{15}H_{14}N_4O_6S_2$
Ceftibuten, C-00155

$C_{15}H_{14}N_6O_6S_3$
Cefanone, C-00113

$C_{15}H_{14}O_2$
Benzoin; Me ether, *in* B-00093
4-Benzylphenol; Ac, *in* B-00127
4-Biphenylacetic acid; Me ester, *in* B-00176
Diphenylacetic acid; Me ester, *in* D-00488
▷2-Phenylethanol; Benzoyl, *in* P-00187

$C_{15}H_{14}O_3$
4-(Benzyloxy)phenol; Ac, *in* B-00124
2,4-Dihydroxybenzophenone; Di-Me ether, *in* D-00318
3-Hydroxy-3,3-diphenylpropanoic acid, H-00126
2-Hydroxy-4-methoxy-4′-methylbenzophenone, H-00150
▷2-Hydroxy-3-(3-methyl-2-butenyl)-1,4-naphthoquinone, H-00157
2-(3-Phenoxyphenyl)propanoic acid, P-00172

$C_{15}H_{14}O_4$
▷Acetomenaphthone, *in* D-00333
2,6-Dihydroxybenzoic acid; Me ether, benzyl ester, *in* D-00317
Furacrinic acid, F-00277
4-Methoxy-γ-oxo-1-naphthalenebutanoic acid, M-00208

$C_{15}H_{14}O_4N_2S$
Tioxacin; Me ester, *in* T-00306

$C_{15}H_{14}O_5$
Pyratrione, P-00559

$C_{15}H_{14}O_5S$
Timefurone, T-00281

$C_{15}H_{14}O_6$
3,3′,4′,5,7-Pentahydroxyflavan, P-00081

$C_{15}H_{14}O_7$
3,3′,4,4′,5,7-Hexahydroxyflavan, H-00054

$C_{15}H_{14}O_8$
3-(3,4,5-Trihydroxyphenyl)-2-propenoic acid; Tri-Ac, *in* T-00480

$C_{15}H_{15}BrN_2$
Nomelidine, N-00201

$C_{15}H_{15}ClFNO$
Halonamine, H-00011

$C_{15}H_{15}ClN_2O$
Nortetrazepam, N-00223

$C_{15}H_{15}ClN_2O_4S$
Xipamide, X-00017

$C_{15}H_{15}Cl_2N_3O$
Endixaprine, E-00046

$C_{15}H_{15}FN_4O$
Zolazepam, Z-00028

$C_{15}H_{15}F_2NO$
Flunamine, F-00164

$C_{15}H_{15}I_3N_2O_6$
Ethyl cartrizoate, E-00180

$C_{15}H_{15}N$
3-Phenyl-1-indanamine, P-00191

$C_{15}H_{15}NO$
2-[1-(Benzylimino)ethyl]phenol, B-00121

$C_{15}H_{15}NO_2$
2-Amino-1-phenylethanol; *N*-Benzoyl, *in* A-00304
▷Enfenamic acid, E-00054
▷Mefenamic acid, M-00062
Nafoxadol, N-00020

$C_{15}H_{15}NO_2S$
Modafinil, M-00417

$C_{15}H_{15}NO_3$
N-(4-Ethoxyphenyl)-2-hydroxybenzamide, E-00170
▷Tolmetin, T-00353

$C_{15}H_{15}NO_3S$
Adrafinil, A-00074

$C_{15}H_{15}N_3O$
3,9-Diamino-7-ethoxyacridine, D-00130
Nanterinone, N-00037
Premazepam, P-00418

$C_{15}H_{15}N_3O_3$
Verazide, V-00020

$C_{15}H_{15}N_3O_7$
6-Azauridine; 5′-Benzoyl, *in* A-00514

$C_{15}H_{15}N_7O_4S_3$
Cefivitril, C-00128

$C_{15}H_{15}O_4P$
Diphenyl (3-methyl-2-oxiranyl)phosphonate, *in* M-00276

$C_{15}H_{16}ClNO$
Setazindol, S-00057

$C_{15}H_{16}ClNO_4$
Romazarit, R-00080

$C_{15}H_{16}ClN_3O$
Daxatrigine, D-00021

$C_{15}H_{16}ClN_3O_3S$
Besulpamide, B-00139
Glyparamide, G-00076

$C_{15}H_{16}ClN_3O_4S_2$
▷Bemetizide, B-00032

$C_{15}H_{16}ClN_3O_4S_3$
Hydrobentizide, *in* B-00103

$C_{15}H_{16}ClN_3S$
▷Tolonium chloride, *in* T-00359

$C_{15}H_{16}I_3NO_3$
Buniodyl, B-00363
Iolidonic acid, I-00118

$C_{15}H_{16}I_3NO_5$
Iobutoic acid, I-00092

$C_{15}H_{16}I_3N_3O_7$
Ioseric acid, I-00135

$C_{15}H_{16}NO_6P$
2-Amino-3-[(diphenoxyphosphinyl)oxy]propanoic acid, *in* P-00220

$C_{15}H_{16}N_2O$
▷Benmoxin, B-00055
Picobenzide, P-00237

$C_{15}H_{16}N_2O_2S$
▷*N,N'*-Bis(4-methoxyphenyl)thiourea, *in* B-00222

$C_{15}H_{16}N_2O_5S_2$
Acetylgliotoxin, *in* G-00041

$C_{15}H_{16}N_2O_6S_2$
Ticarcillin, T-00255

$C_{15}H_{16}N_2S$
Tienocarbine, T-00260

$C_{15}H_{16}N_3S^{\oplus}$
Tolonium(1+), T-00359

$C_{15}H_{16}N_4O$
Ripazepam, R-00062

$C_{15}H_{16}N_4O_2$
Nicaraven, N-00087
Zomebazam, Z-00034

$C_{15}H_{16}N_6O$
Amicarbalide, A-00186

$C_{15}H_{16}O$
4-Benzylphenetole, *in* B-00127

$C_{15}H_{16}O_2$
1-Ethynylcyclohexanol; Benzoyl, *in* E-00228
4-(6-Methoxy-2-naphthalenyl)-2-butanone, M-00206

$C_{15}H_{16}O_3$
3,4'-Dihydroxy-5-methoxybibenzyl, *in* D-00345

$C_{15}H_{16}O_5$
Fuscin, F-00302

$C_{15}H_{16}O_6$
▷Picrotoxinin, P-00243

$C_{15}H_{16}O_8$
Skimmin, *in* H-00114

$C_{15}H_{16}O_8S_2$
Dicresulene, D-00216
Policresulen, *in* D-00216

$C_{15}H_{17}BrN_2O_2$
▷Benzpyrinium bromide, *in* B-00101

$C_{15}H_{17}BrO_4$
3-Bromo-3-[*p*-(pentyloxy)benzoyl]acrylic acid, B-00312

$C_{15}H_{17}ClN_2O_2$
Climbazole, C-00427

$C_{15}H_{17}FN_4O_2$
Flupirtine, F-00204

$C_{15}H_{17}FN_4O_3$
Enoxacin, E-00060
Esafloxacin, E-00119

$C_{15}H_{17}N$
N-Methyldibenzylamine, M-00244

$C_{15}H_{17}NO_7$
2-Amino-3-(3,4-dihydroxyphenyl)propanoic acid; *O,O,N*-Tri-Ac, *in* A-00248

$C_{15}H_{17}NS_2$
▷Tipepidine, T-00311

$C_{15}H_{17}N_2O_2^{\oplus}$
Benzpyrinium(1+), B-00101

$C_{15}H_{17}N_3O$
Cetoxime, C-00186
Metralindole, M-00340

$C_{15}H_{17}N_3O_6S$
Betiatide, B-00144

$C_{15}H_{17}N_4O_2P$
Dinaphthimine, D-00464

$C_{15}H_{17}N_5O$
Bemitradine, B-00033

$C_{15}H_{17}N_5O_6S_2$
Cefpodoxime, C-00145

$C_{15}H_{17}N_5S$
Pentiapine, P-00097

$C_{15}H_{17}N_7O_5S_3$
▷Cefmetazole, C-00132

$C_{15}H_{18}$
2-Isopropyl-4,8-dimethylazulene, I-00203
▷7-Isopropyl-1,4-dimethylazulene, I-00204

$C_{15}H_{18}BrN_5O$
Broperamole, B-00327

$C_{15}H_{18}Br_2N_4O_2$
▷Trimedoxime bromide, *in* T-00493

$C_{15}H_{18}ClNO_2$
Pirprofen; Et ester, *in* P-00355

$C_{15}H_{18}ClNO_3$
Enilosperone, E-00056

$C_{15}H_{18}ClN_3O_3S$
Tiaramide, T-00245

$C_{15}H_{18}Cl_2N_4O_3$
Ridazolol, R-00041

$C_{15}H_{18}F_2N_6O_7S_2$
Flomoxef, F-00120

$C_{15}H_{18}I_3NO_3$
Tyropanoic acid, T-00581

$C_{15}H_{18}I_3NO_5$
▷Iolixanic acid, I-00119
▷Iopronic acid, I-00132

$C_{15}H_{18}N_2$
Pirlindole, P-00340

$C_{15}H_{18}N_2O$
3-Amino-5-methyl-2-phenyl-4-(2-methylpropanoyl)pyrrole, A-00287

$C_{15}H_{18}N_2O_2$
Propoxate, P-00509

$C_{15}H_{18}N_2O_3$
Tryptophan; Et ester, *N*-Ac, *in* T-00567

$C_{15}H_{18}N_4O_2^{\oplus\oplus}$
▷Trimedoxime(2+), T-00493

$C_{15}H_{18}N_4O_5$
▷Mitomycin *C*, M-00404
Mitomycin *C*; Isomer, *in* M-00404
Mitomycin D, *in* P-00388

$C_{15}H_{18}N_6O_2$
▷Pimefylline, P-00254

$C_{15}H_{18}O_2$
4(15),7(11),8-Eudesmatrien-12,8-olide, E-00269
Tetriprofen, T-00155

$C_{15}H_{18}O_3$
Loxoprofen, L-00108

$C_{15}H_{18}O_3S$
5-Isopropyl-3,8-dimethyl-1-azulenesulfonic acid, I-00205

$C_{15}H_{18}O_4$
8-Epihelenalin, *in* H-00024
▷Helenalin, H-00024

$C_{15}H_{18}O_6$
Glucurono-6,3-lactone; Me glycoside, 5-benzyl, 2-Me, *in* G-00059
Obtsusinin, *in* H-00148

$C_{15}H_{18}O_7$
▷Picrotin, P-00241

$C_{15}H_{19}BrN_2O_5$
Mebrofenin, M-00038

$C_{15}H_{19}FN_2O_2$
Fluzoperine, F-00236

$C_{15}H_{19}FO_5$
2-Deoxy-2-fluoroglucose; Me glycoside, 4,6-*O*-benzylidene, 3-Me, *in* D-00078

$C_{15}H_{19}F_3N_2S$
Ticarbodine, T-00254

$C_{15}H_{19}NO$
Furfenorex, F-00291
▷Pronethalol, P-00483

$C_{15}H_{19}NO_3$
Ximoprofen, X-00015

$C_{15}H_{19}NO_4S$
Bencisteine, B-00040

$C_{15}H_{19}NO_4S_2$
Guaistene, G-00096

$C_{15}H_{19}NO_6$
Esculamine, E-00121

$C_{15}H_{19}NS_2$
Ethylmethylthiambutene, E-00208

$C_{15}H_{19}N_3OS$
Butamisole, B-00387

$C_{15}H_{19}N_3O_2S$
Dribendazole, D-00602

$C_{15}H_{19}N_3O_4$
Abunidazole, A-00003
Tropabazate, T-00546

$C_{15}H_{19}N_3O_5$
▷Carboquone, C-00063

$C_{15}H_{20}ClN_3O_2$
Vibunazole, V-00028
Zacopride, Z-00002

$C_{15}H_{20}ClN_5$
Spirotriazine, S-00130

$C_{15}H_{20}Cl_2N_2O$
Clibucaine, C-00423

$C_{15}H_{20}Cl_2N_2O_3$
Raclopride, R-00002

$C_{15}H_{20}FNO$
Primaperone, P-00433

$C_{15}H_{20}NOS^{\oplus}$
Thenium(1+), T-00164

$C_{15}H_{20}N_2$
3-[2-(4-Piperidinyl)ethyl]-1*H*-indole, P-00287

$C_{15}H_{20}N_2O$
2,3-Dihydro-1-(1-piperidinylacetyl)-1*H*-indole, D-00297
1-(Dimethylamino)ethyl-3-propanoyl-1*H*-indole, D-00414
1-Phenyl-3-(1-piperidinyl)-2-pyrrolidinone, P-00199

$C_{15}H_{20}N_2O_2$
▷Fenspiride, F-00076
Oxamisole, O-00083

$C_{15}H_{20}N_2O_3$
▷Pifoxime, P-00249

$C_{15}H_{20}N_2O_4S$
▷Acetohexamide, A-00023
Sumacetamol, S-00267

$C_{15}H_{20}N_2O_5$
Iprofenin, I-00160

$C_{15}H_{20}N_2S$
▷Methaphenilene, M-00170

$C_{15}H_{20}N_6O_4$
Azetirelin, A-00518

$C_{15}H_{20}O_2$
▷2-(4-Cyclohexylphenyl)propanoic acid, C-00621
4(15),7(11),8-Eudesmatrien-12,8-olide; 8β,9-Dihydro, *in* E-00269
2-(2-Isopropyl-5-indanyl)propanoic acid, I-00207
Mokkolactone, M-00422

$C_{15}H_{20}O_3$
2-Cyclohexyl-2-hydroxy-2-phenylacetic acid; Me ester, *in* C-00614
8-Hydroxy-1(10),4,11(13)-germacratrien-12,6-olide, H-00134
2-Methoxy-4-(2-propenyl)phenol; 3-Methylbutanoyl, *in* M-00215
Onitin, O-00049

$C_{15}H_{21}BrN_2O$
Bromadoline, B-00282

$C_{15}H_{21}Cl_2N_3O$
Acaprazine, A-00004

$C_{15}H_{21}F_3N_2O_2$
Fluvoxamine, F-00234

$C_{15}H_{21}N$
▷Fencamfamin, F-00038

$C_{15}H_{21}NO$
Eptazocine, E-00097
Metazocine, M-00155
Tofetridine, T-00340

$C_{15}H_{21}NO_2$
Ciclafrine, C-00325
Ciclonicate, *in* T-00506
▷β-Eucaine, *in* T-00511
Hexahydro-1,3-dimethyl-4-phenyl-1*H*-azepine-4-carboxylic acid, H-00048
Indenolol, I-00056
▷Ketobemidone, K-00014
Naxagolide, N-00053
▷Pethidine, P-00131
▷Prodilidine, P-00459
Tolpronine, T-00366

$C_{15}H_{21}NO_3$
▷Hydroxypethidine, H-00189
Metostilenol, M-00337

$C_{15}H_{21}NO_3S$
N-(α-Phenylbutyryl)methionine, P-00181

$C_{15}H_{21}NO_4$
Afurolol, A-00082
Dehydroactidione, *in* D-00441
Inactone, *in* D-00441

$C_{15}H_{21}NO_6$
2-Amino-2-deoxyglucose; Phenyl glycoside, *N*-propionyl, *in* A-00235

$C_{15}H_{21}NO_9$
2-Amino-3-(3,4-dihydroxyphenyl)propanoic acid; 3′-*O*-β-D-Glucopyranoside, *in* A-00248

$C_{15}H_{21}N_3O$
[1-[1-(Dimethylamino)ethyl]-1*H*-indol-3-yl]-1-propanone oxime, *in* D-00414
▷Primaquine, P-00434
▷Quinocide, Q-00029
Tryptophan; Diethylamide, *in* T-00567

$C_{15}H_{21}N_3OS$
Zolamine, Z-00027

$C_{15}H_{21}N_3O_2$
▷Eserine, E-00122
▷Mexolamine, M-00353

$C_{15}H_{21}N_3O_2S_3$
Arotinolol, A-00447

$C_{15}H_{21}N_3O_3$
Geneserine, G-00016

$C_{15}H_{21}N_3O_3S$
▷Gliclazide, G-00037

$C_{15}H_{21}N_5O_2$
Aditoprime, *in* A-00073

$C_{15}H_{21}N_5O_4$
N-(3-Methyl-2-butenyl)adenosine, M-00234

$C_{15}H_{21}N_7O_4$
Antibiotic RP 35391, *in* S-00078

$C_{15}H_{21}N_7O_5$
Dehydrosinefungin, *in* S-00078

$C_{15}H_{21}N_7O_6$
▷Alazopeptin, A-00095

$C_{15}H_{22}FN_3O_4$
Flestolol, *in* D-00352

$C_{15}H_{22}N_2$
Etaminile, E-00136

$C_{15}H_{22}N_2O$
▷Mepivacaine, M-00101
Milnacipran, M-00376
Piquindone, P-00311

$C_{15}H_{22}N_2O_2$
Mepindolol, M-00097
Mixidine, M-00410
Penirolol, P-00070

$C_{15}H_{22}N_2O_3$
Tolycaine, T-00373

$C_{15}H_{22}N_2O_3S$
Heptolamide, H-00032

$C_{15}H_{22}N_2O_4$
Troxipide, *in* A-00314

$C_{15}H_{22}N_2O_4S$
Hydroxyhexamide, H-00137

$C_{15}H_{22}N_2O_6$
Nipradilol, N-00154

$C_{15}H_{22}N_4O_2$
Cartazolate, C-00101

$C_{15}H_{22}N_4O_3$
Propentofylline, P-00495

$C_{15}H_{22}N_6O_5S$
S-Adenosylmethionine, A-00068

$C_{15}H_{22}O$
4(15),7(11)-Eudesmadien-8-one, E-00268

$C_{15}H_{22}O_3$
▷5-(2,5-Dimethylphenoxy)-2,2-dimethylpentanoic acid, D-00443

$C_{15}H_{22}O_5$
Anguidol, A-00386
▷Artemisinin, A-00452
Tioctilate, *in* T-00193

$C_{15}H_{23}ClN_4O_2$
Dazopride, D-00027

$C_{15}H_{23}N$
▷Prolintane, P-00473

$C_{15}H_{23}NO$
Meptazinol, M-00107

$C_{15}H_{23}NO_2$
Aceverine, *in* A-00300
▷Alprenolol, A-00151
Aminoprofen, A-00316
2-Benzyl-4-(diethylamino)butanoic acid, B-00111
Ciramadol, C-00394
Isobucaine, I-00179
Procinolol, P-00451

$C_{15}H_{23}NO_3$
▷Ethomoxane, E-00158
Etilefrine pivalate, *in* A-00272
▷Oxprenolol, O-00145
Parethoxycaine, P-00034
Trimoxamine, T-00519

$C_{15}H_{23}NO_4$
4-[2-(3,5-Dimethyl-2-oxocyclohexyl)-2-hydroxyethyl]-2,6-piperidinedione, D-00441

$C_{15}H_{23}NS$
▷1-[1-(2-Thienyl)cyclohexyl]piperidine, T-00187

$C_{15}H_{23}N_3$
Iquindamine, I-00168

$C_{15}H_{23}N_3OS$
Diamthazole, D-00143

$C_{15}H_{23}N_3O_2$
▷Acecainide, *in* P-00446
N^{α}-(4-Oxodecanoyl)histamine, *in* H-00077

$C_{15}H_{23}N_3O_3S$
▷Mecillinam, M-00042

$C_{15}H_{23}N_3O_4S$
▷Cyclacillin, C-00585
Isosulpride, I-00213
▷Sulpiride, S-00259

$C_{15}H_{23}N_7O_5$
▷Sinefungin, S-00078

$C_{15}H_{24}N_2O$
▷Morforex, M-00441
▷Trimecaine, T-00492

$C_{15}H_{24}N_2O_2$
Dimetholizine, D-00395
▷Tetracaine, T-00104

$C_{15}H_{24}N_2O_3$
▷Hydroxamethocaine, H-00104
Hydroxycaine, H-00119
▷Mefexamide, M-00067

$C_{15}H_{24}N_2O_4S$
Tiapride, T-00243

$C_{15}H_{24}N_4$
N-Nonyl 7*H*-pyrrolo[2,3-*d*]pyrimidin-4-amine, *in* A-00330

$C_{15}H_{24}N_4O_2S_2$
▷Thiamine propyl disulfide, T-00177

$C_{15}H_{25}N$
Amfepentorex, A-00182

$C_{15}H_{25}NO_2$
Xibenolol, X-00012

$C_{15}H_{25}NO_3$
Butoxamine, B-00418
▷Metoprolol, M-00334
Piraxelate, *in* O-00139

$C_{15}H_{25}NO_5$
Indicine, I-00057

$C_{15}H_{25}NO_6$
▷Indicine N-oxide, *in* I-00057

$C_{15}H_{25}N_3O$
Caproxamine, C-00032
Recainam, R-00019

$C_{15}H_{26}N_2$
Sparteine, S-00110

$C_{15}H_{26}N_2O$
Pachycarpine N^{16}-oxide, *in* S-00110

$C_{15}H_{26}N_2O_5$
3-[3-Methyl-1-(3-methylbutylcarbamoyl)butylcarbamoyl]-2-oxiranecarboxylic acid, M-00266

$C_{15}H_{26}O$
▷α-Bisabolol, B-00184

$C_{15}H_{26}O_6$
1,2:3,4:5,6-Tri-*O*-isopropylidene-D-glucitol, *in* G-00054

$C_{15}H_{27}NO_{10}$
Pantothenic acid; 4′-*O*-(β-D-Glucoside), *in* P-00016

$C_{15}H_{27}N_5O_5$
Estate, E-00125

$C_{15}H_{29}NO_4$
Dioxamate, D-00473

$C_{15}H_{30}O_3$
Trethocanic acid, T-00417

$C_{15}H_{31}NO$
Octapinol, O-00016

$C_{15}H_{32}IN_2$
Pentolium(2+); Iodide, *in* P-00102

$C_{15}H_{32}N_2^{\oplus\oplus}$
Pentolium(2+), P-00102

$C_{15}H_{32}N_2O$
Pemerid, P-00057

$C_{15}H_{33}IN_2O_2$
Dibutoline(1+); Iodide, *in* D-00171

$C_{15}H_{33}NO$
3-(Dodecyloxy)propylamine, *in* A-00319

$C_{15}H_{33}N_2O_2^{\oplus}$
Dibutoline(1+), D-00171

$C_{16}H_6N_4O_{15}$
4,5-Dinitro-1,2-benzenedicarboxylic acid; Anhydride, *in* D-00467

$C_{16}H_8N_2O_5$
Pirenoxine, P-00318
Pirenoxine, P-00319

$C_{16}H_9ClFNO_4$
8-Chloro-3-(2-fluorophenyl)-5,6-dihydrofuro[3,2-*f*]-1,2-benzisoxazole-6-carboxylic acid, C-00240

$C_{16}H_9Cl_2NO_2$
5,7-Dichloro-8-hydroxyquinoline; *O*-Benzoyl, *in* D-00190

$C_{16}H_9F_3O_2$
▷2-[(4-Trifluoromethyl)phenyl]1,3-indanedione, T-00467

$C_{16}H_9NO_6$
3,4-Methylenedioxy-10-nitro-1-phenanthrenecarboxylic acid, M-00252

$C_{16}H_9NO_7$
6-Hydroxy-3,4-methylenedioxy-10-nitro-1-phenanthrenecarboxylic acid, H-00160

$C_{16}H_{10}ClF_3N_2O$
Fluquazone, F-00213

$C_{16}H_{10}ClN_3$
▷Lotrifen, L-00104

$C_{16}H_{10}N_2$
2-Phenyl-4-quinolinecarbonitrile, *in* P-00206

$C_{16}H_{10}N_2O_8S_2$
Indigotindisulfonic acid, I-00058

$C_{16}H_{10}N_4O_{11}S_2$
Phenaphthazine, P-00145

$C_{16}H_{10}O_4$
4,4′-Biphenyldiglyoxaldehyde, B-00177
7-Hydroxy-2*H*-1-benzopyran-2-one; Benzoyl, *in* H-00114

$C_{16}H_{10}O_5$
3-O-Methylcoumestrol, *in* C-00558

$C_{16}H_{10}O_8$
Nasutin C, *in* E-00026

$C_{16}H_{11}ClN_2O_3$
Clorazepic acid, C-00494
Tesicam, T-00098

$C_{16}H_{11}ClN_4$
▷Estazolam, E-00126

$C_{16}H_{11}I_4NO_5$
Thyroxine; *N*-Formyl, *in* T-00233

$C_{16}H_{11}N$
5-Cyano-5*H*-dibenzo[*a*,*d*]cycloheptene, *in* D-00158

$C_{16}H_{11}NO_2$
▷Benzoxiquine, *in* H-00211
2-Cyano-3,3-diphenyl-2-propenoic acid, C-00582
▷2-Phenyl-4-quinolinecarboxylic acid, P-00206

$C_{16}H_{11}NO_3$
▷3-Hydroxy-2-phenyl-4-quinolinecarboxylic acid, H-00195
4-Oxo-4*H*-1-benzopyran-2-carboxylic acid; Anilide, *in* O-00125
2-Phenyl-4-quinolinecarboxylic acid; 1-Oxide, *in* P-00206
Ungeremine, U-00009

$C_{16}H_{11}N_3O_5$
Nitrazepate, N-00171

$C_{16}H_{11}N_3O_5S$
Droxicam, D-00615

$C_{16}H_{12}ClFN_2O$
▷Fludiazepam, F-00144

$C_{16}H_{12}ClFN_2O_2$
▷Flutemazepam, F-00226

$C_{16}H_{12}ClNO_3$
▷Benoxaprofen, B-00059

$C_{16}H_{12}ClN_3O_3$
Meclonazepam, M-00047

$C_{16}H_{12}Cl_2N_2O$
4′-Chlorodiazepam, C-00227
Cloroqualone, C-00500

$C_{16}H_{12}Cl_2N_2O_2$
Lormetazepam, L-00097

$C_{16}H_{12}Cl_2O_3$
Clofenoxyde, C-00453

$C_{16}H_{12}Cl_2O_4$
2,10-Dichloro-12-methyl-12*H*-dibenzo[*d*,*g*][1,3]dioxocin-6-carboxylic acid, D-00192
Treloxinate, T-00408

$C_{16}H_{12}FNO_3$
▷Flunoxaprofen, F-00171

$C_{16}H_{12}FN_3O_3$
▷Flubendazole, F-00133
▷Flunitrazepam, F-00168

$C_{16}H_{12}N_2O$
2-Phenyl-4-quinolinecarboxamide, *in* P-00206

$C_{16}H_{12}N_2O_2$
▷Phthalazino[2,3-*b*]phthalazine-5,12(7*H*,14*H*)-dione, P-00222

$C_{16}H_{12}N_4O_5S_2$
Salazosulfathiazole, S-00010

$C_{16}H_{12}O_2$
5*H*-Dibenzo[*a*,*d*]cycloheptene-5-carboxylic acid, D-00158

$C_{16}H_{12}O_3$
7-Methoxyisoflavone, *in* H-00144
▷2-(4-Methoxyphenyl)-1,3-indanedione, M-00212

$C_{16}H_{12}O_3S$
Tiopinac, T-00302

$C_{16}H_{12}O_4$
1,8-Dihydroxyanthrone; 1-Ac, *in* D-00310
1,8-Dimethoxyanthraquinone, *in* D-00308
6-Hydroxy-8-methoxyflavone, *in* D-00326

▷Isoxepac, I-00216
▷Oxepinac, O-00103
▷γ-Oxo-2-dibenzofuranbutanoic acid, O-00127
4,4′-Stilbenedicarboxylic acid, S-00153

$C_{16}H_{12}O_5$
▷5,7-Dihydroxy-4′-methoxyflavone, D-00329
5,7-Dihydroxy-4′-methoxyisoflavone, D-00330

$C_{16}H_{12}O_6$
Acetylsalicylsalicylic acid, *in* S-00015
Kalafungin, K-00002
3′,5,7-Trihydroxy-4′-methoxyflavone, T-00476

$C_{16}H_{12}O_7$
3,3′,4′,7-Tetrahydroxy-5-methoxyflavone, *in* P-00082
3,3′,5,7-Tetrahydroxy-4′-methoxyflavone, *in* P-00082
3′,4′,5,7-Tetrahydroxy-8-methoxyisoflavone, T-00138

$C_{16}H_{13}ClN_2O$
▷Diazepam, D-00148
▷Mazindol, M-00029

$C_{16}H_{13}ClN_2O_2$
▷Clobazam, C-00433
▷Temazepam, *in* O-00096
▷Tolnidamine, T-00356

$C_{16}H_{13}ClN_2O_4S$
Suclofenide, S-00174

$C_{16}H_{13}ClN_2S$
▷Sulazepam, S-00180

$C_{16}H_{13}ClO$
10,11-Dihydro-5*H*-dibenzo[*a*,*d*]cycloheptene-5-carboxylic acid; Chloride, *in* D-00282

$C_{16}H_{13}Cl_2NO_4$
Aceclofenac, *in* D-00210
Quinfamide, Q-00023

$C_{16}H_{13}Cl_2N_3O$
Benclonidine, B-00041

$C_{16}H_{13}Cl_3N_2OS$
Tioconazole, T-00298

$C_{16}H_{13}FN_2O_3$
Irloxacin, I-00171

$C_{16}H_{13}F_3N_2O_3$
Colfenamate, C-00535

$C_{16}H_{13}I_3N_2O_3$
▷Iobenzamic acid, I-00091

$C_{16}H_{13}I_4NO_4$
Thyroxine; Me ester, *in* T-00233

$C_{16}H_{13}NO$
▷Citenamide, *in* D-00158
5*H*-Dibenz[*b*,*f*]azepine; 5-*N*-Ac, *in* D-00155

$C_{16}H_{13}NO_2$
3-Methoxy-4-phenyl-2(1*H*)-quinolinone, *in* H-00196

$C_{16}H_{13}NO_2S$
α-Methyl-2-phenyl-6-benzothiazoleacetic acid, M-00287

$C_{16}H_{13}NO_3$
5-Hydroxy-2-methyl-1-phenyl-1*H*-indole-3-carboxylic acid, H-00173

$C_{16}H_{13}NO_4$
Papaveroline, P-00020

$C_{16}H_{13}NO_5$
Bostrycoidin 9-methyl ester, *in* B-00259

$C_{16}H_{13}N_3O_3$
▷Mebendazole, M-00031
▷Nimetazepam, N-00147

$C_{16}H_{13}N_3O_4$
Nitraquazone, N-00167

$C_{16}H_{13}N_3O_6$
Ipsalazide, I-00166

$C_{16}H_{14}ClNO$
Famotine, F-00014

$C_{16}H_{14}ClN_3O$
▷Chlordiazepoxide, C-00200

$C_{16}H_{14}Cl_2O$
Proclonol, P-00453

$C_{16}H_{14}Cl_2O_3$
Dulofibrate, D-00618

$C_{16}H_{14}FN_3O$
▷Afloqualone, A-00081

$C_{16}H_{14}F_3NO_3S$
Tolrestat, T-00370

$C_{16}H_{14}F_3N_3O_2S$
Lansoprazole, L-00008

$C_{16}H_{14}N_2O$
▷Methaqualone, M-00172

$C_{16}H_{14}N_2O_2$
Doliracetam, D-00571
▷Miroprofen, M-00394

$C_{16}H_{14}N_2O_3$
▷Bindazac, B-00167

$C_{16}H_{14}N_2O_4$
Amoxanox, A-00361

$C_{16}H_{14}N_2O_6S$
Phthalylsulfacetamide, P-00225

$C_{16}H_{14}N_4O$
Adibendan, A-00069

$C_{16}H_{14}OS_2$
2,6-Bis(2-thienylmethylene)cyclohexanone, B-00237

$C_{16}H_{14}O_2$
10,11-Dihydro-5*H*-dibenzo[*a*,*d*]cycloheptene-5-carboxylic acid, D-00282
2-(2-Fluorenyl)propanoic acid, F-00179

$C_{16}H_{14}O_3$
Benzoin; Ac, *in* B-00093
▷4-(4-Biphenylyl)-4-oxobutanoic acid, B-00181
1-(2,4-Dihydroxyphenyl)-3-phenyl-2-propen-1-one; 4′-Me ether, *in* D-00347
▷Ketoprofen, K-00017
3-Methylbenzoic acid; Anhydride, *in* M-00230

$C_{16}H_{14}O_4$
▷Imperatorin, I-00045
Isoimperatorin, I-00189

$C_{16}H_{14}O_5$
Guacetisal, G-00089
Guaimesal, G-00094

$C_{16}H_{14}O_6$
Diphenyl tartrate, *in* T-00028
▷Nanaomycin *A*, N-00035

$C_{16}H_{15}ClFN_3O_2$
Clanfenur, C-00408

$C_{16}H_{15}ClN_2$
▷Medazepam, M-00053

$C_{16}H_{15}ClN_2OS$
▷Clotiazepam, C-00508

$C_{16}H_{15}ClN_2S$
Etasuline, E-00141

$C_{16}H_{15}ClN_4O_2S$
Sulfaclorazole, S-00189

$C_{16}H_{15}ClO_6$
Lonapalene, *in* C-00257

$C_{16}H_{15}Cl_2N$
Indatraline, I-00053

$C_{16}H_{15}F_3O$
▷Flumecinol, F-00153

$C_{16}H_{15}N$
Dizocilpine, D-00560

$C_{16}H_{15}NO$
▷Cyheptamide, *in* D-00282
1,2,3,4-Tetrahydroisoquinoline; *N*-Benzoyl, *in* T-00120

$C_{16}H_{15}NO_2$
Tesimide, T-00099

$C_{16}H_{15}NO_3$
Dilmefone, D-00371
▷Ftaxilide, F-00268

$C_{16}H_{15}NO_4$
Anirolac, A-00393

$C_{16}H_{15}NO_5$
2-Amino-3-(3,4-dihydroxyphenyl)propanoic acid; *N*-Benzoyl, *in* A-00248
Nanaomycin C, *in* N-00036

$C_{16}H_{15}N_3$
3-Amino-9,13*b*-dihydro-1*H*-dibenz[*c,f*]imidazo[1,5-*a*]azepine, A-00242

$C_{16}H_{15}N_3O_4$
▷Mitonafide, M-00405

$C_{16}H_{15}N_3O_5$
▷Opiniazide, O-00051
Pirolate, P-00347

$C_{16}H_{15}N_3O_7S$
Sulphaloxic acid, S-00241

$C_{16}H_{15}N_5O_2$
Trizoxime, T-00543

$C_{16}H_{15}N_5O_4S_3$
Cefetrizole, C-00127

$C_{16}H_{15}N_5O_7S_2$
Cefixime, C-00129

$C_{16}H_{15}N_7O_5S_4$
Cefuzonam, C-00162

$C_{16}H_{16}ClNO_2$
Nicoclonate, N-00094

$C_{16}H_{16}ClNO_2S$
Clopidogrel, C-00484

$C_{16}H_{16}ClNO_3$
Clofeverine, C-00454
Fenoldopam, F-00063
▷Nicofibrate, N-00097

$C_{16}H_{16}ClNO_4S$
Daltroban, D-00007

$C_{16}H_{16}ClN_3O_3S$
▷Indapamide, I-00052
▷Metolazone, M-00330
Zidapamide, Z-00011

$C_{16}H_{16}ClN_3O_4$
Loracarbef, L-00090

$C_{16}H_{16}ClN_3O_5S$
Cefedrolor, C-00123

$C_{16}H_{16}ClN_5O$
Fenprinast, F-00072

$C_{16}H_{16}FNO$
▷Fenisorex, F-00056

$C_{16}H_{16}NO_6P$
▷Naphthalophos, N-00042

$C_{16}H_{16}N_2OS$
▷10-[(Dimethylamino)acetyl]-10*H*-phenothiazine, D-00403

$C_{16}H_{16}N_2O_2$
Nafazatrom, N-00011

$C_{16}H_{16}N_2O_4S$
▷Bis(4-acetamidophenyl)sulfone, *in* D-00129

$C_{16}H_{16}N_2O_5$
Succisulfone, S-00173

$C_{16}H_{16}N_2O_6S_2$
▷Cephalothin, C-00178

$C_{16}H_{16}N_4$
Stilbamidine, *in* S-00153

$C_{16}H_{16}N_4O$
▷Hydroxystilbamidine, H-00213

$C_{16}H_{16}N_4O_2S$
Sulfapyrazole, S-00207

$C_{16}H_{16}N_4O_5$
▷Nifurquinazol, N-00130

$C_{16}H_{16}N_4O_8S$
▷Cefuroxime, C-00161

$C_{16}H_{16}N_6Na_2O_{12}S_2Tc_2$
Technetium tiatide, *in* M-00129

$C_{16}H_{16}O_2$
▷2-(4-Biphenylyl)butanoic acid, B-00179
Diphenylacetic acid; Et ester, *in* D-00488
1-(2-Oxocyclohexyl)-2-naphthol, O-00126

$C_{16}H_{16}O_3$
2-Cyclohexyl-3-hydroxy-1,4-naphthoquinone, C-00613
3-Hydroxy-3,3-diphenylpropanoic acid; Me ester, *in* H-00126
2-Hydroxy-3-(3-methyl-2-butenyl)-1,4-naphthoquinone; Me ether, *in* H-00157

$C_{16}H_{16}O_4N_2S$
Tioxacin; Et ester, *in* T-00306

$C_{16}H_{16}O_5$
2,6-Dihydroxybenzoic acid; Me ether, 2-methoxybenzyl ester, *in* D-00317
Nanaomycin βA, *in* N-00036

$C_{16}H_{16}O_6$
Meciadanol, *in* P-00081
3,3′,4′,5,7-Pentahydroxyflavan; $O^{3'}$-Me, *in* P-00081
3,3′,5,7-Tetrahydroxy-4′-methoxyflavan, *in* P-00081

$C_{16}H_{17}BrClN_3O_3$
Halofuginone, H-00009

$C_{16}H_{17}BrN_2$
Zimeldine, Z-00015

$C_{16}H_{17}ClN_2O$
▷Tetrazepam, T-00154

$C_{16}H_{17}ClN_2O_4$
Clonixeril, *in* C-00479

$C_{16}H_{17}ClN_4O_7$
Flavotin, F-00111

$C_{16}H_{17}FN_2S$
Tiflucarbine, T-00266

$C_{16}H_{17}NO$
1,2-Diphenylethylamine; Ac, *in* D-00492

$C_{16}H_{17}NO_2$
3-Phenyl-1-propanol; Phenylurethane, *in* P-00201

$C_{16}H_{17}NO_3$
▷Normorphine, N-00222

$C_{16}H_{17}NO_5S$
Sulotroban, S-00234

$C_{16}H_{17}N_3$
Midaglizole, M-00365

$C_{16}H_{17}N_3OS$
Bepiastine, B-00133

$C_{16}H_{17}N_3OS_2$
Disuprazole, D-00544

$C_{16}H_{17}N_3O_2$
Amonafide, A-00356
Dazmegrel, D-00025

$C_{16}H_{17}N_3O_3$
Menitrazepam, M-00091

$C_{16}H_{17}N_3O_4$
▷Anthramycin, A-00403

$C_{16}H_{17}N_3O_4S$
▷Cephalexin, C-00173

$C_{16}H_{17}N_3O_5S$
▷Cefadroxil, C-00110

$C_{16}H_{17}N_3O_7S_2$
▷Cefoxitin, C-00141

$C_{16}H_{17}N_5O_4$
Eritadenine; 2-Benzyl, *in* E-00110

$C_{16}H_{17}N_5O_4S$
Azidocillin, A-00520

$C_{16}H_{17}N_5O_6S_2$
▷Althiomycin, A-00158

$C_{16}H_{17}N_5O_7S_2$
Cefotaxime, C-00138

$C_{16}H_{17}N_5O_8S_2$
Ceftioxide, *in* C-00138

$C_{16}H_{17}N_9O_5S_2$
Cefteram, C-00153

$C_{16}H_{17}N_9O_5S_3$
Cefmenoxime, C-00130

$C_{16}H_{18}BrN_5O_7$
9-Arabinofuranosyladenine; 8-Bromo, 2′,3′,5′-tri-Ac, *in* A-00435

$C_{16}H_{18}ClN$
▷Clobenzorex, C-00435

$C_{16}H_{18}ClN_3O_2S$
Pirinixic acid; Et ester, *in* P-00332

$C_{16}H_{18}ClN_3S$
▷Methylene Blue, *in* B-00208

$C_{16}H_{18}Cl_2N_2O_2$
Valconazole, V-00002

$C_{16}H_{18}FN_3O_3$
▷Norfloxacin, N-00214

$C_{16}H_{18}N_2$
Metapramine, *in* A-00241
▷1,2,3,4-Tetrahydro-2-methyl-4-phenyl-8-isoquinolinamine, T-00125

$C_{16}H_{18}N_2OS$
10-[2-(Dimethylamino)ethyl]phenothiazine; 5-Oxide, *in* D-00412

$C_{16}H_{18}N_2O_2$
Butanixin, B-00391
Domoxin, D-00575
Ethonam, E-00159
Pimetremide, P-00259

$C_{16}H_{18}N_2O_3$
Cromakalim, C-00563

$C_{16}H_{18}N_2O_4S$
▷Benzylpenicillin, B-00126
Sulphaproxyline, S-00251

$C_{16}H_{18}N_2O_4S_2$
Thiphencillin, T-00216

$C_{16}H_{18}N_2O_5S$
▷Phenoxymethylpenicillin, P-00171

$C_{16}H_{18}N_2O_6S$
Phenoxymethylpenicillin; *S*-Oxide (*β*-), *in* P-00171

$C_{16}H_{18}N_2O_7S_2$
Sulbenicillin, S-00181
Temocillin, T-00062

$C_{16}H_{18}N_2S$
▷10-[2-(Dimethylamino)ethyl]phenothiazine, D-00412

$C_{16}H_{18}N_3S^{\oplus}$
3,7-Bis(dimethylamino)phenothiazin-5-ium(1+), B-00208

$C_{16}H_{18}N_4O_2$
Nialamide, N-00082
▷Piribedil, P-00324

$C_{16}H_{18}N_4O_8$
Inosine; 2′,3′,5′-Tri-Ac, *in* I-00073

$C_{16}H_{18}O_2$
▷2-Ethyl-2-(1-naphthyl)butanoic acid, E-00210

$C_{16}H_{18}O_2S$
2,2′-Thiobisethanol; Di-Ph ether, *in* T-00195

$C_{16}H_{18}O_3$
Fenocinol, F-00060
▷Mucidin, M-00469
Proxicromil, P-00548

$C_{16}H_{18}O_9$
Fabiatrin, *in* H-00148

$C_{16}H_{19}BrN_2$
Brompheniramine, B-00325

$C_{16}H_{19}ClN_2$
▷Chlorpheniramine, C-00292
Tepirindole, T-00076

$C_{16}H_{19}ClN_2O$
▷Carbinoxamine, C-00052

$C_{16}H_{19}ClN_4O_2S$
▷Pirinixil, P-00333

$C_{16}H_{19}ClO_2$
▷6-Chloro-5-cyclohexyl-1-indanecarboxylic acid, C-00225

$C_{16}H_{19}ClO_3$
▷Bucloxic acid, B-00341

$C_{16}H_{19}Cl_2NO$
▷Mitoclomine, M-00399

$C_{16}H_{19}FN_4O_3$
Amifloxacin, A-00195

$C_{16}H_{19}N$
4,4-Diphenyl-2-butylamine, D-00489
2,2′-Diphenyldiethylamine, D-00491
Lefetamine, *in* D-00492

$C_{16}H_{19}NO_2$
▷Medifoxamine, M-00056

$C_{16}H_{19}NO_2S$
Teniloxazine, T-00070

$C_{16}H_{19}NO_3$
N-Demethylgalanthamine, *in* G-00002
▷Prodolic acid, P-00461

$C_{16}H_{19}NO_4$
Norcocaine, *in* C-00523
Norhyoscine, *in* S-00031
Roletamide, R-00074

$C_{16}H_{19}N_3$
Aptazapine, A-00433

$C_{16}H_{19}N_3O_3$
Febrifugine, F-00023
Isofebrifugine, I-00186
Prazitone, P-00407

$C_{16}H_{19}N_3O_4S$
▷Ampicillin, A-00369
▷Cephradine, C-00180

$C_{16}H_{19}N_3O_5S$
▷Amoxycillin, A-00364
▷Cefroxadine, C-00149

$C_{16}H_{19}N_3O_7S_2$
Suncillin, S-00271

$C_{16}H_{19}N_3S$
▷Isothipendyl, I-00214
▷Prothipendyl, P-00536

$C_{16}H_{19}N_5O$
Pipofezine, P-00300
$C_{16}H_{19}N_5O_2$
Dimabefylline, D-00374
$C_{16}H_{19}N_5O_7$
9-Arabinofuranosyladenine; 2′,3′,5′-Tri-Ac, *in* A-00435
$C_{16}H_{19}N_7O_5$
Orotirelin, O-00062
$C_{16}H_{20}BrNO$
Quindonium bromide, *in* Q-00018
$C_{16}H_{20}ClNO_3$
Menadiol trimethylammonioacetate chloride, *in* D-00333
$C_{16}H_{20}ClNO_5S$
Serfibrate, S-00046
$C_{16}H_{20}ClN_3$
▷Halopyramine, H-00019
$C_{16}H_{20}ClN_3O_3S$
Tripamide, T-00522
$C_{16}H_{20}I_3N_3O_7$
Iotriside, I-00142
$C_{16}H_{20}NO^{\oplus}$
Quindonium(1+), Q-00018
$C_{16}H_{20}N_2$
▷Pheniramine, P-00157
$C_{16}H_{20}N_2O_2$
Perisoxal, P-00124
$C_{16}H_{20}N_2O_2S$
4,4′-Diaminodiphenyl sulfone; *N*,*N*,*N*′,*N*′-Tetra-Me, *in* D-00129
Tipindole, T-00313
$C_{16}H_{20}N_2O_3$
▷Morsuximide, M-00453
$C_{16}H_{20}N_2O_4$
Diarbarone, D-00145
$C_{16}H_{20}N_2O_4S_2$
Pyritinol, P-00590
$C_{16}H_{20}N_2O_5$
▷5-Ethyl-1,3-bis(methoxymethyl)-5-phenyl-2,4,6(1*H*,3*H*,5*H*)-pyrimidinetrione, *in* E-00218
$C_{16}H_{20}N_4O_2$
▷Azapropazone, A-00507
$C_{16}H_{20}N_4O_3S$
Torasemide, T-00386
$C_{16}H_{20}N_4O_5$
Mitomycin E, *in* P-00388
▷Porfiromycin, P-00388
$C_{16}H_{20}N_4O_6$
▷Diaziquone, D-00150
$C_{16}H_{20}O_2$
▷5-Ethyl-6-methyl-4-phenyl-3-cyclohexene-1-carboxylic acid, E-00205
$C_{16}H_{20}O_3$
▷1-Benzyl-2-oxocyclohexanepropionic acid, B-00123
$C_{16}H_{20}O_6P_2S_3$
▷Temephos, T-00061
$C_{16}H_{21}BrO_3$
Octanoic acid; 4-Bromophenacyl ester, *in* O-00014
$C_{16}H_{21}ClN_4$
Enpiprazole, E-00063
Mepiprazole, M-00099
$C_{16}H_{21}Cl_2N_3O_2$
▷Bendamustine, B-00044
$C_{16}H_{21}IN_2O_5$
Galtfenin, G-00008
$C_{16}H_{21}N$
Erythrinan, E-00113
Tazadolene, T-00038
$C_{16}H_{21}NO$
Morphinan-3-ol, M-00448
$C_{16}H_{21}NO_2$
▷Propranolol, P-00514
Tropari1, T-00549
$C_{16}H_{21}NO_3$
Demethyldihydrogalanthamine, *in* G-00002
▷Homatropine, H-00082
N-Demethyllycoramine, *in* G-00002
Noratropine, *in* T-00554
Norhyoscyamine, *in* T-00554
O-Demethyllycoramine, *in* G-00002
Rolipram, R-00077
$C_{16}H_{21}NO_4$
▷Befunolol, B-00027
$C_{16}H_{21}NO_{10}$
2,3,4,5,6-Penta-*O*-acetyl-D-glucononitrile, *in* G-00055
$C_{16}H_{21}NS_2$
▷Diethylthiambutene, D-00258
$C_{16}H_{21}N_3$
▷Tripelennamine, T-00524
$C_{16}H_{21}N_3O_3S$
Ramixotidine, R-00009
$C_{16}H_{21}N_3O_4S$
▷Epicillin, E-00074
$C_{16}H_{21}N_3O_8S$
▷Cephalosporin *C*, C-00177
$C_{16}H_{21}N_5O_2$
Alizapride, A-00122
$C_{16}H_{21}N_7O_7S_3$
Cefminox, C-00133
$C_{16}H_{22}ClN$
Cloquinozine, C-00491
$C_{16}H_{22}ClNO_4$
▷4-(Dimethylamino)-4-oxobutyl 2-(4-chlorophenoxy)-2-methylpropanoate, *in* C-00456
$C_{16}H_{22}ClN_3O$
Cletoquine, C-00422
Zetidoline, Z-00010
$C_{16}H_{22}ClN_3O_2$
Mezacopride, *in* Z-00002
Renzapride, R-00023
$C_{16}H_{22}ClN_3O_4$
▷Plafibride, P-00369
$C_{16}H_{22}Cl_2N_2O$
Eclanamine, E-00007
$C_{16}H_{22}FNO$
Melperone, M-00083
$C_{16}H_{22}HgN_6O_7$
Meralluride, M-00112
$C_{16}H_{22}N_2O_2$
Isamoltan, I-00175
$C_{16}H_{22}N_2O_3$
Procaterol, P-00449
$C_{16}H_{22}N_2O_3S$
Glyhexamide, G-00074
$C_{16}H_{22}N_2O_4$
▷Inproquone, I-00075
$C_{16}H_{22}N_2O_5$
Butilfenin, B-00405
Etifenin, E-00235
$C_{16}H_{22}N_4$
Piroglride, P-00345

$C_{16}H_{22}N_4O$
▷Thonzylamine, T-00218

$C_{16}H_{22}N_4O_3$
Tomelukast, T-00375

$C_{16}H_{22}N_4O_4$
▷Tetroxoprim, T-00158

$C_{16}H_{22}N_4O_4S$
Acetiamine, A-00020

$C_{16}H_{22}N_6O_4$
▷Thyroliberin, T-00229

$C_{16}H_{22}N_6O_7$
Teopranitol, T-00074

$C_{16}H_{22}O_2$
2-(3,7-Dimethyl-2,6-octadienyl)-1,4-benzenediol, D-00438
Mexoprofen, M-00354

$C_{16}H_{22}O_3$
Fencibutirol, F-00040
3,3,5-Trimethylcyclohexyl 2-hydroxybenzoate, T-00507

$C_{16}H_{22}O_6$
3-(2,4,5-Triethoxybenzoyl)propanoic acid, T-00456

$C_{16}H_{22}O_{11}$
myo-Inositol; 1,2,3,4,6-Penta-Ac, *in* I-00074

$C_{16}H_{22}O_{12}$
Gluconic acid; 2,3,4,5,6-Penta-Ac, *in* G-00055

$C_{16}H_{23}BrN_2O_3$
Remoxipride, R-00021

$C_{16}H_{23}ClN_2O_2$
▷Alloclamide, A-00126

$C_{16}H_{23}IN_2O$
1-(Dimethylamino)ethyl-3-propanoyl-1*H*-indole; B,MeI, *in* D-00414

$C_{16}H_{23}I_3N_2O_8$
▷Meglumine acetrizoate, *in* A-00340

$C_{16}H_{23}N$
▷1-(1-Phenylcyclohexyl)pyrrolidine, P-00184

$C_{16}H_{23}NO$
Dezocine, D-00116
Inaperisone, I-00048
▷9-Methoxy-3-methyl-9-phenyl-3-azabicyclo[3.3.1]nonane, M-00203
Pyrovalerone, P-00592
▷Tolperisone, T-00364
Tolquinzole, T-00369

$C_{16}H_{23}NO_2$
▷Bufuralol, B-00352
1-(Cyclohexylamino)-2-propanol benzoate, *in* A-00318
▷Ethoheptazine, E-00157
Etoxadrol, E-00264
Idropranolol, I-00019
Metheptazine, *in* H-00050
Padimate O, *in* D-00405
Piperocaine, P-00292
Prodine, P-00460
Properidine, P-00498

$C_{16}H_{23}NO_3$
Pargolol, P-00036
Pranosal, P-00401
Pribecaine, P-00427

$C_{16}H_{23}NO_4$
Cinamolol, C-00354
Promolate, P-00480

$C_{16}H_{23}NO_6$
Capobenic acid, C-00030

$C_{16}H_{23}NO_{11}$
2,3,4,5,6-Pentaacetyl-D-gluconamide, *in* G-00055

$C_{16}H_{23}N_3O_3S$
Glidazamide, G-00039

$C_{16}H_{23}N_3O_4$
Gabexate, G-00001

$C_{16}H_{23}N_3O_4S$
Dibupyrone, D-00170

$C_{16}H_{23}N_3O_7S$
N-Acetylisopenicillin N, *in* P-00066

$C_{16}H_{24}HgO_3$
Acetomeroctol, A-00024

$C_{16}H_{24}INO_5$
Sinapine; Iodide, *in* S-00076

$C_{16}H_{24}NO_5^{\oplus}$
Sinapine, S-00076

$C_{16}H_{24}N_2$
Isoaminile, I-00177
▷Xylometazoline, X-00023

$C_{16}H_{24}N_2O$
▷Oxymetazoline, O-00153
Pincainide, P-00269
Ropinirole, R-00087

$C_{16}H_{24}N_2O_2$
Droxicainide, D-00614
▷Molindone, M-00423

$C_{16}H_{24}N_2O_3$
Carteolol, C-00102

$C_{16}H_{24}N_2O_3S$
N-Cyclooctyl-*N'*-(4-methylbenzenesulfonyl)urea, C-00626

$C_{16}H_{24}N_2O_4$
▷Bestatin, B-00138
Diacetolol, D-00118

$C_{16}H_{24}N_2O_5$
▷Tricetamide, T-00431

$C_{16}H_{24}N_2O_6$
Pirisudanol, P-00336

$C_{16}H_{24}N_4O_2$
Tracazolate, T-00393

$C_{16}H_{24}N_4O_3$
Denbufylline, D-00072

$C_{16}H_{24}O_2$
Inocoterone, I-00072

$C_{16}H_{24}O_5$
Exiproben, E-00280

$C_{16}H_{24}O_{10}$
myo-Inositol; 1,4-Di-Me, tetra-Ac, *in* I-00074

$C_{16}H_{25}GdN_4O_8$
Gadoteric acid, *in* T-00101

$C_{16}H_{25}NO$
Butidrine, B-00403
2-(Dipropylamino)-8-hydroxytetralin, *in* A-00335
▷Picenadol, P-00232

$C_{16}H_{25}NO_2$
Butethamate, B-00399
2-(1-Cyclopentenyl)-2-(2-morpholinoethyl)cyclopentanone, C-00628
2-[(Dimethylamino)methyl]-1-(3-methoxyphenyl)cyclohexanol, D-00416

$C_{16}H_{25}NO_2S$
Tertatolol, T-00097

$C_{16}H_{25}NO_3$
▷Thymoxamine, T-00227

$C_{16}H_{25}NO_4$
Dioxadilol, D-00471
Esmolol, E-00123
Floredil, F-00123

$C_{16}H_{25}N_3O$
▷Propiram, P-00505

$C_{16}H_{25}N_3O_4S$
Prosulpride, P-00530

$C_{16}H_{25}N_3O_5$
Xamoterol, X-00001

$C_{16}H_{25}N_3O_5S$
Sulverapride, S-00266

$C_{16}H_{26}ClN_3O$
Clodacaine, C-00446

$C_{16}H_{26}N_2$
Pimetine, P-00258

$C_{16}H_{26}N_2O_2$
▷Dimethocaine, D-00394

$C_{16}H_{26}N_2O_3$
▷Propoxycaine, P-00511
Proxymetacaine, P-00550

$C_{16}H_{26}N_2O_4$
Cetamolol, C-00181
Pamatolol, P-00008

$C_{16}H_{26}N_2O_5S$
Cilastatin, C-00342

$C_{16}H_{26}N_4O_4$
Torbafylline, T-00387

$C_{16}H_{26}O_2$
4,8,12-Trimethyl-3,7,11-tridecatrienoic acid, T-00513

$C_{16}H_{27}HgNO_6S$
Mercaptomerin, M-00118

$C_{16}H_{27}IN_2O$
▷QX-314, *in* L-00047

$C_{16}H_{27}NO_3$
Amifloverine, A-00194

$C_{16}H_{27}NO_4$
Guafecainol, G-00090
Valperinol, V-00005

$C_{16}H_{27}NO_4S$
Pivopril, *in* C-00633

$C_{16}H_{28}N_2O_2$
▷Epipropidine, E-00082
Tromantadine, T-00545

$C_{16}H_{28}N_4O_8$
1,4,7,10-Tetraazacyclododecane-1,4,7,10-tetraacetic acid, T-00101

$C_{16}H_{30}O_3$
Octanoic acid; Anhydride, *in* O-00014

$C_{16}H_{31}IO_2$
16-Iodohexadecanoic acid, I-00105

$C_{16}H_{33}NO_2$
Delmopinol, D-00055

$C_{16}H_{33}N_5O_6$
3-*O*-Demethylfortimicin A, *in* F-00252

$C_{16}H_{34}Br_2N_2O_4$
Suxethonium bromide, *in* S-00282

$C_{16}H_{34}Cl_2N_2O_4$
Suxethonium chloride, *in* S-00282

$C_{16}H_{34}I_2N_2O_2$
▷Dicolinium iodide, *in* D-00215

$C_{16}H_{34}N_2O_2^{\oplus\oplus}$
Dicolinium(2+), D-00215

$C_{16}H_{34}N_2O_4$
Suxethonium(2+), S-00282

$C_{16}H_{35}N$
▷Hexadecylamine, H-00042

$C_{16}H_{36}NO^{\oplus}$
(2-Hydroxyethyl)tetradecylammonium(1+), H-00133

$C_{16}H_{38}Br_2N_2$
▷Decamethonium bromide, *in* D-00036

$C_{16}H_{38}Cl_2N_2O$
▷Oxydipentonium chloride, *in* O-00150

$C_{16}H_{38}I_2N_2$
▷Decamethonium iodide, *in* D-00036

$C_{16}H_{38}N_2^{\oplus\oplus}$
Decamethonium(2+), D-00036

$C_{16}H_{38}N_2O^{\oplus\oplus}$
Oxydipentonium(2+), O-00150

$C_{17}H_9Cl_3N_4O_2$
Diclazuril, D-00209

$C_{17}H_{10}Cl_2N_4O_2$
Clazuril, C-00413

$C_{17}H_{10}F_6N_2O_2S$
Tiflamizole, T-00264

$C_{17}H_{11}Br_2NO_2$
Broxaldine, *in* D-00166

$C_{17}H_{11}ClF_4N_2S$
▷Quazepam, Q-00004

$C_{17}H_{11}ClN_2O_2S$
Tilomisole, T-00276

$C_{17}H_{11}NO_6$
Aristolochic acid II methyl ester, *in* M-00252

$C_{17}H_{11}NO_7$
Aristolochic acid III, *in* H-00160
8-Methoxy-3,4-methylenedioxy-10-nitro-1-phenanthrenecarboxylic acid, M-00200

$C_{17}H_{11}NO_8$
7-Hydroxy-8-methoxy-3,4-methylenedioxy-10-nitro-1-phenanthrenecarboxylic acid, H-00151

$C_{17}H_{12}BrFN_2O_3$
Ponalrestat, P-00387

$C_{17}H_{12}Br_2O_3$
▷Benzbromarone, B-00072

$C_{17}H_{12}ClFN_2O_2$
Pirazolac, P-00315

$C_{17}H_{12}ClF_3N_2O$
▷Halazepam, H-00003

$C_{17}H_{12}ClNO_2S$
▷Fentiazac, F-00079

$C_{17}H_{12}ClN_5O$
▷Intrazole, I-00087

$C_{17}H_{12}Cl_2N_4$
▷Triazolam, T-00425

$C_{17}H_{12}Cl_3NO_4S$
Enolicam, E-00059

$C_{17}H_{12}Cl_3N_3O$
Alteconazole, A-00155

$C_{17}H_{12}I_2O_3$
▷Benziodarone, B-00085

$C_{17}H_{12}O_4$
7-Hydroxyisoflavone; Ac, *in* H-00144
7-Hydroxy-4-methyl-2*H*-1-benzopyran-2-one; Benzoyl, *in* H-00156
4-Oxo-2-phenyl-4*H*-1-benzopyran-8-acetic acid, O-00136

$C_{17}H_{12}O_5$
3,9-Dimethoxy-6-oxopterocarpen, *in* C-00558

$C_{17}H_{12}O_6$
Talosalate, T-00015

$C_{17}H_{12}O_8$
▷Ambicromil, A-00169
Nasutin B, *in* E-00026

$C_{17}H_{13}ClF_4N_2$
Fletazepam, F-00118

$C_{17}H_{13}ClN_2O_2$
Lonazolac, L-00085

$C_{17}H_{13}ClN_3O^{\oplus}$
Trazium(1+), T-00404

$C_{17}H_{13}ClN_4$
▷Alprazolam, A-00150

$C_{17}H_{13}ClN_4O$
8-Chloro-6-phenyl-4*H*-[1,2,4]triazolo[4,3-*a*][1,4]-benzodiazepine-1-methanol, *in* A-00150

$C_{17}H_{13}ClO_3$
Itanoxone, I-00220

$C_{17}H_{13}F_3N_2O_2$
▷Triflubazam, T-00460

$C_{17}H_{13}I_4NO_5$
Thyroxine; *N*-Ac, *in* T-00233

$C_{17}H_{13}NO_2$
6-Methyl-2-phenyl-4-quinolinecarboxylic acid, M-00295
2-Phenyl-4-quinolinecarboxylic acid; Me ester, *in* P-00206

$C_{17}H_{13}NO_3$
3-Hydroxy-4-phenyl-2(1*H*)-quinolinone; Ac, *in* H-00196
Napirimus, N-00046

$C_{17}H_{13}NO_4$
Zeflabetaine, *in* U-00009

$C_{17}H_{13}NS$
1,5-Dimethyl[1]benzothieno[2,3-*g*]isoquinoline, D-00425

$C_{17}H_{13}N_3O_5S_2$
▷Phthalylsulfathiazole, P-00227

$C_{17}H_{14}BrFN_2O_2$
▷Haloxazolam, H-00020

$C_{17}H_{14}ClFN_2O_3$
▷Doxefazepam, D-00593

$C_{17}H_{14}ClN_3O_2S$
Tiazuril, T-00247

$C_{17}H_{14}Cl_2N_2O_2$
▷Cloxazolam, C-00517

$C_{17}H_{14}F_3NO_5S$
Triflumidate, T-00461

$C_{17}H_{14}N_2$
▷Ellipticine, E-00027

$C_{17}H_{14}N_2O$
Ellipticine N[2]-oxide, *in* E-00027
▷9-Hydroxyellipticine, *in* E-00027
12-Hydroxyellipticine, *in* E-00027

$C_{17}H_{14}N_2O_2$
9-Aminoacridine; *N,N'*-Di-Ac, *in* A-00205
3,4-Diphenyl-1*H*-pyrazole-5-acetic acid, D-00515
Oxapadol, O-00088

$C_{17}H_{14}N_2O_3$
Acrosoxacin, A-00051

$C_{17}H_{14}N_2S_2$
Fezatione, F-00099

$C_{17}H_{14}N_4O_5S_2$
Phthalylsulfamethizole P-00226

$C_{17}H_{14}O_3$
▷Benzarone, B-00071
α-Methyl-3-phenyl-7-benzofuranacetic acid, M-00286
▷Xylocoumarol, X-00022

$C_{17}H_{14}O_4$
6,8-Dimethoxyflavone, *in* D-00326
Oxindanac, O-00116

$C_{17}H_{14}O_5$
2,4-Dihydroxybenzophenone; Di-Ac, *in* D-00318
7-Isopropoxy-9-oxo-2-xanthenecarboxylic acid, I-00201

$C_{17}H_{14}O_7$
3',4',7-Trihydroxy-3,5-dimethoxyflavone, *in* P-00082

$C_{17}H_{15}ClN_2O$
Ciclazindol, C-00326

$C_{17}H_{15}ClN_4S$
▷Etizolam, E-00244

$C_{17}H_{15}ClO_4$
▷Fenofibric acid, F-00062

$C_{17}H_{15}Cl_3N_2O_2$
Triclodazol, T-00449

$C_{17}H_{15}F_5O_2$
4,4'-[1-Methyl-2-(2,2,2-trifluoroethyl)]-1,2-ethanediylbis[2-fluorophenol], *in* T-00089

$C_{17}H_{15}I_4NO_4$
Thyroxine; Me ester, Me ether, *in* T-00233

$C_{17}H_{15}NO_2$
Inicarone, I-00071

$C_{17}H_{15}NO_3$
▷Indoprofen, I-00068

$C_{17}H_{15}NO_5$
▷Benorylate, B-00057

$C_{17}H_{15}N_3O_4$
Motrazepam, M-00455

$C_{17}H_{15}N_3O_6$
Balsalazide, B-00008

$C_{17}H_{16}ClFN_2O_2$
Progabide, P-00465

$C_{17}H_{16}ClNO_4$
▷Meglitinide, M-00071

$C_{17}H_{16}ClNO_5$
Zomepirac glycolate, *in* Z-00035

$C_{17}H_{16}ClN_3O$
▷Amoxapine, A-00362

$C_{17}H_{16}ClN_3O_2$
Carburazepam, C-00069

$C_{17}H_{16}Cl_2N_2O$
Tuclazepam, T-00573

$C_{17}H_{16}Cl_2N_2O_3$
Parconazole, P-00033

$C_{17}H_{16}Cl_2N_2O_5$
Clefamide, C-00415

$C_{17}H_{16}FNOS$
Fluradoline, F-00214

$C_{17}H_{16}F_6N_2O$
Mefloquine, M-00068

$C_{17}H_{16}NO_2PS$
▷Quintiofos, Q-00034

$C_{17}H_{16}N_2O$
▷Etaqualone, E-00140
Nictindole, N-00107
Tryptamine; N^b-Benzoyl, *in* T-00566

$C_{17}H_{16}N_2OS$
Bentazepam, B-00066

$C_{17}H_{16}N_2O_2$
▷Xinidamine, X-00016

$C_{17}H_{16}N_2O_7S_2$
Sulosemide, S-00233

$C_{17}H_{16}N_2S$
4-Phenyl-2-[(2-phenylethyl)amino]thiazole, P-00195

$C_{17}H_{16}N_4O_2$
▷Nifenazone, N-00112

$C_{17}H_{16}N_4S_2$
Tenilapine, T-00069

$C_{17}H_{16}O$
4-[1,1'-Biphenyl-4-yl]-3-penten-2-one, B-00182

$C_{17}H_{16}O_3$
1-(2,4-Dihydroxyphenyl)-3-phenyl-2-propen-1-one; Di-Me ether, *in* D-00347

Metbufen, M-00157

$C_{17}H_{16}O_6$
Byakangelicol, B-00436
Nanaomycin αA, *in* N-00036

$C_{17}H_{17}ClN_2O$
▷Etifoxine, E-00236

$C_{17}H_{17}ClN_6O_3$
▷Zopiclone, Z-00037

$C_{17}H_{17}ClO_3$
Clobuzarit, C-00439

$C_{17}H_{17}ClO_4$
Fenirofibrate, F-00055

$C_{17}H_{17}ClO_6$
▷Griseofulvin, G-00087

$C_{17}H_{17}Cl_2N$
Sertraline, S-00052

$C_{17}H_{17}Cl_2NO$
Diclofensine, D-00211
Fengabine, F-00052

$C_{17}H_{17}Cl_2NO_3$
▷Terofenamate, *in* M-00045

$C_{17}H_{17}F_3N_6O_2$
Imanixil, I-00024

$C_{17}H_{17}F_3O_2$
Terfluranol, T-00089

$C_{17}H_{17}N$
▷Azapetine, A-00504

$C_{17}H_{17}NO_2$
▷Apomorphine, A-00425
Etazepine, E-00142
Memotine, M-00085

$C_{17}H_{17}NO_3$
1-Amino-2-propanol; *O,N*-Dibenzoyl, *in* A-00318

$C_{17}H_{17}NO_3S$
Protizinic acid, P-00539

$C_{17}H_{17}NO_4$
3-Amino-1,2-propanediol; *O,O*-Dibenzoyl, *in* A-00317
N-(4-Ethoxyphenyl)-2-hydroxybenzamide; *O*-Ac, *in* E-00170

$C_{17}H_{17}NO_5$
2-Amino-3-(3,4-dihydroxyphenyl)propanoic acid; 3-Me ether, *N*-benzoyl, *in* A-00248

$C_{17}H_{17}NS$
Damotepine, D-00009
Tisoquone, T-00325

$C_{17}H_{17}N_3O$
Tryptophan; Anilide, *in* T-00567

$C_{17}H_{17}N_3O_3S$
Picoprazole, P-00240

$C_{17}H_{17}N_3O_6S_2$
▷Cefapirin, C-00115

$C_{17}H_{17}N_3O_8S$
Cefuracetime, C-00160

$C_{17}H_{17}N_7O_8S_4$
▷Cefotetan, C-00139

$C_{17}H_{18}Br_2N_4O_2$
Dibrompropamidine, D-00168

$C_{17}H_{18}ClNO_4$
Pirifibrate, P-00328

$C_{17}H_{18}ClNO_6$
Quincarbate, Q-00016

$C_{17}H_{18}ClN_3$
Lergotrile, L-00026

$C_{17}H_{18}ClN_3O$
Bumetrizole, B-00357
Clobenzepam, C-00434

$C_{17}H_{18}ClN_3S$
Tilozepine, T-00278

$C_{17}H_{18}Cl_2N_2O_5S$
Clometocillin, C-00470

$C_{17}H_{18}FN_3O_3$
Ciprofloxacin, C-00390

$C_{17}H_{18}FN_3O_3S$
Rufloxacin, R-00104

$C_{17}H_{18}FN_3S$
Timelotem, T-00283

$C_{17}H_{18}F_2O_2$
Bifluranol, B-00163

$C_{17}H_{18}F_3NO$
Fluoxetine, F-00194

$C_{17}H_{18}F_3N_3O_3$
Fleroxacin, F-00116

$C_{17}H_{18}N_2$
▷Amfetaminil, A-00183
Dazepinil, D-00023

$C_{17}H_{18}N_2O$
5-Hydroxytryptamine; Benzyl ether, *in* H-00218

$C_{17}H_{18}N_2O_3$
Diphoxazide, D-00516

$C_{17}H_{18}N_2O_5S$
▷Piretanide, P-00323

$C_{17}H_{18}N_2O_6$
▷Nifedipine, N-00110

$C_{17}H_{18}N_2O_6S$
Carbenicillin, C-00045

$C_{17}H_{18}N_2S_2$
Sulbentine, S-00183

$C_{17}H_{18}N_4O_3S$
Viroximine, V-00056

$C_{17}H_{18}O_4$
Procromil, P-00454

$C_{17}H_{18}O_6$
Dechlorogriseofulvin, *in* G-00087
3,3′,4′,5,7-Pentahydroxyflavan; $O^{3'}$,$O^{4'}$-Di-Me, *in* P-00081
3,3′,4′,5,7-Pentahydroxyflavan; $O^{3'}$,O^{5}-Di-Me, *in* P-00081
3,3′,5-Trihydroxy-4′,7-dihydroxyflavan, *in* P-00081

$C_{17}H_{18}O_7$
Byakangelicin, B-00435

$C_{17}H_{19}ClN_2S$
▷Chlorpromazine, C-00298

$C_{17}H_{19}ClN_4$
Lorcinadol, L-00095

$C_{17}H_{19}ClO_4$
Strobilurin B, *in* M-00469

$C_{17}H_{19}FN_4S$
Flumezapine, F-00161

$C_{17}H_{19}F_2N_3O_3$
Lomefloxacin, L-00078

$C_{17}H_{19}N$
▷Dimefadane, *in* P-00191
2-(Diphenylmethylene)butylamine, D-00497
4,4-Diphenylpiperidine, D-00503
Tametraline, T-00021

$C_{17}H_{19}NO$
▷Nefopam, N-00063

$C_{17}H_{19}NO_2S$
Cysteine; *S*-Benzyl, benzyl ester; B,HCl, *in* C-00654

$C_{17}H_{19}NO_3$
▷Hydromorphone, H-00102

▷Morphine, M-00449
▷Norcodeine, *in* N-00222

$C_{17}H_{19}NO_4$
Morphine N-oxide, *in* M-00449
N-Formylnorgalanthamine, *in* G-00002
Oxymorphone, O-00155

$C_{17}H_{19}NO_5$
Piplartine, P-00298

$C_{17}H_{19}N_3$
▷Antazoline, A-00400
Delergotrile, D-00052

$C_{17}H_{19}N_3O$
▷Phentolamine, P-00175
Piberaline, P-00229
1-[2-(4-Pyridinylamino)benzoyl]piperidine, P-00575

$C_{17}H_{19}N_3O_2S$
Ufiprazole, U-00003

$C_{17}H_{19}N_3O_3S$
Omeprazole, O-00044

$C_{17}H_{19}N_3O_4S$
Metampicillin, M-00150

$C_{17}H_{19}N_5O$
Bazinaprine, B-00019

$C_{17}H_{19}N_5O_2$
Piritrexim, P-00338

$C_{17}H_{19}O_3$
5-(1-Hydroxy-1-methylethyl)-2-methyl-2-cyclohexen-1-ol; Benzoyl, *in* H-00162

$C_{17}H_{20}BrNO$
Bromodiphenhydramine, B-00299

$C_{17}H_{20}ClNO$
▷Chlophedianol, C-00191
Clemeprol, C-00417

$C_{17}H_{20}FN_3O_3$
Pefloxacin, *in* N-00214

$C_{17}H_{20}F_6N_2O_3$
Flecainide, F-00114

$C_{17}H_{20}I_3N_3O_4$
Iomorinic acid, I-00123

$C_{17}H_{20}NO_6P$
Ethyl 2-amino-3-[(diphenoxyphosphinyl)oxy]propanoate, *in* P-00220

$C_{17}H_{20}N_2O$
Vindeburnol, V-00038

$C_{17}H_{20}N_2O_2$
Tropicamide, T-00552

$C_{17}H_{20}N_2O_2S$
▷*N,N'*-Bis(4-ethoxyphenyl)thiourea, *in* B-00222
▷Prothanon, *in* P-00478
▷Tinoridine, T-00296

$C_{17}H_{20}N_2O_3$
N,N'-Bis(3-methoxybenzyl)urea, B-00226

$C_{17}H_{20}N_2O_3S$
Tosifen, T-00389

$C_{17}H_{20}N_2O_5S$
▷Bumetanide, B-00356
Phenethicillin, P-00152

$C_{17}H_{20}N_2O_6S$
Methicillin, M-00180

$C_{17}H_{20}N_2S$
▷Promazine, P-00475
▷Promethazine, P-00478
Tienopramine, T-00261

$C_{17}H_{20}N_3O_5$
5-Butyl-5-ethylbarbituric acid; B,HNO$_3$, *in* B-00430

$C_{17}H_{20}N_4O$
Propizepine, P-00508

$C_{17}H_{20}N_4O_2$
Propamidine, P-00487

$C_{17}H_{20}N_4O_6$
▷Riboflavine, R-00038

$C_{17}H_{20}N_4O_6S_2$
Cefsumide, C-00151

$C_{17}H_{20}N_6$
Baquiloprim, B-00012

$C_{17}H_{20}O$
α-Ethyl-2,5-dimethyl-α-phenylbenzyl alcohol, E-00183

$C_{17}H_{20}O_3$
Bunaprolast, B-00360

$C_{17}H_{20}O_4$
4'-Methoxymucidin, *in* M-00469

$C_{17}H_{20}O_5$
Angustibalin, *in* H-00024

$C_{17}H_{20}O_6$
▷Mycophenolic acid, M-00475

$C_{17}H_{21}FN_4O_3$
Enoxacin; Et ester, *in* E-00060

$C_{17}H_{21}N$
N-Benzyl-*N*,α-dimethylphenethylamine, B-00115
Demelverine, *in* D-00491

$C_{17}H_{21}NO$
▷Diphenhydramine, D-00484
Oxifentorex, O-00112
▷Phenyltoloxamine, P-00210
Tofenacin, T-00339
Tomoxetine, T-00377

$C_{17}H_{21}NO_2$
Amoxydramine, *in* D-00484
▷Desomorphine, D-00100
Nisoxetine, N-00160

$C_{17}H_{21}NO_3$
▷Dihydromorphine, D-00294
Etodolac, E-00245
Galanthamine, G-00002
Ritodrine, R-00067

$C_{17}H_{21}NO_4$
Cocaine, C-00523
▷Fenoterol, F-00064
Hydromorphinol, H-00101
Pseudococaine, *in* C-00523
▷Scopolamine, S-00031

$C_{17}H_{21}NO_5$
Hyoscine N-oxide 1, *in* S-00031
Proquinolate, P-00523

$C_{17}H_{21}N_3O_2$
Nicogrelate, N-00099

$C_{17}H_{21}N_3O_4$
Trimetamide, T-00496

$C_{17}H_{21}N_5O$
Noberastine, N-00194

$C_{17}H_{21}N_5O_5$
▷Theodrenaline, T-00167

$C_{17}H_{22}BrNO$
Bephenium(1+); Bromide, *in* B-00132

$C_{17}H_{22}BrNOS_2$
▷Timepidium bromide, *in* T-00284

$C_{17}H_{22}Br_2N_6$
▷4-Amino-6-[(2-amino-1,6-dimethylpyrimidinium-4-yl)amino]-1,2-dimethylquinolinium(2+); Dibromide, *in* A-00207

$C_{17}H_{22}ClNO$
Bephenium(1+); Chloride, *in* B-00132

$C_{17}H_{22}Cl_2N_6$
▷Pyraldin, *in* A-00207

$C_{17}H_{22}I_2N_6$
4-Amino-6-[(2-amino-1,6-dimethylpyrimidinium-4-yl)amino]-1,2-dimethylquinolinium(2+); Diiodide, *in* A-00207

$C_{17}H_{22}I_3N_3O_8$
Iomeprol, I-00121
▷Iopamidol, I-00124

$C_{17}H_{22}NO^{\oplus}$
Bephenium(1+), B-00132

$C_{17}H_{22}NOS_2^{\oplus}$
Timepidium(1+), T-00284

$C_{17}H_{22}N_2$
▷Antergan, A-00402
▷Bucricaine, *in* A-00333
Metrafazoline, M-00339

$C_{17}H_{22}N_2O$
▷Doxylamine, D-00598

$C_{17}H_{22}N_2O_2$
▷Fenpipalone, F-00069
Naphthocaine, *in* A-00292

$C_{17}H_{22}N_2O_3$
7-(Diethylamino)-4-hydroxy-6-propyl-3-quinolinecarboxylic acid, D-00238

$C_{17}H_{22}N_2S$
▷Thenalidine, T-00163

$C_{17}H_{22}N_4O$
Minaprine, M-00381

$C_{17}H_{22}N_4O_2$
Moxiraprine, M-00466

$C_{17}H_{22}N_6^{\oplus\oplus}$
4-Amino-6-[(2-amino-1,6-dimethylpyrimidinium-4-yl)amino]-1,2-dimethylquinolinium(2+), A-00207

$C_{17}H_{22}N_6O_6$
3′-Amino-3′-deoxyadenosine; 3′*N*-Ac, 3′*N*-Me, 2′,5′-di-Ac, *in* A-00234

$C_{17}H_{22}O_3$
▷3-Ethyl-4-(4-methoxyphenyl)-2-methyl-3-cyclohexene-1-carboxylic acid, E-00200

$C_{17}H_{22}O_4$
Epitulipinolide, *in* H-00134
Tulipinolide, *in* H-00134

$C_{17}H_{22}O_5$
2α-Acetoxyeupatolide, *in* H-00134
11β,13-Epoxyepitulipinolide, *in* H-00134

$C_{17}H_{23}ClN_2O_2$
Bisaramil, B-00192

$C_{17}H_{23}ClO_4$
Etomoxir, E-00259

$C_{17}H_{23}Cl_2NO$
Cilobamine, C-00344

$C_{17}H_{23}FN_2O$
Azabuperone, A-00492

$C_{17}H_{23}F_3N_2O_2$
▷Flualamide, F-00129

$C_{17}H_{23}NO$
3-Hydroxy-*N*-methylmorphinan, H-00166
Morphinan-3-ol; *N*-Me, *in* M-00448
Pirandamine, P-00313

$C_{17}H_{23}NO_2$
Tilidate, T-00273
Tropanserin, T-00547

$C_{17}H_{23}NO_3$
Lycoramine, *in* G-00002
Rotraxate, R-00096
Tropine tropate, T-00554

$C_{17}H_{23}NO_4$
Aminoxytropine tropate, *in* T-00554
▷Bucumolol, B-00343
Cetraxate, C-00187
Hyoscyamine N-oxide 1, *in* T-00554
Hyoscyamine *N*-oxide 2, *in* T-00554

$C_{17}H_{23}N_3O$
▷Mepyramine, M-00108
Piperylone, P-00296

$C_{17}H_{23}N_3O_4$
Primidolol, P-00435

$C_{17}H_{23}N_5O_2$
Quinazosin, Q-00014

$C_{17}H_{23}N_7O_8$
▷Azotomycin, A-00531

$C_{17}H_{24}ClN_3O$
Clamoxyquin, C-00407

$C_{17}H_{24}ClN_3S$
Dazolicine, D-00026

$C_{17}H_{24}N_2O$
Dimethisoquin, D-00392

$C_{17}H_{24}N_2O_2$
▷Phenglutarimide, P-00155

$C_{17}H_{24}N_2O_3$
Carperidine, C-00092
Etacepride, E-00132
Tilisolol, T-00274

$C_{17}H_{24}N_4$
Tolpiprazole, T-00365

$C_{17}H_{24}N_4O_2S$
Disulergine, D-00541

$C_{17}H_{24}N_4O_3$
Doreptide, D-00584

$C_{17}H_{24}N_6O_4S$
Montirelin, M-00431

$C_{17}H_{24}O_2$
1,9-Heptadecadiene-4,6-diyne-3,8-diol, H-00028

$C_{17}H_{24}O_3$
▷Cyclandelate, C-00586

$C_{17}H_{24}O_6$
Anguidol; 4-Ac, *in* A-00386
11β,13-Dihydroxyepitulipinolide, *in* H-00134
Monoacetoxyscirpenol, *in* A-00386

$C_{17}H_{24}O_{12}$
Methyl 2,3,4,5,6-penta-*O*-acetyl-D-gluconate, *in* G-00055

$C_{17}H_{25}ClN_2O_3$
Eticlopride, E-00233

$C_{17}H_{25}N$
▷1-(1-Phenylcyclohexyl)piperidine, P-00183

$C_{17}H_{25}NO$
▷Eperisone, E-00072
Vesamicol, V-00025

$C_{17}H_{25}NO_2$
Meprodine, M-00105
Methethoheptazine, *in* H-00048
▷3-(1-Piperidinyl)-1-(4-propoxyphenyl)-1-propanone, P-00289
Proheptazine, P-00469
▷Trimeperidine, T-00494

$C_{17}H_{25}NO_3$
Bunolol, B-00365
Cyclizidine, C-00594
Cyclopentolate, C-00631
Eucatropine, E-00267
▷Variotin, V-00012

$C_{17}H_{25}NO_4$
Ibopamine, I-00005
4-(1-Pyrrolidinyl)-1-(2,4,6-trimethoxyphenyl)-1-butanone, P-00598

▷Trocimine, T-00544

$C_{17}H_{25}NO_7$
Emiglitate, E-00038

$C_{17}H_{25}N_3O$
Proxazole, P-00545

$C_{17}H_{25}N_3O_4S$
Cipropride, C-00391

$C_{17}H_{25}N_3O_5S$
Meropenem, M-00128
Veralipride, V-00018

$C_{17}H_{25}N_5O_2$
Prizidilol, P-00441

$C_{17}H_{26}ClN$
Sibutramine, S-00065

$C_{17}H_{26}FNO_2$
Zafuleptine, Z-00003

$C_{17}H_{26}FNO_3$
Butofilolol, B-00412

$C_{17}H_{26}FNO_4$
Flumalol, F-00151

$C_{17}H_{26}N_2O$
▷Phenampromide, P-00143
Ropivacaine, R-00089

$C_{17}H_{26}N_2O_2$
▷Paridocaine, P-00038

$C_{17}H_{26}N_2O_3$
Dibusadol, *in* H-00112
Roxatidine, R-00097
Soquinolol, S-00103

$C_{17}H_{26}N_2O_4S$
▷Sultopride, S-00264

$C_{17}H_{26}N_4O$
1-(2-Ethoxyethyl)-2-(hexahydro-4-methyl-1*H*-1,4-diazepin-1-yl)-1*H*-benzimidazole, E-00165
1-(2-Ethoxyethyl)-2-(4-methyl-1-homopiperazinyl)-benzimidazole, E-00166

$C_{17}H_{26}N_4O_2$
Dalbraminol, D-00005
1-(2-Ethoxyethyl)-2-(hexahydro-4-methyl-1*H*-1,4-diazepin-1-yl)-1*H*-benzimidazole; *N*-Oxide; dipicrate, *in* E-00165

$C_{17}H_{26}N_4O_3S_2$
▷Fursultiamine, F-00299

$C_{17}H_{26}N_4O_4S$
Alpiropride, A-00149

$C_{17}H_{26}N_4S_2$
Peratizole, P-00115

$C_{17}H_{26}O_4$
▷Cineromycin B, *in* A-00099
▷2,5-Dihydroxy-3-undecyl-1,4-benzoquinone, D-00356

$C_{17}H_{27}N$
Gamfexine, G-00009

$C_{17}H_{27}NO$
Amixetrine, A-00350
1-(2-Dimethylamino-1-methylethyl)-2-phenylcyclohexanol, D-00415

$C_{17}H_{27}NO_2$
1,2,2,6,6-Pentamethylpiperidine; *p*-Toluenesulphonyl, *in* P-00085
Venlafaxine, V-00015

$C_{17}H_{27}NO_3$
Embutramide, E-00034
Nonivamide, N-00205
▷Pramoxine, P-00398

$C_{17}H_{27}NO_3S$
Penthienate, P-00095

$C_{17}H_{27}NO_4$
▷Metipranolol, M-00322
▷Nadolol, N-00006

$C_{17}H_{27}NO_6$
Acetylindicine, *in* I-00057

$C_{17}H_{27}N_3O_4S$
Amisulpride, A-00347

$C_{17}H_{28}ClO_5P$
Fosarilate, *in* C-00254

$C_{17}H_{28}Cl_2NO^{\oplus}$
Chlorphenoctium(1+), C-00293

$C_{17}H_{28}N_2O$
▷Etidocaine, E-00234

$C_{17}H_{28}N_2O_2$
▷Ambucetamide, A-00173
Endomide, E-00048
▷Farmocaine, *in* A-00216
▷Leucinocaine, L-00030

$C_{17}H_{28}N_2O_3$
▷Ambucaine, A-00172
▷Metabutoxycaine, M-00144
Oxybuprocaine, O-00146

$C_{17}H_{28}N_2O_5$
Perindoprilat, P-00123

$C_{17}H_{28}N_4O$
Piperamide, P-00284

$C_{17}H_{28}N_4O_4$
Posatirelin, P-00389

$C_{17}H_{29}N$
Trimexiline, T-00515

$C_{17}H_{29}N_3O_2$
Amoxecaine, A-00363

$C_{17}H_{30}N_2O_5$
Aloxistatin, *in* M-00266

$C_{17}H_{30}N_2O_7$
Trospectomycin, T-00557

$C_{17}H_{30}N_4O_7P_2S_2$
Imcarbofos, I-00027

$C_{17}H_{31}ClN_2O_5S$
Clindamycin *B*, *in* C-00428
Pirlimycin, P-00339

$C_{17}H_{31}NO$
▷Myrtecaine, M-00478

$C_{17}H_{32}BrNO_2$
▷Octatropine methylbromide, O-00018

$C_{17}H_{32}N_2O_7$
1-Demethylthio-1-hydroxylincomycin, *in* L-00051

$C_{17}H_{32}O_3$
2-Tetradecyloxiranecarboxylic acid, T-00110

$C_{17}H_{34}N_4O_7$
Ribostamycin; 3′,4′,5″-Trideoxy, *in* R-00040

$C_{17}H_{34}N_4O_8$
3′,4′-Dideoxyribostamycin, *in* R-00040

$C_{17}H_{34}N_4O_{10}$
▷Ribostamycin, R-00040

$C_{17}H_{34}N_4O_{11}$
2-Hydroxyribostamycin, *in* R-00040
2-Hydroxy-*myo*-ribostamycin, *in* R-00040

$C_{17}H_{34}O_{10}P_2$
Diethyl[bis(diethoxyphosphinyl)methyl]butanedioate, *in* B-00397

$C_{17}H_{35}N_5O_6$
▷Fortimicin *A*, F-00252

$C_{17}H_{36}GeN_2$
Spirogermanium, S-00123

$C_{17}H_{36}I_2N_2$
Camphonium, *in* T-00499

$C_{17}H_{36}N_2^{\oplus\oplus}$
Trimethidinium(2+), T-00499

$C_{17}H_{37}N_7O_3$
15-Deoxyspergualin, *in* S-00112

$C_{17}H_{37}N_7O_4$
Spergualin, S-00112

$C_{17}H_{38}BrN$
▷Tetradonium bromide, *in* T-00512

$C_{17}H_{38}N^{\oplus}$
Trimethyltetradecylammonium(1+), T-00512

$C_{18}H_{10}I_6N_2O_7$
Ioglycamic acid, I-00115

$C_{18}H_{12}ClN_3$
3-Chloro-1-(1*H*-imidazol-1-yl)-4-phenylisoquinoline, C-00251

$C_{18}H_{12}CuN_2O_{14}S_4$
Bis(8-hydroxy-5,7-quinolinedisulfonato(3−)-*N*[1],*O*[8]-cuprate, B-00223

$C_{18}H_{12}N_2O_2$
▷Xanthocillin *X*, X-00005

$C_{18}H_{12}N_2O_3$
▷Xanthocillin Y_1, *in* X-00005

$C_{18}H_{12}N_2O_4$
▷Xanthocillin Y_2, *in* X-00005

$C_{18}H_{12}O_4$
5-Hydroxy-2-methyl-1,4-naphthoquinone; Benzoyl, *in* H-00167

$C_{18}H_{12}O_6$
▷1,8-Dihydroxyanthraquinone; Di-Ac, *in* D-00308

$C_{18}H_{12}O_7$
Tartaric acid; Anhydride, dibenzoyl, *in* T-00028

$C_{18}H_{13}ClFN_3$
Midazolam, M-00368

$C_{18}H_{13}ClFN_3OS$
Irazepine, I-00169

$C_{18}H_{13}ClFN_3O_2$
▷Cinolazepam, C-00375

$C_{18}H_{13}ClN_2O$
▷Pinazepam, P-00268

$C_{18}H_{13}Cl_2NO_3S$
Tioxaprofen, T-00308

$C_{18}H_{13}Cl_2N_3$
Climazolam, C-00426

$C_{18}H_{13}Cl_2N_3O_2$
Reclazepam, R-00020

$C_{18}H_{13}Cl_3N_2$
Aliconazole, A-00117

$C_{18}H_{13}Cl_4N_3O$
Oxiconazole, O-00111

$C_{18}H_{13}NO_7$
Methyl aristolochate, *in* M-00200

$C_{18}H_{13}N_3O$
Rutaecarpine, R-00105

$C_{18}H_{14}ClFN_2O_3$
Ethyl loflazepate, E-00197

$C_{18}H_{14}Cl_2N_2O_3$
Ethyl dirazepate, E-00185

$C_{18}H_{14}Cl_2O_4$
Indacrinone, I-00049

$C_{18}H_{14}Cl_4N_2O$
Isoconazole, I-00183
▷Miconazole, M-00363

$C_{18}H_{14}F_3NO_2S$
Itazigrel, I-00221

$C_{18}H_{14}F_3N_3O_4S$
Toltrazuril, T-00371

$C_{18}H_{14}FeO_3$
2-Ferrocenoylbenzoic acid, F-00090

$C_{18}H_{14}N_4O_5S$
▷Sulphasalazine, S-00253

$C_{18}H_{14}O_4S$
Tifurac, T-00267

$C_{18}H_{14}O_5$
1,8-Dihydroxyanthrone; Di-Ac, *in* D-00310

$C_{18}H_{14}O_5S$
Tifurac; Sulfoxide, *in* T-00267

$C_{18}H_{14}O_6$
Cinfenoac, C-00365
5,7-Dihydroxy-4′-methoxyisoflavone; 7-Ac, *in* D-00330

$C_{18}H_{14}O_6S$
Tifurac; Sulfone, *in* T-00267

$C_{18}H_{14}O_8$
2,3-Di-*O*-benzoyltartaric acid, *in* T-00028

$C_{18}H_{15}ClN_2O$
Croconazole, C-00562

$C_{18}H_{15}ClN_2O_3$
Benzotript, *in* T-00567

$C_{18}H_{15}Cl_2N_3O$
Uldazepam, U-00004

$C_{18}H_{15}Cl_2N_5O_5S_3$
Cefazedone, C-00119

$C_{18}H_{15}Cl_3N_2O$
▷Econazole, E-00009
Orconazole, O-00054

$C_{18}H_{15}Cl_3N_2S$
Sulconazole, S-00184

$C_{18}H_{15}F_3N_2O_2$
4,5-Bis(4-methoxyphenyl)-2-(trifluoromethyl)-1*H*-imidazole, B-00229

$C_{18}H_{15}NO_2$
Bis(4-hydroxyphenyl)(2-pyridyl)methane, B-00221
▷Etocrilene, *in* C-00582
6-Methyl-2-phenyl-4-quinolinecarboxylic acid; Me ester, *in* M-00295
2-Phenyl-4-quinolinecarboxylic acid; Et ester, *in* P-00206

$C_{18}H_{15}NO_3$
1-Benzoyl-2-methyl-3-indoleacetic acid, *in* M-00263
▷4,5-Diphenyl-2-oxazolepropanoic acid, D-00500

$C_{18}H_{15}NO_8S_2$
Bis(4-hydroxyphenyl)(2-pyridyl)methane; Bis(hydrogen sulfate) ester, *in* B-00221

$C_{18}H_{15}N_5O_6S$
Salazodine, S-00008

$C_{18}H_{16}ClFN_2O_3$
Proflazepam, P-00464

$C_{18}H_{16}Cl_2N_2O_2$
▷Mexazolam, M-00350

$C_{18}H_{16}Cl_2O_4$
Ponfibrate, *in* D-00192

$C_{18}H_{16}FN_3O_4$
Etibendazole, E-00232

$C_{18}H_{16}N_2O$
▷9-Methoxyellipticine, M-00198

$C_{18}H_{16}N_2O_3$
Amfonelic acid, A-00185
Roquinimex, R-00091
Tryptophan; *N*-Benzoyl, *in* T-00567

$C_{18}H_{16}N_2O_4$
Niometacin, N-00152

$C_{18}H_{16}N_2O_6$
Bufrolin, B-00351
Minocromil, M-00386

$C_{18}H_{16}N_4O_5$
Phenacizol, P-00136

$C_{18}H_{16}N_4O_6S$
Quinacillin, Q-00009

$C_{18}H_{16}O_3$
7-Isopropoxyisoflavone, *in* H-00144
Phenprocoumon, P-00174

$C_{18}H_{16}O_4$
▷Bermoprofen, B-00136
Butantrone, B-00393

$C_{18}H_{16}O_7$
3′,5-Dihydroxy-4′,6,7-trimethoxyflavone, D-00354
5,7-Dihydroxy-3′,4′,6-trimethoxyflavone, D-00355

$C_{18}H_{17}ClN_2O$
▷Clazolam, C-00411

$C_{18}H_{17}ClN_2O_2$
▷Oxazolam, O-00098

$C_{18}H_{17}ClN_2O_3$
Arfendazam, A-00439

$C_{18}H_{17}ClO_2$
Lomevactone, L-00080

$C_{18}H_{17}Cl_2N_3O_3$
▷Lorzafone, L-00100

$C_{18}H_{17}FN_2O$
Fluproquazone, F-00211

$C_{18}H_{17}F_3N_2O_3$
Ridogrel, R-00043

$C_{18}H_{17}IN_2$
Ellipticine; N^2-Me, iodide, *in* E-00027

$C_{18}H_{17}I_4NO_4$
Etiroxate, E-00241

$C_{18}H_{17}NO_3$
3-Acetyl-5-hydroxy-1-(4-methoxyphenyl)-2-methyl-1*H*-indole, A-00034
▷Indobufen, I-00060
Oxyphemedol, *in* H-00173

$C_{18}H_{17}NO_3S_2$
Tazasubrate, T-00040

$C_{18}H_{17}NO_5$
▷Tranilast, T-00397

$C_{18}H_{17}NO_8P_2$
Picofosforic acid, *in* B-00221

$C_{18}H_{17}N_2^{\oplus}$
N-Methylellipticine, *in* E-00027

$C_{18}H_{17}N_2O^{\oplus}$
▷Elliptinium(1+), E-00028

$C_{18}H_{17}N_3O$
▷2-(3-Ethoxyphenyl)-5,6-dihydro[1,2,4]triazolo[5,1-*a*]-isoquinoline, E-00169

$C_{18}H_{17}N_3O_2$
5,6-Bis(4-methoxyphenyl)-3-methyl-1,2,4-triazine, B-00228

$C_{18}H_{17}N_3O_3$
N-Antipyrinylsalicylamide, A-00416
Ellipticine; N^2-Me, nitrate, *in* E-00027

$C_{18}H_{17}N_3O_4$
Pinafide, P-00266

$C_{18}H_{17}N_7O_6$
Pteroylaspartic acid, P-00553

$C_{18}H_{18}As_2N_2O_6$
Soluarsphenamine, S-00095

$C_{18}H_{18}BrClN_2O$
Metaclazepam, M-00145

$C_{18}H_{18}ClNOS$
2-Chloro-9-[(3-dimethylamino)propanoyl]-9*H*-thioxanthene, C-00233
Zotepine, Z-00039

$C_{18}H_{18}ClNO_4$
▷Clanobutin, C-00409

$C_{18}H_{18}ClNO_5$
Etofibrate, E-00250

$C_{18}H_{18}ClNS$
▷Chlorprothixene, C-00300

$C_{18}H_{18}ClN_2O_2P$
Fosazepam, F-00253

$C_{18}H_{18}ClN_3O$
▷Loxapine, L-00106

$C_{18}H_{18}ClN_3O_2S_2$
Metibride, M-00318

$C_{18}H_{18}ClN_3S$
▷Clothiapine, C-00507

$C_{18}H_{18}Cl_2N_2O_2$
Tolgabide, T-00350

$C_{18}H_{18}F_3NO_2$
▷Ufenamate, U-00002

$C_{18}H_{18}F_3NO_4$
▷Etofenamate, E-00248

$C_{18}H_{18}N_2$
▷1-Benzyl-2,3,4,9-tetrahydro-1*H*-pyrido[3,4-*b*]indole, B-00130
Cibenzoline, C-00322

$C_{18}H_{18}N_2O$
Azanator, A-00501
Demexiptiline, D-00067
1,2-Dihydro-9-methoxyellipticine, *in* M-00198
Mariptiline, M-00024
▷Proquazone, P-00522

$C_{18}H_{18}N_2O_2$
Tryptophan; Benzyl ester, *in* T-00567

$C_{18}H_{18}N_2O_3$
5-Hydroxytryptophan; 5-Benzyl ether, *in* H-00219

$C_{18}H_{18}N_2O_5S$
Dibatod, D-00153

$C_{18}H_{18}N_2O_6S$
Cefaloram, C-00111

$C_{18}H_{18}N_4O_2$
4-(4′-Aminobenzamido)antipyrine, A-00211
▷Mesocarb, M-00133
Methylniphenazine, M-00273

$C_{18}H_{18}N_4O_4$
1,2-Bis(5-methoxy-1*H*-benzimidazol-2-yl)-1,2-ethanediol, B-00225

$C_{18}H_{18}N_4S_2$
2,2′-(9,10-Anthrylenedimethylene)bis(isothiourea), A-00404

$C_{18}H_{18}N_6O_5S_2$
Cefamandole, C-00112
▷Cefatrizine, C-00117

$C_{18}H_{18}N_6O_8S_3$
Cefonicid, C-00135

$C_{18}H_{18}N_8O_7S_3$
Ceftriaxone, C-00159

$C_{18}H_{18}O_2$
2-(4-Biphenylyl)-4-hexenoic acid, B-00180
▷Dienestrol, D-00223
3′,5-Di(2-propenyl)-2,4′-biphenyldiol, D-00522
▷Equilenin, E-00098
Magnolol, M-00012

$C_{18}H_{18}O_4$
1,3:2,4-Di-*O*-benzylideneerythritol, *in* E-00114

1,2:3,4-Di-*O*-benzylidene-D-threitol, *in* T-00219
1,2:3,4-Di-*O*-benzylidene-DL-threitol, *in* T-00219
1,2:3,4-Di-*O*-benzylidene-L-threitol, *in* T-00219
1-(2,4-Dimethoxyphenyl)-3-(4-hydroxyphenyl)-2-propen-1-one, *in* D-00346

$C_{18}H_{18}O_4S$
2,2′-Thiobisethanol; Dibenzoyl, *in* T-00195

$C_{18}H_{18}O_5$
Agrimonolide, A-00084

$C_{18}H_{18}O_6$
Erythritol; 2,3-Di-*O*-benzoyl, *in* E-00114

$C_{18}H_{18}O_8$
Crotepoxide, C-00568

$C_{18}H_{19}Br_2N_5O_2$
Brindoxime, B-00272

$C_{18}H_{19}ClN_2$
Cycliramine, C-00593

$C_{18}H_{19}ClN_2O_3$
Almoxatone, A-00140

$C_{18}H_{19}ClN_2O_4$
Picafibrate, P-00230

$C_{18}H_{19}ClN_4$
▷Clozapine, C-00521

$C_{18}H_{19}ClO_3$
Beclobrinic acid, B-00023

$C_{18}H_{19}Cl_2NO_4$
Felodipine, F-00028

$C_{18}H_{19}F_2NO_5$
▷Riodipine, R-00060

$C_{18}H_{19}F_3N_2S$
▷Fluopromazine, F-00176

$C_{18}H_{19}N$
▷Benzoctamine, B-00090

$C_{18}H_{19}NO$
2-Phenylcyclopentylamine; *N*-Benzoyl, *in* P-00185
2-Phenylcyclopentylamine; Benzoyl, *in* P-00185

$C_{18}H_{19}NOS$
Tolindate, T-00351

$C_{18}H_{19}NO_2$
▷Apocodeine, *in* A-00425
Equilenin; Oxime, *in* E-00098
7-Phenyl-7-(3-pyridinyl)-6-heptenoic acid, P-00205

$C_{18}H_{19}NO_3$
Codeinone, C-00526
▷Glaziovine, G-00029
Morphothebaine, M-00452

$C_{18}H_{19}NO_5$
2-Amino-3-(3,4-dihydroxyphenyl)propanoic acid; 3,4-Di-Me ether, *N*-benzoyl, *in* A-00248
2,3-Didemethyl-N-deacetylcolchicine, *in* C-00534

$C_{18}H_{19}NS$
Prothixene, P-00537

$C_{18}H_{19}NS_2$
Pipethiadene, P-00297

$C_{18}H_{19}N_3O$
Ondansetron, O-00048

$C_{18}H_{19}N_3O_2$
▷Diacetazotol, D-00117

$C_{18}H_{19}N_3O_5S$
Cefprozil, C-00146

$C_{18}H_{19}N_3O_6S$
▷Cephaloglycin, C-00174

$C_{18}H_{19}N_5O_3$
1-[2-[2-(4-Pyridyl)-2-imidazoline-1-yl]ethyl]3-(4-carboxyphenyl)urea, P-00584

$C_{18}H_{19}O_5$
5-(1-Hydroxy-1-methylethyl)-2-methyl-2-cyclohexen-1-ol; Phthaloyl, *in* H-00162

$C_{18}H_{20}ClNO$
Pyroxamine, P-00593

$C_{18}H_{20}ClN_3O$
▷Clodazon, C-00448

$C_{18}H_{20}ClN_3O_5S$
Glicondamide, G-00038

$C_{18}H_{20}FN_3O_4$
Ofloxacin, O-00032

$C_{18}H_{20}NO_3PS$
Fostedil, F-00259

$C_{18}H_{20}N_2$
Amezepine, A-00181
Ciclopramine, C-00331
Mianserin, M-00360

$C_{18}H_{20}N_2O$
Fanthridone, F-00018
1,2,3,4-Tetrahydro-9-methoxyellipticine, *in* M-00198

$C_{18}H_{20}N_2O_2$
Vinconate, V-00036

$C_{18}H_{20}N_2O_2S$
Peritetrate, P-00125

$C_{18}H_{20}N_2O_6$
Nitrendipine, N-00172

$C_{18}H_{20}N_2O_8$
α,α'-Diamino-5,5′,6,6′-tetrahydroxy-3,3′-biphenyldipropanoic acid, *in* A-00248

$C_{18}H_{20}N_2S$
▷Methdilazine, M-00177
▷10-[2-(1-Pyrrolidinyl)ethyl]-10*H*-phenothiazine, P-00597

$C_{18}H_{20}N_4O_2$
▷Nitracrine, N-00163

$C_{18}H_{20}N_8O_6S_3$
Antibiotic SQ 14359, A-00409

$C_{18}H_{20}O_2$
Diethylstilbestrol, D-00257
▷Equilin, E-00099

$C_{18}H_{20}O_6$
3,3′-Dihydroxy-4′,5,7-trimethoxyflavan, *in* P-00081
3,4′-Dihydroxy-3′,5,7-trimethoxyflavan, *in* P-00081
3,3′,4′,5,7-Pentahydroxyflavan; $O^{3'}$,O^5,O^7-Tri-Me, *in* P-00081

$C_{18}H_{20}O_8S_2$
Diethylstilbestrol disulfate, *in* D-00257

$C_{18}H_{20}O_9$
2,3,5-Tri-*O*-acetyl-1-*O*-benzoyl-β-D-xylofuranose, *in* X-00024

$C_{18}H_{21}ClN_2$
▷Chlorcyclizine, C-00198
▷Clomacran, C-00465
Closiramine, C-00505
Nelezaprine, N-00065

$C_{18}H_{21}ClN_4$
Midamaline, M-00366

$C_{18}H_{21}ClN_4O_9$
Bofumustine, B-00248

$C_{18}H_{21}N$
4,4-Diphenylcyclohexylamine, D-00490

$C_{18}H_{21}NO$
α,α-Diphenyl-2-piperidinemethanol, D-00504
α,α-Diphenyl-3-piperidinemethanol, D-00505
α,α-Diphenyl-4-piperidinemethanol, D-00506

$C_{18}H_{21}NO_2$
N-(Benzyloxy)-*N*-(3-phenylpropyl)acetamide, B-00125
Methyldesorphine, M-00243

Naranol, N-00049

$C_{18}H_{21}NO_3$
▷Codeine, C-00525
2-(Dimethylamino)ethyl benzilate, D-00410
▷Hydrocodone, *in* H-00102
▷Metopon, M-00333

$C_{18}H_{21}NO_4$
Codeine N-oxide, *in* C-00525
▷4,5α-Epoxy-14-hydroxy-3-methoxy-17-methylmorphinan-6-one, *in* O-00155

$C_{18}H_{21}NO_5$
Amikhelline, A-00197
Precriwelline, *in* P-00425
Pretazettine, P-00425
Protokylol, P-00540

$C_{18}H_{21}NO_6$
Iprocrolol, I-00159

$C_{18}H_{21}N_2O_7P$
2,6-Dimethyl-4-(2-nitrophenyl)-5-(2-oxo-1,3,2-dioxaphosphorinan-2-yl)-1,4-dihydro-3-pyridinecarboxylate, D-00437

$C_{18}H_{21}N_3O$
▷Dibenzepin, D-00156
Etofuradine, E-00252
Oxadimedine, O-00075

$C_{18}H_{21}N_5O_3S$
Revospirone, R-00035

$C_{18}H_{21}N_5O_4$
N-[(2-Methylphenyl)methyl]adenosine, *in* A-00067

$C_{18}H_{21}N_7O_4S$
Tiodazosin, T-00299

$C_{18}H_{22}BrNO$
Embramine, E-00033

$C_{18}H_{22}BrNO_3S$
▷Heteronium bromide, *in* H-00036

$C_{18}H_{22}ClNO$
▷Chlorphenoxamine, C-00294
▷Phenoxybenzamine, P-00170

$C_{18}H_{22}ClN_3O_2$
Carcainium chloride, *in* C-00072

$C_{18}H_{22}Cl_2N_2O_3$
Diclofurime, D-00212

$C_{18}H_{22}I_3N_3O_8$
▷Metrizamide, M-00343

$C_{18}H_{22}NO_3S^{\oplus}$
Heteronium(1+), H-00036

$C_{18}H_{22}NO_5^{\oplus}$
[2-[(9-Methoxy-7-methyl-5-oxo-5*H*-furo[3,2-*g*][1]benzopyran-4-yl)oxy]ethyl]trimethylammonium(1+), M-00202

$C_{18}H_{22}N_2$
▷Cyclizine, C-00595
▷Desipramine, D-00095
Mezepine, M-00356

$C_{18}H_{22}N_2OS$
▷Methopromazine, M-00190

$C_{18}H_{22}N_2O_2$
▷Carazolol, C-00038
▷Phenacaine, P-00135

$C_{18}H_{22}N_2O_2S$
▷Oxomemazine, O-00132

$C_{18}H_{22}N_2O_4S$
▷4-Benzyl-3-butylamino-5-sulfamoylbenzoic acid, B-00108

$C_{18}H_{22}N_2O_5S$
Isopropicillin, I-00200
Propicillin, P-00501

$C_{18}H_{22}N_2S$
▷Diethazine, D-00227
▷Trimeprazine, T-00495

$C_{18}H_{22}N_3O_2^{\oplus}$
Carcainium(1+), C-00072

$C_{18}H_{22}N_4O_4$
Tribendilol, T-00427

$C_{18}H_{22}O_2$
3,4-Bis(4-hydroxyphenyl)hexane, B-00220
Isoestrone, *in* O-00031
▷Oestrone, O-00031
Trenbolone, T-00410

$C_{18}H_{22}O_2S$
Eprovafen, E-00092

$C_{18}H_{22}O_3$
▷Methallenoestril, M-00164

$C_{18}H_{22}O_4$
2,3-Bis(3-hydroxybenzyl)-1,4-butanediol, B-00215
Terbucromil, T-00082

$C_{18}H_{22}O_5S$
Oestrone; 3-Sulfo, *in* O-00031

$C_{18}H_{22}O_8P_2$
▷Fosfestrol, *in* D-00257

$C_{18}H_{23}BrO_2$
1-Bromoestradiol, *in* O-00028

$C_{18}H_{23}ClN_2S$
Thiazinamium chloride, *in* T-00182

$C_{18}H_{23}ClO_2S$
Ethyl dibunate, *in* D-00173

$C_{18}H_{23}N$
4,4-Diphenyl-2-butylamine; *N*,*N*-Di-Me, *in* D-00489
Tolpropamine, T-00367

$C_{18}H_{23}NO$
Bifemelane, B-00161
p-Methyldiphenhydramine, M-00247
α-Methyl-*N*-(1-methyl-2-phenoxyethyl)phenethylamine, M-00269
▷Moxastine, M-00460
Oestrone; Oxime, *in* O-00031
▷Orphenadrine, O-00064

$C_{18}H_{23}NO_2$
Butinazocine, B-00406
Dihydrodesoxycodeine, *in* D-00100
Ketazocine, K-00011
Medrylamine, M-00059

$C_{18}H_{23}NO_3$
Butopamine, B-00414
▷Dihydrocodeine, *in* D-00294
(±)-Dihydrocodeine, *in* D-00294
Dobutamine, D-00561
▷Isoxsuprine, I-00218
▷Methyldihydromorphine, M-00245
O-Methylgalanthamine, *in* G-00002
Solpecainol, S-00094
Tetrahydroglaziovine, *in* G-00029

$C_{18}H_{23}NO_3S$
Ciglitazone, C-00339

$C_{18}H_{23}NO_4$
Denopamine, D-00074

$C_{18}H_{23}NO_5$
Pentopril, P-00104

$C_{18}H_{23}N_2S^{\oplus}$
Thiazinamium(1+), T-00182

$C_{18}H_{23}N_3O$
Acetergamine, A-00019
Atolide, A-00471

$C_{18}H_{23}N_3O_2S$
Podilfen, P-00375

$C_{18}H_{23}N_3O_3$
Buquiterine, B-00374

$C_{18}H_{23}N_5O$
Binizolast, B-00171
$C_{18}H_{23}N_5O_2$
Fenethylline, F-00047
$C_{18}H_{23}N_5O_3$
▷Cafedrine, C-00009
$C_{18}H_{23}N_5O_5$
▷Reproterol, R-00026
$C_{18}H_{23}N_9O_4S_3$
▷Cefotiam, C-00140
$C_{18}H_{24}BrNO$
▷Dylamon, *in* M-00064
$C_{18}H_{24}BrNO_3S$
▷Bretylium tosylate, *in* B-00271
$C_{18}H_{24}ClNO$
Mefenidramium(1+); Chloride, *in* M-00064
$C_{18}H_{24}ClNO_2$
▷Clocanfamide, C-00440
$C_{18}H_{24}ClNO_3$
Ericolol, E-00107
$C_{18}H_{24}FNO$
Nonaperone, N-00204
$C_{18}H_{24}INO$
▷Diphenhydramine methiodide, *in* M-00064
$C_{18}H_{24}I_3NO_8$
Iotrizoic acid, I-00143
$C_{18}H_{24}I_3N_3O_8$
Iopromide, I-00131
Ioxilan, I-00149
$C_{18}H_{24}I_3N_3O_9$
Ioglucol, I-00112
Ioglunide, I-00114
Ioversol, I-00146
$C_{18}H_{24}NO^{\oplus}$
Mefenidramium(1+), M-00064
$C_{18}H_{24}NO_2S^{\oplus}$
Tiemonium(1+), T-00257
$C_{18}H_{24}N_2O$
▷Azaprocin, A-00506
Midazogrel, M-00367
$C_{18}H_{24}N_2OS$
Suloxifen, S-00235
$C_{18}H_{24}N_2O_3$
Amquinate, *in* D-00238
$C_{18}H_{24}N_2O_4$
Ancarolol, A-00380
$C_{18}H_{24}N_2O_5$
Enalaprilat, E-00043
$C_{18}H_{24}N_2O_5S$
Amosulalol, A-00360
$C_{18}H_{24}N_2O_6$
Cinepazic acid, C-00362
$C_{18}H_{24}N_4O$
Granisetron, G-00086
$C_{18}H_{24}N_4O_4$
Carbazeran, C-00044
$C_{18}H_{24}N_5O_8P$
▷Bucladesine, *in* C-00591
$C_{18}H_{24}O$
Bakuchiol, B-00006
Drupanol, D-00617
$C_{18}H_{24}O_2$
Oestradiol, O-00028
$C_{18}H_{24}O_3$
1,3,5(10)-Oestratrien-3,16β,17β-triol, *in* O-00030
▷Oestriol, O-00030
$C_{18}H_{24}O_3S$
3,6-Di-*tert*-butyl-1-naphthalenesulfonic acid, D-00173
$C_{18}H_{24}O_5$
4-(5-Cyclohexyl-2,4-dimethoxyphenyl)-4-oxobutanoic acid, C-00606
$C_{18}H_{24}O_8P_2$
Hexestrol diphosphate, *in* B-00220
$C_{18}H_{24}O_{12}$
myo-Inositol; Hexa-Ac, *in* I-00074
$C_{18}H_{25}Br_2NO_3$
Oxabrexine, O-00073
$C_{18}H_{25}ClN_2O$
Rodocaine, R-00072
$C_{18}H_{25}ClO_2$
4-Chloro-17-hydroxyestr-4-en-3-one, C-00242
$C_{18}H_{25}N$
Dimemorfan, D-00379
Heptaverine, H-00031
Volazocine, V-00066
$C_{18}H_{25}NO$
Cyclazocine, C-00588
▷Dextromethorphan, *in* H-00166
Levomethorphan, *in* H-00166
$C_{18}H_{25}NO_2$
Allylprodine, A-00133
2-Methyl-3-heptyl-4-hydroxy-7-methoxyquinoline, M-00259
Moxazocine, M-00462
$C_{18}H_{25}NO_3$
Atromepine, A-00474
$C_{18}H_{25}NO_5$
7-Angelyl-9-sarracinylretronecine, *in* S-00025
$C_{18}H_{25}NO_8$
Leucogenenol, L-00031
$C_{18}H_{25}N_3O_3$
Azaloxan, A-00498
$C_{18}H_{25}N_3O_4$
Molracetam, M-00424
$C_{18}H_{25}N_3O_5$
Carocainide, C-00085
Libenzapril, L-00042
$C_{18}H_{25}N_5O_4$
Metazosin, M-00156
Neldazosin, N-00064
$C_{18}H_{25}N_5O_8S$
Gloximonam, *in* O-00115
$C_{18}H_{25}N_7$
▷2-(Benzylidenehydrazino)-4-*tert*-butyl-6-(1-piperazinyl)-1,3,5-triazine, B-00119
$C_{18}H_{26}BrNOS_2$
Thihexinol methylbromide, *in* T-00190
$C_{18}H_{26}ClNO_2$
Pranolium chloride, *in* P-00399
$C_{18}H_{26}ClN_3$
▷Chloroquine, C-00284
$C_{18}H_{26}ClN_3O$
▷Hydroxychloroquine, H-00120
$C_{18}H_{26}NOS_2^{\oplus}$
Thihexinol methyl(1+), T-00190
$C_{18}H_{26}NO_2^{\oplus}$
Pranolium(1+), P-00399
$C_{18}H_{26}N_2O_4$
▷Proglumide, P-00468
$C_{18}H_{26}N_2O_4S$
Glibornuride, G-00033

$C_{18}H_{26}N_2O_5$
Disofenin, D-00536
$C_{18}H_{26}N_2O_6$
▷Methylatropine nitrate, *in* T-00554
$C_{18}H_{26}N_2S$
Tandamine, T-00025
$C_{18}H_{26}N_4O_2S$
▷Mesulergine, M-00140
$C_{18}H_{26}N_4O_5$
Denipride, D-00073
$C_{18}H_{26}N_4O_6S$
Carbonic acid 4-[[(4-amino-2-methyl-5-pyrimidinyl)methyl]-formylamino]-3-[(ethoxycarbonyl)thio]-3-pentenyl ethyl ester, *in* T-00174
$C_{18}H_{26}O$
Xibornol, X-00013
$C_{18}H_{26}O_2$
17-Hydroxy-4-oestren-3-one, H-00185
$C_{18}H_{26}O_3$
Ibuverine, *in* C-00614
$C_{18}H_{26}O_5$
▷3,4,5,6,7,8,9,10,11,12-Decahydro-7,14,16-trihydroxy-3-methyl-1*H*-2-benzoxacyclotetradecin-1-one, D-00035
$C_{18}H_{26}O_5S$
17-Hydroxy-4-oestren-3-one; Sulfo, *in* H-00185
$C_{18}H_{26}O_{12}$
1,2,3,4,5,6-Hexa-*O*-acetyl-D-glucitol, *in* G-00054
1,2,3,4,5,6-Hexa-*O*-acetyl-D-mannitol, *in* M-00018
$C_{18}H_{27}IO_2S$
▷Hexasonium iodide, *in* H-00062
$C_{18}H_{27}IO_3S$
▷Oxysonium iodide, *in* O-00165
$C_{18}H_{27}NO_2$
Alifedrine, A-00118
Butaverine, B-00396
▷Caramiphen, C-00037
Dyclonine, D-00623
▷Hexacaine, H-00037
1-(Isopropylamino)-3-(1,4-ethano-1,2,3,4-tetrahydro-5-naphthyloxy)-2-propanol, I-00202
Pentapiperide, P-00091
$C_{18}H_{27}NO_3$
Droxypropine, D-00616
▷Minepentate, M-00385
$C_{18}H_{27}NO_4$
Etoxeridine, E-00265
$C_{18}H_{27}NO_5$
Neoplatyphylline, *in* P-00372
Platyphylline, P-00372
▷Propanidid, P-00489
▷Sarracine, S-00025
$C_{18}H_{27}NO_6$
Dihydroretrorsine, *in* P-00372
Hygrophylline, *in* P-00372
Platyphylline N-oxide, *in* P-00372
Sarracine N-oxide, *in* S-00025
Trixolane, T-00542
$C_{18}H_{27}N_3O$
4-Amino-*N*-(1-cyclohexyl-3-pyrrolidinyl)-*N*-methylbenzamide, A-00229
Pentaquine, P-00092
$C_{18}H_{27}O_2S^{\oplus}$
Hexasonium(1+), H-00062
$C_{18}H_{27}O_3S^{\oplus}$
Oxysonium(1+), O-00165
$C_{18}H_{28}ClNO$
▷Clofenciclan, C-00451
$C_{18}H_{28}NO_5^{\oplus}$
Troxypyrrolium(1+), T-00561
$C_{18}H_{28}N_2O$
Bumecaine, B-00354
▷Bupivacaine, B-00368
$C_{18}H_{28}N_2O_2$
Vadocaine, V-00001
$C_{18}H_{28}N_2O_2S_4$
2,2′-(Dithiodicarbonothioyl)bis[*N*-(2-methoxyethyl)-1-cyclopenten-1-amine, D-00552
$C_{18}H_{28}N_2O_3$
3,4-Diethoxy-β-methoxy-*N*-(1-methyl-2-pyrrolidinylidene)-benzeneethanamine, D-00229
$C_{18}H_{28}N_2O_4$
Acebutolol, A-00006
$C_{18}H_{28}N_4O$
Butalamine, B-00385
$C_{18}H_{28}N_6O$
Lamtidine, L-00007
$C_{18}H_{28}O_2$
4-Oestrene-3,17-diol, O-00029
$C_{18}H_{28}O_4$
▷Albocycline, A-00099
2,5-Dihydroxy-3-undecyl-1,4-benzoquinone; 5-Me ether, *in* D-00356
$C_{18}H_{28}O_4Si_4$
▷2,2,4,6,6,8-Hexamethyl-4,8-diphenylcyclotetrasiloxane, H-00056
$C_{18}H_{28}O_5$
Albocycline M-1, *in* A-00099
Albocycline M-2, *in* A-00099
Albocycline M-4, *in* A-00099
Albocycline M-5, *in* A-00099
Albocycline M-7, *in* A-00099
$C_{18}H_{29}NO$
Piperphenidol, P-00295
$C_{18}H_{29}NO_2$
α-[[(3-Cyclohexyl-1-methylpropyl)amino]methyl]-3-hydroxybenzyl alcohol, C-00619
Exaprolol, E-00279
▷Ketocaine, *in* K-00015
Lotucaine, L-00105
Penbutolol, P-00059
$C_{18}H_{29}NO_3$
Amprotropine, A-00371
Betaxolol, B-00142
Butamyrate, B-00389
$C_{18}H_{29}NO_4$
Bufetolol, B-00349
Cicloprolol, C-00332
▷Guaiapate, G-00092
Iproxamine, I-00164
$C_{18}H_{29}N_3O_5$
Terbutaline bis(dimethylcarbamate), *in* T-00084
$C_{18}H_{30}BrNO_3S$
▷Monodral bromide, *in* P-00095
$C_{18}H_{30}Br_6O_2$
6,9,12-Octadecatrienoic acid; Hexabromide, *in* O-00009
$C_{18}H_{30}ClO_5P$
Trichlorex, *in* T-00441
$C_{18}H_{30}NO_5^{\oplus}$
Troxonium(1+), T-00560
$C_{18}H_{30}N_2O_2$
▷Butacaine, B-00381
Calocaine, C-00018
$C_{18}H_{30}N_4O_2$
Diaminocaine, D-00122

$C_{18}H_{30}N_4O_6$
Cytosamine, C-00666

$C_{18}H_{30}O_2$
2-Cyclohexyl-5,9-dimethyl-4,8-decadienoic acid, C-00607
6,9,12-Octadecatrienoic acid, O-00009

$C_{18}H_{30}O_5$
Albocycline M-3, *in* A-00099
Albocycline M-6, *in* A-00099

$C_{18}H_{30}O_6$
1,2:5,6-Di-*O*-cyclohexylidene-*myo*-inositol, *in* I-00074

$C_{18}H_{30}O_7$
Nonanedioic acid; Anhydride, *in* N-00203

$C_{18}H_{31}ClO$
2-Cyclopentene-1-tridecanoic acid; Chloride, *in* C-00627

$C_{18}H_{31}N$
2-Cyclopentene-1-tridecanoic acid; Nitrile, *in* C-00627

$C_{18}H_{31}NO_2$
▷Ketocainol, K-00015

$C_{18}H_{31}NO_4$
Bisoprolol, B-00233

$C_{18}H_{31}N_3O_3$
Pafenolol, P-00002

$C_{18}H_{31}N_3O_3S$
Suricainide, S-00277

$C_{18}H_{32}Br_2Cl_2N_4O_2$
Dibrospidium chloride, *in* D-00169

$C_{18}H_{32}Br_2N_4O_2^{\oplus\oplus}$
Dibrospidium (2+), D-00169

$C_{18}H_{32}N_2O_8$
Ethylenediaminetetraacetic acid; Tetra-Et ester, *in* E-00186

$C_{18}H_{32}N_4O$
N,*N*-Dimethyl-*N*′-(2-diisopropylaminoethyl)-*N*′-(4,6-dimethyl-2-pyridinyl)urea, D-00428

$C_{18}H_{32}O_2$
2-Cyclopentene-1-tridecanoic acid, C-00627
9,12-Octadecadienoic acid, O-00007

$C_{18}H_{33}ClN_2O_5S$
▷Clindamycin, C-00428

$C_{18}H_{33}ClO$
9-Octadecenoic acid; Chloride, *in* O-00010

$C_{18}H_{33}N$
9-Octadecenoic acid; Nitrile, *in* O-00010

$C_{18}H_{33}NO$
2-Cyclopentene-1-tridecanoic acid; Amide, *in* C-00627

$C_{18}H_{34}ClN_2O_8PS$
▷Clindamycin phosphate, *in* C-00428

$C_{18}H_{34}I_2O_2$
9,10-Diiodooctadecanoic acid, D-00361

$C_{18}H_{34}N_2O_6S$
▷Lincomycin, L-00051

$C_{18}H_{34}N_2O_7S$
Lincomycose, *in* L-00051

$C_{18}H_{34}O_2$
9-Octadecenoic acid, O-00010

$C_{18}H_{34}O_3$
Methyl palmoxirate, *in* T-00110
Rosaprostol, R-00093

$C_{18}H_{34}O_6$
▷Sorbitan monolaurate, *in* A-00387

$C_{18}H_{35}NO$
▷Laurocapram, L-00015
9-Octadecenoic acid; Amide, *in* O-00010

$C_{18}H_{35}NO_2$
Isomylamine, I-00194

$C_{18}H_{35}N_5O_7$
Antibiotic SF 1854, *in* F-00252
3″-N-Demethylsisomicin, *in* S-00082

$C_{18}H_{36}Cl_2N_4O_2^{\oplus\oplus}$
Prospidium(2+), P-00527

$C_{18}H_{36}Cl_4N_4O_2$
▷Prospidium chloride, *in* P-00527

$C_{18}H_{36}N_4O_{10}$
▷5-Deoxykanamycin A, *in* K-00004
▷1-*N*-Methylribostamycin, *in* R-00040

$C_{18}H_{36}N_4O_{11}$
▷Kanamycin *A*, K-00004

$C_{18}H_{36}N_6O_6$
Dactimicin, D-00002

$C_{18}H_{36}O_3$
2-Hydroxyoctadecanoic acid, H-00184

$C_{18}H_{37}N$
9-Octadecenylamine, O-00011

$C_{18}H_{37}NO_2$
2-Hydroxyoctadecanoic acid; Amide, *in* H-00184
Palmidrol, P-00006

$C_{18}H_{37}N_5O_7$
4″-Demethylgentamicin C_{1a}, *in* G-00018

$C_{18}H_{37}N_5O_8$
▷Dibekacin, D-00154

$C_{18}H_{37}N_5O_9$
▷Nebramycin factor 6, N-00059

$C_{18}H_{37}N_5O_{10}$
▷Kanamycin *B*, K-00005

$C_{18}H_{39}N$
▷Octadecylamine, O-00012

$C_{18}H_{40}Br_2N_4O_4$
Carbolonium bromide, *in* C-00055

$C_{18}H_{40}N_4O_4^{\oplus\oplus}$
Carbolonium(2+), C-00055

$C_{19}H_{10}HgI_2O_7S$
Meralein, M-00111

$C_{19}H_{11}Cl_2I_2NO_3$
▷Rafoxanide, R-00003

$C_{19}H_{12}F_6N_2O_7$
Flurantel, F-00216

$C_{19}H_{12}O_2$
2-(1-Naphthyl)-1,3-indandione, N-00045

$C_{19}H_{12}O_3$
▷4-Hydroxy-3-(1-naphthyl)-2*H*-1-benzopyran-2-one, H-00180

$C_{19}H_{12}O_6$
▷3,3′-Methylenebis(4-hydroxy-2*H*-1-benzopyran-2-one), M-00251

$C_{19}H_{12}O_8$
▷Diacerein, *in* D-00309

$C_{19}H_{14}N_2OS_2$
Naftoxate, N-00026

$C_{19}H_{14}N_2O_2$
▷4-[2,3-Diisocyano-4-(4-methoxyphenyl)-1,3-butadienyl]-phenol, *in* X-00005

$C_{19}H_{14}N_2O_7$
2-(Phenanthro[3,4-d]-1,3-dioxole-6-nitro-5-carboxamido)-propanoic acid, *in* M-00252

$C_{19}H_{14}O_5$
5,5-Dimethyl-11-oxo-5*H*,11*H*-[2]benzopyrano[4,3-*g*][1]-benzopyran-9-carboxylic acid, D-00440

$C_{19}H_{14}O_5S$
▷Phenolsulfonphthalein, P-00163

$C_{19}H_{14}O_6$
6,8-Dihydroxyflavone; Di-Ac, *in* D-00326

$C_{19}H_{14}O_8$
2,2′-[(4-Oxo-2-phenyl-4*H*-1-benzopyran-5,7-diyl)bis(oxy)-bis-(acetic acid), *in* D-00326

$C_{19}H_{15}ClN_2O_4$
2-(4-Chlorobenzoylamino)-3-[2(1*H*-quinolin-4-yl]propanoic acid, C-00219

$C_{19}H_{15}Cl_3N_2O_2$
Democonazole, D-00068

$C_{19}H_{15}F_3N_2OS$
Cisconazole, C-00397

$C_{19}H_{15}F_3N_4O_3$
Tosufloxacin, T-00390

$C_{19}H_{15}NO_2$
Allylcinchophen, *in* P-00206

$C_{19}H_{15}NO_4$
▷3-Methyl-6,7-methylenedioxy-1-piperonylisoquinoline, M-00267

$C_{19}H_{15}NO_6$
▷Nicoumalone, N-00105

$C_{19}H_{15}N_3O_3S$
Phenithionate, P-00159

$C_{19}H_{16}BrClFN_3O_2$
Kenazepine, K-00008

$C_{19}H_{16}ClFN_2O$
▷Flutoprazepam, F-00231

$C_{19}H_{16}ClNO_4$
▷Clometacin, C-00468
▷Indomethacin, I-00065
Rilopirox, R-00053

$C_{19}H_{16}N_2O$
▷Diphenpyramide, D-00487

$C_{19}H_{16}N_2O_4$
▷1-Benzoyl-5-ethyl-5-phenylbarbituric acid, *in* E-00218
Tryptophan; *N*-Benzyloxycarbonyl, *in* T-00567

$C_{19}H_{16}N_4O_4$
▷Zidometacin, Z-00012

$C_{19}H_{16}N_4O_5S$
Homosulphasalazine, H-00086

$C_{19}H_{16}O_4$
▷Warfarin, W-00001

$C_{19}H_{16}O_5$
▷Efloxate, E-00019
Isocromil, I-00184

$C_{19}H_{17}ClFN_3O_5S$
Flucloxacillin, F-00139

$C_{19}H_{17}ClF_3NO_4$
Halofenate, H-00008

$C_{19}H_{17}ClN_2O$
▷Prazepam, P-00404

$C_{19}H_{17}ClN_2O_4$
▷Oxametacin, O-00082

$C_{19}H_{17}ClN_2O_6$
Arclofenin, A-00437

$C_{19}H_{17}ClN_4O_4$
▷Glafenine, G-00027

$C_{19}H_{17}Cl_2N_3O_5S$
▷Dicloxacillin, D-00214

$C_{19}H_{17}Cl_3N_2S$
Butoconazole, B-00410

$C_{19}H_{17}I_4NO_5$
Thyroxine; Me ester, Me ether, *N*-Ac, *in* T-00233

$C_{19}H_{17}NOS$
▷Tolnaftate, T-00354

$C_{19}H_{17}NO_2$
Neocinchophen, *in* M-00295

$C_{19}H_{17}NO_3$
Des-N-methylacronycine, *in* A-00050

$C_{19}H_{17}NO_4$
Warfarin; Oxime, *in* W-00001

$C_{19}H_{17}NO_7$
Nedocromil, N-00060

$C_{19}H_{17}N_3O_4S_2$
▷Cephaloridine, C-00176

$C_{19}H_{17}N_5O$
Quinazopyrine, Q-00013

$C_{19}H_{17}N_5O_2$
Nafamostat, N-00009

$C_{19}H_{17}N_5O_5S$
Salazosulphadimidine, S-00011

$C_{19}H_{17}N_5O_7S$
Salazodimethoxine, S-00007

$C_{19}H_{17}N_5O_7S_3$
Ceftiofur, C-00156

$C_{19}H_{18}BrF_3N_2O_4$
Bromoxanide, B-00323

$C_{19}H_{18}ClFN_2O_3$
▷Flutazolam, F-00225

$C_{19}H_{18}ClFN_2O_3S$
Elfazepam, E-00025

$C_{19}H_{18}ClNO$
4-(2-Chlorobenzyl)-5-oxo-4-phenylhexanoic acid; Nitrile, *in* C-00220
Clopipazan, C-00486

$C_{19}H_{18}ClN_3O$
▷Cyprazepam, C-00645

$C_{19}H_{18}ClN_3O_3$
▷Camazepam, C-00019

$C_{19}H_{18}ClN_3O_4S$
Trazium esilate, *in* T-00404

$C_{19}H_{18}ClN_3O_5S$
Cloxacillin, C-00515

$C_{19}H_{18}ClN_5$
Adinazolam, A-00071

$C_{19}H_{18}Cl_2N_2O_2$
Ciprazafone, C-00386

$C_{19}H_{18}Cl_2N_4O_4S$
Prazocillin, P-00408

$C_{19}H_{18}F_3NO_2$
Prefenamate, P-00415

$C_{19}H_{18}F_6N_2O$
Enpiroline, E-00064

$C_{19}H_{18}N_2O_2$
Ciproquazone, C-00392

$C_{19}H_{18}N_2O_3$
▷Kebuzone, K-00006
Tryptophan; *N*-Phenoxyacetyl, *in* T-00567

$C_{19}H_{18}N_2O_4$
3-Amino-3-pyrrolidinecarboxylic acid; Dibenzoyl, *in* A-00329
▷Cimoxatone, C-00352

$C_{19}H_{18}N_4O_2$
Pimobendan, P-00261

$C_{19}H_{18}N_4O_5S_3$
Cefcanel, C-00122

$C_{19}H_{18}N_6O_6$
▷Nicarbazin, *in* B-00231

$C_{19}H_{18}N_6O_6S_2$
Cefamandole; *O*-Formyl, *in* C-00112

$C_{19}H_{18}O_5$
1,2:3,5-Di-*O*-benzylidene-α-D-xylofuranose, *in* X-00024

Ethyl 2-methyl-2-[(9-oxo-9*H*-xanthen-3-yl)oxy]propanoate, E-00202

$C_{19}H_{18}O_7$
▷Benfurodil hemisuccinate, B-00053
3′,5-Dihydroxy-4′,6,7-trimethoxyflavone; 3′-Me ether, *in* D-00354

$C_{19}H_{18}O_8$
Menadiol disuccinate, *in* D-00333

$C_{19}H_{18}O_9$
Clitoriacetal, C-00432

$C_{19}H_{19}ClN_2$
2-Chloro-11-[3-(dimethylamino)propylidene]-11*H*-dibenz[*b*,*e*]-azepine, C-00234

$C_{19}H_{19}ClO_3$
4-(2-Chlorobenzyl)-5-oxo-4-phenylhexanoic acid, C-00220

$C_{19}H_{19}Cl_2N_3O_3$
Elnadipine, E-00029
Pinadoline, P-00265

$C_{19}H_{19}F_2NO_2$
Flazalone, F-00113

$C_{19}H_{19}N$
Phenindamine, P-00156
2,3,4,9-Tetrahydro-2-methyl-1*H*-dibenzo[3,4:6,7]-cyclohepta[1,2-*c*]pyridine, T-00123

$C_{19}H_{19}NO$
Maroxepin, M-00025

$C_{19}H_{19}NOS$
Ketotifen, K-00020

$C_{19}H_{19}NO_4$
Palaudine, *in* P-00019

$C_{19}H_{19}NO_6$
▷Etersalate, E-00144

$C_{19}H_{19}NS$
▷Pimethixene, P-00257

$C_{19}H_{19}N_3$
1-Phenyl-3-(1-piperazinyl)isoquinoline, P-00196

$C_{19}H_{19}N_3O$
Tris(4-aminophenyl)methanol, T-00532

$C_{19}H_{19}N_3O_2$
Tryptophan; *N*-Ac, anilide, *in* T-00567

$C_{19}H_{19}N_3O_3$
3,9-Diamino-7-ethoxyacridine; 3,9-Di-*N*-Ac, *in* D-00130

$C_{19}H_{19}N_3O_5S$
▷Oxacillin, O-00074

$C_{19}H_{19}N_3O_6$
Nilvadipine, N-00144

$C_{19}H_{19}N_5$
Pitrazepin, P-00360

$C_{19}H_{19}N_5O_5S_3$
Cefaparole, C-00114

$C_{19}H_{19}N_7O_6$
▷Pteroylglutamic acid, P-00554

$C_{19}H_{20}BrN_3O_3$
Bretazenil, B-00270

$C_{19}H_{20}ClN$
Losindole, L-00101

$C_{19}H_{20}ClNOS$
Cloxathiepin, C-00516

$C_{19}H_{20}ClNO_4$
▷Bezafibrate, B-00148

$C_{19}H_{20}ClNO_5$
Ronifibrate, R-00085

$C_{19}H_{20}ClN_3$
Clemizole, C-00418

$C_{19}H_{20}Cl_2N_2O_3$
Paphencyl, P-00021

$C_{19}H_{20}Cl_2N_2O_5$
Etofamide, E-00247

$C_{19}H_{20}FNO_3$
Paroxetine, P-00040

$C_{19}H_{20}FN_3$
Fluperlapine, F-00200

$C_{19}H_{20}F_3NO$
Boxidine, B-00263

$C_{19}H_{20}F_3NO_2$
▷Benfluorex, B-00050

$C_{19}H_{20}F_3N_3O_3$
Morniflumate, M-00444

$C_{19}H_{20}N_2$
Mebhydrolin, M-00035

$C_{19}H_{20}N_2O$
Denzimol, D-00076

$C_{19}H_{20}N_2O_2$
▷Phenylbutazone, P-00180

$C_{19}H_{20}N_2O_3$
Amphotalide, A-00367
Ditazole, D-00545
▷Oxyphenbutazone, O-00158

$C_{19}H_{20}N_2O_4$
Ornithuric acid, *in* O-00059

$C_{19}H_{20}N_4O_2$
Nuvenzipine, N-00233

$C_{19}H_{20}N_6O$
Imidocarb, I-00034

$C_{19}H_{20}N_8O_5$
▷Aminopterin, A-00324

$C_{19}H_{20}O_2$
Dienestrol; Mono-Me ether, *in* D-00223
3′,5-Di(2-propenyl)-2,4′-biphenyldiol; 4′-Me ether, *in* D-00522

$C_{19}H_{20}O_5$
Columbianadin, C-00538

$C_{19}H_{20}O_{10}$
▷Khellinin, *in* K-00023

$C_{19}H_{21}ClN_2$
Elanzepine, E-00022

$C_{19}H_{21}ClN_2OS$
▷Chloracyzine, C-00192
Halethazole, H-00005

$C_{19}H_{21}ClN_2O_3$
Oxazafone, O-00095

$C_{19}H_{21}ClN_2S$
▷Clorotepine, C-00501

$C_{19}H_{21}ClN_4O_5$
Acefylline clofibrol, *in* A-00011
▷Theofibrate, T-00168

$C_{19}H_{21}F_3N_2S$
Trifluomeprazine, T-00462

$C_{19}H_{21}N$
1-(2-Dimethylaminoethyl)-1-phenylindene, D-00413
3-(Diphenylmethylene)-1-ethylpyrrolidine, D-00498
▷Nortriptyline, N-00224
▷Protriptyline, P-00544

$C_{19}H_{21}NO$
▷Doxepin, D-00594

$C_{19}H_{21}NO_2$
Dimeprozan, D-00383
Estrone cyanate, *in* O-00031
▷Oxitriptyline, O-00122

$C_{19}H_{21}NO_2S$
Dothiepin; 5,5-Dioxide; B,HCl, *in* D-00588

$C_{19}H_{21}NO_3$
▷Nalorphine, N-00032
Spiroxepin, S-00133
▷Thebaine, T-00162

$C_{19}H_{21}NO_4$
16-Hydroxythebaine, *in* T-00162
▷Naloxone, N-00033
Thebaine N-oxide, *in* T-00162

$C_{19}H_{21}NO_5S$
Cinaproxen, C-00356

$C_{19}H_{21}NO_6$
Oxodipine, O-00128

$C_{19}H_{21}NS$
▷Dothiepin, D-00588
Pizotifen, P-00368

$C_{19}H_{21}N_3$
▷Perlapine, P-00126

$C_{19}H_{21}N_3O$
Talastine, T-00006
Zolpidem, Z-00033

$C_{19}H_{21}N_3O_2S$
Enviradene, E-00070

$C_{19}H_{21}N_3O_5$
Darodipine, D-00016
Isradipine, I-00219

$C_{19}H_{21}N_3S$
▷Cyamemazine, C-00578
▷Metiapine, M-00317

$C_{19}H_{21}N_5O_2$
Pirenzepine, P-00321

$C_{19}H_{21}N_5O_3S$
Oxmetidine, O-00124

$C_{19}H_{21}N_5O_4$
▷Prazosin, P-00409

$C_{19}H_{22}ClNO_2$
Chlordimorine, C-00201
Difenclosazine, D-00263

$C_{19}H_{22}ClN_5O$
▷Trazodone, T-00405

$C_{19}H_{22}FN_3O$
▷Azaperone, A-00503

$C_{19}H_{22}FN_3O_3$
Binfloxacin, B-00169
Enrofloxacin, E-00068

$C_{19}H_{22}N_2$
▷Balipramine, B-00007
▷Triprolidine, T-00529

$C_{19}H_{22}N_2O$
Amedalin, A-00179
Benanserin, B-00036
Cinchonicine, *in* Q-00026
▷Cinchonine, C-00358
Eburnamonine, E-00003
Ketipramine, K-00013
Noxiptyline, N-00229

$C_{19}H_{22}N_2OS$
▷Acepromazine, A-00015
Aceprometazine, A-00016
Thiazesim, T-00181

$C_{19}H_{22}N_2O_2$
Cupreine, C-00574
Hydroxindasol, H-00105

$C_{19}H_{22}N_2O_3$
Bumadizone, B-00353

$C_{19}H_{22}N_2O_3S$
Dimethoxanate, D-00397

$C_{19}H_{22}N_2O_6S$
Penamecillin, P-00058

$C_{19}H_{22}N_2S$
Dimelazine, D-00378
▷Pecazine, P-00048

$C_{19}H_{22}N_4O$
Cianergoline, C-00319

$C_{19}H_{22}N_4O_2S$
Telenzepine, T-00057

$C_{19}H_{22}N_4O_6S_2$
Butaglionamide, B-00384

$C_{19}H_{22}O_2$
4-[1-Ethyl-2-(4-methoxyphenyl)-1-butenyl]phenol, *in* D-00257

$C_{19}H_{22}O_3$
Doisynoestrol, D-00570

$C_{19}H_{22}O_4$
▷Menadiol dibutyrate, *in* D-00333

$C_{19}H_{22}O_5$
Helenalin; (2-Methylpropenoyl), *in* H-00024

$C_{19}H_{22}O_6$
Glucurono-6,3-lactone; α-1,2-*O*-Cyclohexylidene, 5-benzyl, *in* G-00059

$C_{19}H_{23}ClNO_2^{\oplus}$
N-[2-(2-Acetyl-4-chlorophenoxy)ethyl]-*N*,*N*-dimethylbenzenemethanaminium (1+), A-00029

$C_{19}H_{23}ClNO_3^{\oplus}$
3-Acetyl-5-chloro-2-hydroxy-*N*,*N*-dimethyl-*N*-(2-phenoxyethyl)benzenemethanaminium(1+), A-00028

$C_{19}H_{23}ClN_2$
▷Clomipramine, C-00472
▷Homochlorcyclizine, H-00083

$C_{19}H_{23}ClN_2O_2$
Traboxopine, T-00392

$C_{19}H_{23}ClN_2S$
▷Chlorproethazine, C-00296

$C_{19}H_{23}ClO_2$
Clomestrone, C-00467

$C_{19}H_{23}FN_2O_3$
▷Roxoperone, R-00102

$C_{19}H_{23}IN_2OS$
N,*N*-Diethyl-*N*-methyl(10-phenothiazinylcarbonyl)-methylammonium(1+); Iodide, *in* D-00247

$C_{19}H_{23}I_2NO_2$
Bufeniode, B-00348

$C_{19}H_{23}NO$
Alimadol, A-00119
Cinnamedrine, C-00371
▷Diphenylpyraline, D-00514

$C_{19}H_{23}NO_2$
4-[2-(Diphenylmethoxy)ethyl]morpholine, D-00496
▷Elucaine, E-00031
Trepipam, T-00412

$C_{19}H_{23}NO_2S$
▷Meprothixol, M-00106

$C_{19}H_{23}NO_3$
Desomorphine; Ac, *in* D-00100
3,4-Dihydroxy-α-[(1-methyl-3-phenylpropyl)amino]-propiophenone, D-00335
▷Ethylmorphine, *in* M-00449
N-Allylnorgalanthamine, *in* G-00002
Oxyfedrine, O-00151
Reboxetine, R-00018
Xenysalate, X-00010

$C_{19}H_{23}NO_4$
14-Episinomenine, *in* S-00079

▷Sinomenine, S-00079

$C_{19}H_{23}NO_5$
Tretoquinol, T-00418

$C_{19}H_{23}NO_6$
Butocrolol, B-00411

$C_{19}H_{23}NS$
▷11-[3-(Dimethylamino)propyl]-6,11-dihydrodibenzo[*b,e*]-thiepine, D-00420

$C_{19}H_{23}N_2OS^{\oplus}$
N,N-Diethyl-*N*-methyl(10-phenothiazinylcarbonyl)-methylammonium(1+), D-00247

$C_{19}H_{23}N_3$
▷Amitraz, A-00349
▷Binedaline, B-00168
4-[[2-(Diethylamino)ethyl]amino]benzo[*g*]quinoline, D-00233

$C_{19}H_{23}N_3O$
▷Benzydamine, B-00105

$C_{19}H_{23}N_3OS$
Acepromazine; Oxime, *in* A-00015

$C_{19}H_{23}N_3O_2$
Ergometrine, E-00104
Ergometrinine, *in* E-00104

$C_{19}H_{23}N_3O_4S$
Hetacillin, H-00035

$C_{19}H_{23}N_3O_5S$
Oxetacillin, O-00104

$C_{19}H_{23}N_3S$
Dazidamine, D-00024

$C_{19}H_{23}N_4O_6PS$
▷Benfotiamine, B-00052

$C_{19}H_{23}N_5O_2$
Epiroprim, E-00084

$C_{19}H_{23}N_5O_3$
Trimetrexate, T-00514

$C_{19}H_{23}N_5O_3S$
Ipsapirone, I-00167

$C_{19}H_{24}BrNO_3$
Benzilylcholine bromide, *in* M-00326

$C_{19}H_{24}BrNS_2$
▷Tiquizium bromide, *in* T-00321

$C_{19}H_{24}ClNO$
Mecloxamine, M-00050

$C_{19}H_{24}Cl_2N_4O_3$
Hisphen, H-00076

$C_{19}H_{24}INO_3$
Metocinium iodide, *in* M-00326

$C_{19}H_{24}NO_3^{\oplus}$
Metocinium(1+), M-00326

$C_{19}H_{24}NS_2^{\oplus}$
Tiquizium(1+), T-00321

$C_{19}H_{24}N_2$
▷4-(*N*-Benzylanilino)-1-methylpiperidine, B-00106
Daledalin, D-00006
Histapyrrodine, H-00078
▷Imipramine, I-00040
Monometacrine, M-00429
Prazepine, P-00405

$C_{19}H_{24}N_2O$
▷Aminopentamide, A-00296
Hydrocinchonine, *in* C-00358
Imipraminoxide, *in* I-00040
N-(1-Phenylheptyl)-3-pyridinecarboxamide, P-00190
Vincanol, V-00034

$C_{19}H_{24}N_2OS$
Methotrimeprazine, M-00193
▷Phencarbamide, P-00150

$C_{19}H_{24}N_2O_2$
▷2-[2-(Diethylamino)ethoxy]benzanilide, D-00232
2-(Diethylamino)ethyl diphenylcarbamate, D-00235
Dihydrocupreine, *in* C-00574
Norajmaline, *in* A-00088
▷Praziquantel, P-00406
Xylamidine, X-00020

$C_{19}H_{24}N_2O_3$
▷Labetalol, L-00001

$C_{19}H_{24}N_2O_4$
Formoterol, F-00247
Pipratecol, P-00307
Tolamolol, T-00343

$C_{19}H_{24}N_2O_4S$
Mesudipine, M-00139

$C_{19}H_{24}N_2O_7S$
Furbucillin, F-00287

$C_{19}H_{24}N_2S$
▷Ethopropazine, E-00160

$C_{19}H_{24}N_2S_2$
Methiomeprazine, M-00182

$C_{19}H_{24}N_4O_2$
▷Pentamidine, P-00086

$C_{19}H_{24}N_6O_2$
Zolenzepine, Z-00029

$C_{19}H_{24}N_6O_5S_2$
Cefepime, C-00125

$C_{19}H_{24}O_2$
17-Hydroxy-17-methylestra-4,9,11-trien-3-one, H-00161
7α-Methylestrone, *in* O-00031

$C_{19}H_{24}O_2S$
Prifelone, P-00429

$C_{19}H_{24}O_3$
Adrenosterone, A-00079
Oestrone; Me ether, *in* O-00031
Pirnabin, P-00343
▷Testolactone, T-00100

$C_{19}H_{24}O_6$
Ethyl mycophenolate, *in* M-00475
Helenalin; 11α,13-Dihydro, (2-hydroxymethylacryloyl), *in* H-00024
Helenalin; 11α,13-Dihydro, (2,3-epoxyisobutyroyl), *in* H-00024

$C_{19}H_{24}O_7$
3β-Acetoxy-11β,13-epoxyepitulipinolide, *in* H-00134

$C_{19}H_{25}NO$
Drobuline, D-00603
Etoloxamine, E-00256
Hexapradol, H-00060
▷Levallorphan, L-00038

$C_{19}H_{25}NO_2$
Buphenine, B-00367
Propinetidine, P-00503
Proxorphan, P-00549

$C_{19}H_{25}NO_3$
1,2,3,4,4*a*,6,7,11*b*,12,13*a*-Decahydro-9,10-dimethoxy-13*H*-dibenzo[*a,f*]quinolizin-13-one, D-00034
Dopamantine, D-00578

$C_{19}H_{25}NO_3S$
Trethinium tosylate, *in* E-00222

$C_{19}H_{25}NO_4$
Salmefamol, S-00018
▷Tetramethrin, T-00143

$C_{19}H_{25}N_3$
Picoperine, P-00239

$C_{19}H_{25}N_3O$
Toprilidine, T-00383

$C_{19}H_{25}N_3OS$
▷Thiambutosine, T-00173

$C_{19}H_{25}N_3O_2S_2$
▷Dimethothiazine, D-00396

$C_{19}H_{25}N_3S$
Proquamezine, P-00521

$C_{19}H_{25}N_4O_6PS_2$
Uredofos, U-00013

$C_{19}H_{25}N_4O_7PS$
Diuredosan, D-00554

$C_{19}H_{25}N_5O_4$
Terazosin, T-00080

$C_{19}H_{26}BrNO$
Bibenzonium bromide, *in* B-00151

$C_{19}H_{26}BrNO_3S$
▷Oxitefonium bromide, *in* O-00121

$C_{19}H_{26}BrNO_4$
▷Oxitropium bromide, *in* O-00123

$C_{19}H_{26}FeO$
(3,5,5-Trimethylhexanoyl)ferrocene, T-00509

$C_{19}H_{26}I_3N_3O_9$
Iohexol, I-00117

$C_{19}H_{26}NO^{\oplus}$
Bibenzonium(1+), B-00151

$C_{19}H_{26}NO_3S^{\oplus}$
Oxitefonium(1+), O-00121

$C_{19}H_{26}NO_4^{\oplus}$
Oxitropium(1+), O-00123

$C_{19}H_{26}N_2O$
▷Naftypramide, N-00027

$C_{19}H_{26}N_2O_3$
Benolizime, *in* D-00034
Isoxaprolol, I-00215

$C_{19}H_{26}N_2O_3S_2$
▷Multergan, *in* T-00182

$C_{19}H_{26}N_2O_4S$
Zinterol, Z-00022

$C_{19}H_{26}N_2O_5S$
Mesuprine, M-00142

$C_{19}H_{26}N_2S$
Pergolide, P-00119

$C_{19}H_{26}N_4O_4$
Piquizil, P-00312

$C_{19}H_{26}N_4O_5$
Hoquizil, H-00089

$C_{19}H_{26}O_2$
17-Hydroxy-1,4-androstadien-3-one, H-00108
17-Methylestra-1,3,5(10)-triene-3,17-diol, *in* O-00028

$C_{19}H_{26}O_3$
▷Allethrin, A-00124
Epimestrol, E-00080
1,9-Heptadecadiene-4,6-diyne-3,8-diol; 3-Ac, *in* H-00028
1,9-Heptadecadiene-4,6-diyne-3,8-diol; 8-Ac, *in* H-00028

$C_{19}H_{26}O_4$
Tocamphyl, *in* T-00508

$C_{19}H_{26}O_6$
Eriolanin, E-00109

$C_{19}H_{26}O_7$
▷Diacetoxyscirpenol, *in* A-00386
Helenalin; 2β-Hydroxy, 2,3,11α,13-tetrahydro, methacryloyl, *in* H-00024

$C_{19}H_{27}ClO_2$
Clostebol, C-00506

$C_{19}H_{27}FN_2O_3$
▷Carperone, C-00093

$C_{19}H_{27}NO$
Ciprefadol, C-00387
▷Pentazocine, P-00093

$C_{19}H_{27}NO_3$
▷Tetrabenazine, T-00102

$C_{19}H_{27}NO_4$
Cinoctramide, C-00374
▷Drotebanol, D-00612

$C_{19}H_{27}NO_4S$
Emilium tosylate, *in* E-00199

$C_{19}H_{27}NO_5S$
Mefenidramium metilsulfate, *in* M-00064

$C_{19}H_{27}N_3O_4S$
Amantocillin, A-00164

$C_{19}H_{27}N_3O_5$
Murocainide, M-00471

$C_{19}H_{27}N_5$
Dapiprazole, D-00013

$C_{19}H_{27}N_5O_3$
Bunazosin, B-00361

$C_{19}H_{27}N_5O_4$
Alfuzosin, A-00112

$C_{19}H_{27}O_8P$
Antibiotic PD 113270, *in* F-00260

$C_{19}H_{27}O_9P$
Fostriecin, F-00260

$C_{19}H_{27}O_{10}P$
Antibiotic PD 113271, *in* F-00260

$C_{19}H_{28}BrNO_3$
Glycopyrronium bromide, *in* G-00070

$C_{19}H_{28}ClN_3$
▷Methylchloroquine, M-00240

$C_{19}H_{28}ClN_5O$
Etoperidone, E-00261

$C_{19}H_{28}Cl_2N_2O_3$
Phenaline, P-00140

$C_{19}H_{28}Cl_2N_2O_3S$
Phenamet, P-00142

$C_{19}H_{28}NO_3^{\oplus}$
Glycopyrronium(1+), G-00070

$C_{19}H_{28}N_2$
▷α-*sec*-Butyl-α-phenyl-4-piperidinobutyronitrile, B-00431
▷Iprindole, I-00157

$C_{19}H_{28}N_2O_3$
Irolapride, I-00172
Tetrabenazine; Oxime, *in* T-00102

$C_{19}H_{28}N_2O_4$
2-(Acetyloxy-*N*-[3-[3-(1-piperidinylmethyl)phenoxy]propyl]-acetamide, *in* R-00097
Carpindolol, C-00096

$C_{19}H_{28}N_4O_2S$
Etisulergine, E-00243

$C_{19}H_{28}N_4O_6S_2$
▷Cefathiamidine, C-00116

$C_{19}H_{28}N_6O_8S_2$
▷Quinapyramine, *in* A-00207

$C_{19}H_{28}O_2$
▷Benorterone, B-00056
3-Hydroxy-5-androsten-17-one, H-00110
17-Hydroxy-4-androsten-3-one, H-00111
Normethandrone, N-00221

$C_{19}H_{28}O_5S$
3-(Sulfooxy)androst-5-en-17-one, *in* H-00110

$C_{19}H_{28}O_{12}$
Gluconic acid; Propyl ester, 2,3,4,5,6-penta-Ac, *in* G-00055

Isopropyl 2,3,4,5,6-penta-*O*-acetyl-D-gluconate, *in* G-00055

$C_{19}H_{29}BrO_3$
6-Bromo-17β-hydroxy-17α-methyl-4-oxa-5-androstan-3-one, B-00303

$C_{19}H_{29}IO_2$
▷Iophendylate, I-00127

$C_{19}H_{29}NO$
Cycrimine, C-00641
▷Procyclidine, P-00455

$C_{19}H_{29}NO_2$
Bornaprolol, B-00256

$C_{19}H_{29}NO_3$
Cyclodrine, C-00601
Nafetolol, N-00015

$C_{19}H_{29}NO_4$
Perfomedil, P-00118

$C_{19}H_{29}NO_5$
Burodiline, B-00376
Dipivefrin, D-00518

$C_{19}H_{29}N_3O$
▷Pamaquine, P-00007

$C_{19}H_{29}N_3O_2$
Amindocate, A-00199

$C_{19}H_{29}N_5O_2$
Gepirone, G-00019
Loxtidine, L-00109

$C_{19}H_{29}O_5P$
Testosterone phosphate, *in* H-00111

$C_{19}H_{30}ClNO_2$
Chlorosyl, *in* C-00632

$C_{19}H_{30}NO_2$
Peimunine, P-00051

$C_{19}H_{30}NO_2^{\oplus}$
(4-Cyclopentyl-4-hydroxy-3-oxo-4-phenylbutyl)-ethyldimethylammonium(1+), C-00632

$C_{19}H_{30}N_2O_2$
Benrixate, B-00062
Bietamiverine, B-00160
▷Camiverine, C-00021

$C_{19}H_{30}N_2O_3$
▷Fenalamide, F-00033

$C_{19}H_{30}N_2O_5S$
Moveltipril, M-00457

$C_{19}H_{30}N_2O_6S$
Tisocromide, T-00324

$C_{19}H_{30}OS$
2,3-Epithioandrostan-17-ol, E-00086

$C_{19}H_{30}O_2$
Androst-5-en-3,16-diol, A-00382
Androst-5-ene-3,17-diol, A-00383
17-Hydroxy-3-androstanone, H-00109

$C_{19}H_{30}O_3$
▷Oxandrolone, O-00086

$C_{19}H_{30}O_4$
2,5-Dihydroxy-3-undecyl-1,4-benzoquinone; Di-Me ether, *in* D-00356

$C_{19}H_{30}O_5$
Idebenone, I-00017
▷Piperonyl butoxide, P-00293

$C_{19}H_{31}NO$
Bencyclane, B-00042

$C_{19}H_{31}NO_2$
3-Amino-2-hydroxyandrostan-17-one, A-00261

$C_{19}H_{31}NO_4$
▷4-(Decyloxy)-3,5-dimethoxybenzamide, D-00042

$C_{19}H_{31}N_7O_4$
▷Mopidamol, M-00433

$C_{19}H_{31}N_{11}O_8$
Tuberactinamine N, *in* T-00569

$C_{19}H_{32}BrNO$
Darstine, *in* M-00098

$C_{19}H_{32}BrNO_2$
▷Valethamate bromide, *in* V-00003

$C_{19}H_{32}NO^{\oplus}$
Mepiperphenidol(1+), M-00098

$C_{19}H_{32}NO_2^{\oplus}$
Valethamate(1+), V-00003

$C_{19}H_{32}N_2$
Tedisamil, T-00050

$C_{19}H_{32}N_2O_2$
▷Camylofin, *in* D-00234

$C_{19}H_{32}N_2O_4$
▷Betoxycaine, B-00145

$C_{19}H_{32}N_2O_5$
Perindopril, *in* P-00123

$C_{19}H_{33}N$
2-(2,2-Dicyclohexylvinyl)piperidine, D-00217

$C_{19}H_{33}N_3O$
Penticainide, P-00098

$C_{19}H_{34}O_2$
2-Cyclopentene-1-tridecanoic acid; Me ester, *in* C-00627
9,12-Octadecadienoic acid; Me ester, *in* O-00007

$C_{19}H_{34}O_3$
Methoprene, M-00189

$C_{19}H_{35}ClN_2O_5S$
Mirincamycin, M-00393

$C_{19}H_{35}N$
Perhexiline, P-00120

$C_{19}H_{35}NO_2$
Dicyclomine, D-00218

$C_{19}H_{36}BrNO_2$
Sintropium bromide, *in* S-00081

$C_{19}H_{36}NO_2^{\oplus}$
Sintropium(1+), S-00081

$C_{19}H_{36}O_2$
9-Octadecenoic acid; Me ester, *in* O-00010

$C_{19}H_{37}N_5O_7$
Antibiotic G367-S_2, *in* S-00082
▷Pentisomicin, P-00099
▷Sisomicin, S-00082

$C_{19}H_{38}N_4O_{10}$
▷Gentamicin *B*, G-00017

$C_{19}H_{38}O_3$
2-Hydroxyoctadecanoic acid; Me ester, *in* H-00184

$C_{19}H_{39}N_5O_7$
4″-Demethylgentamicin C_2, *in* G-00018
▷Gentamicin C_{1a}, *in* G-00018

$C_{19}H_{40}I_2N_2$
Mebezonium iodide, *in* M-00034

$C_{19}H_{40}N_2^{\oplus\oplus}$
Mebezonium(2+), M-00034

$C_{19}H_{41}NO_4$
Myralact, *in* H-00133

$C_{19}H_{42}BrN$
▷Cetrimonium bromide, *in* H-00044

$C_{19}H_{42}ClN$
▷Cetrimonium chloride, *in* H-00044

$C_{19}H_{42}N^{\oplus}$
Hexadecyltrimethylammonium(1+), H-00044

$C_{19}H_{42}N_2O_8S_2$
▷Trimethidinium methosulphate, *in* T-00499

$C_{20}H_4Cl_4I_4O_5$
4,5,6,7-Tetrachloro-3′,6′-dihydroxy-2′,4′,5′,7′-tetraiodospiro[isobenzofuran-1(3*H*),9′-[9*H*]-xanthene]-3-one, T-00105

$C_{20}H_8I_4Na_2O_4$
▷Iodophthalein sodium, *in* T-00142

$C_{20}H_8I_4O_5$
▷Erythrosine, E-00118

$C_{20}H_{10}Br_2HgO_6$
Merbromin, M-00113

$C_{20}H_{10}Br_4O_{10}S_2$
▷Sulfobromophthalein, S-00218

$C_{20}H_{10}I_4O_4$
Tetraiodophenolphthalein, T-00142

$C_{20}H_{11}Cl_2I_2NO_3$
Salantel, S-00006

$C_{20}H_{12}O_5$
▷Fluorescein, F-00180

$C_{20}H_{12}O_8$
Bis[4-hydroxy-2-oxo-2*H*-1-benzopyran-3-yl]acetic acid, B-00219

$C_{20}H_{13}ClF_3NO_3$
Floxacrine, F-00127

$C_{20}H_{13}NO_2$
5,14-Dihydrobenz[5,6]isoindolo[2,1-*b*]isoquinoline-8,13-dione, D-00279

$C_{20}H_{13}N_3O_3$
▷Violacein, V-00049

$C_{20}H_{14}ClNO_4$
Sanguinarine; Chloride, *in* S-00022

$C_{20}H_{14}I_6N_2O_6$
Iodipamide, I-00097

$C_{20}H_{14}NO_4^{\oplus}$
▷Sanguinarine, S-00022

$C_{20}H_{14}O_3$
Florantyrone, F-00121

$C_{20}H_{14}O_4$
▷1,3-Benzenediol; Dibenzoyl, *in* B-00073
1,4-Benzenediol; Dibenzoyl, *in* B-00074
▷Phenolphthalein, P-00162

$C_{20}H_{14}O_8$
▷Bikaverin, B-00165

$C_{20}H_{15}Cl_3N_2OS$
Sertaconazole, S-00051

$C_{20}H_{15}NO_3$
Oxyphenisatin, O-00160

$C_{20}H_{15}NO_4$
Bisoxatin, B-00234
Phenolphthalein; Oxime, *in* P-00162

$C_{20}H_{15}N_3O_3$
Violacein; 3,3′-Dihydro, *in* V-00049

$C_{20}H_{15}N_5O_5$
Cromitrile, C-00564

$C_{20}H_{16}N_2O_2$
Xanthocillin X dimethyl ether, *in* X-00005

$C_{20}H_{16}N_2O_3$
20-Deoxycamptothecin, *in* C-00024

$C_{20}H_{16}N_2O_4$
Camptothecin, C-00024

$C_{20}H_{16}N_2O_5$
▷10-Hydroxycamptothecin, *in* C-00024
11-Hydroxycamptothecin, *in* C-00024

$C_{20}H_{16}O_2$
4-Benzylphenol; Benzoyl, *in* B-00127

$C_{20}H_{16}O_6$
▷Triacetoxyanthracene, *in* D-00310

$C_{20}H_{16}O_7$
5,7-Dihydroxy-4′-methoxyisoflavone; 5,7-Di-Ac, *in* D-00330

$C_{20}H_{16}O_8$
8-Acetyl-7,8,9,10-tetrahydro-1,6,8,10,11-pentahydroxy-5,12-naphthacenedione, *in* C-00081

$C_{20}H_{17}ClFN_3O_4$
Ethyl carfluzepate, E-00179

$C_{20}H_{17}ClN_2O_3$
Ketazolam, K-00012

$C_{20}H_{17}Cl_3N_2O_2$
Omoconazole, O-00046

$C_{20}H_{17}FO_3S$
▷Sulindac, S-00225

$C_{20}H_{17}F_3N_2O_4$
▷Floctafenine, F-00119

$C_{20}H_{17}NO_6$
▷Bicuculline, B-00156

$C_{20}H_{18}BrClN_4S$
Ciclotizolam, C-00334

$C_{20}H_{18}BrN_3$
Trypadine, *in* D-00460

$C_{20}H_{18}ClNO_4$
▷Indomethacin; Me ester, *in* I-00065

$C_{20}H_{18}ClN_3$
Dimidium(1+); Chloride, *in* D-00460

$C_{20}H_{18}Cl_2N_2O_3$
Lorazepam pivalate, *in* D-00056

$C_{20}H_{18}INO_4$
Berberine; Iodide, *in* B-00135

$C_{20}H_{18}NO_4^{\oplus}$
▷Berberine, B-00135

$C_{20}H_{18}NO_8S$
▷Berberine; Sulfate, *in* B-00135

$C_{20}H_{18}N_2O_3$
Cinnofuradione, C-00373

$C_{20}H_{18}N_2O_7S_2$
▷Aranotin, A-00436

$C_{20}H_{18}N_2S$
Citatepine, C-00401

$C_{20}H_{18}N_3^{\oplus}$
Dimidium(1+), D-00460

$C_{20}H_{18}N_3O_4S$
Dimidium(1+); Sulphate, *in* D-00460

$C_{20}H_{18}N_4O_5S_2$
▷Cephalonium, C-00175

$C_{20}H_{18}N_8O_8S_3$
Ceftiolene, C-00157

$C_{20}H_{18}O_4$
Cyclocoumarol, C-00599

$C_{20}H_{18}O_8$
Di-*p*-toluoyl tartrate, *in* T-00028

$C_{20}H_{18}O_{11}$
Guiajaverin, *in* P-00082
Polystachoside, *in* P-00082

$C_{20}H_{19}ClN_2O_3$
Pivoxazepam, P-00367

$C_{20}H_{19}Cl_2NO_3$
Benzmalecene, B-00088

$C_{20}H_{19}Cl_3N_2O_2$
Zoficonazole, Z-00026

$C_{20}H_{19}NO_3$
▷Acronycine, A-00050
▷Oxazidione, O-00097

$C_{20}H_{19}NO_5$
▷Berberine; Hydroxide, *in* B-00135
Duometacin, D-00620

$C_{20}H_{19}NO_6$
Hydrastidine, *in* H-00095
Isohydrastidine, *in* H-00095

$C_{20}H_{19}N_5O$
Acodazole, A-00045

$C_{20}H_{20}CaClO_6$
Calcium clofibrate, *in* C-00456

$C_{20}H_{20}ClN$
3-(1-Chloro-5*H*-dibenzo[*a,d*]cyclohepten-5-ylidene)-*N,N*-dimethyl-1-propanamine, C-00228

$C_{20}H_{20}ClNO$
Benzaprinoxide, *in* C-00228

$C_{20}H_{20}ClN_3O$
▷Amopyroquine, A-00358

$C_{20}H_{20}ClN_3O_3$
Tepoxalin, T-00077

$C_{20}H_{20}ClN_5O_3S_2$
Suriclone, S-00278

$C_{20}H_{20}Cl_2MgO_6$
Magnesium clofibrate, *in* C-00456

$C_{20}H_{20}F_2N_4$
Liroldine, L-00056

$C_{20}H_{20}N_2$
Milverine, M-00379

$C_{20}H_{20}N_2O_2$
Befuraline, B-00028
▷4-(3-Methyl-2-butenyl)-1,2-diphenyl-3,5-pyrazolidinedione, M-00235

$C_{20}H_{20}N_2O_3$
Denpidazone, D-00075
Elliptinium acetate, *in* E-00028

$C_{20}H_{20}N_2O_4$
Leniquinsin, L-00023

$C_{20}H_{20}N_6O_7S_4$
Cefodizime, C-00134

$C_{20}H_{20}N_6O_9S$
Latamoxef, L-00012

$C_{20}H_{20}O_3$
Derricidin, *in* D-00347
Equilenin; Ac, *in* E-00098

$C_{20}H_{20}O_4$
Glabridin, G-00026
M&B 744, *in* S-00153

$C_{20}H_{21}AlCl_2O_7$
Aluminum clofibrate, *in* C-00456

$C_{20}H_{21}ClN_2O_2$
Dinazafone, D-00465

$C_{20}H_{21}ClN_2O_4$
Fipexide, F-00107

$C_{20}H_{21}ClO_4$
▷Fenofibrate, *in* F-00062

$C_{20}H_{21}Cl_2NO_4$
Biclofibrate, B-00154
Lifibrate, L-00046

$C_{20}H_{21}FN_2O$
Citalopram, C-00400

$C_{20}H_{21}FN_8O_5$
Fluoromethotrexate, F-00187

$C_{20}H_{21}F_3N_2OS$
▷Fluacizine, F-00128

$C_{20}H_{21}F_3N_2O_3$
Flucetorex, F-00135

$C_{20}H_{21}N$
▷Cyclobenzaprine, C-00597
Octriptyline, O-00026

$C_{20}H_{21}NO$
Butinoline, B-00407
Cotriptyline, C-00554
Danitracen, D-00011

$C_{20}H_{21}NOS$
▷Tolciclate, T-00346

$C_{20}H_{21}NOS_2$
Tinofedrine, T-00295

$C_{20}H_{21}NO_2$
Moxaverine, M-00461

$C_{20}H_{21}NO_3$
▷Dimefline, D-00377
▷Mepixanox, M-00102

$C_{20}H_{21}NO_4$
▷Papaverine, P-00019

$C_{20}H_{21}NO_5$
Repirinast, R-00024

$C_{20}H_{21}NO_6$
2,3-Didemethylcolchicine, *in* C-00534

$C_{20}H_{21}N_3O$
Tris(4-aminophenyl)methanol; Me ether, *in* T-00532

$C_{20}H_{21}N_3O_3$
▷Moquizone, M-00436

$C_{20}H_{21}N_3O_7S$
Ampiroxicam, A-00370

$C_{20}H_{21}N_7O_6S_2$
Ceforanide, C-00137

$C_{20}H_{22}ClN$
Pyrrobutamine, P-00594

$C_{20}H_{22}ClN_3$
Dorastine, D-00583

$C_{20}H_{22}ClN_3O$
Amodiaquine, A-00353

$C_{20}H_{22}ClN_3O_4$
Peralopride, P-00112

$C_{20}H_{22}ClN_5O_2$
Azapride, A-00505

$C_{20}H_{22}Cl_2N_2O_4$
Dulozafone, D-00619

$C_{20}H_{22}F_3N_3O_3$
4-Methyl-*N*-[3-(4-morpholinyl)propyl]-6-(trifluoromethyl)-4*H*-furo[3,2-*b*]indole-2-carboxamide, M-00270

$C_{20}H_{22}N_2$
Azatadine, A-00512
Erizepine, E-00111

$C_{20}H_{22}N_2O_2$
Metoxepin, M-00338

$C_{20}H_{22}N_2O_4$
Ornithine; N^{α},N^{δ}-Dibenzoyl, Me ether, *in* O-00059

$C_{20}H_{22}N_2S$
▷Mequitazine, M-00109

$C_{20}H_{22}N_4O$
▷Difenamizole, D-00262

$C_{20}H_{22}N_4O_4$
Arginine; *N,N′*-Dibenzoyl, *in* A-00441

$C_{20}H_{22}N_4O_4S$
Cefrotil, C-00148

$C_{20}H_{22}N_4O_5$
Camostat, C-00022
$C_{20}H_{22}N_4O_6S$
▷Febantel, F-00021
$C_{20}H_{22}N_4O_6S_2$
Vanyldisulfamide, V-00010
$C_{20}H_{22}N_4O_{10}S$
Cefuroxime axetil, *in* C-00161
$C_{20}H_{22}N_8O_5$
▷Methotrexate, M-00192
$C_{20}H_{22}O_2$
Dienestrol; Di-Me ether, *in* D-00223
▷Norgestrienone, N-00219
$C_{20}H_{22}O_3$
▷Nafenopin, N-00014
$C_{20}H_{22}O_4$
1,4:3,6-Dianhydroglucitol; 2,5-Dibenzyl, *in* D-00144
$C_{20}H_{22}O_5$
Agrimonolide; Di-*O*-Me, *in* A-00084
$C_{20}H_{22}O_6$
1,3:2,4-Di-*O*-benzylidene-D-glucitol, *in* G-00054
2,3:4,5-Di-*O*-benzylidene-D-glucitol, *in* G-00054
Mannitol; 2,3:4,5-Di-*O*-benzylidene, *in* M-00018
$C_{20}H_{22}O_8S_2$
1,4:3,6-Dianhydroglucitol; 2,5-Ditosyl, *in* D-00144
$C_{20}H_{22}O_9$
Trichocarpin, *in* D-00316
$C_{20}H_{22}O_{10}$
Polydine, *in* P-00081
$C_{20}H_{23}BrClN_3O_2$
Broclepride, B-00274
$C_{20}H_{23}ClN_2O_3$
Indopanolol, I-00066
$C_{20}H_{23}ClN_4O_2$
Clonitazene, C-00478
$C_{20}H_{23}ClO_2$
▷Ethynerone, E-00226
$C_{20}H_{23}ClO_3$
Beclobrate, *in* B-00023
$C_{20}H_{23}Cl_2N_3O_2$
Peraclopone, P-00110
$C_{20}H_{23}N$
▷3-(10,11-Dihydro-5*H*-dibenzo[*a*,*d*]cyclohepten-5-ylidene)-*N*,*N*-dimethyl-1-propanamine, *in* N-00224
Litracen, L-00061
▷Maprotiline, M-00021
$C_{20}H_{23}NO$
▷Amitryptylinoxide, *in* N-00224
Nafenodone, N-00013
Oxaprotiline, O-00092
Quifenadine, Q-00006
$C_{20}H_{23}NO_2$
▷Amolanone, A-00355
Ciheptolane, C-00340
Dioxadrol, D-00472
α,α-Diphenyl-4-piperidinemethanol; *N*-Ac, *in* D-00506
$C_{20}H_{23}NO_2S$
Methixene; *S*,*S*-Dioxide, *in* M-00185
$C_{20}H_{23}NO_3$
Triclazate, T-00447
$C_{20}H_{23}NO_4$
▷Naltrexone, N-00034
▷Thebacon, T-00161
$C_{20}H_{23}NO_5$
▷Cyproquinate, C-00650
2-Demethyldemecolcine, *in* D-00062
3-Demethyldemecolcine, *in* D-00062
O,N-Diacetyl-N-demethylgalanthamine, *in* G-00002
$C_{20}H_{23}NO_6$
Bendacalol, B-00043
$C_{20}H_{23}NS$
▷Methixene, M-00185
$C_{20}H_{23}N_2OS^{\oplus}$
Propyromazine(1+), P-00520
$C_{20}H_{23}N_3$
Cianopramine, C-00320
Fezolamine, F-00100
Nitramidine, *in* N-00168
$C_{20}H_{23}N_3OS$
Sopitazine, S-00101
$C_{20}H_{23}N_3O_2$
Oxiperomide, O-00117
$C_{20}H_{23}N_3O_4$
Epanolol, E-00071
$C_{20}H_{23}N_5O$
Metrazifone, M-00341
$C_{20}H_{23}N_5O_2$
Trazolopride, T-00406
$C_{20}H_{23}N_5O_3$
1-[2-[2-(4-Pyridyl)-2-imidazoline-1-yl]ethyl]3-(4-carboxyphenyl)urea; Et ester; B,2HCl, *in* P-00584
$C_{20}H_{23}N_5O_6S$
Azlocillin, A-00529
$C_{20}H_{23}N_5S$
Timegadine, T-00282
$C_{20}H_{23}N_7O_6$
Chryscandin, C-00313
$C_{20}H_{24}BrNO_3$
Benzopyrronium bromide, *in* B-00095
$C_{20}H_{24}ClNO$
▷Cloperastine, C-00482
$C_{20}H_{24}ClNO_2$
▷Metofoline, M-00328
$C_{20}H_{24}ClN_3O_2$
Clebopride, C-00414
$C_{20}H_{24}ClN_3S$
▷Prochlorperazine, P-00450
$C_{20}H_{24}Cl_2N_{10}$
Picloxydine, P-00236
$C_{20}H_{24}FN_3O_2$
Flupranone, F-00205
$C_{20}H_{24}FN_3O_4S$
Flubepride, F-00134
$C_{20}H_{24}F_2O_2$
17α-Ethynyl-6,6-difluoro-17β-hydroxy-4-oestren-3-one, E-00229
$C_{20}H_{24}F_3N_3OS_2$
Flutizenol, F-00229
$C_{20}H_{24}N^{\oplus}$
Diphemanil (1+), D-00482
$C_{20}H_{24}NO_3^{\oplus}$
Benzopyrronium(1+), B-00095
Thebaine N-metho salt, *in* T-00162
$C_{20}H_{24}N_2$
▷Dimethindene, D-00391
Elantrine, E-00021
Enprazepine, E-00065
$C_{20}H_{24}N_2O$
Indecainide, I-00054
Ubisindine, U-00001

$C_{20}H_{24}N_2OS$
Botiacrine, B-00260
Cinanserin, C-00355
▷Lucanthone, L-00110
Propiomazine, P-00504

$C_{20}H_{24}N_2O_2$
11-Methoxyeburnamonine, *in* E-00003
Quinicine, Q-00026
▷Quinidine, Q-00027
▷Quinine, Q-00028

$C_{20}H_{24}N_2O_2S$
▷Hycanthone, H-00093

$C_{20}H_{24}N_2O_3$
Nofecainide, N-00197
Yohimbic acid, Y-00001

$C_{20}H_{24}N_2O_5$
Codoxime, C-00527
Diamphenethide, D-00141
Medroxalol, M-00058

$C_{20}H_{24}N_2O_6$
Nisoldipine, N-00159

$C_{20}H_{24}N_2S_2$
▷Metitepine, M-00324

$C_{20}H_{24}O_2$
Dimestrol, *in* D-00257
▷17α-Ethynyl-1,3,5(10)-oestratriene-3,17-diol, E-00231

$C_{20}H_{24}O_3$
Estrone acetate, *in* O-00031
Jatrophone, J-00002
Trenbolone acetate, *in* T-00410

$C_{20}H_{24}O_4$
2β-Hydroxy-5,6-isojatrophone, *in* J-00002
2α-Hydroxyjatrophone, *in* J-00002
Jatrophone; 2β-Hydroxy, *in* J-00002

$C_{20}H_{24}O_5$
8-Epihelanalin tiglate, *in* H-00024
▷Terbufibrol, T-00083

$C_{20}H_{24}O_6$
3,3′,4′,5,7-Pentamethoxyflavan, *in* P-00081
▷Triptolide, T-00530

$C_{20}H_{24}O_7$
Euparotin, E-00273
Eupatundin, E-00275

$C_{20}H_{24}O_8$
Eupatoroxin, E-00274

$C_{20}H_{25}BrN_4O$
Bromerguride, B-00288

$C_{20}H_{25}ClN_2O$
Spiclamine, S-00113

$C_{20}H_{25}ClN_2O_2$
▷Mefeclorazine, M-00061

$C_{20}H_{25}ClN_2O_5$
Amlodipine, A-00351

$C_{20}H_{25}ClN_4OS$
▷Cloxypendyl, C-00520

$C_{20}H_{25}ClO_3$
Amadinone, A-00161

$C_{20}H_{25}ClO_7$
Eupachlorin, E-00270

$C_{20}H_{25}ClO_8$
Eupachloroxin, E-00271

$C_{20}H_{25}Cl_3O_3$
Cloxestradiol, C-00518

$C_{20}H_{25}FN_4O$
▷Niaprazine, N-00083

$C_{20}H_{25}N$
Fenpiprane, F-00071
1-Isopropyl-4,4-diphenylpiperidine, I-00206

$C_{20}H_{25}NO$
▷6-Dimethylamino-4,4-diphenyl-3-hexanone, D-00407
▷2-(Diphenylmethyl)-1-piperidineethanol, D-00499
▷1,1-Diphenyl-3-(1-piperidinyl)-1-propanol, D-00511
Perastine, P-00114
Talopram, T-00014

$C_{20}H_{25}NOS$
Thiphenamil, T-00215

$C_{20}H_{25}NO_2$
▷Adiphenine, A-00072
▷Dienogest, D-00224
Estrazinol, E-00128
Femoxetine, F-00030
▷Fomocaine, F-00241
Ketorfanol, K-00018
Propanocaine, P-00490

$C_{20}H_{25}NO_3$
▷Benactyzine, B-00034
▷Difemerine, D-00261
Dimenoxadole, D-00380

$C_{20}H_{25}NO_5$
Poskine, P-00390

$C_{20}H_{25}NS$
Talsupram, T-00017

$C_{20}H_{25}N_3$
Isonitrarine, *in* N-00168
Nitrarine, N-00168

$C_{20}H_{25}N_3O$
▷Lysergide, L-00122
Octrizole, O-00027

$C_{20}H_{25}N_3O_2$
▷Methylergometrine, M-00254
Propisergide, P-00506

$C_{20}H_{25}N_3O_3$
Imoxiterol, I-00043

$C_{20}H_{25}N_3O_4$
Cinoxopazide, C-00379

$C_{20}H_{25}N_3S$
▷Perazine, P-00116

$C_{20}H_{25}N_5O_3S$
Donetidine, D-00577

$C_{20}H_{26}Br_2N_2O$
Adamexine, A-00065

$C_{20}H_{26}ClNO$
Clofenetamine, C-00452

$C_{20}H_{26}ClNO_3$
Adafenoxate, A-00061
▷Lachesine chloride, *in* L-00002

$C_{20}H_{26}ClNO_5$
Cloricromen, C-00497

$C_{20}H_{26}ClN_3O_2$
Piclopastine, P-00235

$C_{20}H_{26}I_3N_3O_{12}$
Iogulamide, I-00116

$C_{20}H_{26}NO_3$
▷Lachesine(1+), L-00002

$C_{20}H_{26}N_2$
▷Dimetacrine, D-00387
Mimbane, M-00380
▷Trimipramine, T-00516

$C_{20}H_{26}N_2O$
Anilopam, A-00391
Ibogaine, I-00004
Viqualine, V-00053

$C_{20}H_{26}N_2O_2$
▷Ajmaline, A-00088

Epsiprantel, E-00095
▷Hydroquinidine, *in* Q-00027
Hydroquinine, *in* Q-00028
Sandwicine, *in* A-00088
Veradoline, V-00017
Verilopam, V-00021

$C_{20}H_{26}N_2O_3$
Ajmalinol, *in* A-00088
Cilostamide, C-00346
Disoxaril, D-00538

$C_{20}H_{26}N_2O_4$
Ronactolol, R-00083

$C_{20}H_{26}N_2O_5S$
Alacepril, A-00090

$C_{20}H_{26}N_2O_5S_2$
Spiraprilat, S-00118

$C_{20}H_{26}N_2S$
Etymemazine, E-00266

$C_{20}H_{26}N_4O$
Lysuride, L-00124

$C_{20}H_{26}N_4OS$
Oxypendyl, O-00156

$C_{20}H_{26}N_4O_2$
Hexamidine, H-00058
Neraminol, N-00073

$C_{20}H_{26}N_4O_5S$
▷Glisolamide, G-00047
Niperotidine, N-00153

$C_{20}H_{26}O_2$
Benzestrol, B-00077
3,4-Bis(4-hydroxyphenyl)hexane; Di-Me ether, *in* B-00220
3,4-Bis(4-hydroxyphenyl)hexane; Di-Me ether, *in* B-00220
1-Methylandrosta-1,4-diene-3,17-dione, M-00223
▷Norethisterone, N-00212
▷Norethynodrel, N-00213
Promethoestrol, P-00479

$C_{20}H_{26}O_3$
17-Hydroxy-19-norpregna-4,6-diene-3,20-dione, H-00183
Taxodione, T-00035

$C_{20}H_{26}O_4$
11,14-Dihydroxy-7,9(11),13-abietatriene-6,12-dione, *in* T-00035

$C_{20}H_{26}O_5$
Helenalin; 11α,13-Dihydro, tigloyl, *in* H-00024
Helenalin; 11α,13-Dihydro, senecioyl, *in* H-00024
8-Hydroxy-1(10),4,11(13)-germacratrien-12,6-olide; 8-(2-Hydroxymethyl-2*E*-butenoyl), *in* H-00134
8-Hydroxy-1(10),4,11(13)-germacratrien-12,6-olide; 4α,5β-Epoxide, 8-tiglyl, *in* H-00134

$C_{20}H_{26}O_6$
Helenalin; 11α,13-Dihydro, [2-(1-hydroxyethyl)-acryloyl], *in* H-00024

$C_{20}H_{27}BrN_2O$
▷Ambutonium bromide, *in* A-00175

$C_{20}H_{27}BrN_2O_2S$
▷Dotefonium bromide, *in* D-00587

$C_{20}H_{27}ClO_3$
17-(Acetyloxy)-4-chloroestr-4-en-3-one, *in* C-00242

$C_{20}H_{27}Cl_2N_3O_9$
Chloramphenicol pantothenate, *in* C-00195

$C_{20}H_{27}FN_2O_3$
Cicarperone, C-00324

$C_{20}H_{27}IN_2O$
Ambutonium iodide, *in* A-00175

$C_{20}H_{27}N$
N-Ethyl-3,3′-diphenyldipropylamine, E-00184
Terodiline, *in* D-00489

$C_{20}H_{27}NO$
Treptilamine, T-00414

$C_{20}H_{27}NO_2$
Fenalcomine, F-00034
▷Oxilorphan, O-00114
Vetrabutine, V-00027

$C_{20}H_{27}NO_3$
Norsongorine, *in* S-00100
▷Trilostane, T-00489

$C_{20}H_{27}NO_4$
Bevantolol, B-00146
14-Hydroxyhetisine, H-00136
Prampine, *in* T-00554

$C_{20}H_{27}NO_4S$
Sulfinalol, S-00214

$C_{20}H_{27}NO_5$
Buquinolate, B-00373
▷Chromonar, C-00312

$C_{20}H_{27}N_2O^{\oplus}$
▷Ambutonium(1+), A-00175

$C_{20}H_{27}N_2O_2S^{\oplus}$
Dotefonium(1+), D-00587

$C_{20}H_{27}N_3O_5$
Cilazaprilat, C-00343

$C_{20}H_{27}N_3O_6$
▷Febarbamate, F-00022
Imidapril, I-00029

$C_{20}H_{27}N_3O_8$
SKF 9976, *in* O-00130

$C_{20}H_{27}N_5O_2$
Cilostazol, C-00347

$C_{20}H_{27}N_5O_3$
▷Bamifylline, B-00011

$C_{20}H_{27}N_5O_5S$
▷Glisoxepide, G-00048

$C_{20}H_{28}BrN$
▷Emepronium bromide, *in* E-00035

$C_{20}H_{28}BrNO_3$
Ulcyn, *in* E-00047

$C_{20}H_{28}Cl_4N_2O_4$
Teclozan, T-00048

$C_{20}H_{28}INO$
Emetonium iodide, *in* E-00037

$C_{20}H_{28}I_3N_3O_9$
Iopentol, I-00126

$C_{20}H_{28}I_3N_3O_{13}$
▷Ioglucomide, I-00113

$C_{20}H_{28}N^{\oplus}$
Emepronium(1+), E-00035

$C_{20}H_{28}NO^{\oplus}$
Emetonium(1+), E-00037

$C_{20}H_{28}NO_3^{\oplus}$
Endobenzyline(1+), E-00047

$C_{20}H_{28}N_2O$
Pytamine, P-00601

$C_{20}H_{28}N_2O_3$
Oxyphencyclimine, O-00159

$C_{20}H_{28}N_2O_5$
Enalapril, *in* E-00043

$C_{20}H_{28}N_2O_6$
Cinepazet, *in* C-00362

$C_{20}H_{28}N_4O$
Terguride, T-00090

$C_{20}H_{28}N_4O_6$
Piroglíride tartrate, *in* P-00345

$C_{20}H_{28}N_4O_8S_2$
Stilbamidine isetionate, *in* S-00153

$C_{20}H_{28}O$
▷Cingestol, C-00367
▷Lynoestrenol, L-00121
1-Methylandrosta-4,16-dien-3-one, M-00224
Tigestol, T-00269
Vitamin A_2, *in* V-00058

$C_{20}H_{28}O_2$
▷Ethynodiol, E-00227
11-Hydroxy-17,17-dimethyl-18-norandrosta-4,13-dien-3-one, H-00124
▷Methandienone, M-00167
Norgesterone, N-00215
▷Norvinisterone, N-00225
2-Oxoferruginol, *in* F-00095
Retinoic acid, R-00033

$C_{20}H_{28}O_3$
4,17-Dihydroxy-17-methyl-1,4-androstadien-3-one, D-00331
Gestronol, G-00023
17-Hydroxy-4-oestren-3-one; Ac, *in* H-00185
Taxodone, T-00036

$C_{20}H_{28}O_3S$
Sodium dibunate, *in* D-00173

$C_{20}H_{28}O_6$
Eriolangin, E-00108

$C_{20}H_{28}O_6S$
Tiaprost, T-00244

$C_{20}H_{29}ClO_4$
Arildone, A-00444

$C_{20}H_{29}FO_3$
▷Fluoxymesterone, F-00195

$C_{20}H_{29}NO$
Gemazocine, G-00014
Ibazocine, I-00003

$C_{20}H_{29}NO_2$
Bremazocine, B-00268

$C_{20}H_{29}NO_3$
Ipragratine, I-00153
Propenzolate, P-00497

$C_{20}H_{29}NO_4$
Fedrilate, F-00027

$C_{20}H_{29}NO_6S$
Sultroponium, S-00265

$C_{20}H_{29}N_3$
Atiprosine, A-00470

$C_{20}H_{29}N_3O_2$
▷Cinchocaine, C-00357

$C_{20}H_{29}N_3O_4S$
Tinisulpride, T-00294

$C_{20}H_{29}N_5O_3$
▷Buquineran, B-00372
▷Urapidil, U-00010

$C_{20}H_{29}N_5O_4$
Dramedilol, D-00599

$C_{20}H_{29}N_5O_6$
Trimazosin, T-00490

$C_{20}H_{30}BrNO_2$
Cyclopyrronium bromide, *in* C-00637

$C_{20}H_{30}BrNO_3$
Hexopyrronium bromide, *in* H-00069
Ipratropium bromide, *in* I-00155

$C_{20}H_{30}NO_2^{\oplus}$
Cyclopyrronium(1+), C-00637

$C_{20}H_{30}NO_3^{\oplus}$
Hexopyrronium(1+), H-00069
Ipratropium(1+), I-00155

$C_{20}H_{30}N_2O_2$
Dipiproverine, D-00517
▷Furazabol, F-00283

$C_{20}H_{30}N_2O_3$
Morpheridine, M-00447

$C_{20}H_{30}O$
Ferruginol, F-00095
▷Vitamin A_1, V-00058

$C_{20}H_{30}O_2$
16-Hydroxyferruginol, *in* F-00095
▷17β-Hydroxy-17α-methyl-4-androsten-3-one, H-00154
Methenolone, M-00178
Metogest, M-00329
▷Mibolerone, M-00361
▷Norethandrolone, N-00211
Oxendolone, O-00102
Oxogestone, O-00129
Stenbolone, S-00144
3,7,11,15-Tetramethyl-2,4,6,10,14-hexadecapentaenoic acid, T-00147

$C_{20}H_{30}O_3$
Oxymesterone, O-00152
Steviol, S-00147

$C_{20}H_{30}O_4$
2,5-Dihydroxy-3-undecyl-1,4-benzoquinone; 2-Ac, 5-Me ether, *in* D-00356
15-Hydroxy-9-oxo-5,10,13-prostatrien-1-oic acid, H-00187

$C_{20}H_{30}O_4S$
6,9-Epithio-11,15-dihydroxy-5,13-prostadienoic acid, E-00087

$C_{20}H_{30}O_5$
11,15-Dihydroxy-9-oxo-5-prosten-13-ynoic acid, D-00343

$C_{20}H_{30}O_6$
Anguidol; 4,15-Di-Ac, 8α-(3-methylbutyryloxy), *in* A-00386

$C_{20}H_{31}NO$
Benzhexol, B-00081

$C_{20}H_{31}NO_2$
▷Drofenine, D-00606
▷Metcaraphen, M-00158

$C_{20}H_{31}NO_2S$
Cetiedil, C-00183

$C_{20}H_{31}NO_3$
Carbetapentane, C-00046

$C_{20}H_{31}N_3O_6S$
Bacmecillinam, B-00004

$C_{20}H_{31}N_5O_3S$
Sufotidine, S-00179

$C_{20}H_{32}ClNO$
▷Tricyclamol chloride, *in* P-00455

$C_{20}H_{32}N_2O_3$
Ethyl 4-(2-methoxyphenyl)-1-piperazineheptanoate, E-00201

$C_{20}H_{32}N_4O_7$
Cytosamine; 4*N*-Benzoyl, *in* C-00666

$C_{20}H_{32}N_6O_6$
▷Bimolane, B-00166

$C_{20}H_{32}O$
Bolenol, B-00249
▷Ethyloestrenol, E-00213

$C_{20}H_{32}O_2$
▷17-Hydroxy-2-methylandrostan-3-one, H-00153
8,11,14,18-Icosatetraenoic acid, I-00012
▷Mestanolone, M-00136
Mesterolone, M-00137
▷17-Methylandrost-5-ene-3,17-diol, M-00225

$C_{20}H_{32}O_3S_2$
9,11-Epidithio-15-hydroxy-5,13-prostadienoic acid, E-00079

$C_{20}H_{32}O_5$
9,15-Dihydroxy-11-oxo-5,13-prostadienoic acid, D-00338
11,15-Dihydroxy-9-oxo-5,13-prostadienoic acid, D-00339
9,11-Epidioxy-15-hydroxy-5,13-prostadienoic acid, E-00077
Prostacyclin, P-00528

$C_{20}H_{32}O_6$
9,11-Epidioxy-15-hydroperoxy-5,13-prostadienoic acid, E-00076
8,13-Epoxy-1,6,7,9-tetrahydroxy-14-labden-11-one, E-00090

$C_{20}H_{33}NO_2$
3-Amino-2-hydroxyandrostan-17-one; *N*-Me, *in* A-00261

$C_{20}H_{33}NO_3$
▷Ganglefene, G-00010
▷Oxeladin, O-00101

$C_{20}H_{33}NO_4S$
Tilsuprost, T-00279

$C_{20}H_{33}NO_6S$
1,1-Dimethyl-4-[(3-methyl-1-oxo-2-phenylpentyl)oxy]-piperidinium sulfate, *in* P-00091

$C_{20}H_{33}N_2O^{\oplus}$
▷Hexocyclium(1+), H-00067

$C_{20}H_{33}N_3O_3$
▷Talinolol, T-00008

$C_{20}H_{33}N_3O_4$
Celiprolol, C-00163

$C_{20}H_{33}N_5O_{11}$
Antibiotic FK 156, A-00406

$C_{20}H_{34}AuO_9PS$
Auranofin, A-00475

$C_{20}H_{34}N_4O_{12}$
Temurtide, T-00065

$C_{20}H_{34}O_2$
1,1′-Bisisomenthone, B-00224
Plaunotol, P-00373

$C_{20}H_{34}O_3$
3-Deoxyaphidicolin, *in* A-00422

$C_{20}H_{34}O_4$
▷Aphidicolin, A-00422

$C_{20}H_{34}O_5$
9,11-Dihydroxy-15-oxo-5-prostenoic acid, D-00340
11,15-Dihydroxy-9-oxo-13-prostenoic acid, D-00341
11,16-Dihydroxy-9-oxo-13-prostenoic acid, D-00342
9,11-Epidioxy-15-hydroxy-13-prosten-1-oic acid, E-00078
6,9-Epoxy-11,15-dihydroxy-13-prostenoic acid, E-00089
9,11,15-Trihydroxyprosta-5,13-dienoic acid, T-00483

$C_{20}H_{34}O_6$
9,11,15,19-Tetrahydroxy-5,13-prostadienoic acid, T-00139

$C_{20}H_{34}O_6S$
Entsufon, E-00069

$C_{20}H_{35}NOS$
Suloctidil, S-00231

$C_{20}H_{35}NO_2$
Dihexyverine, D-00276
Dopropidil, D-00582

$C_{20}H_{35}NO_2S$
Tipropidil, T-00317

$C_{20}H_{36}N_6O$
Lauroguadine, L-00016

$C_{20}H_{36}O_2$
Antileprol, *in* C-00627
9,12-Octadecadienoic acid; Et ester, *in* O-00007

$C_{20}H_{36}O_5$
9,11,15-Trihydroxyprost-13-enoic acid, T-00484

$C_{20}H_{36}O_7$
Norcaperatic acid, *in* C-00029

$C_{20}H_{37}NO_3$
Rociverine, R-00071

$C_{20}H_{37}N_3O_{13}$
▷Destomycin *A*, *in* D-00103

$C_{20}H_{37}N_7O_{12}$
N-Demethylstreptomycin, *in* S-00161

$C_{20}H_{38}BrNO_2$
▷Dipenine bromide, *in* D-00480

$C_{20}H_{38}I_2O_2$
Iodetryl, *in* D-00361

$C_{20}H_{38}NO_2^{\oplus}$
Dipenine(1+), D-00480

$C_{20}H_{38}N_2O_6S$
4′-Depropyl-4′-pentyllincomycin, *in* L-00051

$C_{20}H_{38}N_8S_2$
▷Bitipazone, B-00240

$C_{20}H_{38}O_2$
9-Octadecenoic acid; Et ester, *in* O-00010

$C_{20}H_{38}O_7S$
Bis(2-ethylhexyl)sulfosuccinic acid, B-00210

$C_{20}H_{39}N_5O_7$
▷Antibiotic G 52, *in* S-00082
Etisomicin, E-00242

$C_{20}H_{39}N_5O_{11}$
Antibiotic NK 1013-2, *in* K-00005

$C_{20}H_{40}N_2O_{12}$
Hexamethonium tartrate *in* H-00055

$C_{20}H_{40}O_3$
2-Hydroxyoctadecanoic acid; Et ester, *in* H-00184

$C_{20}H_{41}NO$
Octadecylamine; *N*-Ac, *in* O-00012

$C_{20}H_{41}N_5O_6$
5-Deoxygentamicin C_{2b}, *in* G-00018

$C_{20}H_{41}N_5O_7$
4″-Demethylgentamicin C_1, *in* G-00018
▷Gentamicin C_2, *in* G-00018
▷Gentamicin C_{2b}, *in* G-00018

$C_{20}H_{41}N_5O_8$
2-Hydroxysagamicin, *in* G-00018

$C_{20}H_{43}N$
▷*N*,*N*-Dimethyl-1-octadecanamine, *in* O-00012

$C_{20}H_{44}BrN$
▷Cetylcide, *in* E-00182

$C_{20}H_{44}N^{\oplus}$
N-Ethyl-*N*,*N*-dimethyl-1-hexadecanaminium, E-00182

$C_{21}H_{13}F_3N_2O_4$
▷Talniflumate, T-00013

$C_{21}H_{14}N_2O_4$
Sanguinarine; Pseudocyanide, *in* S-00022

$C_{21}H_{14}O_5$
Fluorescein; Me ether, *in* F-00180
Fluorescein; Me ester, *in* F-00180

$C_{21}H_{14}O_8$
Bis[4-hydroxy-2-oxo-2*H*-1-benzopyran-3-yl]acetic acid; Me ester, *in* B-00219

$C_{21}H_{16}N_2$
Paranyline, P-00026

$C_{21}H_{16}N_4O_8S_2$
Nitrocefin, N-00173

$C_{21}H_{16}O_3$
Benzoin; Benzoyl, *in* B-00093

$C_{21}H_{16}O_4$
2-Hydroxybenzyl alcohol, Dibenzoyl, *in* H-00116
Phenolphthalein; Mono-Me ether, *in* P-00162
Phenolphthalein; Me ester (open-chain form), *in* P-00162

$C_{21}H_{16}O_7$
Cumetharol, C-00573
$C_{21}H_{17}ClN_2O$
2-Amino-5-chlorobenzoxazole; 2(*N*),3-Dibenzyl, *in* A-00225
$C_{21}H_{17}NO_9S_2$
Sulisatin, S-00226
$C_{21}H_{18}ClNO_6$
▷Acemetacin, A-00013
$C_{21}H_{18}ClN_3O_7S$
Cephoxazole, C-00179
$C_{21}H_{18}F_3N_3O_3$
Temafloxacin, T-00058
$C_{21}H_{18}N_2O_5$
9-Methoxycamptothecin, *in* C-00024
10-Methoxycamptothecin, *in* C-00024
$C_{21}H_{18}O_3$
3,4-Dibenzyloxybenzaldehyde, *in* D-00311
$C_{21}H_{18}O_5$
Warfarin; Ac, *in* W-00001
$C_{21}H_{18}O_8$
▷8-Acetyl-7,8,9,10-tetrahydro-6,8,10,11-tetrahydroxy-1-methoxy-5,12-naphthacenedione, *in* D-00019
$C_{21}H_{18}O_9$
8-(Hydroxyacetyl)-7,8,9,10-tetrahydro-6,8,10,11-tetrahydroxy-1-methoxy-5,12-naphthacenedione, *in* A-00080
Steffimycinone, *in* S-00143
$C_{21}H_{18}O_{10}$
Coumestrin, *in* C-00558
$C_{21}H_{18}O_{11}$
4,5-Dihydroxyanthraquinone-2-carboxylic acid; 8-*O*-β-D-Glucoside, *in* D-00309
4,5-Dihydroxyanthraquinone-2-carboxylic acid; 4-*O*-β-D-Glucopyranoside, *in* D-00309
$C_{21}H_{18}O_{13}$
3,3′,4′,5,7-Pentahydroxyflavone; 3-Glucuronide, *in* P-00082
$C_{21}H_{19}F_2N_3O_3$
Difloxacin, D-00268
$C_{21}H_{19}I_4NO_6$
Thyroxine; Et ester, *N*-di-Ac, *in* T-00233
$C_{21}H_{19}N$
Intriptyline, I-00088
$C_{21}H_{19}NO$
Cyprolidol, C-00649
$C_{21}H_{19}NO_2$
5-[2-(Dimethylamino)ethoxy]-7*H*-benzo[*c*]fluoren-7-one, D-00409
$C_{21}H_{19}NO_3S$
3-[(4-Aminophenyl)sulfonyl]-1,3-diphenyl-1-propanone, A-00311
$C_{21}H_{19}NO_4$
▷Cinmetacin, C-00369
Oxarbazole, O-00093
$C_{21}H_{19}N_3O_3S$
▷Amsacrine, A-00373
$C_{21}H_{20}BrN_3$
▷Homidium bromide, *in* D-00132
$C_{21}H_{20}ClNO_4$
Fagaronine; Chloride, *in* F-00009
$C_{21}H_{20}ClNS$
Nuclotixene, N-00231
$C_{21}H_{20}Cl_2N_6O_3$
Rilmazafone, R-00051
$C_{21}H_{20}Cl_2O_3$
▷Permethrin, P-00128
$C_{21}H_{20}NO_4^{\oplus}$
Fagaronine, F-00009
$C_{21}H_{20}N_2O$
Tomoxiprole, T-00378
$C_{21}H_{20}N_2O_4S$
▷Diphenicillin, D-00485
$C_{21}H_{20}N_3^{\oplus}$
▷3,8-Diamino-5-ethyl-6-phenylphenanthridinium(1+), D-00132
$C_{21}H_{20}N_4O^{\oplus\oplus}$
Quinuronium(2+), Q-00037
$C_{21}H_{20}N_6O$
▷*N*,*N*′-Bis(4-amino-2-methyl-6-quinolinyl)urea, B-00190
$C_{21}H_{20}O_6$
6,10-Dideoxy-13-dihydrodaunomycinone, *in* D-00019
$C_{21}H_{20}O_{11}$
▷Quercitrin, *in* P-00082
$C_{21}H_{20}O_{12}$
Coptiside II, *in* P-00082
Quercimeritrin, *in* P-00082
Saxifragin, *in* P-00082
$C_{21}H_{21}ClFN_3O_2$
Alozafone, A-00145
$C_{21}H_{21}ClN_2O_2$
Iclazepam, I-00011
$C_{21}H_{21}ClN_2O_3$
Clodoxopone, C-00449
$C_{21}H_{21}ClN_2O_8$
▷6-Demethyl-7-chlorotetracycline, D-00064
$C_{21}H_{21}ClN_4O_3$
Nizofenone, N-00193
$C_{21}H_{21}ClO_3$
Clocoumarol, C-00445
$C_{21}H_{21}FN_2O_3$
▷Fludoxopone, F-00146
$C_{21}H_{21}N$
▷Cyproheptadine, C-00648
Naftifine, N-00024
$C_{21}H_{21}NO_2$
Oxetorone, O-00107
$C_{21}H_{21}NO_4$
Apomorphine; Di-Ac, *in* A-00425
Zindoxifene, Z-00020
$C_{21}H_{21}NO_6$
▷Hydrastine, H-00095
$C_{21}H_{21}NO_7$
Narcotoline, *in* N-00052
$C_{21}H_{21}N_2S_2^{\oplus}$
3-Ethyl-2-[3-(3-ethyl-2-benzothiazolinylidene)propenyl]-benzothiazolium(1+), E-00187
$C_{21}H_{21}N_3O_2$
Darenzepine, D-00015
$C_{21}H_{21}N_3O_3$
Dizatrifone, D-00559
$C_{21}H_{21}N_3O_6S$
Fumoxicillin, F-00275
$C_{21}H_{21}N_3O_9$
Nitrocycline, N-00175
$C_{21}H_{21}N_3S$
Tiomergine, T-00300
$C_{21}H_{22}ClFN_4O_2$
Halopemide, H-00012
$C_{21}H_{22}ClN_3O_3$
Axamozide, A-00489
$C_{21}H_{22}F_3N_3OS$
Ftormetazine, F-00270

$C_{21}H_{22}N_2O_2$
Apo-14,15-dehydrovincamine, *in* A-00426
▷Bufezolac, *in* D-00515
▷Strychnine, S-00167
$C_{21}H_{22}N_2O_3$
▷12-Hydroxystrychnine, *in* S-00167
15-Hydroxystrychnine *in* S-00167
▷Strychnine N-oxide, *in* S-00167
$C_{21}H_{22}N_2O_4$
12-Hydroxystrychnine N^b-oxide, *in* S-00167
$C_{21}H_{22}N_2O_5S$
Nafcillin, N-00012
$C_{21}H_{22}N_2O_7$
6-Demethyl-6-deoxytetracycline, D-00065
$C_{21}H_{22}N_2O_8$
6-Demethyltetracycline, D-00066
$C_{21}H_{22}N_6O_5$
Methasquin, M-00174
$C_{21}H_{22}O_4$
2′-O-Methylglabridin, *in* G-00026
$C_{21}H_{22}O_6$
Wortmannin; 11-Deacetoxy, *in* W-00003
$C_{21}H_{22}O_9$
▷Barbaloin, B-00013
$C_{21}H_{23}BrFNO_2$
Bromperidol, B-00324
$C_{21}H_{23}ClFNO_2$
▷Haloperidol, H-00015
$C_{21}H_{23}ClFN_3O$
▷Flurazepam, F-00217
$C_{21}H_{23}ClFN_3OS$
Cloflumide, C-00459
$C_{21}H_{23}ClN_3O$
Alpidem, A-00148
$C_{21}H_{23}ClN_4O_2$
Cloperidone, C-00483
$C_{21}H_{23}N$
Taclamine, T-00002
$C_{21}H_{23}NO$
1,1-Diphenyl-4-piperidino-2-butyn-1-ol, D-00508
Phenoperidone, P-00166
$C_{21}H_{23}NO_2$
▷Flavamine, F-00109
$C_{21}H_{23}NO_3$
Pargeverine, P-00035
Proroxan, P-00525
$C_{21}H_{23}NO_4$
Flavodilol, F-00110
$C_{21}H_{23}NO_5$
▷Heroin, H-00034
$C_{21}H_{23}NO_5S$
Sudexanox, S-00175
$C_{21}H_{23}N_3OS$
▷Pericyazine, P-00121
$C_{21}H_{23}N_3O_7$
Amicycline, A-00189
$C_{21}H_{23}N_3O_7S$
Lenampicillin, L-00022
$C_{21}H_{24}BrN_5O$
Temelastine, T-00060
$C_{21}H_{24}ClNO$
Clobenztropine, C-00436
$C_{21}H_{24}ClNO_2$
Quillifoline, Q-00007
$C_{21}H_{24}ClNO_4S_2$
Thenium closylate, *in* T-00164
$C_{21}H_{24}ClNO_5$
▷Morclofone, M-00440
$C_{21}H_{24}ClN_3OS$
▷Pipamazine, P-00273
$C_{21}H_{24}ClN_3O_3$
Fominoben, F-00240
$C_{21}H_{24}FN_3O_2S$
Setoperone, S-00058
$C_{21}H_{24}FN_5O_3$
Flufylline, F-00149
$C_{21}H_{24}F_3N$
Fluotracen, F-00192
$C_{21}H_{24}F_3N_3S$
▷Trifluoperazine, T-00463
$C_{21}H_{24}INO_4$
Takatonine; Iodide, *in* T-00004
$C_{21}H_{24}I_3NO_4$
Thyromedan, T-00230
$C_{21}H_{24}NO_4^{\oplus}$
Takatonine, T-00004
$C_{21}H_{24}N_2$
Quinupramine, Q-00036
Trazitiline, T-00403
$C_{21}H_{24}N_2O$
Ciprafamide, C-00385
$C_{21}H_{24}N_2O_2$
Apovincamine, A-00426
$C_{21}H_{24}N_2O_3$
Ajmalicine, A-00087
Hydroxindasate, *in* H-00105
3-Isoajmalicine, *in* A-00087
$C_{21}H_{24}N_2O_4$
Cyclarbamate, C-00587
Ornithine; N^{α},N^{δ}-Dibenzoyl, Et ester, *in* O-00059
$C_{21}H_{24}N_2O_6$
Ornithine; N^{α},N^{δ}-Bis(benzyloxycarbonyl), *in* O-00059
$C_{21}H_{24}N_4O_2$
Pelanserin, P-00052
$C_{21}H_{24}N_4O_3$
3-[2-[4-(2-Methoxyphenyl)-1-piperazinyl]ethyl -2,4(1*H*,3*H*)-quinazolinedione, M-00213
$C_{21}H_{24}N_4O_3S$
Vintiamol, V-00044
$C_{21}H_{24}N_4O_5$
Cyanocycline *F*, *in* C-00583
$C_{21}H_{24}N_4O_7S$
Acefurtiamine, A-00010
$C_{21}H_{24}N_8O_5$
Aminopterin; 4-*N*-Di-Me, *in* A-00324
$C_{21}H_{24}O_2$
▷Gestrinone, G-00022
$C_{21}H_{24}O_7$
▷Visnadine, V-00057
$C_{21}H_{25}BrF_2O_5$
Halopredone, H-00016
$C_{21}H_{25}BrN_2O_3$
Brovincamine, B-00331
$C_{21}H_{25}ClN_2O_3$
Cetirizine, C-00184
$C_{21}H_{25}ClN_2O_4S$
Tianeptine, T-00240

$C_{21}H_{25}ClO_2$
6-Chloro-1,4,6-pregnatriene-3,20-dione, C-00276

$C_{21}H_{25}ClO_3$
Delmadinone, D-00054

$C_{21}H_{25}ClO_5$
6-Chloro-17,21-dihydroxypregna-1,4-diene-3,11,20-trione, C-00232
Cloprednol, C-00489

$C_{21}H_{25}FN_2O_2$
▷Fluanisone, F-00130

$C_{21}H_{25}FN_6$
Arpromidine, A-00449

$C_{21}H_{25}IN_2S$
Mequitazium iodide, *in* M-00110

$C_{21}H_{25}N$
▷Melitracen, M-00081
Pyrophendane, P-00591
Terbinafine, T-00081

$C_{21}H_{25}NO$
▷Benztropine, B-00104
Hepzidine, H-00033

$C_{21}H_{25}NO_2$
Cinnamaverine, C-00370
Myfadol, M-00476
▷Piperidolate, P-00290

$C_{21}H_{25}NO_3$
α,α-Diphenyl-2-piperidinemethanol; *N*-Ethoxycarbonyl, *in* D-00504
Nalmefene, N-00030
Piperilate, P-00291

$C_{21}H_{25}NO_3S$
Tipentosin, T-00310

$C_{21}H_{25}NO_4$
Glaucine, G-00028
Nalmexone, N-00031

$C_{21}H_{25}NO_5$
▷Demecolcine, D-00062

$C_{21}H_{25}N_2S^{\oplus}$
Mequitazium(1+), M-00110

$C_{21}H_{25}N_3OS$
2,3-Dihydro-3-(4-methylpiperazinylmethyl)-2-phenyl-1,5-benzothiazepin-4(5*H*)one, D-00291

$C_{21}H_{25}N_3O_2S_2$
Quisultazine, Q-00039

$C_{21}H_{25}N_3O_3$
Bonnecor, B-00252

$C_{21}H_{25}N_3O_3S$
Pipazethate, P-00275

$C_{21}H_{25}N_5O_2$
Icotidine, I-00014
▷Niprofazone, N-00155

$C_{21}H_{25}N_5O_4$
Piroxantrone, P-00350

$C_{21}H_{25}N_5O_8S_2$
▷Mezlocillin, M-00358

$C_{21}H_{25}N_9O_4$
1-Nordistamycin *A*, *in* D-00539

$C_{21}H_{26}BrNO_2$
Hexadiphenium bromide, *in* H-00045

$C_{21}H_{26}BrNO_3$
▷Mepenzolate bromide, *in* M-00094
▷Methanthelinium bromide, *in* M-00169
Parapenzolate bromide, *in* P-00028
Poldine; Bromide, *in* P-00378

$C_{21}H_{26}ClNO$
Clemastine, C-00416

$C_{21}H_{26}ClN_3OS$
▷Perphenazine, P-00129

$C_{21}H_{26}ClN_3O_2$
6-Chloro-9-[[3-(diethylamino)-2-hydroxypropyl]amino]-2-methoxyacridine, C-00229

$C_{21}H_{26}Cl_2O$
Clofoctol, C-00461

$C_{21}H_{26}Cl_2O_2$
Biclotymol, B-00155

$C_{21}H_{26}Cl_2O_4$
Dichlorisone, D-00177

$C_{21}H_{26}F_2O_6$
▷Fluocinolone, F-00172

$C_{21}H_{26}F_3N_5$
Lorpiprazole, L-00099

$C_{21}H_{26}INO_3$
Etipirium iodide, *in* E-00238

$C_{21}H_{26}NO_2^{\oplus}$
Hexadiphenium(1+), H-00045

$C_{21}H_{26}NO_3^{\oplus}$
Etipirium(1+), E-00238
Mepenzolate(1+), M-00094
Methantheline(1+), M-00169
Parapenzolate(1+), P-00028
Poldine, P-00378

$C_{21}H_{26}N_2O$
▷Fenpipramide, F-00070
N-[1-Phenyl-3-(1-piperidinyl)propyl]benzamide, P-00198
Tolnapersine, T-00355

$C_{21}H_{26}N_2OS$
▷Oxyridazine, O-00164

$C_{21}H_{26}N_2OS_2$
▷Mesoridazine, M-00134

$C_{21}H_{26}N_2O_2$
Epicainide, E-00073
Quinethyline, *in* C-00574

$C_{21}H_{26}N_2O_2S_2$
▷Sulforidazine, S-00222

$C_{21}H_{26}N_2O_3$
Base TR-2, *in* V-00033
Dimethoxyeburnamonine, *in* E-00003
(−)-16-Epivincamine, *in* V-00033
Vincamine, V-00033
▷Yohimbine, Y-00002

$C_{21}H_{26}N_2O_4$
Ciladopa, C-00341

$C_{21}H_{26}N_2O_7$
Nimodipine, N-00149

$C_{21}H_{26}N_2S_2$
▷Thioridazine, T-00209

$C_{21}H_{26}O_2$
▷Altrenogest, A-00159
▷Cannabinol, C-00026
Gestodene, G-00021
▷Mestranol, M-00138

$C_{21}H_{26}O_3$
Acitretin, A-00041
Buparvaquone, B-00366
▷Moxestrol, M-00463
Octabenzone, O-00004

$C_{21}H_{26}O_4$
Strobilurin C, *in* M-00469

$C_{21}H_{26}O_5$
▷Prednisone, P-00413
11,17,21-Trihydroxy-1,4,7-pregnatriene-3,20-dione, T-00482

$C_{21}H_{26}O_{13}$
Neohydrangin, *in* H-00114

$C_{21}H_{27}ClN_2O_2$
▷Hydroxyzine, H-00222

$C_{21}H_{27}ClO_3$
▷Chlormadinone, C-00208
Cismadinone, C-00398

$C_{21}H_{27}FN_2O_2$
Anisopirol, A-00396

$C_{21}H_{27}FO_5$
Descinolone, D-00092
9-Fluoro-17,21-dihydroxy-4-pregnene-3,11,20-trione, F-00184
Fluprednisolone, F-00208
Isoflupredone, I-00188

$C_{21}H_{27}FO_6$
▷Triamcinolone, T-00419

$C_{21}H_{27}N$
▷Butriptyline, B-00424
▷1-*tert*-Butyl-4,4-diphenylpiperidine, *in* D-00503
1-(3,3-Diphenylpropyl)hexahydro-1*H*-azepine, D-00512
N-(1-Methylethyl)-4,4-diphenylcyclohexanamine, *in* D-00490
Prindamine, P-00438

$C_{21}H_{27}NO$
Benproperine, B-00061
▷Diphenidol, D-00486
1,1-Diphenyl-3-piperidino-1-butanol, D-00507
▷Isomethadone, I-00193
▷Methadone, M-00163

$C_{21}H_{27}NOS$
Tibalosin, T-00248

$C_{21}H_{27}NO_2$
▷Aprofene, A-00431
Dietifen, D-00259
Diphenylacetic acid; 3-(Diethylamino)propyl ester, *in* D-00488
Etafenone, E-00134
▷Ifenprodil, I-00020

$C_{21}H_{27}NO_3$
Benapryzine, B-00037
3-Hydroxy-3,3-diphenylpropanoic acid; 2-(Diethylamino)ethyl ester, *in* H-00126
Propafenone, P-00486

$C_{21}H_{27}NO_3S_2$
Mazaticol, M-00028

$C_{21}H_{27}NO_4$
Nalbuphine, N-00028
Protostephanine, P-00542

$C_{21}H_{27}N_3$
Rimcazole, R-00056

$C_{21}H_{27}N_3O_2$
2-[2-(Diethylamino)ethyl]-*N*,*N'*-diphenylpropanediamide, D-00236
▷Methysergide, M-00315

$C_{21}H_{27}N_3O_2S_2$
Sulfamothepin, S-00201

$C_{21}H_{27}N_3O_3$
Anidoxime, A-00388
Nicainoprol, N-00085

$C_{21}H_{27}N_3O_5$
Morocromen, M-00445

$C_{21}H_{27}N_3O_5S$
Sarpicillin, *in* H-00035

$C_{21}H_{27}N_3O_6S$
Sarmoxicillin, *in* O-00104

$C_{21}H_{27}N_3O_7S$
Bacampicillin, B-00001

$C_{21}H_{27}N_5O_2S$
Lupitidine, L-00113

$C_{21}H_{27}N_5O_4S$
Glipizide, G-00042

$C_{21}H_{27}N_5O_7S$
Aspoxicillin, A-00465

$C_{21}H_{27}N_5O_9S_2$
Cefpodoxime proxetil, *in* C-00145

$C_{21}H_{27}N_7O_6$
Ketotrexate, K-00021

$C_{21}H_{27}N_7O_{14}P_2$
▷Coenzyme I, C-00530

$C_{21}H_{27}Na_2O_8P$
▷Prednisolone sodium phosphate, *in* P-00412

$C_{21}H_{28}BrFO_2$
Haloprogesterone, H-00017

$C_{21}H_{28}BrNO_3$
Methylbenactyzium bromide, *in* M-00227

$C_{21}H_{28}BrNO_4$
Cimetropium bromide, *in* C-00351

$C_{21}H_{28}Cl_2N_2O_3$
Chloroxymorphamine, C-00291

$C_{21}H_{28}NO_3^{\oplus}$
Methylbenactyzium(1+), M-00227

$C_{21}H_{28}NO_4^{\oplus}$
Cimetropium(1+), C-00351

$C_{21}H_{28}N_2O$
Bifepramide, B-00162
▷Diampromide, D-00142

$C_{21}H_{28}N_2O_2$
▷Decloxizine, D-00040
▷6'-Ethoxy-10,11-dihydrocinchonan-9-ol, E-00163

$C_{21}H_{28}N_2O_4$
3,4-Diethoxy-*N*-[*p*-[2-(methylamino)ethoxy]benzyl]benzamide, D-00230

$C_{21}H_{28}N_2O_5$
Ramiprilat, R-00008
Trimethobenzamide, T-00500

$C_{21}H_{28}N_2O_5S$
Tienoxolol, T-00262

$C_{21}H_{28}N_2O_7$
Trigevolol, T-00471

$C_{21}H_{28}N_2O_8$
Deisovalerylblastmycin, *in* A-00415

$C_{21}H_{28}N_4O_3$
Lixazinone, L-00063

$C_{21}H_{28}O_2$
Demegestone, D-00063
▷Dydrogesterone, D-00624
▷Ethisterone, E-00156
Norgestrel, N-00218
Tibolone, T-00251

$C_{21}H_{28}O_3$
1,3-Dioxoferruginyl methyl ether, *in* F-00095
Estradiol monopropionate, *in* O-00028
Nomegestrol, N-00200
▷Pregn-4-ene-3,11,20-trione, P-00417

$C_{21}H_{28}O_4$
11,17-Dihydroxy-1,4-pregnadiene-3,20-dione, D-00348
▷Formebolone, F-00245
21-Hydroxy-4-pregnene-3,11,20-trione, H-00204

$C_{21}H_{28}O_5$
▷Aldosterone, A-00106
▷Cortisone, C-00549
▷Prednisolone, P-00412
Roxibolone, R-00098

$C_{21}H_{28}O_6$
Oxisopred, O-00119

$C_{21}H_{29}ClO_3$
6-Chloro-17-hydroxypregn-4-ene-3,20-dione, C-00248

Clogestone, C-00463
▷Clostebol acetate, *in* C-00506

$C_{21}H_{29}ClO_6S$
Luprostiol, L-00114

$C_{21}H_{29}Cl_3O_3$
17-(2,2,2-Trichloro-1-hydroxyethoxy)androst-4-en-3-one, *in* H-00111

$C_{21}H_{29}FN_2O_2$
Fluciprazine, F-00137

$C_{21}H_{29}FN_2O_3$
▷Fenaperone, F-00036

$C_{21}H_{29}FO_4$
Flugestone, F-00150

$C_{21}H_{29}FO_5$
▷Fludrocortisone, F-00147

$C_{21}H_{29}I_3N_4O_9$
Iosarcol, I-00133

$C_{21}H_{29}N$
Diisopromine, D-00366

$C_{21}H_{29}NO$
▷Biperiden, B-00175
Bufenadrine, B-00347
Isomethadol, I-00192
Methadol, M-00162

$C_{21}H_{29}NO_2$
Butorphanol, B-00417

$C_{21}H_{29}NS_2$
▷Captodiame, C-00033

$C_{21}H_{29}N_2O^{\oplus}$
Denatonium(1+), D-00070

$C_{21}H_{29}N_3O$
▷Disopyramide, D-00537

$C_{21}H_{29}N_5O_2$
Tandospirone, T-00026

$C_{21}H_{30}Cl_2N_2O_5$
Loxiglumide, L-00107

$C_{21}H_{30}FN_3O_2$
▷Pipamperone, P-00274

$C_{21}H_{30}I_3N_3O_9$
Iosimide, I-00136

$C_{21}H_{30}N_2O$
▷Bunaftine, B-00358
Hydroxystenozole, H-00212
Quinacainol, Q-00008

$C_{21}H_{30}N_2O_8S$
Docarpamine, D-00562

$C_{21}H_{30}N_4O_3S$
Glibutimine, G-00034

$C_{21}H_{30}N_4O_4$
Cinitapride, C-00368

$C_{21}H_{30}O_2$
Metynodiol, M-00346
▷Progesterone, P-00466
Δ^8-Tetrahydrocannabinol, T-00114
Δ^9-Tetrahydrocannabinol, T-00115

$C_{21}H_{30}O_3$
17-Hydroxy-4-androsten-3-one; Ac, *in* H-00111
▷17-Hydroxy-4-pregnene-3,20-dione, H-00202
▷21-Hydroxy-4-pregnene-3,20-dione, H-00203
Nandrolone propionate, *in* H-00185
Testosterone acetate, *in* H-00111
Trestolone acetate, *in* N-00221

$C_{21}H_{30}O_4$
Algestone, A-00114
▷Corticosterone, C-00546
17,21-Dihydroxy-4-pregnene-3,20-dione, D-00349
2,3,4-Trimethoxyestra-1,3,5(10)-trien-17β-ol, T-00503

$C_{21}H_{30}O_4S$
11,17-Dihydroxy-21-mercapto-4-pregnene-3,20-dione, D-00328

$C_{21}H_{30}O_5$
▷Cortisol, C-00548

$C_{21}H_{30}O_6$
2,5-Dihydroxy-3-undecyl-1,4-benzoquinone; Di-Ac, *in* D-00356

$C_{21}H_{30}O_8$
Onitoside, *in* O-00049

$C_{21}H_{31}ClN_2O$
▷Viminol, V-00030

$C_{21}H_{31}NO$
Cogazocine, C-00533

$C_{21}H_{31}NO_2$
▷Bornaprine, B-00255
Fronedipil, F-00265
Prolame, P-00471

$C_{21}H_{31}NO_3$
Spirendolol, S-00119

$C_{21}H_{31}NO_4$
Furethidine, F-00290

$C_{21}H_{31}N_3O_5$
Cinpropazide, C-00382
Lisinopril, L-00057

$C_{21}H_{31}N_5O_2$
▷Buspirone, B-00378

$C_{21}H_{31}O_8P$
▷Hydrocortisone phosphate, *in* C-00548

$C_{21}H_{32}BrN$
Fenclexonium(1+); Bromide, *in* F-00041
▷Laurylisoquinolinium bromide, *in* I-00210

$C_{21}H_{32}BrNO_3$
▷Oxypyrronium bromide, *in* O-00163

$C_{21}H_{32}ClN$
Fenclexonium(1+); Chloride, *in* F-00041

$C_{21}H_{32}N^{\oplus}$
Fenclexonium(1+), F-00041

$C_{21}H_{32}NO_3^{\oplus}$
Oxypyrronium(1+), O-00163

$C_{21}H_{32}N_2O$
Prodiame, P-00458
Stanozolol, S-00139

$C_{21}H_{32}N_2O_2$
Progesterone; Dioxime, *in* P-00466

$C_{21}H_{32}N_2O_5S$
▷Camphotamide, *in* D-00241

$C_{21}H_{32}N_4O_5$
Pirepolol, P-00322

$C_{21}H_{32}N_6O_3$
Alfentanil, A-00111

$C_{21}H_{32}O$
▷Allyloestrenol, A-00132

$C_{21}H_{32}O_2$
6-Hydroxy-3,5-cyclopregnan-20-one, H-00122
17β-Hydroxy-7,17-dimethyl-4-androsten-3-one, H-00123
3-Hydroxy-5-pregnen-20-one, H-00205
▷Norbolethone, N-00209

$C_{21}H_{32}O_3$
Androst-5-ene-3,17-diol; 3-Ac, *in* A-00383
Androst-5-ene-3,17-diol; 17-Ac, *in* A-00383
3-Hydroxy-11,20-pregnanedione, H-00200
21-Hydroxy-3,20-pregnanedione, H-00201
▷Oxymetholone, O-00154
▷Trichomycin *B*, *in* H-00200

$C_{21}H_{32}O_4$
▷3α,21-Dihydroxypregnane-11,20-dione, *in* H-00200

$C_{21}H_{32}O_5$
Penprostene, P-00074

$C_{21}H_{33}NO$
Ramciclane, R-00006

$C_{21}H_{33}N_3O_5S$
Pivmecillinam, P-00365

$C_{21}H_{34}BrNO_3$
▷Oxyphenonium bromide, *in* O-00161

$C_{21}H_{34}NO_3^{\oplus}$
Oxyphenonium(1+), O-00161

$C_{21}H_{34}O_5$
11,15-Dihydroxy-15-methyl-9-oxo-5,13-prostadienoic acid, D-00334

$C_{21}H_{34}O_6$
Dimoxaprost, D-00462

$C_{21}H_{35}NO$
Amorolfine, A-00359

$C_{21}H_{35}NO_5S$
Elorine sulfate, *in* P-00455

$C_{21}H_{35}N_3$
Bucainide, B-00334

$C_{21}H_{36}ClNO$
Tridihexethyl chloride, *in* T-00454

$C_{21}H_{36}ClO_5P$
[6-(2-Chloro-4-methoxyphenoxy)hexyl]phosphonic acid; Dibutyl ester, *in* C-00254

$C_{21}H_{36}INO$
▷Tridihexethyl iodide, *in* T-00454

$C_{21}H_{36}NO^{\oplus}$
Tridihexethyl(1+), T-00454

$C_{21}H_{36}NO_5$
Sinostemonine, S-00080

$C_{21}H_{36}N_7O_{16}P_3S$
Coenzyme *A*, C-00528

$C_{21}H_{36}O_4$
15-Hydroxy-15-methyl-9-oxo-13-prosten-1-oic acid, H-00169

$C_{21}H_{36}O_5$
▷Carboprost, C-00062

$C_{21}H_{37}ClN^{\oplus}$
Clofilium(1+), C-00457

$C_{21}H_{37}NO_2$
3-Amino-18,20-pregnanediol, A-00315

$C_{21}H_{37}N_5O_{14}$
▷Hikizimycin, H-00075

$C_{21}H_{38}BrN$
▷Benzyldimethyldodecylammonium(1+); Bromide, *in* B-00113
Hexadecylpyridinium(1+); Bromide, *in* H-00043

$C_{21}H_{38}ClN$
Benzododecinium chloride, *in* B-00113
▷Cetylpyridinium chloride, *in* H-00043

$C_{21}H_{38}IN$
Hexadecylpyridinium(1+); Iodide, *in* H-00043

$C_{21}H_{38}N^{\oplus}$
Benzyldimethyldodecylammonium(1+), B-00113
Hexadecylpyridinium(1+), H-00043

$C_{21}H_{38}N_2$
Pirtenidine, P-00358
Pregnane-3,20-diamine, P-00416

$C_{21}H_{38}O_4$
Deprostil, D-00086
Rioprostil, R-00061

$C_{21}H_{38}O_7$
Caperatic acid, C-00029

$C_{21}H_{39}ClNO_4P$
Clofilium phosphate, *in* C-00457

$C_{21}H_{39}N_3O_{13}$
▷Destomycin *B*, *in* D-00103
▷Destomycin *C*, *in* D-00103

$C_{21}H_{39}N_5O_{14}$
▷Bluensomycin, B-00247

$C_{21}H_{39}N_7O_{11}$
2-Deoxystreptomycin, *in* S-00161

$C_{21}H_{39}N_7O_{12}$
▷Streptomycin, S-00161

$C_{21}H_{40}ClN_5O_{11}$
3′-Chloro-3′-deoxybutirosin A, *in* B-00408

$C_{21}H_{40}N_4O_{13}$
▷Butirosin BU 1709E$_1$, *in* B-00408
Butirosin 1709E$_2$, *in* B-00408

$C_{21}H_{40}N_8O_6$
Tuftsin, T-00574

$C_{21}H_{40}N_8O_7$
Thymocartin, T-00223

$C_{21}H_{41}N_5O_7$
▷Netilmicin, N-00078

$C_{21}H_{41}N_5O_{10}$
3′,4′-Dideoxybutirosin *A*, *in* B-00408
3′,4′-Dideoxybutirosin *B*, *in* B-00408

$C_{21}H_{41}N_5O_{11}$
▷Apramycin, A-00428
▷Butirosin BU 1975C$_1$, *in* B-00408
Butirosin BU 1975C$_2$, *in* B-00408

$C_{21}H_{41}N_5O_{12}$
▷Butirosin *A*, B-00408
▷Butirosin B, *in* B-00408

$C_{21}H_{41}N_7O_{12}$
▷Dihydrostreptomycin, D-00303
Streptomycin; Dihydro; B,3HCl, *in* S-00161

$C_{21}H_{43}N_5O_6$
Gentamicin *C*; 5-Deoxy, 6′-*N*-Me, *in* G-00018

$C_{21}H_{43}N_5O_7$
▷Gentamicin *C*$_1$, *in* G-00018

$C_{21}H_{43}N_5O_8$
Gentamicin *C*; 2-Hydroxy-6′-*N*-Me, *in* G-00018

$C_{21}H_{43}N_5O_{12}$
Propikacin, P-00502

$C_{21}H_{44}O_3$
▷2,3-Dihydroxy-1-octadecyloxypropane, D-00337

$C_{21}H_{45}N_3$
Hexetidine, H-00064

$C_{22}H_{14}Cl_2I_2N_2O_2$
Closantel, C-00504

$C_{22}H_{14}N_4O_4$
Lavendamycin, L-00018

$C_{22}H_{16}Cl_2O_4S$
Tioclomarol, T-00297

$C_{22}H_{16}F_3N_3$
Fluotrimazole, F-00193

$C_{22}H_{16}O_3$
7-Hydroxyisoflavone; Benzyl ether, *in* H-00144

$C_{22}H_{16}O_5$
Fluorescein; Et ether, *in* F-00180
Fluorescein; Me ester, Me ether, *in* F-00180
Fluorescein; Et ester, *in* F-00180

$C_{22}H_{16}O_6$
▷Resistomycin, R-00030

$C_{22}H_{16}O_8$
▷Ethyl biscoumacetate, *in* B-00219

$C_{22}H_{17}ClN_2$
▷Clotrimazole, C-00512

Lombazole, L-00077
$C_{22}H_{17}N_3O$
Piriqualone, P-00335
$C_{22}H_{18}Cl_2FNO_3$
Cyfluthrin, C-00642
$C_{22}H_{18}I_6N_2O_9$
▷Iotroxic acid, I-00145
$C_{22}H_{18}N_2$
Bifonazole, B-00164
$C_{22}H_{18}O_3$
Anisacril, A-00394
$C_{22}H_{18}O_4$
Phenolphthalein; Di-Me ether, *in* P-00162
$C_{22}H_{18}O_7$
1,2,3,4-Dehydrodesoxypodophyllotoxin, *in* D-00083
$C_{22}H_{18}O_{10}$
3-Galloylcatechin, *in* P-00081
$C_{22}H_{19}Br$
Broparestrol, B-00326
$C_{22}H_{19}NO_2$
2,3-Bis(4-methoxyphenyl)-1*H*-indole, B-00227
$C_{22}H_{19}NO_4$
▷Bisacodyl, B-00186
$C_{22}H_{20}ClN_3$
Rilapine, R-00050
$C_{22}H_{20}FN_3OS$
Tifluadom, T-00265
$C_{22}H_{20}N_2$
Benzindopyrine, B-00084
$C_{22}H_{20}N_2O_2$
(2-Phenylethyl)hydrazine; Dibenzoyl, *in* P-00189
Piketoprofen, P-00250
$C_{22}H_{20}N_2O_8S_2$
Acetylaranotin, *in* A-00436
$C_{22}H_{20}N_4O_5$
Talmetoprim, T-00012
$C_{22}H_{20}N_4O_8S_2$
Cefsulodin, C-00150
$C_{22}H_{20}N_6O_6$
Diniprofylline, D-00466
$C_{22}H_{20}O_9$
3′,5-Dihydroxy-4′,6,7-trimethoxyflavone; Di-Ac, *in* D-00354
5,7-Dihydroxy-3′,4′,6-trimethoxyflavone; Di-Ac, *in* D-00355
$C_{22}H_{20}O_{10}$
▷Granaticin *A*, G-00085
$C_{22}H_{20}O_{13}$
Carminic acid, C-00080
Ellagic acid; 3,3′-Di-Me ether, 4-glucoside, *in* E-00026
$C_{22}H_{21}ClN_2O_6$
Sermetacin, S-00048
$C_{22}H_{21}ClN_2O_8$
▷Meclocycline, M-00044
$C_{22}H_{21}NO_7$
▷Chelocardin, C-00190
$C_{22}H_{21}N_3O_7S_2$
Timoxicillin, T-00290
$C_{22}H_{21}N_7O_3S_2$
Antibiotic L 640876, A-00407
$C_{22}H_{21}N_7O_6S_2$
Cefempidone, C-00124
$C_{22}H_{22}ClF_4NO_2$
Clofluperol, C-00460
$C_{22}H_{22}ClN_5O_2S$
Apafant, A-00420
$C_{22}H_{22}ClN_5O_4S_2$
Suproclone, S-00273
$C_{22}H_{22}FN_3O_2$
▷Droperidol, D-00608
$C_{22}H_{22}FN_3O_2S$
Altanserin, A-00153
$C_{22}H_{22}FN_3O_3$
Ketanserin, K-00010
$C_{22}H_{22}N_2O_2$
Cintazone, C-00383
$C_{22}H_{22}N_2O_5S$
Phenbenicillin, P-00148
$C_{22}H_{22}N_2O_6S_2$
Ticarcillin; 3-Mono(4-methylphenyl)ester, *in* T-00255
$C_{22}H_{22}N_2O_8$
▷Methacycline, M-00161
$C_{22}H_{22}N_4O_7S$
Furbenicillin, F-00286
$C_{22}H_{22}N_6O_5S_2$
Cefpirome, C-00144
$C_{22}H_{22}N_6O_7S_2$
▷Ceftazidime, C-00152
$C_{22}H_{22}N_8$
Bisantrene, B-00191
$C_{22}H_{22}O_4$
▷Faragynol, *in* D-00223
$C_{22}H_{22}O_5$
▷2,6-Bis(4-hydroxy-3-methoxybenzylidene)cyclohexanone, B-00218
$C_{22}H_{22}O_7$
Deoxypicropodophyllin, *in* D-00083
Deoxypodopyllotoxin, *in* D-00083
$C_{22}H_{22}O_8$
Mannitol; 2,3:4,5-Di-*O*-methylene, 1,6-di-*O*-benzoyl, *in* M-00018
▷Podophyllotoxin, P-00377
$C_{22}H_{22}O_{10}$
5,7-Dihydroxy-4′-methoxyflavone; 7-*β*-D-Galactoside, *in* D-00329
Sissotrin, *in* D-00330
Tilianin, *in* D-00329
Trifoside, T-00470
$C_{22}H_{22}O_{11}$
Azalein, *in* P-00082
$C_{22}H_{23}BrN_2O_8$
▷Bromotetracycline, B-00318
$C_{22}H_{23}ClFNO_2$
Cloroperone, C-00499
$C_{22}H_{23}ClFN_3O_2$
Milenperone, M-00374
$C_{22}H_{23}ClN_2O_2$
Loratadine, L-00092
$C_{22}H_{23}ClN_2O_8$
▷Aureomycin, A-00476
$C_{22}H_{23}FN_4O_2$
Neflumozide, N-00062
$C_{22}H_{23}F_2NO_2$
Lenperone, L-00024
$C_{22}H_{23}F_4NO_2$
▷Trifluperidol, T-00468
$C_{22}H_{23}NO_2$
▷Enpromate, E-00066
$C_{22}H_{23}NO_3$
Pemedolac, P-00056

$C_{22}H_{23}NO_4$
Methyl benzoquate, M-00232
$C_{22}H_{23}NO_4S_2$
Zofenopril, Z-00025
$C_{22}H_{23}NO_7$
Narcotine, N-00052
$C_{22}H_{23}NS$
Tropatepine, T-00550
$C_{22}H_{23}N_3OS$
Thiocarbanidin, T-00197
$C_{22}H_{23}N_3O_2$
Isamfazone, I-00174
$C_{22}H_{24}BrClN_4O_4$
Lodazecar, L-00069
$C_{22}H_{24}ClNO_5$
Azaspirium chloride, *in* A-00510
$C_{22}H_{24}ClN_3O$
▷Azelastine, A-00515
$C_{22}H_{24}ClN_3OS$
Azaclorzine, A-00493
$C_{22}H_{24}ClN_3OS_2$
Spiclomazine, S-00114
$C_{22}H_{24}ClN_5O_2$
▷Domperidone, D-00576
$C_{22}H_{24}FN_3OS$
▷Timiperone, T-00285
$C_{22}H_{24}FN_3O_2$
▷Benperidol, B-00060
Declenperone, D-00039
$C_{22}H_{24}FN_3O_3$
Zoloperone, Z-00032
$C_{22}H_{24}F_3N_3O_2S$
Ftorpropazine, F-0027_
$C_{22}H_{24}F_4N_2O$
Tefludazine, T-00053
$C_{22}H_{24}NO_5^{\oplus}$
Azaspirium(1+), A-00510
$C_{22}H_{24}N_2$
Pipequaline, P-00280
$C_{22}H_{24}N_2O$
▷Tropirine, T-00555
$C_{22}H_{24}N_2O_2$
Acrivastine, A-00049
$C_{22}H_{24}N_2O_3$
Tribuzone, T-00430
$C_{22}H_{24}N_2O_5$
Benazeprilat, B-00038
$C_{22}H_{24}N_2O_8$
6-Deoxy-5-hydroxytetracycline, D-00080
▷Tetracycline, T-00109
$C_{22}H_{24}N_2O_9$
▷Oxytetracycline, O-00166
Sornidipine, S-00105
$C_{22}H_{24}N_{10}O_{12}S_2$
Pirazmonam, P-00314
$C_{22}H_{24}O_4$
Hormostilboral stark, *in* D-00257
$C_{22}H_{24}O_8$
Deoxypodophyllic acid D-00083
$C_{22}H_{24}O_9$
Podophyllic acid, P-00376
$C_{22}H_{25}ClF_3N_3S$
SKF 7172-A$_2$, *in* F-00202
$C_{22}H_{25}ClN_2OS$
Clopenthixol, C-00481
$C_{22}H_{25}F_2NO_4$
Nebivolol, N-00057
$C_{22}H_{25}N$
▷Piroheptine, P-00346
$C_{22}H_{25}NO_3$
Pipoxolan, P-00304
4-[[(5,6,7,8-Tetrahydro-5,5,8,8-tetramethyl-2-naphthalenyl)-amino]carbonyl]benzoic acid, T-00131
$C_{22}H_{25}NO_4$
▷Dimoxyline, D-00463
Pitofenone, P-00359
$C_{22}H_{25}NO_6$
▷Colchicine, C-00534
4-[2-[3-(1,1-Dimethylethoxy)-3-oxo-1-propenyl]phenyl]-1,4-dihydro-2,6-dimethyl-3,5-pyridinedicarboxylic acid, D-00430
▷N-Formyldemecolcine, *in* D-00062
$C_{22}H_{25}NO_8$
Nornarceine, *in* N-00051
$C_{22}H_{25}N_3$
Centhaquine, C-00166
$C_{22}H_{25}N_3O$
Benzpiperylone, B-00100
Indoramin, I-00069
$C_{22}H_{25}N_3O_2$
Bucindolol, B-00338
$C_{22}H_{25}N_3O_3$
▷Solypertine, S-00096
Spiroxatrine, S-00132
$C_{22}H_{25}N_3O_4$
Vesnarinone, V-00026
$C_{22}H_{25}N_3O_4S$
Moricizine, M-00442
$C_{22}H_{26}BrNO_3$
▷Clidinium bromide, *in* C-00425
$C_{22}H_{26}ClFO_4$
21-Chloro-9α-fluoro-17α-hydroxy-16β-methyl-1,4-pregnadiene-3,11,20-trione, *in* C-00437
$C_{22}H_{26}FNO_2$
Moperone, M-00432
$C_{22}H_{26}FN_3O_2$
Spiramide, S-00117
$C_{22}H_{26}FN_3O_2S$
Sabeluzole, S-00001
$C_{22}H_{26}FN_3O_4$
Flesinoxan, F-00117
$C_{22}H_{26}FN_5O_3$
▷Fluprofylline, F-00210
$C_{22}H_{26}F_2O_3$
17α-Ethynyl-6,6-difluoro-17β-hydroxy-4-oestren-3-one; Ac, *in* E-00229
$C_{22}H_{26}F_3N_3OS$
▷Fluphenazine, F-00202
$C_{22}H_{26}NO_3^{\oplus}$
Clidinium(1+), C-00425
$C_{22}H_{26}N_2O_2$
Indocate, I-00061
▷Vinpocetine, V-00042
$C_{22}H_{26}N_2O_2S^{\oplus}$
Trimethaphan(1+), T-00498
$C_{22}H_{26}N_2O_3S$
Zepastine, Z-00009
$C_{22}H_{26}N_2O_4$
Cabucine, *in* A-00087

Tofisoline, T-00341
▷Tofisopam, T-00342

$C_{22}H_{26}N_2O_4S$
Diltiazem, D-00373

$C_{22}H_{26}N_2O_6$
Ornithine; N^{α},N^{δ}-Bis(benzyloxycarbonyl), Me ester, *in* O-00059

$C_{22}H_{26}N_4O_5$
Cyanonaphthyridinomycin, C-00583

$C_{22}H_{26}N_6O_2$
Tameridone, T-00020

$C_{22}H_{26}O_3$
▷Resmethrin, R-00031

$C_{22}H_{26}O_4$
Hexestrol diacetate, *in* B-00220

$C_{22}H_{26}O_8$
Euparotin acetate, *in* E-00273

$C_{22}H_{27}ClF_2O_3$
Halocortolone, H-00006

$C_{22}H_{27}ClF_2O_4$
Ulobetasol, U-00006

$C_{22}H_{27}ClF_2O_4S$
Cloticasone, C-00509

$C_{22}H_{27}ClF_2O_5$
Halometasone, H-00010

$C_{22}H_{27}ClN_2O$
Lorcainide, L-00094

$C_{22}H_{27}ClN_2O_3$
Lorajmine, *in* A-00088

$C_{22}H_{27}ClO_3$
▷Cyproterone, C-00651

$C_{22}H_{27}ClO_4$
Amadinone acetate, *in* A-00161

$C_{22}H_{27}ClO_8$
Eupachlorin acetate, *in* E-00270

$C_{22}H_{27}Cl_2N_3O_4$
Cloxacepride, C-00514

$C_{22}H_{27}FO_5$
Fluocortin, F-00174
Fluprednidene, F-00207

$C_{22}H_{27}F_3O_4S$
Fluticasone, F-00227

$C_{22}H_{27}F_3O_5$
Cormethasone, C-00544

$C_{22}H_{27}NO$
▷Ethybenztropine, E-00172
▷Phenazocine, P-00147
Sequifenadine, S-00044

$C_{22}H_{27}NO_2$
Amineptine, A-00200
▷Danazol, D-00010
▷Lobeline, L-00064
Pheneridine, P-00151
Pifenate, P-00246
Proxibutene, P-00547

$C_{22}H_{27}NO_3$
Dioxaphetyl butyrate, D-00474
Oxpheneridine, O-00143
Zocainone, Z-00024

$C_{22}H_{27}NO_3S$
▷Benztropine mesilate, JAN, *in* B-00104

$C_{22}H_{27}NO_5$
▷N-Methyldemecolcine, *in* D-00062

$C_{22}H_{27}NO_6$
Nisbuterol, N-00157

$C_{22}H_{27}N_3O_2$
Caroverine, C-00090
Omidoline, O-00045

$C_{22}H_{27}N_3O_3S_2$
▷Metopimazine, M-00332

$C_{22}H_{27}N_3O_4$
Diperodon, D-00481

$C_{22}H_{27}N_3O_4S$
Metioxate, M-00321

$C_{22}H_{27}N_3O_5S$
Glisentide, G-00045

$C_{22}H_{27}N_3O_6S$
▷Pivcephalexin, P-00363

$C_{22}H_{27}N_5$
▷Pazelliptine, P-00046

$C_{22}H_{27}N_5O$
Metoquizine, M-00335

$C_{22}H_{27}N_9O_4$
▷Distamycin *A*, D-00539

$C_{22}H_{27}N_9O_7S_2$
Cefpivtetrame, *in* C-00153

$C_{22}H_{28}BrNO_3$
▷Benzilonium bromide, *in* B-00082
▷Pipenzolate bromide, *in* P-00279

$C_{22}H_{28}ClFO_4$
Clobetasol, C-00437
Clocortolone, C-00444

$C_{22}H_{28}ClNO$
Setastine, S-00056

$C_{22}H_{28}Cl_2O_4$
Meclorisone, M-00049
Mometasone, M-00426

$C_{22}H_{28}FN_3O_3$
Mafoprazine, M-00003

$C_{22}H_{28}F_2O_4$
Diflucortolone, D-00270

$C_{22}H_{28}F_2O_4S$
Ticabesone, T-00253

$C_{22}H_{28}F_2O_5$
Diflorasone, D-00267
▷Flumethasone, F-00156

$(C_{22}H_{28}N)_x$
▷Cholestyramine resin, C-00307

$C_{22}H_{28}N^{\oplus}$
Prifinium(1+), P-00430

$C_{22}H_{28}NO_3^{\oplus}$
Benzilonium(1+), B-00082
Bevonium(1+), B-00147
▷Pipenzolate(1+), P-00279

$C_{22}H_{28}N_2O$
Buzepide, B-00434
▷Fentanyl, F-00077

$C_{22}H_{28}N_2OS_2$
Oxyprothepin, O-00162

$C_{22}H_{28}N_2O_2$
▷Anileridine, A-00390
Encainide, E-00044

$C_{22}H_{28}N_2O_2S$
Becanthone, B-00021
▷Perimetazine, P-00122

$C_{22}H_{28}N_2O_2S_2$
2,2′-Dithiobis[*N*-butylbenzamide], D-00549

$C_{22}H_{28}N_2O_3$
▷Centpropazine, C-00169
Pentamorphone, P-00087
Yohimbic acid; Et ester, *in* Y-00001

$C_{22}H_{28}N_2O_5$
Reserpic acid, R-00028
$C_{22}H_{28}N_4O_3$
Etonitazene, E-00260
$C_{22}H_{28}N_4O_4$
Ametantrone, A-00180
$C_{22}H_{28}N_4O_5$
▷1-(Diethylamino)-3-[(2,3-dimethoxy-6-nitro-9-acridinyl)-amino]-2-propanol, D-00231
$C_{22}H_{28}N_4O_6$
Mitozantrone, M-00407
$C_{22}H_{28}O_3$
Canrenone, C-00027
▷Norethisterone acetate, *in* N-00212
$C_{22}H_{28}O_4$
Oestradiol; 3,17-Di-Ac, *in* O-00028
$C_{22}H_{28}O_5$
17,21-Dihydroxy-16-methyl-1,4-pregnadiene-3,11,20-trione, D-00336
Estradiol hemisuccinate, *in* O-00028
Isoprednidene, I-00197
Prednylidene, P-00414
$C_{22}H_{28}O_6$
8-Hydroxy-1(10),4,11(13)-germacratrien-12,6-olide; 8-(2-Acetoxymethyl-2*E*-butenoyl), *in* H-00134
$C_{22}H_{28}O_7$
Eupacunin, E-00272
$C_{22}H_{29}BrN_2O$
1-(4-Amino-4-oxo-3,3-diphenylbutyl)-1-methylpiperidium bromide, *in* F-00070
$C_{22}H_{29}ClO_3$
Clomegestone, C-00466
$C_{22}H_{29}ClO_5$
Alclometasone, A-00104
Beclomethasone, B-00024
$C_{22}H_{29}ClO_6$
▷Cloprostenol, C-00490
$C_{22}H_{29}FO_4$
▷Desoximetasone, D-00102
Doxybetasol, D-00597
▷Fluocortolone, F-00175
Fluorometholone, F-00186
$C_{22}H_{29}FO_4S$
Timobesone, T-00286
$C_{22}H_{29}FO_5$
▷Betamethasone, B-00141
▷Dexamethasone, D-00111
Flunoprost, F-00170
Fluperolone, F-00201
Paramethasone, P-00025
$C_{22}H_{29}FO_8S$
Dexamethasone; 21-Sulfate, *in* D-00111
$C_{22}H_{29}F_3N_2O_2$
Terciprazine, T-00085
$C_{22}H_{29}F_3O_3$
Flumedroxone, F-00154
$C_{22}H_{29}NOS$
Diprofene, D-00521
Xenthiorate, X-00009
$C_{22}H_{29}NO_2$
Noracymethadol, N-00207
▷Propoxyphene, P-00512
$C_{22}H_{29}NO_3$
Norethisterone acetate oxime, *in* N-00212
$C_{22}H_{29}NO_5$
Guan-fu base B, *in* H-00136
Guan-fu base Y, G-00108
Trimebutine, T-00491
$C_{22}H_{29}NO_7S$
Poldine methylsulfate, *in* P-00378
$C_{22}H_{29}N_3O_4$
Peradoxime, P-00111
$C_{22}H_{29}N_3O_6S$
▷Pivampicillin, P-00362
$C_{22}H_{29}N_3S_2$
▷Thiethylperazine, T-00139
$C_{22}H_{29}N_7O_5$
▷Puromycin, P-00557
$C_{22}H_{29}N_9O_9S_2$
Cefbuperazone, C-00121
$C_{22}H_{29}O_8P$
Prednazoline, *in* P-00412
$C_{22}H_{30}BrClNO^{\oplus}$
Halopenium(1+), H-00013
$C_{22}H_{30}BrCl_2NO$
Halopenium chloride, *in* H-00013
$C_{22}H_{30}BrNO$
Pirdonium bromide, *in* P-00317
$C_{22}H_{30}Cl_2N_2O_2$
Spiradoline, S-00116
$C_{22}H_{30}Cl_2N_{10}$
▷Chlorhexidine, C-00206
$C_{22}H_{30}FNO_4$
Flusoxolol, F-00221
$C_{22}H_{30}FO_8P$
Betamethasone; 21-Phosphate, *in* B-00141
▷Dexamethasone phosphate, *in* D-00111
Paramethasone; 21-Phosphate, *in* P-00025
$C_{22}H_{30}INO$
Pirdonium(1+); Iodide, *in* P-00317
Stilonium iodide, *in* S-00155
$C_{22}H_{30}NO^{\oplus}$
Pirdonium(1+), P-00317
Stilonium(1+), S-00155
$C_{22}H_{30}N_2$
Aprindine, A-00429
$C_{22}H_{30}N_2O$
Pirmenol, P-00342
$C_{22}H_{30}N_2O_2$
Barucainide, B-00016
▷Eprozinol, E-00094
$C_{22}H_{30}N_2O_2S$
Sufentanil, S-00177
$C_{22}H_{30}N_2O_5$
Trandolaprilat, T-00396
$C_{22}H_{30}N_2O_5S_2$
Spirapril, *in* S-00118
$C_{22}H_{30}N_2O_6$
Moxicoumone, M-00464
$C_{22}H_{30}N_4O_2S_2$
▷Thioproperazine, T-00208
$(C_{22}H_{30}N_4O_5S)_n$
Penlysinum, P-00071
$C_{22}H_{30}N_{10}O_8$
Acefylline piperazine, *in* A-00011
$C_{22}H_{30}O$
▷Desogestrel, D-00099
$C_{22}H_{30}O_2$
Promegestone, P-00476
$C_{22}H_{30}O_3$
Endrysone, E-00052

17-Hydroxy-6-methyl-4,6-pregnadiene-3,20-dione, H-00174
Siccanin, S-00066

$C_{22}H_{30}O_4$
17-Hydroxy-3-oxo-4,6-pregnadiene-21-carboxylic acid, H-00186

$C_{22}H_{30}O_4S$
Ovandrotone, O-00071

$C_{22}H_{30}O_5$
Cicaprost, C-00323
▷Methylprednisolone, M-00297
Nandrolone hydrogen succinate, *in* H-00185

$C_{22}H_{30}O_5S_2$
Hydrocortisene 21-xanthogenic acid, *in* C-00548

$C_{22}H_{30}O_8$
▷Valtrate, V-00006

$C_{22}H_{31}BrO_2$
17-Bromo-6-methyl-4-pregnene-3,20-dione, B-00309

$C_{22}H_{31}ClO_2$
Clometherone, C-00469

$C_{22}H_{31}ClO_3$
Clostebol propionate, *in* C-00506

$C_{22}H_{31}FO_2S_2$
Tipredane, T-00314

$C_{22}H_{31}NO_3$
Amicibone, A-00188
Epostane, E-00088
Oxybutynin, O-00147
▷Songorine, S-00100

$C_{22}H_{31}NO_4$
Songorine N-oxide, *in* S-00100

$C_{22}H_{31}N_3O_3$
Taziprinone, T-00042

$C_{22}H_{31}N_3O_4S$
Penethamate, P-00061

$C_{22}H_{31}N_3O_5$
Cinepazide, C-00363
9-[(1-Ethoxycarbonyl-3-phenylpropyl)amino]-10-oxoperhydropyridazino[1,2-*a*][1,2]diazepine-1-carboxylic acid, *in* C-00343

$C_{22}H_{32}BrNO_3$
Droclidinium bromide, *in* D-00605

$C_{22}H_{32}Br_2N_4O_4$
▷Distigmine bromide, *in* D-00540

$C_{22}H_{32}Cl_2N_2O_4$
Lorglumide, L-00096

$C_{22}H_{32}NO_3^{\oplus}$
Droclidinium(1+), D-00605

$C_{22}H_{32}N_2O_2$
Dopexamine, D-00581

$C_{22}H_{32}N_2O_3$
Mociprazine, M-00414

$C_{22}H_{32}N_2O_5$
Benzquinamide, B-00102
Dimetagrel, D-00388

$C_{22}H_{32}N_2O_6$
Hexoprenaline, H-00068

$C_{22}H_{32}N_4O$
Proterguride, P-00533

$C_{22}H_{32}N_4O_4^{\oplus\oplus}$
Distigmine(2+), D-00540

$C_{22}H_{32}O_2$
4,7,10,13,16,19-Docosahexaenoic acid, D-00564
Promestriene, P-00477
▷Retinol acetate, *in* V-00058

$C_{22}H_{32}O_3$
17-Hydroxy-6-methyl-4-pregnene-3,20-dione, H-00175
▷Medrysone, M-00060
▷Methenolone acetate, *in* M-00178
▷17-(1-Oxopropoxy)androst-4-en-3-one, *in* H-00111
Stenbolone acetate, *in* S-00144

$C_{22}H_{32}O_4$
Iloprost, I-00023
Oxoprostol, O-00137

$C_{22}H_{32}O_8$
Dihydrovaltrate, D-00305

$C_{22}H_{33}ClN_2O$
Erocainide, E-00112

$C_{22}H_{33}CuN_3O_{14}S_4$
▷Cuproxoline, *in* B-00223

$C_{22}H_{33}NO_2$
Guan-fu base C, G-00104

$C_{22}H_{33}NO_3$
▷Cyclomethycaine, C-00625

$C_{22}H_{33}NO_5$
Nileprost, N-00140

$C_{22}H_{34}BrNO$
▷Ciclonium bromide, *in* C-00330

$C_{22}H_{34}ClN_3O_3$
Sturamustine, S-00168

$C_{22}H_{34}INO_2$
▷Oxapium iodide, *in* O-00089

$C_{22}H_{34}NO^{\oplus}$
Ciclonium(1+), C-00330

$C_{22}H_{34}NO_2^{\oplus}$
Oxapium(1+), O-00089

$C_{22}H_{34}N_2O$
Stirocainide, S-00158

$C_{22}H_{34}N_2O_3$
Trapencaine, T-00400

$C_{22}H_{34}N_2O_4$
Oxamarin, O-00081

$C_{22}H_{34}O_2$
Anagestone, A-00375
Topterone, T-00384

$C_{22}H_{34}O_3$
▷17-(1-Oxopropoxy)androstan-3-one, *in* H-00109

$C_{22}H_{34}O_5$
▷Pleuromutilin, P-00374

$C_{22}H_{34}O_7$
Coleonol, *in* E-00090
Coleonol B, *in* E-00090

$C_{22}H_{34}O_{19}$
Ribocitrin, R-00037

$C_{22}H_{35}NO$
Pipoctanone, P-00299

$C_{22}H_{35}NO_2$
Secoverine, S-00033

$C_{22}H_{35}NO_4S$
Fenclexonium metilsulfate, *in* F-00041

$C_{22}H_{35}NO_5$
Terbutaline dipivalate, *in* T-00084

$C_{22}H_{35}NO_7$
Amoproxan, A-00357

$C_{22}H_{35}N_2^{\oplus}$
Laurolinium(1+), L-00017

$C_{22}H_{35}N_3O_2$
Transcainide, T-00398

$C_{22}H_{36}I_2N_4O_4S_2$
Disufene, *in* B-00178

$C_{22}H_{36}N_2O_3$
Fenetradil, F-00048

$C_{22}H_{36}N_4O_4S_2^{\oplus\oplus}$
[4,4′-Biphenylenebis(sulfonyliminoethylene)]-bis(trimethylammonium)(2+), B-00178

$C_{22}H_{36}O_2Si$
17*β*-[(Trimethylsilyl)oxy]androst-4-en-3-one, *in* H-00111

$C_{22}H_{36}O_4$
Ciprostene, C-00393

$C_{22}H_{36}O_5$
Aphidicolin; 17-Ac, *in* A-00422
Aphidicolin; 3,18-Orthoacetate, *in* A-00422
▷11,15-Dihydroxy-16,16-dimethyl-9-oxa-2,13-prostadienoic acid, D-00323
11,15-Dihydroxy-16,16-dimethyl-9-oxo-5,13-prostadienoic acid, D-00324
Enisoprost, E-00057
Limaprost, L-00050
Prostalene, P-00529

$C_{22}H_{36}O_6$
Sorbitan monopalmitate, *in* A-00387

$C_{22}H_{37}ClO_4$
Nocloprost, N-00195

$C_{22}H_{37}NO_5$
8-(Diethylamino)octyl-3,4,5-trimethoxybenzoate, D-00239

$C_{22}H_{38}INO_3$
Quateron, *in* B-00420

$C_{22}H_{38}NO_3^{\oplus}$
3-[(*p*-Butoxybenzoyl)oxy]-2-methylbutyl]-triethylammonium(1+), B-00420

$C_{22}H_{38}O_5$
Carboprost methyl, *in* C-00062
Misoprostol, M-00396

$C_{22}H_{39}BrClNO$
Dodeclonium bromide, *in* D-00565

$C_{22}H_{39}ClNO^{\oplus}$
Dodeclonium(1+), D-00565

$C_{22}H_{40}BrNO$
▷Domiphen bromide, *in* D-00567

$C_{22}H_{40}ClN$
Halimide, *in* D-00566

$C_{22}H_{40}N^{\oplus}$
(4-Dodecylbenzyl)trimethylammonium(1+), D-00566
Toloconium(1+), T-00357

$C_{22}H_{40}NO^{\oplus}$
Dodecyldimethyl-2-phenoxyethylammonium(1+), D-00567

$(C_{22}H_{40}O_4)_n$
Surfomer, S-00276

$C_{22}H_{42}N_8O_7$
Thymocartin; 1-Me ester, *in* T-00223

$C_{22}H_{43}N_5O_{10}$
3′,4′-Dideoxy-6′-*N*-methylbutirosin *A*, *in* B-00408
3′,4′-Dideoxy-6′-*N*-methylbutirosin *B*, *in* B-00408

$C_{22}H_{43}N_5O_{12}$
▷Isepamicin, *in* G-00017

$C_{22}H_{43}N_5O_{13}$
▷Amikacin, A-00196

$C_{22}H_{44}N_6O_{10}$
Habekacin, *in* D-00154

$C_{22}H_{45}N_3$
Hexedine, H-00063

$C_{22}H_{45}N_5O_{12}$
Butikacin, B-00404

$C_{23}H_{15}F_2NO_2$
Brequinar, B-00269

$C_{23}H_{16}O_3$
▷Diphenadione, D-00483

$C_{23}H_{16}O_8$
3,3′-Methylenebis(4-hydroxy-2*H*-1-benzopyran-2-one); Di-Ac, *in* M-00251

$C_{23}H_{16}O_{11}$
Cromoglycic acid, C-00565

$C_{23}H_{18}F_2N_2O_2$
Fenflumizole, F-00049

$C_{23}H_{18}N_2O_2$
Diphenadione; 1-Hydrazone, *in* D-00483
▷1,3,4-Triphenyl-1*H*-pyrazole-5-acetic acid, T-00527
1,3,5-Triphenyl-1*H*-pyrazole-4-acetic acid, T-00528

$C_{23}H_{20}N_2O_2S$
▷1,2-Diphenyl-4-[2-(phenylthio)ethyl)]-3,5-pyrazolidinedione, D-00501

$C_{23}H_{20}N_2O_3S$
▷Sulphinpyrazone, S-00258

$C_{23}H_{20}N_2O_5$
▷Bentiromide, B-00069

$C_{23}H_{21}ClN_6O_3$
Loprazolam, L-00089

$C_{23}H_{21}ClO_3$
▷Chlorotrianisene, C-00290

$C_{23}H_{21}NO_4$
Xenazoic acid, X-00008

$C_{23}H_{22}F_3N_3O$
Ridiflone, R-00042

$C_{23}H_{22}F_3N_3O_2$
▷Florifenine, F-00125

$C_{23}H_{22}N_2O_4S$
Osmadizone, O-00067

$C_{23}H_{22}N_2O_6S$
Carfecillin, C-00074

$C_{23}H_{22}N_3O_2^{\oplus}$
Carbidium(1+), C-00049

$C_{23}H_{22}N_{10}$
N,*N′*-Bis(4-amino-2-methyl-6-quinolinyl)-1,3,5-triazin-2,4,6-triamine, B-00189

$C_{23}H_{22}O_{10}$
Methyl granaticin, *in* G-00085

$C_{23}H_{23}IN_2S_2$
▷Dithiazanine iodide, *in* D-00548

$C_{23}H_{23}NO_2$
Crisnatol, C-00560

$C_{23}H_{23}N_2S_2^{\oplus}$
▷Dithiazanine(1+), D-00548

$C_{23}H_{23}N_3O_5S$
Propampicillin, P-00488

$C_{23}H_{24}FN_3O$
Cinuperone, C-00384

$C_{23}H_{24}FN_3O_2$
Pirenperone, P-00320

$C_{23}H_{24}FN_3O_3$
Prideperone, P-00428

$C_{23}H_{24}F_3N_3OS$
Azaftozine, A-00497

$C_{23}H_{24}N_4$
Tampramine, T-00024

$C_{23}H_{24}N_6O_5S_2$
Cefquinone, C-00147

$C_{23}H_{24}N_6O_7S_2$
Sulfamazone, S-00195

$C_{23}H_{24}O_4$
▷Cyclofenil, C-00602

$C_{23}H_{24}O_8$
Wortmannin, W-00003

$C_{23}H_{25}ClN_2O_9$
Clomocycline, C-00473
$C_{23}H_{25}ClN_4O$
Chlorethindole, C-00202
$C_{23}H_{25}ClN_4O_4S$
Glicetanile, G-00036
$C_{23}H_{25}ClN_6O_8S_3$
Cefmepidium chloride, *in* C-00131
$C_{23}H_{25}F_2N_3O_2$
Fluspiperone, F-00222
$C_{23}H_{25}F_3N_2OS$
▷Flupenthixol, F-00198
$C_{23}H_{25}N$
▷Fendiline, F-00044
$C_{23}H_{25}NO$
Decitropine, D-00038
$C_{23}H_{25}NO_5$
Diacetylnalorphine, *in* N-00032
$C_{23}H_{25}N_5O_5$
Doxazosin, D-00592
$C_{23}H_{25}N_6O_8S_3^{\oplus}$
Cefmepidium(1+), C-00131
$C_{23}H_{26}BrNO_3$
Trantelinium bromide, *in* T-00399
$C_{23}H_{26}Cl_2O_6$
▷Simfibrate, S-00074
$C_{23}H_{26}FN_3O_2$
▷Spiperone, S-00115
$C_{23}H_{26}F_3N_3S$
Ciclofenazine, C-00329
$C_{23}H_{26}F_4N_2OS$
Teflutixol, T-00054
$C_{23}H_{26}NO_2S^{\oplus}$
Sevitropium(1+), S-00059
$C_{23}H_{26}NO_3^{\oplus}$
Trantelinium(1+), T-00399
$C_{23}H_{26}N_2O$
Roxindole, R-00099
$C_{23}H_{26}N_2O_2$
Benzetimide, B-00080
$C_{23}H_{26}N_2O_3$
Pravadoline, P-00402
$C_{23}H_{26}N_2O_5$
Quinaprilat, Q-00012
$C_{23}H_{26}N_4O_9S_2$
▷Quinuronium sulfate, *in* Q-00037
$C_{23}H_{26}O_3$
Phenothrin, P-00169
$C_{23}H_{26}O_4$
Estradiol furoate, *in* O-00028
$C_{23}H_{27}ClN_2O_2$
Pinoxepin, P-00272
$C_{23}H_{27}ClN_4O_4S_3$
Cephachlomazine, C-00171
$C_{23}H_{27}ClO_2$
Gestaclone, G-00020
$C_{23}H_{27}ClO_6$
Chloroprednisone acetate, *in* C-00232
Cloprednol; 21-Ac, *in* C-00489
$C_{23}H_{27}FN_4O_2$
Risperidone, R-00063
$C_{23}H_{27}F_3N_2O_2S$
Flupimazine, F-00203
$C_{23}H_{27}NO$
Deptropine, D-00087
$C_{23}H_{27}NO_2$
Pituxate, P-00361
$C_{23}H_{27}NO_3$
▷Etabenzarone, E-00131
$C_{23}H_{27}NO_4$
Micinicate, M-00362
$C_{23}H_{27}NO_5$
Octaverine, O-00019
$C_{23}H_{27}NO_8$
Narceine, N-00051
$C_{23}H_{27}N_3O$
Itrocainide, I-00223
Prenoxdiazine, P-00422
$C_{23}H_{27}N_3O_2$
▷Morazone, M-00439
$C_{23}H_{27}N_3O_3$
Benafentrine, B-00035
$C_{23}H_{27}N_3O_4$
Benexate, B-00048
$C_{23}H_{27}N_3O_7$
▷Minocycline, M-00387
$C_{23}H_{27}N_5O_7S$
Piperacillin, P-00283
$C_{23}H_{28}$
Temarotene, T-00059
$C_{23}H_{28}ClN_3O$
Datelliptium chloride, *in* D-00017
$C_{23}H_{28}ClN_3O_2S$
▷Perphenazine acetate, *in* P-00129
$C_{23}H_{28}ClN_3O_5S$
▷Glibenclamide, G-00032
$C_{23}H_{28}Cl_2O_5$
Dichlorisone acetate, *in* D-00177
$C_{23}H_{28}FN_5O_3$
Perbufylline, P-00117
$C_{23}H_{28}F_3N_3OS$
Homofenazine, H-00084
$C_{23}H_{28}N_2$
Indopine, I-00067
$C_{23}H_{28}N_2O$
Leiopyrrole, L-00020
$C_{23}H_{28}N_2O_3$
Acoxatrine, A-00047
Bopindolol, B-00253
Mindodilol, M-00383
Tropapride, T-00548
$C_{23}H_{28}N_2O_4$
O-Acetylyohimbine, *in* Y-00002
Pacrinolol, P-00001
Quinine ethylcarbonate, *in* Q-00028
$C_{23}H_{28}N_2O_5$
10,11-Dimethoxyajmalicine, *in* A-00087
$C_{23}H_{28}N_3O^{\oplus}$
Datelliptium(1+), D-00017
$C_{23}H_{28}N_4O_4$
Nesapidil, N-00076
Peraquinsin, P-00113
$C_{23}H_{28}N_4O_8S$
Vaneprim, V-00008
$C_{23}H_{28}N_4O_{11}S$
Cefuroxime pivoxetil, *in* C-00161
$C_{23}H_{28}O_2$
Pelretin, P-00054

$C_{23}H_{28}O_5$
Cristatic acid, C-00561
$C_{23}H_{28}O_6$
Enprostil, E-00067
▷Prednisone acetate, *in* P-00413
11,17,21-Trihydroxy-1,4,7-pregnatriene-3,20-dione; 21-Ac, *in* T-00482
$C_{23}H_{28}O_{11}$
Albiflorin, A-00097
$C_{23}H_{29}ClFN_3O_4$
Cisapride, C-00396
$C_{23}H_{29}ClN_2OS$
Xanthiol, X-00004
$C_{23}H_{29}ClN_4O_3$
Ciltoprazine, C-00348
$C_{23}H_{29}ClO_4$
▷Chlormadinone acetate, *in* C-00208
Cismadinone acetate, *in* C-00398
$C_{23}H_{29}ClO_6$
▷Delprostenate, D-00058
$C_{23}H_{29}FN_2OS$
Isofloxythepin, I-00187
$C_{23}H_{29}FO_6$
Fluprednisolone acetate, *in* F-00208
▷Isoflupredone acetate, *in* I-00188
$C_{23}H_{29}F_2N_3O$
Amperozide, A-00365
$C_{23}H_{29}F_3O_6$
Fluprostenol, F-00212
$C_{23}H_{29}NO$
4,4-Diphenyl-6-(1-piperidinyl)-3-hexanone, D-00510
$C_{23}H_{29}NO_2$
Phenadoxone, P-00138
Pinolcaine, P-00271
Pyrroliphene, P-00599
$C_{23}H_{29}NO_3$
Benzethidine BAN, B-00078
Conorfone, C-00542
▷Phenbutrazate, P-00149
Phenoperidine, P-00165
Propiverine, P-00507
$C_{23}H_{29}NO_{12}$
Epihygromycin, *in* H-00223
▷Hygromycin *A*, H-00223
$C_{23}H_{29}N_3O$
▷Opipramol, O-00052
Pirolazamide, P-00348
$C_{23}H_{29}N_3O_2$
▷Etomidoline, E-00258
▷Oxypertine, O-00157
$C_{23}H_{29}N_3O_2S$
Acetophenazine, A-00025
$C_{23}H_{29}N_3O_2S_2$
▷Thiothixene, T-00213
$C_{23}H_{29}N_3O_3$
Eproxindine, E-00093
$C_{23}H_{29}N_5O$
Toquizine, T-00385
$C_{23}H_{30}BrNO_3$
Dimetipirium bromide, *in* D-00458
$C_{23}H_{30}BrN_3O_2$
Brazergoline, B-00266
$C_{23}H_{30}ClNO$
Octastine, O-00017
$C_{23}H_{30}ClN_3O$
▷Quinacrine, Q-00010
$C_{23}H_{30}NO_3^{\oplus}$
Dimetipirium(1+), D-00458
Propantheline, P-00492
$C_{23}H_{30}N_2$
Emopamil, E-00039
$C_{23}H_{30}N_2O$
Mefentanyl, M-00065
α-Methylfentanyl, M-00255
$C_{23}H_{30}N_2O_2$
Piminodine, P-00260
$C_{23}H_{30}N_2O_3$
Vinpoline, V-00043
$C_{23}H_{30}N_2O_4$
▷Pholcodine, P-00212
$C_{23}H_{30}N_2O_5$
Fepromide, F-00085
▷Methyl reserpate, *in* R-00028
$C_{23}H_{30}N_2O_9$
Antibiotic I-2743C, *in* A-00415
Antimycin A_6, *in* A-00415
$C_{23}H_{30}N_6O_4$
▷Teoprolol, T-00075
$C_{23}H_{30}O_3$
▷Etretinate, *in* A-00041
Melengestrol, M-00078
$C_{23}H_{30}O_4$
Lutenyl, *in* N-00200
$C_{23}H_{30}O_4S$
Ethynylestradiol 3-isopropylsulfonate, *in* E-00231
$C_{23}H_{30}O_5$
21-Hydroxy-4-pregnene-3,11,20-trione; Ac, *in* H-00204
$C_{23}H_{30}O_6$
▷Cortisone acetate, *in* C-00549
Fenprostalene, F-00074
▷Prednisolone acetate, *in* P-00412
$C_{23}H_{31}ClN_2O_3$
▷Etodroxizine, E-00246
$C_{23}H_{31}ClO_4$
CAP, *in* C-00248
$C_{23}H_{31}Cl_2NO_3$
Estramustine, E-00127
$C_{23}H_{31}Cl_3O_4$
Cloxotestosterone acetate, *in* H-00111
$C_{23}H_{31}FO_4$
Dimesone, D-00386
$C_{23}H_{31}FO_5$
▷Flugestone acetate, *in* F-00150
$C_{23}H_{31}FO_6$
▷Fludrocortisone acetate, *in* F-00147
$C_{23}H_{31}IN_2O$
Buzepide metiodide, *in* B-00434
$C_{23}H_{31}NO$
Xorphanol, X-00019
$C_{23}H_{31}NO_2$
Alphaacetylmethadol, *in* M-00162
Motretinide, M-00456
▷Proadifen, P-00442
$C_{23}H_{31}NO_3$
Diprafenone, D-00519
▷Norgestimate, N-00216
$C_{23}H_{31}NO_7S$
▷Bevonium methylsulfate, *in* B-00147
▷Sulprostone, S-00261
$C_{23}H_{31}N_5O_4S$
Glisamuride, G-00044

$C_{23}H_{32}Cl_2NO_6P$
▷Estramustine phosphate, *in* E-00127

$C_{23}H_{32}N_2O$
Moxaprindine, M-00459

$C_{23}H_{32}N_2O_2S$
Thiocarlide, T-00198

$C_{23}H_{32}N_2O_3$
Zipeprol, Z-00023

$C_{23}H_{32}N_2O_4$
Bernzamide, B-00137

$C_{23}H_{32}N_2O_5$
1-[2-[[1-(Ethoxycarbonyl)-3-phenylpropyl]amino]-1-oxopropyl]octahydrocyclopenta[*b*]pyrrole-2-carboxylic acid, *in* R-00008
Zabicipril, Z-00001

$C_{23}H_{32}N_2O_6$
Enciprazine, E-00045

$C_{23}H_{32}N_4O_7S$
Libecillide, L-00041

$C_{23}H_{32}N_6O_3S$
Tazifylline, T-00041

$C_{23}H_{32}O_2$
▷Dimethisterone, D-00393
▷Medrogestone, M-00057

$C_{23}H_{32}O_3$
Estradiol pivalate, *in* O-00028
▷Estradiol valerate, *in* O-00028
▷Quinestradol, *in* O-00030

$C_{23}H_{32}O_4$
▷Deoxycortone acetate, *in* H-00203
Hydroxyprogesterone acetate, *in* H-00202
Norgestomet, N-00217
Prorenoate, P-00524

$C_{23}H_{32}O_5$
▷Corticosterone; 21-Ac, *in* C-00546
17,21-Dihydroxy-4-pregnene-3,20-dione; 21-Ac, *in* D-00349
2,3,4-Trimethoxyestra-1,3,5(10)-trien-17β-ol; Ac, *in* T-00503

$C_{23}H_{32}O_6$
▷Hydrocortisone acetate, *in* C-00548
3,5,14-Trihydroxy-19-oxo-20(22)-cardenolide, T-00478

$C_{23}H_{33}Cl_2NO_3$
Nandrolone 17-bis(2-chloroethyl)carbamate, *in* H-00185

$C_{23}H_{33}Cl_2N_3O_4S$
Tubulozole, T-00572

$C_{23}H_{33}FN_2O_2$
▷Propyperone, P-00518

$C_{23}H_{33}IN_2O$
▷Isopropamide iodide, *in* I-00199

$C_{23}H_{33}NO_2$
▷Azastene, A-00511
Xipranolol, X-00018
Xyloxemine, X-00026

$C_{23}H_{33}N_2O$
▷Isopropamide(1+), I-00199

$C_{23}H_{33}N_3O_6S$
Tameticillin, *in* M-00180

$C_{23}H_{33}N_5O_5S$
Gliamilide, G-00031

$C_{23}H_{34}IN_3O_3$
Beperidium iodide, *in* B-00131

$C_{23}H_{34}N_3O_3^{\oplus}$
Beperidium(1+), B-00131

$C_{23}H_{34}O_2$
4,7,10,13,16,19-Docosahexaenoic acid; Me ester, *in* D-00564
Retinol propanoate, *in* V-00058

$C_{23}H_{34}O_2S$
Tinabinol, T-00291

$C_{23}H_{34}O_3$
Pregnenolone acetate, *in* H-00205
Testosterone isobutyrate, *in* H-00111

$C_{23}H_{34}O_4$
Alphadolone acetate, *in* H-00200
Androst-5-en-3,16-diol; Di-Ac, *in* A-00382
Androst-5-ene-3,17-diol; Di-Ac, *in* A-00383
▷Digitoxigenin, D-00274
Prebediolone acetate, *in* H-00205

$C_{23}H_{34}O_5$
Compactin, C-00539
3,11,14-Trihydroxy-20(22)-cardenolide, T-00473
3,14,16-Trihydroxy-20(22)-cardenolide, T-00474

$C_{23}H_{34}O_6$
3α-Hydroxycompactin, *in* C-00539
3β-Hydroxycompactin, *in* C-00539

$C_{23}H_{34}O_8$
1,3,5,11,14,19-Hexahydroxy-20(22)-cardenolide, H-00053

$C_{23}H_{34}O_{11}$
Anguidol; 15-Ac, 4-(α-D-glucopyranosyl), *in* A-00386

$C_{23}H_{35}ClN_2O_2$
Pipramadol, P-00306

$C_{23}H_{35}NO_2$
Tonazocine, T-00379
Zenazocine, Z-00008

$C_{23}H_{35}N_3O$
Dizactamide, D-00558

$C_{23}H_{36}H_4O_5S_3$
▷Octotiamine, O-00023

$C_{23}H_{36}NO_5S$
SRS-A, S-00136

$C_{23}H_{36}N_6O_5S$
Argatroban, A-00440

$C_{23}H_{36}O_2$
Dimepregnen, D-00381

$C_{23}H_{36}O_3$
Drostanolone propionate, *in* H-00153
Methandriol propionate, *in* M-00225
Propetandrol, P-00500

$C_{23}H_{36}O_5$
Viprostol, V-00051

$C_{23}H_{36}O_7$
Pravastatin, P-00403

$C_{23}H_{38}ClN_3O$
Disobutamide, D-00535

$C_{23}H_{38}O$
Teprenone, JAN, T-00078

$C_{23}H_{38}O_2$
Rosterolone, R-00094

$C_{23}H_{38}O_4$
11,15-Dihydroxy-16,16-dimethyl-9-methylene-5,13-prostadienoic acid, D-00322
Trimoprostil, T-00517

$C_{23}H_{38}O_5$
▷Gemeprost, G-00015

$C_{23}H_{38}O_6$
Ornoprostil, O-00060

$C_{23}H_{39}NO_2$
Cetaben, *in* A-00216

$C_{23}H_{40}I_2N_2O_3$
▷Piprocurarium iodide, *in* P-00308

$C_{23}H_{40}N_2O_3^{\oplus\oplus}$
Piprocurarium(2+), P-00308

$C_{23}H_{40}N_4O_{11}$
Murabutide, M-00470
$C_{23}H_{40}O_6$
Mexiprostil, M-00352
$C_{23}H_{41}ClN_2O$
▷Metalkonium chloride, *in* M-00147
$C_{23}H_{41}N_2O^{\oplus}$
Metalkonium(1+), M-00147
$C_{23}H_{42}ClN$
▷Miristalkonium chloride, *in* B-00116
$C_{23}H_{42}ClNO_2$
Benzoxonium chloride, *in* B-00117
$C_{23}H_{42}N^{\oplus}$
Benzyldimethyl(tetradecyl)ammonium(1+), B-00116
$C_{23}H_{42}NO_2^{\oplus}$
Benzyldodecylbis(2-hydroxyethyl)ammonium(1+), B-00117
$C_{23}H_{42}N_2$
Epipachysamine C, *in* P-00416
Funtudiamine A, *in* P-00416
$C_{23}H_{42}N_2O_{12}$
▷Pentolinium tartrate, *in* P-00102
$C_{23}H_{45}N_5O_4$
▷Paromomycin II, *in* P-00039
$C_{23}H_{45}N_5O_{13}$
6-Deoxyparamomycin I, *in* P-00039
6-Deoxyparomycin II, *in* P-00039
$C_{23}H_{45}N_5O_{14}$
▷Paromomycin, P-00039
$C_{23}H_{46}N_2O_3$
Pendecamaine, P-00060
$C_{23}H_{46}N_6O_{13}$
▷Neomycin *B*, N-00068
▷Neomycin *C*, N-00069
$C_{24}H_{18}O_3$
1,3,5-Triphenoxybenzene, *in* B-00076
$C_{24}H_{18}O_6$
Fluorescein; Et ester, Ac, *in* F-00180
Phenolphthalein; Di-Ac, *in* P-00162
$C_{24}H_{19}ClN_4O_3$
Nicafenine, N-00084
$C_{24}H_{19}NO_5$
Oxyphenisatin acetate, *in* O-00160
$C_{24}H_{19}NO_6$
2,2-Bis[4-(acetyloxy)phenyl]-2*H*-1,4-benzoxazin-3(4*H*)-one, *in* B-00234
$C_{24}H_{20}Cl_2N_2OS$
▷Fenticonazole, F-00080
$C_{24}H_{20}Cl_2N_2O_3S$
Tolufazepam, T-00372
$C_{24}H_{20}I_6N_4O_8$
▷Iocarmic acid, I-00093
$C_{24}H_{20}N_4O_8$
Antibiotic MG 883-12F$_2$, *in* S-00162
10′-Demethylstreptonigrin, *in* S-00162
$C_{24}H_{20}O_5$
Fluorescein; Et ester, Et ether, *in* F-00180
$C_{24}H_{20}O_6$
Glycerol; Tribenzoyl, *in* G-00064
$C_{24}H_{20}O_7$
Citric acid; Triphenyl ester, *in* C-00402
$C_{24}H_{21}Br_3I_3N_5O_8$
Ioxabrolic acid, I-00147
$C_{24}H_{21}I_6N_5O_8$
Ioxaglic acid, I-00148
$C_{24}H_{21}NO_5$
3-Amino-1,2-propanediol; Tribenzoyl, *in* A-00317
$C_{24}H_{21}N_3O_3$
1,3,5-Triazine-2,4,6-triol; Tribenzyl ether, *in* T-00423
$C_{24}H_{21}N_5O_6$
Adenosine; 3′,5′-Dibenzoyl, *in* A-00067
$C_{24}H_{22}I_6N_2O_9$
Iotranic acid, I-00141
$C_{24}H_{22}O_4$
Phenolphthalein; Et ester, Et ether (open-chain form), *in* P-00162
$C_{24}H_{23}NO_4$
Morphine; 6-Benzoyl, *in* M-00449
$C_{24}H_{23}N_3O_4$
Citric acid; Trianilide, *in* C-00402
$C_{24}H_{23}N_3O_6S$
Talampicillin, T-00005
$C_{24}H_{24}ClNO_3$
Eniclobrate, E-00055
$C_{24}H_{24}N_2$
Acridorex, A-00048
$C_{24}H_{24}N_2O_4$
Abecarnil, A-00001
▷Nicocodine, N-00095
$C_{24}H_{24}N_4O_4S$
4-(*N*-Methylcarboxamido)-5-methylamsacrine, M-00239
$C_{24}H_{25}F_4NOS$
▷Piflutixol, P-00248
$C_{24}H_{25}NO_4$
Flavoxate, F-00112
$C_{24}H_{25}NS$
Tixadil, T-00328
$C_{24}H_{25}N_3O_2$
Panuramine, P-00017
$C_{24}H_{26}BrN_3O_3$
▷Nicergoline, N-00089
$C_{24}H_{26}FN_3O$
Biriperone, B-00183
$C_{24}H_{26}FN_3O_2$
Metrenperone, M-00342
$C_{24}H_{26}FN_3O_3$
Butanserin, B-00392
$C_{24}H_{26}N_2O$
Belarizine, B-00029
$C_{24}H_{26}N_2O_4$
Carvedilol, C-00105
Nicodicodine, *in* N-00095
$C_{24}H_{26}N_2O_6$
▷Suxibuzone, S-00283
$C_{24}H_{26}N_4$
Ropizine, R-00090
$C_{24}H_{26}O_4$
▷Estrofurate, E-00129
$C_{24}H_{26}O_5$
Pentomone, P-00103
$C_{24}H_{27}ClN_2O_3S$
Furomazine, F-00296
$C_{24}H_{27}N$
▷Prenylamine, P-00423
$C_{24}H_{27}NO_2$
Cyheptropine, *in* D-00282
Levophenacylmorphan, L-00039
Octocrilene, *in* C-00582
$C_{24}H_{27}NO_6$
▷Mecinarone, M-00043

$C_{24}H_{27}NO_7$
N-Deacetyl-N-3-oxobutyrylcolchicine, *in* C-00534
$C_{24}H_{27}NS$
Tiopropamine, T-00303
$C_{24}H_{27}N_3$
Centphenaquin, C-00168
$C_{24}H_{27}N_3O_3$
Trequinsin, T-00415
$C_{24}H_{28}Br_2N_2O_4$
▷Brovanexine, B-00330
$C_{24}H_{28}ClFN_2O_2$
▷Amiperone, A-00343
$C_{24}H_{28}ClNO_4$
Phenactropinium chloride, *in* P-00137
$C_{24}H_{28}ClN_3OS$
Clotixamide, C-00511
$C_{24}H_{28}ClN_5O_3$
▷Diphenhydramine teoclate, *in* D-00484
$C_{24}H_{28}Cl_2F_2O_4$
Tralonide, T-00394
$C_{24}H_{28}Cl_3FO_4$
Triclonide, T-00452
$C_{24}H_{28}FN_3O$
▷Spirilene, S-00121
$C_{24}H_{28}NO_4^{\oplus}$
Phenactropinium(1+), P-00137
$C_{24}H_{28}N_2O_2$
Meletimide, M-00079
$C_{24}H_{28}N_2O_3$
Naftopidil, N-00025
$C_{24}H_{28}N_2O_5$
Benazepril, *in* B-00038
$C_{24}H_{28}N_4O_2$
Altapizone, A-00154
$C_{24}H_{28}N_4O_5S$
Glisindamide, G-00046
$C_{24}H_{28}N_6O_5$
Quinespar, Q-00020
Spirofylline, S-00122
$C_{24}H_{28}N_6O_{10}S$
Fomidacillin, F-00239
$C_{24}H_{28}O_3$
4-[3-(3,5-Di-*tert*-butylphenyl)-3-oxo-1-propenyl]benzoic acid, D-00174
Spirorenone, S-00127
$C_{24}H_{28}O_4$
▷Diethylstilbestrol dipropionate, *in* D-00257
$C_{24}H_{28}O_6Ti$
Budotitane, B-00345
$C_{24}H_{29}BrFNO_3$
Flutropium bromide, *in* F-00233
$C_{24}H_{29}ClO_4$
▷Cyproterone acetate, *in* C-00651
$C_{24}H_{29}Cl_2FO_5$
Fluclorolone acetonide, F-00138
$C_{24}H_{29}Cl_3O_5$
Genovul, *in* C-00518
$C_{24}H_{29}FNO_3^{\oplus}$
Flutropium(1+), F-00233
$C_{24}H_{29}FN_2O_2$
Aceperone, A-00014
$C_{24}H_{29}FN_4O$
Irindalone, I-00170
$C_{24}H_{29}FO_6$
Acrocinonide, *in* T-00419
Corticoderm, *in* F-00207
$C_{24}H_{29}F_3O_6$
Cormethasone acetate, *in* C-00544
▷Froxiprost, F-00266
$C_{24}H_{29}NO$
Dexclamol, D-00112
▷Phenomorphan, P-00164
$C_{24}H_{29}NO_4$
▷Ethaverine, E-00150
$C_{24}H_{29}NO_4S$
Etolotifen, E-00255
$C_{24}H_{29}NO_5S_2$
Sevitropium mesilate, *in* S-00059
$C_{24}H_{29}N_3O_3$
6-(3,4-Dimethoxyphenyl)-1-ethyl-3,4-dihydro-3-methyl-4-[(2,4,6-trimethylphenyl)imino]-2(1*H*)-pyrimidinone, D-00401
$C_{24}H_{29}N_3O_4$
Idanpramine, I-00015
$C_{24}H_{30}BrNO_4$
Tropenziline bromide, *in* T-00551
$C_{24}H_{30}ClFO_5$
Clocortolone acetate, *in* C-00444
$C_{24}H_{30}FNa_2O_9P$
Triamcinolone acetonide sodium phosphate, *in* T-00419
$C_{24}H_{30}F_2O_6$
Flumethasone acetate, *in* F-00156
▷Fluocinolone acetonide, *in* F-00172
$C_{24}H_{30}NO_4^{\oplus}$
Tropenziline(1+), T-00551
$C_{24}H_{30}N_2O_2$
Desmethylmoramide, D-00096
▷Doxapram, D-00591
$C_{24}H_{30}N_2O_2S$
▷Piperacetazine, P-00282
$C_{24}H_{30}N_2O_3$
Anileridine; *N*-Ac; B,HCl, *in* A-00390
▷Carfentanil, C-00075
$C_{24}H_{30}N_2O_4$
Draquinolol, D-00600
$C_{24}H_{30}N_2O_8$
▷Mitopodozide, *in* P-00376
$C_{24}H_{30}O_2$
Doretinal, D-00585
$C_{24}H_{30}O_4$
Gummosinin, *in* H-00114
Hexestrol dipropionate, *in* B-00220
Testosterone furoate, *in* H-00111
$C_{24}H_{30}O_5$
▷Galbanic acid, G-00003
Taprostene, T-00027
$C_{24}H_{30}O_6$
17,21-Dihydroxy-16-methyl-1,4-pregnadiene-3,11,20-trione; 21-Ac, *in* D-00336
Oestriol; Tri-Ac, *in* O-00030
$C_{24}H_{30}O_8$
▷Desaspidin, D-00091
Merochlorophaeic acid, M-00127
$C_{24}H_{31}ClO_4$
Clomegestone acetate, *in* C-00466
$C_{24}H_{31}FO_5$
▷Descinolone acetonide, *in* D-00092
Fluocortolone; 21-Ac, *in* F-00175
Fluorometholone acetate, *in* F-00186

$C_{24}H_{31}FO_5S$
Timobesone acetate, *in* T-00286

$C_{24}H_{31}FO_6$
Betamethasone acetate, JAN, *in* B-00141
▷Dexamethasone acetate *in* D-00111
▷Flunisolide, F-00167
Fluperolone acetate, *in* F-00201
▷Paramethasone acetate, *in* P-00025
▷Triamcinolone acetonide, *in* T-00419

$C_{24}H_{31}F_3O_4$
Flumedroxone acetate, *in* F-00154

$C_{24}H_{31}NO$
4,4-Diphenyl-6-(1-piperidinyl)-3-heptanone, D-00509

$C_{24}H_{31}NO_3$
Pipoxizine, P-00303

$C_{24}H_{31}NO_4$
Drotaverine, D-00611
Fenaftic acid, F-00032

$C_{24}H_{31}NO_6$
Guan-fu base A, *in* H-00136

$C_{24}H_{31}N_3O$
Famprofazone, F-00016
Homopipramol, H-00085

$C_{24}H_{31}N_3OS$
▷Butaperazine, B-00394

$C_{24}H_{31}N_3O_2S$
Carphenazine, C-00095

$C_{24}H_{31}N_3O_3$
Milipertine, M-00375
Selprazine, S-00039

$C_{24}H_{31}N_3O_7$
▷Sibiromycin, S-00064

$C_{24}H_{32}ClFO_5$
▷Halcinonide, H-00004

$C_{24}H_{32}N_2O_2$
Eprazinone, E-00091

$C_{24}H_{32}N_2O_5$
Falipamil, F-00011
Metoserpate, M-00336

$C_{24}H_{32}N_2O_9$
Antimycin A_5, *in* A-00415

$C_{24}H_{32}N_4O_2S$
Tiospirone, T-00304

$C_{24}H_{32}O_2$
Quinbolone, Q-00015

$C_{24}H_{32}O_3$
2-(8-Cyclohexyloctyl)-3-hydroxy-1,4-naphthoquinone, C-00620

$C_{24}H_{32}O_4$
3,14-Dihydroxy-4,20,22-bufatrienolide, D-00319
▷Estradiol dipropionate, *in* O-00028
Estra-1,3,5(10)-triene-3,17-diol 17-(3-oxohexanoate), *in* O-00028
▷Ethynodiol diacetate, *in* E-00227
3-Hydroxy-14,15-epoxy-20,22-bufadienolide, H-00128
▷Megestrol acetate, *in* H-00174

$C_{24}H_{32}O_4S$
▷Spironolactone, S-00125

$C_{24}H_{32}O_5$
▷Bovogenin *A*, B-00262
Deprodone propionate, *in* D-00348
Kopetin, *in* H-00114

$C_{24}H_{32}O_6$
▷(6α,11β)-21-(Acetyloxy)-11,17-dihydroxy-6-methylpregna-1,4-diene-3,20-dione, *in* M-00297
▷Desonide, D-00101
3,5,14-Trihydroxy-19-oxo-20,22-bufadienolide, T-00477

$C_{24}H_{32}O_7$
▷Etiproston, E-00239

$C_{24}H_{32}O_{10}$
Acevaltrate, *in* V-00006

$C_{24}H_{33}FO_6$
▷Flurandrenolone, F-00215

$C_{24}H_{33}N$
Droprenilamine, D-00609

$C_{24}H_{33}NO_3$
Denaverine, D-00071
▷Naftidrofuryl, N-00023

$C_{24}H_{33}NO_4$
Acetylsongorine, *in* S-00100

$C_{24}H_{33}NO_5$
Guan-fu Base Z, *in* H-00136

$C_{24}H_{33}N_3O_2S$
▷Dixyrazine, D-00557

$C_{24}H_{33}N_3O_3S_2$
Pipothiazine, P-00302

$C_{24}H_{33}N_3O_4$
Ranolazine, R-00012

$C_{24}H_{33}O_9P$
Desonide phosphate, *in* D-00101

$C_{24}H_{34}N_2O$
Bepridil, B-00134

$C_{24}H_{34}N_2O_2$
▷Euprocin, E-00276

$C_{24}H_{34}N_2O_5$
Indolapril, I-00063
Trandolapril, *in* T-00396

$C_{24}H_{34}N_8O_4S_2$
Thiamine disulfide, T-00176

$C_{24}H_{34}O_3$
Rimexolone, R-00057

$C_{24}H_{34}O_3S$
Spiroxasone, S-00131

$C_{24}H_{34}O_4$
▷Algestone acetonide, *in* A-00114
▷Medroxyprogesterone acetate, *in* H-00175
Proligestone, P-00472

$C_{24}H_{34}O_4S_2$
Thiomesterone, T-00205

$C_{24}H_{34}O_5$
▷Dehydrocholic acid, D-00049
Eptaloprost, E-00096

$C_{24}H_{34}O_6$
▷Gitaloxigenin, *in* T-00474
Mexrenoic acid, M-00355

$C_{24}H_{34}O_7$
Oestradiol; 17-*O*-β-D-Glucopyranoside, *in* O-00028

$C_{24}H_{35}FO_6$
Drocinonide, D-00604

$C_{24}H_{35}NO_3$
Guan-fu base D, G-00105

$C_{24}H_{35}NO_5$
Decoquinate, D-00041

$C_{24}H_{36}BrNO_2$
Ciclotropium bromide, *in* C-00335

$C_{24}H_{36}NO_2^{\oplus}$
Ciclotropium(1+), C-00335

$C_{24}H_{36}N_2O_{18}S_3$
▷Glucosulfone, G-00057

$C_{24}H_{36}N_4O_9$
Cytosamine; 4*N*,2′,3′-Tri-Ac, *in* C-00656

$C_{24}H_{36}N_8O_{10}P_2S_2$
Thiamine monophosphate disulfide, *in* T-00176

$C_{24}H_{36}O_3$
Anagestone acetate, *in* A-00375
▷Nabilone, N-00002
Nandrolone caproate, *in* H-00185

$C_{24}H_{36}O_4$
▷Bolandiol dipropionate, *in* O-00029
17-Methylandrost-5-ene-3,17-diol; Di-Ac, *in* M-00225

$C_{24}H_{36}O_5$
▷Mevinolin, M-00348

$C_{24}H_{36}O_6$
β-Hydroxymevinolin, *in* M-00348

$C_{24}H_{37}ClN_2O_2$
Pipradimadol, P-00305

$C_{24}H_{37}NO_4$
Edifolone, E-00013
Paipunine, P-00003

$C_{24}H_{38}N_2O_2$
▷Laurolinium acetate, *in* L-00017

$C_{24}H_{38}N_2O_4$
Tomoglumide, T-00376

$C_{24}H_{38}N_4O_2$
▷Moxipraquine, M-00465

$C_{24}H_{38}N_4O_4$
Hexonat, *in* H-00055

$C_{24}H_{38}N_4O_4S$
Azamulin, A-00500

$C_{24}H_{38}O_3$
Canbisol, C-00025
17-[(1-Oxopentyl)oxy]androstan-3-one, *in* H-00109

$C_{24}H_{38}O_5$
4,4a-Dihydromevinolin, *in* M-00348
Alfaprostol, A-00110

$C_{24}H_{40}N_2$
▷Conessine, C-00540

$C_{24}H_{40}N_2O$
7α-Hydroxyconessine, *in* C-00540

$C_{24}H_{40}N_2O_6S_2$
▷Benzohexonium, *in* H-00055

$C_{24}H_{40}N_8O_4$
▷Dipyridamole, D-00530

$C_{24}H_{40}O_4$
3,7-Dihydroxy-24-cholanoic acid, D-00320
3,12-Dihydroxy-24-cholanoic acid, D-00321

$C_{24}H_{40}O_5$
Butaprost, B-00395
3,7,12-Trihydroxy-24-cholanoic acid, T-00475

$C_{24}H_{40}O_{10}S_2$
3,7-Bis(sulfooxy)cholan-24-oic acid, B-00236

$(C_{24}H_{40}O_{20})_n$
Schizophyllan, S-00030

$C_{24}H_{42}N_2$
Dihydroconessine, *in* C-00540
Feclemine, F-00025

$C_{24}H_{42}N_2O_3S$
Stearylsulfamide, S-00142

$C_{24}H_{43}NO$
Clinolamide, *in* O-00007

$C_{24}H_{44}N_2$
Dictyophlebine, *in* P-00416
Funtudiamine B, *in* P-00416
Pachysamine A, *in* P-00416

$C_{24}H_{44}N_2O_4$
Suxemerid, S-00281

$C_{24}H_{44}O_6$
▷Sorbitan monooleate, *in* A-00387

$C_{24}H_{45}N_3O_3$
Gallamine, G-00004

$C_{24}H_{46}O_6$
▷Sorbitan monostearate, *in* A-00387

$C_{24}H_{47}N_5O_{14}$
3-N-Methylparomomycin I, *in* P-00039

$C_{24}H_{48}O_3$
2,3-Dihydroxy-1-octadecyloxypropane; Isopropylidene deriv., *in* D-00337

$C_{24}H_{50}BrNO$
Biocidan, *in* C-00182

$C_{24}H_{50}ClNO$
Cethexonium chloride, *in* C-00182

$C_{24}H_{50}NO^{\oplus}$
Cethexonium(1+), C-00182

$C_{25}H_{18}O_{10}S_2$
Menadiol bissulfobenzoate, *in* D-00333

$C_{25}H_{19}NO_2$
5-(Triphenylmethyl)-2-pyridinecarboxylic acid, T-00526

$C_{25}H_{19}NO_3$
▷Fendosal, F-00045

$C_{25}H_{21}ClN_2O_3S$
Pimetacin, P-00256

$C_{25}H_{22}N_4O_8$
▷Streptonigrin, S-00162

$C_{25}H_{22}O_6P_2$
Tetraphenyl methylenebisphosphonate, *in* M-00168

$C_{25}H_{22}O_7$
Erythritol; Tri-*O*-benzoyl, *in* E-00114

$C_{25}H_{22}O_9$
Silymonin, *in* S-00071

$C_{25}H_{22}O_{10}$
Silybin, S-00069
Silychristin, S-00070
Silydianin, S-00071

$C_{25}H_{22}O_{13}$
2,3,3′,4,4′,5′-Hexahydroxybenzophenone; Hexa-Ac, *in* H-00052

$C_{25}H_{23}ClN_2O_7$
Binifibrate, B-00170

$C_{25}H_{23}N_5O_6S$
Apalcillin, A-00421

$C_{25}H_{24}F_3NO_2$
Panomifene, P-00014

$C_{25}H_{24}N_2O_6$
Methyl 3-phenyl-2-propen-1-yl 1,4-dihydro-2,6-dimethyl-4-(3-nitrophenyl)-3,5-pyridinedicarboxylate, M-00292

$C_{25}H_{24}N_8O_7S_2$
Cefpiramide, C-00143

$C_{25}H_{24}O_{12}$
Clitoriacetal; Tri-Ac, *in* C-00432
▷Cynarine, C-00643

$C_{25}H_{25}ClN_2$
Quinaldine blue, *in* E-00190

$C_{25}H_{25}IN_2$
▷Pinacyanol, *in* E-00190

$C_{25}H_{25}N_2^{\oplus}$
1-Ethyl-2-[3-(1-ethyl-2(1*H*)-quinolinylidene)propenyl]-quinolinium, E-00190

$C_{25}H_{25}N_3O$
Trifenagrel, T-00458

$C_{25}H_{25}N_3O_4$
Tris(4-aminophenyl)methanol; 4,4′,4″-Tri-*N*-Ac, *in* T-00532

$C_{25}H_{26}F_2O_8$
Acefluranol, A-00009
$C_{25}H_{26}N_2O$
Savoxepin, S-00029
$C_{25}H_{26}N_2O_2$
▷Medibazine, M-00055
$C_{25}H_{26}N_6O_8S$
Fuzlocillin, F-00304
$C_{25}H_{26}O_2$
▷4-[1-Ethyl-2-[4-(phenylmethoxy)phenyl]-1-butenyl]phenol, *in* D-00257
$C_{25}H_{26}O_3$
Oestrone; Benzoyl, *in* C-00031
$C_{25}H_{27}ClN_2$
▷Meclozine, M-00051
$C_{25}H_{27}ClN_2O_8$
Glucametacin, G-00052
$C_{25}H_{27}NO$
Cinfenine, C-00364
$C_{25}H_{27}N_9O_8S_2$
Cefoperazone, C-00136
$C_{25}H_{28}N_2O_2$
Cinperene, C-00380
$C_{25}H_{28}N_4O_{10}$
Riboflavine; 2′,3′,4′,5′-Tetra-Ac, *in* R-00038
$C_{25}H_{28}O_3$
Etofenoprox, E-00249
▷Oestradiol benzoate, *in* O-00028
$C_{25}H_{29}BrF_2O_7$
▷Halopredone acetate, *in* H-00016
$C_{25}H_{29}ClN_2O_3$
Picumast, P-00244
$C_{25}H_{29}ClN_4O$
Bispyroquine, B-00235
$C_{25}H_{29}FN_2O_2$
Mindoperone, M-00384
$C_{25}H_{29}FN_4O_4S$
Gliflumide, G-00040
$C_{25}H_{29}I_2NO_3$
▷Amiodarone, A-00342
$C_{25}H_{29}NO_2$
Difeterol, D-00266
Prenoverine, P-00421
$C_{25}H_{29}NO_4$
Tropodifene, T-00556
$C_{25}H_{29}N_3O$
▷Nufenoxole, N-00232
$C_{25}H_{29}N_3O_2$
▷Metergoline, M-00159
$C_{25}H_{29}N_3O_3$
Adimolol, A-00070
$C_{25}H_{30}ClNO_3$
▷Trospium chloride, *in* T-00558
$C_{25}H_{30}ClN_3$
▷Gentian violet, *in* B-00209
$C_{25}H_{30}FNO_6$
▷Fluazacort, F-00131
$C_{25}H_{30}NO_3^{\oplus}$
Trospium(1+), T-00558
$C_{25}H_{30}N_2$
▷6,6′-Methylenebis[1,2-dihydro-2,2,4-trimethylquinoline], M-00250
$C_{25}H_{30}N_2O_5$
Quinapril, *in* Q-00012
$C_{25}H_{30}N_3^{\oplus}$
▷*N*-[4-[Bis[4-(dimethylamino)phenyl]methylene]-2,5-cyclohexadien-1-ylidene]-*N*-methylmethanaminium(1+), B-00209
$C_{25}H_{30}N_4O_9S_2$
Sultamicillin, S-00262
$C_{25}H_{30}O_4S$
Mespirenone, M-00135
$C_{25}H_{30}O_8$
Prednisone succinate, *in* P-00413
$C_{25}H_{30}O_{10}$
Salprotoside, S-00020
$C_{25}H_{31}ClF_2O_5$
Ulobetasol propionate, *in* U-00006
$C_{25}H_{31}ClF_2O_5S$
Cloticasone propionate, *in* C-00509
$C_{25}H_{31}FO_8$
Fluprednisolone hemisuccinate, *in* F-00208
▷Triamcinolone diacetate, *in* T-00419
$C_{25}H_{31}F_3O_5S$
Fluticasone propionate, *in* F-00227
$C_{25}H_{31}NO$
Butaclamol, B-00382
$C_{25}H_{31}NO_3$
Methindizate, M-00181
Testosterone nicotinate, *in* H-00111
$C_{25}H_{31}NO_4$
Fenperate, F-00068
Phenoperidine; Ac; B,HCl, *in* P-00165
$C_{25}H_{31}NO_6$
▷Deflazacort, D-00046
$C_{25}H_{31}NO_9$
Ryania Diterpene ester B, *in* R-00108
$C_{25}H_{31}N_3O_2$
Befiperide, B-00026
$C_{25}H_{31}N_3O_4$
Alpertine, A-00146
$C_{25}H_{31}N_5O_8$
▷Metscufylline, *in* E-00137
$C_{25}H_{32}BrNOS$
Tipetropium bromide, *in* T-00312
$C_{25}H_{32}ClFO_5$
▷Clobetasol propionate, *in* C-00437
$C_{25}H_{32}ClN_5OS$
Imiclopazine, I-00028
$C_{25}H_{32}ClN_5O_2$
Nefazodone, N-00061
$C_{25}H_{32}Cl_2O_6$
Ethyl 5,6-bis-*O*-(4-chlorobenzyl)-3-*O*-propyl glucoside, E-00175
$C_{25}H_{32}NOS^{\oplus}$
Tipetropium(1+), T-00312
$C_{25}H_{32}N_2O_2$
Moramide, M-00437
$C_{25}H_{32}N_2O_2S$
Sunagrel, S-00270
$C_{25}H_{32}N_2O_3$
Lofentanil, L-00073
$C_{25}H_{32}N_2O_7$
Bometolol, B-00251
$C_{25}H_{32}N_2O_8$
▷Niludipine, N-00142
$C_{25}H_{32}N_4O$
▷Retelliptine, R-00032

$C_{25}H_{32}N_4O_2$
Pipebuzone, P-00276
$C_{25}H_{32}N_4O_2S$
Tioperidone, T-00301
$C_{25}H_{32}O_2$
▷Quinestrol, *in* E-00231
$C_{25}H_{32}O_3$
Nylestriol, N-00234
$C_{25}H_{32}O_4$
▷Melengestrol acetate, *in* M-00078
Nandrolone furylpropionate, *in* H-00185
Naxaprostene, N-00054
$C_{25}H_{32}O_5$
Methyl galbanate, *in* G-00003
$C_{25}H_{32}O_8$
Prednisolone succinate, *in* P-00412
$C_{25}H_{33}ClN_2O_2$
Lobuprofen, L-00067
$C_{25}H_{33}ClN_2O_4$
Nisterime, N-00161
$C_{25}H_{33}ClO_5$
Clogestone acetate, *in* C-00463
$C_{25}H_{33}FO_6$
Flugestone; Di-Ac, *in* F-00150
$C_{25}H_{33}NO_2$
Nonabine, N-00202
$C_{25}H_{33}NO_4$
▷Etorphine, E-00263
$C_{25}H_{33}NO_7$
▷Bundlin *A*, B-00362
$C_{25}H_{33}NO_9$
Dehydroryanodine, *in* R-00108
$C_{25}H_{33}N_3O_2S$
Oxaprazine, O-00090
$C_{25}H_{34}NO_3$
2,7-Dihydroxy-9*H*-fluoren-9-one; Bis(diethylaminoethyl) ether, *in* D-00327
$C_{25}H_{34}N_2O_2$
Oxiramide, O-00118
$C_{25}H_{34}N_2O_3$
▷Tilorone, T-00277
$C_{25}H_{34}N_2O_4$
Fexicaine, F-00097
$C_{25}H_{34}N_2O_9$
▷Antimycin A_4, *in* A-00415
$C_{25}H_{34}N_4O_9$
KB 2413, *in* E-00166
$C_{25}H_{34}O_2$
Quingestanol, Q-00024
$C_{25}H_{34}O_3$
Estradiol hexahydrobenzoate, *in* O-00028
$C_{25}H_{34}O_4$
Metynodiol diacetate, *in* M-00346
$C_{25}H_{34}O_6$
Budesonide, B-00344
$C_{25}H_{34}O_8$
Hydrocortisone hemisuccinate, *in* C-00548
$C_{25}H_{35}NO_5$
▷Mebeverine, M-00033
$C_{25}H_{35}NO_8S$
Troxypyrrolium tosylate, *in* T-00561
$C_{25}H_{35}NO_9$
▷Ryanodine, R-00108
$C_{25}H_{35}NO_{10}$
Ryania Diterpene ester C_1, *in* R-00108
$C_{25}H_{36}O_3$
Estradiol enanthate, *in* O-00028
Nandrolone cyclohexane carboxylate, *in* H-00185
$C_{25}H_{36}O_5$
Pregnenolone succinate, *in* H-00205
$C_{25}H_{36}O_6$
▷Digicorigenin, *in* T-00474
▷Hydrocortisone butyrate, *in* C-00548
21-Hydroxy-3,20-pregnanedione; 21-(3-Carboxypropanoyl), *in* H-00201
▷Oleandrigenin, *in* T-00474
$C_{25}H_{37}ClO_3$
Clostebol caproate, *in* C-00506
$C_{25}H_{37}NO_2$
Quadazocine, Q-00001
$C_{25}H_{37}NO_4$
Salmeterol, S-00019
$C_{25}H_{37}N_3O$
Diamocaine, D-00140
$C_{25}H_{38}N_2O$
Bunamidine, B-00359
$C_{25}H_{38}O_2$
Penmesterol, P-00072
$C_{25}H_{38}O_3$
Testosterone isocaproate, *in* H-00111
$C_{25}H_{38}O_4$
▷Androstenediol dipropionate, *in* A-00383
Oxprenoic acid, O-00144
$C_{25}H_{38}O_5$
Simvastatin, S-00075
$C_{25}H_{40}O_2S$
▷Mepitiostane, M-00100
$C_{25}H_{41}ClO_3$
2-Chloro-4-(1-hydroxyoctadecyl)benzoic acid, C-00246
$C_{25}H_{42}O_5$
3,7,12-Trihydroxy-24-cholanoic acid; Me ester, *in* T-00475
$C_{25}H_{43}NO_3$
Minaxolone, M-00382
$C_{25}H_{43}NO_{18}$
Acarbose, A-00005
$C_{25}H_{43}N_{13}O_{10}$
▷Tuberactinomycin *N*, T-00569
▷Viomycin, V-00050
$C_{25}H_{44}ClN_3O_2$
Dofamium chloride, *in* D-00569
$C_{25}H_{44}N_2O$
Azacosterol, A-00495
$C_{25}H_{44}N_3O_2^{\oplus}$
Dofamium(1+), D-00569
$C_{25}H_{44}N_{14}O_7$
▷Capreomycin I*B*, *in* C-00031
$C_{25}H_{44}N_{14}O_8$
▷Capreomycin I*A*, *in* C-00031
$C_{25}H_{46}BrNO_2$
Amantanium bromide, *in* A-00163
$C_{25}H_{46}ClN$
Cetalkonium chloride, *in* B-00118
$C_{25}H_{46}N^{\oplus}$
Benzylhexadecyldimethylammonium(1+), B-00118
$C_{25}H_{46}NO_2^{\oplus}$
Amantanium(1+), A-00163
$C_{25}H_{46}N_2$
Dihydrokurchessine, *in* P-00416

N-Methylpachysamine A, *in* P-00416

$C_{25}H_{47}N_5O_{15}$
N^1-Acetylparomomycin I, *in* P-00039

$C_{25}H_{48}N_6O_8$
▷Deferoxamine, D-00044

$C_{25}H_{48}O_5$
2,3-Dihydroxy-1-octadecyloxypropane; Di-Ac, *in* D-00337

$C_{25}H_{49}N_5O_{14}$
2′-*N*-Ethylparamomycin, *in* P-00039

$C_{26}H_{18}CuN_4O_8$
Cuprimyxin, C-00577

$C_{26}H_{19}N_3O_{10}S_3$
Anazolene, A-00379

$C_{26}H_{20}Cl_4FN_2O_2^{\oplus}$
Fludazonium(1+), F-00143

$C_{26}H_{20}Cl_5FN_2O_2$
Fludazonium chloride, *in* F-00143

$C_{26}H_{21}NO_6$
▷Triacetyldiphenolisatin, *in* O-00160

$C_{26}H_{22}Cl_2N_2O_3$
Doconazole, D-00563

$C_{26}H_{22}O_8$
Xylose; 1,2,4-Tribenzoyl, *in* X-00024
Xylose; 2,3,4-Tribenzoyl, *in* X-00024

$C_{26}H_{23}Cl_4N_2O^{\oplus}$
Sepazonium(1+), S-00043

$C_{26}H_{23}Cl_5N_2O$
Sepazonium chloride, *in* S-00043

$C_{26}H_{25}Cl_2N_3O$
Tebuquine, T-00046

$C_{26}H_{25}IN_2S$
Bidimazium iodide, *in* B-00159

$C_{26}H_{25}NO_3$
Ansoxetine, A-00399

$C_{26}H_{25}N_2S^{\oplus}$
Bidimazium(1+), B-00159

$C_{26}H_{25}N_3O_3S$
Fenoverine, F-00065

$C_{26}H_{26}F_2N_2$
Flunarizine, F-00165

$C_{26}H_{26}I_6N_2O_{10}$
▷Iodoxamic acid, I-00108

$C_{26}H_{26}N_2$
Azipramine, A-00526

$C_{26}H_{26}N_2O_3$
Naltrindole, N-00035

$C_{26}H_{26}N_2O_5$
20-Hexanoylcamptothecin, *in* C-00024

$C_{26}H_{26}N_2O_6$
Mecrifurone, M-00052

$C_{26}H_{26}N_2O_6S$
Carindacillin, C-00077

$C_{26}H_{26}N_4O_4S$
Bentiamine, B-00067

$C_{26}H_{26}O_{18}$
Amritoside, *in* E-00026

$C_{26}H_{27}Br_2N_7$
▷Pyrithidium bromide, *in* P-00589

$C_{26}H_{27}ClN_2$
Clocinizine, C-00443

$C_{26}H_{27}ClN_2O$
Lofepramine, L-00074

$C_{26}H_{27}NO_9$
11-Deoxycarminomycin I, *in* C-00081
▷Idarubicin, I-00016

$C_{26}H_{27}NO_{10}$
▷Carminomycin I, C-00081
Medorubicin, *in* A-00080
4-O-Demethyl-11-deoxydoxorubicin, *in* A-00080

$C_{26}H_{27}N_3O_4S$
Nictiazem, N-00106

$C_{26}H_{27}N_5O_2$
Cabergoline, C-00002

$C_{26}H_{27}N_7^{\oplus\oplus}$
Pyritidium(2+), P-00589

$C_{26}H_{28}ClNO$
▷Clomiphene, C-00471
▷Phenacridane chloride, *in* H-00074
Toremifene, T-00388

$C_{26}H_{28}ClNO_2$
Clomifenoxide, *in* C-00471

$C_{26}H_{28}ClN_3$
▷Pyrvinium chloride, *in* V-00052

$C_{26}H_{28}ClN_3O_6S$
Fibracillin, F-00102

$C_{26}H_{28}Cl_2N_4O_4$
▷Ketoconazole, K-00016

$C_{26}H_{28}NO^{\oplus}$
9-[4-(Hexyloxy)phenyl]-10-methylacridinium(1+), H-00074

$C_{26}H_{28}N_2$
Cinnarizine, C-00372

$C_{26}H_{28}N_3^{\oplus}$
Viprynium(1+), V-00052

$C_{26}H_{28}N_4O_2$
1,3-Dihydro-1-[1-[(4-methyl-4*H*,6*H*-pyrrolo[1,2-*a*][4,1]-benzoxazepin-4-yl)methyl]-4-piperidinyl]-2*H*-benzimidazol-2-one, D-00292

$C_{26}H_{29}FN_2O_2$
Cabastine, C-00001

$C_{26}H_{29}F_2N_7$
▷Almitrine, A-00139

$C_{26}H_{29}NO$
Tamoxifen, T-00023

$C_{26}H_{29}NO_2$
Droloxifene, D-00607

$C_{26}H_{29}NO_3$
Aminoxytriphene, A-00341
Doxaminol, D-00590

$C_{26}H_{29}NO_8$
4-O-Demethyl-11,13-dideoxydaunorubicin, *in* C-00081

$C_{26}H_{29}NO_9$
4-O-Demethyl-11-deoxy-13-dihydrodaunorubicin, *in* C-00081

$C_{26}H_{29}N_3O_6$
Nicardipine, N-00088

$C_{26}H_{30}ClFN_2O_2$
Haloperidide, H-00014

$C_{26}H_{30}Cl_2F_3NO$
Halofantrine, H-00007

$C_{26}H_{30}N_4O_{10}$
Riboflavine; Tetra-Ac, 3*N*-Me, *in* R-00038

$C_{26}H_{31}Cl_2N_3$
Aminoquinol, A-00331

$C_{26}H_{31}Cl_2N_5O_3$
Terconazole, T-00086

$C_{26}H_{31}IN_4$
Tozocide, *in* A-00284

$C_{26}H_{31}NO_3$
2-Methyl-3-oxo-2-azabicyclo[2.2.2]oct-6-yl *β*-methyl[1,1′-biphenyl]-4-pentanoate, M-00277

$C_{26}H_{31}N_3O_2S$
Pretiadil, P-00426

$C_{26}H_{31}N_4^{\oplus}$
4-Amino-2-methyl-1-[6-[(2-methyl-4-quinolinyl)amino]hexyl]-quinolinium(1+), A-00284

$C_{26}H_{32}ClFO_5$
▷Clobetasone butyrate, *in* C-00437

$C_{26}H_{32}F_2O_7$
Diflorasone diacetate, *in* D-00267
▷Fluocinonide, F-00173

$C_{26}H_{32}F_3N_3O_2S$
Oxaflumazine, O-00077

$C_{26}H_{32}N_2O_5$
Delapril, D-00051

$C_{26}H_{32}N_2O_8$
Tritoqualine, T-00541

$C_{26}H_{32}O_8$
Meprednisone hydrogen succinate, *in* D-00336

$C_{26}H_{32}O_9$
Oestriol succinate, *in* O-00030

$C_{26}H_{33}Cl_2N_3O_4$
▷Asaphan, A-00453

$C_{26}H_{33}Cl_2N_3O_5$
N-[*N*-Acetyl-4-[bis(2-chloroethyl)amino]phenylalanyl]-tyrosine ethyl ester, *in* A-00453

$C_{26}H_{33}Cl_2N_3O_6$
N-[*N*-Acetyl-4-[bis(2-chloroethyl)amino]phenylalanyl]-3,4-dihydroxyphenylalanine ethyl ester, *in* A-00453

$C_{26}H_{33}FO_7$
Flunisolide acetate, *in* F-00167

$C_{26}H_{33}FO_8$
Betamethasone succinate, *in* B-00141
Dexamethasone succinate, *in* D-00111

$C_{26}H_{33}F_3N_2O_2$
Frabuprofen, F-00263

$C_{26}H_{33}F_3N_2O_5$
Flordipine, F-00122

$C_{26}H_{33}NO_2$
N-(4-Hydroxyphenyl)retinamide, H-00197

$C_{26}H_{33}NO_4$
Cyprenorphine, C-00646

$C_{26}H_{33}NO_6$
Lacidipine, *in* D-00430
Piprofurol, P-00309

$C_{26}H_{33}NO_7$
Guan-fu base G, *in* H-00136

$C_{26}H_{33}N_3O_6$
Ecastolol, E-00004

$C_{26}H_{33}N_5O_2$
Nilprazole, N-00141

$C_{26}H_{34}F_2O_7$
Flumoxonide, F-00163

$C_{26}H_{34}N_2O_4$
1,4-Bis[2-(diethylamino)ethoxy]anthraquinone, B-00205

$C_{26}H_{34}O_3$
▷17-(Benzoyloxy)androstan-3-one, *in* H-00109

$C_{26}H_{34}O_5$
3-Hydroxy-14,15-epoxy-20,22-bufadienolide; Ac, *in* H-00128

$C_{26}H_{34}O_7$
▷Fumagillin, F-00273
3,5,14-Trihydroxy-19-oxo-20,22-bufadienolide; 3-Ac, *in* T-00477

$C_{26}H_{34}O_8$
Agrimophol, A-00085

$C_{26}H_{35}FO_5$
▷Fluocortin butyl, *in* F-00174

$C_{26}H_{35}FO_6$
Amcinafal, *in* T-00419
Fluprednisolone valerate, *in* F-00208

$C_{26}H_{35}NO_4$
▷Diprenorphine, D-00520
Diproteverine, D-00527
Piriprost, P-00334

$C_{26}H_{35}NO_6$
Guan-fu base F, G-00107

$C_{26}H_{35}NO_{10}$
Ryania Diterpene ester D, *in* R-00108

$C_{26}H_{35}O_4$
Hexabolan, *in* T-00410

$C_{26}H_{36}N_2O_3$
Devapamil, D-00110
Sergolexole, S-00047

$C_{26}H_{36}N_2O_4$
Bisobrin, B-00232

$C_{26}H_{36}N_2O_4S_2$
Tiadenol nicotinate, *in* B-00217

$C_{26}H_{36}N_2O_9$
▷Antimycin A_3, *in* A-00415

$C_{26}H_{36}N_4O_6S$
Syndyphalin, S-00285

$C_{26}H_{36}O_3$
▷Estradiol cypionate, *in* O-00028

$C_{26}H_{36}O_5$
Dicirenone, D-00208
Domoprednate, D-00574

$C_{26}H_{36}O_6$
Prednisolone pivalate, *in* P-00412
▷Prednisolone valerate, *in* P-00412

$C_{26}H_{36}O_7$
Hydrocortisone aceponate, *in* C-00548

$C_{26}H_{37}NO_4$
Topicaine, T-00381

$C_{26}H_{37}NO_6$
Dehydrocholylglycine, *in* D-00049

$C_{26}H_{37}NO_8S_2$
Tiapamil, T-00241

$C_{26}H_{37}NO_{10}$
Ryania Diterpene ester A, *in* R-00108

$C_{26}H_{38}BrNO_3$
Octibenzonium bromide, *in* O-00021

$C_{26}H_{38}ClNO_3$
Octibenzonium(1+); Chloride, *in* O-00021

$C_{26}H_{38}NO_3^{\oplus}$
Octibenzonium(1+), O-00021

$C_{26}H_{38}N_2O_3$
2′,4′-[Bis(2-diethylamino)ethoxy]-2-phenylacetophenone, B-00206
Prospasmin, P-00526

$C_{26}H_{38}N_2O_4$
Mazipredone, M-00030

$C_{26}H_{38}N_2O_6P_2S_4$
Zilantel, Z-00014

$C_{26}H_{38}O_2$
17-Acetyl-6-methyl-16,24-cyclo-21-norchol-4-en-3-one, A-00038
Quingestrone, Q-00025

$C_{26}H_{38}O_3$
Nandrolone cipionate, *in* H-00185
Pentagestrone, P-00080
▷Testosterone hexahydrobenzoate, *in* H-00111

$C_{26}H_{38}O_4$
Deoxycortone pivalate, *in* H-00203
▷Gestonorone caproate, *in* G-00023
Oxabolone cipionate, O-00072

$C_{26}H_{38}O_5$
Edogestrone, E-00014
Ethyl dehydrocholate, *in* D-00049

$C_{26}H_{38}O_5S$
Tixocortol pivalate, *in* D-00328

$C_{26}H_{38}O_6$
Hydrocortisone valerate, *in* C-00548

$C_{26}H_{40}O_3$
Dehydroepiandrosterone enanthate, *in* H-00110
Mesabolone, M-00130
▷Testosterone enanthate, *in* H-00111

$C_{26}H_{41}BrNO_4^{\oplus}$
Pinaverium(1+), P-00267

$C_{26}H_{41}Br_2NO_4$
▷Pinaverium bromide, *in* P-00267

$C_{26}H_{41}NO$
▷Melinamide, M-00080

$C_{26}H_{42}O_2$
Androgenol, *in* H-00154

$C_{26}H_{42}O_3$
17-[(1-Oxoheptyl)oxy]androstan-3-one, *in* H-00109

$C_{26}H_{43}IN_2$
Stercuronium iodide, *in* S-00146

$C_{26}H_{43}NO_3$
N-(4-Hydroxy-3-methoxybenzyl)-9-octadecenamide, H-00149

$C_{26}H_{43}NO_5$
Glycochenodeoxycholic acid, *in* D-00320
▷Glycodeoxycholic acid, *in* D-00321
Glycoursodeoxycholic acid, *in* D-00320

$C_{26}H_{43}N_2^{\oplus}$
Stercuronium(1+), S-00146

$C_{26}H_{44}O_9$
▷Pseudomonic acid *A*, P-00552

$C_{26}H_{45}NO_6S$
Taurochenodeoxycholic acid, *in* D-00320

$C_{26}H_{45}NO_7S$
▷Taurocholic acid, T-00031

$C_{26}H_{45}NO_7SSe$
Tauroselcholic acid, T-00034

$C_{26}H_{46}I_2N_2$
Chandonium iodide, *in* C-00188

$C_{26}H_{46}N_2^{\oplus\oplus}$
Chandonium(2+), C-00188

$C_{26}H_{46}N_2O$
Epipachysamine A, *in* P-00416
N[3]-Acetylpachysamine A, *in* P-00416
Saracodine, *in* P-00416

$C_{26}H_{48}N_6S_2$
Pyrextramine, P-00567

$C_{26}H_{50}BrNO_2$
▷Penoctonium bromide, *in* P-00073

$C_{26}H_{50}NO_2^{\oplus}$
Penoctonium(1+), P-00073

$C_{26}H_{54}N_{10}O_2$
Ipexidine, I-00151

$C_{26}H_{56}NO_5PS$
Ilmofosine, I-00022

$C_{26}H_{56}N_{10}$
Alexidine, A-00107

$C_{27}H_{18}InN_3O_3$
Tris(8-quinolinato)indium, *in* H-00211

$C_{27}H_{18}O_6$
1,3,5-Benzenetriol; Tribenzoyl, *in* B-00076

$C_{27}H_{20}ClNO_6$
Talmetacin, T-00011

$C_{27}H_{20}N_4O$
Pyrinoline, P-00588

$C_{27}H_{21}Cl_2N_3O_7$
Rebeccamycin, R-00017

$C_{27}H_{22}ClN_3O_7$
11-Deschlororebeccamycin, *in* R-00017

$C_{27}H_{22}Cl_2N_4$
▷Clofazimine, C-00450

$C_{27}H_{22}F_4N_4O_3S$
Losulazine, L-00102

$C_{27}H_{23}ClN_2O_5$
Indometacin paracetamol ester, *in* I-00065

$C_{27}H_{23}ClN_2O_9$
Chloroalbofungin, *in* A-00100

$C_{27}H_{24}N_2O_9$
▷Albofungin, A-00100

$C_{27}H_{24}O_3$
1,3,5-Benzenetriol; Tribenzyl ether, *in* B-00076

$C_{27}H_{25}ClN_2O_4$
Feclobuzone, F-00026

$C_{27}H_{25}F_2N_3OS$
Ritanserin, R-00066

$C_{27}H_{25}F_3N_2O$
Flutroline, F-00232

$C_{27}H_{25}NO_4S$
[6-Hydroxy-2-(4-hydroxyphenyl)benzo[*b*]thien-3-yl][4-[2-(1-pyrrolidinyl)ethoxy]phenyl]methanone, H-00140

$C_{27}H_{26}F_3N_5O_5$
Azidopine, A-00523

$C_{27}H_{26}O_6$
1,3:2,4:5,6-Tri-*O*-benzylidene-D-glucitol, *in* G-00054

$C_{27}H_{26}O_{13}$
3,3′,4,4′,5,7-Hexahydroxyflavan; Hexa-Ac, *in* H-00054

$C_{27}H_{27}N_5O_9S_3$
Cefcanel daloxate, *in* C-00122

$C_{27}H_{28}N_2O_4$
▷Nitromifene, N-00182
Saloquinine, *in* Q-00028

$C_{27}H_{28}N_2O_6$
20-Hexanoyl-10-methoxycamptothecin, *in* C-00024

$C_{27}H_{28}N_4O_3$
3′-[Bis(2-hydroxyethyl)amino)acetophenone (4,5-diphenyl-2-oxazolyl)hydrazone, B-00216

$C_{27}H_{28}N_8O_9S_2$
Piroxicillin, P-00352

$C_{27}H_{28}O_3$
17α-Ethynyl-1,3,5(10)-oestratriene-3,17-diol; 3-Benzoyl, *in* E-00231

$C_{27}H_{29}NO$
Trecadrine, T-00407

$C_{27}H_{29}NO_9$
11-Deoxydaunorubicin, *in* D-00019
Ethyl *O*-[*N*-(*p*-carboxyphenyl)carbamoyl]mycophenolate, E-00178

$C_{27}H_{29}NO_{10}$
▷Daunomycin, D-00019
11-Deoxydoxorubicin, *in* A-00080
▷Esorubicin, *in* A-00080
Pirozadil, P-00354

$C_{27}H_{29}NO_{11}$
▷Adriamycin, A-00080

10-Carboxy-13-deoxocarminomycin, *in* C-00081
N-Formyl-13-dihydrocarminomycin I, *in* C-00081

$C_{27}H_{29}N_5O$
Revenast, R-00034

$C_{27}H_{29}N_7O_2$
Barmastine, B-00015

$C_{27}H_{30}Cl_2O_6$
Mometasone furoate, *in* M-00426

$C_{27}H_{30}N_4O$
Oxatomide, O-00094

$C_{27}H_{30}N_4O_4$
Saterinone, S-00027

$C_{27}H_{30}O_6$
▷Sofalcone, S-00092

$C_{27}H_{30}O_9$
7-[3-(4-Acetyl-3-hydroxy-2-propylphenoxy)-2-hydroxypropoxy]-4-oxo-8-propyl-4*H*-1-benzopyran-2-carboxylic acid, A-00035

$C_{27}H_{30}O_{14}$
Lanceolarin, *in* D-00330

$C_{27}H_{30}O_{16}$
▷Rutin, R-00106

$C_{27}H_{31}ClN_2O$
Chlorbenzoxamine, C-00196

$C_{27}H_{31}ClN_2S$
Bentipimine, B-00068

$C_{27}H_{31}ClO_{15}$
Keracyanin; Chloride, *in* K-00009

$C_{27}H_{31}NO_3$
Asocainol, A-00457

$C_{27}H_{31}NO_4$
Estrapronicate, *in* O-00028

$C_{27}H_{31}NO_5$
3,4,6-Tri-*O*-benzyl-D-glucosamine, *in* A-00235

$C_{27}H_{31}NO_8$
11-Deoxy-13-deoxodaunorubicin, *in* D-00019

$C_{27}H_{31}NO_9$
11-Deoxy-13-dihydrodaunorubicin, *in* D-00019

$C_{27}H_{31}N_5O_5$
Triletide, T-00488

$C_{27}H_{31}O_{15}^{\oplus}$
Keracyanin, K-00009

$C_{27}H_{32}ClNO_2$
▷Triparanol, T-00523

$C_{27}H_{32}N_2NaO_6S_2$
Isosulfan Blue, I-00212

$C_{27}H_{32}N_2O_6S_2$
Sulphan blue, S-00249

$C_{27}H_{32}O_9$
Dehydroverrucarin A, *in* V-00023

$C_{27}H_{32}O_{13}$
Cascaroside C, *in* B-00013
Cascaroside D, *in* B-00013

$C_{27}H_{32}O_{14}$
Cascaroside A, *in* B-00013
Cascaroside B, *in* B-00013

$C_{27}H_{33}NO_{10}S$
▷Thiocolchicoside, T-00199

$C_{27}H_{33}N_3O_6S$
Gliquidone, G-00043

$C_{27}H_{33}N_3O_8$
▷Rolitetracycline, R-00078

$C_{27}H_{33}N_3O_9$
Morphocycline, M-00450

$C_{27}H_{33}N_9O_{15}P_2$
▷Riboflavine 5′-(trihydrogendiphosphate) 5′→5′-ester with adenosine, *in* R-00038

$C_{27}H_{34}F_2O_7$
Difluprednate, D-00273
Procinonide, P-00452

$C_{27}H_{34}N_2$
N-(3,3-Diphenylpropyl)-*N*′-(1-methyl-2-phenylethyl)-1,3-propanediamine, D-00513

$C_{27}H_{34}N_2O_7$
Moexipril, M-00419

$C_{27}H_{34}N_4O$
▷Piritramide, P-00337

$C_{27}H_{34}N_4O_{10}$
Razinodil, R-00014

$C_{27}H_{34}O_3$
▷Nandrolone phenylpropionate, *in* H-00185
Testosterone phenylacetate, *in* H-00111

$C_{27}H_{34}O_9$
▷Verrucarin *A*, V-00023

$C_{27}H_{34}O_{10}$
8-Hydroxyverrucarin *A*, *in* V-00023
16-Hydroxyverrucarin *A*, *in* V-00023

$C_{27}H_{34}O_{11}$
9,10-Epoxy-16-hydroxyverrucarin *A*, *in* V-00023

$C_{27}H_{35}ClN_2O_5$
▷Nisterime acetate, *in* N-00161

$C_{27}H_{35}ClN_2O_7$
N-Demethyl-4,5-deepoxymaytansinol, *in* M-00027

$C_{27}H_{35}NO_4$
Alletorphine, A-00125
Nantradol, N-00038

$C_{27}H_{35}NO_5$
▷Acetorphine, *in* E-00263

$C_{27}H_{35}NO_8$
▷Bundlin B, *in* B-00362
Deoxyharringtonic acid, *in* H-00022

$C_{27}H_{35}N_7O_6S_3$
Cefanone; Dicyclohexylamine salt (1:1), *in* C-00113

$C_{27}H_{36}ClFO_5$
Clocortolone pivalate, *in* C-00444

$C_{27}H_{36}F_2O_5$
Diflucortolone pivalate, *in* D-00270
▷Diflucortolone valerate, JAN, *in* D-00270

$C_{27}H_{36}F_2O_6$
Flumethasone pivalate, *in* F-00156

$C_{27}H_{36}N_2O_4$
Demethylcephaeline, *in* C-00172

$C_{27}H_{36}N_2O_7$
Dechloro-4,5-deepoxy-*N*-demethylmaytansinol, *in* M-00027

$C_{27}H_{36}O_3$
Orestrate, O-00055
▷Quingestanol acetate, *in* Q-00024

$C_{27}H_{36}O_6$
Estriol tripropionate, *in* O-00030

$C_{27}H_{36}O_7$
Methylprednisolone aceponate, *in* M-00297

$C_{27}H_{36}O_8$
Prednicarbate, P-00410

$C_{27}H_{37}FO_5$
Fluocortolone pivalate, *in* F-00175

$C_{27}H_{37}FO_6$
▷Betamethasone valerate, *in* B-00141
Dexamethasone pivalate, *in* D-00111
▷Dexamethasone valerate, *in* D-00111

$C_{27}H_{38}N_2$
Fenoctimine, F-00061

$C_{27}H_{38}N_2O_4$
▷Verapamil, V-00019

$C_{27}H_{38}N_2O_8$
▷Prajmalium bitartrate, *in* A-00088

$C_{27}H_{38}N_2O_9$
Antimycin A_2, *in* A-00415

$C_{27}H_{38}O_3$
▷Norethisterone enanthate, *in* N-00212

$C_{27}H_{38}O_6$
Prednisolone *tert*-butylacetate, *in* P-00412

$C_{27}H_{39}Cl_2N_3O$
Pentacynium chloride, *in* P-00076

$C_{27}H_{39}NO_6$
Prednisolamate, *in* P-00412

$C_{27}H_{39}N_3O^{\oplus\oplus}$
Pentacynium(2+), P-00076

$C_{27}H_{40}N_2O_2$
▷Pifarnine, P-00245

$C_{27}H_{40}O_3$
Nandrolone cyclohexylpropionate, *in* H-00185
▷Testosterone cypionate, *in* H-00111

$C_{27}H_{40}O_4$
▷Hydroxyprogesterone hexanoate, *in* H-00202
Testosterone hexahydrobenzyl carbonate, *in* H-00111

$C_{27}H_{40}O_6$
Hydrocortisone tebutate, *in* C-00548

$C_{27}H_{40}O_8$
Deoxycortone glucoside, *in* H-00203

$C_{27}H_{41}NO_6$
Hydrocortamate, *in* C-00548

$C_{27}H_{42}ClNO$
Octaphonium chloride, *in* O-00015

$C_{27}H_{42}ClNO_2$
▷Benzethonium chloride, *in* B-00079

$C_{27}H_{42}Cl_2N_2O_6$
▷Chloramphenicol palmitate, *in* C-00195

$C_{27}H_{42}NO^{\oplus}$
Octaphonium(1+), O-00015

$C_{27}H_{42}NO_2^{\oplus}$
Benzethonium(1+), B-00079

$C_{27}H_{42}NO_6P$
4-Cyclohexyl-1-[[[1-hydroxy-2-methylpropoxy](4-phenylbutyl)-phosphinyl]acetyl]-L-proline, C-00611

$C_{27}H_{42}N_3O_3^{\oplus}$
Detajmium (1+), D-00104

$C_{27}H_{42}O_3$
Methenolone enanthate, *in* M-00178
5-Spirosten-3-ol, S-00129

$C_{27}H_{42}O_4$
5-Spirostene-1,3-diol, S-00128

$C_{27}H_{43}FO$
6-Fluorovitamin D_3, *in* V-00062

$C_{27}H_{43}NO$
Tienmulilmine, T-00259

$C_{27}H_{43}NO_2$
Chuanbeinone, C-00314
Minpeimine, M-00389

$C_{27}H_{43}NO_3$
Verticinone, *in* V-00024

$C_{27}H_{43}NO_4$
Saipeimine, S-00004
Verticinone N-oxide, *in* V-00024

$C_{27}H_{43}NO_9$
>Protoverine, P-00543

$C_{27}H_{44}N_2O_3$
N-Nitrosotomatidine, *in* T-00374

$C_{27}H_{44}N_{10}O_{12}$
Streptonicozid, *in* S-0016

$C_{27}H_{44}O$
▷Vitamin D_3, V-00062

$C_{27}H_{44}O_2$
Alfacalcidol, A-00109
▷Gefarnate, G-00013
3-Hydroxy-8(14)-cholesten-15-one, H-00121
25-Hydroxyvitamin D_3, H-00221

$C_{27}H_{44}O_3$
▷Calcitriol, *in* A-00109

$C_{27}H_{45}IO$
19-Iodocholest-5-en-3-ol, I-00102

$C_{27}H_{45}NO_2$
Tomatidine, T-00374

$C_{27}H_{45}NO_3$
Baimonidine, *in* V-00024
15α-Hydroxytomatidine, *in* T-00374
Isobaimonidine, *in* V-00024
Isoverticine, *in* V-00024
Verticine, V-00024
Wanpeinine A, *in* V-00024

$C_{27}H_{45}NO_4$
Stevaladil, *in* A-00315
Verticine N-oxide, *in* V-00024

$C_{27}H_{46}Br_2O$
5,6-Dibromocholestan-3-ol, D-00162

$C_{27}H_{46}N_2O_2$
N,N-Diacetylepipachysamine C, *in* P-00416

$C_{27}H_{46}O$
5α-Cholest-22-en-3β-ol, *in* C-00305
▷Cholesterol, C-00306

$C_{27}H_{48}O$
3-Cholestanol, C-00305

$C_{27}H_{49}N_5O_8$
Tabilautide, T-00001

$C_{27}H_{50}N_6O_9$
Deferoxamine; *N*-Ac, *in* D-00044

$C_{27}H_{52}Cl_2N_2$
▷Pregnane-3,20-diamine; *N*-Hexa-Me, dichloride, *in* P-00416

$C_{27}H_{52}N_2^{\oplus\oplus}$
Malouetine, *in* P-00416

$C_{27}H_{58}N_2O_3$
N,N,N'-Tris(2-hydroxyethyl)-*N'*-octadecyl-1,3-propanediamine, T-00537

$C_{27}H_{60}ClNO_3Si$
Disiquonium chloride, *in* D-00534

$C_{27}H_{60}NO_3Si^{\oplus}$
Disiquonium(1+), D-00534

$C_{28}H_{22}Cl_2FNO_3$
Flumethrin, F-00158

$C_{28}H_{22}O_3$
Diphenylacetic acid; Anhydride, *in* D-00488

$C_{28}H_{22}O_6$
Bencianol, B-00039

$C_{28}H_{23}NO_3$
Cypothrin, C-00644

$C_{28}H_{24}Br_2N_6$
▷Fazadinium bromide, *in* F-00019

$C_{28}H_{24}N_6^{\oplus\oplus}$
Fazadinium(2+), F-00019

$C_{28}H_{24}O_6$
Furostilbestrol, F-00297

$C_{28}H_{26}ClN_7$
Isometamidium chloride, *in* I-00191

$C_{28}H_{26}F_4N_2OS$
Duoperone, D-00621

$C_{28}H_{26}N_4O_2$
Tolpadol, T-00362

$C_{28}H_{26}N_6O_{10}S_2$
Cefpimizole, C-00142

$C_{28}H_{26}N_7^{\oplus}$
Isometamidium(1+), I-00191

$C_{28}H_{27}ClF_5NO$
▷Penfluridol, P-00062

$C_{28}H_{27}NO_4S$
Raloxifene, R-00005

$C_{28}H_{28}ClF_2N_3O$
Clopimozide, C-00485

$C_{28}H_{28}I_6N_4O_8$
▷Iosefamic acid, I-00134

$C_{28}H_{28}I_6N_4O_{10}S$
Iosulamide, I-00137

$C_{28}H_{28}N_2O_2$
Difenoxin, D-00265

$C_{28}H_{28}N_6S_4$
Bisbendazole, B-00193

$C_{28}H_{29}F_2N_3O$
▷Pimozide, P-00263

$C_{28}H_{29}NO_4$
Bephenium hydroxynaphthoate, *in* B-00132

$C_{28}H_{30}N_4O_2$
Fuprazole, F-00276

$C_{28}H_{30}O_4$
Thymolphthalein, T-00224

$C_{28}H_{30}O_{13}$
▷Steffimycin, S-00143

$C_{28}H_{31}FN_2O$
Nivazol, N-00191

$C_{28}H_{31}FN_4O$
▷Astemizole, A-00466

$C_{28}H_{31}F_2N_5O_2$
Icospiramide, I-00013

$C_{28}H_{31}NO_5$
Bitolterol, B-00241
Terbutaline di(*p*-toluate), *in* T-00084

$C_{28}H_{31}NO_{10}$
▷Menogaril, M-00092

$C_{28}H_{31}N_3O_6$
Benidipine, B-00054
Hepronicate, *in* H-00072

$C_{28}H_{31}N_5O_5S$
Rotamicillin, R-00095

$C_{28}H_{32}FNO_6$
▷Dexamethasone isonicotinate, *in* D-00111

$C_{28}H_{32}N_3S_2^{\oplus}$
Tibezonium(1+), T-00250

$C_{28}H_{32}O_6$
Mebenoside, M-00032

$C_{28}H_{32}O_9S$
Prednisolone *m*-sulfobenzoate, *in* P-00412

$C_{28}H_{32}O_{13}$
10-Dihydrosteffimycin, *in* S-00143
Podophyllotoxin; 1-*β*-D-Glucoside, *in* P-00377

$C_{28}H_{32}O_{14}$
Fortunellin, *in* D-00329
Linarin, *in* D-00329

$C_{28}H_{32}O_{15}$
Diosmin, *in* T-00476

$C_{28}H_{33}ClN_2$
▷Buclizine, B-00339

$C_{28}H_{33}F_2N_3$
Difluanine, D-00269

$C_{28}H_{33}NO_5$
Mepramidil, M-00103

$C_{28}H_{33}NO_7$
▷Cytochalasin *E*, C-00661

$C_{28}H_{34}Cl_4N_2O_4$
Bis(2-chloroethyl)carbamic acid (1,2-diethyl-1,2-ethenediyl)di-4,1-phenylene ester, *in* D-00257

$C_{28}H_{34}F_2O_7$
Ciprocinonide, C-00388

$C_{28}H_{34}N_2O_2$
Benderizine, B-00045
Carbiphene, C-00053

$C_{28}H_{34}N_2O_3$
▷Denatonium benzoate, *in* D-00070

$C_{28}H_{34}O_5$
Corticosterone; Benzoyl, *in* C-00546

$C_{28}H_{35}FO_7$
▷Amcinonide, A-00177

$C_{28}H_{35}FO_9$
Solutedarol, *in* T-00419

$C_{28}H_{35}N_3O_7$
Ostreogrycin *A*, O-00068

$C_{28}H_{35}N_5O_5$
Tyrosylprolylphenylalanylprolinamide, T-00582

$C_{28}H_{36}F_3N_3O_2S$
Fluphenazine caproate, *in* F-00202

$C_{28}H_{36}O_3$
▷Testosterone phenylpropionate, *in* H-00111

$C_{28}H_{36}O_6$
▷Clinofibrate, C-00429

$C_{28}H_{36}O_8$
3,5,14-Trihydroxy-19-oxo-20,22-bufadienolide; 3,5-Di-Ac, *in* T-00477

$C_{28}H_{37}ClN_2O_8$
Maytansinol, M-00027

$C_{28}H_{37}ClN_4O$
▷Clocapramine, C-00441

$C_{28}H_{37}ClO_7$
Alclometasone dipropionate, *in* A-00104
▷Beclometasone dipropionate, JAN, *in* B-00024

$C_{28}H_{37}FO_7$
▷Betamethasone dipropionate, *in* B-00141

$C_{28}H_{37}NO_4$
▷Cytochalasin J, *in* C-00664
Homprenophine, H-00087

$C_{28}H_{37}NO_8$
Deoxyharringtonine, *in* H-00022

$C_{28}H_{37}NO_9$
▷Harringtonine, H-00022

$C_{28}H_{38}BrNO_4$
▷Butropium bromide, *in* B-00425

$C_{28}H_{38}ClFO_5$
Clocortolone caproate, *in* C-00444

$C_{28}H_{38}NO_4^{\oplus}$
Butropium(1+), B-00425

$C_{28}H_{38}N_2O_2$
Butoprozine, B-00415

$C_{28}H_{38}N_2O_4$
Cephaeline, C-00172
Febuverine, F-00024
Isocephaeline, *in* C-00172

$C_{28}H_{38}N_2O_6$
▷Simetride, S-00073
Taludipine, T-00019

$C_{28}H_{38}N_2O_7$
Dechloro-N-deepoxymaytansinol, *in* M-00027

$C_{28}H_{38}N_4O$
▷Carpipramine, C-00097

$C_{28}H_{38}O_3$
Nandrolone cyclotate, *in* H-00185

$C_{28}H_{38}O_5$
5β,6β-Epoxy-4β-hydroxy-1-oxo-20*S*,22*R*-witha-2,24-dienolide, *in* W-00002

$C_{28}H_{38}O_6$
Withaferin *A*, W-00002

$C_{28}H_{38}O_7$
12β-Hydroxywithaferin *A*, *in* W-00002
▷Prednisolone valeroacetate, *in* P-00412

$C_{28}H_{38}O_{19}$
Lactulose; Octa-Ac, *in* L-00005

$C_{28}H_{39}FO_6$
Dexamethasone tert-butylacetate, *in* D-00111

$C_{28}H_{39}NO_6$
Prednisolone piperidinoacetate, *in* P-00412
Prednylidene diethylaminoacetate, *in* P-00414

$C_{28}H_{40}FNO_6$
Dexamethasone diethylaminoacetate, *in* D-00111

$C_{28}H_{40}N_2O_2$
Bialamicol, B-00150

$C_{28}H_{40}N_2O_5$
Gallopamil, G-00006

$C_{28}H_{40}N_2O_9$
▷Antimycin A_1, *in* A-00415

$C_{28}H_{40}N_4O_5$
Umespirone, U-00007

$C_{28}H_{40}N_6O_9$
Bamicetin, *in* A-00187

$C_{28}H_{40}O_4$
Pentagestrone acetate, *in* P-00080

$C_{28}H_{40}O_7$
Amebucort, A-00178
▷Hydrocortisone 17-butyrate 21-propionate, *in* C-00548

$C_{28}H_{41}ClN_2O$
Teroxalene, T-00095

$C_{28}H_{41}FO_5$
Fluocortolone caproate, *in* F-00175

$C_{28}H_{41}N_3O_3$
▷Oxethazaine, O-00106
Tiropramide, T-00323

$C_{28}H_{42}Cl_2N_4O_2^{\oplus\oplus}$
Ambenonium(2+), A-00167

$C_{28}H_{42}Cl_4N_4O_2$
▷Ambenonium chloride, *in* A-00167

$C_{28}H_{42}N_2O_5$
Fenoxedil, F-00067

$C_{28}H_{42}N_4O_9$
Difebarbamate, D-00260

$C_{28}H_{42}O_3$
Testosterone cyclohexylpropionate, *in* H-00111

$C_{28}H_{42}O_4$
Desoxycortone enanthate, *in* H-00203
Hydroxyprogesterone heptanoate, *in* H-00202

$C_{28}H_{42}O_6$
Adigenin, *in* T-00474
▷Ambruticin, A-00171
5-*epi*-5,6-Dihydroxypolyangioic acid, *in* A-00171

$C_{28}H_{42}O_8$
2β,3β,14,20,22*R*,28-Hexahydroxy-6-oxo-7-ergosten-26-oic acid, γ-lactone, *in* C-00584

$C_{28}H_{44}ClNO_2$
▷Methylbenzethonium chloride, *in* M-00229

$C_{28}H_{44}NO_2^{\oplus}$
Methylbenzethonium(1+), M-00229

$C_{28}H_{44}O$
▷Calciferol, C-00012
Ergosterol, E-00105
Isopyrocalciferol, *in* E-00105

$C_{28}H_{44}O_3$
▷Nandrolone decanoate, *in* H-00185

$C_{28}H_{45}ClO_2$
Cholesteryl chloroformate, *in* C-00306

$C_{28}H_{45}O_4P$
Ergocalciferol phosphate, *in* C-00012

$C_{28}H_{46}O$
▷Dihydrotachysterol, D-00304
Vitamin D_4, V-00063

$C_{28}H_{47}NO_4S$
▷Tiamulin, T-00238

$C_{28}H_{48}N_2O$
3α-β,β-Dimethylacryloylamino-20α-dimethylamino-5α-pregnane, *in* P-00416

$C_{28}H_{48}O_2$
β-Tocopherol, T-00336

$C_{28}H_{55}N_5O_2$
Impacarzine, I-00044

$C_{28}H_{58}Br_2N_2O_6$
Prodeconium bromide, *in* P-00457

$C_{28}H_{58}N_2O_6^{\oplus\oplus}$
Prodeconium(2+), P-00457

$C_{29}H_{22}O_{14}$
3,5-Digalloylepicatechin, *in* P-00081

$C_{29}H_{23}NO_6$
Pyridoxine; Tribenzoyl, *in* P-00582

$C_{29}H_{23}N_3O_9$
6-Azauridine; 2′,3′,5′-Tribenzoyl, *in* A-00514

$C_{29}H_{24}N_4O_8$
5-Azacytidine; 2′,3′,5′-Tribenzoyl, *in* A-00496
▷Niceritrol, N-00090

$C_{29}H_{25}N_3O_5$
▷Nicomorphine, N-00101

$C_{29}H_{27}F_2N_3O$
Seganserin, S-00036

$C_{29}H_{27}N_6O_{11}P$
Riboflavine 2′,3′-di-3-pyridinecarboxylate monodehydrogen phosphate (ester), *in* R-00038

$C_{29}H_{29}IN_2S$
Pretamazium idodide, *in* P-00424

$C_{29}H_{29}N_2S^{\oplus}$
Pretamazium(1+), P-00424

$C_{29}H_{30}Cl_2F_2N_4O_2$
Mioflazine, M-00391

$C_{29}H_{30}F_3IN_2O_6$
Iodipine, I-00098

$C_{29}H_{30}N_2O_3$
8-[(1,4,5-Triphenyl-1*H*-imidazol-2-yl)oxy]octanoic acid, T-00525

$C_{29}H_{30}N_2O_6$
Phenylbutazone trimethylgallate, *in* P-00180

$C_{29}H_{31}F_2N_3O$
▷Fluspirilene, F-00223

$C_{29}H_{31}NO_2$
▷Nafoxidine, N-00021

$C_{29}H_{32}N_2O_7$
Antibiotic U 56407, A-00410

$C_{29}H_{32}O_6$
Oestriol diacetate benzoate, *in* O-00030

$C_{29}H_{32}O_{13}$
▷Etoposide, E-00262
▷Steffimycin B, *in* S-00143

$C_{29}H_{33}ClN_2O_2$
Loperamide, L-00087

$C_{29}H_{33}ClN_2O_3$
Loperamide oxide, *in* L-00087

$C_{29}H_{33}FO_4$
Naflocort, N-00018

$C_{29}H_{33}FO_6$
Amcinafide, A-00176
Betamethasone benzoate, *in* B-00141

$C_{29}H_{33}FO_7$
Betamethasone salicylate, *in* B-00141

$C_{29}H_{33}FO_8$
Dexamethasone acefurate, *in* D-00111

$C_{29}H_{33}FO_9S$
Dexamethasone metasulphobenzoate, *in* D-00111

$C_{29}H_{33}NO_5$
Ecipramidil, E-00006

$C_{29}H_{33}NO_{10}$
N-Demethylaklavine, *in* A-00089

$C_{29}H_{33}N_9O_{12}$
Pteroyltriglutamic acid, P-00555

$C_{29}H_{34}N_2O_4$
Cytochalasin *G*, C-00663

$C_{29}H_{34}O_6$
Ethyl 3,5,6-tri-*O*-benzylglucofuranoside, E-00224

$C_{29}H_{34}O_{12}$
Steffimycin C, *in* S-00143

$C_{29}H_{34}O_{13}$
10-Dihydrosteffimycin *B*, *in* S-00143

$C_{29}H_{34}O_{17}$
Monoxerutin INN, *in* R-00106

$C_{29}H_{35}NO_2$
Mifepristone, M-00371

$C_{29}H_{35}NO_5$
Cytochalasin *A*, C-00657
Hitachimycin, H-00081

$C_{29}H_{35}N_3O_{10}$
Pecocycline, P-00049

$C_{29}H_{36}N_2O_9$
Cinepaxadil, C-00361

$C_{29}H_{36}N_6O_2$
Laprafylline, L-00010

$C_{29}H_{36}O_4$
▷Algestone acetophenide, *in* A-00114

$C_{29}H_{36}O_8$
Prednisolone hydrogen tetrahydrophthalate, *in* P-00412

$C_{29}H_{37}ClFNO_7$
Cicortonide, C-00338

$C_{29}H_{37}Cl_2NO_4$
Tefenperate, T-00052

$C_{29}H_{37}NO_3$
Lilopristone, L-00049

$C_{29}H_{37}NO_4$
Bucromarone, B-00342

$C_{29}H_{37}NO_5$
▷Cytochalasin *B*, C-00658
▷Cytochalasin *F*, C-00662

$C_{29}H_{37}N_3O_{13}$
Meglucycline, M-00072

$C_{29}H_{38}ClFO_8$
▷Formocortal, F-00246

$C_{29}H_{38}F_3N_3O_2S$
▷Fluphenazine enanthate, *in* F-00202

$C_{29}H_{38}N_2O_4$
▷Dehydroemetine, D-00050

$C_{29}H_{38}N_4O_9$
▷Mepicycline, M-00096

$C_{29}H_{38}N_4O_{10}$
▷Lymecycline, L-00120

$C_{29}H_{38}N_8O_8$
▷Guamecycline, G-00097

$C_{29}H_{38}O_3$
Oxogestone phenpropionate, *in* O-00129

$C_{29}H_{38}O_7$
Acrihellin, *in* T-00477

$C_{29}H_{38}O_9$
Uscharidin, *in* G-00079

$C_{29}H_{39}ClO_7$
Beclometasone valeroacetate, *in* B-00024

$C_{29}H_{39}Cl_2FN_4O_4S$
Ambamustine, A-00165

$C_{29}H_{39}FO_7$
Betamethasone valeroacetate, *in* B-00141

$C_{29}H_{39}NO_3$
Onapristone, O-00047

$C_{29}H_{39}NO_8$
Homodeoxyharringtonine, *in* H-00022

$C_{29}H_{39}NO_9$
▷Homoharringtonine, *in* H-00022

$C_{29}H_{40}N_2O_4$
Emetine, E-00036

$C_{29}H_{40}N_6O_6S$
Metkefamide, M-00325

$C_{29}H_{40}O_3$
Bolmantalate, B-00250

$C_{29}H_{40}O_7$
Desonide pivalate, *in* D-00101

$C_{29}H_{40}O_9$
▷Calactin, *in* G-00079
▷Calotropin, *in* G-00079

$C_{29}H_{40}O_{10}$
▷Caloxtoxin, *in* G-00079

$C_{29}H_{41}NO_4$
▷Buprenorphine, B-00370

$C_{29}H_{42}N_2O_{13}$
Helveticosol 3′,4′-dinitrate, *in* H-00053

$C_{29}H_{42}N_6O_9$
▷Amicetin, A-00187

$C_{29}H_{42}O_4$
Cortenil-Depot, *in* H-00203

$C_{29}H_{42}O_5$
Sesquicillin, S-00055

$C_{29}H_{42}O_6$
Hydrocortisone cypionate, *in* C-00548

$C_{29}H_{42}O_8$
Gomphoside, G-00079

$C_{29}H_{42}O_9$
Afroside, *in* G-00079
▷Corchoroside A, *in* T-00478
▷Erysimine, *in* T-00478

$C_{29}H_{42}O_{10}$
▷Convallotoxin, *in* T-00478

$C_{29}H_{42}O_{11}$
Glucostrophantidin, *in* T-00478
6′-Hydroxyconvallatoxin, *in* T-00478

$C_{29}H_{43}BrN_2O_4$
▷Otilonium bromide, *in* O-00069

$C_{29}H_{43}IN_2O_4$
▷Otilonium(1+); Iodide, *in* O-00069

$C_{29}H_{43}NO_7$
Guan-fu base E, G-00106

$C_{29}H_{43}N_2O_4^{\oplus}$
Otilonium(1+), O-00069

$C_{29}H_{43}N_3O_3$
Sevopramide, S-00060

$C_{29}H_{44}ClNO_2$
Lauralkonium chloride, *in* L-00014

$C_{29}H_{44}NO_2^{\oplus}$
Lauralkonium(1+), L-00014

$C_{29}H_{44}O_3$
Estradiol undecylate, *in* O-00028

$C_{29}H_{44}O_4$
Lapinone, L-00009

$C_{29}H_{44}O_6$
Ramnodigin, *in* D-00274

$C_{29}H_{44}O_8$
▷Cyasterone, C-00584
Digiproside, *in* D-00274
Digitoxigenin allomethyloside, *in* D-00274
5-Epicyasterone, *in* C-00584
▷Evomonoside, *in* D-00274

$C_{29}H_{44}O_9$
Actodigin, A-00059
Digitoxigenin; 3-*O*-(β-D-Glucoside), *in* D-00274
Gitoroside, *in* T-00474
▷Rhodexin A, *in* T-00473
Rhodexin B, *in* T-00474

$C_{29}H_{44}O_{10}$
▷Convallatoxol, *in* T-00478
▷Gitorin, *in* T-00474

$C_{29}H_{44}O_{12}$
▷Ouabain, *in* H-00053

$C_{29}H_{45}N_3O_9S_2$
Pentacynium methyl sulfate, *in* P-00076

$C_{29}H_{46}O_2$
Vitamin D_3; Ac, *in* V-00062

$C_{29}H_{46}O_3$
3-Hydroxy-8(14)-cholesten-15-one; Ac, *in* H-00121
Nandrolone undecylate, *in* H-00185
Testosterone decanoate, *in* H-00111

$C_{29}H_{48}Br_2O_2$
Acebrochol, *in* D-00162

$C_{29}H_{48}O$
7-Dehydro-β-sitosterol, *in* S-00151

$C_{29}H_{49}NO_5$
Lipstatin, L-00055

$C_{29}H_{50}N_2O$
Pachysamine B, *in* P-00416

$C_{29}H_{50}O$
▷5-Stigmasten-3-ol, S-00151

$C_{29}H_{50}O_2$
3-Cholestanol; Ac, *in* C-00305
α-Tocopherol, T-00335

$C_{29}H_{50}O_3$
▷α-Tocopherolquinone, *in* T-00337

$C_{29}H_{52}Cl_2N_2$
Dipyrandium chloride, *in* D-00529

$C_{29}H_{52}N_2^{\oplus\oplus}$
Dipyrandium(2+), D-00529

$C_{29}H_{52}N_6O_9$
Pimelautide, P-00255

$C_{29}H_{52}O_3$
α-Tocopherolhydroquinone, T-00337

$C_{29}H_{53}NO_5$
N-Formylleucine 1-[(3-hexyl-4-oxo-2-oxetanyl)methyl]-dodecyl ester, *in* L-00055

$C_{29}H_{55}N_5O_{18}$
▷Lividomycin *A*, L-00062

$C_{29}H_{56}N_6O_{18}$
Neomycin B glucoside, *in* N-00068

$C_{30}H_{18}O_{10}$
Sennidin, S-00042

$C_{30}H_{23}NO_7$
2-Amino-3-(3,4-dihydroxyphenyl)propanoic acid; *O,O,N*-Tribenzoyl, *in* A-00248

$C_{30}H_{23}N_3O_6$
Niceverine, N-00091

$C_{30}H_{24}N_4O_{10}$
Nicofuranose, N-00098

$C_{30}H_{26}F_6N_4O_2$
▷Antrafenine, A-00419

$C_{30}H_{26}N_2O_{13}$
Oftasceine, O-00033

$C_{30}H_{27}N_3O_5$
Nicomorphine; B,HCl, *in* N-00101

$C_{30}H_{28}N_2Na_4O_{14}S_5$
▷Solapsone, S-00093

$C_{30}H_{30}NOP$
α,α-Diphenyl-2-piperidinemethanol; *N*-Diethylphosphoryl, *in* D-00504

$C_{30}H_{30}O_8$
▷Gossypol, G-00082

$C_{30}H_{31}NO_2P$
α,α-Diphenyl-4-piperidinemethanol; *N*-Diethylphosphoryl, *in* D-00506

$C_{30}H_{31}NO_3$
Trioxifene, T-00520

$C_{30}H_{32}ClF_3N_2O_2$
Fluperamide, F-00199

$C_{30}H_{32}Cl_3NO$
Fluorenemethanol, F-00178

$C_{30}H_{32}N_2O_2$
▷Diphenoxylate, *in* D-00265

$C_{30}H_{32}N_2O_5$
Vinmegallate, V-00040

$C_{30}H_{32}N_4O$
Cinprazole, C-00381

$C_{30}H_{33}N_3O_3$
Ropitoin, R-00088

$C_{30}H_{34}BrNO_3$
▷Xenytropium bromide, *in* X-00011

$C_{30}H_{34}BrN_5O_{15}$
Neosurugatoxin, N-00071

$C_{30}H_{34}NO_3^{\oplus}$
Xenytropium(1+), X-00011

$C_{30}H_{34}O_{12}$
Cynarine; Penta-Me, *in* C-00643

$C_{30}H_{34}O_{13}$
▷Picrotoxin, P-00242

$C_{30}H_{35}FN_2O_3$
Mobenzoxamine, M-00412

$C_{30}H_{35}F_2N_3O$
Lidoflazine, L-00045

$C_{30}H_{35}NO_{10}$
Aklavine, A-00089
Descarbamylnovobiocin, *in* N-00228

$C_{30}H_{35}O_6$
Ethyl 3,5,6-tri-*O*-benzylglucofuranoside; 2-Me, *in* E-00224

$C_{30}H_{37}NO_6$
▷Cytochalasin *C*, C-00659
▷Cytochalasin *D*, C-00660

$C_{30}H_{37}N_5O_7$
Deprolorphin, D-00085

$C_{30}H_{38}N_4$
Quindecamine, Q-00017

$C_{30}H_{38}N_4O_{11}$
Apicycline, A-00423

$C_{30}H_{38}O_4$
Estradiol propoxyphenylpropionate, *in* O-00028

$C_{30}H_{39}ClN_2O_9$
Maytanacine, *in* M-00027

$C_{30}H_{39}ClN_2O_{10}$
30-Hydroxyansamitocin *P*-1, *in* M-00027

$C_{30}H_{39}NO_4$
Vapiprost, V-00011

$C_{30}H_{39}NO_5$
▷Cytochalasin *H*, C-00664

$C_{30}H_{39}N_7O_9S$
Nifalatide, N-00109

$C_{30}H_{39}P$
Dodecylidenetriphenylphosphorane, *in* D-00568

$C_{30}H_{40}BrP$
Nycal, *in* D-00568

$C_{30}H_{40}Cl_2N_4$
▷Dequalinium chloride, *in* D-00088

$C_{30}H_{40}Cl_2O_6$
Meclorisone dibutyrate, *in* M-00049

$C_{30}H_{40}N_4^{\oplus\oplus}$
Dequalinium(2+), D-00088

$C_{30}H_{40}P^{\oplus}$
Dodecyltriphenylphosphonium(1+), D-00568

$C_{30}H_{41}FO_7$
▷Triamcinolone hexacetonide, *in* T-00419

$C_{30}H_{42}N_6O_5S$
Glicaramide, G-00035

$C_{30}H_{42}O_8$
▷Proscillaridin *A*, *in* D-00319

$C_{30}H_{42}O_9$
3,14-Dihydroxy-4,20,22-bufatrienolide; 3-(β-D-Glucoside), *in* D-00319

$C_{30}H_{42}O_{11}$
3,5,14-Trihydroxy-19-oxo-20,22-bufadienolide; 3-*O*-β-D-Glucosyl, *in* T-00477

$C_{30}H_{43}FO_9$
Dexamethasone 21-(3,6,9-trioxaundecanoate), *in* D-00111

$C_{30}H_{44}N_2O_5$
Ivarimod, I-00224

$C_{30}H_{44}N_2O_{10}$
▷Hexobendine, H-00066

$C_{30}H_{44}O_3$
Boldenone undecylenate, *in* H-00108

$C_{30}H_{44}O_4$
Bis(3,5-di-*tert*-butyl-4-hydroxyphenyl)acetic acid, B-00203

$C_{30}H_{44}O_9$
2-Acetyl-29-norcyasterone, *in* C-00584
3-Acetyl-29-norcyasterone, *in* C-00584
▷Cyasterone, C-00584
▷Cymarin, *in* T-00478

$C_{30}H_{44}O_{11}$
3,5,14-Trihydroxy-19-oxo-20,22-bufadienolide; 19-Alcohol, 3-*O*-β-glucosyl, *in* T-00477

$C_{30}H_{46}NO_7P$
Fosinopril, *in* C-00611

$C_{30}H_{46}N_2O_{14}S_2$
▷Aclatonium napadisylate, *in* A-00044

$C_{30}H_{46}O_4$
▷Glycyrrhetic acid, G-00072

$C_{30}H_{46}O_7$
▷Beaumontoside, *in* D-00274
Wallichoside, *in* D-00274

$C_{30}H_{46}O_8$
▷Beauwalloside, *in* T-00474
Divaricoside, *in* T-00473
Hongkelin, *in* D-00274
▷Neriifolin, *in* D-00274
▷3′-O-Methylevomonoside, *in* D-00274
Solanoside, *in* D-00274
Vallaroside, *in* D-00274

$C_{30}H_{46}O_9$
▷Sarmentocymarin, *in* T-00473
▷Strospeside, *in* T-00474

$C_{30}H_{46}O_{10}$
▷Sarnovide, *in* T-00473

$C_{30}H_{48}N_2O_2$
Symetine, S-00284

$C_{30}H_{48}O_3$
Nandrolone laurate, *in* H-00185
Testosterone undecanoate, *in* H-00111

$C_{30}H_{48}O_5$
2,3,23-Trihydroxy-12-ursen-28-oic acid, T-00485

$C_{30}H_{49}N_9O_9$
Thymopentin, T-00225

$C_{30}H_{50}O_6$
12-Oleanene-3,16,21,22,24,28-hexol, O-00036

$C_{30}H_{53}NO_{11}$
▷Benzonatate, B-00094

$C_{30}H_{62}O_{10}$
Polidocanol, P-00380

$C_{30}H_{66}N_4O_8S$
▷Dibutoline(1+); Sulfate (2:1), *in* D-00171

$C_{31}H_{23}Cl_6N_2O^{\oplus}$
Calmidazolium(1+), C-00017

$C_{31}H_{23}Cl_7N_2O$
R 24571, *in* C-00017

$C_{31}H_{25}NO_9$
3-Deazauridine; 2′,3′,5′-Tribenzoyl, *in* D-00031

$C_{31}H_{25}N_5O_7$
Adenosine; 2′,3′,5′-Tribenzoyl, *in* A-00067

$C_{31}H_{27}N_3O_5$
Nalorphine dinicotinate, *in* N-00032

$C_{31}H_{29}N_5O_4$
Asperlicin, A-00463

$C_{31}H_{31}N_3O_8S_2$
Dibenzothioline, D-00159

$C_{31}H_{32}N_4O_2$
▷Bezitramide, B-00149

$C_{31}H_{32}O_8$
Gossypol; 6-Me ether, *in* G-00082

$C_{31}H_{33}N_3O_{12}$
▷Carzinophilin, C-00106

$C_{31}H_{34}BrNO_4$
▷Fentonium bromide, *in* F-00081

$C_{31}H_{34}NO_4^{\oplus}$
Fentonium(1+), F-00081

$C_{31}H_{36}ClN_3O_5S$
▷Perphenazine trimethoxybenzoate, *in* P-00129

$C_{31}H_{36}IN_3$
▷Stilbazium iodide, *in* S-00152

$C_{31}H_{36}N_2O_{11}$
Isonovobiocin, *in* N-00228
▷Novobiocin, N-00228

$C_{31}H_{36}N_3^{\oplus}$
Stilbazium(1+), S-00152

$C_{31}H_{36}O_7$
Ethyl 3,5,6-tri-*O*-benzylglucofuranoside; 2-Ac, *in* E-00224

$C_{31}H_{37}ClN_2O_6$
Hydroxyzine trimethoxybenzoate, *in* H-00222

$C_{31}H_{37}NO_7$
Nicocortonide, N-00096

$C_{31}H_{38}F_2N_2O$
Flotrenizine, F-00126

$C_{31}H_{38}N_4$
Buterizine, B-00398

$C_{31}H_{39}N_5O_5$
▷Ergocornine, E-00101
Ergocorninine, *in* E-00101

$C_{31}H_{40}N_2O$
Trenizine, T-00411

$C_{31}H_{40}N_6O_7S$
Ociltide, O-00002

$C_{31}H_{40}O_2$
▷Menatetrenone, M-00088

$C_{31}H_{40}O_{10}$
3,5,14-Trihydroxy-19-oxo-20(22)-cardenolide; 3-Strophanthobioside, tetra-Ac, *in* T-00478

$C_{31}H_{41}BrFNO_3$
Bromperidol decanoate, *in* B-00324

$C_{31}H_{41}ClFNO_3$
Haloperidol decanoate, *in* H-00015

$C_{31}H_{41}ClN_2O_9$
Ansamitocin P-2, *in* M-00027

$C_{31}H_{41}ClN_2O_{10}$
30-Hydroxyansamitocin P-2, *in* M-00027

$C_{31}H_{41}Cl_2N_3O_5S_2$
Chlorphenoctium amsonate, *in* C-00293

$C_{31}H_{42}O_{10}$
▷Asclepin, *in* G-00079

$C_{31}H_{44}N_2O_{10}$
Dilazep, D-00370

$C_{31}H_{44}N_4O_8$
Tridiurecaine, T-00455

$C_{31}H_{44}O_8$
▷Meproscillarin, *in* D-00319

$C_{31}H_{44}O_9$
▷Bovoside *A*, *in* B-00262

$C_{31}H_{46}O_2$
▷Vitamin K_1, V-00064

$C_{31}H_{46}O_6$
Fusidic acid; 3-Ketone, *in* F-00303
Fusidic acid; 11-Ketone, *in* F-00303

$C_{31}H_{46}O_9$
22-Acetylcyasterone, *in* C-00584

$C_{31}H_{48}O_2S_2$
Probucol, P-00445

$C_{31}H_{48}O_4$
17-[(1,3-Dioxododecyl)oxy]androst-4-en-3-one, *in* H-00111
Glycyrrhetic acid; Me ester, *in* G-00072

$C_{31}H_{48}O_5$
Decylroxibolone, *in* R-00098

$C_{31}H_{48}O_6$
▷Fusidic acid, F-00303
Fusidic acid; 3-Epimer, *in* F-00303
Fusidic acid; 11-Epimer, *in* F-00303

$C_{31}H_{48}O_9$
Asperoside, *in* D-00274
Asperoside, *in* D-00274

$C_{31}H_{50}O_2$
Molfarnate, *in* T-00513

$C_{31}H_{50}O_8P_2$
Phytonadiol diphosphate, P-00228

$C_{31}H_{51}NO_8$
Repromicin, R-00025

$C_{31}H_{51}NO_9$
▷Rosamicin, R-00092

$C_{31}H_{51}N_9O_9$
Splenopentin, S-00135

$C_{31}H_{52}O_3$
▷Alfacol, *in* T-00335
Chethoxyrol, *in* C-00306

$C_{31}H_{53}NO_7$
Antibiotic M 4365G_1, *in* R-00025

$C_{31}H_{53}NO_8$
Antibiotic M 4365A_1, *in* R-00092

$C_{31}H_{55}N_3O_6$
▷Enocitabine, *in* C-00667

$C_{32}H_{21}N_3O_5$
Nicoxyphenisatin, *in* O-00160

$C_{32}H_{24}N_6O_6S_2$
Congo Red, C-00541

$C_{32}H_{24}N_6O_{15}S_5$
Trypan red, T-00564

$C_{32}H_{26}O_8$
1,2,3,4-Tetra-*O*-benzoylerythritol, *in* E-00114

$C_{32}H_{26}O_{12}$
Kelletinin I, *in* E-00114

$C_{32}H_{30}N_2O_4$
Asterriquinone, A-00467

$C_{32}H_{30}N_8O_4S_2$
Terephtyl, T-00087

$C_{32}H_{31}N_3O_4$
Difenoximide, D-00264

$C_{32}H_{32}Cl_2O_{10}$
Salafibrate, S-00005

$C_{32}H_{32}O_{13}S$
▷Teniposide, T-00071

$C_{32}H_{32}O_{14}$
▷Chartreusin, C-00189

$C_{32}H_{34}N_2O_{12}$
3′-Deamino-3′-(3-cyanomorpholino)doxorubicin, *in* A-00080

$C_{32}H_{34}N_4O_4S$
Diathymosulfone, D-00146

$C_{32}H_{34}O_8$
Gossypol; 6,6′-Di-Me ether, *in* G-00082

$C_{32}H_{35}N_5O_{11}S_2$
Piridicillin, P-00325

$C_{32}H_{36}BrClN_2O_2$
Rilozarone, R-00054

$C_{32}H_{36}N_2O_2$
Butoxylate, *in* D-00265

$C_{32}H_{36}N_2O_9$
Veneserpine, *in* R-00028

$C_{32}H_{36}N_4O_9$
Parabactin, *in* A-00086

$C_{32}H_{36}N_4O_{10}$
Agrobactin, A-00086

$C_{32}H_{37}ClN_2O_8$
▷Chloroserpidine, C-00285

$C_{32}H_{37}ClN_4O_{14}S$
Aminochlorthenoxycycline, A-00227

$C_{32}H_{37}NO_4$
Carebastine, C-00073

$C_{32}H_{37}NO_{12}$
4′-*O*-(Tetrahydropyranyl)adriamycin, *in* A-00080

$C_{32}H_{37}N_3O_5$
Elziverine, E-00032

$C_{32}H_{38}N_2O_5$
Cortivazol, C-00551

$C_{32}H_{38}N_2O_8$
▷Deserpidine, D-00093
Mefeserpine, M-00066

$C_{32}H_{38}N_2O_9$
16,17-Diepipseudoreserpine, *in* R-00029
Pseudoreserpine, *in* R-00029

$C_{32}H_{39}NO_2$
Ebastine, E-00001

$C_{32}H_{40}BrN_5O_5$
▷Bromocriptine, *in* E-00103

$C_{32}H_{40}O_{11}$
Estrone tetraacetylglucoside, *in* O-00031

$C_{32}H_{41}NO_2$
▷Terfenadine, T-00088

$C_{32}H_{41}N_5O_5$
▷α-Ergocryptine, E-00103

$C_{32}H_{43}ClN_2O_2S$
Decanoic acid 2-[4-[3-(2-chloro-9*H*-thioxanthen-9-ylidene)-propyl]-1-piperazinyl]ethyl ester, *in* C-00481

$C_{32}H_{43}ClN_2O_9$
▷Ansamitocin P-3, *in* M-00027
Ansamitocin P-3′, *in* M-00027

$C_{32}H_{43}ClN_2O_{10}$
30-Hydroxyansamitocin P-3, *in* M-00027
N-Demethyl-3-(3-hydroxyisovaleroyl) maytansinol, *in* M-00027

$C_{32}H_{43}N_5O_5$
Dihydroergocryptine, D-00285

$C_{32}H_{44}ClNO_7$
Cyclomethasone, C-00624

$C_{32}H_{44}F_3N_3O_2S$
▷Fluphenazine decanoate, *in* F-00202

$C_{32}H_{45}FO_7$
Betamethasone divalerate, *in* B-00141

$C_{32}H_{45}N_5O_4$
Desocriptine, D-00098

$C_{32}H_{46}N_2O_2S_2$
Oxyprothepin decanoate, *in* O-00162

$C_{32}H_{46}N_8O_6S_2$
Arcalion, *in* T-00174
Beston, *in* T-00174

$C_{32}H_{48}N_2$
Ronipamil, R-00086

$C_{32}H_{48}N_2O_{10}$
Butobendine, B-00409

$C_{32}H_{48}O_4$
Estradiol dienanthate, *in* O-00028

$C_{32}H_{48}O_5$
Acetylenoxolone, *in* G-00072

$C_{32}H_{48}O_9$
▷Cerberin, *in* D-00274
Cryptograndoside A, *in* T-00474
Monoacetyl vallaroside, *in* D-00274
Mono-O-acetylsolanoside, *in* D-00274
▷Oleandrin, *in* T-00474

$C_{32}H_{48}O_{10}$
Acoschimperoside P, *in* T-00474
Vallarosolanoside, *in* T-00474

$C_{32}H_{50}N_{12}O_{15}$
Serum thymic factor, S-00054

$C_{32}H_{52}Br_2N_4O_4$
Demecarium bromide, *in* D-00061

$C_{32}H_{52}N_4O_4^{\oplus\oplus}$
Demecarium(2+), D-00061

$C_{32}H_{54}N_4O_2S_2$
Benextramine, B-00049

$C_{32}H_{55}BrN_4O$
Thonzonium bromide, *in* T-00217

$C_{32}H_{55}N_4O^{\oplus}$
Thonzonium(1+), T-00217

$C_{32}H_{58}O_{10}$
Octoxynol 9, O-00024

$C_{32}H_{59}N_5O_9$
Pepstatin *PR*, *in* P-00109

$C_{33}H_{24}Hg_2O_6S_2$
▷Hydrargaphen, H-00094

$C_{33}H_{26}O_9$
1,2,3,4-Tetra-*O*-benzoyl-α-D-xylopyranoside, *in* X-00024
2,3,4,5-Tetra-*O*-benzoyl-β-L-xylopyranoside, *in* X-00024

$C_{33}H_{33}N_3O_{10}$
Carminazone, *in* C-00081

$C_{33}H_{35}FO_8$
Triamcinolone furetonide, *in* T-00419

$C_{33}H_{35}N_5O_5$
▷Ergotamine, E-00106
Ergotaminine, *in* E-00106

$C_{33}H_{35}N_5O_6$
8-Hydroxyergotamine, *in* E-00106

$C_{33}H_{37}N_5O_5$
▷Dihydroergotamine, *in* E-00106

$C_{33}H_{38}N_2O_8$
Rescimetol, R-00027

$C_{33}H_{39}NO_{14}$
▷Detorubicin, D-00108

$C_{33}H_{40}N_2O_9$
▷Methoserpidine, M-00191
▷Reserpine, R-00029

$C_{33}H_{40}N_2O_{10}$
Renoxydine, *in* R-00029

$C_{33}H_{41}NO_{17}$
Ethoxazorutoside, *in* R-00106

$C_{33}H_{42}O_{19}$
Troxerutin, T-00559

$C_{33}H_{43}FO_6$
Betamethasone adamantoate, *in* B-00141

$C_{33}H_{43}F_3N_2O_2S$
Flupentixol decanoate, *in* F-00198

$C_{33}H_{43}N_5O_5$
Mergocriptine, M-00125

$C_{33}H_{44}ClN_3O_{10}$
Normaytansine, *in* M-00026

$C_{33}H_{44}N_4O_{10}$
Riboflavine 2′,3′,4′,5′-tetrabutanoate, *in* R-00038

$C_{33}H_{45}ClN_2O_9$
Ansamitocin P-4, *in* M-00027

$C_{33}H_{45}ClN_2O_{10}$
30-Hydroxyansamitocin P-4, *in* M-00027
3-(3-Hydroxyisovaleroyl)maytansinol, *in* M-00027
3-(4-Hydroxyisovaleroyl)maytansinol, *in* M-00027

$C_{33}H_{45}NO_6S$
Tiprostanide, T-00318

$C_{33}H_{47}NO$
Moctamide, M-00416

$C_{33}H_{47}NO_{13}$
▷Pimaricin, P-00253

$C_{33}H_{49}NO_{10}S$
11,17-Dihydroxy-6-methyl-21-[[8-[methyl(2-sulfoethyl)-amino]-1,8-dioxooctyl]oxy]pregna-1,4-diene-3,20-dione, *in* M-00297

$C_{33}H_{52}O_8$
5-Spirosten-3-ol; 3-*O*-*β*-D-Glucopyranoside, *in* S-00129
Trillin, *in* S-00129

$C_{33}H_{53}NO_3$
Naboctate, N-00004

$C_{33}H_{54}O_5$
α-Tocopherol succinate, *in* T-00335

$C_{33}H_{55}NO_8$
Peiminoside, *in* V-00024

$C_{33}H_{58}Br_2N_2O_3$
▷Dacuronium bromide, *in* D-00003

$C_{33}H_{58}N_2O_3^{\oplus\oplus}$
Dacuronium(2+), D-00003

$C_{33}H_{60}O_{10}$
Nonoxynol 9, N-00206

$C_{33}H_{61}N_5O_9$
Pepsidin *A*, *in* P-00109
Pepstatin *BU*, *in* P-00109

$C_{34}H_{24}N_6Na_4O_{14}S_4$
▷Azovan Blue, A-00532

$C_{34}H_{30}O_{10}$
Glucitol; 1,2,4,6-Tetrabenzoyl, *in* G-00054
Glucitol; 1,2,5,6-Tetrabenzoyl, *in* G-00054

$C_{34}H_{32}N_4O_9$
▷Nicomol, N-00100

$C_{34}H_{34}N_2O_4$
Asterriquinone A1, *in* A-00467

$C_{34}H_{34}N_4O_4$
Protoporphyrin, P-00541

$C_{34}H_{35}ClN_2O_{11}$
Antibiotic 2562B, *in* C-00221

$C_{34}H_{35}N_3O_{10}$
▷Zorubicin, *in* D-00019

$C_{34}H_{37}N_5O_5$
Metergotamine, *in* E-00106

$C_{34}H_{38}N_2O_4$
Nafiverine, N-00017

$C_{34}H_{38}N_4O_6$
▷Haematoporphyrin, H-00002

$C_{34}H_{40}I_6N_4O_{12}$
Iozomic acid, I-00150

$C_{34}H_{40}N_2O_9$
Rescidine, *in* R-00028

$C_{34}H_{41}N_3O_{10}$
Cinecromen, C-00359

$C_{34}H_{44}N_2O_{16}S$
Paulomycinone *A*, *in* P-00044

$C_{34}H_{46}Br_2N_2$
Hedaquinium(2+); Dibromide, *in* H-00023

$C_{34}H_{46}ClN_3O_{10}$
▷Maytansine, M-00026

$C_{34}H_{46}Cl_2N_2$
▷Hedaquinium chloride, *in* H-00023

$C_{34}H_{46}N_2^{\oplus\oplus}$
Hedaquinium(2+), H-00023

$C_{34}H_{46}N_2O_{17}S$
Paulomycin *A*, P-00044

$C_{34}H_{46}N_4O_4$
▷Dequalinium acetate, *in* D-00088

$C_{34}H_{48}Cl_2O_6S_2$
Tiafibrate, *in* B-00217

$C_{34}H_{48}O_2$
Vitamin D_3; Benzoyl, *in* V-00062

$C_{34}H_{48}O_4$
Testosterone hexyloxyphenylpropionate, *in* H-00111

$C_{34}H_{50}Cl_2N_4O_2$
▷Benzoquinonium chloride, *in* B-00096

$C_{34}H_{50}N_4O_2^{\oplus\oplus}$
Benzoquinonium(2+), B-00096

$C_{34}H_{50}O_4$
▷Carbenoxolone, *in* G-00072

$C_{34}H_{50}O_{11}$
Monoacetylacoschimperoside P, *in* T-00474

$C_{34}H_{52}I_2N_2O_4$
Truxicurium(2+); Diiodide, *in* T-00562

$C_{34}H_{52}N_2O_2$
Anipamil, A-00392

$C_{34}H_{52}N_2O_4^{\oplus\oplus}$
Truxicurium(2+), T-00562

$C_{34}H_{52}O_6$
Deloxolone, D-00057

$C_{34}H_{53}N_3O_3$
Dosergoside, D-00586

$C_{34}H_{54}O_3$
Estradiol palmitate, *in* C-00028

$C_{34}H_{54}O_8$
▷Lasalocid *A*, L-00011

$C_{34}H_{54}O_{14}$
Neutramycin, N-00081

$C_{34}H_{55}NO_{10}$
Rosaramicin propionate, *in* R-00092

$C_{34}H_{57}BrN_2O_4$
▷Vecuronium bromide, *in* V-00014

$C_{34}H_{57}N_2O_4^{\oplus}$
Vecuronium (1+), V-00014

$C_{34}H_{58}O_{11}$
3-O-Demethylmonensin B, *in* M-00428

$C_{34}H_{63}N_5O_9$
▷Pepstatin *A*, 9CI, *in* P-00109

$C_{34}H_{63}N_5O_{10}$
Hydroxypepstatin A, *in* P-00109

$C_{35}H_{28}N_4O_{11}$
Nicofurate, *in* M-00308

$C_{35}H_{30}O_{11}$
Methyl 2,3,4,6-tetra-*O*-benzoyl-D-gluconate, *in* G-00055
Methyl 2,3,5,6-tetra-*O*-benzoyl-D-gluconate, *in* G-00055

$C_{35}H_{33}NO_{12}$
Neocarzinostatin chromophore, *in* N-00067

$C_{35}H_{34}O_5$
Etamestrol, E-00135

$C_{35}H_{36}N_2O_6$
Nor-N^b-chondocurine, *in* C-00309

$C_{35}H_{37}ClN_2O_{11}$
▷Chlorobiocin, C-00221

$C_{35}H_{38}Cl_2N_8O_4$
Itraconazole, I-00222

$C_{35}H_{38}N_4O_6$
Manidipine, M-00017

$C_{35}H_{39}N_5O_5$
Ergocristine, E-00102
Ergocristinine, *in* E-00102

$C_{35}H_{41}N_5O_5$
Dihydroergocristine, *in* E-00102

$C_{35}H_{42}FNO_8$
Triamcinolone benetonide, *in* T-00419

$C_{35}H_{42}N_2O_7$
Cycleanine N^2-oxide, *in* C-00590

$C_{35}H_{42}N_2O_9$
Rescinnamine, *in* R-00028

$C_{35}H_{42}N_2O_{11}$
▷Syrosingopine, S-00287

$C_{35}H_{44}I_6N_6O_{15}$
Iodixanol, I-00099

$C_{35}H_{44}I_6N_6O_{16}$
Iodecol, I-00096

$C_{35}H_{44}N_2O_9$
Rescinnamidine, *in* R-00028

$C_{35}H_{45}Cl_2NO_6$
▷Prednimustine, P-00411

$C_{35}H_{46}N_6O_8S$
Amogastrin, A-00354

$C_{35}H_{48}ClN_3O_{10}$
Maytanprine, *in* M-00026

$C_{35}H_{48}N_{10}O_{15}$
L-Tryptophyl-L-alanyl-glycyl-glycyl-L-aspartyl-L-alanyl-L-seryl-glycyl-L-glutamic acid, T-00568

$C_{35}H_{51}N_3O_4S_2$
Pipotiazine undecylenate, *in* P-00302

$C_{35}H_{52}N_2O_3$
Nabitan, N-00003

$C_{35}H_{52}O_{14}$
▷Erysimoside, *in* T-00478

$C_{35}H_{52}O_{15}$
▷Cheirotoxin, *in* T-00478
Eryscenoside, *in* T-00478

$C_{35}H_{53}NO_3$
α-Tocopherol nicotinate, *in* T-00335

$C_{35}H_{54}O_8$
Tetronasin, T-00157

$C_{35}H_{54}O_9$
Adigoside, *in* T-00474

$C_{35}H_{54}O_{12}$
Coroloside, *in* D-00274
Glucoevatromonoside, *in* D-00274

$C_{35}H_{54}O_{13}$
Digitoxigenin glucosidoglucomethyloside, *in* D-00274
Digitoxigenins glucosidoallomethyloside, *in* D-00274
▷Glucodigifucoside, *in* D-00274
Neoglucodigifucoside, *in* D-00274

$C_{35}H_{54}O_{14}$
▷Erysimosol, *in* T-00478
Rhodexin C, *in* T-00474

$C_{35}H_{55}NO_3$
Nabazenil, N-00001

$C_{35}H_{58}O_6$
α-Tocopherolhydroquinone; Tri-Ac, *in* T-00337

$C_{35}H_{58}O_9$
Filipin I, *in* F-00106

$C_{35}H_{58}O_{10}$
Filipin II, *in* F-00106

$C_{35}H_{58}O_{11}$
▷Filipin III, *in* F-00106
Filipin IV, *in* F-00106

$C_{35}H_{59}Al_3N_{10}O_{24}$
▷Aceglutamide aluminum, *in* A-00012

$C_{35}H_{60}Br_2N_2O_4$
▷Pancuronium bromide, *in* P-00012

$C_{35}H_{60}N_2O_4^{\oplus\oplus}$
Pancuronium(2+), P-00012

$C_{35}H_{60}O_6$
Daucosterol, *in* S-00151
5-Stigmasten-3-ol; β-D-Galactoside, *in* S-00151

$C_{35}H_{60}O_{11}$
Monensin *B*, *in* M-00428
3-O-Demethylmonensin, *in* M-00428

$C_{35}H_{61}NO_{12}$
▷Oleandomycin, O-00035

$C_{35}H_{62}Br_2N_4O_4$
Arduan, *in* P-00277

$C_{35}H_{62}N_4O_4^{\oplus\oplus}$
Pipecuronium(2+), P-00277

$C_{35}H_{65}N_5O_9$
Pepstatin *B*, *in* P-00109
Pepstatin *C*, *in* P-00109
Procidin S 735M, *in* P-00109

$C_{35}H_{72}BrN_3$
Pirralkonium bromide, *in* P-00357

$C_{35}H_{72}N_3^{\oplus}$
Pirralkonium(1+), P-00357

$C_{36}H_{28}N_6O_{10}$
Glucosamine pentanicotinate, *in* A-00235

$C_{36}H_{32}O_{11}$
Ethyl 2,3,4,6-tetra-*O*-benzoyl-D-gluconate, *in* G-00055
Ethyl 2,3,5,6-tetra-*O*-benzoyl-D-gluconate, *in* G-00055

$C_{36}H_{36}N_2O_3$
Fetoxylate, *in* D-00265

$C_{36}H_{38}N_2O_6$
2,2′-Bisnorphaeanthine, *in* T-00152
Chondocurine, C-00309
▷Isochondodendrine, I-00182
2-Norlimacine, *in* F-00017

$C_{36}H_{39}N_3O_6$
Niguldipine, N-00138

$C_{36}H_{42}Br_2N_2$
▷Hexafluorenium bromide, *in* H-00046

$C_{36}H_{42}N_2^{\oplus\oplus}$
Hexafluorenium(2+), H-00046

$C_{36}H_{42}N_4O_6$
Haematoporphyrin; Di-Me ester, *in* H-00002

$C_{36}H_{49}N_3NaO_{22}Sb_3$
▷Stibamine glucoside, S-00148

$C_{36}H_{50}ClN_3O_{10}$
Maytanbutine, *in* M-00026

$C_{36}H_{50}Cl_2O_5$
Locicortone, L-00068

$C_{36}H_{52}O_8$
Antibiotic LL-F28249*ε*, A-00408

$C_{36}H_{52}O_{12}$
3,14-Dihydroxy-4,20,22-bufatrienolide; 3-(Di-L-rhamnoside), *in* D-00319

$C_{36}H_{52}O_{13}$
▷Scillaren A, *in* D-00319

$C_{36}H_{52}O_{15}$
▷Hellebrin, *in* T-00477

$C_{36}H_{53}NO_{13}$
▷Lucensomycin, L-00112

$C_{36}H_{56}N_2O_4$
Dagapamil, D-00004

$C_{36}H_{56}O_{11}$
Bulloside, *in* D-00274

$C_{36}H_{56}O_{12}$
Echubioside, *in* D-00274

$C_{36}H_{56}O_{13}$
Graciloside, *in* D-00274
Neoodorobioside G, *in* D-00274

$C_{36}H_{56}O_{14}$
▷Digitalin, *in* T-00474

$C_{36}H_{58}O_3$
Estradiol stearate, *in* O-00028

$C_{36}H_{60}O_2$
▷Retinol palmitate, *in* V-00058
▷Vitamin A_1, V-00058

$C_{36}H_{62}N_4$
Octenidine, O-00020

$C_{36}H_{62}O_{11}$
▷Monensin *A*, *in* M-00428

$C_{36}H_{63}NO_{13}$
Antibiotic P 15153, *in* E-00116

$C_{36}H_{65}NO_{12}$
Antibiotic P 15149, *in* E-00116

$C_{36}H_{65}NO_{13}$
Antibiotic P 15148, *in* E-00116
Antibiotic P 15150, *in* E-00116

$C_{36}H_{66}N_6O_6Tc^{\oplus}$
Technetium sestamibi, *in* M-00205

$C_{36}H_{66}O_3$
9-Octadecenoic acid; Anhydride, *in* O-00010

$C_{36}H_{67}N_5O_9$
Pepstatin *D*, *in* P-00109
Pepstatin *E*, *in* P-00109
Pepstatin *F*, *in* P-00109

$C_{36}H_{74}Cl_2N_2$
▷Triclobisonium chloride, *in* T-00448

$C_{36}H_{74}N_2^{\oplus\oplus}$
Triclobisonium(2+), T-00448

$C_{37}H_{33}N_7O_8$
▷Rachelmycin, R-00001

$C_{37}H_{34}N_4O_5$
▷Protoporphyrin; Na salt, *in* P-00541

$C_{37}H_{36}O_{18}$
Cynarine; Hexa-Ac, *in* C-00643

$C_{37}H_{40}N_2O_6$
Fangchinoline, F-00017
Hayatidine, *in* C-00309
N$^{2'}$-Desmethylcycleanine, *in* C-00590
Norcycleanine, *in* C-00590
2-Nortetrandrine, *in* T-00152

$C_{37}H_{40}N_2O_7$
Limacine 2*β*-N-oxide, *in* F-00017
Limacine 2′*α*-N-oxide, *in* F-00017
Limacine 2′*β*-N-oxide, *in* F-00017

$C_{37}H_{40}N_2O_8S$
Cortisuzol, C-00550

$C_{37}H_{42}Cl_2N_2O_6$
Tubocurarine chloride, *in* T-00571

$C_{37}H_{42}N_2O_6$
N′-Demethyldauricine, *in* D-00020

$C_{37}H_{42}N_2O_6^{\oplus\oplus}$
▷Tubocurarine(2+), T-00571

$C_{37}H_{42}N_2O_7$
▷Hydrocortisone bendazac, *in* C-00548

$C_{37}H_{47}NO_{12}$
▷Rifamycin, R-00046

$C_{37}H_{48}I_6N_6O_{18}$
Iotrolan, I-00144

$C_{37}H_{49}N_3O_5S$
Iprotiazem, I-00163

$C_{37}H_{49}N_7O_9S$
▷Pentagastrin, P-00079

$C_{37}H_{52}ClN_3O_{10}$
Maytanvaline, *in* M-00026

$C_{37}H_{52}ClN_3O_{11}$
Colubrinol, *in* M-00026

$C_{37}H_{54}O_4$
Carpesterol, C-00094

$C_{37}H_{55}ClO_4$
Tocofenoxate, T-00333

$C_{37}H_{56}N_2O_3$
Menabitan, M-00086

$C_{37}H_{56}O_6$
Prednisone palmitate, *in* P-00413

$C_{37}H_{56}O_{15}$
Glucoverodoxin, *in* T-00474

$C_{37}H_{56}O_{16}$
Rhodexin D, *in* T-00474

$C_{37}H_{58}O_6$
Prednisolone palmitate, *in* P-00412

$C_{37}H_{59}NO_2$
Didesacetylprotoveratrine A, *in* P-00543

$C_{37}H_{60}BrNO_4$
Roxolonium(1+); Bromide, *in* R-00101

$C_{37}H_{60}NO_4^{\oplus}$
Roxolonium(1+), R-00101

$C_{37}H_{61}NO_{12}$
Mycinamycin I, *in* M-00474

$C_{37}H_{61}NO_{13}$
Mycinamycin II, M-00474

$C_{37}H_{64}O_{11}$
Monensin *C*, *in* M-00428

$C_{37}H_{67}NO_{12}$
▷Erythromycin *B*, E-00116

$C_{37}H_{67}NO_{13}$
▷Erythromycin, E-00115

$C_{37}H_{69}N_5O_9$
Pepstatin *G*, *in* P-00109
Pepstatin *H*, *in* P-00109

$C_{38}H_{27}NO_5$
Cinnoxyphenisatin, *in* O-00160

$C_{38}H_{29}N_5O_8$
Adenosine; 6*N*,2′,3′,5′-Tetrabenzoyl, *in* A-00067

$C_{38}H_{37}FO_7$
Betamethasone acibutate, *in* B-00141
$C_{38}H_{42}N_2O_6$
Cycleanine, C-00590
Tetrandrine, T-00152
$C_{38}H_{42}N_2O_7$
Phaeanthine 2′α-N-oxide, *in* T-00152
Tetrandrine mono-*N*-2′-oxide, *in* T-00152
$C_{38}H_{42}N_8O_6S_2$
▷Bisbentiamine, B-00194
$C_{38}H_{44}Cl_2N_2O_6$
Chondocurine; *N,N′*-Di-Me, dichloride, *in* C-00309
$C_{38}H_{44}I_2N_2O_6$
Chondocurine; *N,N′*-Di-Me, diiodide, *in* C-00309
$C_{38}H_{44}N_2O_6$
▷Dauricine, D-00020
$C_{38}H_{44}N_2O_6^{\oplus\oplus}$
Chondocurarine, *in* C-00309
$C_{38}H_{44}N_2O_8$
Bisinomenine, *in* S-00079
$C_{38}H_{45}ClF_5NO_2$
Penfluoridol decanoate, *in* P-00062
$C_{38}H_{50}I_6N_6O_{14}S$
Iotasul, I-00139
$C_{38}H_{51}NO_4$
Myrophine, M-00477
$C_{38}H_{54}O_{12}$
Datiscoside, D-00018
$C_{38}H_{56}I_2N_2O_4$
Truxipicurium iodide, *in* T-00563
$C_{38}H_{56}N_2O_4^{\oplus\oplus}$
Truxipicurium(2+), T-00563
$C_{38}H_{56}N_4O_{10}$
3,5,14-Trihydroxy-19-oxo-20,22-bufadienolide; 3-Suberoyl-L-arginine ester, *in* T-00477
$C_{38}H_{56}O_7$
Cicloxolone, C-00337
$C_{38}H_{58}O_{14}$
Cryptograndoside B, *in* T-00474
$C_{38}H_{59}FO_6$
Dexamethasone palmitate, *in* D-00111
$C_{38}H_{60}O_6$
Methandriolbisenanthoyl acetate, *in* M-00225
$C_{38}H_{63}NO_{12}$
23-De[(6-deoxy-2,3-di-*O*-methyl-β-D-allopyranosyl)oxy]-tylosin, *in* T-00578
$C_{38}H_{63}NO_{13}$
23-De(6-deoxy-2,3-di-O-methyl-β-D-allopyranosyl)tylosin, 9CI, *in* T-00578
$C_{38}H_{63}NO_{14}$
▷Lactenocin, *in* T-00578
$C_{38}H_{65}NO_{12}$
23-Demycinosyltylosin D, *in* T-00579
$C_{38}H_{65}NO_{14}$
Davercin, *in* E-00115
$C_{38}H_{66}Br_2N_2O_2$
Deditonium bromide, *in* D-00043
$C_{38}H_{66}N_2O_2^{\oplus\oplus}$
Deditonium(2+), D-00043
$C_{38}H_{69}NO_{13}$
6-*O*-Methylerythromycin, *in* E-00115
$C_{38}H_{71}N_5O_9$
Pepstatin *I*, *in* P-00109
$C_{38}H_{72}N_2O_{12}$
Azithromycin, A-00528
$C_{39}H_{29}Cl_9N_2O_3S_2$
Alazanine triclofenate, *in* E-00187
$C_{39}H_{42}I_2N_2O_6$
Tubocurarine(2+); Diiodide, *in* T-00571
$C_{39}H_{43}N_5O_{12}S$
Penimocycline, P-00069
$C_{39}H_{44}ClN_2O_6^{\oplus}$
N[2]-Chloromethyltetrandrinium, *in* T-00152
$C_{39}H_{44}Cl_2N_2O_6$
Tetrandrine; *N*[2]-Chloromethyl, chloride, *in* T-00152
$C_{39}H_{45}NO_{10}$
Actamycin, A-00052
$C_{39}H_{45}N_2O_6^{\oplus}$
Monomethyltetrandrinium, *in* T-00152
$C_{39}H_{46}N_2O_6$
O-Methyldauricine, *in* D-00020
$C_{39}H_{46}N_2O_7$
O-Methyldauricine 2-N-oxide, *in* D-00020
O-Methyldauricine 2′-N-oxide, *in* D-00020
$C_{39}H_{47}NO_{13}$
Streptovaricin *Fc*, *in* S-00163
$C_{39}H_{49}NO_{13}$
8-Deoxyrifamycin B, *in* R-00047
$C_{39}H_{49}NO_{14}$
▷Rifamycin *B*, R-00047
$C_{39}H_{49}NO_{16}$
▷Nogalamycin, N-00198
$C_{39}H_{53}N_3O_9$
▷Bietaserpine, *in* R-00029
$C_{39}H_{54}ClN_3O_{12}$
Colubrinol acetate, *in* M-00026
$C_{39}H_{58}O_4$
Coenzyme Q_6, *in* C-00531
$C_{39}H_{59}ClO_4$
▷Tocofibrate, T-00334
$C_{39}H_{60}O_{16}$
16-O-Acetylglucogitrodimethoside, *in* T-00474
$C_{39}H_{61}NO_{13}$
Desacetylprotoveratrine A, *in* P-00543
$C_{39}H_{61}NO_{14}$
Desacetylprotoveratrine B, *in* P-00543
$C_{39}H_{62}O_{12}$
Ophiopogonin B, *in* S-00128
5-Spirosten-3-ol; 3-*O*-α-L-Rhamnopyranosyl(1→2)-β-D-glucopyranoside, *in* S-00129
$C_{39}H_{62}O_{13}$
▷Funkioside C, *in* S-00129
$C_{39}H_{65}NO_{14}$
Leucomycin A_5, L-00034
$C_{39}H_{69}NO_{14}$
Erythromycin acetate, *in* E-00115
$C_{39}H_{73}N_5O_9$
Pepstatin *J*, *in* P-00109
$C_{40}H_{48}Br_2N_2O_6$
▷2,2′-Dimethylcycloanimium dibromide, *in* C-00590
$C_{40}H_{48}Cl_2N_2O_6$
Dimethyltubocurarinium chloride, *in* T-00571
$C_{40}H_{48}Cl_2N_4O_2$
Calebassine; Dichloride, *in* C-00016
$C_{40}H_{48}N_4O_2^{\oplus\oplus}$
▷Calebassine, C-00016
$C_{40}H_{48}N_4O_3^{\oplus\oplus}$
C-Alkaloid F, *in* C-00016

$C_{40}H_{48}N_4O_4^{\oplus\oplus}$
C-Alkaloid A, *in* C-00016

$C_{40}H_{48}N_6O_{10}$
Bouvardin, B-00261

$C_{40}H_{49}NO_{14}$
Streptovaricin E, *in* S-00163

$C_{40}H_{51}NO_{13}$
▷Streptovaricin D, *in* S-00163

$C_{40}H_{51}NO_{14}$
▷Streptovaricin *C*, *in* S-00163

$C_{40}H_{51}NO_{15}$
Streptovaricin *G*, *in* S-00163

$C_{40}H_{52}N_2O_4$
Testosterone enanthate benziloylhydrazone, *in* H-00111

$C_{40}H_{54}O_{12}$
▷Acolongifloroside *K*, *in* H-00053

$C_{40}H_{56}$
α-Carotene, C-00087
β-Carotene, C-00088
γ-Carotene, C-00089

$C_{40}H_{56}O_2$
Lutein, L-00115

$C_{40}H_{56}O_{10}$
▷Clerocidin, C-00421

$C_{40}H_{58}N_4^{\oplus\oplus}$
Bisdequalinium(2+), E-00202

$C_{40}H_{59}FO_6$
Dexamethasone linoleate, *in* D-00111

$C_{40}H_{60}O_4$
Estradiol diundecylenate, *in* O-00028

$C_{40}H_{63}N_3O_4S_2$
Pipotiazine palmitate, *in* P-00302

$C_{40}H_{64}BO_{14}^{\ominus}$
O^{27}-De(2-amino-3-methyl-1-oxobutyl)boromycin, *in* B-00258

$C_{40}H_{64}N_2O_2$
Bolazine, *in* H-00153

$C_{40}H_{64}O_4$
Estradiol diundecylate, *in* O-00028

$C_{40}H_{64}O_{11}$
▷Dermostatin *A*, *in* D-00089

$C_{40}H_{67}NO_{14}$
▷Leucomycin A_1, L-00032

$C_{40}H_{71}NO_{14}$
Erythromycin propionate, *in* E-00115

$C_{40}H_{71}NO_{15}$
Erythromycin; 2′-(Ethyl carbonate), *in* E-00115

$C_{40}H_{72}O_{21}$
Ipolearoside, I-00152

$C_{41}H_{31}NO_{10}$
2,3,4,5,6-Penta-*O*-benzoyl-D-glucononitrile, *in* G-00055

$C_{41}H_{32}N_8O_{10}$
Riboflavine 2′,3′,4′,5′-tetra-3-pyridinecarboxylate, *in* R-00038

$C_{41}H_{33}NO_{11}$
2,3,4,5,6-Penta-*O*-benzoyl-D-gluconamide, *in* G-00055

$C_{41}H_{47}Cl_2NO_6$
Bestrabucil, *in* O-00028

$C_{41}H_{47}FN_2O_8$
▷Taucorten, *in* T-00419

$C_{41}H_{53}NO_{17}$
Alcindoromycin, *in* M-00022

$C_{41}H_{56}O_2$
Vitamin K_2(30), *in* V-00065

$C_{41}H_{56}O_5$
Cinoxolone, *in* G-00072

$C_{41}H_{63}NO_{14}$
▷Protoveratrine A, *in* P-00543

$C_{41}H_{63}NO_{15}$
▷Protoveratrine B, *in* P-00543
Protoveratrine C, *in* P-00543

$C_{41}H_{64}O_8$
Prednisolone stearoylglycolate, *in* P-00412

$C_{41}H_{64}O_{13}$
▷Digitoxin, *in* D-00275
Ophiopogonin A, *in* S-00128

$C_{41}H_{64}O_{14}$
▷Digoxin, D-00275
▷Gitoxin, *in* T-00474

$C_{41}H_{64}O_{15}$
Digitoxigenin glucosidobisdigitoxoside, *in* D-00274

$C_{41}H_{66}O_{11}$
Dermostatin *B*, *in* D-00089

$C_{41}H_{67}NO_{15}$
▷Leucomycin A_4, *in* L-00034
▷Platenomycin B_1, P-00371
▷Triacetyloleandomycin, *in* O-00035

$C_{41}H_{67}NO_{16}$
Maridomycin III, M-00023

$C_{41}H_{69}NO_{14}$
Diproleandomycin, *in* O-00035

$C_{41}H_{76}N_2O_{15}$
Roxithromycin, R-00100

$C_{42}H_{30}N_6O_{12}$
▷Inositol nicotinate, *in* I-00074

$C_{42}H_{32}N_6O_{12}$
D-Glucitolhexanicotinate, *in* G-00054

$C_{42}H_{38}O_2$
Sennoside *B*, *in* S-00042

$C_{42}H_{38}O_{20}$
Sennoside *A*, *in* S-00042
Sennoside *G*, *in* S-00042

$C_{42}H_{48}Cl_4N_2O_4$
Phenestrol, *in* B-00220

$C_{42}H_{49}N_7O_{10}$
Virginamycin S_2, *in* V-00054

$C_{42}H_{50}Cl_4N_2O_4$
▷Estradiol mustard, *in* O-00028

$C_{42}H_{53}NO_{15}$
▷Aclacinomycin *A*, A-00042
▷Streptovaricin *B*, *in* S-00163
Streptovaricin J, *in* S-00163

$C_{42}H_{53}NO_{16}$
9-Hydroxyaclacinomycin A, *in* A-00042
▷Streptovaricin *A*, *in* S-00163
Streptovaricin K, *in* S-00163

$C_{42}H_{54}Al_2Na_8O_{38}$
Sodium glucaspaldrate, *in* B-00185

$C_{42}H_{55}NO_{17}$
▷Marcellomycin, M-00022
Mimimycin, *in* M-00022

$C_{42}H_{62}O_{16}$
▷Glycyrrhizic acid, G-00073

$C_{42}H_{62}O_{18}$
Glucoscillaren *A*, *in* D-00319

$C_{42}H_{64}N_{12}O_{12}S_3$
[Thz[7]]Oxytocin, T-00234

$C_{42}H_{64}O_4$
Acnestrol-Lotion, *in* D-00257

$C_{42}H_{65}N_{11}O_{12}$
▷Cargutocin, C-00076

$C_{42}H_{65}N_{11}O_{12}S_2$
4-L-Threonineoxytocin, T-00220

$C_{42}H_{65}N_{13}O_{10}$
Saralasin, S-00023

$C_{42}H_{66}O_{14}$
▷Medigoxin, *in* D-00275

$C_{42}H_{66}O_{17}$
▷Echujin, *in* D-00274

$C_{42}H_{66}O_{18}$
Thevetin B, *in* D-00274

$C_{42}H_{66}O_{19}$
Gitostin, *in* T-00474
Neogitostin, *in* T-00474

$C_{42}H_{67}NO_{16}$
▷Carbomycin, C-00056

$C_{42}H_{68}N_2O_2$
Mebolazine, M-00037

$C_{42}H_{69}NO_{15}$
▷Leucomycin A_3, L-00033
Rokitamycin, *in* L-00034

$C_{42}H_{70}O_{10}$
Antibiotic SY 1, *in* S-00017
Deoxy-epi-17-salinomycin, *in* S-00017

$C_{42}H_{70}O_{11}$
▷Salinomycin, S-00017

$C_{42}H_{78}N_2O_{14}$
Dirithromycin, D-00533

$C_{43}H_{48}N_2O_6S_2$
Indocyanine green, I-00062

$C_{43}H_{49}N_7O_{10}$
Virginiamycin S_1, V-00054

$C_{43}H_{49}N_7O_{11}$
Virginiamycin S_3, *in* V-00054

$C_{43}H_{51}N_3O_{11}$
Rifaximin, R-00049

$C_{43}H_{55}NO_{15}$
Aclacinomycin *A*; 5-Me ether, *in* A-00042
Aclacinomycin *A*; 7-Me ether, *in* A-00042
13-Methylaclacinomycin A, *in* A-00042

$C_{43}H_{55}N_5O_7$
▷Vindesine, *in* V-00032

$C_{43}H_{58}N_2O_{13}$
▷Rifamide, *in* R-00047

$C_{43}H_{58}N_4O_{12}$
▷Rifampicin, R-00045

$C_{43}H_{60}N_2O_{12}$
▷Mocimycin, M-00413

$C_{43}H_{60}N_8O_{11}$
Viridogrisein II, *in* V-00055

$C_{43}H_{62}N_2O_{12}$
5,6-Dihydromocimyin C, *in* M-00413

$C_{43}H_{62}N_4O_{23}S_3$
Paldimycin *B*, *in* P-00005

$C_{43}H_{65}N_{11}O_{12}S_2$
Deaminooxytocin, D-00030

$C_{43}H_{66}N_{12}O_{12}S_2$
▷Oxytocin, O-00167

$C_{43}H_{66}O_{14}$
▷Acetyldigitoxin, *in* D-00275

$C_{43}H_{66}O_{15}$
▷α-Acetyldigoxin, *in* D-00275
▷β-Acetyldigoxin, *in* D-00275

$C_{43}H_{67}N_{15}O_{12}S_2$
▷*Ile³-Arginine vasopressin*, *in* V-00013

$C_{43}H_{70}O_{11}$
Narasin B, *in* N-00050

$C_{43}H_{71}NO_{15}$
Polyanine, *in* T-00374

$C_{43}H_{72}O_{10}$
20-Deoxy-17-epinarasin, *in* N-00050
20-Deoxynarasin, *in* N-00050

$C_{43}H_{72}O_{11}$
▷Narasin *A*, N-00050

$C_{43}H_{74}N_2O_{14}$
▷Foromacidin *A*, F-00249

$C_{43}H_{75}NO_{16}$
▷Erythromycin ethylsuccinate, *in* E-00115

$C_{43}H_{78}N_6O_{13}$
Muroctasin, M-00472

$C_{43}H_{90}N_2O_2$
Avridine, A-00488

$C_{44}H_{38}O_{23}$
Sennoside *E*, *in* S-00042
Sennoside *F*, *in* S-00042

$C_{44}H_{50}Cl_2N_4O_2$
▷Alcuronium chloride, *in* A-00105

$C_{44}H_{50}N_4O_2^{\oplus\oplus}$
▷Alcuronium(2+), A-00105

$C_{44}H_{52}N_8O_{10}$
Pristinamycin I_C, P-00440

$C_{44}H_{54}N_4O_7$
Vincovalinine, *in* L-00037

$C_{44}H_{56}N_4O_7$
Deacetoxyvinblastine, *in* V-00032

$C_{44}H_{56}N_4O_8$
▷Vinblastine; O^4-Deacetyl, *in* V-00032

$C_{44}H_{56}N_8O_7$
Cyclic(*N*-methyl-L-alanyl-L-tyrosyl-D-tryptophyl-L-lysyl-L-valyl-L-phenylalanyl), C-00592

$C_{44}H_{62}N_2O_{11}$
Heneicomycin, *in* M-00413

$C_{44}H_{62}N_2O_{12}$
▷1-Methylmocimycin, *in* M-00413

$C_{44}H_{62}N_8O_{11}$
▷Viridogrisein, V-00055

$C_{44}H_{64}N_4O_{23}S_3$
Paldimycin *A*, *in* P-00005

$C_{44}H_{64}O_{15}$
▷Gitaloxin, *in* T-00474

$C_{44}H_{66}N_4O_4$
Bisdequalinium diacetate, *in* B-00202

$C_{44}H_{66}O_4$
Coenzyme Q_7, *in* C-00531

$C_{44}H_{69}NO_{12}$
FK 506, F-00108

$C_{44}H_{69}N_{15}O_9S$
Adrenorphin, A-00078

$C_{44}H_{70}O_{16}$
Ophiopogonin D, *in* S-00128
Polyphyllin D, *in* S-00129

$C_{44}H_{71}NO_{17}$
Maridomycin propionate, *in* M-00023

$C_{44}H_{72}O_{10}$
Rutamycin B, *in* O-00037

$C_{44}H_{72}O_{11}$
▷Oligomycin *D*, O-00037

$C_{44}H_{73}NO_{17}$
Demethylmacrocin, *in* T-00578

$C_{44}H_{78}O_2$
▷Carcinolipin, *in* C-00306

$C_{44}H_{80}N_2O_{15}$
Megalomicin *A*, M-00070

$C_{45}H_{47}NO_{13}$
10-Deactyl-10-oxo-7-epi-taxol, *in* T-00037

$C_{45}H_{49}NO_{13}$
10-Deacetyltaxol, *in* T-00037

$C_{45}H_{52}O_8$
Feneritrol, F-00046

$C_{45}H_{54}N_4O_8$
Vinorelbine, V-00041

$C_{45}H_{56}N_4O_9$
N-Demethylvinblastine, *in* V-00032

$C_{45}H_{57}N_3O_9$
Beauvericin, B-00020

$C_{45}H_{63}N_{13}O_{12}S_2$
8-L-Ornithinevasopressin, *in* V-00013

$C_{45}H_{69}N_{11}O_{12}S$
Carbetocin, C-00048

$C_{45}H_{70}O_{15}$
Cationomycin, C-00108

$C_{45}H_{72}O_{16}$
Dioscin, *in* S-00129
5-Spirosten-3-ol; 3-*O*-[α-L-Rhamnopyranosyl(1→2)][β-D-glucopyranosyl(1→4)-α-L-rhamnopyranosyl(1→4)]-β-D-glucopyranoside, *in* S-00129

$C_{45}H_{72}O_{17}$
Balanitin 3, *in* S-00129
Gracillin, *in* S-00129
5-Spirosten-3-ol; 3-*O*-[α-L-Rhamnopyranosyl(1→2)][β-D-glucopyranosyl(1→4)]-β-D-glucopyranoside, *in* S-00129
5-Spirosten-3-ol; 3-*O*-β-D-Glucopyranosyl(1→4)-α-L-rhamnopyranosyl(1→4)-β-D-glucopyranoside, *in* S-00129

$C_{45}H_{72}O_{18}$
▷Funkioside D, *in* S-00129

$C_{45}H_{73}BNO_{15}$
▷Boromycin, B-00258

$C_{45}H_{73}NO_{16}$
Josamycin propionate, *in* L-00033

$C_{45}H_{75}NO_{16}$
2^C-Demethoxytylosin, *in* T-00578
4-epi-2^C-Demethoxytylosin, *in* T-00578

$C_{45}H_{75}NO_{17}$
2^C-O-Demethyltylosin, *in* T-00578
β_1-Tomatine, *in* T-00374
▷Tylosin C, *in* T-00578

$C_{45}H_{76}N_2O_{15}$
▷Foromacidin *B*, F-00250

$C_{45}H_{80}O_2$
5-Stigmasten-3-ol; Hexadecanoyl, *in* S-00151

$C_{46}H_{50}Cl_2N_6O_2$
Ditercalinium chloride, *in* D-00546

$C_{46}H_{50}N_6O_2^{\oplus\oplus}$
Ditercalinium(2+), D-00546

$C_{46}H_{54}N_4O_{10}$
▷Vinformide, V-00039

$C_{46}H_{54}N_4O_{11}$
21′-Oxoleurosine, *in* L-00037

$C_{46}H_{54}N_8O_{12}S_2$
Derpanicate, D-00090

$C_{46}H_{56}N_4O_9$
(4′α)-4′-Deoxy-22-oxovincaleukoblastine, *in* V-00037
▷Leurosine, L-00037

$C_{46}H_{56}N_4O_{10}$
Pleurosine, *in* L-00037
▷Vincristine, V-00037

$C_{46}H_{58}ClN_5O_8$
Proglumetacin, P-00467

$C_{46}H_{58}N_4O_8$
Isoleurosine, *in* L-00036

$C_{46}H_{58}N_4O_9$
▷Leurosidine, L-00036
▷Vinblastine, V-00032

$C_{46}H_{58}N_4O_{10}$
Leurocolumbine, *in* V-00032
Leurosidine $N^{b'}$-oxide, *in* L-00036
Vincadioline, *in* V-00032

$C_{46}H_{58}O_{27}$
Coptiside I, *in* D-00329

$C_{46}H_{62}N_4O_{11}$
Rifabutin, R-00044

$C_{46}H_{64}N_{14}O_{12}S_2$
Desmopressin, D-00097

$C_{46}H_{64}O_2$
Vitamin $K_2(35)$, *in* V-00065

$C_{46}H_{64}O_{19}$
Gitoxin 3′,3″,3‴,4‴,16-pentaformate, *in* T-00474

$C_{46}H_{65}N_{13}O_{11}S_2$
Felypressin, F-00029

$C_{46}H_{65}N_{15}O_{12}S_2$
8-L-Arginine vasopressin, *in* V-00013

$C_{46}H_{71}N_{11}O_{11}S$
Nacartocin, N-00005

$C_{46}H_{72}O_{12}$
Napoleogenin B, *in* O-00036

$C_{46}H_{72}O_{17}$
Ophiopogonin C, *in* S-00128

$C_{46}H_{75}BNO_{16}$
N-Formylboromycin, *in* B-00258

$C_{46}H_{76}O_{14}$
▷Peliomycin, P-00053

$C_{46}H_{77}NO_{17}$
▷Tylosin, T-00578

$C_{46}H_{78}N_2O_{15}$
▷Foromacidin *C*, F-00251

$C_{46}H_{78}O_{17}$
Antibiotic X 14868C, *in* A-00411

$C_{46}H_{79}NO_{17}$
Tylosin *D*, T-00579

$C_{46}H_{80}N_2O_{13}$
Tilmicosin, T-00275

$C_{46}H_{82}N_2O_{16}$
Megalomycin *A* 4^A-acetate, *in* M-00070

$C_{47}H_{51}NO_{14}$
7-epi-Taxol, *in* T-00037
▷Taxol, T-00037

$C_{47}H_{64}N_4O_{12}$
Rifapentine, R-00048

$C_{47}H_{65}N_{13}O_{12}$
▷*8-L-Lysine vasopressin*, *in* V-00013

$C_{47}H_{70}NO_{17}$
Nystatin A_1, *in* N-00235

$C_{47}H_{70}O_{14}$
Avermectin B_{1b}, A-00484

$C_{47}H_{72}O_{15}$
Avermectin B_{2b}, A-00486
Ivermectin B_{1b}, *in* I-00225

$C_{47}H_{73}NO_{17}$
▷Amphotericin *B*, A-00368
$C_{47}H_{75}NO_{17}$
▷Amphotericin A, *in* A-00368
$C_{47}H_{77}BNO_{16}$
N-Acetylboromycin, *in* B-00258
$C_{47}H_{80}O_{17}$
Antibiotic X 14868A, A-00411
Antibiotic X 14868D, *in* A-00411
$C_{48}H_{36}O_{12}$
1,2,3,4,5,6-Hexa-*O*-benzoyl-*myo*-inositol, *in* I-00074
$C_{48}H_{37}NO_{12}$
Gluconic acid; Amide, 1*N*,2,3,4,5,6-hexabenzoyl, *in* G-00055
$C_{48}H_{38}O_{12}$
1,2,3,4,5,6-Hexa-*O*-benzoyl-D-glucitol, *in* G-00054
1,2,3,4,5,6-Hexa-*O*-benzoyl-D-mannitol, *in* M-00018
$C_{48}H_{58}ClN_5O_9$
Vinzolidine, V-00048
$C_{48}H_{63}N_5O_9$
▷Vinglycinate, *in* V-00032
$C_{48}H_{64}N_2O_{17}$
Cytorhodin *S*, C-00665
$C_{48}H_{67}N_{13}O_{11}$
Arfalasin, A-00438
$C_{48}H_{72}O_{14}$
Avermectin B_{1a}, A-00483
Avermectin A_{1b}, A-00480
$C_{48}H_{74}O_{15}$
Avermectin B_{2a}, A-00485
Avermectin A_{2b}, A-00482
Ivermectin B_{1a}, *in* I-00225
$C_{48}H_{78}O_{19}$
▷Asiaticoside, *in* T-00485
$C_{48}H_{81}NO_{17}$
9,20-Dideoxo-9,20-dihydroxytylosin, *in* T-00578
$C_{48}H_{82}O_{17}$
Antibiotic X 14868B, *in* A-00411
$C_{48}H_{84}N_2O_{17}$
▷Megalomycin *A* 3^A^,4^A^-diacetate, *in* M-00070
$C_{48}H_{84}O_{14}$
Alborixin, A-00101
$C_{48}H_{138}N_{18}NaO_{34}S_{3-4}$
▷Gardimycin, G-00011
$C_{49}H_{61}N_9O_{13}$
Desglugastrin, D-00094
$C_{49}H_{62}N_{10}O_{16}S_3$
Sincalide, S-00077
$C_{49}H_{66}N_{10}O_{10}S_2$
Octreotide, O-00025
$C_{49}H_{69}N_{13}O_{12}$
5-L-Valineangiotensin II, *in* A-00385
$C_{49}H_{70}N_{14}O_{11}$
Angiotensinamide, *in* A-00385
$C_{49}H_{71}N_7O_{17}$
Cilofungin, C-00345
$C_{49}H_{74}O_4$
Coenzyme Q_8, *in* C-00531
$C_{49}H_{74}O_{14}$
Avermectin A_{1a}, A-00479
$C_{49}H_{76}O_{15}$
Avermectin A_{2a}, A-00481
$C_{49}H_{79}N_{11}O_{19}$
Empedopeptin, E-00041
$C_{49}H_{86}N_2O_{17}$
▷Megalomycin *A* 3^A^-acetate 4^A^-propanoate, *in* M-00070
$C_{49}H_{88}O_2$
5-Stigmasten-3-ol; Icosanoyl, *in* S-00151
$C_{50}H_{40}O_7$
Benzquercin, *in* P-00082
$C_{50}H_{60}Br_4N_6O_6S_2$
Cistinexine, C-00399
$C_{50}H_{60}N_6O_{16}$
Etamocycline, E-00138
$C_{50}H_{71}N_{13}O_{12}$
5-L-Isoleucineangiotensin II, *in* A-00385
$C_{50}H_{73}N_{15}O_{11}$
▷Kallidin I, *in* B-00264
$C_{50}H_{75}NO_4$
p,p'-(2-Pyridinylmethylene)bis(phenyl palmitate), P-00577
$C_{50}H_{77}NO_{12}$
Demethoxyrapamycin, *in* R-00013
$C_{50}H_{80}O_4$
4,4'-(1,2-Diethyl-1,2-ethenediyl)bis[phenol]-dihexadecanoate, *in* D-00257
$C_{50}H_{80}O_{21}$
Balanitin 2, *in* S-00129
$C_{50}H_{80}O_{22}$
▷Funkioside F, *in* S-00129
$C_{50}H_{83}NO_{21}$
Tomatine, *in* T-00374
$C_{51}H_{34}N_6Na_6O_{23}S_6$
▷Suramin sodium, S-00275
$C_{51}H_{43}N_{13}O_{12}S_6$
▷Nosiheptide, N-00227
$C_{51}H_{72}O_2$
Vitamin $K_2(40)$, *in* V-00065
$C_{51}H_{74}O_{19}$
▷Pentaacetylgitoxin, *in* T-00474
$C_{51}H_{79}NO_{13}$
▷Rapamycin, R-00013
$C_{51}H_{82}O_{22}$
Balanitin 1, *in* S-00129
Funkioside E, *in* S-00129
$C_{51}H_{85}NO_{22}$
Sisunine, *in* T-00374
$C_{51}H_{90}O_7$
Sitoindoside I, *in* S-00151
$C_{51}H_{96}N_{16}O_{13}$
Colistin *B*, *in* C-00536
Colistin *C*, *in* C-00536
$C_{52}H_{74}N_2O_8^{\oplus\oplus}$
Laudexium(2+), L-00013
$C_{52}H_{74}N_{16}O_{15}S_2$
Terlipressin, T-00093
$C_{52}H_{76}O_{24}$
▷Mithramycin, M-00397
$C_{52}H_{84}N_2O_4$
Bolazine capronate, *in* H-00153
$C_{52}H_{98}N_{16}O_{13}$
▷Colistin B_H, *in* C-00536
▷Colistin B_L, *in* C-00536
$C_{53}H_{72}N_2O_{12}^{\oplus\oplus}$
Atracurium(2+), A-00472
$C_{53}H_{76}N_{14}O_{12}$
Teprotide, T-00079
$C_{53}H_{92}O_7$
Sitoindoside II, *in* S-00151

$C_{53}H_{100}N_{16}O_{13}$
Colistin *A*, *in* C-00536
▷Colistin A_L, *in* C-00536
$C_{53}H_{101}N_{16}O_{13}$
▷Colistin A_H, *in* C-00536
$C_{54}H_{78}N_{16}O_{22}S_3$
▷Bleomycin A_1, B-00242
$C_{54}H_{78}O_{25}$
Deisobutyrylolivomycin *A*, *in* O-00038
▷Olivomycin *A*, O-00038
$C_{54}H_{82}O_4$
Coenzyme Q_9, *in* C-00531
$C_{54}H_{84}O_{23}$
▷Escin, *in* O-00036
$C_{54}H_{85}N_{13}O_{15}S$
▷Eledoisin, E-00024
$C_{55}H_{59}N_5O_{20}$
▷Coumermycin A_1, C-00557
$C_{55}H_{75}N_{17}O_{13}$
▷Luteinizing hormone-releasing factor, L-00116
$C_{55}H_{76}N_{16}O_{12}$
Fertirelin, F-00096
$C_{55}H_{81}N_{17}O_{21}S_3^{\oplus}$
▷Bleomycin A_2, B-00243
$C_{55}H_{81}N_{19}O_{21}S_2$
▷Bleomycin B_2, B-00245
$C_{55}H_{83}N_{16}O_{21}S_3^{\oplus}$
▷Phleomycin A_2, *in* B-00243
$C_{55}H_{83}N_{19}O_{21}S_2$
▷Phleomycin D_1, *in* B-00246
$C_{55}H_{103}N_3O_{17}$
▷Primycin, P-00437
$C_{56}H_{68}N_6O_9$
Vintriptol, V-00045
$C_{56}H_{78}Cl_2N_2O_{16}$
Doxacurium chloride, *in* D-00589
$C_{56}H_{78}N_2O_{16}^{\oplus\oplus}$
Doxacurium(2+), D-00589
$C_{56}H_{80}O_2$
Vitamin $K_2(45)$, *in* V-00065
$C_{56}H_{85}N_{17}O_{12}$
Kallidin II, *in* B-00264
$C_{56}H_{92}N_{22}O_{21}S_2$
Bleomycin B_4, B-00245
$C_{56}H_{93}N_{16}O_{13}$
▷Polymyxin B_1, P-00384
$C_{56}H_{100}CuN_{18}O_{24}S_2$
▷Zorbamycin, Z-00038
$C_{57}H_{60}N_2O_8$
Bephenium embonate, *in* B-00132
$C_{57}H_{66}O_{30}$
Casanthranol; Dodecaacetate, *in* C-00107
$C_{57}H_{82}O_{26}$
4^B-Demethylolivomycin A, *in* O-00038
$C_{57}H_{86}N_{18}O_{21}S_2$
▷Bleomycin A_5, B-00244
$C_{58}H_{73}N_{13}O_{21}S_2$
Caerulein, C-00005
$C_{58}H_{80}Cl_2N_2O_{14}$
Mivacurium chloride, *in* M-00409
$C_{58}H_{80}N_2O_{14}^{\oplus\oplus}$
Mivacurium(2+), M-00409
$C_{58}H_{84}N_2O_{19}$
Partricin B, *in* P-00042
$C_{58}H_{88}N_{12}O_{10}$
Gramicidin S_3, *in* G-00083
$C_{59}H_{84}N_{16}O_{12}$
▷Leuprorelin, L-00035
$C_{59}H_{84}N_{18}O_{14}$
Goserelin, G-00081
$C_{59}H_{86}N_2O_{19}$
Mepartricin B, *in* P-00042
Partricin *A*, P-00042
$C_{59}H_{88}N_2O_{20}$
▷Efrotomycin, E-00020
$C_{59}H_{90}N_{12}O_{10}$
Gramicidin S_2, *in* G-00083
$C_{59}H_{90}O_4$
▷Coenzyme Q_{10}, *in* C-00531
$C_{59}H_{90}O_{26}$
▷Funkioside G, *in* S-00129
$C_{60}H_{86}N_{16}O_{13}$
▷Buserelin, B-00377
$C_{60}H_{88}N_2O_{19}$
Mepartricin A, *in* P-00042
$C_{60}H_{92}N_{12}O_{10}$
Gramicidin S_1, *in* G-00083
$C_{60}H_{107}N_{11}O_{12}$
Cyclosporin *Q*, *in* C-00638
Cyclosporin *R*, *in* C-00638
$C_{60}H_{107}N_{11}O_{13}$
Cyclosporin *S*, *in* C-00638
$C_{60}H_{108}O_8$
Sorbitan trioleate, *in* A-00387
$C_{60}H_{109}N_{11}O_{11}$
Cyclosporin *O*, *in* C-00638
$C_{61}H_{86}N_2O_{21}$
▷Trichomycin *A*, *in* H-00001
$C_{61}H_{87}N_{17}O_{14}$
5-L-Valineangiotensin I, *in* A-00385
$C_{61}H_{88}Cl_2O_{32}$
▷Avilamycin A, *in* A-00487
$C_{61}H_{88}N_{16}O_{14}$
Leuprolide acetate, *in* L-00035
$C_{61}H_{88}N_{18}O_{21}S_2$
▷Pepleomycin, P-00108
$C_{61}H_{88}O_2$
Vitamin $K_2(50)$, *in* V-00065
$C_{61}H_{90}Cl_2O_{32}$
Avilamycin *C*, A-00487
$C_{61}H_{90}N_{18}O_{21}S_2$
Phleomycin PEP, *in* P-00108
$C_{61}H_{109}N_{11}O_{12}$
Cyclosporin *L*, *in* C-00638
Cyclosporin *T*, *in* C-00638
Cyclosporin *U*, *in* C-00638
Cyclosporin B, *in* C-00638
Cyclosporin E, *in* C-00638
$C_{61}H_{109}N_{11}O_{13}$
Cyclosporin *P*, *in* C-00638
Cyclosporin *W*, *in* C-00638
$C_{61}H_{111}N_{11}O_{11}$
Cyclosporin *Z*, *in* C-00638
$C_{62}H_{68}N_6O_{16}$
Ditetracycline, D-00547
$C_{62}H_{78}N_8O_{20}S_2$
Topanicate, T-00380
$C_{62}H_{86}N_{12}O_{16}$
▷Actinomycin *D*, A-00057

$C_{62}H_{89}CoN_{13}O_{15}P$
Vitamin B_{12b}, V-00061

$C_{62}H_{89}N_{17}O_4$
5-L-Isoleucineangiotensin I, *in* A-00385

$C_{62}H_{92}CoN_{13}O_{15}P$
Vitamin B_{12a}, V-00060

$C_{62}H_{111}N_{11}O_{11}$
Cyclosporin F, *in* C-00638

$C_{62}H_{111}N_{11}O_{12}$
▷Cyclosporin *A*, *in* C-00638
Cyclosporin *H*, *in* C-00638
Cyclosporin *N*, *in* C-00638
Cyclosporin *X*, *in* C-00638
Cyclosporin *Y*, *in* C-00638
Cyclosporin I, *in* C-00638

$C_{62}H_{111}N_{11}O_{13}$
Cyclosporin C, *in* C-00638

$C_{63}H_{88}CoN_{14}O_{14}P$
▷Vitamin B_{12}, V-00059

$C_{63}H_{88}N_{12}O_{16}$
▷Actinomycin C_2, A-00055

$C_{63}H_{91}CoN_{13}O_{14}P$
Methylcobalamin, M-00241
Methyl-13-epicobalamin, *in* M-00241

$C_{63}H_{98}N_{18}O_{13}S$
Substance *P*, S-00171

$C_{63}H_{113}N_{11}O_{11}$
Cyclosporin *K*, *in* C-00638

$C_{63}H_{113}N_{11}O_{12}$
Cyclosporin *G*, *in* C-00638
Cyclosporin *M*, *in* C-00638
Cyclosporin *V*, *in* C-00638
Cyclosporin D, *in* C-00638

$C_{64}H_{82}N_{18}O_{13}$
Triptorelin, T-00531

$C_{64}H_{90}N_{12}O_{16}$
▷Actinomycin C_3, A-00056

$C_{65}H_{75}Cl_2N_9O_{24}$
56-Demethylvancomycin, *in* V-00007

$C_{65}H_{82}N_2O_{18}S_2$
Atracurium besylate, *in* A-00472

$C_{65}H_{85}N_{17}O_{12}$
▷Lutrelin, L-00117

$C_{66}H_{77}Cl_2N_9O_{24}$
▷Vancomycin, V-00007

$C_{66}H_{83}N_{17}O_{13}$
Nafarelin, N-00010

$C_{66}H_{86}N_{18}O_{12}$
Histrelin, H-00080

$C_{66}H_{103}N_{17}O_{16}S$
▷Bacitracin *A*, B-00002

$C_{68}H_{79}NO_{11}$
Cofisatin, *in* D-00049

$C_{68}H_{110}N_{22}O_{27}S_2$
▷Tallysomycin *A*, T-00010

$C_{69}H_{107}N_4O_{35}P$
Moenomycin *A*, *in* M-00418

$C_{72}H_{85}N_{19}O_{18}S_5$
▷Thiostrepton, T-00210

$C_{72}H_{100}CoN_{18}O_{17}P$
Coenzyme B_{12}, C-00529
5′-Deoxyadenosyl-13-epicobalamin, *in* C-00529

$C_{72}H_{101}N_{17}O_{26}$
Daptomycin, D-00014

$C_{73}H_{78}F_2O_{16}$
Flupamesone, F-00196

$C_{73}H_{129}N_3O_{30}$
Siagoside, S-00063

$C_{75}H_{135}N_7O_{42}P$
Moenomycin *C*, *in* M-00418

$C_{76}H_{104}N_{18}O_{19}S_2$
▷Somatostatin, S-00098

$C_{78}H_{105}ClN_{18}O_{13}$
Detirelix, D-00107

$C_{78}H_{121}N_{21}O_{20}$
Neurotensin, N-00080

$C_{81}H_{82}Cl_4N_8O_{30}$
Aricidin *A*, *in* A-00443

$C_{82}H_{84}Cl_4N_8O_{30}$
Aridicin *B*, *in* A-00443

$C_{83}H_{86}Cl_4N_8O_{30}$
Aridicin *C*, *in* A-00443

$C_{96}H_{136}N_{26}O_{28}S$
Bovine, *in* M-00075

$C_{98}H_{144}N_{28}O_{28}S$
Porcine, *in* M-00075

$C_{98}H_{144}N_{30}O_{28}S$
Monkey, *in* M-00075

$C_{99}H_{139}N_{19}O_{18}$
1-L-Valinegramicidin *A*, *in* G-00084

$C_{99}H_{155}N_{29}O_{21}S$
Alsactide, A-00152

$C_{99}H_{155}N_{31}O_{23}$
Dynorphin, D-00625

$C_{100}H_{156}N_{34}O_{22}S$
Giractide, G-00025

$C_{101}H_{158}N_{30}O_{23}S$
Codactide, C-00524

$C_{107}H_{138}Cl_2N_{26}O_{31}$
▷Enduracidin *A*, E-00053

$C_{112}H_{175}N_{39}O_{35}S_3$
Anaritide, A-00377

$C_{130}H_{220}H_{44}O_{41}$
Secretin, S-00034

$C_{131}H_{204}N_{40}O_{29}S$
Tricosactide, T-00453

$C_{136}H_{210}N_{40}O_{31}S$
▷Tetracosactrin, T-00108

$C_{142}H_{222}N_{42}O_{31}$
Pentacosactride, P-00075

$C_{142}H_{245}N_{12}O_{69}P$
Teichomycin A_1, *in* T-00056

$C_{145}H_{240}N_{44}O_{48}S_2$
Salcatonin, S-00013

$C_{148}H_{244}N_{42}O_{47}$
Elcatonin, E-00023

$C_{149}H_{246}N_{44}O_{42}S$
Sermorelin, S-00049

$C_{150}H_{230}N_{44}O_{38}S$
Octacosactrin, O-00006

$C_{151}H_{226}N_{40}O_{45}S_3$
Human, *in* C-00013

$C_{159}H_{232}N_{46}O_{45}S_3$
Porcine, *in* C-00013

$C_{181}H_{291}N_{55}O_{51}S_2$
Teriparatide, T-00091

$C_{207}H_{308}N_{56}O_{58}S$
▷Corticotrophin, C-00547

Seractide, S-00045
$C_{215}H_{358}N_{72}O_{66}S$
Somatorelin, S-00097
$C_{245}H_{368}N_{64}O_{74}S_6$
Bovine, *in* I-00078
$C_{247}H_{372}N_{64}O_{75}S_6$
Porcine, *in* I-00078
$C_{250}H_{410}N_{68}O_{75}$
Thymopoietin I, *in* T-00226
$C_{251}H_{412}N_{64}O_{78}$
Thymopoietin II, 9CI, *in* T-00226
$C_{253}H_{373}N_{67}O_{81}S_7$
β-Endorphin (human), *in* E-00075
$C_{255}H_{416}N_{66}O_{77}$
Thymopoietin III, *in* T-00226
$C_{257}H_{387}N_{65}O_{66}S_6$
▷Insulin, I-00076
$C_{259}H_{385}N_{71}O_{82}S_7$
β-Endorphin (human), *in* E-00075
$C_{269}H_{407}N_{73}O_{79}S_6$
Insulin argine, I-00077
$C_{284}H_{432}N_{84}O_{79}S_7$
▷Aprotinin, A-00432
$C_{345}H_{523}N_{93}O_{116}S_4$
Tendamistat, T-00067
$C_{390}H_{59}ClO_3$
Sitofibrate, *in* S-00151
$C_{734}H_{1166}N_{204}O_{216}S_5$
Interferon Gamma-1b, *in* I-00079
$C_{860}H_{1353}N_{227}O_{255}S_9$
Interferon Alfa-2a USAN, *in* I-00079
$C_{860}H_{1353}N_{229}O_{255}S_9$
Interferon Alfa-2b, *in* I-00079
$C_{978}H_{1540}N_{256}O_{286}S_9$
Sometribove, BAN, INN, USAN, *in* S-00099
$C_{979}H_{1527}N_{265}O_{287}S_8$
Sometripor, BAN, INN, USAN, *in* S-00099
$C_{990}H_{1528}N_{262}O_{300}S_7$
Human pituitary growth hormone, H-00090
$C_{995}H_{1537}N_{263}O_{301}S_8$
Somatrem, S-00099
$C_{2031}H_{3145}N_{585}O_{601}S_{31}$
Saruplase, S-00026
CaH_2O_2
▷Calcium hydroxide, C-00015
ClCs
▷Caesium chloride, C-00007
ClH_2HgN
▷Mercury amide chloride, M-00124
ClK
▷Potassium chloride, P-00391
ClNa
▷Sodium chloride, S-00085
ClRb
▷Rubidium chloride, R-00103
ClTl
▷Thallous chloride, T-00160
Cl_2Co
▷Cobaltous chloride, C-00522
$Cl_2H_6N_2Pt$
Diamminedichloroplatinum, D-00139
Cl_2Sr
▷Strontium chloride, S-00165
Cl_2Zn
▷Zinc chloride, Z-00016
Cl_3Cr
▷Chromic chloride, C-00310
Cl_3Fe
▷Ferric chloride, F-00087
Cl_3In
▷Indium chloride, I-00059
$CrNa_2O_4$
▷Sodium chromate, S-00086
CrO_4P
▷Chromic phosphate, C-00311
CuO_4S
▷Cupric sulfate, C-00576
FNa
▷Sodium fluoride, S-00087
F_2Sn
▷Stannous fluoride, S-00137
FeO_4S
▷Ferrous sulfate, F-00094
HLiO
▷Lithium hydroxide, L-00060
HO_4Mn
Permanganic acid, P-00127
HO_4Tc
Pertechnetic acid, P-00130
H_2MgO_2
Magnesium hydroxide, M-00008
H_2O_2
▷Hydrogen peroxide, H-00100
H_3O_4P
Phosphoric acid, P-00219
IK
▷Potassium iodide, P-00392
INa
▷Sodium iodide, S-00088
KH_2PO_4
Potassium phosphate, monobasic, *in* P-00219
$KMnO_4$
▷Potassium permanganate, *in* P-00127
K_2HPO_4
Potassium phosphate dibasic, *in* P-00219
MgO_4S
▷Magnesium sulfate, M-00010
$Mg_2O_8Si_3$
Magnesium trisilicate, M-00011
$Mg_3O_8P_2$
Magnesium phosphate, M-00009
$NNaO_2$
▷Sodium nitrite, S-00089
N_2O
▷Nitrous oxide, N-00189
N_2O_6Sr
▷Strontium nitrate, S-00166
NaH_2PO_4
▷Sodium phosphate monobasic, *in* P-00219
$NaTcO_4$
Sodium pertechnetate, *in* P-00130
Na_2HPO_4
▷Sodium phosphate dibasic, *in* P-00219
$Na_2O_3S_2$
▷Sodium thiosulfate, S-00091
Na_2O_4S
▷Sodium sulfate, S-00090

OZn
▷Zinc oxide, Z-00017

O_2Ti
▷Titanium dioxide, T-00326

O_4SZn
▷Zinc sulfate, Z-00018

$O_{86}Sb_9W_{21}$
Hexaoctacontaoxononaantimonateheneicosatungstate(19−), H-00059

$P_2O_7Sn_2$
Stannous pyrophosphate, S-00138

SeS_2
▷Selenium sulfide, S-00037

Chemical Abstracts Service Registry Number Index

This Index lists in numerical order all Chemical Abstracts Service (CAS) registry numbers contained in the Dictionary.

Where a CAS registry number applies to a derivative or to a stereoisomer or other variant embedded within the entry, the Dictionary number is preceded by the word '*in*'.

The symbol ▷ preceding an index term indicates that the Dictionary entry contains information on toxic or hazardous properties.

CAS Registry Number Index

50-00-0 ▷Formaldehyde, F-00244
50-02-2 ▷Dexamethasone, D-00111
50-03-3 ▷Hydrocortisone acetate, *in* C-00548
50-04-4 ▷Cortisone acetate, *in* C-00549
50-06-6 ▷5-Ethyl-5-phenyl-2,4,6(1*H*,3*H*,5*H*)-pyrimidinetrione, E-00218
50-07-7 ▷Mitomycin *C*, M-00404
50-09-9 ▷Hexobarbital; Na salt, *in* H-00065
50-10-2 ▷Oxyphenonium bromide, *in* O-00161
50-11-3 ▷Metharbitone, M-00173
50-12-4 ▷Methoin, M-00188
50-13-5 ▷Meperidine hydrochloride, *in* P-00131
50-14-6 ▷Calciferol, C-00012
50-18-0 ▷Cyclophosphamide, C-00634
50-19-1 ▷Hydroxyphenamate, *in* P-00179
50-21-5 ▷2-Hydroxypropanoic acid, H-00207
50-22-6 ▷Corticosterone, C-00546
50-23-7 ▷Cortisol, C-00548
50-24-8 ▷Prednisolone, P-00412
50-27-1 ▷Oestriol, O-00030
50-28-2 ▷Oestradiol; 17*β-form*, *in* O-00028
50-29-3 ▷1,1,1-Trichloro-2,2-bis(4-chlorophenyl)ethane, T-00432
50-33-9 ▷Phenylbutazone, P-00180
50-34-0 ▷Propantheline bromide, *in* P-00492
50-35-1 ▷2-Phthalimidoglutarimide, P-00223
50-36-2 ▷Cocaine; (−)-*form*, *in* C-00523
50-37-3 ▷Lysergide, L-00122
50-39-5 ▷Protheobromine, P-00534
50-41-9 ▷Clomiphene citrate, *in* C-00471
50-42-0 ▷Adiphenine hydrochloride, *in* A-00072
50-44-2 ▷1,7-Dihydro-6*H*-purine-6-thione, D-00299
50-47-5 ▷Desipramine, D-00095
50-48-6 ▷3-(10,11-Dihydro-5*H*-dibenzo[*a*,*d*]cyclohepten-5-ylidene)-*N*,*N*-dimethyl-1-propanamine, *in* N-00224
50-49-7 ▷Imipramine, I-00040
50-50-0 ▷Oestradiol benzoate, *in* O-00028
50-52-2 ▷Thioridazine, T-00209
50-53-3 ▷Chlorpromazine, C-00298
50-54-4 ▷Quinidine sulfate, *in* Q-00027
50-55-5 ▷Reserpine; (−)-*form*, *in* R-00029
50-56-6 ▷Oxytocin, O-00167
50-57-7 ▷Vasopressins; *8-L-Lysine vasopressin*, *in* V-00013
50-58-8 Phendimetrazine tartrate, *in* M-00290
50-59-9 ▷Cephaloridine, C-00176
50-60-2 ▷Phentolamine, P-00175
50-62-4 Reoxyl, *in* H-00066
50-63-5 ▷Aralen, *in* C-00284
50-65-7 ▷Niclosamide, N-00093
50-66-8 ▷1,7-Dihydro-6*H*-purine-6-thione; 6-*Thiol-form*, *S*-Me, *in* D-00299
50-67-9 ▷5-Hydroxytryptamine, H-00218
50-70-4 ▷Glucitol, G-00054
50-70-4 ▷Glucitol; D-*form*, *in* G-00054
50-71-5 ▷Alloxan, A-00128
50-76-0 ▷Actinomycin *D*, A-00057
50-78-2 ▷2-Acetoxybenzoic acid, A-00026
50-81-7 ▷Ascorbic acid; L-*form*, *in* A-00456
50-91-9 ▷2′-Deoxy-5-fluorouridine, D-00079
50-96-4 Isoetharine hydrochloride, *in* I-00185
50-98-6 ▷Ephedrine hydrochloride, *in* M-00221
51-02-5 ▷Alderlin, *in* P-00483
51-03-6 ▷Piperonyl butoxide, P-00293
51-05-8 ▷Procaine hydrochloride, *in* P-00447
51-06-9 ▷Procainamide, P-00446
51-15-0 ▷Pralidoxime chloride, *in* P-00395
51-18-3 ▷Tretamine, T-00416
51-21-8 ▷5-Fluoro-2,4(1*H*,3*H*)-pyrimidinedione, F-00190
51-24-1 ▷Tiratricol, T-00322
51-26-3 Thyropropic acid, T-00231
51-30-9 ▷Isoproterenol hydrochloride, *in* I-00198
51-31-0 ▷Isoprenaline; (*R*)-*form*, *in* I-00198
51-34-3 ▷Scopolamine; (−)-*form*, *in* S-00031
51-35-4 4-Hydroxy-2-pyrrolidinecarboxylic acid; (2*S*,4*R*)-*form*, *in* H-00210
51-40-1 ▷Norepinephrine bitartrate, *in* N-00208
51-41-2 ▷Noradrenaline; (*R*)-*form*, *in* N-00208
51-42-3 ▷Epinephrine bitartrate, *in* A-00075
51-43-4 ▷Adrenaline; (*R*)-*form*, *in* A-00075
51-45-6 ▷Histamine, H-00077
51-48-9 ▷Thyroxine; (*S*)-*form*, *in* T-00233
51-49-0 Thyroxine; (*R*)-*form*, *in* T-00233
51-52-5 ▷2,3-Dihydro-6-propyl-2-thioxo-4(1*H*)-pyrimidinone, D-00298
51-55-8 ▷Tropine tropate; (±)-*form*, *in* T-00554
51-56-9 ▷Homatropine hydrobromide, *in* H-00082
51-57-0 ▷Methedrine, *in* P-00202
51-60-5 ▷Neostigmine methylsulphate, *in* N-00070
51-61-6 ▷Dopamine, D-00579
51-62-7 ▷Levedrine, *in* P-00202
51-63-8 ▷Dextroamphetamine sulfate, *in* P-00202
51-64-9 ▷1-Phenyl-2-propylamine; (*S*)-*form*, *in* P-00202
51-66-1 ▷*p*-Acetanisidide, *in* M-00195
51-68-3 ▷Meclofenoxate BAN, M-00046
51-71-8 ▷(2-Phenylethyl)hydrazine, P-00189
51-73-0 ▷Tremorine, T-00409
51-75-2 ▷2,2′-Dichloro-*N*-methyldiethylamine, D-00193
51-77-4 ▷Gefarnate, G-00013
51-78-5 ▷4-Aminophenol; B,HCl, *in* A-00298
51-79-6 ▷Ethyl carbamate, E-00177
51-81-0 3-Aminophenol; B,HCl, *in* A-00297
51-83-2 ▷Carbachol, *in* C-00040
51-84-3 ▷Acetylcholine(1+), A-00030
51-85-4 ▷Bis(2-aminoethyl) disulfide, B-00188
51-92-3 Tetramethylammonium(1+), T-00144
51-98-9 ▷Norethisterone acetate, *in* N-00212
52-01-7 ▷Spironolactone, S-00125
52-21-1 ▷Prednisolone acetate, *in* P-00412
52-24-4 ▷Thiotepa, T-00211
52-31-3 ▷Cyclobarbitone, C-00596
52-39-1 ▷Aldosterone, A-00106
52-43-7 ▷5,5-Diallylbarbituric acid, D-00119
52-49-3 ▷Trihexyphenidyl hydrochloride, *in* B-00081
52-51-7 ▷2-Bromo-2-nitro-1,3-propanediol, B-00310
52-52-8 ▷1-Aminocyclopentanecarboxylic acid, A-00230
52-53-9 ▷Verapamil, V-00019
52-62-0 ▷Pentolinium tartrate, *in* P-00102
52-66-4 ▷Penicillamine; (±)-*form*, *in* P-00064
52-67-5 ▷Penicillamine; (*S*)-*form*, *in* P-00064
52-68-6 ▷Trichlorphon, T-00443
52-76-6 ▷Lynoestrenol, L-00121
52-78-8 ▷Norethandrolone, N-00211
52-85-7 ▷Famphur, F-00015
52-86-8 ▷Haloperidol, H-00015
52-88-0 ▷Methylatropine nitrate, *in* T-00554
52-89-1 ▷Cysteine; (*R*)-*form*, B,HCl, *in* C-00654
52-90-4 ▷Cysteine; (*R*)-*form*, *in* C-00654
53-03-2 ▷Prednisone, P-00413
53-06-5 ▷Cortisone, C-00549
53-10-1 ▷Hydroxydione sodium succinate, *in* H-00201
53-16-7 ▷Oestrone, O-00031
53-18-9 ▷Bietaserpine, *in* R-00029
53-19-0 ▷1,1-Dichloro-2-(2-chlorophenyl)-2-(4-chlorophenyl)-ethane, D-00180
53-21-4 ▷Cocaine hydrochloride, *in* C-00523
53-31-6 ▷Medibazine, M-00055
53-33-8 Paramethasone, P-00025
53-34-9 Fluprednisolone, F-00208
53-36-1 ▷(6*α*,11*β*)-21-(Acetyloxy)-11,17-dihydroxy-6-methyl-pregna-1,4-diene-3,20-dione, *in* M-00297

53-39-4 ▷Oxandrolone, O-00086
53-43-0 ▷3-Hydroxy-5-androsten-17-one; *3β-form*, *in* H-00110
53-46-3 ▷Methanthelinium bromide, *in* M-00169
53-60-1 ▷Promazine hydrochloride, *in* P-00475
53-73-6 Angiotensinamide, *in* A-00385
53-79-2 ▷Puromycin, P-00557
53-84-9 ▷Coenzyme I, C-00530
53-86-1 ▷Indomethacin, I-00065
53-89-4 Benzpiperylone, B-00100
54-03-5 ▷Hexobendine, H-00066
54-04-6 ▷Mescaline, M-00131
54-05-7 ▷Chloroquine, C-00284
54-06-8 ▷Adrenochrome, A-00077
54-11-5 ▷Nicotine; *(S)-form*, *in* N-00103
54-12-6 ▷Tryptophan; *(±)-form*, *in* T-00567
54-21-7 ▷2-Hydroxybenzoic acid; Na salt, *in* H-00112
54-25-1 ▷6-Azauridine, A-00514
54-30-8 ▷Camylofin, *in* D-00234
54-31-9 ▷Frusemide, F-00267
54-32-0 ▷Thymoxamine, T-00227
54-35-3 Procaine penicillin G, *in* B-00126
54-36-4 ▷2-Methyl-1,2-di-3-pyridyl-1-propanone, M-00248
54-42-2 ▷2′-Deoxy-5-iodouridine, D-00081
54-47-7 ▷Pyridoxal phosphate, P-00579
54-49-9 ▷2-Amino-1-(3-hydroxyphenyl)-1-propanol; *(1R,2S)-form*, *in* A-00274
54-62-6 ▷Aminopterin, A-00324
54-64-8 ▷Thiomersal, *in* E-00198
54-71-7 ▷Pilocarpine hydrochloride, *in* P-00252
54-80-8 ▷Pronethalol, P-00483
54-84-2 ▷Cinanserin hydrochloride, *in* C-00355
54-85-3 ▷Isoniazid, I-00195
54-91-1 ▷1,4-Bis(3-bromo-1-oxopropyl)piperazine, B-00195
54-92-2 ▷Iproniazid, I-00161
54-95-5 ▷6,7,8,9-Tetrahydro-5*H*-tetrazolo[1,5-*a*]azepine, T-00133
54-97-7 2-Phenylcyclopropylamine, P-00186
55-03-8 ▷Levothyroxine sodium, *in* T-00233
55-06-1 Liothyronine sodium, *in* T-00487
55-16-3 ▷Scopolamine; *(−)-form*, B,HCl, *in* S-00031
55-27-6 ▷Noradrenaline; *(±)-form*, B,HCl, *in* N-00208
55-38-9 ▷Fenthion, F-00078
55-48-1 ▷Atropine sulfate, *in* T-00554
55-52-7 ▷(1-Methyl-2-phenylethyl)hydrazine, M-00289
55-55-0 ▷Metol, *in* A-00298
55-56-1 ▷Chlorhexidine, C-00206
55-63-0 ▷Glycerol trinitrate, G-00066
55-65-2 ▷Guanethidine, G-00102
55-68-5 ▷[(Nitrato-*O*)phenylmercury], *in* H-00191
55-68-5 ▷(Nitrato-*O*)phenylmercury, N-00169
55-73-2 1-Benzyl-2,3-dimethylguanidine, B-00114
55-86-7 ▷Mechlorethamine hydrochloride, *in* D-00193
55-91-4 ▷Diisopropyl phosphorofluoridate, D-00368
55-92-5 ▷Methacholine(1+), M-00160
55-94-7 Suxamethonium bromide, *in* S-00280
55-97-0 ▷Hexamethonium bromide, *in* H-00055
55-98-1 ▷Busulphan, B-00379
56-04-2 ▷2,3-Dihydro-6-methyl-2-thioxo-4(1*H*)pyrimidinone, D-00293
56-12-2 ▷4-Aminobutanoic acid, A-00221
56-17-7 ▷Bis(2-aminoethyl) disulfide; B,2HCl, *in* B-00188
56-23-5 ▷Carbon tetrachloride, C-00059
56-25-7 ▷Cantharidin, C-00028
56-28-0 Triclodazol, T-00449
56-29-1 ▷Hexobarbital, H-00065
56-34-8 ▷Etamon chloride, *in* T-00111
56-47-3 ▷Deoxycortone acetate, *in* H-00203
56-53-1 ▷Diethylstilbestrol; *(E)-form*, *in* D-00257
56-54-2 ▷Quinidine, Q-00027
56-59-7 Felypressin, F-00029
56-69-9 ▷5-Hydroxytryptophan, H-00219
56-72-4 ▷Coumaphos, C-00555
56-75-7 ▷Chloramphenicol; *(1′R,2′R)-form*, *in* C-00195
56-81-5 ▷Glycerol, G-00064
56-85-9 ▷Glutamine; *(S)-form*, *in* G-00060
56-94-0 Demecarium bromide, *in* D-00061
56-95-1 ▷Chlorhexidine; B,2AcOH, *in* C-00206
56-97-3 ▷Trimedoxime bromide, *in* T-00493
57-08-9 ▷Acexamic acid, *in* A-00259
57-09-0 ▷Cetrimonium chloride, *in* H-00044
57-09-0 ▷Cetrimonium bromide, *in* H-00044
57-13-6 ▷Urea, U-00011
57-15-8 ▷1,1,1-Trichloro-2-methyl-2-propanol, T-00440
57-22-7 ▷Vincristine, V-00037
57-24-9 ▷Strychnine, S-00167
57-27-2 ▷Morphine, M-00449
57-29-4 ▷Nalorphine hydrochloride, *in* N-00032
57-33-0 ▷Pentobarbitone sodium, *in* P-00101
57-37-4 ▷Suavitil, *in* B-00034
57-41-0 ▷5,5-Diphenyl-2,4-imidazolidinedione, D-00493
57-42-1 ▷Pethidine, P-00131
57-43-2 ▷Amobarbital, A-00352
57-44-3 ▷5,5-Diethyl-2,4,6(1*H*,3*H*,5*H*)-pyrimidinetrione, D-00256
57-47-6 ▷Eserine, E-00122
57-53-4 ▷Meprobamate, M-00104
57-57-8 ▷2-Oxetanone, O-00105
57-62-5 ▷Aureomycin, A-00476
57-63-6 ▷17α-Ethynyl-1,3,5(10)-oestratriene-3,17-diol, E-00231
57-64-7 ▷Physostigmine salicylate, *in* E-00122
57-65-8 Thyromedan hydrochloride, *in* T-00230
57-66-9 ▷Probenecid, P-00444
57-67-0 ▷Sulphaguanidine, S-00240
57-68-1 ▷Sulfamethazine, S-00196
57-83-0 ▷Progesterone, P-00466
57-85-2 ▷17-(1-Oxopropoxy)androst-4-en-3-one, *in* H-00111
57-87-4 Ergosterol, E-00105
57-88-5 ▷Cholesterol, C-00306
57-91-0 ▷Oestradiol; *17α-form*, *in* O-00028
57-92-1 ▷Streptomycin, S-00161
57-95-4 ▷Tubocurarine(2+); *(+)-form*, *in* T-00571
57-96-5 ▷Sulphinpyrazone, S-00258
58-00-4 ▷Apomorphine; *(R)-form*, *in* A-00425
58-08-2 ▷Caffeine, C-00010
58-13-9 ▷Phencarbamide; B,HCl, *in* P-00150
58-14-0 ▷Pyrimethamine, P-00585
58-15-1 ▷Aminopyrine, A-00327
58-18-4 ▷17β-Hydroxy-17α-methyl-4-androsten-3-one, H-00154
58-19-5 ▷17-Hydroxy-2-methylandrostan-3-one; *(2α,5α,17β)-form*, *in* H-00153
58-20-8 ▷Testosterone cypionate, *in* H-00111
58-22-0 ▷17-Hydroxy-4-androsten-3-one; *17β-form*, *in* H-00111
58-25-3 ▷Chlordiazepoxide, C-00200
58-27-5 ▷2-Methyl-1,4-naphthoquinone, M-00271
58-28-6 ▷Desipramine hydrochloride, JAN, *in* D-00095
58-32-2 ▷Dipyridamole, D-00530
58-33-3 ▷Promethazine hydrochloride, *in* P-00478
58-34-4 ▷Multergan, *in* T-00182
58-37-7 Proquamezine, P-00521
58-38-8 ▷Prochlorperazine, P-00450
58-39-9 ▷Perphenazine, P-00129
58-40-2 ▷Promazine, P-00475
58-46-8 ▷Tetrabenazine, T-00102
58-49-1 Angiotensins; 5-L-Valineangiotensin II, *in* A-00385
58-54-8 ▷Ethacrynic acid, E-00145
58-55-9 ▷Theophylline, T-00169
58-56-0 ▷Pyridoxine hydrochloride, *in* P-00582
58-58-2 ▷Puromycin hydrochloride, *in* P-00557
58-61-7 ▷Adenosine, A-00067
58-63-9 ▷Inosine, I-00073
58-71-9 ▷Cephalothin sodium, *in* C-00178
58-73-1 ▷Diphenhydramine, D-00484
58-74-2 ▷Papaverine, P-00019
58-82-2 ▷Bradykinins; Kallidin I, *in* B-00264
58-85-5 ▷Biotin; *(+)-form*, *in* B-00173
58-86-6 Xylose; *D-form*, *in* X-00024
58-89-9 ▷1,2,3,4,5,6-Hexachlorocyclohexane; *γ-form*, *in* H-00038
58-93-5 ▷Hydrochlorothiazide, H-00098
58-94-6 ▷Chlorothiazide, C-00288
58-95-7 ▷Alfacol, *in* T-00335

59-01-8 ▷Kanamycin *A*, K-00004
59-02-9 ▷α-Tocopherol; (2*R*,4′*R*,8′*R*)-*form*, *in* T-00335
59-05-2 ▷Methotrexate, M-00192
59-06-3 4-(Acetylamino)-2-ethoxybenzoic acid methyl ester, *in* A-00264
59-14-3 ▷5-Bromo-2′-deoxyuridine, B-00296
59-26-7 ▷*N*,*N*-Diethyl-3-pyridinecarboxamide, D-00254
59-30-3 ▷Pteroylglutamic acid, P-00554
59-32-5 ▷Halopyramine, H-00019
59-33-6 ▷Pyrilamine maleate, *in* M-00108
59-39-2 ▷Piperoxan, P-00294
59-40-5 ▷4-Amino-*N*-2-quinoxalinylbenzenesulfonamide, *in* A-00332
59-41-6 Bretylium(1+), B-00271
59-42-7 ▷3-Hydroxy-α-[(methylamino)methyl]benzenemethanol, *in* A-00272
59-43-8 ▷Thiamine monochloride, *in* T-00174
59-46-1 ▷Procaine, P-00447
59-47-2 ▷3-(2-Methylphenoxy)-1,2-propanediol, M-00283
59-50-7 ▷4-Chloro-3-methylphenol, C-00256
59-51-8 ▷Methionine; (±)-*form*, *in* M-00183
59-52-9 ▷2,3-Dimercapto-1-propanol, D-00385
59-58-5 ▷Thiamine propyl disulfide, T-00177
59-63-2 ▷Isocarboxazid, I-00181
59-66-5 ▷Acetazolamide, A-00018
59-67-6 ▷3-Pyridinecarboxylic acid, P-00571
59-87-0 ▷Nitrofurazone, *in* N-00177
59-92-7 ▷2-Amino-3-(3,4-dihydroxyphenyl)propanoic acid; (*S*)-*form*, *in* A-00248
59-96-1 ▷Phenoxybenzamine, P-00170
59-97-2 ▷Priscol, *in* B-00120
59-98-3 ▷2-Benzyl-2-imidazoline, B-00120
59-99-4 ▷Neostigmine(1+), N-00070
60-00-4 ▷Ethylenediaminetetraacetic acid, E-00186
60-02-6 ▷Guanethidine sulfate, *in* G-00102
60-12-8 ▷2-Phenylethanol, P-00187
60-13-9 ▷Amphetamine sulfate, *in* P-00202
60-15-1 ▷1-Phenyl-2-propylamine, P-00202
60-23-1 ▷2-Aminoethanethiol, A-00252
60-25-3 ▷Depressin, *in* H-00055
60-26-4 ▷Hexamethonium(2+), H-00055
60-29-7 ▷Diethyl ether, D-00246
60-30-0 Azamethonium(2+), A-00499
60-31-1 ▷Acetylcholine chloride, *in* A-00030
60-32-2 ▷6-Aminohexanoic acid, A-00259
60-33-3 ▷9,12-Octadecadienoic acid; (*Z*,*Z*)-*form*, *in* O-00007
60-40-2 ▷Mecamylamine, M-00041
60-41-3 ▷Strychnine; B_2,H_2SO_4, *in* S-00167
60-44-6 ▷Monodral bromide, *in* P-00095
60-45-7 ▷Fenimide, F-00053
60-46-8 ▷Aminopentamide, A-00296
60-49-1 Tridihexethyl(1+), T-00454
60-54-8 ▷Tetracycline, T-00109
60-56-0 ▷1,3-Dihydro-1-methyl-2*H*-imidazole-2-thione, D-00289
60-57-1 ▷Dieldrin, D-00222
60-79-7 ▷Ergometrine; (+)-*form*, *in* E-00104
60-80-0 ▷1,2-Dihydro-1,5-dimethyl-2-phenyl-3*H*-pyrazol-3-one, D-00284
60-87-7 ▷Promethazine, P-00478
60-89-9 ▷Pecazine, P-00048
60-91-3 ▷Diethazine, D-00227
60-92-4 ▷Cyclic AMP, C-00591
60-99-1 Methotrimeprazine; (−)-*form*, *in* M-00193
61-00-7 ▷Acepromazine, A-00015
61-01-8 ▷Methopromazine, M-00190
61-12-1 ▷Cinchocaine hydrochloride, *in* C-00357
61-16-5 ▷Methoxamine hydrochloride, *in* M-00194
61-24-5 ▷Cephalosporin *C*, C-00177
61-25-6 ▷Papaverine hydrochloride, *in* P-00019
61-32-5 Methicillin, M-00180
61-33-6 ▷Benzylpenicillin, B-00126
61-54-1 ▷Tryptamine, T-00566
61-56-3 ▷Sulthiame, S-00263
61-57-4 ▷Niridazole, N-00156
61-68-7 ▷Mefenamic acid, M-00062
61-72-3 Cloxacillin, C-00515
61-73-4 ▷Methylene Blue, *in* B-00208
61-74-5 Domoxin, D-00575
61-75-6 ▷Bretylium tosylate, *in* B-00271
61-76-7 ▷Phenylephrine hydrochloride, *in* A-00272
61-78-9 *N*-(4-Aminobenzoyl)glycine, A-00217
61-80-3 ▷2-Amino-5-chlorobenzoxazole, A-00225
61-90-5 ▷Leucine; (*S*)-*form*, *in* L-00029
61-94-9 ▷1,2,5,6-Tetrahydro-1-methyl-3-pyridinecarboxylic acid; Me ester; B,HCl, *in* T-00126
61-96-1 Cobefrin, *in* A-00249
62-13-5 ▷Adrenalone; B,HCl, *in* A-00076
62-31-7 ▷Dopamine hydrochloride, *in* D-00579
62-32-8 ▷Epinine; B,HCl, *in* E-00081
62-33-9 ▷Sodium calcium edetate, *in* E-00186
62-37-3 ▷Chlormerodrin, C-00209
62-38-4 ▷[(Acetato-*O*)phenylmercury], *in* H-00191
62-44-2 ▷*N*-(4-Ethoxyphenyl)acetamide, *in* E-00161
62-46-4 ▷α-Lipoic acid, L-00053
62-49-7 ▷Choline, C-00308
62-67-9 ▷Nalorphine, N-00032
62-68-0 ▷Proadifen hydrochloride, *in* P-00442
62-73-7 ▷Dichlorvos, D-00207
62-90-8 ▷Nandrolone phenylpropionate, *in* H-00185
62-97-5 ▷Diphemanil methylsulfate, *in* D-00482
63-12-7 Benzquinamide, B-00102
63-25-2 ▷1-Naphthalenyl methylcarbamate, *in* M-00238
63-29-6 Glucurono-6,3-lactone, G-00059
63-45-6 ▷Primaquine phosphate, *in* P-00434
63-56-9 ▷Thonzylamine hydrochloride, *in* T-00218
63-68-3 ▷Methionine; (*S*)-*form*, *in* M-00183
63-74-1 ▷Sulfanilamide, *in* A-00213
63-75-2 ▷Arecoline, *in* T-00126
63-84-3 ▷2-Amino-3-(3,4-dihydroxyphenyl)propanoic acid; (±)-*form*, *in* A-00248
63-92-3 ▷Phenoxybenzamine hydrochloride, *in* P-00170
63-98-9 ▷(Phenylacetyl)urea, P-00176
64-02-8 ▷Edetate sodium, *in* E-00186
64-17-5 ▷Ethanol, E-00149
64-19-7 ▷Acetic acid, A-00021
64-20-0 ▷Tetramethylammonium(1+); Bromide, *in* T-00144
64-39-1 ▷Trimeperidine, T-00494
64-43-7 ▷Amobarbital sodium, *in* A-00352
64-47-1 ▷Physostigmine sulfate, *in* E-00122
64-55-1 ▷Mebutamate, M-00039
64-65-3 ▷4-Ethyl-4-methyl-2,6-piperidinedione, *in* E-00203
64-72-2 ▷Chlortetracycline hydrochloride, *in* A-00476
64-73-3 ▷Demeclocycline hydrochloride, *in* D-00064
64-75-5 ▷Tetracycline hydrochloride, *in* T-00109
64-77-7 ▷Tolbutamide, T-00345
64-85-7 ▷21-Hydroxy-4-pregnene-3,20-dione, H-00203
64-86-8 ▷Colchicine; (*S*)-*form*, *in* C-00534
64-95-9 ▷Adiphenine, A-00072
65-15-6 Azapetine; B,HCl, *in* A-00504
65-19-0 ▷Yohimbine hydrochloride, *in* Y-00002
65-23-6 ▷Pyridoxine, P-00582
65-28-1 ▷Phentolamine mesylate, *in* P-00175
65-29-2 ▷Gallamine triethiodide, *in* G-00004
65-45-2 ▷2-Hydroxybenzamide, *in* H-00112
65-64-5 ▷1-Phenylethylhydrazine, P-00188
65-82-7 ▷*N*-Acetylmethionine; (*S*)-*form*, *in* A-00036
65-85-0 ▷Benzoic acid, B-00092
65-86-1 ▷Orotic acid, O-00061
66-02-4 3,5-Diiodotyrosine, D-00365
66-05-7 ▷Cavodil, *in* M-00289
66-23-9 Acetylcholine(1+); Bromide, *in* A-00030
66-28-4 ▷3,5,14-Trihydroxy-19-oxo-20(22)-cardenolide; (3β,5β,14β)-*form*, *in* T-00478
66-40-0 ▷Tetraethylammonium(1+), T-00111
66-75-1 ▷5-[Bis(2-chloroethyl)amino]-2,4(1*H*,3*H*)-pyrimidinedione, B-00197
66-76-2 ▷3,3′-Methylenebis(4-hydroxy-2*H*-1-benzopyran-2-one), M-00251
66-79-5 ▷Oxacillin, O-00074
66-81-9 ▷4-[2-(3,5-Dimethyl-2-oxocyclohexyl)-2-hydroxyethyl]-2,6-piperidinedione; (1*S*,3*S*,5*S*,α*R*)-*form*, *in* D-00441

66-84-2 ▷2-Amino-2-deoxyglucose; α-D-*Pyranose-form*, B,HCl, *in* A-00235
66-86-4 ▷Neomycin *C*, N-00069
67-03-8 ▷Bewon, *in* T-00174
67-16-3 Thiamine disulfide, T-00176
67-20-9 ▷Nitrofurantoin, N-00178
67-28-7 ▷Nihydrazone, N-00139
67-42-5 ▷3,12-Bis(carboxymethyl)-6,9-dioxa-3,12-diazatetradecanedioic acid, B-00196
67-43-6 ▷Pentetic acid, P-00094
67-45-8 ▷Furazolidone, F-00284
67-48-1 ▷Choline chloride, *in* C-00308
67-52-7 ▷2,4,6(1*H*,3*H*,5*H*)-Pyrimidinetrione, P-00586
67-63-0 ▷2-Propanol, P-00491
67-66-3 ▷Chloroform, C-00241
67-68-5 ▷Dimethyl sulfoxide, D-00454
67-72-1 ▷Hexachloroethane, H-00040
67-73-2 ▷Fluocinolone acetonide, *in* F-00172
67-78-7 ▷Triamcinolone diacetate, *in* T-00419
67-81-2 Penmesterol, P-00072
67-92-5 ▷Dicyclomine hydrochloride, *in* D-00218
67-95-8 Quingestrone, Q-00025
67-96-9 ▷Dihydrotachysterol, D-00304
67-97-0 ▷Vitamin D_3, V-00062
67-99-2 ▷Gliotoxin, G-00041
68-19-9 ▷Vitamin B_{12}, V-00059
68-22-4 ▷Norethisterone, N-00212
68-23-5 ▷Norethynodrel, N-00213
68-26-8 ▷Vitamin A_1, V-00058
68-34-8 4-Methylbenzenesulfonic acid; Anilide, *in* M-00228
68-35-9 ▷Sulphadiazine, S-00237
68-36-0 ▷Hexachlorxylol, H-00041
68-39-3 ▷4-Amino-3-isoxazolidinone; (±)-*form*, *in* A-00277
68-41-7 ▷4-Amino-3-isoxazolidinone; (*R*)-*form*, *in* A-00277
68-76-8 ▷Tris(1-aziridinyl)-1,4-benzoquinone, T-00533
68-88-2 ▷Hydroxyzine, H-00222
68-89-3 ▷Metamizole sodium, *in* D-00532
68-90-6 ▷Benziodarone, B-00085
68-91-7 ▷Trimetaphan camsylate, *in* T-00498
68-96-2 ▷17-Hydroxy-4-pregnene-3,20-dione, H-00202
69-05-6 ▷Quinacrine hydrochloride, *in* Q-00010
69-09-0 ▷Chlorpromazine hydrochloride, *in* C-00298
69-14-7 3,4-Bis(4-hydroxyphenyl)hexane; (3*RS*,4*RS*)-*form*, Bis(2-diethylaminoethyl)ether, B,2HCl, *in* B-00220
69-23-8 ▷Fluphenazine, F-00202
69-24-9 Cinchonicine, *in* Q-00026
69-25-0 ▷Eledoisin, E-00024
69-27-2 ▷Chlorisondamine chloride, *in* C-00207
69-43-2 ▷Agozol, *in* P-00423
69-44-3 ▷Amodiaquine hydrochloride, *in* A-00353
69-52-3 ▷Ampicillin sodium, *in* A-00369
69-53-4 ▷Ampicillin, A-00369
69-57-8 ▷Benzylpenicillin; Na salt, *in* B-00126
69-65-8 ▷Mannitol; D-*form*, *in* M-00018
69-72-7 ▷2-Hydroxybenzoic acid, H-00112
69-74-9 ▷Cytarabine hydrochloride, *in* C-00667
69-81-8 Carbazochrome, *in* A-00077
69-89-6 ▷Xanthine, X-00002
69-91-0 2-Amino-2-phenylacetic acid, A-00300
70-00-8 ▷2′-Deoxy-5-(trifluoromethyl)uridine, D-00084
70-07-5 ▷Mephenoxalone, M-00095
70-10-0 ▷6-Chloro-1,2-benzisothiazol-3(2*H*)-one, C-00216
70-19-9 Thurfyl nicotinate, T-00222
70-22-4 ▷Oxotremorine, O-00141
70-26-8 Ornithine, O-00059
70-30-4 ▷2,2′,3,3′,5,5′-Hexachloro-6,6′-dihydroxydiphenylmethane, H-00039
70-49-5 ▷Mercaptobutanedioic acid, M-00115
70-51-9 ▷Deferoxamine, D-00044
70-55-3 ▷4-Methylbenzenesulfonic acid; Amide, *in* M-00228
70-70-2 ▷1-(4-Hydroxyphenyl)-1-propanone, H-00193
70-78-0 2-Amino-3-(3-iodo-4-hydroxyphenyl)propanoic acid, A-00276
71-27-2 ▷Suxamethonium chloride, *in* S-00280
71-58-9 ▷Medroxyprogesterone acetate, *in* H-00175
71-63-6 ▷Digitoxin, *in* D-00275
71-67-0 ▷Bromsulfan, *in* S-00218
71-68-1 ▷Hydromorphone hydrochloride, *in* H-00102
71-73-8 ▷Thiopental sodium, *in* T-00206
71-78-3 ▷Meratran, *in* D-00504
71-79-4 ▷2-(Dimethylamino)ethyl benzilate; B,HCl, *in* D-00410
71-81-8 ▷Isopropamide iodide, *in* I-00199
71-82-9 ▷Levallorphan tartrate, *in* L-00038
71-91-0 ▷Tetrylammonium bromide, *in* T-00111
72-14-0 ▷Sulphathiazole, S-00256
72-20-8 ▷Endrin, E-00051
72-23-1 21-Hydroxy-4-pregnene-3,11,20-trione, H-00204
72-33-3 ▷Mestranol, M-00138
72-40-2 5-Amino-1*H*-imidazole-4-carboxylic acid; Amide; B,HCl, *in* A-00275
72-44-6 ▷Methaqualone, M-00172
72-63-9 ▷Methandienone, M-00167
72-69-5 ▷Nortriptyline, N-00224
72-80-0 ▷5,7-Dichloro-8-hydroxy-2-methylquinoline, D-00189
73-03-0 ▷Cordycepin, C-00543
73-05-2 Phentolamine; B,HCl, *in* P-00175
73-07-4 Prazepine, P-00405
73-22-3 ▷Tryptophan; (*S*)-*form*, *in* T-00567
73-48-3 ▷Bendrofluazide, B-00047
73-49-4 Quinethazone, Q-00021
73-67-6 4-Amino-5-(hydroxymethyl)-2-methylpyrimidine, A-00267
73-78-9 ▷Lidocaine hydrochloride, *in* L-00047
74-55-5 ▷2,2′-(1,2-Ethanediyldiimino)bis(1-butanol); (*S*,*S*)-*form*, *in* E-00148
74-79-3 Arginine; (*S*)-*form*, *in* A-00441
75-00-3 ▷Chloroethane, C-00236
75-15-0 ▷Carbon disulfide, C-00058
75-17-2 Formaldoxime, *in* F-00244
75-19-4 ▷Cyclopropane, C-00635
75-36-5 ▷Acetyl chloride, *in* A-00021
75-47-8 ▷Triiodomethane, T-00486
75-58-1 ▷Tetrammonium iodide, *in* T-00144
75-60-5 ▷Dimethylarsinic acid, D-00424
75-80-9 ▷2,2,2-Tribromoethanol, T-00428
76-07-3 Diiodomethanesulfonic acid, D-00359
76-14-2 ▷1,2-Dichloro-1,1,2,2-tetrafluoroethane, D-00202
76-20-0 ▷2,2-Bis(ethylsulfonyl)butane, B-00211
76-22-2 ▷Camphor, C-00023
76-23-3 ▷5-Ethyl-5-(1-ethylbutyl)-2,4,6-(1*H*,3*H*,5*H*)-pyrimidinetrione, E-00188
76-28-8 ▷3,11,14-Trihydroxy-20(22)-cardenolide; (3β,5β,11α,14β)-*form*, *in* T-00473
76-38-0 ▷2,2-Dichloro-1,1-difluoro-1-methoxyethane, D-00183
76-41-5 Oxymorphone, O-00155
76-42-6 ▷4,5α-Epoxy-14-hydroxy-3-methoxy-17-methylmorphinan-6-one, *in* O-00155
76-43-7 ▷Fluoxymesterone, F-00195
76-45-9 ▷Protoverine, P-00543
76-47-1 Hydrocortamate, *in* C-00548
76-57-3 ▷Codeine, C-00525
76-58-4 ▷Ethylmorphine, *in* M-00449
76-65-3 ▷Amolanone, A-00355
76-68-6 ▷5-(2-Cyclopenten-1-yl)-5-(2-propenyl)-2,4,6(1*H*,3*H*,5*H*)-pyrimidinetrione, C-00629
76-73-3 ▷Quinalbarbitone, Q-00011
76-74-4 ▷Pentobarbitone, P-00101
76-75-5 ▷Thiopental, T-00206
76-76-6 ▷Probarbital, P-00443
76-90-4 ▷Mepenzolate bromide, *in* M-00094
76-91-5 Topicaine, T-00381
76-99-3 ▷Methadone, M-00163
77-01-0 ▷Fenpipramide, F-00070
77-02-1 ▷Aprobarbital, A-00430
77-04-3 ▷3,3-Diethyl-2,4(1*H*,3*H*)-pyridinedione, D-00255
77-07-6 ▷3-Hydroxy-*N*-methylmorphinan; (−)-*form*, *in* H-00166
77-09-8 ▷Phenolphthalein, P-00162
77-10-1 ▷1-(1-Phenylcyclohexyl)piperidine, P-00183
77-12-3 Pentacynium chloride, *in* P-00076
77-14-5 Proheptazine, P-00469
77-15-6 ▷Ethoheptazine, E-00157

77-19-0 Dicyclomine, D-00218
77-21-4 ▷Glutethimide, G-00061
77-22-5 ▷Caramiphen, C-00037
77-23-6 Carbetapentane, C-00046
77-26-9 ▷Butalbital, B-00386
77-27-0 Thiamylal, T-00180
77-28-1 ▷5-Butyl-5-ethylbarbituric acid, B-00430
77-36-1 ▷Chlorthalidone, C-00302
77-37-2 ▷Procyclidine, P-00455
77-38-3 ▷Chlorphenoxamine, C-00294
77-39-4 Cycrimine, C-00641
77-41-8 ▷1,3-Dimethyl-3-phenyl-2,5-pyrrolidinedione, D-00447
77-46-3 ▷Bis(4-acetamidophenyl)sulfone, *in* D-00129
77-50-9 ▷Propoxyphene, P-00512
77-51-0 Isoaminile, I-00177
77-59-8 Tomatidine, T-00374
77-65-6 ▷*N*-(2-Bromo-2-ethylbutanoyl)urea, B-00300
77-66-7 ▷Acecarbromal, A-00007
77-67-8 ▷3-Ethyl-3-methyl-2,5-pyrrolidinedione, E-00207
77-75-8 ▷3-Methyl-1-pentyn-3-ol, M-00281
77-86-1 ▷2-Amino-2-hydroxymethyl-1,3-propanediol, A-00268
77-89-4 ▷Citric acid; Tri-Et ester, Ac, *in* C-00402
77-91-8 Choline; Dihydrogen citrate, *in* C-00308
77-92-9 ▷Citric acid, C-00402
77-93-0 ▷Citric acid; Tri-Et ester, *in* C-00402
77-98-5 ▷Tetraethylammonium(1+); Hydroxide, *in* T-00111
77-99-6 ▷2-Ethyl-2-hydroxymethyl-1,3-propanediol, E-00194
78-05-7 Octaphonium chloride, *in* O-00015
78-11-5 ▷Pentaerythritol tetranitrate, P-00078
78-12-6 ▷Petrichloral, P-00132
78-27-3 ▷1-Ethynylcyclohexanol, E-00228
78-28-4 ▷Emylcamate, E-00042
78-34-2 ▷Dioxathion, D-00475
78-41-1 ▷Triparanol, T-00523
78-44-4 ▷Carisoprodol, C-00078
78-96-6 ▷1-Amino-2-propanol, A-00318
78-97-7 ▷Lactonitrile, *in* H-00207
78-98-8 ▷Pyruvaldehyde, P-00600
79-01-6 ▷Trichloroethylene, T-00436
79-07-2 ▷Chloroacetamide, C-00212
79-33-4 2-Hydroxypropanoic acid; (*S*)-*form*, *in* H-00207
79-55-0 ▷1,2,2,6,6-Pentamethylpiperidine, P-00085
79-57-2 ▷Oxytetracycline, O-00166
79-61-8 Dichlorisone acetate, *in* D-00177
79-64-1 ▷Dimethisterone, D-00393
79-80-1 Vitamin A_2, *in* V-00058
79-81-2 ▷Retinol palmitate, *in* V-00058
79-83-4 ▷Pantothenic acid; (*R*)-*form*, *in* P-00016
79-90-3 ▷Triclobisonium chloride, *in* T-00448
79-93-6 ▷Phenaglycodol, P-00139
80-03-5 Acediasulfone, A-00008
80-08-0 ▷4,4′-Diaminodiphenyl sulfone, D-00129
80-13-7 ▷4-[(Dichloroamino)sulfonyl]benzoic acid, D-00179
80-16-0 *N*-Chlorobenzenesulfonamide, *in* B-00075
80-18-2 Benzenesulfonic acid; Me ester, *in* B-00075
80-32-0 Sulphachlorpyridazine, S-00236
80-34-2 Glyprothiazol, G-00078
80-35-3 ▷Sulphamethoxypyridazine, S-00246
80-40-0 ▷4-Methylbenzenesulfonic acid; Et ester, *in* M-00228
80-48-8 ▷4-Methylbenzenesulfonic acid; Me ester, *in* M-00228
80-49-9 ▷Mesopin, *in* H-00082
80-50-2 ▷Octatropine methylbromide, O-00018
80-53-5 4-Hydroxy-α,α,4-trimethylcyclohexanemethanol, H-00216
80-74-0 Sulfisoxazole acetyl, S-00216
80-77-3 ▷Chlormezanone, C-00210
80-96-6 21-Hydroxy-3,20-pregnanedione; 5β-*form*, 21-(3-Carboxypropanoyl), *in* H-00201
80-97-7 3-Cholestanol; (3β,5α)-*form*, *in* C-00305
81-07-2 ▷Saccharin, S-00002
81-13-0 ▷Panthenol; (*R*)-*form*, *in* P-00015
81-23-2 ▷Dehydrocholic acid, D-00049
81-24-3 ▷Taurocholic acid, T-00031
81-25-4 ▷3,7,12-Trihydroxy-24-cholanoic acid; (3α,5β,7α,12α)-*form*, *in* T-00475
81-27-6 Sennoside *A*, *in* S-00042
81-81-2 ▷Warfarin, W-00001
82-02-0 ▷Khellin, K-00022
82-54-2 Cotarnine, C-00552
82-66-6 ▷Diphenadione, D-00483
82-88-2 Phenindamine, P-00156
82-92-8 ▷Cyclizine, C-00595
82-93-9 ▷Chlorcyclizine, C-00198
82-95-1 ▷Buclizine, B-00339
82-98-4 ▷Piperidolate, P-00290
82-99-5 Thiphenamil, T-00215
83-07-8 ▷4-Amino-1,2-dihydro-1,5-dimethyl-2-phenyl-3*H*-pyrazol-3-one, A-00244
83-12-5 ▷2-Phenyl-1,3-indanedione, P-00192
83-40-9 ▷2-Hydroxy-3-methylbenzoic acid, H-00155
83-43-2 ▷Methylprednisolone, M-00297
83-44-3 ▷3,12-Dihydroxy-24-cholanoic acid; (3α,5β,12α)-*form*, *in* D-00321
83-46-5 ▷5-Stigmasten-3-ol; (3β,24*R*)-*form*, *in* S-00151
83-47-6 5-Stigmasten-3-ol; (3β,24*S*)-*form*, *in* S-00151
83-60-3 Reserpic acid, R-00028
83-63-6 ▷Diacetazotol, D-00117
83-67-0 ▷Theobromine, T-00166
83-70-5 ▷4-Amino-2-methyl-1-naphthol, A-00285
83-72-7 ▷2-Hydroxy-1,4-naphthoquinone, H-00178
83-73-8 ▷5,7-Diiodo-8-quinolinol, D-00364
83-74-9 Ibogaine, I-00004
83-75-0 Quinine ethylcarbonate, *in* Q-00028
83-85-2 Fuscin, F-00302
83-86-3 ▷Phytic acid, *in* I-00074
83-88-5 ▷Riboflavine, R-00038
83-89-6 ▷Quinacrine, Q-00010
83-98-7 ▷Orphenadrine, O-00064
84-01-5 ▷Chlorproethazine, C-00296
84-02-6 ▷Campazine, *in* P-00450
84-04-8 ▷Pipamazine, P-00273
84-06-0 ▷Perphenazine acetate, *in* P-00129
84-08-2 ▷10-[2-(1-Pyrrolidinyl)ethyl]-10*H*-phenothiazine, P-00597
84-12-8 ▷4,7-Phenanthroline-5,6-dione, P-00144
84-13-9 Methestrol dipropionate, *in* P-00479
84-16-2 ▷3,4-Bis(4-hydroxyphenyl)hexane; (3*RS*,4*SR*)-*form*, *in* B-00220
84-17-3 ▷Dienestrol, D-00223
84-19-5 ▷Faragynol, *in* D-00223
84-22-0 ▷Tetrahydrozoline, T-00140
84-26-4 Rutaecarpine, R-00105
84-34-4 Rescinnamine, *in* R-00028
84-36-6 ▷Syrosingopine, S-00287
84-55-9 Quinicine, Q-00026
84-79-7 ▷2-Hydroxy-3-(3-methyl-2-butenyl)-1,4-naphthoquinone, H-00157
84-80-0 ▷Vitamin K_1, V-00064
84-81-1 Vitamin K_2; Vitamin $K_2(30)$, *in* V-00065
84-96-8 ▷Trimeprazine, T-00495
84-97-9 ▷Perazine, P-00115
84-98-0 1,4-Dihydroxy-2-methylnaphthalene; Bis(dihydrogen phosphate), *in* D-00333
85-10-9 ▷Methylchloroquine, M-00240
85-16-5 ▷Diprotrizoic acid, *in* D-00138
85-36-9 ▷Acetrizoic acid, *in* A-00340
85-61-0 Coenzyme *A*, C-00528
85-73-4 ▷Phthalylsulfathiazole, P-00227
85-79-0 ▷Cinchocaine, C-00357
85-87-0 Pyridoxamine, P-00580
85-90-5 3-Methyl-4*H*-1-benzopyran-4-one, M-00231
85-95-0 Benzestrol, B-00077
86-12-4 ▷Thenalidine, T-00163
86-13-5 ▷Benztropine, B-00104
86-14-6 ▷Diethylthiambutene, D-00258
86-21-5 ▷Pheniramine, P-00157
86-22-6 Brompheniramine, B-00325
86-29-3 ▷Diphenylacetonitrile, *in* D-00488
86-34-0 ▷1-Methyl-3-phenyl-2,5-pyrrolidinedione, M-00294
86-35-1 ▷3-Ethyl-5-phenyl-2,4-imidazolidinedione, E-00214
86-36-2 Mercumallylic acid, M-00123

86-42-0 Amodiaquine, A-00353
86-43-1 ▷Propoxycaine, P-00511
86-54-4 ▷1-Hydrazinophthalazine, H-00096
86-75-9 ▷Benzoxiquine, *in* H-00211
86-78-2 Pentaquine, P-00092
86-80-6 Dimethisoquin, D-00392
86-86-2 ▷(1-Naphthyl)acetic acid; Amide, *in* N-00044
86-87-3 ▷(1-Naphthyl)acetic acid, N-00044
87-00-3 ▷Homatropine, H-00082
87-08-1 ▷Phenoxymethylpenicillin, P-00171
87-09-2 ▷Almecillin, A-00137
87-10-5 ▷Tribromsalan, T-00429
87-12-7 ▷5-Bromo-*N*-(4-bromophenyl)-2-hydroxybenzamide, B-00292
87-17-2 2-Hydroxy-*N*-phenylbenzamide, *in* H-00112
87-25-2 ▷2-Aminobenzoic acid; Et ester, *in* A-00215
87-28-5 Glycol salicylate, *in* H-00112
87-33-2 ▷Isosorbide dinitrate, *in* D-00144
87-48-9 ▷5-Bromo-1*H*-indole-2,3-dione, B-00305
87-69-4 ▷Tartaric acid; (2*R*,3*R*)-*form*, *in* T-00028
87-76-3 TCAP, *in* H-00044
87-78-5 Mannitol, M-00018
87-89-8 *myo*-Inositol, I-00074
87-90-1 ▷1,3,5-Trichloro-1,3,5-triazine-2,4,6(1*H*,3*H*,5*H*)-trione, T-00442
87-91-2 Diethyl tartrate, *in* T-00028
88-04-0 ▷4-Chloro-3,5-dimethylphenol, C-00235
88-11-9 Diethyldithiocarbamic acid; Chloride, *in* D-00244
88-46-0 2,5-Dihydroxybenzenesulfonic acid, D-00313
88-68-6 2-Aminobenzamide, *in* A-00215
89-31-6 1,2,3,4-Tetrahydro-6-hydroxy-7-methoxy-1-methylisoquinoline; (*S*)-*form*, *in* T-00117
89-38-3 Pteroyltriglutamic acid, P-00555
89-50-9 2-Aminobenzoic acid; *N*-Et, *in* A-00215
89-57-6 ▷5-Amino-2-hydroxybenzoic acid, A-00266
90-01-7 ▷2-Hydroxybenzyl alcohol, H-00116
90-03-9 ▷Chloro(2-hydroxyphenyl)mercury, C-00247
90-22-2 ▷Valethamate bromide, *in* V-00003
90-23-3 Piperphenidol, P-00295
90-33-5 ▷7-Hydroxy-4-methyl-2*H*-1-benzopyran-2-one, H-00156
90-34-6 ▷Primaquine, P-00434
90-39-1 ▷Sparteine; (−)-*form*, *in* S-00110
90-45-9 ▷9-Aminoacridine, A-00205
90-49-3 ▷Pheneturide, P-00153
90-54-0 Etafenone, E-00134
90-69-7 ▷Lobeline; (−)-*form*, *in* L-00064
90-81-3 2-Methylamino-1-phenyl-1-propanol; (1*RS*,2*SR*)-*form*, *in* M-00221
90-82-4 ▷2-Methylamino-1-phenyl-1-propanol; (1*S*,2*S*)-*form*, *in* M-00221
90-84-6 ▷2-(Diethylamino)-1-phenyl-1-propanone, D-00240
90-86-8 Cinnamedrine, C-00371
90-89-1 *N*,*N*-Diethyl-4-methyl-1-piperazinecarboxamide, D-00248
91-21-4 ▷1,2,3,4-Tetrahydroisoquinoline, T-00120
91-33-8 ▷Benzthiazide, B-00103
91-75-8 ▷Antazoline, A-00400
91-79-2 ▷Thenyldiamine, T-00165
91-80-5 ▷Methapyrilene, M-00171
91-81-6 ▷Tripelennamine, T-00524
91-82-7 Pyrrobutamine, P-00594
91-84-9 ▷Mepyramine, M-00108
91-85-0 ▷Thonzylamine, T-00218
92-12-6 ▷Phenyltoloxamine, P-00210
92-13-7 ▷Pilocarpine; (+)-*form*, *in* P-00252
92-23-9 ▷Leucinocaine, L-00030
92-31-9 ▷Tolonium chloride, *in* T-00359
92-61-5 ▷7-Hydroxy-6-methoxy-2*H*-1-benzopyran-2-one, H-00148
92-62-6 ▷3,6-Diaminoacridine, D-00120
92-84-2 ▷Phenothiazine, P-00167
92-97-7 Thiocarbanidin, T-00197
93-14-1 ▷Guaiphenesin, G-00095
93-15-2 ▷1,2-Dimethoxy-4-(2-propenyl)benzene, *in* M-00215
93-23-2 ▷Laurylisoquinolinium bromide, *in* I-00210
93-28-7 ▷Aceteugenol, *in* M-00215
93-30-1 Methoxyphenamine, M-00211
93-35-6 ▷7-Hydroxy-2*H*-1-benzopyran-2-one, H-00114
93-39-0 Skimmin, *in* H-00114
93-47-0 Verazide, V-00020
93-58-3 ▷Methyl benzoate, *in* B-00092
93-60-7 ▷3-Pyridinecarboxylic acid; Me ester, *in* P-00571
93-88-9 ▷*N*,*β*-Dimethylbenzeneethanamine, *in* P-00203
93-89-0 ▷Ethyl benzoate, *in* B-00092
93-97-0 ▷Benzoic anhydride, *in* B-00092
93-99-2 ▷Phenyl benzoate, *in* P-00161
94-01-9 ▷1,3-Benzenediol; Dibenzoyl, *in* B-00073
94-07-5 ▷Synephrine, S-00286
94-09-7 ▷Benzocaine, *in* A-00216
94-10-0 ▷2,4-Diamino-4′-ethoxyazobenzene, D-00131
94-12-2 ▷Risocaine, *in* A-00216
94-13-3 ▷Propyl 4-hydroxybenzoate, *in* H-00113
94-14-4 ▷Isobutoform, *in* A-00216
94-15-5 ▷Dimethocaine, D-00394
94-19-9 Sulphaethidole, S-00239
94-20-2 ▷Chlorpropamide, C-00299
94-23-5 Parethoxycaine, P-00034
94-24-6 ▷Tetracaine, T-00104
94-25-7 ▷Butamben, *in* A-00216
94-26-8 ▷Butyl 4-hydroxybenzoate, *in* H-00113
94-27-9 Bamethan; (±)-*form*, *in* B-00010
94-35-9 ▷Styramate, S-00169
94-36-0 ▷Dibenzoyl peroxide, D-00161
94-47-3 ▷2-Phenylethanol; Benzoyl, *in* P-00187
94-59-7 ▷4-Allyl-1,2-(methylenedioxy)benzene, A-00131
94-63-3 ▷Pralidoxime iodide, *in* P-00395
94-78-0 ▷2,6-Diamino-3-phenylazopyridine, D-00133
95-04-5 ▷Ectylurea; (*Z*)-*form*, *in* E-00011
95-05-6 ▷Monosulfiram, M-00430
95-25-0 ▷5-Chloro-2(3*H*)-benzoxazolone, C-00218
95-27-2 Diamthazole, D-00143
95-95-4 ▷2,4,5-Trichlorophenol, T-00441
96-24-2 ▷3-Chloro-1,2-propanediol, C-00278
96-50-4 ▷2-Aminothiazole, A-00336
96-62-8 Dinsed, D-00469
96-83-3 ▷Iopanoic acid, I-00125
96-84-4 ▷Iophenoxic acid, I-00128
96-88-8 ▷Mepivacaine, M-00101
97-05-2 ▷2-Hydroxy-5-sulfobenzoic acid, H-00214
97-17-6 ▷Dichlofenthion, D-00176
97-18-7 ▷Bis(2,4-dichloro-6-hydroxyphenyl)disulfide, B-00204
97-23-4 ▷Dichlorophen, D-00198
97-24-5 ▷2,2′-Thiobis(4-chlorophenol), T-00194
97-27-8 ▷Chlorbetamide, C-00197
97-44-9 ▷Acetarsol, *in* A-00271
97-53-0 ▷2-Methoxy-4-(2-propenyl)phenol, M-00215
97-56-3 ▷4-Amino-2′,3-dimethylazobenzene, A-00251
97-57-4 Tolpronine, T-00366
97-59-6 Allantoin, A-00123
97-77-8 ▷Disulfiram, D-00542
98-09-9 ▷Benzenesulfonic acid; Chloride, *in* B-00075
98-10-2 ▷Benzenesulfonic acid; Amide, *in* B-00075
98-14-6 ▷4-Hydroxyphenylarsonic acid, H-00190
98-50-0 ▷4-Aminophenylarsonic acid, A-00302
98-59-9 Tosyl chloride, *in* M-00228
98-72-6 ▷4-Nitrophenylarsonic acid, N-00184
98-75-9 Propazolamide, P-00493
98-76-0 4′-Stibinoacetanilide, *in* A-00212
98-79-3 5-Oxo-2-pyrrolidinecarboxylic acid; (*S*)-*form*, *in* O-00140
98-88-4 ▷Benzoyl chloride, *in* B-00092
98-91-9 ▷Thiobenzoic acid, T-00193
98-92-0 ▷3-Pyridinecarboxamide, P-00570
98-96-4 ▷Pyrazinecarboxamide, *in* P-00560
98-97-5 Pyrazinecarboxylic acid, P-00560
99-04-7 ▷3-Methylbenzoic acid, M-00230
99-07-0 3-Hydroxydimethylaniline, *in* A-00297
99-15-0 Acetylleucine, *in* L-00029
99-26-3 2,7-Dihydroxy-1,3,2-benzodioxabismole-5-carboxylic acid, D-00314
99-30-9 ▷2,6-Dichloro-4-nitroaniline, D-00196

99-33-2 ▷3,5-Dinitrobenzoic acid; Chloride, *in* D-00468
99-34-3 3,5-Dinitrobenzoic acid, D-00468
99-36-5 3-Methylbenzoic acid; Me ester, *in* M-00230
99-38-7 2-Amino-1-(3,4-dihydroxyphenyl)-1-propanol; (1*RS*,2*SR*)-*form*, *in* A-00249
99-43-4 Oxybuprocaine, O-00146
99-45-6 ▷Adrenalone, A-00076
99-60-5 ▷2-Chloro-4-nitrobenzoic acid, C-00258
99-66-1 ▷2-Propylpentanoic acid, P-00516
99-76-3 ▷Methyl 4-hydroxybenzoate, *in* H-00113
99-79-6 ▷Iophendylate, I-00127
99-96-7 ▷4-Hydroxybenzoic acid, H-00113
100-33-4 ▷Pentamidine, P-00086
100-37-8 ▷2-Diethylaminoethanol, *in* A-00253
100-55-0 ▷3-Pyridinemethanol, P-00573
100-56-1 ▷Chlorophenylmercury, C-00265
100-57-2 ▷Hydroxyphenylmercury, H-00191
100-88-9 ▷Cyclohexylsulfamic acid, C-00623
100-91-4 Eucatropine, E-00267
100-92-5 ▷Mephentermine, *in* P-00193
100-95-8 ▷Metalkonium chloride, *in* M-00147
100-97-0 ▷Hexamethylenetetramine, H-00057
101-08-6 Diperodon, D-00481
101-20-2 ▷*N*-(4-Chlorophenyl)-*N*′-(3,4-dichlorophenyl)urea, C-00262
101-26-8 ▷Pyridostigmine bromide, *in* P-00578
101-29-1 3,5-Diiodo-4-pyridone-1-acetic acid, D-00363
101-31-5 ▷Tropine tropate; (*S*)-*form*, *in* T-00554
101-40-6 ▷*N*-Methyl-2-cyclohexyl-2-propylamine, M-00242
101-47-3 *N*-Benzyl-*N*,α-dimethylphenethylamine, B-00115
101-53-1 ▷4-Benzylphenol, B-00127
101-71-3 Diphenan, *in* B-00127
101-93-9 ▷Phenacaine, P-00135
102-05-6 *N*-Methyldibenzylamine, M-00244
102-29-4 ▷3-Acetoxyphenol, *in* B-00073
102-45-4 ▷*N*,α-Dimethylcyclopentaneethanamine, *in* A-00232
102-60-3 ▷Edetol, E-00012
102-65-8 Sulfaclozine sodium, *in* S-00190
102-71-6 ▷Tris(2-hydroxyethyl)amine, T-00536
102-76-1 ▷Glycerol triacetate, G-00065
102-98-7 [[Orthoborato(1−)-*O*]phenyl]mercury, *in* H-00191
103-03-7 ▷1-Phenylsemicarbazide, P-00207
103-12-8 Prontosil, P-00484
103-16-2 ▷4-(Benzyloxy)phenol, B-00124
103-20-8 7-Ethyl-2-methyl-4-undecanol, E-00209
103-86-6 4-(2-Aminopropyl)phenol, A-00322
103-90-2 ▷4-Hydroxyacetanilide, *in* A-00298
104-06-3 ▷Thiacetazone, *in* A-00210
104-14-3 ▷Octopamine, O-00022
104-15-4 ▷4-Methylbenzenesulfonic acid, M-00228
104-22-3 Benzylsulfamide, B-00129
104-28-9 Cinoxate, C-00378
104-29-0 ▷3-(4-Chlorophenoxy)-1,2-propanediol, C-00261
104-31-4 ▷Benzonatate, B-00094
104-32-5 Propamidine, P-00487
104-94-9 ▷4-Methoxyaniline, M-00195
105-20-4 3-(2-Aminoethyl)pyrazole, A-00256
105-23-7 2-Amino-1-cyclopentylpropane, A-00232
105-35-1 Chloroacetamide; *N*-Et, *in* C-00212
105-57-7 ▷1,1-Diethoxyethane, D-00228
106-48-9 ▷4-Chlorophenol, C-00260
106-58-1 ▷1,4-Dimethylpiperazine, *in* P-00285
107-35-7 ▷Taurine, T-00030
107-43-7 ▷Betaine, B-00140
107-49-3 ▷Tetraethyl pyrophosphate, T-00112
107-68-6 Taurine; *N*-Me, *in* T-00030
107-69-7 ▷Trichloroethanol carbamate, *in* T-00434
107-94-8 ▷3-Chloropropanoic acid, C-00279
108-01-0 ▷2-Dimethylaminoethanol, D-00408
108-02-1 ▷2-(Dimethylamino)ethanethiol, *in* A-00252
108-16-7 ▷1-Dimethylamino-2-propanol, D-00419
108-46-3 ▷1,3-Benzenediol, B-00073
108-58-7 ▷1,3-Benzenediol; Di-Ac, *in* B-00073
108-73-6 ▷1,3,5-Benzenetriol, B-00076
108-80-5 ▷1,3,5-Triazine-2,4,6-triol, T-00423
108-95-2 ▷Phenol, P-00161
109-00-2 3-Hydroxypyridine, H-00209
109-01-3 ▷1-Methylpiperazine, *in* P-00285
109-56-8 ▷2-Isopropylaminoethanol, *in* A-00253
109-57-9 ▷2-Propenylthiourea, P-00496
109-83-1 ▷2-(Methylamino)ethanol, *in* A-00253
109-92-2 ▷Ethyl vinyl ether, E-00225
109-93-3 ▷Divinyl ether, D-00555
110-17-8 ▷Fumaric acid, F-00274
110-46-3 ▷3-Methyl-1-butyl nitrite, M-00237
110-73-6 ▷2-Ethylaminoethanol, *in* A-00253
110-85-0 ▷Piperazine, P-00285
111-00-2 Suxethonium bromide, *in* S-00282
111-11-5 Octanoic acid; Me ester, *in* O-00014
111-18-2 *N*,*N*,*N*′,*N*′-Tetramethyl-1,6-hexanediamine, T-00148
111-23-9 1,1-Decamethylenediguanidine, D-00037
111-30-8 ▷Pentanedial, P-00090
111-40-0 ▷Diethylenetriamine, D-00245
111-48-8 ▷2,2′-Thiobisethanol, T-00195
111-62-6 9-Octadecenoic acid; (*Z*)-*form*, Et ester, *in* O-00010
111-64-8 Octanoic acid; Chloride, *in* O-00014
111-81-9 10-Undecenoic acid; Me ester, *in* U-00008
112-24-3 ▷Triethylenetetramine, T-00457
112-38-9 ▷10-Undecenoic acid, U-00008
112-62-9 ▷9-Octadecenoic acid; (*Z*)-*form*, Me ester, *in* O-00010
112-63-0 9,12-Octadecadienoic acid; (*Z*,*Z*)-*form*, Me ester, *in* O-00007
112-79-8 ▷9-Octadecenoic acid; (*E*)-*form*, *in* O-00010
112-80-1 ▷9-Octadecenoic acid; (*Z*)-*form*, *in* O-00010
112-90-3 ▷9-Octadecenylamine; (*Z*)-*form*, *in* O-00011
113-15-5 ▷Ergotamine, E-00106
113-18-8 ▷Ethchlorvynol, E-00151
113-38-2 ▷Estradiol dipropionate, *in* O-00028
113-42-8 ▷Methylergometrine, M-00254
113-45-1 ▷Methylphenidate, *in* R-00065
113-50-8 Meralluride, M-00112
113-52-0 ▷Imipramine hydrochloride, *in* I-00040
113-53-1 ▷Dothiepin, D-00588
113-59-7 ▷Chlorprothixene, C-00300
113-73-5 ▷Gramicidin *S*, G-00083
113-78-0 Deaminooxytocin, D-00030
113-79-1 Vasopressins; *8-L-Arginine vasopressin*, *in* V-00013
113-80-4 ▷Vasopressins; *Ile³-Arginine vasopressin*, *in* V-00013
113-92-8 ▷Chlorpheniramine maleate, *in* C-00292
113-98-4 ▷Benzylpenicillin; K salt, *in* B-00126
114-03-4 ▷5-Hydroxytryptophan; (±)-*form*, *in* H-00219
114-07-8 ▷Erythromycin, E-00115
114-43-2 ▷Desaspidin, D-00091
114-49-8 ▷Scopolamine hydrobromide, *in* S-00031
114-80-7 ▷Neostigmine bromide, *in* N-00070
114-85-2 ▷Bethanidine sulfate, *in* B-00114
114-86-3 ▷Phenformin, P-00154
114-90-9 ▷Obidoxime chloride, *in* O-00001
114-91-0 ▷2-(2-Methoxyethyl)pyridine, M-00199
115-02-6 ▷Azaserine; (*S*)-*form*, *in* A-00509
115-20-8 ▷2,2,2-Trichloroethanol, T-00434
115-24-2 ▷2,2-Bis(ethylsulfonyl)propane, B-00212
115-33-3 Oxyphenisatin acetate, *in* O-00160
115-37-7 ▷Thebaine, T-00162
115-38-8 ▷5-Ethyl-1-methyl-5-phenyl-2,4,6(1*H*,3*H*,5*H*)-pyrimidinetrione, E-00206
115-44-6 ▷Talbutal, T-00007
115-46-8 α,α-Diphenyl-4-piperidinemethanol, D-00506
115-51-5 ▷Ambutonium bromide, *in* A-00175
115-53-7 ▷Sinomenine, S-00079
115-55-9 ▷2-Ethyl-2-phenyl-1,4-thiazane-3,5-dione, E-00219
115-63-9 ▷Hexocyclium methylsulfate, *in* H-00067
115-66-2 Tocamphyl, *in* T-00508
115-67-3 ▷Paramethadione, P-00024
115-68-4 Sulfadicramide, S-00192
115-77-5 ▷Pentaerythritol, P-00077
115-79-7 ▷Ambenonium chloride, *in* A-00167
115-93-5 ▷*O*,*O*-Dimethyl *O*-4-sulfamoylphenyl phosphorothioate, D-00453

116-02-9 ▷3,3,5-Trimethylcyclohexanol, T-00506
116-38-1 ▷Edrophonium chloride, *in* E-00016
116-42-7 Sulphaproxyline, S-00251
116-43-8 ▷Succinylsulfathiazole, S-00172
116-45-0 Sulfabromomethazine, S-00185
116-49-4 ▷Glycobiarsol, G-00069
116-52-9 ▷*N,N'*-Bis(2,2,2-trichloro-1-hydroxyethyl)urea, B-00238
116-95-0 Sulphan blue, S-00249
117-10-2 ▷1,8-Dihydroxyanthraquinone, D-00308
117-30-6 Dipiproverine, D-00517
117-34-0 ▷Diphenylacetic acid, D-00488
117-37-3 ▷2-(4-Methoxyphenyl)-1,3-indanedione, M-00212
117-39-5 ▷3,3',4',5,7-Pentahydroxyflavone, P-00082
117-74-8 ▷Berberine; Hydroxide, *in* B-00135
117-80-6 ▷2,3-Dichloro-1,4-naphthoquinone, D-00195
117-89-5 ▷Trifluoperazine, T-00463
117-96-4 ▷Diatrizoic acid, *in* D-00138
118-08-1 ▷Hydrastine, H-00095
118-10-5 ▷Cinchonine, C-00358
118-23-0 Bromodiphenhydramine, B-00299
118-42-3 ▷Hydroxychloroquine, H-00120
118-56-9 3,3,5-Trimethylcyclohexyl 2-hydroxybenzoate, T-00507
118-57-0 Acetaminosalol, *in* H-00112
118-61-6 ▷Ethyl salicylate, *in* H-00112
118-68-3 ▷Etryptamine acetate, *in* A-00222
118-92-3 ▷2-Aminobenzoic acid, A-00215
119-04-0 ▷Neomycin *B*, N-00068
119-29-9 ▷Ambucaine, A-00172
119-36-8 ▷Methyl 2-hydroxybenzoate, M-00261
119-41-5 ▷Efloxate, E-00019
119-44-8 Xanthopterin, X-00006
119-53-9 ▷Benzoin, B-00093
119-65-3 ▷Isoquinoline, I-00210
119-85-7 Vanyldisulfamide, V-00010
119-96-0 Arsthinol, A-00451
120-21-8 4-Aminobenzaldehyde; *N,N*-Di-Et, *in* A-00210
120-32-1 ▷2-Benzyl-4-chlorophenol, B-00109
120-33-2 3-Methylbenzoic acid; Et ester, *in* M-00230
120-47-8 ▷Ethylparaben, *in* H-00113
120-51-4 ▷Benzyl benzoate, *in* B-00092
120-97-8 ▷Dichlorphenamide, D-00206
121-19-7 ▷4-Hydroxy-3-nitrophenylarsonic acid, H-00181
121-32-4 ▷3-Ethoxy-4-hydroxybenzaldehyde, *in* D-00311
121-33-5 ▷4-Hydroxy-3-methoxybenzaldehyde, *in* D-00311
121-54-0 ▷Benzethonium chloride, *in* B-00079
121-55-1 Subathizone, S-00170
121-57-3 ▷4-Aminobenzenesulfonic acid, A-00213
121-58-4 ▷4-Aminobenzenesulfonic acid; *N*-Di-Me, *in* A-00213
121-59-5 ▷Carbarsone, C-00043
121-60-8 ▷*N*-Acetylsulfanilyl chloride, *in* A-00213
121-64-2 Sulocarbilate, S-00230
121-66-4 ▷2-Amino-5-nitrothiazole, A-00294
121-75-5 ▷Malathion, M-00013
121-81-3 3,5-Dinitrobenzamide, *in* D-00468
121-97-1 *p*-Propionylanisole, *in* H-00193
122-11-2 ▷Sulphadimethoxine, S-00238
122-14-5 ▷Fenitrothion, F-00057
122-16-7 Sulfanitran, S-00204
122-18-9 Cetalkonium chloride, *in* B-00118
122-79-2 ▷Phenyl acetate, *in* P-00161
122-85-0 4-Aminobenzaldehyde; *N*-Ac, *in* A-00210
122-89-4 ▷Mesulfamide, M-00141
122-95-2 1,4-Diethoxybenzene, *in* B-00074
122-97-4 ▷3-Phenyl-1-propanol, P-00201
123-03-5 ▷Cetylpyridinium chloride, *in* H-00043
123-30-8 ▷4-Aminophenol, A-00298
123-31-9 ▷1,4-Benzenediol, B-00074
123-41-1 ▷Choline; Hydroxide, *in* C-00308
123-42-2 ▷4-Hydroxy-4-methyl-2-pentanone, H-00171
123-47-7 2-Hydroxy-*N,N,N,N',N',N'*-hexamethyl-1,3-propanediaminium diiodide, *in* D-00135
123-63-7 ▷Paraldehyde, P-00023
123-76-2 ▷4-Oxopentanoic acid, O-00134
123-82-0 ▷2-Heptanamine, H-00030
123-99-9 ▷Nonanedioic acid, N-00203
124-03-8 ▷Cetylcide, *in* E-00182
124-07-2 ▷Octanoic acid, O-00014
124-12-9 ▷Octanenitrile, *in* O-00014
124-28-7 ▷*N,N*-Dimethyl-1-octadecanamine, *in* O-00012
124-30-1 ▷Octadecylamine, O-00012
124-38-9 ▷Carbon dioxide, C-00057
124-43-6 ▷Carbamide peroxide, *in* U-00011
124-58-3 ▷Methylarsonic acid, M-00226
124-68-5 ▷2-Amino-2-methyl-1-propanol, A-00289
124-72-1 2-Bromo-1,1,1,2-tetrafluoroethane, B-00319
124-82-3 [3-(3-Carboxy-2,2,3-trimethylcyclopentanecarboxamido)-2-methyoxypropyl]-hydroxomercury; Na salt, *in* C-00067
124-83-4 1,2,2-Trimethyl-1,3-cyclopentanedicarboxylic acid; (1*R*,3*S*)-*form*, *in* T-00508
124-87-8 ▷Picrotoxin, P-00242
124-88-9 ▷Dimethiodal sodium, *in* D-00359
124-90-3 ▷Oxycodone hydrochloride, *in* O-00155
124-92-5 Metopon; B,HCl, *in* M-00333
124-94-7 ▷Triamcinolone, T-00419
124-97-0 ▷Protoveratrine B, *in* P-00543
124-99-2 ▷Scillaren A, *in* D-00319
125-02-0 ▷Prednisolone sodium phosphate, *in* P-00412
125-03-1 Etacort, *in* C-00548
125-04-2 ▷Hydrocortisone sodium succinate, *in* C-00548
125-10-0 ▷Prednisone acetate, *in* P-00413
125-13-3 Oxyphenisatin, O-00160
125-20-2 Thymolphthalein, T-00224
125-28-0 ▷Dihydrocodeine, *in* D-00294
125-29-1 ▷Hydrocodone, *in* H-00102
125-30-4 ▷Codethyline, *in* M-00449
125-33-7 ▷Primidone, P-00436
125-40-6 ▷Butabarbital, B-00380
125-42-8 ▷Vinbarbitone, V-00031
125-45-1 Azetepa, A-00517
125-51-9 ▷Pipenzolate bromide, *in* P-00279
125-52-0 ▷Oxyphencyclimine hydrochloride, *in* O-00159
125-53-1 Oxyphencyclimine, O-00159
125-55-3 Pronarcon, P-00482
125-56-4 ▷Methadone hydrochloride, *in* M-00163
125-58-6 ▷Methadone; (*R*)-*form*, *in* M-00163
125-60-0 1-(4-Amino-4-oxo-3,3-diphenylbutyl)-1-methylpiperidium bromide, *in* F-00070
125-64-4 ▷3,3-Diethyl-5-methyl-2,4-piperidinedione, D-00249
125-65-5 ▷Pleuromutilin, P-00374
125-69-9 ▷Dextromethorphan hydrobromide, *in* H-00166
125-70-2 Levomethorphan, *in* H-00166
125-71-3 ▷Dextromethorphan, *in* H-00166
125-73-5 ▷3-Hydroxy-*N*-methylmorphinan; (+)-*form*, *in* H-00166
125-80-4 Trimeperidine; B,HCl, *in* T-00494
125-84-8 ▷3-(4-Aminophenyl)-3-ethyl-2,6-piperidinedione, A-00305
125-85-9 ▷Pentaphen, *in* C-00037
125-86-0 ▷Tussoryl, *in* C-00037
125-88-2 ▷Somnipron, *in* A-00430
125-99-5 ▷Tridihexethyl iodide, *in* T-00454
126-02-3 ▷Compound 08958, *in* C-00641
126-07-8 ▷Griseofulvin, G-00087
126-11-4 ▷2-(Hydroxymethyl)-2-nitro-1,3-propanediol, H-00168
126-12-5 ▷Anileridine hydrochloride, *in* A-00390
126-22-7 ▷Butonate, B-00413
126-27-2 ▷Oxethazaine, O-00106
126-31-8 ▷Methiodal sodium, *in* I-00106
126-52-3 ▷Ethinamate, E-00154
126-93-2 ▷Oxanamide, O-00085
127-07-1 ▷Hydroxyurea, H-00220
127-18-4 ▷Tetrachloroethylene, T-00106
127-31-1 ▷Fludrocortisone, F-00147
127-33-3 ▷6-Demethyl-7-chlorotetracycline, D-00064
127-35-5 ▷Phenazocine, P-00147
127-40-2 Lutein, L-00115
127-47-9 ▷Retinol acetate, *in* V-00058

127-48-0 ▷3,5,5-Trimethyl-2,4-oxazolidinedione, T-00510
127-52-6 Benzenesulfonic acid; Amide, *N*-Chloro, Na salt, *in* B-00075
127-58-2 ▷Sulfamerazine sodium, *in* S-00242
127-60-6 Acediasulfone sodium, *in* A-00008
127-65-1 ▷Tosylchloramide sodium, *in* C-00289
127-67-3 Pilocarpidine, *in* P-00252
127-69-5 ▷Sulfisoxazole, S-00215
127-71-9 ▷*N*-[(4-Aminophenyl)sulfonyl]benzamide, *in* A-00213
127-77-5 Sulfanilanilide, S-00202
127-79-7 ▷Sulphamerazine, S-00242
128-13-2 ▷3,7-Dihydroxy-24-cholanoic acid; (3α,5β,7β)-*form*, *in* D-00320
128-44-9 ▷Saccharin sodium, *in* S-00002
128-46-1 ▷Dihydrostreptomycin, D-00303
128-57-4 Sennoside *B*, *in* S-00042
128-62-1 ▷Narcotine; (1*R*,9*S*)-*form*, *in* N-00052
129-03-3 ▷Cyproheptadine, C-00648
129-06-6 ▷Warfarin sodium, *in* W-00001
129-16-8 ▷Mercurochrome, *in* M-00113
129-17-9 ▷Sulphan blue; Na salt, *in* S-00249
129-20-4 ▷Oxyphenbutazone, O-00158
129-24-8 3-Hydroxy-4-phenyl-2(1*H*)-quinolinone, H-00196
129-49-7 ▷Methysergide maleate, *in* M-00315
129-51-1 ▷Ergonovine maleate, *in* E-00104
129-57-7 ▷Sodium diprotrizoate, *in* D-00138
129-63-5 ▷Sodium acetrizoate, *in* A-00340
129-64-6 Nadic anhydride, *in* B-00157
129-71-5 ▷Chlorcyclizine hydrochloride, *in* C-00198
129-74-8 ▷Buclizine hydrochloride, *in* B-00339
129-77-1 ▷Crapinon, *in* P-00290
129-81-7 1,2-Dihydro-4-iodo-1,5-dimethyl-2-phenyl-3*H*-pyrazol-3-one, D-00286
129-83-9 ▷Phenampromide, P-00143
130-16-5 ▷5-Chloro-8-hydroxyquinoline, C-00249
130-24-5 Synkamine, *in* A-00285
130-26-7 ▷5-Chloro-8-hydroxy-7-iodoquinoline, C-00244
130-37-0 1,2,3,4-Tetrahydro-2-methyl-1,4-dioxo-2-naphthalenesulfonic acid sodium salt, *in* M-00271
130-61-0 ▷Mellaril hydrochloride, *in* T-00209
130-73-4 Promethoestrol, P-00479
130-79-0 Dimestrol, *in* D-00257
130-80-3 ▷Diethylstilbestrol dipropionate, *in* D-00257
130-81-4 Quindonium bromide, *in* Q-00018
130-83-6 ▷Azapentine phosphate, *in* A-00504
130-95-0 ▷Quinine, Q-00028
131-01-1 ▷Deserpidine, D-00093
131-13-5 ▷Menadiol sodium diphosphate, *in* D-00333
131-28-2 Narceine, N-00051
131-49-7 ▷Meglumine diatrizoate, *in* D-00138
131-53-3 ▷Dioxybenzone *in* T-00472
131-56-6 ▷2,4-Dihydroxybenzophenone, D-00318
131-57-7 ▷(2-Hydroxy-4-methoxyphenyl)methanone, *in* D-00318
131-67-9 Phthalofyne, P-00224
131-69-1 Phthalylsulfacetamide, P-00225
132-17-2 ▷Benztropine mesilate, JAN, *in* B-00104
132-18-3 ▷Diphenylpyraline hydrochloride, *in* D-00514
132-20-7 ▷Daneral SA, *in* P-00157
132-21-8 Brompheniramine; (*S*)-*form*, *in* B-00325
132-22-9 ▷Chlorpheniramine, C-00292
132-35-4 ▷Proxazole citrate, *in* P-00545
132-60-5 ▷2-Phenyl-4-quinolinecarboxylic acid, P-00206
132-65-0 Dibenzothiophene, D-00160
132-69-4 ▷Benzydamine hydrochloride, *in* B-00105
132-73-0 Chloroquine sulfate, *in* C-00284
132-75-2 ▷(1-Naphthyl)acetic acid; Nitrile, *in* N-00044
132-89-8 ▷Chlorthenoxazin, C-00303
132-92-3 ▷Methicillin sodium, *in* M-00180
132-93-4 ▷Broxil, *in* P-00152
132-98-9 ▷Penicillin V potassium, *in* P-00171
133-11-9 Phenyl aminosalicylate, *in* A-00264
133-16-4 ▷Chloroprocaine, C-00277
133-17-5 ▷Iodohippurate sodium, *in* I-00101
133-36-8 Piperate, *in* P-00285
133-37-9 Tartaric acid; (2*RS*,3*RS*)-*form*, *in* T-00028
133-43-7 Mannitol; DL-*form*, *in* M-00018
133-51-7 ▷Glucantime, *in* D-00082
133-53-9 ▷2,4-Dichloro-3,5-dimethylphenol, D-00186
133-58-4 ▷Nitromersol, N-00181
133-65-3 ▷Solapsone, S-00093
133-67-5 ▷Trichloromethiazide, T-00439
134-11-2 2-Ethoxybenzoic acid, *in* H-00112
134-20-3 ▷2-Aminobenzoic acid; Me ester, *in* A-00215
134-31-6 ▷Quinosol, *in* H-00211
134-36-1 Erythromycin propionate, *in* E-00115
134-37-2 ▷1-(3-Aminophenyl)-2(1*H*)-pyridinone, A-00310
134-49-6 ▷3-Methyl-2-phenylmorpholine, M-00290
134-50-9 ▷Aminacrine hydrochloride, *in* A-00205
134-53-2 ▷Amprotropine phosphate, *in* A-00371
134-55-4 Acetylsalol, *in* A-00026
134-58-7 ▷5-Amino-1,6-dihydro-7*H*-1,2,3-triazolo[4,5-*d*]-pyrimidin-7-one, A-00247
134-62-3 ▷Diethyltoluamide, *in* M-00230
134-63-4 ▷Zoolobelin, *in* L-00064
134-64-5 Lobeline; (−)-*form*, B, ½ H_2SO_4, *in* L-00064
134-65-6 Lobeline; (±)-*form*, *in* L-00064
134-71-4 ▷2-Methylamino-1-phenyl-1-propanol; (1*RS*,2*SR*)-*form*, B,HCl, *in* M-00221
134-80-5 ▷Diethylpropion hydrochloride, *in* D-00240
135-07-9 ▷Methyclothiazide, M-00218
135-09-1 ▷Hydroflumethiazide, H-00099
135-14-8 ▷Quinuronium sulfate, *in* Q-00037
135-23-9 ▷Histadyl, *in* M-00171
135-31-9 ▷Pyrrobutamine phosphate, *in* P-00594
135-35-3 Thendor, *in* C-00282
135-42-2 P7, *in* L-00016
135-43-3 Lauroguadine, L-00016
135-44-4 ▷Panthesine, *in* L-00030
135-58-0 2,7-Dimethylthianthrene, D-00456
135-87-5 ▷Benodaine hydrochloride, *in* P-00294
136-36-7 ▷1,3-Benzenediol; Monobenzoyl, *in* B-00073
136-40-3 ▷Phenazopyridine hydrochloride, *in* D-00133
136-46-9 ▷Parethoxycaine; B,HCl, *in* P-00034
136-47-0 ▷Amethocaine hydrochloride, *in* T-00104
136-60-7 ▷Butyl benzoate, *in* B-00092
136-69-6 ▷Ventaire, *in* P-00540
136-70-9 Protokylol, P-00540
136-77-6 ▷4-Hexyl-1,3-benzenediol, H-00071
136-82-3 Piperocaine, P-00292
136-96-9 ▷Diamthazole; B,2HCl, *in* D-00143
137-08-6 ▷Calcium pantothenate, *in* P-00016
137-26-8 ▷Tetramethylthiuram disulfide, T-00149
137-53-1 ▷Dextrothyroxine sodium, *in* T-00233
137-58-6 ▷Lignocaine, L-00047
137-76-8 Carbonic acid 4-[[(4-amino-2-methyl-5-pyrimidinyl)-methyl]formylamino]-3-[(ethoxycarbonyl)-thio]-3-pentenyl ethyl ester, *in* T-00174
137-86-0 ▷Octotiamine, O-00023
137-88-2 Amprolium, *in* A-00323
138-12-5 Scopolamine; (±)-*form*, *in* S-00031
138-14-7 ▷Desferrioxamine mesilate, *in* D-00044
138-32-9 Cetrimonium tosilate, *in* H-00044
138-37-4 ▷Mafenide; B,HCl, *in* M-00002
138-39-6 Mafenide, M-00002
138-41-0 ▷4-(Aminosulfonyl)benzoic acid, *in* S-00217
138-43-2 Mesulfamide sodium, *in* M-00141
138-56-7 Trimethobenzamide, T-00500
138-65-8 ▷Noradrenaline; (±)-*form*, *in* N-00208
138-92-1 ▷Betazole hydrochloride, JAN, *in* A-00256
139-07-1 Benzododecinium chloride, *in* B-00113
139-08-2 ▷Miristalkonium chloride, *in* B-00116
139-10-6 ▷Profetamine phosphate, *in* P-00202
139-33-3 ▷Edetate disodium, *in* E-00186
139-56-0 Salazosulfamide, S-00009
139-62-8 ▷Cyclomethycaine, C-00625
139-85-5 ▷3,4-Dihydroxybenzaldehyde, D-00311
139-88-8 ▷Sodium tetradecyl sulfate, *in* E-00209
139-91-3 ▷Furaltadone, F-00281
139-93-5 ▷Salvarsan, S-00021
139-93-5 ▷Salvarsan; B,2HCl, *in* S-00021
139-94-6 ▷*N*-Ethyl-*N*′-(5-nitro-2-thiazolyl)urea, E-00211

140-36-3 ▷Hydroxyamphetamine hydrobromide, *in* A-00322
140-40-9 ▷Acinitrazole, *in* A-00294
140-59-0 Stilbamidine isetionate, *in* S-00153
140-63-6 ▷Propamidine isethionate, *in* P-00487
140-64-7 ▷Pentamidine isethionate, *in* P-00086
140-65-8 ▷Pramoxine, P-00398
140-72-7 Hexadecylpyridinium(1+); Bromide, *in* H-00043
140-79-4 ▷Piperazine; 1,4-Dinitroso, *in* P-00285
140-87-4 ▷Cyanoacetohydrazide, C-00580
141-01-5 ▷Ferrous fumarate, *in* F-00274
141-43-5 ▷2-Aminoethanol, A-00253
141-94-6 Hexetidine, H-00064
142-26-7 ▷*N*-(2-Hydroxyethyl)acetamide, *in* A-00253
142-63-2 ▷Piperazine; Hexahydrate, *in* P-00285
142-71-2 ▷Cupric acetate, C-00575
142-88-1 ▷Piperazine; Adipate (1:1), *in* P-00285
143-27-1 ▷Hexadecylamine, H-00042
143-47-5 Iodomethanesulfonic acid, I-00106
143-52-2 ▷Metopon, M-00333
143-57-7 ▷Protoveratrine A, *in* P-00543
143-62-4 ▷Digitoxigenin, D-00274
143-67-9 ▷Vinblastine sulfate, *in* V-00032
143-71-5 Hydrocodone bitartrate, *in* H-00102
143-74-8 ▷Phenolsulfonphthalein, P-00163
143-81-7 ▷Butabarbital sodium, *in* B-00380
143-82-8 ▷Probarbital sodium, *in* P-00443
143-92-0 Tropenziline bromide, *in* T-00551
144-11-6 Benzhexol, B-00081
144-12-7 Tiemonium iodide, *in* T-00257
144-14-9 ▷Anileridine, A-00390
144-21-8 ▷Arrhenal, *in* M-00226
144-29-6 ▷Piperazine citrate, *in* P-00285
144-44-5 Pentolium(2+), P-00102
144-45-6 Spirgetine, S-00120
144-74-1 ▷Sulphathiazole; Na salt, *in* S-00256
144-75-2 Aldesulfone sodium, *in* S-00223
144-76-3 Sulfoxone, S-00223
144-80-9 ▷Sulfacetamide, *in* A-00213
144-82-1 ▷Sulphamethizole, S-00243
144-83-2 ▷Sulphapyridine, S-00252
144-86-5 ▷*N*-Chloro-*p*-toluenesulfonamide, C-00289
145-12-0 Oxymesterone, O-00152
145-13-1 3-Hydroxy-5-pregnen-20-one; 3*β*-*form*, *in* H-00205
145-41-5 ▷Dehydrocholate sodium, *in* D-00049
145-42-6 ▷Taurocholic acid; Na salt, *in* T-00031
145-54-0 Propyromazine bromide, *in* P-00520
145-63-1 ▷Suramin sodium, S-00275
145-94-8 ▷7-Chloro-4-indanol, C-00252
146-14-5 ▷Riboflavine 5′-(trihydrogendiphosphate) 5′→5′-ester with adenosine, *in* R-00038
146-17-8 ▷Riboflavine 5′-(dihydrogen phosphate), *in* R-00038
146-22-5 ▷Nitrazepam, N-00170
146-28-1 ▷Perphenazine; Ac; B,2HCl, *in* P-00129
146-36-1 ▷Azapetine, A-00504
146-37-2 ▷Laurolinium acetate, *in* L-00017
146-40-7 Quinine ascorbate, *in* Q-00028
146-48-5 ▷Yohimbine, Y-00002
146-54-3 ▷Fluopromazine, F-00176
146-56-5 ▷Fluphenazine hydrochloride, *in* F-00202
146-77-0 ▷2-Chloroadenosine, C-00214
146-94-1 2-Azaadenosine, A-00490
147-20-6 ▷Diphenylpyraline, D-00514
147-24-0 ▷Diphenhydramine hydrochloride, *in* D-00484
147-27-3 ▷Dimoxyline, D-00463
147-48-8 Bantogen, *in* P-00171
147-52-4 Nafcillin; [2*S*-(2*α*,5*α*,6*β*)]-*form*, *in* N-00012
147-55-7 Phenethicillin, P-00152
147-55-7 Phenethicillin; DL-*form*, *in* P-00152
147-58-0 (2-Iodobenzoyl)aminoacetic acid, I-00101
147-71-7 Tartaric acid; (2*S*,3*S*)-*form*, *in* T-00028
147-73-9 Tartaric acid; (2*RS*,3*SR*)-*form*, *in* T-00028
147-84-2 ▷Diethyldithiocarbamic acid, D-00244
147-93-3 ▷2-Mercaptobenzoic acid, M-00114
147-94-4 ▷Cytosine arabinoside; *β*-D-furanose-*form*, *in* C-00667
148-01-6 ▷2-Methyl-3,5-dinitrobenzamide, *in* M-00246
148-03-8 *β*-Tocopherol, T-00336
148-07-2 Benzmalecene, B-00088
148-18-5 ▷Ditiocarb sodium, *in* D-00244
148-24-3 ▷8-Hydroxyquinoline, H-00211
148-32-3 Amprotropine, A-00371
148-56-1 ▷Flumethiazide, F-00157
148-61-8 Ethyl(2-mercaptobenzoato-*S*)mercury, E-00198
148-64-1 Tagathen, *in* C-00282
148-65-2 ▷Chloropyrilene, C-00282
148-79-8 ▷Thiabendazole, T-00171
148-82-3 ▷Melphalan; (*S*)-*form*, *in* M-00084
149-13-3 Procaine Borate, *in* P-00447
149-15-5 ▷Butacaine; 2B,H_2SO_4, *in* B-00381
149-16-6 ▷Butacaine, B-00381
149-17-7 Ftivazide, F-00269
149-29-1 ▷Patulin, P-00043
149-32-6 ▷Erythritol, E-00114
149-53-1 ▷Isoprenaline; (±)-*form*, *in* I-00198
149-64-4 ▷Butylscopolammonium bromide, *in* S-00031
149-87-1 5-Oxo-2-pyrrolidinecarboxylic acid; (±)-*form*, *in* O-00140
149-95-1 ▷Noradrenaline; (*S*)-*form*, *in* N-00208
150-05-0 ▷Adrenaline; (*S*)-*form*, *in* A-00075
150-13-0 ▷4-Aminobenzoic acid, A-00216
150-19-6 ▷*m*-Methoxyphenol, *in* B-00073
150-38-9 ▷Edetate trisodium, *in* E-00186
150-59-4 *N*-Ethyl-3,3′-diphenyldipropylamine, E-00184
150-75-4 ▷4-Aminophenol; *N*-Me, *in* A-00298
150-76-5 ▷4-Methoxyphenol, *in* B-00074
151-06-4 ▷Chlorphenteramine hydrochloride, *in* C-00295
151-67-7 ▷2-Bromo-2-chloro-1,1,1-trifluoroethane, B-00294
151-69-9 Cismadinone acetate, *in* C-00398
151-73-5 ▷Betamethasone sodium phosphate, *in* B-00141
151-83-7 Methohexitone, M-00187
152-02-3 ▷Levallorphan, L-00038
152-43-2 ▷Quinestrol, *in* E-00231
152-47-6 ▷Sulfametopyrazine, S-00198
152-53-4 ▷Cycloguanil; B,HCl, *in* C-00603
152-58-9 ▷17,21-Dihydroxy-4-pregnene-3,20-dione; 17*α*-*form*, *in* D-00349
152-62-5 ▷Dydrogesterone, D-00624
152-72-7 ▷Nicoumalone, N-00105
152-97-6 ▷Fluocortolone, F-00175
153-00-4 Methenolone, M-00178
153-18-4 ▷Rutin, R-00106
153-43-5 7-Chloro-4-hydroxy-5-indanecarboxylic acid, C-00243
153-61-7 ▷Cephalothin, C-00178
153-76-4 Gallamine, G-00004
153-87-7 ▷Oxypertine, O-00157
153-94-6 ▷Tryptophan; (*R*)-*form*, *in* T-00567
154-21-2 ▷Lincomycin, L-00051
154-23-4 ▷3,3′,4′,5,7-Pentahydroxyflavan; (2*R*,3*S*)-*form*, *in* P-00081
154-36-9 Trifoside, T-00470
154-41-6 ▷Phenylpropanolamine hydrochloride, *in* A-00308
154-42-7 ▷Thioguanine, T-00202
154-68-7 ▷Antazoline phosphate, *in* A-00400
154-69-8 ▷Pyrinamine, *in* T-00524
154-73-4 Guanisoquine, G-00113
154-82-5 ▷Simetride, S-00073
154-87-0 ▷Thiamine diphosphate, T-00175
154-93-8 ▷*N*,*N*′-Bis(2-chloroethyl)-*N*-nitrosourea, B-00199
154-97-2 ▷Pralidoxime mesylate, *in* P-00395
155-09-9 ▷2-Phenylcyclopropylamine; (1*RS*,2*SR*)-*form*, *in* P-00186
155-41-9 ▷Hyoscine methobromide, *in* S-00031
155-91-9 ▷Sulphamoprine, S-00247
155-97-5 ▷Pyridostigmine(1+), P-00578
156-08-1 ▷*N*-Benzyl-*N*,*α*-dimethylphenethylamine; (*S*)-*form*, *in* B-00115
156-34-3 1-Phenyl-2-propylamine; (*R*)-*form*, *in* P-00202
156-43-4 ▷4-Ethoxyaniline, E-00161
156-51-4 ▷Phenelzine sulfate, *in* P-00189
156-56-9 ▷Hypoglycin *A*; (*αS*,*γS*)-*form*, *in* H-00224
156-57-0 ▷2-Aminoethanethiol; B,HCl, *in* A-00252

156-62-7 ▷Calcium carbimide, *in* C-00579
156-74-1 Decamethonium(2+), D-00036
156-87-6 ▷3-Amino-1-propanol, A-00319
157-03-9 ▷2-Amino-6-diazo-5-oxohexanoic acid; (*S*)-*form*, *in* A-00238
157-06-2 Arginine; (*R*)-*form*, *in* A-00441
230-35-3 Naphtho[2,1-*e*]-1,2,4-triazine, N-00043
244-54-2 Dibenziodolium, D-00157
246-06-0 Cyclohept[*b*]indole, C-00604
251-80-9 1*H*-Imidazo[1,2-*b*]pyrazole, I-00032
256-96-2 5*H*-Dibenz[*b*,*f*]azepine, D-00155
283-24-9 ▷3-Azabicyclo[3.2.2]nonane, A-00491
297-76-7 ▷Ethynodiol diacetate, *in* E-00227
297-88-1 ▷Methadone; (±)-*form*, *in* M-00163
297-90-5 ▷3-Hydroxy-*N*-methylmorphinan; (±)-*form*, *in* H-00166
297-93-8 Dipyrandium chloride, *in* D-00529
298-46-4 ▷5*H*-Dibenz[b,f]azepine-5-carboxamide, *in* D-00155
298-50-0 Propantheline, P-00492
298-55-5 Clocinizine, C-00443
298-57-7 Cinnarizine, C-00372
298-59-9 ▷Ritalin, *in* R-00065
298-81-7 ▷Xanthotoxin, X-00007
299-20-7 ▷Viridogrisein, V-00055
299-29-6 ▷Ferrous gluconate, F-00093
299-39-8 ▷Sparteine sulfate, *in* S-00110
299-42-3 ▷2-Methylamino-1-phenyl-1-propanol; (1*R*,2*S*)-*form*, *in* M-00221
299-48-9 Piperamide, P-00284
299-61-6 ▷Ganglefene, G-00010
299-75-2 ▷Treosulfan, *in* T-00219
299-84-3 ▷Fenchlorphos, F-00039
299-86-5 ▷Crufomate, C-00572
299-88-7 Bentiamine, B-00067
299-89-8 Acetiamine, A-00020
300-08-3 ▷1,2,5,6-Tetrahydro-1-methyl-3-pyridinecarboxylic acid; Me ester; B,HBr, *in* T-00126
300-22-1 Medazonamide, M-00054
300-25-4 Furaguanidine, F-00279
300-30-1 Thyroxine; (±)-*form*, *in* T-00233
300-37-8 ▷Iodopyracet, *in* D-00363
300-39-0 3,5-Diiodotyrosine; (*S*)-*form*, *in* D-00365
300-42-5 ▷1-Phenyl-2-propylamine; (±)-*form*, *N*-Me; B,HCl, *in* P-00202
300-62-9 ▷1-Phenyl-2-propylamine; (±)-*form*, *in* P-00202
300-68-5 ▷Tremorine; B,2HCl, *in* T-00409
301-15-5 ▷1,1-Decamethylenediguanidine; B,2HCl, *in* D-00037
302-22-7 ▷Chlormadinone acetate, *in* C-00208
302-33-0 ▷Proadifen, P-00442
302-40-9 ▷Benactyzine, B-00034
302-41-0 ▷Piritramide, P-00337
302-49-8 ▷Uredepa, U-00012
302-66-9 ▷Meparfynol carbamate, *in* M-00281
302-70-5 ▷Mustron, *in* D-00193
302-76-1 17-Methylestra-1,3,5(10)-triene-3,17-diol, *in* O-00028
302-79-4 ▷Retinoic acid; (13*E*)-*form*, *in* R-00033
302-83-0 ▷Edrophonium bromide, *in* E-00016
303-01-5 21-Hydroxy-3,20-pregnanedione; 5*β*-*form*, *in* H-00201
303-07-1 2,6-Dihydroxybenzoic acid, D-00317
303-25-3 ▷Cyclizine hydrochloride, *in* C-00595
303-38-8 2,3-Dihydroxybenzoic acid, D-00315
303-40-2 Fluocortolone caproate, *in* F-00175
303-42-4 Methenolone enanthate, *in* M-00178
303-45-7 ▷Gossypol, G-00082
303-49-1 ▷Clomipramine, C-00472
303-53-7 ▷Cyclobenzaprine, C-00597
303-54-8 ▷Balipramine, B-00007
303-69-5 ▷Prothipendyl, P-00536
303-81-1 ▷Novobiocin, N-00228
303-95-7 Coenzyme *Q*; Coenzyme Q_7, *in* C-00531
303-97-9 Coenzyme *Q*; Coenzyme Q_9, *in* C-00531
303-98-0 ▷Coenzyme *Q*; Coenzyme Q_{10}, *in* C-00531
304-20-1 ▷Hydralazine hydrochloride, *in* H-00096
304-43-8 ▷Diphenicillin, D-00485
304-55-2 ▷2,3-Dimercaptobutanedioic acid; (2*RS*,3*SR*)-*form*, *in* D-00384
304-84-7 ▷Ethamivan, E-00146
305-03-3 ▷Chlorambucil, C-00194
305-33-9 ▷Marsilid, *in* I-00161
305-85-1 ▷2,6-Diiodo-4-nitrophenol, D-00360
305-97-5 ▷Anthiolimine, *in* S-00150
306-03-6 Hyoscyamine hydrobromide, *in* T-00554
306-07-0 ▷Pargyline hydrochloride, *in* P-00037
306-10-5 Contramine, *in* B-00275
306-11-6 Doberol, *in* T-00352
306-12-7 ▷Oxophenarsine, O-00135
306-19-4 ▷Pivhydrazine, P-00365
306-20-7 ▷Fenaclon, F-00031
306-40-1 ▷Suxamethonium(2+), S-00280
306-41-2 Carbolonium bromide, *in* C-00055
306-44-5 ▷Isonitrosoacetone, *in* P-00600
306-52-5 ▷Triclofos, T-00450
306-53-6 ▷Azamethonium bromide, *in* A-00499
306-94-5 ▷Octadecafluorodecahydronaphthalene, O-00008
309-29-5 ▷Doxapram, D-00591
309-36-4 ▷Methohexital sodium, *in* M-00187
309-43-3 ▷Quinalbarbitone sodium, *in* Q-00011
311-09-1 ▷Benzoquinonium chloride, *in* B-00096
311-45-5 ▷Paraoxon, P-00027
312-48-1 Edrophonium(1+), E-00016
312-93-6 ▷Dexamethasone phosphate, *in* D-00111
313-05-3 Azacosterol, A-00495
313-06-4 ▷Estradiol cypionate, *in* O-00028
313-67-7 8-Methoxy-3,4-methylenedioxy-10-nitro-1-phenanthrenecarboxylic acid, M-00200
314-03-4 ▷Pimethixene, P-00257
314-13-6 ▷Azovan Blue, A-00532
314-35-2 ▷Etamiphylline, E-00137
315-30-0 ▷1,5-Dihydro-4*H*-pyrazolo[3,4-*d*]pyrimidin-4-one, D-00300
315-37-7 ▷Testosterone enanthate, *in* H-00111
315-72-0 ▷Opipramol, O-00052
315-80-0 ▷Dibenzepin hydrochloride, *in* D-00156
316-05-2 ▷Quinacrine soluble, *in* Q-00010
316-15-4 ▷Bucricaine, *in* A-00333
316-23-4 Diethylstilbestrol disulfate, *in* D-00257
316-42-7 ▷Emetine hydrochloride, *in* E-00036
316-81-4 ▷Thioproperazine, T-00208
317-34-0 ▷Aminophylline, *in* T-00169
317-52-2 ▷Hexafluorenium bromide, *in* H-00046
318-23-0 Imolamine, I-00042
318-98-9 ▷Propranolol hydrochloride, *in* P-00514
319-84-6 ▷1,2,3,4,5,6-Hexachlorocyclohexane; (±)-*α*-*form*, *in* H-00038
319-85-7 ▷1,2,3,4,5,6-Hexachlorocyclohexane; (*β*)-*form*, *in* H-00038
319-86-8 ▷1,2,3,4,5,6-Hexachlorocyclohexane; *δ*-*form*, *in* H-00038
319-89-1 Tetrahydroxy-1,4-benzoquinone, T-00137
320-67-2 ▷5-Azacytidine, A-00496
321-55-1 ▷Haloxon, H-00021
321-64-2 ▷9-Amino-1,2,3,4-tetrahydroacridine, A-00333
321-97-1 2-Methylamino-1-phenyl-1-propanol; (1*R*,2*R*)-*form*, *in* M-00221
321-98-2 ▷2-Methylamino-1-phenyl-1-propanol; (1*S*,2*R*)-*form*, *in* M-00221
322-35-0 ▷Benserazide; (±)-*form*, *in* B-00064
322-79-2 ▷Triflusal, *in* H-00215
325-23-5 ▷Domoxin tartrate, *in* D-00575
326-12-5 Crotoxyphos, C-00571
327-86-6 3,3′,5-Triiodothyronine, T-00487
328-38-1 ▷Leucine; (*R*)-*form*, *in* L-00029
328-39-2 Leucine; (±)-*form*, *in* L-00029
329-65-7 ▷Adrenaline; (±)-*form*, *in* A-00075
330-95-0 ▷Nicarbazin, *in* B-00231
332-69-4 Bromamid, B-00283
333-31-3 Methacholine bromide, *in* M-00160
333-36-8 ▷Bis(2,2,2-trifluoroethyl) ether, B-00239
333-41-5 ▷Diazinon, D-00149
337-03-1 Flugestone, F-00150
337-47-3 ▷Thiamylal sodium, *in* T-00180
338-83-0 Heneicosafluorotripropylamine, H-00025

338-95-4 Isoflupredone, I-00188
338-98-7 ▷Isoflupredone acetate, *in* I-00188
339-43-5 ▷Carbutamide, C-00070
339-44-6 ▷Glymidine, G-00075
340-56-7 ▷Parest, *in* M-00172
340-57-8 ▷3-(2-Chlorophenyl)-2-methyl-4(3*H*)-quinazolinone, C-00272
341-00-4 2-(Diphenylmethylene)butylamine, D-00497
341-69-5 ▷Disipal, *in* O-00064
341-70-8 ▷Antipar, *in* D-00227
342-10-9 Bradykinins; Kallidin II, *in* B-00264
342-69-8 ▷6-(Methylthio)-9-β-D-ribofuranosyl-9*H*-purine, *in* T-00204
343-94-2 ▷Tryptamine; B,HCl, *in* T-00566
345-78-8 ▷Pseudoephedrine hydrochloride, *in* M-00221
346-18-9 ▷Polythiazide, P-00386
348-67-4 ▷Methionine; (*R*)-*form*, *in* M-00183
349-88-2 4-Fluorobenzenesulfonic acid; Chloride, *in* F-00181
350-12-9 Sulbentine, S-00183
352-97-6 Guanidinoacetic acid, G-00109
356-12-7 ▷Fluocinonide, F-00173
357-08-4 ▷Naloxone hydrochloride, *in* N-00033
357-56-2 Moramide; (*S*)-*form*, *in* M-00437
357-66-4 ▷Spirilene, S-00121
357-67-5 ▷5,5-Diethyl-1-phenyl-2,4,6(1*H*,3*H*,5*H*)-pyrimidinetrione, D-00253
357-70-0 ▷Galanthamine; (−)-*form*, *in* G-00002
358-52-1 ▷Hexapropymate, H-00061
359-83-1 ▷Pentazocine, P-00093
360-63-4 Betamethasone; 21-Phosphate, *in* B-00141
360-65-6 ▷Glycodeoxycholic acid, *in* D-00321
360-70-3 ▷Nandrolone decanoate, *in* H-00185
360-97-4 ▷5-Amino-1*H*-imidazole-4-carboxylic acid; Amide, *in* A-00275
361-37-5 ▷Methysergide, M-00315
362-29-8 Propiomazine, P-00504
362-74-3 ▷Bucladesine, *in* C-00591
362-75-4 2′,3′-*O*-Isopropylideneadenosine, *in* A-00067
363-13-3 ▷1-Benzyl-2(1*H*)-cycloheptimidazolone, B-00110
363-20-2 ▷Tricetamide, T-00431
363-24-6 ▷11,15-Dihydroxy-9-oxo-5,13-prostadienoic acid; (5*Z*,8*R*,11*R*,12*R*,13*E*,15*S*)-*form*, *in* D-00339
363-27-9 Dehydroactidione, *in* D-00441
364-62-5 ▷Metoclopramide, M-00327
364-98-7 ▷Diazoxide, D-00152
366-70-1 ▷Procarbazine hydrochloride, *in* P-00448
368-43-4 ▷Benzenesulfonic acid; Fluoride, *in* B-00075
368-88-7 4-Fluorobenzenesulfonic acid, F-00181
369-77-7 Cloflucarban, C-00458
370-14-9 ▷4-[2-(Methylamino)propyl]phenol, M-00222
371-34-6 6-Aminohexanoic acid; Et ester, *in* A-00259
372-66-7 Heptaminol, H-00029
372-75-8 Citrulline; (*S*)-*form*, *in* C-00405
373-04-6 6-Aminohexanoic acid; Amide, *in* A-00259
378-44-9 ▷Betamethasone, B-00141
379-79-3 ▷Ergotamine tartrate, *in* E-00106
382-45-6 Adrenosterone, A-00079
382-67-2 ▷Desoximetasone, D-00102
382-82-1 ▷Dicolinium iodide, *in* D-00215
386-17-4 Tetraiodophenolphthalein, T-00142
388-51-2 ▷Perphenazine trimethoxybenzoate, *in* P-00129
389-08-2 ▷Nalidixic acid, N-00029
390-28-3 ▷Methoxamine, M-00194
390-28-3 ▷Methoxamine; (±)-*form*, *in* M-00194
390-64-7 ▷Prenylamine, P-00423
391-70-8 ▷Troxonium tosilate, *in* T-00560
394-31-0 2-Amino-5-hydroxybenzoic acid, A-00262
395-28-8 ▷Isoxsuprine, I-00218
396-01-0 ▷2,4,7-Triamino-6-phenylpteridine, T-00420
402-46-0 ▷4-Fluorobenzenesulfonic acid; Amide, *in* F-00181
404-82-0 ▷Fenfluramine hydrochloride, *in* F-00050
405-22-1 ▷Nidroxyzone, N-00108
406-76-8 ▷Carnitine; (±)-*form*, *in* C-00084
406-90-6 ▷(2,2,2-Trifluoroethoxy)ethene, T-00464
407-41-0 Phosphoserine; (*S*)-*form*, *in* P-00220
420-04-2 ▷Cyanamide, C-00579
424-89-5 Clomegestone acetate, *in* C-00466
426-13-1 Fluorometholone, F-00186
427-00-9 ▷Desomorphine, D-00100
427-51-0 ▷Cyproterone acetate, *in* C-00651
428-07-9 Atromepine; [3(*S*)-*endo*]-*form*, *in* A-00474
428-37-5 ▷Profadol, P-00462
432-60-0 ▷Allyloestrenol, A-00132
434-03-7 ▷Ethisterone, E-00156
434-05-9 ▷Methenolone acetate, *in* M-00178
434-07-1 ▷Oxymetholone, O-00154
434-22-0 ▷17-Hydroxy-4-oestren-3-one; 17β-*form*, *in* H-00185
434-43-5 ▷2-Methyl-3-phenyl-2-butylamine, M-00288
435-97-2 Phenprocoumon, P-00174
436-40-8 ▷Inproquone, I-00075
436-77-1 Fangchinoline; (+)-*form*, *in* F-00017
437-38-7 ▷Fentanyl, F-00077
437-74-1 ▷Xanthinol niotinate, *in* X-00003
438-41-5 ▷Chlordiazepoxide hydrochloride, *in* C-00200
438-60-8 ▷Protriptyline, P-00544
438-67-5 ▷Sodium estrone sulfate, *in* O-00031
439-14-5 ▷Diazepam, D-00148
440-17-5 ▷Trifluoperazine hydrochloride, *in* T-00463
440-58-4 ▷Iodamide, I-00095
441-61-2 Ethylmethylthiambutene, E-00208
441-91-8 Benanserin, B-00036
442-03-5 Anisopirol, A-00396
442-16-0 3,9-Diamino-7-ethoxyacridine, D-00130
442-52-4 Clemizole, C-00418
443-48-1 ▷Metronidazole, M-00344
444-27-9 ▷4-Thiazolidinecarboxylic acid, T-00183
446-86-6 ▷Azathioprine, A-00513
447-41-6 Buphenine, B-00367
448-34-0 ▷Azaprocin, A-00506
451-71-8 Glyhexamide, G-00074
451-77-4 Homarylamine, *in* M-00253
452-35-7 ▷6-Ethoxy-2-benzothiazolesulfonamide, E-00162
455-16-3 ▷4-Methylbenzenesulfonic acid; Fluoride, *in* M-00228
455-32-3 Benzoyl fluoride, *in* B-00092
455-83-4 (3-Amino-4-hydroxyphenyl)arsinous dichloride, A-00270
456-59-7 ▷Cyclandelate, C-00586
457-60-3 ▷Neoarsphenamine, N-00066
457-60-3 ▷Neoarsphenamine; Na salt, *in* N-00066
457-87-4 ▷Etilamfetamine, *in* P-00202
458-24-2 ▷Fenfluramine, F-00050
459-86-9 ▷Mitoguazone, M-00402
461-06-3 Carnitine, C-00084
461-78-9 ▷Chlorphentermine, C-00295
461-89-2 ▷1,2,4-Triazine-3,5(2*H*,4*H*)-dione, T-00422
462-58-8 Carbamoylcholine(1+), C-00040
462-66-8 4,8,12-Trimethyl-3,7,11-tridecatrienoic acid, T-00513
462-95-3 ▷Diethoxymethane, *in* F-00244
463-00-3 4-Guanidinobutanoic acid, G-00110
464-48-2 ▷Camphor; (−)-*form*, *in* C-00023
464-49-3 ▷Camphor; (+)-*form*, *in* C-00023
464-92-6 ▷2,3,23-Trihydroxy-12-ursen-28-oic acid; (2α,3β)-*form*, *in* T-00485
465-12-3 ▷3,11,14-Trihydroxy-20(22)-cardenolide; (3β,5β,11β,14β)-*form*, *in* T-00473
465-15-6 ▷Oleandrigenin, *in* T-00474
465-16-7 ▷Oleandrin, *in* T-00474
465-22-5 ▷3,14-Dihydroxy-4,20,22-bufatrienolide; (3β,14β)-*form*, *in* D-00319
465-39-4 ▷3-Hydroxy-14,15-epoxy-20,22-bufadienolide; (3β,5β,14β,15β)-*form*, *in* H-00128
465-53-2 6-Hydroxy-3,5-cyclopregnan-20-one; 6β-*form*, *in* H-00122
465-65-6 ▷Naloxone, N-00033
465-90-7 ▷3,5,14-Trihydroxy-19-oxo-20,22-bufadienolide; (3β,5β,14β)-*form*, *in* T-00477
466-06-8 ▷Proscillaridin *A*, *in* D-00319
466-07-9 ▷Neriifolin, *in* D-00274
466-11-5 ▷Dexamethasone sodium sulfate, *in* D-00111
466-14-8 2-Bromo-2-ethyl-3-methylbutyramide, B-00301

466-40-0 ▷Isomethadone, I-00193
466-90-0 ▷Thebacon, T-00161
466-97-7 ▷Normorphine, N-00222
466-99-9 ▷Hydromorphone, H-00102
467-13-0 Codeinone, C-00526
467-15-2 ▷Norcodeine, *in* N-00222
467-18-5 Myrophine, M-00477
467-22-1 ▷Carbiphene hydrochloride, *in* C-00053
467-36-7 ▷Thialbarbitone, T-00172
467-38-9 Thiotetrabarbital, T-00212
467-43-6 ▷Methitural, M-00184
467-83-4 4,4-Diphenyl-6-(1-piperidinyl)-3-heptanone, D-00509
467-84-5 Phenadoxone, P-00138
467-85-6 ▷6-Dimethylamino-4,4-diphenyl-3-hexanone, D-00407
467-86-7 Dioxaphetyl butyrate, D-00474
467-90-3 3,3-Diethyl-5-methyl-2,4(1*H*,3*H*)-pyridinedione, D-00250
468-07-5 ▷Phenomorphan, P-00164
468-18-8 ▷Bovogenin *A*, B-00262
468-50-8 Meprodine; (3*RS*,4*RS*)-*form*, *in* M-00105
468-51-9 Meprodine; (3*S*,4*R*)-*form*, *in* M-00105
468-56-4 ▷Hydroxypethidine, H-00189
468-61-1 ▷Oxeladin, O-00101
468-65-5 Buthalital, B-00400
469-21-6 ▷Doxylamine, D-00598
469-54-5 Griseofulvic acid, *in* G-00087
469-62-5 ▷Propoxyphene; (2*S*,3*R*)-*form*, *in* P-00512
469-78-3 Metheptazine, *in* H-00050
469-79-4 ▷Ketobemidone, K-00014
469-80-7 Pheneridine, P-00151
469-81-8 Morpheridine, M-00447
469-82-9 Etoxeridine, E-00265
470-43-9 ▷Promoxolan, P-00481
470-82-6 ▷Cineole, C-00360
470-90-6 ▷Chlorfenvinphos, C-00203
470-94-0 ▷*O*,*O*-Diethyl *S*-(2-dimethylaminoethyl) phosphorothioate; Hydrogen oxalate, *in* D-00242
471-34-1 Calcium carbonate, C-00014
471-53-4 ▷Glycyrrhetic acid, G-00072
471-80-7 Steviol, S-00147
472-11-7 5-Spirostene-1,3-diol; (1β,3β,25*R*)-*form*, *in* S-00128
472-93-5 γ-Carotene, C-00089
473-30-3 Thiazolsulfone, T-00185
473-34-7 *N*,*N*-Dichloro-4-methylbenzenesulfonamide, D-00191
473-41-6 ▷Tolbutamide sodium, *in* T-00345
473-42-7 Nitrosulfathiazole, N-00187
474-00-0 Eburnamonine; (+)-*form*, *in* E-00003
474-25-9 ▷3,7-Dihydroxy-24-cholanoic acid; (3α,5β,7α)-*form*, *in* D-00320
474-48-6 Renoxydine, *in* R-00029
474-58-8 Daucosterol, *in* S-00151
474-70-4 Isopyrocalciferol, *in* E-00105
474-86-2 ▷Equilin, E-00099
475-80-9 3,4-Methylenedioxy-10-nitro-1-phenanthrenecarboxylic acid, M-00252
475-81-0 ▷Glaucine; (*S*)-*form*, *in* G-00028
476-66-4 ▷Ellagic acid, E-00026
477-30-5 ▷Demecolcine; (*S*)-*form*, *in* D-00062
477-32-7 ▷Visnadine, V-00057
477-58-7 Chondocurine; (+)-*form*, *in* C-00309
477-62-3 ▷Isochondodendrine, I-00182
477-80-5 Cinnofuradione, C-00373
477-93-0 Dimethoxanate, D-00397
478-43-3 4,5-Dihydroxyanthraquinone-2-carboxylic acid, D-00309
478-53-5 Morphothebaine, M-00452
478-60-4 ▷Citromycetin, C-00404
478-63-7 Norcycleanine, *in* C-00590
478-73-9 Pseudococaine, *in* C-00523
478-79-5 Khellol, K-00023
479-00-5 Ergometrinine, *in* E-00104
479-13-0 ▷Coumestrol, C-00558
479-18-5 ▷Diprophylline, D-00523
479-50-5 ▷Lucanthone, L-00110
479-68-5 Broparestrol, B-00326
479-72-1 Diphemanil (1+), D-00482
479-81-2 Bietamiverine, B-00160
479-92-5 ▷Propyphenazone, P-00519
480-17-1 3,3′,4,4′,5,7-Hexahydroxyflavan, H-00054
480-22-8 ▷1,8-Dihydroxyanthrone; Triol-*form*, *in* D-00310
480-30-8 ▷Dichloralphenazone, *in* T-00433
480-44-4 ▷5,7-Dihydroxy-4′-methoxyflavone, D-00329
480-49-9 ▷Filipin; Filipin III, *in* F-00106
480-78-4 Platyphylline, P-00372
480-82-0 Indicine, I-00057
481-30-1 ▷17-Hydroxy-4-androsten-3-one; 17α-*form*, *in* H-00111
481-39-0 ▷5-Hydroxy-1,4-naphthoquinone, H-00179
481-42-5 ▷5-Hydroxy-2-methyl-1,4-naphthoquinone, H-00167
481-85-6 ▷1,4-Dihydroxy-2-methylnaphthalene, D-00333
481-97-0 Oestrone; 3-Sulfo, *in* O-00031
482-15-5 ▷Isothipendyl, I-00214
482-25-7 ▷Byakangelicin; (*R*)-*form*, *in* B-00435
482-44-0 ▷Imperatorin, I-00045
482-45-1 Isoimperatorin, I-00189
482-70-2 2,7-Dimethyl-1,4-naphthoquinone, D-00434
483-03-4 3-Isoajmalicine, *in* A-00087
483-04-5 ▷Ajmalicine; (−)-*form*, *in* A-00087
483-17-0 Cephaeline; (−)-*form*, *in* C-00172
483-18-1 ▷Emetine; (−)-*form*, *in* E-00036
483-20-5 Indigotindisulfonic acid, I-00058
483-57-8 ▷6,8-Dimethylpyrimido[5,4-*e*]-1,2,4-triazine-5,7(6*H*,8*H*)-dione, D-00452
483-63-6 ▷Crotamiton, C-00567
483-89-6 Nornarceine, *in* N-00051
484-23-1 ▷Dihydralazine, D-00277
484-42-4 Angiotensins; 5-L-Isoleucineangiotensin I, *in* A-00385
484-43-5 Angiotensins; 5-L-Valineangiotensin I, *in* A-00385
485-24-5 Phthalylsulfamethizole, P-00226
485-34-7 Neocinchophen, *in* M-00295
485-41-6 Sulfachrysoidine, S-00187
485-49-4 ▷Bicuculline; (+)-*form*, *in* B-00156
485-65-4 Hydrocinchonine, *in* C-00358
485-89-2 ▷3-Hydroxy-2-phenyl-4-quinolinecarboxylic acid, H-00195
486-12-4 ▷Triprolidine; (*E*)-*form*, *in* T-00529
486-16-8 ▷Carbinoxamine, C-00052
486-17-9 ▷Captodiame, C-00033
486-47-5 ▷Ethaverine, E-00150
486-56-6 Cotinine; (*S*)-*form*, *in* C-00553
486-67-9 Mercuderamide; Me ether, *in* M-00122
486-79-3 2,3-Bis(acetyloxy)benzoic acid, *in* D-00315
487-48-9 ▷*N*-Acetyl-2-hydroxybenzamide, A-00033
487-53-6 ▷Hydroxyprocaine, H-00206
487-79-6 ▷Kainic acid, K-00001
488-41-5 ▷1,6-Dibromo-1,6-dideoxymannitol; D-*form*, *in* D-00164
489-84-9 ▷7-Isopropyl-1,4-dimethylazulene, I-00204
490-46-0 3,3′,4′,5,7-Pentahydroxyflavan; (2*R*,3*R*)-*form*, *in* P-00081
490-55-1 ▷2,4-Diamino-5-phenylthiazole, D-00134
490-79-9 ▷2,5-Dihydroxybenzoic acid, D-00316
490-98-2 ▷Hydroxamethocaine, H-00104
491-26-9 Nicotine 1′-N-oxide, *in* N-00103
491-34-9 1,2,3,4-Tetrahydro-1-methylquinoline, T-00127
491-50-9 Quercimeritrin, *in* P-00082
491-80-5 5,7-Dihydroxy-4′-methoxyisoflavone, D-00330
491-92-9 ▷Pamaquine, P-00007
492-08-0 ▷Sparteine; (+)-*form*, *in* S-00110
492-18-2 ▷Mersalyl, *in* M-00122
492-39-7 ▷2-Amino-1-phenyl-1-propanol; (1*S*,2*S*)-*form*, *in* A-00308
492-41-1 ▷2-Amino-1-phenyl-1-propanol; (1*R*,2*S*)-*form*, *in* A-00308
492-85-3 4-(3-Pyridinylcarbonyl)morpholine, P-00576
493-75-4 Bialamicol, B-00150
493-76-5 Propanocaine, P-00490
493-78-7 ▷Methaphenilene, M-00170

493-80-1 Histapyrrodine, H-00078
493-92-5 ▷Prolintane, P-00473
494-03-1 ▷*N,N*-Bis(2-chloroethyl)-2-naphthylamine, B-00198
494-14-4 Chlordimorine, C-00201
494-79-1 ▷Melarsoprol, M-00077
495-46-5 Ornithuric acid, *in* O-00059
495-70-5 Meprylcaine, *in* A-00289
495-83-0 3-Tigloyloxytropane; 3α-*form*, *in* T-00270
495-84-1 Salinazid, S-00016
495-99-8 ▷Hydroxystilbamidine, H-00213
496-00-4 Dibrompropamidine, D-00168
496-38-8 Midamaline, M-00366
496-67-3 ▷*N*-(2-Bromo-3-methylbutanoyl)urea, B-00307
497-75-6 Dioxethedrin, D-00476
497-97-2 Phenarsone sulfoxylate, P-00146
498-71-5 5-(1-Hydroxy-1-methylethyl)-2-methyl-2-cyclohexen-1-ol, H-00162
498-73-7 4-*tert*-Butyl-2-chloromercuriphenol, B-00429
498-78-2 Stearylsulfamide, S-00142
499-04-7 ▷1,2,5,6-Tetrahydro-1-methyl-3-pyridinecarboxylic acid, T-00126
499-67-2 Proxymetacaine, P-00550
500-08-3 *N*-(5-Nitro-2-thiazolyl)formamide, *in* A-00294
500-22-1 3-Pyridinecarboxaldehyde, P-00569
500-34-5 ▷β-Eucaine, *in* T-00511
500-42-5 ▷*N*-(4-Chlorophenyl)-1,3,5-triazine-2,4-diamine, C-00275
500-89-0 ▷Thiambutosine, T-00173
500-92-5 ▷Chlorguanide, C-00204
500-99-2 3,5-Dimethoxyphenol, *in* B-00076
501-15-5 Epinine, E-00081
501-62-2 Phenamazoline, P-00141
501-68-8 ▷Beclamide, B-00022
502-30-7 2-Cyclopentene-1-tridecanoic acid, C-00627
502-37-4 ▷Hypoglycin *B*, H-00225
502-55-6 ▷Dixanthogen, D-00556
502-59-0 Octamylamine, O-00013
502-85-2 ▷Sodium oxybate, *in* H-00118
502-98-7 *N,N″*-Dichlorodiazenedicarboximidamide, D-00181
503-01-5 ▷*N*,6-Dimethyl-5-hepten-2-amine, *in* M-00256
503-49-1 ▷3-Hydroxy-3-methylpentanedioic acid, H-00170
504-03-0 ▷2,6-Dimethylpiperidine, D-00448
504-08-5 2,4-Diamino-1,3,5-triazine, D-00136
504-17-6 ▷Thiobarbituric acid, T-00192
504-29-0 ▷2-Aminopyridine, A-00325
506-21-8 9,12-Octadecadienoic acid; (*E,E*)-*form*, *in* O-00007
506-26-3 6,9,12-Octadecatrienoic acid; (*Z,Z,Z*)-*form*, *in* O-00009
506-89-8 Urea; B,HCl, *in* U-00011
508-52-1 ▷1,3,5,11,14,19-Hexahydroxy-20(22)-cardenolide; (1β,3β,5β,11α,14β)-*form*, *in* H-00053
508-75-8 ▷Convallotoxin, *in* T-00478
508-76-9 ▷Corchoroside A, *in* T-00478
508-77-0 ▷Cymarin, *in* T-00478
508-93-0 ▷Evomonoside, *in* D-00274
508-96-3 Hydrocortisone tebutate, *in* C-00548
508-99-6 Hydrocortisone cypionate, *in* C-00548
509-24-0 ▷Songorine, S-00100
509-37-5 Sandwicine, *in* A-00088
509-56-8 ▷Methyldihydromorphine, M-00245
509-60-4 ▷Dihydromorphine, D-00294
509-67-1 ▷Pholcodine, P-00212
509-78-4 Dimenoxadole, D-00380
509-84-2 Methethoheptazine, *in* H-00048
509-86-4 ▷Heptabarbitone, H-00027
510-53-2 Racemethorphan, *in* H-00166
510-74-7 Spiramide, S-00117
511-07-9 Ergocristinine, *in* E-00102
511-08-0 Ergocristine, E-00102
511-09-1 ▷α-Ergocryptine, E-00103
511-10-4 α-Ergocryptinine, *in* E-00103
511-12-6 ▷Dihydroergotamine, *in* E-00106
511-28-4 Vitamin D_4, V-00063
511-41-1 Diphoxazide, D-00516
511-45-5 ▷1,1-Diphenyl-3-(1-piperidinyl)-1-propanol, D-00511
511-46-6 Clofenetamine, C-00452
511-55-7 ▷Xenytropium bromide, *in* X-00011
511-68-2 2,2-Dimethyl-1,3,5-cyclohexanetrione, D-00427
511-70-6 ▷2-Bromo-2-ethylbutanamide, *in* B-00297
512-04-9 ▷5-Spirosten-3-ol; (3β,25*R*)-*form*, *in* S-00129
512-15-2 Cyclopentolate, C-00631
512-16-3 ▷α-Ethyl-1-hydroxycyclohexaneacetic acid, E-00193
512-35-6 Benzenesulfonic acid; Anhydride, *in* B-00075
512-48-1 ▷Diethylallylacetamide, *in* D-00251
512-85-6 ▷Ascaridole, A-00455
513-10-0 ▷Ecothiopate iodide, *in* E-00010
513-92-8 ▷Tetraiodoethylene, T-00141
514-21-6 ▷Gitaloxigenin, *in* T-00474
514-36-3 ▷Fludrocortisone acetate, *in* F-00147
514-50-1 Acebrochol, *in* D-00162
514-61-4 Normethandrone, N-00221
514-62-5 Ferruginol, F-00095
514-65-8 ▷Biperiden, B-00175
514-68-1 Oestriol succinate, *in* O-00030
514-73-8 ▷Dithiazanine iodide, *in* D-00548
515-42-4 ▷Benzenesulfonic acid; Na salt, *in* B-00075
515-43-5 Anogon, *in* D-00358
515-46-8 Benzenesulfonic acid; Et ester, *in* B-00075
515-49-1 Sulphathiourea, S-00257
515-57-1 Maleylsulfathiazole, M-00015
515-58-2 Salazosulfathiazole, S-00010
515-62-8 Sulfapyridazine, S-00208
515-64-0 ▷Sulphasomidine, S-00254
515-69-5 ▷α-Bisabolol; (6*R*,7*R*)-*form*, *in* B-00184
515-76-4 [1,2-Ethanediylbis(imino-4,1-phenylene)]bisarsonic acid; Di-Na salt, *in* E-00147
515-78-6 ▷*N*-(Carbamoylmethyl)arsanilic acid, C-00041
516-15-4 ▷Pregn-4-ene-3,11,20-trione, P-00417
516-21-2 ▷Cycloguanil, C-00603
516-35-8 Taurochenodeoxycholic acid, *in* D-00320
516-95-0 3-Cholestanol; (3α,5α)-*form*, *in* C-00305
517-06-6 Isoestrone, *in* O-00031
517-09-9 ▷Equilenin, E-00098
517-18-0 ▷Methallenoestril, M-00164
518-20-7 Cyclocoumarol, C-00599
518-28-5 ▷Podophyllotoxin, P-00377
518-34-3 ▷Tetrandrine; (+)-*form*, *in* T-00152
518-47-8 ▷Fluorescein sodium, *in* F-00180
518-48-9 Podophyllic acid, P-00376
518-61-6 ▷10-[(Dimethylamino)acetyl]-10*H*-phenothiazine, D-00403
518-63-8 ▷Cothera, *in* D-00397
518-67-2 Trypadine, *in* D-00460
518-75-2 ▷Citrinin, C-00403
518-94-5 Cycleanine; (−)-*form*, *in* C-00590
519-23-3 ▷Ellipticine, E-00027
519-30-2 Dimethazan, D-00389
519-37-9 ▷Etofylline, E-00253
519-88-0 ▷Ambucetamide, A-00173
519-95-9 Florantyrone, F-00121
520-07-0 ▷Antipyrine salicylate, *in* D-00284
520-20-7 Darstine, *in* M-00098
520-27-4 Diosmin, *in* T-00476
520-34-3 3′,5,7-Trihydroxy-4′-methoxyflavone, T-00476
520-52-5 ▷Psilocybine, *in* D-00411
520-53-6 ▷3-(2-Dimethylaminoethyl)-4-hydroxyindole, D-00411
520-85-4 ▷17-Hydroxy-6-methyl-4-pregnene-3,20-dione; (6α,17α)-*form*, *in* H-00175
521-04-0 7-Dehydro-β-sitosterol, *in* S-00151
521-10-8 ▷17-Methylandrost-5-ene-3,17-diol, M-00225
521-11-9 ▷Mestanolone, M-00136
521-12-0 Drostanolone propionate, *in* H-00153
521-17-5 ▷Androst-5-ene-3,17-diol; (3β,17β)-*form*, *in* A-00383
521-18-6 ▷17-Hydroxy-3-androstanone; (5α,17β)-*form*, *in* H-00109
521-35-7 ▷Cannabinol, C-00026
521-74-4 ▷5,7-Dibromo-8-hydroxyquinoline, D-00167
521-78-8 ▷Trimipramine maleate, *in* T-00516
522-00-9 ▷Ethopropazine, E-00160

522-12-3 ▷Quercitrin, *in* P-00082
522-18-9 Chlorbenzoxamine, C-00196
522-20-3 6-Chloro-9-[[3-(diethylamino)-2-hydroxypropyl]-amino]-2-methoxyacridine, C-00229
522-23-6 ▷Perphenazine; 3,4,5-Trimethoxybenzoyl, difumarate, *in* P-00129
522-24-7 ▷10-[2-(Dimethylamino)ethyl]phenothiazine, D-00412
522-25-8 ▷Pyrrolazote, *in* P-00597
522-40-7 ▷Fosfestrol, *in* D-00257
522-51-0 ▷Dequalinium chloride, *in* D-00088
522-60-1 ▷6′-Ethoxy-10,11-dihydrocinchonan-9-ol, E-00163
522-66-7 Hydroquinine, *in* Q-00028
522-70-3 ▷Antimycin *A*; Antimycin A_3, *in* A-00415
522-80-5 Pseudoreserpine, *in* R-00029
522-87-2 Yohimbic acid, Y-00001
523-38-6 Vitamin K_2; Vitamin K_2(40), *in* V-00065
523-39-7 Vitamin K_2; Vitamin K_2(45), *in* V-00065
523-40-0 Vitamin K_2; Vitamin K_2(50), *in* V-00065
523-54-6 Etymemazine, E-00266
523-68-2 4-Acetamido-2-methyl-1-naphthol, *in* A-00285
523-87-5 ▷Diphenhydramine teoclate, *in* D-00484
524-17-4 ▷Dauricine, D-00020
524-34-5 Allylcinchophen, *in* P-00206
524-36-7 ▷Pyridoxamine; B,2HCl, *in* P-00580
524-63-0 Cupreine, C-00574
524-81-2 Mebhydrolin, M-00035
524-83-4 ▷Ethybenztropine, E-00172
524-84-5 ▷Dimethylthiambutene, D-00455
524-99-2 Medrylamine, M-00059
525-01-9 4-[2-(Diphenylmethoxy)ethyl]morpholine, D-00496
525-02-0 ▷Benanserin; B,HCl, *in* B-00036
525-26-8 Cloperidone hydrochloride, *in* C-00483
525-30-4 Mercuderamide, M-00122
525-61-1 ▷Quinocide, Q-00029
525-66-6 ▷Propranolol, P-00514
525-94-0 ▷Penicillin *N*, P-00066
526-08-9 ▷Sulphaphenazole, S-00250
526-18-1 ▷Osalmid, O-00066
526-35-2 Aloxidone, A-00143
526-36-3 ▷Xylometazoline, X-00023
526-94-3 Tartaric acid; (2*R*,3*R*)-*form*, Mono-Na salt, *in* T-00028
526-95-4 Gluconic acid; D-*form*, *in* G-00055
527-73-1 ▷2-Nitro-1*H*-imidazole, N-00179
527-75-3 ▷Erythromycin *B*, E-00116
527-89-9 2-Hydroxydithiobenzoic acid, H-00127
528-43-8 Magnolol, M-00012
529-08-8 2-Isopropyl-4,8-dimethylazulene, I-00203
529-51-1 3,3′,4′,7-Tetrahydroxy-5-methoxyflavone, *in* P-00082
529-68-0 2-Acetoxybenzoic acid; Et ester, *in* A-00026
529-84-0 6,7-Dihydroxy-4-methyl-2*H*-1-benzopyran-2-one, D-00332
529-91-9 ▷Trichocereine, *in* M-00131
529-96-4 Pyridoxamine 5′-phosphate, P-00581
530-08-5 Isoetharine, I-00185
530-10-9 Bronchodilator 1313, *in* P-00158
530-35-8 ▷Etafedrine; (1*R*,2*S*)-*form*, B,HCl, *in* E-00133
530-43-8 ▷Chloramphenicol palmitate, *in* C-00195
530-54-1 Methoxyphedrine, M-00210
530-73-4 Sulfanthrol, S-00205
530-75-6 Acetylsalicylsalicylic acid, *in* S-00015
530-78-9 ▷Flufenamic acid, F-00148
531-59-9 7-Methoxy-2*H*-1-benzopyran-2-one, *in* H-00114
531-72-6 ▷Arsenamide, A-00450
531-76-0 ▷Melphalan; (±)-*form*, *in* M-00084
532-03-6 ▷Methocarbamol, *in* G-00095
532-34-3 ▷Butopyronoxyl, B-00416
532-49-0 ▷Dibutoline(1+); Sulfate (2:1), *in* D-00171
532-59-2 ▷Amyleine, *in* A-00374
532-76-3 ▷Hexylcaine hydrochloride, *in* A-00318
532-77-4 1-(Cyclohexylamino)-2-propanol benzoate, *in* A-00318
532-90-1 Monophosphothiamine chloride, *in* T-00174
533-08-4 3-Tigloyloxytropane; 3β-*form*, *in* T-00270
533-08-4 Tropigline, T-00553
533-22-2 Hydroxystilbamidine isethionate, *in* H-00213
533-28-8 ▷Piperocaine; (±)-*form*, B,HCl, *in* P-00292
533-45-9 ▷5-(2-Chloroethyl)-4-methylthiazole, C-00238
533-74-4 ▷Fennosan B-100, *in* T-00135
534-33-8 ▷Acetylarson, *in* A-00271
534-84-9 ▷2-(1-Piperidinylmethyl)cyclohexanone, P-00288
535-51-3 Phenarsone sulfoxylate; Di-Na salt, *in* P-00146
535-65-9 ▷Glybuthiazol, G-00062
536-21-0 ▷2-Amino-1-(3-hydroxyphenyl)ethanol, A-00272
536-24-3 Ethylnorepinephrine, E-00212
536-25-4 ▷Orthocaine, *in* A-00263
536-29-8 ▷(3-Amino-4-hydroxyphenyl)arsinous dichloride; B,HCl, *in* A-00270
536-33-4 ▷2-Ethyl-4-pyridinecarbothioamide, E-00220
536-43-6 ▷Dyclonine hydrochloride, *in* D-00623
536-69-6 ▷5-Butyl-2-pyridinecarboxylic acid, B-00432
536-71-0 1,3-Bis(4-amidinophenyl)triazene, B-00187
536-93-6 Eucatropine hydrochloride, *in* E-00267
537-17-7 Amanozine, A-00162
537-21-3 Chlorproguanil, C-00297
537-29-1 Norhyoscyamine, *in* T-00554
537-61-1 ▷Cyclomethycaine; B,HCl, *in* C-00625
538-03-4 ▷Mapharsen, *in* O-00135
538-71-6 ▷Domiphen bromide, *in* D-00567
539-08-2 *N*-(4-Ethoxyphenyl)-2-hydroxypropanamide, *in* H-00207
539-21-9 ▷Ambazone, A-00166
539-35-5 ▷Acidomycin, A-00039
541-14-0 Carnitine; (*S*)-*form*, *in* C-00084
541-15-1 ▷Carnitine; (*R*)-*form*, *in* C-00084
541-20-8 ▷Pentamethonium bromide, *in* P-00084
541-22-0 ▷Decamethonium bromide, *in* D-00036
541-64-0 ▷Furtrethonium iodide, *in* F-00282
541-66-2 ▷Oxapropanium iodide, *in* O-00091
541-79-7 Carbocloral, *in* T-00438
542-76-7 ▷3-Chloropropanoic acid; Nitrile, *in* C-00279
543-15-7 ▷Heptamyl, *in* H-00029
543-18-0 Guanidotaurine, G-00112
543-82-8 ▷6-Methyl-2-heptylamine, M-00257
544-31-0 Palmidrol, P-00006
544-62-7 ▷2,3-Dihydroxy-1-octadecyloxypropane, D-00337
545-26-6 ▷3,14,16-Trihydroxy-20(22)-cardenolide; (3β,5β,14β,16β)-*form*, *in* T-00474
545-27-7 Gitoroside, *in* T-00474
545-49-3 ▷Rhodexin A, *in* T-00473
545-59-5 Moramide; (±)-*form*, *in* M-00437
545-74-4 Ipral (old form), *in* P-00443
545-80-2 Poldine methylsulfate, *in* P-00378
545-90-4 Methadol, M-00162
545-91-5 ▷Hepagin, *in* P-00138
545-93-7 ▷5-(2-Bromoallyl)-5-isopropylbarbituric acid, B-00291
546-06-5 ▷Conessine, C-00540
546-32-7 Oxpheneridine, O-00143
546-88-3 ▷*N*-Hydroxyacetamide, H-00106
546-93-0 ▷Magnesium carbonate, M-00006
547-07-9 ▷Sarnovide, *in* T-00473
547-17-1 Helenien, *in* L-00115
547-32-0 ▷Solu-Diazine, *in* S-00237
547-44-4 ▷Sulfanilylurea, S-00203
547-81-9 1,3,5(10)-Oestratrien-3,16β,17β-triol, *in* O-00030
547-91-1 ▷8-Hydroxy-7-iodo-5-quinolinesulfonic acid, H-00143
548-00-5 ▷Ethyl biscoumacetate, *in* B-00219
548-54-9 ▷Violacein, V-00049
548-57-2 ▷Lucanthone hydrochloride, *in* L-00110
548-62-9 ▷Gentian violet, *in* B-00209
548-66-3 ▷Drofenine; (±)-*form*, B,HCl, *in* D-00606
548-68-5 ▷Thiphenamil hydrochloride, *in* T-00215
548-73-2 ▷Droperidol, D-00608
548-84-5 ▷Pyrvinium chloride, *in* V-00052
549-18-8 ▷Tryptizol, *in* N-00224
549-28-0 Protostephanine, P-00542
549-40-6 Furostilbestrol; (*E*)-*form*, *in* F-00297
549-68-8 Octaverine, O-00019
550-01-6 Metabutoxycaine; B,HCl, *in* M-00144

550-24-3 ▷2,5-Dihydroxy-3-undecyl-1,4-benzoquinone, D-00356
550-28-7 ▷Amisometradine, A-00346
550-34-5 Naphthocaine, *in* A-00292
550-70-9 ▷Triprolidine hydrochloride, *in* T-00529
550-73-2 ▷3-Methyl-6,7-methylenedioxy-1-piperonylisoquinoline, M-00267
550-81-2 ▷Amopyroquine, A-00358
550-83-4 ▷Propoxycaine hydrochloride, *in* P-00511
550-99-2 ▷Naphazoline hydrochloride, *in* N-00041
551-11-1 ▷9,11,15-Trihydroxyprosta-5,13-dienoic acid; (5*Z*,8*R*,9*S*,11*R*,12*S*,13*E*,15*S*)-*form*, *in* T-00483
551-16-6 ▷6-Aminopenicillanic acid, A-00295
551-27-9 Propicillin, P-00501
551-35-9 ▷2-Hydroxy-*N*-isopropylbenzamide, H-00145
551-36-0 Hydroxyprocaine; B,HCl, *in* H-00206
551-48-4 Guanoclor sulfate, *in* G-00114
551-74-6 ▷Mannomustine dihydrochloride, *in* M-00019
551-92-8 ▷1,2-Dimethyl-5-nitro-1*H*-imidazole, D-00435
552-25-0 ▷Diampromide, D-00142
552-79-4 2-Dimethylamino-1-phenyl-1-propanol; (1*R*,2*S*)-*form*, *in* D-00418
552-92-1 Toloconium metilsulfate, *in* T-00357
552-94-3 ▷Salicyloylsalicylic acid, S-00015
553-08-2 Thonzonium bromide, *in* T-00217
553-12-8 Protoporphyrin, P-00541
553-13-9 Zolamine, Z-00027
553-30-0 ▷3,6-Diaminoacridine; B,H_2SO_4, *in* D-00120
553-53-7 ▷3-Pyridinecarboxylic acid; Hydrazide, *in* P-00571
553-58-2 ▷Unacaine, *in* M-00143
553-63-9 Dimethocaine; B,HCl, *in* D-00394
553-65-1 Amoxecaine, A-00363
553-68-4 ▷Dentocain, *in* M-00299
553-69-5 ▷Phenyramidol, P-00211
554-13-2 ▷Lithium carbonate, L-00058
554-18-7 ▷Glucosulfone, G-00057
554-18-7 ▷Glucosulfone; D-*form*, Di-Na salt, *in* G-00057
554-24-5 ▷Phenobutiodil, P-00160
554-57-4 ▷Methazolamide, M-00176
554-71-2 3,5-Diiodo-4-hydroxybenzenesulfonic acid, D-00358
554-72-3 Glyphenarsine, *in* C-00041
554-76-7 ▷4-Aminobenzenestibonic acid, A-00212
554-92-7 ▷Trimethobenzamide hydrochloride, *in* T-00500
554-99-4 ▷N-Methyladrenaline, *in* A-00075
555-57-7 ▷Pargyline, P-00037
555-65-7 ▷Brocresine, B-00275
555-77-1 ▷Tris(2-chloroethyl)amine, T-00534
555-84-0 ▷Nifuradene, N-00115
555-90-8 ▷2-(3-Pyridinylmethylene)hydrazinecarbothioamide, *in* P-00569
556-08-1 Acedoben, *in* A-00216
556-12-7 ▷Furalazine, F-00280
556-18-3 ▷4-Aminobenzaldehyde, A-00210
556-21-8 4-Aminobenzaldehyde; *N*-Me, *in* A-00210
556-89-8 ▷Nitrourea, N-00188
557-17-5 ▷1-Methoxypropane, M-00214
560-67-8 Hongkelin, *in* D-00274
561-10-4 Isomethadone; (*S*)-*form*, *in* I-00193
561-27-3 ▷Heroin, H-00034
561-43-3 ▷Oxypyrronium bromide, *in* O-00163
561-48-8 4,4-Diphenyl-6-(1-piperidinyl)-3-hexanone, D-00510
561-76-2 Properidine, P-00498
561-77-3 Dihexyverine, D-00276
561-79-5 ▷Metcaraphen, M-00158
561-83-1 Nealbarbitone, N-00055
561-86-4 Brallobarbital, B-00265
562-09-4 ▷Chlorphenoxamine hydrochloride, *in* C-00294
562-10-7 ▷Doxylamine succinate, *in* D-00598
562-26-5 Phenoperidine, P-00165
564-25-0 ▷6-Deoxy-5-hydroxytetracycline; 6α-*form*, *in* D-00080
564-36-3 ▷Ergocornine, E-00101
564-37-4 Ergocorninine, *in* E-00101
565-33-3 ▷Metahexamide, M-00146
565-48-0 4-Hydroxy-α,α,4-trimethylcyclohexanemethanol; *cis-form*, *in* H-00216
565-50-4 4-Hydroxy-α,α,4-trimethylcyclohexanemethanol; *trans-form*, *in* H-00216
565-99-1 ▷3-Hydroxy-11,20-pregnanedione; (3α,5β)-*form*, *in* H-00200
566-24-5 3,7-Dihydroxy-24-cholanoic acid; (3β,5β,7α)-*form*, *in* D-00320
566-78-9 Prebediolone acetate, *in* H-00205
567-83-9 Bis[4-hydroxy-2-oxo-2*H*-1-benzopyran-3-yl]acetic acid, B-00219
568-69-4 ▷Aminoxytriphene; B,HCl, *in* A-00341
569-57-3 ▷Chlorotrianisene, C-00290
569-59-5 ▷Nolahist, *in* P-00156
569-65-3 ▷Meclozine, M-00051
569-84-6 Antipyrine acetylsalicylate, *in* D-00284
570-36-5 Fluprednisolone acetate, *in* F-00208
571-24-4 17-Hydroxy-3-androstanone; (5α,17α)-*form*, *in* H-00109
571-41-5 ▷17-Hydroxy-4-androsten-3-one; (9β,10α,17β)-*form*, *in* H-00111
572-59-8 Epiquinidine, *in* Q-00027
572-60-1 Epiquinine, *in* Q-00028
572-97-4 Lapinone, L-00009
573-01-3 Kapilon soluble, *in* M-00087
573-20-6 ▷Acetomenaphthone, *in* D-00333
573-35-3 *myo*-Inositol; 1-Phosphate, *in* I-00074
573-41-1 ▷Theopylline olamine, *in* T-00169
573-58-0 ▷Congo Red; Di-Na salt, *in* C-00541
574-13-0 Cupron, *in* B-00093
574-25-4 ▷6-Thioinosine, T-00204
574-64-1 Trypan red; Penta-Na salt, *in* T-00564
574-77-6 Papaveroline, P-00020
574-95-8 Aureothricin, A-00477
575-74-6 Buclosamide, B-00340
575-75-7 Tonophosphan, *in* T-00347
575-82-6 Methoxymethyl salicylate, *in* H-00112
576-68-1 ▷Mannomustine, M-00019
577-11-7 ▷Docusate sodium, *in* B-00210
577-48-0 Butamben picrate, *in* A-00216
577-91-3 ▷Iodoalphionic acid, I-00100
578-06-3 ▷1-Aminoacridine, A-00201
578-07-4 ▷4-Aminoacridine, A-00204
578-89-2 Pimetremide, P-00259
579-23-7 ▷2,6-Bis(4-hydroxy-3-methoxybenzylidene)cyclohexanone, B-00218
579-38-4 Diloxanide, D-00372
579-44-2 Benzoin; (±)-*form*, *in* B-00093
579-56-6 ▷Isoxsuprine hydrochloride, *in* I-00218
579-58-8 4-Aminophenol; *N*-Me, Ac, *in* A-00298
579-75-9 2-Methoxybenzoic acid, M-00196
579-93-1 2-Benzamidobenzoic acid, *in* A-00215
579-94-2 Menglytate, M-00090
580-02-9 2-Acetoxybenzoic acid; Me ester, *in* A-00026
580-74-5 ▷Xanthocillin *X*, X-00005
581-28-2 ▷2-Aminoacridine, A-00202
581-29-3 ▷3-Aminoacridine, A-00203
581-88-4 ▷Debrisoquine sulfate, *in* D-00033
582-22-9 ▷2-Phenyl-1-propylamine, P-00203
582-24-1 2-Hydroxyacetophenone, H-00107
582-80-9 4-Aminobenzoic acid; *N*-Benzoyl, *in* A-00216
582-84-3 Synephrine; (±)-*form*, *in* S-00286
583-03-9 ▷1-Phenyl-1-pentanol, P-00194
583-08-4 Nicotinuric acid, N-00104
584-18-9 Acetomeroctol, A-00024
584-69-0 Ditophal, D-00553
584-79-2 ▷Allethrin, A-00124
585-14-8 Poskine, P-00390
585-23-9 Albizziine, A-00098
586-06-1 ▷Orciprenaline, O-00053
586-60-7 Dyclonine, D-00623
586-98-1 ▷2-Pyridinemethanol, P-00572
587-23-5 Hexamethylenamine mandelate, *in* H-00057
587-45-1 2-Amino-3-(3,4-dihydroxyphenyl)propanoic acid, A-00248
587-46-2 ▷Benzpyrinium bromide, *in* B-00101
587-49-5 Salfluverine, S-00014
587-61-1 ▷Propyliodone, *in* D-00363
587-90-6 *N*,*N*′-Bis(4-nitrophenyl)urea, B-00231
588-42-1 ▷Trolnitrate phosphate, *in* T-00538

590-31-8 Meprochol, *in* M-00216
590-46-5 Betaine hydrochloride, *in* B-00140
590-63-6 ▷Duvoid, *in* B-00143
591-07-1 *N*-Aminocarbonylacetamide, *in* U-00011
591-27-5 ▷3-Aminophenol, A-00297
591-62-8 ▷Ethyl butylcarbamate, E-00176
591-81-1 4-Hydroxybutanoic acid, H-00118
595-21-1 ▷Strospeside, *in* T-00474
595-32-4 1,2,2-Trimethyl-1,3-cyclopentanedicarboxylic acid; (1*R*,3*R*)-*form*, *in* T-00508
595-33-5 ▷Megestrol acetate, *in* H-00174
595-52-8 Descinolone, D-00092
595-77-7 Algestone, A-00114
596-50-9 Poldine, P-00378
596-58-7 Bisinomenine, *in* S-00079
597-71-7 Normosterol, *in* P-00077
599-33-7 Prednylidene, P-00414
599-54-2 Pantothenic acid; (±)-*form*, *in* P-00016
599-61-1 ▷3,3′-Diaminodiphenyl sulfone, D-00128
599-79-1 ▷Sulphasalazine, S-00253
599-88-2 Sulfaperin, S-00206
601-63-8 Nandrolone cipionate, *in* H-00185
602-40-4 Cyheptropine, *in* D-00282
602-41-5 ▷Thiocolchicoside, T-00199
603-00-9 ▷Proxyphylline, P-00551
603-50-9 ▷Bisacodyl, B-00186
603-64-5 Antipyrine mandelate, *in* D-00284
604-09-1 17-Hydroxy-4-pregnene-3,20-dione; 17α-*form*, *in* H-00202
604-35-3 Cholesterol; Ac, *in* C-00306
604-51-3 Deptropine, D-00087
604-58-0 ▷Equilenin; (+)-*form*, Benzoyl, *in* E-00098
604-74-0 Bufenadrine, B-00347
604-75-1 ▷Oxazepam, O-00096
605-91-4 ▷Pinacyanol, *in* E-00190
606-05-3 Bromth, *in* M-00108
606-17-7 Iodipamide, I-00097
606-45-1 2-Methoxybenzoic acid; Me ester, *in* M-00196
606-90-6 ▷Diphenylpyraline 8-chlorotheopyllinate, *in* D-00514
608-07-1 ▷5-Methoxytryptamine, *in* H-00218
608-16-2 Biotin; (+)-*form*, Me ester, *in* B-00173
608-68-4 Dimethyl tartrate, *in* T-00028
608-73-1 ▷1,2,3,4,5,6-Hexachlorocyclohexane, H-00038
609-06-3 Xylose; L-*form*, *in* X-00024
609-78-9 ▷Cycloguanil embonate, *in* C-00603
610-60-6 Methyl 2-hydroxybenzoate; Benzoyl, *in* M-00261
611-20-1 2-Cyanophenol, *in* H-00112
611-53-0 Ibacitabine, I-00001
611-75-6 ▷Bromhexine hydrochloride, *in* B-00289
612-16-8 2-Methoxybenzyl alcohol, *in* H-00116
614-12-0 Dibutoline(1+); Iodide, *in* D-00171
614-18-6 3-Pyridinecarboxylic acid; Et ester, *in* P-00571
614-35-7 Synephrine; (*R*)-*form*, *in* S-00286
614-39-1 Procainamide hydrochloride, *in* P-00446
614-42-6 ▷Naepaine; B,HCl, *in* N-00008
614-87-9 Dibromopropamidine isethionate, *in* D-00168
616-29-5 ▷1,3-Diamino-2-propanol, D-00135
616-30-8 ▷3-Amino-1,2-propanediol, A-00317
616-68-2 ▷Trimecaine, T-00492
616-91-1 ▷*N*-Acetylcysteine; (*R*)-*form*, *in* A-00031
616-96-6 Cetotiamine hydrochloride, JAN, *in* T-00174
617-19-6 2,6-Diamino-2′-butyloxy-3,5′-azopyridine, D-00121
617-89-0 ▷2-Furanmethanamine, F-00282
618-27-9 4-Hydroxy-2-pyrrolidinecarboxylic acid; (2*S*,4*S*)-*form*, *in* H-00210
618-28-0 4-Hydroxy-2-pyrrolidinecarboxylic acid; (2*RS*,4*SR*)-*form*, *in* H-00210
618-32-6 Benzoyl bromide, *in* B-00092
618-38-2 Benzoyl iodide, *in* B-00092
618-47-3 *m*-Toluamide, *in* M-00230
618-71-3 3,5-Dinitrobenzoic acid; Et ester, *in* D-00468
618-82-6 ▷Sulfarsphenamine, *in* D-00127
619-45-4 4-Aminobenzoic acid; Me ester, *in* A-00216
619-57-8 4-Hydroxybenzamide, *in* H-00113
619-60-3 ▷4-Hydroxydimethylaniline, *in* A-00298
619-84-1 ▷4-Aminobenzoic acid; *N*-Di-Me, *in* A-00216
619-84-1 ▷4-(Dimethylamino)benzoic acid, D-00405
619-86-3 4-Ethoxybenzoic acid, *in* H-00113
620-22-4 ▷1-Cyano-3-methylbenzene, *in* M-00230
620-30-4 2-Amino-3-(4-hydroxyphenyl)-2-methylpropanoic acid; (±)-*form*, *in* A-00273
620-59-7 3,5-Diiodotyrosine; (±)-*form*, *in* D-00365
621-23-8 ▷1,3,5-Trimethoxybenzene, *in* B-00076
621-34-1 *m*-Ethoxyphenol, *in* B-00073
621-42-1 ▷3-Acetamidophenol, *in* A-00297
621-72-7 ▷2-Benzylbenziimidazole, B-00107
622-61-7 1-Chloro-4-ethoxybenzene, *in* C-00260
622-62-8 4-Ethoxyphenol, *in* B-00074
622-78-6 ▷Benzyl isothiocyanate, B-00122
622-93-5 3-Amino-1-propanol; *N*-Di-Et, *in* A-00319
623-12-1 1-Chloro-4-methoxybenzene, *in* C-00260
623-32-5 Antileprol, *in* C-00627
623-66-5 Octanoic acid; Anhydride, *in* O-00014
623-78-9 ▷Ethyl *N*-ethylcarbamate, E-00189
624-45-3 4-Oxopentanoic acid; Me ester, *in* O-00134
624-49-7 ▷Fumaric acid; Di-Me ester, *in* F-00274
625-36-5 ▷3-Chloropropanoic acid; Chloride, *in* C-00279
625-44-5 1-Methoxy-2-methylpropane, M-00204
625-50-3 ▷*N*-Ethylacetamide, E-00173
625-57-0 *O*-Ethyl carbamothioate, *in* T-00196
627-02-1 1-Ethoxy-2-methylpropane, E-00167
627-63-4 ▷Fumaroyl chloride, *in* F-00274
627-64-5 Fumaric acid; Diamide, *in* F-00274
629-01-6 Octanoic acid; Amide, *in* O-00014
629-22-1 2-Hydroxyoctadecanoic acid, H-00184
630-55-7 Hexacamphamine, *in* H-00057
630-56-8 ▷Hydroxyprogesterone hexanoate, *in* H-00202
630-60-4 ▷Ouabain, *in* H-00053
630-64-8 ▷Erysimine, *in* T-00478
630-67-1 Prednisolone *m*-sulfobenzoate sodium, *in* P-00412
630-93-3 ▷Phenytoin sodium, *in* D-00493
631-06-1 ▷Dexoxadrol hydrochloride, *in* D-00472
631-07-2 ▷5-Ethyl-5-phenyl-2,4-imidazolinedione, E-00215
631-27-6 ▷Glyclopyramide, G-00068
632-00-8 Sulphasomizole, S-00255
632-73-5 ▷Iodophthalein sodium, *in* T-00142
633-47-6 Cropropamide, C-00566
633-59-0 ▷Sordinol, *in* C-00481
633-66-9 ▷Berberine; Sulfate, *in* B-00135
633-72-7 Pyridoxine; 5-Me ether, *in* P-00582
633-90-9 Cytidine 2′,3′-phosphate, C-00656
634-03-7 ▷Phendimetrazine, *in* M-00290
634-63-9 Tartaric acid; (2*R*,3*R*)-*form*, Diamide, *in* T-00028
634-97-9 1*H*-Pyrrole-2-carboxylic acid, P-00596
635-05-2 ▷Pamaquine; (±)-*form*, Embonate (1:1), *in* P-00007
635-32-5 Pentapiperide fumarate, *in* P-00091
635-41-6 ▷4-(3,4,5-Trimethoxybenzoyl)morpholine, T-00502
636-00-0 5-(2-Aminoethyl)-1,2,4-benzenetriol; B,HBr, *in* A-00255
636-47-5 ▷Distamycin *A*, D-00539
636-54-4 Clopamide; *cis*-*form*, *in* C-00480
636-78-2 4-Sulfobenzoic acid, S-00217
636-79-3 3-Pyridinecarboxylic acid; B,HCl, *in* P-00571
636-87-3 2-Amino-1-(3-hydroxyphenyl)ethanol; (*R*)-*form*, B,HCl, *in* A-00272
637-21-8 Homatropine; (±)-*form*, B,HCl, *in* H-00082
637-39-8 Tris(2-hydroxyethyl)amine; B,HCl, *in* T-00536
637-58-1 ▷Proxazocaine hydrochloride, *in* P-00398
637-95-6 Taurine; *N*,*N*-Di-Me, *in* T-00030
637-98-9 *S*-Ethyl carbamothioate, *in* T-00196
638-23-3 ▷*S*-Carboxymethylcysteine, C-00065
638-23-3 ▷Carbocisteine, *in* C-00654
638-94-8 ▷Desonide, D-00101
639-48-5 ▷Nicomorphine, N-00101
639-81-6 Ergotaminine, *in* E-00106
640-60-8 4-Methylbenzenesulfonic acid; Ph ester, *in* M-00228
640-79-9 Glycochenodeoxycholic acid, *in* D-00320
640-87-9 17,21-Dihydroxy-4-pregnene-3,20-dione; 17α-*form*, 21-Ac, *in* D-00349

641-35-0 BS 7161*D*, *in* P-00601
641-36-1 ▷Apocodeine, *in* A-00425
642-00-2 1,2,3,4,5,6-Hexa-*O*-acetyl-D-mannitol, *in* M-00018
642-15-9 ▷Antimycin *A*; Antimycin A_1, *in* A-00415
642-17-1 Ajmalicine; 3β,19α,20α-*form*, *in* A-00087
642-44-4 ▷Aminometradine, A-00291
642-72-8 ▷Benzydamine, B-00105
642-81-9 ▷4-[2-(3,5-Dimethyl-2-oxocyclohexyl)-2-hydroxyethyl]-2,6-piperidinedione; (1*R*,3*S*,5*S*,α*R*)-*form*, *in* D-00441
642-83-1 ▷Aceglatone, *in* G-00053
643-01-6 Mannitol; L-*form*, *in* M-00018
643-22-1 ▷Erythromycin stearate, *in* E-00115
644-26-8 ▷Amylocaine, A-00374
644-62-2 ▷Meclofenamic acid, M-00045
644-64-4 ▷Dimetilan, D-00457
644-87-1 Mercaptobutanedioic acid; (±)-*form*, *in* M-00115
645-05-6 ▷Tris(dimethylamino)-1,3,5-triazine, T-00535
645-43-2 ▷Guanethidine monosulfate, *in* G-00102
646-02-6 2-Aminoethanol nitrate, A-00254
651-06-9 ▷Sulphamethoxydiazine, S-00245
651-48-9 3-(Sulfooxy)androst-5-en-17-one, *in* H-00110
652-37-9 Acefylline, A-00011
652-67-5 ▷1,4:3,6-Dianhydroglucitol; D-*form*, *in* D-00144
653-03-2 ▷Butaperazine, B-00394
655-05-0 ▷2-(Dimethylamino)-5-phenyl-4(5*H*)-oxazolone, D-00417
655-35-6 ▷Chromonar hydrochloride, *in* C-00312
657-24-9 ▷*N*,*N*-Dimethylimidodicarbonimidic diamide, D-00432
658-48-0 2-Amino-3-(4-hydroxyphenyl)-2-methylpropanoic acid, A-00273
659-40-5 Desomedine, *in* H-00058
663-93-4 Escholerine, *in* P-00543
664-95-9 ▷Glycyclamide, G-00071
665-46-3 Tetraethylammonium(1+); Fluoride, *in* T-00111
665-66-7 ▷Amantadine hydrochloride, JAN, *in* A-00206
668-37-1 ▷Sipasyl, *in* D-00235
668-56-4 Testosterone nicotinate, *in* H-00111
671-16-9 ▷Procarbazine, P-00448
671-88-5 Disulphamide, D-00543
671-95-4 ▷Clofenamide, *in* C-00215
672-87-7 2-Amino-3-(4-hydroxyphenyl)-2-methylpropanoic acid; (*S*)-*form*, *in* A-00273
673-31-4 ▷Phenprobamate, *in* P-00201
673-49-4 N-Acetylhistamine, *in* H-00077
673-50-7 ▷N-Methylhistamine, *in* H-00077
674-38-4 Bethanechol(1+), B-00143
679-84-5 ▷3-Bromo-1,1,2,2-tetrafluoropropane, B-00320
679-90-3 2-Bromo-1,1,2-trifluoro-1-methoxyethane, B-00321
683-63-6 Thiocarbamic acid; *O*-Me ester, *in* T-00196
686-07-7 ▷Diethyldithiocarbamic acid; Me ester, *in* D-00244
692-13-7 ▷1-Butylbiguanide, B-00428
692-86-4 ▷10-Undecenoic acid; Et ester, *in* U-00008
693-11-8 4-Dimethylaminobutanoic acid, *in* A-00221
698-63-5 ▷5-Nitro-2-furancarboxaldehyde, N-00177
701-54-2 4-(Aminomethyl)cyclohexanecarboxylic acid, A-00281
701-56-4 4-Dimethylaminanisole, *in* A-00298
702-54-5 ▷Diethadione, D-00226
709-55-7 ▷Etilefrine, *in* A-00272
711-72-8 3-Methyl-2-phenylmorpholine; (2*R*,3*S*)-*form*, *N*-Me, *in* M-00290
720-76-3 Fluminorex, F-00162
720-98-9 4-Aminophenol; *O*-Benzoyl, *in* A-00298
721-19-7 ▷Methastyridone, M-00175
721-50-6 Prilocaine, P-00432
723-42-2 4-Methyl-*N*,*N*-dipropylbenzenesulfonamide, *in* M-00228
723-46-6 ▷Sulphamethoxazole, S-00244
728-88-1 ▷Tolperisone, T-00364
729-99-7 ▷Sulphamoxole, S-00248
730-07-4 Propetamide, P-00499
730-68-7 Thiogenal, *in* M-00184
731-40-8 ▷2-Phthalimidoglutarimide; (±)-*form*, *in* P-00223
732-11-6 ▷Phosmet, P-00213
735-52-4 ▷Cetophenicol; (1′*R*,2′*R*)-*form*, *in* C-00185
735-64-8 Fenamifuril, F-00035
737-31-5 ▷Diatrizoate sodium, *in* D-00138
738-70-5 ▷Trimethoprim, T-00501
739-71-9 ▷Trimipramine, T-00516
742-20-1 ▷Cyclopenthiazide, C-00630
744-80-9 ▷1-Benzoyl-5-ethyl-5-phenylbarbituric acid, *in* E-00218
745-62-0 ▷9,11,15-Trihydroxyprost-13-enoic acid; (8*R*,9*S*,11*R*,13*E*,15*S*)-*form*, *in* T-00484
745-65-3 ▷11,15-Dihydroxy-9-oxo-13-prostenoic acid; (8*R*,11*R*,12*R*,13*E*,15*S*)-*form*, *in* D-00341
747-30-8 Aminophenazone cyclamate, *in* A-00327
747-36-4 Hydroxychloroquine sulfate, *in* H-00120
748-44-7 Acoxatrine, A-00047
749-02-0 ▷Spiperone, S-00115
749-13-3 ▷Trifluperidol, T-00468
751-84-8 ▷Benethamine penicillin, *in* B-00126
751-94-0 ▷Fusidate sodium, *in* F-00303
751-97-3 ▷Rolitetracycline, R-00078
752-13-6 Riboflavine; 2′,3′,4′,5′-Tetra-Ac, *in* R-00038
752-56-7 Riboflavine 2′,3′,4′,5′-tetrabutanoate, *in* R-00038
752-61-4 ▷Digitalin, *in* T-00474
764-17-0 ▷2-Amino-6-diazo-5-oxohexanoic acid, A-00238
764-42-1 ▷Fumaronitrile, *in* F-00274
766-17-6 2,6-Dimethylpiperidine; (2*RS*,6*SR*)-*form*, *in* D-00448
767-00-0 ▷4-Hydroxybenzonitrile, *in* H-00113
768-94-5 ▷1-Aminoadamantane, A-00206
769-42-6 1,3-Dimethylbarbituric acid, *in* P-00586
770-00-3 Pyrazinecarboxylic acid; Me ester, 4-oxide, *in* P-00560
770-05-8 Octopamine; (±)-*form*, B,HCl, *in* O-00022
773-76-2 5,7-Dichloro-8-hydroxyquinoline, D-00190
774-65-2 *tert*-Butyl benzoate, *in* B-00092
777-11-7 ▷Haloprogin, H-00018
786-19-6 ▷Carbophenothion, C-00060
789-61-7 ▷2-Amino-9-(2-deoxy-*erythro*-pentofuranosyl)-1,9-dihydro-6*H*-purine-6-thione; β-D-*form*, *in* A-00236
790-69-2 Loflucarban, L-00076
791-35-5 ▷Chlophedianol, C-00191
794-93-4 ▷[[6-[2-(5-Nitro-2-furanyl)ethenyl]-1,2,4-triazin-3-yl]-imino]bis(methanol), *in* F-00280
796-29-2 Ketipramine, K-00013
797-58-0 ▷Norbolethone, N-00209
797-63-7 Norgestrel, N-00218
797-63-7 Norgestrel; (−)-*form*, *in* N-00218
797-64-8 ▷Norgestrel; (+)-*form*, *in* N-00218
799-17-7 [[[(2,6-Dimethyl-4-pyrimidinyl)amino]sulfonyl]-phenyl]formamide, *in* S-00254
800-22-6 ▷Chloracyzine, C-00192
801-52-5 ▷Porfiromycin, P-00388
804-10-4 ▷Chromonar, C-00312
804-30-8 ▷Fursultiamine, F-00299
804-36-4 ▷Nitrovin, N-00190
804-53-5 Nitroman, *in* T-00102
804-63-7 ▷Quinine sulfate, *in* Q-00028
807-31-8 Aceperone, A-00014
807-38-5 ▷Fluocinolone, F-00172
808-24-2 Nicodicodine, *in* N-00095
808-26-4 6-Demethyl-6-deoxytetracycline; (−)-*form*, *in* D-00065
808-48-0 Deoxycortone pivalate, *in* H-00203
808-71-9 Penethamate hydriodide, *in* P-00061
809-01-8 Edogestrone, E-00014
811-97-2 1,1,1,2-Tetrafluoroethane, T-00113
815-76-9 Hexamethonium tartrate, *in* H-00055
817-09-4 ▷Lekamin, *in* T-00534
824-88-4 Thiocarbamic acid; *O*-Ph ester, *in* T-00196
826-01-7 Octopamine; (*S*)-*form*, *in* O-00022
826-10-8 ▷1-Phenyl-2-propylamine; (*R*)-*form*, *N*-Me; B,HCl, *in* P-00202
826-39-1 ▷Mecamylamine hydrochloride, *in* M-00041
826-91-5 1,4:6,3-Glucarodilactone; D-*form*, *in* G-00053
827-61-2 ▷Aceclidine, *in* Q-00035
829-74-3 2-Amino-1-(3,4-dihydroxyphenyl)-1-propanol; (1*R*,2*S*)-*form*, *in* A-00249

830-89-7 Albutoin, A-00102
832-92-8 ▷Mescaline; B,HCl, *in* M-00131
834-14-0 4-Benzylanisole, *in* B-00127
834-28-6 ▷Dibotin, *in* P-00154
835-31-4 ▷Naphazoline, N-00041
841-67-8 ▷2-Phthalimidoglutarimide; (*S*)-*form*, *in* P-00223
841-73-6 ▷Bucolome, *in* C-00622
844-26-8 ▷Bithionoloxide, *in* B-00204
846-48-0 17-Hydroxy-1,4-androstadien-3-one; 17*β*-*form*, *in* H-00103
846-50-4 ▷Temazepam, *in* O-00096
846-54-8 Hydrothiaden, *in* D-00420
847-20-1 Flubanilate, F-00132
847-25-6 Thiamphenicol; (±)-*form*, *in* T-00179
847-84-7 ▷6-Dimethylamino-4,4-diphenyl-3-hexanone; B,HCl, *in* D-00407
848-21-5 ▷Norgestrienone, N-00219
848-53-3 ▷Homochlorcyclizine, H-00083
848-75-9 Lormetazepam, L-00097
849-55-8 ▷Nylidrin hydrochloride, *in* B-00367
850-52-2 ▷Altrenogest, A-00159
852-19-7 Sulfapyrazole, S-00207
852-42-6 ▷Guaiapate, G-00092
853-34-9 ▷Kebuzone, K-00006
855-19-6 ▷Clostebol acetate, *in* C-00506
855-22-1 ▷17-(1-Oxopropoxy)androstan-3-one, *in* H-00109
855-96-9 3′,5-Dihydroxy-4′,6,7-trimethoxyflavone, D-00354
859-07-4 Cefaloram, C-00111
859-18-7 ▷Lincomycin; B,HCl, *in* L-00051
860-22-0 ▷Indigo carmine, *in* I-00058
862-89-5 Nandrolone undecylate, *in* H-00185
863-53-6 Ergocalciferol phosphate, *in* C-00012
863-61-6 ▷Menatetrenone, M-00088
865-04-3 ▷Methoserpidine, M-00191
865-21-4 ▷Vinblastine, V-00032
865-24-7 ▷Vinglycinate, *in* V-00032
869-50-1 ▷3-Chloro-1,2-propanediol; (±)-*form*, Di-Ac, *in* C-00278
870-62-2 ▷Hexamethonium iodide, *in* H-00055
870-72-4 ▷Formaldehyde; Bisulfite compd., *in* F-00244
870-77-9 Carnitine; (±)-*form*, *O*-Ac, *in* C-00084
875-74-1 2-Amino-2-phenylacetic acid; (*R*)-*form*, *in* A-00300
876-04-0 Octopamine; (*R*)-*form*, *in* O-00022
876-27-7 ▷4-Chlorophenol; Ac, *in* C-00260
876-86-8 7-Chloro-8-hydroxyquinoline, C-00250
877-22-5 ▷2-Hydroxy-3-methoxybenzoic acid, *in* D-00315
877-89-4 1,3,5-Triazine-2,4,6-triol; Tri-Me ether, *in* T-00423
880-52-4 ▷1-Aminoadamantane; Ac, *in* A-00206
881-26-5 1,2,3,4-Tetrahydro-6-hydroxy-7-methoxy-1-methylisoquinoline; (*S*)-*form*, B,HCl, *in* T-00117
882-09-7 ▷Clofibric acid, C-00456
882-58-6 ▷Phosphemide, P-00214
884-09-3 Thiobenzoic acid; *S*-Ph ester, *in* T-00193
884-43-5 1,3,5-Triazine-2,4,6-triol; Tri-Et ether, *in* T-00423
886-08-8 Norletimol, N-00220
886-74-8 ▷Chlorphenesin carbamate, *in* C-00261
892-01-3 ▷1-Benzyl-2-oxocyclohexanepropionic acid, B-00123
893-01-6 2,6-Bis(2-thienylmethylene)cyclohexanone, B-00237
894-71-3 ▷Nortryptyline hydrochloride, *in* N-00224
896-71-9 Tigestol, T-00269
901-93-9 Estrone acetate, *in* O-00031
904-04-1 ▷Captodramine hydrochloride, *in* C-00033
908-35-0 ▷Metyrapone tartrate, *in* M-00248
908-54-3 ▷Diminazene aceturate, *in* B-00187
909-39-7 ▷Opipramol hydrochloride, *in* O-00052
910-86-1 Thiocarlide, T-00198
911-45-5 ▷Clomiphene, C-00471
911-65-9 Etonitazene, E-00260
912-57-2 Nandrolone cyclohexylpropionate, *in* H-00185
914-00-1 ▷Methacycline, M-00161
915-30-0 ▷Diphenoxylate, *in* D-00265
921-01-7 Cysteine; (*S*)-*form*, *in* C-00654
926-93-2 ▷Methallibure, M-00165
931-08-8 1*H*-Pyrazole-1-carboxamide, *in* P-00563
936-61-8 Thiobenzoic acid; *O*-Et ester, *in* T-00193
937-34-8 Sulfuric acid monophenyl ester, *in* P-00161
938-33-0 8-Methoxyquinoline, *in* H-00211
938-73-8 ▷2-Ethoxybenzamide, *in* H-00112
939-48-0 ▷Isopropyl benzoate, *in* B-00092
942-31-4 ▷2,4-Diamino-5-phenylthiazole; B,HCl, *in* D-00134
943-17-9 ▷Eftortil, *in* A-00272
948-31-2 1-Cyano-2-methyl-3,5-dinitrobenzene, *in* M-00246
952-54-5 Morinamide, M-00443
955-48-6 ▷Metalol hydrochloride, *in* M-00148
956-03-6 ▷Meprylcaine hydrochloride, *in* A-00289
956-09-2 6-Aminohexancic acid; *N*-Benzoyl, *in* A-00259
956-90-1 ▷Phencyclidine hydrochloride, *in* P-00183
957-56-2 ▷2-(4-Fluorophenyl)-1,3-indanedione, F-00189
958-93-0 ▷Thenyldiamine; B,HCl, *in* T-00165
959-10-4 ▷2-(4-Biphenylyl)butanoic acid, B-00179
959-14-8 ▷Oxolamine, O-00130
959-24-0 ▷Sotalol hydrochloride, *in* S-00106
960-05-4 ▷Carbubarb, C-00068
961-11-5 ▷Tetrachlorvinphos, T-00107
961-71-7 ▷Antergan, A-00402
962-02-7 Nitrodan, N-00176
963-39-3 ▷Demoxepam, D-00069
964-52-3 ▷Carlytene, *in* T-00227
964-82-9 2-(4-Biphenylyl)-4-hexenoic acid, B-00180
965-52-6 ▷Nifuroxazide, N-00126
965-90-2 ▷Ethyloestrenol, E-00213
965-93-5 17-Hydroxy-17-methylestra-4,9,11-trien-3-one; (17*R*)-*form*, *in* H-00161
967-48-6 Flubanilate hydrochloride, *in* F-00132
968-46-7 2-(Dimethylamino)ethyl benzilate, D-00410
968-58-1 ▷Par KS-12, *in* D-00511
968-63-8 Butinoline, B-00407
968-81-0 ▷Acetohexamide, A-00023
968-93-4 ▷Testolactone, T-00100
969-33-5 ▷Cyproheptadine hydrochloride, *in* C-00648
971-60-8 ▷Benzohexonium, *in* H-00055
971-74-4 ▷Antemovis, *in* H-00218
972-02-1 ▷Diphenidol, D-00486
972-04-3 1,1-Diphenyl-4-piperidino-2-butyn-1-ol, D-00508
973-99-9 ▷Neurvit, *in* T-00177
976-71-6 Canrenone, C-00027
977-79-7 ▷Medrogestone, M-00057
979-32-8 ▷Estradiol valerate, *in* O-00028
982-24-1 Clopenthixol, C-00481
982-43-4 ▷Beclodin, *in* P-00422
983-85-7 Penamecillin, P-00058
985-12-6 Drotaverine; B,HCl, *in* D-00611
985-13-7 ▷Paveroid, *in* E-00150
985-16-0 ▷Nafcillin sodium, *in* N-00012
985-32-0 ▷Quinacillin; Di-Na salt, *in* Q-00009
987-02-0 6-Demethyltetracycline, D-00066
987-18-8 Flumedroxone acetate, *in* F-00154
987-24-6 Betamethasone acetate, JAN, *in* B-00141
987-78-0 ▷Cytidine diphosphate choline, C-00655
990-73-8 ▷Fentanyl citrate, *in* F-00077
992-21-2 ▷Lymecycline, L-00120
992-46-1 Thiamine monophosphate disulfide, *in* T-00176
992-69-8 Erythromycin acetate, *in* E-00115
1003-71-0 Piperazine; *N*,*N*′-Me; B,2HCl, *in* P-00285
1006-12-8 1,7-Dihydro-6*H*-purine-6-thione; 3,7-*Dihydro-form*, 3-Me, *in* D-00299
1006-20-8 1,7-Dihydro-6*H*-purine-6-thione; 1,9-*Dihydro-form*, 9-Me, *in* D-00299
1006-22-0 1,7-Dihydro-6*H*-purine-6-thione; 1,7-*Dihydro-form*, 1-Me, *in* D-00299
1007-49-4 ▷2-Pyridinemethanol; *O*-Ac, *in* P-00572
1008-01-1 1,7-Dihydro-6*H*-purine-6-thione; 6-*Thiol-form*, *S*,7*N*-Di-Me, *in* D-00299
1008-08-8 1,7-Dihydro-6*H*-purine-6-thione; 6-*Thiol-form*, *S*,3*N*-Di-Me, *in* D-00299
1008-65-7 ▷2-(2-Hydroxyphenyl)-1,3,4-oxadiazole, H-00192
1011-34-3 2-Ethyl-1,2,3,4-tetrahydro-2-methylisoquinolinium(1+); Iodide, *in* E-00222

1013-23-6 Dibenzothiophene; 5-Oxide, *in* D-00160
1015-65-2 1-Cyclohexyl-2,4,6-(1*H*,3*H*,5*H*)pyrimidinetrione, C-00622
1016-05-3 Dibenzothiophene; 5,5-Dioxide, *in* D-00160
1018-34-4 ▷Trepirium iodide, *in* T-00413
1018-71-9 ▷3-Chloro-4-(3-chloro-2-nitrophenyl)-1*H*-pyrrole, C-00223
1021-11-0 Guanoxyfen sulfate, *in* P-00173
1027-14-1 ▷Trimecaine; B,HCl, *in* T-00492
1027-87-8 Tolpentamide, T-00363
1028-33-7 Pentifylline, *in* T-00166
1034-82-8 Heptolamide, H-00032
1038-59-1 *N*-Cyclooctyl-*N'*-(4-methylbenzenesulfonyl)urea, C-00626
1039-82-3 Esculamine; B,HCl, *in* E-00121
1041-90-3 Lethidrone, *in* N-00032
1042-16-6 1,1-Diphenyl-4-piperidino-2-butyn-1-ol; B,HCl, *in* D-00508
1042-42-8 Carcainium chloride, *in* C-00072
1043-21-6 Pirenoxine, P-00318
1043-21-6 Pirenoxine, P-00319
1045-21-2 ▷Carbetapentane; B,HCl, *in* C-00046
1045-69-8 Testosterone acetate, *in* H-00111
1045-82-5 Chloracyzine; B,HCl, *in* C-00192
1046-17-9 Isobutylphenazone methanesulfonate sodium, *in* D-00170
1050-48-2 ▷Benzilonium bromide, *in* B-00082
1050-79-9 Moperone, M-00432
1054-88-2 Spiroxatrine, S-00132
1055-55-6 ▷Bunamidine hydrochloride, *in* B-00359
1057-07-4 ▷17-(Benzoyloxy)androstan-3-one, *in* H-00109
1057-81-4 ▷BS 7051, *in* H-00033
1059-21-8 ▷Digicorigenin, *in* T-00474
1063-55-4 ▷Butaperazine maleate, *in* B-00394
1065-31-2 Coenzyme *Q*; Coenzyme Q_6, *in* C-00531
1068-57-1 ▷Acethydrazide, *in* A-00021
1069-55-2 2-Methylpropyl 2-cyano-2-propenoate, M-00300
1069-66-5 ▷Valproate sodium, *in* P-00516
1070-11-7 ▷Ethambutol hydrochloride, *in* E-00148
1070-95-7 Guanoctine hydrochloride, *in* T-00145
1072-09-9 6-(Dimethylamino)hexanoic acid, *in* A-00259
1077-27-6 α-Lipoic acid; (*S*)-*form*, *in* L-00053
1077-28-7 α-Lipoic acid; (±)-*form*, *in* L-00053
1077-93-6 Ternidazole, T-00094
1078-21-3 ▷4-Amino-3-phenylbutanoic acid, A-00303
1078-30-4 7-Quinolinecarboxylic acid, Q-00030
1081-15-8 Formaldehyde; 2,4-Dinitrophenylhydrazone, *in* F-00244
1082-56-0 Tefazoline, T-00051
1082-57-1 Tramazoline, T-00395
1082-88-8 ▷1-(3,4,5-Trimethoxyphenyl)-2-propylamine, T-00504
1083-57-4 ▷Bucetin, B-00335
1084-65-7 ▷Meticrane, M-00319
1085-91-2 ▷2-Ethyl-2-(1-naphthyl)butanoic acid, E-00210
1088-11-5 ▷7-Chloro-1,3-dihydro-5-phenyl-2*H*-1,4-benzodiazepin-2-one, *in* D-00148
1088-80-8 ▷Metamelfalan; (*S*)-*form*, *in* M-00149
1088-92-2 Nifurtoinol, N-00135
1092-46-2 ▷Ketocaine, *in* K-00015
1092-47-3 Rec 70518, *in* K-00015
1093-58-9 Clostebol, C-00506
1094-08-2 Ethopropazine hydrochloride, *in* E-00160
1096-72-6 Hepzidine, H-00033
1098-60-8 ▷Triflupromazine hydrochloride, *in* F-00176
1098-97-1 Pyritinol, P-00590
1099-87-2 Prasterone sodium sulfate, *in* H-00110
1104-22-9 ▷Meclizine hydrochloride, *in* M-00051
1107-99-9 Prednisolone pivalate, *in* P-00412
1110-40-3 Cortivazol, C-00551
1110-58-3 Gossypol; (±)-*form*, 6,6'-Di-Me ether, *in* G-00082
1110-80-1 ▷Mepicycline, M-00096
1111-27-9 Dibiomycin, *in* A-00476
1111-39-3 ▷Acetyldigitoxin, *in* D-00275
1111-44-0 ▷Pleiaserpin, *in* R-00029
1113-10-6 ▷*N*-Cyano-*N'*-(1,1-dimethylpropyl)guanidine, C-00581
1113-41-3 Penicillamine; (*R*)-*form*, *in* P-00064
1115-47-5 ▷*N*-Acetylmethionine; (±)-*form*, *in* A-00036
1115-70-4 ▷Diabefagos, *in* D-00432
1119-34-2 ▷Arginine hydrochloride, *in* A-00441
1119-48-8 4-Aminobutanoic acid; *N*-Me, *in* A-00221
1119-97-7 ▷Tetradonium bromide, *in* T-00512
1121-30-8 ▷2(1*H*)-Pyridinethione; 1-Hydroxy, *in* P-00574
1123-54-2 7-Amino-1*H*-1,2,3-triazolo[4,5-*d*]pyrimidine, A-00338
1124-69-2 ▷1,2,3,6-Tetrahydro-2,2,6,6-tetramethylpyridine, T-00132
1127-45-3 ▷8-Hydroxyquinoline; *N*-Oxide, *in* H-00211
1127-75-9 1,7-Dihydro-6*H*-purine-6-thione; 6-*Thiol-form*, *S*,9*N*-Di-Me, *in* D-00299
1130-23-0 Bicol, *in* E-00193
1131-64-2 Debrisoquine, D-00033
1134-47-0 ▷Baclofen, B-00003
1142-70-7 ▷5-(2-Bromoallyl)-5-*sec*-butylbarbituric acid, B-00290
1143-38-0 ▷1,8-Dihydroxyanthrone, D-00310
1146-95-8 ▷2-(Diphenylmethylene)butylamine; B,HCl, *in* D-00497
1146-98-1 ▷2-(4-Bromophenyl)-1,3-indanedione, B-00313
1146-99-2 ▷2-(4-Chlorophenyl)-1,3-indandione, C-00264
1149-87-7 Ethoheptazine; (±)-*form*, *in* E-00157
1150-20-5 3-[(4-Aminophenyl)sulfonyl]-3-azabicyclo[3.2.2]-nonane, *in* A-00491
1151-11-7 Ipodate calcium, *in* I-00129
1154-77-4 1-(2,4-Dihydroxyphenyl)-3-phenyl-2-propen-1-one; Di-Me ether, *in* D-00347
1155-03-9 ▷Zolamine hydrochloride, *in* Z-00027
1155-49-3 ▷3-(1-Piperidinyl)-1-(4-propoxyphenyl)-1-propanone; B,HCl, *in* P-00289
1156-05-4 ▷Phenglutarimide, P-00155
1156-19-0 ▷Tolazamide, T-00344
1157-87-5 Etoloxamine, E-00256
1159-93-9 Clobenzepam, C-00434
1161-88-2 Sulfatolamide, *in* M-00002
1163-36-6 ▷Allercur, *in* C-00418
1163-37-7 Eupaverin, *in* M-00461
1164-38-1 ▷Lachesine chloride, *in* L-00002
1164-99-4 17-(Acetyloxy)-4-chloroestr-4-en-3-one, *in* C-00242
1165-48-6 ▷Dimefline, D-00377
1166-34-3 Cinanserin, C-00355
1168-01-0 Quillifoline; *cis-form*, *in* Q-00007
1168-02-1 Quillifoline; *trans-form*, *in* Q-00007
1169-49-9 Testosterone isobutyrate, *in* H-00111
1169-60-4 Methyl aristolochate, *in* M-00200
1169-79-5 ▷Quinestradol, *in* O-00030
1172-18-5 ▷Flurazepam hydrochloride, *in* F-00217
1173-26-8 ▷Corticosterone; 21-Ac, *in* C-00546
1173-27-9 21-Hydroxy-4-pregnene-3,11,20-trione; Ac, *in* H-00204
1174-11-4 Xenazoic acid, X-00008
1176-08-5 ▷Phenyltoloxamine; Citrate (1:1), *in* P-00210
1177-30-6 ▷Phenbenicillin; K salt, *in* P-00148
1177-87-3 ▷Dexamethasone acetate, *in* D-00111
1178-27-4 Bentipimine; (±)-*form*, B,2HCl, *in* B-00068
1178-28-5 Metoserpate, M-00336
1178-29-6 ▷Avicalm, *in* M-00336
1178-60-5 Pentagestrone acetate, *in* P-00080
1179-69-7 ▷Thiethylperazine maleate, *in* T-00189
1180-34-3 Podophyllotoxin; Ac, *in* P-00377
1181-54-0 Clomocycline, C-00473
1182-34-9 ▷Cynarine, C-00643
1184-84-5 Vinylsulfonic acid, V-00047
1186-62-5 1-Hydroxy-*N*,*N*,*N*-trimethyl-2-propanaminium; (*R*)-*form*, *O*-Ac, iodide, *in* H-00217
1186-63-6 1-Hydroxy-*N*,*N*,*N*-trimethyl-2-propanaminium; (*S*)-*form*, *O*-Ac, iodide, *in* H-00217
1190-53-0 ▷Buformin hydrochloride, JAN, *in* B-00428
1193-92-6 ▷3-Pyridinecarboxaldehyde; Oxime, *in* P-00569
1195-16-0 ▷*N*-(Tetrahydro-2-oxo-3-thienyl)acetamide, T-00129

1197-17-7 4-(Aminomethyl)cyclohexanecarboxylic acid; *cis-form*, *in* A-00281
1197-18-8 ▷4-(Aminomethyl)cyclohexanecarboxylic acid; *trans-form*, *in* A-00281
1197-19-9 4-Dimethylaminobenzonitrile, *in* D-00405
1197-21-3 ▷Phentermine hydrochloride, *in* P-00193
1197-55-3 ▷(4-Aminophenyl)acetic acid, A-00299
1199-18-4 ▷5-(2-Aminoethyl)-1,2,4-benzenetriol, A-00255
1200-22-2 α-Lipoic acid; (*R*)-*form*, *in* L-00053
1200-88-0 Bicyclo[2.2.1]hept-5-ene-2,3-dicarboxylic acid; (1α,2α,3β,4α)-(+)-*form*, *in* B-00157
1202-25-1 4-(Dimethylamino)benzoic acid; Me ester, *in* D-00405
1205-62-5 [(4-Nitrophenyl)methyl]phosphonic acid, N-00185
1205-91-0 1,4-Benzenediol; Di-Ac, *in* B-00074
1209-98-9 ▷Fencamfamin, F-00038
1211-28-5 ▷Prolintane, *in* P-00473
1212-03-9 Metiprenaline, M-00323
1212-72-2 Mephentermine sulfate, *in* P-00193
1212-83-5 Guanisoquin sulfate, *in* G-00113
1213-06-5 Ethebenecid, E-00152
1215-83-4 ▷Clobutinol hydrochloride, JAN, *in* C-00438
1218-35-5 Xylometazoline hydrochloride, *in* X-00023
1219-35-8 Primaperone, P-00433
1219-77-8 Bensuldazic acid, B-00065
1220-83-3 ▷Sulfamonomethoxime, S-00200
1221-56-3 ▷Sodium ipodate, *in* I-00129
1222-57-7 ▷Zolimidine, Z-00031
1223-36-5 ▷Clofexamide, C-00455
1225-20-3 ▷Sodium iotalamate, JAN, *in* I-00140
1225-55-4 ▷Protriptyline hydrochloride, *in* P-00544
1225-60-1 ▷Nilergex, *in* I-00214
1227-45-8 ▷*N,N′*-Bis(4-methoxyphenyl)thiourea, *in* B-00222
1227-61-8 ▷Mefexamide, M-00067
1228-02-0 ▷α-*sec*-Butyl-α-phenyl-4-piperidinobutyronitrile, B-00431
1228-19-9 Glypinamide, G-00077
1229-29-4 ▷Doxepin hydrochloride, *in* D-00594
1229-35-2 ▷Methdilazine hydrochloride, *in* M-00177
1230-54-2 4-(4-Biphenylyl)-4-oxobutanoic acid; Et ester, *in* B-00181
1231-93-2 ▷Ethynodiol, E-00227
1232-85-5 Elantrine, E-00021
1233-53-0 Buniodyl, B-00363
1233-70-1 Diarbarone, D-00145
1234-30-6 ▷*N,N′*-Bis(4-ethoxyphenyl)thiourea, *in* B-00222
1234-71-5 Namoxyrate, *in* B-00179
1235-15-0 ▷Norbolethone; (±)-*form*, *in* N-00209
1236-82-4 Proquamezine; (±)-*form*, B,2HCl, *in* P-00521
1236-99-3 ▷Methotrimeprazine; (−)-*form*, B,HCl, *in* M-00193
1239-04-9 ▷Narcidine, *in* P-00147
1239-29-8 ▷Furazabol, F-00283
1239-45-8 ▷Homidium bromide, *in* D-00132
1240-15-9 Propiomazine hydrochloride, *in* P-00504
1242-14-4 Testosterone phosphate, *in* H-00111
1242-56-4 Stenbolone acetate, *in* S-00144
1242-69-9 Decitropine, D-00038
1243-33-0 ▷Mefeclorazine, M-00061
1245-44-9 ▷Levopropylcillin potassium, *in* P-00501
1247-42-3 ▷17,21-Dihydroxy-16-methyl-1,4-pregnadiene-3,11,20-trione; 16β-*form*, *in* D-00336
1248-42-6 Pitofenone hydrochloride, *in* P-00359
1249-84-9 ▷Azacosterol hydrochloride, *in* A-00495
1252-69-3 ▷Piperamide maleate, *in* P-00284
1253-28-7 ▷Gestonorone caproate, *in* G-00023
1254-35-9 Oxabolone cipionate, O-00072
1254-38-2 *myo*-Inositol; Hexa-Ac, *in* I-00074
1255-35-2 Corticoderm, *in* F-00207
1255-49-8 ▷Testosterone phenylpropionate, *in* H-00111
1256-01-5 ▷Pasaden, *in* H-00084
1257-76-7 Thioridazine; (±)-*form*, Tartrate, *in* T-00209
1260-17-9 Carminic acid, C-00080
1263-57-6 Estradiol diundecylate, *in* O-00028
1263-79-2 ▷Tetrandrine; (−)-*form*, *in* T-00152
1263-89-4 ▷Paromomycin sulfate, *in* P-00039
1264-62-6 ▷Erythromycin ethylsuccinate, *in* E-00115
1298-66-4 2-Ferrocenoylbenzoic acid, F-00090
1300-94-3 5-Methyl-2-pentylphenol, M-00280
1301-01-5 Bentrofene, *in* A-00008
1301-42-4 ▷Euprocin, E-00276
1305-62-0 ▷Calcium hydroxide, C-00015
1309-42-8 Magnesium hydroxide, M-00008
1310-65-2 ▷Lithium hydroxide, L-00060
1314-13-2 ▷Zinc oxide, Z-00017
1317-25-5 ▷Alcloxa, *in* A-00123
1317-31-3 Calcium trisodium pentetate, *in* P-00094
1321-14-8 Potassium guaiacolsulfonate, *in* H-00147
1330-44-5 Algeldrate, A-00113
1332-94-1 ▷Laetrile, L-00006
1336-20-5 Tetracycline phosphate complex, *in* T-00109
1336-80-7 ▷Ferrocholinate, *in* C-00308
1338-16-5 ▷Iron sorbitex, *in* G-00054
1338-39-2 ▷Sorbitan monolaurate, *in* A-00387
1338-41-6 ▷Sorbitan monostearate, *in* A-00387
1338-43-8 ▷Sorbitan monooleate, *in* A-00387
1344-34-9 ▷Stibamine glucoside, S-00148
1392-21-8 ▷Leucomycin, *in* L-00032
1393-48-2 ▷Thiostrepton, T-00210
1393-87-9 ▷Fusafungine, F-00301
1394-02-1 ▷Hachimycin, H-00001
1394-48-5 Guan-fu base A, *in* H-00136
1394-49-6 Guan-fu base B, *in* H-00136
1394-51-0 Guan-fu base C, G-00104
1394-52-1 Guan-fu base D; B,HNO_3, *in* G-00105
1394-53-2 Guan-fu base E; B,$HClO_4$, *in* G-00106
1397-84-8 ▷Alazopeptin, A-00095
1397-89-3 ▷Amphotericin *B*, A-00368
1400-61-9 ▷Nystatin, N-00235
1401-69-0 ▷Tylosin, T-00578
1403-29-8 ▷Carzinophilin, C-00106
1403-99-2 Mitogillin, M-00401
1404-04-2 ▷Neomycin, *in* N-00068
1404-08-6 Neutramycin, N-00081
1404-15-5 ▷Nogalamycin, N-00198
1404-20-2 ▷Peliomycin, P-00053
1404-26-8 ▷Polymyxin B, *in* P-00384
1404-48-4 Tylosin *D*, T-00579
1404-59-7 ▷Oligomycin *D*, O-00037
1404-64-4 ▷Sparsomycin, S-00109
1404-74-6 ▷Streptovarycin, S-00163
1404-88-2 ▷Tyrothricin, T-00583
1404-90-6 ▷Vancomycin, V-00007
1404-93-9 ▷Vancomycin hydrochloride, JAN, *in* V-00007
1404-95-1 Vinleurosine sulfate, *in* L-00037
1405-32-9 ▷Amphotericin A, *in* A-00368
1405-86-3 ▷Glycyrrhizic acid, G-00073
1405-97-6 ▷Gramicidins *A-D*, G-00084
1407-05-2 ▷Methocidin, M-00186
1415-73-2 ▷Barbaloin, B-00013
1420-03-7 Propenzolate hydrochloride, *in* P-00497
1420-04-8 ▷Baylucit, *in* N-00093
1420-40-2 ▷Decamethonium iodide, *in* D-00036
1420-55-9 ▷Thiethylperazine, T-00189
1420-68-4 Desoxycortone enanthate, *in* H-00203
1421-14-3 ▷Propanidid, P-00489
1421-28-9 ▷Paramorphan, *in* D-00294
1421-68-7 ▷Amidephrine mesylate, *in* A-00191
1422-07-7 ▷Codeine; B,HCl, *in* C-00525
1424-00-6 Mesterolone, M-00137
1425-09-8 17-Hydroxy-4-androsten-3-one; 17α-*form*, Ac, *in* H-00111
1432-75-3 ▷Nitralamine hydrochloride, *in* N-00165
1433-15-4 Dexamethasone diethylaminoacetate, *in* D-00111
1435-55-8 ▷Hydroquinidine, *in* Q-00027
1441-87-8 2-Hydroxybenzoic acid; Chloride, *in* H-00112
1443-91-0 ▷Elantrine dicyclamate, *in* E-00021
1449-05-4 ▷18α-Glycyrrhetic acid, *in* G-00072
1454-04-2 AGN 511, *in* P-00407
1455-77-2 ▷3,5-Diamino-1*H*-1,2,4-triazole, D-00137
1456-52-6 Ioprocemic acid, I-00130
1461-15-0 Oftasceine, O-00033
1462-73-3 ▷1-Phenyl-2-propylamine; (*S*)-*form*, B,HCl, *in* P-00202

1463-28-1 Guanacline, G-00099
1464-33-1 ▷5-Hydroxy-4-(methoxymethyl)-6-methyl-3-pyridinemethanol, *in* P-00582
1464-42-2 ▷Selenomethionine, S-00038
1469-07-4 Damotepine, D-00009
1470-35-5 ▷Isobromindione, I-00178
1470-95-7 Profadol; (±)-*form*, *in* P-00462
1473-33-2 *N*,*N'*-Bis(4-hydroxyphenyl)thiourea, B-00222
1473-73-0 B 2311, *in* M-00443
1474-52-8 Oestradiol; 17α-*form*, 3,17-Di-Ac, *in* O-00028
1476-46-6 Deacetylcephalosporin C, *in* C-00177
1476-53-5 ▷Novobiocin; Na salt, *in* N-00228
1477-19-6 ▷Benzarone, B-00071
1477-39-0 Noracymethadol, N-00207
1480-19-9 ▷Fluanisone, F-00130
1483-07-4 Albizziine; (*S*)-*form*, *in* A-00098
1483-72-3 Diphenyliodonium(1+); Chloride, *in* D-00495
1483-73-4 Diphenyliodonium(1+); Bromide, *in* D-00495
1484-17-9 Thiobenzoic acid; *S*-Et ester, *in* T-00193
1484-85-1 ▷2-(3,4-Methylenedioxyphenyl)ethylamine, M-00253
1485-15-0 2-Amino-1-phenyl-1-propanol; (1*RS*, 2*RS*)-*form*, B,HCl, *in* A-00308
1486-66-4 3',4',7-Trihydroxy-3,5-dimethoxyflavone, *in* P-00082
1490-04-6 ▷2-Isopropyl-5-methylcyclohexanol, I-00208
1491-41-4 ▷Naphthalophos, N-00042
1491-59-4 ▷Oxymetazoline, O-00153
1491-81-2 Bolmantalate, B-00250
1492-02-0 ▷Glybuzole, G-00063
1501-84-4 ▷Rimantadine hydrochloride, *in* A-00063
1502-95-0 ▷Heroin; B,HCl, *in* H-00034
1505-95-9 ▷Naftypramide, N-00027
1506-12-3 ▷Butidrine; B,HCl, *in* B-00403
1508-45-8 ▷Mitopodozide, *in* P-00376
1508-65-2 ▷Oxybutynin hydrochloride, *in* O-00147
1508-75-4 Tropicamide, T-00552
1509-92-8 *N*-Acetylmethionine; (*R*)-*form*, *in* A-00036
1511-16-6 Haloperidol; B,HCl, *in* H-00015
1518-58-7 ▷Contramine, *in* D-00244
1518-86-1 4-(2-Aminopropyl)phenol; (±)-*form*, *in* A-00322
1518-89-4 4-(2-Aminopropyl)phenol; (*R*)-*form*, *in* A-00322
1524-88-5 ▷Flurandrenolone, F-00215
1531-12-0 Morphinan-3-ol, M-00448
1532-72-5 Isoquinoline; Oxide, *in* I-00210
1538-09-6 ▷Benzathine penicillin, *in* B-00126
1538-11-0 ▷Benzhydrylamine penicillin, *in* B-00126
1539-38-4 Di(4-pyridylmethyl)amine; B,3HCl, *in* D-00531
1539-39-5 Di(4-pyridylmethyl)amine, D-00531
1549-81-1 2'-Deoxy-5-fluorouridine; 5'-Ac, *in* D-00079
1549-81-1 2'-Deoxy-5-fluorouridine; 3'-Mesyl, *in* D-00079
1553-34-0 ▷Methixene hydrochloride, *in* M-00185
1553-60-2 ▷Ibufenac, I-00007
1555-94-8 8-Ethoxyquinoline, *in* H-00211
1556-61-2 Diarbarone; B,HCl, *in* D-00145
1562-31-8 Vinylsulfonic acid; Me ester, *in* V-00047
1562-71-6 ▷Guanacline sulfate, *in* G-00099
1570-95-2 2-Phenyl-1,3-propanediol, P-00200
1571-65-9 3-Amino-4-hydroxybenzoic acid; B,HCl, *in* A-00263
1571-72-8 3-Amino-4-hydroxybenzoic acid, A-00263
1575-87-7 2-Hydroxybenzyl alcohol; Di-Ac, *in* H-00116
1576-35-8 ▷*p*-Toluenesulfonylhydrazine, *in* M-00228
1580-71-8 ▷Amiperone, A-00343
1580-83-2 Paraflutizide, P-00022
1587-20-8 Trimethyl citrate, *in* C-00402
1596-63-0 Quinacillin, Q-00009
1596-70-9 ▷Propoxyphene; (2*R*,3*S*)-*form*, B,HCl, *in* P-00512
1597-82-6 ▷Paramethasone acetate, *in* P-00025
1600-19-7 Xyloxemine, X-00026
1601-18-9 ▷Indomethacin; Me ester, *in* I-00065
1605-89-6 17β-Hydroxy-7,17-dimethyl-4-androsten-3-one; 7α-*form*, *in* H-00123
1607-00-7 Pentaerythritol; Mononitrate, *in* P-00077
1607-01-8 Pentaerythritol; Dinitrate, *in* P-00077
1607-17-6 Pentaerythritol trinitrate, *in* P-00077
1612-30-2 Potassium menaphthosulfate, *in* D-00333
1613-17-8 ▷Dymanthine hydrochloride, *in* O-00012
1613-24-7 2-Benzyl-4-(diethylamino)butanoic acid, B-00111
1614-20-6 Nifurprazine, N-00129
1617-90-9 ▷Vincamine; (+)-*form*, *in* V-00033
1617-99-8 Ambenoxan; B,HCl, *in* A-00168
1618-50-4 3-Methyl-2-phenylmorpholine; (2*RS*,3*RS*)-*form*, *in* M-00290
1619-34-7 ▷3-Quinuclidinol, Q-00035
1620-21-9 Histantin, *in* C-00198
1620-24-2 *N*-[*N*-Acetyl-4-[bis(2-chloroethyl)amino]-phenylalanyl]tyrosine ethyl ester, *in* A-00453
1621-56-3 7-Methoxyisoflavone, *in* H-00144
1622-61-3 ▷Clonazepam, C-00475
1622-62-4 ▷Flunitrazepam, F-00168
1622-79-3 ▷Buronil, *in* M-00083
1626-74-0 ▷α-Methyl-*p*-(trifluoromethyl)phenethylamine, M-00313
1628-29-1 Phenothiazine; *N*-Ac, *in* P-00167
1631-58-9 Nereistoxin, N-00075
1639-43-6 Androst-5-ene-3,17-diol; (3β,17β)-*form*, 3-Ac, *in* A-00383
1639-60-7 ▷Propoxyphene hydrochloride, *in* P-00512
1641-17-4 2-Hydroxy-4-methoxy-4'-methylbenzophenone, H-00150
1642-54-2 ▷Diethylcarbamazine citrate, *in* D-00248
1649-18-9 ▷Azaperone, A-00503
1653-64-1 ▷2-(3,4-Methylenedioxyphenyl)ethylamine; B,HCl, *in* M-00253
1655-70-5 2,2'-Dihydroxydiphenyl ether; Di-Me ether, *in* D-00325
1660-94-2 ▷Tetraethyl methylenebisphosphonate, *in* M-00168
1660-95-3 Tetrakis(1-methylethyl) methylenebisphosphonate, *in* M-00168
1661-29-6 Meturedepa, M-00345
1665-48-1 ▷Metaxalone, M-00152
1668-19-5 ▷Doxepin, D-00594
1672-28-2 3-(7-Theophyllinyl)propanesulfonic acid, T-00170
1673-06-9 Amphotalide, A-00367
1674-56-2 1-Amino-2-propanol; (±)-*form*, *in* A-00318
1674-95-9 Pimetremide; (±)-*form*, B,HBr, *in* P-00259
1674-96-0 Aturbal, *in* P-00155
1675-69-0 1,7-Dicyanoheptane, *in* N-00203
1678-25-7 ▷Benzenesulfonic acid; Anilide, *in* B-00075
1679-75-0 Cinnamaverine, C-00370
1679-76-1 ▷Drofenine, D-00606
1679-79-4 Propanocaine; (±)-*form*, B,HCl, *in* P-00490
1684-40-8 9-Amino-1,2,3,4-tetrahydroacridine; B,HCl, *in* A-00333
1684-42-0 ▷Acranil, *in* C-00229
1689-89-0 ▷4-Hydroxy-3-iodo-5-nitrobenzonitrile, H-00142
1693-37-4 Parapropamol, P-00029
1693-66-9 4-(2-Aminopropyl)phenol; (*S*)-*form*, *in* A-00322
1695-77-8 ▷Spectinomycin, S-00111
1696-79-3 Amiquinsin hydrochloride, *in* A-00250
1698-95-9 Proquinolate, P-00523
1703-48-6 Dimabefylline, D-00374
1703-49-7 Dimabefylline; B,HCl, *in* D-00374
1707-14-8 ▷Preludin, *in* M-00290
1707-15-9 Metazide, M-00154
1707-77-3 Mannitol; D-*form*, 1,2:5,6-Di-*O*-isopropylidene, *in* M-00018
1711-06-4 3-Methylbenzoic acid; Chloride, *in* M-00230
1715-30-6 Alexidine; B,2HCl, *in* A-00107
1715-33-9 ▷Prednisolone sodium succinate, *in* P-00412
1715-40-8 ▷Bromocyclen, B-00295
1716-22-9 Phenaphthazine, P-00145
1722-62-9 ▷Mepivacaine hydrochloride, *in* M-00101
1729-61-9 Paranyline, P-00026
1732-10-1 Nonanedioic acid; Di-Me ester, *in* N-00203
1740-22-3 Pyrinoline, P-00588
1744-22-5 2-Amino-6-(trifluoromethoxy)benzothiazole, A-00339
1746-13-0 ▷2-Propenyloxybenzene, *in* P-00161
1748-43-2 Trethinium tosylate, *in* E-00222
1755-52-8 ▷3-Ethyl-4-(4-methoxyphenyl)-2-methyl-3-cyclohexene-1-carboxylic acid, E-00200

1759-09-7 Methiomeprazine; (−)-*form*, *in* M-00182
1760-46-9 Diphenylacetic acid; Anhydride, *in* D-00488
1764-85-8 Epithiazide, E-00085
1766-91-2 Penflutizide, P-00063
1767-88-0 Desmethylmoramide, D-00096
1776-30-3 ▷1-(2,4-Dihydroxyphenyl)-3-phenyl-2-propen-1-one, D-00347
1776-83-6 ▷Quintiofos, Q-00034
1778-02-5 Pregnenolone acetate, *in* H-00205
1786-03-4 2-(1-Naphthyl)-1,3-indandione, N-00045
1786-81-8 ▷Prilocaine hydrochloride, *in* P-00432
1789-26-0 ▷*N*-[6-[2-(5-Nitro-2-furanyl)ethenyl]-1,2,4-triazin-3-yl]acetamide, *in* F-00280
1794-34-9 1*H*-Pyrazole-1-carbothioamide, P-00561
1794-74-7 Biocidan, *in* C-00182
1798-49-8 ▷Olympax, *in* D-00263
1798-50-1 ▷Frenquel, *in* D-00506
1804-15-5 Methylglyoxime, *in* P-00600
1804-47-3 Mefenamic acid; Na salt, *in* M-00062
1808-12-4 ▷Bromodiphenhydramine hydrochloride, *in* B-00299
1812-30-2 ▷Bromazepam, B-00285
1817-90-9 2-Phenylethanol; Et ether, *in* P-00187
1824-52-8 ▷Bemetizide, B-00032
1824-58-4 Ethiazide, E-00153
1830-32-6 ▷Azintamide, A-00525
1837-57-6 ▷Rivanol, *in* D-00130
1838-08-0 ▷Octadecylamine; B,HCl, *in* O-00012
1838-19-3 9-Octadecenylamine, O-00011
1841-19-6 ▷Fluspirilene, F-00223
1843-05-6 Octabenzone, O-00004
1845-11-0 ▷Nafoxidine, N-00021
1847-24-1 ▷Sodium flucloxacillin, JAN, *in* F-00139
1847-63-8 ▷Nafoxidine hydrochloride, *in* N-00021
1852-73-9 Androgenol, *in* H-00154
1856-34-4 Clotioxone, C-00510
1857-80-3 5,6-Dibromocholestan-3-ol; (3β,5α,6β)-*form*, *in* D-00152
1861-21-8 5-Allyl-5-isopropyl-1-methylbarbituric acid, A-00130
1864-94-4 Phenol; Formyl, *in* P-00161
1866-43-9 ▷Rolodine, R-00079
1867-58-9 Distaneurin, *in* C-00238
1867-64-7 1-Phenylcyclohexylamine; *N*-Et; B,HCl, *in* P-00182
1867-65-8 1-[1-(2-Thienyl)cyclohexyl]piperidine; B,HCl, *in* T-00187
1867-66-9 ▷Ketamine hydrochloride, *in* C-00266
1871-76-7 ▷Diphenylacetic acid; Chloride, *in* D-00488
1879-77-2 Doxybetasol, D-00597
1882-26-4 ▷Pyricarbate, P-00568
1882-72-0 2-Amino-5-hydroxybenzoic acid; Me ester, *in* A-00252
1886-26-6 ▷α-Methyl-*m*-(trifluoromethyl)phenethylamine, M-00212
1886-45-9 ▷11-[3-(Dimethylamino)propyl]-6,11-dihydrodibenzo[*b*,*e*]thiepine, D-00420
1892-80-4 ▷Fenethylline hydrochloride, *in* F-00047
1893-33-0 ▷Pipamperone, P-00274
1897-89-8 Piriqualone, P-00335
1900-13-6 Nifurvidine, N-00136
1910-68-5 ▷Methisazone, *in* M-00264
1912-55-6 3,12-Dihydroxy-24-cholanoic acid; (3α,5α,12α)-*form*, *in* D-00321
1914-69-8 Phenethicillin; L-*form*, *in* P-00152
1915-83-9 Octopamine; (±)-*form*, *in* O-00022
1926-48-3 Phenbenicillin, P-00148
1926-49-4 Clometocillin, C-00470
1926-94-9 Dexamethasone pivalate, *in* D-00111
1934-48-1 1-(1-Phenylcyclohexyl)pyrrolidine; B,HCl, *in* P-00184
1934-71-0 1-Phenylcyclohexylamine; B,HCl, *in* P-00182
1936-63-6 2-Amino-1-phenylethanol; (±)-*form*, *in* A-00304
1937-62-8 9-Octadecenoic acid; (*E*)-*form*, Me ester, *in* O-00010
1937-89-9 Butoxamine; (*RS*,*SR*)-*form*, *in* B-00418
1942-52-5 ▷2-Aminoethanethiol; *N*-Di-Et, *in* A-00252
1944-10-1 Fenoterol; B,HCl, *in* F-00064
1944-12-3 ▷Berotec, *in* F-00064
1949-45-7 ▷3-(Acetylamino)-5-(acetylmethylamino)-2,4,6-triiodobenzoic acid, *in* D-00138
1950-31-8 Metcaraphen; B,HCl, *in* M-00158
1950-39-6 Deferoxamine hydrochloride, *in* D-00044
1951-25-3 ▷Amiodarone, A-00342
1951-53-7 Iodoxyl, I-00109
1953-02-2 ▷*N*-(2-Mercapto-1-oxopropyl)glycine, M-00120
1954-28-5 ▷1,2:15,16-Diepoxy-4,7,10,13-tetraoxahexadecane, D-00225
1954-79-6 Mecloralurea, M-00048
1961-77-9 ▷Chlormadinone, C-00208
1963-82-2 ▷1,8-Dihydroxyanthraquinone; Di-Ac, *in* D-00308
1972-08-3 ▷Δ^9-Tetrahydrocannabinol; (6a*R*,10a*R*)-*form*, *in* T-00115
1977-10-2 ▷Loxapine, L-00106
1977-11-3 ▷Perlapine, P-00126
1980-45-6 Benzodepa, B-00091
1980-49-0 1-Phenyl-3-(1-piperidinyl)-2-pyrrolidinone, P-00199
1982-36-1 ▷Homochlorcyclizine hydrochloride, JAN, *in* H-00083
1982-37-2 ▷Methdilazine, M-00177
1984-15-2 Methanediphosphonic acid, M-00168
1984-94-7 Sulfasymazine, S-00210
1986-47-6 2-Phenylcyclopropylamine; (1*RS*,2*SR*)-*form*, B,HCl, *in* P-00186
1986-53-4 ▷Bolandiol dipropionate, *in* O-00029
1986-67-0 Dehydroemetine; (±)-*form*, *in* D-00050
1986-70-5 ▷Calotropin, *in* G-00079
1986-81-8 3-Pyridinecarboxamide; *N*-Oxide, *in* P-00570
1997-15-5 Triamcinolone acetonide sodium phosphate, *in* T-00419
2001-72-1 ▷LBC 131, *in* C-00055
2001-81-2 ▷Dipenine bromide, *in* D-00480
2001-94-7 Edetate dipotassium, *in* E-00186
2002-29-1 Flumethasone pivalate, *in* F-00156
2006-02-2 9-Arabinofuranosyladenine, A-00435
2011-67-8 ▷Nimetazepam, N-00147
2013-58-3 ▷Meclocycline, M-00044
2016-36-6 ▷Choline salicylate, *in* H-00112
2016-63-9 ▷Bamifylline, B-00011
2016-88-8 Amiloride hydrochloride, *in* A-00198
2019-14-9 Octibenzonium bromide, *in* O-00021
2019-16-1 Clofenetamine; (±)-*form*, B,HCl, *in* C-00452
2019-25-2 Chlorazinil hydrochloride, *in* C-00275
2022-85-7 ▷5-Fluorocytosine, F-00183
2024-11-5 Propyperone; B,2HCl, *in* P-00518
2027-47-6 9-Octadecenoic acid, O-00010
2030-63-9 ▷Clofazimine, C-00450
2034-50-6 3-Demethyldemecolcine, *in* D-00062
2034-94-8 Testosterone cyclohexylpropionate, *in* H-00111
2036-77-3 17,21-Dihydroxy-16-methyl-1,4-pregnadiene-3,11,20-trione; 16α-*form*, *in* D-00336
2037-95-8 ▷2*H*-1,3-Benzoxazine-2,4(3*H*)-dione, B-00097
2038-72-4 ▷3-Aminophenylarsonic acid, A-00301
2043-38-1 Buthiazide, B-00401
2044-27-1 ▷2(1*H*)-Pyridinethione; *N*-Me, *in* P-00574
2045-52-5 ▷Antergan; B,HCl, *in* A-00402
2045-53-6 2,2-Dichloro-1,1-difluoro-1-(methylthio)ethane, D-00184
2049-73-2 1,3-Diethoxybenzene, *in* B-00073
2052-36-0 Isopropicillin; K salt, *in* I-00200
2055-44-9 Perisoxal, P-00124
2056-56-6 Cintazone; (±)-*form*, *in* C-00383
2058-46-0 ▷Oxytetracycline hydrochloride, *in* O-00166
2058-52-8 ▷Clothiapine, C-00507
2058-72-2 ▷5-Bromo-1*H*-indole-2,3-dione; *N*-Me, *in* B-00305
2058-74-4 ▷1-Methylisatin, M-00264
2061-86-1 17-Methylandrost-5-ene-3,17-diol; (3β,17*S*)-*form*, Di-Ac, *in* M-00225
2062-77-3 ▷Trifluperidol hydrochloride, JAN, *in* T-00468
2062-78-4 ▷Pimozide, P-00263
2062-84-2 ▷Benperidol, B-00060
2065-00-1 2,2-Dimethyl-1,3,5-cyclohexanetrione; Dienediol-*form*, *in* D-00427

2066-89-9 Pasiniazid, *in* A-00264
2068-78-2 ▷Vincristine sulfate, *in* V-00037
2078-54-8 ▷2,6-Diisopropylphenol, D-00367
2081-65-4 Hostacain, *in* B-00390
2086-83-1 ▷Berberine, B-00135
2087-37-8 Etoloxamine; B,HCl, *in* E-00256
2090-89-3 2-[(2-Methylpropyl)amino]ethyl 4-aminobenzoate, M-00299
2091-24-9 4,7,10,13,16,19-Docosahexaenoic acid, D-00564
2098-66-0 ▷Cyproterone, C-00651
2099-26-5 Androst-5-ene-3,17-diol; (3β,17β)-*form*, Di-Ac, *in* A-00383
2099-63-0 2-Aminobenzoic acid; B,HCl, *in* A-00215
2104-96-3 ▷Bromophos, B-00316
2105-47-7 Tetrabenazine; B,HCl, *in* T-00102
2109-73-1 4′-*tert*-Butoxyacetanilide, B-00419
2119-75-7 Fluperolone acetate, *in* F-00201
2121-12-2 Ungeremine, U-00009
2121-16-6 Ungeremine; B,HCl, *in* U-00009
2122-39-6 Vincamine; (±)-*form*, *in* V-00033
2122-70-5 ▷(1-Naphthyl)acetic acid; Et ester, *in* N-00044
2124-57-4 Vitamin K_2; Vitamin K_2(35), *in* V-00065
2126-70-7 ▷Bromebric acid; (*Z*)-*form*, Na salt, *in* B-00286
2127-01-7 Clorexolone, C-00495
2127-03-9 2,2′-Dithiobispyridine, D-00551
2133-81-5 ▷2-Amino-9-(2-deoxy-*erythro*-pentofuranosyl)-1,9-dihydro-6*H*-purine-6-thione; α-D-*form*, *in* A-00236
2135-14-0 ▷Descinolone acetonide, *in* D-00092
2135-17-3 ▷Flumethasone, F-00156
2137-18-0 Gestronol, G-00023
2139-25-5 ▷Perisoxal citrate, JAN, *in* P-00124
2139-47-1 ▷Nifenazone, N-00112
2140-25-2 Adenosine; 5′-Ac, *in* A-00067
2145-14-4 Paramethasone disodium phosphate, *in* P-00025
2150-45-0 2,6-Dihydroxybenzoic acid; Me ester, *in* D-00317
2150-46-1 2,5-Dihydroxybenzoic acid; Me ester, *in* D-00316
2152-34-3 ▷2-Amino-5-phenyl-4(5*H*)-oxazolone, A-00306
2152-44-5 ▷Betamethasone valerate, *in* B-00141
2154-02-1 ▷Metofoline, M-00328
2155-30-8 ▷2-Hydroxypropanoic acid; (±)-*form*, Me ester, *in* H-00207
2156-27-6 Benproperine; (±)-*form*, *in* B-00061
2162-44-9 Clostebol propionate, *in* C-00506
2163-77-1 ▷(3-Amino-4-hydroxyphenyl)arsonic acid, A-00271
2163-80-6 ▷Monosodium methylarsonate, *in* M-00226
2165-19-7 Guanoxan, G-00115
2167-85-3 Pipazethate, P-00275
2169-25-7 2,3-Dihydroxybenzoic acid; 2-Me ether, Me ester, *in* D-00315
2169-28-0 3-Hydroxy-2-methoxybenzoic acid, *in* D-00315
2169-64-4 ▷Azaribine, *in* A-00514
2169-75-7 ▷Brontine, *in* D-00087
2174-16-5 Aspercreme, *in* H-00112
2174-64-3 5-Methoxy-1,3-benzenediol, *in* B-00076
2179-37-5 Bencyclane, B-00042
2180-92-9 ▷Bupivacaine, B-00368
2181-04-6 ▷Potassium canrenoate, *in* H-00186
2183-56-4 Hydromorphinol, H-00101
2188-67-2 ▷Naepaine, N-00008
2192-20-3 ▷Atarax, *in* H-00222
2192-21-4 ▷Baxacor, *in* E-00134
2193-87-5 Fluprednidene, F-00207
2197-37-7 9,12-Octadecadienoic acid, O-00007
2197-57-1 ▷2,3-Dimethyl-1,4-naphthoquinone, D-00433
2201-15-2 Eticyclidine, *in* P-00182
2201-24-3 1-Phenylcyclohexylamine, P-00182
2201-39-0 ▷1-(1-Phenylcyclohexyl)pyrrolidine, P-00184
2202-17-7 O-Methyldauricine, *in* D-00020
2203-97-6 Hydrocortisone hemisuccinate, *in* C-00548
2205-73-4 Thiomesterone, T-00205
2207-50-3 ▷2-Amino-4,5-dihydro-5-phenyloxazole, A-00246
2208-51-7 Pelanserin, P-00052
2209-86-1 ▷2,2-Bis(chloromethyl)-1,3-propanediol, B-00200
2210-63-1 ▷Mofebutazone, M-00420
2210-64-2 Pyrrocaine; B,HCl, *in* P-00595
2210-77-7 Pyrrocaine, P-00595
2216-51-5 ▷2-Isopropyl-5-methylcyclohexanol; (1*R*,3*R*,4*S*)-*form*, *in* I-00208
2216-52-6 2-Isopropyl-5-methylcyclohexanol; (1*R*,3*S*,4*S*)-*form*, *in* I-00208
2216-77-5 ▷1,3-Dibutoxy-2-propanol, D-00172
2216-93-5 5-Ethyl-5-phenyl-2,4-imidazolinedione; (±)-*form*, *in* E-00215
2217-35-8 Thurfyl salicylate, *in* H-00112
2217-59-6 3,3-Bis(ethylsulfonyl)pentane, *in* B-00213
2217-79-0 Diphenyliodonium(1+); Iodide, *in* D-00495
2218-68-0 Chloral betaine, *in* T-00433
2219-30-9 ▷Penicillamine; (*S*)-*form*, B,HCl, *in* P-00064
2224-37-5 1-Nitro-2-pentanol, N-00183
2226-11-1 Bornelone, B-00257
2227-79-4 ▷Thiobenzoic acid; Amide, *in* T-00193
2235-90-7 ▷3-(2-Aminobutyl)indole, A-00222
2236-31-9 Estriol tripropionate, *in* O-00030
2238-85-9 ▷Pronethalol; (±)-*form*, *in* P-00483
2240-14-4 ▷Norcamphane, *in* F-00038
2240-21-3 ▷Thiofuradene, T-00200
2243-35-8 2-Hydroxyacetophenone; Ac, *in* H-00107
2244-21-5 ▷Troclosene potassium, *in* D-00203
2259-96-3 ▷Cyclothiazide, C-00639
2260-08-4 Acetiromate, A-00022
2260-24-4 Drocinonide phosphate, *in* D-00604
2261-94-1 1-Methyl-6-(trifluoromethyl)-2(1*H*)-quinolinone, M-00314
2265-64-7 ▷Dexamethasone isonicotinate, *in* D-00111
2270-40-8 ▷Diacetoxyscirpenol, *in* A-00386
2270-41-9 Anguidol, A-00386
2272-11-9 Monoethanolamine oleate, *in* A-00253
2276-90-6 ▷Iothalamic acid, I-00140
2277-92-1 ▷Oxyclozanide, O-00149
2283-82-1 3-Hydroxy-5-androsten-17-one; 3α-*form*, *in* H-00110
2284-32-4 Oestriol; Tri-Ac, *in* O-00030
2289-50-1 Ancillin, *in* D-00485
2295-58-1 ▷1-(2,4,6-Trihydroxyphenyl)-1-propanone, T-00479
2297-30-5 ▷Androstenediol dipropionate, *in* A-00383
2308-85-2 5-Stigmasten-3-ol; (3β,24*R*)-*form*, Hexadecanoyl, *in* S-00151
2309-42-4 Epipachysamine A, *in* P-00416
2313-87-3 Ethoxazene hydrochloride, *in* D-00131
2315-02-8 ▷Oxymetazoline hydrochloride, *in* O-00153
2315-08-4 Salazosulphadimidine, S-00011
2315-20-0 ▷Nitrovin; B,HCl, *in* N-00190
2315-65-3 Octoxynol 9, O-00024
2315-68-6 Propyl benzoate, *in* B-00092
2319-57-5 Threitol; (2*S*,3*S*)-*form*, *in* T-00219
2320-86-7 4,17-Dihydroxy-17-methyl-1,4-androstadien-3-one; (4α,17*S*)-*form*, *in* D-00331
2321-07-5 ▷Fluorescein, F-00180
2323-36-6 *N*,α-Dimethyl-*N*-2-propynylphenethylamine, D-00449
2324-94-9 Profadol hydrochloride, *in* P-00462
2338-21-8 Thiazinamium(1+), T-00182
2338-37-6 Propoxyphene; (2*R*,3*S*)-*form*, *in* P-00512
2345-34-8 4-Acetoxybenzoic acid, *in* H-00113
2347-80-0 ▷Majeptil, *in* T-00208
2348-82-5 ▷2-Methoxy-1,4-naphthoquinone, *in* H-00178
2349-55-5 Hexadecylpyridinium(1+); Iodide, *in* H-00043
2353-33-5 ▷2′-Deoxy-5-azacytidine; β-*form*, *in* D-00077
2363-58-8 ▷2,3-Epithioandrostan-17-ol; (2α,3α,5α,17β)-*form*, *in* E-00086
2364-72-9 ▷Cyprolidol hydrochloride, *in* C-00649
2365-25-5 Pentamethonium (2+), P-00084
2373-84-4 5-Allyl-5-ethylbarbituric acid, A-00129
2374-03-0 4-Amino-3-hydroxybenzoic acid, A-00265
2375-03-3 ▷Methylprednisolone sodium succinate, *in* M-00297
2376-43-4 Fluphenazine caproate, *in* F-00202
2385-81-1 Furethidine, F-00290
2387-59-9 ▷*S*-Carboxymethylcysteine; (*R*)-*form*, *in* C-00065
2391-03-9 ▷Halin, *in* B-00325
2392-39-4 ▷Dexamethasone sodium phosphate, *in* D-00111
2394-68-5 Coenzyme *Q*; Coenzyme Q_8, *in* C-00531
2398-81-4 Oxiniacic acid, *in* P-00571

2398-95-0 Foscolic acid, F-00254
2398-96-1 ▷Tolnaftate, T-00354
2401-56-1 Deditonium bromide, *in* D-00043
2404-18-4 Spasmonal, *in* D-00517
2404-42-4 2-Phenyl-1,2-butanediol; (*S*)-*form*, *in* P-00179
2409-26-9 Prazitone, P-00407
2410-07-3 Methacholine chloride, *in* M-00160
2418-14-6 ▷2,3-Dimercaptobutanedioic acid, D-00384
2418-45-3 Ergosterol; Ac, *in* E-00105
2418-52-2 Threitol; (2*R*,3*R*)-*form*, *in* T-00219
2420-35-1 2-Hydroxyoctadecanoic acid; (±)-*form*, Me ester, *in* H-00184
2420-42-0 9,12-Octadecadienoic acid; (9*Z*,12*E*)-*form*, *in* O-00007
2420-55-5 9,12-Octadecadienoic acid; (9*E*,12*Z*)-*form*, *in* O-00007
2423-66-7 ▷Quinoxaline 1,4-dioxide, Q-00031
2424-71-7 Metocinium iodide, *in* M-00326
2424-75-1 ▷Dimenoxadole; B,HCl, *in* D-00380
2430-46-8 ▷5-Methyl-5-propyl-2-*p*-tolyl-1,3,2-dioxaborinane, M-00301
2430-49-1 Vinylbitone, V-00046
2433-20-7 *N*,*N*-Diethyl-3,5-dimethyl-4-isoxazolecarboxamide, D-00243
2435-76-9 ▷5-Diazo-2,4(1*H*,3*H*)-pyrimidinedione, D-00151
2437-88-9 1,3,5-Triethoxybenzene, *in* B-00076
2438-72-4 ▷Bufexamac, B-00350
2439-77-2 ▷2-Methoxybenzoic acid; Amide, *in* M-00196
2440-22-4 ▷2-(2-Hydroxy-5-methylphenyl)-2*H*-benzotriazole, H-00172
2441-88-5 ▷Fenyripol hydrochloride, *in* F-00082
2444-19-1 1,4-Benzenediol; Monobenzoyl, *in* B-00074
2444-46-4 Nonivamide, N-00205
2446-63-1 ▷Glucodigifucoside, *in* D-00274
2447-54-3 ▷Sanguinarine, S-00022
2447-57-6 ▷Sulfadoxine, S-00193
2448-68-2 ▷Floropipamide hydrochloride, JAN, *in* P-00274
2451-01-6 4-Hydroxy-*α*,*α*,4-trimethylcyclohexanemethanol; *cis-form*, Monohydrate, *in* H-00216
2454-11-7 ▷Formebolone, F-00245
2455-84-7 Ambenoxan, A-00168
2455-92-7 4-Chloro-3-sulfamoylbenzamide, *in* C-00286
2457-47-8 ▷3,5-Dichloropyridine, D-00201
2460-44-8 Xylose; *β*-D-*Pyranose-form*, *in* X-00024
2464-18-8 3,7,12-Trihydroxy-24-cholanoic acid; (3*α*,5*α*,7*α*,12*α*)-*form*, *in* T-00475
2465-59-0 1*H*-Pyrazolo[3,4-*d*]pyrimidine-4,6(5*H*,7*H*)-dione, P-00564
2468-28-2 Terephtyl, T-00087
2470-73-7 ▷Dixyrazine, D-00557
2477-73-8 CAP, *in* C-00248
2485-62-3 Methyl cysteine, *in* C-00654
2486-80-8 4-Amino-2-methoxybenzoic acid, *in* A-00264
2487-39-0 3-[(1,4-Dihydro-3-methyl-1,4-dioxo-2-naphthalenyl)-thio]propanoic acid, D-00288
2487-63-0 Quinbolone, Q-00015
2490-97-3 Aceglutamide, A-00012
2492-09-3 ▷Sarracine, S-00025
2503-55-1 3-Pyridinecarboxamide; *N*′-Benzyl, *in* P-00570
2504-55-4 3′-Amino-3′-deoxyadenosine, A-00234
2507-27-9 Ritrosulfan; Dimethanesulfonate (salt), *in* R-00068
2507-91-7 ▷Gloxazone, G-00050
2508-47-6 Oestriol diacetate benzoate, *in* O-00030
2508-72-7 ▷Antistin, *in* A-00400
2508-79-4 Methyldopate hydrochloride, *in* M-00249
2508-89-6 *N*-Acetyl-6-diazo-5-oxo-L-norleucine, *in* A-00238
2521-01-9 ▷Encyprate, *in* C-00636
2522-81-8 Phenacyl pivalate, *in* H-00107
2529-45-5 ▷Flugestone acetate, *in* F-00150
2530-97-4 ▷Xanthinol, X-00003
2531-04-6 Piperylone, F-00296
2536-36-9 16-Iodohexadecanoic acid, I-00105
2537-29-3 ▷Proxibarbal, P-00546
2545-24-6 Niceverine, N-00091
2545-39-3 Clamoxyquin, C-00407
2555-28-4 7-Hydroxy-4-methyl-2*H*-1-benzopyran-2-one; Me ether, *in* H-00156
2557-49-5 Diflorasone, D-00267
2566-90-7 4,7,10,13,16,19-Docosahexaenoic acid; (*all-Z*)-*form*, Me ester, *in* D-00564
2566-97-4 9,12-Octadecadienoic acid; (*E*,*E*)-*form*, Me ester, *in* O-00007
2572-63-6 Euclidan, *in* N-00086
2574-78-9 ▷Orazamide, *in* A-00275
2577-72-2 3,5-Dibromo-2-hydroxy-*N*-phenylbenzamide, *in* D-00165
2580-88-3 Eburnamonine; (±)-*form*, *in* E-00003
2584-71-6 4-Hydroxy-2-pyrrolidinecarboxylic acid; (2*R*,4*R*)-*form*, *in* H-00210
2589-00-6 ▷Aprofene; B,HCl, *in* A-00431
2589-47-1 ▷Prajmalium bitartrate, *in* A-00088
2603-23-8 Butaglionamide, B-00384
2607-06-9 Diflucortolone, D-00270
2608-24-4 Piposulfan, P-00301
2609-46-3 Amiloride, A-00198
2609-49-6 [(4-Nitrophenyl)methyl]phosphonic acid; Di-Et ester, *in* N-00185
2610-86-8 ▷Warfarin potassium, *in* W-00001
2611-61-2 E 124, *in* T-00179
2612-02-4 2-Hydroxy-5-methoxybenzoic acid, *in* D-00316
2612-14-8 ▷Actinomycin C_2, A-00055
2612-33-1 Clonitrate, *in* C-00278
2614-06-4 ▷2-Phthalimidoglutarimide; (*R*)-*form*, *in* P-00223
2618-25-9 Ioglycamic acid, I-00115
2620-88-4 2,2′-Dithiobis[*N*-butylbenzamide], D-00549
2621-61-6 Propoxyphene; (2*RS*,3*SR*)-*form*, *in* P-00512
2622-24-4 Prothixene, P-00537
2622-26-6 ▷Pericyazine, P-00121
2622-30-2 Carphenazine, C-00095
2622-37-9 Trifluomeprazine, T-00462
2623-22-5 Monoacetoxyscirpenol, *in* A-00386
2623-33-8 4-Acetamidophenyl acetate, *in* A-00298
2624-43-3 ▷Cyclofenil, C-00602
2624-44-4 ▷Ethamsylate, *in* D-00313
2624-50-2 Trimethidinium(2+), T-00499
2634-33-5 1,2-Benzisothiazol-3(2*H*)-one, B-00086
2637-34-5 ▷2(1*H*)-Pyridinethione, P-00574
2653-25-0 Etonitazene; B,HCl, *in* E-00260
2666-14-0 ▷(1-Hydroxyethylidene)bisphosphonic acid; Tri-Na salt, *in* H-00132
2667-89-2 ▷Bisbentiamine, B-00194
2668-66-8 ▷Medrysone, M-00060
2673-23-6 4,4′-Biphenyldiglyoxaldehyde, B-00177
2675-89-0 Chloroacetamide; *N*-Di-Me, *in* C-00212
2691-45-4 Coralgil, *in* B-00220
2691-46-5 Novosparol, *in* B-00160
2697-92-9 Testosterone hexahydrobenzyl carbonate, *in* H-00111
2702-58-1 3,5-Dinitrobenzoic acid; Me ester, *in* D-00468
2709-56-0 ▷Flupenthixol, F-00198
2719-23-5 ▷2-Aminothiazole; *N*-Ac, *in* A-00336
2726-03-6 ▷Tarpan, *in* C-00434
2740-52-5 Anagestone, A-00375
2741-16-4 Isopropyl phenyl ether, *in* P-00161
2746-81-8 ▷Fluphenazine enanthate, *in* F-00202
2747-05-9 7-Hydroxy-4-methyl-2*H*-1-benzopyran-2-one; 7-*O*-Ac, *in* H-00156
2748-74-5 Diacetylnalorphine, *in* N-00032
2750-76-7 ▷Rifamide, *in* R-00047
2751-09-9 ▷Triacetyloleandomycin, *in* O-00035
2751-68-0 Acetophenazine, A-00025
2753-45-9 ▷Mebeverine hydrochloride, *in* M-00033
2756-87-8 Fumaric acid; Mono-Me ester, *in* F-00274
2757-85-9 Alloxan; 1,3-*N*-Di-Me, *in* A-00128
2763-96-4 ▷5-(Aminomethyl)-3(2*H*)-isoxazolone, A-00283
2764-56-9 Hisphen, H-00076
2765-97-1 Pargeverine; B,HCl, *in* P-00035
2768-90-3 Quinaldine blue, *in* E-00190
2773-92-4 ▷Isochinol, *in* D-00392
2779-55-7 ▷Opiniazide, O-00051
2782-57-2 ▷1,3-Dichloro-1,3,5-triazine-2,4,6(1*H*,3*H*,5*H*)-trione, D-00203

2784-55-6 Sandosten, *in* T-00163
2799-16-8 1-Amino-2-propanol; (*R*)-*form*, *in* A-00318
2804-00-4 ▷Roxoperone, R-00102
2804-01-5 Roxoperone; B,HCl, *in* R-00102
2809-21-4 (1-Hydroxyethylidene)bisphosphonic acid, H-00132
2823-42-9 Flumethasone acetate, *in* F-00156
2825-60-7 ▷Formocortal, F-00246
2827-06-7 ▷Xyloxemine; B,HCl, *in* X-00026
2829-19-8 Rolicypram; (2*S*,1′*R**,2*R**)-*form*, *in* R-00076
2835-06-5 2-Amino-2-phenylacetic acid; (±)-*form*, *in* A-00300
2840-26-8 ▷3-Amino-4-methoxybenzoic acid, *in* A-00263
2840-28-0 3-Amino-4-chlorobenzoic acid, A-00224
2856-74-8 2-Methyl-3-(1-piperidinyl)pyrazine, M-00296
2856-75-9 ▷Modaline sulfate, *in* M-00296
2856-81-7 Azabuperone; (±)-*form*, *in* A-00492
2876-78-0 ▷(1-Naphthyl)acetic acid; Me ester, *in* N-00044
2879-80-3 Merochlorophaeic acid, M-00127
2884-67-5 ▷Ectylurea; (*E*)-*form*, *in* E-00011
2891-34-1 1,8-Dihydroxyanthrone; 1-Ac, *in* D-00310
2893-78-9 ▷Aponti-Sterilisierhad, *in* D-00203
2894-67-9 ▷Delorazepam, D-00056
2897-83-8 Alonimid, A-00142
2898-11-5 ▷Medazepam hydrochloride, *in* M-00053
2898-12-6 ▷Medazepam, M-00053
2898-13-7 ▷Sulazepam, S-00180
2901-66-8 ▷Methyl reserpate, *in* R-00028
2908-74-9 4-(4′-Aminobenzamido)antipyrine; B,HCl, *in* A-00211
2908-75-0 Esculamine, E-00121
2917-94-4 Entsufon sodium, *in* E-00069
2919-66-6 ▷Melengestrol acetate, *in* M-00078
2920-86-7 Prednisolone succinate, *in* P-00412
2921-57-5 Methylprednisolone hemisuccinate, *in* M-00297
2921-88-2 ▷Chlorpyrifos, C-00301
2921-92-8 2-Ethyl-2-[(nitrooxy)methyl]-1,3-propanediol dinitrate (ester), *in* E-00194
2922-20-5 Butoxamine, B-00418
2922-44-3 ▷Moramide; (*S*)-*form*, Tartrate (1:1), *in* M-00437
2924-46-1 Haloperidide, H-00014
2924-67-6 ▷Ethyl 4-fluorophenyl sulfone, E-00191
2933-94-0 ▷Toliprolol, T-00352
2935-35-5 2-Amino-2-phenylacetic acid; (*S*)-*form*, *in* A-00300
2949-95-3 Tixadil, T-00328
2950-70-1 Ditetracycline, D-00547
2955-38-6 ▷Prazepam, P-00404
2962-75-6 2,2′-(9,10-Anthrylenedimethylene)bis(isothiourea), A-00404
2971-90-6 ▷3,5-Dichloro-2,6-dimethyl-4(1*H*)-pyridinone, D-00187
2973-26-4 2-Phenyl-4-quinolinecarbonitrile, *in* P-00206
2975-34-0 ▷Carphenazine maleate, *in* C-00095
2975-36-2 ▷Pecazine; B,HCl, *in* P-00048
2981-31-9 ▷1-(1-Phenylcyclohexyl)piperidine; B,HBr, *in* P-00183
2983-26-8 1,2-Dibromo-1-ethoxyethane, *in* E-00225
2987-87-3 4-Amino-4-oxo-2-butenoic acid, *in* F-00274
2988-32-1 ▷Indriline hydrochloride, *in* D-00413
2992-68-9 Isopredon soluble, *in* F-00208
2998-57-4 Estramustine, E-00127
2999-40-8 1,3,5-Benzenetriol; Tri-Ac, *in* B-00076
3000-39-3 ▷Quingestanol acetate, *in* Q-00024
3002-18-4 Tris(2-hydroxyethyl)amine; Tri-Ac, *in* T-00536
3006-10-8 Mecetronium ethylsulfate, *in* E-00182
3011-89-0 Aklomide, *in* C-00258
3013-92-1 5-Fluoro-2,4(1*H*,3*H*)-pyrimidinedione; 1,3-Di-Me, *in* F-00190
3025-96-5 ▷4-Aminobutanoic acid; *N*-Ac, *in* A-00221
3030-53-3 Clofenoxyde, C-00453
3031-48-9 Acetergamine, A-00019
3039-97-2 Cafedrine; (1*S*,2*R*)-*form*, B,HCl, *in* C-00009
3040-38-8 ▷Carnitine; (*R*)-*form*, *O*-Ac, *in* C-00084
3044-32-4 Clogestone acetate, *in* C-00463
3046-99-9 Hexachlorophene monophosphate, *in* H-00039
3055-99-0 Polidocanol, P-00380
3060-37-5 ▷2-Ethyl-2-(1-naphthyl)butanoic acid; Na salt, *in* E-00210
3064-61-7 ▷Stibocaptate, S-00149
3074-35-9 Glidazamide, G-00039
3082-58-4 1,2-Diphenylethylamine; (*S*)-*form*, *in* D-00492
3092-17-9 Midodrine hydrochloride, *in* M-00369
3092-61-3 Solutedarol, *in* T-00419
3093-35-4 ▷Halcinonide, H-00004
3094-09-5 Doxifluridine, D-00595
3096-15-9 Nandrolone 17-bis(2-chloroethyl)carbamate, *in* H-00185
3098-60-0 Morphocycline, M-00450
3098-65-5 Arpenal, *in* D-00488
3099-52-3 Nicametate, N-00086
3102-00-9 ▷1-Butoxy-3-phenoxy-2-propanol, B-00423
3105-97-3 ▷Hycanthone, H-00093
3106-85-2 Isospaglumic acid; (*S*,*S*)-*form*, *in* I-00211
3115-05-7 ▷Iobenzamic acid, I-00091
3116-76-5 ▷Dicloxacillin, D-00214
3117-06-4 Tetramethoxy-1,4-benzoquinone, *in* T-00137
3119-15-1 ▷3-Amino-2,4,6-triiodobenzoic acid, A-00340
3122-01-8 ▷Thiazesim hydrochloride, *in* T-00181
3124-93-4 ▷Ethynerone, E-00226
3130-96-9 3,3′,5-Triiodothyronine; (±)-*form*, *in* T-00487
3131-08-6 ▷Phenacridane chloride, *in* H-00074
3137-73-3 Anagestone acetate, *in* A-00375
3147-55-5 3,5-Dibromo-2-hydroxybenzoic acid, D-00165
3147-64-6 2-Hydroxy-6-methoxybenzoic acid, *in* D-00317
3147-75-9 Octrizole, O-00027
3148-09-2 ▷Verrucarin *A*, V-00023
3151-59-5 ▷Hetaflur, *in* H-00042
3160-91-6 ▷Morpholinobiguanide hydrochloride, *in* M-00446
3162-75-2 ▷Azabuperone; (±)-*form*, B,2HCl, *in* A-00492
3164-29-2 ▷Tartaric acid; (2*R*,3*R*)-*form*, Di-NH_4 salt, *in* T-00028
3166-62-9 Methylbenactyzium bromide, *in* M-00227
3168-01-2 Hydroxyhexamide, H-00137
3170-72-7 ▷Ordil, *in* B-00271
3172-99-4 3,9-Dimethoxy-6-oxopterocarpen, *in* C-00558
3176-03-2 ▷Drotebanol, D-00612
3179-63-3 3-Amino-1-propanol; *N*-Di-Me, *in* A-00319
3184-59-6 Alipamide, A-00121
3194-25-0 Nalorphine dinicotinate, *in* N-00032
3198-15-0 ▷2-Amino-1-phenyl-1-propanol; (1*R*,2*S*)-*form*, B,HCl, *in* A-00308
3200-06-4 ▷Praxilene, *in* N-00023
3202-55-9 ▷Benapryzine hydrochloride, *in* B-00037
3202-84-4 4-(2-Hydroxybenzoyl)morpholine, H-00115
3207-12-3 2-Amino-2-methyl-1-propanol; B,HCl, *in* A-00289
3211-76-5 Selenomethionine; (*S*)-*form*, *in* S-00038
3213-30-7 3-Hydroxy-4-methoxyphenethylamine, *in* D-00579
3215-70-1 Hexoprenaline, H-00068
3219-99-6 6-Deoxy-5-hydroxytetracycline; 6*β*-*form*, *in* D-00080
3228-71-5 9-Arabinofuranosyladenine; *α*-D-*form*, *in* A-00435
3233-32-7 1,4-Benzenediol; Mono-Ac, *in* B-00074
3239-44-9 ▷Fenfluramine; (*S*)-*form*, *in* F-00050
3239-45-0 Fenfluramine; (*S*)-*form*, B,HCl, *in* F-00050
3240-20-8 ▷Carbenzide, *in* M-00233
3253-60-9 ▷Laudexium methylsulfate, *in* L-00013
3253-62-1 ▷Convallatoxol, *in* T-00478
3254-89-5 ▷Diphenidol hydrochloride, *in* D-00486
3254-93-1 5,5-Diphenyl-4-imidazolidinone, D-00494
3258-51-3 Valofane, V-00004
3261-53-8 ▷Gitaloxin, *in* T-00474
3262-58-6 Aspergillomarasmines; Aspergillomarasmine *B*, *in* A-00462
3269-83-8 ▷Avil, *in* P-00157
3270-71-1 ▷Nifuraldezone, N-00116
3270-78-8 ▷4-Amino-6-[(2-amino-1,6-dimethylpyrimidinium-4-yl)amino]-1,2-dimethylquinolinium(2+); Dibromide, *in* A-00207
3270-78-8 ▷Quinapyramine, *in* A-00207
3272-27-3 Methoxyurea, *in* H-00220
3277-59-6 Mimbane, M-00380
3286-46-2 Arcalion, *in* T-00174
3313-26-6 ▷Thiothixene; (*Z*)-*form*, *in* T-00213
3313-27-7 ▷Thiothixene; (*E*)-*form*, *in* T-00213

3321-06-0 Denaverine; B,HCl, *in* D-00071
3324-63-8 Warfarin deanol, *in* W-00001
3324-79-6 1,7-Dihydro-6*H*-purine-6-thione; 1,7-*Dihydro-form*, 7-Me, *in* D-00299
3329-14-4 ▷Hoe 10116, *in* F-00071
3329-16-6 Eunarcon, *in* P-00482
3331-71-3 Prednisolone hydrogen tetrahydrophthalate, *in* P-00412
3338-16-7 3,7,12-Trihydroxy-24-cholanoic acid; (3β,5β,7α,12α)-*form*, *in* T-00475
3339-11-5 Tylagel, *in* T-00367
3342-61-8 ▷Deanol aceglumate, *in* D-00408
3343-59-7 3,4-Dihydroxybenzaldehyde; Oxime, *in* D-00311
3344-16-9 Hydrabamine penicillin, *in* B-00126
3344-18-1 Magnesium citrate, M-00007
3352-69-0 ▷Vinblastine; O^4-Deacetyl, *in* V-00032
3362-45-6 Noxiptyline, N-00229
3363-58-4 Nifurfoline, N-00121
3366-95-8 1-(2-Hydroxypropyl)-2-methyl-5-nitroimidazole, H-00208
3368-13-6 ▷5-[(Phenylsulfonyl)amino]-1,3,4-thiadiazole-2-sulfonamide, P-00208
3372-02-9 Normorphine; B,HCl, *in* N-00222
3374-22-9 ▷Cysteine; (±)-*form*, *in* C-00654
3376-83-8 Biotin; (+)-*form*, *S*-Oxide, *in* B-00173
3378-93-6 Clociguanil, C-00442
3380-34-5 ▷2,4,4′-Trichloro-2′-hydroxydiphenyl ether, T-00437
3383-96-8 ▷Temephos, T-00061
3385-03-3 ▷Flunisolide, F-00167
3397-23-7 Vasopressins; 8-L-Ornithinevasopressin, *in* V-00013
3403-42-7 ▷Tentone, *in* M-00190
3403-47-2 5-Amino-2-methoxybenzoic acid, *in* A-00266
3413-58-9 ▷6′-Ethoxy-10,11-dihydrocinchonan-9-ol; B,HCl, *in* E-00163
3415-45-0 Dehydrocholylglycine, *in* D-00049
3416-24-8 ▷2-Amino-2-deoxyglucose; D-*form*, *in* A-00235
3416-26-0 Lidoflazine, L-00045
3419-18-9 4-Aminobenzaldehyde; Oxime, *in* A-00210
3425-97-6 ▷Dimecolonium iodide, *in* D-00376
3426-08-2 1-(3,3-Diphenylpropyl)hexahydro-1*H*-azepine, D-00512
3428-90-8 1-Nitro-2-pentanol; (±)-*form*, Ac, *in* N-00183
3434-88-6 Oestradiol; 17β-*form*, Di-Ac, *in* O-00028
3436-11-1 Delfantrine, D-00053
3441-64-3 ▷Sidnofen, *in* F-00086
3447-95-8 ▷Benfurodil hemisuccinate, B-00053
3458-22-8 ▷NSC 102627, *in* I-00037
3459-06-1 Cyclopentamine hydrochloride, *in* A-00232
3459-20-9 ▷Glymidine sodium, *in* G-00075
3459-96-9 Amicarbalide, A-00186
3468-53-9 3-Pyridinecarboxylic acid; Ph ester, *in* P-00571
3468-99-3 Diphenylacetic acid; Et ester, *in* D-00488
3469-00-9 Diphenylacetic acid; Me ester, *in* D-00488
3473-11-8 Formaldehyde; Oxime; B,HCl, *in* F-00244
3477-97-2 ▷Difemerine, D-00261
3478-15-7 Etipirium iodide, *in* E-00238
3478-44-2 Exiproben; (±)-*form*, Na salt, *in* E-00280
3481-26-3 Benzamon, *in* F-00282
3482-74-4 Clofexamide; B,HCl, *in* C-00455
3484-65-9 Aspergillomarasmines; Aspergillomarasmine *A*, *in* A-00452
3485-14-1 ▷Cyclacillin, C-00585
3485-62-9 ▷Clidinium bromide, *in* C-00425
3486-86-0 ▷Sodium butallylonal, *in* B-00290
3505-38-2 ▷Carbinoxamine maleate, *in* C-00052
3506-31-8 Deterenol; (±)-*form*, *in* D-00106
3511-16-8 Hetacillin, H-00035
3521-62-8 ▷Erythromycin estolate, *in* E-00115
3521-84-4 ▷Iodipamide meglumine, *in* I-00097
3538-57-6 Haloprogesterone, H-00017
3540-95-2 Fenpiprane, F-00071
3543-75-7 ▷Cytostasan, *in* B-00044
3544-25-0 (4-Aminophenyl)acetic acid; Nitrile, *in* A-00299
3544-35-2 ▷Iproclozide, I-00158
3546-03-0 ▷Cyamemazine, C-00578
3546-21-2 ▷3,8-Diamino-5-ethyl-6-phenylphenanthridinium(1+), D-00132
3546-29-0 ▷Kemithal, *in* T-00172
3546-41-6 ▷Viprynium embonate, *in* V-00052
3551-18-6 Acetryptine, A-00027
3555-84-8 2,4-Dihydroxybenzophenone; Di-Me ether, *in* D-00318
3556-79-4 Δ^9-Tetrahydrocannabinol; (6a*RS*,10a*RS*)-*form*, *in* T-00115
3558-60-9 ▷1-Methoxy-2-phenylethane, *in* P-00187
3562-15-0 ▷Isobucaine hydrochloride, *in* I-00179
3562-55-8 ▷Piprocurarium iodide, *in* P-00308
3562-63-8 17-Hydroxy-6-methyl-4,6-pregnadiene-3,20-dione; 17α-*form*, *in* H-00174
3562-84-3 ▷Benzbromarone, B-00072
3562-99-0 4-Methoxy-γ-oxo-1-naphthalenebutanoic acid, M-00208
3563-01-7 ▷Aprofene, A-00431
3563-14-2 Sulfasuccinamide, S-00209
3563-49-3 Pyrovalerone, P-00592
3563-58-4 Chlorhexadol, C-00205
3563-77-7 Clopamide, C-00480
3563-92-6 ▷Zylofuramine, Z-00040
3565-03-5 Pimetine, P-00258
3565-15-9 ▷Iothiouracil sodium, *in* D-00287
3565-72-8 Embramine, E-00033
3565-92-2 Tridiurecaine, T-00455
3566-55-0 ▷Galbanic acid, G-00003
3567-08-6 ▷Isobuzole, I-00180
3567-38-2 ▷Carfimate, *in* P-00204
3567-40-6 Dioxamate, D-00473
3568-00-1 Mebutizide, M-00040
3568-16-9 Phenaline, P-00140
3568-23-8 ▷Indorm, *in* P-00504
3568-43-2 *N*-[(4-Aminophenyl)sulfonyl]-*N*-(6-methoxy-3-pyridazinyl)acetamide, *in* S-00246
3569-26-4 Indopine, I-00067
3569-58-2 ▷Oxysonium iodide, *in* O-00165
3569-59-3 ▷Hexasonium iodide, *in* H-00062
3569-77-5 [4-[(4-Aminophenyl)sulfonyl]phenyl]urea, A-00312
3570-07-8 Dimecamine, D-00375
3570-10-3 ▷Benorterone, B-00056
3570-29-4 Trichlorex, *in* T-00441
3570-46-5 ▷Ethomoxane, E-00158
3570-75-0 ▷Nifurthiazole, N-00133
3571-53-7 Estradiol undecylate, *in* O-00028
3571-71-9 ▷Metaterol, M-00151
3572-43-8 Bromhexine, B-00289
3572-52-9 Xenysalate, X-00010
3572-60-9 Amidinomycin, A-00192
3572-74-5 ▷Moxastine, M-00460
3572-80-3 ▷Cyclazocine; (±)-*form*, *in* C-00588
3573-82-8 Hygrophylline, *in* P-00372
3574-23-0 Glucuronamide; α-D-*form*, *in* G-00058
3574-23-0 Glucuronamide; β-D-*form*, *in* G-00058
3575-80-2 Melperone, M-00083
3576-64-5 Clefamide, C-00415
3577-01-3 ▷Cephaloglycin, C-00174
3577-94-4 2,2′-(1,2-Ethanediyldiimino)bis(1-butanol), E-00148
3578-28-7 Diphenylacetic acid; 3-(Diethylamino)propyl ester, *in* D-00488
3579-62-2 Denaverine, D-00071
3580-54-9 Aristolochic acid II methyl ester, *in* M-00252
3583-64-0 Bumadizone, B-00353
3590-16-7 Feclemine, F-00025
3595-22-0 Cefaloram; Me ester, *in* C-00111
3595-25-3 Cefaloram; 5-Oxide, *in* C-00111
3598-37-6 ▷Acepromazine maleate, *in* A-00015
3599-32-4 ▷Indocyanine green; Na salt, *in* I-00062
3601-19-2 Ropizine, R-00090
3605-01-4 ▷Piribedil, P-00324
3607-18-9 Doxepin; (*Z*)-*form*, *in* D-00594
3607-24-7 Fenyripol, F-00082
3609-48-1 3-Hydroxy-3,3-diphenylpropanoic acid, H-00126

3611-72-1 Cloridarol, C-00498
3612-98-4 Troxypyrrolium tosylate, *in* T-00561
3613-12-5 Hycanthone; B,HCl, *in* H-00093
3614-30-0 ▷Emepronium bromide, *in* E-00035
3614-47-9 6-Hydrazino-3-pyridazinecarboxamide, H-00097
3614-69-5 ▷Dimethindene maleate, *in* D-00391
3615-24-5 ▷Ramifenazone, R-00007
3615-74-5 Promolate, P-00480
3616-05-5 Pyritidium(2+), P-00589
3624-87-1 ▷Metabutoxycaine, M-00144
3624-96-2 ▷Bialamicol hydrochloride, *in* B-00150
3625-06-7 ▷Mebeverine, M-00033
3625-07-8 Mebolazine, M-00037
3626-00-4 Ethylenediaminetetraacetic acid; Tetra-Et ester, *in* E-00186
3626-66-2 ▷Perastine; B,HCl, *in* P-00114
3626-67-3 2-(2,2-Dicyclohexylvinyl)piperidine, D-00217
3627-49-4 ▷Operidine, *in* P-00165
3635-74-3 ▷Deaner, *in* D-00408
3638-82-2 Propetandrol, P-00500
3639-19-8 ▷[1,2-Ethanediylbis(imino-4,1-phenylene)]-bisarsonic acid, E-00147
3642-89-5 ▷Androst-5-en-3,16-diol; (3β,16α)-*form*, *in* A-00382
3643-00-3 Oxogestone, O-00129
3653-53-0 Aminoquinol; B,3H_3PO_4, *in* A-00331
3658-25-1 (1,1,3,3-Tetramethylbutyl)guanidine, T-00145
3666-68-0 ▷Etoxadrol; (±)-*form*, B,HCl, *in* E-00264
3666-69-1 ▷Dioxadrol hydrochloride, *in* D-00472
3667-38-7 4-(Aminomethyl)cyclohexanecarboxylic acid; *cis-form*, B,HCl, *in* A-00281
3667-39-8 4-(Aminomethyl)cyclohexanecarboxylic acid; *trans-form*, B,HCl, *in* A-00281
3670-67-5 TG 16, *in* H-00037
3670-68-6 ▷3-(1-Piperidinyl)-1-(4-propoxyphenyl)-1-propanone, P-00289
3671-05-4 Fenocinol, F-00060
3671-72-5 ▷Diampron, *in* A-00186
3680-32-8 Dechlorogriseofulvin, *in* G-00087
3684-26-2 3-Quinuclidinol; (±)-*form*, *in* Q-00035
3684-46-6 Broxaldine, *in* D-00166
3685-84-5 ▷Lucidril, *in* M-00046
3686-58-6 Tolycaine, T-00373
3686-68-8 Hydroxycaine, H-00119
3686-78-0 Dietifen, D-00259
3687-44-3 Orotic acid dimethylamide, *in* O-00061
3687-61-4 ▷Mexolamine, M-00353
3688-62-8 Tetrameprozine, *in* P-00521
3688-65-1 Codeine N-oxide, *in* C-00525
3688-66-2 ▷Nicocodine, N-00095
3688-85-5 ▷4-Chloro-*N*-methyl-3-[(methylamino)sulfonyl]-benzamide, C-00255
3689-50-7 ▷Oxomemazine, O-00132
3689-73-4 Penethamate, P-00061
3689-76-7 ▷Chlormidazole, C-00211
3690-58-2 Fubrogonium iodide, *in* F-00272
3690-61-7 Prodeconium bromide, *in* P-00457
3691-16-5 ▷2-(1-Aziridinyl)-1-vinylethanol, A-00527
3691-21-2 Buzepide, B-00434
3691-78-9 Benzethidine BAN, B-00078
3692-44-2 Thiohexamide, T-00203
3693-39-8 Fluclorolone acetonide, F-00138
3694-41-5 Prednisolone *m*-sulfobenzoate, *in* P-00412
3696-28-4 Dipyrithione, *in* D-00551
3697-42-5 Chlorhexidine hydrochloride, *in* C-00206
3703-76-2 ▷Cloperastine, C-00482
3703-79-5 ▷Bamethan, B-00010
3704-09-4 ▷Mibolerone, M-00361
3715-90-0 ▷Tramazoline hydrochloride, *in* T-00395
3717-88-2 ▷Flavoxate hydrochloride, *in* F-00112
3721-26-4 2-Phenylcyclopropylamine; (1*R*,2*S*)-*form*, *in* P-00186
3721-28-6 ▷2-Phenylcyclopropylamine; (1*S*,2*R*)-*form*, *in* P-00186
3722-95-0 1,6-Dihydroxyxanthone; 6-Ac, *in* D-00357
3731-52-0 3-(Aminomethyl)pyridine, A-00290
3731-59-7 Moroxydine, M-00446
3733-63-9 ▷Decloxizine, D-00040
3733-81-1 ▷Defosfamide, D-00047
3734-12-1 Hexopyrronium bromide, *in* H-00069
3734-16-5 ▷Prodilidine hydrochloride, *in* P-00459
3734-17-6 ▷Prodilidine, P-00459
3734-26-7 ▷*N*′,α-Dimethylphenethylhydrazine, D-00442
3734-33-6 ▷Denatonium benzoate, *in* D-00070
3734-52-9 Metazocine, M-00155
3735-08-8 1,1-Diphenyl-3-piperidino-1-butanol, D-00507
3735-45-3 Vetrabutine, V-00027
3735-65-7 Butynamine, B-00433
3735-85-1 Mefeserpine, M-00066
3735-90-8 ▷Phencarbamide, P-00150
3736-08-1 Fenethylline, F-00047
3736-81-0 Diloxanide furoate, *in* D-00372
3736-90-1 Diodone meglumine, *in* D-00363
3736-92-3 ▷1,2-Diphenyl-4-[2-(phenylthio)ethyl)]-3,5-pyrazolidinedione, D-00501
3737-09-5 ▷Disopyramide, D-00537
3737-33-5 Sergetyl, *in* E-00266
3743-28-0 3-Hydroxybenzanilide, *in* A-00297
3747-31-7 Pronethalol; (±)-*form*, B,HBr, *in* P-00483
3748-77-4 Bunamidine, B-00359
3754-19-6 Ambuside, A-00174
3758-34-7 Estradiol monopropionate, *in* O-00028
3758-59-6 2-Methyl-4-pyridinecarboxylic acid; Hydrazide, *in* M-00303
3759-07-7 ▷Isotonil, *in* D-00387
3764-87-2 Normethandrone; (7α,17β)-*form*, *in* N-00221
3770-63-6 Phenprocoumon; (*S*)-*form*, *in* P-00174
3771-19-5 ▷Nafenopin, N-00014
3772-42-7 ▷Farmocaine, *in* A-00216
3772-76-7 ▷Sulfametomidine, S-00197
3776-92-9 ▷Frugalan, *in* F-00291
3776-93-0 ▷Furfenorex; (+)-*form*, *in* F-00291
3778-73-2 ▷Ifosfamide, I-00021
3778-76-5 Ecarazine hydrochloride, JAN, *in* T-00338
3780-72-1 ▷Morsuximide, M-00453
3781-28-0 ▷Propyperone, P-00518
3784-89-2 Phenactropinium chloride, *in* P-00137
3784-99-4 ▷Stilbazium iodide, *in* S-00152
3785-21-5 Butanilicaine, B-00390
3785-44-2 Bisdequalinium diacetate, *in* B-00202
3788-16-7 (Cyclohexylmethyl)hydrazine, C-00616
3795-88-8 Furaltadone; (*S*)-*form*, *in* F-00281
3796-63-2 Teprenone, JAN; (all-*E*)-*form*, *in* T-00078
3800-86-0 Dexamethasone succinate, *in* D-00111
3800-98-4 Trifluomeprazine; B,HCl, *in* T-00462
3801-06-7 Fluorometholone acetate, *in* F-00186
3804-89-5 ▷Isonate sodium, *in* I-00195
3810-35-3 ▷Tenonitrozole, T-00072
3810-74-0 ▷Streptomycin; 2B,3H_2SO_4, *in* S-00161
3810-80-8 ▷Difenoxin; Et ester; B,HCl, *in* D-00265
3810-83-1 Pentacynium methyl sulfate, *in* P-00076
3810-85-3 3,4-Dihydroxy-α-[(1-methyl-3-phenylpropyl)amino]-propiophenone; B,HCl, *in* D-00335
3811-06-1 Carbidium ethane sulfonate, *in* C-00049
3811-25-4 Clorprenaline, C-00502
3811-56-1 ▷*N*,*N*′-Bis(4-amino-2-methyl-6-quinolinyl)urea, B-00190
3811-75-4 Hexamidine, H-00058
3818-37-9 (1-Methyl-2-phenoxyethyl)hydrazine, M-00282
3818-40-4 Quateron, *in* B-00420
3818-50-6 Bephenium hydroxynaphthoate, *in* B-00132
3818-62-0 ▷Betoxycaine, B-00145
3818-88-0 ▷Tricyclamol chloride, *in* P-00455
3819-00-9 ▷Piperacetazine, P-00282
3819-34-9 Phenamet, P-00142
3820-67-5 ▷Glafenine, G-00027
3833-99-6 Homofenazine, H-00084
3836-23-5 ▷Norethisterone enanthate, *in* N-00212
3837-23-8 Epadren, *in* B-00123
3841-11-0 Fluperolone, F-00201
3841-16-5 Dipyrandium(2+); Diiodide, *in* D-00529

3845-07-6 Nimaol, *in* M-00258
3845-16-7 4-Oxo-4*H*-1-benzopyran-2-carboxylic acid; Anilide, *in* O-00125
3845-22-5 Teroxalene hydrochloride, *in* T-00095
3847-29-8 ▷Erythromycin lactobionate, *in* E-00115
3851-30-7 ▷1-Benzyl-2,3,4,9-tetrahydro-1*H*-pyrido[3,4-*b*]indole, B-00130
3853-88-1 Bicyclo[2.2.1]hept-5-ene-2,3-dicarboxylic acid; (1α,2β,3β,4α)-*form*, *in* B-00157
3858-89-7 Chloroprocaine hydrochloride, *in* C-00277
3860-46-6 ▷Narcotine; (1*R*,9*R*)-*form*, *in* N-00052
3861-73-2 ▷CI acid blue 92, *in* A-00379
3861-76-5 Clonitazene C-00478
3863-59-0 ▷Hydrocortisone phosphate, *in* C-00548
3871-82-7 ▷Moperone hydrochloride, JAN, *in* M-00432
3876-10-6 5-(4-Chlorophenyl)-4,5-dihydro-2-oxazolamine, C-00253
3896-11-5 Bumetrizole, B-00357
3900-31-0 ▷Fludiazepam, F-00144
3902-71-4 ▷Trioxsalen, T-00521
3922-74-5 Amoxydramine, *in* D-00484
3922-90-5 ▷Oleandomycin, O-00035
3924-70-7 Amcinafal, *in* T-00419
3930-19-6 ▷Streptonigrin, S-00162
3930-20-9 Sotalol, S-00106
3936-02-5 Dexamethasone; 21-(3-Sulfobenzoate), Na salt, *in* D-00111
3941-06-8 ▷Drazine, *in* M-00282
3943-91-7 2,5-Dihydroxybenzoic acid; Et ester, *in* D-00316
3963-95-9 ▷Methacycline hydrochloride, *in* M-00161
3964-81-6 Azatadine, A-00512
3978-86-7 ▷Azatadine maleate, *in* A-00512
4004-94-8 Zolertine, Z-00030
4005-10-1 Zolertine; B 2HCl, *in* Z-00030
4008-48-4 ▷8-Hydroxy-5-nitroquinoline, H-00182
4013-92-7 Susat, *in* M-00257
4015-18-3 ▷Sulfaclomide, S-00188
4015-32-1 4-Ethyl-6,7-dimethoxyquinazoline, E-00181
4021-11-8 2-Methyl-4-pyridinecarboxylic acid, M-00303
4023-00-1 1*H*-Pyrazole-1-carboximidamide, P-00562
4023-02-3 1*H*-Pyrazole-1-carboximidamide; B,HCl, *in* P-00562
4028-98-2 ▷Dequalinium acetate, *in* D-00088
4031-12-3 Shihunine, S-00062
4039-98-9 2,4-Diamino-1,3,5-triazine; *N*,*N*-Di-Me, *in* D-00136
4042-30-2 2-Cyclohexyl-3-hydroxy-1,4-naphthoquinone, C-00613
4042-36-8 5-Oxo-2-pyrrolidinecarboxylic acid; (*R*)-*form*, *in* O-00140
4044-65-9 ▷1,4-Diisothiocyanatobenzene, D-00369
4047-34-1 Trantelinium bromide, *in* T-00399
4049-33-6 Tetra-*O*-acetyl-β-D-xylopyranose, *in* X-00024
4052-13-5 Cloperidone C-00483
4064-09-9 3,5,14-Trihydroxy-19-oxo-20,22-bufadienolide; (3β,5β,14β)-*form*, 3-Ac, *in* T-00477
4065-45-6 5-Benzoyl-4-hydroxy-2-methoxybenzenesulfonic acid, B-00098
4071-16-3 2-Methyl-1*H*-indole-3-acetonitrile, *in* M-00263
4071-37-8 Kainic acid; Di-Me ester, *in* K-00001
4071-39-0 α-Allokainic acid, *in* K-00001
4075-88-1 Oxifentorex, O-00112
4079-52-1 2-Methoxyacetophenone, *in* H-00107
4089-04-7 Methylcarbamic acid; 2-Naphthyl ester, *in* M-00238
4091-75-2 Clomestrone, C-00467
4093-35-0 Bromopride, B-00317
4093-36-1 Bromopride; B,2HCl, *in* B-00317
4110-35-4 ▷1-Cyano-3,5-dinitrobenzene, *in* D-00468
4124-41-8 4-Methylbenzenesulfonic acid; Anhydride, *in* M-00228
4125-58-0 2-Methylamino-1-phenyl-1-propanol; (1*RS*,2*RS*)-*form*, *in* M-00221
4135-11-9 ▷Polymyxin E_1, P-00384
4136-97-4 4-Amino-2-hydroxybenzoic acid; Me ester, *in* A-00264
4138-96-9 17-Hydroxy-3-oxo-4,6-pregnadiene-21-carboxylic acid; 17α-*form*, *in* H-00186
4140-20-9 Estrapronicate, *in* O-00028
4148-16-7 ▷Ritrosulfan, R-00068
4148-59-8 1,3:2,4-Di-*O*-benzylideneerythritol, *in* E-00114
4151-98-8 2-Chloro-3-ethoxy-1-propanol, *in* C-00278
4159-77-7 4,5,6,7-Tetrachloro-3′,6′-dihydroxy-2′,4′,5′,7′-tetra-iodospiro[isobenzofuran-1(3*H*),9′-[9*H*]-xanthene]-3-one, T-00105
4164-37-8 ▷Piperazine; 1,4-Dinitro, *in* P-00285
4171-13-5 ▷Axiquel, *in* E-00204
4172-63-8 Hydroxycaine hydrochloride, *in* H-00119
4177-58-6 Clotixamide, C-00511
4187-87-5 1-Phenyl-2-propyn-1-ol, P-00204
4199-09-1 Propranolol; (*S*)-*form*, *in* P-00514
4201-22-3 Tolonidine, T-00358
4205-90-7 Clonidine, C-00477
4205-91-8 ▷Clonidine hydrochloride, *in* C-00477
4210-97-3 4-Guanidinobutyramide, *in* G-00110
4213-51-8 ▷Bromacrylide, B-00281
4214-72-6 *N*-(1-Methylethyl)-2-pyridinamine, *in* A-00325
4215-74-1 Epipachysamine C, *in* P-00416
4252-82-8 4-Hydroxyhygrinic acid, *in* H-00210
4255-23-6 4-Amino-5-phenyl-1-pentene, A-00307
4255-24-7 ▷Aletamine hydrochloride, *in* A-00307
4257-98-1 Tetra-*O*-acetyl-α-D-xylopyranose, *in* X-00024
4258-85-9 Clocortolone acetate, *in* C-00444
4263-84-7 Berberine; Iodide, *in* B-00135
4267-05-4 Teclothiazide, T-00047
4267-81-6 Bolazine, *in* H-00153
4268-36-4 ▷Tybamate, T-00577
4270-10-4 Octotiamine; B,HCl, *in* O-00023
4275-28-9 ▷2,2′-Thiobisethanol; Di-Ac, *in* T-00195
4281-40-7 6,7-Dimethoxy-4-methyl-2*H*-1-benzopyran-2-one, *in* D-00332
4291-63-8 2-Chloro-2′-deoxyadenosine, *in* C-00214
4295-55-0 2′,3′-Dichlorodiphenylamine-2-carboxylic acid, D-00188
4295-63-0 ▷Meprothixol, M-00106
4298-15-1 Cletoquine, C-00422
4299-60-9 Sulfisoxazole diolamine, *in* S-00215
4304-01-2 Truxicurium(2+); Diiodide, *in* T-00562
4304-40-9 Thenium closylate, *in* T-00164
4310-35-4 Tridihexethyl chloride, *in* T-00454
4310-89-8 ▷Hedaquinium chloride, *in* H-00023
4314-54-9 2,3,4-Trimethoxyestra-1,3,5(10)-trien-17β-ol, T-00503
4317-14-0 ▷Amitryptylinoxide, *in* N-00224
4318-52-9 1*H*-Pyrazolo[3,4-*d*]pyrimidine-4,6(5*H*,7*H*)-dione; 1*H*-*form*, 1,5,7-Tri-Me, *in* P-00564
4319-56-6 Deoxycortone glucoside, *in* H-00203
4320-13-2 Thiazinamium chloride, *in* T-00182
4323-43-7 ▷Hexoprenaline hydrochloride, JAN, *in* H-00068
4330-99-8 ▷Trimeprazine tartrate, *in* T-00495
4331-85-5 3,5,14-Trihydroxy-19-oxo-20(22)-cardenolide; (3β,5β,14β,17α)-*form*, *in* T-00478
4335-77-7 2-Cyclohexyl-2-hydroxy-2-phenylacetic acid, C-00614
4342-03-4 ▷Dacarbazine, D-00001
4345-03-3 α-Tocopherol succinate, *in* T-00335
4350-07-6 5-Hydroxytryptophan; (*R*)-*form*, *in* H-00219
4350-09-8 ▷5-Hydroxytryptophan; (*S*)-*form*, *in* H-00219
4354-45-4 ▷Propenzolate; (3*R*,2′*RS*)-*form*, *in* P-00497
4356-33-6 ▷3′-O-Methylevomonoside, *in* D-00274
4358-63-8 Benzenesulfonic acid; Ph ester, *in* B-00075
4360-12-7 ▷Ajmaline, A-00088
4366-18-1 Cumetharol, C-00573
4368-28-9 ▷Tetrodotoxin, T-00156
4370-33-6 ▷TA-306, *in* M-00476
4375-07-9 ▷Epipodophyllotoxin, *in* P-00377
4378-36-3 ▷Phenbutrazate, P-00149
4386-35-0 Meralein sodium, *in* M-00111
4386-39-4 2-Hydroxy-3-methylbenzoic acid; Ac, *in* H-00155
4386-76-9 Troxonium(1+), T-00560
4388-82-3 ▷Barbexaclone, *in* E-00218
4394-00-7 ▷Niflumic acid, N-00113
4394-04-1 2-[(2,6-Dimethylphenyl)amino]-3-pyridinecarboxylic acid, *in* A-00326

4394-05-2 2-[(2,3-Dimethylphenyl)amino)-3-pyridinecarboxylic acid, *in* A-00326
4397-91-5 Nicofurate, *in* M-00308
4406-22-8 Cyprenorphine, C-00646
4408-78-0 Phosphonoacetic acid, P-00215
4409-34-1 17-Hydroxy-4-oestren-3-one; 17α-*form*, *in* H-00185
4410-48-4 ▷Ajmaline; B,HCl, *in* A-00088
4412-21-9 Dinaphthimine, D-00464
4419-39-0 Beclomethasone, B-00024
4419-81-2 Gramicidins *A-D*; 1-L-Valinegramicidin *A*, *in* G-00084
4419-92-5 Aciphen, *in* H-00112
4420-46-6 2-Phenyl-4-quinolinecarboxylic acid; Et ester, *in* P-00206
4428-95-9 Phosphonoformic acid, P-00216
4430-49-3 1,1′-Sulfonylbis[4-isothiocyanatobenzene], S-00221
4434-05-3 ▷Coumermycin A_1, C-00557
4434-20-2 Clothixamide maleate, *in* C-00511
4438-22-6 Aminoxytropine tropate, *in* T-00554
4439-25-2 Metabutethamine, M-00143
4439-67-2 Amikhelline, A-00197
4442-60-8 Butamoxane, B-00388
4444-23-9 2,5-Dihydroxy-1,4-benzenedisulfonic acid, D-00312
4448-96-8 ▷Solypertine, S-00096
4464-33-9 Xanthocillin X dimethyl ether, *in* X-00005
4474-91-3 Angiotensins; 5-L-Isoleucineangiotensin II, *in* A-00385
4480-58-4 Streptonicozid, *in* S-00161
4498-32-2 ▷Dibenzepin, D-00156
4499-40-5 ▷Choline theophyllinate, *in* C-00308
4510-16-1 ▷9,11,15-Trihydroxyprosta-5,13-dienoic acid; (5*Z*,8*R*,9*R*,11*R*,12*S*,13*E*,15*S*)-*form*, *in* T-00483
4530-70-5 *N*,α-Dimethyl-*N*-2-propynylphenethylamine; (±)-*form*, *in* D-00449
4533-39-5 ▷Nitracrine, N-00163
4533-89-5 Flunisolide acetate, *in* F-00167
4544-15-4 ▷Pensanate, *in* P-00291
4546-39-8 Piperilate, P-00291
4546-48-9 2-Phenyl-4-quinolinecarboxylic acid; Me ester, *in* P-00206
4547-76-6 Hexestrol diacetate, *in* B-00220
4548-15-6 Flunidazole, F-00166
4548-34-9 2-Phenylcyclopropylamine; (1*S*,2*R*)-*form*, B,HCl, *in* P-00186
4551-59-1 ▷Fenalamide, F-00033
4553-11-1 5-Bromo-1*H*-indole-2,3-dione; 3-Thiosemicarbazone, *in* B-00305
4562-36-1 ▷Gitoxin, *in* T-00474
4564-87-8 ▷Carbomycin, C-00056
4572-56-9 ▷Bromotetracycline, B-00318
4574-60-1 Atropine oxide hydrochloride, *in* T-00554
4575-34-2 Myfadol, M-00476
4578-66-9 2-Hydroxybenzoic acid; Benzoyl, *in* H-00112
4582-18-7 Endomide, E-00048
4589-33-7 Bostrycoidin, B-00259
4593-89-9 N-Acetylmescaline, *in* M-00131
4596-16-1 Hydroxyprogesterone heptanoate, *in* H-00202
4598-67-8 Pregnenolone succinate, *in* H-00205
4599-60-4 Penimepicycline, P-00068
4611-02-3 ▷Neuriplege, *in* C-00296
4618-18-2 Lactulose, L-00005
4630-95-9 ▷Prifinium bromide, *in* P-00430
4635-27-2 Ritodrine, R-00067
4640-29-3 2,5-Dihydroxybenzoic acid; Nitrile, *in* D-00316
4662-17-3 Furidarone, F-00292
4663-83-6 2-Hydroxyethyl benzylcarbamate, H-00129
4680-36-8 Fusidic acid; 11-Epimer, *in* F-00303
4680-37-9 Fusidic acid; 3-Ketone, *in* F-00303
4680-51-7 1*H*-Pyrazolo[3,4-*d*]pyrimidine-4,6(5*H*,7*H*)-dione; 1*H*-*form*, 5,7-Di-Me, *in* P-00564
4682-36-4 Orphenadrine citrate, *in* O-00064
4684-28-0 Norhyoscine, *in* S-00031
4684-87-1 (1-Methylheptyl)hydrazine, M-00258
4685-07-8 Distigmine(2+), D-00540
4695-13-0 ▷Diphenylacetic acid; Amide, *in* D-00488
4696-76-8 ▷Kanamycin *B*, K-00005
4697-14-7 ▷Ticarcillin sodium, *in* T-00255
4697-36-3 Carbenicillin, C-00045
4724-59-8 Clamoxyquin hydrochloride, *in* C-00407
4729-93-5 Pentamoxane; (±)-*form*, B,HCl, *in* P-00088
4730-07-8 Pentamoxane, P-00088
4732-48-3 Meclorisone, M-00049
4740-24-3 4-Aminobenzoic acid; *N*-Butyl, *in* A-00216
4741-41-7 Dioxadrol; (+)-*form*, *in* D-00472
4747-24-4 Spofa 325, *in* M-00460
4753-68-8 2-Furanmethanamine; B,HCl, *in* F-00282
4755-50-4 4-(Dimethylamino)benzoic acid; Chloride, *in* D-00405
4755-59-3 ▷Clodazon, C-00448
4757-49-7 Monometacrine, M-00429
4757-55-5 ▷Dimetacrine, D-00387
4759-48-2 ▷Retinoic acid; (13*Z*)-*form*, *in* R-00033
4764-17-4 ▷Tenamfetamine, T-00066
4773-12-0 Phenol; Sulfite, *in* P-00161
4774-24-7 2-(1-Piperazinyl)quinoline, P-00286
4774-53-2 Botiacrine, B-00260
4776-06-1 Fluorosalan, F-00191
4780-24-9 Isopropicillin, I-00200
4780-31-8 2-Hexyl-2-(hydroxymethyl)-1,3-propanediol, H-00072
4784-40-1 Doxergan, *in* O-00132
4792-18-1 Dioxadrol; (−)-*form*, *in* D-00472
4800-93-5 11-Methoxyeburnamonine, *in* E-00003
4800-94-6 ▷Carbenicillin disodium, *in* C-00045
4803-27-4 ▷Anthramycin, A-00403
4803-45-6 Thiphencillin potassium, *in* T-00216
4825-53-0 Hexestrol dipropionate, *in* B-00220
4828-27-7 Clocortolone, C-00444
4828-39-1 15α-Hydroxytomatidine, *in* T-00374
4834-58-6 4-Amino-3-isoxazolidinone, A-00277
4838-37-3 Testosterone hexyloxyphenylpropionate, *in* H-00111
4838-96-4 N-Methylmescaline, *in* M-00131
4844-10-4 Hexafluorenium(2+), H-00046
4845-30-1 Hexonat, *in* H-00055
4846-91-7 Fenoxazoline, F-00066
4847-05-6 *N*-Nitrosotomatidine, *in* T-00374
4849-90-5 6-Hydroxy-3,4-methylenedioxy-10-nitro-1-phenanthrenecarboxylic acid, H-00160
4858-60-0 Mefenidramium metilsulfate, *in* M-00064
4858-96-2 *N*,*N*,*N*-Trimethyl-2-(sulfooxy)ethanaminium hydroxide inner salt, *in* C-00308
4871-82-3 1-Phenyl-3-(1-piperidinyl)-2-pyrrolidinone; (±)-*form*, B,HCl, *in* P-00199
4874-36-6 5-(Mercaptomethyl)-2,4(1*H*,3*H*)-pyrimidinedione, M-00119
4874-40-2 5-(Mercaptomethyl)-2,4(1*H*,3*H*)-pyrimidinedione; *S*-Me, *in* M-00119
4874-41-3 5-(Mercaptomethyl)-2,4(1*H*,3*H*)-pyrimidinedione; *S*-Et, *in* M-00119
4876-45-3 ▷Camphotamide, *in* D-00241
4880-88-0 Eburnamonine; (−)-*form*, *in* E-00003
4880-92-6 Apovincamine, A-00426
4888-97-5 6-Aminopenicillanic acid; 4-Oxide, *in* A-00295
4891-15-0 ▷Estramustine phosphate, *in* E-00127
4891-71-8 Clocortolone caproate, *in* C-00444
4892-02-8 ▷2-Mercaptobenzoic acid; Me ester, *in* M-00114
4904-00-1 ▷Cyprolidol; (1*RS*,2*SR*)-*form*, *in* C-00649
4907-84-0 ▷Prothixene; B,HCl, *in* P-00537
4910-32-1 Thiocarbamic acid; *N*-Ph, *S*-Ph ester, *in* T-00196
4910-46-7 Spaglumic acid, *in* A-00461
4914-30-1 ▷Dehydroemetine, D-00050
4919-04-4 5-Amino-1*H*-imidazole-4-carboxylic acid, A-00275
4936-47-4 ▷Nifuratel, N-00118
4938-00-5 3-[(Carboxymethyl)thio]propanoic acid, C-00066
4939-34-8 2-Methyl-3-heptyl-4-hydroxy-7-methoxyquinoline, M-00259
4940-39-0 4-Oxo-4*H*-1-benzopyran-2-carboxylic acid, O-00125
4945-47-5 ▷4-(*N*-Benzylanilino)-1-methylpiperidine, B-00106
4947-43-7 Dictyophlebine, *in* P-00416
4947-48-2 N,N-Diacetylepipachysamine C, *in* P-00416
4955-03-7 Mokkolactone, M-00422

4955-90-2 ▷Sodium gentisate, *in* D-00316
4956-37-0 Estradiol enanthate, *in* O-00028
4960-10-5 Perastine, P-00114
4961-40-4 Triethylenetetramine; B,4HCl, *in* T-00457
4968-09-6 ▷Algestone acetonide, *in* A-00114
4968-29-0 7-Isopropyl-1,4-dimethylazulene; 1,3,5-Trinitrobenzene complex, *in* I-00204
4969-02-2 ▷Methixene, M-00185
4972-65-0 Paracetamol nicotinate, *in* A-00298
4985-15-3 ▷Agedal, *in* N-00229
4985-24-4 Sparteine; (±)-*form*, *in* S-00110
4985-25-5 Pyrazinobutazone, *in* P-00180
4989-94-0 Triamcinolone furetonide, *in* T-00419
4991-65-5 Thioxolone, T-00214
4991-68-8 Pimetine hydrochloride, *in* P-00258
5001-32-1 Guanochlor, G-00114
5002-47-1 ▷Fluphenazine decanoate, *in* F-00202
5003-47-4 Millicaine, *in* B-00145
5003-48-5 ▷Benorylate, B-00057
5005-71-0 ▷1-(Cyclohexylmethyl)piperidine; B,HCl, *in* C-00617
5005-72-1 ▷1-(Cyclohexylmethyl)piperidine, C-00617
5011-34-7 Trimetazidine, T-00497
5015-36-1 Medrol stabisol, *in* M-00297
5018-91-7 10,11-Dihydro-5*H*-dibenzo[*a*,*d*]cycloheptene-5-carboxylic acid, D-00282
5029-05-0 Antienite, A-00413
5034-76-4 2,3-Bis(4-methoxyphenyl)-1*H*-indole, B-00227
5034-77-5 ▷Imidazole mustard, I-00030
5034-92-4 5,6-Dibromocholestan-3-ol; (3β,5β,6α)-*form*, *in* D-00152
5036-02-2 Tetramisole (±)-*form*, *in* T-00151
5036-03-3 ▷Nifurdazil, *in* N-00115
5041-68-9 Polystachoside, *in* P-00082
5042-08-0 1,6-Dihydroxyxanthone, D-00357
5051-16-1 ▷Nafiverine hydrochloride, *in* N-00017
5051-22-9 Propranolol; (*R*)-*form*, *in* P-00514
5051-62-7 Guanabenz, G-00098
5053-06-5 ▷Fenspiride, F-00076
5053-08-7 ▷Fenspiride hydrochloride, *in* F-00076
5054-57-9 ▷Nifenalol, N-00111
5054-75-1 Nicoxyphen satin, *in* O-00160
5055-20-9 ▷Nifurquinazol, N-00130
5055-42-5 17β-[(Trimethylsilyl)oxy]androst-4-en-3-one, *in* H-00111
5057-96-5 Tartaric acid; (2*RS*,3*SR*)-*form*, Di-Me ester, *in* T-00028
5058-13-9 Columbianadin, C-00538
5060-55-9 Prednisolone stearoylglycolate, *in* P-00412
5061-22-3 Nafiverine, N-00017
5061-24-5 Febuverine; B,2HCl, *in* F-00024
5061-32-5 Phenoperidone, P-00166
5072-45-7 2,6-Dimethylpiperidine; (2*R*,6*R*)-*form*, B,HCl, *in* D-00448
5076-72-2 1-Ethoxy-4-methoxybenzene, *in* B-00074
5085-07-4 Pentanedial; Bis-2,4-dinitrophenylhydrazone, *in* P-00090
5086-74-8 ▷Anthelvert, *in* T-00151
5090-37-9 ▷Metizoline hydrochloride, *in* M-00347
5098-11-3 5-Amino-4-cyanoimidazole, *in* A-00275
5102-79-4 Diphenadione; 1-Hydrazone, *in* D-00483
5104-49-4 ▷Flurbiprofen, F-00218
5107-01-7 Alloclamide hydrochloride, JAN, *in* A-00126
5107-49-3 ▷Flualamide, F-00129
5112-47-0 4-Oxo-4*H*-1-benzopyran-2-carboxylic acid; Chloride, *in* O-00125
5118-17-2 Furazolium chloride, *in* F-00285
5118-29-6 ▷Melitracen, M-00081
5118-30-9 Litracen, L-00061
5119-48-2 Withaferin *A*, W-00002
5121-00-6 (1-Naphthyl)acetic acid; Chloride, *in* N-00044
5129-14-6 Anisacril, A-00394
5135-30-8 Adenosine; 5′-Tosyl, *in* A-00067
5139-02-6 Penicillamine, P-00064
5141-99-1 Funtudiamine A, *in* P-00416
5144-52-5 ▷Naphazoline; B,HNO$_3$, *in* N-00041
5145-48-2 Barringtonite, *in* M-00006
5169-77-7 Tipepidine; Citrate, *in* T-00311
5169-78-8 ▷Tipepidine, T-00311
5180-75-6 *N*-Carboxy-4-aminobenzoic acid; Et ester, *in* C-00064
5184-79-2 Disufene, *in* B-00178
5189-11-7 ▷Sandomigran, *in* P-00368
5192-84-7 6-Chloro-1,4,6-pregnatriene-3,20-dione; (9β,10α)-*form*, *in* C-00276
5196-28-1 5-Hydroxy-1,4-naphthoquinone; Ac, *in* H-00179
5196-93-0 5-Methyl-6-phenyl-3-morpholinone; (5*RS*,6*SR*)-*form*, *in* M-00291
5197-58-0 Stenbolone, S-00144
5201-88-7 Bispyroquine, B-00235
5205-82-3 ▷Bevonium methylsulfate, *in* B-00147
5214-29-9 Dimethylaminopyrazine, D-00421
5220-68-8 Cloquinozine, C-00491
5220-89-3 Fenfluramine; (±)-*form*, *in* F-00050
5221-49-8 ▷Pyrimitate, P-00587
5232-99-5 ▷Etocrilene, *in* C-00582
5234-86-6 1,3,4,6,7,11*b*-Hexahydro-2*H*-pyrazino[2,1-*a*]isoquinoline, H-00051
5240-32-4 ▷1-Ethynylcyclohexanol; Ac, *in* E-00228
5250-39-5 Flucloxacillin, F-00139
5251-34-3 Cloprednol, C-00489
5265-18-9 2-Amino-1-phenyl-1-propanone, A-00309
5282-80-4 Pentamethonium iodide, *in* P-00084
5287-46-7 ▷Prenisteine, P-00420
5302-35-2 Nifenalol; (*R*)-*form*, *in* N-00111
5310-55-4 ▷Clomacran, C-00465
5318-76-3 ▷Imidocarb hydrochloride, *in* I-00034
5321-32-4 Hetacillin potassium, *in* H-00035
5322-53-2 Oxiperomide, O-00117
5331-95-3 3,4-Dichloro-α-(trichloromethyl)benzyl alcohol, D-00204
5334-23-6 1*H*-Pyrazolo[3,4-*d*]pyrimidine-4-thiol, P-00565
5341-49-1 Isomethadone (±)-*form*, B,HCl, *in* I-00193
5345-01-7 3-Ethyl-3-methylpentanedioic acid, E-00203
5345-47-1 2-Amino-3-pyridinecarboxylic acid, A-00326
5355-16-8 Diaveridine, D-00147
5355-48-6 ▷β-Acetyldigoxin, *in* D-00275
5367-84-0 Clomegestone C-00466
5370-01-4 ▷Mexitil, *in* M-00351
5370-41-2 3-(Diphenylmethylene)-1-ethylpyrrolidine, D-00498
5377-20-8 ▷Metomidate, M-00331
5377-33-3 Allantoin; (±)-*form*, *in* A-00123
5378-41-6 2-Hydroxy-5-sulfobenzoic acid; Sulfonamide, *in* H-00214
5398-77-6 4-(Methylsulfonyl)benzaldehyde, M-00306
5411-22-3 Didrex, *in* B-00115
5424-05-5 2-Aminoquinoxaline, A-00332
5425-62-7 4-Aminophenylarsonic acid; *N*-Chloroacetyl, *in* A-00302
5428-64-8 ▷Pentaquine; B.H$_3$PO$_4$, *in* P-00092
5429-28-7 4-Aminobenzoic acid; *N*-Di-Et, *in* A-00216
5438-70-0 (4-Aminophenyl)acetic acid; Et ester, *in* A-00299
5449-84-3 Phenolphthalein; Di-Ac, *in* P-00162
5456-23-5 2-Bromo-2,2-diethylacetic acid, B-00297
5457-82-9 4-Oxopentanoic acid; 2,4-Dinitrophenylhydrazone, *in* O-00134
5467-78-7 5-Amino-1-phenyl-1*H*-tetrazole, A-00313
5470-36-0 (2-Phenylethyl)hydrazine; B,HCl, *in* P-00189
5486-03-3 Buquinolate, B-00373
5486-77-1 ▷Alloclamide, A-00126
5490-27-7 Dihydrostreptomycin sulfate, *in* D-00303
5493-94-7 5-Methyl-6-phenyl-3-morpholinone; (5*RS*,6*RS*)-*form*, *in* M-00291
5505-16-8 3,5-Diamino-2,4,6-triiodobenzoic acid, D-00138
5511-98-8 ▷α-Acetyldigoxin, *in* D-00275
5518-90-1 3-Acetyl-5-(4-fluorobenzylidene)-4-hydroxy-2-oxo-2,5-dihydrothiophene, A-00032
5521-55-1 5-Methylpyrazinecarboxylic acid, M-00302
5522-33-8 Difluanine hydrochloride, *in* D-00269
5522-39-4 Difluanine, D-00269
5534-05-4 Betamethasone acibutate, *in* B-00141
5534-09-8 ▷Beclometasone dipropionate, JAN, *in* B-00024

5534-95-2 ▷Pentagastrin, P-00079
5536-17-4 ▷9-Arabinofuranosyladenine; β-D-*form*, *in* A-00435
5539-66-2 1-Hydroxy-8-methoxyanthraquinone, *in* D-00308
5541-67-3 8-Hydroxy-5-methylquinoline, H-00176
5543-56-6 Warfarin; (±)-*form*, *in* W-00001
5543-57-7 Warfarin; (*S*)-*form*, *in* W-00001
5546-17-8 3-Acetyl-5-hydroxy-1-(4-methoxyphenyl)-2-methyl-1*H*-indole, A-00034
5560-62-3 Melsaphine, *in* X-00010
5560-69-0 Ethyl dibunate, *in* D-00173
5560-72-5 ▷Iprindole, I-00157
5560-73-6 Mimbane hydrochloride, *in* M-00380
5560-75-8 Pyroxamine maleate, *in* P-00593
5560-77-0 Carbinoxamine; (−)-*form*, *in* C-00052
5560-78-1 Teclozan, T-00048
5564-29-4 Oxyphemedol, *in* H-00173
5571-84-6 Potassium nitrazepate, *in* N-00171
5571-97-1 ▷Dichlormezanone, D-00178
5575-21-3 ▷Cephalonium, C-00175
5576-62-5 ▷Agastril, *in* C-00196
5579-05-5 Paxamate, P-00045
5579-06-6 2-(Pentyloxy)benzamide, P-00107
5579-08-8 Propyl docetrizoate, *in* A-00340
5579-13-5 Capuride, C-00035
5579-16-8 Epinephryl borate, *in* A-00075
5579-27-1 1,4-Dimethyl-1,4-diphenyl-2-tetrazene, D-00429
5579-81-7 Aldioxa, *in* A-00123
5579-84-0 Betahistine hydrochloride, *in* M-00220
5579-85-1 ▷6-Bromo-5-chloro-2(3*H*)-benzoxazolone, B-00293
5579-89-5 Nifursemizone, N-00131
5579-92-0 *N*-(2,3-Dihydroxypropyl)-3,5-diiodo-4(1*H*)-pyridinone; (±)-*form*, *in* D-00353
5579-93-1 ▷3,5-Diiodo-4(1*H*)-pyridinone, D-00362
5579-95-3 2-Chloroacetyl-5-nitrofuran, C-00213
5580-22-3 Oxonazine, O-00133
5580-25-6 Nifurethazone, N-00120
5580-32-5 Ortetamine, O-00065
5581-35-1 Amphecloral, A-00366
5581-40-8 ▷Dimefadane, *in* P-00191
5581-42-0 Glyparamide, G-00076
5581-46-4 3-(4-Morpholinyl)-1,2,3-benzotriazin-4(3*H*)-one, M-00451
5581-52-2 ▷Thiamiprine, T-00178
5583-31-3 α-Phenyl-2-piperidinemethanol; (α*R*,2*S*)-*form*, *in* P-00197
5583-32-4 α-Phenyl-2-piperidinemethanol; (α*R*,2*S*)-*form*, B,HCl, *in* P-00197
5583-35-7 α-Phenyl-2-piperidinemethanol; (α*S*,2*R*)-*form*, *in* P-00197
5585-59-1 Nitrocycline, N-00175
5585-60-4 Paranyline hydrochloride, *in* P-00026
5585-62-6 Symetine hydrochloride, *in* S-00284
5585-64-8 Aminoxytriphene, A-00341
5585-71-7 ▷Benzindopyrine hydrochloride, *in* B-00084
5585-73-9 ▷Butryptyline hydrochloride, *in* B-00424
5585-93-3 Oxypendyl, O-00156
5586-87-8 ▷Mefenorex hydrochloride, *in* C-00280
5587-89-3 ▷Iopodic acid, I-00129
5587-93-9 2,4,7-Triamino-5-phenylpyrimido[4,5-*d*]pyrimidine, T-00421
5588-10-3 ▷Methoxyphenamine hydrochloride, *in* M-00211
5588-16-9 Althiazide, A-00157
5588-20-5 ▷Chlordantoin, C-00199
5588-21-6 ▷3-(3,4,5-Trimethoxyphenyl)-2-propenamide, *in* T-00480
5588-25-0 ▷Dihexyverine hydrochloride, *in* D-00276
5588-29-4 5-Methyl-6-phenyl-3-morpholinone, M-00291
5588-31-8 Imidoline hydrochloride, *in* I-00035
5588-33-0 ▷Mesoridazine, M-00134
5588-38-5 Tolpyrramide, T-00368
5588-52-3 Securinine; (±)-*form*, *in* S-00035
5591-22-0 Becanthone hydrochloride, *in* B-00021
5591-27-5 Clometherone, C-00469
5591-29-7 Etafedrine hydrochloride, *in* E-00133
5591-33-3 ▷Iosefamic acid, I-00134
5591-43-5 ▷Solypertine tartrate, *in* S-00096
5591-44-6 Pyrroliphene hydrochloride, *in* P-00599
5591-45-7 ▷Thiothixene, T-00213
5591-47-9 2-Cyclohexyl-3,5-dimethylphenol, C-00608
5591-49-1 Anilamate, A-00389
5593-20-4 ▷Betamethasone dipropionate, *in* B-00141
5597-41-1 3-Azabicyclo[3.2.2]nonane; B,HCl, *in* A-00491
5598-52-7 ▷Fospirate, F-00258
5600-19-1 Theophylline isopropanolamine, *in* T-00169
5610-40-2 ▷Securinine; (−)-*form*, *in* S-00035
5611-51-8 ▷Triamcinolone hexacetonide, *in* T-00419
5611-64-3 Methalthiazide, M-00166
5617-26-5 Difenclosazine, D-00263
5626-25-5 Clodacaine, C-00446
5626-34-6 Prednisolamate, *in* P-00412
5626-36-8 *N*-Nonyl 7*H*-pyrrolo[2,3-*d*]pyrimidin-4-amine, *in* A-00330
5626-52-8 5-Oxo-2-pyrrolidinecarboxylic acid; (±)-*form*, Amide, *in* O-00140
5627-46-3 Clobenztropine, C-00436
5630-11-5 Glaucine; (±)-*form*, *in* G-00028
5630-53-5 Tibolone, T-00251
5631-00-5 Calcium benzamidosalicylate, *in* A-00264
5632-44-0 Tolpropamine, T-00367
5632-52-0 ▷Clofenciclan, C-00451
5633-14-7 ▷Benzetimide; (*S*)-*form*, B,HCl, *in* B-00080
5633-16-9 Leiopyrrole, L-00020
5633-18-1 Melengestrol, M-00078
5633-20-5 Oxybutynin, O-00147
5634-34-4 ▷Ambuphylline, *in* T-00169
5634-37-7 ▷2,2,2-Trichloroethanol carbonate, T-00435
5634-38-8 Guaithylline, *in* T-00169
5634-39-9 ▷2-(1-Iodoethyl)-1,3-dioxolane-4-methanol, I-00103
5634-40-2 Levamfetamine succinate, *in* P-00202
5634-41-3 Parapenzolate bromide, *in* P-00028
5635-50-7 3,4-Bis(4-hydroxyphenyl)hexane, B-00220
5635-98-3 2-(Methoxymethyl)phenol, *in* H-00116
5636-83-9 ▷Dimethindene, D-00391
5636-92-0 Picloxydine, P-00236
5638-76-6 ▷2-(2-Methylaminoethyl)pyridine, M-00220
5653-80-5 ▷Methadone; (*S*)-*form*, *in* M-00163
5655-06-1 Sinapine; Iodide, *in* S-00076
5657-61-4 *N*-Hydroxy-3-pyridinecarboxamide, *in* P-00570
5666-11-5 Moramide; (*R*)-*form*, *in* M-00437
5667-46-9 LO 8146, *in* D-00463
5667-70-9 Pentabamate, *in* M-00279
5667-71-0 Streptomycin; Sulfate (2:3), *in* S-00161
5668-06-4 Mecloxamine, M-00050
5684-90-2 Penthrichloral, P-00096
5688-80-2 ▷1-(3,4,5-Trimethoxyphenyl)-2-propylamine; (±)-*form*, B,HCl, *in* T-00504
5695-98-7 Cotinine fumarate, *in* C-00553
5696-06-0 ▷Methetoin, M-00179
5696-09-3 Proxazole, P-00545
5696-17-3 ▷Epipropidine, E-00082
5697-56-3 ▷Carbenoxolone, *in* G-00072
5697-57-4 Hydroxystenozole, H-00212
5697-60-9 ▷Bufenadrine; (±)-*form*, B,HCl, *in* B-00347
5698-56-6 Aseptamide, *in* D-00179
5704-03-0 Testosterone phenylacetate, *in* H-00111
5704-60-9 ▷Nifenalol; (±)-*form*, B,HCl, *in* N-00111
5707-69-7 ▷Drazoxolon, D-00601
5710-11-2 ▷*N*-Ethyl-*N*′-hydroxyurea, E-00196
5711-40-0 Bromebric acid; (*Z*)-*form*, *in* B-00286
5712-95-8 *N*-Antipyrinylsalicylamide, A-00416
5714-00-1 ▷Acetophenazine maleate, *in* A-00025
5714-05-6 Quindecamine acetate, *in* Q-00017
5714-08-9 3,3′,5-Triiodothyronine; (*R*)-*form*, *in* T-00487
5714-09-0 Ethyl cartrizoate, E-00180
5714-73-8 Hexamine hippurate, *in* H-00057
5714-75-0 Prednazate, *in* P-00412
5714-76-1 Quinetolate, *in* M-00217
5714-77-2 Piminodine; Ethanesulphonate (1:1), *in* P-00260
5714-82-9 ▷Triclofenol piperazine, *in* P-00285
5716-20-1 ▷Bamethan sulfate, *in* B-00010

5721-91-5 Testosterone decanoate, *in* H-00111
5728-52-9 4-Biphenylacetic acid, B-00176
5741-22-0 Moprolol, M-00435
5743-49-7 Calcium levulinate, *in* O-00134
5752-21-6 2,3,6,7-Tetrahydro-7,9-dimethyl-2,6-dioxo-1*H*-purinium hydroxide inner salt, *in* X-00002
5759-60-4 1,7-Dihydro-6*H*-purine-6-thione; 3,7-*Dihydro-form*, 3,7-Di-Me, *in* D-00299
5759-62-6 1,7-Dihydro-6*H*-purine-6-thione; 1,9-*Dihydro-form*, 1,9-Di-Me, *in* D-00299
5766-67-6 ▷Ethylenediamine tetraacetonitrile, *in* E-00186
5767-33-9 Vinylbitone; (−)-*form*, *in* V-00046
5776-45-4 Estradiol palmitate, *in* O-00028
5776-72-7 ▷3,4-Bis(4-hydroxyphenyl)hexane; (3*RS*,4*RS*)-*form*, *in* B-00220
5777-69-5 *N*-[*N*-Acetyl-4-[bis(2-chloroethyl)amino]-phenylalanyl]-3,4-dihydroxyphenylalanine ethyl ester, *in* A-00453
5779-54-4 Cyclarbamate, C-00587
5779-59-9 Alazanine triclofenate, *in* E-00187
5781-37-3 Cycliramine maleate, *in* C-00593
5786-21-0 ▷Clozapine, C-00521
5786-68-5 ▷Quipazine maleate, *in* P-00286
5786-71-0 Fosfocreatinine, F-00255
5789-72-0 Trimetamide, T-00496
5793-04-4 Propisergide, P-00506
5794-16-1 Antipyrine methylethylglycolate, *in* D-00284
5794-23-0 ▷Etoxeridine; B,HCl, *in* E-00265
5796-17-8 2-Amino-3-(3,4-dihydroxyphenyl)propanoic acid; (*R*)-*form*, *in* A-00248
5800-19-1 ▷Metiapine, M-00317
5818-17-7 Methantheline(1+), M-00169
5818-18-8 Oxapropanium(1+), O-00091
5826-73-3 ▷Dimethyl carbate, *in* B-00157
5835-72-3 Diprofene, D-00521
5842-07-9 ▷2-Aminoethanethiol; *N*-Diisopropyl, *in* A-00252
5843-53-8 ▷BA 7205, *in* C-00435
5845-26-1 Thiazesim, T-00181
5854-93-3 ▷Alanosine; (*S*)-*form*, *in* A-00093
5854-95-5 Alanosine; (±)-*form*, *in* A-00093
5863-35-4 ▷Nitromifene citrate, *in* N-00182
5868-05-3 ▷Niceritrol, N-00090
5868-06-4 ▷Fentonium bromide, *in* F-00081
5870-29-1 ▷Cyclogyl, *in* C-00631
5873-86-9 Thiobenzoic acid; *O*-Me ester, *in* T-00193
5874-95-3 Amicycline, A-00189
5874-98-6 17-[(1,3-Dioxododecyl)oxy]androst-4-en-3-one, *in* H-00111
5875-06-9 Opthaine, *in* P-00550
5875-24-1 3-Chloropropanoic acid; Amide, *in* C-00279
5879-67-4 2-[1-(Benzylimino)ethyl]phenol, B-00121
5884-45-7 Isocephaeline, *in* C-00172
5892-15-9 Butacaine; B,HCl, *in* B-00381
5892-39-7 5,7-Dihydroxy-4′-methoxyflavone; Di-Ac, *in* D-00329
5892-41-1 ▷Camylofin hydrochloride, *in* D-00234
5897-19-8 Cyclizine lactate, *in* C-00595
5897-20-1 Itridal, *in* C-00596
5910-52-1 Aspartame; L-L-*form*, B,HCl, *in* A-00460
5913-82-6 Norine, *in* C-00540
5919-89-1 Betamethasone valeroacetate, *in* B-00141
5925-68-8 Thiobenzoic acid; *S*-Me ester, *in* T-00193
5928-26-7 Sissotrin, *in* D-00330
5928-66-5 Benzoin; (*R*)-*form*, *in* B-00093
5928-67-6 Benzoin; (*S*)-*form*, *in* B-00093
5928-84-7 Penicillin V benzathine, *in* P-00171
5934-14-5 Succisulfone, S-00173
5934-20-3 ▷10-[2-(Dimethylamino)ethyl]phenothiazine; B,HCl, *in* D-00412
5934-49-6 Tropine tropate; (*S*)-*form*, Picrate, *in* T-00554
5936-70-9 3,4-Diethoxy-*N*-[*p*-[2-(methylamino)ethoxy]benzyl]-benzamide, D-00230
5937-72-4 Androst-5-ene-3,17-diol; (3*β*,17*β*)-*form*, 17-Ac, *in* A-00383
5941-36-6 Estrazinol, E-00128
5942-95-0 ▷Carpipramine, C-00097
5949-16-6 Cinchonine; B,H_2SO_4, *in* C-00358
5949-44-0 Testosterone undecanoate, *in* H-00111
5953-97-9 Locastine, *in* A-00363
5957-23-3 Fenalamide; B,HBr, *in* F-00033
5957-75-5 ▷Δ^8-Tetrahydrocannabinol; (6*aR*,10*aR*)-*form*, *in* T-00114
5959-10-4 Stibosamine, *in* A-00212
5960-06-5 Sorbitan trioleate, *in* A-00387
5961-59-1 4-Methoxy-*N*-methylaniline, *in* M-00195
5962-19-6 Dihydrocupreine, *in* C-00574
5964-24-9 ▷Sodium timerfonate, *in* T-00191
5964-62-5 Diathymosulfone, D-00146
5965-06-0 Hormostilboral stark, *in* D-00257
5965-13-9 ▷Dihydromorphine; (−)-*form*, 3-*O*-Me, tartrate (1:1), *in* D-00294
5965-40-2 ▷Allocupreide sodium, *in* A-00127
5965-49-1 ▷Ketobemidone; B,HCl, *in* K-00014
5966-41-6 Diisopromine, D-00366
5967-52-2 ▷2-Amino-1-(3-hydroxyphenyl)-1-propanol; (1*R*,2*S*)-*form*, B,HCl, *in* A-00274
5967-73-7 ▷Levadone, *in* M-00163
5969-39-1 ▷2-Phenyl-1-propylamine; (±)-*form*, *N*-Me; B,HCl, *in* P-00203
5977-10-6 Fencibutirol, F-00040
5978-73-4 Fisostina, *in* F-00282
5980-31-4 Hexedine, H-00063
5982-52-5 Emetonium iodide, *in* E-00037
5982-61-6 Ethoheptazine; (±)-*form*, B,HCl, *in* E-00157
5984-50-9 ▷Isometene, *in* M-00256
5984-83-8 Fenabutene, *in* M-00298
5984-95-2 ▷Isoprenaline; (*R*)-*form*, B,HCl, *in* I-00198
5984-97-4 ▷2,3-Dihydro-5-iodo-2-thioxo-4(1*H*)-pyrimidinone, D-00287
5985-28-4 ▷Synephrine; (±)-*form*, B,HCl, *in* S-00286
5985-38-6 Levorphanol tartrate, *in* H-00166
5985-48-8 1-(4-Hydroxyphenyl)-1-propanone; 2,4-Dinitrophenylhydrazone, *in* H-00193
5987-82-6 ▷Benoxinate hydrochloride, *in* O-00146
5987-95-1 Benzoin; (±)-*form*, Me ether, *in* B-00093
5988-22-7 Phytonadiol sodium diphosphate, *in* P-00228
5991-71-9 Clorazepate monopotassium, *in* C-00494
5996-06-5 Bromcholitin, *in* G-00028
5999-27-9 Phenprocoumon; (*R*)-*form*, *in* P-00174
5999-41-7 Phenprocoumon; (±)-*form*, *in* P-00174
6000-74-4 ▷Hydrocortone sodium phosphate, *in* C-00548
6001-87-2 ▷3-Chloropropanoic acid; Me ester, *in* C-00279
6001-93-0 Lapudrine, *in* C-00297
6004-98-4 ▷Hexocyclium(1+), H-00067
6009-67-2 ▷Amolanone; (±)-*form*, B,HCl, *in* A-00355
6011-39-8 Clemizole penicillin, *in* B-00126
6011-62-7 ▷Iproniazid; B,2HCl, *in* I-00161
6012-23-3 Nicotine; (*S*)-*form*, B,HI, *in* N-00103
6014-30-8 Methyldopate, *in* M-00249
6014-43-3 Glucostrophantidin, *in* T-00478
6018-19-5 Aminosalicylate sodium, *in* A-00264
6018-53-7 2-Amino-2,6-dideoxyglucose; D-*form*, *in* A-00240
6022-99-7 Glucoverodoxin, *in* T-00474
6027-00-5 ▷Medrylamine; (±)-*form*, B,HCl, *in* M-00059
6027-28-7 ▷Butanilicaine; B,HCl, *in* B-00390
6030-91-7 Equilenin; (+)-*form*, Ac, *in* E-00098
6032-66-2 Morphothebaine; B,HCl, *in* M-00452
6033-41-6 Orfenso, *in* D-00510
6033-98-3 Dienestrol; (*Z,Z*)-*form*, Mono-Me ether, *in* D-00223
6033-99-4 Dienestrol; (*Z,Z*)-*form*, Di-Me ether, *in* D-00223
6035-39-8 ▷1-(Diethylamino)-3-[(2,3-dimethoxy-6-nitro-9-acridinyl)amino]-2-propanol, D-00231
6035-40-1 ▷Narcotine; (1*RS*,9*SR*)-*form*, *in* N-00052
6036-95-9 ▷Mepyramine; B,HCl, *in* M-00108
6038-32-0 Androst-5-en-3,16-diol; (3*β*,16*β*)-*form*, *in* A-00382
6038-78-4 Ethomoxane; (±)-*form*, B,HCl, *in* E-00158
6043-01-2 Domazoline, D-00572
6054-98-4 Olsalazine sodium, *in* O-00041
6055-48-7 ▷Toloxychlorinol, T-00361
6056-11-7 ▷Pipazethate; B,HCl, *in* P-00275
6059-16-1 Aminosalicylate calcium, *in* A-00264
6059-17-2 ▷4-Amino-2-hydroxybenzoic acid; Et ester, *in* A-00264

6064-83-1 ▷2-(Phosphonooxy)benzoic acid, P-00217
6078-42-8 Phytonadiol diphosphate, P-00228
6080-58-6 Lithium citrate, L-00059
6083-47-2 4-(Dimethylamino)benzoic acid; Amide, *in* D-00405
6086-65-3 Diampromide; (±)-*form*, *in* D-00142
6086-66-4 Diampromide; (*S*)-*form*, *in* D-00142
6086-67-5 Diampromide; (*R*)-*form*, *in* D-00142
6087-61-2 Δ^8-Tetrahydrocannabinol; (6*aRS*,10*aRS*)-*form*, *in* T-00114
6087-73-6 ▷Δ^9-Tetrahydrocannabinol; (6*aRS*,10*aSR*)-*form*, *in* T-00115
6091-56-1 Reltine, *in* P-00295
6092-18-8 ▷Cycotiamine, C-00640
6093-59-0 3-(3,4,5-Trihydroxyphenyl)-2-propenoic acid, T-00480
6101-30-0 Salazosulfamide; K salt, *in* S-00009
6108-10-7 1,2,3,4,5,6-Hexachlorocyclohexane; ε-*form*, *in* H-00038
6108-11-8 1,2,3,4,5,6-Hexachlorocyclohexane; θ-*form*, *in* H-00038
6108-12-9 1,2,3,4,5,6-Hexachlorocyclohexane; η-*form*, *in* H-00038
6113-17-3 Domistan, *in* H-00078
6114-26-7 ▷Pholedrine sulfate, *in* M-00222
6130-75-2 1,2,4-Trichloro-5-methoxybenzene, *in* T-00441
6138-47-2 Thybon, *in* T-00487
6138-56-3 ▷Tripelennamine citrate, *in* T-00524
6142-06-9 2-Aminothiazole; *N*-Me, *in* A-00336
6146-99-2 Menadoxime, M-00087
6152-27-8 2-Amino-2-phenylacetic acid; (±)-*form*, Et ester, *in* A-00300
6153-19-1 ▷Phenacaine hydrochloride, *in* P-00135
6153-33-9 Mebhydrolin napadisylate, JAN, *in* M-00035
6156-47-4 ▷Actinomycin C_3, A-00056
6157-87-5 Trestolone acetate, *in* N-00221
6159-55-3 ▷Peganine; (*R*)-*form*, *in* P-00050
6159-56-4 Peganine; (±)-*form*, *in* P-00050
6160-32-3 ▷Streptomycin; B,3HCl, *in* S-00161
6164-79-0 Pyrazinecarboxylic acid; Me ester, *in* P-00560
6164-87-0 Ronicol, *in* P-00573
6168-76-9 Crotethamide, C-00569
6168-86-1 ▷6-Methyl-5-hepten-2-amine; (±)-*form*, *N*-Me; B,HCl, *in* M-00256
6170-69-0 Clamidoxic acid, C-00406
6184-06-1 D-Glucitolhexanicotinate, *in* G-00054
6187-50-4 Tolquinzole, T-00369
6189-58-8 2-Amino-2,6-dideoxyglucose; D-*form*, B,HCl, *in* A-00240
6190-36-9 Styptol, *in* C-00552
6190-39-2 Dihydroergotamine mesylate, *in* E-00106
6190-43-8 Citrohexamine, *in* H-00057
6192-26-3 Patulin; Ac, *in* P-00043
6192-36-5 Pheneturide; (*R*)-*form*, *in* P-00153
6192-97-8 *N*-Methyl-2-cyclohexyl-2-propylamine; (−)-*form*, *in* M-00242
6196-08-3 Elanzepine, E-00022
6197-30-4 Octocrilene, *in* C-00582
6202-05-7 Cyclomethycaine sulfate, *in* C-00625
6202-23-9 ▷Cyclobenzaprine hydrochloride, *in* C-00597
6202-26-2 ▷4-[1-Ethyl-2-[4-(phenylmethoxy)phenyl]-1-butenyl]-phenol, *in* D-00257
6205-09-0 ▷Quatacaine; B,HCl, *in* Q-00003
6216-87-1 Δ^8-Tetrahydrocannabinol; (6*aRS*,10*aSR*)-*form*, *in* T-00114
6217-54-5 4,7,10,13,16,19-Docosahexaenoic acid; (*all-Z*)-*form*, *in* D-00564
6223-35-4 Azlene, *in* I-00205
6236-05-1 Nifuroxime, *in* N-00177
6240-90-0 2-Heptanamine; (*R*)-*form*, *in* H-00030
6249-68-9 Mefazine, *in* D-00247
6251-64-5 ▷Acolongifloroside *K*, *in* H-00053
6252-92-2 Tiemonium(1+), T-00257
6272-51-1 2,3,4,5,6-Penta-*O*-acetyl-D-gluconpremitrile, *in* G-00055
6275-69-0 ▷Propamidine; B,2HCl, *in* P-00487
6277-14-1 Acetylenoxolone, *in* G-00072
6281-26-1 Furmethoxadone, F-00293
6284-40-8 1-Deoxy-1-(methylamino)glucitol; D-*form*, *in* D-00082
6293-68-1 ▷Bis(4-methylphenyl)iodonium(1+); Bromide, *in* B-00230
6293-70-5 Bis(4-methylphenyl)iodonium(1+); Iodide, *in* B-00230
6306-24-7 4-Sulfobenzoic acid; Diamide, *in* S-00217
6306-71-4 ▷Lobendazole, L-00065
6308-98-1 2,2′-Diphenyldiethylamine, D-00491
6312-53-4 2,3-Dihydro-5-hydroxy-1,4-naphthalenedione, *in* H-00179
6314-69-8 Oxadimedine; B,HCl, *in* O-00075
6315-80-6 Phenolphthalein; Di-Me ether, *in* P-00162
6319-06-8 3*a*,4,7,7*a*-Tetrahydro-4,7-methano-1*H*-isoindole-1,3(2*H*)-dione, *in* B-00157
6340-87-0 2,2,2-Trichloro-4′-hydroxyacetanilide, *in* A-00298
6342-70-7 2,3-Dihydroxybenzoic acid; 3-Me ether, Me ester, *in* D-00315
6363-02-6 Nitramisole; (±)-*form*, *in* N-00166
6376-26-7 ▷2-[2-(Diethylamino)ethoxy]benzanilide, D-00232
6377-18-0 ▷Chartreusin, C-00189
6379-56-2 ▷Hygromycin *A*, H-00223
6385-02-0 ▷Meclomen, *in* M-00045
6385-58-6 ▷Bithionolate sodium, *in* B-00204
6407-55-2 1,8-Dimethoxyanthraquinone, *in* D-00308
6411-75-2 ▷2-Heptanamine; (±)-*form*, 2B,H_2SO_4, *in* H-00030
6414-57-9 Methylcarbamic acid, M-00238
6415-36-7 3,5-Diamino-1*H*-1,2,4-triazole; B,HCl, *in* D-00137
6415-90-3 Tropine tropate; (±)-*form*, B,HBr, *in* T-00554
6443-40-9 ▷Xylamide tosylate, *in* X-00020
6443-50-1 Xylamidine, X-00020
6452-47-7 Methylcarbamic chloride, *in* M-00238
6452-71-7 ▷Oxprenolol, O-00145
6452-73-9 ▷Trasicor, *in* O-00145
6469-36-9 5-(3-Chloropropyl)-4-methylthiazole, C-00281
6469-93-8 ▷Chlorprothixene hydrochloride, JAN, *in* C-00300
6474-85-7 ▷R 381, *in* P-00149
6479-23-8 2-Aminoquinoxaline; 1-*N*-Oxide, *in* A-00332
6479-24-9 2-Aminoquinoxaline; 2-*N*-Ac, *in* A-00332
6485-34-3 ▷Saccharin calcium, *in* S-00002
6489-97-0 Metampicillin, M-00150
6493-05-6 ▷Oxpentifylline, O-00142
6495-46-1 Dioxadrol, D-00472
6503-95-3 (Dimethylamino)trimethylpyrazine, D-00423
6504-57-0 Ottimal, *in* T-00257
6506-37-2 ▷Nimorazole, N-00150
6509-31-5 Pheneturide; (±)-*form*, *in* P-00153
6509-32-6 Pheneturide; (*S*)-*form*, *in* P-00153
6509-36-0 Dimeprotane hydrochloride, *in* P-00512
6509-38-2 Sinapine; Sulphate, *in* S-00076
6533-00-2 ▷Norgestrel; (±)-*form*, *in* N-00218
6533-53-5 4,4′-(1,2-Diethyl-1,2-ethenediyl)bis[phenol]dihexa-decanoate, *in* D-00257
6533-54-6 Dihydrostreptomycin; B,3HCl, *in* D-00303
6533-76-2 Tubocurarine chloride, *in* T-00571
6535-03-1 Stevaladil, *in* A-00315
6536-18-1 ▷Morazone, M-00439
6538-22-3 Dimeprozan, D-00383
6539-57-7 2-Amino-1-(3,4-dihydroxyphenyl)-1-propanol, A-00249
6554-21-8 Adenosine; 3′-Ac, *in* A-00067
6556-11-2 ▷Inositol nicotinate, *in* I-00074
6576-51-8 ▷Stallimycin hydrochloride, *in* D-00539
6577-41-9 ▷Oxapium iodide, *in* O-00089
6591-72-6 Penicillin V hydrabamine, *in* P-00171
6604-06-4 2-Phenylcyclopentylamine; (1*RS*,2*SR*)-*form*, *in* P-00185
6609-56-9 1-Cyano-2-methoxybenzene, *in* M-00196
6617-01-2 5-(3-Chloropropyl)-4-methylthiazole; 1,2-Ethanedisulfonate (2:1), *in* C-00281
6620-60-6 ▷Proglumide, P-00468
6621-47-2 Perhexiline, P-00120
6621-48-3 Perhexiline; B,HCl, *in* P-00120
6625-20-3 6-Demethyl-6-deoxytetracycline; (−)-*form*, B,HCl, *in* D-00065

6630-18-8 1-Methoxy-4-(phenylmethoxy)benzene, *in* B-00124
6635-57-0 Pentanedial; Dioxime, *in* P-00090
6649-23-6 ▷Tetramisole, T-00151
6673-35-4 ▷Practolol, P-00394
6673-97-8 Spiroxasone, S-00131
6691-97-0 5,6-Dihydro-6-phenylimidazo[2,1-*b*]thiazole; (±)-*form*, B,HCl, *in* D-00296
6693-90-9 Prednazoline, *in* P-00412
6698-26-6 2′,5′-Dideoxyadenosine, D-00219
6700-39-6 Isoproterenol sulfate, *in* I-00198
6700-42-1 Synkavit, *in* D-00333
6703-27-1 ▷Codeine; Ac, *in* C-00525
6704-68-3 Securinine; (+)-*form*, *in* S-00035
6705-03-9 2-Amino-5-methoxybenzoic acid, *in* A-00262
6707-58-0 Dequalinium(2+), D-00088
6714-29-0 ▷2,3-Dihydro-1*H*-imidazo[1,2-*b*]pyrazole, *in* I-00032
6723-40-6 ▷2-[(4-Trifluoromethyl)phenyl]1,3-indanedione, T-00467
6724-53-4 ▷Perhexiline maleate, *in* P-00120
6735-59-7 Pralidoxime(1+), P-00395
6736-02-3 ▷Trimedoxime(2+), T-00493
6736-03-4 *O,O*-Diethyl *S*-(2-dimethylaminoethyl) phosphorothioate, D-00242
6736-03-4 Ecothiopate(1+), E-00010
6736-40-9 *N*-Methyl-5-(methylamino)-1*H*-imidazole-4-carboxamide, *in* A-00275
6740-88-1 ▷2-(2-Chlorophenyl)-2-(methylamino)cyclohexanone; (±)-*form*, *in* C-00266
6741-90-8 6-Thioinosine; 2′,3′,5′-Tribenzoyl, *in* T-00204
6746-01-6 Desatrine, *in* P-00543
6746-42-5 ▷4-[2-(3,5-Dimethyl-2-oxocyclohexyl)-2-hydroxyethyl]-2,6-piperidinedione; (1*R*,3*R*,5*S*,α*R*)-*form*, *in* D-00441
6750-25-0 8-Hydroxy-1(10),4,11(13)-germacratrien-12,6-olide; (1(10)*E*,4*E*,6α,8β)-*form*, *in* H-00134
6754-13-8 ▷Helenalin, H-00024
6763-34-4 Xylose; α-D-*Pyranose-form*, *in* X-00024
6763-47-9 1,2-*O*-Cyclohexylidene-*myo*-inositol, *in* I-00074
6775-25-3 Proponesin, *in* T-00366
6775-26-4 Gastrolena, *in* O-00019
6785-62-2 Nandrolone hydrogen succinate, *in* H-00185
6789-94-2 3-Aminopiperidine; (±)-*form*, N^1-Et, *in* A-00314
6792-14-9 Pachysamine B, *in* P-00416
6793-51-7 Alamarckine, *in* C-00172
6795-60-4 ▷Norvinisterone, N-00225
6798-34-1 (2,2,2-Trichloro-1-hydroxyethyl)carbamic acid; Benzyl ester, *in* T-00438
6801-29-2 Pachysamine A, *in* P-00416
6804-07-5 ▷Carbadox, C-00039
6805-41-0 ▷Escin, *in* O-00036
6807-92-7 3-Amino-3-pyrrolidinecarboxylic acid; (*S*)-*form*, *in* A-00329
6808-72-6 ▷Glaziovine, G-00029
6809-52-5 Teprenone, JAN, T-00078
6810-42-0 Cethexonium(1+), C-00182
6818-37-7 ▷Olafur, *in* T-00537
6829-98-7 Imipraminoxide, *in* I-00040
6830-17-7 Oxamarin hydrochloride, *in* O-00081
6835-16-1 Hyoscyamine sulfate, *in* T-00554
6835-99-0 (−)-16-Epivincamine, *in* V-00033
6844-05-9 C-Alkaloid A, *in* C-00016
6854-40-6 Codeine sulfate, *in* C-00525
6856-31-1 Lyseen, *in* D-00511
6878-83-7 ▷Tecomanine, T-00049
6880-68-8 Soluarsphenamine, S-00095
6880-94-0 Chondocurarine, *in* C-00309
6882-14-0 Takatonine, T-00004
6883-64-3 Polymyxin *B*; B,5HCl, *in* P-00384
6890-40-0 Histamine phosphate, *in* H-00077
6890-42-2 Prednylidene diethylaminoacetate, *in* P-00414
6893-02-3 ▷3,3′,5-Triiodothyronine; (*S*)-*form*, *in* T-00487
6899-10-1 Hexadecyltrimethylammonium(1+), H-00044
6903-79-3 ▷Creatinolfosfate, C-00559
6909-62-2 Demanyl phosphate, D-00059
6912-68-1 ▷Adrenaline, A-00075
6915-57-7 Bibrocathol, B-00152
6933-90-0 ▷Clorprenaline hydrochloride, *in* C-00502
6935-65-5 3-Methylbenzoic acid; Dimethylamide, *in* M-00230
6945-36-4 4-(Hydroxyimino)pentanoic acid, *in* O-00134
6953-60-2 *S*-Acetylmercaptosuccinic anhydride, *in* M-00115
6961-46-2 ▷*N*-(2-Hydroxyethyl)cinnamamide, H-00130
6964-20-1 ▷1,10-Bis(2-hydroxyethylthio)decane, B-00217
6966-09-2 2-(1-Piperidinylmethyl)cyclohexanone; (±)-*form*, B,HCl, *in* P-00288
6968-72-5 Mepiroxol, *in* P-00573
6981-18-6 Ormetoprim, O-00057
6986-90-9 α-Methylhistamine, M-00260
6988-58-5 ▷Olivomycin *A*, O-00038
6990-06-3 ▷Fusidic acid, F-00303
6992-30-9 β-Lipoic acid, *in* L-00053
6998-60-3 ▷Rifamycin, R-00046
7001-56-1 Pentagestrone, P-00080
7002-58-6 Cinnarizine; B 2HCl, *in* C-00372
7002-65-5 Oxibetaine, O-00110
7004-98-0 Epimestrol, E-00080
7005-03-0 Leucine, L-00029
7007-76-3 Glucosulfamide; D-*form*, Na salt, *in* G-00056
7007-81-0 Trethocanic acid, T-00417
7007-88-7 Butadiazamide, B-00383
7007-92-3 4,6-Dimethyl-3(2*H*)-pyridazinone, D-00450
7007-96-7 Crotoniazide, C-00570
7008-00-6 Dimetholizine, D-00395
7008-02-8 Iodetryl, *in* D-00361
7008-13-1 Halopenium chloride, *in* H-00013
7008-14-2 Hydroxindasate, *in* H-00105
7008-15-3 Hydroxindasol, H-00105
7008-17-5 Hydroxypyridine tartrate, *in* H-00209
7008-18-6 3-Ethyl-3-phenyl-2,6-piperazinedione, E-00216
7008-24-4 ▷Chloroserpidine, C-00285
7008-26-6 Dichlorisone, D-00177
7008-42-6 ▷Acronycine, A-00050
7009-43-0 Methiomeprazine; (±)-*form*, *in* M-00182
7009-49-6 ▷Sodium hexacyclonate, *in* H-00158
7009-54-3 Pentapiperide, P-00091
7009-60-1 Pheniodol sodium, *in* I-00100
7009-65-6 Prampine, *in* T-00554
7009-68-9 Pyroxamine, P-00593
7009-69-0 Pyrophendane, P-00591
7009-76-9 Triclazate, T-00447
7009-79-2 Xenthiorate, X-00009
7009-88-3 ▷Phenyracillin, *in* B-00126
7009-91-8 Nitricholine perchlorate, *in* C-00308
7013-41-4 ▷Talopram hydrochloride, *in* T-00014
7020-55-5 Clidinium(1+), C-00425
7035-04-3 2-(4-Pyridyl)benzofuran, P-00583
7036-58-0 Propoxate, P-00509
7041-74-9 ▷Perisoxal; (±)-*form*, B,HCl, *in* P-00124
7044-33-9 ▷Cheirotoxin, *in* T-00478
7049-69-6 Clorotepine; (±)-*form*, B,HCl, *in* C-00501
7050-25-1 Pregnane-3,20-diamine; (3β,5α,20*S*)-*form*, *in* P-00416
7054-25-3 ▷Quinidine gluconate, *in* Q-00027
7069-42-3 Retinol propanoate, *in* V-00058
7075-03-8 ▷Defekton, *in* C-00097
7077-33-0 Febuverine, F-00024
7077-34-1 Tris(2-nitroxyethyl)amine, T-00538
7081-44-9 ▷Cloxacillin sodium, *in* C-00515
7081-53-0 ▷Doxapram hydrochloride, *in* D-00591
7082-21-5 Terodiline hydrochloride, *in* D-00489
7082-27-1 Trimoxamine hydrochloride, *in* T-00519
7082-29-3 Ampyzine sulfate, *in* D-00421
7082-30-6 Triampyzine sulfate, *in* D-00423
7082-34-0 ▷Erysimoside, *in* T-00478
7084-07-3 ▷Diatrin, *in* M-00170
7085-44-1 Chlorothiazide sodium, *in* C-00288
7085-55-4 Troxerutin, T-00559
7104-38-3 Neuractil, *in* M-00193
7110-50-1 Benzoin; (±)-*form*, (*Z*)-Oxime, *in* B-00093
7114-11-6 1-(2-Oxocyclohexyl)-2-naphthol, O-00126

7125-67-9 Metoquizine, M-00335
7125-71-5 Toquizine, T-00385
7125-73-7 Flumetramide, F-00159
7125-76-0 Codoxime, C-00527
7144-08-3 Cholesteryl chloroformate, *in* C-00306
7149-65-7 5-Oxo-2-pyrrolidinecarboxylic acid; (*S*)-*form*, Et ester, *in* O-00140
7162-37-0 ▷Paridocaine, P-00038
7168-18-5 Chlorphenoctium amsonate, *in* C-00293
7174-23-4 ▷Oxydipentonium chloride, *in* O-00150
7175-09-9 7-Bromo-8-hydroxy-5-methylquinoline, B-00304
7177-41-5 Phenethicillin; L-*form*, K salt, *in* P-00152
7177-50-6 Nafcillin, N-00012
7181-73-9 Bephenium(1+), B-00132
7182-51-6 Talopram, T-00014
7187-55-5 ▷Dithiazanine(1+), D-00548
7187-62-4 Viprynium(1+), V-00052
7187-64-6 Triclobisonium(2+), T-00448
7187-66-8 Trimethaphan(1+), T-00498
7195-27-9 ▷Mefruside, M-00069
7197-93-5 5-Nitro-2-furancarboxaldehyde; (*E*)-Oxime, *in* N-00177
7199-29-3 ▷Cyheptamide, *in* D-00282
7200-25-1 Arginine; (±)-*form*, *in* A-00441
7207-92-3 Nandrolone propionate, *in* H-00185
7208-40-4 1,2,3,4-Tetra-*O*-acetylerythritol, *in* E-00114
7208-47-1 1,2,3,4,5,6-Hexa-*O*-acetyl-D-glucitol, *in* G-00054
7210-92-6 ▷Bajkain, *in* T-00373
7216-27-5 1,2,2-Trimethyl-1,3-cyclopentanedicarboxylic acid; (1*RS*,3*SR*)-*form*, Anhydride, *in* T-00508
7218-80-6 Erythromycin; 2′-(Ethyl carbonate), *in* E-00115
7219-91-2 Thihexinol methylbromide, *in* T-00190
7220-56-6 8-(Trifluoromethyl)-10*H*-phenothiazine-1-carboxylic acid, T-00466
7224-08-0 Imiclopazine, I-00028
7225-61-8 Sodium metrizoate, *in* D-00138
7232-21-5 ▷Metoclopramide; B,HCl, *in* M-00327
7232-51-1 Pararosaniline pamoate, *in* T-00532
7235-40-7 *β*-Carotene, C-00088
7237-81-2 Hepronicate, *in* H-00072
7240-38-2 Oxacillin sodium, *in* O-00074
7241-38-5 ▷Ketocainol; B,HCl, *in* K-00015
7241-94-3 Zolertine hydrochloride, *in* Z-00030
7242-04-8 ▷Pentaacetylgitoxin, *in* T-00474
7246-07-3 Actinoquinol sodium, *in* E-00171
7246-20-0 ▷Triclofos sodium, *in* T-00450
7246-21-1 ▷Sodium tyropanoate, *in* T-00581
7247-57-6 ▷Heteronium bromide, *in* H-00036
7248-21-7 Iprazochrome, I-00156
7248-28-4 ▷Strychnine N-oxide, *in* S-00167
7254-33-3 1*H*-Pyrazolo[3,4-*d*]pyrimidine-4,6(5*H*,7*H*)-dione; 1*H*-*form*, 1,5-Di-Me, *in* P-00564
7257-29-6 ▷Calebassine, C-00016
7261-97-4 ▷Dantrolene, D-00012
7262-00-2 Quinazosin hydrochloride, *in* Q-00014
7262-75-1 Lefetamine, *in* D-00492
7267-92-7 Aristolochic acid III, *in* H-00160
7270-12-4 Cloquinate, *in* C-00284
7273-99-6 Gamfexine, G-00009
7280-37-7 Piperazine estrone sulfate, *in* O-00031
7281-04-1 ▷Benzyldimethyldodecylammonium(1+); Bromide, *in* B-00113
7281-31-4 Vinglycinate sulfate, *in* V-00032
7295-76-3 3-Methoxypyridine, *in* H-00209
7296-58-4 Xylose; *α*-L-*Pyranose*-*form*, *in* X-00024
7297-25-8 Erythrityl tetranitrate, *in* E-00114
7298-73-9 ▷*N*-Methylphenacetin, *in* E-00161
7303-78-8 Imidoline, I-00035
7303-80-2 Allantoin; (*R*)-*form*, *in* A-00123
7313-86-2 Cyclazocine; (−)-*form*, *in* C-00588
7324-96-1 4,4′-Diaminodiphenyl sulfone; *N*,*N*′-Di-Me, *in* D-00129
7327-87-9 ▷Nepresol, *in* D-00277
7331-08-0 Phosphoserine, P-00220
7332-27-6 Amcinafide, A-00176
7335-26-4 2-Methoxybenzoic acid; Et ester, *in* M-00196
7336-44-9 ▷N-Methyldemecolcine, *in* D-00062
7348-26-7 ▷3-Quinuclidinol; (±)-*form*, Benzoyl; B,HCl, *in* Q-00035
7349-46-4 ▷Mitotenamine; B,HCl, *in* M-00406
7359-91-3 2-Demethyldemecolcine, *in* D-00062
7361-61-7 ▷Xylazine, X-00021
7380-29-2 Cyclizine; B,2HCl, *in* C-00595
7388-03-6 Nifenalol; (*R*)-*form*, B,HCl, *in* N-00111
7395-90-6 1-(2-Dimethylaminoethyl)-1-phenylindene, D-00413
7409-09-8 4-Aminobenzoic acid; *N*-Et, *in* A-00216
7413-36-7 Nifenalol; (±)-*form*, *in* N-00111
7414-83-7 ▷Calcimux, *in* H-00132
7414-95-1 ▷Ponsital, *in* I-00028
7416-34-4 ▷Molindone, M-00423
7421-40-1 ▷Carbenoxolone sodium, *in* G-00072
7424-00-2 ▷2-Amino-3-(4-chlorophenyl)propanoic acid; (±)-*form*, *in* A-00226
7432-25-9 ▷Etaqualone, E-00140
7433-09-2 Cyprolidol, C-00649
7433-10-5 Butidrine, B-00403
7446-20-0 ▷Zinc sulfate; Heptahydrate, *in* Z-00018
7447-40-7 ▷Potassium chloride, P-00391
7455-39-2 Fonazine mesylate, *in* D-00396
7456-24-8 ▷Dimethothiazine, D-00396
7460-12-0 Pseudoephedrine sulfate, *in* M-00221
7481-89-2 2′,3′-Dideoxycytidine, D-00220
7483-09-2 Mesabolone, M-00130
7487-81-2 ▷Isomethadone; (*S*)-*form*, B,HCl, *in* I-00193
7487-88-9 ▷Magnesium sulfate, M-00010
7488-56-4 ▷Selenium sulfide, S-00037
7488-76-8 Anazolene, A-00379
7488-92-8 ▷Ketocainol, K-00015
7488-99-5 *α*-Carotene, C-00087
7489-66-9 Tipindole, T-00313
7491-42-1 1-(Hydroxymethyl)cyclohexaneacetic acid, H-00158
7492-29-7 ▷Clazolam, C-00411
7492-32-2 ▷Isopropamide(1+), I-00199
7493-90-5 Threitol, T-00219
7516-60-1 4-Sulfobenzoic acid; Dichloride, *in* S-00217
7518-35-6 ▷Mannosulfan, *in* M-00018
7527-91-5 Acrisorcin, *in* H-00071
7527-94-8 3-[(4-Aminophenyl)sulfonyl]-1,3-diphenyl-1-propanone, A-00311
7528-13-4 Carperidine, C-00092
7529-23-9 Tris(2-hydroxyethyl)amine; *N*-Oxide, *in* T-00536
7541-30-2 Mesuprine, M-00142
7542-37-2 ▷Paromomycin, P-00039
7554-16-7 Benzoquinonium(2+), B-00096
7558-79-4 ▷Sodium phosphate dibasic, *in* P-00219
7558-80-7 ▷Sodium phosphate monobasic, *in* P-00219
7559-04-8 ▷*α*-Tocopherolquinone, *in* T-00337
7564-03-6 SD 270-07, *in* O-00090
7568-93-6 ▷2-Amino-1-phenylethanol, A-00304
7585-89-9 2′-Deoxy-5-fluorouridine; 3′,5′-Ditosyl, *in* D-00079
7598-91-6 5-Hydroxy-2-methyl-3-indolecarboxylic acid; Et ester, *in* H-00163
7601-55-0 ▷Metocurine iodide, *in* C-00309
7617-74-5 3-(Dodecyloxy)propylamine, *in* A-00319
7618-86-2 *N*,*N*,*N*-Trimethyl-2-furanmethanaminium(1+), *in* F-00282
7619-17-2 2-Amino-1-(3-hydroxyphenyl)-1-propanol, A-00274
7632-00-0 ▷Sodium nitrite, S-00089
7635-51-0 ▷3-Methyl-2-phenylmorpholine; (2*S*,3*S*)-*form*, *N*-Me; B,HCl, *in* M-00290
7642-64-0 Nandrolone furylpropionate, *in* H-00185
7644-67-9 ▷Azotomycin, A-00531
7646-79-9 ▷Cobaltous chloride, C-00522
7646-85-7 ▷Zinc chloride, Z-00016
7647-14-5 ▷Sodium chloride, S-00085
7647-17-8 ▷Caesium chloride, C-00007
7648-98-8 Ambenonium(2+), A-00167
7654-03-7 ▷Benmoxin, B-00055
7660-71-1 ▷Mesuprine hydrochloride, *in* M-00142
7681-11-0 ▷Potassium iodide, P-00392

7681-14-3 Prednisolone *tert*-butylacetate, *in* P-00412
7681-49-4 ▷Sodium fluoride, S-00087
7681-76-7 ▷Ronidazole, R-00084
7681-78-9 Mebezonium iodide, *in* M-00034
7681-79-0 Etafedrine, E-00133
7681-80-3 1,1-Dimethyl-4-[(3-methyl-1-oxo-2-phenylpentyl)-oxy]piperidinium sulfate, *in* P-00091
7681-82-5 ▷Sodium iodide, S-00088
7681-93-8 ▷Pimaricin, P-00253
7683-59-2 ▷Isoprenaline, I-00198
7685-23-6 Gitoxin 3′,3″,3‴,4‴,16-pentaformate, *in* T-00474
7689-03-4 ▷Camptothecin; (*S*)-*form*, *in* C-00024
7696-00-6 Mitotenamine, M-00406
7696-12-0 ▷Tetramethrin, T-00143
7698-93-3 Estradiol hemisuccinate, *in* O-00028
7698-97-7 ▷5-Ethyl-6-methyl-4-phenyl-3-cyclohexene-1-carboxylic acid, E-00205
7700-17-6 ▷Crotoxyphos; (±)-(*E*)-*form*, *in* C-00571
7701-65-7 Metalol, M-00148
7704-67-8 Erythromix *V*, *in* E-00115
7705-08-0 ▷Ferric chloride, F-00087
7706-67-4 3-(2,4-Dimethoxyphenyl)-2-butenoic acid, D-00400
7712-50-7 ▷Myrtecaine, M-00478
7716-60-1 3-(Ethylamino)-1,2-benzisothiazole, *in* A-00214
7720-78-7 ▷Ferrous sulfate, F-00094
7722-44-3 ▷Colistin, C-00536
7722-64-7 ▷Potassium permanganate, *in* P-00127
7722-84-1 ▷Hydrogen peroxide, H-00100
7724-76-7 *N*-(3-Methyl-2-butenyl)adenosine, M-00234
7724-88-1 Estradiol propoxyphenylpropionate, *in* O-00028
7727-43-7 ▷Barium sulfate, B-00014
7732-97-0 Estradiol dienanthate, *in* O-00028
7733-02-0 ▷Zinc sulfate, Z-00018
7743-96-6 Dexamethasone 21-(3,6,9-trioxaundecanoate), *in* D-00111
7757-82-6 ▷Sodium sulfate, S-00090
7757-87-1 Magnesium phosphate, M-00009
7758-11-4 Potassium phosphate dibasic, *in* P-00219
7758-98-7 ▷Cupric sulfate, C-00576
7758-99-8 ▷Cupric sulfate; Pentahydrate, *in* C-00576
7761-45-7 ▷2,4-Diamino-5-(3,4-dichlorophenyl)-6-methyl-pyrimidine, D-00124
7761-75-3 Furterene, F-00300
7761-88-8 ▷Silver nitrate, S-00068
7772-98-7 ▷Sodium thiosulfate, S-00091
7775-11-3 ▷Sodium chromate, S-00086
7778-43-0 ▷Sodium arsenate, S-00083
7778-77-0 Potassium phosphate, monobasic, *in* P-00219
7780-04-3 1-Amino-2-propanol; (±)-*form*, B,HCl, *in* A-00318
7782-63-0 ▷Melanterite, *in* F-00094
7783-47-3 ▷Stannous fluoride, S-00137
7789-04-0 ▷Chromic phosphate, C-00311
7791-11-9 ▷Rubidium chloride, R-00103
7791-12-0 ▷Thallous chloride, T-00160
7791-13-1 ▷Cobaltous chloride; Hexahydrate, *in* C-00522
7793-27-3 Dexamethasone; 21-Sulfate, *in* D-00111
8000-10-0 Theophylline sodium glycinate, *in* T-00169
8011-96-9 Calamine, C-00011
8012-34-8 ▷Mercurophylline sodium, *in* C-00067
8024-48-4 Casanthranol, C-00107
8025-81-8 ▷Spiramycin, *in* F-00249
8027-38-1 Belladonna (Extract), B-00030
8029-68-3 Ichthammol, I-00010
8031-14-9 Oxychlorosene, O-00148
8042-21-5 Jovanyl, *in* C-00289
8049-47-6 Pancreatin, P-00010
8050-81-5 Simethicone, *in* D-00390
8052-16-2 ▷Actinomycin *C*, A-00054
8056-63-1 Theophylline piperazine, *in* T-00169
8058-76-2 Ulcyn, *in* E-00047
8059-09-4 Theophylline dihydroxyephedrine, *in* T-00169
8061-51-6 ▷Polignate sodium, *in* L-00048
8062-15-5 Lignosulfonic acid, L-00048
8063-24-9 Acriflavinium chloride, *in* D-00120
8063-26-1 Dextriferron, *in* D-00114
8063-28-3 Ribaminol, R-00036
8063-91-0 Mirincamycin hydrochloride, *in* M-00393
8068-28-8 ▷Colistimethate sodium, *in* C-00536
9000-90-2 Alpha Amylase, A-00147
9000-94-6 Antithrombin III, A-00417
9000-99-1 Brinolase, B-00273
9001-00-7 ▷Bromelains, B-00287
9001-01-8 Kallikrein, K-00003
9001-09-6 Chymopapain, C-00315
9001-24-5 Factor *V*, F-00001
9001-25-6 Factor *VII*, F-00002
9001-27-8 Factor *VIII*, F-00003
9001-28-9 ▷Factor *IX*, F-00004
9001-29-0 Factor *X*, F-00005
9001-30-3 Factor *XII*, F-00006
9001-32-5 Fibrinogen, F-00103
9001-54-1 ▷Hyaluronidase, H-00092
9001-62-1 Pancrelipase, P-00011
9001-73-4 ▷Papain, P-00018
9001-74-5 Penicillinase, P-00067
9001-90-5 Plasmin, P-00370
9002-01-1 ▷Streptokinase, S-00160
9002-04-4 ▷Thrombin, T-00221
9002-07-7 ▷Trypsin, T-00565
9002-60-2 ▷Corticotrophin, C-00547
9002-61-3 ▷Gonadotropin, G-00080
9002-64-6 ▷Parathyrin, P-00030
9002-67-9 ▷Lutropin, L-00118
9002-68-0 ▷Follitropin, F-00238
9002-70-4 Serum gonadotrophin, S-00053
9002-71-5 ▷Thyrotrophin, T-00232
9002-79-3 Intermedin, I-00086
9002-81-7 Polyoxymethylene, *in* F-00244
9003-39-8 ▷Povidone, P-00393
9003-97-8 Polycarbophil, P-00382
9004-07-3 ▷Chymotrypsin, C-00316
9004-10-8 ▷Insulin, I-00076
9004-34-6 Cellulose, C-00165
9004-35-7 Cellulose acetate, *in* C-00165
9004-53-9 ▷Dextrin, D-00114
9004-54-0 ▷Dextran, D-00113
9004-70-0 ▷Nitrocellulose, *in* C-00165
9005-32-7 ▷Alginic acid, A-00115
9005-49-6 ▷Heparin, H-00026
9005-80-5 Inulin, I-00089
9005-82-7 Starch; *Unbranched-form*, *in* S-00140
9006-65-9 Dimethicone, D-00390
9007-12-9 ▷Calcitonin, C-00013
9007-83-4 Globulin, Immune, G-00049
9007-92-5 ▷Glucagon, G-00051
9008-05-3 Histoplasmin, H-00079
9008-11-1 Interferon, I-00079
9009-29-4 Polyferose, P-00383
9009-65-8 ▷Protamine sulfate, *in* P-00531
9010-01-9 Sodium amylosulfate, *in* S-00140
9010-34-8 Thyroglobulin, T-00228
9011-02-3 Policresulen, *in* D-00216
9011-04-5 ▷Hexadimethrine bromide, *in* T-00148
9011-05-6 ▷Polynoxylin, P-00385
9011-93-2 ▷Lysostaphin, L-00123
9011-97-6 Cholecystokinin, C-00304
9012-00-4 ▷Protamines, P-00531
9012-54-8 Cellulase, C-00164
9013-56-3 Factor *XIII*, F-00007
9014-02-2 ▷Neocarzinostatin, N-00067
9014-67-9 Aloxiprin, A-00144
9015-68-3 ▷Asparaginase, A-00458
9015-71-8 Corticoliberin, C-00545
9015-73-0 ▷Colextran, *in* D-00113
9016-01-7 ▷Orgotein, O-00056
9031-11-2 ▷Tilactase, T-00271
9032-37-5 Cellulose xanthate, *in* C-00165
9034-40-6 ▷Luteinizing hormone-releasing factor, L-00116
9034-47-3 Prolactostatin, P-00470
9037-22-3 Starch; *Branched-form*, *in* S-00140
9039-53-6 ▷Urokinase, U-00016
9039-61-6 ▷Batroxobin, B-00017

9041-08-1 Heparin sodium, *in* H-00026
9041-92-3 α_1-Antitrypsin, A-00418
9046-56-4 ▷Ancrod, A-00381
9050-67-3 Schizophyllan, S-00030
9060-10-0 ▷Bleomycin B_2, B-00246
9060-11-1 Bleomycin B_4, B-00245
9062-60-6 Gramicidins *A-D*; Gramicidin *B*, *in* G-00084
9062-61-7 Gramicidins *A-D*; Gramicidin *C*, *in* G-00084
9063-57-4 Tuftsin, T-00574
9083-38-9 Melanostatin, M-00074
9087-70-1 ▷Aprotinin, A-00432
10001-13-5 Pexantel, P-00133
10001-43-1 ▷Pimefylline, P-00254
10004-67-8 Amantocillin, A-00164
10008-75-0 ▷2,3-Dimercaptobutanedioic acid; (2*R**,3*R**)-*form*, *in* D-00384
10018-19-6 Stypticin, *in* C-00552
10023-54-8 Aminoquinol, A-00331
10024-97-2 ▷Nitrous oxide, N-00189
10025-70-4 ▷Strontium chloride; Hexahydrate, *in* S-00165
10025-73-7 ▷Chromic chloride, C-00310
10025-82-8 ▷Indium chloride, I-00059
10030-93-0 Pyridoxine; Tri-Ac, *in* P-00582
10034-99-8 Epsonite, *in* M-00010
10038-83-2 [4,4′-Biphenylenebis(sulfonyliminoethylene)]-bis-(trimethylammonium)(2+), B-00178
10040-34-3 Bis(4-hydroxyphenyl)(2-pyridyl)methane; Bis-(hydrogen sulfate) ester, *in* B-00221
10040-45-6 ▷Sodium picosulfate, *in* B-00221
10041-19-7 Bis(2-ethylhexyl)sulfosuccinic acid, B-00210
10042-76-9 ▷Strontium nitrate, S-00166
10043-35-3 ▷Boric acid, B-00254
10054-05-4 2,2′-(1,2-Ethanediyldiimino)bis(1-butanol); (*R*,*R*)-*form*, *in* E-00148
10054-05-4 2,2′-(1,2-Ethanediyldiimino)bis(1-butanol); (*R*,*R*)-*form*, B,2HCl, *in* E-00148
10058-07-8 ES 902, *in* P-00254
10059-14-0 Prednisolone sodium tetrahydrophthalate, *in* P-00412
10061-32-2 Levophenacylmorphan, L-00039
10065-57-3 ▷Asaphan; (2*S*,2′*S*)-*form*, *in* A-00453
10066-29-2 2,6-Dimethylpiperidine; (2*RS*,6*RS*)-*form*, *in* D-00448
10072-48-7 Acefurtiamine, A-00010
10075-24-8 Tofranil-PM, *in* I-00040
10075-36-2 Isoaminile; Cyclamate (1:1), *in* I-00177
10078-46-3 Roletamide, R-00074
10085-81-1 ▷Benzoctamine hydrochloride, *in* B-00090
10087-89-5 ▷Enpromate, E-00066
10104-00-4 Metaterol; (±)-*form*, *in* M-00151
10116-22-0 Demegestone, D-00063
10118-85-1 α-Dehydrobiotin, D-00048
10118-90-8 ▷Minocycline, M-00387
10123-16-7 10,11-Dihydro-5*H*-dibenzo[*a*,*d*]cycloheptene-5-carboxylic acid; Tropine ester; B,HCl, *in* D-00282
10124-48-8 ▷Mercury amide chloride, M-00124
10139-05-6 1-Amino-2-pyrrolidinecarboxylic acid; (*R*)-*form*, *in* A-00328
10139-98-7 ▷BS 7020a, *in* D-00087
10139-99-8 Decitropine; Maleate (1:1), *in* D-00038
10161-33-8 Trenbolone, T-00410
10161-34-9 Trenbolone acetate, *in* T-00410
10164-73-5 9,11,15-Trihydroxyprost-13-enoic acid; (8*R*,9*R*,11*R*,13*E*,15*S*)-*form*, *in* T-00484
10169-34-3 Mitomycin D, *in* P-00388
10172-02-8 Fangchinoline; (−)-*form*, *in* F-00017
10172-60-8 Benzethonium(1+), B-00079
10173-02-1 Silital, *in* C-00249
10180-86-6 Angustibalin, *in* H-00024
10182-84-0 Diphenyliodonium(1+), D-00495
10182-92-0 Trimethyltetradecylammonium(1+), T-00512
10189-94-3 Bepiastine, B-00133
10191-01-2 Euparotin, E-00273
10199-59-4 1*H*-Pyrazole-1-carboxylic acid; Et ester, *in* P-00563
10202-40-1 Flutizenol, F-00229
10206-21-0 Cephacetrile, C-00170
10210-36-3 ▷Sodium aurotiosulfate, S-00084
10212-25-6 ▷Ancitabine hydrochloride, JAN, *in* C-00600
10213-91-9 Butaperazine; Maleate, *in* B-00394
10215-89-1 Euparotin acetate, *in* E-00273
10226-54-7 Lomifylline, L-00081
10236-81-4 Prifinium(1+), P-00430
10238-21-8 ▷Glibenclamide, G-00032
10246-75-0 Equipose, *in* H-00222
10262-69-8 ▷Maprotiline, M-00021
10268-69-6 2-Aminobenzoic acid; Ph ester, *in* A-00215
10308-44-8 ▷Pregnane-3,20-diamine; (3β,5α,20*S*)-*form*, *N*-Hexa-Me, dichloride, *in* P-00416
10309-37-2 ▷Bakuchiol; (*S*)-(*E*)-*form*, *in* B-00006
10309-44-1 Bakuchiol; (*S*)-(*E*)-*form*, Me ether, *in* B-00006
10310-32-4 Ethyl 3,5,6-tri-*O*-benzylglucofuranoside; D-*form*, *in* E-00224
10311-24-7 3-(Diacetylamino)-2,4,6-triiodobenzoic acid, *in* A-00340
10318-26-0 ▷1,6-Dibromo-1,6-dideoxygalactitol, D-00163
10321-12-7 Propizepine, P-00508
10322-18-6 3,7,12-Trihydroxy-24-cholanoic acid; (3β,5β,7β,12α)-*form*, *in* T-00475
10322-73-3 ▷Estrofurate, E-00129
10326-41-7 2-Hydroxypropanoic acid; (*R*)-*form*, *in* H-00207
10328-33-3 *N*-Ethyl-*N*,*N*-dimethyl-1-hexadecanaminium, E-00182
10328-35-5 Benzyldimethyldodecylammonium(1+), B-00113
10329-60-9 Dioxifedrine, D-00477
10331-57-4 ▷Niclofolan, N-00092
10343-71-2 2′-Deoxy-5-fluorouridine; 5′-Trityl, *in* D-00079
10347-81-6 ▷Maprotiline hydrochloride, *in* M-00021
10350-81-9 ▷Amopyroquine; B,2HCl, *in* A-00358
10351-50-5 Leniquinsin, L-00023
10355-14-3 Boxidine, B-00263
10369-25-2 Xylose; α-D-*Pyranose-form*, 2,3,4-Tri-Ac, *in* X-00024
10371-86-5 ▷9-Methoxyellipticine, M-00198
10379-11-0 Nortetrazepam, N-00223
10379-14-3 ▷Tetrazepam, T-00154
10380-41-3 2-Cyano-3,3-diphenyl-2-propenoic acid, C-00582
10387-49-2 7-Hydroxy-2*H*-1-benzopyran-2-one; Ac, *in* H-00114
10387-50-5 7-(3,3-Dimethylallyloxy)coumarin, *in* H-00114
10389-72-7 ▷Clortermine hydrochloride, *in* C-00271
10389-73-8 1-(2-Chlorophenyl)-2-methyl-2-propylamine, C-00271
10397-75-8 ▷Iocarmic acid, I-00093
10400-19-8 3-Pyridinecarboxylic acid; Chloride, *in* P-00571
10402-53-6 ▷Eftapan, *in* E-00091
10402-90-1 Eprazinone, E-00091
10403-51-7 Mitindomide, M-00398
10405-02-4 ▷Trospium chloride, *in* T-00558
10414-81-0 2′-Amino-2′-deoxyadenosine, A-00233
10418-03-8 Stanozolol, S-00139
10423-37-7 ▷Citenamide, *in* D-00158
10424-65-4 ▷Tetramethylammonium(1+); Hydroxide, *in* T-00144
10433-71-3 Tiametonium iodide, *in* T-00237
10438-10-5 Cycleanine; (±)-*form*, *in* C-00590
10447-38-8 ▷Quifenadine; (±)-*form*, B,HCl, *in* Q-00006
10447-39-9 Quifenadine, Q-00006
10448-84-7 ▷Nitromifene, N-00182
10448-96-1 7α-Methylestrone, *in* O-00031
10453-86-8 ▷Resmethrin, R-00031
10457-66-6 2-(3,7-Dimethyl-2,6-octadienyl)-1,4-benzenediol, D-00438
10457-90-6 Bromperidol, B-00324
10457-91-7 Clofluperol, C-00460
10458-04-5 ▷Synopen, *in* H-00019
10470-42-5 Bakuchiol; (*S*)-(*E*)-*form*, 3,5-Dinitrobenzyl, *in* B-00006
10476-85-4 ▷Strontium chloride, S-00165
10488-36-5 ▷Tofenacin hydrochloride, *in* T-00339
10489-23-3 Tioctilate, *in* T-00193
10500-82-0 Famotine hydrochloride, *in* F-00014
10502-58-6 H 3608, *in* E-00063
10504-35-5 Ascorbic acid; D-*form*, *in* A-00456

10505-26-7 1*H*-Pyrazolo[3,4-*d*]pyrimidine-4,6(5*H*,7*H*)-dione; 2*H-form*, 2,5,7-Tri-Me, *in* P-00564
10524-82-0 Promolate; B,HCl, *in* P-00480
10532-59-9 Fasciolid, *in* H-00142
10539-14-7 2-Amino-4,6-dibromophenol, A-00239
10539-19-2 Moxaverine, M-00461
10540-29-1 ▷Tamoxifen; (*Z*)-*form*, *in* T-00023
10540-97-3 Memotine hydrochloride, *in* M-00085
10549-91-4 Meclorisone dibutyrate, *in* M-00049
10563-70-9 ▷Melitracen hydrochloride, *in* M-00081
10563-71-0 ▷Litracen; B,HCl, *in* L-00061
10565-75-0 ▷Prindamine; (±)-*form*, B,HCl, *in* P-00438
10567-22-3 2,3-Dihydroxy-1-octadecyloxypropane; (*S*)-*form*, *in* D-00337
10571-59-2 Nicoclonate, N-00094
10572-34-6 2-Cyclohexyl-4-iodo-3,5-dimethylphenol, C-00615
10590-85-9 Trichocarpin, *in* D-00316
10592-65-1 Quingestanol, Q-00024
10596-23-3 Dichloromethylenebisphosphonic acid, D-00194
11003-38-6 Capreomycin, C-00031
11005-98-4 ▷Destomycins; Destomycin *B*, *in* D-00103
11006-14-7 ▷Erysimosol, *in* T-00478
11006-76-1 ▷Virginiamycin, *in* O-00068
11006-77-2 ▷Statolon, S-00141
11011-72-6 ▷Bluensomycin, B-00247
11014-09-8 Acetylindicine, *in* I-00057
11031-11-1 ▷Phleomycin D_1, *in* B-00246
11031-82-6 ▷Streptovarycin; Streptovaricin *B*, *in* S-00163
11031-85-9 Streptovarycin; Streptovaricin *G*, *in* S-00163
11033-22-0 ▷Coformycin, C-00532
11033-23-1 ▷Cineromycin B, *in* A-00099
11033-34-4 ▷Steffimycin, S-00143
11041-12-6 ▷Cholestyramine resin, C-00307
11043-98-4 ▷Mitocromin, M-00400
11043-99-5 ▷Mitomalcin, M-00403
11048-13-8 ▷Nebramycin, N-00058
11048-15-0 Kalafungin; (+)-*form*, *in* K-00002
11049-05-1 ▷Lactenocin, *in* T-00578
11049-15-3 ▷Tylosin C, *in* T-00578
11054-24-3 Ophiopogonin A, *in* S-00128
11056-20-5 ▷Zorbamycin, Z-00038
11061-68-0 Insulin; Human insulin, INN, BAN, USAN, *in* I-00076
11076-29-2 Pepstatins; Pepstatin *AC*, *in* P-00109
11078-21-0 ▷Filipin, F-00106
11091-62-6 Insulin defalan; Porcine, *in* I-00078
11115-82-5 ▷Enramycin, *in* E-00053
11116-31-7 ▷Bleomycin A_2, B-00243
11116-32-8 ▷Bleomycin A_5, B-00244
12002-30-1 Piperazine calcium edetate, *in* P-00285
12011-77-7 Dihydroxy aluminum sodium carbonate, *in* D-00306
12182-48-8 Glucalox, *in* G-00064
12192-57-3 ▷(1-Thioglucopyranosato)gold; D-*form*, *in* T-00201
12211-28-8 Sutilains, S-00279
12214-50-5 Sodium glucaspaldrate, *in* B-00185
12286-76-9 Ferritose, *in* F-00088
12304-65-3 Hydrotalcite, H-00103
12321-44-7 Calcitonin; Porcine, *in* C-00013
12408-47-8 Simaldrate, S-00072
12607-92-0 ▷Aceglutamide aluminum, *in* A-00012
12629-01-5 Human pituitary growth hormone, H-00090
12650-69-0 ▷Pseudomonic acid *A*, P-00552
12656-40-5 ▷Althiomycin, A-00158
12684-33-2 ▷Sibiromycin, S-00064
12698-99-6 ▷Hachimycin; Trichomycin *A*, *in* H-00001
12699-00-2 Hachimycin; Trichomycin *B*, *in* H-00001
12704-90-4 ▷1-Methylmocimycin, *in* M-00413
12706-94-4 ▷Hikizimycin, H-00075
13002-65-8 ▷Tamoxifen; (*E*)-*form*, *in* T-00023
13007-93-7 ▷Cuproxoline, *in* B-00223
13009-99-9 ▷Mafenide acetate, JAN, *in* M-00002
13010-47-4 ▷Lomustine, L-00083
13013-15-5 Moramide, M-00437
13013-17-7 ▷Propranolol; (±)-*form*, *in* P-00514
13019-52-8 Biopterin; (1′*R*,2′*R*)-*form*, *in* B-00172
13021-53-9 1-*tert*-Butoxy-3-methoxy-2-propanol, B-00422
13026-50-1 ▷2-Amino-1-(3-hydroxyphenyl)ethanol; (±)-*form*, *in* A-00272
13029-44-2 ▷Dienestrol; (*E*,*E*)-*form*, *in* D-00223
13039-62-8 Biopterin; (1′*S*,2′*R*)-*form*, *in* B-00172
13039-82-2 Biopterin; (1′*S*,2′*S*)-*form*, *in* B-00172
13040-98-7 ▷Bronco-Was, *in* G-00097
13042-18-7 ▷Fendiline, F-00044
13045-94-8 ▷Melphalan; (*R*)-*form*, *in* M-00084
13050-83-4 (3-Phenoxypropyl)guanidine, P-00173
13051-01-9 ▷Carbazochrome salicylate, *in* A-00077
13052-92-1 Anaesthaminol, *in* A-00263
13053-82-2 2-Aminothiazole; *N*-Benzoyl, *in* A-00336
13055-58-8 5-Cyano-5*H*-dibenzo[*a*,*d*]cycloheptene, *in* D-00158
13055-82-8 ▷Reproterol hydrochloride, *in* R-00026
13057-72-2 7-Hydroxyisoflavone, H-00144
13058-67-8 ▷Lucensomycin, L-00112
13061-27-3 Genpiral, *in* S-00195
13071-11-9 Dexpropranolol hydrochloride, *in* P-00514
13074-00-5 ▷Azastene, A-00511
13085-08-0 Mazipredone, M-00030
13087-53-1 ▷Meglumine iotalamate, JAN, *in* I-00140
13093-88-4 ▷Perimetazine, P-00122
13103-34-9 Boldenone undecylenate, *in* H-00108
13130-23-9 3,5-Dibromo-2-methoxybenzoic acid, *in* D-00165
13134-49-1 Dimethylaminopyrazine; 4-Oxide, *in* D-00421
13157-90-9 Benzquercin, *in* P-00082
13171-25-0 ▷Trimetazidine hydrochloride, JAN, *in* T-00497
13182-87-1 Metronidazole hydrogen succinate, *in* M-00344
13182-89-3 Metronidazole benzoate, *in* M-00344
13187-06-9 BP 400, *in* P-00257
13221-27-7 Tribuzone, T-00430
13237-70-2 Fosmenic acid, F-00256
13242-44-9 ▷Captamine hydrochloride, *in* A-00252
13246-02-1 ▷Febarbamate, F-00022
13254-33-6 ▷Carpronium chloride, *in* C-00100
13283-82-4 Glycopyrronium(1+), G-00070
13289-18-4 ▷Hellebrin, *in* T-00477
13292-46-1 ▷Rifampicin, R-00045
13309-41-6 Carbolonium(2+), C-00055
13311-84-7 ▷Flutamide, F-00224
13329-35-6 Norbutrine; (±)-*form*, B,HCl, *in* N-00210
13334-71-9 1-Chloro-4-methoxy-2-methylbenzene, *in* C-00256
13345-50-1 ▷15-Hydroxy-9-oxo-5,10,13-prostatrien-1-oic acid; (5*Z*,8*R*,12*S*,13*E*,15*S*)-*form*, *in* H-00187
13352-70-0 ▷KSW 788, *in* C-00451
13355-00-5 ▷Melarsonyl potassium, *in* M-00076
13362-26-0 2-Amino-3-pyridinecarboxylic acid; Et ester, *in* A-00326
13364-32-4 ▷Clobenzorex, C-00435
13369-07-8 Sulfatrozole, S-00213
13370-80-4 3-Pyridinecarboxaldehyde; Semicarbazone, *in* P-00569
13392-18-2 ▷Fenoterol, F-00064
13392-25-1 Orciprenaline; (±)-*form*, *in* O-00053
13392-28-4 1-(1-Adamantyl)ethylamine, A-00063
13398-52-2 Nu-1779, *in* P-00460
13402-51-2 ▷Tibenzate, *in* T-00193
13405-77-1 Methiomeprazine, M-00182
13409-28-4 Podilfen; (±)-*form*, B,2HCl, *in* P-00375
13409-53-5 Podilfen, P-00375
13410-86-1 Aconiazide, A-00046
13411-16-0 ▷Nifurpirinol, N-00128
13412-64-1 ▷Dicloxacillin sodium, *in* D-00214
13422-16-7 Triflocin, T-00459
13422-51-0 Vitamin B_{12b}, V-00061
13422-52-1 Vitamin B_{12a}, V-00060
13422-55-4 Methylcobalamin, M-00241
13425-92-8 4-Amino-6,7-dimethoxyquinoline, A-00250
13425-98-4 ▷Improsulfan, *in* I-00037
13438-65-8 2-Amino-3-pyridinecarboxylic acid; Amide, *in* A-00326
13445-12-0 Iobutoic acid, I-00092
13445-63-1 Itramin tosylate, *in* A-00254
13447-95-5 4-Pyridinecarboxylic acid 2-(sulfomethyl)hydrazide, *in* I-00195

13448-22-1 ▷Clorotepine, C-00501
13456-08-1 ▷Bitipazone, B-00240
13460-98-5 ▷Theodrenaline, T-00167
13461-01-3 Aceprometazine, A-00016
13463-41-7 ▷Bis(1-hydroxy-2(1*H*)-pyridinethionato-*O*,*S*)zinc, *in* P-00574
13463-67-7 ▷Titanium dioxide, T-00326
13465-41-3 Permanganic acid, P-00127
13470-05-8 Strontium nitrate; Tetrahydrate, *in* S-00166
13471-78-8 Chlorothiamine, *in* B-00025
13472-75-8 2-Aminothiazole; *N*-Et, *in* A-00336
13472-99-6 2-Aminothiazole; *N*-Di-Et, *in* A-00336
13473-38-6 ▷Pipenzolate(1+), P-00279
13473-61-5 Methylbenactyzium(1+), M-00227
13479-13-5 Pargeverine, P-00035
13492-01-8 ▷Tranylcypromine sulfate, *in* P-00186
13495-09-5 Piminodine, P-00260
13501-04-7 Buban, *in* B-00359
13523-86-9 ▷Pindolol, P-00270
13539-59-8 ▷Azapropazone, A-00507
13551-87-6 ▷Misonidazole, M-00395
13563-60-5 Norgesterone, N-00215
13580-23-9 3-Methyl-2-phenylmorpholine; (2*RS*,3*SR*)-*form*, *in* M-00290
13583-21-6 4-Chloro-17-hydroxyestr-4-en-3-one; 17*β*-*form*, *in* C-00242
13589-71-4 2-Cyano-6-methylphenol, *in* H-00155
13609-67-1 ▷Hydrocortisone butyrate, *in* C-00548
13614-98-7 ▷Minocycline hydrochloride, *in* M-00387
13642-52-9 ▷Soterenol, S-00107
13647-35-3 ▷Trilostane, T-00489
13655-52-2 ▷Alprenolol, A-00151
13657-24-4 Norbiline, *in* D-00512
13665-88-8 ▷Mopidamol, M-00433
13669-70-0 ▷Nefopam, N-00063
13674-05-0 ▷1-(3-Methoxy-4,5-methylenedioxyphenyl)-2-propylamine, M-00201
13682-92-3 (Glycinato-*N*,*O*)dihydroxyaluminum, G-00067
13696-15-6 Benzopyrronium bromide, *in* B-00095
13698-16-3 *N*,*N*-Dichlorourethane, *in* E-00177
13698-49-2 Delmadinone acetate, *in* D-00054
13699-29-1 Methoxamine; (−)-*form*, *in* M-00194
13707-88-5 ▷Alprenolol hydrochloride, *in* A-00151
13710-19-5 ▷Tolfenamic acid, T-00349
13717-04-9 ▷Propiram fumarate, *in* P-00505
13718-28-0 Sodium pertechnetate, *in* P-00130
13739-02-1 ▷Diacerein, *in* D-00309
13739-04-3 4,5-Dihydroxyanthraquinone-2-carboxylic acid; Di-Ac, Me ester, *in* D-00309
13741-18-9 Xibornol, X-00013
13752-33-5 ▷Panidazole, P-00013
13754-56-8 ▷Prothanon, *in* P-00478
13755-38-9 ▷Sodium nitroferricyanide, *in* P-00083
13757-97-6 Quinterenol, Q-00033
13758-23-1 Quinterenol sulfate, *in* Q-00033
13799-03-6 Protizinic acid, P-00539
13804-47-2 Benzoin; (±)-*form*, 2,4-Dinitrophenylhydrazone, *in* B-00093
13838-08-9 Azidamfenicol; (1*R*,2*R*)-*form*, *in* A-00519
13838-16-9 ▷2-Chloro-1-(difluoromethoxy)-1,1,2-trifluoroethane, C-00230
13862-07-2 ▷2-(Diphenylmethyl)-1-piperidineethanol, D-00499
13867-82-8 Cloxotestosterone acetate, *in* H-00111
13870-90-1 Coenzyme B_{12}, C-00529
13877-99-1 ▷Minepentate, M-00385
13878-10-9 4-(2-Chlorobenzyl)-5-oxo-4-phenylhexanoic acid; (−)-*form*, *in* C-00220
13878-16-5 4-(2-Chlorobenzyl)-5-oxo-4-phenylhexanoic acid, C-00220
13885-31-9 Orestrate, O-00055
13889-98-0 Piperazine; *N*-Ac, *in* P-00285
13890-14-7 4-Guanidinobutanoic acid; B,HCl, *in* G-00110
13898-58-3 4-(Benzamido)salicylic acid, *in* A-00264
13900-14-6 Dodecyldimethyl-2-phenoxyethylammonium(1+), D-00567
13909-09-6 ▷Semustine, S-00041
13912-77-1 Octacaine, O-00005
13912-80-6 2-Butoxyethyl 3-pyridinecarboxylate, B-00421
13925-12-7 ▷1-Hydroxy-6-methoxyphenazine 5,10-dioxide, H-00152
13929-35-6 ▷Rifamycin *B*, R-00047
13930-34-2 Clormecaine, *in* A-00224
13931-64-1 Procymate, P-00456
13931-73-2 *N*-(1-Phenylheptyl)-3-pyridinecarboxamide, P-00190
13931-75-4 ▷Phenmetrazine teoclate, *in* M-00290
13946-02-6 Iproheptine, *in* M-00257
13954-21-7 Barbaloin; Hepta-Me ether, *in* B-00013
13957-36-3 Meladrazine, M-00073
13957-38-5 Hydrobentizide, *in* B-00103
13958-40-2 Oxiramide; *cis*-*form*, *in* O-00118
13977-28-1 ▷Bromadryl, *in* E-00033
13977-33-8 Demelverine, *in* D-00491
13980-94-4 ▷2-(3-Chlorophenyl)-3-methyl-2,3-butanediol, C-00267
13980-98-8 HT 1479, *in* D-00395
13997-19-8 Methyl benzoquate, M-00232
14002-33-6 3,3′-Iminobis-1-propanol, I-00037
14007-49-9 ▷Ambutonium(1+), A-00175
14007-53-5 Fenpipramide; B,HCl, *in* F-00070
14007-64-8 Butethamate, B-00399
14008-14-1 2,2-Bis[4-(acetyloxy)phenyl]-2*H*-1,4-benzoxazin-3(4*H*)-one, *in* B-00234
14008-44-7 ▷Metopimazine, M-00332
14008-46-9 ▷Pinoxepin hydrochloride, *in* P-00272
14008-60-7 2-Hydroxy-3-methylbenzamide, *in* H-00155
14008-66-3 Pinoxepin; (*Z*)-*form*, *in* P-00272
14008-71-0 Xanthiol, X-00004
14008-79-8 Clobenztropine; B,HCl, *in* C-00436
14009-24-6 Drotaverine, D-00611
14019-10-4 Methadol; (3*S*,6*S*)-*form*, *in* M-00162
14028-44-5 ▷Amoxapine, A-00362
14028-67-2 1,2,3,4-Tetrahydroisoquinoline; *N*-Ac, *in* T-00120
14051-33-3 Benzetimide, B-00080
14055-89-1 Isobucaine, I-00179
14058-90-3 Metazamide, M-00153
14066-69-4 Formaldehyde; Semicarbazone, *in* F-00244
14066-79-6 Chloroprednisone acetate, *in* C-00232
14075-13-9 Carpronium(1+), C-00100
14079-08-4 Dibatod, D-00153
14088-71-2 Proclonol, P-00453
14089-84-0 Proxibutene, P-00547
14099-81-1 ▷1,2,3,4-Tetrahydroisoquinoline; B,HCl, *in* T-00120
14107-37-0 ▷3*α*,21-Dihydroxypregnane-11,20-dione, *in* H-00200
14110-64-6 Cytochalasin *A*, C-00657
14144-06-0 Trillin, *in* S-00129
14148-99-3 ▷Calmodor, *in* D-00492
14149-43-0 ▷Trimethidinium methosulphate, *in* T-00499
14166-26-8 Taglutimide, T-00003
14173-39-8 2-Amino-3-(4-chlorophenyl)propanoic acid, A-00226
14176-10-4 Cetiedil, C-00183
14176-49-9 Tiletamine, T-00272
14176-50-2 Tiletamine hydrochloride, *in* T-00272
14177-81-2 ▷Diphenhydramine methiodide, *in* M-00064
14191-92-5 ▷Testosterone hexahydrobenzoate, *in* H-00111
14200-62-5 Glucitol; D-*form*, 6-Benzoyl, *in* G-00054
14210-97-0 1,4-Benzenediol; Dibenzoyl, *in* B-00074
14214-84-7 Oxyphenonium(1+), O-00161
14222-46-9 ▷Pyrithidium bromide, *in* P-00589
14222-60-7 ▷Prothionamide, P-00535
14235-86-0 ▷Hydrargaphen, H-00094
14252-80-3 ▷Bupivacaine hydrochloride, *in* B-00368
14255-61-9 Hydroxymethanediphosphonic acid; Di-Na salt, *in* H-00146
14255-87-9 ▷Parbendazole, P-00032
14257-84-2 2-Amino-2-phenylacetic acid; (*R*)-*form*, *N*-Ac, *in* A-00300
14259-53-1 Adigenin, *in* T-00474
14261-75-7 Cloforex, C-00462

14266-22-9 Tretoquinol, T-00418
14271-05-7 Dihydroergocryptine; [5′α(*R*)]-*form*, B,$MeSO_3H$, *in* D-00285
14271-58-0 Tipindole; B,HCl, *in* T-00313
14286-84-1 ▷Halidor, *in* B-00042
14289-25-9 Diproleandomycin, *in* O-00035
14293-44-8 Xipamide, X-00017
14317-18-1 ▷Biligram, *in* I-00115
14318-36-6 Tetrahydro-2*H*-1,3,5-thiadiazine-2-thione; 3,5-*N*-Di-Ph, *in* T-00135
14334-40-8 *N*-(1-Methylethyl)-4,4-diphenylcyclohexanamine, *in* D-00490
14347-92-3 Isomethadol; α-(−)-*form*, *in* I-00192
14347-93-4 Isomethadol; β-(+)-*form*, *in* I-00192
14357-78-9 ▷Diprenorphine, D-00520
14368-24-2 ▷Trocimine, T-00544
14376-16-0 Calcium sulphaloxate, *in* S-00241
14389-86-7 Methyl 2-hydroxybenzoate; Phenyl ether, *in* M-00261
14409-72-4 Nonoxynol 9, N-00206
14417-88-0 ▷Melinamide; (*Z,Z*)-*form*, *in* M-00080
14430-18-3 Yohimbine; (+)-*form*, *O*-Ac; B,HCl, *in* Y-00002
14435-78-0 Leioplegil, *in* L-00020
14437-41-3 ▷Clioxanide, C-00430
14439-61-3 4′-Chlorodiazepam, C-00227
14457-83-1 Nesquehonite, *in* M-00006
14459-29-1 ▷Haematoporphyrin, H-00002
14461-91-7 Cyclazodone, C-00589
14480-84-3 Pexantel; Maleate, *in* P-00133
14484-47-0 ▷Deflazacort, D-00046
14492-32-1 Diclometide; B,HCl, *in* D-00213
14504-73-5 Tritoqualine, T-00541
14516-56-4 Perazine; Maleate (1:2), *in* P-00116
14521-96-1 ▷Etorphine, E-00263
14538-56-8 Piperazine; B,H_3PO_4, *in* P-00285
14546-13-5 Progesterone; (±)-*form*, *in* P-00466
14556-46-8 ▷Bupranolol, B-00369
14558-33-9 4,4-Diphenylcyclohexylamine, D-00490
14559-79-6 Depressin, *in* P-00508
14561-42-3 2-(8-Cyclohexyloctyl)-3-hydroxy-1,4-naphthoquinone, C-00620
14575-59-8 3,5-Diamino-1*H*-1,2,4-triazole; 1-Ph, *in* D-00137
14587-50-9 Difeterol, D-00266
14611-51-9 *N*,α-Dimethyl-*N*-2-propynylphenethylamine; (*R*)-*form*, *in* D-00449
14611-52-0 ▷Eldepryl, *in* D-00449
14613-01-5 Aluminum clofibrate, *in* C-00456
14613-30-0 Magnesium clofibrate, *in* C-00456
14636-12-5 Terlipressin, T-00093
14641-96-4 ▷Atromepine; [3(*S*)-*endo*]-*form*, B,HCl, *in* A-00474
14648-14-7 Normorphine; 3-Me ether; B,HCl, *in* N-00222
14667-47-1 2-Amino-3-pyridinecarboxylic acid; Me ester, *in* A-00326
14679-73-3 ▷Todralazine, T-00338
14686-61-4 ▷N-Formyldemecolcine, *in* D-00062
14698-29-4 ▷Oxolinic acid, O-00131
14728-33-7 Teroxalene, T-00095
14736-31-3 4-Oxo-4*H*-1-benzopyran-2-carboxylic acid; Et ester, *in* O-00125
14745-36-9 α-Tocopherolhydroquinone, T-00337
14745-50-7 Meletimide, M-00079
14759-04-7 ▷Oxyridazine, O-00164
14759-06-9 ▷Sulforidazine, S-00222
14761-56-9 Caerulomycin; *O*-Me, *in* C-00006
14761-57-0 Caerulomycin; *O*-Ac, *in* C-00006
14769-73-4 Tetramisole; (*S*)-*form*, *in* T-00151
14769-74-5 Tetramisole; (*R*)-*form*, *in* T-00151
14773-50-3 3-Ethoxypyridine, *in* H-00209
14777-22-1 ▷Phenoperidone; B,HCl, *in* P-00166
14785-50-3 Tiapirinol, T-00242
14796-24-8 Cinperene, C-00380
14796-28-2 Clodanolene, C-00447
14796-41-9 Mefruside; (*R*)-*form*, *in* M-00069
14796-42-0 Mefruside; (*S*)-*form*, *in* M-00069
14798-76-6 Pteroylaspartic acid, P-00553
14816-18-3 ▷Phoxim, P-00221
14816-67-2 ▷Soterenol hydrochloride, *in* S-00107
14817-09-5 ▷4-(Decyloxy)-3,5-dimethoxybenzamide, D-00042
14838-15-4 ▷2-Amino-1-phenyl-1-propanol; (1*RS*,2*SR*)-*form*, *in* A-00308
14860-49-2 ▷Clobutinol, C-00438
14869-39-7 2-Ethoxyacetophenone, *in* H-00107
14885-29-1 ▷2-Isopropyl-1-methyl-5-nitroimidazole, I-00209
14899-36-6 Dexamethasone palmitate, *in* D-00111
14901-20-3 Guanidinoacetic acid; B,HCl, *in* G-00109
14904-71-3 3,14-Dihydroxy-4,20,22-bufatrienolide; (3β,14β)-*form*, 3-(β-D-Glucoside), *in* D-00319
14910-31-7 Quinuronium(2+), Q-00037
14913-33-8 ▷Diamminedichloroplatinum; *trans*-*form*, *in* D-00139
14918-35-5 ▷Destomycins; Destomycin *A*, *in* D-00103
14919-77-8 ▷Benserazide hydrochloride, JAN, *in* B-00064
14929-11-4 ▷Simfibrate, S-00074
14930-96-2 ▷Cytochalasin *B*, C-00658
14976-57-9 ▷Clemastine fumarate, JAN, *in* C-00416
14984-66-8 Riboflavine 2′,3′,4′,5′-tetra-3-pyridinecarboxylate, *in* R-00038
14984-68-0 Cloperastine hydrochloride, JAN, *in* C-00482
15016-15-6 ▷Ambucaine; B,HCl, *in* A-00172
15027-96-0 N^3-Acetylpachysamine A, *in* P-00416
15031-89-7 1,4,6-Trimethyl-2(1*H*)-pyridinone, *in* D-00451
15037-44-2 Ethonam, E-00159
15037-55-5 Ethonam nitrate, *in* E-00159
15042-30-5 Dimesone; 21-Ac, *in* D-00386
15053-99-3 Pipethiadene, P-00297
15062-34-7 ▷4-Bromo-2-isopropyl-5-methylphenol, B-00306
15078-28-1 Pentakis(cyano-*C*)nitrosylferrate(2−), P-00083
15087-27-1 Ibuprofen, I-00008
15130-91-3 Sultroponium, S-00265
15140-27-9 Estradiol hexahydrobenzoate, *in* O-00028
15145-14-9 Ciclactate, *in* T-00506
15148-80-8 ▷Bupranolol hydrochloride, JAN, *in* B-00369
15176-29-1 ▷Edoxudine, E-00015
15179-96-1 Nifurimide; (=)-*form*, *in* N-00122
15179-97-2 Estrazinol hydrobromide, *in* E-00128
15180-00-4 ▷Prednisolone valerate, *in* P-00412
15180-02-6 Amfonelic acid, A-00185
15180-03-7 ▷Alcuronium chloride, *in* A-00105
15185-97-4 Perithiadene, *in* P-00297
15198-07-9 2-Hydroxy-3-methylbenzoic acid; Chloride, *in* H-00155
15207-51-9 1,2,3,4-Tetrahydro-1-methylquinoline; Picrate, *in* T-00127
15207-88-2 Tetramethyl (1-hydroxyethylidene)bisphosphonate, *in* H-00132
15221-80-4 Fludorex; B,HCl, *in* F-00145
15221-81-5 ▷Fludorex, F-00145
15228-71-4 ▷Leurosidine, L-00036
15256-58-3 *N*-(Benzyloxy)-*N*-(3-phenylpropyl)acetamide, B-00125
15262-77-8 Delmadinone, D-00054
15262-86-9 Testosterone isocaproate, *in* H-00111
15284-15-8 ▷Methadone; (*S*)-*form*, B,HCl, *in* M-00163
15296-00-1 Mesoridazine; Tartrate, *in* M-00134
15301-40-3 8-Ethoxy-5-quinolinesulfonic acid, E-00171
15301-45-8 5,6-Dihydro-6-phenylimidazo[2,1-*b*]thiazole; (±)-*form*, *in* D-00296
15301-48-1 ▷Bezitramide, B-00149
15301-54-9 2-Phenylcyclopentylamine, P-00185
15301-67-4 Feneritrol, F-00046
15301-69-6 Flavoxate, F-00112
15301-80-1 Oxamarin, O-00081
15301-82-3 Pecocycline, P-00049
15301-88-9 Pytamine, P-00601
15301-89-0 Quillifoline, Q-00007
15301-93-6 Tofenacin, T-00339
15301-96-9 Thyromedan, T-00230
15301-97-0 ▷Xylocoumarol, X-00022
15302-05-3 Butoxylate, *in* D-00265
15302-10-0 Clibucaine, C-00423
15302-12-2 Dimelazine, D-00378
15302-15-5 2-(2-Ethoxyethoxy)benzamide, E-00164

15302-16-6 ▷2-(Ethylamino)-5-phenyl-4(5*H*)-oxazolone, E-00174
15302-18-8 *N*-(α-Methylphenethyl)formamide, *in* P-00202
15307-79-6 ▷Diclofenac sodium, *in* D-00210
15307-86-5 ▷Diclofenac, D-00210
15308-34-6 ▷2-Amino-1-(3-hydroxyphenyl)ethanol; (±)-*form*, B,HCl, *in* A-00272
15311-77-0 ▷Cloxypendyl, C-00520
15318-45-3 ▷Thiamphenicol; (1′*R*,2′*R*)-*form*, *in* T-00179
15339-50-1 Ferrotrenine, F-00091
15350-99-9 Amoxydramine camsilate, *in* D-00484
15351-04-9 Becanthone, B-00021
15351-05-0 Buzepide metiodide, *in* B-00434
15351-09-4 ▷Dimepropion, D-00382
15351-13-0 Nicofuranose, N-00098
15356-20-4 2-Isopropyl-5-methylcyclohexanol; (1*RS*,3*RS*,4*SR*)-*form*, *in* I-00208
15357-34-3 3,7-Dihydroxy-24-cholanoic acid; (3α,5α,7α)-*form*, *in* D-00320
15372-34-6 Doisynoestrol, D-00570
15378-99-1 ▷9-Methoxy-3-methyl-9-phenyl-3-azabicyclo[3.3.1]nonane; *syn-form*, *in* M-00203
15384-26-6 2′-Deoxy-5-iodouridine; 3′-Ac, *in* D-00081
15386-69-3 Cordycepin; 2-Fluoro, *in* C-00543
15387-10-7 ▷Niprofazone, N-00155
15387-18-5 Fezatione, F-00099
15394-61-3 Parapenzolate(1+), P-00028
15414-60-5 5-Bromo-2′-deoxyuridine; 5′-Trityl, *in* B-00296
15414-61-6 2′-Deoxy-5-iodouridine; 5′-Trityl, *in* D-00081
15414-62-7 5-Bromo-2′-deoxyuridine; 3′-Ac, *in* B-00296
15421-84-8 ▷Trapidil, T-00401
15433-28-0 Rixapen, *in* C-00470
15437-92-0 Saracodine, *in* P-00416
15448-99-4 Saccharin; *N*-Me, *in* S-00002
15457-50-8 4-Hydroxybenzanilide, *in* A-00298
15468-10-7 Hydroxymethanediphosphonic acid, H-00146
15470-58-3 Bis(2-chloroethyl)carbamic acid (1,2-diethyl-1,2-ethenediyl)di-4,1-phenylene ester, *in* D-00257
15471-41-7 O-Acetylyohimbine, *in* Y-00002
15500-66-0 ▷Pancuronium bromide, *in* P-00012
15510-55-1 Nycal, *in* D-00568
15518-76-0 ▷Cyproximide, C-00652
15518-82-8 ▷Metescufylline, *in* D-00332
15518-82-8 ▷Metscufylline, *in* E-00137
15518-84-0 Mobecarb, M-00411
15518-87-3 Myralact, *in* H-00133
15529-92-7 Methadol; (3*R*,6*S*)-*form*, *in* M-00162
15534-05-1 Pipratecol, P-00307
15534-92-6 Bis(3,5-di-*tert*-butyl-4-hydroxyphenyl)acetic acid, B-00203
15537-71-0 Acetylpenicillamine, *in* P-00064
15570-18-0 2-(Phenylthio)benzoic acid, *in* M-00114
15574-49-9 Ethyl 5-hydroxy-1,2-dimethyl-3-indolecarboxylate, *in* H-00163
15574-96-6 Pizotifen, P-00368
15578-26-4 Stannous pyrophosphate, S-00138
15585-70-3 Bibenzonium bromide, *in* B-00151
15585-71-4 Brometenamine, *in* H-00057
15585-86-1 Cyprodenate, C-00647
15585-88-3 2-(Diethylamino)ethyl diphenylcarbamate, D-00235
15590-00-8 Etamocycline, E-00138
15590-01-9 Etamocycline; B,2HCl, *in* E-00138
15599-22-1 Cyclopyrronium bromide, *in* C-00637
15599-26-5 Droxypropine, D-00616
15599-27-6 Etaminile, E-00136
15599-36-7 Halethazole, H-00005
15599-37-8 Hexapradol, H-00060
15599-39-0 ▷*N*-Hydroxymethyl-*N*′-methylthiourea, H-00165
15599-44-7 Spirotriazine; B,HCl, *in* S-00130
15599-45-8 Symetine, S-00284
15599-51-6 Apicycline, A-00423
15599-52-7 5,7-Dibromo-8-hydroxy-2-methylquinoline, D-00166
15622-65-8 ▷Molindone hydrochloride, *in* M-00423
15662-33-6 ▷Ryanodine, R-00108
15663-27-1 ▷Diamminedichloroplatinum; *cis-form*, *in* D-00139
15676-16-1 ▷Sulpiride, S-00259
15686-23-4 Trimoxamine, T-00519
15686-27-8 Amfepentorex, A-00182
15686-33-6 Biclotymol, B-00155
15686-37-0 ▷Butriptyline, B-00424
15686-44-9 Genovul, *in* C-00518
15686-51-8 Clemastine; (2*R*,α*R*)-*form*, *in* C-00416
15686-60-9 ▷Flavamine, F-00109
15686-61-0 ▷Fenproporex; (±)-*form*, *in* F-00073
15686-63-2 ▷Etabenzarone, E-00131
15686-68-7 Volazocine, V-00066
15686-71-2 ▷Cephalexin, C-00173
15686-74-5 Cyclophenazine hydrochloride, *in* C-00329
15686-76-7 Bensalan, B-00063
15686-77-8 Fursalan, F-00298
15686-81-4 Norbutrine, N-00210
15686-83-6 ▷Pyrantel; (*E*)-*form*, *in* P-00558
15686-87-0 Pifenate, P-00246
15686-91-6 ▷Propiram, P-00505
15686-97-2 Pyrroliphene, P-00599
15687-05-5 Cloracetadol, C-00492
15687-07-7 ▷Cyprazepam, C-00645
15687-08-8 α-Methyl-*N*-(1-methyl-2-phenoxyethyl)phenethylamine; (+)-*form*, *in* M-00269
15687-09-9 Difebarbamate, D-00260
15687-13-5 Dodeclonium bromide, *in* D-00565
15687-14-6 Embutramide, E-00034
15687-16-8 Carbiphene, C-00053
15687-18-0 ▷2-(4-Chlorophenyl)-4-methyl-2,4-pentanediol, C-00270
15687-21-5 Flumedroxone, F-00154
15687-22-6 Folescutol, F-00237
15687-23-7 Guaiactamine, G-00091
15687-33-9 Methindizate, M-00181
15687-37-3 Naftazone, N-00022
15687-41-9 Oxyfedrine, O-00151
15690-55-8 ▷Clomiphene; (*Z*)-*form*, *in* C-00471
15690-57-0 ▷Clomiphene; (*E*)-*form*, *in* C-00471
15708-41-5 ▷Sodium ironedetate, *in* E-00186
15722-48-2 Olsalazine, O-00041
15734-93-7 Fenalamide; B,HCl, *in* F-00033
15764-52-0 2,2′-Dihydroxydiphenyl ether, D-00325
15766-94-6 Theophylline ephedrine, *in* T-00169
15767-73-4 ▷Pascain, *in* H-00206
15769-77-4 Nalidixate sodium, *in* N-00029
15790-02-0 Tropodifene, T-00556
15790-59-7 3,5-Dibromo-2-hydroxybenzoic acid; Me ether, Me ester, *in* D-00165
15793-38-1 Quinazosin, Q-00014
15793-40-5 Terodiline, *in* D-00489
15799-79-8 3-Dimethylaminoanisole, *in* A-00297
15816-58-7 Etamocycline; Dimaleate, *in* E-00138
15816-61-2 Furedeme, *in* F-00300
15823-89-9 Angolon, *in* I-00042
15825-70-4 ▷Mannitol hexanitrate, *in* M-00018
15826-37-6 ▷Cromolyn sodium, *in* C-00565
15830-52-1 9-Arabinofuranosyladenine; β-D-*form*, 2′,3′,5′-Tri-Ac, *in* A-00435
15832-68-5 *p*-Methyldiphenhydramine; (+)-*form*, *in* M-00247
15840-87-6 1,1′-Bisisomenthone, B-00224
15845-96-2 Diflucortolone pivalate, *in* D-00270
15867-21-7 Prodine; (3*RS*,4*SR*)-*form*, *in* P-00460
15869-17-7 Oxyridazine; (±)-*form*, Tartrate, *in* O-00164
15876-67-2 ▷Distigmine bromide, *in* D-00540
15879-93-3 ▷Chloralose; (1′*R*)-*form*, *in* C-00193
15885-46-8 3,3′,4,4′,5,7-Hexahydroxyflavan; Hexa-Ac, *in* H-00054
15905-32-5 ▷Erythrosine, E-00118
15923-61-2 α,α-Diphenyl-2-piperidinemethanol; (*R*)-*form*, *in* D-00504
15942-05-9 Ambroxol hydrochloride, JAN, *in* A-00170
15949-72-1 Prazocillin, P-00408
15962-46-6 2-Amino-2-phenylacetic acid; (±)-*form*, *N*-Ac, *in* A-00300

15992-13-9 ▷Intrazole, I-00087
15997-76-9 Nonaperone, N-00204
16001-93-7 Tetramethyl methylenebisphosphonate, *in* M-00168
16006-74-9 Phenylbutazone trimethylgallate, *in* P-00180
16008-36-9 Methyldesorphine, M-00243
16024-67-2 Iotrizoic acid, I-00143
16034-77-8 ▷Iocetamic acid, I-00094
16051-77-7 Isosorbide mononitrate, *in* D-00144
16054-80-1 1,2,3,4-Tetra-*O*-benzoylerythritol, *in* E-00114
16088-56-5 ▷Dioxathion; *Cis-form*, *in* D-00475
16110-51-3 Cromoglycic acid, C-00565
16112-95-1 2-(1-Aminopropyl)-2-indanol; B,HCl, *in* A-00320
16112-96-2 2-(1-Aminopropyl)-2-indanol, A-00320
16115-08-5 4,6-Dimethyl-2(1*H*)-pyridinone, D-00451
16117-45-6 NIH 8973, *in* T-00340
16122-04-6 Methoxamine; (−)-*form*, B,HCl, *in* M-00194
16142-27-1 Linsidomine; B,HCl, *in* L-00052
16146-79-5 ▷Rec 7/0052, *in* F-00109
16169-88-3 1-Phenyl-2-propyn-1-ol; (±)-*form*, Ac, *in* P-00204
16170-76-6 Bromebric acid, B-00286
16185-21-0 Sulfamothepin, S-00201
16188-61-7 Talastine, T-00006
16188-76-4 ▷HL 2186, *in* T-00006
16199-90-9 Cetiedil; B,HCl, *in* C-00183
16203-97-7 ▷Triacetoxyanthracene, *in* D-00310
16208-51-8 Dimesna, *in* D-00550
16231-75-7 Atolide, A-00471
16232-87-4 Theodrenaline; (*R*)-*form*, *in* T-00167
16237-07-3 Methylnicethamide, *in* D-00241
16259-34-0 Penimocycline, P-00069
16259-35-1 Penimocycline; Et_3N salt, *in* P-00069
16270-86-3 ▷Dioxathion; *Trans-form*, *in* D-00475
16310-20-6 5-Hydroxytryptamine; *O*-Sulfate, *in* H-00218
16313-96-5 Penimocycline; Procaine salt, *in* P-00069
16320-04-0 ▷Gestrinone, G-00022
16330-14-6 1,1,2,2-Tetraethoxypropane, *in* P-00600
16376-36-6 Chloralose; (1′*S*)-*form*, *in* C-00193
16376-74-2 Valethamate(1+), V-00003
16378-21-5 ▷Piroheptine, P-00346
16378-22-6 ▷Piroheptine hydrochloride, JAN, *in* P-00346
16395-57-6 5-Oxo-2-pyrrolidinecarboxylic acid; (*S*)-*form*, Amide, *in* O-00140
16401-80-2 1-Benzoyl-2-methyl-3-indoleacetic acid, *in* M-00263
16423-68-0 ▷Ceplac, *in* E-00118
16426-83-8 Niometacin, N-00152
16469-74-2 6-Chloro-17-hydroxypregn-4-ene-3,20-dione; 6α-*form*, *in* C-00248
16482-55-6 Dihydroxyaluminum carbonate, D-00306
16485-05-5 Oxadimedine, O-00075
16485-10-2 Panthenol; (±)-*form*, *in* P-00015
16495-07-1 2,3-Dimercapto-1-propanol; (*R*)-*form*, Benzyl ether, *in* D-00385
16495-08-2 2,3-Dimercapto-1-propanol; (*R*)-*form*, *in* D-00385
16495-15-1 2,3-Dimercapto-1-propanol; (*S*)-*form*, Benzyl ether, *in* D-00385
16495-16-2 2,3-Dimercapto-1-propanol; (*S*)-*form*, *in* D-00385
16498-21-8 Oxaflumazine, O-00077
16506-27-7 ▷Bendamustine, B-00044
16509-11-8 Otimerate sodium, *in* O-00070
16509-23-2 ▷Ethomoxane; (±)-*form*, *in* E-00158
16510-14-8 Quinercyl, *in* C-00284
16526-53-7 2-Methyladenosine; 2′,3′-*O*-Isopropylidene, *in* M-00219
16526-56-0 2-Methyladenosine, M-00219
16526-78-6 2,6*N*-Dimethyladenosine, *in* M-00219
16526-79-7 2,2,6*N*-Trimethyladenosine, *in* M-00219
16543-10-5 Diphenylphosphinylacetic acid hydrazide, D-00502
16543-77-4 Hayatidine, *in* C-00309
16545-11-2 ▷Guamecycline, G-00097
16549-56-7 Homprenorphine, H-00087
16550-22-4 Cyprenorphine; B,HCl, *in* C-00646
16562-18-8 Paramethasone; 21-Phosphate, *in* P-00025
16562-98-4 Clantifen, *in* A-00337
16571-59-8 Benzindopyrine, B-00084
16571-86-1 ▷Propiram; (+)-*form*, *in* P-00505
16571-87-2 Propiram; (−)-*form*, B,HCl, *in* P-00505
16571-89-4 ▷Propiram; (−)-*form*, *in* P-00505
16571-90-7 Propiram; (+)-*form*, B,HCl, *in* P-00505
16589-24-5 Synephrine; (±)-*form*, Tartrate (2:1), *in* S-00286
16590-41-3 ▷Naltrexone, N-00034
16595-76-9 Dextramisole hydrochloride, *in* T-00151
16595-80-5 ▷Levamisole hydrochloride, *in* T-00151
16604-44-7 Medifoxamine; Picrate, *in* M-00056
16604-45-8 Gerdaxyl, *in* M-00056
16652-37-2 2-Amino-2-fluoropropanoic acid; (±)-*form*, *in* A-00258
16656-27-2 1,2-Bis(5-methoxy-1*H*-benzimidazol-2-yl)-1,2-ethanediol, B-00225
16662-47-8 Gallopamil, G-00006
16676-26-9 Nalmexone, N-00031
16676-27-0 Nalmexone hydrochloride, *in* N-00031
16676-29-2 ▷Antaxone, *in* N-00034
16676-75-8 α-Tocopherol nicotinate, *in* T-00335
16679-58-6 Desmopressin, D-00097
16687-42-6 Thiocarbamic acid; NH_4 salt, *in* T-00196
16689-12-6 ▷Hexacaine, H-00037
16711-17-4 Thiazesim; (+)-*form*, B,HCl, *in* T-00181
16711-18-5 Thiazesim; (−)-*form*, *in* T-00181
16711-71-0 3,5-Diiodotyrosine; (*R*)-*form*, *in* D-00365
16711-91-4 Fusidic acid; 11-Ketone, *in* F-00303
16759-59-4 Benoxafos, B-00058
16768-69-7 1-Ethyl-1,2,3,4-tetrahydroquinoline, E-00223
16773-42-5 ▷Ornidazole, O-00058
16777-42-7 ▷Oxyfedrine hydrochloride, JAN, *in* O-00151
16779-72-9 Propinetidine; B,HCl, *in* P-00503
16781-39-8 Etasuline, E-00141
16803-75-1 Bromamphenicol, B-00284
16806-29-4 Sulfathiadiazole, S-00211
16808-86-9 Diprenorphine hydrochloride, *in* D-00520
16812-97-8 Cabucine, *in* A-00087
16822-88-1 Flutonidine; B,HCl, *in* F-00230
16830-15-2 ▷Asiaticoside, *in* T-00485
16830-24-3 2-Methyl-4-pyridinecarboxylic acid; Me ester, *in* M-00303
16846-24-5 ▷Leucomycin A_3, L-00033
16846-34-7 ▷Leucomycin A_1, L-00032
16851-00-6 7-(3-Carboxy-2-butenoxy)coumarin, *in* H-00114
16852-81-6 Benzoclidine, *in* Q-00035
16870-37-4 Amogastrin, A-00354
16891-79-5 4-Aminobenzenesulfonic acid; *N*-Me, amide, *in* A-00213
16891-80-8 α-Benzyl-5,6-dihydro-2*H*-pyran-3-methanol, B-00112
16898-31-0 Prednisolone; 21-(Piperidinoacetyl); B,HCl, *in* P-00412
16911-57-2 Thiobenzoic acid; *O*-Ph ester, *in* T-00193
16915-32-5 5-Isopropyl-3,8-dimethyl-1-azulenesulfonic acid, I-00205
16915-70-1 ▷Nifursol, N-00132
16915-71-2 ▷Cingestol, C-00367
16915-78-9 Bolenol, B-00249
16915-79-0 Mequidox, *in* H-00164
16915-80-3 Oxogestone phenpropionate, *in* O-00129
16925-51-2 Aurothioglycanide, A-00478
16931-22-9 Alanosine, A-00093
16960-16-0 ▷Tetracosactrin, T-00108
16978-57-7 Dexamethasone metasulphobenzoate, *in* D-00111
16985-03-8 Nonabine, N-00202
17012-47-4 8-Hydroxy-5-nitroquinoline; Me ether, *in* H-00182
17021-26-0 ▷17β-Hydroxy-7,17-dimethyl-4-androsten-3-one; 7β-*form*, *in* H-00123
17022-31-0 2-Propylpentanoic acid; Et ester, *in* P-00516
17034-35-4 Secretin, S-00034
17046-01-4 1-Hydroxy-2-heptanone, H-00135
17046-73-0 Prodine; (3*R*,4*S*)-*form*, B,HCl, *in* P-00460
17046-74-1 Alphaprodine hydrochloride, *in* P-00460
17051-28-4 2-Isopropoxyacetophenone, *in* H-00107
17057-62-4 4′-Depropyl-4′-pentyllincomycin, *in* L-00051
17059-16-4 Digitoxigenin; 3-*O*-(β-D-Glucoside), *in* D-00274
17072-92-3 5-Butyl-2-pyridinecarboxylic acid; Me ester, *in* B-00432

17081-97-9 Fumaric acid; Mono-Me ester monochloride, *in* F-00274
17086-76-9 ▷Cyasterone, C-00584
17088-72-1 ▷Penoctonium bromide, *in* P-00073
17090-79-8 ▷Monensin; Monensin *A*, *in* M-00428
17097-76-6 ▷Calcium homopantothenate, *in* H-00088
17108-99-5 Meletimide; (±)-*form*, B,HCl, *in* M-00079
17127-48-9 Glaziovine; (±)-*form*, *in* G-00029
17127-81-0 Iomethin, I-00122
17132-43-3 Cephaeline; (±)-*form*, 1′-Epimer, *in* C-00172
17140-01-1 Prednisolone; 21-(Diethylaminoacetyl); B,HCl, *in* P-00412
17140-33-9 2-Acetoxytricarballylic acid, *in* C-00402
17140-54-4 Bismutoral, *in* G-00064
17140-68-0 ▷Millophylline, *in* E-00137
17140-70-4 Etafedrine; (1*RS*,2*SR*)-*form*, *in* E-00133
17146-93-9 Probutylin, *in* P-00447
17146-95-1 ▷Pentazocine lactate, *in* P-00093
17162-29-7 2-Hydroxypropanoic acid; (±)-*form*, (−)-Menthyl ester, *in* H-00207
17162-32-2 ▷Daxid, *in* X-00004
17182-43-3 2,2,2-Tribromoethyl chloroformate, *in* T-00428
17196-88-2 2,2-Dichlorovinyl methyl octyl phosphate, D-00205
17199-54-1 Methadol; (3*R*,6*R*)-*form*, *in* M-00162
17199-55-2 ▷Methadol; (3*S*,6*R*)-*form*, *in* M-00162
17199-58-5 Alphaacetylmethadol, *in* M-00162
17199-59-6 Betaacetylmethadol, *in* M-00162
17206-74-5 β-Melanotropin; Bovine, *in* M-00075
17226-75-4 ▷Khellinin, *in* K-00023
17230-85-2 Amquinate, *in* D-00238
17230-86-3 Carbenicillin potassium, *in* C-00045
17230-87-4 ▷Seperidol hydrochloride, *in* C-00460
17230-88-5 ▷Danazol, D-00010
17230-89-6 Nimazone, N-00145
17241-45-1 2-Hydroxy-3-(3-methyl-2-butenyl)-1,4-naphthoquinone; Me ether, *in* H-00157
17243-13-9 2-Hydroxy-5-sulfobenzoic acid; Sulfonyl chloride, *in* H-00214
17243-33-3 4-Hydroxy-3-(1-hydroxypentyl)benzoic acid, H-00139
17243-38-8 Azidocillin, A-00520
17243-39-9 ▷Benzoctamine, B-00090
17243-49-1 Diclometide, D-00213
17243-51-5 Fenclexonium(1+); Bromide, *in* F-00041
17243-56-0 Visnafylline, *in* M-00202
17243-57-1 ▷*N*-(3-Chloropropyl)-α-methylphenethylamine, C-00280
17243-64-0 ▷Piprozolin, P-00310
17243-65-1 Pirralkonium bromide, *in* P-00357
17243-68-4 Taloximine, T-00016
17243-70-8 Triclofylline, T-00451
17245-16-8 Precriwelline, *in* P-00425
17255-98-0 4-(1-Methyl-1-propenyl)phenol, M-00298
17259-75-5 Oxdralazine, O-00100
17273-30-2 Gossypol; (+)-*form*, Hexa-Me ether, *in* G-00082
17279-39-9 ▷Dimetamfetamine, *in* P-00202
17280-60-3 4-[2-(3,5-Dimethyl-2-oxocyclohexyl)-2-hydroxyethyl]-2,6-piperidinedione, D-00441
17284-75-2 Hydroxamethocaine; B,HCl, *in* H-00104
17289-49-5 Tetrydamine, *in* T-00119
17297-82-4 ▷Pervetral, *in* O-00156
17308-02-0 Hydroxyprogesterone acetate, *in* H-00202
17316-67-5 [1-(Butylamino)-1-methylethyl]phosphinic acid, B-00427
17321-77-6 ▷Clomipramine hydrochloride, JAN, *in* C-00472
17322-84-8 Pretazettine, P-00425
17332-61-5 Isoprednidene, I-00197
17341-99-0 Spasmocalm, *in* B-00111
17368-73-9 Chloroacetamide; Ac, *in* C-00212
17392-83-5 2-Hydroxypropanoic acid; (*R*)-*form*, Me ester, *in* H-00207
17406-46-1 β_1-Tomatine, *in* T-00374
17411-19-7 Dicarbine, D-00175
17413-51-3 Nicofibrate; B,HCl, *in* N-00097
17435-91-5 1,1-Diphenyl-3-piperidino-1-butanol; (±)-*form*, *in* D-00507
17442-37-4 Bromocyclen; (±)-*endo-form*, *in* B-00295
17471-82-8 ▷Guabenxan; 2B,H_2SO_4, *in* G-00088
17479-19-5 Dihydroergocristine, *in* E-00102
17485-38-0 Diazephonate, *in* C-00200
17506-66-0 Integrin, *in* O-00157
17560-51-9 ▷Metolazone, M-00330
17575-58-5 Glutethimide; (*R*)-*form*, *in* G-00061
17575-59-6 Glutethimide; (*S*)-*form*, *in* G-00061
17590-01-1 ▷Amfetaminil, A-00183
17605-71-9 ▷2-Dimethylamino-1-phenyl-1-propanol, D-00418
17605-73-1 Colterol mesylate, *in* C-00537
17617-04-8 3-Amino-2-mercaptopropanoic acid, A-00278
17617-23-1 ▷Flurazepam, F-00217
17617-45-7 ▷Picrotoxinin, P-00243
17650-86-1 ▷Amicetin, A-00187
17650-98-5 Caerulein, C-00005
17671-49-7 *N,N,N′*-Tris(2-hydroxyethyl)-*N′*-octadecyl-1,3-propanediamine, T-00537
17692-15-8 Furazolium tartrate, *in* F-00285
17692-20-5 3-Cyclohexyl-3-hydroxybutanoic acid, C-00610
17692-22-7 Metyzoline, M-00347
17692-23-8 Bentipimine, B-00068
17692-24-9 Bisoxatin, B-00234
17692-26-1 Ciclofenazine, C-00329
17692-28-3 Clonazoline, C-00476
17692-30-7 Diniprofylline, D-00466
17692-31-8 Dropropizine, D-00610
17692-34-1 ▷Etodroxizine, E-00246
17692-35-2 Etofuradine, E-00252
17692-37-4 Fanthridone, F-00018
17692-38-5 Fluprofen, F-00209
17692-39-6 ▷Fomocaine, F-00241
17692-43-2 Picodralazine, P-00238
17692-45-4 Quatacaine, Q-00003
17692-51-2 ▷Metergoline, M-00159
17692-54-5 ▷Mitoclomine, M-00399
17692-56-7 Moxicoumone, M-00464
17692-62-5 Pentacosactride, P-00075
17692-63-6 ▷Oxitefonium bromide, *in* O-00121
17692-71-6 Vanitiolide, V-00009
17693-51-5 Promethazine theoclate, *in* P-00478
17716-89-1 Pranosal, P-00401
17737-65-4 ▷Clonixin, C-00479
17737-68-7 2-[(2,3-Dichlorophenyl)amino]-3-pyridinecarboxylic acid, *in* A-00326
17742-68-6 2,6-Dichloro-4-nitroaniline; *N*-Ac, *in* D-00196
17747-43-2 3-Acetoxypyridine, *in* H-00209
17750-75-3 β-Melanotropin; Monkey, *in* M-00075
17766-02-8 Δ^9-Tetrahydrocannabinol; (6a*S*,10a*S*)-*form*, *in* T-00115
17777-78-5 Pranosal; B,HCl, *in* P-00401
17780-72-2 Clorgyline, C-00496
17780-75-5 ▷M & B 9302, *in* C-00496
17781-20-3 Clofaminol, *in* H-00029
17784-12-2 Sulfacytine, S-00191
17785-52-3 α,α'-Diamino-5,5′,6,6′-tetrahydroxy-3,3′-biphenyldipropanoic acid, *in* A-00248
17812-50-9 Oxitropium(1+); Iodide, *in* O-00123
17824-89-4 Espasmo-Gemora, *in* B-00396
17854-59-0 ▷Mepixanox, M-00102
17879-97-9 Iopanoic acid; (*R*)-*form*, *in* I-00125
17885-08-4 Phosphoserine; (±)-*form*, *in* P-00220
17892-25-0 3,5-Dibromo-2-hydroxybenzoic acid; Amide, *in* D-00165
17902-23-7 ▷Tegafur, T-00055
17908-57-5 β-Melanotropin; Human, *in* M-00075
17918-67-1 4-Hydroxy-4-methyl-2-pentanone; Oxime, *in* H-00171
17929-04-3 ▷BS 7723, *in* T-00555
17969-20-9 ▷Fenclozic acid, F-00043
17969-36-7 Fenclozic acid; Amide, *in* F-00043
17969-45-8 Brofezil, B-00279
17969-70-9 Brofezil; (±)-*form*, Na salt, *in* B-00279
17996-38-2 *O*-Ethyl dimethylcarbamothioate, *in* T-00196

18016-24-5 Calcium gluconate, *in* G-00055
18016-80-3 Lysuride, L-00124
18046-21-4 ▷Fentiazac, F-00079
18053-31-1 Fominoben, F-00240
18059-10-4 Verticinone, *in* V-00024
18059-99-9 ▷Demexiptiline; B,HCl, *in* D-00067
18075-32-6 Hexacaine; Picrate, *in* H-00037
18109-80-3 Butamyrate, B-00389
18109-81-4 ▷Butamirate citrate, *in* B-00389
18118-80-4 Oxisopred, O-00119
18174-58-8 ▷Pipoxolan hydrochloride, *in* P-00304
18181-70-9 ▷Iodofenphos, I-00104
18193-10-7 5,7-Dichloro-8-hydroxyquinoline; *O*-Benzoyl, *in* D-00190
18272-48-5 Ro 2-9009, *in* B-00205
18296-44-1 ▷Valtrate, V-00006
18296-45-2 Dihydrovaltrate, D-00305
18305-29-8 ▷Degadil, *in* F-00073
18314-34-6 Methacholine(1+); (*R*)-*form*, *in* M-00160
18323-43-8 Clindamycin *B*, *in* C-00428
18323-44-9 ▷Clindamycin, C-00428
18326-18-6 1,3-Dioxoferruginyl methyl ether, *in* F-00095
18330-40-0 2,3-Dihydroxy-1-octadecyloxypropane; (*S*)-*form*, Di-Ac, *in* D-00337
18332-55-3 α-Methyl-*m*-(trifluoromethyl)phenethylamine; (±)-*form*, B,HCl, *in* M-00312
18356-28-0 Dihydro-1*H*-pyrrolizine-3,5(2*H*,6*H*)-dione, D-00302
18361-45-0 Leucomycin A_5, L-00034
18361-46-1 ▷Leucomycin A_4, *in* L-00034
18377-94-1 3,5-Diamino-1*H*-1,2,4-triazole; 3,3,5,5-Tetra-*N*-Me, *in* D-00137
18378-89-7 ▷Mithramycin, M-00397
18398-73-7 4-Oxo-4*H*-1-benzopyran-2-carboxylic acid; Me ester, *in* O-00125
18403-49-1 3-Ethyl-2-[3-(3-ethyl-2-benzothiazolinylidene)-propenyl]benzothiazolium(1+), E-00187
18422-17-8 2-Amino-2-deoxyglucose; D-*form*, Di-Et dithioacetal, 5,6-*O*-isopropylidene, *in* A-00235
18422-73-6 Xylose; α-D-*Furanose-form*, 1,2:3,5-Di-*O*-benzylidene (second isomer), *in* X-00024
18422-74-7 1,2:3,5-Di-*O*-benzylidene-α-D-xylofuranose, *in* X-00024
18429-69-1 Memotine, M-00085
18429-78-2 Famotine, F-00014
18455-43-1 α-Methyl-*m*-(trifluoromethyl)phenethylamine; (±)-*form*, *in* M-00312
18464-39-6 ▷Caroxazone, C-00091
18465-25-3 Hydroxyzine trimethoxybenzoate, *in* H-00222
18467-77-1 2,3:4,6-Di-*O*-isopropylidene-β-L-*xylo*-2-hexulosonic acid, *in* H-00070
18467-82-8 2-Amino-2-deoxyglucose; D-*form*, Di-Et dithioacetal, *in* A-00235
18470-94-5 Nandrolone cyclohexane carboxylate, *in* H-00185
18471-20-0 Ditazole, D-00545
18472-51-0 ▷Chlorhexidine gluconate, *in* C-00206
18481-23-7 Beston, *in* T-00174
18493-30-6 1-(2,4-Dimethoxyphenyl)-3-(4-hydroxyphenyl)-2-propen-1-one, *in* D-00346
18507-89-6 Decoquinate, D-00041
18556-44-0 ▷Vinrosidine sulfate, *in* L-00036
18559-59-6 ▷Trimetaquinol hydrochloride, JAN, *in* T-00418
18559-94-9 ▷Salbutamol, S-00012
18588-57-3 ▷2,4-Diamino-5-(3,4-dichlorophenyl)-6-ethylpyrimidine, D-00123
18598-63-5 ▷Acdrile, *in* C-00654
18603-51-5 Etorphine; B,HCl, *in* E-00263
18607-98-2 Acetylsulfamethoxazole, *in* S-00244
18624-52-7 2-Aminobenzoic acid; *N*-Di-Et, *in* A-00215
18625-33-7 Testosterone enanthate benziloylhydrazone, *in* H-00111
18636-18-5 Cordan, *in* F-00044
18656-21-8 ▷Iodamide meglumine, *in* I-00095
18679-90-8 ▷Hopantenic acid, H-00088
18683-91-5 ▷Ambroxol, A-00170
18694-10-5 Palaudine, *in* P-00019
18694-40-1 ▷Epirizole, E-00083
18696-26-9 Sinapine, S-00076
18712-20-4 Saccharin; *N*-Et, *in* S-00002
18717-93-6 α,α-Diphenyl-2-piperidinemethanol; (±)-*form*, *in* D-00504
18719-76-1 Keracyanin; Chloride, *in* K-00009
18725-37-6 Diacetylcysteine, *in* A-00031
18747-70-1 Galanthamine; (±)-*form*, Dihydro, *in* G-00002
18752-03-9 α,α-Diphenyl-2-piperidinemethanol; (*S*)-*form*, *in* D-00504
18760-80-0 ▷2-Dimethylamino-1-phenyl-1-propanol; (1*RS*,2*SR*)-*form*, B,HCl, *in* D-00418
18777-86-1 5-Stigmasten-3-ol; (3β,24*S*)-*form*, β-D-Glucopyranoside, *in* S-00151
18787-40-1 ▷Nioben, *in* P-00299
18802-17-0 Actinobolin; 2B,H_2SO_4, *in* A-00053
18833-13-1 Acefylline piperazine, *in* A-00011
18839-90-2 4-[1-Ethyl-2-(4-methoxyphenyl)-1-butenyl]phenol, *in* D-00257
18840-47-6 3-(2-Aminopropyl)phenol; (*S*)-*form*, *in* A-00321
18841-58-2 Pipoctanone, P-00299
18857-59-5 ▷Nifurmazole, N-00124
18866-78-9 Colterol; (±)-*form*, *in* C-00537
18868-46-7 2,2,2-Trichloroethyl phosphorodichloridate, *in* T-00450
18869-73-3 ▷Triacetyldiphenolisatin, *in* O-00160
18883-66-4 ▷Streptozotocin, S-00164
18894-18-3 3,14-Dihydroxy-4,20,22-bufatrienolide; (3β,14β)-*form*, 3-(Di-L-rhamnoside), *in* D-00319
18910-65-1 Salmefamol, S-00018
18921-66-9 Quinespar; (*S*)-*form*, *in* Q-00020
18921-69-2 Methasquin; (*S*)-*form*, Di-Na salt, *in* M-00174
18921-70-5 Methasquin; (*S*)-*form*, *in* M-00174
18933-33-0 3-Cyano-2-hydroxy-*N*,*N*,*N*-trimethylpropanaminium, *in* C-00084
18940-57-3 ▷Piperazine; *N*,*N'*-Di-Ac, *in* P-00285
18966-32-0 ▷Clocanfamide, C-00440
19014-05-2 Halimide, *in* D-00566
19022-67-4 N-Demethylstreptomycin, *in* S-00161
19026-31-4 Taxodione, T-00035
19028-28-5 Toliodium chloride, *in* B-00230
19030-42-3 Fusidic acid; 3-Epimer, *in* F-00303
19036-73-8 α-Methyl-*m*-(trifluoromethyl)phenethylamine; (*S*)-*form*, *in* M-00312
19038-27-8 Sarracine N-oxide, *in* S-00025
19039-02-2 Taxodone; (+)-*form*, *in* T-00036
19042-34-3 3-Aminocyclopentanecarboxylic acid; (1*RS*,3*SR*)-*form*, *in* A-00231
19045-66-0 Thiocarbamic acid, T-00196
19056-26-9 Quindecamine, Q-00017
19057-60-4 Dioscin, *in* S-00129
19083-00-2 Gracillin, *in* S-00129
19089-24-8 ▷Pyromecaine, *in* B-00354
19098-48-7 4-Aminobenzaldehyde; Phenylhydrazone, *in* A-00210
19130-96-2 3,4,5-Trihydroxy-2-piperidinemethanol; (2*R*,3*R*,4*R*,5*S*)-*form*, *in* T-00481
19179-78-3 Xipranolol, X-00018
19179-88-5 BS 7977-*D*, *in* X-00018
19196-54-4 2-Nortetrandrine, *in* T-00152
19209-60-0 5*H*-Dibenz[*b*,*f*]azepine; 5-*N*-Ac, *in* D-00155
19216-56-9 ▷Prazosin, P-00409
19237-84-4 ▷Prazosin hydrochloride, *in* P-00409
19281-29-9 Aptocaine, A-00434
19281-32-4 Pirothesin, *in* A-00434
19291-02-2 4-Thiazolidinecarboxylic acid; (±)-*form*, *in* T-00183
19291-69-1 Gestaclone, G-00020
19297-28-0 3-Aminocyclopentanecarboxylic acid; (1*RS*,3*RS*)-*form*, *in* A-00231
19356-17-3 25-Hydroxyvitamin D_3, H-00221
19361-51-4 Gastrins; Gastrin *H*II, *in* G-00012
19368-18-4 ▷Ftaxilide, F-00268
19376-45-5 Ethylenediaminetetraacetic acid; Tetra-Me ester, *in* E-00186
19379-90-9 Benzoxonium chloride, *in* B-00117
19387-91-8 ▷Tinidazole, T-00293
19388-87-5 Taurolidine, T-00032

19395-58-5 ▷Moquizone, M-00436
19395-78-9 ▷Peristil, *in* M-00436
19410-02-7 ▷Tropirine, T-00555
19428-14-9 Pirexyl, *in* B-00061
19457-00-2 ▷Ancobon (old form), *in* D-00230
19467-62-0 Dihydroergocryptine; [5′α(*S*)]-*form*, *in* D-00285
19477-24-8 ▷Carcinolipin, *in* C-00306
19485-08-6 ▷Cyproquinate, C-00650
19486-61-4 Lauralkonium chloride, *in* L-00014
19488-19-8 Cycotiamine; B,HCl, *in* C-00640
19504-77-9 ▷Variotin, V-00012
19509-13-8 Pinolcaine, P-00271
19545-18-7 Enprazepine; Maleate (1:1), *in* E-00065
19545-26-7 Wortmannin, W-00003
19559-24-1 ▷4-[2,3-Diisocyano-4-(4-methoxyphenyl)-1,3-butadienyl]phenol, *in* X-00005
19561-70-7 ▷Nifuratrone, N-00119
19562-30-2 ▷Piromidic acid, P-00349
19573-01-4 Byakangelicin, B-00435
19604-05-8 Fosfocreatinine sodium, *in* F-00255
19641-53-3 1-Phenyl-1-pentanol; (*R*)-*form*, *in* P-00194
19645-77-3 5-Chloro-2,4,6(1*H*,3*H*,5*H*)pyrimidinetrione, C-00283
19659-38-2 Phenestrol, *in* B-00220
19685-09-7 ▷10-Hydroxycamptothecin, *in* C-00024
19685-10-0 10-Methoxycamptothecin, *in* C-00024
19694-60-1 Guanoxan; (−)-*form*, B,H_2SO_4, *in* G-00115
19694-61-2 Guanoxan; (+)-*form*, B,H_2SO_4, *in* G-00115
19704-83-7 Linocalcium, *in* O-00007
19705-61-4 Cicortonide, C-00338
19728-88-2 ▷Metitepine; (±)-*form*, Maleate (1:1), *in* M-00324
19730-80-4 Bicuculline; (−)-*form*, *in* B-00156
19746-57-7 8-Hydroxy-5-nitroquinoline; Et ether, *in* H-00182
19767-45-4 ▷Mesna, *in* M-00116
19774-82-4 Atlansil, *in* A-00342
19775-49-6 Dimethoxyeburnamonine, *in* E-00003
19775-56-5 Ajmaline; Di-Ac, *in* A-00088
19793-20-5 4-Oestrene-3,17-diol, O-00029
19794-93-5 ▷Trazodone, T-00405
19796-54-4 2,4,7-Triamino-5-phenylpyrimido[4,5-*d*]pyrimidine; Phosphate, *in* T-00421
19804-05-8 Thiocarbamic acid; *N*-Ph, *in* T-00196
19804-27-4 *p*-Methyldiphenhydramine, M-00247
19824-89-6 Cloxypendyl; B,2HCl, *in* C-00520
19825-63-9 Pirnabin, P-00343
19847-12-2 Pyrazinecarbonitrile, *in* P-00560
19863-06-0 3-(Acetylamino-5-[(hydroxyacetyl)amino]-2,4,6-triiodobenzoic acid, *in* D-00138
19864-71-2 ▷Imipramine; *N*-Oxide; B,HCl, *in* I-00040
19875-60-6 ▷Cuvalit, *in* L-00124
19877-89-5 Vincanol, V-00034
19879-06-2 ▷Granaticin *A*, G-00085
19881-18-6 Nitroscanate, N-00186
19883-41-1 2-Amino-2-phenylacetic acid; (*R*)-*form*, Me ester; B,HCl, *in* A-00300
19885-51-9 ▷Aranotin, A-00436
19888-56-3 ▷Fluazacort, F-00131
19889-45-3 Guabenxan, G-00088
19918-92-4 Ajmaline; O^{17}-Ac, *in* A-00088
19928-97-3 Tetraethyl dichloromethylenebisphosphonate, *in* D-00194
19941-13-0 β-Melanotropin; Porcine, *in* M-00075
19973-76-3 Oestrone; (±)-*form*, *in* O-00031
19982-08-2 3,5-Dimethyl-1-adamantanamine, D-00402
19992-80-4 Butixirate, *in* B-00179
19999-67-8 1,2,3,4-Tetrahydro-1-methylquinoline; B,HCl, *in* T-00127
20004-62-0 ▷Resistomycin, R-00030
20047-75-0 Clogestone, C-00463
20049-41-6 Elanzepine; Maleate, *in* E-00022
20049-87-0 1-Phenylsemicarbazide; 4-Et, *in* P-00207
20069-03-8 Nitrarine, N-00168
20069-09-4 Piplartine, P-00298
20071-50-5 Eupachlorin, E-00270
20071-51-6 Eupatoroxin, E-00274
20071-52-7 Eupachloroxin, E-00271
20071-53-8 Eupatundin, E-00275
20072-25-7 Isoleurosine, *in* L-00036
20081-71-4 1,6-Dihydroxyxanthone; 6-Me ether, *in* D-00357
20085-26-1 Dixypazin, *in* D-00557
20085-29-4 Diniprofylline; B,2HCl, *in* D-00466
20085-30-7 Diniprofylline; Oxalate, *in* D-00466
20123-80-2 ▷Calcium dobesilate, *in* D-00313
20129-61-7 Tetrahydroxy-1,4-benzoquinone; Tetra-Ac, *in* T-00137
20153-27-9 M&B 744, *in* S-00153
20153-98-4 ▷Comelian, *in* D-00370
20166-17-0 Beclotiamine(1+), B-00025
20166-32-9 Tricosactide; Acetate, *in* T-00453
20168-80-3 3-(Diethylcarbamoyl)-1-methylpyridinium(1+), D-00241
20168-99-4 ▷Cinmetacin, C-00369
20170-20-1 ▷Difenamizole, D-00262
20181-53-7 Anguidol; 4,15-Di-Ac, 8α-(3-methylbutyryloxy), *in* A-00386
20182-99-4 Mercaptobutanedioic acid; (*R*)-*form*, *in* M-00115
20187-55-7 ▷Bindazac, B-00167
20224-43-5 Thiopental; (*S*)-*form*, *in* T-00206
20226-08-8 Levophenacylmorphan; B,HCl, *in* L-00039
20226-08-8 3-Methyl-6,7-methylenedioxy-1-piperonylisoquinoline; B,HCl, *in* M-00267
20228-27-7 ▷Ruvazone, R-00107
20229-30-5 ▷Metitepine, M-00324
20269-19-6 Cleofil, *in* D-00499
20282-58-0 Tricosactide, T-00453
20287-37-0 Fenquizone, F-00075
20287-70-1 Fenclozate, *in* F-00043
20300-26-9 ▷Gossypol; (+)-*form*, *in* G-00082
20304-47-6 ▷Calactin, *in* G-00079
20304-48-7 Uscharidin, *in* G-00079
20304-49-8 ▷Caloxtoxin, *in* G-00079
20305-51-5 Hexestrol dicaprylate, *in* B-00220
20326-12-9 Mepiprazole, M-00099
20326-13-0 Tolpiprazole, T-00365
20344-15-4 Psigodal, *in* M-00099
20348-58-7 11,15-Dihydroxy-9-oxo-13-prostenoic acid; (8*RS*,11*RS*,12*RS*,13*E*,15*SR*)-*form*, *in* D-00341
20348-60-1 9,11,15-Trihydroxyprost-13-enoic acid; (8*RS*,9*RS*,11*RS*,13*E*,15*SR*)-*form*, *in* T-00484
20348-68-9 11,15-Dihydroxy-9-oxo-13-prostenoic acid; (8*RS*,11*SR*,12*RS*,13*E*,15*SR*)-*form*, *in* D-00341
20348-69-0 11,15-Dihydroxy-9-oxo-13-prostenoic acid; (8*RS*,11*SR*,12*RS*,13*E*,15*RS*)-*form*, *in* D-00341
20361-76-6 Neoplatyphylline, *in* P-00372
20380-58-9 Tilidate; (1*RS*,2*RS*)-*form*, *in* T-00273
20389-12-2 2-Phenyl-4-quinolinecarboxylic acid; 1-Oxide, *in* P-00206
20406-60-4 Mipimazole, M-00392
20421-13-0 Crotepoxide, C-00568
20421-29-8 Dihydrolatumcidin, *in* A-00002
20423-87-4 Lisidonil, *in* M-00073
20423-99-8 11,17-Dihydroxy-1,4-pregnadiene-3,20-dione; (11β,17α)-*form*, *in* D-00348
20424-00-4 Deprodone propionate, *in* D-00348
20427-93-4 Tetraethyl (1-hydroxyethylidene)bisphosphonate, *in* H-00132
20432-64-8 ▷Galatur, *in* I-00157
20448-86-6 ▷Bornaprine, B-00255
20462-53-7 Deditonium(2+), D-00043
20480-93-7 Hexal, *in* H-00057
20485-01-2 Acetylaranotin, *in* A-00436
20485-41-0 ▷4-Methyl-5-thiazolecarboxylic acid, M-00310
20486-23-1 Cytidine 2′,3′-phosphate; K salt, *in* C-00656
20493-34-9 Diniprofylline; B,2MeI, *in* D-00466
20493-41-8 4-Amino-6-[(2-amino-1,6-dimethylpyrimidinium-4-yl)amino]-1,2-dimethylquinolinium(2+), A-00207
20501-52-4 Eupachlorin acetate, *in* E-00270
20513-25-1 5,5-Dimethyl-2,4-imidazolidinedithione, D-00431
20537-22-8 *N*-[1-Phenyl-3-(1-piperidinyl)propyl]benzamide, P-00198

20537-88-6 ▷Ethiofos, E-00155
20541-83-7 ▷Hydroxyzine; (±)-*form*, 3,4,5-Trimethoxybenzoyl; B,2HCl, *in* H-00222
20559-55-1 ▷Oxibendazole, O-00109
20566-69-2 Dimidium(1+), D-00460
20574-50-9 ▷Morantel, M-00438
20582-55-2 4-Methyl-5-thiazolecarboxylic acid; Et ester, *in* M-00310
20585-34-6 2-Cyclohexyl-2-hydroxy-2-phenylacetic acid; (*S*)-*form*, *in* C-00614
20585-39-1 2-Cyclohexyl-2-hydroxy-2-phenylacetic acid; (*R*)-*form*, *in* C-00614
20594-83-6 Nalbuphine, N-00028
20605-40-7 Thiobenzoic acid; Hydrazide, *in* T-00193
20633-93-6 Fortunellin, *in* D-00329
20676-17-9 Phenethicillin; D-*form*, K salt, *in* P-00152
20684-06-4 Bamifylline hydrochloride, *in* B-00011
20685-78-3 ▷Pyrrocycline *N*, *in* R-00078
20690-10-2 12-Oleanene-3,16,21,22,24,28-hexol; (3*β*,16*α*,21*β*,22*α*)-*form*, 21-Tiglyl, 22-Ac, *in* O-00036
20703-59-7 Gastrins; Gastrin *C*II, *in* G-00012
20704-65-8 4-(Aminomethyl)cyclohexanecarboxylic acid; *cis*-*form*, *N*-Ac, *in* A-00281
20704-66-9 4-(Aminomethyl)cyclohexanecarboxylic acid; *trans*-*form*, *N*-Ac, *in* A-00281
20746-37-6 Mannitol; D-*form*, Hexa-Me, *in* M-00018
20747-49-3 2-Isopropyl-5-methylcyclohexanol; (1*S*,3*R*,4*R*)-*form*, *in* I-00208
20752-33-4 2-Isopropyl-5-methylcyclohexanol; (1*S*,3*R*,4*S*)-*form*, *in* I-00208
20752-34-5 2-Isopropyl-5-methylcyclohexanol; (1*R*,3*R*,4*R*)-*form*, *in* I-00208
20756-70-1 Methallenoestril; (−)-*form*, *in* M-00164
20776-45-8 5-Hydroxytryptamine; Benzyl ether, *in* H-00218
20788-07-2 *N*-(4-Bromophenyl)-2,6-dihydroxybenzamide, *in* D-00317
20789-47-3 Ethyl 3,5,6-tri-*O*-benzylglucofuranoside; *β*-D-*form*, 2-Me, *in* E-00224
20789-50-8 Ethyl 3,5,6-tri-*O*-benzylglucofuranoside; *α*-D-*form*, 2-Allyl, *in* E-00224
20789-51-9 Ethyl 3,5,6-tri-*O*-benzylglucofuranoside; *β*-D-*form*, 2-Allyl, *in* E-00224
20799-24-0 Norethisterone acetate oxime, *in* N-00212
20822-88-2 Mebenoside; *α*-D-*form*, *in* M-00032
20822-89-3 Mebenoside; *β*-D-*form*, *in* M-00032
20822-90-6 Ethyl 3,5,6-tri-*O*-benzylglucofuranoside; *α*-D-*form*, *in* E-00224
20822-91-7 Ethyl 3,5,6-tri-*O*-benzylglucofuranoside; *β*-D-*form*, *in* E-00224
20828-96-0 Acepromazine; Oxime, *in* A-00015
20830-75-5 ▷Digoxin, D-00275
20830-81-3 ▷Daunomycin, D-00019
20865-07-0 12-Oleanene-3,16,21,22,24,28-hexol; (3*β*,16*α*,21*β*,22*α*)-*form*, *in* O-00036
20869-36-7 Glucitol; D-*form*, 1,2,4,6-Tetrabenzoyl, *in* G-00054
20869-38-9 1,2,3,4,5,6-Hexa-*O*-benzoyl-D-glucitol, *in* G-00054
20874-24-2 Phenadoxone; (*S*)-*form*, B,HCl, *in* P-00138
20880-92-6 Topiramate, T-00382
20897-96-5 11,15-Dihydroxy-9-oxo-13-prostenoic acid; (8*RS*,11*RS*,12*RS*,13*E*,15*RS*)-*form*, *in* D-00341
20963-95-5 Glucitol; D-*form*, 1,2,5,6-Tetrabenzoyl, *in* G-00054
20965-69-9 10*H*-Phenothiazine-2-acetic acid, P-00168
20977-50-8 ▷Carperone, C-00093
20987-31-9 3-Hydroxy-14,15-epoxy-20,22-bufadienolide; (3*β*,5*β*,14*β*,15*β*)-*form*, 3-(Hydrogen suberoyl), *in* H-00128
21003-46-3 11,15-Dihydroxy-9-oxo-13-prostenoic acid; (8*S*,11*R*,12*R*,13*E*,15*S*)-*form*, *in* D-00341
21045-47-6 Thiopental; (*R*)-*form*, *in* T-00206
21066-33-1 Riboflavine; Tetra-Ac, 3*N*-Me, *in* R-00038
21070-50-8 Fenclexonium(1+); Chloride, *in* F-00041
21129-53-3 Indocate; B,HCl, *in* I-00061
21132-59-2 Pazoxide, P-00047
21168-33-2 5,7-Dichloro-8-hydroxyquinoline; 1-Oxide, *in* D-00190
21168-34-3 5-Chloro-8-hydroxyquinoline; 1-Oxide, *in* C-00249
21187-98-4 ▷Gliclazide, G-00037
21189-96-8 5-Amino-1*H*-imidazole-4-carboxylic acid; Et ester, *N*-Ac, *in* A-00275
21190-00-1 5-Amino-1*H*-imidazole-4-carboxylic acid; Et ester, *N*-benzoyl, *in* A-00275
21190-16-9 5-Amino-1*H*-imidazole-4-carboxylic acid; Et ester, *in* A-00275
21196-51-0 Bicyclo[2.2.1]hept-5-ene-2,3-dicarboxylic acid; (1*α*,2*α*,3*α*,4*α*)-*form*, *in* B-00157
21206-60-0 Cocaine; (±)-*form*, *in* C-00523
21208-26-4 Dimepregnen, D-00381
21215-62-3 Calcitonin; Human, *in* C-00013
21221-18-1 Flazalone, F-00113
21228-13-7 Dorastine, D-00583
21228-28-4 Dorastine hydrochloride, *in* D-00583
21245-02-3 Padimate O, *in* D-00405
21256-18-8 ▷4,5-Diphenyl-2-oxazolepropanoic acid, D-00500
21259-76-7 ▷Mercaptomerin sodium, *in* M-00118
21286-60-2 Metazocine; (1*R*,5*R*,9*R*)-*form*, *in* M-00155
21293-38-9 Methacholine(1+); (±)-*form*, *in* M-00160
21325-07-5 Thiocarbamic acid; *S*-Me ester, *in* T-00196
21326-01-2 Ungeremine; B,HNO_3, *in* U-00009
21362-69-6 ▷Mepitiostane, M-00100
21363-18-8 ▷Viminol, V-00030
21365-49-1 Tralonide, T-00394
21404-79-5 Butamoxane; (±)-*form*, B,HCl, *in* B-00388
21406-25-7 *O*-Ethyl acetylcarbamothioate, *in* T-00196
21411-53-0 Ostreogrycin *A*, O-00068
21416-53-5 ▷Picrotin, P-00241
21416-67-1 ▷Razoxane, R-00016
21416-87-5 ▷Razoxane; (±)-*form*, *in* R-00016
21420-58-6 Baeocystine, *in* D-00411
21434-91-3 Capobenic acid, C-00030
21440-97-1 ▷Brofoxine, B-00280
21462-39-5 ▷Clindamycin hydrochloride, *in* C-00428
21466-07-9 Bromofenofos, *in* T-00103
21489-20-3 Talsupram, T-00017
21489-22-5 Prindamine, P-00438
21499-24-1 Agrimonolide; (*S*)-*form*, *in* A-00084
21500-98-1 ▷1-[1-(2-Thienyl)cyclohexyl]piperidine, T-00187
21512-15-2 Citenazone, *in* F-00248
21512-16-3 5-Formyl-2-thiophenecarbonitrile, F-00248
21535-47-7 ▷Mianserin hydrochloride, *in* M-00360
21550-30-1 ▷Bratenol, *in* P-00328
21560-58-7 Piquizil, P-00312
21560-59-8 Hoquizil, H-00089
21590-91-0 Omidoline, O-00045
21590-92-1 ▷Etomidoline, E-00258
21593-23-7 ▷Cefapirin, C-00115
21615-34-9 2-Methoxybenzoic acid; Chloride, *in* M-00196
21618-46-2 1-Hydroxy-*N*,*N*,*N*-trimethyl-2-propanaminium, H-00217
21618-46-2 1-Hydroxy-*N*,*N*,*N*-trimethyl-2-propanaminium; (±)-*form*, Hydroxide, *in* H-00217
21626-89-1 ▷Phthalazino[2.3-*b*]phthalazine-5,12(7*H*,14*H*)-dione, P-00222
21632-19-9 1-Phenyl-1-pentanol; (±)-*form*, *in* P-00194
21638-36-8 ▷Nifurimide, N-00122
21649-57-0 ▷Carbenicillin phenyl sodium, *in* C-00074
21650-02-2 ▷9-Methoxy-3-methyl-9-phenyl-3-azabicyclo[3.3.1]nonane; *syn*-*form*, Citrate, *in* M-00203
21650-42-0 Tretoquinol; (±)-*form*, *in* T-00418
21661-63-2 Embramine teoclate, *in* E-00033
21662-79-3 Sulfacecole, S-00186
21679-14-1 Fludarabine, F-00142
21686-10-2 Flupranone, F-00205
21699-42-3 Flupranone; B,HCl, *in* F-00205
21702-79-4 3,5-Dibromo-2-hydroxybenzoic acid; Me ester, *in* D-00165
21702-93-2 Cloguanamil, C-00464
21715-46-8 ▷Etifoxine, E-00236
21720-38-7 Bensuldazic acid; Triethylamine salt (1:1), *in* B-00065

21721-92-6 2-Methyl-4-nitro-1-(4-nitrophenyl)-1*H*-imidazole, M-00274
21730-16-5 Metapramine, *in* A-00241
21736-83-4 ▷Spectinomycin hydrochloride, *in* S-00111
21737-58-6 5,11-Dihydro-10*H*-dibenz[*b,f*]azepin-10-one, D-00281
21738-42-1 ▷Oxamniquine, O-00084
21755-66-8 Picoperine, P-00239
21757-82-4 ▷Plifenate, *in* D-00204
21766-53-0 Iolidonic acid, I-00118
21791-39-9 Letimide hydrochloride, *in* L-00027
21794-55-8 ▷8-Acetyl-7,8,9,10-tetrahydro-6,8,10,11-tetrahydroxy-1-methoxy-5,12-naphthacenedione, *in* D-00019
21802-37-9 Caerulomycin, C-00006
21817-73-2 Bidimazium iodide, *in* B-00159
21820-82-6 ▷Fenpipalone, F-00069
21829-22-1 Clonixeril, *in* C-00479
21829-25-4 ▷Nifedipine, N-00110
21847-63-2 Bephenium embonate, *in* B-00132
21870-06-4 Pindolol; (±)-*form*, *in* P-00270
21888-98-2 Benzetimide; (*S*)-*form*, *in* B-00080
21888-99-3 ▷Benzetimide; (*R*)-*form*, *in* B-00080
21909-51-3 2-Methyl-3-indoleacetic acid; Hydrazide, *in* M-00263
21925-88-2 Tesicam, T-00098
21987-62-2 3,3′,5,5′-Tetrabromo[1,1′-biphenyl]-2,2′-diol, T-00103
21998-86-7 1-Methoxy-2-(methoxymethyl)benzene, *in* H-00116
22006-88-8 D-(−)-Liriodendritol, *in* I-00074
22012-72-2 Zilantel, Z-00014
22012-90-4 ▷Ethyl *N*-nitrosocarbamate, *in* E-00177
22013-23-6 Metoxepin, M-00338
22013-24-7 Metoxepin; Maleate, *in* M-00338
22041-22-1 4-Aminobutanoic acid; *N*-Di-Me, Me ester, *in* A-00221
22059-60-5 ▷Disopyramide phosphate, *in* D-00537
22071-15-4 ▷Ketoprofen, K-00017
22083-74-5 Nicotine; (±)-*form*, *in* N-00103
22083-92-7 Lincomycose, *in* L-00051
22089-22-1 ▷Trifosfamide, T-00469
22103-14-6 Bufeniode, B-00348
22119-10-4 Mercaptobutanedioic acid; (±)-*form*, *S*-Benzyl, *in* M-00115
22131-35-7 Butalamine, B-00385
22131-79-9 ▷Alclofenac, A-00103
22136-26-1 Amedalin, A-00179
22136-27-2 Daledalin, D-00006
22140-20-1 2-Methylthioadenosine 5′-(dihydrogen phosphate), M-00311
22144-76-9 ▷Cytochalasin *C*, C-00659
22144-77-0 ▷Cytochalasin *D*, C-00660
22150-28-3 Ipragratine, I-00153
22150-76-1 Biopterin; (1′*R*,2′*S*)-*form*, *in* B-00172
22154-43-4 ▷Meglumine acetrizoate, *in* A-00340
22164-94-9 Suncillin, S-00271
22178-11-6 Pipotiazine undecylenate, *in* P-00302
22189-31-7 Thiothixene; B,HCl, *in* T-00213
22195-34-2 Guanadrel sulfate, *in* G-00100
22196-75-4 2,2′-(1,2-Ethanediyldiimino)bis(1-butanol); (*RS,RS*)-*form*, B,2HCl, *in* E-00148
22199-08-2 ▷Silver sulfadiazine, *in* S-00237
22199-46-8 ▷Clomacran phosphate, *in* C-00465
22204-24-6 ▷Antiminth, *in* P-00558
22204-29-1 Febramine, *in* C-00186
22204-53-1 ▷Naproxen; (*S*)-*form*, *in* N-00048
22204-91-7 Lifibrate, L-00046
22232-54-8 ▷Carbimazole, C-00051
22232-57-1 α-Methyl-*N*-(1-methyl-2-phenoxyethyl)phenethylamine; (2*RS*,2′*RS*)-*form*, *in* M-00269
22232-64-0 Vesamicol, V-00025
22232-71-9 ▷Mazindol, M-00029
22232-73-1 Amedalin hydrochloride, *in* A-00179
22233-79-0 2-Hydroxyacetophenone; Me ether, oxime, *in* H-00107
22248-79-9 ▷Tetrachlorvinphos; (*Z*)-*form*, *in* T-00107
22255-13-6 Guiajaverin, *in* P-00082
22260-51-1 ▷Bromocriptine mesilate, JAN, *in* E-00103
22263-51-0 Nandrolone cyclotate, *in* H-00185
22266-25-7 Cyprodenate; Maleate, *in* C-00647
22266-99-5 5-Methoxy-2-methyl-1,4-naphthoquinone, *in* H-00167
22292-91-7 Naranol, N-00049
22293-47-6 Feprosidnine, F-00086
22298-29-9 Betamethasone benzoate, *in* B-00141
22304-34-3 Amadinone acetate, *in* A-00161
22316-47-8 ▷Clobazam, C-00433
22328-94-5 ▷Quinalbarbitone; (*R*)-*form*, *in* Q-00011
22336-84-1 Metergotamine, *in* E-00106
22345-47-7 ▷Tofisopam, T-00342
22350-49-8 Vitamin D_3; Ac, *in* V-00062
22350-76-1 Tetrachlorvinphos; (*E*)-*form*, *in* T-00107
22365-40-8 ▷Triflubazam, T-00460
22368-21-4 5,7-Dihydroxy-3′,4′,6-trimethoxyflavone, D-00355
22373-78-0 ▷Monensin; Monensin *A*, Na salt, *in* M-00428
22393-62-0 ▷Broparestrol; (*E*)-*form*, *in* B-00326
22393-63-1 ▷Broparestrol; (*Z*)-*form*, *in* B-00326
22407-73-4 Bisobrin; (1*RS*,1′*SR*)-*form*, B,HCl, *in* B-00232
22407-74-5 Bisobrin; (1*RS*,1′*SR*)-*form*, *in* B-00232
22414-77-3 2-Ethyl-3-methylpentanoic acid, E-00204
22432-95-7 2′-Deoxy-5-azacytidine; α-*form*, *in* D-00077
22457-89-2 ▷Benfotiamine, B-00052
22487-42-9 Benapryzine, B-00037
22494-27-5 Flufenisal, *in* F-00185
22494-42-4 ▷2′,4′-Difluoro-4-hydroxy-3-biphenylcarboxylic acid, D-00272
22494-47-9 Clobuzarit, C-00439
22494-76-4 α-Methylallantoin, *in* A-00123
22494-77-5 β-Methylallantoin, *in* A-00123
22510-33-4 4′-Fluoro-4-hydroxy-3-biphenylcarboxylic acid, F-00185
22514-23-4 ▷Fopirtoline, F-00242
22521-79-5 *N*-(4-Ethoxyphenyl)-2-hydroxyacetamide, *in* E-00161
22526-53-0 1,9-Heptadecadiene-4,6-diyne-3,8-diol; (3*R*,8*S*,9*Z*)-*form*, 3-Ac, *in* H-00028
22540-11-0 Theophylline heptaminol, *in* T-00169
22560-50-5 Sodium clodronate, *in* D-00194
22561-27-9 Cephachlomazine, C-00171
22568-64-5 Diacetolol; (±)-*form*, *in* D-00118
22572-04-9 Codactide, C-00524
22572-05-0 Penicillamine; (±)-*form*, B,HCl, *in* P-00064
22573-93-9 Alexidine, A-00107
22595-26-2 ▷12-Hydroxystrychnine, *in* S-00167
22601-59-8 ▷Bacitracin *A*, B-00002
22609-73-0 ▷Niludipine, N-00142
22610-99-7 ▷Diethylstilbestrol; (*Z*)-*form*, *in* D-00257
22619-35-8 Tioclomarol, T-00297
22624-32-4 3-Ethyl-3-hydroxypentanoic acid; Et ester, *in* E-00195
22632-06-0 Bupicomide, *in* B-00432
22633-88-1 Tetracosactide acetate, JAN, *in* T-00108
22661-76-3 Amoproxan, A-00357
22662-39-1 ▷Rafoxanide, R-00003
22664-55-7 ▷Metipranolol, M-00322
22668-01-5 ▷Etanidazole, E-00139
22693-65-8 Olmidine, O-00039
22693-89-6 Olmidine; (±)-*form*, B,HCl, *in* O-00039
22730-86-5 ▷Iolixanic acid, I-00119
22733-60-4 Siccanin, S-00066
22736-85-2 ▷Diflumidone, D-00271
22737-01-5 Diflumidone sodium, *in* D-00271
22760-18-5 ▷Proquazone, P-00522
22775-12-8 ▷Dimetofrine hydrochloride, *in* D-00459
22775-15-1 Dimetofrine; (±)-*form*, Maleate, *in* D-00459
22781-23-3 ▷Bendiocarb, B-00046
22790-84-7 Carbantel, C-00042
22801-44-1 Mepivacaine; (±)-*form*, *in* M-00101
22832-87-7 ▷Daktarin, *in* M-00363
22835-16-1 Gastrins; Gastrin *D*1, *in* G-00012
22839-47-0 ▷Aspartame; L-L-*form*, *in* A-00460

22839-65-2 Aspartame; L-D-*form*, *in* A-00460
22855-57-8 3-(3-Bromophenyl)-2,5-pyrrolidinedione, B-00315
22862-76-6 ▷Anisomycin, A-00395
22875-07-6 Leucomycin A_1; Tri-Ac, *in* L-00032
22876-60-4 Liprodene, *in* M-00288
22881-35-2 Famprofazone, F-00016
22888-70-6 Silybin, S-00069
22911-97-3 4,5,6,7-Tetrahydro-2*H*-indazol-3-amine; 2,*N*(3)-Di-Me, maleate (1:1), *in* T-00119
22916-47-8 ▷Miconazole, M-00363
22930-85-4 Dioxethedrin; B,HCl, *in* D-00476
22933-72-8 Salazodine, S-00008
22940-77-8 Oxypropylidone, *in* D-00363
22950-29-4 Dimetofrine, D-00459
22966-79-6 ▷Estradiol mustard, *in* O-00028
22972-98-1 Oxprenolol; (±)-*form*, *in* O-00145
22981-79-9 Carolic acid; (*R*)-*form*, *in* C-00086
22993-25-5 2,2′-(9,10-Anthrylenedimethylene)bis(isothiourea); B,HCl, *in* A-00404
22994-85-0 ▷Benznidazole, B-00089
23013-49-2 Gastrins; Gastrin *D*2, *in* G-00012
23023-91-8 Flucrylate, F-00141
23029-57-4 Aturgyl, *in* F-00066
23031-25-6 ▷Terbutaline, T-00084
23031-32-5 ▷Terbutaline sulfate, *in* T-00084
23031-78-9 3-Amino-1,2-benzisothiazole, A-00214
23043-51-8 4-Aminoacridine; 4-*N*-Et, *in* A-00204
23043-52-9 ▷9-Aminoacridine; 9-*N*-Ac, *in* A-00205
23047-25-8 Lofepramine, L-00074
23049-93-6 ▷Enfenamic acid, E-00054
23060-11-9 Mercaptobutanedioic acid; (±)-*form*, Di-Et ester, *in* M-00115
23067-13-2 ▷Erythromycin glucoheptonate, *in* E-00115
23068-56-6 Otimerate, O-00070
23076-35-9 ▷Xylazine hydrochloride, *in* X-00021
23089-26-1 α-Bisabolol; (6*S*,7*S*)-*form*, *in* B-00184
23092-17-3 ▷Halazepam, H-00003
23093-74-5 ▷Bunitrolol hydrochloride, JAN, *in* B-00364
23110-15-8 ▷Fumagillin, F-00273
23111-34-4 Feclobuzone, F-00026
23112-90-5 (3-Methyloxiranyl)phosphonic acid, M-00276
23113-01-1 Adamantoylcytarabine, *in* C-00667
23131-02-4 Benzodisufene, *in* B-00178
23142-01-0 Toclase, *in* C-00046
23142-02-1 2-Cyclohexyl-5,9-dimethyl-4,8-decadienoic acid, C-00607
23152-29-6 Virginiamycin S_1, V-00054
23155-02-4 ▷(3-Methyloxiranyl)phosphonic acid; (2*R*,3*S*)-*form*, *in* M-00276
23158-16-9 6-(3-Methyl-2-butenyl)-1*H*-indole, M-00236
23163-42-0 Metynodiol; (3β,11β,17α)-*form*, *in* M-00346
23163-51-1 Metynodiol diacetate, *in* M-00346
23164-36-5 ▷Methadol; (3*RS*,6*RS*)-*form*, B,HCl, *in* M-00162
23203-65-8 11,15-Dihydroxy-9-oxo-13-prostenoic acid; (8*RS*,11*SR*,12*SR*,13*E*,15*RS*)-*form*, *in* D-00341
23205-04-1 Iosulamide, I-00137
23205-42-7 ▷3-Deazauridine, D-00031
23210-56-2 ▷Ifenprodil, I-00020
23210-58-4 ▷Vadilex, *in* I-00020
23214-92-8 ▷Adriamycin, A-00080
23214-96-2 ▷Alcuronium(2+), A-00105
23220-74-8 3-Deazauridine; 2′,3′,5′-Tribenzoyl, *in* D-00031
23226-37-1 Daledalin tosylate, *in* D-00006
23233-88-7 ▷Brotianide, B-00328
23239-36-3 Deterenol hydrochloride, *in* D-00106
23239-37-4 Etoxadrol hydrochloride, *in* E-00264
23239-41-0 ▷Cephacetrile sodium, *in* C-00170
23239-51-2 ▷Ritodrine hydrochloride, *in* R-00067
23239-78-3 ▷Pridefine hydrochloride, *in* D-00498
23249-97-0 2-Benzimidazolepropionic acid, B-00083
23255-93-8 ▷Hycanthone mesylate, *in* H-00093
23256-09-9 Closiramine aceturate, *in* C-00505
23256-23-7 Sulfatroxazole, S-00212
23256-26-0 Piquizil hydrochloride, *in* P-00312
23256-28-2 Hoquizil hydrochloride, *in* H-00089
23256-30-6 ▷Nifurtimox, N-00134
23256-39-5 HL523, *in* G-00110
23256-40-8 Benzerial, *in* G-00098
23256-50-0 Guanabenz acetate, *in* G-00098
23257-44-5 Fluprednisolone valerate, *in* F-00208
23257-58-1 ▷Levoxadrol hydrochloride, *in* D-00472
23271-63-8 Amicibone, A-00188
23271-74-1 Fedrilate, F-00027
23277-43-2 En 2234*A*, *in* N-00028
23277-50-1 Meglumine salicylate, *in* H-00112
23283-97-8 2-Isopropyl-5-methylcyclohexanol; (1*R*,3*S*,4*R*)-*form*, *in* I-00208
23287-26-5 2-Hydroxy-3-methylbenzoic acid; Me ester, *in* H-00155
23288-49-5 Probucol, P-00445
23293-77-8 1-Ethynylcyclohexanol; Benzoyl, *in* E-00228
23313-50-0 Practolol; (±)-*form*, *in* P-00394
23313-68-0 Verapamil hydrochloride, *in* V-00019
23327-57-3 ▷Nefopam hydrochloride, *in* N-00063
23344-16-3 ▷Streptovarycin; Streptovaricin *A*, *in* S-00163
23344-17-4 ▷Streptovarycin; Streptovaricin *C*, *in* S-00163
23348-16-5 Ridiflone; B,HCl, *in* R-00042
23360-92-1 ▷Leurosine, L-00037
23362-78-9 Mefenidramium(1+); Chloride, *in* M-00064
23383-11-1 Ferrous citrate, F-00092
23393-65-9 6-Azauridine; 5′-Benzoyl, 2′,3′-dimesyl, *in* A-00514
23407-74-1 6-Azauridine; 2′,3′,5′-Trimesyl, *in* A-00514
23419-43-4 Ridiflone, R-00042
23436-73-9 1,5-Dimethyl[1]benzothieno[2,3-*g*]isoquinoline, D-00425
23444-86-2 Suncillin sodium, *in* S-00271
23450-15-9 4-Benzylphenol; Benzoyl, *in* B-00127
23454-33-3 Hexabolan, *in* T-00410
23465-76-1 Caroverine, C-00090
23469-05-8 Diamocaine cyclamate, *in* D-00140
23470-78-2 6-Azauridine; 2′,3′-Dimesyl, *in* A-00514
23476-83-7 ▷Prospidium chloride, *in* P-00527
23477-49-8 6-Azauridine; 5′-Benzoyl, *in* A-00514
23477-98-7 ▷Bundlin B, *in* B-00362
23486-22-8 ▷Esproquin hydrochloride, *in* E-00124
23492-69-5 Sopitazine, S-00101
23492-70-8 Sopitazine; B,HCl, *in* S-00101
23495-89-8 Tetrandrine; (±)-*form*, *in* T-00152
23496-41-5 Verticine, V-00024
23496-43-7 Isoverticine, *in* V-00024
23505-41-1 ▷Pirimiphos-ethyl, P-00329
23529-23-9 Detanosal; B,HCl, *in* D-00105
23541-50-6 ▷Daunorubicin hydrochloride, JAN, *in* D-00019
23564-06-9 ▷Thiophanate, T-00207
23573-50-4 BRL 50216, *in* C-00442
23573-66-2 Detanosal, D-00105
23580-33-8 Furacrinic acid, F-00277
23593-08-0 Clonazoline; B,HCl, *in* C-00476
23593-09-1 Clonazoline; B,HNO_3, *in* C-00476
23593-75-1 ▷Clotrimazole, C-00512
23602-78-0 ▷Benfluorex, B-00050
23607-71-8 Fetoxylate hydrochloride, *in* D-00265
23609-65-6 ▷Pyraldin, *in* A-00207
23623-31-6 ▷Bundlin *A*, B-00362
23623-36-1 Estrone cyanate, *in* O-00031
23642-66-2 S 992, *in* B-00050
23654-53-7 Anidoxime; B,HCl, *in* A-00388
23674-86-4 Difluprednate, D-00273
23694-17-9 Sultopride; (±)-*form*, B,HCl, *in* S-00264
23694-81-7 Mepindolol, M-00097
23696-28-8 ▷Olaquindox, O-00034
23702-98-9 α-Phenyl-2-piperidinemethanol, P-00197
23707-33-7 *N*-[(2-Methylphenyl)methyl]adenosine, *in* A-00067
23712-05-2 ▷Fenmetozole hydrochloride, *in* F-00058
23724-96-1 Diaminocaine, D-00122
23736-58-5 Cloxacillin benzathine, *in* C-00515
23744-24-3 Pipoxolan, P-00304
23757-42-8 ▷Midaflur, M-00364
23758-80-7 Alletorphine, A-00125
23779-99-9 ▷Floctafenine, F-00119

23784-10-3 ▷Viminol; 4-Hydroxybenzoate (salt), *in* V-00030
23788-35-4 11-[3-(Dimethylamino)propyl]-6,11-dihydrodibenzo[*b,e*]thiepine; Maleate (1:1), *in* D-00420
23790-08-1 ▷Moxipraquine, M-00465
23809-18-9 Dimethoxymethylarsine oxide, *in* M-00226
23829-65-4 Mecrifuranone hydrochloride, *in* M-00052
23845-79-6 Mecrifurone, M-00052
23869-24-1 Monoxerutin INN, *in* R-00106
23873-85-0 Proligestone, P-00472
23875-59-4 MY-33-7, *in* L-00105
23879-81-4 1,3,5-Triphenoxybenzene, *in* B-00076
23887-31-2 Clorazepic acid, C-00494
23887-41-4 Cinepazet, *in* C-00362
23887-46-9 Cinepazide, C-00363
23887-47-0 Cinpropazide, C-00382
23891-60-3 Mepramidil, M-00103
23910-07-8 Mebiquine, M-00036
23915-73-3 ▷Trebenzomine, *in* A-00245
23915-74-4 Trebenzomine hydrochloride, *in* A-00245
23915-80-2 Angioftal, *in* O-00125
23918-98-1 Eritadenine; (2*R*,3*R*)-*form*, *in* E-00110
23924-95-0 Veneserpine, *in* R-00028
23930-19-0 ▷3-Hydroxy-11,20-pregnanedione; (3α,5α)-*form*, *in* H-00200
23930-37-2 Alphadolone acetate, *in* H-00200
23940-36-5 ▷Stibophen, *in* B-00207
23944-24-3 Norajmaline, *in* A-00088
23950-19-8 Prodine; (3*RS*,4*RS*)-*form*, *in* P-00460
23964-57-0 ▷Alphacaine, *in* C-00103
23964-58-1 Carticaine, C-00103
23979-17-1 Thebaine; (+)-*form*, *in* T-00162
23980-14-5 Ethyl dirazepate, E-00185
23981-80-8 Naproxen, N-00048
23983-43-9 Dehydroepiandrosterone enanthate, *in* H-00110
24047-25-4 Guanoxabenz, *in* G-00098
24138-28-1 6-Bromopenicillanic acid; (2*S*,5*R*,6*S*)-*form*, *in* B-00311
24143-17-7 ▷Oxazolam, O-00098
24150-39-8 Deoxypicropodophyllin, *in* D-00083
24159-07-7 Febrifugine; (+)-*form*, *in* F-00023
24164-12-3 Tulipinolide, *in* H-00134
24164-13-4 Epitulipinolide, *in* H-00134
24166-13-0 ▷Cloxazolam, C-00517
24168-96-5 ▷Isoconazole nitrate, JAN, *in* I-00183
24169-02-6 Econazole nitrate, *in* E-00009
24196-16-5 Ajmalicine; (±)-*form*, *in* A-00087
24209-02-7 Cefanone, C-00113
24209-51-6 Cefanone; Na salt, *in* C-00113
24218-13-1 *p*-Methyldiphenhydramine; (+)-*form*, B,HCl, *in* M-00247
24219-97-4 Mianserin, M-00360
24221-86-1 ▷2-Methylamino-1-phenyl-1-propanol; (1*S*,2*R*)-*form*, B,HCl, *in* M-00221
24233-80-5 Bisobrin lactate, *in* B-00232
24237-54-5 ▷Tinoridine, T-00296
24243-89-8 Triflumidate, T-00461
24243-97-8 Tymazoline, T-00580
24252-70-8 Yohimbine; (±)-*form*, *in* Y-00002
24279-91-2 ▷Carboquone, C-00063
24280-93-1 ▷Mycophenolic acid, M-00475
24292-42-0 1-Phenylethylhydrazine; (*S*)-*form*, *in* P-00188
24305-27-9 ▷Thyroliberin, T-00229
24320-27-2 Halocortolone, H-00006
24340-35-0 Piridoxilate, *in* P-00582
24349-90-4 (3-Methyloxiranyl)phosphonic acid; (2*R*,3*S*)-*form*, Monobenzylammonium salt, *in* M-00276
24353-32-0 Hydroxindasol; B,HCl, *in* H-00105
24353-45-5 Dibusadol, *in* H-00112
24353-88-6 ▷Lorbamate, L-00093
24356-60-3 ▷Cephapirin sodium, *in* C-00115
24356-94-3 ▷Algestone acetophenide, *in* A-00114
24358-65-4 Agofell, *in* D-00366
24358-76-7 Nivazol, N-00191
24358-84-7 ▷Mepivacaine; (*S*)-*form*, *in* M-00101
24359-77-1 Otrivin, *in* P-00141
24360-03-0 Midamaline; B,HCl, *in* M-00366
24360-55-2 Milipertine, M-00375
24360-58-5 Pentaphonate, *in* D-00568
24360-92-7 Tetramisole; (±)-*form*, Monocyclamate, *in* T-00151
24361-13-5 IN 691, *in* I-00067
24381-49-5 Choline orotate, *in* O-00061
24381-55-3 Salethamide maleate, *in* D-00237
24385-10-2 8-(Hydroxyacetyl)-7,8,9,10-tetrahydro-6,8,10,11-tetrahydroxy-1-methoxy-5,12-naphthacenedione, *in* A-00080
24390-12-3 Fantridone hydrochloride, *in* F-00018
24390-14-5 Doxycycline hyclate, *in* D-00080
24397-89-5 ▷Actinobolin, A-00053
24428-71-5 Glicetanile sodium, *in* G-00036
24446-37-5 Cinepazic acid; B,HCl, *in* C-00362
24447-99-2 4-(Methylamino)benzenesulfonic acid, *in* A-00213
24455-58-1 Glicetanile, G-00036
24477-37-0 ▷Glisolamide, G-00047
24484-40-0 UCB B192, *in* D-00026
24526-64-5 ▷1,2,3,4-Tetrahydro-2-methyl-4-phenyl-8-isoquinolinamine, T-00125
24527-27-3 Spiclomazine, S-00114
24543-59-7 ▷6-Bromo-17β-hydroxy-17α-methyl-4-oxa-5-androstan-3-one; (5α,6α)-*form*, *in* B-00303
24543-60-0 6-Bromo-17β-hydroxy-17α-methyl-4-oxa-5-androstan-3-one; (5β,6β)-*form*, *in* B-00303
24553-77-3 6-Bromo-17β-hydroxy-17α-methyl-4-oxa-5-androstan-3-one; (5α,6β)-*form*, *in* B-00303
24558-01-8 Levofacetoperane, *in* P-00197
24570-52-3 Methacholine(1+); (*S*)-*form*, Iodide, *in* M-00160
24573-30-6 ▷3-Chloro-1,2-propanediol; (±)-*form*, 1-Ac, *in* C-00278
24600-36-0 ▷Noleptan, *in* F-00240
24622-52-4 Somagest, *in* A-00350
24622-72-8 Amixetrine, A-00350
24631-38-7 Bicordin, *in* D-00531
24632-47-1 ▷Nifurpipone, N-00127
24645-20-3 ▷2-(4-Cyclohexylphenyl)propanoic acid, C-00621
24656-22-2 ▷Picoperidamine palmitate, JAN, *in* P-00239
24668-75-5 Dexamethasone tert-butylacetate, *in* D-00111
24671-26-9 Benrixate, B-00062
24677-86-9 Elanone, *in* L-00024
24678-13-5 Lenperone, L-00024
24691-16-5 3,3,5-Trimethylcyclohexanol; (1*RS*,5*RS*)-*form*, Ac, *in* T-00506
24697-74-3 Leonurine, L-00025
24699-40-9 ▷Picoperidamine hydrochloride, JAN, *in* P-00239
24701-51-7 Demexiptiline, D-00067
24729-96-2 ▷Clindamycin phosphate, *in* C-00428
24740-92-9 3-Bromo-3-[*p*-(pentyloxy)benzoyl]acrylic acid, B-00312
24759-08-8 α-Ethyl-1-hydroxycyclohexaneacetic acid; (±)-*form*, Choline salt, *in* E-00193
24808-87-5 Prednisone succinate, *in* P-00413
24809-02-7 Hexestrol diphosphate, *in* B-00220
24812-40-6 Trazitiline; B,HCl, *in* T-00403
24815-25-6 Ethybenztropine; B,HBr, *in* E-00172
24828-59-9 2-Cyclopentene-1-tridecanoic acid; (*S*)-*form*, Me ester, *in* C-00627
24840-59-3 Pretamazium iodide, *in* P-00424
24853-80-3 Asaphen, *in* P-00300
24868-20-0 Dantrolene sodium, JAN, *in* D-00012
24870-04-0 Giractide, G-00025
24873-95-8 2-Phenylcyclopropylamine; (1*RS*,2*RS*)-*form*, *in* P-00186
24886-52-0 Pipofezine, P-00300
24891-21-2 4-(4′-Aminobenzamido)antipyrine, A-00211
24894-50-6 Estradiol pivalate, *in* O-00028
24909-72-6 9-Octadecenoic acid; (*Z*)-*form*, Anhydride, *in* O-00010
24916-50-5 ▷Foromacidin *A*, F-00249
24916-51-6 ▷Foromacidin *B*, F-00250
24916-52-7 ▷Foromacidin *C*, F-00251
25019-87-8 Balipramine; Maleate (1:1), *in* B-00007
25030-57-3 Diethyl (3-methyl-2-oxiranyl)phosphonate, *in* M-00276

25030-78-8 (3-Methyloxiranyl)phosphonic acid; (2*RS*,3*SR*)-*form*, Di-Me ester, *in* M-00276
25046-79-1 ▷Glisoxepide, G-00048
25053-27-4 Lyapolate sodium, *in* V-00047
25065-00-3 3-Hydroxy-1-methylpyridinium hydroxide inner salt, *in* H-00209
25070-24-0 2-Hydroxyacetophenone; Oxime, *in* H-00107
25082-83-1 Carbantel; B,HCl, *in* C-00042
25092-07-3 Dimesone, D-00386
25092-41-5 Norgestomet, N-00217
25117-79-7 Isomethadol, I-00192
25122-41-2 Clobetasol, C-00437
25122-46-7 ▷Clobetasol propionate, *in* C-00437
25122-57-0 ▷Clobetasone butyrate, *in* C-00437
25126-32-3 Sincalide, S-00077
25126-56-1 Methacholine(1+); (*R*)-*form*, Iodide, *in* M-00160
25127-31-5 Cidoxepin hydrochloride, *in* D-00594
25129-91-3 ▷Albocycline, A-00099
25143-13-9 Centperazine, C-00167
25155-18-4 ▷Methylbenzethonium chloride, *in* M-00229
25162-00-9 ▷Nicotine; (*R*)-*form*, *in* N-00103
25167-65-1 Clinolamide, *in* O-00007
25182-49-4 Methacholine(1+); (*S*)-*form*, *in* M-00160
25229-42-9 ▷3-Cyclohexyl-2-butenoic acid, C-00605
25238-71-5 10*H*-Phenothiazine-2-acetic acid; Me ester, *in* P-00163
25269-04-9 Nisobamate, N-00158
25287-60-9 Etofamide, E-00247
25312-58-7 Prodine; (3*S*,4*R*)-*form*, *in* P-00460
25312-59-8 Prodine; (3*R*,4*S*)-*form*, *in* P-00460
25314-87-8 ▷Elucaine, E-00031
25316-40-9 ▷Doxorubicin hydrochloride, *in* A-00080
25332-39-2 ▷Trazodone hydrochloride, *in* T-00405
25333-42-0 3-Quinuclidinol; (*R*)-*form*, *in* Q-00035
25333-77-1 ▷Acetorphine, *in* E-00263
25333-78-2 Etorphine; 3-Ac; B,HCl, *in* E-00263
25377-76-8 ▷2-Mercaptothiazoline, M-00121
25383-07-7 (3-Methyloxiranyl)phosphonic acid; (2*R*,3*S*)-*form*, Mono-(+)-1-phenylethylammonium salt, *in* M-00276
25384-17-2 Allylprodine, A-00133
25387-70-6 Dazadrol maleate, *in* D-00022
25389-94-0 ▷Kanamycin *A*; B,H_2SO_4, *in* K-00004
25392-49-8 Oxazorone; B,HCl, *in* O-00099
25392-50-1 Oxazorone, O-00099
25394-78-9 Cetoxime, C-00186
25395-13-5 5-Chloro-8-hydroxyquinoline; B,HCl, *in* C-00249
25422-75-7 Antazonite; (±)-*form*, *in* A-00401
25447-66-9 Dihydroergocryptine, D-00285
25450-33-3 17α-Ethynyl-6,6-difluoro-17β-hydroxy-4-oestren-3-one, E-00229
25451-15-4 ▷Felbamate, *in* P-00200
25460-63-3 (3-Methyloxiranyl)phosphonic acid; (2*S*,3*R*)-*form*, Di-Me ester, *in* M-00276
25466-21-1 Indanpramine hydrochloride, *in* I-00015
25466-44-8 Idanpramine, I-00015
25484-41-7 Dimethyl (3-methyloxiranyl)phosphonate, *in* M-00276
25487-28-9 Talsupram; (±)-*form*, B,HCl, *in* T-00017
25489-13-8 (3-Methyloxiranyl)phosphonic acid; (2*RS*,3*SR*)-*form*, Mono(benzylammonium) salt, *in* M-00276
25507-04-4 Clindamycin palmitate hydrochloride, *in* C-00428
25509-07-3 Cloroqualone, C-00500
25523-97-1 Chlorpheniramine; (*S*)-*form*, *in* C-00292
25546-65-0 ▷Ribostamycin, R-00040
25573-43-7 Geneserine, G-00016
25575-91-1 Thyroliberin; B,AcOH, *in* T-00229
25611-78-3 ▷1,2-Diphenylethylamine, D-00492
25614-03-3 ▷Bromocriptine, *in* E-00103
25616-63-1 Eritadenine; (2*R*,3*R*)-*form*, Me ester, *in* E-00110
25616-64-2 Eritadenine; (2*R*,3*R*)-*form*, Me ester, 2,3-di-Ac, *in* E-00110
25627-37-6 Dothiepin; (*E*)-*form*, *in* D-00588
25627-38-7 Dothiepin; (*Z*)-*form*, *in* D-00588
25633-33-4 ▷Cerberin, *in* D-00274
25635-17-0 2-Methyl-4-pyridinecarboxylic acid; Et ester, *in* M-00303
25655-41-8 ▷Povidone-Iodine, *in* P-00393
25672-33-7 Glucinan, *in* D-00432
25673-17-0 Furbenicillin; K salt, *in* F-00286
25681-89-4 Amerscan, *in* M-00168
25683-71-0 Terizidone, T-00092
25717-80-0 ▷Molsidomine, M-00425
25737-87-5 (2-Hydroxyethyl)tetradecylammonium(1+), H-00133
25743-56-0 1-(4-Hydroxyphenyl)-1-propanone; Ac, *in* H-00193
25771-23-7 Duometacin, D-00620
25783-45-3 1-Ethoxy-3-methoxybenzene, *in* B-00073
25787-42-2 3′-Amino-3′-deoxyadenosine; 3′,3′,6,6-Tetra-*N*-Me, *in* A-00234
25787-43-3 3′-Amino-3′-deoxyadenosine; 3′*N*-Me, *in* A-00234
25803-14-9 ▷Clometacin, C-00468
25812-30-0 ▷5-(2,5-Dimethylphenoxy)-2,2-dimethylpentanoic acid, D-00443
25827-12-7 Suloxifen, S-00235
25827-13-8 Suloxifen oxalate, *in* S-00235
25827-76-3 ▷Iomeglamic acid, I-00120
25834-71-3 3′-Amino-3′-deoxyadenosine; 3′*N*-Ac, 3′*N*-Me, 2′,5′-di-Ac, *in* A-00234
25859-76-1 Glibutimine, G-00034
25875-50-7 Robenidine hydrochloride, *in* R-00069
25875-51-8 ▷Robenidine, R-00069
25876-10-2 ▷Gentamicin *C*; Gentamicin C_1, *in* G-00018
25876-11-3 ▷Gentamicin *C*; Gentamicin C_2, *in* G-00018
25888-03-3 5-Hydroxy-2-methyl-1-phenyl-1*H*-indole-3-carboxylic acid, H-00173
25905-77-5 Minaprine, M-00381
25913-34-2 Nonflamin, *in* T-00296
25927-20-2 Etofuradine; Fumarate, *in* E-00252
25953-17-7 Cantor, *in* M-00381
25953-19-9 ▷Cefazolin, C-00120
25967-29-7 ▷Flutoprazepam, F-00231
25990-43-6 Mepenzolate(1+), M-00094
25992-25-0 Diphenyl (3-methyl-2-oxiranyl)phosphonate, *in* M-00276
25999-20-6 ▷Lasalocid *A*; Na salt, *in* L-00011
25999-31-9 ▷Lasalocid *A*, L-00011
26002-80-2 Phenothrin, P-00169
26016-89-7 (3-Methyloxiranyl)phosphonic acid; (2*S*,3*R*)-*form*, Mono-(−)-α-phenylethylamine salt, *in* M-00276
26016-99-9 ▷(3-Methyloxiranyl)phosphonic acid; (2*R*,3*S*)-*form*, Di-Na salt, *in* M-00276
26017-03-8 (3-Methyloxiranyl)phosphonic acid; (2*S*,3*R*)-*form*, *in* M-00276
26020-55-3 Oxetorone, O-00107
26035-31-4 Diamminedichloroplatinum, D-00139
26048-05-5 Beauvericin, B-00020
26048-47-5 5,6-Dibromocholestan-3-ol; (3β,5α,6β)-*form*, Benzoyl, *in* D-00162
26058-50-4 ▷Dotefonium bromide, *in* D-00587
26068-66-6 Oxyridazine; (±)-*form*, B,HCl, *in* O-00164
26070-23-5 Trazitiline, T-00403
26070-68-8 Gitan, *in* U-00001
26070-78-0 Ubisindine, U-00001
26095-58-9 ▷Otilonium(1+); Iodide, *in* O-00069
26095-59-0 ▷Otilonium bromide, *in* O-00069
26097-55-2 *N*-Benzyl-*N*,α-dimethylphenethylamine; (*R*)-*form*, *in* B-00115
26097-80-3 ▷Cambendazole, C-00020
26098-04-4 ▷Gentamicin *C*; Gentamicin C_{1a}, *in* G-00018
26101-52-0 Lyapolic acid, *in* V-00047
26112-64-1 4-Amino-3-thiophenecarboxylic acid, A-00337
26129-32-8 ▷Fenofibric acid, F-00062
26130-02-9 Frentizole, F-00264
26155-31-7 ▷Morantel tartrate, *in* M-00438
26159-31-9 Naproxen; (±)-*form*, *in* N-00048
26159-34-2 ▷Naproxen Sodium, *in* N-00048
26159-36-4 2-(6-Methoxy-2-naphthyl)-1-propanol; (*S*)-*form*, *in* M-00207
26171-23-3 ▷Tolmetin, T-00353
26209-07-4 Ciclosidomine; B,HCl, *in* C-00333
26225-59-2 ▷Mecinarone, M-00043
26242-33-1 Vintiamol, V-00044
26266-57-9 Sorbitan monopalmitate, *in* A-00387

26270-59-7 ▷Mecinarone; Maleate, *in* M-00043
26271-72-7 17-[(1-Oxopentyl)oxy]androstan-3-one, *in* H-00109
26281-69-6 Exiproben, E-00280
26304-61-0 2,3,4,5-Tetrahydro[1,4]diazepino[1,2-*a*]indole, T-00116
26305-03-3 ▷Pepstatins; Pepstatin *A*, 9CI, *in* P-00109
26308-28-1 Ripazepam, R-00062
26328-00-7 ▷MD 68111, *in* C-00382
26328-04-1 ▷Cinepazide maleate, JAN, *in* C-00363
26328-53-0 ▷4-Nitro-4′-isothiocyanatodiphenylamine, N-00180
26330-11-0 3-(2-Aminobutyl)indole; (±)-*form*, B,HCl, *in* A-00222
26350-39-0 Nifurizone, N-00123
26362-06-1 Cinfenine; (*E*)-*form*, Fumarate, *in* C-00364
26363-46-2 Diphenidol pamoate, *in* D-00486
26406-62-2 Iquindamine; B,2HCl, *in* I-00168
26410-96-8 6-Methylaminohexanoic acid, *in* A-00259
26472-47-9 Fosfomycin calcium, JAN, *in* M-00276
26481-51-6 Tiprenolol; (±)-*form*, *in* T-00315
26507-91-5 2-Methoxy-3-methylbenzoic acid, *in* H-00155
26513-79-1 Paraxazone, P-00031
26513-90-6 Letimide, L-00027
26531-80-6 2-Hydroxyoctadecanoic acid; (*S*)-*form*, *in* H-00184
26532-77-4 Isomethadol; *β*-(−)-*form*, *in* I-00192
26533-05-1 Isomethadol; *α*-(+)-*form*, *in* I-00192
26538-44-3 ▷3,4,5,6,7,8,9,10,11,12-Decahydro-7,14,16-trihydroxy-3-methyl-1*H*-2-benzoxacyclotetradecin-1-one; (3*S*,7*R*)-*form*, *in* D-00035
26552-51-2 Thiphencillin, T-00216
26570-10-5 ▷Propoxyphene napsylate, *in* P-00512
26585-31-9 Cinnoxyphenisatin, *in* O-00160
26594-41-2 Isomethadone; (*R*)-*form*, *in* I-00193
26598-44-7 Ethybenztropine; B,HCl, *in* E-00172
26605-69-6 ▷Carindacillin sodium, JAN, *in* C-00077
26614-21-1 3,4-Bis(4-hydroxyphenyl)hexane; (3*R*,4*R*)-*form*, *in* B-00220
26614-22-2 3,4-Bis(4-hydroxyphenyl)hexane; (3*S*,4*S*)-*form*, *in* B-00220
26615-21-4 Zotepine, Z-00039
26629-86-7 ▷Oxaflozane; B,HCl, *in* O-00076
26629-87-8 ▷Oxaflozane, O-00076
26631-90-3 6-Bromopenicillanic acid; (2*S*,5*R*,6*R*)-*form*, *in* B-00311
26652-09-5 Ritodrine; (*αRS*,1′*RS*)-*form*, *in* R-00067
26658-19-5 Sorbitan tristearate, *in* A-00387
26673-91-6 Zotepine; Maleate, *in* Z-00039
26675-46-7 ▷2-Chloro-2-(difluoromethoxy)-1,1,1-trifluoroethane, C-00231
26717-47-5 ▷4-(Dimethylamino)-4-oxobutyl 2-(4-chlorophenoxy)-2-methylpropanoate, *in* C-00456
26718-25-2 Halofenate, H-00008
26750-81-2 ▷Alibendol, A-00116
26758-91-8 Cytosamine, C-00666
26774-90-3 ▷Epicillin, E-00074
26786-32-3 ▷Lopramine hydrochloride, *in* L-00074
26786-84-5 ▷Lomofungin, L-00082
26787-78-0 ▷Amoxycillin, A-00364
26807-65-8 ▷Indapamide, I-00052
26833-85-2 ▷Harringtonine, H-00022
26833-87-4 ▷Homoharringtonine, *in* H-00022
26839-75-8 Timolol; (*S*)-*form*, *in* T-00288
26844-12-2 Indoramin, I-00069
26849-57-0 Triclonide, T-00452
26864-56-2 ▷Penfluridol, P-00062
26887-04-7 Iotranic acid, I-00141
26921-17-5 ▷Timolol maleate, *in* T-00288
26921-72-2 5-(3-Hydroxyphenyl)-1*H*-tetrazole, H-00198
26924-74-3 ▷Antibiotic WS 3442*A*, *in* C-00177
26944-48-9 Glibornuride, G-00033
26964-71-6 Fenaperone; B,HCl, *in* F-00036
26976-72-7 4-Acetoxybutanoic acid, *in* H-00118
26995-91-5 4-L-Threonineoxytocin, T-00220
27007-85-8 ▷APY-606, *in* S-00114
27023-29-6 Clotrimazole; B,HCl, *in* C-00512
27025-49-6 Carfecillin, C-00074
27031-08-9 Sulfaguanole, S-00194
27035-30-9 ▷Oxametacin, O-00082
27050-41-5 Clenpyrin, C-00420
27058-84-0 ▷SD 1601, *in* M-00435
27059-74-1 Romergan, *in* P-00478
27060-91-9 ▷Flutazolam, F-00225
27076-46-6 Alpertine, A-00146
27095-26-7 2′-Deoxy-5-fluorouridine; 3′-Ac, 5′-mesyl, *in* D-00079
27107-79-5 ▷Tilidine hydrochloride, *in* T-00273
27109-48-4 *N*-(2-Bromo-3-methylbutanoyl)urea; (−)-*form*, *in* B-00307
27109-49-5 *N*-(2-Bromo-3-methylbutanoyl)urea; (+)-*form*, *in* B-00307
27112-37-4 Diamocaine, D-00140
27112-40-9 Fenclexonium(1+), F-00041
27115-86-2 ▷Dacuronium bromide, *in* D-00003
27127-79-3 Thevetin B, *in* D-00274
27164-46-1 ▷Cefazolin sodium, *in* C-00120
27166-18-3 *N*′-(6-Methoxy-4-quinolinyl)-*N*,*N*-dimethyl-1,2-ethanediamine, M-00217
27176-90-5 Codopectyl, *in* D-00403
27189-18-0 17*α*-Ethynyl-6,6-difluoro-17*β*-hydroxy-4-oestren-3-one; Ac, *in* E-00229
27199-40-2 ▷Pifexole, P-00247
27203-92-5 ▷2-[(Dimethylamino)methyl]-1-(3-methoxyphenyl-)-cyclohexanol; (1*RS*,2*RS*)-*form*, *in* D-00416
27220-47-9 ▷Econazole, E-00009
27220-57-1 Antimycin *A*; Antimycin A_2, *in* A-00415
27220-59-3 ▷Antimycin *A*; Antimycin A_4, *in* A-00415
27220-60-6 Antimycin *A*; Antimycin A_5, *in* A-00415
27220-61-7 Antimycin *A*; Antimycin A_6, *in* A-00415
27223-35-4 Ketazolam, K-00012
27229-23-8 Mezepine; Fumarate, *in* M-00356
27258-23-7 2-[2-(Diethylamino)ethyl]-*N*,*N*′-diphenylpropanediamide, D-00236
27262-45-9 ▷Bupivacaine; (*R*)-*form*, *in* B-00368
27262-47-1 ▷Bupivacaine; (*S*)-*form*, *in* B-00368
27276-25-1 ▷Capobenate sodium, *in* C-00030
27293-82-9 Tyropanoic acid, T-00581
27297-42-3 Betamethasone succinate, *in* B-00141
27299-12-3 1,4-Anhydroglucitol, A-00387
27302-90-5 ▷Oxisuran, O-00120
27303-92-0 Meprednisone hydrogen succinate, *in* D-00336
27307-30-8 Penlysinum, P-00071
27312-93-2 Fluacizine; B,HCl, *in* F-00128
27314-77-8 Drazidox, *in* M-00304
27315-91-9 Pipebuzone, P-00276
27318-86-1 2-(3,5-Dimethoxyphenoxy)ethanol, D-00399
27325-18-4 ▷Procinolol; (±)-*form*, B,HCl, *in* P-00451
27325-36-6 Procinolol, P-00451
27357-50-2 (3-Methyloxiranyl)phosphonic acid; (2*RS*,3*RS*)-*form*, *in* M-00276
27367-90-4 ▷Niaprazine, N-00083
27376-76-7 9,11-Dihydroxy-15-oxo-5-prostenoic acid, D-00340
27376-76-7 9,11-Dihydroxy-15-oxo-5-prostenoic acid; (5*Z*,9*S*,11*R*)-*form*, *in* D-00340
27432-00-4 Mezepine, M-00356
27432-00-4 Mezepine; Citrate, *in* M-00356
27448-03-9 ▷Cotriptyline; B,HCl, *in* C-00554
27450-21-1 Osmadizone, O-00067
27464-23-9 Minoten, *in* O-00100
27466-27-9 Intriptyline, I-00088
27466-29-1 Intriptyline hydrochloride, *in* I-00088
27467-46-5 Oxetacillin; B,HCl, *in* O-00104
27469-53-0 ▷Almitrine, A-00139
27470-51-5 ▷Suxibuzone, S-00283
27470-75-3 Mezepine; Oxalate, *in* M-00356
27471-60-9 ▷Suplexedil, *in* F-00067
27501-91-3 2-(2-Hydroxyphenyl)-4-thiazolecarboxylic acid, H-00199
27501-92-4 2-(2-Hydroxyphenyl)-4-thiazolecarboxylic acid; Me ester, *in* H-00199

27501-93-5 2-(2-Hydroxyphenyl)-4-thiazolecarboxylic acid; Me ester, Ac, *in* H-00199
27511-99-5 ▷5-Ethyl-1,3-bis(methoxymethyl)-5-phenyl-2,4,6-(1*H*,3*H*,5*H*)-pyrimidinetrione, *in* E-00218
27523-40-6 Isoconazole, I-00183
27528-63-8 Fepromide (±)-*form*, B,HCl, *in* F-00085
27574-24-9 Tropatepine, T-00550
27574-25-0 Lepticur, *in* T-00550
27581-02-8 Idropranolol, I-00019
27581-03-9 Idropranolol; B,HCl, *in* I-00019
27585-35-9 ▷Fexicaine; B,HCl, *in* F-00097
27588-43-8 ▷Alecor, *in* E-00094
27589-33-9 ▷Azosemide, A-00530
27591-01-1 ▷Bunolol; (±)-*form*, *in* B-00365
27591-42-0 ▷Oxazidione, O-00097
27591-43-1 Oxazidione; B,HCl, *in* O-00097
27591-69-1 ▷Tilorone hydrochloride, *in* T-00277
27591-97-5 ▷Tilorone, T-00277
27597-63-3 Bromamphenicol; (1′*R*,2′*R*)-*form*, *in* B-00284
27610-08-8 Estrone tetraacetylglucoside, *in* O-00031
27656-46-8 3,11,14-Trihydroxy-20(22)-cardenolide; (3*β*,5*α*,11*α*,14*β*)-*form*, *in* T-00473
27661-27-4 (Xylosylamino)benzoic acid; D-pyranose-*form*, *in* X-00025
27686-19-7 Gastrins; *Feline Gastrin*, *in* G-00012
27688-73-9 Setazindol; (+)-*form*, *in* S-00057
27688-74-0 Setazindol; (−)-*form*, *in* S-00057
27711-98-4 Erythrinan, E-00113
27724-96-5 ▷Cetraxate hydrochloride, *in* C-00187
27726-31-4 ▷Pivcephalexin, P-00363
27736-80-7 Fenaftic acid, F-00032
27737-38-8 Mixidine, M-00410
27743-00-6 2-(6-Methoxy-2-naphthyl)-1-propanol, M-00207
27762-78-3 ▷3-Ethoxy-1,1-dihydroxy-2-butanone, *in* E-00168
27795-77-3 Oxapium(1+); *β*-*form*, Iodide, *in* O-00089
27826-45-5 Libecillide, L-00041
27833-64-3 ▷Loxapine succinate, *in* L-00106
27848-84-6 ▷Nicergoline, N-00089
27849-94-1 Safra, *in* S-00003
27871-49-4 2-Hydroxypropanoic acid; (*S*)-*form*, Me ester, *in* H-00207
27877-51-6 Tolindate, T-00351
27885-92-3 Imidocarb, I-00034
27886-55-1 4-Chloro-1,3-benzenedisulfonic acid, C-00215
27890-59-1 Sulfaclozine, S-00190
27892-33-7 Emepronium(1+), E-00035
27912-14-7 Levobunolol hydrochloride, *in* B-00365
27917-82-4 Dovenix, *in* H-00142
27920-64-5 5*β*,6*β*-Epoxy-4*β*-hydroxy-1-oxo-20*S*,22*R*-witha-2,24-dienolide, *in* W-00002
27959-26-8 ▷Nicomol, N-00100
28002-18-8 ▷Disodium sulbenicillin, JAN, *in* S-00181
28022-11-9 Megalomicin *A*, M-00070
28048-39-7 Dihydrospectinomycin, *in* S-00111
28050-56-8 3,7,12-Trihydroxy-24-cholanoic acid; (3*α*,5*β*,7*β*,12*α*)-*form*, *in* T-00475
28058-62-0 ▷Clocapramine dihydrochloride, JAN, *in* C-00441
28069-65-0 Cuprimyxin, C-00577
28120-03-8 Tymazoline; B,HCl, *in* T-00580
28125-87-3 Flutonidine, F-00230
28168-10-7 Tetriprofen, T-00155
28169-46-2 ▷2-Methyl-3,5-dinitrobenzoic acid, M-00246
28179-44-4 5-Acetamido-*N*-[[(2-hydroxyethyl)amino]carbonyl]-2,4,6-triiodobenzoic acid, *in* D-00138
28189-85-7 Etoxadrol, E-00264
28197-63-9 Acebutolol, A-00006
28197-69-5 Diacetolol, D-00118
28217-60-9 Phlorin, *in* B-00076
28227-96-5 Phenisonone, P-00158
28240-18-8 Pinolcaine; (+)-*form*, *in* P-00271
28266-61-7 RN 927, *in* Z-00009
28268-43-1 Tetriprofen; (+)-*form*, *in* T-00155
28268-44-2 Tetriprofen; (−)-*form*, *in* T-00155
28291-30-7 Penbutolol; (*S*)-*form*, B,HCl, *in* P-00059
28300-74-5 ▷Antimony potassium tartrate, A-00414
28384-81-8 Theophylline meglumine, *in* T-00169
28395-03-1 ▷Bumetanide, B-00356
28416-66-2 ▷Isoaminile; Citrate (1:1), *in* I-00177
28421-52-5 11,17,21-Trihydroxy-1,4,7-pregnatriene-3,20-dione; (11*β*,17*α*)-*form*, *in* T-00482
28434-00-6 ▷Allethrin; (+)-*trans*-*form*, *in* A-00124
28434-01-7 ▷Resmethrin; (1*R*,3*R*)-*form*, *in* R-00031
28523-86-6 1,1,1,3,3,3-Hexafluoro-2-(fluoromethoxy)propane, H-00047
28532-90-3 Furomazine, F-00296
28546-58-9 Uldazepam, U-00004
28570-99-2 Setazindol; (±)-*form*, *in* S-00057
28598-08-5 Cinoctramide, C-00374
28610-84-6 Rimazolium metilsulfate, *in* R-00055
28617-16-5 Eritadenine; (2*S*,3*R*)-*form*, *in* E-00110
28617-17-6 Eritadenine; (2*R*,3*S*)-*form*, *in* E-00110
28646-36-8 *N*-Benzyl-*N*,*α*-dimethylphenethylamine; (*R*)-*form*, B,HCl, *in* B-00115
28657-80-9 ▷Cinoxacin, C-00377
28721-07-5 10,11-Dihydro-10-oxo-5*H*-dibenz[*b*,*f*]azepine-5-carboxamide, *in* D-00281
28757-47-3 Polihexanide, P-00381
28781-64-8 Menitrazepam, M-00091
28782-42-5 Difenoxin, D-00265
28797-61-7 Pirenzepine, P-00321
28808-07-3 Oestriol; 16-(*β*-D-Glucopyranosiduronic acid), *in* O-00030
28810-23-3 Zepastine, Z-00009
28815-27-2 Isomylamine, I-00194
28820-28-2 Naftoxate, N-00026
28860-95-9 ▷Carbidopa; (*S*)-*form*, *in* C-00050
28868-64-6 Centphenaquin, C-00168
28875-92-5 Carbidopa; (±)-*form*, *in* C-00050
28911-01-5 ▷Triazolam, T-00425
28913-23-7 Ethynylestradiol 3-isopropylsulfonate, *in* E-00231
28968-07-2 ▷6-Chloro-5-cyclohexyl-1-indanecarboxylic acid; (±)-*form*, *in* C-00225
28968-09-4 ▷6-Chloro-5-cyclohexyl-1-indanecarboxylic acid; (*S*)-*form*, *in* C-00225
28971-58-6 Acrocinonide, *in* T-00419
28978-07-6 Anticapsin, A-00412
28979-74-0 Pristinamycin I_C, P-00440
28981-97-7 ▷Alprazolam, A-00150
28991-46-0 Eritadenine; (2*R*,3*R*)-*form*, Me ester, 2,3-*O*-isopropylidene, *in* E-00110
28998-36-9 5-Azacytidine; 2′,3′,5′-Tribenzoyl, *in* A-00496
29006-02-8 4-Methoxybutanoic acid, *in* H-00118
29010-26-2 Afroside, *in* G-00079
29023-48-1 Timolol, T-00288
29025-14-7 ▷Butropium bromide, *in* B-00425
29050-11-1 Seclazone, S-00032
29053-27-8 ▷Meseclazone, M-00132
29065-18-7 Picoperine; Fumarate, *in* P-00239
29066-70-4 PR-F-36-Cl, *in* S-00057
29069-24-7 ▷Prednimustine, P-00411
29071-21-4 ▷Quinalbarbitone; (±)-*form*, *in* Q-00011
29094-61-9 Glipizide, G-00042
29098-15-5 ▷Terofenamate, *in* M-00045
29101-95-9 Leucogenenol, L-00031
29106-32-9 2-Cyclopentene-1-tridecanoic acid; (*S*)-*form*, *in* C-00627
29110-47-2 Guanfacine, G-00103
29122-68-7 ▷Atenolol, A-00468
29125-56-2 Droclidinium bromide, *in* D-00605
29144-42-1 ▷Chelocardin, C-00190
29169-91-3 Procidin S 735M, *in* P-00109
29170-05-6 Deterenol; (*R*)-*form*, *in* D-00106
29176-29-2 Lofendazam, L-00072
29177-84-2 Ethyl loflazepate, E-00197
29197-45-3 2-Phenyl-4-quinolinecarboxamide, *in* P-00206
29205-06-9 Fluocortolone pivalate, *in* F-00175
29216-28-2 ▷Mequitazine, M-00109

29218-27-7 ▷Toloxatone, T-00360
29227-64-3 Caperatic acid, C-00029
29232-93-7 ▷Pirimiphos-methyl, P-00330
29281-73-0 1-Amino-2-nitro-1,2-diphenylethylene, A-00293
29289-02-9 Polydine, *in* P-00081
29334-07-4 Sulmarin, *in* D-00332
29342-02-7 1-Hydroxy-4,6-dimethyl-2(1*H*)-pyridone, *in* D-00451
29342-05-0 6-Cyclohexyl-1-hydroxy-4-methyl-2(1*H*)-pyridinone, C-00612
29442-58-8 Motrazepam, M-00455
29444-03-9 Jatrophone, J-00002
29462-18-8 Bentazepam, B-00066
29473-70-9 Tofisoline; B,HCl, *in* T-00341
29473-71-0 Tofisoline; Picrate, *in* T-00341
29474-12-2 1-Cyclohexyl-2-methyl-1-propanol, C-00618
29520-14-7 Guanfacine hydrochloride, *in* G-00103
29520-22-7 Menadiol disulfate, *in* D-00333
29535-27-1 Malethamer, M-00014
29541-85-3 ▷Oxitriptyline, O-00122
29546-59-6 ▷Ciclonium bromide, *in* C-00330
29560-58-5 ▷Ethmozine, *in* M-00442
29604-16-8 Oxyprothepin, O-00162
29619-86-1 Moctamide, M-00416
29679-58-1 2-(3-Phenoxyphenyl)propanoic acid, P-00172
29700-91-2 10-Demethylcephaeline, *in* C-00172
29702-43-0 2-Deoxy-2-fluoroglucose; D-*form*, *in* D-00078
29722-71-2 Norsongorine, *in* S-00100
29726-99-6 Tofisoline, T-00341
29728-34-5 Acetylenoxolone aluminium, *in* G-00072
29728-68-5 Oxyprothepin; (±)-*form*, B,2HCl, *in* O-00162
29767-20-2 ▷Teniposide, T-00071
29769-70-8 Fenprin, *in* M-00379
29780-94-7 1,6-Di-*O*-trityl-D-mannitol, *in* M-00018
29782-68-1 Silydianin, S-00071
29790-52-1 ▷Eudermol, *in* N-00103
29868-97-1 ▷Pirenzepine hydrochloride, JAN, *in* P-00321
29869-74-7 Mefenidramium(1+), M-00064
29869-77-0 4,4-Diphenyl-2-butylamine, D-00489
29899-95-4 Ethyl 5,6-bis-*O*-(4-chlorobenzyl)-3-*O*-propyl glucoside; D-furanose-*form*, *in* E-00175
29908-03-0 ▷*S*-Adenosylmethionine; (*S*)-*form*, *in* A-00068
29936-79-6 ▷Mofoxime, M-00421
29952-13-4 Peratizole, P-00115
29952-87-2 Claresan, *in* C-00456
29953-55-7 Peratizole maleate, *in* P-00115
29958-58-5 Respacal, *in* P-00303
29975-16-4 ▷Estazolam, E-00126
29984-33-6 ▷Vidarabine phosphate, *in* A-00435
30003-49-7 ▷Primycin, P-00437
30003-49-7 ▷Primycin; 2B,H_2SO_4, *in* P-00437
30033-10-4 Stercuronium iodide, *in* S-00146
30034-03-8 ▷Cefamandole sodium, JAN, *in* C-00112
30073-40-6 Bucumolol; (±)-*form*, B,HCl, *in* B-00343
30097-06-4 2,4-Thiazolidinedicarboxylic acid, T-00184
30103-44-7 Bumecaine, B-00354
30116-79-1 Amifloverine; B,HCl, *in* A-00194
30116-80-4 Carfonal, *in* F-00123
30123-17-2 Tianeptine; Na salt, *in* T-00240
30223-48-4 ▷Fluacizine, F-00128
30271-85-3 Razinodil, R-00014
30271-90-0 Razinodil; (±)-*form*, B,HCl, *in* R-00014
30272-08-3 Maneon, *in* A-00200
30279-49-3 Suclofenide, S-00174
30286-75-0 ▷Oxitropium bromide, *in* O-00123
30299-08-2 ▷Clinofibrate, C-00429
30301-23-6 Pachycarpine N^{16}-oxide, *in* S-00110
30319-44-9 1,2,3,4-Tetra-*O*-benzoyl-α-D-xylopyranoside, *in* X-00024
30368-50-4 2,4-Diamino-1,3,5-triazine; *N,N′*-Di-Me, *in* D-00136
30387-51-0 Asperlin, A-00464
30392-40-6 Bitolterol, B-00241
30392-41-7 ▷Bitolterol mesylate, *in* B-00241
30403-03-3 Gallium citrate, G-00005
30418-38-3 Tretoquinol; (*S*)-*form*, *in* T-00418
30436-10-3 4-Hydroxybutanoic acid; Benzoyl, *in* H-00118
30484-77-6 ▷Flunarizine hydrochloride, *in* F-00165
30485-16-6 Monensin; Monensin *B*, *in* M-00428
30516-87-1 Zidovudine, Z-00013
30525-89-4 ▷Paraformaldehyde, *in* F-00244
30529-16-9 Stirimazole, S-00156
30531-86-3 Colfenamate, C-00535
30533-89-2 Flurantel, F-00216
30544-47-9 ▷Etofenamate, E-00248
30544-61-7 ▷Clanobutin, C-00409
30578-37-1 ▷Amezinium metilsulfate, *in* A-00279
30653-83-9 ▷Parsalmide, P-00041
30685-43-9 ▷Medigoxin, *in* D-00275
30687-16-2 ▷N-(2-Hydroxyethyl)-N-methylcinnamamide, *in* H-00130
30716-01-9 Emilium tosylate, *in* E-00199
30719-67-6 ▷Gossypol; (±)-*form*, Hexa-Ac, *in* G-00082
30748-29-9 ▷4-(3-Methyl-2-butenyl)-1,2-diphenyl-3,5-pyrazolidinedione, M-00235
30751-03-2 3-Aminopiperidine; (±)-*form*, 3-*N*-(3,4,5-Trimethoxybenzoyl); B,HCl, *in* A-00314
30751-05-4 Troxipide, *in* A-00314
30761-64-9 10-Amino-10,11-dihydro-5*H*-dibenz[*b,f*]azepine, A-00241
30779-95-4 1,9-Heptadecadiene-4,6-diyne-3,8-diol, H-00028
30781-27-2 Amadinone, A-00161
30817-43-7 Fenclexonium metilsulfate, *in* F-00041
30826-72-3 Moxnidazole; B,HCl, *in* M-00467
30840-27-8 Pretiadil, P-00426
30840-28-9 Pretiadil; (±)-*form*, B,HCl, *in* P-00426
30851-76-4 Ethoxazorutoside, *in* R-00106
30868-30-5 ▷Pyrazomycin; β-D-*form*, *in* P-00566
30882-77-0 α-Phenyl-2-piperidinemethanol; (α*S*,2*S*)-*form*, *in* P-00197
30909-51-4 Flupentixol decanoate, *in* F-00198
30910-27-1 Treloxinate, T-00408
30914-89-7 ▷Flumexadol, F-00160
30924-31-3 ▷Cafaminol, C-00008
30953-84-5 Procyclidine hydrochloride, *in* P-00455
30953-85-6 Benzhexol; (*R*)-*form*, B,HCl, *in* B-00081
30986-62-0 Arginine tidiacicate, *in* T-00184
30999-06-5 Tocophersolan, *in* T-00335
31002-79-6 Triamcinolone benetonide, *in* T-00419
31002-84-3 α-Phenyl-2-piperidinemethanol; (α*R*,2*R*)-*form*, *in* P-00197
31005-02-4 7-Ethoxy-2*H*-1-benzopyran-2-one, *in* H-00114
31005-05-7 7-Hydroxy-2*H*-1-benzopyran-2-one; Benzoyl, *in* H-00114
31023-56-0 Metaproterenol sulfate, *in* O-00053
31036-80-3 Lofexidine, L-00075
31065-89-1 ▷Dylamon, *in* M-00064
31075-85-1 3-(4-Aminophenyl)-3-ethyl-2,6-piperidinedione; (±)-*form*, B,HCl, *in* A-00305
31077-78-8 Carpesterol, C-00094
31085-55-9 Adenosine; 6*N*,5′-Ditrityl, *in* A-00067
31085-56-0 Adenosine; 6*N*,2′,5′-Trityl, *in* A-00067
31085-57-1 Adenosine; 6*N*,3′,5′-Trityl, *in* A-00067
31087-87-3 ▷Beaumontoside, *in* D-00274
31087-88-4 Wallichoside, *in* D-00274
31087-94-2 ▷Beauwalloside, *in* T-00474
31101-25-4 Mirincamycin, M-00393
31105-14-3 Olmidine; (±)-*form*, *in* O-00039
31112-62-6 ▷Metrizamide, M-00343
31127-82-9 ▷Iodoxamic acid, I-00108
31139-87-4 ▷Tipepidine hibenzate, *in* T-00311
31156-80-6 Antibiotic NK 1013-2, *in* K-00005
31221-85-9 Ibuverine, *in* C-00614
31224-92-7 ▷Pifoxime, P-00249
31232-26-5 Danitracen, D-00011
31251-03-3 Fluotrimazole, F-00193
31314-38-2 1-Isopropyl-4,4-diphenylpiperidine, I-00206
31323-25-8 ▷Fluopsin *C*, F-00177
31329-57-4 ▷Naftidrofuryl, N-00023
31342-36-6 Chloramphenicol pantothenate, *in* C-00195
31352-82-6 Zolazepam, Z-00028

31377-05-6 Calciopor, *in* O-00140
31386-24-0 Amindocate, A-00199
31386-25-1 Indocate, I-00061
31428-61-2 Tiamenidine, T-00236
31430-15-6 ▷Flubendazole, F-00133
31430-18-9 ▷Nocodazole, N-00196
31431-39-7 ▷Mebendazole, M-00031
31431-43-3 Ciclobendazole, C-00328
31478-45-2 Bamnidazole, *in* M-00344
31542-63-9 1,3-Dipropyl-7-methylxanthine, D-00524
31576-00-8 Oxprenolol; (*R*)-*form*, *in* O-00145
31581-02-9 Cinoxolone, *in* G-00072
31581-82-5 5-Epicyasterone, *in* C-00584
31598-07-9 Iozomic acid, I-00150
31637-97-5 Etofibrate, E-00250
31652-69-4 Wortmannin; 11-Deacetoxy, *in* W-00003
31660-13-6 11,15-Dihydroxy-9-oxo-5,13-prostadienoic acid; (5*Z*,8*RS*,11*RS*,12*RS*,13*E*,15*RS*)-*form*, *in* D-00339
31660-17-0 11,15-Dihydroxy-9-oxo-5,13-prostadienoic acid; (5*Z*,8*SR*,11*RS*,12*RS*,13*E*,15*SR*)-*form*, *in* D-00339
31677-93-7 ▷Bupropion hydrochloride, *in* B-00371
31698-14-3 ▷Cyclocytidine, C-00600
31708-52-8 Gemazocine; B,HBr, *in* G-00014
31708-54-0 Ibazocine; (+)-*form*, B,HBr, *in* I-00003
31708-63-1 Ibazocine; (−)-*form*, B,HBr, *in* I-00003
31721-17-2 Quinupramine, Q-00036
31729-24-5 Enpiprazole, E-00063
31753-19-2 15-Hydroxy-9-oxo-5,10,13-prostatrien-1-oic acid; (5*Z*,8*R*,12*S*,13*E*,15*S*)-*form*, Me ester, *in* H-00187
31770-79-3 Meglucycline, M-00072
31774-33-1 Abikoviromycin, A-00002
31793-07-4 ▷Pirprofen, P-00355
31828-71-4 ▷Mexiletine, M-00351
31842-01-0 ▷Indoprofen, I-00068
31842-61-2 Rimiterol hydrobromide, *in* R-00058
31848-01-8 ▷Morclofone, M-00440
31848-02-9 Medicil, *in* M-00440
31852-19-4 Levopropoziphene dibudinate, *in* P-00512
31868-18-5 ▷Mexazolam, M-00350
31879-05-7 2-(3-Phenoxyphenyl)propanoic acid; (±)-*form*, *in* P-00172
31883-05-3 Moricizine, M-00442
31911-54-3 Fenetradil; B,2HCl, *in* F-00048
31932-09-9 Ticarbodine, T-00254
31959-87-2 ▷NSC 32946, *in* M-00402
31959-88-3 Clodazon hydrochloride, *in* C-00448
31969-05-8 Bunolol hydrochloride, *in* B-00365
31980-29-7 ▷Nicofibrate, N-00097
31980-87-7 Monensin; Monensin *C*, *in* M-00428
32018-87-4 4-Amino-1-naphthoic acid, A-00292
32046-03-0 Pyrazinecarboxylic acid; Nitrile, 1-oxide, *in* P-00560
32046-09-6 Pyrazinecarboxylic acid; 1-Oxide, *in* P-00560
32059-15-7 2-(Guanidinomethyl)octahydro-1*H*-azocine, G-00111
32059-27-1 Sumetizide, S-00269
32093-23-5 1,2,3,4-Tetrahydro-1-hydroxy-2-naphthalenecarboxylic acid; (1*RS*,2*RS*)-*form*, Me ester, *in* T-00118
32093-24-6 1,2,3,4-Tetrahydro-1-hydroxy-2-naphthalenecarboxylic acid; (1*RS*,2*SR*)-*form*, Me ester, *in* T-00118
32147-36-7 Nafenopin; (*R*)-*form*, *in* N-00014
32156-26-6 4-Bromo-2,5-dimethoxy-α-methylphenethylamine, B-00298
32156-80-2 Theophylline diethanolamine, *in* T-00169
32164-26-4 ▷Streptovaricin D, *in* S-00163
32179-61-6 4-Amino-2-methyl-*N*′-(5-nitro-2-thiazolyl)-5-pyrimidinecarboxamide, A-00286
32188-07-1 Brompheniramine; (±)-*form*, *in* B-00325
32195-33-8 Bisbendazole, B-00193
32211-97-5 3-(Dimethylamino)-1,2,3,4-tetrahydrocarbazole, D-00422
32222-06-3 ▷Calcitriol, *in* A-00109
32266-10-7 ▷Hexoprenaline sulfate, JAN, *in* H-00068
32282-45-4 Allantoin; (±)-*form*, 1,3-Di-Me, *in* A-00123
32289-58-0 PHMB, *in* P-00381
32295-18-4 Tosifen, T-00389
32359-34-5 ▷Medifoxamine, M-00056
32361-10-7 Clostebol caproate, *in* C-00506
32361-24-3 2,5-Dihydroxyphenylalanine; (*S*)-*form*, *in* D-00344
32384-96-6 Daunomycin Aglycone, tetra-Ac, *in* D-00019
32385-11-8 ▷Sisomicin, S-00082
32386-39-3 1-(Isopropylamino)-3-(1,4-ethano-1,2,3,4-tetrahydro-5-naphthyloxy)-2-propanol, I-00202
32421-46-8 ▷Bunaftine, B-00358
32434-24-5 Isochondodendrine; B,H_2SO_4, *in* I-00182
32434-44-9 Isofebrifugine, I-00186
32447-90-8 Tilidate; (1*R*,2*R*)-*form*, *in* T-00273
32449-92-6 ▷Glucurono-6,3-lactone; D-*form*, *in* G-00059
32462-30-9 2-Amino-2-(4-hydroxyphenyl)acetic acid; (*S*)-*form*, *in* A-00269
32476-75-8 Furaguanidine; B,H_2SO_4, *in* F-00279
32479-73-5 1,3-Diethylbarbituric acid, *in* P-00586
32527-55-2 Tiaramide, T-00245
32560-48-8 Aceverine, *in* A-00300
32562-61-1 Haematoporphyrin; Di-Me ester, *in* H-00002
32565-98-3 Ethyl 2-(diethoxyphosphinyl)oxybenzoate, *in* P-00217
32594-70-0 Thiabendazole; 1-*N*-Me, *in* T-00171
32599-09-0 ▷Guaiactamine; B,HCl, *in* G-00091
32627-64-8 Cyanoneocobalamin, *in* V-00059
32659-31-7 5′-Chloro-5′-deoxyarabinosylcytosine, C-00226
32665-36-4 ▷Eprozinol, E-00094
32672-69-8 Mesoridazine besylate, *in* M-00134
32702-17-3 1,3,5-Triphenyl-1*H*-pyrazole-4-acetic acid; Na salt *in* T-00528
32710-91-1 1,3,5-Triphenyl-1*H*-pyrazole-4-acetic acid, T-00528
32784-82-0 ▷Protecton, *in* I-00037
32795-44-1 ▷Acecainide, *in* P-00446
32795-47-4 ▷Nomifensine maleate, *in* T-00125
32797-92-5 Glisentide, G-00045
32808-51-8 ▷Bucloxic acid, B-00341
32808-53-0 ▷CB 804, *in* B-00341
32838-26-9 *N*-(2-Ethylhexyl)-3-hydroxybutanamide, E-00192
32858-84-7 3-Hydroxy-3,3-diphenylpropanoic acid; Me ester, *in* H-00126
32862-97-8 ▷3-(3-Bromophenyl)-2-propenoic acid, B-00314
32865-01-3 ▷Dimotaine, *in* B-00325
32886-97-8 Pivmecillinam, P-00366
32887-01-7 ▷Mecillinam, M-00042
32887-03-9 ▷Pivmecillinam hydrochloride, JAN, *in* P-00366
32891-29-5 ▷Pentona, *in* M-00028
32909-92-5 Sulfametrole, S-00199
32946-40-0 Thyroliberin; B,HCl, *in* T-00229
32953-89-2 Rimiterol, R-00058
32986-56-4 ▷Nebramycin factor 6, N-00059
32988-50-4 ▷Viomycin, V-00050
33005-95-7 ▷2-(5-Benzoyl-2-thienyl)propanoic acid, B-00099
33025-33-1 ▷Proroxan hydrochloride, *in* P-00525
33029-18-4 Δ^8-Tetrahydrocannabinol; (6*aS*,10*aS*)-*form*, *in* T-00114
33032-12-1 Histadyl fumarate, *in* M-00171
33069-62-4 ▷Taxol, T-00037
33075-00-2 ▷Cefathiamidine, C-00116
33089-61-1 ▷Amitraz, A-00349
33103-22-9 ▷Tuberactinomycin *N*, T-00569
33122-60-0 11-Hydroxy-17,17-dimethyl-18-norandrosta-4,13-dien-3-one; 11α-*form*, *in* H-00124
33124-50-4 Fluocortin, F-00174
33125-97-2 ▷Etomidate; (*R*)-*form*, *in* E-00257
33142-18-6 2-Aminothiazole; *N*-Phenyl, *in* A-00336
33144-79-5 Broperamole, B-00327
33156-28-4 Ramnodigin, *in* D-00274
33162-17-3 ▷Karbidine, *in* D-00175
33178-86-8 Alinidine, A-00120
33204-76-1 ▷2,2,4,6,6,8-Hexamethyl-4,8-diphenylcyclotetrasiloxane, H-00056
33237-74-0 ▷Aprindine hydrochloride, *in* A-00429
33267-29-7 3-Methyl-1-pentyn-3-ol; (*S*)-*form*, *in* M-00281

33286-22-5 ▷Diltiazem hydrochloride, *in* D-00373
33305-56-5 Thimerfonate, T-00191
33335-58-9 Dimethyltubocurarinium chloride, *in* T-00571
33342-05-1 Gliquidone, G-00043
33368-20-6 Enduracidin *A*; B,HCl, *in* E-00053
33369-31-2 Zomepirac, Z-00035
33371-53-8 Bevonium(1+), B-00147
33386-08-2 ▷Buspirone hydrochloride, *in* B-00378
33390-21-5 ▷Bikaverin, B-00165
33396-37-1 ▷Meproscillarin, *in* D-00319
33401-94-4 ▷Pyrantel tartrate, *in* P-00558
33402-03-8 ▷Metaraminol bitartrate, *in* A-00274
33414-30-1 Ftormetazine, F-00270
33414-36-7 Ftorpropazine, F-00271
33419-42-0 ▷Etoposide, E-00262
33419-68-0 ▷Safrazine, S-00003
33425-89-7 Orphenadrine; (+)-*form*, *in* O-00064
33425-90-0 Orphenadrine; (±)-*form*, *in* O-00064
33425-91-1 Orphenadrine; (−)-*form*, *in* O-00064
33431-07-1 *p*-Methyldiphenhydramine; (±)-*form*, *in* M-00247
33445-35-1 Prontosil; B,HCl, *in* P-00484
33453-23-5 Ciproquazone, C-00392
33459-27-7 7-Isopropoxy-9-oxo-2-xanthenecarboxylic acid, I-00201
33477-38-2 Virginamycin S_2, *in* V-00054
33477-39-3 Virginiamycin S_3, *in* V-00054
33484-05-8 4-Epichelocardin, *in* C-00190
33490-33-4 ▷Capreomycin; Capreomycin I*B*, *in* C-00031
33507-63-0 Substance *P*, S-00171
33537-60-9 Cogazocine; (−)-*form*, B,HBr, *in* C-00533
33543-89-4 4-Oxo-4*H*-1-benzopyran-2-carboxylic acid; Amide, *in* O-00125
33543-90-7 2-Cyanochromone, *in* O-00125
33545-56-1 Ciclopramine, C-00331
33564-30-6 ▷Cefoxitin sodium, JAN, *in* C-00141
33564-31-7 Diflorasone diacetate, *in* D-00267
33580-30-2 Tertatolol; (±)-*form*, B,HCl, *in* T-00097
33588-20-4 Clidafidine, C-00424
33605-67-3 ▷Cargutocin, C-00076
33605-94-6 Pirisudanol, P-00336
33608-18-3 Congasin, *in* B-00189
33642-70-5 Ciclopramine; (±)-*form*, Fumarate, *in* C-00331
33652-83-4 1-Phenyl-1-pentanol; (*S*)-*form*, *in* P-00194
33665-90-6 6-Methyl-1,2,3-oxathiazin-4(3*H*)-one 2,2-dioxide, M-00275
33671-46-4 ▷Clotiazepam, C-00508
33686-47-4 2-Methyl-3-phenyl-2-butylamine; (*R*)-*form*, *in* M-00288
33743-96-3 Proroxan, P-00525
33754-49-3 Zolazepam hydrochloride, *in* Z-00028
33755-46-3 ▷Dexamethasone valerate, *in* D-00111
33758-81-5 2,3,4-Trimethoxyestra-1,3,5(10)-trien-17β-ol; (±)-*form*, *in* T-00503
33758-82-6 2,3,4-Trimethoxyestra-1,3,5(10)-trien-17β-ol; (±)-*form*, Ac, *in* T-00503
33759-33-0 Leucogenenol; Me ether, bis-2,4-dinitrophenylhydrazone, tetra-Ac, *in* L-00031
33759-35-2 Leucogenenol; Ca salt (2:1), *in* L-00031
33765-68-3 Oxendolone, O-00102
33774-52-6 Detajmium bitartrate, *in* D-00104
33776-88-4 17-[(1-Oxoheptyl)oxy]androstan-3-one, *in* H-00109
33779-37-2 Salprotoside, S-00020
33813-84-2 Deprostil, D-00086
33817-20-8 ▷Pivampicillin, P-00362
33836-43-0 Piromidic acid; Et ester, *in* P-00349
33854-15-8 Eupacunin, E-00272
33855-15-1 Lasalocid *A*; Me ester, *in* L-00011
33876-97-0 Linsidomine, L-00052
33889-69-9 Silychristin, S-00070
33923-44-3 Ftormetazine; B,2HCl, *in* F-00270
33948-22-0 5*H*-Dibenz[*b,f*]azepine; *N*-Chlorocarbonyl, *in* D-00155
33996-33-7 Oxaceprol, *in* H-00210
33996-58-6 Etiracetam, E-00240
34014-01-2 β-Hydroxypiromidic acid, *in* P-00349
34024-41-4 ▷Deboxamet, D-00032
34031-32-8 ▷Auranofin; β-D-*form*, *in* A-00475
34041-84-4 Diclofensine; (±)-*form*, B,HCl, *in* D-00211
34042-85-8 ▷Sudoxicam, S-00176
34061-33-1 Taclamine, T-00002
34061-34-2 Taclamine hydrochloride, *in* T-00002
34061-48-8 Butaclamol, B-00382
34097-16-0 Clocortolone pivalate, *in* C-00444
34098-41-4 Arglecin, A-00442
34114-01-7 Pemerid nitrate, *in* P-00057
34118-92-8 Acecainide hydrochloride, *in* P-00446
34141-35-0 20-Deoxycamptothecin, *in* C-00024
34144-82-6 Suxemerid sulfate, *in* S-00281
34148-01-1 ▷6-Chloro-5-cyclohexyl-1-indanecarboxylic acid, C-00225
34150-62-4 Ferriclate calcium sodium, F-00089
34161-23-4 Vigilor, *in* F-00107
34161-24-5 Fipexide, F-00107
34183-22-7 Rytmonorm, *in* P-00486
34184-77-5 Promegestone, P-00476
34214-49-8 Phenbutazone sodium glycerate, *in* P-00180
34252-65-8 Octriptyline; Oxalate, *in* O-00026
34256-91-2 Naranol hydrochloride, *in* N-00049
34262-84-5 ▷Mesocarb, M-00133
34271-50-6 Salbutamol; (*S*)-*form*, *in* S-00012
34273-01-3 4,4-Diphenylpiperidine, D-00503
34273-10-4 Saralasin, S-00023
34277-65-1 Thiocarbamic acid; *S*-Me ester, *N*-Ac, *in* T-00196
34291-02-6 ▷Butirosin *A*, B-00408
34291-03-7 ▷Butirosin B, *in* B-00408
34297-34-2 Anidoxime, A-00388
34300-25-9 D 935, *in* C-00619
34301-55-8 Isometamidium chloride, *in* I-00191
34302-34-6 N′-Demethyldauricine, *in* D-00020
34333-71-6 Mepivacaine; (*S*)-*form*, B,HCl, *in* M-00101
34368-04-2 Dobutamine, D-00561
34378-72-8 Phenethicillin; D-*form*, *in* P-00152
34379-30-1 1,2:4,5-Di-*O*-isopropylidene-*myo*-inositol, *in* I-00074
34381-68-5 ▷Acebutolol hydrochloride, JAN, *in* A-00006
34388-67-5 16-Hydroxythebaine, *in* T-00162
34391-04-3 Salbutamol; (*R*)-*form*, B,HCl, *in* S-00012
34396-64-0 Dimethothiazine; (±)-*form*, B,HCl, *in* D-00396
34426-53-4 ▷Niaprazine; B,3HCl, *in* N-00083
34433-66-4 Levaacetylmethadol, *in* M-00162
34435-09-1 1,2-Bis(5-methoxy-1*H*-benzimidazol-2-yl)-1,2-ethanediol; (*S,S*)-*form*, *in* B-00225
34438-27-2 ▷Enduracidin *A*, E-00053
34444-01-4 Cefamandole, C-00112
34461-73-9 ▷Bumadizone calcium, *in* B-00353
34482-99-0 Fletazepam, F-00118
34493-98-6 ▷Dibekacin, D-00154
34499-96-2 Temodox, T-00063
34522-43-5 3′-Amino-3′-deoxyadenosine; 3′,6,6-Tri-*N*-Me, *in* A-00234
34522-46-8 Oxetorone fumarate, *in* O-00107
34524-20-4 ▷Boromycin, B-00258
34535-83-6 Cordoxene, *in* F-00034
34552-78-8 ▷Lometraline hydrochloride, *in* L-00079
34552-82-4 ▷Fluperamide; B,HCl, *in* F-00199
34552-83-5 ▷Loperamide hydrochloride, *in* L-00087
34552-84-6 Isoxicam, I-00217
34563-73-0 ▷Feniodium chloride, *in* F-00054
34564-38-0 2-Bromo-2-nitro-1,3-propanediol; Di-Ac, *in* B-00310
34580-13-7 Ketotifen, K-00020
34580-14-8 ▷Ketotifen fumarate, JAN, *in* K-00020
34592-47-7 4-Thiazolidinecarboxylic acid; (*R*)-*form*, *in* T-00183
34616-39-2 Fenalcomine, F-00034
34624-41-4 Lactoylcholine, L-00004
34633-34-6 Bifluranol, B-00163
34645-25-5 1,2-Diphenylethylamine; (*R*)-*form*, *in* D-00492
34645-84-6 ▷2-(2,4-Dichlorophenoxy)benzeneacetic acid, D-00199
34661-75-1 ▷Urapidil, U-00010

34662-67-4 Cotriptyline, C-00554
34675-77-9 ▷Centpropazine, C-00169
34675-84-8 Cetraxate; *trans-form*, *in* C-00187
34680-56-3 2-Chloro-1,3-dimethoxypropane, *in* C-00278
34703-49-6 ▷1,2,3,6-Tetrahydro-1,2,2,6,6-pentamethylpyridine, *in* T-00132
34740-13-1 Profexalone, P-00463
34744-36-0 3′-[Bis(2-hydroxyethyl)amino)acetophenone (4,5-diphenyl-2-oxazolyl)hydrazone, B-00216
34753-46-3 Ciheptolane, C-00340
34758-83-3 Zipeprol, Z-00023
34758-84-4 ▷Respilene, *in* Z-00023
34760-49-1 Methylniphenazine, M-00273
34765-96-3 Alsactide, A-00152
34775-83-2 Meclopin, *in* O-00162
34784-64-0 Tertatolol; (±)-*form*, *in* T-00097
34786-70-4 Nystatin; Nystatin A_1, *in* N-00235
34787-01-4 Ticarcillin, T-00255
34800-85-6 Oxifentorex; (+)-*form*, B,HCl, *in* O-00112
34816-55-2 ▷Moxestrol, M-00463
34834-86-1 Oxantel; B,HCl, *in* O-00087
34839-70-8 ▷Metiamide, M-00316
34866-46-1 ▷Carbuterol hydrochloride, *in* C-00071
34866-47-2 Carbuterol, C-00071
34866-51-8 3,4-Diethoxy-β-methoxy-*N*-(1-methyl-2-pyrrolidinylidene)benzeneethanamine, D-00229
34879-34-0 Urazamide, *in* A-00275
34887-52-0 ▷Fenisorex, F-00056
34911-55-2 Bupropion, B-00371
34914-39-1 (Methylidynetrithio)triacetic acid, M-00262
34915-68-9 ▷Bunitrolol, B-00364
34919-98-7 Cetamolol, C-00181
34959-30-3 Azaspirium chloride, *in* A-00510
34966-41-1 Cartazolate, C-00101
34970-69-9 Burimamide, B-00375
34976-39-1 Tioxacin, T-00306
34976-46-0 Tioxacin; Me ester, *in* T-00306
34987-37-6 3-Acetyl-5-chloro-2-hydroxy-*N*,*N*-dimethyl-*N*-(2-phenoxyethyl)benzenemethanaminium(1+); Chloride, *in* A-00028
34987-38-7 Difesyl, *in* A-00028
34989-00-9 1,3-Diamino-2-propanol; B,2HCl, *in* D-00135
35013-09-3 5,7-Dihydroxy-4′-methoxyflavone; 7-β-D-Galactoside, *in* D-00329
35026-77-8 Dimepropion; (*S*)-*form*, *in* D-00382
35035-05-3 ▷Timepidium bromide, *in* T-00284
35055-78-8 Nicomorphine; B,HCl, *in* N-00101
35067-47-1 Droxacin, D-00613
35100-41-5 Domazoline fumarate, *in* D-00572
35100-44-8 Endrysone, E-00052
35108-88-4 ▷Bufetolol hydrochloride, JAN, *in* B-00349
35115-60-7 Teprotide, T-00079
35121-78-9 Prostacyclin; (5*Z*,9*S*,11*R*,13*E*,15*S*)-*form*, *in* P-00523
35135-01-4 Benafentrine, B-00035
35135-67-2 Cormethasone acetate, *in* C-00544
35135-68-3 Cormethasone, C-00544
35142-68-8 Homopipramol, H-00085
35144-63-9 Aminopentamide; (±)-*form*, B,H_2SO_4, *in* A-00296
35189-28-7 ▷Norgestimate, N-00216
35193-71-6 Propetamide; (±)-*form*, *in* P-00499
35212-22-7 7-Isopropoxyisoflavone, *in* H-00144
35241-60-2 N-(2-Hydroxyethyl)-N-methyl-p-hydroxycinnamamide, *in* H-00130
35265-50-0 Peraquinsin, P-00113
35273-88-2 Gliflumide; (*S*)-*form*, *in* G-00040
35295-88-6 Oxazepam; (±)-*form*, *in* O-00096
35319-70-1 Tiazuril, T-00247
35322-07-7 Fosazepam, F-00253
35354-74-6 3′,5-Di(2-propenyl)-2,4′-biphenyldiol, D-00522
35373-59-2 1,2-Diphenylethylamine; (±)-*form*, *in* D-00492
35373-71-8 Ortetamine; (±)-*form*, *in* O-00065
35410-30-1 Mazipredone; B,2HCl, *in* M-00030
35413-63-9 Streptovaricin E, *in* S-00163
35423-09-7 Tesimide, T-00099
35423-51-9 Tisocromide, T-00324
35425-83-3 ▷Quinuclium bromide, *in* M-00278
35445-50-2 Ciprafamide; (1α,2α,3β)-*form*, B,HCl, *in* C-00385
35449-36-6 2,2,9,9-Tetramethyl-1,10-decanediol, T-00146
35452-73-4 Ciprafamide; (1α,2α,3β)-*form*, *in* C-00385
35455-20-0 2-Amino-2-fluoropropanoic acid; (*R*)-*form*, *in* A-00258
35455-21-1 2-Amino-2-fluoropropanoic acid; (*S*)-*form*, *in* A-00258
35457-80-8 ▷Platenomycin B_1, P-00371
35458-35-6 3-Chloro-6-hydroxy-4-methylbenzoic acid, C-00245
35480-25-2 2-Hydroxybenzyl alcohol; 2-Me ether, Ac, *in* H-00116
35495-11-5 ▷Dienestrol; (*Z*,*Z*)-*form*, *in* D-00223
35512-45-9 Streptovaricin *Fc*, *in* S-00163
35515-77-6 Truxipicurium iodide, *in* T-00563
35523-45-6 Fludalanine, *in* A-00258
35531-88-5 Carindacillin, C-00077
35543-24-9 ▷Bufedil, *in* P-00598
35554-44-0 ▷Imazalil, I-00025
35556-22-0 Biclofibrate; (±)-*form*, B,HCl, *in* B-00154
35568-37-7 4-Amino-3-phenylbutanoic acid; (±)-*form*, *in* A-00303
35578-20-2 Oxarbazole, O-00093
35604-67-2 ▷Viloxazine hydrochloride, *in* V-00029
35607-20-6 Avridine, A-00488
35607-36-4 ▷Difenoxin; B,HCl, *in* D-00265
35607-66-0 ▷Cefoxitin, C-00141
35609-19-9 Biclofibrate; (+)-*form*, B,HCl, *in* B-00154
35615-72-6 Rimazolium(1+), R-00055
35619-65-9 ▷Tritiozine, T-00540
35620-65-6 Pirdonium(1+); (±)-*form*, Iodide, *in* P-00317
35620-67-8 Pirdonium bromide, *in* P-00317
35672-52-7 4-Benzylphenetole, *in* B-00127
35700-21-1 Carboprost methyl, *in* C-00062
35700-23-3 ▷Carboprost, C-00062
35700-27-7 ▷11,15-Dihydroxy-15-methyl-9-oxo-5,13-prostadienoic acid; (5*Z*,11*R*,13*E*,15*S*)-*form*, *in* D-00334
35703-32-3 Cinametic acid, C-00353
35710-57-7 Trizoxime, T-00543
35727-72-1 ▷Ontianil, O-00050
35747-64-9 Cloguanamil; Ethanesulphonate (1:1), *in* C-00464
35750-41-5 4,8,12-Trimethyl-3,7,11-tridecatrienoic acid; Et ester, *in* T-00513
35752-46-6 Ethyl dihydroxyphosphinylacetate, *in* P-00215
35763-26-9 Salbutamol; (±)-*form*, *in* S-00012
35764-73-9 ▷Fluotracen; (9*RS*,10*SR*)-*form*, *in* F-00192
35775-82-7 Maridomycin III, M-00023
35775-84-9 Maridomycin propionate, *in* M-00023
35795-16-5 Trimazosin, T-00490
35795-17-6 Trimazosin hydrochloride, *in* T-00490
35812-01-2 Saccharin; *N*-Br, *in* S-00002
35827-52-2 Mannitol; D-*form*, 2,3:4,5-Di-*O*-benzylidene, *in* M-00018
35834-26-5 ▷Rosamicin, R-00092
35838-58-5 Etazolate hydrochloride, *in* E-00143
35838-63-2 Clocoumarol, C-00445
35843-07-3 Morocromen, M-00445
35846-53-8 ▷Maytansine, M-00026
35882-30-5 5-Spirostene-1,3-diol; (1β,3β,25*S*)-*form*, *in* S-00128
35898-87-4 Dilazep, D-00370
35933-63-2 Narcotine; (1*RS*,9*RS*)-*form*, *in* N-00052
35933-64-3 Narcotine; (1*S*,9*R*)-*form*, *in* N-00052
35941-65-2 ▷Butriptyline; (±)-*form*, *in* B-00424
35941-71-0 ▷Tiaramide hydrochloride, *in* T-00245
35943-35-2 Triciribine, T-00445
35944-74-2 ▷Hypnodil, *in* M-00331
35991-93-6 ▷Bradyl, *in* N-00007
36002-19-4 Covalan, *in* F-00237
36011-19-5 ▷Cytochalasin *E*, C-00661
36067-56-8 Datiscoside, D-00018
36067-73-9 Azepexole, A-00516
36084-18-1 ▷Cytochalasin *F*, C-00662
36085-73-1 B-TH 920, *in* T-00009

36093-47-7 Salantel, S-00006
36104-80-0 ▷Camazepam, C-00019
36119-03-6 Riboflavine 2′,3′-di-3-pyridinecarboxylate monodehydrogen phosphate (ester), *in* R-00038
36121-13-8 Burodiline, B-00376
36141-82-9 Diamphenethide, D-00141
36148-38-6 ▷4-Benzyl-3-butylamino-5-sulfamoylbenzoic acid, B-00108
36150-00-2 ▷11,15-Dihydroxy-9-oxo-5,13-prostadienoic acid; (5*E*,8*R*,11*R*,12*R*,13*E*,15*S*)-*form*, *in* D-00339
36150-01-3 9,11,15-Trihydroxyprosta-5,13-dienoic acid; (5*E*,8*R*,9*S*,11*R*,12*S*,13*E*,15*S*)-*form*, *in* T-00483
36150-02-4 9,11,15-Trihydroxyprosta-5,13-dienoic acid; (5*E*,8*R*,9*R*,11*R*,12*S*,13*E*,15*S*)-*form*, *in* T-00483
36167-63-2 ▷Halofantrine hydrochloride, *in* H-00007
36175-06-1 Picofosforic acid, *in* B-00221
36194-82-8 5-Bromo-2-hydroxy-3-methylbenzoic acid, B-00302
36199-78-7 Guafecainol, G-00090
36210-00-1 11,15-Dihydroxy-15-methyl-9-oxo-5,13-prostadienoic acid; (5*Z*,11*R*,13*E*,15*S*)-*form*, Me ester, *in* D-00334
36282-47-0 Tramadol hydrochloride, *in* D-00416
36292-69-0 Ketazocine, K-00011
36304-84-4 ▷At 17, *in* D-00379
36309-01-0 Dimemorfan, D-00379
36322-90-4 ▷Piroxicam, P-00351
36323-03-2 15-Hydroxy-9-oxo-5,10,13-prostatrien-1-oic acid; (5*Z*,8*R*,12*S*,13*E*,15*S*)-*form*, 15-Ac, *in* H-00187
36330-85-5 ▷4-(4-Biphenylyl)-4-oxobutanoic acid, B-00181
36342-92-4 Desclidium, *in* Q-00026
36364-49-5 Imidazole salicylate, *in* H-00112
36441-41-5 ▷Lividomycin *A*, L-00062
36471-39-3 Nuclotixene, N-00231
36478-07-6 Tretoquinol; (*R*)-*form*, *in* T-00418
36504-64-0 Nictindole, N-00107
36504-93-5 Butaclamol; (3*RS*,4*aα*,13*bβ*)-*form*, *in* B-00382
36504-94-6 Butaclamol; (3*RS*,4*aα*,13*bβ*)-*form*, B,HCl, *in* B-00382
36505-82-5 ▷Prodolic acid, P-00461
36505-83-6 Dectaflur, *in* O-00011
36505-84-7 ▷Buspirone, B-00378
36508-71-1 ▷Zorubicin hydrochloride, *in* D-00019
36518-02-2 Diproqualone, D-00526
36531-26-7 Oxantel, O-00087
36557-27-4 Methoprene, M-00189
36573-63-4 ▷Asclepin, *in* G-00079
36597-51-0 Gomphoside, G-00079
36616-52-1 ▷Fenclorac, F-00042
36616-54-3 Fenbrac, *in* F-00042
36622-40-9 Gallopamil; (−)-*form*, *in* G-00006
36637-18-0 ▷Etidocaine; (±)-*form*, *in* E-00234
36637-19-1 W 19053, *in* E-00234
36637-22-6 Drocinonide, D-00604
36653-54-0 Fazadinium(2+), F-00019
36697-71-9 2,2′-(1,2-Ethanediyldiimino)bis(1-butanol); (*RS*,*RS*)-*form*, *in* E-00148
36702-83-7 Tinofedrine, T-00295
36703-88-5 ▷Inosine pranobex, *in* I-00073
36730-68-4 5,7-Dihydroxy-4′-methoxyflavone; 7-β-D-Glucurono-β(1→2)-D-glucuronide, *in* D-00329
36735-22-5 ▷Quazepam, Q-00004
36740-73-5 4,5-Bis(4-methoxyphenyl)-2-(trifluoromethyl)-1*H*-imidazole, B-00229
36771-92-3 Aspartame; L-L-*form*, B,HBr, *in* A-00460
36791-04-5 ▷Tribavirin, T-00426
36798-79-5 ▷Budralazine, B-00346
36804-75-8 K 4423, *in* I-00202
36804-95-2 Deoxyharringtonine, *in* H-00022
36822-11-4 6-Phenyl-2-thiouracil, P-00209
36879-87-5 4-(5-Cyclohexyl-2,4-dimethoxyphenyl)-4-oxobutanoic acid, C-00606
36889-15-3 ▷Gentamicin *B*, G-00017
36894-69-6 ▷Labetalol, L-00001
36902-82-6 Pargolol; (±)-*form*, B,HCl, *in* P-00036
36913-04-9 1-Phenyl-2-propylamine; (*S*)-*form*, *N*,*N*-Di-Me; B,HCl, *in* P-00202
36913-17-4 3′-Amino-3′-deoxyadenosine; 3′*N*-Ac, 3′*N*-Me, 2′,5′-di-Ac, 6*N*-benzoyl, *in* A-00234
36920-48-6 Cephoxazole, C-00179
36945-03-6 Lergotrile, L-00026
36950-96-6 2-(2-Fluorenyl)propanoic acid, F-00179
36980-34-4 Glicaramide, G-00035
36983-69-4 Actodigin; (3β,5β,14β)-*form*, *in* A-00059
36983-81-0 Fosfonet sodium, *in* P-00215
37000-20-7 Zinterol, Z-00022
37025-55-1 Carbetocin, C-00048
37063-35-7 Adenosine; 2′,3′-Cyclic monophosphate, Na salt, *in* A-00067
37065-29-5 ▷Miloxacin, M-00377
37076-68-9 ▷Tegafur; (*R*)-*form*, *in* T-00055
37087-94-8 ▷Tibric acid; *cis*-*form*, *in* T-00252
37091-65-9 Azlocillin sodium, *in* A-00529
37091-66-0 Azlocillin, A-00529
37106-97-1 ▷Bentiromide; (*S*)-*form*, *in* B-00069
37110-85-3 Xylose; β-D-*Furanose-form*, *in* X-00024
37115-32-5 Adinazolam, A-00071
37115-43-8 8-Chloro-6-phenyl-4*H*-[1,2,4]triazolo[4,3-*a*][1,4]-benzodiazepine-1-methanol, *in* A-00150
37132-72-2 ▷Fotrin, F-00262
37134-80-8 Dopastin; (*S*,*E*)-*form*, *in* D-00580
37138-77-5 Pantothenic acid; (*S*)-*form*, *in* P-00016
37139-68-7 Rigelocan, *in* P-00427
37148-27-9 Clenbuterol, C-00419
37209-30-6 ▷Citromycin, *in* C-00404
37209-31-7 ▷Detralfate, D-00109
37270-89-6 ▷Calciparin, *in* H-00026
37280-35-6 ▷Capreomycin; Capreomycin I*A*, *in* C-00031
37287-41-5 Theophylline calcium salicylate, *in* T-00169
37296-80-3 Colestipol hydrochloride, *in* D-00245
37312-62-2 ▷Serrapeptase, S-00050
37321-09-8 ▷Apramycin, A-00428
37326-33-3 Hyalosidase, H-00091
37340-82-2 Streptodornase, S-00159
37350-58-6 ▷Metoprolol, M-00334
37377-93-8 Lipotropin, L-00054
37388-05-9 2-Phenylcyclopropylamine; (1*R*,2*S*)-*form*, B,HCl, *in* P-00186
37394-31-3 Terbutaline; (−)-*form*, *in* T-00084
37398-31-5 Dilmefone, D-00371
37414-03-2 19-Iodocholest-5-en-3-ol, I-00102
37456-21-6 Terbucromil, T-00082
37470-13-6 2,2′-[(4-Oxo-2-phenyl-4*H*-1-benzopyran-5,7-diyl)-bis(oxy)bis(acetic acid), *in* D-00326
37517-26-3 Pipotiazine palmitate, *in* P-00302
37517-28-5 ▷Amikacin, A-00196
37517-30-9 ▷Acebutolol; (±)-*form*, *in* A-00006
37517-33-2 Esproquine, E-00124
37529-08-1 Mexoprofen, M-00354
37554-40-8 Fluquazone, F-00213
37561-27-6 Fenoverine, F-00065
37571-84-9 Amidephrine; (±)-*form*, *in* A-00191
37577-07-4 2-Amino-1-phenyl-1-propanol; (1*R*,2*R*)-*form*, *in* A-00308
37577-22-3 α-Methyl-*m*-(trifluoromethyl)phenethylamine; (*R*)-*form*, *in* M-00312
37577-24-5 ▷Fenfluramine; (*R*)-*form*, *in* F-00050
37577-28-9 2-Amino-1-phenyl-1-propanol; (1*S*,2*R*)-*form*, *in* A-00308
37612-13-8 Encainide, E-00044
37634-50-7 Propranolol dibudinate, *in* P-00514
37640-71-4 Aprindine, A-00429
37647-52-2 Wy 23409, *in* C-00326
37661-08-8 ▷Bacampicillin hydrochloride, *in* B-00001
37669-57-1 Arfendazam, A-00439
37681-00-8 Coumazoline, C-00556
37686-84-3 Terguride, T-00090
37687-33-5 Ellipticine N^2-oxide, *in* E-00027
37693-01-9 Clofoctol, C-00461
37717-21-8 ▷Flurocitabine, F-00219

37723-78-7 ▷Iopronic acid, I-00132
37750-83-7 Rimoprogin, R-00059
37751-39-6 Ciclazindol, C-00326
37753-10-9 ▷Sufosfamide, S-00178
37762-06-4 Zaprinast, Z-00006
37795-09-8 L 5818, *in* C-00556
37800-79-6 Difenoximide hydrochloride, *in* D-00264
37816-49-2 Toprilidine; B,HCl, *in* T-00383
37839-81-9 Cyclic AMP; Na salt, *in* C-00591
37855-80-4 Iprocrolol, I-00159
37855-81-5 ▷Iprocrolol hydrochloride, *in* I-00159
37855-92-8 Azanator, A-00501
37863-70-0 Iosumetic acid, I-00138
37891-66-0 Chloroalbofungin, *in* A-00100
37895-35-5 ▷Albofungin, A-00100
37936-89-3 α-Methyl-*m*-(trifluoromethyl)phenethylamine; (*S*)-*form*, B,HCl, *in* M-00312
37952-93-5 Saccharin; Benzoyl, *in* S-00002
37967-98-9 Tienopramine, T-00261
37967-99-0 Tienopramine; Fumarate, *in* T-00261
37969-58-7 FR 1949, *in* C-00454
38029-10-6 ▷Pirbuterol hydrochloride, *in* P-00316
38030-57-8 4-Oxoretinoic acid, *in* R-00033
38034-17-2 Trixolane; Maleate, *in* T-00542
38064-07-2 Phenylcarbamic acid hydroxyphenyl ester, *in* P-00161
38070-41-6 Tiodonium chloride, *in* C-00274
38070-42-7 (4-Chlorophenyl)-2-thienyliodonium; Bromide, *in* C-00274
38081-67-3 1-(1-Adamantyl)-2-azetidinecarboxylic acid, A-00062
38083-17-9 Climbazole, C-00427
38103-61-6 Tolamolol, T-00343
38129-37-2 ▷Bicyclomycin, B-00158
38145-93-6 Mannitol; D-*form*, 1,2:3,4-Di-*O*-isopropylidene, *in* M-00018
38146-43-9 BS 7020, *in* D-00087
38157-17-4 1,2,3,4-Tetrahydro-1-hydroxy-2-naphthalenecarboxylic acid; (1*R*,2*S*)-*form*, *in* T-00118
38157-19-6 1,2,3,4-Tetrahydro-1-hydroxy-2-naphthalenecarboxylic acid; (1*R*,2*R*)-*form*, *in* T-00118
38157-20-9 1,2,3,4-Tetrahydro-1-hydroxy-2-naphthalenecarboxylic acid; (1*R*,2*R*)-*form*, Me ester, *in* T-00118
38165-75-2 1,8-Dihydroxyanthrone; Di-Ac, *in* D-00310
38194-50-2 ▷Sulindac; (*Z*)-*form*, *in* S-00225
38196-44-0 Betamethasone divalerate, *in* B-00141
38234-21-8 Fertirelin, F-00096
38241-28-0 Zinterol hydrochloride, *in* Z-00022
38241-39-3 Tazolol hydrochloride, *in* T-00044
38260-01-4 Trientine hydrochloride, *in* T-00457
38274-54-3 Benurestat, B-00070
38285-26-6 Vephylline, V-00016
38304-91-5 ▷Minoxidil, M-00388
38310-90-6 11,15-Dihydroxy-9-oxo-5,13-prostadienoic acid; (5*Z*,8*R*,11*S*,12*R*,13*E*,15*S*)-*form*, *in* D-00339
38324-29-7 Meclocycline; B,HCl, *in* M-00044
38325-02-9 Glaucine; (*R*)-*form*, *in* G-00028
38349-38-1 Metrafazoline, M-00339
38363-32-5 ▷Penbutolol sulfate, *in* P-00059
38363-40-5 ▷Penbutolol; (*S*)-*form*, *in* P-00059
38373-83-0 Romifenone, R-00081
38396-39-3 Bupivacaine; (±)-*form*, *in* B-00368
38404-99-8 Filipin IV, *in* F-00106
38432-87-0 9,11,15-Trihydroxyprosta-5,13-dienoic acid; (5*Z*,8*R*,9*S*,11*S*,12*S*,13*E*,15*S*)-*form*, *in* T-00483
38452-29-8 (4,5-Dimethoxy-2-methylphenyl) methyl sulfoxide, D-00398
38562-01-5 ▷Dinoprost trometamol, *in* T-00483
38620-77-8 Filipin; Filipin II, *in* F-00106
38647-79-9 Urefibrate, U-00014
38668-01-8 Tetrahydro-2*H*-1,2,4-thiadiazine 1,1-dioxide, T-00134
38677-81-5 ▷Pirbuterol, P-00316
38677-85-9 Flunixin, F-00169
38723-93-2 Filipin; Filipin I, *in* F-00106
38748-32-2 ▷Triptolide, T-00530
38752-29-3 Pepstatins; Pepstatin *B*, *in* P-00109
38752-30-6 Pepstatins; Pepstatin *C*, *in* P-00109
38769-07-2 Fangchinoline; (±)-*form*, *in* F-00017
38769-09-4 Tetrandrine; (+)-*form*, N^2-Chloromethyl, chloride, *in* T-00152
38821-52-2 Indoramin hydrochloride, *in* I-00069
38821-53-3 ▷Cephradine, C-00180
38821-80-6 Rodocaine, R-00072
38873-55-1 ▷γ-Oxo-2-dibenzofuranbutanoic acid, O-00127
38874-44-1 6-Dimethylamino-8-azaadenosine, D-00404
38943-33-8 Deoxypodophyllic acid, D-00083
38955-22-5 Pinadoline, P-00265
38957-41-4 ▷Emorfazone, E-00040
38965-69-4 ▷Xanthocillin Y_1, *in* X-00005
38965-70-7 ▷Xanthocillin Y_2, *in* X-00005
38966-21-1 ▷Aphidicolin, A-00422
38971-41-4 Ophiopogonin B, *in* S-00128
38971-84-5 7-(3-Carboxybutoxy)coumarin, *in* H-00114
38990-16-8 Vincamine; (−)-*form*, *in* V-00033
38997-09-0 Maytanprine, *in* M-00026
38997-10-3 Maytanbutine, *in* M-00026
39007-81-3 Prednisone palmitate, *in* P-00413
39011-90-0 Albiflorin, A-00097
39022-39-4 Oxaprotiline hydrochloride, *in* O-00092
39026-39-6 Dexamethasone linoleate, *in* D-00111
39026-92-1 9-Methoxycamptothecin, *in* C-00024
39037-90-6 Febrifugine; (±)-*form*, *in* F-00023
39051-50-8 2-Chloro-11-[3-(dimethylamino)propylidene]-11*H*-dibenz[*b,e*]azepine, C-00234
39087-48-4 Calcium clofibrate, *in* C-00456
39099-98-4 Cinamolol, C-00354
39110-57-1 Methyl 3,4,6-tri-*O*-acetyl-2-deoxy-2-fluoro-β-D-glucopyranoside, *in* D-00078
39122-18-4 3-Ethyl-3-methyl-2,5-pyrrolidinedione; (±)-*form*, *in* E-00207
39122-19-5 3-Ethyl-3-methyl-2,5-pyrrolidinedione; (*S*)-*form*, *in* E-00207
39122-20-8 3-Ethyl-3-methyl-2,5-pyrrolidinedione; (*R*)-*form*, *in* E-00207
39123-11-0 Pituxate, P-00361
39125-64-9 Etoformin; B,HNO_3, *in* E-00251
39133-31-8 Trimebutine, T-00491
39178-37-5 Inicarone, I-00071
39186-49-7 Pirolazamide, P-00348
39219-28-8 Promestriene, P-00477
39219-61-9 11,15-Dihydroxy-15-methyl-9-oxo-5,13-prostadienoic acid; (5*Z*,11*R*,13*E*,15*R*)-*form*, Me ester, *in* D-00334
39224-48-1 Nitroclofene, N-00174
39245-23-3 Clocinizine; B,2HCl, *in* C-00443
39273-61-5 1-(2,4-Dihydroxyphenyl)-3-phenyl-2-propen-1-one; 4′-Me ether, *in* D-00347
39282-31-0 9,20-Dideoxo-9,20-dihydroxytylosin, *in* T-00578
39294-79-6 Seractide acetate, *in* S-00045
39315-52-1 Sodium dibunate, *in* D-00173
39365-87-2 Magnesium trisilicate, M-00011
39377-38-3 Gold sodium thiomalate, *in* M-00115
39379-15-2 Neurotensin, N-00080
39456-60-5 Immobilon, *in* E-00263
39492-01-8 Gabexate, G-00001
39516-21-7 Tiopropamine, T-00303
39535-80-3 3′,4′-Dideoxyribostamycin, *in* R-00040
39535-84-7 Ribostamycin; 3′,4′,5″-Trideoxy, *in* R-00040
39537-99-0 Micinicate, M-00362
39544-74-6 Benzotript, *in* T-00567
39552-01-7 ▷Befunolol, B-00027
39562-70-4 Nitrendipine, N-00172
39563-28-5 Cloranolol, C-00493
39567-20-9 Olpimedone, O-00040
39577-19-0 Picumast, P-00244
39577-20-3 BM 15100, *in* P-00244
39608-80-5 Pleurosine, *in* L-00037

39614-85-2 2-Methyl-3,5-dinitrobenzoic acid; Chloride, *in* M-00246
39624-65-2 Azanator maleate, *in* A-00501
39624-66-3 Trepipam maleate, *in* T-00412
39630-31-4 Tetrabenazine; Oxime, *in* T-00102
39633-62-0 Aclantate, A-00043
39640-15-8 Piberaline, P-00229
39685-31-9 Cefuracetime, C-00160
39698-78-7 ▷Saralasin acetate, *in* S-00023
39711-23-4 Pepstatins; Pepstatin *D*, *in* P-00109
39711-23-4 Pepstatins; Pepstatin *E*, *in* P-00109
39715-02-1 Endralazine, E-00050
39718-89-3 Alminoprofen, A-00138
39729-45-8 Pepstatins; Pepstatin *G*, *in* P-00109
39731-05-0 Carpindolol; (±)-*form*, *in* C-00096
39746-25-3 ▷11,15-Dihydroxy-16,16-dimethyl-9-oxo-5,13-prostadienoic acid; (5*Z*,11*R*,13*E*,15*R*)-*form*, *in* D-00324
39754-64-8 ▷Tifemoxone, T-00263
39762-37-3 9,11,15-Trihydroxyprosta-5,13-dienoic acid; (5*Z*,8*RS*,9*SR*,11*RS*,12*SR*,13*E*,15*RS*)-*form*, *in* T-00483
39778-98-8 2-Phenylbenzazete, P-00177
39791-20-3 Nylestriol, N-00234
39809-25-1 9-(4-Hydroxy-3-hydroxymethyl-1-butyl)guanine, H-00138
39825-23-5 N^2,N^5-Diacetylornithine, *in* O-00059
39831-55-5 ▷Amikacin sulfate, *in* A-00196
39832-43-4 Tiprenolol hydrochloride, *in* T-00315
39832-48-9 Tazolol, T-00044
39841-98-0 Sulfamothepin; (±)-*form*, B,MeSO$_3$H, *in* S-00201
39842-19-8 Butamisole; (±)-*form*, B,HCl, *in* B-00387
39860-99-6 Pipothiazine, P-00302
39862-58-3 1,2,4-Triazino[5,6-*c*]quinoline, T-00424
39868-96-7 ▷Chlorobiocin, C-00221
39878-70-1 ▷Talampicillin hydrochloride, *in* T-00005
39890-14-7 ▷Spiroxepin; (±)-*form*, Maleate, *in* S-00133
39894-02-5 Ciltoprazine; B,HCl, *in* C-00348
39907-68-1 Dopamantine, D-00578
39909-61-0 Azidamfenicol; (1*RS*,2*RS*)-*form*, *in* A-00519
39918-02-0 11,15-Dihydroxy-9-oxo-5-prosten-13-ynoic acid; (5*Z*,11*R*,15*S*)-*form*, *in* D-00343
39923-41-6 ▷4-Hydroxy-3-(1-naphthyl)-2*H*-1-benzopyran-2-one, H-00180
39951-65-0 Lometraline, L-00079
39978-42-2 ▷Nifurzide, N-00137
39980-20-6 [(4-Nitrophenyl)methyl]phosphonic acid; Di-Me ester, *in* N-00185
39984-70-8 2-(5-Benzoyl-2-thienyl)propanoic acid; (±)-*form*, *in* B-00099
39986-53-3 Terbutaline; (−)-*form*, B,HBr, *in* T-00084
39986-54-4 Terbutaline; (+)-*form*, B,HBr, *in* T-00084
40004-69-1 2-Methyl-5-thiazolecarboxylic acid, M-00309
40016-88-4 Salazodimethoxine, S-00007
40034-42-2 Acrosoxacin, A-00051
40054-69-1 ▷Etizolam, E-00244
40112-23-0 Gossypol; (±)-*form*, *in* G-00082
40173-75-9 Tofetridine, T-00340
40180-04-9 ▷Tienilic acid, T-00258
40198-53-6 Tioxaprofen, T-00308
40242-27-1 Betamethasone adamantoate, *in* B-00141
40256-99-3 Flucetorex, F-00135
40264-04-8 2-Phenylcyclopentylamine; (1*RS*,2*RS*)-*form*, *in* P-00185
40391-99-9 Pamidronic acid, P-00009
40431-64-9 Ritalinic acid; (2*R*,2′*R*)-*form*, *in* R-00065
40449-96-5 Ethyl *O*-[*N*-(*p*-carboxyphenyl)carbamoyl]mycophenolate, E-00178
40507-23-1 Fluproquazone, F-00211
40507-78-6 Indanazoline, I-00050
40507-89-9 Indanazoline; Maleate, *in* I-00050
40520-25-0 Benzhexol; (*R*)-*form*, *in* B-00081
40554-85-6 Rosamicin; 2′,3-Di-Ac, *in* R-00092
40580-59-4 Guanadrel, G-00100
40594-09-0 Flucindole, F-00136
40594-10-3 Flucindole; (±)-*form*, B,HCl, *in* F-00136
40594-13-6 Flucindole; (+)-*form*, *in* F-00136
40596-69-8 ▷Methoprene; (±)(*E*,*E*)-*form*, *in* M-00189
40614-71-9 2-Acetamido-2,6-dideoxy-D-glucose, *in* A-00240
40621-60-1 Pepstatins; Pepstatin *F*, *in* P-00109
40626-29-7 2-Amino-1-phenyl-1-propanol; (1*S*,2*R*)-*form*, B,HCl, *in* A-00308
40665-49-4 McN 2840, *in* D-00229
40665-92-7 ▷Cloprostenol, C-00490
40666-16-8 Fluprostenol, F-00212
40680-75-9 ▷Piprofurol; (±)-*form*, Oxalate, *in* P-00309
40691-50-7 7-(Methylsulfinyl)-9-oxo-9*H*-xanthene-2-carboxylic acid, M-00305
40692-37-3 Tisoquone, T-00325
40718-08-9 3,5-Dibromo-2-hydroxybenzonitrile, *in* D-00165
40759-33-9 ▷Nolinium bromide, *in* N-00199
40762-15-0 ▷Doxefazepam, D-00593
40773-57-7 1,2:5,6-Di-*O*-cyclohexylidene-*myo*-inositol, *in* I-00074
40785-97-5 7-[3-(4-Acetyl-3-hydroxy-2-propylphenoxy)-2-hydroxypropoxy]-4-oxo-8-propyl-4*H*-1-benzopyran-2-carboxylic acid, A-00035
40819-93-0 Lorajmine hydrochloride, *in* A-00088
40828-44-2 Clazolimine, C-00412
40828-45-3 2-Imino-3-methyl-1-phenyl-4-imidazolidinone, I-00038
40828-46-4 ▷Suprofen, S-00274
40845-00-9 Ovandrotone, O-00071
40872-87-5 3-Amino-4-chlorobenzoic acid; Me ester, *in* A-00224
40910-00-7 Aminochlorthenoxycycline, A-00227
40912-71-8 5-Bromo-2-hydroxy-3-methylbenzoic acid; Me ester, *in* B-00302
40912-73-0 Brosotamide, *in* B-00302
40915-13-7 4-Ethoxy-2-hydroxy-*N*,*N*,*N*-trimethyl-4-oxo-1-butanaminium, *in* C-00084
40922-77-8 Josamycin propionate, *in* L-00033
40962-37-6 Methyl dihydroxyphosphinylacetate, *in* P-00215
40966-79-8 Sarpicillin, *in* H-00035
40980-52-7 Pseudomonic acid *A*; Me ester, *in* P-00552
40993-10-0 3,5-Dinitrobenzoic acid; Anhydride, *in* D-00468
41020-67-1 Mexrenoate potassium, *in* M-00355
41020-68-2 Mexrenoic acid, M-00355
41020-79-5 Dicirenone, D-00208
41078-02-8 3,7-Dihydro-3-propyl-1*H*-purine-2,6-dione, *in* X-00002
41094-88-6 Tracazolate, T-00393
41100-52-1 3,5-Dimethyl-1-adamantanamine; B,HCl, *in* D-00402
41113-86-4 Bromoxanide, B-00323
41136-10-1 Propampicillin; Na salt, *in* P-00488
41144-17-6 α-[[(3-Cyclohexyl-1-methylpropyl)amino]methyl]-3-hydroxybenzyl alcohol, C-00619
41147-04-0 Xanoxate sodium, *in* I-00201
41152-17-4 ▷Morforex, M-00441
41208-07-5 ▷6,6′-Methylenebis[1,2-dihydro-2,2,4-trimethylquinoline], M-00250
41294-56-8 Alfacalcidol, A-00109
41340-25-4 Etodolac, E-00245
41340-39-0 Impacarzine, I-00044
41342-54-5 Dihydroxyaluminum sodium carbonate, D-00307
41372-08-1 α-Methyldopa; (*S*)-*form*, *in* M-00249
41372-20-7 Apomorphine hydrochloride, *in* A-00425
41387-02-4 Lexofenac, L-00040
41444-62-6 Brochodine, *in* C-00525
41473-08-9 Iopronic acid; (±)-*form*, *in* I-00132
41473-09-0 Fenmetozole, F-00058
41510-23-0 Biriperone, B-00183
41538-52-7 α-Methyl-*m*-(trifluoromethyl)phenethylamine; (*R*)-*form*, B,HCl, *in* M-00312
41544-24-5 Viro Serol, *in* T-00545
41570-61-0 2-*tert*-Butylamino-1-(2-chlorophenyl)ethanol, B-00426
41575-94-4 ▷Carboplatin, C-00061
41598-07-6 ▷9,15-Dihydroxy-11-oxo-5,13-prostadienoic acid; (5*Z*,9*S*,13*E*,15*S*)-*form*, *in* D-00338
41621-49-2 ▷Ciclopirox olamine, *in* C-00612
41628-51-7 1,2-Dihydro-9-methoxyellipticine, *in* M-00198

41628-52-8 1,2,3,4-Tetrahydro-9-methoxyellipticine, *in* M-00198
41658-78-0 4-Amino-6-methoxy-1-phenylpyridazinium(1+), A-00279
41663-50-7 Ethambutol methaniazide, *in* E-00148
41708-72-9 Tocainide, T-00332
41708-72-9 Citocard, *in* T-00332
41708-76-3 ▷Indicine N-oxide, *in* I-00057
41716-84-1 DIV 154, *in* B-00028
41717-30-0 Befuraline, B-00028
41729-52-6 ▷Dezaguanine, D-00115
41744-40-5 Sulbenicillin, S-00181
41753-55-3 Ophiopogonin D, *in* S-00128
41767-29-7 ▷Fluocortin butyl, *in* F-00174
41791-49-5 Lonaprofen, L-00084
41807-37-8 3-Ethyl-5-phenyl-2,4-imidazolidinedione; (*R*)-*form*, *in* E-00214
41807-75-4 Tioxacin; Et ester, *in* T-00306
41826-92-0 3-(2,4,5-Triethoxybenzoyl)propanoic acid, T-00456
41832-27-3 4,5,6,7-Tetrahydro-2*H*-indazol-3-amine, T-00119
41855-21-4 Pyrazomycin; α-D-*form*, *in* P-00566
41859-67-0 ▷Bezafibrate, B-00148
41891-94-5 Tiadenol nicotinate, *in* B-00217
41906-86-9 Nitrocefin, N-00173
41931-02-6 Clorotepine; (±)-*form*, *in* C-00501
41931-62-8 Oxyprothepin; (±)-*form*, Decanoyl, bis(hydrogen oxalate), *in* O-00162
41931-86-6 Oxyprothepin decanoate, *in* O-00162
41932-49-4 Clorotepine; (*S*)-*form*, *in* C-00501
41952-52-7 Cefcanel, C-00122
41958-67-2 Allylprodine; (3*RS*,4*SR*)-*form*, B,HCl, *in* A-00133
41958-68-3 Allylprodine; (3*RS*,4*RS*)-*form*, B,HCl, *in* A-00133
41964-07-2 5-(3-Methylphenoxy)-2(1*H*)-pyrimidinone, M-00284
41992-22-7 ▷Spirogermanium hydrochloride, *in* S-00123
41992-23-8 Spirogermanium, S-00123
41998-14-5 3-Methylbenzoic acid; Ph ester, *in* M-00230
42013-68-3 Allylprodine; (3*R*,4*S*)-*form*, B,HCl, *in* A-00133
42024-98-6 Mazaticol, M-00028
42041-17-8 Drupanol; (+)-*form*, *in* D-00617
42045-86-3 Mefentanyl, M-00065
42049-35-4 Thiocarbamic acid; *S*-Benzyl ester, *in* T-00196
42050-23-7 Nafetolol, N-00015
42050-24-8 Nafetolol; (±)-*form*, B,HCl, *in* N-00015
42055-15-2 3-Amino-1-propanol; *N*-Me, *in* A-00319
42057-22-7 ▷Baycipen, *in* M-00358
42061-52-9 ▷Pumitepa, P-00556
42110-58-7 Metioxate, M-00321
42116-76-7 ▷Carnidazole, C-00083
42116-77-8 2,3,5,6-Tetrahydro-3-phenyl-1*H*-imidazo[1,2-*a*]-imidazole; (+)-*form*, *in* T-00130
42138-12-5 Phenolphthalein; Mono-Me ether, *in* P-00162
42145-91-5 2-Amino-1-(3-hydroxyphenyl)ethanol; (±)-*form*, *N*-Et, O^3-(2,2-dimethylpropanoyl); B,HCl, *in* A-00272
42190-91-0 Pivampicillin probenate, *in* P-00362
42200-33-9 ▷Nadolol, N-00006
42228-92-2 Antibiotic AT 125; (α*S*,5*S*)-*form*, *in* A-00405
42239-60-1 Tilozepine, T-00278
42241-78-1 3-Bromo-3-[*p*-(pentyloxy)benzoyl]acrylic acid; (*E*)-*form*, *in* B-00312
42242-66-0 3′,4′-Dideoxybutirosin *B*, *in* B-00408
42258-90-2 4-Thiazolidinecarboxylic acid; (*R*)-*form*, Me ester, *in* T-00183
42281-59-4 ▷Oxilorphan; (−)-*form*, *in* O-00114
42293-35-6 4-Aminobenzenesulfonic acid; *N*-Et, *in* A-00213
42293-72-1 Bencisteine, B-00040
42352-53-4 Rose Bengal Sodium, *in* T-00105
42399-41-7 Diltiazem; (2*S*,3*S*)-*form*, *in* D-00373
42400-22-6 Mannitol; D-*form*, 2,3:4,5-Di-*O*-methylene, 1,6-di-*O*-benzoyl, *in* M-00018
42408-78-6 Pirandamine hydropchloride, *in* P-00313
42408-79-7 Pirandamine, P-00313
42408-80-0 Tandamine, T-00025
42408-82-2 Butorphanol; (−)-*form*, *in* B-00417
42422-68-4 3,4,5,6,7,8,9,10,11,12-Decahydro-7,14,16-trihydroxy-3-methyl-1*H*-2-benzoxacyclotetradecin-1-one; (3*S*,7*S*)-*form*, *in* D-00035
42429-20-9 2-Amino-2-phenylacetic acid; (*S*)-*form*, *N*-Ac, *in* A-00300
42438-73-3 Denpidazone, D-00075
42461-78-9 Sulfonterol hydrochloride, *in* S-00220
42461-79-0 Sulfonterol, S-00220
42461-84-7 Flunixin meglumine, *in* F-00169
42465-20-3 3-Acetyl-7-methoxy-2,4-dimethylquinoline, A-00037
42471-28-3 Nimustine, N-00151
42523-28-4 2,7-Dimethoxy-9-fluorenone, *in* D-00327
42523-29-5 2,7-Dihydroxy-9*H*-fluoren-9-one, D-00327
42540-40-9 ▷Cefamandole nafate, *in* C-00112
42581-41-9 ▷Theophylline nicotinamide, *in* T-00169
42583-55-1 ▷Carmetizide, C-00079
42597-57-9 Ronifibrate, R-00085
42607-55-6 9,11,15-Trihydroxyprost-13-enoic acid; (8*S*,9*S*,11*R*,13*E*,15*S*)-*form*, *in* T-00484
42753-75-3 5-Amino-2-hydroxybenzoic acid; Me ester, *in* A-00266
42779-82-8 Clopirac, C-00487
42784-08-7 Phenacizol, P-00136
42787-61-1 2-Amino-1-phenyl-1-propanone; (±)-*form*, B,HCl, *in* A-00309
42792-26-7 Isosulpride, I-00213
42794-76-3 Midodrine; (±)-*form*, *in* M-00369
42834-66-2 α,9-Dioxo-9*H*-fluorene-2-acetaldehyde, D-00479
42835-25-6 Flumequine, F-00155
42839-36-1 ▷Calnegyt, *in* G-00111
42859-69-8 2-Acetamido-2,6-dideoxy-L-glucose, *in* A-00240
42863-81-0 ▷Lopirazepam, L-00088
42864-78-8 ▷Bevantolol hydrochloride, *in* B-00146
42877-18-9 Pelanserin hydrochloride, *in* P-00052
42879-47-0 Pranolium chloride, *in* P-00399
42882-28-0 1,2-Diphenylethylamine; (±)-*form*, *N*-Me, *in* D-00492
42882-96-2 Chlorpheniramine; (±)-*form*, *in* C-00292
42924-53-8 4-(6-Methoxy-2-naphthalenyl)-2-butanone, M-00206
42935-17-1 9,11-Epidioxy-15-hydroxy-5,13-prostadienoic acid; (5*Z*,9*S*,11*R*,13*E*,15*S*)-*form*, *in* E-00077
42971-09-5 ▷Vinpocetine, V-00042
43021-45-0 Dacuronium(2+), D-00003
43033-71-2 Noracymethadol; (α*S*,2′*S*)-*form*, *in* N-00207
43043-14-7 Bamicetin, *in* A-00187
43043-59-0 Abikoviromycin; B,H_2SO_4, *in* A-00002
43061-16-1 4-Bromo-2,5-dimethoxy-α-methylphenethylamine; (*S*)-*form*, *in* B-00298
43163-93-5 2-Amino-2-fluoropropanoic acid, A-00258
43169-50-2 Betamicin sulfate, *in* G-00017
43170-88-3 Methotrexate; (*S*)-*form*, Di-Et ester, *in* M-00192
43200-80-2 ▷Zopiclone, Z-00037
43210-67-9 ▷Fenbendazole, F-00037
43229-80-7 ▷Atock, *in* F-00247
45086-03-1 Etoformin, E-00251
45127-11-5 2,2′-Dithiobisethanesulfonic acid, D-00550
46116-61-4 4-[2-(Methylamino)propyl]phenol; (±)-*form*, *in* M-00222
46263-35-8 Nafomine, N-00019
46464-11-3 Meobentine, M-00093
46719-29-3 Terbutaline; (±)-*form*, *in* T-00084
46803-81-0 *N*-[2-(Diethylamino)ethyl]-2-hydroxybenzamide, D-00237
46817-91-8 ▷Viloxazine, V-00029
47029-84-5 Dazadrol, D-00022
47082-97-3 Pargolol, P-00036
47128-12-1 Cycliramine, C-00593
47135-88-6 Closiramine, C-00505
47141-42-4 Bunolol; (*S*)-*form*, *in* B-00365
47148-57-2 Timolol; (±)-*form*, *in* T-00288
47166-67-6 Octriptyline, O-00026
47206-15-5 Enprazepine, E-00065
47254-05-7 Spiroxepin, S-00133
47419-52-3 Proxibutene; (+)-*form*, *in* P-00547
47420-28-0 Trixolane, T-00542
47487-22-9 Acridorex, A-00048
47543-65-7 Prenoxdiazine, P-00422

47562-08-3 Lorajmine, *in* A-00088
47662-15-7 Suxemerid, S-00281
47682-41-7 Flupimazine, F-00203
47739-98-0 ▷Clocapramine, C-00441
47747-56-8 Talampicillin, T-00005
47806-92-8 Difenoximide, D-00264
47931-80-6 Octacosactrin, O-00006
47931-85-1 Salcatonin, S-00013
48115-38-4 2-Amino-1-phenyl-1-propanol, A-00308
48141-64-6 Etafedrine; (1*R*,2*S*)-*form*, *in* E-00133
49561-92-4 5,6-Dimethyl-2-nitro-1,3-indanedione, D-00436
49562-28-9 ▷Fenofibrate, *in* F-00062
49564-56-9 ▷Fazadinium bromide, *in* F-00019
49566-00-9 Tiopropamine; B,HCl, *in* T-00303
49570-65-2 Isomethadol; α-(+)-*form*, B,HCl, *in* I-00192
49570-66-3 Isomethadol; β-(−)-*form*, B,HCl, *in* I-00192
49584-26-1 4-Cyanobenzenesulfonyl chloride, *in* S-00217
49637-08-3 ▷Nabitan hydrochloride, *in* N-00003
49669-76-3 ▷Megalomycin *A* $3^A,4^A$-diacetate, *in* M-00070
49669-77-4 ▷Megalomycin *A* 3^A-acetate 4^A-propanoate, *in* M-00070
49675-78-7 5-Bromo-1*H*-indole-2,3-dione; 3-Oxime, *in* B-00305
49681-39-2 1,2-Diphenylethylamine; (*R*)-*form*, *N*-Me, *in* D-00492
49681-82-5 1-Phenyl-2-propylamine; (±)-*form*, *N*,*N*-Di-Me, *in* P-00202
49697-38-3 Rimexolone, R-00057
49745-00-8 ▷Amidantel, A-00190
49755-67-1 Ioglicic acid, I-00111
49755-88-6 Ioseric acid; (±)-*form*, *in* I-00135
49761-17-3 4-Hydroxy-2-pyrrolidinecarboxylic acid; (2*RS*,4*RS*)-*form*, *in* H-00210
49763-96-4 ▷Stiripentol, S-00157
49780-09-8 Azaftozine; (±)-*form*, B,2HCl, *in* A-00497
49780-10-1 ▷Azaclorzine hydrochloride, *in* A-00493
49785-74-2 Supidimide, S-00272
49820-29-3 Butamisole, B-00387
49842-07-1 ▷Nebcin, *in* N-00059
49847-97-4 Prorenoate potassium, *in* P-00524
49848-01-3 Prorenoate; (6α,7α,17α)-*form*, *in* P-00524
49864-70-2 Azaclorzine, A-00493
50264-69-2 ▷Lonidamine, L-00086
50264-78-3 ▷Xinidamine, X-00016
50270-32-1 ▷Bufezolac, *in* D-00515
50270-33-2 ▷1,3,4-Triphenyl-1*H*-pyrazole-5-acetic acid, T-00527
50298-88-9 Apo-14,15-dehydrovincamine, *in* A-00426
50306-01-9 Clenbuterol; (±)-*form*, *in* C-00419
50306-03-1 Clenbuterol; (−)-*form*, *in* C-00419
50310-83-3 Clenbuterol; (+)-*form*, B,HCl, *in* C-00419
50310-85-5 Clenbuterol; (−)-*form*, B,HCl, *in* C-00419
50321-35-2 Novartrina, *in* M-00439
50335-55-2 ▷Mezilamine, M-00357
50357-46-5 Hexamidine; B,2HCl, *in* H-00058
50366-32-0 Flunamine, F-00164
50370-12-2 ▷Cefadroxil, C-00110
50370-54-2 Troparil; (1*R*,2*S*,3*S*)-*form*, *in* T-00549
50372-80-0 Troparil; (1*R*,2*R*,3*S*)-*form*, *in* T-00549
50372-81-1 Troparil; (1*R*,2*S*,3*S*)-*form*, B,HCl, *in* T-00549
50376-81-3 Flunamine; Maleate, *in* F-00164
50376-83-5 Halonamine; (±)-*form*, Maleate, *in* H-00011
50432-78-5 Pemerid, P-00057
50435-25-1 Nimidane, N-00148
50454-68-7 ▷Tolnidamine, T-00356
50465-39-9 ▷Tocofibrate, T-00334
50499-60-0 Clenbuterol; (+)-*form*, *in* C-00419
50505-93-6 4-Bromo-2,5-dimethoxy-α-methylphenethylamine; (*S*)-*form*, B,HCl, *in* B-00298
50516-43-3 Nofecainide, N-00197
50528-97-7 ▷Xilobam, X-00014
50567-35-6 Dipyrone, D-00532
50583-06-7 Halonamine, H-00011
50588-47-1 3-Amino-2-hydroxyandrostan-17-one; (2β,3α,5α)-*form*, *in* A-00261
50597-63-2 KD 983, *in* D-00513
50597-65-4 *N*-(3,3-Diphenylpropyl)-*N*′-(1-methyl-2-phenylethyl)-1,3-propanediamine, D-00513
50622-01-0 Erythritol; 2,3-Di-*O*-benzoyl, *in* E-00114
50629-82-8 Halometasone, H-00010
50643-33-9 Pranolium(1+), P-00399
50655-18-0 Pepstatins; Pepstatin *BU*, *in* P-00109
50655-19-1 Pepstatins; Pepstatin *PR*, *in* P-00109
50656-76-3 Jatropham, J-00001
50656-93-4 L7810, *in* C-00324
50657-33-5 Colubrinol, *in* M-00026
50673-97-7 3-Hydroxy-8(14)-cholesten-15-one; (3β,5α)-*form*, *in* H-00121
50679-07-7 Cinepazet maleate, *in* C-00362
50679-08-8 ▷Terfenadine, T-00088
50692-78-9 Pantothenic acid; (*R*)-*form*, Me ester, *in* P-00016
50700-72-6 ▷Vecuronium bromide, *in* V-00014
50702-76-6 Enpiroline; (1*RS*,2*RS*)-*form*, B,HCl, *in* E-00064
50708-95-7 Tinabinol, T-00291
50709-38-1 Proheptazine; *cis*-*form*, *in* P-00469
50721-57-8 2,4,6(1*H*,3*H*,5*H*)-Pyrimidinetrione; *N*-Et, *in* P-00586
50733-99-8 4-Amino-*N*-(1-cyclohexyl-3-pyrrolidinyl)-*N*-methylbenzamide, A-00229
50743-79-8 Fluciprazine; B,2HCl, *in* F-00137
50789-30-5 5,5-Dimethoxypentanal, *in* P-00090
50801-44-0 Cortisuzol, C-00550
50807-69-7 Butorphanol; (±)-*form*, *in* B-00417
50835-37-5 2-Amino-1-phenylethanol; (±)-*form*, B,H_2SO_4, *in* A-00304
50838-36-3 ▷Tolciclate, T-00346
50840-91-0 Alozafone; B,HCl, *in* A-00145
50846-45-2 Bacmecillinam, B-00004
50847-11-5 Ibudilast, I-00006
50855-43-1 Hydroxymethoxybenzenesulfonic acid, H-00147
50865-01-5 ▷Protoporphyrin; Na salt, *in* P-00541
50867-38-4 Ipolearoside, I-00152
50892-23-4 ▷Pirinixic acid, P-00332
50894-67-2 Propampicillin, P-00488
50895-13-1 Allylprodine; (3*S*,4*R*)-*form*, B,HCl, *in* A-00133
50895-14-2 Allylprodine; (3*S*,4*S*)-*form*, B,HCl, *in* A-00133
50895-15-3 Allylprodine; (3*R*,4*R*)-*form*, B,HCl, *in* A-00133
50896-04-3 2-Cyclohexyl-2-hydroxy-2-phenylacetic acid; (±)-*form*, *in* C-00614
50898-63-0 Tinofedrine; B,HCl, *in* T-00295
50906-57-5 Rhodexin C, *in* T-00474
50906-58-6 Rhodexin B, *in* T-00474
50908-96-8 Dopamine 3-O-glucoside, *in* D-00579
50924-49-7 ▷Bredinin, B-00267
50925-79-6 Colestipol, *in* D-00245
50935-04-1 ▷Carminomycin I, C-00081
50935-71-2 ▷Mocimycin, M-00413
50972-17-3 Bacampicillin, B-00001
51012-32-9 Tiapride, T-00243
51018-28-1 2-Dimethylamino-1-phenyl-1-propanol; (1*S*,2*S*)-*form*, *in* D-00418
51019-46-6 Ajmaline; 2-Epimer, *in* A-00088
51022-69-6 ▷Amcinonide, A-00177
51022-70-9 ▷Albuterol sulfate, *in* S-00012
51022-71-0 ▷Nabilone, N-00002
51022-73-2 Zometapine, Z-00036
51022-74-3 ▷Iotroxic acid, I-00145
51022-75-4 Cliprofen, C-00431
51022-76-5 Sulnidazole, S-00229
51022-77-6 Etazolate, E-00143
51025-85-5 Habekacin, *in* D-00154
51037-30-0 ▷Acipimox, *in* M-00302
51037-88-8 Tuclazepam, T-00573
51047-24-6 Dimetipirium bromide, *in* D-00458
51047-93-9 47-210, *in* T-00155
51050-49-8 Win 10448, *in* Q-00029
51053-36-2 ▷Dermostatin; Dermostatin *A*, *in* D-00089
51089-21-5 Pyratrione, P-00559
51103-57-2 Aphidicolin; 17-Ac, *in* A-00422
51103-58-3 Sesquicillin, S-00055
51108-33-9 3,5-Diamino-1*H*-1,2,4-triazole; 3(5)-*N*,*N*-Di-Me, *in* D-00137
51110-01-1 ▷Somatostatin, S-00098
51131-85-2 ▷9-Hydroxyellipticine, *in* E-00027

51141-40-3 Dermostatin; Dermostatin *B*, *in* D-00089
51146-56-6 Ibuprofen; (*S*)-*form*, *in* I-00008
51146-57-7 Ibuprofen; (*R*)-*form*, *in* I-00008
51152-88-6 Mianserin; (*S*)-*form*, *in* M-00360
51152-91-1 Butaclamol; (3*R*,4a*α*,13b*β*)-*form*, *in* B-00382
51154-48-4 Fibracillin, F-00102
51179-28-3 Vincamine teprosilate, *in* T-00170
51213-99-1 Clanfenur, C-00408
51222-36-7 Ciclafrine hydrochloride, *in* C-00325
51222-37-8 Iproxamine hydrochloride, *in* I-00164
51234-27-6 ▷Flunoxaprofen, F-00171
51234-28-7 ▷Benoxaprofen, B-00059
51241-99-7 ▷Taucorten, *in* T-00419
51261-87-1 4-Bromo-2,5-dimethoxy-*α*-methylphenethylamine; (±)-*form*, B,HCl, *in* B-00298
51264-14-3 ▷Amsacrine, A-00373
51274-83-0 ▷Tiamenidine hydrochloride, *in* T-00236
51307-73-4 4-Sulfobenzoic acid; 1-Me ester, *in* S-00217
51321-79-0 ▷Sparfosic acid; (*S*)-*form*, *in* S-00108
51322-75-9 Tizanidine, T-00330
51324-36-8 2,4,7-Triamino-6-phenylpteridine; 5,8-Dioxide, *in* T-00420
51333-22-3 Budesonide, B-00344
51354-31-5 ▷Nisterime acetate, *in* N-00161
51354-32-6 Nisterime, N-00161
51367-77-2 Florenal, *in* D-00479
51395-42-7 Butedronic acid, B-00397
51410-30-1 ▷Clarvisan, *in* P-00318
51410-30-1 ▷Pirfenoxone sodium, *in* P-00319
51411-04-2 ▷1,3-Dioxo-1*H*-benz[*de*]isoquinoline-2(3*H*)-acetic acid, D-00478
51424-33-0 ▷1,2,3,4-Tetrahydro-6-hydroxy-7-methoxy-1-methylisoquinoline; (*R*)-*form*, B,HCl, *in* T-00117
51464-80-3 Diethyl[bis(diethoxyphosphinyl)methyl]butanedioate, *in* B-00397
51473-23-5 ▷Lergotrile mesylate, *in* L-00026
51481-61-9 ▷Cimetidine, C-00350
51481-62-0 Bucainide, B-00334
51481-63-1 Bucainide maleate, *in* B-00334
51481-64-2 Rosaramicin propionate, *in* R-00092
51481-65-3 ▷Mezlocillin, M-00358
51481-67-5 Octriptyline phosphate, *in* O-00026
51481-68-6 Megalomicin potassium phosphate, *in* M-00070
51484-40-3 ▷Diphenpyramide, D-00487
51484-46-9 Diphenpyramide; B,HCl, *in* D-00487
51489-69-1 Bemosat, *in* A-00029
51491-04-4 Oxilorphan; (±)-*form*, *in* O-00114
51493-19-7 Cinprazole, C-00381
51493-20-0 7110 MD, *in* C-00381
51497-09-7 Tenamfetamine; (±)-*form*, *in* T-00066
51527-19-6 Tianafac, T-00239
51527-85-6 3-Pyridinecarboxylic acid; B,HBr, *in* P-00571
51529-01-2 Flupentixol dihydrochloride, JAN, *in* F-00198
51543-39-6 Flurbiprofen; (*S*)-*form*, *in* F-00218
51545-09-6 Piperazine; *N*-Me; B,HCl, *in* P-00285
51547-64-9 Rosaramicin stearate, *in* R-00092
51550-74-4 Phenyramidol; (±)-*form*, *in* P-00211
51550-75-5 Phenyramidol hydrochloride, *in* P-00211
51552-68-2 7-Quinolinecarboxylic acid; Me ester, *in* Q-00030
51579-82-9 ▷(2-Amino-3-benzoylphenyl)acetic acid, A-00218
51591-38-9 2,3-Di-*O*-acetyltartaric acid, *in* T-00028
51598-60-8 Cimetropium bromide, *in* C-00351
51599-37-2 Coptin, *in* T-00343
51619-65-9 Derricidin, *in* D-00347
51627-14-6 ▷Cefatrizine, C-00117
51627-20-4 Cefaparole, C-00114
51704-09-7 Meprodine (3*S*,4*R*)-*form*, B,HCl, *in* M-00105
51704-10-0 Meprodine (3*R*,4*S*)-*form*, B,HCl, *in* M-00105
51724-57-3 Pepstatins; Pepsidin *A*, *in* P-00109
51740-76-2 Auluton, *in* A-00261
51743-60-3 Meprodine (3*RS*,4*SR*)-*form*, B,HCl, *in* M-00105
51762-05-1 ▷Cefroxadine, C-00149
51773-92-3 ▷Mefloquine hydrochloride, *in* M-00068
51781-06-7 Carteolol, C-00102
51781-21-6 ▷Carteolol hydrochloride, JAN, *in* C-00102
51795-47-2 ▷Paromomycin II, *in* P-00039
51798-72-2 Insulin defalan; Bovine, *in* I-00078
51803-78-2 ▷Nimesulide, N-00146
51832-87-2 Picobenzide, P-00237
51876-97-2 Alrestatin sodium, *in* D-00478
51876-98-3 Gliamilide, G-00031
51876-99-4 Ioseric acid, I-00135
51899-01-5 Ocrase, O-00003
51909-61-6 ▷Antibiotic G 52, *in* S-00082
51934-76-0 Iomorinic acid, I-00123
51940-44-4 ▷Pipemidic acid, P-00278
51940-78-4 Zetidoline, Z-00010
51943-33-0 Helveticosol 3′,4′-dinitrate, *in* H-00053
51952-41-1 Gonadorelin hydrochloride, *in* L-00116
51953-26-5 Xanthine; 9*H*-*form*, *in* X-00002
51953-95-8 15-Hydroxy-15-methyl-9-oxo-13-prosten-1-oic acid; (13*E*,15*S*)-(±)-*form*, *in* H-00169
51982-36-6 9,11-Epidioxy-15-hydroperoxy-5,13-prostadienoic acid; (5*Z*,9*S*,11*R*,13*E*,15*S*)-*form*, *in* E-00076
51987-65-6 Desglugastrin, D-00094
51994-23-1 2-Methyl-3-oxo-2-azabicyclo[2.2.2]oct-6-yl *β*-methyl[1,1′-biphenyl]-4-pentanoate, M-00277
51997-43-4 Carazolol; (±)-*form*, B,HCl, *in* C-00038
52031-11-5 (1-Methyl-2-phenylethyl)hydrazine; (±)-*form*, *in* M-00289
52042-01-0 Elfazepam, E-00025
52042-24-7 Diproxadol, D-00528
52048-39-2 Cicloxolone disodium, *in* C-00337
52061-73-1 2,2-Dipropylpentanamide, *in* D-00525
52061-75-3 2,2-Dipropylpentanoic acid, D-00525
52061-78-6 2,2-Dipropylpentanoic acid; Chloride, *in* D-00525
52080-57-6 6-Chloro-17,21-dihydroxypregna-1,4-diene-3,11,20-trione; 6*α*-*form*, *in* C-00232
52090-24-1 2-Methyl-3,5-dinitrobenzoic acid; Me ester, *in* M-00246
52093-21-7 ▷Gentamicin C; Gentamicin C_{2b}, *in* G-00018
52109-93-0 Cyclodrine, C-00601
52110-55-1 ▷Mucidin; (*E*,*Z*,*E*)-*form*, *in* M-00469
52123-49-6 Cefazaflur sodium, *in* C-00118
52128-35-5 Trimetrexate, T-00514
52152-93-9 ▷Cefsulodin sodium, *in* C-00150
52153-43-2 3-(2-Methylphenoxy)-1,2-propanediol; (*R*)-*form*, *in* M-00283
52153-44-3 3-(2-Methylphenoxy)-1,2-propanediol; (*S*)-*form*, *in* M-00283
52156-73-7 5,5-Dimethyl-11-oxo-5*H*,11*H*-[2]benzopyrano[4,3-*g*]-[1]benzopyran-9-carboxylic acid, D-00440
52157-83-2 Mindoperone, M-00384
52157-91-2 Galosemide, G-00007
52174-94-4 5,7-Dichloro-8-hydroxyquinoline; *O*-Ac, *in* D-00190
52196-22-2 Ketotrexate, K-00021
52198-59-1 2-Hydroxyribostamycin, *in* R-00040
52198-87-5 ▷Phleomycin A_2, *in* B-00243
52212-02-9 Arduan, *in* P-00277
52214-84-3 ▷Ciprofibrate, C-00389
52223-83-3 KWD 2058, *in* T-00084
52223-87-7 KWD 2085, *in* T-00084
52230-62-3 Nandrolone caproate, *in* H-00185
52231-20-6 Cefrotil, C-00148
52232-67-4 Teriparatide, T-00091
52239-63-1 Thiethylperazine malate, *in* T-00189
52246-40-9 Idrolone, *in* F-00075
52247-86-6 Cicloxolone; *cis*-*form*, *in* C-00337
52248-05-2 2-Hydroxy-*myo*-ribostamycin, *in* R-00040
52249-32-8 5*H*-Dibenz[*b*,*f*]azepine; 5-*N*-Me, *in* D-00155
52259-65-1 Fagaronine, F-00009
52275-05-5 ▷1-*N*-Methylribostamycin, *in* R-00040
52275-61-3 Streptovaricin J, *in* S-00163
52279-57-9 Nandrolone hexyloxyphenylpropionate, *in* H-00185
52279-58-0 Metogest, M-00329
52279-59-1 ▷Moxnidazole, M-00467

52304-85-5 Lotucaine, L-00105
52329-53-0 Hydroxypepstatin A, *in* P-00109
52340-25-7 Dexclamol, D-00112
52340-46-2 ▷3-Chloro-1,2-propanediol; (±)-*form*, *in* C-00278
52365-63-6 Dipivefrin; (±)-*form*, *in* D-00518
52373-67-8 Propiram; (±)-*form*, *in* P-00505
52386-42-2 Ketotrexate sodium, *in* K-00021
52387-20-9 Lenigesial, *in* P-00512
52387-29-8 D-Gluconpremitrile, *in* G-00055
52389-27-2 Dexclamol hydrochloride, *in* D-00112
52391-89-6 ▷Flutemazepam, F-00226
52395-99-0 Belarizine, B-00029
52396-00-6 Belarizine; B,2HCl, *in* B-00029
52396-01-7 Belarizine; Phosphate, *in* B-00029
52403-19-7 Iproxamine, I-00164
52406-01-6 Uredofos, U-00013
52406-09-4 Diuredosan, D-00554
52430-65-6 Glisamuride, G-00044
52432-72-1 Oxeladin; Citrate (1:1), *in* O-00101
52439-07-3 Nystatin; Me ester, *in* N-00235
52443-21-7 Glucametacin, G-00052
52463-83-9 ▷Pinazepam, P-00268
52468-60-7 Flunarizine; (*E*)-*form*, *in* F-00165
52479-85-3 2,3,3′,4,4′,5′-Hexahydroxybenzophenone, H-00052
52485-79-7 ▷Buprenorphine, B-00370
52508-35-7 ▷Dikegulac sodium, *in* H-00070
52549-17-4 ▷Pranoprofen, P-00400
52555-04-1 Pimaricin; Me ester, *in* P-00253
52583-41-2 Antibiotic AT 125, A-00405
52617-35-3 Eriolangin, E-00108
52617-36-4 Eriolanin, E-00109
52618-67-4 Tioperidone, T-00301
52618-68-5 Tioperidone hydrochloride, *in* T-00301
52619-32-6 Betamethasone salicylate, *in* B-00141
52645-53-1 ▷Permethrin, P-00128
52658-53-4 JAV 852, *in* B-00051
52663-81-7 ▷Dobutamine hydrochloride, *in* D-00561
52663-86-2 Dimoxamine hydrochloride, *in* D-00461
52671-18-8 Dimidium(1+); Chloride, *in* D-00460
52691-87-9 1-Phenyl-2-propylamine; (*R*)-*form*, *N*,*N*-Di-Me, *in* P-00202
52699-48-6 Gonadorelin acetate, *in* L-00116
52702-51-9 Sputolysin, *in* D-00060
52712-76-2 Bunazosin; B,HCl, *in* B-00361
52718-49-7 Ethyl dehydrocholate, *in* D-00049
52730-45-7 Viloxazine; (*R*)-*form*, *in* V-00029
52730-46-8 Viloxazine; (*S*)-*form*, *in* V-00029
52742-40-2 Alimadol, A-00119
52742-41-3 *N*-Allyl-*N*-(3-methoxy-3,3-diphenylpropyl)-ammonium chloride, *in* A-00119
52744-22-6 8-Acetyl-7,8,9,10-tetrahydro-1,6,8,10,11-pentahydroxy-5,12-naphthacenedione, *in* C-00081
52758-02-8 Benzaprinoxide, *in* C-00228
52760-38-0 ▷Butirosin BU 1975C_1, *in* B-00408
52760-47-1 Tametraline hydrochloride, *in* T-00021
52794-97-5 ▷Carubicin hydrochloride, *in* C-00081
52795-02-5 Tametraline, T-00021
52814-39-8 [(7-Hydroxy-4-methyl-2-oxo-2*H*-1-benzopyran-6-yl)-oxy]acetic acid, *in* D-00332
52829-30-8 Proflazepam, P-00464
52832-91-4 2-Amino-4,5-dihydro-4,4-dimethyloxazole, A-00243
52842-59-8 Dimoxamine; (*R*)-*form*, *in* D-00461
52867-74-0 Zoloperone, Z-00032
52867-77-3 Fluzoperine, F-00236
52867-78-4 Fluzoperine; Maleate, *in* F-00236
52906-84-0 Oxychlorosene sodium, *in* O-00148
52921-08-1 Hepastyl, *in* B-00140
52934-83-5 ▷Nanaomycin *A*, N-00036
52942-31-1 Etoperidone, E-00261
52978-27-5 Maytanvaline, *in* M-00026
52994-25-9 Glicondamide, G-00038
53003-10-4 ▷Salinomycin, S-00017
53003-81-9 Ivarimod, I-00224
53017-69-9 Ecipramidil; B,HCl, *in* E-00006
53034-85-8 Terbutaline diisobutyrate, *in* T-00084
53076-26-9 Moxaprindine, M-00459
53078-44-7 Caproxamine, C-00032
53078-45-8 DU 22550, *in* C-00032
53078-90-3 10-(Methylsulfonyl)decanenitrile, M-00307
53086-13-8 Indoprofen; (*S*)-*form*, *in* I-00068
53123-88-9 ▷Rapamycin, R-00013
53131-74-1 Ciapilome, C-00321
53152-21-9 ▷Buprenorphine hydrochloride, JAN, *in* B-00370
53164-05-9 ▷Acemetacin, A-00013
53179-07-0 Nisoxetine; (±)-*form*, *in* N-00160
53179-09-2 Sisomicin sulfate, JAN, *in* S-00082
53179-10-5 Fluperamide, F-00199
53179-11-6 Loperamide, L-00087
53179-12-7 Clopimozide, C-00485
53179-13-8 5-Methyl-1-phenyl-2(1*H*)-pyridinone, M-00293
53185-10-7 Butirosin BU 1975C_2, *in* B-00408
53198-87-1 ▷Eurazyl, *in* B-00431
53214-57-6 ▷2-Methylamino-1-phenyl-1-propanol, M-00221
53226-74-7 Pepstatins; Pepstatin *H*, *in* P-00109
53226-75-8 Pepstatins; Pepstatin *I*, *in* P-00109
53230-10-7 Mefloquine; (1*RS*,2′*SR*)-*form*, *in* M-00068
53251-94-8 ▷Pinaverium bromide, *in* P-00267
53267-01-9 Cibenzoline, C-00322
53274-99-0 Pepstatins; Pepstatin *J*, *in* P-00109
53285-61-3 Permethol, *in* D-00332
53317-78-5 11,15-Dihydroxy-15-methyl-9-oxo-5,13-prostadienoic acid; (5*Z*,8*R*,11*R*,12*S*,13*E*,15*S*)-*form*, Me ester, *in* D-00334
53317-79-6 11,15-Dihydroxy-15-methyl-9-oxo-5,13-prostadienoic acid; (5*Z*,8*R*,11*R*,12*S*,13*E*,15*R*)-*form*, Me ester, *in* D-00334
53318-76-6 3′,4′-Dideoxybutirosin *A*, *in* B-00408
53341-49-4 Ponfibrate, *in* D-00192
53341-51-8 2,10-Dichloro-12-methyl-12*H*-dibenzo[*d*,*g*][1,3]-dioxocin-6-carboxylic acid; *trans*-*form*, *in* D-00192
53358-05-7 Methacholine(1+); (±)-*form*, Iodide, *in* M-00160
53361-23-2 2,3,5,6-Tetrahydro-3-phenyl-1*H*-imidazo[1,2-*a*]-imidazole, T-00130
53361-23-2 2,3,5,6-Tetrahydro-3-phenyl-1*H*-imidazo[1,2-*a*]-imidazole; (±)-*form*, *in* T-00130
53361-24-3 Imafen hydrochloride, *in* T-00130
53370-44-8 ▷Menadiol dibutyrate, *in* D-00333
53370-90-4 ▷2-(Hexyloxy)benzamide, H-00073
53394-92-6 2-(Aminomethylene)-1-indanone, A-00282
53403-97-7 ▷Pyridofylline, *in* P-00582
53409-75-9 Azanidazole, A-00502
53415-46-6 Fepitrizol, F-00083
53421-38-8 ▷Chinsedal, *in* H-00126
53449-58-4 Ciclonicate, *in* T-00506
53464-72-5 TMB 8, *in* D-00239
53498-76-3 Paphencyl, P-00021
53553-15-4 3-Amino-2-chlorobenzoic acid; Me ester; B,HCl, *in* A-00223
53581-53-6 ▷4-Bromo-2,5-dimethoxy-α-methylphenethylamine; (±)-*form*, B,HBr, *in* B-00298
53583-79-2 ▷Sultopride, S-00264
53597-26-5 Etoformin hydrochloride, *in* E-00251
53597-27-6 ▷Fendosal, F-00045
53597-28-7 Fludazonium chloride, *in* F-00143
53600-16-1 Oxabrexine; B,HCl, *in* O-00073
53607-71-9 2-Bromo-2-nitro-1,3-propanediol; Dipropanoyl, *in* B-00310
53608-96-1 17-(2,2,2-Trichloro-1-hydroxyethoxy)androst-4-en-3-one, *in* H-00111
53611-16-8 2-[(Dimethylamino)methyl]-1-(3-methoxyphenyl)-cyclohexanol; (1*RS*,2*SR*)-*form*, B,HCl, *in* D-00416
53611-18-0 Allylprodine; (3*RS*,4*SR*)-*form*, *in* A-00133
53611-19-1 Allylprodine; (3*RS*,4*RS*)-*form*, *in* A-00133
53625-25-5 Nefopam; (*R*)-*form*, B, HCl, *in* N-00063
53625-86-8 Canforemetina, *in* E-00036
53636-15-0 1-Dimethylamino-2-propanol; (*S*)-*form*, *in* D-00419
53643-20-2 ▷2-Amino-1-phenyl-1-propanol; (1*R*,2*R*)-*form*, B,HCl, *in* A-00308

53643-48-4 ▷Vindesine, *in* V-00032
53648-05-8 Ibuproxam, I-00009
53648-55-8 Dezocine, D-00116
53657-16-2 1-Dimethylamino-2-propanol; (±)-*form*, *in* D-00419
53659-00-0 Mentis, *in* P-00336
53684-49-4 Bufetolol; (±)-*form*, *in* B-00349
53701-54-5 Methyl-13-epicobalamin, *in* M-00241
53714-56-0 ▷Leuprorelin, L-00035
53716-43-1 ▷Hydrocortisone bendazac, *in* C-00548
53716-44-2 Rociverine, R-00071
53716-45-3 Anilopam hydrochloride, *in* A-00391
53716-46-4 Anilopam; (−)-*form*, *in* A-00391
53716-47-5 Nexeridine hydrochloride, *in* D-00415
53716-48-6 Nexeridine, *in* D-00415
53716-49-7 ▷Carprofen; (±)-*form*, *in* C-00099
53716-50-0 ▷Oxfendazole, O-00108
53731-36-5 Floredil, F-00123
53734-79-5 ▷Incazane, *in* M-00340
53736-51-9 Cromitrile, C-00564
53736-51-9 Cromitrile; (±)-*form*, *in* C-00564
53736-52-0 Cromitrile sodium, *in* C-00564
53760-19-3 ▷Cytochalasin *H*, C-00664
53760-20-6 ▷Cytochalasin J, *in* C-00664
53772-82-0 Flupenthixol; (*Z*)-*form*, *in* F-00198
53772-83-1 Clopenthixol; (*Z*)-*form*, *in* C-00481
53772-85-3 Flupenthixol; (*E*)-*form*, *in* F-00198
53780-00-0 BRL 14342, *in* C-00417
53783-83-8 Tromantadine, T-00545
53797-35-6 ▷Ribostamycin sulfate, JAN, *in* R-00040
53808-87-0 ▷Tetroxoprim, T-00158
53808-88-1 Lonazolac, L-00085
53813-83-5 Suriclone, S-00278
53823-02-2 Onitin, O-00049
53823-08-8 Cascaroside A, *in* B-00013
53848-05-8 3,4,6,7-Tetrahydro-1-methyl-6-oxo-1*H*-pyrano[3,4-*c*]pyridine-5-carboxaldehyde, T-00124
53859-10-2 Indunox, *in* E-00246
53861-02-2 Oxetacillin, O-00104
53861-35-1 Cascaroside D, *in* B-00013
53861-54-4 Neomycin B glucoside, *in* N-00068
53862-78-5 Roxolonium(1+); Bromide, *in* R-00101
53862-80-9 Roxolonium metisulfate, *in* R-00101
53882-12-5 Lodoxamide, L-00071
53882-13-6 Lodoxamide ethyl, *in* L-00071
53885-35-1 ▷Ticlopidine hydrochloride, *in* T-00256
53902-12-8 ▷Tranilast, T-00397
53910-25-1 ▷Pentostatin, P-00105
53934-76-2 2-Oxo-1-pyrrolidineacetic acid, O-00139
53935-72-1 Tetrandrine; (+)-*form*, *N*-Me, chloride; B,HCl, *in* T-00152
53943-88-7 Letosteine, L-00028
53956-04-0 ▷Chiyorhizin *AN*, *in* G-00073
53966-34-0 Floxacrine, F-00127
53983-00-9 5-Bromo-2-methyl-5-nitro-1,3-dioxane, B-00308
53984-75-1 Tocainide; (*S*)-*form*, *in* T-00332
53984-76-2 Tocainide; (*S*)-*form*, B,HCl, *in* T-00332
53993-67-2 Flutiorex; (+)-*form*, *in* F-00228
53994-73-3 ▷Cefaclor, C-00109
54012-73-6 3-Aminopiperidine, A-00314
54022-49-0 ▷Vinformide, V-00039
54024-22-5 ▷Desogestrel, D-00099
54029-12-8 Albendazole oxide, *in* A-00096
54043-46-8 Terflurancl, T-00089
54063-23-9 Cinepazic acid, C-00362
54063-24-0 Amifloverine, A-00194
54063-25-1 Amiterol, A-00348
54063-26-2 Azaftozine, A-00497
54063-27-3 Biclofibrate, B-00154
54063-28-4 ▷Camiverine, C-00021
54063-29-5 Cicarperone, C-00324
54063-30-8 Ciltoprazine, C-00348
54063-31-9 Cismadinone, C-00398
54063-32-0 21-Chloro-9α-fluoro-17α-hydroxy-16β-methyl-1,4-pregnadiene-3,11,20-trione, *in* C-00437
54063-33-1 Cloxestradiol, C-00518
54063-34-2 Cofisatin, *in* D-00049
54063-35-3 Dofamium chloride, *in* D-00569
54063-36-4 Etolorex, E-00254
54063-37-5 [1-[1-(Dimethylamino)ethyl]-1*H*-indol-3-yl]-1-propanone oxime, *in* D-00414
54063-38-6 ▷Fenaperone, F-00036
54063-39-7 Fenetradil, F-00048
54063-40-0 Fenoxedil, F-00067
54063-41-1 Fepromide, F-00085
54063-45-5 Fetoxylate, *in* D-00265
54063-46-6 Fexicaine, F-00097
54063-47-7 Gemazocine, G-00014
54063-48-8 Heptaverine, H-00031
54063-49-9 4-Amino-6-methyl-2-phenyl-3(2*H*)-pyridazinone, A-00288
54063-51-3 Nadoxolol, N-00007
54063-52-4 Pitofenone, P-00359
54063-53-5 Propafenone, P-00486
54063-54-6 ▷Reproterol, R-00026
54063-55-7 Sulfaclorazole, S-00189
54063-56-8 Suloctidil, S-00231
54063-57-9 Suxethonium chloride, *in* S-00282
54063-58-0 Toprilidine, T-00383
54083-22-6 ▷Zorubicin, *in* D-00019
54096-77-4 Ciheptolane; (±)-*form*, Maleate, *in* C-00340
54110-24-6 3,3,5-Trimethylcyclohexanol; (1*RS*,5*SR*)-*form*, 3-Pyridinecarboxylate; B,HCl, *in* T-00506
54110-25-7 Pirozadil, P-00354
54118-66-0 Butinoline; Phosphate, *in* B-00407
54118-67-1 Diamyceline, *in* C-00211
54120-61-5 Prostalene, P-00529
54141-87-6 Cinfenine; (*E*)-*form*, *in* C-00364
54143-54-3 Sepazonium chloride, *in* S-00043
54143-55-4 Flecainide, F-00114
54143-56-5 Flecainide acetate, *in* F-00114
54143-57-6 Metoclopramide hydrochloride, *in* M-00327
54147-28-3 Tebatizole, T-00045
54187-04-1 Rilmenidine, R-00052
54188-38-4 Metralindole, M-00340
54192-66-4 Colchicine; (±)-*form*, *in* C-00534
54208-04-7 Dodecylidenetriphenylphosphorane, *in* D-00568
54239-37-1 Cimaterol; (±)-*form*, *in* C-00349
54240-36-7 KD 868, *in* M-00001
54249-57-9 Rilmenidine; Fumarate, *in* R-00052
54266-35-2 Terondit, *in* O-00050
54267-10-6 Prednisolone palmitate, *in* P-00412
54278-85-2 Chandonium iodide, *in* C-00188
54283-64-6 3-(2,4-Dimethoxyphenyl)-2-butenoic acid; (*Z*)-(?)-*form*, *in* D-00400
54283-65-7 Hepadial, *in* D-00400
54301-15-4 ▷Amsacrine; B,HCl, *in* A-00373
54301-16-5 Amsacrine; B,$MeSO_3H$, *in* A-00373
54302-42-0 Gossypol; (±)-*form*, 6-Me ether, *in* G-00082
54307-79-8 3,3,5-Trimethylcyclohexanol; (1*RS*,5*RS*)-*form*, *in* T-00506
54323-85-2 ▷Protizinic acid; (±)-*form*, *in* P-00539
54333-82-3 ▷Butirosin BU 1709E_1, *in* B-00408
54340-58-8 Meptazinol, M-00107
54340-59-9 Quincarbate, Q-00016
54340-60-2 ▷Brovan, *in* B-00330
54340-61-3 ▷Brovanexine, B-00330
54340-62-4 ▷Bufuralol, B-00352
54340-63-5 Clofeverine, C-00454
54340-64-6 Fluciprazine, F-00137
54340-65-7 Furbucillin, F-00287
54341-02-5 ▷Piflutixol, P-00248
54350-48-0 ▷Etretinate, *in* A-00041
54352-39-5 3,3,5-Trimethylcyclohexanol; (1*R*,5*R*)-*form*, *in* T-00506
54352-41-9 ▷3,3,5-Trimethylcyclohexanol; (1*S*,5*S*)-*form*, *in* T-00506
54376-91-9 Tipetropium bromide, *in* T-00312
54400-59-8 Butamisole; (*S*)-*form*, *in* B-00387
54400-62-3 Butamisole hydrochloride, *in* B-00387
54403-19-9 4-(5-Chloro-2-benzofuranyl)-1-methylpiperidine, C-00217
54403-20-2 Sercloremine hydrochloride, *in* C-00217

54419-31-7 Fenirofibrate; (±)-*form*, *in* F-00055
54472-61-6 2-Aminoethanol; *N*-Et; B,HCl, *in* A-00253
54496-44-5 Butamisole; (±)-*form*, *in* B-00387
54504-70-0 ▷Theofibrate, T-00168
54505-25-8 Etipirium(1+), E-00238
54526-94-2 ▷Steffimycin B, *in* S-00143
54527-84-3 ▷Nicardipine hydrochloride, *in* N-00088
54531-52-1 ▷Polybenzarsol, *in* H-00190
54533-85-6 Nizofenone, N-00193
54549-02-9 Antibiotic U 43795, *in* A-00405
54556-98-8 Propiverine; B,HCl, *in* P-00507
54571-66-3 5-Oxo-2-pyrrolidinecarboxylic acid; (±)-*form*, Me ester, *in* O-00140
54582-64-8 Serfibrate; (±)-*form*, *in* S-00046
54592-27-7 Terbutaline dipivalate, *in* T-00084
54594-49-9 5′-Deoxyadenosyl-13-epicobalamin, *in* C-00529
54599-07-4 3-Aminophenylarsonic acid; *N*-Ac, *in* A-00301
54605-45-7 ▷Iocarmate meglumine, *in* I-00093
54644-15-4 Carbantel lauryl sulfate, *in* C-00042
54657-96-4 Nifuralide, N-00117
54657-98-6 Serfibrate, S-00046
54661-82-4 Furbenicillin, F-00286
54663-47-7 ▷Tibezonium iodide, *in* T-00250
54680-46-5 2-Amino-1-phenyl-1-propanol; (1*RS*, 2*RS*)-*form*, *in* A-00308
54707-47-0 4(15),7(11)-Eudesmadien-8-one, E-00268
54739-18-3 Fluvoxamine; (*E*)-*form*, *in* F-00234
54739-19-4 ▷Clovoxamine, C-00513
54739-21-8 Clovoxamine; Fumarate (1:1), *in* C-00513
54767-75-8 ▷Suloctidil; (α*RS*,1′*SR*)-*form*, *in* S-00231
54772-83-7 Alafosfalin; $(R)_C(S)_P$-*form*, *in* A-00091
54779-58-7 2-Phenylcyclopropylamine; (1*RS*,2*RS*)-*form*, B,HCl, *in* P-00186
54785-02-3 Adamexine, A-00065
54785-58-9 Pipemidic acid; B,HCl, *in* P-00278
54788-43-1 Alafosfalin, A-00091
54809-13-1 1-Hydroxy-*N*,*N*,*N*-trimethyl-2-propanaminium; (±)-*form*, Iodide, *in* H-00217
54810-23-0 Loxitane *C*, *in* L-00106
54818-11-0 Cefsumide, C-00151
54824-17-8 ▷Mitonafide, M-00405
54824-20-3 Pinafide, P-00266
54825-04-6 2-Oxoferruginol, *in* F-00095
54867-56-0 Bufrolin, B-00351
54870-28-9 ▷Meglitinide, M-00071
54874-57-6 Cytochalasin *G*, C-00663
54910-89-3 Fluoxetine; (±)-*form*, *in* F-00194
54935-03-4 Sulisatin, S-00226
54951-46-1 3-(1-Chloro-5*H*-dibenzo[*a*,*d*]cyclohepten-5-ylidene)-*N*,*N*-dimethyl-1-propanamine, C-00228
54965-21-8 ▷Albendazole, A-00096
54965-22-9 Fluspiperone, F-00222
54965-24-1 ▷Tamoxifen citrate, *in* T-00023
55019-64-2 Benzilylcholine bromide, *in* M-00326
55028-70-1 ▷11,15-Dihydroxy-15-methyl-9-oxo-5,13-prostadienoic acid; (5*Z*,11*R*,13*E*,15*R*)-*form*, *in* D-00334
55028-72-3 Cloprostenol sodium, *in* C-00490
55034-26-9 4-Aminobenzenesulfonic acid; Me ester, *in* A-00213
55050-95-8 Isamoltan, I-00175
55077-25-3 Aclatonium(1+), A-00044
55077-30-0 ▷Aclatonium napadisylate, *in* A-00044
55079-83-9 Acitretin, A-00041
55096-26-9 Nalmefene, N-00030
55096-75-8 Noracymethadol hydrochloride, *in* N-00207
55102-44-8 Bofumustine, B-00248
55103-30-5 Rosaramicin butyrate, *in* R-00092
55104-39-7 DL 071 IT, *in* A-00082
55107-60-3 Varsyl, *in* T-00292
55123-61-0 Noracymethadol; (α*RS*,2′*RS*)-*form*, *in* N-00207
55123-64-3 Noracymethadol; (α*RS*,2′*RS*)-*form*, B,HCl, *in* N-00207
55134-13-9 ▷Narasin *A*, N-00050
55142-85-3 Ticlopidine, T-00256
55149-05-8 Pirolate, P-00347
55150-67-9 3-Chloro-1-(1*H*-imidazol-1-yl)-4-phenylisoquinoline, C-00251
55165-22-5 Butocrolol, B-00411
55173-98-3 Byakangelicol, B-00436
55197-04-1 1-Hydroxy-*N*,*N*,*N*-trimethyl-2-propanaminium; (±)-*form*, *O*-Ac, iodide, *in* H-00217
55202-09-0 2-Amino-4,6-dibromophenol; *N*-Ac, *in* A-00239
55224-05-0 Davercin, *in* E-00115
55242-55-2 Propentofylline, P-00495
55242-74-5 Oxifungin hydrochloride, *in* O-00113
55242-77-8 3-Benzylpyrido[3,4-*e*]-1,2,4-triazine, B-00128
55247-89-7 Neoride, *in* S-00259
55248-23-2 Nebidrazine, N-00056
55249-27-9 1,9-Heptadecadiene-4,6-diyne-3,8-diol; (3*R*,8*S*,9*Z*)-*form*, 8-Ac, *in* H-00028
55268-74-1 ▷Praziquantel, P-00406
55268-75-2 ▷Cefuroxime, C-00161
55273-05-7 Impromidine, I-00046
55275-61-1 4-Methoxy-β-hydroxyphenethylamine, *in* O-00022
55275-61-1 Octopamine; (±)-*form*, 4-Me ether, *in* O-00022
55285-35-3 Butanixin, B-00391
55285-45-5 Pirifibrate, P-00328
55286-56-1 Doxaminol, D-00590
55286-57-2 Doxaminol; (±)-*form*, Fumarate (2:1), *in* D-00590
55294-15-0 ▷Muzolimine, M-00473
55297-87-5 1,9-Heptadecadiene-4,6-diyne-3,8-diol; (3*R*,8*S*,9*Z*)-*form*, *in* H-00028
55297-95-5 ▷Tiamulin, T-00238
55297-96-6 ▷Tiamulin fumarate, *in* T-00238
55299-10-0 Pivoxazepam, P-00367
55299-11-1 Iquindamine, I-00168
55300-29-3 ▷Antrafenine, A-00419
55300-30-6 Antrafenine; B,2HCl, *in* A-00419
55308-64-0 ▷2-(3-Ethoxyphenyl)-5,6-dihydro[1,2,4]-triazolo[5,1-*a*]isoquinoline, E-00169
55313-67-2 Pipramadol; (±)-*form*, *in* P-00306
55313-68-3 Pipramadol; (±)-*form*, Maleate, *in* P-00306
55374-30-6 Tegafur; (*S*)-*form*, *in* T-00055
55432-15-0 Pirinidazole, P-00331
55435-65-9 ▷Acodazole hydrochloride, *in* A-00045
55453-87-7 ▷Isoxepac, I-00216
55461-42-2 Flupamesone, F-00196
55477-19-5 ▷Iprozilamine, I-00165
55482-89-8 Guacetisal, G-00089
55485-20-6 Acaprazine, A-00004
55485-21-7 Acaprazine; B,HCl, *in* A-00004
55485-24-0 Acaprazine; Maleate, *in* A-00004
55501-05-8 Decanoic acid 2-[4-[3-(2-chloro-9*H*-thioxanthen-9-ylidene)propyl]-1-piperazinyl]ethyl ester, *in* C-00481
55528-08-0 Butaclamol hydrochloride, *in* B-00382
55529-56-1 10,11-Dimethoxyajmalicine, *in* A-00087
55530-41-1 Rotamicillin, R-00095
55557-30-7 ▷Contratuss, *in* P-00512
55560-96-8 Tixocortol pivalate, *in* D-00328
55589-62-3 Acesulfame-K, *in* M-00275
55651-94-0 ▷Destomycins; Destomycin *C*, *in* D-00103
55689-65-1 ▷Oxepinac, O-00103
55694-83-2 Pentizidone; (*R*)-*form*, *in* P-00100
55694-87-6 Pentizidone sodium, *in* P-00100
55694-98-9 Ciclafrine, C-00325
55695-56-2 Cloroperone hydrochloride, *in* C-00499
55701-20-7 1,1-Diphenyl-3-piperidino-1-butanol; (±)-*form*, B,HCl, *in* D-00507
55726-47-1 ▷Enocitabine, *in* C-00667
55730-74-0 1,4-Anhydroglucitol; D-*form*, 5,6-*O*-Isopropylidene, 2-mesyl, *in* A-00387
55730-75-1 1,4-Anhydroglucitol; D-*form*, 5,6-*O*-Isopropylidene, 2,3-dimesyl, *in* A-00387
55734-49-1 2,3,5-Tri-*O*-acetyl-1-*O*-benzoyl-β-D-xylofuranose, *in* X-00024
55769-64-7 ▷Craviten, *in* B-00409
55769-65-8 Butobendine; (*S*,*S*)-*form*, *in* B-00409
55779-06-1 ▷Fortimicin *A*, F-00252
55779-18-5 Arprinocid, A-00448
55819-78-8 ▷Thioaspirin, *in* M-00114

55837-13-3 Piclopastine, P-00235
55837-14-4 Butaverine, B-00396
55837-16-6 Entsufon, E-00069
55837-17-7 Brindoxime, B-00272
55837-18-8 ▷Butibufen, B-00402
55837-19-9 Exaprolol, E-00279
55837-20-2 Halofuginone; (±)-*trans-form*, *in* H-00009
55837-21-3 Pipoxizine, P-00303
55837-22-4 Pribecaine, P-00427
55837-23-5 Teflutixol, T-00054
55837-25-7 4-(1-Pyrrolidinyl)-1-(2,4,6-trimethoxyphenyl)-1-butanone, P-00598
55837-26-8 Fenperate, F-00068
55837-27-9 ▷Piretanide, P-00323
55837-28-0 Tiafibrate, *in* B-00217
55837-29-1 ▷Tiropramide; (±)-*form*, *in* T-00323
55837-30-4 Lysine clonixinate, *in* C-00479
55843-86-2 ▷Miroprofen, M-00394
55845-78-8 4-[1,1′-Biphenyl-4-yl]-3-penten-2-one; (*E*)-*form*, *in* B-00132
55862-60-7 Clofeverine; (±)-*form*, B,HBr, *in* C-00454
55869-97-1 11,15-Dihydroxy-9-oxo-13-prostenoic acid; (8*RS*,11*SR*,12*SR*,13*E*,15*SR*)-*form*, *in* D-00341
55870-64-9 ▷Pentisomicin, P-00099
55872-82-7 Azarole, A-00508
55902-02-8 ▷Isamfazone; (−)-*form*, *in* I-00174
55902-50-6 1-Amino-2-nitro-1,2-diphenylethylene; (*Z*)-*form*, *in* A-00293
55902-93-7 Mebenoside, M-00032
55902-94-8 Sitofibrate, *in* S-00151
55905-53-8 Clebopride, C-00414
55920-68-8 Methyl (dihydroxyphosphinyl)formate, *in* P-00216
55920-71-3 Ethyl (dihydroxyphosphinyl)formate, *in* P-00216
55926-23-3 Guanclofine, G-00101
55927-33-8 α-Mercapto-β-(2-furyl)acrylic acid, M-00117
55937-99-0 Beclobrate, *in* B-00023
55981-09-4 Nitazoxanide, N-00162
55985-32-5 Nicardipine, N-00088
55986-43-1 Cetaben, *in* A-00216
56030-54-7 Sufentanil, S-00177
56039-11-3 3-Deazaguanosine, *in* D-00115
56049-89-9 ▷Indacrinone; (*R*)-*form*, *in* I-00049
56050-03-4 Melidorm, *in* M-00050
56065-37-3 LCG 21519, *in* P-00515
56066-19-4 Aditeren, A-00073
56066-63-8 Aditoprime, *in* A-00073
56079-80-2 Ropitoin hydrochloride, *in* R-00088
56079-81-3 Ropitoin, R-00088
56087-11-7 Dextranomer, *in* D-00113
56097-80-4 Valconazole; (±)-*form*, *in* V-00002
56109-02-5 Roxenan, *in* P-00233
56119-96-1 Furodazole, F-00294
56153-30-1 5-(4-Hydroxybenzyl)-2-pyridinecarboxylic acid, H-00117
56172-67-9 Procyclidine; (±)-*form*, *in* P-00455
56180-94-0 Acarbose, A-00005
56187-47-4 Cefazedone, C-00119
56187-89-4 Ximoprofen, X-00015
56208-01-6 ▷Pifarnine, P-00245
56211-40-6 Torasemide, T-00386
56211-43-9 Tameticillin, *in* M-00180
56219-57-9 Arildone, A-00444
56222-04-9 Malexil, *in* F-00030
56227-39-5 Polidexide, P-00379
56238-63-2 ▷Cefuroxime sodium, JAN, *in* C-00161
56257-31-9 Tuberactinamine N, *in* T-00569
56281-36-8 Motretinide (*all-E*)-*form*, *in* M-00456
56287-74-2 ▷Afloqualone, A-00081
56290-94-9 Medroxalol, M-00058
56302-13-7 Satranidazole, S-00028
56341-08-3 Mabuterol, M-00001
56355-17-0 2-[4-(2-Thiazolyloxy)phenyl]propanoic acid, T-00186
56362-73-3 Hyoscyamine N-oxide 1, *in* T-00554
56362-74-4 Hyoscyamine *N*-oxide 2, *in* T-00554
56377-79-8 ▷Nosiheptide, N-00227
56383-05-2 Zindotrine, Z-00019
56390-09-1 Pharmorubicin, *in* A-00080
56391-55-0 Octazamide, *in* H-00049
56391-56-1 ▷Netilmicin, N-00078
56392-17-7 Betaloc, *in* M-00334
56396-94-2 Corindolan, *in* M-00097
56420-45-2 ▷Epirubicin, *in* A-00080
56425-51-5 Diclofurime; (*E*)-*form*, B,HCl, *in* D-00212
56430-99-0 ▷Flumecinol, F-00153
56431-19-7 α-Ethyl-2,5-dimethyl-α-phenylbenzyl alcohol, E-00183
56433-44-4 Oxaprotiline, O-00092
56433-46-6 Chelocardin; B,HCl, *in* C-00190
56452-51-8 Heteronium(1+); (3*RS*,2′*RS*)-*form*, Bromide, *in* H-00036
56453-01-1 Timoxicillin, T-00290
56463-68-4 3-Amino-5-methyl-2-phenyl-4-(2-methylpropanoyl)-pyrrole, A-00287
56478-42-3 Ceftezole, C-00154
56481-43-7 Setazindol, S-00057
56488-57-4 Tizolemide; (±)-*form*, B,HCl, *in* T-00331
56488-58-5 Tizolemide, T-00331
56488-59-6 ▷Terbufibrol, T-00083
56488-60-9 *N*-(2-Sulfoethyl)-glutamine; (*S*)-*form*, *in* S-00219
56488-61-0 Flubepride, F-00134
56503-19-6 1-Hydroxy-*N*,*N*,*N*-trimethyl-2-propanaminium; (±)-*form*, *in* H-00217
56518-41-3 Brodimoprim, B-00277
56533-61-0 2,3-Dihydro-1-(1-piperidinylacetyl)-1*H*-indole, D-00297
56548-50-6 4-[[2-(Diethylamino)ethyl]amino]benzo[*g*]-quinoline, D-00233
56548-51-7 ▷Dabequine, *in* D-00233
56562-79-9 Ioglunide, I-00114
56585-33-2 Trimethoprim sulfate, *in* T-00501
56592-32-6 ▷Efrotomycin, E-00020
56605-16-4 ▷Spiromustine, S-00124
56611-65-5 ▷Oxagrelate, O-00078
56613-81-1 2-Amino-1-phenylethanol; (*S*)-*form*, *in* A-00304
56620-35-0 Clocinizine; B,HCl, *in* C-00443
56644-29-2 Metergotamine tartrate, *in* E-00106
56648-98-7 Enpiroline, E-00064
56689-41-9 1-Chloro-1,2,2,3-tetrafluoro-3-methoxy-cyclopropane, C-00287
56689-42-0 Repromicin, R-00025
56689-43-1 Canbisol; (±)-*form*, *in* C-00025
56689-44-2 Nitramisole hydrochloride, *in* N-00166
56693-13-1 Mociprazine, M-00414
56693-15-3 Terciprazine, T-00085
56695-65-9 Rosaprostol, R-00093
56717-18-1 5,6,7,8-Tetrahydro-4-methylquinoline-8-carbothiamide, T-00128
56739-21-0 Nitraquazone N-00167
56741-95-8 2-Amino-5-bromo-6-phenyl-4(1*H*)-pyrimidinone, A-00220
56775-82-7 Nitramidine, *in* N-00168
56775-88-3 ▷Zimeldine; (*Z*)-*form*, *in* Z-00015
56775-89-4 Zimeldine; (*E*)-*form*, *in* Z-00015
56776-32-0 Stresam, *in* E-00236
56784-39-5 Ozolinone; (*Z*)-*form*, *in* O-00169
56796-20-4 ▷Cefmetazole, C-00132
56796-39-5 Cefmetazole sodium, JAN, *in* C-00132
56824-20-5 Amiprilose, A-00345
56839-43-1 EMPP, *in* E-00072
56897-74-6 Vincadioline, *in* V-00032
56917-29-4 4′-Ethynyl-2-fluoro-1,1′-biphenyl, E-00230
56932-60-6 9,11,15,19-Tetrahydroxy-5,13-prostadienoic acid; (5*Z*,9*S*,11*R*,13*E*,15*S*,19*R*)-*form*, *in* T-00139
56933-07-4 Xylose; α-D-*Pyranose-form*, 2,3,4-Tribenzoyl, *in* X-00024
56933-08-5 Xylose; α-D-*Pyranose-form*, 1,2,4-Tribenzoyl, *in* X-00024
56953-01-6 Fenperate; B,HCl, *in* F-00068
56959-18-3 Glusoferron, *in* G-00055
56969-22-3 Oxapadol, O-00088

56974-17-5 Leurocolumbine, *in* V-00032
56974-21-1 Cephalosporin *C*; Deacetoxy, *N*-Ac, *in* C-00177
56974-46-0 ▷Dibutylimolamine hydrochloride, *in* B-00385
56974-61-9 ▷Gabexate mesylate, *in* G-00001
56980-93-9 Celiprolol, C-00163
56983-13-2 ▷Furofenac, F-00295
56995-20-1 Flupirtine, F-00204
56996-26-0 Thymopoietin; Thymopoietin II, 9CI, *in* T-00226
57009-15-1 Isocromil, I-00184
57010-31-8 Tiapamil, T-00241
57010-32-9 Tiapamil hydrochloride, *in* T-00241
57021-61-1 ▷Isonixin, I-00196
57023-37-7 3-Pyridinecarboxaldehyde; Phenylhydrazone, *in* P-00569
57067-46-6 Isamoxole, I-00176
57076-71-8 Denbufylline, D-00072
57083-89-3 Peralopride, P-00112
57083-90-6 Peralopride; Maleate, *in* P-00112
57090-45-6 3-Chloro-1,2-propanediol; (*R*)-*form*, *in* C-00278
57103-68-1 Maytansinol, M-00027
57103-69-2 Maytanacine, *in* M-00027
57103-70-5 Ansamitocin P-2, *in* M-00027
57109-90-7 ▷Dipotassium clorazepate, *in* C-00494
57129-06-3 Thioridazine; (±)-*form*, *in* T-00209
57144-56-6 2-(2-Isopropyl-5-indanyl)propanoic acid, I-00207
57149-07-2 Naftopidil, N-00025
57165-39-6 PR-D 92*Ea*, *in* D-00440
57165-40-9 Asta 5531, *in* I-00044
57166-13-9 Napactadine hydrochloride, *in* N-00039
57226-07-0 Fluoxetine, F-00194
57226-61-6 Nisoxetine, N-00160
57227-16-4 Tiropramide; (±)-*form*, B,HCl, *in* T-00323
57227-17-5 Sevopramide, S-00060
57236-36-9 Dalgan, *in* D-00116
57237-97-5 Timoprazole, T-00289
57249-13-5 Ampecyclal, *in* H-00029
57262-94-9 2,3,4,9-Tetrahydro-2-methyl-1*H*-dibenzo[3,4:6,7]-cyclohepta[1,2-*c*]pyridine, T-00123
57265-65-3 R 24571, *in* C-00017
57268-80-1 Cefamandole; *O*-Formyl, *in* C-00112
57282-48-1 Verpyran, *in* H-00112
57286-93-8 Longimammine, *in* S-00286
57296-63-6 ▷Indacrinone; (±)-*form*, *in* I-00049
57322-49-3 Tropicamide; (±)-*form*, *in* T-00552
57322-54-0 3′-Chloro-3′-deoxybutirosin A, *in* B-00408
57334-63-1 8-Hydroxy-5-methylquinoline; B,HCl, *in* H-00176
57350-36-4 5,6-Dihydro-5-azathymidine, D-00278
57361-71-4 Coroloside, *in* D-00274
57363-13-0 Droxacin sodium, *in* D-00613
57363-14-1 Fluotracen hydrochloride, *in* F-00192
57381-26-7 Irsogladine, I-00173
57383-74-1 Mepifylline, *in* M-00108
57401-82-8 Meprodine; (3*RS*,4*RS*)-*form*, B,HCl, *in* M-00105
57432-61-8 ▷Methylergonovine maleate, *in* M-00254
57435-86-6 Premazepam, P-00418
57441-90-4 Nivimedone sodium, *in* D-00436
57460-41-0 ▷Talinolol, T-00008
57469-77-9 Ibuprofen-Lysine, *in* I-00008
57474-29-0 Nifuroquine, N-00125
57475-17-9 Brovincamine, B-00331
57479-88-6 Sulmepride, S-00228
57498-59-6 *N*,*N*′-Bis(3-methoxybenzyl)urea, B-00226
57524-89-7 Hydrocortisone valerate, *in* C-00548
57526-81-5 ▷Prenalterol; (*S*)-*form*, *in* P-00419
57529-83-6 Azipramine hydrochloride, *in* A-00526
57548-79-5 Picafibrate, P-00230
57558-44-8 Secoverine, S-00033
57558-46-0 DU 23849, *in* S-00033
57574-09-1 Amineptine, A-00200
57576-44-0 ▷Aclacinomycin *A*, A-00042
57625-97-5 Cibenzoline succinate, *in* C-00322
57637-88-4 Adamexine; B,HCl, *in* A-00065
57645-05-3 Sermetacin; (*S*)-*form*, *in* S-00048
57645-39-3 Clebopride; B,HCl, *in* C-00414
57647-35-5 ▷Ixprim, *in* B-00168
57647-79-7 Benclonidine, B-00041
57648-21-2 ▷Timiperone, T-00285
57653-26-6 Fenobam, F-00059
57653-27-7 Droprenilamine, D-00609
57653-28-8 Ibazocine, I-00003
57653-29-9 Cogazocine, C-00533
57666-60-1 Nitrafudam hydrochloride, *in* N-00164
57680-55-4 Gleptoferron, G-00030
57694-27-6 Vinpoline, V-00043
57704-10-6 Bufuralol; (*S*)-*form*, B,HCl, *in* B-00352
57704-15-1 Bufuralol; (±)-*form*, *in* B-00352
57726-65-5 ▷Nufenoxole, N-00232
57734-69-7 Sequifenadine, S-00044
57734-70-0 ▷Sequifenadine; B,HCl, *in* S-00044
57760-36-8 Alborixin, A-00101
57773-63-4 Triptorelin, T-00531
57773-81-6 Lorazepam pivalate, *in* D-00056
57775-22-1 ▷Etoperidone; B,HCl, *in* E-00261
57775-25-4 Dietilan, *in* D-00312
57775-26-5 Sultosilic acid, *in* D-00313
57775-27-6 ▷Piperazine sulfosilate, *in* D-00313
57775-28-7 Prefenamate, P-00415
57775-29-8 ▷Carazolol, C-00038
57780-94-6 Beclometasone valeroacetate, *in* B-00024
57781-14-3 ▷Halopredone acetate, *in* H-00016
57781-15-4 Halopredone, H-00016
57785-97-4 2′-*N*-Ethylparamomycin, *in* P-00039
57801-81-7 Brotizolam, B-00329
57808-63-6 Cicloxilic acid; (1*RS*,2*SR*)-*form*, *in* C-00336
57808-64-7 Toldimfos, T-00347
57808-65-8 Closantel, C-00504
57808-66-9 ▷Domperidone, D-00576
57817-89-7 ▷Stevioside, *in* S-00147
57818-92-5 8-(Diethylamino)octyl-3,4,5-trimethoxybenzoate, D-00239
57821-29-1 Sulodexide, S-00232
57821-32-6 Menfegol, M-00089
57847-69-5 Cefedrolor, C-00123
57847-74-2 Steffimycinone, *in* S-00143
57852-57-0 ▷Idarubicin hydrochloride, *in* I-00016
57866-20-3 2,3-Didemethyl-N-deacetylcolchicine, *in* C-00534
57866-21-4 2,3-Didemethylcolchicine, *in* C-00534
57916-70-8 Iclazepam, I-00011
57925-64-1 Naprodoximine, N-00047
57928-04-8 1,2,3,4-Tetrahydroisoquinoline; *N*-Et, *in* T-00120
57935-49-6 Tiomergine, T-00300
57938-82-6 Adinazolam mesylate, *in* A-00071
57943-81-4 Clavulanic acid; (*Z*)-*form*, Na salt, *in* C-00410
57943-82-5 Clavulanic acid; (*Z*)-*form*, Me ester, *in* C-00410
57961-90-7 Centhaquine, C-00166
57964-27-9 *S*-Ethyl acetylcarbamothioate, *in* T-00196
57969-03-6 Isonitrarine, *in* N-00168
57982-77-1 ▷Buserelin, B-00377
57982-78-2 ▷1-*tert*-Butyl-4,4-diphenylpiperidine, *in* D-00503
57998-68-2 ▷Diaziquone, D-00150
58001-44-8 ▷Clavulanic acid; (*Z*)-*form*, *in* C-00410
58012-63-8 Furcloprofen; (+)-*form*, *in* F-00288
58019-50-4 Menabitan hydrochloride, *in* M-00086
58019-65-1 Nabazenil, N-00001
58026-32-7 1-(2-Dimethylamino-1-methylethyl)-2-phenyl-cyclohexanol, D-00415
58033-22-0 Naprodoximine; (±)-*form*, B,HCl, *in* N-00047
58038-94-1 Flutroline; B,HCl, *in* F-00232
58045-23-1 Clopenthixol; (*Z*)-*form*, B,2HCl, *in* C-00481
58072-91-6 Crotepoxide; (±)-*form*, *in* C-00568
58084-74-5 3-(1-Chloro-5*H*-dibenzo[*a*,*d*]cyclohepten-5-ylidene)-*N*,*N*-dimethyl-1-propanamine; B,HCl, *in* C-00228
58095-31-1 Sulbenox, S-00182
58100-24-6 *β*-Melanotropin; Equine, *in* M-00075
58115-81-4 Vinformide sulfate, *in* V-00039
58152-03-7 ▷Isepamicin, *in* G-00017
58154-83-9 JDL 862, *in* T-00386
58158-77-3 Amantanium bromide, *in* A-00163
58166-83-9 ▷Cafedrine, C-00009
58167-78-5 ▷Tandamine hydrochloride, *in* T-00025
58175-86-3 Chloroquine; (+)-*form*, *in* C-00284

58182-63-1 Itanoxone, I-00220
58186-27-9 Idebenone, I-00017
58212-84-3 17-Acetyl-6-methyl-16,24-cyclo-21-norchol-4-en-3-one, A-00038
58239-89-7 Moxazocine, M-00462
58261-91-9 Mefenidil, M-00063
58262-89-8 3′,4′,5,7-Tetrahydroxy-8-methoxyisoflavone, T-00138
58264-16-7 Dehydro-1,8-cineole, *in* C-00360
58286-55-8 Nanaomycin C, *in* N-00036
58286-56-9 Nanaomycin αA, *in* N-00036
58306-30-2 ▷Febantel, F-00021
58313-74-9 Treptilamine, T-00414
58313-75-0 Treptilamine; B,HCl, *in* T-00414
58337-34-1 ▷Elliptinium(1+), E-00028
58337-35-2 Elliptinium acetate, *in* E-00028
58338-59-3 4-Amino-*N*-(2-aminophenyl)benzamide, A-00208
58349-27-2 2′-Deoxy-5-iodouridine; 5′-Tosyl, *in* D-00081
58360-14-8 2-Methyl-1*H*-indole-3-acetamide, *in* M-00263
58409-59-9 ▷Bucumolol, B-00343
58416-00-5 Protiofate, P-00538
58433-11-7 Tilomisole, T-00276
58439-94-4 Narasin B, *in* N-00050
58462-97-8 Isosparsomycin, *in* S-00109
58473-73-7 Drobuline; (±)-*form*, *in* D-00603
58473-74-8 3-(3-Bromophenyl)-*N*-ethyl-2-propenamide, *in* B-00314
58486-36-5 Floxacillin magnesium, *in* F-00139
58493-49-5 *N*-(4-Hydroxy-3-methoxybenzyl)-9-octadecenamide; (*Z*)-*form*, *in* H-00149
58493-54-2 Glycopyrronium bromide, *in* G-00070
58497-00-0 Procinonide, P-00452
58503-79-0 Meobentine sulfate, *in* M-00093
58503-82-5 Azipramine, A-00526
58503-83-6 Penirolol, P-00070
58513-59-0 Thiothixene; (*Z*)-*form*, B,HCl, *in* T-00213
58524-83-7 Ciprocinonide, C-00388
58525-56-7 2,3:4,5-Di-*O*-methylene-D-mannitol, *in* M-00018
58535-78-7 Tetraethoxy-1,4-benzoquinone, *in* T-00137
58543-16-1 Rebaudioside *A*, *in* S-00147
58543-17-2 Rebaudioside *B*, *in* S-00147
58551-69-2 ▷Carboprost trometamol, *in* C-00062
58560-75-1 Ibuprofen; (±)-*form*, *in* I-00008
58579-51-4 Anagrelide hydrochloride, *in* A-00376
58580-55-5 ▷Panimycin, *in* D-00154
58581-89-8 ▷Azelastine, A-00515
58594-48-2 Camphonium, *in* T-00499
58602-66-7 Aminopterin sodium, *in* A-00324
58662-84-3 Meclonazepam; (*S*)-*form*, *in* M-00047
58665-96-6 Cefazaflur, C-00118
58678-43-6 Isopenicillin N, *in* P-00066
58691-88-6 Nomegestrol, N-00200
58703-77-8 Sulprosal, S-00260
58703-78-9 Cethexonium chloride, *in* C-00182
58712-69-9 Traxanox, T-00402
58722-78-4 Amphoglucamine, *in* A-00368
58728-64-6 ▷4-Amino-1-naphthoic acid; Nitrile, *in* A-00292
58757-61-2 Trimexiline; (±)-*form*, *in* T-00515
58761-87-8 Sudexanox, S-00175
58765-21-2 Ciclotizolam, C-00334
58769-17-8 17-Hydroxy-19-norpregna-4,6-diene-3,20-dione; (17*R*)-*form*, *in* H-00183
58786-99-5 ▷levo-BC 2627, *in* B-00417
58795-03-2 Apalcillin sodium, *in* A-00421
58805-38-2 ▷Ambicromil, A-00169
58832-67-0 DU 22599, *in* C-00519
58832-68-1 Cloximate; (*E*)-*form*, *in* C-00519
58857-02-6 ▷Ambruticin, A-00171
58869-09-3 Orciprenaline; (±)-*form*, B,HCl, *in* O-00053
58888-77-0 3-Ethyl-3-hydroxypentanoic acid, E-00195
58892-44-7 ▷2-(Benzylidenehydrazino)-4-*tert*-butyl-6-(1-piperazinyl)-1,3,5-triazine, B-00119
58917-76-3 Etafedrine; (1*RS*,2*RS*)-*form*, B,HCl, *in* E-00133
58919-63-4 Epilin, *in* D-00259
58934-46-6 Lorcainide hydrochloride, *in* L-00094
58944-73-3 ▷Sinefungin, S-00078
58950-98-4 3-Methoxy-1,2-propanedithiol, *in* D-00385
58957-92-9 ▷Idarubicin, I-00016
58970-76-6 ▷Bestatin, B-00138
58994-96-0 Ranimustine, R-00010
58995-26-9 ▷Bleomycin A_1, B-00242
59009-93-7 Carburazepam, C-00069
59010-33-2 Carburazepam; (+)-*form*, *in* C-00069
59010-44-5 Prizidilol, P-00441
59015-74-6 5-Stigmasten-3-ol; (3β,24*R*)-*form*, Icosanoyl, *in* S-00151
59017-64-0 Ioxaglic acid, I-00148
59018-13-2 Ioxaglate meglumine, *in* I-00148
59032-40-5 Disulergine, D-00541
59040-30-1 Nafazatrom, N-00011
59070-06-3 Ticarcillin cresyl sodium, *in* T-00255
59070-07-4 Ticarcillin; 3-Mono(4-methylphenyl)ester, *in* T-00255
59091-65-5 Delergotrile, D-00052
59095-56-6 [Thz^7]Oxytocin, T-00234
59110-35-9 Pamatolol; (±)-*form*, *in* P-00008
59113-41-6 Guan-fu base E, G-00106
59113-42-7 Guan-fu base D, G-00105
59122-45-1 11,16-Dihydroxy-9-oxo-13-prostenoic acid; (8*RS*,11*RS*,12*RS*,13*E*)-*form*, Me ester, *in* D-00342
59122-46-2 Misoprostol, M-00396
59128-97-1 ▷Haloxazolam, H-00020
59138-84-0 ▷Tetrammonium formate, *in* T-00144
59141-40-1 Enkephalins, E-00058
59160-29-1 ▷Lidofenin, L-00044
59165-34-3 ▷Gardimycin, G-00011
59170-23-9 Bevantolol, B-00146
59173-25-0 Flutiorex, F-00228
59179-95-2 ▷Lorzafone, L-00100
59182-62-6 Droprenilamine; (±)-*form*, Maleate, *in* D-00609
59182-63-7 ▷Droprenilamine; (±)-*form*, B,HCl, *in* D-00609
59184-78-0 ▷Buquineran, B-00372
59198-70-8 ▷Diflucortolone valerate, JAN, *in* D-00270
59209-40-4 ▷Proglumetacin maleate, *in* P-00467
59209-97-1 Zafuleptine; (±)-*form*, *in* Z-00003
59210-05-8 Zafuleptine; (−)-*form*, *in* Z-00003
59210-06-9 Zafuleptine; (+)-*form*, *in* Z-00003
59227-83-7 Antibiotic M 4365G_1, *in* R-00025
59227-84-8 Antibiotic M 4365A_1, *in* R-00092
59227-89-3 ▷Laurocapram, L-00015
59263-76-2 ▷Meptazinol hydrochloride, *in* M-00107
59277-89-3 ▷Acyclovir, A-00060
59316-76-6 Dibenzothioline, D-00159
59333-90-3 ▷Exaprolol hydrochloride, *in* E-00279
59338-87-3 Alizapride; B,HCl, *in* A-00122
59338-93-1 Alizapride, A-00122
59345-72-1 Estimulocel, *in* B-00083
59367-56-5 Agrimonolide; (±)-*form*, *in* A-00084
59393-77-0 5-Amino-2-hydroxybenzoic acid; Amide, *in* A-00266
59429-50-4 Tamitinol, T-00022
59467-70-8 Midazolam, M-00368
59467-77-5 Climazolam, C-00426
59467-94-6 ▷Midazolam maleate, *in* M-00368
59467-96-8 Midazolam hydrochloride, *in* M-00368
59497-39-1 Naflocort, N-00018
59512-37-7 Piketoprofen; (±)-*form*, B,HCl, *in* P-00250
59524-58-2 Cefanone; Dicyclohexylamine salt (1:1), *in* C-00113
59547-51-2 Thionarcex, *in* T-00212
59547-56-7 Guaiactamine; Citrate (1:1), *in* G-00091
59547-58-9 Milheparine, *in* E-00137
59547-60-3 Babesin, *in* B-00187
59556-18-2 5-Amino-1,3-cyclohexadiene-1-carboxylic acid; (±)-*form*, *in* A-00228
59556-29-5 ▷5-Amino-1,3-cyclohexadiene-1-carboxylic acid; (*S*)-*form*, *in* A-00228
59567-87-2 Carteolol; (*R*)-*form*, B,HCl, *in* C-00102
59567-88-3 Carteolol; (*S*)-*form*, B,HCl, *in* C-00102
59574-68-4 Bisulfa, *in* S-00172
59593-15-6 ▷Neothramycin B, *in* N-00072
59593-16-7 ▷Neothramycin *A*, N-00072

59619-81-7 ▷Etiproston, E-00239
59619-82-8 Etiproston; Compd. with tris(hydroxymethyl)-methylamine (1:1), *in* E-00239
59643-84-4 2-Propoxybenzamide, P-00510
59643-91-3 4-Amino-1,3-diazabicyclo[3.1.0]hex-3-en-2-one, A-00237
59653-73-5 Teroxirone, T-00096
59654-94-3 Dithioral, *in* H-00127
59672-35-4 Ritiometane magnesium, *in* M-00262
59680-34-1 ▷Actinoxanthine, A-00058
59703-84-3 ▷Piperacillin sodium, *in* P-00283
59708-52-0 ▷Carfentanil, C-00075
59708-57-5 Xibenolol; (±)-*form*, B,HCl, *in* X-00012
59709-53-4 Thiopental; (±)-*form*, *in* T-00206
59711-89-6 N^1-Methylsisomycin, *in* S-00082
59716-06-2 Benderizine; (±)-*form*, *in* B-00045
59721-28-7 Camostat, C-00022
59721-29-8 Camostat mesylate, *in* C-00022
59727-70-7 Octacaine; (±)-*form*, B,HCl, *in* O-00005
59729-33-8 Citalopram, C-00400
59729-33-8 Citalopram; (±)-*form*, Oxalate, *in* C-00400
59729-37-2 Fexinidazole, F-00098
59733-86-7 Butikacin, B-00404
59755-82-7 Enolicam, E-00059
59767-12-3 Octastine, O-00017
59767-13-4 Setastine; (±)-*form*, B,HCl, *in* S-00056
59776-90-8 Dupracetam, D-00622
59787-61-0 Cyclosporins; ***Cyclosporin* C**, *in* C-00638
59798-73-1 Enilosperone, E-00056
59804-37-4 Tenoxicam, T-00073
59811-38-0 Carbinoxamine; (±)-*form*, *in* C-00052
59818-02-9 Inulin; 'Per-Ac', *in* I-00089
59828-07-8 Procaterol hydrochloride, *in* P-00449
59831-63-9 Doconazole; *cis-form*, *in* D-00563
59831-64-0 Milenperone, M-00374
59831-65-1 Halopemide, H-00012
59836-70-3 ▷2,3-Dihydro-1-(1-piperidinylacetyl)-1*H*-indole; B,HCl, *in* D-00297
59845-92-0 Kainic acid; *N*-Ac, *in* K-00001
59849-85-3 2-Amino-5-nitrothiazole; *N*-Me, *in* A-00294
59859-58-4 Femoxetine; (3*R**,4*R**)-*form*, *in* F-00030
59865-13-3 ▷Cyclosporins; Cyclosporin *A*, *in* C-00638
59866-76-1 Bibenzonium(1+), B-00151
59870-68-7 Glabridin; (*R*)-*form*, *in* G-00026
59870-70-1 Glabridin; (*R*)-*form*, Di-Me ether, *in* G-00026
59889-36-0 Ciprefadol; (4*aR**,8*aR**)-*form*, *in* C-00387
59917-39-4 Vindesine sulfate, *in* V-00032
59937-28-9 Malotilate, M-00016
59939-16-1 Cirazoline, C-00395
59954-01-7 Pamatolol sulfate, *in* P-00008
59979-38-3 Gardimycin; Na salt, *in* G-00011
59985-51-2 Coptiside I, *in* D-00329
59989-20-7 Heptaminol acefyllinate, *in* H-00029
59995-65-2 Pinaverium(1+), P-00267
60000-09-1 1,2-Diphenylethylamine; (±)-*form*, B,HCl, *in* D-00492
60007-95-6 Cyclophosphamide; (±)-*form*, *in* C-00634
60007-96-7 Cyclophosphamide; (*S*)-*form*, *in* C-00634
60010-42-6 4,5-Dichloro-2,2-difluoro-1,3-dioxolane, D-00182
60010-81-3 3,5-Diamino-1*H*-1,2,4-triazole; 3,5-Di-*N*-Ac, *in* D-00137
60019-20-7 Brazergoline, B-00266
60023-91-8 Decylroxibolone, *in* R-00098
60023-92-9 Roxibolone, R-00098
60029-13-2 2-Deoxystreptomycin, *in* S-00161
60029-23-4 ▷Trimorphamide, T-00518
60030-72-0 Cyclophosphamide; (*R*)-*form*, *in* C-00634
60052-55-3 Pivenfrine; (±)-*form*, B,HCl, *in* P-00364
60070-14-6 Mariptiline, M-00024
60084-10-8 ▷Tiazofurine, T-00246
60085-78-1 Clopipazan, C-00486
60086-22-8 ▷Clopipazan mesylate, *in* C-00486
60094-92-0 β-O-Methylsynephrine, *in* S-00286
60135-06-0 Mercumatilin sodium, *in* M-00123
60135-22-0 Flumoxonide, F-00163
60142-96-3 1-(Aminomethyl)cyclohexaneacetic acid, A-00280
60148-52-9 Cypothrin, C-00644
60166-93-0 ▷Iopamidol; (*S*)-*form*, *in* I-00124
60173-73-1 Arfalasin, A-00438
60175-95-3 Tetrahydro-2*H*-1,3-thiazine-4-carboxylic acid, T-00136
60200-06-8 Clorsulon, C-00503
60202-16-6 Factor *XIV*, F-00008
60207-31-0 Azaconazole, A-00494
60209-41-8 9-Arabinofuranosyladenine; β-D-*form*, 6*N*-Me, *in* A-00435
60239-18-1 1,4,7,10-Tetraazacyclododecane-1,4,7,10-tetraacetic acid, T-00101
60239-19-2 1,4,7,10-Tetraazacyclododecane-1,4,7,10-tetraacetic acid; B,3HCl, *in* T-00101
60248-23-9 Fuprazole, F-00276
60248-24-0 Fuprazole; Maleate, *in* F-00276
60282-87-3 Gestodene, G-00021
60297-60-1 Clavulanic acid; (*Z*)-*form*, *p*-Bromobenzyl ester, *in* C-00410
60318-52-7 ▷Trichosanthin, T-00444
60324-59-6 Nomelidine; (*Z*)-*form*, *in* N-00201
60324-60-9 Nomelidine; (*Z*)-*form*, B,2HCl, *in* N-00201
60325-08-8 Kalafungin; (−)-*form*, *in* K-00002
60325-13-5 1-Phenylethylhydrazine; (*R*)-*form*, *in* P-00188
60325-46-4 ▷Sulprostone, S-00261
60398-91-6 Bufuralol; (±)-*form*, B,HCl, *in* B-00352
60400-86-4 Procromil, P-00454
60400-92-2 Proxicromil, P-00548
60400-93-3 Proxicromil; Na salt, *in* P-00548
60405-75-6 Erythritol; Tri-*O*-benzoyl, *in* E-00114
60414-06-4 Amiprilose hydrochloride, *in* A-00345
60443-17-6 Procaterol, P-00449
60454-77-5 ▷Funkioside C, *in* S-00129
60454-78-6 ▷Funkioside D, *in* S-00129
60454-79-7 Funkioside E, *in* S-00129
60454-80-0 ▷Funkioside F, *in* S-00129
60454-81-1 ▷Funkioside G, *in* S-00129
60480-99-1 Flucindole; (±)-*form*, B,Me_2SO_4, *in* F-00136
60481-00-7 Flucindole; (−)-*form*, B,HCl, *in* F-00136
60481-01-8 Flucindole; (−)-*form*, *in* F-00136
60504-95-2 Deisovalerylblastmycin, *in* A-00415
60529-76-2 Thymopoietin, T-00226
60538-98-9 6-Methyl-2-phenyl-4-quinolinecarboxylic acid, M-00295
60539-13-1 Menadiol disuccinate, *in* D-00333
60560-33-0 ▷Pinacidil, P-00264
60561-17-3 ▷Sufentanil citrate, *in* S-00177
60569-19-9 Propiverine, P-00507
60575-32-8 Amezepine, A-00181
60576-13-8 Piketoprofen, P-00250
60588-26-3 Ozolinone, O-00169
60594-70-9 2,5-Dihydroxyphenylalanine, D-00344
60607-35-4 Topterone, T-00384
60607-68-3 Indenolol, I-00056
60617-12-1 β-Endorphin, E-00049
60628-96-8 Bifonazole, B-00164
60628-98-0 Lombazole, L-00077
60643-86-9 4-Amino-5-hexenoic acid, A-00260
60653-25-0 ▷Orpanoxin, O-00063
60662-16-0 ▷Binedaline, B-00168
60662-17-1 Sgd 33374, *in* E-00055
60662-18-2 Eniclobrate; (±)-*form*, *in* E-00055
60662-19-3 Nilprazole, N-00141
60668-24-8 Alafosfalin; $(S)_C$,$(R)_P$-*form*, *in* A-00091
60668-26-0 Alafosfalin; $(S)_C$,$(R)_P$-*form*, *N*-Benzyloxycarbonyl, *in* A-00091
60668-66-8 Alafosfalin; $(S)_C(S)_P$-*form*, *N*-Benzyloxycarbonyl, *in* A-00091
60672-82-4 Nandrolone sulfate sodium, *in* H-00185
60696-52-8 Asterriquinone, A-00467
60719-82-6 Alaproclate, A-00094
60719-84-8 ▷Amrinone, A-00372
60719-85-9 Ciprefadol succinate, *in* C-00387
60731-46-6 Elcatonin, E-00023
60734-87-4 Nisbuterol; (±)-*form*, *in* N-00157

60734-88-5 Nisbuterol mesylate, *in* N-00157
60736-99-4 Flubepride; (±)-*form*, *in* F-00134
60762-57-4 Pirlindole, P-00340
60784-46-5 ▷*N*-(2-Chloroethyl)-*N'*-(2-hydroxyethyl)-*N*-nitrosourea, C-00237
60802-40-6 Rosaramicin sodium phosphate, *in* R-00092
60802-62-2 Clavulanic acid; (*E*)-*form*, *p*-Bromobenzyl ester, *in* C-00410
60812-35-3 1-Amino-3-(decyloxy)-2-propanol, *in* A-00317
60827-45-4 ▷3-Chloro-1,2-propanediol; (*S*)-*form*, *in* C-00278
60883-73-0 Methandriol propionate, *in* M-00225
60883-80-9 Estra-1,3,5(10)-triene-3,17-diol 17-(3-oxohexanoate), *in* O-00028
60895-85-4 Testosterone furoate, *in* H-00111
60924-75-6 Asterriquinone A1, *in* A-00467
60925-61-3 Ceforanide, C-00137
60929-23-9 Indeloxazine; (±)-*form*, *in* I-00055
60940-34-3 2-Phenyl-1,2-benzisoselenazol-3(2*H*)-one, P-00178
60986-89-2 5-Chloro-6-cyclohexyl-2(3*H*)-benzofuranone, C-00224
60987-07-7 Falipamil; B,HCl, *in* F-00011
61036-62-2 Teichomycin, T-00056
61036-63-3 Teichomycin; Teichomycin A_1, *in* T-00056
61036-64-4 ▷Teichomycin; Teichomycin A_2, *in* T-00056
61042-72-6 Lansfordite, *in* M-00006
61045-70-3 Piperoxan; (*R*)-*form*, *in* P-00294
61045-71-4 Piperoxan; (*S*)-*form*, *in* P-00294
61086-44-0 Carfentanil; Oxalate (1:1), *in* C-00075
61115-28-4 Alusulf, A-00160
61129-30-4 Zimeldine hydrochloride, *in* Z-00015
61177-45-5 ▷Potassium clavulanate, *in* C-00410
61197-73-7 Loprazolam, L-00089
61214-51-5 *β*-Endorphin; *β*-Endorphin (human), *in* E-00049
61220-69-7 Tiopinac, T-00302
61227-25-6 5-Hydroxy-2-methoxybenzoic acid, *in* D-00316
61247-71-0 3-Ethyl-5-phenyl-2,4-imidazolidinedione; (±)-*form*, *in* E-00214
61260-05-7 Prenalterol hydrochloride, *in* P-00419
61263-35-2 11,15-Dihydroxy-16,16-dimethyl-9-methylene-5,13-prostadienoic acid; (5*Z*,11*R*,13*E*,15*R*)-*form*, *in* D-00322
61270-58-4 Cefonicid, C-00135
61270-78-8 Cefonicid sodium, *in* C-00135
61318-90-9 Sulconazole, S-00184
61318-91-0 Sulconazole nitrate, *in* S-00184
61325-80-2 Flumezapine, F-00161
61334-49-4 3-(Diphenylmethylene)-1-ethylpyrrolidine; Picrate, *in* D-00498
61343-44-0 Tocofenoxate, T-00333
61379-65-5 Rifapentine, R-00048
61380-27-6 Carfentanil citrate, *in* C-00075
61380-40-3 Lofentanil; (3*R**,4*S**)-*form*, *in* L-00073
61400-59-7 Parconazole, P-00033
61413-54-5 Rolipram, R-00077
61422-45-5 Carmofur, C-00082
61430-99-7 6-Deoxyparamomycin I, *in* P-00039
61444-62-0 Nifluridide, N-00114
61474-12-2 1,2,3,4-Tetrahydro-1-hydroxy-2-naphthalenecarboxylic acid; (1*R*,2*S*)-*form*, Me ester, *in* T-00118
61476-28-6 6-Deoxyparomycin II, *in* P-00039
61477-94-9 ▷Pirmenol hydrochloride, *in* P-00342
61477-95-0 Monalazone disodium, *in* M-00427
61477-96-1 Piperacillin, P-00283
61477-97-2 Dazolicine, D-00026
61484-38-6 Prolyl-*N*-methylleucylglycinamide; L-D-*form*, *in* P-00474
61484-39-7 Pareptide sulfate, *in* P-00474
61508-55-2 2-(Iodomethyl)-1,3-dioxolane-4-methanol; *cis-form*, *in* I-00107
61508-57-4 2-(Iodomethyl)-1,3-dioxolane-4-methanol; *trans-form*, *in* I-00107
61545-06-0 Temocillin, T-00062
61557-12-8 Penprostene, P-00074
61563-18-6 Soquinolol, S-00103
61570-90-9 Tioxidazole, T-00309
61622-34-2 ▷Cefotiam, C-00140
61642-86-2 Thiocarbamic acid; *S*-Ph ester, *in* T-00196
61645-82-7 1,2,3,4,4*a*,6,7,11*b*,12,13*a*-Decahydro-9,10-dimethoxy-13*H*-dibenzo[*a*,*f*]quinolizin-13-one, D-00034
61675-64-7 Trosyd, *in* T-00298
61718-82-9 Fevarin, *in* F-00234
61732-85-2 4-(*N*-Benzylanilino)-1-methylpiperidine; B,2HCl, *in* B-00106
61764-61-2 Cloroperone, C-00499
61799-74-4 Prostacyclin; (5*Z*,9*S*,11*R*,13*E*,15*S*)-*form*, Me ester, *in* P-00528
61802-93-5 Metaclazepam; B,HCl, *in* M-00145
61812-46-2 Sulindac; (*E*)-*form*, *in* S-00225
61822-36-4 ▷4-Propyl-4-heptylamine, P-00515
61825-94-3 Oxaliplatin; (1*R*,2*R*)-*form*, *in* O-00080
61826-31-1 Clemastine; (2*R*,*αS*)-*form*, *in* C-00416
61826-32-2 Clemastine; (2*R*,*αS*)-*form*, Fumarate (1:1), *in* C-00416
61849-14-7 Prostacyclin sodium, *in* P-00528
61864-30-0 Benolizime, *in* D-00034
61869-07-6 ▷2-(Iodomethyl)-1,3-dioxolane-4-methanol, I-00107
61869-08-7 Paroxetine; (3*R**,4*R**)-*form*, *in* P-00040
61887-16-9 Dulofibrate, D-00618
61927-01-3 Vincovaline, *in* L-00037
61941-56-8 Amfenac sodium, *in* A-00218
61951-99-3 11,17-Dihydroxy-21-mercapto-4-pregnene-3,20-dione, D-00328
61955-22-4 9,11-Epidithio-15-hydroxy-5,13-prostadienoic acid; (5*Z*,9*S*,11*R*,13*E*,15*S*)-*form*, Me ester, *in* E-00079
61966-08-3 ▷Triciribine phosphate, *in* T-00445
61990-92-9 Benpenolisin, *in* P-00071
61994-74-9 5,6-Dihydromocimyin C, *in* M-00413
62003-27-4 Bomag, *in* O-00140
62013-04-1 Dirithromycin, D-00533
62030-88-0 Duoperone, D-00621
62030-89-1 Duoperone fumarate, *in* D-00621
62052-97-5 Bumedipil, B-00355
62087-96-1 Triletide, T-00488
62134-34-3 Butoprozine hydrochloride, *in* B-00415
62220-58-0 Bipenamol hydrochloride, *in* B-00174
62228-20-0 Butoprozine, B-00415
62229-50-9 Epidermal growth factor, E-00075
62232-46-6 ▷E 687, *in* B-00161
62253-61-6 Epidermal growth factor; *γ*-*form*, *in* E-00075
62253-63-8 Epidermal growth factor; *β*-*form*, *in* E-00075
62265-68-3 Quinfamide, Q-00023
62267-71-4 Tetrahydroxy-1,4-benzoquinone; 2,5-Di-Me ether, *in* T-00137
62305-86-6 Orotirelin, O-00062
62305-91-3 Montirelin, M-00431
62319-53-3 Clavulanic acid; (*E*)-*form*, *in* C-00410
62357-86-2 Desmopressin acetate, *in* D-00097
62380-23-8 Cinecromen, C-00359
62398-10-1 Benzoin; (±)-*form*, Ac, *in* B-00093
62412-39-9 Tiodazosin; B,HCl, *in* T-00299
62473-79-4 Teniloxazine, T-00070
62473-80-7 Sulfoxazine maleate, *in* T-00070
62501-77-3 Piperoxan; (*S*)-*form*, B,HCl, *in* P-00294
62501-80-8 Piperoxan; (*R*)-*form*, B,HCl, *in* P-00294
62510-56-9 Picilorex, P-00233
62510-57-0 UP 507-04, *in* P-00233
62511-98-2 Pyridoxine; 5-Me ether; B,HCl, *in* P-00582
62524-99-6 ▷Delprostenate, D-00058
62534-68-3 Mepartricin A, *in* P-00042
62534-69-4 Mepartricin B, *in* P-00042
62559-74-4 ▷Froxiprost, F-00266
62565-72-4 Verticinone N-oxide, *in* V-00024
62568-57-4 L-Tryptophyl-L-alanyl-glycyl-glycyl-L-aspartyl-L-alanyl-L-seryl-glycyl-L-glutamic acid, T-00563
62571-86-2 ▷Captopril, C-00034
62571-87-3 Minaxolone, M-00382
62587-73-9 Cefsulodin, C-00150

62594-36-9 Baclofen; (±)-*form*, *in* B-00003
62596-63-8 4-Amino-3-phenylbutanoic acid; (*S*)-*form*, *in* A-00303
62613-82-5 4-Hydroxy-2-oxo-1-pyrrolidineacetamide, H-00188
62625-18-7 Piroglíride, P-00345
62625-19-8 Pirogliride tartrate, *in* P-00345
62658-63-3 Bopindolol; (±)-*form*, *in* B-00253
62658-64-4 Bopindolol; (±)-*form*, Fumarate, *in* B-00253
62658-88-2 Mesudipine, M-00139
62666-20-0 Progabide, P-00465
62668-12-6 2-Benzimidazolepropionic acid; Et ester; B,HCl, *in* B-00083
62711-77-7 Ambruticin; Me ester, *in* A-00171
62770-50-7 6,9-Epoxy-11,15-dihydroxy-13-prostenoic acid; (6*S*,9*S*,11*R*,13*E*,15*S*)-*form*, *in* E-00089
62773-65-3 5-Amino-2-hydroxybenzoic acid; Et ester, *in* A-00266
62777-90-6 6,9-Epoxy-11,15-dihydroxy-13-prostenoic acid; (6*R*,9*S*,11*R*,13*E*,15*S*)-*form*, *in* E-00089
62805-43-0 Carbodine, C-00054
62816-98-2 ▷Tetraplatin, T-00153
62819-32-3 ▷5-Deoxykanamycin A, *in* K-00004
62828-25-5 Tetrandrine mono-*N*-2′-oxide, *in* T-00152
62851-43-8 ▷Zidometacin, Z-00012
62882-99-9 Tinazoline, T-00292
62893-19-0 Cefoperazone, C-00136
62894-44-4 Tiflamizole; Na salt, *in* T-00264
62894-89-7 Tiflamizole, T-00264
62904-71-6 3-[(Dimethylamino)(1,3-dioxan-5-yl)methyl]-pyridine; (*R*)-*form*, *in* D-00406
62928-11-4 ▷Iproplatin, I-00162
62961-55-1 Theodrenaline; (*R*)-*form*, B,HCl, *in* T-00167
62973-76-6 ▷Azanidazole; (*E*)-*form*, *in* A-00502
62973-77-7 Parconazole hydrochloride, *in* P-00033
62992-61-4 ▷Etersalate, E-00144
63014-96-0 1-Methylandrosta-4,16-dien-3-one; 1α-*form*, *in* M-00224
63045-44-3 Narasin *A*; Me ester, *in* N-00050
63075-47-8 Fepradinol; (±)-*form*, *in* F-00084
63076-45-9 Timoxicillin sodium, *in* T-00290
63094-36-0 2-Methoxy-11-oxo-11*H*-pyrido[2,1-*b*]quinazoline-8-carboxylic acid, M-00209
63119-27-7 5,6-Bis(4-methoxyphenyl)-3-methyl-1,2,4-triazine, B-00228
63146-73-6 Loprazolam; (*Z*)-*form*, *in* L-00089
63198-97-0 Viroximine, V-00056
63204-23-9 Oxmetidine hydrochloride, *in* O-00124
63245-28-3 Etifenin, E-00235
63251-39-8 Sulfinalol hydrochloride, *in* S-00214
63269-31-8 Ciramadol; (−)-*form*, *in* C-00394
63279-13-0 Rebaudioside *D*, *in* S-00147
63279-14-1 Rebaudioside *E*, *in* S-00147
63304-56-3 Seractide, S-00045
63307-61-9 Votracon, *in* A-00229
63323-46-6 Ciramadol hydrochloride, *in* C-00394
63329-53-3 Lobenzarit, L-00066
63358-49-6 Aspoxicillin, A-00465
63388-37-4 Declenperone, D-00039
63394-05-8 ▷Plafibride, P-00369
63435-16-5 Orthoform-old, *in* A-00265
63469-19-2 Apalcillin, A-00421
63472-04-8 Metbufen, M-00157
63494-82-6 Polidexide sulfate, *in* P-00379
63516-07-4 Flutropium bromide, *in* F-00233
63521-85-7 ▷Esorubicin, *in* A-00080
63527-52-6 Cefotaxime, C-00138
63534-64-5 Iosulamide meglumine, *in* I-00137
63547-13-7 Adrafinil, A-00074
63550-99-2 Rebaudioside *C*, *in* S-00147
63551-77-9 ▷Sfericase, S-00061
63557-52-8 6,9-Epoxy-11,15-dihydroxy-13-prostenoic acid; (6*S*,9*S*,11*R*,13*E*,15*S*)-*form*, Me ester, *in* E-00089
63585-09-1 ▷Trisodium phosphonoformate, *in* P-00216
63590-64-7 Terazosin, T-00080
63610-08-2 ▷Indobufen, I-00060
63610-09-3 Lodoxamide trometamine, *in* L-00071
63612-50-0 Nilutamide, N-00143
63619-84-1 Trioxifene, T-00520
63638-90-4 CGP 11305*A*, *in* B-00278
63638-91-5 Brofaromine, B-00278
63642-19-3 Prizidilol hydrochloride, *in* P-00441
63659-12-1 Cicloprolol, C-00332
63659-18-7 Betaxolol, B-00142
63659-19-8 ▷Betaxolol hydrochloride, *in* B-00142
63661-61-0 Parkinsan, *in* D-00503
63667-16-3 Dribendazole, D-00602
63675-72-9 Nisoldipine, N-00159
63676-25-5 [6-Hydroxy-2-(4-hydroxyphenyl)benzo[*b*]thien-3-yl]-[4-[2-(1-pyrrolidinyl)ethoxy]phenyl]-methanone, H-00140
63686-79-3 ▷Cicloprolol hydrochloride, *in* C-00332
63700-70-9 Digiproside, *in* D-00274
63710-10-1 ▷Marcellomycin, M-00022
63758-79-2 3-[2-(4-Piperidinyl)ethyl]-1*H*-indole, P-00287
63763-54-2 *N*,*N*-Dimethyl-*N*′-(2-diisopropylaminoethyl)-*N*′-(4,6-dimethyl-2-pyridinyl)urea; B,HCl, *in* D-00428
63768-21-8 Algopriv, *in* D-00526
63775-95-1 Cyclosporins; ***Cyclosporin* B**, *in* C-00638
63775-96-2 Cyclosporins; ***Cyclosporin* D**, *in* C-00638
63824-12-4 Aliconazole; (*Z*)-*form*, *in* A-00117
63834-83-3 ▷Guaietolin, G-00093
63882-90-6 3,3-Bis(ethylthio)pentane, B-00213
63927-95-7 Bentemazole, *in* I-00033
63927-96-8 5-(1*H*-Imidaz-2-yl)-1*H*-tetrazole, I-00033
63940-51-2 Tomoxetine, T-00377
63941-73-1 Ioglucol, I-00112
63941-74-2 ▷Ioglucomide, I-00113
63958-90-7 Serum thymic factor, S-00054
63968-64-9 ▷Artemisinin, A-00452
63996-84-9 Tibalosin, T-00248
64000-73-3 Pildralazine, P-00251
64003-50-5 Antibiotic SY 1, *in* S-00017
64019-03-0 10-Oxo-10*H*-pyrido[2,1-*b*]quinazoline-8-carboxylic acid, O-00138
64019-93-8 Dipivefrin hydrochloride, *in* D-00518
64039-88-9 Nicafenine, N-00084
64053-00-5 Clopenthixol; (*Z*)-*form*, Decanoate ester, 2HCl, *in* C-00481
64057-48-3 Oxifungin, O-00113
64059-24-1 Sodium mercumallylate, *in* M-00123
64063-57-6 5-(Triphenylmethyl)-2-pyridinecarboxylic acid, T-00526
64063-83-8 Picotrin diolamine, *in* T-00526
64092-49-5 Zomepirac sodium, *in* Z-00035
64098-30-2 Zapizolam; *N*-Oxide, *in* Z-00005
64098-32-4 ▷Zapizolam, Z-00005
64099-44-1 Quisultazine, Q-00039
64100-62-5 Bufuralol; (*S*)-*form*, *in* B-00352
64118-86-1 ▷Azimexon, A-00524
64129-77-7 Deoxy-epi-17-salinomycin, *in* S-00017
64179-54-0 Timofibrate, T-00287
64204-55-3 Esaprazole, E-00120
64211-45-6 Oxiconazole, O-00111
64211-45-6 Oxiconazole; (*Z*)-*form*, *in* O-00111
64211-46-7 Ro 13-8996/001, *in* O-00111
64212-22-2 Nafimidone, N-00016
64212-23-3 Nafimidone; B,HNO_3, *in* N-00016
64218-02-6 Plaunotol; (*Z*,*E*,*E*)-*form*, *in* P-00373
64221-86-9 Imipenem, I-00039
64224-21-1 ▷Oltipraz, O-00042
64228-81-5 Atracurium besylate, *in* A-00472
64241-34-5 ▷Cadralazine, C-00004
64294-94-6 Tropabazate; *endo*-*form*, *in* T-00546
64294-95-7 Setastine, S-00056
64299-19-0 Denopamine; (*R*)-*form*, B,HCl, *in* D-00074
64314-52-9 Medorubicin, *in* A-00080
64318-79-2 ▷11,15-Dihydroxy-16,16-dimethyl-9-oxa-2,13-prostadienoic acid, D-00323
64318-79-2 ▷Gemeprost, G-00015
64363-63-9 Adriamycin; Demethoxy, B,HCl, *in* A-00080

64379-93-7 Cinflumide (*E*)-*form*, *in* C-00366
64382-06-5 Suprofen; (±)-*form*, *in* S-00274
64396-09-4 Terfluranol; (1*R*,2*S*)-*form*, *in* T-00089
64401-26-9 Cinnarizine clofibrate, *in* C-00372
64405-40-9 Acitemate, A-00040
64407-98-3 Deisobutyrylolivomycin *A*, *in* O-00038
64420-40-2 Etibendazole, E-00232
64439-80-1 Camptothecin; (±)-*form*, 10-Methoxy, *in* C-00024
64439-81-2 Camptothecin; (±)-*form*, 10-Hydroxy, *in* C-00024
64461-44-5 Clitoriacetal, C-00432
64480-66-6 Glycoursodeoxycholic acid, *in* D-00320
64485-93-4 ▷Cefotaxime sodium, *in* C-00138
64490-92-2 Tolmetin sodium, *in* T-00353
64496-66-8 Salafibrate, S-00005
64506-49-6 ▷Sofalcone, S-00092
64543-63-1 Homodeoxyharringtonine, *in* H-00022
64544-07-6 Cefuroxime axetil, *in* C-00161
64552-16-5 Ecipramidil, E-00006
64552-17-6 Butofilolol; (±)-*form*, *in* B-00412
64557-97-7 Cinoquidox, C-00376
64603-91-4 4,5,6,7-Tetrahydroisoxazolo[5,4-*c*]pyridin-3-ol, T-00121
64634-09-9 2-(2-Propoxyphenyl)-5-(1*H*-tetrazol-5-yl)-4(1*H*)-pyrimidinone, P-00513
64638-07-9 4-Bromo-2,5-dimethoxy-α-methylphenethylamine; (±)-*form*, *in* B-00298
64657-20-1 8,13-Epoxy-1,6,7,9-tetrahydroxy-14-labden-11-one; (1α,6β,7β,8α,9α,13*R*)-*form*, *in* E-00090
64657-21-2 Coleonol B, *in* E-00090
64675-12-3 Clavulanic acid; (*Z*)-*form*, 3-Hydroxypropanoyl, *in* C-00410
64700-55-6 *N*-(4-Ethoxyphenyl)-2-hydroxybenzamide, E-00170
64706-54-3 Bepridil, B-00134
64743-08-4 Diclofurime; (*E*)-*form*, *in* D-00212
64743-09-5 Nitrafudam, N-00164
64748-79-4 Azumolene, A-00534
64755-14-2 Bouvardin, B-00261
64779-97-1 Irolapride; B,HCl, *in* I-00172
64779-98-2 Irolapride, I-00172
64795-23-9 Etisulergine, E-00243
64795-35-3 ▷Mesulergine, M-00140
64795-43-3 Etisulergine; B,HCl, *in* E-00243
64808-48-6 Lobenzarit sodium, *in* L-00066
64831-28-3 3,5-Dibromo-2-hydroxybenzoic acid; Et ester, *in* D-00165
64831-69-2 Tetraminol, T-00150
64831-81-8 Trental, *in* T-00150
64840-01-3 3,3,5-Trimethylcyclohexanol; (1*RS*,5*SR*)-*form*, *in* T-00506
64840-90-0 ▷Eperisone, E-00072
64860-67-9 Valperinol, V-00005
64862-96-0 Ametantrone, A-00180
64868-63-9 6,9-Epithio-11,15-dihydroxy-5,13-prostadienoic acid; (5*Z*,9*S*,11*R*,13*E*,15*S*)-*form*, *in* E-00087
64872-76-0 Butoconazole; (±)-*form*, *in* B-00410
64872-77-1 Butoconazole nitrate, *in* B-00410
64924-67-0 Halofuginone hydrobromide, *in* H-00009
64952-97-2 Latamoxef, L-00012
64953-12-4 Moxalactam disodium, *in* L-00012
64969-29-5 Cloranolol; (±)-*form*, *in* C-00493
64981-62-0 3′,4′-Dideoxy-6′-*N*-methylbutirosin *A*, *in* B-00408
65002-17-7 ▷Bucillamine; (*R*)-*form*, *in* B-00337
65008-93-7 Bometolol, B-00251
65009-35-0 ▷Lidamidine hydrochloride, *in* L-00043
65009-45-2 ▷1-(2,6-Diethylphenyl)-3-(methylamidino)urea; B,HCl, *in* D-00252
65025-70-9 3′,4′-Dideoxy-6′-*N*-methylbutirosin *B*, *in* B-00408
65043-22-3 ▷Indeloxazine hydrochloride, *in* I-00055
65052-63-3 Cefetamet, C-00126
65057-90-1 ▷Tallysomycin *A*, T-00010
65085-01-0 Cefmenoxime, C-00130
65089-17-0 ▷Pirinixil, P-00333
65105-52-4 Strobilurin B, *in* M-00469
65119-31-5 1-Phenylsemicarbazide; 4-Me, *in* P-00207
65141-45-9 Nicorandil; B,HCl, *in* N-00102
65141-46-0 Nicorandil, N-00102
65141-58-4 Nicorandil; B,HNO_3, *in* N-00102
65184-10-3 ▷Teoprolol, T-00075
65195-51-9 Avermectin A_{1a}, A-00479
65195-52-0 Avermectin A_{1b}, A-00480
65195-53-1 Avermectin A_{2a}, A-00481
65195-54-2 Avermectin A_{2b}, A-00482
65195-55-3 Avermectin B_{1a}, A-00483
65195-56-4 Avermectin B_{1b}, A-00484
65195-57-5 Avermectin B_{2a}, A-00485
65195-58-6 Avermectin B_{2b}, A-00486
65202-63-3 4,5,6,7-Tetrahydroisoxazolo[5,4-*c*]pyridin-3-ol; B,HBr, *in* T-00121
65222-35-7 ▷Pazelliptine, P-00046
65222-75-5 N-Demethylaklavine, *in* A-00089
65236-29-5 Prenoverine, P-00421
65271-80-9 Mitozantrone, M-00407
65277-42-1 ▷Ketoconazole, K-00016
65285-58-7 Vincantril, V-00035
65285-81-6 Plafibride; B,HCl, *in* P-00369
65286-65-9 9-Arabinofuranosyladenine; β-D-*form*, 3′-Ac, *in* A-00435
65307-12-2 Cefetrizole, C-00127
65322-72-7 ▷Endralazine mesylate, *in* E-00050
65329-79-5 Mobenzoxamine, M-00412
65331-01-3 Dimepropion; (±)-*form*, *in* D-00382
65350-86-9 Meciadanol, *in* P-00081
65400-85-3 Ethyl carfluzepate, E-00179
65415-41-0 Nicocortonide, N-00096
65415-42-1 Oxabrexine, O-00073
65429-87-0 Spirendolol; (±)-*form*, *in* S-00119
65470-21-5 11,15-Dihydroxy-16,16-dimethyl-9-methylene-5,13-prostadienoic acid; (5*Z*,11*R*,13*E*,15*R*)-*form*, Adamantamine salt, *in* D-00322
65472-88-0 Naftifine; (*E*)-*form*, *in* N-00024
65473-14-5 Naftifine hydrochloride, *in* N-00024
65500-65-4 (1-Methylheptyl)hydrazine; (−)-*form*, *in* M-00258
65500-66-5 (1-Methylheptyl)hydrazine; (−)-*form*, Oxalate (1:1), *in* M-00258
65509-24-2 Maroxepin, M-00025
65509-25-3 Maroxepin; B,HCl, *in* M-00025
65509-66-2 Citatepine, C-00401
65511-41-3 Nantradol, N-00038
65511-42-4 Nantradol hydrochloride, *in* N-00038
65517-27-3 Metaclazepam, M-00145
65528-82-7 Dimepropion; (*R*)-*form*, *in* D-00382
65567-32-0 5-Ethyl-5-phenyl-2,4-imidazolinedione; (*R*)-*form*, *in* E-00215
65567-34-2 5-Ethyl-5-phenyl-2,4-imidazolinedione; (*S*)-*form*, *in* E-00215
65569-29-1 Cloxacepride, C-00514
65569-32-6 Cloxacepride; B,HCl, *in* C-00514
65571-68-8 4-(4-Chlorophenyl)-5-methyl-1*H*-imidazole, C-00269
65573-02-6 ▷Impromidine hydrochloride, *in* I-00046
65586-25-6 Ophiopogonin C, *in* S-00128
65606-61-3 (3,5,5-Trimethylhexanoyl)ferrocene, T-00509
65620-66-8 Tenamfetamine; (*S*)-*form*, *in* T-00066
65634-39-1 4,4′-[1-Methyl-2-(2,2,2-trifluoroethyl)]-1,2-ethanediylbis[2-fluorophenol], *in* T-00089
65646-68-6 *N*-(4-Hydroxyphenyl)retinamide, H-00197
65652-44-0 Pirbuterol acetate, *in* P-00316
65655-59-6 Pacrinolol, P-00001
65700-47-2 Antibiotic SQ 14359, A-00409
65708-37-4 2-(Phosphonooxy)-4-(trifluoromethyl)benzoic acid, P-00218
65717-97-7 Disofenin, D-00536
65732-47-0 Tegafur; (±)-*form*, *in* T-00055
65761-24-2 Sulfamazone, S-00195
65767-06-8 Wy 25021, *in* R-00075
65776-67-2 Afurolol, A-00082
65792-05-4 Agrimophol, A-00085
65807-02-5 Goserelin, G-00081
65814-04-2 Polymyxin B_1; Phosphate(1:5), *in* P-00384

65844-28-2 Prostacyclin; (5*E*,9*S*,11*R*,13*E*,15*S*)-*form*, *in* P-00528
65847-85-0 Morniflumate, M-00444
65881-57-4 Vephylline; B,HCl, *in* V-00016
65884-46-0 ▷Ciadox, C-00317
65886-71-7 Fazarabine, F-00020
65896-14-2 Romifidine; B,HCl, *in* R-00082
65896-16-4 Romifidine, R-00082
65899-72-1 Alozafone, A-00145
65899-73-2 Tioconazole, T-00298
65910-27-2 Emetine; (±)-*form*, *in* E-00036
65914-79-6 Dihydroergocryptine; [5′α(*S*)]-*form*, B,MeSO$_3$H, *in* D-00285
65928-58-7 ▷Dienogest, D-00224
65950-99-4 Pirquinozol, P-00356
65973-37-7 Molindone; (±)-*form*, *in* M-00423
65973-38-8 Molindone; (−)-*form*, *in* M-00423
65983-36-0 4-Thiazolidinecarboxylic acid; (*R*)-*form*, Me ester; B,HCl, *in* T-00183
66022-27-3 Prenoverine citrate, *in* P-00421
66023-94-7 Alafosfalin; (*S*)$_C$(*S*)$_P$-*form*, *in* A-00091
66051-63-6 Halofantrine; (±)-*form*, *in* H-00007
66085-59-4 Nimodipine, N-00149
66093-35-4 Talmetoprim, T-00012
66101-52-8 ▷*N*-(2-Bromo-3-methylbutanoyl)urea; (±)-*form*, *in* B-00307
66104-22-1 Pergolide, P-00119
66104-23-2 ▷Pergolide mesylate, *in* P-00119
66108-95-0 Iohexol, I-00117
66112-59-2 Temurtide, T-00065
66170-37-4 Heneicomycin, *in* M-00413
66171-52-6 ▷Alaproclate; (*R*)-*form*, B,HCl, *in* A-00094
66171-60-6 Alaproclate; (±)-*form*, B,HCl, *in* A-00094
66171-74-2 Alaproclate; (*R*)-*form*, Tartrate, *in* A-00094
66172-75-6 Verofylline, V-00022
66183-70-8 Cipropride; (*S*)-*form*, *in* C-00391
66185-72-6 7-Hydroxy-4-methyl-2*H*-1-benzopyran-2-one; Benzoyl, *in* H-00156
66195-31-1 Ibopamine, I-00005
66203-00-7 Carocainide, C-00085
66203-94-9 Murocainide, M-00471
66208-11-5 4-(2,3-Dimethylphenoxy)-3-hydroxypiperidine; *cis-form*, *in* D-00444
66208-12-6 4-(2,3-Dimethylphenoxy)-3-hydroxypiperidine; *cis-form*, Maleate (2:1), *in* D-00444
66211-92-5 ▷Detorubicin, D-00108
66215-27-8 Cyromazine, C-00653
66251-06-7 5-Spirostene-1,3-diol; (1β,3α,25*R*)-*form*, *in* S-00128
66264-77-5 Sulfinalol, S-00214
66267-44-5 4-Hydroxy-2-pyrrolidinecarboxylic acid; (2*S*,4*S*)-*form*, *N*-Ac, *in* H-00210
66277-10-9 4″-Demethylgentamicin C$_2$, *in* G-00018
66289-51-8 5-Spirosten-3-ol; (3α,25*R*)-*form*, 3-*O*-β-D-Glucopyranoside, *in* S-00129
66289-52-9 5-Spirosten-3-ol; (3α,25*R*)-*form*, *in* S-00129
66292-52-2 Butilfenin, B-00405
66292-53-3 Iprofenin, I-00160
66304-03-8 Epicainide, E-00073
66309-69-1 ▷Cefotiam hydrochloride, JAN, *in* C-00140
66322-28-9 4″-Demethylgentamicin C$_1$, *in* G-00018
66327-51-3 Fuzlocillin, F-00304
66334-86-9 Enviradene, E-00070
66357-35-5 ▷Ranitidine, R-00011
66364-73-6 Enpiroline; (1*RS*,2*RS*)-*form*, *in* E-00064
66364-74-7 Enpiroline phosphate, *in* E-00064
66428-10-2 Clavulanic acid; (*E*)-*form*, Me ester, *in* C-00410
66428-84-0 8,13-Epoxy-1,6,7,9-tetrahydroxy-14-labden-11-one, E-00090
66451-06-7 Bornaprolol, B-00256
66474-36-0 Cefivitril, C-00128
66504-75-4 Bicifadine hydrochloride, *in* M-00285
66508-37-0 Fosmidomycin; Mono-Na salt, *in* F-00257
66508-53-0 Fosmidomycin, F-00257
66516-09-4 Mertiatide, M-00129
66522-52-9 2-Chloro-5′-sulfamoyladenosine, *in* C-00214
66529-17-7 Midaglizole; (±)-*form*,, *in* M-00365
66532-85-2 Propacetamol, P-00485
66535-86-2 ▷Lotrifen, L-00104
66547-09-9 Ansamitocin P-3′, *in* M-00027
66547-10-2 Ansamitocin P-4, *in* M-00027
66556-74-9 Nabitan, N-00003
66556-78-3 Nicoumalone; (*S*)-*form*, *in* N-00105
66564-14-5 Cinitapride, C-00368
66564-16-7 Ciclosidomine, C-00333
66575-29-9 Coleonol, *in* E-00090
66584-72-3 ▷Ansamitocin P-3, *in* M-00027
66608-04-6 Rolgamidine, R-00075
66608-32-0 Imcarbofos, I-00027
66634-12-6 Nicotinamide salicylate, *in* H-00112
66635-83-4 Ketorolac, K-00019
66635-85-6 Anirolac; (±)-*form*, *in* A-00393
66635-92-5 Ketorolac; (*S*)-*form*, *in* K-00019
66640-93-5 2,5-Diamino-2-(difluoromethyl)pentanoic acid; (−)-*form*, *in* D-00126
66644-81-3 Veralipride, V-00018
66679-16-1 Allylprodine; (3*R*,4*S*)-*form*, *in* A-00133
66701-25-5 Estate, E-00125
66711-21-5 Apraclonidine, A-00427
66722-44-9 Bisoprolol, B-00233
66722-45-0 Bisoprolol fumarate, *in* B-00233
66734-12-1 Butopamine; (*R*,*R*)-*form*, *in* B-00414
66734-13-2 Alclometasone dipropionate, *in* A-00104
66749-20-0 Paromomycin; 2′-*N*-Et, Sulfate, *in* P-00039
66749-41-5 Butirosin 1709E$_2$, *in* B-00408
66753-47-7 Dehydrosinefungin, *in* S-00078
66759-48-6 Desocriptine, D-00098
66762-58-1 3″-N-Demethylsisomicin, *in* S-00082
66778-36-7 Encainide; (±)-*form*, *in* E-00044
66778-37-8 Orconazole; (±)-*form*, *in* O-00054
66778-38-9 Orconazole nitrate, *in* O-00054
66813-51-2 Alexitol sodium, *in* A-00108
66834-20-6 Cianopramine; B,HCl, *in* C-00320
66834-24-0 Cianopramine, C-00320
66849-33-0 Ifosfamide; (*S*)-*form*, *in* I-00021
66849-34-1 Ifosfamide; (*R*)-*form*, *in* I-00021
66852-54-8 Ulobetasol propionate, *in* U-00006
66866-63-5 ▷Lutrelin, L-00117
66871-56-5 Lidamidine, L-00043
66877-67-6 Domoprednate, D-00574
66887-96-5 Propikacin, P-00502
66898-60-0 Talosalate, T-00015
66898-62-2 ▷Talniflumate, T-00013
66921-16-2 Carminomycin I; 13-Benzoylhydrazine, B,HCl, *in* C-00081
66921-56-0 Songorine N-oxide, *in* S-00100
66934-18-7 Flunoxaprofen; (*S*)-*form*, *in* F-00171
66943-28-0 Thymopoietin; Thymopoietin I, *in* T-00226
66959-92-0 Metkefamide; B,HCl, *in* M-00325
66960-34-7 Metkefamide, M-00325
66960-35-8 Metkefamide acetate, *in* M-00325
66965-37-5 5-*epi*-5,6-Dihydroxypolyangioic acid, *in* A-00171
66969-81-1 Tiodazosin, T-00299
66981-73-5 Tianeptine, T-00240
66984-59-6 Cinfenoac, C-00365
66985-17-9 Ipratropium bromide, *in* I-00155
67009-58-9 Metazocine; (1*S*,5*S*,9*R*)-*form*, *in* M-00155
67020-02-4 2,2-Diethyl-4-pentenoic acid, D-00251
67037-37-0 ▷2,5-Diamino-2-(difluoromethyl)pentanoic acid; (±)-*form*, *in* D-00126
67040-53-3 Tiprostanide, T-00318
67089-84-3 4-Thiazolidinecarboxylic acid; (*R*)-*form*, B,HCl, *in* T-00183
67102-87-8 Pentomone, P-00103
67110-79-6 Luprostiol, L-00114
67121-76-0 Fluperlapine, F-00200
67154-93-2 5-Chloro-2,4,6(1*H*,3*H*,5*H*)pyrimidinetrione; (±)-*form*, 1,3-*N*-Di-Me, *in* C-00283
67154-94-3 5-Chloro-2,4,6(1*H*,3*H*,5*H*)pyrimidinetrione; (±)-*form*, 1-*N*-Me, *in* C-00283
67165-56-4 Diclofensine, D-00211
67165-57-5 1-(2,6-Diethylphenyl)-3-(methylamidino)urea, D-00252

67182-81-4 Bispyrithione magsulfex, *in* D-00551
67214-43-1 Antibiotic RP 35391, *in* S-00078
67227-55-8 Primidolol, P-00435
67227-56-9 Fenoldopam, F-00063
67253-23-0 Promethazine; (+)-*form*, *in* P-00478
67254-81-3 Peradoxime, P-00111
67268-43-3 Giparmen, G-00024
67273-43-2 2-(5-Ethyl-2-pyridinyl)-1*H*-benzimidazole, E-00221
67287-54-1 Fenoldopam; (±)-*form*, B,HBr, *in* F-00063
67289-79-6 Trazolopride; B,HCl, *in* T-00406
67330-25-0 ▷Ufenamate, U-00002
67335-48-2 α-Phenyl-2-piperidinemethanol; (α*RS*,2*RS*)-*form*, *in* P-00197
67337-44-4 Sarmoxicillin, *in* O-00104
67346-49-0 Formoterol; (1′*R*,4′*R*)-*form*, *in* F-00247
67346-51-4 Formoterol; (1′*R*,4′*S*)-*form*, *in* F-00247
67360-38-7 7-Cyanoquinoline, *in* Q-00030
67370-03-0 Desacetylprotoveratrine B, *in* P-00543
67372-50-3 Cyclomethasone, C-00624
67375-42-2 Desacetylprotoveratrine A, *in* P-00543
67394-31-4 Verilopam hydrochloride, *in* V-00021
67410-34-8 Monensin; Monensin *A*, 3-*O*-De-Me, Na salt, *in* M-00428
67432-21-7 Etozolin, *in* O-00169
67452-97-5 Alclometasone, A-00104
67467-83-8 Amorolfine, A-00359
67489-39-8 Talmetacin, T-00011
67511-17-5 Delergotrile; B,$MeSO_3H$, *in* D-00052
67531-76-4 Xilobam; B,HCl, *in* X-00014
67531-77-5 Xilobam; B,H_2SO_4, *in* X-00014
67542-41-0 Imuracetam, I-00047
67542-43-2 Paracetamol thenoate, *in* A-00298
67565-44-0 Ozolinone; (*S*)-(*Z*)-*form*, *in* O-00169
67577-23-5 Pivenfrine, P-00364
67579-24-2 Bromadoline, B-00282
67608-58-6 4-Amino-2-hydroxybenzonitrile, *in* A-00264
67610-10-0 Peradoxime; (±)-*form*, B,2HCl, *in* P-00111
67652-33-9 Bucromarone; B,HCl, *in* B-00342
67683-58-3 2,2′-(Dithiodicarbonothioyl)bis[*N*-(2-methoxyethyl)-1-cyclopenten-1-amine, D-00552
67696-82-6 Acrihellin, *in* T-00477
67699-40-5 Vinzolidine, V-00048
67699-41-6 Vinzolidine sulfate, *in* V-00048
67700-30-5 α-Methyl-3-phenyl-7-benzofuranacetic acid; (±)-*form*, *in* M-00286
67724-50-9 Suxethonium(2+), S-00282
67727-64-4 3,4-Dihydroxybenzaldehyde; Di-Ac, *in* D-00311
67765-04-2 4-(4-Ethylphenyl)piperidine, E-00217
67765-33-7 4-(4-Ethylphenyl)piperidine; B,HCl, *in* E-00217
67793-71-9 Draquinolol, D-00600
67834-92-8 *p*,*p*′-(2-Pyridinylmethylene)bis(phenyl palmitate) P-00577
67884-29-1 3,4′-Dihydroxy-5-methoxybibenzyl, *in* D-00345
67901-35-3 Rociverine; B,HCl, *in* R-00071
67915-31-5 Terconazole, T-00086
67921-06-6 Coleonol C, *in* E-00090
67992-58-9 Ioxaglate sodium, *in* I-00148
68006-14-4 N^{β}-Aspartylglutamic acid; L-L-*form*, *in* A-00461
68020-42-8 4-[(4-Chlorophenyl)methyl]-1,4,6,7-tetrahydro-9*H*-imidazo[1,2-*a*]purin-9-one, C-00273
68020-77-9 Carprazidil, C-00098
68077-27-0 Norfloxacin; B,HCl, *in* N-00214
68107-81-3 Acebutolol; (*R*)-*form*, *in* A-00006
68162-52-7 Drobuline; (±)-*form*, B,HCl, *in* D-00603
68170-69-4 (4′α)-4′-Deoxy-22-oxovincaleukoblastine, *in* V-00037
68170-97-8 2-Tetradecyloxiranecarboxylic acid, T-00110
68206-94-0 Cloricromen, C-00497
68238-36-8 Isosulfan Blue, I-00212
68247-85-8 ▷Pepleomycin, P-00108
68252-19-7 Pirmenol; (α*RS*,2′*RS*,5′*SR*)-*form*, *in* P-00342
68278-23-9 Eflornithine hydrochloride, *in* D-00126
68284-69-5 Disobutamide, D-00535
68289-14-5 Metrazifone, M-00341
68291-97-4 Zonisamide, *in* B-00087
68298-00-0 Pirnabin; (±)-*form*, *in* P-00343
68302-57-8 Amoxanox, A-00361
68307-81-3 ▷Trioxifene mesylate, *in* T-00520
68318-20-7 Verilopam, V-00021
68350-70-9 Diprophylline; (±)-*form*, *in* D-00523
68359-37-5 Cyfluthrin, C-00642
68367-52-2 Sorbinil; (*S*)-*form*, *in* S-00104
68373-11-5 Quisqualamine, Q-00038
68373-14-8 Sulbactam, *in* P-00065
68374-35-6 Pindolol; (*R*)-*form*, *in* P-00270
68377-91-3 Almart, *in* A-00447
68377-92-4 Arotinolol; (±)-*form*, *in* A-00447
68379-02-2 Clofilium(1+), C-00457
68379-03-3 Clofilium phosphate, *in* C-00457
68399-58-6 Pipecuronium(2+), P-00277
68401-81-0 Ceftizoxime, C-00158
68401-82-1 ▷Ceftizoxime sodium, *in* C-00158
68426-53-9 11-Hydroxycamptothecin, *in* C-00024
68461-37-0 Cinfenoac; (*E*)-*form*, *in* C-00365
68475-40-1 Cipropride, C-00391
68475-42-3 Anagrelide, A-00376
68483-33-0 Indometacin paracetamol ester, *in* I-00065
68491-57-6 Taziprinone; (4*RS*,4*aRS*,9*bSR*)-*form*, B,2HCl, *in* T-00042
68497-62-1 Pramiracetam, P-00397
68506-86-5 4-Amino-5-hexenoic acid; (±)-*form*, *in* A-00260
68535-69-3 Benextramine; B,4HCl, *in* B-00049
68548-99-2 Oxindanac, O-00116
68550-75-4 Cilostamide, C-00346
68556-59-2 Prosulpride, P-00530
68560-29-2 Caerulomycin B, *in* C-00006
68560-30-5 Caerulomycin C, *in* C-00006
68567-30-6 Solpecainol, S-00094
68567-97-5 4-Hydroxy-2-oxo-1-pyrrolidineacetamide; (±)-*form*, *in* H-00188
68576-86-3 Enciprazine; (±)-*form*, *in* E-00045
68576-88-5 Enciprazine; (±)-*form*, B,2HCl, *in* E-00045
68592-15-4 3′,5-Di(2-propenyl)-2,4′-biphenyldiol; 4′-Me ether, *in* D-00522
68613-14-9 Tonazocine; B,HCl, *in* T-00379
68616-83-1 Pentamorphone, P-00087
68630-75-1 Buserelin acetate, *in* B-00377
68635-50-7 Deloxolone, D-00057
68635-51-8 Deloxolone sodium, *in* D-00057
68677-06-5 Lorapride, L-00091
68681-42-5 Tonazocine mesylate, *in* T-00379
68681-43-6 Zenazocine, Z-00008
68693-11-8 Modafinil, M-00417
68693-30-1 Somantadine hydrochloride, *in* A-00064
68741-18-4 Buterizine, B-00398
68745-05-1 Brindoxime; B,HCl, *in* B-00272
68766-96-1 5-Oxo-2-pyrrolidinecarboxylic acid; (*R*)-*form*, Et ester, *in* O-00140
68767-14-6 Loxoprofen, L-00108
68779-22-6 Butikacin; Sulfate salt, *in* B-00404
68786-66-3 Triclabendazole, T-00446
68788-56-7 Etacepride, E-00132
68797-29-5 Pipradimadol, P-00305
68813-55-8 Oxantel embonate, *in* O-00087
68832-48-4 2-Amino-3-fluorobutanedioic acid; (2*RS*,3*SR*)-*form*, *in* A-00257
68832-50-8 2-Amino-3-fluorobutanedioic acid; (2*RS*,3*RS*)-*form*, *in* A-00257
68839-67-8 1-Amino-2-nitro-1,2-diphenylethylene; (*Z*)-*form*, *N*-Me, *in* A-00293
68844-77-9 ▷Astemizole, A-00466
68859-20-1 Insulin argine, I-00077
68876-74-4 Zocainone; (*E*)-*form*, *in* Z-00024
68890-05-1 Meglumine iotroxinate, *in* I-00145
68890-66-4 Piroctone olamine, *in* P-00344
68902-57-8 Metioprim, M-00320
68959-20-6 Disiquonium chloride, *in* D-00534
69004-03-1 Toltrazuril, T-00371
69014-14-8 ▷Tiotidine, T-00305
69017-89-6 Ipexidine, I-00151

69017-90-9 Ipexidine mesylate, *in* I-00151
69046-12-4 Cipropride; (±)-*form*, *in* C-00391
69046-13-5 Cipropride; (*S*)-*form*, B,$MeSO_3H$, *in* C-00391
69046-23-7 Cipropride; (±)-*form*, B,HCl, *in* C-00391
69047-39-8 Binifibrate, B-00170
69049-72-5 Nedocromil; Di-Et ester, *in* N-00060
69049-73-6 Nedocromil, N-00060
69049-74-7 FPL 59002KP, *in* N-00060
69104-87-6 Diohippuric acid; 3,5-Diiodo, *in* D-00470
69118-25-8 Cinepaxadil, C-00361
69123-90-6 Fiacitabine; β-D-*form*, *in* F-00101
69124-05-6 Fiacitabine; β-D-*form*, B,HCl, *in* F-00101
69132-42-9 Ceftioxide, *in* C-00138
69156-06-5 Sulosemide; Na salt, *in* S-00233
69175-77-5 Losindole; (±)-*form*, *in* L-00101
69198-10-3 Metronidazole hydrochloride, *in* M-00344
69207-52-9 Methyl palmoxirate, *in* T-00110
69207-57-4 Carazolol; (±)-*form*, *in* C-00038
69217-67-0 Sumacetamol, S-00267
69238-60-4 (2-Iodobenzoyl)aminoacetic acid; Me ester, *in* I-00101
69304-47-8 ▷5-(2-Bromovinyl)-2′-deoxyuridine; (*E*)-*form*, *in* B-00322
69319-47-7 ▷FM 24, *in* B-00256
69356-54-3 C-Alkaloid F, *in* C-00016
69365-65-7 Fenoctimine, F-00061
69365-67-9 Fenoctimine sulfate, *in* F-00061
69373-88-2 BRL 40015*A*, *in* D-00527
69373-95-1 Diproteverine, D-00527
69381-94-8 Fenprostalene, F-00074
69387-87-7 Tinisulpride, T-00294
69387-88-8 Tinisulpride; (±)-*form*, B,HCl, *in* T-00294
69388-79-0 Sulbactam pivoxil, *in* P-00065
69388-84-7 Sulbactam sodium, *in* P-00065
69402-03-5 Piridicillin sodium, *in* P-00325
69408-81-7 Amonafide, A-00356
69414-41-1 Piridicillin, P-00325
69425-13-4 Prifelone, P-00429
69427-46-9 Acitretin; (2*Z*,4*E*,6*E*,8*E*)-*form*, *in* A-00041
69428-33-7 Carminazone, *in* C-00081
69429-84-1 Cilobamine; (2*R*,3*R*)-*form*, *in* C-00344
69429-85-2 Cilobamine mesylate, *in* C-00344
69479-26-1 Pirepolol, P-00322
69494-04-8 ▷Doxpicomine hydrochloride, *in* D-00406
69520-53-2 Mexazolam; *cis*-*form*, *in* M-00350
69539-53-3 Etintidine, E-00237
69558-55-0 Thymopentin, T-00225
69567-10-8 1,5-Dideoxy-1,5-(methylimino)-D-glucitol, *in* T-00481
69624-60-8 Nelezaprine; (*E*)-*form*, *in* N-00065
69635-63-8 Amipizone, A-00344
69648-38-0 Butaprost, B-00395
69648-40-4 Oxoprostol, O-00137
69655-05-6 2′,3′-Dideoxyinosine, D-00221
69657-51-8 Acyclovir sodium, *in* A-00060
69698-55-1 Chloroquine; (+)-*form*, B,$2H_3PO_4$, *in* C-00284
69712-56-7 ▷Cefotetan, C-00139
69739-16-8 Cefodizime, C-00134
69756-53-2 Halofantrine, H-00007
69770-45-2 Flumethrin, F-00158
69787-79-7 ▷Avilamycin A, *in* A-00487
69787-80-0 Avilamycin *C*, A-00487
69790-18-7 Benextramine, B-00049
69815-38-9 Proxorphan; (−)-*form*, *in* P-00549
69815-39-0 Proxorphan tartrate, *in* P-00549
69849-37-2 (1-Thioglucopyranosato-2,3,4,6-tetraacetato)gold, *in* T-00201
69866-21-3 ▷Rachelmycin, R-00001
69884-15-7 ▷Bay d8815, *in* A-00190
69900-72-7 Trimoprostil, T-00517
69907-17-1 Indopanolol, I-00066
69915-62-4 1-Methyl-4-(4-methylpentyl)cyclohexanecarboxylic acid; *cis*-*form*, *in* M-00268
69930-61-6 Clenizole hydrochloride, *in* C-00419
69955-42-6 2,5-Diamino-2-(difluoromethyl)pentanoic acid; (−)-*form*, B,HCl, *in* D-00126
69975-86-6 ▷Doxofylline, D-00596
70009-66-4 Oxalinast, O-00079
70018-51-8 Quazinone, Q-00005
70022-35-4 20-Deoxynarasin, *in* N-00050
70024-40-7 Terazosin hydrochloride, *in* T-00080
70050-55-4 2,5-Diamino-2-(difluoromethyl)pentanoic acid; (+)-*form*, B,HCl, *in* D-00126
70051-99-9 20-Deoxy-17-epinarasin, *in* N-00050
70052-00-5 Narasin *A*; Na salt, *in* N-00050
70052-12-9 ▷2,5-Diamino-2-(difluoromethyl)pentanoic acid, D-00126
70111-54-5 Loprazolam mesylate, *in* L-00089
70132-50-2 Pimonidazole, P-00262
70132-51-3 Pimonidazole; B,HCl, *in* P-00262
70133-85-6 EGYT 2509, *in* T-00392
70161-09-0 Democonazole, D-00068
70161-10-3 Medroxalol hydrochloride, *in* M-00058
70169-80-1 Lofemizole hydrochloride, *in* C-00269
70181-03-2 Dazopride, D-00027
70189-79-6 *N*-(2-Chloroethyl)-*N′*-(2-hydroxyethyl)-*N*-nitrosourea; *N′*-Me, *in* C-00237
70209-81-3 Ivermectin; Ivermectin B_{1b}, *in* I-00225
70222-86-5 Levonantradol hydrochloride, *in* N-00038
70260-53-6 Mindodilol; (±)-*form*, *in* M-00383
70280-88-5 Luostyl, *in* D-00261
70287-57-9 9,11,15,19-Tetrahydroxy-5,13-prostadienoic acid; (5*Z*,8*R*,9*S*,11*R*,13*E*,15*S*,19*R*)-*form*, *in* T-00139
70288-86-7 ▷Ivermectin, I-00225
70312-00-4 Tolnapersine, T-00355
70369-47-0 Bucindolol hydrochloride, *in* B-00338
70374-39-9 Lornoxicam, L-00098
70384-29-1 Peplomycin sulfate, JAN, *in* P-00108
70393-50-9 Agrobactin, A-00086
70441-81-5 ANP 4364, *in* D-00212
70449-94-4 Dizocilpine, D-00560
70458-92-3 Pefloxacin, *in* N-00214
70458-96-7 ▷Norfloxacin, N-00214
70476-82-3 ▷Mitoxantrone hydrochloride, *in* M-00407
70502-82-8 Y 12141, *in* T-00402
70509-95-4 Acronycine; B,HCl, *in* A-00050
70527-88-7 8-Hydroxy-1(10),4,11(13)-germacratrien-12,6-olide; (1(10)*E*,4*E*,6α,8β)-*form*, 4α,5β-Epoxide, 8-tiglyl, *in* H-00134
70529-35-0 Itazigrel, I-00221
70541-17-2 Oxazafone, O-00095
70541-21-8 Dinazafone; B,HCl, *in* D-00465
70550-00-4 8-Hydroxy-1(10),4,11(13)-germacratrien-12,6-olide; (1(10)*E*,4*E*,6α,8β)-*form*, 8-(2-Hydroxymethyl-2*E*-butenoyl), *in* H-00134
70550-01-5 8-Hydroxy-1(10),4,11(13)-germacratrien-12,6-olide; (1(10)*E*,4*E*,6α,8β)-*form*, 8-(2-Acetoxymethyl-2*E*-butenoyl), *in* H-00134
70590-44-2 6-Amino-4,5,6,7-tetrahydrobenzothiazole; *N*-Me, B,HCl, *in* A-00334
70590-58-8 4,5,6,7-Tetrahydro-*N*-methyl-6-benzothiazolamine, *in* A-00334
70590-66-8 6-Amino-4,5,6,7-tetrahydrobenzothiazole, A-00334
70590-77-1 6-Amino-4,5,6,7-tetrahydrobenzothiazole; B,HCl, *in* A-00334
70639-48-4 Etisomicin, E-00242
70658-70-7 O^{27}-De(2-amino-3-methyl-1-oxobutyl)boromycin, *in* B-00258
70667-26-4 Ornoprostil, O-00060
70696-66-1 Napirimus, N-00046
70696-67-2 Napirimus; Cpd. with morpholine, *in* N-00046
70704-03-9 Vinconate; (±)-*form*, *in* V-00036
70711-40-9 Ametantrone acetate, *in* A-00180
70724-25-3 Carbazeran, C-00044
70745-97-0 Tenamfetamine; (*S*)-*form*, B,HCl, *in* T-00066
70775-75-6 Octenidine hydrochloride, *in* O-00020
70788-27-1 Acefylline clofibrol, *in* A-00011
70788-28-2 ▷Flurofamide, F-00220
70788-29-3 Tolfamide, T-00348
70796-16-6 Chloroxymorphamine; B,2HCl, *in* C-00291

70797-11-4 Cefpiramide, C-00143
70801-02-4 Flutroline, F-00232
70815-31-5 Silymonin, *in* S-00071
70833-07-7 Prifuroline, P-00431
70840-66-3 Bouvardin; 6-Me ether, *in* B-00261
70865-14-4 Conorphone hydrochloride, *in* C-00542
70879-28-6 Alfentanil hydrochloride, *in* A-00111
70891-37-1 Nafimidone hydrochloride, *in* N-00016
70895-39-5 Tipropidil hydrochloride, *in* T-00317
70895-45-3 Tipropidil, T-00317
70897-81-3 Nicoumalone; (±)-*form*, *in* N-00105
70918-01-3 Doxazosin; (±)-*form*, B,HCl, *in* D-00592
70931-18-9 Isofloxythepin, I-00187
70958-86-0 YM 09538, *in* A-00360
70976-76-0 Bifepramide, B-00162
71002-09-0 Pirazolac, P-00315
71010-45-2 Glisindamide, G-00046
71027-13-9 Eclanamine; (1*RS*,2*RS*)-*form*, *in* E-00007
71027-14-0 Eclanamine maleate, *in* E-00007
71031-15-7 2-Amino-1-phenyl-1-propanone; (*S*)-*form*, *in* A-00309
71048-87-8 Nantradol; (−)-*form*, *in* N-00038
71079-19-1 Timegadine, T-00282
71097-23-9 Zoficonazole, Z-00026
71097-24-0 Zoficonazole; (±)-*form*, B,HNO_3, *in* Z-00026
71097-83-1 Nileprost, N-00140
71116-82-0 Tiaprost, T-00244
71119-10-3 Lotifazole, L-00103
71119-11-4 Bucindolol, B-00338
71119-12-5 Dinazafone, D-00465
71125-38-7 Meloxicam, M-00082
71130-06-8 Zantac, *in* R-00011
71138-71-1 Octapinol, O-00016
71144-97-3 Probicromil calcium, *in* A-00169
71145-03-4 Bay K 8644, *in* D-00283
71195-56-7 Broclepride, B-00274
71195-57-8 1-(4-Methylphenyl)-3-azabicyclo[3.1.0]hexane; (±)-*form*, *in* M-00285
71195-58-9 Alfentanil, A-00111
71203-18-4 Methyl granaticin, *in* G-00085
71205-22-6 Almasilate, A-00136
71205-89-5 3-Hydroxy-3,3-diphenylpropanoic acid; 2-(Diethylamino)ethyl ester, *in* H-00126
71247-25-1 Ceruletide diethylamine, JAN, *in* C-00005
71251-02-0 Octenidine, O-00020
71251-04-2 Surfomer, S-00276
71276-43-2 Quadazocine; (−)-*form*, *in* Q-00001
71276-44-3 Quadazocine mesylate, *in* Q-00001
71306-36-0 Alinidine; B,HBr, *in* A-00120
71316-84-2 Fluradoline, F-00214
71320-77-9 Moclobemide, M-00415
71351-65-0 SKF 93319, *in* I-00014
71351-79-6 Icotidine, I-00014
71360-45-7 Chloroxymorphamine, C-00291
71376-02-8 3-Aminocyclopentanecarboxylic acid; (1*S*,3*S*)-*form*, *in* A-00231
71420-79-6 Cefonicid monosodium, *in* C-00135
71439-68-4 Bisantrene hydrochloride, *in* B-00191
71461-18-2 Tonazocine, T-00379
71475-35-9 *N*-[(3-Chlorophenyl)methyl]-*N*′-ethylurea, C-00268
71486-22-1 Vinorelbine, V-00041
71548-88-4 Beclobrinic acid; (±)-*form*, *in* B-00023
71576-40-4 Aptazapine, A-00433
71576-41-5 Aptazapine maleate, *in* A-00433
71585-34-7 Feniodium(1+), F-00054
71609-19-3 Nortran, *in* T-00462
71628-96-1 ▷Menogaril, M-00092
71629-86-2 2-Amino-6-diazo-5-oxohexanoic acid; (*R*)-*form*, *in* A-00238
71653-63-9 ▷Riodipine, R-00060
71675-85-9 Amisulpride, A-00347
71680-63-2 Dametralast, D-00008
71680-64-3 Dametralast; B,HCl, *in* D-00008
71697-05-7 Ketazocine; B,HCl, *in* K-00011
71697-06-8 Ketazocine; B,$MeSO_3H$, *in* K-00011
71731-58-3 ▷Tiquizium bromide, *in* T-00321
71735-88-1 Irazepine; B,HCl, *in* I-00169
71735-92-7 Irazepine, I-00169
71767-13-0 Iotasul, I-00139
71771-90-9 Denopamine; (*R*)-*form*, *in* D-00074
71800-89-0 11-Deoxydoxorubicin, *in* A-00080
71800-90-3 11-Deoxy-13-dihydrodaunorubicin, *in* D-00019
71800-91-4 11-Deoxydaunorubicin, *in* D-00019
71800-92-5 11-Deoxy-13-deoxodaunorubicin, *in* D-00019
71807-56-2 Etintidine hydrochloride, *in* E-00237
71827-03-7 Ivermectin; Ivermectin B_{1a}, *in* I-00225
71827-56-0 Clemeprol, C-00417
71827-61-7 Clemeprol; (1*RS*,2*RS*)-*form*, *in* C-00417
71827-62-8 Clemeprol; (1*RS*,2*SR*)-*form*, *in* C-00417
71827-63-9 Clemeprol; (1*RS*,2*RS*)-*form*, B,HCl, *in* C-00417
71827-64-0 Clemeprol; (1*RS*,2*SR*)-*form*, B,HCl, *in* C-00417
71830-07-4 3-Aminocyclopentanecarboxylic acid; (1*S*,3*R*)-*form*, *in* A-00231
71830-08-5 3-Aminocyclopentanecarboxylic acid; (1*R*,3*S*)-*form*, *in* A-00231
71869-43-7 3-Aminocyclopentanecarboxylic acid; (1*R*,3*R*)-*form*, *in* A-00231
71872-90-7 Nitralamine, N-00165
71872-91-8 Meralein, M-00111
71883-64-2 3,7,12-Trihydroxy-24-cholanoic acid; (3α,5β,7α,12β)-*form*, *in* T-00475
71883-66-4 3,7,12-Trihydroxy-24-cholanoic acid; (3β,5β,7α,12β)-*form*, *in* T-00475
71923-01-8 Clodoxopone; B,2HCl, *in* C-00449
71923-29-0 ▷Fludoxopone, F-00146
71923-34-7 Clodoxopone, C-00449
71953-01-0 Talampicillin; Mono-2-naphthalenesulfonate, *in* T-00005
71990-00-6 Bremazocine, B-00268
72005-58-4 Vadocaine, V-00001
72060-05-0 Conorfone, C-00542
72060-90-3 3-Hydroxy-3-methylpentanedioic acid; Amide-nitrile, *in* H-00170
72060-91-4 3-Hydroxy-3-methylpentanedioic acid; Diamide, *in* H-00170
72064-79-0 ▷Prednisolone valeroacetate, *in* P-00412
72074-70-5 Eptazocine; (±)-*form*, *in* E-00097
72131-33-0 Sulotroban, S-00234
72141-57-2 Losulazine, L-00102
72150-17-5 ▷Sedapain, *in* E-00097
72170-28-6 8-Hydroxyergotamine, *in* E-00106
72238-02-9 ▷Retelliptine, R-00032
72282-84-9 Trifosfamide; (*R*)-*form*, *in* T-00469
72282-85-0 Trifosfamide; (*S*)-*form*, *in* T-00469
72293-38-0 2,3-Dihydro-3-(4-methylpiperazinylmethyl)-2-phenyl-1,5-benzothiazepin-4(5*H*)one, D-00291
72293-40-4 BTM 1042, *in* D-00291
72301-78-1 Viroximine; (*Z*)-*form*, *in* V-00056
72301-79-2 Viroximine; (*E*)-*form*, *in* V-00056
72318-55-9 Indorenate hydrochloride, *in* I-00070
72324-18-6 Stepronin, S-00145
72376-78-4 Diprophylline; (*R*)-*form*, *in* D-00523
72420-38-3 4,5-Dihydro-5-methyl-4-oxo-5-phenyl-2-furancarboxylic acid, D-00290
72432-03-2 Miglitol, M-00373
72432-10-1 1-(4-Methoxybenzoyl)-2-pyrrolidinone, M-00197
72444-62-3 1-Phenyl-3-(1-piperazinyl)isoquinoline, P-00196
72467-44-8 Piclonidine; (±)-*form*, *in* P-00234
72473-27-9 Paroxetine; (3*R**,4*R**)-*form*, Acetate (salt), *in* P-00040
72479-26-6 ▷Fenticonazole, F-00080
72481-99-3 Brocrinat, B-00276
72487-31-1 Labetalol; (1′*RS*,1″*SR*)-*form*, *in* L-00001
72487-32-2 Labetalol; (1′*RS*,1″*RS*)-*form*, *in* L-00001
72487-34-4 Labetalol; (1′*RS*,1″*RS*)-*form*, B,HCl, *in* L-00001
72487-35-5 Labetalol; (1′*RS*,1″*SR*)-*form*, B,HCl, *in* L-00001
72492-12-7 Spizofurone, S-00134
72496-41-4 4′-*O*-(Tetrahydropyranyl)adriamycin, *in* A-00080
72509-76-3 Felodipine, F-00028
72522-13-5 Eptazocine; (1*S*)-*form*, *in* E-00097
72526-11-5 Almagate, A-00134
72558-82-8 ▷Ceftazidime, C-00152

72559-06-9 Rifabutin, R-00044
72573-82-1 Gadoteric acid, *in* T-00101
72583-99-4 Picobenzide; *N*-Oxide, *in* P-00237
72586-21-1 Alcindoromycin, *in* M-00022
72590-77-3 ▷Hydrocortisone 17-butyrate 21-propionate, *in* C-00548
72593-09-0 Chlorethindole, C-00202
72594-33-3 20-Hexanoylcamptothecin, *in* C-00024
72594-34-4 20-Hexanoyl-10-methoxycamptothecin, *in* C-00024
72615-20-4 Bactobolin *A*, B-00005
72619-34-2 Bermoprofen; (±)-*form*, *in* B-00136
72655-02-8 3-Amino-2-hydroxyandrostan-17-one; (2β,3β,5α)-*form*, *in* A-00261
72655-12-0 3-Amino-2-hydroxyandrostan-17-one; (2α,3α,5α)-*form*, *in* A-00261
72655-57-3 3-Amino-2-hydroxyandrostan-17-one; (2β,3α,5α)-*form*, *N*-Me, *in* A-00261
72655-58-4 3-Amino-2-hydroxyandrostan-17-one; (2β,3α,5α)-*form*, *N*-Me; B,HCl, *in* A-00261
72657-06-8 Mimimycin, *in* M-00022
72676-60-9 Piritrexim; B,HCl, *in* P-00338
72679-47-1 Rentiapril, R-00022
72702-95-5 Ponalrestat, P-00387
72714-75-1 Viqualine; (3*S*,4*R*)-*form*, *in* V-00053
72716-75-7 Lupitidine hydrochloride, *in* L-00113
72732-56-0 Piritrexim, P-00338
72736-13-1 1-Phenyl-3-(1-piperazinyl)isoquinoline; B,HCl, *in* P-00196
72739-14-1 2-Amino-1-phenyl-1-propanone; (*S*)-*form*, B,HCl, *in* A-00309
72782-43-5 (Xylosylamino)benzoic acid; D-pyranose-*form*, Na salt, *in* X-00025
72786-12-0 CQ 32-085, *in* M-00140
72803-02-2 Darodipine, D-00016
72808-81-2 Tepirindole, T-00076
72822-12-9 Dapiprazole, D-00013
72822-13-0 Dapiprazole; B,HCl, *in* D-00013
72822-15-2 Dapiprazole; Maleate (1:1), *in* D-00013
72830-39-8 Oxmetidine, O-00124
72869-16-0 Pramiracetam sulfate, *in* P-00397
72887-87-7 6-Aminohexanoic acid; *N*-Di-Me, Me ester, *in* A-00259
72895-88-6 4-[(2,6-Dichlorophenyl)amino]-3-thiopheneacetic acid, D-00200
72912-14-2 Talniflumate; B,HCl, *in* T-00013
72913-80-5 D 13625, *in* A-00118
72956-09-3 Carvedilol, C-00105
72964-29-5 Fenoctimine; Fumarate, *in* F-00061
72965-80-1 4-Phenyl-2-[(2-phenylethyl)amino]thiazole; B,HBr, *in* P-00195
72973-10-5 Forfenimex; (±)-*form*, *N*-Ac, *in* F-00243
72994-79-7 15-Hydroxystrychnine, *in* S-00167
73012-74-5 Ajmalinol, *in* A-00088
73027-05-1 1-Methylisoguanosine, M-00265
73035-29-7 Pipethiadene tartrate, *in* P-00297
73036-69-8 Forfenimex; (±)-*form*, *in* F-00243
73069-13-3 4(15),7(11),8-Eudesmatrien-12,8-olide, E-00269
73080-51-0 Repirinast, R-00024
73090-70-7 Epiroprim, E-00084
73105-03-0 Pentamustine, P-00089
73121-56-9 Enprostil, E-00067
73151-24-3 Fenticonazole; (±)-*form*, B,HCl, *in* F-00080
73151-29-8 Fenticonazole nitrate, *in* F-00080
73196-97-1 Dactimicin, D-00002
73205-13-7 Ticabesone propionate, *in* T-00253
73217-88-6 Apraclonidine; B,2HCl, *in* A-00427
73218-79-8 Apraclonidine hydrochloride, *in* A-00427
73220-03-8 Remoxipride; (*S*)-*form*, B,HCl, *in* R-00021
73231-34-2 ▷Florfenicol; (1*R*,2*S*)-*form*, *in* F-00124
73239-80-2 Libavit K, *in* M-00271
73278-54-3 Lamtidine, L-00007
73285-50-4 3,4,5-Trihydroxy-2-piperidinemethanol; (2*R*,3*R*,4*R*,5*S*)-*form*, B,HCl, *in* T-00481
73334-05-1 Metronidazole phosphate, *in* M-00344
73334-07-3 Iopromide, I-00131
73372-53-9 Lofexidine; (±)-*form*, *in* L-00075
73372-54-0 Lofetensin, *in* L-00075
73384-59-5 Ceftriaxone, C-00159
73384-60-8 ▷Sulmazole, S-00227
73385-60-1 Nifalatide, N-00109
73416-48-5 Etabenzarone; B,HCl, *in* E-00131
73422-39-6 Cimoxatone; (*R*)-*form*, *in* C-00352
73422-40-9 Cimoxatone; (*S*)-*form*, *in* C-00352
73445-46-2 Fenflumizole, F-00049
73514-87-1 Fosarilate, *in* C-00254
73514-88-2 [6-(2-Chloro-4-methoxyphenoxy)hexyl]phosphonic acid; Dibutyl ester, *in* C-00254
73536-01-3 Homosulphasalazine, H-00086
73573-42-9 Rescimetol, R-00027
73573-87-2 Formoterol; (1′*RS*,4′*RS*)-*form*, *in* F-00247
73573-88-3 Compactin, C-00539
73574-69-3 Enolicam sodium, *in* E-00059
73590-03-1 Bostrycoidin 9-methyl ester, *in* B-00259
73590-58-6 Omeprazole, O-00044
73590-85-9 Ufiprazole, U-00003
73609-67-3 Phenomidon, *in* E-00218
73647-73-1 Viprostol, V-00051
73650-52-9 Baimonidine, *in* V-00024
73665-15-3 Mycinamycin I, *in* M-00474
73681-12-6 Indecainide hydrochloride, *in* I-00054
73684-69-2 Mycinamycin II, M-00474
73745-50-3 Promethazine; (±)-*form*, *in* P-00478
73747-20-3 Sulverapride, S-00266
73747-21-4 SP-325, *in* N-00004
73758-06-2 Indorenate; (±)-*form*, *in* I-00070
73764-72-4 Etamestrol, E-00135
73771-04-7 Prednicarbate, P-00410
73790-28-0 Imazalil; (±)-*form*, *in* I-00025
73803-48-2 Tripamide, T-00522
73815-11-9 ▷Cimoxatone, C-00352
73816-42-9 Meclocycline sulfosalicylate, *in* M-00044
73890-43-4 Daunomycin; 11-Deoxy; B,HCl, *in* D-00019
73890-44-5 Daunomycin; 11-Deoxy, 13-alcohol; B,HCl, *in* D-00019
73890-45-6 Daunomycin; 11-Deoxy, 13-deoxo; B,HCl, *in* D-00019
73913-63-0 Phosphoserine; (*R*)-*form*, *in* P-00220
73931-96-1 Denzimol, D-00076
73952-77-9 Flunoxaprofen; (±)-*form*, *in* F-00171
73952-94-0 Adriamycin; 11-Deoxy; B,HCl, *in* A-00080
73963-72-1 Cilostazol, C-00347
73972-50-6 ▷1-(Diethylamino)-3-[(2,3-dimethoxy-6-nitro-9-acridinyl)amino]-2-propanol; (±)-*form*, B,2HCl, *in* D-00231
73998-68-2 1-[2-[2-(4-Pyridyl)-2-imidazoline-1-yl]ethyl]3-(4-carboxyphenyl)urea; Et ester; B,2HCl, *in* P-00584
73998-69-3 1-[2-[2-(4-Pyridyl)-2-imidazoline-1-yl]ethyl]3-(4-carboxyphenyl)urea, P-00584
73998-70-6 1-[2-[2-(4-Pyridyl)-2-imidazoline-1-yl]ethyl]3-(4-carboxyphenyl)urea; B,HCl, *in* P-00584
74003-63-7 3-Methyl-2-quinoxalinecarboxylic acid, M-00304
74007-05-9 Methoin; (±)-*form*, *in* M-00188
74011-30-6 Enoxacin; Et ester, *in* E-00060
74011-58-8 Enoxacin, E-00060
74014-51-0 Rokitamycin, *in* L-00034
74046-07-4 4-Amino-5-hexenoic acid; (*S*)-*form*, *in* A-00260
74050-20-7 Hydrocortisone aceponate, *in* C-00548
74050-97-8 Haloperidol decanoate, *in* H-00015
74050-98-9 Ketanserin, K-00010
74103-06-3 Ketorolac; (±)-*form*, *in* K-00019
74103-07-4 Ketorolac tromethamine, *in* K-00019
74129-03-6 Tebuquine, T-00046
74131-77-4 Ticabesone, T-00253
74135-04-9 Tyrosylprolylphenylalanylprolinamide; (1*S*,2*S*,3*S*,4*S*)-*form*, *in* T-00582
74149-70-5 Parabactin, *in* A-00086
74149-75-0 Pimobendan; B,HCl, *in* P-00261
74150-27-9 Pimobendan, P-00261
74176-31-1 Alfaprostol, A-00110
74178-36-2 6,10-Dideoxy-13-dihydrodaunomycinone, *in* D-00019

74184-79-5 Isobaimonidine, *in* V-00024
74191-85-8 Doxazosin, D-00592
74196-93-3 Quinpirole; (*4aRS, 8aRS*)-*form*, *in* Q-00032
74196-94-4 Quinpirole; (*4aRS, 8aRS*)-*form*, B,2HCl, *in* Q-00032
74220-07-8 Spirorenone, S-00127
74226-22-5 Dazoxiben hydrochloride, *in* D-00029
74228-81-2 Antibiotic SF 1854, *in* F-00252
74258-86-9 Alacepril, A-00090
74287-36-8 Democonazole; (*E*)-*form*, B,HNO_3, *in* D-00068
74315-62-1 L 9308, *in* Z-00010
74326-78-6 6β-Chloropenicillanic acid, *in* A-00295
74331-93-4 2-Hydroxy-4-imino-2,5-cyclohexadienone, H-00141
74381-53-6 Leuprolide acetate, *in* L-00035
74397-12-9 Limaprost; (17*S*)-*form*, *in* L-00050
74427-45-5 Disopyramide; (±)-*form*, *in* D-00537
74432-68-1 Butopamine; (*R,R*)-*form*, B,HCl, *in* B-00414
74436-00-3 Cyclosporins; Cyclosporin *G*, *in* C-00638
74464-83-8 Disopyramide; (*R*)-*form*, *in* D-00537
74469-00-4 ▷Augmentin, *in* C-00410
74476-80-5 Diphenpyramide; Maleate, *in* D-00487
74512-12-2 Omoconazole, O-00046
74516-64-6 16-Hydroxyverrucarin *A*, *in* V-00023
74517-42-3 Ditercalinium chloride, *in* D-00546
74517-78-5 Indecainide, I-00054
74531-88-7 Tioxamast, T-00307
74550-97-3 ▷Bimolane, B-00166
74559-85-6 Win 42964-4, *in* Z-00008
74561-23-2 Eptazocine; (±)-*form*, B,HBr, *in* E-00097
74578-69-1 Ceftriaxone sodium, *in* C-00159
74604-66-3 Enoxamast; Et ester, *in* E-00061
74604-76-5 Enoxamast, E-00061
74604-77-6 Enoxamast olamine, *in* E-00061
74608-63-2 8-Hydroxyverrucarin *A*, *in* V-00023
74627-35-3 Cianergoline, C-00319
74639-40-0 Docarpamine, D-00562
74658-81-4 Chlorthalidone; (+)-*form*, *in* C-00302
74666-82-3 Chlorthalidone; (±)-*form*, *in* C-00302
74685-16-8 Picenadol hydrochloride, *in* P-00232
74707-94-1 Mitomycin E, *in* P-00388
74709-54-9 Vindeburnol; (±)-*form*, *in* V-00038
74738-24-2 Recainam, R-00019
74752-07-1 Recainam hydrochloride, *in* R-00019
74752-08-2 Recainam tosylate, *in* R-00019
74759-06-1 Albendazole; *S*-Oxide; B,HCl, *in* A-00096
74764-75-3 ▷Bepridil hydrochloride, *in* B-00134
74772-32-0 6β-Iodopenicillanic acid, *in* A-00295
74772-77-3 Ciglitazone, C-00339
74790-08-2 Spiroplatin, S-00126
74798-17-7 Estradiol diundecylenate, *in* O-00028
74817-61-1 Murabutide, M-00470
74842-47-0 3-*O*-Demethylfortimicin A, *in* F-00252
74863-84-6 Argatroban, A-00440
74912-19-9 Naboctate, N-00004
74913-18-1 Dynorphin, D-00625
74958-26-2 Neonorreserpine, *in* R-00029
74978-16-8 Magaldrate, M-00005
74985-75-4 Taglutimide; *endo*-(−)-*form*, *in* T-00003
75011-65-3 Ibopamine; B,HCl, *in* I-00005
75018-71-2 Tauroselcholic acid, T-00034
75067-66-2 Bromperidol decanoate, *in* B-00324
75078-91-0 Temarotene (*E*)-*form*, *in* T-00059
75086-96-3 10-Dihydrosteffimycin, *in* S-00143
75086-97-4 10-Dihydrosteffimycin *B*, *in* S-00143
75139-05-8 Tetronasin sodium, *in* T-00157
75139-06-9 Tetronasin, T-00157
75139-07-0 Tetronasin; K salt, *in* T-00157
75184-94-0 Fenprinast, F-00072
75202-10-7 Nicotine, N-00103
75207-21-5 Antibiotic 2562B, *in* C-00221
75219-46-4 Bestrabucil, *in* O-00028
75240-91-4 3-(3-Hydroxyphenyl)-1-propylpiperidine, H-00194
75292-92-1 Prifuroline; (±)-*form*, B,HCl, *in* P-00431
75308-65-5 *N,N*-Dimethyl-*N'*-(2-diisopropylaminoethyl)-*N'*-(4,6-dimethyl-2-pyridinyl)urea, D-00428
75330-75-5 ▷Mevinolin, M-00348
75331-19-0 Carteolol; (*R*)-*form*, *in* C-00102
75367-97-4 8-Deoxyrifamycin B, *in* R-00047
75413-56-8 Ditercalinium(2+); Dichloride; B,2HCl, *in* D-00546
75437-14-8 Milverine, M-00379
75438-57-2 Moxonidine, M-00468
75443-89-9 SRS-A, S-00136
75444-65-4 Pirenperone, P-00320
75452-62-9 Minocromil; Di-Na salt, *in* M-00386
75458-65-0 Tienocarbine, T-00260
75464-11-8 Butantrone, B-00393
75507-68-5 Flupirtine maleate, *in* F-00204
75520-89-7 Colchicine; (*R*)-*form*, *in* C-00534
75522-73-5 Dazidamine, D-00024
75523-08-9 6,8-Dimethoxyflavone, *in* D-00326
75524-61-7 Thiostrepton; Thiostrepton *B*, *in* T-00210
75529-73-6 Amperozide; B,HCl, *in* A-00365
75530-68-6 Nilvadipine, N-00144
75554-03-9 Bremazocine; (±)-*form*, B,HCl, *in* B-00268
75558-90-6 Amperozide, A-00365
75564-40-8 Biclodil hydrochloride, *in* B-00153
75607-67-9 ▷Fludarabine phosphate, *in* F-00142
75614-87-8 α-Methylhistamine; (*R*)-*form*, *in* M-00260
75614-88-9 α-Methylhistamine; (*R*)-*form*, Dipicrate, *in* M-00260
75614-89-0 α-Methylhistamine; (*R*)-*form*, B,2HCl, *in* M-00260
75615-94-0 Ciprazafone; B,HCl, *in* C-00386
75616-02-3 Dulozafone, D-00619
75616-03-4 Ciprazafone, C-00386
75626-99-2 Terbutaline di(*p*-toluate), *in* T-00084
75659-07-3 Labetalol; (1'*R*,1''*R*)-*form*, *in* L-00001
75659-08-4 Dilevalol hydrochloride, *in* L-00001
75684-07-0 Bremazocine; (−)-*form*, *in* B-00268
75689-93-9 Imanixil, I-00024
75695-93-1 Isradipine, I-00219
75696-02-5 ▷Cinolazepam, C-00375
75697-43-7 Tienocarbine; Maleate, *in* T-00260
75697-45-9 TVX 4148, *in* T-00260
75697-71-1 2,4-Dihydroxybenzophenone; Di-Ac, *in* D-00318
75706-12-6 Leflunomide, L-00019
75708-29-1 Adimolol; (±)-*form*, B,HCl, *in* A-00070
75733-50-5 Pramiracetam hydrochloride, *in* P-00397
75738-58-8 ▷Cefmenoxime hydrochloride, *in* C-00130
75748-50-4 Ancarolol, A-00380
75751-89-2 Iogulamide, I-00116
75755-07-6 Piridronic acid, P-00327
75820-08-5 Zidapamide, Z-00011
75821-71-5 Lonazolac calcium, *in* L-00085
75841-82-6 Mopidralazine, M-00434
75846-14-9 ▷2,2'-Dimethylcycloanimium dibromide, *in* C-00590
75847-73-3 Enalapril, *in* E-00043
75859-03-9 Rimcazole hydrochloride, *in* R-00056
75859-04-0 Rimcazole; *cis*-*form*, *in* R-00056
75867-00-4 Fenfluthrin; (1*R*,3*S*)-*form*, *in* F-00051
75887-99-9 Kenazepine, K-00008
75889-62-2 Fostedil, F-00259
75925-46-1 2-Amino-1-phenyl-1-propanone; (±)-*form*, *in* A-00309
75949-60-9 Isoxaprolol; (*E*)-(±)-*form*, *in* I-00215
75949-61-0 Pafenolol; (±)-*form*, *in* P-00002
75957-60-7 Splenopentin, S-00135
75963-52-9 Nuclomedone, N-00230
75985-31-8 Ciamexon; (±)-*form*, *in* C-00318
75991-50-3 Dazepinil, D-00023
75992-53-9 Moxadolen, M-00458
76002-75-0 Dazoquinast, D-00028
76045-67-5 Actamycin, A-00052
76053-16-2 Reclazepam, R-00020
76095-16-4 Enalapril maleate, *in* E-00043
76095-39-1 Moenomycin; Moenomycin *A*, *in* M-00418
76145-76-1 Tomoxiprole, T-00378
76252-06-7 Nicainoprol; (±)-*form*, *in* N-00085
76263-13-3 Fluzinamide, F-00235
76264-92-1 Aclacinomycin *A*; 5-Me ether, *in* A-00042
76296-72-5 Polyphyllin D, *in* S-00129
76301-19-4 Timefurone, T-00281

76304-86-4 Aclacinomycin *A*; 7-Me ether, *in* A-00042
76330-71-7 Altanserin, A-00153
76333-53-4 2-Amino-1-phenyl-1-propanone; (*R*)-*form*, B,HCl, *in* A-00309
76345-76-1 Cambendazole; B,HCl, *in* C-00020
76352-13-1 Tropapride; *exo-form*, *in* T-00548
76420-72-9 Enalaprilat, E-00043
76437-37-1 Oxaprotiline; (±)-*form*, *in* O-00092
76448-31-2 Propenidazole; (*E*)-*form*, *in* P-00494
76448-47-0 Veradoline hydrochloride, *in* V-00017
76466-24-5 Asparenomycin A, *in* A-00459
76470-66-1 Loracarbef, L-00090
76490-22-7 Antibiotic FK 156, A-00406
76493-48-6 Spiclamine; Tartrate, *in* S-00113
76496-68-9 Oxaprotiline; (*R*)-*form*, *in* O-00092
76496-69-0 Oxaprotiline; (*R*)-*form*, B,HCl, *in* O-00092
76497-13-7 Sultamicillin, S-00262
76530-44-4 Azamulin, A-00500
76536-21-5 Buquiterine; B,HCl, *in* B-00374
76536-74-8 Buquiterine, B-00374
76541-72-5 ▷Mifobate, M-00372
76543-16-3 2,3-Bis(3-hydroxybenzyl)-1,4-butanediol; (2*RS*,3*RS*)-*form*, *in* B-00215
76543-88-9 Interferon Alfa-2a USAN, *in* I-00079
76547-98-3 Lisinopril, L-00057
76551-64-9 Partricin *A*, P-00042
76551-65-0 Partricin B, *in* P-00042
76568-02-0 7-Fluoro-1-methyl-3-(methylsulfinyl)-4(1*H*)-quinolinone, F-00188
76582-10-0 Napoleogenin B, *in* O-00036
76584-70-8 Semisodium valproate, *in* P-00516
76596-57-1 Broxaterol, B-00332
76600-30-1 Nosantine, N-00226
76610-84-9 Cefbuperazone, C-00121
76631-45-3 Napactadine, N-00039
76631-46-4 4-(2,3-Dimethylbenzyl)-1*H*-imidazole, D-00426
76634-96-3 N-Formyl-13-dihydrocarminomycin I, *in* C-00081
76639-94-6 Florfenicol, F-00124
76644-53-6 Bernzamide, B-00137
76648-01-6 ▷Cefbuperazone sodium, *in* C-00121
76650-59-4 BM 11604, *in* T-00427
76666-01-8 Zomepirac glycolate, *in* Z-00035
76676-34-1 Oxprenoate potassium, *in* O-00144
76684-89-4 3-[3-Methyl-1-(3-methylbutylcarbamoyl)-butylcarbamoyl]-2-oxiranecarboxylic acid, M-00266
76696-97-4 Rofelodine, R-00073
76712-82-8 Histrelin, H-00080
76716-60-4 Fluprazine, F-00206
76716-77-3 DU 27716, *in* F-00206
76716-78-4 Fluprazine; Methanesulfonate, *in* F-00206
76732-75-7 Picartamide, P-00231
76743-10-7 Lucartamide, L-00111
76812-98-1 Trigevolol, T-00471
76816-33-6 α-Methyl-2-phenyl-6-benzothiazoleacetic acid; (±)-*form*, *in* M-00287
76816-35-8 α-Methyl-2-phenyl-6-benzothiazoleacetic acid; (±)-*form*, Na salt, *in* M-00287
76816-38-1 α-Methyl-2-phenyl-6-benzothiazoleacetic acid; (±)-*form*, B,HCl, *in* M-00287
76816-40-5 α-Methyl-2-phenyl-6-benzothiazoleacetic acid; (−)-*form*, *in* M-00287
76822-56-5 Mexiprostil, M-00352
76824-35-6 ▷Famotidine, F-00013
76875-69-9 Trapencaine, T-00400
76894-77-4 Dazmegrel, D-00025
76898-59-4 Rayvist, *in* I-00111
76932-56-4 Nafarelin, N-00010
76932-60-0 Nafarelin acetate, *in* N-00010
76953-65-6 Dramedilol, D-00599
76956-02-0 Loxtidine, L-00109
76958-69-5 Propisergide; Maleate (1:1), *in* P-00506
76963-41-2 Nizatidine, N-00192
76990-56-2 2-(Pentylamino)acetamide, P-00106
76990-85-7 Milacemide hydrochloride, *in* P-00106
77005-28-8 Texacromil, T-00159
77033-54-6 Dazidamine; B,HCl, *in* D-00024
77052-96-1 2-Hydroxysagamicin, *in* G-00018
77086-18-1 Dizocilpine; (±)-*form*, *in* D-00560
77086-21-6 Dizocilpine; (+)-*form*, *in* D-00560
77086-22-7 Dizocilpine; (+)-*form*, Hydrogen maleate, *in* D-00560
77090-26-7 μ-Hydroxydiphenyldimercury(1+); Nitrate, *in* H-00125
77103-91-4 4,5-Dihydro-5-methyl-4-oxo-5-phenyl-2-furancarboxylic acid; (+)-*form*, *in* D-00290
77121-89-2 Meglucycline; B,2HCl, *in* M-00072
77164-19-3 Moprolol; (±)-*form*, *in* M-00435
77164-20-6 Moprolol; (−)-*form*, *in* M-00435
77167-91-0 3-Hydroxymethyldibenzo[*b*,*f*]thiepin, H-00159
77167-93-2 3-Hydroxymethyldibenzo[*b*,*f*]thiepin; 5,5-Dioxide, *in* H-00159
77174-66-4 ▷Pilzcin, *in* C-00562
77175-51-0 Croconazole, C-00562
77193-20-5 Colistin; Colistin *C*, *in* C-00536
77197-48-9 Quinezamide, Q-00022
77214-85-8 Chlorosyl, *in* C-00632
77234-90-3 Denzimol; (±)-*form*, B,HCl, *in* D-00076
77257-42-2 Stilonium iodide, *in* S-00155
77275-67-3 Astromicin sulfate, *in* F-00252
77287-05-9 Rioprostil, R-00061
77287-89-9 Xorphanol, X-00019
77287-90-2 ▷Xorphanol mesylate, *in* X-00019
77342-26-8 Tefenperate, T-00052
77360-52-2 Ceftiolene, C-00157
77372-61-3 Valproate pivoxil, *in* P-00516
77400-65-8 Asocainol, A-00457
77410-34-5 Verticine N-oxide, *in* V-00024
77416-65-0 2,3,4,5-Tetrahydro-3-(methylamino)-1-benzoxepin-5-ol; (3*RS*,5*SR*)-*form*, *in* T-00122
77472-98-1 Pipequaline, P-00280
77482-47-4 Fenprinast hydrochloride, *in* F-00072
77502-27-3 Tolpadol, T-00362
77517-29-4 4,4a-Dihydromevinolin, *in* M-00348
77518-07-1 Amiflamine; (*S*)-*form*, *in* A-00193
77519-25-6 Dexetozoline, *in* O-00169
77527-71-0 Antibiotic L 640876, A-00407
77528-67-7 Manozodil, M-00020
77530-02-0 5-(2-Bromovinyl)-2′-deoxyuridine; (*Z*)-*form*, *in* B-00322
77590-92-2 Suproclone, S-00273
77590-95-5 Cetamolol hydrochloride, *in* C-00181
77590-96-6 Flordipine, F-00122
77590-97-7 Fluradoline hydrochloride, *in* F-00214
77599-17-8 Panomifene; (*E*)-*form*, *in* P-00014
77602-78-9 2-Chloro-9-[(3-dimethylamino)propanoyl]-9*H*-thioxanthene; (±)-*form*, B,HBr, *in* C-00233
77602-79-0 2-Chloro-9-[(3-dimethylamino)propanoyl]-9*H*-thioxanthene; (±)-*form*, *in* C-00233
77639-66-8 Prinomide, P-00439
77639-70-4 Prinomide trolamine, *in* P-00439
77642-19-4 Hitachimycin, H-00081
77650-95-4 Proterguride, P-00533
77650-96-5 Propyldironyl, *in* P-00533
77658-97-0 Anaxirone, A-00378
77671-31-9 Enoximone, E-00062
77695-52-4 Ecastolol, E-00004
77698-96-5 Etiproston trometamol, *in* E-00239
77702-20-6 Syndyphalin, S-00285
77727-10-7 Nacartocin, N-00005
77752-20-6 Ribocitrin, R-00037
77752-61-5 α-Methyl-2-phenyl-6-benzothiazoleacetic acid; (+)-*form*, *in* M-00287
77754-93-9 O-Demethyllycoramine, *in* G-00002
77769-22-3 1,1′-Bisisomenthone; *meso-form*, *in* B-00224
77862-92-1 Falipamil, F-00011
77880-77-4 *S*-Episparsomycin, *in* S-00109
77883-43-3 Doxazosin mesylate, *in* D-00592
77956-93-5 KC 2450, *in* T-00122
77956-94-6 2,3,4,5-Tetrahydro-3-(methylamino)-1-benzoxepin-5-ol; (3*RS*,5*RS*)-*form*, B,HCl, *in* T-00122

77989-59-4 Metibride; B,HBr, *in* M-00318
77989-60-7 Metibride, M-00318
77989-61-8 Metibride; B,HCl, *in* M-00318
78088-46-7 Tabilautide, T-00001
78090-11-6 Picoprazole, P-00240
78092-65-6 Ristianol, R-00064
78092-66-7 Ristianol phosphate, *in* R-00064
78110-38-0 ▷Aztreonam, A-00533
78113-36-7 Muroctasin, M-00472
78126-10-0 Stepronin; (±)-*form*, Na salt, *in* S-00145
78154-22-0 *N*-(2-Chloro-4-isothiocyanatophenyl)-2,4-dihydroxybenzamide, C-00253
78168-92-0 Filenadol; (*αRS*,*βSR*)-*form*, *in* F-00105
78186-33-1 Fumoxicillin, F-00275
78186-34-2 Bisantrene, B-00191
78208-13-6 Zolenzepine, Z-00029
78208-14-7 Zolenzepine; B,2HCl, *in* Z-00029
78208-15-8 Zolenzepine; Fumarate (2:1), *in* Z-00029
78218-09-4 Dazoxiben, D-00029
78250-23-4 5-[2-(Dimethylamino)ethoxy]-7*H*-benzo[*c*]fluoren-7-one, D-00409
78266-06-5 Mebrofenin, M-00038
78273-80-0 Roxatidine, R-00097
78289-16-4 Droxicainide; (±)-*form*, B,HCl, *in* D-00614
78289-26-6 ▷Droxicainide; (±)-*form*, *in* D-00614
78299-53-3 Tiacrilast; (*E*)-*form*, *in* T-00235
78326-86-0 Butocrolol; (±)-*form*, B,HCl, *in* B-00411
78345-56-9 Cefminox; Na salt, *in* C-00133
78370-13-5 Emopamil, E-00039
78371-66-1 Bucromarone, B-00342
78372-27-7 Stirocainide; (*E*,*E*)-*form*, *in* S-00158
78396-34-6 Cafedrine; (1*S*,2*R*)-*form*, *in* C-00009
78410-57-8 Ociltide, O-00002
78415-48-2 Onitoside, *in* O-00049
78415-72-2 Milrinone, M-00378
78416-81-6 Trequinsin; B,HCl, *in* T-00415
78420-92-5 Piquindone; (4*aR*,8*aR*)-*form*, *in* P-00311
78421-12-2 Droxicainide, D-00614
78451-93-1 Zometapine; B,HCl, *in* Z-00036
78459-19-5 Adimolol, A-00070
78466-70-3 Zomebazam, Z-00034
78466-98-5 Razobazam, R-00015
78467-68-2 Locicortone, L-00068
78480-14-5 Dicresulene, D-00216
78499-27-1 ▷Bermoprofen, B-00136
78512-63-7 Pimelautide, P-00255
78541-97-6 Piquindone; (4*aRS*,8*aRS*)-*form*, *in* P-00311
78541-98-7 Piquindone hydrochloride, *in* P-00311
78541-99-8 Piquindone; (4*aSR*,8*aRS*)-*form*, *in* P-00311
78564-10-0 2-Methyl-3-indoleacetic acid; Me ester, *in* M-00263
78573-55-4 Clomoxir; Et ester, *in* C-00474
78573-70-3 Clomoxir sodium, *in* C-00474
78613-35-1 Amorolfine; *cis*-(±)-*form*, *in* A-00359
78613-38-4 Ro 14-4767/002, *in* A-00359
78619-38-2 30-Hydroxyansamitocin P-3, *in* M-00027
78619-39-3 30-Hydroxyansamitocin P-2, *in* M-00027
78619-40-6 30-Hydroxyansamitocin *P*-1, *in* M-00027
78619-41-7 3-(3-Hydroxyisovaleroyl)maytansinol, *in* M-00027
78619-43-9 N-Demethyl-3-(3-hydroxyisovaleroyl) maytansinol, *in* M-00027
78619-44-0 N-Demethyl-4,5-deepoxymaytansinol, *in* M-00027
78628-28-1 2-(Acetyloxy-*N*-[3-[3-(1-piperidinylmethyl)-phenoxy]propyl]acetamide, *in* R-00097
78628-80-5 Terbinafine; (*E*)-*form*, *in* T-00081
78630-36-1 30-Hydroxyansamitocin P-4, *in* M-00027
78630-37-2 Dechloro-4,5-deepoxy-*N*-demethylmaytansinol, *in* M-00027
78630-38-3 Dechloro-N-deepoxymaytansinol, *in* M-00027
78649-41-9 Iomeprol; (±)-*form*, *in* I-00121
78649-42-0 Iomeprol; (*R*,*R*)-*form*, *in* I-00121
78664-73-0 Posatirelin; (*S*,*S*)-*form*, *in* P-00389
78709-93-0 3-(4-Hydroxyisovaleroyl)maytansinol, *in* M-00027
78712-43-3 Ozagrel hydrochloride, *in* O-00168
78718-25-9 TKG 01, *in* B-00048
78718-52-2 Benexate; *trans*-*form*, *in* B-00048
78749-89-0 2-Amino-5-chlorobenzoxazole; *Amino-form*, 2-*N*-Benzyl, *in* A-00225
78755-81-4 ▷Flumazenil, F-00152
78756-61-3 Alifedrine; (1*S*,2*R*)-*form*, *in* A-00118
78771-13-8 Sarmazenil, S-00024
78773-73-6 *N*-Cyclopentyl-*N*-(3-mercapto-2-methylpropionyl)-glycine, C-00633
78776-19-9 13-Methylaclacinomycin A, *in* A-00042
78779-60-9 Antibiotic G367-S_2, *in* S-00082
78806-68-5 Desonide pivalate, *in* D-00101
78822-40-9 Pirlimycin hydrochloride, *in* P-00339
78833-03-1 Penticainide, P-00098
78853-39-1 Cyclodrine hydrochloride, *in* C-00601
78892-44-1 4-[(2,6-Dimethylphenyl)methyl]-1*H*-imidazole, D-00446
78919-13-8 Iloprost, I-00023
78919-26-3 3,7-Dihydroxy-24-cholanoic acid; (3*β*,5*β*,7*β*)-*form*, *in* D-00320
78969-72-9 Guan-fu base G, *in* H-00136
79030-10-7 Guan-fu base F, G-00107
79069-94-6 4-Phenyl-2-[(2-phenylethyl)amino]thiazole, P-00195
79069-95-7 Fanetizole mesylate, *in* P-00195
79069-97-9 Palmoxirate sodium, *in* T-00110
79071-15-1 Tazasubrate, T-00040
79094-20-5 Daltroban, D-00007
79103-34-7 Thymopoietin; Thymopoietin III, *in* T-00226
79109-07-2 Paroxetine; (3*R**,4*R**)-*form*, B,HCl, *in* P-00040
79127-35-8 Echinosporin, E-00005
79127-36-9 9-Hydroxyaclacinomycin A, *in* A-00042
79130-64-6 Ansoxetine, A-00399
79152-85-5 Acodazole, A-00045
79181-48-9 Ethyl 2-methyl-2-[(9-oxo-9*H*-xanthen-3-yl)oxy]-propanoate, E-00202
79185-75-4 7-Hydroxy-8-methoxy-3,4-methylenedioxy-10-nitro-1-phenanthrenecarboxylic acid, H-00151
79201-80-2 Veradoline, V-00017
79201-85-7 ▷Picenadol; *trans*-(±)-*form*, *in* P-00232
79211-10-2 Iosimide, I-00136
79211-34-0 Iotriside, I-00142
79243-67-7 Rosterolone, R-00094
79253-92-2 Taziprinone, T-00042
79262-46-7 Savoxepin, S-00029
79262-47-8 Savoxepin; B,$MeSO_3H$, *in* S-00029
79282-39-6 Rilozarone, R-00054
79283-56-0 Rilozarone; B,HCl, *in* R-00054
79286-77-4 Esafloxacin, E-00119
79296-11-0 Antibiotic X 14868B, *in* A-00411
79307-93-0 ▷Azelastine hydrochloride, *in* A-00515
79313-75-0 Sopromidine; (*R*)-*form*, *in* S-00102
79331-53-6 Antibiotic X 14868C, *in* A-00411
79331-54-7 Antibiotic X 14868D, *in* A-00411
79350-37-1 Cefixime, C-00129
79356-08-4 Antibiotic X 14868A, A-00411
79360-43-3 Nocloprost, N-00195
79366-72-6 Asparenomycin B, *in* A-00459
79404-91-4 Cilofungin, C-00345
79404-97-0 23-De[(6-deoxy-2,3-di-*O*-methyl-*β*-D-allopyranosyl)-oxy]tylosin, *in* T-00578
79404-98-1 Demethylmacrocin, *in* T-00578
79412-27-4 3-(3-Hydroxyphenyl)-1-propylpiperidine; (±)-*form*, B,HBr, *in* H-00194
79449-96-0 Altanserin tartrate, *in* A-00153
79449-98-2 Cabastine, C-00001
79449-99-3 Icospiramide, I-00013
79455-30-4 Nicaraven, N-00087
79467-19-9 Sintropium bromide, *in* S-00081
79467-22-4 Bipenamol, B-00174
79467-23-5 Mioflazine, M-00391
79467-24-6 Mioflazine hydrochloride, *in* M-00391
79483-69-5 Piritrexim isethionate, *in* P-00338
79495-93-5 2*β*,3*β*,14,20,22*R*,28-Hexahydroxy-6-oxo-7-ergosten-26-oic acid, *γ*-lactone, *in* C-00584
79516-68-0 Cabastine; (−)-*form*, *in* C-00001
79547-78-7 Levocabastine hydrochloride, *in* C-00001
79548-73-5 Pirlimycin, P-00339

79558-94-4 2-Anilino-5-chlorobenzoxazole, *in* A-00225
79559-97-0 Sertraline hydrochloride, *in* S-00052
79578-14-6 Timobesone acetate, *in* T-00286
79592-92-0 23-De(6-deoxy-2,3-di-O-methyl-β-D-allopyranosyl)-tylosin, 9CI, *in* T-00578
79594-24-4 1-Adamantyl-2-methyl-2-propylamine, A-00064
79605-60-0 1,2-Dihydro-2-naphthylamine, D-00295
79617-96-2 Sertraline; (1*S*,4*S*)-*form*, *in* S-00052
79617-98-4 Sertraline; (1*R*,4*R*)-*form*, *in* S-00052
79617-99-5 Sertraline; (1*RS*,4*RS*)-*form*, B,HCl, *in* S-00052
79619-31-1 Flavodilol; (±)-*form*, *in* F-00110
79619-32-2 Flavodilol maleate, *in* F-00110
79645-15-1 Sertraline; (1*R*,4*R*)-*form*, B,HCl, *in* S-00052
79660-53-0 Fleroxacin; B,HCl, *in* F-00116
79660-72-3 Fleroxacin, F-00116
79672-88-1 Piriprost, P-00334
79689-25-1 DG 5128, *in* M-00365
79700-61-1 Dopropidil, D-00582
79700-63-3 Fronedipil, F-00265
79700-64-4 Fronedipil; B,HCl, *in* F-00265
79704-88-4 α-Methylfentanyl, M-00255
79712-55-3 Tazifylline, T-00041
79736-64-4 Phleomycin PEP, *in* P-00108
79754-82-8 Indorenate, I-00070
79763-01-2 2,3-Dichloro-4-nitro-1*H*-pyrrole, D-00197
79770-24-4 Iotrolan, I-00144
79781-95-6 Rilapine, R-00050
79784-22-8 Barucainide, B-00016
79784-50-2 Bometolol; (*S*)-*form*, *in* B-00251
79794-75-5 Loratadine, L-00092
79798-39-3 Ketorfanol, K-00018
79810-24-5 Butinazocine; B,HCl, *in* B-00406
79836-45-6 Sertraline; (1*RS*,4*RS*)-*form*, *in* S-00052
79836-78-5 2-Methyl-5-thiazolecarboxylic acid; Et ester, *in* M-00309
79855-88-2 Trequinsin, T-00415
79874-76-3 Delmopinol, D-00055
79896-31-4 Sertraline; (1*R*,4*S*)-*form*, B,HCl, *in* S-00052
79896-32-5 Sertraline; (1*S*,4*R*)-*form*, B,HCl, *in* S-00052
79902-63-9 Simvastatin, S-00075
79928-22-6 4-[2-(2,6-Dimethylphenyl)ethyl]-1*H*-imidazole, D-00445
79944-56-2 RX 781094, *in* D-00280
79944-58-4 2-(2,3-Dihydro-1,4-benzodioxin-2-yl)-1*H*-imidazole; (±)-*form*, *in* D-00280
79951-46-5 Sertraline; (1*S*,4*R*)-*form*, *in* S-00052
79975-20-5 Balanitin 2, *in* S-00129
79975-21-6 Balanitin 1, *in* S-00129
79989-27-8 Asocainol; (+)-*form*, B,HCl, *in* A-00457
79992-71-5 Pimetacin, P-00256
80012-43-7 3-Amino-9,13*b*-dihydro-1*H*-dibenz[*c,f*]imidazo[1,5-*a*]azepine, A-00242
80012-44-8 WAL 801*CL*, *in* A-00242
80018-06-0 Fengabine, F-00052
80096-54-4 2-Amino-1-phenyl-1-propanone; (*R*)-*form*, *in* A-00309
80101-33-3 Ciladopa, C-00341
80109-27-9 Ciladopa; (*S*)-*form*, *in* C-00341
80125-14-0 Remoxipride; (*S*)-*form*, *in* R-00021
80151-45-7 Ericolol; (±)-*form*, B,HCl, *in* E-00107
80168-44-1 Zinoconazole hydrochloride, *in* Z-00021
80210-62-4 Cefpodoxime, C-00145
80214-83-1 Roxithromycin, R-00100
80225-28-1 Tilsuprost, T-00279
80226-00-2 2,3-Bis(3-hydroxybenzyl)-1,4-butanediol, B-00215
80251-32-7 Nafamostat; B,2HCl, *in* N-00009
80263-73-6 Eclazolast, E-00008
80273-79-6 Tefludazine; *trans*-(±)-*form*, *in* T-00053
80288-49-9 Furafylline, F-00278
80294-25-3 Mexafylline, M-00349
80300-09-0 2-(Dipropylamino)-8-hydroxytetralin, *in* A-00335
80300-24-9 Ribocitrin; Tri-Na salt, *in* R-00037
80304-55-8 Metostilenol, M-00337
80343-63-1 Sufotidine, S-00179
80349-03-7 Wy 26002, *in* P-00017
80349-58-2 Panuramine, P-00017
80370-57-6 Ceftiofur, C-00156
80370-67-8 3,7,11,15-Tetramethyl-2,4,6,10,14-hexadecapentaenoic acid, T-00147
80373-22-4 Quinpirole; (4*aR*,8*aR*)-*form*, *in* Q-00032
80382-23-6 Loxouin, *in* L-00108
80394-65-6 Cationomycin, C-00108
80410-36-2 Fezolamine, F-00100
80410-37-3 Fezolamine fumarate, *in* F-00100
80427-58-3 Benfluron, *in* D-00409
80428-29-1 Mafoprazine, M-00003
80428-30-4 Mafoprazine; B,HCl, *in* M-00003
80428-31-5 1K 640, *in* M-00003
80456-55-9 Vibunazole, V-00028
80458-76-0 Penfluoridol decanoate, *in* P-00062
80458-77-1 Penfluridol; Decanoyl, Oxalate (1:1), *in* P-00062
80471-63-2 Epostane, E-00088
80474-14-2 Fluticasone propionate, *in* F-00227
80486-69-7 Cloticasone propionate, *in* C-00509
80557-13-7 Cristatic acid, C-00561
80573-03-1 Ipsalazide, I-00166
80573-04-2 Balsalazide, B-00008
80595-73-9 Acefluranol; (*RS*,*SR*)-*form*, *in* A-00009
80614-20-6 Nicogrelate; (±)-(*E*)-*form*, B,2HCl, *in* N-00099
80614-21-7 Nicogrelate; (±)-(*E*)-*form*, *in* N-00099
80614-27-3 Midazogrel; (*E*)-*form*, *in* M-00367
80621-81-4 Rifaximin, R-00049
80663-95-2 Iobenguane, I-00090
80680-05-3 Tivanidazole, T-00327
80680-06-4 Tefludazine, T-00053
80680-43-9 Neosurugatoxin, N-00071
80702-92-7 VUFB 13763, *in* P-00281
80734-02-7 KBT 1585, *in* L-00022
80743-08-4 Dioxadilol, D-00471
80743-09-5 Dioxadilol; (±)-*form*, Maleate, *in* D-00471
80755-51-7 Bunazosin, B-00361
80763-86-6 Glucosamine pentanicotinate, *in* A-00235
80828-32-6 Indolapril hydrochloride, *in* I-00063
80830-17-7 23-Demycinosyltylosin D, *in* T-00579
80830-42-8 Rentiapril; (2*R*,4*R*)-*form*, *in* R-00022
80841-47-0 4-(*N*-Methylcarboxamido)-5-methylamsacrine, M-00239
80841-48-1 4-(*N*-Methylcarboxamido)-5-methylamsacrine; Mono(2-hydroxyethanesulfonate), *in* M-00239
80844-07-1 Etofenoprox, E-00249
80845-03-0 Dazepinil hydrochloride, *in* D-00023
80876-01-3 Indolapril, I-00063
80879-63-6 Emiglitate, E-00038
80880-90-6 Telenzepine, T-00057
80883-55-2 Enviradene; (*E*)-*form*, *in* E-00070
80902-43-8 Spergualin, S-00112
80952-47-2 Spergualin; B,3HCl, *in* S-00112
80959-37-1 Imiloxan; (±)-*form*, *in* I-00036
81018-71-5 Asparenomycin *C*, A-00459
81026-63-3 Enisoprost, E-00057
81043-56-3 Metrenperone, M-00342
81045-33-2 Iodecol, I-00096
81045-50-3 Pivopril, *in* C-00633
81093-37-0 Pravastatin, P-00403
81098-60-4 Cisapride, C-00396
81102-77-4 Carteolol; (*S*)-*form*, *in* C-00102
81103-11-9 6-*O*-Methylerythromycin, *in* E-00115
81129-83-1 Cilastatin sodium, *in* C-00342
81131-70-6 Eptastatin sodium, *in* P-00403
81147-92-4 Esmolol, E-00123
81148-29-0 Flumalol; (±)-*form*, B,HCl, *in* F-00151
81161-17-3 Esmolol hydrochloride, *in* E-00123
81167-16-0 Imiloxan, I-00036
81185-94-6 Ethyl 4-(2-methoxyphenyl)-1-piperazineheptanoate, E-00201
81186-05-2 Ethyl 4-(2-methoxyphenyl)-1-piperazineheptanoate; B,2HCl, *in* E-00201
81342-13-4 Amisulpride; (±)-*form*, B,HCl, *in* A-00347
81370-25-4 β-Fluoroasparagine, *in* A-00257
81377-02-8 Cyclic(*N*-methyl-L-alanyl-L-tyrosyl-D-tryptophyl-L-lysyl-L-valyl-L-phenylalanyl), C-00592

81382-05-0 4-O-Demethyl-11-deoxydoxorubicin, *in* A-00080
81382-06-1 4-O-Demethyl-11-deoxy-13-dihydrodaunorubicin, *in* C-00081
81382-07-2 11-Deoxycarminomycin I, *in* C-00081
81382-08-3 4-O-Demethyl-11,13-dideoxydaunorubicin, *in* C-00081
81382-51-6 Pentiapine, P-00097
81382-52-7 Pentiapine maleate, *in* P-00097
81403-68-1 Alfuzosin hydrochloride, *in* A-00112
81403-80-7 Alfuzosin, A-00112
81407-60-5 Pentiapine; B,2HCl, *in* P-00097
81409-90-7 Cabergoline, C-00002
81424-67-1 Caracemide, C-00036
81428-04-8 Taltrimide, T-00018
81435-67-8 Losulazine hydrochloride, *in* L-00102
81436-40-0 Mucidin; (*E,E,E*)*-form*, *in* M-00469
81447-78-1 Lofexidine; (*R*)*-form*, *in* L-00075
81447-79-2 Lofexidine; (*S*)*-form*, *in* L-00075
81447-81-6 Bromadoline maleate, *in* B-00282
81478-25-3 Lomevactone, L-00080
81485-25-8 3,7,11,15-Tetramethyl-2,4,6,10,14-hexadecapentaenoic acid; (*all-E*)*-form*, *in* T-00147
81486-22-8 Nipradilol, N-00154
81523-49-1 Vaneprim; (±)*-form*, *in* V-00008
81525-10-2 Nafamostat, N-00009
81528-80-5 Dalbraminol, D-00005
81531-57-9 Datelliptium(1+), D-00017
81531-58-0 Datelliptium(1+); Acetate, *in* D-00017
81534-20-5 1,2-Benzisoxazole-3-methanesulfonic acid; NH_4 salt, *in* B-00087
81556-15-2 2-Tetradecyloxiranecarboxylic acid; (±)*-form*, *in* T-00110
81569-44-0 4-Methyl-5-thiazolecarboxylic acid; Me ester, *in* M-00310
81584-06-7 Xibenolol; (±)*-form*, *in* X-00012
81588-76-3 Florfenicol; (1*S*,2*R*)*-form*, *in* F-00124
81600-06-8 Vintriptol, V-00045
81602-13-3 Labetalol; (1′*S*,1″*R*)*-form*, B,HCl, *in* L-00001
81602-14-4 Labetalol; (1′*R*,1″*S*)*-form*, B,HCl, *in* L-00001
81602-15-5 Labetalol; (1′*S*,1″*S*)*-form*, B,HCl, *in* L-00001
81604-85-5 Neocarzinostatin chromophore, *in* N-00067
81626-17-7 2-Amino-1-phenyl-1-propanone; (*S*)*-form*, Oxalate, *in* A-00309
81645-08-1 Cadeguomycin, C-00003
81645-09-2 Lavendamycin, L-00018
81656-30-6 Tifluadom; (±)*-form*, *in* T-00265
81669-57-0 Anistreplase, A-00397
81674-79-5 Guaimesal, G-00094
81703-42-6 Bendacalol, B-00043
81703-55-1 Ciprostene calcium, *in* C-00393
81732-65-2 Terbutaline bis(dimethylcarbamate), *in* T-00084
81737-62-4 Bendacalol mesylate, *in* B-00043
81767-39-7 Bendacalol; (2*RS*,2′*SR*,α*SR*,α′*RS*)*-form*, B,HCl, *in* B-00043
81789-85-7 Indenolol hydrochloride, JAN, *in* I-00056
81792-35-0 Teopranitol, T-00074
81801-12-9 Xamoterol, X-00001
81840-15-5 Vesnarinone, V-00026
81840-58-6 Spirendolol, S-00119
81845-44-5 Ciprostene, C-00393
81872-10-8 Zofenopril, Z-00025
81873-90-7 3,7,12-Trihydroxy-24-cholanoic acid; (3β,5β,7β,12β)*-form*, *in* T-00475
81912-55-2 Sturamustine, S-00168
81919-14-4 Bendalina, *in* B-00167
81938-42-3 Zofenopril; K salt, *in* Z-00025
81938-43-4 Zofenopril calcium, *in* Z-00025
81938-67-2 3,7,12-Trihydroxy-24-cholanoic acid; (3α,5β,7β,12β)*-form*, *in* T-00475
81957-25-7 Dazopride fumarate, *in* D-00027
81968-16-3 Mergocriptine, M-00125
81982-32-3 Alpiropride, A-00149
81988-77-4 Paulomycin *A*, P-00044
82009-34-5 Cilastatin, C-00342
82013-55-6 Indanidine hydrochloride, *in* I-00051
82030-87-3 Somatrem, S-00099
82059-50-5 Tofisopam; (*R*)*-form*, *in* T-00342
82059-51-6 Tofisopam; (*S*)*-form*, *in* T-00342
82085-94-7 Rotraxate; *trans-form*, B,HCl, *in* R-00096
82101-08-4 CRL 40827, *in* F-00115
82101-10-8 Flerobuterol, F-00115
82101-17-5 Hipsalazine disodium, *in* I-00166
82101-18-6 BX 661A, *in* B-00008
82114-19-0 Amflutizole, A-00184
82117-51-9 Cinuperone, C-00384
82117-52-0 HR 375, *in* C-00384
82140-22-5 Etolotifen, E-00255
82168-26-1 Adafenoxate, A-00061
82175-75-5 Pimetacin; B,HCl, *in* P-00256
82186-77-4 Fluorenemethanol, F-00178
82189-60-4 Cefotetan sodium, JAN, *in* C-00139
82190-91-8 Flufylline, F-00149
82190-92-9 Flotrenizine; (±)*-form*, *in* F-00126
82190-93-0 Trenizine; (±)*-form*, *in* T-00411
82205-00-3 Estradiol stearate, *in* O-00028
82209-39-0 Piraxelate, *in* O-00139
82219-78-1 Cefuzonam, C-00162
82230-03-3 Carbetimer, C-00047
82239-52-9 Moxiraprine, M-00466
82248-59-7 Tomoxetine hydrochloride, *in* T-00377
82258-36-4 Etomoxir; (±)*-form*, *in* E-00259
82262-76-8 16,17-Diepipseudoreserpine, *in* R-00029
82358-27-8 Balanitin 3, *in* S-00129
82410-32-0 ▷9-(1,3-Dihydroxy-2-propoxymethyl)guanine, D-00350
82413-20-5 Droloxifene; (*E*)*-form*, *in* D-00607
82423-05-0 Cyanonaphthyridinomycin, C-00583
82424-65-5 Amflutizole; Me ester, *in* A-00184
82475-12-5 Cyanocycline *F*, *in* C-00583
82509-56-6 Piroxicillin, P-00352
82509-57-7 VX VC 43 NA, *in* P-00352
82510-81-4 Lomevactone, (3*R*,4*R*,6*R*)*-form*, *in* L-00080
82535-71-5 Protoveratrine C, *in* P-00543
82547-58-8 Cefteram, C-00153
82547-81-7 Cefpivtetrame, *in* C-00153
82562-53-6 Rentiapril; (2*S*,4*R*)*-form*, *in* R-00022
82570-80-7 9-Demethylcephaeline, *in* C-00172
82571-53-7 Ozagrel; (*E*)*-form*, *in* O-00168
82576-50-9 Alahopcin, A-00092
82586-52-5 Moexipril; B,HCl, *in* M-00419
82586-55-8 Quinapril hydrochloride, *in* Q-00012
82599-22-2 Ditiomustine, *in* C-00222
82619-04-3 R 3746, *in* C-00145
82621-08-7 Acetylsongorine, *in* S-00100
82626-01-5 Alpidem, A-00148
82626-48-0 Zolpidem, Z-00033
82640-04-8 LY 156758, *in* R-00005
82650-82-6 Tenilapine; (*Z*)*-form*, *in* T-00069
82650-83-7 Tenilapine; (*E*)*-form*, *in* T-00069
82664-24-2 Antibiotic P 15148, *in* E-00116
82664-25-3 Antibiotic P 15149, *in* E-00116
82664-27-5 Antibiotic P 15153, *in* E-00116
82666-62-4 Sulosemide, S-00233
82691-32-5 Iofetamine hydrochloride, *in* I-00110
82691-33-6 Iofetamine; (±)*-form*, *in* I-00110
82697-73-2 Mezolidon, M-00359
82720-24-9 4,5-Dihydro-5-methyl-4-oxo-5-phenyl-2-furancarboxylic acid; (±)*-form*, *in* D-00290
82749-81-3 Sulosemide; NH_4 salt, *in* S-00233
82752-99-6 Nefazodone hydrochloride, *in* N-00061
82768-44-3 5-(2-Bromovinyl)-2′-deoxyuridine, B-00322
82834-16-0 Perindopril, *in* P-00123
82857-40-7 Tomoxetine; (±)*-form*, B,HCl, *in* T-00377
82909-96-4 1,4-Bis(cyclopropylmethyl)-1,4-piperazine, B-00201
82909-97-5 1,4-Bis(cyclopropylmethyl)-1,4-piperazine; B,2HCl, *in* B-00201
82924-03-6 Pentopril, P-00104
82935-42-0 Remoxipride, R-00021
82956-11-4 Nafamostat mesilate, *in* N-00009
82961-92-0 Indolapril; Maleate, *in* I-00063

82964-04-3 Tolrestat, T-00370
82982-53-4 Zaltidine; B,HBr, *in* Z-00004
82989-25-1 Tazanolast, T-00039
83011-15-8 Baquiloprim; B,2HCl, *in* B-00012
83015-26-3 Tomoxetine; (*R*)-*form*, *in* T-00377
83031-43-0 Sulbactam benzathine, *in* P-00065
83038-87-3 Doxycycline fosfatex, *in* D-00080
83053-39-8 2-(2-Hydroxyphenyl)-4-thiazolecarboxaldehyde, *in* H-00199
83059-56-7 Zabicipril, Z-00001
83150-76-9 Octreotide, O-00025
83153-38-2 Mefenedil fumarate, *in* M-00063
83153-39-3 Tiprinast, T-00316
83166-17-0 Tampramine, T-00024
83166-18-1 Tampramine fumarate, *in* T-00024
83167-24-2 Labetalol; (1′*S*,1″*S*)-*form*, *in* L-00001
83167-31-1 Labetalol; (1′*R*,1″*S*)-*form*, *in* L-00001
83167-32-2 Labetalol; (1′*S*,1″*R*)-*form*, *in* L-00001
83184-43-4 Mifentidine, M-00370
83198-90-7 Tiprinast meglumine, *in* T-00316
83200-08-2 Eproxindine; (±)-*form*, *in* E-00093
83200-09-3 Dembrexine; *trans-form*, *in* D-00060
83200-10-6 Anipamil; (±)-*form*, *in* A-00392
83200-11-7 Vinepidine sulfate, *in* V-00037
83228-38-0 3-(3-Hydroxyphenyl)-1-propylpiperidine; (±)-*form*, *in* H-00194
83242-76-6 Pafenolol, P-00002
83255-74-7 Quinacainol; (±)-*form*, B,2HCl, *in* Q-00008
83275-56-3 Bonnecor, B-00252
83329-79-7 12-Hydroxyellipticine, *in* E-00027
83348-52-1 Doxacurium chloride, *in* D-00589
83366-66-9 Nefazodone, N-00061
83380-47-6 Ofloxacin, O-00032
83386-35-0 Tifluadom, T-00265
83394-44-9 Aminoprofen, A-00316
83395-21-5 Ridazolol, R-00041
83398-29-2 Delapril, D-00051
83435-66-9 Delapril; (*S*)-*form*, *in* D-00051
83435-67-0 Delapril hydrochloride, *in* D-00051
83455-48-5 Bromerguride, B-00288
83455-49-6 Bromerguride; B,HBr, *in* B-00288
83470-64-8 Buciclovir, B-00336
83471-41-4 Pincainide, P-00269
83482-58-0 Demethoxyrapamycin, *in* R-00013
83482-77-3 Vinmegallate, V-00040
83482-78-4 Vinmegallate; Tartrate, *in* V-00040
83519-04-4 Ilmofosine, I-00022
83529-08-2 Tubulozole hydrochloride, *in* T-00572
83529-09-3 Ciladopa hydrochloride, *in* C-00341
83538-74-3 Phenithionate, P-00159
83555-57-1 Violacein; 3,3′-Dihydro, *in* V-00049
83563-93-3 Cyclosporin I, *in* C-00638
83573-53-9 Tizabrin; (1*R*,3*S*,5*R*)-*form*, *in* T-00329
83574-28-1 Cyclosporin F, *in* C-00638
83602-05-5 Spiraprilat, S-00118
83602-39-5 Cyclosporins; Cyclosporin *H*, *in* C-00638
83604-84-6 Pipradimadol; B,$MeSO_3H$, *in* P-00305
83605-12-3 Pipramadol; (+)-*form*, *in* P-00306
83605-13-4 Pipramadol; (+)-*form*, Maleate (1:1), *in* P-00306
83621-06-1 Omoconazole; B,HNO_3, *in* O-00046
83625-35-8 Amebucort, A-00178
83646-97-3 Inocoterone, I-00072
83647-29-4 Droloxifene; (*Z*)-*form*, *in* D-00607
83647-97-6 Spirapril, *in* S-00118
83656-38-6 Ipramidil, I-00154
83688-50-0 Celiprolol; (±)-*form*, *in* C-00163
83689-23-0 Molfarnate, *in* T-00513
83705-13-9 2-Ribofuranosyl-4-selenazolecarboxamide; β-D-*form*, *in* R-00039
83705-14-0 2-Ribofuranosyl-4-selenazolecarboxamide; α-D-*form*, *in* R-00039
83712-60-1 Defibrotide, D-00045
83730-51-2 $N^{2'}$-Desmethylcycleanine, *in* C-00590
83784-18-3 Lutrelin acetate, *in* L-00117
83784-21-8 Menabitan, M-00086
83829-76-9 Bremazocine; (±)-*form*, *in* B-00268
83863-79-0 ▷Florifenine, F-00125
83880-70-0 Dexamethasone acefurate, *in* D-00111
83881-51-0 Cetirizine, C-00184
83881-52-1 Cetirizine hydrochloride, *in* C-00184
83903-06-4 Lupitidine, L-00113
83903-63-3 Dealanylalahopcin, *in* A-00092
83905-01-5 Azithromycin, A-00528
83905-59-3 12-Hydroxystrychnine N^b-oxide, *in* S-00167
83919-23-7 Mometasone furoate, *in* M-00426
83920-54-1 Theophylline lysine, *in* T-00169
83928-66-9 Gepirone hydrochloride, *in* G-00019
83928-76-1 Gepirone, G-00019
83930-13-6 Somatorelin, S-00097
83986-02-1 Cloxathiepin, C-00516
83986-04-3 Cloxathiepin; Maleate (1:1), *in* C-00516
83996-50-3 Ambamustine; B,HCl, *in* A-00165
84025-82-1 3-Methyl-2-phenylmorpholine; (2*R*,3*S*)-*form*, *in* M-00290
84057-84-1 3,5-Diamino-6-(2,3-dichlorophenyl)-1,2,4-triazine, D-00125
84057-95-4 Ropivacaine; (*S*)-*form*, *in* R-00089
84057-96-5 Flusoxolol; (*S*)-*form*, *in* F-00221
84071-15-8 Ramixotidine, R-00009
84071-16-9 CM 57874, *in* R-00009
84071-17-0 Esefil, *in* R-00009
84088-42-6 Roquinimex, R-00091
84145-89-1 Almoxatone; (*R*)-*form*, *in* A-00140
84145-90-4 Nafoxadol, N-00020
84203-09-8 Trifenagrel, T-00458
84203-16-7 Trifenagrel; B,2HCl, *in* T-00458
84209-46-1 Filenadol; (α*RS*,β*SR*)-*form*, B,HCl, *in* F-00105
84210-80-0 Asta Z 7557, *in* M-00004
84225-95-6 Raclopride; (*S*)-*form*, *in* R-00002
84226-12-0 Eticlopride; (*S*)-*form*, *in* E-00233
84233-61-4 Nesosteine, N-00077
84243-58-3 Imazodan, I-00026
84257-38-5 Amiflamine; (*S*)-*form*, Hydrogen tartrate, *in* A-00193
84269-97-6 MD 780236, *in* A-00140
84305-41-9 Cefminox, C-00133
84371-65-3 Mifepristone, M-00371
84379-13-5 Bretazenil, B-00270
84386-11-8 Baxitozine, B-00018
84392-17-6 4′-(Trifluoromethyl)[1,1′-biphenyl]-2-carboxylic acid, T-00465
84393-27-1 Cyclizidine; 6-Ac, *in* C-00594
84393-28-2 Cyclizidine, C-00594
84408-37-7 Desciclovir, *in* A-00060
84441-53-2 Tetraphenyl methylenebisphosphonate, *in* M-00168
84444-90-6 3,4,5-Trihydroxy-2-piperidinemethanol; (2*R*,3*R*,4*R*,5*R*)-*form*, *in* T-00481
84449-90-1 Raloxifene, R-00005
84455-52-7 Oxmetidine mesylate, *in* O-00124
84461-53-0 15β-Hydroxywithaferin *A*, *in* W-00002
84461-54-1 12β-Hydroxywithaferin *A*, *in* W-00002
84472-85-5 3′-Azido-2′,3′-dideoxyuridine, A-00521
84485-00-7 BTS 54524, *in* S-00065
84490-12-0 Piroximone, P-00353
84504-69-8 MN 1695, *in* I-00173
84509-31-9 Nafoxadol; B,HCl, *in* N-00020
84580-09-6 α-Methyl-*p*-(trifluoromethyl)phenethylamine; (*R*)-*form*, B,HCl, *in* M-00313
84580-99-4 α-Methyl-*p*-(trifluoromethyl)phenethylamine; (*R*)-*form*, *in* M-00313
84611-23-4 Erdosteine, E-00100
84625-61-6 Itraconazole, I-00222
84629-60-7 Darenzepine; (*Z*)-*form*, *in* D-00015
84629-61-8 Darenzepine; (*E*)-*form*, *in* D-00015
84697-21-2 Zinoconazole, Z-00021
84697-22-3 Tubulozole, T-00572
84711-20-6 Ifosfamide; (±)-*form*, *in* I-00021
84713-89-3 N-Acetylisopenicillin N, *in* P-00066
84762-34-5 Piperacetam, P-00281
84799-23-5 Tyrosylprolylphenylalanylprolinamide; (1*S*,2*S*,3*S*,4*R*)-*form*, *in* T-00582
84799-24-6 Deprolorphin, D-00085

84845-75-0 Niperotidine, N-00153
84854-86-4 Vaneprim, V-00008
84858-23-1 Flavodilol; (±)-*form*, B,HCl, *in* F-00110
84880-03-5 Cefpimizole, C-00142
84901-45-1 Doliracetam, D-00571
84957-29-9 Cefpirome, C-00144
84957-30-2 Cefquinone, C-00147
84985-36-4 Tizabrin; (1*S*,3*S*,5*R*)-*form*, B,HCl, *in* T-00329
84985-40-0 Tizabrin; (1*R*,3*S*,5*R*)-*form*, B,HCl, *in* T-00329
85053-46-9 Suricainide, S-00277
85053-47-0 Suricainide maleate, *in* S-00277
85056-47-9 Piroxicam olamine, *in* P-00351
85076-06-8 Axamozide, A-00489
85118-43-0 ▷Fluprofylline, F-00210
85118-44-1 Minocromil, M-00386
85125-49-1 Biclodil, B-00153
85136-71-6 Tilisolol, T-00274
85152-62-1 2α-Hydroxyjatrophone, *in* J-00002
85166-20-7 Ciclotropium bromide, *in* C-00335
85181-38-0 Tropanserin hydrochloride, *in* T-00547
85181-40-4 Tropanserin; *endo-form*, *in* T-00547
85197-77-9 Tipredane, T-00314
85201-83-8 Jatrophone; 2β-Hydroxy, *in* J-00002
85201-83-8 2β-Hydroxy-5,6-isojatrophone, *in* J-00002
85246-70-4 Dagapamil; B,HCl, *in* D-00004
85247-76-3 Dagapamil, D-00004
85247-77-4 Ronipamil, R-00086
85287-61-2 Cefpimizole sodium, *in* C-00142
85320-67-8 Ericolol, E-00107
85320-68-9 Amosulalol; (±)-*form*, *in* A-00360
85329-89-1 FCE 21336, *in* C-00002
85392-79-6 Indanidine, I-00051
85407-06-3 1-Nordistamycin *A*, *in* D-00539
85414-47-7 Diprafenone, D-00519
85418-85-5 Sunagrel; (1*RS*,2*SR*)-*form*, *in* S-00270
85418-86-6 Sunagrel, S-00270
85419-09-6 Sunagrel; (1*RS*,2*SR*)-*form*, B,HCl, *in* S-00270
85441-60-7 Quinaprilat, Q-00012
85441-61-8 Quinapril, *in* Q-00012
85443-48-7 Bencianol; (2*R*,3*S*)-*form*, *in* B-00039
85465-88-9 Thymocartin; 1-Me ester, *in* T-00223
85466-18-8 Thymocartin, T-00223
85483-00-7 3-Deoxyaphidicolin, *in* A-00422
85505-64-2 Vapiprost, V-00011
85522-88-9 Adafenoxate; B,HCl, *in* A-00061
85547-35-9 Sisunine, *in* T-00374
85604-00-8 Zaltidine, Z-00004
85606-97-9 3-(2-Thienyl)piperazinone, T-00188
85615-40-3 1,4-Dihydro-2,6-dimethyl-5-nitro-4-[2-(trifluoromethyl)phenyl]-3-pyridinecarboxylic acid, D-00283
85622-93-1 Temozolomide, T-00064
85622-95-3 ▷Mitozolomide, M-00408
85630-48-4 Cloxacepride; Succinate (1:1), *in* C-00514
85637-73-6 Atriopeptin, A-00473
85640-89-7 Viridogrisein II, *in* V-00055
85643-15-8 β-Hydroxymevinolin, *in* M-00348
85661-24-1 Pyrazinecarboxylic acid; Me ester, 1-oxide, *in* P-00560
85666-24-6 Furegrelate, F-00289
85666-25-7 Furegrelate; B,HCl, *in* F-00289
85673-87-6 Revenast, R-00034
85673-88-7 Revenast; B,3HCl, *in* R-00034
85684-07-7 Aganodine; B,HCl, *in* A-00083
85691-73-2 Pirmagrel; Et ester, *in* P-00341
85691-74-3 Pirmagrel, P-00341
85721-33-1 Ciprofloxacin, C-00390
85750-38-5 Erocainide; (*E*,*E*)-*form*, *in* E-00112
85750-39-6 Etilefrine pivalate, *in* A-00272
85754-59-2 Ambamustine, A-00165
85793-29-9 Eproxindine, E-00093
85793-72-2 KC 3791, *in* E-00093
85798-08-9 Quinpirole hydrochloride, *in* Q-00032
85805-55-6 Cycleanine N^2-oxide, *in* C-00590
85815-37-8 Rilmazafone; B,HCl, *in* R-00051
85856-54-8 Moveltipril, M-00457
85888-40-0 Tifluadom; (2*S*)-*form*, *in* T-00265
85921-53-5 MC 838, *in* M-00457
85951-58-2 7-Amino-5,6,7,8-tetrahydro-1-naphthalenol, A-00335
85956-22-5 3β-Hydroxycompactin, *in* C-00539
85956-23-6 3α-Hydroxycompactin, *in* C-00539
85966-89-8 3-(3-Hydroxyphenyl)-1-propylpiperidine; (*S*)-*form*, *in* H-00194
85969-07-9 Budotitane, B-00345
85977-49-7 Tauromustine, T-00033
86015-38-5 Neflumozide hydrochloride, *in* N-00062
86042-50-4 Cistinexine; (*R*,*R*)-*form*, *in* C-00399
86042-51-5 Rec 15-1884-2, *in* C-00399
86048-40-0 Quazolast, *in* C-00259
86073-85-0 Quinacainol, Q-00008
86111-26-4 Zindoxifene, Z-00020
86116-60-1 Azaloxan fumarate, *in* A-00498
86117-56-8 BRL 36650A, *in* F-00239
86140-10-5 Neraminol, N-00073
86168-78-7 Sermorelin, S-00049
86181-42-2 Temelastine, T-00060
86197-47-9 Dopexamine, D-00581
86216-41-3 Broxitalamic acid, B-00333
86273-18-9 Lenampicillin, L-00022
86273-92-9 Tolufazepam, T-00372
86304-28-1 Buciclovir; (*R*)-*form*, *in* B-00336
86315-52-8 Isomazole, I-00190
86324-07-4 *N*-Cyclopentyl-*N*-(3-mercapto-2-methylpropionyl)-glycine; (±)-*form*, *in* C-00633
86334-15-8 Antibiotic P 15150, *in* E-00116
86335-00-4 Buciclovir; (±)-*form*, *in* B-00336
86342-43-0 Diprafenone; B,HCl, *in* D-00519
86347-14-0 4-(α,2,3-Trimethylbenzyl)-1*H*-imidazole, T-00505
86348-98-3 Flunoprost, F-00170
86365-92-6 Trazolopride, T-00406
86386-73-4 Fluconazole, F-00140
86393-32-0 Ciprofloxacin hydrochloride, *in* C-00390
86393-37-5 Amifloxacin, A-00195
86401-95-8 Methylprednisolone aceponate, *in* M-00297
86421-33-2 4′-Methoxymucidin, *in* M-00469
86434-57-3 Beperidium iodide, *in* B-00131
86480-51-5 Proxyphylline; (±)-*form*, *in* P-00551
86482-18-0 Timentin, *in* C-00410
86484-52-8 Dopexamine; B,2HBr, *in* D-00581
86484-91-5 Dopexamine hydrochloride, *in* D-00581
86487-64-1 Setoperone, S-00058
86540-92-3 Kanamycin *A*; 5-Deoxy; B, $1\frac{1}{2}$ H_2SO_4, *in* K-00004
86540-96-7 Proxyphylline; (*R*)-*form*, *in* P-00551
86541-74-4 Benazepril hydrochloride, *in* B-00038
86541-75-5 Benazepril, *in* B-00038
86541-78-8 Benazeprilat; (2′*S*,3*S*)-*form*, *in* B-00038
86574-32-5 Pincainide; B,HCl, *in* P-00269
86596-25-0 Tendamistat, T-00067
86625-90-3 Tetrahydro-2*H*-1,3-thiazine-4-carboxylic acid; (±)-*form*, *in* T-00136
86627-15-8 Aronixil, A-00446
86627-50-1 Lodinixil, L-00070
86636-93-3 Neflumozide, N-00062
86641-76-1 Dibrospidium chloride, *in* D-00169
86662-53-5 Binizolast; B,HCl, *in* B-00171
86662-54-6 Binizolast, B-00171
86696-86-8 3-(2-Thienyl)piperazinone; (±)-*form*, *in* T-00188
86696-87-9 Aganodine, A-00083
86696-88-0 Frabuprofen; (±)-*form*, *in* F-00263
86703-02-8 MDL 899, *in* M-00434
86710-23-8 Imiloxan hydrochloride, *in* I-00036
86718-68-5 Cisapride; *cis*-(±)-*form*, *in* C-00396
86718-70-9 Cisapride; *cis*-(+)-*form*, *in* C-00396
86718-74-3 Cisapride; *cis*-(±)-*form*, B,HCl, *in* C-00396
86719-31-5 Cisapride; *cis*-(−)-*form*, *in* C-00396
86719-33-7 Cisapride; *trans*-(±)-*form*, *in* C-00396
86767-75-1 Octenidine saccharin, *in* O-00020
86776-67-2 Cromakalim, C-00563
86790-15-0 Buparvaquone; *trans-form*, *in* B-00366

86832-68-0 Carumonam sodium, *in* C-00104
86880-51-5 Epanolol; (±)-*form*, *in* E-00071
86901-89-5 Flusoxolol; (*S*)-*form*, Fumarate, *in* F-00221
86901-91-9 Flusoxolol; (*R*)-*form*, Fumarate, *in* F-00221
86914-11-6 Tolgabide, T-00350
86917-61-5 4^B-Demethylolivomycin A, *in* O-00038
86936-90-5 Chryscandin, C-00313
86936-92-7 Chryscandin; B,2HCl, *in* C-00313
86941-25-5 Flusoxolol; (±)-*form*, B,HCl, *in* F-00221
87034-87-5 Bamaluzole, B-00009
87038-06-0 Lofexidine; (*R*)-*form*, B,HCl, *in* L-00075
87051-13-6 Tosulur, T-00391
87051-43-2 Ritanserin, R-00066
87051-46-5 Butanserin, B-00392
87071-16-7 Arclofenin, A-00437
87071-17-8 R 56413, *in* S-00036
87081-57-0 Strobilurin C, *in* M-00469
87116-72-1 Timobesone, T-00286
87129-71-3 Arnolol, A-00445
87139-12-6 Mitomycin *C*; Isomer, *in* M-00404
87151-85-7 Spiradoline; (5*RS*,7*SR*,8*SR*)-*form*, *in* S-00116
87173-92-0 Spiradoline; (5*RS*,7*SR*,8*SR*)-*form*, B,HBr, *in* S-00116
87173-97-5 U 62066*E*, *in* S-00116
87178-42-5 Dosergoside, D-00586
87189-13-7 Prodiame, P-00458
87226-38-8 Etodolac; (±)-*form*, *in* E-00245
87233-61-2 1-(2-Ethoxyethyl)-2-(4-methyl-1-homopiperazinyl)-benzimidazole, E-00166
87233-62-3 KB 2413, *in* E-00166
87239-81-4 Cefpodoxime proxetil, *in* C-00145
87244-76-6 Dosergoside mesilate, *in* D-00586
87249-11-4 Etodolac; (*S*)-*form*, *in* E-00245
87269-59-8 Naxaprostene, N-00054
87269-97-4 Ramiprilat, R-00008
87291-17-6 Antibiotic SQ 26917, *in* A-00533
87333-19-5 1-[2-[[1-(Ethoxycarbonyl)-3-phenylpropyl]amino]-1-oxopropyl]octahydrocyclopenta[*b*]pyrrole-2-carboxylic acid, *in* R-00008
87359-33-9 Isomazole hydrochloride, *in* I-00190
87372-66-5 2-Methyl-1,2-di-3-pyridyl-1-propanone; Oxime, *in* M-00248
87394-87-4 7-Amino-5,6,7,8-tetrahydro-1-naphthalenol; (±)-*form*, *N*,*N*-Dipropyl; B,HBr, *in* A-00335
87425-18-1 α-Ethyl-1-hydroxycyclohexaneacetic acid; (±)-*form*, Nicotinamide salt (1:1), *in* E-00193
87434-82-0 Dezaguanine mesilate, *in* D-00115
87440-45-7 CG 4203, *in* T-00027
87463-91-0 Furegrelate sodium, *in* F-00289
87495-31-6 Disoxaril, D-00538
87495-32-7 Win 51711, *in* D-00538
87495-33-8 Napamezole hydrochloride, *in* N-00040
87500-88-7 PR 1381, *in* C-00421
87501-14-2 ▷Clerocidin, C-00421
87532-32-9 9,10-Epoxy-16-hydroxyverrucarin *A*, *in* V-00023
87551-98-2 Empedopeptin, E-00041
87555-18-8 Tofisopam; (±)-*form*, *in* T-00342
87555-93-9 Diethylenetriamine; *N*,*N*′,*N*″-Tris(4-methylbenzenesulfonyl), *in* D-00245
87556-66-9 Cloticasone, C-00509
87565-54-6 Supidimide; (±)-*form*, *in* S-00272
87606-98-2 GSN (as disodium salt), *in* G-00082
87626-55-9 4-Oxo-2-phenyl-4*H*-1-benzopyran-8-acetic acid, O-00136
87638-04-8 Carumonam, C-00104
87646-83-1 Lodazecar, L-00069
87679-37-6 Trandolapril, *in* T-00396
87679-71-8 Trandolaprilat, T-00396
87687-13-6 BTM 1086, *in* D-00291
87691-91-6 Tiospirone, T-00304
87691-92-7 Tiospirone; B,HCl, *in* T-00304
87695-80-5 Antibiotic U 56407, A-00410
87697-99-2 Kelletinin I, *in* E-00114
87721-62-8 Flestolol, *in* D-00352
87729-89-3 Seganserin, S-00036
87747-30-6 Dizocilpine; (±)-*form*, Oxalate, *in* D-00560
87771-40-2 Ioversol, I-00146
87784-12-1 1-[2-(4-Pyridinylamino)benzoyl]piperidine, P-00575
87810-56-8 Fostriecin, F-00260
87848-99-5 Acrivastine, A-00049
87858-98-8 Lofexidine; (*S*)-*form*, B,HCl, *in* L-00075
87860-37-5 Antibiotic PD 113270, *in* F-00260
87860-38-6 Antibiotic PD 113271, *in* F-00260
87862-25-7 Iobenguane; Sulfate, *in* I-00090
87936-75-2 Tazadolene; (*E*)-(±)-*form*, *in* T-00038
87936-82-1 Tazadolene succinate, *in* T-00038
87952-98-5 Mespirenone, M-00135
88036-80-0 Amifloxacin mesylate, *in* A-00195
88040-23-7 Cefepime, C-00125
88041-40-1 Lemidosul, L-00021
88052-45-3 Cinoxopazide; (*E*)-*form*, B,HCl, *in* C-00379
88053-05-8 Cinoxopazide, C-00379
88058-88-2 Naxagolide; (4*aR*,10*bR*)-*form*, *in* N-00053
88059-64-7 Lemidosul; B,HCl, *in* L-00021
88068-67-1 3-[2-[4-(2-Methoxyphenyl)-1-piperazinyl]ethyl - 2,4(1*H*,3*H*)quinazolinedione, M-00213
88068-72-8 SGB 1534, *in* M-00213
88107-10-2 Tomelukast, T-00375
88111-67-5 Haloxazolam; (±)-*form*, *in* H-00020
88124-27-0 Etazepine, E-00142
88133-11-3 Bemitradine, B-00033
88134-91-2 Falintolol, F-00010
88150-42-9 Amlodipine, A-00351
88198-94-1 8-Hydroxy-1(10),4,11(13)-germacratrien-12,6-olide; (1(10)*E*,4*E*,6β,8β)-*form*, *in* H-00134
88199-75-1 Sevitropium mesilate, *in* S-00059
88254-07-3 3′-Deamino-3′-(3-cyanomorpholino)doxorubicin, *in* A-00080
88254-99-3 Netobimin; Na salt, *in* N-00079
88255-01-0 Netobimin, N-00079
88255-03-2 Netobimin; Ca salt (2:1), *in* N-00079
88293-09-8 Nanaomycin βA, *in* N-00036
88296-61-1 5-Methyl-1,6-naphthyridin-2(1*H*)-one, M-00272
88296-62-2 Transcainide; *trans*-(±)-*form*, *in* T-00398
88321-09-9 Aloxistatin, *in* M-00266
88362-77-0 5-Chlorooxazalo[4,5-*h*]quinoline-2-carboxylic acid; Na salt, *in* C-00259
88377-68-8 Adrenorphin, A-00078
88391-91-7 Ociltide; (3′*S*)-*form*, *in* O-00002
88416-32-4 5-Deoxygentamicin C_{2b}, *in* G-00018
88426-32-8 3,7-Bis(sulfooxy)cholan-24-oic acid, B-00236
88426-42-0 Gentamicin *C*; Gentamicin C_{2b}, 2-Hydroxy-6′-*N*-Me, *in* G-00018
88431-47-4 Clomoxir, C-00474
88437-23-4 N-Deacetyl-N-3-oxobutyrylcolchicine, *in* C-00534
88476-76-0 1,4-Bis[2-(diethylamino)ethoxy]anthraquinone, B-00205
88569-63-5 Amifloxacin; Et ester, *in* A-00195
88578-07-8 Imoxiterol, I-00043
88578-08-9 Imoxiterol; 2B,H_2SO_4, *in* I-00043
88578-14-7 Imoxiterol; B,2HCl, *in* I-00043
88578-18-1 Imoxiterol; Fumarate (1:1), *in* I-00043
88579-39-9 Tasuldine, T-00029
88579-40-2 Tasuldine; B,HCl, *in* T-00029
88629-90-7 Alteconazole, A-00155
88637-37-0 Diphenhydramine citrate, *in* D-00484
88660-47-3 Dihydroergocryptine; [5′α(*R*)]-*form*, *in* D-00285
88669-04-9 Trospectomycin, T-00557
88678-31-3 Peritetrate, P-00125
88728-81-8 Ociltide; (3′*S*)-*form*, B,HCl, *in* O-00002
88763-78-4 Supidimide; (*R*)-*form*, *in* S-00272
88768-40-5 9-[(1-Ethoxycarbonyl-3-phenylpropyl)amino]-10-oxoperhydropyridazino[1,2-*a*][1,2]-diazepine-1-carboxylic acid, *in* C-00343
88768-67-6 3-(3-Hydroxyphenyl)-1-propylpiperidine; (*S*)-*form*, B,HCl, *in* H-00194
88824-78-6 Cilazaprilat; 1′-Et ester; B,HCl, *in* C-00343
88844-73-9 Flestolol sulfate, *in* D-00352
88851-61-0 Trospectomycin sulfate, *in* T-00557

88851-62-1 Piriprost potassium, *in* P-00334
88859-04-5 Mafosfamide; *cis*-(±)-*form*, *in* M-00004
88889-14-9 Fosinopril sodium, *in* C-00611
88977-22-4 Isradipine; (±)-*form*, *in* I-00219
89053-43-0 Guaimesal; (±)-*form*, *in* G-00094
89149-10-0 15-Deoxyspergualin, *in* S-00112
89163-44-0 Cinaproxen; (2*R*,2′*S*)-*form*, *in* C-00356
89194-77-4 Bisaramil, B-00192
89197-32-0 Efaroxan, E-00017
89198-09-4 Imazodan hydrochloride, *in* I-00026
89210-93-5 [6-(2-Chloro-4-methoxyphenoxy)hexyl]phosphonic acid, C-00254
89224-07-7 Trenizine, T-00411
89226-50-6 Manidipine, M-00017
89226-75-5 CV 4093, *in* M-00017
89303-63-9 Atiprosine, A-00470
89303-64-0 Atiprosin maleate, *in* A-00470
89362-24-3 Bicyclomycin; (±)-*form*, *in* B-00158
89365-50-4 Salmeterol; (±)-*form*, *in* S-00019
89371-37-9 Imidapril, I-00029
89391-50-4 Imirestat, I-00041
89396-94-1 TA 6366, *in* I-00029
89410-65-1 Temarotene, T-00059
89457-62-5 Degratef, *in* M-00019
89613-77-4 Mezacopride, *in* Z-00002
89662-30-6 Detirelix, D-00107
89667-39-0 7-Phenyl-7-(3-pyridinyl)-6-heptenoic acid; (*Z*)-*form*, *in* P-00205
89667-40-3 7-Phenyl-7-(3-pyridinyl)-6-heptenoic acid; (*E*)-*form*, *in* P-00205
89747-91-1 Benazeprilat, B-00038
89767-59-9 Salmisteine, *in* A-00031
89778-25-6 Toremifene; (*Z*)-*form*, B,HCl, *in* T-00388
89778-26-7 Toremifene; (*Z*)-*form*, *in* T-00388
89778-27-8 Toremifene; (*Z*)-*form*, Citrate, *in* T-00388
89786-04-9 Tazobactam, T-00043
89796-99-6 Aceclofenac, *in* D-00210
89797-00-2 Iopentol, I-00126
89838-96-0 8-[(1,4,5-Triphenyl-1*H*-imidazol-2-yl)oxy]-octanoic acid, T-00525
89875-86-5 Tiflucarbine, T-00266
89899-81-0 Ammonium-21-tungsto-9-antimoniate, *in* H-00059
89943-82-8 Cicletanine; (±)-*form*, *in* C-00327
89987-06-4 Tiludronic acid, T-00280
90038-01-0 Domosedan, *in* D-00426
90055-48-4 Clopidogrel; (±)-*form*, *in* C-00484
90055-49-5 Clopidogrel; (±)-*form*, B,HCl, *in* C-00484
90055-97-3 Tienoxolol; (±)-*form*, *in* T-00262
90098-04-7 2-(4-Chlorobenzoylamino)-3-[2(1*H*-quinolin-4-yl]-propanoic acid, C-00219
90101-16-9 Droxicam, D-00615
90104-48-6 Doreptide, D-00584
90139-06-3 Cilazaprilat, C-00343
90182-92-6 Zacopride, Z-00002
90207-12-8 Sulicrinat, S-00224
90237-04-0 Secoverine; (+)-*form*, *in* S-00033
90237-06-2 DU 23903, *in* S-00033
90243-97-3 Spiclamine, S-00113
90243-98-4 Dimoxaprost, D-00462
90247-08-8 8-Chloro-3-(2-fluorophenyl)-5,6-dihydrofuro[3,2-*f*]-1,2-benzisoxazole-6-carboxylic acid; (±)-*form*, *in* C-00240
90247-29-3 8-Chloro-3-(2-fluorophenyl)-5,6-dihydrofuro[3,2-*f*]-1,2-benzisoxazole-6-carboxylic acid; (*R*)-*form*, *in* C-00240
90247-30-6 8-Chloro-3-(2-fluorophenyl)-5,6-dihydrofuro[3,2-*f*]-1,2-benzisoxazole-6-carboxylic acid; (*S*)-*form*, *in* C-00240
90274-22-9 Darenzepine, D-00015
90274-23-0 Zaltidine hydrochloride, *in* Z-00004
90274-24-1 Ractopamine hydrochloride, *in* B-00414
90293-01-9 Bifemelane, B-00161
90301-59-0 5-(2-Chloroethyl)-2′-deoxyuridine, *in* C-00239
90301-68-1 5-(2-Chloroethyl)uracil, C-00239
90326-85-5 Nesapidil, N-00076
90350-40-6 Methylprednisolone suleptanate, *in* M-00297
90408-21-2 Efetozole, E-00018
90509-02-7 Luxabendazole, L-00119
90523-31-2 Azidopine, A-00523
90566-53-3 Fluticasone, F-00227
90581-63-8 Falintolol; (±)-*form*, *in* F-00010
90685-01-1 Pitrazepin, P-00360
90693-76-8 Eptaloprost, E-00096
90697-19-1 1-Bromoestradiol, *in* O-00028
90697-56-6 (2-Imidazol-1-yl)ethyl benzoate, I-00031
90697-57-7 Motapizone; (±)-*form*, *in* M-00454
90729-41-2 Oxodipine, O-00128
90729-42-3 Carebastine, C-00073
90729-43-4 Ebastine, E-00001
90733-40-7 Edifolone, E-00013
90733-42-9 Edifolone acetate, *in* E-00013
90749-32-9 Laprafylline, L-00010
90828-99-2 Itrocainide, I-00223
90829-00-8 Itrocainide; B,HCl, *in* I-00223
90845-56-0 Trecadrine, T-00407
90849-08-4 Oximonam sodium, *in* O-00115
90850-05-8 Gloximonam, *in* O-00115
90877-48-8 Terbutaline; (+)-*form*, *in* T-00084
90878-85-6 HSR 770, *in* I-00048
90895-85-5 Ronactolol, R-00083
90898-90-1 Oximonam, O-00115
90961-53-8 Tedisamil, T-00050
90992-25-9 Besulpamide, B-00139
91017-58-2 Abunidazole, A-00003
91161-71-6 Terbinafine, T-00081
91257-14-6 Tuvatidine, T-00576
91296-86-5 Difloxacin hydrochloride, *in* D-00268
91304-04-0 Dimetagrel, D-00388
91374-20-8 Ropinirole; B,HCl, *in* R-00087
91374-21-9 Ropinirole, R-00087
91406-11-0 Esuprone, E-00130
91431-42-4 Lonapalene, *in* C-00257
91432-48-3 Ascamycin, A-00454
91440-86-7 Piroxantrone, B,1·8HCl, *in* P-00350
91441-23-5 Piroxantrone, P-00350
91463-82-0 Nefopam; (*R*)-*form*, *in* N-00063
91524-14-0 Napamezole, N-00040
91524-15-1 Irloxacin, I-00171
91524-18-4 Azumolene sodium, *in* A-00534
91586-90-2 Iodomethanesulfonic acid; Bromide, *in* I-00106
91587-01-8 Pelretin; (*E*,*E*,*E*)-*form*, *in* P-00054
91618-36-9 Ibafloxacin, I-00002
91625-75-1 6-Fluorovitamin D_3, *in* V-00062
91700-98-0 56-Demethylvancomycin, *in* V-00007
91714-93-1 Bromfenac sodium, *in* A-00219
91714-94-2 [2-Amino-3-(4-bromobenzoyl)phenyl]acetic acid, A-00219
91753-07-0 5,14-Dihydrobenz[5,6]isoindolo[2,1-*b*]-isoquinoline-8,13-dione, D-00279
91797-60-3 Sertraline; (1*R*,4*S*)-*form*, *in* S-00052
91833-77-1 Rocastine, R-00070
91853-75-7 Afurolol; (*R*)-*form*, *in* A-00082
91878-52-3 Celiprolol; (*R*)-*form*, *in* C-00163
92071-51-7 Rotraxate; *trans*-*form*, *in* R-00096
92096-16-7 3-O-Demethylmonensin, *in* M-00428
92118-27-9 Fotemustine, F-00261
92134-72-0 Cicletanine, C-00327
92175-57-0 Kelatorphan; (1*S*,1′*R*)-*form*, *in* K-00007
92175-64-9 Kelatorphan; (1*S*,1′*S*)-*form*, *in* K-00007
92210-43-0 Bemarinone, B-00031
92231-92-0 CRL 41034, *in* P-00118
92257-40-4 Dizatrifone, D-00559
92268-40-1 Perfomedil, P-00118
92278-12-1 Gramicidin *S*; Gramicidin S_2, *in* G-00083
92278-13-2 Gramicidin *S*; Gramicidin S_3, *in* G-00083
92302-55-1 Devapamil, D-00110
92308-96-8 Rutamycin B, *in* O-00037
92339-11-2 Iodixanol, I-00099
92588-09-5 Pyrextramine, P-00567
92589-98-5 TVXQ7821, *in* I-00167
92602-21-6 KY 109, *in* C-00122
92615-20-8 Nafenodone; (±)-*form*, *in* N-00013

92615-21-9 Nafenodone; (±)-*form*, B,HCl, *in* N-00013
92615-38-8 Nafenodone; (−)-*form*, *in* N-00013
92615-39-9 Nafenodone; (−)-*form*, B,HCl, *in* N-00013
92623-83-1 Pravadoline, P-00402
92623-85-3 Milnacipran; (±)-*cis-form*, *in* M-00376
92629-87-3 Nafenodone; (+)-*form*, *in* N-00013
92665-29-7 Cefprozil, C-00146
92681-39-5 Aphidicolin; 3,18-Orthoacetate, *in* A-00422
92702-71-1 *N*-(*α*-Phenylbutyryl)methionine, P-00181
92884-12-3 Erocainide; (*E,E*)-*form*, Fumarate (1:1), *in* E-00112
92928-91-1 Peraclopone, P-00110
92990-90-4 Azapride, A-00505
93105-81-8 2-Chloro-4-(1-hydroxyoctadecyl)benzoic acid, C-00246
93106-60-6 Enrofloxacin, E-00068
93133-32-5 *N*-Cyclopentyl-*N*-(3-mercapto-2-methylpropionyl)-glycine; (*S*)-*form*, *in* C-00633
93181-81-8 Daxatrigine, D-00021
93181-85-2 Endixaprine, E-00046
93235-19-9 Tropanserin; *exo-form*, *in* T-00547
93235-24-6 Tropanserin; *exo-form*, B,HCl, *in* T-00547
93277-96-4 Altapizone, A-00154
93413-04-8 Asperlicin, A-00463
93413-69-5 Venlafaxine; (±)-*form*, *in* V-00015
93468-87-2 Devapamil; (*S*)-*form*, *in* D-00110
93479-96-0 Alteconazole; (2*RS*,3*RS*)-*form*, *in* A-00155
93675-85-5 1-(2-Hydroxyethyl)-1,4-cyclohexanediol, H-00131
93738-40-0 Ralitoline; (*Z*)-*form*, *in* R-00004
93752-55-7 Albocycline M-1, *in* A-00099
93752-56-8 Albocycline M-2, *in* A-00099
93752-57-9 Albocycline M-4, *in* A-00099
93752-58-0 Albocycline M-5, *in* A-00099
93752-59-1 Albocycline M-6, *in* A-00099
93775-29-2 Albocycline M-3, *in* A-00099
93793-83-0 Altat, *in* R-00097
93797-94-5 Atiprosine; B,2HBr, *in* A-00470
93821-75-1 Butinazocine, B-00406
93851-86-6 Reboxetine, R-00018
93908-02-2 Rebeccamycin, R-00017
93929-95-4 Ekonal, *in* N-00193
93943-87-4 7-Phenyl-7-(3-pyridinyl)-6-heptenoic acid, P-00205
94011-82-2 Bazinaprine, B-00019
94058-86-3 2-Amino-5-chlorobenzoxazole; *Imino-form*, 2-*N*-benzyl, 3-Me, *in* A-00225
94079-80-8 Cicaprost, C-00323
94096-42-1 Nafenodone; (+)-*form*, B,HCl, *in* N-00013
94192-59-3 Lixazinone, L-00063
94218-75-4 Teceleukin, *in* I-00081
94344-99-7 7-Amino-5,6,7,8-tetrahydro-1-naphthalenol; (±)-*form*, *in* A-00335
94386-65-9 Pelrinone, P-00055
94419-87-1 Tiflucarbine; B,HCl, *in* T-00266
94444-50-5 TVX P 4495, *in* T-00266
94483-91-7 Fezolamine; B,HCl, *in* F-00100
94497-51-5 4-[[(5,6,7,8-Tetrahydro-5,5,8,8-tetramethyl-2-naphthalenyl)amino]carbonyl]benzoic acid, T-00131
94513-55-0 Dehydroryanodine, *in* R-00108
94617-81-9 4-Amino-*N*-(2-aminophenyl)benzamide; B,2HCl, *in* A-00208
94746-78-8 Molracetam, M-00424
94747-57-6 Molracetam; B,HCl, *in* M-00424
94749-04-9 Salmeterol; (±)-*form*, Benzoate, *in* S-00019
94749-10-7 Salmeterol; (±)-*form*, Sulfate (2:1), *in* S-00019
94767-59-6 Paulomycinone *A*, *in* P-00044
94799-76-5 Spiraprilat; Maleate (2:1), *in* S-00118
94799-82-3 4-[2-(3,5-Dimethyl-2-oxocyclohexyl)-2-hydroxyethyl]-2,6-piperidinedione; (1*R*,3*R*,5*S*,*αS*)-*form*, *in* D-00441
94841-17-5 Spirapril hydrochloride, *in* S-00118
94936-90-0 6-(3,4-Dimethoxyphenyl)-1-ethyl-3,4-dihydro-3-methyl-4-[(2,4,6-trimethylphenyl)imino]-2(1*H*)-pyrimidinone, D-00401
95013-41-5 Calmidazolium(1+), C-00017
95058-70-1 Nictiazem, N-00106
95120-44-8 Misonidazole; (±)-*form*, *in* M-00395
95145-23-6 ▷Colistin; Colistin A_H, *in* C-00536
95145-24-7 ▷Colistin; Colistin A_L, *in* C-00536
95145-25-8 ▷Colistin; Colistin B_H, *in* C-00536
95145-27-0 ▷Colistin; Colistin B_L, *in* C-00536
95153-31-4 Perindoprilat, P-00123
95203-42-2 Manozodil; B,HCl, *in* M-00020
95355-10-5 Domipizone; (±)-*form*, *in* D-00573
95374-42-8 Prideperone; B,HCl, *in* P-00428
95374-52-0 Prideperone, P-00428
95520-81-3 Elziverine, E-00032
95520-82-4 Elziverine; B,2HBr, *in* E-00032
95549-92-1 Metazosin; (±)-*form*, *in* M-00156
95550-00-8 VUFB 15111, *in* M-00156
95588-08-2 Tipentosin, T-00310
95630-14-1 Transcainide; *trans*-(−)-*form*, *in* T-00398
95630-16-3 Transcainide; *trans*-(+)-*form*, *in* T-00398
95635-55-5 Ranolazine; (±)-*form*, *in* R-00012
95635-56-6 RS 43285, *in* R-00012
95668-38-5 Idralfidine, I-00018
95668-39-6 CBS 1276, *in* I-00018
95671-26-4 Tipentosin hydrochloride, *in* T-00310
95729-65-0 Azetirelin, A-00518
95755-20-7 Fluoromethotrexate, F-00187
95847-70-4 Ipsapirone, I-00167
95847-87-3 Revospirone, R-00035
95896-08-5 Anaritide, A-00377
95896-48-3 Iofetamine, I-00110
96036-03-2 Meropenem, M-00128
96055-45-7 Nicotine polacrilex, *in* N-00103
96128-89-1 Erythromycin acistrate, *in* E-00115
96153-56-9 Bisfentidine, B-00214
96153-57-0 Bisfentidine; Maleate (1:2), *in* B-00214
96164-19-1 Peraclopone; (*E*)-(±)-*form*, *in* P-00110
96187-53-0 Brequinar, B-00269
96191-65-0 Ioxabrolic acid, I-00147
96201-88-6 Bipenquinate sodium, *in* B-00269
96207-25-9 Ciglitazone; (*R*)-*form*, *in* C-00339
96258-13-8 Tribendilol; (±)-*form*, *in* T-00427
96301-34-7 1-Methylandrosta-1,4-diene-3,17-dione, M-00223
96306-34-2 Timelotem; (±)-*form*, *in* T-00283
96328-17-5 Adechlorin, A-00066
96337-50-7 Tifluadom; (±)-*form*, B,HCl, *in* T-00265
96346-61-1 Onapristone, O-00047
96389-68-3 Crisnatol, C-00560
96427-12-2 Lactalfate, L-00003
96450-13-4 Acebutolol; (*R*)-*form*, B,HCl, *in* A-00006
96478-43-2 Irindalone; (1*R*,3*S*)-*form*, *in* I-00170
96480-03-4 9-(2,3-Dihydroxy-1-propoxymethyl)guanine; (*S*)-*form*, *in* D-00351
96487-37-5 Nuvenzipine, N-00233
96497-67-5 Cytorhodin *S*, C-00665
96513-33-6 Acesaniamide, A-00017
96645-87-3 Erizepine, E-00111
96647-03-9 Flomoxef; Na salt, *in* F-00120
96743-96-3 Ramciclane, R-00006
96782-90-0 Methyclothiazide; (±)-*form*, *in* M-00218
96807-43-1 Mitonafide; B,HCl, *in* M-00405
96807-46-4 Pinafide; B,HCl, *in* P-00266
96829-58-2 *N*-Formylleucine 1-[(3-hexyl-4-oxo-2-oxetanyl)-methyl]dodecyl ester, *in* L-00055
96829-59-3 Lipstatin, L-00055
96914-39-5 Dizactamide; *cis*-(±)-*form*, *in* D-00558
96914-40-8 Dizactamide; *trans*-(±)-*form*, *in* D-00558
96922-80-4 Topanicate, T-00380
97048-13-0 Urofollitropin, U-00015
97067-66-8 UP 788-42, *in* T-00262
97110-59-3 Trazium esilate, *in* T-00404
97221-00-6 Carteolol; (±)-*form*, *in* C-00102
97229-15-7 Indatraline; (1*RS*,3*RS*)-*form*, *in* I-00053
97240-79-4 MCN 4853, *in* T-00382
97275-40-6 Cefcanel daloxate, *in* C-00122
97466-90-5 Quinelorane; (5*aR*,9*aR*)-*form*, *in* Q-00019
97483-17-5 Tifurac, T-00267

97518-16-6 Ceftibuten; Di-Na salt, *in* C-00155
97519-39-6 Ceftibuten, C-00155
97558-62-8 Flumalol, F-00151
97642-74-5 Clomifenoxide, *in* C-00471
97702-82-4 Iosarcol, I-00133
97747-88-1 Lilopristone; (*Z*)-*form*, *in* L-00049
97783-32-9 Pyrextramine; Oxalate (1:4), *in* P-00567
97825-25-7 Butopamine; (±)-*form*, *in* B-00414
97852-72-7 Tibenelast, T-00249
97858-51-0 Tifluadom; (2*S*)-*form*, B,HCl, *in* T-00265
97858-52-1 Tifluadom; (2*S*)-*form*, *p*-Toluenesulfonate, *in* T-00265
97878-35-8 Libenzapril, L-00042
97878-67-6 Libenzapril; Et ester, *in* L-00042
97900-88-4 Hoe 062, *in* R-00097
97928-20-6 Ebastine; Maleate (1:1), *in* E-00001
97938-09-5 11-Deschlororebeccamycin, *in* R-00017
97964-54-0 Tomoglumide, T-00376
97964-56-2 Lorglumide; (±)-*form*, *in* L-00096
97997-45-0 Rolgamidine; (2*R**,5*R**)-*form*, *in* R-00075
97997-52-9 Rolgamidine; (2*R**,5*R**)-*form*, B,2HCl, *in* R-00075
98048-07-8 Fomidacillin, F-00239
98048-97-6 Fosinopril, *in* C-00611
98059-18-8 Immuneron, *in* I-00079
98059-61-1 Interferon Gamma-1b, *in* I-00079
98079-51-7 Lomefloxacin, L-00078
98079-52-8 Lomefloxacin; (±)-*form*, B,HCl, *in* L-00078
98079-55-1 Lomefloxacin; (*R*)-*form*, *in* L-00078
98079-62-0 Lomefloxacin; (*S*)-*form*, *in* L-00078
98092-92-3 Delmopinol; (±)-*form*, B,HCl, *in* D-00055
98106-17-3 Difloxacin, D-00268
98123-83-2 Epsiprantel; (±)-*form*, *in* E-00095
98185-20-7 Raclopride tartrate, *in* R-00002
98204-48-9 Spirofylline, S-00122
98205-86-8 Flesinoxan, F-00117
98205-89-1 DU 29373, *in* F-00117
98206-09-8 DU 28853, *in* E-00030
98206-10-1 Flesinoxan; (+)-*form*, *in* F-00117
98207-12-6 Lobuprofen, L-00067
98207-13-7 Lobuprofen; B,HCl, *in* L-00067
98207-14-8 Frabuprofen, F-00263
98207-15-9 Frabuprofen; (±)-*form*, B,HCl, *in* F-00263
98224-03-4 Eltoprazine, E-00030
98311-64-9 Nifalatide acetate, *in* N-00109
98330-05-3 Anpirtoline, A-00398
98410-36-7 Palatrigine, P-00004
98410-37-8 Palatrigine; B,$MeSO_3H$, *in* P-00004
98459-16-6 Centphenaquin; B,2HCl, *in* C-00168
98625-27-5 Azidopine; (±)-*form*, *in* A-00523
98647-67-7 Iodipine, I-00098
98651-66-2 Ulobetasol, U-00006
98717-15-8 Ropivacaine; (*S*)-*form*, B,HCl, *in* R-00089
98769-81-4 Reboxetine; (2*RS*,α*RS*)-*form*, *in* R-00018
98769-82-5 Reboxetine; (2*RS*,α*RS*)-*form*, B,$MeSO_3H$, *in* R-00018
98769-84-7 Reboxetine; (2*RS*,α*SR*)-*form*, B,$MeSO_3H$, *in* R-00018
98804-55-8 17-Hydroxy-4-oestren-3-one; 17β-*form*, Sulfo, *in* H-00185
98813-22-0 Steffimycin C, *in* S-00143
98819-76-2 Reboxetine; (2*S*,α*S*)-*form*, *in* R-00018
98819-77-3 Reboxetine; (2*S*,α*S*)-*form*, B,$MeSO_3H$, *in* R-00018
98820-75-8 Alafosfalin; $(R)_C(R)_P$-*form*, *N*-Benzyloxycarbonyl, *in* A-00091
98820-76-9 Alafosfalin; $(R)_C(S)_P$-*form*, *N*-Benzyloxycarbonyl, *in* A-00091
98857-06-8 Alafosfalin; $(R)_C(R)_P$-*form*, *in* A-00091
99107-52-5 Bunaprolast, B-00360
99146-52-8 AHR 11190, *in* Z-00002
99149-95-8 Saruplase, S-00026
99156-66-8 Barmastine, B-00015
99200-09-6 Nebivolol, N-00057
99210-65-8 Interferon Alfa-2b, *in* I-00079
99248-32-5 Donetidine, D-00577
99248-33-6 Seglitide acetate, *in* C-00592
99258-56-7 Oxamisole, O-00083
99291-24-4 Dropropizine; (−)-*form*, *in* D-00610
99300-78-4 Wy 45030, *in* V-00015
99323-21-4 Inaperisone, I-00048
99464-64-9 Ampiroxicam, A-00370
99493-23-9 Ciladopa; (−)-*form*, *in* C-00341
99495-90-6 Flecainide; (*R*)-*form*, *in* F-00114
99495-92-8 Flecainide; (*S*)-*form*, *in* F-00114
99495-93-9 Flecainide; (*S*)-*form*, B,AcOH, *in* F-00114
99495-94-0 Flecainide; (*R*)-*form*, B,AcOH, *in* F-00114
99499-40-8 Disuprazole, D-00544
99500-54-6 Efetozole; (±)-*form*, *in* E-00018
99518-29-3 Derpanicate, D-00090
99522-79-9 Methyl 3-phenyl-2-propen-1-yl 1,4-dihydro-2,6-dimethyl-4-(3-nitrophenyl)-3,5-pyridinedicarboxylate; (*E*)-*form*, *in* M-00292
99591-83-0 Siguazodan, S-00067
99592-32-2 Sertaconazole, S-00051
99592-39-9 Sertaconazole; (±)-*form*, B,HNO_3, *in* S-00051
99593-25-6 Rilmazafone, R-00051
99614-02-5 Ondansetron; (±)-*form*, *in* O-00048
99617-33-1 Mezacopride hydrochloride, *in* Z-00002
99665-00-6 Flomoxef, F-00120
99705-65-4 Naxagolide; (4a*R*,10b*R*)-*form*, B,HCl, *in* N-00053
99780-88-8 1,3,4,6,7,11b-Hexahydro-2*H*-pyrazino[2,1-*a*]isoquinoline; (*R*)-*form*, *in* H-00051
99803-72-2 Nerbacadol, N-00074
99876-41-2 Prolame, P-00471
99964-44-0 Ryania Diterpene ester B, *in* R-00108
100020-51-7 1-[3-Azido-4-(hydroxymethyl)cyclopentyl]-5-methyl-2,4(1*H*,3*H*)pyrimidinedione; (±)-*form*, *in* A-00522
100035-75-4 Evandamine; (±)-*form*, *in* E-00277
100082-08-4 Ryania Diterpene ester A, *in* R-00108
100082-09-5 Ryania Diterpene ester D, *in* R-00108
100188-33-8 Piridronate sodium, *in* P-00327
100227-05-2 Pirtenidine; B,HCl, *in* P-00358
100285-48-1 4-Methyl-*N*-[3-(4-morpholinyl)propyl]-6-(trifluoromethyl)-4*H*-furo[3,2-*b*]indole-2-carboxamide, M-00270
100330-91-4 Quinazopyrine, Q-00013
100345-64-0 Siagoside, S-00063
100428-20-4 Flecainide; (*S*)-*form*, B,HCl, *in* F-00114
100428-21-5 Flecainide; (*R*)-*form*, B,HCl, *in* F-00114
100499-91-0 Tuvatidine; B,HCl, *in* T-00576
100499-96-5 Tuvatidine; Maleate (2:1), *in* T-00576
100510-33-6 Adibendan, A-00069
100551-63-1 Exametazime; (*RS*,*SR*)-*form*, *in* E-00278
100570-65-8 Nipradilol; (2′*R*,3*R*)-*form*, *in* N-00154
100570-67-0 Nipradilol; (2′*R*,3*S*)-*form*, *in* N-00154
100643-96-7 Indolidan, I-00064
100650-00-8 Stilbenemidine, S-00154
100680-33-9 Cefuroxime pivoxetil, *in* C-00161
100927-14-8 Befiperide, B-00026
100981-43-9 Ebrotidine, E-00002
100986-85-4 Ofloxacin; (−)-*form*, *in* O-00032
101053-01-4 2-Amino-5-phenyl-4(5*H*)-oxazolone; (±)-*form*, *in* A-00306
101152-94-7 Milnacipran; (±)-*cis*-*form*, B,HCl, *in* M-00376
101155-02-6 9-(2-Fluorobenzyl)-6-methylamino-9*H*-purine, F-00182
101190-60-7 9-(2-Fluorobenzyl)-6-methylamino-9*H*-purine; B,HCl, *in* F-00182
101218-44-4 Bisantrene; B,HCl, AcOH, *in* B-00191
101238-49-7 Emopamil; (±)-*form*, B,HCl, *in* E-00039
101238-50-0 Emopamil; (+)-*form*, *in* E-00039
101238-51-1 Emopamil; (−)-*form*, *in* E-00039
101238-54-4 Emopamil; (−)-*form*, B,HCl, *in* E-00039
101238-55-5 Emopamil; (±)-*form*, *in* E-00039
101238-56-6 Emopamil; (+)-*form*, B,HCl, *in* E-00039
101303-98-4 Zacopride hydrochloride, *in* Z-00002
101335-99-3 Eprovafen, E-00092
101363-10-4 Rufloxacin, R-00104
101389-86-0 Fluparoxan, F-00197
101389-87-1 GR 50360A, *in* F-00197
101396-42-3 Mequitazium iodide, *in* M-00110
101396-47-8 Mequitazium(1+); Methanesulfonate, *in* M-00110

101411-70-5 Paldimycin; Paldimycin *A*, *in* P-00005
101411-71-6 Paldimycin; Paldimycin *B*, *in* P-00005
101489-38-7 Isorengyol, *in* H-00131
101526-62-9 Sematilide; B,HCl, *in* S-00040
101526-83-4 Sematilide, S-00040
101626-69-1 Bemarinone hydrochloride, *in* B-00031
101626-70-4 Talipexole, T-00009
101689-06-9 2-Heptanamine; (*R*)-*form*, B,HCl, *in* H-00030
101831-36-1 Clazuril; (±)-*form*, *in* C-00413
101831-37-2 Diclazuril; (±)-*form*, *in* D-00209
101904-54-5 Micinicate;, *in* M-00362
101975-10-4 Zardaverine, Z-00007
102097-78-9 2,6-Dimethyl-4-(2-nitrophenyl)-5-(2-oxo-1,3,2-dioxaphosphorinan-2-yl)-1,4-dihydro-3-pyridinecarboxylate, D-00437
102121-57-3 4-[[(5,6,7,8-Tetrahydro-5,5,8,8-tetramethyl-2-naphthalenyl)amino]carbonyl]benzoic acid; NH_4 salt, *in* T-00131
102130-84-7 Antibiotic LL-F28249α, A-00408
102144-78-5 Tameridone, T-00020
102196-03-2 Rotraxate; *trans-form*, Me ester; B,HCl, *in* R-00096
102221-81-8 2,3,4,5-Tetrahydro-3-(methylamino)-1-benzoxepin-5-ol; (3*RS*,5*RS*)-*form*, *in* T-00122
102268-75-7 Devapamil; (±)-*form*, *in* D-00110
102280-35-3 Baquiloprim, B-00012
102426-96-0 Paldimycin, P-00005
102491-77-0 Demecolcine; (±)-*form*, *in* D-00062
102507-71-1 Tigemonam, T-00268
102522-04-3 Tigemonam; Di-Na salt, *in* T-00268
102583-46-0 Detirelix acetate, *in* D-00107
102669-89-6 Saterinone; (±)-*form*, *in* S-00027
102685-83-6 Saterinone; (±)-*form*, B,HCl, *in* S-00027
102727-66-2 Procyclidine; (*R*)-*form*, *in* P-00455
102733-72-2 Somatrem; Sometripor, BAN, INN, USAN, *in* S-00099
102742-69-8 Tomoglumide; (±)-*form*, *in* T-00376
102744-97-8 Somatrem; Sometribove, BAN, INN, USAN, *in* S-00099
102778-41-6 2-Phenylcyclopentylamine; (1*R*,2*R*)-*form*, B,HCl, *in* P-00185
102778-42-7 2-Phenylcyclopentylamine; (1*S*,2*S*)-*form*, B,HCl, *in* P-00185
102791-47-9 Nanterinone, N-00037
102791-74-2 UK 61260-27, *in* N-00037
102831-14-1 α-Formamido-α-methylacetophenone, *in* A-00309
102993-22-6 Niguldipine; (±)-*form*, *in* N-00138
102996-07-6 Zaltidine; B,2HBr, *in* Z-00004
103024-44-8 Pemedolac, P-00056
103060-53-3 Daptomycin, D-00014
103069-18-7 Amlodipine; (±)-*form*, *in* A-00351
103181-72-2 Guaistene, G-00096
103188-50-7 Zolpidem tartrate, *in* Z-00033
103238-57-9 Cefempidone, C-00124
103371-30-8 Almagodrate, A-00135
103379-79-9 Tuclazepam; (±)-*form*, *in* T-00573
103380-22-9 Tuclazepam; (±)-*form*, Tartrate, *in* T-00573
103380-60-5 Tuclazepam; (−)-*form*, *in* T-00573
103408-82-8 Tuclazepam; (−)-*form*, Tartrate, *in* T-00573
103408-84-0 Tuclazepam; (+)-*form*, Tartrate, *in* T-00573
103475-41-8 Tepoxalin, T-00077
103530-47-8 Chuanbeinone, C-00314
103577-45-3 Lansoprazole, L-00008
103607-12-1 Adrenorphin; B,3AcOH, *in* A-00078
103624-59-5 Traboxopine, T-00392
103628-46-2 Sumatriptan, S-00268
103628-47-3 Sumatriptan hemisuccinate, *in* S-00268
103628-48-4 Sumatriptan succinate, *in* S-00268
103639-04-9 Ondansetron hydrochloride, *in* O-00048
103725-47-9 Betiatide, B-00144
103746-25-4 [1,1-Cyclobutanedicarboxylato(2−)](2-pyrrolidinemethanamine-N^{α},N^{1})platinum, C-00598
103775-10-6 Moexipril, M-00419
103775-74-2 [1,1-Cyclobutanedicarboxylato(2−)](2-pyrrolidinemethanamine-N^{α},N^{1})platinum; (*S*)-*form*, *in* C-00598
103775-75-3 [1,1-Cyclobutanedicarboxylato(2−)](2-pyrrolidinemethanamine-N^{α},N^{1})platinum; (*R*)-*form*, *in* C-00598
103847-13-8 Guan-fu Base Z, *in* H-00136
103890-78-4 Lacidipine, *in* D-00430
103890-79-5 4-[2-[3-(1,1-Dimethylethoxy)-3-oxo-1-propenyl]-phenyl]-1,4-dihydro-2,6-dimethyl-3,5-pyridinedicarboxylic acid; (*Z*)-*form*, Di-Et ester, *in* D-00430
103923-27-9 Pirtenidine, P-00358
103923-28-0 Pirtenidine; B,HBr, *in* P-00358
103946-15-2 Elnadipine; (−)-*form*, *in* E-00029
103957-16-0 2,5-Diamino-2-(difluoromethyl)pentanoic acid; (+)-*form*, *in* D-00126
103980-44-5 Ceftiofur hydrochloride, *in* C-00156
103980-45-6 Metostilenol; (±)-*form*, *in* M-00337
103997-59-7 Selprazine, S-00039
104010-37-9 Ceftiofur sodium, *in* C-00156
104018-09-9 Selprazine; B,2HCl, *in* S-00039
104051-69-6 A60969, *in* T-00390
104054-27-5 Atipamezole; (±)-*form*, *in* A-00469
104113-54-4 Irindalone; (1*RS*,3*SR*)-*form*, *in* I-00170
104153-37-9 Rilopirox, R-00053
104172-33-0 Tifurac; Sulfoxide, *in* T-00267
104172-34-1 Tifurac; Sulfone, *in* T-00267
104227-87-4 Famciclovir, F-00012
104383-17-7 Sabeluzole; (±)-*form*, *in* S-00001
104456-79-3 Cisconazole, C-00397
104485-01-0 Trapencaine; *trans*-(±)-*form*, *in* T-00400
104561-36-6 Doretinal, D-00585
104592-54-3 Sabeluzole, S-00001
104595-79-1 Anaritide acetate, *in* A-00377
104609-87-2 Rocastine; (±)-*form*, *in* R-00070
104609-88-3 Rocastine; (±)-*form*, Fumarate (1:1), *in* R-00070
104617-86-9 Pramipexole, P-00396
104632-25-9 Pramipexole; (*S*)-*form*, B,2HCl, *in* P-00396
104632-26-0 Pramipexole; (*S*)-*form*, *in* P-00396
104632-27-1 Pramipexole; (*R*)-*form*, B,2HCl, *in* P-00396
104632-28-2 Pramipexole; (*R*)-*form*, *in* P-00396
104719-71-3 Lorcinadol; (*E*)-*form*, *in* L-00095
104821-36-5 Cloflumide, C-00459
104821-37-6 VUFB 15496, *in* C-00459
104987-11-3 FK 506, F-00108
105102-18-9 Tibenelast sodium, *in* T-00249
105102-20-3 Liroldine, L-00056
105102-21-4 Torbafylline, T-00387
105102-22-5 Mometasone, M-00426
105118-13-6 Iprotiazem; (*R*)-*form*, *in* I-00163
105118-14-7 Datelliptium chloride, *in* D-00017
105138-32-7 Timelotem, T-00283
105182-35-2 Florfenicol; (1*RS*,2*SR*)-*form*, *in* F-00124
105219-56-5 Apafant, A-00420
105292-63-5 Alonacic; B,HCl, *in* A-00141
105292-70-4 Alonacic, A-00141
105314-52-1 Tomoxetine; (±)-*form*, *in* T-00377
105419-52-1 Cloflumide; (±)-*form*, Maleate (1:1), *in* C-00459
105426-14-0 Erdosteine; (±)-*form*, *in* E-00100
105430-53-3 2-Hydroxy-5-aminobenzonitrile, *in* A-00266
105523-37-3 Tiprotimod, T-00319
105566-70-9 Timelotem maleate, *in* T-00283
105708-77-8 Zeflabetaine, *in* U-00009
105784-61-0 A 62254, *in* T-00058
105979-17-7 Benidipine, B-00054
106017-08-7 Rufloxacin; B,HCl, *in* R-00104
106266-06-2 Risperidone, R-00063
106485-63-6 Isomazole; (±)-*form*, *in* I-00190
106650-56-0 Sibutramine, S-00065
106651-53-0 Tasuldine; Succinate (1:1), *in* T-00029
106669-71-0 Arpromidine, A-00449
106669-72-1 Arpromidine; B,3HCl, *in* A-00449
106719-74-8 Galtfenin, G-00008
106754-53-4 Isofloxythepin; (±)-*form*, *in* I-00187
106754-63-6 Isofloxythepin; (±)-*form*, Monomethanesulfonate, *in* I-00187
106791-40-6 Mivacurium(2+), M-00409
106819-39-0 Isofloxythepin; (*S*)-*form*, *in* I-00187

106819-40-3 Isofloxythepin; (*S*)-*form*, Monomethanesulfonate, *in* I-00187
106819-41-4 Isofloxythepin; (*R*)-*form*, *in* I-00187
106819-42-5 Isofloxythepin; (*R*)-*form*, Monomethanesulfonate, *in* I-00187
106854-46-0 Argimesna, *in* A-00441
106861-44-3 Mivacurium chloride, *in* M-00409
106881-33-8 Topiramate; *β*-D-*form*, Dimethylsulfamate, *in* T-00382
106900-12-3 Loperamide oxide, *in* L-00087
106972-33-2 Denipride, D-00073
106974-51-0 2-Tetradecyloxiranecarboxylic acid; (*R*)-*form*, *in* T-00110
106988-42-5 Crisnatol; B,2HCl, *in* C-00560
107007-99-8 Granisetron hydrochloride, *in* G-00086
107097-80-3 Loxiglumide; (±)-*form*, *in* L-00107
107298-26-0 Ibafloxacin; (*S*)-*form*, *in* I-00002
107452-79-9 Cefmepidium chloride, *in* C-00131
107736-98-1 Umespirone, U-00007
107746-85-0 Lorcinadol, L-00095
107793-72-6 Ioxilan, I-00149
108050-54-0 Tilmicosin, T-00275
108050-82-4 EMD 38362, *in* R-00099
108138-28-9 Temafloxacin; (±)-*form*, *in* T-00058
108138-46-1 Tosufloxacin, T-00390
108225-85-0 Denipride; (±)-*form*, Fumarate, *in* D-00073
108319-06-8 Temafloxacin, T-00058
108319-07-9 Pirazmonam, P-00314
108437-28-1 Binfloxacin, B-00169
108643-62-5 Oxyphencyclimine; (*S*)-*form*, B,HCl, *in* O-00159
108674-86-8 Sergolexole, S-00047
108674-87-9 Sergolexole; Maleate, *in* S-00047
108686-80-2 Taludipine; (*E*)-*form*, B,HBr, *in* T-00019
108687-08-7 Taludipine; (*E*)-*form*, *in* T-00019
108692-07-5 Oxyphencyclimine; (*R*)-*form*, B,HCl, *in* O-00159
108700-03-4 Taludipine; (*E*)-*form*, B,HCl, *in* T-00019
108700-30-7 Taludipine, T-00019
108767-50-6 Trecadrine; (*αR*,*βS*)-*form*, *in* T-00407
108785-69-9 Lorpiprazole, L-00099
108785-70-2 Lorpiprazole; B,$MeSO_3H$, *in* L-00099
108785-71-3 Lorpiprazole; B,HCl, *in* L-00099
108785-72-4 Lorpiprazole; B,2HCl, *in* L-00099
108945-35-3 Taprostene, T-00027
109074-83-1 1,4-Dihydro-2,6-dimethyl-5-nitro-4-[2-(trifluoromethyl)phenyl]-3-pyridinecarboxylic acid; (±)-*form*, *in* D-00283
109345-56-4 3-O-Demethylmonensin B, *in* M-00428
109434-22-2 2-Methoxy-2-methylpropyl isocyanide, M-00205
109543-76-2 Romazarit, R-00080
109713-79-3 Neldazosin, N-00064
109786-78-9 Dimetagrel; (±)-*form*, *in* D-00388
109826-26-8 1,3-Dihydro-1-[1-[(4-methyl-4*H*,6*H*-pyrrolo[1,2-*a*]-[4,1]benzoxazepin-4-yl)methyl]-4-piperidinyl]-2*H*-benzimidazol-2-one, D-00292
109826-27-9 CGS 9343B, *in* D-00292
109837-89-0 Dimetagrel; (*S*)-*form*, *in* D-00388
109872-41-5 BRL 24924A, *in* R-00023
110138-57-3 Traboxopine; (±)-*form*, *in* T-00392
110140-89-1 Ridogrel; (*E*)-*form*, *in* R-00043
110141-09-8 Ridogrel; (*Z*)-*form*, *in* R-00043
110390-84-6 Perbufylline, P-00117
110588-56-2 Noberastine, N-00194
111079-50-6 1,7-Dihydro-6*H*-purine-6-thione; 1,9-*Dihydro-form*, *in* D-00299
111149-90-7 2-Chloro-4-(1-hydroxyoctadecyl)benzoic acid; (±)-*form*, *in* C-00246
111317-37-4 2-Amino-6-(1,2-dihydroxypropyl)-3-methylpterin-4-one, *in* B-00172
111469-81-9 Naltrindole; B,HCl, *in* N-00035
111555-53-4 Naltrindole, N-00035
111841-85-1 Abecarnil, A-00001
111911-87-6 2-(4-Chlorobenzoylamino)-3-[2(1*H*-quinolin-4-yl]-propanoic acid; (±)-*form*, *in* C-00219
111911-90-1 2-(4-Chlorobenzoylamino)-3-[2(1*H*-quinolin-4-yl]-propanoic acid; (+)-*form*, *in* C-00219
111922-05-5 Noberastine; Maleate (1:2), *in* N-00194
112192-04-8 Roxindole, R-00099
112727-80-7 Renzapride, R-00023
113165-32-5 Niguldipine; (+)-*form*, *in* N-00138
113317-61-6 Niguldipine; (±)-*form*, B,HCl, *in* N-00138
113720-90-4 Technetium sestamibi, *in* M-00205
113775-47-6 4-(*α*,2,3-Trimethylbenzyl)-1*H*-imidazole; (+)-*form*, *in* T-00505
114012-12-3 Phaclofen; (±)-*form*, *in* P-00134
114078-94-3 1,3λ^4,δ^2,5,2,4-Trithiadiazine, T-00539
114102-66-8 1,3λ^4,δ^2,5,2,4-Trithiadiazine; 1-Oxide, *in* T-00539
114431-91-3 Disiquonium(1+), D-00534
114489-64-4 1-[3-Azido-4-(hydroxymethyl)cyclopentyl]-5-methyl-2,4(1*H*,3*H*)pyrimidinedione; (+)-*form*, *in* A-00522
115344-47-3 Siguazodan; (±)-*form*, *in* S-00067

Type of Compound Index

This index lists virtually all drugs contained in the Dictionary under one or more headings based principally on pharmacological activity but also including some headings related to compound types (e.g. peptides, enzymes, tetracycline antibiotics). Sections appear in the following order:

Abortifacients *page* 531
Acaricides 531
Adrenergic neurone blocking agents 531
α-Adrenoceptor blocking agents 531
β-Adrenoceptor blocking agents 531
Adrenoceptor stimulants 532
Adrenocortical hormones 532
α-Adrenoceptor stimulants 532
β-Adrenoceptor stimulants 532
Aldehyde dehydrogenase inhibitors 532
Aldosterone inhibitors 532
Amoebicides 532
Anabolic agents 533
Anaesthetics, general 533
Anaesthetics, local 534
Anaesthetics, spinal 534
Analgesics 534
Androgenic agents 537
Angiotensin converting enzyme inhibitors 538
Anorectic agents 538
Anthelmintics 538
Antiallergic agents 539
Antianaemic agents 540
Antiandrogens 540
Antianginal agents 540
Antiarrhythmic agents 541
Antiasthmatic agents 542
Antibacterial agents 542
Antibiotics 547
Anticholinergic agents 549
Anticholinesterases 550
Anticoagulants 550
Anticolitis agents 551
Anticonvulsants 551
Antidepressants 551
Antidiarrhoeal agents 553
Antidiuretic agents 553
Antiemetics 553
Antifungal agents 554
Antihepatoxic agents 555
Antihistamines 555
Antihypertensive agents 556
Antiinflammatory agents 559
Antileprotic agents 563
Antimalarials 563
Antimetabolites 563
Antimicrobials 563
Antineoplastic agents 563
Antioestrogens 566
Antiparkinsonian agents 566
Antiprotozoals 566
Antipyretics 567
Antiseptics 568
Antispasmodics 568
Antithyroid agents 570
Antitussives 570
Antiulcerogenic agents 571
Antiviral agents 571
Anxiolytic agents 572
Astringents 572
Beta-lactamase inhibitors 572
Bronchodilators 572
Calcium-regulating agents 573
Carbonic anhydrase inhibitors 573
Cardiac depressants 574
Cardiac glycosides 574
Cardiotonic agents 574
Carminatives 574
Central depressants 574
Central stimulants 575
Cephalosporins 575
Chelating agents 576
Choleretic agents 576
Cholinergic agents 576
Coccidiostats 576
Contraceptives 577
Contraceptives, oral 577

Contraceptives, post-coital 577
Corticosteroids 577
Corticotrophin analogues 577
Dehydropeptidase ihibitors 577
Dental caries prophylactics 578
Dermatological agents 578
Diagnostic agents 578
Dietary agents 579
Digestive agents 579
Disinfectants 579
Diuretics 580
Dopamine antagonists 581
Dopamine β-hydroxylase inhibitors 581
Dopaminergic agents 581
Emetics 581
Enzymes 581
Enzyme inhibitors 581
Expectorants 582
Fibrinolytic agents 582
Gallstone dispersing agents 582
Ganglion blocking agents 582
Gastric secretion inhibitors 582
Gastrointestinal agents 583
Glucocorticoids 583
Gout suppressants 584
H_1-receptor antagonists 584
H_2-receptor antagonists 584
Haematinic agents 584
Haemostatic agents 584
Hormones, glucocorticoid 585
Hormones, gonadotrophic 585
Hormones, mineralocorticoid 585
Hormones, pituitary 585
Hormones, thyroid 585
Hypertensive agents 585
Hypnotics 585
Hypocholesterolaemic agents 586
Hypoglycaemic agents 587
Immunostimulants 587
Immunosuppressants 587
Insecticides 587
Keratolytic agents 588
Lipid regulating agents 588
Luteolytic agents 589
Metal-poisoning antidotes 589
Mineralocorticoids 589
Miotic agents 589
Molluscicides 589
Monoamine oxidase inhibitors 589
Mucolytic agents 589
Muscle relaxants 589
Mydriatic agents 590
Narcotic analgesics 590
Narcotic antagonists 591
Nasal decongestants 591
Neuroleptic agents 591
Neuromuscular blocking agents, 592
Neuromuscular blocking agents, depolarising 592
Neuromuscular blocking agents, nondepolarising 592
Neurotransmitters 593
Nutritional agents 593
Oestrogens 593
Opiates 593
Ovulation-inducing agents 593
Oxytocic agents 593
Penicillins 593
Peptides 594
Peptides, opioid 594
Platelet aggregation inhibiting agents 594
Progestogens 595
Prolactin release inhibitors 595
Prostaglandins 595
Psychotropic agents 596
Psychomimetic agents 596
Purgatives 596
Radiopaque agents 596
Radiopharmaceutical agents 597
Radioprotective agents 597
Reserpine antagonists 597
Schistosomicides 597
Sedatives 597
Serotonin antagonists 598
Sex hormones, male 599
Sex hormones, female 599
Stimulant, respiratory 599
Sulfonamides 599
Sunscreen agents 599
Sympathomimetic agents 600
Tetracyclines 600
Tonics 600
Tranquillisers 600
Trichomonacides 602
Trypanocides 602
Tuberculostatic agents 602
Urease inhibitors 603
Uricosuric agents 603

Urinary antimicrobial agents 603
Vasoconstrictors 603
Vasodilators 603
Vasodilators, cerebral 604
Vasodilators, coronary 604
Vasodilators, peripheral 605
Vitamins 605

Type of Compound Index

Abortifacients

Alfaprostol, A-00110
▷Azastene, A-00511
▷Carboprost, C-00062
11,15-Dihydroxy-16,16-dimethyl-9-methylene-5,13-prostadienoic acid, D-00322
11,15-Dihydroxy-16,16-dimethyl-9-oxo-5,13-prostadienoic acid, D-00324
11,15-Dihydroxy-9-oxo-5,13-prostadienoic acid, D-00339
11,15-Dihydroxy-9-oxo-13-prostenoic acid, D-00341
▷2-(3-Ethoxyphenyl)-5,6-dihydro[1,2,4]triazolo[5,1-*a*]-isoquinoline, E-00169
▷Etiproston, E-00239
Fenprostalene, F-00074
▷Gemeprost, G-00015
Lilopristone, L-00049
▷Lotrifen, L-00104
Mifepristone, M-00371
▷Sulprostone, S-00261
▷Trichosanthin, T-00444
9,11,15-Trihydroxyprosta-5,13-dienoic acid, T-00483

Acaricides

▷Amitraz, A-00349
▷Benzyl benzoate, *in* B-00092
▷Bromocyclen, B-00295
▷Carbophenothion, C-00060
▷Coumaphos, C-00555
▷Crotamiton, C-00567
▷Dioxathion, D-00475
Flumethrin, F-00158
Nimidane, N-00148
▷Phosmet, P-00213
▷Piperonyl butoxide, P-00293
▷Pirimiphos-ethyl, P-00329
Proclonol, P-00453
▷Pyrimitate, P-00587
Tioctilate, *in* T-00193

Adrenergic neurone blocking agents

Acaprazine, A-00004
Brazergoline, B-00266
Cocaine, C-00523
▷Cocaine; (−)-*form*, *in* C-00523
Damotepine, D-00009
Dihydroergocryptine, D-00285
▷Ethomoxane, E-00158
▷Guanethidine, G-00102
Pamatolol, P-00008
▷Solypertine, S-00096
Soquinolol, S-00103
Yohimbic acid, Y-00001
Zolertine, Z-00030

α-Adrenoceptor blocking agents

Adimolol, A-00070
Alfuzosin, A-00112
Amosulalol, A-00360
Aptazapine, A-00433
Atipamezole, A-00469
▷Azapetine, A-00504
Benextramine, B-00049
▷2-Benzyl-2-imidazoline, B-00120
Bucindolol, B-00338
Buphenine, B-00367
2-(2,3-Dihydro-1,4-benzodioxin-2-yl)-1*H*-imidazole, D-00280
4-[2-(2,6-Dimethylphenyl)ethyl]-1*H*-imidazole, D-00445
Efaroxan, E-00017
Fluparoxan, F-00197
Idralfidine, I-00018
Imiloxan, I-00036
Indopanolol, I-00066
Indoramin, I-00069
▷Labetalol, L-00001
Medroxalol, M-00058
3-[2-[4-(2-Methoxyphenyl)-1-piperazinyl]ethyl -2,4(1*H*,3*H*)-quinazolinedione, M-00213
▷Niaprazine, N-00083
▷Phenoxybenzamine, P-00170
▷Phentolamine, P-00175
▷Piperoxan, P-00294
▷Prazosin, P-00409
Proroxan, P-00525
Pyrextramine, P-00567
Rilmenidine, R-00052
▷Thymoxamine, T-00227
Tropodifene, T-00556
▷Yohimbine, Y-00002

β-Adrenoceptor blocking agents

Acebutolol, A-00006
Afurolol, A-00082
▷Alprenolol, A-00151
Amosulalol, A-00360
Ancarolol, A-00380
Arotinolol, A-00447
▷Atenolol, A-00468
▷Befunolol, B-00027
Betaxolol, B-00142
Bevantolol, B-00146
Bisoprolol, B-00233
Bometolol, B-00251
Bopindolol, B-00253
Bornaprolol, B-00256
Bucindolol, B-00338
▷Bucumolol, B-00343
Bufetolol, B-00349
▷Bufuralol, B-00352
▷Bunitrolol, B-00364
Bunolol, B-00365
▷Bupranolol, B-00369
Butidrine, B-00403
Butocrolol, B-00411
Butofilolol, B-00412
▷Carazolol, C-00038
Carpindolol, C-00096
Carteolol, C-00102
Carvedilol, C-00105
Celiprolol, C-00163
Cetamolol, C-00181
Cicloprolol, C-00332
Cimaterol, C-00349
Cinamolol, C-00354
Cloranolol, C-00493
Cloxacepride, C-00514
Dalbraminol, D-00005
Diacetolol, D-00118
Dioxadilol, D-00471
Draquinolol, D-00600
Epanolol, E-00071
Esmolol, E-00123

Exaprolol, E-00279
Falintolol, F-00010
Flestolol, *in* D-00352
Flumalol, F-00151
Flusoxolol, F-00221
2-(Guanidinomethyl)octahydro-1*H*-azocine, G-00111
Idropranolol, I-00019
Indenolol, I-00056
Indopanolol, I-00066
Iprocrolol, I-00159
1-(Isopropylamino)-3-(1,4-ethano-1,2,3,4-tetrahydro-5-naphthyloxy)-2-propanol, I-00202
▷Labetalol, L-00001
Mabuterol, M-00001
Medroxalol, M-00058
Mepindolol, M-00097
Metalol, M-00148
▷Metipranolol, M-00322
▷Metoprolol, M-00334
Mindodilol, M-00383
Moprolol, M-00435
▷Nadolol, N-00006
Nadoxolol, N-00007
Nafetolol, N-00015
Nebivolol, N-00057
Neraminol, N-00073
▷Nifenalol, N-00111
▷Oxprenolol, O-00145
Pacrinolol, P-00001
Pafenolol, P-00002
Pargolol, P-00036
Penbutolol, P-00059
Penirolol, P-00070
▷Pindolol, P-00270
Pirepolol, P-00322
▷Practolol, P-00394
Primidolol, P-00435
Procinolol, P-00451
▷Pronethalol, P-00483
▷Propranolol, P-00514
Ridazolol, R-00041
Sotalol, S-00106
Spirendolol, S-00119
Sulfinalol, S-00214
▷Talinolol, T-00008
▷Teoprolol, T-00075
Tertatolol, T-00097
Tienoxolol, T-00262
Timolol, T-00288
Tiprenolol, T-00315
Tolamolol, T-00343
▷Toliprolol, T-00352
Topicaine, T-00381
Xibenolol, X-00012
Xipranolol, X-00018

Adrenoceptor stimulants

▷Adrenaline, A-00075
Amidephrine, A-00191
▷5-(2-Aminoethyl)-1,2,4-benzenetriol, A-00255
2-Amino-1-(3-hydroxyphenyl)-1-propanol, A-00274
Buphenine, B-00367
Carbuterol, C-00071
Deterenol, D-00106
▷*N*,β-Dimethylbenzeneethanamine, *in* P-00203
▷*N*,α-Dimethylcyclopentaneethanamine, *in* A-00232
▷Dopamine, D-00579
Epinine, E-00081
Esproquine, E-00124
▷Mephentermine, *in* P-00193
▷4-[2-(Methylamino)propyl]phenol, M-00222
▷*N*-Methyl-2-cyclohexyl-2-propylamine, M-00242
▷Pirbuterol, P-00316
Prenalterol, P-00419
Procaterol, P-00449
Quinterenol, Q-00033

Adrenocortical hormones

▷Corticotrophin, C-00547
▷Cortisol, C-00548
Dehydroepiandrosterone enanthate, *in* H-00110
▷Dehydroisoandrosterone, *in* H-00110
Erythropoietin, E-00117
▷Fludrocortisone, F-00147
▷Fludrocortisone acetate, *in* F-00147
Hydrocortamate, *in* C-00548
Naflocort, N-00018
3-(Sulfooxy)androst-5-en-17-one, *in* H-00110
Timobesone, T-00286
Timobesone acetate, *in* T-00286
▷Trilostane, T-00489

α-Adrenoceptor stimulants

Apraclonidine, A-00427
▷Methoxamine, M-00194
▷Naphazoline, N-00041
Talipexole, T-00009
▷Tetrahydrozoline, T-00140
Tymazoline, T-00580
▷Xylometazoline, X-00023

β-Adrenoceptor stimulants

Dipivefrin, D-00518
Dobutamine, D-00561
Dopexamine, D-00581
Isoetharine, I-00185
▷Isoprenaline, I-00198
▷Isoxsuprine, I-00218
Methoxyphenamine, M-00211
Prizidilol, P-00441
Protokylol, P-00540
▷Salbutamol, S-00012
▷Soterenol, S-00107
Tribendilol, T-00427

Aldehyde dehydrogenase inhibitors

▷Disulfiram, D-00542
2-Methyl-4-nitro-1-(4-nitrophenyl)-1*H*-imidazole, M-00274

Aldosterone inhibitors

▷3-(4-Aminophenyl)-3-ethyl-2,6-piperidinedione, A-00305
Canrenone, C-00027
Dicirenone, D-00208
17-Hydroxy-3-oxo-4,6-pregnadiene-21-carboxylic acid, H-00186
Mespirenone, M-00135
Mexrenoic acid, M-00355
Oxprenoic acid, O-00144
Prorenoate, P-00524
▷Spironolactone, S-00125
Spirorenone, S-00127
Spiroxasone, S-00131

Amoebicides

[2-Amino-4-(aminosulfonyl)phenyl]arsonic acid, A-00209
Bialamicol, B-00150
7-Bromo-8-hydroxy-5-methylquinoline, B-00304
▷Carbarsone, C-00043
▷Chlorbetamide, C-00197
▷5-Chloro-8-hydroxy-7-iodoquinoline, C-00244
▷Chloroquine, C-00284
Clamoxyquin, C-00407

Clefamide, C-00415
▷Dehydroemetine, D-00050
▷5,7-Dibromo-8-hydroxyquinoline, D-00167
▷5,7-Diiodo-8-quinolinol, D-00364
Diloxanide, D-00372
Diloxanide furoate, *in* D-00372
Emetine, E-00036
▷Emetine; (−)-*form*, *in* E-00036
▷[1,2-Ethanediylbis(imino-4,1-phenylene)]bisarsonic acid, E-00147
Etofamide, E-00247
▷Glycobiarsol, G-00069
▷8-Hydroxy-7-iodo-5-quinolinesulfonic acid, H-00143
1-(2-Hydroxypropyl)-2-methyl-5-nitroimidazole, H-00208
Liroldine, L-00056
▷Metronidazole, M-00344
▷Niridazole, N-00156
▷4,7-Phenanthroline-5,6-dione, P-00144
Phenarsone sulfoxylate, P-00146
Pirinidazole, P-00331
Quinfamide, Q-00023
Stirimazole, S-00156
Symetine, S-00284
Teclozan, T-00048
▷Tinidazole, T-00293

Anabolic agents

Androst-5-ene-3,17-diol, A-00383
▷Androstenediol dipropionate, *in* A-00383
▷17-(Benzoyloxy)androstan-3-one, *in* H-00109
▷Bolandiol dipropionate, *in* O-00029
Bolasterone, *in* H-00123
Bolazine, *in* H-00153
Bolazine capronate, *in* H-00153
Boldenone undecylenate, *in* H-00108
Bolenol, B-00249
Bolmantalate, B-00250
4-Chloro-17-hydroxyestr-4-en-3-one, C-00242
Clostebol, C-00506
▷Clostebol acetate, *in* C-00506
Clostebol caproate, *in* C-00506
Clostebol propionate, *in* C-00506
▷3,4,5,6,7,8,9,10,11,12-Decahydro-7,14,16-trihydroxy-3-methyl-1*H*-2-benzoxacyclotetradecin-1-one, D-00035
Decylroxibolone, *in* R-00098
4,17-Dihydroxy-17-methyl-1,4-androstadien-3-one, D-00331
Drostanolone propionate, *in* H-00153
Drupanol, D-00617
2,3-Epithioandrostan-17-ol, E-00086
▷Ethyloestrenol, E-00213
▷Fluoxymesterone, F-00195
▷Formebolone, F-00245
▷Furazabol, F-00283
17-Hydroxy-1,4-androstadien-3-one, H-00108
17-Hydroxy-3-androstanone, H-00109
▷17-Hydroxy-2-methylandrostan-3-one, H-00153
17-Hydroxy-17-methylestra-4,9,11-trien-3-one, H-00161
17-Hydroxy-4-oestren-3-one; 17*β*-*form*, Sulfo, *in* H-00185
Hydroxystenozole, H-00212
Mebolazine, M-00037
▷Mepitiostane, M-00100
Mesabolone, M-00130
▷Mestanolone, M-00136
Methenolone, M-00178
▷Methenolone acetate, *in* M-00178
Methenolone enanthate, *in* M-00178
▷17-Methylandrost-5-ene-3,17-diol, M-00225
▷Mibolerone, M-00361
▷Nandrolone, *in* H-00185
Nandrolone caproate, *in* H-00185
Nandrolone cipionate, *in* H-00185
Nandrolone cyclohexane carboxylate, *in* H-00185
Nandrolone cyclohexylpropionate, *in* H-00185
Nandrolone cyclotate, *in* H-00185
▷Nandrolone decanoate, *in* H-00185
Nandrolone furylpropionate, *in* H-00185
Nandrolone hexyloxyphenylpropionate, *in* H-00185
Nandrolone hydrogen succinate, *in* H-00185
Nandrolone laurate, *in* H-00185
▷Nandrolone phenylpropionate, *in* H-00185
Nandrolone propionate, *in* H-00185
Nandrolone undecylate, *in* H-00185
▷Norbolethone, N-00209
▷Norethandrolone, N-00211
4-Oestrene-3,17-diol, O-00029
Oxabolone cipionate, O-00072
▷Oxandrolone, O-00086
17-[(1-Oxoheptyl)oxy]androstan-3-one, *in* H-00109
17-[(1-Oxopentyl)oxy]androstan-3-one, *in* H-00109
▷17-(1-Oxopropoxy)androstan-3-one, *in* H-00109
Oxymesterone, O-00152
▷Oxymetholone, O-00154
Propetandrol, P-00500
Quinbolone, Q-00015
Roxibolone, R-00098
Stanozolol, S-00139
Stenbolone, S-00144
Stenbolone acetate, *in* S-00144
Testosterone nicotinate, *in* H-00111
Thiomesterone, T-00205
Tibolone, T-00251
Trenbolone, T-00410

Anaesthetics, general

▷2-Bromo-2-chloro-1,1,1-trifluoroethane, B-00294
2-Bromo-1,1,1,2-tetrafluoroethane, B-00319
▷3-Bromo-1,1,2,2-tetrafluoropropane, B-00320
2-Bromo-1,1,2-trifluoro-1-methoxyethane, B-00321
Buthalital, B-00400
▷2-Chloro-1-(difluoromethoxy)-1,1,2-trifluoroethane, C-00230
▷2-Chloro-2-(difluoromethoxy)-1,1,1-trifluoroethane, C-00231
▷Chloroform, C-00241
2-(2-Chlorophenyl)-2-(methylamino)cyclohexanone, C-00266
1-Chloro-1,2,2,3-tetrafluoro-3-methoxycyclopropane, C-00287
▷Cyclopropane, C-00635
4,5-Dichloro-2,2-difluoro-1,3-dioxolane, D-00182
▷2,2-Dichloro-1,1-difluoro-1-methoxyethane, D-00183
2,2-Dichloro-1,1-difluoro-1-(methylthio)ethane, D-00184
▷1,2-Dichloro-1,1,2,2-tetrafluoroethane, D-00202
▷Diethyl ether, D-00246
Dietifen, D-00259
▷2,6-Diisopropylphenol, D-00367
▷Divinyl ether, D-00555
▷Ethyl carbamate, E-00177
▷Ethyl vinyl ether, E-00225
Etomidate, E-00257
Etoxadrol, E-00264
▷Fenimide, F-00053
Fubrogonium(1+), F-00272
1,1,1,3,3,3-Hexafluoro-2-(fluoromethoxy)propane, H-00047
3-Hydroxy-11,20-pregnanedione, H-00200
21-Hydroxy-3,20-pregnanedione, H-00201
▷Ketocainol, K-00015
▷Methitural, M-00184
Methohexitone, M-00187
▷1-Methoxypropane, M-00214
Midazolam, M-00368
Minaxolone, M-00382
▷Nitrous oxide, N-00189
▷Pentobarbitone, P-00101
▷Perimetazine, P-00122
▷1-(1-Phenylcyclohexyl)piperidine, P-00183
▷Pregn-4-ene-3,11,20-trione, P-00417
Pronarcon, P-00482
▷Propanidid, P-00489
1,1,1,2-Tetrafluoroethane, T-00113
▷Thialbarbitone, T-00172
Thiamylal, T-00180

▷Thiopental, T-00206
Tiletamine, T-00272
▷2,2,2-Tribromoethanol, T-00428
▷Trichloroethylene, T-00436
▷1,1,1-Trichloro-2-methyl-2-propanol, T-00440
▷(2,2,2-Trifluoroethoxy)ethene, T-00464
Xenysalate, X-00010

Anaesthetics, local

1-Amino-2-propanol; (±)-*form*, *N*,*N*-Di-Et, Et ether, *in* A-00318
▷Amolanone, A-00355
Amoxecaine, A-00363
▷Amylocaine, A-00374
Anaesthaminol, *in* A-00263
Aptocaine, A-00434
▷Benactyzine, B-00034
Benapryzine, B-00037
▷Benzocaine, *in* A-00216
▷Betoxycaine, B-00145
▷Bufuralol, B-00352
Bumecaine, B-00354
▷Bupivacaine, B-00368
▷Butacaine, B-00381
▷Butamben, *in* A-00216
Butanilicaine, B-00390
Calocaine, C-00018
Carticaine, C-00103
2-Chloro-9-[(3-dimethylamino)propanoyl]-9*H*-thioxanthene, C-00233
▷Chloroethane, C-00236
▷Chloroprocaine, C-00277
▷Cinchocaine, C-00357
Cinnamaverine, C-00370
Cirazoline, C-00395
Clibucaine, C-00423
Clodacaine, C-00446
Clormecaine, *in* A-00224
Cocaine, C-00523
▷Cocaine; (−)-*form*, *in* C-00523
▷Conessine, C-00540
1-(Cyclohexylamino)-2-propanol benzoate, *in* A-00318
▷Cyclomethycaine, C-00625
Diaminocaine, D-00122
Diamocaine, D-00140
N,*N″*-Dichlorodiazenedicarboximidamide, D-00181
2-(Diethylamino)ethyl diphenylcarbamate, D-00235
2,3-Dihydro-1-(1-piperidinylacetyl)-1*H*-indole, D-00297
Dimethisoquin, D-00392
▷Dimethocaine, D-00394
Diperodon, D-00481
Droxicainide, D-00614
Dyclonine, D-00623
▷Elucaine, E-00031
Erocainide, E-00112
Eticyclidine, *in* P-00182
▷Etidocaine, E-00234
▷*β*-Eucaine, *in* T-00511
▷Euprocin, E-00276
▷Farmocaine, *in* A-00216
Fenalcomine, F-00034
Fenoxazoline, F-00066
Fenoxedil, F-00067
Fexicaine, F-00097
▷Fomocaine, F-00241
Guafecainol, G-00090
▷Hydroxamethocaine, H-00104
▷2-Hydroxybenzyl alcohol, H-00116
Hydroxycaine, H-00119
3-Hydroxy-3,3-diphenylpropanoic acid; 2-(Diethylamino)ethyl ester, *in* H-00126
▷Hydroxyprocaine, H-00206
Imolamine, I-00042
Isobucaine, I-00179
▷Isobutoform, *in* A-00216
▷2-Isopropyl-5-methylcyclohexanol, I-00208
▷Ketocaine, *in* K-00015
▷Leucinocaine, L-00030
▷Lignocaine, L-00047
Lotucaine, L-00105
▷Mepivacaine, M-00101
Meprylcaine, *in* A-00289
Metabutethamine, M-00143
▷Metabutoxycaine, M-00144
▷2-Methoxy-4-(2-propenyl)phenol, M-00215
▷6-Methyl-2-heptylamine, M-00257
2-[(2-Methylpropyl)amino]ethyl 4-aminobenzoate, M-00299
Midamaline, M-00366
▷Myrtecaine, M-00478
▷Naepaine, N-00008
Naphthocaine, *in* A-00292
Octacaine, O-00005
▷Orthocaine, *in* A-00263
Orthoform-old, *in* A-00265
Oxadimedine, O-00075
▷Oxethazaine, O-00106
Oxybuprocaine, O-00146
Parethoxycaine, P-00034
▷Paridocaine, P-00038
▷Phenacaine, P-00135
▷1-(1-Phenylcyclohexyl)pyrrolidine, P-00184
N-[1-Phenyl-3-(1-piperidinyl)propyl]benzamide, P-00198
Pinaverium(1+), P-00267
Pincainide, P-00269
Pinolcaine, P-00271
▷3-(1-Piperidinyl)-1-(4-propoxyphenyl)-1-propanone, P-00289
Piperocaine, P-00292
Polidocanol, P-00380
▷Pramoxine, P-00398
Pribecaine, P-00427
Prilocaine, P-00432
▷Procaine, P-00447
Propanocaine, P-00490
▷Propoxycaine, P-00511
Proxymetacaine, P-00550
Pyrrocaine, P-00595
Quatacaine, Q-00003
Rodocaine, R-00072
Ropivacaine, R-00089
▷Tetracaine, T-00104
Tolycaine, T-00373
Trapencaine, T-00400
Tridiurecaine, T-00455
▷Trimecaine, T-00492
Vadocaine, V-00001
Zolamine, Z-00027

Anaesthetics, spinal

▷Ambucaine, A-00172
▷Pethidine, P-00131
Piridocaine, P-00326

Analgesics

Aceclofenac, *in* D-00210
Acefurtiamine, A-00010
▷Acemetacin, A-00013
▷Acepromazine, A-00015
▷3-Acetamidophenol, *in* A-00297
4-Acetamidophenyl acetate, *in* A-00298
Acetaminosalol, *in* H-00112
Acetiamine, A-00020
▷2-Acetoxybenzoic acid, A-00026
4-Acetoxybutanoic acid, *in* H-00118
▷*N*-Acetyl-2-hydroxybenzamide, A-00033
3-Acetyl-7-methoxy-2,4-dimethylquinoline, A-00037
Acetylsalicylsalicylic acid, *in* S-00015
Acetylsalol, *in* A-00026

▷Alclofenac, A-00103
Alimadol, A-00119
Allylcinchophen, *in* P-00206
Allylprodine, A-00133
Alminoprofen, A-00138
Aloxiprin, A-00144
Ambamustine, A-00165
4-(4′-Aminobenzamido)antipyrine, A-00211
▷(2-Amino-3-benzoylphenyl)acetic acid, A-00218
[2-Amino-3-(4-bromobenzoyl)phenyl]acetic acid, A-00219
2-(Aminomethylene)-1-indanone, A-00282
3-Amino-5-methyl-2-phenyl-4-(2-methylpropanoyl)pyrrole, A-00287
4-Amino-6-methyl-2-phenyl-3(2*H*)-pyridazinone, A-00288
3-(Aminomethyl)pyridine, A-00290
4-Amino-5-phenyl-1-pentene, A-00307
Aminoprofen, A-00316
▷Aminopyrine, A-00327
Anidoxime, A-00388
Anirolac, A-00393
Anpirtoline, A-00398
N-Antipyrinylsalicylamide, A-00416
▷Antrafenine, A-00419
▷Aprofene, A-00431
Arcalion, *in* T-00174
▷Azaprocin, A-00506
▷Azapropazone, A-00507
▷Benactyzine, B-00034
▷Benfotiamine, B-00052
▷Benorylate, B-00057
▷Benoxaprofen, B-00059
Bentemazole, *in* I-00033
Bentiamine, B-00067
▷Benzoctamine, B-00090
▷2*H*-1,3-Benzoxazine-2,4(3*H*)-dione, B-00097
1-Benzoyl-2-methyl-3-indoleacetic acid, *in* M-00263
▷2-(5-Benzoyl-2-thienyl)propanoic acid, B-00099
Benzpiperylone, B-00100
▷Benzydamine, B-00105
▷1-Benzyl-2(1*H*)-cycloheptimidazolone, B-00110
▷2-(Benzylidenehydrazino)-4-*tert*-butyl-6-(1-piperazinyl)-1,3,5-triazine, B-00119
Beston, *in* T-00174
4-Biphenylacetic acid, B-00176
▷2-(4-Biphenylyl)butanoic acid, B-00179
▷Bisbentiamine, B-00194
Bremazocine, B-00268
Bromadoline, B-00282
Bromamid, B-00283
▷Bucetin, B-00335
▷Bucloxic acid, B-00341
▷Bucolome, *in* C-00622
▷Bufexamac, B-00350
▷Bufezolac, *in* D-00515
Bumadizone, B-00353
Butanixin, B-00391
▷Butibufen, B-00402
Butinazocine, B-00406
Butixirate, *in* B-00179
4′-*tert*-Butoxyacetanilide, B-00419
▷*α*-*sec*-Butyl-*α*-phenyl-4-piperidinobutyronitrile, B-00431
▷Camphor, C-00023
Carbiphene, C-00053
Carbonic acid 4-[[(4-amino-2-methyl-5-pyrimidinyl)methyl]-formylamino]-3-[(ethoxycarbonyl)thio]-3-pentenyl ethyl ester, *in* T-00174
▷Carisoprodol, C-00078
Carperidine, C-00092
▷Carprofen, C-00099
5-Chloro-6-cyclohexyl-2(3*H*)-benzofuranone, C-00224
▷6-Chloro-5-cyclohexyl-1-indanecarboxylic acid, C-00225
4-(4-Chlorophenyl)-5-methyl-1*H*-imidazole, C-00269
▷Chlorthenoxazin, C-00303
▷Choline salicylate, *in* H-00112
▷Choline salicylate, *in* H-00112
Ciheptolane, C-00340
Cinaproxen, C-00356
Cinnofuradione, C-00373
Ciprefadol, C-00387
Ciproquazone, C-00392
Ciramadol, C-00394
Clidafidine, C-00424
Cliprofen, C-00431
▷Clofexamide, C-00455
▷Clometacin, C-00468
Clonixeril, *in* C-00479
▷Clonixin, C-00479
Clopirac, C-00487
Cloracetadol, C-00492
Cloximate, C-00519
Cogazocine, C-00533
Conorfone, C-00542
Cropropamide, C-00566
Crotethamide, C-00569
1-Cyclohexyl-2-methyl-1-propanol, C-00618
▷2-(4-Cyclohexylphenyl)propanoic acid, C-00621
▷Cycotiamine, C-00640
Delfantrine, D-00053
Deprolorphin, D-00085
Detanosal, D-00105
Dexoxadrol, *in* D-00472
Dezocine, D-00116
▷2,4-Diamino-4′-ethoxyazobenzene, D-00131
▷2,6-Diamino-3-phenylazopyridine, D-00133
▷Diampromide, D-00142
Dibupyrone, D-00170
Dibusadol, *in* H-00112
▷2-(2,4-Dichlorophenoxy)benzeneacetic acid, D-00199
2-[(2,3-Dichlorophenyl)amino]-3-pyridinecarboxylic acid, *in* A-00326
▷Diclofenac, D-00210
▷2-[2-(Diethylamino)ethoxy]benzanilide, D-00232
N-[2-(Diethylamino)ethyl]-2-hydroxybenzamide, D-00237
▷Diethylthiambutene, D-00258
▷Difenamizole, D-00262
▷2′,4′-Difluoro-4-hydroxy-3-biphenylcarboxylic acid, D-00272
▷Dihydrocodeine, *in* D-00294
▷1,2-Dihydro-1,5-dimethyl-2-phenyl-3*H*-pyrazol-3-one, D-00284
▷Dihydromorphine, D-00294
▷2,5-Dihydroxybenzoic acid, D-00316
▷Dimefadane, *in* P-00191
Dimenoxadole, D-00380
3-[(Dimethylamino)(1,3-dioxan-5-yl)methyl]pyridine, D-00406
2-[(Dimethylamino)methyl]-1-(3-methoxyphenyl)cyclohexanol, D-00416
4-(2,3-Dimethylbenzyl)-1*H*-imidazole, D-00426
2-[(2,6-Dimethylphenyl)amino]-3-pyridinecarboxylic acid, *in* A-00326
▷Dimethyl sulfoxide, D-00454
▷4,5-Diphenyl-2-oxazolepropanoic acid, D-00500
Diproqualone, D-00526
Diproxadol, D-00528
Dipyrone, D-00532
Ditazole, D-00545
Dizatrifone, D-00559
Duometacin, D-00620
▷Emorfazone, E-00040
β-Endorphin, E-00049
▷Epirizole, E-00083
▷Ergotamine, E-00106
▷Etersalate, E-00144
▷Ethoheptazine, E-00157
▷2-Ethoxybenzamide, *in* H-00112
2-(2-Ethoxyethoxy)benzamide, E-00164
▷*N*-(4-Ethoxyphenyl)acetamide, *in* E-00161
N-(4-Ethoxyphenyl)-2-hydroxyacetamide, *in* E-00161
N-(4-Ethoxyphenyl)-2-hydroxypropanamide, *in* H-00207
▷Ethylmorphine, *in* M-00449
Etodolac, E-00245
▷Etofenamate, E-00248

Famprofazone, F-00016
Feclobuzone, F-00026
▷Fenclozic acid, F-00043
▷Fendosal, F-00045
▷Fentiazac, F-00079
Filenadol, F-00105
▷Floctafenine, F-00119
▷Florifenine, F-00125
▷Flufenamic acid, F-00148
Flufenisal, *in* F-00185
▷Flumexadol, F-00160
Flunixin, F-00169
▷Flunoxaprofen, F-00171
2-(2-Fluorenyl)propanoic acid, F-00179
Flupirtine, F-00204
Fluprofen, F-00209
Fluproquazone, F-00211
Fluradoline, F-00214
▷Flurbiprofen, F-00218
▷Fopirtoline, F-00242
Frabuprofen, F-00263
Furcloprofen, F-00288
▷Fursultiamine, F-00299
▷Galantamine, *in* G-00002
Gemazocine, G-00014
Giparmen, G-00024
▷Glafenine, G-00027
▷Glaucine; (*S*)-*form*, *in* G-00028
Glucametacin, G-00052
Glycol salicylate, *in* H-00112
Guacetisal, G-00089
1,9-Heptadecadiene-4,6-diyne-3,8-diol, H-00028
Homprenophine, H-00087
▷4-Hydroxyacetanilide, *in* A-00298
▷2-Hydroxybenzamide, *in* H-00112
4-(2-Hydroxybenzoyl)morpholine, H-00115
▷2-Hydroxy-*N*-isopropylbenzamide, H-00145
N-(4-Hydroxy-3-methoxybenzyl)-9-octadecenamide, H-00149
2-Hydroxy-3-methylbenzamide, *in* H-00155
▷2-Hydroxy-3-methylbenzoic acid, H-00155
Ibazocine, I-00003
▷Ibufenac, I-00007
Ibuproxam, I-00009
▷Indobufen, I-00060
▷Indomethacin, I-00065
Indopine, I-00067
▷Indoprofen, I-00068
Isamfazone, I-00174
Isomethadol, I-00192
▷Isonixin, I-00196
5-Isopropyl-3,8-dimethyl-1-azulenesulfonic acid, I-00205
2-(2-Isopropyl-5-indanyl)propanoic acid, I-00207
▷2-Isopropyl-5-methylcyclohexanol, I-00208
▷Isoxepac, I-00216
Isoxicam, I-00217
Kelatorphan, K-00007
Ketazocine, K-00011
▷Ketoprofen, K-00017
Ketorfanol, K-00018
Ketorolac, K-00019
Lefetamine, *in* D-00492
Leflunomide, L-00019
Letimide, L-00027
Letosteine, L-00028
Levomethorphan, *in* H-00166
Lexofenac, L-00040
Lobuprofen, L-00067
Lonaprofen, L-00084
Lonazolac, L-00085
Lorcinadol, L-00095
Lornoxicam, L-00098
Lorpiprazole, L-00099
Loxoprofen, L-00108
Lysine clonixinate, *in* C-00479
▷Meclofenamic acid, M-00045
▷Mefenamic acid, M-00062
Menabitan, M-00086
Menglytate, M-00090
Mepiprazole, M-00099
▷Meprothixol, M-00106
Meptazinol, M-00107
▷2-Mercaptobenzoic acid, M-00114
▷Meseclazone, M-00132
Metaclazepam, M-00145
Metazamide, M-00153
▷Metergoline, M-00159
Metheptazine, *in* H-00050
Methethoheptazine, *in* H-00048
Methotrimeprazine, M-00193
▷9-Methoxy-3-methyl-9-phenyl-3-azabicyclo[3.3.1]nonane, M-00203
Methoxymethyl salicylate, *in* H-00112
2-(6-Methoxy-2-naphthyl)-1-propanol, M-00207
▷2-Methoxy-4-(2-propenyl)phenol, M-00215
▷4-(3-Methyl-2-butenyl)-1,2-diphenyl-3,5-pyrazolidinedione, M-00235
N-Methyldibenzylamine, M-00244
4-Methyl-*N*-[3-(4-morpholinyl)propyl]-6-(trifluoromethyl)-4*H*-furo[3,2-*b*]indole-2-carboxamide, M-00270
Methylniphenazine, M-00273
1-(4-Methylphenyl)-3-azabicyclo[3.1.0]hexane, M-00285
α-Methyl-2-phenyl-6-benzothiazoleacetic acid, M-00287
5-Methyl-1-phenyl-2(1*H*)-pyridinone, M-00293
1-Methyl-6-(trifluoromethyl)-2(1*H*)-quinolinone, M-00314
Metkefamide, M-00325
▷Metofoline, M-00328
Metrazifone, M-00341
▷Mexolamine, M-00353
Mimbane, M-00380
▷Miroprofen, M-00394
Moramide, M-00437
▷Morazone, M-00439
3-(4-Morpholinyl)-1,2,3-benzotriazin-4(3*H*)-one, M-00451
Moxadolen, M-00458
Moxazocine, M-00462
Myfadol, M-00476
Nabitan, N-00003
Nafoxadol, N-00020
Nalmefene, N-00030
Namoxyrate, *in* B-00179
Nantradol, N-00038
Naproxen, N-00048
▷Nefopam, N-00063
Neocinchophen, *in* M-00295
Nerbacadol, N-00074
Nexeridine, *in* D-00415
Nicafenine, N-00084
▷Nifenazone, N-00112
▷Niflumic acid, N-00113
Niometacin, N-00152
▷Niprofazone, N-00155
▷Nitrous oxide, N-00189
Octazamide, *in* H-00049
▷Octotiamine, O-00023
Olpimedone, O-00040
Oxapadol, O-00088
▷Oxepinac, O-00103
Oxetorone, O-00107
▷Oxyphenbutazone, O-00158
Paracetamol nicotinate, *in* A-00298
Paracetamol thenoate, *in* A-00298
Parapropamol, P-00029
Pargeverine, P-00035
▷Parsalmide, P-00041
▷Pentazocine, P-00093
Perisoxal, P-00124
Phenomidon, *in* E-00218
2-(3-Phenoxyphenyl)propanoic acid, P-00172
▷Phenylbutazone, P-00180
▷1-(1-Phenylcyclohexyl)piperidine, P-00183

▷2-Phenyl-4-quinolinecarboxylic acid, P-00206
▷1-Phenylsemicarbazide, P-00207
▷Phenyramidol, P-00211
▷Phthalazino[2,3-*b*]phthalazine-5,12(7*H*,14*H*)-dione, P-00222
▷Picenadol, P-00232
Pifenate, P-00246
▷Pifoxime, P-00249
Pinadoline, P-00265
Pipebuzone, P-00276
▷Piperidolate, P-00290
Piperylone, P-00296
Pipradimadol, P-00305
Pipramadol, P-00306
▷Piroxicam, P-00351
▷Pranoprofen, P-00400
Pranosal, P-00401
Pravadoline, P-00402
Prefenamate, P-00415
▷Prodilidine, P-00459
Prodine, P-00460
▷Profadol, P-00462
Proglumetacin, P-00467
Proheptazine, P-00469
Propacetamol, P-00485
Properidine, P-00498
Propetamide, P-00499
▷Propiram, P-00505
Propiverine, P-00507
2-Propoxybenzamide, P-00510
▷Propoxyphene, P-00512
▷Propyphenazone, P-00519
▷Proquazone, P-00522
Protizinic acid, P-00539
Proxazole, P-00545
Proxibutene, P-00547
1*H*-Pyrazole-1-carboximidamide, P-00562
Pyrroliphene, P-00599
Quadazocine, Q-00001
Quillifoline, Q-00007
▷Ramifenazone, R-00007
Rimazolium(1+), R-00055
▷Ruvazone, R-00107
▷Salicyloylsalicylic acid, S-00015
Saloquinine, *in* Q-00028
Salprotoside, S-00020
▷Simetride, S-00073
Spiradoline, S-00116
▷Sulforidazine, S-00222
▷Sulindac, S-00225
Sulprosal, S-00260
Sumacetamol, S-00267
▷Suprofen, S-00274
Syndyphalin, S-00285
Talmetacin, T-00011
▷Talniflumate, T-00013
Talosalate, T-00015
Tazadolene, T-00038
Tefludazine, T-00053
Tenoxicam, T-00073
4,5,6,7-Tetrahydroisoxazolo[5,4-*c*]pyridin-3-ol, T-00121
Tetriprofen, T-00155
Tetrydamine, *in* T-00119
Thiamine disulfide, T-00176
▷Thiamine propyl disulfide, T-00177
2-[4-(2-Thiazolyloxy)phenyl]propanoic acid, T-00186
Thurfyl salicylate, *in* H-00112
Tiaramide, T-00245
▷Tifemoxone, T-00263
Tifluadom, T-00265
Tifurac, T-00267
Tilidate, T-00273
▷Tinoridine, T-00296
Tiopinac, T-00302
Tiropramide, T-00323
Tofetridine, T-00340
▷Tolfenamic acid, T-00349
▷Tolmetin, T-00353
Tolpadol, T-00362
Tolpronine, T-00366
Tomoxiprole, T-00378
Tonazocine, T-00379
1,2,4-Triazino[5,6-*c*]quinoline, T-00424
Tribuzone, T-00430
2,2,2-Trichloro-4′-hydroxyacetanilide, *in* A-00298
▷Triflusal, *in* H-00215
4-(α,2,3-Trimethylbenzyl)-1*H*-imidazole, T-00505
▷3,5,5-Trimethyl-2,4-oxazolidinedione, T-00510
▷1,3,4-Triphenyl-1*H*-pyrazole-5-acetic acid, T-00527
1,3,5-Triphenyl-1*H*-pyrazole-4-acetic acid, T-00528
▷Tris(2-hydroxyethyl)amine, T-00536
Tyrosylprolylphenylalanylprolinamide, T-00582
Veradoline, V-00017
Verilopam, V-00021
▷Viminol, V-00030
Vintiamol, V-00044
Volazocine, V-00066
Ximoprofen, X-00015
Xorphanol, X-00019
▷Xylazine, X-00021
Zenazocine, Z-00008
Zomepirac, Z-00035
Zomepirac glycolate, *in* Z-00035

Androgenic agents

Androgenol, *in* H-00154
Bolasterone, *in* H-00123
Cloxotestosterone acetate, *in* H-00111
Dehydroepiandrosterone enanthate, *in* H-00110
▷Dehydroisoandrosterone, *in* H-00110
17-[(1,3-Dioxododecyl)oxy]androst-4-en-3-one, *in* H-00111
Drostanolone propionate, *in* H-00153
Drupanol, D-00617
17-Hydroxy-3-androstanone, H-00109
17-Hydroxy-4-androsten-3-one, H-00111
▷17β-Hydroxy-17α-methyl-4-androsten-3-one, H-00154
Hydroxystenozole, H-00212
Mesabolone, M-00130
▷Mestanolone, M-00136
Mesterolone, M-00137
▷Methandienone, M-00167
Methenolone, M-00178
▷Methenolone acetate, *in* M-00178
Methenolone enanthate, *in* M-00178
▷Mibolerone, M-00361
▷Nandrolone decanoate, *in* H-00185
▷Nandrolone phenylpropionate, *in* H-00185
Nisterime, N-00161
▷Nisterime acetate, *in* N-00161
▷Norethandrolone, N-00211
Normethandrone, N-00221
▷Norvinisterone, N-00225
Oxabolone cipionate, O-00072
▷Oxandrolone, O-00086
▷17-(1-Oxopropoxy)androst-4-en-3-one, *in* H-00111
Oxymesterone, O-00152
▷Oxymetholone, O-00154
Penmesterol, P-00072
Propetandrol, P-00500
Stanozolol, S-00139
3-(Sulfooxy)androst-5-en-17-one, *in* H-00110
Testosterone cyclohexylpropionate, *in* H-00111
▷Testosterone cypionate, *in* H-00111
Testosterone decanoate, *in* H-00111
▷Testosterone enanthate, *in* H-00111
Testosterone enanthate benziloylhydrazone, *in* H-00111
Testosterone furoate, *in* H-00111
▷Testosterone hexahydrobenzoate, *in* H-00111
Testosterone hexahydrobenzyl carbonate, *in* H-00111
Testosterone hexyloxyphenylpropionate, *in* H-00111

Testosterone isobutyrate, *in* H-00111
Testosterone isocaproate, *in* H-00111
Testosterone phenylacetate, *in* H-00111
▷Testosterone phenylpropionate, *in* H-00111
Testosterone phosphate, *in* H-00111
Testosterone undecanoate, *in* H-00111
Trenbolone, T-00410
Trestolone acetate, *in* N-00221
17-(2,2,2-Trichloro-1-hydroxyethoxy)androst-4-en-3-one, *in* H-00111
17β-[(Trimethylsilyl)oxy]androst-4-en-3-one, *in* H-00111

Angiotensin converting enzyme inhibitors

Alacepril, A-00090
Benazepril, *in* B-00038
Benazeprilat, B-00038
Cilazaprilat, C-00343
4-Cyclohexyl-1-[[[1-hydroxy-2-methylpropoxy](4-phenylbutyl)-phosphinyl]acetyl]-L-proline, C-00611
Delapril, D-00051
Enalapril, *in* E-00043
Enalaprilat, E-00043
9-[(1-Ethoxycarbonyl-3-phenylpropyl)amino]-10-oxoperhydropyridazino[1,2-*a*][1,2]diazepine-1-carboxylic acid, *in* C-00343
1-[2-[[1-(Ethoxycarbonyl)-3-phenylpropyl]amino]-1-oxopropyl]octahydrocyclopenta[*b*]pyrrole-2-carboxylic acid, *in* R-00008
Fosinopril, *in* C-00611
Imidapril, I-00029
Indolapril, I-00063
Lisinopril, L-00057
Moexipril, M-00419
Pentopril, P-00104
Perindopril, *in* P-00123
Perindoprilat, P-00123
Pivopril, *in* C-00633
Quinapril, *in* Q-00012
Quinaprilat, Q-00012
Ramiprilat, R-00008
Rentiapril, R-00022
Spirapril, *in* S-00118
Spiraprilat, S-00118
Teprotide, T-00079
Tipentosin, T-00310
Trandolapril, *in* T-00396
Trandolaprilat, T-00396
Zofenopril, Z-00025

Anorectic agents

Acridorex, A-00048
Amfepentorex, A-00182
▷2-Amino-4,5-dihydro-5-phenyloxazole, A-00246
2-Amino-1-phenyl-1-propanol, A-00308
2-(1-Aminopropyl)-2-indanol, A-00320
Amphecloral, A-00366
Anisacril, A-00394
▷Benfluorex, B-00050
N-Benzyl-*N*,α-dimethylphenethylamine, B-00115
5-(4-Chlorophenyl)-4,5-dihydro-2-oxazolamine, C-00263
1-(2-Chlorophenyl)-2-methyl-2-propylamine, C-00271
▷*N*-(3-Chloropropyl)-α-methylphenethylamine, C-00280
▷Chlorphentermine, C-00295
▷Clobenzorex, C-00435
Cloforex, C-00462
▷2-(Diethylamino)-1-phenyl-1-propanone, D-00240
▷Dimepropion, D-00382
N,α-Dimethyl-*N*-2-propynylphenethylamine, D-00449
▷2-(Diphenylmethyl)-1-piperidineethanol, D-00499
▷2-(Ethylamino)-5-phenyl-4(5*H*)-oxazolone, E-00174
▷Etilamfetamine, *in* P-00202
Etolorex, E-00254
▷Fenfluramine, F-00050
▷Fenisorex, F-00056
Fenproporex, F-00073
Flucetorex, F-00135
▷Fludorex, F-00145
Fluminorex, F-00162
Flutiorex, F-00228
Furfenorex, F-00291
▷Mazindol, M-00029
N-(α-Methylphenethyl)formamide, *in* P-00202
▷2-Methyl-3-phenyl-2-butylamine, M-00288
▷3-Methyl-2-phenylmorpholine, M-00290
▷α-Methyl-*m*-(trifluoromethyl)phenethylamine, M-00312
▷α-Methyl-*p*-(trifluoromethyl)phenethylamine, M-00313
▷Morforex, M-00441
Ortetamine, O-00065
Oxifentorex, O-00112
▷Phenbutrazate, P-00149
3-Phenyl-2-methyl-2-propylamine, P-00193
α-Phenyl-2-piperidinemethanol, P-00197
▷1-Phenyl-2-propylamine, P-00202
Picilorex, P-00233
Posatirelin, P-00389
Setazindol, S-00057

Anthelmintics

3-Acetyl-5-chloro-2-hydroxy-*N*,*N*-dimethyl-*N*-(2-phenoxyethyl)-benzenemethanaminium(1+), A-00028
N-[2-(2-Acetyl-4-chlorophenoxy)ethyl]-*N*,*N*-dimethylbenzenemethanaminium (1+), A-00029
Acrisorcin, *in* H-00071
Agrimonolide, A-00084
Agrimophol, A-00085
▷Albendazole, A-00096
Albendazole oxide, *in* A-00096
▷Amidantel, A-00190
3-Amino-3-pyrrolidinecarboxylic acid, A-00329
Antazonite, A-00401
Antibiotic LL-F28249α, A-00408
Antienite, A-00413
▷Arecoline, *in* T-00126
▷Arsenamide, A-00450
▷Ascaridole, A-00455
Avermectin A_{1a}, A-00479
Avermectin B_{1a}, A-00483
Avermectin A_{2a}, A-00481
Avermectin B_{2a}, A-00485
Avermectin A_{1b}, A-00480
Avermectin B_{1b}, A-00484
Avermectin A_{2b}, A-00482
Avermectin B_{2b}, A-00486
Bephenium(1+), B-00132
Bidimazium(1+), B-00159
Bisbendazole, B-00193
▷Bis(2,4-dichloro-6-hydroxyphenyl)disulfide, B-00204
1,4-Bis[2-(diethylamino)ethoxy]anthraquinone, B-00205
2′,4′-[Bis(2-diethylamino)ethoxy]-2-phenylacetophenone, B-00206
▷*N*-[4-[Bis[4-(dimethylamino)phenyl]methylene]-2,5-cyclohexadien-1-ylidene]-*N*-methylmethanaminium(1+), B-00209
▷Bithionoloxide, *in* B-00204
Bromofenofos, *in* T-00103
▷4-Bromo-2-isopropyl-5-methylphenol, B-00306
N-(4-Bromophenyl)-2,6-dihydroxybenzamide, *in* D-00317
Bromoxanide, B-00323
▷Brotianide, B-00328
Bunamidine, B-00359
Butamisole, B-00387
▷Calcium carbimide, *in* C-00579
▷Cambendazole, C-00020
Carbantel, C-00042
Centperazine, C-00167

N-(2-Chloro-4-isothiocyanatophenyl)-2,4-dihydroxybenzamide, C-00253
Ciclobendazole, C-00328
▷Clioxanide, C-00430
Clorsulon, C-00503
Closantel, C-00504
▷Coumaphos, C-00555
▷Crufomate, C-00572
▷Cyanoacetohydrazide, C-00580
Cyromazine, C-00653
▷Desaspidin, D-00091
▷Destomycin *A*, D-00103
▷Destomycin *C*, D-00105
Diamphenethide, D-00141
3,5-Dibromo-2-hydroxy-*N*-phenylbenzamide, *in* D-00165
▷Dichlorophen, D-00198
▷Dichlorvos, D-00207
N,*N*-Diethyl-4-methyl-1-piperazinecarboxamide, D-00248
5,6-Dihydro-6-phenylimidazo[2,1-*b*]thiazole, D-00296
▷2,5-Dihydroxy-3-undecyl-1,4-benzoquinone, D-00356
▷2,6-Diiodo-4-nitrophenol, D-00360
▷1,4-Diisothiocyanatobenzene, D-00369
▷*N*,*N*-Dimethyl-1-octadecanamine, *in* O-00012
Diphenan, *in* B-00127
▷Dithiazanine(1+), D-00548
Diuredosan, D-00554
Dribendazole, D-00602
Epsiprantel, E-00095
▷[1,2-Ethanediylbis(imino-4,1-phenylene)]bisarsonic acid, E-00147
3-Ethyl-2-[3-(3-ethyl-2-benzothiazolinylidene)propenyl]-benzothiazolium(1+), E-00187
Etibendazole, E-00232
▷Famphur, F-00015
▷Febantel, F-00021
▷Fenbendazole, F-00037
Feniodium(1+), F-00054
▷Flubendazole, F-00133
Flurantel, F-00216
▷Fospirate, F-00258
Furmethoxadone, F-00293
Furodazole, F-00294
▷Gamma benzene hexachloride, *in* H-00038
▷Haloxon, H-00021
▷2,2′,3,3′,5,5′-Hexachloro-6,6′-dihydroxydiphenylmethane, H-00039
▷Hexachloroethane, H-00040
▷4-Hexyl-1,3-benzenediol, H-00071
▷Hikizimycin, H-00075
▷4-Hydroxy-3-iodo-5-nitrobenzonitrile, H-00142
▷Hygromycin *A*, H-00223
Imcarbofos, I-00027
▷Iodoalphionic acid, I-00100
▷Kainic acid, K-00001
▷Lobendazole, L-00065
Luxabendazole, L-00119
▷Mebendazole, M-00031
Mebiquine, M-00036
▷Melarsonyl, M-00076
▷2-(2-Methoxyethyl)pyridine, M-00199
▷Morantel, M-00438
▷Naphthalophos, N-00042
Netobimin, N-00079
▷Niclofolan, N-00092
▷Niclosamide, N-00093
Nitazoxanide, N-00162
Nitramisole, N-00166
Nitroclofene, N-00174
Nitrodan, N-00176
▷4-Nitro-4′-isothiocyanatodiphenylamine, N-00180
Nitroscanate, N-00186
▷Nocodazole, N-00196
▷Ontianil, O-00050
Oxantel, O-00087
▷Oxfendazole, O-00108
▷Oxibendazole, O-00109
▷Oxophenarsine, O-00135
▷Oxyclozanide, O-00149
▷Papain, P-00018
▷Parbendazole, P-00032
Pexantel, P-00133
Phenacizol, P-00136
▷Phenothiazine, P-00167
▷Phoxim, P-00221
Phthalofyne, P-00224
Piperamide, P-00284
▷Piperazine, P-00285
▷Praziquantel, P-00406
Pretamazium(1+), P-00424
Pyrantel, P-00558
▷Quinacrine, Q-00010
▷Rafoxanide, R-00003
Salantel, S-00006
Spirotriazine, S-00130
Stilbazium(1+), S-00152
1,1′-Sulfonylbis[4-isothiocyanatobenzene], S-00221
▷Tetrachloroethylene, T-00106
▷1,2,5,6-Tetrahydro-1-methyl-3-pyridinecarboxylic acid, T-00126
▷Tetramisole, T-00151
Thenium(1+), T-00164
▷Thiabendazole, T-00171
▷2,2′-Thiobis(4-chlorophenol), T-00194
▷Thiofuradene, T-00200
▷Thiophanate, T-00207
▷Tibenzate, *in* T-00193
Ticarbodine, T-00254
Tioxidazole, T-00309
▷Trichlorphon, T-00443
Triclabendazole, T-00446
Uredofos, U-00013
Viprynium(1+), V-00052
Zilantel, Z-00014

Antiallergic agents

Alclometasone, A-00104
Alclometasone dipropionate, *in* A-00104
▷Ambicromil, A-00169
Amebucort, A-00178
Amoxanox, A-00361
▷Astemizole, A-00466
Barmastine, B-00015
Bufrolin, B-00351
Cetirizine, C-00184
4-[(4-Chlorophenyl)methyl]-1,4,6,7-tetrahydro-9*H*-imidazo[1,2-*a*]purin-9-one, C-00273
Clocortolone, C-00444
Clocortolone acetate, *in* C-00444
Clocortolone caproate, *in* C-00444
Clocortolone pivalate, *in* C-00444
Clopredno, C-00489
Cloxacepride, C-00514
▷Cortisol, C-00548
Cromitrile, C-00564
Cromoglycic acid, C-00565
Cyclomethasone, C-00624
Dametralast, D-00008
Dazoquinast, D-00028
Descinolone, D-00092
▷Descinolone acetonide, *in* D-00092
Dexamethasone acefurate, *in* D-00111
Dexamethasone palmitate, *in* D-00111
Dichlorisone, D-00177
Dichlorisone acetate, *in* D-00177
Diflorasone, D-00267
Diflorasone diacetate, *in* D-00267
Diflucortolone, D-00270
Diflucortolone pivalate, *in* D-00270
▷Diflucortolone valerate, JAN, *in* D-00270

Difluprednate, D-00273
11,17-Dihydroxy-21-mercapto-4-pregnene-3,20-dione, D-00328
11,17-Dihydroxy-6-methyl-21-[[8-[methyl(2-sulfoethyl)amino]-1,8-dioxooctyl]oxy]pregna-1,4-diene-3,20-dione, *in* M-00297
5,6-Dimethyl-2-nitro-1,3-indanedione, D-00436
5,5-Dimethyl-11-oxo-5*H*,11*H*-[2]benzopyrano[4,3-*g*][1]-benzopyran-9-carboxylic acid, D-00440
▷Diphenhydramine, D-00484
Doxybetasol, D-00597
Drocinonide, D-00604
Ebastine, E-00001
Eclazolast, E-00008
Enoxamast, E-00061
1-(2-Ethoxyethyl)-2-(4-methyl-1-homopiperazinyl)-benzimidazole, E-00166
Fenpiprane, F-00071
Fenprinast, F-00072
▷Flunisolide, F-00167
Flupamesone, F-00196
Histapyrrodine, H-00078
Hydrocortamate, *in* C-00548
Hydrocortisene 21-xanthogenic acid, *in* C-00548
Hydrocortisone aceponate, *in* C-00548
▷Hydrocortisone acetate, *in* C-00548
▷Hydrocortisone butyrate, *in* C-00548
▷Hydrocortisone 17-butyrate 21-propionate, *in* C-00548
Hydrocortisone cypionate, *in* C-00548
Hydrocortisone hemisuccinate, *in* C-00548
▷Hydrocortisone phosphate, *in* C-00548
Hydrocortisone tebutate, *in* C-00548
Hydrocortisone valerate, *in* C-00548
3-Hydroxy-5-pregnen-20-one, H-00205
Ibudilast, I-00006
▷7-Isopropyl-1,4-dimethylazulene, I-00204
Isospaglumic acid, I-00211
▷Isothipendyl, I-00214
Ketotifen, K-00020
Libecillide, L-00041
Locicortone, L-00068
Lodoxamide, L-00071
Lodoxamide ethyl, *in* L-00071
Lodoxamide trometamine, *in* L-00071
▷Mequitazine, M-00109
Mequitazium(1+), M-00110
▷Methdilazine, M-00177
2-Methoxy-11-oxo-11*H*-pyrido[2,1-*b*]quinazoline-8-carboxylic acid, M-00209
1-Methyl-4-(4-methylpentyl)cyclohexanecarboxylic acid, M-00268
Methylprednisolone aceponate, *in* M-00297
7-(Methylsulfinyl)-9-oxo-9*H*-xanthene-2-carboxylic acid, M-00305
▷Metiamide, M-00316
Metiprenaline, M-00323
Minocromil, M-00386
Mometasone furoate, *in* M-00426
Nedocromil, N-00060
Nicocortonide, N-00096
Noberastine, N-00194
Oxatomide, O-00094
▷Oxomemazine, O-00132
10-Oxo-10*H*-pyrido[2,1-*b*]quinazoline-8-carboxylic acid, O-00138
Pirolate, P-00347
Pirquinozol, P-00356
Prebediolone acetate, *in* H-00205
Prednisolamate, *in* P-00412
▷Prednisolone, P-00412
▷Prednisolone acetate, *in* P-00412
Prednisolone *tert*-butylacetate, *in* P-00412
Prednisolone hydrogen tetrahydrophthalate, *in* P-00412
Prednisolone palmitate, *in* P-00412
Prednisolone piperidinoacetate, *in* P-00412
Prednisolone pivalate, *in* P-00412
Prednisolone stearoylglycolate, *in* P-00412
Prednisolone succinate, *in* P-00412
Prednisolone *m*-sulfobenzoate, *in* P-00412
▷Prednisolone valerate, *in* P-00412
▷Prednisolone valeroacetate, *in* P-00412
Pregnenolone acetate, *in* H-00205
Pregnenolone succinate, *in* H-00205
Probicromil calcium, *in* A-00169
Procromil, P-00454
2-(2-Propoxyphenyl)-5-(1*H*-tetrazol-5-yl)-4(1*H*)-pyrimidinone, P-00513
Proxicromil, P-00548
Repirinast, R-00024
Rimexolone, R-00057
Sudexanox, S-00175
Tazanolast, T-00039
Texacromil, T-00159
Thiazinamium(1+), T-00182
Tiacrilast, T-00235
Tioxamast, T-00307
Tipredane, T-00314
Tiprinast, T-00316
Tolpropamine, T-00367
▷Tranilast, T-00397
Traxanox, T-00402
Tritoqualine, T-00541
Ulobetasol, U-00006
Ulobetasol propionate, *in* U-00006
Zaprinast, Z-00006

Antianaemic agents

2-Ferrocenoylbenzoic acid, F-00090
Methylcobalamin, M-00241
▷Vitamin B_{12}, V-00059

Antiandrogens

▷Benorterone, B-00056
6-Bromo-17β-hydroxy-17α-methyl-4-oxa-5-androstan-3-one, B-00303
▷Cyproterone, C-00651
▷Cyproterone acetate, *in* C-00651
Delmadinone acetate, *in* D-00054
▷Flutamide, F-00224
11-Hydroxy-17,17-dimethyl-18-norandrosta-4,13-dien-3-one, H-00124
Inocoterone, I-00072
1-Methylandrosta-4,16-dien-3-one, M-00224
Metogest, M-00329
Nilutamide, N-00143
Oxendolone, O-00102
Pentomone, P-00103
Rosterolone, R-00094
Topterone, T-00384

Antianginal agents

Acebutolol, A-00006
▷Alprenolol, A-00151
2-Aminoethanol nitrate, A-00254
Amlodipine, A-00351
Amoproxan, A-00357
Azaftozine, A-00497
Bepridil, B-00134
Betaxolol, B-00142
▷Bunitrolol, B-00364
▷Bupranolol, B-00369
Butoprozine, B-00415
Capobenic acid, C-00030
Cinepaxadil, C-00361
Cinepazet, *in* C-00362
Cinepazic acid, C-00362
▷Creatinolfosfate, C-00559

Desocriptine, D-00098
Dilazep, D-00370
Diltiazem, D-00373
Diproteverine, D-00527
Dopropidil, D-00582
▷Efloxate, E-00019
Ericolol, E-00107
Falipamil, F-00011
Fronedipil, F-00265
▷Glycerol trinitrate, G-00066
Imolamine, I-00042
▷Isosorbide dinitrate, *in* D-00144
Isosorbide mononitrate, *in* D-00144
▷Khellin, K-00022
Lidoflazine, L-00045
▷3-Methyl-1-butyl nitrite, M-00237
▷Molsidomine, M-00425
▷Nadolol, N-00006
▷Nifedipine, N-00110
▷Nifenalol, N-00111
▷Niludipine, N-00142
▷Oxprenolol, O-00145
Penbutolol, P-00059
▷Pentaerythritol tetranitrate, P-00078
Perhexiline, P-00120
▷Pindolol, P-00270
Piridoxilate, *in* P-00582
▷Prenylamine, P-00423
Primidolol, P-00435
Ranolazine, R-00012
Razinodil, R-00014
▷Riodipine, R-00060
Solpecainol, S-00094
Sotalol, S-00106
▷Toliprolol, T-00352
Tosifen, T-00389
Trimetazidine, T-00497

Antiarrhythmic agents

▷Acecainide, *in* P-00446
▷Ajmaline, A-00088
Alinidine, A-00120
3-Amino-2-hydroxyandrostan-17-one, A-00261
2-(1-Aminopropyl)-2-indanol, A-00320
▷Amiodarone, A-00342
Amoproxan, A-00357
Aprindine, A-00429
Arglecin, A-00442
Asocainol, A-00457
Barucainide, B-00016
Benderizine, B-00045
Benrixate, B-00062
Bernzamide, B-00137
Bevantolol, B-00146
Bisaramil, B-00192
Bonnecor, B-00252
Bretylium(1+), B-00271
Bucainide, B-00334
Bucromarone, B-00342
Bufetolol, B-00349
▷Bufuralol, B-00352
Bumecaine, B-00354
▷Bunaftine, B-00358
▷Bunitrolol, B-00364
Butobendine, B-00409
Butocrolol, B-00411
Capobenic acid, C-00030
Carcainium(1+), C-00072
Carocainide, C-00085
Carteolol, C-00102
Cibenzoline, C-00322
Cicarperone, C-00324
Ciprafamide, C-00385
Clofilium(1+), C-00457
Cyheptropine, *in* D-00282
▷Dauricine, D-00020
Dazolicine, D-00026
Detajmium (1+), D-00104
3,4-Diethoxy-β-methoxy-*N*-(1-methyl-2-pyrrolidinylidene)-benzeneethanamine, D-00229
1-(2,6-Diethylphenyl)-3-(methylamidino)urea, D-00252
Dioxadilol, D-00471
▷5,5-Diphenyl-2,4-imidazolidinedione, D-00493
N-(3,3-Diphenylpropyl)-*N′*-(1-methyl-2-phenylethyl)-1,3-propanediamine, D-00513
Diprafenone, D-00519
Disobutamide, D-00535
▷Disopyramide, D-00537
Dizactamide, D-00558
Drobuline, D-00603
Droxicainide, D-00614
Dyclonine, D-00623
Edifolone, E-00013
Encainide, E-00044
Epanolol, E-00071
Epicainide, E-00073
Eproxindine, E-00093
Ericolol, E-00107
Erocainide, E-00112
▷Ethaverine, E-00150
Ethyl(3-methoxybenzyl)dimethylammonium(1+), E-00199
Fenetradil, F-00048
Fepromide, F-00085
Flecainide, F-00114
▷Fluacizine, F-00128
Fluzoperine, F-00236
Ftormetazine, F-00270
Ftorpropazine, F-00271
Fubrogonium(1+), F-00272
Guafecainol, G-00090
▷Hexacaine, H-00037
▷Hydroquinidine, *in* Q-00027
▷Hydroxyprocaine, H-00206
Hydroxyzine trimethoxybenzoate, *in* H-00222
Indecainide, I-00054
Indenolol, I-00056
Iprocrolol, I-00159
Isoxaprolol, I-00215
Itrocainide, I-00223
▷Ketocainol, K-00015
▷Lignocaine, L-00047
Lorajmine, *in* A-00088
Lorcainide, L-00094
▷Lupinidine, *in* S-00110
Meobentine, M-00093
▷Metipranolol, M-00322
▷Metoprolol, M-00334
▷Mexiletine, M-00351
Moricizine, M-00442
Moxaprindine, M-00459
Nadoxolol, N-00007
Nicainoprol, N-00085
Nofecainide, N-00197
Octacaine, O-00005
Oxiramide, O-00118
Palatrigine, P-00004
Pargolol, P-00036
Penticainide, P-00098
Pincainide, P-00269
Pipoxizine, P-00303
Pirmenol, P-00342
Pirolazamide, P-00348
▷Practolol, P-00394
▷Prajmalium bitartrate, *in* A-00088
Pranolium(1+), P-00399
Prifuroline, P-00431
Primidolol, P-00435
▷Procainamide, P-00446
Procinolol, P-00451

Propafenone, P-00486
▷Propranolol, P-00514
Pyrinoline, P-00588
Quinacainol, Q-00008
Quindonium(1+), Q-00018
Quinicine, Q-00026
▷Quinidine, Q-00027
Recainam, R-00019
Ronipamil, R-00086
Ropitoin, R-00088
Sematilide, S-00040
Solpecainol, S-00094
Spirendolol, S-00119
▷Sultopride, S-00264
Suricainide, S-00277
Tedisamil, T-00050
Tilisolol, T-00274
Tocainide, T-00332
▷Toliprolol, T-00352
Tosifen, T-00389
Transcainide, T-00398
Tridiurecaine, T-00455
Trigevolol, T-00471
Ubisindine, U-00001
▷Verapamil, V-00019
Xipranolol, X-00018
Zocainone, Z-00024

Antiasthmatic agents

7-[3-(4-Acetyl-3-hydroxy-2-propylphenoxy)-2-hydroxypropoxy]-4-oxo-8-propyl-4*H*-1-benzopyran-2-carboxylic acid, A-00035
Amoxanox, A-00361
▷Beclometasone dipropionate, JAN, *in* B-00024
▷Betamethasone valerate, *in* B-00141
1,1′-Bisisomenthone, B-00224
Bufrolin, B-00351
Bunaprolast, B-00360
Cloxacepride, C-00514
Cortisuzol, C-00550
Cromitrile, C-00564
Cromoglycic acid, C-00565
▷Dexamethasone isonicotinate, *in* D-00111
3,7-Dihydro-3-propyl-1*H*-purine-2,6-dione, *in* X-00002
3,4-Dihydroxy-α-[(1-methyl-3-phenylpropyl)amino]-propiophenone, D-00335
Dimabefylline, D-00374
Diphenylacetic acid; 3-(Diethylamino)propyl ester, *in* D-00488
▷Diprophylline, D-00523
▷Eprozinol, E-00094
Etafedrine, E-00133
Etolotifen, E-00255
▷Fenoterol, F-00064
▷Fenspiride, F-00076
Fuprazole, F-00276
Furafylline, F-00278
Isamoxole, I-00176
Isocromil, I-00184
Ketotifen, K-00020
▷Khellin, K-00022
Lodoxamide, L-00071
Lodoxamide ethyl, *in* L-00071
Lodoxamide trometamine, *in* L-00071
1-Methyl-4-(4-methylpentyl)cyclohexanecarboxylic acid, M-00268
Mobenzoxamine, M-00412
Nedocromil, N-00060
▷Orciprenaline, O-00053
Oxalinast, O-00079
Oxarbazole, O-00093
Oxatomide, O-00094
10-Oxo-10*H*-pyrido[2,1-*b*]quinazoline-8-carboxylic acid, O-00138
▷Papaverine, P-00019
Piplartine, P-00298
Piriprost, P-00334
Pirolate, P-00347
Procromil, P-00454
Proxicromil, P-00548
Quazolast, *in* C-00259
Quinetolate, *in* M-00217
Repirinast, R-00024
Revenast, R-00034
Terbucromil, T-00082
Terbutaline bis(dimethylcarbamate), *in* T-00084
Tetrahydro-2*H*-1,3-thiazine-4-carboxylic acid, T-00136
Tiaramide, T-00245
Tibenelast, T-00249
Tretoquinol, T-00418
Triclofylline, T-00451
Verofylline, V-00022
Zaprinast, Z-00006

Antibacterial agents

Acediasulfone, A-00008
▷Acetarsol, *in* A-00271
Acetylsalol, *in* A-00026
Acetylsulfamethoxazole, *in* S-00244
▷Acidomycin, A-00039
▷Acinitrazole, *in* A-00294
Acodazole, A-00045
Aconiazide, A-00046
Acrosoxacin, A-00051
Actamycin, A-00052
▷Actinobolin, A-00053
▷Actinomycin *C*, A-00054
▷Actinomycin C_2, A-00055
▷Actinomycin C_3, A-00056
▷Actinomycin *D*, A-00057
▷Actinoxanthine, A-00058
Adechlorin, A-00066
Aditeren, A-00073
Aditoprime, *in* A-00073
Alahopcin, A-00092
▷Alazopeptin, A-00095
Alborixin, A-00101
Alexidine, A-00107
Aliconazole, A-00117
▷Almecillin, A-00137
▷Althiomycin, A-00158
Amantanium(1+), A-00163
Amantocillin, A-00164
▷Ambazone, A-00166
Amicycline, A-00189
Amifloxacin, A-00195
▷Amikacin, A-00196
▷9-Aminoacridine, A-00205
Aminochlorthenoxycycline, A-00227
1-Amino-3-(decyloxy)-2-propanol, *in* A-00317
▷4-Amino-2-hydroxybenzoic acid, A-00264
▷5-Amino-2-hydroxybenzoic acid, A-00266
(3-Amino-4-hydroxyphenyl)arsinous dichloride, A-00270
4-Amino-3-isoxazolidinone, A-00277
▷2-Amino-5-nitrothiazole, A-00294
▷3-Aminophenylarsonic acid, A-00301
▷4-Aminophenylarsonic acid, A-00302
▷*N*-[(4-Aminophenyl)sulfonyl]benzamide, *in* A-00213
N-[(4-Aminophenyl)sulfonyl]-*N*-(6-methoxy-3-pyridazinyl)-acetamide, *in* S-00246
1-Amino-2-pyrrolidinecarboxylic acid, A-00328
▷Amoxycillin, A-00364
▷Ampicillin, A-00369
Anogon, *in* D-00358
Antibiotic L 640876, A-00407
Antibiotic U 56407, A-00410
Anticapsin, A-00412
Apalcillin, A-00421

▷Apramycin, A-00428
Aridicin, A-00443
Ascamycin, A-00454
Asparenomycin A, *in* A-00459
Asperlin, A-00464
Aspoxicillin, A-00465
▷Aureomycin, A-00476
Aureothricin, A-00477
▷Avilamycin A, *in* A-00487
Azamulin, A-00500
Azarole, A-00508
▷Azaserine, A-00509
Azidamfenicol, A-00519
Azidocillin, A-00520
Azithromycin, A-00528
Azlocillin, A-00529
▷Aztreonam, A-00533
Bacampicillin, B-00001
▷Bacitracin *A*, B-00002
Bacmecillinam, B-00004
Bactobolin *A*, B-00005
Bakuchiol, B-00006
Balsalazide, B-00008
Baquiloprim, B-00012
▷Benethamine penicillin, *in* B-00126
▷Benzathine penicillin, *in* B-00126
▷Benzhydrylamine penicillin, *in* B-00126
▷2-Benzyl-4-chlorophenol, B-00109
Benzyldodecylbis(2-hydroxyethyl)ammonium(1+), B-00117
▷Benzyl isothiocyanate, B-00122
▷4-(Benzyloxy)phenol, B-00124
▷Benzylpenicillin, B-00126
▷4-Benzylphenol, B-00127
Benzylsulfamide, B-00129
▷Bicyclomycin, B-00158
Binfloxacin, B-00169
▷Bis(4-acetamidophenyl)sulfone, *in* D-00129
1,3-Bis(4-amidinophenyl)triazene, B-00187
N,*N'*-Bis(4-amino-2-methyl-6-quinolinyl)-1,3,5-triazin-2,4,6-triamine, B-00189
Bisdequalinium(2+), B-00202
▷Bis(2,4-dichloro-6-hydroxyphenyl)disulfide, B-00204
3,7-Bis(dimethylamino)phenothiazin-5-ium(1+), B-00208
▷Bis(1-hydroxy-2(1*H*)-pyridinethionato-*O*,*S*)zinc, *in* P-00574
Bispyrithione magsulfex, *in* D-00551
▷Bithionoloxide, *in* B-00204
▷Bluensomycin, B-00247
▷Boric acid, B-00254
▷Boromycin, B-00258
Brodimoprim, B-00277
Bromamphenicol, B-00284
▷6-Bromo-5-chloro-2(3*H*)-benzoxazolone, B-00293
5-Bromo-2-methyl-5-nitro-1,3-dioxane, B-00308
▷2-Bromo-2-nitro-1,3-propanediol, B-00310
6-Bromopenicillanic acid, B-00311
▷Bromotetracycline, B-00318
▷Bundlin B, *in* B-00362
Butikacin, B-00404
Capreomycin, C-00031
▷Carbadox, C-00039
Carbenicillin, C-00045
Carbidium(1+), C-00049
▷Carbomycin, C-00056
Carfecillin, C-00074
Carindacillin, C-00077
Carumonam, C-00104
▷Cefaclor, C-00109
▷Cefadroxil, C-00110
Cefaloram, C-00111
Cefamandole, C-00112
Cefamandole; *O*-Formyl *in* C-00112
Cefaparole, C-00114
▷Cefapirin, C-00115
▷Cefathiamidine, C-00116
▷Cefatrizine, C-00117
Cefazaflur, C-00118
Cefazedone, C-00119
▷Cefazolin, C-00120
Cefbuperazone, C-00121
Cefcanel, C-00122
Cefcanel daloxate, *in* C-00122
Cefedrolor, C-00123
Cefempidone, C-00124
Cefetamet, C-00126
Cefetrizole, C-00127
Cefivitril, C-00128
Cefixime, C-00129
Cefmenoxime, C-00130
Cefmepidium(1+), C-00131
▷Cefmetazole, C-00132
Cefminox, C-00133
Cefodizime, C-00134
Cefonicid, C-00135
Cefoperazone, C-00136
Ceforanide, C-00137
Cefotaxime, C-00138
▷Cefotetan, C-00139
▷Cefotiam, C-00140
▷Cefoxitin, C-00141
Cefpimizole, C-00142
Cefpiramide, C-00143
Cefpirome, C-00144
Cefpodoxime, C-00145
Cefpodoxime proxetil, *in* C-00145
Cefprozil, C-00146
Cefquinone, C-00147
Cefrotil, C-00148
▷Cefroxadine, C-00149
Cefsulodin, C-00150
Cefsumide, C-00151
▷Ceftazidime, C-00152
Ceftezole, C-00154
Ceftibuten, C-00155
Ceftiofur, C-00156
Ceftiolene, C-00157
Ceftioxide, *in* C-00138
Ceftizoxime, C-00158
Ceftriaxone, C-00159
Cefuracetime, C-00160
▷Cefuroxime, C-00161
Cefuroxime axetil, *in* C-00161
Cefuroxime pivoxetil, *in* C-00161
Cephacetrile, C-00170
Cephachlomazine, C-00171
▷Cephalexin, C-00173
▷Cephaloglycin, C-00174
▷Cephalonium, C-00175
▷Cephaloridine, C-00176
▷Cephalosporin *C*, C-00177
▷Cephalothin, C-00178
Cephoxazole, C-00179
▷Cephradine, C-00180
Cethexonium(1+), C-00182
Cetophenicol, C-00185
▷Chelocardin, C-00190
▷Chloramphenicol, C-00195
▷Chloramphenicol palmitate, *in* C-00195
Chloramphenicol pantothenate, *in* C-00195
N-Chlorobenzenesulfonamide, *in* B-00075
▷6-Chloro-1,2-benzisothiazol-3(2*H*)-one, C-00216
▷Chlorobiocin, C-00221
▷4-Chloro-3,5-dimethylphenol, C-00235
▷5-Chloro-8-hydroxy-7-iodoquinoline, C-00244
▷Chloro(2-hydroxyphenyl)mercury, C-00247
▷7-Chloro-4-indanol, C-00252
▷4-Chlorophenol, C-00260
▷3-(4-Chlorophenoxy)-1,2-propanediol, C-00261
(4-Chlorophenyl)-2-thienyliodonium, C-00274
▷*N*-Chloro-*p*-toluenesulfonamide, C-00289
Chryscandin, C-00313

▷Ciadox, C-00317
Cinoquidox, C-00376
▷Cinoxacin, C-00377
Ciprofloxacin, C-00390
▷Citromycetin, C-00404
Clemizole penicillin, *in* B-00126
▷Clerocidin, C-00421
▷Clindamycin, C-00428
▷Clindamycin phosphate, *in* C-00428
Clofoctol, C-00461
Clometocillin, C-00470
Clomocycline, C-00473
Cloxacillin, C-00515
▷Colistimethate sodium, *in* C-00536
▷Colistin, C-00536
▷Conessine, C-00540
▷Contramine, *in* D-00244
▷Coumermycin A_1, C-00557
Cuprimyxin, C-00577
▷Cyclacillin, C-00585
2-Cyclohexyl-4-iodo-3,5-dimethylphenol, C-00615
▷Cytochalasin *B*, C-00658
Dactimicin, D-00002
Daptomycin, D-00014
Davercin, *in* E-00115
Deditonium(2+), D-00043
▷6-Demethyl-7-chlorotetracycline, D-00064
6-Demethyl-6-deoxytetracycline, D-00065
6-Demethyltetracycline, D-00066
11-Deoxydoxorubicin, *in* A-00080
6-Deoxy-5-hydroxytetracycline, D-00080
Dequalinium(2+), D-00088
2,6-Diamino-2′-butyloxy-3,5′-azopyridine, D-00121
▷4,4′-Diaminodiphenyl sulfone, D-00129
Diathymosulfone, D-00146
Diaveridine, D-00147
▷Dibekacin, D-00154
Dibrompropamidine, D-00168
N,N″-Dichlorodiazenedicarboximidamide, D-00181
▷2,4-Dichloro-3,5-dimethylphenol, D-00186
▷5,7-Dichloro-8-hydroxy-2-methylquinoline, D-00189
5,7-Dichloro-8-hydroxyquinoline, D-00190
▷Dichlorophen, D-00198
▷Dicloxacillin, D-00214
▷1-(Diethylamino)-3-[(2,3-dimethoxy-6-nitro-9-acridinyl)-amino]-2-propanol, D-00231
Difloxacin, D-00268
▷Dihydrostreptomycin, D-00303
[[[(2,6-Dimethyl-4-pyrimidinyl)amino]sulfonyl]phenyl]-formamide, *in* S-00254
▷6,8-Dimethylpyrimido[5,4-*e*]-1,2,4-triazine-5,7(6*H*,8*H*)-dione, D-00452
▷Diphenicillin, D-00485
Diproleandomycin, *in* O-00035
3′,5-Di(2-propenyl)-2,4′-biphenyldiol, D-00522
Dipyrithione, *in* D-00551
Disiquonium(1+), D-00534
▷Disulfiram, D-00542
(4-Dodecylbenzyl)trimethylammonium(1+), D-00566
Dodecyldimethyl-2-phenoxyethylammonium(1+), D-00567
3-(Dodecyloxy)propylamine, *in* A-00319
Dodecyltriphenylphosphonium(1+), D-00568
Droxacin, D-00613
▷Econazole, E-00009
▷Efrotomycin, E-00020
Empedopeptin, E-00041
▷Enduracidin *A*, E-00053
Enoxacin, E-00060
Enrofloxacin, E-00068
▷Epicillin, E-00074
Epiroprim, E-00084
▷Erythromycin, E-00115
Erythromycin; 2′-(Ethyl carbonate), *in* E-00115
▷Erythromycin *B*, E-00116
Erythromycin acetate, *in* E-00115
▷Erythromycin estolate, *in* E-00115
▷Erythromycin ethylsuccinate, *in* E-00115
Erythromycin propionate, *in* E-00115
Esafloxacin, E-00119
2,2′-(1,2-Ethanediyldiimino)bis(1-butanol), E-00148
▷6′-Ethoxy-10,11-dihydrocinchonan-9-ol, E-00163
Ethyl(2-mercaptobenzoato-*S*)mercury, E-00198
Etisomicin, E-00242
▷Euprocin, E-00276
Fibracillin, F-00102
Fleroxacin, F-00116
Flomoxef, F-00120
Florfenicol, F-00124
Flucloxacillin, F-00139
Fludalanine, *in* A-00258
Flumequine, F-00155
Fomidacillin, F-00239
▷Foromacidin *A*, F-00249
▷Fortimicin *A*, F-00252
▷Fosfomycin, *in* M-00276
Fosmidomycin, F-00257
▷Fumagillin, F-00273
Fumoxicillin, F-00275
Furaguanidine, F-00279
▷Furalazine, F-00280
▷Furaltadone, F-00281
▷Furazolidone, F-00284
Furazolium(1+), F-00285
Furbenicillin, F-00286
Furbucillin, F-00287
Furmethoxadone, F-00293
▷Fusafungine, F-00301
▷Fusidic acid, F-00303
Fuzlocillin, F-00304
▷Gardimycin, G-00011
▷Gentamicin *B*, G-00017
Gentamicin *C*, G-00018
▷Gentamicin C_{2b}, G-00018
Gloximonam, *in* O-00115
Glucosulfamide, G-00056
▷Glucosulfone, G-00057
▷Glycyrrhetic acid, G-00072
▷Gramicidin *S*, G-00083
▷Gramicidins *A-D*, G-00084
▷Guamecycline, G-00097
Habekacin, *in* D-00154
Halethazole, H-00005
Halopenium(1+), H-00013
▷Haloprogin, H-00018
Hetacillin, H-00035
Hexadecylpyridinium(1+), H-00043
Hexafluorenium(2+), H-00046
▷Hexamethylenetetramine, H-00057
Hexamidine, H-00058
Hexedine, H-00063
Hexetidine, H-00064
9-[4-(Hexyloxy)phenyl]-10-methylacridinium(1+), H-00074
Hydrabamine penicillin, *in* B-00126
▷Hydrargaphen, H-00094
▷2-Hydroxybenzoic acid, H-00112
1-Hydroxy-4,6-dimethyl-2(1*H*)-pyridone, *in* D-00451
μ-Hydroxydiphenyldimercury(1+), H-00125
▷1-Hydroxy-6-methoxyphenazine 5,10-dioxide, H-00152
▷*N*-Hydroxymethyl-*N′*-methylthiourea, H-00165
▷5-Hydroxy-2-methyl-1,4-naphthoquinone, H-00167
▷2-(Hydroxymethyl)-2-nitro-1,3-propanediol, H-00168
8-Hydroxy-5-methylquinoline, H-00176
▷2-Hydroxy-1,4-naphthoquinone, H-00178
▷4-Hydroxy-3-nitrophenylarsonic acid, H-00181
▷8-Hydroxy-5-nitroquinoline, H-00182
1-(2-Hydroxypropyl)-2-methyl-5-nitroimidazole, H-00208
▷Hygromycin *A*, H-00223
Ibafloxacin, I-00002
(2-Imidazol-1-yl)ethyl benzoate, I-00031
Imipenem, I-00039

Ipsalazide, I-00166
Irloxacin, I-00171
▷Isepamicin, *in* G-00017
Isoconazole, I-00183
▷Isoniazid, I-00195
Isopropicillin, I-00200
Josamycin propionate, *in* L-00033
▷Kanamycin *A*, K-00004
▷Kanamycin *B*, K-00005
▷Lasalocid *A*, L-00011
Latamoxef, L-00012
Lauroguadine, L-00016
Lenampicillin, L-00022
▷Leucomycin, *in* L-00032
▷Leucomycin A_1, L-00032
▷Leucomycin A_3, L-00033
▷Lividomycin *A*, L-00062
Loflucarban, L-00076
Lomefloxacin, L-00078
▷Lomofungin, L-00082
Loracarbef, L-00090
▷Lymecycline, L-00120
▷Lysostaphin, L-00123
Mafenide, M-00002
Magnolol, M-00012
Maleylsulfathiazole, M-00015
▷Marcellomycin, M-00022
Maridomycin III, M-00023
Maridomycin propionate, *in* M-00023
▷Mecillinam, M-00042
▷Meclocycline, M-00044
Megalomicin *A*, M-00070
▷Mepicycline, M-00096
Mequidox, *in* H-00164
Merbromin, M-00113
Meropenem, M-00128
▷Mesulfamide, M-00141
Metampicillin, M-00150
Metazide, M-00154
▷Methacycline, M-00161
Methicillin, M-00180
▷Methocidin, M-00186
▷Methylarsonic acid, M-00226
6-*O*-Methylerythromycin, *in* E-00115
Metioprim, M-00320
Metioxate, M-00321
▷Metronidazole, M-00344
Metronidazole benzoate, *in* M-00344
▷Mevinolin, M-00348
▷Mezlocillin, M-00358
▷Miloxacin, M-00377
▷Minocycline, M-00387
Mirincamycin, M-00393
▷Mocimycin, M-00413
Moenomycin, M-00418
▷Monensin, M-00428
Morinamide, M-00443
Morphocycline, M-00450
Nafcillin, N-00012
▷Nalidixic acid, N-00029
▷Nanaomycin *A*, N-00036
▷Nebramycin, N-00058
▷Nebramycin factor 6, N-00059
▷Neoarsphenamine, N-00066
▷Neomycin, *in* N-00068
▷Neomycin *B*, N-00068
▷Neomycin *C*, N-00069
▷Netilmicin, N-00078
Neutramycin, N-00081
▷Nifuradene, N-00115
▷Nifuraldezone, N-00116
Nifuralide, N-00117
▷Nifuratel, N-00118
▷Nifuratrone, N-00119
▷Nifurdazil, *in* N-00115
Nifurethazone, N-00120
Nifurfoline, N-00121
▷Nifurimide, N-00122
Nifurizone, N-00123
▷Nifurmazole, N-00124
Nifuroquine, N-00125
▷Nifuroxazide, N-00126
Nifuroxime, *in* N-00177
▷Nifurpipone, N-00127
▷Nifurpirinol, N-00128
Nifurprazine, N-00129
▷Nifurquinazol, N-00130
▷Nifurthiazole, N-00133
Nifurtoinol, N-00135
Nifurvidine, N-00136
▷Nihydrazone, N-00139
Nitrocycline, N-00175
▷Nitrofurantoin, N-00178
▷*N*-[6-[2-(5-Nitro-2-furanyl)ethenyl]-1,2,4-triazin-3-yl]-acetamide, *in* F-00280
▷[[6-[2-(5-Nitro-2-furanyl)ethenyl]-1,2,4-triazin-3-yl]-imino]bis-(methanol), *in* F-00280
▷Nitrofurazone, *in* N-00177
▷Nitromersol, N-00181
1-Nitro-2-pentanol; (±)-*form*, Ac, *in* N-00183
Nitrosulfathiazole, N-00187
▷Nitrovin, N-00190
▷Norfloxacin, N-00214
▷Nosiheptide, N-00227
▷Novobiocin, N-00228
Octenidine, O-00020
4-O-Demethyl-11-deoxydoxorubicin, *in* A-00080
Ofloxacin, O-00032
▷Olaquindox, O-00034
▷Oleandomycin, O-00035
▷Opiniazide, O-00051
Ormetoprim, O-00057
▷Ornidazole, O-00058
Ostreogrycin *A*, O-00068
Otimerate, O-00070
▷Oxacillin, O-00074
▷2-Oxetanone, O-00105
▷Oxolinic acid, O-00131
Oxychlorosene, O-00148
Paldimycin, P-00005
▷Panthenol, P-00015
Parapropamol, P-00029
▷Paromomycin, P-00039
Paulomycin *A*, P-00044
Pecocycline, P-00049
Pefloxacin, *in* N-00214
Penamecillin, P-00058
Pendecamaine, P-00060
Penethamate, P-00061
▷Penicillin *N*, P-00066
Penimepicycline, P-00068
Penimocycline, P-00069
Penoctonium(1+), P-00073
Pentaphonate, *in* D-00568
▷Pentisomicin, P-00099
Pentizidone, P-00100
▷Pepleomycin, P-00108
▷4,7-Phenanthroline-5,6-dione, P-00144
Phenbenicillin, P-00148
Phenethicillin, P-00152
▷Phenothiazine, P-00167
▷Phenoxymethylpenicillin, P-00171
▷Phenyracillin, *in* B-00126
Phthalylsulfacetamide, P-00225
Phthalylsulfamethizole, P-00226
▷Phthalylsulfathiazole, P-00227
Picloxydine, P-00236
▷Pipemidic acid, P-00278
Piperacillin, P-00283
Piridicillin, P-00325

▷Piromidic acid, P-00349
▷Pivampicillin, P-00362
Pivampicillin pamoate, *in* P-00362
Pivampicillin probenate, *in* P-00362
▷Pivcephalexin, P-00363
Pivmecillinam, P-00366
▷Platenomycin B_1, P-00371
▷Pleuromutilin, P-00374
Polihexanide, P-00381
▷Polymyxin B_1, P-00384
▷Polymyxin B, *in* P-00384
▷Polynoxylin, P-00385
▷Porfiromycin, P-00388
Prazocillin, P-00408
▷Primycin, P-00437
Procaine penicillin G, *in* B-00126
Prontosil, P-00484
Propampicillin, P-00488
▷2-Propanol, P-00491
Propicillin, P-00501
Propikacin, P-00502
▷Prothionamide, P-00535
▷Pseudomonic acid *A*, P-00552
▷3-Pyridinecarboxylic acid; Hydrazide, *in* P-00571
4-Pyridinecarboxylic acid 2-(sulfomethyl)hydrazide, *in* I-00195
Quinacillin, Q-00009
Quindecamine, Q-00017
Repromicin, R-00025
▷Resistomycin, R-00030
▷Ribostamycin, R-00040
▷Rifamide, *in* R-00047
▷Rifampicin, R-00045
▷Rifamycin, R-00046
Rifapentine, R-00048
Rifaximin, R-00049
Rokitamycin, *in* L-00034
▷Rolitetracycline, R-00078
▷Rosamicin, R-00092
Rosaramicin butyrate, *in* R-00092
Rosaramicin propionate, *in* R-00092
Roxithromycin, R-00100
Rufloxacin, R-00104
Salazodimethoxine, S-00007
Salazodine, S-00008
Salazosulfamide, S-00009
Salazosulfathiazole, S-00010
Salazosulphadimidine, S-00011
Sarpicillin, *in* H-00035
Satranidazole, S-00028
Silital, *in* C-00249
▷Sisomicin, S-00082
Soluarsphenamine, S-00095
▷Spectinomycin, S-00111
▷Spiramycin, *in* F-00249
Stearylsulfamide, S-00142
▷Steffimycin, S-00143
▷Streptomycin, S-00161
Streptonicozid, *in* S-00161
▷Streptovarycin, S-00163
▷Succinylsulfathiazole, S-00172
Sulbenicillin, S-00181
Sulbentine, S-00183
Sulfabromomethazine, S-00185
Sulfacecole, S-00186
▷Sulfacetamide, *in* A-00213
Sulfachrysoidine, S-00187
▷Sulfaclomide, S-00188
Sulfaclorazole, S-00189
Sulfaclozine, S-00190
Sulfacytine, S-00191
Sulfadicramide, S-00192
▷Sulfadoxine, S-00193
Sulfaguanole, S-00194
Sulfamazone, S-00195
▷Sulfamethazine, S-00196
▷Sulfametomidine, S-00197
▷Sulfametopyrazine, S-00198
Sulfametrole, S-00199
▷Sulfamonomethoxime, S-00200
▷Sulfanilamide, *in* A-00213
Sulfanilanilide, S-00202
▷Sulfanilylurea, S-00203
Sulfanitran, S-00204
Sulfanthrol, S-00205
Sulfaperin, S-00206
Sulfapyrazole, S-00207
Sulfapyridazine, S-00208
▷Sulfarsphenamine, *in* D-00127
Sulfasuccinamide, S-00209
Sulfasymazine, S-00210
Sulfathiadiazole, S-00211
Sulfatolamide, *in* M-00002
Sulfatroxazole, S-00212
Sulfatrozole, S-00213
▷Sulfisoxazole, S-00215
Sulfisoxazole acetyl, S-00216
Sulfoxone, S-00223
Sulphachlorpyridazine, S-00236
▷Sulphadiazine, S-00237
▷Sulphadimethoxine, S-00238
Sulphaethidole, S-00239
▷Sulphaguanidine, S-00240
Sulphaloxic acid, S-00241
▷Sulphamerazine, S-00242
▷Sulphamethizole, S-00243
▷Sulphamethoxazole, S-00244
▷Sulphamethoxydiazine, S-00245
▷Sulphamethoxypyridazine, S-00246
▷Sulphamoprine, S-00247
▷Sulphamoxole, S-00248
▷Sulphaphenazole, S-00250
Sulphaproxyline, S-00251
▷Sulphapyridine, S-00252
▷Sulphasalazine, S-00253
▷Sulphasomidine, S-00254
Sulphasomizole, S-00255
▷Sulphathiazole, S-00256
Sulphathiourea, S-00257
Sultamicillin, S-00262
Suncillin, S-00271
Talampicillin, T-00005
Talmetoprim, T-00012
Taurolidine, T-00032
Temafloxacin, T-00058
Temocillin, T-00062
Temodox, T-00063
Terephtyl, T-00087
▷Tetracycline, T-00109
Tetrahydro-2*H*-1,2,4-thiadiazine 1,1-dioxide, T-00134
▷Tetramethylthiuram disulfide, T-00149
Thiamphenicol, T-00179
Thiazolsulfone, T-00185
▷Thiobarbituric acid, T-00192
▷2,2′-Thiobis(4-chlorophenol), T-00194
Thiocarbanidin, T-00197
▷Tiamulin, T-00238
Tibezonium(1+), T-00250
Ticarcillin, T-00255
Ticarcillin; 3-Mono(4-methylphenyl)ester, *in* T-00255
Tigemonam, T-00268
Tilmicosin, T-00275
Timoxicillin, T-00290
Tioxacin, T-00306
Tosufloxacin, T-00390
▷Triacetyloleandomycin, *in* O-00035
▷1,2,4-Triazine-3,5(2*H*,4*H*)-dione, T-00422
▷Tribromsalan, T-00429
▷2,4,4′-Trichloro-2′-hydroxydiphenyl ether, T-00437
▷2,4,5-Trichlorophenol, T-00441

2,3,23-Trihydroxy-12-ursen-28-oic acid, T-00485
▷Trimethoprim, T-00501
▷Tuberactinomycin *N*, T-00569
▷Tylosin, T-00578
Tylosin *D*, T-00579
▷Tyrothricin, T-00583
▷Vancomycin, V-00007
Vaneprim, V-00008
Vanyldisulfamide, V-00010
▷Viomycin, V-00050
▷Virginiamycin, *in* O-00068
Virginiamycin S_1, V-00054
▷Viridogrisein, V-00055
Xenysalate, X-00010
Xibornol, X-00013
Zoficonazole, Z-00026
▷Zorbamycin, Z-00038

Antibiotics

N-Acetyl-6-diazo-5-oxo-L-norleucine, *in* A-00238
▷Acidomycin, A-00039
▷Aclacinomycin *A*, A-00042
Actamycin, A-00052
▷Actinobolin, A-00053
▷Actinomycin *C*, A-00054
▷Actinomycin C_2, A-00055
▷Actinomycin C_3, A-00056
▷Actinomycin *D*, A-00057
▷Actinoxanthine, A-00058
▷Adriamycin, A-00080
Aklavine, A-00089
Alafosfalin, A-00091
Alahopcin, A-00092
▷Alazopeptin, A-00095
▷Albocycline, A-00099
▷Albofungin, A-00100
Alborixin, A-00101
▷Almecillin, A-00137
▷Althiomycin, A-00158
Amantocillin, A-00164
▷Ambruticin, A-00171
▷Amicetin, A-00187
Amicycline, A-00189
Amidinomycin, A-00192
▷Amikacin, A-00196
Aminochlorthenoxycycline, A-00227
5-Amino-1,3-cyclohexadiene-1-carboxylic acid, A-00228
▷2-Amino-6-diazo-5-oxohexanoic acid; (*S*)-*form*, *in* A-00238
4-Amino-3-isoxazolidinone, A-00277
▷Amoxycillin, A-00364
▷Amphotericin *B*, A-00368
▷Anisomycin, A-00395
▷Anthramycin, A-00403
Antibiotic X 14868A, A-00411
Antibiotic AT 125, A-00405
Antibiotic L 640876, A-00407
Antibiotic LL-F28249α, A-00408
Antibiotic SQ 14359, A-00409
Antibiotic U 56407, A-00410
Anticapsin, A-00412
▷Antimycin A_1, A-00415
▷Antimycin A_3, A-00415
Apalcillin, A-00421
▷Aphidicolin, A-00422
Apicycline, A-00423
▷Apramycin, A-00428
▷Aranotin, A-00436
Aridicin, A-00443
Ascamycin, A-00454
Asparenomycin A, *in* A-00459
Asperlin, A-00464
Aspoxicillin, A-00465
Asterriquinone, A-00467
▷Augmentin, *in* C-00410
▷Aureomycin, A-00476
Aureothricin, A-00477
Avermectin A_{1a}, A-00479
Avermectin B_{1a}, A-00483
Avermectin A_{2a}, A-00481
Avermectin B_{2a}, A-00485
Avermectin A_{1b}, A-00480
Avermectin B_{1b}, A-00484
Avermectin A_{2b}, A-00482
Avermectin B_{2b}, A-00486
▷Avilamycin A, *in* A-00487
▷5-Azacytidine, A-00496
Azidamfenicol, A-00519
Azidocillin, A-00520
Azithromycin, A-00528
Azlocillin, A-00529
▷Azotomycin, A-00531
▷Aztreonam, A-00533
Bacampicillin, B-00001
▷Bacitracin *A*, B-00002
Bactobolin *A*, B-00005
Beauvericin, B-00020
▷Bicyclomycin, B-00158
▷Bleomycin A_2, B-00243
▷Bluensomycin, B-00247
▷Boromycin, B-00258
▷Bredinin, B-00267
▷Bromotetracycline, B-00318
▷Bundlin B, *in* B-00362
Butikacin, B-00404
▷Butirosin *A*, B-00408
Cadeguomycin, C-00003
Caerulomycin, C-00006
Capreomycin, C-00031
▷Carbomycin, C-00056
Carindacillin, C-00077
Carminazone, *in* C-00081
▷Carminomycin I, C-00081
Carumonam, C-00104
▷Carzinophilin, C-00106
Cationomycin, C-00108
Cefaloram, C-00111
Cefanone, C-00113
Cefaparole, C-00114
▷Cefapirin, C-00115
▷Cefathiamidine, C-00116
▷Cefatrizine, C-00117
Cefazaflur, C-00118
Cefbuperazone, C-00121
Cefcanel, C-00122
Cefcanel daloxate, *in* C-00122
Cefedrolor, C-00123
Cefempidone, C-00124
Cefepime, C-00125
Cefetamet, C-00126
Cefetrizole, C-00127
Cefivitril, C-00128
Cefixime, C-00129
Cefmenoxime, C-00130
Cefmepidium(1+), C-00131
Cefminox, C-00133
Cefodizime, C-00134
Cefonicid, C-00135
Cefoperazone, C-00136
Ceforanide, C-00137
▷Cefotetan, C-00139
▷Cefotiam, C-00140
Cefpimizole, C-00142
Cefpiramide, C-00143
Cefpirome, C-00144
Cefpivtetrame, *in* C-00153
Cefpodoxime, C-00145
Cefpodoxime proxetil, *in* C-00145
Cefprozil, C-00146
Cefquinone, C-00147

Cefrotil, C-00148
▷Cefroxadine, C-00149
Cefsumide, C-00151
▷Ceftazidime, C-00152
Cefteram, C-00153
Ceftibuten, C-00155
Ceftiofur, C-00156
Ceftiolene, C-00157
Ceftizoxime, C-00158
Ceftriaxone, C-00159
Cefuzonam, C-00162
Cephachlomazine, C-00171
▷Cephalonium, C-00175
▷Cephradine, C-00180
▷Chelocardin, C-00190
▷Chloramphenicol, C-00195
▷2-Chloroadenosine, C-00214
▷Chlorobiocin, C-00221
▷3-Chloro-4-(3-chloro-2-nitrophenyl)-1*H*-pyrrole, C-00223
Chryscandin, C-00313
Cilofungin, C-00345
▷Citrinin, C-00403
▷Citromycetin, C-00404
▷Clavulanic acid, C-00410
▷Clindamycin, C-00428
▷Clindamycin phosphate, *in* C-00428
Clometocillin, C-00470
Cloxacillin, C-00515
▷Coformycin, C-00532
▷Colistimethate sodium, *in* C-00536
▷Colistin, C-00536
▷Coumermycin A_1, C-00557
Cyanonaphthyridinomycin, C-00583
▷Cyclacillin, C-00585
Cyclizidine, C-00594
▷Cycloheximide, *in* D-00441
Dactimicin, D-00002
Daptomycin, D-00014
Davercin, *in* E-00115
α-Dehydrobiotin, D-00048
6-Demethyltetracycline, D-00066
▷Destomycin *A*, D-00103
▷Destomycin *B*, D-00103
▷Destomycin *C*, D-00103
▷Dibekacin, D-00154
2,3-Dichloro-4-nitro-1*H*-pyrrole, D-00197
▷Dihydrostreptomycin, D-00303
▷6,8-Dimethylpyrimido[5,4-*e*]-1,2,4-triazine-5,7(6*H*,8*H*)-dione, D-00452
▷Diphenicillin, D-00485
Dirithromycin, D-00533
Ditetracycline, D-00547
▷DL 435, *in* A-00093
Emetine, E-00036
Empedopeptin, E-00041
▷Enduracidin *A*, E-00053
▷Epicillin, E-00074
▷Erythromycin, E-00115
Erythromycin; 2′-(Ethyl carbonate), *in* E-00115
▷Erythromycin *B*, E-00116
Erythromycin acetate, *in* E-00115
▷Erythromycin ethylsuccinate, *in* E-00115
Erythromycin propionate, *in* E-00115
▷Esorubicin, *in* A-00080
Etisomicin, E-00242
▷Filipin, F-00106
Flomoxef, F-00120
Fomidacillin, F-00239
▷Foromacidin *A*, F-00249
▷Fortimicin *A*, F-00252
▷Fosfomycin, *in* M-00276
Fosmidomycin, F-00257
Fostriecin, F-00260
▷Fumagillin, F-00273
Furbenicillin, F-00286
▷Fusafungine, F-00301
▷Fusidic acid, F-00303
▷Gardimycin, G-00011
▷Gentamicin *B*, G-00017
Gentamicin *C*, G-00018
▷Gentamicin C_{2b}, G-00018
▷Gliotoxin, G-00041
Gloximonam, *in* O-00115
▷Gramicidin *S*, G-00083
▷Gramicidins *A-D*, G-00084
▷Griseofulvin, G-00087
Habekacin, *in* D-00154
▷Hachimycin, H-00001
▷Hikizimycin, H-00075
Hitachimycin, H-00081
▷1-Hydroxy-6-methoxyphenazine 5,10-dioxide, H-00152
▷Hygromycin *A*, H-00223
▷Idarubicin, I-00016
Imipenem, I-00039
▷Isepamicin, *in* G-00017
▷Ivermectin, I-00225
Josamycin propionate, *in* L-00033
Kalafungin, K-00002
▷Kanamycin *A*, K-00004
▷Kanamycin *B*, K-00005
▷Lasalocid *A*, L-00011
Lenampicillin, L-00022
▷Leucomycin A_1, L-00032
▷Leucomycin A_3, L-00033
▷Lincomycin, L-00051
▷Lividomycin *A*, L-00062
▷Lomofungin, L-00082
Loracarbef, L-00090
▷Lucensomycin, L-00112
▷Marcellomycin, M-00022
Maridomycin III, M-00023
Maridomycin propionate, *in* M-00023
▷Maytansine, M-00026
Medorubicin, *in* A-00080
Megalomicin *A*, M-00070
Meglucycline, M-00072
Meropenem, M-00128
▷Methocidin, M-00186
6-*O*-Methylerythromycin, *in* E-00115
▷Mithramycin, M-00397
▷Mocimycin, M-00413
Morphocycline, M-00450
▷Mucidin, M-00469
Mycinamycin II, M-00474
▷Nanaomycin *A*, N-00036
▷Narasin *A*, N-00050
▷Nebramycin, N-00058
▷Nebramycin factor 6, N-00059
▷Neomycin, *in* N-00068
▷Neomycin *B*, N-00068
▷Neomycin *C*, N-00069
▷Netilmicin, N-00078
Neutramycin, N-00081
Nitrocefin, N-00173
▷2-Nitro-1*H*-imidazole, N-00179
▷Nogalamycin, N-00198
▷Nosiheptide, N-00227
▷Novobiocin, N-00228
▷Oleandomycin, O-00035
▷Oligomycin *D*, O-00037
Ostreogrycin *A*, O-00068
Oxetacillin, O-00104
Oximonam, O-00115
▷Oxytetracycline, O-00166
Paldimycin, P-00005
▷Paromomycin, P-00039
▷Patulin, P-00043
Paulomycin *A*, P-00044
▷Peliomycin, P-00053
▷Pentisomicin, P-00099

▷Pentostatin, P-00105
Phenbenicillin, P-00143
Pirazmonam, P-00314
Piridicillin, P-00325
Pirlimycin, P-00339
Piroxicillin, P-00352
▷Pivampicillin, P-00362
Pivampicillin pamoate, *in* P-00362
Pivampicillin probenate, *in* P-00362
Pivmecillinam, P-00365
▷Platenomycin B_1, P-00371
▷Pleuromutilin, P-00374
▷Porfiromycin, P-00388
Prazocillin, P-00408
▷Primycin, P-00437
Propampicillin, P-00488
Propikacin, P-00502
▷Pseudomonic acid *A*, P-00552
▷Pyrazomycin, P-00566
▷Rachelmycin, R-00001
▷Rapamycin, R-00013
Repromicin, R-00025
▷Resistomycin, R-00030
Ribocitrin, R-00037
2-Ribofuranosyl-4-selenazolecarboxamide, R-00039
Rifabutin, R-00044
▷Rifamide, *in* R-00047
▷Rifampicin, R-00045
▷Rifamycin, R-00046
Rifapentine, R-00048
Rifaximin, R-00049
Rokitamycin, *in* L-00034
▷Rolitetracycline, R-00078
▷Rosamicin, R-00092
Rotamicillin, R-00095
Roxithromycin, R-00100
Sarmoxicillin, *in* O-00104
Schizophyllan, S-00030
▷Sibiromycin, S-00064
▷Sinefungin, S-00078
▷Sisomicin, S-00082
▷Sparsomycin, S-00109
▷Spectinomycin, S-00111
▷Spiramycin, *in* F-00249
▷Steffimycin, S-00143
▷Streptomycin, S-00161
Streptonicozid, *in* S-00161
▷Streptonigrin, S-00162
▷Streptovarycin, S-00163
▷Streptozotocin, S-00164
Sulbenicillin, S-00181
Talampicillin, T-00005
▷Tallysomycin *A*, T-00010
Tameticillin, *in* M-00180
Tazobactam, T-00043
Teichomycin, T-00056
▷Thiostrepton, T-00210
Thiphencillin, T-00216
Tigemonam, T-00268
Tilmicosin, T-00275
Timentin, *in* C-00410
Timoxicillin, T-00290
Toremifene, T-00388
2,3,23-Trihydroxy-12-ursen-28-oic acid, T-00485
▷Trimethoprim, T-00501
Trospectomycin, T-00557
▷Tuberactinomycin *N*, T-00569
▷Tylosin, T-00578
Tylosin *D*, T-00579
▷Vancomycin, V-00007
▷Variotin, V-00012
▷Violacein, V-00049
▷Viomycin, V-00050
▷Virginiamycin, *in* O-00068
Virginiamycin S_1, V-00054
▷Viridogrisein, V-00055
▷Xanthocillin *X*, X-00005
▷Zorbamycin, Z-00038

Anticholinergic agents

▷Adiphenine, A-00072
Adrafinil, A-00074
▷Ambutonium(1+), A-00175
▷Aminopentamide, A-00296
Amprotropine, A-00371
▷Aprofene, A-00431
Atromepine, A-00474
Belladonna (Extract), B-00030
▷Benactyzine, B-00034
Benapryzine, B-00037
Bentipimine, B-00068
Benzetimide, B-00080
Benzhexol, B-00081
Benzilonium(1+), B-00082
Benzopyrronium(1+), B-00095
▷Benztropine, B-00104
Beperidium(1+), B-00131
Bevonium(1+), B-00147
▷Biperiden, B-00175
▷Bornaprine, B-00255
▷BS 7020a, *in* D-00087
Butinoline, B-00407
Butropium(1+), B-00425
▷Butylscopolammonium bromide, *in* S-00031
Buzepide, B-00434
▷Camylofin, *in* D-00234
Canbisol, C-00025
▷Caramiphen, C-00037
Carpronium(1+), C-00100
Chlorbenzoxamine, C-00196
Ciclonium(1+), C-00330
Ciclotropium(1+), C-00335
Cimetropium(1+), C-00351
Clemeprol, C-00417
Clidinium(1+), C-00425
▷Clofenciclan, C-00451
Clofenetamine, C-00452
▷Cyclizine, C-00595
Cyclodrine, C-00601
Cyclopentolate, C-00631
(4-Cyclopentyl-4-hydroxy-3-oxo-4-phenylbutyl)-ethyldimethyl-ammonium(1+), C-00632
Cyclopyrronium(1+), C-00637
Cycrimine, C-00641
Decitropine, D-00038
Deptropine, D-00087
Dibutoline(1+), D-00171
Dicyclomine, D-00218
▷Diethazine, D-00227
▷Difemerine, D-00261
Dihexyverine, D-00276
(Dimethylamino)trimethylpyrazine, D-00423
Dimetipirium(1+), D-00458
Diphemanil (1+), D-00482
Diphenylacetic acid; 3-(Diethylamino)propyl ester, *in* D-00488
1,1-Diphenyl-4-piperidino-2-butyn-1-ol, D-00508
▷1,1-Diphenyl-3-(1-piperidinyl)-1-propanol, D-00511
Dipiproverine, D-00517
Domazoline, D-00572
Dotefonium(1+), D-00537
Droclidinium(1+), D-00605
Elantrine, E-00021
▷Elucaine, E-00031
Emepronium(1+), E-00035
Emetonium(1+), E-00037
Endobenzyline(1+), E-00047
▷Ethopropazine, E-00160
▷Ethybenztropine, E-00172

N-Ethyl-3,3′-diphenyldipropylamine, E-00184
Eucatropine, E-00267
Fenclexonium(1+), F-00041
Fentonium(1+), F-00081
Flutropium(1+), F-00233
Glycopyrronium(1+), G-00070
Heteronium(1+), H-00036
Hexasonium(1+), H-00062
▷Hexocyclium(1+), H-00067
Hexopyrronium(1+), H-00069
▷Homatropine, H-00082
Ipragratine, I-00153
Ipratropium(1+), I-00155
▷Isopropamide(1+), I-00199
Mecloxamine, M-00050
Meletimide, M-00079
Mepenzolate(1+), M-00094
Mepiperphenidol(1+), M-00098
▷Metcaraphen, M-00158
Methantheline(1+), M-00169
▷Methixene, M-00185
Methylbenactyzium(1+), M-00227
Metocinium(1+), M-00326
Metoquizine, M-00335
▷Neostigmine(1+), N-00070
Octamylamine, O-00013
▷Octatropine methylbromide, O-00018
▷Orphenadrine, O-00064
Otilonium(1+), O-00069
Oxitefonium(1+), O-00121
Oxitropium(1+), O-00123
Oxybutynin, O-00147
Oxyphencyclimine, O-00159
Oxyphenonium(1+), O-00161
Oxypyrronium(1+), O-00163
Oxysonium(1+), O-00165
Parapenzolate(1+), P-00028
Pentapiperide, P-00091
Penthienate, P-00095
▷Phencarbamide, P-00150
▷Phenglutarimide, P-00155
▷Pipenzolate(1+), P-00279
▷Piperidolate, P-00290
Piperilate, P-00291
Piperphenidol, P-00295
Pitofenone, P-00359
Platyphylline, P-00372
Poldine, P-00378
Poskine, P-00390
Prifinium(1+), P-00430
▷Procyclidine, P-00455
▷Proglumide, P-00468
Propantheline, P-00492
Propenzolate, P-00497
Propyromazine(1+), P-00520
▷Scopolamine, S-00031
Sopitazine, S-00101
Sultroponium, S-00265
▷1-[1-(2-Thienyl)cyclohexyl]piperidine, T-00187
Thihexinol methyl(1+), T-00190
Thiphenamil, T-00215
Tiemonium(1+), T-00257
Tigloidine, *in* T-00270
Timepidium(1+), T-00284
Toquizine, T-00385
Trantelinium(1+), T-00399
Treptilamine, T-00414
Tridihexethyl(1+), T-00454
Tropenziline(1+), T-00551
Tropicamide, T-00552
Tropigline, T-00553
Tropine tropate, T-00554
▷Tropirine, T-00555
Tropodifene, T-00556
Trospium(1+), T-00558
Troxypyrrolium(1+), T-00561
Valethamate(1+), V-00003
Xylamidine, X-00020
Zepastine, Z-00009

Anticholinesterases

Ambenonium(2+), A-00167
▷9-Amino-1,2,3,4-tetrahydroacridine, A-00333
Benzpyrinium(1+), B-00101
▷Bucricaine, *in* A-00333
▷Chlorpyrifos, C-00301
Crotoxyphos, C-00571
Demecarium(2+), D-00061
▷Diazinon, D-00149
▷Dichlofenthion, D-00176
▷Dichlorvos, D-00207
▷Diisopropyl phosphorofluoridate, D-00368
Distigmine(2+), D-00540
Ecothiopate(1+), E-00010
▷Eserine, E-00122
▷Fenchlorphos, F-00039
▷Fenitrothion, F-00057
▷Fenthion, F-00078
▷Galantamine, *in* G-00002
Geneserine, G-00016
▷Malathion, M-00013
▷Neostigmine(1+), N-00070
Oxydipentonium(2+), O-00150
▷Phoxim, P-00221
▷Pyridostigmine(1+), P-00578
▷Tetraethyl pyrophosphate, T-00112
▷Thebaine; (−)-*form*, *in* T-00162
Tomatidine, T-00374
▷Trichlorphon, T-00443
▷Trimedoxime(2+), T-00493

Anticoagulants

▷Ancrod, A-00381
Antithrombin III, A-00417
α_1-Antitrypsin, A-00418
Argatroban, A-00440
▷2-(4-Bromophenyl)-1,3-indanedione, B-00313
▷2-(4-Chlorophenyl)-1,3-indandione, C-00264
Clocoumarol, C-00445
Cumetharol, C-00573
Cyclocoumarol, C-00599
Diarbarone, D-00145
9,15-Dihydroxy-11-oxo-5,13-prostadienoic acid, D-00338
▷Diphenadione, D-00483
▷Dipyridamole, D-00530
▷Etabenzarone, E-00131
▷Ethyl biscoumacetate, *in* B-00219
▷Ethylenediaminetetraacetic acid, E-00186
4′-Ethynyl-2-fluoro-1,1′-biphenyl, E-00230
▷2-(4-Fluorophenyl)-1,3-indanedione, F-00189
Gabexate, G-00001
▷Galbanic acid, G-00003
▷Heparin, H-00026
▷Hexadimethrine bromide, *in* T-00148
▷2-Hydroxy-3-(3-methyl-2-butenyl)-1,4-naphthoquinone, H-00157
▷4-Hydroxy-3-(1-naphthyl)-2*H*-1-benzopyran-2-one, H-00180
Iloprost, I-00023
Lyapolate sodium, *in* V-00047
▷2-(4-Methoxyphenyl)-1,3-indanedione, M-00212
▷3,3′-Methylenebis(4-hydroxy-2*H*-1-benzopyran-2-one), M-00251
Moxicoumone, M-00464
2-(1-Naphthyl)-1,3-indandione, N-00045
Nicogrelate, N-00099
▷Nicoumalone, N-00105
▷Oxazidione, O-00097
Phenprocoumon, P-00174
▷2-Phenyl-1,3-indanedione, P-00192

▷Plafibride, P-00369
Prodiame, P-00458
Prolame, P-00471
Prostacyclin, P-00528
Protein S, P-00532
Quisultazine, Q-00039
Tilsuprost, T-00279
Tioclomarol, T-00297
Tizabrin, T-00329
▷2-[(4-Trifluoromethyl)phenyl]1,3-indanedione, T-00467
▷Vitamin K_1, V-00064
▷Warfarin, W-00001
▷Xylocoumarol, X-00022

Anticolitis agents

Balsalazide, B-00008
Ipsalazide, I-00166
▷Nifuroxazide, N-00126

Anticonvulsants

▷Acetazolamide, A-00018
Albutoin, A-00102
Aloxidone, A-00143
4-Amino-5-hexenoic acid, A-00260
▷4-(Aminosulfonyl)benzoic acid, *in* S-00217
2-Amino-6-(trifluoromethoxy)benzothiazole, A-00339
Arfendazam, A-00439
Atolide, A-00471
▷Beclamide, B-00022
Bentazepam, B-00066
▷1-Benzoyl-5-ethyl-5-phenylbarbituric acid, *in* E-00218
▷3-(3-Bromophenyl)-2-propenoic acid, B-00314
3-(3-Bromophenyl)-2,5-pyrrolidinedione, B-00315
Brosotamide, *in* B-00302
Carbocloral, *in* T-00438
▷5-(2-Chloroethyl)-4-methylthiazole, C-00238
Ciprazafone, C-00386
▷Citenamide, *in* D-00158
▷Clobazam, C-00433
▷Clonazepam, C-00475
▷Cyheptamide, *in* D-00282
Daxatrigine, D-00021
▷Delorazepam, D-00056
Denzimol, D-00076
3,5-Diamino-6-(2,3-dichlorophenyl)-1,2,4-triazine, D-00125
▷5*H*-Dibenz[b,f]azepine-5-carboxamide, *in* D-00155
▷5,5-Diethyl-1-phenyl-2,4,6(1*H*,3*H*,5*H*)-pyrimidinetrione, D-00253
10,11-Dihydro-10-oxo-5*H*-dibenz[*b,f*]azepine-5-carboxamide, *in* D-00281
5,5-Dimethyl-2,4-imidazolidinedithione, D-00431
5,5-Dimethyl-2,4-oxazolidinedione, D-00439
▷1,3-Dimethyl-3-phenyl-2,5-pyrrolidinedione, D-00447
Dinazafone, D-00465
Dioxamate, D-00473
▷5,5-Diphenyl-2,4-imidazolidinedione, D-00493
5,5-Diphenyl-4-imidazolidinone, D-00494
Diphoxazide, D-00516
Dizocilpine, D-00560
Endixaprine, E-00046
Etazepine, E-00142
▷5-Ethyl-1,3-bis(methoxymethyl)-5-phenyl-2,4,6(1*H*,3*H*,5*H*)-pyrimidinetrione, *in* E-00218
Ethyl dirazepate, E-00185
▷Ethyl 4-fluorophenyl sulfone, E-00191
▷5-Ethyl-1-methyl-5-phenyl-2,4,6(1*H*,3*H*,5*H*)-pyrimidinetrione, E-00206
▷3-Ethyl-3-methyl-2,5-pyrrolidinedione, E-00207
▷3-Ethyl-5-phenyl-2,4-imidazolidinedione, E-00214
▷5-Ethyl-5-phenyl-2,4-imidazolidinedione, E-00215
▷5-Ethyl-5-phenyl-2,4,6(1*H*,3*H*,5*H*)-pyrimidinetrione, E-00218
▷2-Ethyl-2-phenyl-1,4-thiazane-3,5-dione, E-00219
▷Etizolam, E-00244
▷Felbamate, *in* P-00200
▷Fenaclon, F-00031
▷Fenimide, F-00053
▷Flumazenil, F-00152
Flunarizine, F-00165
▷Flunitrazepam, F-00168
9-(2-Fluorobenzyl)-6-methylamino-9*H*-purine, F-00182
Fluzinamide, F-00235
2-Hydroxyethyl benzylcarbamate, H-00129
▷Magnesium sulfate, M-00010
▷Metharbitone, M-00173
▷Methazolamide, M-00176
▷Methetoin, M-00179
▷Methoin, M-00188
▷1-Methyl-3-phenyl-2,5-pyrrolidinedione, M-00294
▷Mexiletine, M-00351
▷Morsuximide, M-00453
Motrazepam, M-00455
Nabazenil, N-00001
Nafimidone, N-00016
▷Nimetazepam, N-00147
▷Nitrazepam, N-00170
N-Nonyl 7*H*-pyrrolo[2,3-*d*]pyrimidin-4-amine, *in* A-00330
Oxazafone, O-00095
▷Oxitriptyline, O-00122
▷Paramethadione, P-00024
Paraxazone, P-00031
2-(Pentylamino)acetamide, P-00106
▷Pheneturide, P-00153
▷(Phenylacetyl)urea, P-00176
Piriqualone, P-00335
▷Primidone, P-00436
Profexalone, P-00463
Proflazepam, P-00464
Progabide, P-00465
▷2-Propylpentanoic acid, P-00516
Ralitoline, R-00004
Ropizine, R-00090
▷Stiripentol, S-00157
Suclofenide, S-00174
▷Sulthiame, S-00263
Suproclone, S-00273
Taltrimide, T-00018
▷Temazepam, *in* O-00096
▷Thiopental, T-00206
Tiletamine, T-00272
Tolufazepam, T-00372
Topiramate, T-00382
▷1,3,5-Triazine-2,4,6-triol, T-00423
▷3,5,5-Trimethyl-2,4-oxazolidinedione, T-00510
Valperinol, V-00005
Valproate pivoxil, *in* P-00516
Valpromide, *in* P-00516
Vinylbitone, V-00046
▷Zapizolam, Z-00005
Zonisamide, *in* B-00087
▷Zopiclone, Z-00037

Antidepressants

3-Acetyl-5-hydroxy-1-(4-methoxyphenyl)-2-methyl-1*H*-indole, A-00034
Adafenoxate, A-00061
Adinazolam, A-00071
Alaproclate, A-00094
Almoxatone, A-00140
Amedalin, A-00179
Amezepine, A-00181
Amiflamine, A-00193
Amineptine, A-00200
▷3-(2-Aminobutyl)indole, A-00222
4-Amino-6-methoxy-1-phenylpyridazinium(1+), A-00279
4-Amino-5-phenyl-1-pentene, A-00307
▷Amitryptylinoxide, *in* N-00224
Amixetrine, A-00350

▷Amoxapine, A-00362
Amperozide, A-00365
Ansoxetine, A-00399
Azaloxan, A-00498
Azipramine, A-00526
▷Balipramine, B-00007
Befuraline, B-00028
▷Benmoxin, B-00055
Benzaprinoxide, *in* C-00228
Bifemelane, B-00161
▷Binedaline, B-00168
Bipenamol, B-00174
Brofaromine, B-00278
Bupropion, B-00371
4′-*tert*-Butoxyacetanilide, B-00419
▷Butriptyline, B-00424
▷1-*tert*-Butyl-4,4-diphenylpiperidine, *in* D-00503
▷Carbenzide, *in* M-00233
▷Caroxazone, C-00091
▷Carpipramine, C-00097
Cartazolate, C-00101
▷Centpropazine, C-00169
4-(5-Chloro-2-benzofuranyl)-1-methylpiperidine, C-00217
▷2-(4-Chlorophenyl)-4-methyl-2,4-pentanediol, C-00270
Cianopramine, C-00320
Ciclazindol, C-00326
Cilobamine, C-00344
▷Cimoxatone, C-00352
Cinfenine, C-00364
Citalopram, C-00400
Clemeprol, C-00417
▷Clocapramine, C-00441
▷Clodazon, C-00448
▷Clomipramine, C-00472
Clorgyline, C-00496
▷Clovoxamine, C-00513
Cotinine, C-00553
Cotriptyline, C-00554
(Cyclohexylmethyl)hydrazine, C-00616
Cyprolidol, C-00649
▷Cyproximide, C-00652
Daledalin, D-00006
Danitracen, D-00011
Dazadrol, D-00022
Dazepinil, D-00023
Demexiptiline, D-00067
▷Desipramine, D-00095
Dexoxadrol, *in* D-00472
▷Dibenzepin, D-00156
Diclofensine, D-00211
▷3-(10,11-Dihydro-5*H*-dibenzo[*a*,*d*]cyclohepten-5-ylidene)-*N*,*N*-dimethyl-1-propanamine, *in* N-00224
▷Dimetacrine, D-00387
Dimethazan, D-00389
▷2-Dimethylaminoethanol, D-00408
▷2-(Dimethylamino)-5-phenyl-4(5*H*)-oxazolone, D-00417
3-(Dimethylamino)-1,2,3,4-tetrahydrocarbazole, D-00422
▷*N*′,α-Dimethylphenethylhydrazine, D-00442
4-(2,3-Dimethylphenoxy)-3-hydroxypiperidine, D-00444
Dioxadrol, D-00472
3-(Diphenylmethylene)-1-ethylpyrrolidine, D-00498
2,2-Dipropylpentanamide, *in* D-00525
▷Dothiepin, D-00588
▷Doxepin, D-00594
Eclanamine, E-00007
Efetozole, E-00018
▷Encyprate, *in* C-00636
Enprazepine, E-00065
Esuprone, E-00130
4-(4-Ethylphenyl)piperidine, E-00217
Etoperidone, E-00261
Fanthridone, F-00018
Femoxetine, F-00030
Fengabine, F-00052
Fenmetozole, F-00058
Fezolamine, F-00100
Fipexide, F-00107
▷Fluacizine, F-00128
▷Fludiazepam, F-00144
Fluotracen, F-00192
Fluoxetine, F-00194
Fluparoxan, F-00197
Fluperlapine, F-00200
Fluvoxamine, F-00234
Fluzoperine, F-00236
Gamfexine, G-00009
▷Glaziovine, G-00029
▷Haematoporphyrin, H-00002
Hepzidine, H-00033
Homopipramol, H-00085
▷5-Hydroxytryptophan, H-00219
▷Imipramine, I-00040
Imipraminoxide, *in* I-00040
Indatraline, I-00053
Indeloxazine, I-00055
Intriptyline, I-00088
▷Iprindole, I-00157
▷Iproclozide, I-00158
▷Iproniazid, I-00161
▷Isocarboxazid, I-00181
Ketipramine, K-00013
Levoxadrol, *in* D-00472
▷Lithium carbonate, L-00058
Lithium citrate, L-00059
▷Lithium hydroxide, L-00060
Litracen, L-00061
Lofepramine, L-00074
Lomevactone, L-00080
Losindole, L-00101
▷Maprotiline, M-00021
Mariptiline, M-00024
▷Medifoxamine, M-00056
▷Melitracen, M-00081
Metapramine, *in* A-00241
(1-Methylheptyl)hydrazine, M-00258
5-Methyl-6-phenyl-3-morpholinone, M-00291
2-Methyl-3-(1-piperidinyl)pyrazine, M-00296
Metostilenol, M-00337
Metralindole, M-00340
Mezepine, M-00356
Mianserin, M-00360
Milnacipran, M-00376
Moclobemide, M-00415
Monometacrine, M-00429
Moxiraprine, M-00466
Nafenodone, N-00013
Napactadine, N-00039
Napamezole, N-00040
Naprodoximine, N-00047
Nefazodone, N-00061
▷Nefopam, N-00063
Nialamide, N-00082
Nisoxetine, N-00160
Nitrafudam, N-00164
Nitraquazone, N-00167
Nomelidine, N-00201
▷Nortriptyline, N-00224
Noxiptyline, N-00229
Octriptyline, O-00026
▷Opipramol, O-00052
▷Oxaflozane, O-00076
Oxaprotiline, O-00092
▷Oxypertine, O-00157
Panuramine, P-00017
Paroxetine, P-00040
Peralopride, P-00112
(3-Phenoxypropyl)guanidine, P-00173
2-Phenylcyclopentylamine, P-00185
2-Phenylcyclopropylamine, P-00186
▷1-Phenylethylhydrazine, P-00188

▷(2-Phenylethyl)hydrazine, P-00189
1-Phenyl-3-(1-piperazinyl)isoquinoline, P-00196
α-Phenyl-2-piperidinemethanol, P-00197
Piberaline, P-00229
2-(1-Piperazinyl)quinoline, P-00286
3-[2-(4-Piperidinyl)ethyl]-1*H*-indole, P-00287
Pipethiadene, P-00297
Pipofezine, P-00300
Pipradimadol, P-00305
Pirandamine, P-00313
Pirlindole, P-00340
Prazepine, P-00405
Prazitone, P-00407
Prideperone, P-00428
Prindamine, P-00438
▷Prolintane, P-00473
Propizepine, P-00508
▷Protriptyline, P-00544
Quinupramine, Q-00036
Reboxetine, R-00018
Rofelodine, R-00073
Rolicypram, R-00076
▷Safrazine, S-00003
Sertraline, S-00052
Sibutramine, S-00065
Spiroxepin, S-00133
Stirocainide, S-00158
Sulmepride, S-00228
▷Sulpiride, S-00259
Talopram, T-00014
Talsupram, T-00017
Tametraline, T-00021
Tampramine, T-00024
Tandamine, T-00025
Tebatizole, T-00045
Teniloxazine, T-00070
2,3,4,5-Tetrahydro[1,4]diazepino[1,2-*a*]indole, T-00116
2,3,4,9-Tetrahydro-2-methyl-1*H*-dibenzo[3,4:6,7]-cyclohepta[1,2-*c*]pyridine, T-00123
▷1,2,3,4-Tetrahydro-2-methyl-4-phenyl-8-isoquinolinamine, T-00125
2,3,5,6-Tetrahydro-3-phenyl-1*H*-imidazo[1,2-*a*]imidazole, T-00130
▷Tetramisole, T-00151
Thiazesim, T-00181
▷Thyroliberin, T-00229
Tianeptine, T-00240
Tienocarbine, T-00260
Tienopramine, T-00261
▷Tifemoxone, T-00263
Tiflucarbine, T-00266
Tofenacin, T-00339
Tolgabide, T-00350
▷Toloxatone, T-00360
Tolquinzole, T-00369
Tomoxetine, T-00377
Tracazolate, T-00393
Trazium(1+), T-00404
▷Trazodone, T-00405
▷Trebenzomine, *in* A-00245
▷Trimipramine, T-00516
Trizoxime, T-00543
▷Trocimine, T-00544
Venlafaxine, V-00015
▷Viloxazine, V-00029
▷Yohimbine, Y-00002
Zafuleptine, Z-00003
Zimeldine, Z-00015
Zometapine, Z-00036

Antidiarrhoeal agents

3-[(4-Aminophenyl)sulfonyl]-1,3-diphenyl-1-propanone, A-00311
▷Berberine, B-00135
Butoxylate, *in* D-00265
Cicarperone, C-00324
Difenoxin, D-00265
1,3-Dihydro-1-[1-[(4-methyl-4*H*,6*H*-pyrrolo[1,2-*a*][4,1]-benzoxazepin-4-yl)methyl]-4-piperidinyl]-2*H*-benzimidazol-2-one, D-00292
▷Diphenoxylate, *in* D-00265
▷Domperidone, D-00576
Fetoxylate, *in* D-00265
Fluperamide, F-00199
Lidamidine, L-00043
Loperamide, L-00087
Loperamide oxide, *in* L-00087
Mebiquine, M-00036
Nifalatide, N-00109
▷Nufenoxole, N-00232
Polycarbophil, P-00382
Silital, *in* C-00249
Thihexinol methyl(1+), T-00190

Antidiuretic agents

8-L-Arginine vasopressin, V-00013
Bentemazole, *in* I-00033
Desmopressin, D-00097
▷3-Hydroxy-2-phenyl-4-quinolinecarboxylic acid, H-00195
▷*8-L-Lysine vasopressin*, V-00013
Sulverapride, S-00266
Terlipressin, T-00093

Antiemetics

Acetylleucine, *in* L-00029
Alizapride, A-00122
4-Amino-*N*-(1-cyclohexyl-3-pyrrolidinyl)-*N*-methylbenzamide, A-00229
Amisulpride, A-00347
Benzquinamide, B-00102
Broclepride, B-00274
Bromopride, B-00317
▷Buclizine, B-00339
Bufenadrine, B-00347
▷Carperone, C-00093
▷Chlorproethazine, C-00296
▷Chlorpromazine, C-00298
Cinitapride, C-00368
Cipropride, C-00391
Clebopride, C-00414
Cloroperone, C-00499
▷Cyclizine, C-00595
Dazopride, D-00027
3,4-Diethoxy-*N*-[*p*-[2-(methylamino)ethoxy]benzyl]benzamide, D-00230
▷Diphenhydramine teoclate, *in* D-00484
▷Diphenidol, D-00486
▷Diphenylpyraline 8-chlorotheopyllinate, *in* D-00514
▷Domperidone, D-00576
Embramine teoclate, *in* E-00033
Etacepride, E-00132
Flotrenizine, F-00126
Flubepride, F-00134
Fluciprazine, F-00137
▷Fludorex, F-00145
▷Fluopromazine, F-00176
Halopemide, H-00012
Icospiramide, I-00013
▷Iprozilamine, I-00165
Irolapride, I-00172
Isosulpride, I-00213
Lenperone, L-00024
Malethamer, M-00014
▷Meclozine, M-00051
Mefenidramium(1+), M-00064
Methiomeprazine, M-00182
▷Metoclopramide, M-00327

▷Metopimazine, M-00332
Metoxepin, M-00338
Mezacopride, *in* Z-00002
▷Mezilamine, M-00357
Mociprazine, M-00414
▷Nabilone, N-00002
Nantradol, N-00038
Nonabine, N-00202
Ondansetron, O-00048
2-Oxo-1-pyrrolidineacetamide, *in* O-00139
Oxypendyl, O-00156
▷Piflutixol, P-00248
▷Pipamazine, P-00273
▷Prochlorperazine, P-00450
▷Promethazine, P-00478
▷Prothipendyl, P-00536
Prothixene, P-00537
▷Sulpiride, S-00259
Δ^8-Tetrahydrocannabinol, T-00114
Δ^9-Tetrahydrocannabinol, T-00115
▷Thiethylperazine, T-00189
▷Thioproperazine, T-00208
Tiapride, T-00243
Tinisulpride, T-00294
Trazolopride, T-00406
Trenizine, T-00411
▷Trifluoperazine, T-00463
Trimethobenzamide, T-00500
Xanthiol, X-00004
Zacopride, Z-00002

Antifungal agents

Acrisorcin, *in* H-00071
4,4a-Dihydromevinolin, *in* M-00348
▷Albofungin, A-00100
Aliconazole, A-00117
Alteconazole, A-00155
▷Ambazone, A-00166
▷Ambruticin, A-00171
Amidinomycin, A-00192
Amorolfine, A-00359
Amphotalide, A-00367
▷Amphotericin A, *in* A-00368
▷Anisomycin, A-00395
▷Antimycin *A*, A-00415
▷Antimycin A_1, A-00415
▷Antimycin A_3, A-00415
Azaconazole, A-00494
▷Azaserine, A-00509
Beauvericin, B-00020
Bensuldazic acid, B-00065
▷2-Benzyl-4-chlorophenol, B-00109
Benzyldodecylbis(2-hydroxyethyl)ammonium(1+), B-00117
▷4-Benzylphenol, B-00127
3-Benzylpyrido[3,4-*e*]-1,2,4-triazine, B-00128
Bifonazole, B-00164
Bisdequalinium(2+), B-00202
▷Bis(2,4-dichloro-6-hydroxyphenyl)disulfide, B-00204
▷Bis(1-hydroxy-2(1*H*)-pyridinethionato-*O*,*S*)zinc, *in* P-00574
Bispyrithione magsulfex, *in* D-00551
▷Bithionoloxide, *in* B-00204
5-Bromo-2-methyl-5-nitro-1,3-dioxane, B-00308
Buclosamide, B-00340
Butoconazole, B-00410
▷Butyl 4-hydroxybenzoate, *in* H-00113
Caerulomycin, C-00006
▷Chlordantoin, C-00199
Chlordimorine, C-00201
▷Chlormidazole, C-00211
2-Chloroacetyl-5-nitrofuran, C-00213
▷6-Chloro-1,2-benzisothiazol-3(2*H*)-one, C-00216
▷3-Chloro-4-(3-chloro-2-nitrophenyl)-1*H*-pyrrole, C-00223
2-Chloro-9-[(3-dimethylamino)propanoyl]-9*H*-thioxanthene, C-00233
▷4-Chloro-3,5-dimethylphenol, C-00235
▷5-Chloro-8-hydroxy-7-iodoquinoline, C-00244
▷Chloro(2-hydroxyphenyl)mercury, C-00247
▷5-Chloro-8-hydroxyquinoline, C-00249
▷7-Chloro-4-indanol, C-00252
▷3-(4-Chlorophenoxy)-1,2-propanediol, C-00261
5-(3-Chloropropyl)-4-methylthiazole, C-00281
Chlorphenoctium(1+), C-00293
Chryscandin, C-00313
Cilofungin, C-00345
Cisconazole, C-00397
Climbazole, C-00427
Clofenoxyde, C-00453
Clotioxone, C-00510
▷Clotrimazole, C-00512
Croconazole, C-00562
▷Crotamiton, C-00567
▷Cupric acetate, C-00575
Cuprimyxin, C-00577
▷Cycloheximide, *in* D-00441
6-Cyclohexyl-1-hydroxy-4-methyl-2(1*H*)-pyridinone, C-00612
▷Cyclosporin *A*, C-00638
Deditonium(2+), D-00043
α-Dehydrobiotin, D-00048
Democonazole, D-00068
Dequalinium(2+), D-00088
▷Dermostatin *A*, D-00089
Diamthazole, D-00143
5,7-Dibromo-8-hydroxy-2-methylquinoline, D-00166
▷5,7-Dibromo-8-hydroxyquinoline, D-00167
Dibrompropamidine, D-00168
▷5,7-Dichloro-8-hydroxy-2-methylquinoline, D-00189
5,7-Dichloro-8-hydroxyquinoline, D-00190
▷2,6-Dichloro-4-nitroaniline, D-00196
2,3-Dichloro-4-nitro-1*H*-pyrrole, D-00197
2,2-Dichlorovinyl methyl octyl phosphate, D-00205
▷1,8-Dihydroxyanthrone, D-00310
3′,5-Di(2-propenyl)-2,4′-biphenyldiol, D-00522
Dipyrithione, *in* D-00551
▷Disulfiram, D-00542
2,2′-Dithiobis[*N*-butylbenzamide], D-00549
Doconazole, D-00563
Dodecyldimethyl-2-phenoxyethylammonium(1+), D-00567
3-(Dodecyloxy)propylamine, *in* A-00319
Dodecyltriphenylphosphonium(1+), D-00568
▷Econazole, E-00009
Ethonam, E-00159
3-(Ethylamino)-1,2-benzisothiazole, *in* A-00214
O-Ethyl carbamothioate, *in* T-00196
Ethyl(2-mercaptobenzoato-*S*)mercury, E-00198
▷Ethylparaben, *in* H-00113
▷Fenticonazole, F-00080
Fezatione, F-00099
▷Filipin, F-00106
Fluconazole, F-00140
▷5-Fluorocytosine, F-00183
Fluotrimazole, F-00193
▷Glycerol triacetate, G-00065
▷Griseofulvin, G-00087
Halethazole, H-00005
Halopenium(1+), H-00013
Hedaquinium(2+), H-00023
1,9-Heptadecadiene-4,6-diyne-3,8-diol, H-00028
Hexamidine, H-00058
Hexetidine, H-00064
▷Hikizimycin, H-00075
▷Hydrargaphen, H-00094
▷2-Hydroxybenzoic acid, H-00112
μ-Hydroxydiphenyldimercury(1+), H-00125
▷*N*-Hydroxymethyl-*N*′-methylthiourea, H-00165
▷5-Hydroxy-2-methyl-1,4-naphthoquinone, H-00167
β-Hydroxymevinolin, *in* M-00348
▷2-Hydroxy-1,4-naphthoquinone, H-00178
▷8-Hydroxy-5-nitroquinoline, H-00182
2-Hydroxy-*N*-phenylbenzamide, *in* H-00112

N-Hydroxy-3-pyridinecarboxamide, *in* P-00570
▷Hydroxystilbamidine, H-00213
▷Imazalil, I-00025
Isoconazole, I-00183
Itraconazole, I-00222
▷Ketoconazole, K-00015
▷Lobendazole, L-00065
Loflucarban, L-00076
▷Lucensomycin, L-00112
Magnolol, M-00012
Malotilate, M-00016
Mepartricin A, *in* P-00042
▷Methyl 4-hydroxybenzoate, *in* H-00113
▷4-Methyl-5-thiazolecarboxylic acid, M-00310
▷Miconazole, M-00363
▷Monensin, M-00428
▷Monosulfiram, M-00430
▷Mucidin, M-00469
Naftifine, N-00024
Naftoxate, N-00026
Nifuralide, N-00117
▷Nifuratel, N-00118
Nitralamine, N-00165
▷Nystatin, N-00235
▷Octanoic acid, O-00014
▷Oligomycin *D*, O-00037
Omoconazole, O-00046
▷Ontianil, O-00050
Orconazole, O-00054
[[Orthoborato(1−)-*O*]phenyl]mercury, *in* H-00191
Otimerate, O-00070
▷2-Oxetanone, O-00105
Oxiconazole, O-00111
Oxifungin, O-00113
Parconazole, P-00033
Penoctonium(1+), P-00073
2-(Pentyloxy)benzamide, P-00107
Peritetrate, P-00125
Phenacizol, P-00136
Picloxydine, P-00236
▷Pimaricin, P-00253
▷Polynoxylin, P-00385
▷Potassium iodide, P-00392
Proclonol, P-00453
▷Propyl 4-hydroxybenzoate, *in* H-00113
Protiofate, P-00538
▷Rapamycin, R-00013
Rilopirox, R-00053
Rimoprogin, R-00059
▷Selenium sulfide, S-00037
Sertaconazole, S-00051
Siccanin, S-00066
Silital, *in* C-00249
▷Sinefungin, S-00078
▷Sodium thiosulfate, S-00091
Sulbentine, S-00183
Sulconazole, S-00184
▷Tenonitrozole, T-00072
Terbinafine, T-00081
Terconazole, T-00086
▷Tetramethylthiuram disulfide, T-00149
▷Thiabendazole, T-00171
▷2,2′-Thiobis(4-chlorophenol), T-00194
▷Thiophanate, T-00207
Thioxolone, T-00214
Tioconazole, T-00298
▷Tolciclate, T-00346
Tolindate, T-00351
▷Tolnaftate, T-00354
▷Triacetoxyanthracene, *in* D-00310
▷Tribromsalan, T-00429
▷2,4,5-Trichlorophenol, T-00441
▷Trimorphamide, T-00518
Tubulozole, T-00572
▷10-Undecenoic acid, U-00008
Valconazole, V-00002
▷Variotin, V-00012
Vibunazole, V-00028
Withaferin *A*, W-00002
Wortmannin, W-00003
Xenysalate, X-00010
Zinoconazole, Z-00021

Antihepatoxic agents

S-Adenosylmethionine, A-00068
2,6-Bis(2-thienylmethylene)cyclohexanone, B-00237
Cicloxilic acid, C-00336
3-Cyclohexyl-3-hydroxybutanoic acid, C-00610
▷*N*-(2-Mercapto-1-oxopropyl)glycine, M-00120
(Methylidynetrithio)triacetic acid, M-00262
▷Orazamide, *in* A-00275
Silybin, S-00069
Silychristin, S-00070
Silydianin, S-00071
Urazamide, *in* A-00275

Antihistamines

Acrivastine, A-00049
▷Alloclamide, A-00126
3-Amino-9,13*b*-dihydro-1*H*-dibenz[*c,f*]imidazo[1,5-*a*]azepine, A-00242
Amoxydramine, *in* D-00484
▷Antazoline, A-00400
▷Antergan, A-00402
▷Astemizole, A-00466
Azatadine, A-00512
▷Azelastine, A-00515
Barmastine, B-00015
▷Benztropine, B-00104
▷4-(*N*-Benzylanilino)-1-methylpiperidine, B-00106
Bepiastine, B-00133
Bisfentidine, B-00214
Bromodiphenhydramine, B-00299
Brompheniramine, B-00325
▷Buclizine, B-00339
Bufenadrine, B-00347
Burimamide, B-00375
Cabastine, C-00001
▷Captodiame, C-00033
▷Carbinoxamine, C-00052
Carebastine, C-00073
Cetirizine, C-00184
Cetoxime, C-00186
▷Chlorcyclizine, C-00198
Chlorethindole, C-00202
▷Chloropyrilene, C-00282
▷Chlorpheniramine, C-00292
▷Chlorphenoxamine, C-00294
▷Chlorprothixene, C-00300
▷Cimetidine, C-00350
Cinnarizine, C-00372
Clemastine, C-00416
Clemizole, C-00418
Clobenzepam, C-00434
Clobenztropine, C-00436
Clocinizine, C-00443
Clofenetamine, C-00452
▷Cloperastine, C-00482
Closiramine, C-00505
▷Cyamemazine, C-00578
Cycliramine, C-00593
▷Cyclizine, C-00595
▷Cyproheptadine, C-00643
Dametralast, D-00008
Danitracen, D-00011
Deptropine, D-00087
Difeterol, D-00266
Dimelazine, D-00378

▷Dimethindene, D-00391
Dimetholizine, D-00395
▷Dimethothiazine, D-00396
▷10-[(Dimethylamino)acetyl]-10*H*-phenothiazine, D-00403
▷10-[2-(Dimethylamino)ethyl]phenothiazine, D-00412
▷Diphenhydramine, D-00484
4-[2-(Diphenylmethoxy)ethyl]morpholine, D-00496
▷Diphenylpyraline, D-00514
▷Diphenylpyraline 8-chlorotheopyllinate, *in* D-00514
▷Dixyrazine, D-00557
Dorastine, D-00583
▷Doxylamine, D-00598
Ebastine, E-00001
Elanzepine, E-00022
Embramine, E-00033
Etintidine, E-00237
Etoloxamine, E-00256
Etymemazine, E-00266
Flotrenizine, F-00126
Flufylline, F-00149
▷Fluprofylline, F-00210
▷Halopyramine, H-00019
Histapyrrodine, H-00078
▷Homochlorcyclizine, H-00083
Homofenazine, H-00084
▷Hydroxyzine, H-00222
Iproheptine, *in* M-00257
7-Isopropoxy-9-oxo-2-xanthenecarboxylic acid, I-00201
▷Isothipendyl, I-00214
Loratadine, L-00092
Mebhydrolin, M-00035
▷Meclozine, M-00051
Medrylamine, M-00059
Mefenidramium(1+), M-00064
▷Mepyramine, M-00108
▷Mequitazine, M-00109
▷Methaphenilene, M-00170
▷Methapyrilene, M-00171
▷Methdilazine, M-00177
p-Methyldiphenhydramine, M-00247
Metoxepin, M-00338
Mianserin, M-00360
Mifentidine, M-00370
▷Moxastine, M-00460
▷Niaprazine, N-00083
Octastine, O-00017
Oxadimedine, O-00075
Oxatomide, O-00094
▷Oxomemazine, O-00132
Perastine, P-00114
Phenindamine, P-00156
▷Pheniramine, P-00157
▷Phenyltoloxamine, P-00210
Piclopastine, P-00235
▷Pimethixene, P-00257
Pipoxizine, P-00303
Pirdonium(1+), P-00317
Pizotifen, P-00368
▷Promethazine, P-00478
Propiomazine, P-00504
Propyromazine(1+), P-00520
▷Prothipendyl, P-00536
Pyroxamine, P-00593
Pyrrobutamine, P-00594
▷10-[2-(1-Pyrrolidinyl)ethyl]-10*H*-phenothiazine, P-00597
Quifenadine, Q-00006
Revenast, R-00034
Rocastine, R-00070
Sequifenadine, S-00044
Setastine, S-00056
Talastine, T-00006
Tazifylline, T-00041
Temelastine, T-00060
▷Terfenadine, T-00088
1,2,3,4-Tetrahydro-6-hydroxy-7-methoxy-1-methylisoquinoline, T-00117
▷Thenalidine, T-00163
▷Thenyldiamine, T-00165
Thiazinamium(1+), T-00182
▷Thonzylamine, T-00218
▷Tiotidine, T-00305
Tolpropamine, T-00367
Trazitiline, T-00403
Trenizine, T-00411
▷Trimeprazine, T-00495
Trimexiline, T-00515
▷Tripelennamine, T-00524
▷Triprolidine, T-00529
Tritoqualine, T-00541
Tropatepine, T-00550
▷Tropirine, T-00555
Zepastine, Z-00009
Zolamine, Z-00027

Antihypertensive agents

Acebutolol, A-00006
Aceperone, A-00014
Acetryptine, A-00027
Acoxatrine, A-00047
Afurolol, A-00082
Aganodine, A-00083
Alacepril, A-00090
Alfuzosin, A-00112
Alipamide, A-00121
Alpiropride, A-00149
▷Alprenolol, A-00151
Althiazide, A-00157
Ambuside, A-00174
▷4-Aminobutanoic acid, A-00221
2-Amino-4,5-dihydro-4,4-dimethyloxazole, A-00243
4-Amino-6,7-dimethoxyquinoline, A-00250
2-Amino-3-(4-hydroxyphenyl)-2-methylpropanoic acid, A-00273
4-Amino-6-methoxy-1-phenylpyridazinium(1+), A-00279
Amipizone, A-00344
Amlodipine, A-00351
Anaritide, A-00377
Ancarolol, A-00380
Anipamil, A-00392
▷Arecoline, *in* T-00126
Arfalasin, A-00438
Atiprosine, A-00470
Atriopeptin, A-00473
Azamethonium(2+), A-00499
Azaspirium(1+), A-00510
Azepexole, A-00516
Bemitradine, B-00033
Benazepril, *in* B-00038
Benazeprilat, B-00038
Benclonidine, B-00041
Bendacalol, B-00043
▷Bendrofluazide, B-00047
Benidipine, B-00054
Benzoclidine, *in* Q-00035
▷2-Benzylbenziimidazole, B-00107
1-Benzyl-2,3-dimethylguanidine, B-00114
Besulpamide, B-00139
Betaxolol, B-00142
Biclodil, B-00153
▷Bietaserpine, *in* R-00029
Bometolol, B-00251
Bradykinins, B-00264
Brazergoline, B-00266
Bretylium(1+), B-00271
Brocrinat, B-00276
Bucindolol, B-00338
▷Budralazine, B-00346
Bufeniode, B-00348
Bumedipil, B-00355
Bunazosin, B-00361
Bupicomide, *in* B-00432

Butanserin, B-00392
Buthiazide, B-00401
▷5-Butyl-2-pyridinecarboxylic acid, B-00432
Butynamine, B-00433
▷Cadralazine, C-00004
Caerulein, C-00005
Canbisol, C-00025
▷Captopril, C-00034
▷Carmetizide, C-00079
Carprazidil, C-00098
Carvedilol, C-00105
Centhaquine, C-00166
Chlorisondamine(2+), C-00207
2-Chloro-11-[3-(dimethylamino)propylidene]-11*H*-dibenz[*b*,*e*]-azepine, C-00234
▷4-Chloro-*N*-methyl-3-[(methylamino)sulfonyl]benzamide, C-00255
▷Chlorothiazide, C-00288
▷Chlorthalidone, C-00302
▷Cholic acid, *in* T-00475
Cianergoline, C-00319
Ciclafrine, C-00325
Cicletanine, C-00327
Cicloprolol, C-00332
Ciclosidomine, C-00333
Ciheptolane, C-00340
Cilazaprilat, C-00343
▷Clofenamide, *in* C-00215
Clonidine, C-00477
Clopamide, C-00480
Clorexolone, C-00495
Coleonol, *in* E-00090
Cromakalim, C-00563
▷*N*-Cyano-*N*′-(1,1-dimethylpropyl)guanidine, C-00581
Cycleanine, C-00590
4-Cyclohexyl-1-[[[1-hydroxy-2-methylpropoxy](4-phenylbutyl)-phosphinyl]acetyl]-L-proline, C-00611
▷Cyclopenthiazide, C-00630
▷Cyclothiazide, C-00639
Dagapamil, D-00004
▷Dauricine, D-00020
Debrisoquine, D-00033
Delapril, D-00051
▷Deserpidine, D-00093
Desocriptine, D-00098
▷Diazoxide, D-00152
Dicirenone, D-00208
Dicolinium(2+), D-00215
▷Dihydralazine, D-00277
Dimetholizine, D-00395
(4,5-Dimethoxy-2-methylphenyl) methyl sulfoxide, D-00398
4-[2-[3-(1,1-Dimethylethoxy)-3-oxo-1-propenyl]phenyl]-1,4-dihydro-2,6-dimethyl-3,5-pyridinedicarboxylic acid, D-00430
2,6-Dimethyl-4-(2-nitrophenyl)-5-(2-oxo-1,3,2-dioxaphosphorinan-2-yl)-1,4-dihydro-3-pyridinecarboxylate, D-00437
4-[2-(2,6-Dimethylphenyl)ethyl]-1*H*-imidazole, D-00445
4-[(2,6-Dimethylphenyl)methyl]-1*H*-imidazole, D-00446
1,1-Diphenyl-4-piperidino-2-butyn-1-ol, D-00508
▷Diprophylline, D-00523
Docarpamine, D-00562
Dopastin, D-00580
Doxazosin, D-00592
Dramedilol, D-00599
▷Eledoisin, E-00024
Eltoprazine, E-00030
Enalapril, *in* E-00043
Enalaprilat, E-00043
Endralazine, E-00050
Epithiazide, E-00085
6,9-Epithio-11,15-dihydroxy-5,13-prostadienoic acid, E-00087
Ericolol, E-00107
9-[(1-Ethoxycarbonyl-3-phenylpropyl)amino]-10-oxoperhydropyridazino[1,2-*a*][1,2]diazepine-1-carboxylic acid, *in* C-00343
1-[2-[[1-(Ethoxycarbonyl)-3-phenylpropyl]amino]-1-oxopropyl]octahydrocyclopenta[*b*]pyrrole-2-carboxylic acid, *in* R-00008
Ethyl 5-hydroxy-1,2-dimethyl-3-indolecarboxylate, *in* H-00163
Ethyl 4-(2-methoxyphenyl)-1-piperazineheptanoate, E-00201
2-Ethyl-1,2,3,4-tetrahydro-2-methylisoquinolinium(1+), E-00222
Etozolin, *in* O-00169
Felodipine, F-00028
Fenoldopam, F-00063
Fenperate, F-00068
Flavodilol, F-00110
Flesinoxan, F-00117
Flordipine, F-00122
7-Fluoro-1-methyl-3-(methylsulfinyl)-4(1*H*)-quinolinone, F-00188
Flupranone, F-00205
Flutonidine, F-00230
Fosinopril, *in* C-00611
▷Frusemide, F-00267
Guabenxan, G-00088
Guanabenz, G-00098
Guanacline, G-00099
Guanadrel, G-00100
Guanclofine, G-00101
▷Guanethidine, G-00102
Guanfacine, G-00103
2-(Guanidinomethyl)octahydro-1*H*-azocine, G-00111
Guanisoquine, G-00113
Guanochlor, G-00114
Guanoxabenz, *in* G-00098
Guanoxan, G-00115
▷Hexamethonium(2+), H-00055
▷Hydrastine, H-00095
▷1-Hydrazinophthalazine, H-00096
6-Hydrazino-3-pyridazinecarboxamide, H-00097
▷Hydrochlorothiazide, H-00098
▷Hydroflumethiazide, H-00099
5-(4-Hydroxybenzyl)-2-pyridinecarboxylic acid, H-00117
2-Hydroxy-*N*,*N*,*N*,*N*′,*N*′,*N*′-hexamethyl-1,3-propanediaminium diiodide, *in* D-00135
Iloprost, I-00023
Imidapril, I-00029
Imiloxan, I-00036
Indacrinone, I-00049
Indanidine, I-00051
▷Indapamide, I-00052
Indolapril, I-00063
Indoramin, I-00069
Indorenate, I-00070
Ipramidil, I-00154
Irindalone, I-00170
Ketanserin, K-00010
▷Labetalol, L-00001
Lemidosul, L-00021
Leniquinsin, L-00023
Libenzapril, L-00042
Lisinopril, L-00057
Lofexidine, L-00075
Losulazine, L-00102
Manidipine, M-00017
▷Mebutamate, M-00039
▷Mecamylamine, M-0004[illegible]
▷Mecinarone, M-00043
Medroxalol, M-00058
Mefeserpine, M-00066
▷Mefruside, M-00069
Metazosin, M-00156
Methalthiazide, M-00166
▷Methoserpidine, M-0019[illegible]
▷Methyclothiazide, M-00218
α-Methyldopa, M-00249
1-Methyl-3-oxo-4-phenylquinuclidinium(1+), M-00278
▷(1-Methyl-2-phenylethyl)hydrazine, M-00289
Methyl 3-phenyl-2-propen-1-yl 1,4-dihydro-2,6-dimethyl-4-(3-nitrophenyl)-3,5-pyridinedicarboxylate, M-00292

▷Metolazone, M-00330
▷Metoprolol, M-00334
Midodrine, M-00369
▷Minoxidil, M-00388
Mociprazine, M-00414
Mopidralazine, M-00434
Motapizone, M-00454
Moveltipril, M-00457
Moxicoumone, M-00464
Moxonidine, M-00468
▷Muzolimine, M-00473
▷Nadolol, N-00006
Naftopidil, N-00025
Narceine, N-00051
Naxaprostene, N-00054
Nebidrazine, N-00056
Nesapidil, N-00076
Nicainoprol, N-00085
Nicardipine, N-00088
Niceverine, N-00091
▷Nifedipine, N-00110
Niguldipine, N-00138
Nileprost, N-00140
▷Niludipine, N-00142
Nipradilol, N-00154
Nisoldipine, N-00159
Nitrarine, N-00168
Nitrendipine, N-00172
Nitricholine perchlorate, *in* C-00308
Olmidine, O-00039
Oxdralazine, O-00100
Oxodipine, O-00128
Oxonazine, O-00133
▷Oxprenolol, O-00145
Oxyphemedol, *in* H-00173
Ozolinone, O-00169
Pacrinolol, P-00001
Pamatolol, P-00008
▷Pargyline, P-00037
Pazoxide, P-00047
Peganine, P-00050
Pelanserin, P-00052
Penbutolol, P-00059
Penflutizide, P-00063
Penirolol, P-00070
Penprostene, P-00074
Pentacynium(2+), P-00076
Pentakis(cyano-*C*)nitrosylferrate(2−), P-00083
Pentamethonium (2+), P-00084
▷1,2,2,6,6-Pentamethylpiperidine, P-00085
Pentolium(2+), P-00102
Pentopril, P-00104
Peradoxime, P-00111
Peraquinsin, P-00113
Peratizole, P-00115
Perindopril, *in* P-00123
Perindoprilat, P-00123
Phenactropinium(1+), P-00137
▷Phenoxybenzamine, P-00170
(3-Phenoxypropyl)guanidine, P-00173
▷Phentolamine, P-00175
N-(α-Phenylbutyryl)methionine, P-00181
Piclonidine, P-00234
Pildralazine, P-00251
Pimobendan, P-00261
▷Pinacidil, P-00264
▷Pindolol, P-00270
Pipoctanone, P-00299
Piprofurol, P-00309
Pirepolol, P-00322
Pivopril, *in* C-00633
Podilfen, P-00375
▷Polythiazide, P-00386
▷Prazosin, P-00409
Primaperone, P-00433
Primidolol, P-00435
Prizidilol, P-00441
▷Propranolol, P-00514
Prorenoate, P-00524
Protostephanine, P-00542
▷Protoveratrine A, *in* P-00543
▷Protoveratrine B, *in* P-00543
▷Protoverine, P-00543
Pyratrione, P-00559
1-[2-(4-Pyridinylamino)benzoyl]piperidine, P-00575
4-(3-Pyridinylcarbonyl)morpholine, P-00576
Quinapril, *in* Q-00012
Quinaprilat, Q-00012
Quinazosin, Q-00014
Quinelorane, Q-00019
Quinethazone, Q-00021
Quinpirole, Q-00032
Ramiprilat, R-00008
Regutensin, *in* T-00148
Rentiapril, R-00022
Rescimetol, R-00027
Rescinnamine, *in* R-00028
▷Reserpine, R-00029
Rilmenidine, R-00052
▷Riodipine, R-00060
Ritanserin, R-00066
Romifidine, R-00082
Rutaecarpine, R-00105
Saralasin, S-00023
Securinine, S-00035
Sornidipine, S-00105
Sotalol, S-00106
Spirapril, *in* S-00118
Spiraprilat, S-00118
Spirgetine, S-00120
Substance *P*, S-00171
Sulfinalol, S-00214
▷Syrosingopine, S-00287
Taludipine, T-00019
Teclothiazide, T-00047
Tefenperate, T-00052
Teprotide, T-00079
Terazosin, T-00080
Terciprazine, T-00085
Tertatolol, T-00097
2-Tetradecyloxiranecarboxylic acid, T-00110
2,3,4,5-Tetrahydro[1,4]diazepino[1,2-*a*]indole, T-00116
1,2,3,4-Tetrahydro-6-hydroxy-7-methoxy-1-methylisoquinoline, T-00117
▷1,2,3,6-Tetrahydro-1,2,2,6,6-pentamethylpyridine, *in* T-00132
(1,1,3,3-Tetramethylbutyl)guanidine, T-00145
▷Theobromine, T-00166
Theophylline piperazine, *in* T-00169
Tiamenidine, T-00236
Tibalosin, T-00248
▷Tienilic acid, T-00258
Tilsuprost, T-00279
Timolol, T-00288
Tinabinol, T-00291
Tinazoline, T-00292
Tiodazosin, T-00299
Tipentosin, T-00310
Tiprostanide, T-00318
▷α-Tocopherolquinone, *in* T-00337
▷Todralazine, T-00338
Tolamolol, T-00343
Tolnapersine, T-00355
Tolonidine, T-00358
Trandolapril, *in* T-00396
Trandolaprilat, T-00396
▷Trazodone, T-00405
Trequinsin, T-00415
Tribendilol, T-00427
▷Trichloromethiazide, T-00439

Trigevolol, T-00471
Trimazosin, T-00490
Trimetamide, T-00496
Trimethaphan(1+), T-00498
Trimethidinium(2+), T-00499
Trimoxamine, T-00519
Tripamide, T-00522
Troxonium(1+), T-00560
Troxypyrrolium(1+), T-00561
▷Urapidil, U-00010
Vincamine, V-00033
Vincanol, V-00034
Viprostol, V-00051
Xibenolol, X-00012
Xipamide, X-00017
(Xylosylamino)benzoic acid, X-00025
▷Yohimbine, Y-00002
Zabicipril, Z-00001
Zidapamide, Z-00011
Zofenopril, Z-00025

Antiinflammatory agents

Aceclofenac, *in* D-00210
▷Acemetacin, A-00013
▷Acepromazine, A-00015
Acetaminosalol, *in* H-00112
▷2-Acetoxybenzoic acid, A-00026
Acetylenoxolone, *in* G-00072
▷*N*-Acetyl-2-hydroxybenzamide, A-00033
3-Acetyl-7-methoxy-2,4-dimethylquinoline, A-00037
▷(6α,11β)-21-(Acetyloxy)-11,17-dihydroxy-6-methylpregna-1,4-diene-3,20-dione, *in* M-00297
Aclantate, A-00043
Acrocinonide, *in* T-00419
▷Alclofenac, A-00103
Alclometasone, A-00104
Alclometasone dipropionate, *in* A-00104
▷Algestone acetonide, *in* A-00114
Allocupreide, A-00127
Allylcinchophen, *in* P-00206
Alminoprofen, A-00133
Aloxiprin, A-00144
Alpha Amylase, A-00147
Amcinafal, *in* T-00419
Amcinafide, A-00176
▷Amcinonide, A-00177
Amebucort, A-00178
4-(4′-Aminobenzamido)antipyrine, A-00211
▷(2-Amino-3-benzoylphenyl)acetic acid, A-00218
[2-Amino-3-(4-bromobenzoyl)phenyl]acetic acid, A-00219
▷5-Amino-2-hydroxybenzoic acid, A-00266
3-Amino-5-methyl-2-phenyl-4-(2-methylpropanoyl)pyrrole, A-00287
4-Amino-6-methyl-2-phenyl-3(2*H*)-pyridazinone, A-00288
5-Amino-1-phenyl-1*H*-tetrazole, A-00313
Aminoprofen, A-00316
Amiprilose, A-00345
Amixetrine, A-00350
Ampiroxicam, A-00370
Anilamate, A-00389
Anirolac, A-00393
N-Antipyrinylsalicylamide, A-00416
▷Antrafenine, A-00419
Aspergillomarasmine *B*, A-00462
Auranofin, A-00475
Aurothioglycanide, A-00478
▷Azapropazone, A-00507
▷Beclometasone dipropionate, JAN, *in* B-00024
Beclometasone valeroacetate, *in* B-00024
▷Benorylate, B-00057
▷Benoxaprofen, B-00059
1-Benzoyl-2-methyl-3-indoleacetic acid, *in* M-00263
▷2-(5-Benzoyl-2-thienyl)propanoic acid, B-00099
Benzpiperylone, B-00100
▷Benzydamine, B-00105
▷2-(Benzylidenehydrazino)-4-*tert*-butyl-6-(1-piperazinyl)-1,3,5-triazine, B-00119
2-[1-(Benzylimino)ethyl]phenol, B-00121
▷Bermoprofen, B-00136
▷Betamethasone, B-00141
Betamethasone; 21-Phosphate, *in* B-00141
Betamethasone acetate, JAN, *in* B-00141
Betamethasone acibutate, *in* B-00141
Betamethasone adamantoate, *in* B-00141
Betamethasone benzoate, *in* B-00141
▷Betamethasone dipropionate, *in* B-00141
Betamethasone divalerate, *in* B-00141
Betamethasone salicylate, *in* B-00141
Betamethasone succinate, *in* B-00141
▷Betamethasone valerate, *in* B-00141
Betamethasone valeroacetate, *in* B-00141
▷Bindazac, B-00167
4-Biphenylacetic acid, B-00176
2-(4-Biphenylyl)-4-hexenoic acid, B-00180
▷4-(4-Biphenylyl)-4-oxobutanoic acid, B-00181
4-[1,1′-Biphenyl-4-yl]-3-penten-2-one, B-00182
2,3-Bis(acetyloxy)benzoic acid, *in* D-00315
Bis(8-hydroxy-5,7-quinolinedisulfonato(3−)-N^1,O^8-cuprate, B-00223
2,3-Bis(4-methoxyphenyl)-1*H*-indole, B-00227
5,6-Bis(4-methoxyphenyl)-3-methyl-1,2,4-triazine, B-00228
4,5-Bis(4-methoxyphenyl)-2-(trifluoromethyl)-1*H*-imidazole, B-00229
Brofezil, B-00279
Bromamid, B-00283
▷Bromelains, B-00287
Broperamole, B-00327
Bucillamine, B-00337
▷Bucloxic acid, B-00341
▷Bucolome, *in* C-00622
Budesonide, B-00344
▷Bufexamac, B-00350
▷Bufezolac, *in* D-00515
Bumadizone, B-00353
Butaglionamide, B-00384
Butanixin, B-00391
▷Butibufen, B-00402
Butinoline, B-00407
Butixirate, *in* B-00179
▷Carbenoxolone, *in* G-00072
Carpesterol, C-00094
▷Carprofen, C-00099
5-Chloro-6-cyclohexyl-2(3*H*)-benzofuranone, C-00224
▷6-Chloro-5-cyclohexyl-1-indanecarboxylic acid, C-00225
6-Chloro-17,21-dihydroxypregna-1,4-diene-3,11,20-trione, C-00232
21-Chloro-9α-fluoro-17α-hydroxy-16β-methyl-1,4-pregnadiene-3,11,20-trione, *in* C-00437
2-Chloro-4-(1-hydroxyoctadecyl)benzoic acid, C-00246
4-(4-Chlorophenyl)-5-methyl-1*H*-imidazole, C-00269
▷Chlorthenoxazin, C-00303
▷Choline salicylate, *in* H-00112
Cicortonide, C-00338
Cinaproxen, C-00356
Cinfenoac, C-00365
▷Cinmetacin, C-00369
Cinoxolone, *in* G-00072
Cintazone, C-00383
Ciprocinonide, C-00388
Ciproquazone, C-00392
Clamidoxic acid, C-00405
Clantifen, *in* A-00337
Cletoquine, C-00422
Cliprofen, C-00431
▷Clobetasol propionate, *in* C-00437
▷Clobetasone butyrate, *in* C-00437
Clobuzarit, C-00439
Clocinizine, C-00443
Clocortolone, C-00444

Clocortolone acetate, *in* C-00444
Clocortolone caproate, *in* C-00444
Clocortolone pivalate, *in* C-00444
▷Clofexamide, C-00455
▷Clometacin, C-00468
Clonixeril, *in* C-00479
▷Clonixin, C-00479
Clopirac, C-00487
Cloprednol, C-00489
Cloticasone, C-00509
Cloticasone propionate, *in* C-00509
Cloxacepride, C-00514
Cloximate, C-00519
▷Colchicine; (*S*)-*form*, *in* C-00534
Colfenamate, C-00535
Cormethasone, C-00544
Cormethasone acetate, *in* C-00544
Corticoderm, *in* F-00207
Corticoliberin, C-00545
▷Cortisol, C-00548
▷Cortisone, C-00549
▷Cortisone acetate, *in* C-00549
Cortisuzol, C-00550
Cortivazol, C-00551
Cromitrile, C-00564
CY 168*E*, *in* A-00259
Cyclic(*N*-methyl-L-alanyl-L-tyrosyl-D-tryptophyl-L-lysyl-L-valyl-L-phenylalanyl), C-00592
▷2-(4-Cyclohexylphenyl)propanoic acid, C-00621
Cyclomethasone, C-00624
Dazidamine, D-00024
▷Deboxamet, D-00032
▷Deflazacort, D-00046
Delfantrine, D-00053
Deprodone propionate, *in* D-00348
Descinolone, D-00092
▷Descinolone acetonide, *in* D-00092
▷Desonide, D-00101
Desonide pivalate, *in* D-00101
▷Desoximetasone, D-00102
Detanosal, D-00105
▷Dexamethasone, D-00111
Dexamethasone; 21-Sulfate, *in* D-00111
Dexamethasone acefurate, *in* D-00111
▷Dexamethasone acetate, *in* D-00111
Dexamethasone diethylaminoacetate, *in* D-00111
▷Dexamethasone isonicotinate, *in* D-00111
Dexamethasone linoleate, *in* D-00111
Dexamethasone metasulphobenzoate, *in* D-00111
Dexamethasone palmitate, *in* D-00111
▷Dexamethasone phosphate, *in* D-00111
Dexamethasone pivalate, *in* D-00111
Dexamethasone succinate, *in* D-00111
Dexamethasone tert-butylacetate, *in* D-00111
Dexamethasone 21-(3,6,9-trioxaundecanoate), *in* D-00111
▷Dexamethasone valerate, *in* D-00111
▷Diacerein, *in* D-00309
Dichlorisone, D-00177
Dichlorisone acetate, *in* D-00177
2′,3′-Dichlorodiphenylamine-2-carboxylic acid, D-00188
▷2-(2,4-Dichlorophenoxy)benzeneacetic acid, D-00199
2-[(2,3-Dichlorophenyl)amino]-3-pyridinecarboxylic acid, *in* A-00326
4-[(2,6-Dichlorophenyl)amino]-3-thiopheneacetic acid, D-00200
▷Diclofenac, D-00210
2-[2-(Diethylamino)ethyl]-*N*,*N*′-diphenylpropanediamide, D-00236
▷Difenamizole, D-00262
Diflorasone, D-00267
Diflorasone diacetate, *in* D-00267
Diflucortolone, D-00270
Diflucortolone pivalate, *in* D-00270
▷Diflucortolone valerate, JAN, *in* D-00270
▷Diflumidone, D-00271
▷2′,4′-Difluoro-4-hydroxy-3-biphenylcarboxylic acid, D-00272
Difluprednate, D-00273
4,5-Dihydroxyanthraquinone-2-carboxylic acid, D-00309
2,3-Dihydroxybenzoic acid, D-00315
▷2,5-Dihydroxybenzoic acid, D-00316
3,12-Dihydroxy-24-cholanoic acid, D-00321
11,17-Dihydroxy-21-mercapto-4-pregnene-3,20-dione, D-00328
▷5,7-Dihydroxy-4′-methoxyflavone, D-00329
11,17-Dihydroxy-6-methyl-21-[[8-[methyl(2-sulfoethyl)amino]-1,8-dioxooctyl]oxy]pregna-1,4-diene-3,20-dione, *in* M-00297
17,21-Dihydroxy-16-methyl-1,4-pregnadiene-3,11,20-trione; 16α-*form*, *in* D-00336
17,21-Dihydroxy-4-pregnene-3,20-dione, D-00349
Dimesone, D-00386
[1-[1-(Dimethylamino)ethyl]-1*H*-indol-3-yl]-1-propanone oxime, *in* D-00414
2-[(2,3-Dimethylphenyl)amino)-3-pyridinecarboxylic acid, *in* A-00326
2-[(2,6-Dimethylphenyl)amino]-3-pyridinecarboxylic acid, *in* A-00326
▷Dimethyl sulfoxide, D-00454
▷Diphenpyramide, D-00487
▷4,5-Diphenyl-2-oxazolepropanoic acid, D-00500
▷1,2-Diphenyl-4-[2-(phenylthio)ethyl)]-3,5-pyrazolidinedione, D-00501
▷1,1-Diphenyl-3-(1-piperidinyl)-1-propanol, D-00511
Dipyrone, D-00532
Ditazole, D-00545
Domoprednate, D-00574
Doxybetasol, D-00597
Drocinonide, D-00604
Droxicam, D-00615
Duometacin, D-00620
▷Emorfazone, E-00040
Endrysone, E-00052
▷Enfenamic acid, E-00054
Enolicam, E-00059
▷Epirizole, E-00083
Eprovafen, E-00092
Esculamine, E-00121
▷Etabenzarone, E-00131
N-(4-Ethoxyphenyl)-2-hydroxybenzamide, E-00170
Ethyl 5,6-bis-*O*-(4-chlorobenzyl)-3-*O*-propyl glucoside, E-00175
2-(5-Ethyl-2-pyridinyl)-1*H*-benzimidazole, E-00221
▷Ethyl salicylate, *in* H-00112
Etodolac, E-00245
▷Etofenamate, E-00248
Evandamine, E-00277
Feclobuzone, F-00026
Fenamifuril, F-00035
▷Fenclorac, F-00042
Fenclozate, *in* F-00043
▷Fenclozic acid, F-00043
▷Fendosal, F-00045
Fenflumizole, F-00049
▷Fenpipalone, F-00069
▷Fentiazac, F-00079
Fepradinol, F-00084
Flazalone, F-00113
▷Floctafenine, F-00119
▷Florifenine, F-00125
▷Fluazacort, F-00131
Fluclorolone acetonide, F-00138
▷Fludrocortisone, F-00147
▷Fludrocortisone acetate, *in* F-00147
▷Flufenamic acid, F-00148
Flufenisal, *in* F-00185
▷Flumethasone, F-00156
Flumethasone acetate, *in* F-00156
Flumethasone pivalate, *in* F-00156
Flumoxonide, F-00163
Flunisolide acetate, *in* F-00167
▷Flunisolide, F-00167

Flunixin, F-00169
▷Flunoxaprofen, F-00171
▷Fluocinolone, F-00172
▷Fluocinolone acetonide, *in* F-00172
▷Fluocinonide, F-00173
Fluocortin, F-00174
▷Fluocortin butyl, *in* F-00174
▷Fluocortolone, F-00175
Fluocortolone caproate, *in* F-00175
Fluocortolone pivalate, *in* F-00175
2-(2-Fluorenyl)propanoic acid, F-00179
Fluorometholone, F-00186
Fluorometholone acetate, *in* F-00186
Flupamesone, F-00196
Fluperolone, F-00201
Fluperolone acetate, *in* F-00201
Flupirtine, F-00204
Fluprednidene, F-00207
Fluprednisolone, F-00208
Fluprednisolone acetate, *in* F-00208
Fluprednisolone hemisuccinate, *in* F-00208
Fluprednisolone valerate, *in* F-00208
Fluprofen, F-00209
Fluproquazone, F-00211
Fluquazone, F-00213
Fluradoline, F-00214
▷Flurandrenolone, F-00215
▷Flurbiprofen, F-00218
Fluticasone, F-00227
Fluticasone propionate *in* F-00227
▷Formocortal, F-00246
▷Ftaxilide, F-00268
Furcloprofen, F-00288
▷Furofenac, F-00295
Galosemide, G-00007
▷Glaucine; (*S*)-*form*, *in* G-00028
Glucametacin, G-00052
Glucurono-6,3-lactone, G-00059
Glycol salicylate, *in* H-00112
▷Glycyrrhetic acid, G-00072
▷Glycyrrhizic acid, G-00073
Gold sodium thiomalate, *in* M-00115
Guaimesal, G-00094
▷Halcinonide, H-00004
Halocortolone, H-00006
Halometasone, H-00010
Halopredone, H-00016
▷Halopredone acetate, *in* H-00016
Hydrocortamate, *in* C-00548
Hydrocortisone aceponate, *in* C-00548
▷Hydrocortisone acetate, *in* C-00548
▷Hydrocortisone bendazac, *in* C-00548
▷Hydrocortisone butyrate, *in* C-00548
▷Hydrocortisone 17-butyrate 21-propionate, *in* C-00548
Hydrocortisone cypionate, *in* C-00548
Hydrocortisone hemisuccinate, *in* C-00548
▷Hydrocortisone phosphate, *in* C-00548
Hydrocortisone tebutate, *in* C-00548
Hydrocortisone valerate, *in* C-00548
▷2-Hydroxybenzyl alcohol, H-00116
▷Hydroxychloroquine, H-00120
2-Hydroxydithiobenzoic acid, H-00127
▷*N*-(2-Hydroxyethyl)cinnamamide, H-00130
▷2-Hydroxy-*N*-isopropylbenzamide, H-00145
2-Hydroxy-3-methylbenzamide, *in* H-00155
[(7-Hydroxy-4-methyl-2-oxo-2*H*-1-benzopyran-6-yl)oxy]acetic acid, *in* D-00332
3-Hydroxy-5-pregnen-20-one, H-00205
▷Ibufenac, I-00007
Ibuprofen, I-00008
Ibuproxam, I-00009
▷Indobufen, I-00060
Indometacin paracetamol ester, *in* I-00065
▷Indomethacin, I-00065
▷Indoprofen, I-00068
▷Intrazole, I-00087
Isamfazone, I-00174
▷Isonixin, I-00196
2-Isopropyl-4,8-dimethylazulene, I-00203
▷7-Isopropyl-1,4-dimethylazulene, I-00204
2-(2-Isopropyl-5-indanyl)propanoic acid, I-00207
▷Isoxepac, I-00216
Isoxicam, I-00217
▷Kebuzone, K-00006
▷Ketoprofen, K-00017
Ketorolac, K-00019
Leflunomide, L-00019
Lexofenac, L-00040
Lobenzarit, L-00066
Locicortone, L-00068
Loflucarban, L-00076
Lonazolac, L-00085
Lornoxicam, L-00098
Loxoprofen, L-00108
Lysine clonixinate, *in* C-00479
Mebenoside, M-00032
▷Meclofenamic acid, M-00045
Meclorisone, M-00049
Meclorisone dibutyrate, *in* M-00049
▷Medrysone, M-00060
▷Mefenamic acid, M-00062
Meloxicam, M-00082
Mepiprazole, M-00099
Meprednisone hydrogen succinate, *in* D-00336
▷Meprothixol, M-00106
▷Meseclazone, M-00132
Metbufen, M-00157
▷9-Methoxy-3-methyl-9-phenyl-3-azabicyclo[3.3.1]nonane, M-00203
Methoxymethyl salicylate, *in* H-00112
4-(6-Methoxy-2-naphthalenyl)-2-butanone, M-00206
▷4-(3-Methyl-2-butenyl)-1,2-diphenyl-3,5-pyrazolidinedione, M-00235
1-Methyl-4-(4-methylpentyl)cyclohexanecarboxylic acid, M-00268
4-Methyl-*N*-[3-(4-morpholinyl)propyl]-6-(trifluoromethyl)-4*H*-furo[3,2-*b*]indole-2-carboxamide, M-00270
Methylniphenazine, M-00273
10-Methyl-10*H*-phenothiazine-2-acetic acid, *in* P-00168
α-Methyl-3-phenyl-7-benzofuranacetic acid, M-00286
α-Methyl-2-phenyl-6-benzothiazoleacetic acid, M-00287
5-Methyl-1-phenyl-2(1*H*)-pyridinone, M-00293
▷Methylprednisolone, M-00297
Methylprednisolone aceponate, *in* M-00297
▷Mexolamine, M-00353
Mexoprofen, M-00354
Mobecarb, M-00411
▷Mofebutazone, M-00420
Mometasone furoate, *in* M-00426
▷Morazone, M-00439
Morniflumate, M-00444
Naflocort, N-00018
▷Naftypramide, N-00027
Naproxen, N-00048
Nicocortonide, N-00096
Nictindole, N-00107
▷Niflumic acid, N-00113
Nimazone, N-00145
▷Nimesulide, N-00146
Niometacin, N-00152
▷Niprofazone, N-00155
Nitraquazone, N-00167
Nivazol, N-00191
Nonivamide, N-00205
Norletimol, N-00220
9,12-Octadecadienoic acid, O-00007
Octazamide, *in* H-00049
▷Orgotein, O-00056
▷Orpanoxin, O-00063
Oxaceprol, *in* H-00210

▷Oxametacin, O-00082
Oxapadol, O-00088
Oxarbazole, O-00093
▷Oxepinac, O-00103
Oxindanac, O-00116
▷γ-Oxo-2-dibenzofuranbutanoic acid, O-00127
▷Oxolamine, O-00130
▷Oxyphenbutazone, O-00158
Palmidrol, P-00006
Paramethasone, P-00025
Paramethasone; 21-Phosphate, *in* P-00025
▷Paramethasone acetate, *in* P-00025
Paranyline, P-00026
▷Parsalmide, P-00041
Paxamate, P-00045
Pemedolac, P-00056
Perisoxal, P-00124
2-(3-Phenoxyphenyl)propanoic acid, P-00172
2-Phenyl-1,2-benzisoselenazol-3(2*H*)-one, P-00178
▷Phenylbutazone, P-00180
1-Phenyl-3-(1-piperidinyl)-2-pyrrolidinone, P-00199
▷2-Phenyl-4-quinolinecarboxylic acid, P-00206
▷Phthalazino[2,3-*b*]phthalazine-5,12(7*H*,14*H*)-dione, P-00222
Picobenzide, P-00237
Picumast, P-00244
▷Pifoxime, P-00249
Piketoprofen, P-00250
Pimetacin, P-00256
Pinadoline, P-00265
Pipebuzone, P-00276
Pirazolac, P-00315
▷Piroxicam, P-00351
▷Pirprofen, P-00355
Ponalrestat, P-00387
▷Pranoprofen, P-00400
Pranosal, P-00401
Prebediolone acetate, *in* H-00205
Prednazate, *in* P-00412
Prednicarbate, P-00410
Prednisolamate, *in* P-00412
▷Prednisolone, P-00412
▷Prednisolone acetate, *in* P-00412
Prednisolone *tert*-butylacetate, *in* P-00412
Prednisolone hydrogen tetrahydrophthalate, *in* P-00412
Prednisolone palmitate, *in* P-00412
Prednisolone piperidinoacetate, *in* P-00412
Prednisolone pivalate, *in* P-00412
Prednisolone stearoylglycolate, *in* P-00412
Prednisolone succinate, *in* P-00412
Prednisolone *m*-sulfobenzoate, *in* P-00412
▷Prednisolone valerate, *in* P-00412
▷Prednisolone valeroacetate, *in* P-00412
▷Prednisone, P-00413
▷Prednisone acetate, *in* P-00413
Prednisone palmitate, *in* P-00413
Prednisone succinate, *in* P-00413
Prednylidene, P-00414
Prednylidene diethylaminoacetate, *in* P-00414
Prefenamate, P-00415
Pregnenolone acetate, *in* H-00205
Pregnenolone succinate, *in* H-00205
Prifelone, P-00429
Prinomide, P-00439
Procinonide, P-00452
▷Prodolic acid, P-00461
Proglumetacin, P-00467
2-Propyl-5-thiazolecarboxylic acid, P-00517
▷Proquazone, P-00522
▷Protamines, P-00531
Protizinic acid, P-00539
Proxazole, P-00545
1*H*-Pyrazole-1-carboximidamide, P-00562
▷Pyricarbate, P-00568
Quinazopyrine, Q-00013
▷Ramifenazone, R-00007
Rimexolone, R-00057
Ristianol, R-00064
Romazarit, R-00080
Ruscogenin, *in* S-00128
▷Ruvazone, R-00107
Salazosulfathiazole, S-00010
▷Salbutamol, S-00012
Salfluverine, S-00014
▷Salicyloylsalicylic acid, S-00015
Salprotoside, S-00020
▷Sanguinarine, S-00022
Seclazone, S-00032
Sermetacin, S-00048
▷Serrapeptase, S-00050
▷Simetride, S-00073
▷Sodium aurotiosulfate, S-00084
Spirofylline, S-00122
▷Sudoxicam, S-00176
▷Sulindac, S-00225
▷Sulphasalazine, S-00253
Sulprosal, S-00260
▷Suprofen, S-00274
▷Suxibuzone, S-00283
Talmetacin, T-00011
▷Talniflumate, T-00013
Talosalate, T-00015
Tenidap, T-00068
Tenoxicam, T-00073
Tepoxalin, T-00077
▷Terofenamate, *in* M-00045
Tesicam, T-00098
Tesimide, T-00099
Tetriprofen, T-00155
Tetrydamine, *in* T-00119
2-[4-(2-Thiazolyloxy)phenyl]propanoic acid, T-00186
(1-Thioglucopyranosato)gold, T-00201
Thurfyl salicylate, *in* H-00112
Tianafac, T-00239
Tiaramide, T-00245
Tiflamizole, T-00264
Tilomisole, T-00276
Tiludronic acid, T-00280
Timegadine, T-00282
Timobesone, T-00286
Timobesone acetate, *in* T-00286
▷Tinoridine, T-00296
Tiopinac, T-00302
Tiopropamine, T-00303
Tioxaprofen, T-00308
Tipredane, T-00314
▷Tolfenamic acid, T-00349
▷Tolmetin, T-00353
Tomatidine, T-00374
Tomoxiprole, T-00378
Torasemide, T-00386
Tralonide, T-00394
▷Triamcinolone, T-00419
▷Triamcinolone acetonide, *in* T-00419
Triamcinolone benetonide, *in* T-00419
Triamcinolone furetonide, *in* T-00419
1,2,4-Triazino[5,6-*c*]quinoline, T-00424
Tribuzone, T-00430
2,2,2-Trichloro-4′-hydroxyacetanilide, *in* A-00298
Triclonide, T-00452
Triflocin, T-00459
Triflumidate, T-00461
8-(Trifluoromethyl)-10*H*-phenothiazine-1-carboxylic acid, T-00466
▷1,3,4-Triphenyl-1*H*-pyrazole-5-acetic acid, T-00527
1,3,5-Triphenyl-1*H*-pyrazole-4-acetic acid, T-00528
▷Ufenamate, U-00002
Ulobetasol, U-00006
Ulobetasol propionate, *in* U-00006
Wortmannin, W-00003
Wortmannin; 11-Deacetoxy, *in* W-00003

Ximoprofen, X-00015
Zaltidine, Z-00004
▷Zidometacin, Z-00012
Zomepirac, Z-00035
Zomepirac glycolate, *in* Z-00035

Antileprotic agents

Acediasulfone, A-00008
Antileprol, *in* C-00627
▷Bis(4-acetamidophenyl)sulfone, *in* D-00129
▷Clofazimine, C-00450
▷4,4′-Diaminodiphenyl sulfone, D-00129
Diathymosulfone, D-00146
Ditophal, D-00553
▷Glucosulfone, G-00057
▷7-Isopropyl-1,4-dimethylazulene, I-00204
▷2-Phthalimidoglutarimide, P-00223
▷Solapsone, S-00093
Sulfoxone, S-00223
▷Thiacetazone, *in* A-00210
▷Thiambutosine, T-00173
Thiocarlide, T-00198

Antimalarials

▷1-Aminocyclopentanecarboxylic acid, A-00230
Amodiaquine, A-00353
▷Amopyroquine, A-00358
Amquinate, *in* D-00238
▷Artemisinin, A-00452
Bispyroquine, B-00235
Brindoxime, B-00272
▷Chlorguanide, C-00204
▷Chloroquine, C-00284
Chlorproguanil, C-00297
▷Cinchonine, C-00358
Clociguanil, C-00442
Cloguanamil, C-00464
▷Cycloguanil, C-00603
2-Cyclohexyl-3-hydroxy-1,4-naphthoquinone, C-00613
2-(8-Cyclohexyloctyl)-3-hydroxy-1,4-naphthoquinone, C-00620
▷2,4-Diamino-5-(3,4-dichlorophenyl)-6-ethylpyrimidine, D-00123
4-[[2-(Diethylamino)ethyl]amino]benzo[*g*]quinoline, D-00233
Enpiroline, E-00064
Febrifugine, F-00023
Floxacrine, F-00127
Fluorenemethanol, F-00178
Halofantrine, H-00007
▷Hexachlorxylol, H-00041
Hydrocinchonine, *in* C-00358
▷Hydroquinidine, *in* Q-00027
▷Hydroxychloroquine, H-00120
Lapinone, L-00009
Mefloquine, M-00068
▷Methylchloroquine, M-00240
2-Methyl-3-heptyl-4-hydroxy-7-methoxyquinoline, M-00259
Mirincamycin, M-00393
▷Ornidazole, O-00058
▷Pamaquine, P-00007
Pentaquine, P-00092
Pirlimycin, P-00339
▷Primaquine, P-00434
▷Pyrimethamine, P-00585
▷Quinacrine, Q-00010
▷Quinidine, Q-00027
▷Quinine, Q-00028
Quinine; Benzoyl, *in* Q-00028
Quinine ethylcarbonate, *in* Q-00028
▷Quinocide, Q-00029
Tebuquine, T-00046
▷2,4,7-Triamino-6-phenylpteridine, T-00420

Antimetabolites

▷Aminopterin, A-00324
Clociguanil, C-00442

Antimicrobials

Acediasulfone, A-00008
Acetomeroctol, A-00024
▷2-Bromo-2-nitro-1,3-propanediol, B-00310
▷Camphor, C-00023
▷Imperatorin, I-00045
▷Laurylisoquinolinium bromide, *in* I-00210
Lombazole, L-00077
Meralein, M-00111
▷Nidroxyzone, N-00108
▷Nifurzide, N-00137
▷Oleandomycin, O-00035
Permanganic acid, P-00127
▷2-Phenylethanol, P-00187
Pirtenidine, P-00358
Propamidine, P-00487
▷Sanguinarine, S-00022
▷Silver nitrate, S-00068
Succisulfone, S-00173
▷Sulphasomidine, S-00254
Tetrahydroxy-1,4-benzoquinone, T-00137

Antineoplastic agents

▷Aceglatone, *in* G-00053
N-[*N*-Acetyl-4-[bis(2-chloroethyl)amino]phenylalanyl]-3,4-dihydroxyphenylalanine ethyl ester, *in* A-00453
N-[*N*-Acetyl-4-[bis(2-chloroethyl)amino]phenylalanyl]-tyrosine ethyl ester, *in* A-00453
N-Acetyl-6-diazo-5-oxo-L-norleucine, *in* A-00238
3-Acetyl-5-(4-fluorobenzylidene)-4-hydroxy-2-oxo-2,5-dihydrothiophene, A-00032
Acitretin, A-00041
▷Aclacinomycin *A*, A-00042
Acodazole, A-00045
▷Acodazole hydrochloride, *in* A-00045
▷Acronycine, A-00050
▷Actinomycin *C*, A-00054
▷Actinomycin C_2, A-00055
▷Actinomycin C_3, A-00056
▷Actinomycin *D*, A-00057
▷Actinoxanthine, A-00058
▷Adriamycin, A-00080
Aklavine, A-00089
Alanosine, A-00093
▷Alazopeptin, A-00095
▷Alloxan, A-00128
Ambamustine, A-00165
Ametantrone, A-00180
▷Amicetin, A-00187
4-Amino-*N*-(2-aminophenyl)benzamide, A-00208
2-Amino-5-bromo-6-phenyl-4(1*H*)-pyrimidinone, A-00220
▷1-Aminocyclopentanecarboxylic acid, A-00230
2′-Amino-2′-deoxyadenosine, A-00233
▷2-Amino-6-diazo-5-oxohexanoic acid; (*S*)-*form*, *in* A-00238
▷5-Amino-1,6-dihydro-7*H*-1,2,3-triazolo[4,5-*d*]pyrimidin-7-one, A-00247
2-Amino-3-fluorobutanedioic acid, A-00257
▷4-Aminophenylarsonic acid, A-00302
▷3-(4-Aminophenyl)-3-ethyl-2,6-piperidinedione, A-00305
▷Aminopterin, A-00324
Amonafide, A-00356
▷Amsacrine, A-00373
Anaxirone, A-00378
Angiogenin, A-00384
▷Anthramycin, A-00403
2,2′-(9,10-Anthrylenedimethylene)bis(isothiourea), A-00404
Antibiotic AT 125, A-00405
▷Aphidicolin, A-00422
▷Asaphan, A-00453
▷Asparaginase, A-00458
Asperlin, A-00464

Asterriquinone, A-00467
2-Azaadenosine, A-00490
▷5-Azacytidine, A-00496
▷Azaserine, A-00509
▷6-Azauridine, A-00514
Azetepa, A-00517
▷2-(1-Aziridinyl)-1-vinylethanol, A-00527
▷Azotomycin, A-00531
Bactobolin *A*, B-00005
Becanthone, B-00021
▷Bendamustine, B-00044
Benzodepa, B-00091
▷Bestatin, B-00138
Bestrabucil, *in* O-00028
▷Bimolane, B-00166
Bisantrene, B-00191
▷1,4-Bis(3-bromo-1-oxopropyl)piperazine, B-00195
▷5-[Bis(2-chloroethyl)amino]-2,4(1*H*,3*H*)-pyrimidinedione, B-00197
▷*N*,*N*-Bis(2-chloroethyl)-2-naphthylamine, B-00198
▷*N*,*N*′-Bis(2-chloroethyl)-*N*-nitrosourea, B-00199
2,3-Bis(3-hydroxybenzyl)-1,4-butanediol, B-00215
▷Bleomycin A_1, B-00242
▷Bleomycin A_2, B-00243
▷Bleomycin B_2, B-00246
Bleomycin B_4, B-00245
▷Bleomycin A_5, B-00244
Bofumustine, B-00248
Bouvardin, B-00261
▷Bredinin, B-00267
Brequinar, B-00269
▷Bromacrylide, B-00281
Bromebric acid, B-00286
▷5-Bromo-2′-deoxyuridine, B-00296
3-Bromo-3-[*p*-(pentyloxy)benzoyl]acrylic acid, B-00312
Budotitane, B-00345
▷Busulphan, B-00379
Cabergoline, C-00002
▷Calusterone, *in* H-00123
Camptothecin, C-00024
Caracemide, C-00036
Carbetimer, C-00047
▷Carboplatin, C-00061
▷Carboquone, C-00063
▷Carfimate, *in* P-00204
Carminazone, *in* C-00081
▷Carminomycin I, C-00081
Carmofur, C-00082
▷Carzinophilin, C-00106
Cephaeline, C-00172
▷Chartreusin, C-00189
▷Chlorambucil, C-00194
▷*N*-(2-Chloroethyl)-*N*′-(2-hydroxyethyl)-*N*-nitrosourea, C-00237
Ciamexon, C-00318
Clanfenur, C-00408
▷Clerocidin, C-00421
▷Cordycepin, C-00543
Crisnatol, C-00560
Crotepoxide, C-00568
Cyanonaphthyridinomycin, C-00583
[1,1-Cyclobutanedicarboxylato(2−)](2-pyrrolidinemethanamine-N^{α},N^{1})platinum, C-00598
▷Cyclocytidine, C-00600
▷Cyclophosphamide, C-00634
▷Cytarabine, *in* C-00667
▷Cytidine diphosphate choline, C-00655
▷Dacarbazine, D-00001
Datelliptium(1+), D-00017
▷Daunomycin, D-00019
3′-Deamino-3′-(3-cyanomorpholino)doxorubicin, *in* A-00080
▷3-Deazauridine, D-00031
▷Defosfamide, D-00047
▷Demecolcine, D-00062
2′-Deoxy-5-azacytidine, D-00077
11-Deoxydoxorubicin, *in* A-00080
▷2′-Deoxy-5-fluorouridine, D-00079
(4′α)-4′-Deoxy-22-oxovincaleukoblastine, *in* V-00037
Deoxypodophyllic acid, D-00083
▷Detorubicin, D-00108
▷Dezaguanine, D-00115
▷Diacetoxyscirpenol, *in* A-00386
▷2,4-Diamino-5-(3,4-dichlorophenyl)-6-ethylpyrimidine, D-00123
▷2,4-Diamino-5-(3,4-dichlorophenyl)-6-methylpyrimidine, D-00124
▷2,5-Diamino-2-(difluoromethyl)pentanoic acid, D-00126
▷3,5-Diamino-1*H*-1,2,4-triazole, D-00137
Diamminedichloroplatinum, D-00139
▷Diaziquone, D-00150
▷1,6-Dibromo-1,6-dideoxygalactitol, D-00163
1,6-Dibromo-1,6-dideoxymannitol, D-00164
Dibrospidium (2+), D-00169
▷1,1-Dichloro-2-(2-chlorophenyl)-2-(4-chlorophenyl)ethane, D-00180
▷2,2′-Dichloro-*N*-methyldiethylamine, D-00193
▷1,2:15,16-Diepoxy-4,7,10,13-tetraoxahexadecane, D-00225
Diethylstilbestrol, D-00257
5,14-Dihydrobenz[5,6]isoindolo[2,1-*b*]isoquinoline-8,13-dione, D-00279
▷2,3-Dihydro-1*H*-imidazo[1,2-*b*]pyrazole, *in* I-00032
▷1,7-Dihydro-6*H*-purine-6-thione, D-00299
5-[2-(Dimethylamino)ethoxy]-7*H*-benzo[*c*]fluoren-7-one, D-00409
1,4-Dimethyl-1,4-diphenyl-2-tetrazene, D-00429
Dimetipirium(1+), D-00458
Dimidium(1+), D-00460
Dinaphthimine, D-00464
Ditercalinium(2+), D-00546
Ditiomustine, *in* C-00222
▷DL 435, *in* A-00093
Doxifluridine, D-00595
Drostanolone propionate, *in* H-00153
Echinosporin, E-00005
▷Ellipticine, E-00027
▷Elliptinium(1+), E-00028
▷Enocitabine, *in* C-00667
▷Enpromate, E-00066
▷Epipropidine, E-00082
▷Epirubicin, *in* A-00080
2,3-Epithioandrostan-17-ol, E-00086
▷Esorubicin, *in* A-00080
▷Estradiol mustard, *in* O-00028
Estramustine, E-00127
▷Etanidazole, E-00139
▷Ethyl carbamate, E-00177
Ethyl *O*-[*N*-(*p*-carboxyphenyl)carbamoyl]mycophenolate, E-00178
N-(2-Ethylhexyl)-3-hydroxybutanamide, E-00192
▷Etoposide, E-00262
Eupachlorin acetate, *in* E-00270
Fagaronine, F-00009
Fazarabine, F-00020
Febrifugine, F-00023
Fludarabine, F-00142
Fluoromethotrexate, F-00187
▷5-Fluoro-2,4(1*H*,3*H*)-pyrimidinedione, F-00190
▷Flurocitabine, F-00219
Forfenimex, F-00243
Fostriecin, F-00260
Fotemustine, F-00261
▷Fotrin, F-00262
▷Gloxazone, G-00050
Goserelin, G-00081
▷Granaticin *A*, G-00085
▷Haematoporphyrin, H-00002
▷Harringtonine, H-00022
▷2,2,4,6,6,8-Hexamethyl-4,8-diphenylcyclotetrasiloxane, H-00056
Hexestrol diphosphate, *in* B-00220
Hisphen, H-00076

Hitachimycin, H-00081
8-Hydroxy-1(10),4,11(13)-germacratrien-12,6-olide, H-00134
▷2-Hydroxy-3-(3-methyl-2-butenyl)-1,4-naphthoquinone, H-00157
N-(4-Hydroxyphenyl)retinamide, H-00197
▷Hydroxystilbamidine, H-00213
▷Hydroxyurea, H-00220
▷Idarubicin, I-00016
▷Ifosfamide, I-00021
Ilmofosine, I-00022
▷Imidazole mustard, I-00030
▷Improsulfan, *in* I-00037
▷Indicine N-oxide, *in* I-00057
▷Inproquone, I-00075
Interferon, I-00079
Interleukin-1, I-00080
Interleukin-2, I-00081
Interleukin-3, I-00082
Interleukin-4, I-00083
Interleukin-6, I-00085
▷Iproplatin, I-00162
Jatrophone, J-00002
Ketotrexate, K-00021
Lavendamycin, L-00018
Lergotrile, L-00026
▷Leuprorelin, L-00035
▷Leurosidine, L-00036
▷Leurosine, L-00037
▷Lomustine, L-00083
▷Lonidamine, L-00086
Mafosfamide, M-00004
▷Mannomustine, M-00019
▷Mannosulfan, *in* M-00018
Maytanbutine, *in* M-00026
Maytanprine, *in* M-00026
▷Maytansine, M-00026
Medorubicin, *in* A-00080
Megestrol, *in* H-00174
▷Megestrol acetate, *in* H-00174
Melengestrol, M-00078
▷Melengestrol acetate, *in* M-00078
Melphalan, M-00084
▷Menogaril, M-00092
▷Mepitiostane, M-00100
5-(Mercaptomethyl)-2,4(1*H*,3*H*)-pyrimidinedione, M-00119
▷Metamelfalan, M-00149
Methasquin, M-00174
▷Methotrexate, M-00192
▷9-Methoxyellipticine, M-00198
8-Methoxy-3,4-methylenedioxy-10-nitro-1-phenanthrenecarboxylic acid, M-00200
N-(3-Methyl-2-butenyl)adenosine, M-00234
6-(3-Methyl-2-butenyl)-1*H*-indole, M-00236
4-(*N*-Methylcarboxamido)-5-methylamsacrine, M-00239
▷6,6′-Methylenebis[1,2-dihydro-2,2,4-trimethylquinoline], M-00250
4,4′-[1-Methyl-2-(2,2,2-trifluoroethyl)]-1,2-ethanediylbis[2-fluorophenol], *in* T-00089
Meturedepa, M-00345
▷Misonidazole, M-00395
▷Mithramycin, M-00397
Mitindomide, M-00398
▷Mitoclomine, M-00399
▷Mitocromin, M-00400
Mitogillin, M-00401
▷Mitoguazone, M-00402
▷Mitomalcin, M-00403
▷Mitomycin *C*, M-00404
▷Mitonafide, M-00405
▷Mitopodozide, *in* P-00376
Mitotenamine, M-00406
Mitozantrone, M-00407
▷Mitozolomide, M-00408
▷Mopidamol, M-00433
Motretinide, M-00456
Muroctasin, M-00472
▷Mycophenolic acid, M-00475
▷Nafoxidine, N-00021
Nandrolone 17-bis(2-chloroethyl)carbamate, *in* H-00185
▷Neocarzinostatin, N-00067
▷Neothramycin *A*, N-00072
Nimustine, N-00151
▷Nitracrine, N-00163
▷Nocodazole, N-00196
▷Nogalamycin, N-00198
▷Nonanedioic acid, N-00203
▷NSC 94600, *in* C-00024
4-O-Demethyl-11-deoxydoxorubicin, *in* A-00080
▷Olivomycin *A*, O-00038
Ornoprostil, O-00060
Oxaliplatin, O-00080
Oxendolone, O-00102
▷Oxisuran, O-00120
▷Oxophenarsine, O-00135
4-Oxo-2-phenyl-4*H*-1-benzopyran-8-acetic acid, O-00136
▷17-(1-Oxopropoxy)androst-4-en-3-one, *in* H-00111
Panomifene, P-00014
Paphencyl, P-00021
▷Pazelliptine, P-00046
▷Peliomycin, P-00053
Pentamustine, P-00089
▷Pentostatin, P-00105
▷Pepleomycin, P-00108
Phenaline, P-00140
Phenamet, P-00142
Phenestrol, *in* B-00220
▷Phosphemide, P-00214
Pimonidazole, P-00262
Piposulfan, P-00301
Piritrexim, P-00338
Piroxantrone, P-00350
▷Podophyllotoxin, P-00377
▷Porfiromycin, P-00388
▷Prednimustine, P-00411
Prednisolamate, *in* P-00412
▷Prednisolone, P-00412
Pretazettine, P-00425
▷Procarbazine, P-00448
Prolame, P-00471
Promegestone, P-00476
Prospidium(2+), P-00527
Pteroyltriglutamic acid, P-00555
▷Pumitepa, P-00556
▷Puromycin, P-00557
▷Pyrazinecarboxamide, *in* P-00560
1*H*-Pyrazole-1-carbothioamide, P-00561
1*H*-Pyrazole-1-carboxamide, *in* P-00563
▷Pyrazomycin, P-00566
1-[2-[2-(4-Pyridyl)-2-imidazoline-1-yl]ethyl]3-(4-carboxyphenyl)urea, P-00584
Quinespar, Q-00020
▷Rachelmycin, R-00001
Ranimustine, R-00010
▷Razoxane, R-00016
Rebeccamycin, R-00017
▷Retelliptine, R-00032
Retinoic acid, R-00033
2-Ribofuranosyl-4-selenazolecarboxamide, R-00039
▷Ritrosulfan, R-00068
▷Sanguinarine, S-00022
Schizophyllan, S-00030
▷Semustine, S-00041
▷Sibiromycin, S-00064
▷Sodium phosphate dibasic, *in* P-00219
Sparfosic acid, S-00108
▷Sparfosic acid; (*S*)-*form*, *in* S-00108
▷Sparsomycin, S-00109
Spergualin, S-00112
Spirogermanium, S-00123
▷Spiromustine, S-00124

Spiroplatin, S-00126
▷Steffimycin, S-00143
Stilbenemidine, S-00154
▷Streptonigrin, S-00162
▷Streptozotocin, S-00164
Sturamustine, S-00168
▷Tallysomycin *A*, T-00010
Tamoxifen, T-00023
Tauromustine, T-00033
Taxodione, T-00035
Taxodone, T-00036
▷Taxol, T-00037
▷Tegafur, T-00055
Temozolomide, T-00064
▷Teniposide, T-00071
Terfluranol, T-00089
Teroxirone, T-00096
▷Testolactone, T-00100
4′-*O*-(Tetrahydropyranyl)adriamycin, *in* A-00080
3,7,11,15-Tetramethyl-2,4,6,10,14-hexadecapentaenoic acid, T-00147
Tetrandrine, T-00152
▷Tetraplatin, T-00153
▷Thiamiprine, T-00178
▷4-Thiazolidinecarboxylic acid, T-00183
▷2,2′-Thiobisethanol, T-00195
▷Thioguanine, T-00202
▷Thiotepa, T-00211
Threitol, T-00219
▷Tiazofurine, T-00246
Tiprotimod, T-00319
Toremifene, T-00388
▷Treosulfan, *in* T-00219
Trestolone acetate, *in* N-00221
▷Tretamine, T-00416
▷1,2,4-Triazine-3,5(2*H*,4*H*)-dione, T-00422
Triciribine, T-00445
▷Trifosfamide, T-00469
Trimetrexate, T-00514
▷Triptolide, T-00530
Triptorelin, T-00531
▷Tris(1-aziridinyl)-1,4-benzoquinone, T-00533
▷Tris(2-chloroethyl)amine, T-00534
▷Tris(dimethylamino)-1,3,5-triazine, T-00535
Tubulozole, T-00572
Tumour necrosis factor, T-00575
Ungeremine, U-00009
▷Uredepa, U-00012
▷Verrucarin *A*, V-00023
▷Vinblastine, V-00032
▷Vincristine, V-00037
▷Vindesine, *in* V-00032
▷Vinformide, V-00039
▷Vinglycinate, *in* V-00032
Vinorelbine, V-00041
Vintriptol, V-00045
Vinzolidine, V-00048
Withaferin *A*, W-00002
▷Xanthocillin *X*, X-00005
(Xylosylamino)benzoic acid, X-00025
Zindoxifene, Z-00020
▷Zorubicin, *in* D-00019

Antioestrogens

Acefluranol, A-00009
Clometherone, C-00469
Clomifenoxide, *in* C-00471
▷Clomiphene, C-00471
Delmadinone acetate, *in* D-00054
Dimepregnen, D-00381
Droloxifene, D-00607
2,3-Epithioandrostan-17-ol, E-00086
[6-Hydroxy-2-(4-hydroxyphenyl)benzo[*b*]thien-3-yl][4-[2-(1-pyrrolidinyl)ethoxy]phenyl]methanone, H-00140
▷Mepitiostane, M-00100
▷Nafoxidine, N-00021
▷Nitromifene, N-00182
Panomifene, P-00014
Raloxifene, R-00005
Tamoxifen, T-00023
Trioxifene, T-00520
Zindoxifene, Z-00020

Antiparkinsonian agents

1-(1-Adamantyl)-2-azetidinecarboxylic acid, A-00062
Almoxatone, A-00140
▷1-Aminoadamantane, A-00206
2-Amino-3-(3,4-dihydroxyphenyl)propanoic acid, A-00248
▷Balipramine, B-00007
▷Benserazide, B-00064
Benzetimide, B-00080
Benzhexol, B-00081
▷Benztropine, B-00104
▷Biperiden, B-00175
Botiacrine, B-00260
Bufenadrine, B-00347
▷1-*tert*-Butyl-4,4-diphenylpiperidine, *in* D-00503
▷Caramiphen, C-00037
▷Carbidopa, C-00050
▷Chlorphenoxamine, C-00294
Ciladopa, C-00341
Clofenetamine, C-00452
Delergotrile, D-00052
▷Diethazine, D-00227
2-(Diethylamino)ethyl diphenylcarbamate, D-00235
3,5-Dimethyl-1-adamantanamine, D-00402
N,α-Dimethyl-*N*-2-propynylphenethylamine, D-00449
▷1,1-Diphenyl-3-(1-piperidinyl)-1-propanol, D-00511
Dopamantine, D-00578
Elantrine, E-00021
▷Ethopropazine, E-00160
Etoperidone, E-00261
Flunamine, F-00164
Halonamine, H-00011
1-Isopropyl-4,4-diphenylpiperidine, I-00206
Lometraline, L-00079
Mazaticol, M-00028
▷Methixene, M-00185
▷Minepentate, M-00385
Naproxen, N-00048
Naxagolide, N-00053
Omidoline, O-00045
▷Orphenadrine, O-00064
Pergolide, P-00119
▷Pheneturide, P-00153
▷Phenglutarimide, P-00155
2-(1-Piperazinyl)quinoline, P-00286
▷Piribedil, P-00324
▷Piroheptine, P-00346
▷Procyclidine, P-00455
Prolyl-*N*-methylleucylglycinamide, P-00474
▷4-Propyl-4-heptylamine, P-00515
Talipexole, T-00009
Tigloidine, *in* T-00270
Tiomergine, T-00300
Tofenacin, T-00339
Traboxopine, T-00392
Tropatepine, T-00550
Tropigline, T-00553
Valperinol, V-00005

Antiprotozoals

Abunidazole, A-00003
▷Acetarsol, *in* A-00271
Amicarbalide, A-00186
(3-Amino-4-hydroxyphenyl)arsinous dichloride, A-00270
1-(4-Amino-2-propylpyrimidin-5-ylmethyl)-2-picolinium(1+), A-00323

Aminoquinol, A-00331
Arsthinol, A-00451
Bamnidazole, *in* M-00344
▷Benznidazole, B-00089
1,3-Bis(4-amidinophenyl)triazene, B-00187
Buparvaquone, B-00366
Caerulomycin, C-00006
▷Carnidazole, C-00083
6-Chloro-9-[[3-(diethylamino)-2-hydroxypropyl]amino]-2-methoxyacridine, C-00229
▷Clerocidin, C-00421
Clorsulon, C-00503
▷Conessine, C-00540
▷2,5-Diamino-2-(difluoromethyl)pentanoic acid, D-00126
▷3,5-Dichloro-2,6-dimethyl-4(1*H*)-pyridinone, D-00187
▷1,2-Dimethyl-5-nitro-1*H*-imidazole, D-00435
Fexinidazole, F-00098
▷Flubendazole, F-00133
Flunidazole, F-00166
▷Furaltadone, F-00281
▷Furazolidone, F-00284
▷Gloxazone, G-00050
▷Glucantime, *in* D-00082
Halofuginone, H-00009
Hexetidine, H-00064
(2-Hydroxyethyl)tetradecylammonium(1+), H-00133
▷Hydroxystilbamidine, H-00213
Imidocarb, I-00034
Isometamidium(1+), I-00191
▷2-Isopropyl-1-methyl-5-nitroimidazole, I-00209
Mepartricin A, *in* P-00042
▷Metronidazole, M-00344
Metronidazole benzoate, *in* M-00344
Metronidazole hydrogen succinate, *in* M-00344
Metronidazole phosphate, *in* M-00344
▷Misonidazole, M-00395
▷Monensin, M-00428
▷Moxipraquine, M-00465
▷Moxnidazole, M-00467
▷Neoarsphenamine, N-00066
▷Nifuratel, N-00118
Nifuroxime, *in* N-00177
Nifursemizone, N-00131
▷Nifursol, N-00132
▷Nihydrazone, N-00139
▷Nimorazole, N-00150
▷4-Nitrophenylarsonic acid, N-00184
▷Panidazole, P-00013
▷Pentamidine, P-00086
Pinafide, P-00266
▷Polybenzarsol, *in* H-00190
Propamidine, P-00487
Propenidazole, P-00494
Pyritidium(2+), P-00589
Quinuronium(2+), Q-00037
▷Robenidine, R-00069
▷Ronidazole, R-00084
▷Stibamine glucoside, S-00148
4′-Stibinoacetanilide, *in* A-00212
Stibosamine, *in* A-00212
Stilbamidine, *in* S-00153
Sulnidazole, S-00229
▷Tenonitrozole, T-00072
▷Tinidazole, T-00293
Tivanidazole, T-00327
▷Violacein, V-00049

Antipyretics

Acetaminosalol, *in* H-00112
▷*p*-Acetanisidide, *in* M-00195
▷2-Acetoxybenzoic acid, A-00026
▷*N*-Acetyl-2-hydroxybenzamide, A-00033
Acetylsalol, *in* A-00026
▷Alclofenac, A-00103
4-(4′-Aminobenzamido)antipyrine, A-00211
3-Amino-5-methyl-2-phenyl-4-(2-methylpropanoyl)pyrrole, A-00287
▷Aminopyrine, A-00327
N-Antipyrinylsalicylamide, A-00416
▷Azapropazone, A-00507
▷Benorylate, B-00057
▷2*H*-1,3-Benzoxazine-2,4(3*H*)-dione, B-00097
1-Benzoyl-2-methyl-3-indoleacetic acid, *in* M-00263
▷2-(5-Benzoyl-2-thienyl)propanoic acid, B-00099
Benzpiperylone, B-00100
▷Benzydamine, B-00105
▷Bermoprofen, B-00136
4-Biphenylacetic acid, B-00176
2,3-Bis(acetyloxy)benzoic acid, *in* D-00315
2,3-Bis(4-methoxyphenyl)-1*H*-indole, B-00227
▷Bucloxic acid, B-00341
▷Bufexamac, B-00350
▷Bufezolac, *in* D-00515
Bumadizone, B-00353
Butanixin, B-00391
▷Carprofen, C-00099
5-Chloro-6-cyclohexyl-2(3*H*)-benzofuranone, C-00224
▷6-Chloro-5-cyclohexyl-1-indanecarboxylic acid, C-00225
4-(4-Chlorophenyl)-5-methyl-1*H*-imidazole, C-00269
▷Chlorthenoxazin, C-00303
▷Choline salicylate, *in* H-00112
▷Choline salicylate, *in* H-00112
Cinaproxen, C-00356
Ciproquazone, C-00392
Clopirac, C-00487
Cloracetadol, C-00492
Colfenamate, C-00535
▷2-(4-Cyclohexylphenyl)propanoic acid, C-00621
Detanosal, D-00105
Dibupyrone, D-00170
▷2-(2,4-Dichlorophenoxy)benzeneacetic acid, D-00199
▷Diclofenac, D-00210
▷2′,4′-Difluoro-4-hydroxy-3-biphenylcarboxylic acid, D-00272
▷1,2-Dihydro-1,5-dimethyl-2-phenyl-3*H*-pyrazol-3-one, D-00284
1,2-Dihydro-4-iodo-1,5-dimethyl-2-phenyl-3*H*-pyrazol-3-one, D-00286
2,3-Dihydroxybenzoic acid, D-00315
Dipyrone, D-00532
▷Epirizole, E-00083
▷Etersalate, E-00144
2-(2-Ethoxyethoxy)benzamide, E-00164
▷*N*-(4-Ethoxyphenyl)acetamide, *in* E-00161
N-(4-Ethoxyphenyl)-2-hydroxybenzamide, E-00170
N-(4-Ethoxyphenyl)-2-hydroxypropanamide, *in* H-00207
1-Ethyl-1,2,3,4-tetrahydroquinoline, E-00223
Famprofazone, F-00016
Feclobuzone, F-00026
Fenclozate, *in* F-00043
▷Fenclozic acid, F-00043
▷Fendosal, F-00045
▷Fentiazac, F-00079
▷Flurbiprofen, F-00218
Glucametacin, G-00052
Guacetisal, G-00089
Guaimesal, G-00094
▷4-Hydroxyacetanilide, *in* A-00298
4-(2-Hydroxybenzoyl)morpholine, H-00115
▷2-Hydroxy-*N*-isopropylbenzamide, H-00145
2-Hydroxy-3-methylbenzamide, *in* H-00155
2-Hydroxy-*N*-phenylbenzamide, *in* H-00112
▷Ibufenac, I-00007
Ibuproxam, I-00009
▷Indomethacin, I-00065
2-(2-Isopropyl-5-indanyl)propanoic acid, I-00207
Leflunomide, L-00019
Lonaprofen, L-00084
▷Meclofenamic acid, M-00345
▷Mefenamic acid, M-00062
▷Meseclazone, M-00132

▷Metergoline, M-00159
2-Methoxybenzoic acid, M-00196
2-(6-Methoxy-2-naphthyl)-1-propanol, M-00207
▷4-(3-Methyl-2-butenyl)-1,2-diphenyl-3,5-pyrazolidinedione, M-00235
Methyl 2-hydroxybenzoate; Benzoyl, *in* M-00261
5-Methyl-1-phenyl-2(1*H*)-pyridinone, M-00293
▷Miroprofen, M-00394
▷Morazone, M-00439
Neocinchophen, *in* M-00295
▷Nifenazone, N-00112
Niometacin, N-00152
▷Niprofazone, N-00155
Octazamide, *in* H-00049
Oxapadol, O-00088
▷Oxepinac, O-00103
▷Oxyphenbutazone, O-00158
Paracetamol thenoate, *in* A-00298
▷Phenazocine, P-00147
2-(3-Phenoxyphenyl)propanoic acid, P-00172
▷Phenylbutazone, P-00180
▷2-Phenyl-4-quinolinecarboxylic acid, P-00206
▷1-Phenylsemicarbazide, P-00207
▷Pifoxime, P-00249
Piperylone, P-00296
▷Piroxicam, P-00351
Propacetamol, P-00485
▷Propyphenazone, P-00519
▷Ramifenazone, R-00007
▷Salicyloylsalicylic acid, S-00015
Salmisteine, *in* A-00031
Saloquinine, *in* Q-00028
▷Simetride, S-00073
Sulfamazone, S-00195
▷Sulindac, S-00225
Sulprosal, S-00260
Sumacetamol, S-00267
Talmetacin, T-00011
1,2,3,4-Tetrahydro-1-methylquinoline, T-00127
Tianafac, T-00239
▷Tinoridine, T-00296
Tiopinac, T-00302
▷1,3,4-Triphenyl-1*H*-pyrazole-5-acetic acid, T-00527
1,3,5-Triphenyl-1*H*-pyrazole-4-acetic acid, T-00528
▷Viminol, V-00030
Ximoprofen, X-00015

Antiseptics

▷3-Acetoxyphenol, *in* B-00073
▷4-Allyl-1,2-(methylenedioxy)benzene, A-00131
1-Amino-3-(decyloxy)-2-propanol, *in* A-00317
Bensalan, B-00063
▷1,3-Benzenediol, B-00073
▷1,4-Benzenediol, B-00074
Benzethonium(1+), B-00079
▷Benzoic acid, B-00092
▷Benzoxiquine, *in* H-00211
Benzyldimethyldodecylammonium(1+), B-00113
Benzyldimethyl(tetradecyl)ammonium(1+), B-00116
Benzylhexadecyldimethylammonium(1+), B-00118
▷4-(Benzyloxy)phenol, B-00124
Bibrocathol, B-00152
Biclotymol, B-00155
Broxaldine, *in* D-00166
4-*tert*-Butyl-2-chloromercuriphenol, B-00429
▷Carbon dioxide, C-00057
Cethexonium(1+), C-00182
▷Chloro(2-hydroxyphenyl)mercury, C-00247
▷4-Chloro-3-methylphenol, C-00256
▷*N*-(4-Chlorophenyl)-*N'*-(3,4-dichlorophenyl)urea, C-00262
Chlorphenoctium(1+), C-00293
▷Cineole, C-00360
Cloponone, C-00488
2-Cyclohexyl-3,5-dimethylphenol, C-00608
▷3,6-Diaminoacridine, D-00120
2,6-Diamino-2'-butyloxy-3,5'-azopyridine, D-00121
3,9-Diamino-7-ethoxyacridine, D-00130
▷1,3-Dichloro-1,3,5-triazine-2,4,6(1*H*,3*H*,5*H*)-trione, D-00203
Dicresulene, D-00216
▷1-(Diethylamino)-3-[(2,3-dimethoxy-6-nitro-9-acridinyl)-amino]-2-propanol, D-00231
Disiquonium(1+), D-00534
2,2'-Dithiobis[*N*-butylbenzamide], D-00549
Dodeclonium(1+), D-00565
(4-Dodecylbenzyl)trimethylammonium(1+), D-00566
Dodecyldimethyl-2-phenoxyethylammonium(1+), D-00567
Dofamium(1+), D-00569
Drazidox, *in* M-00304
N-Ethyl-*N*,*N*-dimethyl-1-hexadecanaminium, E-00182
Ethyl(2-mercaptobenzoato-*S*)mercury, E-00198
Fludazonium(1+), F-00143
▷Formaldehyde, F-00244
▷Guaietolin, G-00093
Hexadecylpyridinium(1+), H-00043
Hexadecyltrimethylammonium(1+), H-00044
Hexafluorenium(2+), H-00046
Hexamidine, H-00058
9-[4-(Hexyloxy)phenyl]-10-methylacridinium(1+), H-00074
▷Hydrogen peroxide, H-00100
2-Hydroxydithiobenzoic acid, H-00127
(2-Hydroxyethyl)tetradecylammonium(1+), H-00133
▷2-Hydroxy-3-methylbenzoic acid, H-00155
▷2-Hydroxypropanoic acid, H-00207
▷8-Hydroxyquinoline, H-00211
Ichthammol, I-00010
Lauralkonium(1+), L-00014
Lauroguadine, L-00016
Laurolinium(1+), L-00017
Merbromin, M-00113
▷Mercury amide chloride, M-00124
Metalkonium(1+), M-00147
2-Methoxybenzoic acid, M-00196
Methylbenzethonium(1+), M-00229
Octaphonium(1+), O-00015
Octenidine, O-00020
▷Pentanedial, P-00090
▷Phenol, P-00161
Pirralkonium(1+), P-00357
▷Povidone-Iodine, *in* P-00393
Propamidine, P-00487
Romifenone, R-00081
Sepazonium(1+), S-00043
▷Tetraiodoethylene, T-00141
Tetraiodophenolphthalein, T-00142
Thimerfonate, T-00191
▷Thiofuradene, T-00200
Thonzonium(1+), T-00217
Toloconium(1+), T-00357
▷2,2,2-Trichloro-1,1-ethanediol, T-00433
▷1,1,1-Trichloro-2-methyl-2-propanol, T-00440
▷1,3,5-Trichloro-1,3,5-triazine-2,4,6(1*H*,3*H*,5*H*)-trione, T-00442
Triclobisonium(2+), T-00448
▷Triiodomethane, T-00486
Trimethyltetradecylammonium(1+), T-00512
▷Urea, U-00011

Antispasmodics

Acefylline, A-00011
Aceverine, *in* A-00300
Adamexine, A-00065
Ambamustine, A-00165
▷Ambucetamide, A-00173
▷Ambutonium(1+), A-00175
Amifloverine, A-00194
Amikhelline, A-00197
▷Aminopentamide, A-00296
Amisulpride, A-00347

Amixetrine, A-00350
Amprotropine, A-00371
▷Aprofene, A-00431
Azaftozine, A-00497
Azaspirium(1+), A-00510
▷Baclofen, B-00003
Bencyclane, B-00042
▷1,3,5-Benzenetriol, B-00076
▷2-Benzylbenziimidazole, B-00107
2-Benzyl-4-(diethylamino)butanoic acid, B-00111
Bevonium(1+), B-00147
Bietamiverine, B-00160
Bifepramide, B-00162
▷2-(4-Biphenylyl)butanoic acid, B-00179
▷Bornaprine, B-00255
Bornaprolol, B-00256
▷BS 7020a, *in* D-00087
Burodiline, B-00376
Butaverine, B-00396
Butethamate, B-00399
Butinoline, B-00407
Butropium(1+), B-00425
▷α-*sec*-Butyl-α-phenyl-4-piperidinobutyronitrile, B-00431
▷Butylscopolammonium bromide, *in* S-00031
▷Camiverine, C-00021
▷Camylofin, *in* D-00234
▷Caramiphen, C-00037
▷Carisoprodol, C-00078
Caroverine, C-00090
Carpronium(1+), C-00100
▷Chloracyzine, C-00192
▷5-Chloro-2(3*H*)-benzoxazolone, C-00218
2-Chloro-9-[(3-dimethylamino)propanoyl]-9*H*-thioxanthene, C-00233
▷Chlorphenesin carbamate, *in* C-00261
Ciclonicate, *in* T-00506
Ciclonium(1+), C-00330
Ciclotropium(1+), C-00335
Cimetropium(1+), C-00351
Cinnamaverine, C-00370
Clebopride, C-00414
Clidafidine, C-00424
Clobenztropine, C-00436
Clofeverine, C-00454
Codopectyl, *in* D-00403
▷Cyclandelate, C-00586
Cyclarbamate, C-00587
Cyclodrine, C-00601
α-[[(3-Cyclohexyl-1-methylpropyl)amino]methyl]-3-hydroxybenzyl alcohol, C-00619
(4-Cyclopentyl-4-hydroxy-3-oxo-4-phenylbutyl)-ethyldimethylammonium(1+), C-00632
▷4-(Decyloxy)-3,5-dimethoxybenzamide, D-00042
Demelverine, *in* D-00491
Denaverine, D-00071
Denzimol, D-00076
Dibutoline(1+), D-00171
Dicyclomine, D-00218
▷2-[2-(Diethylamino)ethoxy]benzanilide, D-00232
2-(Diethylamino)ethyl diphenylcarbamate, D-00235
N,*N*-Diethyl-*N*-methyl(10-phenothiazinylcarbonyl)-methylammonium(1+), D-00247
▷Difemerine, D-00261
Dihexyverine, D-00276
▷5,7-Dihydroxy-4′-methoxyflavone, D-00329
Diisopromine, D-00366
2-(3,5-Dimethoxyphenoxy)ethanol, D-00399
3-(2,4-Dimethoxyphenyl)-2-butenoic acid, D-00400
2-(Dimethylamino)ethyl benzilate, D-00410
▷*N*,6-Dimethyl-5-hepten-2-amine, *in* M-00256
Dimetipirium(1+), D-00458
▷Dimoxyline, D-00463
Dioxaphetyl butyrate, D-00474
Dipenine(1+), D-00480
Diphemanil (1+), D-00482
1,1-Diphenyl-3-piperidino-1-butanol, D-00507
1-(3,3-Diphenylpropyl)hexahydro-1*H*-azepine, D-00512
Dipiproverine, D-00517
Diprofene, D-00521
▷Diprophylline, D-00523
Diproteverine, D-00527
Dotefonium(1+), D-00587
Droclidinium(1+), D-00605
▷Drofenine, D-00606
Drotaverine, D-00611
Emepronium(1+), E-00035
Emetonium(1+), E-00037
▷Eperisone, E-00072
Erythrityl tetranitrate, *in* E-00114
▷Ethaverine, E-00150
N-Ethyl-3,3′-diphenyldipropylamine, E-00184
Etipirium(1+), E-00238
Febuverine, F-00024
Feclemine, F-00025
▷Fenaclon, F-00031
▷Fenalamide, F-00033
Fenclexonium(1+), F-00041
▷Fenimide, F-00053
Fenocinol, F-00060
Fenoverine, F-00065
▷Fenpipramide, F-00070
Fenpiprane, F-00071
Fentonium(1+), F-00081
▷Flavamine, F-00109
Flavoxate, F-00112
Flutropium(1+), F-00233
Guaiactamine, G-00091
Heptaverine, H-00031
Hexadiphenium(1+), H-00045
Hexasonium(1+), H-00062
2-Hydroxy-*N*,*N*,*N*,*N*′,*N*′,*N*′-hexamethyl-1,3-propanediaminium diiodide, *in* D-00135
▷7-Hydroxy-4-methyl-2*H*-1-benzopyran-2-one, H-00156
▷Hyoscine methobromide, *in* S-00031
Ibuverine, *in* C-00614
Idanpramine, I-00015
Ipragratine, I-00153
Ipratropium(1+), I-00155
Isoaminile, I-00177
▷Isochondodendrine, I-00182
Isomylamine, I-00194
▷Isopropamide(1+), I-00199
▷Khellin, K-00022
Leiopyrrole, L-00020
Levophenacylmorphan, L-00039
▷Lopirazepam, L-00088
▷Mannitol hexanitrate, *in* M-00018
▷Mebeverine, M-00033
▷Mecinarone, M-00043
Meladrazine, M-00073
Mepenzolate(1+), M-00094
▷Mesopin, *in* H-00082
▷Metaxalone, M-00152
▷Metcaraphen, M-00158
Methantheline(1+), M-00169
Methindizate, M-00181
▷Methixene, M-00185
▷Methocarbamol, *in* G-00095
5-Methoxy-1,3-benzenediol, *in* B-00076
3-Methyl-4*H*-1-benzopyran-4-one, M-00231
▷3-Methyl-1-butyl nitrite, M-00237
N-(1-Methylethyl)-4,4-diphenylcyclohexanamine, *in* D-00490
α-Methyl-*N*-(1-methyl-2-phenoxyethyl)phenethylamine, M-00269
▷3-(2-Methylphenoxy)-1,2-propanediol, M-00283
Metocinium(1+), M-00326
Micinicate, M-00362
Milverine, M-00379
Mobenzoxamine, M-00412
Moxaverine, M-00461
▷Myrtecaine, M-00478

Nafiverine, N-00017
Niceverine, N-00091
Nitrarine, N-00168
Octamylamine, O-00013
▷Octatropine methylbromide, O-00018
Octaverine, O-00019
Octibenzonium(1+), O-00021
Otilonium(1+), O-00069
Oxapium(1+), O-00089
Oxitefonium(1+), O-00121
4-Oxo-4*H*-1-benzopyran-2-carboxylic acid, O-00125
Oxpheneridine, O-00143
Oxybutynin, O-00147
Oxyphencyclimine, O-00159
Oxyphenonium(1+), O-00161
Oxypyrronium(1+), O-00163
Oxysonium(1+), O-00165
Parapenzolate(1+), P-00028
Pargeverine, P-00035
Pentamoxane, P-00088
Pentapiperide, P-00091
Penthienate, P-00095
▷Phencarbamide, P-00150
N-(1-Phenylheptyl)-3-pyridinecarboxamide, P-00190
▷Pimethixene, P-00257
Pimetremide, P-00259
Pinaverium(1+), P-00267
▷Pipenzolate(1+), P-00279
▷Piperidolate, P-00290
Piperilate, P-00291
Piperylone, P-00296
Pipoxolan, P-00304
Pitofenone, P-00359
Poldine, P-00378
Prenoverine, P-00421
Prifinium(1+), P-00430
▷Procyclidine, P-00455
▷Promoxolan, P-00481
Propantheline, P-00492
Properidine, P-00498
Propiverine, P-00507
Propyromazine(1+), P-00520
Proquamezine, P-00521
Prospasmin, P-00526
Pyrophendane, P-00591
Quinicine, Q-00026
Rociverine, R-00071
Sabeluzole, S-00001
Secoverine, S-00033
Sevitropium(1+), S-00059
Sintropium(1+), S-00081
Spiroxepin, S-00133
Stilonium(1+), S-00155
▷Styramate, S-00169
Sultroponium, S-00265
Terbutaline dipivalate, *in* T-00084
Thiotetrabarbital, T-00212
Thiphenamil, T-00215
Tiemonium(1+), T-00257
▷Tifemoxone, T-00263
Timepidium(1+), T-00284
Tipetropium(1+), T-00312
Tiquizium(1+), T-00321
Tizanidine, T-00330
▷Tolperisone, T-00364
Trantelinium(1+), T-00399
Treptilamine, T-00414
Tridihexethyl(1+), T-00454
3-(2,4,5-Triethoxybenzoyl)propanoic acid, T-00456
▷1-(2,4,6-Trihydroxyphenyl)-1-propanone, T-00479
Trimebutine, T-00491
Trixolane, T-00542
Tropatepine, T-00550
Tropenziline(1+), T-00551
Tropine tropate, T-00554
Trospium(1+), T-00558
Valethamate(1+), V-00003
Vetrabutine, V-00027
Xenytropium(1+), X-00011

Antithyroid agents

▷2-Aminothiazole, A-00336
▷Carbimazole, C-00051
▷2,3-Dihydro-5-iodo-2-thioxo-4(1*H*)-pyrimidinone, D-00287
▷1,3-Dihydro-1-methyl-2*H*-imidazole-2-thione, D-00289
▷2,3-Dihydro-6-methyl-2-thioxo-4(1*H*)pyrimidinone, D-00293
▷2,3-Dihydro-6-propyl-2-thioxo-4(1*H*)-pyrimidinone, D-00298
3,5-Diiodotyrosine, D-00365
▷2-Mercaptothiazoline, M-00121
Mipimazole, M-00392
6-Phenyl-2-thiouracil, P-00209

Antitussives

Aceprometazine, A-00016
▷Alloclamide, A-00126
Amicibone, A-00188
Bencisteine, B-00040
Benproperine, B-00061
▷Benzonatate, B-00094
Besedan, *in* C-00198
▷Bezitramide, B-00149
Bibenzonium(1+), B-00151
Butamyrate, B-00389
Butorphanol, B-00417
▷Caramiphen, C-00037
Carbetapentane, C-00046
Carperidine, C-00092
▷Chlophedianol, C-00191
Cistinexine, C-00399
▷Clobutinol, C-00438
Clofaminol, *in* H-00029
▷Cloperastine, C-00482
Cloroqualone, C-00500
▷Codeine, C-00525
Codopectyl, *in* D-00403
Codoxime, C-00527
2-(1-Cyclopentenyl)-2-(2-morpholinoethyl)cyclopentanone, C-00628
▷Dextromethorphan, *in* H-00166
3,6-Di-*tert*-butyl-1-naphthalenesulfonic acid, D-00173
▷Dihydrocodeine, *in* D-00294
Dimemorfan, D-00379
Dimenoxadole, D-00380
Dimethoxanate, D-00397
▷6-Dimethylamino-4,4-diphenyl-3-hexanone, D-00407
Dioxethedrin, D-00476
▷Doxofylline, D-00596
Dropropizine, D-00610
▷Drotebanol, D-00612
Droxypropine, D-00616
Eprazinone, E-00091
▷Eprozinol, E-00094
Etaminile, E-00136
Ethyl dibunate, *in* D-00173
▷Ethylmorphine, *in* M-00449
Etofuradine, E-00252
Fedrilate, F-00027
▷Flualamide, F-00129
Fluciprazine, F-00137
Fominoben, F-00240
▷Glaucine; (*S*)-*form*, *in* G-00028
▷Guaiapate, G-00092
Guaimesal, G-00094
▷Guaiphenesin, G-00095
Guaistene, G-00096
Homarylamine, *in* M-00253
▷Hydrocodone, *in* H-00102
Iquindamine, I-00168

Isoaminile, I-00177
▷Isomethadone, I-00193
Lefetamine, *in* D-00492
Levomethorphan, *in* H-00166
Medazonamide, M-00054
Mefenidramium(1+), M-00064
Menglytate, M-00090
▷Meprothixol, M-00106
10-(Methylsulfonyl)decanenitrile, M-00307
▷Mofoxime, M-00421
▷Morclofone, M-00440
Moxazocine, M-00462
Myfadol, M-00476
Narceine, N-00051
Narcotine, N-00052
▷Nicocodine, N-00095
Nicodicodine, *in* N-00095
Oxabrexine, O-00073
▷Oxeladin, O-00101
1-(2-Oxocyclohexyl)-2-naphthol, O-00126
▷Oxomemazine, O-00132
Pemerid, P-00057
▷Pholcodine, P-00212
Picoperine, P-00239
Pipazethate, P-00275
Pituxate, P-00361
▷Profadol, P-00462
Promolate, P-00480
Propinetidine, P-00503
▷Propoxyphene, P-00512
Proxazole, P-00545
Proxorphan, P-00549
Suxemerid, S-00281
Taziprinone, T-00042
▷Thebacon, T-00161
▷Tipepidine, T-00311
Ubisindine, U-00001
Vadocaine, V-00001
▷Viminol, V-00030
Xyloxemine, X-00026
Zipeprol, Z-00023

Antiulcerogenic agents

▷Aceglutamide aluminum, *in* A-00012
Acetylenoxolone, *in* G-00072
2-(Acetyloxy-*N*-[3-[3-(1-piperidinylmethyl)phenoxy]propyl]-acetamide, *in* R-00097
Asperlicin, A-00463
Benexate, B-00048
Bentipimine, B-00068
Bifemelane, B-00161
▷Brocresine, B-00275
▷BS 7020a, *in* D-00087
3-[(*p*-Butoxybenzoyl)oxy]-2-methylbutyl]triethyl-ammonium(1+) , B-00420
▷Carbenoxolone, *in* G-00072
Cetraxate, C-00187
Chlorbenzoxamine, C-00196
2-(4-Chlorobenzoylamino)-3-[2(1*H*-quinolin-4-yl]propanoic acid, C-00219
N-[(3-Chlorophenyl)methyl]-*N'*-ethylurea, C-00268
Cicloxolone, C-00337
▷Cimetidine, C-00350
Cinoxolone, *in* G-00072
Cinprazole, C-00381
Clidinium(1+), C-00425
Darenzepine, D-00015
Decitropine, D-00038
Deloxolone, D-00057
Dembrexine, D-00060
Deprostil, D-00086
▷Detralfate, D-00109
2,3-Dihydro-3-(4-methylpiperazinylmethyl)-2-phenyl-1,5-benzothiazepin-4(5*H*)one, D-00291
11,15-Dihydroxy-15-methyl-9-oxo-5,13-prostadienoic acid, D-00334
1-(2-Dimethylaminoethyl)-1-phenylindene, D-00413
Dimoxaprost, D-00462
▷Elucaine, E-00031
Enisoprost, E-00057
Enprostil, E-00067
Epidermal growth factor, E-00075
Esaprazole, E-00120
Etintidine, E-00237
▷Flutoprazepam, F-00231
▷Ftaxilide, F-00268
Fuprazole, F-00276
▷Gefarnate, G-00013
▷Hexocyclium(1+), H-00067
Idralfidine, I-00018
Irsogladine, I-00173
Lansoprazole, L-00008
Lorapride, L-00091
Lucartamide, L-00111
Lupitidine, L-00113
Methantheline(1+), M-00169
Methionine, M-00183
▷Methionine; (*S*)-*form*, *in* M-00183
Methylbenactyzium(1+), M-00227
5-(3-Methylphenoxy)-2(1*H*)-pyrimidinone, M-00284
Mezolidon, M-00359
Molfarnate, *in* T-00513
Nilprazole, N-00141
Niperotidine, N-00153
Nizatidine, N-00192
Nolinium(1+), N-00199
Ornoprostil, O-00060
Oxyphencyclimine, O-00159
Pentapiperide, P-00091
Penthienate, P-00095
Picartamide, P-00231
▷Pifarnine, P-00245
Pirenzepine, P-00321
Plaunotol, P-00373
Poldine, P-00378
▷Proglumide, P-00468
Propantheline, P-00492
Quinezamide, Q-00022
▷Ranitidine, R-00011
Rolgamidine, R-00075
Rosaprostol, R-00093
Rotraxate, R-00096
Roxatidine, R-00097
Roxolonium(1+), R-00101
Secretin, S-00034
▷Sofalcone, S-00092
Spizofurone, S-00134
Telenzepine, T-00057
Teprenone, JAN, T-00078
2,3,4,9-Tetrahydro-2-methyl-1*H*-dibenzo[3,4:6,7]-cyclohepta[1,2-*c*]pyridine, T-00123
▷1,2,3,6-Tetrahydro-1,2,2,6,6-pentamethylpyridine, *in* T-00132
Timoprazole, T-00289
Tiopropamine, T-00303
Tiquinamide, T-00320
Toquizine, T-00385
Trapencaine, T-00400
Trecadrine, T-00407
Troxipide, *in* A-00314
Tuvatidine, T-00576
Xylamidine, X-00020
Zolenzepine, Z-00029
▷Zolimidine, Z-00031

Antiviral agents

Abikoviromycin, A-00002
▷Acyclovir, A-00060

1-(1-Adamantyl)ethylamine, A-00063
1-Adamantyl-2-methyl-2-propylamine, A-00064
Alanosine, A-00093
▷1-Aminoadamantane, A-00206
2-Amino-5-bromo-6-phenyl-4(1*H*)-pyrimidinone, A-00220
2′-Amino-2′-deoxyadenosine, A-00233
2-Amino-2,6-dideoxyglucose, A-00240
[4-[(4-Aminophenyl)sulfonyl]phenyl]urea, A-00312
Amiprilose, A-00345
Amonafide, A-00356
▷Amsacrine, A-00373
▷Antimycin *A*, A-00415
▷Aphidicolin, A-00422
▷Aranotin, A-00436
Arildone, A-00444
Avridine, A-00488
▷Azaribine, *in* A-00514
▷6-Azauridine, A-00514
3′-Azido-2′,3′-dideoxyuridine, A-00521
4,4′-Biphenyldiglyoxaldehyde, B-00177
3′-[Bis(2-hydroxyethyl)amino)acetophenone (4,5-diphenyl-2-oxazolyl)hydrazone, B-00216
1,2-Bis(5-methoxy-1*H*-benzimidazol-2-yl)-1,2-ethanediol, B-00225
▷Bredinin, B-00267
▷Bromotetracycline, B-00318
5-(2-Bromovinyl)-2′-deoxyuridine, B-00322
Buciclovir, B-00336
4-(2-Chlorobenzyl)-5-oxo-4-phenylhexanoic acid, C-00220
Citenazone, *in* F-00248
▷Cytarabine, *in* C-00667
▷2′-Deoxy-5-fluorouridine, D-00079
▷2′-Deoxy-5-iodouridine, D-00081
▷2′-Deoxy-5-(trifluoromethyl)uridine, D-00084
Desciclovir, *in* A-00060
▷Diacetoxyscirpenol, *in* A-00386
Dibatod, D-00153
2′,3′-Dideoxycytidine, D-00220
2′,3′-Dideoxyinosine, D-00221
5,6-Dihydro-5-azathymidine, D-00278
▷2,3-Dihydro-1*H*-imidazo[1,2-*b*]pyrazole, *in* I-00032
2,5-Dihydroxy-1,4-benzenedisulfonic acid, D-00312
▷9-(1,3-Dihydroxy-2-propoxymethyl)guanine, D-00350
▷1-Dimethylamino-2-propanol, D-00419
α,9-Dioxo-9*H*-fluorene-2-acetaldehyde, D-00479
▷Diphenhydramine, D-00484
Disoxaril, D-00538
▷Distamycin *A*, D-00539
▷Edoxudine, E-00015
Enviradene, E-00070
Eritadenine, E-00110
▷3-Ethoxy-1,1-dihydroxy-2-butanone, *in* E-00168
Famciclovir, F-00012
Famotine, F-00014
Fiacitabine, F-00101
Fosarilate, *in* C-00254
Frentizole, F-00264
▷Gloxazone, G-00050
GSN (as disodium salt), *in* G-00082
Hexaoctacontaoxononaantimonateheneicosatungstate(19−), H-00059
9-(4-Hydroxy-3-hydroxymethyl-1-butyl)guanine, H-00138
Ibacitabine, I-00001
Impacarzine, I-00044
▷Inosine pranobex, *in* I-00073
Interferon, I-00079
Memotine, M-00085
▷Methisazone, *in* M-00264
2-Methyladenosine, M-00219
▷4-Methyl-5-thiazolecarboxylic acid, M-00310
Moroxydine, M-00446
Muroctasin, M-00472
▷Mycophenolic acid, M-00475
N-Butyldeoxynojirimycin, *in* T-00481
Oxamisole, O-00083
Phosphonoacetic acid, P-00215
Phosphonoformic acid, P-00216
▷Pimaricin, P-00253
▷Pyrazomycin, P-00566
2-Ribofuranosyl-4-selenazolecarboxamide, R-00039
▷Sinefungin, S-00078
▷Statolon, S-00141
▷Streptovarycin, S-00163
Teceleukin, *in* I-00081
▷Tiazofurine, T-00246
▷Tilorone, T-00277
▷Tribavirin, T-00426
▷Trichosanthin, T-00444
Tromantadine, T-00545
Vibunazole, V-00028
▷Vidarabine, *in* A-00435
Viroximine, V-00056
Xenazoic acid, X-00008
Zidovudine, Z-00013

Anxiolytic agents

Alpidem, A-00148
Ciclotizolam, C-00334
Ciprazafone, C-00386
Dinazafone, D-00465
Dizocilpine, D-00560
Dulozafone, D-00619
Enciprazine, E-00045
Ethyl carfluzepate, E-00179
Ethyl loflazepate, E-00197
▷Flutemazepam, F-00226
Gepirone, G-00019
Ipsapirone, I-00167
▷Lopirazepam, L-00088
▷Medifoxamine, M-00056
Oxazafone, O-00095
Pipequaline, P-00280
Premazepam, P-00418
2-(4-Pyridyl)benzofuran, P-00583
Ritanserin, R-00066
Taclamine, T-00002
Tandospirone, T-00026
Tibalosin, T-00248

Astringents

▷Alcloxa, *in* A-00123
Aldioxa, *in* A-00123
Calamine, C-00011
▷Calcium hydroxide, C-00015
▷Ellagic acid, E-00026
▷Ferric chloride, F-00087
▷Ferrous sulfate, F-00094
▷Zinc chloride, Z-00016
▷Zinc oxide, Z-00017
▷Zinc sulfate, Z-00018

Beta-lactamase inhibitors

Sulbactam, *in* P-00065

Bronchodilators

Amiterol, A-00348
Azanator, A-00501
▷Bamifylline, B-00011
Binizolast, B-00171
Bitolterol, B-00241
Broxaterol, B-00332
Butaprost, B-00395
Butethamate, B-00399
2-*tert*-Butylamino-1-(2-chlorophenyl)ethanol, B-00426
Carbuterol, C-00071

4-[(4-Chlorophenyl)methyl]-1,4,6,7-tetrahydro-9*H*-imidazo[1,2-*a*]purin-9-one, C-00273
▷Choline theophyllinate, *in* C-00308
Clenbuterol, C-00419
Clorprenaline, C-00502
Colterol, C-00537
Dametralast, D-00008
▷Decloxizine, D-00040
Deptropine, D-00087
3,7-Dihydro-3-propyl-1*H*-purine-2,6-dione, *in* X-00002
Dioxethedrin, D-00476
▷Eprozinol, E-00094
Erdosteine, E-00100
Etafedrine, E-00133
4-Ethyl-6,7-dimethoxyquinazoline, E-00181
Ethylnorepinephrine, E-00212
▷Fenoterol, F-00064
Fenprinast, F-00072
▷Fenspiride, F-00076
Formoterol, F-00247
Fuprazole, F-00276
Furafylline, F-00278
Guaithylline, *in* T-00169
Hexoprenaline, H-00068
Hoquizil, H-00089
15-Hydroxy-15-methyl-9-oxo-13-prosten-1-oic acid, H-00169
Imoxiterol, I-00043
Ipratropium(1+), I-00155
Isoetharine, I-00185
▷Isoprenaline, I-00198
7-Isopropoxy-9-oxo-2-xanthenecarboxylic acid, I-00201
Laprafylline, L-00010
▷Medibazine, M-00055
Mequitazium(1+), M-00110
▷Metaterol, M-00151
Methoxyphenamine, M-00211
▷4-[2-(Methylamino)propyl]phenol, M-00222
Mexafylline, M-00349
Nisbuterol, N-00157
Norbutrine, N-00210
▷Orciprenaline, O-00053
Oxitropium(1+), O-00123
Peganine, P-00050
Perbufylline, P-00117
Phenisonone, P-00158
Pipoxizine, P-00303
Piquizil, P-00312
▷Pirbuterol, P-00316
Procaterol, P-00449
Protokylol, P-00540
▷Proxyphylline, P-00551
Quinterenol, Q-00033
▷Reproterol, R-00026
Rimiterol, R-00058
▷Salbutamol, S-00012
Salmefamol, S-00018
Salmeterol, S-00019
Siguazodan, S-00067
▷Soterenol, S-00107
Spirofylline, S-00122
Sulfonterol, S-00220
Suloxifen, S-00235
Tazifylline, T-00041
▷Terbutaline, T-00084
Terbutaline bis(dimethylcarbamate), *in* T-00084
Terbutaline diisobutyrate, *in* T-00084
Terbutaline di(*p*-toluate), *in* T-00084
Theophylline lysine, *in* T-00169
Tibenelast, T-00249
Tipetropium(1+), T-00312
Tomelukast, T-00375
Tretoquinol, T-00418
9,11,15-Trihydroxyprosta-5,13-dienoic acid, T-00483
Vapiprost, V-00011
Vephylline, V-00016
Verofylline, V-00022
Zardaverine, Z-00007
Zindotrine, Z-00019
Zinterol, Z-00022

Calcium regulating agents

Alfacalcidol, A-00109
Anipamil, A-00392
Azidopine, A-00523
Benidipine, B-00054
Bepridil, B-00134
▷Calcitonin, C-00013
▷Calcitriol, *in* A-00109
Calmidazolium(1+), C-00017
Darodipine, D-00016
Devapamil, D-00110
Dichloromethylenebisphosphonic acid, D-00194
8-(Diethylamino)octyl-3,4,5-trimethoxybenzoate, D-00239
1,4-Dihydro-2,6-dimethyl-5-nitro-4-[2-(trifluoromethyl)-phenyl]-3-pyridinecarboxylic acid, D-00283
1,3-Dihydro-1-[1-[(4-methyl-4*H*,6*H*-pyrrolo[1,2-*a*][4,1]-benzoxazepin-4-yl)methyl]-4-piperidinyl]-2*H*-benzimidazol-2-one, D-00292
▷Dihydrotachysterol, D-00304
4-[2-[3-(1,1-Dimethylethoxy)-3-oxo-1-propenyl]phenyl]-1,4-dihydro-2,6-dimethyl-3,5-pyridinedicarboxylic acid, D-00430
Diproteverine, D-00527
Ebastine, E-00001
Elcatonin, E-00023
Elnadipine, E-00029
▷Ethylenediaminetetraacetic acid, E-00186
▷Fendiline, F-00044
Flunarizine, F-00165
Fostedil, F-00259
Gallopamil, G-00006
(1-Hydroxyethylidene)bisphosphonic acid, H-00132
Hydroxymethanediphosphonic acid, H-00146
25-Hydroxyvitamin D_3, H-00221
Iodipine, I-00098
Iprotiazem, I-00163
Isradipine, I-00219
Lidoflazine, L-00045
Manidipine, M-00017
Mesudipine, M-00139
Mioflazine, M-00391
Nicardipine, N-00088
Nictiazem, N-00106
▷Nifedipine, N-00110
Nilvadipine, N-00144
Nimodipine, N-00149
Nitrendipine, N-00172
Oxodipine, O-00128
▷Parathyrin, P-00030
▷Phytic acid, *in* I-00074
Piridronic acid, P-00327
Potassium phosphate dibasic, *in* P-00219
Ranolazine, R-00012
▷Riodipine, R-00060
▷Ryanodine, R-00108
Salcatonin, S-00013
SKF 7172-A_2, *in* F-00202
▷Sodium sulfate, S-00090
Tiapamil, T-00241

Carbonic anhydrase inhibitors

▷Acetazolamide, A-00018
▷4-(Aminosulfonyl)benzoic acid, *in* S-00217
▷Benzthiazide, B-00103
▷Dichlorphenamide, D-00206
▷6-Ethoxy-2-benzothiazolesulfonamide, E-00162
▷Flumethiazide, F-00157
Hydrobentizide, *in* B-00103

▷Methazolamide, M-00176
▷5-[(Phenylsulfonyl)amino]-1,3,4-thiadiazole-2-sulfonamide, P-00208
Propazolamide, P-00493
4-Sulfobenzoic acid; Diamide, *in* S-00217
Sulocarbilate, S-00230

Cardiac depressants

▷Acecainide, *in* P-00446
▷Acetylcholine(1+), A-00030
Bretylium(1+), B-00271
Bucainide, B-00334
Butoprozine, B-00415
Cibenzoline, C-00322
Cinepaxadil, C-00361
Clofilium(1+), C-00457
Guafecainol, G-00090
Indecainide, I-00054
Lorajmine, *in* A-00088
Meobentine, M-00093
Moricizine, M-00442
Pranolium(1+), P-00399
▷Procainamide, P-00446
Pyrinoline, P-00588
Quindonium(1+), Q-00018
▷Quinidine, Q-00027
Tocainide, T-00332

Cardiac glycosides

▷Acetyldigitoxin, *in* D-00275
▷α-Acetyldigoxin, *in* D-00275
▷β-Acetyldigoxin, *in* D-00275
▷Digitoxin, *in* D-00275
▷Digoxin, D-00275
▷Medigoxin, *in* D-00275
Propentofylline, P-00495
▷Rhodexin A, *in* T-00473

Cardiotonic agents

Acefylline, A-00011
▷Acetyldigitoxin, *in* D-00275
▷α-Acetyldigoxin, *in* D-00275
▷β-Acetyldigoxin, *in* D-00275
Acrihellin, *in* T-00477
Actodigin, A-00059
Adibendan, A-00069
Alifedrine, A-00118
▷Ambuphylline, *in* T-00169
▷Aminophylline, *in* T-00169
▷Amrinone, A-00372
▷Asclepin, *in* G-00079
Bemarinone, B-00031
▷Benfurodil hemisuccinate, B-00053
▷Buquineran, B-00372
Butopamine, B-00414
Carbazeran, C-00044
▷Coenzyme Q_{10}, C-00531
Coleonol, *in* E-00090
▷Convallatoxol, *in* T-00478
▷Convallotoxin, *in* T-00478
▷Corchoroside A, *in* T-00478
Dazolicine, D-00026
Denopamine, D-00074
▷Digitoxin, *in* D-00275
▷Digoxin, D-00275
6-(3,4-Dimethoxyphenyl)-1-ethyl-3,4-dihydro-3-methyl-4-[(2,4,6-trimethylphenyl)imino]-2(1*H*)-pyrimidinone, D-00401
Dobutamine, D-00561
Domipizone, D-00573
Enoximone, E-00062
▷Erysimine, *in* T-00478
4-Ethyl-6,7-dimethoxyquinazoline, E-00181
Fosfocreatinine, F-00255
Gitoxin 3′,3″,3‴,4‴,16-pentaformate, *in* T-00474
Glucostrophantidin, *in* T-00478
▷Glycerol trinitrate, G-00066
▷Hellebrin, *in* T-00477
Helveticosol 3′,4′-dinitrate, *in* H-00053
Heptaminol acefyllinate, *in* H-00029
3-Hydroxy-14,15-epoxy-20,22-bufadienolide, H-00128
▷3-Hydroxy-α-[(methylamino)methyl]benzenemethanol, *in* A-00272
Imazodan, I-00026
Indolidan, I-00064
▷Inosine, I-00073
Isomazole, I-00190
Lixazinone, L-00063
▷Medigoxin, *in* D-00275
▷Meproscillarin, *in* D-00319
1-Methylisoguanosine, M-00265
5-Methyl-1,6-naphthyridin-2(1*H*)-one, M-00272
Milrinone, M-00378
Murocainide, M-00471
Nanterinone, N-00037
Niguldipine, N-00138
▷Ouabain, *in* H-00053
Pelrinone, P-00055
▷Pentaacetylgitoxin, *in* T-00474
Pimobendan, P-00261
Piroximone, P-00353
▷Proscillaridin *A*, *in* D-00319
Quazinone, Q-00005
Ramnodigin, *in* D-00274
▷Scillaren A, *in* D-00319
▷Sulmazole, S-00227
Tazolol, T-00044
Teopranitol, T-00074
▷Theobromine, T-00166
▷Theophylline, T-00169
Theophylline calcium salicylate, *in* T-00169
Theophylline diethanolamine, *in* T-00169
Theophylline dihydroxyephedrine, *in* T-00169
Theophylline ephedrine, *in* T-00169
Theophylline heptaminol, *in* T-00169
Theophylline isopropanolamine, *in* T-00169
Theophylline meglumine, *in* T-00169
Theophylline piperazine, *in* T-00169
Theophylline sodium glycinate, *in* T-00169
▷Theopylline olamine, *in* T-00169
Tilsuprost, T-00279
Trimazosin, T-00490
Xamoterol, X-00001

Carminatives

▷4-Allyl-1,2-(methylenedioxy)benzene, A-00131
Casanthranol, C-00107
Dimethicone, D-00390
▷2-Isopropyl-5-methylcyclohexanol, I-00208
▷Magnesium sulfate, M-00010
Polycarbophil, P-00382

Central depressants

Alozafone, A-00145
1-(Aminomethyl)cyclohexaneacetic acid, A-00280
▷1-(3-Aminophenyl)-2(1*H*)-pyridinone, A-00310
3,3-Bis(ethylsulfonyl)pentane, *in* B-00213
▷*N*-(2-Bromo-2-ethylbutanoyl)urea, B-00300
▷*N*-(2-Bromo-3-methylbutanoyl)urea, B-00307
2-Chloro-11-[3-(dimethylamino)propylidene]-11*H*-dibenz[*b,e*]-azepine, C-00234
Damotepine, D-00009
α,α-Diphenyl-2-piperidinemethanol; (±)-*form*, *N*-Diethyl-phosphoryl, *in* D-00504

α,α-Diphenyl-4-piperidinemethanol; *N*-Diethylphosphoryl, *in* D-00506
1,3-Dipropyl-7-methylxanthine, D-00524
▷Enfenamic acid, E-00054
Fepitrizol, F-00083
▷Flumecinol, F-00153
1,3,4,6,7,11*b*-Hexahydro-2*H*-pyrazino[2,1-*a*]isoquinoline, H-00051
Mafoprazine, M-00003
Modafinil, M-00417
Nonaperone, N-00204
▷Phenaglycodol, P-00139
Poskine, P-00390
▷Probarbital, P-00443
Quisqualamine, Q-00038
▷Thiethylperazine, T-00189
▷Thioproperazine, T-00208
Valpromide, *in* P-00516

Central stimulants

Abecarnil, A-00001
Aceglutamide, A-00012
Alifedrine, A-00118
▷Amfetaminil, A-00183
Amfonelic acid, A-00185
▷3-(2-Aminobutyl)indole, A-00222
▷2-Amino-5-phenyl-4(5*H*)-oxazolone, A-00306
2-Amino-1-phenyl-1-propanone, A-00309
3-[(4-Aminophenyl)sulfonyl]-3-azabicyclo[3.2.2]nonane, *in* A-00491
Azetirelin, A-00518
▷Bis(2,2,2-trifluoroethyl) ether, B-00239
Broclepride, B-00274
Brovincamine, B-00331
▷Bucricaine, *in* A-00333
▷Caffeine, C-00010
▷Camphor, C-00023
Centphenaquin, C-00168
Cinoxopazide, C-00379
▷Clofenciclan, C-00451
Cocaine, C-00523
▷Cocaine; (−)-*form*, *in* C-00523
Crotethamide, C-00569
Cyclazodone, C-00589
4-Cyclohexyl-3-ethyl-4*H*-1,2,4-triazole, C-00609
Cyprodenate, C-00647
Demanyl phosphate, D-00059
Demexiptiline, D-00067
▷Desipramine, D-00095
Dexoxadrol, *in* D-00472
N^2,N^5-Diacetylornithine, *in* O-00059
▷Diethadione, D-00226
3-(Diethylcarbamoyl)-1-methylpyridinium(1+), D-00241
N,*N*-Diethyl-3,5-dimethyl-4-isoxazolecarboxamide, D-00243
▷*N*,*N*-Diethyl-3-pyridinecarboxamide, D-00254
Difluanine, D-00269
▷2-Dimethylaminoethanol, D-00408
1-(2-Dimethylaminoethyl)-1-phenylindene, D-00413
▷2-Dimethylamino-1-phenyl-1-propanol, D-00418
Dimethylaminopyrazine, D-00421
Dimoxamine, D-00461
2-(Diphenylmethylene)butylamine, D-00497
Dupracetam, D-00622
Endomide, E-00048
Enilosperone, E-00056
▷Ethamivan, E-00146
▷2-(Ethylamino)-5-phenyl-4(5*H*)-oxazolone, E-00174
▷Etilefrine, *in* A-00272
▷Fencamfamin, F-00038
Fenethylline, F-00047
Feprosidnine, F-00086
Flerobuterol, F-00115
Flubanilate, F-00132
Flufylline, F-00149
▷Fluprofylline, F-00210
Glutamine, G-00060
Hexapradol, H-00060
1-(Hydroxymethyl)cyclohexaneacetic acid, H-00158
Ibogaine, I-00004
Lobelidine, *in* L-00064
▷Meclofenoxate BAN, M-00046
▷Mefexamide, M-00067
▷Mepixanox, M-00102
▷Mesocarb, M-00133
▷Methastyridone, M-00175
▷Methylphenidate, *in* R-00065
Oxifentorex, O-00112
2-Oxo-1-pyrrolidineacetamide, *in* O-00139
▷Phenbutrazate, P-00149
2-Phenylcyclopentylamine, P-00185
▷1-Phenyl-2-propylamine, P-00202
Phosphoserine, P-00220
▷Picrotoxin, P-00242
Posatirelin, P-00389
▷Prolintane, P-00473
Pyrovalerone, P-00592
Ribaminol, R-00036
Securinine, S-00035
▷Strychnine, S-00167
▷Strychnine N-oxide, *in* S-00167
▷1,2,3,4-Tetrahydro-2-methyl-4-phenyl-8-isoquinolinamine, T-00125
▷6,7,8,9-Tetrahydro-5*H*-tetrazolo[1,5-*a*]azepine, T-00133
▷Theodrenaline, T-00167
Troparil, T-00549
Umespirone, U-00007
Vincamone, *in* E-00003
Vinpoline, V-00043
▷Zylofuramine, Z-00040

Cephalosporins

Antibiotic L 640876, A-00407
▷Cefaclor, C-00109
▷Cefadroxil, C-00110
Cefaloram, C-00111
Cefamandole, C-00112
Cefamandole; *O*-Formyl, *in* C-00112
Cefanone, C-00113
Cefaparole, C-00114
▷Cefapirin, C-00115
▷Cefathiamidine, C-00116
▷Cefatrizine, C-00117
Cefazaflur, C-00118
Cefazedone, C-00119
▷Cefazolin, C-00120
Cefbuperazone, C-00121
Cefcanel, C-00122
Cefcanel daloxate, *in* C-00122
Cefedrolor, C-00123
Cefempidone, C-00124
Cefepime, C-00125
Cefetamet, C-00126
Cefetrizole, C-00127
Cefivitril, C-00128
Cefixime, C-00129
Cefmenoxime, C-00130
Cefmepidium(1+), C-00131
▷Cefmetazole, C-00132
Cefminox, C-00133
Cefodizime, C-00134
Cefonicid, C-00135
Cefoperazone, C-00136
Ceforanide, C-00137
Cefotaxime, C-00138
▷Cefotetan, C-00139
▷Cefotiam, C-00140
▷Cefoxitin, C-00141
Cefpimizole, C-00142

Cefpiramide, C-00143
Cefpirome, C-00144
Cefpivtetrame, *in* C-00153
Cefpodoxime, C-00145
Cefpodoxime proxetil, *in* C-00145
Cefprozil, C-00146
Cefquinone, C-00147
Cefrotil, C-00148
▷Cefroxadine, C-00149
Cefsulodin, C-00150
Cefsumide, C-00151
▷Ceftazidime, C-00152
Cefteram, C-00153
Ceftezole, C-00154
Ceftiofur, C-00156
Ceftiolene, C-00157
Ceftioxide, *in* C-00138
Ceftizoxime, C-00158
Ceftriaxone, C-00159
Cefuracetime, C-00160
▷Cefuroxime, C-00161
Cefuroxime axetil, *in* C-00161
Cefuroxime pivoxetil, *in* C-00161
Cefuzonam, C-00162
Cephacetrile, C-00170
Cephachlomazine, C-00171
▷Cephalexin, C-00173
▷Cephaloglycin, C-00174
▷Cephalonium, C-00175
▷Cephaloridine, C-00176
▷Cephalosporin *C*, C-00177
▷Cephalothin, C-00178
Cephoxazole, C-00179
▷Cephradine, C-00180
Latamoxef, L-00012
Nitrocefin, N-00173
▷Pivcephalexin, P-00363

Chelating agents

Agrobactin, A-00086
▷3,12-Bis(carboxymethyl)-6,9-dioxa-3,12-diazatetradecanedioic acid, B-00196
▷Deferoxamine, D-00044
▷2,3-Dimercaptobutanedioic acid, D-00384
▷2,3-Dimercapto-1-propanol, D-00385
▷Ethylenediaminetetraacetic acid, E-00186
α-Mercapto-β-(2-furyl)acrylic acid, M-00117
▷*N*-(2-Mercapto-1-oxopropyl)glycine, M-00120
Oftasceine, O-00033
Penicillamine, P-00064
▷Pentetic acid, P-00094
▷Phytic acid, *in* I-00074
▷Triethylenetetramine, T-00457

Choleretic agents

▷Alibendol, A-00116
Aluminum clofibrate, *in* C-00456
Amifloverine, A-00194
▷Azintamide, A-00525
α-Benzyl-5,6-dihydro-2*H*-pyran-3-methanol, B-00112
▷1-Benzyl-2-oxocyclohexanepropionic acid, B-00123
Binifibrate, B-00170
▷2,6-Bis(4-hydroxy-3-methoxybenzylidene)cyclohexanone, B-00218
1-*tert*-Butoxy-3-methoxy-2-propanol, B-00422
▷1-Butoxy-3-phenoxy-2-propanol, B-00423
Calcium clofibrate, *in* C-00456
7-Chloro-4-hydroxy-5-indanecarboxylic acid, C-00243
▷Cholic acid, *in* T-00475
Cicloxilic acid, C-00336
Cinametic acid, C-00353
▷Clanobutin, C-00409
Clofibrate, *in* C-00456
▷Clofibric acid, C-00456
▷3-Cyclohexyl-2-butenoic acid, C-00605
4-(5-Cyclohexyl-2,4-dimethoxyphenyl)-4-oxobutanoic acid, C-00606
3-Cyclohexyl-3-hydroxybutanoic acid, C-00610
1-Cyclohexyl-2-methyl-1-propanol, C-00618
▷Cynarine, C-00643
▷Dehydrocholic acid, D-00049
▷1,3-Dibutoxy-2-propanol, D-00172
3,12-Dihydroxy-24-cholanoic acid, D-00321
Diisopromine, D-00366
3-(2,4-Dimethoxyphenyl)-2-butenoic acid, D-00400
1-(2,4-Dimethoxyphenyl)-3-(4-hydroxyphenyl)-2-propen-1-one, *in* D-00346
▷4-(Dimethylamino)-4-oxobutyl 2-(4-chlorophenoxy)-2-methylpropanoate, *in* C-00456
1-(3,3-Diphenylpropyl)hexahydro-1*H*-azepine, D-00512
Ethyl dehydrocholate, *in* D-00049
α-Ethyl-2,5-dimethyl-α-phenylbenzyl alcohol, E-00183
▷α-Ethyl-1-hydroxycyclohexaneacetic acid, E-00193
▷2-Ethyl-2-(1-naphthyl)butanoic acid, E-00210
Exiproben, E-00280
Fenaftic acid, F-00032
Fencibutirol, F-00040
Fenocinol, F-00060
Florantyrone, F-00121
4-(2-Hydroxybenzoyl)morpholine, H-00115
4-Hydroxy-3-(1-hydroxypentyl)benzoic acid, H-00139
▷7-Hydroxy-4-methyl-2*H*-1-benzopyran-2-one, H-00156
Magnesium clofibrate, *in* C-00456
4-Methoxy-γ-oxo-1-naphthalenebutanoic acid, M-00208
▷Moquizone, M-00436
▷(1-Naphthyl)acetic acid, N-00044
▷Osalmid, O-00066
Oxazorone, O-00099
Oxitefonium(1+), O-00121
▷1-Phenyl-1-pentanol, P-00194
▷Piprozolin, P-00310
Sincalide, S-00077
▷Taurocholic acid, T-00031
Tocamphyl, *in* T-00508
3-(2,4,5-Triethoxybenzoyl)propanoic acid, T-00456
Trixolane, T-00542
Vanitiolide, V-00009

Cholinergic agents

▷Aceclidine, *in* Q-00035
▷Acetylcholine(1+), A-00030
Aclatonium(1+), A-00044
▷Arecoline, *in* T-00126
Benzpyrinium(1+), B-00101
Bethanechol(1+), B-00143
Carbamoylcholine(1+), C-00040
▷Choline, C-00308
Cyprodenate, C-00647
Demecarium(2+), D-00061
▷Diisopropyl phosphorofluoridate, D-00368
Edrophonium(1+), E-00016
▷Eserine, E-00122
▷Methacholine(1+), M-00160
N-(2-Methoxy-2-propenyl)trimethylammonium(1+), M-00216
Nitricholine perchlorate, *in* C-00308
Oxapropanium(1+), O-00091
▷Oxotremorine, O-00141
▷Pilocarpine; (+)-*form*, *in* P-00252
▷Pyridostigmine(1+), P-00578
▷1,2,5,6-Tetrahydro-1-methyl-3-pyridinecarboxylic acid, T-00126
▷Tremorine, T-00409
Triclazate, T-00447

Coccidiostats

4-(Acetylamino)-2-ethoxybenzoic acid methyl ester, *in* A-00264

Aklomide, *in* C-00258
1-(4-Amino-2-propylpyrimidin-5-ylmethyl)-2-picolinium(1+), A-00323
▷4-Amino-*N*-2-quinoxalinylbenzenesulfonamide, *in* A-00332
Antibiotic X 14868A, A-00411
Arprinocid, A-00448
Beclotiamine(1+), B-00025
Biclodil, B-00153
▷Bitipazone, B-00240
▷Boromycin, B-00258
Buquinolate, B-00373
Cationomycin, C-00108
Clazuril, C-00413
▷Cyproquinate, C-00650
Decoquinate, D-00041
Diaveridine, D-00147
Diclazuril, D-00209
3,5-Dinitrobenzamide, *in* D-00468
Dinsed, D-00469
▷Efrotomycin, E-00020
Febrifugine, F-00023
Halofuginone, H-00009
Lapinone, L-00009
▷Lasalocid *A*, L-00011
Methyl benzoquate, M-00232
▷2-Methyl-3,5-dinitrobenzamide, *in* M-00246
2-Methyl-3-heptyl-4-hydroxy-7-methoxyquinoline, M-00259
▷Monensin, M-00428
▷Narasin *A*, N-00050
▷Nicarbazin, *in* B-00231
Ormetoprim, O-00057
Proquinolate, P-00523
▷Robenidine, R-00069
▷Salinomycin, S-00017
Sulfaclozine, S-00190
Sulfanilanilide, S-00202
Sulfanitran, S-00204
Tiazuril, T-00247
Toltrazuril, T-00371
Tosulur, T-00391

Contraceptives

▷[(Acetato-*O*)phenylmercury], *in* H-00191
17-Acetyl-6-methyl-16,24-cyclo-21-norchol-4-en-3-one, A-00038
▷Algestone acetophenide, *in* A-00114
▷Azastene, A-00511
▷Bolandiol dipropionate, *in* O-00029
▷Buserelin, B-00377
Epostane, E-00088
▷2-(3-Ethoxyphenyl)-5,6-dihydro[1,2,4]triazolo[5,1-*a*]-isoquinoline, E-00169
S-Ethyl carbamothioate, *in* T-00196
▷Gestonorone caproate, *in* G-00023
μ-Hydroxydiphenyldimercury(1+), H-00125
Menfegol, M-00089
Nafarelin, N-00010
▷Norethisterone enanthate, *in* N-00212
4-Oestrene-3,17-diol, O-00029
Prenoxdiazine, P-00422
▷Tolnidamine, T-00356
Trestolone acetate, *in* N-00221
▷Xinidamine, X-00016

Contraceptives, oral

▷Chlormadinone acetate, *in* C-00208
▷Desogestrel, D-00099
▷2,5-Dihydroxy-3-undecyl-1,4-benzoquinone, D-00356
▷Ethynodiol diacetate, *in* E-00227
▷17*α*-Ethynyl-1,3,5(10)-oestratriene-3,17-diol, E-00231
Gossypol; (±)-*form*, *in* G-00082
▷Lynoestrenol, L-00121
▷Medroxyprogesterone acetate, *in* H-00175
Megestrol, *in* H-00174
▷Megestrol acetate, *in* H-00174
▷Mestranol, M-00138
▷Norethisterone, N-00212
▷Norethisterone acetate, *in* N-00212
▷Norethynodrel, N-00213
▷Norgestimate, N-00216
Norgestrel, N-00218
Quingestanol, Q-00024
▷Quingestanol acetate, *in* Q-00024

Contraceptives, post-coital

Nisterime, N-00161
▷Nisterime acetate, *in* N-00161
Norethisterone acetate oxime, *in* N-00212

Corticosteroids

Alclometasone, A-00104
Alclometasone dipropionate, *in* A-00104
▷Algestone acetophenide, *in* A-00114
▷Amcinonide, A-00177
▷Betamethasone, B-00141
Betamethasone acetate, JAN, *in* B-00141
Betamethasone acibutate, *in* B-00141
Betamethasone adamantoate, *in* B-00141
Betamethasone benzoate, *in* B-00141
▷Betamethasone dipropionate, *in* B-00141
Betamethasone divalerate, *in* B-00141
Betamethasone salicylate, *in* B-00141
Betamethasone succinate, *in* B-00141
▷Betamethasone valerate, *in* B-00141
Betamethasone valeroacetate, *in* B-00141
Budesonide, B-00344
21-Chloro-9*α*-fluoro-17*α*-hydroxy-16*β*-methyl-1,4-pregnadiene-3,11,20-trione, *in* C-00437
Ciprocinonide, C-00388
Clobetasol, C-00437
▷Clobetasol propionate, *in* C-00437
▷Clobetasone butyrate, *in* C-00437
Cloticasone, C-00509
Cloticasone propionate, *in* C-00509
▷Deflazacort, D-00046
Deprodone propionate, *in* D-00348
11,17-Dihydroxy-1,4-pregnadiene-3,20-dione, D-00348
▷Fludrocortisone, F-00147
▷Fludrocortisone acetate, *in* F-00147
Fluticasone, F-00227
Fluticasone propionate, *in* F-00227
Isoflupredone, I-00188
▷Isoflupredone acetate, *in* I-00188
Meclorisone, M-00049
Meclorisone dibutyrate, *in* M-00049
Mometasone, M-00426
Mometasone furoate, *in* M-00426
Oxisopred, O-00119

Corticotrophin analogues

Alsactide, A-00152
Codactide, C-00524
Giractide, G-00025
Octacosactrin, O-00006
Pentacosactride, P-00075
Seractide, S-00045
▷Tetracosactrin, T-00108
Tricosactide, T-00453

Dehydropeptidase inhibitors

Cilastatin, C-00342

Dental caries prophylactics

▷Actinobolin, A-00053
Dectaflur, *in* O-00011
Delmopinol, D-00055
▷Hexadecylamine, H-00042
Ipexidine, I-00151
Methanediphosphonic acid, M-00168
9-Octadecenylamine, O-00011
Octapinol, O-00016
Octenidine, O-00020
▷Olafur, *in* T-00537
Ribocitrin, R-00037
▷Sodium fluoride, S-00087
▷Stannous fluoride, S-00137
Stannous pyrophosphate, S-00138

Dermatological agents

Acetomeroctol, A-00024
▷(6α,11β)-21-(Acetyloxy)-11,17-dihydroxy-6-methylpregna-1,4-diene-3,20-dione, *in* M-00297
Acitretin, A-00041
Alclometasone dipropionate, *in* A-00104
Allantoin, A-00123
▷4-Allyl-1,2-(methylenedioxy)benzene, A-00131
▷Amcinonide, A-00177
▷Beclometasone dipropionate, JAN, *in* B-00024
▷Bindazac, B-00167
▷*N*-[4-[Bis[4-(dimethylamino)phenyl]methylene]-2,5-cyclohexadien-1-ylidene]-*N*-methylmethanaminium(1+), B-00209
▷Bis(1-hydroxy-2(1*H*)-pyridinethionato-*O*,*S*)zinc, *in* P-00574
Buclosamide, B-00340
Budesonide, B-00344
Butantrone, B-00393
Ciprocinonide, C-00388
▷Clobetasol propionate, *in* C-00437
▷Clobetasone butyrate, *in* C-00437
Cormethasone, C-00544
▷Crotamiton, C-00567
2-Cyclohexyl-5,9-dimethyl-4,8-decadienoic acid, C-00607
▷Diacetazotol, D-00117
Dibrompropamidine, D-00168
Diflorasone diacetate, *in* D-00267
Difluprednate, D-00273
▷1,8-Dihydroxyanthrone, D-00310
2,7-Dihydroxy-1,3,2-benzodioxabismole-5-carboxylic acid, D-00314
11,17-Dihydroxy-21-mercapto-4-pregnene-3,20-dione, D-00328
2,7-Dimethylthianthrene, D-00456
Doretinal, D-00585
Endrysone, E-00052
▷Fluazacort, F-00131
Fluclorolone acetonide, F-00138
▷Fluocinonide, F-00173
▷Fluocortin butyl, *in* F-00174
▷Formocortal, F-00246
▷Glycyrrhetic acid, G-00072
▷Halcinonide, H-00004
▷Halopredone acetate, *in* H-00016
▷2-Hydroxypropanoic acid, H-00207
Laurolinium(1+), L-00017
Lonapalene, *in* C-00257
▷Meclocycline, M-00044
Meclorisone, M-00049
Meclorisone dibutyrate, *in* M-00049
▷*N*-(2-Mercapto-1-oxopropyl)glycine, M-00120
▷Methotrexate, M-00192
Motretinide, M-00456
Nifurprazine, N-00129
▷Nonanedioic acid, N-00203
Oxaceprol, *in* H-00210
Piroctone, P-00344
▷2-Propenylthiourea, P-00496
Retinoic acid, R-00033
Stearylsulfamide, S-00142
Temarotene, T-00059
▷Triacetoxyanthracene, *in* D-00310
▷Triamcinolone, T-00419
Vinmegallate, V-00040
▷Xanthotoxin, X-00007
Xenysalate, X-00010

Diagnostic agents

▷Acetrizoic acid, *in* A-00340
N-(4-Aminobenzoyl)glycine, A-00217
3-(2-Aminoethyl)pyrazole, A-00256
Anazolene, A-00379
Arclofenin, A-00437
▷Azovan Blue, A-00532
▷Barium sulfate, B-00014
▷Bentiromide, B-00069
Betiatide, B-00144
3,7-Bis(dimethylamino)phenothiazin-5-ium(1+), B-00208
Broxitalamic acid, B-00333
Butedronic acid, B-00397
Butilfenin, B-00405
Caerulein, C-00005
▷Chlormerodrin, C-00209
Cholecystokinin, C-00304
Congo Red, C-00541
▷Cordycepic acid, *in* M-00018
Corticoliberin, C-00545
3-(Diacetylamino)-2,4,6-triiodobenzoic acid, *in* A-00340
▷2,6-Diamino-3-phenylazopyridine, D-00133
▷Diatrizoic acid, *in* D-00138
1,2-Dihydro-4-iodo-1,5-dimethyl-2-phenyl-3*H*-pyrazol-3-one, D-00286
N-(2,3-Dihydroxypropyl)-3,5-diiodo-4(1*H*)-pyridinone, D-00353
3,5-Diiodo-4-hydroxybenzenesulfonic acid, D-00358
▷3,5-Diiodo-4(1*H*)-pyridinone, D-00362
3,5-Diiodo-4-pyridone-1-acetic acid, D-00363
▷2,3-Dimercaptobutanedioic acid, D-00384
Diohippuric acid, D-00470
Disofenin, D-00536
▷Erythrosine, E-00118
Ethyl cartrizoate, E-00180
1-Ethyl-2-[3-(1-ethyl-2(1*H*)-quinolinylidene)propenyl]-quinolinium, E-00190
Etifenin, E-00235
Exametazime, E-00278
Fibrinogen, F-00103
▷Fluorescein, F-00180
Gadoteric acid, *in* T-00101
Gallium citrate, G-00005
Galtfenin, G-00008
▷Haematoporphyrin, H-00002
▷Histamine, H-00077
Histoplasmin, H-00079
Indocyanine green, I-00062
Inulin, I-00089
Iobenguane, I-00090
▷Iobenzamic acid, I-00091
Iobutoic acid, I-00092
▷Iocarmic acid, I-00093
▷Iocetamic acid, I-00094
▷Iodamide, I-00095
Iodecol, I-00096
Iodetryl, *in* D-00361
Iodipamide, I-00097
Iodixanol, I-00099
▷Iodoalphionic acid, I-00100
(2-Iodobenzoyl)aminoacetic acid, I-00101
19-Iodocholest-5-en-3-ol, I-00102
16-Iodohexadecanoic acid, I-00105
Iodomethanesulfonic acid, I-00106
▷Iodoxamic acid, I-00108
Iodoxyl, I-00109

Iofetamine, I-00110
Ioglicic acid, I-00111
Ioglucol, I-00112
▷Ioglucomide, I-00113
Ioglunide, I-00114
Ioglycamic acid, I-00115
Iogulamide, I-00116
Iohexol, I-00117
Iolidonic acid, I-00118
▷Iolixanic acid, I-00119
▷Iomeglamic acid, I-00120
Iomeprol, I-00121
Iomethin, I-00122
Iomorinic acid, I-00123
▷Iopamidol, I-00124
▷Iopanoic acid, I-00125
Iopentol, I-00126
▷Iophendylate, I-00127
▷Iophenoxic acid, I-00128
▷Iopodic acid, I-00129
Ioprocemic acid, I-00130
Iopromide, I-00131
▷Iopronic acid, I-00132
Iosarcol, I-00133
▷Iosefamic acid, I-00134
Ioseric acid, I-00135
Iosimide, I-00136
Iosulamide, I-00137
Iosumetic acid, I-00138
Iotasul, I-00139
▷Iothalamic acid, I-00140
Iotranic acid, I-00141
Iotriside, I-00142
Iotrizoic acid, I-00143
Iotrolan, I-00144
▷Iotroxic acid, I-00145
Ioversol, I-00146
Ioxabrolic acid, I-00147
Ioxaglic acid, I-00148
Ioxilan, I-00149
Iozomic acid, I-00150
Iprofenin, I-00160
Isosulfan Blue, I-00212
▷Lidofenin, L-00044
Losan, *in* X-00024
Mebrofenin, M-00038
▷Meglumine acetrizoate, *in* A-00340
Merisoprol, M-00126
▷2-Methyl-1,2-di-3-pyridyl-1-propanone, M-00248
▷Metrizamide, M-00343
Nitrocefin, N-00173
Oftasceine, O-00033
Oxypropyliodone, *in* D-00363
Penlysinum, P-00071
▷Pentagastrin, P-00079
Phenaphthazine, P-00145
▷Phenobutiodil, P-00160
▷Phenolsulfonphthalein, P-00163
▷Piperoxan, P-00294
Propyl docetrizoate, *in* A-00340
▷Propyliodone, *in* D-00363
Rose Bengal Sodium, *in* T-00105
Saralasin, S-00023
Secretin, S-00034
▷Selenomethionine, S-00038
Sermorelin, S-00049
Sincalide, S-00077
▷Sodium acetrizoate, *in* A-00340
Somatorelin, S-00097
Stannous pyrophosphate, S-00138
▷Sulfobromophthalein, S-00218
Sulphan blue, S-00249
Tauroselcholic acid, T-00034
Technetium sestamibi, *in* M-00205
Technetium tiatide, *in* M-00129
4,5,6,7-Tetrahydroisoxazolo[5,4-*c*]pyridin-3-ol, T-00121
Tetraiodophenolphthalein, T-00142
▷Thallous chloride, T-00160
▷Thyroliberin, T-00229
▷Tolbutamide, T-00345
Tolonium(1+), T-00359
Tris(8-quinolinato)indium, *in* H-00211
Tuberculin, T-00570
Tyropanoic acid, T-00581
▷Vitamin B_{12}, V-00059
Xylose, X-00024

Dietary agents

Aspartame, A-00460
▷*N,N'*-Bis(2,2,2-trichloro-1-hydroxyethyl)urea, B-00238
▷Chromic chloride, C-00310
▷Fencamfamin, F-00038
5-(3-Hydroxyphenyl)-1*H*-tetrazole, H-00198
▷Leucine; *(S)-form*, *in* L-00029
6-Methyl-1,2,3-oxathiazin-4(3*H*)-one 2,2-dioxide, M-00275
▷Potassium iodide, P-00392
▷Stevioside, *in* S-00147
Toldimfos, T-00347
▷Tryptophan; (*S*)-*form*, *in* T-00567

Digestive agents

Alexitol, A-00108
Algeldrate, A-00113
Almagate, A-00134
Almagodrate, A-00135
Almasilate, A-00136
Alusulf, A-00160
Calcium carbonate, C-00014
Cellulase, C-00164
Dihydroxyaluminum carbonate, D-00306
Dihydroxyaluminum sodium carbonate, D-00307
Glucalox, *in* G-00064
Hydrotalcite, H-00103
Magaldrate, M-00005
▷Magnesium carbonate, M-00006
Magnesium hydroxide, M-00008
Magnesium phosphate, M-00009
Magnesium trisilicate, M-00011
Pancreatin, P-00010
Pancrelipase, P-00011
▷Papain, P-00018
Simaldrate, S-00072

Disinfectants

▷[(Acetato-*O*)phenylmercury], *in* H-00191
Bensalan, B-00063
Benzethonium(1+), B-00079
▷2-Benzyl-4-chlorophenol, B-00109
Benzyldimethyldodecylammonium(1+), B-00113
▷4-Benzylphenol, B-00127
▷*N*-[4-[Bis[4-(dimethylamino)phenyl]methylene]-2,5-cyclohexadien-1-ylidene]-*N*-methylmethanaminium(1+), B-00209
▷5-Bromo-*N*-(4-bromophenyl)-2-hydroxybenzamide, B-00292
4-*tert*-Butyl-2-chloromercuriphenol, B-00429
▷Carbon disulfide, C-00058
▷Chlorhexidine, C-00206
N-Chlorobenzenesulfonamide, *in* B-00075
▷4-Chloro-3,5-dimethylphenol, C-00235
▷4-Chloro-3-methylphenol, C-00256
▷*N*-(4-Chlorophenyl)-*N'*-(3,4-dichlorophenyl)urea, C-00262
▷*N*-Chloro-*p*-toluenesulfonamide, C-00289
Cloflucarban, C-00458
▷3,6-Diaminoacridine, D-00120
3,9-Diamino-7-ethoxyacridine, D-00130
3,5-Dibromo-2-hydroxy-*N*-phenylbenzamide, *in* D-00165

▷4-[(Dichloroamino)sulfonyl]benzoic acid, D-00179
N,*N*-Dichloro-4-methylbenzenesulfonamide, D-00191
▷1,3-Dichloro-1,3,5-triazine-2,4,6(1*H*,3*H*,5*H*)-trione, D-00203
2,7-Dihydroxy-1,3,2-benzodioxabismole-5-carboxylic acid, D-00314
3,5-Diiodo-4-hydroxybenzenesulfonic acid, D-00358
(4-Dodecylbenzyl)trimethylammonium(1+), D-00566
Dofamium(1+), D-00569
Fluorosalan, F-00191
▷Formaldehyde, F-00244
Fursalan, F-00298
▷2,2′,3,3′,5,5′-Hexachloro-6,6′-dihydroxydiphenylmethane, H-00039
▷8-Hydroxyquinoline, H-00211
Laurolinium(1+), L-00017
Metalkonium(1+), M-00147
5-Methyl-2-pentylphenol, M-00280
Monalazone, M-00427
▷2-Oxetanone, O-00105
▷Phenol, P-00161
PHMB, *in* P-00381
Picloxydine, P-00236
Polihexanide, P-00381
▷2,4,4′-Trichloro-2′-hydroxydiphenyl ether, T-00437
▷1,3,5-Trichloro-1,3,5-triazine-2,4,6(1*H*,3*H*,5*H*)-trione, T-00442
▷Triiodomethane, T-00486

Diuretics

Acefylline, A-00011
▷Acetazolamide, A-00018
Aditeren, A-00073
Alipamide, A-00121
Althiazide, A-00157
Amanozine, A-00162
Ambuside, A-00174
Amiloride, A-00198
▷2-Amino-2-hydroxymethyl-1,3-propanediol, A-00268
▷Aminometradine, A-00291
▷Aminophylline, *in* T-00169
▷Amisometradine, A-00346
Anaritide, A-00377
▷Azosemide, A-00530
▷Bemetizide, B-00032
Bemitradine, B-00033
▷Bendrofluazide, B-00047
▷Benzthiazide, B-00103
▷4-Benzyl-3-butylamino-5-sulfamoylbenzoic acid, B-00108
Besulpamide, B-00139
Brocrinat, B-00276
▷Bumetanide, B-00356
Buthiazide, B-00401
Canrenone, C-00027
▷Cantharidin, C-00028
[3-(3-Carboxy-2,2,3-trimethylcyclopentanecarboxamido)-2-methyoxypropyl]hydroxomercury, C-00067
▷Carmetizide, C-00079
▷Chlormerodrin, C-00209
8-Chloro-3-(2-fluorophenyl)-5,6-dihydrofuro[3,2-*f*]-1,2-benzisoxazole-6-carboxylic acid, C-00240
▷4-Chloro-*N*-methyl-3-[(methylamino)sulfonyl]benzamide, C-00255
▷*N*-(4-Chlorophenyl)-1,3,5-triazine-2,4-diamine, C-00275
4-Chloro-3-sulfobenzoic acid, C-00286
▷Chlorothiazide, C-00288
▷Chlorthalidone, C-00302
▷Choline theophyllinate, *in* C-00308
Cicletanine, C-00327
Clazolimine, C-00412
▷Clofenamide, *in* C-00215
Clopamide, C-00480
Clorexolone, C-00495
▷Cordycepic acid, *in* M-00018
▷Cyclopenthiazide, C-00630
▷Cyclothiazide, C-00639
2,4-Diamino-1,3,5-triazine, D-00136
1,4:3,6-Dianhydroglucitol, D-00144
6,7-Dichloro-2,3-dihydro-5-(2-thienylcarbonyl)-2-benzofurancarboxylic acid, D-00185
3,7-Dihydro-3-propyl-1*H*-purine-2,6-dione, *in* X-00002
Dimethazan, D-00389
1-(2,4-Dimethoxyphenyl)-3-(4-hydroxyphenyl)-2-propen-1-one, *in* D-00346
▷Diprophylline, D-00523
Disulphamide, D-00543
Epithiazide, E-00085
▷Ethacrynic acid, E-00145
Ethiazide, E-00153
▷6-Ethoxy-2-benzothiazolesulfonamide, E-00162
▷Etofylline, E-00253
Etozolin, *in* O-00169
Fenquizone, F-00075
▷Flumethiazide, F-00157
▷Frusemide, F-00267
Furacrinic acid, F-00277
Furterene, F-00300
Galosemide, G-00007
6-Hydrazino-3-pyridazinecarboxamide, H-00097
Hydrobentizide, *in* B-00103
▷Hydrochlorothiazide, H-00098
▷Hydroflumethiazide, H-00099
Hydroxindasate, *in* H-00105
17-Hydroxy-3-oxo-4,6-pregnadiene-21-carboxylic acid, H-00186
Ibopamine, I-00005
2-Imino-3-methyl-1-phenyl-4-imidazolidinone, I-00038
Indacrinone, I-00049
▷Indapamide, I-00052
Lemidosul, L-00021
Mebutizide, M-00040
▷Mefruside, M-00069
Meralluride, M-00112
Mercaptomerin, M-00118
Mercuderamide, M-00122
Mercuderamide; Me ether, *in* M-00122
Mercumallylic acid, M-00123
Mercumatilin sodium, *in* M-00123
Methalthiazide, M-00166
▷Methyclothiazide, M-00218
▷Meticrane, M-00319
▷Metolazone, M-00330
Mexrenoic acid, M-00355
▷Muzolimine, M-00473
Oxabrexine, O-00073
Ozolinone, O-00169
Paraflutizide, P-00022
Penflutizide, P-00063
Pentifylline, *in* T-00166
Perhexiline, P-00120
▷Piretanide, P-00323
▷Polythiazide, P-00386
Propazolamide, P-00493
Prorenoate, P-00524
▷Protheobromine, P-00534
Pytamine, P-00601
Quincarbate, Q-00016
Quinethazone, Q-00021
▷Spironolactone, S-00125
Spirorenone, S-00127
Spiroxasone, S-00131
Sulicrinat, S-00224
Sulocarbilate, S-00230
Sulosemide, S-00233
Sumetizide, S-00269
Teclothiazide, T-00047
▷Theobromine, T-00166
▷Theophylline, T-00169
Theophylline calcium salicylate, *in* T-00169
Theophylline diethanolamine, *in* T-00169
Theophylline dihydroxyephedrine, *in* T-00169

Theophylline isopropanolamine, *in* T-00169
Theophylline meglumine, *in* T-00169
Theophylline sodium glycinate, *in* T-00169
▷Theopylline olamine, *in* T-00169
▷Tienilic acid, T-00258
Tienoxolol, T-00262
Tizolemide, T-00331
Torasemide, T-00386
▷2,4,7-Triamino-6-phenylpteridine, T-00420
2,4,7-Triamino-5-phenylpyrimido[4,5-*d*]pyrimidine, T-00421
▷Trichloromethiazide, T-00439
Triflocin, T-00459
Tripamide, T-00522
▷Urea, U-00011
Vephylline, V-00016
Xipamide, X-00017
Zidapamide, Z-00011

Dopamine antagonists

Azapride, A-00505
Bromerguride, B-00288
Clebopride, C-00414
Eticlopride, E-00233
Neflumozide, N-00062
Raclopride, R-00002
Remoxipride, R-00021
Savoxepin, S-00029
Traboxopine, T-00392
Veralipride, V-00018

Dopamine β-hydroxylase inhibitors

2,2′-(Dithiodicarbonothioyl)bis[*N*-(2-methoxyethyl)-1-cyclopenten-1-amine, D-00552
5-(4-Hydroxybenzyl)-2-pyridinecarboxylic acid, H-00117
Roxindole, R-00099

Dopaminergic agents

▷Apomorphine, A-00425
Ciladopa, C-00341
Delergotrile, D-00052
Disulergine, D-00541
Dosergoside, D-00586
3-(3-Hydroxyphenyl)-1-propylpiperidine, H-00194
Ibopamine, I-00005
▷Mesulergine, M-00140
Moxiraprine, M-00466
Naxagolide, N-00053
Pergolide, P-00119
▷Piribedil, P-00324
Pramipexole, P-00396
Proterguride, P-00533
Quinelorane, Q-00019
Quinpirole, Q-00032
Ropinirole, R-00087
4,5,6,7-Tetrahydro-*N*-methyl-6-benzothiazolamine, *in* A-00334
Tiomergine, T-00300

Emetics

▷Antimony potassium tartrate, A-00414
Cephaeline, C-00172
3′,5-Dihydroxy-4′,6,7-trimethoxyflavone, D-00354
Emetine, E-00036
▷Emetine; (−)-*form*, *in* E-00036
▷Flualamide, F-00129
Tartaric acid, T-00028
▷L-Threaric acid, *in* T-00028

Enzymes

Alpha Amylase, A-00147
▷Ancrod, A-00381
▷Asparaginase, A-00458
Brinolase, B-00273
▷Bromelains, B-00287
Cellulase, C-00164
Chymopapain, C-00315
▷Chymotrypsin, C-00316
Hyalosidase, H-00091
▷Hyaluronidase, H-00092
Kallikrein, K-00003
▷Lysostaphin, L-00123
Ocrase, O-00003
Pancreatin, P-00010
Pancrelipase, P-00011
▷Papain, P-00018
Penicillinase, P-00067
▷Serrapeptase, S-00050
▷Sfericase, S-00061
Streptodornase, S-00159
▷Streptokinase, S-00160
Sutilains, S-00279
▷Tilactase, T-00271
▷Trypsin, T-00565
▷Urokinase, U-00016

Enzyme inhibitors

Acarbose, A-00005
▷Aceglatone, *in* G-00053
Alahopcin, A-00092
Albizziine, A-00098
Ambenonium(2+), A-00167
Amflutizole, A-00184
5-Amino-1,3-cyclohexadiene-1-carboxylic acid, A-00228
▷5-Amino-1,3-cyclohexadiene-1-carboxylic acid; (*S*)-*form*, *in* A-00228
4-Amino-5-hexenoic acid, A-00260
2-Amino-3-(4-hydroxyphenyl)-2-methylpropanoic acid, A-00273
Amylopectin sulfate, *in* S-00140
Antithrombin III, A-00417
▷Aprotinin, A-00432
Arglecin, A-00442
Asparenomycin A, *in* A-00459
Aspergillomarasmine *B*, A-00462
Befuraline, B-00028
Bemarinone, B-00031
▷Benserazide, B-00064
Benurestat, B-00070
▷Bestatin, B-00138
▷Brocresine, B-00275
6-Bromopenicillanic acid, B-00311
Bunaprolast, B-00360
Bupicomide, *in* B-00432
Camostat, C-00022
▷Carbidopa, C-00050
▷Carbophenothion, C-00060
Cetraxate, C-00187
2-Chloro-4-(1-hydroxyoctadecyl)benzoic acid, C-00246
Cilastatin, C-00342
Cilostamide, C-00346
▷Clavulanic acid, C-00410
▷Coformycin, C-00532
Crotoxyphos, C-00571
Dazoxiben, D-00029
▷3,4,5,6,7,8,9,10,11,12-Decahydro-7,14,16-trihydroxy-3-methyl-1*H*-2-benzoxacyclotetradecin-1-one, D-00035
▷Diazinon, D-00149
4-[3-(3,5-Di-*tert*-butylphenyl)-3-oxo-1-propenyl]benzoic acid, D-00174
▷Dichlofenthion, D-00176
Difloxacin, D-00268
▷1,5-Dihydro-4*H*-pyrazolo[3,4-*d*]pyrimidin-4-one, D-00300
▷Dimetilan, D-00457
▷1,3-Dioxo-1*H*-benz[*de*]isoquinoline-2(3*H*)-acetic acid, D-00478

Emiglitate, E-00038
Epiroprim, E-00084
Estate, E-00125
Etazolate, E-00143
▷Famphur, F-00015
▷Fenchlorphos, F-00039
▷Fenitrothion, F-00057
▷Fenthion, F-00078
N-Formylleucine 1-[(3-hexyl-4-oxo-2-oxetanyl)methyl]-dodecyl ester, *in* L-00055
Furegrelate, F-00289
Gabexate, G-00001
Imipenem, I-00039
Imirestat, I-00041
Kelatorphan, K-00007
Lignosulfonic acid, L-00048
Lipstatin, L-00055
▷Malathion, M-00013
1-Methylandrosta-1,4-diene-3,17-dione, M-00223
3-[3-Methyl-1-(3-methylbutylcarbamoyl)butylcarbamoyl]-2-oxiranecarboxylic acid, M-00266
2-Methyl-4-nitro-1-(4-nitrophenyl)-1*H*-imidazole, M-00274
Midazogrel, M-00367
Miglitol, M-00373
Morphothebaine, M-00452
Nafamostat, N-00009
▷Neostigmine(1+), N-00070
Ozagrel, O-00168
▷Pepstatin *A*, 9CI, P-00109
7-Phenyl-7-(3-pyridinyl)-6-heptenoic acid, P-00205
▷5-[(Phenylsulfonyl)amino]-1,3,4-thiadiazole-2-sulfonamide, P-00208
▷Phoxim, P-00221
Piritrexim, P-00338
Pirmagrel, P-00341
Ponalrestat, P-00387
Pyratrione, P-00559
1*H*-Pyrazolo[3,4-*d*]pyrimidine-4,6(5*H*,7*H*)-dione, P-00564
1*H*-Pyrazolo[3,4-*d*]pyrimidine-4-thiol, P-00565
Ribocitrin, R-00037
Silychristin, S-00070
Sorbinil, S-00104
Sparfosic acid, S-00108
▷Strychnine, S-00167
Sulbactam pivoxil, *in* P-00065
Tazobactam, T-00043
Tendamistat, T-00067
▷Tetraethyl pyrophosphate, T-00112
4-[[(5,6,7,8-Tetrahydro-5,5,8,8-tetramethyl-2-naphthalenyl)-amino]carbonyl]benzoic acid, T-00131
▷Tetroxoprim, T-00158
Tolrestat, T-00370
Tomatidine, T-00374
Tomoglumide, T-00376
Ulinastatin, U-00005

Expectorants

▷Ambroxol, A-00170
▷Antimony potassium tartrate, A-00414
▷Benzoic acid, B-00092
Bromhexine, B-00289
▷Camphor, C-00023
Cephaeline, C-00172
▷Cineole, C-00360
Cistinexine, C-00399
Eprazinone, E-00091
▷Glycyrrhizic acid, G-00073
Guacetisal, G-00089
▷Guaiphenesin, G-00095
Guaithylline, *in* T-00169
Hydroxymethoxybenzenesulfonic acid, H-00147
4-Hydroxy-α,α,4-trimethylcyclohexanemethanol, H-00216
▷2-(1-Iodoethyl)-1,3-dioxolane-4-methanol, I-00103
10-(Methylsulfonyl)decanenitrile, M-00307
▷Potassium iodide, P-00392
▷Sodium iodide, S-00088
Tartaric acid, T-00028
▷L-Threaric acid, *in* T-00028
▷Tipepidine, T-00311

Fibrinolytic agents

Alteplase, A-00156
Anistreplase, A-00397
▷Batroxobin, B-00017
▷2-(4-Biphenylyl)butanoic acid, B-00179
Bisobrin, B-00232
Brinolase, B-00273
Defibrotide, D-00045
Hyalosidase, H-00091
Inicarone, I-00071
Ocrase, O-00003
Plasmin, P-00370
Saruplase, S-00026
▷Streptokinase, S-00160
Sulotroban, S-00234
Tizabrin, T-00329
▷Urokinase, U-00016

Gallstone dispersing agents

3,7-Bis(sulfooxy)cholan-24-oic acid, B-00236
▷Chenodeoxycholic acid, *in* D-00320
▷Ursodeoxycholic acid, *in* D-00320

Ganglion blocking agents

Azamethonium(2+), A-00499
Benzoquinonium(2+), B-00096
3-[(*p*-Butoxybenzoyl)oxy]-2-methylbutyl]triethyl-ammonium(1+) , B-00420
Dicolinium(2+), D-00215
Dimecamine, D-00375
Dimecolonium(2+), D-00376
▷2,6-Dimethylpiperidine, D-00448
Distigmine(2+), D-00540
Fubrogonium(1+), F-00272
▷Ganglefene, G-00010
▷Hexamethonium(2+), H-00055
▷Mecamylamine, M-00041
Methylbenactyzium(1+), M-00227
Pancuronium(2+), P-00012
Pentacynium(2+), P-00076
Pentamethonium (2+), P-00084
▷1,2,2,6,6-Pentamethylpiperidine, P-00085
Pentolium(2+), P-00102
Phenactropinium(1+), P-00137
Stilonium(1+), S-00155
▷Tetraethylammonium(1+), T-00111
▷1,2,3,6-Tetrahydro-1,2,2,6,6-pentamethylpyridine, *in* T-00132
Tetramethylammonium(1+), T-00144
Tiametonium(2+), T-00237
Trepirium(2+), T-00413
Trimethaphan(1+), T-00498
Trimethidinium(2+), T-00499
Truxicurium(2+), T-00562

Gastric secretion inhibitors

Benexate, B-00048
Benzotript, *in* T-00567
Bisfentidine, B-00214
Buzepide, B-00434
▷Clocanfamide, C-00440
Darenzepine, D-00015
11,15-Dihydroxy-15-methyl-9-oxo-5,13-prostadienoic acid, D-00334

(Dimethylamino)trimethylpyrazine, D-00423
N,*N*-Dimethyl-*N'*-(2-diisopropylaminoethyl)-*N'*-(4,6-dimethyl-2-pyridinyl)urea, D-00428
Disuprazole, D-00544
Ebrotidine, E-00002
Enprostil, E-00067
Epidermal growth factor, E-00075
Fenoctimine, F-00061
▷Isopropamide(1+), I-00199
Lorglumide, L-00096
Loxiglumide, L-00107
Lucartamide, L-00111
Meciadanol, *in* P-00081
Methantheline(1+), M-00169
Mexiprostil, M-00352
Misoprostol, M-00396
Nilprazole, N-00141
Nocloprost, N-00195
Nolinium(1+), N-00199
Nuvenzipine, N-00233
Omeprazole, O-00044
Oxoprostol, O-00137
Picartamide, P-00231
Picoprazole, P-00240
▷Pifarnine, P-00245
Pirenzepine, P-00321
Prindamine, P-00438
▷Proglumide, P-00468
Quisultazine, Q-00039
Ramixotidine, R-00009
Rioprostil, R-00061
Rolgamidine, R-00075
Sufotidine, S-00179
Telenzepine, T-00057
5,6,7,8-Tetrahydro-4-methylquinoline-8-carbothiamide, T-00128
Timoprazole, T-00289
Tiquinamide, T-00320
Tomoglumide, T-00376
Triletide, T-00488
Trimoprostil, T-00517
▷Tritiozine, T-00540
Ufiprazole, U-00003

Gastrointestinal agents

▷5-Amino-2-hydroxybenzoic acid, A-00266
Amogastrin, A-00354
Baxitozine, B-00018
Carnitine, C-00084
Cisapride, C-00396
Denipride, D-00073
Desglugastrin, D-00094
Difenoximide, D-00264
(Glycinato-*N*,*O*)dihydroxyaluminum, G-00067
▷Nifuroxazide, N-00126
▷Pentagastrin, P-00079
2,3,4,5-Tetrahydro-3-(methylamino)-1-benzoxepin-5-ol, T-00122
▷Zolimidine, Z-00031

Glucocorticoids

▷(6α,11β)-21-(Acetyloxy)-11,17-dihydroxy-6-methylpregna-1,4-diene-3,20-dione, *in* M-00297
Acrocinonide, *in* T-00419
Amcinafal, *in* T-00419
Amebucort, A-00178
▷Beclometasone dipropionate, JAN, *in* B-00024
Beclometasone valeroacetate, *in* B-00024
Beclomethasone, B-00024
6-Chloro-17,21-dihydroxypregna-1,4-diene-3,11,20-trione, C-00232
Cicortonide, C-00338
Clocortolone, C-00444
Clocortolone acetate, *in* C-00444
Clocortolone caproate, *in* C-00444
Clocortolone pivalate, *in* C-00444
Cloprednol, C-00489
Corticoderm, *in* F-00207
▷Cortisol, C-00548
▷Cortisone, C-00549
▷Cortisone acetate, *in* C-00549
Cortivazol, C-00551
Cyclomethasone, C-00624
Descinolone, D-00092
▷Descinolone acetonide, *in* D-00092
▷Desonide, D-00101
Desonide pivalate, *in* D-00101
▷Desoximetasone, D-00102
▷Dexamethasone, D-00111
Dexamethasone; 21-Sulfate, *in* D-00111
Dexamethasone acefurate, *in* D-00111
▷Dexamethasone acetate, *in* D-00111
Dexamethasone diethylaminoacetate, *in* D-00111
▷Dexamethasone isonicotinate, *in* D-00111
Dexamethasone linoleate *in* D-00111
Dexamethasone metasulphobenzoate, *in* D-00111
Dexamethasone palmitate, *in* D-00111
▷Dexamethasone phosphate, *in* D-00111
Dexamethasone pivalate, *in* D-00111
Dexamethasone succinate, *in* D-00111
Dexamethasone tert-butylacetate, *in* D-00111
Dexamethasone 21-(3,6,9-trioxaundecanoate), *in* D-00111
▷Dexamethasone valerate, *in* D-00111
Diflorasone, D-00267
Diflorasone diacetate, *in* D-00267
Diflucortolone, D-00270
Diflucortolone pivalate, *in* D-00270
▷Diflucortolone valerate, JAN, *in* D-00270
Difluprednate, D-00273
11,17-Dihydroxy-21-mercapto-4-pregnene-3,20-dione, D-00328
11,17-Dihydroxy-6-methyl-21-[[8-[methyl(2-sulfoethyl)amino]-1,8-dioxooctyl]oxy]pregna-1,4-diene-3,20-dione, *in* M-00297
17,21-Dihydroxy-16-methyl-1,4-pregnadiene-3,11,20-trione; 16α-*form*, *in* D-00336
17,21-Dihydroxy-4-pregnene-3,20-dione, D-00349
Dimesone, D-00386
Doxybetasol, D-00597
Endrysone, E-00052
▷Fluazacort, F-00131
Fluclorolone acetonide, F-00138
▷Flumethasone, F-00156
Flumethasone acetate, *in* F-00156
Flumethasone pivalate, *in* F-00156
Flumoxonide, F-00163
Flunisolide acetate, *in* F-00167
▷Flunisolide, F-00167
▷Fluocinolone, F-00172
▷Fluocinolone acetonide, *in* F-00172
▷Fluocinonide, F-00173
Fluocortin, F-00174
▷Fluocortin butyl, *in* F-00174
▷Fluocortolone, F-00175
Fluocortolone caproate, *in* F-00175
Fluocortolone pivalate, *in* F-00175
Fluorometholone, F-00186
Fluorometholone acetate, *in* F-00186
Flupamesone, F-00196
Fluperolone, F-00201
Fluperolone acetate, *in* F-00201
Fluprednidene, F-00207
Fluprednisolone, F-00208
Fluprednisolone acetate, *in* F-00208
Fluprednisolone hemisuccinate, *in* F-00208
Fluprednisolone valerate, *in* F-00208
▷Flurandrenolone, F-00215
▷Formocortal, F-00246
▷Halcinonide, H-00004

Halocortolone, H-00006
Halometasone, H-00010
Halopredone, H-00016
▷Halopredone acetate, *in* H-00016
Hydrocortisene 21-xanthogenic acid, *in* C-00548
Hydrocortisone aceponate, *in* C-00548
▷Hydrocortisone acetate, *in* C-00548
▷Hydrocortisone bendazac, *in* C-00548
▷Hydrocortisone butyrate, *in* C-00548
▷Hydrocortisone 17-butyrate 21-propionate, *in* C-00548
Hydrocortisone cypionate, *in* C-00548
Hydrocortisone hemisuccinate, *in* C-00548
▷Hydrocortisone phosphate, *in* C-00548
Hydrocortisone tebutate, *in* C-00548
Hydrocortisone valerate, *in* C-00548
21-Hydroxy-4-pregnene-3,11,20-trione, H-00204
3-Hydroxy-5-pregnen-20-one, H-00205
Isoprednidene, I-00197
Locicortone, L-00068
Mazipredone, M-00030
Medrol stabisol, *in* M-00297
▷Medrysone, M-00060
Meprednisone hydrogen succinate, *in* D-00336
▷Methylprednisolone, M-00297
Methylprednisolone aceponate, *in* M-00297
Mometasone furoate, *in* M-00426
Nivazol, N-00191
Paramethasone, P-00025
Paramethasone; 21-Phosphate, *in* P-00025
▷Paramethasone acetate, *in* P-00025
Prebediolone acetate, *in* H-00205
Prednicarbate, P-00410
Prednisolamate, *in* P-00412
▷Prednisolone, P-00412
▷Prednisolone acetate, *in* P-00412
Prednisolone *tert*-butylacetate, *in* P-00412
Prednisolone hydrogen tetrahydrophthalate, *in* P-00412
Prednisolone palmitate, *in* P-00412
Prednisolone piperidinoacetate, *in* P-00412
Prednisolone pivalate, *in* P-00412
Prednisolone stearoylglycolate, *in* P-00412
Prednisolone succinate, *in* P-00412
Prednisolone *m*-sulfobenzoate, *in* P-00412
▷Prednisolone valerate, *in* P-00412
▷Prednisolone valeroacetate, *in* P-00412
▷Prednisone, P-00413
▷Prednisone acetate, *in* P-00413
Prednisone palmitate, *in* P-00413
Prednisone succinate, *in* P-00413
Prednylidene, P-00414
Prednylidene diethylaminoacetate, *in* P-00414
Pregnenolone acetate, *in* H-00205
Pregnenolone succinate, *in* H-00205
Procinonide, P-00452
Promestriene, P-00477
Rimexolone, R-00057
Timobesone, T-00286
Timobesone acetate, *in* T-00286
Tipredane, T-00314
Tralonide, T-00394
▷Triamcinolone, T-00419
▷Triamcinolone acetonide, *in* T-00419
Triclonide, T-00452
Ulobetasol, U-00006
Ulobetasol propionate, *in* U-00006

Gout suppressants

Amflutizole, A-00184
Benzmalecene, B-00088
Ciapilome, C-00321
▷Colchicine; (*S*)-*form*, *in* C-00534
▷1,5-Dihydro-4*H*-pyrazolo[3,4-*d*]pyrimidin-4-one, D-00300
Ethebenecid, E-00152
▷Probenecid, P-00444
1*H*-Pyrazolo[3,4-*d*]pyrimidine-4,6(5*H*,7*H*)-dione, P-00564
1*H*-Pyrazolo[3,4-*d*]pyrimidine-4-thiol, P-00565

H_1-receptor antagonists

▷Antazoline, A-00400
▷Astemizole, A-00466
Azatadine, A-00512
▷4-(*N*-Benzylanilino)-1-methylpiperidine, B-00106
Bromodiphenhydramine, B-00299
Brompheniramine, B-00325
Cetirizine, C-00184
▷Chlorcyclizine, C-00198
▷Chlorpheniramine, C-00292
1-(2-Ethoxyethyl)-2-(hexahydro-4-methyl-1*H*-1,4-diazepin-1-yl)-1*H*-benzimidazole, E-00165
Icotidine, I-00014
Loratadine, L-00092
α-Methylhistamine, M-00260
Tazifylline, T-00041
Temelastine, T-00060

H_2-receptor antagonists

2-(Acetyloxy-*N*-[3-[3-(1-piperidinylmethyl)phenoxy]propyl]-acetamide, *in* R-00097
▷Cimetidine, C-00350
Donetidine, D-00577
Etintidine, E-00237
▷Famotidine, F-00013
Icotidine, I-00014
Impromidine, I-00046
Lamtidine, L-00007
Loxtidine, L-00109
Lupitidine, L-00113
▷Metiamide, M-00316
Mifentidine, M-00370
Niperotidine, N-00153
Oxmetidine, O-00124
Ramixotidine, R-00009
▷Ranitidine, R-00011
Roxatidine, R-00097
▷Tiotidine, T-00305
Tiquinamide, T-00320
Tuvatidine, T-00576
Zaltidine, Z-00004

Haematinic agents

▷Cobaltous chloride, C-00522
Dextriferron, *in* D-00114
Erythropoietin, E-00117
▷Ferric chloride, F-00087
Ferric fructose, F-00088
Ferriclate calcium sodium, F-00089
▷Ferrocholinate, *in* C-00308
Ferrotrenine, F-00091
Ferrous citrate, F-00092
▷Ferrous fumarate, *in* F-00274
▷Ferrous gluconate, F-00093
▷Ferrous sulfate, F-00094
Gleptoferron, G-00030
▷Iron sorbitex, *in* G-00054
Polyferose, P-00383
▷Sodium ironedetate, *in* E-00186
(3,5,5-Trimethylhexanoyl)ferrocene, T-00509

Haemostatic agents

▷Adrenalone, A-00076
▷6-Aminohexanoic acid, A-00259
4-(Aminomethyl)cyclohexanecarboxylic acid, A-00281
▷4-Amino-2-methyl-1-naphthol, A-00285
Angioftal, *in* O-00125

▷Aprotinin, A-00432
▷Batroxobin, B-00017
▷Benzarone, B-00071
▷Calcium dobesilate, *in* D-00313
Carbazochrome, *in* A-00077
Cotarnine, C-00552
Dicresulene, D-00216
3-[(1,4-Dihydro-3-methyl-1,4-dioxo-2-naphthalenyl)thio]-propanoic acid, D-00288
2,5-Dihydroxy-1,4-benzenedisulfonic acid, D-00312
Diosmin, *in* T-00476
▷Ellagic acid, E-00026
Esculamine, E-00121
▷Ethamsylate, *in* D-00313
Ethoxazorutoside, *in* R-00106
Etipirium(1+), E-00258
▷Factor *IX*, F-00004
Factor *V*, F-00001
Factor *VII*, F-00002
Factor *VIII*, F-00003
Factor *X*, F-00005
Factor *XIII*, F-00007
Factor *XIV*, F-00008
Fibrinogen, F-00103
▷Glycyrrhizic acid, G-00073
3,3′,4,4′,5,7-Hexahydroxyflavan, H-00054
▷Hydrastine, H-00095
[(7-Hydroxy-4-methyl-2-oxo-2*H*-1-benzopyran-6-yl)oxy]acetic acid, *in* D-00332
▷5-Hydroxy-1,4-naphthoquinone, H-00179
Iprazochrome, I-00156
Menadoxime, M-00087
▷Menatetrenone, M-00088
▷2-Methyl-1,4-naphthoquinone, M-00271
Mobecarb, M-00411
Monoxerutin INN, *in* R-00106
Naftazone, N-00022
8-L-Ornithinevasopressin, V-00013
Oxamarin, O-00081
Phenacyl pivalate, *in* H-00107
Phytonadiol diphosphate, P-00228
Polyphyllin D, *in* S-00129
▷Rutin, R-00106
Sulmarin, *in* D-00332
Terlipressin, T-00093
▷Thrombin, T-00221
Trillin, *in* S-00129
Vitamin K_2, V-00065

Hormones, glucocorticoid

Ticabesone, T-00253

Hormones, gonadotrophic

Fertirelin, F-00096
▷Follitropin, F-00238
▷Gonadotropin, G-00080
▷Leuprorelin, L-00035
▷Luteinizing hormone-releasing factor, L-00116
▷Lutropin, L-00118
Serum gonadotrophin, S-00053

Hormones, mineralocorticoid

▷Corticosterone, C-00546
Salcatonin, S-00013

Hormones, pituitary

Corticoliberin, C-00545
Human pituitary growth hormone, H-00090
Lipotropin, L-00054
Melanostatin, M-00074
β-Melanotropin, M-00075
▷Somatostatin, S-00098
Somatrem, S-00099
Sometribove, BAN, INN, USAN, S-00099
Sometripor, BAN, INN, USAN, S-00099
Thymopoietin, T-00226
▷Thyroliberin, T-00229
▷Thyrotrophin, T-00232

Hormones, thyroid

Teriparatide, T-00091
Thyroglobulin, T-00228
▷Thyroliberin, T-00229
Thyromedan, T-00230
▷Thyrotrophin, T-00232
▷Thyroxine, T-00233
▷Tiratricol, T-00322
3,3′,5-Triiodothyronine, T-00487

Hypertensive agents

3-(2-Aminopropyl)phenol, A-00321
Angiotensinamide, *in* A-00385
Dimetofrine, D-00459
2-(Diphenylmethylene)butylamine, D-00497
▷Methoxamine, M-00194
3-[2-[4-(2-Methoxyphenyl)-1-piperazinyl]ethyl -2,4(1*H*,3*H*)-quinazolinedione, M-00213
1-Methylisoguanosine, M-00265
▷Synephrine, S-00286
Tetraminol, T-00150

Hypnotics

Acebrochol, *in* D-00162
Acevaltrate, *in* V-00006
5-Allyl-5-ethylbarbituric acid, A-00129
5-Allyl-5-isopropyl-1-methylbarbituric acid, A-00130
Alonimid, A-00142
▷Aprobarbital, A-00430
▷2,2-Bis(ethylsulfonyl)butane, B-00211
3,3-Bis(ethylsulfonyl)pentane, *in* B-00213
▷2,2-Bis(ethylsulfonyl)propane, B-00212
Brallobarbital, B-00265
▷5-(2-Bromoallyl)-5-*sec*-butylbarbituric acid, B-00290
▷5-(2-Bromoallyl)-5-isopropylbarbituric acid, B-00291
▷2-Bromo-2-ethylbutanamide, *in* B-00297
▷*N*-(2-Bromo-2-ethylbutanoyl)urea, B-00300
2-Bromo-2-ethyl-3-methylbutyramide, B-00301
▷*N*-(2-Bromo-3-methylbutanoyl)urea, B-00307
Brotizolam, B-00329
▷Butabarbital, B-00380
▷Butalbital, B-00386
▷5-Butyl-5-ethylbarbituric acid, B-00430
Capuride, C-00035
Carbocloral, *in* T-00438
Carburazepam, C-00069
▷Carfimate, *in* P-00204
Chloralose, C-00193
Chlorhexadol, C-00205
▷5-(2-Chloroethyl)-4-methylthiazole, C-00238
▷3-(2-Chlorophenyl)-2-methyl-4(3*H*)-quinazolinone, C-00272
▷Cyclobarbitone, C-00596
▷5-(2-Cyclopenten-1-yl)-5-(2-propenyl)-2,4,6(1*H*,3*H*,5*H*)-pyrimidinetrione, C-00629
▷5,5-Diallylbarbituric acid, D-00119
▷Dichloralphenazone, *in* T-00433
▷Diethylallylacetamide, *in* D-00251
▷3,3-Diethyl-5-methyl-2,4-piperidinedione, D-00249
3,3-Diethyl-5-methyl-2,4(1*H*,3*H*)-pyridinedione, D-00250
▷3,3-Diethyl-2,4(1*H*,3*H*)-pyridinedione, D-00255
▷5,5-Diethyl-2,4,6(1*H*,3*H*,5*H*)-pyrimidinetrione, D-00256
4,6-Dimethyl-3(2*H*)-pyridazinone, D-00450

▷Doxefazepam, D-00593
Endixaprine, E-00046
▷Estazolam, E-00126
▷Etaqualone, E-00140
▷Ethchlorvynol, E-00151
▷Ethinamate, E-00154
▷Ethyl carbamate, E-00177
▷5-Ethyl-5-(1-ethylbutyl)-2,4,6-(1*H*,3*H*,5*H*)-pyrimidinetrione, E-00188
N-(2-Ethylhexyl)-3-hydroxybutanamide, E-00192
▷5-Ethyl-5-phenyl-2,4-imidazolinedione, E-00215
3-Ethyl-3-phenyl-2,6-piperazinedione, E-00216
▷5-Ethyl-5-phenyl-2,4,6(1*H*,3*H*,5*H*)-pyrimidinetrione, E-00218
▷2-Ethyl-2-phenyl-1,4-thiazane-3,5-dione, E-00219
▷Etodroxizine, E-00246
▷Febarbamate, F-00022
Fepitrizol, F-00083
▷Flunitrazepam, F-00168
▷Flurazepam, F-00217
Fosazepam, F-00253
▷Glutethimide, G-00061
▷Haloxazolam, H-00020
▷Heptabarbitone, H-00027
▷Hexapropymate, H-00061
▷Hexobarbital, H-00065
4-Hydroxybutanoic acid, H-00118
▷2-(2-Hydroxyphenyl)-1,3,4-oxadiazole, H-00192
Loprazolam, L-00089
Lormetazepam, L-00097
Mecloxamine, M-00050
▷Methaqualone, M-00172
▷Methitural, M-00184
▷3-Methyl-1-pentyn-3-ol, M-00281
Midazolam, M-00368
Nealbarbitone, N-00055
▷Nimetazepam, N-00147
Nisobamate, N-00158
▷Nitrazepam, N-00170
▷Paraldehyde, P-00023
Penthrichloral, P-00096
▷Pentobarbitone, P-00101
▷Perimetazine, P-00122
▷Perlapine, P-00126
▷Petrichloral, P-00132
Phenadoxone, P-00138
Phenomidon, *in* E-00218
▷2-Phthalimidoglutarimide, P-00223
Piriqualone, P-00335
▷Probarbital, P-00443
Profexalone, P-00463
Propoxate, P-00509
▷Quazepam, Q-00004
Rilmazafone, R-00051
Roletamide, R-00074
Supidimide, S-00272
Suriclone, S-00278
Taglutimide, T-00003
▷Temazepam, *in* O-00096
▷1,3,5-Triazine-2,4,6-triol, T-00423
▷Triazolam, T-00425
▷2,2,2-Tribromoethanol, T-00428
▷2,2,2-Trichloro-1,1-ethanediol, T-00433
▷2,2,2-Trichloroethanol, T-00434
▷2,2,2-Trichloroethanol carbonate, T-00435
▷1,1,1-Trichloro-2-methyl-2-propanol, T-00440
▷Triclofos, T-00450
▷Vinbarbitone, V-00031
Vinylbitone, V-00046
Zolpidem, Z-00033
▷Zopiclone, Z-00037

Hypocholesterolaemic agents

Acefylline clofibrol, *in* A-00011
Acetiromate, A-00022
Acitemate, A-00040
4,4a-Dihydromevinolin, *in* M-00348
Aluminum clofibrate, *in* C-00456
Anisacril, A-00394
Azacosterol, A-00495
Beclobrate, *in* B-00023
Beclobrinic acid, B-00023
▷Benfluorex, B-00050
Benzmalecene, B-00088
▷Bezafibrate, B-00148
▷2-(4-Biphenylyl)butanoic acid, B-00179
▷1,10-Bis(2-hydroxyethylthio)decane, B-00217
Calcium clofibrate, *in* C-00456
▷Cholestyramine resin, C-00307
▷Clinofibrate, C-00429
Clinolamide, *in* O-00007
Clodoxopone, C-00449
Clofibrate, *in* C-00456
▷Clofibric acid, C-00456
Clomestrone, C-00467
▷Colextran, *in* D-00113
Compactin, C-00539
▷Cyasterone, C-00584
Derpanicate, D-00090
▷4-(Dimethylamino)-4-oxobutyl 2-(4-chlorophenoxy)-2-methylpropanoate, *in* C-00456
▷5-(2,5-Dimethylphenoxy)-2,2-dimethylpentanoic acid, D-00443
Eniclobrate, E-00055
Eritadenine, E-00110
Etiroxate, E-00241
Feneritrol, F-00046
▷Fludoxopone, F-00146
Fosmenic acid, F-00256
▷Furazabol, F-00283
3-Hydroxy-8(14)-cholesten-15-one, H-00121
β-Hydroxymevinolin, *in* M-00348
Magnesium clofibrate, *in* C-00456
▷Melinamide, M-00080
Mepiroxol, *in* P-00573
2-Methyl-3-oxo-2-azabicyclo[2.2.2]oct-6-yl β-methyl[1,1′-biphenyl]-4-pentanoate, M-00277
Metibride, M-00318
▷Mevinolin, M-00348
Moctamide, M-00416
▷Moquizone, M-00436
▷Niceritrol, N-00090
▷Nicofibrate, N-00097
▷Nicomol, N-00100
Normosterol, *in* P-00077
6,9,12-Octadecatrienoic acid, O-00009
Oxiniacic acid, *in* P-00571
Picafibrate, P-00230
Pirifibrate, P-00328
▷Pirinixic acid, P-00332
▷Pirinixil, P-00333
Pirozadil, P-00354
Polidexide, P-00379
Pravastatin, P-00403
Probucol, P-00445
Roxibolone, R-00098
Salafibrate, S-00005
▷Simfibrate, S-00074
▷Theofibrate, T-00168
Thyromedan, T-00230
Thyropropic acid, T-00231
▷Thyroxine, T-00233
Tiadenol nicotinate, *in* B-00217
Tiafibrate, *in* B-00217
Tibric acid, T-00252
Timefurone, T-00281
Timofibrate, T-00287
▷Tocofibrate, T-00334
Trethocanic acid, T-00417
4′-(Trifluoromethyl)[1,1′-biphenyl]-2-carboxylic acid, T-00465

3,3′,5-Triiodothyronine, T-00487
8-[(1,4,5-Triphenyl-1*H*-imidazol-2-yl)oxy]octanoic acid, T-00525
Xenthiorate, X-00009

Hypoglycaemic agents

▷Acetohexamide, A-00023
2-Amino-5-hydroxybenzoic acid, A-00262
Benfosformin, B-00051
Butadiazamide, B-00333
Butoxamine, B-00418
▷1-Butylbiguanide, B-00428
▷Carbutamide, C-00070
▷Chlorpropamide, C-00299
Ciglitazone, C-00339
Clomoxir, C-00474
▷Cyasterone, C-00584
N-Cyclooctyl-*N*′-(4-methylbenzenesulfonyl)urea, C-00626
1,1-Decamethylenediguanidine, D-00037
▷*N*,*N*-Dimethylimidodicarbonimidic diamide, D-00432
Etoformin, E-00251
Etomoxir, E-00259
Gliamilide, G-00031
▷Glibenclamide, G-00032
Glibornuride, G-00033
Glibutimine, G-00034
Glicaramide, G-00035
Glicetanile, G-00036
▷Gliclazide, G-00037
Glicondamide, G-00038
Glidazamide, G-00039
Gliflumide, G-00040
Glipizide, G-00042
Gliquidone, G-00043
Glisamuride, G-00044
Glisentide, G-00045
Glisindamide, G-00046
▷Glisolamide, G-00047
▷Glisoxepide, G-00048
▷Glucagon, G-00051
▷Glybuthiazol, G-00062
▷Glybuzole, G-00063
▷Glyclopyramide, G-00068
▷Glycyclamide, G-00071
Glyhexamide, G-00074
▷Glymidine, G-00075
Glyparamide, G-00076
Glypinamide, G-00077
Glyprothiazol, G-00078
4-Guanidinobutyramide, *in* G-00110
Heptolamide, H-00032
Hydroxyhexamide, H-00137
Hypoglycin *A*, H-00224
▷Hypoglycin *B*, H-00225
▷Insulin, I-00076
Insulin argine, I-00077
▷Isobuzole, I-00180
▷Meglitinide, M-00071
▷Metahexamide, M-00146
Midaglizole, M-00365
Nicoclonate, N-00094
▷Phenformin, P-00154
Piroglride, P-00345
Sorbinil, S-00104
▷Tecomanine, T-00049
2-Tetradecyloxiranecarboxylic acid, T-00110
Thiohexamide, T-00203
▷Tolazamide, T-00344
▷Tolbutamide, T-00345
Tolpentamide, T-00363
Tolpyrramide, T-00368
(Xylosylamino)benzoic acid, X-00025

Immunostimulants

4-Amino-1,3-diazabicyclo[3.1.0]hex-3-en-2-one, A-00237
Amiprilose, A-00345
Antibiotic FK 156, A-00406
▷Azimexon, A-00524
2-Benzimidazolepropionic acid, B-00083
▷Bestatin, B-00138
Bucillamine, B-00337
Ciamexon, C-00318
Cyclizidine, C-00594
Globulin, Immune, G-00049
Guacetisal, G-00089
Idebenone, I-00017
▷Inosine pranobex, *in* I-00073
Interleukin-1, I-00080
Interleukin-2, I-00081
Interleukin-3, I-00082
Interleukin-4, I-00083
Interleukin-5, I-00084
Interleukin-6, I-00085
Lobenzarit, L-00066
Lotifazole, L-00103
Murabutide, M-00470
Oxamisole, O-00083
Pimelautide, P-00255
Roquinimex, R-00091
Serum thymic factor, S-00054
Tabilautide, T-00001
Teceleukin, *in* I-00081
▷Tetramisole, T-00151
Thymocartin, T-00223
Tilomisole, T-00276
Tiprotimod, T-00319

Immunosuppressants

3-Acetyl-5-(4-fluorobenzylidene)-4-hydroxy-2-oxo-2,5-dihydrothiophene, A-00032
Adamantoylcytarabine, *in* C-00667
4-Amino-*N*-(2-aminophenyl)benzamide, A-00208
2-Amino-9-(2-deoxy-*erythro*-pentofuranosyl)-1,9-dihydro-6*H*-purine-6-thione, A-00236
▷4-Amino-2′,3-dimethylazobenzene, A-00251
Azarole, A-00508
▷Azathioprine, A-00513
Bofumustine, B-00248
▷Bredinin, B-00267
▷Cyclophosphamide, C-00634
▷Cyclosporin *A*, C-00638
▷2,2′-Dichloro-*N*-methyldiethylamine, D-00193
FK 506, F-00108
▷Fotrin, F-00262
Frentizole, F-00264
GSN (as disodium salt), *in* G-00082
▷Ifosfamide, I-00021
▷Imidazole mustard, I-00030
Meciadanol, *in* P-00081
▷Mitoclomine, M-00399
Napirimus, N-00046
Nosantine, N-00226
Nuclomedone, N-00230
▷Oxisuran, O-00120
4-Phenyl-2-[(2-phenylethyl)amino]thiazole, P-00195
▷Protamines, P-00531
▷Pumitepa, P-00556
▷Razoxane, R-00016
Ristianol, R-00064
Splenopentin, S-00135
▷Sufosfamide, S-00178
▷Thiamiprine, T-00178
▷Thiotepa, T-00211
Thymopentin, T-00225
▷Triptolide, T-00530
Tumour necrosis factor, T-00575

Insecticides

▷Allethrin, A-00124

Antibiotic LL-F28249α, A-00408
Beauvericin, B-00020
▷Bendiocarb, B-00046
Benoxafos, B-00058
Benzodepa, B-00091
▷Benzyl benzoate, *in* B-00092
▷Bromocyclen, B-00295
▷Bromophos, B-00316
▷Butonate, B-00413
▷Butopyronoxyl, B-00416
▷Carbon disulfide, C-00058
▷Carbophenothion, C-00060
▷Chlorfenvinphos, C-00203
Clenpyrin, C-00420
▷Coumaphos, C-00555
Crotoxyphos, C-00571
▷Crufomate, C-00572
Cyfluthrin, C-00642
Cypothrin, C-00644
Cyromazine, C-00653
▷Diazinon, D-00149
▷Dichlofenthion, D-00176
▷1,1-Dichloro-2-(2-chlorophenyl)-2-(4-chlorophenyl)ethane, D-00180
3,4-Dichloro-α-(trichloromethyl)benzyl alcohol, D-00204
▷Dichlorvos, D-00207
▷Dieldrin, D-00222
2,7-Dimethylthianthrene, D-00456
▷Dimetilan, D-00457
▷Dioxathion, D-00475
▷Dixanthogen, D-00556
Etofenoprox, E-00249
▷Famphur, F-00015
▷Fenchlorphos, F-00039
Fenfluthrin, F-00051
▷Fenitrothion, F-00057
▷Fenthion, F-00078
Flumethrin, F-00158
▷Gamma benzene hexachloride, *in* H-00038
Gossypol; (±)-*form*, *in* G-00082
▷Iodofenphos, I-00104
▷Malathion, M-00013
Methoprene, M-00189
▷Monosulfiram, M-00430
▷1-Naphthalenyl methylcarbamate, *in* M-00238
Nicotine, N-00103
Nifluridide, N-00114
▷Paraoxon, P-00027
▷Permethrin, P-00128
Phenothrin, P-00169
▷Phosmet, P-00213
▷Phoxim, P-00221
▷Piperonyl butoxide, P-00293
▷Pirimiphos-ethyl, P-00329
▷Pirimiphos-methyl, P-00330
▷Pyrimitate, P-00587
7-Quinolinecarboxylic acid, Q-00030
▷Quintiofos, Q-00034
▷Ryanodine, R-00108
▷Temephos, T-00061
▷Tetrachlorvinphos, T-00107
▷Tetraethyl pyrophosphate, T-00112
▷Tetramethrin, T-00143
▷1,1,1-Trichloro-2,2-bis(4-chlorophenyl)ethane, T-00432
▷Trichlorphon, T-00443
▷Verrucarin *A*, V-00023

Keratolytic agents

▷3-Acetoxyphenol, *in* B-00073
▷Alcloxa, *in* A-00123
Aldioxa, *in* A-00123
▷1,3-Benzenediol, B-00073
Dibenzothiophene, D-00160
▷Dibenzoyl peroxide, D-00161
▷2-Hydroxybenzoic acid, H-00112
Motretinide, M-00456
Retinoic acid, R-00033
Tetrahydroxy-1,4-benzoquinone, T-00137
Thioxolone, T-00214
5-(Triphenylmethyl)-2-pyridinecarboxylic acid, T-00526
▷Urea, U-00011

Lipid regulating agents

Acarbose, A-00005
Acetiromate, A-00022
▷Acipimox, *in* M-00302
Aluminum clofibrate, *in* C-00456
Aronixil, A-00446
▷Benfluorex, B-00050
N-(Benzyloxy)-*N*-(3-phenylpropyl)acetamide, B-00125
▷Bezafibrate, B-00148
Biclofibrate, B-00154
2-(4-Biphenylyl)-4-hexenoic acid, B-00180
Bis(3,5-di-*tert*-butyl-4-hydroxyphenyl)acetic acid, B-00203
▷1,10-Bis(2-hydroxyethylthio)decane, B-00217
Boxidine, B-00263
Calcium clofibrate, *in* C-00456
3-Chloro-1-(1*H*-imidazol-1-yl)-4-phenylisoquinoline, C-00251
Ciclonicate, *in* T-00506
Cinnarizine clofibrate, *in* C-00372
▷Ciprofibrate, C-00389
▷Clinofibrate, C-00429
Clodoxopone, C-00449
Clofibrate, *in* C-00456
▷Clofibric acid, C-00456
Colestipol, *in* D-00245
Compactin, C-00539
Derpanicate, D-00090
4,5-Dihydro-5-methyl-4-oxo-5-phenyl-2-furancarboxylic acid, D-00290
2,3:4,6-Di-*O*-isopropylidene-β-L-*xylo*-2-hexulosonic acid, *in* H-00070
▷4-(Dimethylamino)-4-oxobutyl 2-(4-chlorophenoxy)-2-methylpropanoate, *in* C-00456
Dulofibrate, D-00618
Eniclobrate, E-00055
Ethyl 2-methyl-2-[(9-oxo-9*H*-xanthen-3-yl)oxy]propanoate, E-00202
Etiroxate, E-00241
Etofibrate, E-00250
Fenirofibrate, F-00055
▷Fenofibrate, *in* F-00062
D-Glucitolhexanicotinate, *in* G-00054
Glucosamine pentanicotinate, *in* A-00235
Halofenate, H-00008
▷Heparin, H-00026
(1-Hydroxyethylidene)bisphosphonic acid, H-00132
▷3-Hydroxy-3-methylpentanedioic acid, H-00170
▷Inositol nicotinate, *in* I-00074
Itanoxone, I-00220
Lifibrate, L-00046
Lodazecar, L-00069
Lodinixil, L-00070
Magnesium clofibrate, *in* C-00456
▷Methionine; (*S*)-*form*, *in* M-00183
2-Methyl-3-oxo-2-azabicyclo[2.2.2]oct-6-yl β-methyl[1,1′-biphenyl]-4-pentanoate, M-00277
2-Methyl-5-thiazolecarboxylic acid, M-00309
Metibride, M-00318
▷Mifobate, M-00372
Milheparine, *in* E-00137
▷Nafenopin, N-00014
Nicoclonate, N-00094
Nicofurate, *in* M-00308
Oxibetaine, O-00110
Oxiniacic acid, *in* P-00571
Peraclopone, P-00110
Pimetine, P-00258

Pirifibrate, P-00328
▷Pirinixil, P-00333
▷Plafibride, P-00369
Ponfibrate, *in* D-00192
2-Propyl-5-thiazolecarboxylic acid, P-00517
Riboflavine 2′,3′,4′,5′-tetra-3-pyridinecarboxylate, *in* R-00038
Ronifibrate, R-00085
Serfibrate, S-00046
▷Simfibrate, S-00074
Simvastatin, S-00075
Sitofibrate, *in* S-00151
▷5-Stigmasten-3-ol, S-00151
Sulodexide, S-00232
Sultosilic acid, *in* D-00313
Sunagrel, S-00270
Surfomer, S-00276
Tazasubrate, T-00040
▷Terbufibrol, T-00083
2,2,9,9-Tetramethyl-1,10-decanediol, T-00146
Tiadenol nicotinate, *in* B-00217
Tiafibrate, *in* B-00217
Tibric acid, T-00252
Timefurone, T-00281
Tisoquone, T-00325
Topanicate, T-00380
Treloxinate, T-00408
4′-(Trifluoromethyl)[1,1′-biphenyl]-2-carboxylic acid, T-00465
▷Triparanol, T-00523
8-[(1,4,5-Triphenyl-1*H*-imidazol-2-yl)oxy]octanoic acid, T-00525
Urefibrate, U-00014

Luteolytic agents

▷Cloprostenol, C-00490
▷Delprostenate, D-00053
Detirelix, D-00107
Fenprostalene, F-00074
Fluprostenol, F-00212
Luprostiol, L-00114
Prostalene, P-00529

Metal-poisoning antidotes

▷Contramine, *in* D-00244
▷Deferoxamine, D-00044
▷Diethyldithiocarbamic acid, D-00244
▷2,3-Dimercapto-1-propanol, D-00385
2,2′-Dithiobisethanesulfonic acid, D-00550
▷Ditiocarb sodium, *in* D-00244
2-Mercaptoethanesulfonic acid, M-00116

Mineralocorticoids

▷Aldosterone, A-00106
Cortenil-Depot, *in* H-00203
▷Corticosterone, C-00546
▷Deoxycortone acetate, *in* H-00203
Deoxycortone glucoside, *in* H-00203
Deoxycortone pivalate, *in* H-00203
Desoxycortone enanthate, *in* H-00203
▷21-Hydroxy-4-pregnene-3,20-dione, H-00203

Miotic agents

▷Acetylcholine(1+), A-00030
▷Eserine, E-00122
▷Methacholine(1+), M-00160
N,N,N-Trimethyl-2-furanmethanaminium(1+), *in* F-00282

Molluscicides

Balanitin 1, *in* S-00129
Balanitin 2, *in* S-00129
Balanitin 3, *in* S-00129
▷Niclosamide, N-00093

Monoamine oxidase inhibitors

Almoxatone, A-00140
Amiflamine, A-00193
Bazinaprine, B-00019
▷Benmoxin, B-00055
Brofaromine, B-00278
▷Carbenzide, *in* M-00233
▷Cimoxatone, C-00352
Clorgyline, C-00496
(Cyclohexylmethyl)hydrazine, C-00616
▷*N′*,α-Dimethylphenethylhydrazine, D-00442
N,α-Dimethyl-*N*-2-propynylphenethylamine, D-00449
Domoxin, D-00575
Feprosidnine, F-00086
Indocate, I-00061
▷Iproclozide, I-00158
▷Iproniazid, I-00161
▷Isocarboxazid, I-00181
(1-Methylheptyl)hydrazine, M-00258
(1-Methyl-2-phenoxyethyl)hydrazine, M-00282
▷(1-Methyl-2-phenylethyl)hydrazine, M-00289
Moclobemide, M-00415
Nialamide, N-00082
▷Pargyline, P-00037
2-Phenylcyclopropylamine, P-00186
▷1-Phenylethylhydrazine, P-00188
▷(2-Phenylethyl)hydrazine, P-00189
Pildralazine, P-00251
▷Pivhydrazine, P-00365
▷Safrazine, S-00003
Tipindole, T-00313

Mucolytic agents

▷*N*-Acetylcysteine, A-00031
Adamexine, A-00065
Bencisteine, B-00040
Bromhexine, B-00289
▷Brovanexine, B-00330
▷Carbocisteine, *in* C-00654
▷*S*-Carboxymethylcysteine, C-00065
3-[(Carboxymethyl)thio]propanoic acid, C-00066
Cinaproxen, C-00356
Diacetylcysteine, *in* A-00031
2,2′-Dithiobisethanesulfonic acid, D-00550
Eprazinone, E-00091
▷Ethiofos, E-00155
▷Guaietolin, G-00093
▷2-(Iodomethyl)-1,3-dioxclane-4-methanol, I-00107
Letosteine, L-00028
2-Mercaptoethanesulfonic acid, M-00116
Methyl cysteine, *in* C-00654
Nesosteine, N-00077
Paracetamol thenoate, *in* A-00298
Salmisteine, *in* A-00031
Stepronin, S-00145
Tetrahydro-2*H*-1,3-thiazine-4-carboxylic acid, T-00136

Muscle relaxants

Acefylline, A-00011
▷Adiphenine, A-00072
▷Afloqualone, A-00081
▷Alprazolam, A-00150
Ambenoxan, A-00168
▷2-Amino-5-chlorobenzoxazole, A-00225
▷Aminophylline, *in* T-00169
Atracurium(2+), A-00472
Azumolene, A-00534

▷Baclofen, B-00003
▷Benzoctamine, B-00090
Benzoquinonium(2+), B-00096
Benzotript, *in* T-00567
[4,4′-Biphenylenebis(sulfonyliminoethylene)]-bis(trimethylammonium)(2+), B-00178
Broxaterol, B-00332
▷Carisoprodol, C-00078
Chandonium(2+), C-00188
▷5-Chloro-2(3*H*)-benzoxazolone, C-00218
▷Chlorphenesin carbamate, *in* C-00261
▷Chlorphenoxamine, C-00294
▷Choline theophyllinate, *in* C-00308
Ciltoprazine, C-00348
Cinflumide, C-00366
Cinnamedrine, C-00371
Cinnarizine, C-00372
Clenbuterol, C-00419
Clodanolene, C-00447
Clofeverine, C-00454
Cycleanine, C-00590
▷Cyclobenzaprine, C-00597
Dacuronium(2+), D-00003
▷Dantrolene, D-00012
Denpidazone, D-00075
▷1,3-Dibutoxy-2-propanol, D-00172
▷Dichlormezanone, D-00178
▷Difenamizole, D-00262
Dipyrandium(2+), D-00529
Doxacurium(2+), D-00589
Elfazepam, E-00025
▷Emylcamate, E-00042
▷Eperisone, E-00072
▷Etamiphylline, E-00137
▷Etomidoline, E-00258
Fazadinium(2+), F-00019
▷Fenalamide, F-00033
Fenobam, F-00059
Fenyripol, F-00082
Fetoxylate, *in* D-00265
Flavoxate, F-00112
Fletazepam, F-00118
Flumetramide, F-00159
▷Flunitrazepam, F-00168
▷Flutemazepam, F-00226
Gallamine, G-00004
▷*N*-(2-Hydroxyethyl)cinnamamide, H-00130
Inaperisone, I-00048
Isomylamine, I-00194
Laudexium(2+), L-00013
Lefetamine, *in* D-00492
▷Lorbamate, L-00093
▷Lorzafone, L-00100
Malouetine, *in* P-00416
▷Mebeverine, M-00033
Meladrazine, M-00073
Menitrazepam, M-00091
▷Mephenoxalone, M-00095
▷Meprobamate, M-00104
Mesuprine, M-00142
Metaclazepam, M-00145
▷Metaxalone, M-00152
▷Methocarbamol, *in* G-00095
Methoprene, M-00189
▷3-Methyl-6,7-methylenedioxy-1-piperonylisoquinoline, M-00267
α-Methyl-*N*-(1-methyl-2-phenoxyethyl)phenethylamine, M-00269
▷3-(2-Methylphenoxy)-1,2-propanediol, M-00283
1-Methyl-6-(trifluoromethyl)-2(1*H*)-quinolinone, M-00314
▷Metocurine iodide, *in* C-00309
▷Mezilamine, M-00357
Mivacurium(2+), M-00409
Nafomine, N-00019
▷Nefopam, N-00063
Nelezaprine, N-00065
▷Neuriplege, *in* C-00296
▷Nimetazepam, N-00147
Onitin, O-00049
▷Orphenadrine, O-00064
Otilonium(1+), O-00069
Oxydipentonium(2+), O-00150
▷Papaverine, P-00019
▷Parsalmide, P-00041
▷Phenprobamate, *in* P-00201
▷Phenyramidol, P-00211
▷Pifexole, P-00247
▷Pimefylline, P-00254
Pipecuronium(2+), P-00277
Pipoxolan, P-00304
Piprocurarium(2+), P-00308
Piraxelate, *in* O-00139
Piriqualone, P-00335
▷Prazepam, P-00404
▷Procyclidine, P-00455
Prodeconium(2+), P-00457
Progabide, P-00465
▷Promoxolan, P-00481
Proxazole, P-00545
▷Proxyphylline, P-00551
Quinetolate, *in* M-00217
▷Rolodine, R-00079
▷Salbutamol, S-00012
Sevopramide, S-00060
▷Styramate, S-00169
▷Suxamethonium(2+), S-00280
Syndyphalin, S-00285
Terbutaline diisobutyrate, *in* T-00084
▷Tetrazepam, T-00154
▷Theophylline, T-00169
Theophylline calcium salicylate, *in* T-00169
Theophylline diethanolamine, *in* T-00169
Theophylline dihydroxyephedrine, *in* T-00169
Theophylline isopropanolamine, *in* T-00169
Theophylline meglumine, *in* T-00169
Theophylline sodium glycinate, *in* T-00169
▷Theopylline olamine, *in* T-00169
▷Thiocolchicoside, T-00199
Thiphenamil, T-00215
Tiropramide, T-00323
▷Tolperisone, T-00364
▷Tybamate, T-00577
▷Xilobam, X-00014
▷Xylazine, X-00021

Mydriatic agents

4-(2-Aminopropyl)phenol, A-00322
Buzepide, B-00434
Cyclodrine, C-00601
2-(Dimethylamino)ethyl benzilate, D-00410
▷Ethylmorphine, *in* M-00449
Eucatropine, E-00267
▷Homatropine, H-00082
▷Lachesine(1+), L-00002
Oxyphenonium(1+), O-00161
Pivenfrine, P-00364
▷Scopolamine, S-00031
Tropicamide, T-00552
Tropine tropate, T-00554

Narcotic analgesics

▷Acetorphine, *in* E-00263
Alfentanil, A-00111
Alletorphine, A-00125
Alphaacetylmethadol, *in* M-00162
▷Amobarbital, A-00352
▷Anileridine, A-00390
Anilopam, A-00391
Aspoxicillin, A-00465

Benzethidine BAN, B-00078
▷Bezitramide, B-00149
▷Buprenorphine, B-00370
Butorphanol, B-00417
▷Carfentanil, C-00075
Clonitazene, C-00478
▷Codeine, C-00525
Cyclazocine, C-00588
Desmethylmoramide, D-00096
▷Desomorphine, D-00100
▷Dextrorphan, *in* H-00166
▷Diethylthiambutene, D-00258
▷6-Dimethylamino-4,4-diphenyl-3-hexanone, D-00407
2-[(Dimethylamino)methyl]-1-(3-methoxyphenyl)cyclohexanol, D-00416
▷Dimethylthiambutene, D-00455
Dioxaphetyl butyrate, D-00474
4,4-Diphenyl-6-(1-piperidinyl)-3-heptanone, D-00509
4,4-Diphenyl-6-(1-piperidinyl)-3-hexanone, D-00510
▷Dixyrazine, D-00557
▷Drotebanol, D-00612
▷4,5α-Epoxy-14-hydroxy-3-methoxy-17-methylmorphinan-6-one, *in* O-00155
Eptazocine, E-00097
Ethylmethylthiambutene, E-00208
Etonitazene, E-00260
▷Etorphine, E-00263
Etoxeridine, E-00265
▷Fentanyl, F-00077
Flupentixol decanoate, *in* F-00198
Furethidine, F-00290
▷Heroin, H-00034
Hydromorphinol, H-00101
▷Hydromorphone, H-00102
4-Hydroxybutanoic acid, H-00118
▷Hydroxypethidine, H-00189
▷Isomethadone, I-00193
▷Ketobemidone, K-00014
Levaacetylmethadol, *in* M-00162
Levophenacylmorphan, L-00039
▷Levorphanol, *in* H-00166
Lofentanil, L-00073
Mefentanyl, M-00065
Meprodine, M-00105
Metazocine, M-00155
Methadol, M-00162
▷Methadone, M-00163
Methethoheptazine, *in* H-00048
Methyldesorphine, M-00243
▷Methyldihydromorphine, M-00245
▷Metopon, M-00333
Moramide, M-00437
Morpheridine, M-00447
Morphinan-3-ol, M-00448
▷Morphine, M-00449
Myrophine, M-00477
Nalbuphine, N-00028
Nalmexone, N-00031
▷Nicocodine, N-00095
▷Nicomorphine, N-00101
Noracymethadol, N-00207
▷Norcodeine, *in* N-00222
▷Normorphine, N-00222
Oxpheneridine, O-00143
Oxymorphone, O-00155
Pentamorphone, P-00087
▷Pethidine, P-00131
Phenadoxone, P-00138
▷Phenampromide, P-00143
▷Phenazocine, P-00147
Pheneridine, P-00151
▷Phenomorphan, P-00164
Phenoperidine, P-00165
Piminodine, P-00260
▷Piritramide, P-00337
▷Profadol, P-00462
Proheptazine, P-00469
Proxorphan, P-00549
▷Racemorphan, *in* H-00166
Sufentanil, S-00177
▷Thebacon, T-00161
▷Thebaine; (−)-*form*, *in* T-00162
Thiotetrabarbital, T-00212
Tilidate, T-00273
▷Trimeperidine, T-00494

Narcotic antagonists

▷Acetorphine, *in* E-00263
Bremazocine, B-00268
Chloroxymorphamine, C-00291
▷Coenzyme I, C-00530
Conorfone, C-00542
Cyclazocine, C-00588
Cyprenorphine, C-00646
Dezocine, D-00116
Diacetylnalorphine, *in* N-00032
▷2,4-Diamino-5-phenylthiazole, D-00134
▷Difenamizole, D-00262
▷Diprenorphine, D-00520
Embutramide, E-00034
▷Etorphine, E-00263
Fenmetozole, F-00058
Gemazocine, G-00014
Ketazocine, K-00011
▷Levallorphan, L-00038
Nalbuphine, N-00028
Nalmefene, N-00030
Nalmexone, N-00031
▷Nalorphine, N-00032
Nalorphine dinicotinate, *in* N-00032
▷Naloxone, N-00033
▷Naltrexone, N-00034
Naltrindole, N-00035
▷Oxilorphan, O-00114
Quadazocine, Q-00001
▷6,7,8,9-Tetrahydro-5*H*-tetrazolo[1,5-*a*]azepine, T-00133

Nasal decongestants

Amidephrine, A-00191
▷Cafaminol, C-00008
Cirazoline, C-00395
Coumazoline, C-00556
▷*N*,α-Dimethylcyclopentaneethanamine, *in* A-00232
Domazoline, D-00572
Fenoxazoline, F-00066
Indanazoline, I-00050
Iproheptine, *in* M-00257
▷Naphazoline, N-00041
▷Oxymetazoline, O-00153
Tefazoline, T-00051
▷Tetrahydrozoline, T-00140
Tinazoline, T-00292
Tramazoline, T-00395
Tymazoline, T-00580
▷Xylometazoline, X-00023

Neuroleptic agents

Aceperone, A-00014
Aceprometazine, A-00015
Acetophenazine, A-00025
▷Amiperone, A-00343
Anisopirol, A-00396
Axamozide, A-00489
Azabuperone, A-00492
Befiperide, B-00026
Biriperone, B-00183

Bromperidol, B-00324
▷Buspirone, B-00378
Butaclamol, B-00382
▷Butaperazine, B-00394
▷Carperone, C-00093
▷Chloroserpidine, C-00285
▷Chlorpromazine, C-00298
▷Chlorprothixene, C-00300
Ciclofenazine, C-00329
Ciclopramine, C-00331
Cinitapride, C-00368
Cinperene, C-00380
Cinuperone, C-00384
Citatepine, C-00401
▷Clocapramine, C-00441
Cloflumide, C-00459
Clofluperol, C-00460
▷Clorotepine, C-00501
▷Clothiapine, C-00507
Clotixamide, C-00511
Cloxathiepin, C-00516
▷Cloxypendyl, C-00520
▷Cyamemazine, C-00578
Declenperone, D-00039
▷Deserpidine, D-00093
Dicarbine, D-00175
10,11-Dihydro-10-oxo-5*H*-dibenz[*b,f*]azepine-5-carboxamide, *in* D-00281
Duoperone, D-00621
Enciprazine, E-00045
Erizepine, E-00111
Etacepride, E-00132
▷Fenaperone, F-00036
▷Fluanisone, F-00130
Fluciprazine, F-00137
Flumezapine, F-00161
▷Fluopromazine, F-00176
▷Flupenthixol, F-00198
Fluperlapine, F-00200
▷Fluphenazine, F-00202
Fluphenazine caproate, *in* F-00202
▷Fluphenazine decanoate, *in* F-00202
▷Fluphenazine enanthate, *in* F-00202
Flupimazine, F-00203
Fluspiperone, F-00222
▷Fluspirilene, F-00223
Flutizenol, F-00229
Furomazine, F-00296
Halopemide, H-00012
Haloperidide, H-00014
Homofenazine, H-00084
Homopipramol, H-00085
Imiclopazine, I-00028
▷Iprozilamine, I-00165
Isofloxythepin, I-00187
▷Loxapine, L-00106
Maroxepin, M-00025
▷Mefeclorazine, M-00061
Melperone, M-00083
▷Meprothixol, M-00106
Methiomeprazine, M-00182
▷Methopromazine, M-00190
▷Metiapine, M-00317
▷Metitepine, M-00324
Metoxepin, M-00338
▷Mezilamine, M-00357
Milenperone, M-00374
Mindoperone, M-00384
▷Molindone, M-00423
Moperone, M-00432
Oxaflumazine, O-00077
Oxiperomide, O-00117
▷Oxypertine, O-00157
Oxyprothepin, O-00162
Oxyprothepin decanoate, *in* O-00162
▷Oxyridazine, O-00164
Penfluoridol decanoate, *in* P-00062
▷Penfluridol, P-00062
▷Perazine, P-00116
▷Pericyazine, P-00121
▷Perimetazine, P-00122
▷Perphenazine, P-00129
▷Perphenazine acetate, *in* P-00129
▷Perphenazine trimethoxybenzoate, *in* P-00129
Phenoperidone, P-00166
Picobenzide, P-00237
▷Piflutixol, P-00248
▷Pimozide, P-00263
Pinoxepin, P-00272
▷Pipamperone, P-00274
▷Piperacetazine, P-00282
Pipothiazine, P-00302
Pipotiazine palmitate, *in* P-00302
Pipotiazine undecylenate, *in* P-00302
▷Prochlorperazine, P-00450
▷Promazine, P-00475
▷Propyperone, P-00518
Prosulpride, P-00530
▷Prothipendyl, P-00536
Prothixene, P-00537
Raclopride, R-00002
Rilapine, R-00050
Rolipram, R-00077
▷Roxoperone, R-00102
▷Spiperone, S-00115
Spiramide, S-00117
▷Spirilene, S-00121
Sulfamothepin, S-00201
▷Sulforidazine, S-00222
Tefludazine, T-00053
Tenilapine, T-00069
▷Tetrabenazine, T-00102
▷Thioproperazine, T-00208
▷Thioridazine, T-00209
▷Thiothixene, T-00213
Tiapride, T-00243
▷Timiperone, T-00285
Traboxopine, T-00392
Trepipam, T-00412
▷Trifluoperazine, T-00463
▷Trifluperidol, T-00468
Zetidoline, Z-00010

Neuromuscular blocking agents

▷Calebassine, C-00016
Gallamine, G-00004
Laudexium(2+), L-00013
Mebezonium(2+), M-00034
▷Metocurine iodide, *in* C-00309
Stercuronium(1+), S-00146
Truxipicurium(2+), T-00563

Neuromuscular blocking agents, depolarising

Carbolonium(2+), C-00055
Decamethonium(2+), D-00036
▷Suxamethonium(2+), S-00280
Suxethonium(2+), S-00282

Neuromuscular blocking agents, nondepolarising

▷Alcuronium(2+), A-00105
Atracurium(2+), A-00472
Dimethyltubocurarinium chloride, *in* T-00571
Fazadinium(2+), F-00019
Pancuronium(2+), P-00012

▷Tubocurarine(2+), T-00571
▷Tubocurarine(2+); (+)-*form*, *in* T-00571
Vecuronium (1+), V-00014

Neurotransmitters

▷4-Aminobutanoic acid, A-00221
Bamaluzole, B-00009

Nutritional agents

▷Alfacol, *in* T-00335
Aspartame, A-00460
Bis(8-hydroxy-5,7-quinolinedisulfonato(3−)-N^1,O^8-cuprate, B-00223
Bis(4-methylphenyl)iodonium(1+), B-00230
Cimaterol, C-00349
Clinolamide, *in* O-00007
▷Cyclohexylsulfamic acid, C-00623
▷Saccharin, S-00002
▷Sodium iodide, S-00088
α-Tocopherol, T-00335
α-Tocopherol succinate, *in* T-00335
Tocophersolan, *in* T-00335

Oestrogens

▷Almediol, *in* O-00028
Benzestrol, B-00077
Bifluranol, B-00163
3,4-Bis(4-hydroxyphenyl)hexane, B-00220
Broparestrol, B-00326
▷Chlorotrianisene, C-00290
Cloxestradiol, C-00518
▷Coumestrol, C-00558
▷3,4,5,6,7,8,9,10,11,12-Decahydro-7,14,16-trihydroxy-3-methyl-1*H*-2-benzoxacyclotetradecin-1-one, D-00035
▷Dienestrol, D-00223
Diethylstilbestrol, D-00257
Doisynoestrol, D-00570
Epimestrol, E-00080
▷Equilenin, E-00098
▷Equilin, E-00099
▷Estradiol cypionate, *in* O-00028
Estradiol dienanthate, *in* O-00028
▷Estradiol dipropionate, *in* O-00028
Estradiol diundecylate, *in* O-00028
Estradiol diundecylenate, *in* O-00028
Estradiol enanthate, *in* O-00028
Estradiol furoate, *in* O-00028
Estradiol hemisuccinate, *in* O-00028
Estradiol hexahydrobenzoate, *in* O-00028
Estradiol monopropionate, *in* O-00028
Estradiol palmitate, *in* O-00028
Estradiol pivalate, *in* O-00028
Estradiol propoxyphenylpropionate, *in* O-00028
Estradiol stearate, *in* O-00028
Estradiol undecylate, *in* O-00028
▷Estradiol valerate, *in* O-00028
Estrapronicate, *in* O-00028
Estra-1,3,5(10)-triene-3,17-diol 17-(3-oxohexanoate), *in* O-00028
Estrazinol, E-00128
Estriol tripropionate, *in* O-00030
▷Estrofurate, E-00129
Estrone acetate, *in* O-00031
Estrone cyanate, *in* O-00031
Estrone tetraacetylglucoside, *in* O-00031
Etamestrol, E-00135
▷3-Ethyl-4-(4-methoxyphenyl)-2-methyl-3-cyclohexene-1-carboxylic acid, E-00200
▷5-Ethyl-6-methyl-4-phenyl-3-cyclohexene-1-carboxylic acid, E-00205
Ethynylestradiol 3-isopropylsulfonate, *in* E-00231
▷17α-Ethynyl-1,3,5(10)-oestratriene-3,17-diol, E-00231
Furostilbestrol, F-00297
Genovul, *in* C-00518
Hexestrol diacetate, *in* B-00220
Hexestrol dicaprylate, *in* B-00220
Hexestrol diphosphate, *in* B-00220
Hexestrol dipropionate, *in* B-00220
▷Mestranol, M-00138
▷Methallenoestril, M-00164
17-Methylestra-1,3,5(10)-triene-3,17-diol, *in* O-00028
7α-Methylestrone, *in* O-00031
▷Moxestrol, M-00463
Nylestriol, N-00234
▷Oestradiol benzoate, *in* O-00028
1,3,5(10)-Oestratrien-3,16β,17β-triol, *in* O-00030
▷Oestriol, O-00030
Oestriol diacetate benzoate, *in* O-00030
Oestriol succinate, *in* O-00030
▷Oestrone, O-00031
Oestrone; 3-Sulfo, *in* O-00031
Orestrate, O-00055
Promethoestrol, P-00479
▷Quinestrol, *in* E-00231

Opiates

Adrenorphin, A-00078
▷Morphine, M-00449

Ovulation-inducing agents

▷Cyclofenil, C-00602
Ovandrotone albumin, *in* O-00071

Oxytocic agents

Acetergamine, A-00019
▷*Ile*^{3}*-Arginine vasopressin*, V-00013
Carbetocin, C-00048
▷Carboprost, C-00062
▷Cargutocin, C-00076
Cloquinozine, C-00491
Deaminooxytocin, D-00030
11,15-Dihydroxy-16,16-dimethyl-9-methylene-5,13-prostadienoic acid, D-00322
11,15-Dihydroxy-9-oxo-5,13-prostadienoic acid, D-00339
11,15-Dihydroxy-9-oxo-13-prostenoic acid, D-00341
Ergometrine, E-00104
▷Ergotamine, E-00106
Gallopamil, G-00006
▷Lupinidine, *in* S-00110
▷Methylergometrine, M-00254
Nacartocin, N-00005
▷Oxytocin, O-00167
2-(1-Piperazinyl)quinoline, P-00286
4-L-Threonineoxytocin, T-00220
[Thz^7]Oxytocin, T-00234
9,11,15-Trihydroxyprosta-5,13-dienoic acid, T-00483

Penicillins

▷Almecillin, A-00137
Amantocillin, A-00164
▷Amoxycillin, A-00364
▷Ampicillin, A-00369
Apalcillin, A-00421
Azidocillin, A-00520
Azlocillin, A-00529
Bacampicillin, B-00001
Bacmecillinam, B-00004
Carbenicillin, C-00045
Carfecillin, C-00074
Carindacillin, C-00077
Clometocillin, C-00470

Cloxacillin, C-00515
▷Cyclacillin, C-00585
▷Dicloxacillin, D-00214
▷Diphenicillin, D-00485
Fibracillin, F-00102
Flucloxacillin, F-00139
Fomidacillin, F-00239
Fumoxicillin, F-00275
Furbenicillin, F-00286
Furbucillin, F-00287
Fuzlocillin, F-00304
Hetacillin, H-00035
Isopropicillin, I-00200
Lenampicillin, L-00022
▷Mecillinam, M-00042
Metampicillin, M-00150
Methicillin, M-00180
▷Mezlocillin, M-00358
Nafcillin, N-00012
▷Oxacillin, O-00074
Oxetacillin, O-00104
Penamecillin, P-00058
▷Penicillin *N*, P-00066
Penimepicycline, P-00068
Penimocycline, P-00069
Phenbenicillin, P-00148
Phenethicillin, P-00152
▷Phenoxymethylpenicillin, P-00171
Piperacillin, P-00283
Piridicillin, P-00325
Piroxicillin, P-00352
▷Pivampicillin, P-00362
Pivmecillinam, P-00366
Prazocillin, P-00408
Propampicillin, P-00488
Propicillin, P-00501
Quinacillin, Q-00009
Rotamicillin, R-00095
Sarmoxicillin, *in* O-00104
Sarpicillin, *in* H-00035
Sulbactam pivoxil, *in* P-00065
Sulbenicillin, S-00181
Sultamicillin, S-00262
Suncillin, S-00271
Talampicillin, T-00005
Tameticillin, *in* M-00180
Temocillin, T-00062
Thiphencillin, T-00216
Ticarcillin, T-00255
Ticarcillin; 3-Mono(4-methylphenyl)ester, *in* T-00255
Timoxicillin, T-00290

Peptides

Alsactide, A-00152
Amogastrin, A-00354
Anaritide, A-00377
Angiogenin, A-00384
Angiotensinamide, *in* A-00385
Apolipoprotein A1, A-00424
8-L-Arginine vasopressin, V-00013
▷*Ile³-Arginine vasopressin*, V-00013
Codactide, C-00524
Deaminooxytocin, D-00030
Desglugastrin, D-00094
Detirelix, D-00107
Doreptide, D-00584
Elcatonin, E-00023
▷Eledoisin, E-00024
Enkephalins, E-00058
Gastrins, G-00012
▷Leuprorelin, L-00035
▷Lutrelin, L-00117
▷*8-L-Lysine vasopressin*, V-00013
Melanostatin, M-00074
Metkefamide, M-00325
Octacosactrin, O-00006
Octreotide, O-00025
▷Oxytocin, O-00167
▷Parathyrin, P-00030
Pentacosactride, P-00075
▷Pentagastrin, P-00079
▷Pepstatin *A*, 9CI, P-00109
Pimelautide, P-00255
Prolyl-*N*-methylleucylglycinamide, P-00474
Saralasin, S-00023
Secretin, S-00034
Seractide, S-00045
Sermorelin, S-00049
Sincalide, S-00077
Somatorelin, S-00097
Splenopentin, S-00135
Teprotide, T-00079
Terlipressin, T-00093
4-L-Threonineoxytocin, T-00220
Thymopentin, T-00225
[Thz⁷]Oxytocin, T-00234
L-Tryptophyl-L-alanyl-glycyl-glycyl-L-aspartyl-L-alanyl-L-seryl-glycyl-L-glutamic acid, T-00568

Peptides, opioid

Adrenorphin, A-00078
Dynorphin, D-00625
β-Endorphin, E-00049

Platelet aggregation inhibiting agents

Acitemate, A-00040
Altapizone, A-00154
Amindocate, A-00199
Amipizone, A-00344
Anagrelide, A-00376
Apafant, A-00420
Benafentrine, B-00035
Bencyclane, B-00042
4,5-Bis(4-methoxyphenyl)-2-(trifluoromethyl)-1*H*-imidazole, B-00229
▷2-Chloroadenosine, C-00214
Cilostamide, C-00346
Cilostazol, C-00347
Ciprostene, C-00393
Clopidogrel, C-00484
Cloricromen, C-00497
Dazmegrel, D-00025
Dazoxiben, D-00029
Dimetagrel, D-00388
Ditazole, D-00545
Domipizone, D-00573
6,9-Epithio-11,15-dihydroxy-5,13-prostadienoic acid, E-00087
▷Etersalate, E-00144
Furegrelate, F-00289
2,3,3′,4,4′,5′-Hexahydroxybenzophenone, H-00052
Imanixil, I-00024
▷Indobufen, I-00060
Itazigrel, I-00221
Ketorolac, K-00019
Limaprost, L-00050
Lixazinone, L-00063
2-Methylthioadenosine 5′-(dihydrogen phosphate), M-00311
Midazogrel, M-00367
▷Mopidamol, M-00433
Nafazatrom, N-00011
Naxaprostene, N-00054
▷Oxagrelate, O-00078
Ozagrel, O-00168
7-Phenyl-7-(3-pyridinyl)-6-heptenoic acid, P-00205
2-(Phosphonooxy)-4-(trifluoromethyl)benzoic acid, P-00218
Pirmagrel, P-00341
Pirozadil, P-00354

▷Plafibride, P-00369
Prostacyclin, P-00528
Ridogrel, R-00043
Rosaprostol, R-00093
Saterinone, S-00027
Siguazodan, S-00067
▷Sulphinpyrazone, S-00258
Sunagrel, S-00270
Ticlopidine, T-00256
Tioxaprofen, T-00308
▷α-Tocopherolquinone, *in* T-00337
Tretoquinol, T-00418
Trifenagrel, T-00458
▷Triflusal, *in* H-00215
Trillin, *in* S-00129
Vapiprost, V-00011

Progestogens

Algestone, A-00114
▷Algestone acetonide, *in* A-00114
▷Algestone acetophenide, *in* A-00114
▷Allyloestrenol, A-00132
▷Altrenogest, A-00159
Amadinone, A-00161
Amadinone acetate, *in* A-00161
Anagestone, A-00375
Anagestone acetate, *in* A-00375
▷Chlormadinone, C-00208
▷Chlormadinone acetate, *in* C-00208
6-Chloro-17-hydroxypregn-4-ene-3,20-dione, C-00248
6-Chloro-1,4,6-pregnatriene-3,20-dione, C-00276
▷Cingestol, C-00367
Cismadinone, C-00398
Cismadinone acetate, *in* C-00398
Clogestone, C-00463
Clogestone acetate, *in* C-00463
Clomegestone, C-00466
Clomegestone acetate, *in* C-00466
Delmadinone, D-00054
Delmadinone acetate, *in* D-00054
Demegestone, D-00063
▷Dienogest, D-00224
▷Dimethisterone, D-00393
▷Dydrogesterone, D-00624
Edogestrone, E-00014
▷Ethisterone, E-00156
▷Ethynerone, E-00226
▷Ethynodiol, E-00227
▷Ethynodiol diacetate, *in* E-00227
Flugestone, F-00150
▷Flugestone acetate, *in* F-00150
Flumedroxone, F-00154
Flumedroxone acetate, *in* F-00154
Gestaclone, G-00020
Gestodene, G-00021
▷Gestonorone caproate, *in* G-00023
▷Gestrinone, G-00022
Gestronol, G-00023
Haloprogesterone, H-00017
17-Hydroxy-19-norpregna-4,6-diene-3,20-dione, H-00183
▷17-Hydroxy-4-pregnene-3,20-dione, H-00202
Hydroxyprogesterone acetate, *in* H-00202
Hydroxyprogesterone heptanoate, *in* H-00202
▷Hydroxyprogesterone hexanoate, *in* H-00202
Lutenyl, *in* N-00200
▷Lynoestrenol, L-00121
▷Medrogestone, M-00057
▷Medroxyprogesterone, *in* H-00175
▷Medroxyprogesterone acetate, *in* H-00175
Megestrol, *in* H-00174
▷Megestrol acetate, *in* H-00174
Melengestrol, M-00078
▷Melengestrol acetate, *in* M-00078
Metynodiol, M-00346
Metynodiol diacetate, *in* M-00346
Nomegestrol, N-00200
▷Norethisterone, N-00212
▷Norethisterone acetate, *in* N-00212
Norethisterone acetate oxime, *in* N-00212
▷Norethisterone enanthate, *in* N-00212
▷Norethynodrel, N-00213
Norgesterone, N-00215
▷Norgestimate, N-00216
Norgestomet, N-00217
Norgestrel, N-00218
▷Norgestrienone, N-00219
Oxogestone, O-00129
Oxogestone phenpropionate, *in* O-00129
Pentagestrone, P-00080
Pentagestrone acetate, *in* P-00080
▷Progesterone, P-00466
Proligestone, P-00472
Promegestone, P-00476
Quingestanol, Q-00024
▷Quingestanol acetate, *in* Q-00024
Quingestrone, Q-00025
Tigestol, T-00269

Prolactin release inhibitors

▷2-Aminoethanethiol, A-00252
▷Bromocriptine, *in* E-00103
Cabergoline, C-00002
Dihydroergocryptine, D-00285
Disulergine, D-00541
Etisulergine, E-00243
Lergotrile, L-00026
Mergocriptine, M-00125
▷Mesulergine, M-00140
Prolactostatin, P-00470
Proterguride, P-00533
Terguride, T-00090

Prostaglandins

Alfaprostol, A-00110
Butaprost, B-00395
▷Carboprost, C-00062
Cicaprost, C-00323
▷Cloprostenol, C-00490
▷Delprostenate, D-00058
Deprostil, D-00086
11,15-Dihydroxy-16,16-dimethyl-9-methylene-5,13-prostadienoic acid, D-00322
11,15-Dihydroxy-16,16-dimethyl-9-oxo-5,13-prostadienoic acid, D-00324
11,15-Dihydroxy-15-methyl-9-oxo-5,13-prostadienoic acid, D-00334
9,15-Dihydroxy-11-oxo-5,13-prostadienoic acid, D-00338
11,15-Dihydroxy-9-oxo-5,13-prostadienoic acid, D-00339
11,15-Dihydroxy-9-oxo-13-prostenoic acid, D-00341
Dimoxaprost, D-00462
6,9-Epithio-11,15-dihydroxy-5,13-prostadienoic acid, E-00087
Eptaloprost, E-00096
▷Etiproston, E-00239
Fenprostalene, F-00074
Flunoprost, F-00170
Fluprostenol, F-00212
▷Froxiprost, F-00266
▷Gemeprost, G-00015
15-Hydroxy-15-methyl-9-oxo-13-prosten-1-oic acid, H-00169
15-Hydroxy-9-oxo-5,10,13-prostatrien-1-oic acid, H-00187
Luprostiol, L-00114
Mexiprostil, M-00352
Misoprostol, M-00396
Naxaprostene, N-00054
Nileprost, N-00140
Nocloprost, N-00195
Ornoprostil, O-00060

Oxoprostol, O-00137
Penprostene, P-00074
Piriprost, P-00334
Prostacyclin, P-00528
Prostalene, P-00529
▷Sulprostone, S-00261
Taprostene, T-00027
Tiaprost, T-00244
Tilsuprost, T-00279
Tiprostanide, T-00318
9,11,15-Trihydroxyprosta-5,13-dienoic acid, T-00483
Trimoprostil, T-00517
Vapiprost, V-00011
Viprostol, V-00051

Psychotropic agents

Adafenoxate, A-00061
▷Amfetaminil, A-00183
2-Amino-1-phenyl-1-propanone, A-00309
Bazinaprine, B-00019
Brosotamide, *in* B-00302
▷Butaperazine, B-00394
▷Carpipramine, C-00097
Clopenthixol, C-00481
Dihydro-1*H*-pyrrolizine-3,5(2*H*,6*H*)-dione, D-00302
Doliracetam, D-00571
Dupracetam, D-00622
Enpiprazole, E-00063
▷Ethyl 4-fluorophenyl sulfone, E-00191
Etiracetam, E-00240
Flubepride, F-00134
Ftormetazine, F-00270
Ftorpropazine, F-00271
Hydroxindasol, H-00105
6-Hydroxy-3,5-cyclopregnan-20-one, H-00122
4-Hydroxy-2-oxo-1-pyrrolidineacetamide, H-00188
Icospiramide, I-00013
Idebenone, I-00017
Imuracetam, I-00047
▷Mescaline, M-00131
1-(4-Methoxybenzoyl)-2-pyrrolidinone, M-00197
▷1-(3-Methoxy-4,5-methylenedioxyphenyl)-2-propylamine, M-00201
▷Metitepine, M-00324
Minaprine, M-00381
Molracetam, M-00424
Nizofenone, N-00193
Piperacetam, P-00281
Pirisudanol, P-00336
Pramiracetam, P-00397
Razobazam, R-00015
Ridiflone, R-00042
Setoperone, S-00058
▷Sulpiride, S-00259
Tameridone, T-00020
Tamitinol, T-00022
Δ^9-Tetrahydrocannabinol, T-00115
3-(2-Thienyl)piperazinone, T-00188
Tinisulpride, T-00294
▷1-(3,4,5-Trimethoxyphenyl)-2-propylamine, T-00504
▷Tryptamine, T-00566
▷Viloxazine, V-00029
Zoloperone, Z-00032

Psychomimetic agents

▷Adrenochrome, A-00077
4-Bromo-2,5-dimethoxy-α-methylphenethylamine, B-00298
▷Carbazochrome salicylate, *in* A-00077
▷3-(2-Dimethylaminoethyl)-4-hydroxyindole, D-00411
▷Lysergide, L-00122
Ortetamine, O-00065
▷Psilocybine, *in* D-00411
▷Tenamfetamine, T-00066

Purgatives

▷Barbaloin, B-00013
▷Bisacodyl, B-00186
Bis(2-ethylhexyl)sulfosuccinic acid, B-00210
Bis(4-hydroxyphenyl)(2-pyridyl)methane; Bis(hydrogen sulfate) ester, *in* B-00221
Bisoxatin, B-00234
▷Cholic acid, *in* T-00475
Cinnoxyphenisatin, *in* O-00160
Cofisatin, *in* D-00049
Darodipine, D-00016
▷Dehydrocholic acid, D-00049
▷1,8-Dihydroxyanthraquinone, D-00308
Lactulose, L-00005
Magnesium citrate, M-00007
Magnesium hydroxide, M-00008
Nicoxyphenisatin, *in* O-00160
Oxyphenisatin, O-00160
Oxyphenisatin acetate, *in* O-00160
▷Phenolphthalein, P-00162
Picofosforic acid, *in* B-00221
Potassium phosphate dibasic, *in* P-00219
p,p′-(2-Pyridinylmethylene)bis(phenyl palmitate), P-00577
Sennidin, S-00042
▷Sodium phosphate dibasic, *in* P-00219
▷Sodium sulfate, S-00090
Sulisatin, S-00226
Tartaric acid, T-00028
▷L-Threaric acid, *in* T-00028
Thymolphthalein, T-00224
▷Triacetyldiphenolisatin, *in* O-00160

Radiopaque agents

▷Acetrizoic acid, *in* A-00340
▷Barium sulfate, B-00014
Broxitalamic acid, B-00333
Buniodyl, B-00363
3-(Diacetylamino)-2,4,6-triiodobenzoic acid, *in* A-00340
▷Diatrizoic acid, *in* D-00138
N-(2,3-Dihydroxypropyl)-3,5-diiodo-4(1*H*)-pyridinone, D-00353
3,5-Diiodo-4-hydroxybenzenesulfonic acid, D-00358
Diiodomethanesulfonic acid, D-00359
▷3,5-Diiodo-4(1*H*)-pyridinone, D-00362
3,5-Diiodo-4-pyridone-1-acetic acid, D-00363
Ethyl cartrizoate, E-00180
▷Febarbamate, F-00022
▷Iobenzamic acid, I-00091
Iobutoic acid, I-00092
▷Iocarmic acid, I-00093
▷Iocetamic acid, I-00094
▷Iodamide, I-00095
Iodecol, I-00096
Iodetryl, *in* D-00361
Iodipamide, I-00097
Iodixanol, I-00099
▷Iodoalphionic acid, I-00100
(2-Iodobenzoyl)aminoacetic acid, I-00101
Iodomethanesulfonic acid, I-00106
▷Iodoxamic acid, I-00108
Iodoxyl, I-00109
Ioglicic acid, I-00111
Ioglucol, I-00112
▷Ioglucomide, I-00113
Ioglunide, I-00114
Ioglycamic acid, I-00115
Iogulamide, I-00116
Iohexol, I-00117
Iolidonic acid, I-00118
▷Iolixanic acid, I-00119
▷Iomeglamic acid, I-00120
Iomeprol, I-00121
Iomorinic acid, I-00123
▷Iopamidol, I-00124

▷Iopanoic acid, I-00125
Iopentol, I-00126
▷Iophendylate, I-00127
▷Iophenoxic acid, I-00128
▷Iopodic acid, I-00129
Ioprocemic acid, I-00130
Iopromide, I-00131
▷Iopronic acid, I-00132
Iosarcol, I-00133
▷Iosefamic acid, I-00134
Ioseric acid, I-00135
Iosimide, I-00136
Iosulamide, I-00137
Iosumetic acid, I-00138
Iotasul, I-00139
▷Iothalamic acid, I-00140
Iotranic acid, I-00141
Iotriside, I-00142
Iotrizoic acid, I-00143
Iotrolan, I-00144
▷Iotroxic acid, I-00145
Ioversol, I-00146
Ioxabrolic acid, I-00147
Ioxaglic acid, I-00148
Ioxilan, I-00149
Iozomic acid, I-00150
▷Meglumine acetrizoate, *in* A-00340
▷Metrizamide, M-00343
Oxypropyliodone, *in* D-00363
▷Phenobutiodil, P-00160
Propyl docetrizoate, *in* A-00340
▷Propyliodone, *in* D-00363
Tyropanoic acid, T-00531

Radiopharmaceutical agents

2-Amino-3-(3-iodo-4-hydroxyphenyl)propanoic acid, A-00276
▷Caesium chloride, C-00007
▷Chromic chloride, C-00310
▷Chromic phosphate, C-00311
▷Cobaltous chloride, C-00522
▷Cupric acetate, C-00575
Diohippuric acid, D-00470
Etifenin, E-00235
Exametazime, E-00278
▷Ferric chloride, F-00087
Ferrous citrate, F-00092
Fibrinogen, F-00103
Gallium citrate, G-00005
Galtfenin, G-00008
▷Indium chloride, I-00059
Iobenguane, I-00090
Iodipine, I-00098
(2-Iodobenzoyl)aminoacetic acid, I-00101
19-Iodocholest-5-en-3-ol, I-00102
16-Iodohexadecanoic acid, I-00105
Iomethin, I-00122
Merisoprol, M-00126
▷6,6′-Methylenebis[1,2-dihydro-2,2,4-trimethylquinoline], M-00250
9-Octadecenoic acid, O-00010
Pertechnetic acid, P-00130
▷Potassium chloride, P-00391
▷Povidone-Iodine, *in* P-00393
▷Rubidium chloride, R-00103
▷Sodium arsenate, S-00033
▷Sodium chloride, S-00085
▷Sodium chromate, S-00086
▷Strontium chloride, S-00165
▷Strontium nitrate, S-00166
Tauroselcholic acid, T-00034
Technetium sestamibi, *in* M-00205
Technetium tiatide, *in* M-00129
▷Thallous chloride, T-00160
Tris(8-quinolinato)indium, *in* H-00211
▷Zinc chloride, Z-00016

Radioprotective agents

▷2-Aminoethanethiol, A-00252
3-Amino-2-mercaptopropanoic acid, A-00278
▷Bis(2-aminoethyl) disulfide, B-00188
Coenzyme *A*, C-00528
▷2,3-Dihydroxy-1-octadecyloxypropane, D-00337
2-(3,7-Dimethyl-2,6-octadienyl)-1,4-benzenediol, D-00438
Estramustine, E-00127
▷Ethiofos, E-00155
▷*N*-(2-Mercapto-1-oxopropyl)glycine, M-00120
N-(2-Sulfoethyl)-glutamine, S-00219
▷2,2′-Thiobisethanol, T-00195

Reserpine antagonists

Rofelodine, R-00073

Schistosomicides

Agrimophol, A-00085
Amphotalide, A-00367
▷Antimony potassium tartrate, A-00414
Becanthone, B-00021
Bis[4,5-dihydroxy-1,8-benzenedisulfonato(4−)-O^4,O^5]-antimonate(5−), B-00207
▷Hycanthone, H-00093
▷Lucanthone, L-00110
Meclonazepam, M-00047
▷Niridazole, N-00156
▷Oltipraz, O-00042
▷Oxamniquine, O-00084
Phenithionate, P-00159
▷Stibocaptate, S-00149
2,2′,2″-Stibylidynetris[thio]trisbutanedioic acid, S-00150
Teroxalene, T-00095

Sedatives

Acebrochol, *in* D-00162
▷Acecarbromal, A-00007
Aceprometazine, A-00016
Acevaltrate, *in* V-00006
Alonimid, A-00142
▷Amobarbital, A-00352
▷Aprobarbital, A-00430
Bentipimine, B-00068
Benzoclidine, *in* Q-00035
▷Benzoctamine, B-00090
▷1-Benzoyl-5-ethyl-5-phenylbarbituric acid, *in* E-00218
Bromamid, B-00283
▷5-(2-Bromoallyl)-5-isopropylbarbituric acid, B-00291
▷2-Bromo-2-ethylbutanamide, *in* B-00297
2-Bromo-2-ethyl-3-methylbutyramide, B-00301
▷5-Bromo-1*H*-indole-2,3-dione, B-00305
Bromopride, B-00317
▷Butabarbital, B-00380
▷Butalbital, B-00386
▷5-Butyl-5-ethylbarbituric acid, B-00430
▷Captodiame, C-00033
▷Carbubarb, C-00068
▷Carfimate, *in* P-00204
▷Chlordiazepoxide, C-00200
Chlorhexadol, C-00205
▷5-(2-Chloroethyl)-4-methylthiazole, C-00238
▷3-(2-Chlorophenyl)-2-methyl-4(3*H*)-quinazolinone, C-00272
▷Chlorproethazine, C-00296
▷Cinolazepam, C-00375
Clemizole, C-00418
Clidafidine, C-00424
Climazolam, C-00426
▷Clocanfamide, C-00440

Cloperidone, C-00483
Clorazepic acid, C-00494
▷Clozapine, C-00521
▷Cyclobarbitone, C-00596
1-Cyclohexyl-2-methyl-1-propanol, C-00618
▷5-(2-Cyclopenten-1-yl)-5-(2-propenyl)-2,4,6(1*H*,3*H*,5*H*)-pyrimidinetrione, C-00629
Danitracen, D-00011
Declenperone, D-00039
Dexclamol, D-00112
▷5,5-Diallylbarbituric acid, D-00119
▷Diazepam, D-00148
▷Dichloralphenazone, *in* T-00433
▷3,3-Diethyl-5-methyl-2,4-piperidinedione, D-00249
3,3-Diethyl-5-methyl-2,4(1*H*,3*H*)-pyridinedione, D-00250
▷5,5-Diethyl-2,4,6(1*H*,3*H*,5*H*)-pyrimidinetrione, D-00256
Difebarbamate, D-00260
Dihydrovaltrate, D-00305
Dimelazine, D-00378
4-(2,3-Dimethylbenzyl)-1*H*-imidazole, D-00426
Diphoxazide, D-00516
Di(4-pyridylmethyl)amine, D-00531
Ectylurea, E-00011
Elanzepine, E-00022
▷Estazolam, E-00126
▷Etaqualone, E-00140
▷Ethchlorvynol, E-00151
▷Ethinamate, E-00154
Ethyl carfluzepate, E-00179
▷5-Ethyl-1-methyl-5-phenyl-2,4,6(1*H*,3*H*,5*H*)-pyrimidinetrione, E-00206
▷5-Ethyl-5-phenyl-2,4,6(1*H*,3*H*,5*H*)-pyrimidinetrione, E-00218
Etymemazine, E-00266
▷Fenimide, F-00053
Fluprazine, F-00206
▷Flurazepam, F-00217
▷Flutazolam, F-00225
Furomazine, F-00296
▷Glutethimide, G-00061
▷Heptabarbitone, H-00027
▷Hexapropymate, H-00061
▷Hexobarbital, H-00065
Homofenazine, H-00084
▷2-(2-Hydroxyphenyl)-1,3,4-oxadiazole, H-00192
▷Iprozilamine, I-00165
▷Isochondodendrine, I-00182
Levophenacylmorphan, L-00039
Lormetazepam, L-00097
Mecloxamine, M-00050
▷Meparfynol carbamate, *in* M-00281
▷Methapyrilene, M-00171
▷Methaqualone, M-00172
▷Methitural, M-00184
▷3-Methyl-1-pentyn-3-ol, M-00281
▷Metomidate, M-00331
Metoserpate, M-00336
▷Mexazolam, M-00350
▷Midaflur, M-00364
▷Molindone, M-00423
Nabitan, N-00003
Nealbarbitone, N-00055
Nisobamate, N-00158
4-Oxo-4*H*-1-benzopyran-2-carboxylic acid, O-00125
▷Oxomemazine, O-00132
▷Oxyridazine, O-00164
▷Paraldehyde, P-00023
▷Pecazine, P-00048
Penthrichloral, P-00096
▷Pentobarbitone, P-00101
▷Perimetazine, P-00122
▷Petrichloral, P-00132
▷2-Phthalimidoglutarimide, P-00223
▷Pimethixene, P-00257
Pivoxazepam, P-00367
▷Prazepam, P-00404
▷Probarbital, P-00443
▷Promethazine, P-00478
▷Promoxolan, P-00481
Propiomazine, P-00504
Propoxate, P-00509
▷Proxibarbal, P-00546
Pyritinol, P-00590
▷Quazepam, Q-00004
▷Quinalbarbitone, Q-00011
Reclazepam, R-00020
▷Reserpine, R-00029
Romifidine, R-00082
▷Scopolamine, S-00031
Selprazine, S-00039
Spaglumic acid, *in* A-00461
Supidimide, S-00272
Taglutimide, T-00003
▷Talbutal, T-00007
▷Tetrabenazine, T-00102
3*a*,4,7,7*a*-Tetrahydro-4,7-methano-1*H*-isoindole-1,3(2*H*)-dione, *in* B-00157
Tiletamine, T-00272
Tilozepine, T-00278
Tisocromide, T-00324
Tixadil, T-00328
▷Toloxatone, T-00360
▷Toloxychlorinol, T-00361
Toprilidine, T-00383
▷Triazolam, T-00425
▷Tricetamide, T-00431
▷2,2,2-Trichloro-1,1-ethanediol, T-00433
▷2,2,2-Trichloroethanol carbonate, T-00435
▷Triclofos, T-00450
Trifluomeprazine, T-00462
▷4-(3,4,5-Trimethoxybenzoyl)morpholine, T-00502
4-(α,2,3-Trimethylbenzyl)-1*H*-imidazole, T-00505
Valofane, V-00004
Valperinol, V-00005
▷Valtrate, V-00006
▷Vinbarbitone, V-00031
Vinylbitone, V-00046
Xanthiol, X-00004
▷Xylazine, X-00021
Zolazepam, Z-00028
▷Zopiclone, Z-00037

Serotonin antagonists

Altanserin, A-00153
Amindocate, A-00199
2-Amino-3-(4-chlorophenyl)propanoic acid, A-00226
Benanserin, B-00036
Butanserin, B-00392
Cianopramine, C-00320
Cinanserin, C-00355
Cinitapride, C-00368
Declenperone, D-00039
▷Dimethothiazine, D-00396
Ergometrine, E-00104
Fluoxetine, F-00194
Granisetron, G-00086
▷Homochlorcyclizine, H-00083
Hydroxindasate, *in* H-00105
Hydroxindasol, H-00105
Indocate, I-00061
Iprazochrome, I-00156
Ketanserin, K-00010
Lysuride, L-00124
▷Metergoline, M-00159
▷Methysergide, M-00315
Metrenperone, M-00342
Ondansetron, O-00048
Pelanserin, P-00052
▷Piflutixol, P-00248
Pipoxizine, P-00303

Pipradimadol, P-00305
Pizotifen, P-00368
Ritanserin, R-00066
Seganserin, S-00036
Sequifenadine, S-00044
Sergolexole, S-00047
Terguride, T-00090
Tipindole, T-00313
▷1-(2,4,6-Trihydroxyphenyl)-1-propanone, T-00479
Tropanserin, T-00547
Xylamidine, X-00020

Sex hormones, male

Adrenosterone, A-00079
Cloxotestosterone acetate, *in* H-00111
▷Fluoxymesterone, F-00195
17-Hydroxy-4-androsten-3-one, H-00111
▷Testosterone hexahydrobenzoate, *in* H-00111
Testosterone hexahydrobenzyl carbonate, *in* H-00111
17-(2,2,2-Trichloro-1-hydroxyethoxy)androst-4-en-3-one, *in* H-00111

Sex hormones, female

▷Progesterone, P-00466
Urofollitropin, U-00015

Stimulant, respiratory

▷Almitrine, A-00139
▷9-Amino-1,2,3,4-tetrahydroacridine, A-00333
▷Carbon dioxide, C-00057
Centphenaquin, C-00168
7-Chloro-4-hydroxy-5-indanecarboxylic acid, C-00243
Cropropamide, C-00566
Crotethamide, C-00569
▷1-(Cyclohexylmethyl)piperidine, C-00617
▷2,4-Diamino-5-phenylthiazole, D-00134
N,*N*-Diethyl-3,5-dimethyl-4-isoxazolecarboxamide, D-00243
▷*N*,*N*-Diethyl-3-pyridinecarboxamide, D-00254
▷Dimefline, D-00377
▷Doxapram, D-00591
▷Etamiphylline, E-00137
▷Ethamivan, E-00146
▷4-Ethyl-4-methyl-2,6-piperidinedione, *in* E-00203
Fominoben, F-00240
3-Hydroxy-14,15-epoxy-20,22-bufadienolide, H-00128
5-(1-Hydroxy-1-methylethyl)-2-methyl-2-cyclohexen-1-ol, H-00162
▷α-Lobeline, *in* L-00064
Narceine, N-00051
Peganine, P-00050
▷2-(1-Piperidinylmethyl)cyclohexanone, P-00288
▷Pyridofylline, *in* P-00582
Taloximine, T-00016
▷Theophylline nicotinamide, *in* T-00169
▷Tropirine, T-00555

Sulfonamides

Acetylsulfamethoxazole, *in* S-00244
▷*N*-[(4-Aminophenyl)sulfonyl]benzamide, *in* A-00213
N-[(4-Aminophenyl)sulfonyl]-*N*-(6-methoxy-3-pyridazinyl)-acetamide, *in* S-00246
▷4-Amino-*N*-2-quinoxalinylbenzenesulfonamide, *in* A-00332
[[[(2,6-Dimethyl-4-pyrimidinyl)amino]sulfonyl]phenyl]-formamide, *in* S-00254
Disulphamide, D-00543
Mafenide, M-00002
Maleylsulfathiazole, M-00015
Phthalylsulfacetamide, P-00225
Salazodimethoxine, S-00007
Salazosulfamide, S-00009
Salazosulphadimidine, S-00011
Stearylsulfamide, S-00142
▷Sulfacetamide, *in* A-00213
▷Sulfaclomide, S-00188
Sulfaclorazole, S-00189
Sulfaclozine, S-00190
Sulfacytine, S-00191
Sulfadicramide, S-00192
▷Sulfadoxine, S-00193
Sulfaguanole, S-00194
Sulfamazone, S-00195
▷Sulfamethazine, S-00196
▷Sulfametomidine, S-00197
▷Sulfametopyrazine, S-00198
▷Sulfamonomethoxime, S-00200
▷Sulfanilamide, *in* A-00213
Sulfanilanilide, S-00202
▷Sulfanilylurea, S-00203
Sulfanitran, S-00204
Sulfaperin, S-00206
Sulfapyrazole, S-00207
Sulfapyridazine, S-00208
Sulfasuccinamide, S-00209
Sulfasymazine, S-00210
Sulfathiadiazole, S-00211
Sulfatroxazole, S-00212
Sulfatrozole, S-00213
▷Sulfisoxazole, S-00215
Sulphachlorpyridazine, S-00236
▷Sulphadiazine, S-00237
▷Sulphadimethoxine, S-00238
Sulphaethidole, S-00239
▷Sulphaguanidine, S-00240
Sulphaloxic acid, S-00241
▷Sulphamerazine, S-00242
▷Sulphamethizole, S-00243
▷Sulphamethoxazole, S-00244
▷Sulphamethoxydiazine, S-00245
▷Sulphamethoxypyridazine, S-00246
▷Sulphamoprine, S-00247
▷Sulphamoxole, S-00248
▷Sulphaphenazole, S-00250
Sulphaproxyline, S-00251
▷Sulphapyridine, S-00252
▷Sulphasalazine, S-00253
▷Sulphasomidine, S-00254
Sulphasomizole, S-00255
▷Sulphathiazole, S-00256
Sulphathiourea, S-00257
▷Sulthiame, S-00263
Terephtyl, T-00087
Zonisamide, *in* B-00087

Sunscreen agents

▷4-Aminobenzoic acid, A-00216
5-Benzoyl-4-hydroxy-2-methoxybenzenesulfonic acid, B-00098
Bornelone, B-00257
Bumetrizole, B-00357
β-Carotene, C-00088
Cinoxate, C-00378
2-Cyclohexyl-5,9-dimethyl-4,8-decadienoic acid, C-00607
▷2,4-Dihydroxybenzophenone, D-00318
8-Ethoxy-5-quinolinesulfonic acid, E-00171
▷Etocrilene, *in* C-00582
▷7-Hydroxy-2*H*-1-benzopyran-2-one, H-00114
2-Hydroxy-4-methoxy-4′-methylbenzophenone, H-00150
▷(2-Hydroxy-4-methoxyphenyl)methanone, *in* D-00318
▷7-Hydroxy-4-methyl-2*H*-1-benzopyran-2-one, H-00156
▷2-(2-Hydroxy-5-methylphenyl)-2*H*-benzotriazole, H-00172
▷2-Hydroxy-1,4-naphthoquinone, H-00178
Mefenidil, M-00063
Octabenzone, O-00004
Octocrilene, *in* C-00582
Octrizole, O-00027

Padimate O, *in* D-00405
▷Titanium dioxide, T-00326
2,2′,4-Trihydroxybenzophenone, T-00472
3,3,5-Trimethylcyclohexyl 2-hydroxybenzoate, T-00507

Sympathomimetic agents

▷Adrenaline, A-00075
▷Adrenalone, A-00076
Aganodine, A-00083
Alifedrine, A-00118
▷2-Amino-1-(3-hydroxyphenyl)ethanol, A-00272
4-Amino-5-phenyl-1-pentene, A-00307
3-(2-Aminopropyl)phenol, A-00321
4-(2-Aminopropyl)phenol, A-00322
Arnolol, A-00445
N-Benzyl-*N*,*α*-dimethylphenethylamine, B-00115
Broxaterol, B-00332
Cinamolol, C-00354
Clenbuterol, C-00419
Clorprenaline, C-00502
α-[[(3-Cyclohexyl-1-methylpropyl)amino]methyl]-3-hydroxybenzyl alcohol, C-00619
▷Dimepropion, D-00382
▷2-Dimethylamino-1-phenyl-1-propanol, D-00418
▷*N*,*α*-Dimethylcyclopentaneethanamine, *in* A-00232
▷*N*,6-Dimethyl-5-hepten-2-amine, *in* M-00256
Dimetofrine, D-00459
Dioxethedrin, D-00476
Dipivefrin, D-00518
Dizocilpine, D-00560
Dobutamine, D-00561
Ecastolol, E-00004
Etafedrine, E-00133
Ethylnorepinephrine, E-00212
▷Etilefrine, *in* A-00272
Etilefrine pivalate, *in* A-00272
Etoxadrol, E-00264
▷Fenoterol, F-00064
Fenoxazoline, F-00066
Fenproporex, F-00073
▷2-Heptanamine, H-00030
▷3-Hydroxy-*α*-[(methylamino)methyl]benzenemethanol, *in* A-00272
Idralfidine, I-00018
▷Isoprenaline, I-00198
▷Lysergide, L-00122
▷Mazindol, M-00029
▷Metaterol, M-00151
Methoxyphedrine, M-00210
Methoxyphenamine, M-00211
▷2-Methylamino-1-phenyl-1-propanol, M-00221
▷Methylphenidate, *in* R-00065
▷2-Methyl-3-phenyl-2-butylamine, M-00288
▷3-Methyl-2-phenylmorpholine, M-00290
Metiprenaline, M-00323
Midodrine, M-00369
▷Naphazoline, N-00041
▷Neostigmine(1+), N-00070
Noradrenaline, N-00208
▷Octopamine, O-00022
▷Orciprenaline, O-00053
Phenamazoline, P-00141
▷1-Phenyl-2-propylamine, P-00202
▷Pirbuterol, P-00316
Pivenfrine, P-00364
Procaterol, P-00449
Protokylol, P-00540
▷Reproterol, R-00026
Rimiterol, R-00058
Ritodrine, R-00067
Ronactolol, R-00083
▷Salbutamol, S-00012
Salmefamol, S-00018
▷Soterenol, S-00107
▷Terbutaline, T-00084
▷Tetrahydrozoline, T-00140
Tramazoline, T-00395
Tymazoline, T-00580
▷Xylometazoline, X-00023

Tetracyclines

Amicycline, A-00189
Aminochlorthenoxycycline, A-00227
Apicycline, A-00423
▷Aureomycin, A-00476
▷Bromotetracycline, B-00318
Clomocycline, C-00473
▷6-Demethyl-7-chlorotetracycline, D-00064
6-Demethyl-6-deoxytetracycline, D-00065
6-Demethyltetracycline, D-00066
6-Deoxy-5-hydroxytetracycline, D-00080
Ditetracycline, D-00547
Etamocycline, E-00138
▷Guamecycline, G-00097
▷Lymecycline, L-00120
▷Meclocycline, M-00044
Meglucycline, M-00072
▷Mepicycline, M-00096
▷Methacycline, M-00161
▷Minocycline, M-00387
Morphocycline, M-00450
Nitrocycline, N-00175
▷Oxytetracycline, O-00166
Pecocycline, P-00049
Penimepicycline, P-00068
Penimocycline, P-00069
▷Rolitetracycline, R-00078
▷Tetracycline, T-00109

Tonics

myo-Inositol, I-00074
▷Strychnine, S-00167
▷Strychnine N-oxide, *in* S-00167

Tranquillisers

Acaprazine, A-00004
▷Acepromazine, A-00015
Acetophenazine, A-00025
Alpertine, A-00146
▷Alprazolam, A-00150
▷4-Amino-3-phenylbutanoic acid, A-00303
▷Amiperone, A-00343
Androst-5-en-3,16-diol, A-00382
Arfendazam, A-00439
▷Axiquel, *in* E-00204
Azabuperone, A-00492
▷Azaperone, A-00503
▷Benactyzine, B-00034
Benapryzine, B-00037
Benolizime, *in* D-00034
▷Benperidol, B-00060
Bentazepam, B-00066
Benzindopyrine, B-00084
Benzquinamide, B-00102
▷1-Benzyl-2,3,4,9-tetrahydro-1*H*-pyrido[3,4-*b*]indole, B-00130
▷2,2-Bis(chloromethyl)-1,3-propanediol, B-00200
Broclepride, B-00274
▷Brofoxine, B-00280
▷Bromazepam, B-00285
Bromperidol, B-00324
▷Buspirone, B-00378
Butaclamol, B-00382
Butamoxane, B-00388
▷Butaperazine, B-00394
▷Camazepam, C-00019

▷Captodiame, C-00033
Carburazepam, C-00059
Carphenazine, C-00095
▷Chlordiazepoxide, C-00200
▷Chlormezanone, C-00210
▷7-Chloro-1,3-dihydro-5-phenyl-2*H*-1,4-benzodiazepin-2-one, *in* D-00148
▷2-(3-Chlorophenyl)-3-methyl-2,3-butanediol, C-00267
▷2-(4-Chlorophenyl)-4-methyl-2,4-pentanediol, C-00270
▷Chlorproethazine, C-00296
▷Chlorpromazine, C-00298
▷Chlorprothixene, C-00300
Ciclofenazine, C-00329
Ciclotizolam, C-00334
Cinoctramide, C-00374
Ciprazafone, C-00386
▷Clazolam, C-00411
▷Clobazam, C-00433
Clofenetamine, C-00452
Clofluperol, C-00460
▷Clomacran, C-00465
Clopenthixol, C-00481
Cloperidone, C-00483
Clopimozide, C-00485
Clopipazan, C-00486
Clorazepic acid, C-00494
Cloroperone, C-00499
▷Clothiapine, C-00507
▷Clotiazepam, C-00508
Clotixamide, C-00511
▷Cloxazolam, C-00517
▷Clozapine, C-00521
Cyclarbamate, C-00587
▷Cyprazepam, C-00645
▷Cyproximide, C-00652
Dapiprazole, D-00013
▷Delorazepam, D-00056
▷Demoxepam, D-00069
▷Desogestrel, D-00099
▷Diazepam, D-00148
Diclometide, D-00213
Difenclosazine, D-00263
Dimeprozan, D-00383
4-(2,3-Dimethylbenzyl)-1*H*-imidazole, D-00426
4,6-Dimethyl-3(2*H*)-pyridazinone, D-00450
Diphenylphosphinylacetic acid hydrazide, D-00502
α,α-Diphenyl-2-piperidinemethanol, D-00504
α,α-Diphenyl-4-piperidinemethanol, D-00506
▷Droperidol, D-00608
Ectylurea, E-00011
▷Emylcamate, E-00042
Enciprazine, E-00045
Enpiprazole, E-00063
▷Etaqualone, E-00140
Etazolate, E-00143
▷Ethomoxane, E-00158
▷Ethyl 4-fluorophenyl sulfone, E-00191
Ethyl loflazepate, E-00197
3-Ethyl-3-phenyl-2,6-piperazinedione, E-00216
▷Etifoxine, E-00236
▷Etilamfetamine, *in* P-00202
▷Etodroxizine, E-00246
Etymemazine, E-00266
▷Febarbamate, F-00022
▷Fenaperone, F-00036
▷Fenimide, F-00053
Fenobam, F-00059
Flucindole, F-00136
▷Fludiazepam, F-00144
Flumezapine, F-00161
▷Fluopromazine, F-00176
Fluotracen, F-00192
▷Flupenthixol, F-00198
Flupentixol decanoate, *in* F-00198
▷Fluphenazine, F-00202
Fluphenazine caproate, *in* F-00202
▷Fluphenazine decanoate, *in* F-00202
▷Fluphenazine enanthate, *in* F-00202
Fluspiperone, F-00222
▷Fluspirilene, F-00223
▷Flutoprazepam, F-00231
Flutroline, F-00232
Fosazepam, F-00253
Gepirone, G-00019
▷Halazepam, H-00003
Halopemide, H-00012
Haloperidide, H-00014
Haloperidol decanoate, *in* H-00015
▷Haloperidol, H-00015
▷Haloxazolam, H-00020
2-Hydroxyethyl benzylcarbamate, H-00129
▷Hydroxyphenamate, *in* P-00179
▷Hydroxyzine, H-00222
Iclazepam, I-00011
Imiclopazine, I-00028
Imidoline, I-00035
Indopine, I-00067
Isamoltan, I-00175
Ketazolam, K-00012
Lenperone, L-00024
Lofendazam, L-00072
Lometraline, L-00079
Lorazepam, *in* D-00056
Lorazepam pivalate, *in* D-00056
▷Lorzafone, L-00100
▷Loxapine, L-00106
▷Mebutamate, M-00039
Meclonazepam, M-00047
Mecloralurea, M-00048
▷Medazepam, M-00053
▷Mephenoxalone, M-00095
Mepiprazole, M-00099
▷Meprobamate, M-00104
▷Mesoridazine, M-00134
▷Methopromazine, M-00190
Methotrimeprazine, M-00193
▷5-Methyl-5-propyl-2-*p*-tolyl-1,3,2-dioxaborinane, M-00301
Metoserpate, M-00336
Milipertine, M-00375
▷Molindone, M-00423
Moperone, M-00432
Motrazepam, M-00455
▷Nabilone, N-00002
Naranol, N-00049
Neflumozide, N-00062
Nelezaprine, N-00065
▷Nimetazepam, N-00147
Nisobamate, N-00158
▷Nitrazepam, N-00170
Nitrazepate, N-00171
Nonaperone, N-00204
Nortetrazepam, N-00223
Nuclotixene, N-00231
▷Opipramol, O-00052
Oxaflumazine, O-00077
▷Oxanamide, O-00085
Oxaprazine, O-00090
▷Oxazepam, O-00096
▷Oxazolam, O-00098
Oxiperomide, O-00117
Penfluoridol decanoate, *in* P-00062
▷Penfluridol, P-00062
Pentabamate, *in* M-00279
Pentiapine, P-00097
Peralopride, P-00112
Peratizole, P-00115
▷Perazine, P-00116
▷Pericyazine, P-00121
▷Perphenazine, P-00129
▷Perphenazine acetate, *in* P-00129

▷Perphenazine trimethoxybenzoate, *in* P-00129
▷Phenaglycodol, P-00139
▷Pimozide, P-00263
▷Pinazepam, P-00268
Pinoxepin, P-00272
▷Pipamazine, P-00273
▷Piperacetazine, P-00282
Piquindone, P-00311
Pirenperone, P-00320
Pivoxazepam, P-00367
▷Prazepam, P-00404
▷Prochlorperazine, P-00450
Procymate, P-00456
Proflazepam, P-00464
▷Promazine, P-00475
▷Prothipendyl, P-00536
2-(4-Pyridyl)benzofuran, P-00583
Ramciclane, R-00006
Rescinnamine, *in* R-00028
▷Reserpine, R-00029
Revospirone, R-00035
Rilapine, R-00050
Rimcazole, R-00056
Ripazepam, R-00062
Risperidone, R-00063
Rolipram, R-00077
Spiclomazine, S-00114
▷Spiperone, S-00115
▷Spirilene, S-00121
Spiroxatrine, S-00132
▷Stiripentol, S-00157
▷Sulazepam, S-00180
▷Sulforidazine, S-00222
▷Sultopride, S-00264
Suproclone, S-00273
Suriclone, S-00278
Taclamine, T-00002
Teflutixol, T-00054
▷Temazepam, *in* O-00096
Tepirindole, T-00076
▷Tetrabenazine, T-00102
▷Tetrazepam, T-00154
▷Thioridazine, T-00209
▷Thiothixene, T-00213
Timelotem, T-00283
Tioperidone, T-00301
Tiospirone, T-00304
Tofisoline, T-00341
▷Tofisopam, T-00342
Tolpiprazole, T-00365
Tolufazepam, T-00372
Tracazolate, T-00393
Trepipam, T-00412
Triclodazol, T-00449
▷Triflubazam, T-00460
Trifluomeprazine, T-00462
▷Trifluoperazine, T-00463
▷Trimeprazine, T-00495
▷4-(3,4,5-Trimethoxybenzoyl)morpholine, T-00502
▷3-(3,4,5-Trimethoxyphenyl)-2-propenamide, *in* T-00480
4-(α,2,3-Trimethylbenzyl)-1*H*-imidazole, T-00505
▷Tritiozine, T-00540
Tropabazate, T-00546
Tropapride, T-00548
Tuclazepam, T-00573
▷Tybamate, T-00577
Uldazepam, U-00004
Viqualine, V-00053
Zomebazam, Z-00034
Zotepine, Z-00039

Trichomonacides

▷Acinitrazole, *in* A-00294
▷2-Amino-5-nitrothiazole, A-00294
▷Arsenamide, A-00450
Azanidazole, A-00502
▷Carnidazole, C-00083
▷5,7-Diiodo-8-quinolinol, D-00364
▷*N*-Ethyl-*N'*-(5-nitro-2-thiazolyl)urea, E-00211
Fexinidazole, F-00098
▷Hachimycin, H-00001
1-(2-Hydroxypropyl)-2-methyl-5-nitroimidazole, H-00208
Liroldine, L-00056
▷2-Nitro-1*H*-imidazole, N-00179
1-Nitro-2-pentanol; (±)-*form*, Ac, *in* N-00183
N-(5-Nitro-2-thiazolyl)formamide, *in* A-00294
▷Ornidazole, O-00058
Pirinidazole, P-00331
Satranidazole, S-00028
Stirimazole, S-00156
▷Tenonitrozole, T-00072
Ternidazole, T-00094
▷Tinidazole, T-00293
Tivanidazole, T-00327

Trypanocides

4-Amino-6-[(2-amino-1,6-dimethylpyrimidinium-4-yl)amino]-1,2-dimethylquinolinium(2+), A-00207
4-Amino-2-methyl-1-[6-[(2-methyl-4-quinolinyl)amino]hexyl]-quinolinium(1+), A-00284
▷4-Aminophenylarsonic acid, A-00302
▷Benznidazole, B-00089
1,3-Bis(4-amidinophenyl)triazene, B-00187
▷*N*,*N'*-Bis(4-amino-2-methyl-6-quinolinyl)urea, B-00190
▷*N*-(Carbamoylmethyl)arsanilic acid, C-00041
▷3,8-Diamino-5-ethyl-6-phenylphenanthridinium(1+), D-00132
Dimidium(1+), D-00460
▷Melarsonyl, M-00076
▷Melarsoprol, M-00077
▷Nifurtimox, N-00134
▷Pentamidine, P-00086
Pinafide, P-00266
▷Puromycin, P-00557
Pyritidium(2+), P-00589
Stirimazole, S-00156
▷Suramin sodium, S-00275
Trypan red, T-00564

Tuberculostatic agents

Acedoben, *in* A-00216
Aconiazide, A-00046
▷4-Amino-2-hydroxybenzoic acid, A-00264
4-Amino-2-hydroxybenzoic acid; Me ester, *in* A-00264
▷4-Amino-2-hydroxybenzoic acid; Et ester, *in* A-00264
4-Amino-3-isoxazolidinone, A-00277
4-(Benzamido)salicylic acid, *in* A-00264
▷*N*,*N'*-Bis(4-ethoxyphenyl)thiourea, *in* B-00222
Capreomycin, C-00031
Citenazone, *in* F-00248
▷Clofazimine, C-00450
Crotoniazide, C-00570
▷Cyanoacetohydrazide, C-00580
Diathymosulfone, D-00146
Diphenylphosphinylacetic acid hydrazide, D-00502
Ditophal, D-00553
2,2'-(1,2-Ethanediyldiimino)bis(1-butanol), E-00148
▷3-Ethoxy-4-hydroxybenzaldehyde, *in* D-00311
▷2-Ethyl-4-pyridinecarbothioamide, E-00220
Ftivazide, F-00269
▷5-Hydroxy-2-methyl-1,4-naphthoquinone, H-00167
▷Isoniazid, I-00195
Metazide, M-00154
2-Methyl-4-pyridinecarboxylic acid, M-00303
4-(Methylsulfonyl)benzaldehyde, M-00306
Morinamide, M-00443
▷Opiniazide, O-00051
Pasiniazid, *in* A-00264

Phenyl aminosalicylate, *in* A-00264
▷Prothionamide, P-00535
▷Pyrazinecarboxamide, *in* P-00560
4-Pyridinecarboxylic acid 2-(sulfomethyl)hydrazide, *in* I-00195
▷2-(3-Pyridinylmethylene)hydrazinecarbothioamide, *in* P-00569
Rifabutin, R-00044
▷Rifampicin, R-00045
Rifapentine, R-00048
Salinazid, S-00016
▷Streptomycin, S-00161
Subathizone, S-00170
Terizidone, T-00092
▷Thiacetazone, *in* A-00210
▷Thiambutosine, T-00173
Thiocarbanidin, T-00197
Thiocarlide, T-00198
2,3,23-Trihydroxy-12-ursen-28-oic acid, T-00485
Verazide, V-00020

Urease inhibitors

Benurestat, B-00070
▷Flurofamide, F-00220
▷*N*-Hydroxyacetamide, H-00106
Tolfamide, T-00348

Uricosuric agents

▷2-Amino-5-chlorobenzoxazole, A-00225
3-Amino-5-methyl-2-phenyl-4-(2-methylpropanoyl)pyrrole, A-00287
▷Benzbromarone, B-00072
Ethebenecid, E-00152
Halofenate, H-00008
▷3-Hydroxy-2-phenyl-4-quinolinecarboxylic acid, H-00195
▷Isobromindione, I-00178
▷Isonixin, I-00196
4-Methyl-*N*,*N*-dipropylbenzenesulfonamide, *in* M-00228
▷Orotic acid, O-00061
Osmadizone, O-00067
▷Probenecid, P-00444
Seclazone, S-00032
▷Sulphinpyrazone, S-00258
▷Tienilic acid, T-00258
2,2,2-Trichloro-4′-hydroxyacetanilide, *in* A-00298

Urinary antimicrobial agents

N-[(4-Aminophenyl)sulfonyl]-*N*-(6-methoxy-3-pyridazinyl)-acetamide, *in* S-00246
▷Hexamethylenetetramine, H-00057
▷4-Hexyl-1,3-benzenediol, H-00071
▷Miloxacin, M-00377
▷Nalidixic acid, N-00029
▷Nitrofurantoin, N-00178
▷Oxolinic acid, O-00131
Sulfacytine, S-00191
▷Sulfanilylurea, S-00203
Sulphachlorpyridazine, S-00236
▷Sulphamethoxazole, S-00244
▷Sulphamethoxypyridazine, S-00246
Terizidone, T-00092

Vasoconstrictors

▷Adrenaline, A-00075
▷Adrenalone, A-00076
Amidephrine, A-00191
2-Amino-1-(3,4-dihydroxyphenyl)-1-propanol, A-00249
2-Amino-1-(3-hydroxyphenyl)-1-propanol, A-00274
▷2-Amino-1-phenylethanol, A-00304
2-Amino-1-phenyl-1-propanol, A-00308
Angiotensinamide, *in* A-00385
▷*Ile[3]-Arginine vasopressin*, V-00013
Cirazoline, C-00395
Clonazoline, C-00476
Coumazoline, C-00556
▷Dihydroergotamine, *in* E-00106
Domazoline, D-00572
▷Dopamine, D-00579
Epinine, E-00081
6,9-Epithio-11,15-dihydroxy-5,13-prostadienoic acid, E-00087
▷Ergocornine, E-00101
Ergocristine, E-00102
▷Ergotamine, E-00106
Felypressin, F-00029
Fenoxazoline, F-00066
▷2-Heptanamine, H-00030
▷3-Hydroxy-α-[(methylamino)methyl]benzenemethanol, *in* A-00272
▷5-Hydroxytryptamine, H-00218
Indanazoline, I-00050
▷Mephentermine, *in* P-00193
Metergotamine, *in* E-00106
▷Methoxamine, M-00194
Methoxyphedrine, M-00210
▷4-[2-(Methylamino)propyl]phenol, M-00222
▷*N*-Methyl-2-cyclohexyl-2-propylamine, M-00242
Methyl cysteine, *in* C-00654
▷6-Methyl-2-heptylamine, M-00257
Metrafazoline, M-00339
Metyzoline, M-00347
Midodrine, M-00369
▷Naphazoline, N-00041
Noradrenaline, N-00208
8-L-Ornithinevasopressin, V-00013
▷Oxymetazoline, O-00153
Phenamazoline, P-00141
Propisergide, P-00506
▷Synephrine, S-00286
Tefazoline, T-00051

Vasodilators

Aceperone, A-00014
▷Acetomenaphthone, *in* D-00333
Acoxatrine, A-00047
2-Aminoethanol nitrate, A-00254
2-Amino-2-(4-hydroxyphenyl)acetic acid, A-00269
▷Aminophylline, *in* T-00159
Ampecyclal, *in* H-00029
Apovincamine, A-00426
Atriopeptin, A-00473
▷Bamethan, B-00010
Bencyclane, B-00042
▷Benfurodil hemisuccinate, B-00053
Bepridil, B-00134
Bradykinins, B-00264
Brazergoline, B-00266
▷Bucladesine, *in* C-00591
Bufeniode, B-00348
2-Butoxyethyl 3-pyridinecarboxylate, B-00421
Capobenic acid, C-00030
Carpronium(1+), C-00100
Carvedilol, C-00105
Ciclactate, *in* T-00506
▷Cyclandelate, C-00586
Dietifen, D-00259
11,15-Dihydroxy-9-oxo-5,13-prostadienoic acid, D-00339
11,15-Dihydroxy-9-oxo-13-prostenoic acid, D-00341
▷*N*,β-Dimethylbenzeneethanamine, *in* P-00203
▷Dimoxyline, D-00463
Diniprofylline, D-00466
Diprofene, D-00521
Domipizone, D-00573
Doxaminol, D-00590
Dramedilol, D-00599
Droprenilamine, D-00609

▷Eledoisin, E-00024
Endralazine, E-00050
▷Ethaverine, E-00150
▷Etofylline, E-00253
Fexicaine, F-00097
Flotrenizine, F-00126
Flunarizine, F-00165
7-Fluoro-1-methyl-3-(methylsulfinyl)-4(1*H*)-quinolinone, F-00188
Fostedil, F-00259
Furafylline, F-00278
▷Hexobendine, H-00066
Ibudilast, I-00006
▷Ifenprodil, I-00020
Imolamine, I-00042
Kallikrein, K-00003
Limaprost, L-00050
Manozodil, M-00020
▷Mecinarone, M-00043
Mesuprine, M-00142
▷2-(2-Methylaminoethyl)pyridine, M-00220
Mexafylline, M-00349
Micinicate, M-00362
▷Molsidomine, M-00425
Monoxerutin INN, *in* R-00106
Mopidralazine, M-00434
▷Naftidrofuryl, N-00023
Naftopidil, N-00025
Nicardipine, N-00088
▷Niceritrol, N-00090
Nicofurate, *in* M-00308
Nilvadipine, N-00144
N-Nonyl 7*H*-pyrrolo[2,3-*d*]pyrimidin-4-amine, *in* A-00330
Oxdralazine, O-00100
▷Oxpentifylline, O-00142
▷Papaverine, P-00019
Papaveroline, P-00020
▷Pentaerythritol tetranitrate, P-00078
Pentifylline, *in* T-00166
Perfomedil, P-00118
▷Pinacidil, P-00264
Prenoverine, P-00421
Primaperone, P-00433
Prizidilol, P-00441
Propentofylline, P-00495
2-Propyl-5-thiazolecarboxylic acid, P-00517
Prostacyclin, P-00528
▷Proxyphylline, P-00551
▷3-Pyridinecarboxylic acid; Me ester, *in* P-00571
3-Pyridinecarboxylic acid; Et ester, *in* P-00571
▷2-Pyridinemethanol, P-00572
▷3-Pyridinemethanol, P-00573
4-(1-Pyrrolidinyl)-1-(2,4,6-trimethoxyphenyl)-1-butanone, P-00598
Rilozarone, R-00054
Saterinone, S-00027
Siguazodan, S-00067
▷Sodium nitrite, S-00089
Sornidipine, S-00105
Sumatriptan, S-00268
Tetrandrine, T-00152
▷Theobromine, T-00166
▷Theophylline, T-00169
Theophylline calcium salicylate, *in* T-00169
Theophylline diethanolamine, *in* T-00169
Theophylline dihydroxyephedrine, *in* T-00169
Theophylline isopropanolamine, *in* T-00169
Theophylline meglumine, *in* T-00169
Theophylline sodium glycinate, *in* T-00169
3-(7-Theophyllinyl)propanesulfonic acid, T-00170
▷Theopylline olamine, *in* T-00169
Thurfyl nicotinate, T-00222
Tibalosin, T-00248
▷Tifemoxone, T-00263
Tinofedrine, T-00295
Tipropidil, T-00317
α-Tocopherol nicotinate, *in* T-00335
Trenizine, T-00411
Tris(2-nitroxyethyl)amine, T-00538
Trixolane, T-00542
Vincamine teprosilate, *in* T-00170
Viprostol, V-00051
Zolertine, Z-00030

Vasodilators, cerebral

Ajmalicine, A-00087
Belarizine, B-00029
Cilostazol, C-00347
Cinnarizine, C-00372
Dihydroergocristine, *in* E-00102
Ecipramidil, E-00006
Elziverine, E-00032
Fenoxedil, F-00067
Heptaminol acefyllinate, *in* H-00029
Iloprost, I-00023
Mefenidil, M-00063
Nicaraven, N-00087
Nimodipine, N-00149
Quinicine, Q-00026
Vincamine, V-00033
Vincamone, *in* E-00003
▷Vinpocetine, V-00042

Vasodilators, coronary

Amikhelline, A-00197
Aminoxytriphene, A-00341
▷Amiodarone, A-00342
Azaclorzine, A-00493
▷Bamifylline, B-00011
▷Benziodarone, B-00085
▷2-Benzylbenziimidazole, B-00107
Bumedipil, B-00355
▷Chloracyzine, C-00192
▷Chromonar, C-00312
Cinecromen, C-00359
Cinepazic acid, C-00362
Cinfenine, C-00364
Cinpropazide, C-00382
Clonitrate, *in* C-00278
Cloranolol, C-00493
Cloricromen, C-00497
Cloridarol, C-00498
Coralgil, *in* B-00220
Darodipine, D-00016
Diclofurime, D-00212
2-(2,2-Dicyclohexylvinyl)piperidine, D-00217
Diethylstilbestrol, D-00257
Dilazep, D-00370
Dilmefone, D-00371
Diltiazem, D-00373
N-(3,3-Diphenylpropyl)-*N'*-(1-methyl-2-phenylethyl)-1,3-propanediamine, D-00513
▷Dipyridamole, D-00530
Dopexamine, D-00581
▷Efloxate, E-00019
Emopamil, E-00039
▷Erythritol, E-00114
Erythrityl tetranitrate, *in* E-00114
Etafenone, E-00134
2-Ethyl-2-[(nitrooxy)methyl]-1,3-propanediol dinitrate (ester), *in* E-00194
Fenalcomine, F-00034
▷Fendiline, F-00044
Fenetradil, F-00048
Floredil, F-00123
Furidarone, F-00292
Gallopamil, G-00006
▷Ganglefene, G-00010

D-Glucitolhexanicotinate, *in* G-00054
Heptaminol, H-00029
▷Hexobendine, H-00066
▷2-(Hexyloxy)benzamide, H-00073
Ipramidil, I-00154
▷Isosorbide dinitrate, *in* D-00144
Isosorbide mononitrate, *in* D-00144
Isradipine, I-00219
▷Khellinin, *in* K-00023
Lidoflazine, L-00045
Linsidomine, L-00052
▷Mannitol hexanitrate, *in* M-00018
Mecrifurone, M-00052
▷Medibazine, M-00055
Mepramidil, M-00103
Mesudipine, M-00139
3-Methyl-4*H*-1-benzopyran-4-one, M-00231
▷3-Methyl-1-butyl nitrite, M-00237
N-[(2-Methylphenyl)methyl]adenosine, *in* A-00067
Mindodilol, M-00383
Mixidine, M-00410
Morocromen, M-00445
Nicorandil, N-00102
Nictiazem, N-00106
▷Nifedipine, N-00110
Nisoldipine, N-00159
▷Oxprenolol, O-00145
Oxyfedrine, O-00151
Pentaerythritol trinitrate, *in* P-00077
▷Pimefylline, P-00254
Pipoctanone, P-00299
Piprofurol, P-00309
Pirozadil, P-00354
▷Prenylamine, P-00423
Pretiadil, P-00426
▷Pyridofylline, *in* P-00582
Razinodil, R-00014
Stevaladil, *in* A-00315
Terodiline, *in* D-00489
Tiapamil, T-00241
Tixadil, T-00328
▷Trapidil, T-00401
Trimetazidine, T-00497
▷Verapamil, V-00019
Vesnarinone, V-00026
▷Visnadine, V-00057
Visnafylline, *in* M-00202

Vasodilators, peripheral

▷Acetylcholine(1+), A-00030
Ajmalicine, A-00087
▷Azapetine, A-00504
▷2-Benzyl-2-imidazoline, B-00120
Butalamine, B-00385
Buterizine, B-00398
Carprazidil, C-00098
Cetiedil, C-00183
Ciclonicate, *in* T-00506
Cinepazet, *in* C-00362
Cinepazide, C-00363
Darodipine, D-00016
Denbufylline, D-00072
Dihydroergocristine, *in* E-00102
Di(4-pyridylmethyl)amine, D-00531
Ecipramidil, E-00006
Elziverine, E-00032
Fenoxedil, F-00067
▷Glycerol trinitrate, G-00066
▷Guanethidine, G-00102
Hepronicate, *in* H-00072
2-Hexyl-2-(hydroxymethyl)-1,3-propanediol, H-00072
▷1-Hydrazinophthalazine, H-00096
Hydroxypyridine tartrate, *in* H-00209
Iloprost, I-00023
▷Inositol nicotinate, *in* I-00074
Iproxamine, I-00164
▷Isoxsuprine, I-00218
Isradipine, I-00219
Lomifylline, L-00081
▷Mecamylamine, M-00041
▷Minoxidil, M-00388
Nicametate, N-00086
▷Nicergoline, N-00089
Nicofuranose, N-00098
Picodralazine, P-00238
Pipratecol, P-00307
▷Piribedil, P-00324
Quazinone, Q-00005
Suloctidil, S-00231
▷Thymoxamine, T-00227
▷Tolperisone, T-00364
Toprilidine, T-00383
▷Xanthinol, X-00003

Vitamins

4-Acetamido-2-methyl-1-naphthol, *in* A-00285
▷Acetomenaphthone, *in* D-00333
Alfacalcidol, A-00109
▷4-Amino-2-methyl-1-naphthol, A-00285
Ascorbic acid, A-00456
▷Benfotiamine, B-00052
Biotin, B-00173
▷Calciferol, C-00012
▷Calcitriol, *in* A-00109
Carnitine, C-00084
β-Carotene, C-00088
Coenzyme B_{12}, C-00529
▷Cycotiamine, C-00640
3-[(1,4-Dihydro-3-methyl-1,4-dioxo-2-naphthalenyl)thio]-propanoic acid, D-00288
Ergocalciferol phosphate, *in* C-00012
Ergosterol, E-00105
▷Hopantenic acid, H-00088
Menadiol bissulfobenzoate, *in* D-00333
▷Menadiol dibutyrate, *in* D-00333
Menadiol disuccinate, *in* D-00333
Menadiol trimethylammonioacetate chloride, *in* D-00333
Methylcobalamin, M-00241
▷2-Methyl-1,4-naphthoquinone, M-00271
▷Octotiamine, O-00023
▷Panthenol, P-00015
Pantothenic acid, P-00016
▷Pteroylglutamic acid, P-00554
▷3-Pyridinecarboxamide, P-00570
▷3-Pyridinecarboxylic acid, P-00571
▷Pyridoxal phosphate, P-00579
Pyridoxamine 5′-phosphate, P-00581
▷Pyridoxine, P-00582
Retinoic acid, R-00033
▷Riboflavine, R-00038
▷Thiamine, T-00174
▷Thiamine diphosphate, T-00175
Thiamine disulfide, T-00176
▷Thiamine propyl disulfide, T-00177
Tiapirinol, T-00242
Tocofenoxate, T-00333
α-Tocopherol, T-00335
Vintiamol, V-00044
▷Vitamin A_1, V-00058
▷Vitamin K_1, V-00064
Vitamin K_2, V-00065
▷Vitamin D_3, V-00062
Vitamin D_4, V-00063
▷Vitamin B_{12}, V-00059
Vitamin B_{12a}, V-00060
Vitamin B_{12b}, V-00061

Structure Index

This index provides reduced size structural formulae for all compounds in entry number order.

A

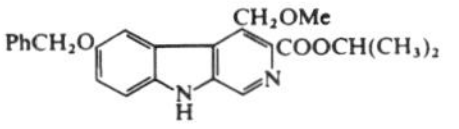

A-00001

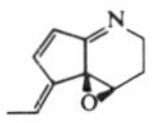

A-00002

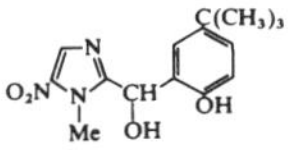

A-00003

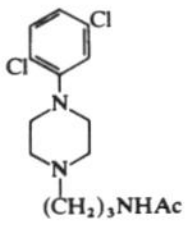

A-00004

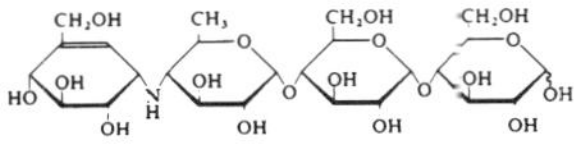

A-00005

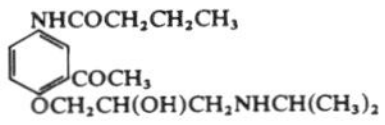

A-00006

$(H_3CCH_2)_2CBrCONHCONHAc$

A-00007

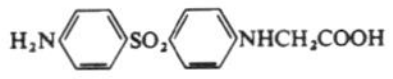

A-00008

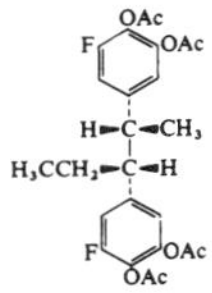

A-00009

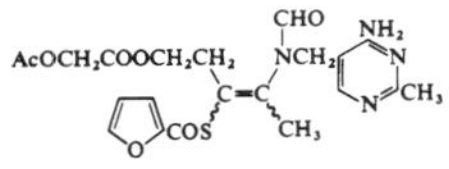

A-00010

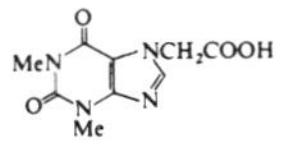

A-00011

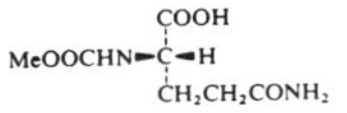

A-00012

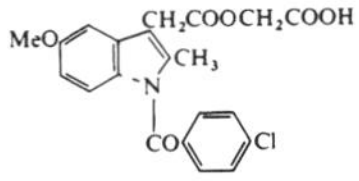

A-00013

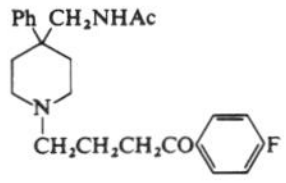

A-00014

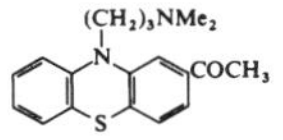

A-00015

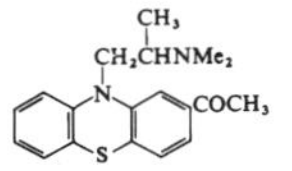

A-00016

A-00017

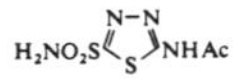

A-00018

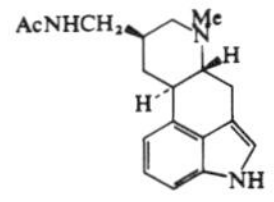

A-00019

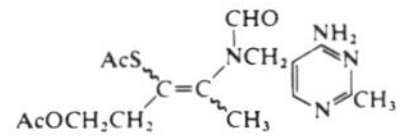

A-00020

H_3CCOOH

A-00021

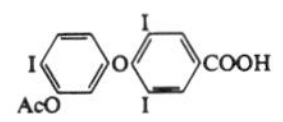

A-00022

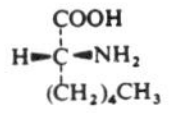

(R)-form
Absolute configuration

A-00023

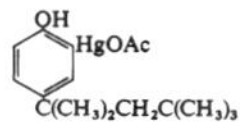

A-00024

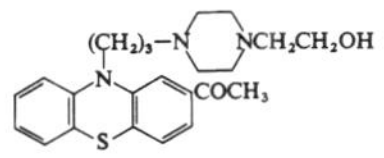

A-00025

A-00026

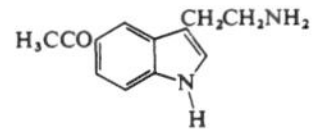

A-00027

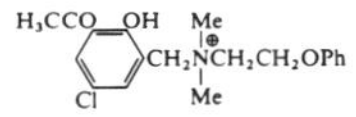

A-00028

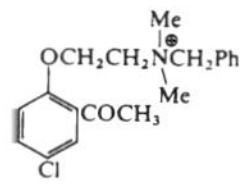

A-00029

$Me_3N^{\oplus}CH_2CH_2OAc$

A-00030

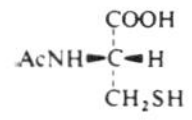

A-00031

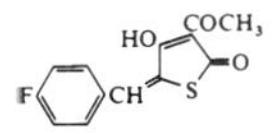

A-00032

A-00033

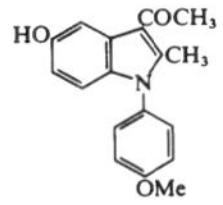

A-00034

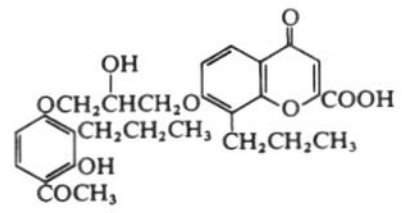

A-00035

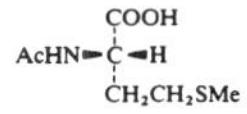

(S)-form

A-00036

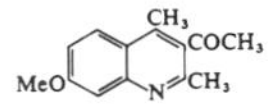

A-00037

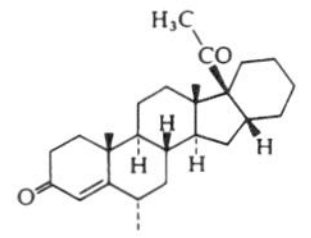

A-00038

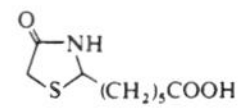

A-00039

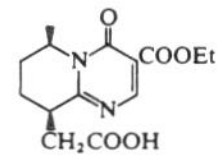

(6SR,9SR)-form

A-00040

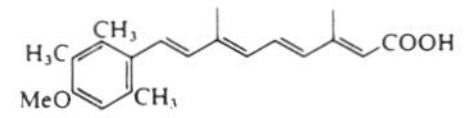

A-00041

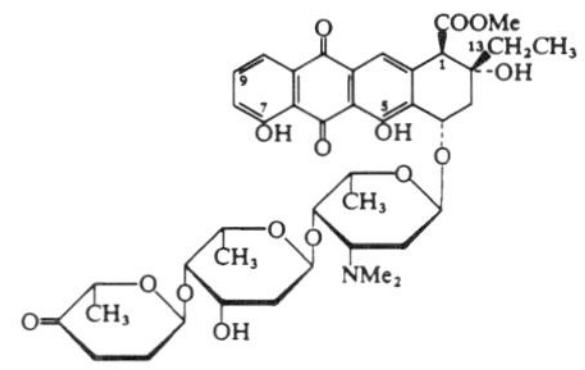

A-00042

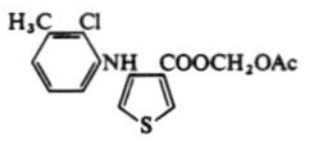

A-00043

$H_3CCH(OAc)COOCH_2CH_2NMe_3^{\oplus}$

A-00044

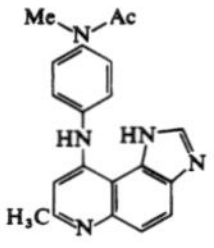

A-00045

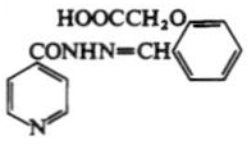

A-00046

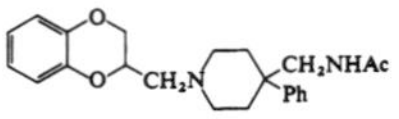

A-00047

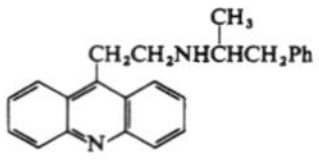

A-00048

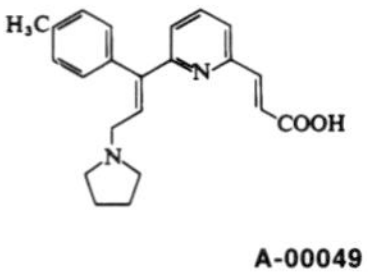

A-00049

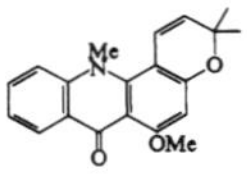

A-00050

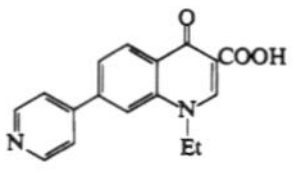

A-00051

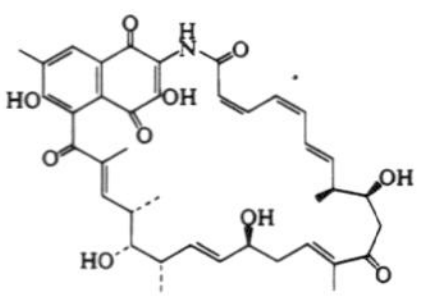

A-00052

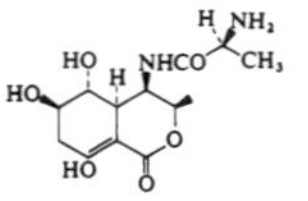

A-00053

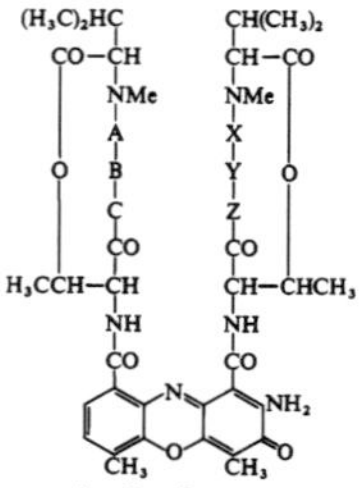

A = X = Sar
B = Y = L-Pro
C = D-Val
Z = D-Alloisoleucine

A-00055

As A-00055 with

A = X = Sar
B = Y = L-Pro
C = Z = D-alloisoleucine

A-00056

As A-00055 with

A = X = Sar
B = Y = L-Pro
C = Z = D-Val

A-00057

Polypeptide antibiotic containing 112 amino acid residues (see refs. for struct.) and an unstable chromophore of unknown struct.

A-00059

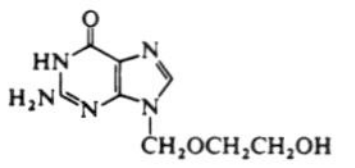

A-00060

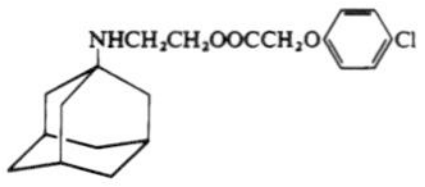

A-00061

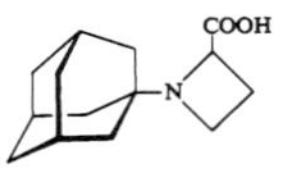

A-00062

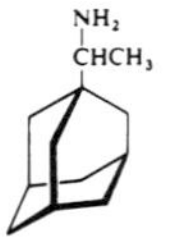

A-00063

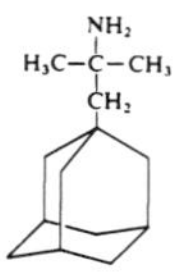

A-00064

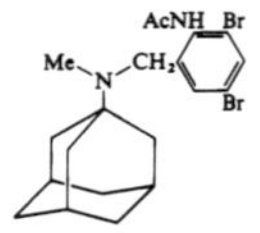

A-00065

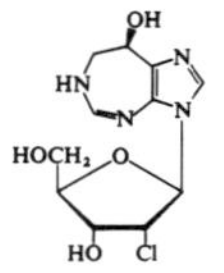

A-00066

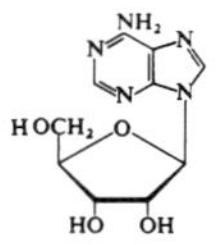

A-00067

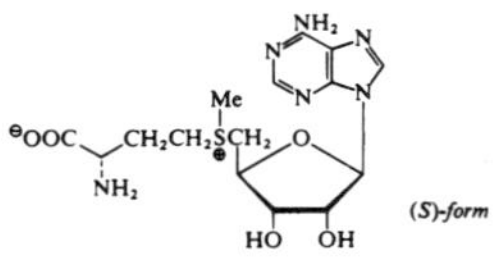

A-00068

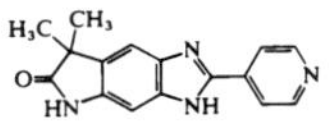

A-00069

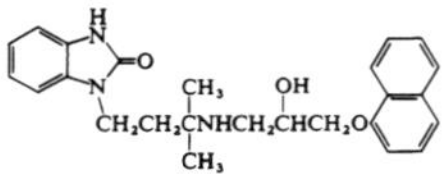

A-00070

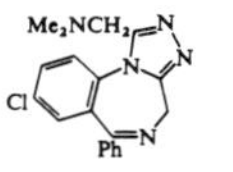

A-00071

$Ph_2CHCOOCH_2CH_2NEt_2$

A-00072

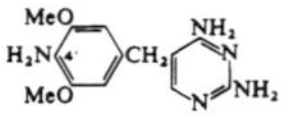

A-00073

$Ph_2CHSOCH_2CONHOH$

A-00074

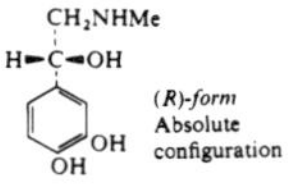

A-00075

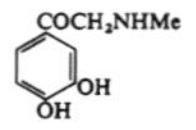

A-00076

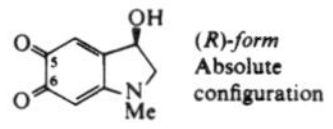

A-00077

H-Tyr-Gly-Gly-Phe-Met-Arg-Arg-Val-NH_2

A-00078

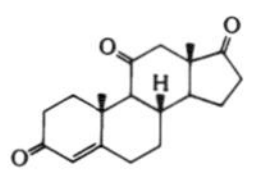

A-00079

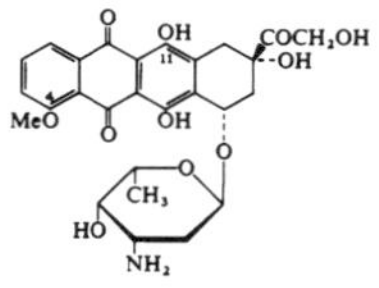

A-00080

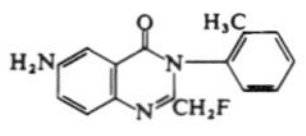

A-00081

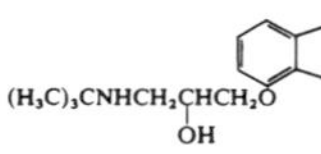

A-00082

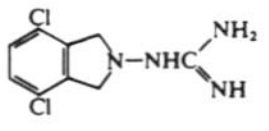

A-00083

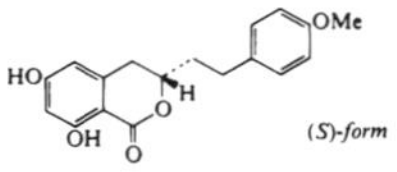

A-00084

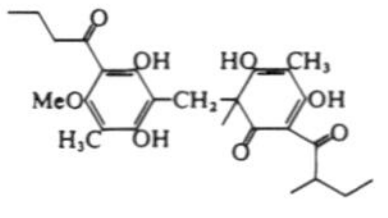

A-00085

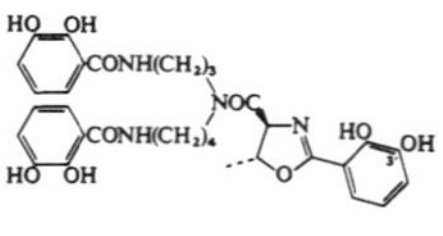

A-00086

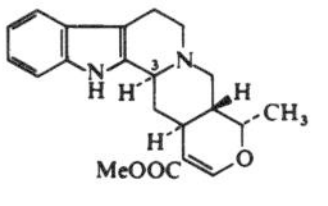

Absolute configuration

A-00087

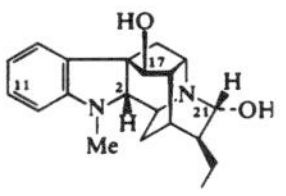

A-00088

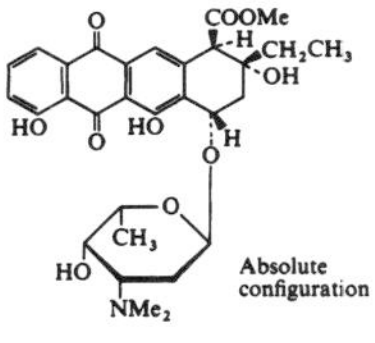

Absolute configuration

A-00089

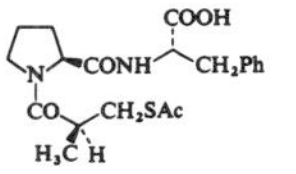

Absolute configuration

A-00090

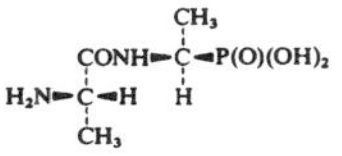

$(S)_C,(R)_P$*-form*

A-00091

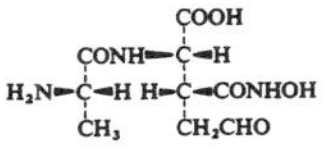

A-00092

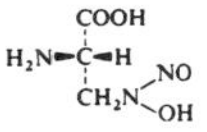

(S)-form
Absolute configuration

A-00093

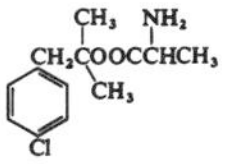

A-00094

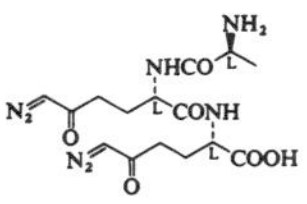

A-00095

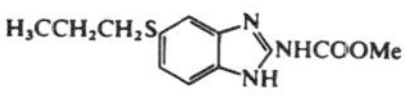

A-00096

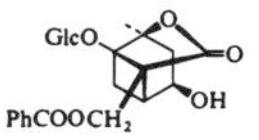

Absolute configuration

A-00097

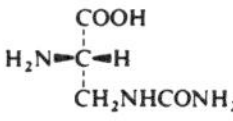

(S)-form
Absolute configuration

A-00098

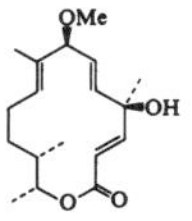

A-00099

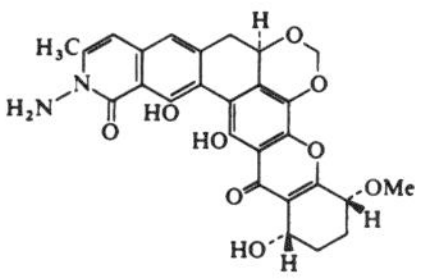

A-00100

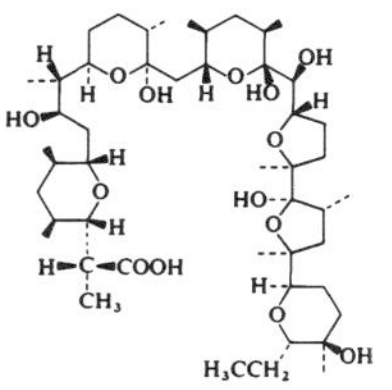

A-00101

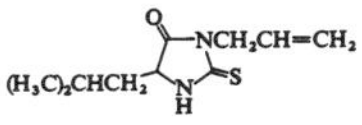

A-00102

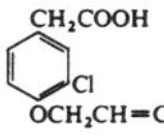

A-00103

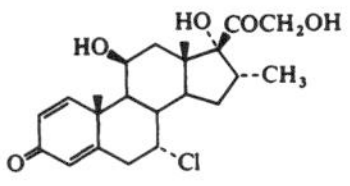

A-00104

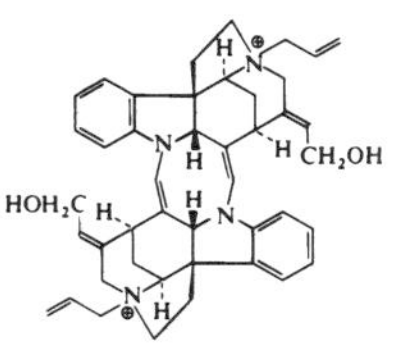

Absolute configuration

A-00105

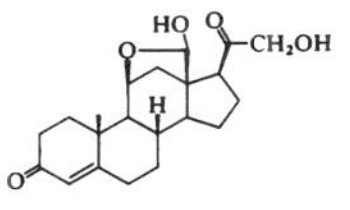

A-00106

A-00107

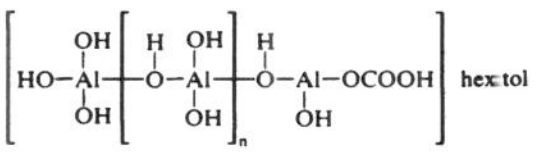

A-00108

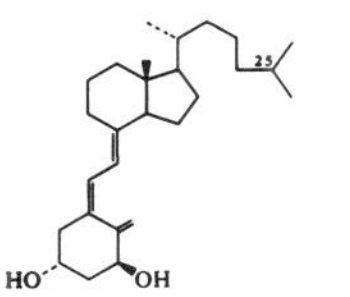

A-00109

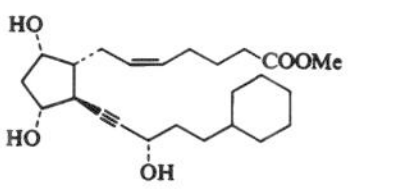

A-00110

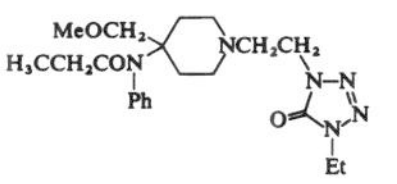

A-00111

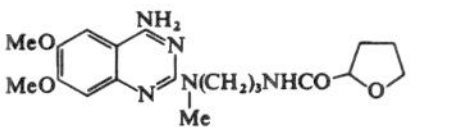

A-00112

$Al(OH)_3{\cdot}xH_2O$

A-00113

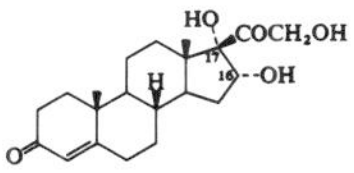

A-00114

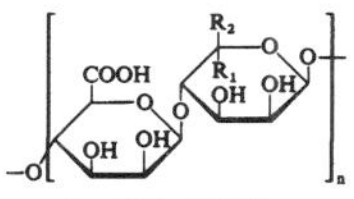

$R_1 = H, R_2 = COOH$
or $R_1 = COOH, R_2 = H$

A-00115

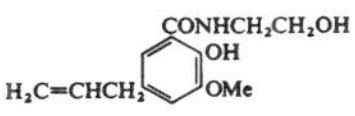

A-00116

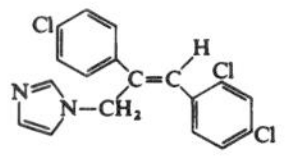

A-00117

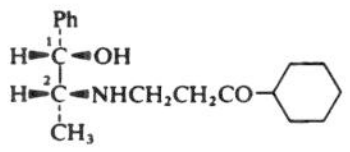

(1S,2R)-form

A-00118

$Ph_2C(OMe)CH_2CH_2NHCH_2CH{=}CH_2$

A-00119

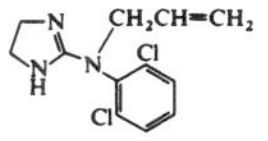

A-00120

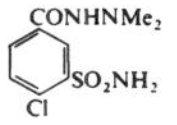

A-00121

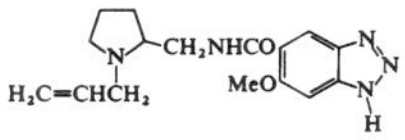

A-00122

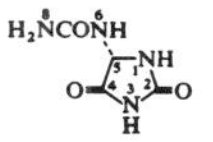

(R)-form
Absolute configuration

A-00123

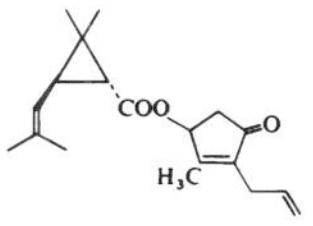

A-00124

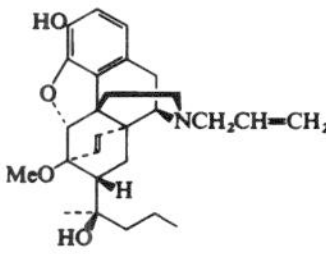

A-00125

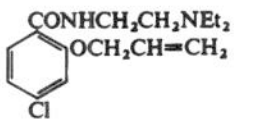

A-00126

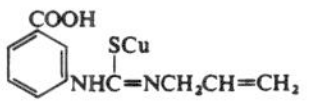

A-00127

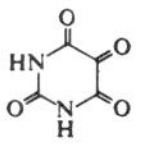

A-00128

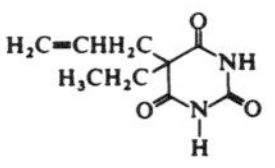

A-00129

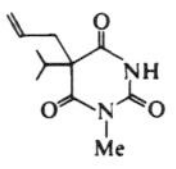

A-00130

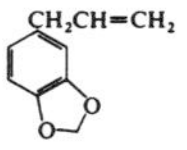

A-00131

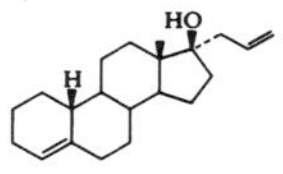

A-00132

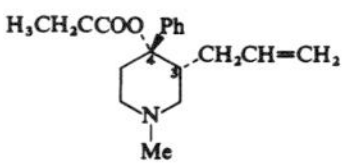

(3*R*,4*S*)-*form*

A-00133

$Al_2Mg_6(CO_3)_2(OH)_{14}$

A-00134

$[Mg_5Al_{10}(OH)_{26}O_5](SO_4)_2$

A-00135

$Al_2O_3 \cdot MgO \cdot 2SiO_2$

A-00136

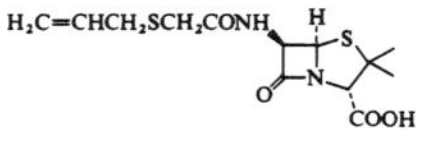

A-00137

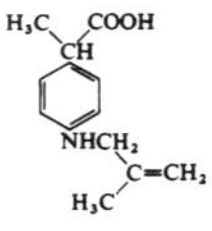

A-00138

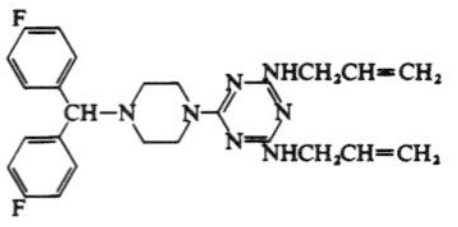

A-00139

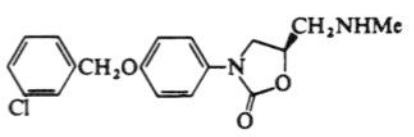

A-00140

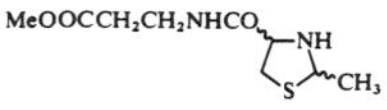

A-00141

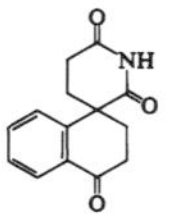

A-00142

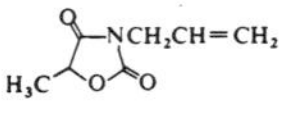

A-00143

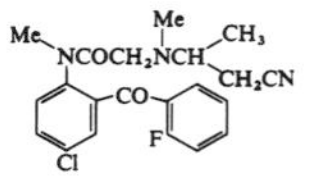

A-00145

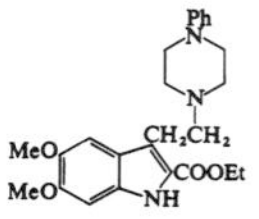

A-00146

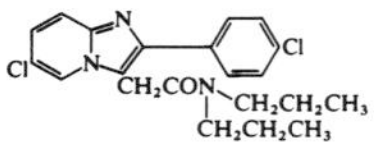

A-00148

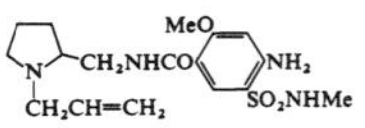

A-00149

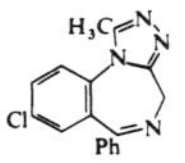

A-00150

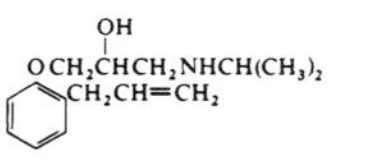

A-00151

H-L-β-Ala-L-Tyr-L-Ser-L-Met-L-Glu-L-His-L-Phe-L-Arg-L-Trp-Gly-L-Lys-L-Pro-L-Val-Gly-L-Lys-L-Lys-L-Lys-$NH(CH_2)_4NH_2$

A-00152

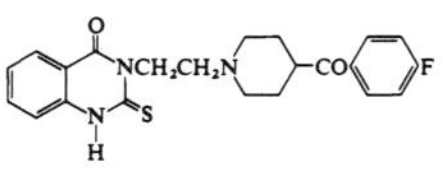

A-00153

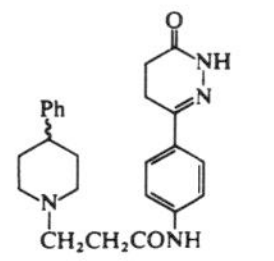

A-00154

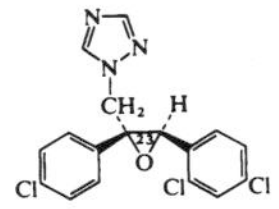

(2*RS*,3*RS*)-*form*

A-00155

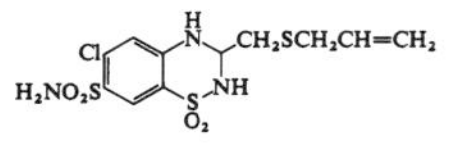

A-00157

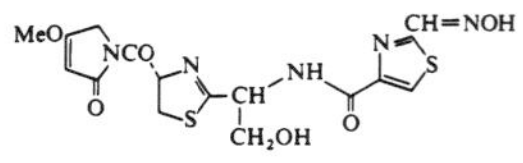

A-00158

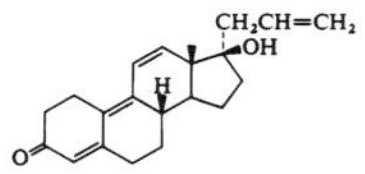

A-00159

$Al_7(OH)_{17}(SO_4)_2$

A-00160

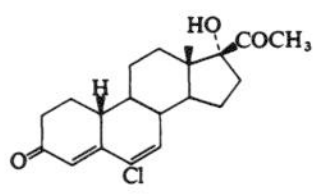

A-00161

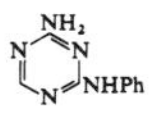

A-00162

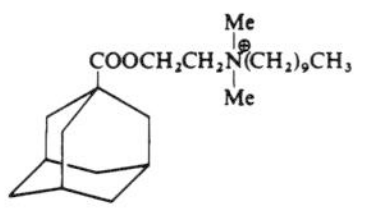

A-00163

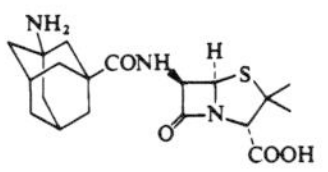

A-00164

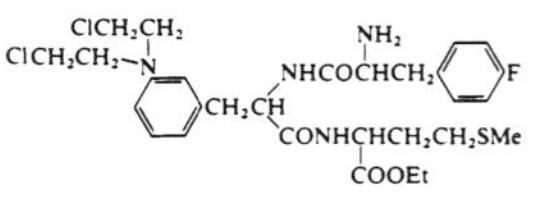

A-00165

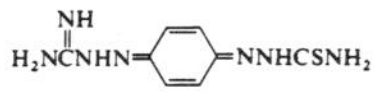

A-00166

A-00167

A-00168

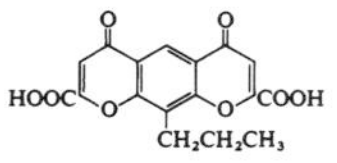

A-00169

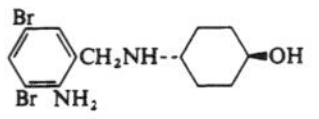

A-00170

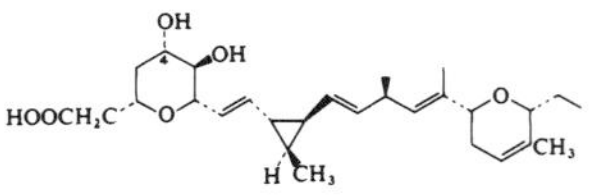

A-00171

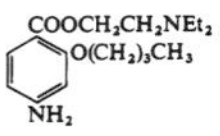

A-00172

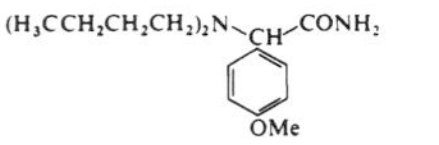

A-00173

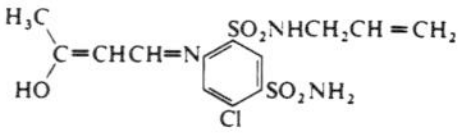

A-00174

$H_2NCOCPh_2CH_2CH_2N^{\oplus}Me_2Et$

A-00175

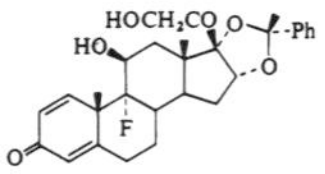

A-00176

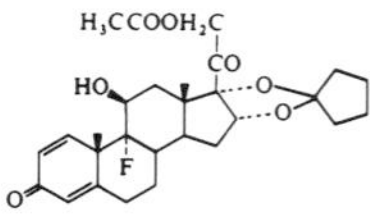

A-00177

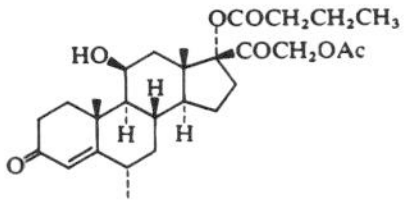

A-00178

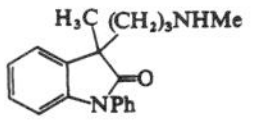

A-00179

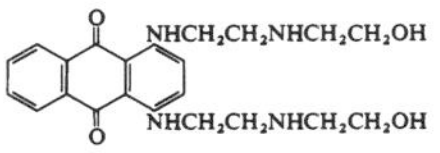

A-00180

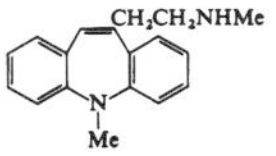

A-00181

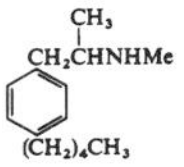

A-00182

PhCH(CN)NHCH(CH₃)CH₂Fh

A-00183

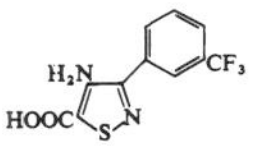

A-00184

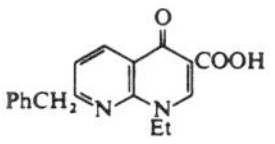

A-00185

A-00186

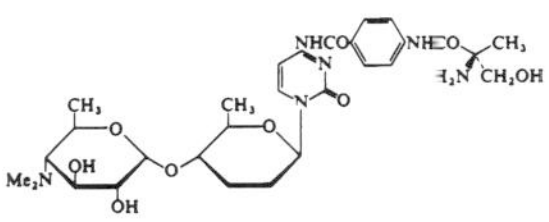

A-00187

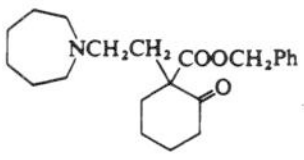

A-00188

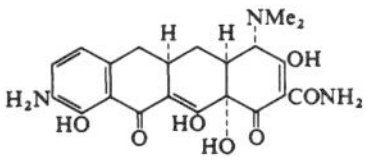

A-00189

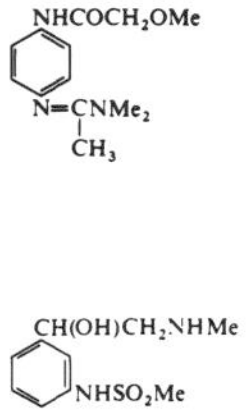

A-00190

A-00191

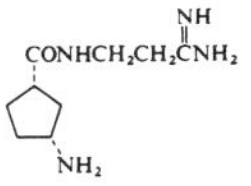

A-00192

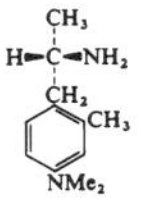

(*S*)-*form*

A-00193

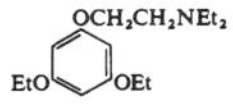

A-00194

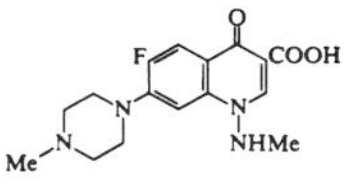

A-00195

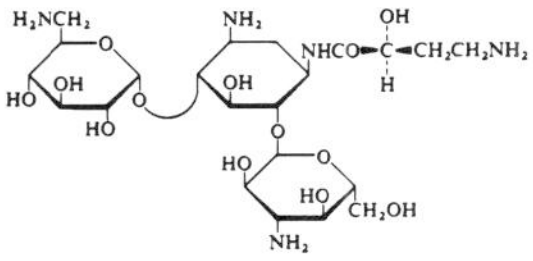

A-00196

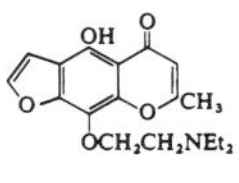

A-00197

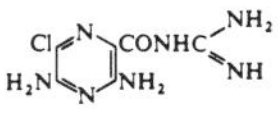

A-00198

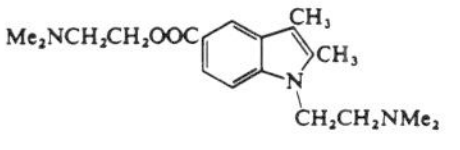

A-00199

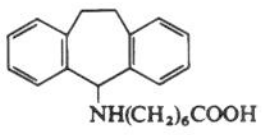

A-00200

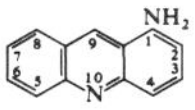

A-00201

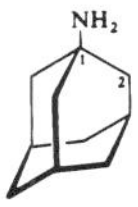

A-00206

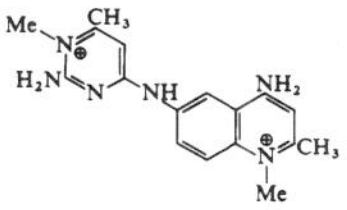

A-00207

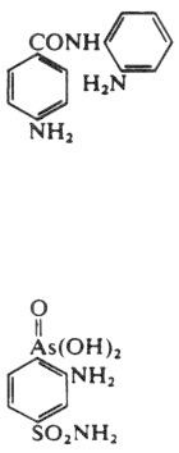

A-00208

A-00209

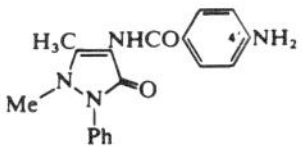

A-00211

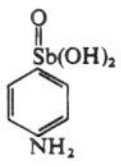

A-00212

A-00214

A-00215

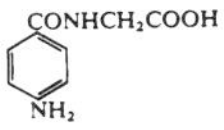

A-00217

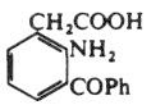

A-00218

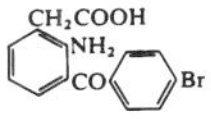

A-00219

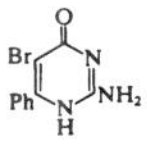

A-00220

$H_2NCH_2CH_2CH_2COOH$

A-00221

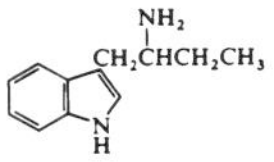

A-00222

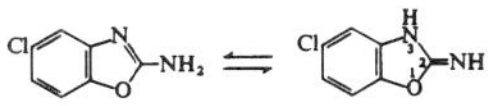

A-00225

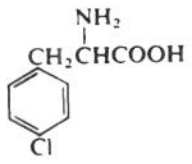

A-00226

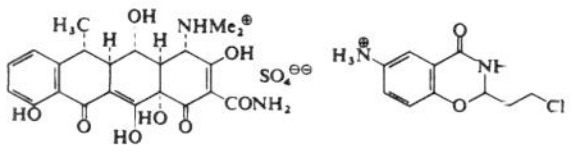

A-00227

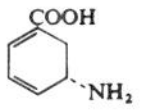

(*S*)-*form*

A-00228

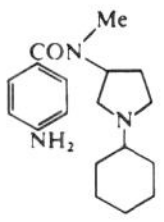

A-00229

A-00230

(1*RS*,3*RS*)-*form*

A-00231

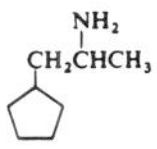

A-00232

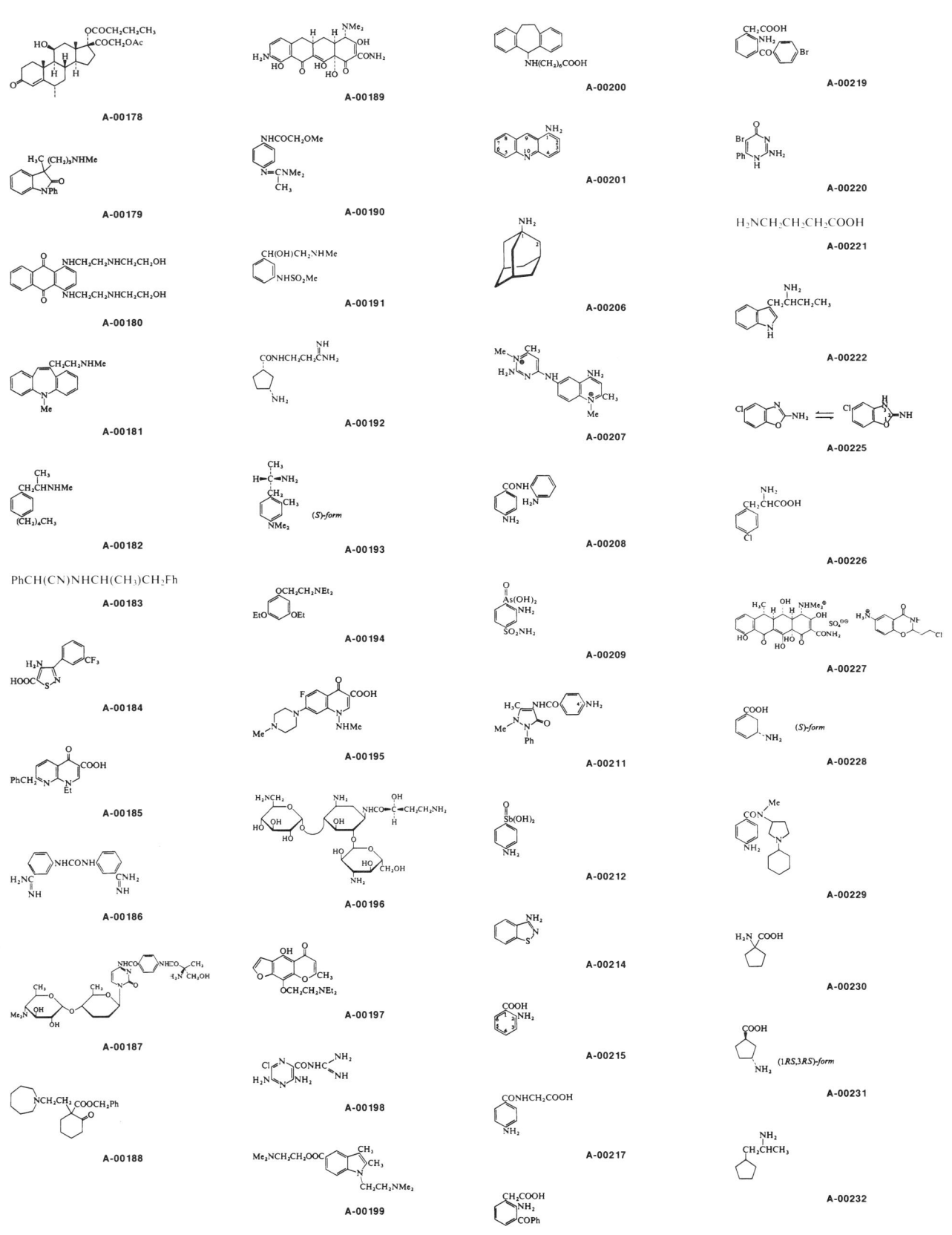

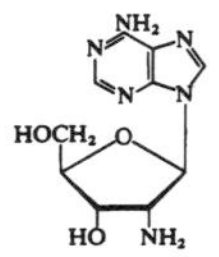

A-00233

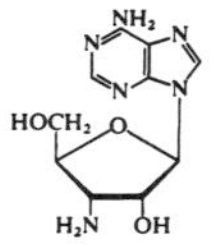

A-00234

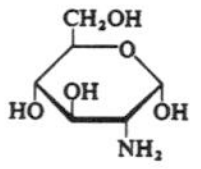
α-D-Pyranose-*form*

A-00235

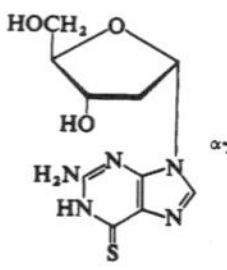
α-*form*

A-00236

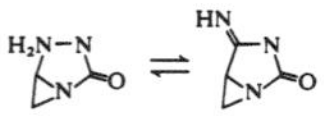

A-00237

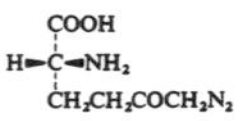
(*R*)-*form*

A-00238

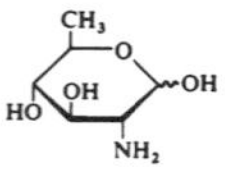
D-*form*

A-00240

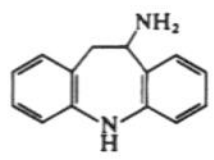

A-00241

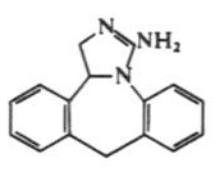

A-00242

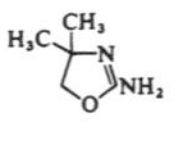

A-00243

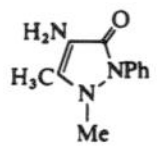

A-00244

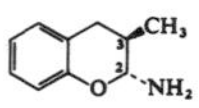
(2*RS*,3*RS*)-*form*

A-00245

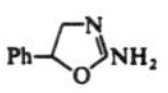

A-00246

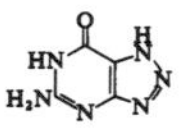

A-00247

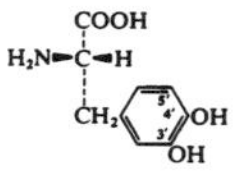
(*S*)-*form*

A-00248

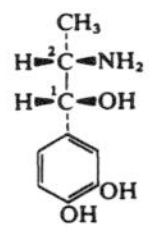
(1*R*,2*S*)-*form*

A-00249

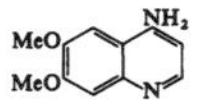

A-00250

$HSCH_2CH_2NH_2$

A-00252

$H_2NCH_2CH_2OH$

A-00253

$H_2NCH_2CH_2ONO_2$

A-00254

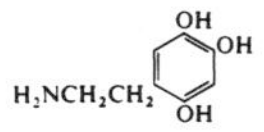

A-00255

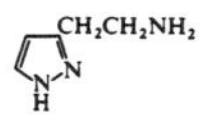

A-00256

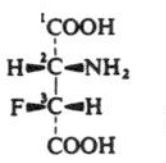
(2*RS*,3*RS*)-*form*

A-00257

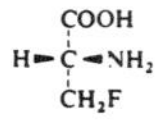
(*R*)-*form*

A-00258

$H_2NCH_2(CH_2)_4COOH$

A-00259

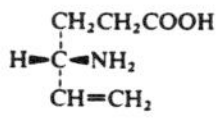
(*S*)-*form*

A-00260

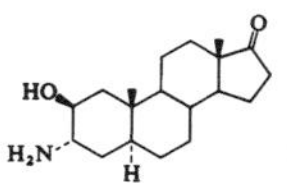
(2β,3α,5α)-*form*

A-00261

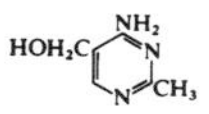

A-00267

$H_2NC(CH_2OH)_3$

A-00268

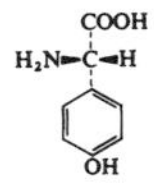
(*S*)-*form*

A-00269

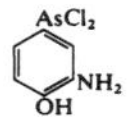

A-00270

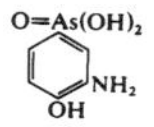

A-00271

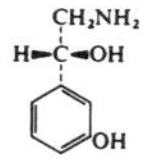
(*R*)-*form*

A-00272

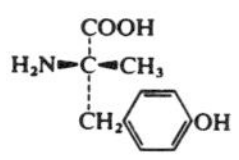
(*S*)-*form*

A-00273

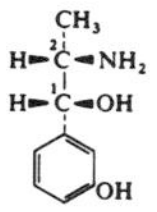

A-00274

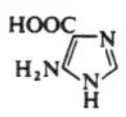

A-00275

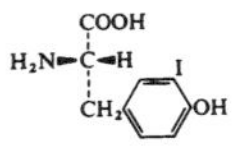
(*S*)-*form*

A-00276

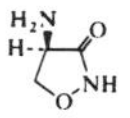

A-00277

$H_2NCH_2CH(SH)COOH$

A-00278

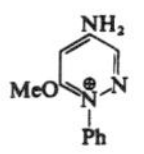

A-00279

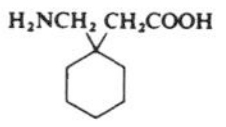

A-00280

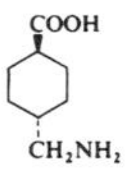

A-00281

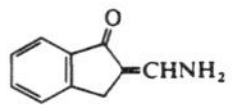

A-00282

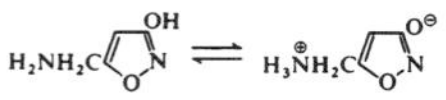

A-00283

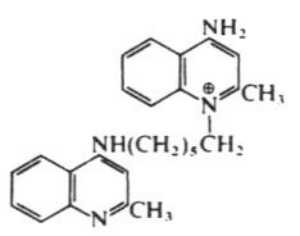

A-00284

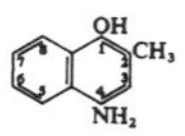

A-00285

A-00286

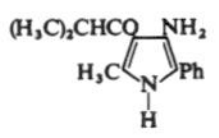

A-00287

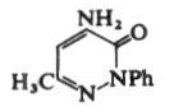

A-00288

$(H_3C)_2C(NH_2)CH_2OH$

A-00289

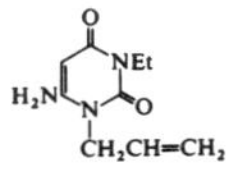

A-00291

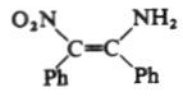

(Z)-form

A-00293

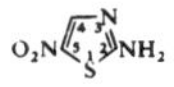

A-00294

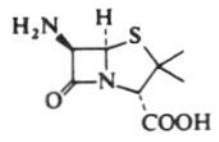

A-00295

$Me_2NCH(CH_3)CH_2CPh_2CONH_2$

A-00296

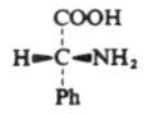

(R)-form Absolute configuration

A-00300

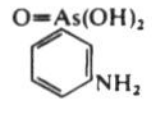

A-00301

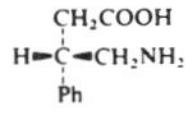

(S)-form

A-00303

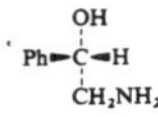

(S)-form

A-00304

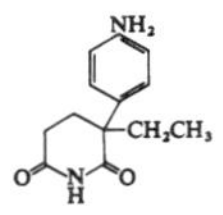

A-00305

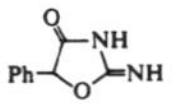

A-00306

$H_2C{=}CHCH_2CH(NH_2)CH_2Ph$

A-00307

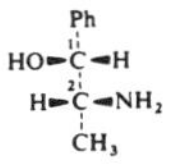

(1R,2R)-form Absolute configuration

A-00308

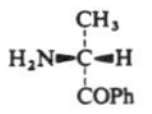

(R)-form

A-00309

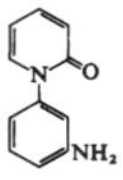

A-00310

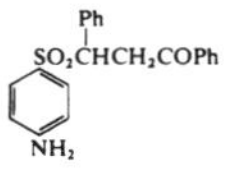

A-00311

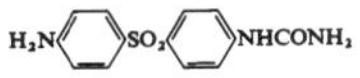

A-00312

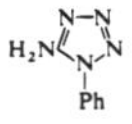

A-00313

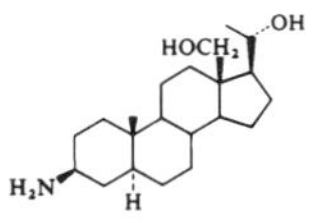

A-00315

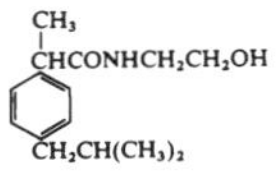

A-00316

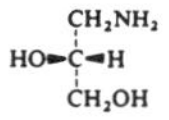

(R)-form Absolute configuration

A-00317

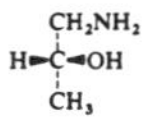

(R)-form Absolute configuration

A-00318

$H_2NCH_2CH_2CH_2OH$

A-00319

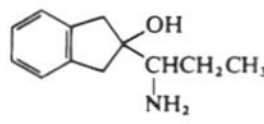

A-00320

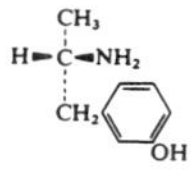

(S)-form

A-00321

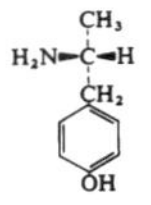

(R)-form

A-00322

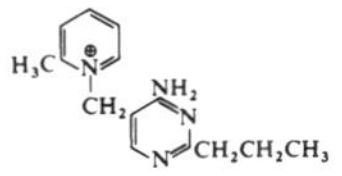

A-00323

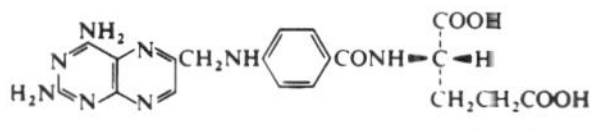

Absolute configuration

A-00324

A-00325

A-00326

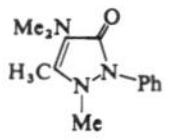

A-00327

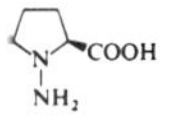

A-00328

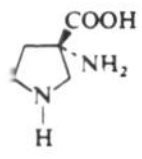

(S)-form Absolute configuration

A-00329

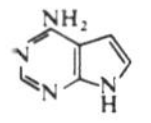

A-00330

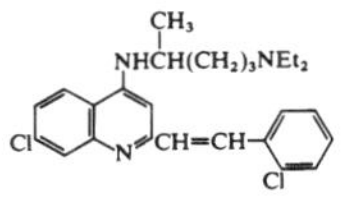

A-00331

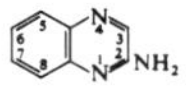

A-00332

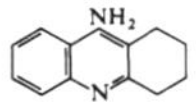

A-00333

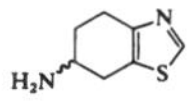

A-00334

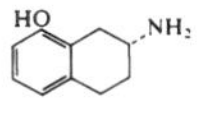

(R)-form

A-00335

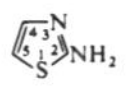

A-00336

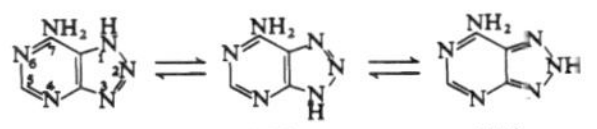

1H-form *3H-form* *2H-form*

A-00338

A-00339

A-00340

A-00341

A-00342

A-00343

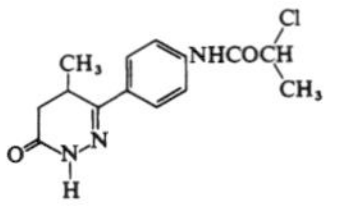

A-00344

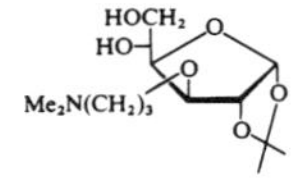

A-00345

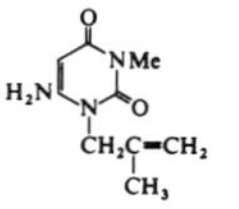

A-00346

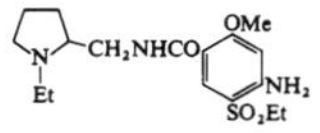

A-00347

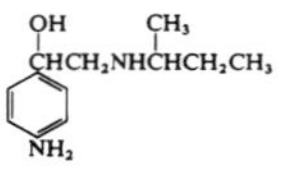

A-00348

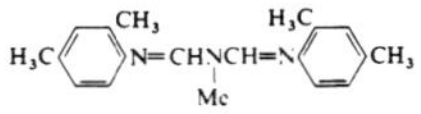

A-00349

A-00350

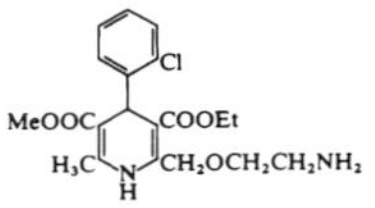

A-00351

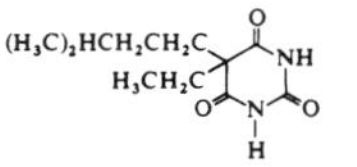

A-00352

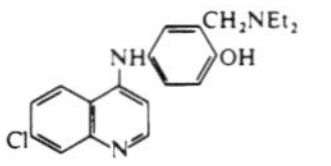

A-00353

$H_3CCH_2C(CH_3)_2OOC$-L-Trp-L-Met-L-Asp-L-PheNH_2

A-00354

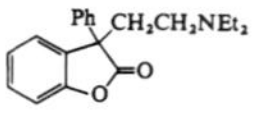

A-00355

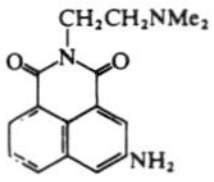

A-00356

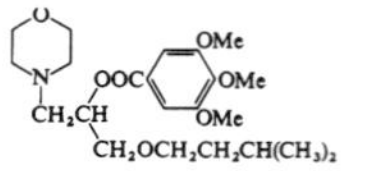

A-00357

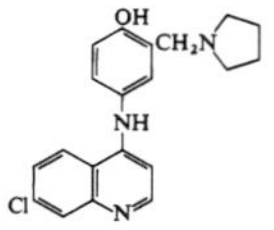

A-00358

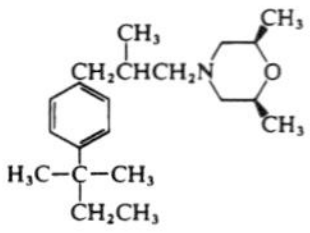

cis-form

A-00359

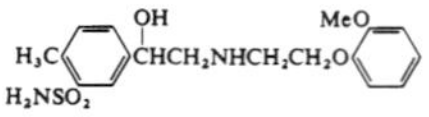

A-00360

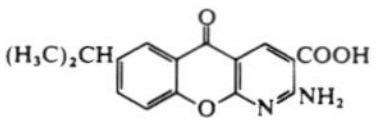

A-00361

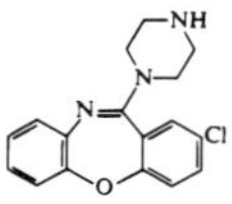

A-00362

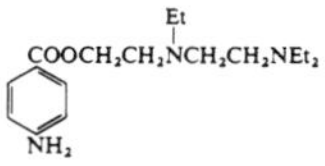

A-00363

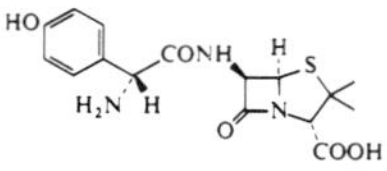

A-00364

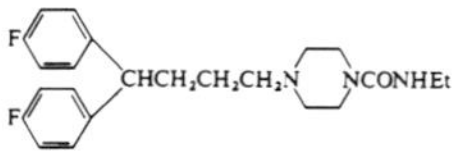

A-00365

$Cl_3CCH{=}NCH(CH_3)CH_2Ph$

A-00366

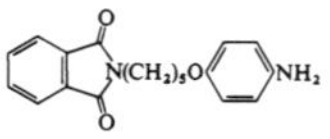

A-00367

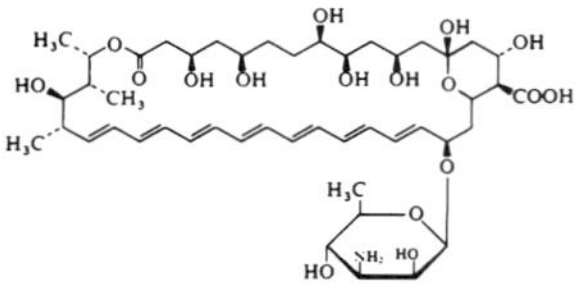

A-00368

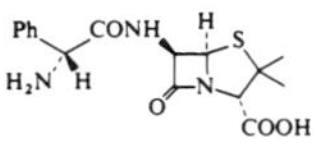

A-00369

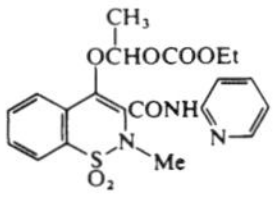

A-00370

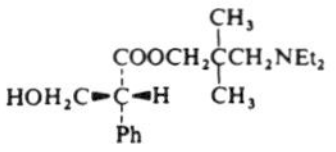

(R)-form
Absolute configuration

A-00371

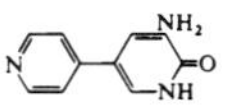

A-00372

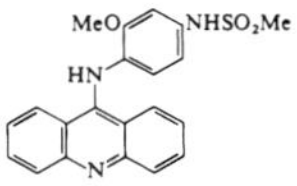

A-00373

OCOPh
$H_3CCH_2CCH_2NMe_2$
CH_3

A-00374

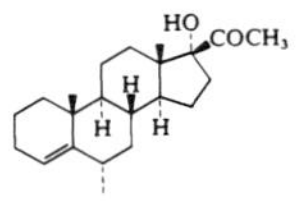

A-00375

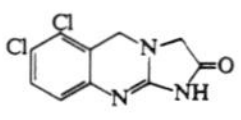

A-00376

H-Arg-Ser-Ser-Cys-Phe-Gly-Gly-Arg-Met-Asp-Arg-Ile-Gly-Ala-
Gln-Ser-Gly-Leu-Gly-Cys-Asn-Ser-Phe-Arg-Tyr-OH

A-00377

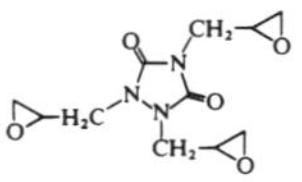

A-00378

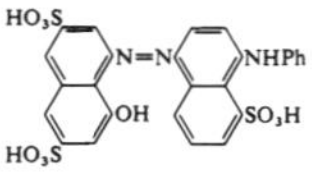

A-00379

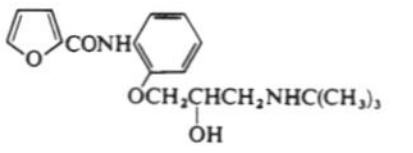

A-00380

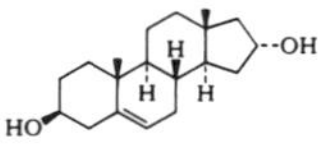

A-00382

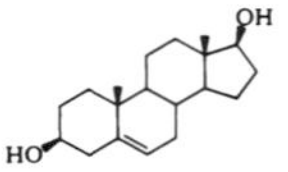

A-00383

Angiotensin I: H-L-Asp-L-Arg-L-Val-L-Tyr-X-L-His-L-Pro-L-Phe-L-His-L-Leu-OH
Angiotensin II: H-L-Asp-L-Arg-L-Val-L-Tyr-X-L-His-L-Pro-L-Phe-OH

A-00386

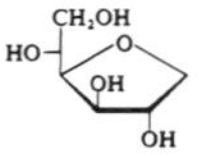

A-00387

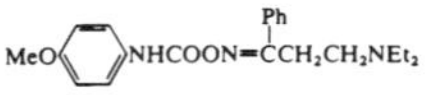

A-00388

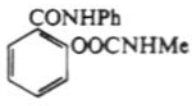

A-00389

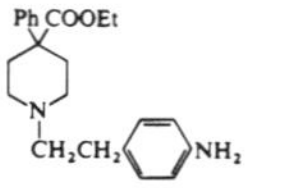

A-00390

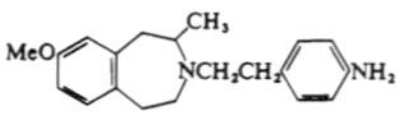

A-00391

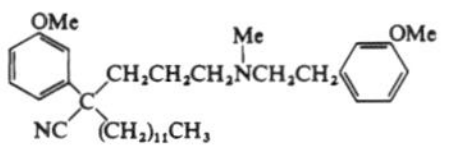

A-00392

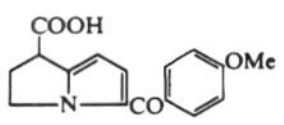

A-00393

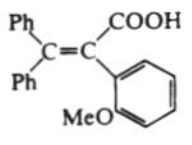

A-00394

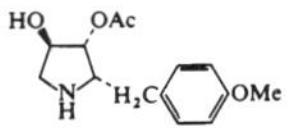

Absolute configuration

A-00395

A-00396

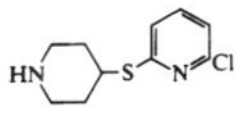

A-00398

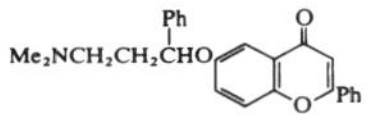

A-00399

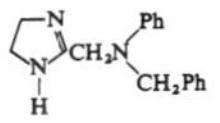

A-00400

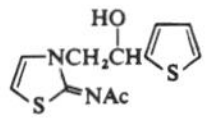

A-00401

$Me_2NCH_2CH_2N(Ph)CH_2Ph$

A-00402

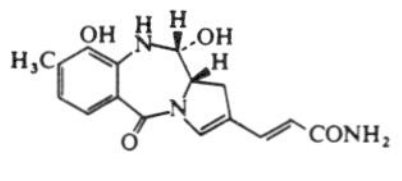

Absolute configuration

A-00403

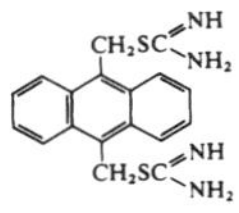

A-00404

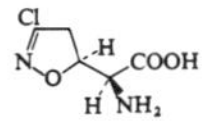

A-00405

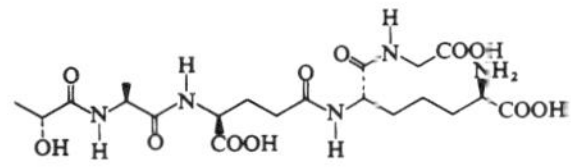

A-00406

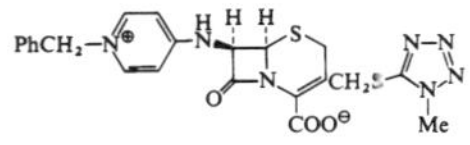

A-00407

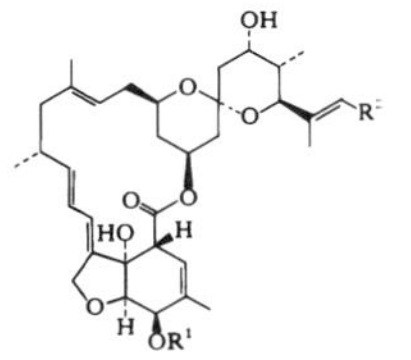

$R^1 = H, R^2 = -CH(CH_3)_2$

A-00408

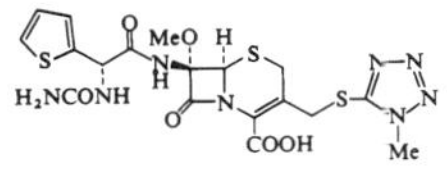

A-00409

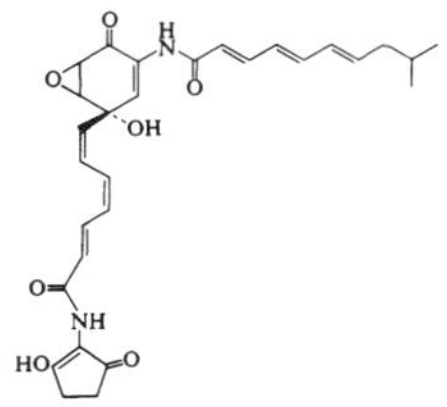

A-00410

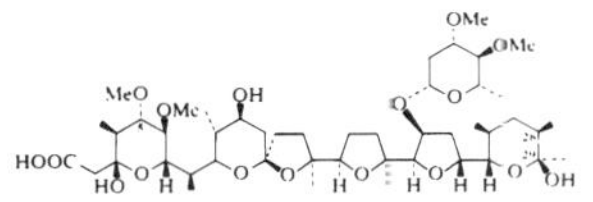

A-00411

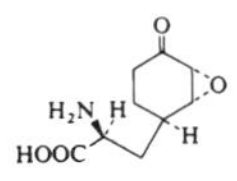

Absolute configuration

A-00412

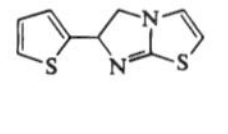

A-00413

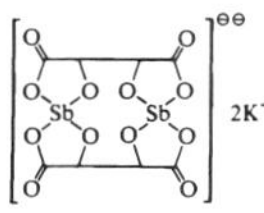

A-00414

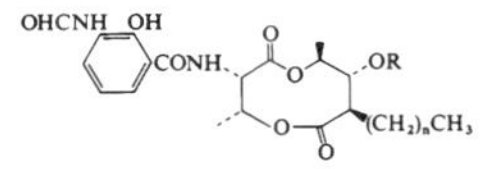

Antimycin A_1 R = $COCH_2CH(CH_3)_2$, n = 5
A_2 R = $COCH_2CH_2CH_3$, n = 5
A_3 R = $COCH_2CH(CH_3)_2$, n = 3
A_4 R = $COCH_2CH_2CH_3$, n = 3
A_5 R = $COCH_2CH(CH_3)_2$, n = 1
A_6 R = $COCH_2CH_2CH_3$, n = 1
Antibiotic 1-2743C R = $COCH_3$, n = 3

A-00415

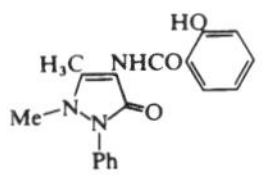

A-00416

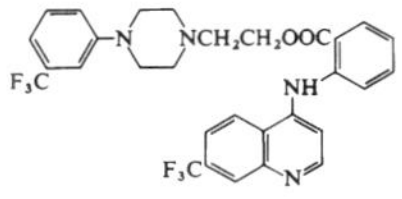

A-00419

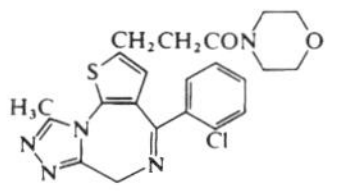

A-00420

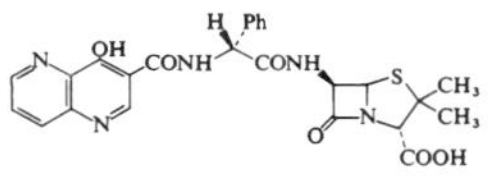

A-00421

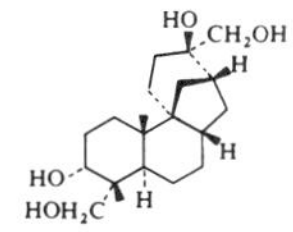

A-00422

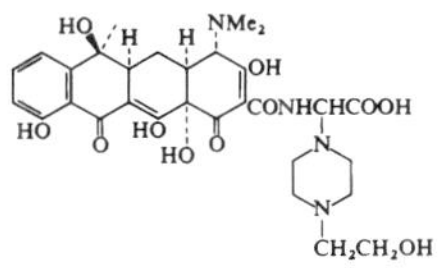

A-00423

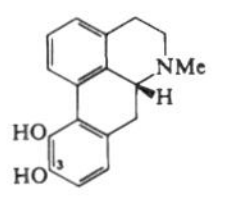

(R)-form

A-00425

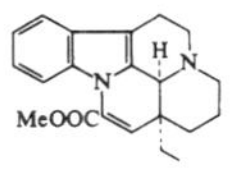

Absolute configuration

A-00426

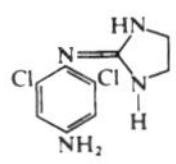

A-00427

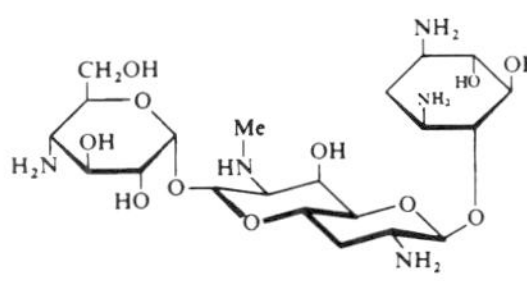

A-00428

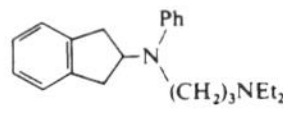

A-00429

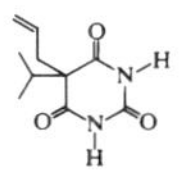

A-00430

$H_3CCPh_2COOCH_2CH_2NEt_2$

A-00431

H-Arg-Pro-Asp-Phe-Cys-Leu-Glu-Pro-Pro-Tyr-
Thr-Gly-Pro-Cys-Lys-Ala-Arg-Ile-Ile-Arg-
Tyr-Phe-Tyr-Asn-Ala-Lys-Ala-Gly-Leu-Cys-
Gln-Thr-Phe-Val-Tyr-Gly-Gly-Cys-Arg-Ala-
Lys-Arg-Asn-Asn-Phe-Lys-Ser-Ala-Glu-Asp-
Cys-Met-Arg-Thr-Cys-Gly-Gly-Ala-OH

A-00432

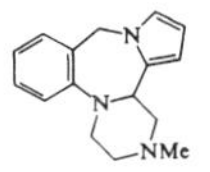

A-00433

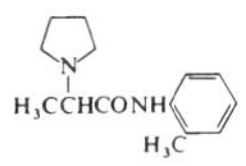

A-00434

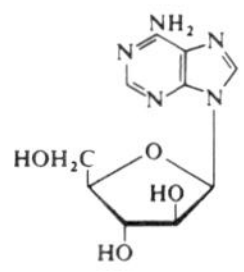

A-00435

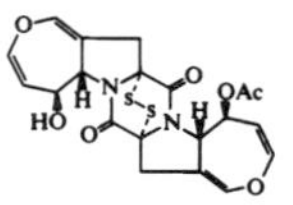

A-00436

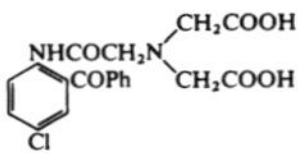

A-00437

$H_2NCOCH_2CH_2CO$-L-Arg-L-Val-L-Tyr-L-Val-L-His-L-Pro-L-PhGlyOH

A-00438

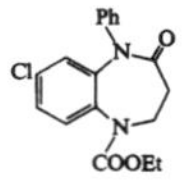

A-00439

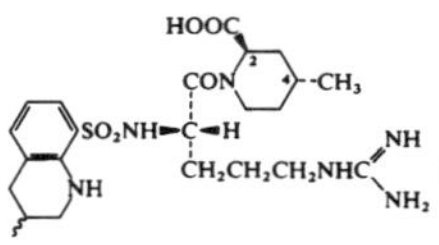

(2R,4R)-form

A-00440

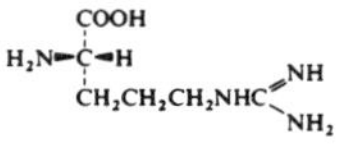

(S)-form

A-00441

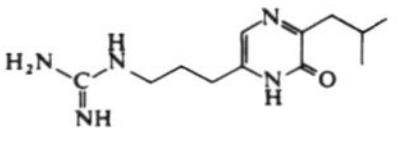

A-00442

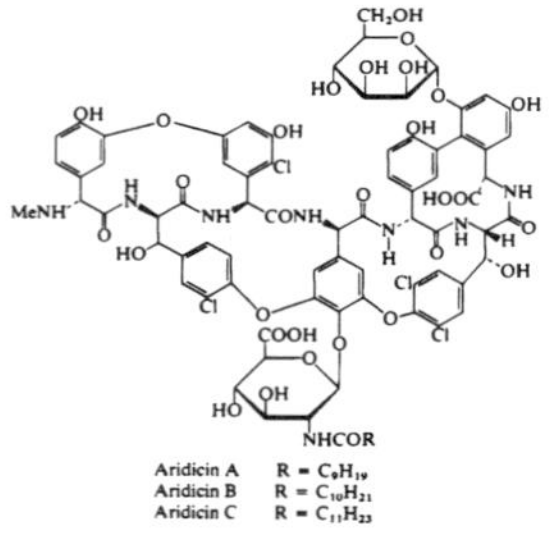
Aridicin A R = C_9H_{19}
Aridicin B R = $C_{10}H_{21}$
Aridicin C R = $C_{11}H_{23}$

A-00443

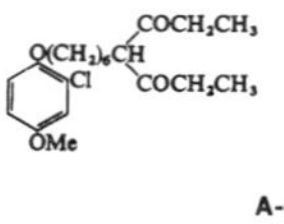

A-00444

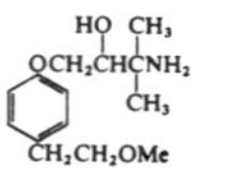

A-00445

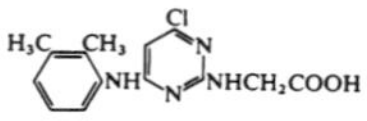

A-00446

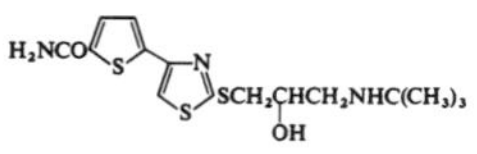

A-00447

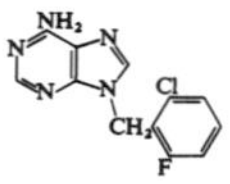

A-00448

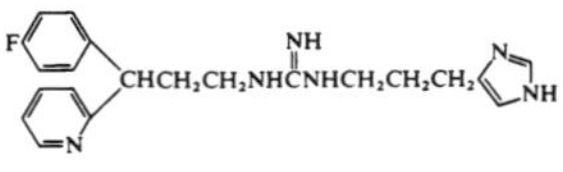

A-00449

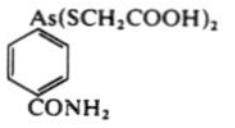

A-00450

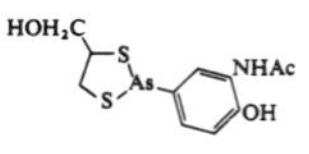

A-00451

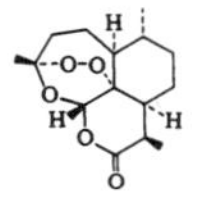

A-00452

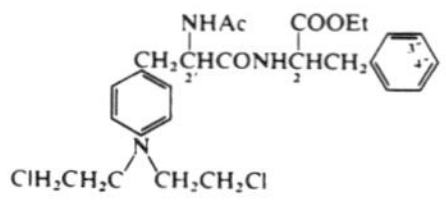

A-00453

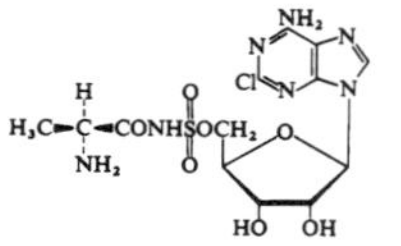

A-00454

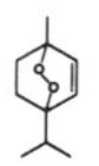

A-00455

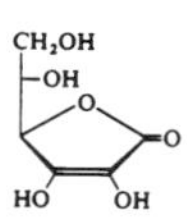

L-form

A-00456

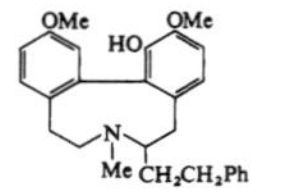

A-00457

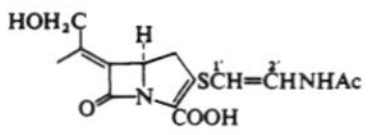

A-00459

$HOOCCH_2CH(NH_2)CONHCH(CH_2Ph)$-COOMe

A-00460

$HOOCCH(NH_2)CH_2CONHCH(COOH)$-$CH_2CH_2COOH$

A-00461

$HOOCCH_2CH(COOH)NHCH_2CH$-$(COOH)NHCH_2R$, Aspergillomarasmine A, R = $CH(NH_2)COOH$, Aspergillomarasmine B, R = COOH

A-00463

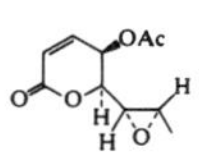

A-00464

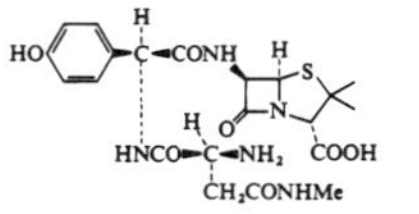

A-00465

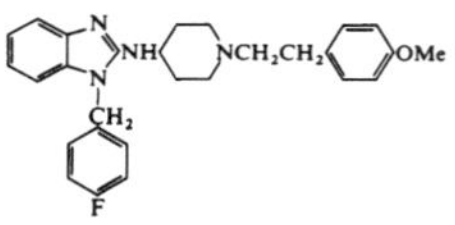

A-00466

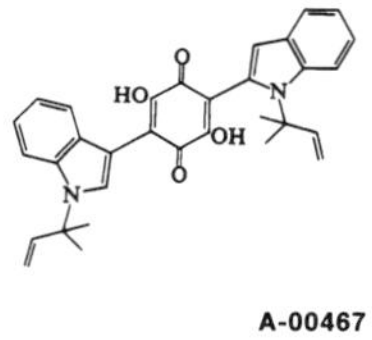

A-00467

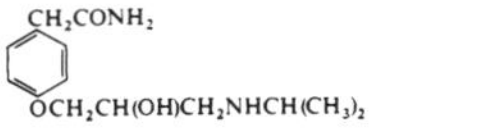

A-00468

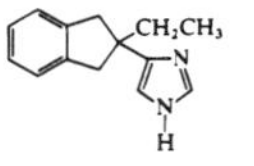

A-00469

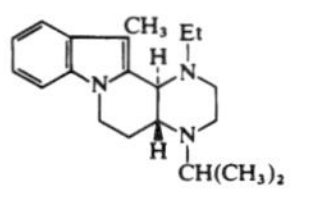

A-00470

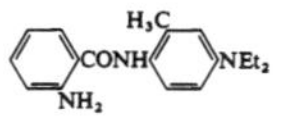

A-00471

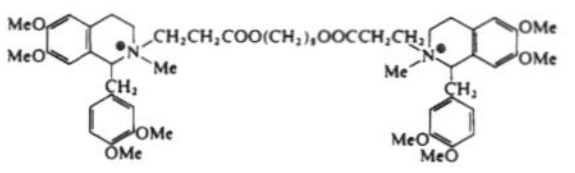

A-00472

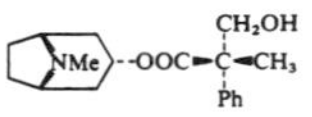

(3S-endo)-form

A-00474

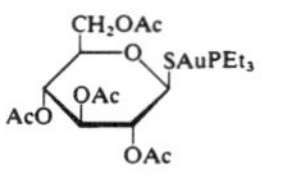

A-00475

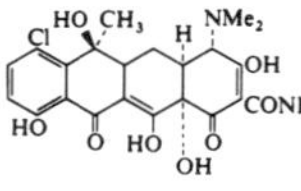

A-00476

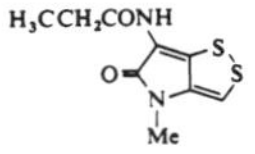

A-00477

$PhNHCOCH_2SAu$

A-00478

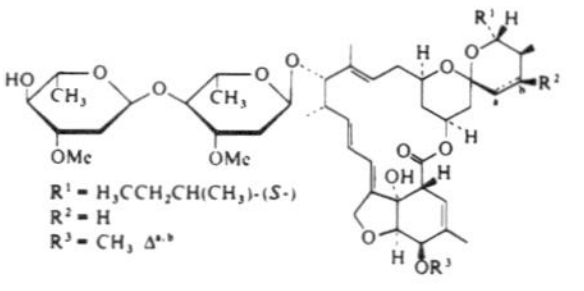
R^1 = $H_3CCH_2CH(CH_3)$-(S-)
R^2 = H
R^3 = CH_3 $\Delta^{a,b}$

A-00479

As A-00479 with

R^1 = $-CH(CH_3)_2$, R^2 = H, R^3 = CH_3, $\Delta^{a,b}$

A-00480

As A-00479 with

R^1 = $H_3CCH_2C(CH_3)$-(S)-, R^2 = OH, R^3 = CH_3

A-00481

As A-00479 with

R^1 = $-CH(CH_3)_2$, R^2 = OH, R^3 = CH_3

A-00482

As A-00479 with

R^1 = $H_3CCH_2CH(CH_3)$-(S-), R^2 = R^3 = H, $\Delta^{a,b}$

A-00483

As A-00479 with
$R^1 = H_3CCH_2CH(CH_3)$-, $R^2 = R^3 = H$, $\Delta^{a,b}$

A-00484

As A-00479 with
$R^1 = H_3CCH_2C(CH_3)$- (*S*-), R^2 = OH, R^3 = H

A-00485

As A-00479 with
$R^1 = -CH(CH_3)_2$, R^2 = OH, R^3 = H

A-00486

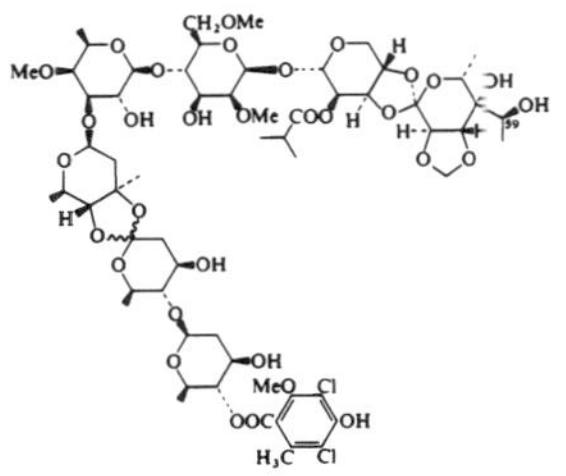

A-00487

$[H_3C(CH_2)_{17}]_2NCH_2CH_2CH_2N$-$(CH_2CH_2OH)_2$

A-00488

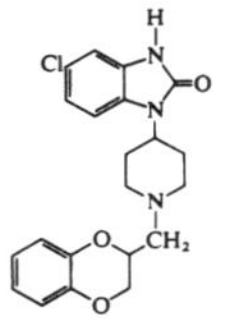

A-00489

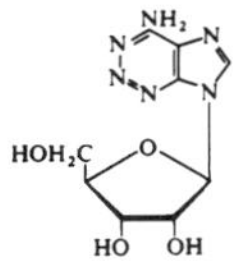

A-00490

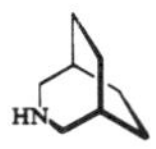

A-00491

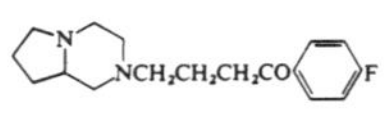

A-00492

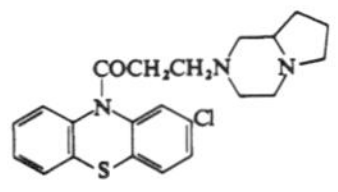

A-00493

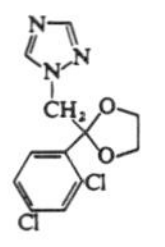

A-00494

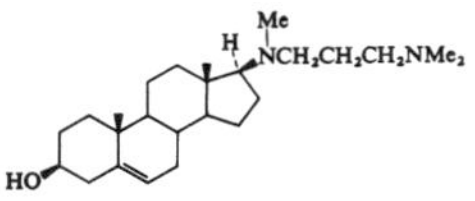

A-00495

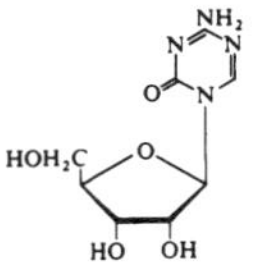

A-00496

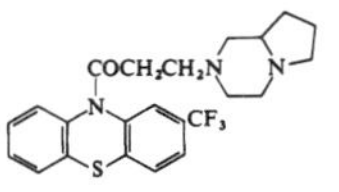

A-00497

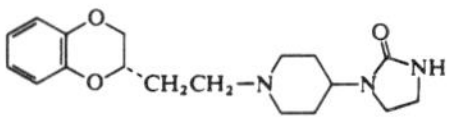

(*S*)-*form*

A-00498

$Me_2EtN^{\oplus}CH_2CH_2NMeCH_2CH_2N^{\oplus}EtMe_2$

A-00499

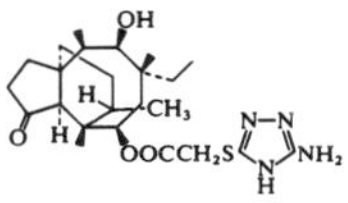

A-00500

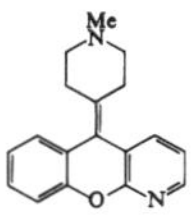

A-00501

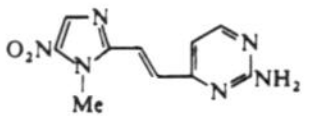

A-00502

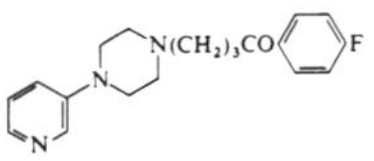

A-00503

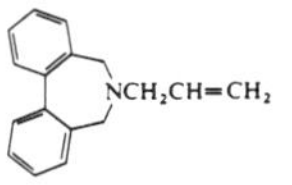

A-00504

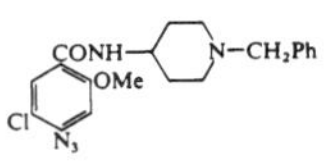

A-00505

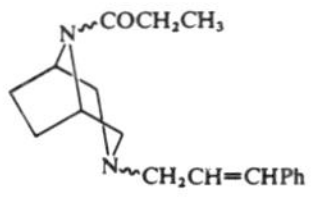

A-00506

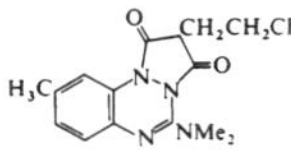

A-00507

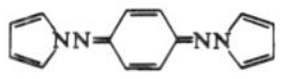

A-00508

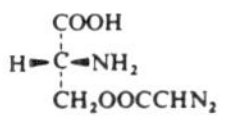

(*R*)-*form*
Absolute configuration

A-00509

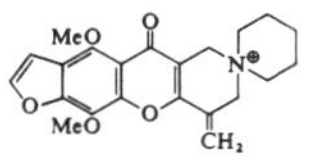

A-00510

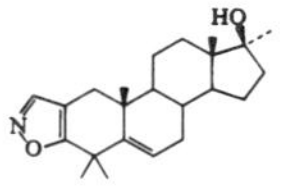

A-00511

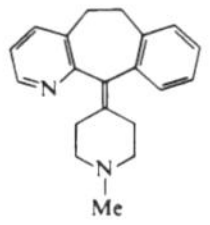

A-00512

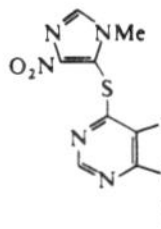

A-00513

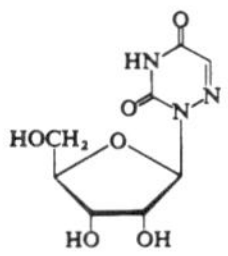

A-00514

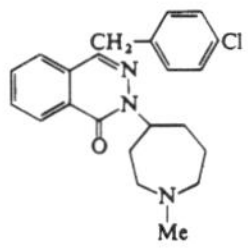

A-00515

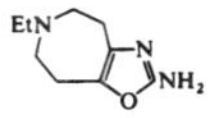

A-00516

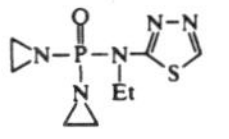

A-00517

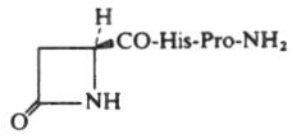

A-00518

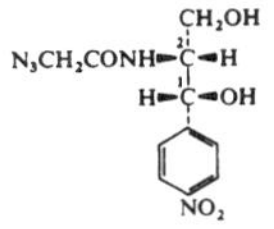

(1*R*,2*R*)-*form*
Absolute configuration

A-00519

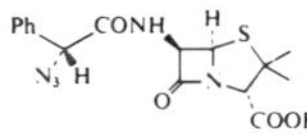

A-00520

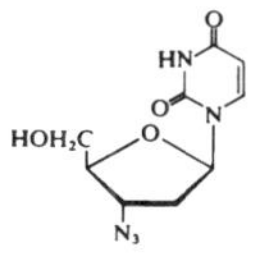

A-00521

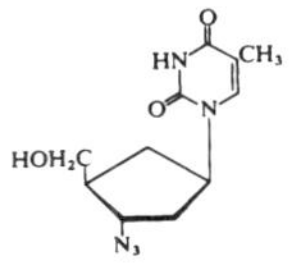

A-00522

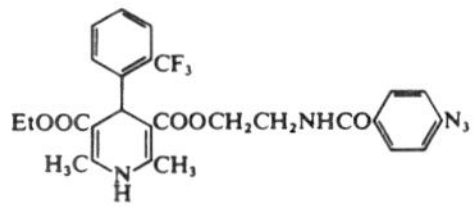

A-00523

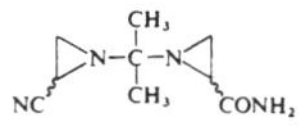

A-00524

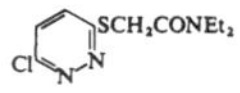

A-00525

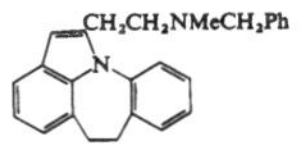

A-00526

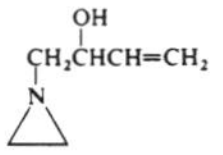

A-00527

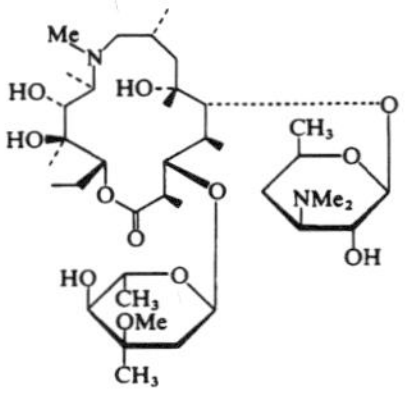

A-00528

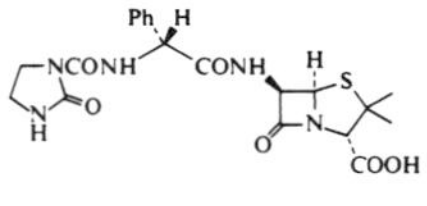

A-00529

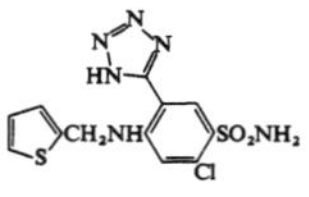

A-00530

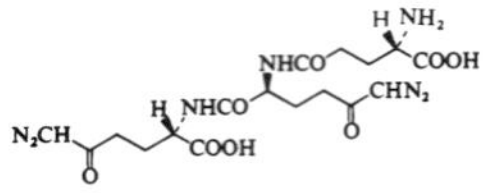

A-00531

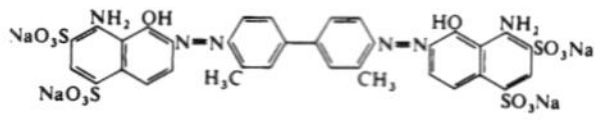

A-00532

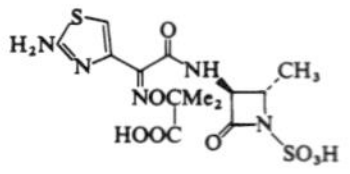

A-00533

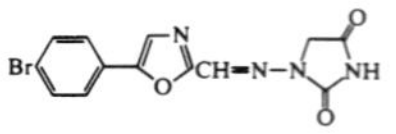

A-00534

B

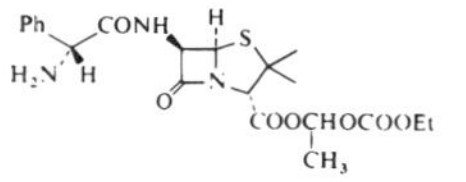

B-00001

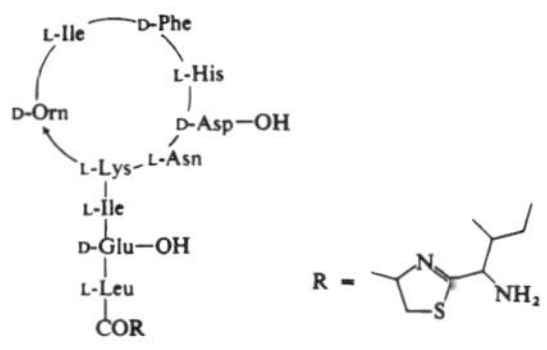

B-00002

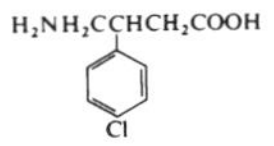

B-00003

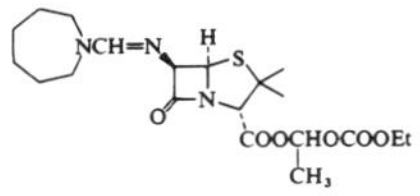

B-00004

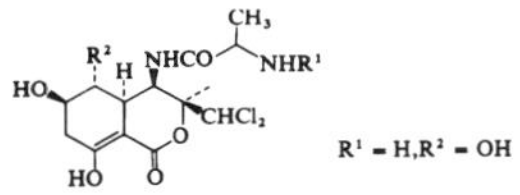

B-00005

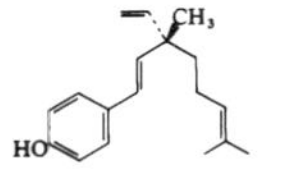

(*S*)-form
Absolute configuration

B-00006

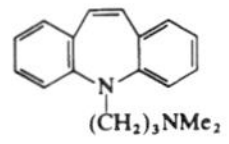

B-00007

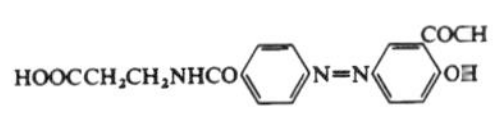

B-00008

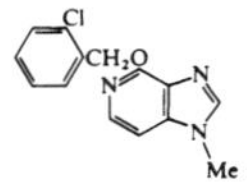

B-00009

B-00010

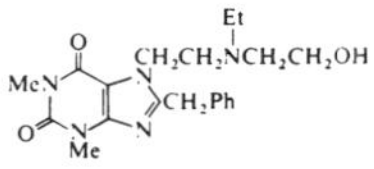

B-00011

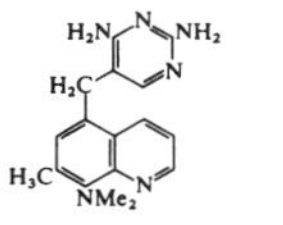

B-00012

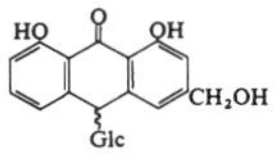

B-00013

$BaSO_4$

B-00014

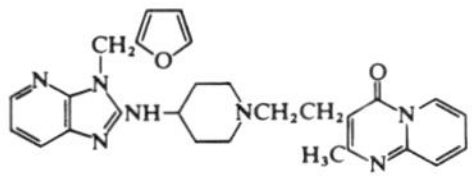

B-00015

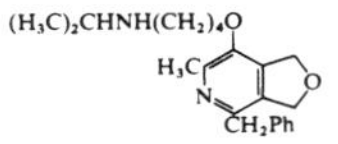

B-00016

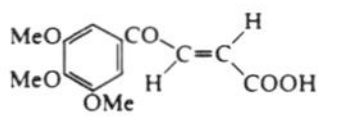

(*E*)-form

B-00018

B-00019

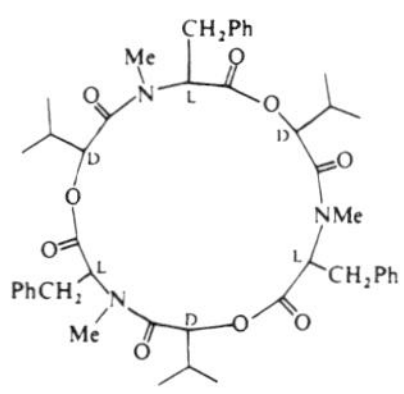

B-00020

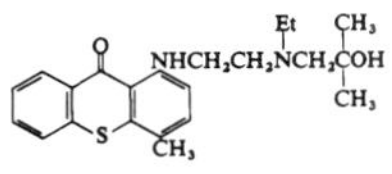

B-00021

$ClCH_2CH_2CONHCH_2Ph$

B-00022

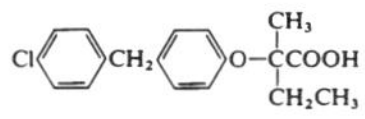

B-00023

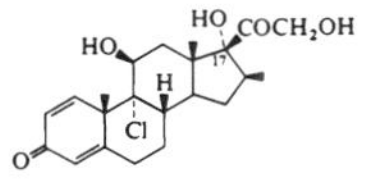

B-00024

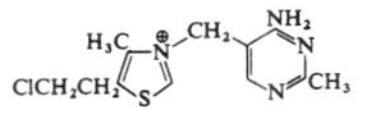

B-00025

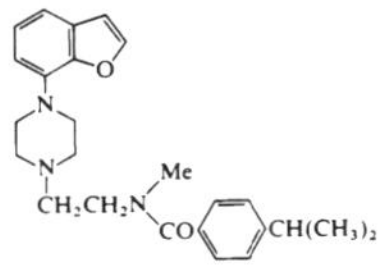

B-00026

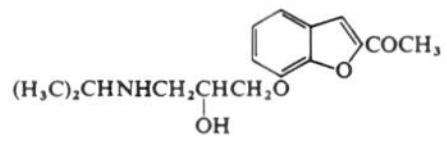

B-00027

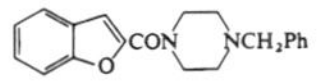

B-00028

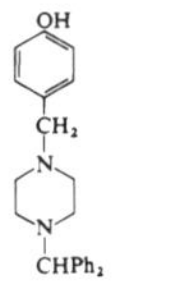

B-00029

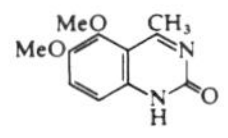

B-00031

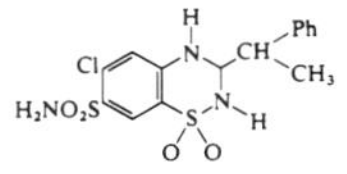

B-00032

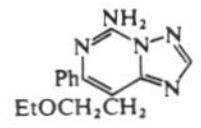

B-00033

$Ph_2C(OH)COOCH_2CH_2NEt_2$

B-00034

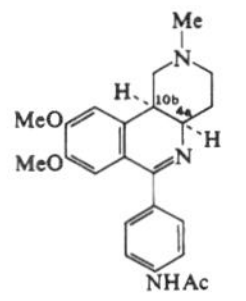

B-00035

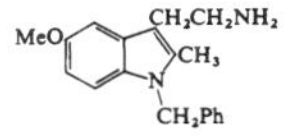

B-00036

$Ph_2C(OH)COOCH_2CH_2NEtCH_2CH_2CH_3$

B-00037

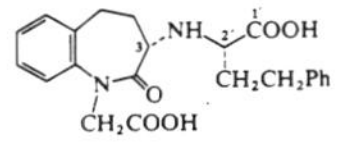

(2′*S*,3*S*)-form

B-00038

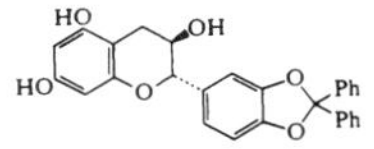

B-00039

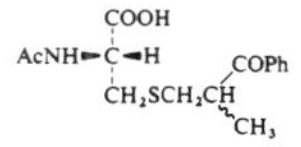

B-00040

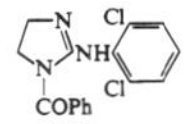

B-00041

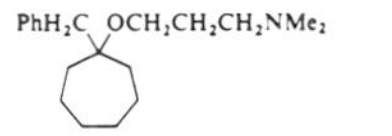

B-00042

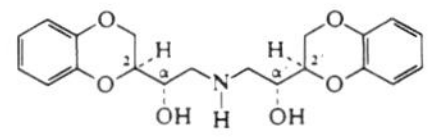

(2*RS*,2′*SR*,α*SR*,α′*RS*)form

B-00043

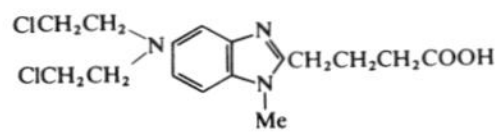

B-00044

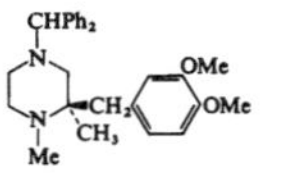

B-00045

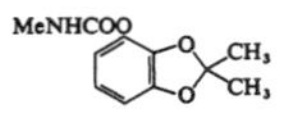

B-00046

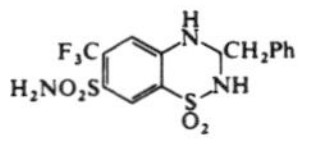

B-00047

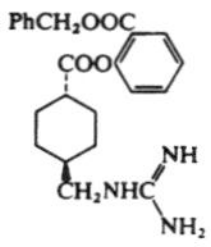

trans-form

B-00048

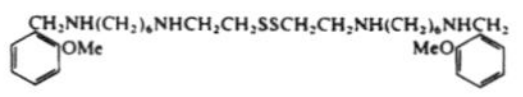

B-00049

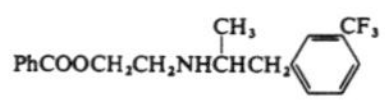

B-00050

$PhCH_2NHC(=NH)NHC(=NH)NHP(=O)(OH)_2$

B-00051

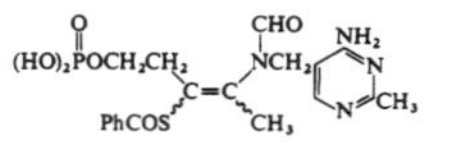

B-00052

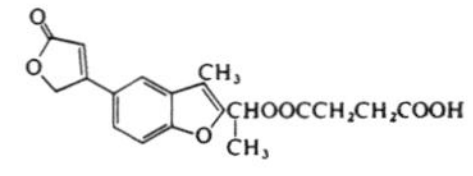

B-00053

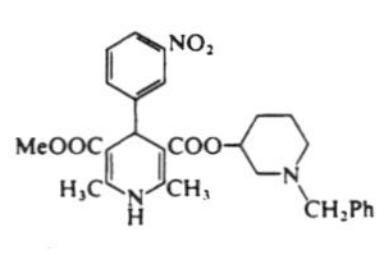

B-00054

PhCH(CH_3)NHNHCOPh

B-00055

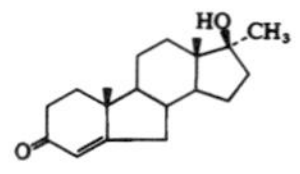

B-00056

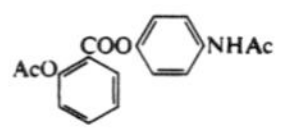

B-00057

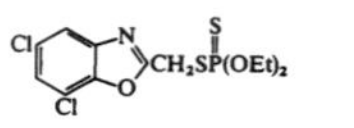

B-00058

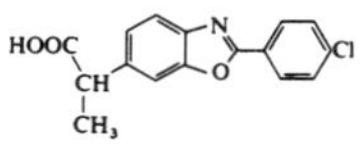

B-00059

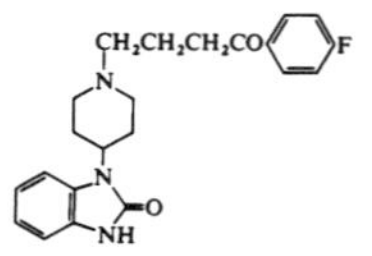

B-00060

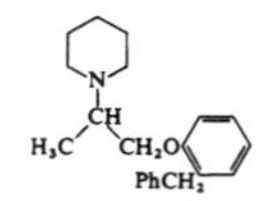

B-00061

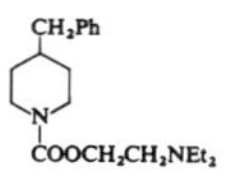

B-00062

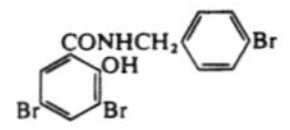

B-00063

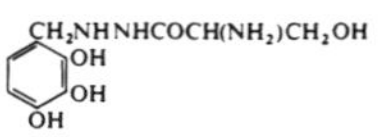

B-00064

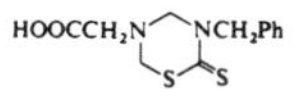

B-00065

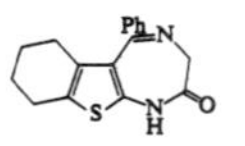

B-00066

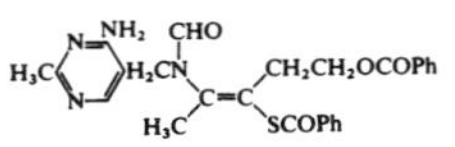

B-00067

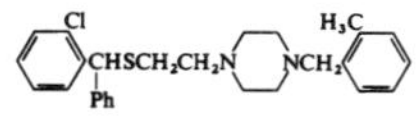

B-00068

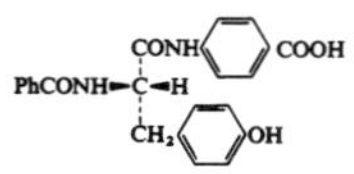

B-00069

B-00070

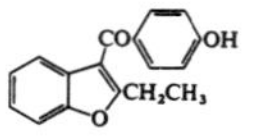

B-00071

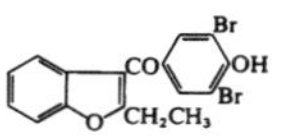

B-00072

$PhSO_3H$

B-00075

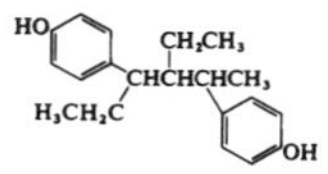

B-00077

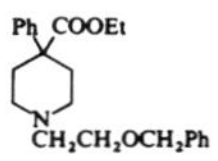

B-00078

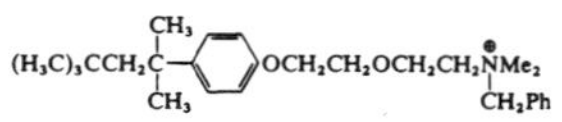

B-00079

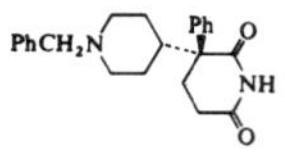

(R)-form
Absolute configuration

B-00080

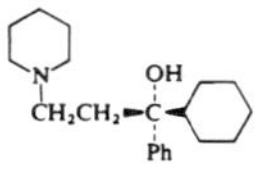

(R)-form

B-00081

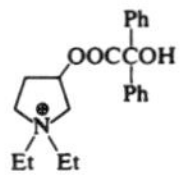

B-00082

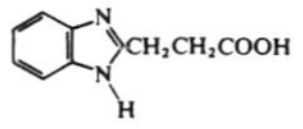

B-00083

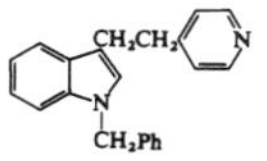

B-00084

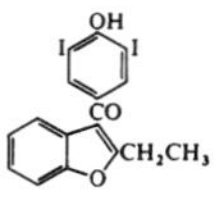

B-00085

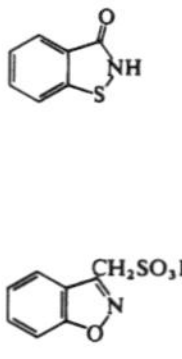

B-00086

B-00087

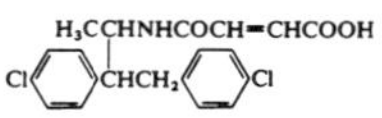

B-00088

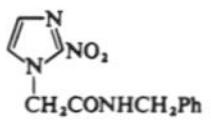

B-00089

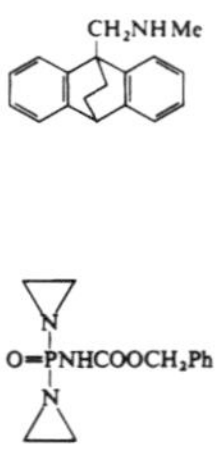

B-00090

B-00091

PhCOOH

B-00092

COPh
H–C–OH
Ph

(R)-form
Absolute configuration

B-00093

B-00094

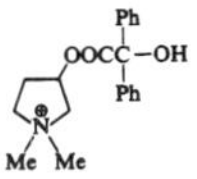
B-00095

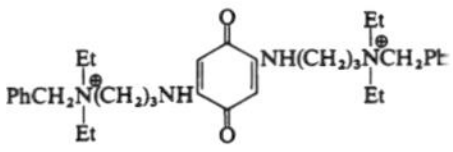
B-00096

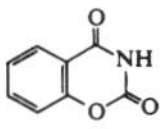
B-00097

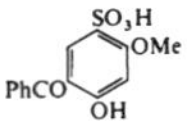
B-00098

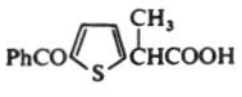
B-00099

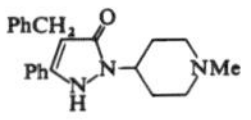
B-00100

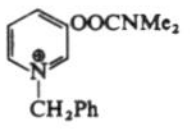
B-00101

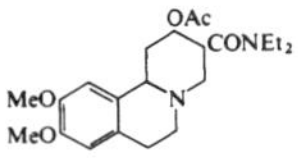
B-00102

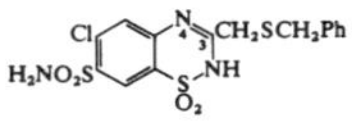
B-00103

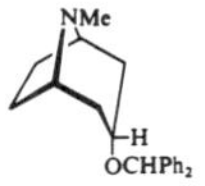
Endo-form
B-00104

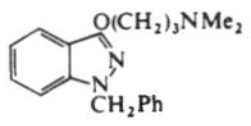
B-00105

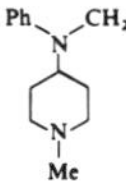
B-00106

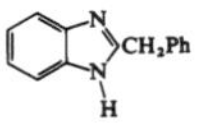
B-00107

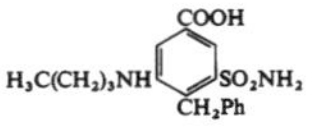
B-00108

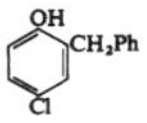
B-00109

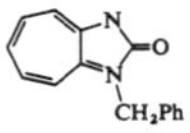
B-00110

$PhCH_2CH(COOH)CH_2CH_2NEt_2$
B-00111

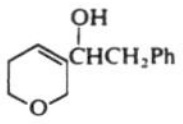
B-00112

$H_3C(CH_2)_{11}N^{\oplus}Me_2CH_2Ph$
B-00113

$PhCH_2NHC(=NMe)NHMe$
B-00114

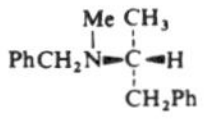
(R)-form
Absolute configuration
B-00115

$H_3C(CH_2)_{13}N^{\oplus}Me_2CH_2Ph$
B-00116

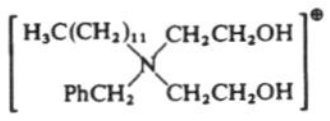
B-00117

$PhCH_2N^{\oplus}Me_2(CH_2)_{15}CH_3$
B-00118

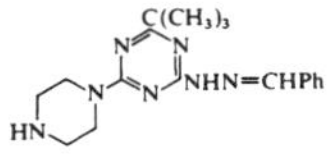
B-00119

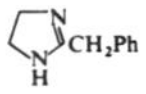
B-00120

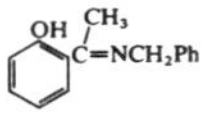
B-00121

$PhCH_2N{=}C{=}S$
B-00122

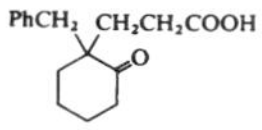
B-00123

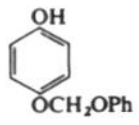
B-00124

$PhCH_2CH_2CH_2N(Ac)OCH_2Ph$
B-00125

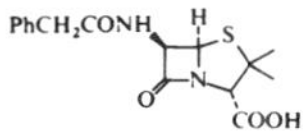
B-00126

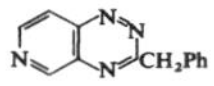
B-00128

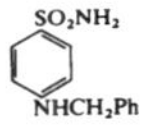
B-00129

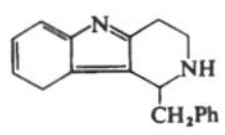
B-00130

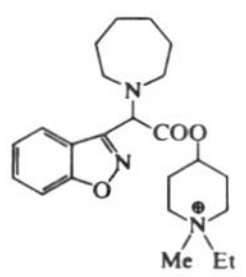
B-00131

$PhOCH_2CH_2N^{\oplus}(Me)_2CH_2Ph$
B-00132

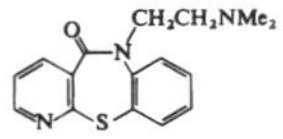
B-00133

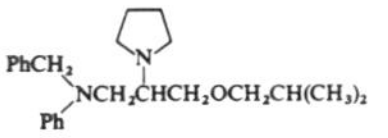
B-00134

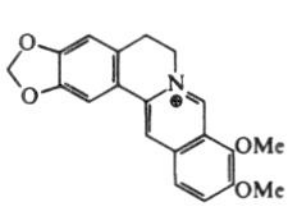
B-00135

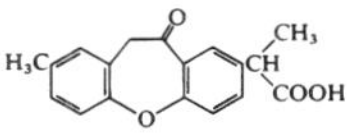
B-00136

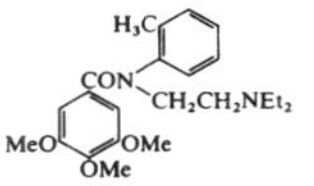
B-00137

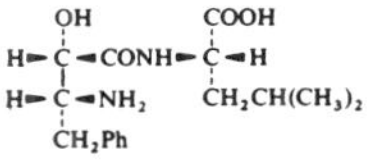
Absolute configuration
B-00138

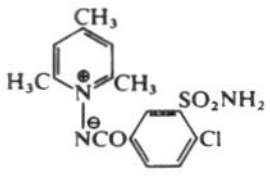
B-00139

$Me_3N^{\oplus}CH_2COO^{\ominus}$
B-00140

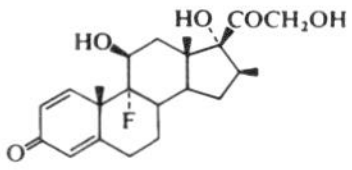
B-00141

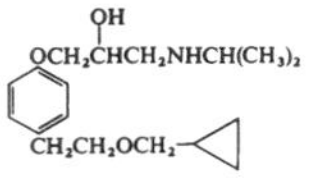
B-00142

$H_2NCOOCH(CH_3)CH_2N^{\oplus}Me_3$
B-00143

$PhCOSCH_2CONHCH_2CONHCH_2$-
$CONHCH_2COOH$
B-00144

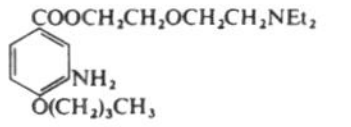
B-00145

B-00146

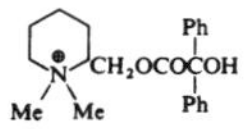

B-00147

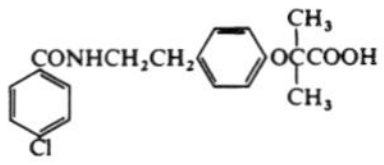

B-00148

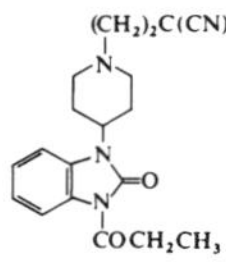

B-00149

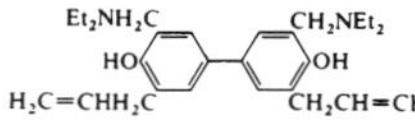

B-00150

$PhCH_2CH(Ph)OCH_2CH_2NMe_3^{\oplus}$

B-00151

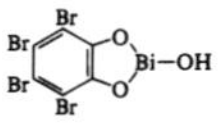

B-00152

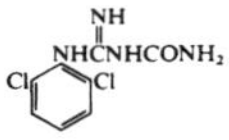

B-00153

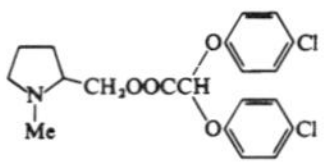

B-00154

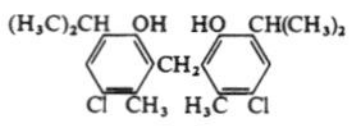

B-00155

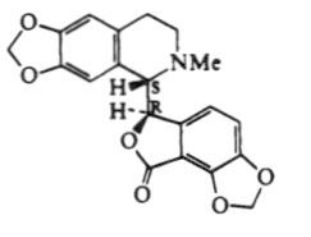

(+)-*form*
Absolute configuration

B-00156

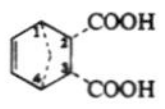

(1α,2α,3α,4α)-*form*

B-00157

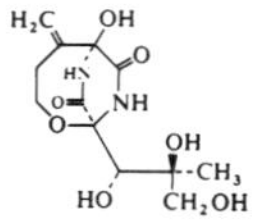

B-00158

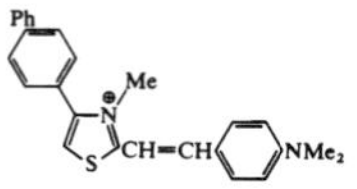

B-00159

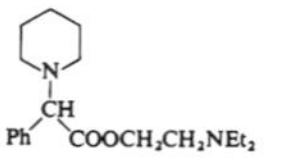

B-00160

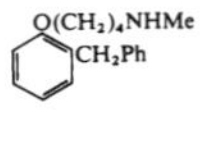

B-00161

B-00162

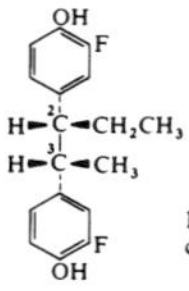

Relative configuration

B-00163

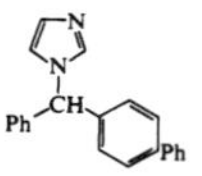

B-00164

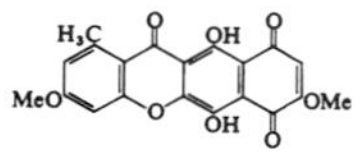

B-00165

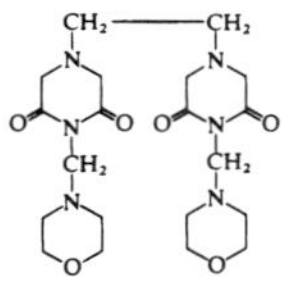

B-00166

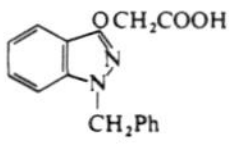

B-00167

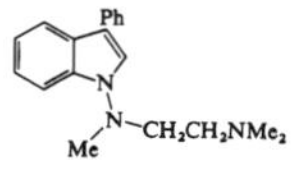

B-00168

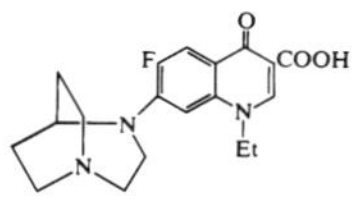

B-00169

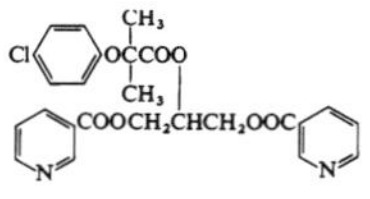

B-00170

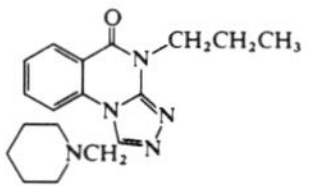

B-00171

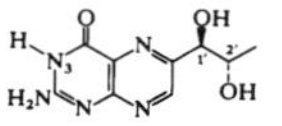

(1′R,2′S)-*form*

B-00172

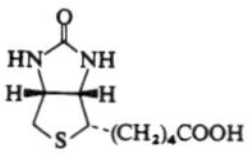

B-00173

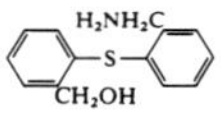

B-00174

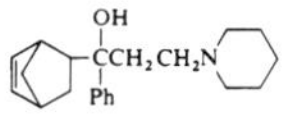

B-00175

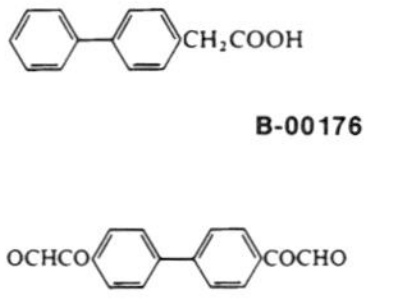

B-00176

B-00177

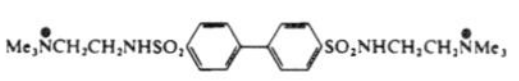

B-00178

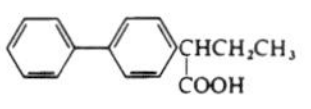

B-00179

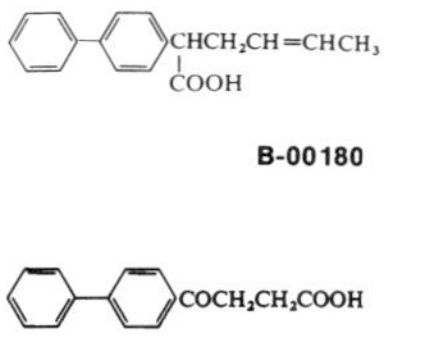

B-00180

B-00181

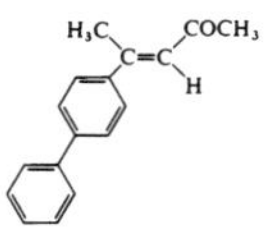

B-00182

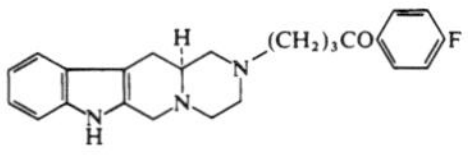

(S)-*form*

B-00183

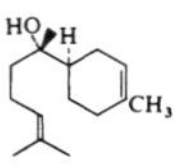

B-00184

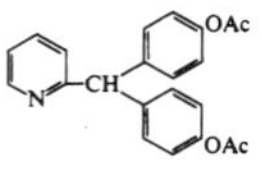

B-00186

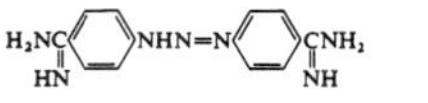

B-00187

$H_2NCH_2CH_2SSCH_2CH_2NH_2$

B-00188

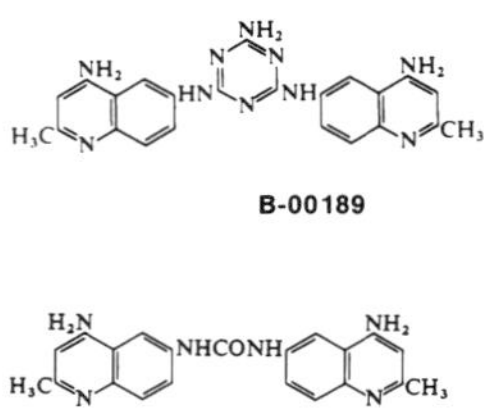

B-00189

B-00190

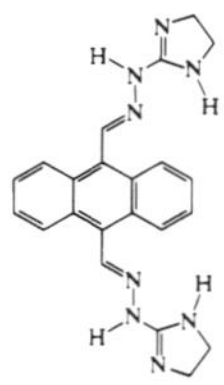

B-00191

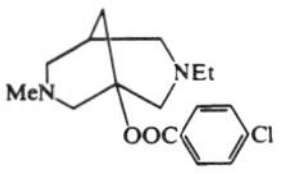

B-00192

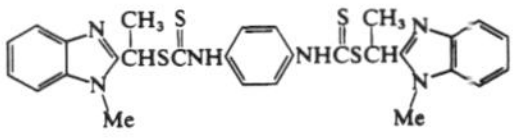

B-00193

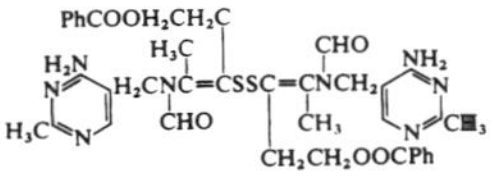

B-00194

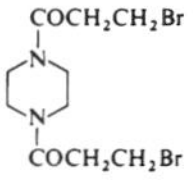

B-00195

$(HOOCCH_2)_2NCH_2CH_2OCH_2$-
$CH_2OCH_2CH_2N(CH_2COOH)_2$

B-00196

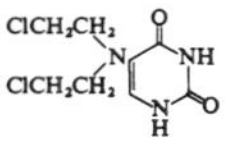

B-00197

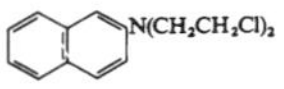

B-00198

$ClCH_2CH_2NHCON(NO)CH_2CH_2Cl$

B-00199

$(ClCH_2)_2C(CH_2OH)_2$

B-00200

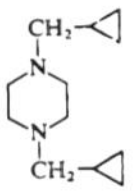

B-00201

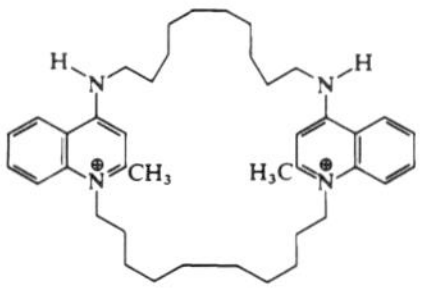

B-00202

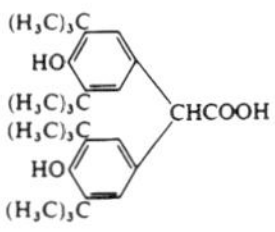

B-00203

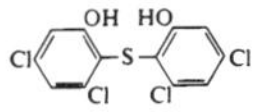

B-00204

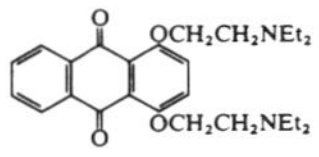

B-00205

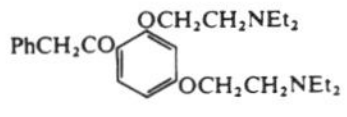

B-00206

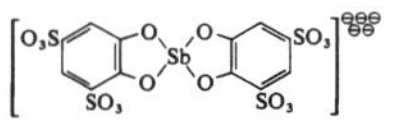

B-00207

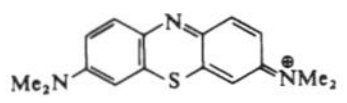

B-00208

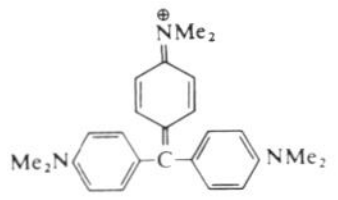

B-00209

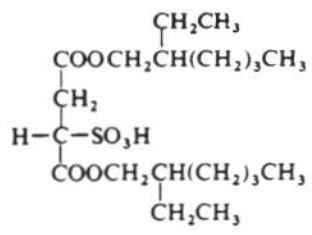

B-00210

$H_3CCH_2C(CH_3)(SO_2Et)_2$

B-00211

$(H_3C)_2C(SO_2Et)_2$

B-00212

$(H_3CCH_2)_2C(SEt)_2$

B-00213

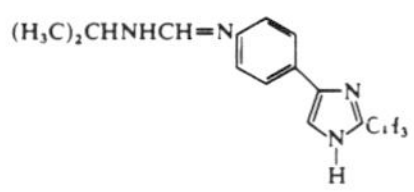

B-00214

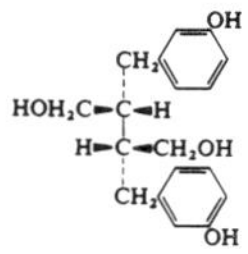

B-00215

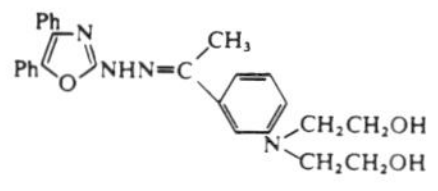

B-00216

$HOCH_2CH_2S(CH_2)_{10}SCH_2CH_2OH$

B-00217

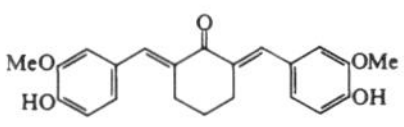

B-00218

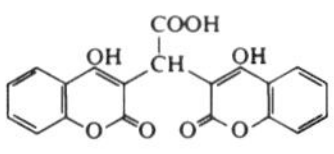

B-00219

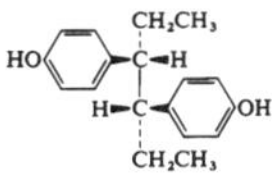

(3R,4R)-form
Absolute configuration

B-00220

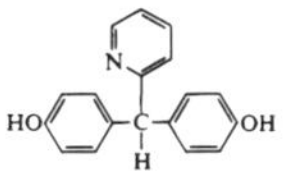

B-00221

B-00222

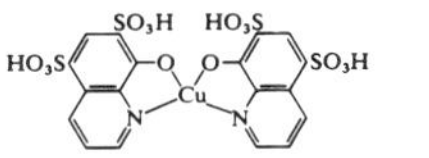

B-00223

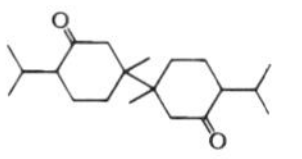

B-00224

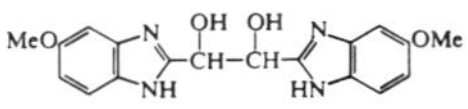

B-00225

B-00226

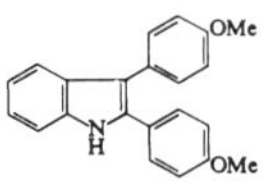

B-00227

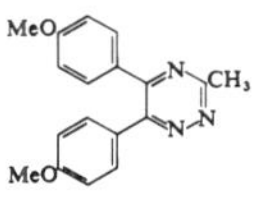

B-00228

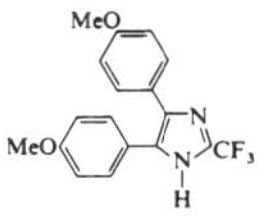

B-00229

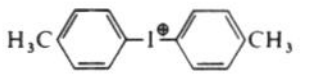

B-00230

B-00231

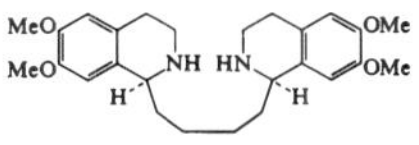

B-00232

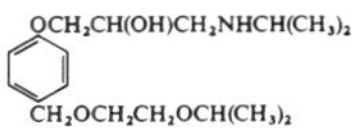

B-00233

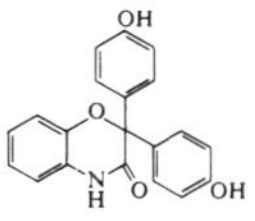

B-00234

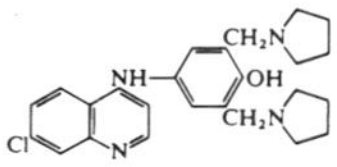

B-00235

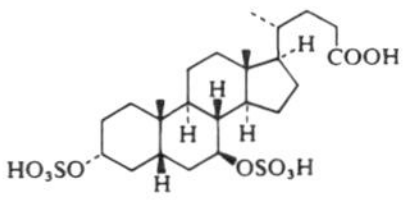

B-00236

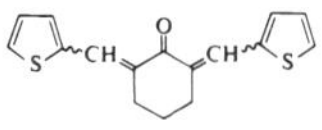

B-00237

$Cl_3CCH(OH)NHCONHCH(OH)CCl$

B-00238

$F_3CCH_2OCH_2CF_3$

B-00239

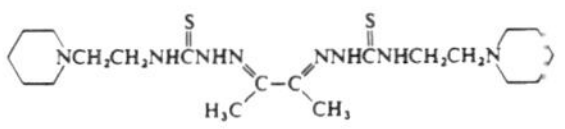

B-00240

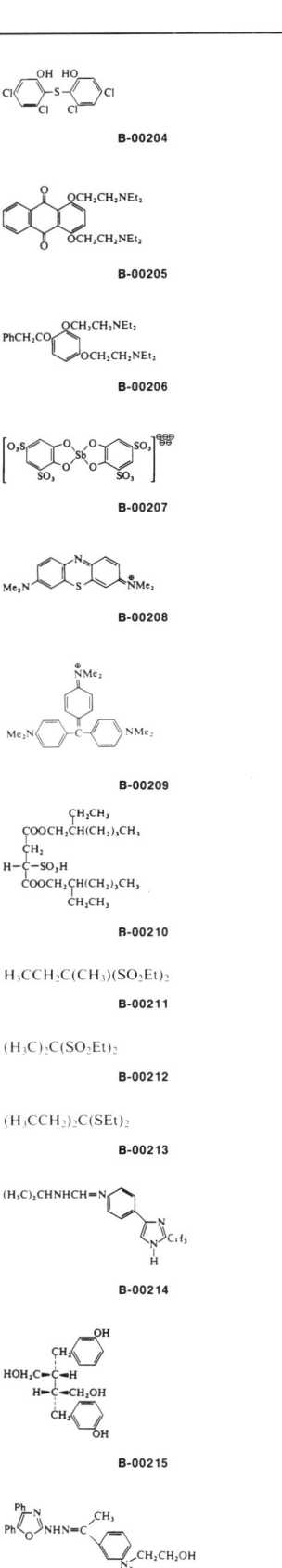

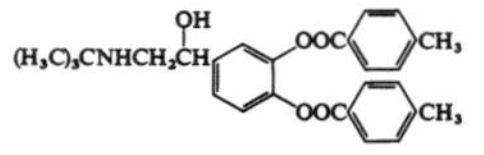

B-00241

As B-00243 with
R = $-(CH_2)_3SOCH_3$

B-00242

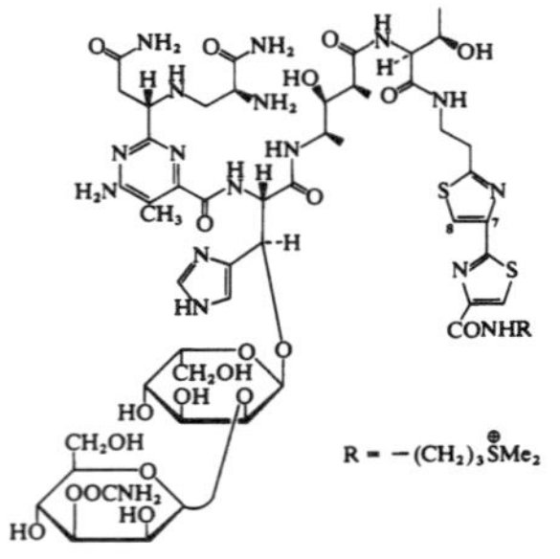

B-00243

As B-00243 with
R = $-(CH_2)_3NH(CH_2)_3CH_2NH_2$

B-00244

As B-00243 with
R = $-(CH_2)_4NHC(=NH)NH(CH_2)_4NHC-(NH_2)=NH$

B-00245

As B-00243 with
R = $-(CH_2)_4NHC(NH_2)=NH$

B-00246

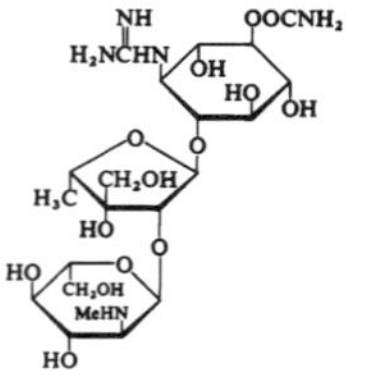

B-00247

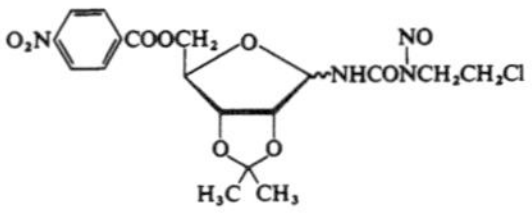

B-00248

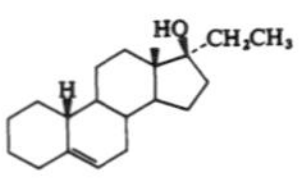

B-00249

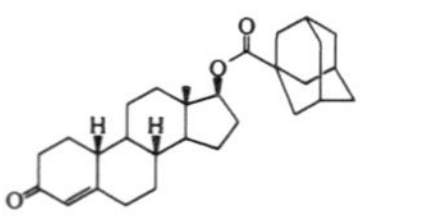

B-00250

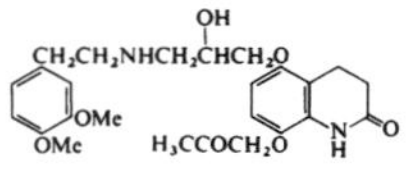

B-00251

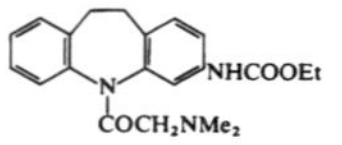

B-00252

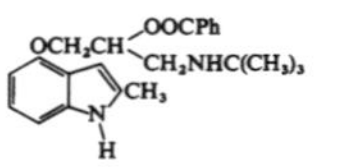

B-00253

$B(OH)_3$

B-00254

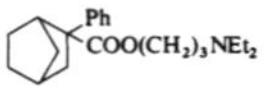

B-00255

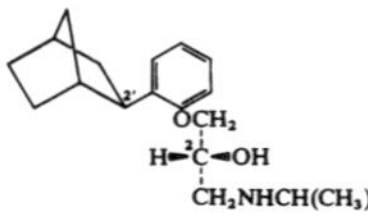

B-00256

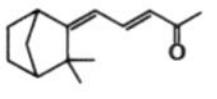

B-00257

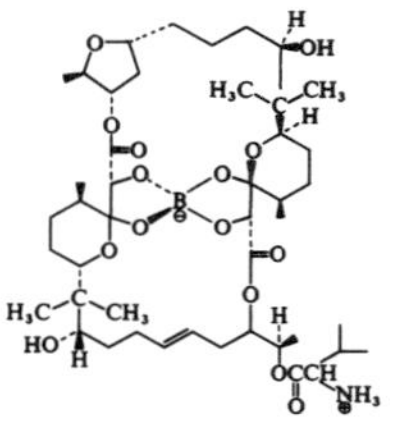

B-00258

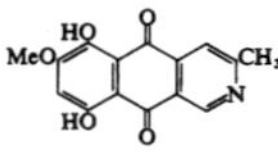

B-00259

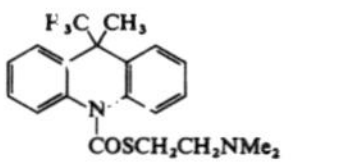

B-00260

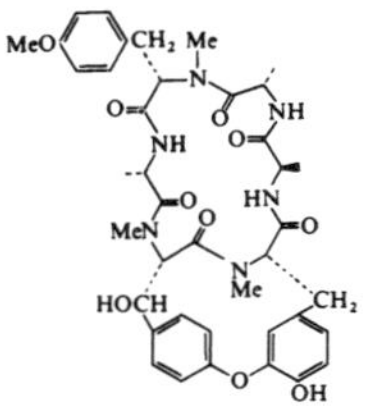

B-00261

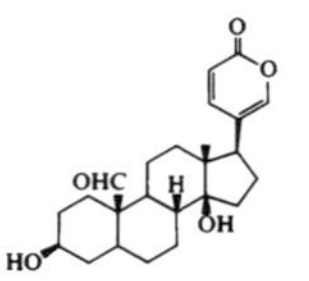

B-00262

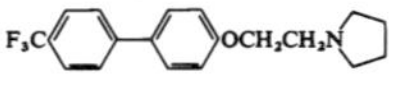

B-00263

X-Arg-Pro-Pro-Gly-Phe-Ser-Pro-Phe-Arg-OH, Bradykinin: X = H, Kallidin II: X = H-Lys

B-00265

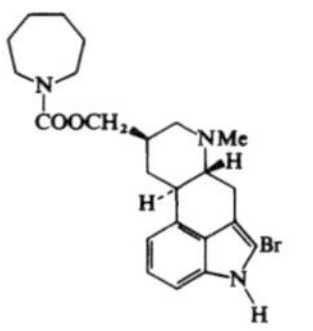

B-00266

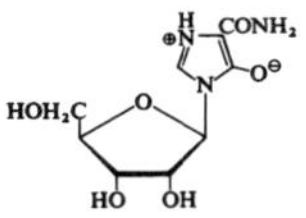

B-00267

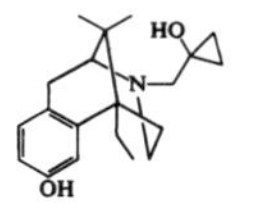

B-00268

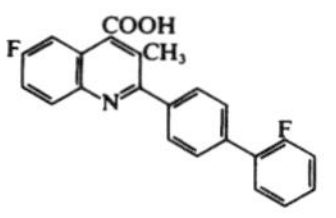

B-00269

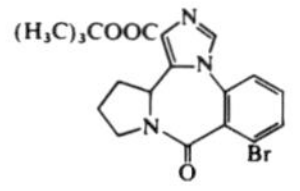

B-00270

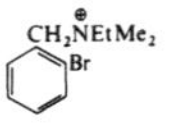

B-00271

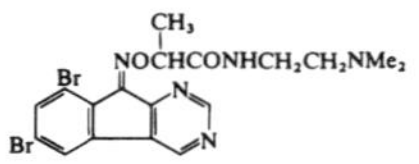

B-00272

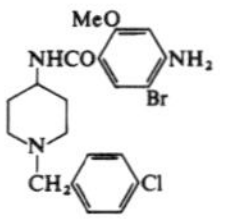

B-00274

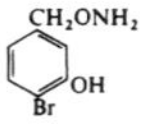

B-00275

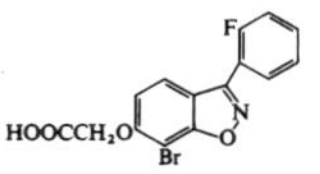

B-00276

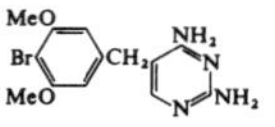

B-00277

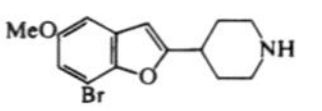

B-00278

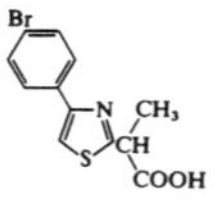

B-00279

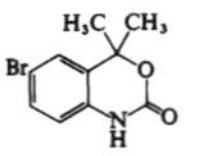

B-00280

$H_2C{=}CHCONHCH_2NHCOCH_2CH_2Br$

B-00281

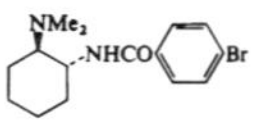

B-00282

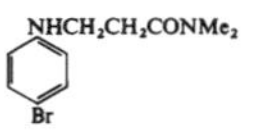

B-00283

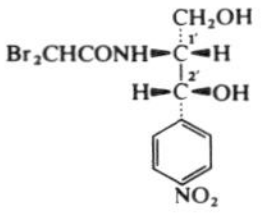

(1'R,2'R)-*form* Absolute configuration

B-00284

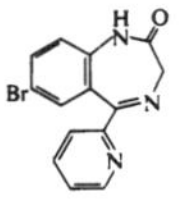

B-00285

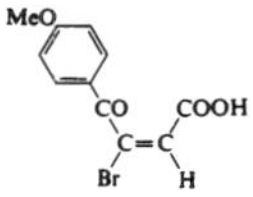

B-00286

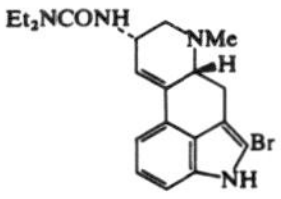

B-00288

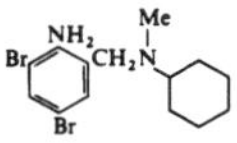

B-00289

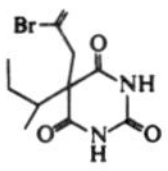

B-00290

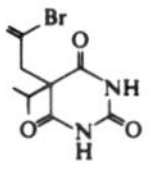

B-00291

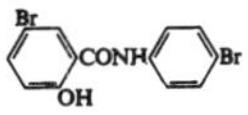

B-00292

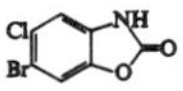

B-00293

$HBrClCCF_3$

B-00294

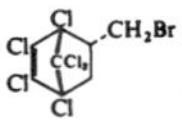

endo-form

B-00295

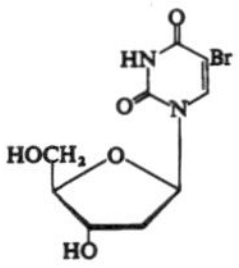

B-00296

$(H_3CCH_2)_2CBrCOOH$

B-00297

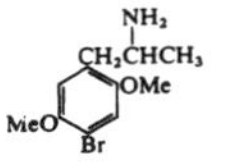

B-00298

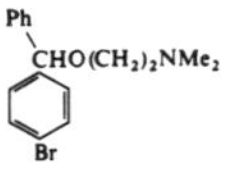

B-00299

$(H_3CCH_2)_2CBrCONHCONH_2$

B-00300

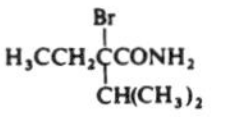

B-00301

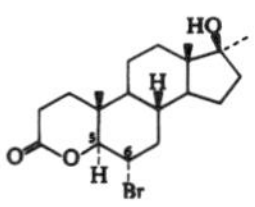

B-00303

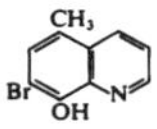

B-00304

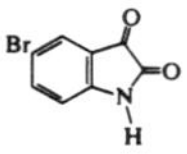

B-00305

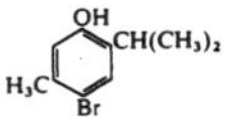

B-00306

$(H_3C)_2CHCHBrCONHCONH_2$

B-00307

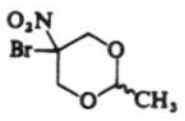

B-00308

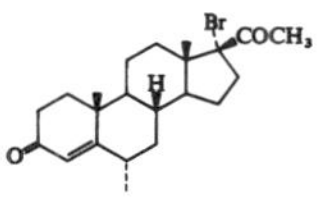

B-00309

$(HOCH_2)_2CBrNO_2$

B-00310

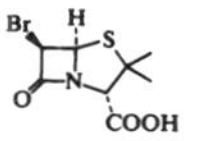

(2S,5R,6R)-*form*

B-00311

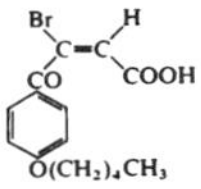

(E)-*form*

B-00312

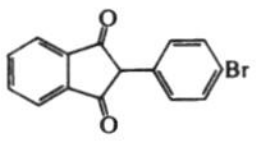

B-00313

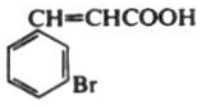

B-00314

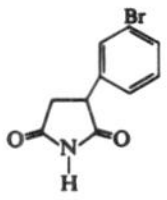

B-00315

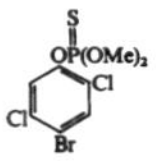

B-00316

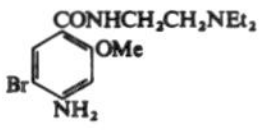

B-00317

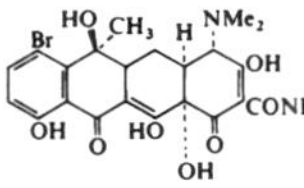

B-00318

$F_3CCHFBr$

B-00319

$F_2HCCF_2CH_2Br$

B-00320

$MeOCF_2CHBrF$

B-00321

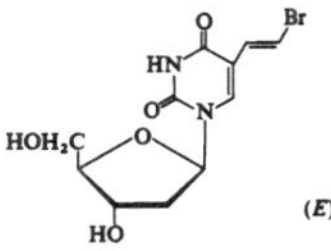

(E)-*form*

B-00322

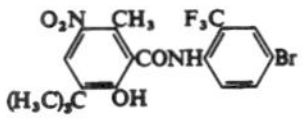

B-00323

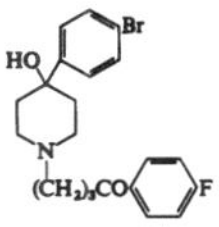

B-00324

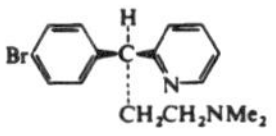

(S)-*form* Absolute configuration

B-00325

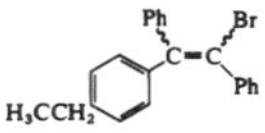

B-00326

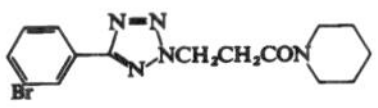

B-00327

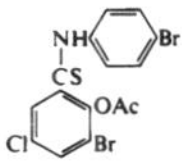

B-00328

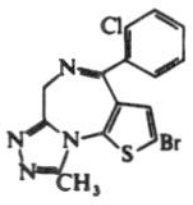

B-00329

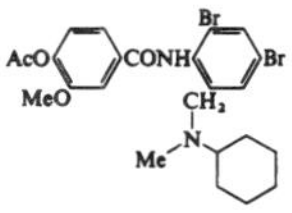

B-00330

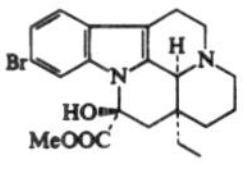

B-00331

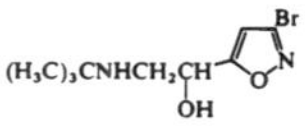

B-00332

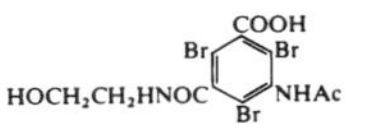

B-00333

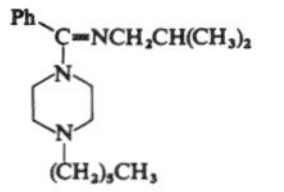

B-00334

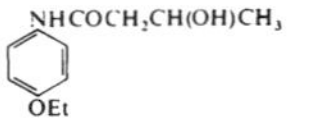

B-00335

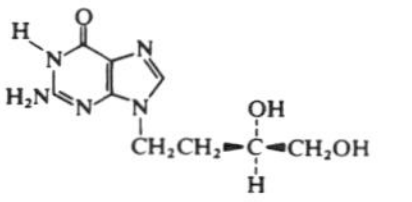

(R)-form

B-00336

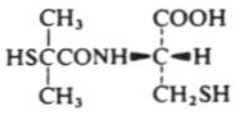

(R)-form

B-00337

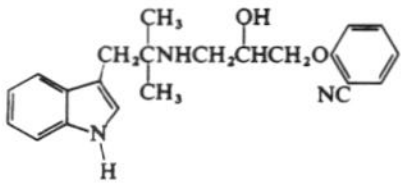

B-00338

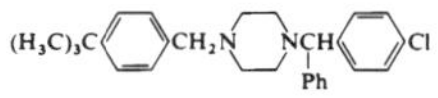

B-00339

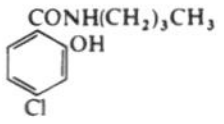

B-00340

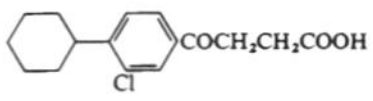

B-00341

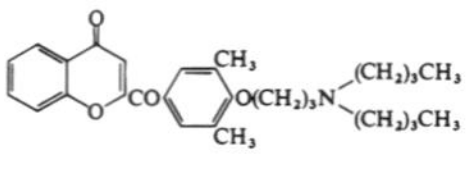

B-00342

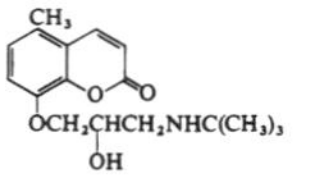

B-00343

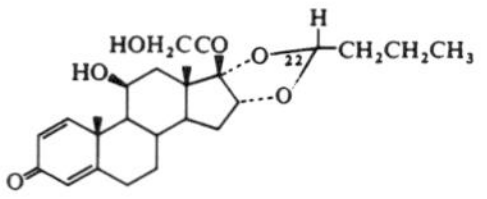

B-00344

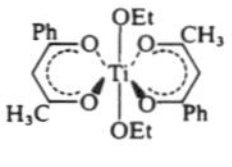

B-00345

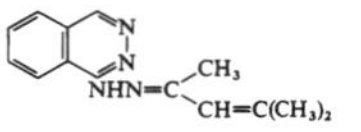

B-00346

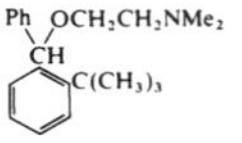

B-00347

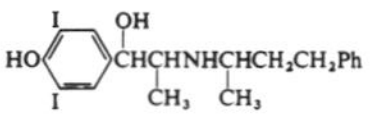

B-00348

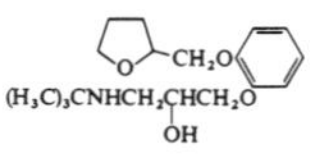

B-00349

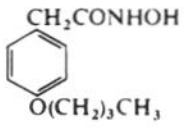

B-00350

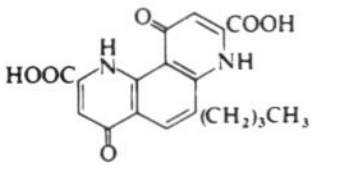

B-00351

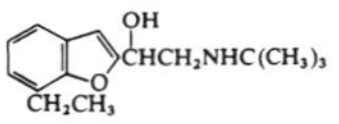

B-00352

$H_3C(CH_2)_3CH(COOH)CONPhNHPh$

B-00353

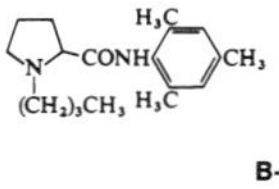

B-00354

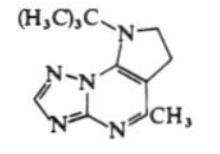

B-00355

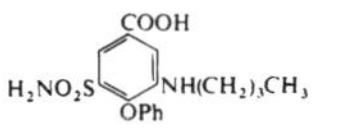

B-00356

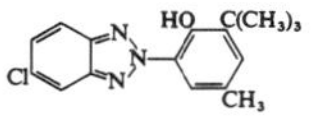

B-00357

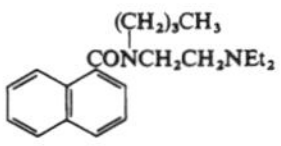

B-00358

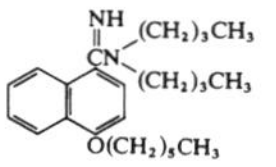

B-00359

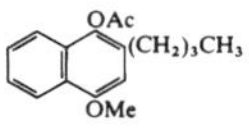

B-00360

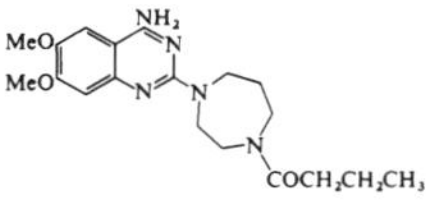

B-00361

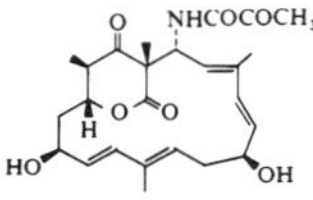

B-00362

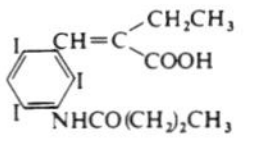

B-00363

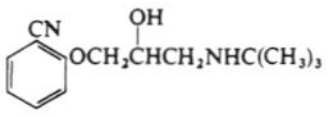

B-00364

B-00365

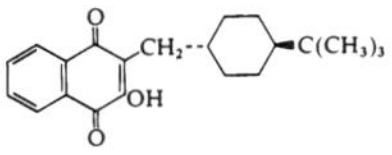

trans-form

B-00366

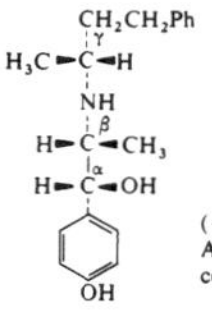

(+)-erythro-form
Absolute configuration

B-00367

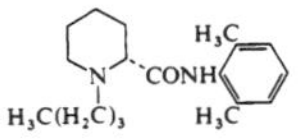

(R)-form
Absolute configuration

B-00368

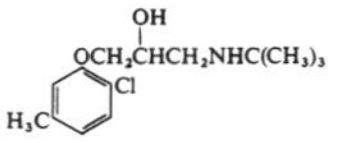

B-00369

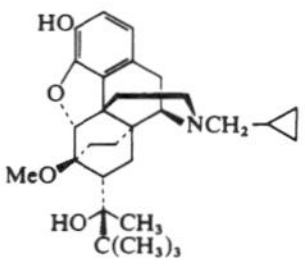

B-00370

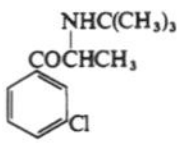

B-00371

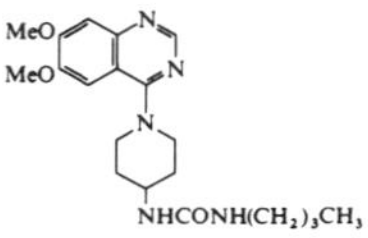

B-00372

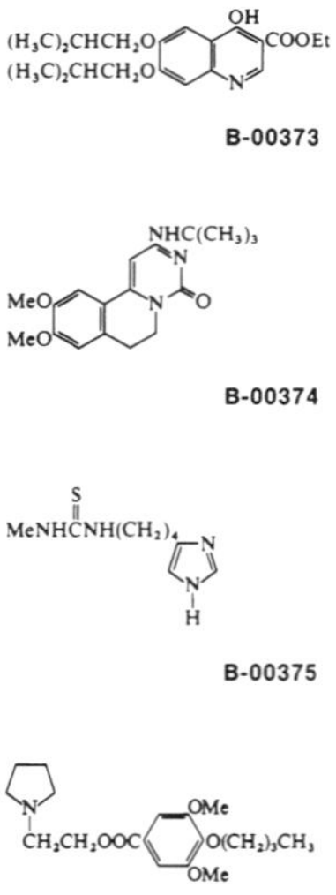

B-00373

B-00374

B-00375

B-00376

PyroGlu-His-Trp-Ser-Tyr-D-Ser(Bu^t)-Leu-Arg-Pro-NHEt

B-00377

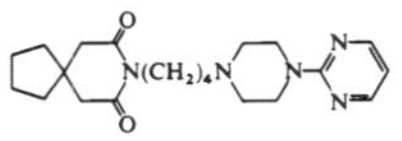

B-00378

$MeSO_2OCH_2CH_2CH_2CH_2OSO_2Me$

B-00379

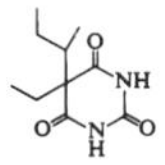

B-00380

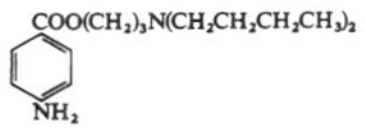

B-00381

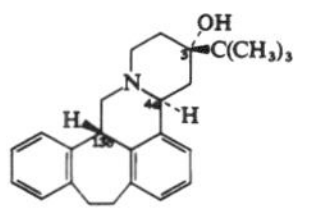

B-00382

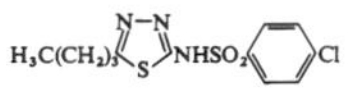

B-00383

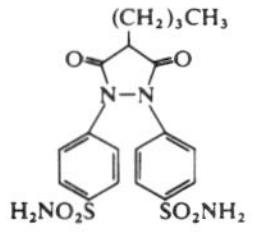

B-00384

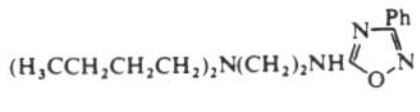

B-00385

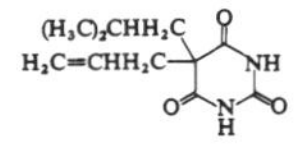

B-00386

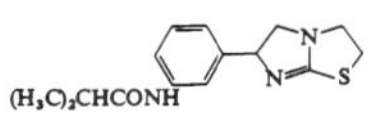

B-00387

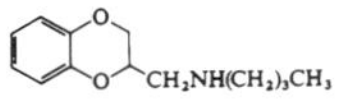

B-00388

$H_3CCH_2CH(Ph)$-
$COOCH_2CH_2OCH_2CH_2NEt_2$

B-00389

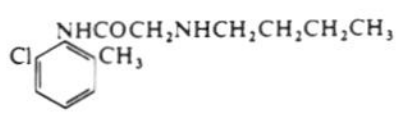

B-00390

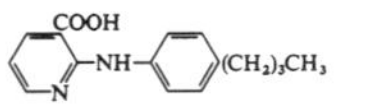

B-00391

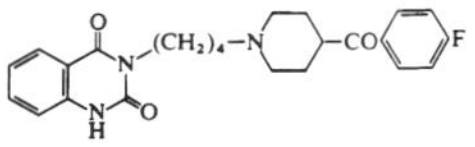

B-00392

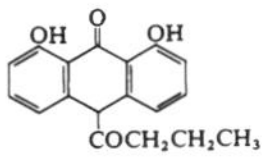

B-00393

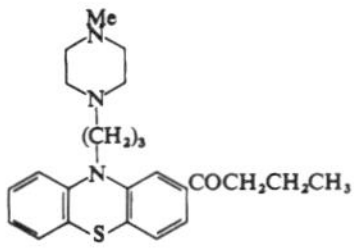

B-00394

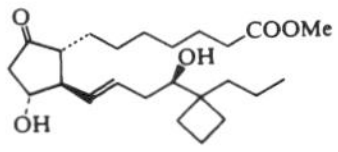

B-00395

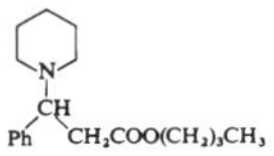

B-00396

$HOOCCH_2CH(COOH)CH[P(O)(OH)_2]_2$

B-00397

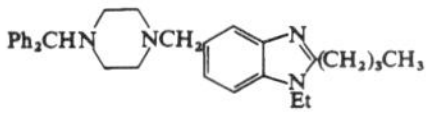

B-00398

$H_3CCH_2CH(Ph)COOCH_2CH_2NEt_2$

B-00399

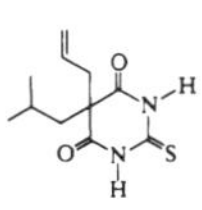

B-00400

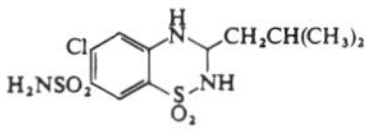

B-00401

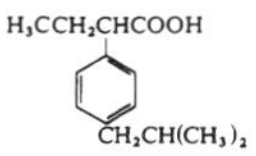

B-00402

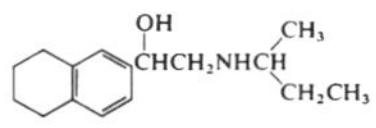

B-00403

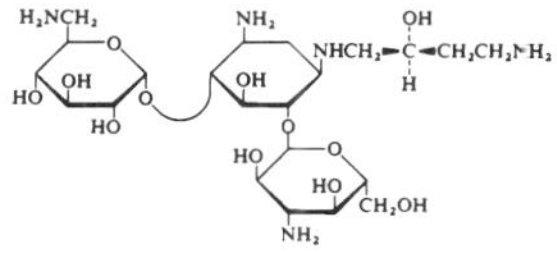

B-00404

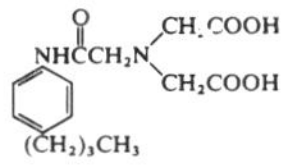

B-00405

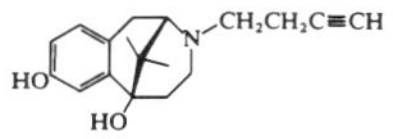

B-00406

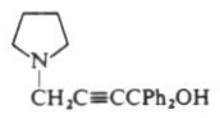

B-00407

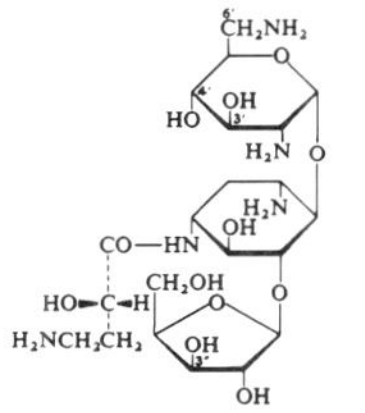

B-00408

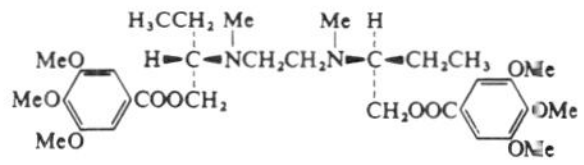

B-00409

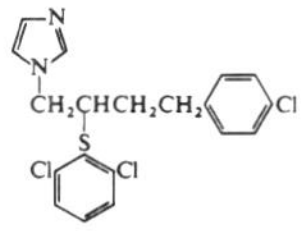

B-00410

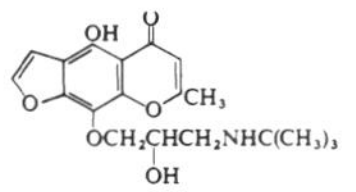

B-00411

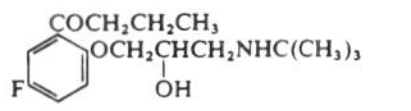

B-00412

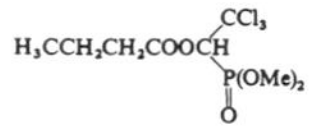

B-00413

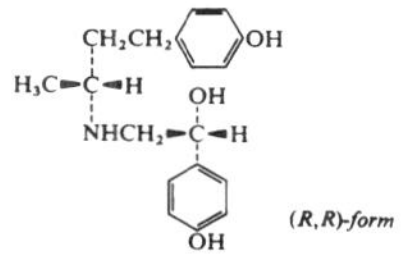

B-00414

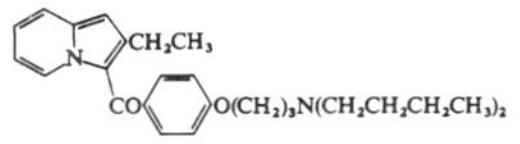

B-00415

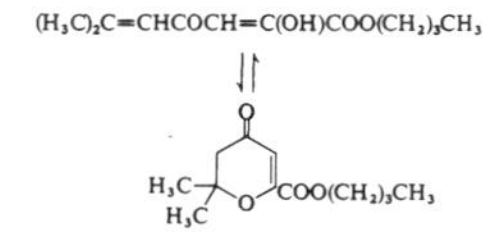

B-00416

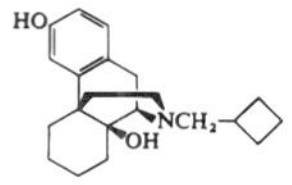

B-00417

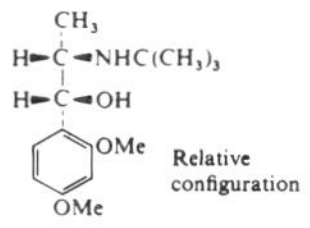

B-00418

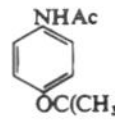

B-00419

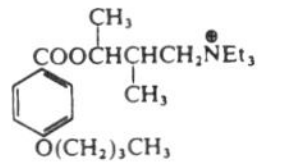

B-00420

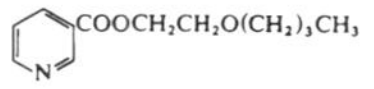

B-00421

$(H_3C)_3COCH_2CH(OH)CH_2OMe$

B-00422

$PhOCH_2CH(OH)CH_2O(CH_2)_3CH_3$

B-00423

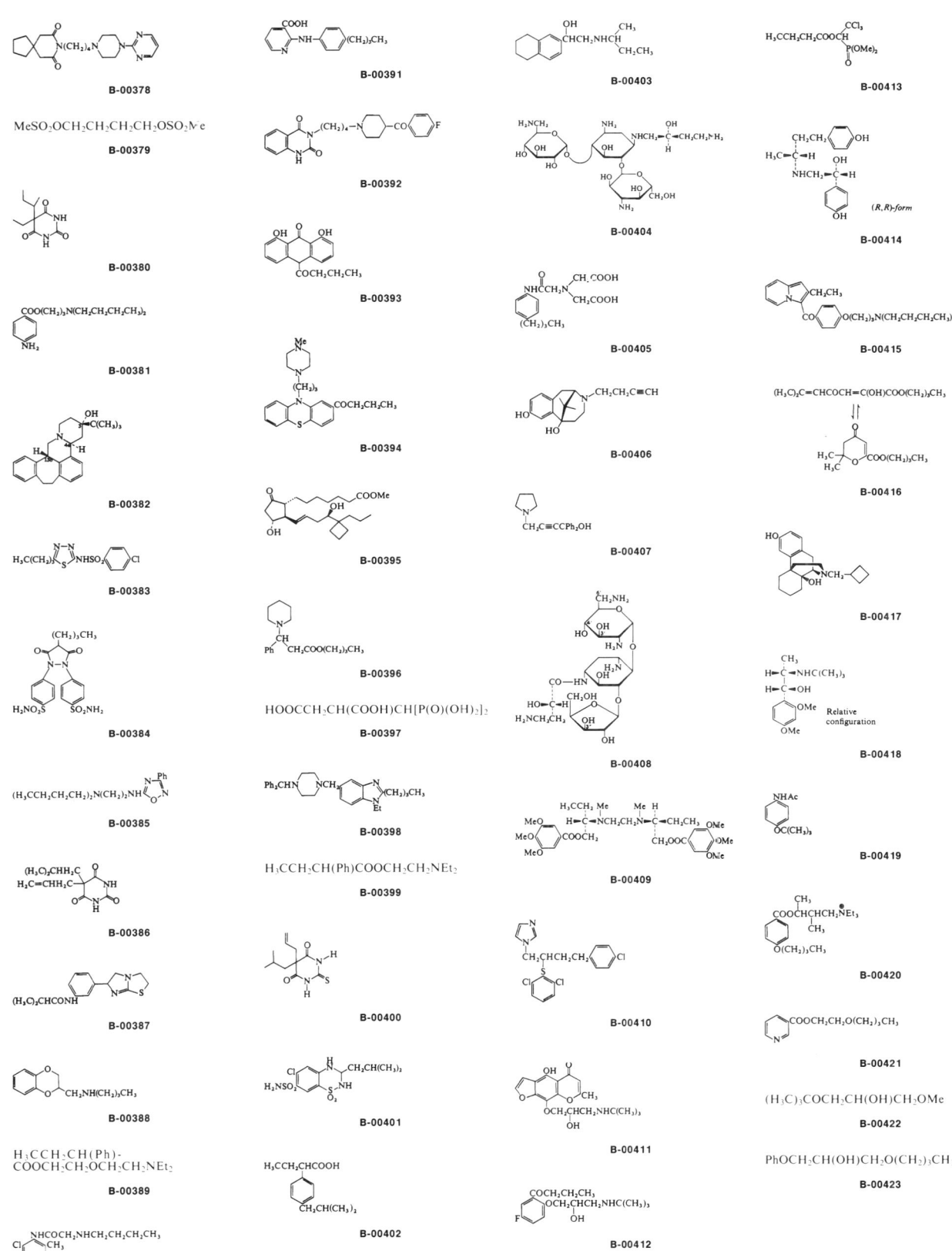

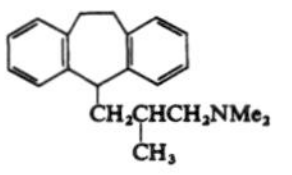

B-00424

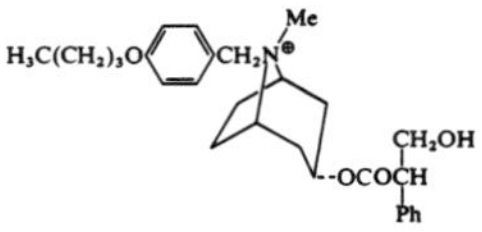

B-00425

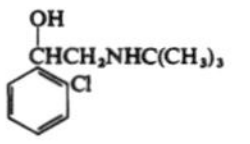

B-00426

$H_3C(CH_2)_3NHC(CH_3)_2PH(O)(OH)$

B-00427

B-00428

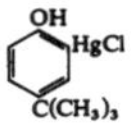

B-00429

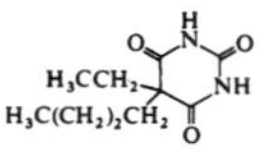

B-00430

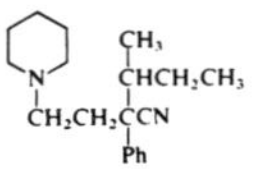

B-00431

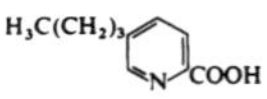

B-00432

$HC{\equiv}CC(CH_3)_2NMeC(CH_3)_3$

B-00433

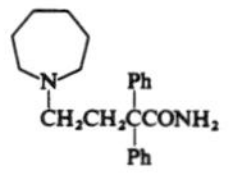

B-00434

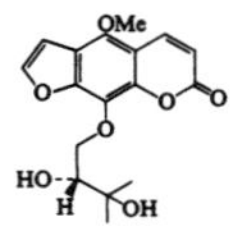

Absolute configuration

B-00435

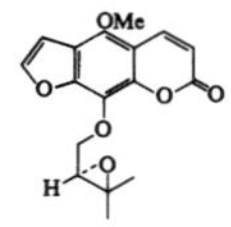

B-00436

C

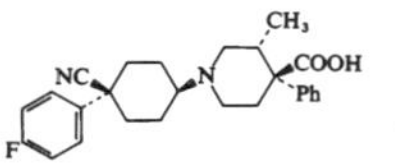

Relative configuration

C-00001

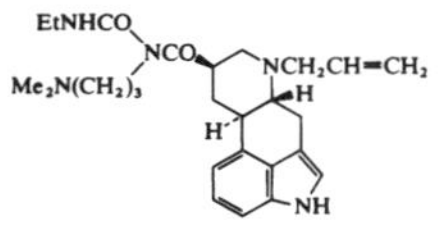

C-00002

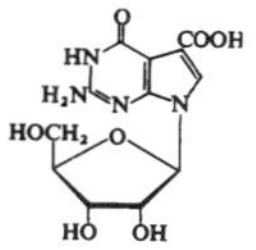

C-00003

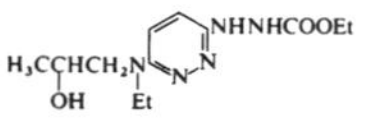

C-00004

5-OxoPro-Gln-Asp-Tyr(SO_3H)-Thr-Gly-Trp-Met-Asp-Phe-NH_2

C-00005

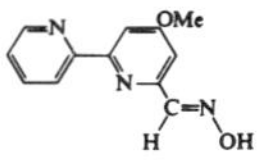

C-00006

CsCl

C-00007

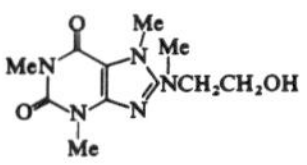

C-00008

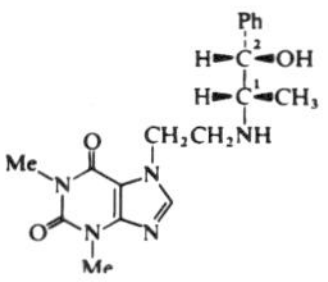

(1*S*,2*R*)-*form*

C-00009

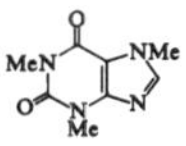

C-00010

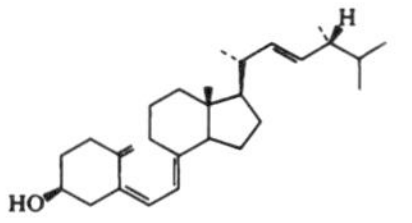

C-00012

Porcine: H-Cys-Ser-Asn-Leu-Ser-Thr-Cys-Val-Leu-Ser-Ala-Tyr-Trp-Arg-Asn-Leu-Asn-Asn-Phe-His-Arg-Phe-Ser-Gly-Met-Gly-Phe-Gly-Pro-Glu-Thr-Pro-NH_2
Human: H-Cys-Gly-Asn-Leu-Ser-Thr-Cys-Met-Leu-Gly-Thr-Tyr-Thr-Gln-Asp-Phe-Asn-Lys-Phe-His-Thr-Phe-Pro-Gln-Thr-Ala-Ile-Gly-Val-Gly-Ala-Pro-NH_2

C-00014

$Ca(OH)_2$

C-00015

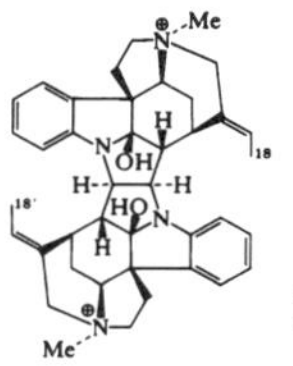

Absolute configuration

C-00016

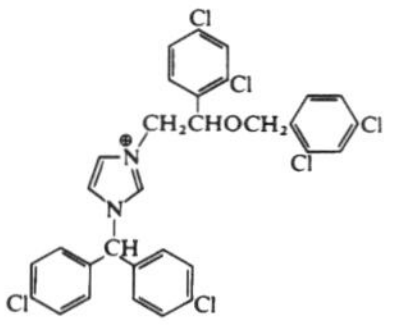

C-00017

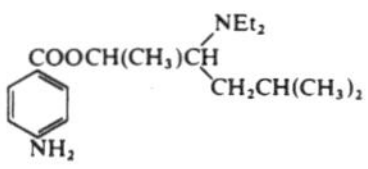

C-00018

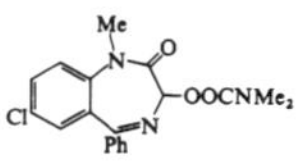

C-00019

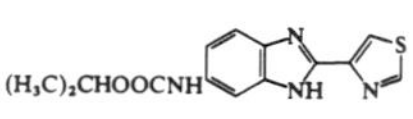

C-00020

C-00021

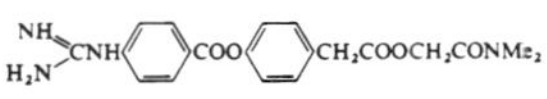

C-00022

(+)-*form*
Absolute configuration

C-00023

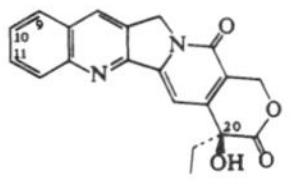

C-00024

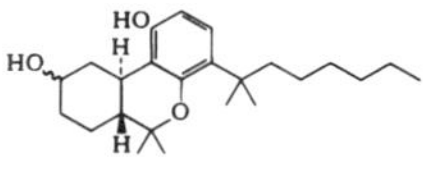

C-00025

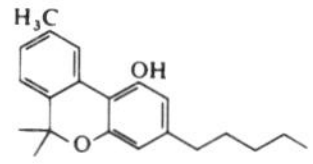

C-00026

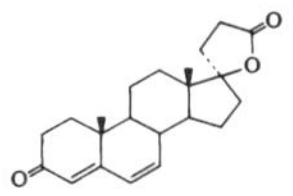

C-00027

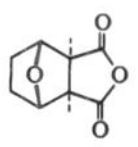

C-00028

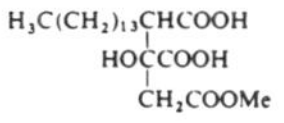

C-00029

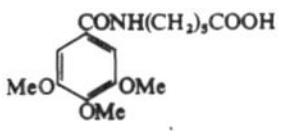

C-00030

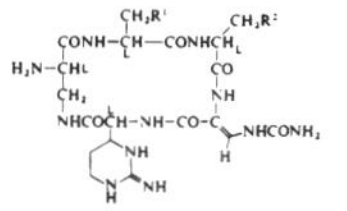

Capreomycin	IA	R^1 = OH, R^2 = —NHCOCH$_2$CH(NH$_2$)(CH$_2$)$_3$NH$_2$
	IB	R^1 = H, R^2 = —NHCOCH$_2$CH(NH$_2$)(CH$_2$)$_3$NH$_2$
	IIA	R^1 = OH, R^2 = H
	IIB	R^1 = R^2 = H

C-00031

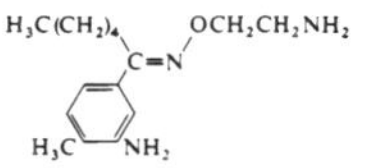

C-00032

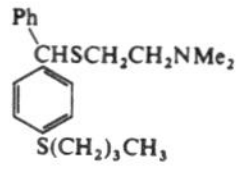

C-00033

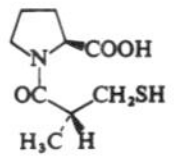

C-00034

$H_3CCH_2CH(CH_3)CH(CH_2CH_3)$-$CONHCONH_2$

C-00035

MeNHCOONAcCONHMe

C-00036

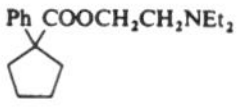

C-00037

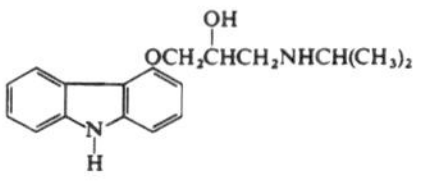

C-00038

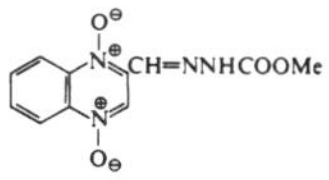

C-00039

$Me_3N^{\oplus}CH_2CH_2COONH_2$

C-00040

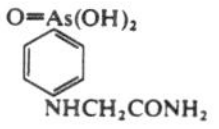

C-00041

C-00042

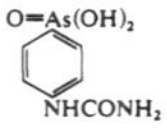

C-00043

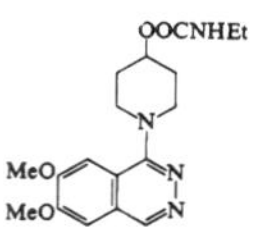

C-00044

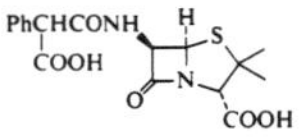

C-00045

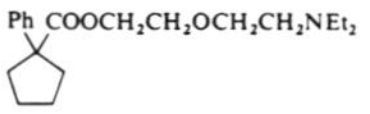

C-00046

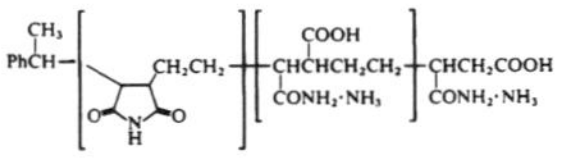

C-00047

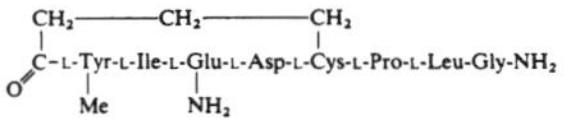

C-00048

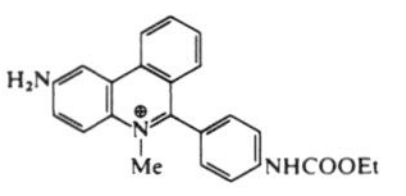

C-00049

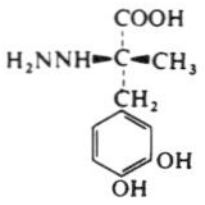

(S)-form
Absolute configuration

C-00050

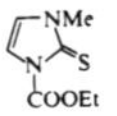

C-00051

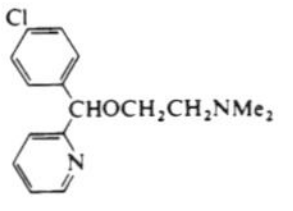

C-00052

$PhCH_2CH_2NMeCH_2CH_2NMeCOC$-$Ph_2OEt$

C-00053

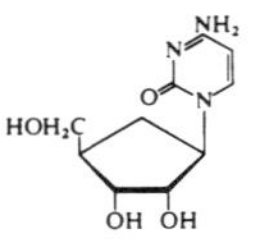

C-00054

$Me_3N^{\oplus}CH_2CH_2OOCNH$-$(CH_2)_6NHCOOCH_2CH_2NMe_3^{\oplus}$

C-00055

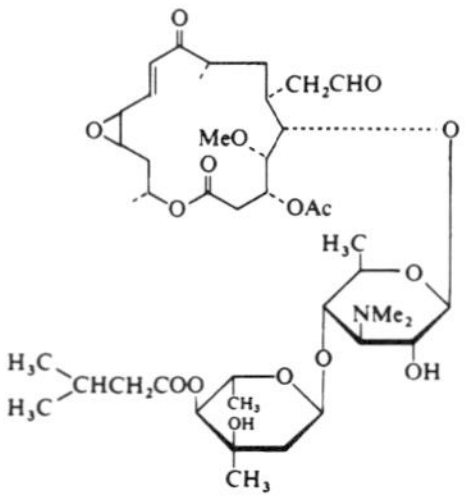

C-00056

CO_2

C-00057

CS_2

C-00058

CCl_4

C-00059

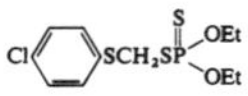

C-00060

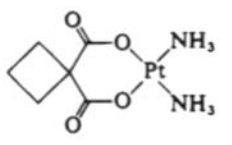

C-00061

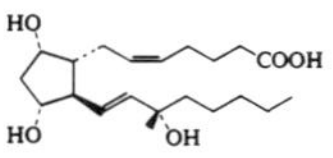

C-00062

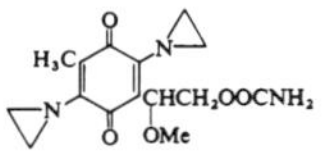

C-00063

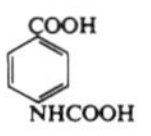

C-00064

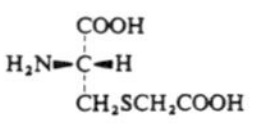

C-00065

$HOOCCH_2SCH_2CH_2COOH$

C-00066

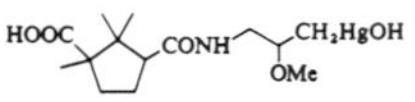

C-00067

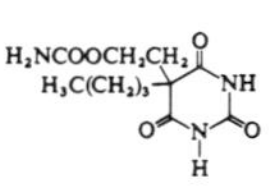

C-00068

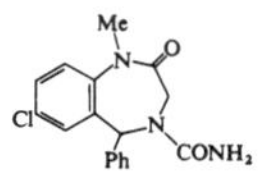

C-00069

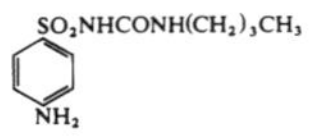

C-00070

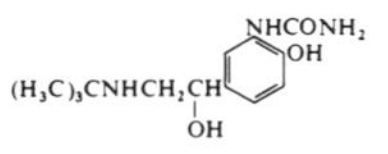

C-00071

$PhNHCOCH_2N^{\oplus}(Me)_2CH_2CONHPh$

C-00072

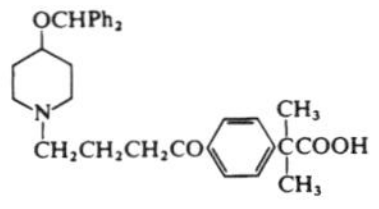

C-00073

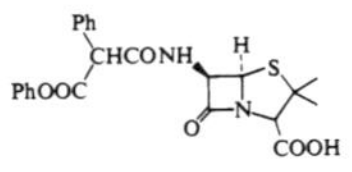

C-00074

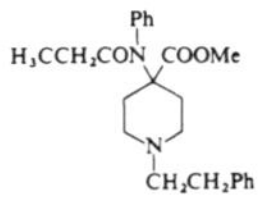

C-00075

CO–L-Tyr–L-Leu–L-Gln
$(CH_2)_5$–HC–NH–L-L-Asn
CO–Gly–L-Leu–Gly–NH_2

C-00076

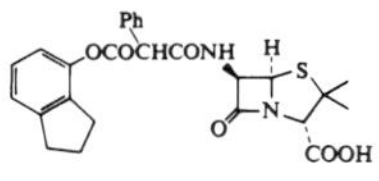

C-00077

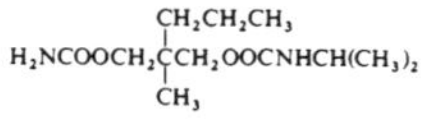

C-00078

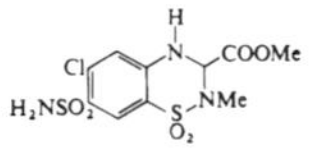

C-00079

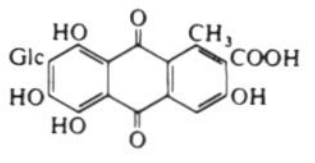

C-00080

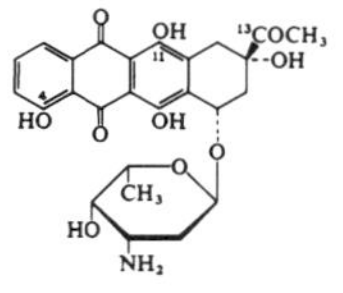

C-00081

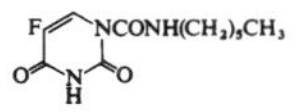

C-00082

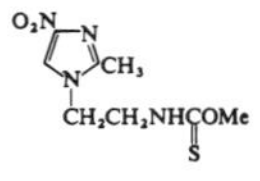

C-00083

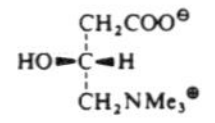

(R)-form
Absolute configuration

C-00084

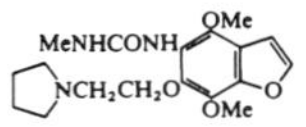

C-00085

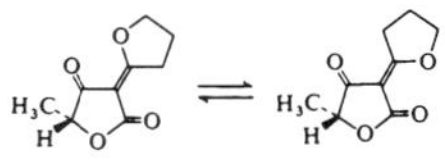

C-00086

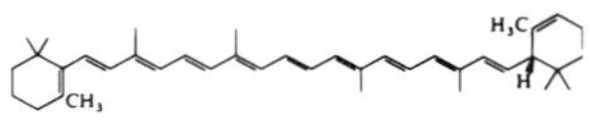

C-00087

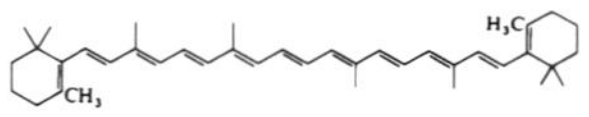

C-00088

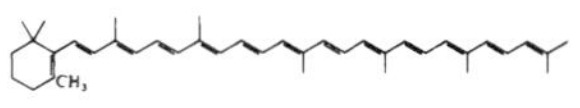

C-00089

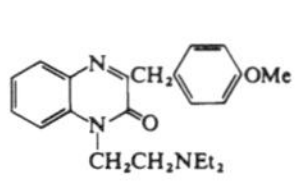

C-00090

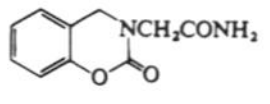

C-00091

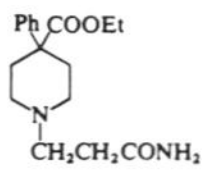

C-00092

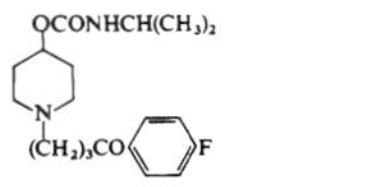

C-00093

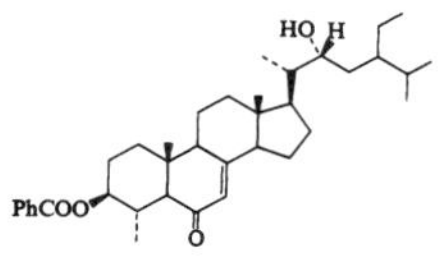

C-00094

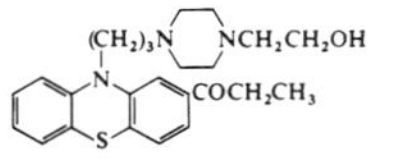

C-00095

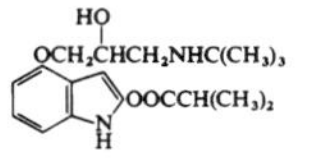

C-00096

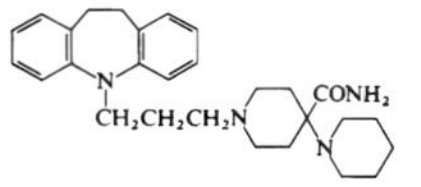

C-00097

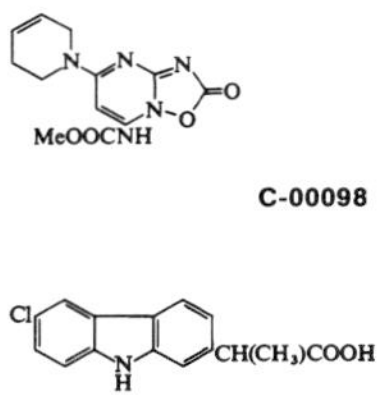

C-00098

C-00099

$Me_3N^{\oplus}(CH_2)_3COOMe$

C-00100

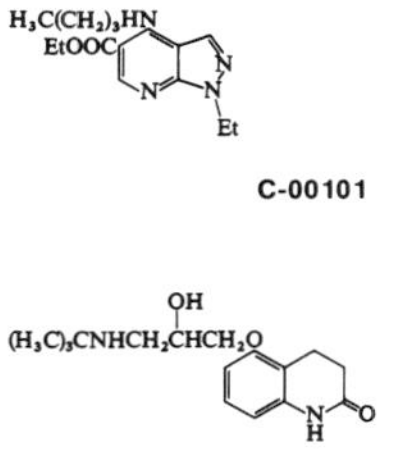

C-00101

C-00102

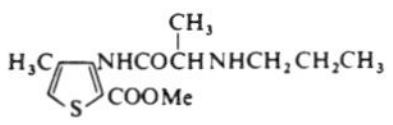

C-00103

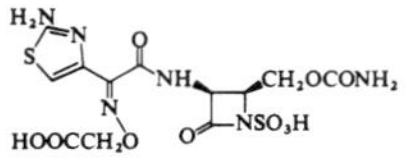

C-00104

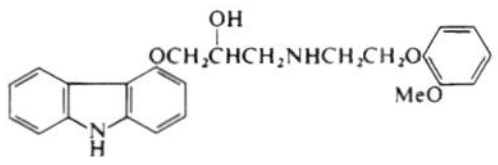

C-00105

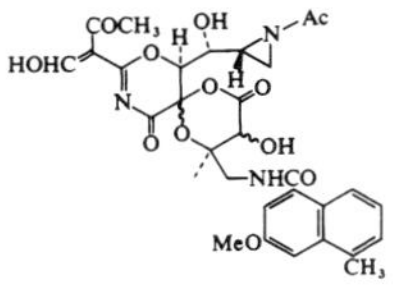

C-00106

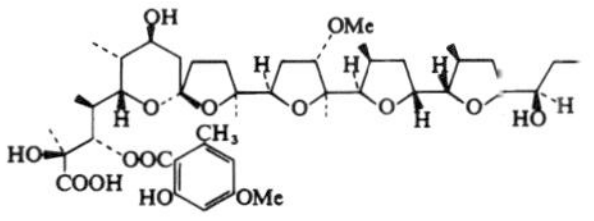

C-00108

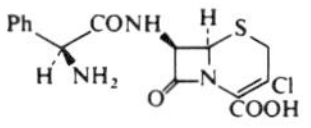

C-00109

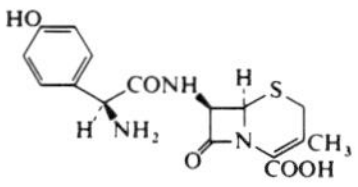

C-00110

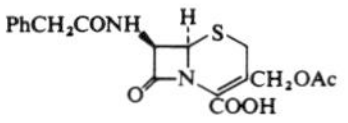

C-00111

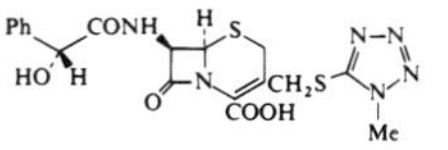

C-00112

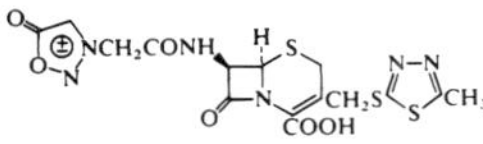

C-00113

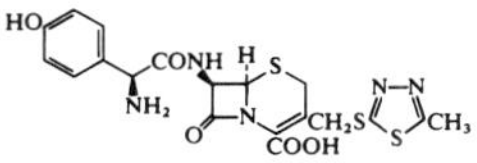

C-00114

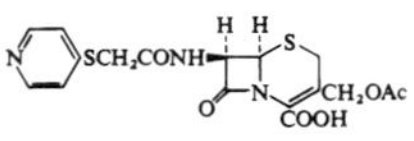

C-00115

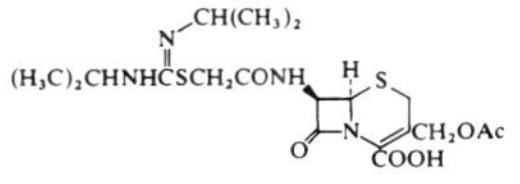

C-00116

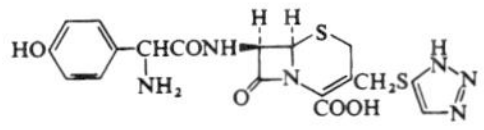

C-00117

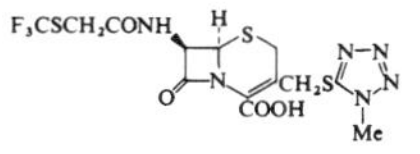

C-00118

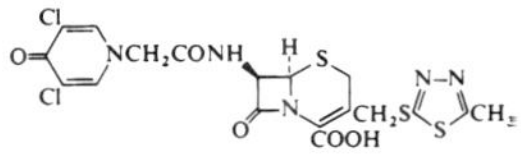

C-00119

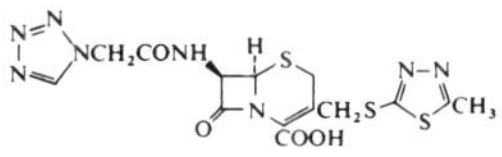

C-00120

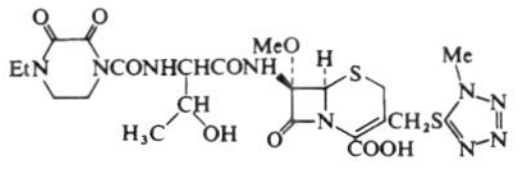

C-00121

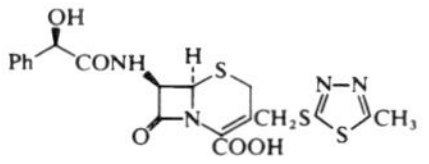

C-00122

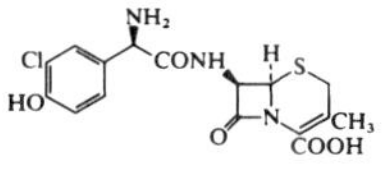

C-00123

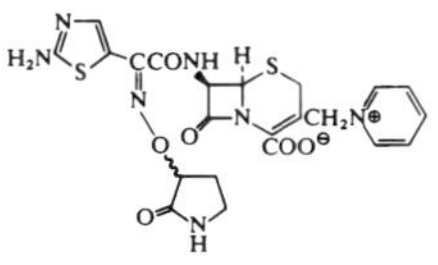

C-00124

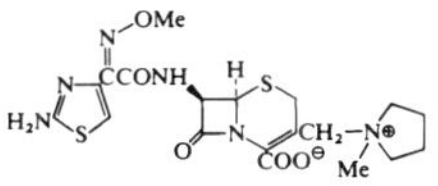

C-00125

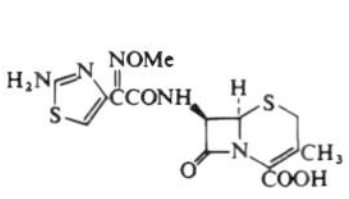

C-00126

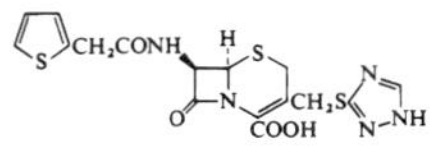

C-00127

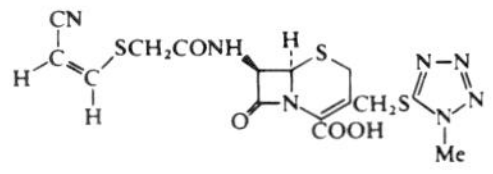

C-00128

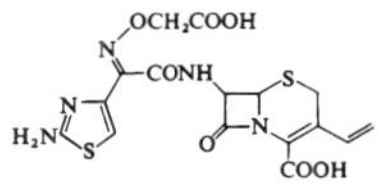

C-00129

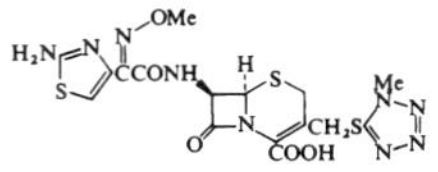

C-00130

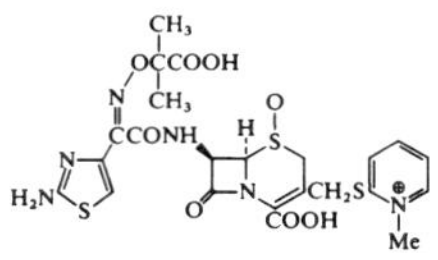

C-00131

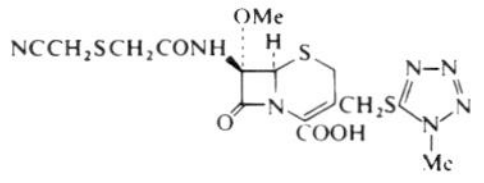

C-00132

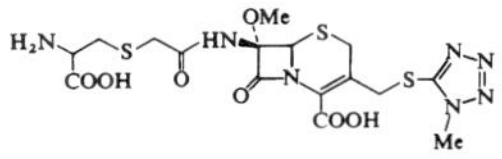

C-00133

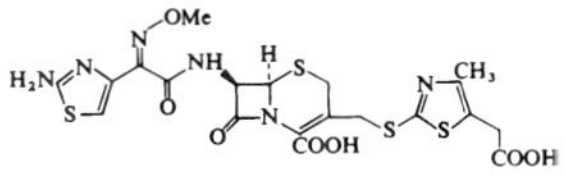

C-00134

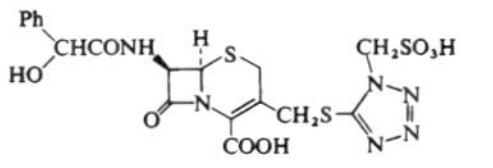

C-00135

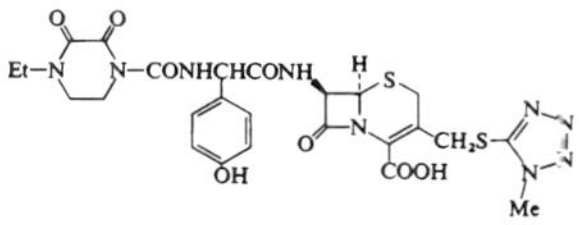

C-00136

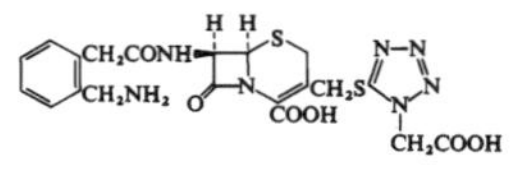

C-00137

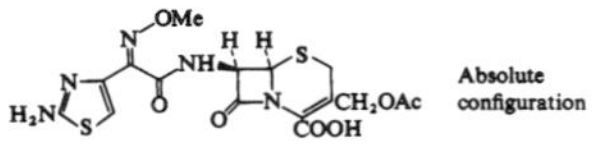

C-00138

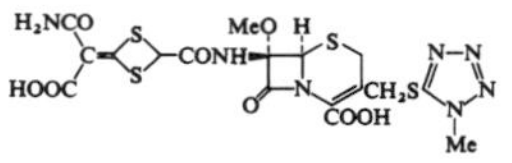

C-00139

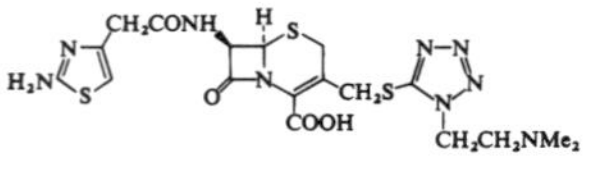

C-00140

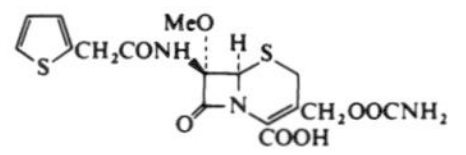

C-00141

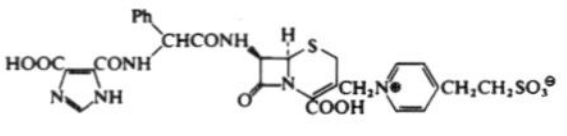

C-00142

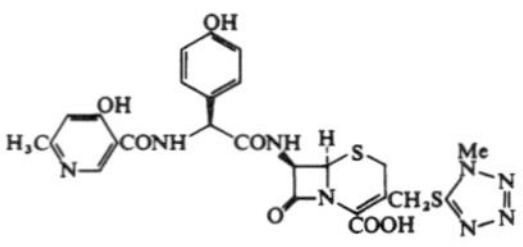

C-00143

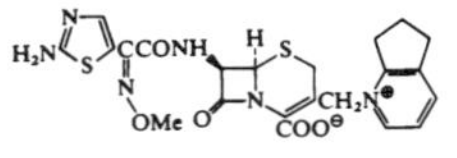

C-00144

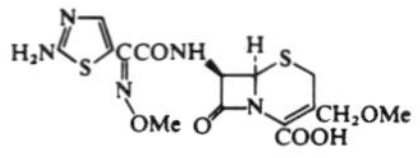

C-00145

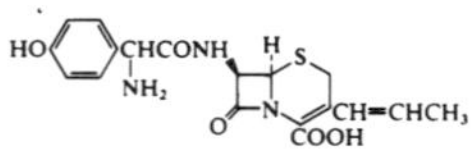

C-00146

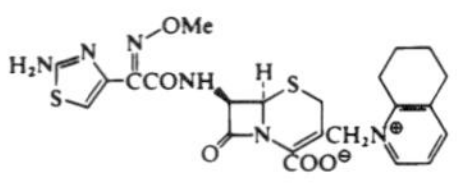

C-00147

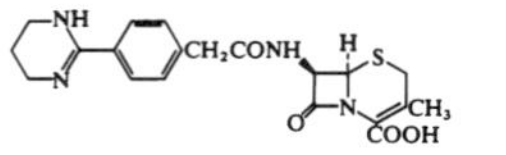

C-00148

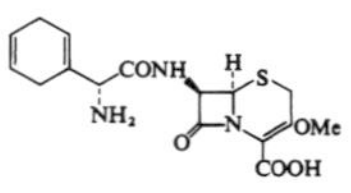

C-00149

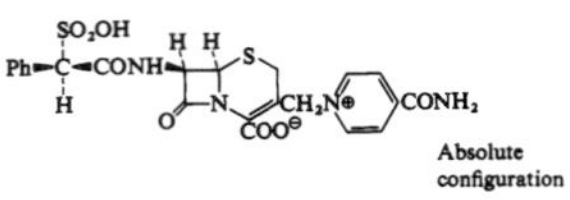

C-00150

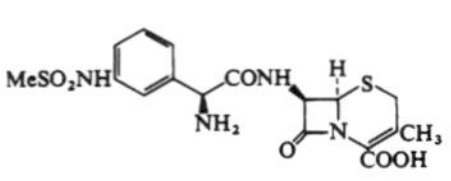

C-00151

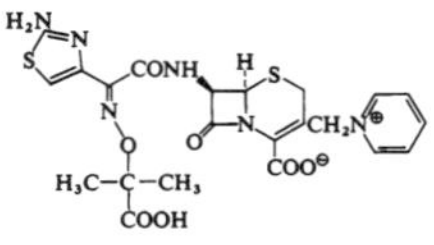

C-00152

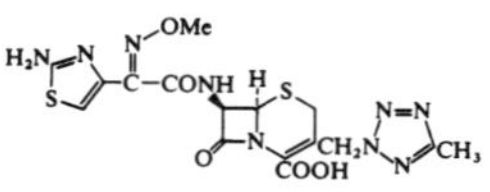

C-00153

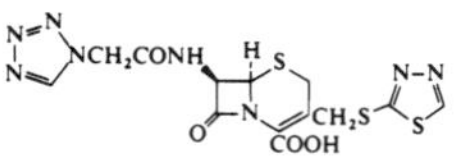

C-00154

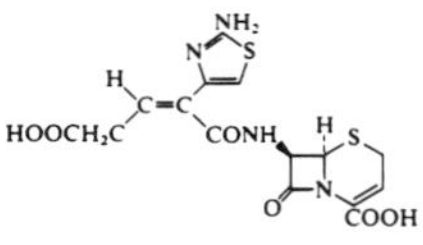

C-00155

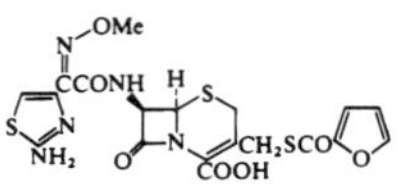

C-00156

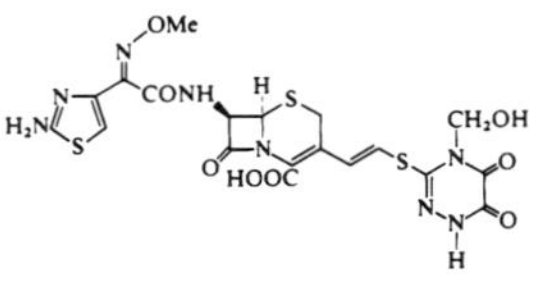

C-00157

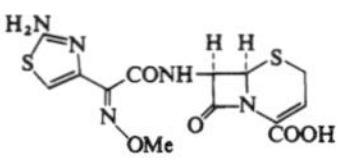

C-00158

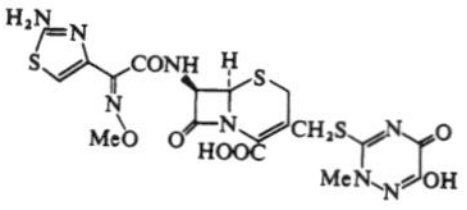

C-00159

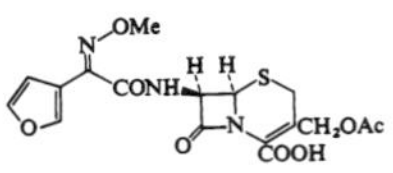

C-00160

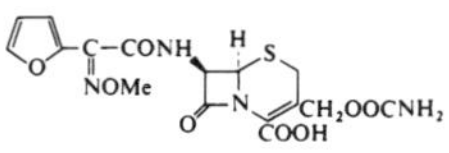

C-00161

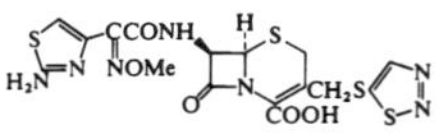

C-00162

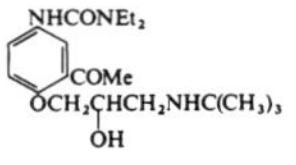

C-00163

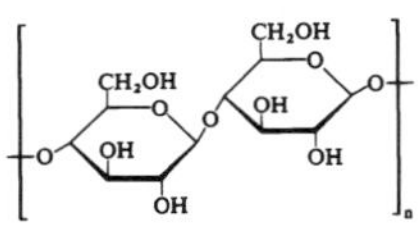

C-00165

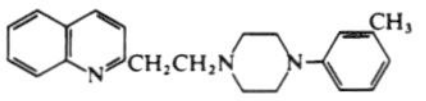

C-00166

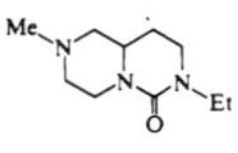

C-00167

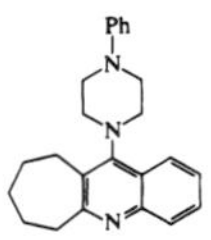

C-00168

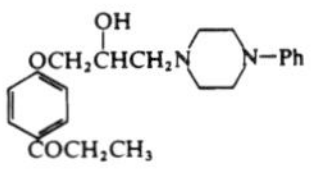

C-00169

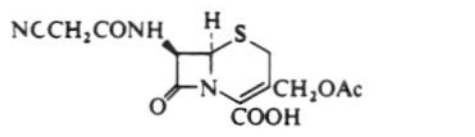

C-00170

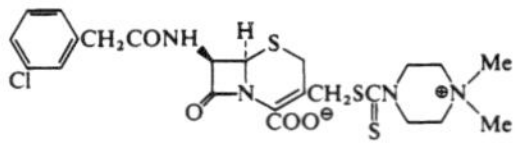

C-00171

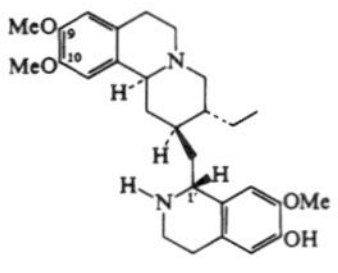

C-00172

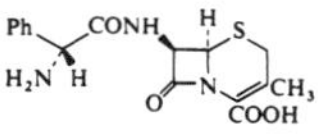

C-00173

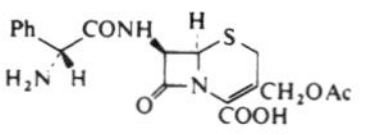

C-00174

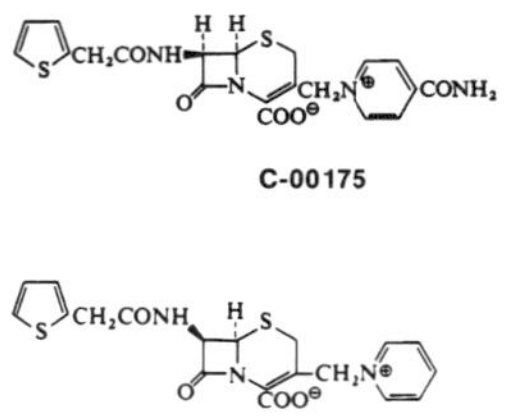

C-00175

C-00176

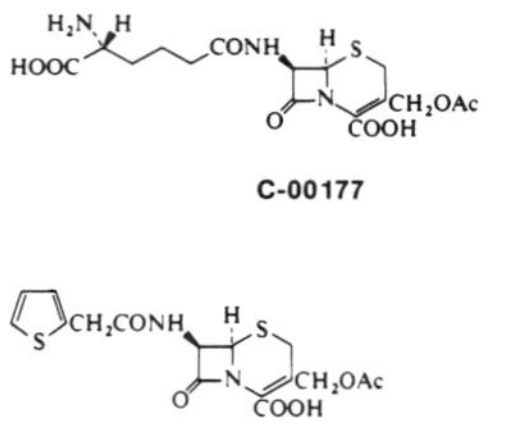

C-00177

C-00178

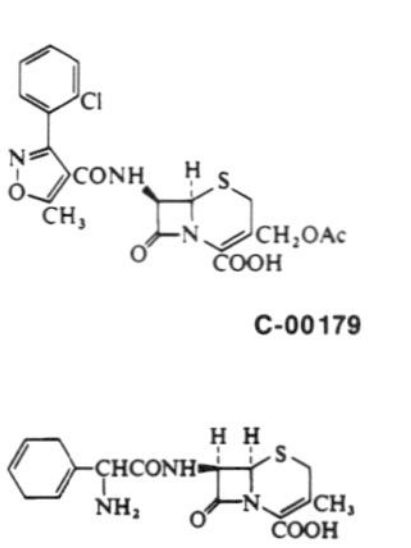

C-00179

C-00180

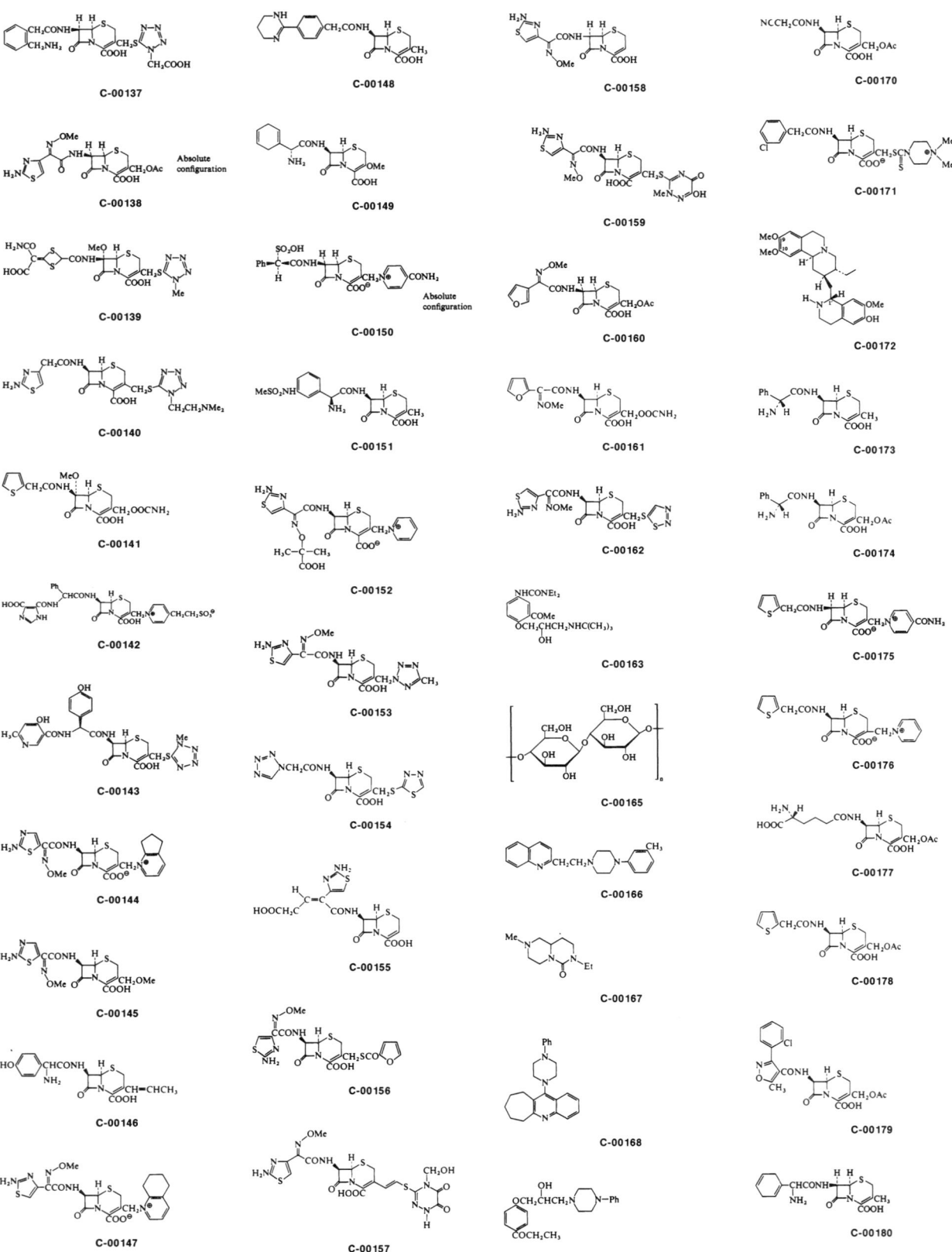

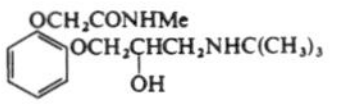
C-00181

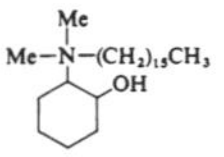
C-00182

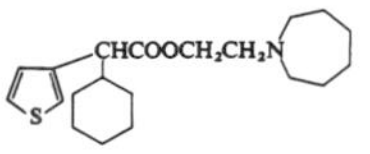
C-00183

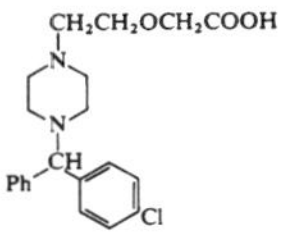
C-00184

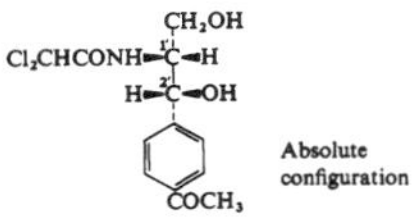
C-00185

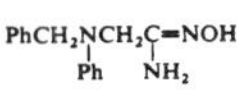
C-00186

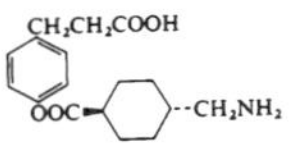
C-00187

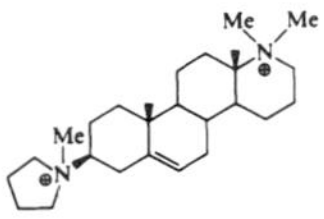
C-00188

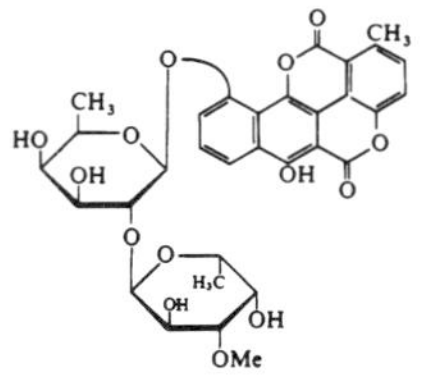
C-00189

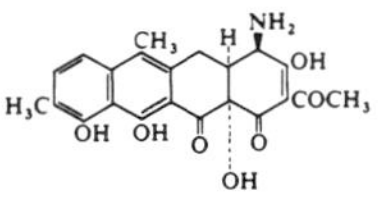
C-00190

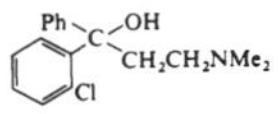
C-00191

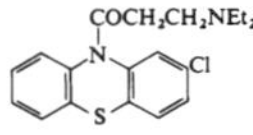
C-00192

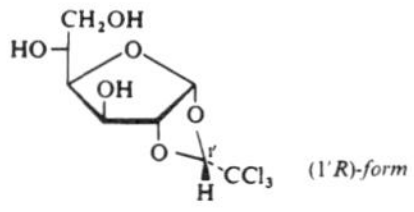
C-00193

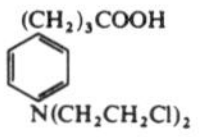
C-00194

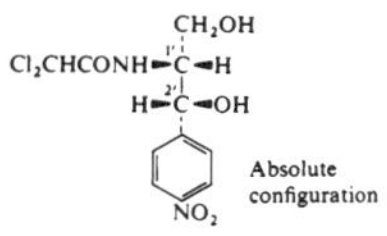
C-00195

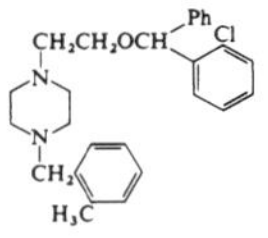
C-00196

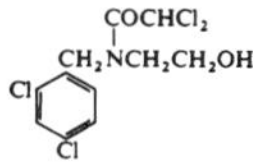
C-00197

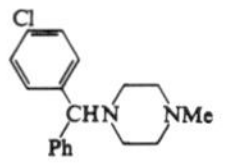
C-00198

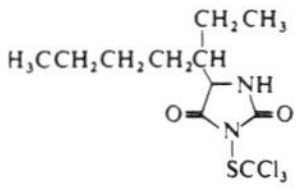
C-00199

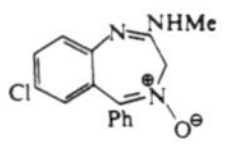
C-00200

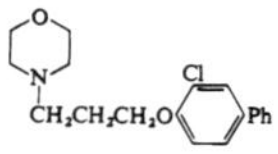
C-00201

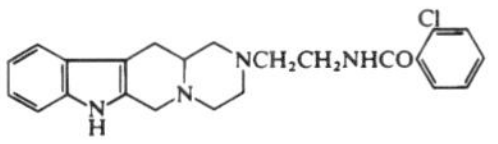
C-00202

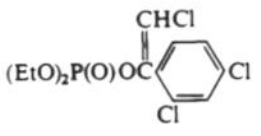
C-00203

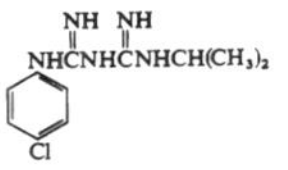
C-00204

$Cl_3CCH(OH)OCH(CH_3)CH_2C$-$(OH)(CH_3)_2$

C-00205

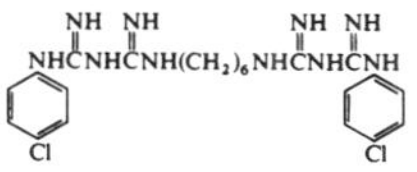
C-00206

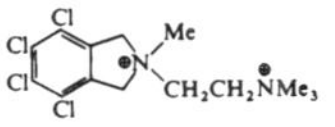
C-00207

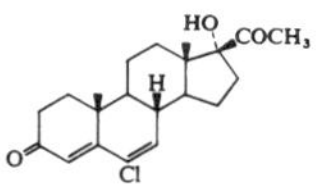
C-00208

$ClHgCH_2CH(OMe)CH_2NHCONH_2$

C-00209

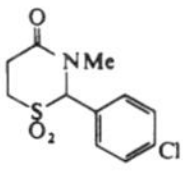
C-00210

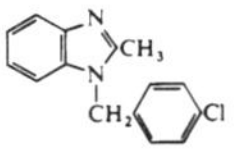
C-00211

$ClCH_2CONH_2$

C-00212

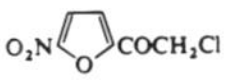
C-00213

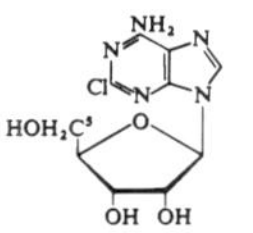
C-00214

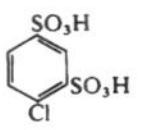
C-00215

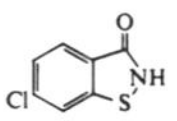
C-00216

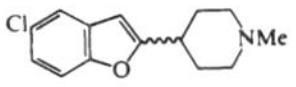
C-00217

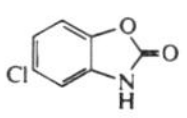
C-00218

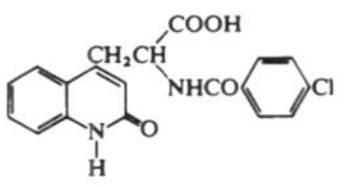
C-00219

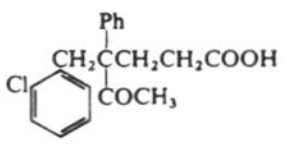
C-00220

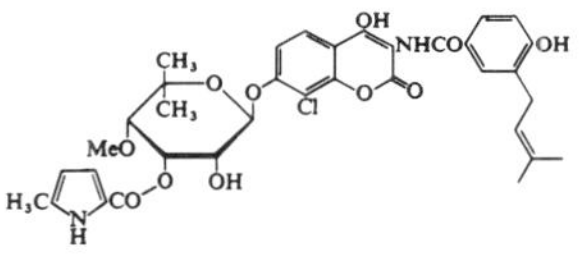
C-00221

$ClCH_2CH_2NHCONHCH_2CH_2SSCH_2$-$CH_2NHCONHCH_2CH_2Cl$

C-00222

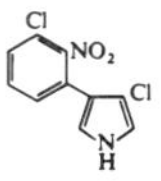
C-00223

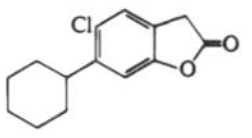
C-00224

C-00225

C-00226

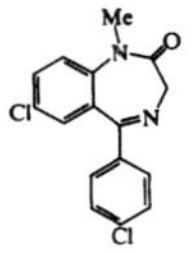

C-00227

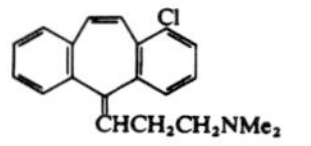

C-00228

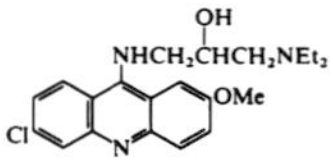

C-00229

F_2CHOCF_2CHFCl

C-00230

$F_2CHOCHClCF_3$

C-00231

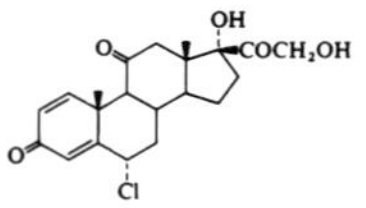

C-00232

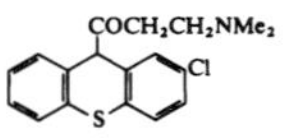

C-00233

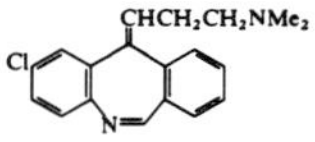

C-00234

H_3CCH_2Cl

C-00236

$HOCH_2CH_2NHCON(NO)CH_2CH_2Cl$

C-00237

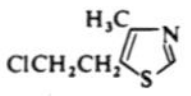

C-00238

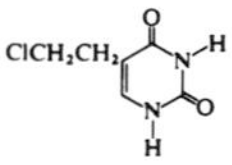

C-00239

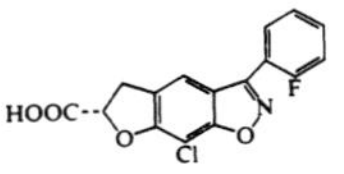

(R)-form

C-00240

$CHCl_3$

C-00241

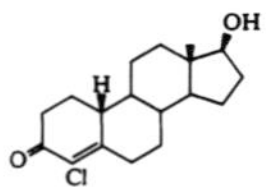

C-00242

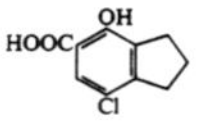

C-00243

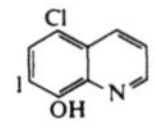

C-00244

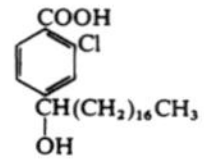

C-00246

C-00247

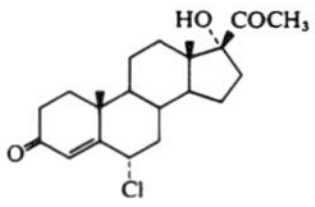

C-00248

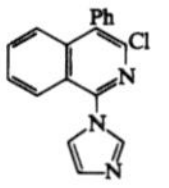

C-00251

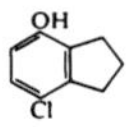

C-00252

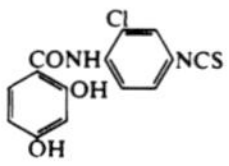

C-00253

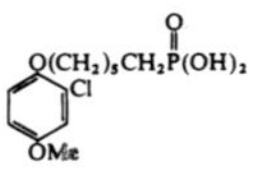

C-00254

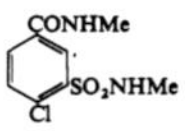

C-00255

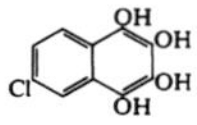

C-00257

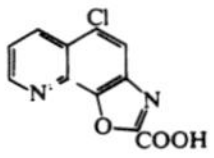

C-00259

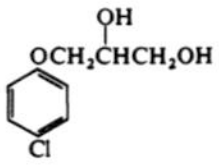

C-00261

C-00262

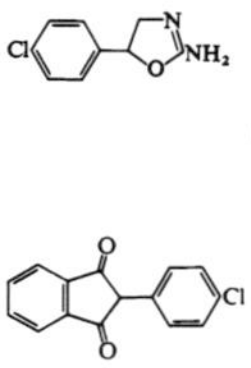

C-00263

C-00264

PhHgCl

C-00265

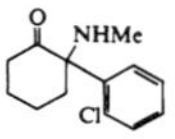

C-00266

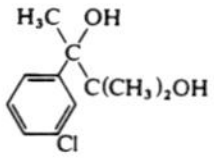

C-00267

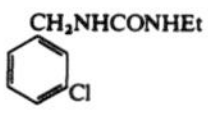

C-00268

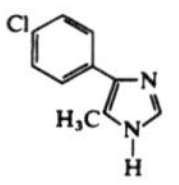

C-00269

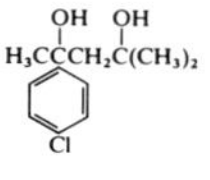

C-00270

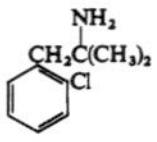

C-00271

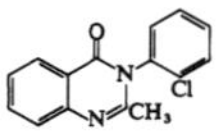

C-00272

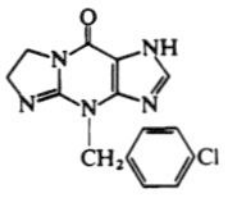

C-00273

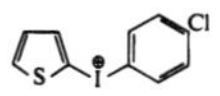

C-00274

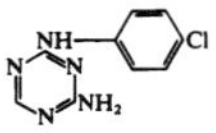

C-00275

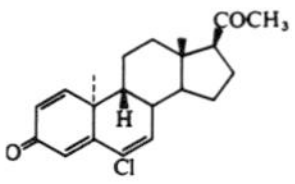

C-00276

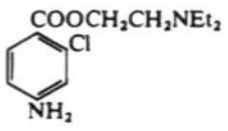

C-00277

CH_2Cl
H–C–OH
CH_2OH

(R)-form
Absolute configuration

C-00278

$ClCH_2CH_2COOH$

C-00279

$PhCH_2CH(CH_3)NHCH_2CH_2CH_2Cl$

C-00280

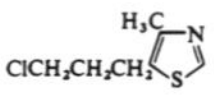

C-00281

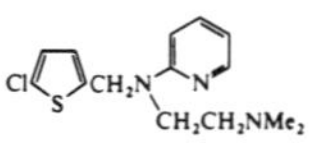

C-00282

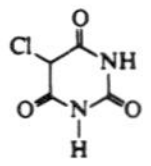

C-00283

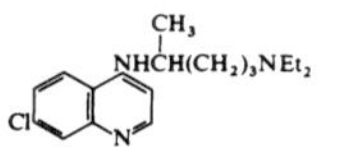

C-00284

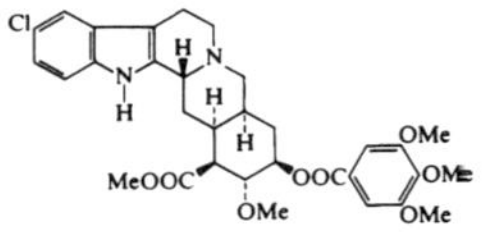

C-00285

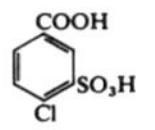

C-00286

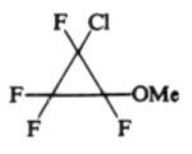

C-00287

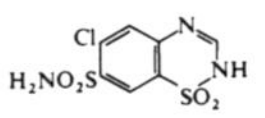

C-00288

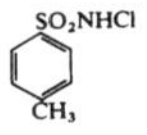

C-00289

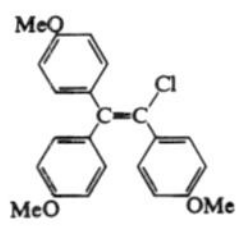

C-00290

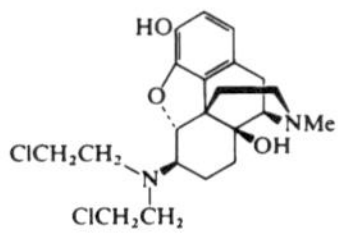

C-00291

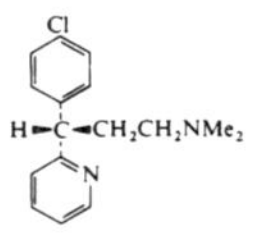

(S)-form
Absolute configuration

C-00292

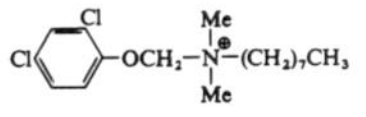

C-00293

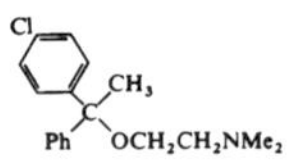

C-00294

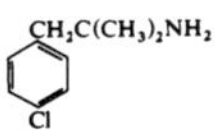

C-00295

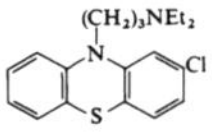

C-00296

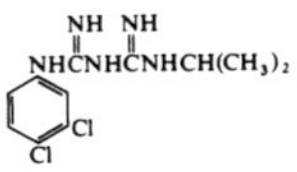

C-00297

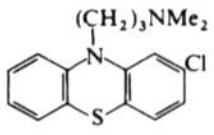

C-00298

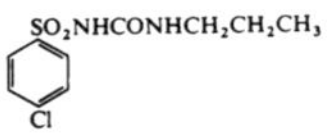

C-00299

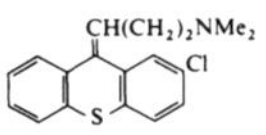

C-00300

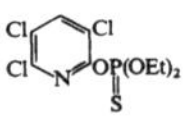

C-00301

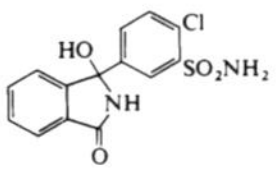

C-00302

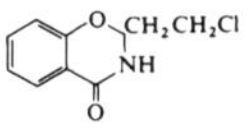

C-00303

Lys(Ala,Gly,Pro,Ser)Arg-Val(Ile,Met,Ser)-Lys-Asn(Asx,Glx,His,Leu$_2$,Pro,Ser$_2$)Arg-Ile(Asp,Ser)Arg-Asp(Gly,Met$_2$,Trp&&TyrSO$_3$H)Asp-PheNH$_2$

C-00305

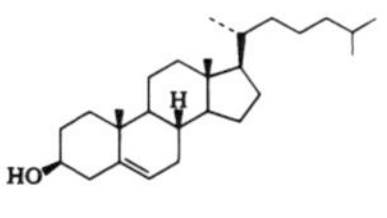

C-00306

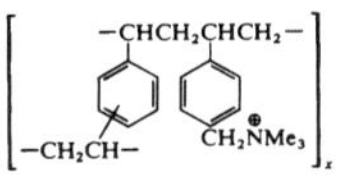

C-00307

$Me_3N^{\oplus}CH_2CH_2OH$

C-00308

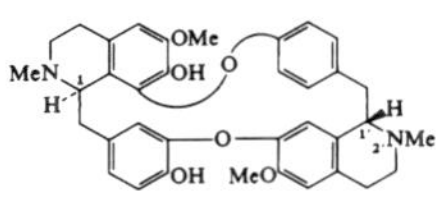

(+)-form

C-00309

$CrCl_3$

C-00310

$CrPO_4$

C-00311

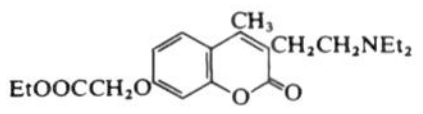

C-00312

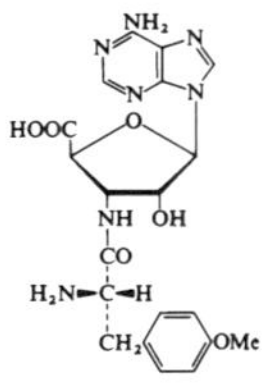

C-00313

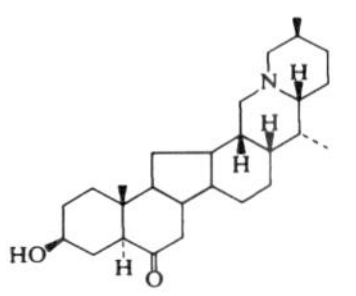

C-00314

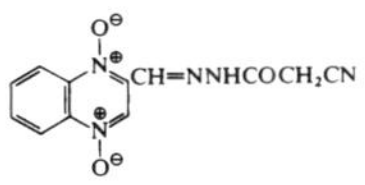

C-00317

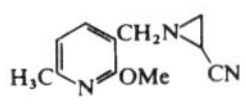

C-00318

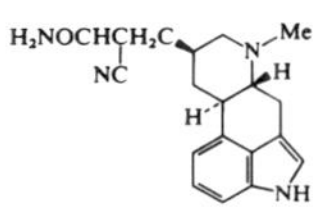

C-00319

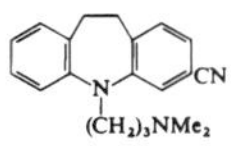

C-00320

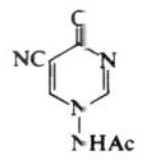

C-00321

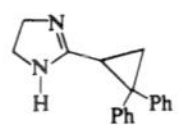

C-00322

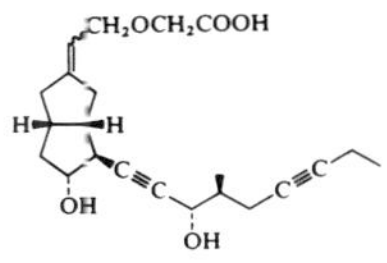

C-00323

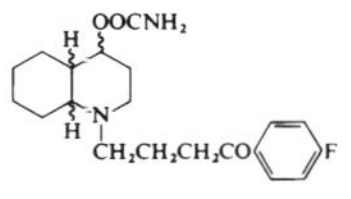

C-00324

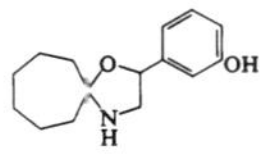

C-00325

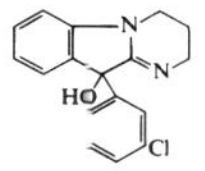

C-00326

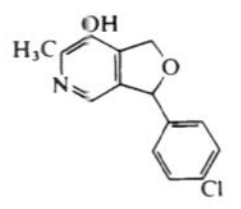

C-00327

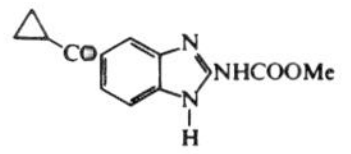

C-00328

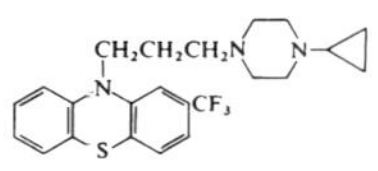

C-00329

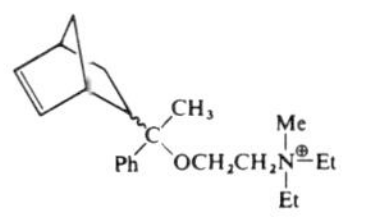

C-00330

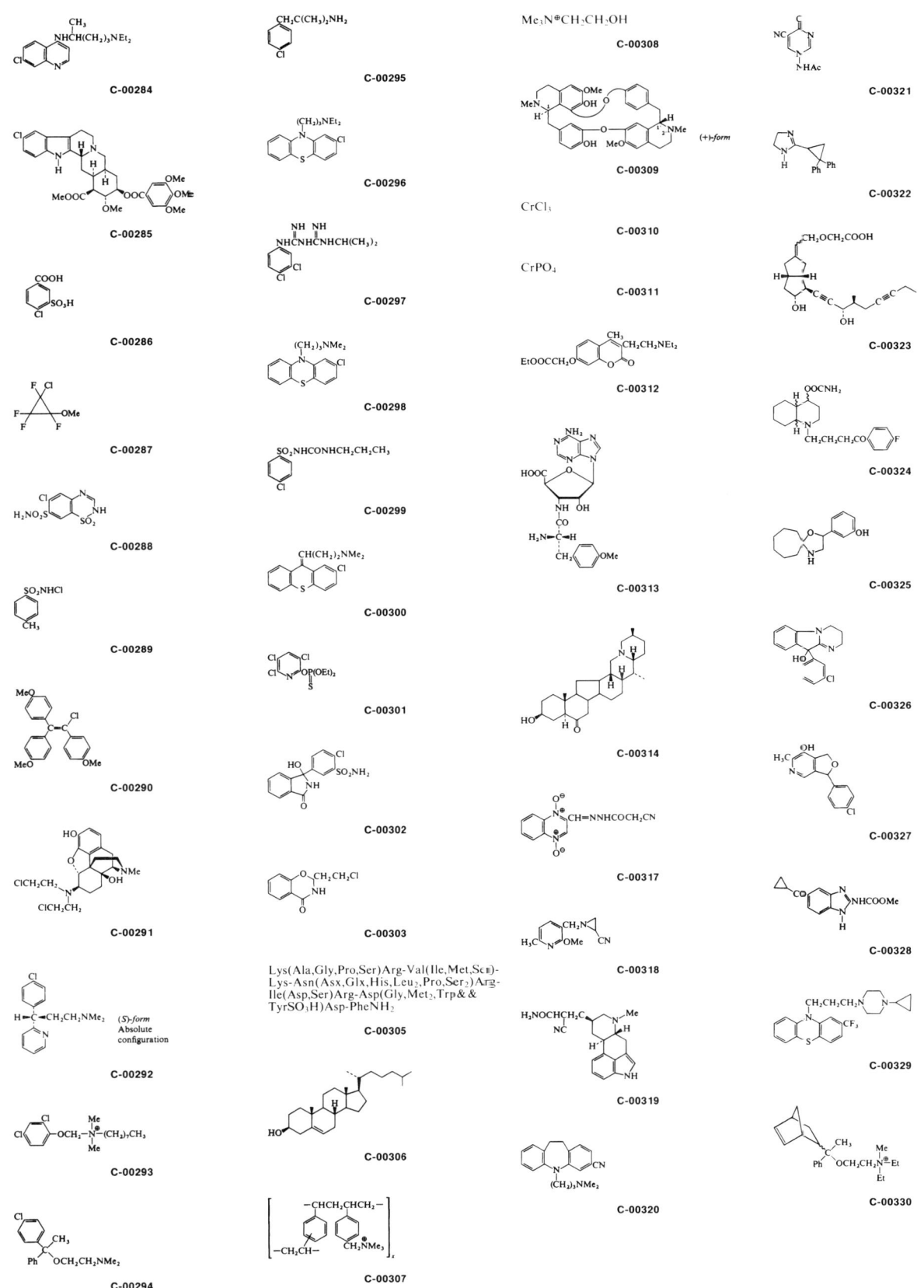

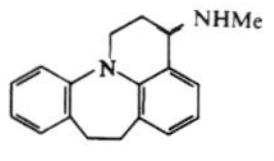

C-00331

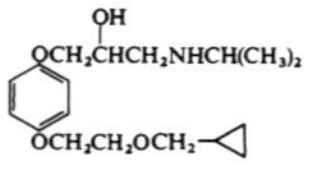

C-00332

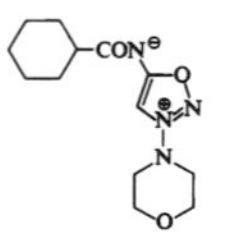

C-00333

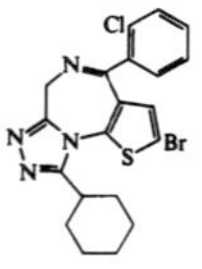

C-00334

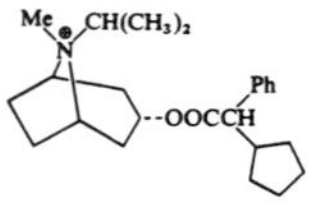

C-00335

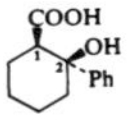

(1RS,2SR)-form

C-00336

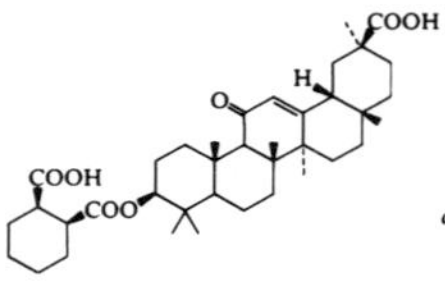

cis-form

C-00337

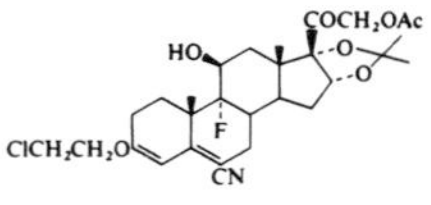

C-00338

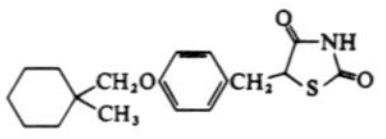

C-00339

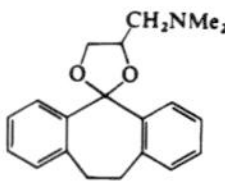

C-00340

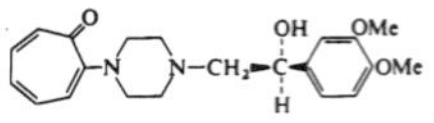

C-00341

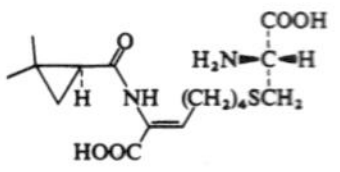

C-00342

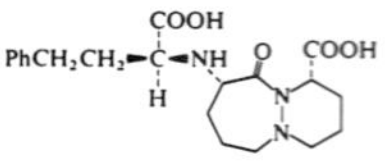

Absolute configuration

C-00343

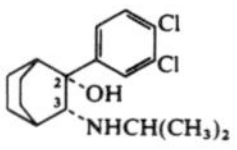

(2R,3R)-form

C-00344

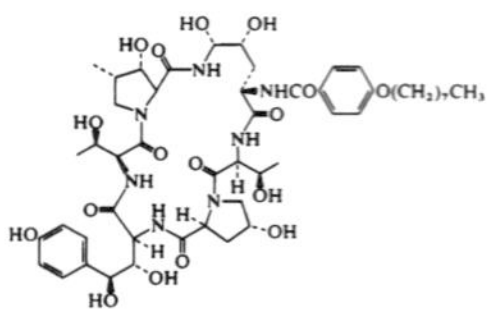

C-00345

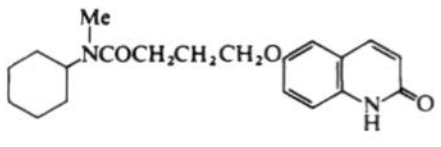

C-00346

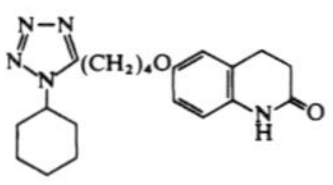

C-00347

C-00348

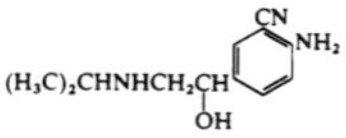

C-00349

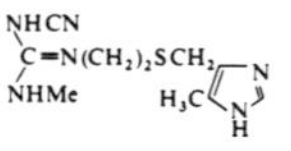

C-00350

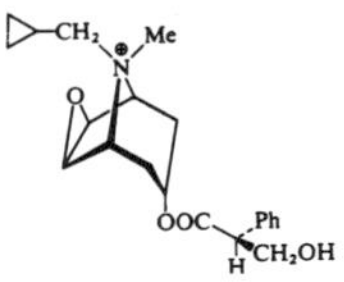

C-00351

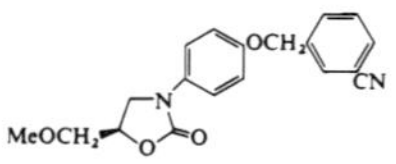

(R)-form

C-00352

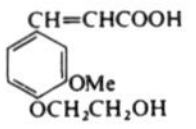

C-00353

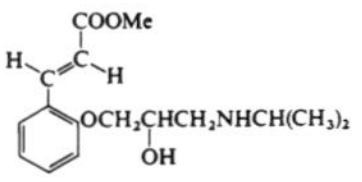

C-00354

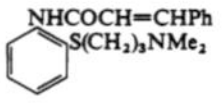

C-00355

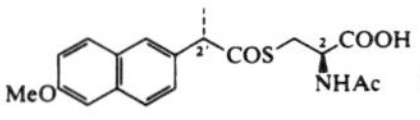

(2R,2'S)-form

C-00356

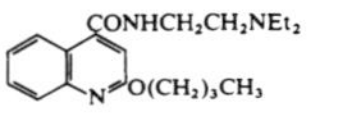

C-00357

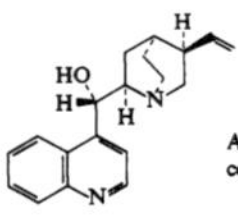

Absolute configuration

C-00358

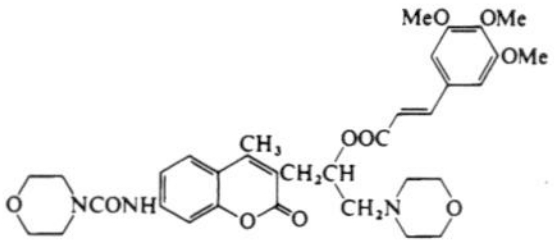

C-00359

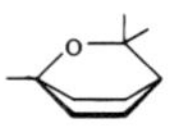

C-00360

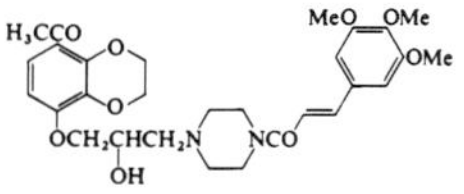

C-00361

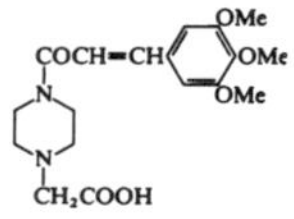

C-00362

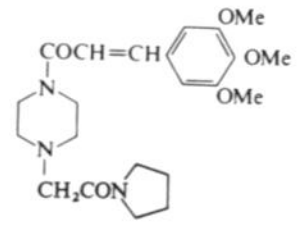

C-00363

$Ph_2CHOCH_2CH_2NMeCH_2CH{=}CHPh$

C-00364

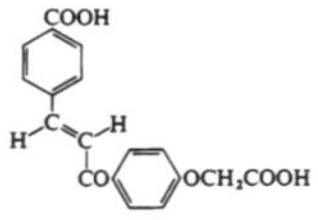

C-00365

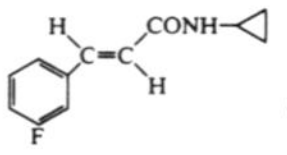

(E)-form

C-00366

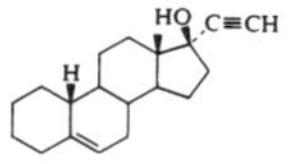

C-00367

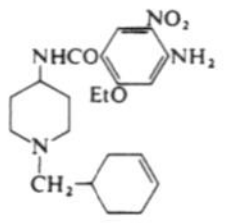

C-00368

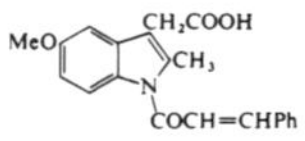

C-00369

$PhCH{=}CPhCOOCH_2CH_2NEt_2$

C-00370

$PhCH(OH)CH(CH_3)NMeCH_2CH{=}CHPh$

C-00371

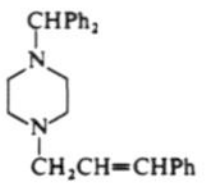

C-00372

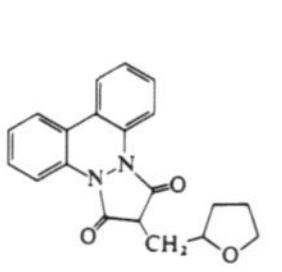

C-00373

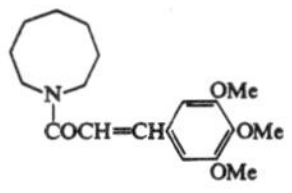

C-00374

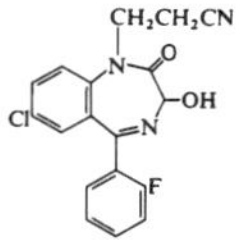

C-00375

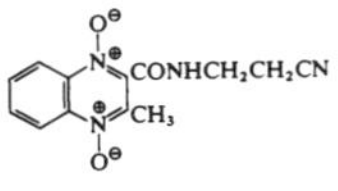

C-00376

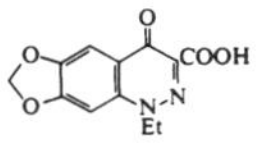

C-00377

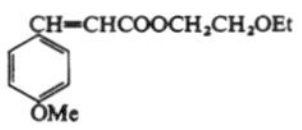

C-00378

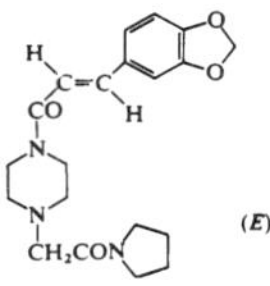

(E)-form

C-00379

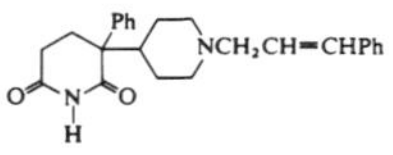

C-00380

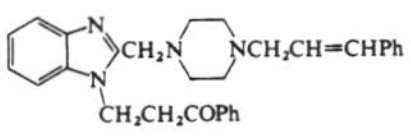

C-00381

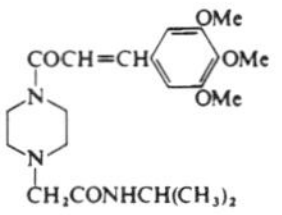

C-00382

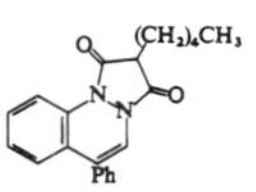

C-00383

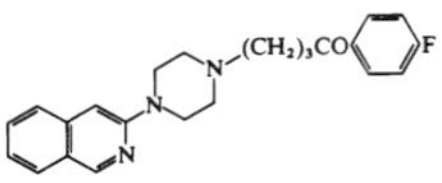

C-00384

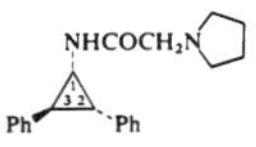

(1α,2α,3β)-form

C-00385

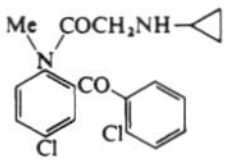

C-00386

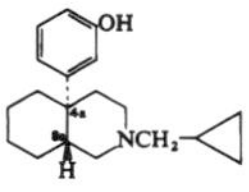

C-00387

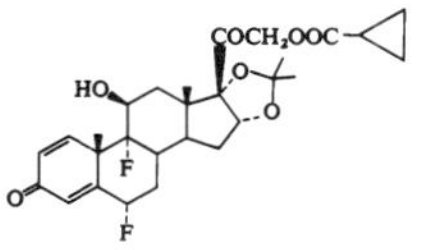

C-00388

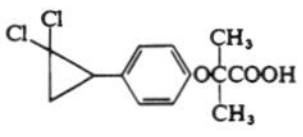

C-00389

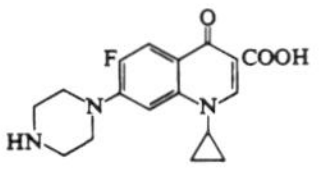

C-00390

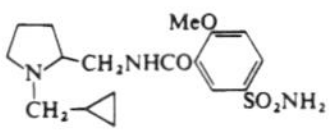

C-00391

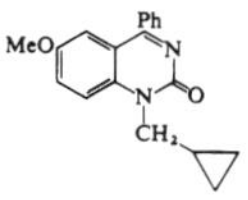

C-00392

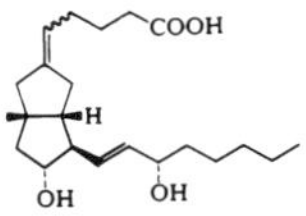

C-00393

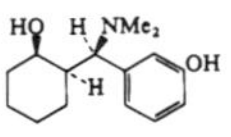

Absolute configuration

C-00394

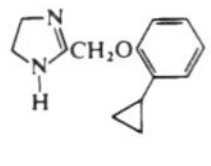

C-00395

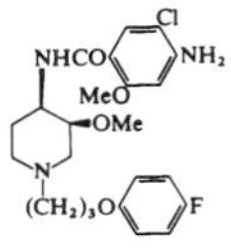

C-00396

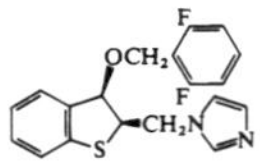

C-00397

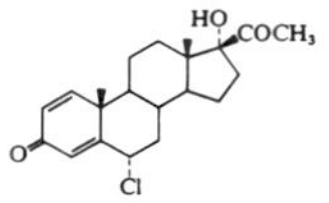

C-00398

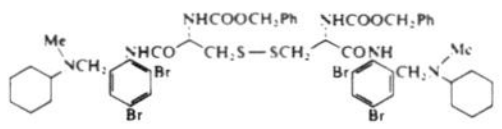

(R,R)-form

C-00399

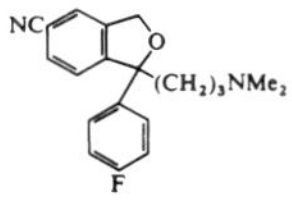

C-00400

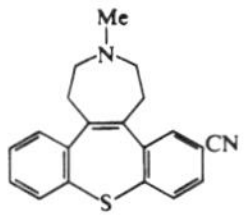

C-00401

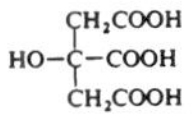

C-00402

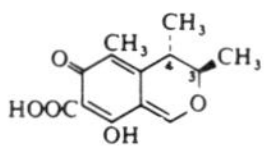

C-00403

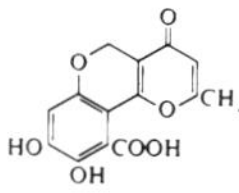

C-00404

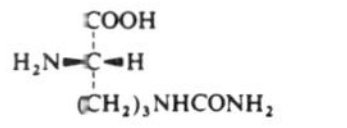

C-00405

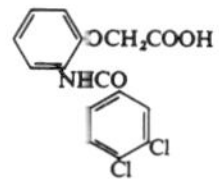

C-00406

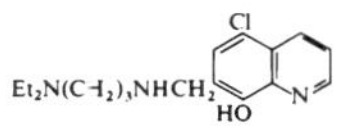

C-00407

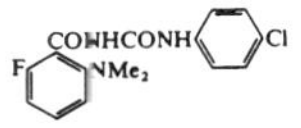

C-00408

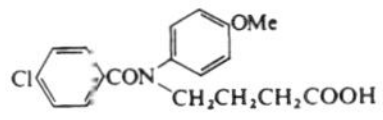

C-00409

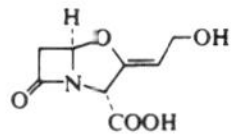

Absolute configuration

C-00410

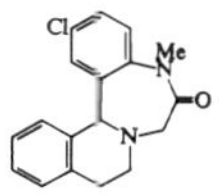

C-00411

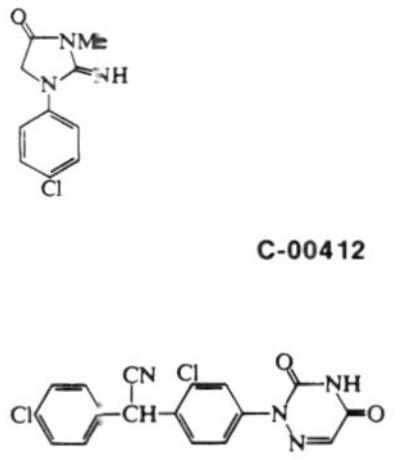

C-00412

C-00413

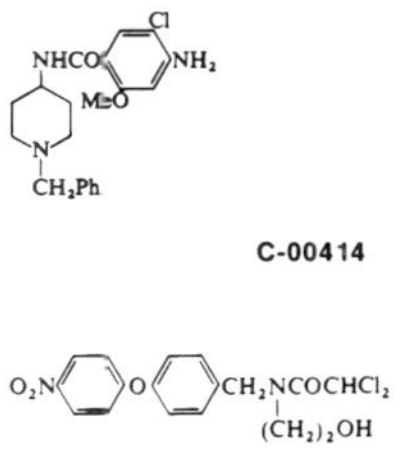

C-00414

C-00415

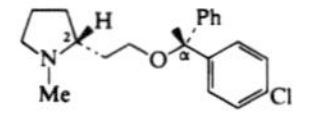
(2R, αR)-form

C-00416

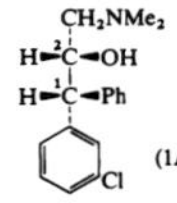
(1R,2R)-form

C-00417

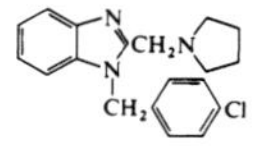

C-00418

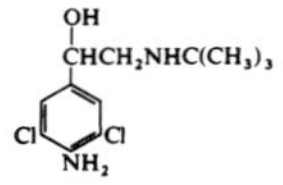

C-00419

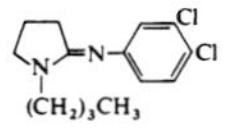

C-00420

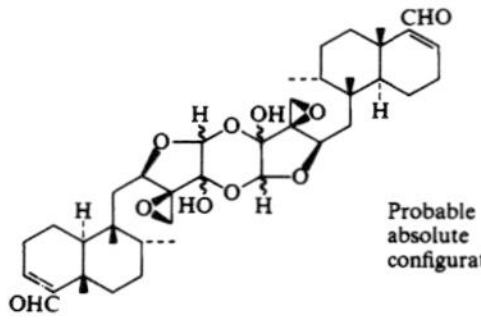
Probable absolute configuration

C-00421

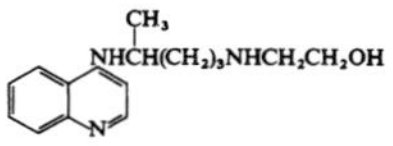

C-00422

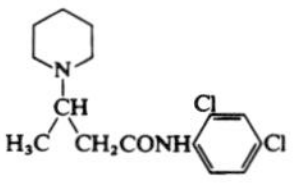

C-00423

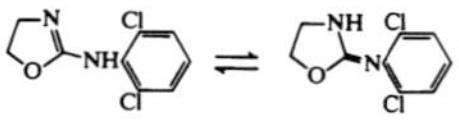

C-00424

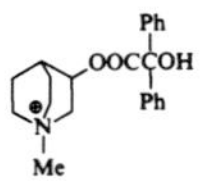

C-00425

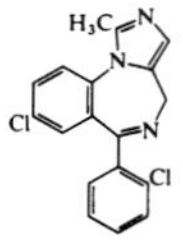

C-00426

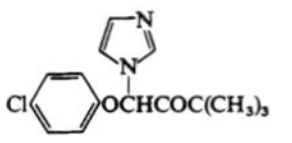

C-00427

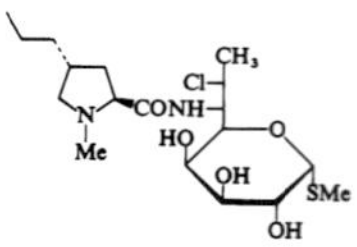

C-00428

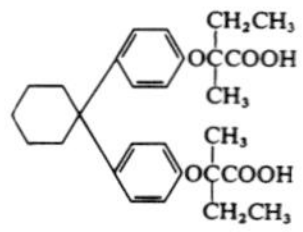

C-00429

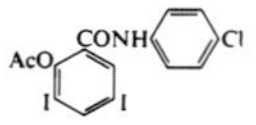

C-00430

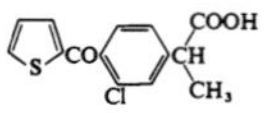

C-00431

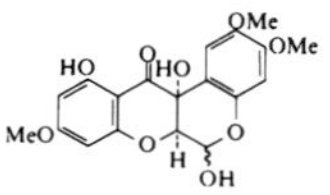

C-00432

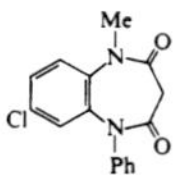

C-00433

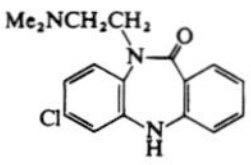

C-00434

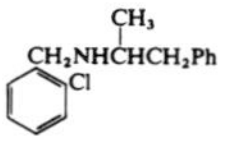

C-00435

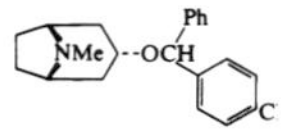

C-00436

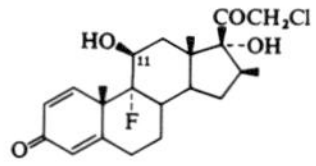

C-00437

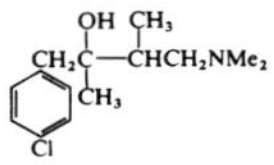

C-00438

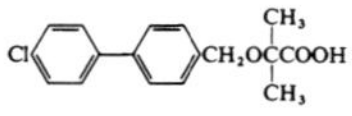

C-00439

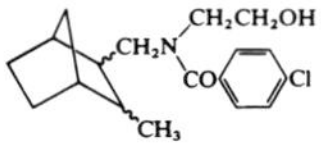

C-00440

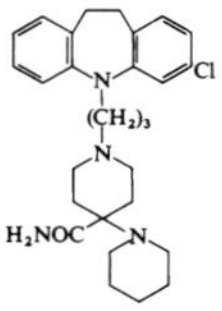

C-00441

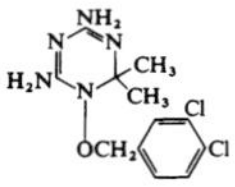

C-00442

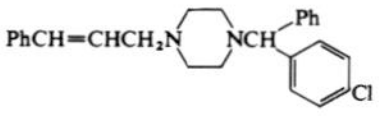

C-00443

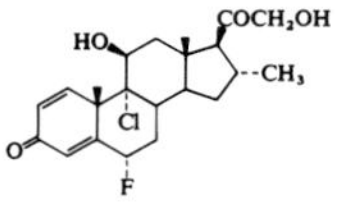

C-00444

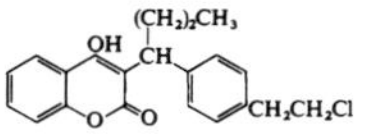

C-00445

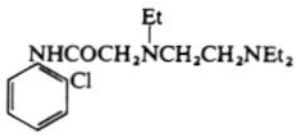

C-00446

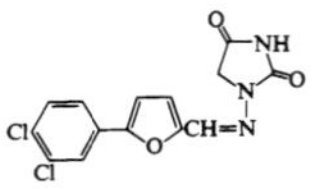

C-00447

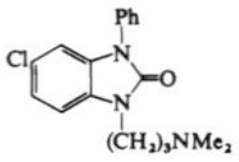

C-00448

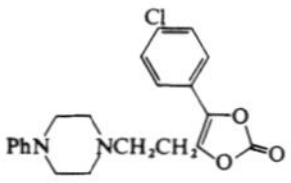

C-00449

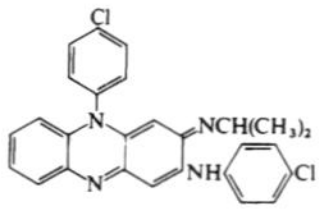

C-00450

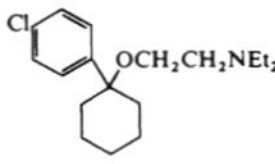

C-00451

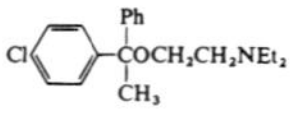

C-00452

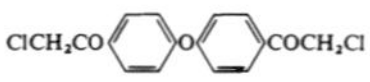

C-00453

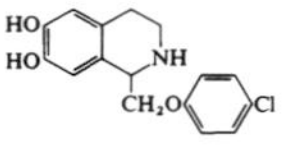

C-00454

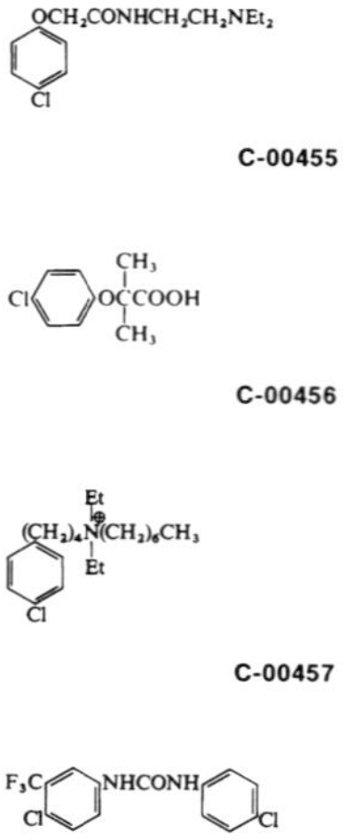

C-00455

C-00456

C-00457

C-00458

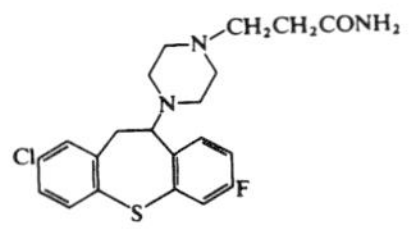
C-00459

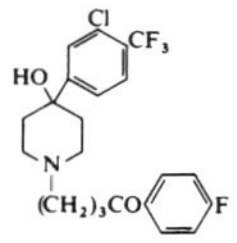
C-00460

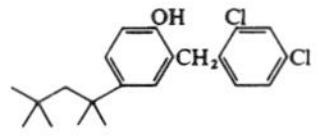
C-00461

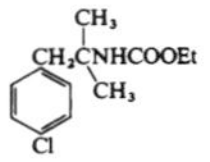
C-00462

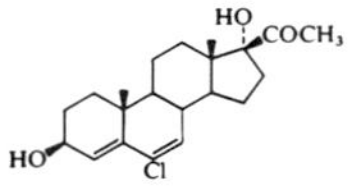
C-00463

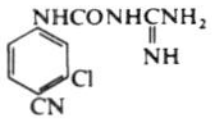
C-00464

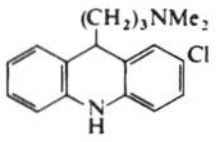
C-00465

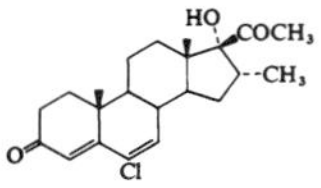
C-00466

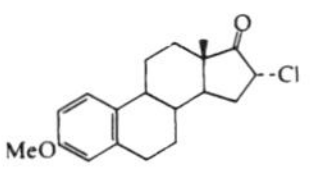
C-00467

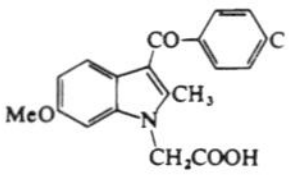
C-00468

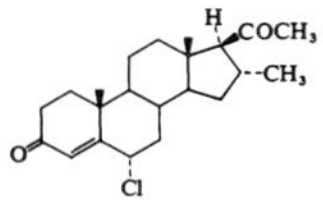
C-00469

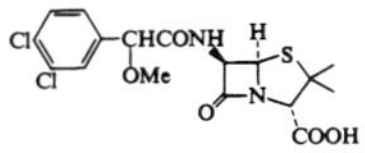
C-00470

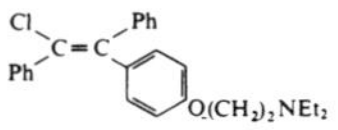
C-00471

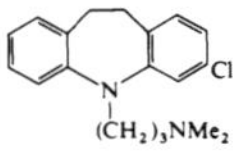
C-00472

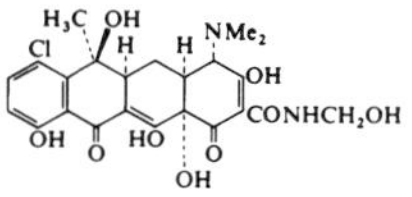
C-00473

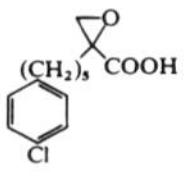
C-00474

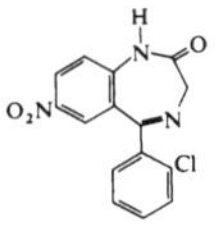
C-00475

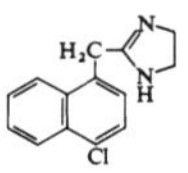
C-00476

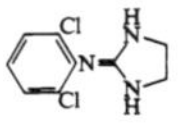
C-00477

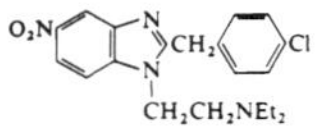
C-00478

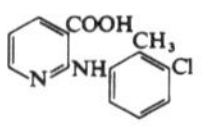
C-00479

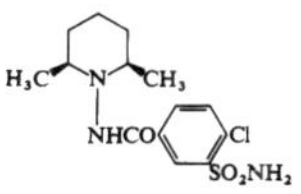
C-00480

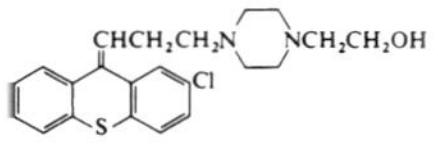
C-00481

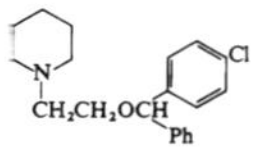
C-00482

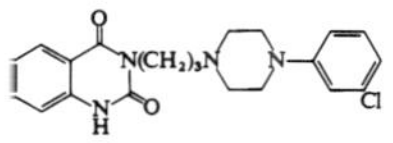
C-00483

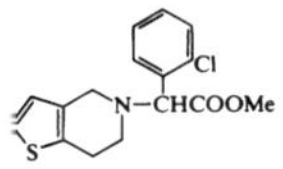
C-00484

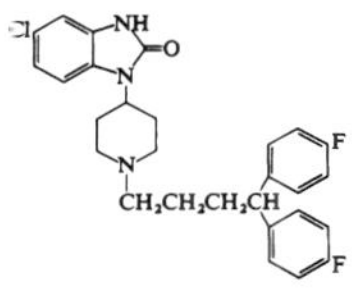
C-00485

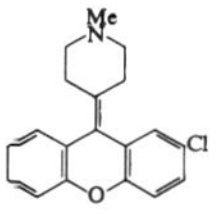
C-00486

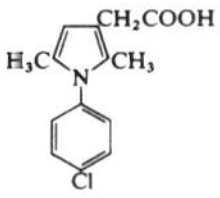
C-00487

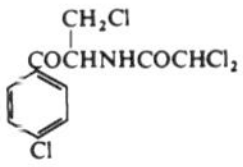
C-00488

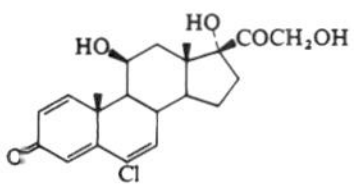
C-00489

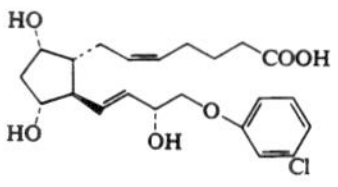
C-00490

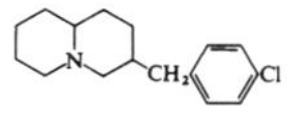
C-00491

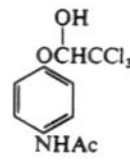
C-00492

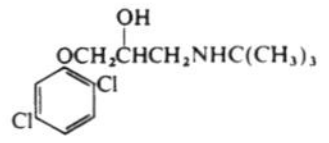
C-00493

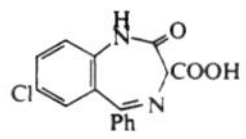
C-00494

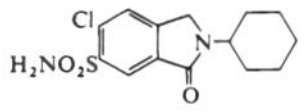
C-00495

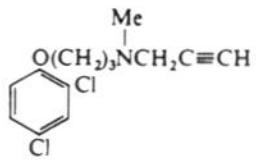
C-00496

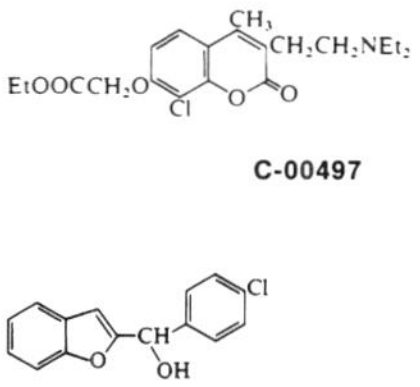
C-00497
C-00498

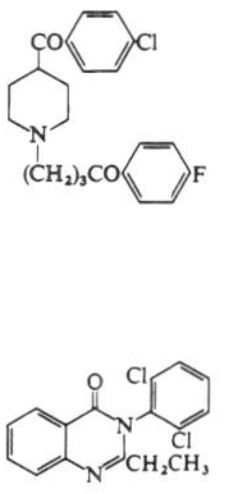
C-00499
C-00500

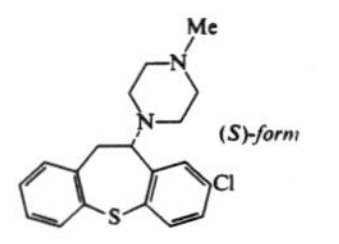

C-00501

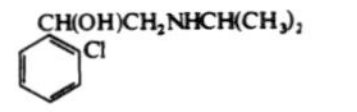

C-00502

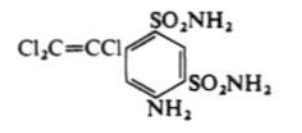

C-00503

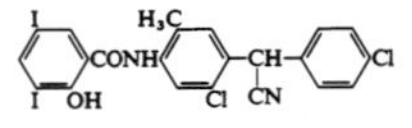

C-00504

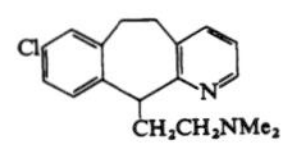

C-00505

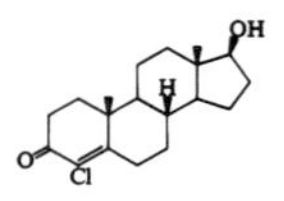

C-00506

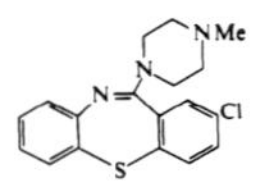

C-00507

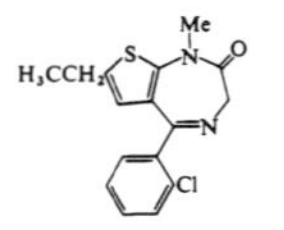

C-00508

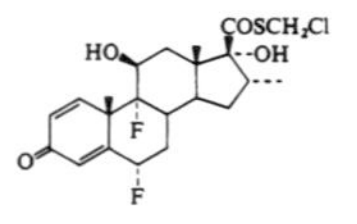

C-00509

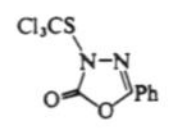

C-00510

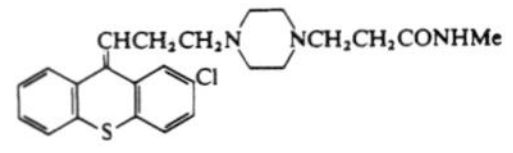

C-00511

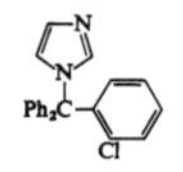

C-00512

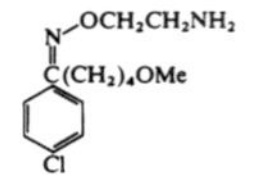

C-00513

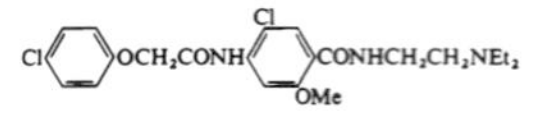

C-00514

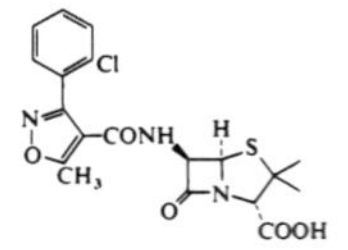

C-00515

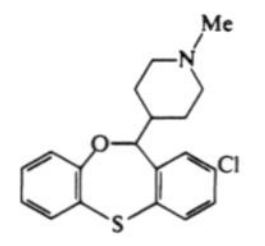

C-00516

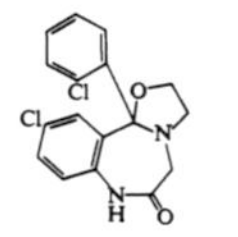

C-00517

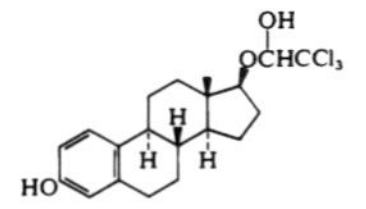

C-00518

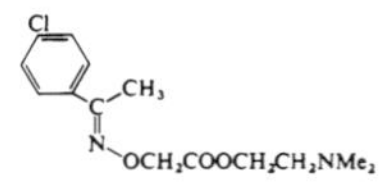

C-00519

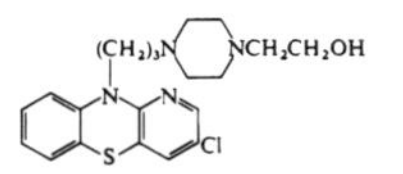

C-00520

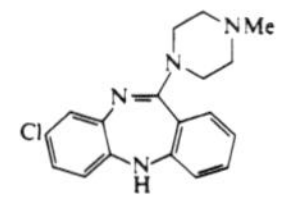

C-00521

$CoCl_2$

C-00522

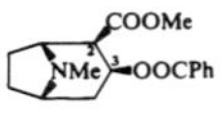

C-00523

H-D-Ser-Tyr-Ser-Met-Glu-His-Phe-Arg-Trp-Gly-Lys-Pro-Val-Gly-Lys-Lys-Lys-^{18}LysNH$_2$

C-00524

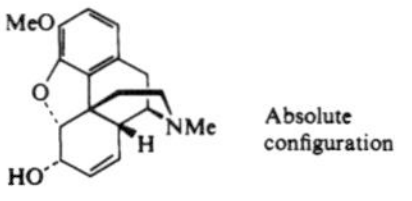

C-00525

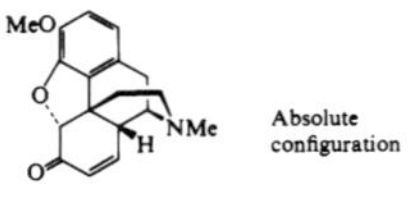

C-00526

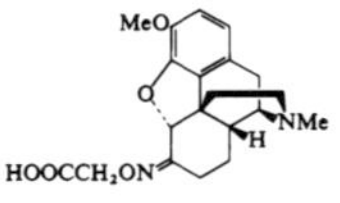

C-00527

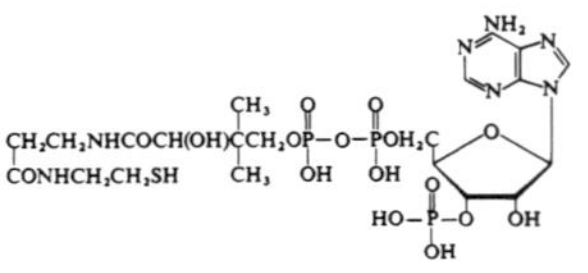

C-00528

As V-00059 with

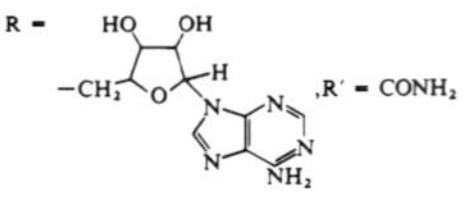

C-00529

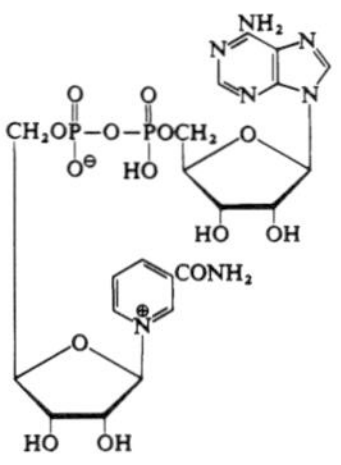

C-00530

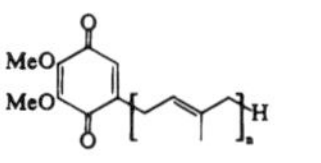

C-00531

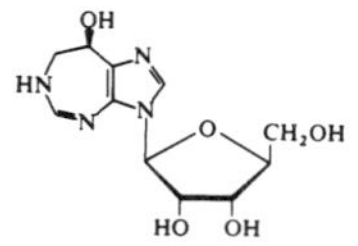

C-00532

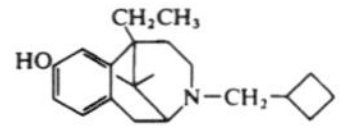

C-00533

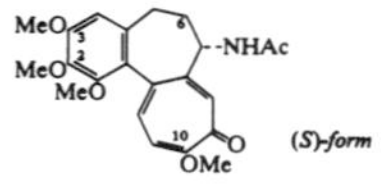

C-00534

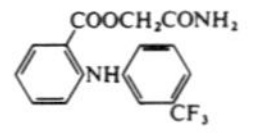

C-00535

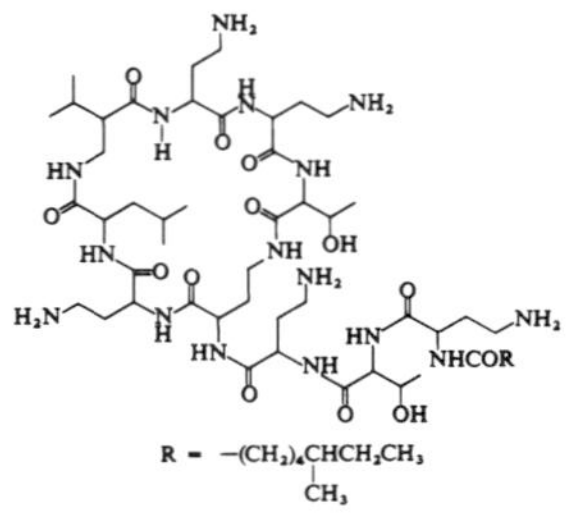

C-00536

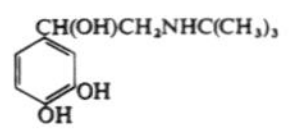

C-00537

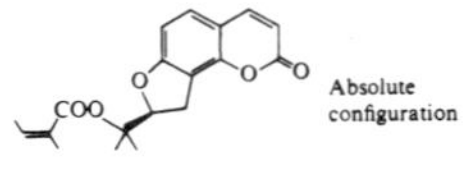

C-00538

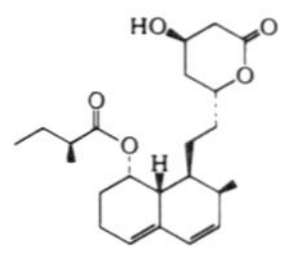

C-00539

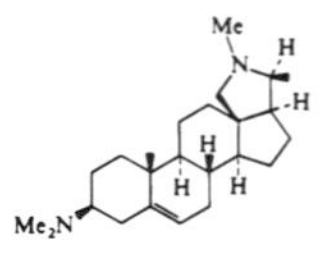

C-00540

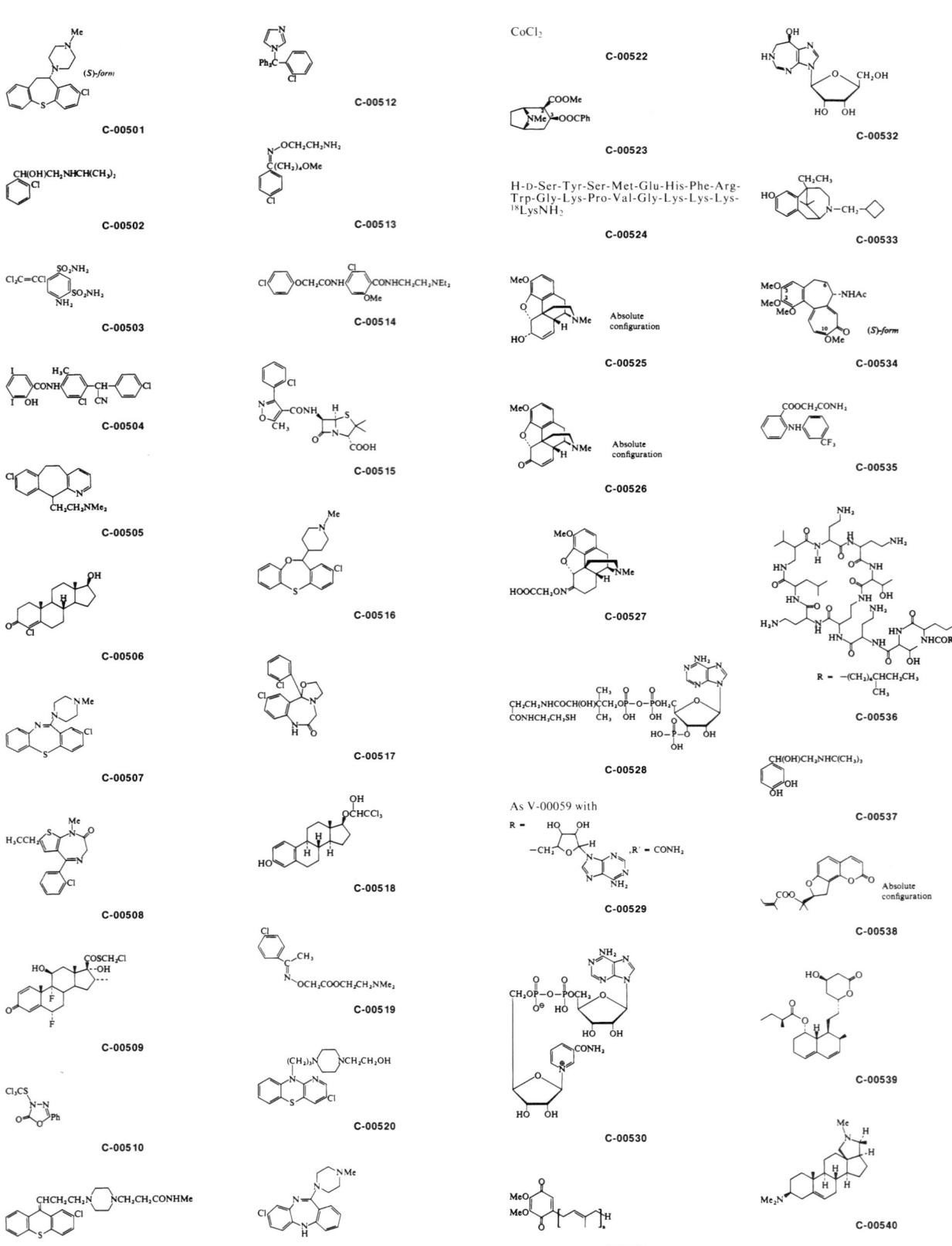

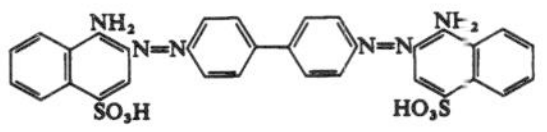

C-00541

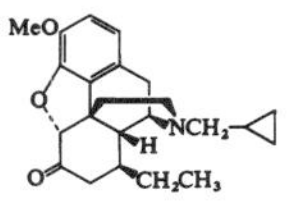

C-00542

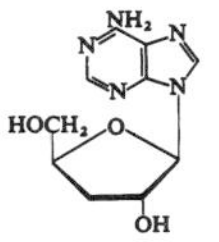

C-00543

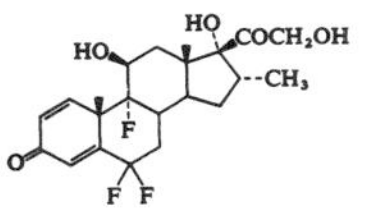

C-00544

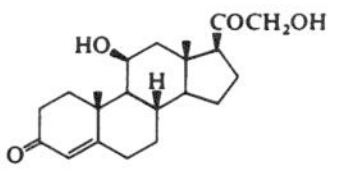

C-00546

H-[1]Ser-Tyr-Ser-Met-Glu-His-Phe-Arg-Trp-Gly-Lys-Pro-Val-Gly-Lys-Lys-Arg-Arg-Pro-Val-Lys-Val-Tyr-Pro-Asn-Gly Ala-Glu-Asp-Glu-Ser-Ala-Glu-Ala-Phe-Pro-Leu-Glu-[39]PheOH

C-00547

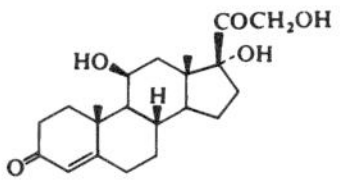

C-00548

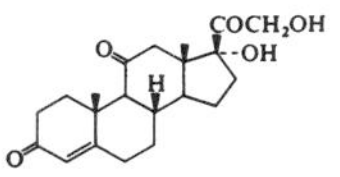

C-00549

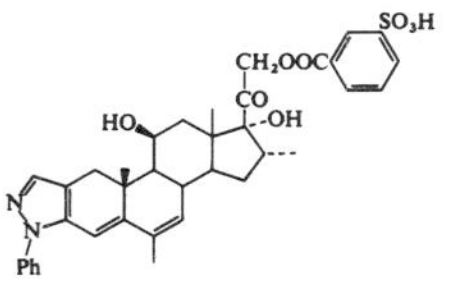

C-00550

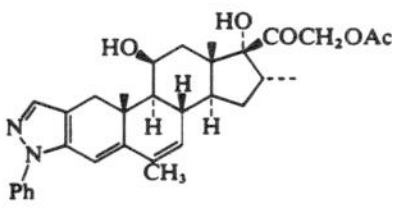

C-00551

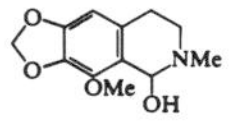

C-00552

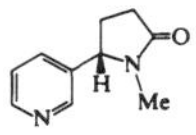

Absolute configuration

C-00553

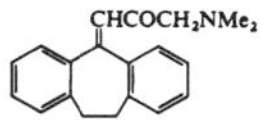

C-00554

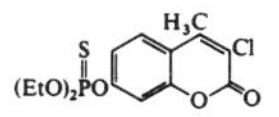

C-00555

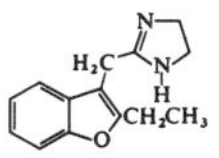

C-00556

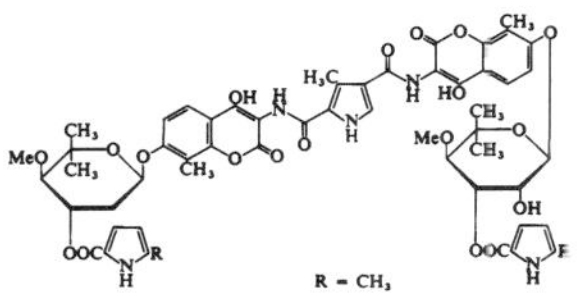

R = CH_3

C-00557

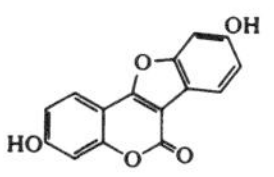

C-00558

$HN{=}C(NH_2)NMeCH_2CH_2OP(O)(OH)$

C-00559

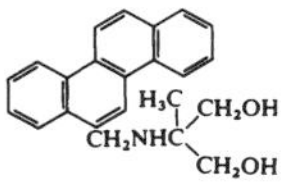

C-00560

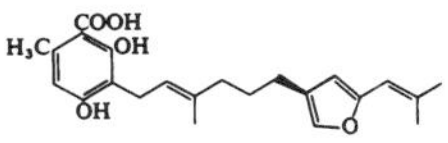

C-00561

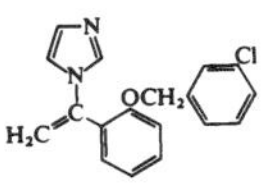

C-00562

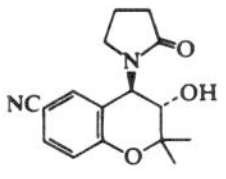

C-00563

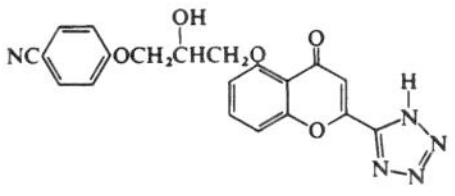

C-00564

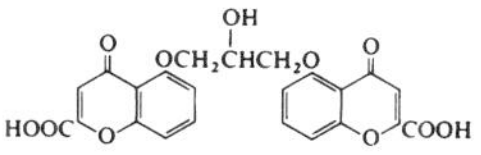

C-00565

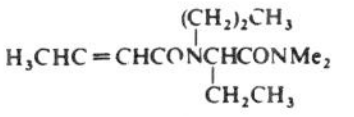

C-00566

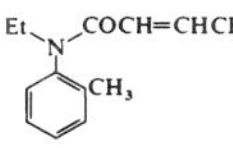

C-00567

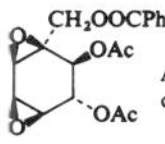

Absolute configuration

C-00568

$H_3CCH{=}CHCONEtCH(CH_2CH_3)$-$CONMe_2$

C-00569

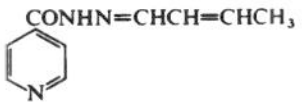

C-00570

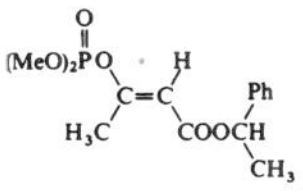

C-00571

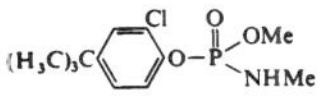

C-00572

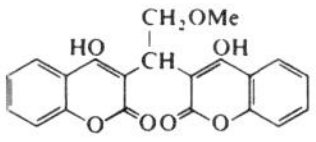

C-00573

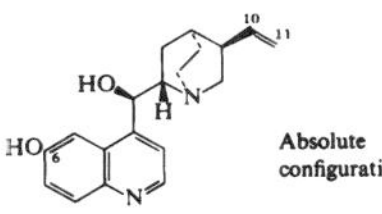

Absolute configuration

C-00574

$Cu(CH_3COO)_2$

C-00575

$CuSO_4$

C-00576

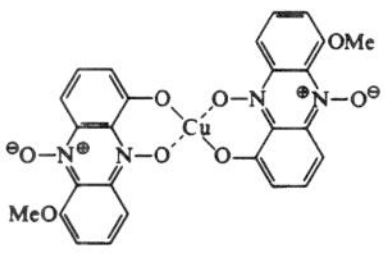

C-00577

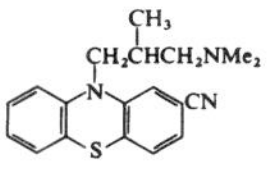

C-00578

$HN{=}C{=}NH$

C-00579

$H_2NNHCOCH_2CN$

C-00580

$H_3CCH_2C(CH_3)_2NHC(NH_2){=}NCN$

C-00581

$Ph_2C{=}C(CN)COOH$

C-00582

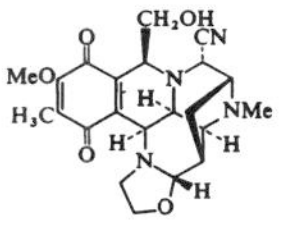

C-00583

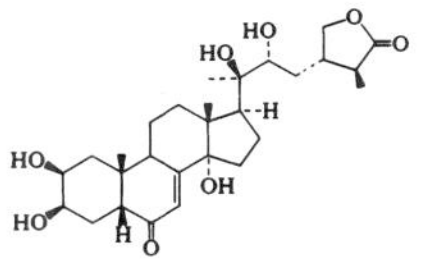

C-00584

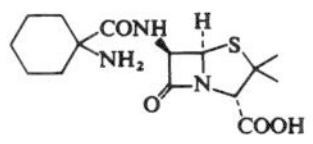

C-00585

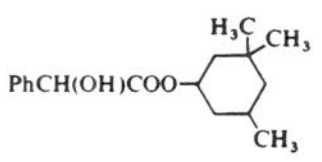

C-00586

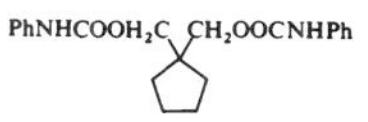

C-00587

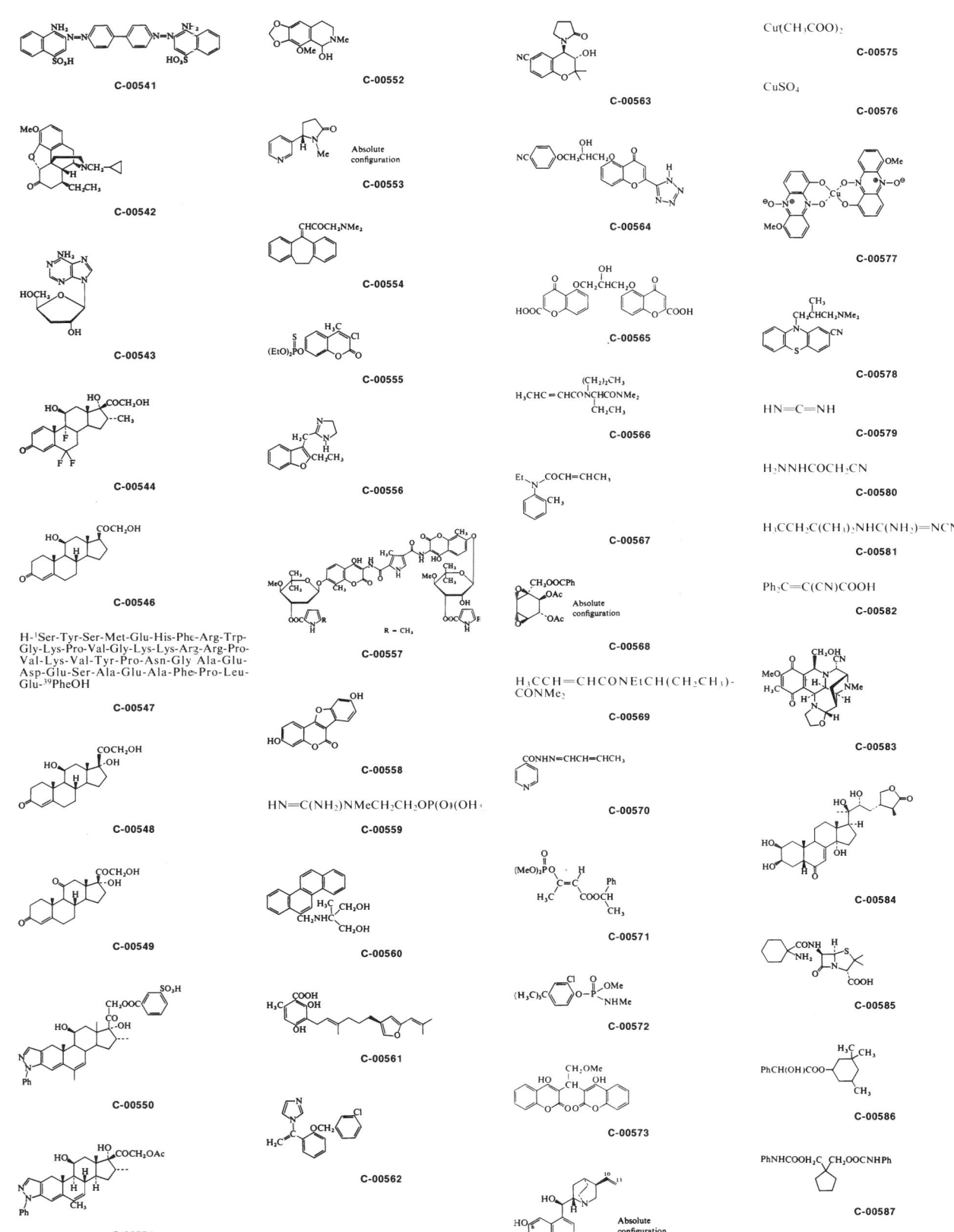

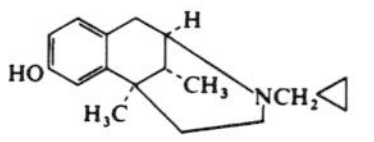

(−)-form Absolute configuration

C-00588

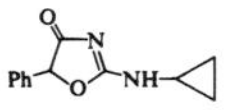

C-00589

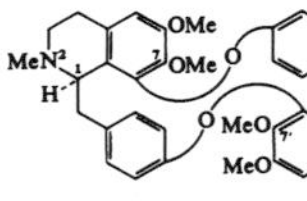

C-00590

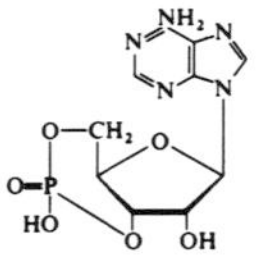

C-00591

N-Me-Ala-Tyr-D-Trp
Phe-Val-Lys

C-00592

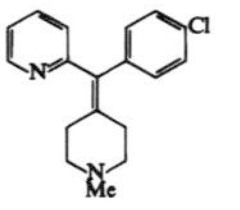

C-00593

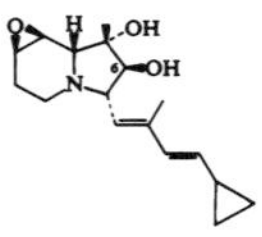

C-00594

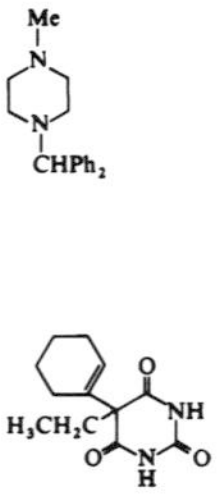

C-00595

C-00596

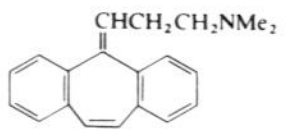

C-00597

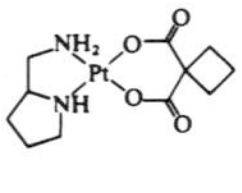

C-00598

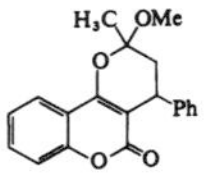

C-00599

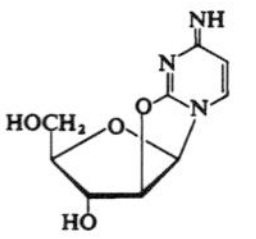

C-00600

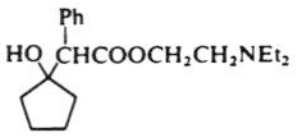

C-00601

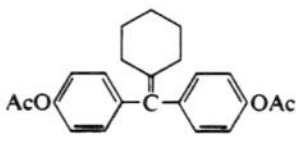

C-00602

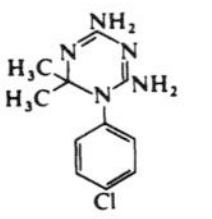

C-00603

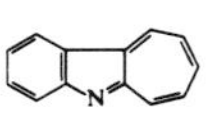

C-00604

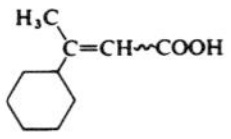

C-00605

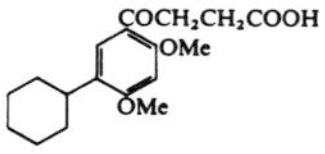

C-00606

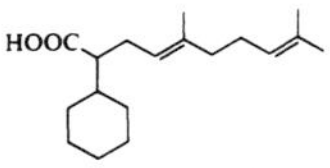

C-00607

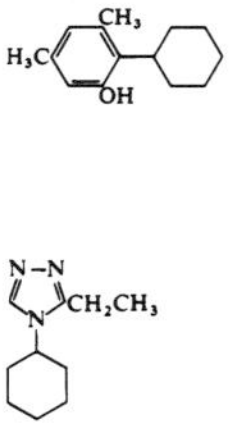

C-00608

C-00609

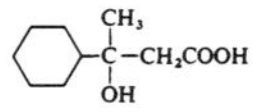

C-00610

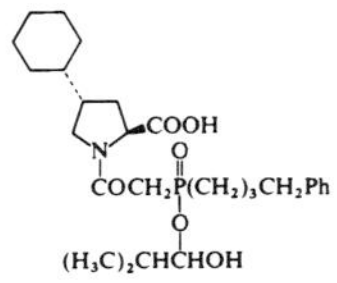

C-00611

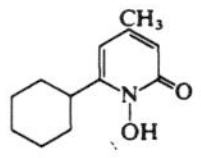

C-00612

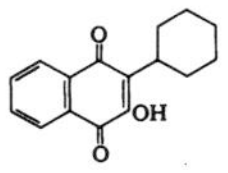

C-00613

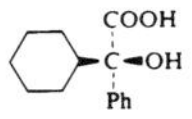

(R)-form

C-00614

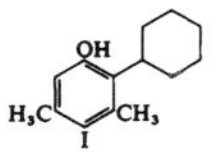

C-00615

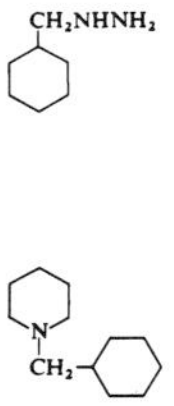

C-00616

C-00617

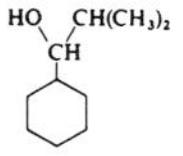

C-00618

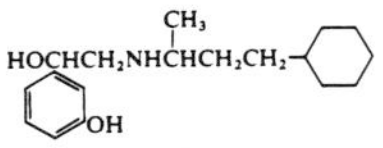

C-00619

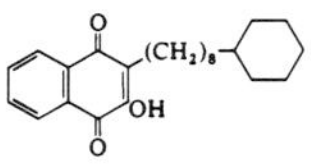

C-00620

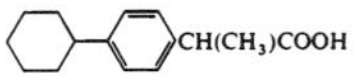

C-00621

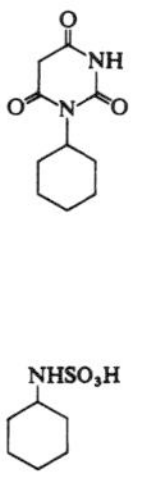

C-00622

C-00623

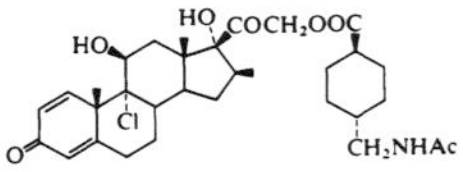

C-00624

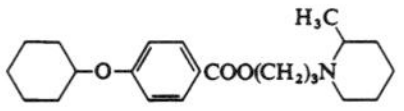

C-00625

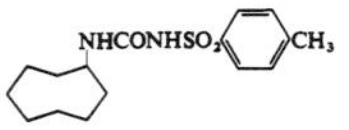

C-00626

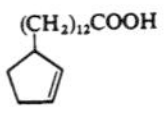

(S)-form

C-00627

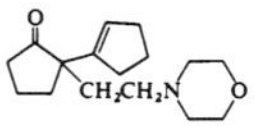

C-00628

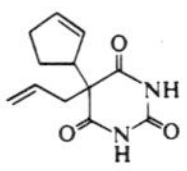

C-00629

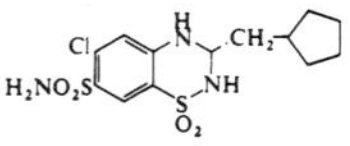

C-00630

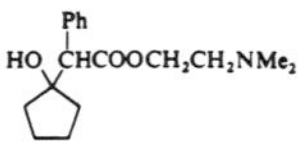

C-00631

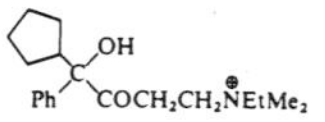

C-00632

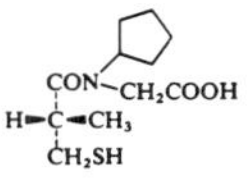
(*S*)-*form*

C-00633

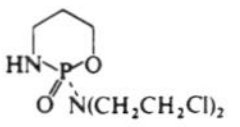
(*R*)-*form*

C-00634

C-00635

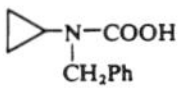

C-00636

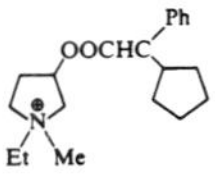

C-00637

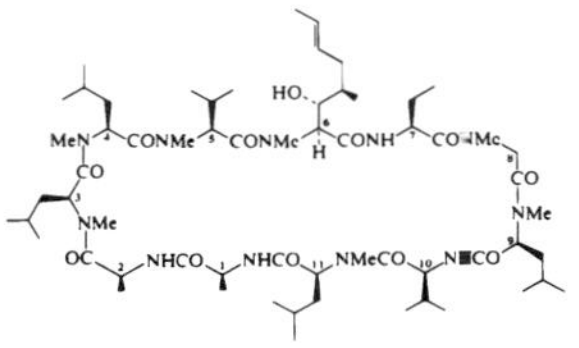
Cyclosporin *A*

C-00638

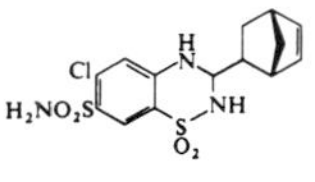

C-00639

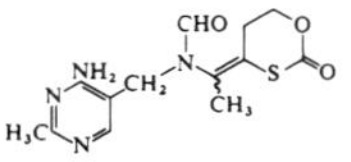

C-00640

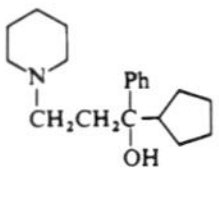

C-00641

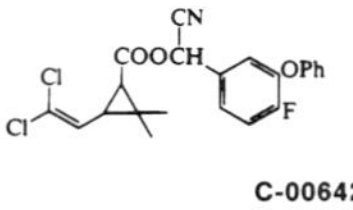

C-00642

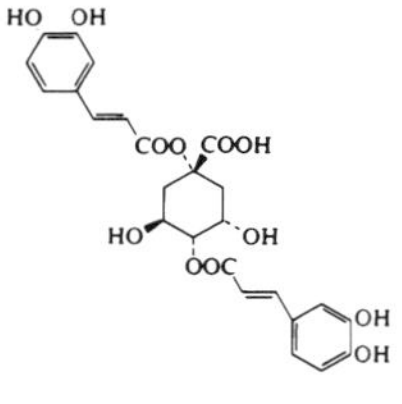

C-00643

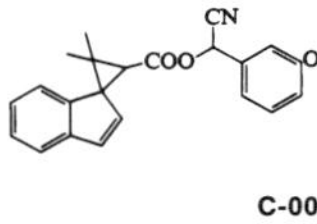

C-00644

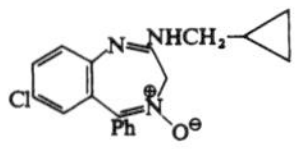

C-00645

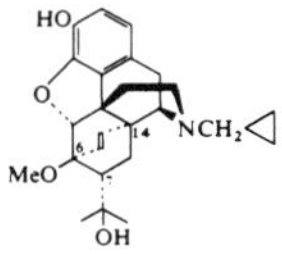

C-00646

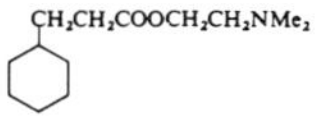

C-00647

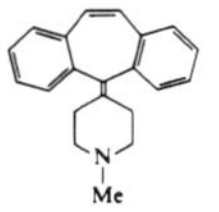

C-00648

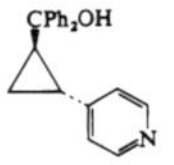

C-00649

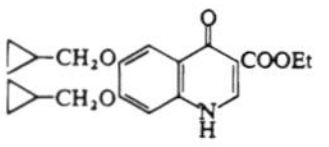
NH-form

C-00650

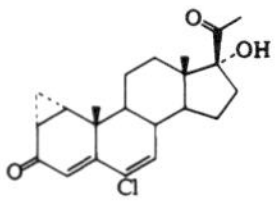

C-00651

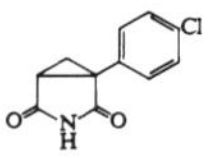

C-00652

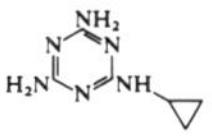

C-00653

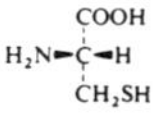
(*R*)-*form*

C-00654

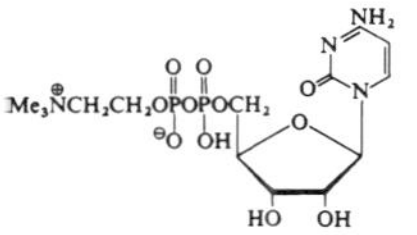

C-00655

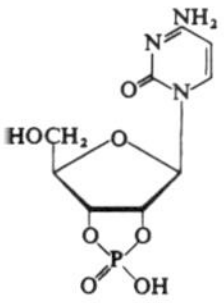

C-00656

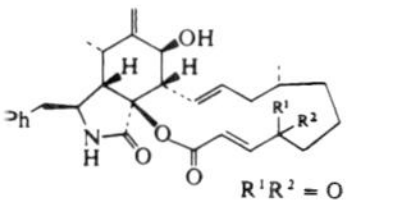
$R^1R^2 = O$

C-00657

As C-00657 with
$R_1 = H, R_2 = OH$

C-00658

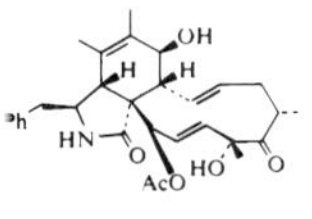

C-00659

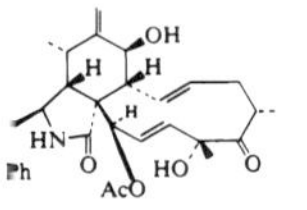

C-00660

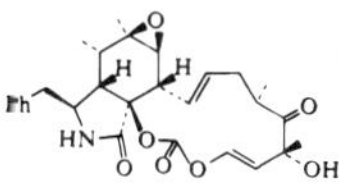

C-00661

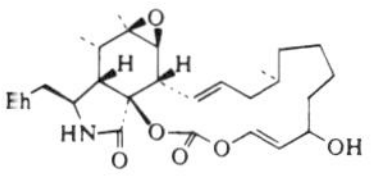

C-00662

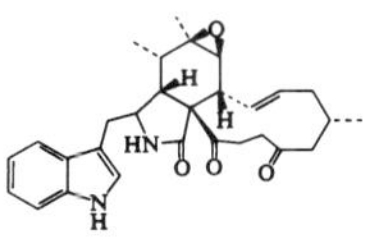

C-00663

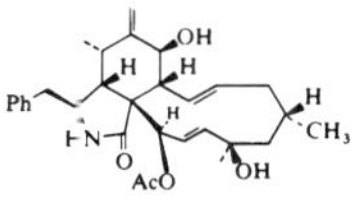

C-00664

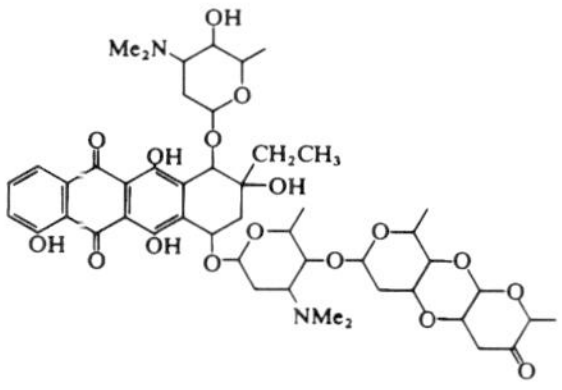

C-00665

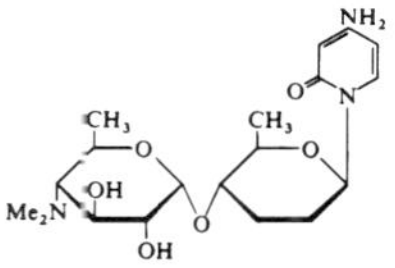

C-00666

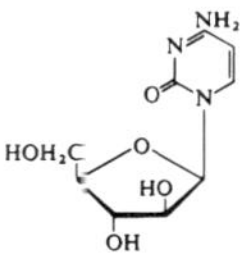

C-00667

D

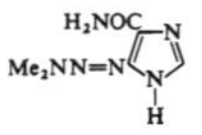

D-00001

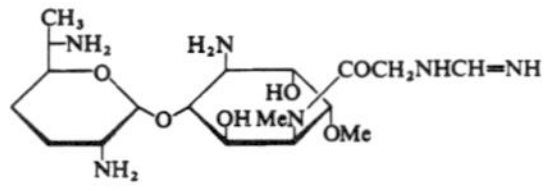

D-00002

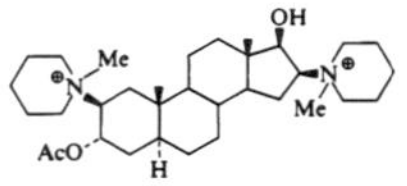

D-00003

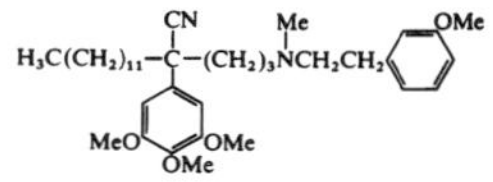

D-00004

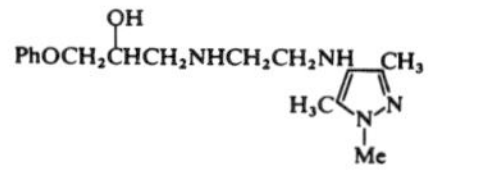

D-00005

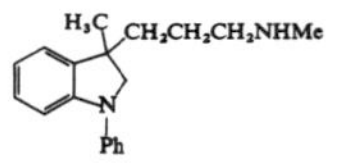

D-00006

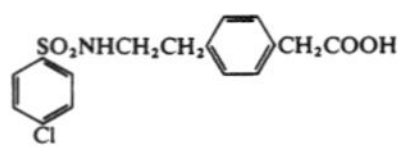

D-00007

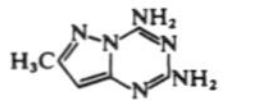

D-00008

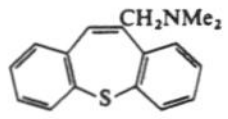

D-00009

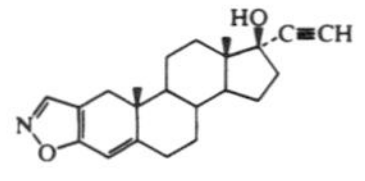

D-00010

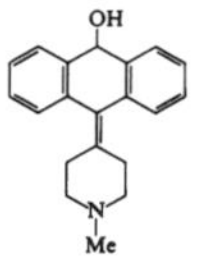

D-00011

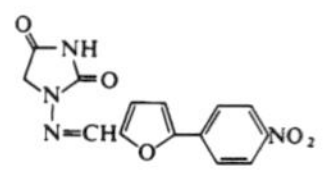

D-00012

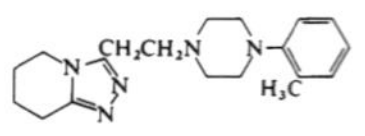

D-00013

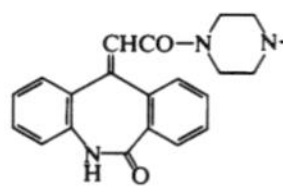

(E)-form

D-00015

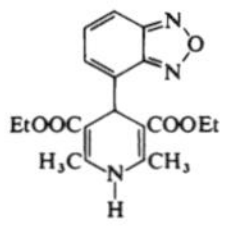

D-00016

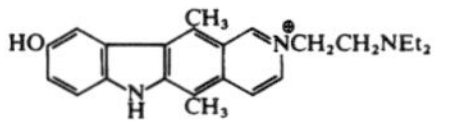

D-00017

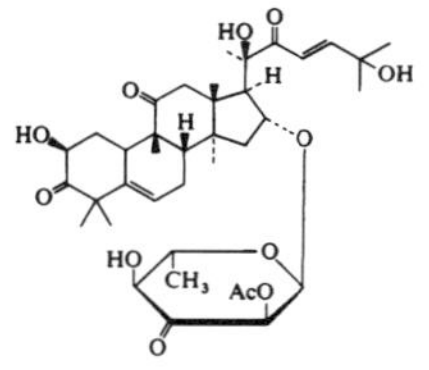

D-00018

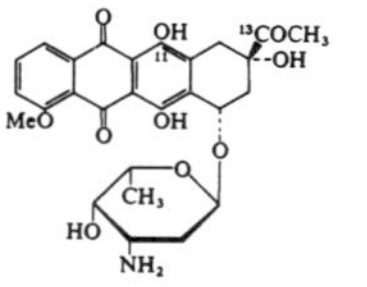

D-00019

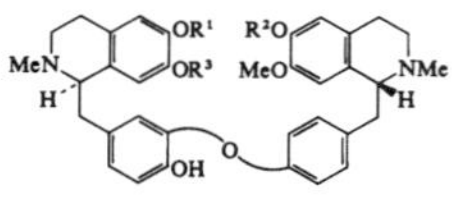

$R^1 = R^2 = R^3 = Me$

D-00020

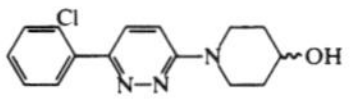

D-00021

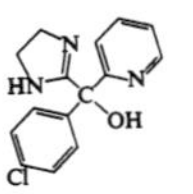

D-00022

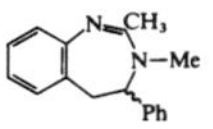

D-00023

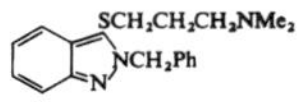

D-00024

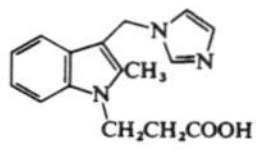

D-00025

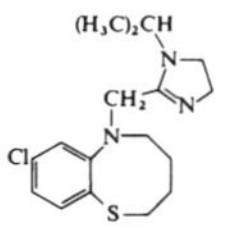

D-00026

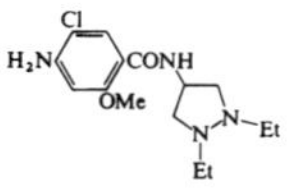

D-00027

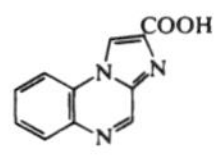

D-00028

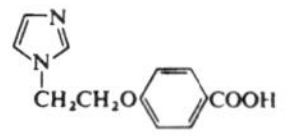

D-00029

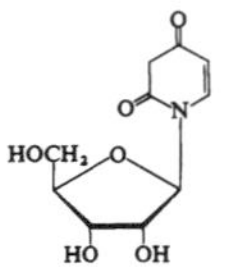

D-00031

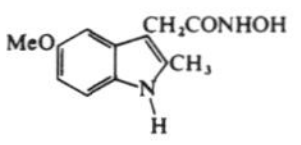

D-00032

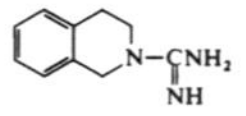

D-00033

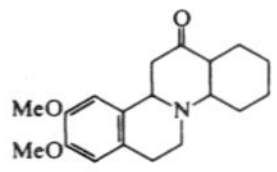

D-00034

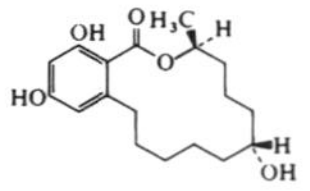

Absolute configuration

D-00035

$Me_3N^{\oplus}(CH_2)_{10}N^{\oplus}Me_3$

D-00036

$H_2NC(=NH)NH(CH_2)_{10}NHC(=NH)NH_2$

D-00037

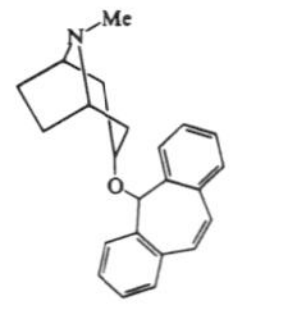

D-00038

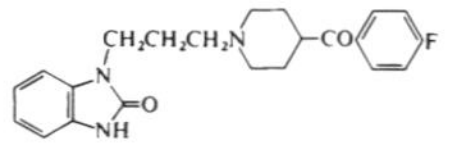

D-00039

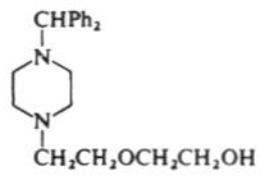

D-00040

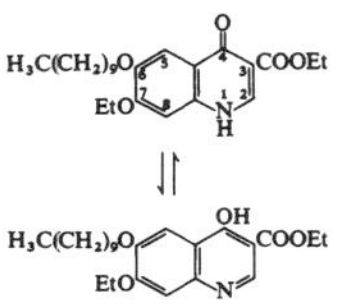

NH-form / *OH-form*

D-00041

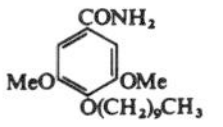

D-00042

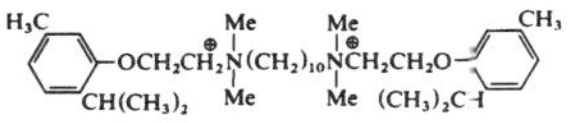

D-00043

$H_2N(CH_2)_5N(OH)COCH_2CH_2CONH$-$(CH_2)_5N(OH)COCH_2CH_2CONH$-$(CH_2)_5N(OH)Ac$

D-00044

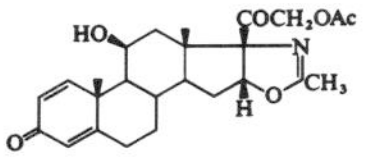

D-00046

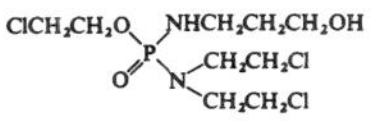

D-00047

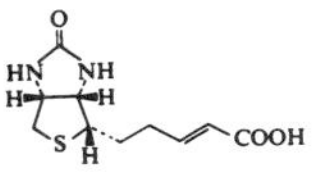

D-00048

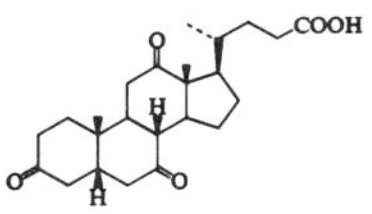

D-00049

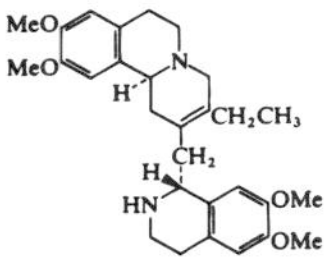

D-00050

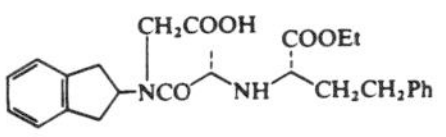

(S,S)-form

D-00051

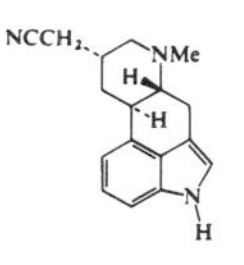

D-00052

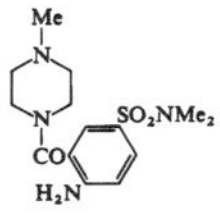

D-00053

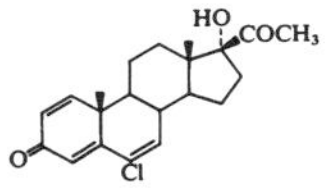

D-00054

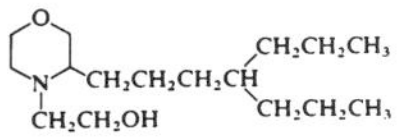

D-00055

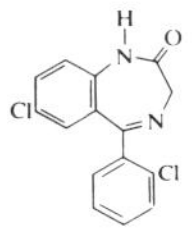

D-00056

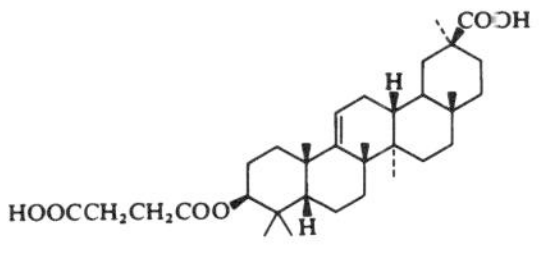

D-00057

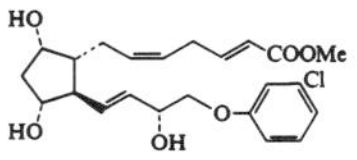

D-00058

$Me_2NCH_2CH_2OP(O)(OH)_2$

D-00059

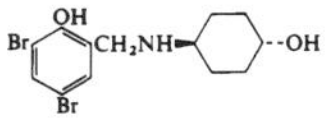

D-00060

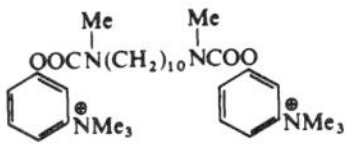

D-00061

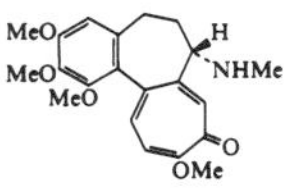

Absolute configuration

D-00062

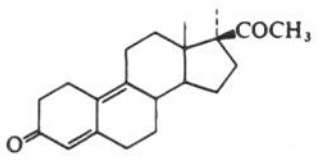

D-00063

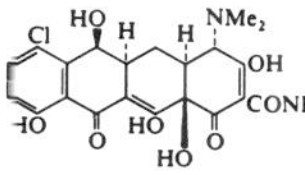

D-00064

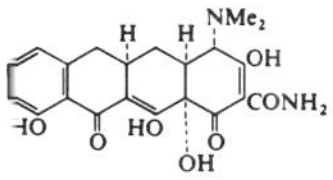

D-00065

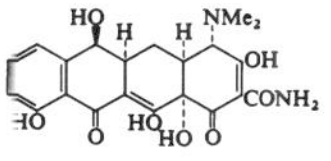

D-00066

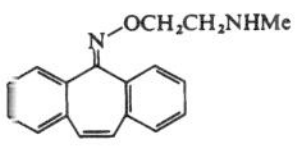

D-00067

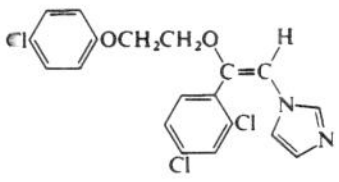

D-00068

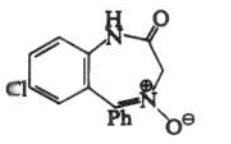

D-00069

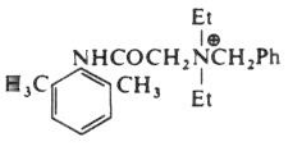

D-00070

$H_3CCH_2CH(CH_2CH_3)$-$CH_2OCPh_2COOCH_2CH_2NMe_2$

D-00071

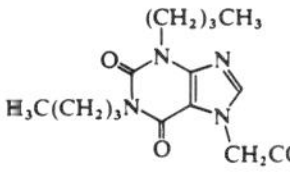

D-00072

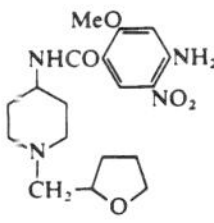

D-00073

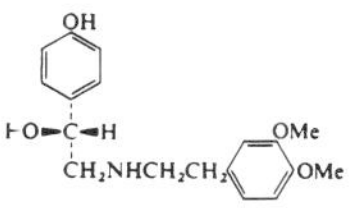

D-00074

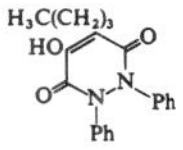

D-00075

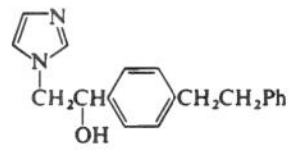

D-00076

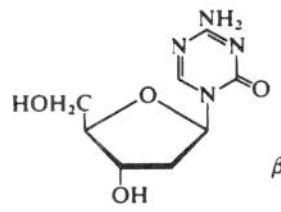

β-form

D-00077

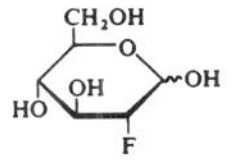

D-00078

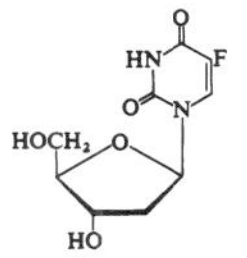

D-00079

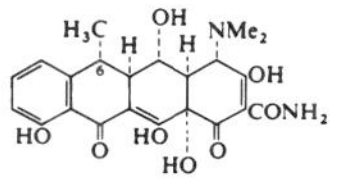

6α-form

D-00080

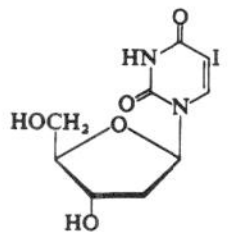

D-00081

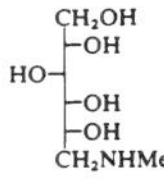

D-00082

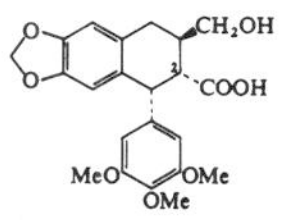

D-00083

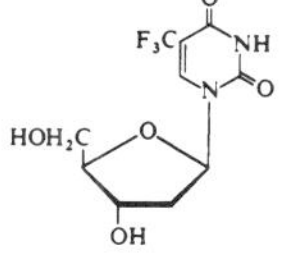

D-00084

H-Tyr-Pro-Phe-D-Pro-Gly-OH

D-00085

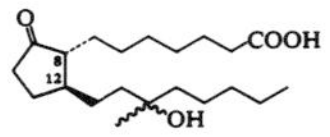

D-00086

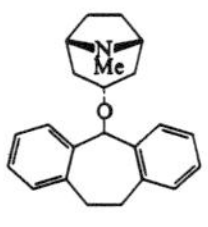

D-00087

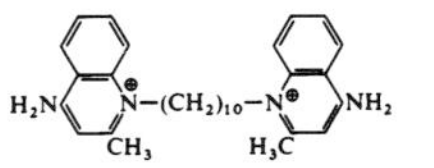

D-00088

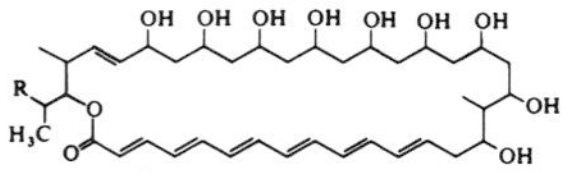

Dermostatin *A*: R = CH_3
Dermostatin *B*: R = CH_2CH_3

D-00089

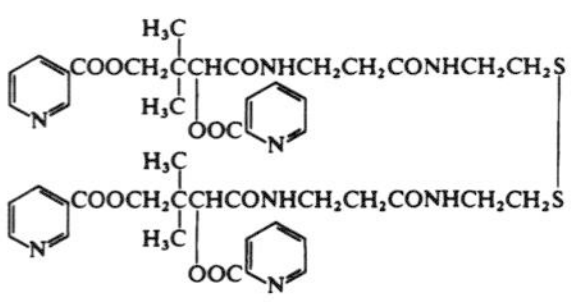

D-00090

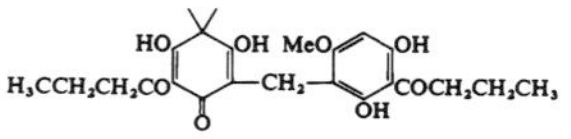

D-00091

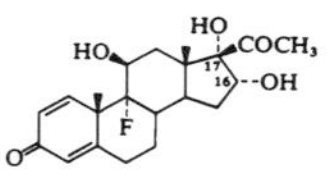

D-00092

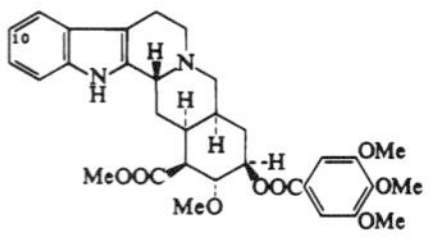

Absolute configuration

D-00093

HOOC$(CH_2)_3$CO-L-Ala-L-Tyr-Gly-L-Trp-L-Leu-L-Asp-L-Phe-NH_2

D-00094

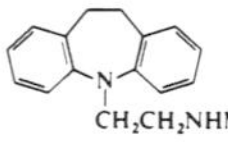

D-00095

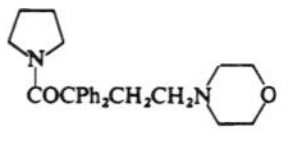

D-00096

SCH_2CH_2CO-Tyr-Phe-Gln-Asn-Cys-Pro-D-Arg-Gly-NH_2

D-00097

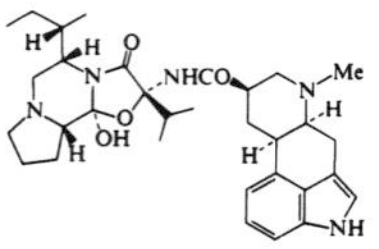

D-00098

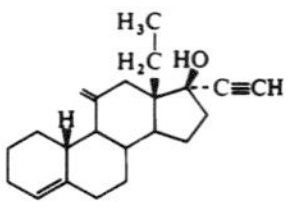

D-00099

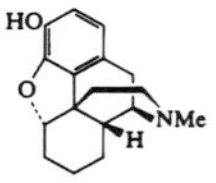

D-00100

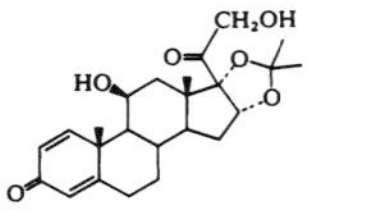

D-00101

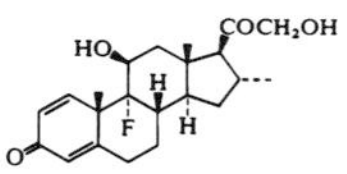

D-00102

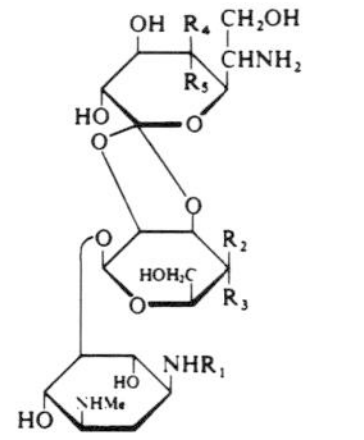

Destomycin	R_1	R_2	R_3	R_4	R_5
A	H	OH	H	OH	H
B	CH_3	H	OH	H	OH
C	CH_3	OH	H	OH	H

D-00103

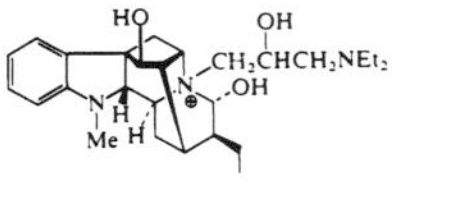

D-00104

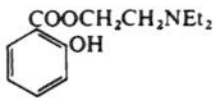

D-00105

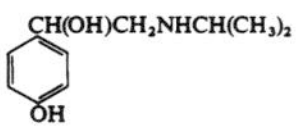

D-00106

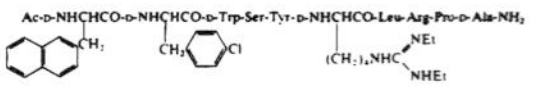

D-00107

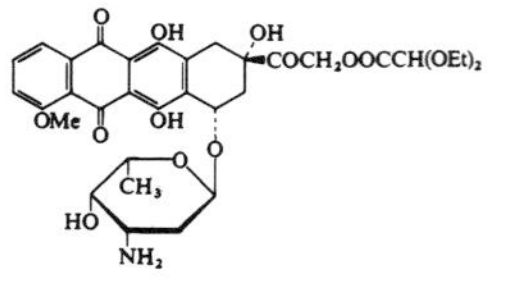

D-00108

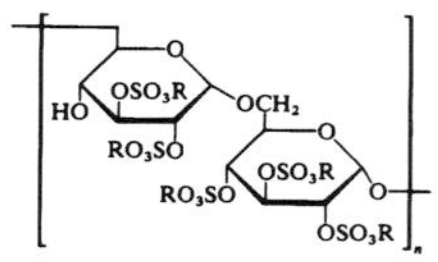

R = Na or $Al(OH)_2$

D-00109

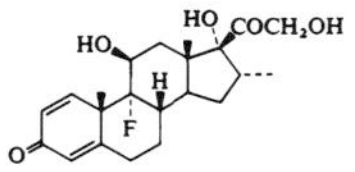

D-00111

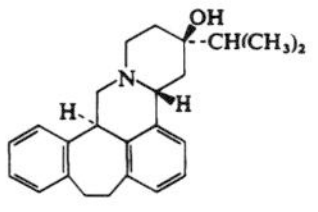

D-00112

α-D-Glc*p*(1→6)-α-D-Glc*p*-(1→6)-α-D-Glc*p*-(1→6)-
3
↑
1
(α-D-Glc*p*)$_n$

D-00113

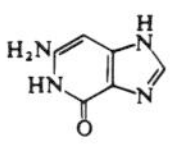

D-00115

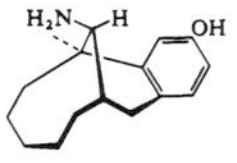

Absolute configuration

D-00116

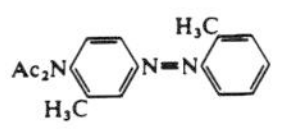

D-00117

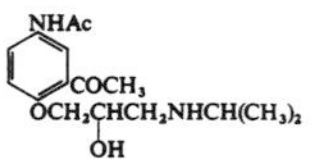

D-00118

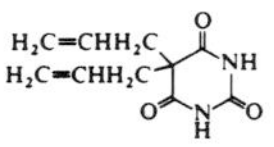

D-00119

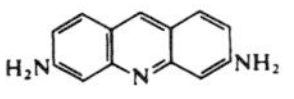

D-00120

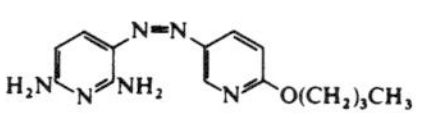

D-00121

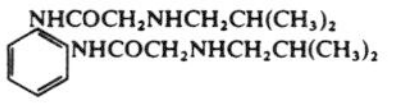

D-00122

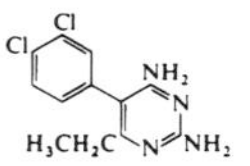

D-00123

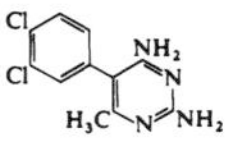

D-00124

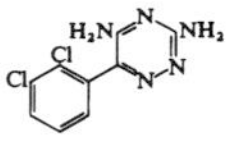

D-00125

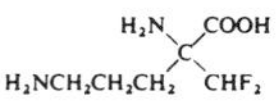

D-00126

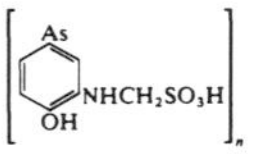

D-00127

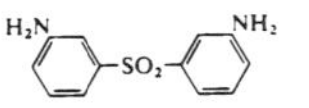

D-00128

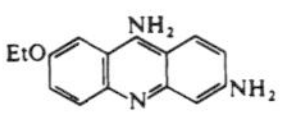

D-00130

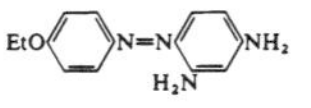

D-00131

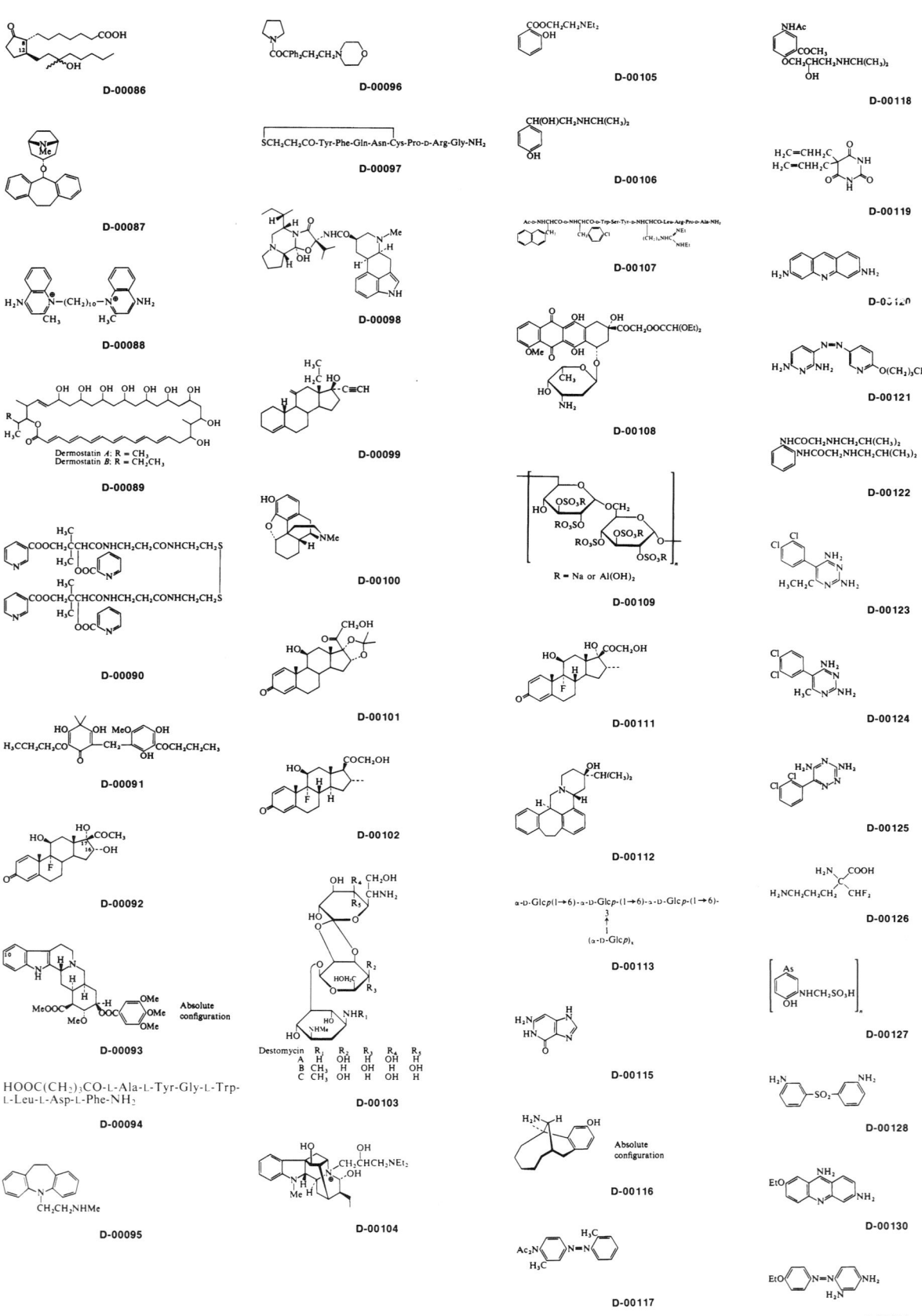

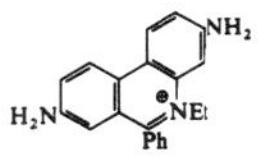

D-00132

D-00133

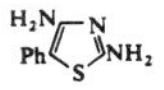

D-00134

$H_2NCH_2CH(OH)CH_2NH_2$

D-00135

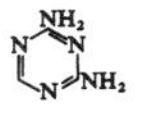

D-00136

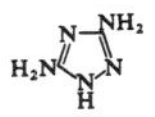

D-00137

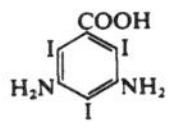

D-00138

$Pt(NH_3)_2Cl_2$

D-00139

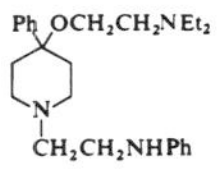

D-00140

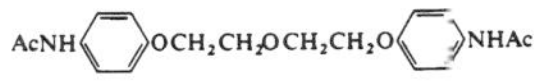

D-00141

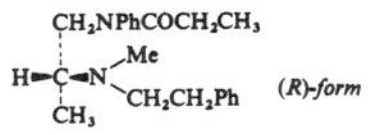

D-00142

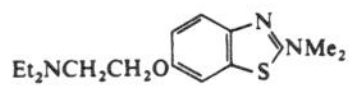

D-00143

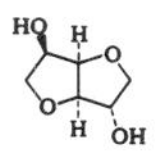

D-00144

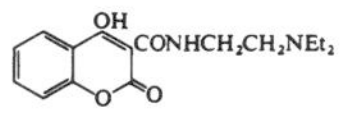

D-00145

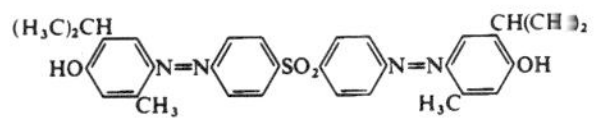

D-00146

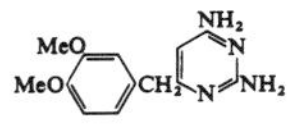

D-00147

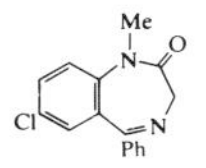

D-00148

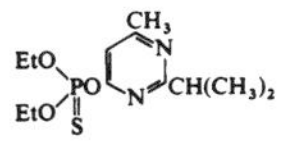

D-00149

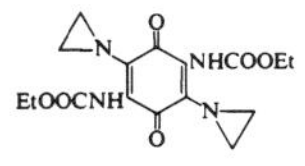

D-00150

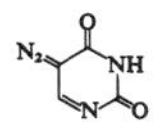

D-00151

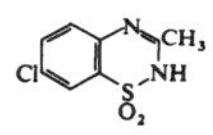

D-00152

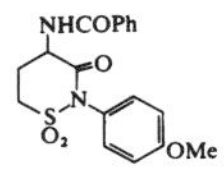

D-00153

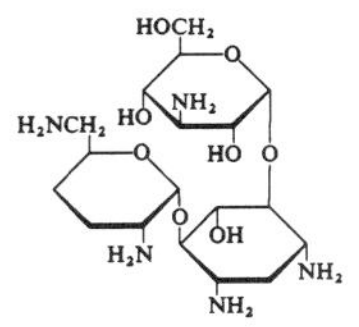

D-00154

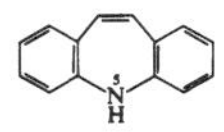

D-00155

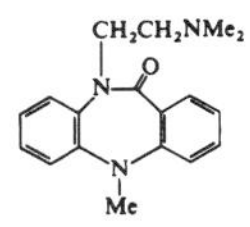

D-00156

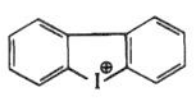

D-00157

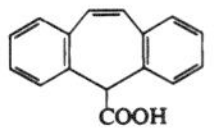

D-00158

D-00159

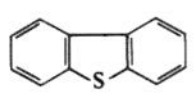

D-00160

PhCO-O-O-OCPh

D-00161

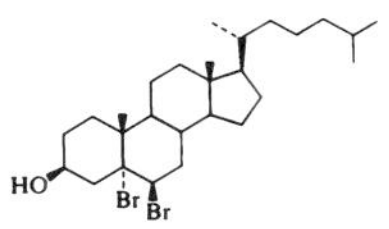

D-00162

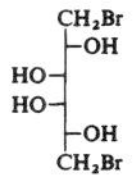

D-00163

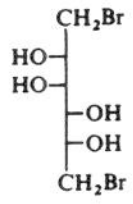

D-00164

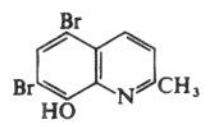

D-00166

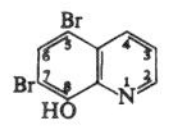

D-00167

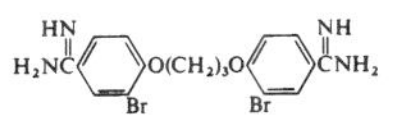

D-00168

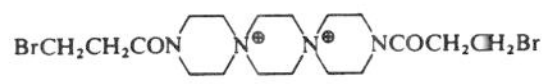

D-00169

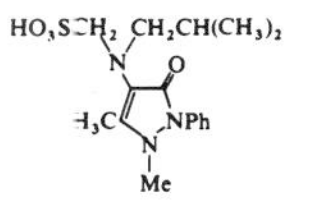

D-00170

$(H_3CCH_2CH_2CH_2)_2$-
$NCOOCH_2CH_2N^{\oplus}Me_2Et$

D-00171

$H_3C(CH_2)_3OCH_2CH(OH)CH_2O$-
$(CH_2)_3CH_3$

D-00172

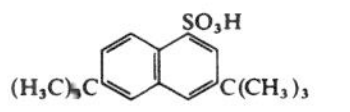

D-00173

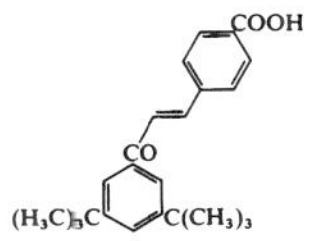

D-00174

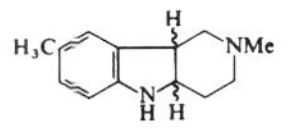

D-00175

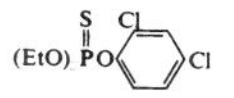

D-00176

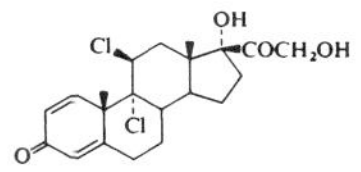

D-00177

D-00178

D-00179

D-00180

$ClN{=}C(NH_2)N{=}NC(NH_2){=}NCl$

D-00181

D-00182

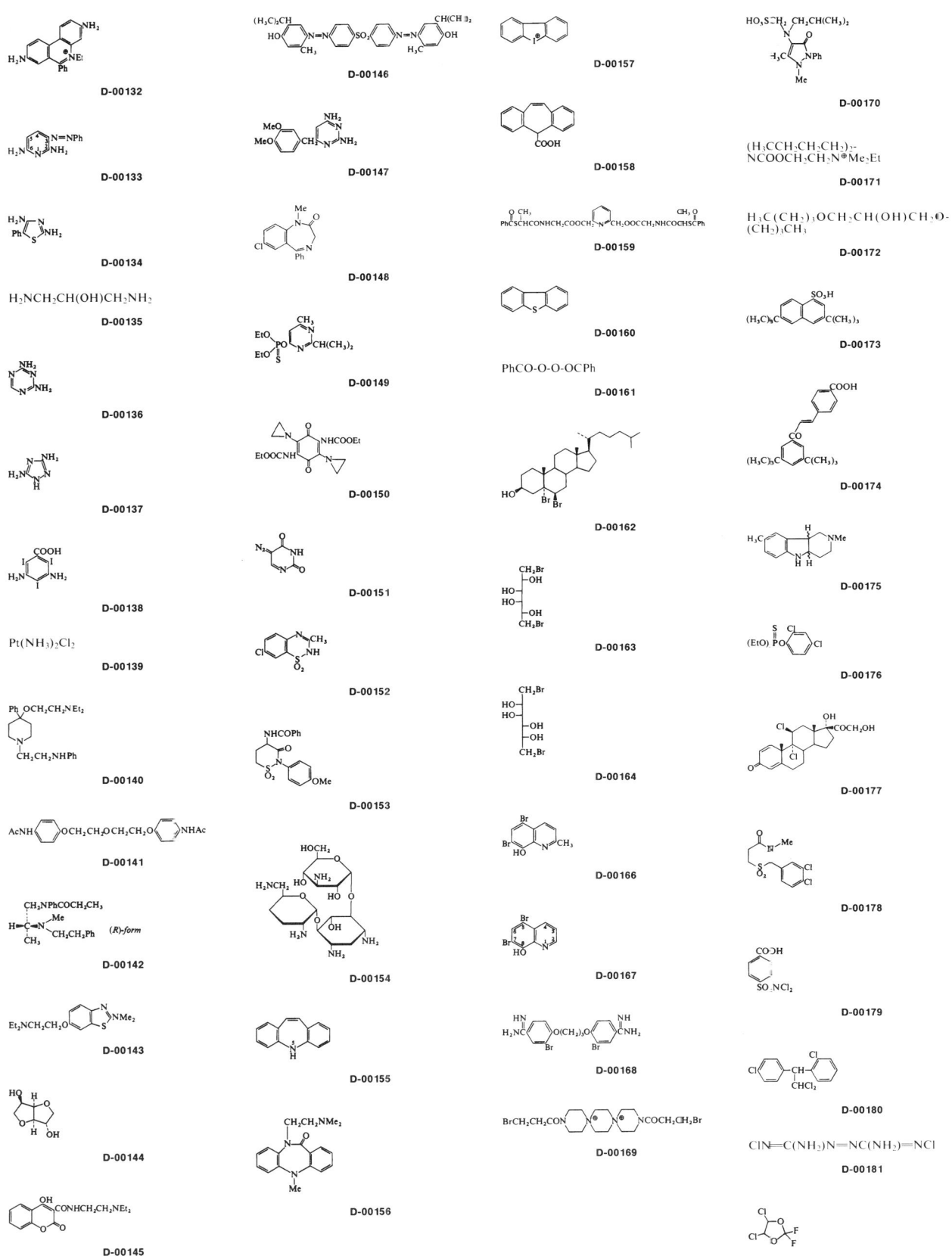

Cl_2CHCF_2OMe

D-00183

$MeSCF_2CHCl_2$

D-00184

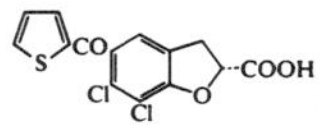

(*R*)-form

D-00185

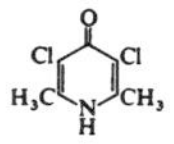

Major tautomer

D-00187

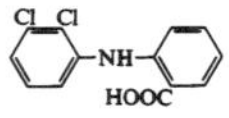

D-00188

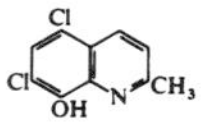

D-00189

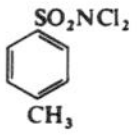

D-00191

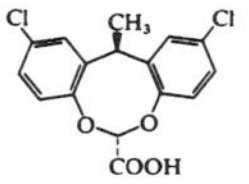

trans-form

D-00192

$MeN(CH_2CH_2Cl)_2$

D-00193

$Cl_2C[P(O)(OH)_2]_2$

D-00194

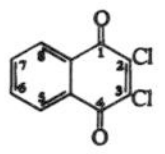

D-00195

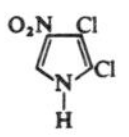

D-00197

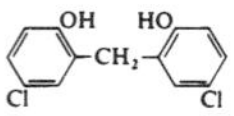

D-00198

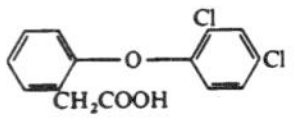

D-00199

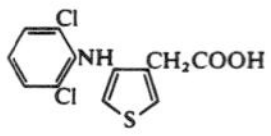

D-00200

$ClCF_2CF_2Cl$

D-00202

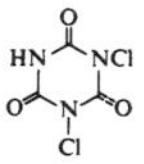

D-00203

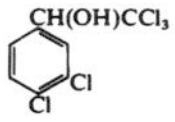

D-00204

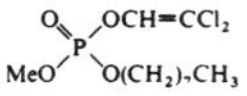

D-00205

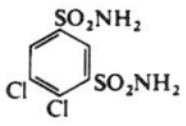

D-00206

$(MeO)_2P(O)OCH{=}CCl_2$

D-00207

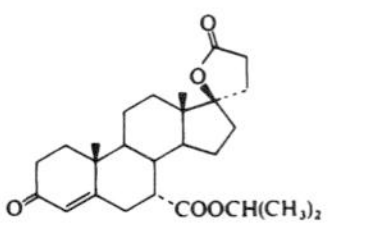

D-00208

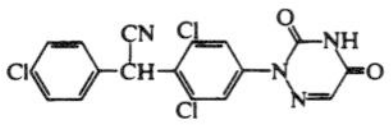

D-00209

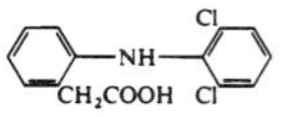

D-00210

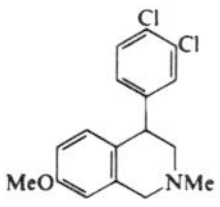

D-00211

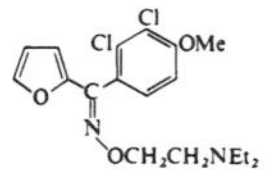

D-00212

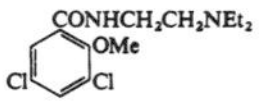

D-00213

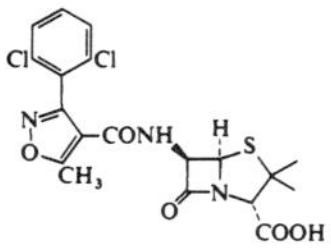

D-00214

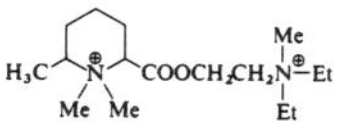

D-00215

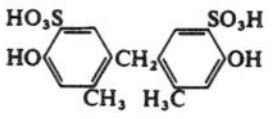

D-00216

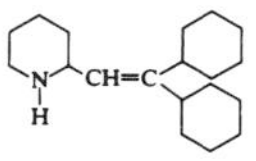

D-00217

D-00218

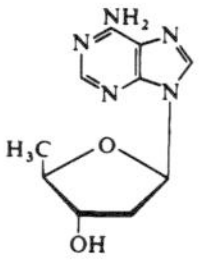

D-00219

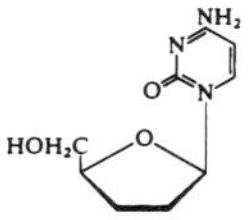

D-00220

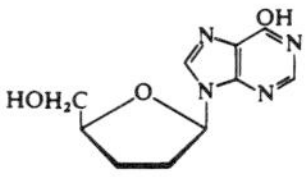

D-00221

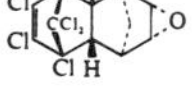

D-00222

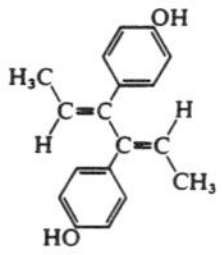

(*E,E*)-form

D-00223

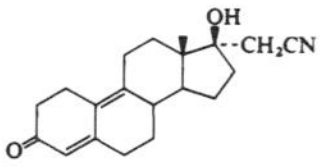

D-00224

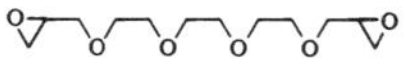

D-00225

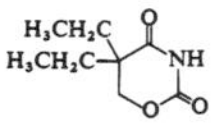

D-00226

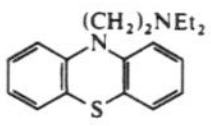

D-00227

$H_3CCH(OEt)_2$

D-00228

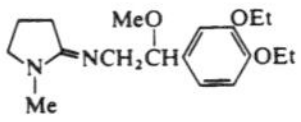

D-00229

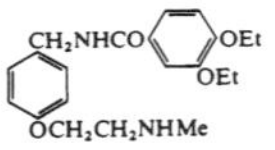

D-00230

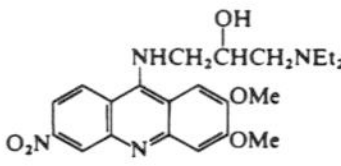

D-00231

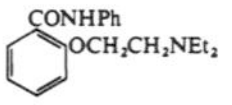

D-00232

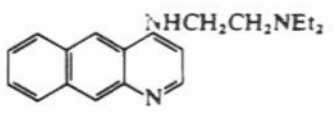

D-00233

$Et_2NCH_2CH_2NHCH(Ph)COOH$

D-00234

$Ph_2NCOOCH_2CH_2NEt_2$

D-00235

$(PhNHCO)_2CHCH_2CH_2NEt_2$

D-00236

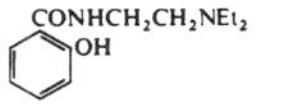

D-00237

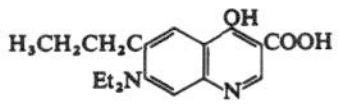

D-00238

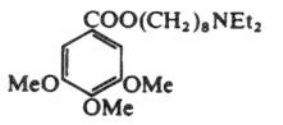

D-00239

$PhCOCH(CH_3)NEt_2$

D-00240

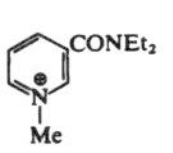

D-00241

$(EtO)_2P(O)SCH_2CH_2NMe_2$

D-00242

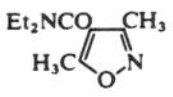

D-00243

$Et_2NC(S)SH$

D-00244

$HN(CH_2CH_2NH_2)_2$

D-00245

EtOEt

D-00246

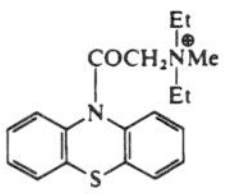

D-00247

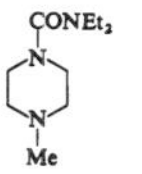

D-00248

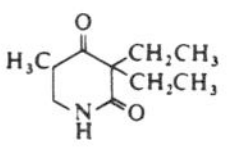

D-00249

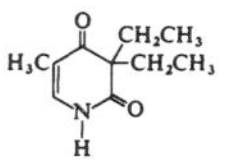

D-00250

$H_2C{=}CHCH_2C(CH_2CH_3)_2COOH$

D-00251

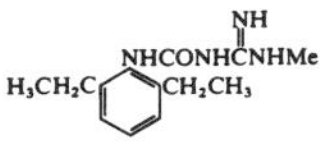

D-00252

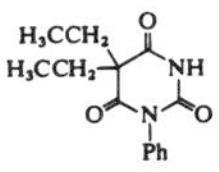

D-00253

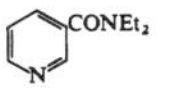

D-00254

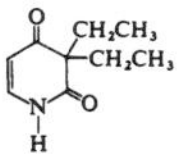

D-00255

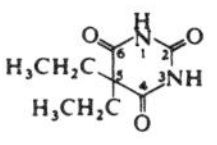

D-00256

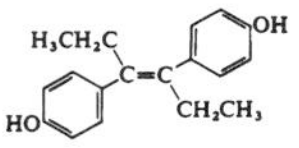

(E)-form

D-00257

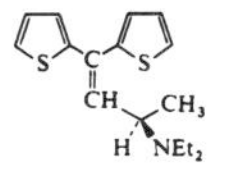

(+)-form
Absolute configuration

D-00258

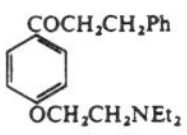

D-00259

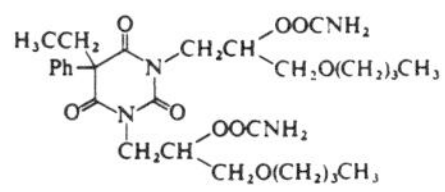

D-00260

$Ph_2C(OH)COOCH_2C(CH_3)_2NMe_2$

D-00261

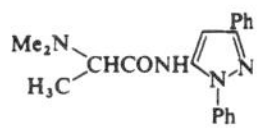

D-00262

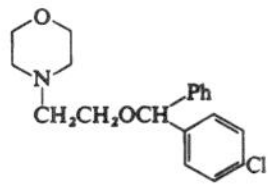

D-00263

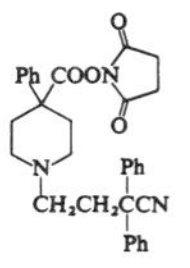

D-00264

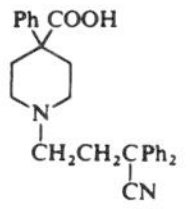

D-00265

$Ph_2CHOCH_2CH_2NMeCH(CH_3)CH(OH)$-Ph

D-00266

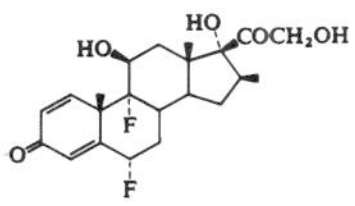

D-00267

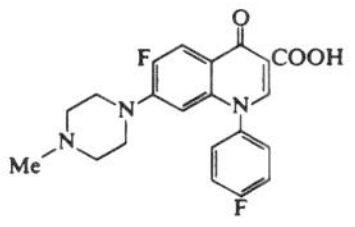

D-00268

D-00269

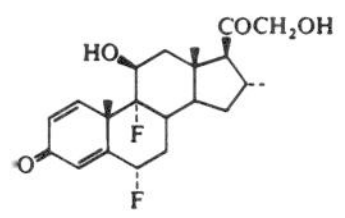

D-00270

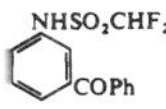

D-00271

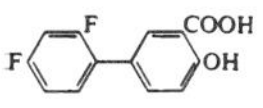

D-00272

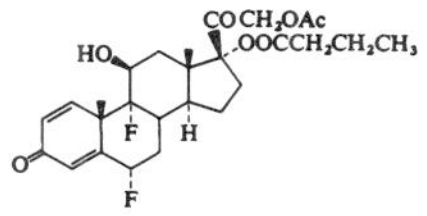

D-00273

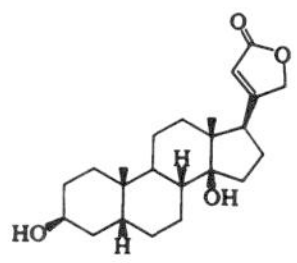

D-00274

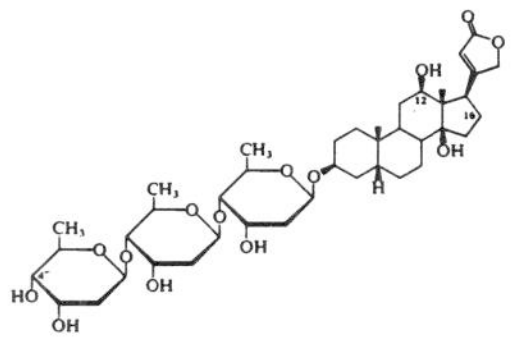

D-00275

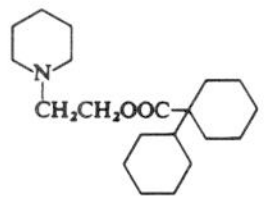

D-00276

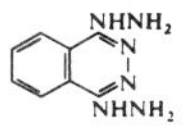

D-00277

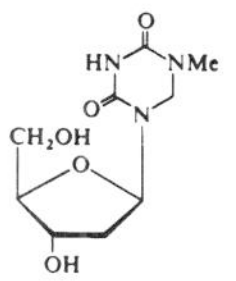

D-00278

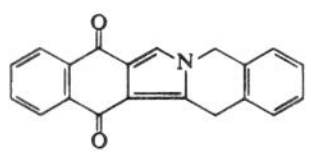

D-00279

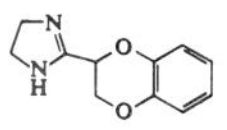

D-00280

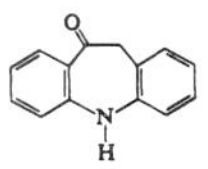

D-00281

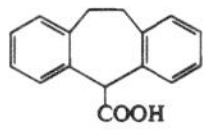

D-00282

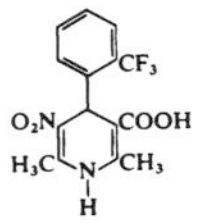

D-00283

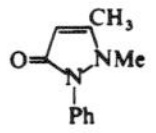

D-00284

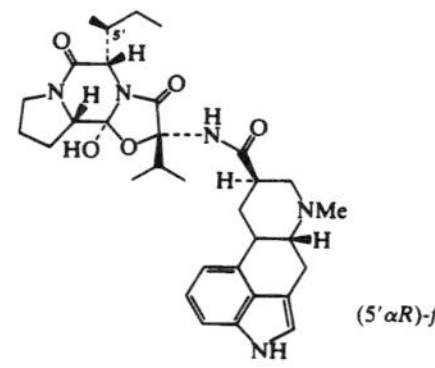

(5′αR)-*form*

D-00285

D-00286

D-00287

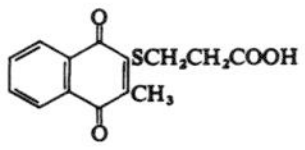

D-00288

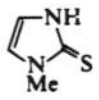

D-00289

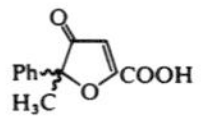

D-00290

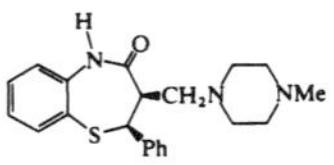

cis-form

D-00291

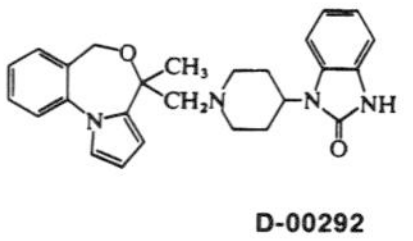

D-00292

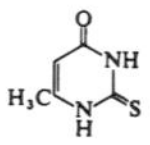

D-00293

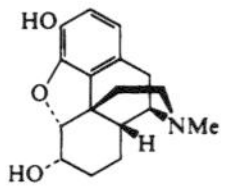

(−)-*form*
Absolute configuration

D-00294

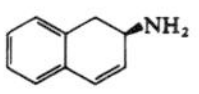

(*R*)-*form*

D-00295

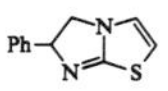

D-00296

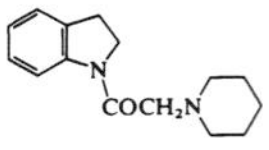

D-00297

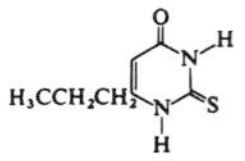

D-00298

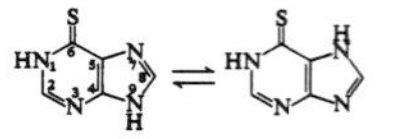

1,9-Dihydro-*form* 1,7-Dihydro-*form*

D-00299

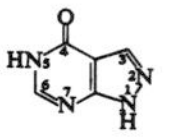

D-00300

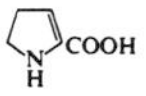

D-00301

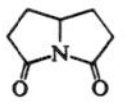

D-00302

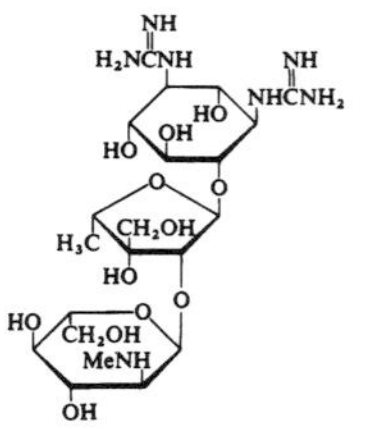

D-00303

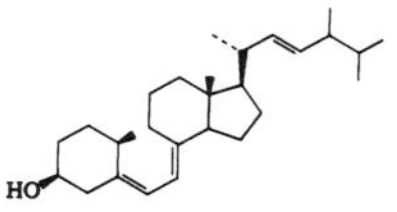

D-00304

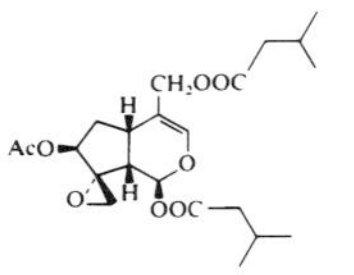

D-00305

$(HO)_2AlOCO_3$

D-00306

$(HO)_2AlNaCO_3$

D-00307

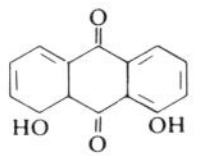

D-00308

D-00312

D-00313

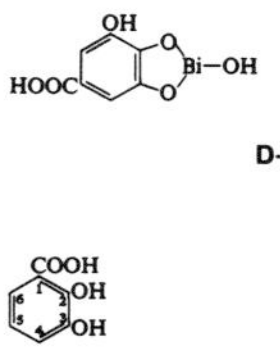

D-00314

D-00315

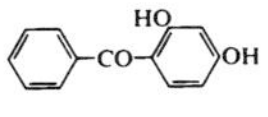

D-00318

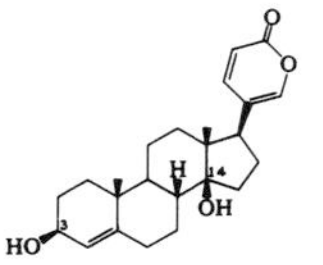

D-00319

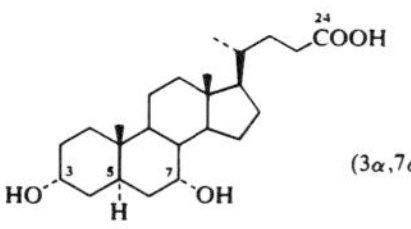

(3α,7α)-*form*

D-00320

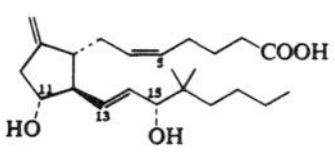

D-00322

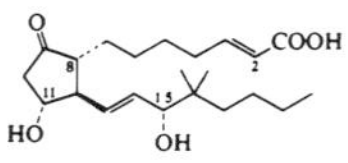

D-00323

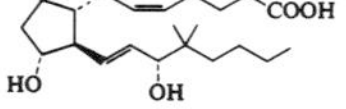

D-00324

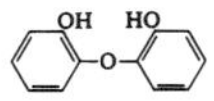

D-00325

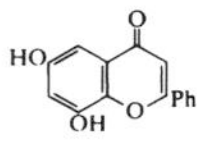

D-00326

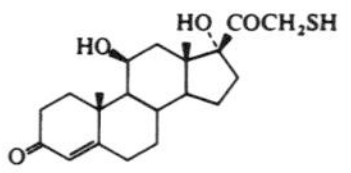

D-00328

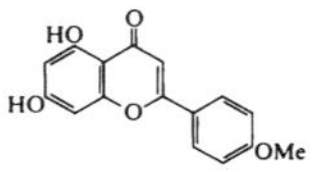

D-00329

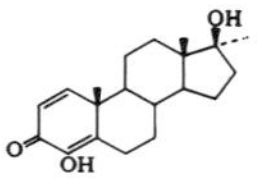

D-00331

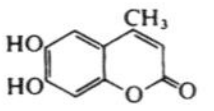

D-00332

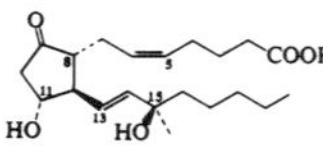

(5*Z*,11*R*,13*E*,15*R*)-*form*

D-00334

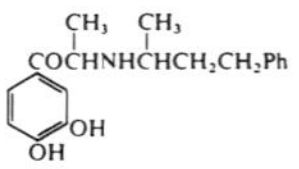

D-00335

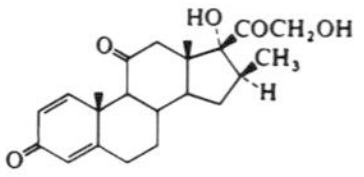

D-00336

$CH_2O(CH_2)_{17}CH_3$
HO–C–H
CH_2OH

(*S*)-*form*

D-00337

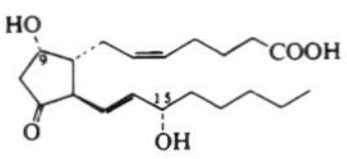

D-00338

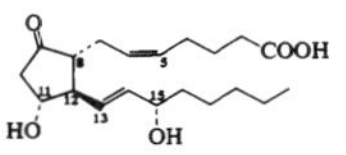

D-00339

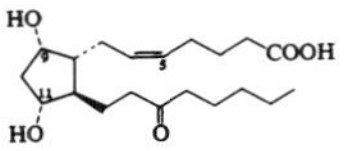

D-00340

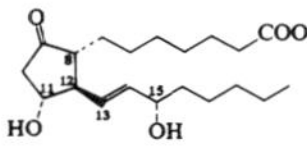

(8*R*,11*R*,12*R*,13Ξ,15*S*)-*form*

D-00341

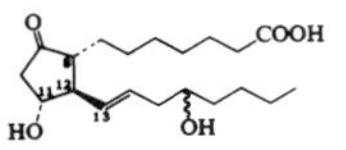

D-00342

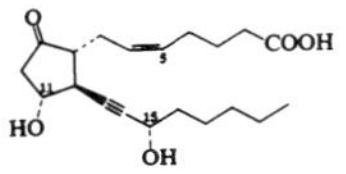

D-00343

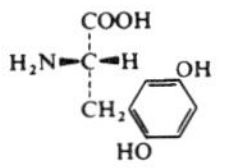

(*S*)-*form*
Absolute configuration

D-00344

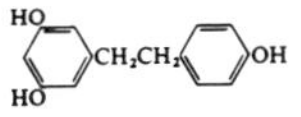

D-00345

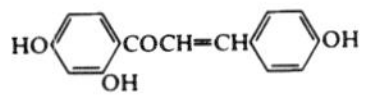

D-00346

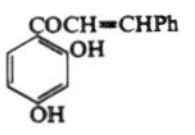

D-00347

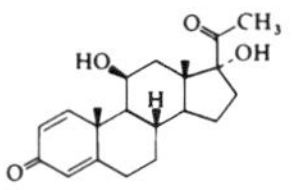

D-00348

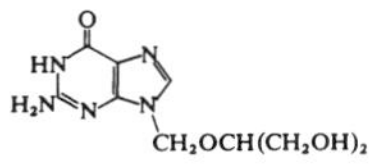

D-00350

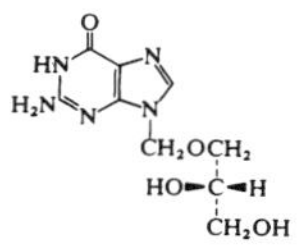

D-00351

$HOCH_2CH(OH)CH_2NHC(CH_3)_2NHCONH_2$

D-00352

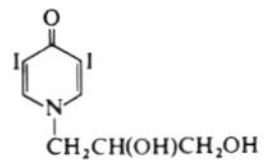

D-00353

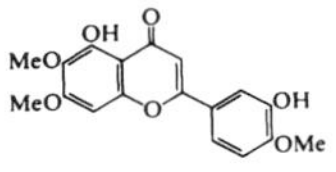

D-00354

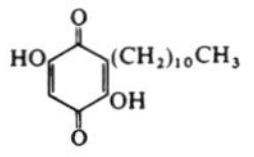

D-00356

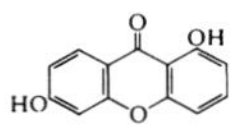

D-00357

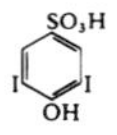

D-00358

I_2CHSO_3H

D-00359

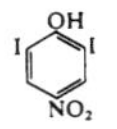

D-00360

$H_3C(CH_2)_7CH(I)CH(I)(CH_2)_7COOH$

D-00361

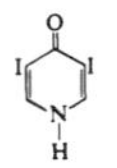

D-00362

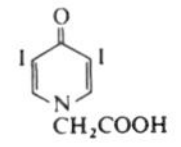

D-00363

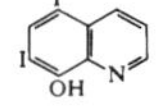

D-00364

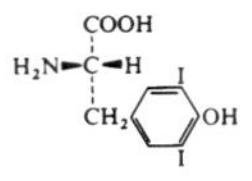

(*S*)-*form*
Absolute configuration

D-00365

$Ph_2CHCH_2CH_2N[CH(CH_3)_2]_2$

D-00366

$[(H_3C)_2CHO]_2P(O)F$

D-00368

D-00369

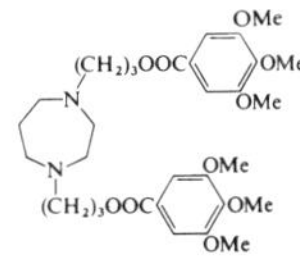

D-00370

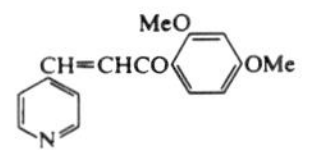

D-00371

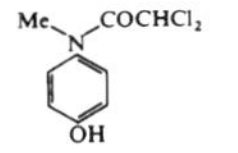

D-00372

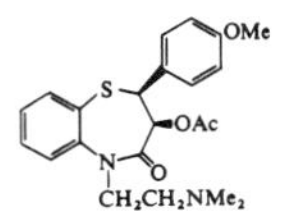

D-00373

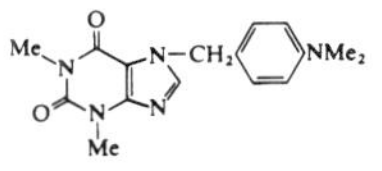

D-00374

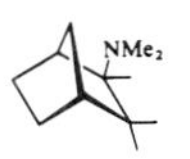

D-00375

D-00376

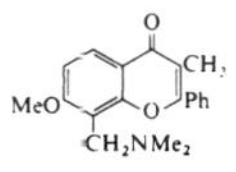

D-00377

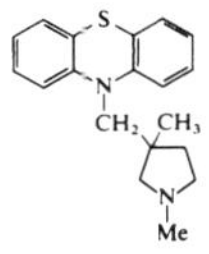

D-00378

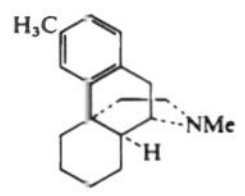

D-00379

$EtOCPh_2COOCH_2CH_2NMe_2$

D-00380

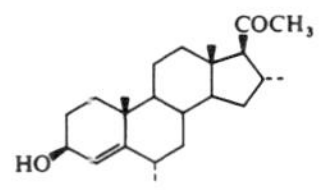

D-00381

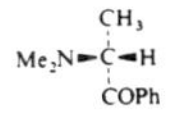

(*R*)-*form*
Absolute configuration

D-00382

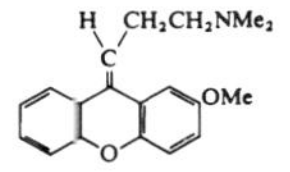

D-00383

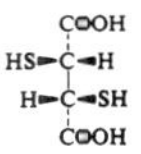

(2*R**,3*R**)-*form*

D-00384

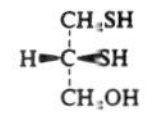

(*R*)-*form*
Absolute configuration

D-00385

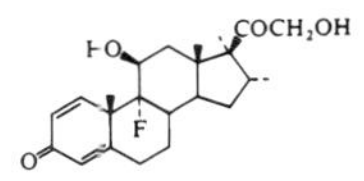

D-00386

D-00387

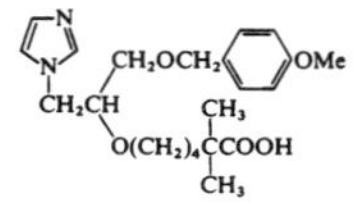

D-00388

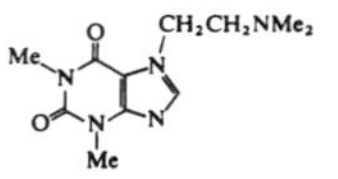

D-00389

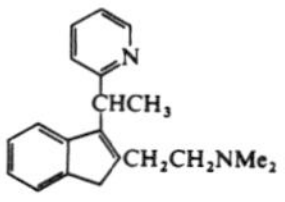

D-00391

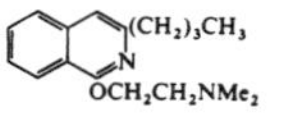

D-00392

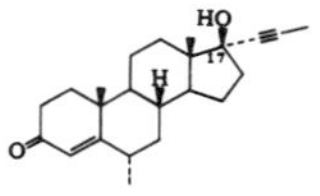

D-00393

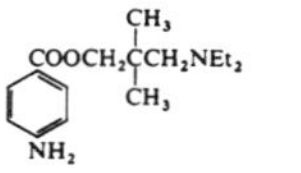

D-00394

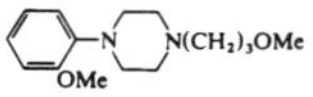

D-00395

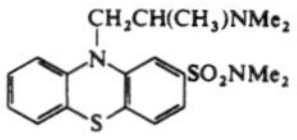

D-00396

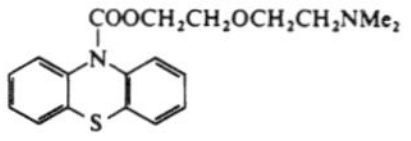

D-00397

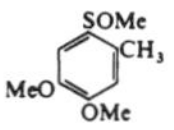

D-00398

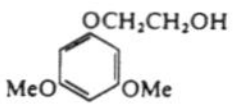

D-00399

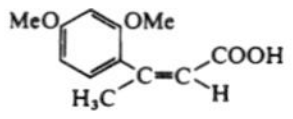

D-00400

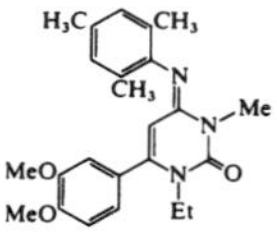

D-00401

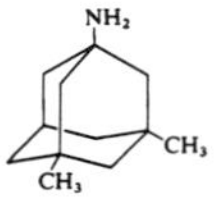

D-00402

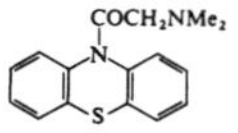

D-00403

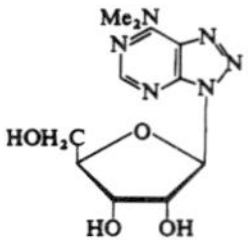

D-00404

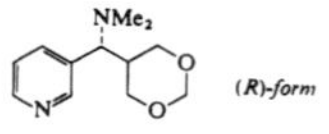

D-00406

$H_3CH_2COCC(Ph)_2CH_2CH_2NMe_2$

D-00407

$Me_2NCH_2CH_2OH$

D-00408

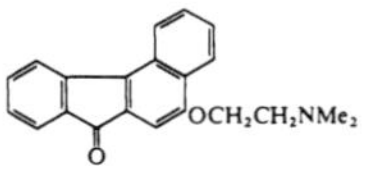

D-00409

$Ph_2C(OH)COOCH_2CH_2NMe_2$

D-00410

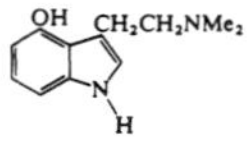

D-00411

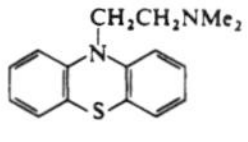

D-00412

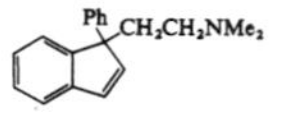

D-00413

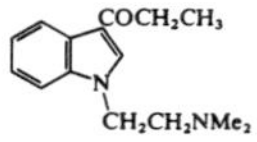

D-00414

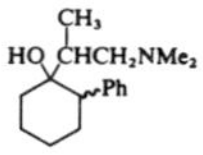

D-00415

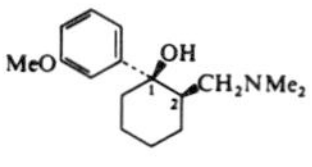

D-00416

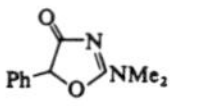

D-00417

CH_3
H–C–NMe_2
H–C–OH
Ph

(1*R*,2*S*)-*form*

D-00418

CH_2NMe_2
HO–C–H
CH_3

(*S*)-*form*

D-00419

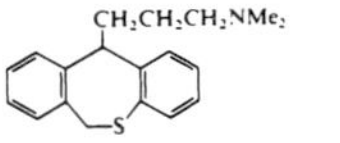

D-00420

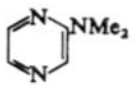

D-00421

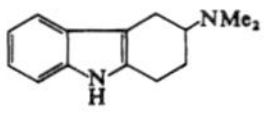

D-00422

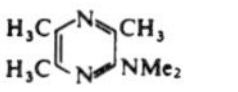

D-00423

$Me_2As(O)OH$

D-00424

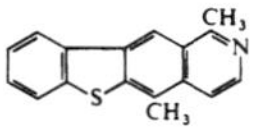

D-00425

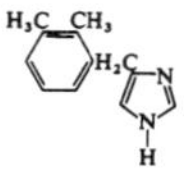

D-00426

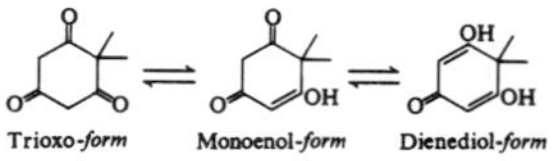

D-00427

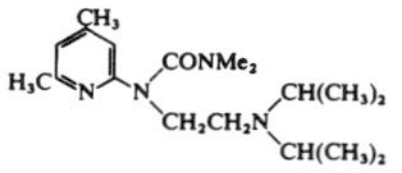

D-00428

PhNMeN=NNMePh

D-00429

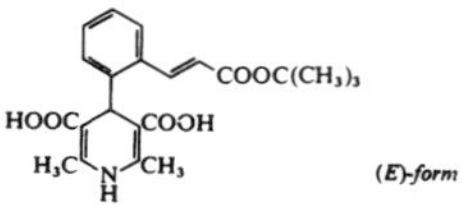

D-00430

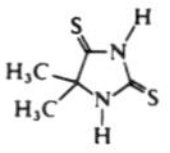

D-00431

$Me_2NC(=NH)NHC(=NH)NH_2$

D-00432

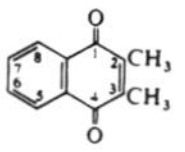

D-00433

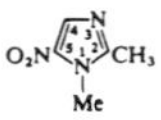

D-00435

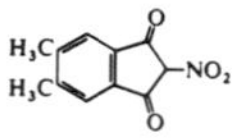

D-00436

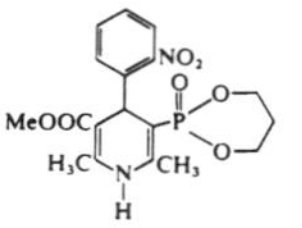

D-00437

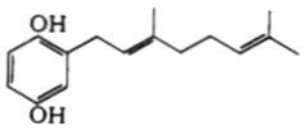

D-00438

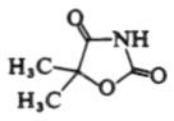

D-00439

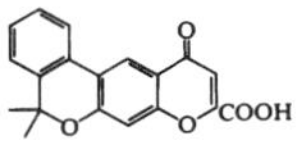

D-00440

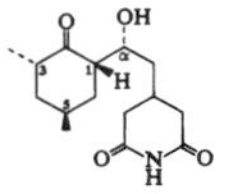

(1*S*,3*S*,5*S*,α*R*)-*form*
Absolute configuration

D-00441

$PhCH_2CH(CH_3)N(Me)NH_2$

D-00442

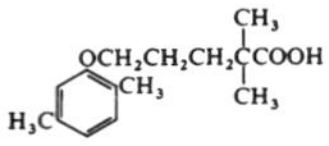

D-00443

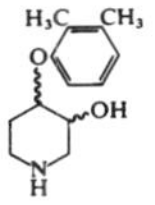

D-00444

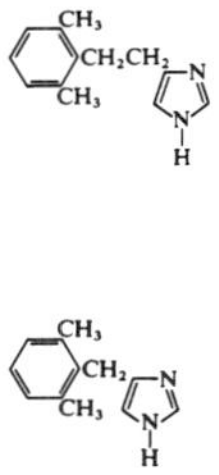

D-00445

D-00446

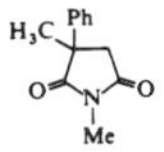

D-00447

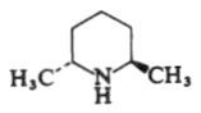

(2*R*,6*R*)-*form*
Absolute configuration

D-00448

$HC{\equiv}CCH_2N(Me){-}C(H)(CH_3)CH_2Ph$

(*R*)-*form*

D-00449

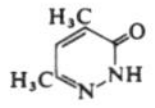

D-00450

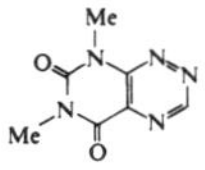

D-00452

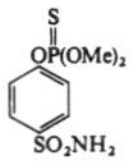

D-00453

MeSOMe

D-00454

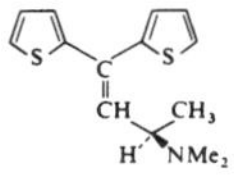

(*R*)-*form*
Absolute configuration

D-00455

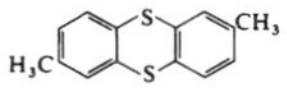

D-00456

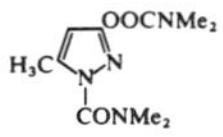

D-00457

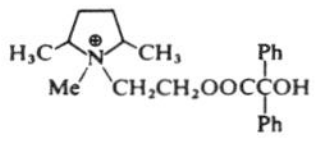

D-00458

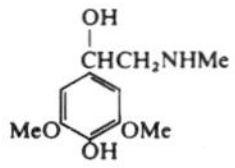

D-00459

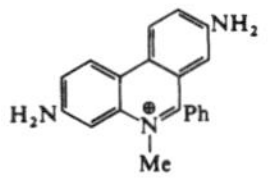

D-00460

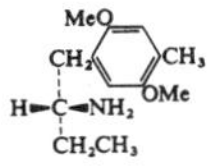

D-00461

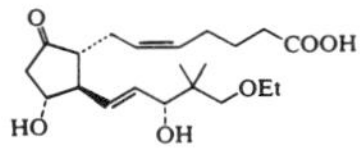

D-00462

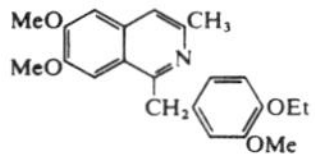

D-00463

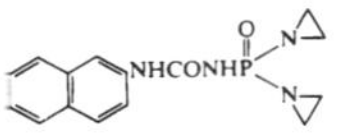

D-00464

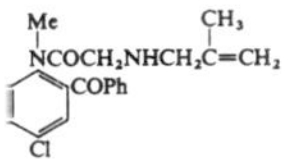

D-00465

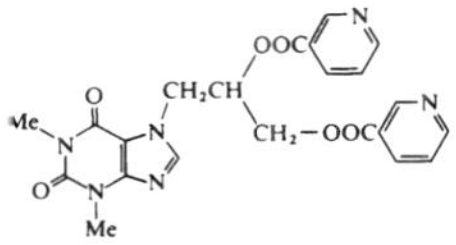

D-00466

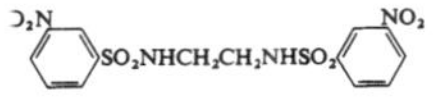

D-00469

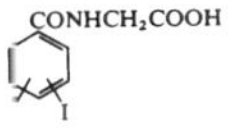

D-00470

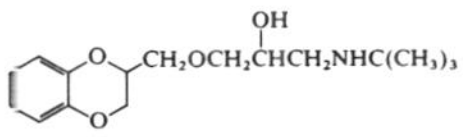

D-00471

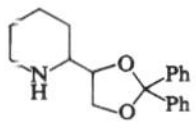

D-00472

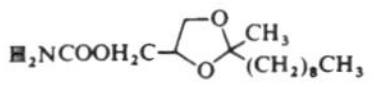

D-00473

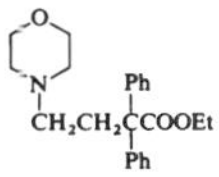

D-00474

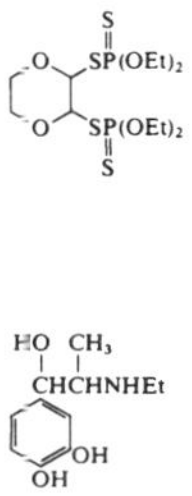

D-00475

D-00476

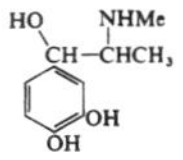

D-00477

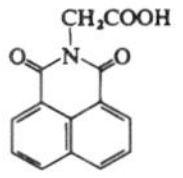

D-00478

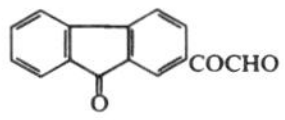

D-00479

D-00480

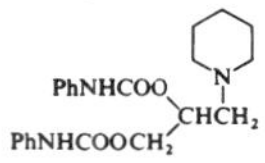

D-00481

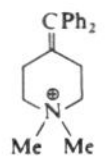

D-00482

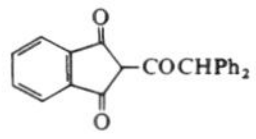

D-00483

$Ph_2CHOCH_2CH_2NMe_2$

D-00484

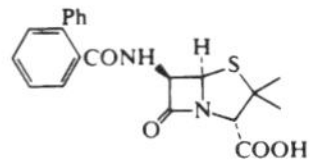

D-00485

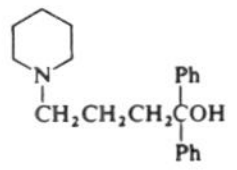

D-00486

D-00487

$Ph_2CHCOOH$

D-00488

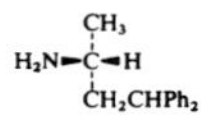
(*R*)-form

D-00489

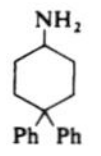

D-00490

$PhCH_2CH_2NHCH_2CH_2Ph$

D-00491

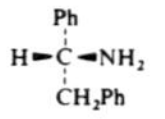
(*R*)-form
Absolute configuration

D-00492

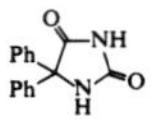

D-00493

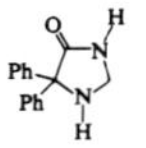

D-00494

$Ph_2I^{\oplus}$

D-00495

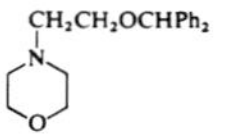

D-00496

$Ph_2C{=}C(CH_2CH_3)CH_2NH_2$

D-00497

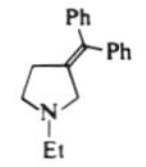

D-00498

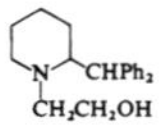

D-00499

D-00500

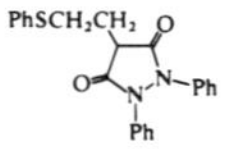

D-00501

$Ph_2P(O)CH_2CONHNH_2$

D-00502

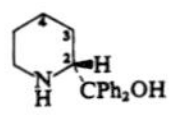
(*R*)-form
Absolute configuration

D-00504

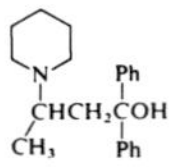

D-00507

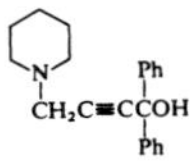

D-00508

D-00509

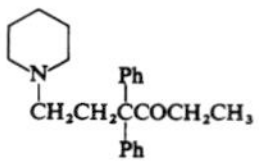

D-00510

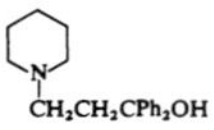

D-00511

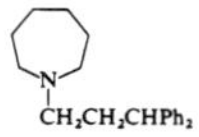

D-00512

$Ph_2CHCH_2CH_2NH(CH_2)_3NHCH(CH_3)$-
CH_2Ph

D-00513

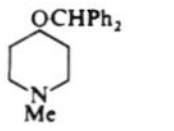

D-00514

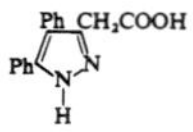

D-00515

$Ph_2C(OH)CH_2CONHNHAc$

D-00516

D-00517

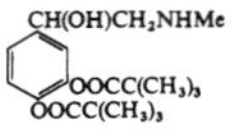

D-00518

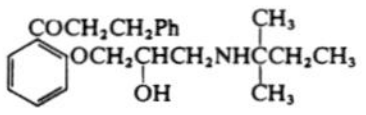

D-00519

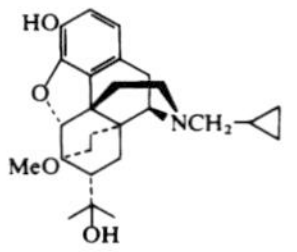

D-00520

$Ph_2CHCOSCH_2CH_2N(CH_2CH_2CH_3)_2$

D-00521

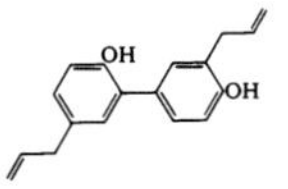

D-00522

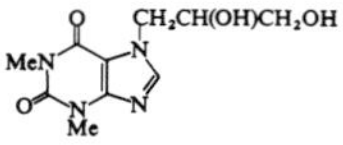

D-00523

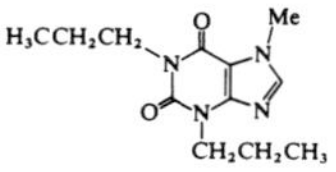

D-00524

$(H_3CCH_2CH_2)_3CCOOH$

D-00525

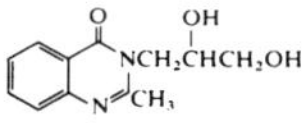

D-00526

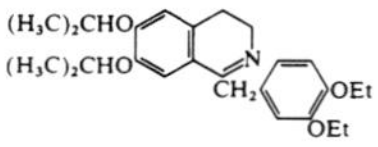

D-00527

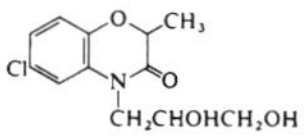

D-00528

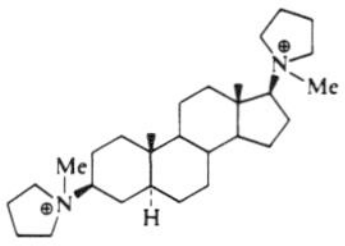

D-00529

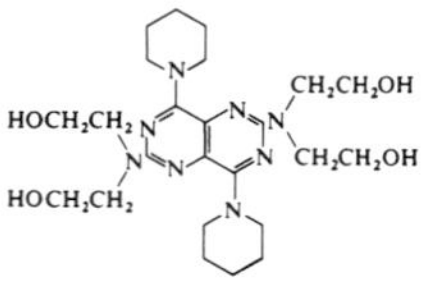

D-00530

D-00531

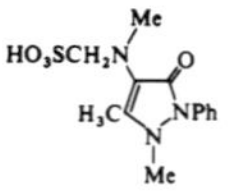

D-00532

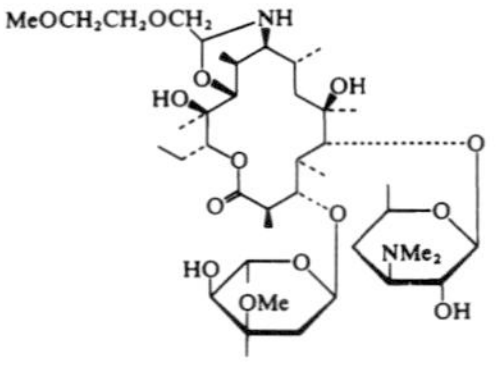

D-00533

$(MeO)_3SiCH_2CH_2CH_2N^{\oplus}$-
$Me[(CH_2)_9CH_3]_2$

D-00534

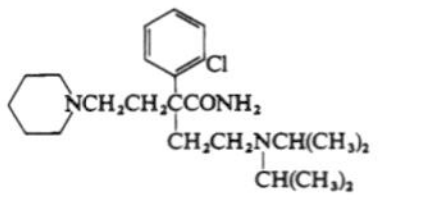

D-00535

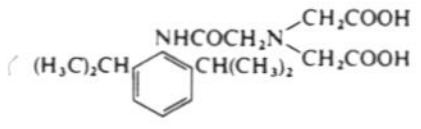

D-00536

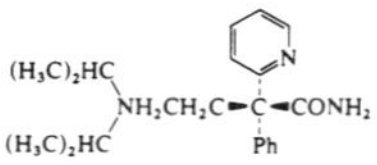
(*R*)-form

D-00537

D-00538

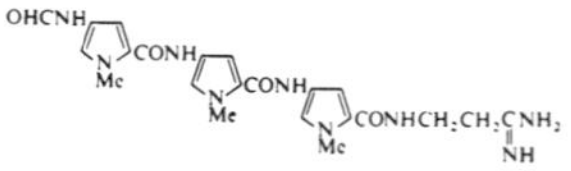

D-00539

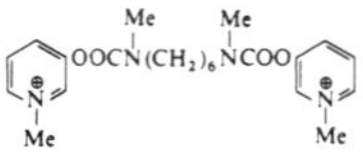

D-00540

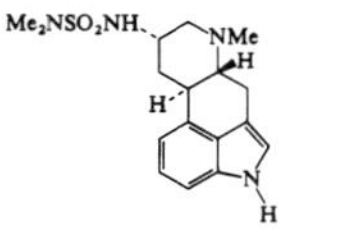

D-00541

$Et_2N{-}CS{-}S{-}S{-}CS{-}NEt_2$

D-00542

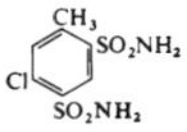

D-00543

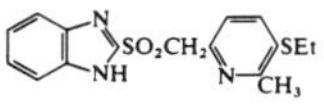

D-00544

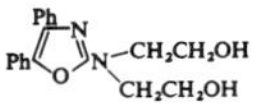

D-00545

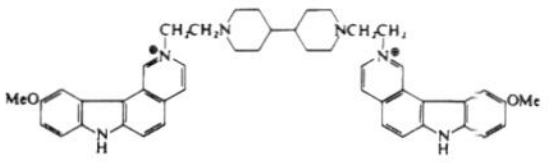

D-00546

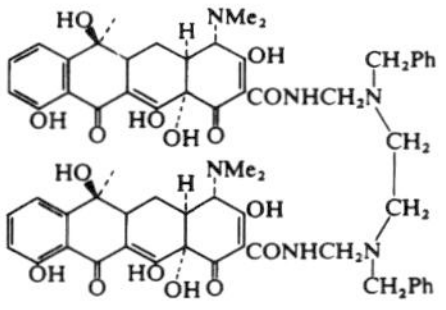

D-00547

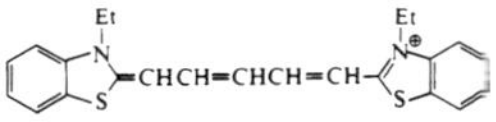

D-00548

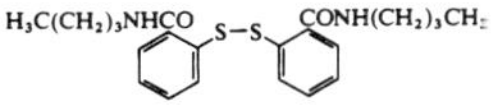

D-00549

$HO_3SCH_2CH_2SSCH_2CH_2SO_3H$

D-00550

D-00551

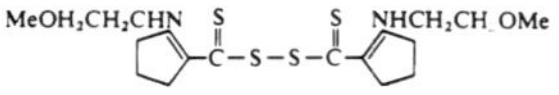

D-00552

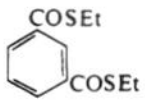

D-00553

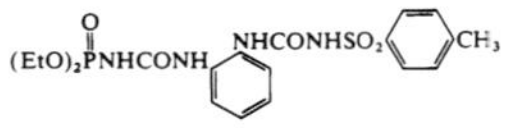

D-00554

$H_2C{=}CHOCH{=}CH_2$

D-00555

EtOCS–S–SCSOEt

D-00556

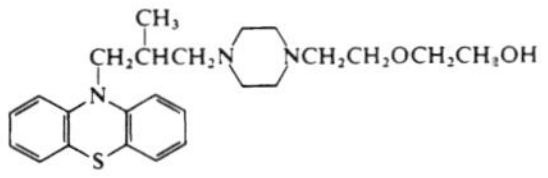

D-00557

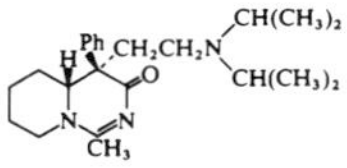

D-00558

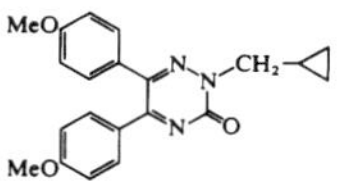

D-00559

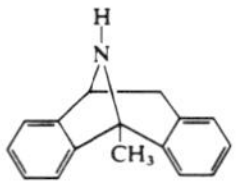

D-00560

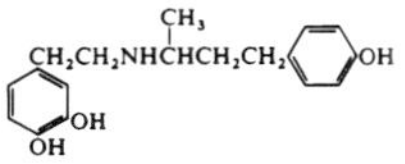

D-00561

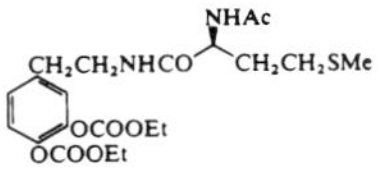

D-00562

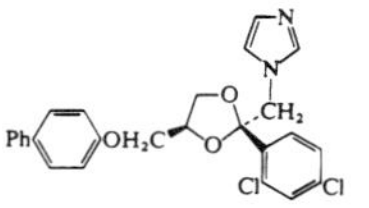

cis-form

D-00563

$H_3CCH_2(CH{=}CHCH_2)_6CH_2COOH$

D-00564

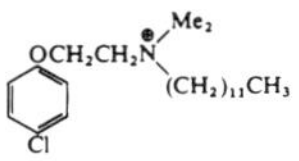

D-00565

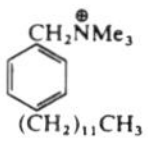

D-00566

$PhOCH_2CH_2N^{\oplus}Me_2(CH_2)_{11}CH_3$

D-00567

$Ph_3P^{\oplus}(CH_2)_{11}CH_3$

D-00568

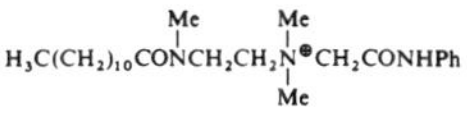

D-00569

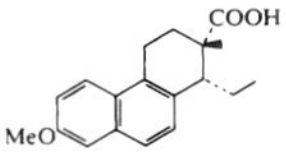

D-00570

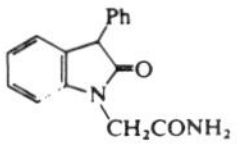

D-00571

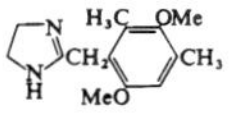

D-00572

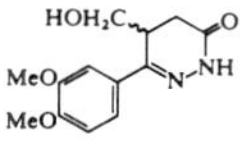

D-00573

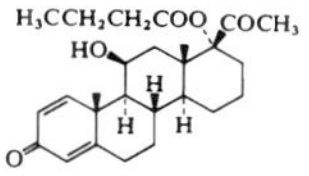

D-00574

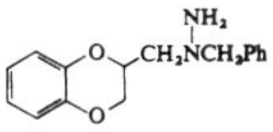

D-00575

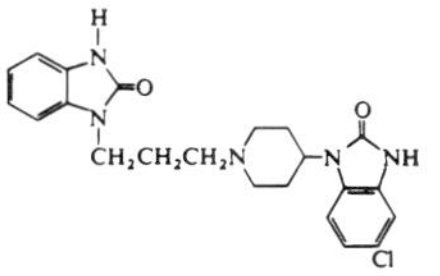

D-00576

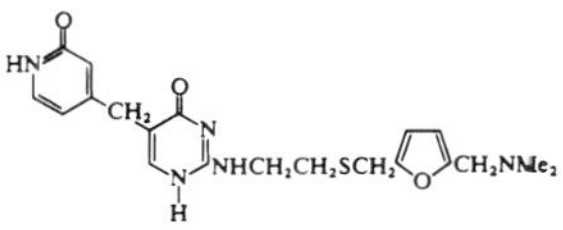

D-00577

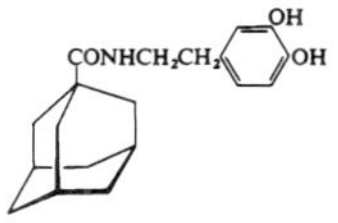

D-00578

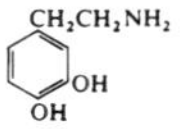

D-00579

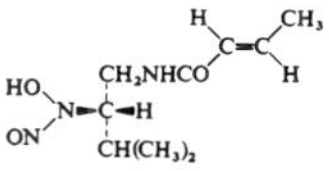

D-00580

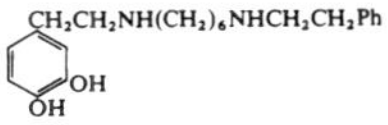

D-00581

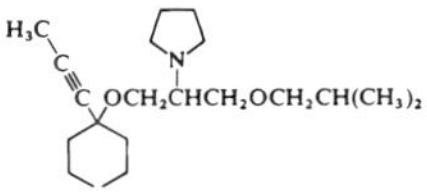

D-00582

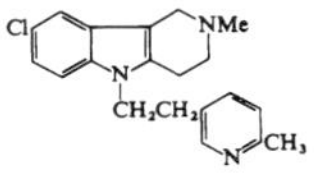

D-00583

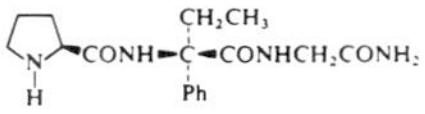

D-00584

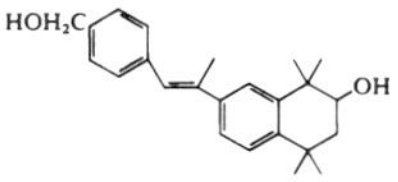

D-00585

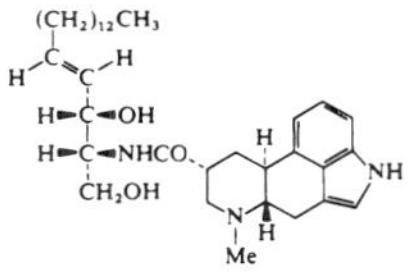

D-00586

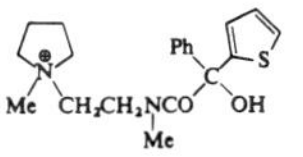

D-00587

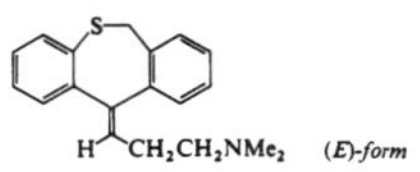
D-00588

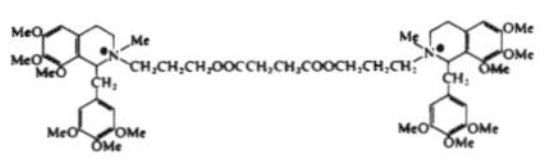
D-00589

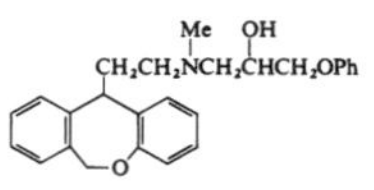
D-00590

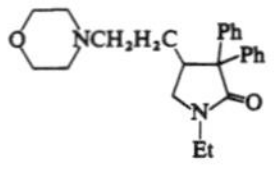
D-00591

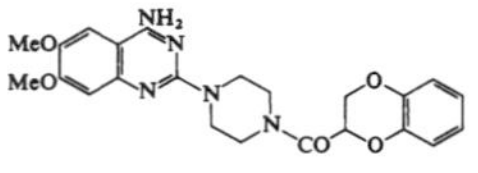
D-00592

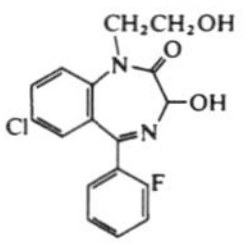
D-00593

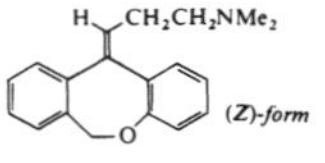
D-00594

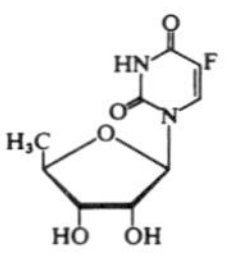
D-00595

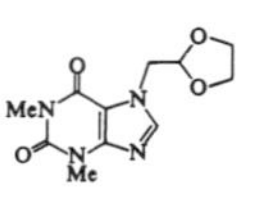
D-00596

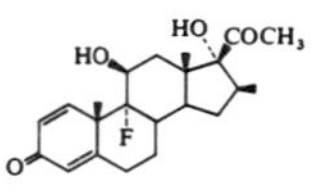
D-00597

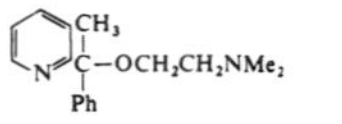
D-00598

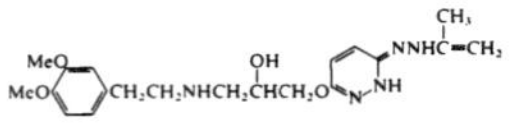
D-00599

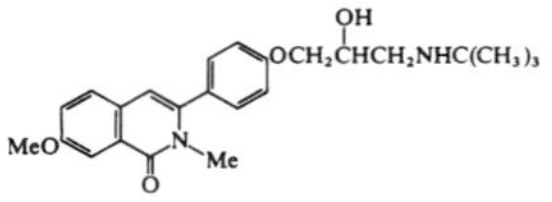
D-00600

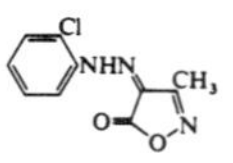
D-00601

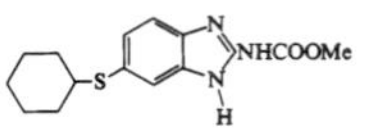
D-00602

$Ph_2CHCH_2CH(OH)CH_2NHCH(CH_3)_2$

D-00603

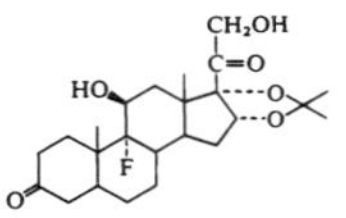
D-00604

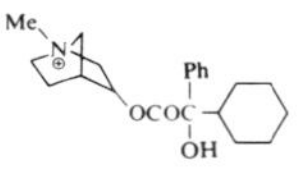
D-00605

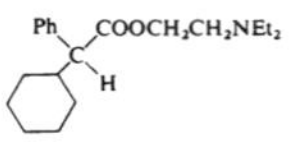
D-00606

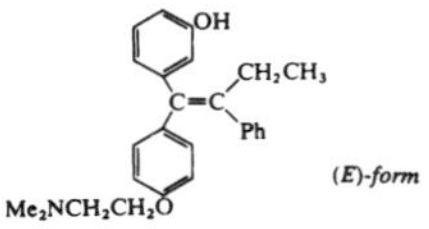
D-00607

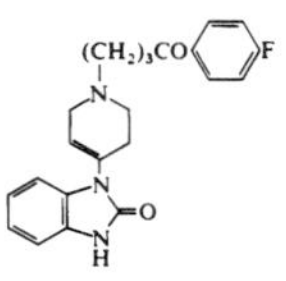
D-00608

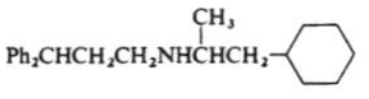
D-00609

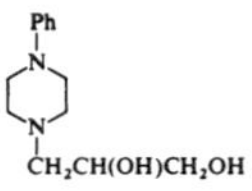
D-00610

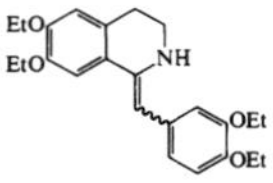
D-00611

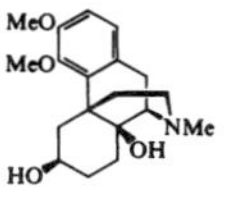
D-00612

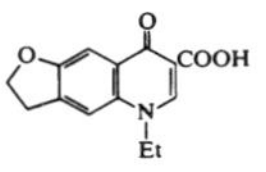
D-00613

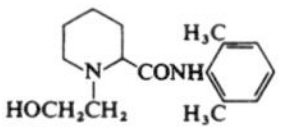
D-00614

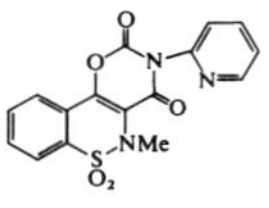
D-00615

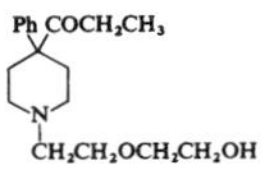
D-00616

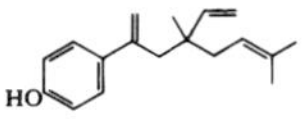
D-00617

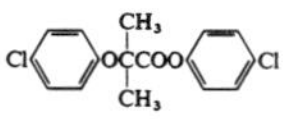
D-00618

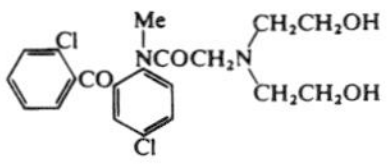
D-00619

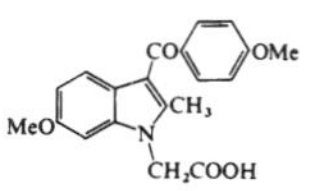
D-00620

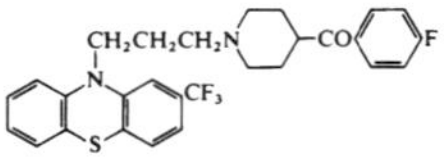
D-00621

D-00622

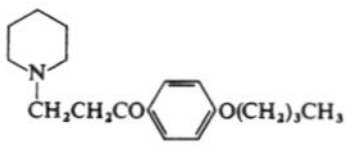
D-00623

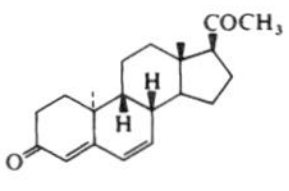
D-00624

H-[1]Tyr-Gly-Gly-Phe-Leu-Arg-Arg-Ile-Arg-Pro-Lys-Leu-Lys-Trp-Asp-Asn-[17]GlnOH

D-00625

E

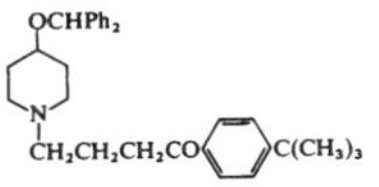

E-00001

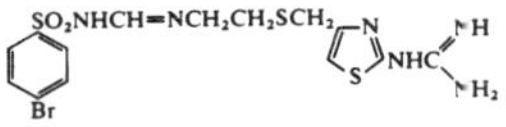

E-00002

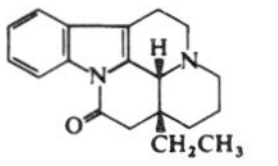

(+)-*form* Absolute configuration

E-00003

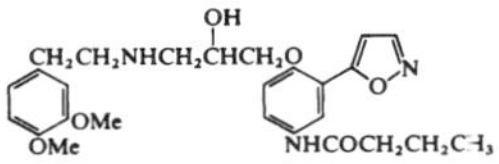

E-00004

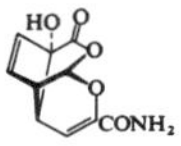

E-00005

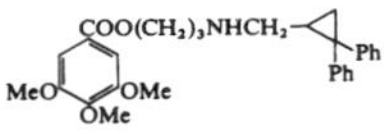

E-00006

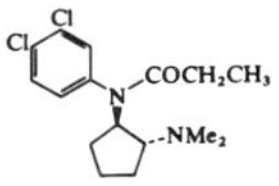

E-00007

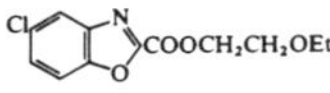

E-00008

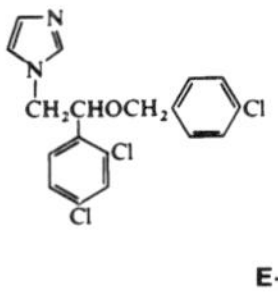

E-00009

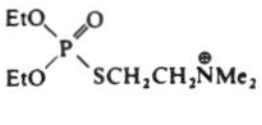

E-00010

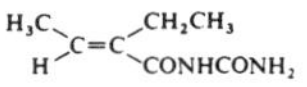

(*E*)-*form*

E-00011

$[HOCH(CH_3)CH_2]_2N(CH_2)_2N[CH_2CH(CH_3)OH]_2$

E-00012

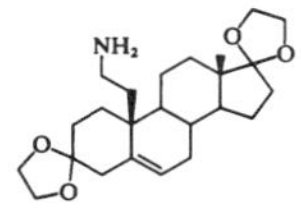

E-00013

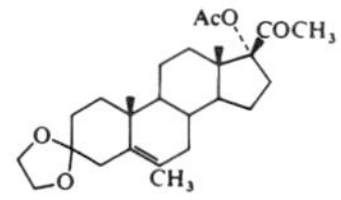

E-00014

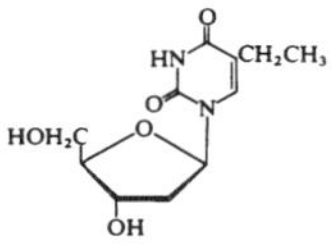

E-00015

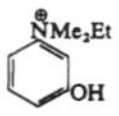

E-00016

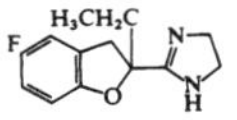

E-00017

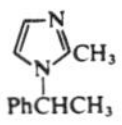

E-00018

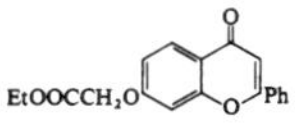

E-00019

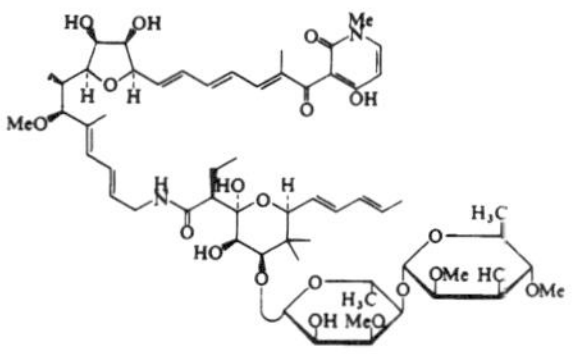

E-00020

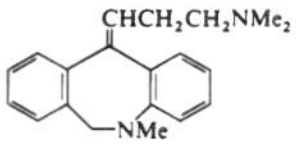

E-00021

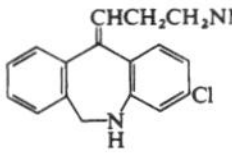

E-00022

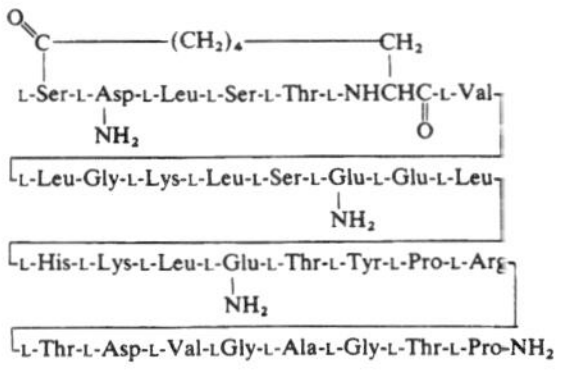

E-00023

5-OxoPro-Pro-Ser-Lys-Asp-Ala-Phe-Ile-Gly-Leu-Met-NH_2

E-00024

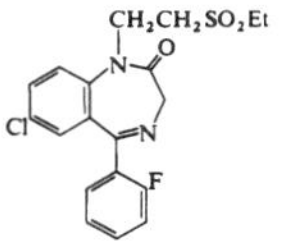

E-00025

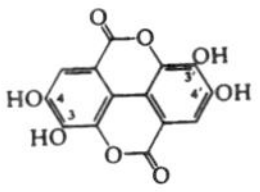

E-00026

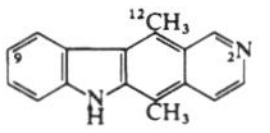

E-00027

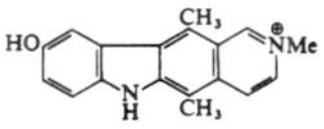

E-00028

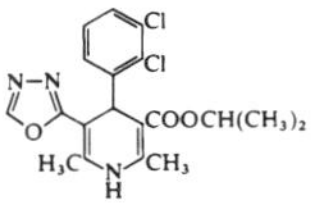

E-00029

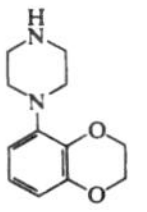

E-00030

$PhCOOCHPhCH_2NEt_2$

E-00031

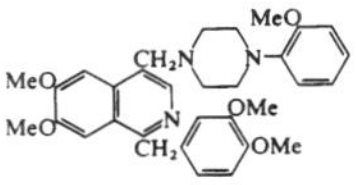

E-00032

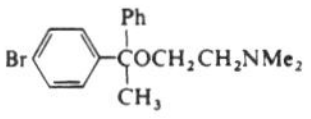

E-00033

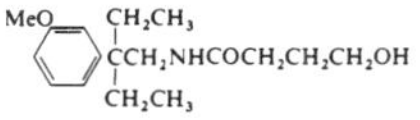

E-00034

$Ph_2CHCH_2CH(CH_3)N^{\oplus}EtMe_2$

E-00035

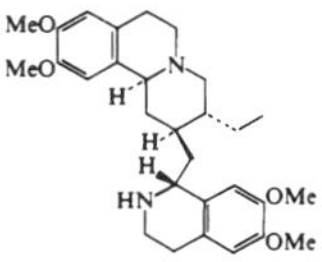

Absolute configuration

E-00036

$Ph_2CHOCH_2CH_2N^{\oplus}Me(Et)_2$

E-00037

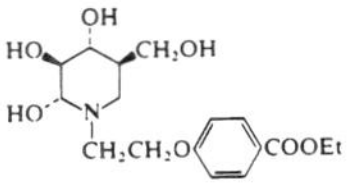

E-00038

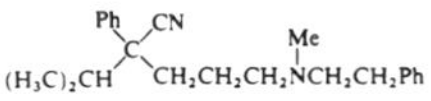

E-00039

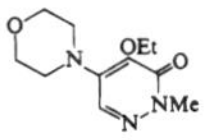

E-00040

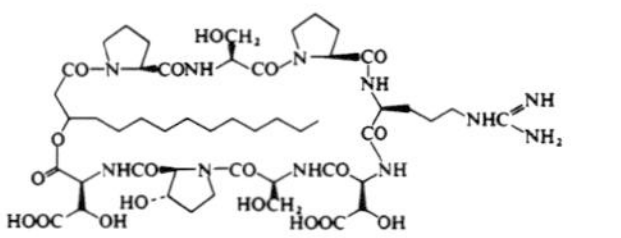

E-00041

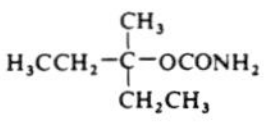

E-00042

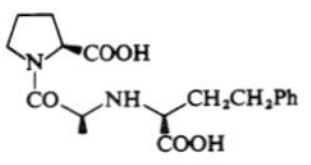

E-00043

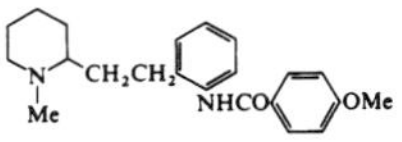

E-00044

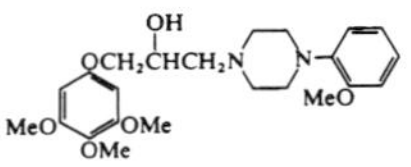

E-00045

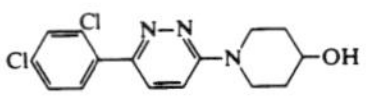

E-00046

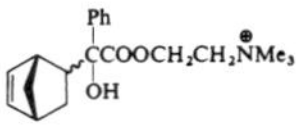

E-00047

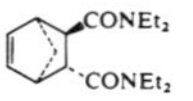

(1α,2α,3β,4α)-form

E-00048

H-Tyr-Gly-Gly-Phe-Met-Thr-Ser-Glu-Lys-Ser-Gln-Thr-Pro-Leu-Val-Thr-Leu-Phe-Lys-Asn-Ala-Ile-Ile-Lys-Asn-Ala-His-Lys-Lys-Gly-Gln-OH

E-00050

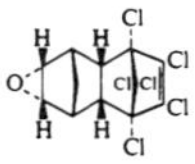

E-00051

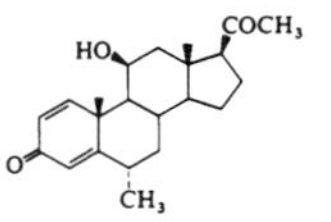

E-00052

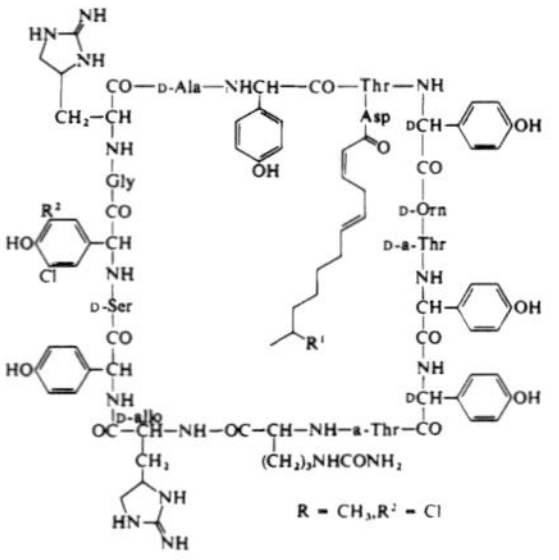

E-00053

E-00054

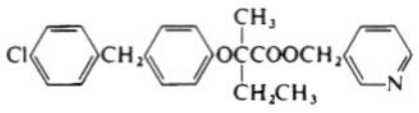

E-00055

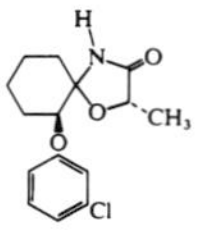

E-00056

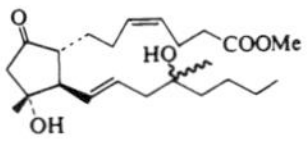

E-00057

H-Tyr-Gly-Gly-Phe-X-OH
X = Met or Leu

E-00059

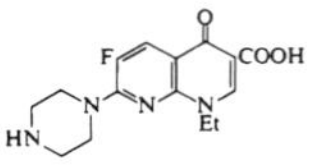

E-00060

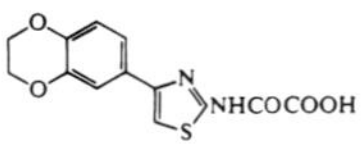

E-00061

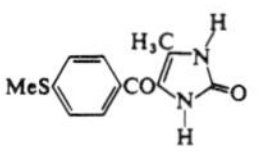

E-00062

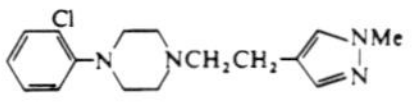

E-00063

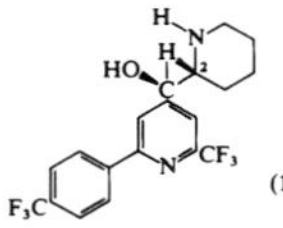

(1RS,2RS)-form

E-00064

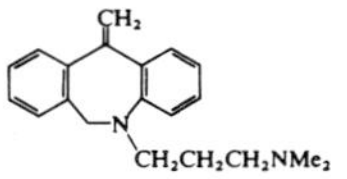

E-00065

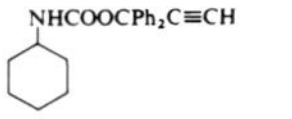

E-00066

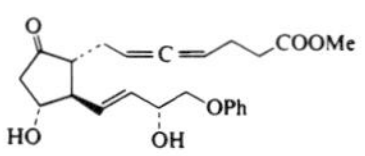

E-00067

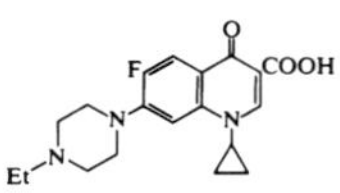

E-00068

$(H_3C)_3CCH_2C(CH_3)_2PhO$-
$(CH_2CH_2O)_2CH_2CH_2SO_3H$

E-00069

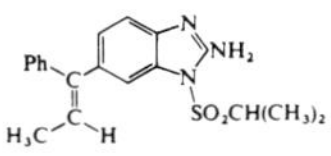

E-00070

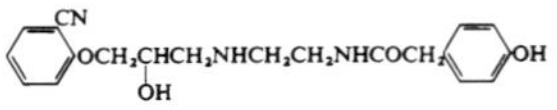

E-00071

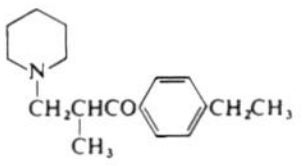

E-00072

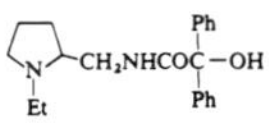

E-00073

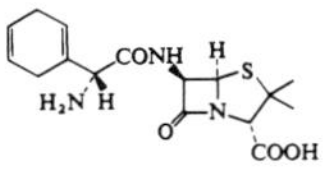

E-00074

H-Asn-Ser-Asp-Ser-Glu-Cys-Pro-Leu-Ser-His-Asp-
Gly-Tyr-Cys-Leu-His-Asp-Gly-Val-Cys-Met-Tyr-
Ile-Glu-Ala-Leu-Asp-Lys-Tyr-Ala-Cys-Asn-
Cys-Val-Val-Gly-Tyr-Ile-Gly-Glu-Arg-Cys-
Glu-Tyr-Arg-Asp-Leu-Lys-Trp-Trp-Glu-Leu-X

β-form X = Arg-OH
γ-form X = OH

E-00075

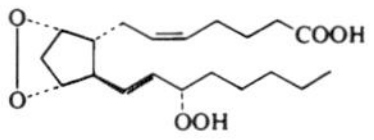

E-00076

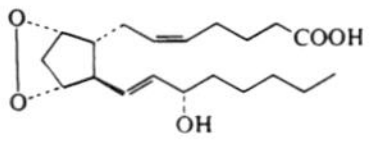

E-00077

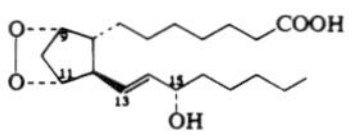

E-00078

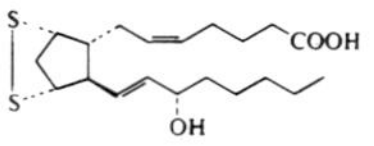

E-00079

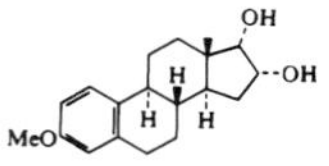

E-00080

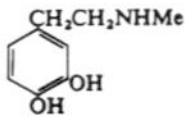

E-00081

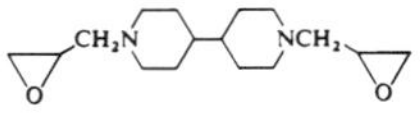

E-00082

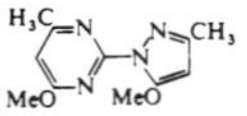

E-00083

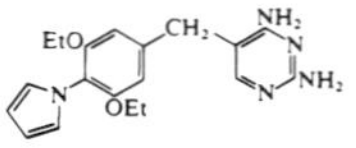

E-00084

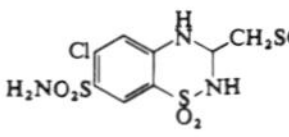

E-00085

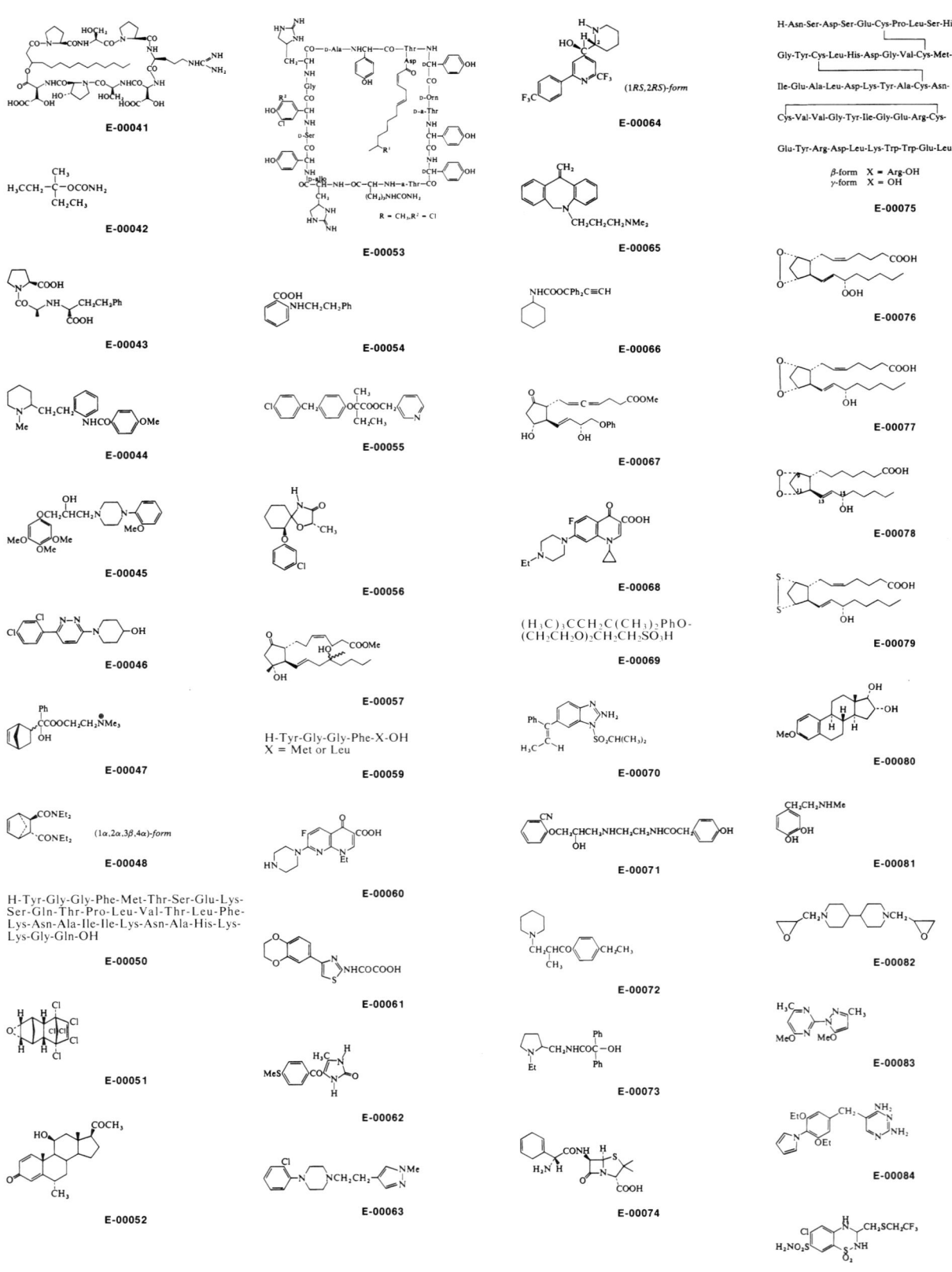

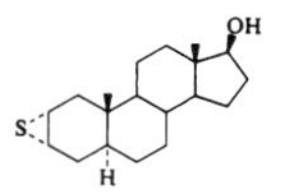

E-00086

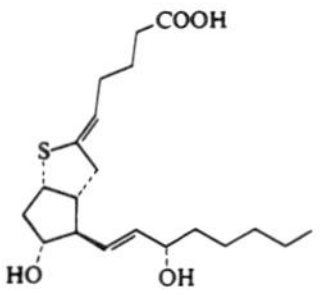

E-00087

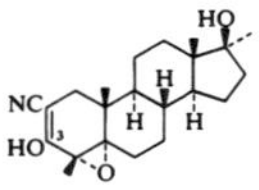

E-00088

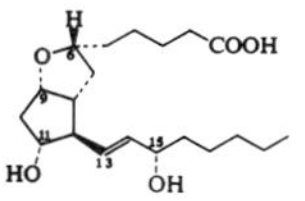

(6*R*,9*S*,11*R*,13*E*,15*S*)-form

E-00089

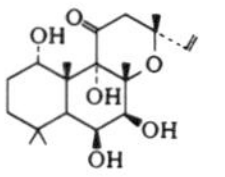

E-00090

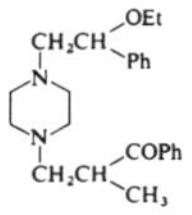

E-00091

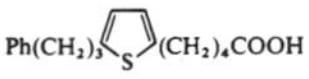

E-00092

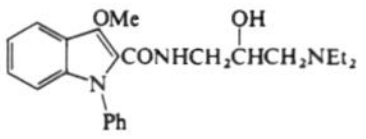

E-00093

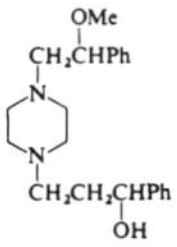

E-00094

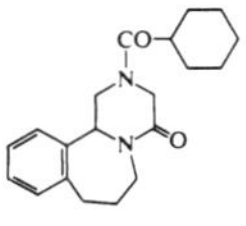

E-00095

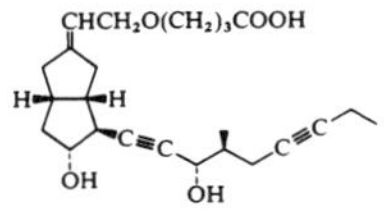

E-00096

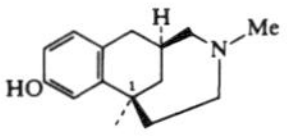

(1*S*)-form

E-00097

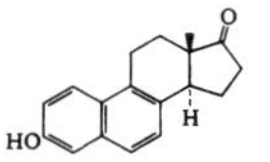

(+)-form Absolute configuration

E-00098

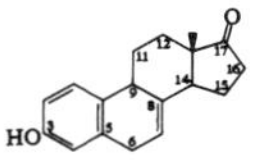

E-00099

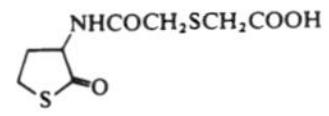

E-00100

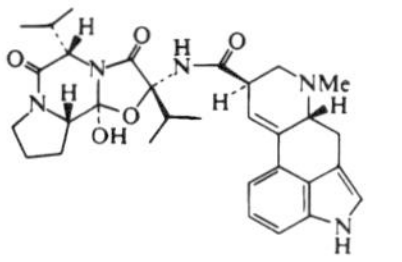

E-00101

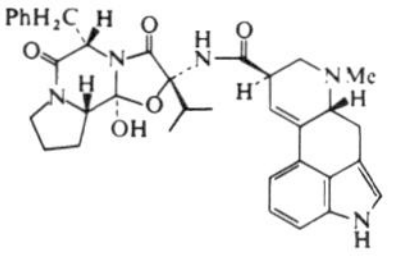

Absolute configuration

E-00102

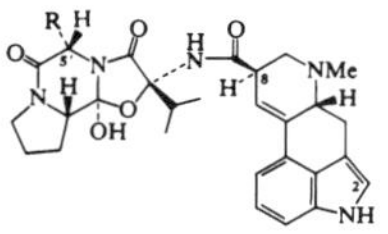

Absolute configuration

R = $-CH_2CH(CH_3)_2$

E-00103

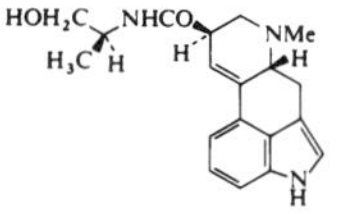

(+)-form Absolute configuration

E-00104

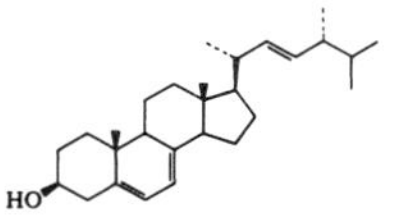

E-00105

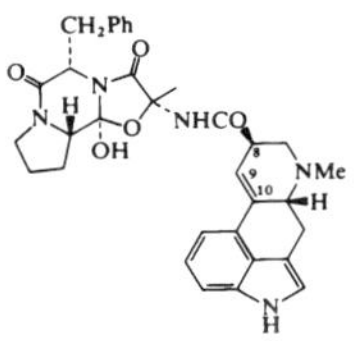

E-00106

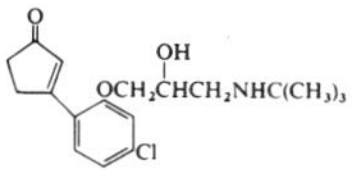

E-00107

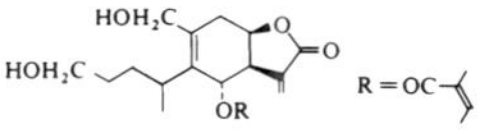

E-00108

As E-00108 with

R = $-OCC(CH_3)=CH_2$

E-00109

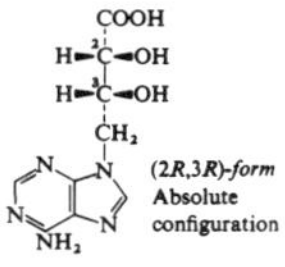

(2*R*,3*R*)-form Absolute configuration

E-00110

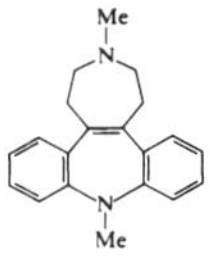

E-00111

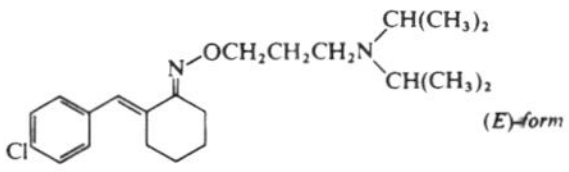

(*E*)-form

E-00112

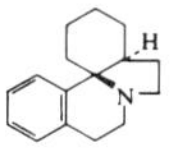

cis-form

E-00113

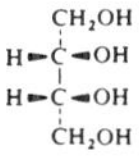

E-00114

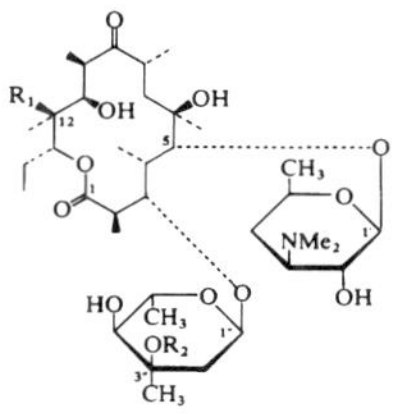

$R_1 = OH, R_2 = CH_3$

E-00115

As E-00115 with

$R_1 = H, R_2 = CH_3$

E-00116

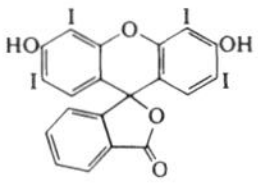

E-00118

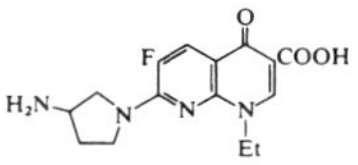

E-00119

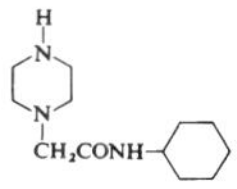

E-00120

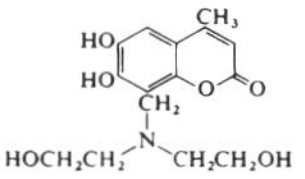

E-00121

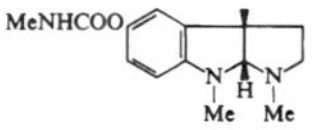

Absolute configuration

E-00122

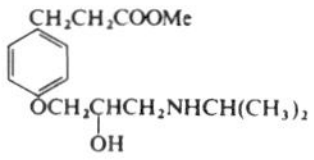

E-00123

E-00124

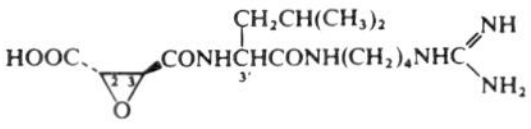

E-00125

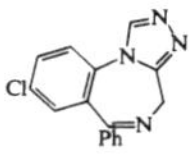

E-00126

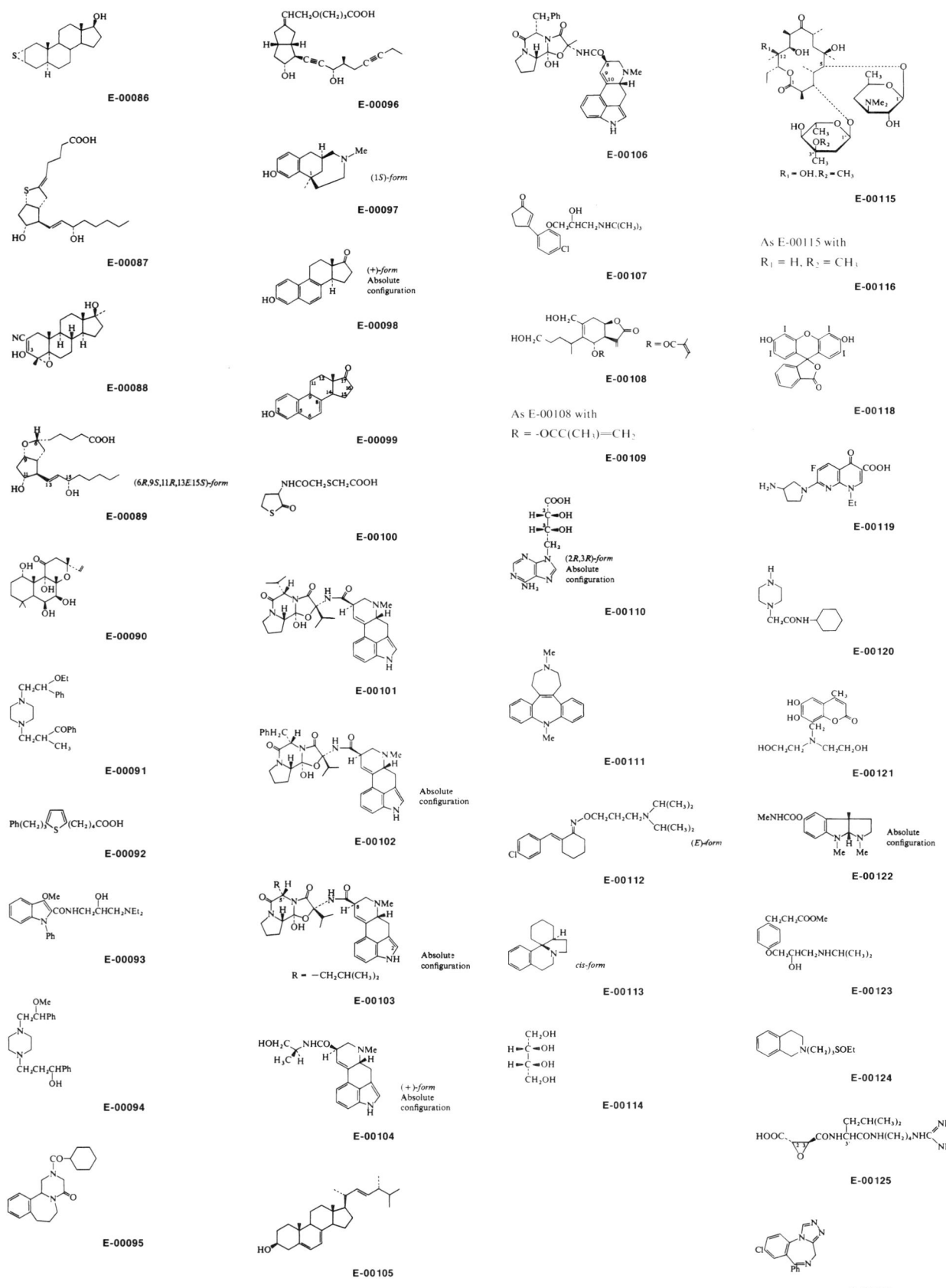

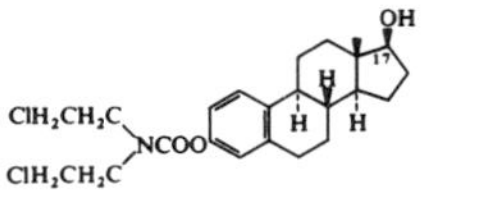

E-00127

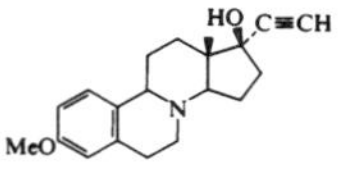

E-00128

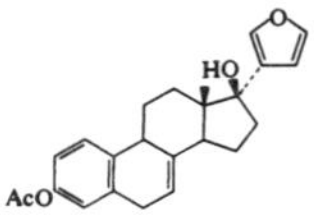

E-00129

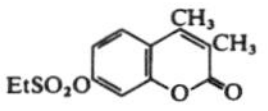

E-00130

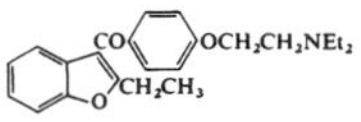

E-00131

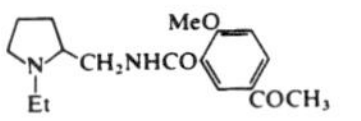

E-00132

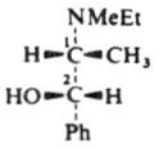

(1R,2S)-form
Absolute configuration

E-00133

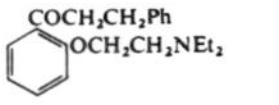

E-00134

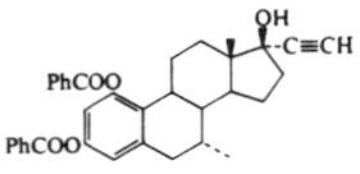

E-00135

$H_3CCH_2CPh(CN)CH_2CH(CH_3)NMe_2$

E-00136

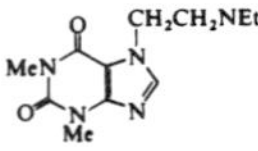

E-00137

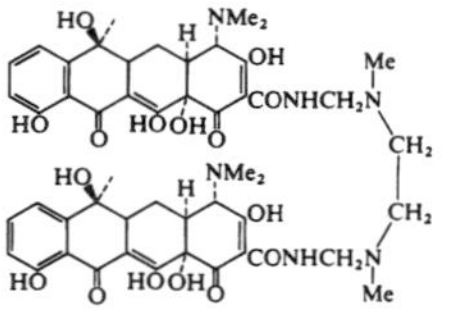

E-00138

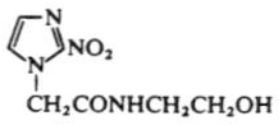

E-00139

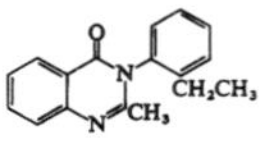

E-00140

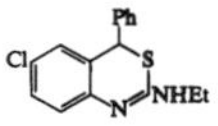

E-00141

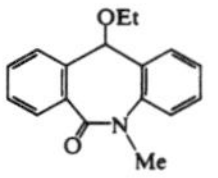

E-00142

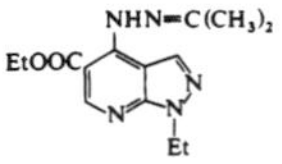

E-00143

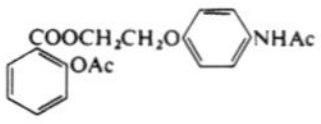

E-00144

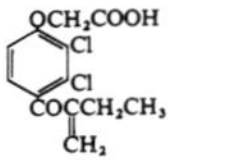

E-00145

E-00146

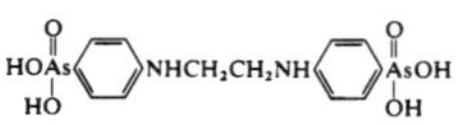

E-00147

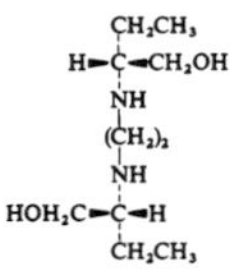

(R,R)-form

E-00148

H_3CCH_2OH

E-00149

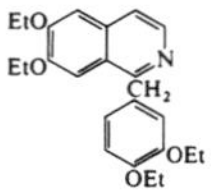

E-00150

CH_2CH_3
$HC{\equiv}CCCH{=}CHCl$
OH

E-00151

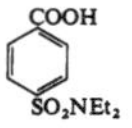

E-00152

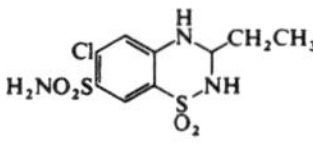

E-00153

E-00154

$H_2NCH_2CH_2CH_2NHCH_2CH_2SP(O)(OH)_2$

E-00155

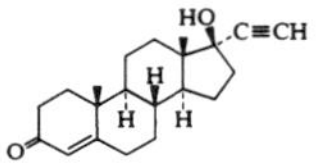

E-00156

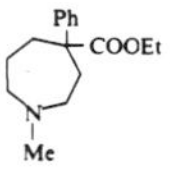

E-00157

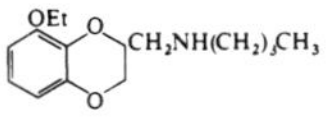

E-00158

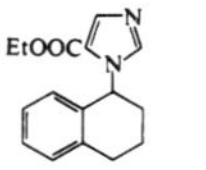

E-00159

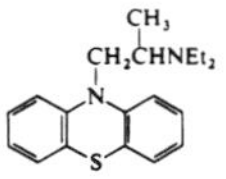

E-00160

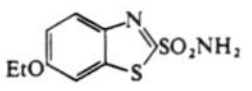

E-00162

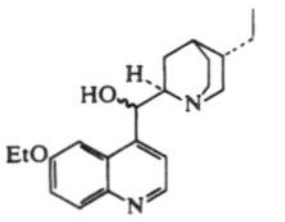

E-00163

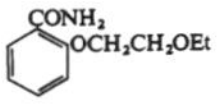

E-00164

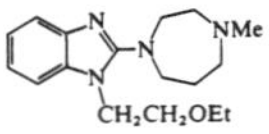

E-00166

$(H_3C)_2CHCH_2OEt$

E-00167

$H_3CCH(OEt)COCHO$

E-00168

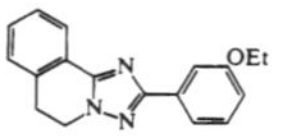

E-00169

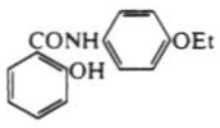

E-00170

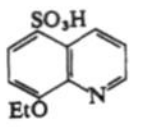

E-00171

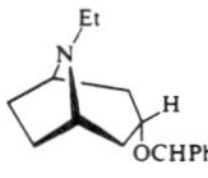

α-form

E-00172

$H_3CCONHEt$

E-00173

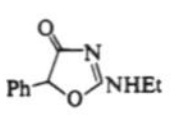

E-00174

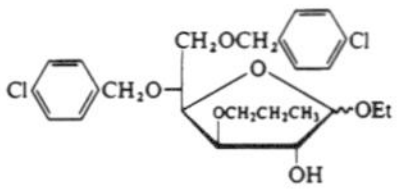

E-00175

$H_3C(CH_2)_3NHCOOEt$

E-00176

$H_2NCOOEt$

E-00177

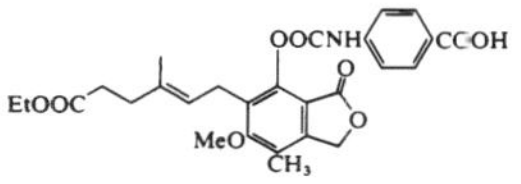

E-00178

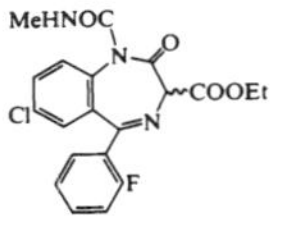

E-00179

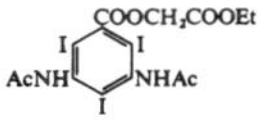

E-00180

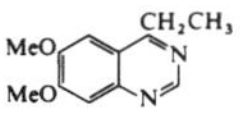

E-00181

$H_3C(CH_2)_{14}CH_2N^{\oplus}(Et)Me_2$

E-00182

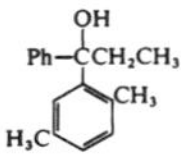

E-00183

$Ph(CH_2)_3NEt(CH_2)_3Ph$

E-00184

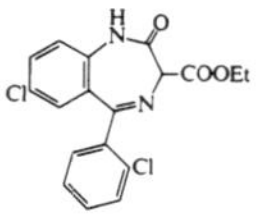

E-00185

$(HOOCCH_2)_2NCH_2CH_2N(CH_2COOH)_2$

E-00186

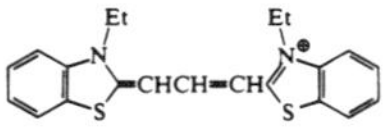

E-00187

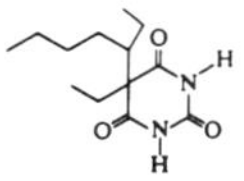

E-00188

$EtNHCOOEt$

E-00189

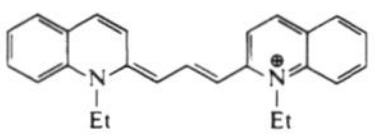

E-00190

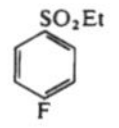

E-00191

$H_3CCH(OH)CH_2CONHCH_2CH(CH_2CH_3)CH_2CH_2CH_2CH_3$

E-00192

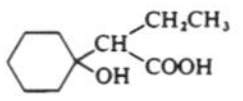

E-00193

$H_3CCH_2C(CH_2OH)_3$

E-00194

$(H_3CCH_2)_2C(OH)CH_2COOH$

E-00196

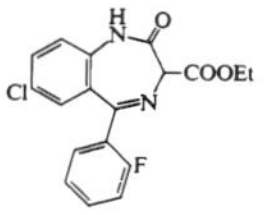

E-00197

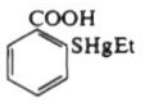

E-00198

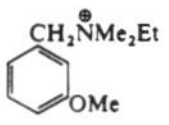

E-00199

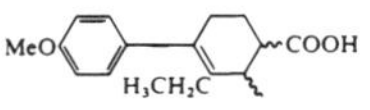

E-00200

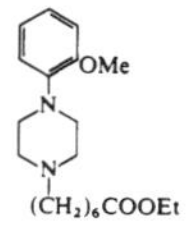

E-00201

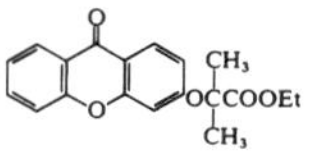

E-00202

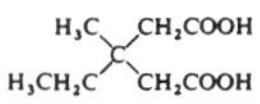

E-00203

$H_3CCH_2CH(CH_3)CH(COOH)CH_2CH_3$

E-00204

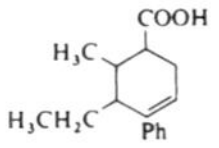

E-00205

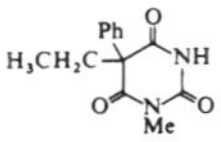

E-00206

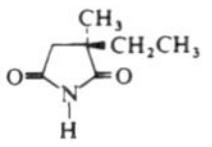

(*R*)-*form*
Absolute configuration

E-00207

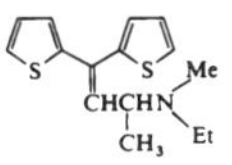

E-00208

$H_3C(CH_2)_3CH(CH_2CH_3)CH_2CH_2CH(OH)CH_2CH(CH_3)_2$

E-00209

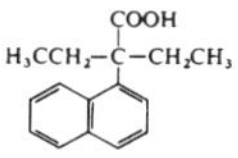

E-00210

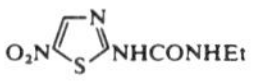

E-00211

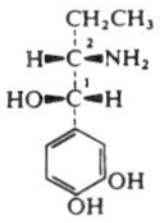

(1*R*,2*R*)-*form*
Absolute configuration

E-00212

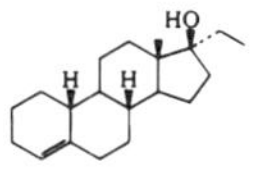

E-00213

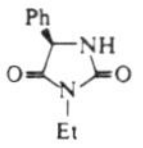

(*R*)-*form*
Absolute configuration

E-00214

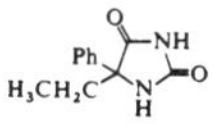

E-00215

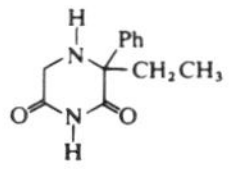

E-00216

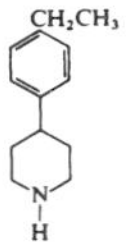

E-00217

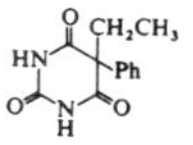

E-00218

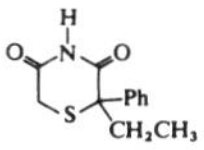

E-00219

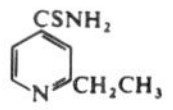

E-00220

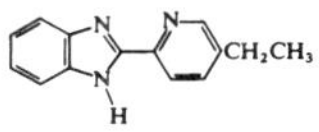

E-00221

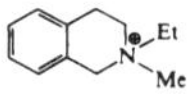

E-00222

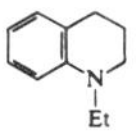

E-00223

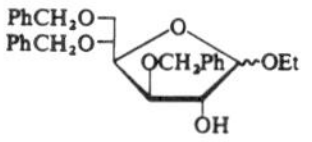

E-00224

$H_3CCH_2OCH{=}CH_2$

E-00225

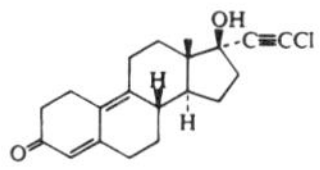

E-00226

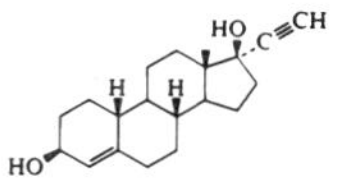

E-00227

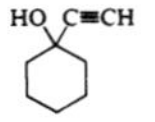
E-00228

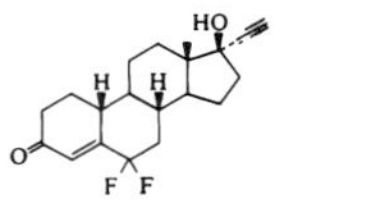
E-00229

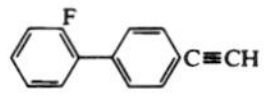
E-00230

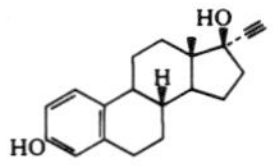
E-00231

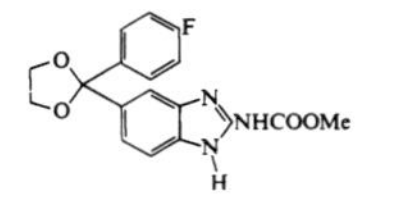
E-00232

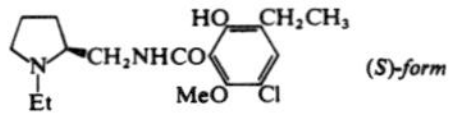
E-00233

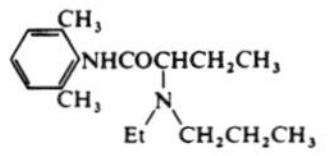
E-00234

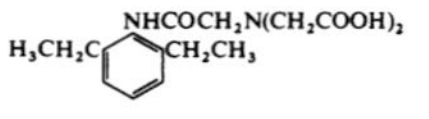
E-00235

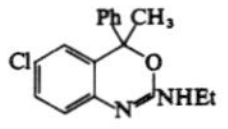
E-00236

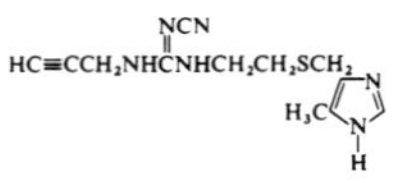
E-00237

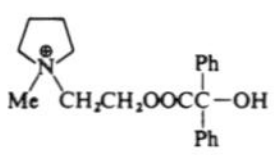
E-00238

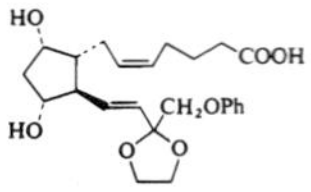
E-00239

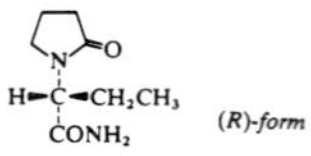
E-00240

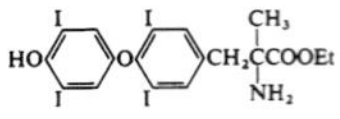
E-00241

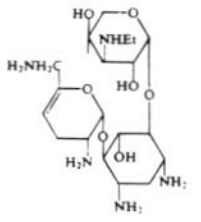
E-00242

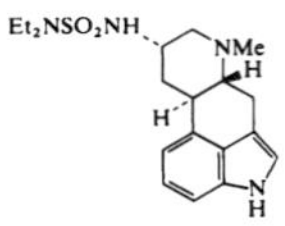
E-00243

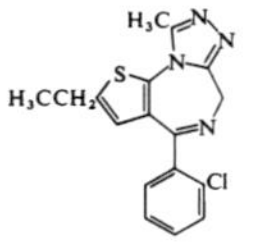
E-00244

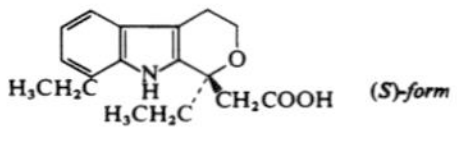
E-00245

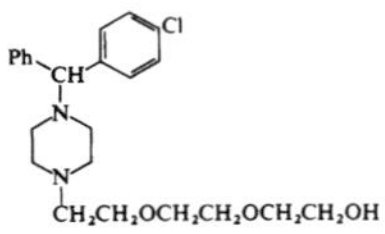
E-00246

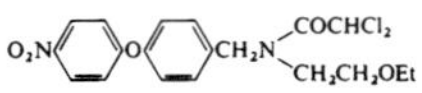
E-00247

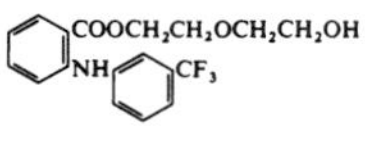
E-00248

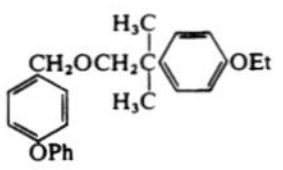
E-00249

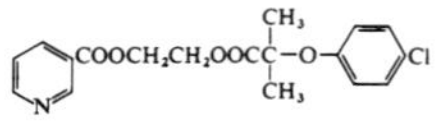
E-00250

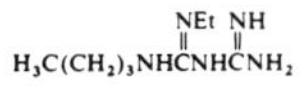
E-00251

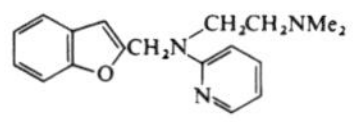
E-00252

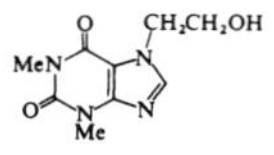
E-00253

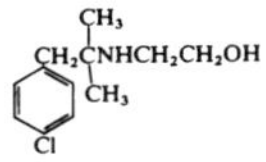
E-00254

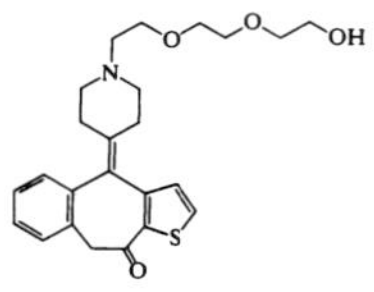
E-00255

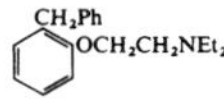
E-00256

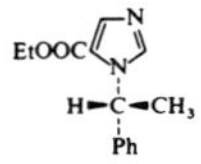
E-00257

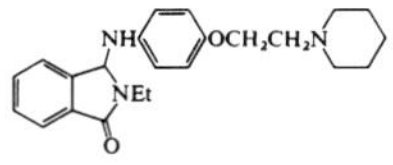
E-00258

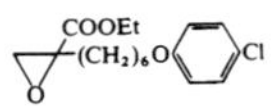
E-00259

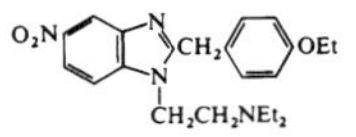
E-00260

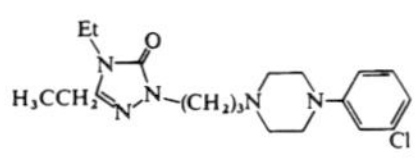
E-00261

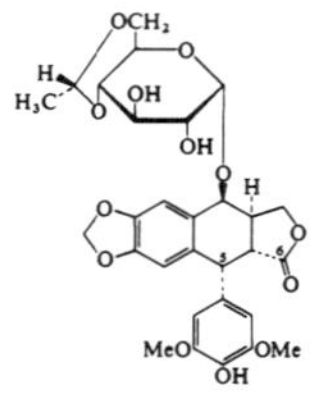
E-00262

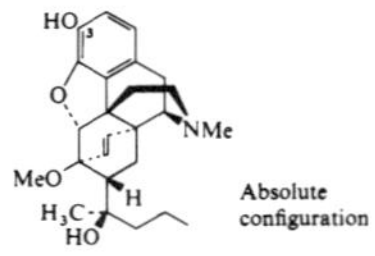
E-00263

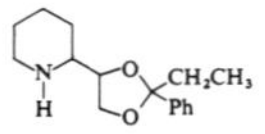
E-00264

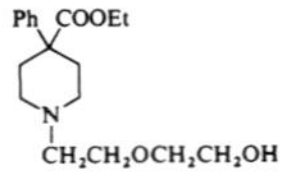
E-00265

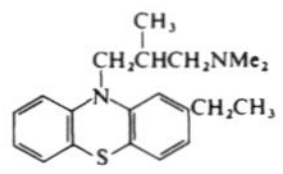
E-00266

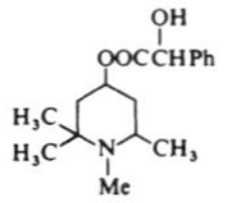
E-00267

E-00268

E-00269

E-00270

E-00271

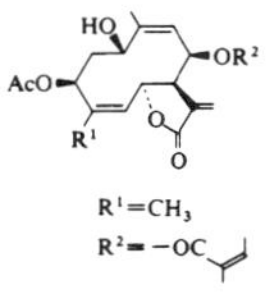

E-00272

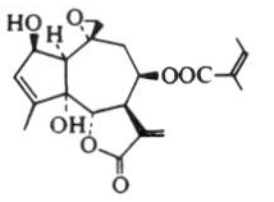

E-00273

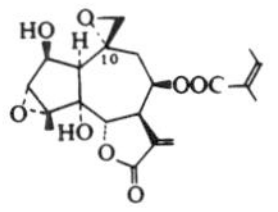

E-00274

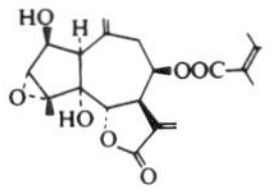

E-00275

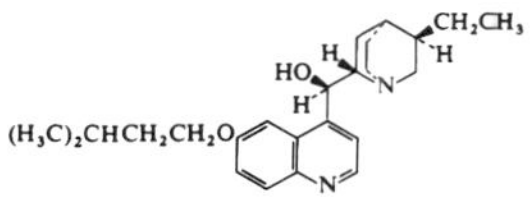

E-00276

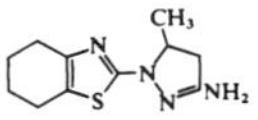

E-00277

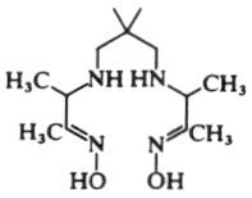

E-00278

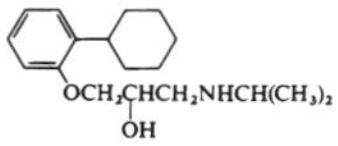

E-00279

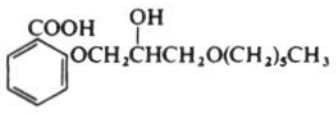

E-00280

F

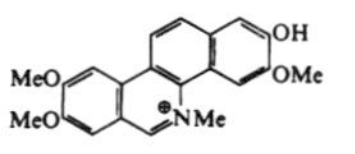

F-00009

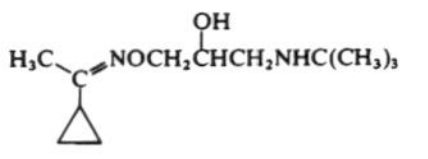

F-00010

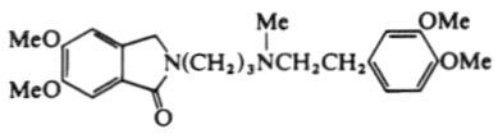

F-00011

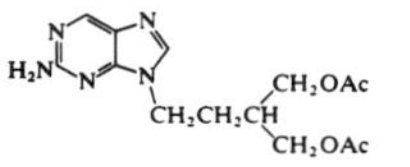

F-00012

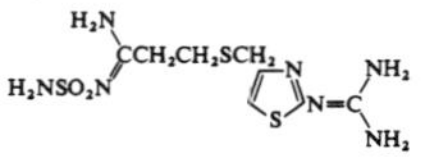

F-00013

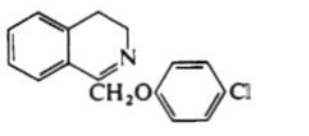

F-00014

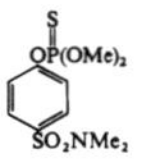

F-00015

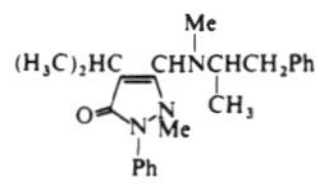

F-00016

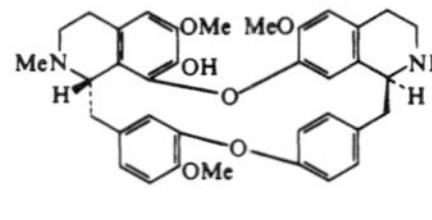

(+)-*form*
Absolute configuration

F-00017

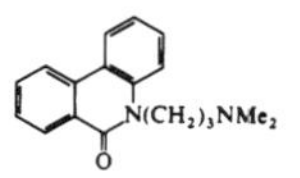

F-00018

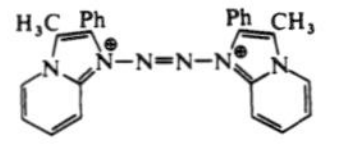

F-00019

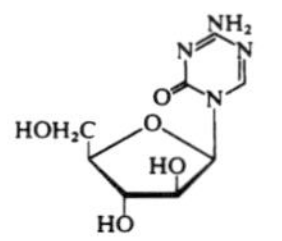

F-00020

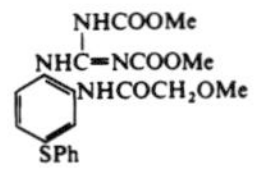

F-00021

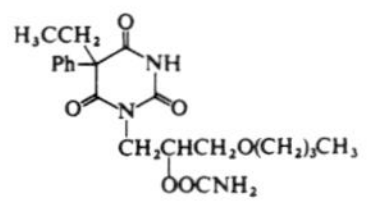

F-00022

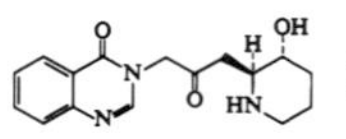

Absolute configuration

F-00023

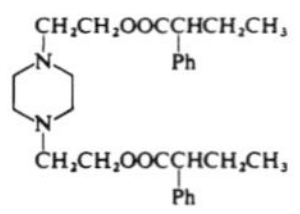

F-00024

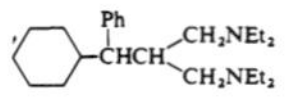

F-00025

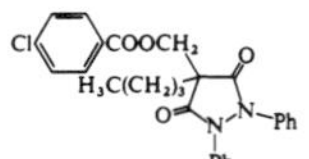

F-00026

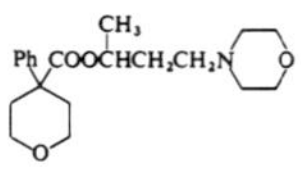

F-00027

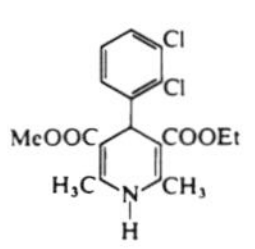

F-00028

Cys-Phe-Phe-Gln-Asn-Cys-Pro-Lys-Gly-NH$_2$

F-00029

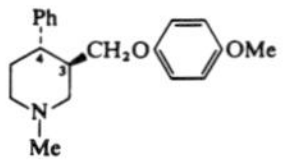

F-00030

$PhCH_2CH_2NHCOCH_2CH_2Cl$

F-00031

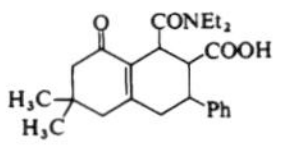

F-00032

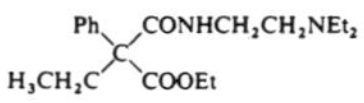

F-00033

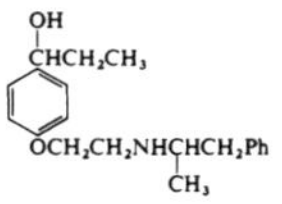

F-00034

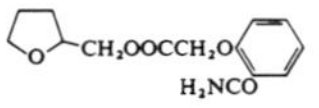

F-00035

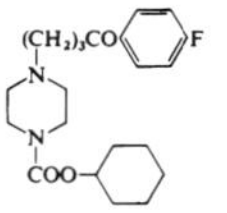

F-00036

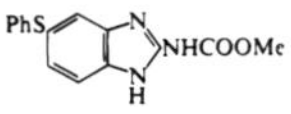

F-00037

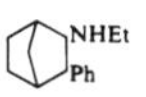

F-00038

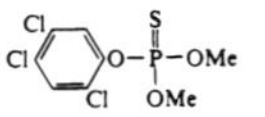

F-00039

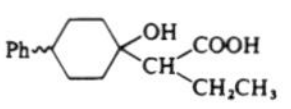

F-00040

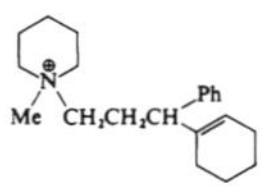

F-00041

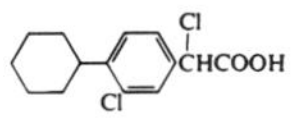

F-00042

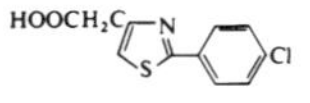

F-00043

$Ph_2CHCH_2CH_2NHCH_2PhCH_3$

F-00044

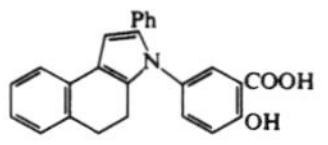

F-00045

$(H_3CCH_2CHPhCOOCH_2)_4C$

F-00046

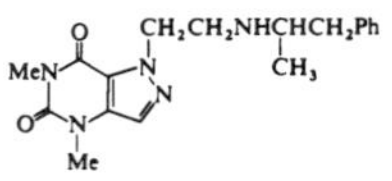

F-00047

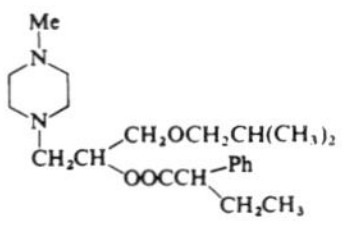

F-00048

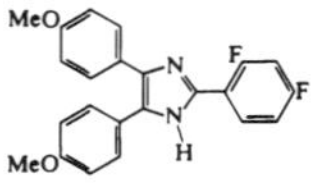

F-00049

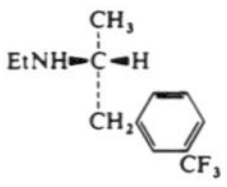

(*R*)-*form*
Absolute configuration

F-00050

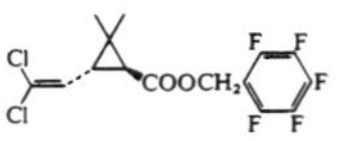

(1*R*,3*S*)-*form*

F-00051

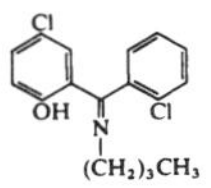

F-00052

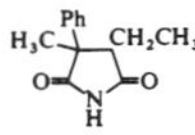

F-00053

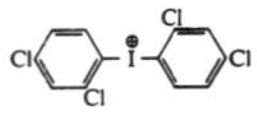

F-00054

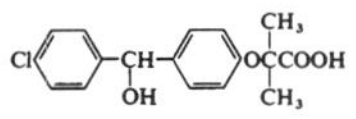

F-00055

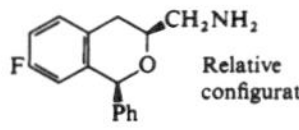

Relative configuration

F-00056

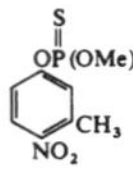

F-00057

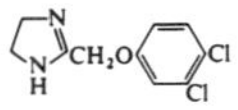

F-00058

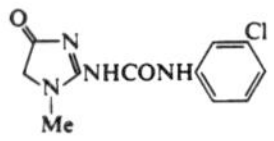

F-00059

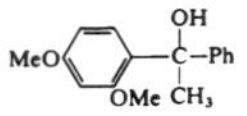

F-00060

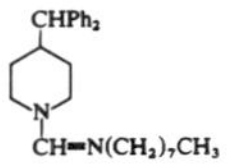

F-00061

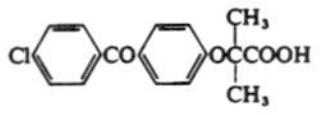

F-00062

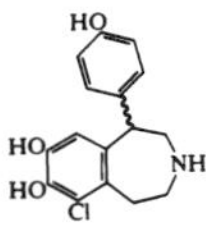

F-00063

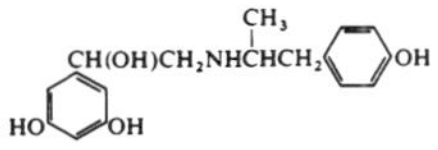

F-00064

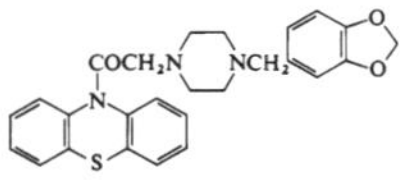

F-00065

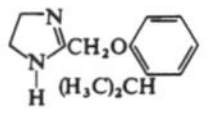

F-00066

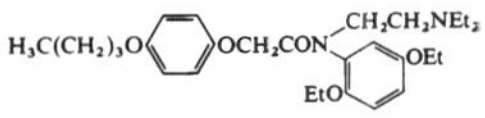

F-00067

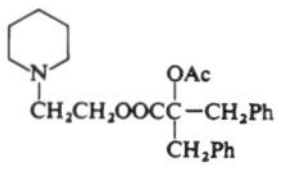

F-00068

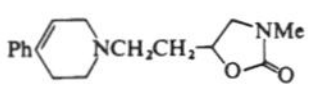

F-00069

F-00070

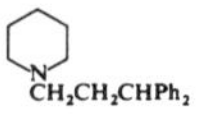

F-00071

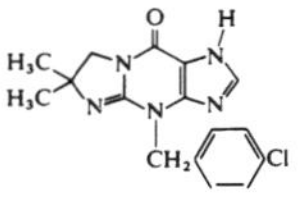

F-00072

$PhCH_2CH(CH_3)NHCH_2CH_2CN$

F-00073

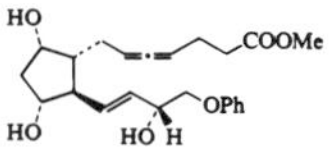

F-00074

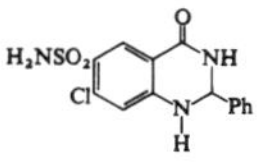

F-00075

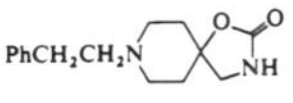

F-00076

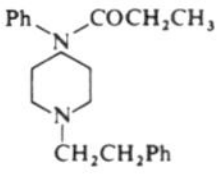

F-00077

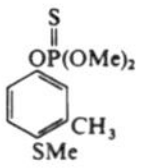

F-00078

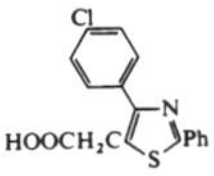

F-00079

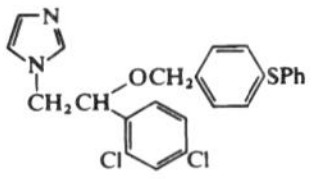

F-00080

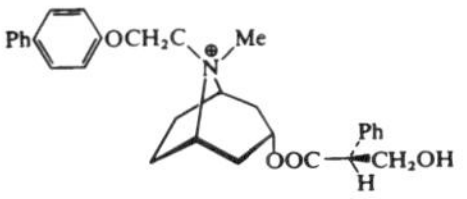

F-00081

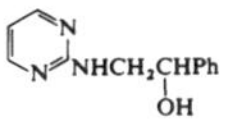

F-00082

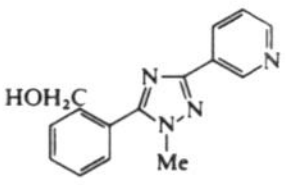

F-00083

$PhCH(OH)CH_2NHC(CH_3)_2CH_2OH$

F-00084

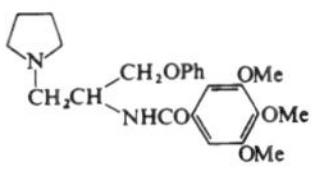

F-00085

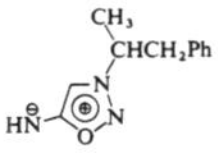

F-00086

$FeCl_3$

F-00087

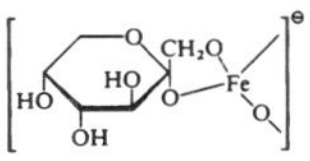

F-00088

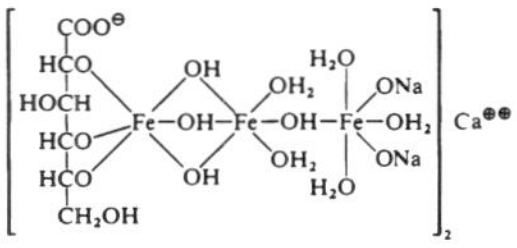

F-00089

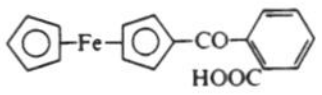

F-00090

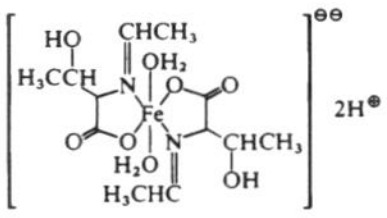

F-00091

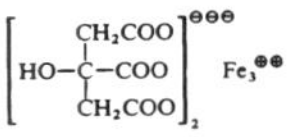

F-00092

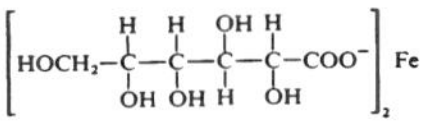

F-00093

$FeSO_4$

F-00094

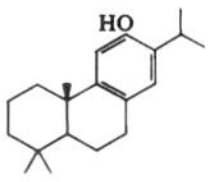

F-00095

5-Oxo-L-Pro-L-His-L-Trp-L-Ser-L-Tyr-Gly-L-Leu-L-Arg-L-ProNH$_2$

F-00096

F-00097

F-00098

F-00099

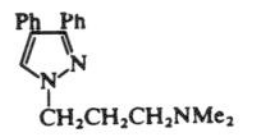

F-00100

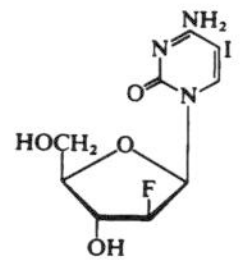

F-00101

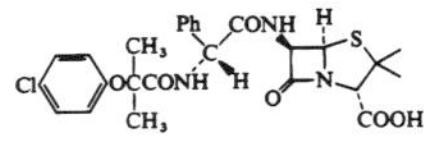

F-00102

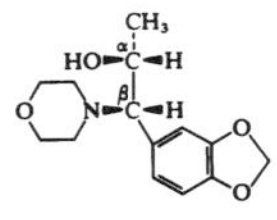

(αRS,βSR)-form

F-00105

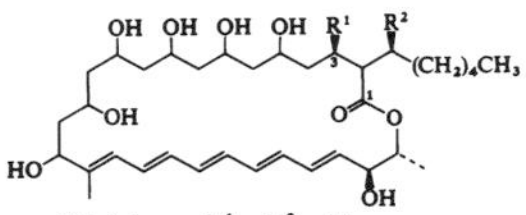

Filipin I	$R^1 = R^2 = H$
Filipin II	$R^1 = OH, R^2 = H$
Filipin III	$R^1 = R^2 = OH$

F-00106

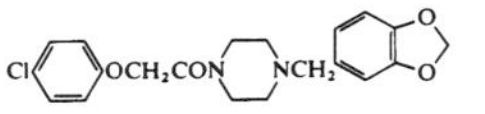

F-00107

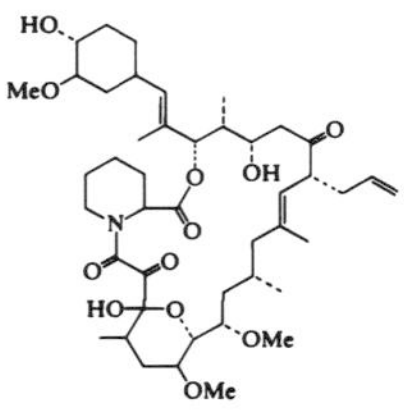

F-00108

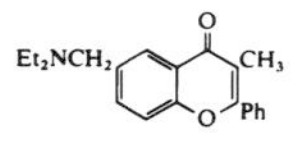

F-00109

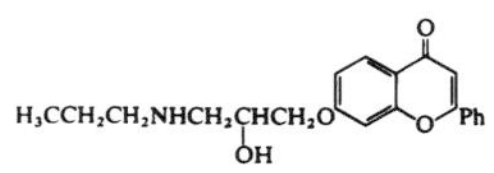

F-00110

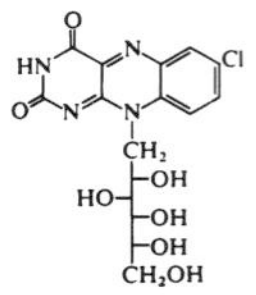

F-00111

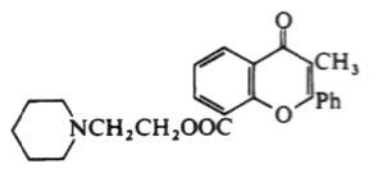

F-00112

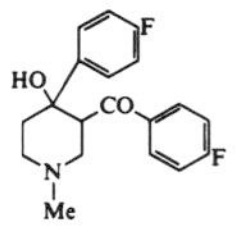

F-00113

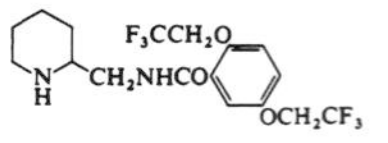

F-00114

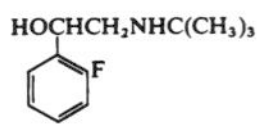

F-00115

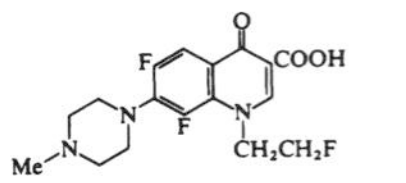

F-00116

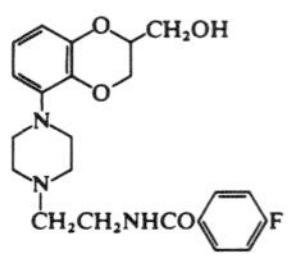

F-00117

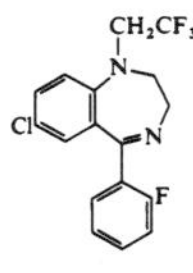

F-00118

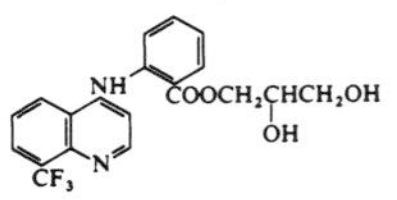

F-00119

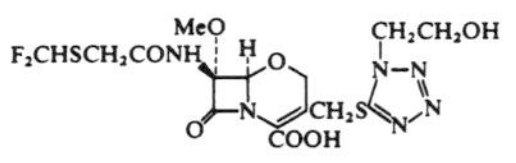

F-00120

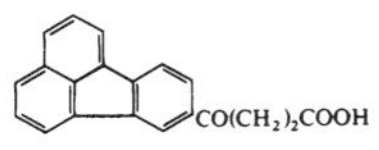

F-00121

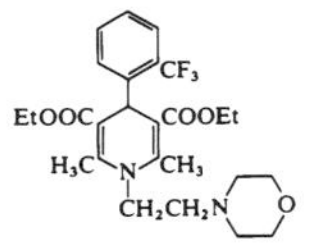

F-00122

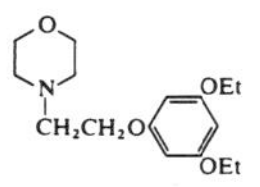

F-00123

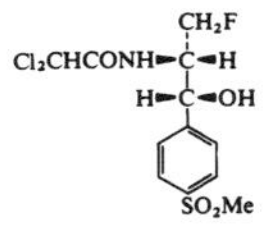

(1R,2S)-form

F-00124

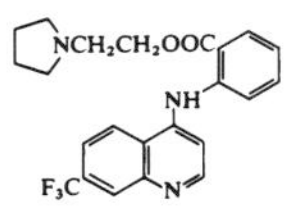

F-00125

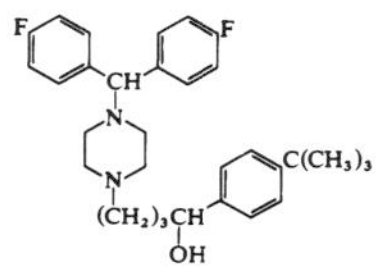

F-00126

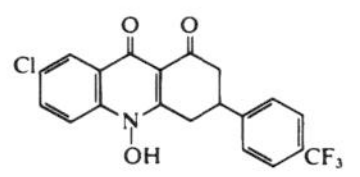

F-00127

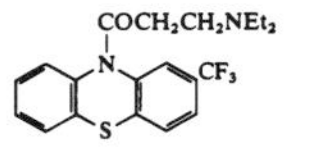

F-00128

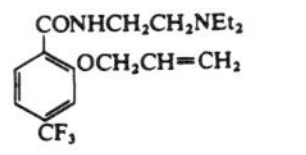

F-00129

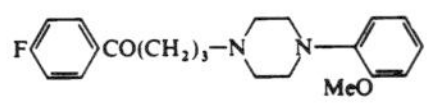

F-00130

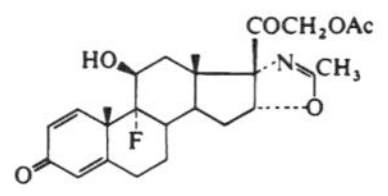

F-00131

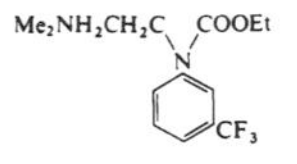

F-00132

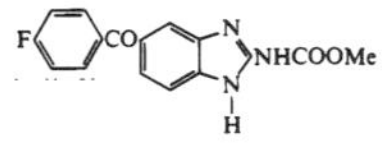

F-00133

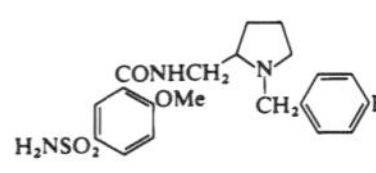

F-00134

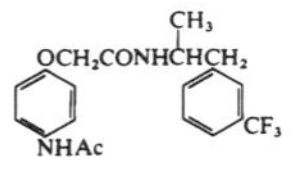

F-00135

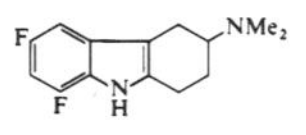

F-00136

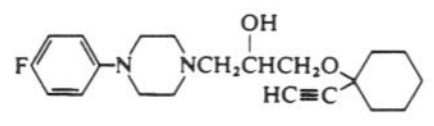

F-00137

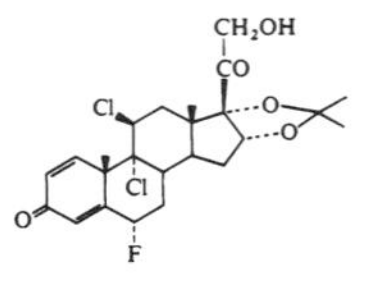

F-00138

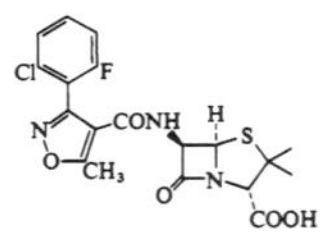

F-00139

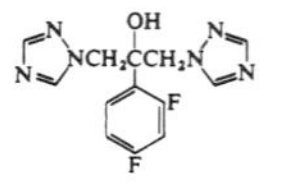

F-00140

$H_2C{=}C(CN)COOCH(CH_3)CF_3$

F-00141

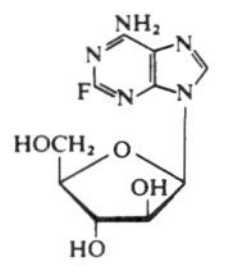

F-00142

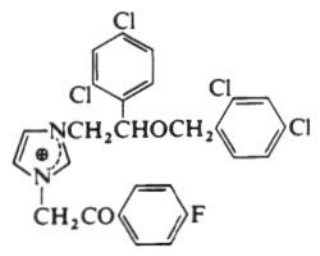

F-00143

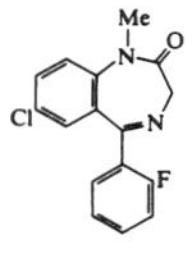

F-00144

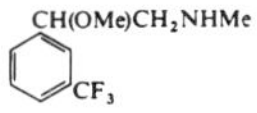

F-00145

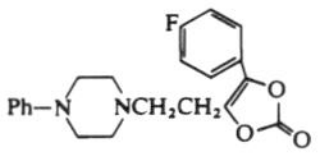

F-00146

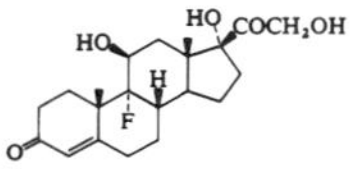

F-00147

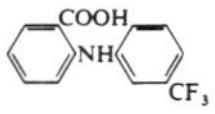

F-00148

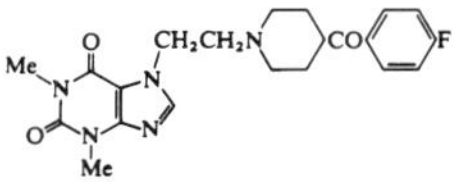

F-00149

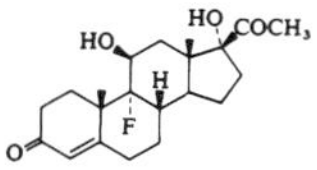

F-00150

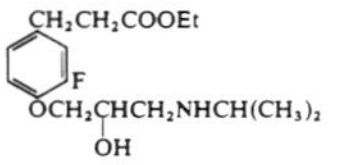

F-00151

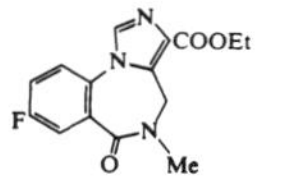

F-00152

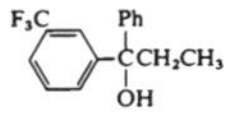

F-00153

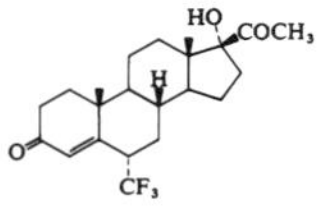

F-00154

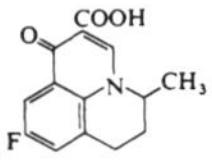

F-00155

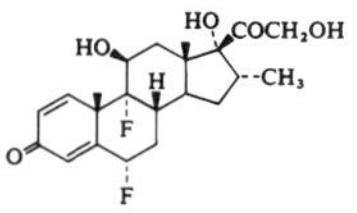

F-00156

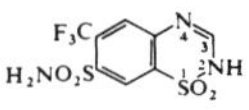

F-00157

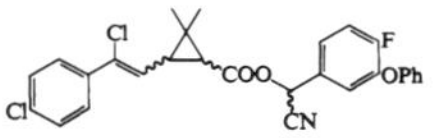

F-00158

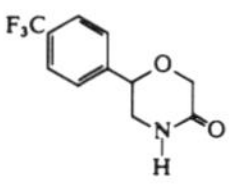

F-00159

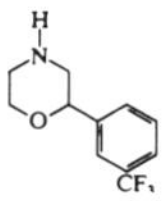

F-00160

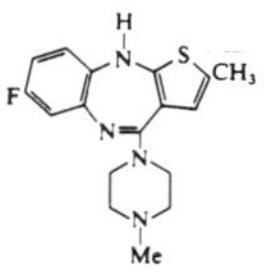

F-00161

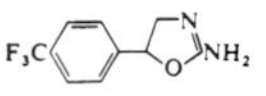

F-00162

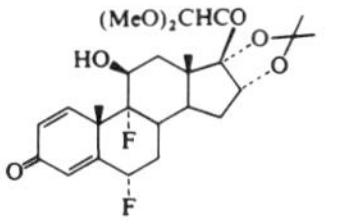

F-00163

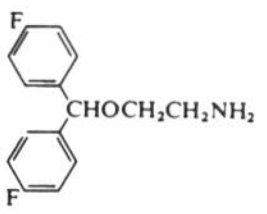

F-00164

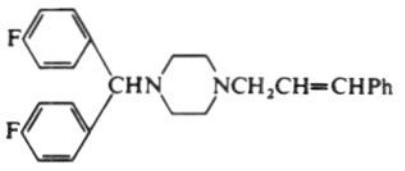

F-00165

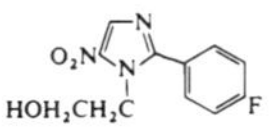

F-00166

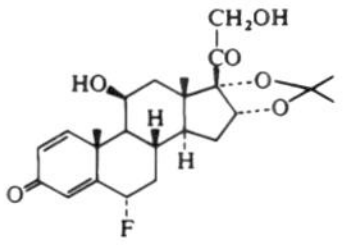

F-00167

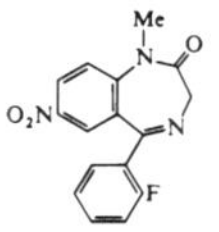

F-00168

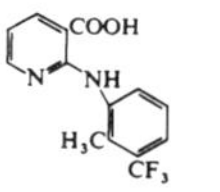

F-00169

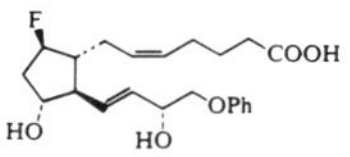

F-00170

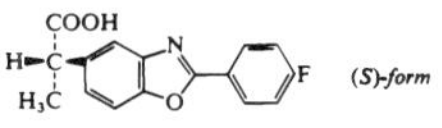

F-00171

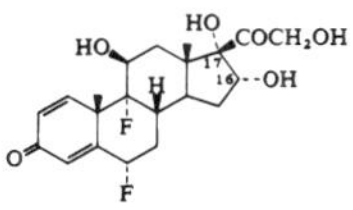

F-00172

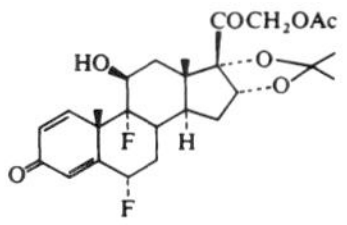

F-00173

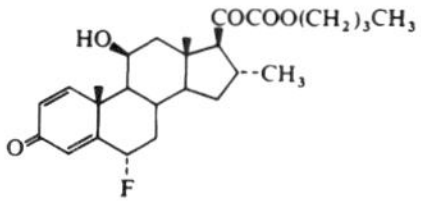

F-00174

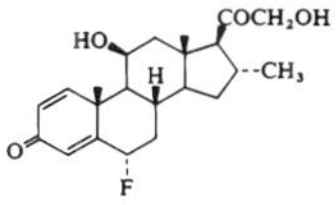

F-00175

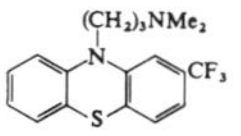

F-00176

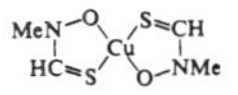

F-00177

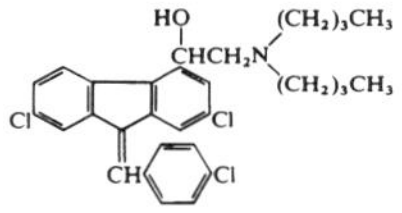

F-00178

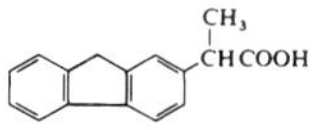

F-00179

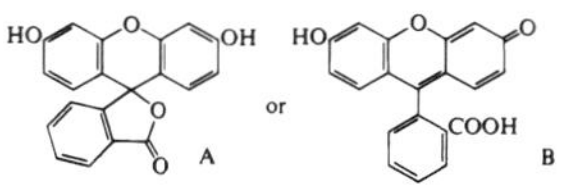

F-00180

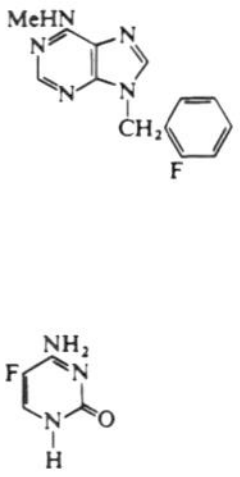

F-00182

F-00183

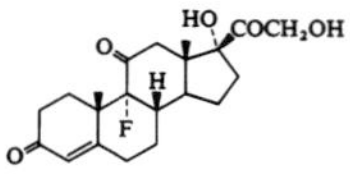
F-00184

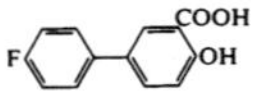
F-00185

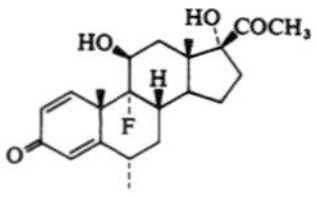
F-00186

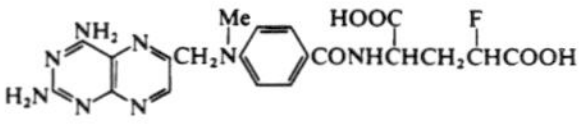
F-00187

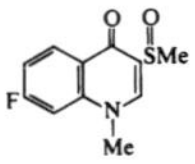
F-00188

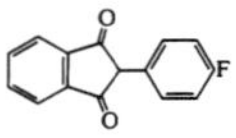
F-00189

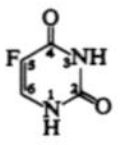
F-00190

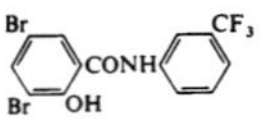
F-00191

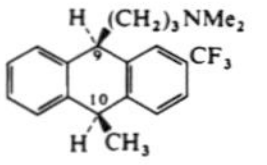
F-00192

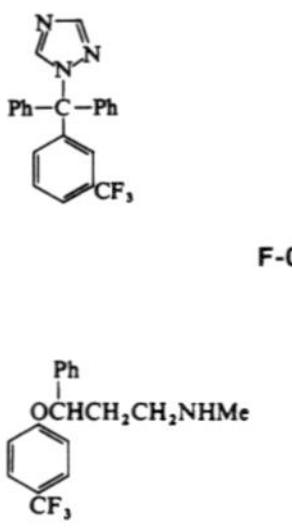
F-00193

F-00194

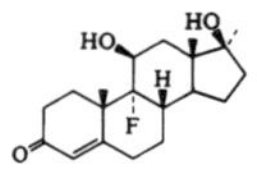
F-00195

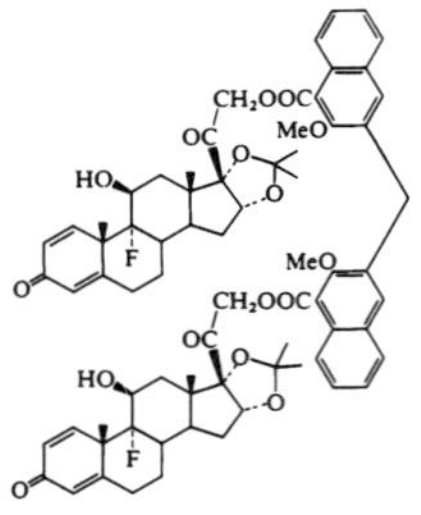
F-00196

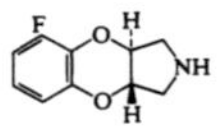
F-00197

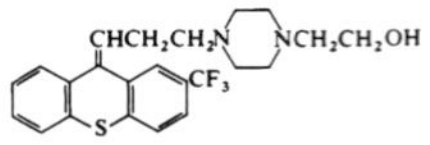
F-00198

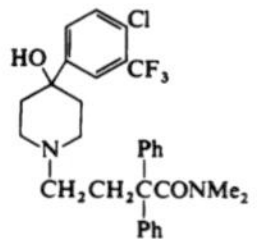
F-00199

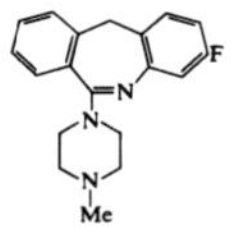
F-00200

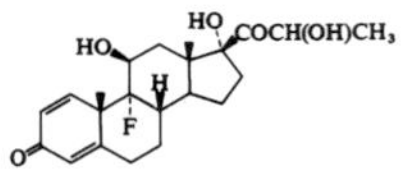
F-00201

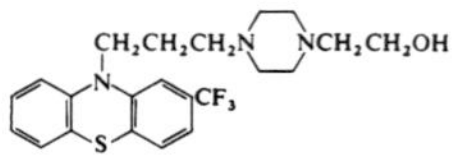
F-00202

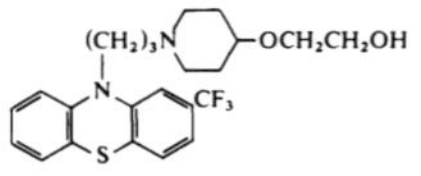
F-00203

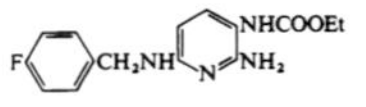
F-00204

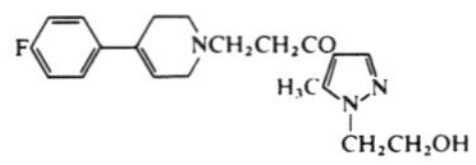
F-00205

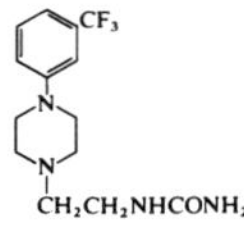
F-00206

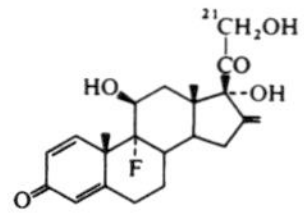
F-00207

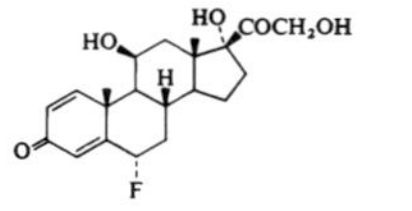
F-00208

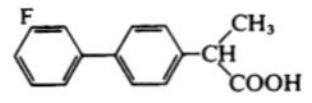
F-00209

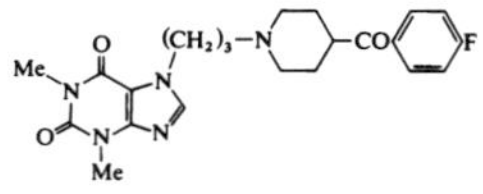
F-00210

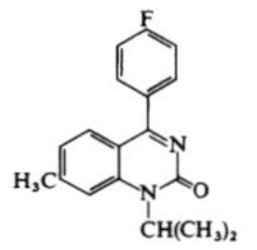
F-00211

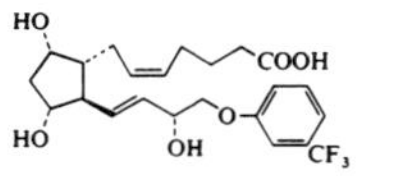
F-00212

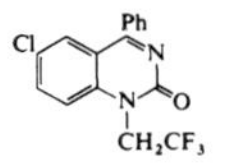
F-00213

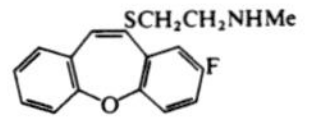
F-00214

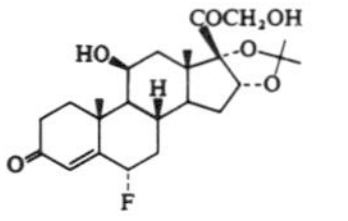
F-00215

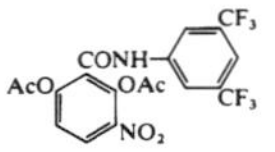
F-00216

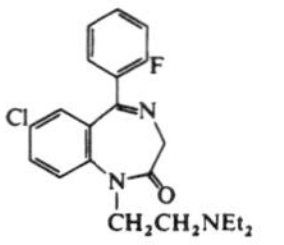
F-00217

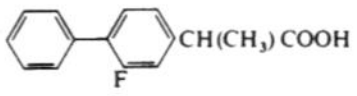
F-00218

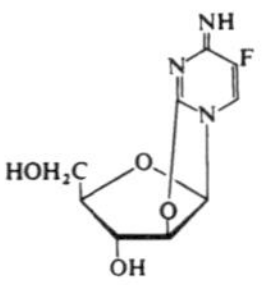
F-00219

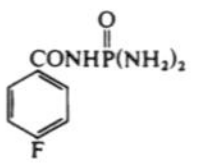
F-00220

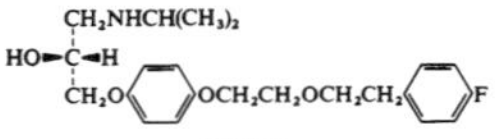
(R)-form

F-00221

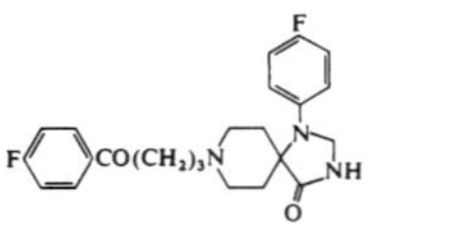
F-00222

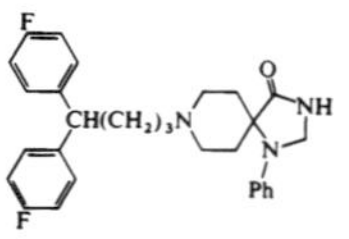
F-00223

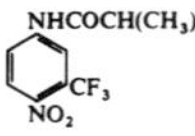
F-00224

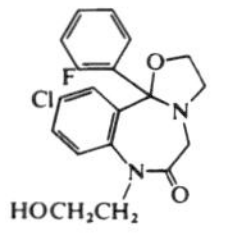

F-00225

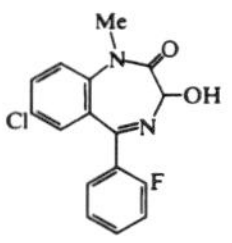

F-00226

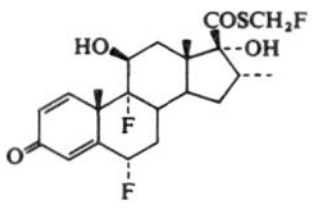

F-00227

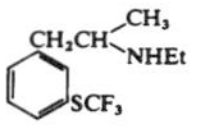

F-00228

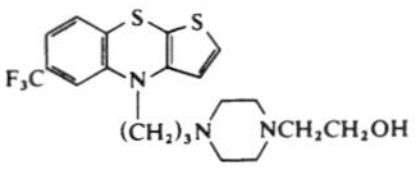

F-00229

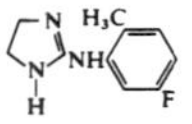

F-00230

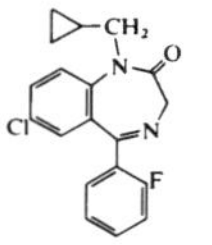

F-00231

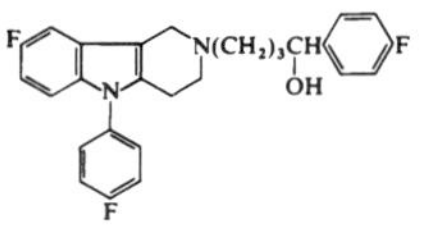

F-00232

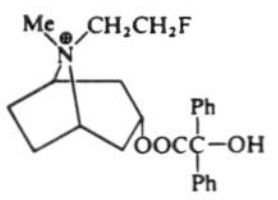

F-00233

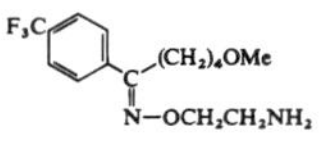

F-00234

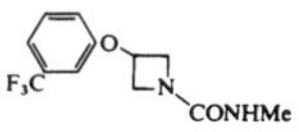

F-00235

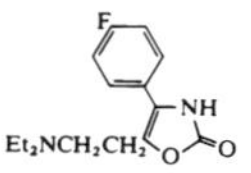

F-00236

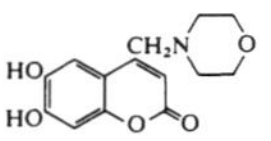

F-00237

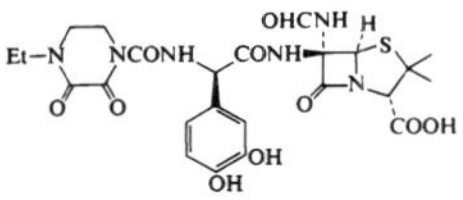

F-00239

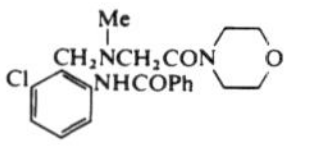

F-00240

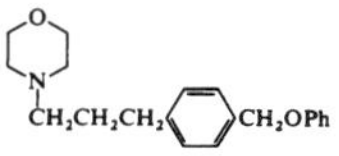

F-00241

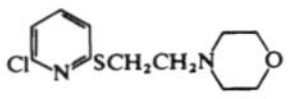

F-00242

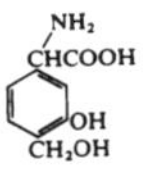

F-00243

HCHO

F-00244

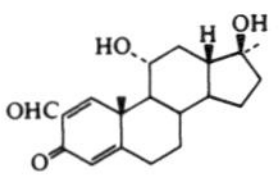

F-00245

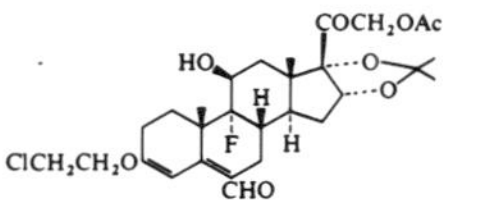

F-00246

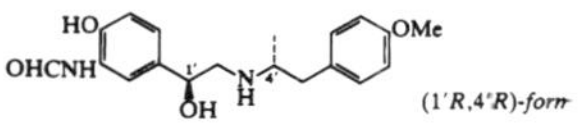

F-00247

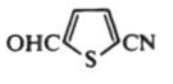

F-00248

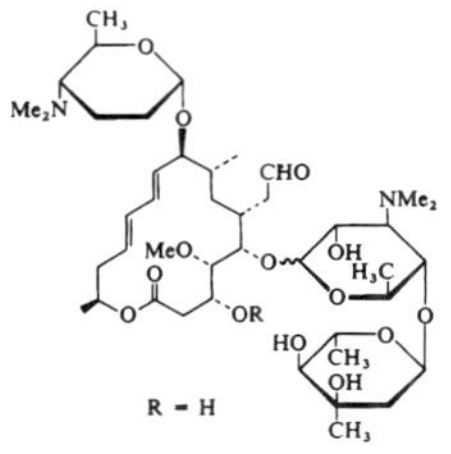

F-00249

As F-00249 with
R = Ac

F-00250

As F-00249 with
R = $COCH_2CH_3$

F-00251

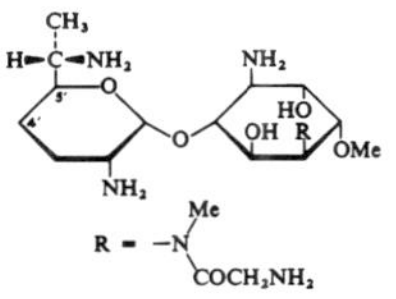

F-00252

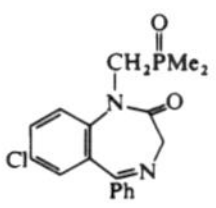

F-00253

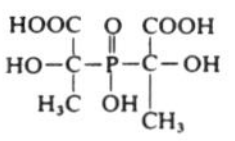

F-00254

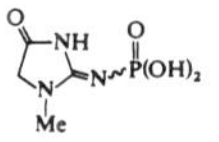

F-00255

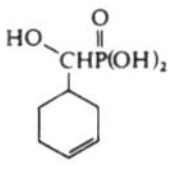

F-00256

$(HO)_2P(O)CH_2CH_2CH_2N(OH)CHO$

F-00257

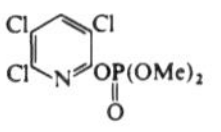

F-00258

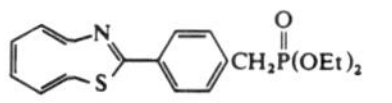

F-00259

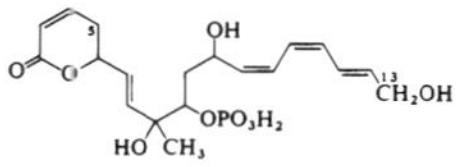

F-00260

$(EtO)_2P(O)CH(CH_3)NHCON(NO)$-
CH_2CH_2Cl

F-00261

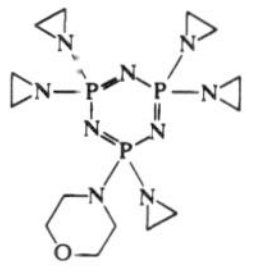

F-00262

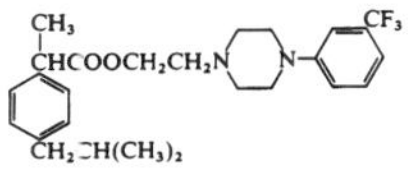

F-00263

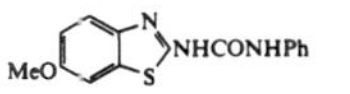

F-00264

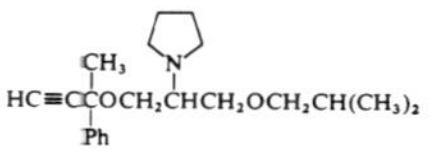

F-00265

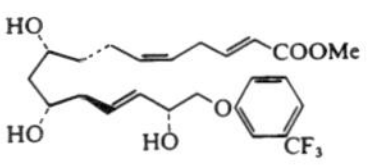

F-00266

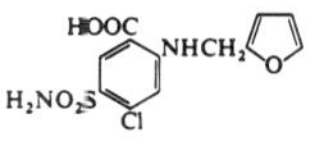

F-00267

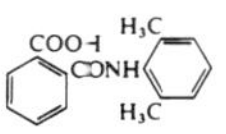

F-00268

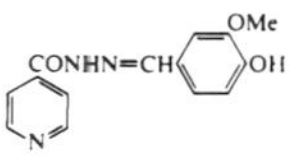

F-00269

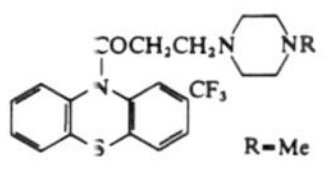

F-00270

As F-00270 with
R = $-CH_2CH_2OH$

F-00271

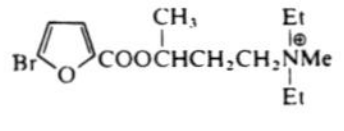

F-00272

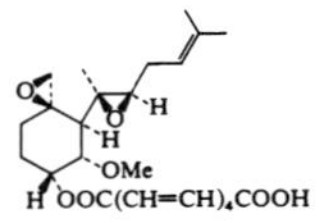

F-00273

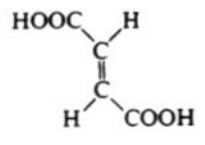

F-00274

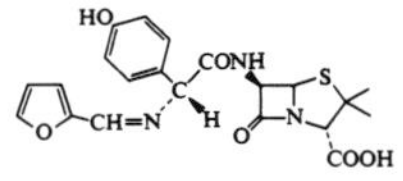

F-00275

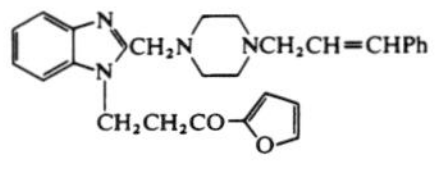

F-00276

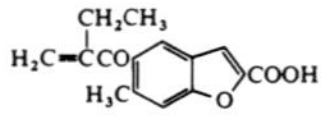

F-00277

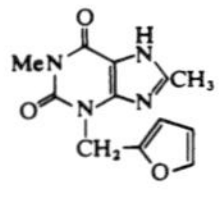

F-00278

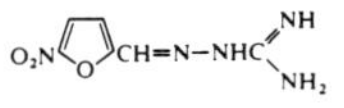

F-00279

F-00280

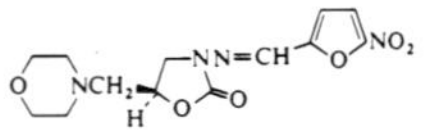

(*S*)-*form*
Absolute configuration

F-00281

F-00282

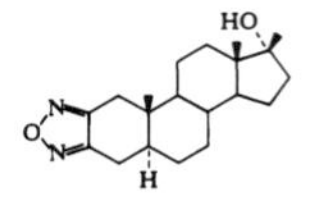

F-00283

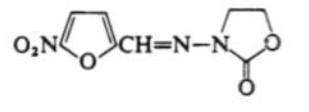

F-00284

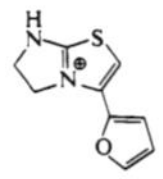

F-00285

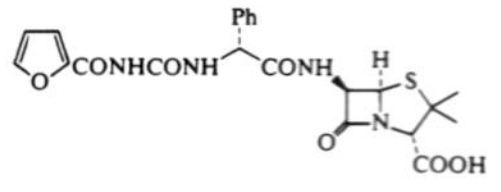

F-00286

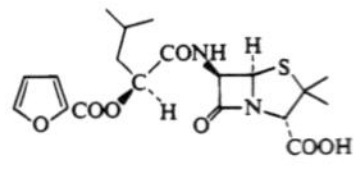

F-00287

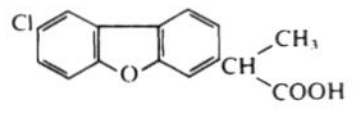

F-00288

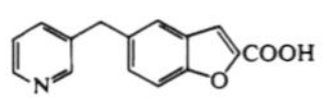

F-00289

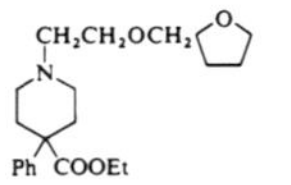

F-00290

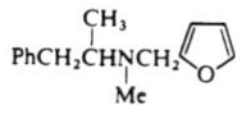

F-00291

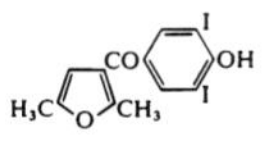

F-00292

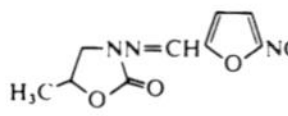

F-00293

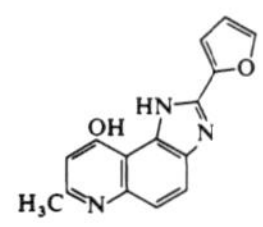

F-00294

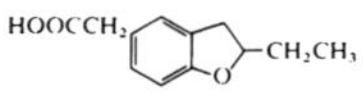

F-00295

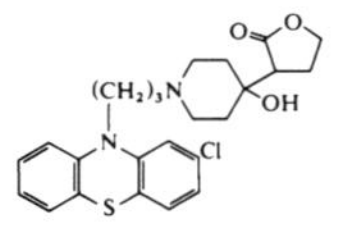

F-00296

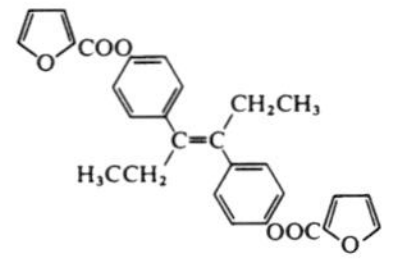

F-00297

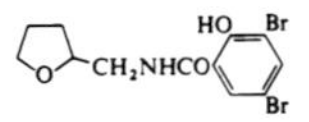

F-00298

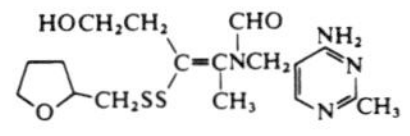

F-00299

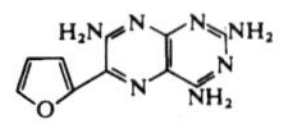

F-00300

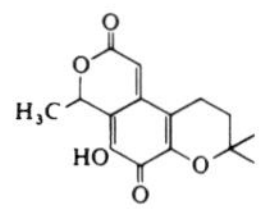

F-00302

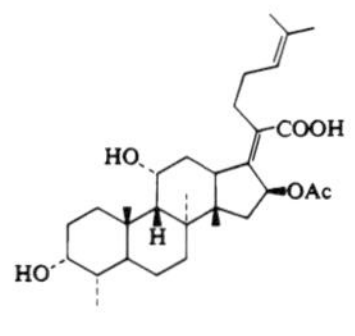

F-00303

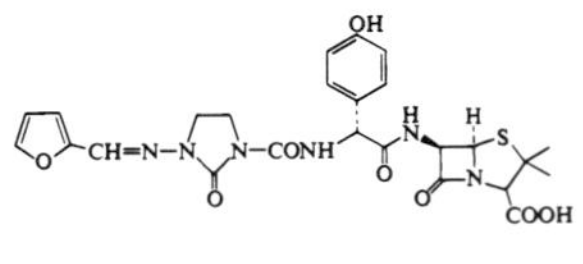

F-00304

G

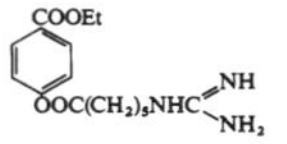

G-00001

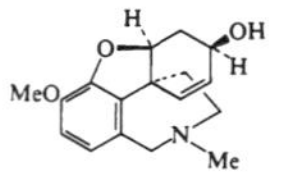

(−)-*form*
Absolute configuration

G-00002

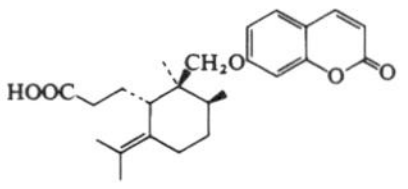

G-00003

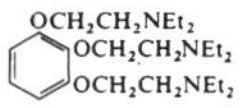

G-00004

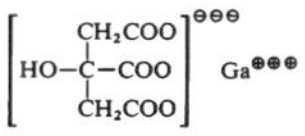

G-00005

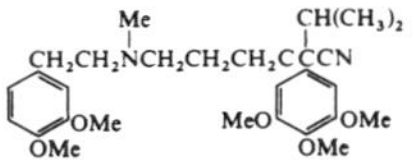

G-00006

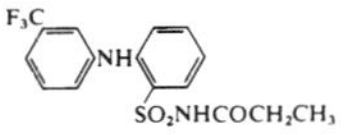

G-00007

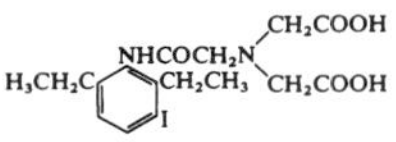

G-00008

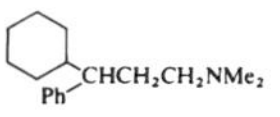

G-00009

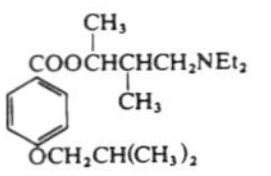

G-00010

Struct. unknown

G-00011

Pyroglutamyl-Gly-Pro-Trp-Leu-Glu-Glu-Glu-Glu-Glu-Ala-Tyr-Gly-Trp-Met-Asp-PheNH$_2$

G-00013

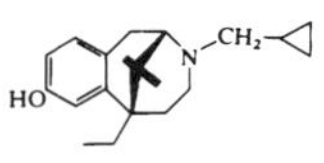

G-00014

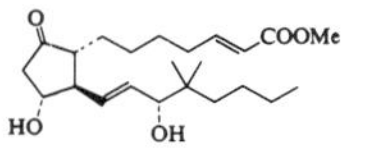

G-00015

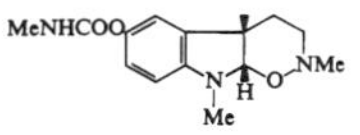

Absolute configuration

G-00016

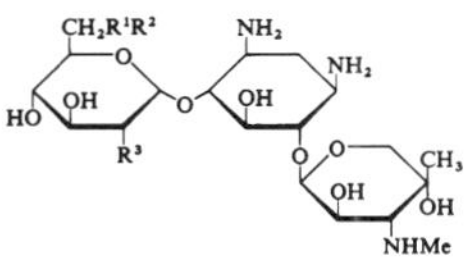

$R^1 = NH_2$, $R^2 = H$, $R^3 = OH$

G-00017

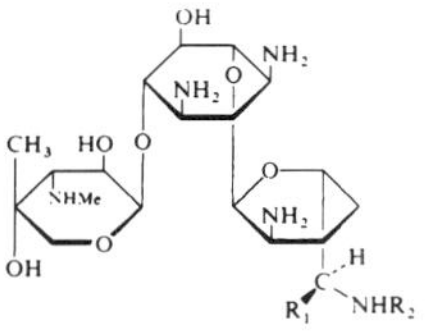

G-00018

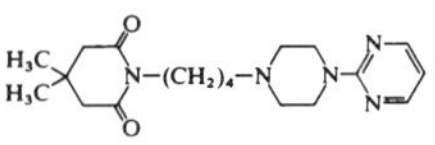

G-00019

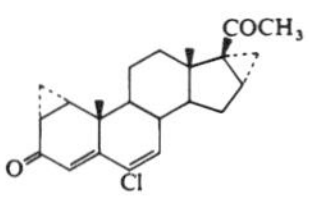

G-00020

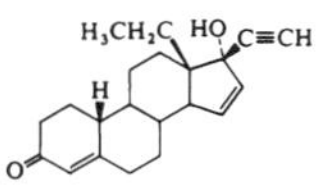

G-00021

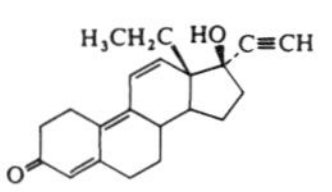

G-00022

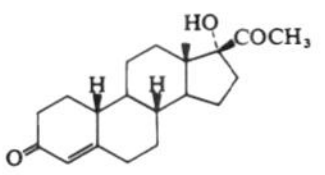

G-00023

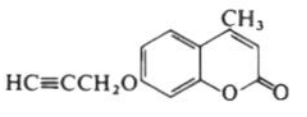

G-00024

Gly-Tyr-Ser-Met-GluNH$_2$-His-Phe-Arg-Trp-Gly-Lys-Pro-Val-Gly-Lys-Lys-Arg-Arg-NH$_2$

G-00025

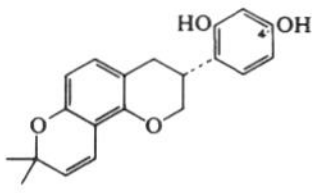

G-00026

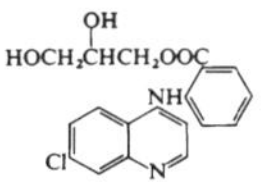

G-00027

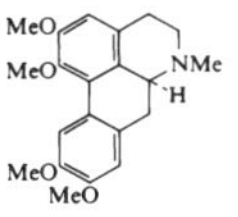

(*S*)-*form*
Absolute configuration

G-00028

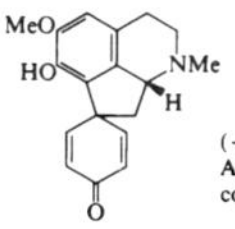

(+)-*form*
Absolute configuration

G-00029

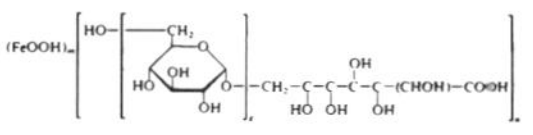

G-00030

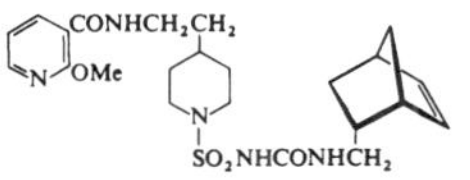

G-00031

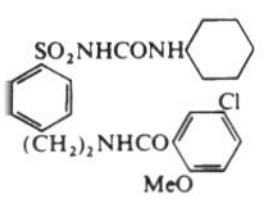

G-00032

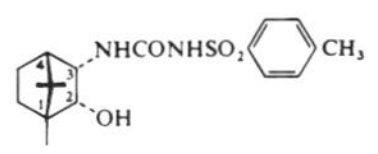

G-00033

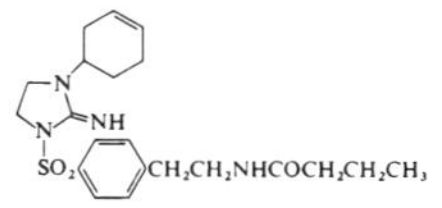

G-00034

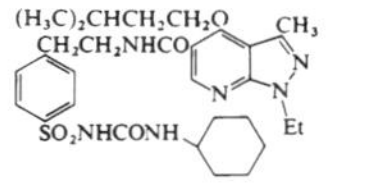

G-00035

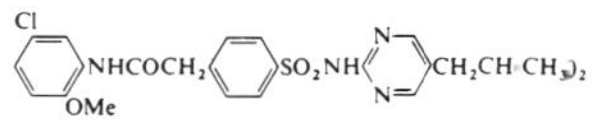

G-00036

G-00037

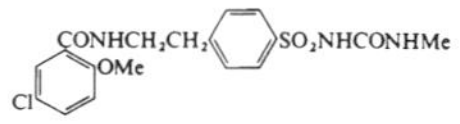

G-00038

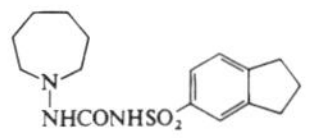

G-00039

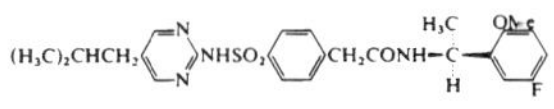

G-00040

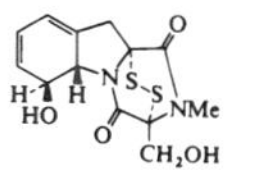

G-00041

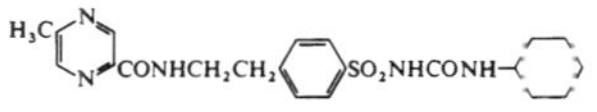

G-00042

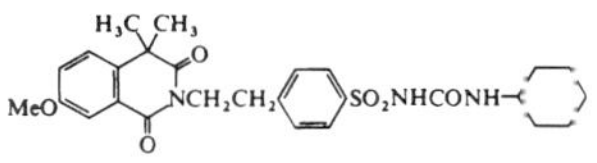

G-00043

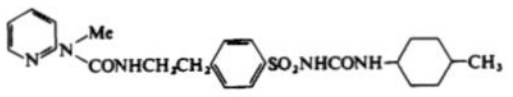

G-00044

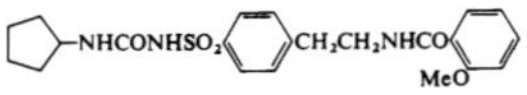

G-00045

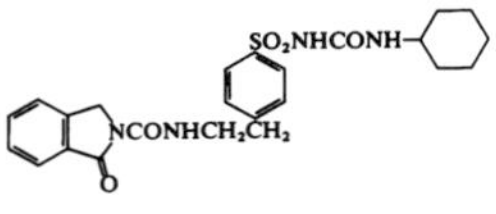

G-00046

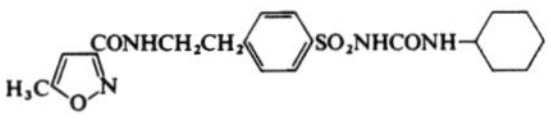

G-00047

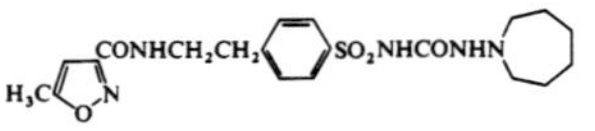

G-00048

HC=NNHC(=S)NH₂
|
C=NNHC(=S)NH₂
|
H₃CCHOEt

G-00050

[1]His-Ser-Gln-Gly-Thr-Phe-Thr-Ser-Asp-Tyr-Ser-Lys-Tyr-Leu-Asp-Ser-Arg-Arg-Ala-Gln-Asp-Phe-Val-Gln-Tyr-Leu-Met-Asn-[29]Thr

G-00051

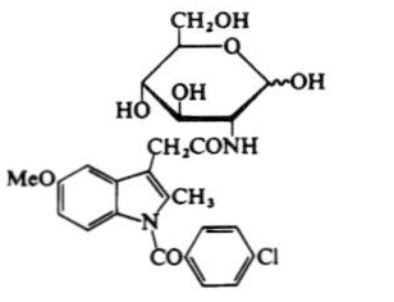

G-00052

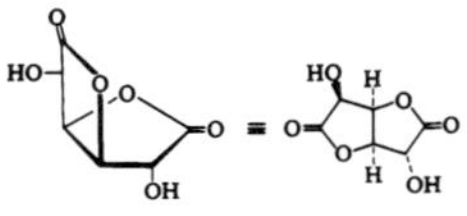

G-00053

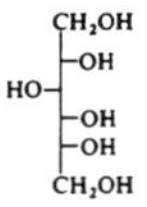

G-00054

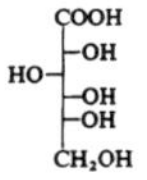

G-00055

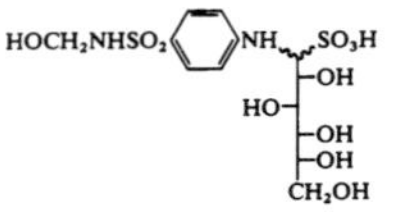

G-00056

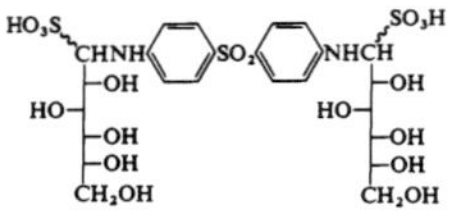

G-00057

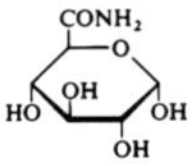

α-pyranose

G-00058

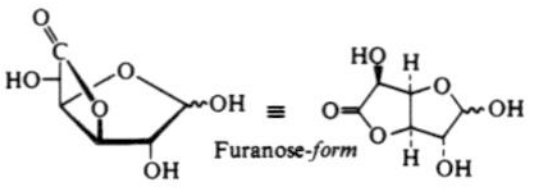

Furanose-*form*

G-00059

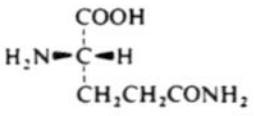

(*S*)-*form*
Absolute configuration

G-00060

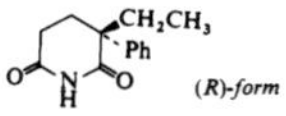

(*R*)-*form*

G-00061

G-00062

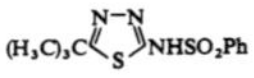

G-00063

HOCH$_2$CH(OH)CH$_2$OH

G-00064

AcOCH$_2$CH(OAc)CH$_2$OAc

G-00065

CH$_2$ONO$_2$
|
CHONO$_2$
|
CH$_2$ONO$_2$

G-00066

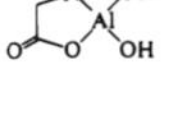

G-00067

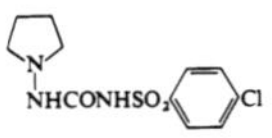

G-00068

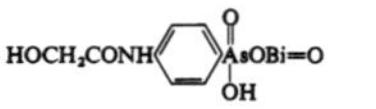

G-00069

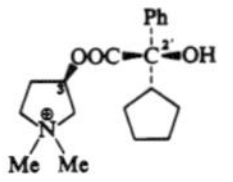

G-00070

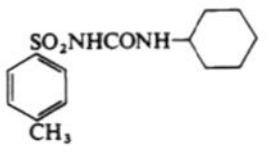

G-00071

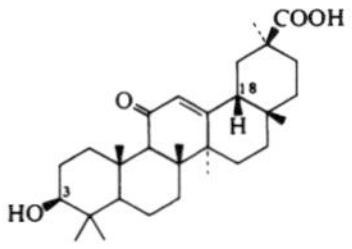

G-00072

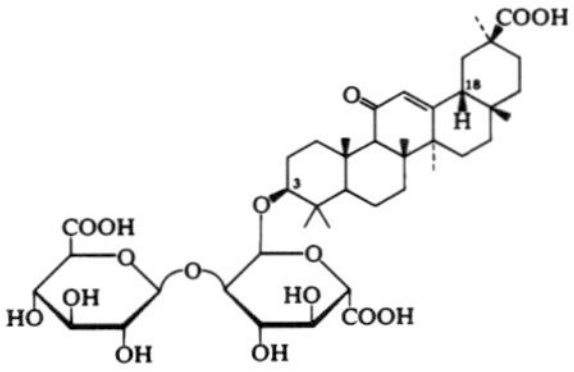

G-00073

G-00074

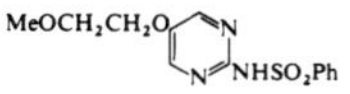

G-00075

G-00076

G-00077

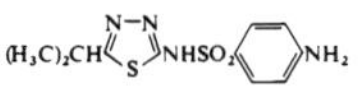

G-00078

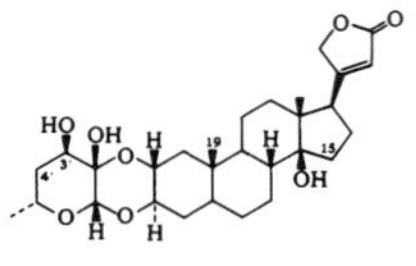

G-00079

H-5-OxoPro-His-Trp-Ser-Tyr-D-NHCHCO-Leu-Arg-Pro-NHNHCONH$_2$
CH$_2$OC(CH$_3$)$_3$

G-00081

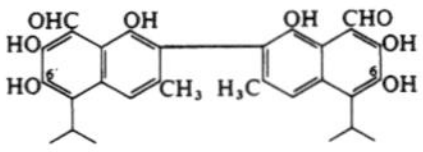

G-00082

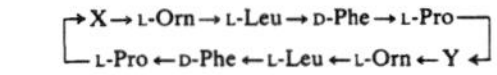

Gramicidin S$_1$ X = Y = L-Val
S$_2$ X = 2-Aminobutanoic acid, Y = L-Val
S$_3$ X = Y = 2-Aminobutanoic acid

G-00083

HCO-L-Val-Gly-L-Ala-D-Leu-L-Ala-D-Val-L-Val-D-Val-L-Trp-D-Leu-L-Trp-D-Leu-L-Trp-D-Leu-L-Trp-NHCH$_2$CH$_2$OH

G-00085

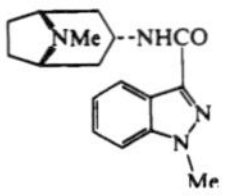

endo-form

G-00086

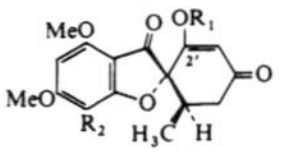

R$_1$ = CH$_3$, R$_2$ = Cl
(+)-*form*
Absolute configuration

G-00087

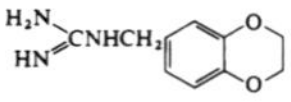

G-00088

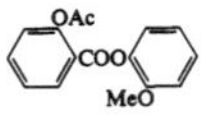

G-00089

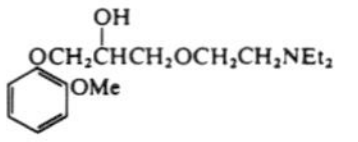

G-00090

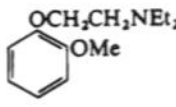

G-00091

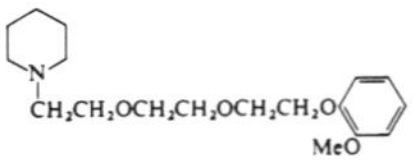

G-00092

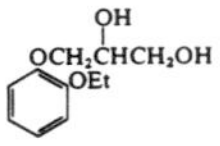

G-00093

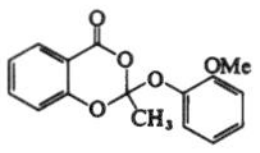

G-00094

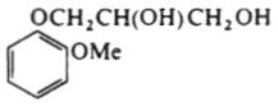

G-00095

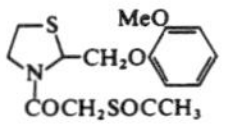

G-00096

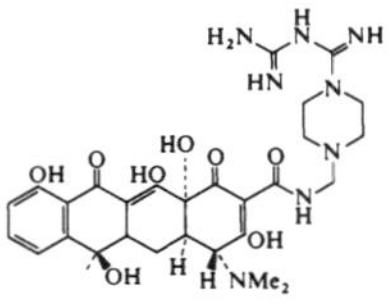

G-00097

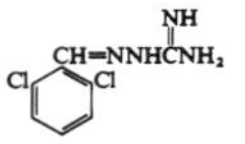

G-00098

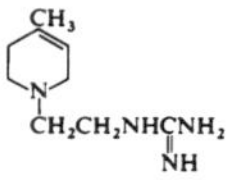

G-00099

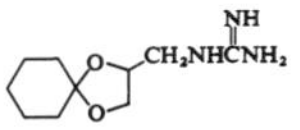

G-00100

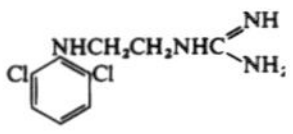

G-00101

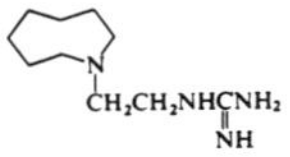

G-00102

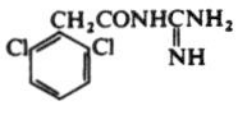

G-00103

Struct. unknown

G-00104

Struct. unknown

G-00105

Struct. unknown

G-00106

Struct. unknown

G-00107

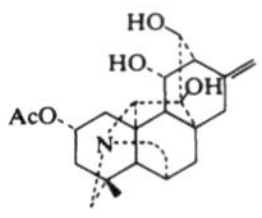

G-00108

$HN{=}C(NH_2)NHCH_2COOH$

G-00109

$NH{=}C(NH_2)NHCH_2CH_2CH_2COOH$

G-00110

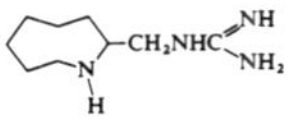

G-00111

$HN{=}C(NH_2)NHCH_2CH_2SO_3H$

G-00112

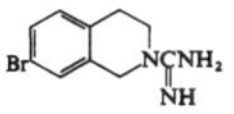

G-00113

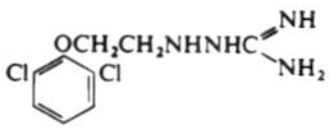

G-00114

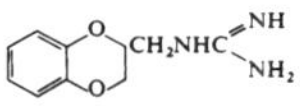

G-00115

H

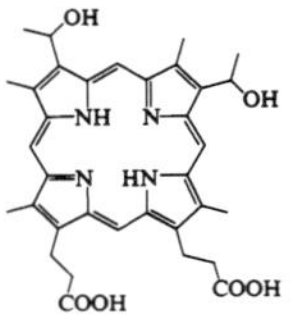

H-00002

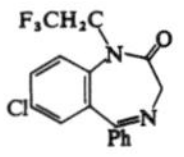

H-00003

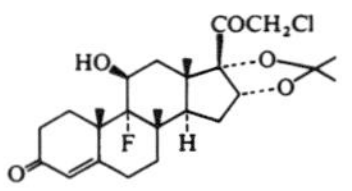

H-00004

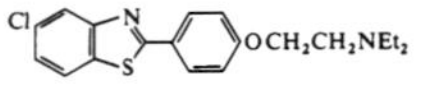

H-00005

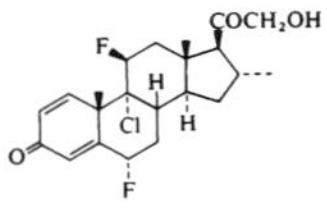

H-00006

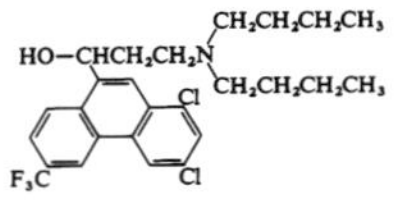

H-00007

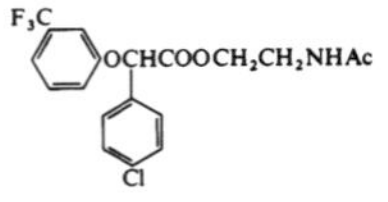

H-00008

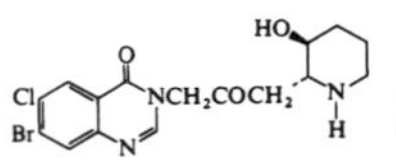

Relative configuration

H-00009

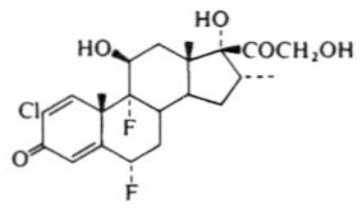

H-00010

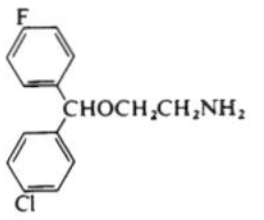

H-00011

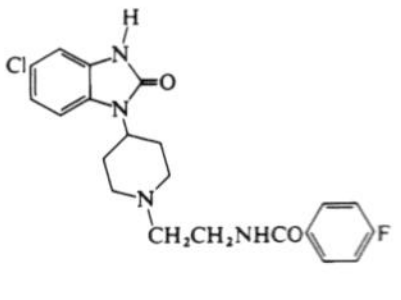

H-00012

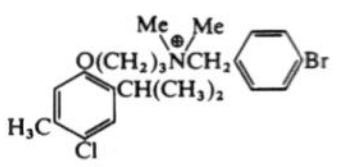

H-00013

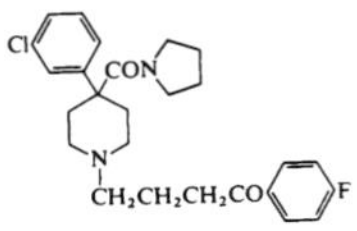

H-00014

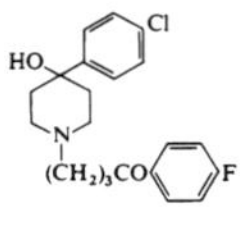

H-00015

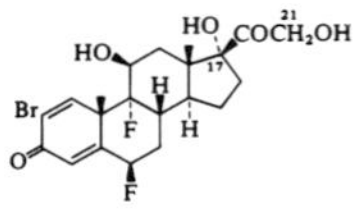

H-00016

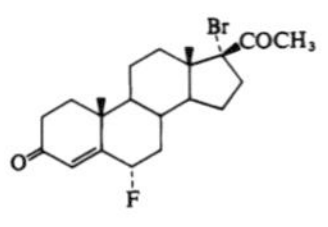

H-00017

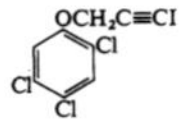

H-00018

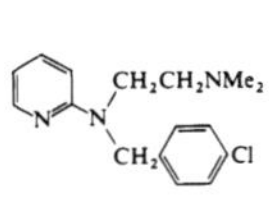

H-00019

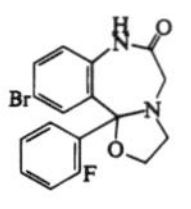

H-00020

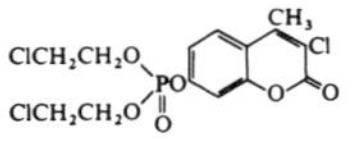

H-00021

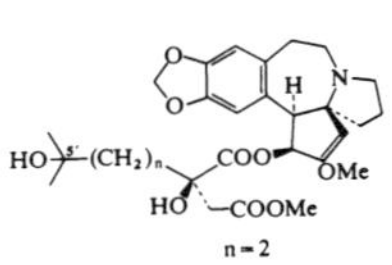

Absolute configuration

H-00022

H-00023

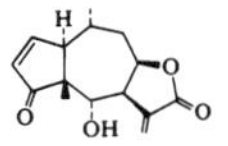

H-00024

$(F_3CCF_2CF_2)_3N$

H-00025

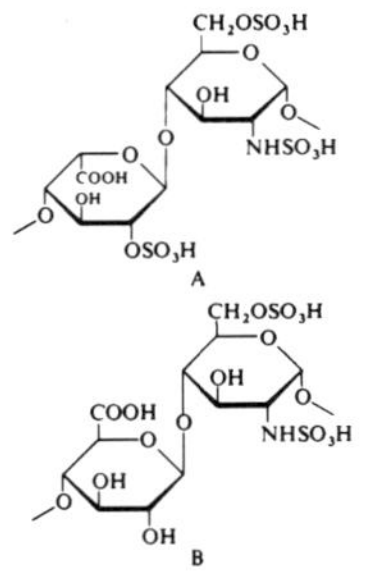

H-00026

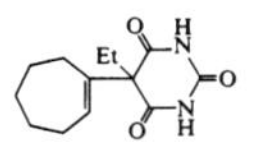

H-00027

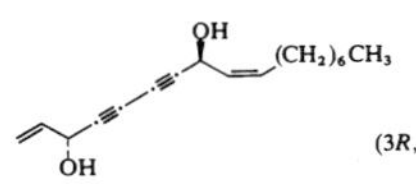

(3R, 8S, 9Z)-form

H-00028

$(H_3C)_2C(OH)CH_2CH_2CH_2CH(NH_2)CH_3$

H-00029

$H_3C(CH_2)_4CH(NH_2)CH_3$

H-00030

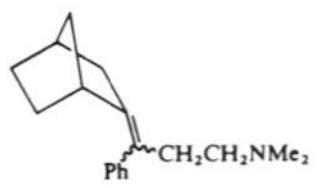

H-00031

H-00032

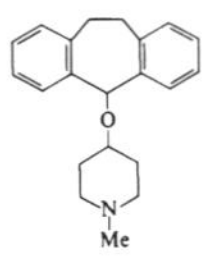

H-00033

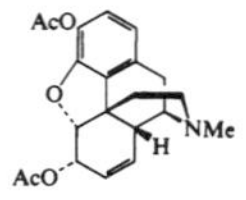

Absolute configuration

H-00034

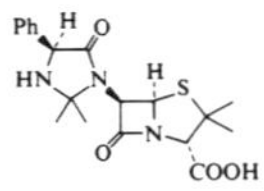

H-00035

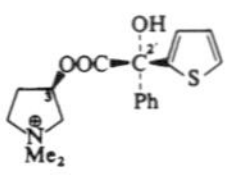

(3RS,2'RS)-form
Relative configuration

H-00036

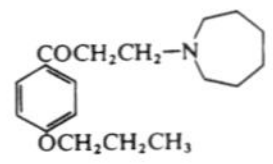

H-00037

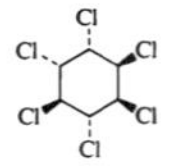

α-form
Relative configuration

H-00038

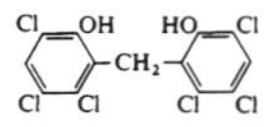

H-00039

Cl_3CCCl_3

H-00040

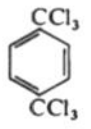

H-00041

$H_3C(CH_2)_{14}CH_2NH_2$

H-00042

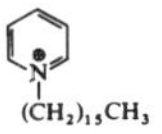

H-00043

$H_3C(CH_2)_{15}{}^{\oplus}NMe_3$

H-00044

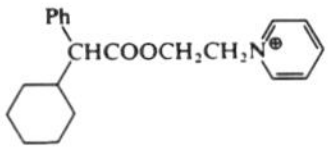

H-00045

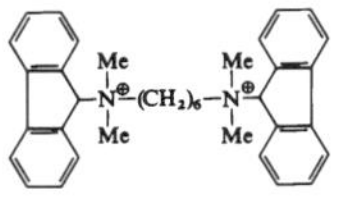

H-00046

$(F_3C)_2CHOCH_2F$

H-00047

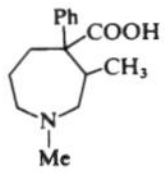

H-00048

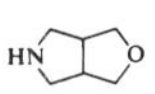

H-00049

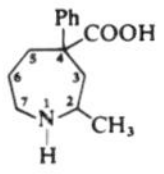

H-00050

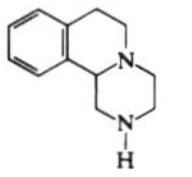

H-00051

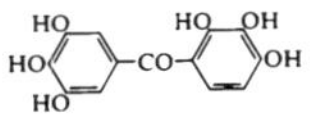

H-00052

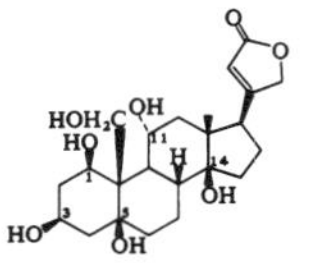

H-00053

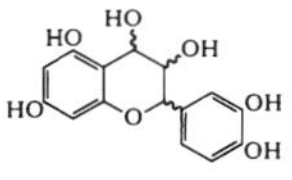

H-00054

$Me_3N^{\oplus}(CH_2)_6N^{\oplus}Me_3$

H-00055

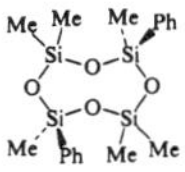

H-00056

H-00057

H-00058

$Ph_2C(OH)CH(NH_2)(CH_2)_4CH_3$

H-00060

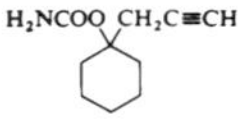

H-00061

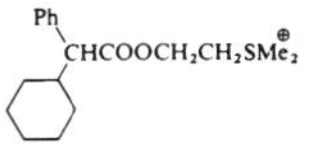

H-00062

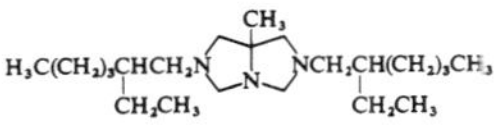

H-00063

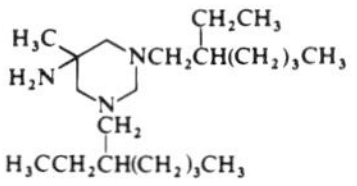

H-00064

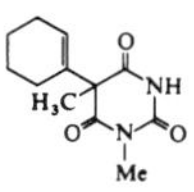

H-00065

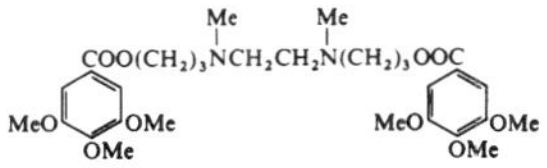

H-00066

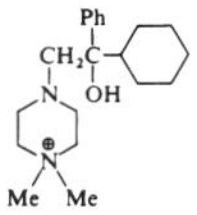

H-00067

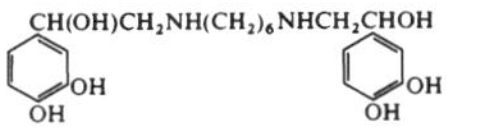

H-00068

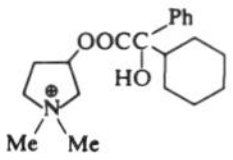

H-00069

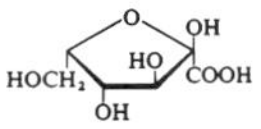

H-00070

$H_3C(CH_2)_5C(CH_2OH)_3$

H-00072

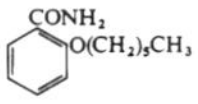

H-00073

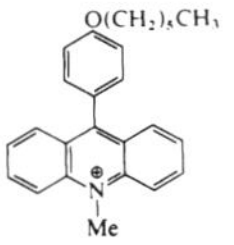

H-00074

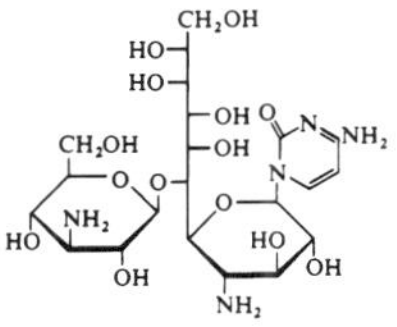

H-00075

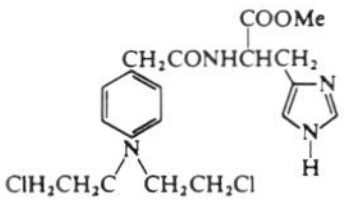

H-00076

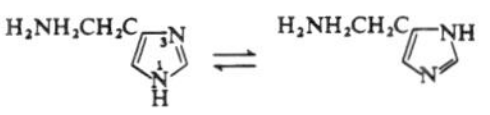

H-00077

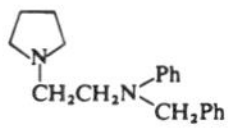

H-00078

H-5-OxoPro-His-Trp-Ser-Tyr-D-His(*N*-$PhCH_2$)-Leu-Arg-Pro-NHEt

H-00080

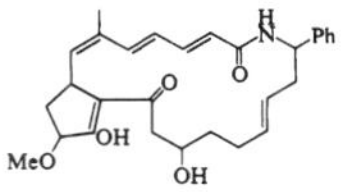

H-00081

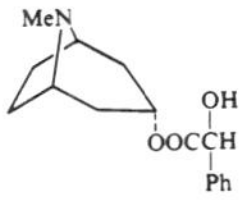

H-00082

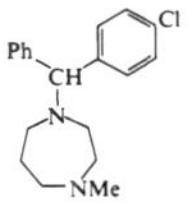

H-00083

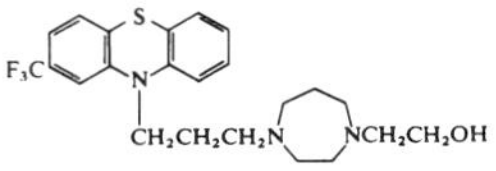

H-00084

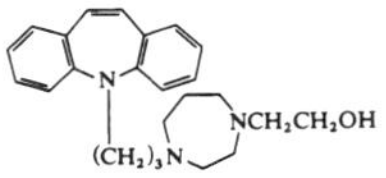

H-00085

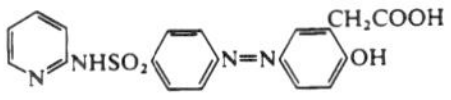

H-00086

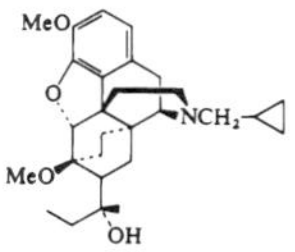

H-00087

$HOCH_2C(CH_3)_2CH(OH)CONH$-$(CH_2)_3COOH$

H-00088

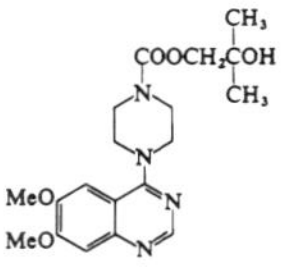

H-00089

H-Phe-Pro-Thr-Ile-Pro-Leu-Ser-Arg-Leu-Phe-Asp-Asn-Ala-Met-Leu-Arg-Ile-Leu-Ser-Leu-Glu-Leu-Ile-Ser-Trp-Leu-Glu-Pro-Val-Glu-Phe-Ala-His-Arg-Leu-His-Gln-Leu-Ala-Phe-Asp-Thr-Tyr-Glu-Glu-Phe-Glu-Glu-Ala-Tyr-Ile-Pro-Lys-Glu-Gln-Lys-Tyr-Ser-Phe-Leu-Gln-Asp-Pro-Glu-Thr-Ser-Leu-CyS-Phe-Ser-Glu-Ser-Ile-Pro-Thr-Pro-Ser-Asn-Arg-Glu-Glu-Thr-Gln-Lys-Ser-Asp-Leu-Glu-Leu-Leu-Arg-Ser-Val-Phe-Ala-Asn-Ser-Leu-Val-Tyr-Gly-Ala-Ser-Asn-Ser-Asp-Val-Tyr-Asp-Leu-Leu-Lys-Asp-Leu-Glu-Glu-Gly-Ile-Glu-Thr-Leu-Met-Gly-Arg-Leu-Glu-Asp-Pro-Ser-Gly-Arg-Thr-Gly-Gln-Ile-Phe-Lys-Glu-Thr-Tyr-Ser-Lys-Phe-Asp-Thr-Asn-Ser-His-Asn-Asp-Asp-Ala-Leu-Leu-Lys-Asp-Tyr-Gly-Leu-Leu-Tyr-CyS-Phe-Arg-Lys-Asp-Met-Asp-Lys-Val-Glu-Thr-Phe-Leu-Arg-Ile-Val-Gln-CyS-Arg-Ser-Val-Glu-Gly-Ser-CyS-Gly-Phe-OH

H-00090

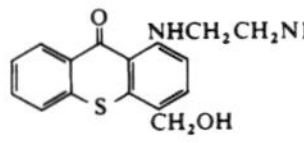

H-00093

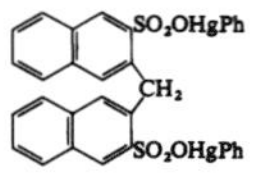

H-00094

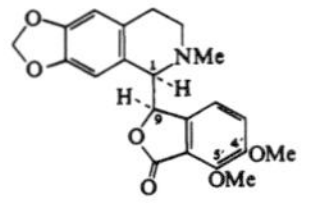

(1*R*,9*R*)-*form*

H-00095

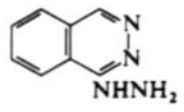

H-00096

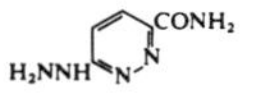

H-00097

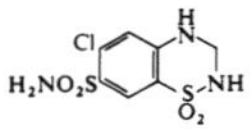

H-00098

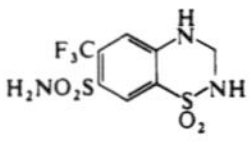

H-00099

H_2O_2

H-00100

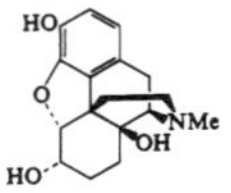

H-00101

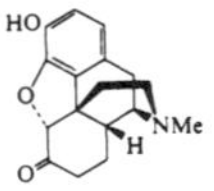

Absolute configuration

H-00102

$Al_2O_3 \cdot 6MgO \cdot CO_2 \cdot 12H_2O$

H-00103

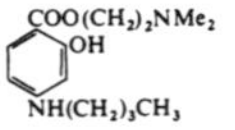

H-00104

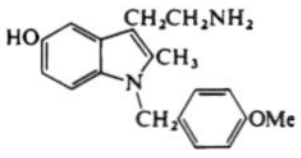

H-00105

$H_3CCONHOH$

H-00106

$PhCOCH_2OH$

H-00107

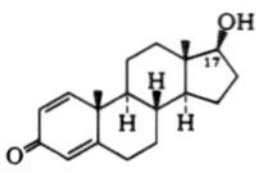

H-00108

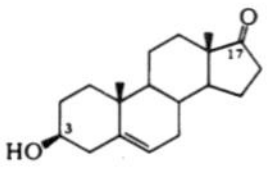

3β-*form*

H-00110

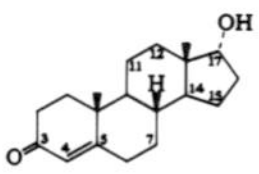

(17α)-*form*

H-00111

H-00112

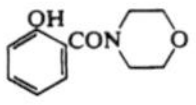

H-00115

H-00116

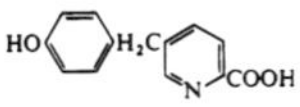

H-00117

$HOH_2C(CH_2)_2COOH$

H-00118

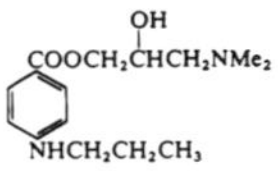

H-00119

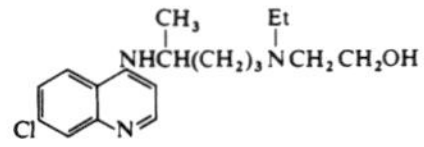

H-00120

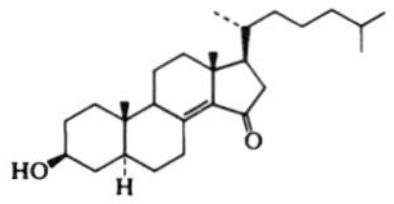

H-00121

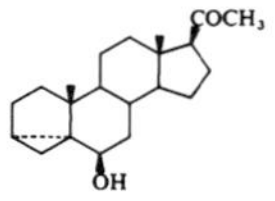

H-00122

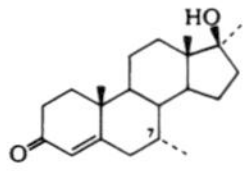

7α-*form*

H-00123

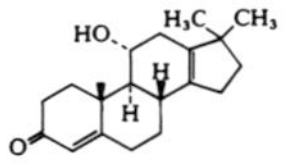

H-00124

$[(PhHg)_2OH]^{\oplus}$

H-00125

$Ph_2C(OH)CH_2COOH$

H-00126

H-00127

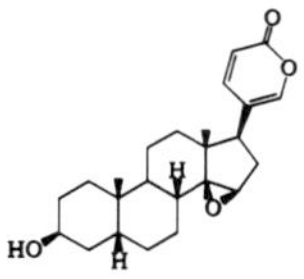

H-00128

$PhCH_2NHCOOCH_2CH_2OH$

H-00129

$PhCH{=}CHCONHCH_2CH_2OH$

H-00130

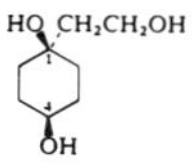

H-00131

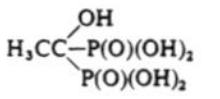

H-00132

$H_3C(CH_2)_{13}NH_2^{\oplus}CH_2CH_2OH$

H-00133

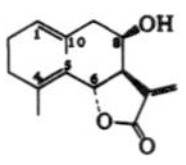

H-00134

$H_3C(CH_2)_4COCH_2OH$

H-00135

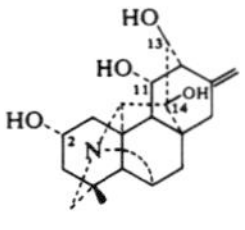

H-00136

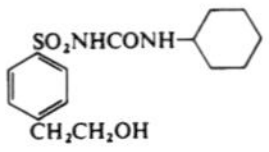

H-00137

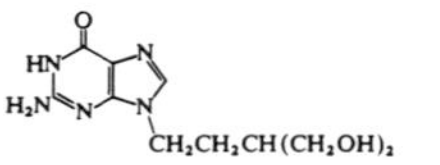

H-00138

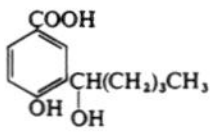

H-00139

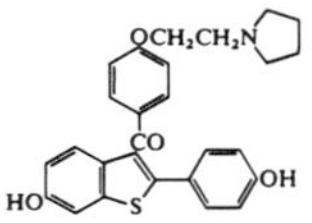

H-00140

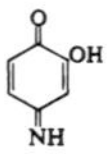

H-00141

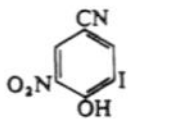

H-00142

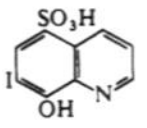

H-00143

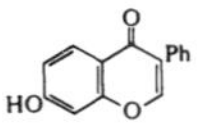

H-00144

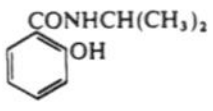

H-00145

$HOCH[P(O)(OH)_2]_2$

H-00146

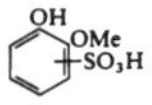

H-00147

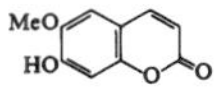

H-00148

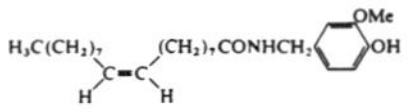

(Z)-form

H-00149

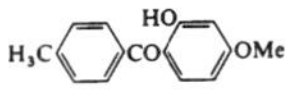

H-00150

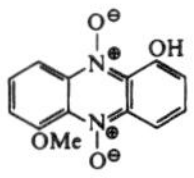

H-00152

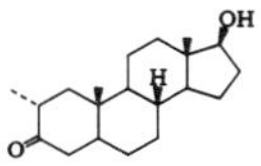

H-00153

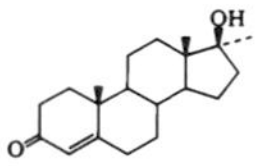

H-00154

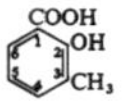

H-00155

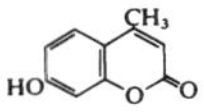

H-00156

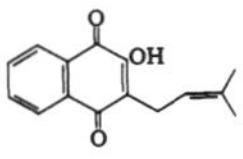

H-00157

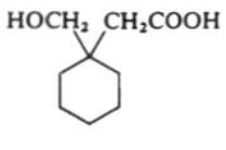

H-00158

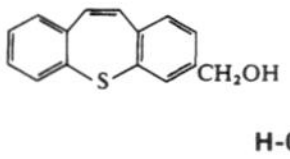

H-00159

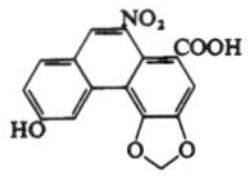

H-00160

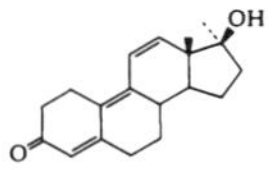

H-00161

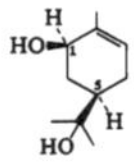

(1R,5R)-form
Absolute configuration

H-00162

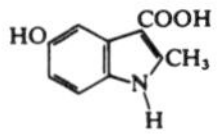

H-00163

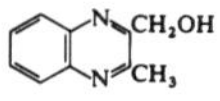

H-00164

$HOCH_2NHCSNHMe$

H-00165

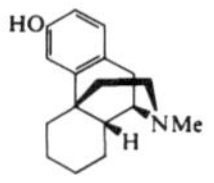

(−)-form
Absolute configuration

H-00166

$O_2NC(CH_2OH)_3$

H-00168

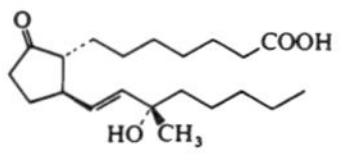

H-00169

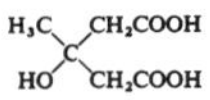

H-00170

$(H_3C)_2C(OH)CH_2COCH_3$

H-00171

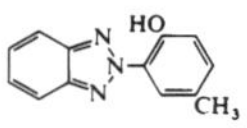

H-00172

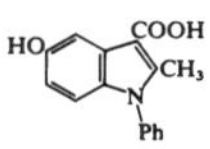

H-00173

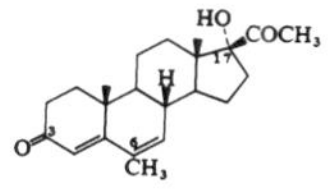

H-00174

$Me_3N^{\oplus}CH_2OH$

H-00177

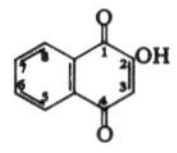

H-00178

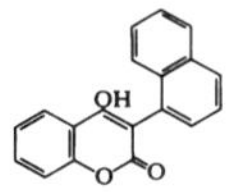

H-00180

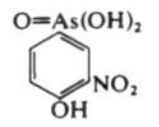

H-00181

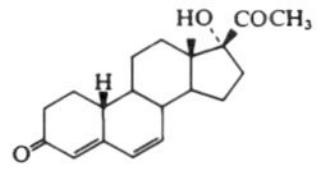

H-00183

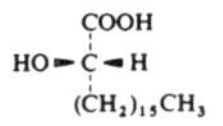

(S)-form
Absolute configuration

H-00184

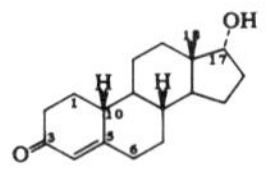

H-00185

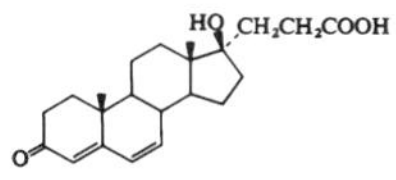

H-00186

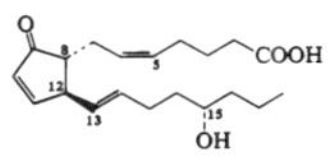

H-00187

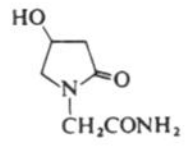

H-00188

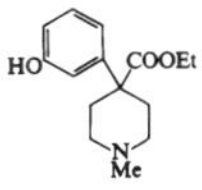

H-00189

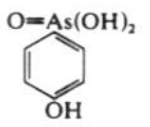

H-00190

PhHgOH

H-00191

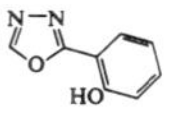

H-00192

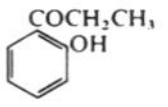

H-00193

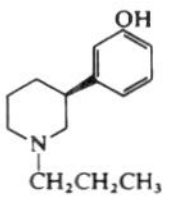

(S)-form

H-00194

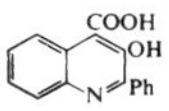

H-00195

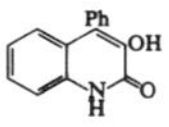

H-00196

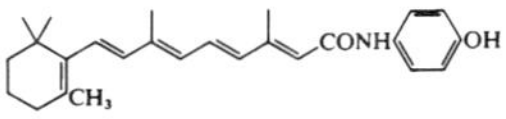

H-00197

H-00198

H-00199

H-00200

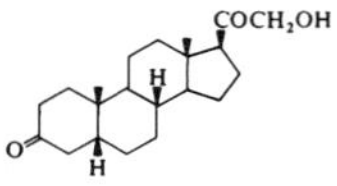

H-00201

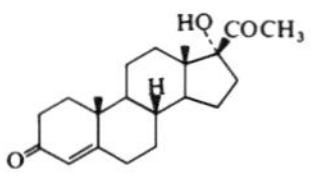

H-00202

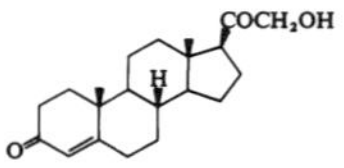

H-00203

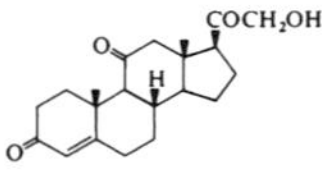

H-00204

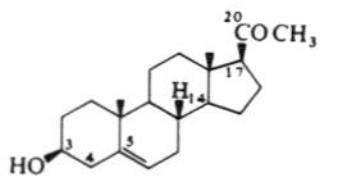

H-00205

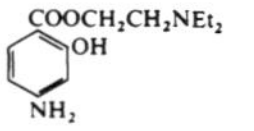

H-00206

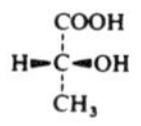

(*R*)-*form* Absolute configuration

H-00207

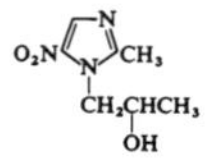

H-00208

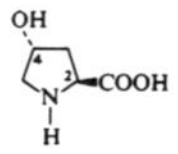

(2*S*,4*R*)-*form* Absolute configuration

H-00210

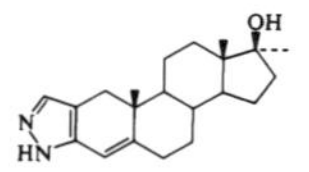

H-00212

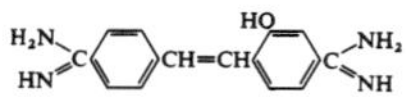

H-00213

H-00215

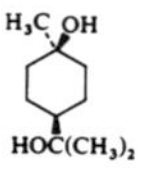

trans-form

H-00216

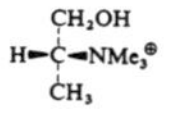

(*R*)-*form*

H-00217

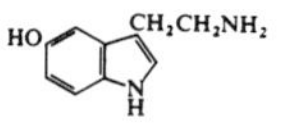

H-00218

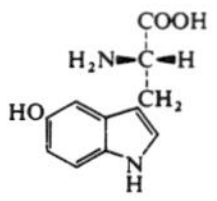

(*S*)-*form* Absolute configuration

H-00219

$HONHCONH_2 \rightleftharpoons HON{=}C(OH)NH_2$

H-00220

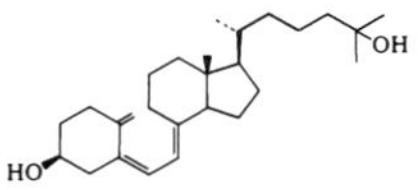

H-00221

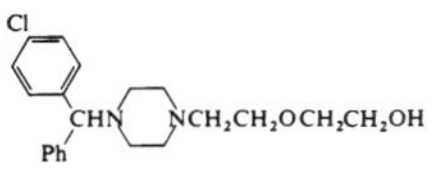

H-00222

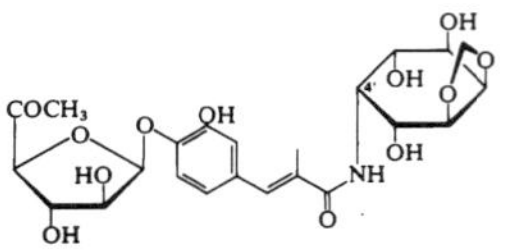

H-00223

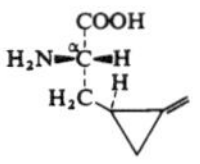

(α*S*,γ*S*)-*form*

H-00224

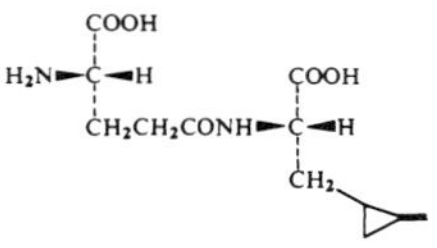

H-00225

I

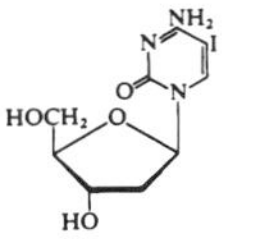

I-00001

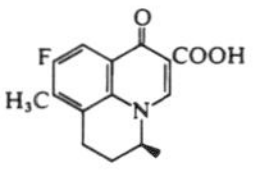

(S)-form

I-00002

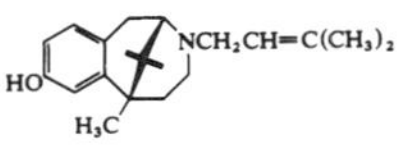

I-00003

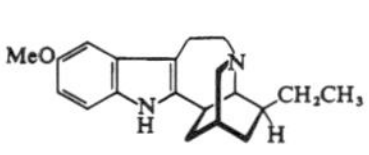

(–)-*form*
Absolute configuration

I-00004

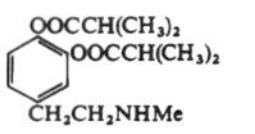

I-00005

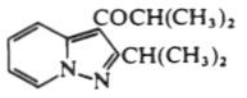

I-00006

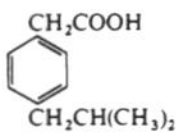

I-00007

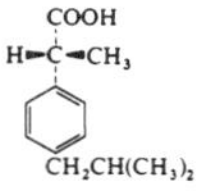

(R)-form
Absolute configuration

I-00008

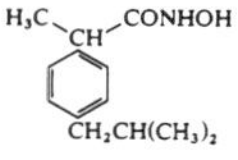

I-00009

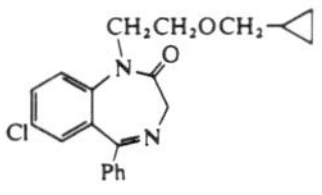

I-00011

$H_3CCH{=}CHCH_2(CH_2CH{=}CH)_3$-
$(CH_2)_6COOH$

I-00012

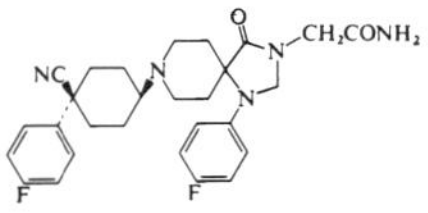

I-00013

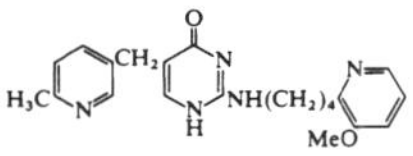

I-00014

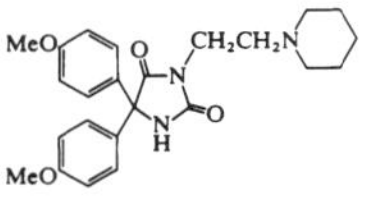

I-00015

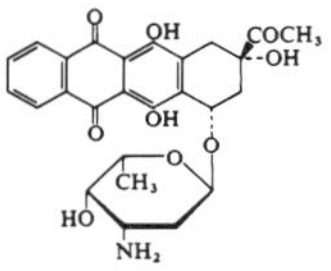

I-00016

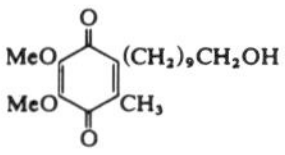

I-00017

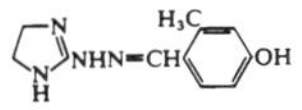

I-00018

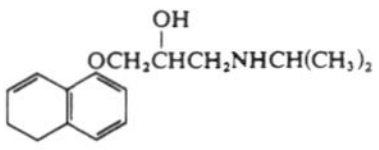

I-00019

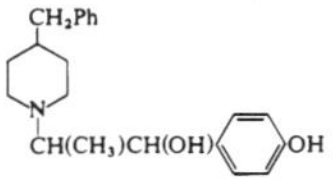

I-00020

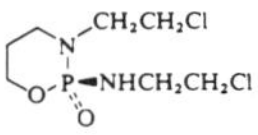

(R)-form

I-00021

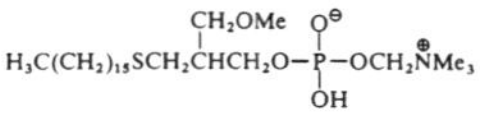

I-00022

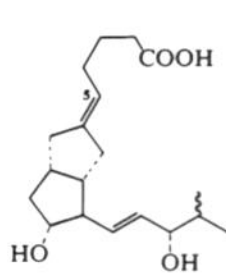

I-00023

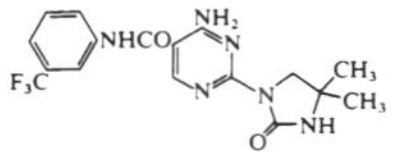

I-00024

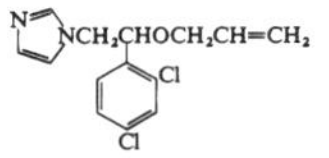

I-00025

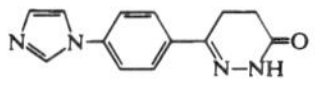

I-00026

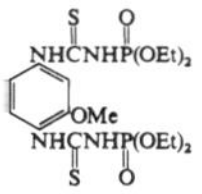

I-00027

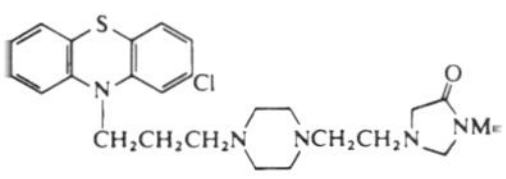

I-00028

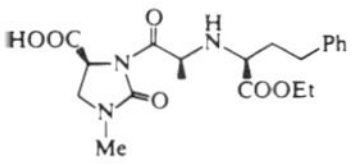

I-00029

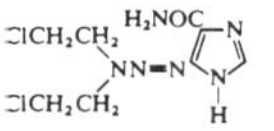

I-00030

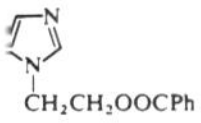

I-00031

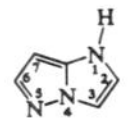

I-00032

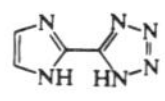

I-00033

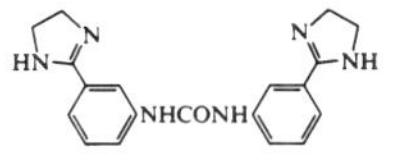

I-00034

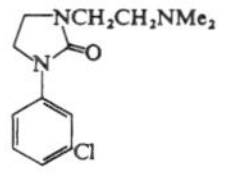

I-00035

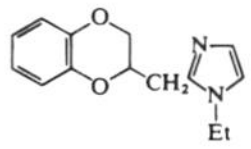

I-00036

$HN(CH_2CH_2CH_2OH)_2$

I-00037

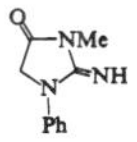

I-00038

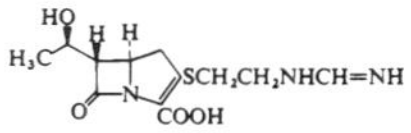

I-00039

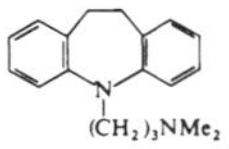

I-00040

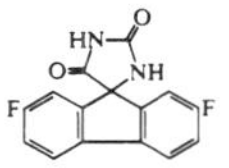

I-00041

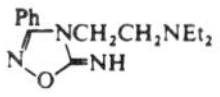

I-00042

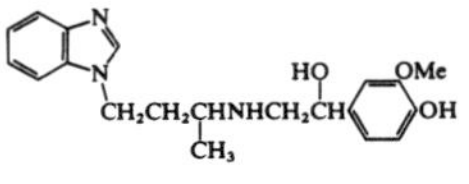
I-00043

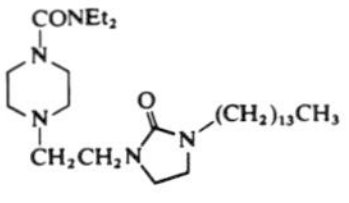
I-00044

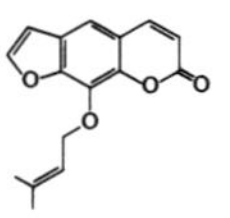
I-00045

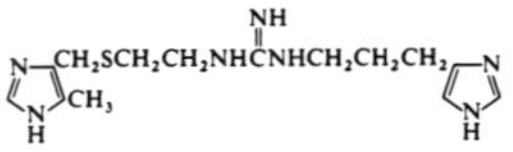
I-00046

I-00047

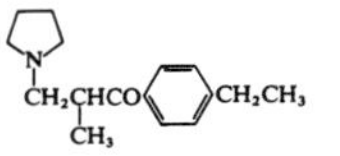
I-00048

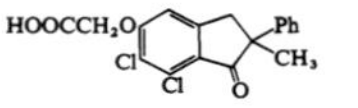
I-00049

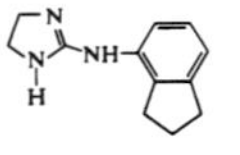
I-00050

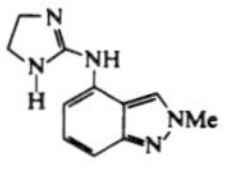
I-00051

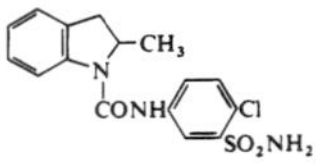
I-00052

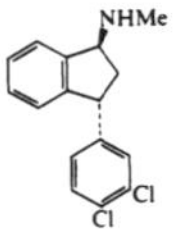
(1RS,3RS)-form

I-00053

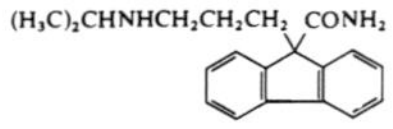
I-00054

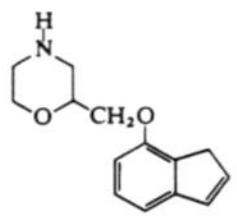
I-00055

I-00056

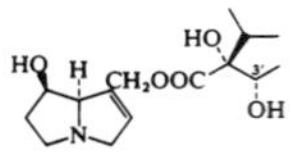
I-00057

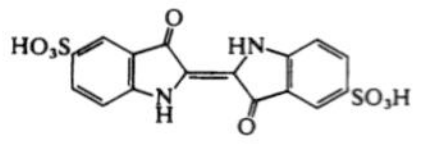
I-00058

$InCl_3$

I-00059

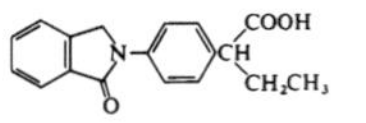
I-00060

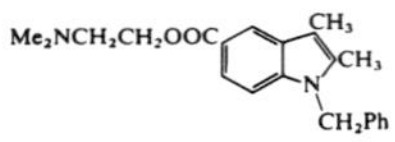
I-00061

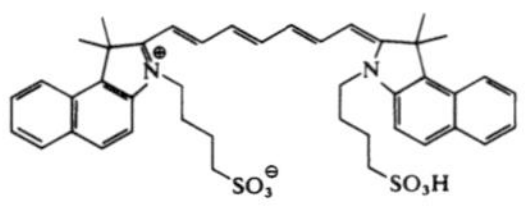
I-00062

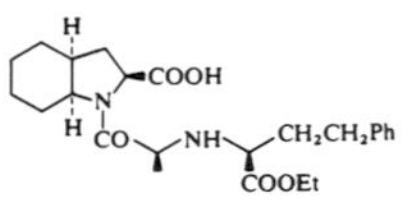
I-00063

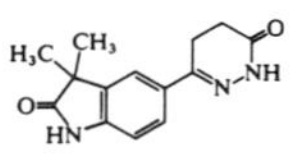
I-00064

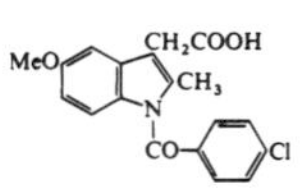
I-00065

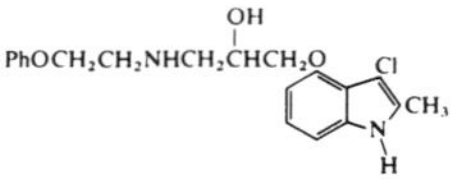
I-00066

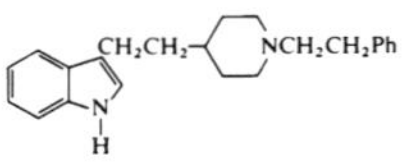
I-00067

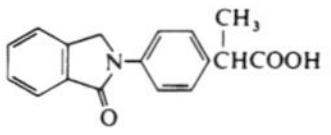
I-00068

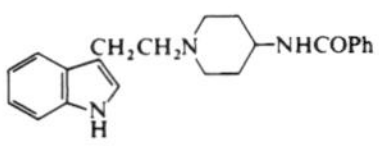
I-00069

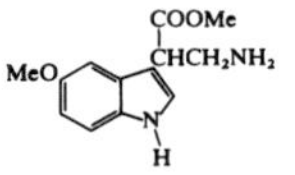
I-00070

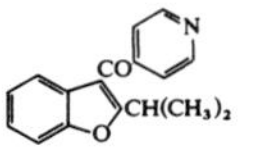
I-00071

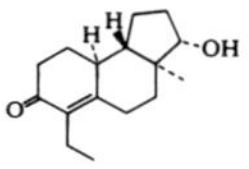
I-00072

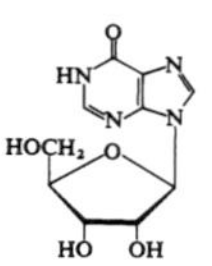
I-00073

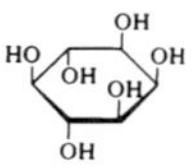
I-00074

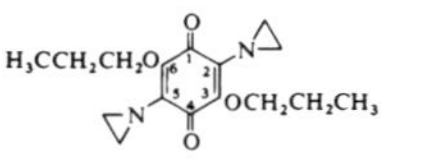
I-00075

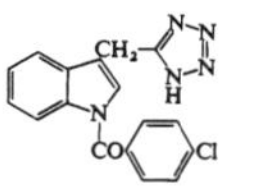
I-00087

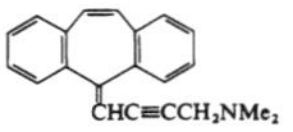
I-00088

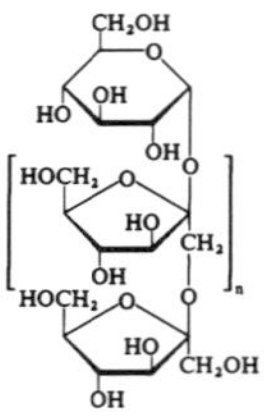
I-00089

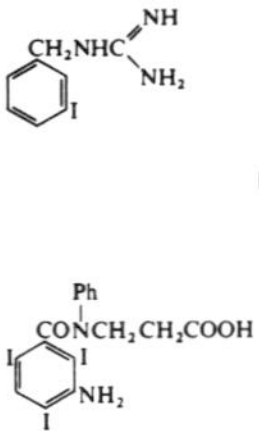
I-00090

I-00091

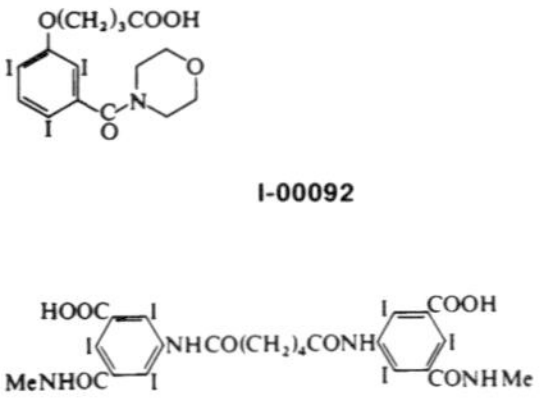
I-00092

I-00093

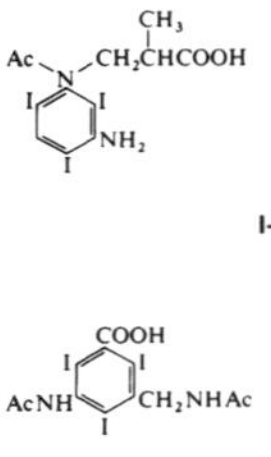
I-00094

I-00095

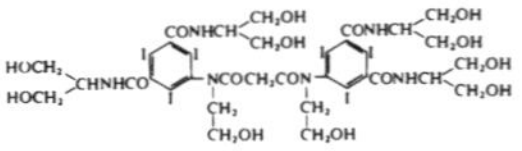
I-00096

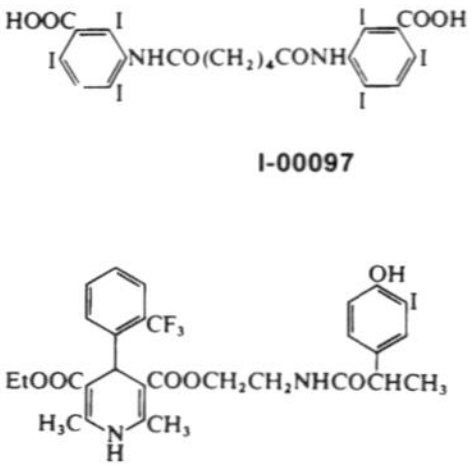
I-00097

I-00098

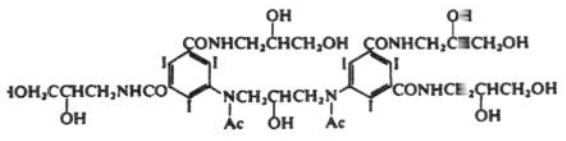
I-00099

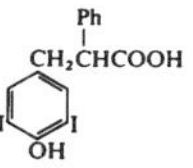
I-00100

I-00101

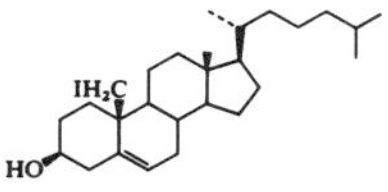
I-00102

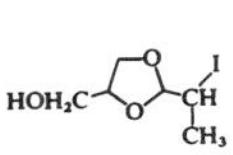
I-00103

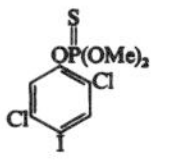
I-00104

$ICH_2(CH_2)_{14}COOH$

I-00105

ICH_2SO_3H

I-00106

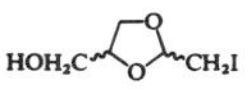
I-00107

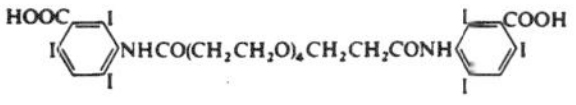
I-00108

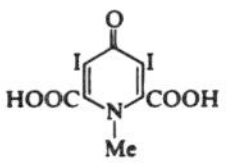
I-00109

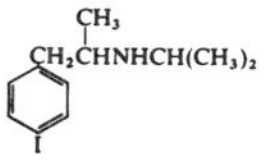
I-00110

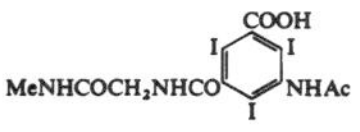
I-00111

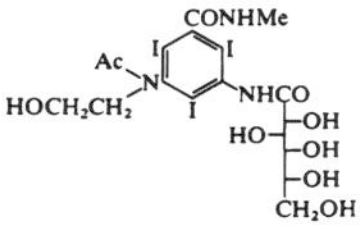
I-00112

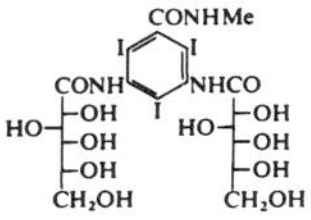
I-00113

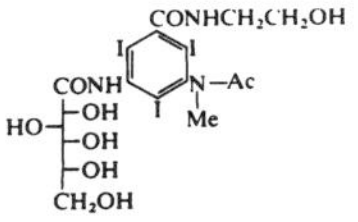
I-00114

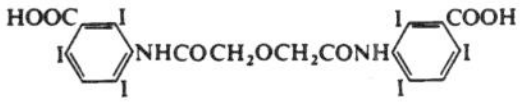
I-00115

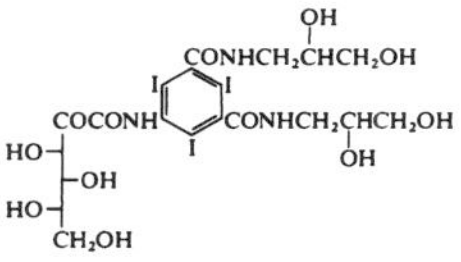
I-00116

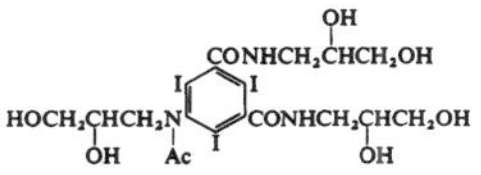
I-00117

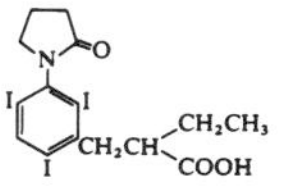
I-00118

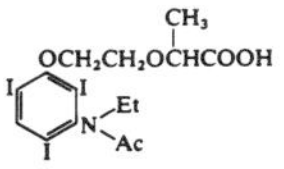
I-00119

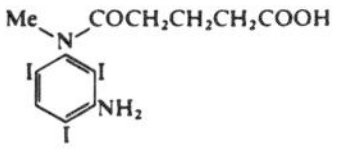
I-00120

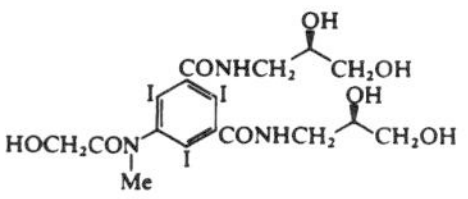
I-00121

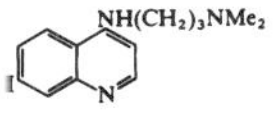
I-00122

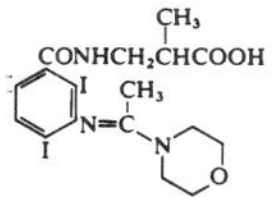
I-00123

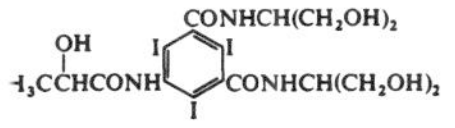
I-00124

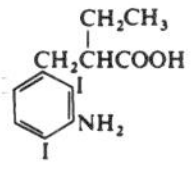
I-00125

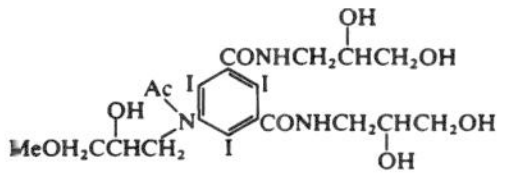
I-00126

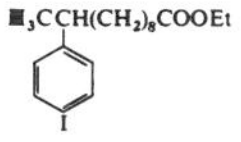
I-00127

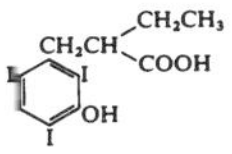
I-00128

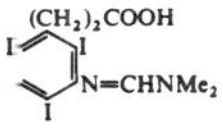
I-00129

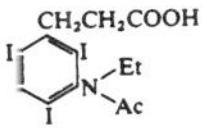
I-00130

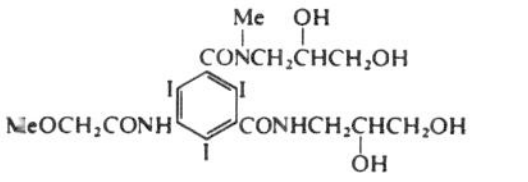
I-00131

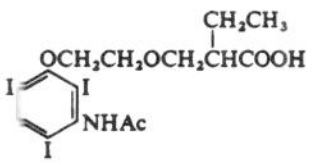
I-00132

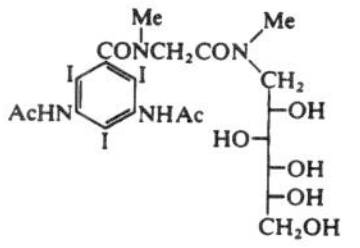
I-00133

I-00134

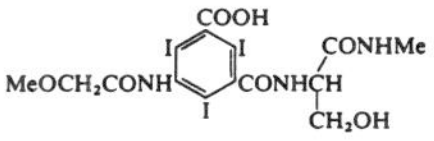
I-00135

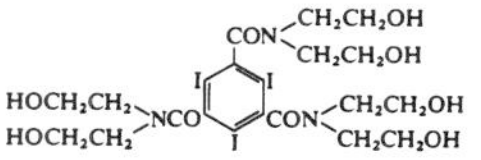
I-00136

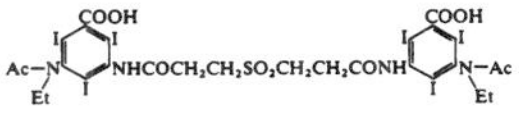
I-00137

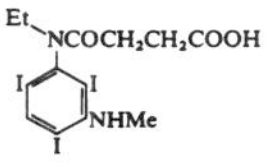
I-00138

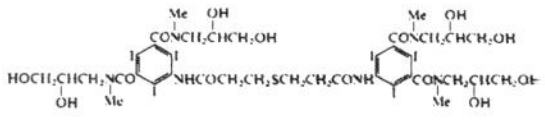
I-00139

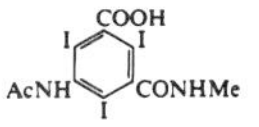
I-00140

I-00141

I-00142

I-00143

I-00144

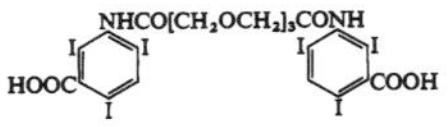

I-00145

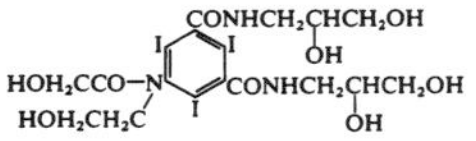

I-00146

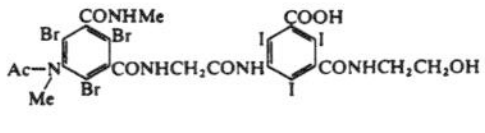

I-00147

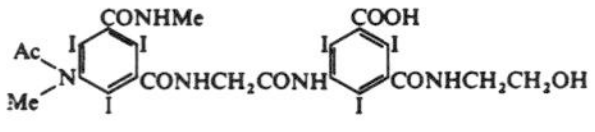

I-00148

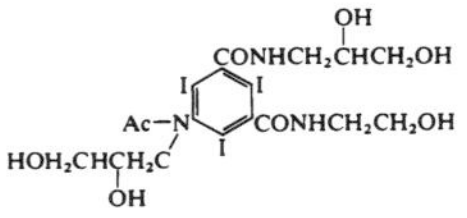

I-00149

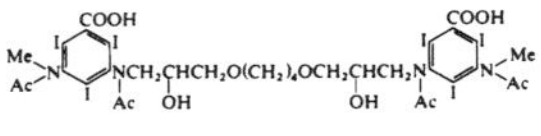

I-00150

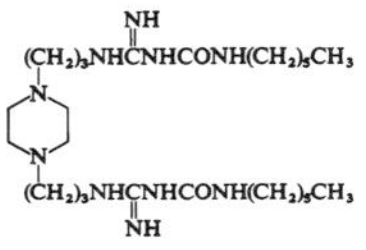

I-00151

(CH₂)₄CH₃ OH
D-Glc L-Rha–OCH(CH₂)₇CHCH₂COOH
D-Fuc-L-Rha

I-00152

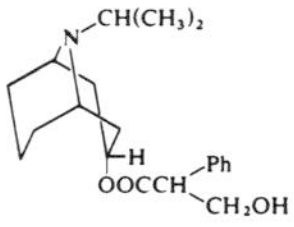

I-00153

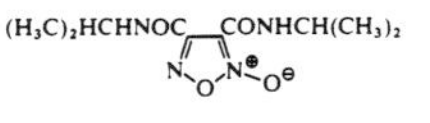

I-00154

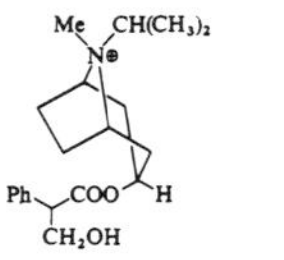

I-00155

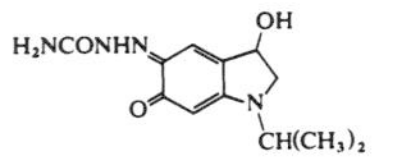

I-00156

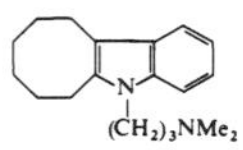

I-00157

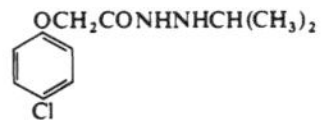

I-00158

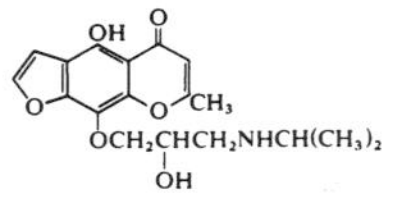

I-00159

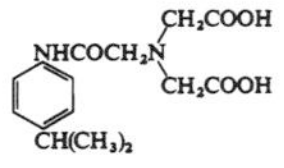

I-00160

I-00161

(H₃C)₂CHNH₂ OH Cl Pt Cl (H₃C)₂CHNH₂ OH

I-00162

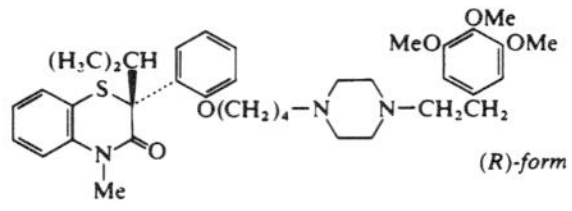

(*R*)-form

I-00163

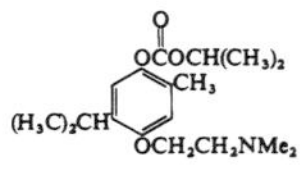

I-00164

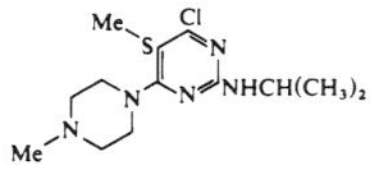

I-00165

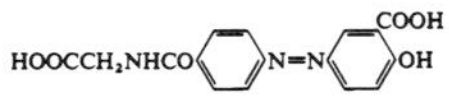

I-00166

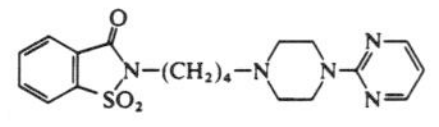

I-00167

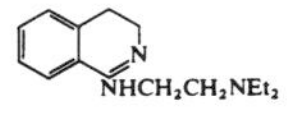

I-00168

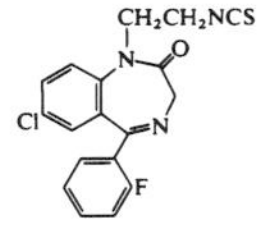

I-00169

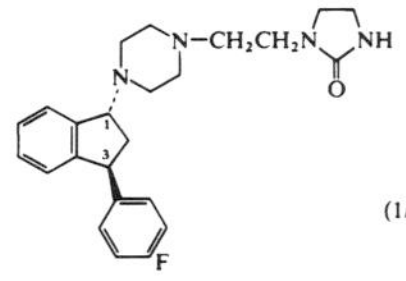

(1*R*,3*S*)-form

I-00170

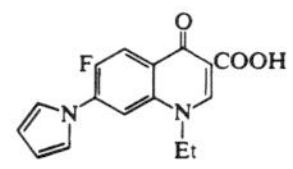

I-00171

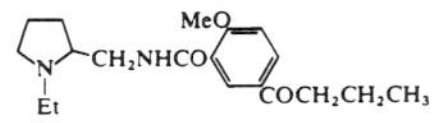

I-00172

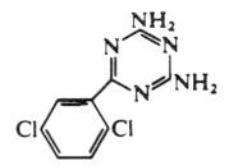

I-00173

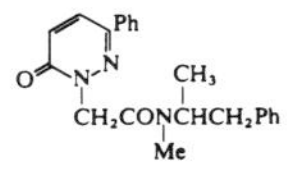

I-00174

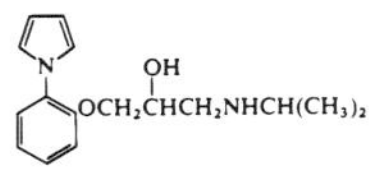

I-00175

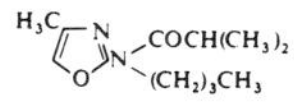

I-00176

CH(CH₃)₂
H₃CCHCH₂CCN
NMe₂ Ph

I-00177

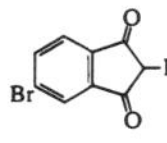

I-00178

PhCOOCH₂C(CH₃)₂NHCH₂CH(CH₃)₂

I-00179

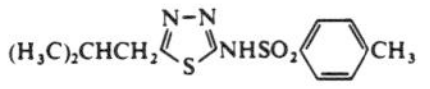

I-00180

I-00181

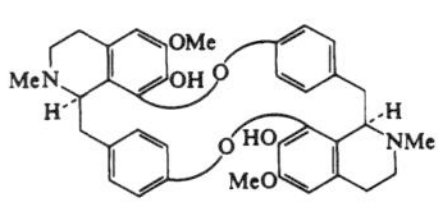

I-00182

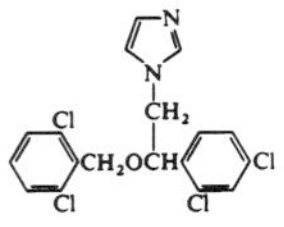

I-00183

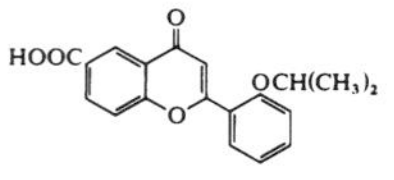

I-00184

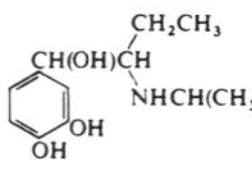

I-00185

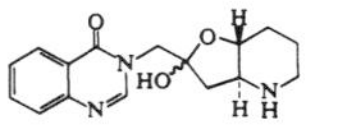

I-00186

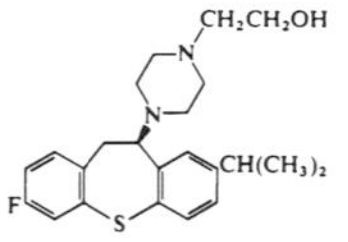

(*R*)-form

I-00187

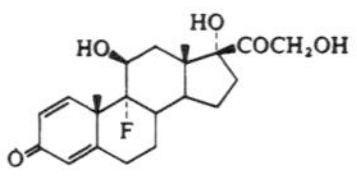

I-00188

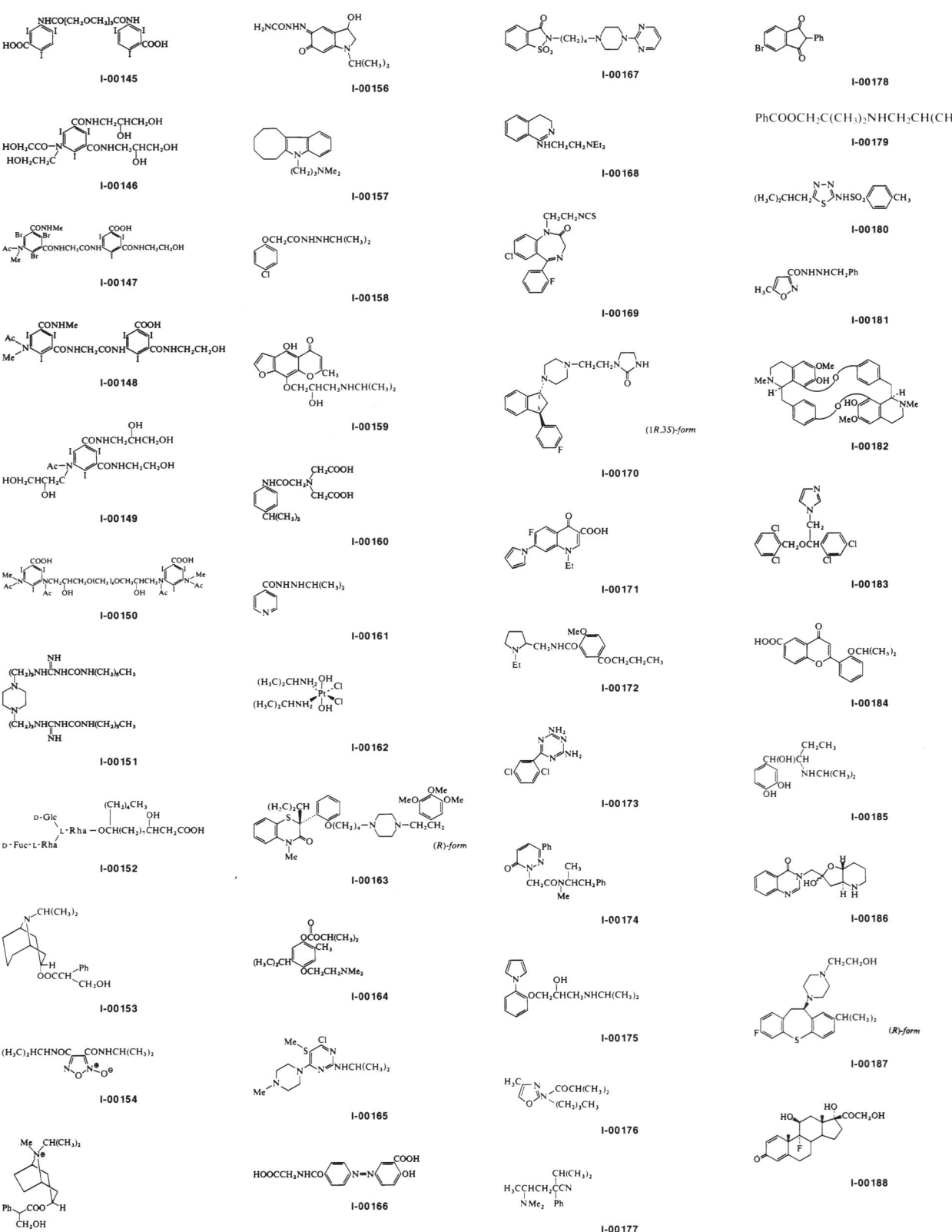

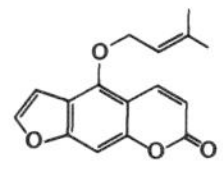

I-00189

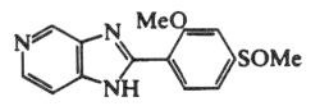

I-00190

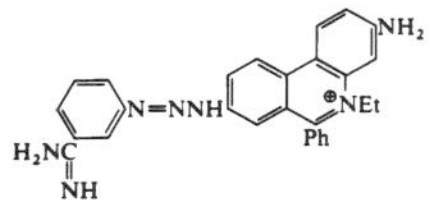

I-00191

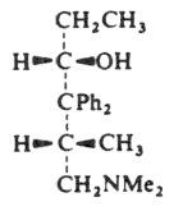

β-(+)-form
Absolute configuration

I-00192

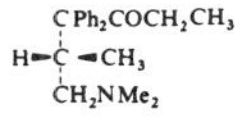

(S)-form
Absolute configuration

I-00193

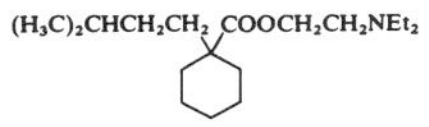

I-00194

I-00195

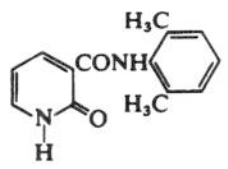

I-00196

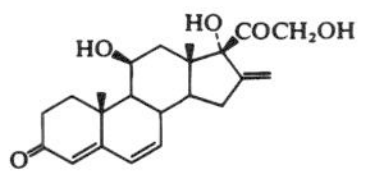

I-00197

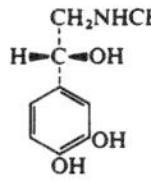

(R)-form

I-00198

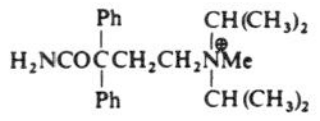

I-00199

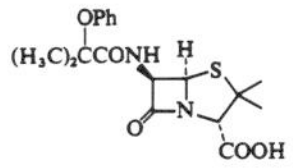

I-00200

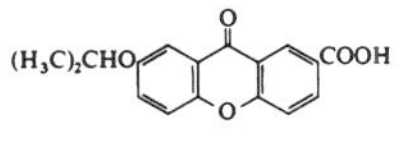

I-00201

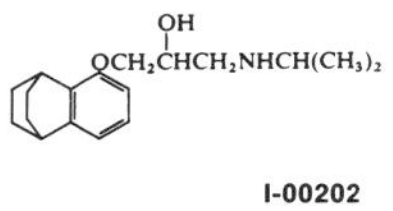

I-00202

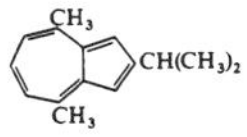

I-00203

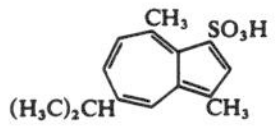

I-00205

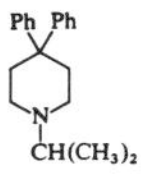

I-00206

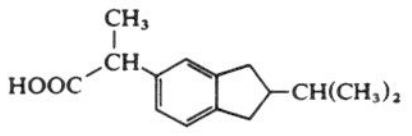

I-00207

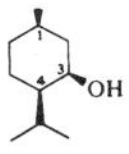

(1R,3R,4R)-form

I-00208

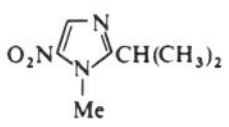

I-00209

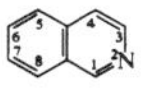

I-00210

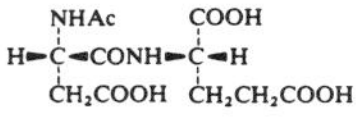

(S,S)-form

I-00211

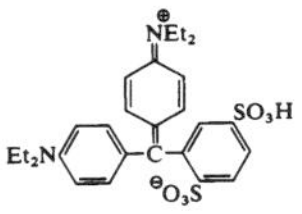

I-00212

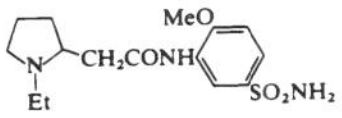

I-00213

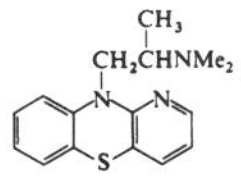

I-00214

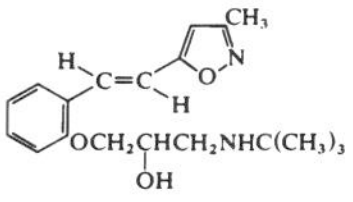

I-00215

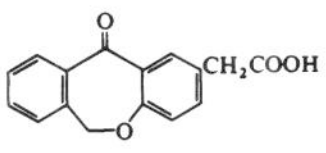

I-00216

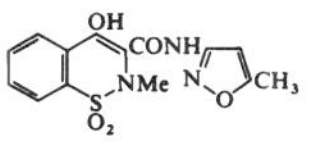

I-00217

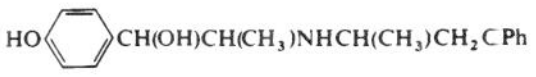

I-00218

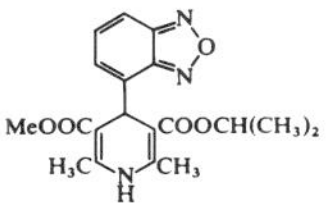

I-00219

I-00220

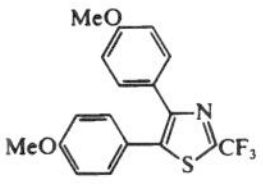

I-00221

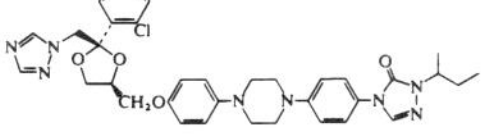

I-00222

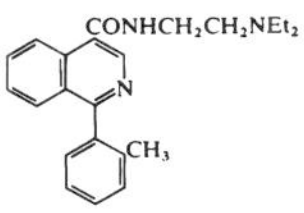

I-00223

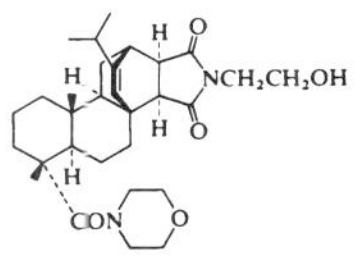

I-00224

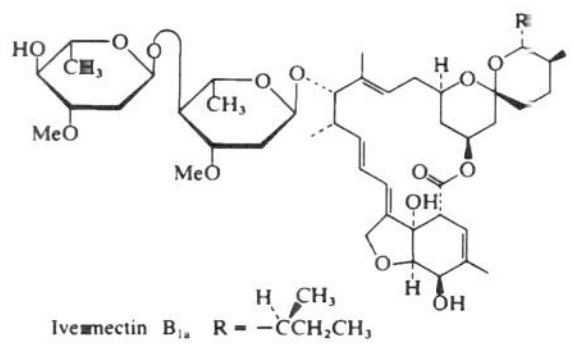

Ivermectin B_{1a} R = $-\overset{H\ \ CH_3}{C}CH_2CH_3$

B_{2a} R = $-CH(CH_3)_2$

I-00225

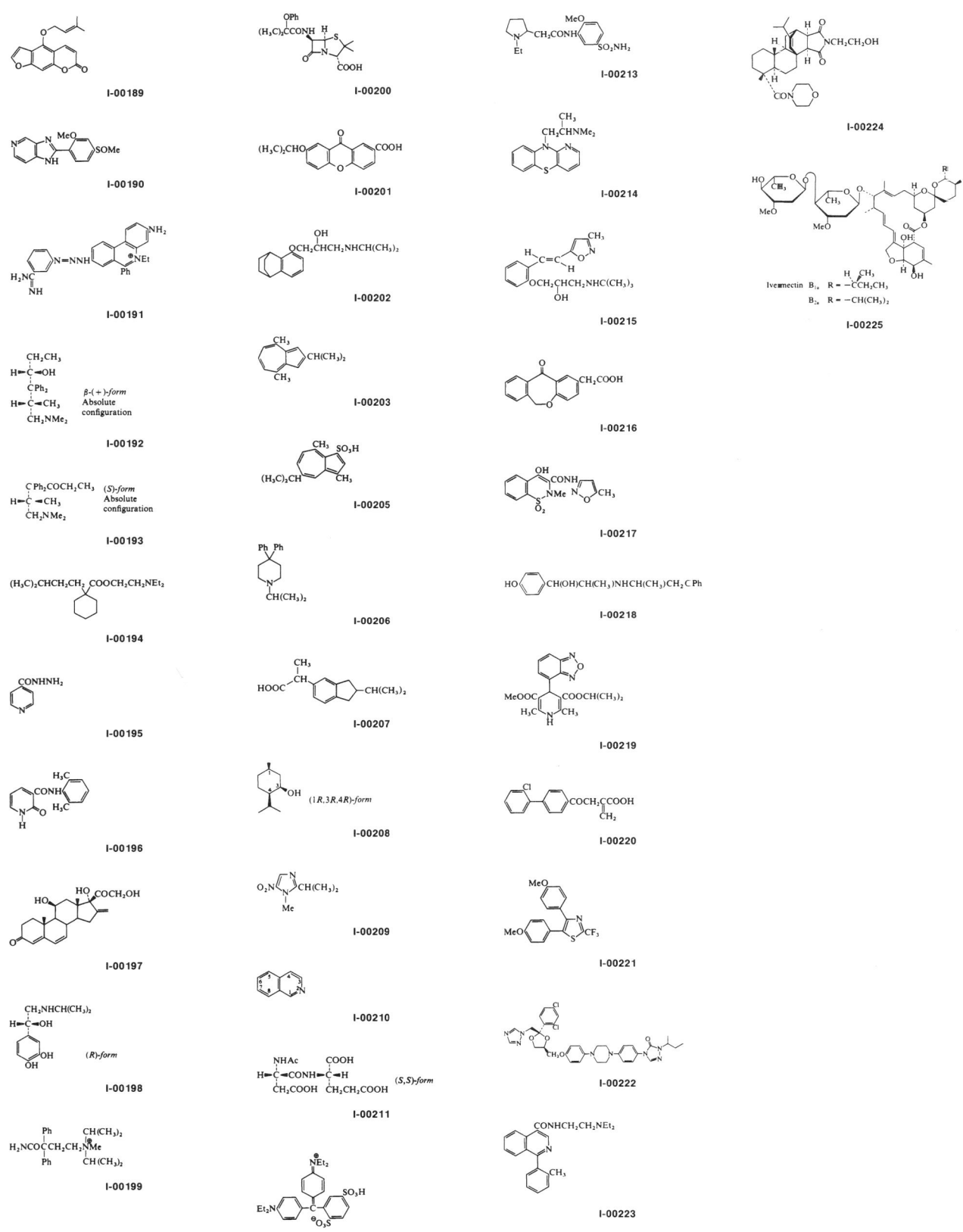

J

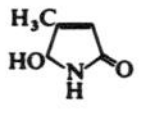

J-00001

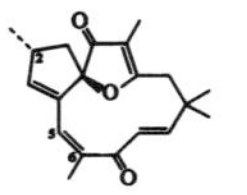

J-00002

K

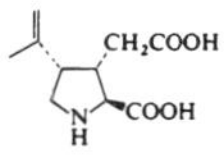

K-00001

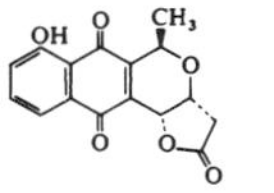

(+)-*form*
Absolute configuration

K-00002

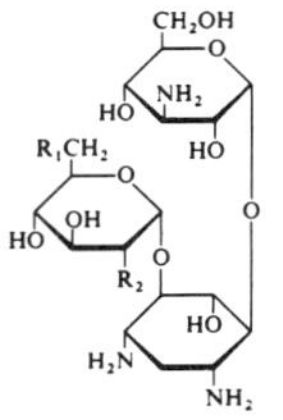

R_1 = NH_2,
R_2 = OH

K-00004

As K-00004 with
$R_1 = R_2 = NH_2$

K-00005

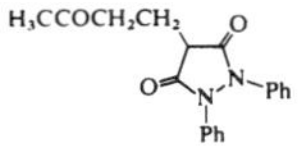

K-00006

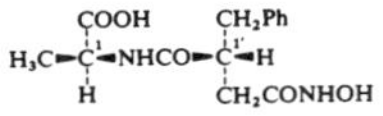

(1*S*,1'*R*)-*form*

K-00007

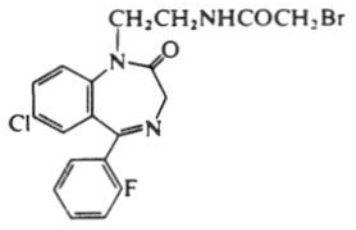

K-00008

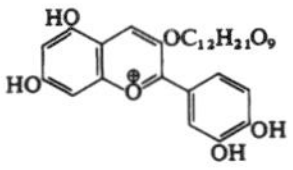

K-00009

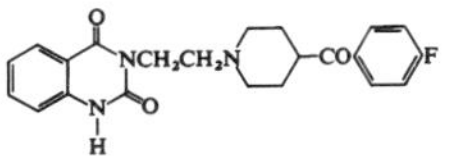

K-00010

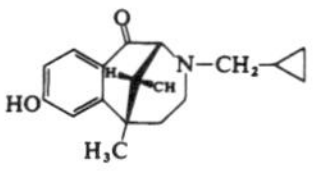

K-00011

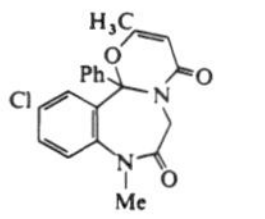

K-00012

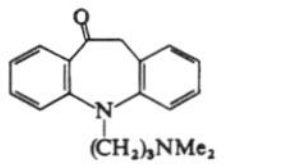

K-00013

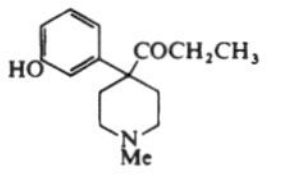

K-00014

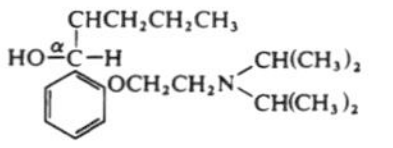

K-00015

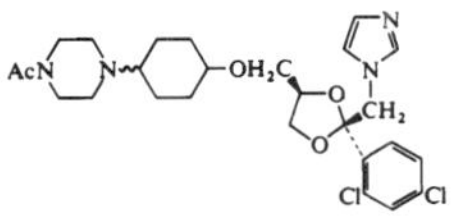

K-00016

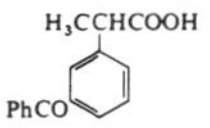

K-00017

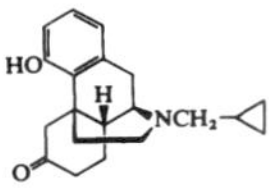

K-00018

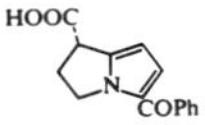

(*S*)-*form*

K-00019

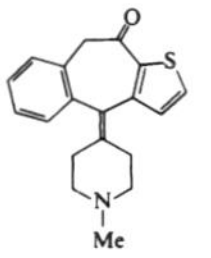

K-00020

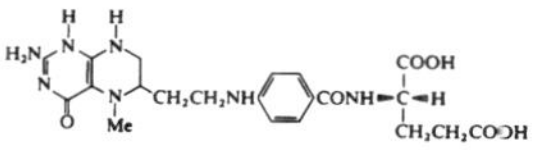

K-00021

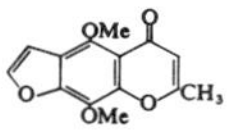

K-00022

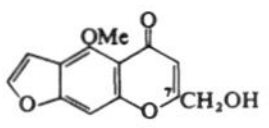

K-00023

L

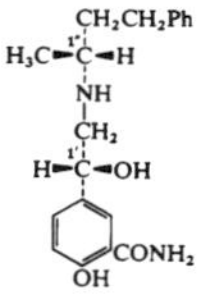

(1'*R*,1"*R*)-*form*

L-00001

$Ph_2C(OH)COOCH_2CH_2N^{\oplus}EtMe_2$

L-00002

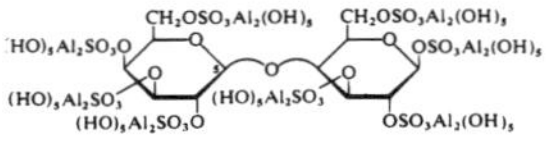

L-00003

$H_3CCH(OH)COOCH_2CH_2N^{\oplus}Me_3$

L-00004

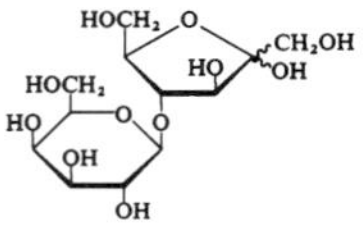

L-00005

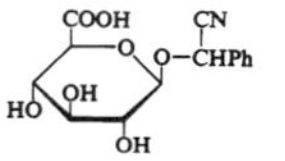

L-00006

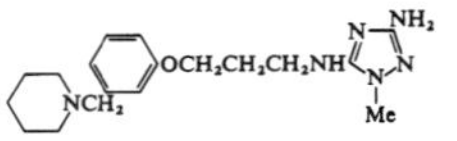

L-00007

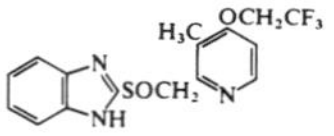

L-00008

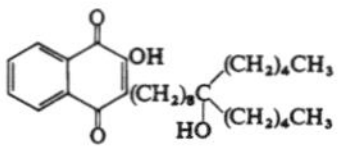

L-00009

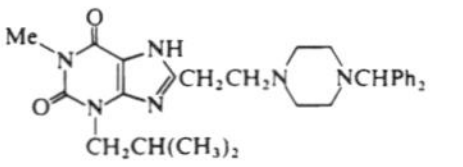

L-00010

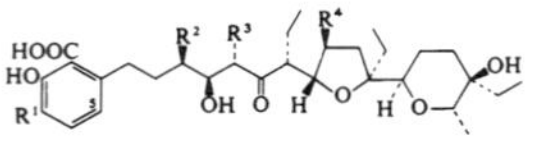

$R^1 = R^2 = R^3 = R^4 = CH_3$

L-00011

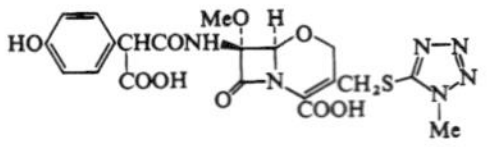

L-00012

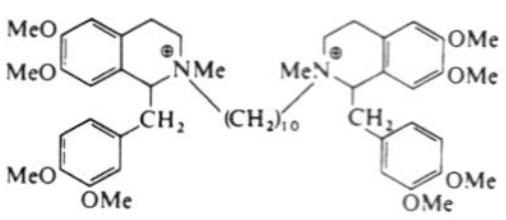

L-00013

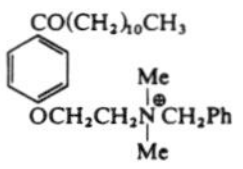

L-00014

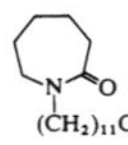

L-00015

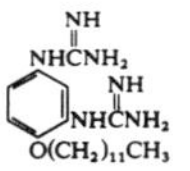

L-00016

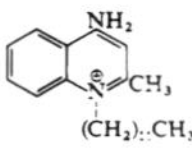

L-00017

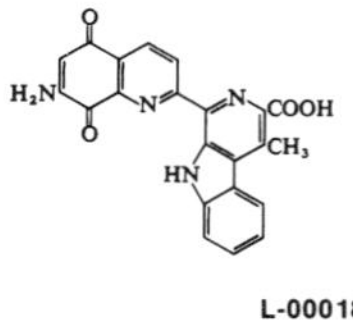

L-00018

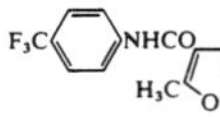

L-00019

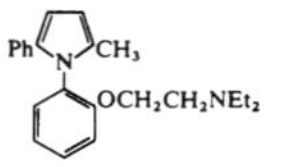

L-00020

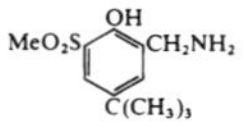

L-00021

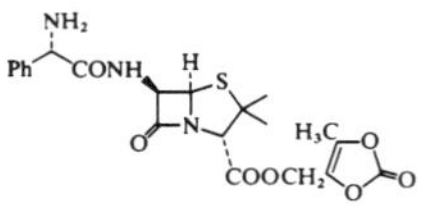

L-00022

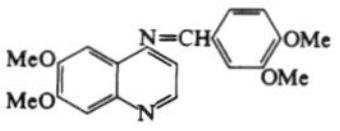

L-00023

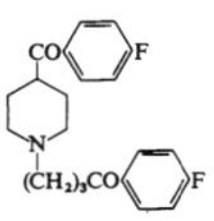

L-00024

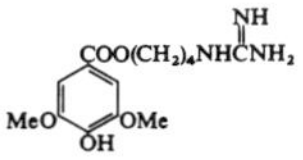

L-00025

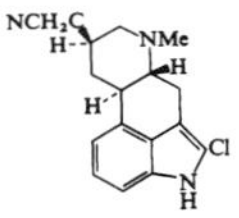

L-00026

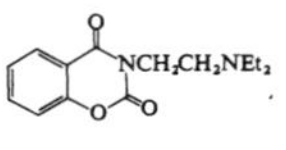

L-00027

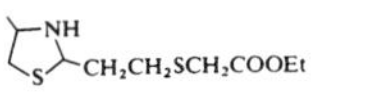

L-00028

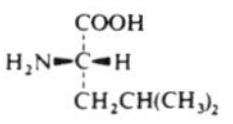

(*S*)-*form* Absolute configuration

L-00029

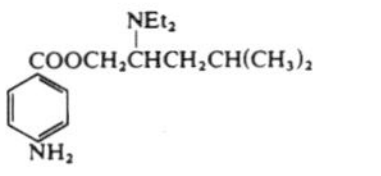

L-00030

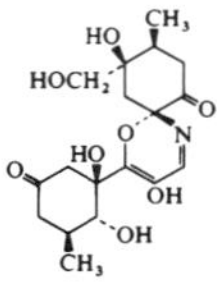

L-00031

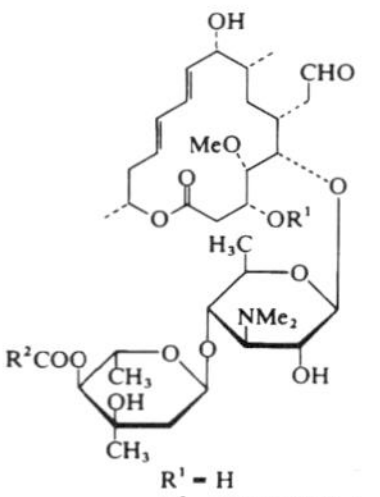

$R^1 = H$
$R^2 = CH_2CH(CH_3)_2$

L-00032

As L-00032 with $R^1 = Ac$, $R^2 = CH_2CH(CH_3)_2$

L-00033

As L-00032 with $R_1 = H$, $R_2 = CH_2CH_2CH_3$

L-00034

H-5-oxoPro-His-Trp-Ser-Tyr-D-Leu-Leu-Arg-Pro-NHEt

L-00035

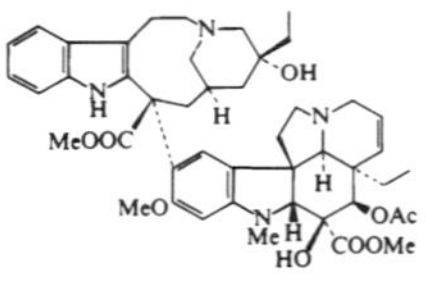

Absolute configuration

L-00036

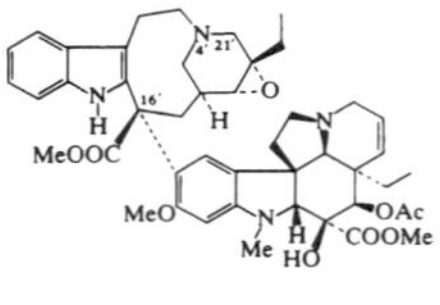

Absolute configuratio

L-00037

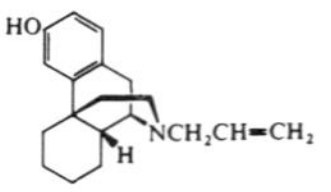

Absolute configuration

L-00038

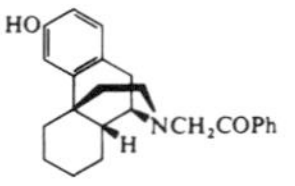

Absolute configuration

L-00039

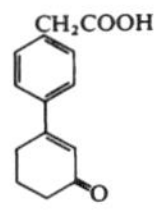

L-00040

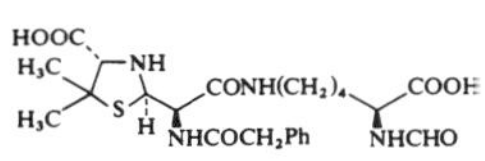

L-00041

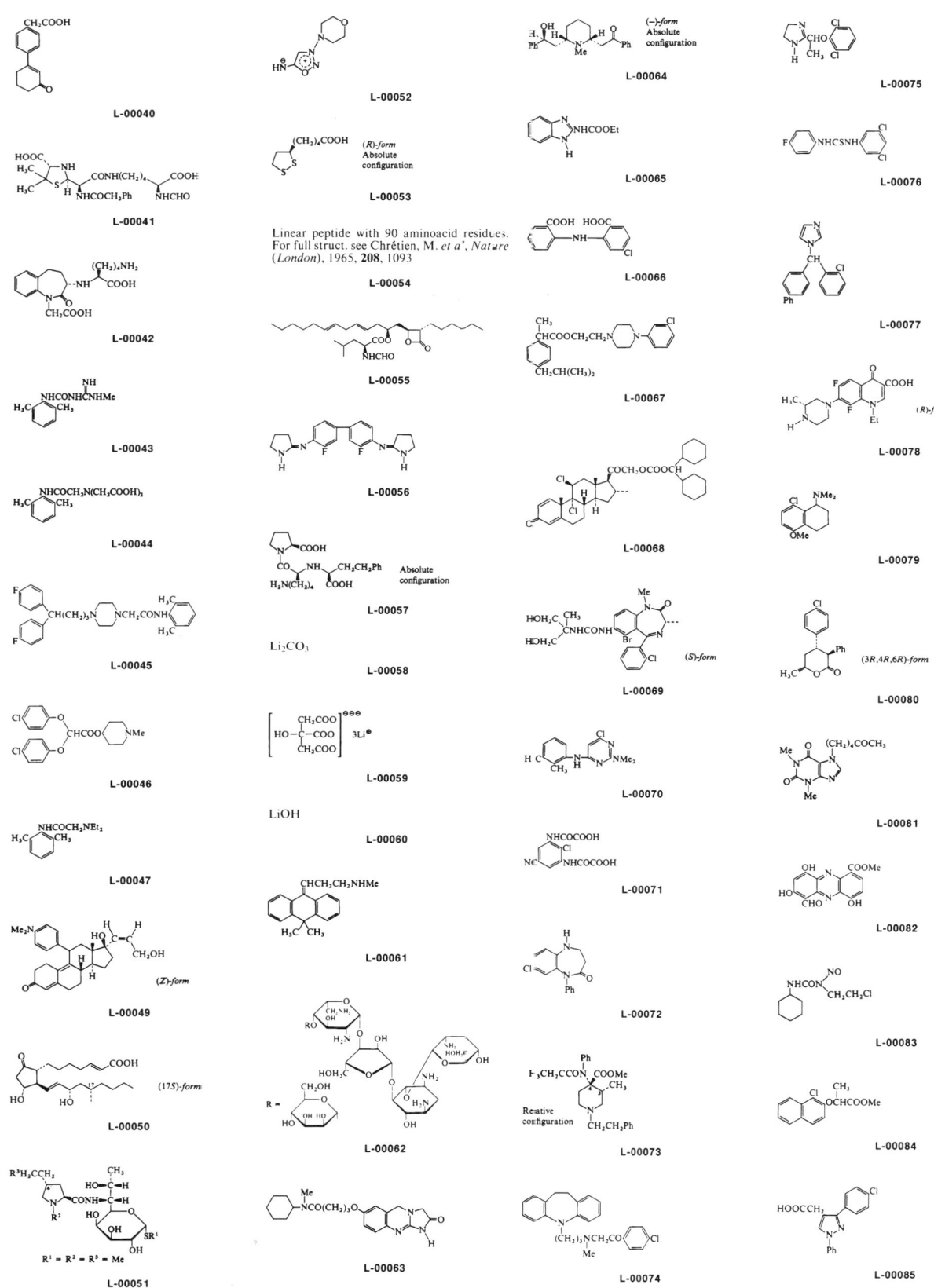

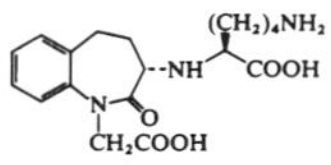

L-00042

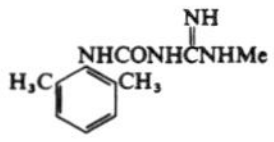

L-00043

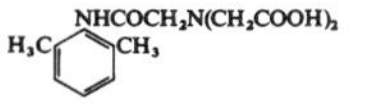

L-00044

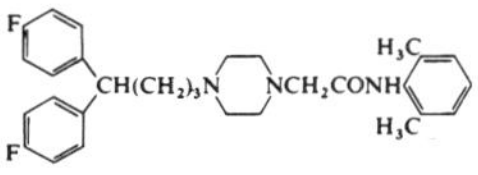

L-00045

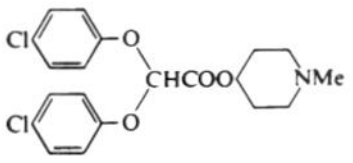

L-00046

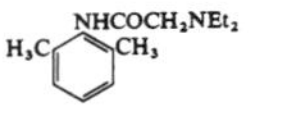

L-00047

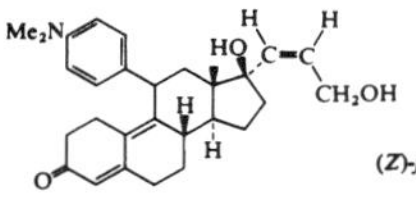

(Z)-form

L-00049

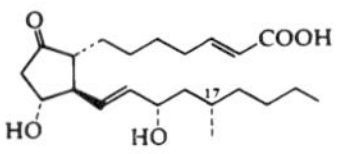

(17S)-form

L-00050

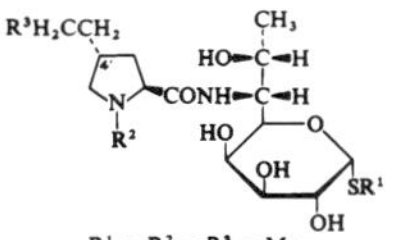

$R^1 = R^2 = R^3 = Me$

L-00051

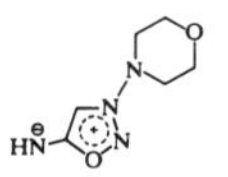

L-00052

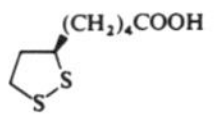

(R)-form Absolute configuration

L-00053

Linear peptide with 90 aminoacid residues. For full struct. see Chrétien, M. *et al*, *Nature (London)*, 1965, **208**, 1093

L-00054

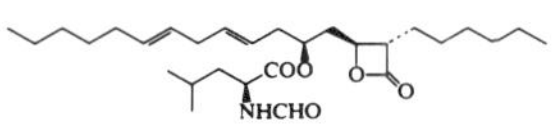

L-00055

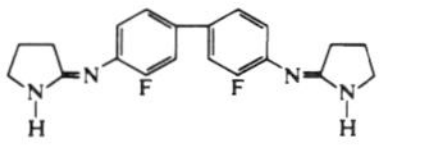

L-00056

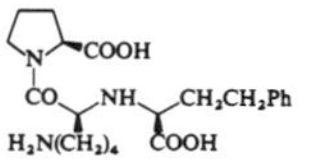

Absolute configuration

L-00057

Li_2CO_3

L-00058

$\left[HO-C(CH_2COO)_2-COO\right]^{3-}\ 3Li^{+}$

L-00059

LiOH

L-00060

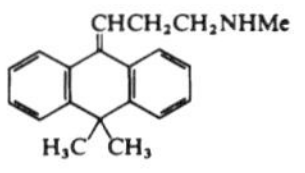

L-00061

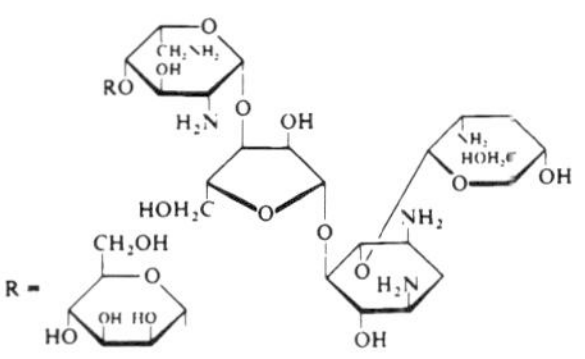

L-00062

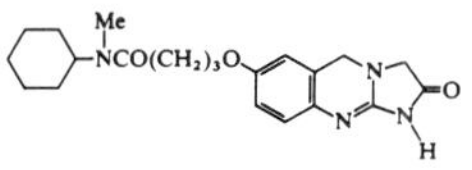

L-00063

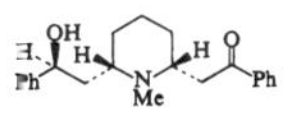

(−)-form Absolute configuration

L-00064

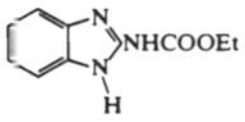

L-00065

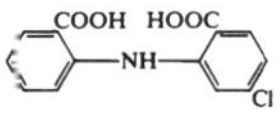

L-00066

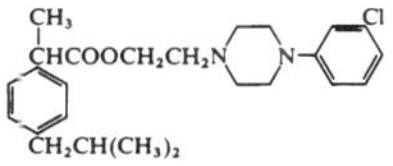

L-00067

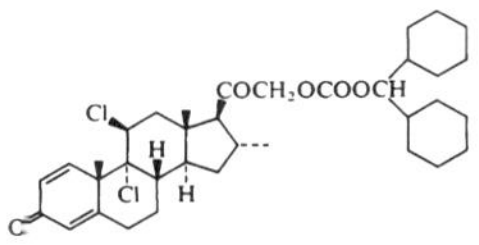

L-00068

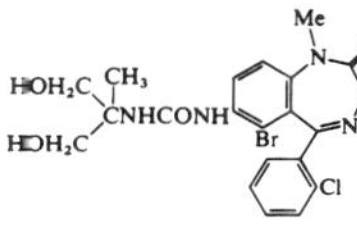

(S)-form

L-00069

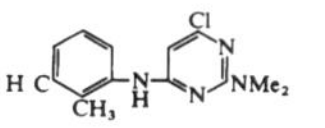

L-00070

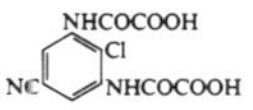

L-00071

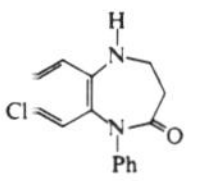

L-00072

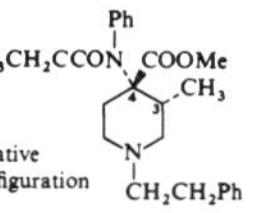

Relative configuration

L-00073

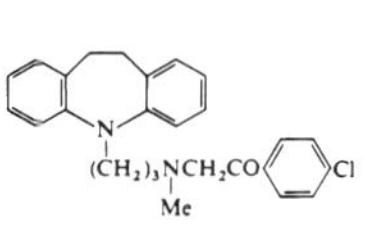

L-00074

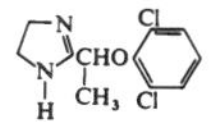

L-00075

L-00076

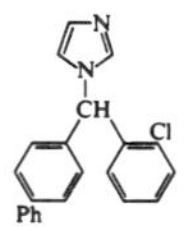

L-00077

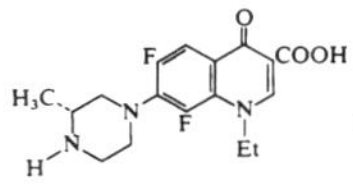

(R)-form

L-00078

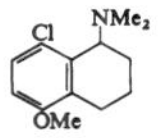

L-00079

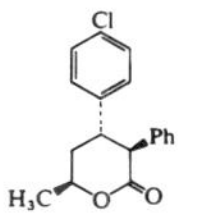

(3R,4R,6R)-form

L-00080

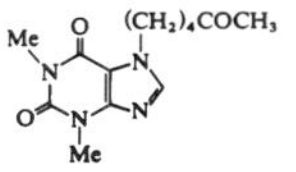

L-00081

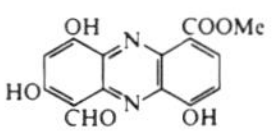

L-00082

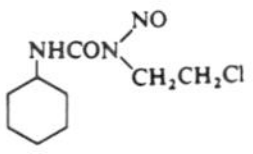

L-00083

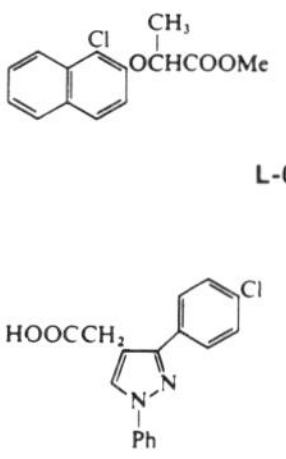

L-00084

L-00085

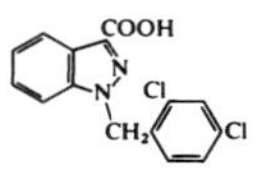

L-00086

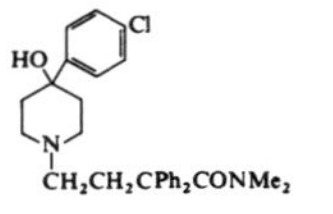

L-00087

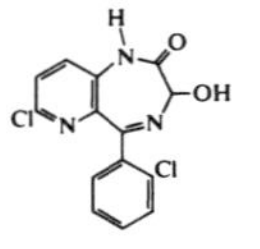

L-00088

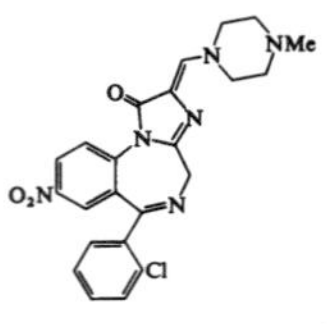

L-00089

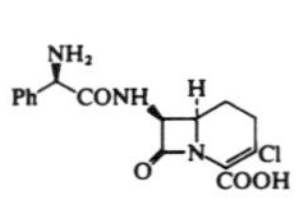

L-00090

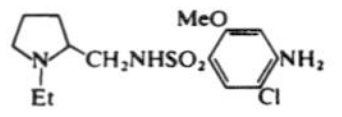

L-00091

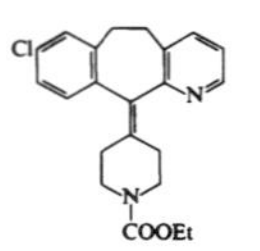

L-00092

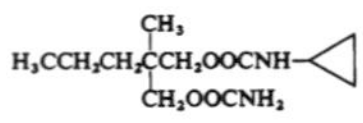

L-00093

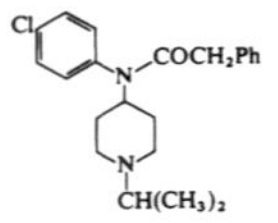

L-00094

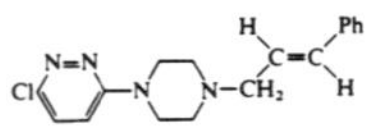

(*E*)-form

L-00095

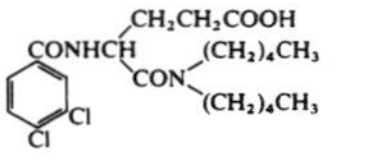

L-00096

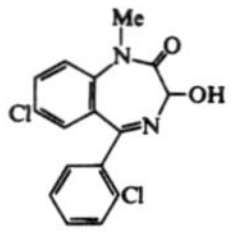

L-00097

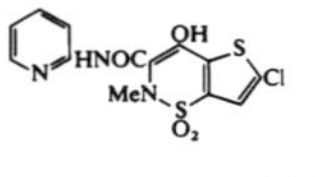

L-00098

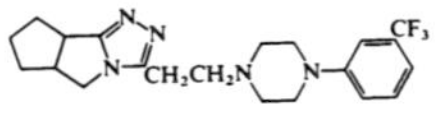

L-00099

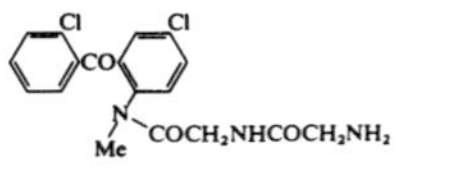

L-00100

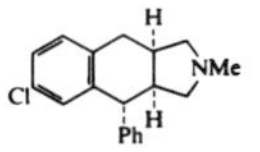

L-00101

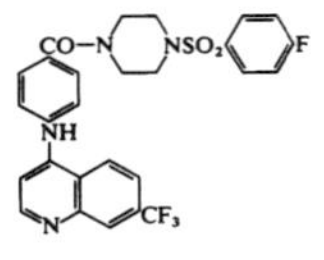

L-00102

L-00103

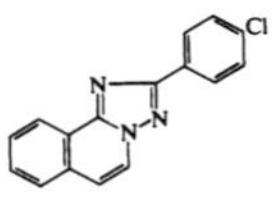

L-00104

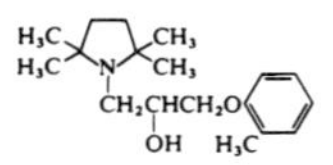

L-00105

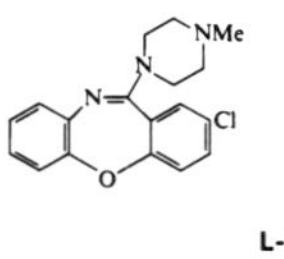

L-00106

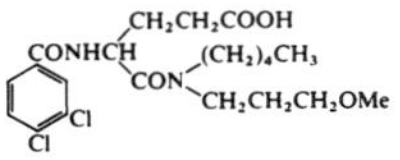

L-00107

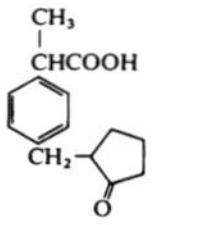

L-00108

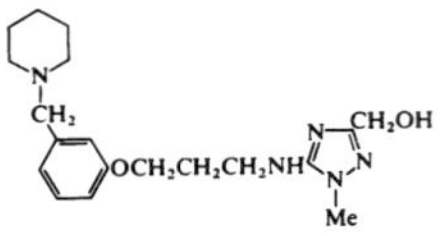

L-00109

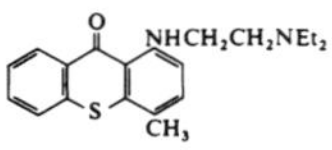

L-00110

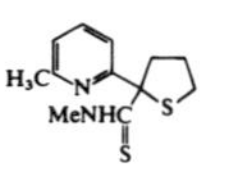

L-00111

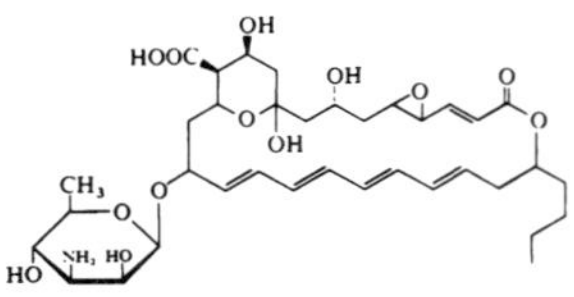

L-00112

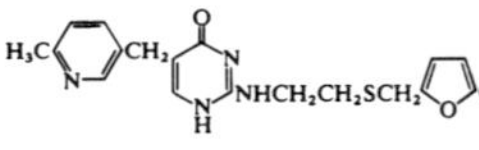

L-00113

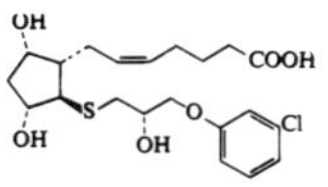

L-00114

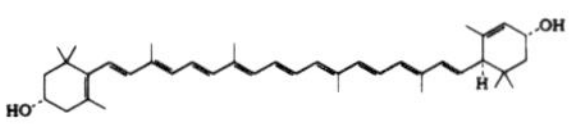

L-00115

pyroGlu-His-Trp-Ser-Tyr-Gly-Leu-Arg-Pro-GlyNH$_2$

L-00116

L-00117

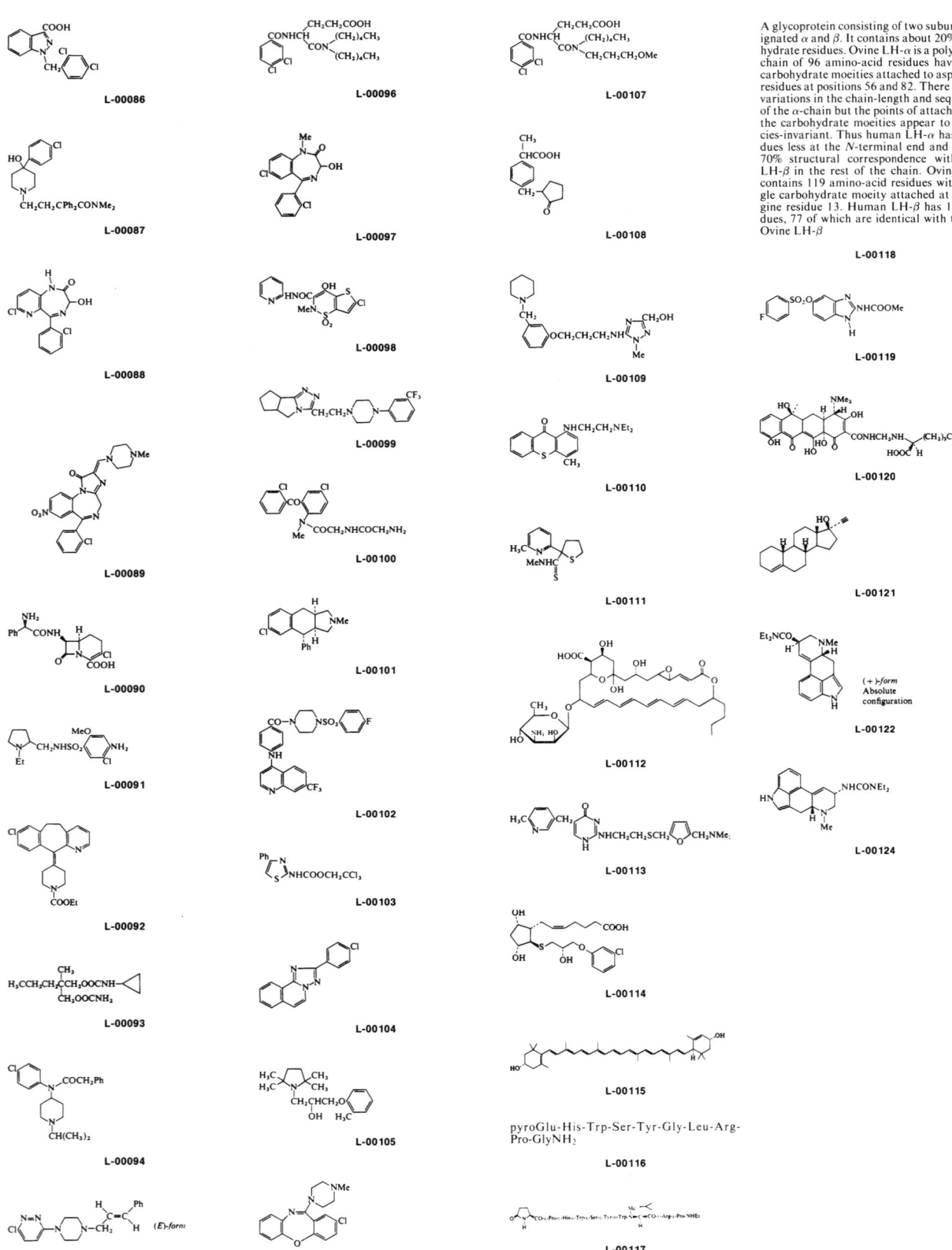

A glycoprotein consisting of two subunits designated α and β. It contains about 20% carbohydrate residues. Ovine LH-α is a polypeptide chain of 96 amino-acid residues having two carbohydrate moieties attached to asparagine residues at positions 56 and 82. There are spp. variations in the chain-length and sequencing of the α-chain but the points of attachment of the carbohydrate moieties appear to be species-invariant. Thus human LH-α has 7 residues less at the *N*-terminal end and approx. 70% structural correspondence with ovine LH-β in the rest of the chain. Ovine LH-β contains 119 amino-acid residues with a single carbohydrate moeity attached at asparagine residue 13. Human LH-β has 115 residues, 77 of which are identical with those of Ovine LH-β

L-00118

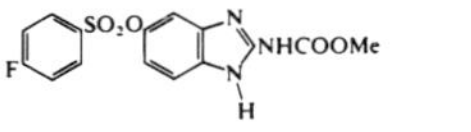

L-00119

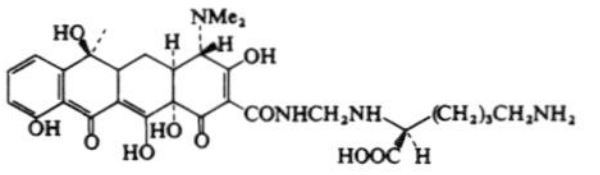

L-00120

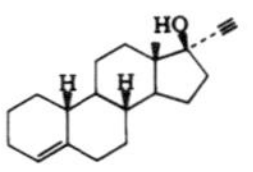

L-00121

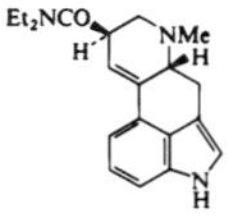

(+)-form
Absolute configuration

L-00122

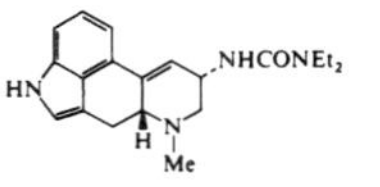

L-00124

M

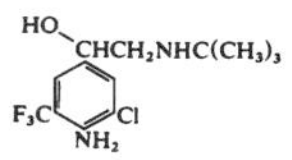

M-00001

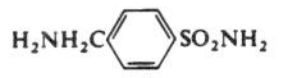

M-00002

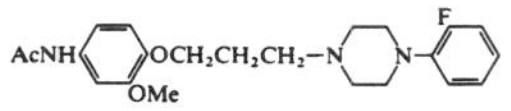

M-00003

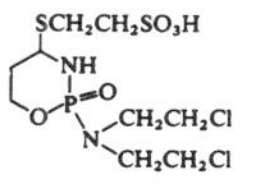

M-00004

$MgCO_3$

M-00006

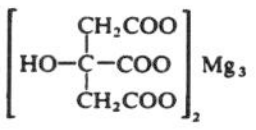

M-00007

$Mg(OH)_2$

M-00008

$Mg_3(PO_4)_2$

M-00009

$MgSO_4$

M-00010

$2MgO\ 3SiO_2$

M-00011

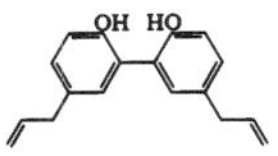

M-00012

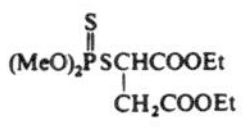

M-00013

M-00015

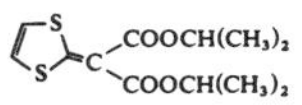

M-00016

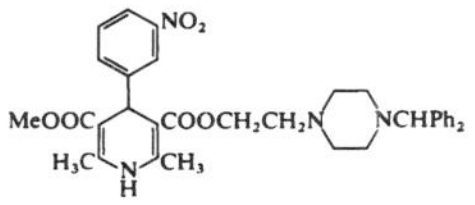

M-00017

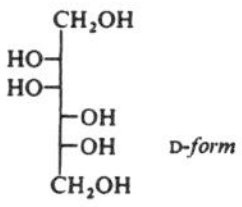

M-00018

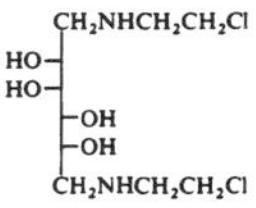

M-00019

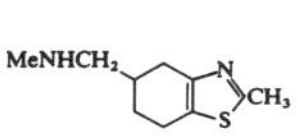

M-00020

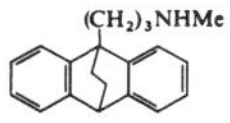

M-00021

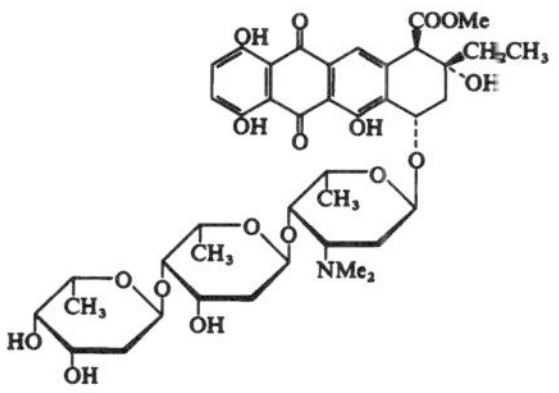

M-00022

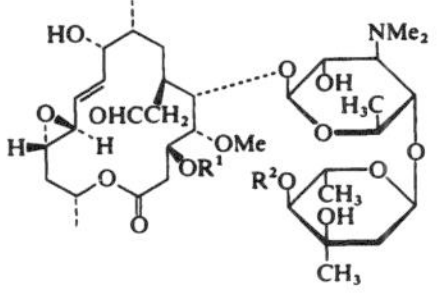

$R^1 = R^2 = COCH_2CH_3$

M-00023

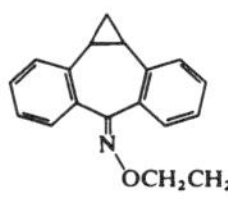

M-00024

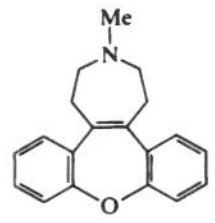

M-00025

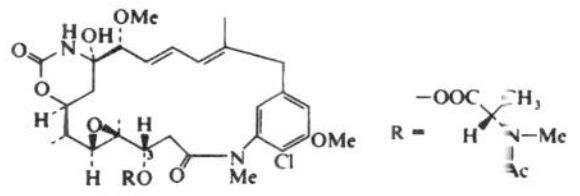

M-00026

As M-00026 with
R = H

M-00027

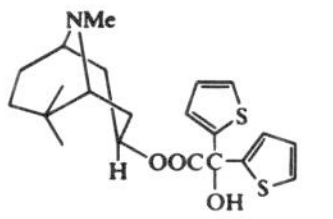

M-00028

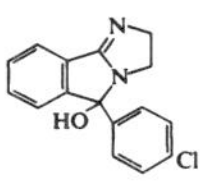

M-00029

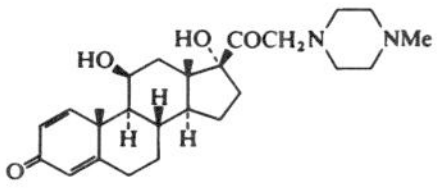

M-00030

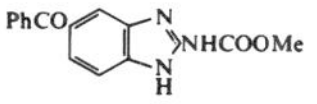

M-00031

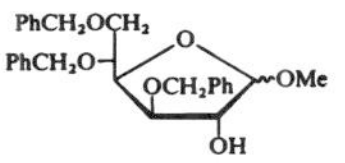

M-00032

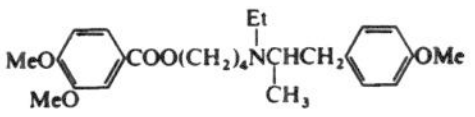

M-00033

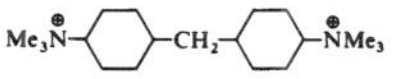

M-00034

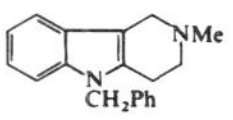

M-00035

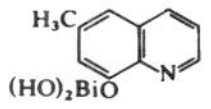

M-00036

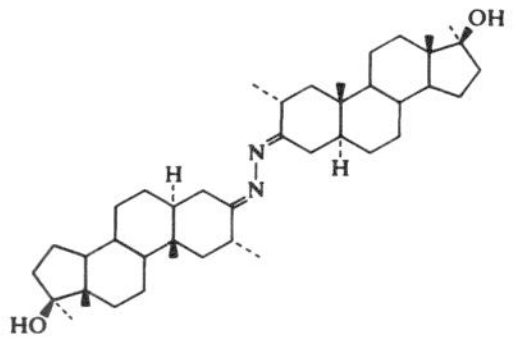

M-00037

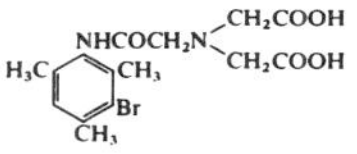

M-00038

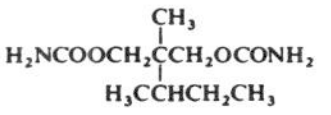

M-00039

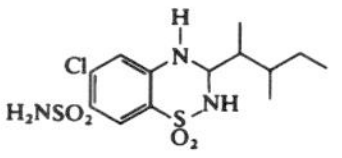

M-00040

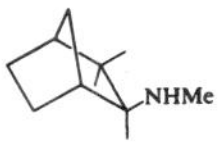

(+)-*form*
Absolute configuration

M-00041

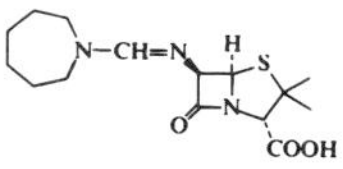

M-00042

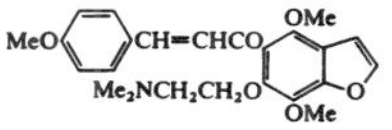

M-00043

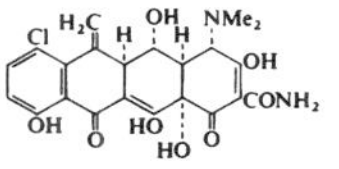

M-00044

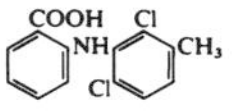
M-00045

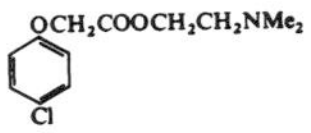
M-00046

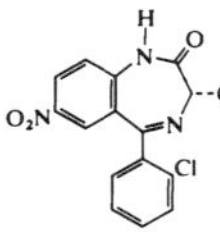
M-00047

$Cl_3CCH(OH)NHCONHMe$

M-00048

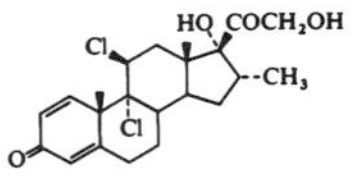
M-00049

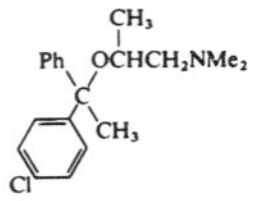
M-00050

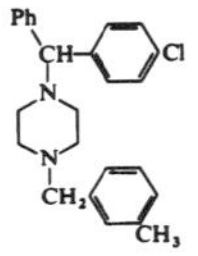
M-00051

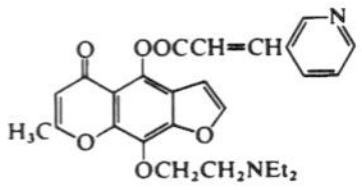
M-00052

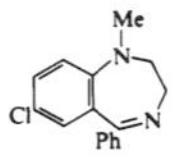
M-00053

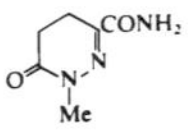
M-00054

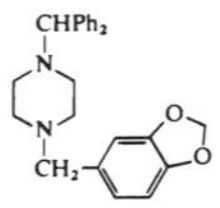
M-00055

$(PhO)_2CHCH_2NMe_2$

M-00056

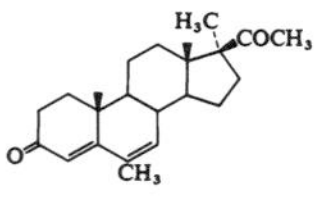
M-00057

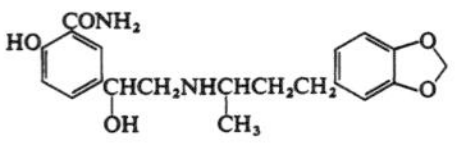
M-00058

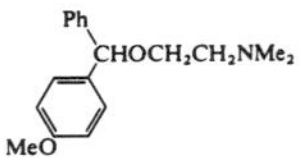
M-00059

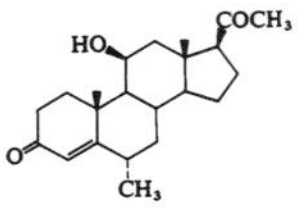
M-00060

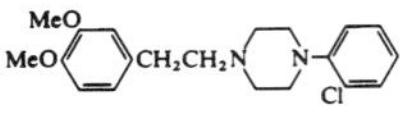
M-00061

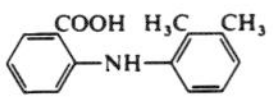
M-00062

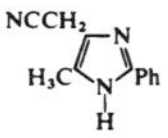
M-00063

$Ph_2CHOCH_2CH_2N^{\oplus}Me_3$

M-00064

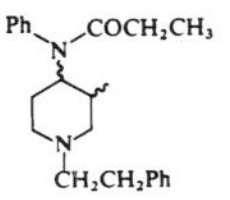
M-00065

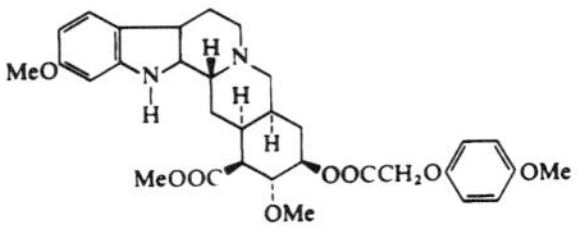
M-00066

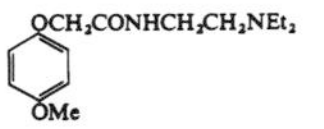
M-00067

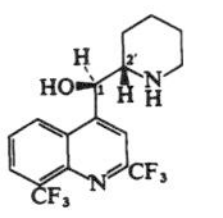
M-00068

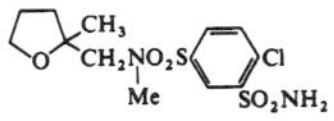
M-00069

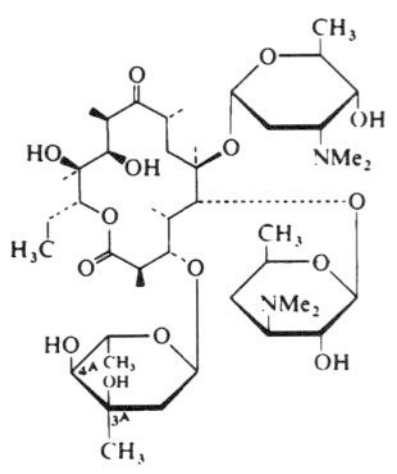
M-00070

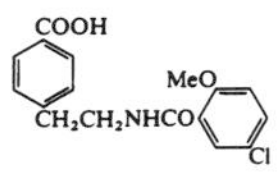
M-00071

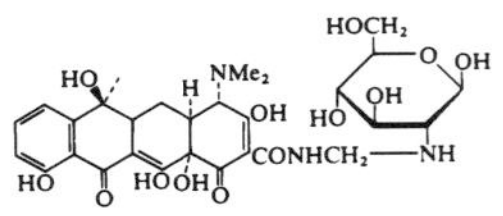
M-00072

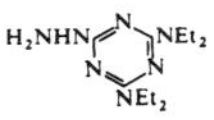
M-00073

Pro-Leu-Gly-NH_2

M-00074

R-Asp^{1}-Glu^{2}-Gly^{3}-Pro^{4}-Tyr^{5}-Lys^{6}-Met^{7}-Glu^{8}-His^{9}-Phe^{10}-Arg^{11}Trp^{12}-Gly^{13}-Ser^{14}-Pro^{15}-Pro^{16}-Lys^{17}-Asp^{18}-OH
Porcine β-melanotropin: R = H
Bovine: [Ser^{2}], R = H
Monkey: [Arg^{6}], R = H
Equine: [Arg^{16}], R = H
Human: [Asp^{1},Arg^{6}], R = H-Ala-Glu-Lys-Lys-

M-00076

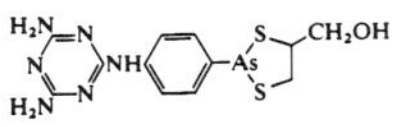
M-00077

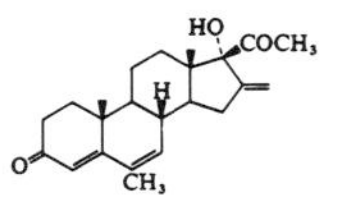
M-00078

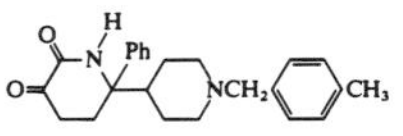
M-00079

$H_3C(CH_2)_4CH{=}CHCH_2CH{=}CH$-$(CH_2)_7CONHCH(CH_3)Ph$

M-00080

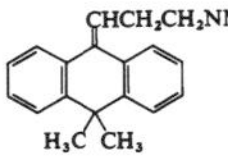
M-00081

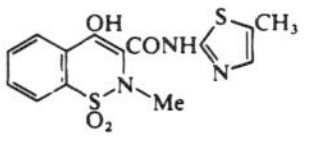
M-00082

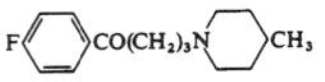
M-00083

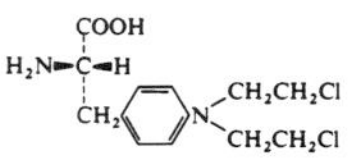
(*S*)-*form*
Absolute configuration

M-00084

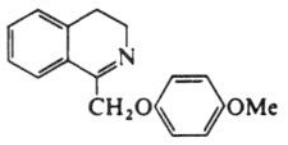
M-00085

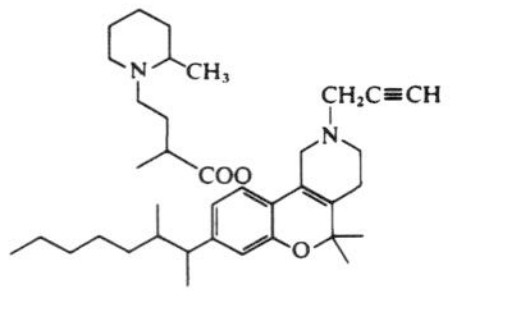
M-00086

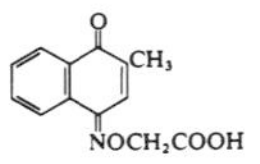
M-00087

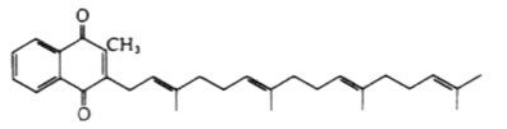
M-00088

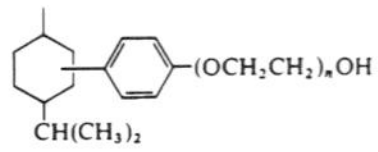
M-00089

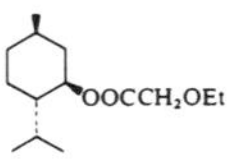
M-00090

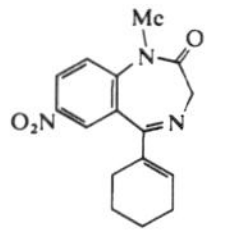

M-00091

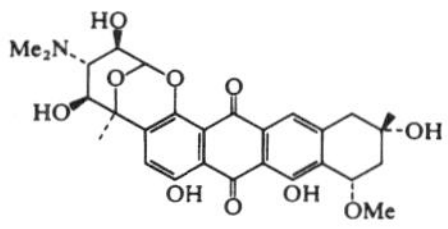

M-00092

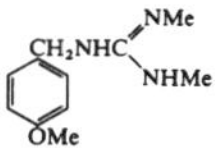

M-00093

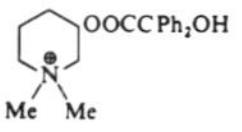

M-00094

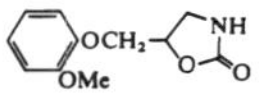

M-00095

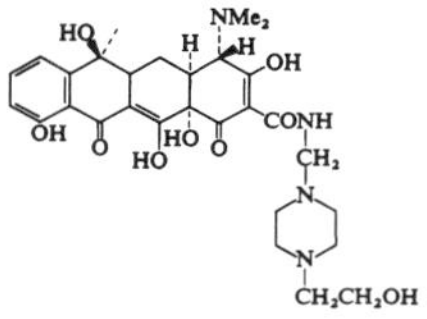

M-00096

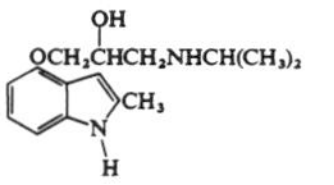

M-00097

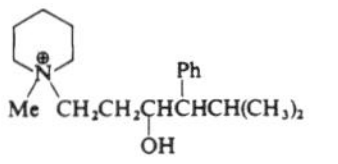

M-00098

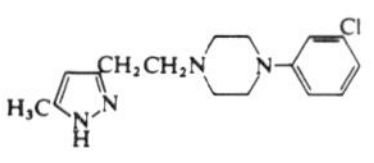

M-00099

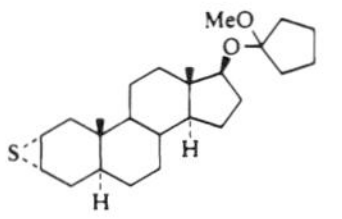

M-00100

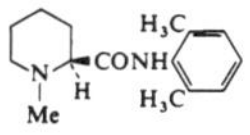

(S)-form
Absolute configuration

M-00101

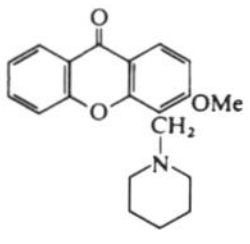

M-00102

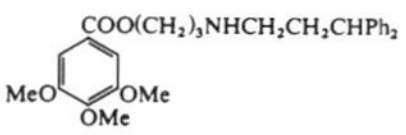

M-00103

$(H_2NCOOCH_2)_2C(CH_3)CH_2CH_2CH_3$

M-00104

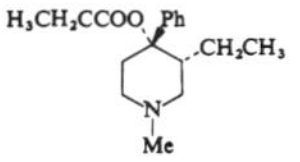

(3R,4S)-form

M-00105

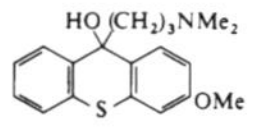

M-00106

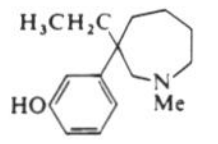

M-00107

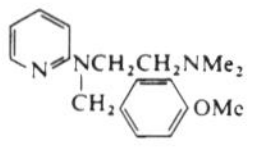

M-00108

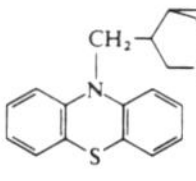

M-00109

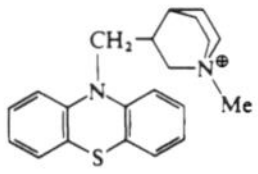

M-00110

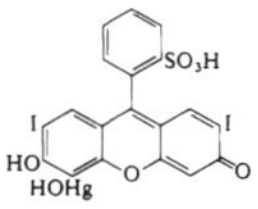

M-00111

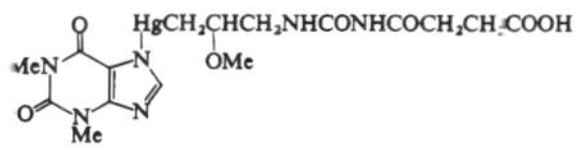

M-00112

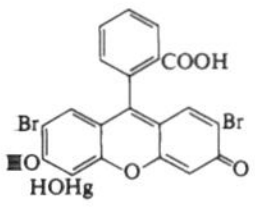

M-00113

M-00114

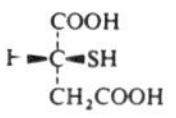

(R)-form
Absolute configuration

M-00115

$HSCH_2CH_2SO_3H$

M-00116

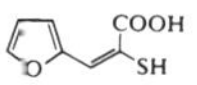

M-00117

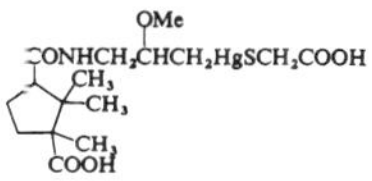

M-00118

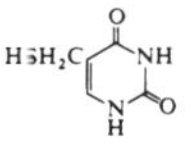

M-00119

$H_3CCH(SH)CONHCH_2COOH$

M-00120

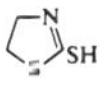

M-00121

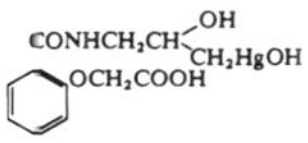

M-00122

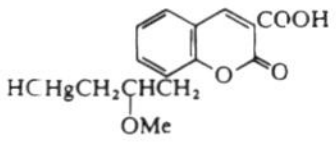

M-00123

$Hg(NH_2)Cl$

M-00124

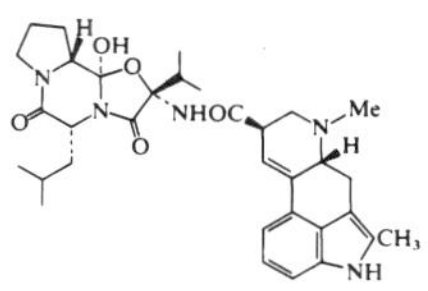

M-00125

$H_3CCH(OH)CH_2HgOH$

M-00126

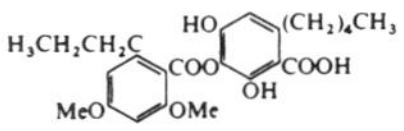

M-00127

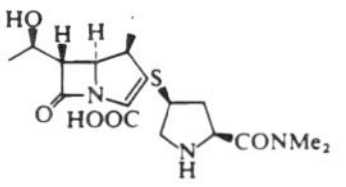

M-00128

$HSCH_2CONHCH_2CONHCH_2CONHCH_2COOH$

M-00129

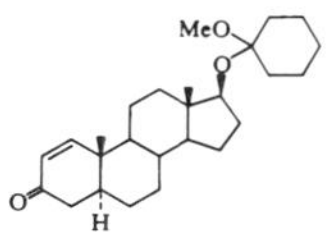

M-00130

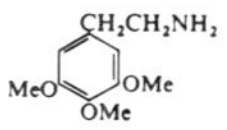

M-00131

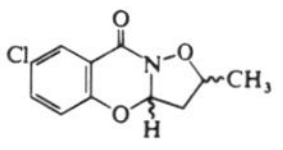

M-00132

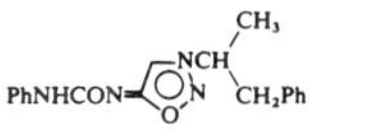

M-00133

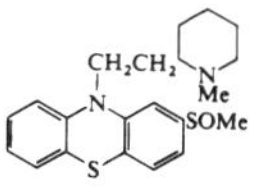

M-00134

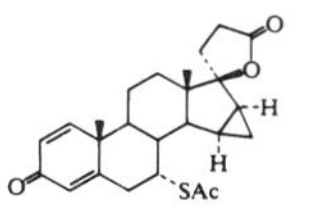

M-00135

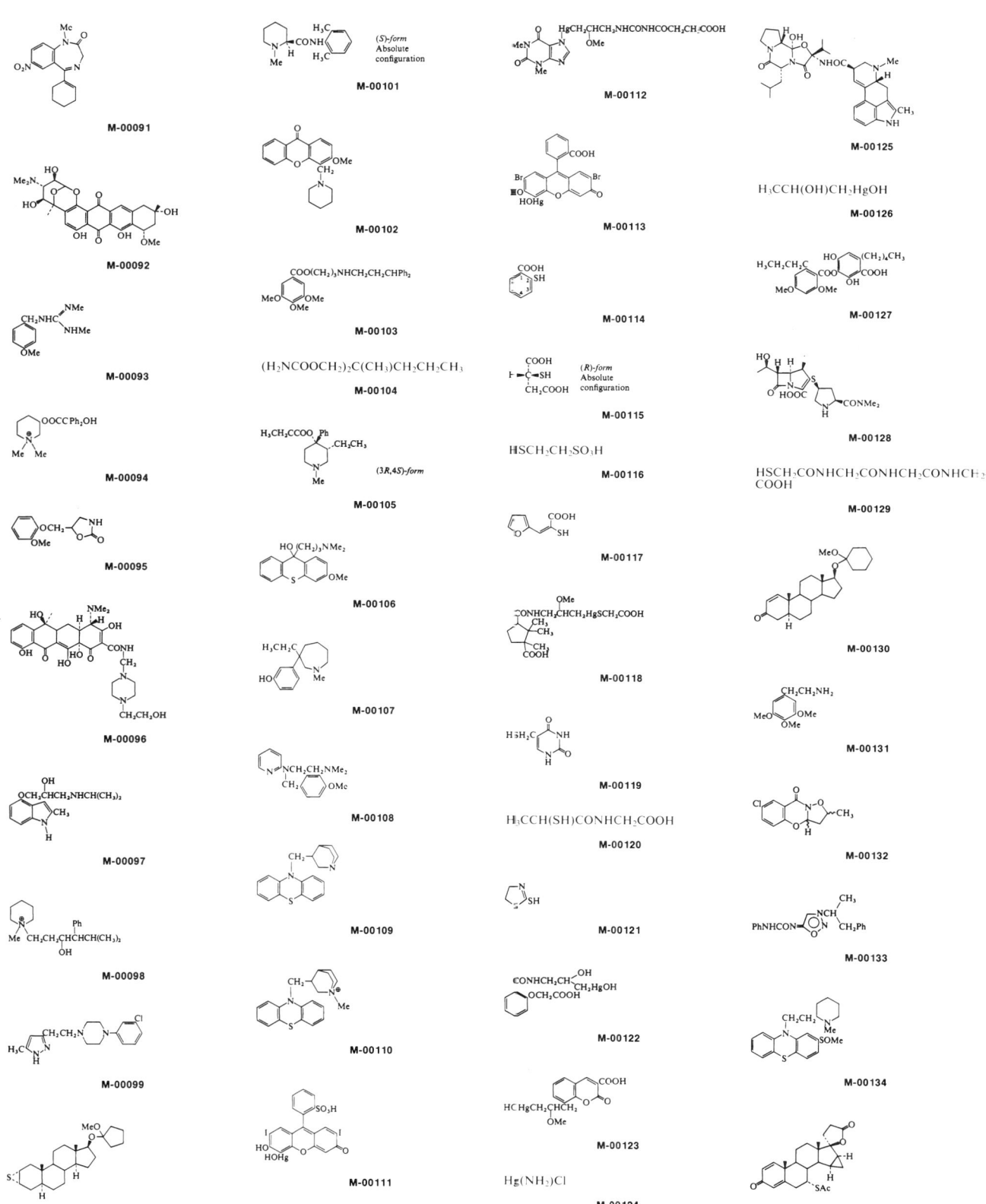

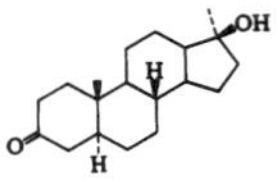

M-00136

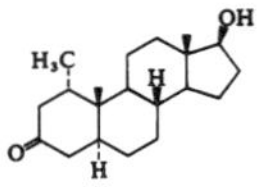

M-00137

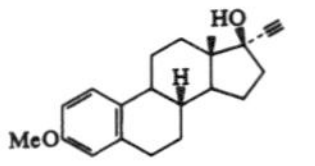

M-00138

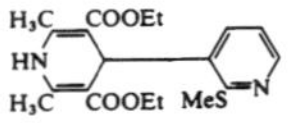

M-00139

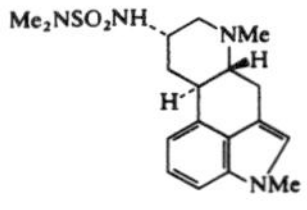

M-00140

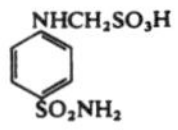

M-00141

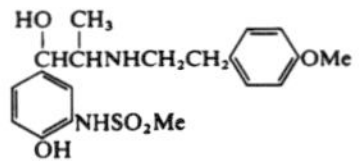

M-00142

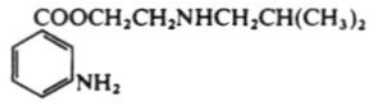

M-00143

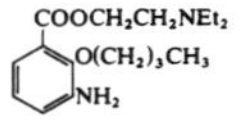

M-00144

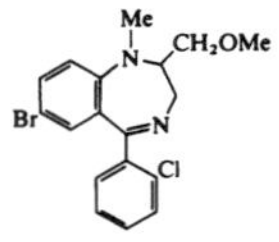

M-00145

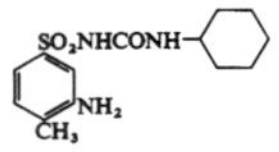

M-00146

$H_3C(CH_2)_{11}NHCOCH_2N^{\oplus}(Me)_2CH_2Ph$

M-00147

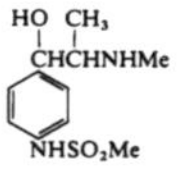

M-00148

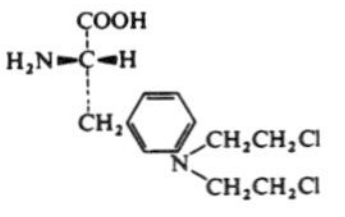

M-00149

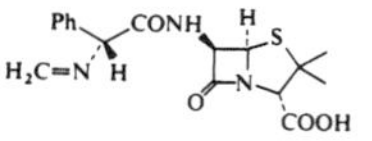

M-00150

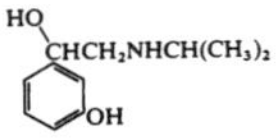

M-00151

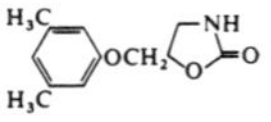

M-00152

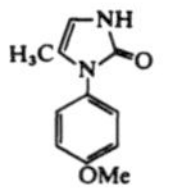

M-00153

M-00154

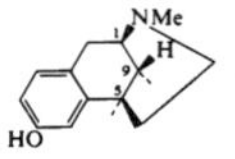

(1*R*,5*R*,9*R*)-(−)-*form*
((*z*)-(−)-*form*)
Absolute configuration

M-00155

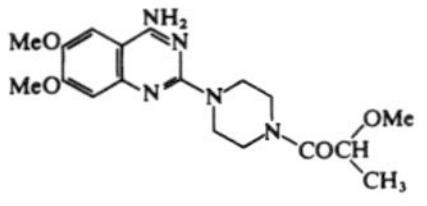

M-00156

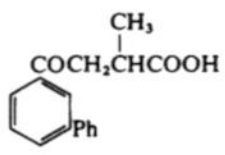

M-00157

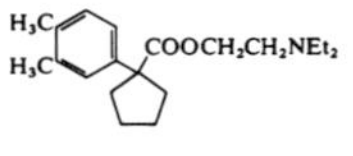

M-00158

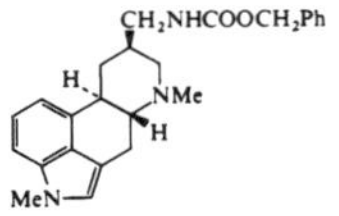

M-00159

$CH_2N^{\oplus}Me_3$
H–C–OAc
CH_3

(*R*)-*form*
Absolute configuration

M-00160

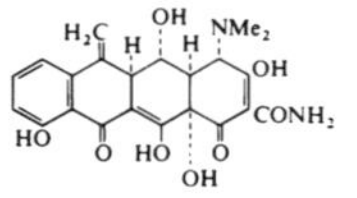

M-00161

CH_2CH_3
HO–C–H
CPh_2
CH_2
H–C–NMe_2
CH_3

(3*R*,6*R*)-*form*
Absolute configuration

M-00162

$CH_2CPh_2COCH_2CH_3$
H–C–NMe_2
CH_3

(*R*)-*form*

M-00163

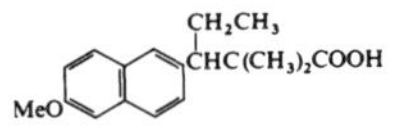

M-00164

$H_2C{=}CHCH(CH_3)$-
$NHCSNHNHCSNHMe$

M-00165

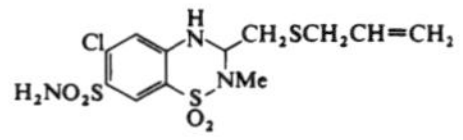

M-00166

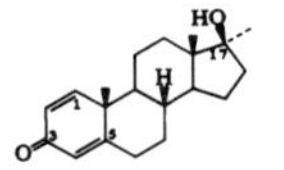

M-00167

$(HO)_2P(O)CH_2P(O)(OH)_2$

M-00168

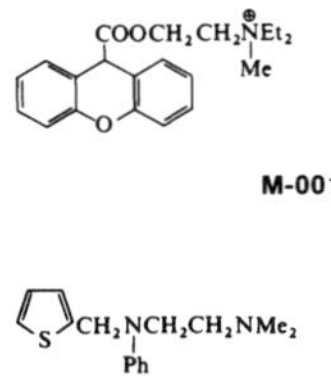

M-00169

M-00170

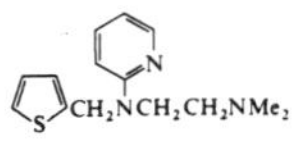

M-00171

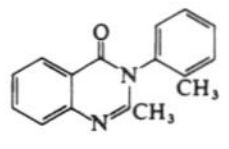

M-00172

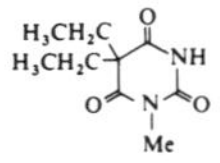

M-00173

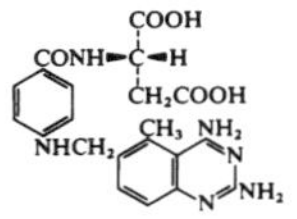

(*S*)-*form*

M-00174

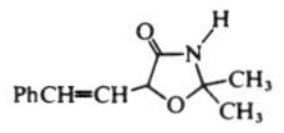

M-00175

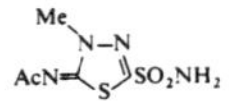

M-00176

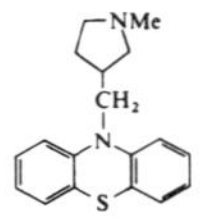

M-00177

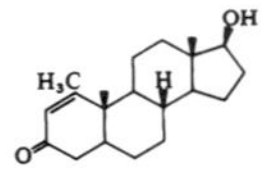

M-00178

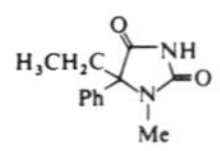

M-00179

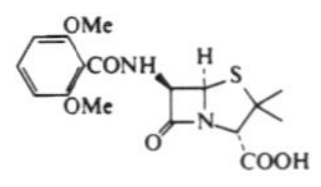

M-00180

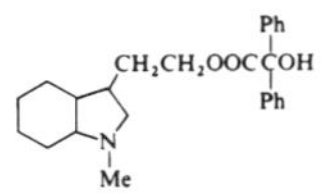

M-00181

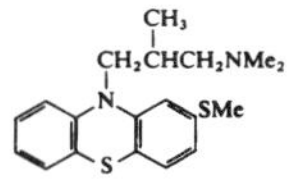
M-00182

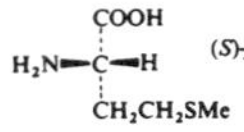
(S)-form
M-00183

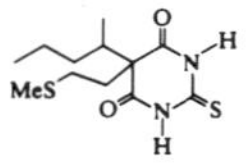
M-00184

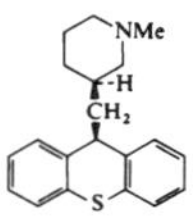
Relative configuration (?)
M-00185

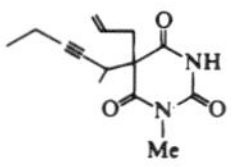
M-00187

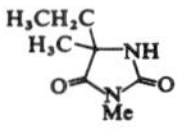
M-00188

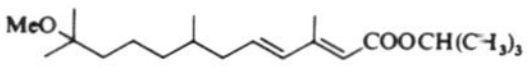
M-00189

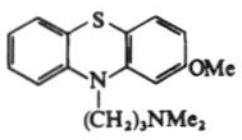
M-00190

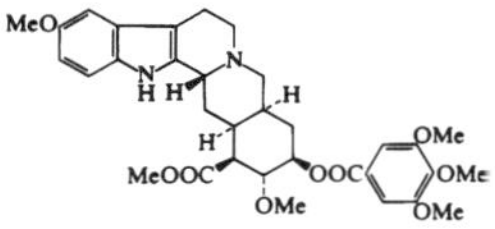
M-00191

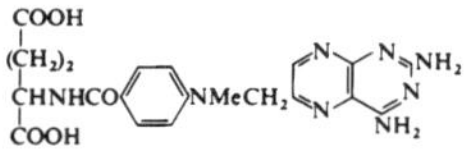
M-00192

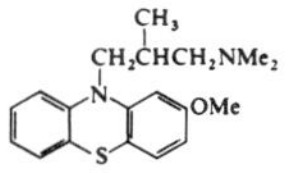
M-00193

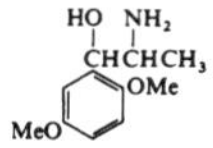
M-00194

M-00196

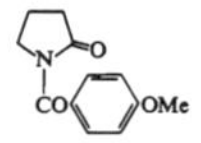
M-00197

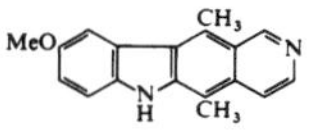
M-00198

M-00199

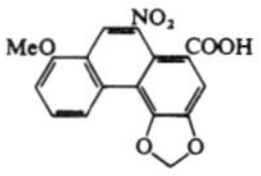
M-00200

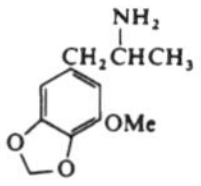
M-00201

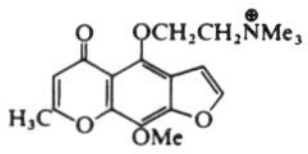
M-00202

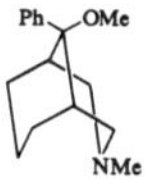
M-00203

$(H_3C)_2CHCH_2OMe$
M-00204

$CNCH_2C(CH_3)_2OMe$
M-00205

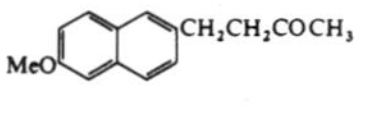
M-00206

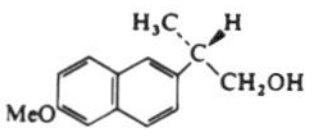
M-00207

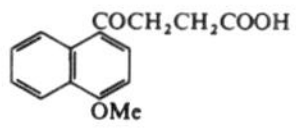
M-00208

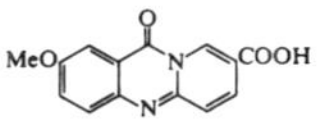
M-00209

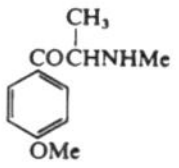
M-00210

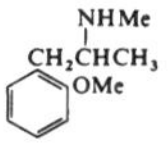
M-00211

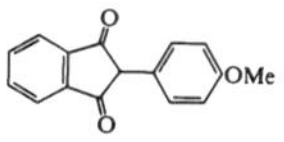
M-00212

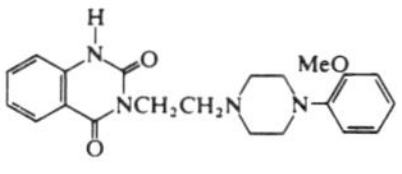
M-00213

$H_3CCH_2CH_2OMe$
M-00214

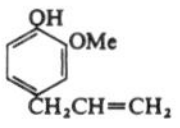
M-00215

$H_2C{=}C(OMe)CH_2N^{\oplus}Me_3$
M-00216

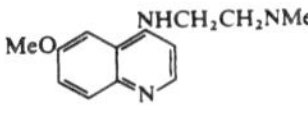
M-00217

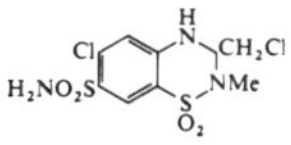
M-00218

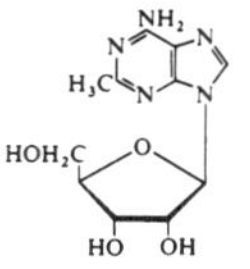
M-00219

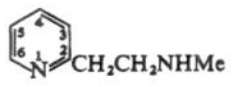
M-00220

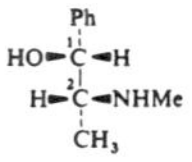
(1R,2R)-form
Absolute configuration
M-00221

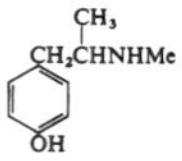
M-00222

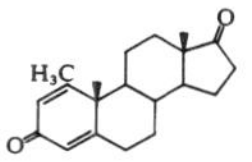
M-00223

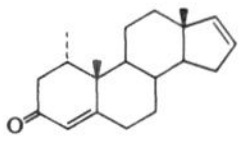
M-00224

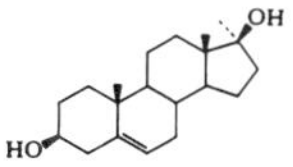
M-00225

$MeAsO(OH)_2$
M-00226

$Ph_2C(OH)COOCH_2CH_2N^{\oplus}MeEt_2$
M-00227

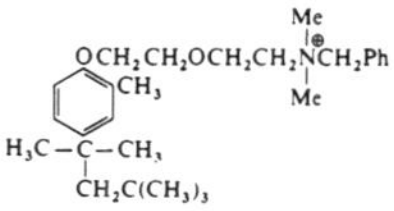
M-00229

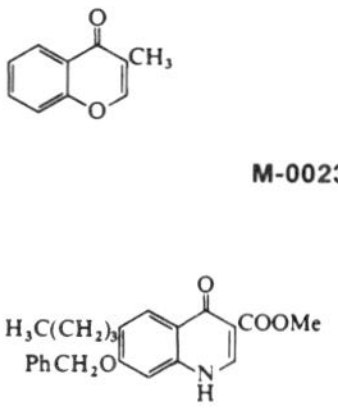
M-00231

M-00232

$PhCH(CH_3)NHNHCOOH$
M-00233

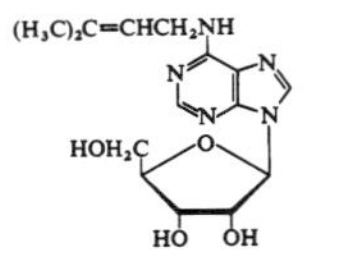

M-00234

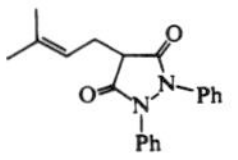

M-00235

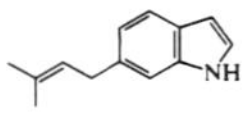

M-00236

$(H_3C)_2CHCH_2CH_2ONO$

M-00237

MeNHCOOH

M-00238

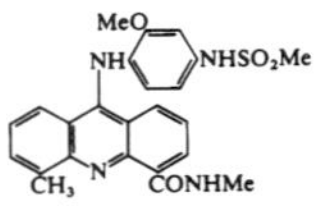

M-00239

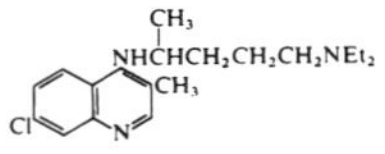

M-00240

As V-00059 with
R = Me, R′ = $CONH_2$

M-00241

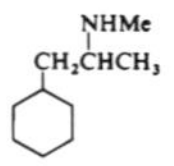

M-00242

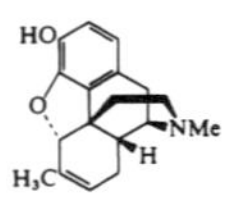

M-00243

$(PhCH_2)_2NMe$

M-00244

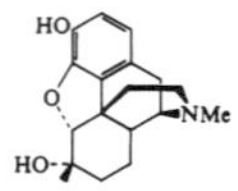

M-00245

M-00246

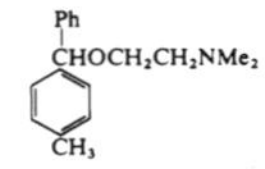

M-00247

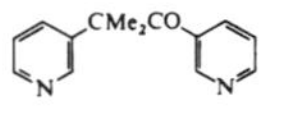

M-00248

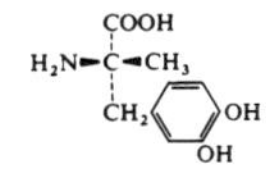

M-00249

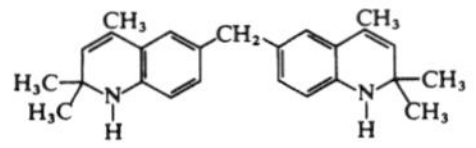

M-00250

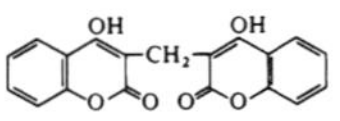

M-00251

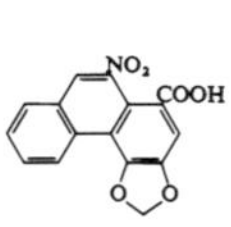

M-00252

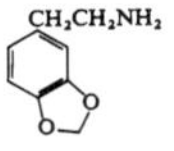

M-00253

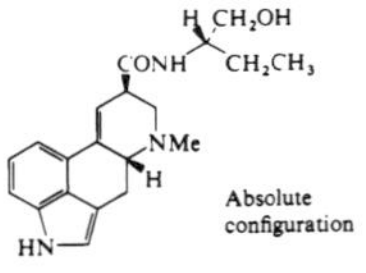

M-00254

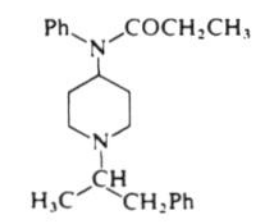

M-00255

$(H_3C)_2C{=}CHCH_2CH_2CH(NH_2)CH_3$

M-00256

$(H_3C)_2CHCH_2CH_2CH_2CH(NH_2)CH_3$

M-00257

$H_3C(CH_2)_5CH(CH_3)NHNH_2$

M-00258

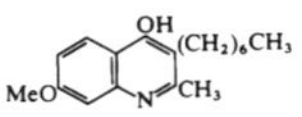

M-00259

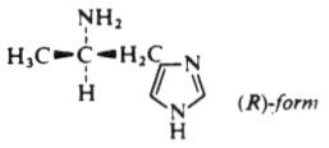

M-00260

M-00261

$CH(SCH_2COOH)_3$

M-00262

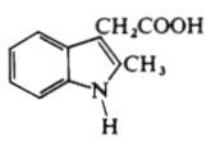

M-00263

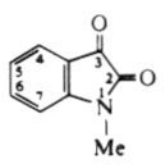

M-00264

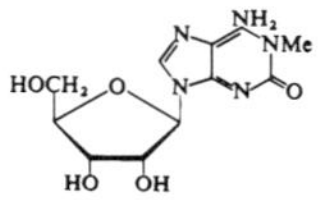

M-00265

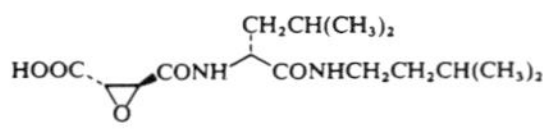

M-00266

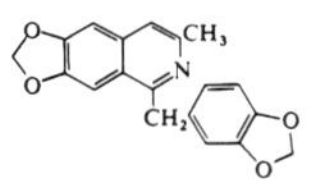

M-00267

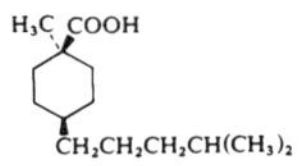

M-00268

$PhOCH_2CH(CH_3)NHCH(CH_3)CH_2Ph$

M-00269

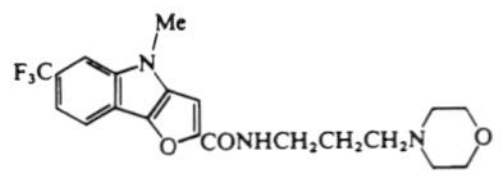

M-00270

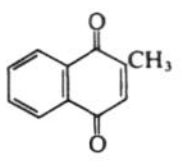

M-00271

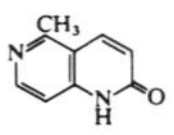

M-00272

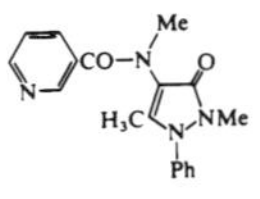

M-00273

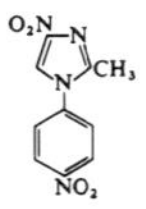

M-00274

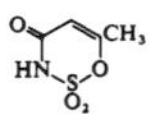

M-00275

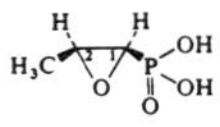

M-00276

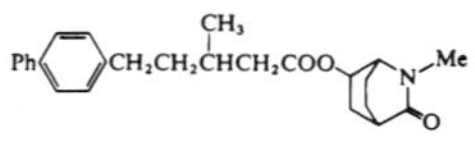

M-00277

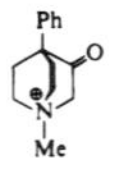

M-00278

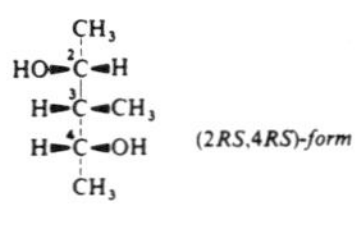

M-00279

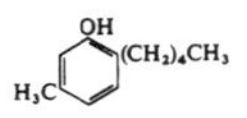

M-00280

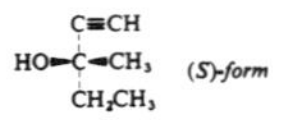

M-00281

$PhOCH_2CH(CH_3)NHNH_2$

M-00282

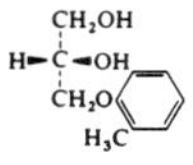
(S)-form Absolute configuration

M-00283

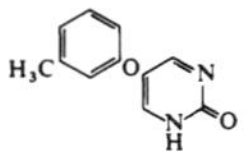

M-00284

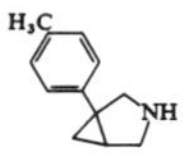

M-00285

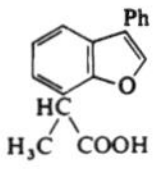

M-00286

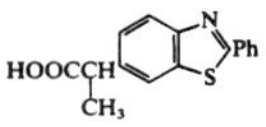

M-00287

$(H_3C)_2C(NH_2)CHPhCH_3$

M-00288

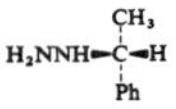
(R)-form Absolute configuration

M-00289

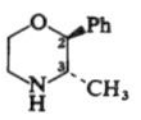
(2S,3S)-form

M-00290

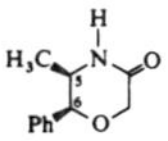
Relative configuration

M-00291

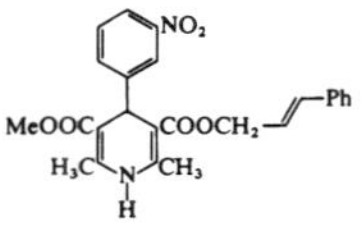

M-00292

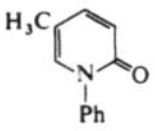

M-00293

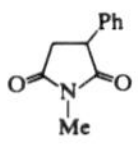

M-00294

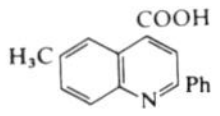

M-00295

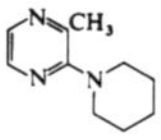

M-00296

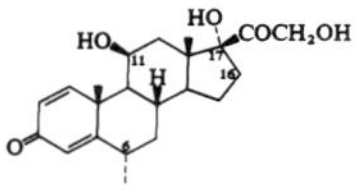

M-00297

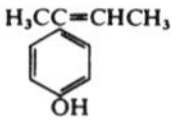

M-00298

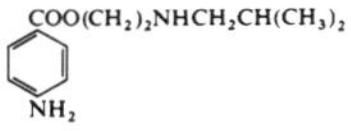

M-00299

$H_2C{=}C(CN)COOCH_2CH(CH_3)_2$

M-00300

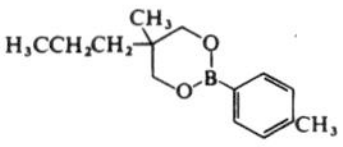

M-00301

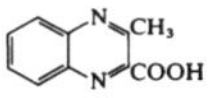

M-00304

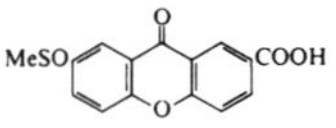

M-00305

$MeSO_2(CH_2)_9CN$

M-00307

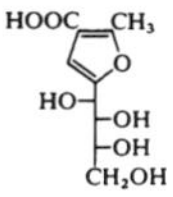

M-00308

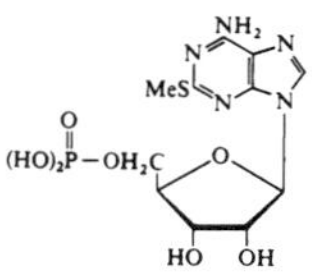

M-00311

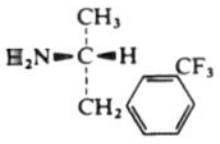
(R)-form

M-00312

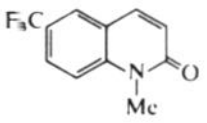

M-00314

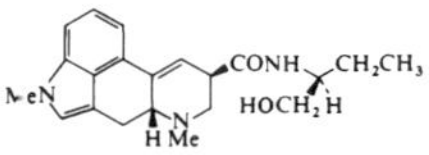
Absolute configuration

M-00315

M-00316

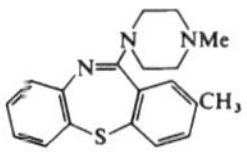

M-00317

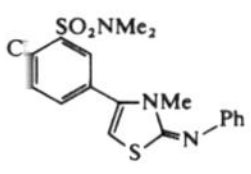

M-00318

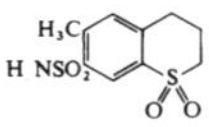

M-00319

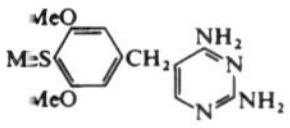

M-00320

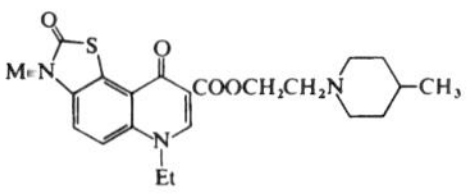

M-00321

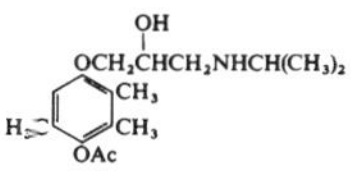

M-00322

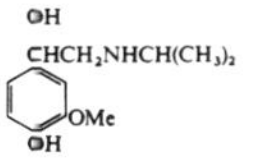

M-00323

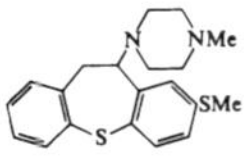

M-00324

H-Tyr-D-Ala-Gly-Phe-(N^2-MeMet)-NH_2

M-00325

$Ph_2C(OH)COOCH_2CH_2NMe_3^{\oplus}$

M-00326

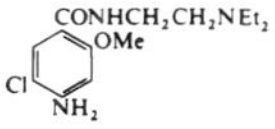

M-00327

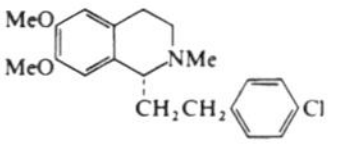
(R)-form Absolute configuration

M-00328

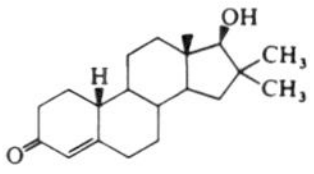

M-00329

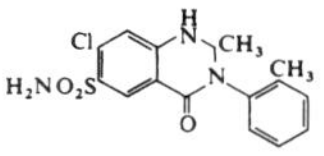

M-00330

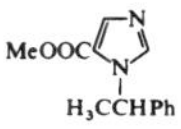

M-00331

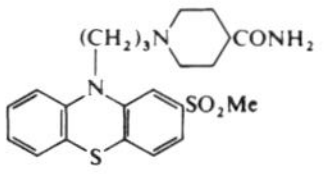

M-00332

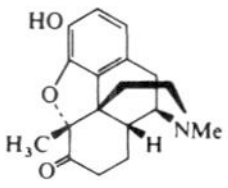
Absolute configuration

M-00333

M-00334

M-00335

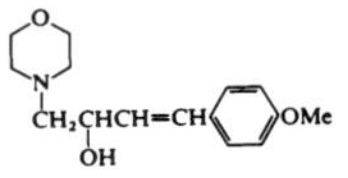
M-00337

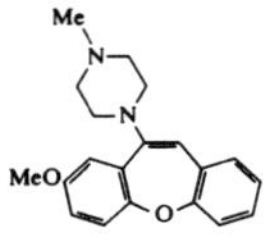
M-00338

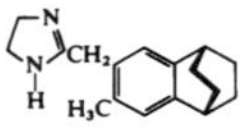
M-00339

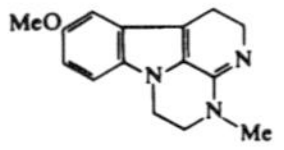
M-00340

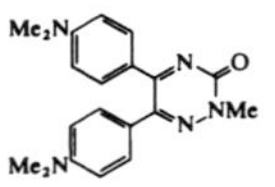
M-00341

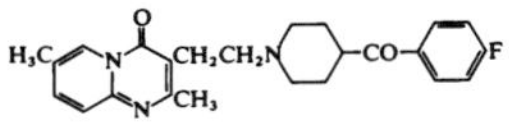
M-00342

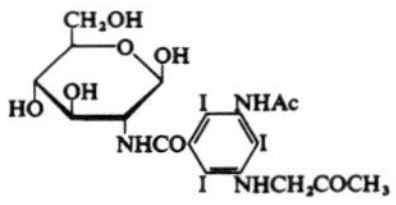
M-00343

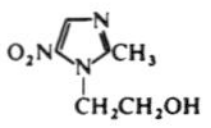
M-00344

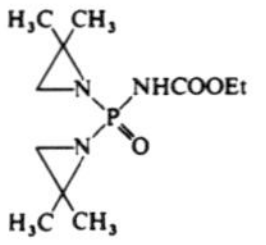
M-00345

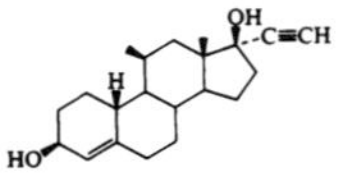
M-00346

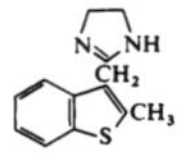
M-00347

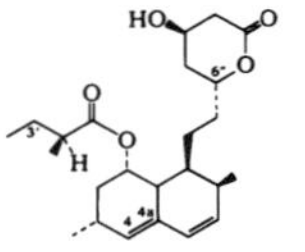
M-00348

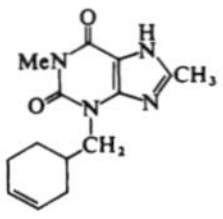
M-00349

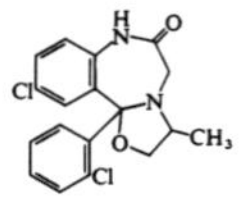
M-00350

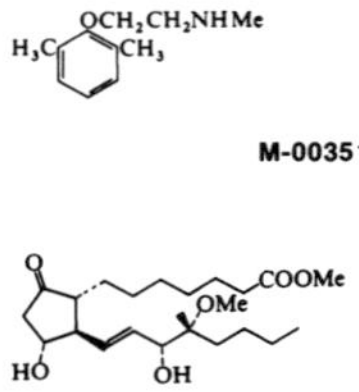
M-00351

M-00352

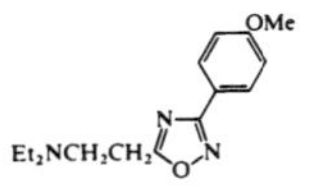
M-00353

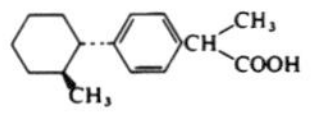
M-00354

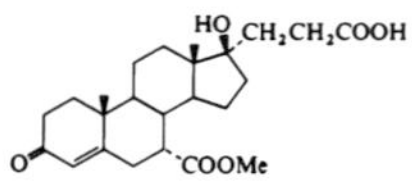
M-00355

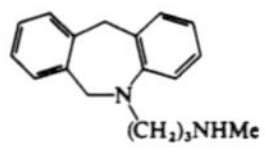
M-00356

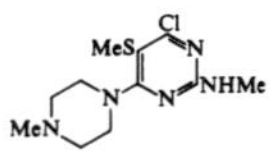
M-00357

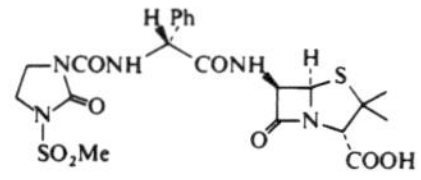
M-00358

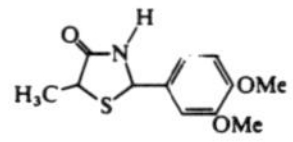
M-00359

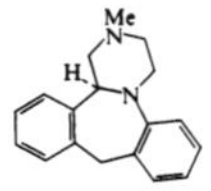
Absolute configuration

M-00360

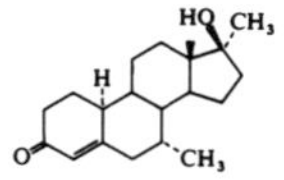
M-00361

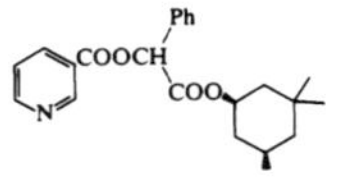
M-00362

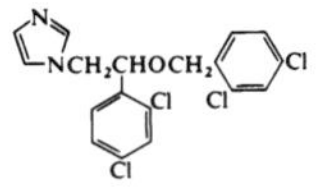
M-00363

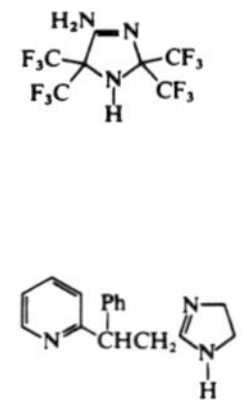
M-00364

M-00365

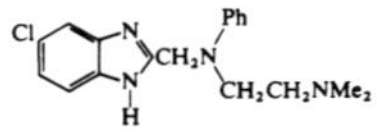
M-00366

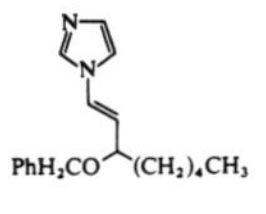
(*E*)-*form*

M-00367

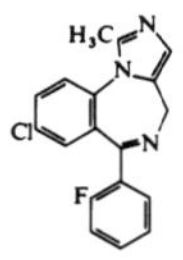
M-00368

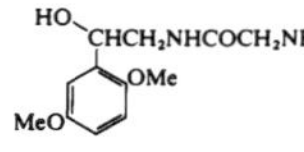
M-00369

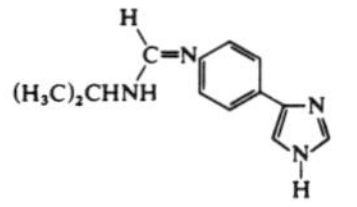
M-00370

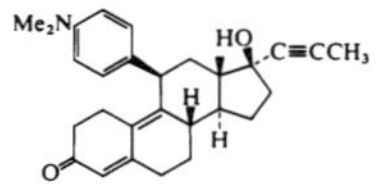
M-00371

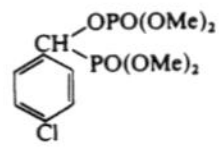
M-00372

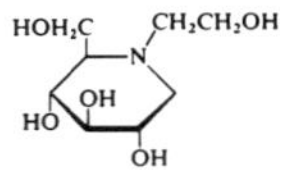
M-00373

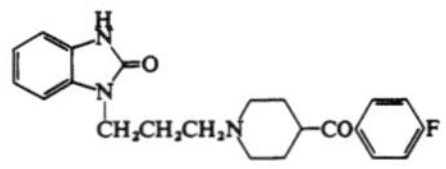
M-00374

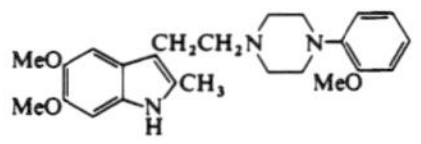
M-00375

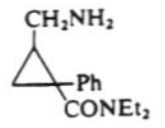
M-00376

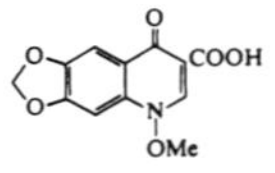
M-00377

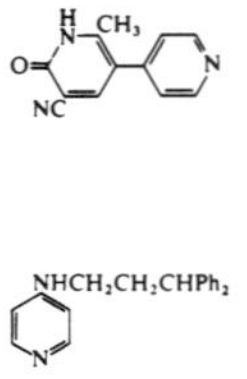
M-00378

M-00379

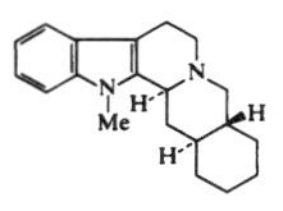

M-00380

M-00381

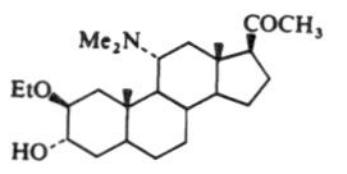

M-00382

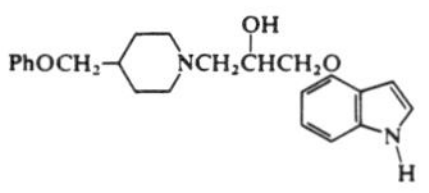

M-00383

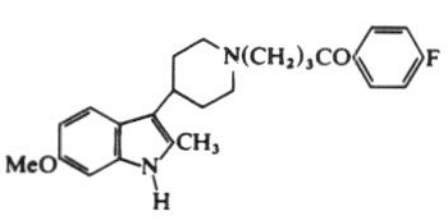

M-00384

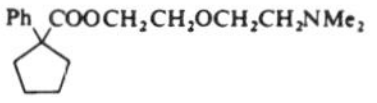

M-00385

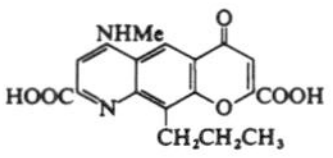

M-00386

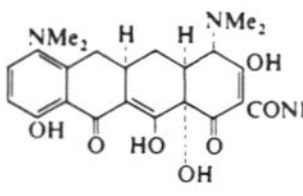

M-00387

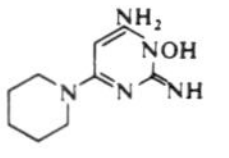

M-00388

Struct. unknown

M-00389

Struct. unknown

M-00391

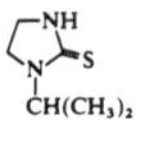

M-00392

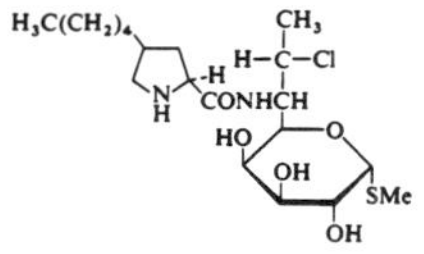

M-00393

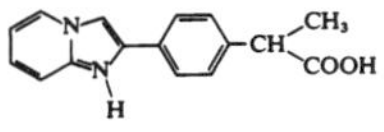

M-00394

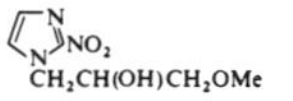

M-00395

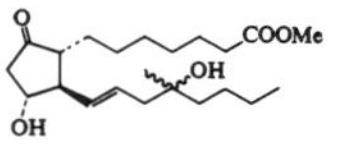

M-00396

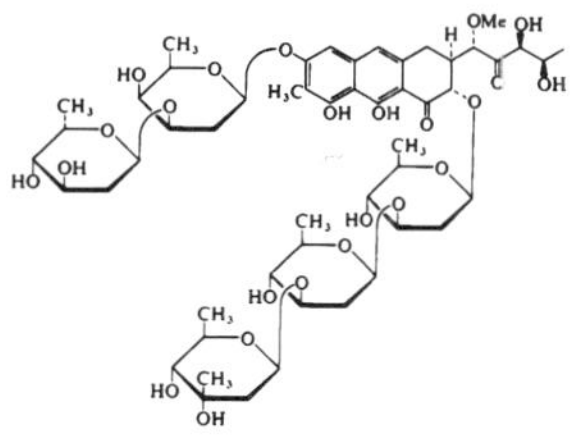

M-00397

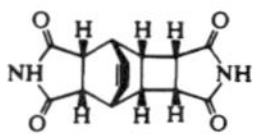

M-00398

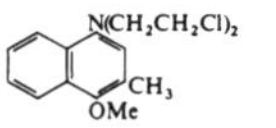

M-00399

For complete struct., see reference

M-00402

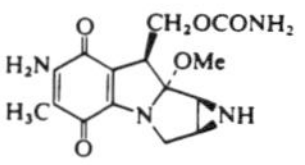

M-00404

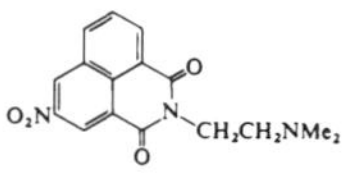

M-00405

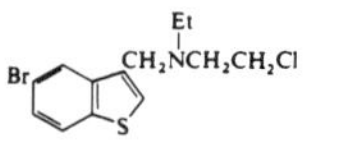

M-00406

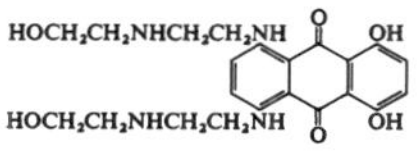

M-00407

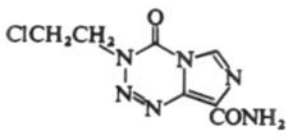

M-00408

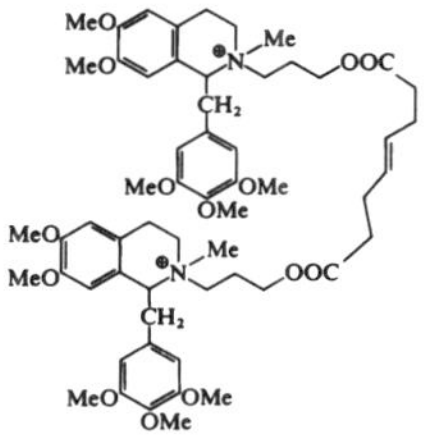

M-00409

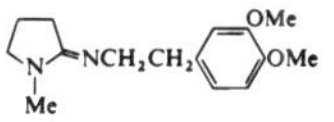

M-00410

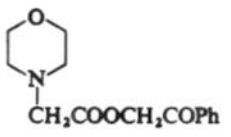

M-00411

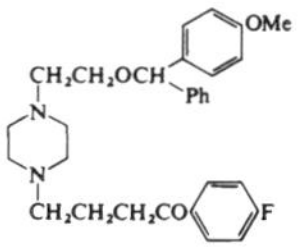

M-00412

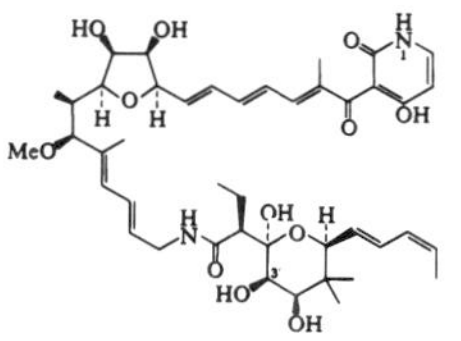

M-00413

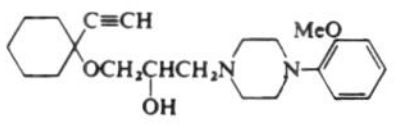

M-00414

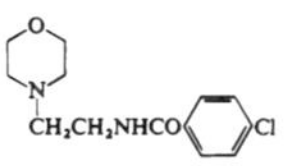

M-00415

M-00416

$Ph_2CHSOCH_2CONH_2$

M-00417

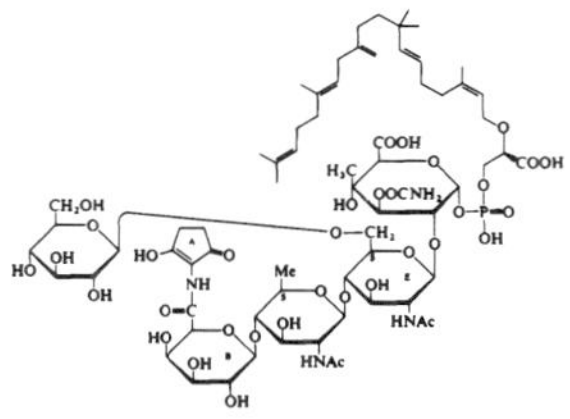

M-00418

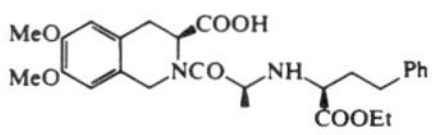

M-00419

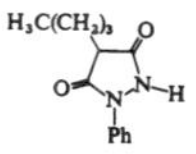

M-00420

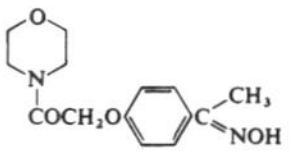

M-00421

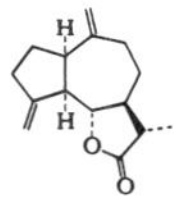

M-00422

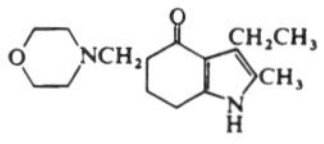

M-00423

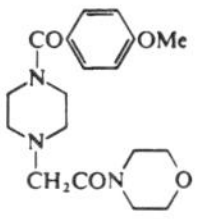

M-00424

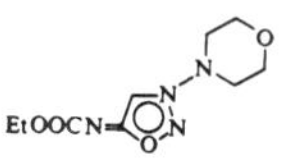

M-00425

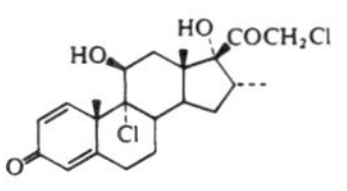

M-00426

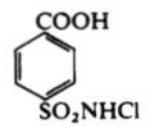

M-00427

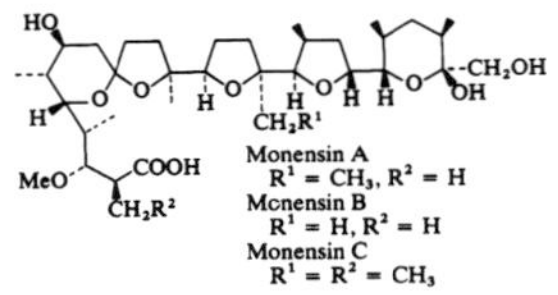

M-00428

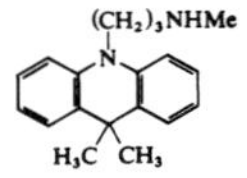

M-00429

$Et_2NC(=S)SC(=S)NEt_2$

M-00430

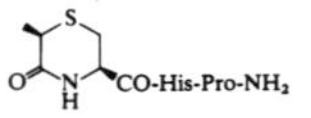

M-00431

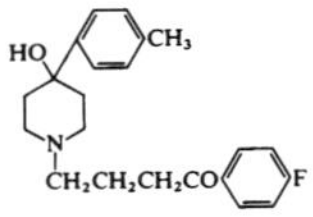

M-00432

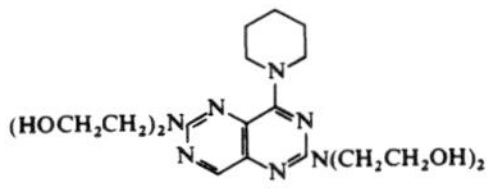

M-00433

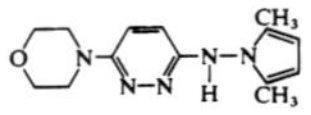

M-00434

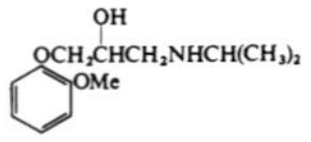

M-00435

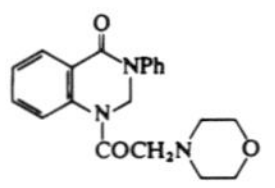

M-00436

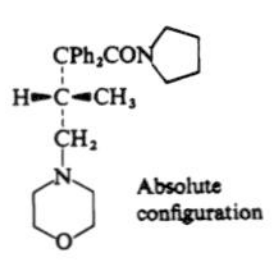
Absolute configuration

M-00437

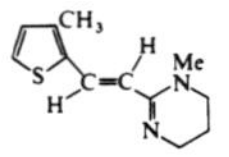

M-00438

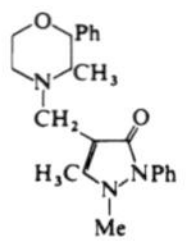

M-00439

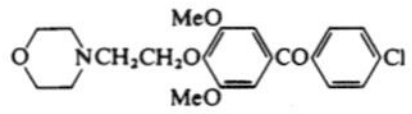

M-00440

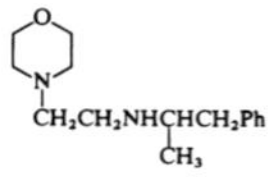

M-00441

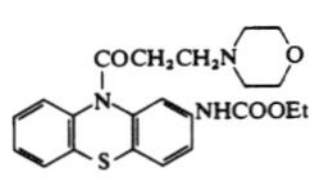

M-00442

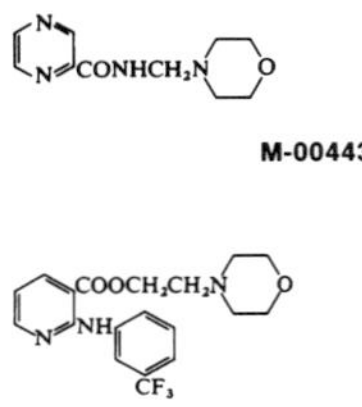

M-00443

M-00444

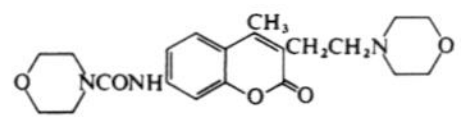

M-00445

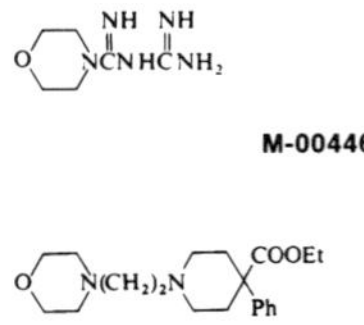

M-00446

M-00447

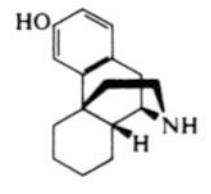
(−)-form
Absolute configuration

M-00448

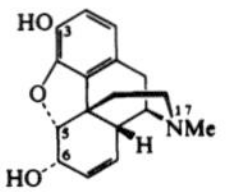
Absolute configuration

M-00449

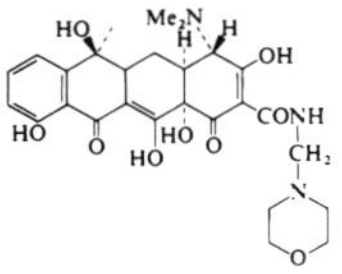

M-00450

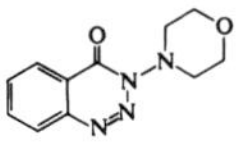

M-00451

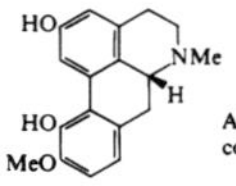
Absolute configuration

M-00452

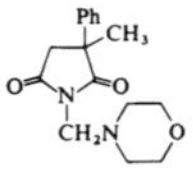

M-00453

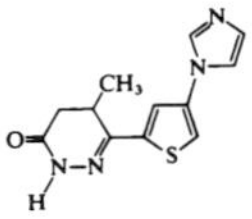

M-00454

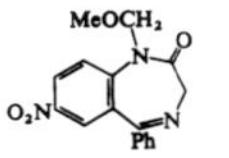

M-00455

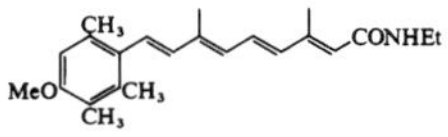

M-00456

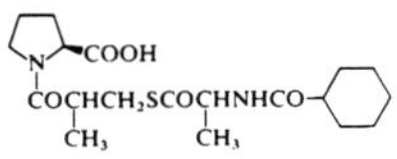

M-00457

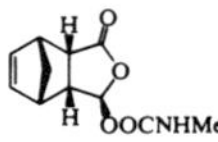

M-00458

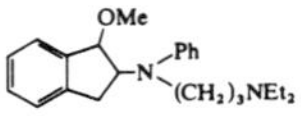

M-00459

$Ph_2C(CH_3)OCH_2CH_2NMe_2$

M-00460

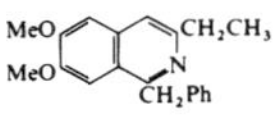

M-00461

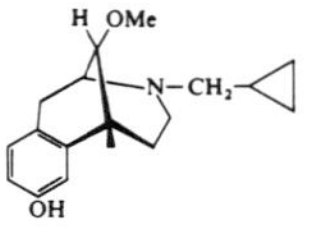

M-00462

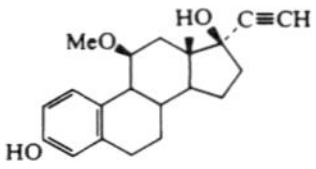

M-00463

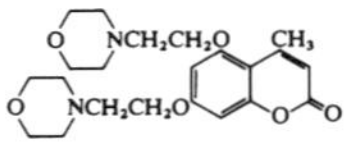

M-00464

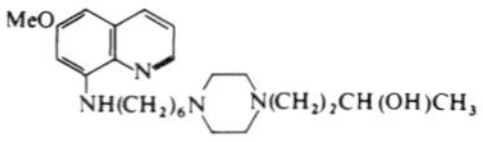

M-00465

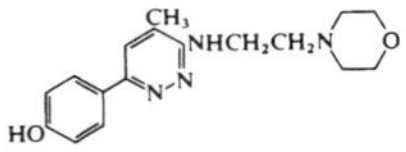

M-00466

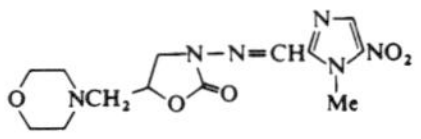

M-00467

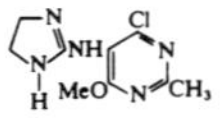

M-00468

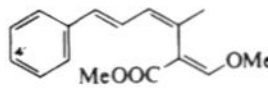
(*E,Z,E*)-*form*

M-00469

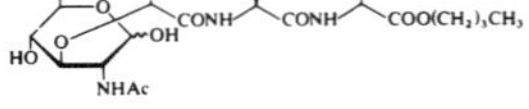

M-00470

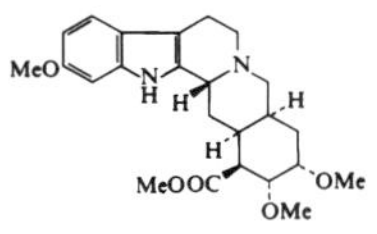

M-00336

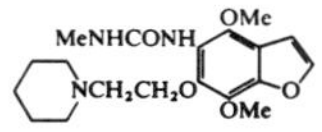

M-00471

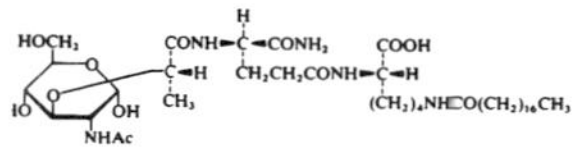

M-00472

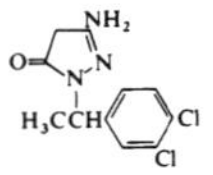

M-00473

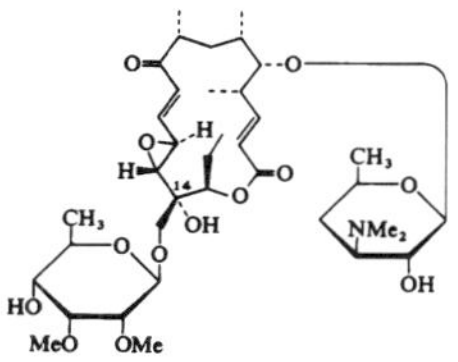

M-00474

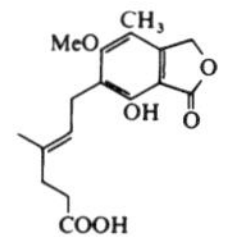

M-00475

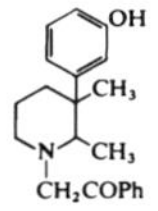

M-00476

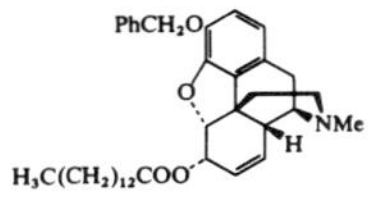

M-00477

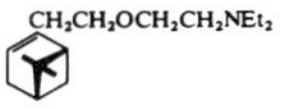

M-00478

N

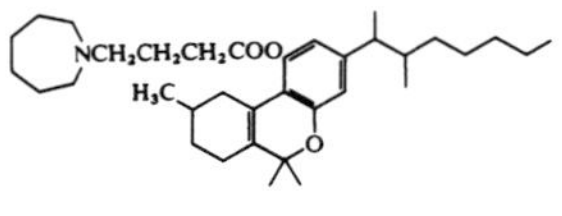

N-00001

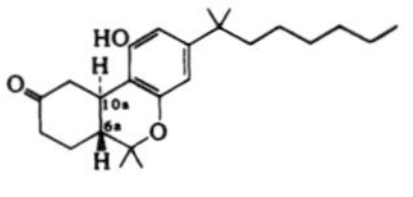

N-00002

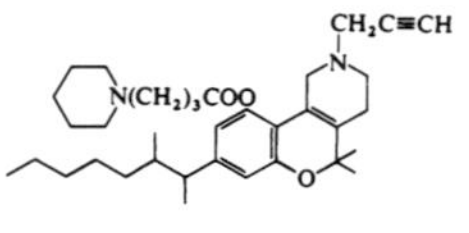

N-00003

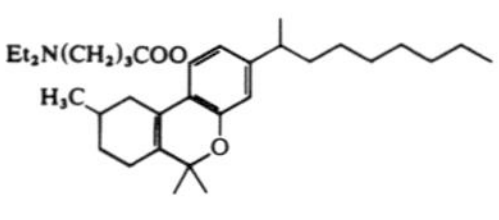

N-00004

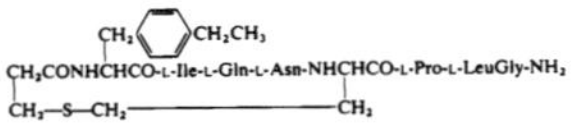

N-00005

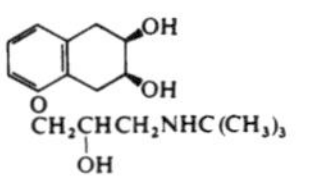

N-00006

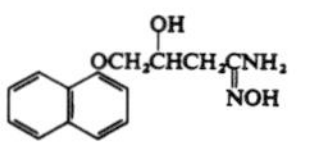

N-00007

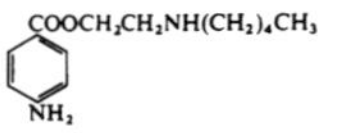

N-00008

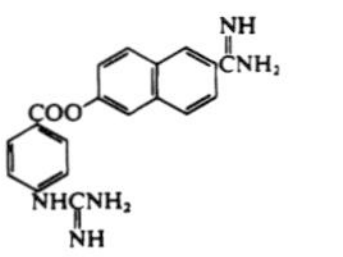

N-00009

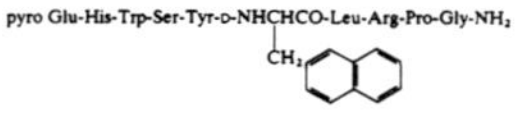

N-00010

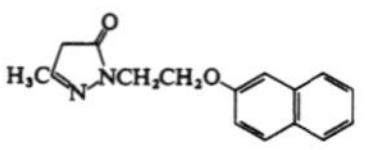

N-00011

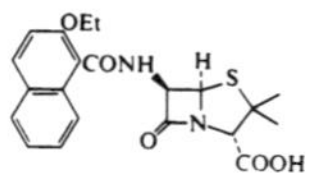

N-00012

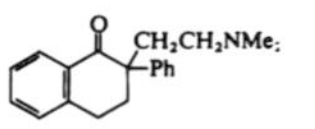

N-00013

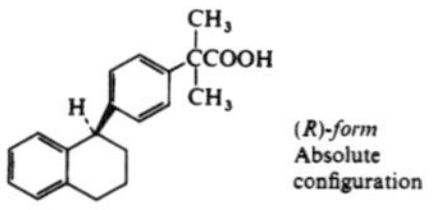

N-00014

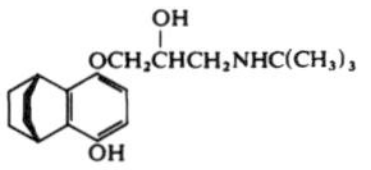

N-00015

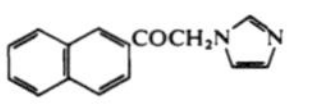

N-00016

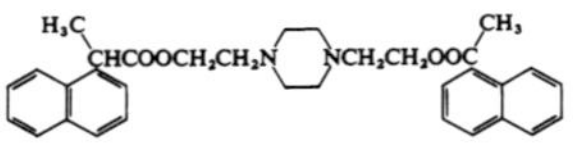

N-00017

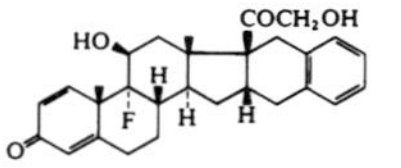

N-00018

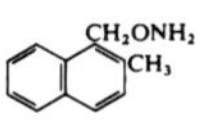

N-00019

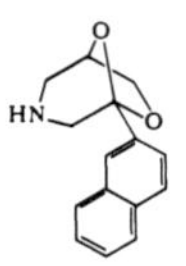

N-00020

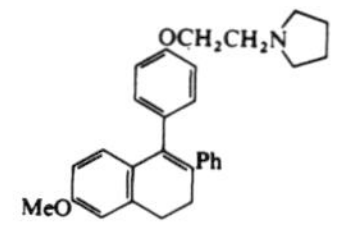

N-00021

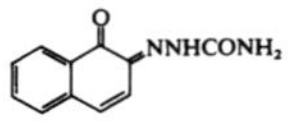

N-00022

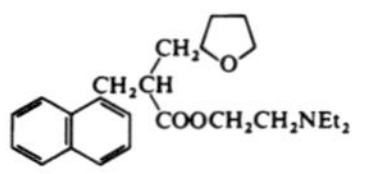

N-00023

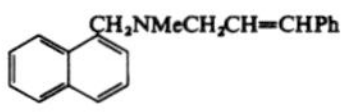

N-00024

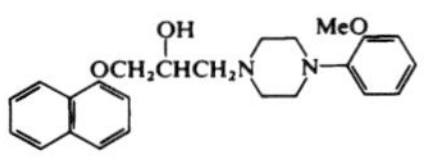

N-00025

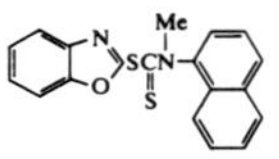

N-00026

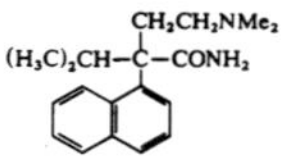

N-00027

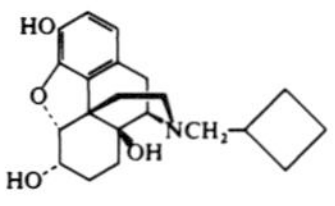

N-00028

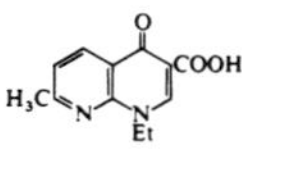

N-00029

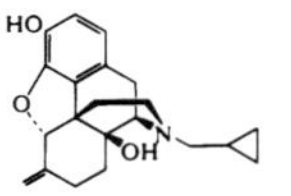

N-00030

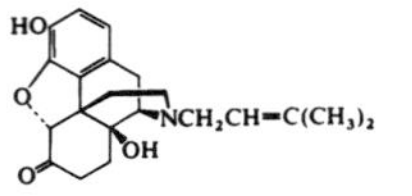

N-00031

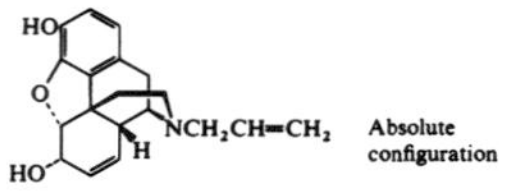

N-00032

N-00033

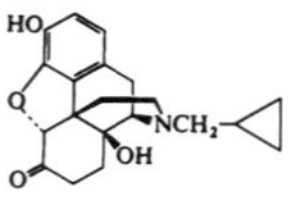

N-00034

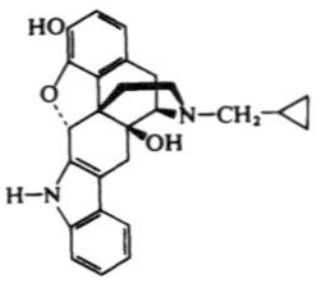

N-00035

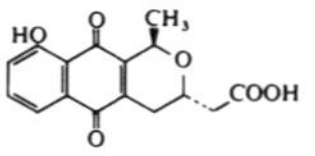

N-00036

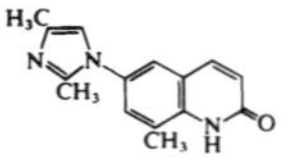

N-00037

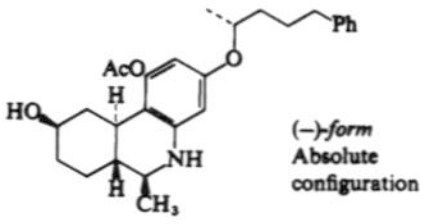

N-00038

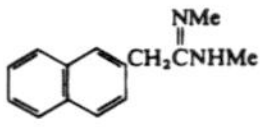

N-00039

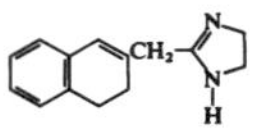

N-00040

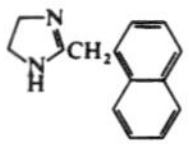

N-00041

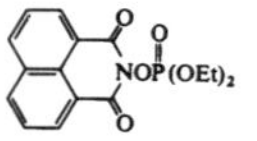

N-00042

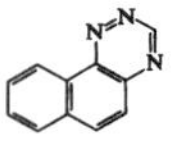

N-00043

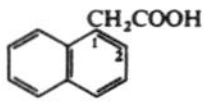

N-00044

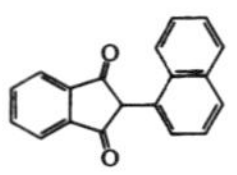

N-00045

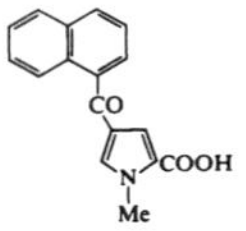

N-00046

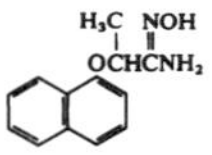

N-00047

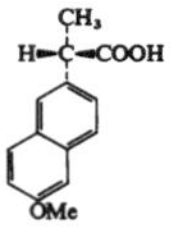

N-00048

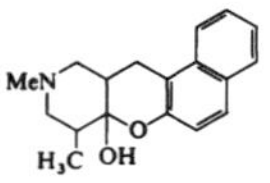

N-00049

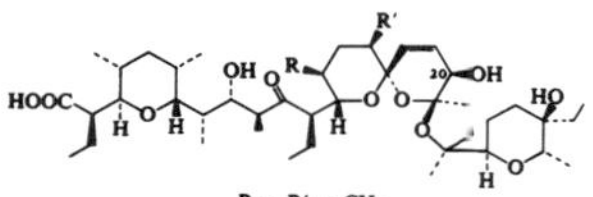

R = R' = CH_3

N-00050

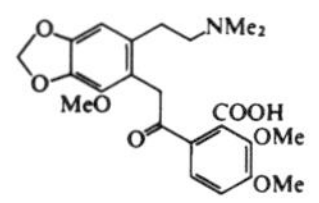

N-00051

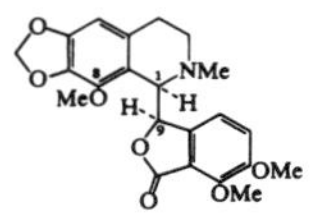

(1R,9R)-form

N-00052

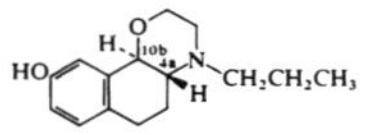

(4aR,10bR)-form

N-00053

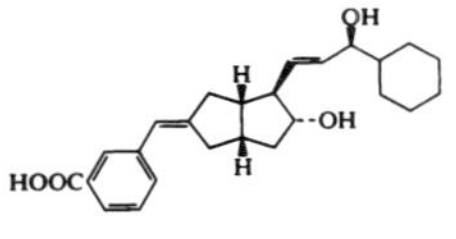

N-00054

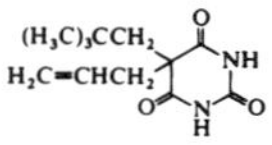

N-00055

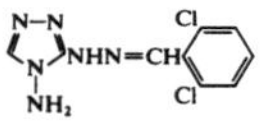

N-00056

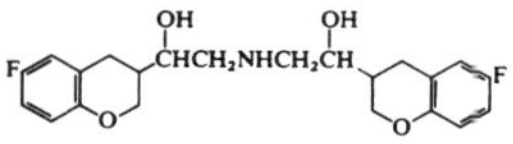

N-00057

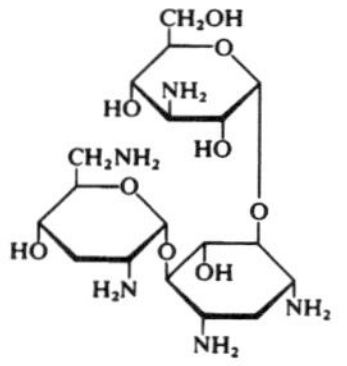

N-00059

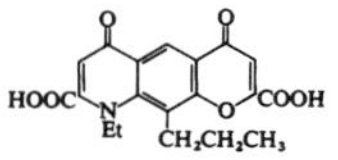

N-00060

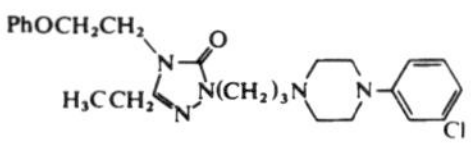

N-00061

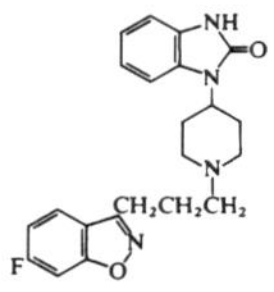

N-00062

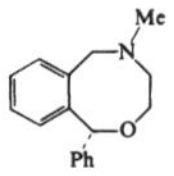

(R)-form

N-00063

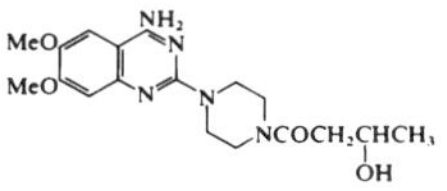

N-00064

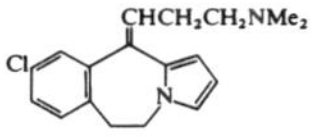

N-00065

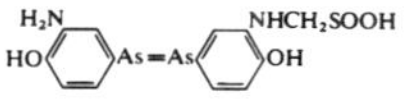

N-00066

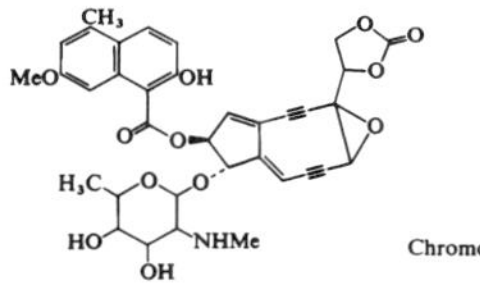

Chromophore

N-00067

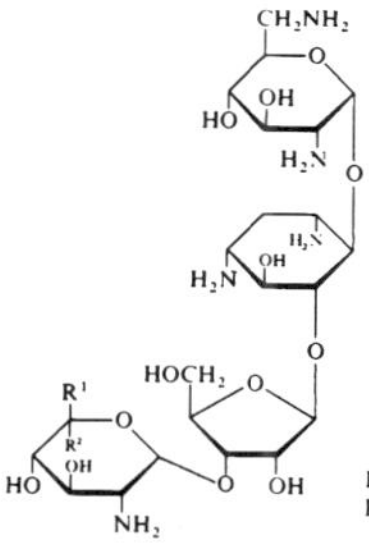

R^1 = H.
R^2 = CH_2NH_2

N-00068

As N-00068 with
$R^1 = CH_2NH_2$, $R^2 = H$

N-00069

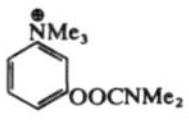

N-00070

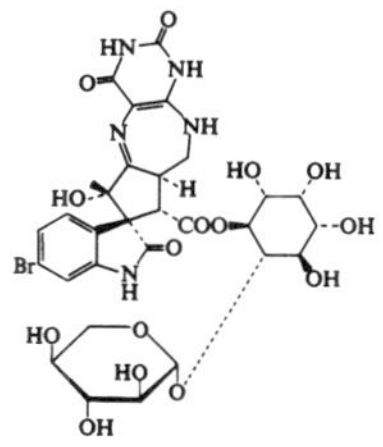

N-00071

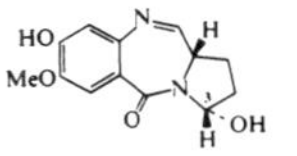

Absolute configuration

N-00072

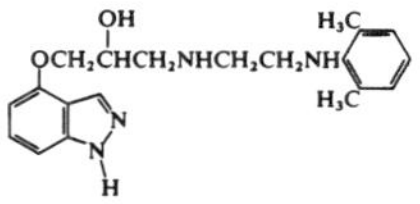

N-00073

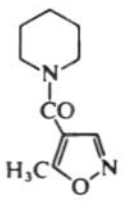

N-00074

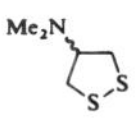

N-00075

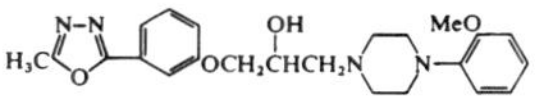

N-00076

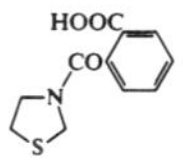

N-00077

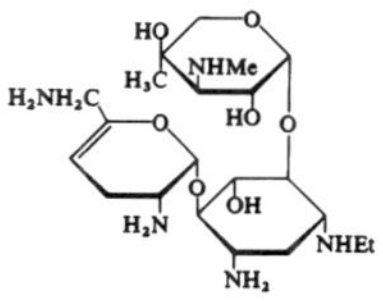

N-00078

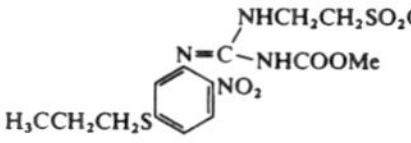

N-00079

H-5-OxoPro-Leu-Tyr-Glu-Asn-Lys-Pro-Arg-Arg-Pro-Tyr-Ile-Leu-OH

N-00080

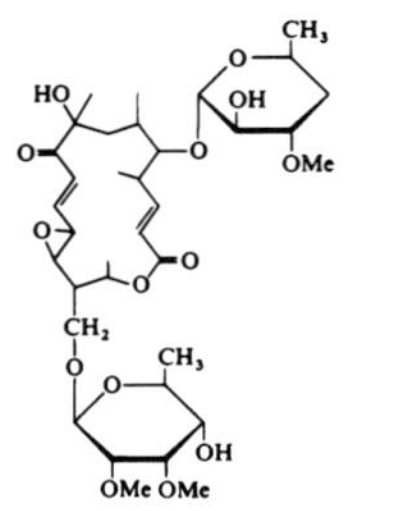

N-00081

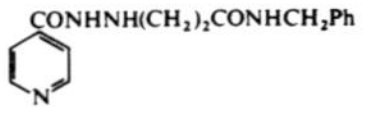

N-00082

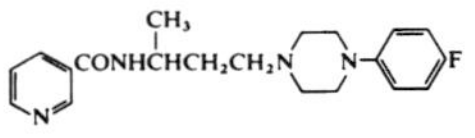

N-00083

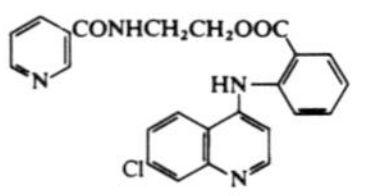

N-00084

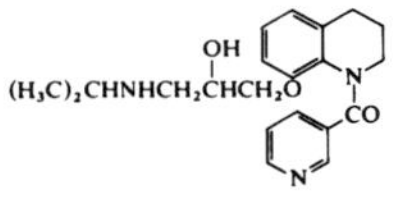

N-00085

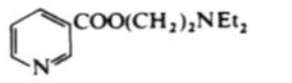

N-00086

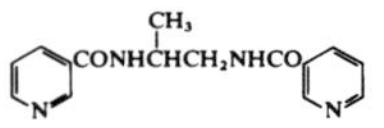

N-00087

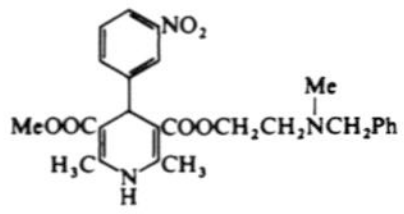

N-00088

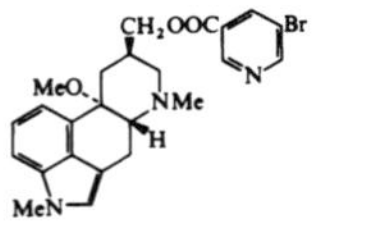

N-00089

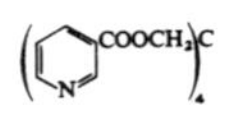

N-00090

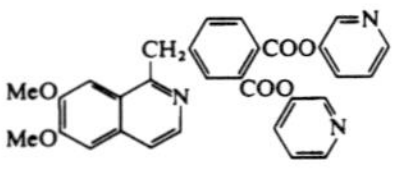

N-00091

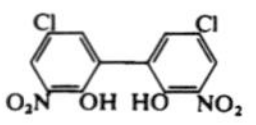

N-00092

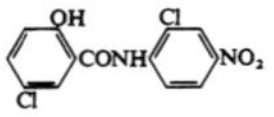

N-00093

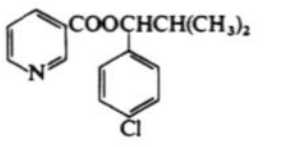

N-00094

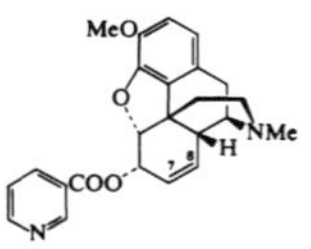

N-00095

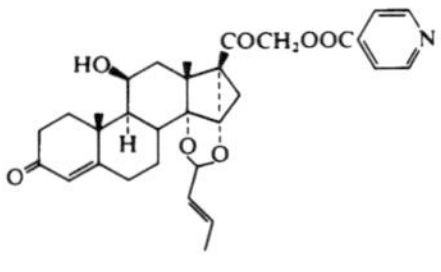

N-00096

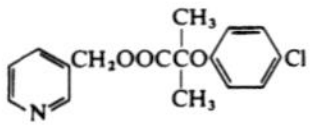

N-00097

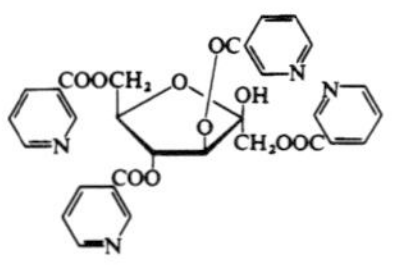

N-00098

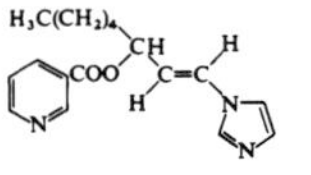

N-00099

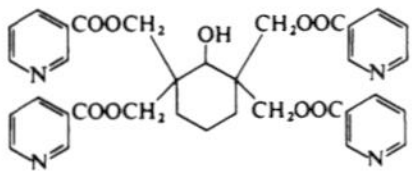

N-00100

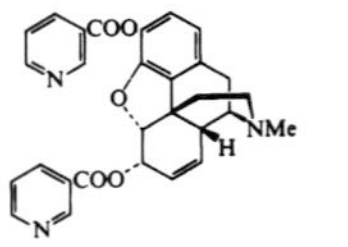

N-00101

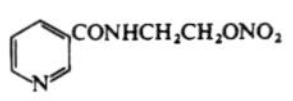

N-00102

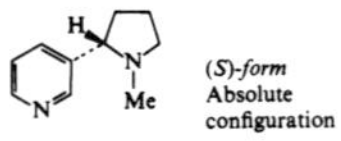

N-00103

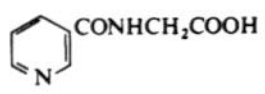

N-00104

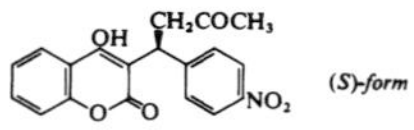

N-00105

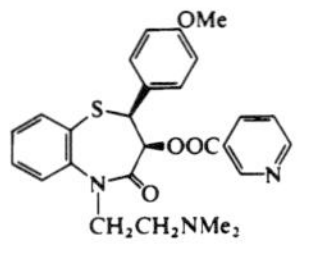

N-00106

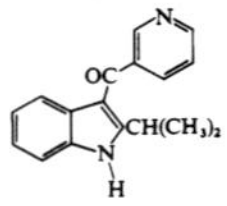

N-00107

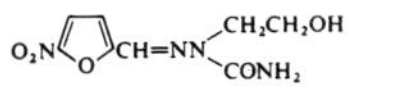

N-00108

NH_2
COCHCH$_2$CH$_2$S(O)Me
H-Tyr-NHCHCO-Phe(4-NO$_2$)-Pro-NH$_2$

N-00109

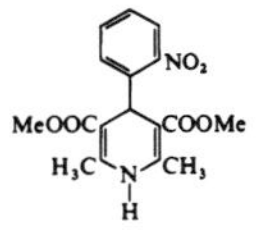

N-00110

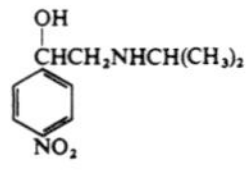

N-00111

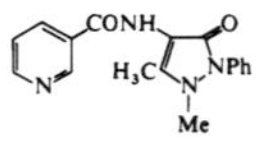

N-00112

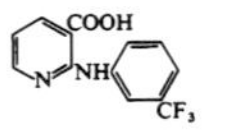

N-00113

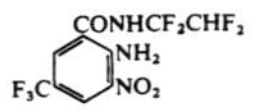

N-00114

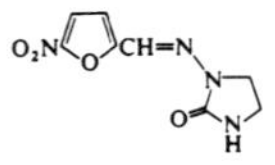

N-00115

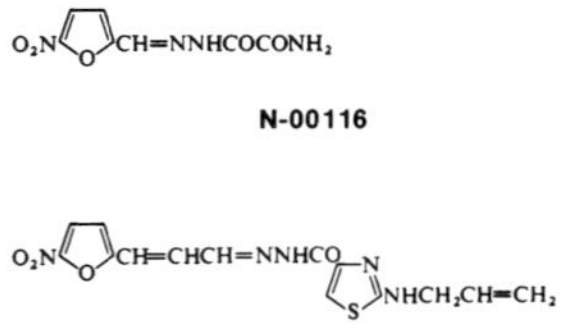

N-00116

N-00117

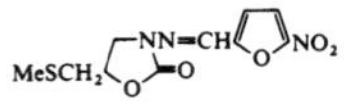

N-00118

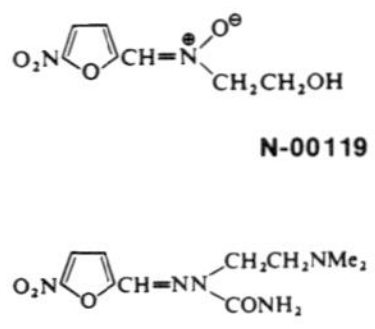

N-00119

N-00120

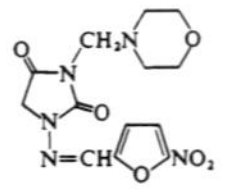

N-00121

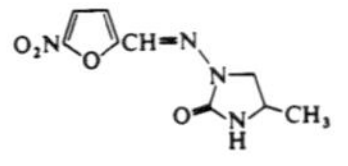

N-00122

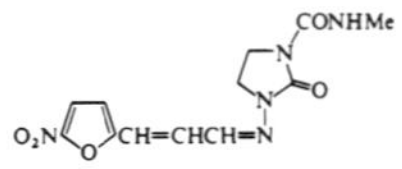

N-00123

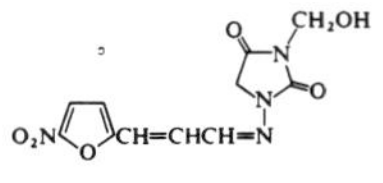
N-00124

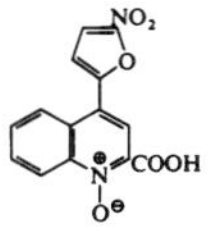
N-00125

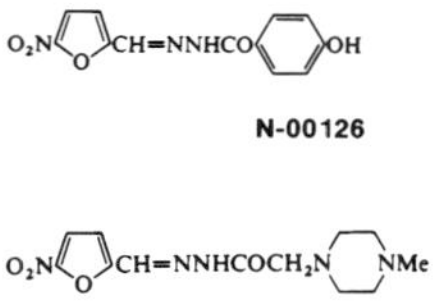
N-00126

N-00127

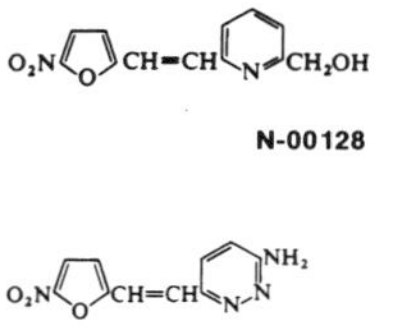
N-00128

N-00129

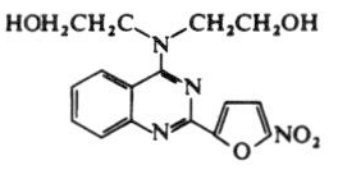
N-00130

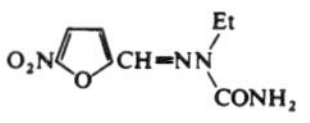
N-00131

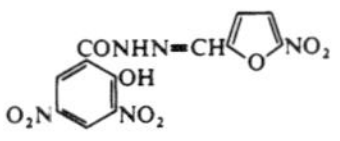
N-00132

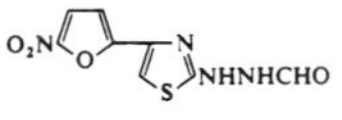
N-00133

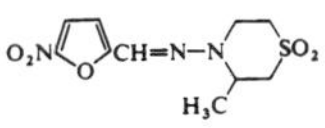
N-00134

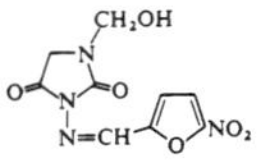
N-00135

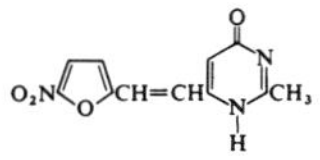
N-00136

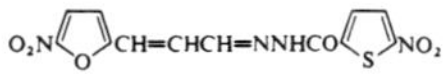
N-00137

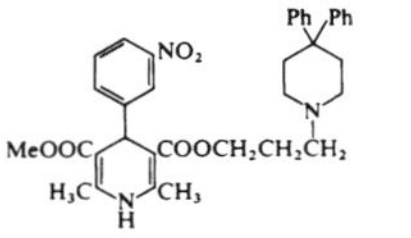
N-00138

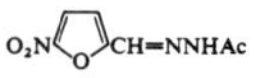
N-00139

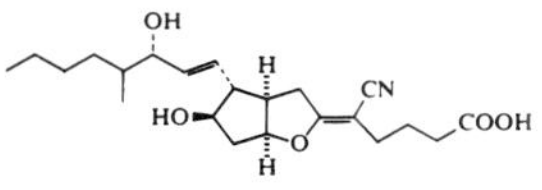
N-00140

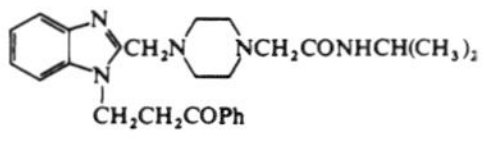
N-00141

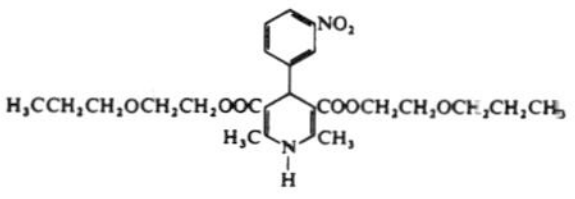
N-00142

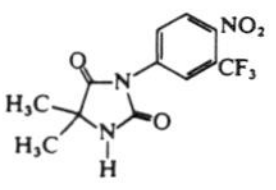
N-00143

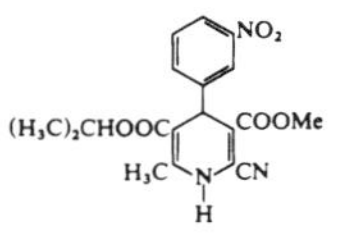
N-00144

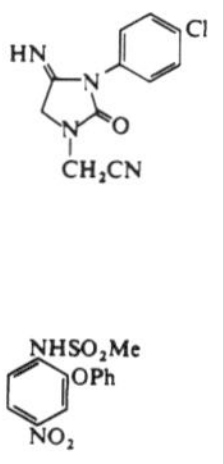
N-00145

N-00146

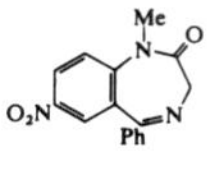
N-00147

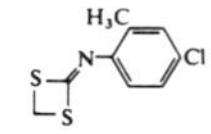
N-00148

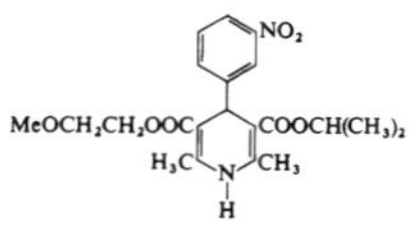
N-00149

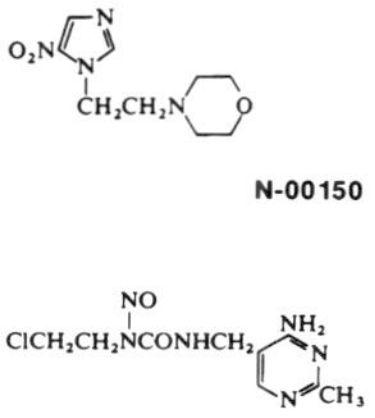
N-00150

N-00151

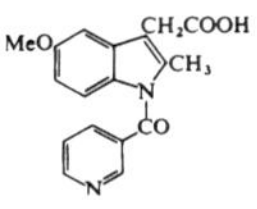
N-00152

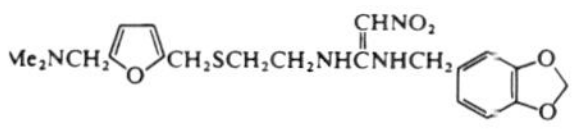
N-00153

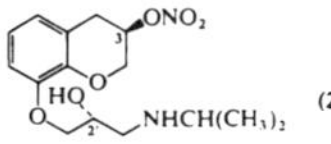
(2'R,3R)-form

N-00154

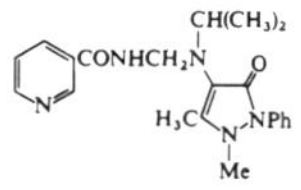
N-00155

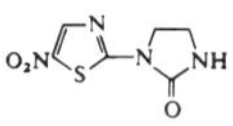
N-00156

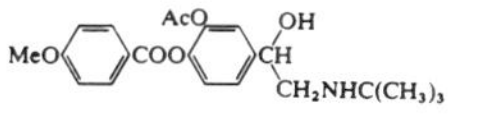
N-00157

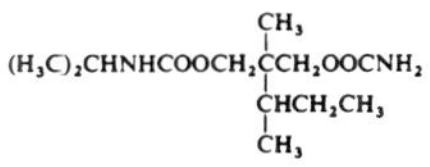
N-00158

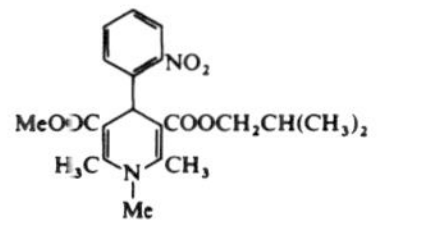
N-00159

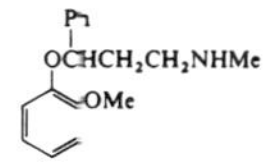
N-00160

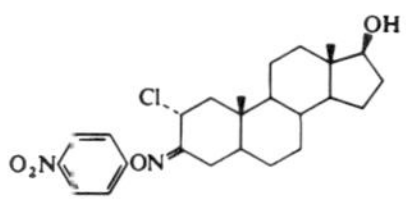
N-00161

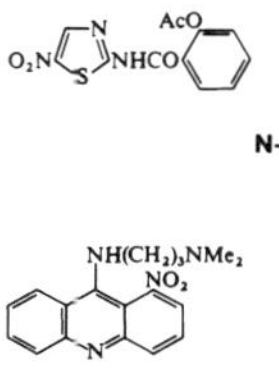
N-00162

N-00163

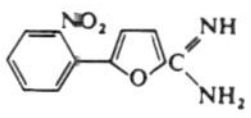
N-00164

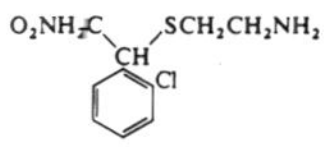
N-00165

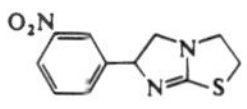
N-00166

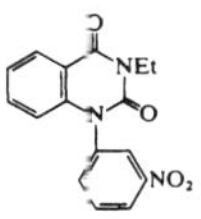
N-00167

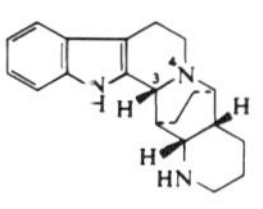
Relative configuration

N-00168

PhHgONO$_2$

N-00169

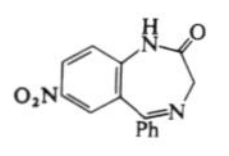

N-00170

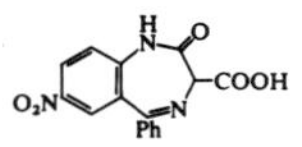

N-00171

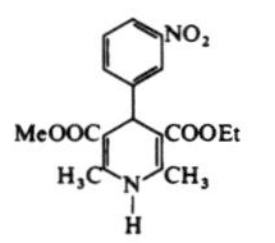

N-00172

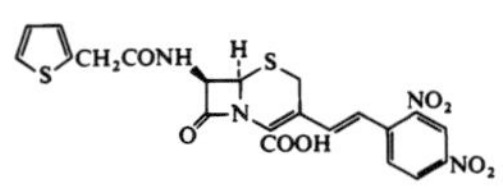

N-00173

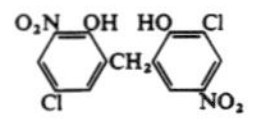

N-00174

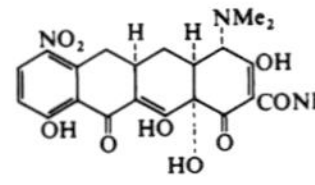

N-00175

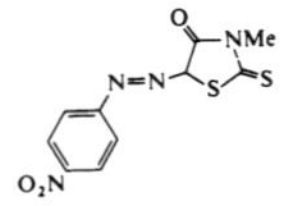

N-00176

N-00177

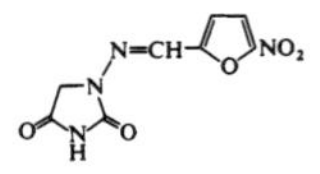

N-00178

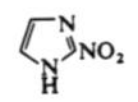

N-00179

N-00180

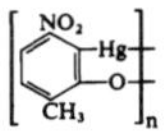

N-00181

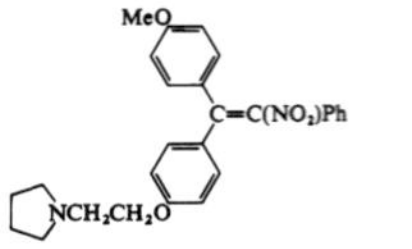

N-00182

H$_3$C(CH$_2$)$_2$CH(OH)CH$_2$NO$_2$

N-00183

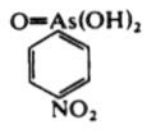

N-00184

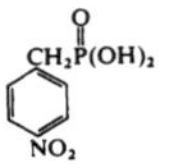

N-00185

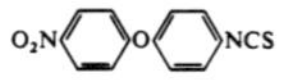

N-00186

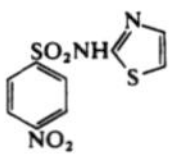

N-00187

H$_2$NCONHNO$_2$

N-00188

N$_2$O

N-00189

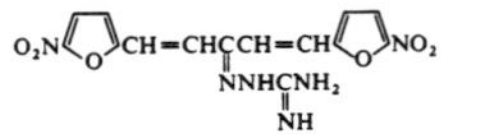

N-00190

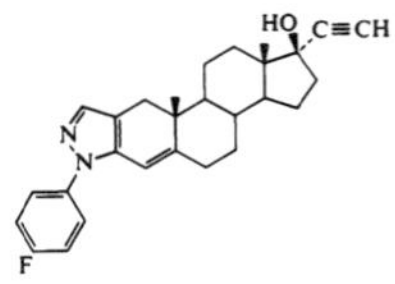

N-00191

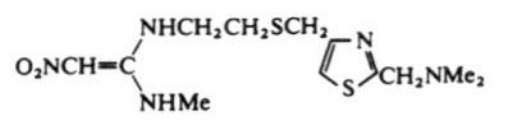

N-00192

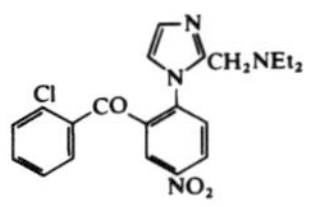

N-00193

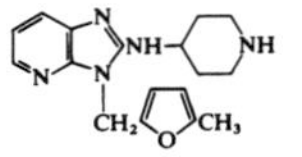

N-00194

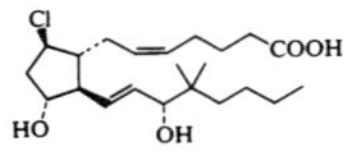

N-00195

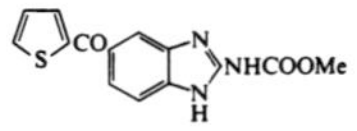

N-00196

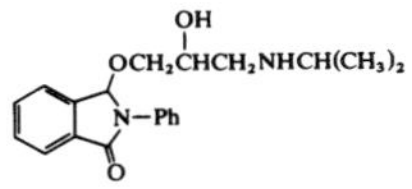

N-00197

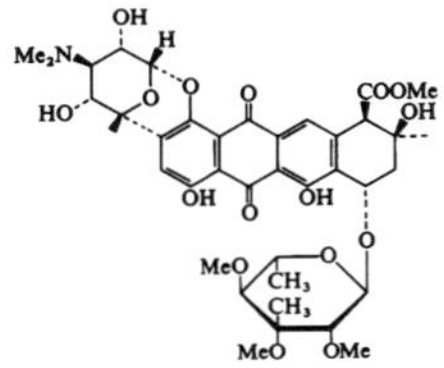

N-00198

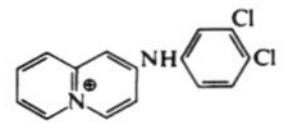

N-00199

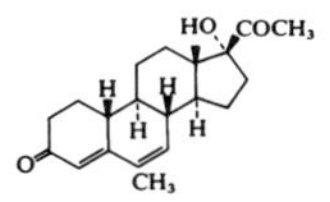

N-00200

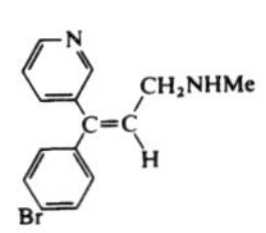

N-00201

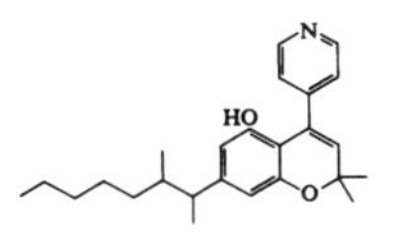

N-00202

HOOC(CH$_2$)$_7$COOH

N-00203

N-00204

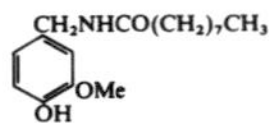

N-00205

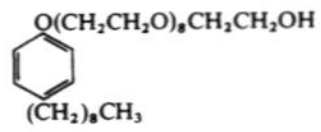

N-00206

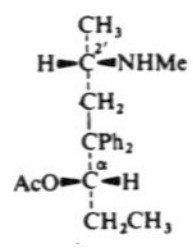

(αS,2'S)-form
Absolute configuration

N-00207

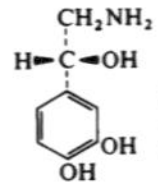

(R)-form
Absolute configuration

N-00208

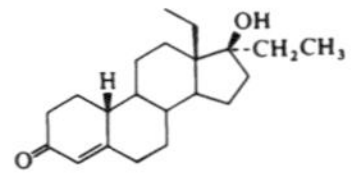

N-00209

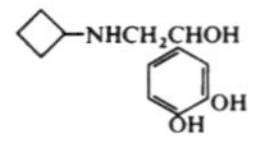

N-00210

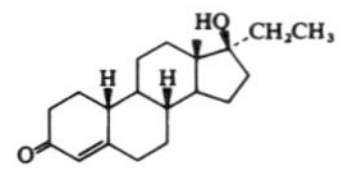

N-00211

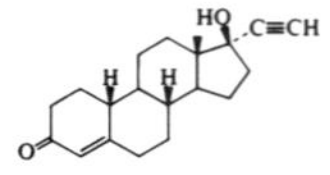

N-00212

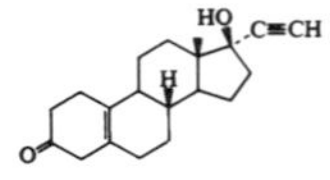

N-00213

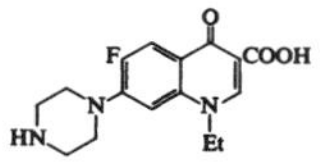

N-00214

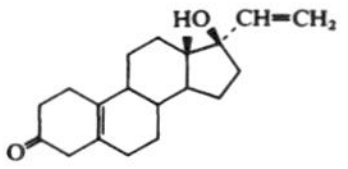

N-00215

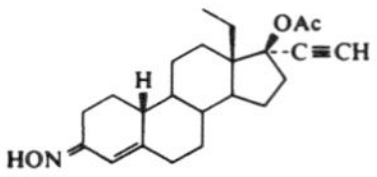

N-00216

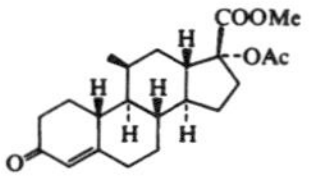

N-00217

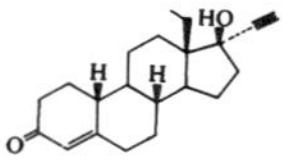

N-00218

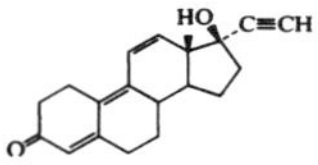

N-00219

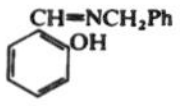

N-00220

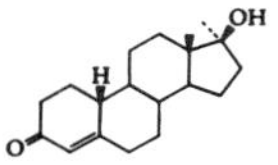

N-00221

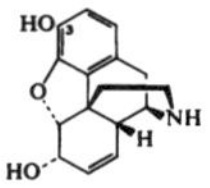

N-00222

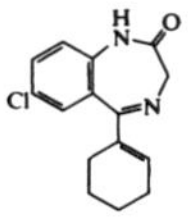

N-00223

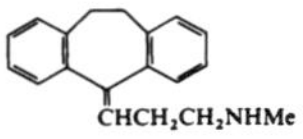

N-00224

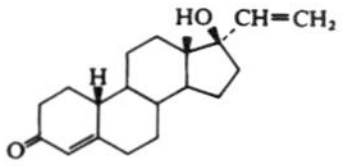

N-00225

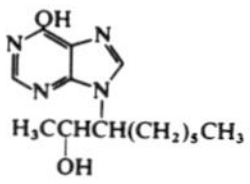

N-00226

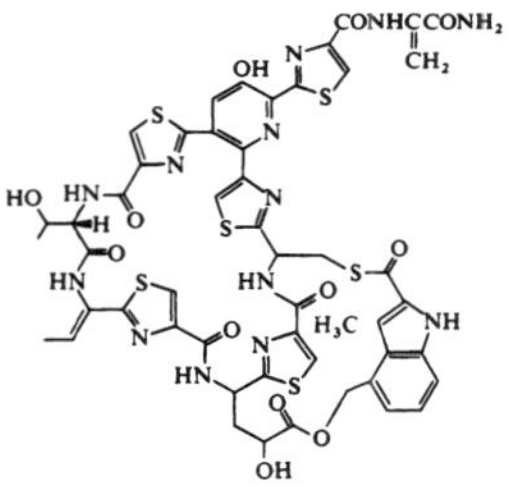

N-00227

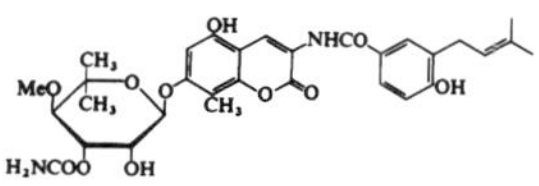

N-00228

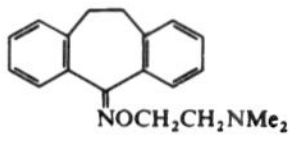

N-00229

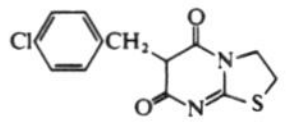

N-00230

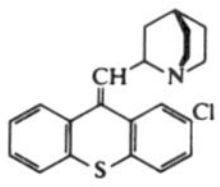

N-00231

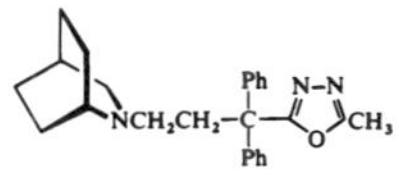

N-00232

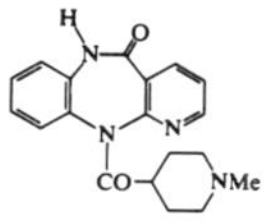

N-00233

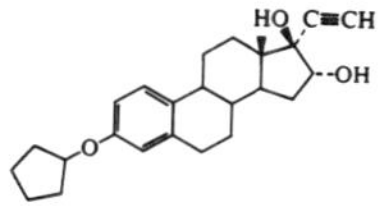

N-00234

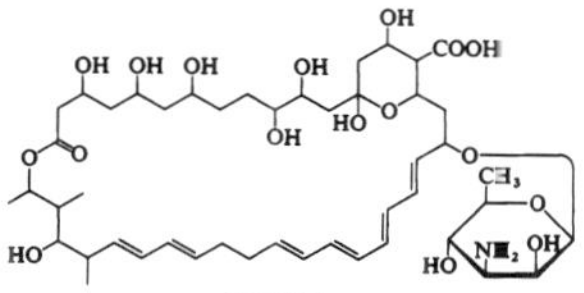

Nystatin A_1

N-00235

O

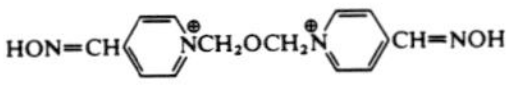

O-00001

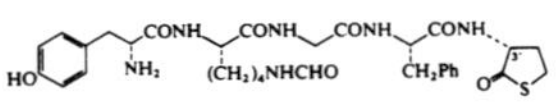

O-00002

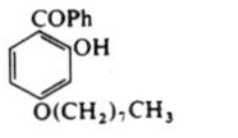

O-00004

$PhNHCOCH_2CH(CH_3)NEt_2$

O-00005

Ser-Tyr-Ser-Met-Glu-His-Phe-Arg-Trp-Gly-Lys-Pro-Val-Gly-Lys-Lys-Arg-Arg-Pro-Val-Lys-Val-Tyr-Pro-Asp-Ala-Gly-Glu

O-00006

$H_3C(CH_2)_4CH{=}CHCH_2CH{=}CH\text{-}(CH_2)_7COOH$

O-00007

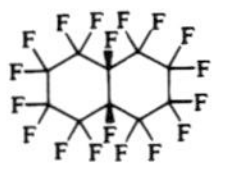

cis-form

O-00008

$H_3C(CH_2)_4(CH{=}CHCH_2)_3(CH_2)_3COOH$

O-00009

$H_3C(CH_2)_7CH{=}CH(CH_2)_7COOH$

O-00010

$H_3C(CH_2)_7CH{=}CH(CH_2)_7CH_2NH_2$

O-00011

$H_3C(CH_2)_{16}CH_2NH_2$

O-00012

$(H_3C)_2CHCH_2CH_2NHCH\text{-}(CH_3)(CH_2)_3CH(CH_3)_2$

O-00013

$H_3C(CH_2)_6COOH$

O-00014

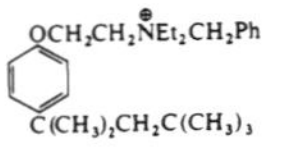

O-00015

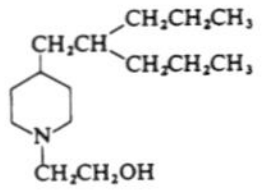

O-00016

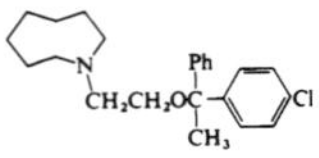

O-00017

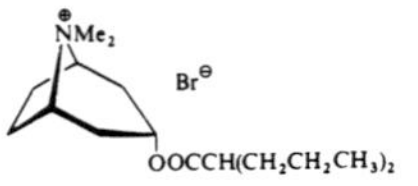

O-00018

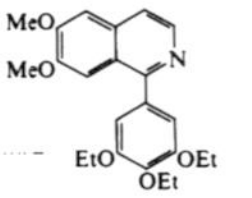

O-00019

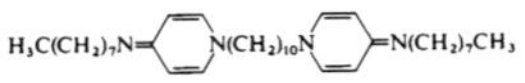

O-00020

$Ph_2C(OH)\text{-}COOCH_2CH_2N^{\oplus}(Me)_2(CH_2)_7CH_3$

O-00021

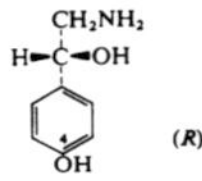

(R)-form

O-00022

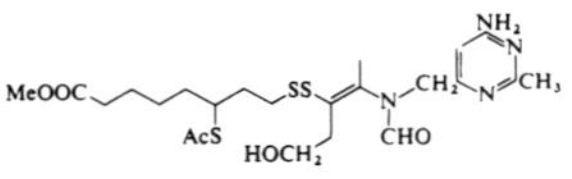

O-00023

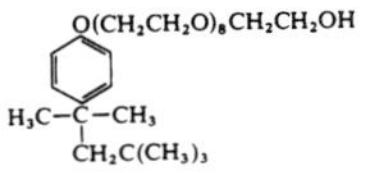

O-00024

H-D-Phe-Cys-Phe-D-Trp-Lys-Thr-Cys-Thr-ol

O-00025

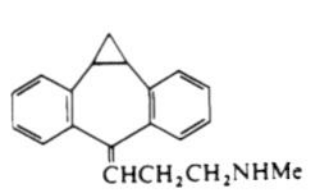

O-00026

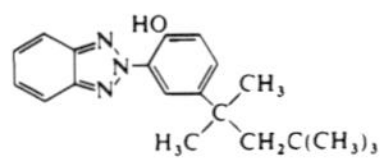

O-00027

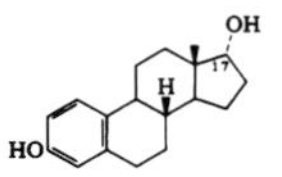

17α-*form*

O-00028

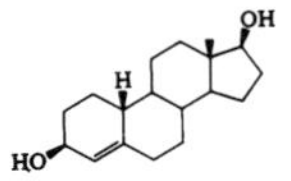

O-00029

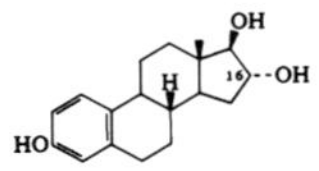

O-00030

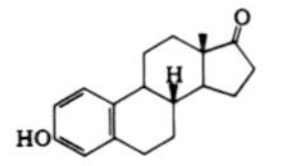

O-00031

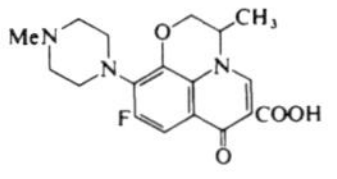

O-00032

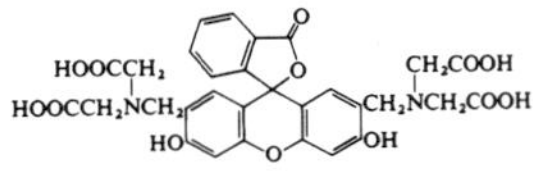

O-00033

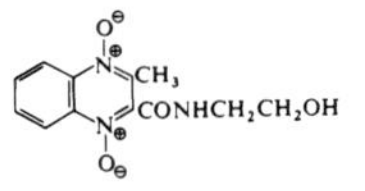

O-00034

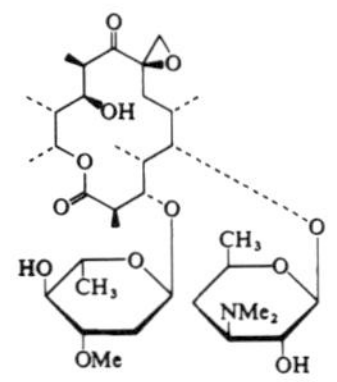

O-00035

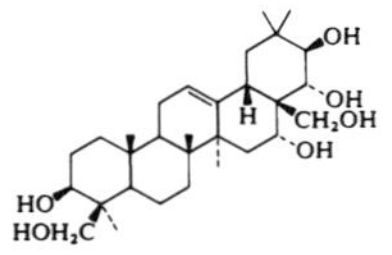

O-00036

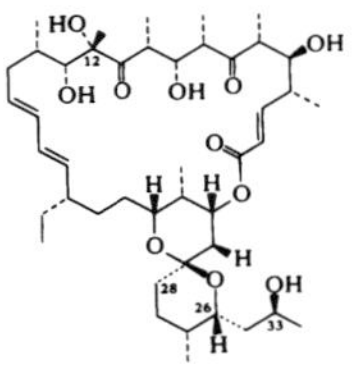

O-00037

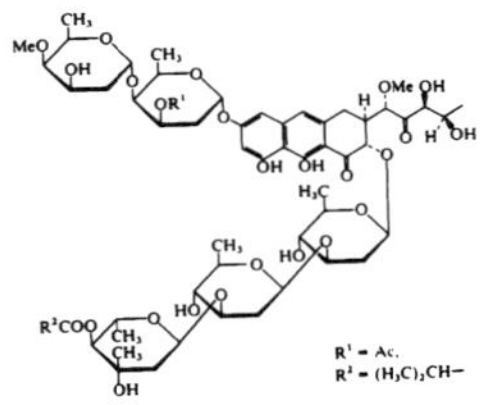

O-00038

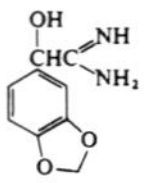

O-00039

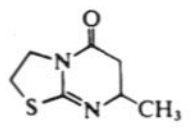

O-00040

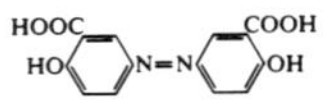

O-00041

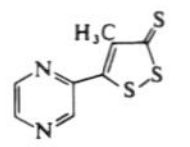

O-00042

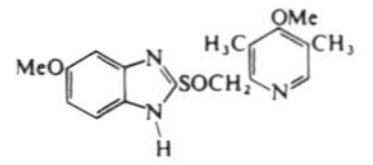

O-00044

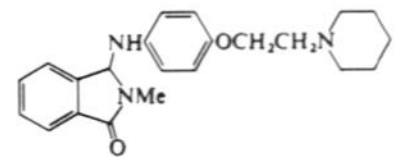

O-00045

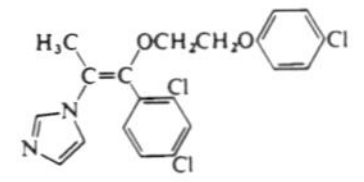

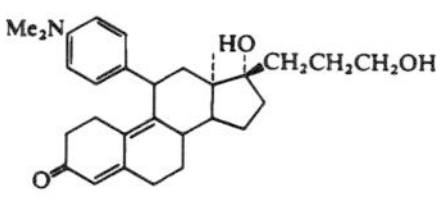

O-00047

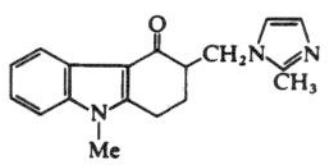

O-00048

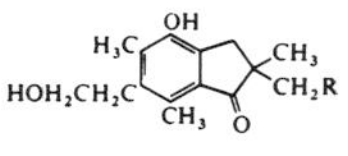

R=H

O-00049

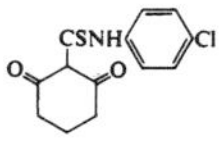

O-00050

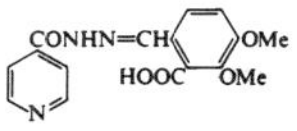

O-00051

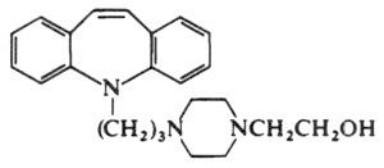

O-00052

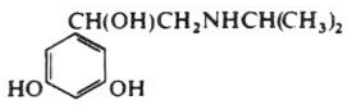

O-00053

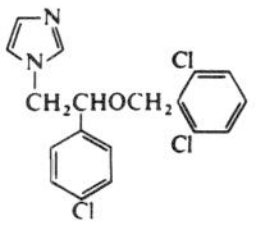

O-00054

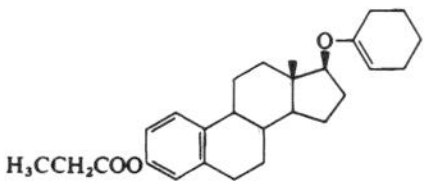

O-00055

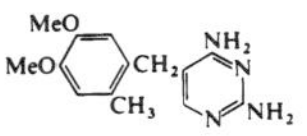

O-00057

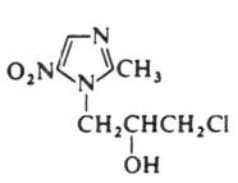

O-00058

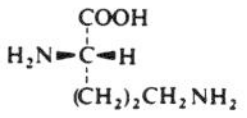

(S)-form
Absolute configuration

O-00059

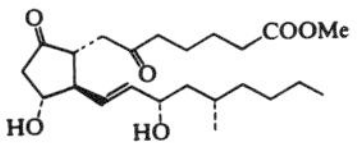

O-00060

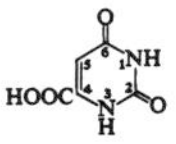

O-00061

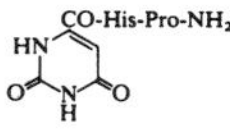

O-00062

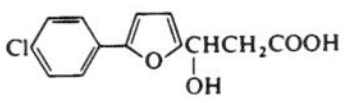

O-00063

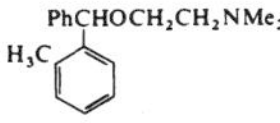

O-00064

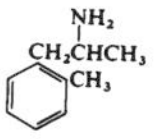

O-00065

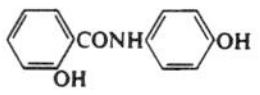

O-00066

$PhSOCH_2CH_2CH(COOH)CONPhNHPh$

O-00067

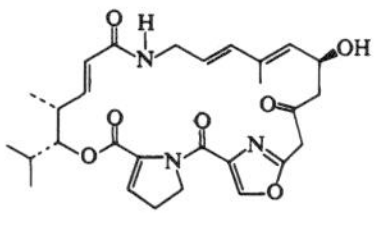

O-00068

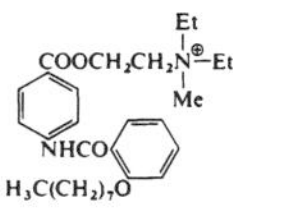

O-00069

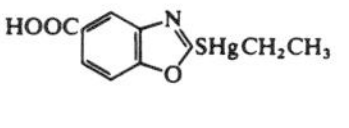

O-00070

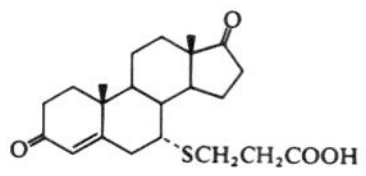

O-00071

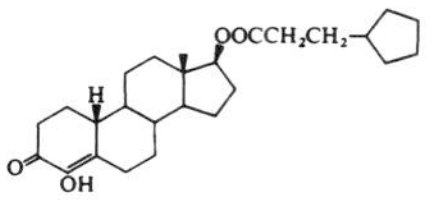

O-00072

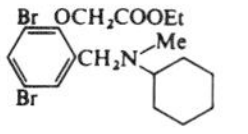

O-00073

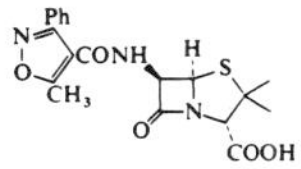

O-00074

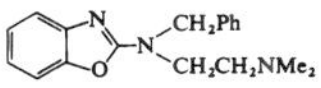

O-00075

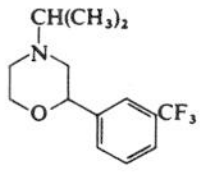

O-00076

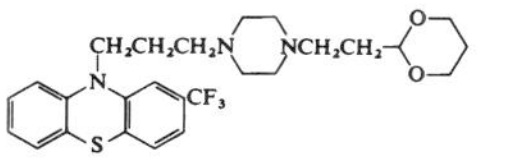

O-00077

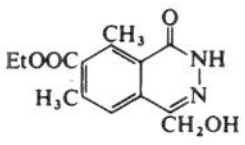

O-00078

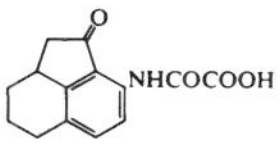

O-00079

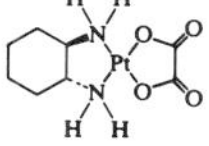

(1R,2R)-form

O-00080

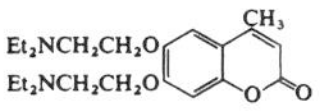

O-00081

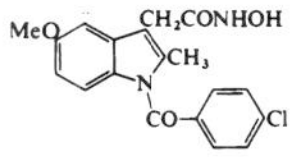

O-00082

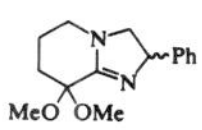

O-00083

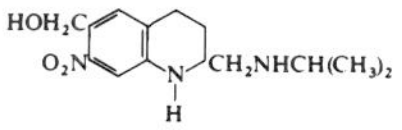

O-00084

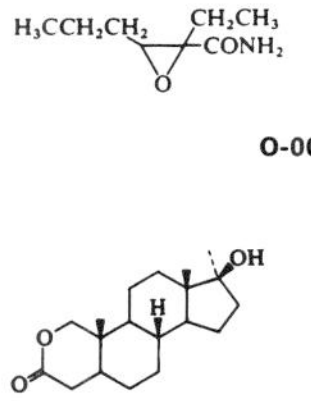

O-00085

O-00086

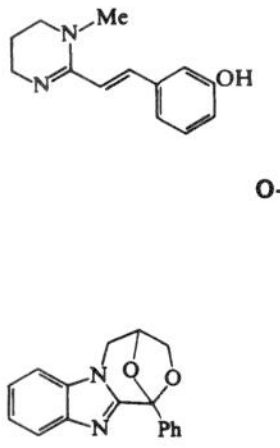

O-00087

O-00088

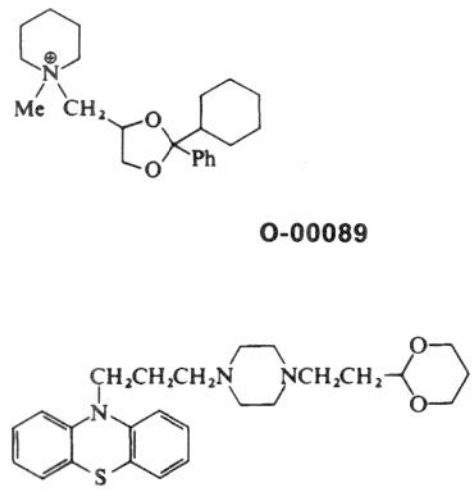

O-00089

O-00090

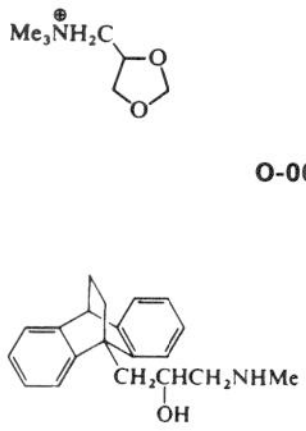

O-00091

O-00092

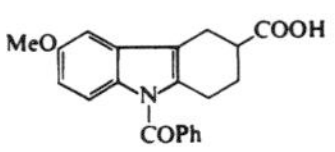

O-00093

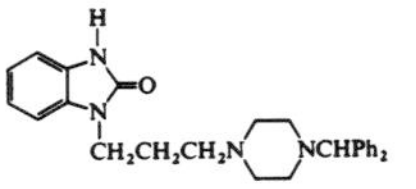

O-00094

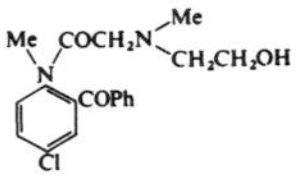

O-00095

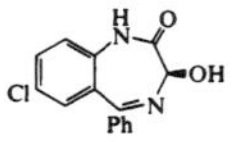

(*R*)-*form*
Absolute configuration

O-00096

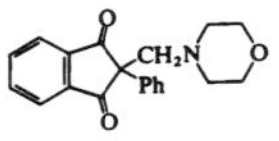

O-00097

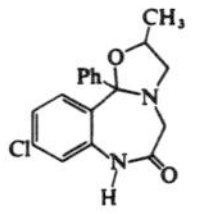

O-00098

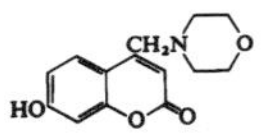

O-00099

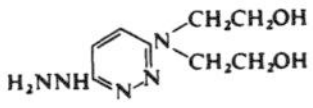

O-00100

$(H_3CCH_2)_2CPhCOOCH_2CH_2OCH_2CH_2$-$NEt_2$

O-00101

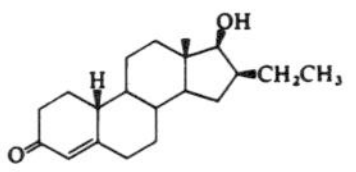

O-00102

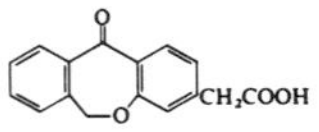

O-00103

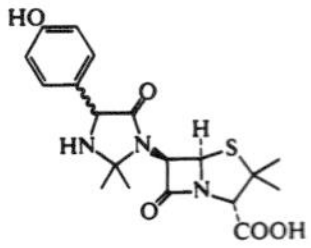

O-00104

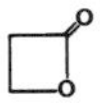

O-00105

$[PhCH_2C(CH_3)_2NMeCOCH_2]_2$-$NCH_2CH_2OH$

O-00106

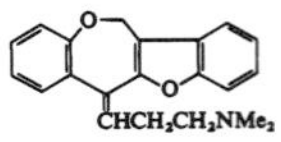

O-00107

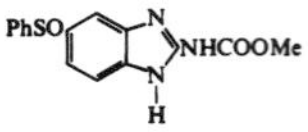

O-00108

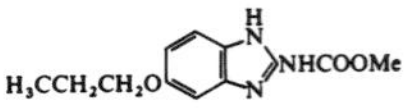

O-00109

$HOCH_2CH_2N^{\oplus}Me_2CH_2COO^{\ominus}$

O-00110

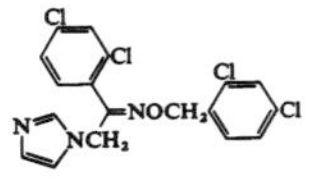

O-00111

$PhCH_2CH(CH_3)N(O)MeCH_2Ph$

O-00112

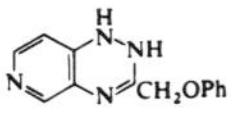

O-00113

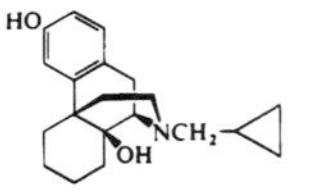

O-00114

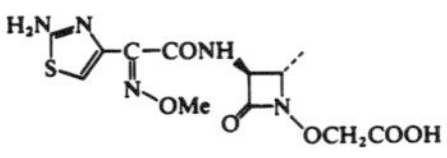

O-00115

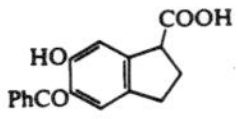

O-00116

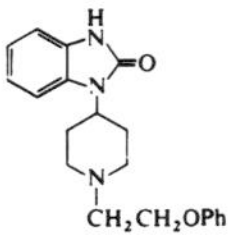

O-00117

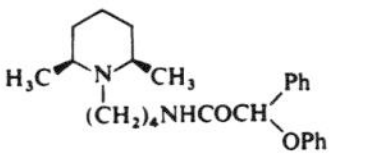

O-00118

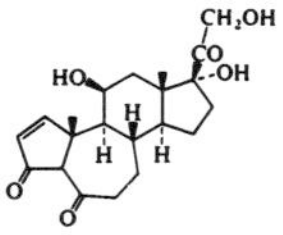

O-00119

O-00120

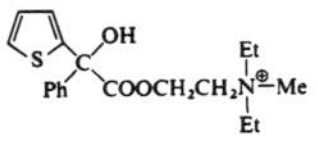

O-00121

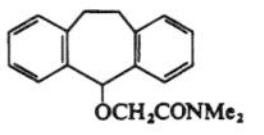

O-00122

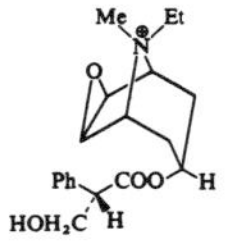

Absolute configuration

O-00123

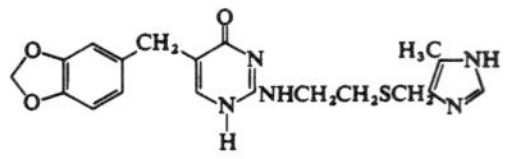

O-00124

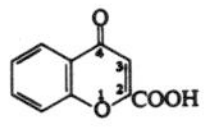

O-00125

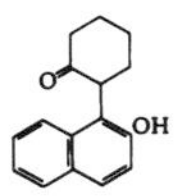

O-00126

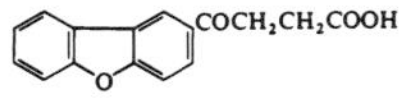

O-00127

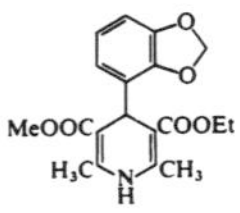

O-00128

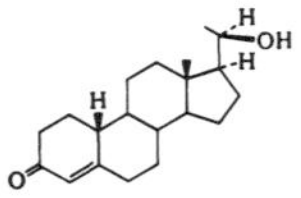

O-00129

O-00130

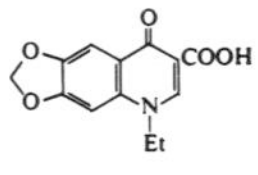

O-00131

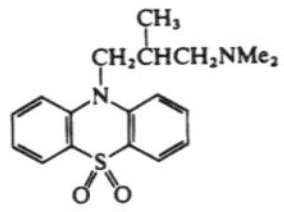

O-00132

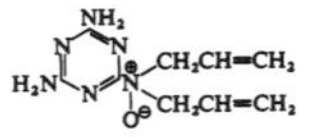

O-00133

$H_3CCOCH_2CH_2COOH$

O-00134

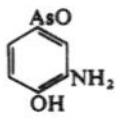

O-00135

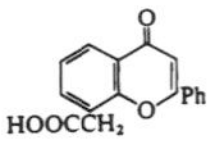

O-00136

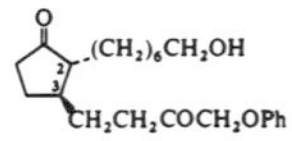

O-00137

O-00138

O-00139

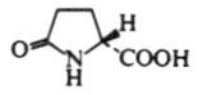
(*R*)-form Absolute configuration

O-00140

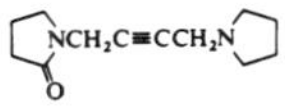

O-00141

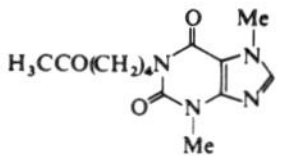

O-00142

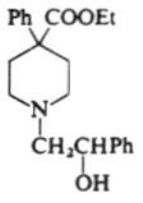

O-00143

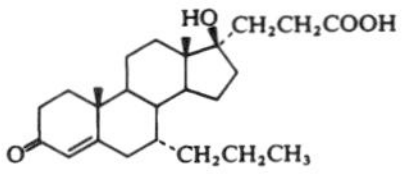

O-00144

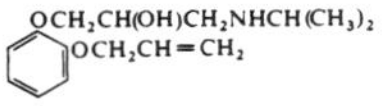

O-00145

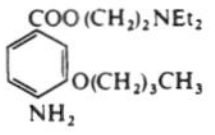

O-00146

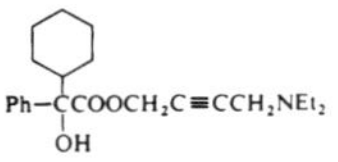

O-00147

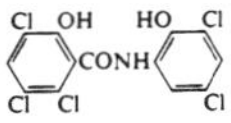

O-00149

$Me_3N^{\oplus}(CH_2)_5O(CH_2)_5N^{\oplus}Me_3$

O-00150

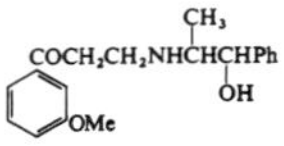

O-00151

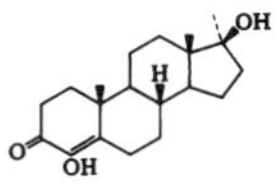

O-00152

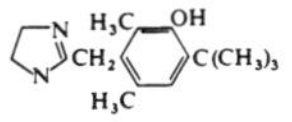

O-00153

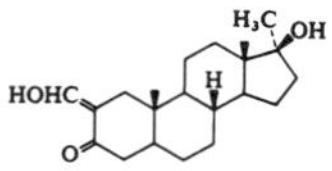

O-00154

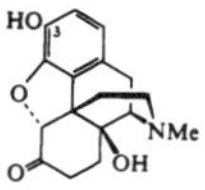

O-00155

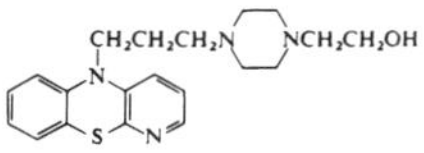

O-00156

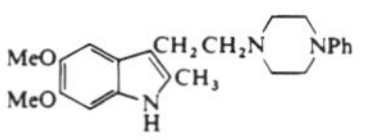

O-00157

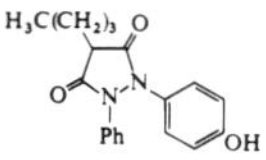

O-00158

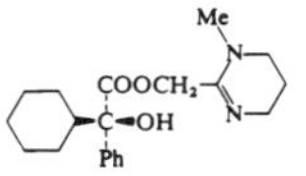
(*R*)-form

O-00159

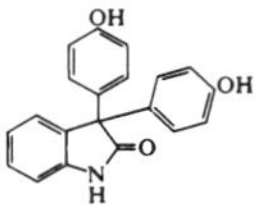

O-00160

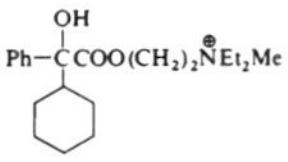

O-00161

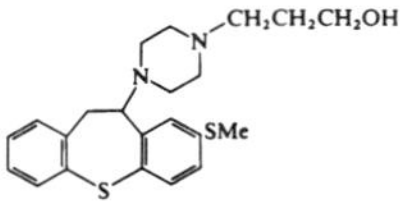

O-00162

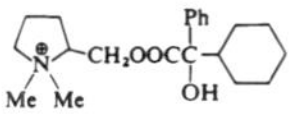

O-00163

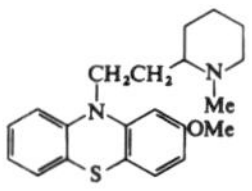

O-00164

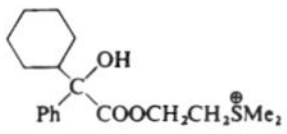

O-00165

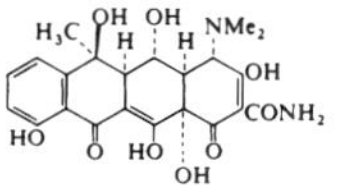

O-00166

1 2 3 4 5 6 7 8 9
Cys-Tyr-Ile-Gln-Asn-Cys-Pro-Leu-Gly(NH_2)

O-00167

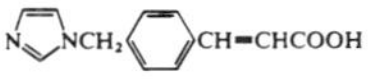

O-00168

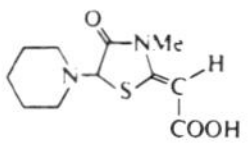

O-00169

P

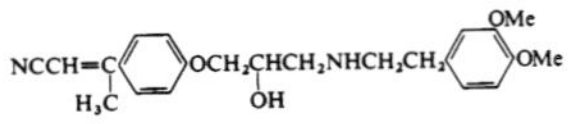

P-00001

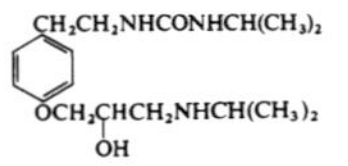

P-00002

Struct. unknown

P-00003

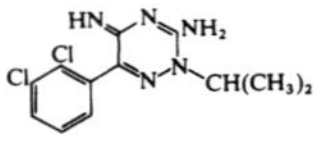

P-00004

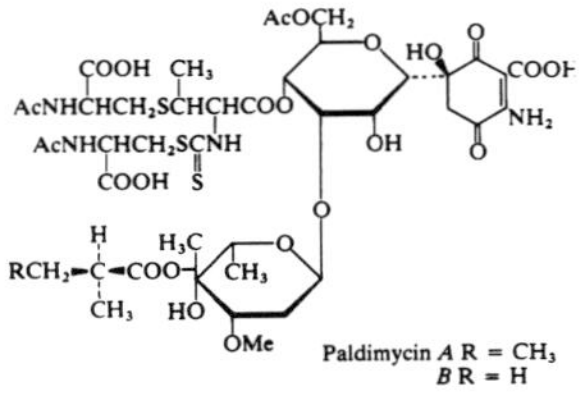

P-00005

$H_3C(CH_2)_{14}CONHCH_2CH_2OH$

P-00006

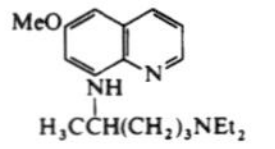

P-00007

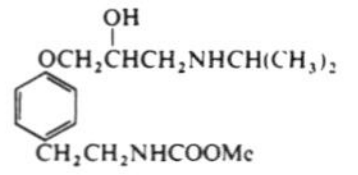

P-00008

$H_2NCH_2CH_2C(OH)(PO_3H_2)_2$

P-00009

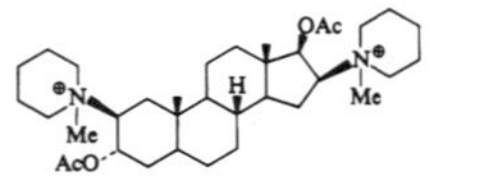

P-00012

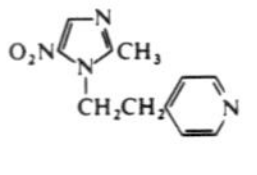

P-00013

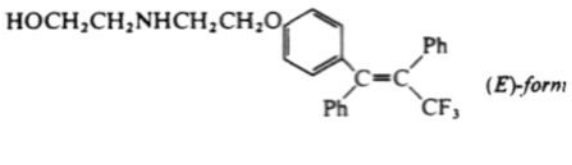

P-00014

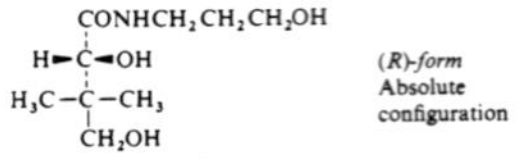

P-00015

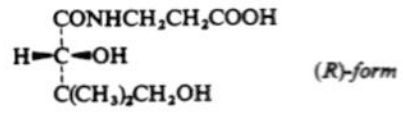

P-00016

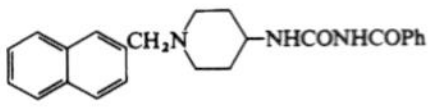

P-00017

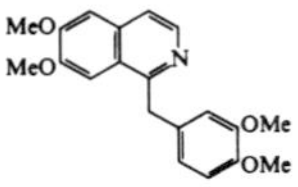

P-00019

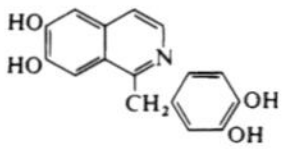

P-00020

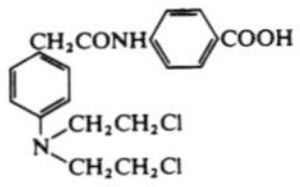

P-00021

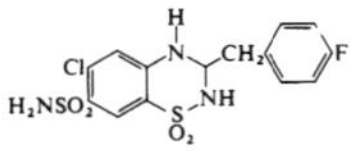

P-00022

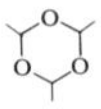

P-00023

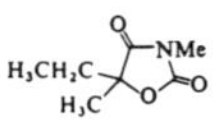

P-00024

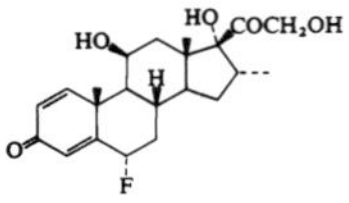

P-00025

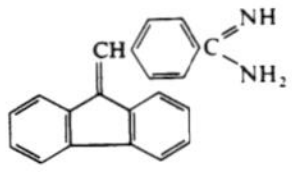

P-00026

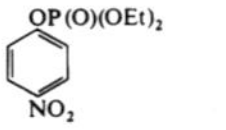

P-00027

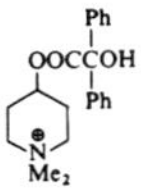

P-00028

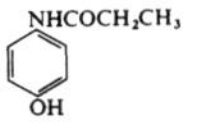

P-00029

Structure consists of a single-chain polypeptide of 84 amino acid residues. Sequence varies slightly among mammalian spp.

P-00030

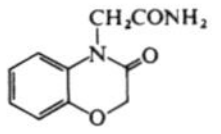

P-00031

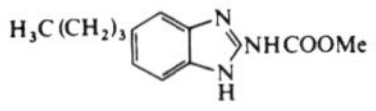

P-00032

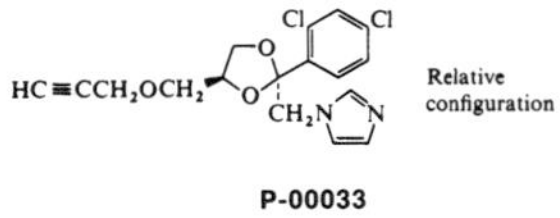

P-00033

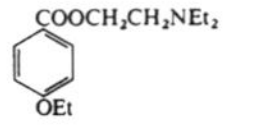

P-00034

$HC{\equiv}CCH_2OCPh_2COOCH_2CH_2NMe_2$

P-00035

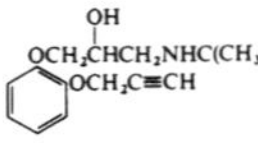

P-00036

$PhCH_2NMeCH_2C{\equiv}CH$

P-00037

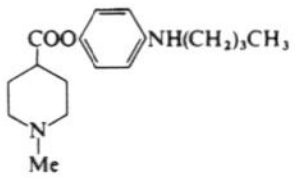

P-00038

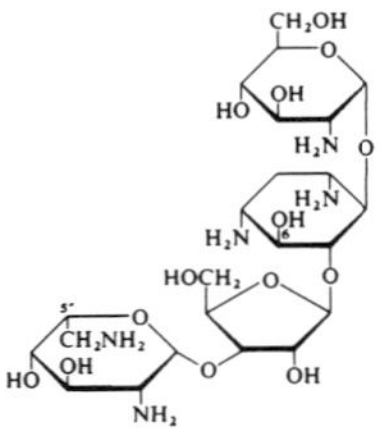

P-00039

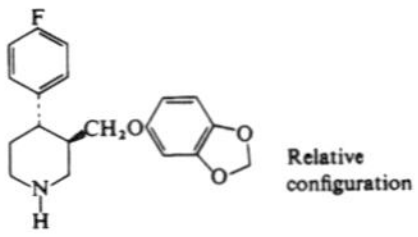

P-00040

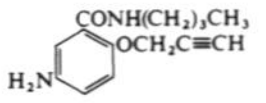

P-00041

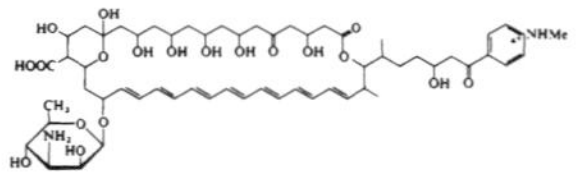

P-00042

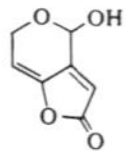

P-00043

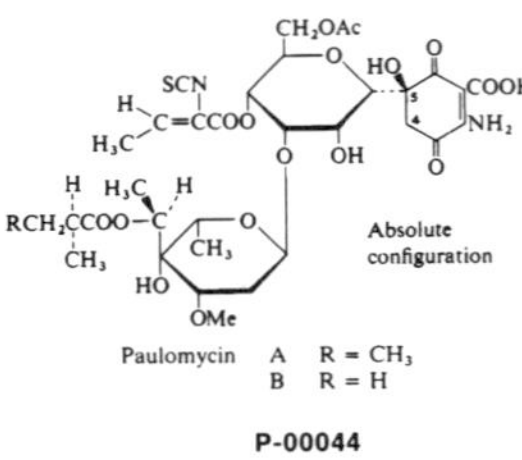

P-00044

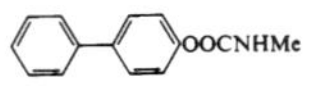

P-00045

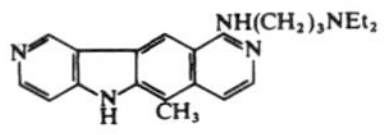

P-00046

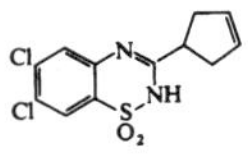

P-00047

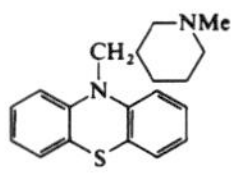

P-00048

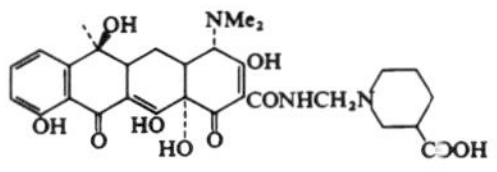

P-00049

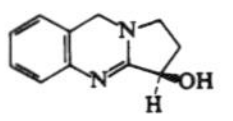

Absolute configuration

P-00050

Struct. unknown

P-00051

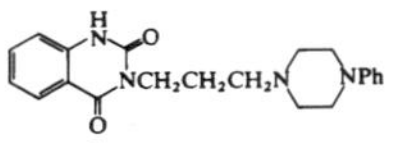

P-00052

Struct. unknown

P-00053

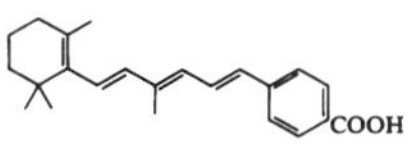

(E,E,E)-form

P-00054

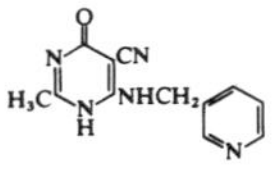

P-00055

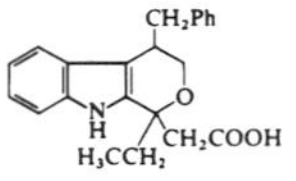

P-00056

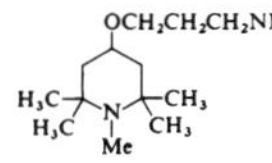

P-00057

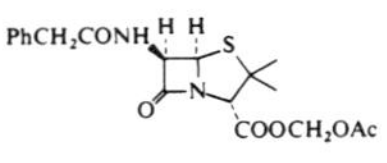

P-00058

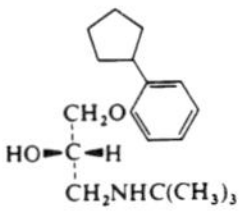

(S)-form
Absolute configuration

P-00059

$H_3C(CH_2)_{14}CONH$-$(CH_2)_3N^{\oplus}Me_2CH_2COO^{\ominus}$

P-00060

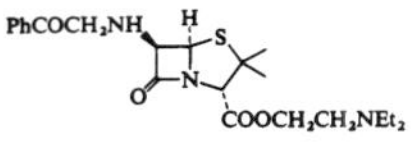

P-00061

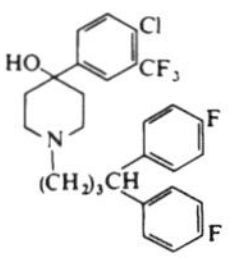

P-00062

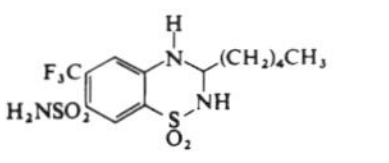

P-00063

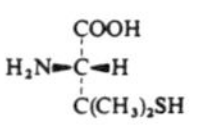

(R)-form

P-00064

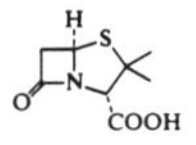

P-00065

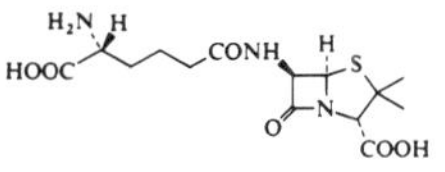

P-00066

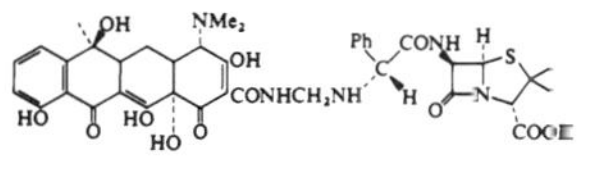

P-00069

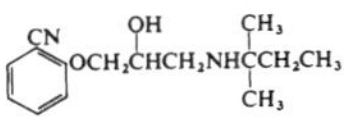

P-00070

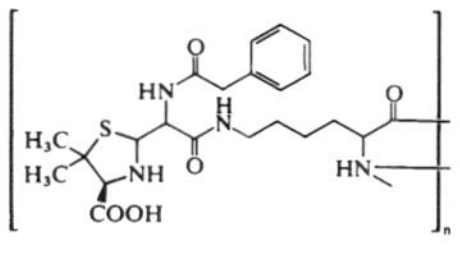

P-00071

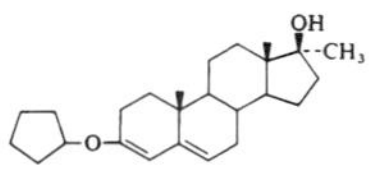

P-00072

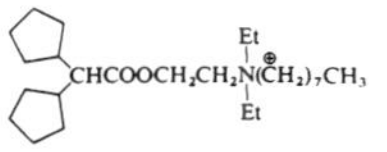

P-00073

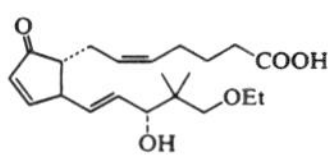

P-00074

H-D-Ser-Tyr-Ser-Nle-Glu-His-Phe-Arg-Trp-Gly-Lys-Pro-Val-Gly-Lys-Lys-Arg-Arg-Pro-Val-Lys-Val-Tyr-Pro-^{25}ValNH_2

P-00075

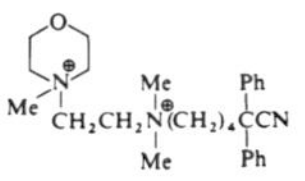

P-00076

$C(CH_2OH)_4$

P-00077

$C(CH_2ONO_2)_4$

P-00078

BOC-β-Ala-L-Trp-L-Met-L-Asp-L-Phe-(NH_2)

P-00079

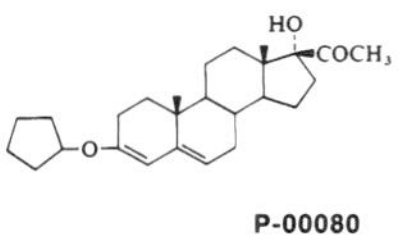

P-00080

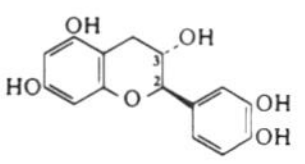

(2R,3S)-form

P-00081

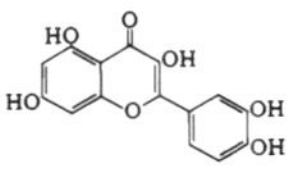

P-00082

$Fe(CN)_5NO^{\ominus\ominus}$

P-00083

$Me_3N^{\oplus}(CH_2)_5N^{\oplus}Me_3$

P-00084

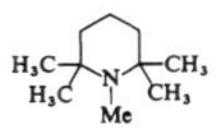

P-00085

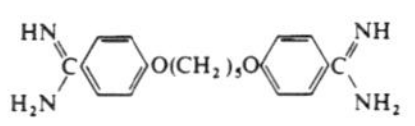

P-00086

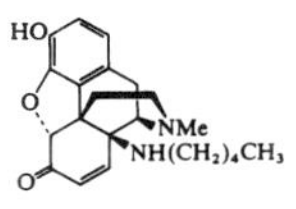

P-00087

P-00088

$(H_3C)_3CCH_2NHCON(NO)CH_2CH_2Cl$

P-00089

$OHCCH_2CH_2CH_2CHO$

P-00090

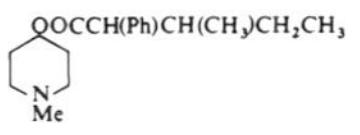

P-00091

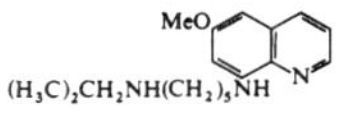

P-00092

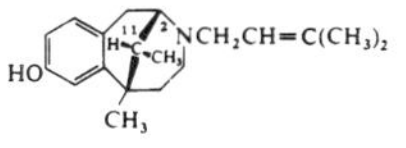

P-00093

$[(HOOCCH_2)_2NCH_2CH_2]_2NCH_2COOH$

P-00094

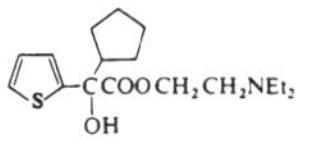

P-00095

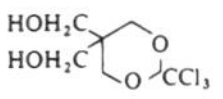

P-00096

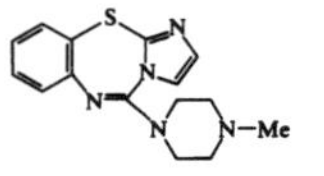

P-00097

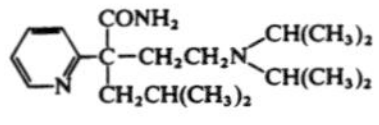

P-00098

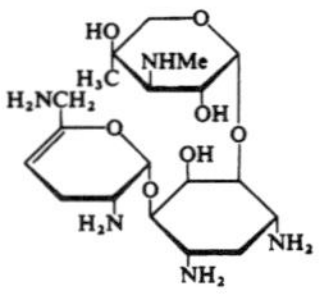

P-00099

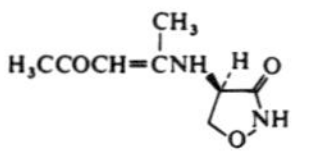

P-00100

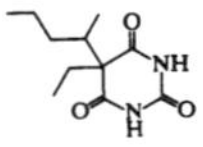

P-00101

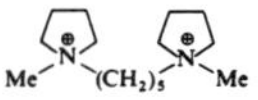

P-00102

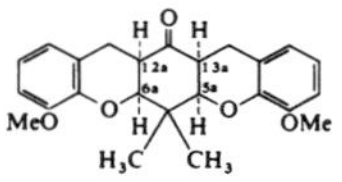

P-00103

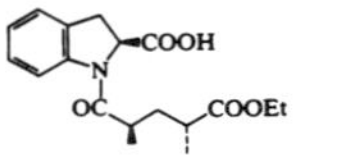

P-00104

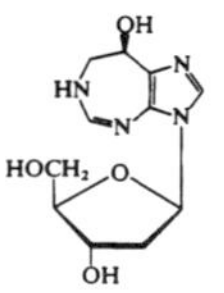

P-00105

$H_3C(CH_2)_4NHCH_2CONH_2$

P-00106

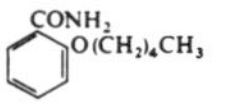

P-00107

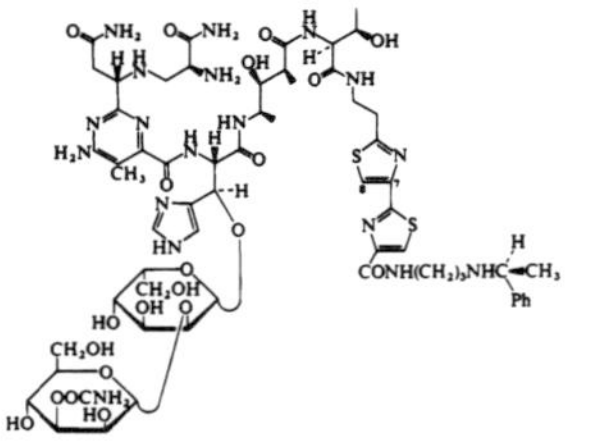

P-00108

Pepstatin *A*: R = $COCH_2CH(CH_3)_2$ Pepstatin *AC*: R = $COCH_3$
Pepstatin *BU*: R = $COCH_2CH_2CH_3$
Pepstatin *PR*: R = $COCH_2CH_3$

P-00110

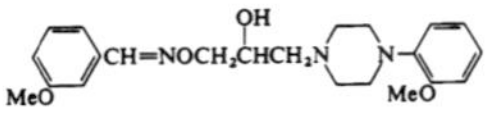

P-00111

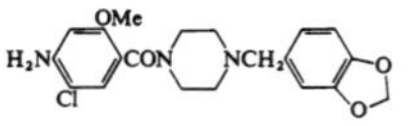

P-00112

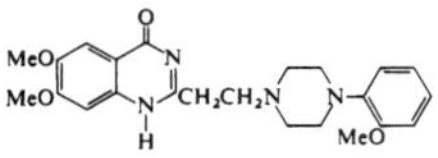

P-00113

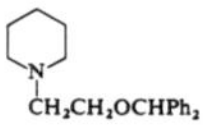

P-00114

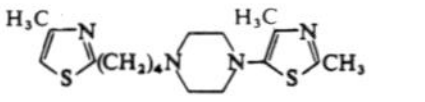

P-00115

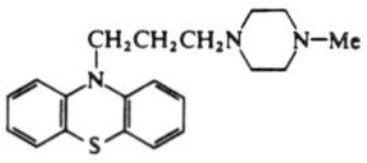

P-00116

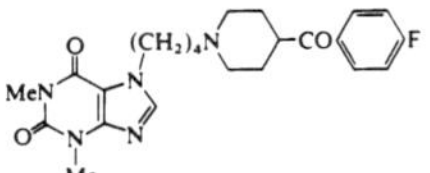

P-00117

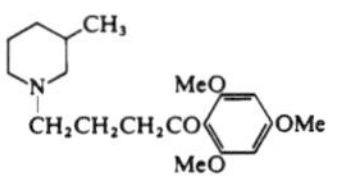

P-00118

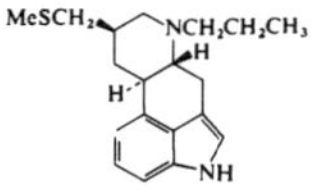

P-00119

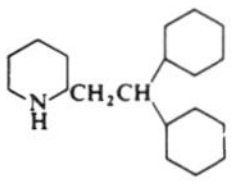

P-00120

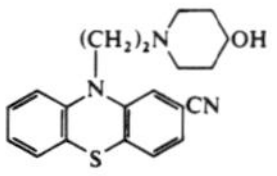

P-00121

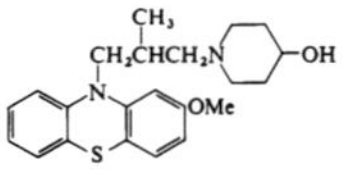

P-00122

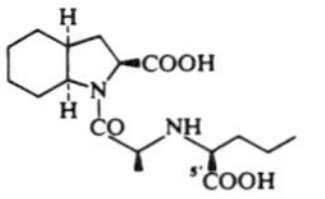

P-00123

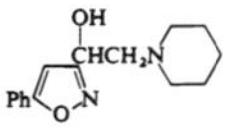

P-00124

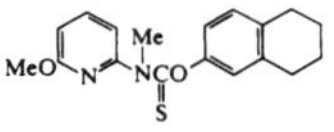

P-00125

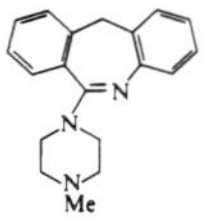

P-00126

$HMnO_4$

P-00127

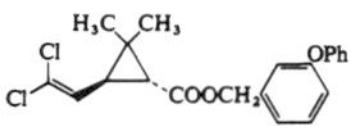

P-00128

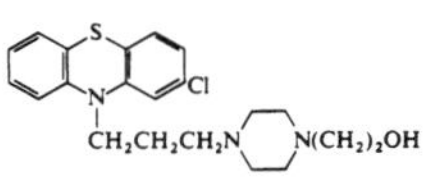

P-00129

HTcO4

P-00130

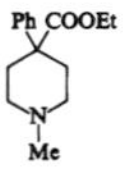

P-00131

$C[CH_2OCH(OH)CCl_3]_4$

P-00132

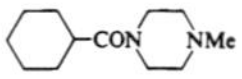

P-00133

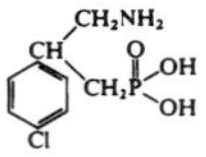

P-00134

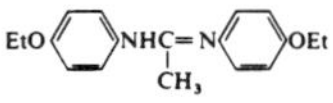

P-00135

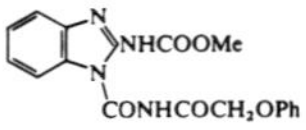

P-00136

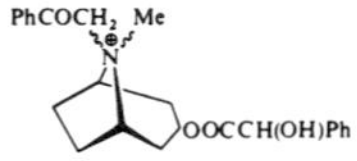

P-00137

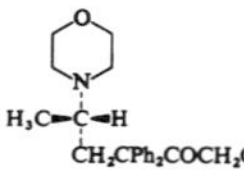

(*S*)-*form*
Absolute configuration

P-00138

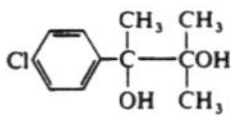

P-00139

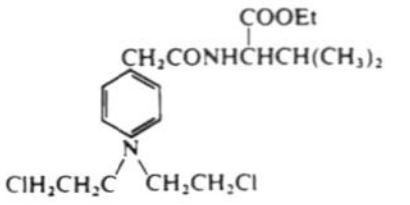

P-00140

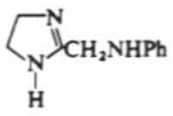

P-00141

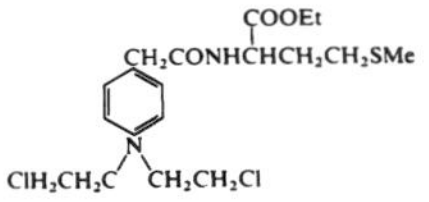

P-00142

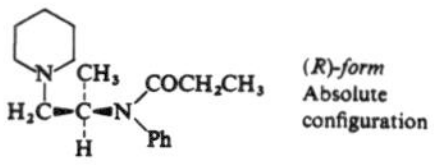

P-00143

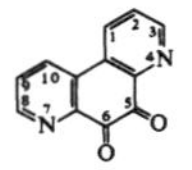

P-00144

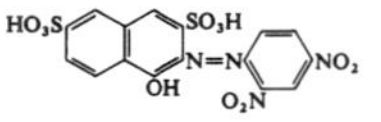

P-00145

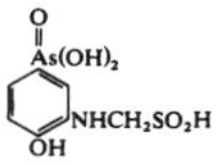

P-00146

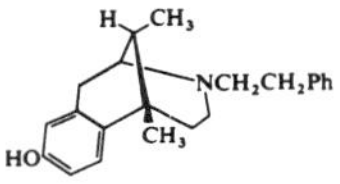

P-00147

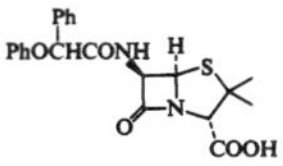

P-00148

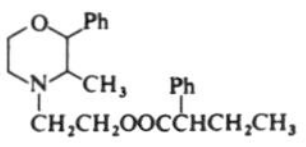

P-00149

$Ph_2NCOSCH_2CH_2NEt_2$

P-00150

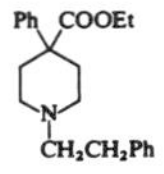

P-00151

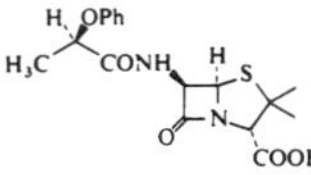

P-00152

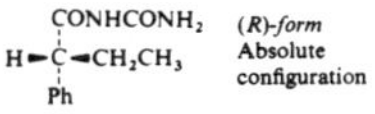

P-00153

$Ph(CH_2)_2NHC(=NH)NHC(=NH)NH_2$

P-00154

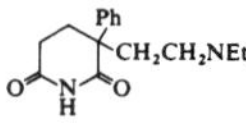

P-00155

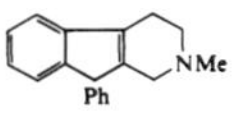

P-00156

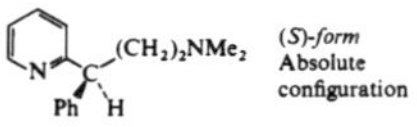

P-00157

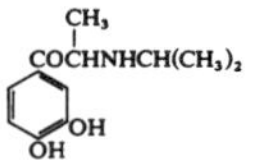

P-00158

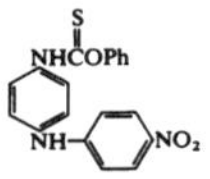

P-00159

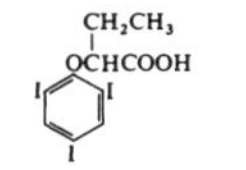

P-00160

PhOH

P-00161

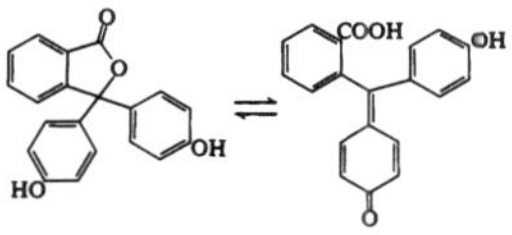

P-00162

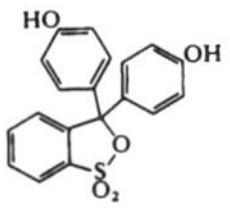

P-00163

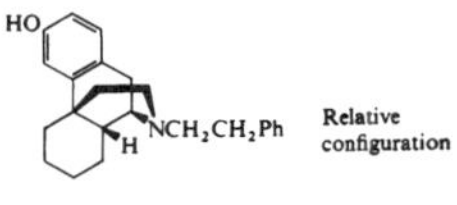

P-00164

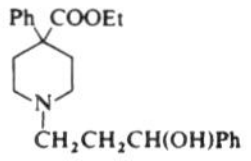

P-00165

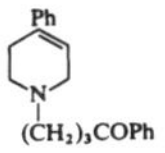

P-00166

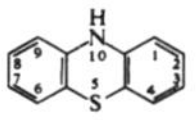

P-00167

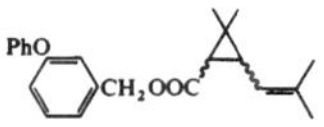

P-00169

$PhOCH_2CH(CH_3)N(CH_2Ph)CH_2CH_2Cl$

P-00170

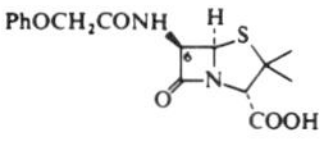

P-00171

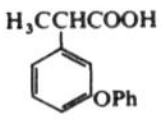

P-00172

$PhOCH_2CH_2CH_2NHC(NH_2){=}NH$

P-00173

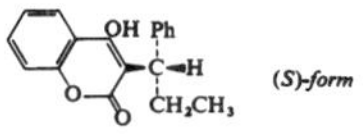

P-00174

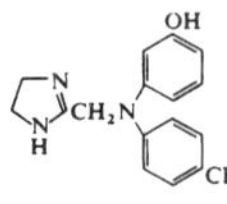

P-00175

$PhCH_2CONHCONH_2$

P-00176

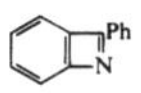

P-00177

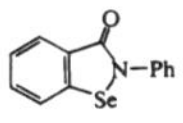

P-00178

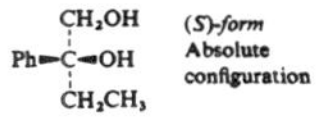

P-00179

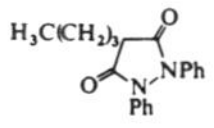

P-00180

$PhCH(CH_2CH_3)CONHCH(COOH)$-
CH_2CH_2SMe

P-00181

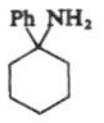

P-00182

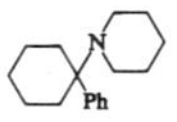

P-00183

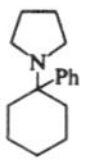

P-00184

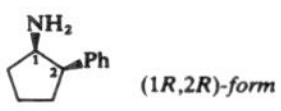

P-00185

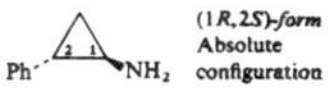

P-00186

$PhCH_2CH_2OH$

P-00187

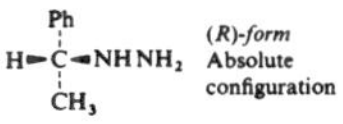

P-00188

$PhCH_2CH_2NHNH_2$

P-00189

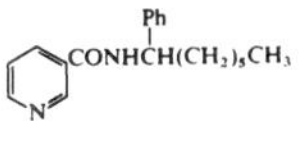

P-00190

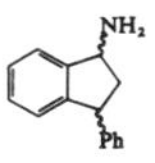

P-00191

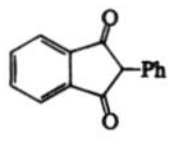

P-00192

PhCH$_2$C(CH$_3$)$_2$NH$_2$

P-00193

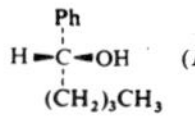

(R)-form

P-00194

P-00195

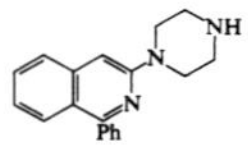

P-00196

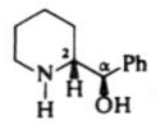

(αR,2R)-form

P-00197

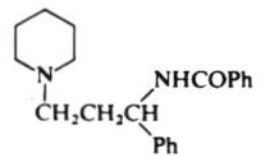

P-00198

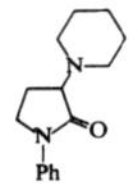

P-00199

PhCH(CH$_2$OH)$_2$

P-00200

PhCH$_2$CH$_2$CH$_2$OH

P-00201

CH$_3$
H$_2$N–C–H
CH$_2$Ph

(R)-form Absolute configuration

P-00202

CH$_2$NH$_2$
Ph–C–H
CH$_3$

(R)-form Absolute configuration

P-00203

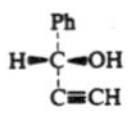

(R)-form Absolute configuration

P-00204

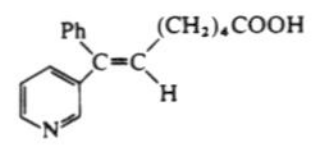

(E)-form

P-00205

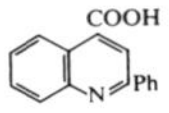

P-00206

Ph^{4}NHNHCO^{1}NH$_2$

P-00207

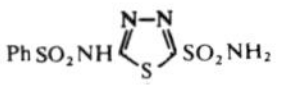

P-00208

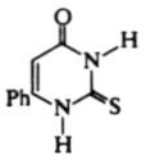

P-00209

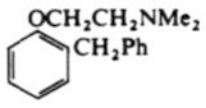

P-00210

P-00211

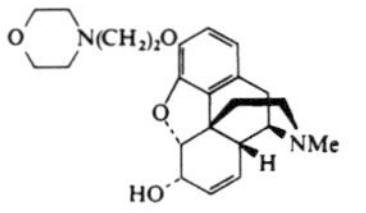

Absolute configuration

P-00212

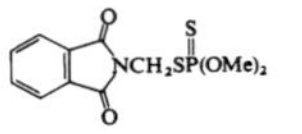

P-00213

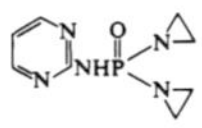

P-00214

(HO)$_2$P(O)CH$_2$COOH

P-00215

(HO)$_2$P(O)COOH

P-00216

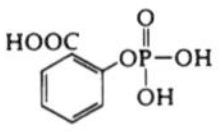

P-00217

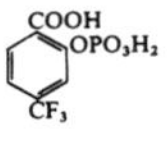

P-00218

H$_3$PO$_4$

P-00219

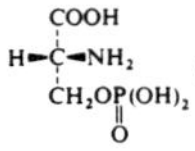

(R)-form

P-00220

(EtO)$_2$P(S)ON=C(CN)Ph

P-00221

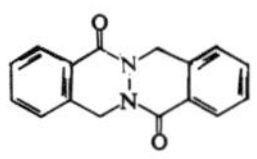

P-00222

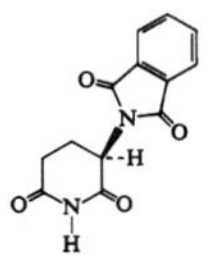

(R)-form Absolute configuration

P-00223

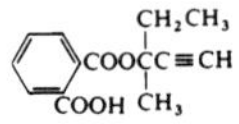

P-00224

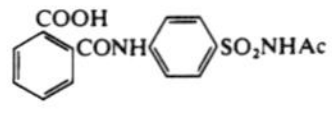

P-00225

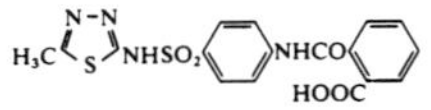

P-00226

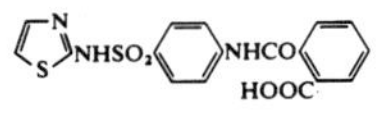

P-00227

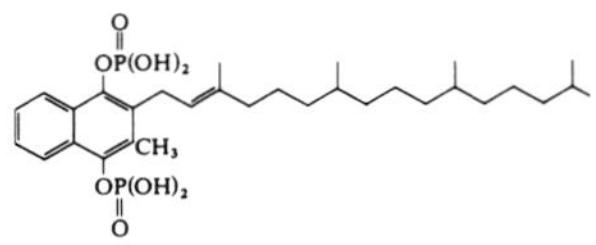

P-00228

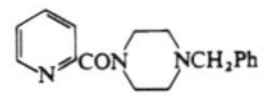

P-00229

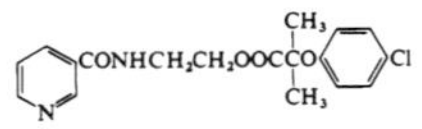

P-00230

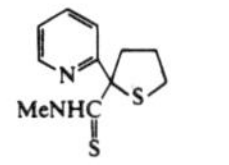

P-00231

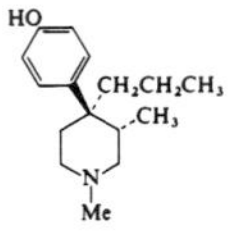

P-00232

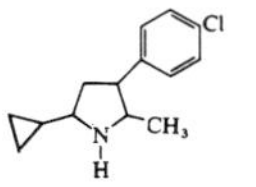

P-00233

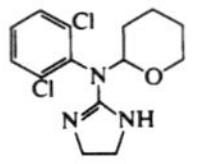

P-00234

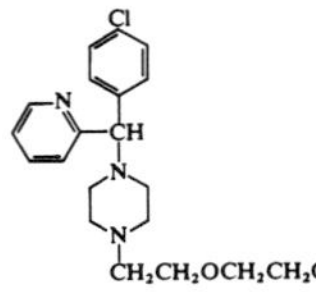

P-00235

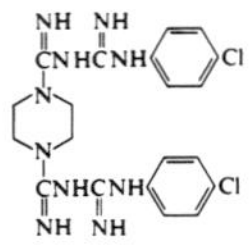

P-00236

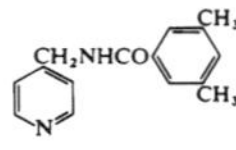

P-00237

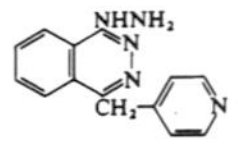

P-00238

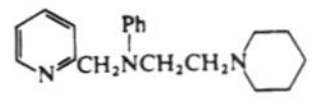

P-00239

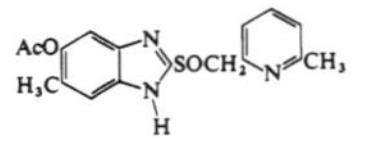

P-00240

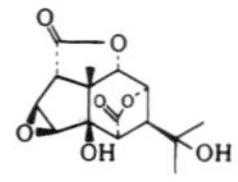

P-00241

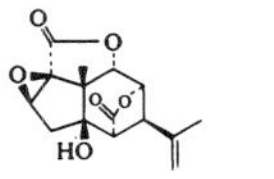

Absolute configuration

P-00243

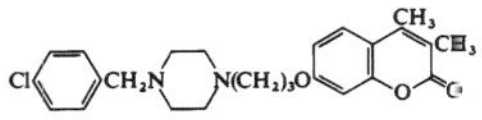

P-00244

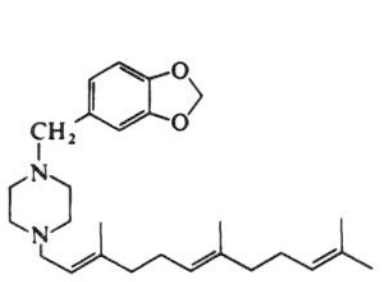

P-00245

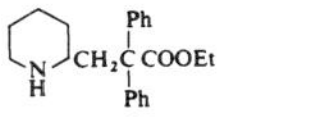

P-00246

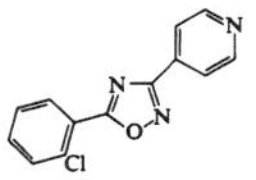

P-00247

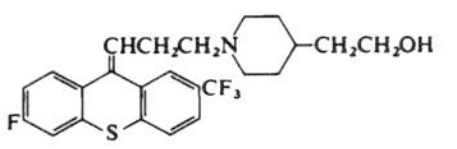

P-00248

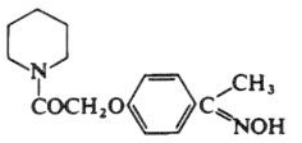

P-00249

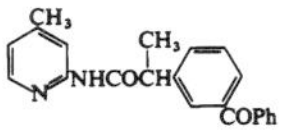

P-00250

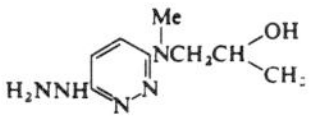

P-00251

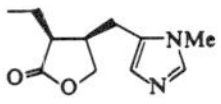

P-00252

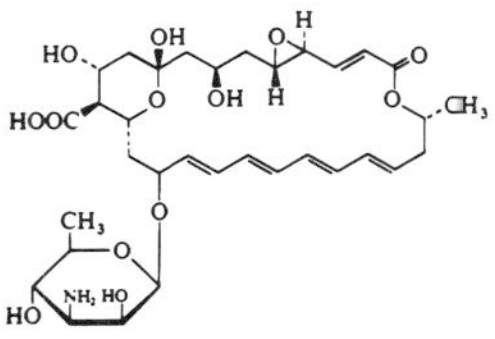

P-00253

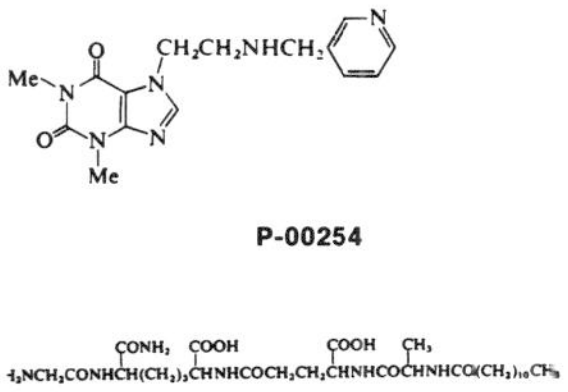

P-00254

P-00255

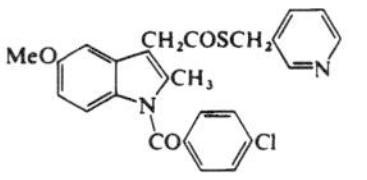

P-00256

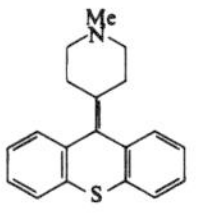

P-00257

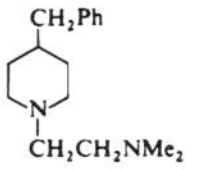

P-00258

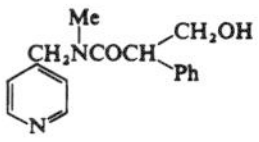

P-00259

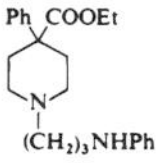

P-00260

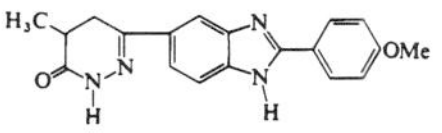

P-00261

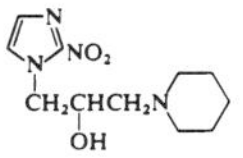

P-00262

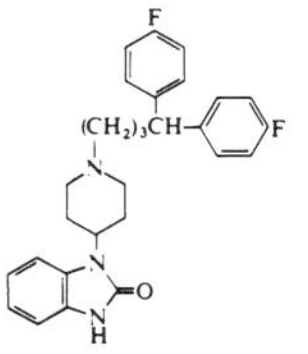

P-00263

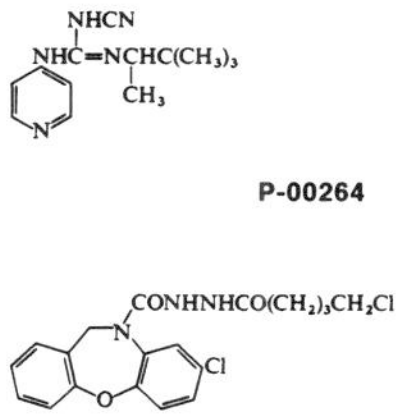

P-00264

P-00265

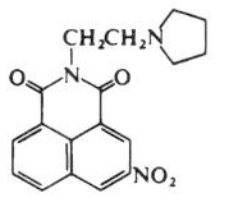

P-00266

P-00267

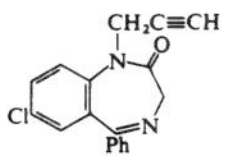

P-00268

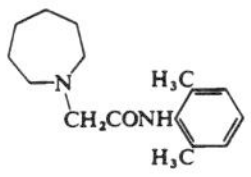

P-00269

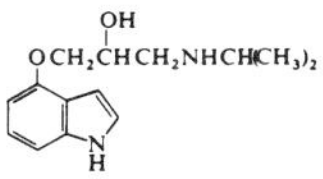

P-00270

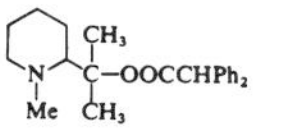

P-00271

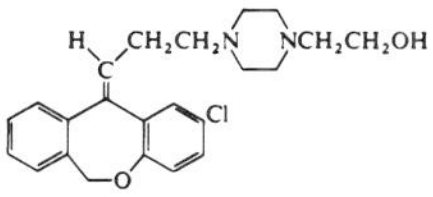

P-00272

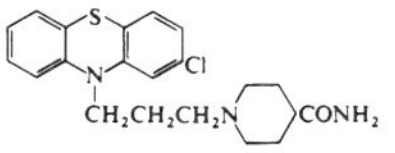

P-00273

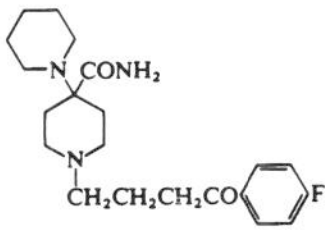

P-00274

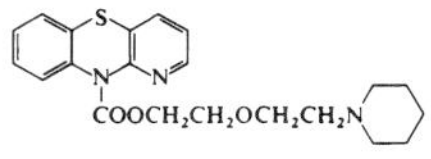

P-00275

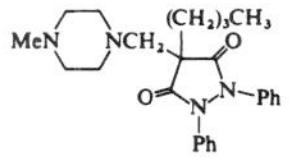

P-00276

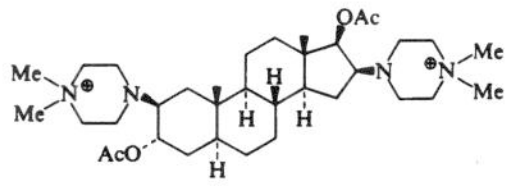

P-00277

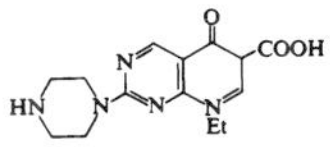

P-00278

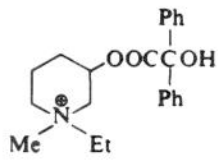

P-00279

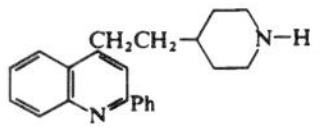

P-00280

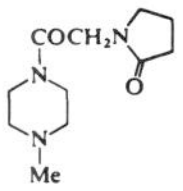

P-00281

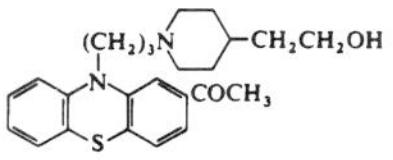

P-00282

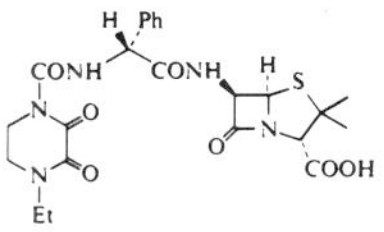

P-00283

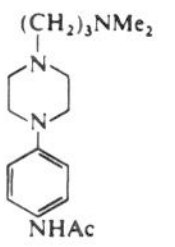

P-00284

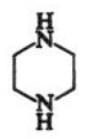

P-00285

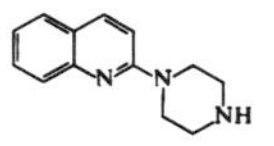

P-00286

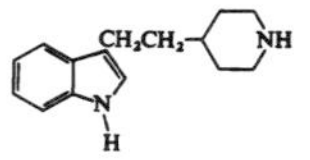

P-00287

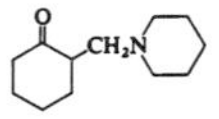

P-00288

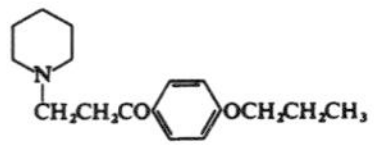

P-00289

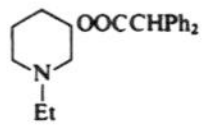

P-00290

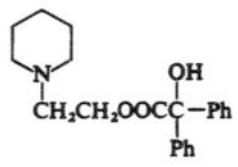

P-00291

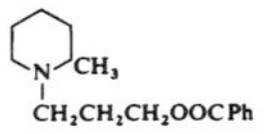

P-00292

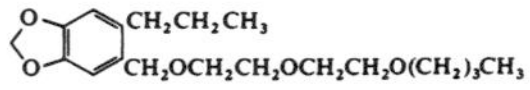

P-00293

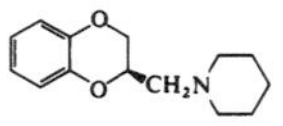

(R)-form
Absolute configuration

P-00294

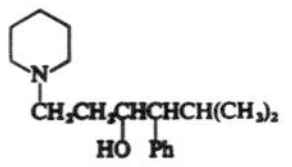

P-00295

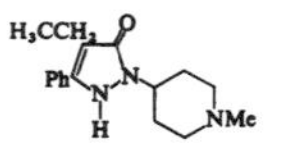

P-00296

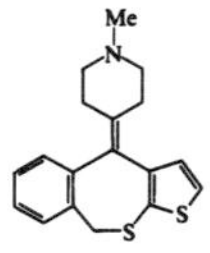

P-00297

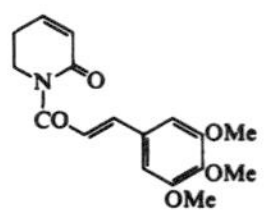

P-00298

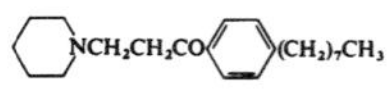

P-00299

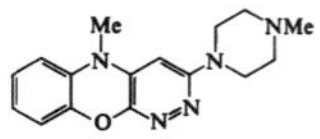

P-00300

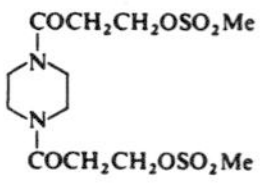

P-00301

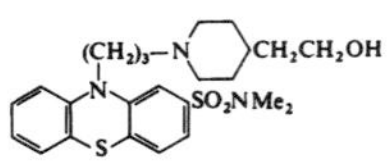

P-00302

P-00303

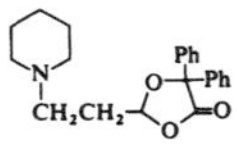

P-00304

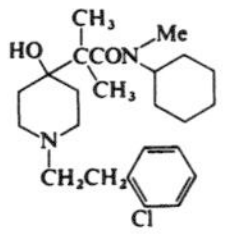

P-00305

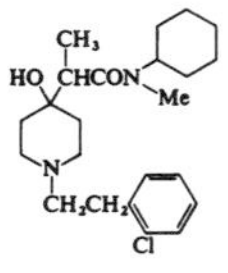

P-00306

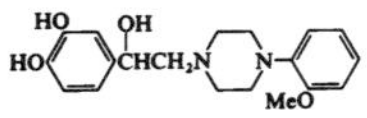

P-00307

P-00308

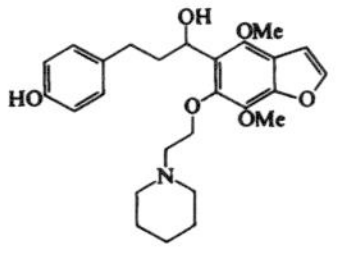

P-00309

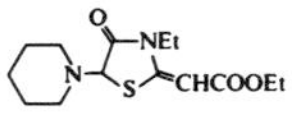

P-00310

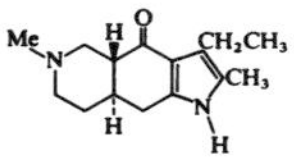

(4aR,8aR)-form

P-00311

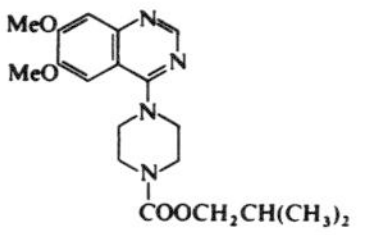

P-00312

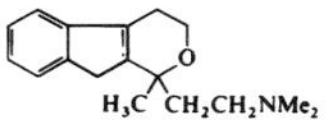

P-00313

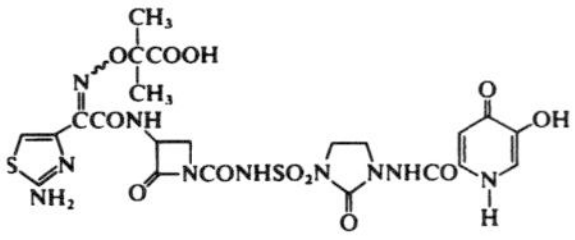

P-00314

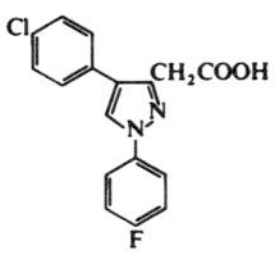

P-00315

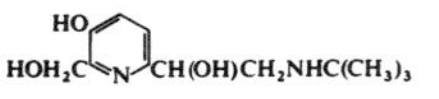

P-00316

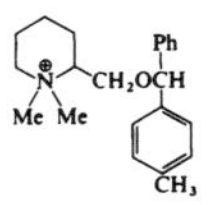

P-00317

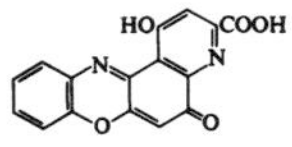

P-00318

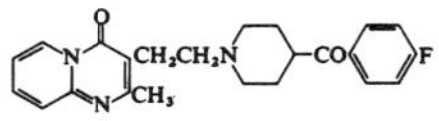

P-00320

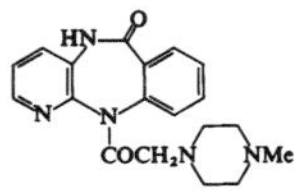

P-00321

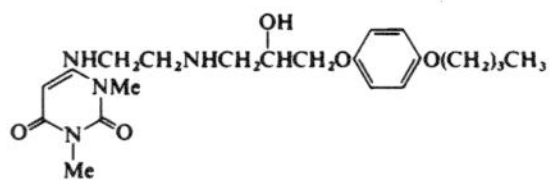

P-00322

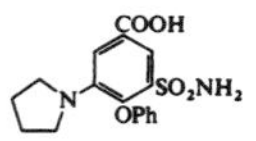

P-00323

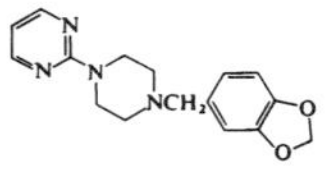

P-00324

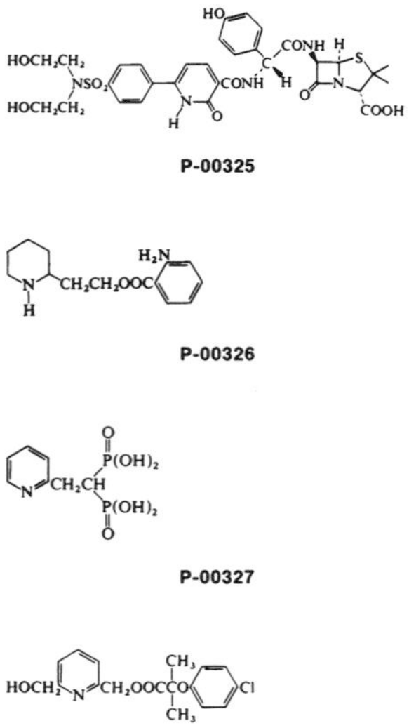

P-00325

P-00326

P-00327

P-00328

P-00329

P-00330

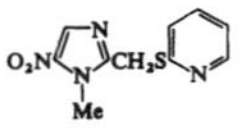

P-00331

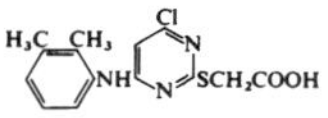

P-00332

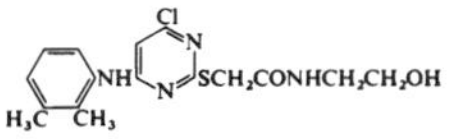

P-00333

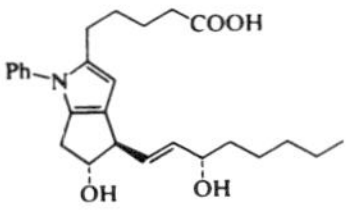

P-00334

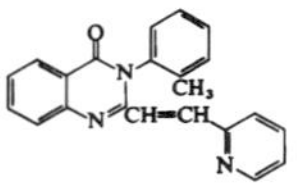

P-00335

P-00336

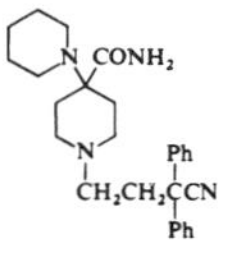

P-00337

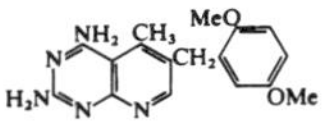

P-00338

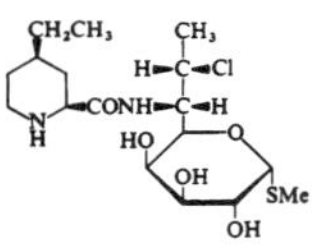

P-00339

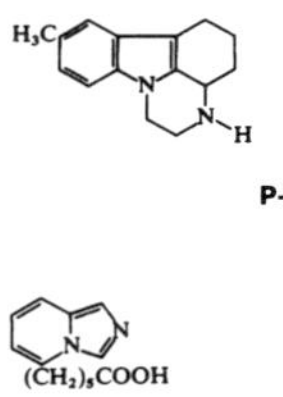

P-00340

P-00341

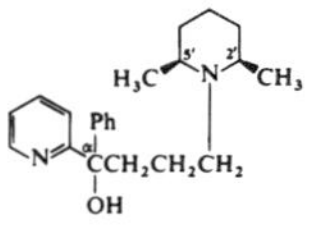

P-00342

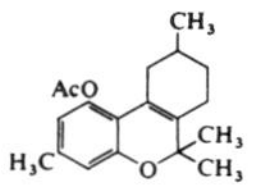

P-00343

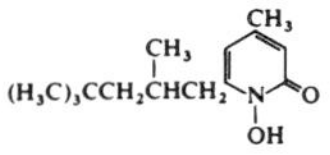

P-00344

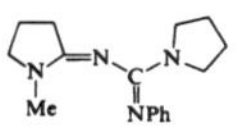

P-00345

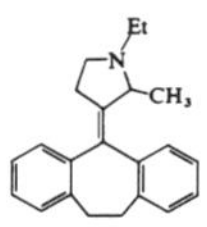

P-00346

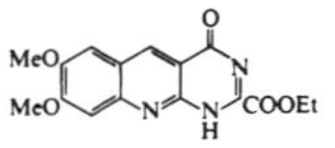

P-00347

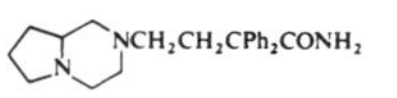

P-00348

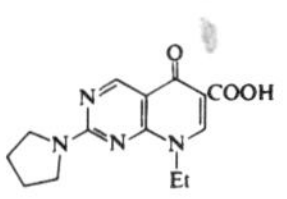

P-00349

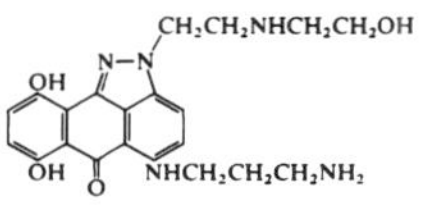

P-00350

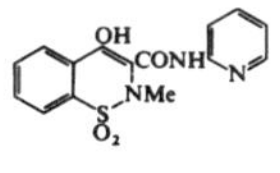

P-00351

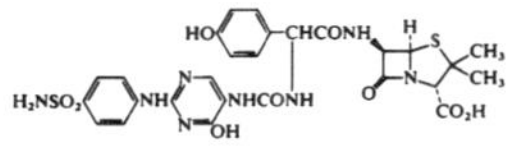

P-00352

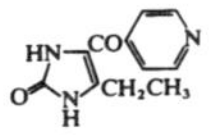

P-00353

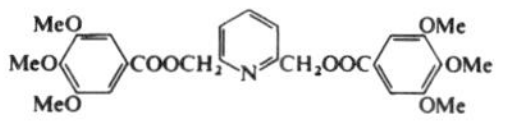

P-00354

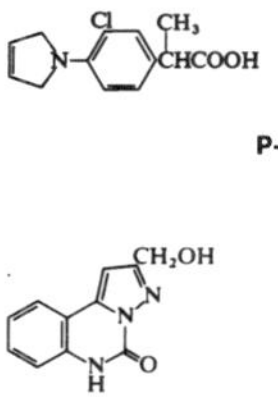

P-00355

P-00356

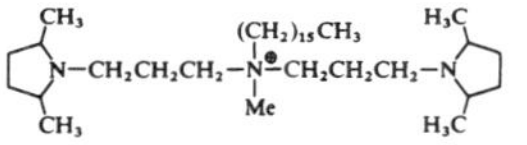

P-00357

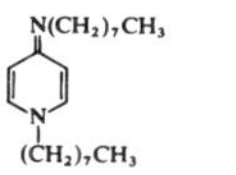

P-00358

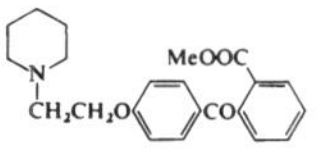

P-00359

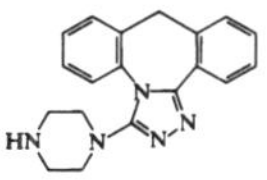

P-00360

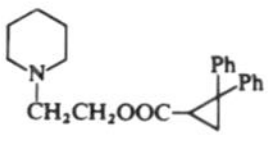

P-00361

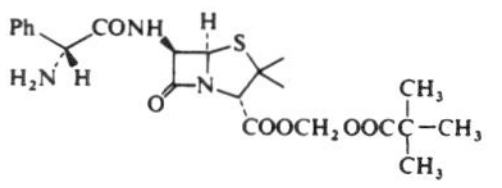

P-00362

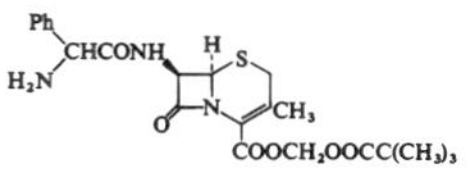

P-00363

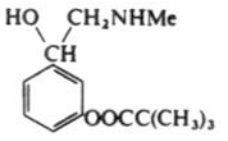

P-00364

$PhCH_2NHNHCOC(CH_3)_3$

P-00365

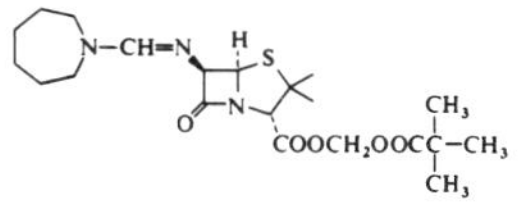

P-00366

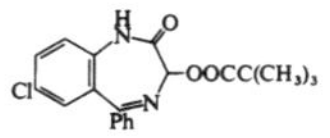

P-00367

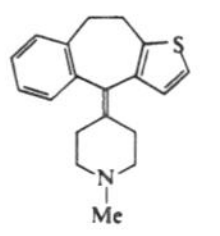

P-00368

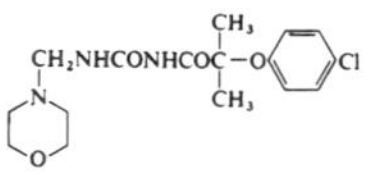

P-00369

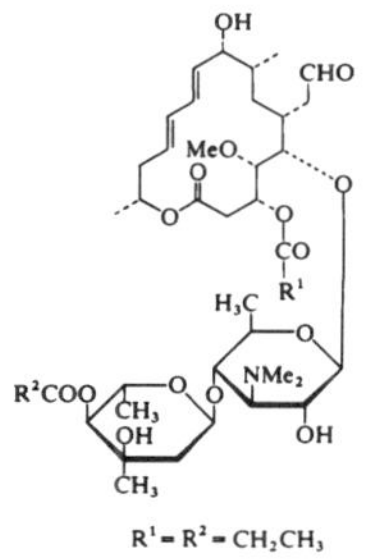

$R^1 = R^2 = CH_2CH_3$

P-00371

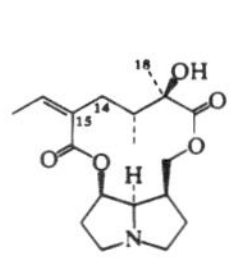

P-00372

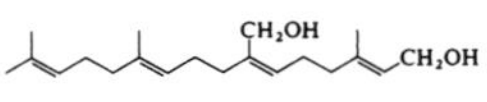

P-00373

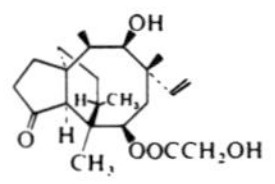

Absolute configuration

P-00374

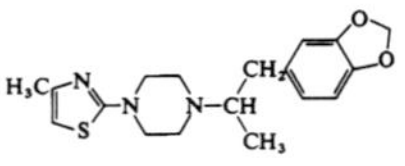

P-00375

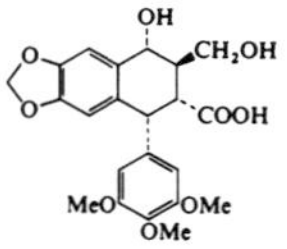

P-00376

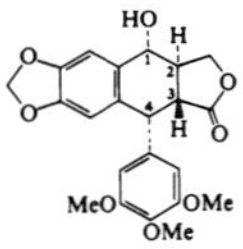

P-00377

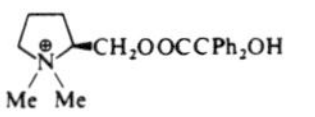

(*S*)-*form* Absolute configuration

P-00378

$H_3C(CH_2)_{11}(OCH_2CH_2)_9OH$

P-00380

$[(CH_2)_6NHC(NH)NHC(NH)NH]_x$

P-00381

CH_3
$RCH_2CH(CH_2)_4$CO-L-Dab-L-Thr-L-Dab- (1, 2, 3)
L-Dab-L-Dab-D-Phe-L-Leu-L-Dab-L-Dab-X (4, 5, 6, 7, 8, 9, 10)

R = CH_3, X = L-Thr

P-00384

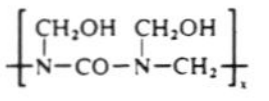

P-00385

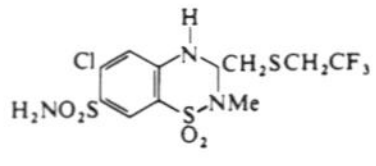

P-00386

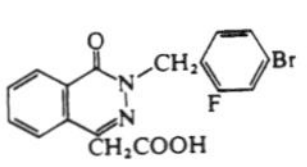

P-00387

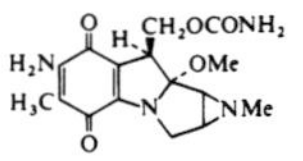

P-00388

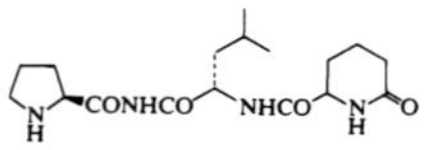

(*S,S*)-*form*

P-00389

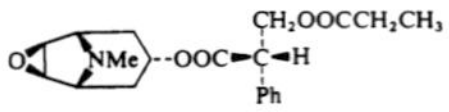

P-00390

KCl

P-00391

KI

P-00392

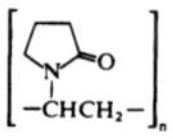

P-00393

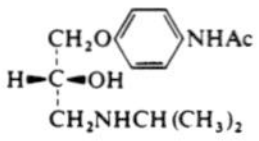

(*R*)-*form* Absolute configuration

P-00394

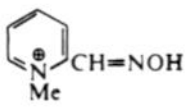

P-00395

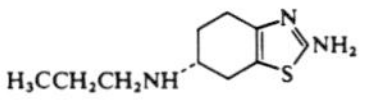

(*R*)-*form*

P-00396

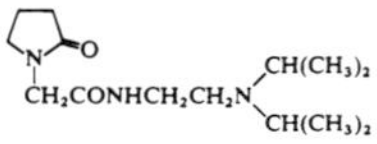

P-00397

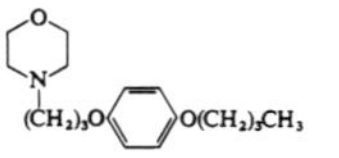

P-00398

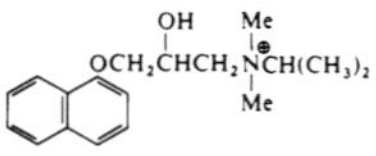

P-00399

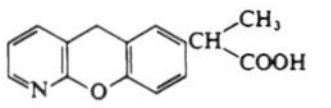

P-00400

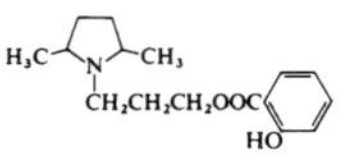

P-00401

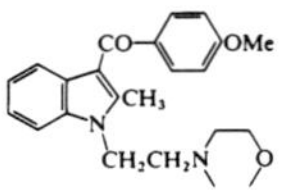

P-00402

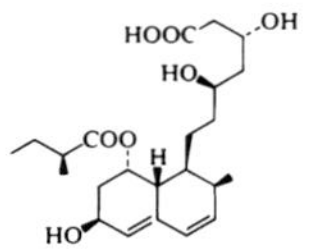

P-00403

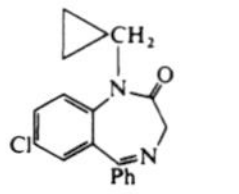

P-00404

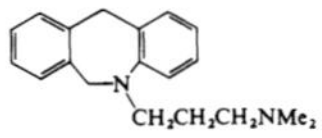

P-00405

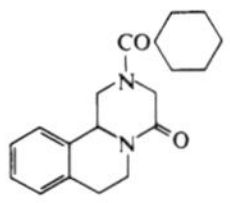

P-00406

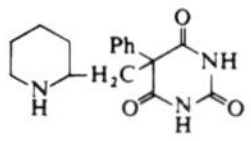

P-00407

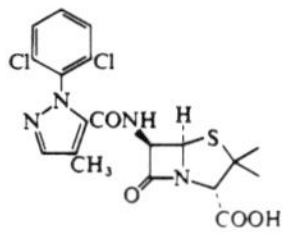

P-00408

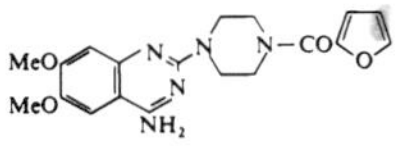

P-00409

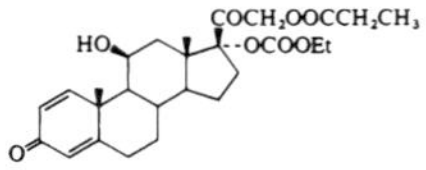

P-00410

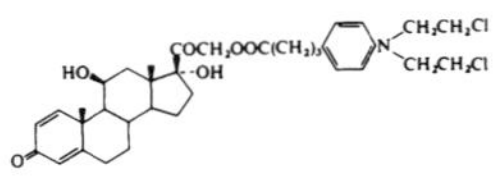

P-00411

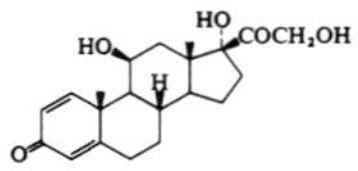

P-00412

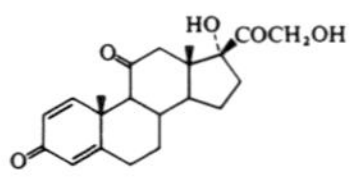

P-00413

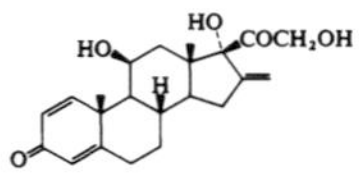

P-00414

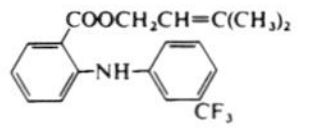

P-00415

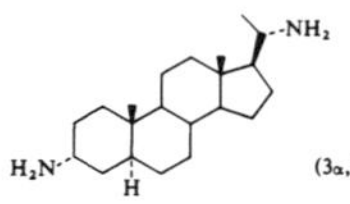

(3α,5α,20*S*)-*form*

P-00416

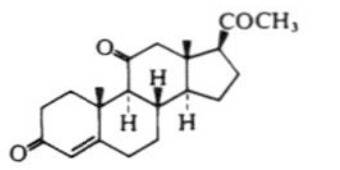

P-00417

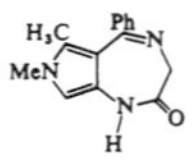

P-00418

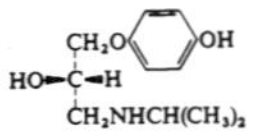

P-00419

$HOOCCH(NH_2)CH_2SCH_2CH{=}C(CH_3)_2$

P-00420

$Ph_2CHOCH_2CH_2NMeCH(CH_3)CH_2OPh$

P-00421

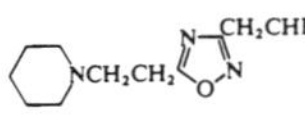

P-00422

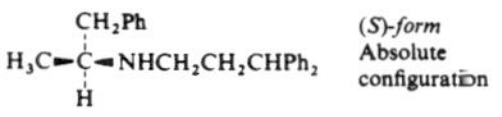

P-00423

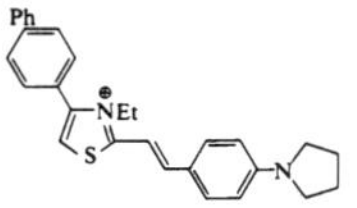

P-00424

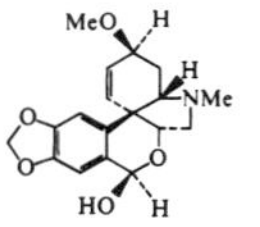

P-00425

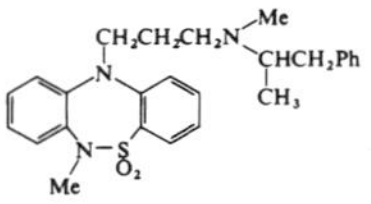

P-00426

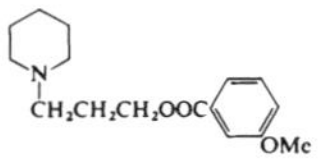

P-00427

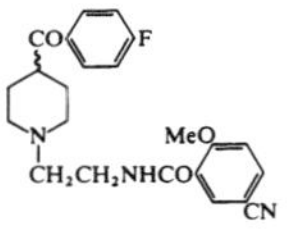

P-00428

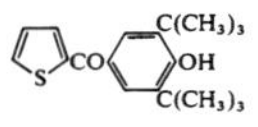

P-00429

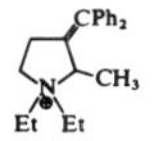

P-00430

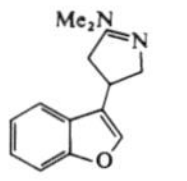

P-00431

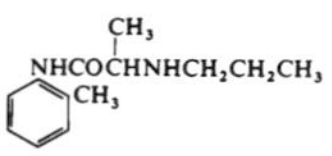

P-00432

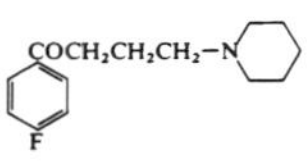

P-00433

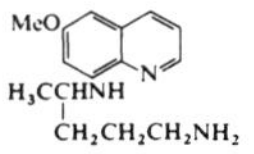

P-00434

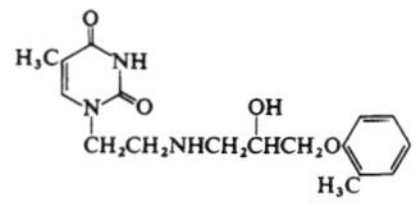

P-00435

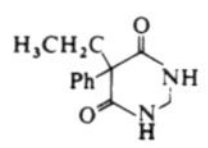

P-00436

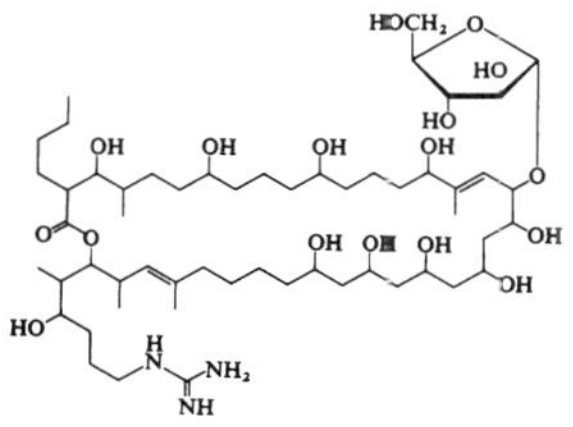

P-00437

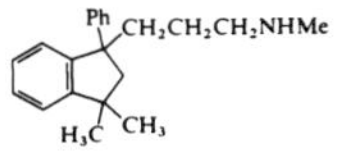

P-00438

P-00439

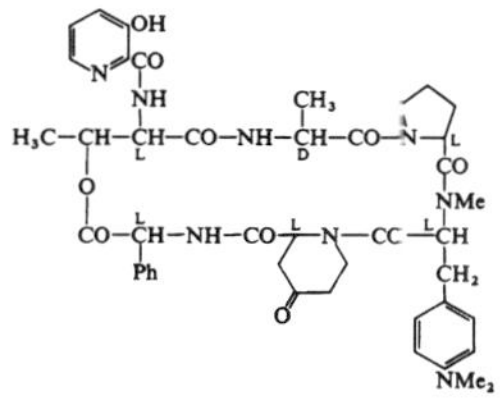

P-00440

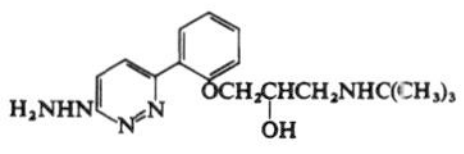

P-00441

$H_3CCH_2CH_2CPh_2COOCH_2CH_2NEt_2$

P-00442

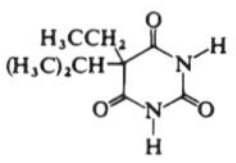

P-00443

P-00444

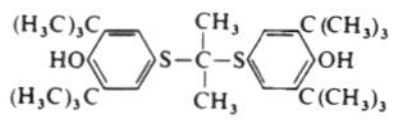

P-00445

P-00446

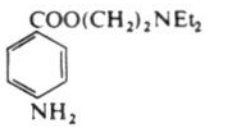

P-00447

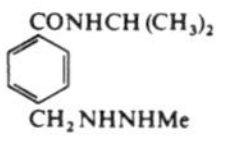

P-00448

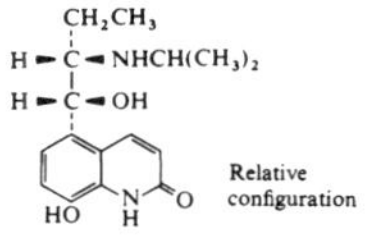

P-00449

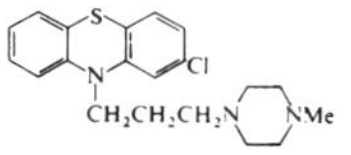

P-00450

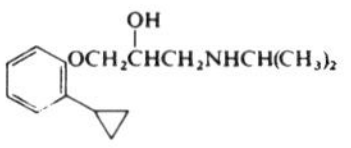

P-00451

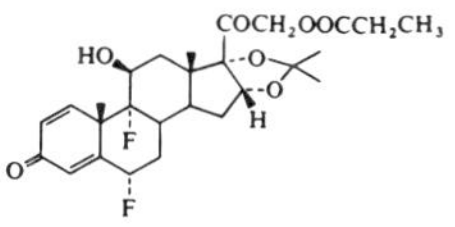

P-00452

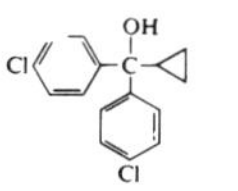

P-00453

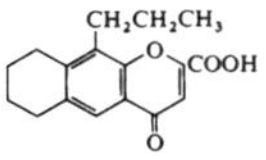

P-00454

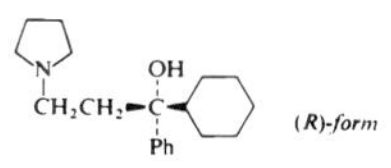

P-00455

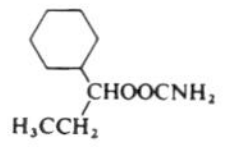

P-00456

$H_3CCH_2CH_2OOCCH_2NMe_2^{\oplus}CH_2CH_2O$-$(CH_2)_{10}OCH_2CH_2NMe_2^{\oplus}$-$CH_2COOCH_2CH_2CH_3$

P-00457

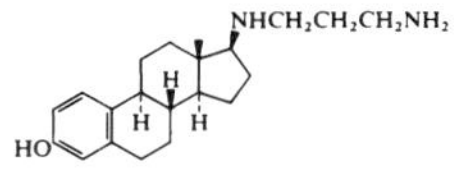

P-00458

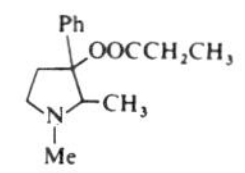

P-00459

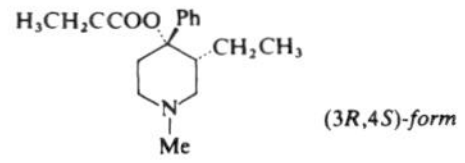

P-00460

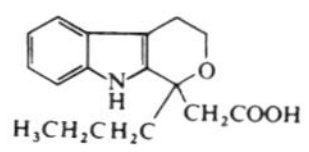

P-00461

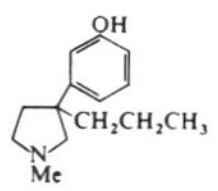

P-00462

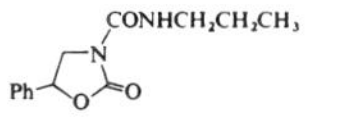

P-00463

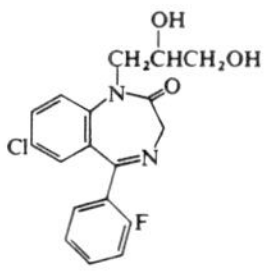

P-00464

P-00465

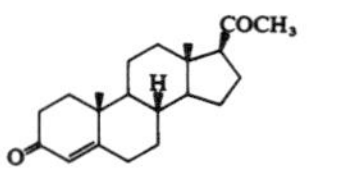

P-00466

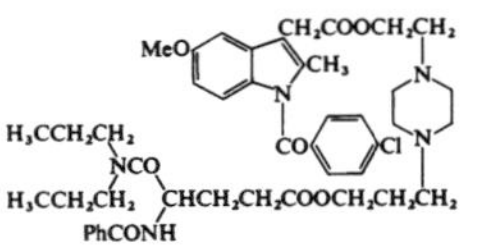

P-00467

$HOOCCH_2CH_2CH(NHCOPh)CON-(CH_2CH_2CH_3)_2$

P-00468

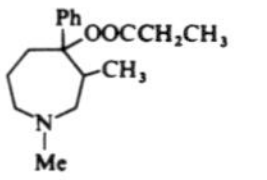

P-00469

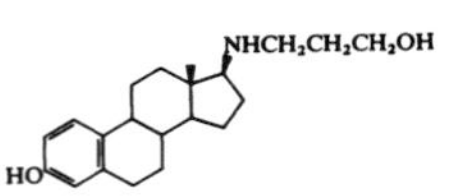

P-00471

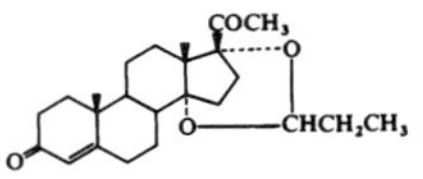

P-00472

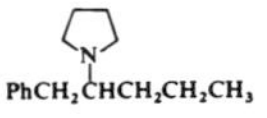

P-00473

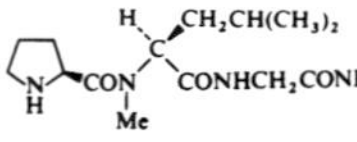

P-00474

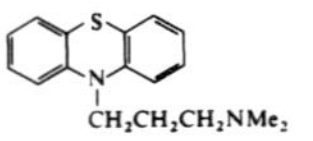

P-00475

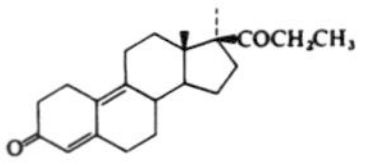

P-00476

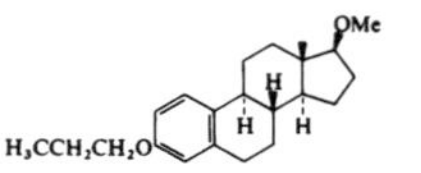

P-00477

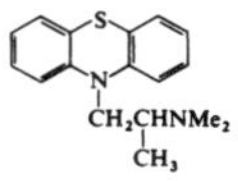

P-00478

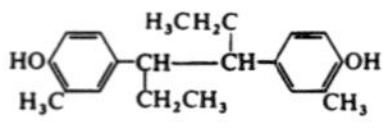

P-00479

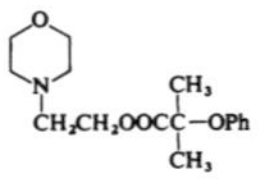

P-00480

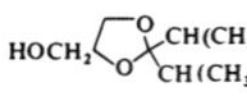

P-00481

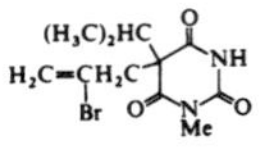

P-00482

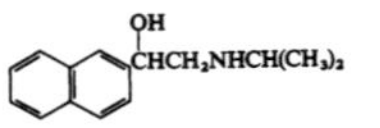

P-00483

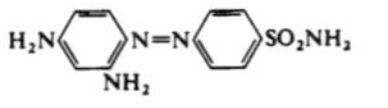

P-00484

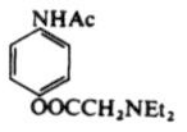

P-00485

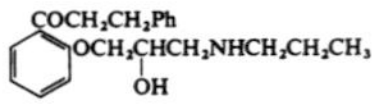

P-00486

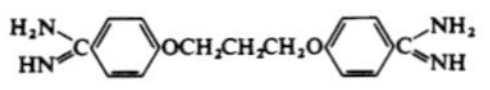

P-00487

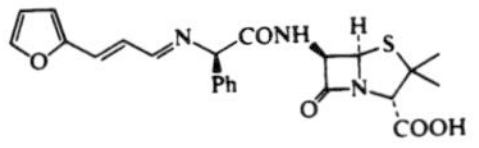

P-00488

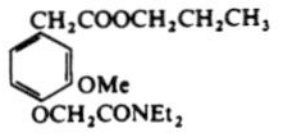

P-00489

$PhCOOCHPhCH_2CH_2NEt_2$

P-00490

$H_3CCH(OH)CH_3$

P-00491

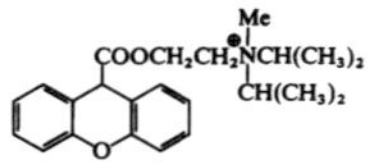

P-00492

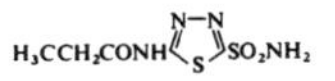

P-00493

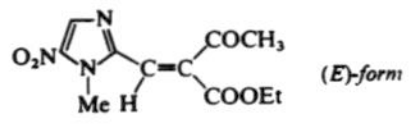

P-00494

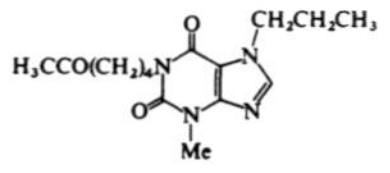

P-00495

$H_2C{=}CHCH_2NHCSNH_2$

P-00496

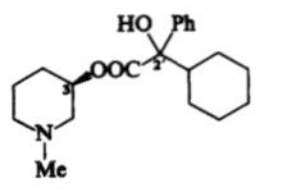

P-00497

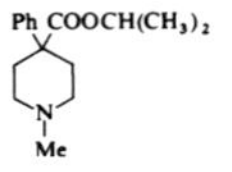

P-00498

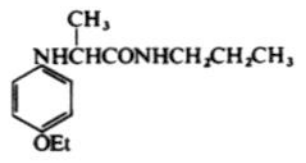

P-00499

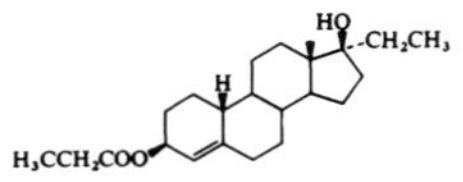

P-00500

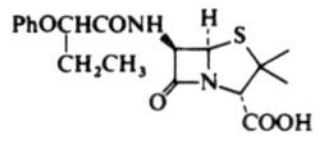

P-00501

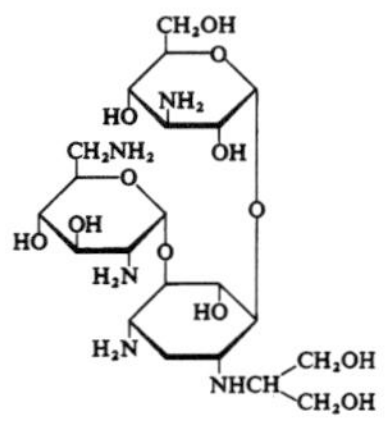

P-00502

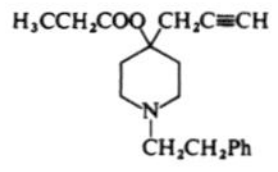

P-00503

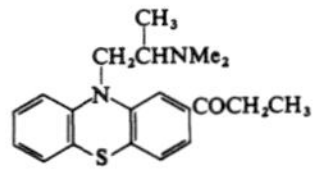

P-00504

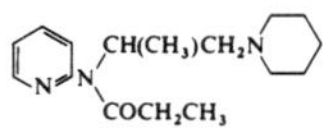

P-00505

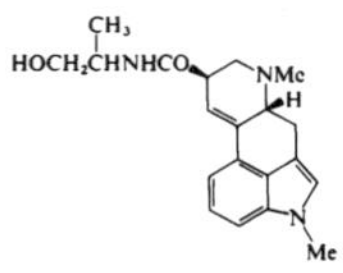

P-00506

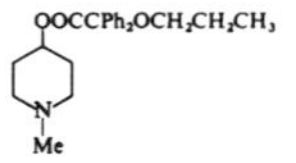

P-00507

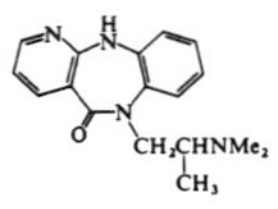

P-00508

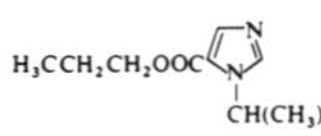

P-00509

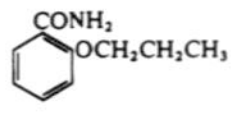

P-00510

P-00511

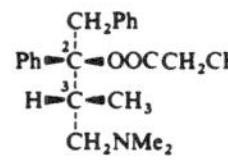

(2S,3R)-form
Absolute configuration

P-00512

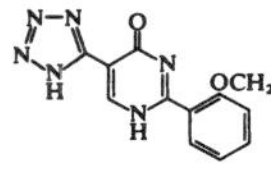

P-00513

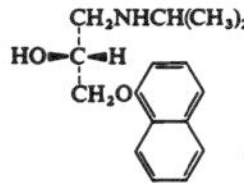

(R)-form
Absolute configuration

P-00514

$(H_3CCH_2CH_2)_3CNH_2$

P-00515

$(H_3CCH_2CH_2)_2CHCOOH$

P-00516

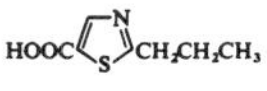

P-00517

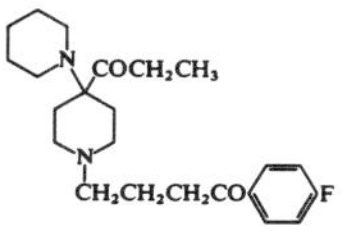

P-00518

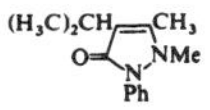

P-00519

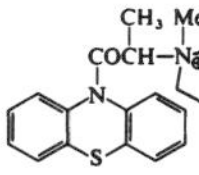

P-00520

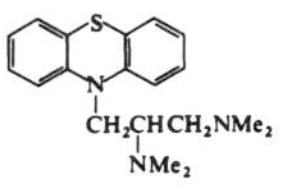

P-00521

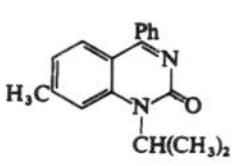

P-00522

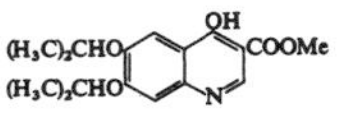

P-00523

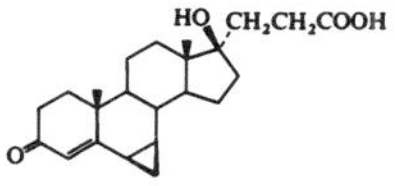

P-00524

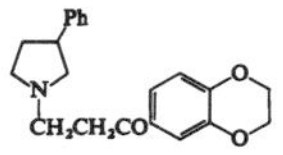

P-00525

$Et_2NCH_2CH_2OCPh_2COOCH_2CH_2NEt_2$

P-00526

P-00527

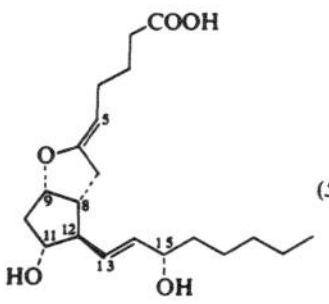

(5Z,9S,11R,13E,15S)-form

P-00528

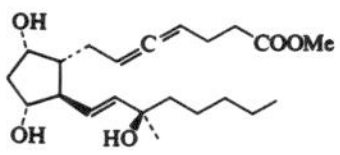

P-00529

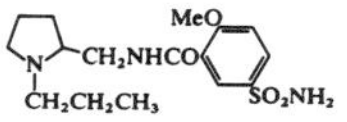

P-00530

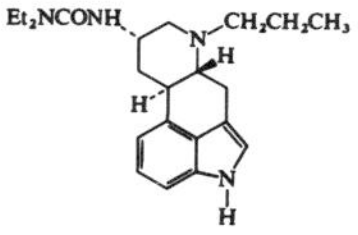

P-00533

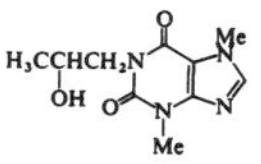

P-00534

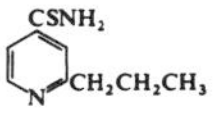

P-00535

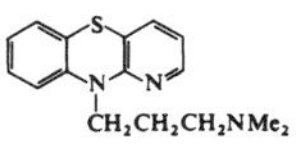

P-00536

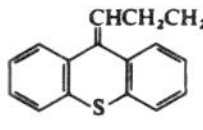

P-00537

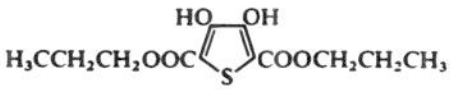

P-00538

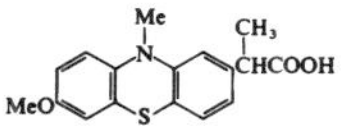

P-00539

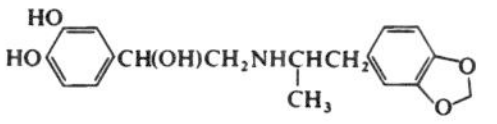

P-00540

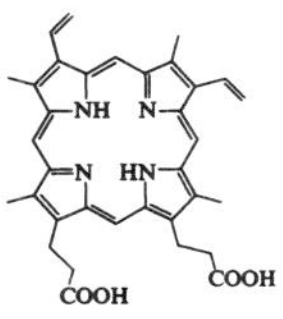

P-00541

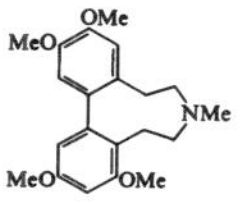

P-00542

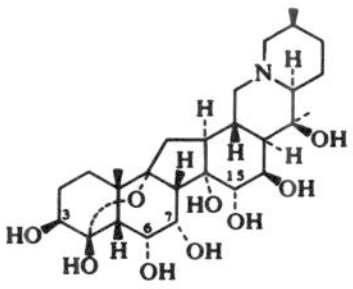

Absolute configuration

P-00543

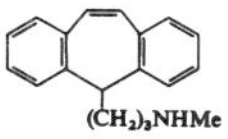

P-00544

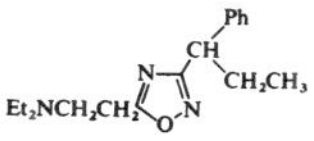

P-00545

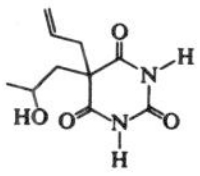

P-00546

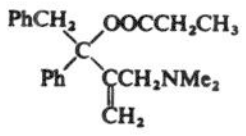

P-00547

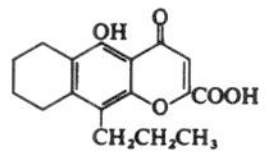

P-00548

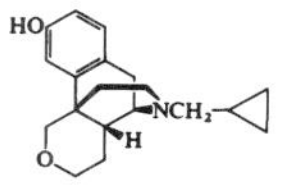

P-00549

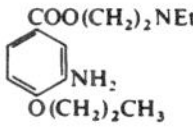

P-00550

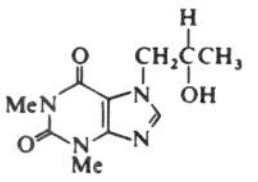

P-00551

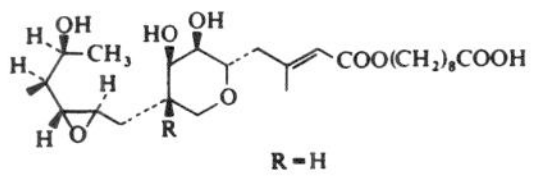

R = H

P-00552

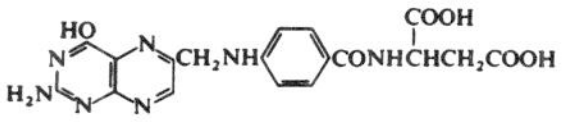

P-00553

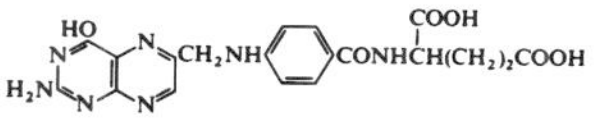

P-00554

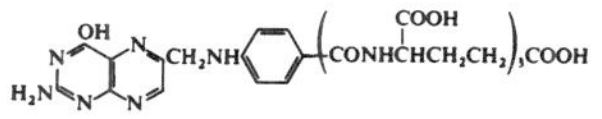

P-00555

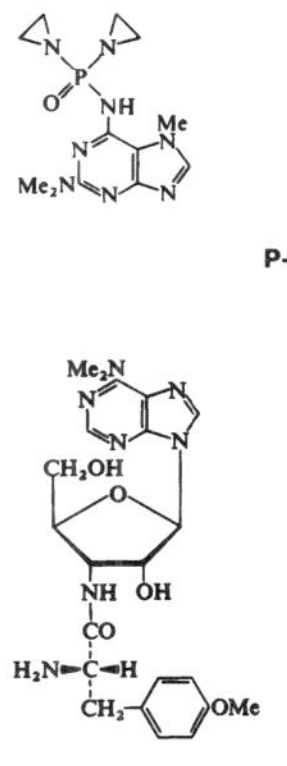

P-00556

P-00557

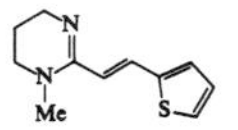
(*E*)-*form*

P-00558

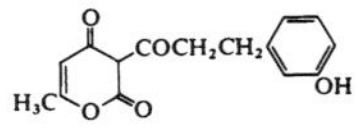

P-00559

P-00560

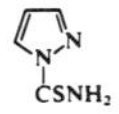

P-00561

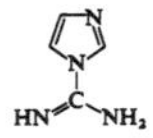

P-00562

P-00563

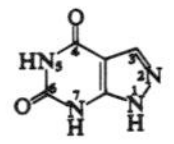
1*H-form*

P-00564

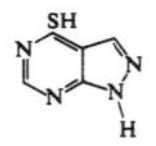

P-00565

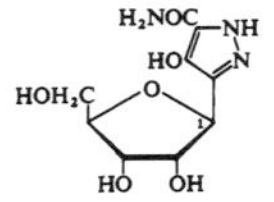
β-form

P-00566

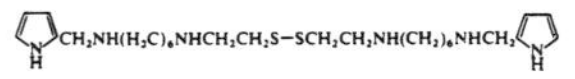

P-00567

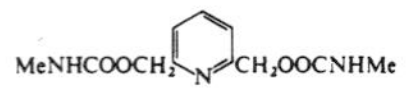

P-00568

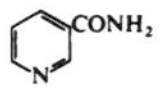

P-00570

P-00572

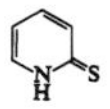

P-00574

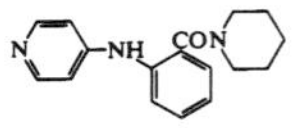

P-00575

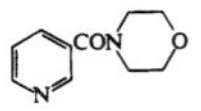

P-00576

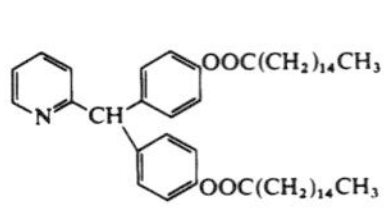

P-00577

P-00578

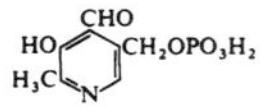

P-00579

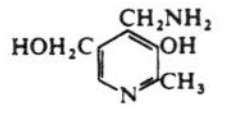

P-00580

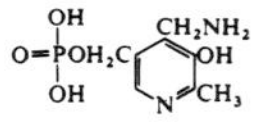

P-00581

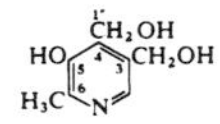

P-00582

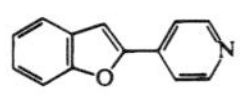

P-00583

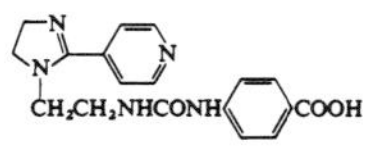

P-00584

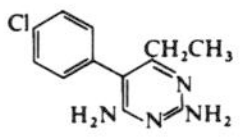

P-00585

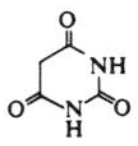

P-00586

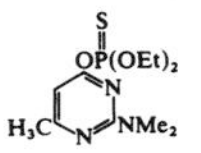

P-00587

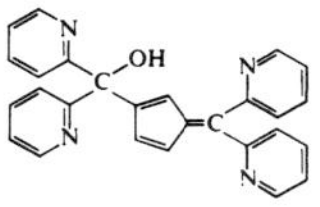

P-00588

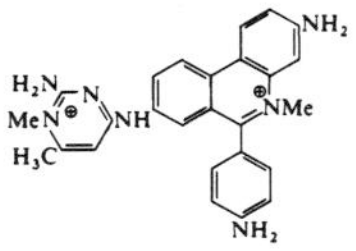

P-00589

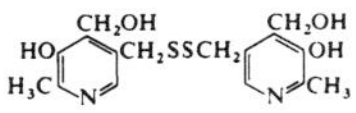

P-00590

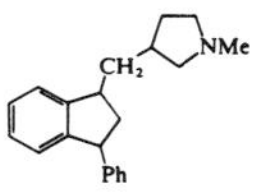

P-00591

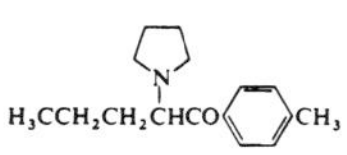

P-00592

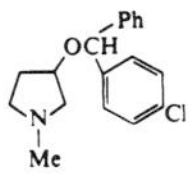

P-00593

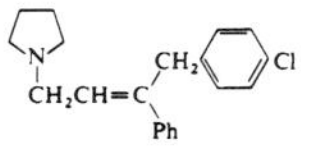

P-00594

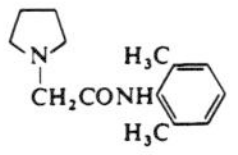

P-00595

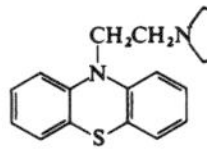

P-00597

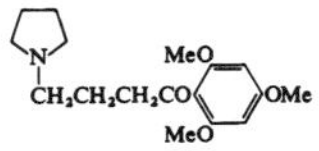

P-00598

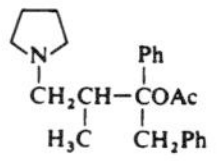

P-00599

$H_3CCOCHO$

P-00600

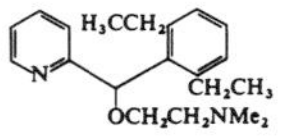

P-00601

Q

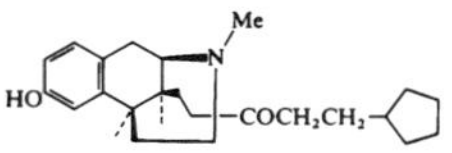

Q-00001

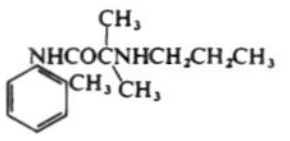

Q-00003

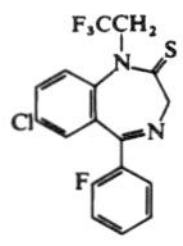

Q-00004

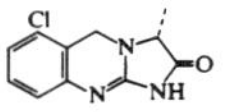

(*R*)-*form*

Q-00005

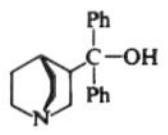

Q-00006

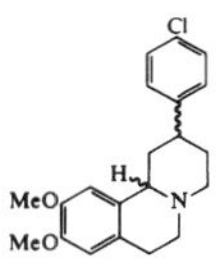

Q-00007

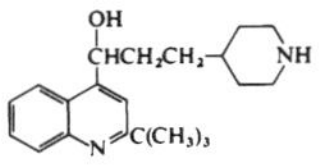

Q-00008

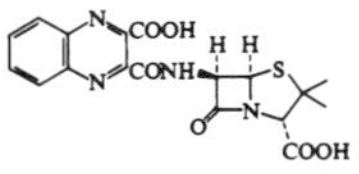

Q-00009

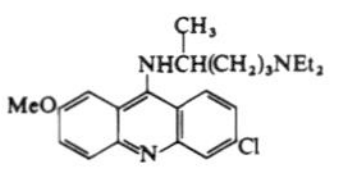

Q-00010

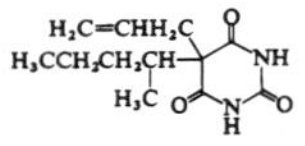

Q-00011

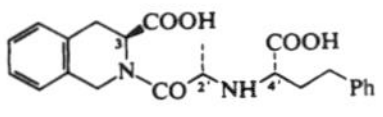

(2'*S*,3*S*,4'*S*)-*form*

Q-00012

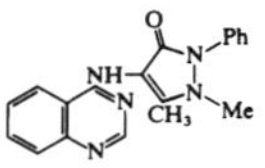

Q-00013

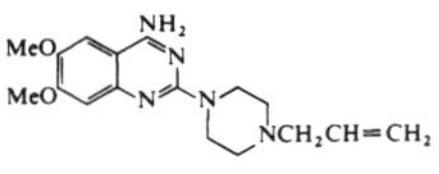

Q-00014

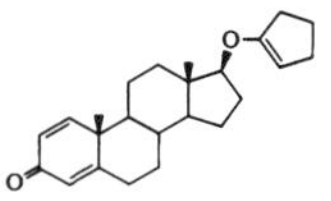

Q-00015

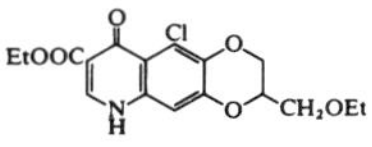

Q-00016

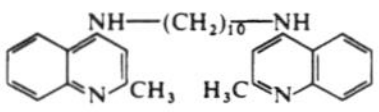

Q-00017

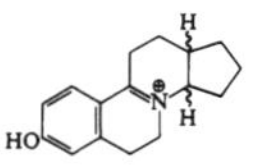

Q-00018

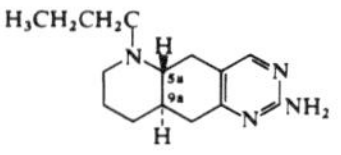

(5a*R*,9a*R*)-*form*

Q-00019

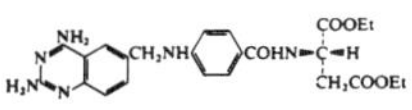

(*S*)-*form*

Q-00020

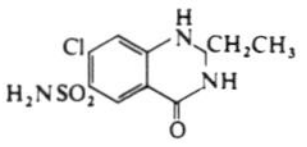

Q-00021

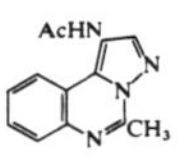

Q-00022

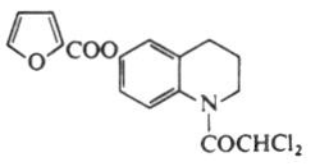

Q-00023

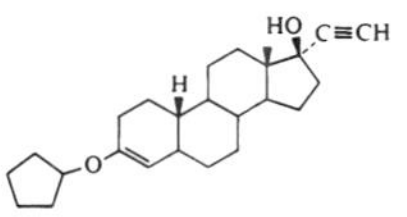

Q-00024

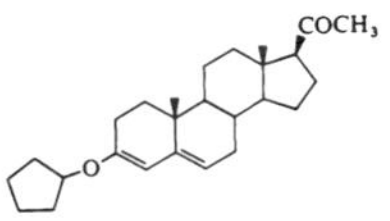

Q-00025

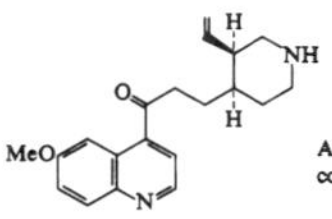

Absolute configuration

Q-00026

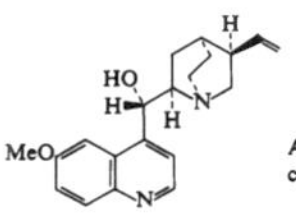

Absolute configuration

Q-00027

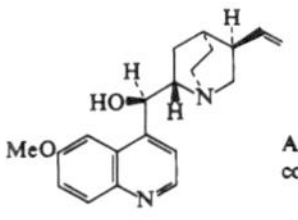

Absolute configuration

Q-00028

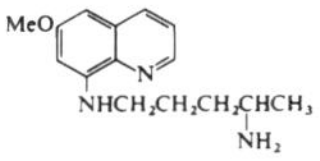

Q-00029

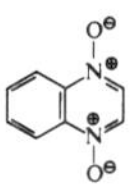

Q-00031

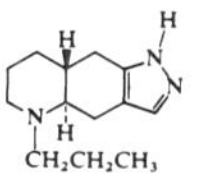

(4a*R*,8a*R*)-*form*

Q-00032

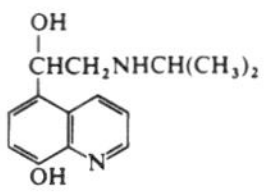

Q-00033

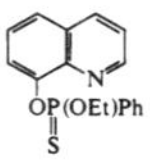

Q-00034

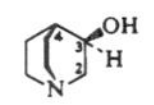

(*R*)-*form*
Absolute configuration

Q-00035

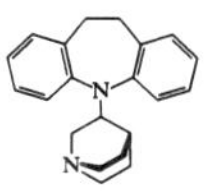

Q-00036

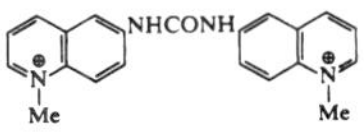

Q-00037

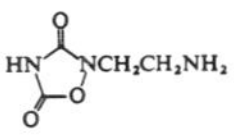

Q-00038

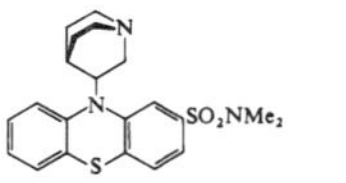

Q-00039

R

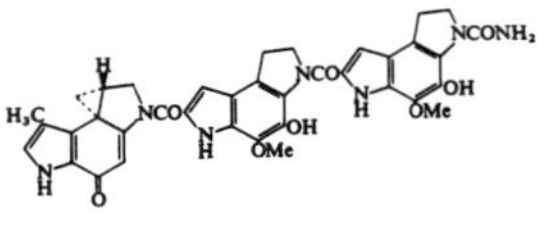

R-00001

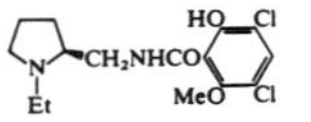

(S)-form

R-00002

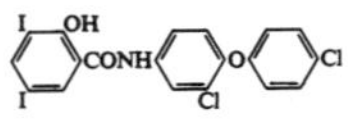

R-00003

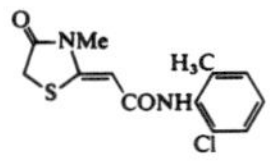

(Z)-form

R-00004

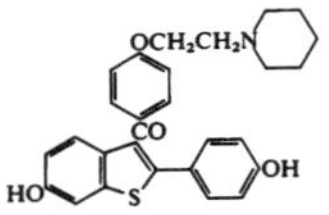

R-00005

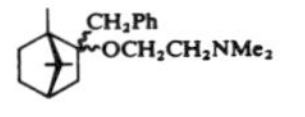

R-00006

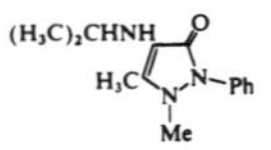

R-00007

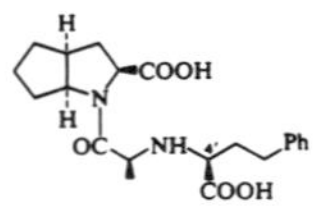

R-00008

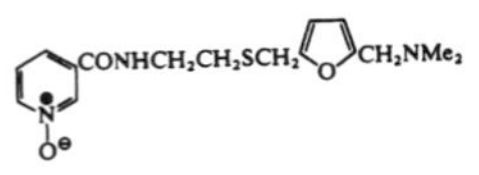

R-00009

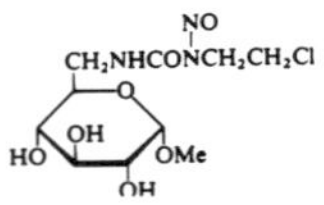

R-00010

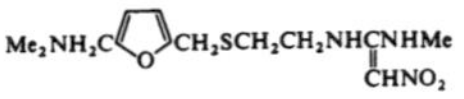

R-00011

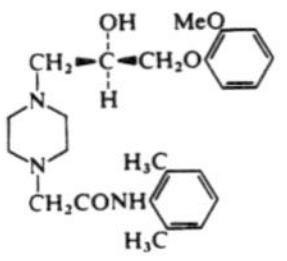

(R)-form

R-00012

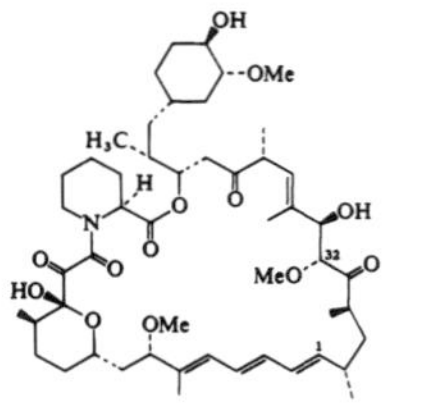

R-00013

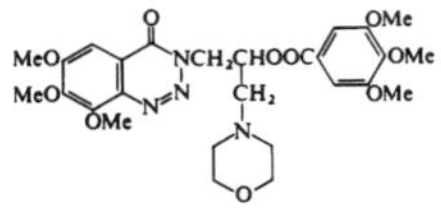

R-00014

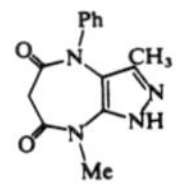

R-00015

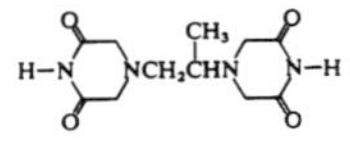

R-00016

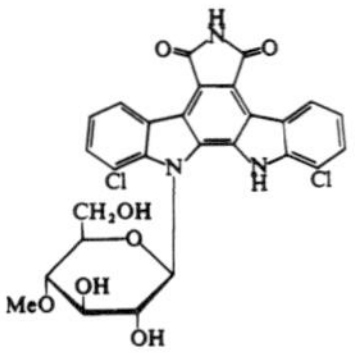

R-00017

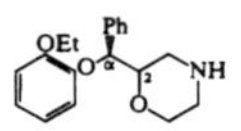

(2S,αS)-form

R-00018

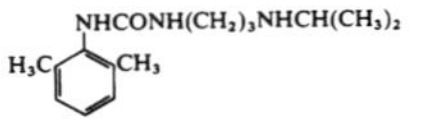

R-00019

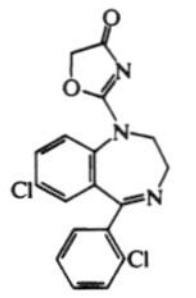

R-00020

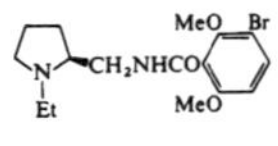

R-00021

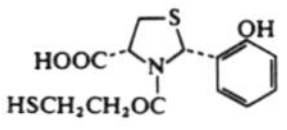

(2R,4R)-form

R-00022

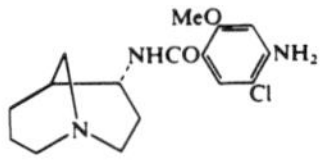

R-00023

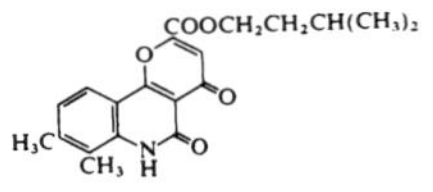

R-00024

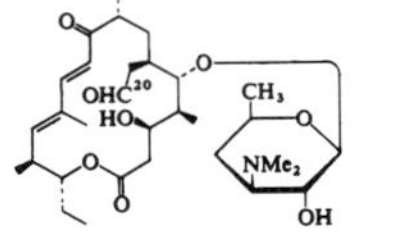

R-00025

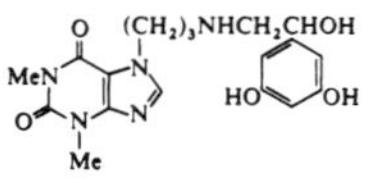

R-00026

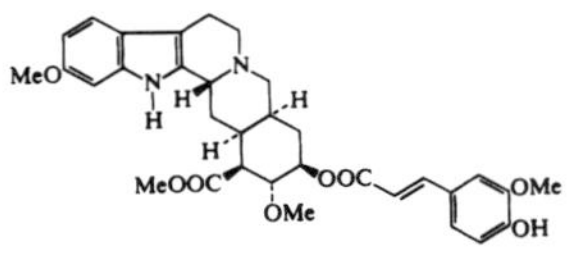

R-00027

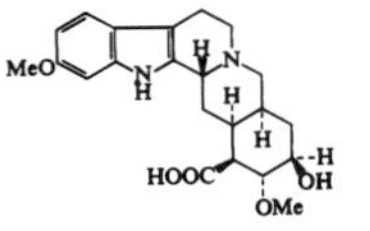

Absolute configuration

R-00028

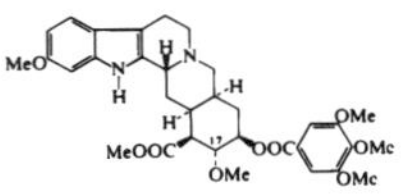

Absolute configuration

R-00029

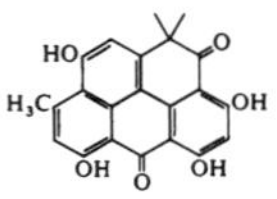

R-00030

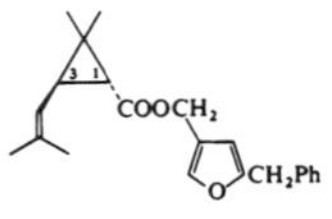

R-00031

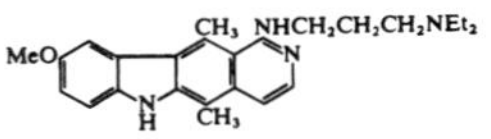

R-00032

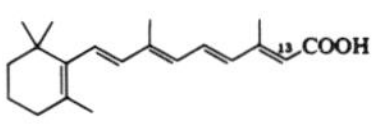

(13E)-form

R-00033

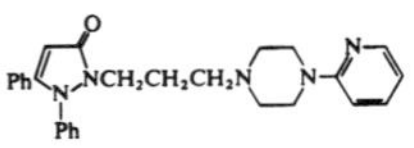

R-00034

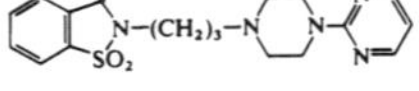

R-00035

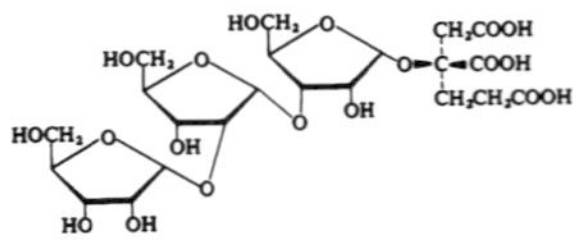

R-00037

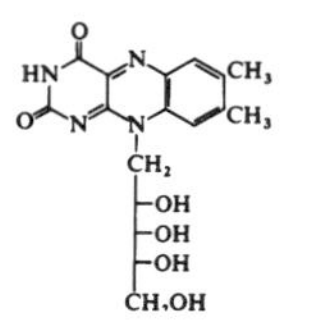

R-00038

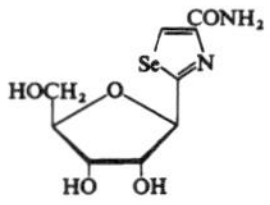

R-00039

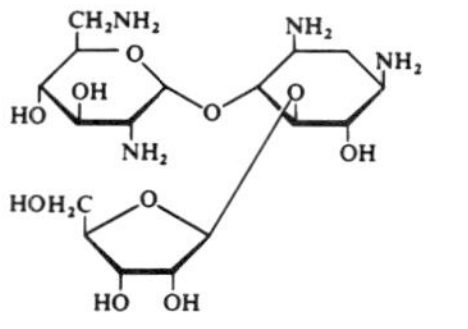

R-00040

R-00041

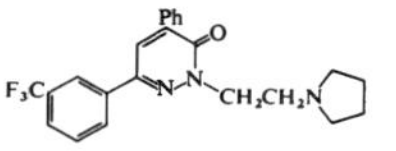

R-00042

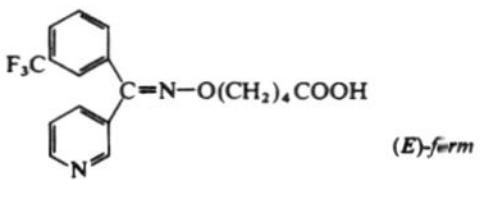

R-00043

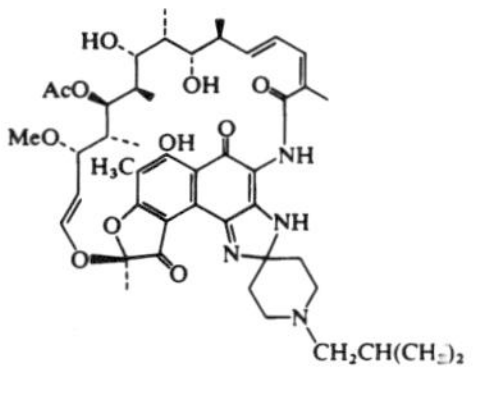

R-00044

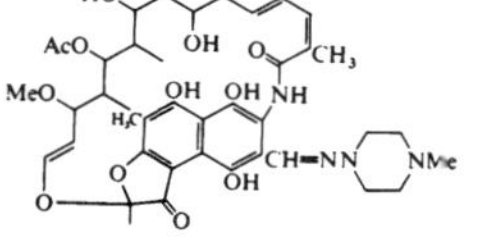

R-00045

As R-00047 with
R = H

R-00046

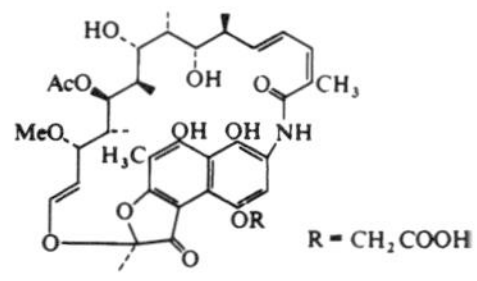

R-00047

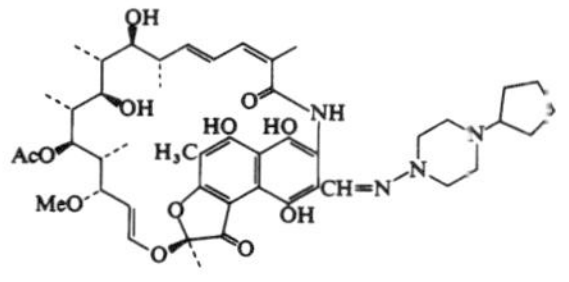

R-00048

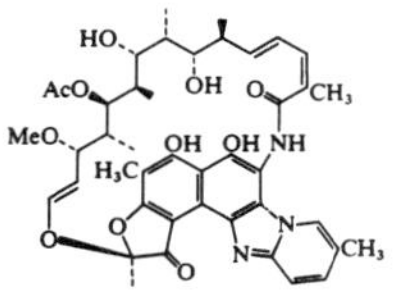

R-00049

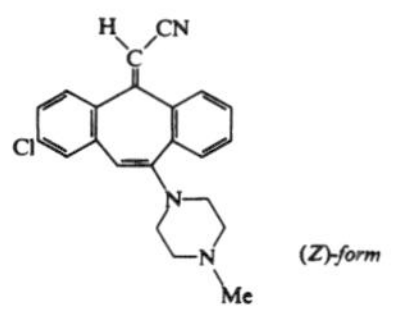

R-00050

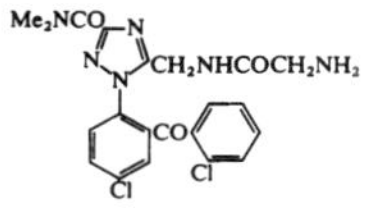

R-00051

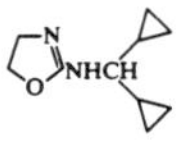

R-00052

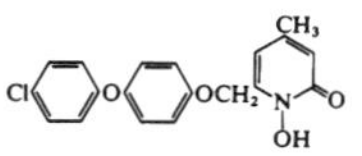

R-00053

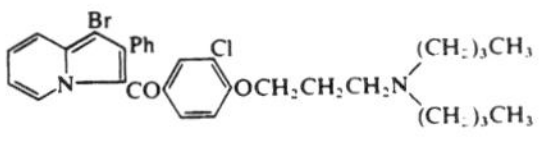

R-00054

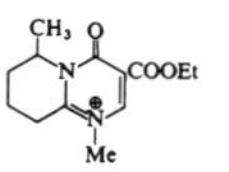

R-00055

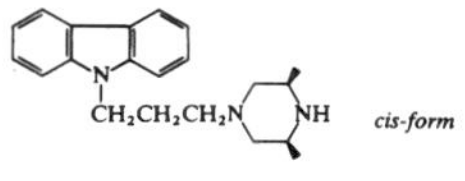

R-00056

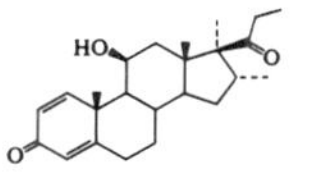

R-00057

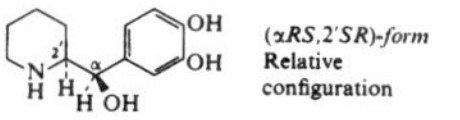

R-00058

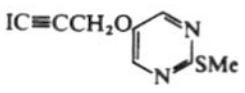

R-00059

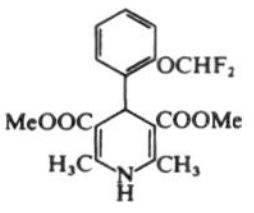

R-00060

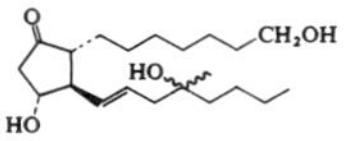

R-00061

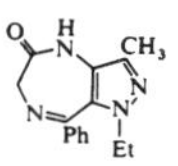

R-00062

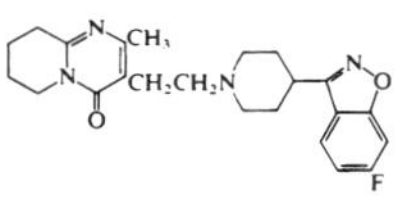

R-00063

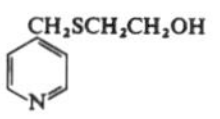

R-00064

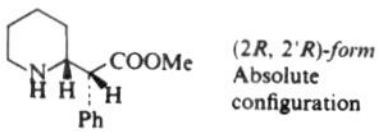

R-00065

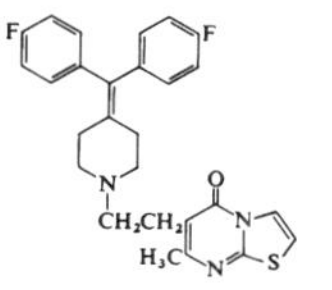

R-00066

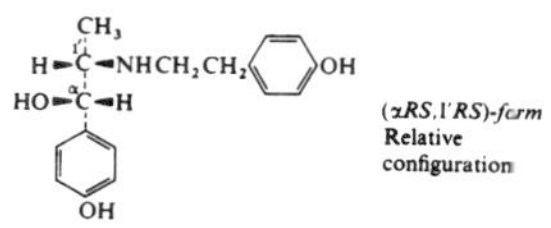

R-00067

$MeO_2SOCH_2CH_2NHCH_2CHOH$-
$CHOHCH_2NHCH_2CH_2OSO_2Me$

R-00068

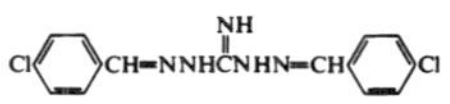

R-00069

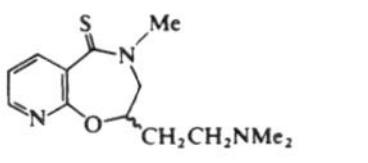

R-00070

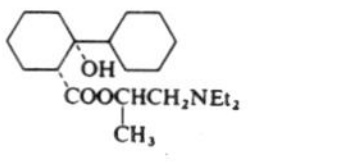

R-00071

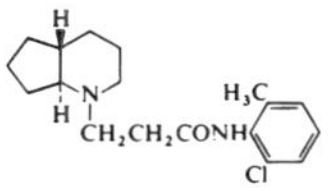

R-00072

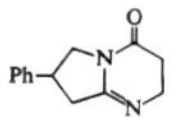

R-00073

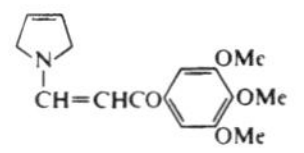

R-00074

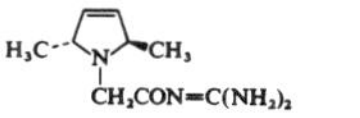

R-00075

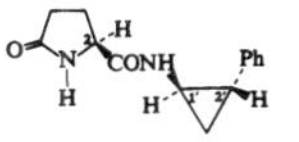

R-00076

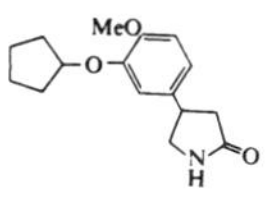

R-00077

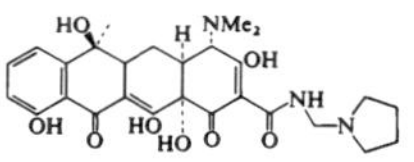

R-00078

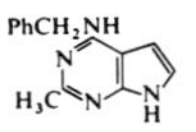

R-00079

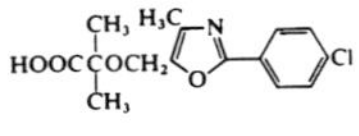

R-00080

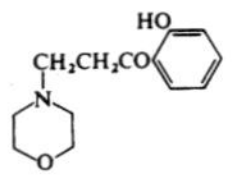

R-00081

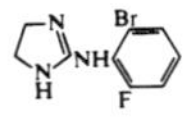

R-00082

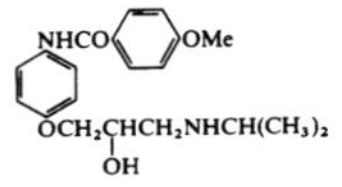

R-00083

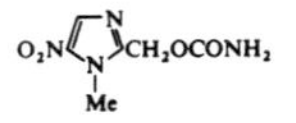

R-00084

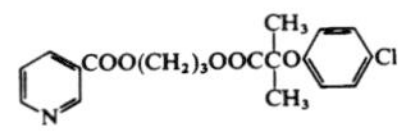

R-00085

$PhCH_2CH_2N(Me)(CH_2)_3C(Ph)(CN)(CH_2)_{11}CH_3$

R-00086

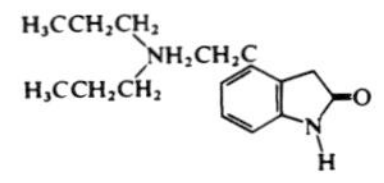

R-00087

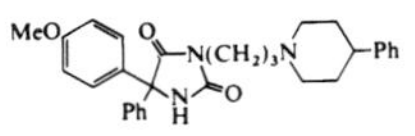

R-00088

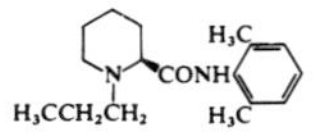

(S)-form

R-00089

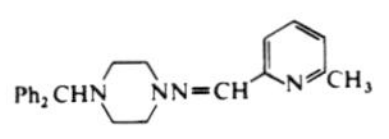

R-00090

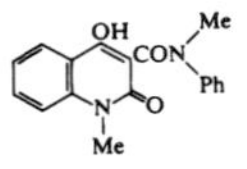

R-00091

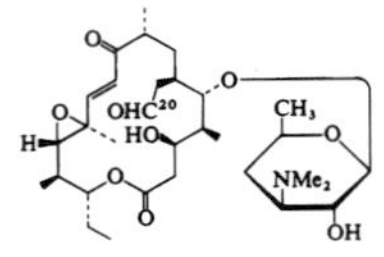

R-00092

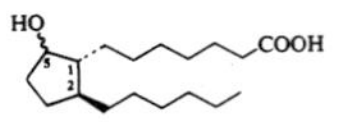

R-00093

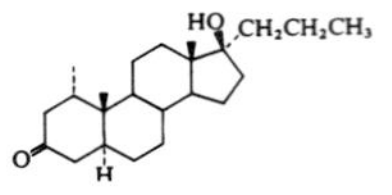

R-00094

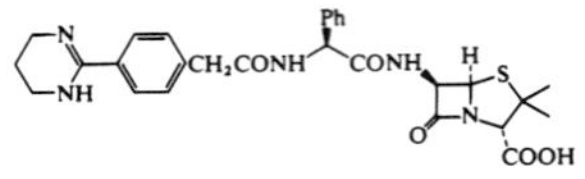

R-00095

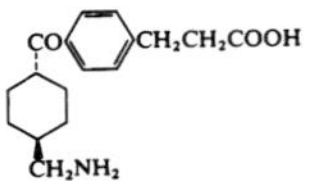

trans-form

R-00096

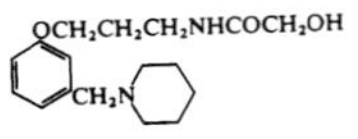

R-00097

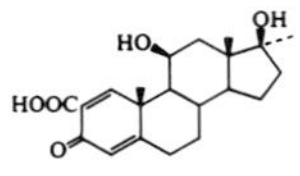

R-00098

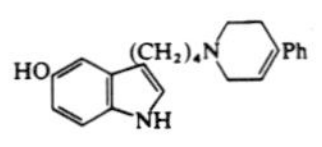

R-00099

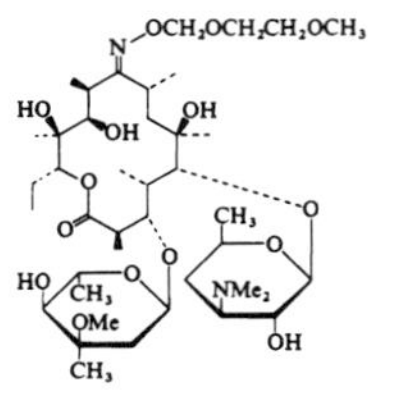

R-00100

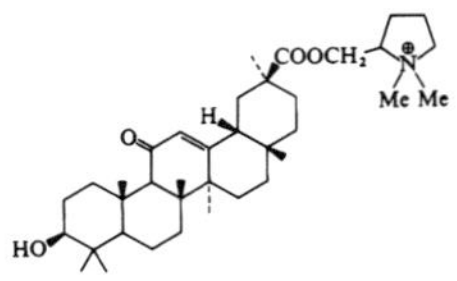

R-00101

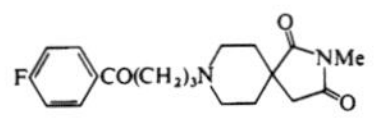

R-00102

RbCl

R-00103

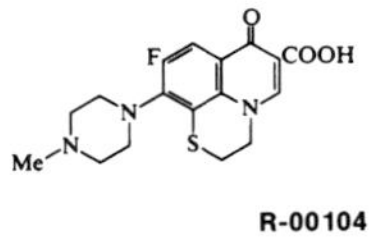

R-00104

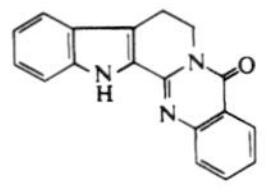

R-00105

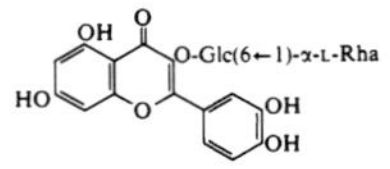

R-00106

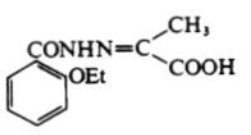

R-00107

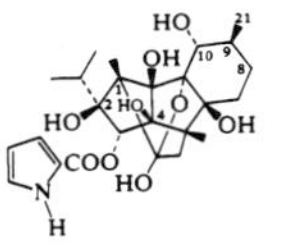

R-00108

S

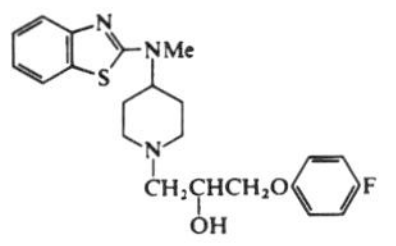

S-00001

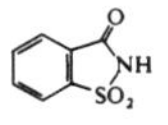

S-00002

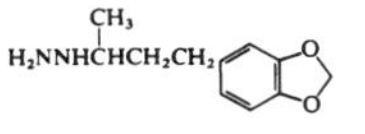

S-00003

Struct. unknown

S-00004

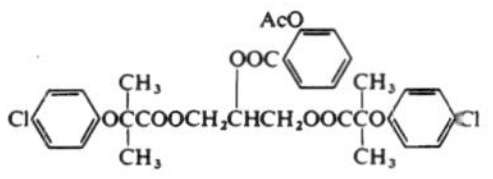

S-00005

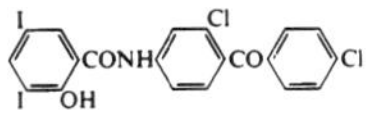

S-00006

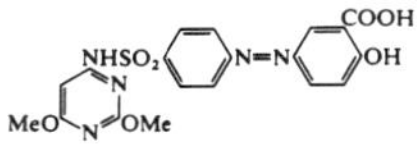

S-00007

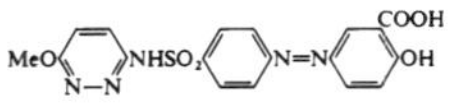

S-00008

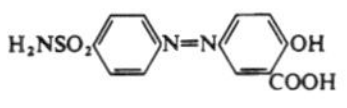

S-00009

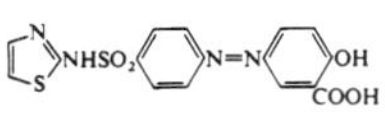

S-00010

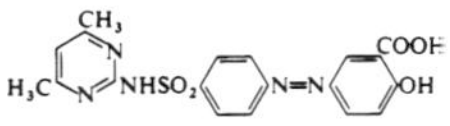

S-00011

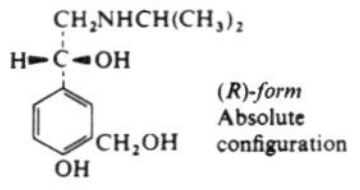

S-00012

H-Cys-Ser-Asn-Leu-Ser-Thr-Cys-Val-Leu-Gly-Lys-Leu-Ser-Gln-Glu-Leu-His-Lys-Leu-Gln-Thr-Tyr-Pro-Arg-Thr-Asn-Thr-Gly-Ser-Gly-Thr-Pro-NH_2

S-00013

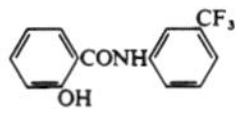

S-00014

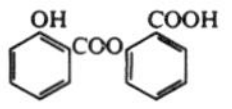

S-00015

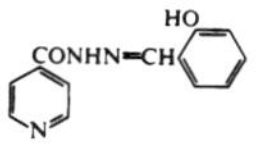

S-00016

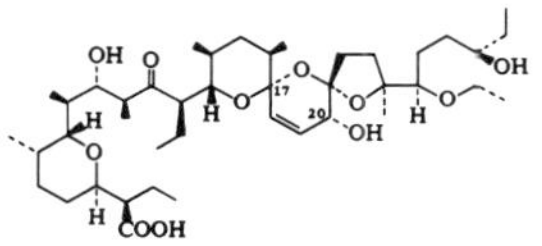

S-00017

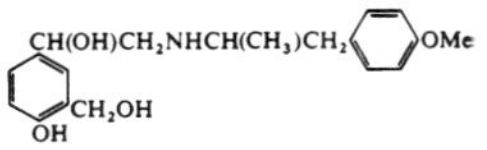

S-00018

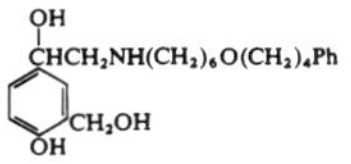

S-00019

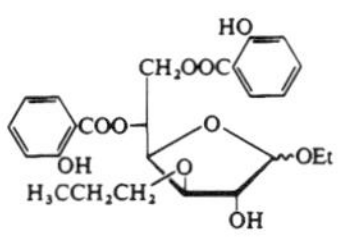

S-00020

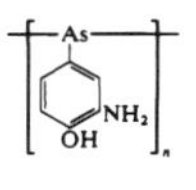

S-00021

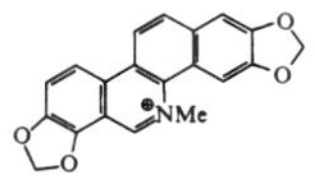

S-00022

Sar-Arg-Val-Tyr-Val-His-Pro-Ala

S-00023

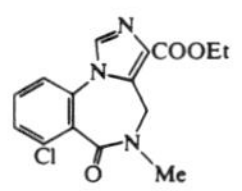

S-00024

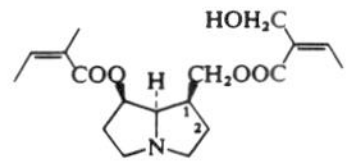

S-00025

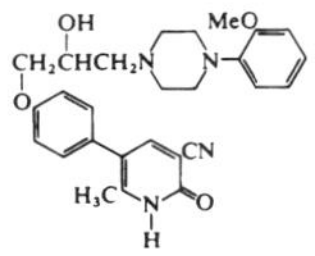

S-00027

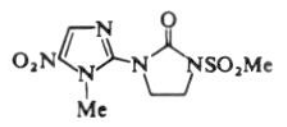

S-00028

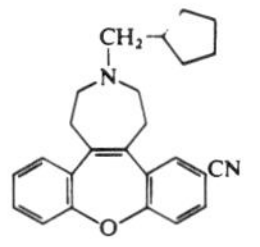

S-00029

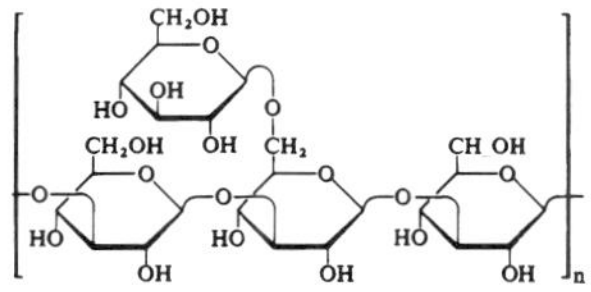

S-00030

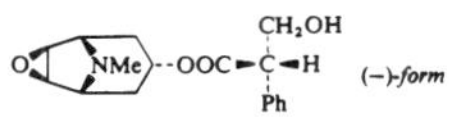

S-00031

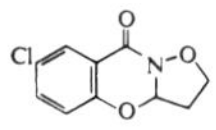

S-00032

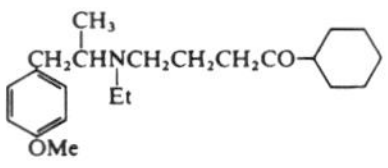

S-00033

His-Ser-Asp-Gly-Thr-Phe-Thr-Ser-Gl-Leu-Ser-Arg-Leu-Arg-Asp-Ser-Ala-Ar-Leu-Gln-Arg-Leu-Leu-Gln-Gly-Le-ValNH_2

S-00034

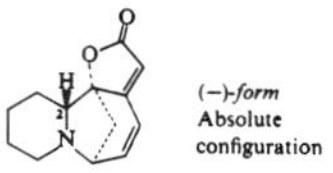

S-00035

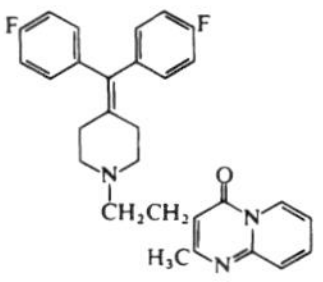

S-00036

SeS_2

S-00037

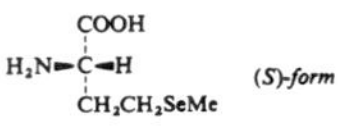

S-00038

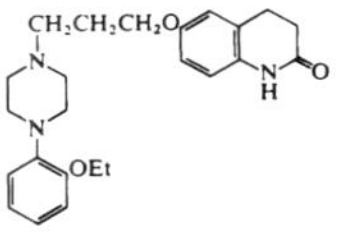

S-00039

S-00040

S-00041

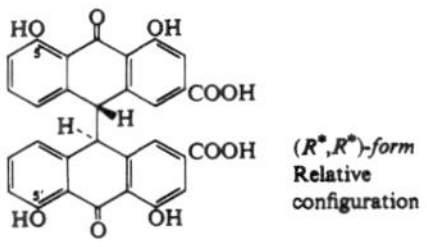

S-00042

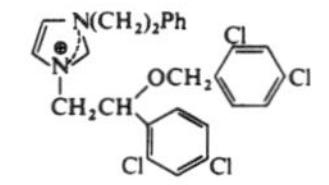

S-00043

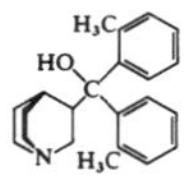

S-00044

H-^{1}Ser-Tyr-Ser-Met-Glu-His-Phe-Arg-Trp-Gly-Lys-Pro-Val-Gly-Lys-Lys-Arg-Arg-Pro-Val-Lys-Val-Tyr-Pro-Asp-Ala-Gly-Glu-Asp-Gln-Ser-Ala-Glu-Ala-Phe-Pro-Leu-Glu-^{39}PheOH

S-00045

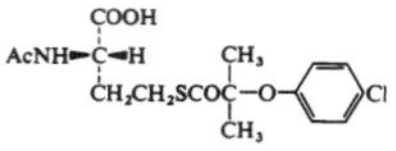

S-00046

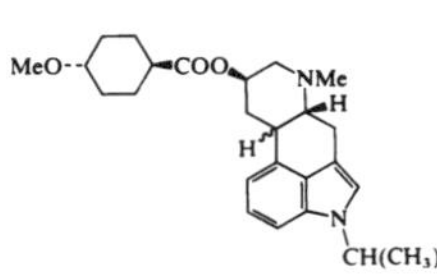

S-00047

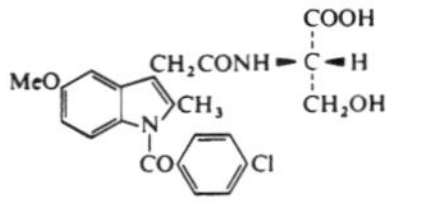

S-00048

H-Tyr-Ala-Asp-Ala-Ile-Phe-Thr-Asn-Ser-Tyr-Arg-Lys-Val-Leu-Gly-Gln-Leu-Ser-Ala-Arg-Lys-Leu-Leu-Gln-Asp-Ile-Met-Ser-Arg-NH_2

S-00049

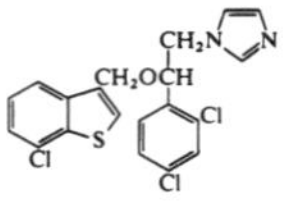

S-00051

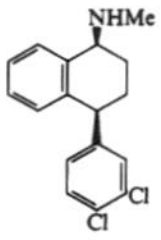

S-00052

pyroGlu-Ala-Lys-Ser-Glu-Gly-Gly-Ser-AsnOH

S-00054

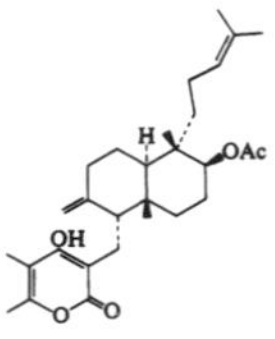

S-00055

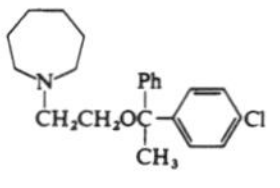

S-00056

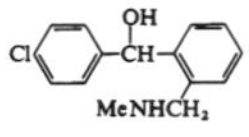

S-00057

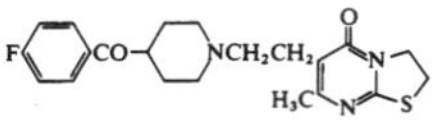

S-00058

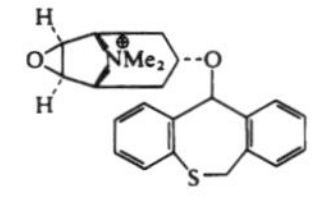

S-00059

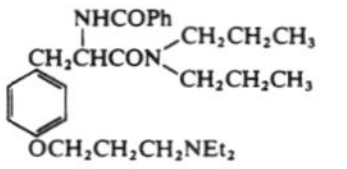

S-00060

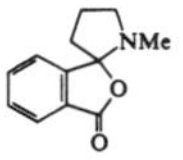

S-00062

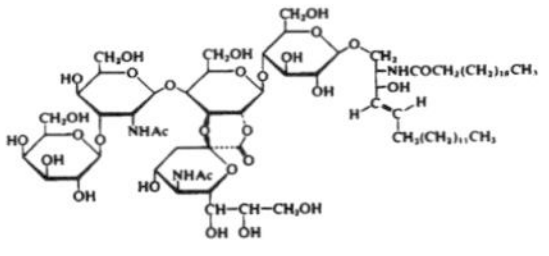

S-00063

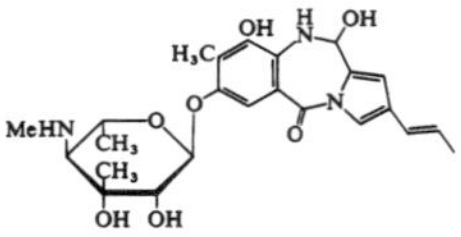

S-00064

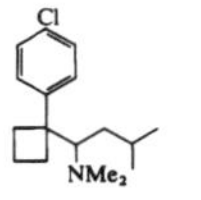

S-00065

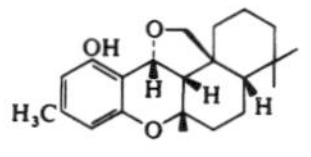

S-00066

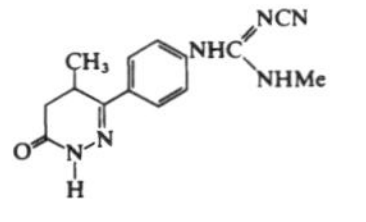

S-00067

$AgNO_3$

S-00068

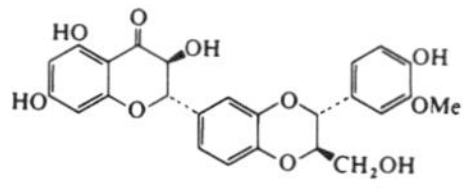

S-00069

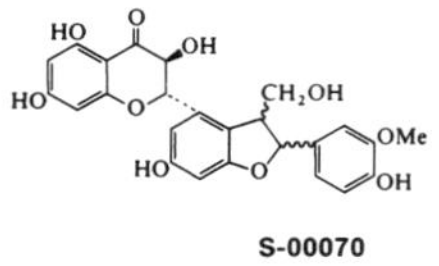

S-00070

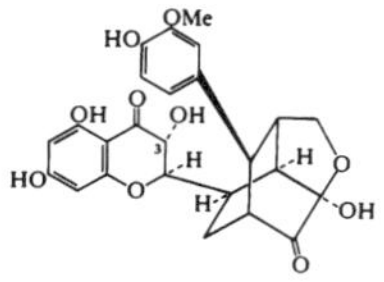

S-00071

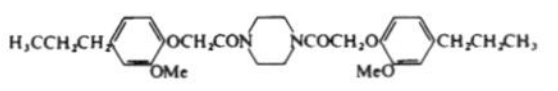

S-00073

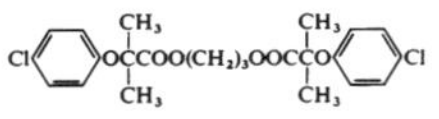

S-00074

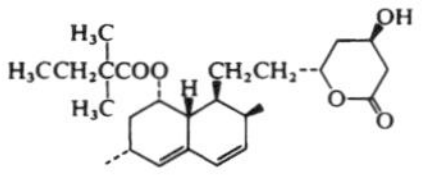

S-00075

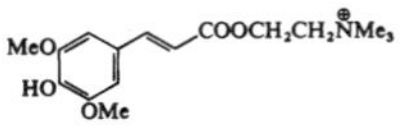

S-00076

H-Asp-Tyr(SO_3H)-Met-Gly-Trp-Met-Asp-PheNH_2

S-00077

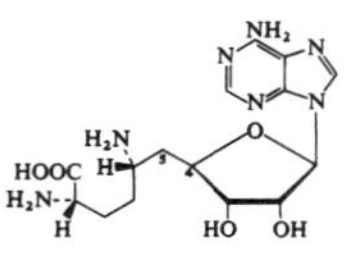

S-00078

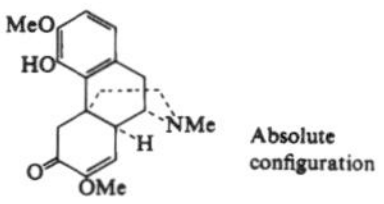

S-00079

Struct. unknown

S-00080

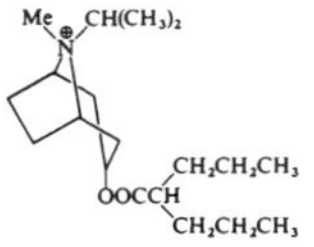

S-00081

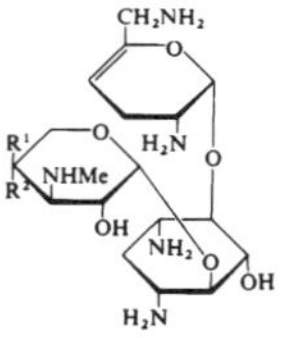

$R^1 = OH, R^2 = CH_3$

S-00082

Na_2HAsO_4

S-00083

$Na_3Au(S_2O_3)_2$

S-00084

NaCl

S-00085

Na_2CrO_4

S-00086

NaF

S-00087

NaI

S-00088

$NaNO_2$

S-00089

Na_2SO_4

S-00090

$Na_2S_2O_3$

S-00091

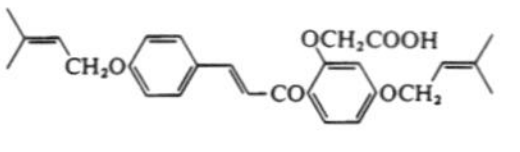

S-00092

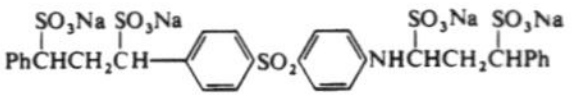

S-00093

$PhCH(OH)CH(CH_2OH)NHCH(CH_3)$-$CH_2OPh$

S-00094

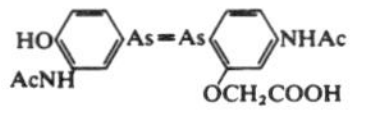

S-00095

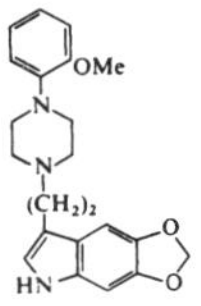

S-00096

H-Tyr-Ala-Asp-Ala-Ile-Phe-Thr-Asn-Ser-Tyr-Arg-Lys-Val-Leu-Gly-Gln-Leu-Ser-Ala-Arg-Lys-Leu-Leu-Gln-Asp-Ile-Met-Ser-Arg-Gln-Gln-Gly-Glu-Ser-Asn-Gln-Glu-Arg-Gly-Ala-Arg-Ala-Arg-Leu-NH_2

S-00097

H-Ala-Gly-Cys-Lys-Asn-Phe-Phe-Trp-Lys-Thr-Phe-Thr-Ser-Cys-OH

S-00098

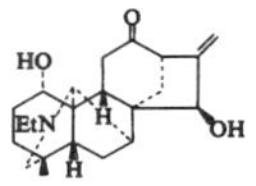

Absolute configuration

S-00100

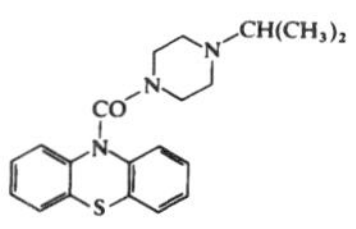

S-00101

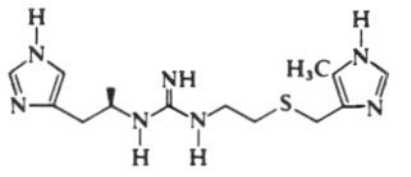

(R)-form

S-00102

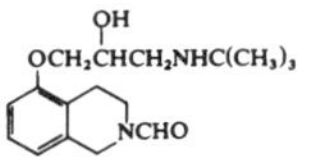

S-00103

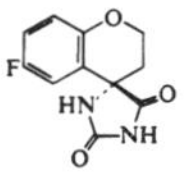

S-00104

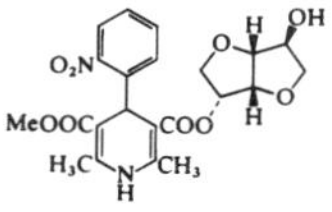

S-00105

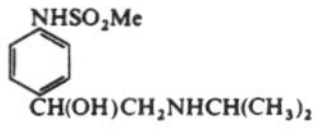

S-00106

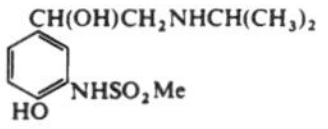

S-00107

$HOOCCH_2CH(COOH)NHCOCH_2P$-$(O)(OH)_2$

S-00108

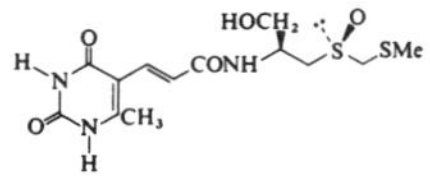

S-00109

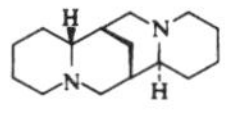

(−)-form
Absolute configuration

S-00110

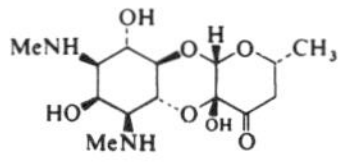

S-00111

$HN{=}C(NH_2)NH(CH_2)_4CH(OH)$-$CH_2CONHCH(OH)CONH(CH_2)_4NH$-$(CH_2)_3NH_2$

S-00112

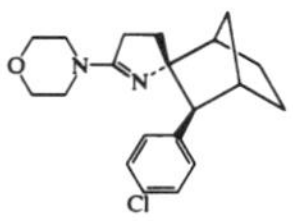

S-00113

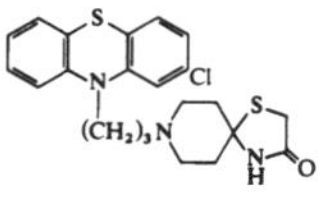

S-00114

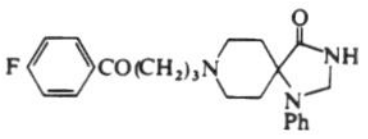

S-00115

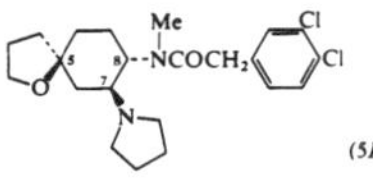

(5RS,7SR,8SR)-form

S-00116

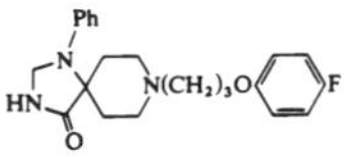

S-00117

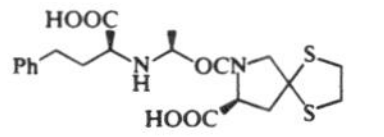

S-00118

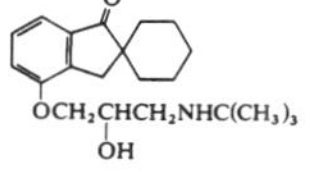

S-00119

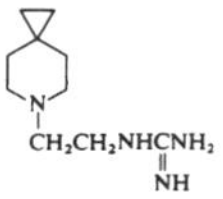

S-00120

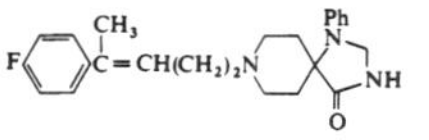

S-00121

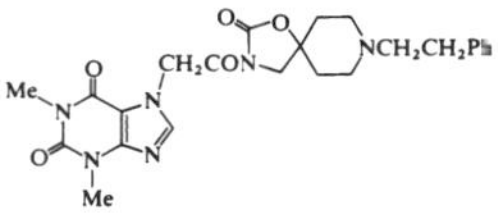

S-00122

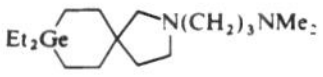

S-00123

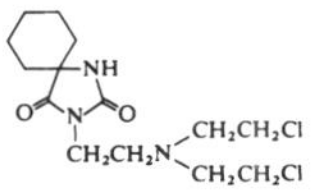

S-00124

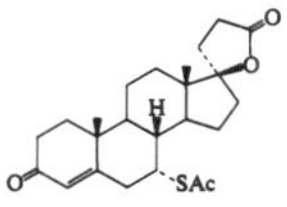

S-00125

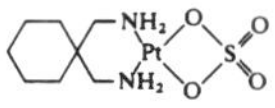

S-00126

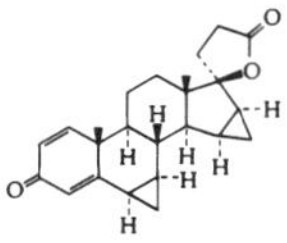

S-00127

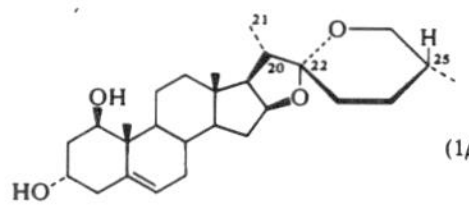

(1β,3α)-form

S-00128

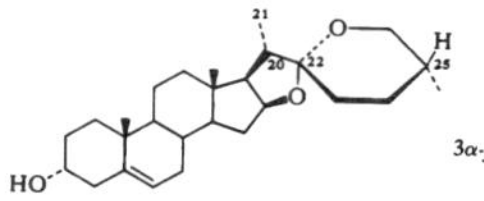

3α-form

S-00129

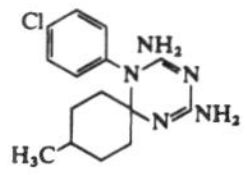

S-00130

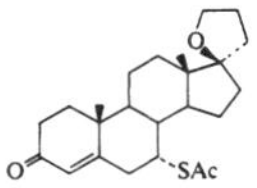

S-00131

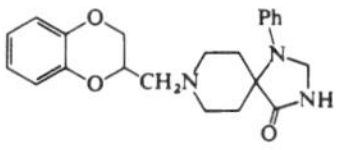

S-00132

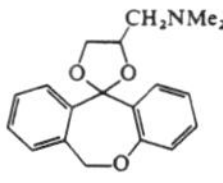

S-00133

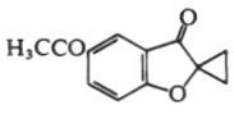

S-00134

H-Arg-Lys-Glu-Val-Tyr-OH

S-00135

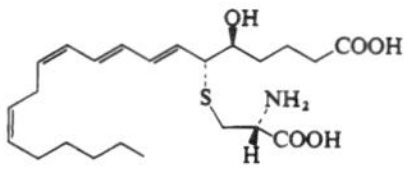

S-00136

SnF_2

S-00137

$Sn_2P_2O_7$

S-00138

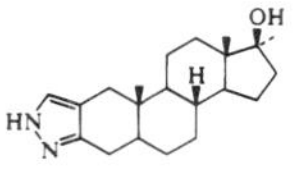

S-00139

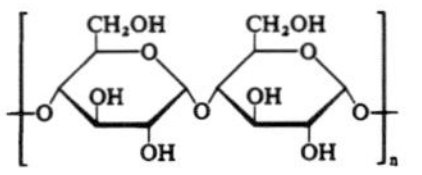

S-00140

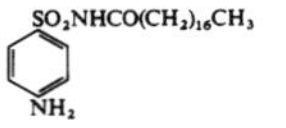

S-00142

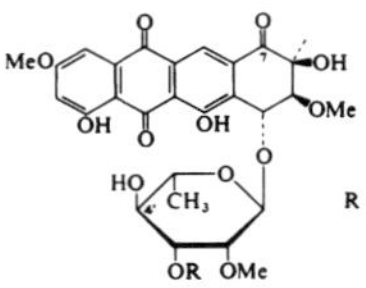

R = H

S-00143

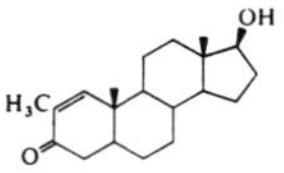

S-00144

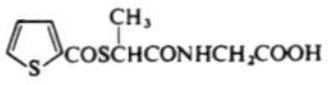

S-00145

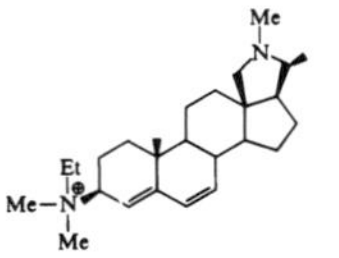

S-00146

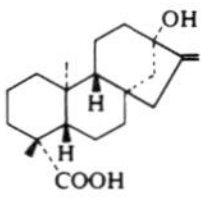

S-00147

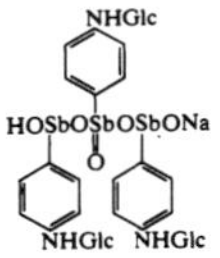

S-00148

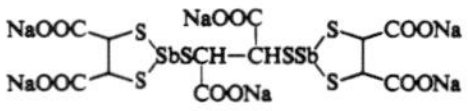

S-00149

$Sb[SCH(COOH)CH_2COOH]_3$

S-00150

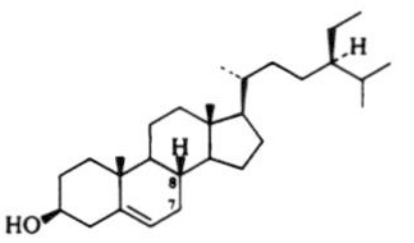

S-00151

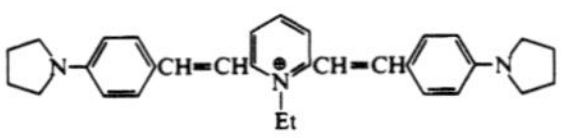

S-00152

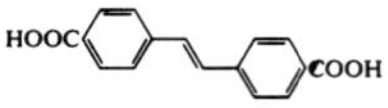

(*E*)-*form*

S-00153

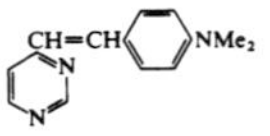

S-00154

$PhCH{=}CHPhOCH_2CH_2N^{\oplus}Et_3$

S-00155

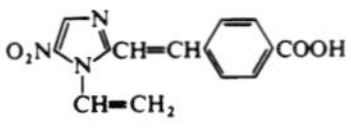

S-00156

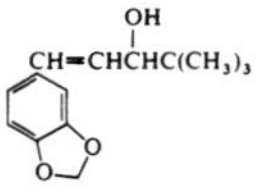

S-00157

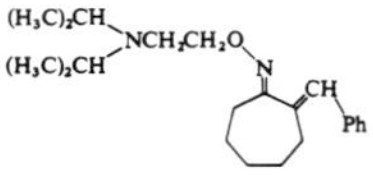

S-00158

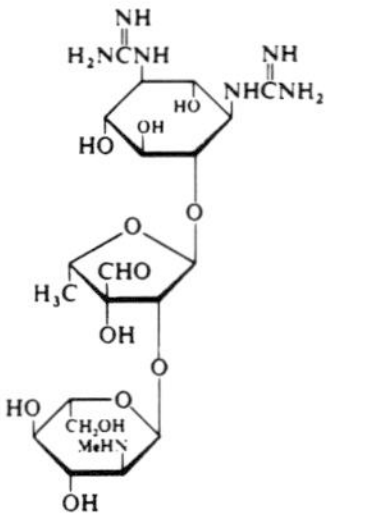

S-00161

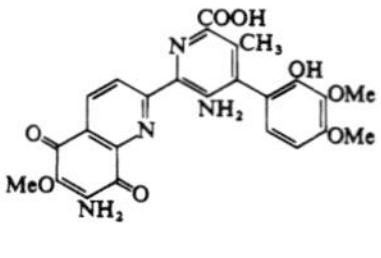

S-00162

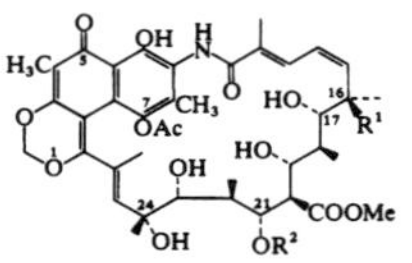

Streptovaricin A $R^1 = OH, R^2 = Ac$
B $R^1 = H, R^2 = Ac$
C $R^1 = R^2 = H$
G $R^1 = OH, R^2 = H$

S-00163

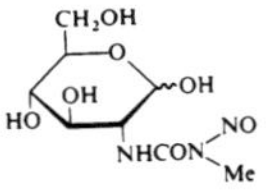

S-00164

$SrCl_2$

S-00165

$Sr(NO_3)_2$

S-00166

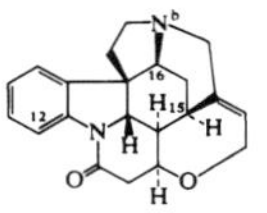

Absolute configuration

S-00167

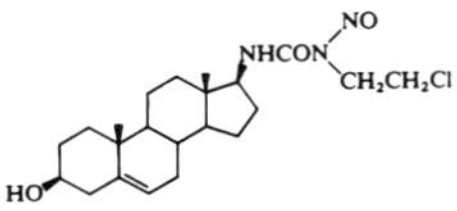

S-00168

$H_2NCOOCH_2CH(OH)Ph$

S-00169

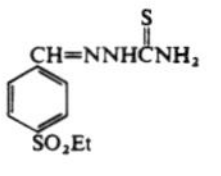

S-00170

Arg-Pro-Lys^{4}-Pro-Gln-Gln-Phe-Phe-Gly-Leu^{11}-MetNH$_2$

S-00171

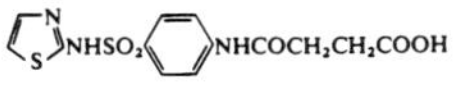

S-00172

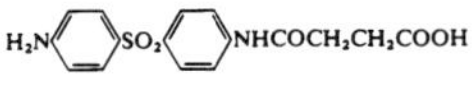

S-00173

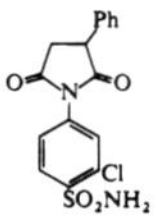

S-00174

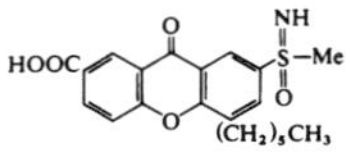

S-00175

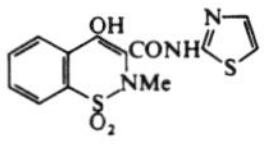

S-00176

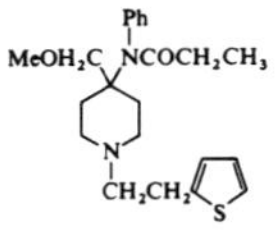

S-00177

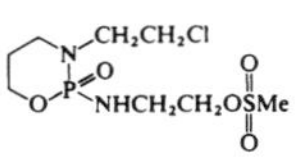

S-00178

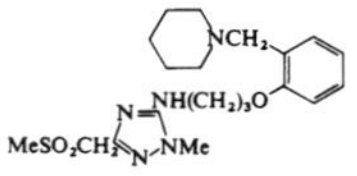

S-00179

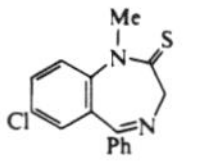

S-00180

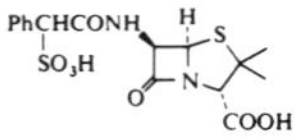

S-00181

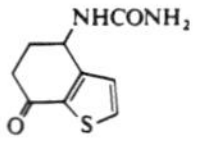

S-00182

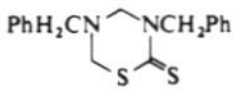

S-00183

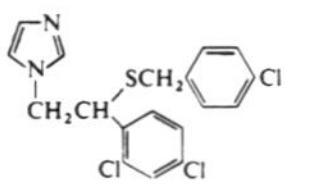

S-00184

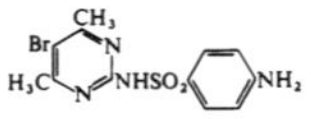

S-00185

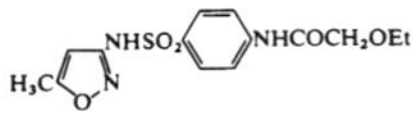

S-00186

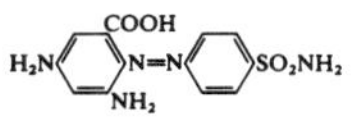

S-00187

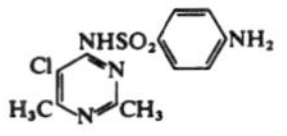

S-00188

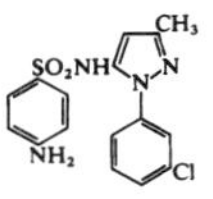

S-00189

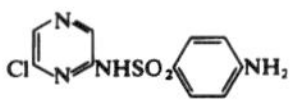

S-00190

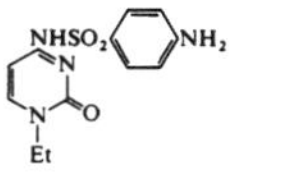

S-00191

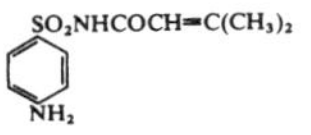

S-00192

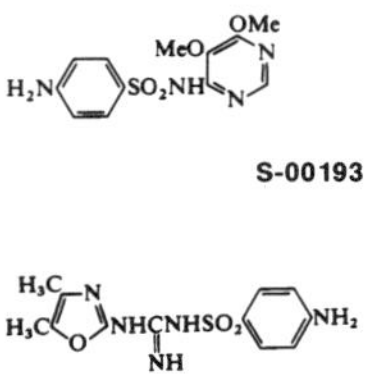

S-00193

S-00194

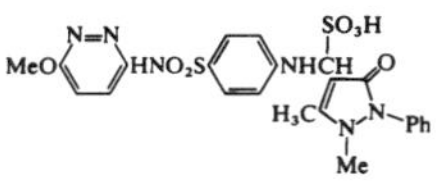

S-00195

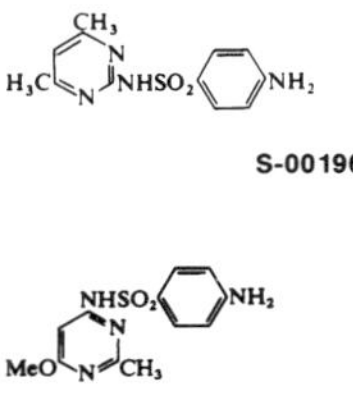

S-00196

S-00197

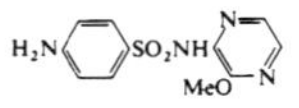

S-00198

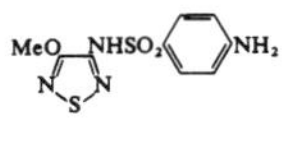

S-00199

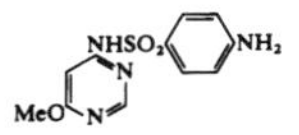

S-00200

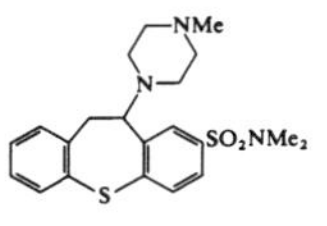

S-00201

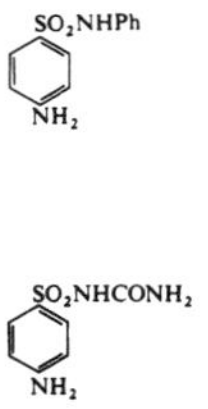

S-00202

S-00203

S-00204

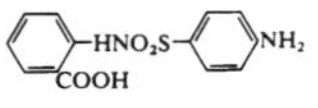

S-00205

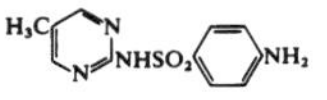

S-00206

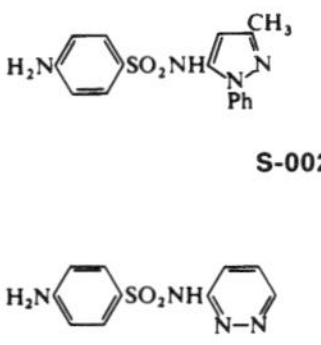

S-00207

S-00208

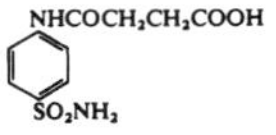

S-00209

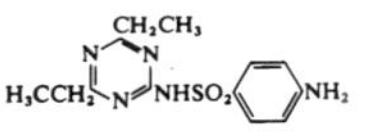

S-00210

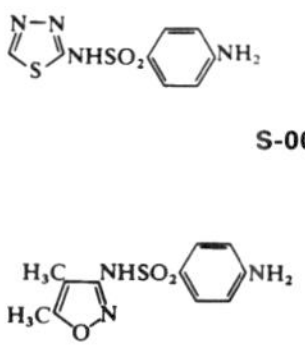

S-00211

S-00212

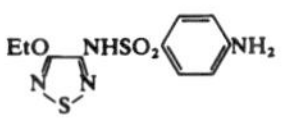

S-00213

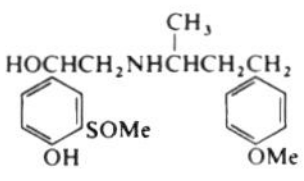

S-00214

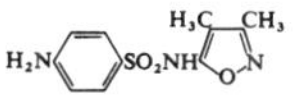

S-00215

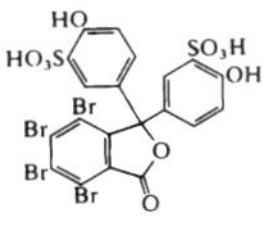

S-00218

S-00219

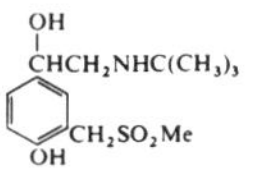

S-00220

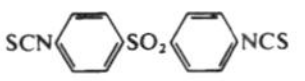

S-00221

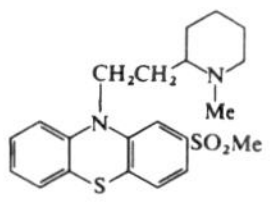

S-00222

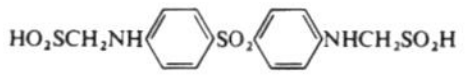

S-00223

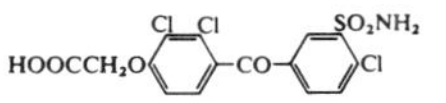

S-00224

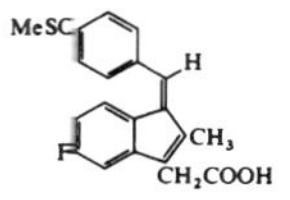

S-00225

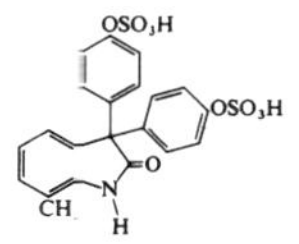

S-00226

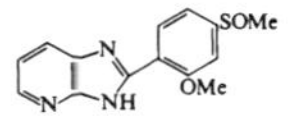

S-00227

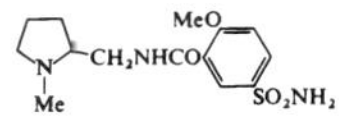

S-00228

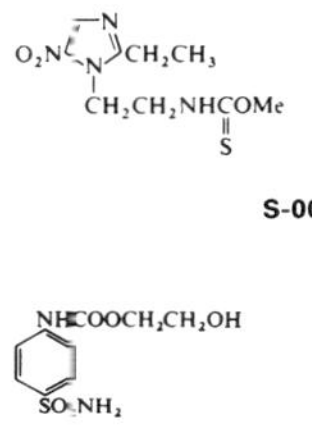

S-00229

S-00230

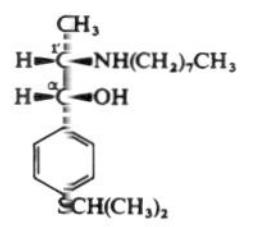

S-00231

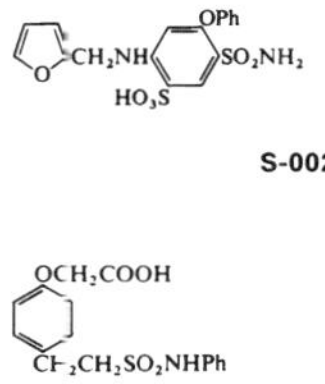

S-00233

S-00234

$Ph_2SO{=}NCH_2CH_2NEt_2$

S-00235

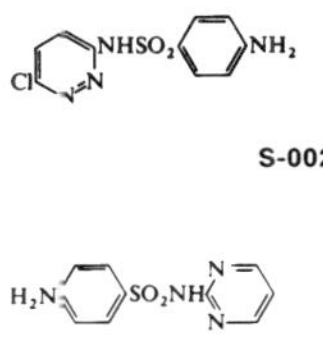

S-00236

S-00237

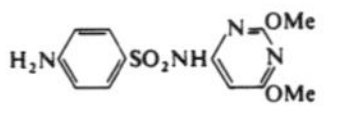
S-00238

S-00239

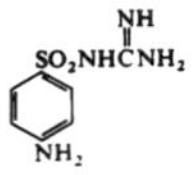
S-00240

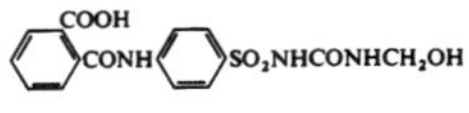
S-00241

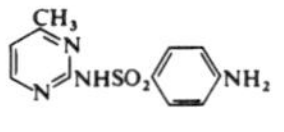
S-00242

S-00243

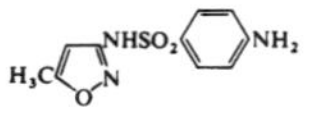
S-00244

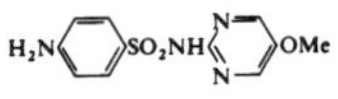
S-00245

S-00246

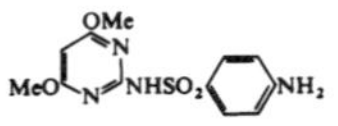
S-00247

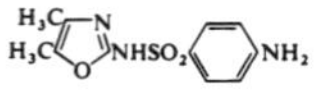
S-00248

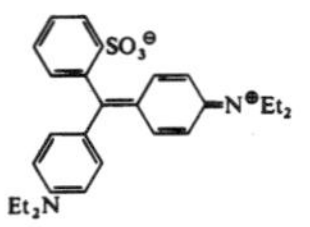
S-00249

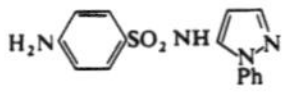
S-00250

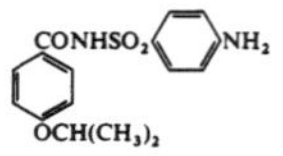
S-00251

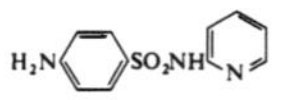
S-00252

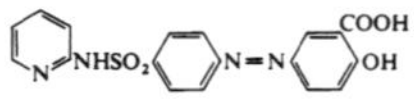
S-00253

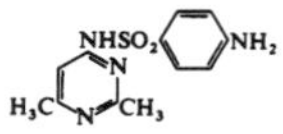
S-00254

S-00255

S-00256

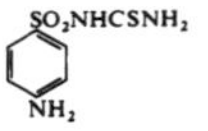
S-00257

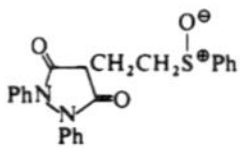
S-00258

S-00259

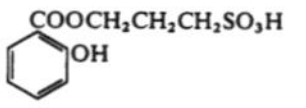
S-00260

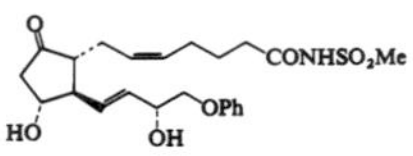
S-00261

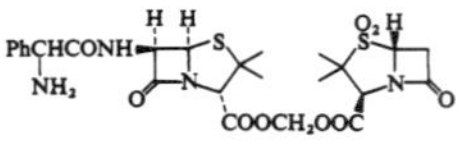
S-00262

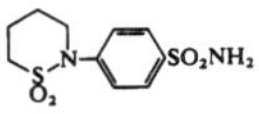
S-00263

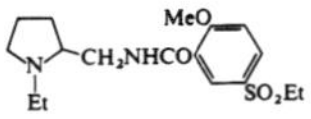
S-00264

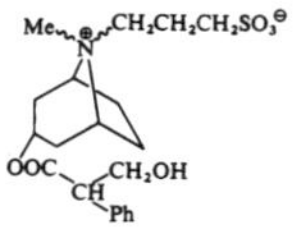
S-00265

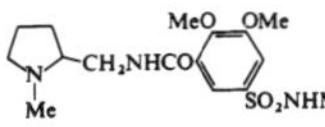
S-00266

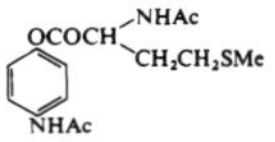
S-00267

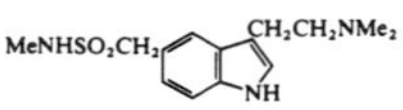
S-00268

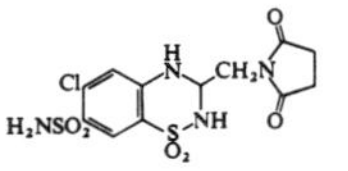
S-00269

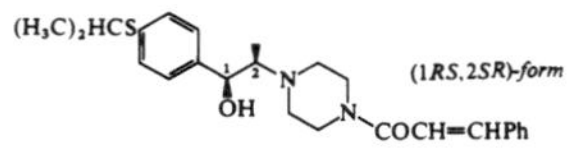
S-00270

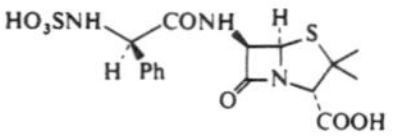
S-00271

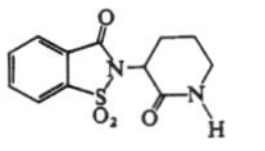
S-00272

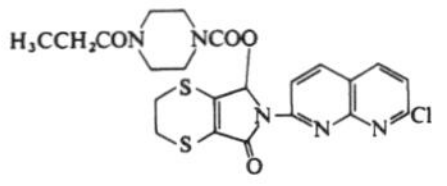
S-00273

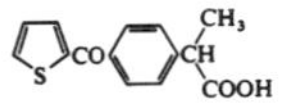
S-00274

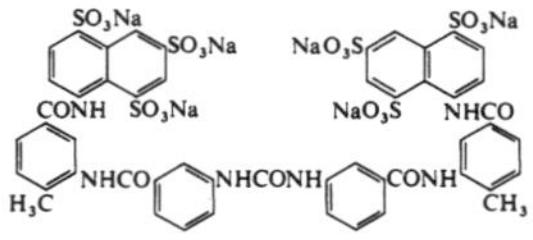
S-00275

$-[CH(COOH)-CH(COOH)-CH((CH_2)_{15}CH_3)-CH_2]_n-$

n = 5—150

S-00276

$Et_2NCH_2CH_2NHCON[CH(CH_3)_2]CH_2CH_2SO_2Ph$

S-00277

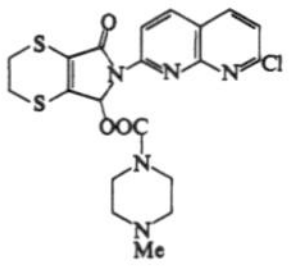
S-00278

$Me_3N^{\oplus}(CH_2)_2OCOCH_2CH_2COO(CH_2)_2N^{\oplus}Me_3$

S-00280

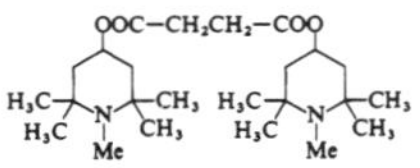
S-00281

$EtMe_2N^{\oplus}(CH_2)_2OOCCH_2CH_2COO$-
$(CH_2)_2N^{\oplus}EtMe_2$

S-00282

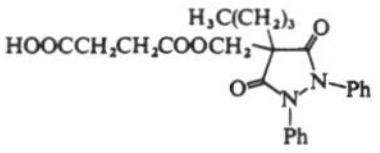

S-00283

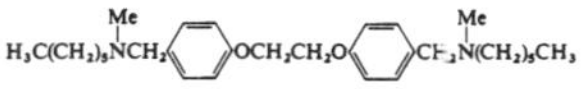

S-00284

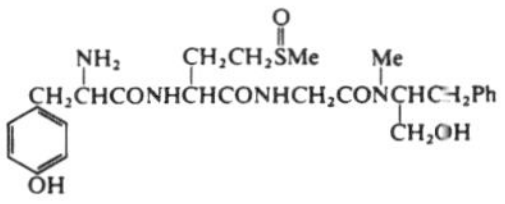

S-00285

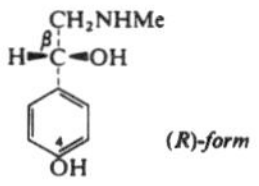

S-00286

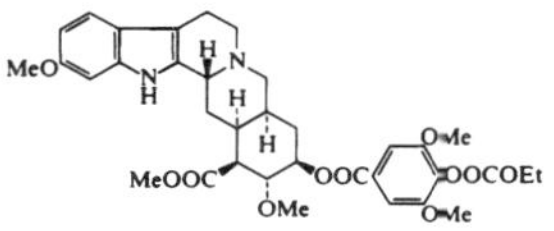

S-00287

T

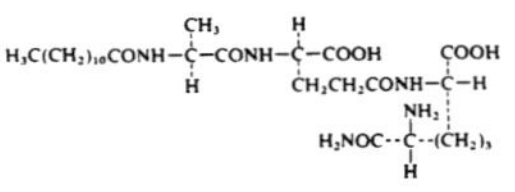

T-00001

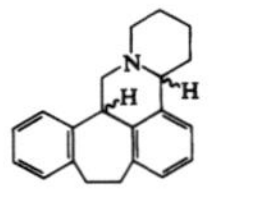

T-00002

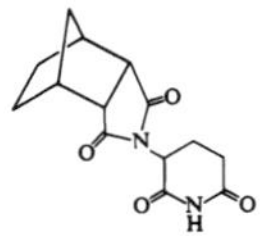

T-00003

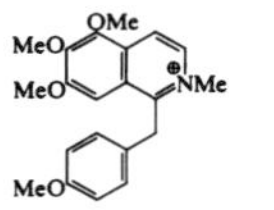

T-00004

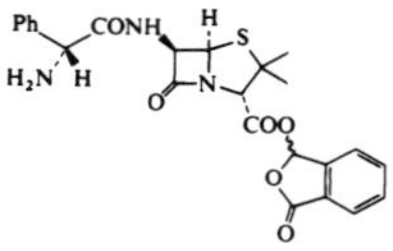

T-00005

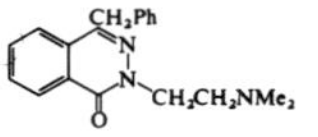

T-00006

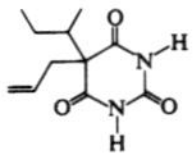

T-00007

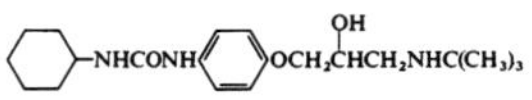

T-00008

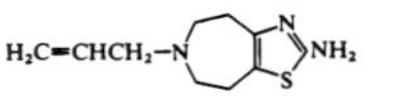

T-00009

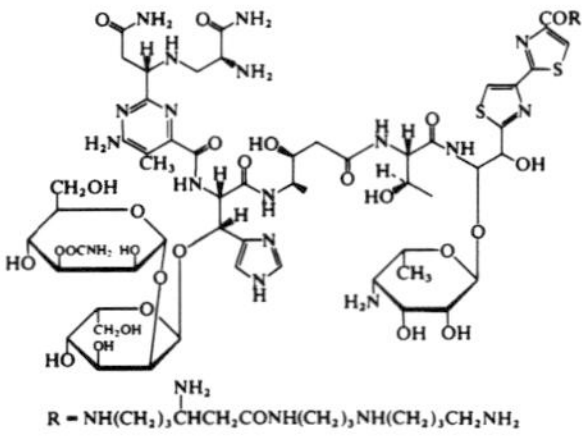

T-00010

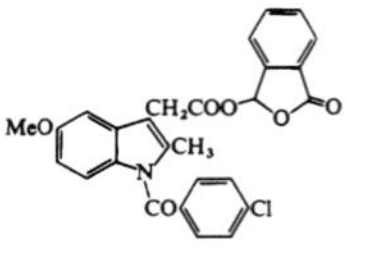

T-00011

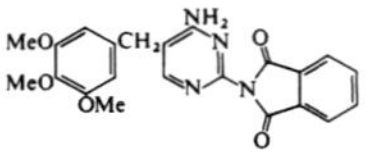

T-00012

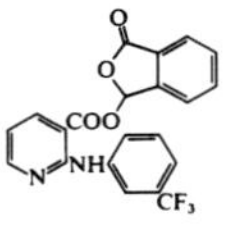

T-00013

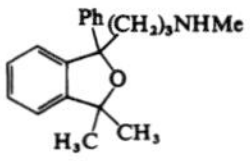

T-00014

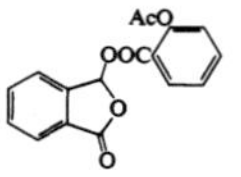

T-00015

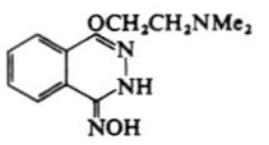

T-00016

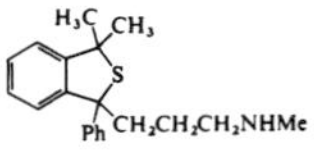

T-00017

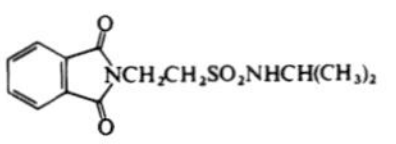

T-00018

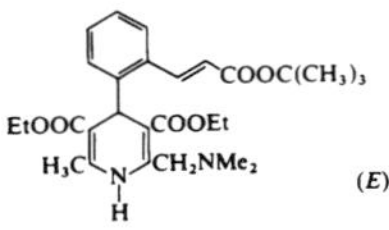

(E)-form

T-00019

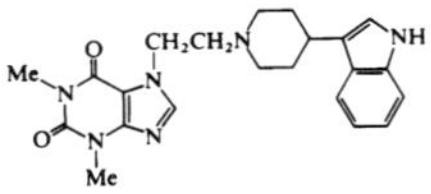

T-00020

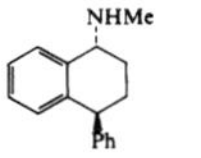

T-00021

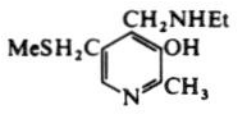

T-00022

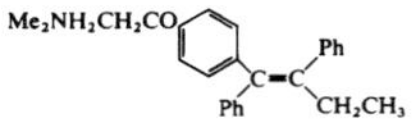

(Z)-form

T-00023

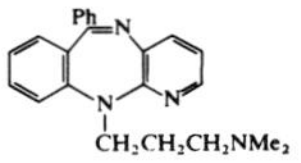

T-00024

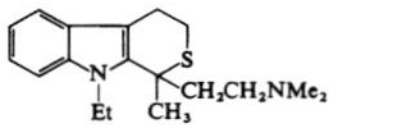

T-00025

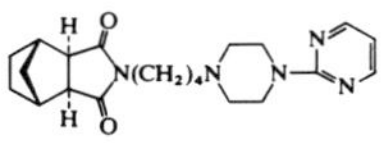

T-00026

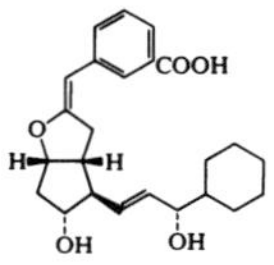

T-00027

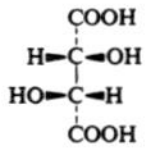

(2R,3R)-form

T-00028

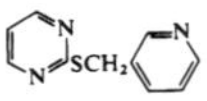

T-00029

$H_2NCH_2CH_2SO_3H$

T-00030

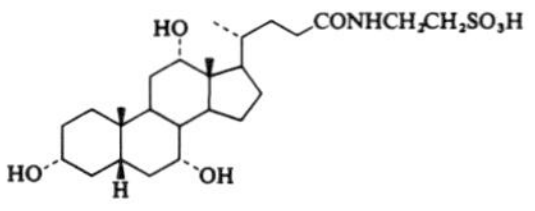

T-00031

T-00032

$ClCH_2CH_2N(NO)$-
$CONHCH_2CH_2SO_2NMe_2$

T-00033

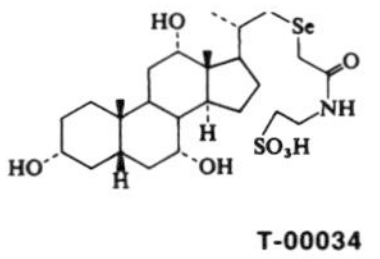

T-00034

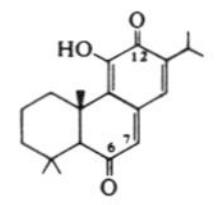

T-00035

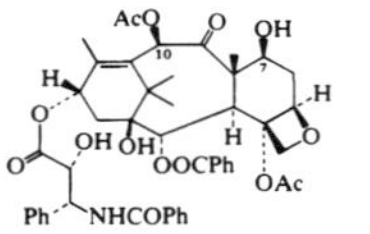

T-00037

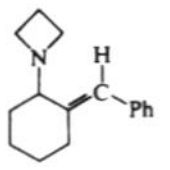

(E)-form

T-00038

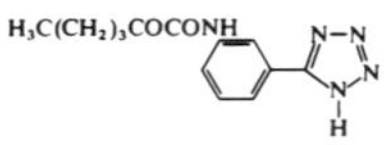

T-00039

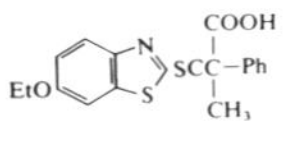

T-00040

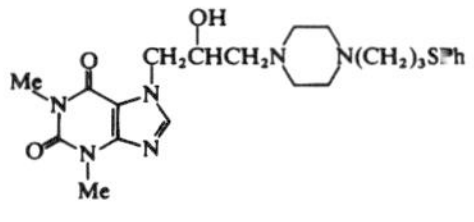

T-00041

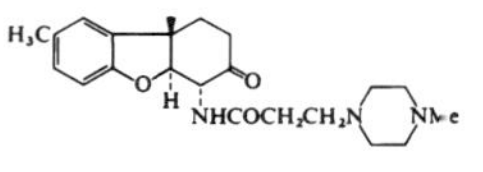

T-00042

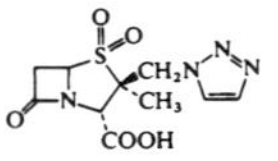

T-00043

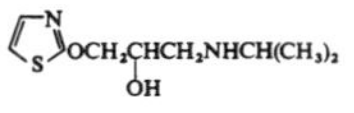

T-00044

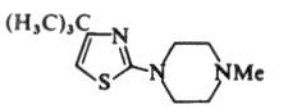

T-00045

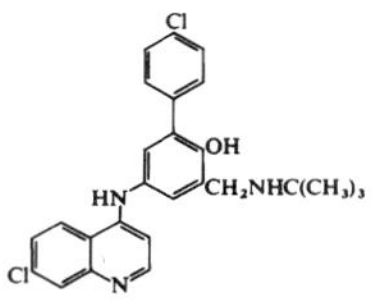

T-00046

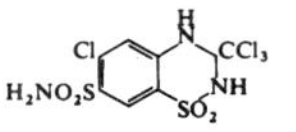

T-00047

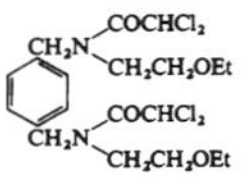

T-00048

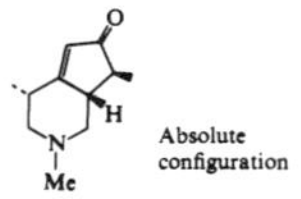

T-00049

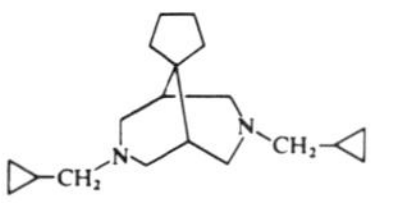

T-00050

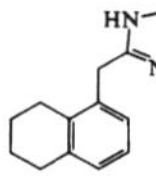

T-00051

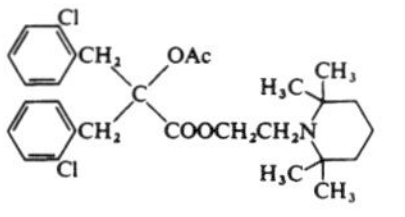

T-00052

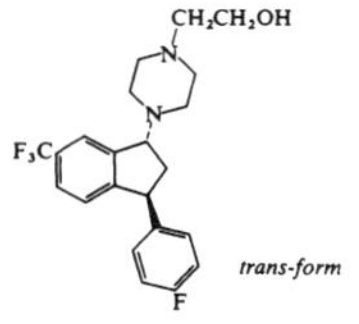

T-00053

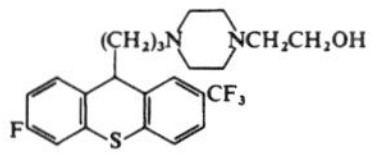

T-00054

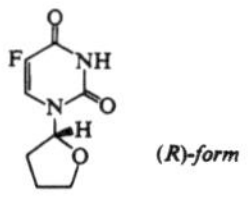

T-00055

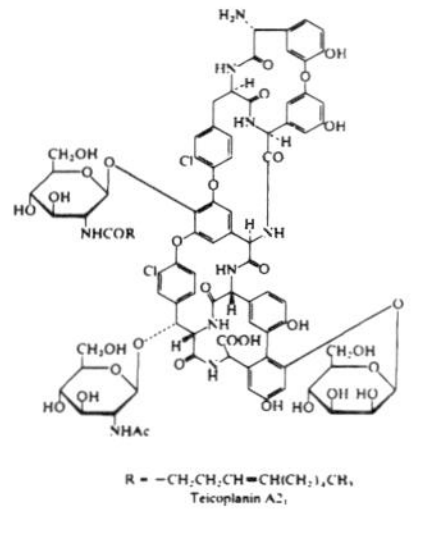

T-00056

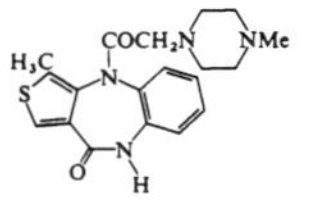

T-00057

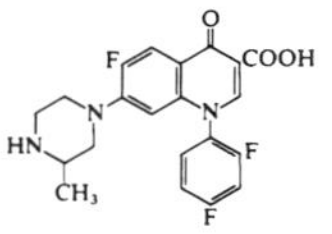

T-00058

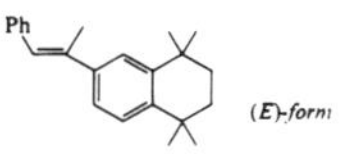

T-00059

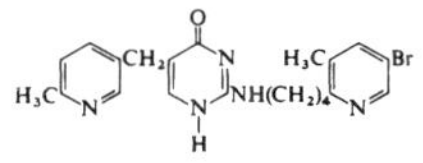

T-00060

T-00061

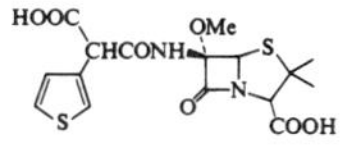

T-00062

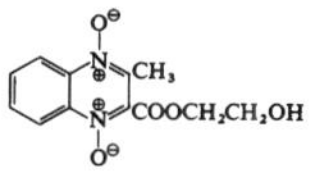

T-00063

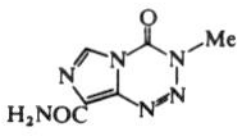

T-00064

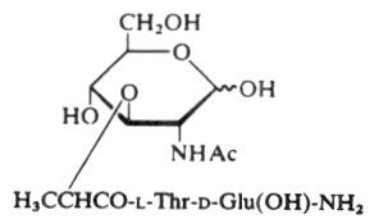

T-00065

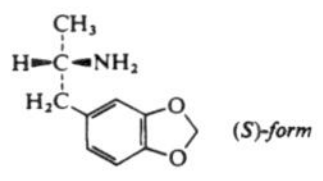

T-00066

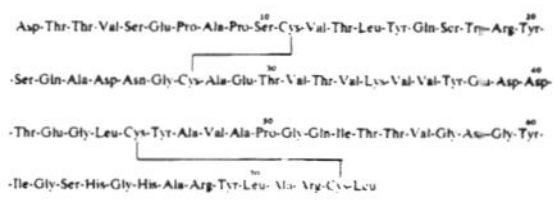

T-00067

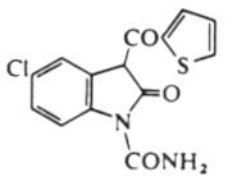

T-00068

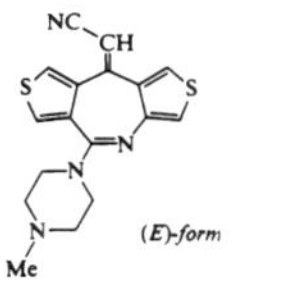

T-00069

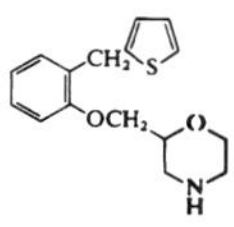

T-00070

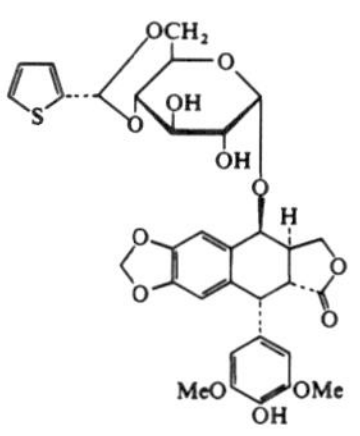

T-00071

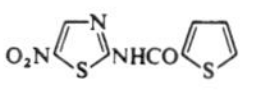

T-00072

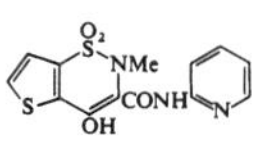

T-00073

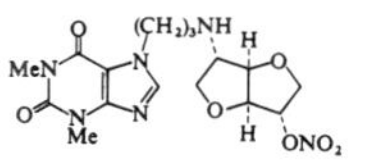

T-00074

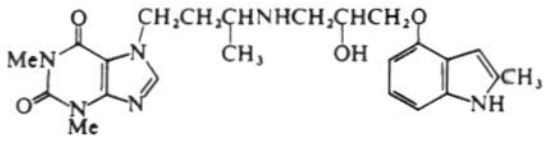

T-00075

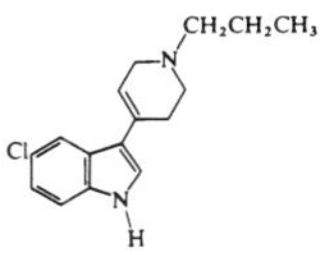

T-00076

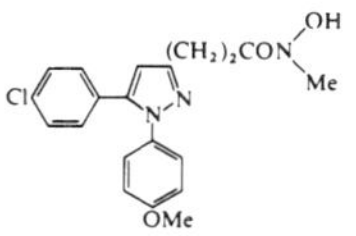

T-00077

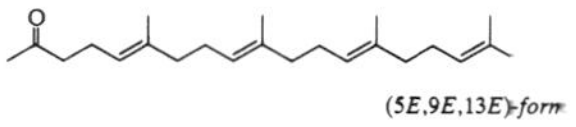

T-00078

pyroGlu-Trp-Pro-Arg-Pro-Gln-Ile-Pro-Pro

T-00079

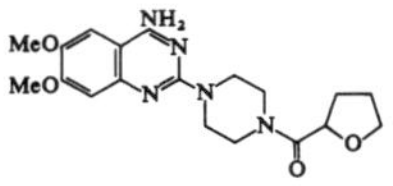

T-00080

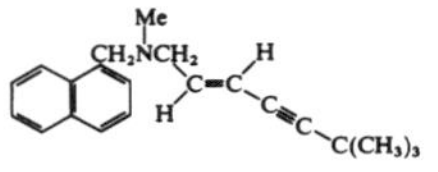

(E)-form

T-00081

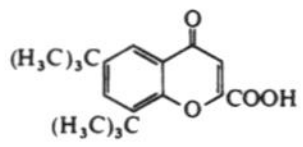

T-00082

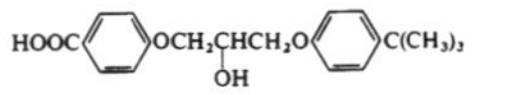

T-00083

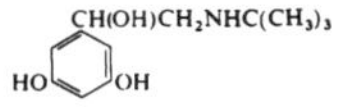

T-00084

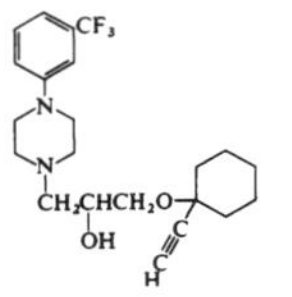

T-00085

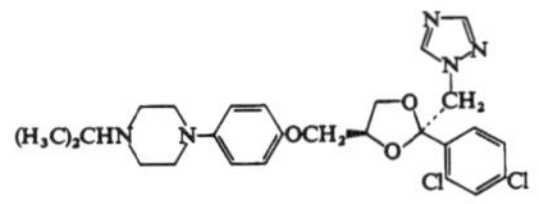

T-00086

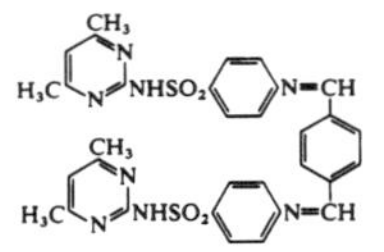

T-00087

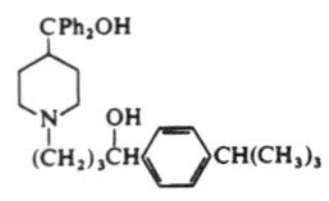

T-00088

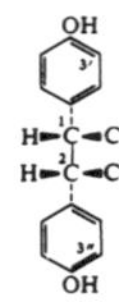

Relative configuration

T-00089

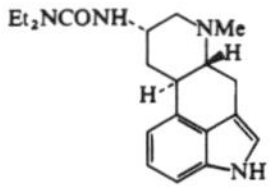

T-00090

Ser-Val-Ser-Glu-Ile-Gln-Leu-Met-His-Asp-Leu-Gly-Lys-His-Leu-Asp--Ser-Met-Glu-Arg-Val-Glu-Trp-Leu-Arg-Lys-Lys-Leu-Gln-Asp-Val-His-Asp-Phe

T-00091

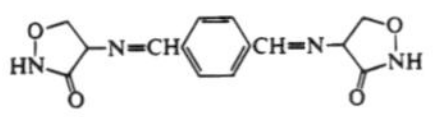

T-00092

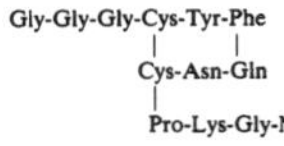

T-00093

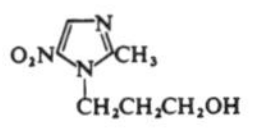

T-00094

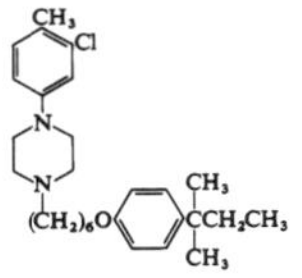

T-00095

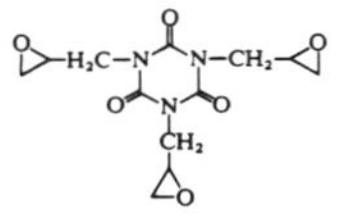

T-00096

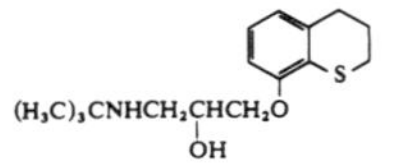

T-00097

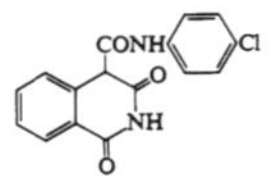

T-00098

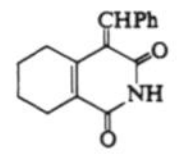

T-00099

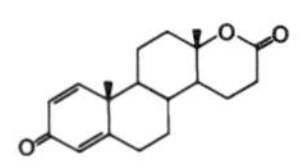

T-00100

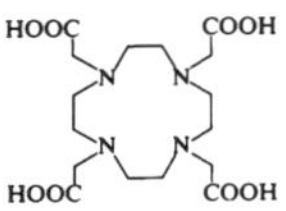

T-00101

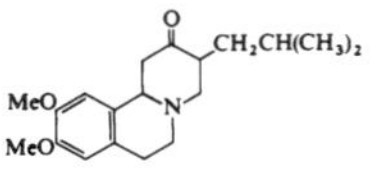

T-00102

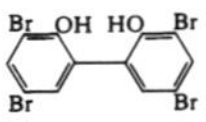

T-00103

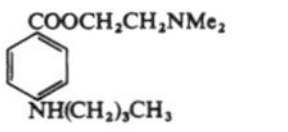

T-00104

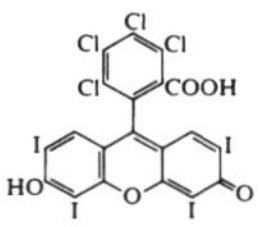

T-00105

$Cl_2C{=}CCl_2$

T-00106

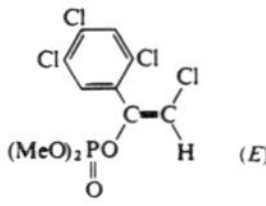

(E)-form

T-00107

[1]H-Ser-Tyr-Ser-Met-Glu-His-Phe-Arg-Trp-Gly-Lys-Pro-Val-Gly-Lys-Lys-Arg-Arg-Pro-Val-Lys-Val-Tyr-[24]ProOH

T-00108

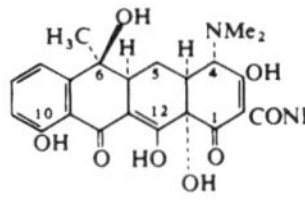

T-00109

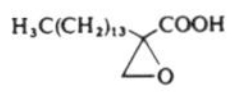

T-00110

$Et_4N^{\oplus}$

T-00111

$(EtO)_2P(O){-}O{-}P(O)(OEt)_2$

T-00112

F_3CCH_2F

T-00113

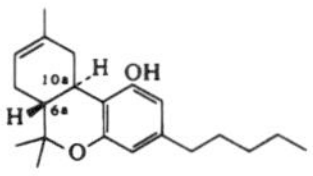

(6aR,10aR)-form

T-00114

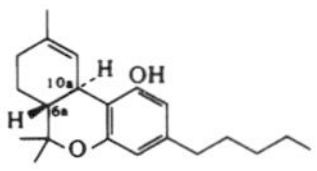

(6aR,10aR)-form

T-00115

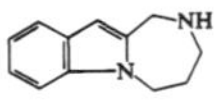

T-00116

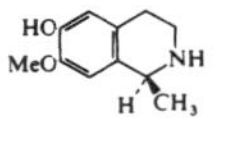

Absolute configuration

T-00117

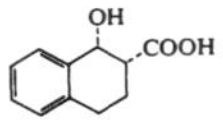

(1R,2R)-form

T-00118

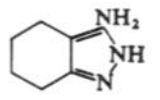

T-00119

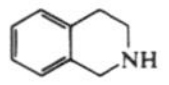

T-00120

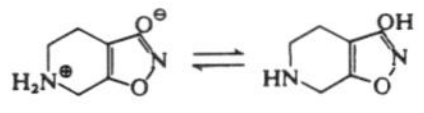

T-00121

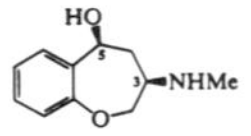

(3RS,5SR)-form

T-00122

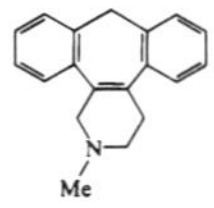

T-00123

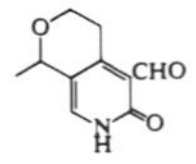

T-00124

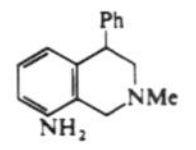

T-00125

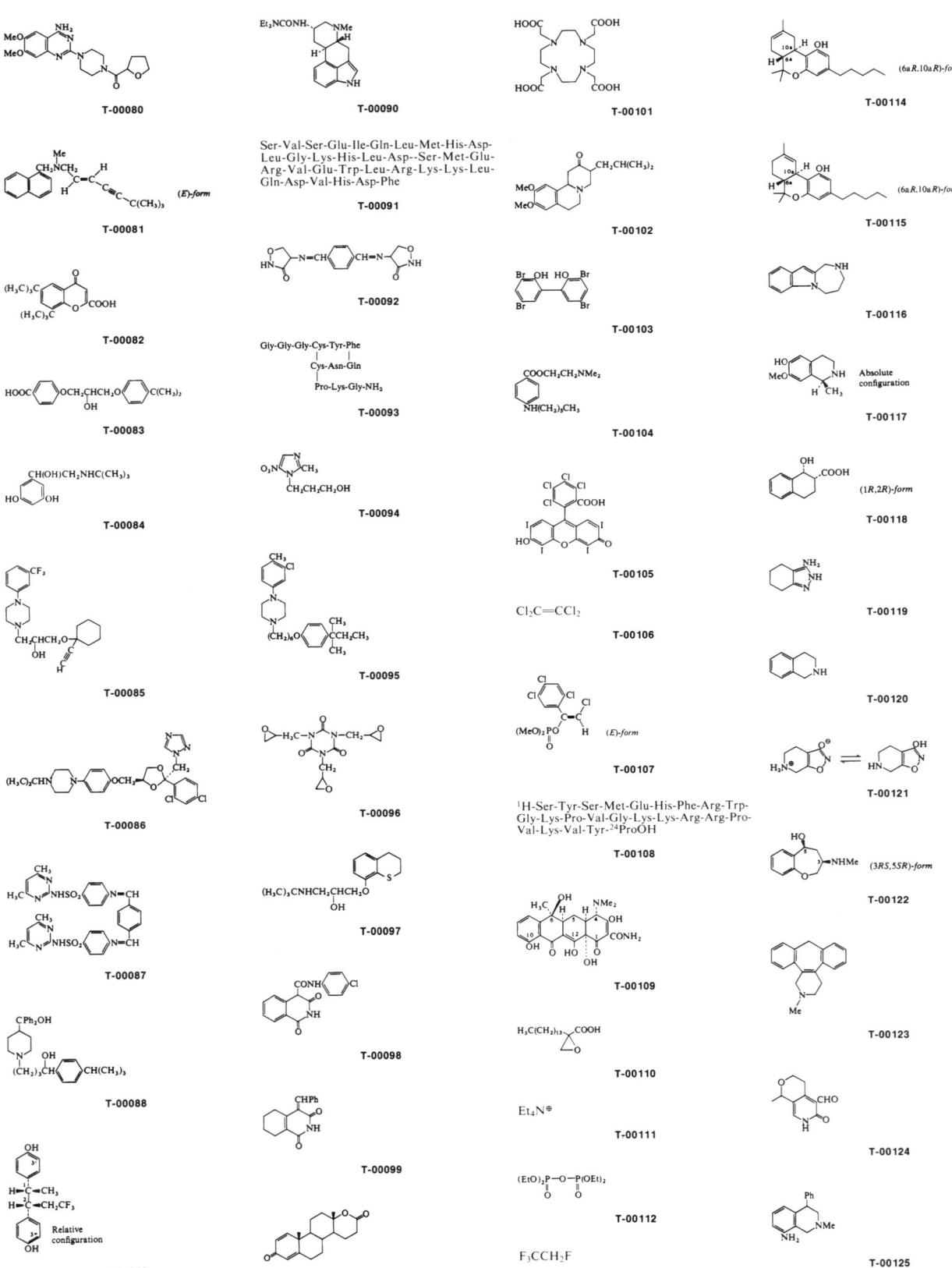

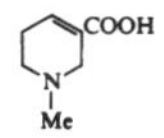

T-00126

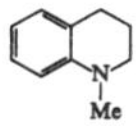

T-00127

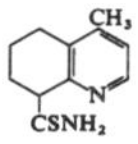

T-00128

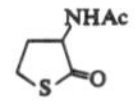

T-00129

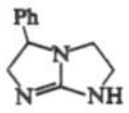

T-00130

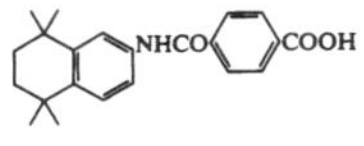

T-00131

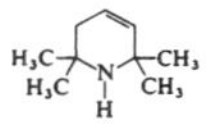

T-00132

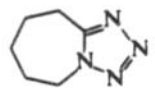

T-00133

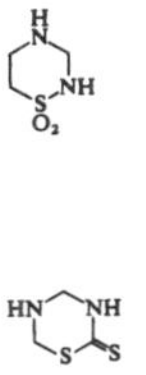

T-00134

T-00135

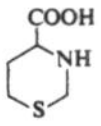

T-00136

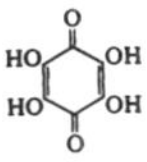

T-00137

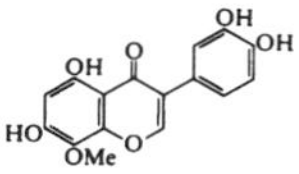

T-00138

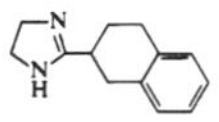

T-00140

$I_2C{=}CI_2$

T-00141

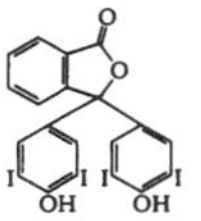

T-00142

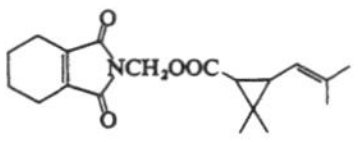

T-00143

$Me_4N^{\oplus}$

T-00144

$(H_3C)_3CCH_2C(CH_3)_2NHC(NH_2){=}NH$

T-00145

$HOCH_2C(CH_3)_2(CH_2)_6C(CH_3)_2CH_2OH$

T-00146

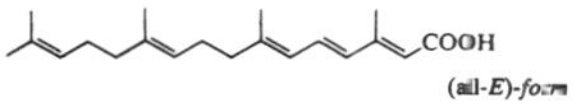

T-00147

$Me_2N(CH_2)_6NMe_2$

T-00148

$Me_2NCS{-}S{-}S{-}CSNMe_2$

T-00149

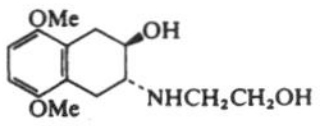

T-00150

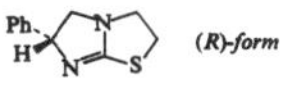

T-00151

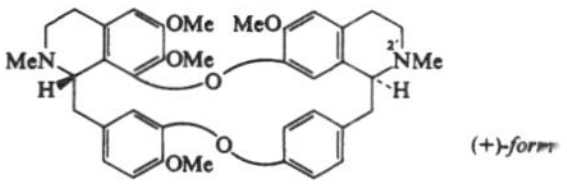

T-00152

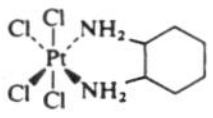

T-00153

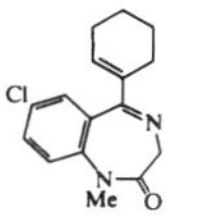

T-00154

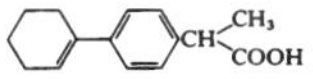

T-00155

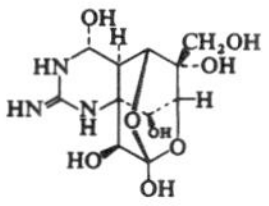

T-00156

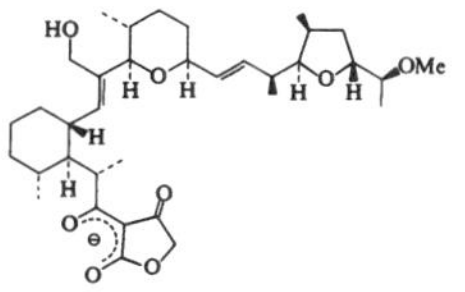

T-00157

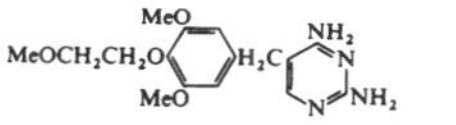

T-00158

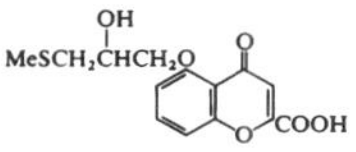

T-00159

TlCl

T-00160

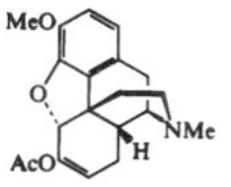

T-00161

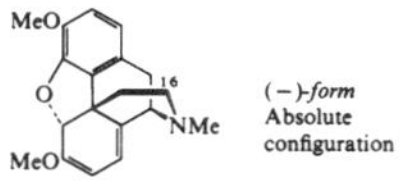

T-00162

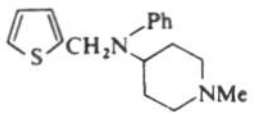

T-00163

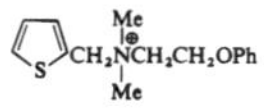

T-00164

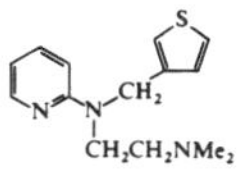

T-00165

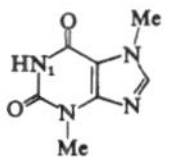

T-00166

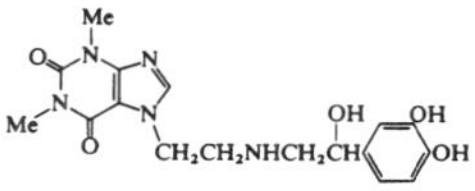

T-00167

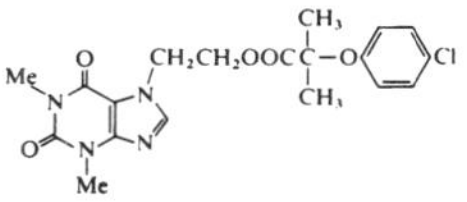

T-00168

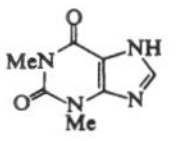

T-00169

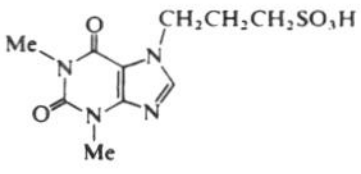

T-00170

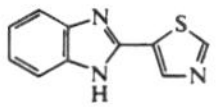

T-00171

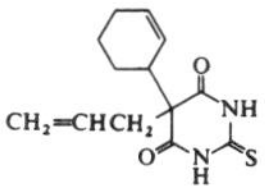

T-00172

T-00173

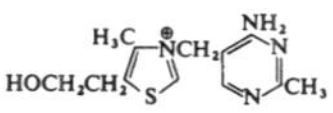

T-00174

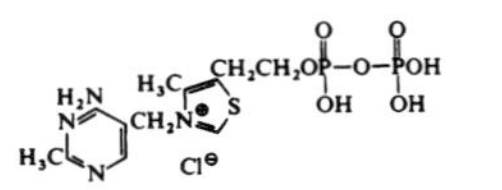

T-00175

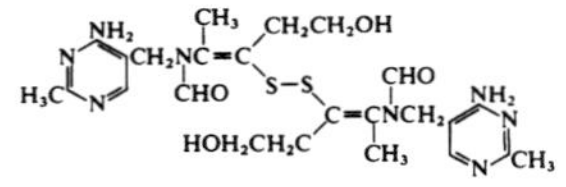

T-00176

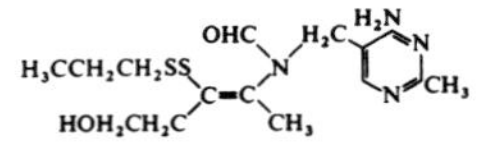

T-00177

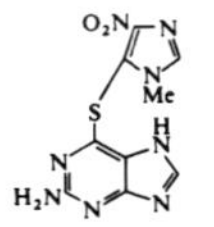

T-00178

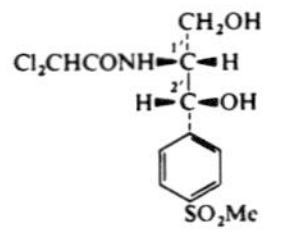

T-00179

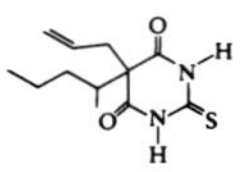

T-00180

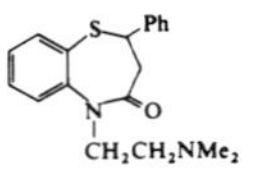

T-00181

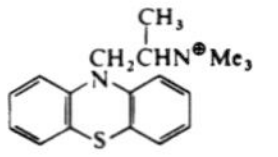

T-00182

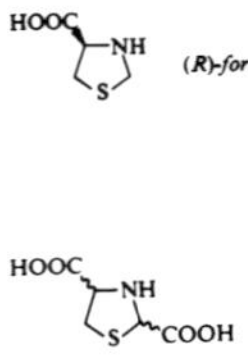

(R)-form

T-00183

T-00184

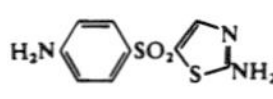

T-00185

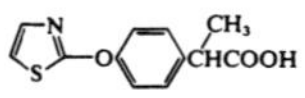

T-00186

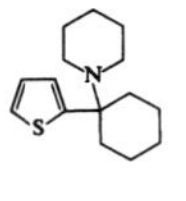

T-00187

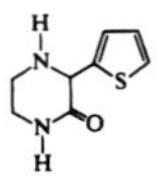

T-00188

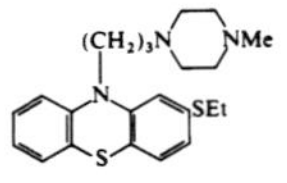

T-00189

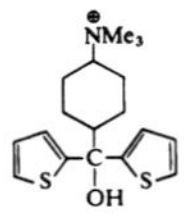

T-00190

T-00191

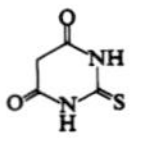

T-00192

PhCOSH

T-00193

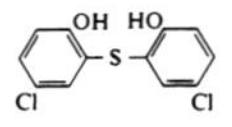

T-00194

$HOCH_2CH_2SCH_2CH_2OH$

T-00195

$H_2NCOSH \rightleftharpoons H_2NCSOH$

T-00196

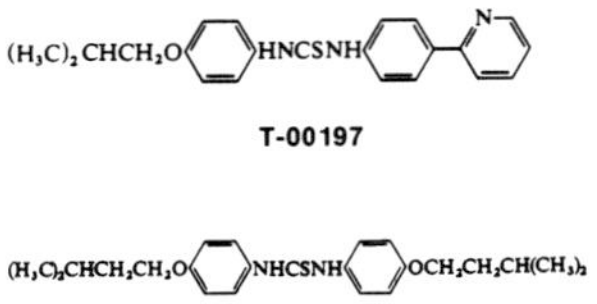

T-00197

T-00198

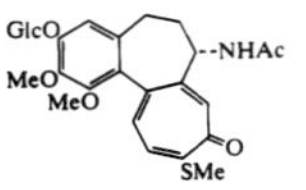

T-00199

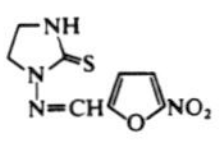

T-00200

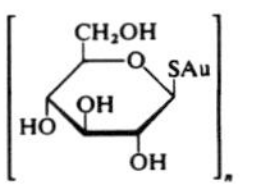

T-00201

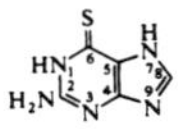

T-00202

T-00203

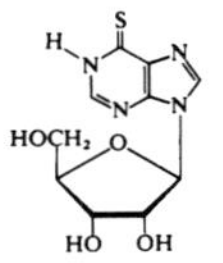

T-00204

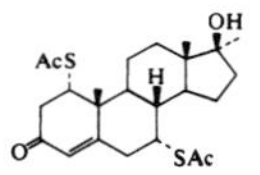

T-00205

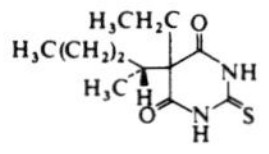

(R)-form
Absolute configuration

T-00206

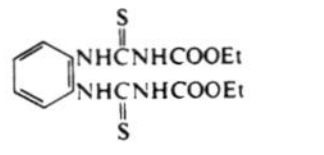

T-00207

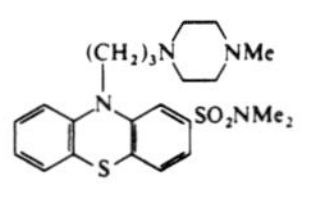

T-00208

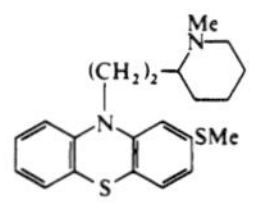

T-00209

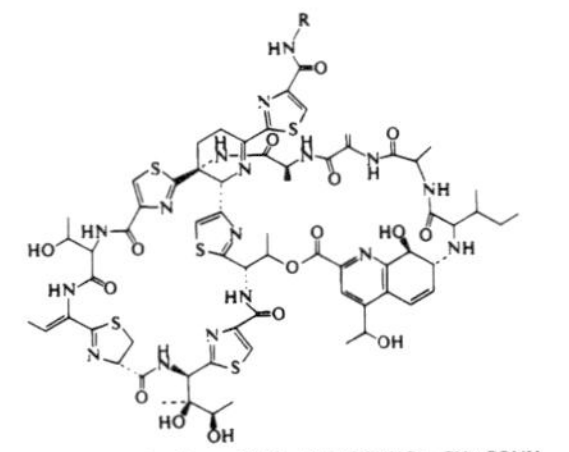

Thiostrepton A R = —NHC(=CH₂)CONHC(=CH₂)CONH₂
B R = NH₂

T-00210

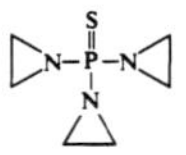

T-00211

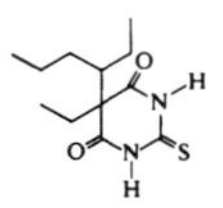

T-00212

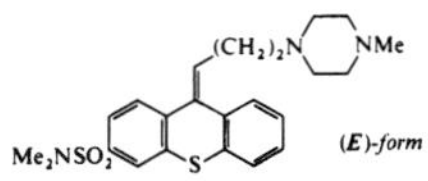

(E)-form

T-00213

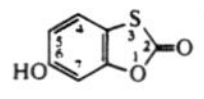

T-00214

$Ph_2CHCOSCH_2CH_2NEt_2$

T-00215

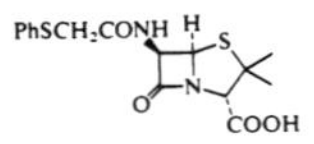

T-00216

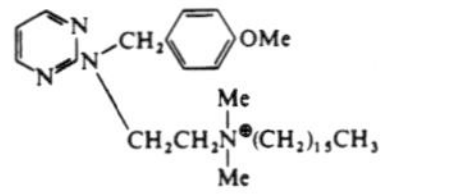

T-00217

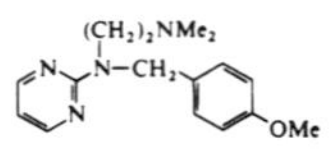

T-00218

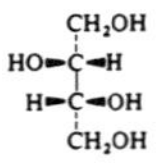

(2R,3R)-form
Absolute configuration

T-00219

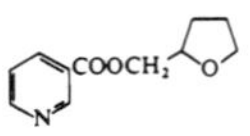

T-00222

Arg-Lys-Asp-Val

T-00223

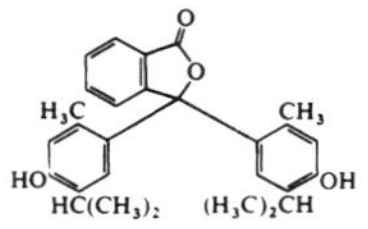

T-00224

L-Arg-L-Lys-L-Asp-L-Val-L-Tyr

T-00225

H-W-X-Phe-Leu-Glu-Asp-Pro-Ser-Val-Leu-Thr-Lys-Glu-Lys-Leu-Lys-Ser-Glu-Leu-Val-Ala-Asn-Asn-Val-Thr-Leu-Pro-Ala-Gly-Glu-Gln-Arg-Lys-Y-Val-Tyr-Val-Glu-Leu-Tyr-Leu-Gln-Z-Leu-Thr-Ala-Leu-Lys-Arg-OH. Thymopoietin I: W = Gly, X = Gln, Y = Asp, Z = His, II: W = Pro, X = Glu, Y = Asp, Z = Ser, III: W = Pro, X = Glu, Y = Glu, Z = His

T-00227

pyroGlu-His-Pro-NH_2

T-00229

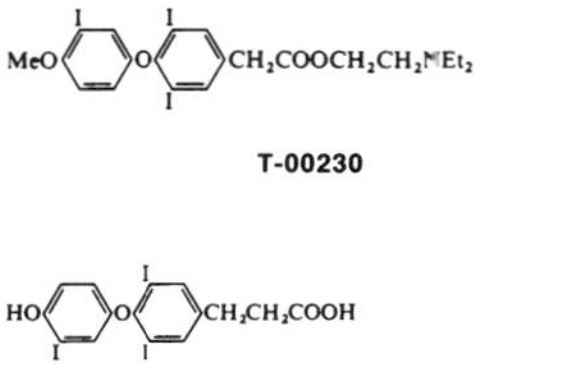

T-00230

T-00231

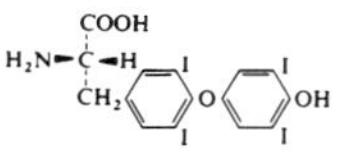

(S)-form Absolute configuration

T-00233

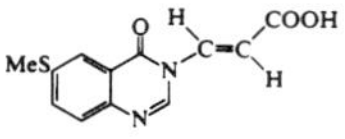

(E)-form

T-00235

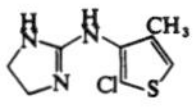

T-00236

$Me_2N^{\oplus}EtCH_2CH_2SCH_2CH_2N^{\oplus}EtMe_2$

T-00237

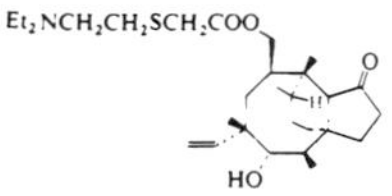

T-00238

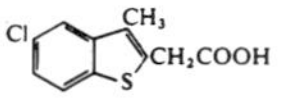

T-00239

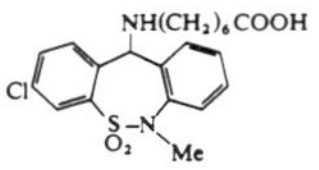

T-00240

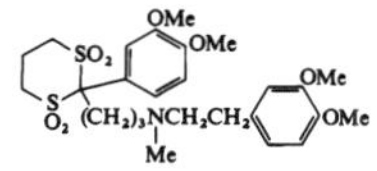

T-00241

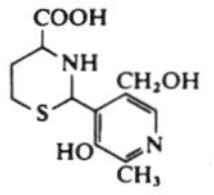

T-00242

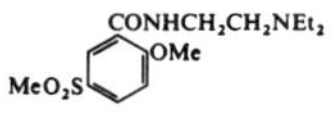

T-00243

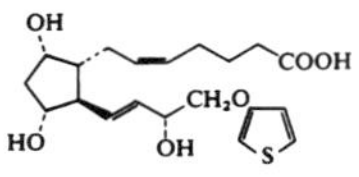

T-00244

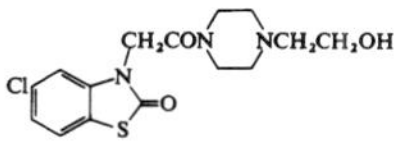

T-00245

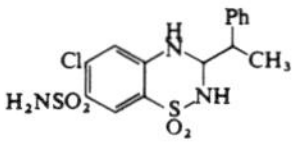

T-00246

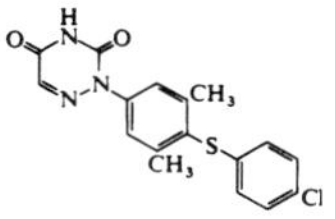

T-00247

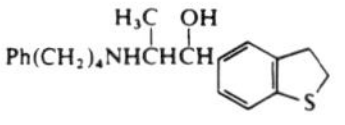

T-00248

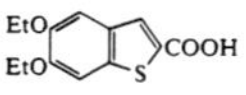

T-00249

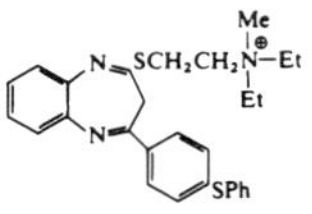

T-00250

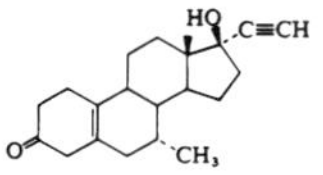

T-00251

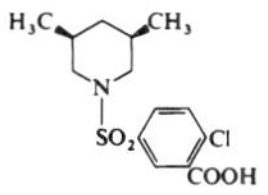

T-00252

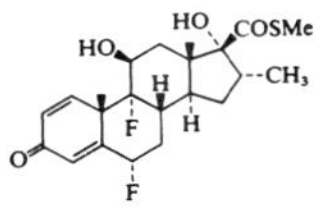

T-00253

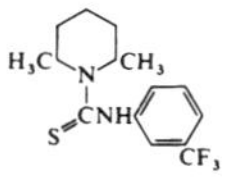

T-00254

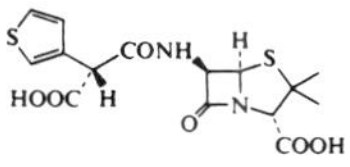

T-00255

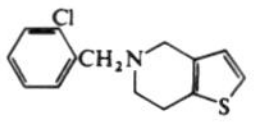

T-00256

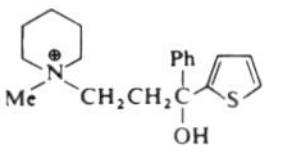

T-00257

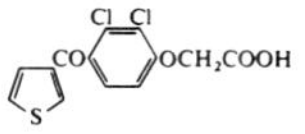

T-00258

Struct. unknown

T-00259

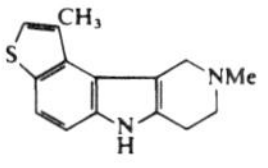

T-00260

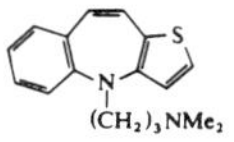

T-00261

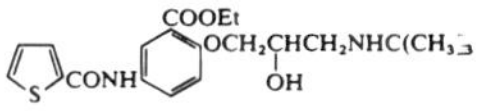

T-00262

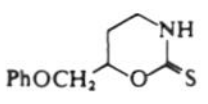

T-00263

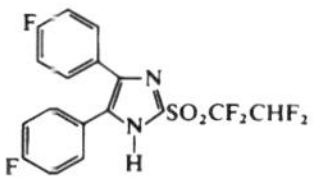

T-00264

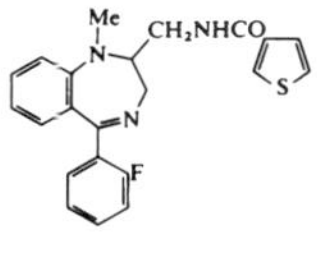

T-00265

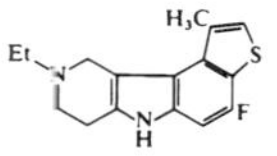

T-00266

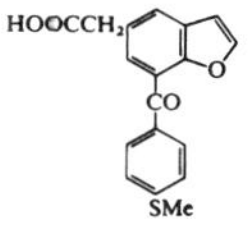

T-00267

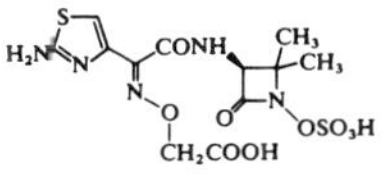

T-00268

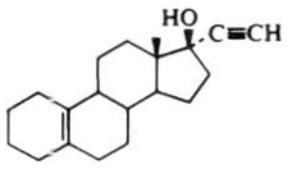

T-00269

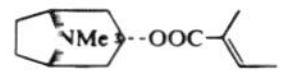

3α-form

T-00270

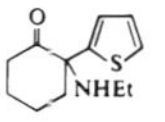

T-00272

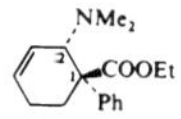

(1S,2S)-form Absolute configuration

T-00273

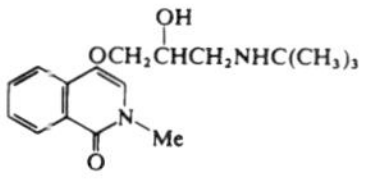

T-00274

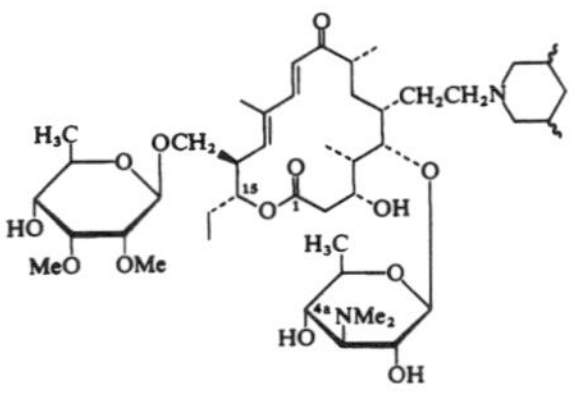

T-00275

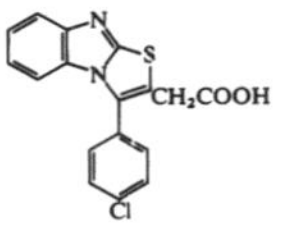

T-00276

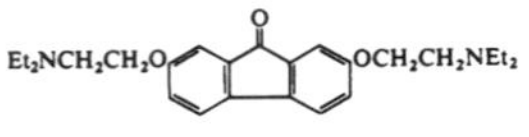

T-00277

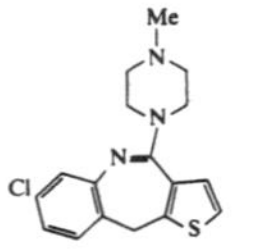

T-00278

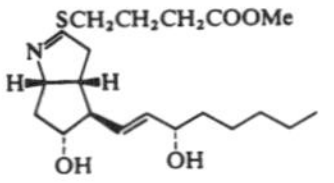

T-00279

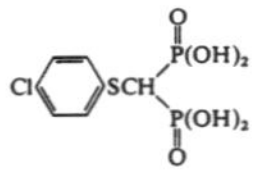

T-00280

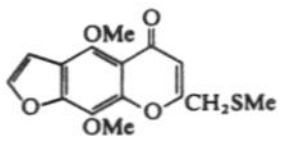

T-00281

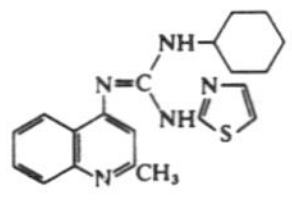

T-00282

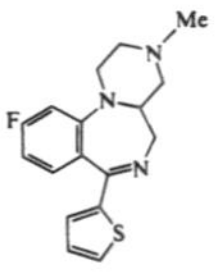

T-00283

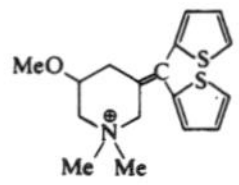

T-00284

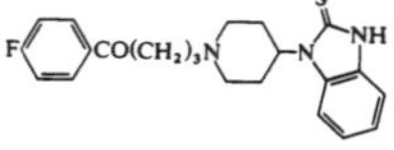

T-00285

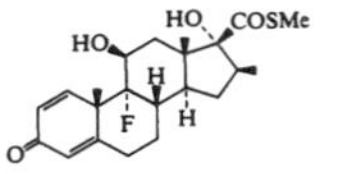

T-00286

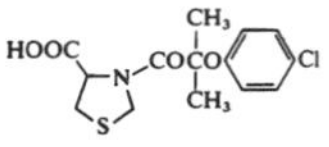

T-00287

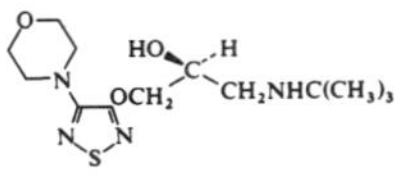

(*S*)-*form* Absolute configuration

T-00288

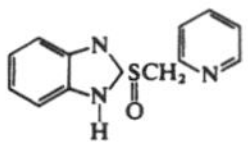

T-00289

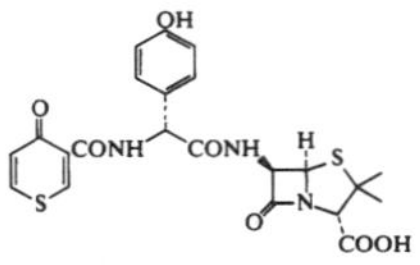

T-00290

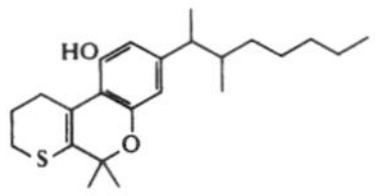

T-00291

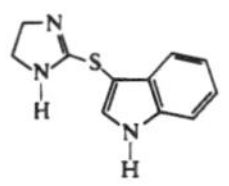

T-00292

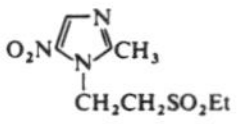

T-00293

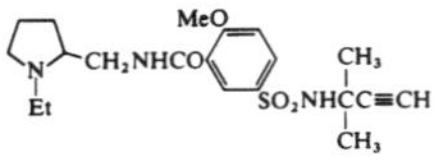

T-00294

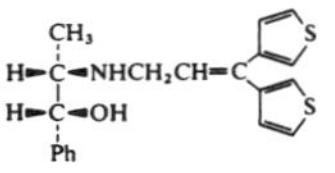

T-00295

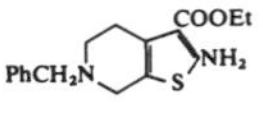

T-00296

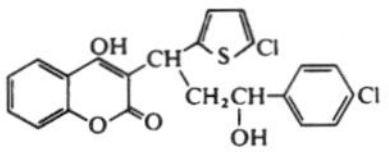

T-00297

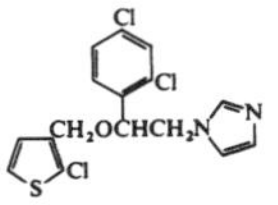

T-00298

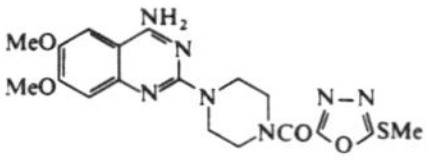

T-00299

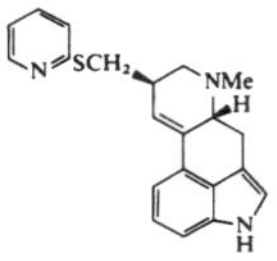

T-00300

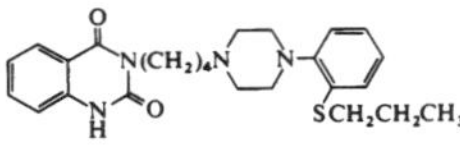

T-00301

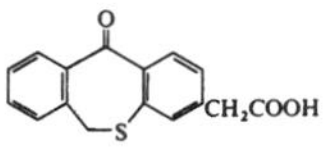

T-00302

$Ph_2CHCH_2CH_2NH(CH_2)_3SPh$

T-00303

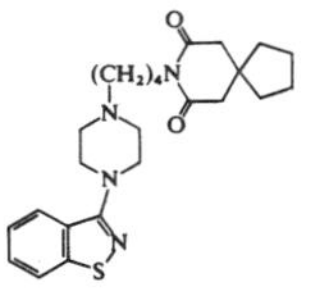

T-00304

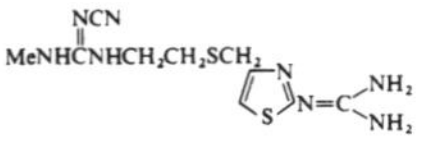

T-00305

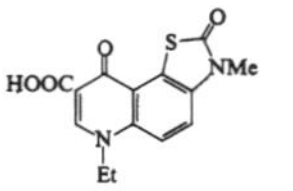

T-00306

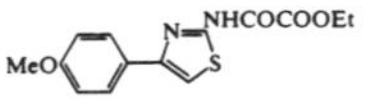

T-00307

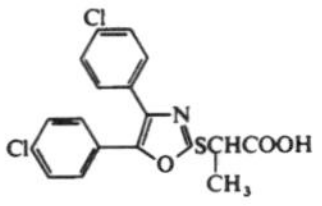

T-00308

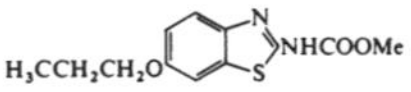

T-00309

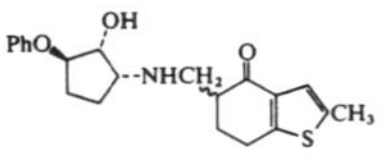

T-00310

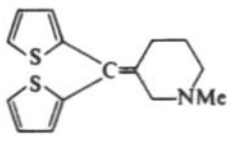

T-00311

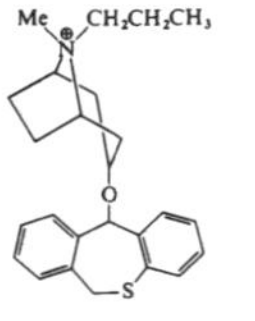

T-00312

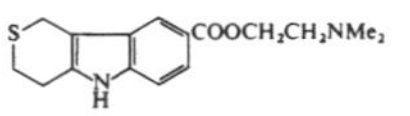

T-00313

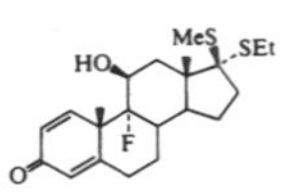

T-00314

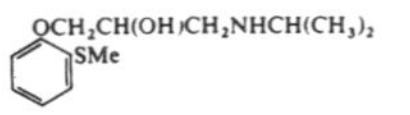

T-00315

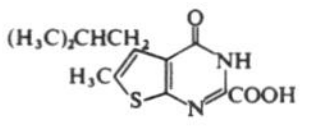

T-00316

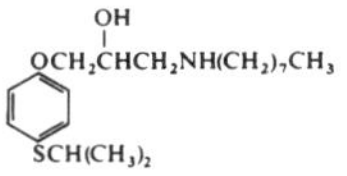

T-00317

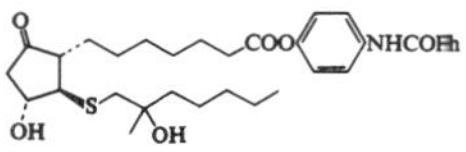

T-00318

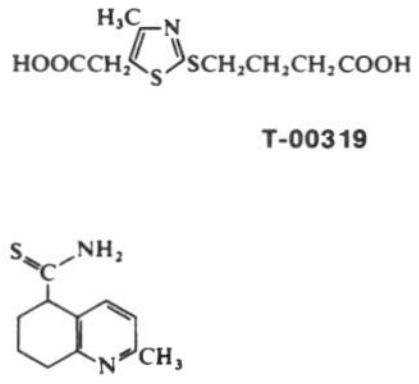

T-00319

T-00320

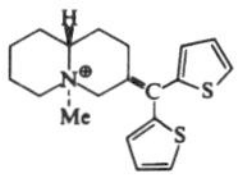

T-00321

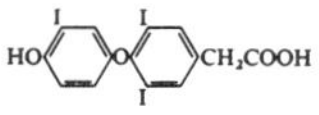

T-00322

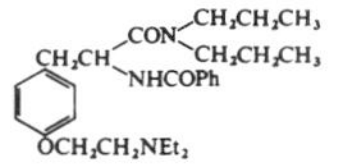

T-00323

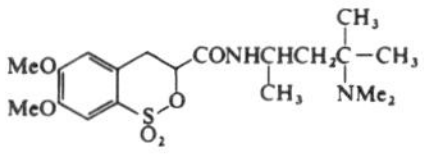

T-00324

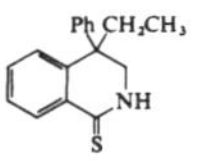

T-00325

TiO_2

T-00326

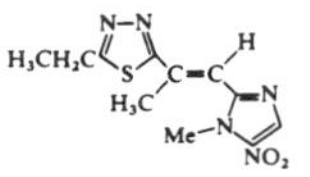

(E)-form

T-00327

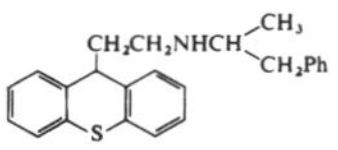

T-00328

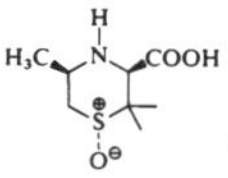

(1R,3S,5R)-form

T-00329

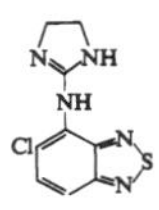

T-00330

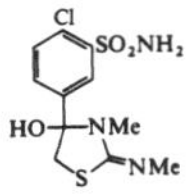

T-00331

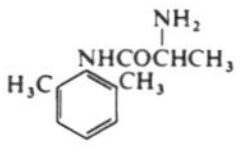

T-00332

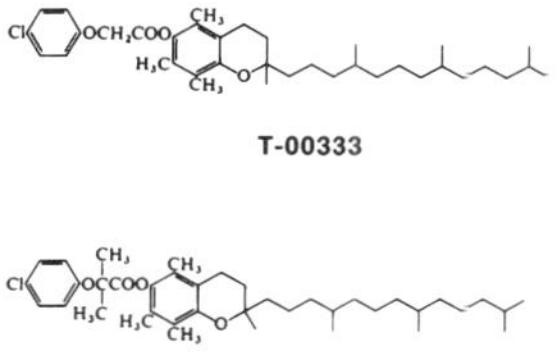

T-00333

T-00334

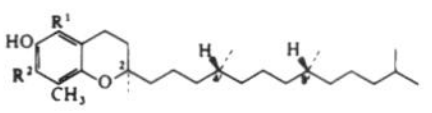

$R^1 = R^2 = CH_3$ (2R,4'R,8'R)-form

T-00335

As T-00335 with $R^1 = CH_3$, $R^2 = H$

T-00336

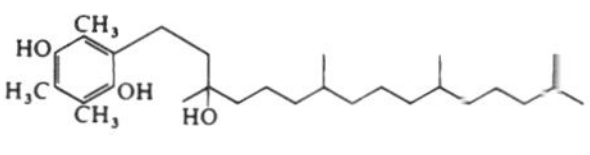

T-00337

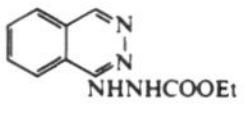

T-00338

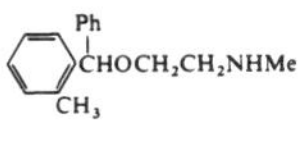

T-00339

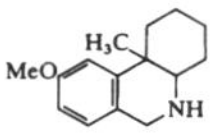

T-00340

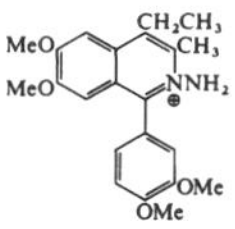

T-00341

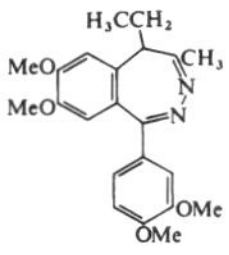

T-00342

T-00343

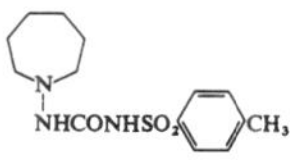

T-00344

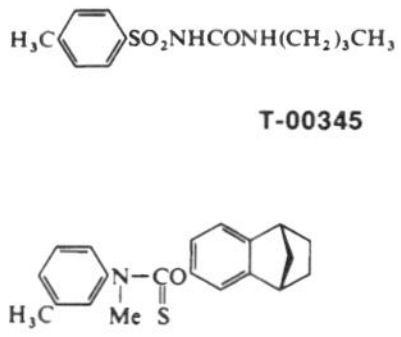

T-00345

T-00346

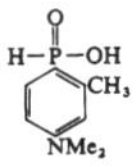

T-00347

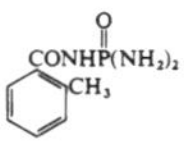

T-00348

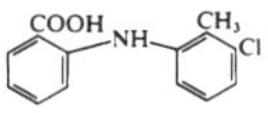

T-00349

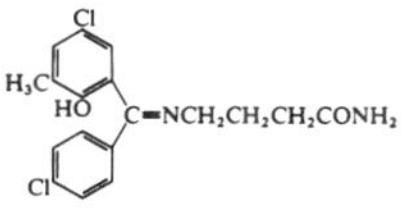

T-00350

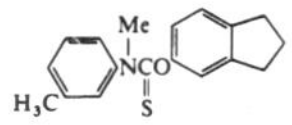

T-00351

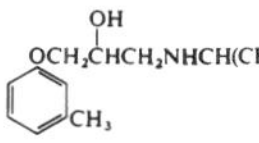

T-00352

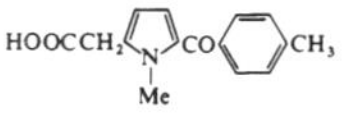

T-00353

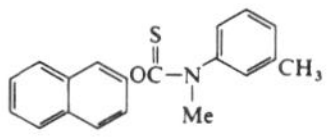

T-00354

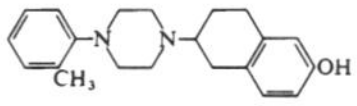

T-00355

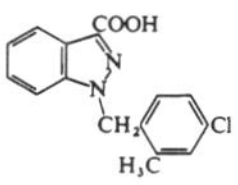

T-00356

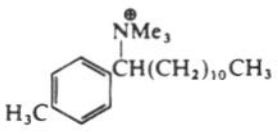

T-00357

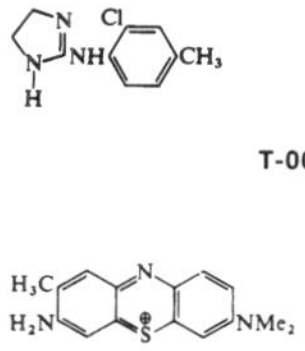

T-00358

T-00359

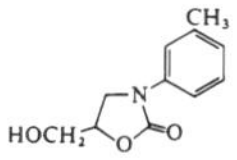

T-00360

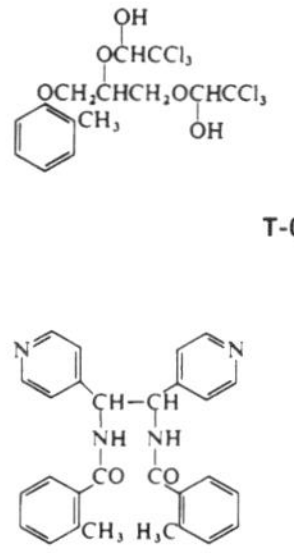

T-00361

T-00362

T-00363

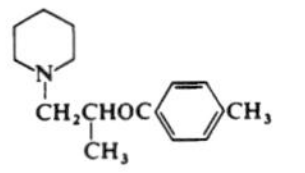
T-00364

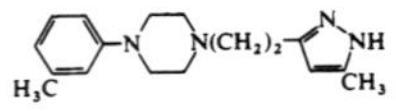
T-00365

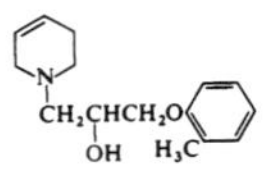
T-00366

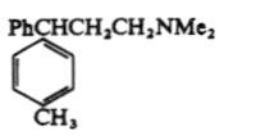
T-00367

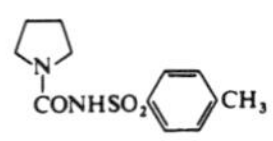
T-00368

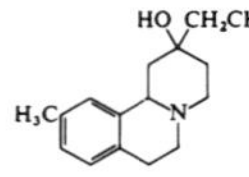
T-00369

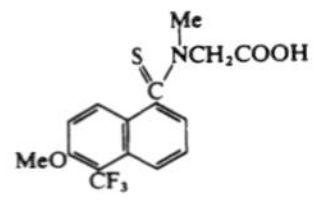
T-00370

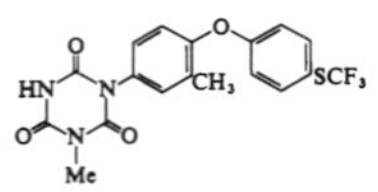
T-00371

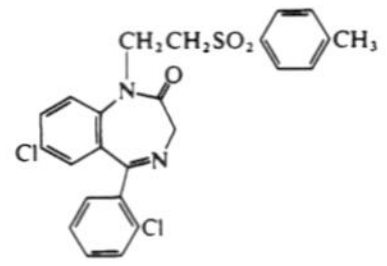
T-00372

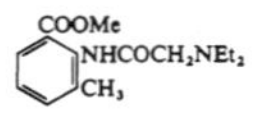
T-00373

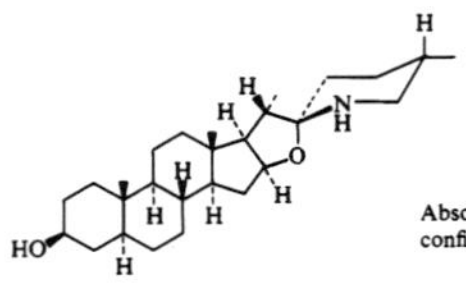
Absolute configuration
T-00374

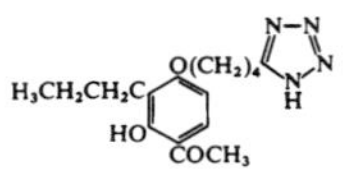
T-00375

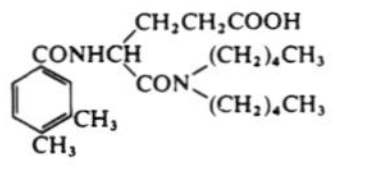
T-00376

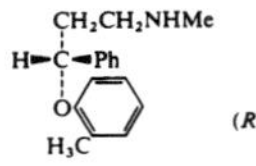
(R)-form
T-00377

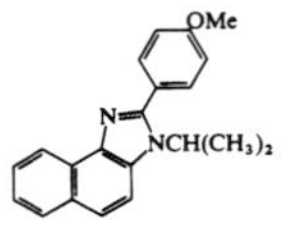
T-00378

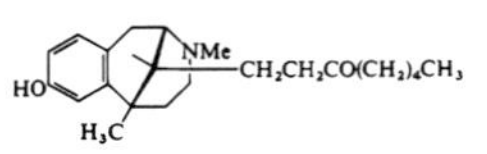
T-00379

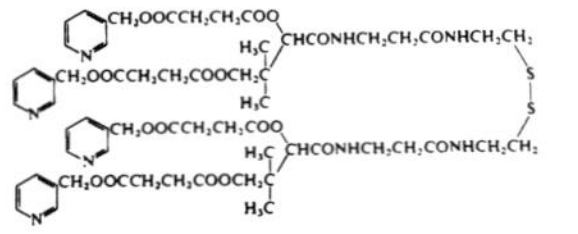
T-00380

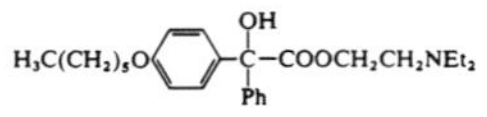
T-00381

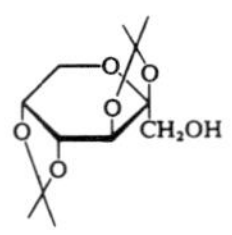
T-00382

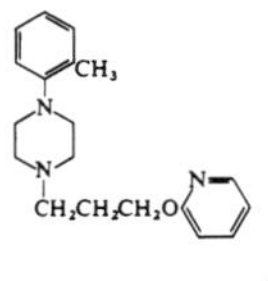
T-00383

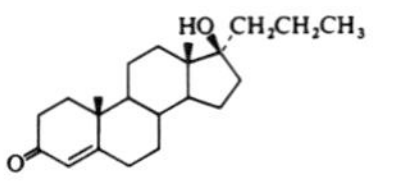
T-00384

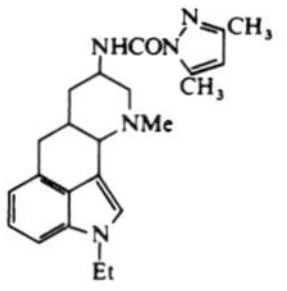
T-00385

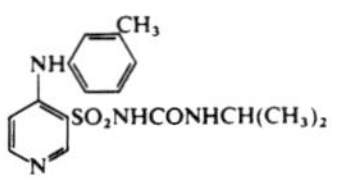
T-00386

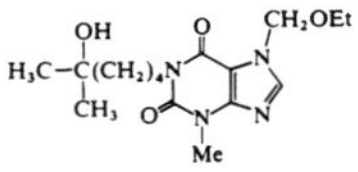
T-00387

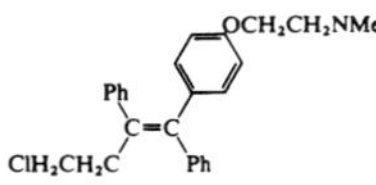
(Z)-form
T-00388

T-00389

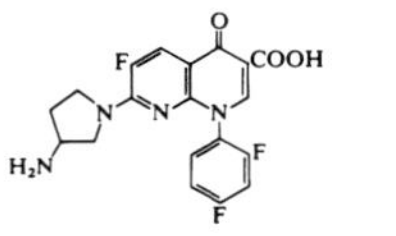
T-00390

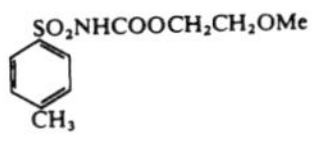
T-00391

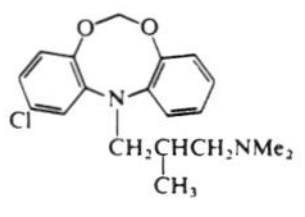
T-00392

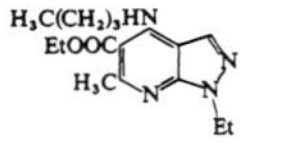
T-00393

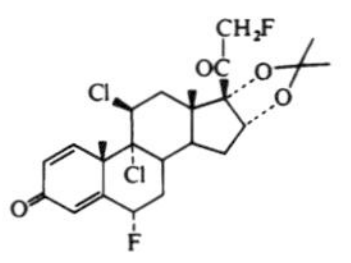
T-00394

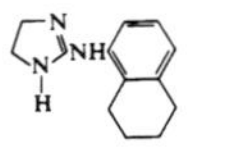
T-00395

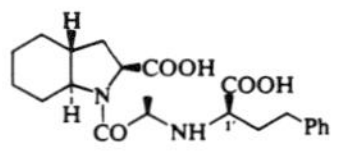
T-00396

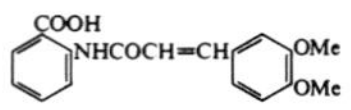
T-00397

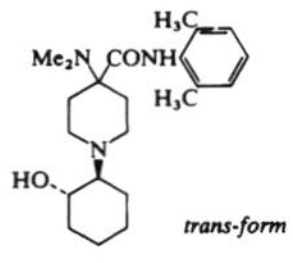
trans-form
T-00398

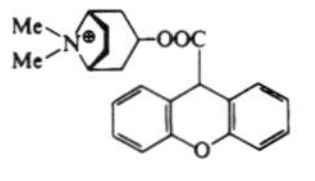
T-00399

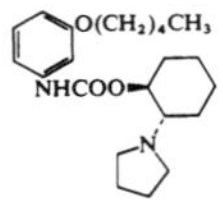
trans-form
T-00400

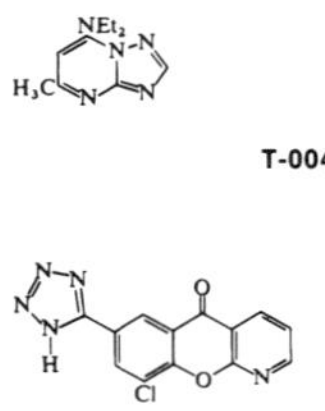
T-00401

T-00402

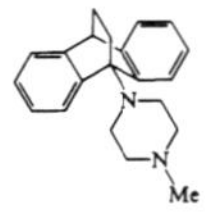
T-00403

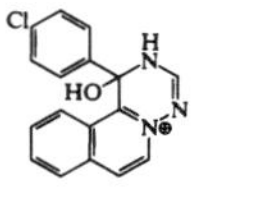

T-00404

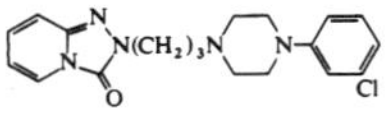

T-00405

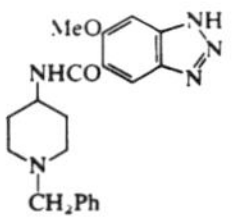

T-00406

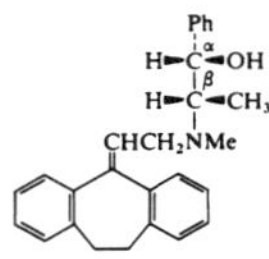

(αR,βS)-form

T-00407

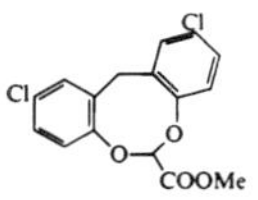

T-00408

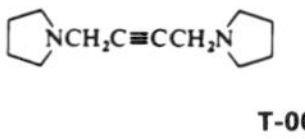

T-00409

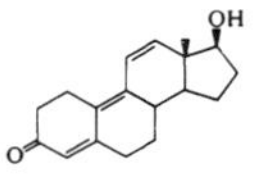

T-00410

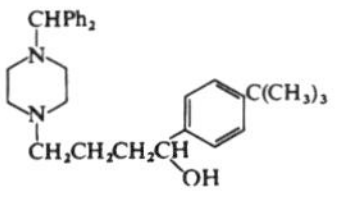

T-00411

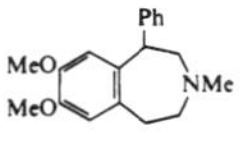

T-00412

T-00413

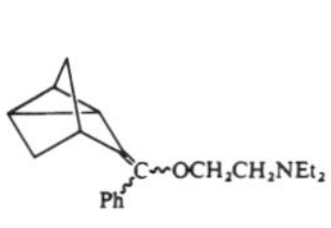

T-00414

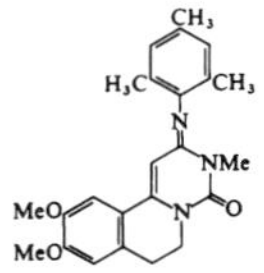

T-00415

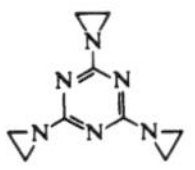

T-00416

$(H_3C)_2CH(CH_2)_3CH(CH_3)(CH_2)_3C(OH)(CH_3)CH_2COOH$

T-00417

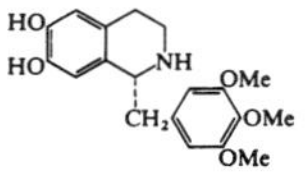

(R)-form

T-00418

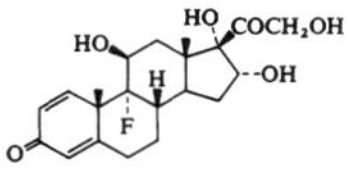

T-00419

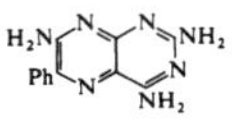

T-00420

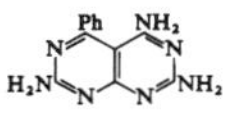

T-00421

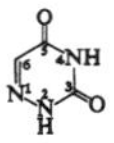

T-00422

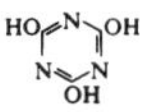

T-00423

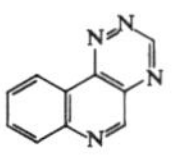

T-00424

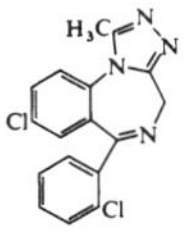

T-00425

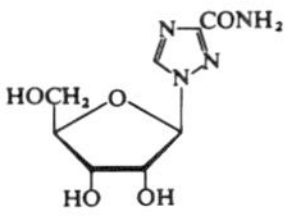

T-00426

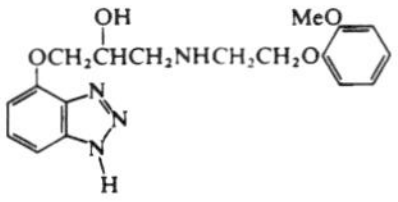

T-00427

Br_3CCH_2OH

T-00428

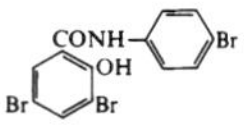

T-00429

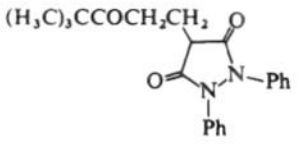

T-00430

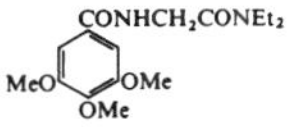

T-00431

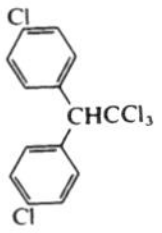

T-00432

$Cl_3CCH(OH)_2$

T-00433

Cl_3CCH_2OH

T-00434

$O{=}C(OCH_2CCl_3)_2$

T-00435

$Cl_2C{=}CHCl$

T-00436

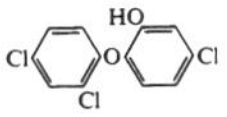

T-00437

$Cl_3CCH(OH)NHCOOH$

T-00438

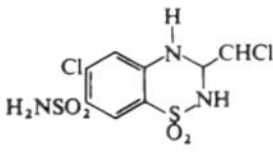

T-00439

$(H_3C)_2C(OH)CCl_3$

T-00440

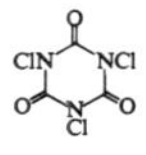

T-00442

$(MeO)_2P(O)CH(OH)CCl_3$

T-00443

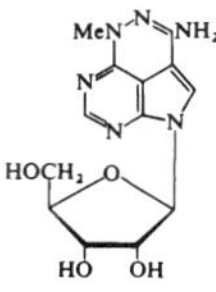

T-00445

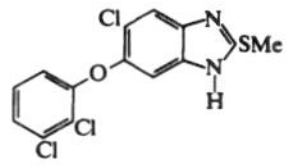

T-00446

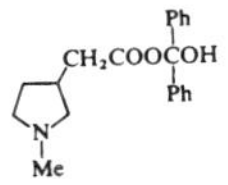

T-00447

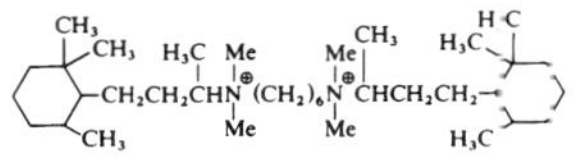

T-00448

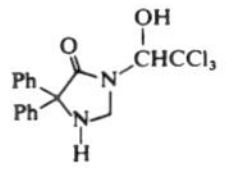

T-00449

$Cl_3CCH_2OP(O)(OH)_2$

T-00450

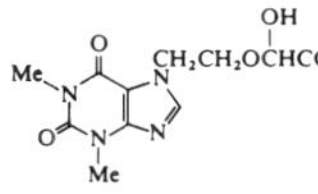

T-00451

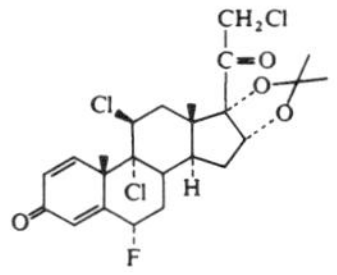

T-00452

L-Ser-L-Tyr-L-Ser-L-Met-L-Glu-L-His-L-Phe-L-Arg-L-Trp-Gly-L-Lys-L-Pro-L-Val-Gly-L-Lys-L-Lys-L-Arg-L-Arg-L-Pro-L-Val-L-Lys-L-Val-L-Tyr-NH_2

T-00453

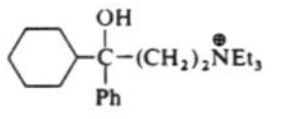

T-00454

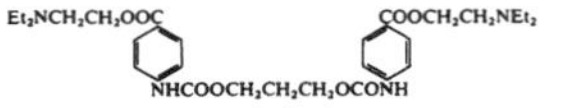

T-00455

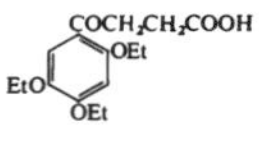

T-00456

H₂NCH₂CH₂NHCH₂CH₂-NHCH₂CH₂NH₂

T-00457

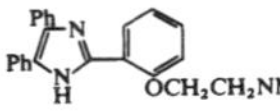

T-00458

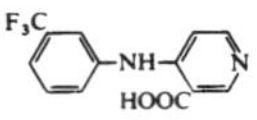

T-00459

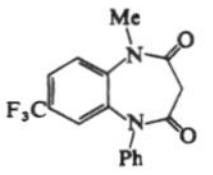

T-00460

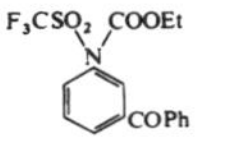

T-00461

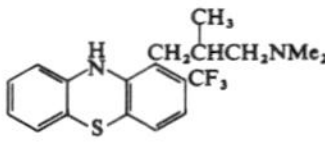

T-00462

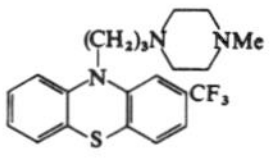

T-00463

F₃CCH₂OCH=CH₂

T-00464

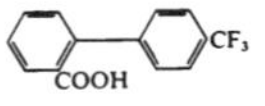

T-00465

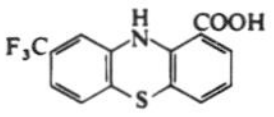

T-00466

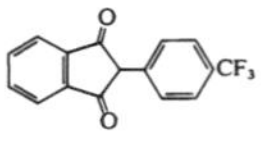

T-00467

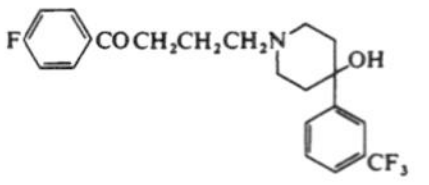

T-00468

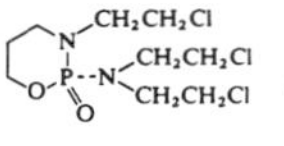

(R)-form

T-00469

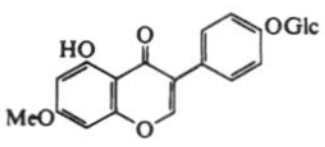

T-00470

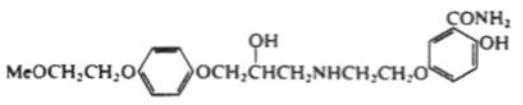

T-00471

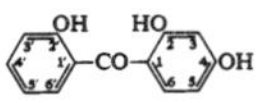

T-00472

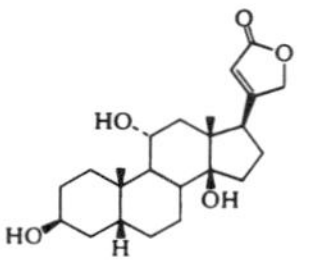

T-00473

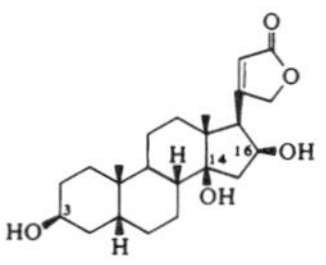

T-00474

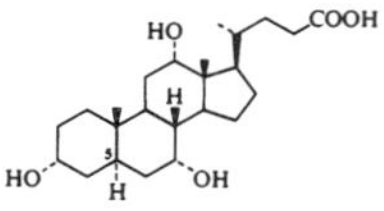

T-00475

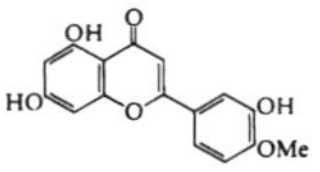

T-00476

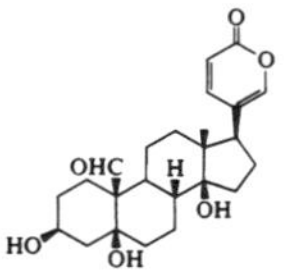

T-00477

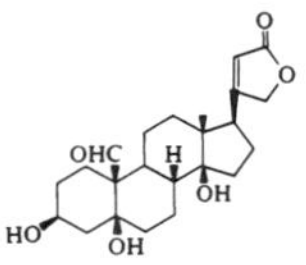

T-00478

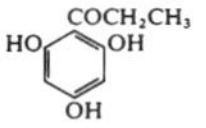

T-00479

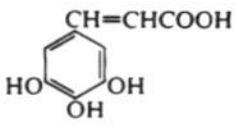

T-00480

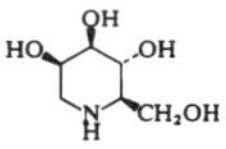

T-00481

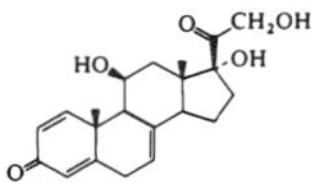

T-00482

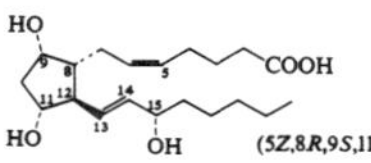

(5Z,8R,9S,11R,12S,13E,15S)-form

T-00483

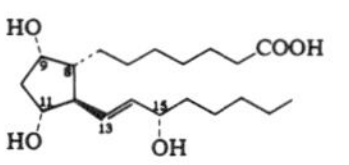

T-00484

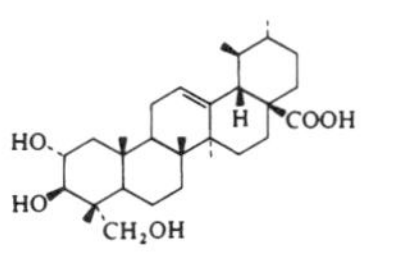

T-00485

CHI_3

T-00486

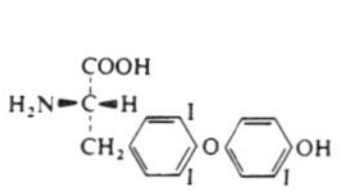

Absolute configuration

T-00487

AcNH-L-Phe-L-Phe-L-His-OMe

T-00488

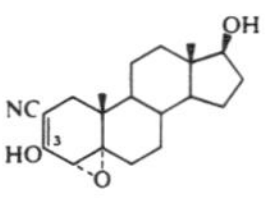

T-00489

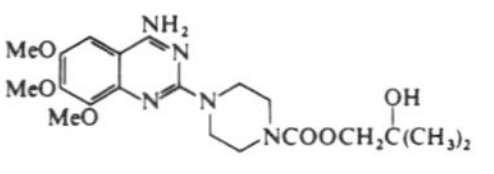

T-00490

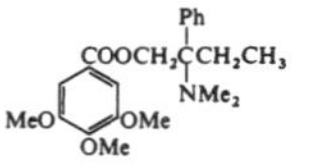

T-00491

T-00492

T-00493

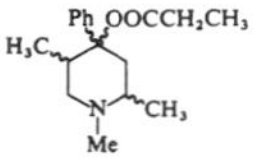

T-00494

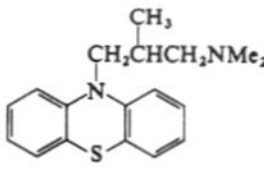

T-00495

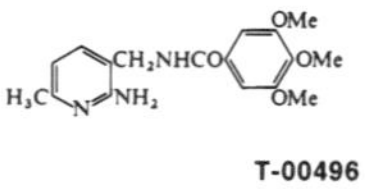

T-00496

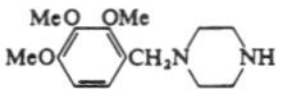

T-00497

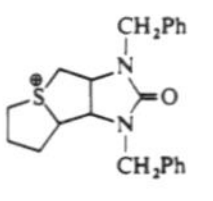

T-00498

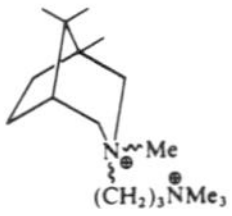

T-00499

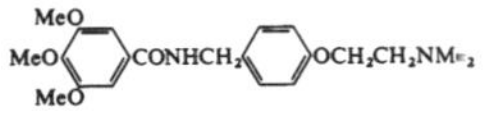

T-00500

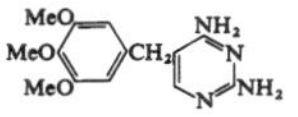

T-00501

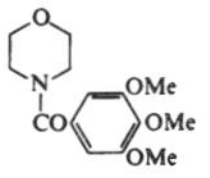

T-00502

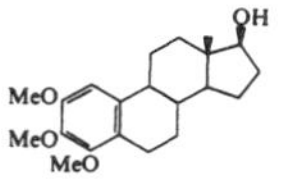

T-00503

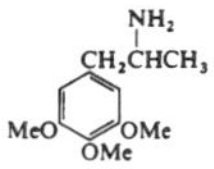

T-00504

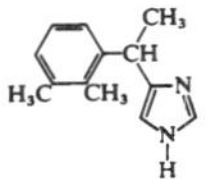

T-00505

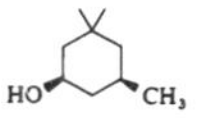

(1R,5R)-form
Absolute configuration

T-00506

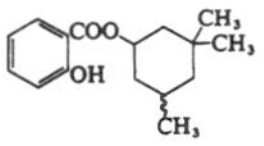

T-00507

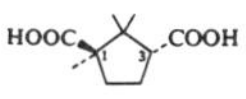

(1R,3R)-form
Absolute configuration

T-00508

T-00509

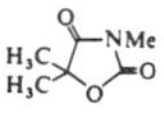

T-00510

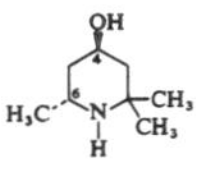

(4R,6R)-form

T-00511

$H_3C(CH_2)_{13}NMe_3^{\oplus}$

T-00512

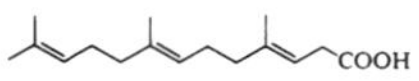

T-00513

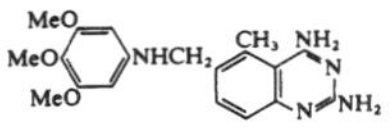

T-00514

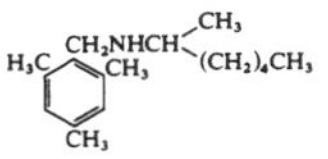

T-00515

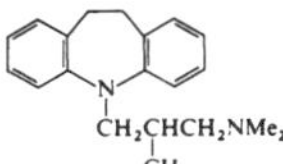

T-00516

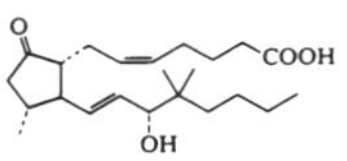

T-00517

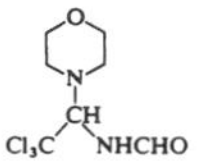

T-00518

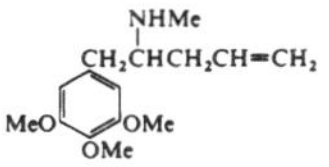

T-00519

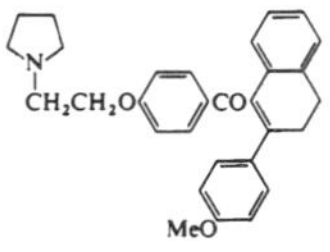

T-00520

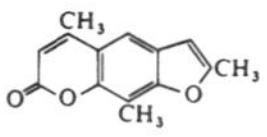

T-00521

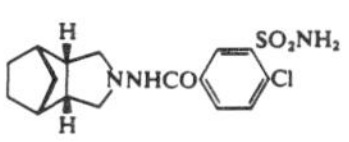

T-00522

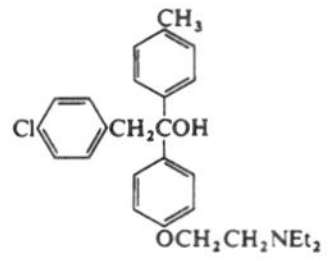

T-00523

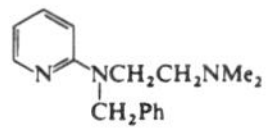

T-00524

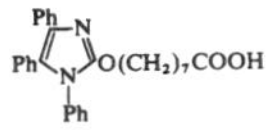

T-00525

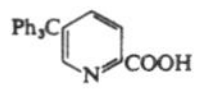

T-00526

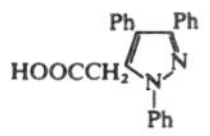

T-00527

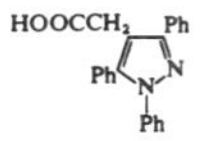

T-00528

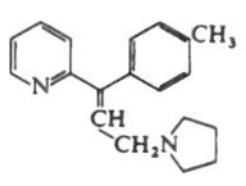

T-00529

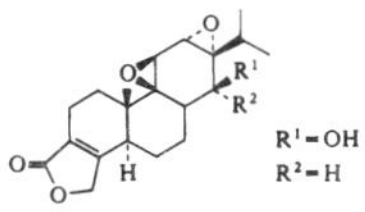

T-00530

H-5-OxoPro-His-Trp-Ser-Tyr-D-Trp-Leu-Arg-Pro-Gly-NH_2

T-00531

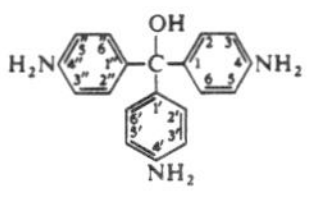

T-00532

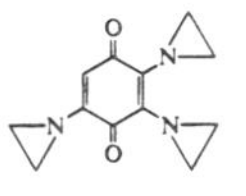

T-00533

$(ClCH_2CH_2)_3N$

T-00534

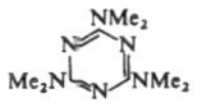

T-00535

$N(CH_2CH_2OH)_3$

T-00536

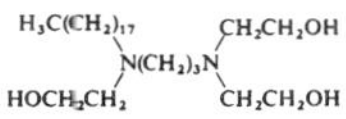

T-00537

$(O_2NOCH_2CH_2)_3N$

T-00538

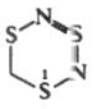

T-00539

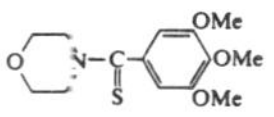

T-00540

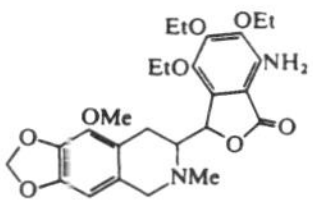

T-00541

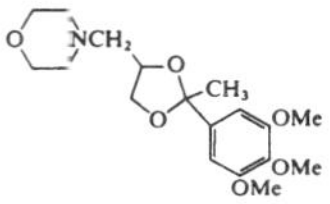

T-00542

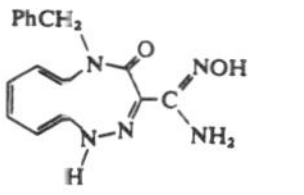

T-00543

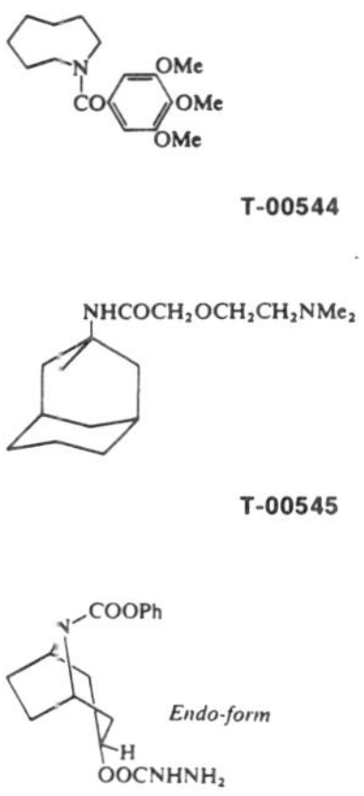

T-00544

T-00545

T-00546

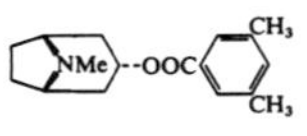

endo-form

T-00547

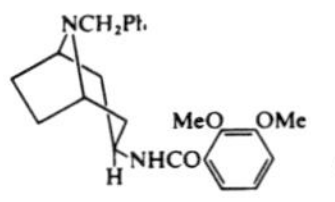

Exo-form

T-00548

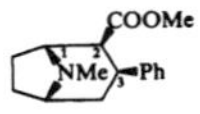

(1*R*,2*R*,3*S*)-*form*

T-00549

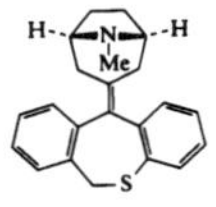

T-00550

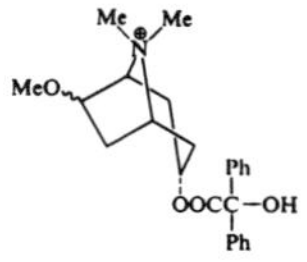

T-00551

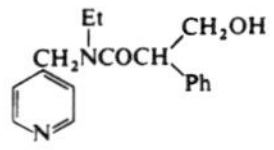

T-00552

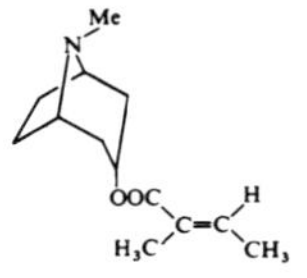

T-00553

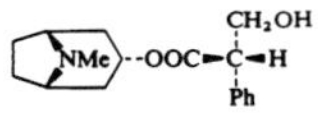

(*S*)-*form*

T-00554

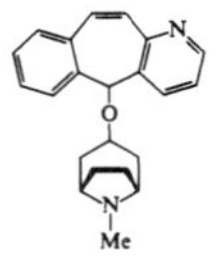

T-00555

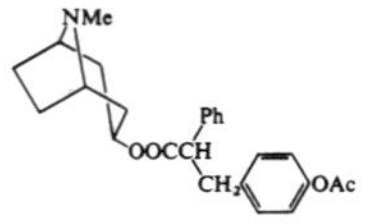

T-00556

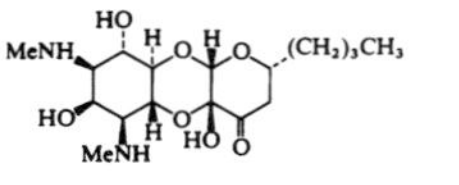

T-00557

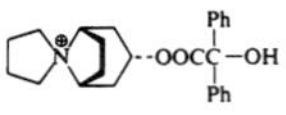

T-00558

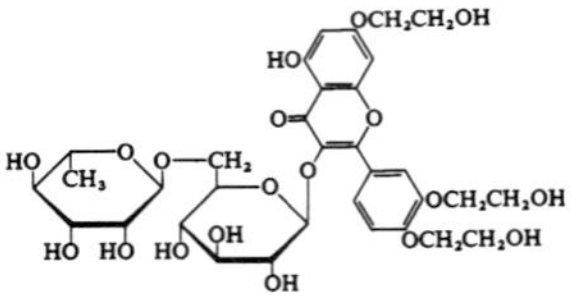

T-00559

T-00560

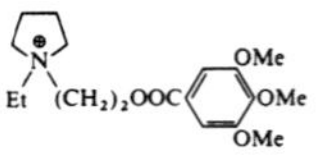

T-00561

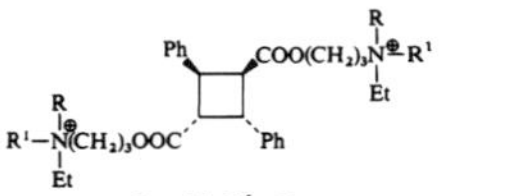

R = Me, R' = Et

T-00562

As T-00562 with

RR' = —$(CH_2)_5$—

T-00563

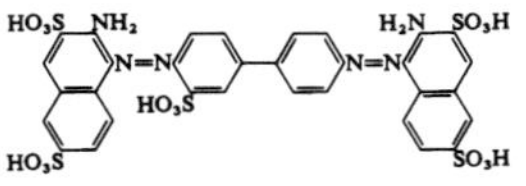

T-00564

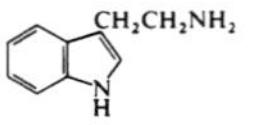

T-00566

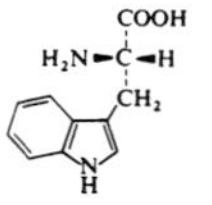

(*S*)-*form*
Absolute configuration

T-00567

H-Trp-Ala-Gly-Gly-Asp-Ala-Ser-Gly-GluOH

T-00568

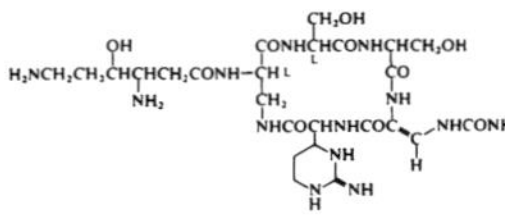

T-00569

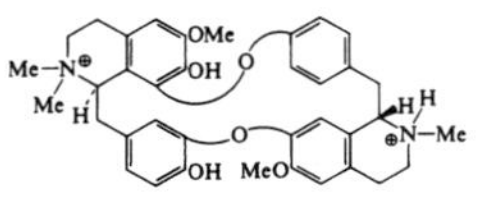

(+)-*form*

T-00571

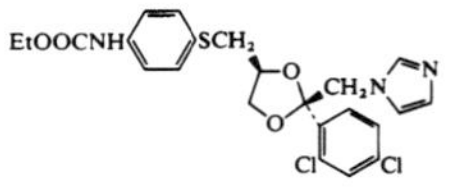

T-00572

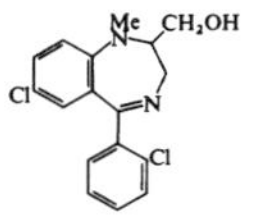

T-00573

Thr-Lys-Pro-Arg

T-00574

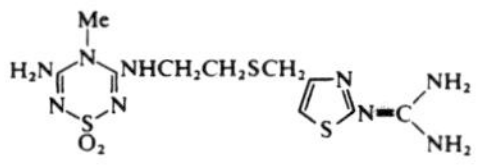

T-00576

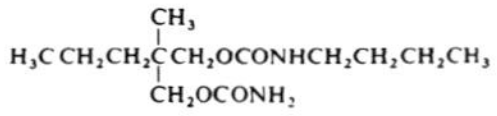

T-00577

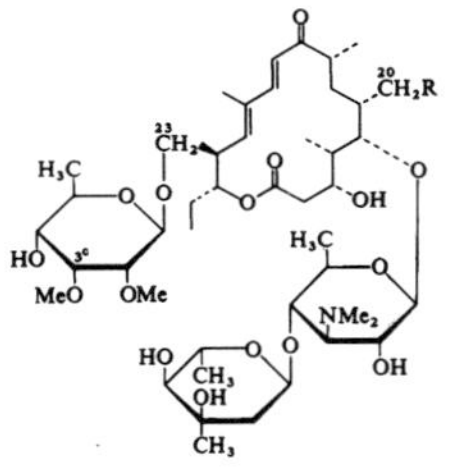

R = CHO

T-00578

As T-00578 with

R = $-CH_2OH$

T-00579

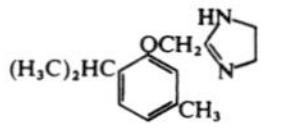

T-00580

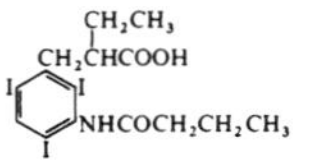

T-00581

H-Tyr-Pro-Phe-Pro-NH_2

T-00582

U

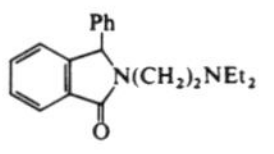

U-00001

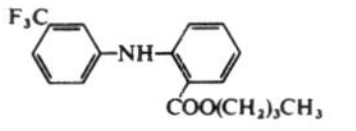

U-00002

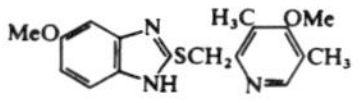

U-00003

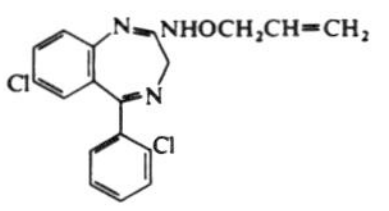

U-00004

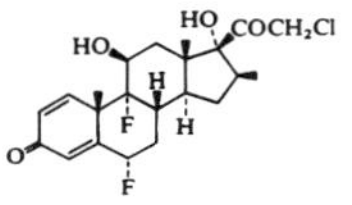

U-00006

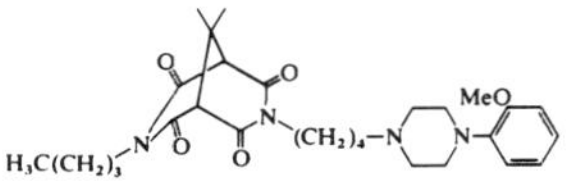

U-00007

$H_2C{=}CH(CH_2)_8COOH$

U-00008

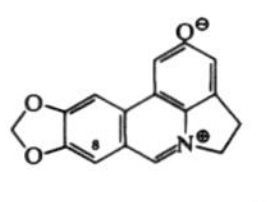

U-00009

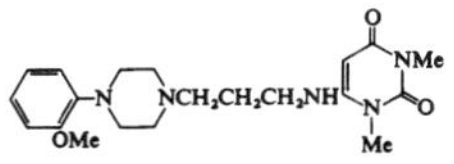

U-00010

H_2NCONH_2

U-00011

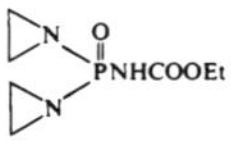

U-00012

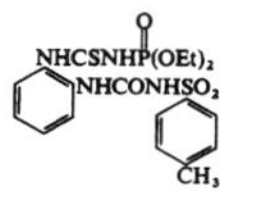

U-00013

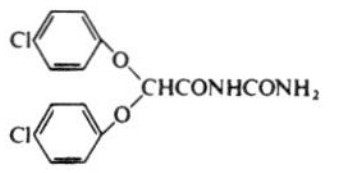

U-00014

V

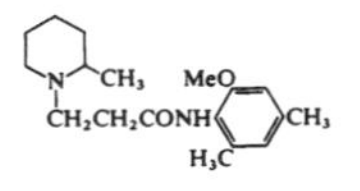

V-00001

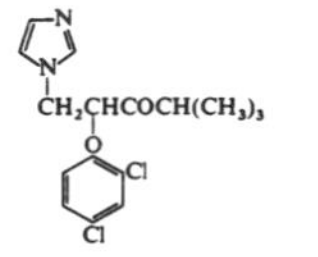

V-00002

$H_3CCH_2CH(CH_3)$-
$CHPhCOOCH_2CH_2N^{\oplus}MeEt_2$

V-00003

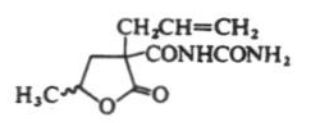

V-00004

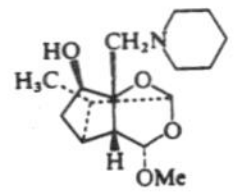

V-00005

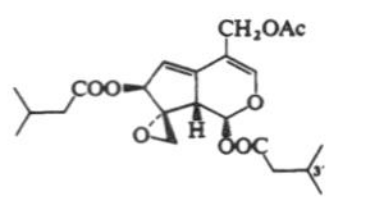

V-00006

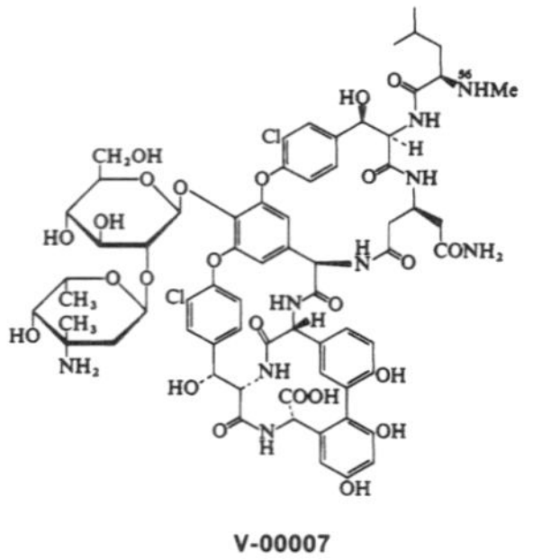

V-00007

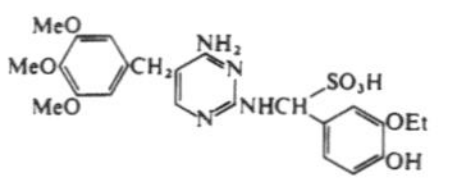

V-00008

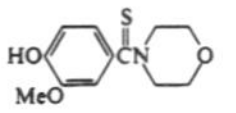

V-00009

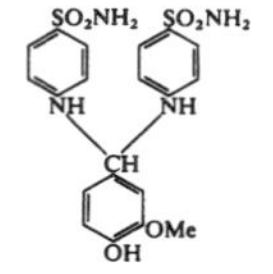

V-00010

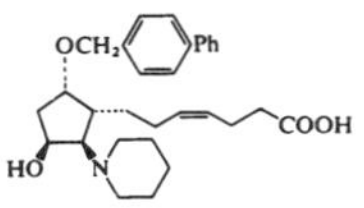

V-00011

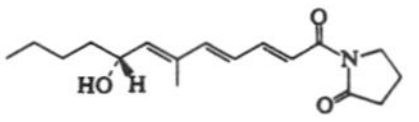

V-00012

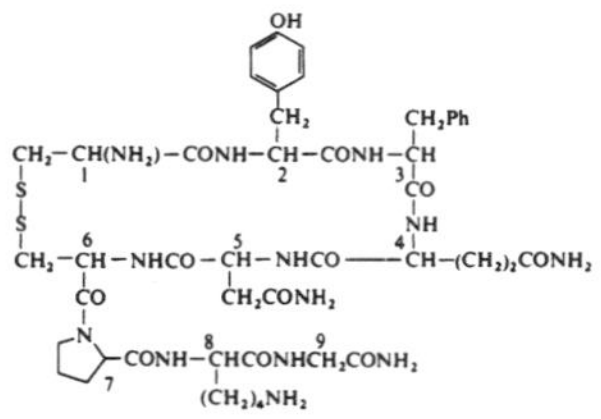

V-00013

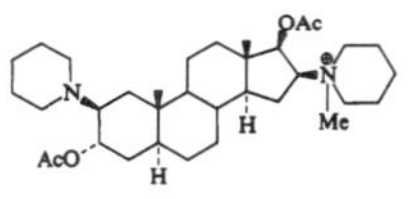

V-00014

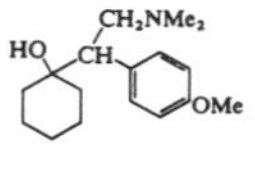

V-00015

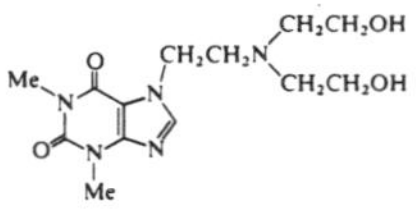

V-00016

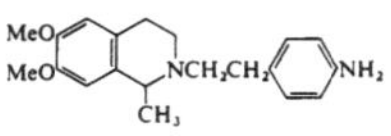

V-00017

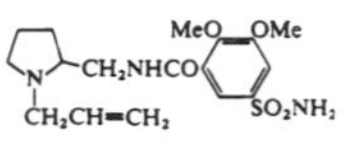

V-00018

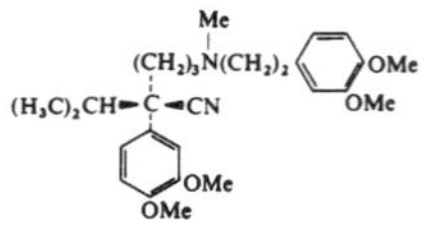

V-00019

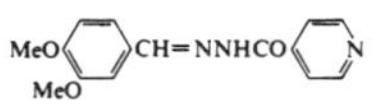

V-00020

V-00021

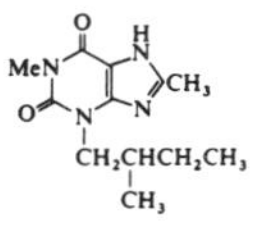

V-00022

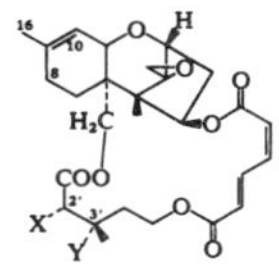

X = OH, Y = H

V-00023

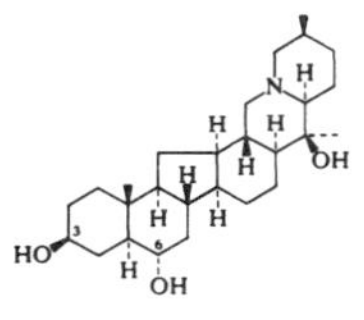

V-00024

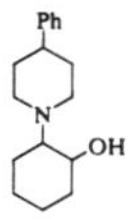

V-00025

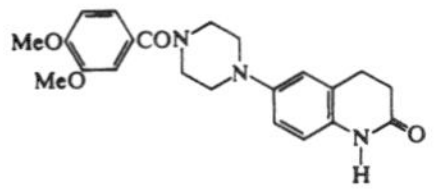

V-00026

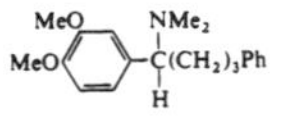

V-00027

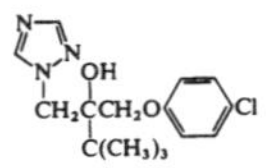

V-00028

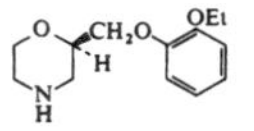

(*R*)-*form*
Absolute configuration

V-00029

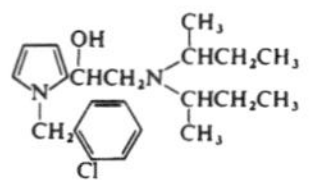

V-00030

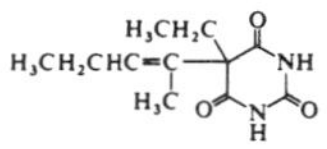

V-00031

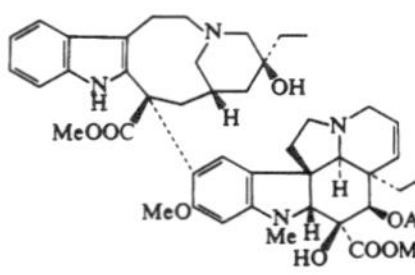

Absolute configuration

V-00032

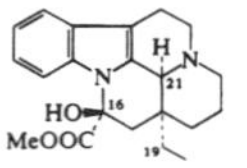

(+)-*form*
Absolute configuration

V-00033

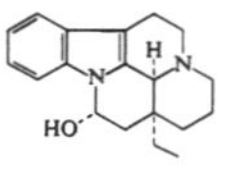

V-00034

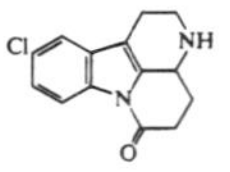

V-00035

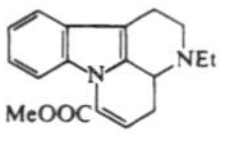

V-00036

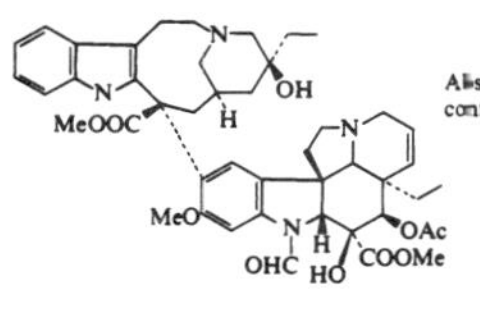
Absolute configuration

V-00037

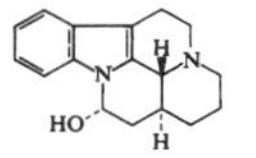

V-00038

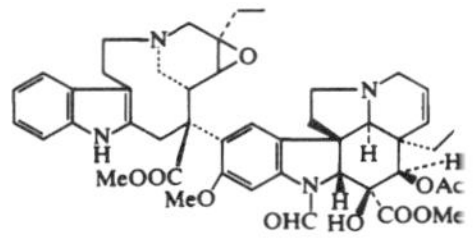

V-00039

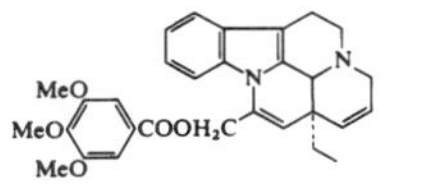

V-00040

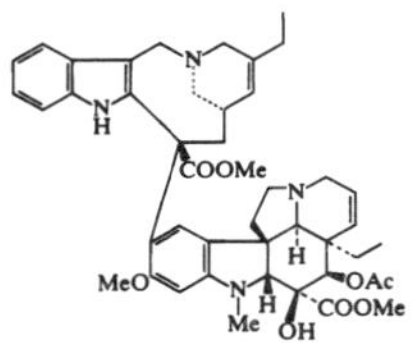

V-00041

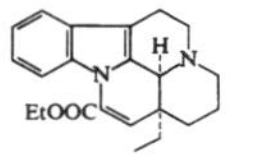

V-00042

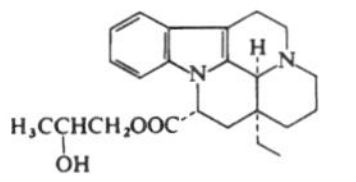

V-00043

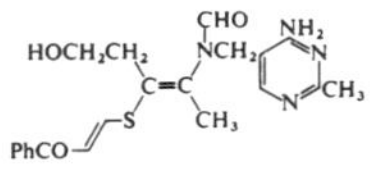

V-00044

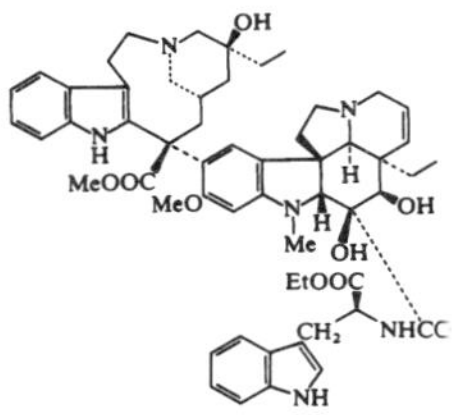

V-00045

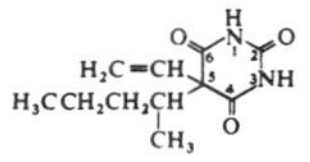

V-00046

$H_2C{=}CHSO_3H$

V-00047

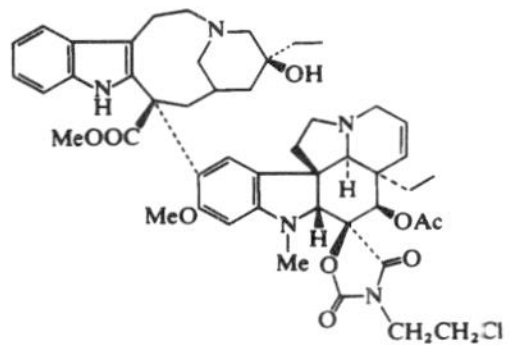

V-00048

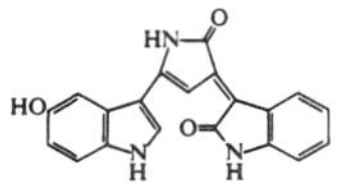

V-00049

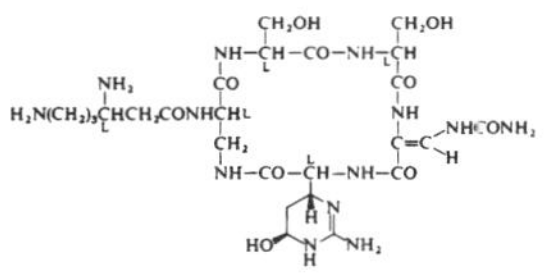

V-00050

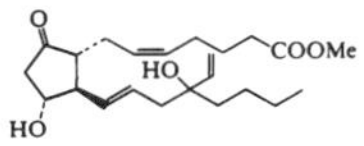

V-00051

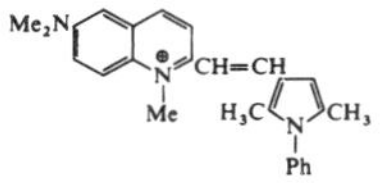

V-00052

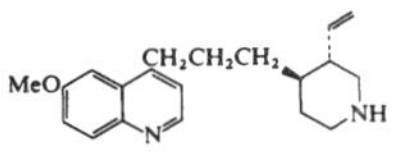
(3S,4R)-form

V-00053

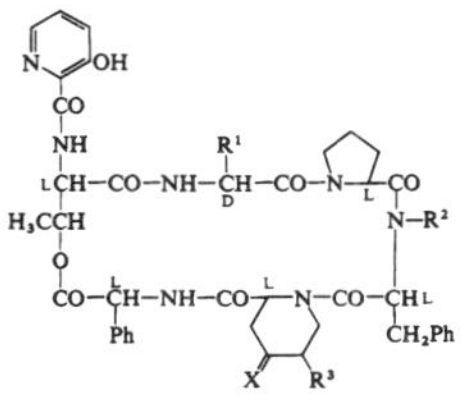
$R^1 = CH_2CH_3$, $R^2 = CH_3$, $R^3 = H$, X = O

V-00054

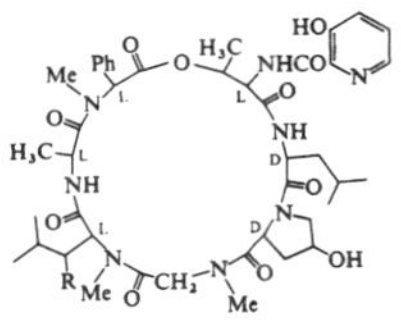
$R = CH_3$

V-00055

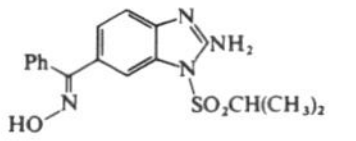
(E)-form

V-00056

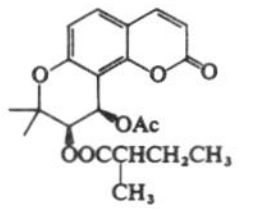
(+)-form
Absolute configuration

V-00057

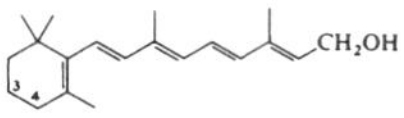

V-00058

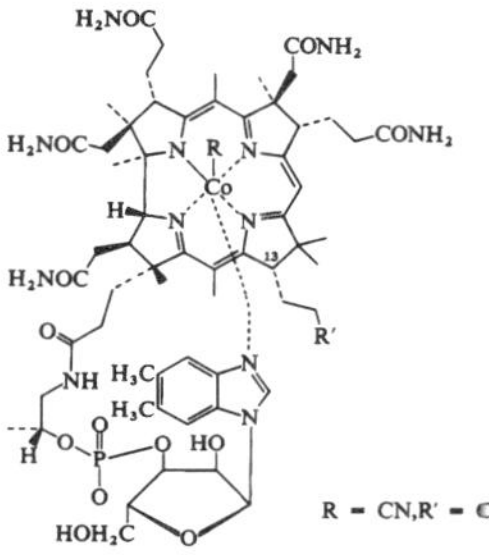
R = CN, R′ = $CONH_2$

V-00059

As V-00059 with
R = H_2O, R′ = $CONH_2$

V-00060

As V-00059 with
R = OH, R′ = $CONH_2$

V-00061

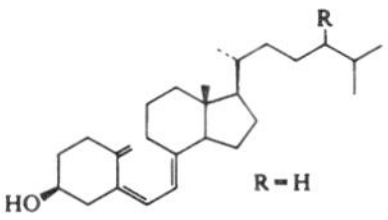
R = H

V-00062

As V-00062 with
R = CH_3

V-00063

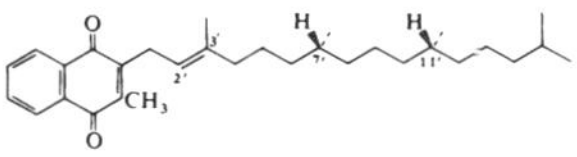

V-00064

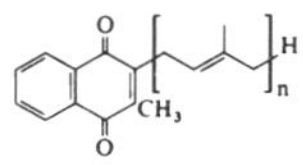

V-00065

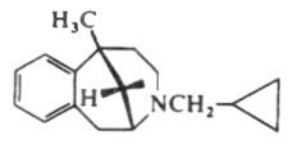

V-00066

W

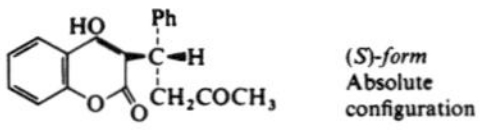

W-00001

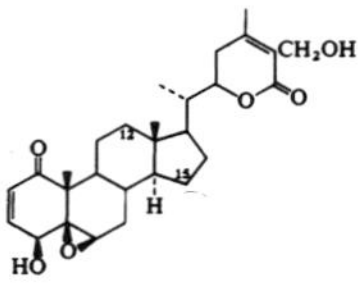

W-00002

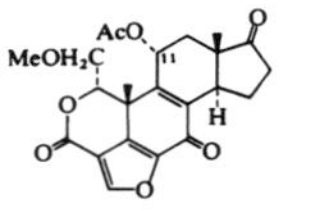

W-00003

X

X-00001

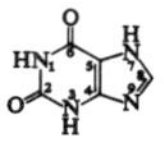

7H-form

X-00002

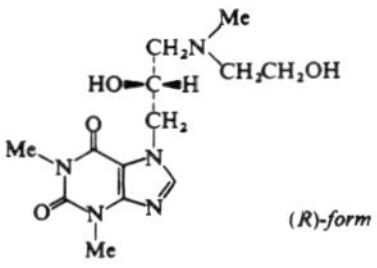

(R)-form

X-00003

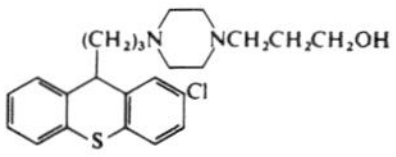

X-00004

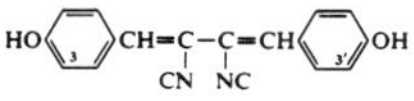

X-00005

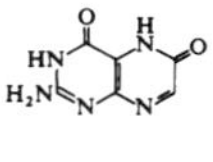

X-00006

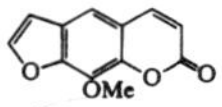

X-00007

X-00008

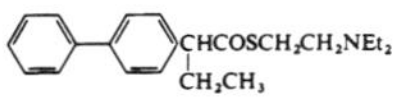

X-00009

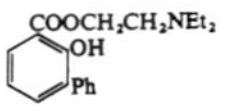

X-00010

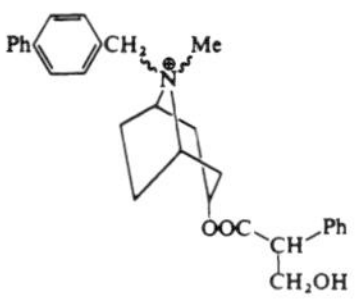

X-00011

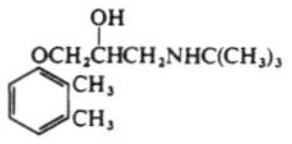

X-00012

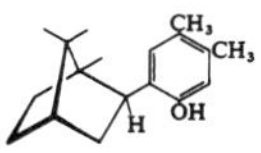

X-00013

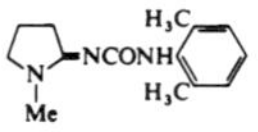

X-00014

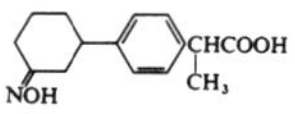

X-00015

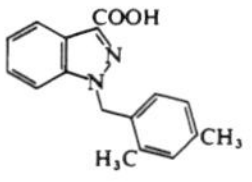

X-00016

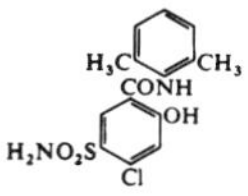

X-00017

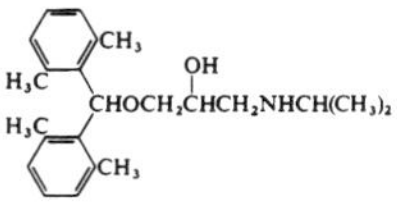

X-00018

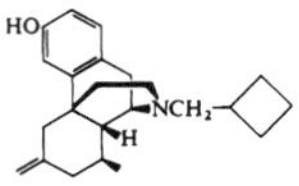

X-00019

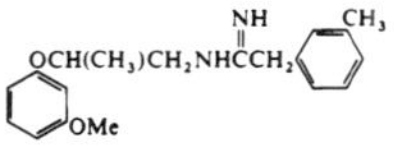

X-00020

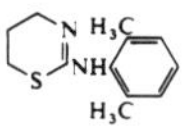

X-00021

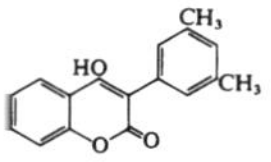

X-00022

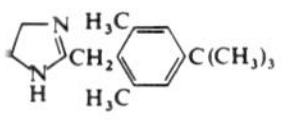

X-00023

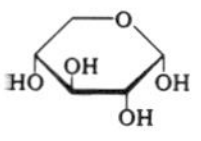

α-D-Pyranose-form

X-00024

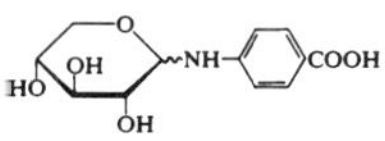

X-00025

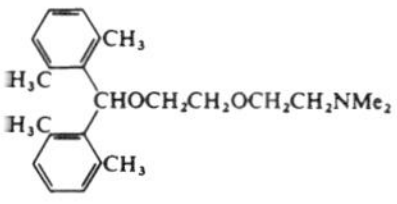

X-00026

Y

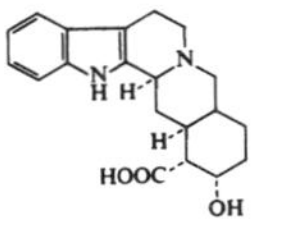

Y-00001

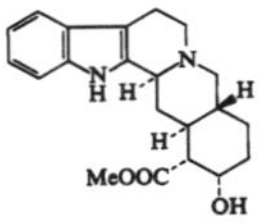

(+)-*form*
Absolute configuration

Y-00002

Z

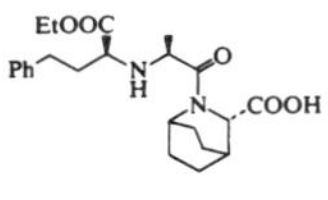

Z-00001

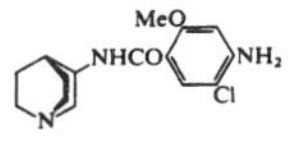

Z-00002

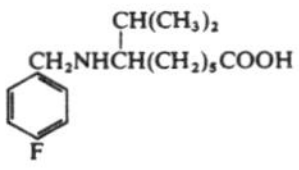

Z-00003

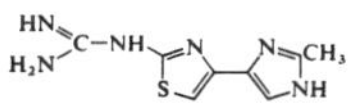

Z-00004

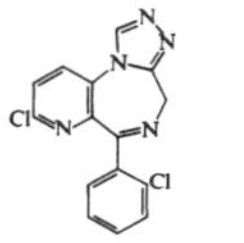

Z-00005

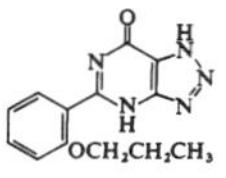

Z-00006

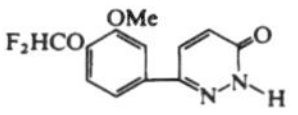

Z-00007

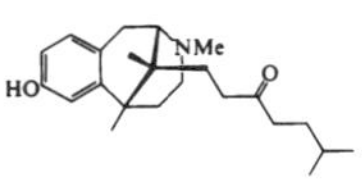

Z-00008

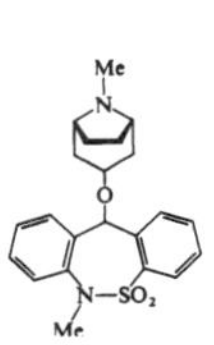

Z-00009

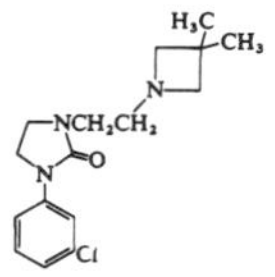

Z-00010

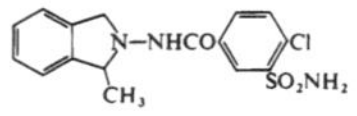

Z-00011

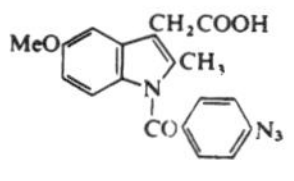

Z-00012

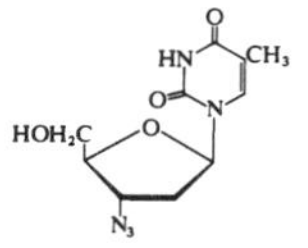

Z-00013

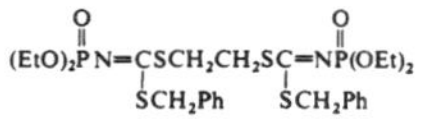

Z-00014

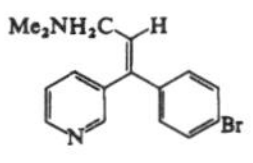

Z-00015

$ZnCl_2$

Z-00016

ZnO

Z-00017

$ZnSO_4$

Z-00018

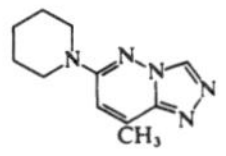

Z-00019

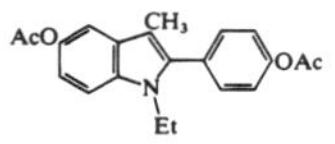

Z-00020

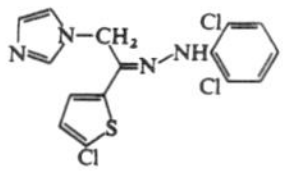

Z-00021

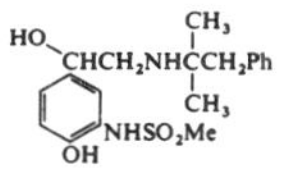

Z-00022

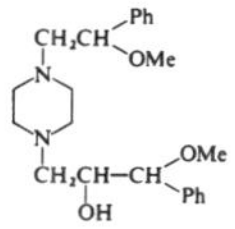

Z-00023

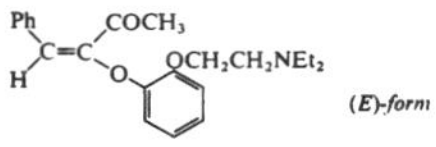

Z-00024

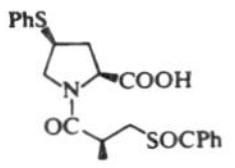

Z-00025

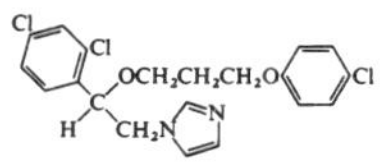

Z-00026

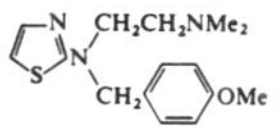

Z-00027

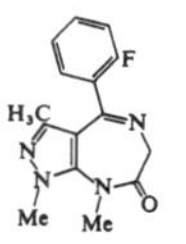

Z-00028

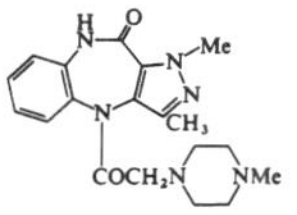

Z-00029

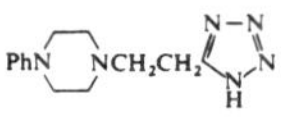

Z-00030

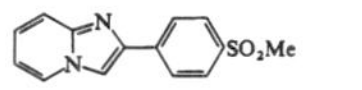

Z-00031

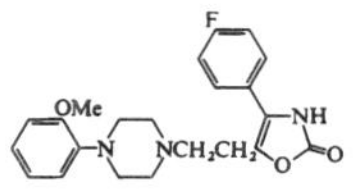

Z-00032

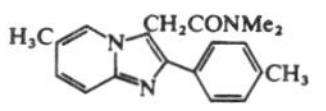

Z-00033

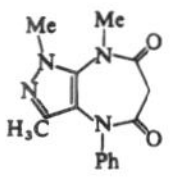

Z-00034

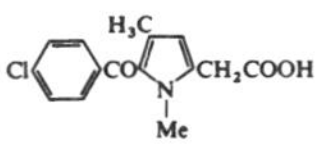

Z-00035

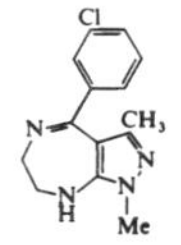

Z-00036

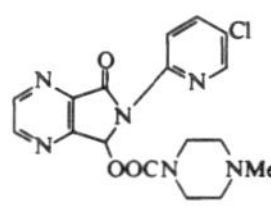

Z-00037

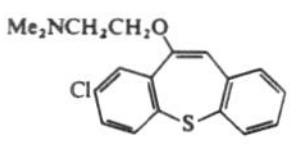

Z-00039

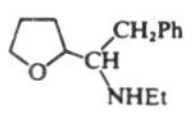

Z-00040